G. Sherif · G. König

Platten und Balken auf nachgiebigem Baugrund

Tabellen zur Berechnung von Sohldruck, Setzung, Querkräften und Momenten nach dem Steifemodulverfahren

Rafts and beams on compressible subsoil

Tables for the calculation of soil pressure, settlement, shear forces and moments according to the modulus of compressibility-method

Radiers et poutres sur sol de fondation compressible

Tableaux pour le calcul de la pression du sol, le tassement, les efforts tranchants et les moments d'après la méthode du module de compressibilité

Placas y vigas sobre terrenos compresibles

Tablas para el cálculo de las presiones en el terreno, asentamientos, esfuerzos de corte y momentos, según el método del módulo de compresibilidad

Springer-Verlag Berlin Heidelberg GmbH 1975

Dr.-Ing. GAMAL SHERIF
Dipl.-Ing. GÜNTER KÖNIG
Technische Hochschule Aachen

Mit 79 Abbildungen und 910 Tafeln – with 79 figures and 910 tables
avec 79 figures et 910 tableaux – con 79 figuras y 910 tablas

ISBN 978-3-662-12717-9 ISBN 978-3-662-12716-2 (eBook)
DOI 10.1007/978-3-662-12716-2

Ursprünglich erschienin bei Springer-Verlag Berlin Heidelberg New York 1975
Softcover reprint of the hardcover 1st edition 1975

Offsetdruck: fotokop wilhelm weihert kg, Darmstadt. Einband: Konrad Triltsch, Würzburg.

Vorwort

Mit den vorliegenden Tabellen wird der Praxis ein Werk zur Hand gegeben, mit dessen Hilfe es möglich ist, Gründungsplatten und Gründungsbalken nicht nur im Hinblick auf die Sicherheit, sondern vor allen Dingen auf die Wirtschaftlichkeit zu berechnen. Es wurde dabei bewußt auf theoretische Abhandlungen verzichtet, die in zahlreichen Lehrbüchern zu finden sind. Die beigegebenen Erläuterungen, die durch zahlreiche Berechnungsbeispiele ergänzt worden sind, beschränken sich in erster Linie auf den Inhalt, die Anwendung und die Handhabung der Tabellen.

Auf der Grundlage des Steifemodulverfahrens wurden insgesamt 5460 Tabellen auf 910 Seiten elektronisch berechnet, aus denen für alle praktisch vorkommenden Fälle von Gründungsplatten und Gründungsbalken Einflußbeiwerte zur Ermittlung von Sohldruck, Setzung, Querkraft und Biegemomente entnommen werden können. Die Zahlenausdrucke des Rechners wurden unmittelbar als Buchseiten verwendet, so daß sämtliche Tabellen mit Sicherheit druckfehlerfrei sind. Die rechnerische Richtigkeit wurde durch zahlreiche Gegenrechnungen geprüft.

Alle Erläuterungen sind in deutscher, englischer, französischer und spanischer Sprache wiedergegeben, so daß das Tabellenwerk weltweit benutzt werden kann. Es wird ausdrücklich darauf hingewiesen, daß weder die Eingangsparameter noch die Tabellen an irgendwelche Größen aus Vorschriften eines bestimmten Landes gebunden sind. Alle Eingangsgrößen sind frei wählbar.

Aachen, im September 1974 G. Sherif und G. König

Preface

By presenting these tables, an aid is given to the practising engineer with the help of which it is possible to calculate rafts and beam foundations not only from the point of view of safety but also from the point of view of economy. Theoretical treatments are intentionally omitted since they are to be found in numerous text books. The presented explanations, which are supplemented with numerous examples, are confined mainly to the content of the book, and thereby illustrate the application and way of using the tables.

Based on the method of the modulus of compressibility, the values of the given 5460 tables are calculated with the help of an electronic computer and are presented in 910 pages. Influence coefficients for determining contact pressure, settlement, shear force and bending moments may be taken from these tables for practically all rafts and beam foundations which are met in practice. The outputs of the computer are directly used as part of the book and thus the complete tables are certainly free from printing errors. The accuracy of the computation has been tested by carrying out numerous check calculations.

Explanations are given in German, English, French and Epanish so that the tables presented herein may be used throughout the world. It should be pointed out that neither the initial data nor the tables are in any way attached to specifications of any particular country. All the initial data can be chosen at will.

Aachen, september 1974 G. Sherif and G. König

Préface

On donne à la pratique avec ces tableaux une oeuvre en main; et par leur aide il sera possible de calculer le radier de fondation et les poutres de fondation, non seulement en considération de la sécurité mais avant tout de la rentabilité. On a consciemment renoncé aux traités théoriques qui se trouvent dans de nombreux livres d'enseignement. Les explications ajoutées, qui ont été complétées par de nombreux exemples de calculs, se limitent en première ligne au contenu, à son utilisation et à l'application des tableaux.

On a calculé électroniquement à la base du procédé du module de compressibilité, 5460 tableaux sur 910 pages desquels on a pu prendre des coefficients d'influence pour la détermination de la pression du sol, du tassement, des efforts tranchants et des moments fléchissants pour tous les cas de radier de fondation et de poutre de fondation pouvant se produire. Les expressions numériques du calculateur furent directement utilisées comme page de livre, de telle façon que tous les tableaux sont avec sécurité sans faute d'impression. L'exactitude calculée a été contrôlée par de nombreuses vérifications.

Toutes les explications sont données en langues allemande, anglaise, francaise et espagnole, de telle façon que les tableaux peuvent être utilisés partout dans le monde. Il est expressément indiqué que ni le paramètre de départ, ni les tableaux ne sont liés à n'importe quelle grandeur de règlement d'un certain pays. Toutes les grandeurs de départ sont choisies librement.

Aachen, en septembre 1974 G. Sherif et G. König

Prefacio

Con estas tablas se entrega a la práctica una obra, con cuya ayuda es posible calcular placas y vigas de fundación no sólo en lo que respecta a la seguridad, sino que principalmente a la rentabilidad. En ella se renuncia expresamente a desarrollos teóricos, que pueden encontrarse en numerosos textos. Las explicaciones agregadas, que han sido ilustradas con numerosos ejemplos calculados, se reducen principalmente al contenido, aplicación y uso de las tablas.

En base al método del módulo de rigidez se han calculado en forma electrónica un total de 5460 tablas, que aparecen en 910 páginas, de las cuales se pueden obtener para todos los casos prácticamente posibles de placas o vigas de fundación los coeficientes de influencia para el cálculo de presión sobre el terreno, asentamiento, esfuerzo cortante y momentos flectores. Los resultados entregados por la ordenadora se han usado directamente como páginas de esta obra, o sea que todas las tablas están con seguridad libres de errores de imprenta. La corrección numérica de los resultados ha sido comprobada por medio de numerosos cálculos de control.

Todas las aclaraciones y ejemplos han sido dados no sólo en alemán, sino que también en inglés, francés y español, de modo que estas tablas pueden ser usadas en todo el mundo. Se hace notar especialmente que ni los parámetros de entrada ni las tablas mismas están ligadas a magnitudes relacionadas con reglamentos de algún país determinado. Todos los valores pueden ser elegidos libremente.

Aachen, septiembre de 1974 G. Sherif y G. König

Inhaltsverzeichnis

Table of contents

Table des matières

Indice

Formelzeichen

a_o	[m]	größere Seitenlänge des Stützenquerschnittes
B	[m]	Abmessung der Gründungsplatte bzw. des Gründungsbalkens senkrecht zur Biegeachse
B1	[m]	kleinere Seite des Fundamentes
b_o	[m]	Wanddicke; kleinere Seitenlänge des Stützenquerschnittes
d	[m]	Stärke der Gründungsplatte bzw. des Gründungsbalkens
d_i	[m]	ideelle Stärke der Gründungsplatte bzw. des Gründungsbalkens
DS	[m]	Stärke der zusammendrückbaren Schicht
E	[t/m^2]	Elastizitätsmodul
E_b	[t/m^2]	Elastizitätsmodul des Betons
E_s	[t/m^2]	Steifemodul des Bodens
e	[m]	Ausmittigkeit
f	[1]	Ordinate der Einflußlinie der Setzungen
FM	[1]	Einflußbeiwert des Biegemomentes
FP	[1]	Einflußbeiwert des Sohldruckes
FQ	[1]	Einflußbeiwert der Querkraft
FS	[1]	Einflußbeiwert der Setzung
I	[m^4]	Trägheitsmoment
K_o	[1]	Erdruhedruckbeiwert
KS	[1]	Systemsteifigkeit
k_s	[t/m^3]	Bettungsmodul des Bodens
L	[m]	Abmessung der Gründungsplatte bzw. des Gründungsbalkens in der Biegeachse
ΔL	[m]	Länge der Elemente in der Biegeachse
l	[m]	Abstand der Lasten
M	[tm/m]	Biegemoment
M_o	[tm, tm/m]	angreifendes Moment
m	[1]	Anzahl der Unterteilungen der Gründungsplatte bzw. des Gründungsbalkens in der Biegeachse
$m_v = \frac{1}{E_s}$	[m^2/t]	Reziprokwert des Steifemoduls
m_w	[1]	Anzahl der mitwirkenden Geschosse
P	[t/m]	Ersatzkraft des Sohldrucks
p	[t/m^2]	Sohldruck
p_{max}	[t/m^2]	größere Kantenpressung
p_{min}	[t/m^2]	kleinere Kantenpressung
Q	[t/m]	Querkraft

Symbols

a_o	[m]	greater side length of the column cross section
B	[m]	dimension of raft foundation or foundation beam perpendicular to the bending axis
B1	[m]	smaller side of the foundation
b_o	[m]	wall thickness; smaller side of the column cross section
d	[m]	thickness of the raft foundation or beam foundation
d_i	[m]	fictitious thickness of the raft foundation or of the beam foundation
DS	[m]	thickness of the compressible soil layer
E	[t/m^2]	Young's modulus of elasticity
E_b	[t/m^2]	Young's modulus for concrete
E_s	[t/m^2]	modulus of compressibility of soil
e	[m]	eccentricity
f	[1]	ordinate of the settlement influence line
FM	[1]	influence coefficient of bending moment
FP	[1]	influence coefficient of contact pressure
FQ	[1]	influence coefficient of shear force
FS	[1]	influence coefficient of settlement
I	[m^4]	moment of inertia
K_o	[1]	coefficient of earth pressure at rest
KS	[1]	system rigidity
k_s	[t/m^3]	modulus of subgrade reaction
L	[m]	dimension of the raft foundation or of the foundation beam in the bending axis
ΔL	[m]	length of the element in the bending axis
l	[m]	space between loads
M	[tm/m]	bending moment
M_o	[tm, tm/m]	acting moment
m	[1]	number of the subdivisions of the raft foundation or that of the foundation beam in the bending axis
$m_v = \frac{1}{E_s}$	[m^2/t]	reciprocal value of the modulus of compressibility
m_w	[1]	number of floors
P	[t/m]	substitute force for contact pressure
p	[t/m^2]	contact pressure
p_{max}	[t/m^2]	highest edge pressure
p_{min}	[t/m^2]	lowest edge pressure
Q	[t/m]	shear force

Q_o	[t, t/m]	angreifende Einzellast oder Linienlast
q	[t/m^2]	Eigengewicht des Gründungskörpers
s	[m]	Setzung eines Fundamentpunktes
t	[m]	Gründungstiefe
V	[t]	Vertikalkraft
X	[m]	Koordinate in der Biegeachse
XM	[m]	Koordinate des angreifenden Momentes
XQ	[m]	Koordinate der angreifenden Einzellast
γ	[t/m^3]	Raumgewicht des Bodens
γ_b	[t/m^3]	Raumgewicht des Betons
$\gamma.t$	[t/m^2]	Entlastung durch Aushub
α	[°]	Neigungswinkel des starren Fundamentes
ϑ	[°]	Winkel der Biegelinie
μ	[1]	Poissonzahl
σ_1	$= 1\ kg/cm^2 = 10\ t/m^2$	Einheitsspannung
φ	[°]	Reibungswinkel

Q_o	[t, t/m]	acting single load or line load
q	[t/m^2]	dead weight of the foundation
s	[m]	settlement of a point under the foundation
t	[m]	foundation depth
V	[t]	vertical force
X	[m]	coordinate in the bending axis
XM	[m]	coordinate of the acting moment
XQ	[m]	coordinate of the acting single load
γ	[t/m^3]	density of soil
γ_b	[t/m^3]	density of concrete
$\gamma.t$	[t/m^2]	unloading due to excavation
α	[°]	inclination of the rigid foundation
ϑ	[°]	angle of the bending curve
μ	[1]	Poisson's ratio
σ_1	$= 1\ kg/cm^2 = 10\ t/m^2$	unit stress
φ	[°]	friction angle

Maßeinheiten

Nach der "Ausführungsverordnung zum Gesetz über Einheiten im Meßwesen" vom 26. Juni 1970 sind ab dem 1. Januar 1978 für die Einheit der Kraft das Newton (N), das Kilo-Newton (kN) und das Mega-Newton (MN) vorgeschrieben. Bis zur Einführung dieser neuen Größen werden vorläufig die alten Einheiten kg und t weiterverwendet.

Eine Übersicht über die Umrechnung der alten Einheiten in die neuen wird in der folgenden Tabelle gegeben:

Units

According to the decree from 26th june 1970 concerning the standardization of measurements ("Ausführungsverordnung zum Gesetz über Einheiten im Meßwesen"), it is specified to use the units Newton (N), Kilo-Newton (kN) and Mega-Newton (MN) for the measurement of forces as from the 1st of january 1978. Until these new units are introduced, the old units kg and t are used for the time being.

A table for converting the old units into the new ones is given below:

bisherige Maßeinheit present unit	ab 1. 1. 1978 vorgeschriebene Maßeinheit specified unit as from 1. 1. 1978
1 kg = 1 kp	10 N
1 t = 1 Mp	10 000 N = 10 kN = 0,01 MN
1 kg/cm^2	10 N/cm^2 = 100 kN/m^2 = 0,1 MN/m^2
1 t/m^2	1 N/cm^2 = 10 kN/m^2 = 0,01 MN/m^2
1 kg/cm^3	10 N/cm^3 = 10^4 kN/m^3 = 10 MN/m^3
1 t/m^3	0,01 N/cm^3 = 10 kN/m^3 = 0,01 MN/m^3

Symboles

a_o	[m]	côté le plus grand de la coupe transversale du support
B	[m]	dimensions du radier ou de la poutre de fondation perpendiculaire à l'axe de flexion
B1	[m]	côté le plus petit de la fondation
b_o	[m]	épaisseur du mur; côté le plus petit de la coupe transversale du support
d	[m]	épaisseur du radier ou de la poutre de fondation
d_i	[m]	épaisseur idéale du radier ou de la poutre de fondation
DS	[m]	épaisseur de la couche compressible
E	[t/m^2]	module de Young
E_b	[t/m^2]	module de Young du béton
E_s	[t/m^2]	module de compressibilité du sol
e	[m]	excentricité
f	[1]	ordonnées de la ligne d'influence des tassements
FM	[1]	coefficient d'influence du moment de flexion
FP	[1]	coefficient d'influence de la pression du sol
FQ	[1]	coefficient d'influence de la force transversale
FS	[1]	coefficient d'influence du tassement
I	[m^4]	moment d'inertie
K_o	[1]	coefficient de pression du sol au repos
KS	[1]	rigidité du système
k_s	[t/m^3]	coefficient de raideur
L	[m]	dimension du radier ou de la poutre de fondation dans l'axe de flexion
ΔL	[m]	longueur de l'élément dans l'axe de flexion
l	[m]	distance des charges
M	[tm/m]	moment fléchissant
M_o	[tm, tm/m]	moment extèrieur
m	[1]	nombre de sections du radier ou de la poutre de fondation dans l'axe de flexion
$m_v = \frac{1}{E_s}$	[m^2/t]	valeur réciproque du module de compressibilité
m_w	[1]	nombre d'étages coopérants
P	[t/m]	force équivalente de la pression du sol
p	[t/m^2]	pression du sol

Denominaciones

a_o	[m]	lado mayor de la columna
B	[m]	largo de la placa o viga de fundación perpendicular al eje de flexión
B1	[m]	lado menor del fundamento
b_o	[m]	espesor del muro; lado menor de la columna
d	[m]	espesor de la placa o viga de fundación
d_i	[m]	espesor ideal de la placa o viga de fundación
DS	[m]	espesor de la capa compresible
E	[t/m^2]	módulo de elasticidad
E_b	[t/m^2]	módulo de elasticidad del hormigón
E_s	[t/m^2]	módulo de compresibilidad del terreno
e	[m]	excentricidad
f	[1]	ordenada de la linea de influencia del asentamiento
FM	[1]	coeficiente de influencia del momento flector
FP	[1]	coeficiente de influencia de la presión del terreno
FQ	[1]	coeficiente de influencia del esfuerzo de corte
FS	[1]	coeficiente de influencia del asentamiento
I	[m^4]	momento de inercia
K_o	[1]	coeficiente de resistencia del terreno
KS	[1]	rigidez del sistema
k_s	[t/m^3]	módulo de balasto del terreno
L	[m]	dimensión de la placa o viga de fundación en la dirección del eje flector
ΔL	[m]	longitud del elemento en dirección del eje flector
l	[m]	distancia de las cargas
M	[tm/m]	momento flector
M_o	[tm, tm/m]	momento flector exterior
m	[1]	cantidad de apoyos de la placa o viga de fundación a lo largo del eje flector
$m_v = \frac{1}{E_s}$	[m^2/t]	valor reciproco del módulo de compresibilidad
m_w	[1]	cantidad de plantas consideradas
P	[t/m]	carga equivalente a la presión del terreno
p	[t/m^2]	presión del terreno

p_{max}	[t/m^2]	plus grande pression de l'arête
p_{min}	[t/m^2]	plus petite pression de l'arête
Q	[t/m]	effort tranchant
Q_o	[t, t/m]	charge ponctuelle ou charge linéaire
q	[t/m^2]	poids propre du corps de fondation
s	[m]	tassement d'un point de la fondation
t	[m]	profondeur de la fondation
V	[t]	force verticale
X	[m]	coordonnée dans l'axe de flexion
XM	[m]	coordonnée du moment extèrieur
XQ	[m]	coordonnées de la charge ponctuelle nuisible
γ	[t/m^3]	poids spécifique du sol
γ_b	[t/m^3]	poids spécifique du béton
γ.t	[t/m^2]	déchargement par excavation
α	[°]	angle d'inclinaison de fondation rigide
ϑ	[°]	angle de la ligne de flexion
μ	[1]	coefficient de Poisson
σ_1	= 1 kg/cm^2 = 10 t/m^2	contrainte de l'unité
φ	[°]	angle de frottement

p_{max}	[t/m^2]	mayor valor extremo
p_{min}	[t/m^2]	menor valor extremo
Q	[t/m]	esfuerzo de corte
Q_o	[t, t/m]	carga exterior aislada o lineal
q	[t/m^2]	peso del cuerpo de fundación
s	[m]	asentamiento de un punto del fundamento
t	[m]	profundidad de la fundación
V	[t]	fuerza vertucal
X	[m]	coordenada a lo largo del eje flector
XM	[m]	coordenada del momento exterior
XQ	[m]	coordenada de la carga exterior
γ	[t/m^3]	peso especifico del terreno
γ_b	[t/m^3]	peso especifico del hormigón
γ.t	[t/m^2]	descarga a causa de la excavación
α	[°]	ángulo de inclinación del fundamento rigido
ϑ	[°]	ángulo del eje flector
μ	[1]	coeficiente de Poisson
σ_1	= 1 kg/cm^2 = 10 t/m^2	presión unitaria
φ	[°]	ángulo de rozamiento

Unités de mesures

D'après le décret de réalisation à la loi sur les unités dans le service de mesurage du 26 Juin 1970 ("Ausführungsverordnung zum Gesetz über Einheiten im Meßwesen"), et à partir du 1er Janvier 1978 pour l'unité de la force le Newton (N), le kilo-Newton (kN) et le méga-Newton (MN) sont prescrits. Et jusqu'à l'introduction de ces nouvelles grandeurs, on continuera d'utiliser les anciennes unités kg et t.

Une vue d'ensemble sur les conversions d'anciennes unités dans de nouvelles est donné dans le tableau suivant.

Unidades

Segun el Reglamento de la Ley sobre unidades de medición del 26 de Junio de 1970 ("Ausführungsverordnung zum Gesetz über Einheiten im Meßwesen", a partir del 1° de Enero de 1978 se usarán, como unidades de fuerza, el Newton (N), el Kilo-Newton (kN) y el Mega-Newton (MN). Hasta la feche de entrada en vigor de dichas unidades seguirán en uso las antiguas, kg y t.

La signiente tabla indica la conversión de las unidades antiguas a las nuevas.

Unités de mesures jusqu'ici Unidades hasta ahora	à partir du 1. 1. 1978 unités de mesures prescrites Unidades a partir del 1. 1. 1978
1 kg = 1 kp	10 N
1 t = 1 Mp	10 000 N = 10 kN = 0,01 MN
1 kg/cm^2	10 N/cm^2 = 100 kN/m^2 = 0,1 MN/m^2
1 t/m^2	1 N/cm^2 = 10 kN/m^2 = 0,01 MN/m^2
1 kg/cm^3	10 N/cm^3 = 10^4 kN/m^3 = 10 MN/m^3
1 t/m^3	0,01 N/cm^3 = 10 kN/m^3 = 0,01 MN/m^3

B/L= .50 DS/B1= .10 KS= .100

XQ/L=0.0

X/L	FP	FS	FQ	FM
.05	9.5675	.4099	-.5216	-.03804
.10	6.0639	.2997	-.2184	-.05654
.15	4.1154	.2039	-.0127	-.06232
.20	2.5179	.1261	.1132	-.05981
.25	1.3091	.0666	.1787	-.05251
.30	.4488	.0240	.2011	-.04301
.35	-.1176	-.0042	.1952	-.03310
.40	-.4517	-.0210	.1727	-.02391
.45	-.6127	-.0293	.1420	-.01604
.50	-.6533	-.0315	.1094	-.00975
.55	-.6170	-.0300	.0785	-.00506
.60	-.5371	-.0262	.0517	-.00180
.65	-.4378	-.0215	.0298	.00023
.70	-.3349	-.0165	.0130	.00130
.75	-.2377	-.0117	.0011	.00166
.80	-.1501	-.0074	-.0064	.00153
.85	-.0727	-.0036	-.0100	.00112
.90	-.0034	-.0002	-.0102	.00061
.95	.0602	.0029	-.0072	.00018
1.00	.1432	.0060	-.0000	-.00000

XQ/L=0.1

X/L	FP	FS	FQ	FM
.05	5.4049	.2355	.2702	.00676
.10	4.2367	.2076	-.5179	.02556
.15	3.5852	.1753	-.3387	.00415
.20	2.8281	.1390	-.1973	-.00925
.25	2.0972	.1036	-.0924	-.01649
.30	1.4511	.0721	-.0198	-.01930
.35	.9186	.0460	.0261	-.01914
.40	.5061	.0257	.0514	-.01720
.45	.2060	.0108	.0617	-.01438
.50	.0030	.0007	.0618	-.01129
.55	-.1216	-.0055	.0558	-.00835
.60	-.1866	-.0089	.0464	-.00579
.65	+.2089	-.0101	.0360	-.00373
.70	-.2027	-.0098	.0259	-.00218
.75	-.1790	-.0087	.0169	-.00112
.80	-.1458	-.0071	.0096	-.00045
.85	-.1081	-.0053	.0042	-.00011
.90	-.0691	-.0034	.0008	.00002
.95	-.0300	-.0015	-.0007	.00002
1.00	.0148	.0004	-.0000	-.00000

XQ/L=0.2

X/L	FP	FS	FQ	FM
.05	2.2388	.1005	.1119	.00280
.10	2.3320	.1144	.2285	.01131
.15	2.5850	.1262	.3578	.02597
.20	2.7256	.1326	-.5059	.04726
.25	2.6385	.1283	-.3740	.02527
.30	2.3247	.1136	-.2578	.00947
.35	1.9098	.0937	-.1623	-.00103
.40	1.4740	.0726	-.0886	-.00730
.45	1.0677	.0529	-.0352	-.01040
.50	.7182	.0358	.0007	-.01126
.55	.4369	.0219	.0226	-.01068
.60	.2238	.0114	.0337	-.00927
.65	.0722	.0039	.0374	-.00749
.70	-.0280	-.0011	.0360	-.00566
.75	-.0881	-.0041	.0316	-.00397
.80	-.1191	-.0057	.0256	-.00254
.85	-.1305	-.0063	.0191	-.00142
.90	-.1303	-.0063	.0126	-.00063
.95	-.1238	-.0061	.0064	-.00016
1.00	-.1275	-.0057	-.0000	-.00000

XQ/L=0.3

X/L	FP	FS	FQ	FM
.05	.3958	.0204	.0198	.00049
.10	.9269	.0456	.0661	.00264
.15	1.4335	.0703	.1378	.00774
.20	1.9120	.0935	.2334	.01702
.25	2.3196	.1130	.3494	.03159
.30	2.5834	.1254	-.5214	.05229
.35	2.5855	.1255	-.3922	.02945
.40	2.3323	.1138	-.2755	.01276
.45	1.9552	.0958	-.1778	.00143
.50	1.5397	.0758	-.1008	-.00554
.55	1.1409	.0564	-.0438	-.00915
.60	.7901	.0393	-.0043	-.01035
.65	.5010	.0251	.0208	-.00994
.70	.2753	.0139	.0346	-.00856
.75	.1068	.0056	.0399	-.00669
.80	-.0148	-.0005	.0392	-.00472
.85	-.1017	-.0048	.0341	-.00289
.90	-.1659	-.0080	.0258	-.00139
.95	-.2168	-.0106	.0149	-.00037
1.00	-.2987	-.0129	-.0000	-.00000

XQ/L=0.4

X/L	FP	FS	FQ	FM
.05	-.4070	-.0154	-.0203	-.00051
.10	.1277	.0064	-.0140	-.00137
.15	.5767	.0285	.0149	-.00134
.20	1.0370	.0510	.0667	.00070
.25	1.5014	.0737	.1418	.00591
.30	1.9494	.0954	.2393	.01544
.35	2.3371	.1140	.3561	.03032
.40	2.5901	.1258	-.5144	.05136
.45	2.5879	.1257	-.3850	.02888
.50	2.3351	.1140	-.2682	.01255
.55	1.9608	.0961	-.1702	.00159
.60	1.5482	.0762	-.0928	-.00498
.65	1.1501	.0568	-.0353	-.00818
.70	.7954	.0395	.0045	-.00895
.75	.4952	.0247	.0293	-.00811
.80	.2484	.0125	.0417	-.00634
.85	.0463	.0025	.0440	-.00419
.90	-.1240	-.0059	.0378	-.00215
.95	-.2740	-.0134	.0241	-.00060
1.00	-.4819	-.0205	-.0000	-.00000

XQ/L=0.5

X/L	FP	FS	FQ	FM
.05	-.5865	-.0243	-.0293	-.00073
.10	-.2090	-.0102	-.0398	-.00246
.15	.0854	.0044	-.0355	-.00434
.20	.4024	.0200	-.0154	-.00561
.25	.7503	.0371	.0221	-.00545
.30	1.1338	.0559	.0788	-.00292
.35	1.5459	.0760	.1561	.00295
.40	1.9620	.0961	.2542	.01321
.45	2.3337	.1139	.3709	.02884
.50	2.5819	.1254	-.5000	.05061
.55	2.5819	.1254	-.3709	.02884
.60	2.3337	.1139	-.2542	.01321
.65	1.9620	.0961	-.1561	.00295
.70	1.5459	.0760	-.0788	-.00292
.75	1.1338	.0559	-.0221	-.00545
.80	.7503	.0371	.0154	-.00561
.85	.4024	.0200	.0355	-.00434
.90	.0854	.0044	.0398	-.00246
.95	-.2090	-.0102	.0293	-.00073
1.00	-.5865	-.0243	-.0000	-.00000

B/L= .50 DS/B1= .10 KS= .100

XM/L=0.0

X/L	FP	FS	FQ	FM
.05	42.8900	1.7919	2.1445	-.94639
.10	17.5731	.8964	3.0232	-.81720
.15	4.9005	.2661	3.2682	-.65991
.20	-3.3599	-.1426	3.1002	-.50070
.25	-8.0277	-.3772	2.6988	-.35573
.30	-10.0885	-.4837	2.1944	-.23340
.35	-10.3725	-.5020	1.6758	-.13665
.40	-9.5528	-.4652	1.1981	-.06480
.45	-8.1434	-.3985	.7909	-.01507
.50	-6.5123	-.3201	.4653	.01633
.55	-4.9031	-.2420	.2202	.03347
.60	-3.4596	-.1716	.0472	.04015
.65	-2.2506	-.1123	-.0653	.03970
.70	-1.2919	-.0651	-.1299	.03482
.75	-.5642	-.0291	-.1581	.02762
.80	-.0288	-.0025	-.1596	.01967
.85	.3623	.0171	-.1415	.01215
.90	.6583	.0318	-.1086	.00590
.95	.8982	.0439	-.0636	.00159
1.00	1.2730	.0549	.0000	-.00000

XM/L=0.1

X/L	FP	FS	FQ	FM
.05	38.0600	1.6083	1.9030	.04757
.10	19.8511	.9757	2.8956	-.83246
.15	6.6673	.3491	3.2289	-.67935
.20	-2.2601	-.0881	3.1159	-.52073
.25	-7.3923	-.3454	2.7463	-.37417
.30	-9.7957	-.4686	2.2565	-.24910
.35	-10.3156	-.4987	1.7407	-.14917
.40	-9.6450	-.4693	1.2585	-.07419
.45	-8.3178	-.4068	.8426	-.02166
.50	-6.7206	-.3301	.5066	.01207
.55	-5.1125	-.2522	.2509	.03100
.60	-3.6502	-.1809	.0684	.03899
.65	-2.4118	-.1202	-.0522	.03939
.70	-1.4195	-.0714	-.1231	.03501
.75	-.6585	-.0337	-.1561	.02803
.80	-.0917	-.0056	-.1606	.02011
.85	.3280	.0154	-.1442	.01249
.90	.6502	.0314	-.1117	.00609
.95	.9143	.0447	-.0660	.00165
1.00	1.3202	.0569	-.0000	-.00000

XM/L=0.2

X/L	FP	FS	FQ	FM
.05	24.8645	1.0708	1.2432	.03108
.10	17.0826	.8361	2.0974	.11460
.15	11.9755	.5801	2.6961	.23443
.20	5.6806	.2722	2.9802	-.62366
.25	-2.1588	-.0897	2.8722	-.47735
.30	-6.9203	-.3240	2.5262	-.34239
.35	-9.0982	-.4356	2.0713	-.22745
.40	-9.5526	-.4620	1.5937	-.13583
.45	-8.9201	-.4341	1.1477	-.06730
.50	-7.6906	-.3761	.7631	-.01953
.55	-6.2167	-.3053	.4523	.01086
.60	-4.7334	-.2334	.2156	.02756
.65	-3.3805	-.1675	.0466	.03411
.70	-2.2254	-.1108	-.0647	.03366
.75	-1.2835	-.0644	-.1288	.02882
.80	-.5358	-.0274	-.1556	.02171
.85	.0563	.0019	-.1528	.01400
.90	.5409	.0260	-.1258	.00704
.95	.9591	.0469	-.0778	.00195
1.00	1.5564	.0664	-.0000	-.00000

XM/L=0.3

X/L	FP	FS	FQ	FM
.05	12.5386	.5515	.6269	.01567
.10	10.8993	.5339	1.1719	.06064
.15	10.3776	.5052	1.6908	.13221
.20	9.2656	.4479	2.1541	.22833
.25	7.0795	.3368	2.5080	.34488
.30	3.0669	.1400	2.6614	-.52588
.35	-3.1544	-.1421	2.5037	-.39676
.40	-6.8496	-.3235	2.1612	-.28014
.45	-8.3992	-.4035	1.7412	-.18258
.50	-8.5512	-.4143	1.3137	-.10620
.55	-7.8415	-.3821	.9216	-.05032
.60	-6.6741	-.3267	.5879	-.01259
.65	-5.3327	-.2620	.3212	.01014
.70	-3.9984	-.1972	.1213	.02120
.75	-2.7708	-.1372	-.0172	.02381
.80	-1.6882	-.0840	-.1016	.02084
.85	-.7463	-.0375	-.1389	.01482
.90	.0867	.0035	-.1346	.00798
.95	.8454	.0412	-.0923	.00231
1.00	1.8468	.0773	-.0000	-.00000

XM/L=0.4

X/L	FP	FS	FQ	FM
.05	4.2437	.1952	.2122	.00530
.10	5.3549	.2627	.4799	.02261
.15	6.6740	.3263	.8136	.05495
.20	7.7673	.3784	1.2020	.10534
.25	8.3927	.4067	1.6216	.17593
.30	8.1792	.3931	2.0306	.26723
.35	6.6274	.3132	2.3620	.37705
.40	3.0290	.1370	2.5134	-.50107
.45	-2.9528	-.1331	2.3658	-.37909
.50	-6.5382	-.3088	2.0389	-.26897
.55	-8.0652	-.3874	1.6356	-.17711
.60	-8.2445	-.3994	1.2234	-.10564
.65	-7.5796	-.3692	.8444	-.05394
.70	-6.4470	-.3153	.5220	-.01978
.75	-5.1066	-.2506	.2667	-.00007
.80	-3.7194	-.1830	.0807	.00862
.85	-2.3680	-.1169	-.0377	.00970
.90	-1.0768	-.0535	-.0915	.00647
.95	.1570	.0073	-.0836	.00209
1.00	1.6729	.0669	-.0000	-.00000

XM/L=0.5

X/L	FP	FS	FQ	FM
.05	-.0807	.0055	-.0040	-.00010
.10	1.7095	.0842	.0814	.00183
.15	3.3103	.1626	.2470	.01004
.20	4.8862	.2394	.4913	.02850
.25	6.3560	.3105	.8091	.06101
.30	7.5692	.3684	1.1875	.11092
.35	8.2769	.4008	1.6014	.18065
.40	8.1135	.3897	2.0070	.27086
.45	6.5860	.3111	2.3363	.37944
.50	2.9934	.1351	2.4860	-.50000
.55	-2.9934	-.1351	2.3363	-.37944
.60	-6.5860	-.3111	2.0070	-.27086
.65	-8.1135	-.3897	1.6014	-.18065
.70	-8.2769	-.4008	1.1875	-.11092
.75	-7.5692	-.3684	.8091	-.06101
.80	-6.3560	-.3105	.4913	-.02850
.85	-4.8862	-.2394	.2470	-.01004
.90	-3.3103	-.1626	.0814	-.00183
.95	-1.7095	-.0842	-.0040	.00010
1.00	.0807	-.0055	-.0000	-.00000

B/L= .50   DS/B1= .10   KS= .200

XQ/L=0.0

X/L	FP	FS	FQ	FM
.05	8.2304	.3543	-.5885	-.03971
.10	5.5729	.2748	-.3098	-.06217
.15	4.1136	.2029	-.1042	-.07252
.20	2.8461	.1412	.0381	-.07417
.25	1.8137	.0906	.1288	-.07000
.30	1.0055	.0508	.1791	-.06230
.35	.4013	.0209	.1992	-.05284
.40	-.0263	-.0003	.1979	-.04291
.45	-.3077	-.0143	.1825	-.03340
.50	-.4730	-.0226	.1588	-.02487
.55	-.5500	-.0266	.1313	-.01762
.60	-.5629	-.0273	.1032	-.01176
.65	-.5317	-.0259	.0766	-.00726
.70	-.4723	-.0231	.0530	-.00402
.75	-.3963	-.0194	.0332	-.00187
.80	-.3118	-.0153	.0176	-.00060
.85	-.2240	-.0110	.0064	-.00000
.90	-.1355	-.0067	-.0004	.00015
.95	-.0476	-.0024	-.0028	.00007
1.00	.0555	.0020	-.0000	-.00000

XQ/L=0.1

X/L	FP	FS	FQ	FM
.05	5.1404	.2239	.2570	.00643
.10	4.0073	.1966	-.5426	.02429
.15	3.4156	.1673	-.3718	.00142
.20	2.7716	.1363	-.2333	-.01370
.25	2.1535	.1062	-.1256	-.02267
.30	1.5945	.0789	-.0459	-.02696
.35	1.1138	.0553	.0098	-.02786
.40	.7185	.0359	.0458	-.02647
.45	.4071	.0206	.0661	-.02368
.50	.1729	.0090	.0748	-.02015
.55	.0058	.0007	.0750	-.01641
.60	-.1054	-.0049	.0698	-.01279
.65	-.1723	-.0082	.0612	-.00952
.70	-.2053	-.0099	.0509	-.00671
.75	-.2139	-.0104	.0402	-.00444
.80	-.2057	-.0100	.0299	-.00268
.85	-.1870	-.0091	.0206	-.00142
.90	-.1623	-.0080	.0124	-.00060
.95	-.1346	-.0066	.0057	-.00014
1.00	-.1144	-.0052	-.0000	-.00000

XQ/L=0.2

X/L	FP	FS	FQ	FM
.05	2.6156	.1159	.1308	.00327
.10	2.4327	.1194	.2524	.01285
.15	2.4882	.1217	.3768	.02858
.20	2.4778	.1210	-.4993	.05052
.25	2.3455	.1145	-.3820	.02849
.30	2.0897	.1023	-.2775	.01200
.35	1.7745	.0871	-.1888	.00034
.40	1.4427	.0710	-.1167	-.00730
.45	1.1235	.0554	-.0605	-.01173
.50	.8349	.0413	-.0187	-.01371
.55	.5863	.0291	.0106	-.01391
.60	.3806	.0190	.0296	-.01291
.65	.2163	.0109	.0404	-.01116
.70	.0891	.0046	.0449	-.00902
.75	-.0071	-.0002	.0445	-.00679
.80	-.0793	-.0038	.0406	-.00466
.85	-.1342	-.0065	.0338	-.00280
.90	-.1781	-.0087	.0249	-.00133
.95	-.2154	-.0106	.0142	-.00035
1.00	-.2833	-.0123	-.0000	-.00000

XQ/L=0.3

X/L	FP	FS	FQ	FM
.05	.9178	.0424	.0459	.00115
.10	1.1904	.0585	.1054	.00493
.15	1.5123	.0741	.1810	.01209
.20	1.8088	.0885	.2715	.02340
.25	2.0536	.1003	.3741	.03954
.30	2.2046	.1074	-.5156	.06101
.35	2.1988	.1071	-.4057	.03797
.40	2.0385	.0996	-.3038	.02024
.45	1.7915	.0878	-.2142	.00729
.50	1.5048	.0739	-.1390	-.00154
.55	1.2112	.0596	-.0784	-.00698
.60	.9324	.0460	-.0318	-.00973
.65	.6803	.0337	.0022	-.01047
.70	.4600	.0228	.0252	-.00978
.75	.2712	.0135	.0388	-.00818
.80	.1102	.0056	.0443	-.00610
.85	-.0290	-.0013	.0429	-.00392
.90	-.1533	-.0074	.0352	-.00197
.95	-.2678	-.0131	.0218	-.00055
1.00	-.4362	-.0186	-.0000	-.00000

XQ/L=0.4

X/L	FP	FS	FQ	FM
.05	-.0333	.0006	-.0017	-.00004
.10	.3770	.0186	.0172	.00035
.15	.7426	.0365	.0543	.00213
.20	1.1060	.0543	.1096	.00623
.25	1.4577	.0715	.1825	.01354
.30	1.7811	.0872	.2716	.02489
.35	2.0481	.1000	.3740	.04102
.40	2.2165	.1080	-.5152	.06249
.45	2.2236	.1083	-.4040	.03951
.50	2.0717	.1012	-.3004	.02190
.55	1.8282	.0895	-.2090	.00916
.60	1.5396	.0756	-.1321	.00064
.65	1.2380	.0609	-.0702	-.00442
.70	.9440	.0465	-.0230	-.00675
.75	.6682	.0330	.0105	-.00706
.80	.4144	.0205	.0312	-.00602
.85	.1810	.0090	.0402	-.00423
.90	-.0371	-.0017	.0384	-.00227
.95	-.2440	-.0119	.0262	-.00065
1.00	-.5233	-.0219	-.0000	-.00000

XQ/L=0.5

X/L	FP	FS	FQ	FM
.05	-.4433	-.0179	-.0222	-.00055
.10	-.0645	-.0031	-.0254	-.00174
.15	.2383	.0118	-.0135	-.00271
.20	.5496	.0271	.0140	-.00270
.25	.8693	.0428	.0575	-.00091
.30	1.1956	.0588	.1172	.00345
.35	1.5196	.0746	.1932	.01122
.40	1.8232	.0893	.2844	.02316
.45	2.0766	.1014	.3882	.03997
.50	2.2358	.1089	-.5000	.06218
.55	2.2358	.1089	-.3882	.03997
.60	2.0766	.1014	-.2844	.02316
.65	1.8232	.0893	-.1932	.01122
.70	1.5196	.0746	-.1172	.00345
.75	1.1956	.0588	-.0575	-.00091
.80	.8693	.0428	-.0140	-.00270
.85	.5496	.0271	.0135	-.00271
.90	.2383	.0118	.0254	-.00174
.95	-.0645	-.0031	.0222	-.00055
1.00	-.4433	-.0179	-.0000	-.00000

B/L= .50 DS/B1= .10 KS= .200

XM/L=0.0

X/L	FP	FS	FQ	FM
.05	31.5865	1.3308	1.5793	-.96052
.10	15.3283	.7701	2.3457	-.86239
.15	6.7813	.3463	2.6848	-.73663
.20	.6046	.0426	2.7150	-.60163
.25	-3.4906	-.1608	2.5405	-.47024
.30	-5.9456	-.2838	2.2432	-.35065
.35	-7.1522	-.3453	1.8856	-.24743
.40	-7.4544	-.3621	1.5129	-.16246
.45	-7.1406	-.3483	1.1559	-.09575
.50	-6.4424	-.3152	.8338	-.04600
.55	-5.5367	-.2716	.5569	-.01124
.60	-4.5513	-.2237	.3293	.01092
.65	-3.5719	-.1760	.1508	.02292
.70	-2.6490	-.1308	.0183	.02715
.75	-1.8063	-.0894	-.0720	.02581
.80	-1.0467	-.0520	-.1243	.02090
.85	-.3595	-.0181	-.1423	.01423
.90	.2753	.0131	-.1286	.00746
.95	.8732	.0427	-.0849	.00212
1.00	1.6978	.0716	.0000	-.00000

XM/L=0.1

X/L	FP	FS	FQ	FM
.05	28.9486	1.2297	1.4474	.03619
.10	16.3754	.8051	2.2662	-.87097
.15	7.6545	.3872	2.6489	-.74810
.20	1.2031	.0721	2.7091	-.61414
.25	-3.0901	-.1409	2.5546	-.48255
.30	-5.7033	-.2716	2.2694	-.36195
.35	-7.0311	-.3391	1.9179	-.25727
.40	-7.4218	-.3603	1.5468	-.17066
.45	-7.1688	-.3495	1.1883	-.10228
.50	-6.5089	-.3183	.8629	-.05100
.55	-5.6241	-.2758	.5817	-.01488
.60	-4.6464	-.2283	.3494	.00839
.65	-3.6654	-.1805	.1661	.02128
.70	-2.7348	-.1350	.0293	.02616
.75	-1.8803	-.0930	-.0647	.02528
.80	-1.1069	-.0549	-.1200	.02066
.85	-.4047	-.0203	-.1403	.01416
.90	.2455	.0116	-.1280	.00745
.95	.8587	.0420	-.0850	.00213
1.00	1.7008	.0717	-.0000	-.00000

XM/L=0.2

X/L	FP	FS	FQ	FM
.05	21.1714	.9114	1.0586	.02646
.10	14.4424	.7081	1.7807	.09745
.15	10.1755	.4957	2.2895	.19920
.20	5.3721	.2613	2.5581	-.67961
.25	-.0569	.0067	2.5552	-.55178
.30	-3.7437	-.1743	2.3680	-.42870
.35	-5.8887	-.2818	2.0736	-.31766
.40	-6.8982	-.3335	1.7287	-.22260
.45	-7.0906	-.3447	1.3742	-.14503
.50	-6.7309	-.3284	1.0376	-.08473
.55	-6.0295	-.2951	.7361	-.04039
.60	-5.1455	-.2524	.4789	-.01001
.65	-4.1916	-.2060	.2693	.00869
.70	-3.2416	-.1596	.1072	.01810
.75	-2.3370	-.1153	-.0096	.02054
.80	-1.4944	-.0739	-.0844	.01819
.85	-.7127	-.0354	-.1200	.01308
.90	.0221	.0007	-.1189	.00711
.95	.7218	.0353	-.0828	.00207
1.00	1.6560	.0692	-.0000	-.00000

XM/L=0.3

X/L	FP	FS	FQ	FM
.05	12.9518	.5648	.6476	.01619
.10	10.2689	.5037	1.1610	.06141
.15	8.9479	.4369	1.6084	.13064
.20	7.3160	.3558	1.9742	.22021
.25	5.1651	.2486	2.2325	.32538
.30	2.1419	.1004	2.3396	-.56032
.35	-1.9037	-.0863	2.2444	-.44572
.40	-4.5574	-.2163	2.0165	-.33920
.45	-5.9705	-.2875	1.7180	-.24584
.50	-6.4949	-.3150	1.3933	-.16806
.55	-6.3949	-.3115	1.0735	-.10639
.60	-5.8842	-.2875	.7793	-.06007
.65	-5.1273	-.2511	.5229	-.02751
.70	-4.2438	-.2083	.3107	-.00667
.75	-3.3139	-.1629	.1450	.00473
.80	-2.3856	-.1175	.0258	.00900
.85	-1.4811	-.0731	-.0483	.00843
.90	-.6035	-.0300	-.0785	.00526
.95	.2485	.0120	-.0660	.00165
1.00	1.3208	.0535	-.0000	-.00000

XM/L=0.4

X/L	FP	FS	FQ	FM
.05	6.4306	.2856	.3215	.00804
.10	6.1098	.2999	.6270	.03175
.15	6.3624	.3113	.9451	.07106
.20	6.4537	.3151	1.2678	.12638
.25	6.2561	.3041	1.5806	.19759
.30	5.5717	.2690	1.8592	.28359
.35	4.1571	.1979	2.0671	.38174
.40	1.6841	.0769	2.1513	-.51280
.45	-1.9713	-.0905	2.0527	-.40770
.50	-4.3659	-.2076	1.8344	-.31052
.55	-5.6216	-.2709	1.5533	-.22583
.60	-6.0625	-.2940	1.2502	-.15574
.65	-5.9277	-.2887	.9538	-.10064
.70	-5.4092	-.2642	.6834	-.05971
.75	-4.6531	-.2278	.4507	-.03136
.80	-3.7643	-.1846	.2625	-.01353
.85	-2.8119	-.1381	.1219	-.00392
.90	-1.8357	-.0903	.0301	-.00011
.95	-.8576	-.0423	-.0128	.00032
1.00	.2553	.0057	-.0000	-.00000

XM/L=0.5

X/L	FP	FS	FQ	FM
.05	2.1294	.0991	.1065	.00266
.10	2.9122	.1431	.2521	.01163
.15	3.7943	.1861	.4418	.02897
.20	4.6164	.2260	.6726	.05683
.25	5.3144	.2596	.9383	.09711
.30	5.7846	.2817	1.2276	.15126
.35	5.8832	.2853	1.5217	.21999
.40	5.4215	.2612	1.7928	.30285
.45	4.1655	.1979	2.0011	.39770
.50	1.7973	.0822	2.0910	-.50000
.55	-1.7973	-.0822	2.0011	-.39770
.60	-4.1655	-.1979	1.7928	-.30285
.65	-5.4215	-.2612	1.5217	-.21999
.70	-5.8832	-.2853	1.2276	-.15126
.75	-5.7846	-.2817	.9383	-.09711
.80	-5.3144	-.2596	.6726	-.05683
.85	-4.6164	-.2260	.4418	-.02897
.90	-3.7943	-.1861	.2521	-.01163
.95	-2.9122	-.1431	.1065	-.00266
1.00	-2.1294	-.0991	-.0000	-.00000

B/L= .50 DS/B1= .10 KS= .500

XQ/L=0.0

X/L	FP	FS	FQ	FM
.05	6.7151	.2907	-.6642	-.04161
.10	4.8633	.2394	-.4211	-.06874
.15	3.8917	.1914	-.2265	-.08493
.20	3.0006	.1481	-.0765	-.09250
.25	2.2252	.1101	.0348	-.09354
.30	1.5658	.0777	.1131	-.08985
.35	1.0198	.0509	.1641	-.08292
.40	.5800	.0292	.1931	-.07399
.45	.2363	.0122	.2049	-.06404
.50	-.0229	-.0006	.2037	-.05382
.55	-.2101	-.0099	.1932	-.04390
.60	-.3378	-.0163	.1764	-.03466
.65	-.4178	-.0203	.1555	-.02636
.70	-.4607	-.0225	.1324	-.01917
.75	-.4761	-.0233	.1086	-.01314
.80	-.4721	-.0231	.0850	-.00830
.85	-.4554	-.0223	.0622	-.00462
.90	-.4312	-.0211	.0407	-.00205
.95	-.4025	-.0198	.0206	-.00051
1.00	-.4112	-.0183	-.0000	-.00000

XQ/L=0.1

X/L	FP	FS	FQ	FM
.05	4.6628	.2033	.2331	.00583
.10	3.6705	.1803	-.5833	.02207
.15	3.1916	.1565	-.4238	-.00310
.20	2.6901	.1323	-.2893	-.02093
.25	2.2081	.1087	-.1788	-.03263
.30	1.7607	.0869	-.0908	-.03937
.35	1.3586	.0671	-.0229	-.04221
.40	1.0071	.0499	.0275	-.04210
.45	.7078	.0352	.0629	-.03984
.50	.4588	.0229	.0858	-.03612
.55	.2565	.0129	.0986	-.03151
.60	.0957	.0050	.1034	-.02646
.65	-.0297	-.0013	.1019	-.02133
.70	-.1260	-.0060	.0956	-.01639
.75	-.1994	-.0097	.0857	-.01186
.80	-.2556	-.0125	.0729	-.00789
.85	-.3001	-.0147	.0579	-.00462
.90	-.3374	-.0165	.0410	-.00215
.95	-.3698	-.0182	.0225	-.00056
1.00	-.4504	-.0197	-.0000	-.00000

XQ/L=0.2

X/L	FP	FS	FQ	FM
.05	2.8694	.1263	.1435	.00359
.10	2.4911	.1224	.2680	.01387
.15	2.4066	.1179	.3883	.03028
.20	2.2901	.1122	-.4971	.05256
.25	2.1239	.1041	-.3909	.03036
.30	1.9061	.0935	-.2956	.01320
.35	1.6626	.0817	-.2125	.00049
.40	1.4117	.0694	-.1419	-.00837
.45	1.1664	.0574	-.0836	-.01401
.50	.9354	.0461	-.0368	-.01702
.55	.7239	.0357	-.0006	-.01796
.60	.5341	.0264	.0261	-.01732
.65	.3662	.0181	.0444	-.01556
.70	.2185	.0109	.0553	-.01307
.75	.0884	.0045	.0597	-.01019
.80	-.0276	-.0013	.0583	-.00724
.85	-.1329	-.0065	.0517	-.00449
.90	-.2316	-.0113	.0401	-.00219
.95	-.3253	-.0160	.0238	-.00060
1.00	-.4768	-.0205	-.0000	-.00000

XQ/L=0.3

X/L	FP	FS	FQ	FM
.05	1.4936	.0667	.0747	.00187
.10	1.4928	.0734	.1493	.00747
.15	1.6249	.0797	.2306	.01696
.20	1.7401	.0853	.3176	.03067
.25	1.8280	.0895	.4090	.04883
.30	1.8682	.0914	-.4976	.07161
.35	1.8335	.0897	-.4059	.04903
.40	1.7237	.0844	-.3198	.03088
.45	1.5657	.0768	-.2415	.01685
.50	1.3794	.0677	-.1725	.00650
.55	1.1796	.0580	-.1135	-.00065
.60	.9768	.0481	-.0647	-.00510
.65	.7781	.0383	-.0258	-.00736
.70	.5875	.0290	.0036	-.00792
.75	.4064	.0201	.0239	-.00723
.80	.2348	.0116	.0357	-.00574
.85	.0712	.0036	.0392	-.00387
.90	-.0871	-.0042	.0349	-.00201
.95	-.2406	-.0118	.0228	-.00057
1.00	-.4568	-.0193	-.0000	-.00000

XQ/L=0.4

X/L	FP	FS	FQ	FM
.05	.5484	.0255	.0274	.00069
.10	.7438	.0366	.0646	.00299
.15	.9682	.0476	.1130	.00743
.20	1.1859	.0582	.1723	.01456
.25	1.3909	.0682	.2419	.02491
.30	1.5727	.0771	.3205	.03897
.35	1.7162	.0840	.4063	.05714
.40	1.8018	.0880	-.5036	.07971
.45	1.8022	.0881	-.4135	.05678
.50	1.7178	.0841	-.3276	.03825
.55	1.5760	.0772	-.2488	.02384
.60	1.3971	.0685	-.1789	.01315
.65	1.1964	.0587	-.1191	.00570
.70	.9848	.0484	-.0699	.00097
.75	.7697	.0379	-.0314	-.00156
.80	.5553	.0273	-.0036	-.00244
.85	.3436	.0169	.0135	-.00219
.90	.1345	.0067	.0203	-.00134
.95	-.0715	-.0035	.0167	-.00042
1.00	-.3339	-.0136	-.0000	-.00000

XQ/L=0.5

X/L	FP	FS	FQ	FM
.05	-.0299	.0000	-.0015	-.00004
.10	.2373	.0117	.0104	.00018
.15	.4747	.0234	.0341	.00130
.20	.7118	.0350	.0697	.00389
.25	.9459	.0465	.1170	.00856
.30	1.1729	.0576	.1756	.01587
.35	1.3855	.0679	.2449	.02639
.40	1.5731	.0771	.3236	.04060
.45	1.7206	.0842	.4096	.05893
.50	1.8080	.0883	-.5000	.08167
.55	1.8080	.0883	-.4096	.05893
.60	1.7206	.0842	-.3236	.04060
.65	1.5731	.0771	-.2449	.02639
.70	1.3855	.0679	-.1756	.01587
.75	1.1729	.0576	-.1170	.00856
.80	.9459	.0465	-.0697	.00389
.85	.7118	.0350	-.0341	.00130
.90	.4747	.0234	-.0104	.00018
.95	.2373	.0117	.0015	-.00004
1.00	-.0299	.0000	0.0000	-.00000

B/L= .50 DS/B1= .10 KS= .500

XM/L=0.0

X/L	FP	FS	FQ	FM
.05	20.8227	.8854	1.0411	-.97397
.10	11.8098	.5872	1.6316	-.90715
.15	6.9256	.3455	1.9779	-.81691
.20	3.0470	.1555	2.1303	-.71421
.25	.1271	.0115	2.1366	-.60754
.30	-1.9809	-.0928	2.0376	-.50318
.35	-3.4098	-.1638	1.8671	-.40557
.40	-4.2851	-.2076	1.6528	-.31757
.45	-4.7210	-.2297	1.4168	-.24083
.50	-4.8185	-.2351	1.1758	-.17602
.55	-4.6642	-.2280	.9426	-.12305
.60	-4.3300	-.2120	.7261	-.08133
.65	-3.8735	-.1899	.5325	-.04987
.70	-3.3391	-.1638	.3655	-.02742
.75	-2.7593	-.1355	.2275	-.01259
.80	-2.1566	-.1060	.1197	-.00391
.85	-1.5448	-.0760	.0425	.00014
.90	-.9307	-.0459	-.0041	.00110
.95	-.3194	-.0158	-.0200	.00050
1.00	.4006	.0142	.0000	-.00000

XM/L=0.1

X/L	FP	FS	FQ	FM
.05	19.6623	.8405	.9831	.02458
.10	12.1762	.5985	1.5919	-.91105
.15	7.2559	.3609	1.9547	-.82238
.20	3.2944	.1677	2.1194	-.72053
.25	.3144	.0208	2.1352	-.61416
.30	-1.8450	-.0861	2.0429	-.50971
.35	-3.3170	-.1592	1.8771	-.41171
.40	-4.2275	-.2047	1.6657	-.32314
.45	-4.6915	-.2282	1.4311	-.24572
.50	-4.8106	-.2347	1.1906	-.18018
.55	-4.6724	-.2284	.9570	-.12649
.60	-4.3496	-.2129	.7395	-.08408
.65	-3.9007	-.1912	.5444	-.05198
.70	-3.3710	-.1654	.3759	-.02897
.75	-2.7937	-.1372	.2362	-.01367
.80	-2.1919	-.1077	.1266	-.00460
.85	-1.5799	-.0777	.0476	-.00025
.90	-.9650	-.0476	-.0006	.00093
.95	-.3526	-.0174	-.0183	.00046
1.00	.3653	.0126	-.0000	-.00000

XM/L=0.2

X/L	FP	FS	FQ	FM
.05	15.9604	.6882	.7980	.01995
.10	11.0878	.5442	1.3524	.07371
.15	8.1297	.3975	1.7589	.15149
.20	4.9825	.2441	2.0080	-.75433
.25	1.6661	.0864	2.0913	-.65185
.30	-.8445	-.0367	2.0491	-.54834
.35	-2.6023	-.1238	1.9190	-.44914
.40	-3.7506	-.1810	1.7315	-.35788
.45	-4.4074	-.2140	1.5111	-.27681
.50	-4.6789	-.2280	1.2771	-.20711
.55	-4.6576	-.2275	1.0443	-.14907
.60	-4.4214	-.2163	.8232	-.10238
.65	-4.0341	-.1976	.6215	-.06627
.70	-3.5462	-.1739	.4442	-.03963
.75	-2.9957	-.1470	.2944	-.02116
.80	-2.4096	-.1184	.1739	-.00945
.85	-1.8061	-.0888	.0836	-.00302
.90	-1.1952	-.0588	.0239	-.00033
.95	-.5840	-.0288	-.0053	.00013
1.00	.1070	.0012	-.0000	-.00000

XM/L=0.3

X/L	FP	FS	FQ	FM
.05	11.5436	.5016	.5772	.01443
.10	8.7729	.4307	1.0158	.05425
.15	7.3113	.3578	1.3814	.11418
.20	5.7245	.2799	1.6676	.19041
.25	3.9628	.1929	1.8658	.27874
.30	1.8995	.0919	1.9607	-.62559
.35	-.5041	-.0212	1.9355	-.52819
.40	-2.2598	-.1072	1.8225	-.43423
.45	-3.4098	-.1644	1.6521	-.34737
.50	-4.0829	-.1981	1.4479	-.26987
.55	-4.3808	-.2134	1.2289	-.20295
.60	-4.3923	-.2145	1.0093	-.14700
.65	-4.1925	-.2051	.7996	-.10178
.70	-3.8432	-.1882	.6075	-.06660
.75	-3.3933	-.1664	.4378	-.04047
.80	-2.8799	-.1413	.2938	-.02218
.85	-2.3298	-.1144	.1773	-.01040
.90	-1.7610	-.0866	.0893	-.00374
.95	-1.1840	-.0583	.0301	-.00075
1.00	-.6013	-.0299	-.0000	-.00000

XM/L=0.4

X/L	FP	FS	FQ	FM
.05	7.4752	.3276	.3738	.00934
.10	6.2237	.3056	.6849	.03581
.15	5.7649	.2824	.9732	.07727
.20	5.2242	.2558	1.2344	.13245
.25	4.5637	.2229	1.4626	.19988
.30	3.7034	.1801	1.6478	.27764
.35	2.5525	.1230	1.7754	.36322
.40	.9927	.0467	1.8250	-.54677
.45	-1.0084	-.0466	1.7746	-.45678
.50	-2.4539	-.1174	1.6519	-.37112
.55	-3.3759	-.1632	1.4831	-.29275
.60	-3.8930	-.1892	1.2885	-.22346
.65	-4.0966	-.1998	1.0836	-.16415
.70	-4.0656	-.1987	.8804	-.11505
.75	-3.8663	-.1893	.6870	-.07587
.80	-3.5528	-.1741	.5094	-.04596
.85	-3.1670	-.1554	.3510	-.02445
.90	-2.7409	-.1345	.2140	-.01032
.95	-2.2916	-.1127	.0994	-.00249
1.00	-1.9885	-.0904	-.0000	-.00000

XM/L=0.5

X/L	FP	FS	FQ	FM
.05	4.2493	.1885	.2125	.00531
.10	3.9843	.1957	.4117	.02092
.15	4.1246	.2022	.6179	.04665
.20	4.2173	.2067	.8288	.08282
.25	4.2361	.2073	1.0406	.12956
.30	4.1280	.2016	1.2470	.18674
.35	3.8292	.1864	1.4384	.25388
.40	3.2630	.1580	1.6016	.32988
.45	2.3408	.1122	1.7186	.41289
.50	.9470	.0440	1.7660	-.50000
.55	-.9470	-.0440	1.7186	-.41288
.60	-2.3408	-.1122	1.6016	-.32988
.65	-3.2630	-.1580	1.4384	-.25388
.70	-3.8292	-.1864	1.2470	-.18674
.75	-4.1280	-.2016	1.0406	-.12956
.80	-4.2361	-.2073	.8288	-.08282
.85	-4.2173	-.2067	.6179	-.04665
.90	-4.1246	-.2022	.4117	-.02092
.95	-3.9843	-.1957	.2125	-.00531
1.00	-4.2493	-.1885	-.0000	-.00000

B/L= .50   OS/B1= .10   KS= 1.000

XQ/L=0.0

X/L	FP	FS	FQ	FM
.05	5.8012	.2520	-.7099	-.04275
.10	4.3751	.2152	-.4912	-.07278
.15	3.6668	.1802	-.3078	-.09275
.20	2.9971	.1476	-.1580	-.10440
.25	2.3931	.1181	-.0383	-.10931
.30	1.8560	.0917	.0545	-.10890
.35	1.3865	.0686	.1238	-.10445
.40	.9826	.0487	.1729	-.09703
.45	.6406	.0319	.2050	-.08758
.50	.3552	.0178	.2227	-.07689
.55	.1200	.0062	.2287	-.06561
.60	-.0716	-.0033	.2251	-.05426
.65	-.2267	-.0109	.2138	-.04329
.70	-.3521	-.0171	.1962	-.03304
.75	-.4543	-.0222	.1735	-.02380
.80	-.5394	-.0264	.1465	-.01580
.85	-.6127	-.0300	.1159	-.00924
.90	-.6793	-.0333	.0819	-.00429
.95	-.7399	-.0363	.0449	-.00112
1.00	-.8981	-.0393	-.0000	-.00000

XQ/L=0.1

X/L	FP	FS	FQ	FM
.05	4.3009	.1877	.2150	.00538
.10	3.4299	.1685	-.6135	.02042
.15	3.0359	.1489	-.4617	-.00646
.20	2.6278	.1292	-.3303	-.02626
.25	2.2337	.1099	-.2186	-.03998
.30	1.8611	.0917	-.1255	-.04859
.35	1.5164	.0748	-.0497	-.05297
.40	1.2031	.0594	.0104	-.05395
.45	.9229	.0456	.0566	-.05227
.50	.6754	.0334	.0904	-.04860
.55	.4588	.0228	.1133	-.04351
.60	.2705	.0135	.1268	-.03750
.65	.1070	.0054	.1322	-.03103
.70	-.0356	-.0016	.1304	-.02447
.75	-.1612	-.0078	.1223	-.01815
.80	-.2740	-.0134	.1086	-.01237
.85	-.3777	-.0185	.0897	-.00741
.90	-.4761	-.0233	.0659	-.00352
.95	-.5696	-.0280	.0375	-.00094
1.00	-.7493	-.0326	-.0000	-.00000

XQ/L=0.2

X/L	FP	FS	FQ	FM
.05	2.9405	.1291	.1470	.00368
.10	2.4972	.1227	.2719	.01415
.15	2.3655	.1160	.3902	.03070
.20	2.2143	.1086	-.4991	.05297
.25	2.0392	.1001	-.3972	.03057
.30	1.8382	.0903	-.3053	.01301
.35	1.6246	.0798	-.2240	-.00023
.40	1.4075	.0692	-.1537	-.00967
.45	1.1938	.0588	-.0940	-.01586
.50	.9883	.0487	-.0446	-.01932
.55	.7938	.0391	-.0049	-.02056
.60	.6117	.0302	.0257	-.02003
.65	.4421	.0218	.0478	-.01820
.70	.2844	.0141	.0620	-.01545
.75	.1369	.0068	.0689	-.01218
.80	-.0021	-.0000	.0688	-.00873
.85	-.1349	-.0066	.0620	-.00546
.90	-.2639	-.0129	.0488	-.00269
.95	-.3891	-.0191	.0294	-.00073
1.00	-.5878	-.0252	-.0000	-.00000

XQ/L=0.3

X/L	FP	FS	FQ	FM
.05	1.8176	.0805	.0909	.00227
.10	1.6720	.0822	.1745	.00891
.15	1.7060	.0837	.2598	.01976
.20	1.7280	.0848	.3462	.03491
.25	1.7349	.0851	.4329	.05439
.30	1.7152	.0841	-.4813	.07818
.35	1.6543	.0811	-.3986	.05618
.40	1.5516	.0761	-.3210	.03819
.45	1.4205	.0697	-.2500	.02392
.50	1.2708	.0624	-.1865	.01300
.55	1.1101	.0545	-.1310	.00507
.60	.9442	.0464	-.0837	-.00030
.65	.7772	.0382	-.0449	-.00351
.70	.6115	.0301	-.0143	-.00499
.75	.4485	.0221	.0081	-.00515
.80	.2888	.0142	.0226	-.00438
.85	.1319	.0065	.0291	-.00309
.90	-.0231	-.0011	.0280	-.00166
.95	-.1756	-.0086	.0192	-.00048
1.00	-.3842	-.0161	-.0000	-.00000

XQ/L=0.4

X/L	FP	FS	FQ	FM
.05	.9560	.0429	.0478	.00119
.10	.9996	.0491	.0978	.00483
.15	1.1255	.0553	.1541	.01113
.20	1.2450	.0611	.2163	.02039
.25	1.3558	.0665	.2841	.03290
.30	1.4508	.0712	.3566	.04892
.35	1.5211	.0745	.4327	.06865
.40	1.5560	.0762	-.4895	.09223
.45	1.5408	.0754	-.4125	.06968
.50	1.4755	.0723	-.3387	.05090
.55	1.3736	.0674	-.2700	.03568
.60	1.2456	.0611	-.2077	.02374
.65	1.0998	.0540	-.1527	.01473
.70	.9426	.0463	-.1056	.00827
.75	.7786	.0383	-.0667	.00396
.80	.6110	.0300	-.0361	.00139
.85	.4420	.0217	-.0140	.00014
.90	.2723	.0134	-.0004	-.00023
.95	.1032	.0051	.0047	-.00012
1.00	-.0946	-.0032	-.0000	-.00000

XQ/L=0.5

X/L	FP	FS	FQ	FM
.05	.3339	.0157	.0167	.00042
.10	.4838	.0238	.0409	.00186
.15	.6487	.0319	.0733	.00471
.20	.8113	.0399	.1139	.00939
.25	.9700	.0476	.1624	.01630
.30	1.1210	.0550	.2184	.02582
.35	1.2595	.0618	.2814	.03831
.40	1.3788	.0676	.3503	.05411
.45	1.4702	.0720	.4239	.07346
.50	1.5229	.0745	-.5000	.09656
.55	1.5229	.0745	-.4239	.07346
.60	1.4702	.0720	-.3503	.05411
.65	1.3788	.0676	-.2814	.03831
.70	1.2595	.0618	-.2184	.02582
.75	1.1210	.0550	-.1624	.01630
.80	.9700	.0476	-.1139	.00939
.85	.8113	.0399	-.0733	.00471
.90	.6487	.0319	-.0409	.00186
.95	.4838	.0238	-.0167	.00042
1.00	.3339	.0157	-.0000	-.00000

B/L= .50 DS/B1= .10 KS= 1.000

XM/L=0.0

X/L	FP	FS	FQ	FM
.05	15.1601	.6485	.7580	-.98105
.10	9.3974	.4652	1.2279	-.93140
.15	6.2738	.3107	1.5416	-.86217
.20	3.6633	.1831	1.7247	-.78051
.25	1.5704	.0801	1.8032	-.69231
.30	-.0693	-.0007	1.7998	-.60223
.35	-1.3125	-.0622	1.7342	-.51389
.40	-2.2148	-.1069	1.6234	-.42995
.45	-2.8295	-.1374	1.4819	-.35231
.50	-3.2062	-.1563	1.3216	-.28222
.55	-3.3900	-.1656	1.1521	-.22038
.60	-3.4215	-.1674	.9811	-.16705
.65	-3.3357	-.1634	.8143	-.12216
.70	-3.1626	-.1551	.6561	-.08540
.75	-2.9271	-.1436	.5098	-.05626
.80	-2.6493	-.1301	.3773	-.03408
.85	-2.3447	-.1152	.2601	-.01814
.90	-2.0256	-.0995	.1588	-.00767
.95	-1.6966	-.0834	.0740	-.00185
1.00	-1.4796	-.0672	.0000	-.00000

XM/L=0.1

X/L	FP	FS	FQ	FM
.05	14.5473	.6247	.7274	.01818
.10	9.5625	.4700	1.2055	-.93349
.15	6.4301	.3179	1.5270	-.86518
.20	3.7862	.1891	1.7163	-.78410
.25	1.6696	.0850	1.7998	-.69620
.30	.0089	.0031	1.8002	-.60620
.35	-1.2528	-.0592	1.7376	-.51775
.40	-2.1712	-.1047	1.6290	-.43359
.45	-2.7997	-.1360	1.4890	-.35563
.50	-3.1880	-.1554	1.3297	-.28517
.55	-3.3815	-.1652	1.1606	-.22291
.60	-3.4210	-.1674	.9895	-.16916
.65	-3.3418	-.1637	.8224	-.12386
.70	-3.1742	-.1556	.6637	-.08671
.75	-2.9432	-.1444	.5166	-.05720
.80	-2.6692	-.1310	.3831	-.03471
.85	-2.3681	-.1163	.2647	-.01851
.90	-2.0521	-.1008	.1621	-.00784
.95	-1.7259	-.0849	.0758	-.00189
1.00	-1.5159	-.0688	-.0000	-.00000

XM/L=0.2

X/L	FP	FS	FQ	FM
.05	12.5065	.5404	.6253	.01563
.10	8.9090	.4375	1.0708	.05804
.15	6.8100	.3335	1.4113	.12009
.20	4.6202	.2268	1.6423	-.80357
.25	2.3742	.1191	1.7610	-.71849
.30	.5674	.0306	1.7894	-.62973
.35	-.8171	-.0378	1.7485	-.54129
.40	-1.8433	-.0885	1.6563	-.45616
.45	-2.5650	-.1243	1.5281	-.37655
.50	-3.0332	-.1477	1.3764	-.30394
.55	-3.2945	-.1608	1.2117	-.23924
.60	-3.3909	-.1658	1.0422	-.18289
.65	-3.3595	-.1645	.8742	-.13498
.70	-3.2320	-.1584	.7126	-.09531
.75	-3.0352	-.1489	.5608	-.06348
.80	-2.7909	-.1370	.4213	-.03892
.85	-2.5163	-.1236	.2955	-.02100
.90	-2.2250	-.1093	.1842	-.00901
.95	-1.9220	-.0945	.0881	-.00220
1.00	-1.7625	-.0796	-.0000	-.00000

XM/L=0.3

X/L	FP	FS	FQ	FM
.05	9.9158	.4308	.4958	.01239
.10	7.5223	.3694	.8719	.04659
.15	6.2708	.3072	1.1854	.09802
.20	4.9545	.2428	1.4332	.16349
.25	3.5671	.1745	1.6115	.23960
.30	2.0496	.1002	1.7140	-.67726
.35	.3901	.0212	1.7335	-.59107
.40	-.9102	-.0425	1.6880	-.50553
.45	-1.8662	-.0898	1.5947	-.42346
.50	-2.5384	-.1232	1.4678	-.34690
.55	-2.9759	-.1450	1.3190	-.27723
.60	-3.2236	-.1574	1.1578	-.21531
.65	-3.3218	-.1625	.9917	-.16158
.70	-3.3060	-.1619	.8264	-.11612
.75	-3.2064	-.1572	.6661	-.07881
.80	-3.0484	-.1496	.5137	-.04932
.85	-2.8524	-.1400	.3711	-.02720
.90	-2.6352	-.1294	.2393	-.01194
.95	-2.4023	-.1181	.1192	-.00298
1.00	-2.3835	-.1066	-.0000	-.00000

XM/L=0.4

X/L	FP	FS	FQ	FM
.05	7.3562	.3214	.3678	.00920
.10	5.9217	.2909	.6639	.03499
.15	5.2999	.2598	.9289	.07481
.20	4.6300	.2270	1.1604	.12704
.25	3.9053	.1913	1.3557	.18994
.30	3.0859	.1508	1.5100	.26158
.35	2.1293	.1035	1.6164	.33974
.40	.9802	.0472	1.6654	-.57821
.45	-.3726	-.0167	1.6468	-.49541
.50	-1.4262	-.0683	1.5755	-.41485
.55	-2.1925	-.1062	1.4659	-.33882
.60	-2.7288	-.1329	1.3294	-.26893
.65	-3.0800	-.1504	1.1754	-.20631
.70	-3.2869	-.1608	1.0111	-.15165
.75	-3.3856	-.1659	.8418	-.10533
.80	-3.4069	-.1671	.6715	-.06750
.85	-3.3770	-.1657	.5026	-.03815
.90	-3.3181	-.1628	.3367	-.01716
.95	-3.2361	-.1590	.1749	-.00437
1.00	-3.4979	-.1550	-.0000	-.00000

XM/L=0.5

X/L	FP	FS	FQ	FM
.05	5.1649	.2270	.2582	.00646
.10	4.4329	.2178	.4799	.02491
.15	4.2436	.2081	.6921	.05421
.20	4.0204	.1972	.8931	.09384
.25	3.7569	.1842	1.0809	.14319
.30	3.4229	.1675	1.2521	.20151
.35	2.9848	.1458	1.4013	.26785
.40	2.4041	.1169	1.5215	.34092
.45	1.6376	.0790	1.6034	.41904
.50	.6299	.0297	1.6349	-.50000
.55	-.6299	-.0297	1.6034	-.41904
.60	-1.6376	-.0790	1.5215	-.34092
.65	-2.4041	-.1169	1.4013	-.26785
.70	-2.9848	-.1458	1.2521	-.20151
.75	-3.4229	-.1675	1.0809	-.14319
.80	-3.7569	-.1842	.8931	-.09384
.85	-4.0204	-.1972	.6921	-.05421
.90	-4.2436	-.2081	.4799	-.02491
.95	-4.4329	-.2178	.2582	-.00646
1.00	-5.1649	-.2270	-.0000	-.00000

B/L= .50 DS/B1= .10 KS= 3.000

XQ/L=0.0

X/L	FP	FS	FQ	FM
.05	4.8686	.2123	-.7566	-.04391
.10	3.8460	.1891	-.5643	-.07694
.15	3.3897	.1664	-.3948	-.10091
.20	2.9411	.1446	-.2477	-.11697
.25	2.5187	.1240	-.1218	-.12621
.30	2.1222	.1045	-.0157	-.12965
.35	1.7522	.0863	.0719	-.12824
.40	1.4088	.0694	.1424	-.12289
.45	1.0911	.0538	.1969	-.11440
.50	.7977	.0394	.2368	-.10356
.55	.5265	.0260	.2631	-.09106
.60	.2752	.0137	.2769	-.07756
.65	.0410	.0021	.2789	-.06367
.70	-.1788	-.0087	.2700	-.04994
.75	-.3871	-.0190	.2506	-.03693
.80	-.5867	-.0288	.2213	-.02513
.85	-.7804	-.0383	.1823	-.01504
.90	-.9713	-.0476	.1337	-.00714
.95	-1.1566	-.0568	.0759	-.00190
1.00	-1.5179	-.0660	-.0000	-.00000

XQ/L=0.1

X/L	FP	FS	FQ	FM
.05	3.8929	.1702	.1946	.00487
.10	3.1631	.1554	-.6472	.01855
.15	2.8642	.1405	-.5040	-.01023
.20	2.5558	.1256	-.3762	-.03223
.25	2.2550	.1109	-.2634	-.04822
.30	1.9632	.0966	-.1653	-.05894
.35	1.6827	.0828	-.0812	-.06510
.40	1.4150	.0697	-.0104	-.06739
.45	1.1611	.0572	.0477	-.06646
.50	.9209	.0454	.0937	-.06293
.55	.6940	.0342	.1284	-.05737
.60	.4793	.0237	.1524	-.05036
.65	.2757	.0136	.1661	-.04239
.70	.0815	.0041	.1702	-.03398
.75	-.1050	-.0051	.1650	-.02560
.80	-.2855	-.0140	.1507	-.01771
.85	-.4618	-.0226	.1276	-.01075
.90	-.6362	-.0312	.0958	-.00517
.95	-.8066	-.0396	.0555	-.00139
1.00	-1.1095	-.0480	-.0000	-.00000

XQ/L=0.2

X/L	FP	FS	FQ	FM
.05	2.9674	.1301	.1484	.00371
.10	2.4865	.1222	.2727	.01424
.15	2.3267	.1142	.3890	.03078
.20	2.1562	.1059	-.5032	.05293
.25	1.9791	.0972	-.4042	.03024
.30	1.7938	.0882	-.3145	.01227
.35	1.6045	.0789	-.2343	-.00145
.40	1.4143	.0695	-.1636	-.01139
.45	1.2255	.0603	-.1023	-.01804
.50	1.0399	.0512	-.0503	-.02186
.55	.8585	.0422	-.0074	-.02330
.60	.6817	.0336	.0267	-.02281
.65	.5097	.0251	.0522	-.02084
.70	.3421	.0169	.0693	-.01781
.75	.1785	.0088	.0782	-.01412
.80	.0181	.0009	.0791	-.01018
.85	-.1399	-.0068	.0721	-.00640
.90	-.2970	-.0145	.0573	-.00317
.95	-.4514	-.0222	.0347	-.00087
1.00	-.6942	-.0298	-.0000	-.00000

XQ/L=0.3

X/L	FP	FS	FQ	FM
.05	2.1313	.0938	.1066	.00266
.10	1.8519	.0910	.1992	.01031
.15	1.7965	.0882	.2890	.02251
.20	1.7334	.0851	.3757	.03913
.25	1.6657	.0818	.4589	.05999
.30	1.5883	.0780	-.4616	.08492
.35	1.4960	.0735	-.3868	.06371
.40	1.3884	.0682	-.3174	.04611
.45	1.2698	.0624	-.2539	.03182
.50	1.1433	.0562	-.1968	.02055
.55	1.0116	.0497	-.1462	.01198
.60	.8767	.0431	-.1023	.00577
.65	.7401	.0364	-.0653	.00157
.70	.6028	.0296	-.0352	-.00094
.75	.4655	.0229	-.0119	-.00212
.80	.3285	.0162	.0045	-.00230
.85	.1919	.0095	.0141	-.00184
.90	.0554	.0028	.0169	-.00106
.95	-.0801	-.0039	.0129	-.00032
1.00	-.2571	-.0106	-.0000	-.00000

XQ/L=0.4

X/L	FP	FS	FQ	FM
.05	1.3991	.0619	.0700	.00175
.10	1.2787	.0629	.1339	.00685
.15	1.2989	.0638	.1988	.01516
.20	1.3141	.0646	.2645	.02675
.25	1.3261	.0651	.3308	.04163
.30	1.3315	.0654	.3974	.05984
.35	1.3267	.0651	.4638	.08137
.40	1.3077	.0642	-.4709	.10619
.45	1.2694	.0623	-.4074	.08424
.50	1.2113	.0595	-.3468	.06538
.55	1.1381	.0559	-.2899	.04946
.60	1.0533	.0517	-.2372	.03628
.65	.9599	.0472	-.1892	.02562
.70	.8603	.0423	-.1462	.01723
.75	.7564	.0372	-.1084	.01087
.80	.6498	.0319	-.0759	.00626
.85	.5414	.0266	-.0489	.00314
.90	.4322	.0212	-.0272	.00124
.95	.3222	.0159	-.0111	.00028
1.00	.2226	.0105	-.0000	-.00000

XQ/L=0.5

X/L	FP	FS	FQ	FM
.05	.7677	.0343	.0384	.00096
.10	.7709	.0379	.0769	.00384
.15	.8443	.0415	.1191	.00874
.20	.9149	.0450	.1649	.01585
.25	.9836	.0483	.2141	.02532
.30	1.0482	.0515	.2665	.03733
.35	1.1067	.0544	.3218	.05204
.40	1.1561	.0568	.3796	.06958
.45	1.1933	.0586	.4393	.09005
.50	1.2143	.0596	-.5000	.11353
.55	1.2143	.0596	-.4393	.09005
.60	1.1933	.0586	-.3796	.06958
.65	1.1561	.0568	-.3218	.05204
.70	1.1067	.0544	-.2665	.03733
.75	1.0482	.0515	-.2141	.02532
.80	.9836	.0483	-.1649	.01585
.85	.9149	.0450	-.1191	.00874
.90	.8443	.0415	-.0769	.00384
.95	.7709	.0379	-.0384	.00096
1.00	.7677	.0343	-.0000	-.00000

B/L= .50   DS/B1= .10   KS= 3.000

XM/L=0.0

X/L	FP	FS	FQ	FM
.05	9.8122	.4233	.4906	-.98773
.10	6.8124	.3359	.8312	-.95469
.15	5.2440	.2582	1.0934	-.90657
.20	3.8428	.1899	1.2856	-.84710
.25	2.6293	.1303	1.4170	-.77953
.30	1.5835	.0789	1.4962	-.70670
.35	.6898	.0348	1.5307	-.63103
.40	-.0674	-.0025	1.5273	-.55458
.45	-.7039	-.0339	1.4921	-.47909
.50	-1.2352	-.0601	1.4304	-.40603
.55	-1.6766	-.0819	1.3466	-.33660
.60	-2.0426	-.1000	1.2444	-.27183
.65	-2.3470	-.1150	1.1271	-.21254
.70	-2.6024	-.1277	.9970	-.15944
.75	-2.8203	-.1385	.8559	-.11312
.80	-3.0110	-.1479	.7054	-.07409
.85	-3.1836	-.1564	.5462	-.04280
.90	-3.3476	-.1643	.3788	-.01967
.95	-3.4969	-.1719	.2040	-.00510
1.00	-4.0797	-.1793	.0000	-.00000

XM/L=0.1

X/L	FP	FS	FQ	FM
.05	9.5967	.4149	.4798	.01200
.10	6.8609	.3372	.8229	-.95544
.15	5.2925	.2605	1.0875	-.90768
.20	3.8830	.1918	1.2817	-.84845
.25	2.6638	.1320	1.4148	-.78103
.30	1.6127	.0803	1.4955	-.70828
.35	.7141	.0360	1.5312	-.63261
.40	-.0476	-.0015	1.5288	-.55611
.45	-.6883	-.0331	1.4944	-.48053
.50	-1.2236	-.0595	1.4332	-.40734
.55	-1.6687	-.0815	1.3498	-.33776
.60	-2.0381	-.0998	1.2479	-.27282
.65	-2.3456	-.1150	1.1306	-.21336
.70	-2.6040	-.1278	1.0004	-.16009
.75	-2.8247	-.1387	.8592	-.11360
.80	-3.0182	-.1482	.7082	-.07441
.85	-3.1934	-.1568	.5486	-.04299
.90	-3.3600	-.1649	.3806	-.01976
.95	-3.5119	-.1726	.2050	-.00512
1.00	-4.0996	-.1802	-.0000	-.00000

XM/L=0.2

X/L	FP	FS	FQ	FM
.05	8.8498	.3840	.4425	.01106
.10	6.6034	.3244	.7727	.04144
.15	5.3967	.2646	1.0425	.08682
.20	4.1545	.2041	1.2502	-.85586
.25	2.9059	.1437	1.3955	-.78972
.30	1.8172	.0903	1.4864	-.71767
.35	.8859	.0445	1.5307	-.64224
.40	.0935	.0054	1.5353	-.56559
.45	-.5758	-.0276	1.5066	-.48955
.50	-1.1377	-.0553	1.4497	-.41564
.55	-1.6077	-.0785	1.3693	-.34517
.60	-2.0003	-.0979	1.2693	-.27920
.65	-2.3297	-.1142	1.1528	-.21865
.70	-2.6088	-.1280	1.0223	-.16427
.75	-2.8492	-.1399	.8799	-.11672
.80	-3.0616	-.1504	.7268	-.07655
.85	-3.2554	-.1599	.5640	-.04428
.90	-3.4402	-.1688	.3920	-.02038
.95	-3.6098	-.1774	.2115	-.00529
1.00	-4.2307	-.1859	-.0000	-.00000

XM/L=0.3

X/L	FP	FS	FQ	FM
.05	7.8489	.3415	.3924	.00981
.10	6.0569	.2976	.6953	.03700
.15	5.1670	.2533	.9536	.07823
.20	4.2485	.2085	1.1661	.13122
.25	3.3151	.1627	1.3318	.19367
.30	2.3471	.1153	1.4492	-.73681
.35	1.3428	.0668	1.5163	-.66267
.40	.4718	.0240	1.5399	-.58626
.45	-.2688	-.0125	1.5265	-.50961
.50	-.8976	-.0435	1.4816	-.43440
.55	-1.4303	-.0698	1.4101	-.36211
.60	-1.8821	-.0921	1.3160	-.29396
.65	-2.2674	-.1111	1.2026	-.23100
.70	-2.5995	-.1275	1.0726	-.17412
.75	-2.8909	-.1419	.9281	-.12410
.80	-3.1524	-.1548	.7705	-.08164
.85	-3.3941	-.1667	.6008	-.04736
.90	-3.6262	-.1779	.4194	-.02185
.95	-3.8421	-.1888	.2273	-.00568
1.00	-4.5467	-.1996	-.0000	-.00000

XM/L=0.4

X/L	FP	FS	FQ	FM
.05	6.8016	.2968	.3401	.00850
.10	5.4017	.2654	.6102	.03226
.15	4.7680	.2338	.8486	.06873
.20	4.1097	.2018	1.0540	.11629
.25	3.4382	.1688	1.2260	.17329
.30	2.7386	.1343	1.3629	.23801
.35	1.9977	.0979	1.4628	.30865
.40	1.1982	.0586	1.5227	-.61671
.45	.3381	.0172	1.5396	-.54015
.50	-.4138	-.0197	1.5189	-.46369
.55	-1.0603	-.0515	1.4659	-.38907
.60	-1.6199	-.0791	1.3849	-.31780
.65	-2.1077	-.1032	1.2795	-.25119
.70	-2.5378	-.1245	1.1526	-.19039
.75	-2.9234	-.1435	1.0064	-.13641
.80	-3.2764	-.1609	.8426	-.09019
.85	-3.6074	-.1771	.6622	-.05256
.90	-3.9281	-.1927	.4658	-.02436
.95	-4.2305	-.2079	.2543	-.00636
1.00	-5.0864	-.2229	-.0000	-.00000

XM/L=0.5

X/L	FP	FS	FQ	FM
.05	5.8514	.2559	.2926	.00731
.10	4.7651	.2341	.5308	.02790
.15	4.3260	.2122	.7471	.05985
.20	3.8657	.1898	.9404	.10204
.25	3.3938	.1666	1.1101	.15330
.30	2.8972	.1422	1.2550	.21243
.35	2.3641	.1159	1.3732	.27813
.40	1.7813	.0871	1.4622	.34901
.45	1.1347	.0553	1.5190	.42354
.50	.4064	.0195	1.5393	-.50000
.55	-.4064	-.0195	1.5190	-.42354
.60	-1.1347	-.0553	1.4622	-.34901
.65	-1.7813	-.0871	1.3732	-.27813
.70	-2.3641	-.1159	1.2550	-.21243
.75	-2.8972	-.1422	1.1101	-.15330
.80	-3.3938	-.1666	.9404	-.10204
.85	-3.8657	-.1898	.7471	-.05985
.90	-4.3260	-.2122	.5308	-.02790
.95	-4.7651	-.2341	.2926	-.00731
1.00	-5.8514	-.2559	-.0000	-.00000

B/L= .50 DS/B1= .10 KS= 10.000

XQ/L=0.0

X/L	FP	FS	FQ	FM
.05	4.4273	.1935	-.7786	-.04447
.10	3.5880	.1763	-.5992	-.07891
.15	3.2465	.1593	-.4369	-.10482
.20	2.9012	.1426	-.2918	-.12304
.25	2.5663	.1262	-.1635	-.13442
.30	2.2401	.1102	-.0515	-.13980
.35	1.9226	.0946	.0446	-.13997
.40	1.6138	.0794	.1253	-.13572
.45	1.3136	.0646	.1910	-.12782
.50	1.0214	.0503	.2420	-.11699
.55	.7368	.0363	.2789	-.10397
.60	.4589	.0226	.3018	-.08945
.65	.1870	.0092	.3112	-.07412
.70	-.0800	-.0039	.3072	-.05867
.75	-.3431	-.0168	.2900	-.04374
.80	-.6031	-.0296	.2599	-.02999
.85	-.8612	-.0423	.2168	-.01807
.90	-1.1195	-.0549	.1608	-.00863
.95	-1.3728	-.0674	.0922	-.00230
1.00	-1.8438	-.0800	-.0000	-.00000

XQ/L=0.1

X/L	FP	FS	FQ	FM
.05	3.6901	.1615	.1845	.00461
.10	3.0314	.1490	-.6639	.01763
.15	2.7795	.1364	-.5250	-.01209
.20	2.5195	.1238	-.3990	-.03519
.25	2.2637	.1113	-.2858	-.05231
.30	2.0113	.0989	-.1852	-.06409
.35	1.7627	.0867	-.0971	-.07115
.40	1.5184	.0747	-.0212	-.07410
.45	1.2787	.0629	.0428	-.07356
.50	1.0435	.0513	.0949	-.07012
.55	.8127	.0400	.1356	-.06436
.60	.5860	.0288	.1649	-.05685
.65	.3631	.0179	.1830	-.04815
.70	.1434	.0071	.1902	-.03882
.75	-.0737	-.0036	.1865	-.02940
.80	-.2889	-.0142	.1721	-.02044
.85	-.5028	-.0247	.1469	-.01246
.90	-.7168	-.0351	.1111	-.00601
.95	-.9273	-.0455	.0647	-.00162
1.00	-1.2944	-.0560	-.0000	-.00000

XQ/L=0.2

X/L	FP	FS	FQ	FM
.05	2.9684	.1301	.1484	.00371
.10	2.4770	.1217	.2723	.01423
.15	2.3091	.1133	.3877	.03073
.20	2.1334	.1048	-.5056	.05278
.25	1.9574	.0962	-.4077	.02995
.30	1.7792	.0875	-.3188	.01178
.35	1.6000	.0787	-.2388	-.00215
.40	1.4206	.0699	-.1677	-.01232
.45	1.2418	.0611	-.1057	-.01915
.50	1.0639	.0523	-.0525	-.02310
.55	.8874	.0437	-.0081	-.02462
.60	.7124	.0350	.0275	-.02413
.65	.5389	.0265	.0545	-.02208
.70	.3668	.0181	.0728	-.01890
.75	.1959	.0096	.0826	-.01501
.80	.0260	.0013	.0839	-.01085
.85	-.1432	-.0070	.0768	-.00683
.90	-.3127	-.0153	.0611	-.00338
.95	-.4800	-.0236	.0371	-.00093
1.00	-.7424	-.0318	-.0000	-.00000

XQ/L=0.3

X/L	FP	FS	FQ	FM
.05	2.2751	.0999	.1138	.00284
.10	1.9362	.0952	.2106	.01095
.15	1.8413	.0904	.3026	.02378
.20	1.7406	.0855	.3897	.04109
.25	1.6397	.0806	.4716	.06262
.30	1.5360	.0755	-.4516	.08812
.35	1.4277	.0702	-.3802	.06733
.40	1.3146	.0646	-.3144	.04997
.45	1.1981	.0589	-.2545	.03574
.50	1.0789	.0530	-.2006	.02436
.55	.9580	.0471	-.1527	.01553
.60	.8359	.0411	-.1109	.00894
.65	.7130	.0351	-.0752	.00429
.70	.5898	.0290	-.0458	.00126
.75	.4664	.0229	-.0224	-.00044
.80	.3430	.0169	-.0053	-.00113
.85	.2195	.0108	.0057	-.00112
.90	.0959	.0047	.0105	-.00072
.95	-.0271	-.0013	.0091	-.00023
1.00	-.1828	-.0074	-.0000	-.00000

XQ/L=0.4

X/L	FP	FS	FQ	FM
.05	1.6154	.0712	.0808	.00202
.10	1.4153	.0695	.1515	.00783
.15	1.3843	.0680	.2208	.01713
.20	1.3493	.0663	.2882	.02986
.25	1.3140	.0645	.3539	.04591
.30	1.2767	.0627	.4178	.06520
.35	1.2361	.0607	.4796	.08764
.40	1.1910	.0585	-.4609	.11310
.45	1.1396	.0560	-.4039	.09148
.50	1.0819	.0532	-.3498	.07264
.55	1.0192	.0501	-.2989	.05642
.60	.9526	.0468	-.2512	.04267
.65	.8830	.0434	-.2071	.03121
.70	.8112	.0399	-.1665	.02187
.75	.7378	.0363	-.1296	.01447
.80	.6633	.0326	-.0965	.00882
.85	.5881	.0289	-.0671	.00473
.90	.5128	.0252	-.0414	.00202
.95	.4366	.0215	-.0196	.00049
1.00	.3919	.0177	-.0000	-.00000

XQ/L=0.5

X/L	FP	FS	FQ	FM
.05	.9890	.0438	.0495	.00124
.10	.9160	.0450	.0953	.00485
.15	.9415	.0462	.1423	.01079
.20	.9646	.0474	.1906	.01912
.25	.9874	.0485	.2399	.02988
.30	1.0088	.0496	.2904	.04313
.35	1.0282	.0505	.3418	.05894
.40	1.0445	.0513	.3940	.07733
.45	1.0566	.0519	.4468	.09835
.50	1.0634	.0522	-.5000	.12202
.55	1.0634	.0522	-.4468	.09835
.60	1.0566	.0519	-.3940	.07733
.65	1.0445	.0513	-.3418	.05894
.70	1.0282	.0505	-.2904	.04313
.75	1.0088	.0496	-.2399	.02988
.80	.9874	.0485	-.1906	.01912
.85	.9646	.0474	-.1423	.01079
.90	.9415	.0462	-.0953	.00485
.95	.9160	.0450	-.0495	.00124
1.00	.9890	.0438	-.0000	-.00000

B/L= .50 DS/B1= .10 KS= 10.000

XM/L=0.0

X/L	FP	FS	FQ	FM
.05	7.3892	.3209	.3695	-.99076
.10	5.5610	.2736	.6475	-.96534
.15	4.6672	.2293	.8809	-.92713
.20	3.8148	.1877	1.0716	-.87832
.25	3.0238	.1489	1.2228	-.82096
.30	2.2860	.1127	1.3371	-.75696
.35	1.5971	.0788	1.4170	-.68811
.40	.9525	.0471	1.4646	-.61607
.45	.3479	.0174	1.4820	-.54241
.50	-.2214	-.0107	1.4709	-.46859
.55	-.7598	-.0372	1.4329	-.39599
.60	-1.2718	-.0624	1.3693	-.32593
.65	-1.7619	-.0865	1.2812	-.25967
.70	-2.2342	-.1097	1.1695	-.19840
.75	-2.6928	-.1323	1.0349	-.14329
.80	-3.1414	-.1543	.8778	-.09548
.85	-3.5838	-.1760	.6986	-.05606
.90	-4.0258	-.1975	.4973	-.02617
.95	-4.4536	-.2188	.2747	-.00687
1.00	-5.4930	-.2401	.0000	-.00000

XM/L=0.1

X/L	FP	FS	FQ	FM
.05	7.3229	.3183	.3661	.00915
.10	5.5746	.2739	.6449	-.96557
.15	4.6812	.2299	.8789	-.92748
.20	3.8267	.1883	1.0703	-.87875
.25	3.0343	.1495	1.2220	-.82144
.30	2.2952	.1132	1.3367	-.75747
.35	1.6050	.0792	1.4170	-.68863
.40	.9592	.0474	1.4650	-.61658
.45	.3533	.0176	1.4826	-.54289
.50	-.2171	-.0105	1.4718	-.46903
.55	-.7566	-.0370	1.4339	-.39639
.60	-1.2697	-.0623	1.3705	-.32628
.65	-1.7609	-.0865	1.2824	-.25996
.70	-2.2343	-.1097	1.1707	-.19863
.75	-2.6940	-.1324	1.0360	-.14346
.80	-3.1436	-.1545	.8788	-.09559
.85	-3.5870	-.1762	.6995	-.05613
.90	-4.0301	-.1977	.4980	-.02620
.95	-4.4589	-.2191	.2750	-.00688
1.00	-5.5002	-.2405	-.0000	-.00000

XM/L=0.2

X/L	FP	FS	FQ	FM
.05	7.0892	.3086	.3545	.00886
.10	5.4915	.2698	.6290	.03345
.15	4.7091	.2310	.8645	.07079
.20	3.9070	.1919	1.0598	-.88110
.25	3.1078	.1530	1.2152	-.82423
.30	2.3591	.1163	1.3332	-.76052
.35	1.6603	.0819	1.4162	-.69178
.40	1.0061	.0497	1.4665	-.61972
.45	.3922	.0195	1.4861	-.54590
.50	-.1861	-.0089	1.4768	-.47183
.55	-.7334	-.0359	1.4401	-.39890
.60	-1.2541	-.0615	1.3774	-.32847
.65	-1.7526	-.0860	1.2898	-.26179
.70	-2.2333	-.1097	1.1781	-.20009
.75	-2.7002	-.1327	1.0431	-.14456
.80	-3.1570	-.1551	.8853	-.09635
.85	-3.6074	-.1772	.7049	-.05659
.90	-4.0576	-.1991	.5020	-.02642
.95	-4.4933	-.2208	.2774	-.00693
1.00	-5.5471	-.2425	-.0000	-.00000

XM/L=0.3

X/L	FP	FS	FQ	FM
.05	6.7689	.2950	.3384	.00846
.10	5.3151	.2612	.6042	.03203
.15	4.6326	.2272	.8358	.06803
.20	3.9323	.1931	1.0324	.11473
.25	3.2318	.1588	1.1940	.17040
.30	2.5230	.1240	1.3202	-.76675
.35	1.8051	.0890	1.4104	-.69848
.40	1.1294	.0558	1.4669	-.62655
.45	.4953	.0246	1.4917	-.55258
.50	-.1028	-.0048	1.4865	-.47813
.55	-.6693	-.0327	1.4531	-.40464
.60	-1.2089	-.0593	1.3926	-.33349
.65	-1.7261	-.0847	1.3063	-.26602
.70	-2.2251	-.1093	1.1951	-.20349
.75	-2.7100	-.1331	1.0596	-.14712
.80	-3.1847	-.1565	.9003	-.09812
.85	-3.6529	-.1794	.7177	-.05767
.90	-4.1209	-.2022	.5116	-.02694
.95	-4.5741	-.2248	.2829	-.00707
1.00	-5.6589	-.2473	-.0000	-.00000

XM/L=0.4

X/L	FP	FS	FQ	FM
.05	6.4259	.2804	.3213	.00803
.10	5.1004	.2506	.5763	.03047
.15	4.5016	.2208	.8014	.06492
.20	3.8859	.1909	.9957	.10984
.25	3.2700	.1607	1.1592	.16372
.30	2.6470	.1300	1.2915	.22498
.35	2.0125	.0988	1.3922	.29208
.40	1.3615	.0669	1.4602	-.63661
.45	.6935	.0343	1.4949	-.56273
.50	.0593	.0031	1.4979	-.48791
.55	-.5418	-.0265	1.4708	-.41370
.60	-1.1154	-.0547	1.4150	-.34155
.65	-1.6659	-.0818	1.3317	-.27288
.70	-2.1979	-.1080	1.2218	-.20904
.75	-2.7153	-.1334	1.0861	-.15134
.80	-3.2223	-.1583	.9250	-.10107
.85	-3.7226	-.1829	.7388	-.05947
.90	-4.2226	-.2071	.5277	-.02781
.95	-4.7075	-.2313	.2923	-.00731
1.00	-5.8466	-.2554	-.0000	-.00000

XM/L=0.5

X/L	FP	FS	FQ	FM
.05	6.1079	.2667	.3054	.00763
.10	4.8884	.2402	.5498	.02902
.15	4.3554	.2137	.7676	.06195
.20	3.8066	.1870	.9579	.10509
.25	3.2574	.1600	1.1208	.15706
.30	2.7014	.1327	1.2559	.21647
.35	2.1345	.1048	1.3626	.28193
.40	1.5526	.0762	1.4402	.35200
.45	.9514	.0466	1.4878	.42520
.50	.3256	.0159	1.5041	-.50000
.55	-.3256	-.0159	1.4878	-.42520
.60	-.9514	-.0466	1.4402	-.35200
.65	-1.5526	-.0762	1.3626	-.28193
.70	-2.1345	-.1048	1.2559	-.21647
.75	-2.7014	-.1327	1.1208	-.15706
.80	-3.2574	-.1600	.9579	-.10509
.85	-3.8066	-.1870	.7676	-.06195
.90	-4.3554	-.2137	.5498	-.02902
.95	-4.8884	-.2402	.3054	-.00763
1.00	-6.1079	-.2667	-.0000	-.00000

B/L= .50 DS/B1= .10 KS=100.000

XQ/L=0.0

X/L	FP	FS	FQ	FM
.05	4.2333	.1853	-.7883	-.04471
.10	3.4734	.1707	-.6147	-.07978
.15	3.1817	.1561	-.4556	-.10654
.20	2.8816	.1416	-.3115	-.12572
.25	2.5853	.1271	-.1822	-.13806
.30	2.2906	.1126	-.0677	-.14431
.35	1.9970	.0982	.0321	-.14520
.40	1.7044	.0838	.1174	-.14146
.45	1.4128	.0695	.1880	-.13382
.50	1.1220	.0552	.2441	-.12302
.55	.8321	.0409	.2857	-.10978
.60	.5428	.0267	.3129	-.09481
.65	.2542	.0125	.3256	-.07885
.70	-.0339	-.0017	.3239	-.06261
.75	-.3217	-.0158	.3078	-.04682
.80	-.6093	-.0299	.2773	-.03220
.85	-.8970	-.0440	.2325	-.01945
.90	-1.1862	-.0582	.1732	-.00931
.95	-1.4709	-.0723	.0996	-.00249
1.00	-1.9924	-.0864	-.0000	-.00000

XQ/L=0.1

X/L	FP	FS	FQ	FM
.05	3.5994	.1576	.1800	.00450
.10	2.9727	.1461	-.6714	.01721
.15	2.7417	.1345	-.5343	-.01293
.20	2.5031	.1230	-.4092	-.03652
.25	2.2673	.1114	-.2958	-.05414
.30	2.0324	.0999	-.1942	-.06639
.35	1.7981	.0884	-.1043	-.07385
.40	1.5643	.0769	-.0261	-.07711
.45	1.3311	.0655	.0405	-.07675
.50	1.0983	.0540	.0954	-.07335
.55	.8661	.0426	.1387	-.06749
.60	.6342	.0312	.1704	-.05977
.65	.4028	.0198	.1906	-.05074
.70	.1716	.0084	.1992	-.04100
.75	-.0593	-.0029	.1962	-.03111
.80	-.2901	-.0142	.1817	-.02167
.85	-.5210	-.0256	.1556	-.01323
.90	-.7530	-.0369	.1180	-.00639
.95	-.9818	-.0482	.0689	-.00172
1.00	-1.3779	-.0595	-.0000	-.00000

XQ/L=0.2

X/L	FP	FS	FQ	FM
.05	2.9670	.1301	.1483	.00371
.10	2.4722	.1215	.2720	.01422
.15	2.3014	.1129	.3870	.03069
.20	2.1242	.1044	-.5068	.05270
.25	1.9489	.0958	-.4093	.02980
.30	1.7739	.0872	-.3206	.01155
.35	1.5989	.0786	-.2407	-.00249
.40	1.4240	.0700	-.1695	-.01274
.45	1.2492	.0614	-.1070	-.01965
.50	1.0745	.0528	-.0533	-.02366
.55	.8999	.0443	-.0083	-.02520
.60	.7255	.0357	.0280	-.02471
.65	.5513	.0271	.0555	-.02262
.70	.3772	.0186	.0744	-.01937
.75	.2031	.0100	.0845	-.01540
.80	.0292	.0015	.0860	-.01114
.85	-.1449	-.0071	.0788	-.00702
.90	-.3196	-.0156	.0628	-.00348
.95	-.4925	-.0242	.0382	-.00095
1.00	-.7633	-.0327	-.0000	-.00000

XQ/L=0.3

X/L	FP	FS	FQ	FM
.05	2.3375	.1026	.1169	.00292
.10	1.9731	.0970	.2155	.01123
.15	1.8614	.0914	.3086	.02433
.20	1.7446	.0857	.3958	.04195
.25	1.6294	.0801	.4773	.06377
.30	1.5142	.0744	-.4470	.08953
.35	1.3987	.0688	-.3771	.06893
.40	1.2828	.0631	-.3129	.05168
.45	1.1665	.0574	-.2546	.03749
.50	1.0500	.0516	-.2021	.02607
.55	.9333	.0459	-.1554	.01714
.60	.8165	.0402	-.1146	.01039
.65	.6996	.0344	-.0796	.00553
.70	.5826	.0287	-.0505	.00228
.75	.4657	.0229	-.0272	.00033
.80	.3486	.0172	-.0098	-.00059
.85	.2316	.0114	.0018	-.00079
.90	.1143	.0056	.0075	-.00056
.95	-.0025	-.0001	.0074	-.00018
1.00	-.1477	-.0059	-.0000	-.00000

XQ/L=0.4

X/L	FP	FS	FQ	FM
.05	1.7114	.0753	.0856	.00214
.10	1.4760	.0725	.1594	.00826
.15	1.4225	.0698	.2305	.01801
.20	1.3652	.0671	.2988	.03124
.25	1.3091	.0644	.3642	.04781
.30	1.2529	.0616	.4269	.06759
.35	1.1966	.0588	.4867	.09043
.40	1.1398	.0560	-.4563	.11619
.45	1.0823	.0532	-.4022	.09472
.50	1.0243	.0504	-.3510	.07589
.55	.9657	.0475	-.3027	.05955
.60	.9067	.0446	-.2574	.04555
.65	.8474	.0417	-.2150	.03374
.70	.7879	.0387	-.1756	.02397
.75	.7282	.0358	-.1392	.01610
.80	.6684	.0329	-.1058	.00998
.85	.6086	.0299	-.0753	.00545
.90	.5490	.0270	-.0479	.00237
.95	.4885	.0240	-.0235	.00059
1.00	.4694	.0211	-.0000	-.00000

XQ/L=0.5

X/L	FP	FS	FQ	FM
.05	1.0889	.0481	.0544	.00136
.10	.9812	.0482	.1035	.00531
.15	.9850	.0484	.1528	.01172
.20	.9865	.0485	.2021	.02059
.25	.9886	.0486	.2515	.03193
.30	.9908	.0487	.3010	.04574
.35	.9927	.0488	.3507	.06203
.40	.9944	.0489	.4004	.08081
.45	.9956	.0490	.4502	.10208
.50	.9963	.0490	-.5000	.12583
.55	.9963	.0490	-.4502	.10208
.60	.9956	.0490	-.4004	.08081
.65	.9944	.0489	-.3507	.06203
.70	.9927	.0488	-.3010	.04574
.75	.9908	.0487	-.2515	.03193
.80	.9886	.0486	-.2021	.02059
.85	.9865	.0485	-.1528	.01172
.90	.9850	.0484	-.1035	.00531
.95	.9812	.0482	-.0544	.00136
1.00	1.0889	.0481	-.0000	-.00000

B/L= .50 DS/B1= .10 KS=100.000

XM/L=0.0

X/L	FP	FS	FQ	FM
.05	6.3416	.2766	.3171	-.99207
.10	5.0069	.2461	.5674	-.96996
.15	4.3997	.2159	.7874	-.93609
.20	3.7845	.1860	.9766	-.89199
.25	3.1799	.1563	1.1356	-.83918
.30	2.5817	.1269	1.2647	-.77917
.35	1.9889	.0978	1.3642	-.71345
.40	1.4008	.0689	1.4342	-.64349
.45	.8170	.0402	1.4750	-.57076
.50	.2369	.0117	1.4869	-.49671
.55	-.3399	-.0167	1.4699	-.42279
.60	-.9139	-.0449	1.4242	-.35044
.65	-1.4856	-.0730	1.3499	-.28109
.70	-2.0554	-.1010	1.2472	-.21616
.75	-2.6240	-.1290	1.1160	-.15708
.80	-3.1918	-.1569	.9564	-.10528
.85	-3.7599	-.1847	.7684	-.06216
.90	-4.3323	-.2125	.5518	-.02915
.95	-4.8911	-.2403	.3072	-.00768
1.00	-6.1440	-.2681	.0000	-.00000

XM/L=0.1

X/L	FP	FS	FQ	FM
.05	6.3349	.2763	.3167	.00792
.10	5.0082	.2461	.5672	-.96998
.15	4.4011	.2159	.7872	-.93613
.20	3.7857	.1860	.9765	-.89203
.25	3.1810	.1564	1.1355	-.83923
.30	2.5826	.1270	1.2647	-.77923
.35	1.9897	.0979	1.3642	-.71351
.40	1.4015	.0689	1.4342	-.64355
.45	.8176	.0402	1.4751	-.57081
.50	.2374	.0117	1.4870	-.49676
.55	-.3395	-.0167	1.4700	-.42284
.60	-.9136	-.0449	1.4243	-.35048
.65	-1.4855	-.0730	1.3500	-.28112
.70	-2.0554	-.1010	1.2473	-.21619
.75	-2.6241	-.1290	1.1161	-.15710
.80	-3.1920	-.1569	.9565	-.10529
.85	-3.7602	-.1847	.7685	-.06216
.90	-4.3328	-.2126	.5518	-.02916
.95	-4.8916	-.2404	.3072	-.00768
1.00	-6.1448	-.2682	-.0000	-.00000

XM/L=0.2

X/L	FP	FS	FQ	FM
.05	6.3111	.2753	.3156	.00789
.10	4.9996	.2457	.5655	.02992
.15	4.4037	.2160	.7857	.06370
.20	3.7937	.1864	.9754	-.89227
.25	3.1883	.1567	1.1348	-.83952
.30	2.5891	.1273	1.2643	-.77954
.35	1.9954	.0981	1.3640	-.71383
.40	1.4064	.0692	1.4344	-.64387
.45	.8217	.0404	1.4755	-.57113
.50	.2407	.0119	1.4875	-.49705
.55	-.3370	-.0165	1.4706	-.42310
.60	-.9119	-.0448	1.4250	-.35071
.65	-1.4845	-.0730	1.3508	-.28131
.70	-2.0552	-.1010	1.2481	-.21634
.75	-2.6247	-.1290	1.1168	-.15722
.80	-3.1934	-.1569	.9572	-.10537
.85	-3.7624	-.1848	.7690	-.06221
.90	-4.3357	-.2127	.5523	-.02918
.95	-4.8953	-.2405	.3075	-.00769
1.00	-6.1498	-.2684	-.0000	-.00000

XM/L=0.3

X/L	FP	FS	FQ	FM
.05	6.2781	.2739	.3139	.00785
.10	4.9814	.2448	.5630	.02977
.15	4.3957	.2156	.7828	.06341
.20	3.7961	.1865	.9726	.10730
.25	3.2008	.1573	1.1326	.15993
.30	2.6057	.1281	1.2629	-.78019
.35	2.0102	.0989	1.3634	-.71453
.40	1.4192	.0698	1.4344	-.64458
.45	.8325	.0410	1.4760	-.57183
.50	.2496	.0123	1.4885	-.49771
.55	-.3301	-.0162	1.4720	-.42370
.60	-.9069	-.0446	1.4266	-.35124
.65	-1.4815	-.0728	1.3525	-.28176
.70	-2.0541	-.1010	1.2498	-.21670
.75	-2.6255	-.1291	1.1186	-.15749
.80	-3.1962	-.1571	.9588	-.10556
.85	-3.7671	-.1851	.7704	-.06233
.90	-4.3423	-.2130	.5533	-.02924
.95	-4.9039	-.2410	.3081	-.00770
1.00	-6.1618	-.2689	-.0000	-.00000

XM/L=0.4

X/L	FP	FS	FQ	FM
.05	6.2426	.2724	.3121	.00780
.10	4.9591	.2437	.5601	.02961
.15	4.3821	.2150	.7792	.06309
.20	3.7912	.1862	.9688	.10679
.25	3.2047	.1575	1.1290	.15923
.30	2.6184	.1287	1.2599	.21895
.35	2.0314	.0999	1.3615	.28449
.40	1.4430	.0709	1.4336	-.64563
.45	.8530	.0420	1.4763	-.57289
.50	.2665	.0131	1.4896	-.49874
.55	-.3166	-.0155	1.4738	-.42465
.60	-.8969	-.0441	1.4289	-.35209
.65	-1.4749	-.0725	1.3552	-.28248
.70	-2.0510	-.1008	1.2526	-.21729
.75	-2.6258	-.1291	1.1213	-.15794
.80	-3.1999	-.1573	.9614	-.10587
.85	-3.7743	-.1854	.7726	-.06252
.90	-4.3530	-.2135	.5550	-.02933
.95	-4.9180	-.2417	.3091	-.00773
1.00	-6.1817	-.2698	-.0000	-.00000

XM/L=0.5

X/L	FP	FS	FQ	FM
.05	6.2093	.2710	.3105	.00776
.10	4.9370	.2426	.5573	.02946
.15	4.3669	.2142	.7757	.06278
.20	3.7830	.1858	.9648	.10629
.25	3.2035	.1574	1.1250	.15854
.30	2.6242	.1290	1.2562	.21807
.35	2.0442	.1005	1.3584	.28343
.40	1.4629	.0719	1.4315	.35318
.45	.8797	.0432	1.4755	.42586
.50	.2941	.0144	1.4902	-.50000
.55	-.2941	-.0144	1.4755	-.42586
.60	-.8797	-.0432	1.4315	-.35318
.65	-1.4629	-.0719	1.3584	-.28343
.70	-2.0442	-.1005	1.2562	-.21807
.75	-2.6242	-.1290	1.1250	-.15854
.80	-3.2035	-.1574	.9648	-.10629
.85	-3.7830	-.1858	.7757	-.06278
.90	-4.3669	-.2142	.5573	-.02946
.95	-4.9370	-.2426	.3105	-.00776
1.00	-6.2093	-.2710	-.0000	-.00000

GLEICHMAESSIGE BELASTUNG   B/L= .50   DS/B1= .10

KS= .001

X/L	FP	FS	FQ	FM
.05	1.0200	.0453	.0010	.00002
.10	.9724	.0477	-.0004	.00004
.15	.9993	.0490	-.0004	.00002
.20	1.0044	.0493	-.0002	.00001
.25	1.0030	.0493	-.0000	-.00000
.30	1.0011	.0492	.0000	-.00000
.35	1.0001	.0492	.0000	-.00000
.40	.9999	.0492	.0000	-.00000
.45	.9999	.0492	.0000	.00000
.50	1.0000	.0492	-.0000	.00000
.55	1.0000	.0492	-.0000	.00000
.60	.9999	.0492	-.0000	-.00000
.65	.9999	.0492	-.0000	-.00000
.70	1.0001	.0492	-.0000	-.00000
.75	1.0011	.0492	.0000	-.00000
.80	1.0030	.0493	.0002	.00001
.85	1.0044	.0493	.0004	.00002
.90	.9993	.0490	.0004	.00004
.95	.9724	.0477	-.0010	.00002
1.00	1.0200	.0453	.0000	.00000

KS= .003

X/L	FP	FS	FQ	FM
.05	1.0300	.0457	.0015	.00004
.10	.9668	.0475	-.0002	.00007
.15	.9921	.0486	-.0006	.00005
.20	1.0018	.0492	-.0005	.00003
.25	1.0042	.0493	-.0003	.00001
.30	1.0032	.0493	-.0001	.00000
.35	1.0017	.0493	-.0000	-.00000
.40	1.0006	.0492	.0000	-.00000
.45	.9999	.0492	.0000	-.00000
.50	.9997	.0492	-.0000	-.00000
.55	.9997	.0492	-.0000	-.00000
.60	.9999	.0492	-.0000	-.00000
.65	1.0006	.0492	.0000	-.00000
.70	1.0017	.0493	.0001	.00000
.75	1.0032	.0493	.0003	.00001
.80	1.0042	.0493	.0005	.00003
.85	1.0018	.0492	.0006	.00005
.90	.9921	.0486	.0002	.00007
.95	.9668	.0475	-.0015	.00004
1.00	1.0300	.0457	.0000	.00000

KS= .010

X/L	FP	FS	FQ	FM
.05	1.0421	.0462	.0021	.00005
.10	.9641	.0474	.0003	.00011
.15	.9846	.0483	-.0005	.00011
.20	.9957	.0489	-.0007	.00008
.25	1.0015	.0492	-.0006	.00005
.30	1.0035	.0493	-.0004	.00002
.35	1.0034	.0493	-.0003	.00001
.40	1.0025	.0493	-.0001	-.00000
.45	1.0016	.0493	-.0001	-.00001
.50	1.0010	.0492	.0000	-.00001
.55	1.0010	.0492	.0001	-.00001
.60	1.0016	.0493	.0001	-.00000
.65	1.0025	.0493	.0003	.00001
.70	1.0034	.0493	.0004	.00002
.75	1.0035	.0493	.0006	.00005
.80	1.0015	.0492	.0007	.00008
.85	.9957	.0489	.0005	.00011
.90	.9846	.0483	-.0003	.00011
.95	.9641	.0474	-.0021	.00005
1.00	1.0421	.0462	.0000	.00000

KS= .020

X/L	FP	FS	FQ	FM
.05	1.0492	.0464	.0025	.00006
.10	.9642	.0474	.0007	.00014
.15	.9814	.0482	-.0003	.00015
.20	.9917	.0487	-.0007	.00013
.25	.9984	.0491	-.0008	.00009
.30	1.0020	.0493	-.0007	.00006
.35	1.0033	.0493	-.0005	.00003
.40	1.0035	.0493	-.0003	.00001
.45	1.0032	.0493	-.0001	-.00000
.50	1.0030	.0493	-.0000	-.00001
.55	1.0030	.0493	.0001	-.00000
.60	1.0032	.0493	.0003	.00001
.65	1.0035	.0493	.0005	.00003
.70	1.0033	.0493	.0007	.00006
.75	1.0020	.0493	.0008	.00009
.80	.9984	.0491	.0007	.00013
.85	.9917	.0487	.0003	.00015
.90	.9814	.0482	-.0007	.00014
.95	.9642	.0474	-.0025	.00006
1.00	1.0492	.0464	.0000	.00000

KS= .050

X/L	FP	FS	FQ	FM
.05	1.0578	.0468	.0029	.00007
.10	.9657	.0475	.0012	.00017
.15	.9789	.0481	.0001	.00021
.20	.9876	.0485	-.0005	.00020
.25	.9944	.0489	-.0008	.00017
.30	.9992	.0491	-.0008	.00013
.35	1.0022	.0493	-.0007	.00009
.40	1.0040	.0494	-.0005	.00006
.45	1.0049	.0494	-.0003	.00004
.50	1.0053	.0494	.0000	.00003
.55	1.0053	.0494	.0003	.00004
.60	1.0049	.0494	.0005	.00006
.65	1.0040	.0494	.0007	.00009
.70	1.0022	.0493	.0008	.00013
.75	.9992	.0491	.0008	.00017
.80	.9944	.0489	.0005	.00020
.85	.9876	.0485	-.0001	.00021
.90	.9789	.0481	-.0012	.00017
.95	.9657	.0475	-.0029	.00007
1.00	1.0578	.0468	.0000	.00000

KS= .100

X/L	FP	FS	FQ	FM
.05	1.0640	.0471	.0032	.00008
.10	.9678	.0476	.0016	.00020
.15	.9786	.0480	.0005	.00025
.20	.9859	.0484	-.0002	.00026
.25	.9922	.0488	-.0006	.00024
.30	.9972	.0490	-.0007	.00021
.35	1.0008	.0492	-.0007	.00017
.40	1.0033	.0493	-.0005	.00014
.45	1.0048	.0494	-.0003	.00013
.50	1.0055	.0494	.0000	.00012
.55	1.0055	.0494	.0003	.00013
.60	1.0048	.0494	.0005	.00014
.65	1.0033	.0493	.0007	.00017
.70	1.0008	.0492	.0007	.00021
.75	.9972	.0490	.0006	.00024
.80	.9922	.0488	.0002	.00026
.85	.9859	.0484	-.0005	.00025
.90	.9786	.0480	-.0016	.00020
.95	.9678	.0476	-.0032	.00008
1.00	1.0640	.0471	.0000	.00000

GLEICHMAESSIGE BELASTUNG B/L= .50 DS/B1= .10

KS= .200

X/L	FP	FS	FQ	FM
.05	1.0706	.0473	.0035	.00009
.10	.9709	.0477	.0021	.00023
.15	.9796	.0481	.0011	.00031
.20	.9854	.0484	.0003	.00034
.25	.9908	.0487	-.0001	.00035
.30	.9953	.0489	-.0004	.00033
.35	.9989	.0491	-.0004	.00031
.40	1.0015	.0492	-.0004	.00029
.45	1.0032	.0493	-.0002	.00028
.50	1.0040	.0494	.0000	.00027
.55	1.0040	.0494	.0002	.00028
.60	1.0032	.0493	.0004	.00029
.65	1.0015	.0492	.0004	.00031
.70	.9989	.0491	.0004	.00033
.75	.9953	.0489	.0001	.00035
.80	.9908	.0487	-.0003	.00034
.85	.9854	.0484	-.0011	.00031
.90	.9796	.0481	-.0021	.00023
.95	.9709	.0477	-.0035	.00009
1.00	1.0706	.0473	.0000	.00000

KS= .500

X/L	FP	FS	FQ	FM
.05	1.0801	.0477	.0040	.00010
.10	.9763	.0480	.0028	.00027
.15	.9825	.0482	.0019	.00039
.20	.9860	.0485	.0012	.00047
.25	.9897	.0487	.0007	.00052
.30	.9930	.0488	.0004	.00055
.35	.9957	.0490	.0002	.00056
.40	.9978	.0491	.0001	.00057
.45	.9991	.0491	.0000	.00057
.50	.9998	.0492	.0000	.00057
.55	.9998	.0492	-.0000	.00057
.60	.9991	.0491	-.0001	.00057
.65	.9978	.0491	-.0002	.00056
.70	.9957	.0490	-.0004	.00055
.75	.9930	.0488	-.0007	.00052
.80	.9897	.0487	-.0012	.00047
.85	.9860	.0485	-.0019	.00039
.90	.9825	.0482	-.0028	.00027
.95	.9763	.0480	-.0040	.00010
1.00	1.0801	.0477	.0000	.00000

KS= 1.000

X/L	FP	FS	FQ	FM
.05	1.0871	.0480	.0044	.00011
.10	.9805	.0482	.0034	.00030
.15	.9849	.0484	.0026	.00045
.20	.9869	.0485	.0020	.00057
.25	.9893	.0486	.0014	.00065
.30	.9915	.0487	.0010	.00071
.35	.9933	.0488	.0007	.00075
.40	.9947	.0489	.0004	.00078
.45	.9957	.0490	.0002	.00080
.50	.9962	.0490	.0000	.00080
.55	.9962	.0490	-.0002	.00080
.60	.9957	.0490	-.0004	.00078
.65	.9947	.0489	-.0007	.00075
.70	.9933	.0488	-.0010	.00071
.75	.9915	.0487	-.0014	.00065
.80	.9893	.0486	-.0020	.00057
.85	.9869	.0485	-.0026	.00045
.90	.9849	.0484	-.0034	.00030
.95	.9805	.0482	-.0044	.00011
1.00	1.0871	.0480	.0000	.00000

KS= 3.000

X/L	FP	FS	FQ	FM
.05	1.0948	.0484	.0047	.00012
.10	.9852	.0484	.0040	.00034
.15	.9878	.0485	.0034	.00052
.20	.9881	.0486	.0028	.00068
.25	.9890	.0486	.0022	.00080
.30	.9898	.0487	.0017	.00090
.35	.9906	.0487	.0013	.00098
.40	.9912	.0487	.0008	.00103
.45	.9916	.0488	.0004	.00106
.50	.9918	.0488	.0000	.00107
.55	.9918	.0488	-.0004	.00106
.60	.9916	.0488	-.0008	.00103
.65	.9912	.0487	-.0013	.00098
.70	.9906	.0487	-.0017	.00090
.75	.9898	.0487	-.0022	.00080
.80	.9890	.0486	-.0028	.00068
.85	.9881	.0486	-.0034	.00052
.90	.9878	.0485	-.0040	.00034
.95	.9852	.0484	-.0047	.00012
1.00	1.0948	.0484	.0000	.00000

KS= 10.000

X/L	FP	FS	FQ	FM
.05	1.0986	.0485	.0049	.00012
.10	.9876	.0486	.0043	.00035
.15	.9893	.0486	.0038	.00056
.20	.9887	.0486	.0032	.00073
.25	.9888	.0486	.0027	.00088
.30	.9890	.0486	.0021	.00100
.35	.9892	.0486	.0016	.00109
.40	.9894	.0487	.0010	.00115
.45	.9896	.0487	.0005	.00119
.50	.9896	.0487	.0000	.00121
.55	.9896	.0487	-.0005	.00119
.60	.9895	.0487	-.0010	.00115
.65	.9894	.0487	-.0016	.00109
.70	.9892	.0486	-.0021	.00100
.75	.9890	.0486	-.0027	.00088
.80	.9888	.0486	-.0032	.00073
.85	.9887	.0486	-.0038	.00056
.90	.9893	.0486	-.0043	.00035
.95	.9876	.0486	-.0049	.00012
1.00	1.0986	.0485	.0000	.00000

KS=100.000

X/L	FP	FS	FQ	FM
.05	1.1003	.0486	.0050	.00013
.10	.9887	.0486	.0045	.00036
.15	.9900	.0486	.0040	.00057
.20	.9890	.0486	.0034	.00076
.25	.9888	.0486	.0028	.00091
.30	.9887	.0486	.0023	.00104
.35	.9886	.0486	.0017	.00114
.40	.9886	.0486	.0011	.00121
.45	.9886	.0486	.0006	.00125
.50	.9886	.0486	.0000	.00127
.55	.9886	.0486	-.0006	.00125
.60	.9886	.0486	-.0011	.00121
.65	.9886	.0486	-.0017	.00114
.70	.9886	.0486	-.0023	.00104
.75	.9887	.0486	-.0028	.00091
.80	.9888	.0486	-.0034	.00076
.85	.9890	.0486	-.0040	.00057
.90	.9900	.0486	-.0045	.00036
.95	.9887	.0486	-.0050	.00013
1.00	1.1003	.0486	.0000	.00000

B/L= .50 DS/B1= .50 KS= .001

XQ/L=0.0

X/L	FP	FS	FQ	FM
.05	22.3266	1.8142	.1163	-.02209
.10	1.1461	.7294	.1736	-.01484
.15	-1.0372	.2022	.1218	-.00746
.20	-1.1991	.0062	.0618	-.00287
.25	-.7508	-.0386	.0243	-.00071
.30	-.3585	-.0320	.0064	.00005
.35	-.1310	-.0166	-.0002	.00020
.40	-.0285	-.0054	-.0016	.00016
.45	.0060	.0002	-.0013	.00009
.50	.0116	.0021	-.0007	.00003
.55	.0085	.0023	-.0003	.00001
.60	.0045	.0018	-.0001	-.00000
.65	.0018	.0013	.0000	-.00000
.70	.0005	.0009	.0000	-.00000
.75	-.0000	.0007	.0000	-.00000
.80	-.0001	.0005	.0000	-.00000
.85	-.0001	.0004	.0000	-.00000
.90	-.0001	.0003	.0000	-.00000
.95	-.0000	.0002	.0000	-.00000
1.00	-.0001	.0002	-.0000	-.00000

XQ/L=0.1

X/L	FP	FS	FQ	FM
.05	3.1558	.5708	.1578	.00394
.10	6.5936	.8800	-.5125	.02008
.15	6.4859	.8808	-.1882	.00256
.20	3.1066	.5935	-.0329	-.00297
.25	1.0316	.3222	.0187	-.00333
.30	.1224	.1486	.0248	-.00224
.35	-.1482	.0588	.0174	-.00119
.40	-.1605	.0200	.0094	-.00052
.45	-.1052	.0062	.0041	-.00018
.50	-.0539	.0026	.0014	-.00004
.55	-.0223	.0020	.0003	.00000
.60	-.0069	.0021	-.0000	.00001
.65	-.0009	.0019	-.0001	.00000
.70	.0007	.0017	-.0001	.00000
.75	.0007	.0013	-.0000	-.00000
.80	.0004	.0010	.0000	-.00000
.85	.0002	.0008	.0000	-.00000
.90	.0001	.0006	.0000	-.00000
.95	.0000	.0004	.0000	-.00000
1.00	-.0003	.0003	-.0000	-.00000

XQ/L=0.2

X/L	FP	FS	FQ	FM
.05	-.9265	.0786	-.0463	-.00116
.10	1.2184	.3112	.0146	-.00195
.15	3.2211	.5943	.1756	.00280
.20	6.4325	.8747	-.5027	.01963
.25	6.3692	.8699	-.1843	.00245
.30	3.0477	.5852	-.0319	-.00295
.35	1.0096	.3174	.0186	-.00328
.40	.1176	.1463	.0245	-.00221
.45	-.1470	.0580	.0171	-.00117
.50	-.1583	.0198	.0092	-.00051
.55	-.1036	.0062	.0040	-.00018
.60	-.0530	.0026	.0014	-.00004
.65	-.0219	.0021	.0003	.00000
.70	-.0067	.0021	-.0000	.00001
.75	-.0009	.0019	-.0001	.00000
.80	.0007	.0017	-.0001	.00000
.85	.0008	.0013	-.0000	-.00000
.90	.0005	.0010	.0000	-.00000
.95	.0003	.0008	.0000	-.00000
1.00	-.0005	.0005	-.0000	-.00000

XQ/L=0.3

X/L	FP	FS	FQ	FM
.05	-.4823	-.0000	-.0241	-.00060
.10	-.0956	.0555	-.0289	-.00193
.15	.1684	.1488	-.0205	-.00316
.20	1.0386	.3189	.0315	-.00289
.25	3.0468	.5830	.1838	.00249
.30	6.3257	.8626	-.4999	.01959
.35	6.3219	.8619	-.1838	.00250
.40	3.0329	.5810	-.0322	-.00290
.45	1.0082	.3156	.0182	-.00325
.50	.1200	.1457	.0242	-.00219
.55	-.1446	.0578	.0170	-.00116
.60	-.1568	.0198	.0092	-.00051
.65	-.1029	.0062	.0040	-.00018
.70	-.0527	.0026	.0014	-.00004
.75	-.0218	.0021	.0003	.00000
.80	-.0067	.0021	-.0000	.00001
.85	-.0008	.0019	-.0001	.00000
.90	.0008	.0017	-.0000	.00000
.95	.0009	.0013	.0000	-.00000
1.00	-.0001	.0010	-.0000	-.00000

XQ/L=0.4

X/L	FP	FS	FQ	FM
.05	-.0943	.0002	-.0047	-.00012
.10	-.0987	.0058	-.0097	-.00048
.15	-.1519	.0200	-.0172	-.00115
.20	-.1412	.0582	-.0243	-.00219
.25	.1219	.1459	-.0182	-.00325
.30	1.0094	.3157	.0323	-.00290
.35	3.0336	.5809	.1839	.00250
.40	6.3214	.8615	-.5000	.01960
.45	6.3214	.8614	-.1839	.00251
.50	3.0335	.5808	-.0322	-.00290
.55	1.0088	.3156	.0182	-.00325
.60	.1204	.1457	.0242	-.00219
.65	-.1444	.0579	.0170	-.00116
.70	-.1567	.0198	.0092	-.00051
.75	-.1028	.0062	.0040	-.00018
.80	-.0527	.0026	.0014	-.00004
.85	-.0219	.0020	.0003	.00000
.90	-.0068	.0021	-.0001	.00001
.95	-.0009	.0020	-.0001	.00000
1.00	.0019	.0017	-.0000	-.00000

XQ/L=0.5

X/L	FP	FS	FQ	FM
.05	-.0043	.0022	-.0002	-.00001
.10	-.0224	.0021	-.0013	-.00004
.15	-.0532	.0026	-.0040	-.00018
.20	-.1031	.0062	-.0092	-.00051
.25	-.1568	.0198	-.0170	-.00116
.30	-.1444	.0578	-.0242	-.00219
.35	.1204	.1457	-.0182	-.00325
.40	1.0089	.3156	.0322	-.00290
.45	3.0335	.5808	.1839	.00251
.50	6.3215	.8614	-.5000	.01960
.55	6.3215	.8614	-.1839	.00251
.60	3.0335	.5808	-.0322	-.00290
.65	1.0089	.3156	.0182	-.00325
.70	.1204	.1457	.0242	-.00219
.75	-.1444	.0578	.0170	-.00116
.80	-.1568	.0198	.0092	-.00051
.85	-.1031	.0062	.0040	-.00018
.90	-.0532	.0026	.0013	-.00004
.95	-.0224	.0021	.0002	-.00001
1.00	-.0043	.0022	-.0000	-.00000

B/L= .50 DS/B1= .50 KS= .001

XM/L=0.0

X/L	FP	FS	FQ	FM
.05	225.5530	13.7729	11.2777	-.71806
.10	-102.3533	-4.1431	6.1600	-.28212
.15	-72.7092	-7.3763	2.5245	-.06501
.20	-37.6179	-5.6299	.6436	.01420
.25	-14.0866	-3.2389	-.0607	.02877
.30	-3.0088	-1.5365	-.2111	.02198
.35	.8100	-.6047	-.1706	.01243
.40	1.4357	-.1865	-.0989	.00569
.45	1.0591	-.0356	-.0459	.00207
.50	.5814	.0020	-.0168	.00051
.55	.2559	.0028	-.0040	-.00002
.60	.0862	-.0030	.0003	-.00011
.65	.0157	-.0066	.0011	-.00008
.70	-.0057	-.0073	.0008	-.00003
.75	-.0081	-.0064	.0004	-.00000
.80	-.0053	-.0050	.0001	.00001
.85	-.0026	-.0037	-.0000	.00001
.90	-.0011	-.0027	-.0001	.00001
.95	-.0004	-.0019	-.0001	.00000
1.00	.0020	-.0013	.0000	-.00000

XM/L=0.1

X/L	FP	FS	FQ	FM
.05	105.5821	8.8783	5.2791	.13198
.10	56.1609	4.7653	8.0871	-.53387
.15	-65.3644	-4.3938	4.8189	-.21121
.20	-58.3723	-6.3309	1.9003	-.04323
.25	-29.0763	-4.6337	.4465	.01544
.30	-10.5596	-2.6105	-.0815	.02456
.35	-2.0021	-1.2203	-.1816	.01799
.40	.8337	-.4746	-.1399	.00995
.45	1.2153	-.1453	-.0791	.00447
.50	.8621	-.0286	-.0360	.00159
.55	.4627	-.0003	-.0129	.00037
.60	.1994	.0000	-.0029	-.00002
.65	.0652	-.0043	.0003	-.00009
.70	.0106	-.0067	.0009	-.00006
.75	-.0053	-.0068	.0006	-.00002
.80	-.0067	-.0058	.0003	-.00000
.85	-.0043	-.0045	.0000	.00001
.90	-.0023	-.0033	-.0001	.00001
.95	-.0010	-.0024	-.0001	.00000
1.00	.0023	-.0016	-.0000	-.00000

XM/L=0.2

X/L	FP	FS	FQ	FM
.05	3.0783	1.9776	.1539	.00385
.10	29.5473	4.4009	1.6313	.04848
.15	56.5253	6.1317	4.4575	.20070
.20	61.1112	4.3015	7.5131	-.50004
.25	-59.7499	-4.0977	4.5256	-.19907
.30	-54.6718	-5.9470	1.7920	-.04113
.35	-27.3530	-4.3642	.4244	.01428
.40	-9.9751	-2.4643	-.0744	.02303
.45	-1.9129	-1.1552	-.1700	.01692
.50	.7704	-.4513	-.1315	.00938
.55	1.1388	-.1397	-.0746	.00423
.60	.8106	-.0286	-.0340	.00151
.65	.4362	-.0012	-.0122	.00036
.70	.1884	-.0005	-.0028	-.00002
.75	.0619	-.0044	.0003	-.00008
.80	.0102	-.0065	.0008	-.00005
.85	-.0052	-.0067	.0005	-.00002
.90	-.0068	-.0057	.0002	-.00000
.95	-.0047	-.0043	-.0000	.00000
1.00	.0009	-.0030	-.0000	-.00000

XM/L=0.3

X/L	FP	FS	FQ	FM
.05	-5.9352	.1286	-.2968	-.00742
.10	2.7896	1.1268	-.1573	-.01877
.15	10.7868	2.5264	.3821	-.01315
.20	27.8565	4.4386	1.7749	.04077
.25	54.9977	6.0236	4.5248	.19826
.30	60.2106	4.1948	7.5353	-.50023
.35	-60.1372	-4.1663	4.5284	-.19864
.40	-54.7870	-5.9821	1.7891	-.04070
.45	-27.3594	-4.3790	.4211	.01455
.50	-9.9527	-2.4692	-.0765	.02317
.55	-1.8919	-1.1562	-.1711	.01698
.60	.7833	-.4512	-.1320	.00940
.65	1.1451	-.1394	-.0747	.00423
.70	.8130	-.0285	-.0341	.00151
.75	.4368	-.0012	-.0122	.00036
.80	.1886	-.0006	-.0028	-.00002
.85	.0620	-.0044	.0003	-.00008
.90	.0105	-.0066	.0008	-.00005
.95	-.0050	-.0068	.0006	-.00001
1.00	-.0119	-.0059	-.0000	-.00000

XM/L=0.4

X/L	FP	FS	FQ	FM
.05	-1.9428	-.0389	-.0971	-.00243
.10	-.9988	.1300	-.1471	-.00853
.15	-.6325	.4601	-.1787	-.01668
.20	1.9849	1.1665	-.0795	-.02313
.25	9.9893	2.4762	.4200	-.01462
.30	27.3622	4.3834	1.7881	.04058
.35	54.7770	5.9867	4.5270	.19846
.40	60.1403	4.1754	7.5340	-.50001
.45	-60.1445	-4.1747	4.5268	-.19850
.50	-54.7765	-5.9850	1.7879	-.04063
.55	-27.3486	-4.3797	.4205	.01458
.60	-9.9459	-2.4691	-.0768	.02318
.65	-1.8885	-1.1560	-.1712	.01698
.70	.7848	-.4511	-.1320	.00940
.75	1.1459	-.1393	-.0747	.00423
.80	.8143	-.0283	-.0340	.00151
.85	.4397	-.0009	-.0120	.00036
.90	.1933	-.0003	-.0023	.00001
.95	.0668	-.0047	.0010	-.00003
1.00	-.0204	-.0085	-.0000	-.00000

XM/L=0.5

X/L	FP	FS	FQ	FM
.05	-.2499	-.0024	-.0125	-.00031
.10	-.4380	.0002	-.0344	-.00148
.15	-.8107	.0284	-.0749	-.00422
.20	-1.1430	.1395	-.1321	-.00939
.25	-.7831	.4513	-.1712	-.01698
.30	1.8889	1.1561	-.0768	-.02318
.35	9.9456	2.4691	.4205	-.01458
.40	27.3480	4.3797	1.7879	.04063
.45	54.7753	5.9850	4.5267	.19849
.50	60.1423	4.1748	7.5338	-.50000
.55	-60.1424	-4.1748	4.5266	-.19849
.60	-54.7752	-5.9850	1.7879	-.04063
.65	-27.3479	-4.3797	.4205	.01458
.70	-9.9457	-2.4692	-.0768	.02318
.75	-1.8890	-1.1561	-.1712	.01698
.80	.7832	-.4513	-.1321	.00939
.85	1.1430	-.1395	-.0749	.00422
.90	.8106	-.0284	-.0344	.00148
.95	.4380	-.0002	-.0125	.00031
1.00	.2499	.0024	-.0000	-.00000

B/L= .50   DS/B1= .50   KS= .003

XQ/L=0.0

X/L	FP	FS	FQ	FM
.05	18.7864	1.6299	-.0607	-.02652
.10	3.5899	.8770	.1188	-.02506
.15	.7023	.3857	.1539	-.01824
.20	-.5403	.1117	.1269	-.01122
.25	-.8230	-.0156	.0858	-.00591
.30	-.7203	-.0581	.0497	-.00252
.35	-.5062	-.0591	.0244	-.00066
.40	-.3045	-.0448	.0092	.00018
.45	-.1565	-.0284	.0014	.00044
.50	-.0642	-.0152	-.0018	.00043
.55	-.0147	-.0065	-.0026	.00032
.60	.0070	-.0016	-.0022	.00020
.65	.0133	.0008	-.0015	.00011
.70	.0124	.0015	-.0009	.00005
.75	.0091	.0015	-.0005	.00001
.80	.0058	.0012	-.0002	-.00000
.85	.0032	.0009	-.0000	-.00001
.90	.0015	.0006	.0001	-.00001
.95	.0004	.0003	.0001	-.00000
1.00	-.0016	.0001	-.0000	-.00000

XQ/L=0.1

X/L	FP	FS	FQ	FM
.05	5.0631	.6583	.2532	.00633
.10	5.0439	.7694	-.4947	.02529
.15	4.8341	.7380	-.2529	.00660
.20	3.0987	.5627	-.0980	-.00217
.25	1.6505	.3684	-.0155	-.00501
.30	.6981	.2118	.0194	-.00491
.35	.1711	.1055	.0280	-.00373
.40	-.0678	.0426	.0246	-.00241
.45	-.1411	.0103	.0175	-.00136
.50	-.1351	-.0033	.0108	-.00065
.55	-.1008	-.0069	.0057	-.00024
.60	-.0642	-.0062	.0025	-.00004
.65	-.0354	-.0041	.0008	.00005
.70	-.0164	-.0021	-.0001	.00006
.75	-.0055	-.0007	-.0003	.00005
.80	-.0003	.0001	-.0004	.00004
.85	.0017	.0005	-.0003	.00002
.90	.0020	.0006	-.0002	.00001
.95	.0017	.0006	-.0001	.00000
1.00	.0017	.0005	-.0000	-.00000

XQ/L=0.2

X/L	FP	FS	FQ	FM
.05	-.2721	.1368	-.0136	-.00034
.10	1.7866	.3530	.0757	.00121
.15	3.3108	.5668	.2413	.00914
.20	4.9349	.7323	-.5120	.02737
.25	4.8830	.7307	-.2678	.00787
.30	3.1965	.5685	-.1080	-.00152
.35	1.7367	.3778	-.0212	-.00475
.40	.7580	.2203	.0167	-.00486
.45	.2065	.1117	.0271	-.00377
.50	-.0501	.0465	.0245	-.00248
.55	-.1344	.0124	.0178	-.00142
.60	-.1340	-.0023	.0111	-.00070
.65	-.1021	-.0066	.0060	-.00027
.70	-.0662	-.0062	.0027	-.00005
.75	-.0373	-.0042	.0008	.00004
.80	-.0179	-.0023	-.0001	.00006
.85	-.0067	-.0008	-.0004	.00005
.90	-.0010	.0001	-.0004	.00003
.95	.0017	.0006	-.0003	.00001
1.00	.0069	.0009	-.0000	-.00000

XQ/L=0.3

X/L	FP	FS	FQ	FM
.05	-.8853	-.0126	-.0443	-.00111
.10	.2120	.0925	-.0337	-.00305
.15	.8373	.2186	.0082	-.00369
.20	1.8005	.3793	.0982	-.00103
.25	3.1981	.5654	.2581	.00788
.30	4.8058	.7207	-.5016	.02679
.35	4.7835	.7180	-.2624	.00769
.40	3.1329	.5583	-.1058	-.00151
.45	1.7022	.3710	-.0206	-.00467
.50	.7426	.2163	.0165	-.00478
.55	.2019	.1097	.0266	-.00370
.60	-.0496	.0456	.0241	-.00243
.65	-.1322	.0122	.0175	-.00139
.70	-.1319	-.0023	.0109	-.00068
.75	-.1009	-.0065	.0058	-.00026
.80	-.0659	-.0061	.0026	-.00005
.85	-.0378	-.0042	.0007	.00003
.90	-.0186	-.0022	-.0003	.00004
.95	-.0062	-.0005	-.0006	.00001
1.00	.0116	.0009	-.0000	-.00000

XQ/L=0.4

X/L	FP	FS	FQ	FM
.05	-.4506	-.0232	-.0225	-.00056
.10	-.1378	.0053	-.0294	-.00186
.15	-.0218	.0457	-.0305	-.00336
.20	.2353	.1123	-.0187	-.00459
.25	.7681	.2189	.0197	-.00457
.30	1.7152	.3720	.1054	-.00144
.35	3.1308	.5571	.2620	.00774
.40	4.7621	.7139	-.4999	.02679
.45	4.7593	.7134	-.2620	.00774
.50	3.1219	.5556	-.1059	-.00145
.55	1.6987	.3696	-.0209	-.00462
.60	.7428	.2157	.0162	-.00474
.65	.2032	.1095	.0264	-.00368
.70	-.0484	.0456	.0239	-.00242
.75	-.1316	.0122	.0174	-.00139
.80	-.1321	-.0023	.0107	-.00069
.85	-.1018	-.0066	.0057	-.00028
.90	-.0670	-.0061	.0023	-.00008
.95	-.0378	-.0040	.0004	-.00001
1.00	-.0084	-.0014	-.0000	-.00000

XQ/L=0.5

X/L	FP	FS	FQ	FM
.05	-.1259	-.0096	-.0063	-.00016
.10	-.1045	-.0079	-.0115	-.00060
.15	-.1290	-.0025	-.0180	-.00134
.20	-.1270	.0125	-.0243	-.00240
.25	-.0444	.0461	-.0265	-.00367
.30	.2061	.1099	-.0162	-.00474
.35	.7447	.2160	.0210	-.00462
.40	1.6998	.3697	.1060	-.00145
.45	3.1222	.5554	.2621	.00776
.50	4.7581	.7129	-.5000	.02681
.55	4.7581	.7129	-.2621	.00776
.60	3.1222	.5554	-.1060	-.00145
.65	1.6998	.3697	-.0210	-.00462
.70	.7447	.2160	.0162	-.00474
.75	.2061	.1099	.0265	-.00367
.80	-.0444	.0461	.0243	-.00240
.85	-.1270	.0125	.0180	-.00134
.90	-.1290	-.0025	.0115	-.00060
.95	-.1045	-.0079	.0063	-.00016
1.00	-.1259	-.0096	-.0000	-.00000

B/L= .50 DS/B1= .50 KS= .003

XM/L=0.0

X/L	FP	FS	FQ	FM
.05	152.9395	10.4018	7.6470	-.80883
.10	-33.0284	.0380	5.9956	-.46776
.15	-43.0921	-3.9771	3.8409	-.22185
.20	-35.6679	-4.5891	2.0576	-.07439
.25	-23.4504	-3.7571	.8850	-.00082
.30	-13.0689	-2.5734	.2316	.02709
.35	-6.0063	-1.5347	-.0687	.03116
.40	-1.9192	-.7935	-.1647	.02533
.45	.0666	-.3368	-.1614	.01718
.50	.7909	-.0925	-.1218	.01010
.55	.8718	.0162	-.0782	.00510
.60	.6940	.0499	-.0435	.00205
.65	.4629	.0485	-.0204	.00045
.70	.2674	.0351	-.0070	-.00023
.75	.1319	.0208	-.0004	-.00042
.80	.0511	.0099	.0021	-.00037
.85	.0097	.0030	.0026	-.00025
.90	-.0079	-.0008	.0022	-.00013
.95	-.0139	-.0026	.0015	-.00004
1.00	-.0306	-.0036	.0000	-.00000

XM/L=0.1

X/L	FP	FS	FQ	FM
.05	96.0419	7.8444	4.8021	.12005
.10	28.8471	3.5788	6.2444	-.60378
.15	-30.4601	-1.9881	4.7214	-.32964
.20	-37.9489	-4.1695	2.8240	-.14100
.25	-28.3505	-4.0374	1.4065	-.03524
.30	-17.5150	-3.0535	.5307	.01319
.35	-9.1300	-1.9777	.0742	.02831
.40	-3.7773	-1.1189	-.1146	.02730
.45	-.8675	-.5421	-.1580	.02049
.50	.4265	-.2052	-.1367	.01312
.55	.8071	-.0359	-.0963	.00729
.60	.7563	.0322	-.0585	.00342
.65	.5575	.0474	-.0306	.00119
.70	.3515	.0402	-.0131	.00010
.75	.1922	.0269	-.0035	-.00031
.80	.0885	.0148	.0010	-.00037
.85	.0301	.0062	.0025	-.00029
.90	.0014	.0009	.0025	-.00016
.95	-.0116	-.0021	.0020	-.00005
1.00	-.0393	-.0040	-.0000	-.00000

XM/L=0.2

X/L	FP	FS	FQ	FM
.05	20.9486	2.8981	1.0474	.02619
.10	25.2025	3.7068	2.3076	.11006
.15	33.0447	3.8605	3.9598	.26674
.20	26.5295	2.1646	5.2863	-.50210
.25	-26.3267	-2.0769	3.9699	-.27070
.30	-32.4789	-3.7317	2.3460	-.11280
.35	-23.9433	-3.5029	1.1488	-.02543
.40	-14.6152	-2.6078	.4181	.01374
.45	-7.5039	-1.6695	.0429	.02526
.50	-3.0202	-.9341	-.1081	.02363
.55	-.6165	-.4463	-.1390	.01745
.60	.4292	-.1645	-.1175	.01104
.65	.7173	-.0248	-.0816	.00606
.70	.6546	.0302	-.0489	.00280
.75	.4772	.0415	-.0250	.00095
.80	.3002	.0346	-.0100	.00007
.85	.1656	.0228	-.0018	-.00022
.90	.0771	.0119	.0021	-.00021
.95	.0216	.0033	.0032	-.00008
1.00	-.0636	-.0039	-.0000	-.00000

XM/L=0.3

X/L	FP	FS	FQ	FM
.05	-2.6334	.5043	-.1317	-.00329
.10	7.8327	1.5664	.2600	-.00008
.15	15.4912	2.6535	1.0345	.03228
.20	24.7699	3.5958	2.2730	.11497
.25	33.0592	3.8276	3.9260	.26994
.30	26.7206	2.1694	5.2620	-.50036
.35	-26.1341	-2.0589	3.9553	-.26993
.40	-32.3355	-3.7130	2.3385	-.11258
.45	-23.8540	-3.4883	1.1458	-.02547
.50	-14.5677	-2.5982	.4175	.01361
.55	-7.4834	-1.6640	.0433	.02513
.60	-3.0144	-.9312	-.1074	.02353
.65	-.6168	-.4449	-.1383	.01738
.70	.4279	-.1638	-.1169	.01100
.75	.7180	-.0242	-.0810	.00606
.80	.6586	.0308	-.0481	.00283
.85	.4842	.0421	-.0238	.00103
.90	.3069	.0345	-.0085	.00023
.95	.1646	.0210	-.0003	.00001
1.00	.0054	.0065	-.0000	-.00000

XM/L=0.4

X/L	FP	FS	FQ	FM
.05	-4.4117	-.1113	-.2206	-.00551
.10	.6225	.3616	-.1895	-.01577
.15	3.4228	.9414	-.0183	-.02096
.20	7.9306	1.7085	.3782	-.01196
.25	14.9087	2.6485	1.1236	.02558
.30	24.0917	3.5358	2.3282	.11188
.35	32.5337	3.7610	3.9549	.26896
.40	26.3839	2.1158	5.2741	-.50031
.45	-26.3178	-2.0951	3.9582	-.26951
.50	-32.4177	-3.7343	2.3373	-.11212
.55	-23.8788	-3.4992	1.1434	-.02510
.60	-14.5659	-2.6028	.4151	.01386
.65	-7.4734	-1.6655	.0414	.02528
.70	-3.0061	-.9316	-.1089	.02359
.75	-.6148	-.4453	-.1396	.01738
.80	.4227	-.1644	-.1185	.01093
.85	.7078	-.0247	-.0831	.00589
.90	.6518	.0318	-.0505	.00255
.95	.4958	.0467	-.0257	.00064
1.00	.5142	.0462	-.0000	-.00000

XM/L=0.5

X/L	FP	FS	FQ	FM
.05	-2.0481	-.1212	-.1024	-.00256
.10	-.7571	-.0069	-.1403	-.00863
.15	-.3284	.1625	-.1567	-.01605
.20	.7369	.4550	-.1198	-.02296
.25	3.1020	.9434	.0353	-.02508
.30	7.5329	1.6751	.4119	-.01390
.35	14.5949	2.6096	1.1417	.02494
.40	23.8890	3.5040	2.3361	.11189
.45	32.4227	3.7392	3.9572	.26922
.50	26.3342	2.1026	5.2740	-.50000
.55	-26.3343	-2.1026	3.9572	-.26922
.60	-32.4227	-3.7392	2.3361	-.11189
.65	-23.8889	-3.5040	1.1417	-.02494
.70	-14.5949	-2.6096	.4119	.01390
.75	-7.5329	-1.6751	.0353	.02508
.80	-3.1020	-.9434	-.1198	.02296
.85	-.7369	-.4550	-.1567	.01605
.90	.3284	-.1625	-.1403	.00863
.95	.7570	.0069	-.1024	.00256
1.00	2.0481	.1212	-.0000	-.00000

B/L= .50 DS/B1= .50 KS= .010

XQ/L=0.0

X/L	FP	FS	FQ	FM
.05	15.2239	1.4091	-.2388	-.03097
.10	4.7035	.9282	-.0036	-.03703
.15	2.2851	.5507	.1106	-.03436
.20	.7572	.2810	.1485	-.02788
.25	-.0683	.1049	.1451	-.02054
.30	-.4614	.0014	.1220	-.01386
.35	-.5877	-.0507	.0926	-.00850
.40	-.5644	-.0694	.0644	-.00457
.45	-.4703	-.0686	.0409	-.00194
.50	-.3547	-.0582	.0231	-.00034
.55	-.2453	-.0446	.0109	.00051
.60	-.1550	-.0312	.0031	.00086
.65	-.0874	-.0200	-.0012	.00091
.70	-.0410	-.0115	-.0033	.00080
.75	-.0119	-.0055	-.0039	.00062
.80	.0044	-.0016	-.0037	.00043
.85	.0123	.0006	-.0030	.00026
.90	.0154	.0019	-.0023	.00013
.95	.0166	.0025	-.0014	.00004
1.00	.0288	.0030	-.0000	-.00000

XQ/L=0.1

X/L	FP	FS	FQ	FM
.05	6.3286	.7171	.3164	.00791
.10	4.1444	.6996	-.4763	.02891
.15	3.6967	.6313	-.2915	.00972
.20	2.7306	.5094	-.1550	-.00145
.25	1.8340	.3759	-.0633	-.00690
.30	1.1109	.2554	-.0077	-.00868
.35	.5839	.1587	.0215	-.00834
.40	.2332	.0877	.0331	-.00697
.45	.0225	.0398	.0342	-.00529
.50	-.0871	.0102	.0299	-.00368
.55	-.1300	-.0059	.0234	-.00235
.60	-.1332	-.0130	.0167	-.00135
.65	-.1160	-.0147	.0109	-.00066
.70	-.0911	-.0133	.0064	-.00022
.75	-.0659	-.0107	.0031	.00001
.80	-.0440	-.0077	.0009	.00011
.85	-.0265	-.0050	-.0004	.00012
.90	-.0127	-.0026	-.0011	.00008
.95	-.0014	-.0005	-.0011	.00003
1.00	.0230	.0013	-.0000	-.00000

XQ/L=0.2

X/L	FP	FS	FQ	FM
.05	1.2296	.2461	.0615	.00154
.10	2.0304	.3784	.1630	.00715
.15	2.8598	.4983	.3060	.01887
.20	3.5678	.5800	-.5156	.03863
.25	3.5478	.5797	-.3382	.01729
.30	2.8137	.4998	-.1975	.00389
.35	2.0054	.3890	-.0973	-.00348
.40	1.2980	.2782	-.0324	-.00672
.45	.7503	.1831	.0051	-.00740
.50	.3645	.1094	.0234	-.00669
.55	.1167	.0570	.0292	-.00537
.60	-.0256	.0227	.0279	-.00395
.65	-.0941	.0023	.0232	-.00267
.70	-.1156	-.0081	.0174	-.00165
.75	-.1104	-.0121	.0119	-.00092
.80	-.0924	-.0123	.0073	-.00044
.85	-.0703	-.0105	.0038	-.00016
.90	-.0483	-.0078	.0014	-.00003
.95	-.0280	-.0048	-.0000	.00000
1.00	.0007	-.0018	-.0000	-.00000

XQ/L=0.3

X/L	FP	FS	FQ	FM
.05	-.5975	.0264	-.0299	-.00075
.10	.6185	.1433	.0011	-.00147
.15	1.3047	.2637	.0663	.00022
.20	2.0572	.3864	.1691	.00610
.25	2.8518	.5002	.3117	.01812
.30	3.5462	.5786	-.5110	.03814
.35	3.5231	.5769	-.3348	.01700
.40	2.7912	.4966	-.1952	.00375
.45	1.9875	.3861	-.0959	-.00353
.50	1.2851	.2759	-.0316	-.00672
.55	.7419	.1814	.0055	-.00737
.60	.3597	.1083	.0235	-.00664
.65	.1147	.0564	.0292	-.00533
.70	-.0257	.0224	.0279	-.00390
.75	-.0931	.0023	.0233	-.00262
.80	-.1143	-.0081	.0176	-.00160
.85	-.1095	-.0122	.0121	-.00086
.90	-.0932	-.0126	.0074	-.00037
.95	-.0739	-.0112	.0037	-.00009
1.00	-.0745	-.0092	-.0000	-.00000

XQ/L=0.4

X/L	FP	FS	FQ	FM
.05	-.8210	-.0392	-.0411	-.00103
.10	-.0007	.0261	-.0411	-.00308
.15	.3587	.0976	-.0232	-.00469
.20	.7894	.1808	.0163	-.00486
.25	1.3361	.2786	.0831	-.00237
.30	2.0175	.3877	.1840	.00431
.35	2.7868	.4945	.3233	.01699
.40	3.4793	.5702	-.5027	.03751
.45	3.4658	.5683	-.3294	.01670
.50	2.7479	.4894	-.1920	.00367
.55	1.9586	.3808	-.0941	-.00348
.60	1.2691	.2725	-.0306	-.00660
.65	.7364	.1797	.0062	-.00721
.70	.3620	.1079	.0243	-.00645
.75	.1219	.0566	.0304	-.00508
.80	-.0169	.0228	.0295	-.00358
.85	-.0873	.0019	.0252	-.00222
.90	-.1190	-.0103	.0192	-.00111
.95	-.1346	-.0176	.0125	-.00031
1.00	-.2501	-.0228	-.0000	-.00000

XQ/L=0.5

X/L	FP	FS	FQ	FM
.05	-.5421	-.0392	-.0271	-.00068
.10	-.1590	-.0135	-.0351	-.00223
.15	-.0318	.0164	-.0366	-.00402
.20	.1365	.0557	-.0298	-.00569
.25	.3868	.1097	-.0105	-.00669
.30	.7609	.1823	.0276	-.00627
.35	1.2874	.2746	.0919	-.00328
.40	1.9672	.3816	.1903	.00378
.45	2.7447	.4885	.3275	.01672
.50	3.4495	.5655	-.5000	.03741
.55	3.4495	.5655	-.3275	.01672
.60	2.7447	.4885	-.1903	.00378
.65	1.9672	.3816	-.0919	-.00328
.70	1.2874	.2746	-.0276	-.00627
.75	.7609	.1823	.0105	-.00669
.80	.3868	.1097	.0298	-.00569
.85	.1365	.0557	.0366	-.00402
.90	-.0318	.0164	.0351	-.00223
.95	-.1590	-.0135	.0271	-.00068
1.00	-.5421	-.0392	-.0000	-.00000

B/L= .50   DS/B1= .50   KS= .010

XM/L=0.0

X/L	FP	FS	FQ	FM
.05	95.0725	7.2146	4.7536	-.88116
.10	-.3135	1.9582	4.7380	-.64387
.15	-15.3186	-1.0106	3.9720	-.42612
.20	-20.0767	-2.3793	2.9682	-.25262
.25	-18.9636	-2.7361	2.0200	-.12791
.30	-15.4969	-2.5281	1.2452	-.04628
.35	-11.4470	-2.0637	.6728	.00167
.40	-7.7267	-1.5359	.2865	.02565
.45	-4.7256	-1.0515	.0502	.03407
.50	-2.5269	-.6581	-.0761	.03342
.55	-1.0524	-.3668	-.1288	.02830
.60	-.1563	-.1683	-.1366	.02166
.65	.3193	-.0449	-.1206	.01523
.70	.5151	.0233	-.0949	.00985
.75	.5421	.0540	-.0678	.00578
.80	.4802	.0615	-.0437	.00299
.85	.3812	.0560	-.0247	.00128
.90	.2744	.0441	-.0110	.00039
.95	.1728	.0299	-.0023	.00006
1.00	.0466	.0150	.0000	-.00000

XM/L=0.1

X/L	FP	FS	FQ	FM
.05	72.4849	6.0959	3.6242	.09061
.10	19.5240	3.0729	4.6004	-.70378
.15	-8.9197	-.1491	4.1545	-.48490
.20	-18.5004	-1.9659	3.2294	-.30031
.25	-19.0867	-2.6107	2.2751	-.16269
.30	-16.3536	-2.5670	1.4574	-.06938
.35	-12.5122	-2.1802	.8318	-.01215
.40	-8.7310	-1.6751	.3953	.01853
.45	-5.5492	-1.1823	.1178	.03136
.50	-3.1386	-.7660	-.0391	.03332
.55	-1.4683	-.4477	-.1125	.02953
.60	-.4134	-.2242	-.1332	.02339
.65	.1791	-.0802	-.1242	.01695
.70	.4538	.0033	-.1016	.01131
.75	.5291	.0446	-.0751	.00689
.80	.4934	.0588	-.0504	.00375
.85	.4063	.0571	-.0301	.00174
.90	.3035	.0473	-.0149	.00061
.95	.2027	.0341	-.0048	.00012
1.00	.0961	.0199	-.0000	-.00000

XM/L=0.2

X/L	FP	FS	FQ	FM
.05	31.6682	3.3251	1.5834	.03959
.10	18.6360	2.9559	2.5152	.14205
.15	16.9126	2.3200	3.3608	.28895
.20	9.9836	1.0430	3.8600	-.53053
.25	-11.0714	-.9936	3.3065	-.35136
.30	-16.7553	-2.0858	2.4687	-.20699
.35	-15.8996	-2.3458	1.6737	-.10343
.40	-12.9675	-2.1450	1.0253	-.03595
.45	-9.5411	-1.7393	.5483	.00339
.50	-6.4095	-1.2877	.2278	.02279
.55	-3.8960	-.8774	.0330	.02931
.60	-2.0639	-.5464	-.0702	.02838
.65	-.8425	-.3027	-.1123	.02382
.70	-.1058	-.1375	-.1176	.01807
.75	.2810	-.0351	-.1036	.01254
.80	.4374	.0213	-.0817	.00791
.85	.4585	.0473	-.0588	.00440
.90	.4142	.0549	-.0381	.00198
.95	.3497	.0531	-.0206	.00051
1.00	.4114	.0477	-.0000	-.00000

XM/L=0.3

X/L	FP	FS	FQ	FM
.05	7.8203	1.2503	.3910	.00978
.10	9.6808	1.7181	.8751	.04143
.15	12.8521	2.1122	1.5177	.10125
.20	15.4799	2.2962	2.2917	.19648
.25	16.1283	2.0385	3.0981	.33122
.30	10.4748	.9943	3.6218	-.50078
.35	-10.0992	-.9174	3.1169	-.33231
.40	-15.7044	-1.9575	2.3316	-.19610
.45	-14.9714	-2.2099	1.5831	-.09824
.50	-12.2423	-2.0254	.9709	-.03438
.55	-9.0296	-1.6459	.5195	.00288
.60	-6.0871	-1.2219	.2151	.02124
.65	-3.7239	-.8360	.0289	.02734
.70	-2.0012	-.5242	-.0711	.02629
.75	-.8509	-.2934	-.1137	.02166
.80	-.1495	-.1348	-.1212	.01579
.85	.2382	-.0324	-.1093	.01003
.90	.4420	.0313	-.0872	.00512
.95	.5653	.0724	-.0589	.00147
1.00	1.1777	.1038	-.0000	-.00000

XM/L=0.4

X/L	FP	FS	FQ	FM
.05	-1.5274	.2130	-.0764	-.00191
.10	3.3168	.7034	.0895	-.00158
.15	6.2785	1.2000	.4034	.01074
.20	9.4794	1.6849	.8774	.04276
.25	12.7483	2.0925	1.5148	.10256
.30	15.4474	2.2861	2.2871	.19761
.35	16.1284	2.0343	3.0936	.33213
.40	10.4869	.9928	3.6179	-.50008
.45	-10.0889	-.9184	3.1135	-.33180
.50	-15.7058	-1.9599	2.3282	-.19576
.55	-14.9921	-2.2150	1.5786	-.09809
.60	-12.2877	-2.0340	.9642	-.03452
.65	-9.1028	-1.6579	.5091	.00231
.70	-6.1867	-1.2364	.1997	.02003
.75	-3.8410	-.8503	.0077	.02521
.80	-2.1135	-.5333	-.0980	.02296
.85	-.9138	-.2892	-.1437	.01691
.90	-.0762	-.1051	-.1475	.00963
.95	.5721	.0390	-.1189	.00297
1.00	2.3781	.1645	-.0000	-.00000

XM/L=0.5

X/L	FP	FS	FQ	FM
.05	-3.2817	-.1341	-.1641	-.00410
.10	.3199	.1615	-.1481	-.01191
.15	1.9862	.4811	-.0488	-.01683
.20	3.9572	.8444	.1491	-.01432
.25	6.3949	1.2557	.4688	.00113
.30	9.3292	1.6888	.9353	.03623
.35	12.5005	2.0688	1.5603	.09862
.40	15.1853	2.2504	2.3196	.19562
.45	15.8885	1.9954	3.1140	.33145
.50	10.2771	.9548	3.6278	-.50000
.55	-10.2771	-.9548	3.1140	-.33145
.60	-15.8885	-1.9954	2.3196	-.19561
.65	-15.1852	-2.2504	1.5603	-.09862
.70	-12.5005	-2.0688	.9353	-.03623
.75	-9.3292	-1.6888	.4688	-.00113
.80	-6.3949	-1.2557	.1491	.01432
.85	-3.9572	-.8444	-.0488	.01683
.90	-1.9862	-.4811	-.1481	.01191
.95	-.3199	-.1615	-.1641	.00410
1.00	3.2817	.1341	-.0000	-.00000

B/L= .50 DS/B1= .50 KS= .020

XQ/L=0.0

X/L	FP	FS	FQ	FM
.05	13.3791	1.2795	-.3310	-.03328
.10	4.8404	.9144	-.0890	-.04378
.15	2.8450	.6078	.0532	-.04467
.20	1.4320	.3681	.1248	-.04022
.25	.5266	.1922	.1512	-.03332
.30	-.0325	.0716	.1495	-.02581
.35	-.3425	-.0047	.1324	-.01876
.40	-.4805	-.0477	.1084	-.01274
.45	-.5072	-.0670	.0830	-.00795
.50	-.4683	-.0710	.0596	-.00439
.55	-.3966	-.0657	.0398	-.00190
.60	-.3142	-.0558	.0241	-.00031
.65	-.2346	-.0443	.0123	.00060
.70	-.1649	-.0331	.0041	.00101
.75	-.1078	-.0231	-.0013	.00108
.80	-.0631	-.0146	-.0045	.00094
.85	-.0287	-.0077	-.0059	.00068
.90	-.0009	-.0021	-.0059	.00039
.95	.0238	.0028	-.0047	.00012
1.00	.0949	.0073	-.0000	-.00000

XQ/L=0.1

X/L	FP	FS	FQ	FM
.05	6.6165	.7262	.3308	.00827
.10	3.8596	.6732	-.4762	.02964
.15	3.3306	.5939	-.3097	.00999
.20	2.5605	.4869	-.1816	-.00229
.25	1.8499	.3746	-.0891	-.00906
.30	1.2457	.2711	-.0269	-.01196
.35	.7677	.1835	.0115	-.01235
.40	.4129	.1143	.0322	-.01125
.45	.1664	.0629	.0405	-.00944
.50	.0077	.0270	.0409	-.00740
.55	-.0839	.0037	.0367	-.00546
.60	-.1277	-.0099	.0303	-.00379
.65	-.1396	-.0166	.0233	-.00245
.70	-.1320	-.0186	.0167	-.00145
.75	-.1141	-.0178	.0110	-.00075
.80	-.0918	-.0153	.0064	-.00032
.85	-.0686	-.0121	.0030	-.00008
.90	-.0462	-.0085	.0007	.00001
.95	-.0248	-.0049	-.0006	.00001
1.00	.0111	-.0013	-.0000	-.00000

XQ/L=0.2

X/L	FP	FS	FQ	FM
.05	2.1287	.3113	.1064	.00266
.10	2.1167	.3920	.2123	.01063
.15	2.5924	.4631	.3419	.02448
.20	2.9731	.5082	-.5095	.04529
.25	2.9363	.5031	-.3626	.02349
.30	2.4795	.4484	-.2387	.00846
.35	1.9349	.3701	-.1419	-.00106
.40	1.4111	.2866	-.0714	-.00639
.45	.9594	.2088	-.0234	-.00876
.50	.5985	.1426	.0065	-.00918
.55	.3285	.0899	.0230	-.00844
.60	.1394	.0505	.0299	-.00712
.65	.0166	.0228	.0308	-.00560
.70	-.0554	.0046	.0280	-.00413
.75	-.0911	-.0062	.0234	-.00285
.80	-.1027	-.0119	.0183	-.00180
.85	-.0999	-.0141	.0133	-.00101
.90	-.0904	-.0142	.0088	-.00046
.95	-.0789	-.0131	.0048	-.00012
1.00	-.0969	-.0117	-.0000	-.00000

XQ/L=0.3

X/L	FP	FS	FQ	FM
.05	-.0374	.0763	-.0019	-.00005
.10	.8386	.1750	.0401	.00091
.15	1.4061	.2732	.1104	.00467
.20	1.9788	.3674	.2093	.01266
.25	2.5252	.4489	.3356	.02628
.30	2.9539	.5017	-.5167	.04675
.35	2.9432	.5016	-.3696	.02460
.40	2.5002	.4501	-.2446	.00924
.45	1.9617	.3736	-.1465	-.00053
.50	1.4395	.2909	-.0745	-.00606
.55	.9867	.2133	-.0252	-.00855
.60	.6234	.1469	.0060	-.00903
.65	.3504	.0937	.0235	-.00829
.70	.1579	.0536	.0314	-.00692
.75	.0308	.0249	.0329	-.00531
.80	-.0472	.0055	.0306	-.00372
.85	-.0920	-.0073	.0260	-.00231
.90	-.1185	-.0155	.0201	-.00116
.95	-.1382	-.0211	.0131	-.00033
1.00	-.2629	-.0256	-.0000	-.00000

XQ/L=0.4

X/L	FP	FS	FQ	FM
.05	-.7357	-.0243	-.0368	-.00092
.10	.1467	.0486	-.0295	-.00258
.15	.5555	.1243	-.0017	-.00335
.20	.9907	.2044	.0479	-.00220
.25	1.4682	.2889	.1213	.00203
.30	1.9869	.3737	.2206	.01058
.35	2.5059	.4494	.3459	.02474
.40	2.9232	.4990	-.5079	.04569
.45	2.9115	.4978	-.3624	.02393
.50	2.4737	.4463	-.2387	.00891
.55	1.9437	.3707	-.1415	-.00060
.60	1.4309	.2891	-.0699	-.00588
.65	.9868	.2126	-.0206	-.00815
.70	.6298	.1468	.0109	-.00839
.75	.3590	.0935	.0288	-.00740
.80	.1622	.0521	.0369	-.00575
.85	.0214	.0206	.0380	-.00388
.90	-.0856	-.0037	.0337	-.00208
.95	-.1781	-.0236	.0248	-.00062
1.00	-.4966	-.0414	-.0000	-.00000

XQ/L=0.5

X/L	FP	FS	FQ	FM
.05	-.7296	-.0491	-.0365	-.00091
.10	-.1281	-.0078	-.0429	-.00290
.15	.0966	.0363	-.0381	-.00492
.20	.3445	.0863	-.0208	-.00639
.25	.6404	.1448	.0112	-.00663
.30	1.0064	.2132	.0615	-.00482
.35	1.4490	.2904	.1340	.00007
.40	1.9534	.3713	.2316	.00921
.45	2.4714	.4456	.3552	.02388
.50	2.8960	.4954	-.5000	.04526
.55	2.8960	.4954	-.3552	.02388
.60	2.4714	.4456	-.2316	.00921
.65	1.9534	.3713	-.1340	.00007
.70	1.4490	.2904	-.0615	-.00482
.75	1.0064	.2132	-.0112	-.00663
.80	.6404	.1448	.0208	-.00639
.85	.3445	.0863	.0381	-.00492
.90	.0966	.0363	.0429	-.00290
.95	-.1281	-.0078	.0365	-.00091
1.00	-.7296	-.0491	-.0000	-.00000

B/L= .50 DS/B1= .50 KS= .020

XM/L=0.0

X/L	FP	FS	FQ	FM
.05	71.0569	5.7060	3.5528	-.91118
.10	6.8390	2.2518	3.8948	-.72499
.15	-5.5749	.0257	3.6160	-.53722
.20	-11.5991	-1.2545	3.0361	-.37091
.25	-13.3276	-1.8555	2.3697	-.23577
.30	-12.7580	-2.0035	1.7318	-.13323
.35	-11.0171	-1.8768	1.1810	-.06041
.40	-8.8254	-1.6065	.7397	-.01239
.45	-6.6246	-1.2831	.4085	.01631
.50	-4.6604	-.9636	.1754	.03091
.55	-3.0444	-.6803	.0232	.03588
.60	-1.8010	-.4475	-.0668	.03479
.65	-.9028	-.2680	-.1120	.03032
.70	-.2959	-.1374	-.1268	.02435
.75	.0834	-.0479	-.1226	.01811
.80	.2977	.0097	-.1077	.01236
.85	.4039	.0446	-.0875	.00748
.90	.4525	.0646	-.0649	.00367
.95	.4802	.0764	-.0409	.00102
1.00	.8175	.0847	.0000	-.00000

XM/L=0.1

X/L	FP	FS	FQ	FM
.05	58.2842	5.0412	2.9142	.07286
.10	16.8057	2.7940	3.7545	-.76043
.15	-1.9173	.5026	3.6586	-.57510
.20	-10.2405	-.9750	3.1466	-.40497
.25	-12.8833	-1.7191	2.5024	-.26374
.30	-12.8225	-1.9637	1.8613	-.15465
.35	-11.3436	-1.8965	1.2941	-.07576
.40	-9.2595	-1.6582	.8312	-.02263
.45	-7.0710	-1.3477	.4776	.01009
.50	-5.0653	-1.0288	.2243	.02764
.55	-3.3824	-.7390	.0552	.03462
.60	-2.0652	-.4964	-.0480	.03480
.65	-1.0972	-.3062	-.1029	.03103
.70	-.4303	-.1656	-.1244	.02535
.75	-.0027	-.0673	-.1246	.01912
.80	.2491	-.0024	-.1121	.01321
.85	.3837	.0384	-.0929	.00808
.90	.4551	.0632	-.0702	.00400
.95	.5029	.0790	-.0450	.00113
1.00	.9003	.0911	-.0000	-.00000

XM/L=0.2

X/L	FP	FS	FQ	FM
.05	32.0149	3.2108	1.6007	.04002
.10	15.7952	2.6038	2.3905	.13980
.15	12.2741	1.8644	3.0042	.27467
.20	6.2787	.8161	3.3181	-.56727
.25	-6.4886	-.5743	2.9937	-.40948
.30	-11.0745	-1.4206	2.4400	-.27363
.35	-11.7455	-1.7563	1.8527	-.16632
.40	-10.7476	-1.7640	1.3153	-.08712
.45	-8.9850	-1.5832	.8661	-.03258
.50	-7.0067	-1.3140	.5158	.00197
.55	-5.1295	-1.0230	.2593	.02134
.60	-3.5162	-.7503	.0835	.02991
.65	-2.2275	-.5165	-.0279	.03130
.70	-1.2599	-.3290	-.0909	.02833
.75	-.5734	-.1864	-.1196	.02307
.80	-.1101	-.0825	-.1251	.01695
.85	.1939	-.0086	-.1154	.01094
.90	.4061	.0444	-.0951	.00568
.95	.5810	.0850	-.0660	.00165
1.00	1.3205	.1202	-.0000	-.00000

XM/L=0.3

X/L	FP	FS	FQ	FM
.05	12.8440	1.5759	.6422	.01605
.10	9.6716	1.7034	1.1258	.06025
.15	10.5559	1.7752	1.6536	.12974
.20	10.9924	1.7062	2.2032	.22616
.25	10.1568	1.3719	2.7110	.34901
.30	5.8583	.6078	3.0039	-.50811
.35	-6.0152	-.5985	2.7032	-.36543
.40	-10.1766	-1.3380	2.1944	-.24300
.45	-10.7208	-1.6229	1.6583	-.14668
.50	-9.7746	-1.6172	1.1696	-.07598
.55	-8.1587	-1.4460	.7616	-.02770
.60	-6.3649	-1.1983	.4434	.00243
.65	-4.6718	-.9326	.2098	.01876
.70	-3.2177	-.6836	.0489	.02523
.75	-2.0476	-.4681	-.0535	.02511
.80	-1.1462	-.2906	-.1108	.02101
.85	-.4620	-.1479	-.1339	.01489
.90	.0843	-.0322	-.1296	.00830
.95	.5679	.0661	-.1012	.00253
1.00	2.0250	.1564	-.0000	-.00000

XM/L=0.4

X/L	FP	FS	FQ	FM
.05	2.4175	.5380	.1209	.00302
.10	4.4859	.8642	.3452	.01467
.15	6.4197	1.1778	.6662	.03996
.20	8.3074	1.4515	1.0815	.08365
.25	9.9304	1.6337	1.5780	.15014
.30	10.8402	1.6422	2.1201	.24259
.35	10.2503	1.3578	2.6326	.36140
.40	6.0642	.6220	2.9358	-.49939
.45	-5.7826	-.5718	2.6466	-.35983
.50	-9.9705	-1.3097	2.1481	-.23996
.55	-10.5702	-1.5992	1.6196	-.14576
.60	-9.6907	-1.6011	1.1351	-.07690
.65	-8.1385	-1.4376	.7282	-.03032
.70	-6.3929	-1.1949	.4085	-.00190
.75	-4.7196	-.9290	.1725	.01263
.80	-3.2416	-.6719	.0104	.01720
.85	-1.9828	-.4377	-.0887	.01524
.90	-.8894	-.2282	-.1332	.00970
.95	.1162	-.0375	-.1274	.00318
1.00	2.5472	.1436	-.0000	-.00000

XM/L=0.5

X/L	FP	FS	FQ	FM
.05	-1.7530	.0299	-.0877	-.00219
.10	1.3412	.3157	-.0206	-.00490
.15	2.9743	.6070	.1281	-.00221
.20	4.6842	.9042	.3623	.01005
.25	6.4819	1.1962	.6864	.03627
.30	8.2889	1.4544	1.1009	.08095
.35	9.8638	1.6260	1.5941	.14833
.40	10.7438	1.6272	2.1313	.24146
.45	10.1336	1.3378	2.6379	.36069
.50	5.9312	.5983	2.9345	-.50000
.55	-5.9312	-.5983	2.6379	-.36069
.60	-10.1336	-1.3378	2.1313	-.24146
.65	-10.7438	-1.6272	1.5941	-.14833
.70	-9.8638	-1.6260	1.1009	-.08095
.75	-8.2889	-1.4544	.6864	-.03627
.80	-6.4819	-1.1962	.3623	-.01005
.85	-4.6842	-.9042	.1281	.00221
.90	-2.9743	-.6070	-.0206	.00490
.95	-1.3412	-.3157	-.0877	.00219
1.00	1.7530	-.0299	-.0000	-.00000

B/L= .50 DS/B1= .50 KS= .050

XQ/L=0.0

X/L	FP	FS	FQ	FM
.05	11.1936	1.1115	-.4403	-.03601
.10	4.6777	.8617	-.2064	-.05218
.15	3.2075	.6386	-.0461	-.05849
.20	2.0633	.4490	.0571	-.05821
.25	1.2272	.2944	.1185	-.05382
.30	.6123	.1736	.1491	-.04714
.35	.1760	.0831	.1579	-.03946
.40	-.1168	.0185	.1520	-.03171
.45	-.2976	-.0246	.1372	-.02448
.50	-.3939	-.0510	.1175	-.01812
.55	-.4290	-.0646	.0960	-.01278
.60	-.4223	-.0689	.0749	-.00851
.65	-.3887	-.0669	.0555	-.00525
.70	-.3396	-.0608	.0385	-.00290
.75	-.2830	-.0522	.0243	-.00133
.80	-.2240	-.0424	.0131	-.00039
.85	-.1655	-.0322	.0049	.00006
.90	-.1077	-.0218	-.0005	.00016
.95	-.0501	-.0115	-.0030	.00008
1.00	.0607	-.0012	-.0000	-.00000

XQ/L=0.1

X/L	FP	FS	FQ	FM
.05	6.5805	.7107	.3290	.00823
.10	3.5829	.6401	-.4918	.02916
.15	3.0328	.5592	-.3402	.00836
.20	2.4210	.4679	-.2191	-.00563
.25	1.8703	.3758	-.1256	-.01425
.30	1.3850	.2899	-.0564	-.01880
.35	.9745	.2140	-.0076	-.02040
.40	.6407	.1498	.0244	-.01998
.45	.3798	.0979	.0434	-.01828
.50	.1844	.0574	.0526	-.01589
.55	.0450	.0272	.0548	-.01320
.60	-.0486	.0057	.0524	-.01052
.65	-.1061	-.0087	.0471	-.00803
.70	-.1366	-.0175	.0403	-.00584
.75	-.1478	-.0221	.0329	-.00402
.80	-.1461	-.0239	.0256	-.00255
.85	-.1368	-.0236	.0187	-.00144
.90	-.1242	-.0222	.0125	-.00066
.95	-.1109	-.0201	.0070	-.00017
1.00	-.1398	-.0178	-.0000	-.00000

XQ/L=0.2

X/L	FP	FS	FQ	FM
.05	3.0688	.3804	.1534	.00384
.10	2.2113	.4085	.2640	.01427
.15	2.3440	.4313	.3812	.03040
.20	2.4371	.4408	-.4969	.05251
.25	2.3530	.4262	-.3793	.03060
.30	2.0771	.3875	-.2754	.01424
.35	1.7436	.3354	-.1883	.00264
.40	1.4022	.2784	-.1181	-.00502
.45	1.0821	.2222	-.0640	-.00957
.50	.7990	.1705	-.0241	-.01177
.55	.5602	.1252	.0039	-.01228
.60	.3665	.0871	.0223	-.01162
.65	.2151	.0563	.0330	-.01024
.70	.1006	.0320	.0380	-.00847
.75	.0162	.0133	.0388	-.00654
.80	-.0452	-.0009	.0366	-.00466
.85	-.0910	-.0117	.0320	-.00294
.90	-.1293	-.0202	.0256	-.00150
.95	-.1661	-.0274	.0173	-.00043
1.00	-.3453	-.0341	-.0000	-.00000

XQ/L=0.3

X/L	FP	FS	FQ	FM
.05	.8857	.1554	.0443	.00111
.10	1.1170	.2187	.1001	.00472
.15	1.4635	.2804	.1733	.01155
.20	1.7990	.3373	.2633	.02247
.25	2.1001	.3840	.3683	.03826
.30	2.3166	.4127	-.5159	.05957
.35	2.3127	.4128	-.4003	.03666
.40	2.0908	.3848	-.2957	.01926
.45	1.7920	.3402	-.2061	.00671
.50	1.4709	.2879	-.1326	-.00175
.55	1.1600	.2342	-.0746	-.00693
.60	.8778	.1831	-.0307	-.00957
.65	.6333	.1371	.0010	-.01031
.70	.4283	.0971	.0224	-.00972
.75	.2600	.0631	.0354	-.00828
.80	.1227	.0345	.0415	-.00636
.85	.0081	.0103	.0419	-.00427
.90	-.0953	-.0107	.0372	-.00230
.95	-.1964	-.0297	.0273	-.00068
1.00	-.5466	-.0478	-.0000	-.00000

XQ/L=0.4

X/L	FP	FS	FQ	FM
.05	-.2374	.0257	-.0119	-.00030
.10	.4004	.0898	.0081	-.00039
.15	.7557	.1540	.0459	.00096
.20	1.1094	.2181	.1014	.00465
.25	1.4615	.2806	.1745	.01154
.30	1.8038	.3384	.2647	.02252
.35	2.1103	.3860	.3702	.03839
.40	2.3318	.4155	-.5132	.05982
.45	2.3324	.4163	-.3966	.03707
.50	2.1142	.3888	-.2909	.01988
.55	1.8177	.3444	-.2000	.00761
.60	1.4969	.2918	-.1252	-.00052
.65	1.1832	.2372	-.0660	-.00530
.70	.8940	.1844	-.0213	-.00748
.75	.6364	.1355	.0105	-.00775
.80	.4103	.0912	.0310	-.00672
.85	.2100	.0512	.0415	-.00490
.90	.0230	.0148	.0427	-.00280
.95	-.1612	-.0193	.0346	-.00087
1.00	-.6921	-.0524	-.0000	-.00000

XQ/L=0.5

X/L	FP	FS	FQ	FM
.05	-.6603	-.0347	-.0330	-.00083
.10	.0070	.0154	-.0327	-.00247
.15	.2860	.0665	-.0184	-.00374
.20	.5669	.1194	.0100	-.00395
.25	.8587	.1747	.0529	-.00238
.30	1.1692	.2319	.1114	.00173
.35	1.4948	.2894	.1861	.00916
.40	1.8211	.3438	.2772	.02075
.45	2.1192	.3892	.3831	.03725
.50	2.3374	.4174	-.5000	.05933
.55	2.3374	.4174	-.3831	.03725
.60	2.1192	.3892	-.2772	.02075
.65	1.8211	.3438	-.1861	.00916
.70	1.4948	.2894	-.1114	.00173
.75	1.1692	.2319	-.0529	-.00238
.80	.8587	.1747	-.0100	-.00395
.85	.5669	.1194	.0184	-.00374
.90	.2860	.0665	.0327	-.00247
.95	.0070	.0154	.0330	-.00083
1.00	-.6603	-.0347	-.0000	-.00000

B/L= .50 DS/B1= .50 KS= .050

XM/L=0.0

X/L	FP	FS	FQ	FM
.05	47.6797	4.0912	2.3840	-.94040
.10	9.7756	2.1558	2.8728	-.80898
.15	1.4291	.7459	2.9442	-.66356
.20	-3.7557	-.2222	2.7564	-.52104
.25	-6.5273	-.8352	2.4301	-.39138
.30	-7.7706	-1.1748	2.0415	-.27959
.35	-7.9922	-1.3136	1.6419	-.18750
.40	-7.5599	-1.3128	1.2639	-.11485
.45	-6.7459	-1.2218	.9266	-.06009
.50	-5.7481	-1.0787	.6392	-.02094
.55	-4.7036	-.9116	.4041	.00514
.60	-3.7018	-.7401	.2190	.02071
.65	-2.7938	-.5766	.0793	.02817
.70	-2.0025	-.4279	-.0209	.02963
.75	-1.3296	-.2967	-.0873	.02693
.80	-.7616	-.1826	-.1254	.02161
.85	-.2740	-.0830	-.1391	.01500
.90	.1730	.0055	-.1305	.00826
.95	.6114	.0871	-.0999	.00250
1.00	1.9978	.1655	.0000	-.00000

XM/L=0.1

X/L	FP	FS	FQ	FM
.05	41.8610	3.7704	2.0931	.05233
.10	13.6932	2.3545	2.7777	-.82590
.15	3.0111	.9466	2.9283	-.68326
.20	-3.0001	-.0834	2.7783	-.54059
.25	-6.1140	-.7464	2.4726	-.40932
.30	-7.5806	-1.1248	2.0935	-.29517
.35	-7.9504	-1.2923	1.6960	-.20043
.40	-7.6139	-1.3117	1.3153	-.12515
.45	-6.8571	-1.2338	.9725	-.06795
.50	-5.8879	-1.0985	.6781	-.02669
.55	-4.8522	-.9351	.4355	.00115
.60	-3.8456	-.7644	.2432	.01811
.65	-2.9246	-.5997	.0969	.02662
.70	-2.1155	-.4486	-.0088	.02882
.75	-1.4228	-.3143	-.0800	.02660
.80	-.8345	-.1966	-.1217	.02156
.85	-.3270	-.0935	-.1380	.01506
.90	.1397	-.0014	-.1311	.00834
.95	.5977	.0837	-.1012	.00253
1.00	2.0235	.1656	-.0000	-.00000

XM/L=0.2

X/L	FP	FS	FQ	FM
.05	28.2214	2.7847	1.4111	.03528
.10	12.7179	2.1699	2.0470	.12173
.15	8.9785	1.5087	2.4959	.23530
.20	4.4660	.7410	2.7192	-.63432
.25	-2.4611	-.1318	2.5961	-.50144
.30	-5.7930	-.7389	2.3065	-.37887
.35	-7.1799	-1.0824	1.9475	-.27252
.40	-7.5106	-1.2308	1.5720	-.18454
.45	-7.1766	-1.2426	1.2131	-.11491
.50	-6.4534	-1.1651	.8905	-.06232
.55	-5.5353	-1.0347	.6137	-.02472
.60	-4.5567	-.8786	.3859	.00027
.65	-3.6039	-.7155	.2057	.01506
.70	-2.7264	-.5571	.0693	.02194
.75	-1.9448	-.4101	-.0279	.02297
.80	-1.2586	-.2766	-.0908	.02000
.85	-.6508	-.1561	-.1234	.01465
.90	-.0836	-.0461	-.1275	.00838
.95	.4750	.0571	-.1038	.00259
1.00	2.0758	.1570	-.0000	-.00000

XM/L=0.3

X/L	FP	FS	FQ	FM
.05	15.9373	1.7360	.7969	.01992
.10	9.0397	1.5973	1.2488	.07106
.15	8.1801	1.4319	1.6579	.14373
.20	7.1768	1.2026	2.0167	.23560
.25	5.6757	.8598	2.3005	.34353
.30	2.7649	.3438	2.4387	-.53799
.35	-3.1328	-.3388	2.2821	-.41997
.40	-5.7888	-.8092	1.9926	-.31311
.45	-6.7579	-1.0600	1.6547	-.22192
.50	-6.8596	-1.1508	1.3118	-.14776
.55	-6.4301	-1.1310	.9903	-.09021
.60	-5.6996	-1.0403	.7053	-.04782
.65	-4.8257	-.9085	.4640	-.01859
.70	-3.9131	-.7571	.2683	-.00028
.75	-3.0247	-.6003	.1171	.00936
.80	-2.1904	-.4464	.0076	.01248
.85	-1.4144	-.2992	-.0631	.01109
.90	-.6716	-.1591	-.0967	.00709
.95	.0648	-.0246	-.0935	.00234
1.00	1.8694	.1072	-.0000	-.00000

XM/L=0.4

X/L	FP	FS	FQ	FM
.05	7.1461	.9032	.3573	.00893
.10	5.3994	.9951	.6273	.03355
.15	5.8855	1.0747	.9216	.07227
.20	6.3154	1.1229	1.2373	.12624
.25	6.5442	1.1119	1.5645	.19629
.30	6.3227	1.0046	1.8807	.28242
.35	5.3217	.7540	2.1467	.38310
.40	2.7381	.3042	2.2837	-.50614
.45	-2.9581	-.3336	2.1357	-.39565
.50	-5.5044	-.7760	1.8605	-.29575
.55	-6.4280	-1.0114	1.5391	-.21076
.60	-6.5253	-1.0952	1.2129	-.14196
.65	-6.1136	-1.0735	.9072	-.08895
.70	-5.4070	-.9831	.6368	-.05035
.75	-4.5499	-.8511	.4093	-.02420
.80	-3.6351	-.6971	.2276	-.00828
.85	-2.7140	-.5336	.0919	-.00029
.90	-1.7982	-.3676	.0020	.00206
.95	-.8815	-.2023	-.0421	.00105
1.00	.8420	-.0380	-.0000	-.00000

XM/L=0.5

X/L	FP	FS	FQ	FM
.05	1.8333	.3502	.0917	.00229
.10	2.6395	.5183	.2236	.01017
.15	3.5705	.6828	.4022	.02582
.20	4.4829	.8367	.6263	.05153
.25	5.3324	.9677	.8929	.08951
.30	6.0275	1.0567	1.1943	.14169
.35	6.4258	1.0768	1.5156	.20944
.40	6.3161	.9919	1.8314	.29312
.45	5.3848	.7566	2.1006	.39142
.50	2.8399	.3163	2.2426	-.50000
.55	-2.8399	-.3163	2.1006	-.39142
.60	-5.3848	-.7566	1.8314	-.29312
.65	-6.3161	-.9919	1.5156	-.20944
.70	-6.4258	-1.0768	1.1943	-.14169
.75	-6.0275	-1.0567	.8929	-.08951
.80	-5.3324	-.9677	.6263	-.05153
.85	-4.4829	-.8367	.4022	-.02582
.90	-3.5705	-.6828	.2236	-.01017
.95	-2.6395	-.5183	.0917	-.00229
1.00	-1.8333	-.3502	-.0000	-.00000

B/L= .50 DS/B1= .50 KS= .100

XQ/L=0.0

X/L	FP	FS	FQ	FM
.05	9.7286	.9901	-.5136	-.03784
.10	4.3973	.8046	-.2937	-.05802
.15	3.2586	.6335	-.1308	-.06863
.20	2.3326	.4816	-.0141	-.07226
.25	1.6145	.3509	.0666	-.07094
.30	1.0435	.2418	.1188	-.06631
.35	.5970	.1532	.1486	-.05963
.40	.2574	.0836	.1615	-.05187
.45	.0084	.0307	.1619	-.04379
.50	-.1654	-.0079	.1536	-.03590
.55	-.2783	-.0345	.1397	-.02857
.60	-.3434	-.0515	.1225	-.02201
.65	-.3722	-.0608	.1039	-.01635
.70	-.3744	-.0645	.0852	-.01162
.75	-.3580	-.0639	.0673	-.00781
.80	-.3297	-.0605	.0508	-.00485
.85	-.2946	-.0551	.0361	-.00268
.90	-.2571	-.0487	.0232	-.00120
.95	-.2193	-.0416	.0123	-.00031
1.00	-.2456	-.0344	-.0000	-.00000

XQ/L=0.1

X/L	FP	FS	FQ	FM
.05	6.3188	.6817	.3159	.00790
.10	3.3901	.6119	-.5146	.02793
.15	2.8741	.5372	-.3709	.00580
.20	2.3552	.4577	-.2531	-.00980
.25	1.8956	.3790	-.1583	-.02009
.30	1.4838	.3048	-.0841	-.02615
.35	1.1233	.2375	-.0280	-.02895
.40	.8160	.1786	.0128	-.02933
.45	.5608	.1284	.0409	-.02798
.50	.3547	.0869	.0586	-.02550
.55	.1927	.0534	.0683	-.02232
.60	.0690	.0270	.0717	-.01883
.65	-.0225	.0069	.0706	-.01527
.70	-.0882	-.0082	.0662	-.01185
.75	-.1339	-.0192	.0595	-.00871
.80	-.1654	-.0271	.0512	-.00594
.85	-.1880	-.0328	.0418	-.00362
.90	-.2077	-.0371	.0314	-.00179
.95	-.2281	-.0405	.0200	-.00050
1.00	-.4003	-.0437	-.0000	-.00000

XQ/L=0.2

X/L	FP	FS	FQ	FM
.05	3.5270	.4144	.1763	.00441
.10	2.2603	.4172	.2894	.01605
.15	2.2321	.4170	.4010	.03331
.20	2.1954	.4094	-.4893	.05610
.25	2.0784	.3889	-.3853	.03424
.30	1.8629	.3552	-.2922	.01730
.35	1.6142	.3138	-.2115	.00471
.40	1.3579	.2691	-.1436	-.00417
.45	1.1101	.2244	-.0881	-.00996
.50	.8811	.1819	-.0440	-.01327
.55	.6763	.1428	-.0102	-.01462
.60	.4978	.1080	.0147	-.01451
.65	.3453	.0776	.0319	-.01335
.70	.2165	.0513	.0428	-.01148
.75	.1080	.0288	.0482	-.00920
.80	.0155	.0094	.0489	-.00678
.85	-.0664	-.0076	.0456	-.00441
.90	-.1451	-.0229	.0384	-.00231
.95	-.2256	-.0373	.0271	-.00068
1.00	-.5417	-.0511	-.0000	-.00000

XQ/L=0.3

X/L	FP	FS	FQ	FM
.05	1.5556	.2133	.0778	.00194
.10	1.3138	.2512	.1435	.00748
.15	1.5036	.2878	.2186	.01653
.20	1.6891	.3208	.3031	.02957
.25	1.8546	.3469	.3958	.04705
.30	1.9662	.3616	-.5059	.06930
.35	1.9524	.3593	-.4082	.04644
.40	1.8131	.3399	-.3176	.02830
.45	1.6194	.3094	-.2366	.01444
.50	1.4008	.2725	-.1666	.00436
.55	1.1763	.2329	-.1078	-.00249
.60	.9583	.1930	-.0598	-.00668
.65	.7538	.1545	-.0221	-.00873
.70	.5665	.1184	.0062	-.00913
.75	.3964	.0849	.0260	-.00833
.80	.2418	.0541	.0381	-.00673
.85	.0984	.0256	.0430	-.00470
.90	-.0422	-.0013	.0409	-.00260
.95	-.1855	-.0270	.0316	-.00079
1.00	-.6323	-.0522	-.0000	-.00000

XQ/L=0.4

X/L	FP	FS	FQ	FM
.05	.3258	.0789	.0163	.00041
.10	.6265	.1277	.0476	.00200
.15	.8892	.1762	.0921	.00550
.20	1.1472	.2235	.1494	.01154
.25	1.3975	.2684	.2193	.02075
.30	1.6306	.3084	.3008	.03376
.35	1.8293	.3403	.3923	.05109
.40	1.9655	.3596	-.5094	.07316
.45	1.9692	.3606	-.4110	.05015
.50	1.8413	.3434	-.3189	.03190
.55	1.6533	.3140	-.2362	.01803
.60	1.4350	.2772	-.1645	.00801
.65	1.2053	.2365	-.1042	.00129
.70	.9763	.1945	-.0554	-.00270
.75	.7546	.1527	-.0177	-.00452
.80	.5428	.1120	.0095	-.00473
.85	.3396	.0727	.0265	-.00383
.90	.1382	.0347	.0334	-.00233
.95	-.0671	-.0024	.0300	-.00075
1.00	-.6002	-.0390	-.0000	-.00000

XQ/L=0.5

X/L	FP	FS	FQ	FM
.05	-.3323	-.0001	-.0166	-.00042
.10	.1835	.0458	-.0074	-.00102
.15	.4371	.0920	.0144	-.00084
.20	.6862	.1384	.0487	.00074
.25	.9339	.1849	.0954	.00434
.30	1.1820	.2306	.1545	.01059
.35	1.4256	.2742	.2258	.02010
.40	1.6538	.3132	.3085	.03345
.45	1.8487	.3442	.4009	.05119
.50	1.9815	.3625	-.5000	.07371
.55	1.9815	.3625	-.4009	.05119
.60	1.8487	.3442	-.3085	.03345
.65	1.6538	.3132	-.2258	.02010
.70	1.4256	.2742	-.1545	.01059
.75	1.1820	.2306	-.0954	.00434
.80	.9339	.1849	-.0487	.00074
.85	.6862	.1384	-.0144	-.00084
.90	.4371	.0920	.0074	-.00102
.95	.1835	.0458	.0166	-.00042
1.00	-.3323	-.0001	-.0000	-.00000

B/L= .50 DS/B1= .50 KS= .100

XM/L=0.0

X/L	FP	FS	FQ	FM
.05	34.9316	3.1298	1.7466	-.95634
.10	9.4976	1.8988	2.2215	-.85713
.15	3.6840	.9400	2.4057	-.74146
.20	-.3266	.2211	2.3893	-.62158
.25	-2.8751	-.2933	2.2456	-.50571
.30	-4.4417	-.6387	2.0235	-.39898
.35	-5.2835	-.8486	1.7593	-.30441
.40	-5.5928	-.9531	1.4797	-.22344
.45	-5.5218	-.9786	1.2036	-.15636
.50	-5.1917	-.9473	.9440	-.10267
.55	-4.6972	-.8773	.7091	-.06134
.60	-4.1098	-.7828	.5036	-.03102
.65	-3.4814	-.6747	.3296	-.01019
.70	-2.8467	-.5605	.1872	.00273
.75	-2.2266	-.4452	.0759	.00931
.80	-1.6300	-.3318	-.0056	.01107
.85	-1.0551	-.2215	-.0583	.00947
.90	-.4844	-.1144	-.0826	.00595
.95	.0967	-.0095	-.0777	.00194
1.00	1.5545	.0941	.0000	-.00000

XM/L=0.1

X/L	FP	FS	FQ	FM
.05	31.7835	2.9496	1.5892	.03973
.10	11.4079	1.9886	2.1596	-.86655
.15	4.4836	1.0395	2.3838	-.75297
.20	.0965	.2960	2.3886	-.63366
.25	-2.6037	-.2395	2.2584	-.51749
.30	-4.2751	-.6024	2.0446	-.40991
.35	-5.1931	-.8263	1.7850	-.31417
.40	-5.5585	-.9418	1.5071	-.23187
.45	-5.5276	-.9756	1.2307	-.16343
.50	-5.2249	-.9502	.9694	-.10842
.55	-4.7477	-.8843	.7321	-.06589
.60	-4.1698	-.7923	.5236	-.03449
.65	-3.5450	-.6854	.3463	-.01275
.70	-2.9097	-.5715	.2008	.00093
.75	-2.2861	-.4560	.0865	.00811
.80	-1.6841	-.3418	.0023	.01033
.85	-1.1028	-.2305	-.0528	.00907
.90	-.5252	-.1222	-.0791	.00577
.95	.0627	-.0161	-.0759	.00190
1.00	1.5190	.0889	-.0000	-.00000

XM/L=0.2

X/L	FP	FS	FQ	FM
.05	23.8195	2.3587	1.1910	.02977
.10	10.6265	1.8436	1.7223	.10261
.15	7.4458	1.3089	2.0946	.19803
.20	4.0109	.7294	2.2951	-.69223
.25	-.4738	.1116	2.2714	-.57806
.30	-3.0218	-.3532	2.1204	-.46827
.35	-4.4426	-.6611	1.8982	-.36780
.40	-5.1712	-.8437	1.6397	-.27936
.45	-5.4040	-.9294	1.3695	-.20413
.50	-5.2879	-.9428	1.1051	-.14226
.55	-4.9363	-.9043	.8583	-.09318
.60	-4.4362	-.8308	.6364	-.05581
.65	-3.8526	-.7349	.4438	-.02881
.70	-3.2316	-.6266	.2822	-.01066
.75	-2.6031	-.5124	.1521	.00020
.80	-1.9835	-.3967	.0529	.00533
.85	-1.3775	-.2819	-.0160	.00625
.90	-.7724	-.1689	-.0546	.00449
.95	-.1569	-.0575	-.0624	.00156
1.00	1.2486	.0530	-.0000	-.00000

XM/L=0.3

X/L	FP	FS	FQ	FM
.05	15.7631	1.6644	.7882	.01970
.10	8.1948	1.4547	1.1979	.06936
.15	6.8654	1.2318	1.5412	.13783
.20	5.5362	.9780	1.8180	.22181
.25	4.0296	.6705	2.0195	.31775
.30	1.8602	.2822	2.1125	-.57896
.35	-1.7456	-.1794	2.0252	-.47551
.40	-3.6459	-.5204	1.8429	-.37881
.45	-4.5956	-.7333	1.6131	-.29241
.50	-4.9931	-.8457	1.3635	-.21800
.55	-5.0048	-.8817	1.1132	-.15608
.60	-4.7522	-.8618	.8756	-.10636
.65	-4.3264	-.8026	.6593	-.06799
.70	-3.7950	-.7174	.4695	-.03977
.75	-3.2069	-.6162	.3092	-.02030
.80	-2.5940	-.5060	.1795	-.00808
.85	-1.9742	-.3917	.0808	-.00157
.90	-1.3485	-.2760	.0134	.00078
.95	-.7123	-.1602	-.0223	.00056
1.00	.4451	-.0446	-.0000	-.00000

XM/L=0.4

X/L	FP	FS	FQ	FM
.05	9.1279	1.0424	.4564	.01141
.10	5.5835	1.0173	.7356	.04121
.15	5.3513	.9845	1.0031	.08468
.20	5.1211	.9330	1.2592	.14124
.25	4.8062	.8477	1.4995	.21020
.30	4.2467	.7099	1.7118	.29049
.35	3.2743	.4971	1.8756	.38017
.40	1.4986	.1839	1.9505	-.52418
.45	-1.8212	-.2203	1.8594	-.42893
.50	-3.5213	-.5190	1.6834	-.34036
.55	-4.3391	-.7024	1.4664	-.26162
.60	-4.6581	-.7957	1.2335	-.19412
.65	-4.6321	-.8207	1.0019	-.13824
.70	-4.3717	-.7961	.7833	-.09361
.75	-3.9589	-.7368	.5854	-.05939
.80	-3.4545	-.6547	.4126	-.03444
.85	-2.9015	-.5586	.2676	-.01743
.90	-2.3286	-.4548	.1511	-.00697
.95	-1.7469	-.3474	.0638	-.00159
1.00	-1.2757	-.2388	-.0000	-.00000

XM/L=0.5

X/L	FP	FS	FQ	FM
.05	4.3421	.5640	.2171	.00543
.10	3.3680	.6345	.3855	.02049
.15	3.7107	.7012	.5710	.04441
.20	4.0487	.7583	.7735	.07802
.25	4.3427	.7971	.9906	.12212
.30	4.5151	.8061	1.2164	.17730
.35	4.4804	.7703	1.4404	.24372
.40	4.1277	.6714	1.6468	.32089
.45	3.3043	.4881	1.8120	.40736
.50	1.6296	.1955	1.8935	-.50000
.55	-1.6296	-.1955	1.8120	-.40736
.60	-3.3043	-.4881	1.6468	-.32089
.65	-4.1277	-.6714	1.4404	-.24372
.70	-4.4804	-.7703	1.2164	-.17730
.75	-4.5151	-.8061	.9906	-.12212
.80	-4.3426	-.7971	.7735	-.07802
.85	-4.0487	-.7583	.5710	-.04441
.90	-3.7107	-.7012	.3855	-.02049
.95	-3.3680	-.6345	.2171	-.00543
1.00	-4.3421	-.5640	-.0000	-.00000

B/L= .50 DS/B1= .50 KS= .200

XQ/L=0.0

X/L	FP	FS	FQ	FM
.05	8.4475	.8788	-.5776	-.03944
.10	4.0628	.7422	-.3745	-.06324
.15	3.1922	.6133	-.2149	-.07798
.20	2.4643	.4951	-.0917	-.08564
.25	1.8781	.3893	.0022	-.08788
.30	1.3865	.2964	.0716	-.08603
.35	.9763	.2166	.1204	-.08123
.40	.6385	.1494	.1523	-.07442
.45	.3653	.0939	.1706	-.06634
.50	.1487	.0489	.1780	-.05763
.55	-.0192	.0132	.1770	-.04875
.60	-.1462	-.0144	.1697	-.04009
.65	-.2398	-.0355	.1577	-.03190
.70	-.3069	-.0511	.1424	-.02440
.75	-.3542	-.0625	.1247	-.01772
.80	-.3876	-.0708	.1053	-.01197
.85	-.4130	-.0769	.0846	-.00722
.90	-.4385	-.0815	.0627	-.00354
.95	-.4675	-.0853	.0394	-.00098
1.00	-.7871	-.0888	-.0000	-.00000

XQ/L=0.1

X/L	FP	FS	FQ	FM
.05	5.9518	.6449	.2976	.00744
.10	3.2016	.5819	-.5423	.02632
.15	2.7421	.5165	-.4052	.00263
.20	2.3060	.4492	-.2899	-.01475
.25	1.9242	.3828	-.1937	-.02684
.30	1.5775	.3196	-.1148	-.03455
.35	1.2656	.2609	-.0516	-.03871
.40	.9893	.2079	-.0021	-.04005
.45	.7482	.1607	.0353	-.03922
.50	.5412	.1195	.0624	-.03678
.55	.3657	.0840	.0807	-.03320
.60	.2185	.0537	.0916	-.02890
.65	.0959	.0281	.0964	-.02420
.70	-.0064	.0065	.0961	-.01939
.75	-.0924	-.0118	.0914	-.01470
.80	-.1668	-.0276	.0831	-.01034
.85	-.2342	-.0415	.0714	-.00648
.90	-.3023	-.0542	.0563	-.00328
.95	-.3748	-.0661	.0375	-.00094
1.00	-.7507	-.0777	-.0000	-.00000

XQ/L=0.2

X/L	FP	FS	FQ	FM
.05	3.7954	.4342	.1898	.00474
.10	2.2878	.4220	.3042	.01709
.15	2.1654	.4083	.4124	.03501
.20	2.0536	.3907	-.4849	.05820
.25	1.9150	.3664	-.3891	.03635
.30	1.7297	.3351	-.3027	.01905
.35	1.5281	.2996	-.2262	.00583
.40	1.3223	.2624	-.1601	-.00383
.45	1.1208	.2250	-.1041	-.01044
.50	.9290	.1887	-.0576	-.01448
.55	.7504	.1543	-.0201	-.01642
.60	.5864	.1222	.0092	-.01670
.65	.4371	.0926	.0310	-.01569
.70	.3016	.0654	.0461	-.01376
.75	.1781	.0404	.0550	-.01123
.80	.0638	.0174	.0582	-.00840
.85	-.0449	-.0042	.0560	-.00555
.90	-.1551	-.0248	.0482	-.00294
.95	-.2703	-.0447	.0347	-.00087
1.00	-.6942	-.0643	-.0000	-.00000

XQ/L=0.3

X/L	FP	FS	FQ	FM
.05	2.1236	.2632	.1062	.00265
.10	1.4897	.2808	.1807	.00983
.15	1.5543	.2975	.2584	.02080
.20	1.6240	.3118	.3396	.03575
.25	1.6889	.3220	.4240	.05484
.30	1.7239	.3254	-.4898	.07820
.35	1.6903	.3190	-.4053	.05582
.40	1.5869	.3027	-.3259	.03754
.45	1.4488	.2795	-.2535	.02305
.50	1.2912	.2517	-.1889	.01199
.55	1.1242	.2214	-.1327	.00395
.60	.9549	.1898	-.0850	-.00149
.65	.7879	.1581	-.0456	-.00475
.70	.6260	.1269	-.0143	-.00625
.75	.4702	.0964	.0092	-.00638
.80	.3199	.0670	.0252	-.00551
.85	.1734	.0384	.0339	-.00404
.90	.0247	.0106	.0351	-.00231
.95	-.1295	-.0168	.0287	-.00072
1.00	-.5731	-.0439	-.0000	-.00000

XQ/L=0.4

X/L	FP	FS	FQ	FM
.05	.9311	.1357	.0466	.00116
.10	.8595	.1675	.0895	.00457
.15	1.0182	.1988	.1404	.01032
.20	1.1763	.2291	.1993	.01881
.25	1.3307	.2571	.2658	.03043
.30	1.4712	.2816	.3394	.04556
.35	1.5864	.3003	.4187	.06451
.40	1.6603	.3108	-.4983	.08752
.45	1.6567	.3101	-.4155	.06468
.50	1.5753	.2981	-.3367	.04587
.55	1.4523	.2779	-.2641	.03085
.60	1.3033	.2519	-.1989	.01928
.65	1.1389	.2223	-.1420	.01075
.70	.9668	.1903	-.0936	.00486
.75	.7916	.1573	-.0541	.00117
.80	.6163	.1237	-.0232	-.00076
.85	.4414	.0902	-.0012	-.00137
.90	.2637	.0568	.0120	-.00110
.95	.0807	.0236	.0160	-.00040
1.00	-.3208	-.0094	-.0000	-.00000

XQ/L=0.5

X/L	FP	FS	FQ	FM
.05	.1482	.0474	.0074	.00019
.10	.3983	.0830	.0273	.00105
.15	.5884	.1185	.0567	.00316
.20	.7748	.1537	.0955	.00696
.25	.9579	.1881	.1434	.01293
.30	1.1360	.2211	.2002	.02152
.35	1.3042	.2515	.2654	.03316
.40	1.4553	.2778	.3382	.04825
.45	1.5786	.2981	.4171	.06713
.50	1.6583	.3097	-.5000	.09006
.55	1.6583	.3097	-.4171	.06713
.60	1.5786	.2981	-.3382	.04825
.65	1.4553	.2778	-.2654	.03316
.70	1.3042	.2515	-.2002	.02152
.75	1.1360	.2211	-.1434	.01293
.80	.9579	.1881	-.0955	.00696
.85	.7748	.1537	-.0567	.00316
.90	.5884	.1185	-.0273	.00105
.95	.3983	.0830	-.0074	.00019
1.00	.1482	.0474	-.0000	-.00000

B/L= .50 DS/B1= .50 KS= .200

XM/L=0.0

X/L	FP	FS	FQ	FM
.05	25.3989	2.3643	1.2699	-.96825
.10	8.3317	1.5906	1.6865	-.89434
.15	4.4216	.9568	1.9076	-.80449
.20	1.5305	.4505	1.9841	-.70719
.25	-.4989	.0575	1.9592	-.60861
.30	-1.9369	-.2367	1.8623	-.51307
.35	-2.9120	-.4469	1.7167	-.42359
.40	-3.5191	-.5869	1.5408	-.34216
.45	-3.8358	-.6695	1.3490	-.26991
.50	-3.9271	-.7062	1.1526	-.20737
.55	-3.8479	-.7072	.9602	-.15455
.60	-3.6436	-.6811	.7781	-.11109
.65	-3.3510	-.6352	.6105	-.07638
.70	-2.9992	-.5752	.4606	-.04960
.75	-2.6106	-.5059	.3300	-.02983
.80	-2.2009	-.4306	.2200	-.01608
.85	-1.7804	-.3519	.1310	-.00731
.90	-1.3531	-.2715	.0633	-.00245
.95	-.9176	-.1904	.0174	-.00044
1.00	-.3485	-.1091	.0000	-.00000

XM/L=0.1

X/L	FP	FS	FQ	FM
.05	23.7204	2.2650	1.1860	.02965
.10	9.2590	1.6304	1.6490	-.89947
.15	4.8161	1.0049	1.8898	-.81101
.20	1.7532	.4891	1.9774	-.71433
.25	-.3413	.0876	1.9604	-.61588
.30	-1.8252	-.2141	1.8691	-.52014
.35	-2.8356	-.4306	1.7273	-.43023
.40	-3.4708	-.5759	1.5538	-.34821
.45	-3.8097	-.6628	1.3633	-.27528
.50	-3.9183	-.7031	1.1674	-.21201
.55	-3.8523	-.7068	.9748	-.15846
.60	-3.6578	-.6829	.7919	-.11429
.65	-3.3723	-.6385	.6233	-.07891
.70	-3.0256	-.5797	.4720	-.05153
.75	-2.6403	-.5112	.3400	-.03123
.80	-2.2328	-.4365	.2283	-.01703
.85	-1.8140	-.3582	.1376	-.00788
.90	-1.3882	-.2781	.0682	-.00273
.95	-.9546	-.1972	.0205	-.00051
1.00	-.4098	-.1161	-.0000	-.00000

XM/L=0.2

X/L	FP	FS	FQ	FM
.05	19.2135	1.9230	.9607	.02402
.10	8.7089	1.5298	1.3961	.08294
.15	6.2498	1.1287	1.7086	.16056
.20	3.7524	.7095	1.8962	-.74932
.25	.8281	.2782	1.9376	-.65348
.30	-1.0546	-.0666	1.8849	-.55791
.35	-2.2960	-.3206	1.7701	-.46654
.40	-3.1084	-.4978	1.6147	-.38192
.45	-3.5868	-.6114	1.4353	-.30567
.50	-3.8057	-.6734	1.2451	-.23866
.55	-3.8257	-.6947	1.0538	-.18119
.60	-3.6970	-.6846	.8689	-.13312
.65	-3.4611	-.6510	.6959	-.09400
.70	-3.1510	-.6004	.5383	-.06314
.75	-2.7927	-.5380	.3987	-.03972
.80	-2.4054	-.4680	.2784	-.02279
.85	-2.0027	-.3933	.1783	-.01138
.90	-1.5932	-.3161	.0986	-.00445
.95	-1.1775	-.2378	.0397	-.00099
1.00	-.7349	-.1590	-.0000	-.00000

XM/L=0.3

X/L	FP	FS	FQ	FM
.05	14.2429	1.4902	.7121	.01780
.10	7.1743	1.2801	1.0709	.06238
.15	5.8267	1.0640	1.3622	.12320
.20	4.5437	.8342	1.5894	.19699
.25	3.2372	.5804	1.7512	.28051
.30	1.6372	.2909	1.8331	-.62988
.35	-.6398	-.0287	1.8011	-.53903
.40	-2.0137	-.2794	1.7004	-.45149
.45	-2.8536	-.4558	1.5577	-.37003
.50	-3.3533	-.5706	1.3901	-.29634
.55	-3.5949	-.6355	1.2103	-.23133
.60	-3.6409	-.6609	1.0283	-.17536
.65	-3.5417	-.6559	.8512	-.12838
.70	-3.3382	-.6281	.6843	-.08999
.75	-3.0635	-.5840	.5311	-.05961
.80	-2.7435	-.5287	.3939	-.03648
.85	-2.3986	-.4663	.2740	-.01978
.90	-2.0471	-.3997	.1717	-.00864
.95	-1.6942	-.3309	.0869	-.00217
1.00	-1.7389	-.2614	-.0000	-.00000

XM/L=0.4

X/L	FP	FS	FQ	FM
.05	9.7290	1.0680	.4864	.01216
.10	5.4306	.9856	.7580	.04327
.15	4.8482	.8991	1.0004	.08723
.20	4.3095	.8030	1.2159	.14264
.25	3.7660	.6896	1.4042	.20814
.30	3.1102	.5500	1.5597	.28223
.35	2.2542	.3737	1.6724	.36303
.40	1.0064	.1490	1.7227	-.55209
.45	-.9955	-.1177	1.6729	-.46720
.50	-2.1595	-.3267	1.5649	-.38625
.55	-2.8460	-.4718	1.4226	-.31156
.60	-3.2419	-.5646	1.2606	-.24448
.65	-3.4227	-.6157	1.0894	-.18573
.70	-3.4458	-.6347	.9171	-.13557
.75	-3.3570	-.6295	.7493	-.09391
.80	-3.1939	-.6073	.5896	-.06044
.85	-2.9888	-.5735	.4401	-.03469
.90	-2.7777	-.5326	.3013	-.01616
.95	-2.5744	-.4879	.1725	-.00431
1.00	-3.4508	-.4417	-.0000	-.00000

XM/L=0.5

X/L	FP	FS	FQ	FM
.05	6.0927	.7111	.3046	.00762
.10	3.8387	.7103	.4966	.02765
.15	3.7512	.7070	.6841	.05716
.20	3.6864	.6973	.8684	.09598
.25	3.6169	.6762	1.0493	.14392
.30	3.4784	.6372	1.2232	.20073
.35	3.2200	.5724	1.3842	.26592
.40	2.7832	.4727	1.5234	.33861
.45	2.0928	.3276	1.6280	.41739
.50	.9634	.1259	1.6762	-.50000
.55	-.9634	-.1259	1.6280	-.41739
.60	-2.0929	-.3276	1.5234	-.33861
.65	-2.7832	-.4727	1.3842	-.26592
.70	-3.2200	-.5724	1.2232	-.20073
.75	-3.4784	-.6372	1.0493	-.14392
.80	-3.6169	-.6762	.8684	-.09598
.85	-3.6864	-.6973	.6841	-.05716
.90	-3.7512	-.7070	.4966	-.02765
.95	-3.8387	-.7103	.3046	-.00762
1.00	-6.0927	-.7111	-.0000	-.00000

B/L= .50   DS/B1= .50   KS= .500

XQ/L=0.0

X/L	FP	FS	FQ	FM
.05	7.1582	.7632	-.6421	-.04105
.10	3.6674	.6709	-.4587	-.06857
.15	3.0488	.5819	-.3063	-.08770
.20	2.5211	.4976	-.1802	-.09986
.25	2.0832	.4189	-.0761	-.10627
.30	1.6974	.3464	.0088	-.10795
.35	1.3547	.2804	.0765	-.10582
.40	1.0508	.2208	.1291	-.10068
.45	.7822	.1674	.1682	-.09324
.50	.5455	.1198	.1955	-.08415
.55	.3373	.0775	.2123	-.07396
.60	.1540	.0400	.2200	-.06315
.65	-.0084	.0066	.2196	-.05216
.70	-.1536	-.0234	.2119	-.04137
.75	-.2857	-.0505	.1976	-.03113
.80	-.4091	-.0755	.1772	-.02176
.85	-.5290	-.0989	.1507	-.01356
.90	-.6571	-.1212	.1179	-.00685
.95	-.7971	-.1429	.0780	-.00195
1.00	-1.5604	-.1644	-.0000	-.00000

XQ/L=0.1

X/L	FP	FS	FQ	FM
.05	5.4873	.5996	.2744	.00686
.10	2.9933	.5473	-.5760	.02432
.15	2.6084	.4941	-.4456	-.00122
.20	2.2591	.4403	-.3326	-.02067
.25	1.9568	.3872	-.2348	-.03486
.30	1.6779	.3357	-.1509	-.04450
.35	1.4192	.2867	-.0799	-.05027
.40	1.1799	.2405	-.0209	-.05279
.45	.9596	.1974	.0271	-.05263
.50	.7578	.1574	.0650	-.05033
.55	.5732	.1206	.0936	-.04637
.60	.4045	.0867	.1138	-.04118
.65	.2495	.0553	.1263	-.03518
.70	.1063	.0263	.1316	-.02873
.75	-.0278	-.0008	.1303	-.02218
.80	-.1557	-.0263	.1225	-.01586
.85	-.2813	-.0508	.1084	-.01009
.90	-.4137	-.0744	.0877	-.00519
.95	-.5563	-.0976	.0599	-.00150
1.00	-1.1980	-.1206	-.0000	-.00000

XQ/L=0.2

X/L	FP	FS	FQ	FM
.05	3.9645	.4464	.1982	.00496
.10	2.3022	.4246	.3133	.01774
.15	2.1189	.4021	.4193	.03606
.20	1.9590	.3781	-.4828	.05947
.25	1.8063	.3512	-.3925	.03759
.30	1.6400	.3215	-.3105	.02002
.35	1.4692	.2901	-.2370	.00633
.40	1.2978	.2579	-.1721	-.00390
.45	1.1288	.2257	-.1157	-.01109
.50	.9643	.1939	-.0675	-.01567
.55	.8055	.1629	-.0272	-.01804
.60	.6532	.1329	.0055	-.01858
.65	.5074	.1040	.0308	-.01767
.70	.3676	.0762	.0492	-.01567
.75	.2329	.0495	.0609	-.01292
.80	.1018	.0235	.0660	-.00974
.85	-.0283	-.0017	.0645	-.00648
.90	-.1638	-.0265	.0564	-.00346
.95	-.3073	-.0509	.0410	-.00102
1.00	-.8199	-.0752	-.0000	-.00000

XQ/L=0.3

X/L	FP	FS	FQ	FM
.05	2.6670	.3120	.1334	.00333
.10	1.6683	.3113	.2168	.01209
.15	1.6206	.3101	.2978	.02495
.20	1.5877	.3078	.3772	.04182
.25	1.5646	.3035	.4554	.06264
.30	1.5312	.2960	-.4680	.08732
.35	1.4694	.2842	-.3946	.06576
.40	1.3775	.2678	-.3257	.04775
.45	1.2689	.2481	-.2622	.03306
.50	1.1495	.2259	-.2048	.02138
.55	1.0234	.2021	-.1536	.01242
.60	.8936	.1773	-.1089	.00586
.65	.7623	.1519	-.0708	.00137
.70	.6309	.1264	-.0393	-.00139
.75	.5000	.1008	-.0143	-.00272
.80	.3698	.0754	.0042	-.00297
.85	.2393	.0501	.0162	-.00246
.90	.1051	.0250	.0215	-.00152
.95	-.0349	.0000	.0197	-.00049
1.00	-.3942	-.0249	-.0000	-.00000

XQ/L=0.4

X/L	FP	FS	FQ	FM
.05	1.6096	.1994	.0805	.00201
.10	1.1193	.2121	.1364	.00743
.15	1.1612	.2245	.1945	.01571
.20	1.2105	.2363	.2550	.02695
.25	1.2647	.2467	.3183	.04128
.30	1.3130	.2551	.3839	.05883
.35	1.3485	.2605	.4513	.07971
.40	1.3634	.2618	-.4805	.10398
.45	1.3424	.2577	-.4134	.08164
.50	1.2851	.2480	-.3491	.06258
.55	1.2058	.2340	-.2888	.04663
.60	1.1109	.2167	-.2333	.03357
.65	1.0051	.1971	-.1830	.02317
.70	.8920	.1757	-.1384	.01513
.75	.7743	.1533	-.0997	.00918
.80	.6537	.1300	-.0670	.00501
.85	.5314	.1064	-.0405	.00232
.90	.4074	.0826	-.0201	.00081
.95	.2808	.0586	-.0061	.00015
1.00	.1211	.0346	-.0000	-.00000

XQ/L=0.5

X/L	FP	FS	FQ	FM
.05	.7735	.1080	.0387	.00097
.10	.6598	.1284	.0717	.00373
.15	.7566	.1486	.1095	.00825
.20	.8549	.1685	.1522	.01480
.25	.9544	.1877	.2000	.02360
.30	1.0504	.2057	.2525	.03491
.35	1.1392	.2220	.3094	.04896
.40	1.2169	.2358	.3703	.06596
.45	1.2781	.2461	.4342	.08607
.50	1.3162	.2519	-.5000	.10942
.55	1.3162	.2519	-.4342	.08607
.60	1.2781	.2461	-.3703	.06596
.65	1.2169	.2358	-.3094	.04896
.70	1.1392	.2220	-.2525	.03491
.75	1.0504	.2057	-.2000	.02360
.80	.9544	.1877	-.1522	.01480
.85	.8549	.1685	-.1095	.00825
.90	.7566	.1486	-.0717	.00373
.95	.6598	.1284	-.0387	.00097
1.00	.7735	.1080	-.0000	-.00000

B/L= .50   DS/B1= .50   KS= .500

XM/L=0.0

X/L	FP	FS	FQ	FM
.05	16.8961	1.6472	.8448	-.97888
.10	6.6320	1.2316	1.1764	-.92835
.15	4.3735	.8733	1.3951	-.86406
.20	2.5988	.5688	1.5250	-.79106
.25	1.2476	.3140	1.5874	-.71325
.30	.1813	.1043	1.5965	-.63365
.35	-.6550	-.0650	1.5637	-.55465
.40	-1.2988	-.1987	1.4988	-.47809
.45	-1.7806	-.3013	1.4097	-.40537
.50	-2.1269	-.3775	1.3034	-.33755
.55	-2.3616	-.4314	1.1853	-.27533
.60	-2.5059	-.4670	1.0600	-.21919
.65	-2.5790	-.4877	.9311	-.16942
.70	-2.5976	-.4967	.8012	-.12611
.75	-2.5770	-.4970	.6723	-.08927
.80	-2.5308	-.4907	.5458	-.05882
.85	-2.4731	-.4801	.4221	-.03462
.90	-2.4285	-.4666	.3007	-.01655
.95	-2.4025	-.4517	.1806	-.00451
1.00	-3.6118	-.4361	.0000	-.00000

XM/L=0.1

X/L	FP	FS	FQ	FM
.05	16.1827	1.6037	.8091	.02023
.10	6.9899	1.2452	1.1586	-.93058
.15	4.5266	.8915	1.3850	-.86699
.20	2.6898	.5843	1.5195	-.79438
.25	1.3175	.3270	1.5853	-.71676
.30	.2362	.1150	1.5971	-.63720
.35	-.6121	-.0564	1.5665	-.55810
.40	-1.2660	-.1919	1.5032	-.48136
.45	-1.7566	-.2963	1.4154	-.40839
.50	-2.1105	-.3740	1.3099	-.34026
.55	-2.3518	-.4292	1.1923	-.27771
.60	-2.5019	-.4659	1.0672	-.22122
.65	-2.5801	-.4877	.9382	-.17109
.70	-2.6032	-.4976	.8080	-.12743
.75	-2.5867	-.4987	.6787	-.09026
.80	-2.5444	-.4932	.5515	-.05951
.85	-2.4903	-.4833	.4270	-.03505
.90	-2.4497	-.4706	.3045	-.01676
.95	-2.4280	-.4563	.1831	-.00458
1.00	-3.6613	-.4413	-.0000	-.00000

XM/L=0.2

X/L	FP	FS	FQ	FM
.05	14.1623	1.4471	.7081	.01770
.10	6.6971	1.1922	1.0430	.06148
.15	5.0702	.9350	1.2965	.11997
.20	3.4953	.6723	1.4712	-.81084
.25	1.8182	.4079	1.5622	-.73501
.30	.5973	.1824	1.5920	-.65615
.35	-.3303	-.0013	1.5755	-.57696
.40	-1.0481	-.1481	1.5231	-.49950
.45	-1.5928	-.2626	1.4435	-.42534
.50	-1.9938	-.3494	1.3438	-.35566
.55	-2.2762	-.4127	1.2300	-.29131
.60	-2.4625	-.4566	1.1068	-.23289
.65	-2.5726	-.4849	.9782	-.18077
.70	-2.6245	-.5007	.8470	-.13514
.75	-2.6341	-.5071	.7153	-.09608
.80	-2.6163	-.5065	.5845	-.06359
.85	-2.5860	-.5012	.4552	-.03760
.90	-2.5707	-.4929	.3266	-.01805
.95	-2.5766	-.4829	.1978	-.00494
1.00	-3.9558	-.4722	-.0000	-.00000

XM/L=0.3

X/L	FP	FS	FQ	FM
.05	11.7657	1.2363	.5883	.01471
.10	5.9374	1.0670	.8852	.05154
.15	4.8311	.8958	1.1267	.10184
.20	3.8088	.7200	1.3172	.16294
.25	2.8341	.5363	1.4589	.23234
.30	1.7694	.3408	1.5473	-.69251
.35	.4581	.1365	1.5702	-.61457
.40	-.4662	-.0360	1.5469	-.53664
.45	-1.1484	-.1739	1.4895	-.46073
.50	-1.6647	-.2820	1.4063	-.38834
.55	-2.0472	-.3646	1.3039	-.32058
.60	-2.3218	-.4259	1.1878	-.25829
.65	-2.5109	-.4699	1.0623	-.20203
.70	-2.6341	-.5001	.9306	-.15221
.75	-2.7093	-.5197	.7951	-.10907
.80	-2.7531	-.5315	.6575	-.07276
.85	-2.7831	-.5378	.5183	-.04336
.90	-2.8315	-.5407	.3767	-.02099
.95	-2.9064	-.5416	.2314	-.00579
1.00	-4.6281	-.5418	-.0000	-.00000

XM/L=0.4

X/L	FP	FS	FQ	FM
.05	9.4166	1.0165	.4708	.01177
.10	5.0363	.9139	.7226	.04161
.15	4.3314	.8097	.9392	.08315
.20	3.6928	.7019	1.1239	.13473
.25	3.0976	.5875	1.2787	.19480
.30	2.4735	.4632	1.4024	.26182
.35	1.7800	.3253	1.4914	.33417
.40	.9400	.1695	1.5384	-.59008
.45	-.1897	-.0011	1.5289	-.51340
.50	-.9697	-.1462	1.4804	-.43817
.55	-1.5419	-.2626	1.4033	-.36607
.60	-1.9800	-.3550	1.3043	-.29838
.65	-2.3147	-.4274	1.1886	-.23606
.70	-2.5702	-.4839	1.0601	-.17984
.75	-2.7677	-.5278	.9217	-.13029
.80	-2.9273	-.5625	.7753	-.08787
.85	-3.0703	-.5906	.6218	-.05294
.90	-3.2378	-.6146	.4599	-.02589
.95	-3.4410	-.6362	.2879	-.00720
1.00	-5.7580	-.6568	-.0000	-.00000

XM/L=0.5

X/L	FP	FS	FQ	FM
.05	7.3691	.8176	.3685	.00921
.10	4.1688	.7638	.5769	.03285
.15	3.7608	.7087	.7649	.06639
.20	3.4018	.6507	.9350	.10889
.25	3.0761	.5875	1.0888	.15949
.30	2.7296	.5162	1.2253	.21734
.35	2.3347	.4337	1.3421	.28152
.40	1.8652	.3362	1.4353	.35096
.45	1.2904	.2197	1.4998	.42434
.50	.5369	.0800	1.5267	-.50000
.55	-.5369	-.0800	1.4998	-.42434
.60	-1.2904	-.2197	1.4353	-.35096
.65	-1.8652	-.3362	1.3421	-.28152
.70	-2.3347	-.4337	1.2253	-.21734
.75	-2.7296	-.5162	1.0888	-.15949
.80	-3.0761	-.5875	.9350	-.10889
.85	-3.4018	-.6507	.7649	-.06639
.90	-3.7608	-.7087	.5769	-.03285
.95	-4.1688	-.7638	.3685	-.00921
1.00	-7.3691	-.8176	-.0000	-.00000

B/L= .50 DS/B1= .50 KS= 1.000

XQ/L=0.0

X/L	FP	FS	FQ	FM
.05	6.5359	.7066	-.6732	-.04183
.10	3.4621	.6344	-.5001	-.07116
.15	2.9604	.5639	-.3521	-.09247
.20	2.5290	.4959	-.2256	-.10691
.25	2.1661	.4308	-.1173	-.11548
.30	1.8375	.3691	-.0254	-.11905
.35	1.5353	.3109	.0513	-.11841
.40	1.2560	.2563	.1141	-.11427
.45	.9973	.2052	.1640	-.10732
.50	.7575	.1574	.2019	-.09817
.55	.5344	.1127	.2286	-.08741
.60	.3260	.0708	.2449	-.07557
.65	.1300	.0314	.2514	-.06317
.70	-.0558	-.0060	.2486	-.05067
.75	-.2343	-.0417	.2369	-.03853
.80	-.4085	-.0760	.2164	-.02720
.85	-.5833	-.1094	.1873	-.01711
.90	-.7718	-.1421	.1487	-.00871
.95	-.9776	-.1744	.0998	-.00250
1.00	-1.9961	-.2066	-.0000	-.00000

XQ/L=0.1

X/L	FP	FS	FQ	FM
.05	5.2392	.5757	.2620	.00655
.10	2.8875	.5295	-.5937	.02326
.15	2.5430	.4828	-.4665	-.00325
.20	2.2367	.4359	-.3547	-.02378
.25	1.9733	.3894	-.2560	-.03905
.30	1.7280	.3439	-.1696	-.04969
.35	1.4962	.2997	-.0948	-.05630
.40	1.2763	.2571	-.0310	-.05944
.45	1.0678	.2162	.0224	-.05966
.50	.8700	.1771	.0659	-.05745
.55	.6822	.1398	.1000	-.05330
.60	.5035	.1042	.1252	-.04767
.65	.3328	.0700	.1418	-.04100
.70	.1687	.0372	.1503	-.03370
.75	.0095	.0055	.1507	-.02617
.80	-.1470	-.0253	.1434	-.01882
.85	-.3042	-.0554	.1282	-.01203
.90	-.4718	-.0850	.1046	-.00621
.95	-.6527	-.1144	.0719	-.00180
1.00	-1.4389	-.1437	-.0000	-.00000

XQ/L=0.2

X/L	FP	FS	FQ	FM
.05	4.0195	.4503	.2010	.00502
.10	2.3054	.4252	.3162	.01795
.15	2.1015	.3998	.4213	.03639
.20	1.9254	.3735	-.4824	.05987
.25	1.7681	.3459	-.3940	.03796
.30	1.6086	.3168	-.3136	.02027
.35	1.4489	.2869	-.2411	.00640
.40	1.2900	.2565	-.1766	-.00405
.45	1.1330	.2262	-.1200	-.01146
.50	.9785	.1960	-.0711	-.01624
.55	.8272	.1663	-.0297	-.01876
.60	.6794	.1371	.0043	-.01939
.65	.5349	.1085	.0310	-.01851
.70	.3934	.0805	.0507	-.01647
.75	.2543	.0530	.0634	-.01362
.80	.1165	.0259	.0692	-.01030
.85	-.0221	-.0008	.0681	-.00687
.90	-.1679	-.0273	.0597	-.00367
.95	-.3229	-.0535	.0436	-.00109
1.00	-.8716	-.0798	-.0000	-.00000

XQ/L=0.3

X/L	FP	FS	FQ	FM
.05	2.9203	.3350	.1460	.00365
.10	1.7547	.3261	.2337	.01314
.15	1.6569	.3169	.3166	.02690
.20	1.5785	.3071	.3955	.04471
.25	1.5163	.2963	.4713	.06638
.30	1.4520	.2838	-.4561	.09176
.35	1.3745	.2690	-.3873	.07067
.40	1.2819	.2517	-.3232	.05291
.45	1.1807	.2327	-.2642	.03822
.50	1.0735	.2122	-.2105	.02635
.55	.9623	.1908	-.1624	.01703
.60	.8486	.1687	-.1200	.00997
.65	.7335	.1463	-.0833	.00489
.70	.6177	.1236	-.0524	.00150
.75	.5016	.1008	-.0273	-.00050
.80	.3852	.0780	-.0081	-.00138
.85	.2679	.0553	.0053	-.00145
.90	.1470	.0325	.0127	-.00100
.95	.0212	.0099	.0137	-.00034
1.00	-.2745	-.0128	-.0000	-.00000

XQ/L=0.4

X/L	FP	FS	FQ	FM
.05	1.9533	.2318	.0977	.00244
.10	1.2511	.2349	.1602	.00889
.15	1.2342	.2378	.2219	.01844
.20	1.2292	.2403	.2834	.03107
.25	1.2343	.2421	.3451	.04679
.30	1.2382	.2427	.4070	.06559
.35	1.2358	.2416	.4688	.08748
.40	1.2226	.2382	-.4701	.11245
.45	1.1904	.2319	-.4106	.09044
.50	1.1389	.2226	-.3536	.07133
.55	1.0751	.2108	-.2999	.05500
.60	1.0022	.1972	-.2497	.04126
.65	.9227	.1821	-.2036	.02992
.70	.8385	.1659	-.1617	.02079
.75	.7510	.1490	-.1241	.01365
.80	.6616	.1316	-.0910	.00827
.85	.5712	.1138	-.0625	.00443
.90	.4812	.0959	-.0384	.00190
.95	.3910	.0778	-.0189	.00047
1.00	.3776	.0598	-.0000	-.00000

XQ/L=0.5

X/L	FP	FS	FQ	FM
.05	1.1118	.1405	.0556	.00139
.10	.7979	.1523	.0955	.00517
.15	.8421	.1640	.1376	.01099
.20	.8916	.1755	.1822	.01899
.25	.9460	.1865	.2295	.02928
.30	.9993	.1968	.2794	.04200
.35	1.0487	.2060	.3319	.05728
.40	1.0917	.2138	.3865	.07524
.45	1.1252	.2196	.4427	.09597
.50	1.1457	.2227	-.5000	.11954
.55	1.1457	.2227	-.4427	.09597
.60	1.1252	.2196	-.3865	.07524
.65	1.0917	.2138	-.3319	.05728
.70	1.0487	.2060	-.2794	.04200
.75	.9993	.1968	-.2295	.02928
.80	.9460	.1865	-.1822	.01899
.85	.8916	.1755	-.1376	.01099
.90	.8421	.1640	-.0955	.00517
.95	.7979	.1523	-.0556	.00139
1.00	1.1118	.1405	-.0000	-.00000

B/L= .50 DS/B1= .50 KS= 1.000

XM/L=0.0

X/L	FP	FS	FQ	FM
.05	13.0637	1.3146	.6532	-.98367
.10	5.6925	1.0471	.9378	-.94390
.15	4.1595	.8084	1.1458	-.89181
.20	2.9123	.5973	1.2914	-.83088
.25	1.9194	.4121	1.3874	-.76391
.30	1.0877	.2508	1.4418	-.69318
.35	.3852	.1113	1.4610	-.62061
.40	-.2081	-.0085	1.4506	-.54782
.45	-.7079	-.1107	1.4152	-.47617
.50	-1.1278	-.1976	1.3588	-.40682
.55	-1.4803	-.2712	1.2848	-.34073
.60	-1.7769	-.3336	1.1960	-.27871
.65	-2.0284	-.3867	1.0945	-.22145
.70	-2.2449	-.4324	.9823	-.16953
.75	-2.4364	-.4721	.8605	-.12346
.80	-2.6132	-.5075	.7298	-.08370
.85	-2.7889	-.5398	.5904	-.05070
.90	-2.9974	-.5701	.4405	-.02492
.95	-3.2452	-.5993	.2782	-.00696
1.00	-5.5649	-.6280	.0000	-.00000

XM/L=0.1

X/L	FP	FS	FQ	FM
.05	12.6968	1.2920	.6348	.01587
.10	5.8681	1.0533	.9282	-.94505
.15	4.2347	.8173	1.1400	-.89335
.20	2.9580	.6051	1.2879	-.83265
.25	1.9557	.4188	1.3857	-.76581
.30	1.1174	.2565	1.4415	-.69513
.35	.4096	.1161	1.4620	-.62254
.40	-.1884	-.0045	1.4526	-.54968
.45	-.6924	-.1075	1.4180	-.47791
.50	-1.1162	-.1952	1.3622	-.40841
.55	-1.4722	-.2695	1.2886	-.34214
.60	-1.7721	-.3326	1.1999	-.27993
.65	-2.0267	-.3863	1.0986	-.22246
.70	-2.2461	-.4325	.9863	-.17034
.75	-2.4404	-.4729	.8643	-.12408
.80	-2.6200	-.5088	.7333	-.08414
.85	-2.7984	-.5416	.5934	-.05097
.90	-3.0098	-.5724	.4429	-.02506
.95	-3.2609	-.6021	.2798	-.00700
1.00	-5.5967	-.6313	-.0000	-.00000

XM/L=0.2

X/L	FP	FS	FQ	FM
.05	11.6333	1.2088	.5817	.01454
.10	5.7030	1.0235	.8668	.05075
.15	4.4978	.8373	1.0917	.09972
.20	3.3607	.6488	1.2597	-.84150
.25	2.2128	.4602	1.3704	-.77574
.30	1.3100	.2922	1.4359	-.70559
.35	.5663	.1463	1.4642	-.63309
.40	-.0613	.0205	1.4611	-.55995
.45	-.5913	-.0873	1.4316	-.48763
.50	-1.0388	-.1795	1.3796	-.41736
.55	-1.4166	-.2581	1.3088	-.35014
.60	-1.7368	-.3251	1.2220	-.28688
.65	-2.0103	-.3827	1.1214	-.22829
.70	-2.2478	-.4325	1.0091	-.17503
.75	-2.4593	-.4762	.8861	-.12765
.80	-2.6557	-.5155	.7533	-.08666
.85	-2.8509	-.5515	.6108	-.05256
.90	-3.0806	-.5854	.4567	-.02588
.95	-3.3514	-.6182	.2892	-.00723
1.00	-5.7832	-.6505	-.0000	-.00000

XM/L=0.3

X/L	FP	FS	FQ	FM
.05	10.3329	1.0939	.5166	.01292
.10	5.2858	.9544	.7809	.04536
.15	4.3593	.8141	.9989	.08985
.20	3.5148	.6718	1.1746	.14419
.25	2.7319	.5260	1.3112	.20634
.30	1.9183	.3749	1.4071	-.72570
.35	.9910	.2204	1.4567	-.65411
.40	.2657	.0828	1.4700	-.58094
.45	-.3304	-.0362	1.4535	-.50786
.50	-.8352	-.1389	1.4117	-.43623
.55	-1.2652	-.2275	1.3484	-.36722
.60	-1.6337	-.3040	1.2668	-.30184
.65	-1.9526	-.3704	1.1691	-.24095
.70	-2.2331	-.4288	1.0575	-.18528
.75	-2.4860	-.4807	.9332	-.13551
.80	-2.7229	-.5279	.7970	-.09226
.85	-2.9586	-.5716	.6491	-.05611
.90	-3.2316	-.6131	.4875	-.02769
.95	-3.5495	-.6534	.3100	-.00775
1.00	-6.2009	-.6931	-.0000	-.00000

XM/L=0.4

X/L	FP	FS	FQ	FM
.05	9.0193	.9709	.4510	.01127
.10	4.7825	.8687	.6901	.03980
.15	4.0807	.7658	.8941	.07941
.20	3.4498	.6611	1.0666	.12842
.25	2.8754	.5533	1.2104	.18535
.30	2.2983	.4407	1.3253	.24874
.35	1.6928	.3217	1.4099	.31712
.40	1.0188	.1942	1.4609	-.61111
.45	.2043	.0599	1.4711	-.53781
.50	-.4309	-.0610	1.4496	-.46479
.55	-.9579	-.1668	1.4017	-.39351
.60	-1.4135	-.2597	1.3310	-.32519
.65	-1.8134	-.3419	1.2403	-.26091
.70	-2.1707	-.4153	1.1318	-.20161
.75	-2.4975	-.4818	1.0069	-.14814
.80	-2.8065	-.5430	.8666	-.10131
.85	-3.1145	-.6005	.7109	-.06187
.90	-3.4646	-.6555	.5376	-.03066
.95	-3.8657	-.7092	.3443	-.00861
1.00	-6.8868	-.7623	-.0000	-.00000

XM/L=0.5

X/L	FP	FS	FQ	FM
.05	7.8404	.8568	.3920	.00980
.10	4.2884	.7832	.6064	.03476
.15	3.7609	.7089	.7945	.06979
.20	3.2933	.6332	.9592	.11363
.25	2.8744	.5546	1.1029	.16518
.30	2.4544	.4719	1.2256	.22339
.35	2.0137	.3834	1.3263	.28719
.40	1.5370	.2872	1.4031	.35542
.45	1.0079	.1814	1.4535	.42684
.50	.3893	.0638	1.4730	-.50000
.55	-.3893	-.0638	1.4535	-.42684
.60	-1.0079	-.1814	1.4031	-.35542
.65	-1.5370	-.2872	1.3263	-.28719
.70	-2.0137	-.3834	1.2256	-.22339
.75	-2.4544	-.4719	1.1029	-.16518
.80	-2.8744	-.5546	.9592	-.11363
.85	-3.2933	-.6332	.7945	-.06979
.90	-3.7609	-.7089	.6064	-.03476
.95	-4.2884	-.7832	.3920	-.00980
1.00	-7.8404	-.8568	-.0000	-.00000

B/L= .50 DS/B1= .50 KS= 3.000

XQ/L=0.0

X/L	FP	FS	FQ	FM
.05	6.0291	.6601	-.6985	-.04246
.10	3.2899	.6039	-.5341	-.07328
.15	2.8817	.5482	-.3900	-.09638
.20	2.5285	.4934	-.2635	-.11272
.25	2.2278	.4396	-.1522	-.12311
.30	1.9479	.3870	-.0548	-.12828
.35	1.6813	.3357	.0293	-.12892
.40	1.4250	.2857	.1006	-.12567
.45	1.1774	.2369	.1594	-.11917
.50	.9374	.1894	.2063	-.11003
.55	.7039	.1430	.2415	-.09883
.60	.4760	.0976	.2653	-.08616
.65	.2526	.0532	.2779	-.07258
.70	.0326	.0096	.2796	-.05865
.75	-.1854	-.0334	.2703	-.04490
.80	-.4038	-.0759	.2501	-.03189
.85	-.6267	-.1179	.2188	-.02017
.90	-.8685	-.1597	.1753	-.01032
.95	-1.1325	-.2014	.1187	-.00297
1.00	-2.3741	-.2430	-.0000	-.00000

XQ/L=0.1

X/L	FP	FS	FQ	FM
.05	5.0286	.5555	.2514	.00629
.10	2.7994	.5145	-.6086	.02236
.15	2.4893	.4735	-.4841	-.00496
.20	2.2185	.4323	-.3732	-.02640
.25	1.9870	.3913	-.2739	-.04257
.30	1.7694	.3507	-.1854	-.05405
.35	1.5599	.3105	-.1074	-.06137
.40	1.3564	.2709	-.0396	-.06505
.45	1.1580	.2320	.0183	-.06558
.50	.9641	.1937	.0665	-.06346
.55	.7742	.1560	.1052	-.05916
.60	.5876	.1190	.1346	-.05317
.65	.4040	.0825	.1548	-.04593
.70	.2224	.0466	.1659	-.03791
.75	.0420	.0110	.1680	-.02956
.80	-.1388	-.0242	.1611	-.02133
.85	-.3228	-.0592	.1450	-.01368
.90	-.5206	-.0940	.1189	-.00708
.95	-.7345	-.1286	.0822	-.00206
1.00	-1.6441	-.1633	-.0000	-.00000

XQ/L=0.2

X/L	FP	FS	FQ	FM
.05	4.0546	.4527	.2027	.00507
.10	2.3067	.4254	.3181	.01809
.15	2.0890	.3980	.4225	.03660
.20	1.9022	.3704	-.4824	.06011
.25	1.7421	.3422	-.3953	.03817
.30	1.5874	.3136	-.3159	.02039
.35	1.4355	.2847	-.2441	.00639
.40	1.2853	.2557	-.1799	-.00421
.45	1.1366	.2267	-.1230	-.01179
.50	.9892	.1977	-.0736	-.01670
.55	.8432	.1689	-.0314	-.01933
.60	.6985	.1402	.0035	-.02002
.65	.5549	.1118	.0313	-.01915
.70	.4121	.0835	.0519	-.01708
.75	.2697	.0555	.0653	-.01415
.80	.1270	.0276	.0717	-.01072
.85	-.0179	-.0002	.0708	-.00716
.90	-.1712	-.0279	.0622	-.00383
.95	-.3347	-.0555	.0455	-.00114
1.00	-.9101	-.0831	-.0000	-.00000

XQ/L=0.3

X/L	FP	FS	FQ	FM
.05	3.1230	.3535	.1561	.00390
.10	1.8252	.3382	.2474	.01399
.15	1.6881	.3228	.3318	.02847
.20	1.5741	.3071	.4105	.04703
.25	1.4814	.2911	.4846	.06941
.30	1.3926	.2746	-.4458	.09538
.35	1.3014	.2572	-.3807	.07472
.40	1.2062	.2389	-.3204	.05719
.45	1.1085	.2200	-.2650	.04255
.50	1.0090	.2006	-.2145	.03057
.55	.9082	.1809	-.1691	.02098
.60	.8064	.1609	-.1288	.01353
.65	.7040	.1407	-.0936	.00797
.70	.6012	.1204	-.0635	.00404
.75	.4981	.1001	-.0386	.00149
.80	.3944	.0797	-.0189	.00005
.85	.2898	.0593	-.0044	-.00054
.90	.1823	.0389	.0047	-.00053
.95	.0706	.0185	.0082	-.00021
1.00	-.1645	-.0018	-.0000	-.00000

XQ/L=0.4

X/L	FP	FS	FQ	FM
.05	2.2387	.2587	.1119	.00280
.10	1.3607	.2538	.1800	.01010
.15	1.2952	.2489	.2447	.02071
.20	1.2454	.2438	.3070	.03451
.25	1.2103	.2384	.3675	.05137
.30	1.1780	.2327	.4264	.07122
.35	1.1449	.2263	.4837	.09397
.40	1.1088	.2190	-.4609	.11954
.45	1.0664	.2108	-.4076	.09783
.50	1.0176	.2014	-.3567	.07872
.55	.9644	.1912	-.3085	.06209
.60	.9079	.1803	-.2631	.04780
.65	.8491	.1688	-.2206	.03571
.70	.7884	.1569	-.1812	.02566
.75	.7267	.1447	-.1449	.01751
.80	.6643	.1322	-.1117	.01110
.85	.6023	.1197	-.0815	.00626
.90	.5429	.1070	-.0544	.00287
.95	.4857	.0943	-.0301	.00075
1.00	.6024	.0816	-.0000	-.00000

XQ/L=0.5

X/L	FP	FS	FQ	FM
.05	1.4005	.1682	.0700	.00175
.10	.9146	.1726	.1158	.00640
.15	.9133	.1769	.1614	.01332
.20	.9208	.1812	.2075	.02255
.25	.9368	.1853	.2543	.03409
.30	.9543	.1890	.3020	.04800
.35	.9711	.1924	.3506	.06431
.40	.9860	.1953	.3999	.08308
.45	.9977	.1973	.4498	.10432
.50	1.0048	.1985	-.5000	.12806
.55	1.0048	.1985	-.4498	.10432
.60	.9977	.1973	-.3999	.08308
.65	.9860	.1953	-.3506	.06431
.70	.9711	.1924	-.3020	.04800
.75	.9543	.1890	-.2543	.03409
.80	.9368	.1853	-.2075	.02255
.85	.9208	.1812	-.1614	.01332
.90	.9133	.1769	-.1158	.00640
.95	.9146	.1726	-.0700	.00175
1.00	1.4005	.1682	-.0000	-.00000

B/L= .50 DS/B1= .50 KS= 3.000

XM/L=0.0

X/L	FP	FS	FQ	FM
.05	10.0376	1.0487	.5019	-.98745
.10	4.8874	.8930	.7462	-.95625
.15	3.9191	.7470	.9422	-.91404
.20	3.0960	.6104	1.0970	-.86306
.25	2.4044	.4827	1.2172	-.80520
.30	1.7823	.3633	1.3063	-.74211
.35	1.2121	.2517	1.3669	-.67528
.40	.6844	.1471	1.4012	-.60608
.45	.1926	.0490	1.4108	-.53578
.50	-.2684	-.0435	1.3974	-.46558
.55	-.7035	-.1309	1.3622	-.39659
.60	-1.1171	-.2140	1.3063	-.32987
.65	-1.5137	-.2935	1.2307	-.26645
.70	-1.8977	-.3700	1.1358	-.20729
.75	-2.2742	-.4441	1.0221	-.15334
.80	-2.6502	-.5165	.8895	-.10555
.85	-3.0377	-.5875	.7377	-.06487
.90	-3.4782	-.6577	.5638	-.03234
.95	-3.9780	-.7274	.3649	-.00912
1.00	-7.2971	-.7969	.0000	-.00000

XM/L=0.1

X/L	FP	FS	FQ	FM
.05	9.9126	1.0409	.4956	.01239
.10	4.9450	.8949	.7429	-.95665
.15	3.9437	.7499	.9401	-.91457
.20	3.1113	.6130	1.0956	-.86368
.25	2.4168	.4850	1.2165	-.80588
.30	1.7928	.3653	1.3061	-.74281
.35	1.2211	.2534	1.3672	-.67598
.40	.6919	.1486	1.4018	-.60676
.45	.1988	.0502	1.4117	-.53642
.50	-.2636	-.0425	1.3985	-.46617
.55	-.6999	-.1302	1.3635	-.39712
.60	-1.1147	-.2135	1.3078	-.33034
.65	-1.5125	-.2932	1.2322	-.26684
.70	-1.8976	-.3700	1.1373	-.20760
.75	-2.2753	-.4443	1.0235	-.15358
.80	-2.6524	-.5169	.8909	-.10572
.85	-3.0411	-.5882	.7388	-.06498
.90	-3.4829	-.6586	.5647	-.03239
.95	-3.9841	-.7285	.3655	-.00914
1.00	-7.3097	-.7982	-.0000	-.00000

XM/L=0.2

X/L	FP	FS	FQ	FM
.05	9.5435	1.0118	.4772	.01193
.10	4.8848	.8840	.7214	.04189
.15	4.0289	.7561	.9229	.08300
.20	3.2453	.6275	1.0851	-.86680
.25	2.5042	.4990	1.2103	-.80941
.30	1.8602	.3777	1.3033	-.74657
.35	1.2775	.2642	1.3672	-.67981
.40	.7392	.1578	1.4042	-.61052
.45	.2378	.0579	1.4161	-.54002
.50	-.2324	-.0363	1.4045	-.46950
.55	-.6763	-.1254	1.3706	-.40013
.60	-1.0984	-.2102	1.3157	-.33297
.65	-1.5033	-.2914	1.2405	-.26906
.70	-1.8955	-.3695	1.1458	-.20940
.75	-2.2801	-.4452	1.0318	-.15496
.80	-2.6641	-.5191	.8986	-.10671
.85	-3.0599	-.5917	.7456	-.06560
.90	-3.5093	-.6634	.5701	-.03271
.95	-4.0189	-.7347	.3692	-.00923
1.00	-7.3832	-.8057	-.0000	-.00000

XM/L=0.3

X/L	FP	FS	FQ	FM
.05	9.0818	.9708	.4541	.01135
.10	4.7353	.8592	.6909	.03998
.15	3.9773	.7473	.8897	.07949
.20	3.2957	.6348	1.0545	.12810
.25	2.6800	.5213	1.1885	.18417
.30	2.0689	.4063	1.2920	-.75382
.35	1.4274	.2903	1.3633	-.68744
.40	.8582	.1803	1.4062	-.61820
.45	.3356	.0768	1.4230	-.54747
.50	-.1536	-.0208	1.4153	-.47651
.55	-.6153	-.1134	1.3846	-.40651
.60	-1.0547	-.2015	1.3318	-.33860
.65	-1.4762	-.2859	1.2580	-.27385
.70	-1.8848	-.3672	1.1638	-.21331
.75	-2.2857	-.4461	1.0495	-.15798
.80	-2.6860	-.5232	.9152	-.10886
.85	-3.0982	-.5989	.7603	-.06697
.90	-3.5655	-.6737	.5820	-.03341
.95	-4.0944	-.7481	.3773	-.00943
1.00	-7.5458	-.8222	-.0000	-.00000

XM/L=0.4

X/L	FP	FS	FQ	FM
.05	8.6053	.9262	.4303	.01076
.10	4.5528	.8281	.6579	.03796
.15	3.8764	.7297	.8517	.07570
.20	3.2719	.6308	1.0153	.12238
.25	2.7310	.5309	1.1519	.17656
.30	2.2031	.4295	1.2620	.23690
.35	1.6726	.3260	1.3457	.30210
.40	1.1231	.2198	1.4018	-.62922
.45	.5293	.1115	1.4283	-.55847
.50	-.0028	.0079	1.4281	-.48706
.55	-.4974	-.0904	1.4033	-.41627
.60	-.9672	-.1843	1.3549	-.34732
.65	-1.4181	-.2743	1.2840	-.28135
.70	-1.8552	-.3612	1.1912	-.21946
.75	-2.2843	-.4456	1.0770	-.16276
.80	-2.7127	-.5281	.9414	-.11230
.85	-3.1535	-.6092	.7837	-.06917
.90	-3.6515	-.6894	.6011	-.03455
.95	-4.2136	-.7691	.3905	-.00976
1.00	-7.8090	-.8485	-.0000	-.00000

XM/L=0.5

X/L	FP	FS	FQ	FM
.05	8.1688	.8840	.4084	.01021
.10	4.3711	.7966	.6270	.03610
.15	3.7601	.7090	.8150	.07215
.20	3.2167	.6208	.9758	.11692
.25	2.7334	.5317	1.1125	.16913
.30	2.2630	.4411	1.2257	.22758
.35	1.7917	.3486	1.3152	.29110
.40	1.3113	.2535	1.3808	.35850
.45	.8149	.1551	1.4215	.42856
.50	.2894	.0528	1.4360	-.50000
.55	-.2894	-.0528	1.4215	-.42856
.60	-.8149	-.1551	1.3808	-.35850
.65	-1.3113	-.2535	1.3152	-.29110
.70	-1.7917	-.3486	1.2257	-.22758
.75	-2.2630	-.4411	1.1125	-.16913
.80	-2.7334	-.5317	.9758	-.11692
.85	-3.2167	-.6208	.8150	-.07215
.90	-3.7601	-.7090	.6270	-.03610
.95	-4.3711	-.7966	.4084	-.01021
1.00	-8.1688	-.8840	-.0000	-.00000

B/L= .50 DS/B1= .50 KS= 10.000

XQ/L=0.0

X/L	FP	FS	FQ	FM
.05	5.8290	.6417	-.7086	-.04271
.10	3.2208	.5917	-.5475	-.07412
.15	2.8492	.5418	-.4051	-.09793
.20	2.5268	.4922	-.2787	-.11502
.25	2.2509	.4429	-.1662	-.12615
.30	1.9906	.3940	-.0666	-.13197
.35	1.7387	.3455	.0203	-.13312
.40	1.4922	.2973	.0949	-.13024
.45	1.2496	.2496	.1574	-.12394
.50	1.0100	.2022	.2079	-.11480
.55	.7727	.1552	.2465	-.10344
.60	.5373	.1086	.2734	-.09045
.65	.3031	.0622	.2885	-.07640
.70	.0695	.0160	.2920	-.06188
.75	-.1647	-.0299	.2838	-.04749
.80	-.4011	-.0756	.2637	-.03380
.85	-.6436	-.1213	.2315	-.02142
.90	-.9074	-.1668	.1862	-.01098
.95	-1.1953	-.2124	.1264	-.00316
1.00	-2.5283	-.2578	-.0000	-.00000

XQ/L=0.1

X/L	FP	FS	FQ	FM
.05	4.9437	.5473	.2472	.00618
.10	2.7642	.5085	-.6146	.02199
.15	2.4680	.4697	-.4912	-.00565
.20	2.2113	.4309	-.3806	-.02745
.25	1.9925	.3921	-.2810	-.04399
.30	1.7858	.3534	-.1917	-.05581
.35	1.5853	.3148	-.1125	-.06341
.40	1.3884	.2765	-.0430	-.05730
.45	1.1942	.2383	.0167	-.06796
.50	1.0019	.2003	.0668	-.06587
.55	.8111	.1626	.1073	-.06152
.60	.6216	.1250	.1384	-.05538
.65	.4327	.0876	.1600	-.04792
.70	.2442	.0504	.1722	-.03961
.75	.0553	.0133	.1750	-.03093
.80	-.1352	-.0237	.1682	-.02235
.85	-.3302	-.0607	.1517	-.01435
.90	-.5402	-.0975	.1247	-.00744
.95	-.7675	-.1344	.0864	-.00216
1.00	-1.7271	-.1712	-.0000	-.00000

XQ/L=0.2

X/L	FP	FS	FQ	FM
.05	4.0665	.4535	.2033	.00508
.10	2.3069	.4255	.3187	.01813
.15	2.0845	.3974	.4229	.03667
.20	1.8940	.3693	-.4824	.06018
.25	1.7329	.3410	-.3958	.03823
.30	1.5800	.3125	-.3168	.02042
.35	1.4309	.2840	-.2452	.00637
.40	1.2838	.2554	-.1810	-.00429
.45	1.1381	.2269	-.1241	-.01192
.50	.9933	.1983	-.0745	-.01688
.55	.8492	.1698	-.0320	-.01955
.60	.7055	.1414	.0033	-.02026
.65	.5622	.1130	.0314	-.01940
.70	.4190	.0847	.0523	-.01731
.75	.2754	.0564	.0661	-.01435
.80	.1308	.0282	.0726	-.01088
.85	-.0165	.0000	.0718	-.00727
.90	-.1725	-.0281	.0632	-.00389
.95	-.3391	-.0563	.0462	-.00116
1.00	-.9246	-.0844	-.0000	-.00000

XQ/L=0.3

X/L	FP	FS	FQ	FM
.05	3.2022	.3608	.1601	.00400
.10	1.8531	.3430	.2528	.01432
.15	1.7008	.3251	.3378	.02909
.20	1.5731	.3073	.4165	.04795
.25	1.4685	.2892	.4899	.07060
.30	1.3702	.2711	-.4416	.09681
.35	1.2735	.2526	-.3779	.07632
.40	1.1767	.2339	-.3191	.05890
.45	1.0799	.2150	-.2651	.04429
.50	.9830	.1960	-.2160	.03226
.55	.8858	.1768	-.1717	.02257
.60	.7885	.1576	-.1322	.01498
.65	.6911	.1383	-.0977	.00923
.70	.5935	.1189	-.0680	.00509
.75	.4956	.0996	-.0432	.00231
.80	.3973	.0802	-.0234	.00064
.85	.2982	.0609	-.0084	-.00015
.90	.1964	.0415	.0014	-.00033
.95	.0909	.0221	.0059	-.00015
1.00	-.1184	.0027	-.0000	-.00000

XQ/L=0.4

X/L	FP	FS	FQ	FM
.05	2.3526	.2694	.1176	.00294
.10	1.4045	.2614	.1879	.01058
.15	1.3196	.2533	.2538	.02162
.20	1.2520	.2452	.3164	.03588
.25	1.2009	.2370	.3765	.05320
.30	1.1544	.2287	.4342	.07347
.35	1.1093	.2202	.4897	.09656
.40	1.0640	.2115	-.4571	.12238
.45	1.0174	.2024	-.4063	.10079
.50	.9691	.1930	-.3578	.08169
.55	.9198	.1833	-.3118	.06495
.60	.8695	.1734	-.2683	.05044
.65	.8186	.1633	-.2274	.03805
.70	.7673	.1531	-.1890	.02764
.75	.7159	.1428	-.1533	.01908
.80	.6646	.1324	-.1200	.01225
.85	.6143	.1220	-.0893	.00702
.90	.5676	.1115	-.0609	.00326
.95	.5241	.1010	-.0347	.00087
1.00	.6945	.0906	-.0000	-.00000

XQ/L=0.5

X/L	FP	FS	FQ	FM
.05	1.5173	.1794	.0759	.00190
.10	.9616	.1807	.1239	.00689
.15	.9418	.1821	.1710	.01427
.20	.9322	.1834	.2176	.02398
.25	.9326	.1847	.2643	.03603
.30	.9358	.1859	.3111	.05042
.35	.9397	.1869	.3581	.06714
.40	.9435	.1878	.4052	.08623
.45	.9467	.1884	.4526	.10767
.50	.9487	.1888	-.5000	.13148
.55	.9487	.1888	-.4526	.10767
.60	.9467	.1884	-.4052	.08623
.65	.9435	.1878	-.3581	.06714
.70	.9397	.1869	-.3111	.05042
.75	.9358	.1859	-.2643	.03603
.80	.9326	.1847	-.2176	.02398
.85	.9322	.1834	-.1710	.01427
.90	.9418	.1821	-.1239	.00689
.95	.9616	.1807	-.0759	.00190
1.00	1.5173	.1794	-.0000	-.00000

B/L= .50 DS/B1= .50 KS= 10.000

XM/L=0.0

X/L	FP	FS	FQ	FM
.05	8.8625	.9446	.4431	-.98892
.10	4.5613	.8313	.6712	-.96106
.15	3.8104	.7210	.8617	-.92274
.20	3.1536	.6134	1.0194	-.87571
.25	2.5827	.5086	1.1485	-.82152
.30	2.0473	.4063	1.2509	-.76153
.35	1.5342	.3064	1.3276	-.69707
.40	1.0375	.2086	1.3795	-.62939
.45	.5537	.1129	1.4072	-.55973
.50	.0804	.0189	1.4112	-.48927
.55	-.3844	-.0734	1.3920	-.41919
.60	-.8427	-.1645	1.3498	-.35064
.65	-1.2964	-.2543	1.2850	-.28477
.70	-1.7478	-.3432	1.1976	-.22271
.75	-2.2000	-.4314	1.0876	-.16558
.80	-2.6582	-.5190	.9547	-.11452
.85	-3.1340	-.6061	.7980	-.07070
.90	-3.6717	-.6930	.6144	-.03539
.95	-4.2772	-.7797	.4006	-.01001
1.00	-8.0112	-.8664	.0000	-.00000

XM/L=0.1

X/L	FP	FS	FQ	FM
.05	8.8246	.9423	.4412	.01103
.10	4.5785	.8319	.6702	-.96118
.15	3.8178	.7218	.8610	-.92290
.20	3.1582	.6142	1.0190	-.87590
.25	2.5865	.5093	1.1483	-.82172
.30	2.0505	.4069	1.2508	-.76175
.35	1.5369	.3069	1.3277	-.69729
.40	1.0398	.2091	1.3796	-.62960
.45	.5557	.1133	1.4074	-.55993
.50	.0820	.0193	1.4115	-.48945
.55	-.3832	-.0732	1.3924	-.41936
.60	-.8419	-.1643	1.3503	-.35079
.65	-1.2959	-.2542	1.2855	-.28490
.70	-1.7477	-.3432	1.1981	-.22281
.75	-2.2002	-.4314	1.0881	-.16565
.80	-2.6589	-.5191	.9551	-.11457
.85	-3.1351	-.6063	.7984	-.07073
.90	-3.6732	-.6933	.6147	-.03541
.95	-4.2791	-.7801	.4008	-.01002
1.00	-8.0153	-.8668	-.0000	-.00000

XM/L=0.2

X/L	FP	FS	FQ	FM
.05	8.7122	.9334	.4356	.01089
.10	4.5598	.8285	.6636	.03837
.15	3.8430	.7236	.8558	.07635
.20	3.1984	.6185	1.0157	-.87686
.25	2.6129	.5135	1.1463	-.82281
.30	2.0711	.4107	1.2499	-.76291
.35	1.5544	.3102	1.3276	-.69847
.40	1.0546	.2120	1.3803	-.63077
.45	.5680	.1157	1.4087	-.56105
.50	.0920	.0212	1.4133	-.49050
.55	-.3755	-.0717	1.3945	-.42030
.60	-.8364	-.1632	1.3527	-.35162
.65	-1.2927	-.2536	1.2881	-.28560
.70	-1.7467	-.3430	1.2008	-.22338
.75	-2.2015	-.4317	1.0907	-.16609
.80	-2.6624	-.5198	.9576	-.11488
.85	-3.1409	-.6074	.8005	-.07093
.90	-3.6814	-.6948	.6164	-.03551
.95	-4.2901	-.7820	.4019	-.01005
1.00	-8.0387	-.8692	-.0000	-.00000

XM/L=0.3

X/L	FP	FS	FQ	FM
.05	8.5703	.9208	.4285	.01071
.10	4.5137	.8209	.6542	.03778
.15	3.8269	.7209	.8455	.07527
.20	3.2134	.6207	1.0062	.12157
.25	2.6660	.5203	1.1395	.17521
.30	2.1344	.4194	1.2462	-.76514
.35	1.6003	.3182	1.3262	-.70083
.40	1.0915	.2189	1.3808	-.63316
.45	.5986	.1216	1.4108	-.56337
.50	.1170	.0261	1.4166	-.49268
.55	-.3559	-.0678	1.3988	-.42230
.60	-.8221	-.1604	1.3577	-.35338
.65	-1.2836	-.2518	1.2935	-.28710
.70	-1.7428	-.3422	1.2064	-.22461
.75	-2.2028	-.4319	1.0962	-.16704
.80	-2.6689	-.5210	.9628	-.11556
.85	-3.1527	-.6096	.8052	-.07137
.90	-3.6990	-.6980	.6202	-.03573
.95	-4.3139	-.7862	.4045	-.01011
1.00	-8.0904	-.8744	-.0000	-.00000

XM/L=0.4

X/L	FP	FS	FQ	FM
.05	8.4227	.9070	.4211	.01053
.10	4.4572	.8112	.6440	.03716
.15	3.7956	.7154	.8338	.07410
.20	3.2060	.6194	.9941	.11980
.25	2.6816	.5232	1.1282	.17285
.30	2.1756	.4265	1.2369	.23198
.35	1.6752	.3292	1.3207	.29592
.40	1.1726	.2311	1.3793	-.63658
.45	.6586	.1324	1.4123	-.56679
.50	.1641	.0351	1.4205	-.49597
.55	-.3187	-.0606	1.4045	-.42535
.60	-.7942	-.1549	1.3648	-.35611
.65	-1.2647	-.2481	1.3016	-.28945
.70	-1.7328	-.3402	1.2149	-.22654
.75	-2.2017	-.4316	1.1049	-.16855
.80	-2.6767	-.5224	.9710	-.11665
.85	-3.1696	-.6128	.8125	-.07206
.90	-3.7258	-.7029	.6262	-.03609
.95	-4.3514	-.7928	.4087	-.01022
1.00	-8.1735	-.8827	-.0000	-.00000

XM/L=0.5

X/L	FP	FS	FQ	FM
.05	8.2865	.8938	.4143	.01036
.10	4.4006	.8014	.6344	.03658
.15	3.7596	.7090	.8223	.07299
.20	3.1890	.6164	.9818	.11810
.25	2.6827	.5235	1.1159	.17054
.30	2.1945	.4301	1.2256	.22908
.35	1.7124	.3362	1.3113	.29250
.40	1.2309	.2415	1.3728	.35960
.45	.7464	.1458	1.4101	.42918
.50	.2540	.0489	1.4228	-.50000
.55	-.2540	-.0489	1.4101	-.42918
.60	-.7464	-.1458	1.3728	-.35960
.65	-1.2309	-.2415	1.3113	-.29250
.70	-1.7124	-.3362	1.2256	-.22908
.75	-2.1945	-.4301	1.1159	-.17054
.80	-2.6827	-.5235	.9818	-.11810
.85	-3.1890	-.6164	.8223	-.07299
.90	-3.7596	-.7090	.6344	-.03658
.95	-4.4006	-.8014	.4143	-.01036
1.00	-8.2865	-.8938	-.0000	-.00000

B/L= .50 DS/B1= .50 KS=100.000

XQ/L=0.0

X/L	FP	FS	FQ	FM
.05	5.7481	.6343	-.7126	-.04281
.10	3.1928	.5867	-.5530	-.07445
.15	2.8359	.5392	-.4112	-.09856
.20	2.5259	.4917	-.2849	-.11596
.25	2.2600	.4442	-.1719	-.12738
.30	2.0078	.3968	-.0715	-.13346
.35	1.7619	.3494	.0166	-.13483
.40	1.5194	.3021	.0926	-.13210
.45	1.2789	.2547	.1565	-.12587
.50	1.0395	.2075	.2085	-.11675
.55	.8008	.1602	.2485	-.10532
.60	.5624	.1130	.2767	-.09219
.65	.3238	.0659	.2929	-.07795
.70	.0846	.0187	.2971	-.06320
.75	-.1561	-.0284	.2893	-.04854
.80	-.3998	-.0755	.2693	-.03458
.85	-.6505	-.1226	.2368	-.02193
.90	-.9232	-.1697	.1906	-.01124
.95	-1.2209	-.2168	.1296	-.00324
1.00	-2.5913	-.2639	-.0000	-.00000

XQ/L=0.1

X/L	FP	FS	FQ	FM
.05	4.9091	.5440	.2455	.00614
.10	2.7499	.5061	-.6171	.02185
.15	2.4594	.4682	-.4941	-.00593
.20	2.2084	.4303	-.3837	-.02788
.25	1.9947	.3924	-.2839	-.04456
.30	1.7925	.3545	-.1943	-.05652
.35	1.5955	.3166	-.1145	-.06424
.40	1.4014	.2787	-.0445	-.06821
.45	1.2088	.2409	.0160	-.06893
.50	1.0172	.2030	.0668	-.06686
.55	.8262	.1652	.1082	-.06248
.60	.6354	.1274	.1399	-.05628
.65	.4445	.0897	.1622	-.04873
.70	.2531	.0519	.1748	-.04030
.75	.0608	.0142	.1778	-.03149
.80	-.1338	-.0236	.1712	-.02276
.85	-.3332	-.0613	.1545	-.01462
.90	-.5481	-.0990	.1271	-.00758
.95	-.7809	-.1367	.0880	-.00220
1.00	-1.7609	-.1744	-.0000	-.00000

XQ/L=0.2

X/L	FP	FS	FQ	FM
.05	4.0710	.4538	.2035	.00509
.10	2.3069	.4255	.3189	.01815
.15	2.0827	.3971	.4230	.03670
.20	1.8908	.3688	-.4824	.06021
.25	1.7293	.3405	-.3960	.03825
.30	1.5771	.3121	-.3171	.02043
.35	1.4291	.2837	-.2457	.00636
.40	1.2833	.2553	-.1815	-.00432
.45	1.1387	.2270	-.1246	-.01197
.50	.9949	.1986	-.0748	-.01696
.55	.8515	.1702	-.0322	-.01963
.60	.7083	.1418	.0032	-.02036
.65	.5651	.1135	.0314	-.01950
.70	.4217	.0851	.0525	-.01740
.75	.2776	.0568	.0664	-.01443
.80	.1323	.0284	.0730	-.01094
.85	-.0159	.0001	.0722	-.00731
.90	-.1730	-.0283	.0636	-.00391
.95	-.3409	-.0566	.0465	-.00116
1.00	-.9303	-.0849	-.0000	-.00000

XQ/L=0.3

X/L	FP	FS	FQ	FM
.05	3.2341	.3637	.1617	.00404
.10	1.8643	.3449	.2549	.01446
.15	1.7060	.3261	.3402	.02934
.20	1.5727	.3073	.4189	.04831
.25	1.4634	.2885	.4920	.07109
.30	1.3613	.2697	-.4399	.09739
.35	1.2623	.2508	-.3768	.07697
.40	1.1649	.2319	-.3185	.05959
.45	1.0684	.2130	-.2651	.04500
.50	.9724	.1941	-.2165	.03296
.55	.8767	.1752	-.1727	.02323
.60	.7812	.1562	-.1336	.01557
.65	.6857	.1373	-.0993	.00974
.70	.5902	.1183	-.0698	.00552
.75	.4945	.0994	-.0451	.00264
.80	.3984	.0804	-.0252	.00089
.85	.3015	.0615	-.0101	.00000
.90	.2022	.0425	.0000	-.00025
.95	.0993	.0236	.0050	-.00012
1.00	-.0994	.0046	-.0000	-.00000

XQ/L=0.4

X/L	FP	FS	FQ	FM
.05	2.3988	.2737	.1199	.00300
.10	1.4222	.2644	.1911	.01077
.15	1.3295	.2551	.2575	.02199
.20	1.2547	.2458	.3203	.03643
.25	1.1972	.2365	.3801	.05394
.30	1.1449	.2271	.4374	.07438
.35	1.0949	.2178	.4921	.09762
.40	1.0460	.2084	-.4556	.12353
.45	.9976	.1990	-.4057	.10200
.50	.9495	.1895	-.3582	.08290
.55	.9016	.1801	-.3132	.06611
.60	.8538	.1706	-.2705	.05152
.65	.8061	.1611	-.2302	.03901
.70	.7586	.1515	-.1922	.02845
.75	.7113	.1420	-.1567	.01972
.80	.6646	.1324	-.1234	.01272
.85	.6191	.1229	-.0925	.00732
.90	.5776	.1133	-.0636	.00342
.95	.5398	.1038	-.0366	.00092
1.00	.7322	.0942	-.0000	-.00000

XQ/L=0.5

X/L	FP	FS	FQ	FM
.05	1.5649	.1839	.0782	.00196
.10	.9807	.1841	.1273	.00709
.15	.9534	.1842	.1749	.01465
.20	.9368	.1843	.2218	.02457
.25	.9309	.1845	.2683	.03682
.30	.9282	.1846	.3147	.05140
.35	.9269	.1847	.3611	.06829
.40	.9263	.1848	.4074	.08751
.45	.9260	.1848	.4537	.10903
.50	.9260	.1849	-.5000	.13288
.55	.9260	.1849	-.4537	.10903
.60	.9260	.1848	-.4074	.08751
.65	.9263	.1848	-.3611	.06829
.70	.9269	.1847	-.3147	.05140
.75	.9282	.1846	-.2683	.03682
.80	.9309	.1845	-.2218	.02457
.85	.9368	.1843	-.1749	.01465
.90	.9534	.1842	-.1273	.00709
.95	.9807	.18+1	-.0782	.00196
1.00	1.5649	.1839	-.0000	-.00000

B/L= .50 DS/B1= .50 KS=100.000

XM/L=0.0

X/L	FP	FS	FQ	FM
.05	8.3905	.9027	.4195	-.98951
.10	4.4284	.8063	.6409	-.96300
.15	3.7646	.7102	.8292	-.92625
.20	3.1747	.6143	.9879	-.88082
.25	2.6529	.5188	1.1206	-.82811
.30	2.1530	.4235	1.2282	-.76939
.35	1.6636	.3284	1.3114	-.70590
.40	1.1802	.2335	1.3704	-.63885
.45	.7004	.1389	1.4054	-.56946
.50	.2227	.0444	1.4166	-.49891
.55	-.2537	-.0499	1.4039	-.42840
.60	-.7297	-.1441	1.3674	-.35912
.65	-1.2065	-.2382	1.3071	-.29226
.70	-1.6853	-.3321	1.2228	-.22901
.75	-2.1684	-.4260	1.1144	-.17058
.80	-2.6605	-.5198	.9813	-.11819
.85	-3.1727	-.6136	.8227	-.07309
.90	-3.7504	-.7073	.6352	-.03664
.95	-4.3996	-.8011	.4152	-.01038
1.00	-8.3042	-.8948	.0000	-.00000

XM/L=0.1

X/L	FP	FS	FQ	FM
.05	8.3867	.9025	.4193	.01048
.10	4.4301	.8064	.6408	-.96301
.15	3.7653	.7103	.8291	-.92626
.20	3.1752	.6144	.9879	-.88084
.25	2.6533	.5188	1.1205	-.82813
.30	2.1533	.4235	1.2282	-.76941
.35	1.6639	.3284	1.3114	-.70592
.40	1.1804	.2336	1.3704	-.63888
.45	.7006	.1389	1.4054	-.56948
.50	.2229	.0444	1.4166	-.49893
.55	-.2535	-.0499	1.4039	-.42842
.60	-.7296	-.1441	1.3674	-.35913
.65	-1.2064	-.2381	1.3071	-.29227
.70	-1.6853	-.3321	1.2228	-.22902
.75	-2.1685	-.4260	1.1144	-.17059
.80	-2.6606	-.5198	.9814	-.11819
.85	-3.1728	-.6136	.8227	-.07309
.90	-3.7506	-.7074	.6352	-.03664
.95	-4.3998	-.8011	.4152	-.01038
1.00	-8.3046	-.8949	-.0000	-.00000

XM/L=0.2

X/L	FP	FS	FQ	FM
.05	8.3754	.9016	.4188	.01047
.10	4.4282	.8060	.6402	.03694
.15	3.7678	.7105	.8286	.07366
.20	3.1792	.6149	.9875	-.88094
.25	2.6559	.5193	1.1203	-.82824
.30	2.1554	.4239	1.2281	-.76953
.35	1.6657	.3288	1.3114	-.70604
.40	1.1819	.2339	1.3705	-.63899
.45	.7018	.1391	1.4056	-.56959
.50	.2239	.0446	1.4168	-.49904
.55	-.2527	-.0497	1.4041	-.42851
.60	-.7291	-.1440	1.3677	-.35922
.65	-1.2061	-.2381	1.3074	-.29234
.70	-1.6852	-.3321	1.2231	-.22908
.75	-2.1686	-.4260	1.1147	-.17063
.80	-2.6609	-.5199	.9816	-.11823
.85	-3.1734	-.6137	.8230	-.07311
.90	-3.7514	-.7075	.6354	-.03665
.95	-4.4009	-.8013	.4154	-.01038
1.00	-8.3070	-.8951	-.0000	-.00000

XM/L=0.3

X/L	FP	FS	FQ	FM
.05	8.3611	.9003	.4181	.01045
.10	4.4236	.8053	.6392	.03688
.15	3.7662	.7102	.8275	.07355
.20	3.1807	.6151	.9866	.11891
.25	2.6613	.5199	1.1196	.17156
.30	2.1617	.4248	1.2277	-.76975
.35	1.6703	.3296	1.3112	-.70628
.40	1.1857	.2346	1.3705	-.63924
.45	.7049	.1397	1.4058	-.56983
.50	.2265	.0451	1.4171	-.49926
.55	-.2507	-.0494	1.4046	-.42872
.60	-.7276	-.1437	1.3682	-.35940
.65	-1.2052	-.2379	1.3079	-.29250
.70	-1.6848	-.3320	1.2237	-.22920
.75	-2.1687	-.4260	1.1152	-.17073
.80	-2.6616	-.5200	.9822	-.11830
.85	-3.1746	-.6140	.8234	-.07316
.90	-3.7532	-.7079	.6358	-.03668
.95	-4.4033	-.8017	.4156	-.01039
1.00	-8.3123	-.8956	-.0000	-.00000

XM/L=0.4

X/L	FP	FS	FQ	FM
.05	8.3462	.8989	.4173	.01043
.10	4.4179	.8043	.6382	.03682
.15	3.7630	.7095	.8263	.07343
.20	3.1799	.6149	.9853	.11873
.25	2.6628	.5202	1.1185	.17132
.30	2.1659	.4255	1.2268	.22995
.35	1.6778	.3307	1.3107	.29339
.40	1.1938	.2358	1.3704	-.63958
.45	.7110	.1408	1.4059	-.57018
.50	.2313	.0460	1.4175	-.49959
.55	-.2469	-.0486	1.4051	-.42903
.60	-.7247	-.1431	1.3689	-.35967
.65	-1.2032	-.2375	1.3087	-.29273
.70	-1.6837	-.3318	1.2246	-.22940
.75	-2.1686	-.4260	1.1161	-.17088
.80	-2.6624	-.5202	.9830	-.11841
.85	-3.1763	-.6143	.8242	-.07323
.90	-3.7559	-.7084	.6364	-.03671
.95	-4.4071	-.8024	.4160	-.01040
1.00	-8.3208	-.8965	-.0000	-.00000

XM/L=0.5

X/L	FP	FS	FQ	FM
.05	8.3323	.8976	.4166	.01042
.10	4.4121	.8033	.6372	.03676
.15	3.7593	.7090	.8252	.07332
.20	3.1782	.6146	.9841	.11855
.25	2.6630	.5203	1.1172	.17109
.30	2.1678	.4259	1.2256	.22966
.35	1.6816	.3314	1.3097	.29304
.40	1.1998	.2368	1.3697	.36003
.45	.7199	.1422	1.4057	.42941
.50	.2404	.0474	1.4177	-.50000
.55	-.2404	-.0474	1.4057	-.42941
.60	-.7199	-.1422	1.3697	-.36003
.65	-1.1998	-.2368	1.3097	-.29304
.70	-1.6816	-.3314	1.2256	-.22966
.75	-2.1678	-.4259	1.1172	-.17109
.80	-2.6630	-.5203	.9841	-.11855
.85	-3.1782	-.6146	.8252	-.07332
.90	-3.7593	-.7090	.6372	-.03676
.95	-4.4121	-.8033	.4166	-.01042
1.00	-8.3323	-.8976	-.0000	-.00000

GLEICHMAESSIGE BELASTUNG B/L= .50 DS/B1= .50

KS= .001

X/L	FP	FS	FQ	FM
.05	1.0933	.1448	.0047	.00012
.10	.9022	.1658	-.0002	.00023
.15	.9752	.1814	-.0015	.00019
.20	1.0026	.1908	-.0013	.00012
.25	1.0096	.1956	-.0009	.00006
.30	1.0082	.1979	-.0004	.00003
.35	1.0050	.1988	-.0002	.00001
.40	1.0025	.1992	-.0001	.00000
.45	1.0010	.1994	-.0000	.00000
.50	1.0004	.1994	-.0000	.00000
.55	1.0004	.1994	.0000	.00000
.60	1.0010	.1994	.0001	.00000
.65	1.0025	.1992	.0002	.00001
.70	1.0050	.1988	.0004	.00003
.75	1.0082	.1979	.0009	.00006
.80	1.0096	.1956	.0013	.00012
.85	1.0026	.1908	.0015	.00019
.90	.9752	.1814	.0002	.00023
.95	.9022	.1658	-.0047	.00012
1.00	1.0933	.1448	.0000	.00000

KS= .003

X/L	FP	FS	FQ	FM
.05	1.1459	.1479	.0073	.00018
.10	.8830	.1647	.0014	.00040
.15	.9458	.1785	-.0013	.00041
.20	.9826	.1882	-.0021	.00032
.25	1.0025	.1943	-.0020	.00022
.30	1.0099	.1977	-.0015	.00013
.35	1.0105	.1993	-.0010	.00007
.40	1.0085	.2000	-.0006	.00003
.45	1.0063	.2002	-.0002	.00001
.50	1.0050	.2003	-.0000	.00000
.55	1.0050	.2003	.0002	.00001
.60	1.0063	.2002	.0006	.00003
.65	1.0085	.2000	.0010	.00007
.70	1.0105	.1993	.0015	.00013
.75	1.0099	.1977	.0020	.00022
.80	1.0025	.1943	.0021	.00032
.85	.9826	.1882	.0013	.00041
.90	.9458	.1785	-.0014	.00040
.95	.8830	.1647	-.0073	.00018
1.00	1.1459	.1479	.0000	.00000

KS= .010

X/L	FP	FS	FQ	FM
.05	1.2130	.1525	.0107	.00027
.10	.8757	.1648	.0044	.00064
.15	.9191	.1758	.0004	.00076
.20	.9537	.1847	-.0019	.00073
.25	.9811	.1913	-.0029	.00061
.30	.9990	.1958	-.0029	.00046
.35	1.0093	.1988	-.0025	.00033
.40	1.0146	.2007	-.0017	.00022
.45	1.0169	.2016	-.0009	.00016
.50	1.0177	.2021	.0000	.00013
.55	1.0177	.2021	.0009	.00016
.60	1.0169	.2016	.0017	.00022
.65	1.0146	.2007	.0025	.00033
.70	1.0093	.1988	.0029	.00046
.75	.9990	.1958	.0029	.00061
.80	.9811	.1913	.0019	.00073
.85	.9537	.1847	-.0004	.00076
.90	.9191	.1758	-.0044	.00064
.95	.8757	.1648	-.0107	.00027
1.00	1.2130	.1525	.0000	.00000

KS= .020

X/L	FP	FS	FQ	FM
.05	1.2535	.1555	.0127	.00032
.10	.8785	.1657	.0066	.00080
.15	.9105	.1751	.0021	.00102
.20	.9403	.1831	-.0009	.00105
.25	.9681	.1895	-.0025	.00097
.30	.9893	.1944	-.0030	.00083
.35	1.0041	.1979	-.0028	.00069
.40	1.0139	.2003	-.0021	.00056
.45	1.0196	.2018	-.0011	.00048
.50	1.0222	.2025	.0000	.00046
.55	1.0222	.2025	.0011	.00048
.60	1.0196	.2018	.0021	.00056
.65	1.0139	.2003	.0028	.00069
.70	1.0041	.1979	.0030	.00083
.75	.9893	.1944	.0025	.00097
.80	.9681	.1895	.0009	.00105
.85	.9403	.1831	-.0021	.00102
.90	.9105	.1751	-.0066	.00080
.95	.8785	.1657	-.0127	.00032
1.00	1.2535	.1555	.0000	.00000

KS= .050

X/L	FP	FS	FQ	FM
.05	1.3127	.1605	.0156	.00039
.10	.8911	.1682	.0102	.00104
.15	.9093	.1755	.0057	.00143
.20	.9306	.1821	.0022	.00163
.25	.9548	.1877	-.0001	.00168
.30	.9757	.1923	-.0013	.00165
.35	.9924	.1959	-.0017	.00157
.40	1.0046	.1986	-.0014	.00149
.45	1.0125	.2003	-.0008	.00144
.50	1.0164	.2012	.0000	.00142
.55	1.0164	.2012	.0008	.00144
.60	1.0125	.2003	.0014	.00149
.65	1.0046	.1986	.0017	.00157
.70	.9924	.1959	.0013	.00165
.75	.9757	.1923	.0001	.00168
.80	.9548	.1877	-.0022	.00163
.85	.9306	.1821	-.0057	.00143
.90	.9093	.1755	-.0102	.00104
.95	.8911	.1682	-.0156	.00039
1.00	1.3127	.1605	.0000	.00000

KS= .100

X/L	FP	FS	FQ	FM
.05	1.3658	.1653	.0183	.00046
.10	.9077	.1712	.0137	.00126
.15	.9153	.1769	.0094	.00183
.20	.9287	.1821	.0059	.00222
.25	.9475	.1867	.0032	.00245
.30	.9649	.1906	.0015	.00256
.35	.9795	.1937	.0005	.00261
.40	.9906	.1961	.0000	.00262
.45	.9981	.1977	-.0001	.00262
.50	1.0019	.1984	.0000	.00262
.55	1.0019	.1984	.0001	.00262
.60	.9981	.1977	-.0000	.00262
.65	.9906	.1961	-.0005	.00261
.70	.9795	.1937	-.0015	.00256
.75	.9649	.1906	-.0032	.00245
.80	.9475	.1867	-.0059	.00222
.85	.9287	.1821	-.0094	.00183
.90	.9153	.1769	-.0137	.00126
.95	.9077	.1712	-.0183	.00046
1.00	1.3658	.1653	.0000	.00000

GLEICHMAESSIGE BELASTUNG B/L= .50 DS/B1= .50

KS= .200

X/L	FP	FS	FQ	FM
.05	1.4233	.1706	.0212	.00053
.10	.9279	.1748	.0176	.00150
.15	.9251	.1788	.0138	.00228
.20	.9298	.1826	.0103	.00288
.25	.9418	.1859	.0074	.00333
.30	.9540	.1888	.0051	.00364
.35	.9647	.1912	.0033	.00385
.40	.9731	.1930	.0020	.00398
.45	.9788	.1942	.0009	.00405
.50	.9817	.1948	.0000	.00408
.55	.9817	.1948	-.0009	.00405
.60	.9788	.1942	-.0020	.00398
.65	.9731	.1930	-.0033	.00385
.70	.9647	.1912	-.0051	.00364
.75	.9540	.1888	-.0074	.00333
.80	.9418	.1859	-.0103	.00288
.85	.9298	.1826	-.0138	.00228
.90	.9251	.1788	-.0176	.00150
.95	.9279	.1748	-.0212	.00053
1.00	1.4233	.1706	.0000	.00000

KS= .500

X/L	FP	FS	FQ	FM
.05	1.4899	.1769	.0245	.00061
.10	.9525	.1791	.0221	.00178
.15	.9380	.1813	.0190	.00281
.20	.9327	.1834	.0157	.00367
.25	.9364	.1852	.0125	.00438
.30	.9418	.1868	.0096	.00493
.35	.9470	.1881	.0069	.00534
.40	.9513	.1892	.0045	.00562
.45	.9544	.1899	.0022	.00579
.50	.9560	.1902	.0000	.00585
.55	.9560	.1902	-.0022	.00579
.60	.9544	.1899	-.0045	.00562
.65	.9513	.1892	-.0069	.00534
.70	.9470	.1881	-.0096	.00493
.75	.9418	.1868	-.0125	.00438
.80	.9364	.1852	-.0157	.00367
.85	.9327	.1834	-.0190	.00281
.90	.9380	.1813	-.0221	.00178
.95	.9525	.1791	-.0245	.00061
1.00	1.4899	.1769	.0000	.00000

KS= 1.000

X/L	FP	FS	FQ	FM
.05	1.5244	.1801	.0262	.00066
.10	.9655	.1814	.0245	.00192
.15	.9451	.1826	.0217	.00308
.20	.9346	.1838	.0185	.00409
.25	.9339	.1849	.0152	.00493
.30	.9355	.1858	.0119	.00560
.35	.9378	.1866	.0088	.00612
.40	.9398	.1871	.0058	.00649
.45	.9413	.1875	.0029	.00671
.50	.9421	.1877	.0000	.00678
.55	.9421	.1877	-.0029	.00671
.60	.9413	.1875	-.0058	.00649
.65	.9398	.1871	-.0088	.00612
.70	.9378	.1866	-.0119	.00560
.75	.9355	.1858	-.0152	.00493
.80	.9339	.1849	-.0185	.00409
.85	.9346	.1838	-.0217	.00308
.90	.9451	.1826	-.0245	.00192
.95	.9655	.1814	-.0262	.00066
1.00	1.5244	.1801	.0000	.00000

KS= 3.000

X/L	FP	FS	FQ	FM
.05	1.5534	.1828	.0277	.00069
.10	.9765	.1833	.0265	.00205
.15	.9511	.1838	.0240	.00331
.20	.9363	.1842	.0209	.00443
.25	.9318	.1846	.0175	.00539
.30	.9303	.1849	.0140	.00618
.35	.9300	.1852	.0105	.00679
.40	.9300	.1854	.0070	.00722
.45	.9302	.1856	.0035	.00748
.50	.9303	.1857	.0000	.00757
.55	.9303	.1857	-.0035	.00748
.60	.9302	.1856	-.0070	.00722
.65	.9300	.1854	-.0105	.00679
.70	.9300	.1852	-.0140	.00618
.75	.9303	.1849	-.0175	.00539
.80	.9318	.1846	-.0209	.00443
.85	.9363	.1842	-.0240	.00331
.90	.9511	.1838	-.0265	.00205
.95	.9765	.1833	-.0277	.00069
1.00	1.5534	.1828	.0000	.00000

KS= 10.000

X/L	FP	FS	FQ	FM
.05	1.5650	.1839	.0282	.00071
.10	.9809	.1841	.0273	.00209
.15	.9536	.1842	.0250	.00340
.20	.9370	.1844	.0218	.00457
.25	.9310	.1845	.0184	.00558
.30	.9283	.1846	.0148	.00641
.35	.9268	.1847	.0111	.00705
.40	.9261	.1847	.0074	.00752
.45	.9257	.1848	.0037	.00780
.50	.9256	.1848	.0000	.00789
.55	.9256	.1848	-.0037	.00780
.60	.9257	.1848	-.0074	.00752
.65	.9261	.1847	-.0111	.00705
.70	.9268	.1847	-.0148	.00641
.75	.9283	.1846	-.0184	.00558
.80	.9310	.1845	-.0218	.00457
.85	.9370	.1844	-.0250	.00340
.90	.9536	.1842	-.0273	.00209
.95	.9809	.1841	-.0282	.00071
1.00	1.5650	.1839	.0000	.00000

KS=100.000

X/L	FP	FS	FQ	FM
.05	1.5697	.1844	.0285	.00071
.10	.9827	.1844	.0276	.00211
.15	.9546	.1844	.0253	.00344
.20	.9373	.1844	.0222	.00463
.25	.9307	.1844	.0187	.00565
.30	.9274	.1844	.0151	.00650
.35	.9256	.1845	.0114	.00716
.40	.9245	.1845	.0076	.00764
.45	.9239	.1845	.0038	.00792
.50	.9236	.1845	.0000	.00802
.55	.9236	.1845	-.0038	.00792
.60	.9239	.1845	-.0076	.00764
.65	.9245	.1845	-.0114	.00716
.70	.9256	.1845	-.0151	.00650
.75	.9274	.1844	-.0187	.00565
.80	.9307	.1844	-.0222	.00463
.85	.9373	.1844	-.0253	.00344
.90	.9546	.1844	-.0276	.00211
.95	.9827	.1844	-.0285	.00071
1.00	1.5697	.1844	.0000	.00000

B/L= .50 DS/B1= 1.00 KS= .001

XQ/L=0.0

X/L	FP	FS	FQ	FM
.05	22.4314	2.0955	.1216	-.02196
.10	1.0093	.9789	.1720	-.01462
.15	-1.0924	.4142	.1174	-.00738
.20	-1.1825	.1762	.0583	-.00299
.25	-.7082	.0901	.0229	-.00096
.30	-.3240	.0612	.0067	-.00022
.35	-.1145	.0490	.0010	-.00003
.40	-.0263	.0404	-.0004	-.00002
.45	.0013	.0325	-.0003	-.00004
.50	.0053	.0254	-.0000	-.00004
.55	.0032	.0195	.0001	-.00004
.60	.0009	.0149	.0002	-.00003
.65	-.0003	.0114	.0002	-.00003
.70	-.0007	.0088	.0001	-.00002
.75	-.0007	.0069	.0001	-.00001
.80	-.0005	.0054	.0001	-.00001
.85	-.0002	.0043	.0001	-.00001
.90	.0000	.0035	.0001	-.00000
.95	.0001	.0028	.0001	-.00000
1.00	-.0012	.0022	-.0000	-.00000

XQ/L=0.1

X/L	FP	FS	FQ	FM
.05	3.2937	.8074	.1647	.00412
.10	6.5116	1.1238	-.5097	.02049
.15	6.4027	1.1227	-.1896	.00301
.20	3.0586	.8204	-.0367	-.00265
.25	1.0259	.5223	.0146	-.00320
.30	.1444	.3150	.0218	-.00229
.35	-.1181	.1906	.0159	-.00134
.40	-.1358	.1202	.0091	-.00072
.45	-.0908	.0803	.0046	-.00037
.50	-.0485	.0565	.0022	-.00020
.55	-.0226	.0411	.0011	-.00012
.60	-.0097	.0305	.0006	-.00008
.65	-.0042	.0228	.0004	-.00006
.70	-.0021	.0172	.0003	-.00004
.75	-.0013	.0131	.0002	-.00003
.80	-.0009	.0101	.0001	-.00002
.85	-.0005	.0078	.0001	-.00002
.90	-.0001	.0061	.0001	-.00001
.95	.0002	.0048	.0001	-.00000
1.00	-.0026	.0037	-.0000	-.00000

XQ/L=0.2

X/L	FP	FS	FQ	FM
.05	-.8523	.2447	-.0426	-.00107
.10	1.2314	.5109	.0190	-.00166
.15	3.1931	.8218	.1786	.00328
.20	6.3763	1.1184	-.5026	.02018
.25	6.3130	1.1141	-.1869	.00295
.30	3.0170	.8139	-.0361	-.00263
.35	1.0118	.5183	.0145	-.00317
.40	.1421	.3129	.0216	-.00227
.45	-.1169	.1895	.0158	-.00133
.50	-.1343	.1197	.0091	-.00071
.55	-.0898	.0800	.0046	-.00037
.60	-.0480	.0563	.0022	-.00020
.65	-.0224	.0409	.0010	-.00012
.70	-.0096	.0304	.0006	-.00008
.75	-.0041	.0228	.0004	-.00006
.80	-.0019	.0172	.0003	-.00004
.85	-.0008	.0131	.0002	-.00003
.90	-.0001	.0101	.0002	-.00002
.95	.0004	.0077	.0002	-.00001
1.00	-.0049	.0058	-.0000	-.00000

XQ/L=0.3

X/L	FP	FS	FQ	FM
.05	-.5004	.0955	-.0250	-.00063
.10	-.0448	.1865	-.0273	-.00193
.15	.2070	.3156	-.0169	-.00304
.20	1.0480	.5199	.0355	-.00257
.25	3.0197	.8117	.1865	.00298
.30	6.2725	1.1068	-.4999	.02014
.35	6.2682	1.1060	-.1865	.00298
.40	3.0034	.8092	-.0363	-.00259
.45	1.0106	.5158	.0142	-.00314
.50	.1441	.3117	.0214	-.00225
.55	-.1150	.1888	.0157	-.00132
.60	-.1331	.1193	.0090	-.00071
.65	-.0892	.0797	.0045	-.00037
.70	-.0478	.0561	.0022	-.00020
.75	-.0222	.0408	.0011	-.00012
.80	-.0092	.0303	.0006	-.00008
.85	-.0032	.0228	.0004	-.00005
.90	-.0004	.0172	.0004	-.00003
.95	.0008	.0130	.0005	-.00001
1.00	-.0091	.0094	-.0000	-.00000

XQ/L=0.4

X/L	FP	FS	FQ	FM
.05	-.1428	.0499	-.0071	-.00018
.10	-.0693	.0792	-.0106	-.00062
.15	-.1158	.1204	-.0164	-.00130
.20	-.1048	.1899	-.0216	-.00225
.25	.1486	.3123	-.0142	-.00314
.30	1.0125	.5161	.0364	-.00259
.35	3.0043	.8089	.1866	.00299
.40	6.2677	1.1052	-.5000	.02015
.45	6.2677	1.1051	-.1866	.00299
.50	3.0041	.8087	-.0364	-.00258
.55	1.0112	.5156	.0142	-.00314
.60	.1444	.3115	.0214	-.00225
.65	-.1148	.1887	.0157	-.00132
.70	-.1330	.1192	.0090	-.00071
.75	-.0890	.0798	.0046	-.00037
.80	-.0470	.0562	.0022	-.00020
.85	-.0204	.0410	.0012	-.00012
.90	-.0063	.0305	.0009	-.00006
.95	-.0001	.0226	.0009	-.00002
1.00	-.0172	.0161	-.0000	-.00000

XQ/L=0.5

X/L	FP	FS	FQ	FM
.05	-.0406	.0282	-.0020	-.00005
.10	-.0143	.0407	-.0027	-.00017
.15	-.0413	.0565	-.0048	-.00036
.20	-.0856	.0801	-.0091	-.00071
.25	-.1316	.1195	-.0157	-.00133
.30	-.1143	.1889	-.0214	-.00225
.35	.1445	.3116	-.0142	-.00314
.40	1.0112	.5156	.0364	-.00258
.45	3.0041	.8087	.1866	.00299
.50	6.2678	1.1051	-.5000	.02016
.55	6.2678	1.1051	-.1866	.00299
.60	3.0041	.8087	-.0364	-.00258
.65	1.0112	.5156	.0142	-.00314
.70	.1445	.3116	.0214	-.00225
.75	-.1143	.1889	.0157	-.00133
.80	-.1316	.1195	.0091	-.00071
.85	-.0856	.0801	.0048	-.00036
.90	-.0413	.0565	.0027	-.00017
.95	-.0143	.0407	.0020	-.00005
1.00	-.0406	.0282	-.0000	-.00000

B/L= .50 DS/B1= 1.00 KS= .001

XM/L=0.0

X/L	FP	FS	FQ	FM
.05	225.0740	14.1730	11.2537	-.71866
.10	-102.7917	-4.1411	6.1141	-.28446
.15	-72.3092	-7.7296	2.4987	-.06914
.20	-36.9361	-6.2400	.6518	.00962
.25	-13.6470	-3.9730	-.0305	.02515
.30	-2.9449	-2.2702	-.1778	.01995
.35	.6347	-1.2532	-.1460	.01185
.40	1.2016	-.7111	-.0859	.00605
.45	.8749	-.4339	-.0422	.00285
.50	.4769	-.2875	-.0183	.00134
.55	.2163	-.2025	-.0075	.00069
.60	.0846	-.1472	-.0033	.00042
.65	.0298	-.1083	-.0018	.00029
.70	.0110	-.0800	-.0013	.00022
.75	.0057	-.0593	-.0010	.00016
.80	.0039	-.0442	-.0008	.00012
.85	.0025	-.0332	-.0007	.00008
.90	.0006	-.0251	-.0006	.00005
.95	-.0007	-.0190	-.0007	.00002
1.00	.0132	-.0139	.0000	-.00000

XM/L=0.1

X/L	FP	FS	FQ	FM
.05	105.6583	9.4517	5.2829	.13207
.10	55.3308	4.9765	8.0495	-.53462
.15	-65.4215	-4.5376	4.7784	-.21392
.20	-57.8477	-6.7779	1.8860	-.04731
.25	-28.4914	-5.2806	.4614	.01137
.30	-10.2611	-3.3331	-.0516	.02162
.35	-2.0173	-1.9126	-.1525	.01651
.40	.6490	-1.0702	-.1200	.00970
.45	1.0084	-.6191	-.0696	.00496
.50	.7111	-.3847	-.0341	.00237
.55	.3826	-.2579	-.0149	.00114
.60	.1728	-.1825	-.0063	.00061
.65	.0682	-.1328	-.0029	.00038
.70	.0248	-.0978	-.0017	.00027
.75	.0097	-.0723	-.0012	.00020
.80	.0049	-.0537	-.0009	.00014
.85	.0026	-.0401	-.0008	.00010
.90	.0004	-.0302	-.0008	.00006
.95	-.0010	-.0227	-.0008	.00002
1.00	.0165	-.0164	-.0000	-.00000

XM/L=0.2

X/L	FP	FS	FQ	FM
.05	4.1007	2.7498	.2050	.00513
.10	28.7343	5.0343	1.6418	.05130
.15	55.6547	6.5622	4.4245	.20295
.20	60.6757	4.4503	7.4583	-.49998
.25	-59.5423	-4.2665	4.4812	-.20149
.30	-54.0616	-6.3973	1.7781	-.04501
.35	-26.7757	-4.9995	.4393	.01042
.40	-9.6987	-3.1664	-.0456	.02026
.45	-1.9359	-1.8239	-.1424	.01556
.50	.5915	-1.0248	-.1129	.00918
.55	.9423	-.5950	-.0657	.00471
.60	.6685	-.3706	-.0323	.00226
.65	.3614	-.2487	-.0143	.00110
.70	.1639	-.1761	-.0061	.00059
.75	.0648	-.1282	-.0028	.00037
.80	.0227	-.0945	-.0017	.00026
.85	.0064	-.0701	-.0014	.00018
.90	-.0003	-.0521	-.0014	.00011
.95	-.0030	-.0385	-.0015	.00004
1.00	.0305	-.0272	-.0000	-.00000

XM/L=0.3

X/L	FP	FS	FQ	FM
.05	-5.2826	.7237	-.2641	-.00660
.10	2.8221	1.8011	-.1230	-.01628
.15	10.4838	3.2306	.4012	-.00933
.20	27.2442	5.0770	1.7634	.04478
.25	54.3423	6.4767	4.4805	.20088
.30	59.9204	4.3612	7.4765	-.50019
.35	-59.8582	-4.3273	4.4836	-.20119
.40	-54.1523	-6.4321	1.7760	-.04470
.45	-26.7804	-5.0177	.4370	.01062
.50	-9.6823	-3.1759	-.0471	.02037
.55	-1.9210	-1.8291	-.1432	.01561
.60	.6003	-1.0280	-.1132	.00920
.65	.9466	-.5972	-.0659	.00472
.70	.6700	-.3722	-.0324	.00227
.75	.3611	-.2501	-.0143	.00110
.80	.1617	-.1773	-.0062	.00059
.85	.0591	-.1295	-.0033	.00035
.90	.0130	-.0955	-.0026	.00021
.95	-.0040	-.0699	-.0028	.00007
1.00	.0562	-.0485	-.0000	-.00000

XM/L=0.4

X/L	FP	FS	FQ	FM
.05	-1.9307	.2927	-.0965	-.00241
.10	-.7216	.5893	-.1326	-.00814
.15	-.3961	1.0420	-.1524	-.01527
.20	2.0400	1.8447	-.0504	-.02034
.25	9.7287	3.1877	.4360	-.01070
.30	26.7867	5.0268	1.7754	.04459
.35	54.1436	6.4412	4.4825	.20103
.40	59.8592	4.3406	7.4755	-.50002
.45	-59.8641	-4.3382	4.4823	-.20107
.50	-54.1436	-6.4377	1.7751	-.04464
.55	-26.7718	-5.0208	.4365	.01065
.60	-9.6769	-3.1777	-.0473	.02038
.65	-1.9183	-1.8304	-.1432	.01562
.70	.6012	-1.0291	-.1132	.00921
.75	.9455	-.5983	-.0659	.00473
.80	.6655	-.3735	-.0326	.00227
.85	.3505	-.2516	-.0151	.00107
.90	.1436	-.1787	-.0079	.00050
.95	.0396	-.1288	-.0059	.00015
1.00	.1190	-.0884	-.0000	-.00000

XM/L=0.5

X/L	FP	FS	FQ	FM
.05	-.4378	.1595	-.0219	-.00055
.10	-.3029	.2491	-.0370	-.00202
.15	-.6198	.3762	-.0680	-.00465
.20	-.9178	.6014	-.1139	-.00920
.25	-.5891	1.0314	-.1434	-.01563
.30	1.9218	1.8318	-.0473	-.02039
.35	9.6769	3.1786	.4366	-.01066
.40	26.7707	5.0214	1.7751	.04463
.45	54.1419	6.4384	4.4822	.20106
.50	59.8615	4.3391	7.4753	-.50000
.55	-59.8617	-4.3391	4.4822	-.20106
.60	-54.1419	-6.4384	1.7751	-.04463
.65	-26.7706	-5.0214	.4366	.01066
.70	-9.6770	-3.1786	-.0473	.02039
.75	-1.9219	-1.8319	-.1434	.01563
.80	.5892	-1.0314	-.1139	.00919
.85	.9178	-.6014	-.0680	.00465
.90	.6198	-.3762	-.0370	.00202
.95	.3029	-.2491	-.0219	.00055
1.00	.4378	-.1595	-.0000	-.00000

B/L= .50 DS/B1= 1.00 KS= .003

XQ/L=0.0

X/L	FP	FS	FQ	FM
.05	18.9564	1.9176	-.0522	-.02630
.10	3.4072	1.1319	.1182	-.02465
.15	.5796	.6045	.1472	-.01802
.20	-.5630	.2910	.1190	-.01137
.25	-.7762	.1240	.0802	-.00639
.30	-.6519	.0449	.0476	-.00319
.35	-.4489	.0130	.0252	-.00137
.40	-.2708	.0035	.0116	-.00045
.45	-.1453	.0028	.0043	-.00006
.50	-.0682	.0045	.0009	.00008
.55	-.0261	.0061	-.0004	.00009
.60	-.0060	.0068	-.0007	.00007
.65	.0020	.0067	-.0006	.00003
.70	.0040	.0061	-.0004	.00001
.75	.0036	.0053	-.0002	-.00000
.80	.0026	.0045	-.0001	-.00001
.85	.0017	.0037	.0000	-.00001
.90	.0010	.0030	.0001	-.00001
.95	.0004	.0024	.0001	-.00000
1.00	-.0019	.0019	-.0000	-.00000

XQ/L=0.1

X/L	FP	FS	FQ	FM
.05	5.2822	.8958	.2641	.00660
.10	4.9461	1.0057	-.4886	.02599
.15	4.7074	.9683	-.2532	.00745
.20	3.0035	.7789	-.1030	-.00146
.25	1.6105	.5628	-.0225	-.00460
.30	.7067	.3786	.0128	-.00484
.35	.2083	.2424	.0232	-.00394
.40	-.0225	.1504	.0221	-.00281
.45	-.1020	.0920	.0170	-.00183
.50	-.1084	.0567	.0116	-.00111
.55	-.0870	.0361	.0072	-.00064
.60	-.0605	.0241	.0042	-.00036
.65	-.0381	.0171	.0023	-.00019
.70	-.0221	.0128	.0012	-.00011
.75	-.0118	.0099	.0006	-.00006
.80	-.0057	.0079	.0003	-.00004
.85	-.0023	.0064	.0002	-.00002
.90	-.0007	.0052	.0002	-.00001
.95	-.0003	.0041	.0002	-.00000
1.00	-.0034	.0032	-.0000	-.00000

XQ/L=0.2

X/L	FP	FS	FQ	FM
.05	-.1072	.3084	-.0054	-.00013
.10	1.7951	.5486	.0844	.00184
.15	3.2551	.7821	.2471	.01013
.20	4.8406	.9592	-.5108	.02854
.25	4.7870	.9584	-.2715	.00898
.30	3.1308	.7854	-.1149	-.00068
.35	1.7158	.5741	-.0291	-.00428
.40	.7768	.3894	.0097	-.00477
.45	.2483	.2508	.0221	-.00397
.50	-.0029	.1561	.0220	-.00287
.55	-.0943	.0957	.0172	-.00189
.60	-.1067	.0589	.0119	-.00116
.65	-.0878	.0373	.0075	-.00068
.70	-.0619	.0248	.0044	-.00038
.75	-.0392	.0175	.0025	-.00020
.80	-.0227	.0130	.0013	-.00011
.85	-.0119	.0101	.0007	-.00006
.90	-.0056	.0080	.0005	-.00003
.95	-.0026	.0063	.0003	-.00001
1.00	-.0065	.0048	-.0000	-.00000

XQ/L=0.3

X/L	FP	FS	FQ	FM
.05	-.8525	.0904	-.0426	-.00107
.10	.2777	.2283	-.0287	-.00285
.15	.8775	.3861	.0151	-.00319
.20	1.7957	.5751	.1049	-.00019
.25	3.1458	.7828	.2622	.00899
.30	4.7225	.9497	-.5017	.02800
.35	4.6992	.9470	-.2667	.00880
.40	3.0762	.7757	-.1129	-.00069
.45	1.6865	.5670	-.0286	-.00423
.50	.7636	.3847	.0096	-.00470
.55	.2440	.2479	.0218	-.00392
.60	-.0031	.1545	.0217	-.00283
.65	-.0929	.0948	.0170	-.00187
.70	-.1049	.0585	.0118	-.00115
.75	-.0859	.0372	.0075	-.00066
.80	-.0600	.0248	.0045	-.00037
.85	-.0374	.0175	.0026	-.00019
.90	-.0213	.0129	.0015	-.00009
.95	-.0120	.0097	.0009	-.00002
1.00	-.0188	.0070	-.0000	-.00000

XQ/L=0.4

X/L	FP	FS	FQ	FM
.05	-.5104	.0291	-.0255	-.00064
.10	-.0851	.0852	-.0298	-.00202
.15	.0444	.1546	-.0276	-.00345
.20	.2932	.2513	-.0129	-.00447
.25	.7987	.3879	.0270	-.00411
.30	1.7047	.5683	.1123	-.00063
.35	3.0766	.7742	.2661	.00883
.40	4.6788	.9422	-.5000	.02798
.45	4.6754	.9415	-.2662	.00883
.50	3.0652	.7720	-.1129	-.00065
.55	1.6827	.5648	-.0288	-.00419
.60	.7634	.3835	.0094	-.00468
.65	.2454	.2473	.0216	-.00390
.70	-.0008	.1543	.0216	-.00282
.75	-.0899	.0949	.0171	-.00185
.80	-.1010	.0588	.0121	-.00112
.85	-.0814	.0374	.0080	-.00062
.90	-.0564	.0246	.0052	-.00029
.95	-.0384	.0164	.0033	-.00008
1.00	-.0650	.0099	-.0000	-.00000

XQ/L=0.5

X/L	FP	FS	FQ	FM
.05	-.2042	.0145	-.0102	-.00026
.10	-.0850	.0337	-.0145	-.00087
.15	-.0894	.0584	-.0189	-.00171
.20	-.0759	.0959	-.0227	-.00275
.25	.0101	.1556	-.0222	-.00387
.30	.2526	.2484	-.0096	-.00467
.35	.7676	.3841	.0288	-.00419
.40	1.6849	.5650	.1130	-.00064
.45	3.0656	.7717	.2663	.00884
.50	4.6737	.9407	-.5000	.02800
.55	4.6737	.9407	-.2663	.00884
.60	3.0656	.7717	-.1130	-.00064
.65	1.6849	.5650	-.0288	-.00419
.70	.7676	.3841	.0096	-.00467
.75	.2526	.2484	.0222	-.00387
.80	.0101	.1556	.0227	-.00275
.85	-.0759	.0959	.0189	-.00171
.90	-.0894	.0584	.0145	-.00087
.95	-.0850	.0337	.0102	-.00026
1.00	-.2042	.0145	-.0000	-.00000

B/L= .50 DS/B1= 1.00 KS= .003

XM/L=0.0

X/L	FP	FS	FQ	FM
.05	152.3163	10.8785	7.6158	-.80960
.10	-33.8168	.1943	5.9250	-.47109
.15	-42.9508	-4.1215	3.7774	-.22853
.20	-34.8759	-4.9841	2.0336	-.08325
.25	-22.5776	-4.3242	.9048	-.00979
.30	-12.5078	-3.2225	.2794	.01981
.35	-5.8515	-2.1841	-.0132	.02647
.40	-2.0700	-1.3831	-.1167	.02322
.45	-.2295	-.8328	-.1282	.01710
.50	.4824	-.4842	-.1041	.01129
.55	.6265	-.2772	-.0727	.00687
.60	.5363	-.1602	-.0459	.00390
.65	.3845	-.0966	-.0267	.00209
.70	.2457	-.0626	-.0144	.00106
.75	.1430	-.0441	-.0073	.00052
.80	.0759	-.0333	-.0035	.00025
.85	.0360	-.0263	-.0017	.00012
.90	.0147	-.0211	-.0009	.00006
.95	.0053	-.0168	-.0007	.00002
1.00	.0134	-.0129	.0000	-.00000

XM/L=0.1

X/L	FP	FS	FQ	FM
.05	95.9253	8.4153	4.7963	.11991
.10	27.8438	3.8466	6.1885	-.60548
.15	-30.7095	-2.0152	4.6530	-.33444
.20	-37.4306	-4.4593	2.7814	-.14858
.25	-27.5151	-4.5274	1.4057	-.04390
.30	-16.8212	-3.6618	.5646	.00536
.35	-8.7951	-2.6210	.1249	.02260
.40	-3.7868	-1.7291	-.0645	.02411
.45	-1.0909	-1.0746	-.1190	.01952
.50	.1312	-.6395	-.1124	.01373
.55	.5392	-.3704	-.0855	.00878
.60	.5628	-.2134	-.0573	.00521
.65	.4449	-.1258	-.0351	.00290
.70	.3042	-.0783	-.0199	.00153
.75	.1874	-.0526	-.0105	.00077
.80	.1052	-.0382	-.0053	.00037
.85	.0535	-.0294	-.0026	.00018
.90	.0241	-.0233	-.0014	.00008
.95	.0101	-.0185	-.0009	.00002
1.00	.0175	-.0141	-.0000	-.00000

XM/L=0.2

X/L	FP	FS	FQ	FM
.05	22.0841	3.6146	1.1042	.02761
.10	24.2495	4.2443	2.3167	.11313
.15	31.9890	4.1955	3.9161	.26895
.20	25.9420	2.2698	5.2132	-.50282
.25	-26.2101	-2.2096	3.9027	-.27492
.30	-31.8337	-4.0776	2.3110	-.11958
.35	-23.1626	-4.0063	1.1529	-.03298
.40	-14.0339	-3.1964	.4512	.00713
.45	-7.2562	-2.2718	.0884	.02062
.50	-3.0645	-1.4934	-.0648	.02121
.55	-.8305	-.9274	-.1063	.01693
.60	.1665	-.5529	-.0980	.01182
.65	.4865	-.3220	-.0737	.00752
.70	.4908	-.1873	-.0492	.00445
.75	.3819	-.1119	-.0301	.00247
.80	.2576	-.0708	-.0172	.00129
.85	.1560	-.0482	-.0094	.00063
.90	.0863	-.0350	-.0051	.00027
.95	.0459	-.0262	-.0028	.00007
1.00	.0555	-.0191	-.0000	-.00000

XM/L=0.3

X/L	FP	FS	FQ	FM
.05	-1.3589	1.1231	-.0679	-.00170
.10	7.6715	2.1803	.3156	.00449
.15	14.8202	3.2315	1.0566	.03880
.20	23.8171	4.0816	2.2475	.12140
.25	32.1980	4.1556	3.8574	.27403
.30	26.3376	2.2860	5.1743	-.50018
.35	-25.8720	-2.1754	3.8807	-.27381
.40	-31.6046	-4.0438	2.3004	-.11928
.45	-23.0297	-3.9797	1.1490	-.03305
.50	-13.9675	-3.1779	.4506	.00694
.55	-7.2295	-2.2601	.0891	.02043
.60	-3.0586	-1.4866	-.0638	.02106
.65	-.8344	-.9239	-.1055	.01683
.70	.1582	-.5515	-.0976	.01175
.75	.4756	-.3219	-.0738	.00746
.80	.4775	-.1878	-.0500	.00437
.85	.3668	-.1124	-.0316	.00233
.90	.2457	-.0701	-.0194	.00105
.95	.1592	-.0445	-.0114	.00028
1.00	.2279	-.0254	-.0000	-.00000

XM/L=0.4

X/L	FP	FS	FQ	FM
.05	-3.8827	.2763	-.1941	-.00485
.10	.9414	.8420	-.1471	-.01338
.15	3.5217	1.4999	.0290	-.01633
.20	7.6938	2.3100	.4137	-.00527
.25	14.3052	3.2362	1.1290	.03330
.30	23.2535	4.0370	2.2916	.11882
.35	31.7773	4.1016	3.8805	.27312
.40	26.0755	2.2395	5.1843	-.50026
.45	-26.0127	-2.2097	3.8837	-.27356
.50	-31.6682	-4.0669	2.3002	-.11896
.55	-23.0514	-3.9944	1.1477	-.03277
.60	-13.9711	-3.1873	.4491	.00715
.65	-7.2297	-2.2667	.0876	.02057
.70	-3.0649	-1.4922	-.0656	.02112
.75	-.8531	-.9294	-.1083	.01677
.80	.1236	-.5570	-.1021	.01152
.85	.4279	-.3259	-.0807	.00695
.90	.4373	-.1866	-.0588	.00346
.95	.3817	-.0990	-.0397	.00099
1.00	.7949	-.0331	-.0000	-.00000

XM/L=0.5

X/L	FP	FS	FQ	FM
.05	-2.1390	.0693	-.1070	-.00267
.10	-.4674	.2832	-.1303	-.00861
.15	.0113	.5530	-.1298	-.01511
.20	1.0130	.9414	-.0791	-.02033
.25	3.1861	1.5080	.0802	-.02030
.30	7.3043	2.2811	.4454	-.00716
.35	14.0092	3.1991	1.1459	.03262
.40	23.0676	4.0044	2.2993	.11875
.45	31.6770	4.0769	3.8831	.27331
.50	26.0299	2.2221	5.1846	-.50000
.55	-26.0299	-2.2221	3.8831	-.27331
.60	-31.6770	-4.0769	2.2993	-.11875
.65	-23.0675	-4.0044	1.1459	-.03262
.70	-14.0092	-3.1991	.4454	.00716
.75	-7.3044	-2.2811	.0802	.02030
.80	-3.1861	-1.5080	-.0791	.02033
.85	-1.0130	-.9414	-.1298	.01511
.90	-.0113	-.5530	-.1303	.00861
.95	.4674	-.2832	-.1070	.00267
1.00	2.1390	-.0693	-.0000	-.00000

B/L= .50 DS/B1= 1.00 KS= .010

XQ/L=0.0

X/L	FP	FS	FQ	FM
.05	15.4720	1.7001	-.2264	-.03066
.10	4.4930	1.1877	-.0018	-.03636
.15	2.0861	.7772	.1026	-.03384
.20	.6547	.4727	.1353	-.02790
.25	-.0683	.2610	.1319	-.02122
.30	-.3935	.1230	.1122	-.01512
.35	-.4928	.0394	.0876	-.01012
.40	-.4735	-.0065	.0639	-.00634
.45	-.4007	-.0279	.0438	-.00364
.50	-.3122	-.0345	.0282	-.00184
.55	-.2279	-.0329	.0168	-.00071
.60	-.1569	-.0275	.0090	-.00007
.65	-.1017	-.0211	.0039	.00025
.70	-.0617	-.0149	.0008	.00037
.75	-.0342	-.0097	-.0009	.00037
.80	-.0164	-.0056	-.0017	.00031
.85	-.0053	-.0026	-.0020	.00022
.90	.0021	-.0003	-.0019	.00012
.95	.0080	.0015	-.0015	.00004
1.00	.0292	.0030	-.0000	-.00000

XQ/L=0.1

X/L	FP	FS	FQ	FM
.05	6.6354	.9562	.3318	.00829
.10	4.0427	.9297	-.4661	.02994
.15	3.5360	.8502	-.2893	.01105
.20	2.5865	.7135	-.1600	-.00018
.25	1.7444	.5613	-.0727	-.00600
.30	1.0812	.4189	-.0187	-.00828
.35	.6020	.2983	.0114	-.00847
.40	.2806	.2030	.0254	-.00754
.45	.0812	.1317	.0295	-.00617
.50	-.0305	.0811	.0280	-.00473
.55	-.0836	.0468	.0238	-.00344
.60	-.1003	.0248	.0188	-.00238
.65	-.0965	.0114	.0140	-.00156
.70	-.0828	.0040	.0098	-.00096
.75	-.0659	.0002	.0065	-.00055
.80	-.0494	-.0013	.0041	-.00029
.85	-.0352	-.0015	.0023	-.00013
.90	-.0237	-.0011	.0011	-.00005
.95	-.0148	-.0004	.0004	-.00001
1.00	-.0073	.0003	-.0000	-.00000

XQ/L=0.2

X/L	FP	FS	FQ	FM
.05	1.5132	.4257	.0757	.00189
.10	2.0385	.5689	.1776	.00822
.15	2.7803	.6975	.3166	.02058
.20	3.4392	.7839	-.5114	.04071
.25	3.4113	.7825	-.3409	.01940
.30	2.7024	.6951	-.2058	.00573
.35	1.9389	.5709	-.1088	-.00213
.40	1.2802	.4418	-.0448	-.00597
.45	.7731	.3254	-.0061	-.00725
.50	.4136	.2290	.0145	-.00704
.55	.1773	.1541	.0234	-.00609
.60	.0345	.0990	.0251	-.00487
.65	-.0423	.0604	.0230	-.00367
.70	-.0759	.0345	.0192	-.00262
.75	-.0834	.0181	.0150	-.00176
.80	-.0769	.0082	.0112	-.00110
.85	-.0648	.0026	.0080	-.00062
.90	-.0526	-.0005	.0053	-.00029
.95	-.0437	-.0022	.0031	-.00008
1.00	-.0630	-.0034	-.0000	-.00000

XQ/L=0.3

X/L	FP	FS	FQ	FM
.05	-.4389	.1434	-.0219	-.00055
.10	.6940	.2836	.0128	-.00078
.15	1.3266	.4261	.0791	.00152
.20	2.0192	.5678	.1800	.00800
.25	2.7625	.6959	.3182	.02045
.30	3.4270	.7822	-.5105	.04064
.35	3.4029	.7810	-.3403	.01937
.40	2.6971	.6940	-.2055	.00573
.45	1.9361	.5702	-.1087	-.00213
.50	1.2795	.4416	-.0447	-.00596
.55	.7742	.3255	-.0060	-.00723
.60	.4163	.2294	.0148	-.00701
.65	.1816	.1548	.0239	-.00604
.70	.0403	.0998	.0259	-.00479
.75	-.0355	.0611	.0241	-.00354
.80	-.0691	.0349	.0207	-.00242
.85	-.0790	.0176	.0167	-.00148
.90	-.0802	.0061	.0127	-.00075
.95	-.0835	-.0021	.0086	-.00021
1.00	-.1711	-.0089	-.0000	-.00000

XQ/L=0.4

X/L	FP	FS	FQ	FM
.05	-.8090	.0247	-.0405	-.00101
.10	.0783	.1163	-.0365	-.00294
.15	.4355	.2138	-.0148	-.00422
.20	.8398	.3222	.0272	-.00391
.25	1.3441	.4430	.0944	-.00086
.30	1.9767	.5714	.1933	.00633
.35	2.7024	.6922	.3284	.01937
.40	3.3689	.7753	-.5032	.04000
.45	3.3552	.7735	-.3354	.01904
.50	2.6625	.6874	-.2023	.00559
.55	1.9144	.5651	-.1066	-.00213
.60	1.2694	.4383	-.0431	-.00587
.65	.7740	.3238	-.0044	-.00706
.70	.4242	.2290	.0168	-.00674
.75	.1951	.1550	.0266	-.00566
.80	.0557	.0996	.0294	-.00426
.85	-.0248	.0592	.0281	-.00282
.90	-.0763	.0294	.0243	-.00151
.95	-.1236	.0060	.0181	-.00045
1.00	-.3625	-.0144	-.0000	-.00000

XQ/L=0.5

X/L	FP	FS	FQ	FM
.05	-.6256	-.0112	-.0313	-.00078
.10	-.1130	.0365	-.0369	-.00249
.15	.0418	.0892	-.0348	-.00428
.20	.2168	.1520	-.0240	-.00575
.25	.4561	.2299	-.0012	-.00638
.30	.8040	.3261	.0390	-.00544
.35	1.2916	.4404	.1036	-.00187
.40	1.9258	.5660	.1999	.00571
.45	2.6615	.6864	.3329	.01903
.50	3.3411	.7706	-.5000	.03986
.55	3.3411	.7706	-.3329	.01903
.60	2.6615	.6864	-.1999	.00571
.65	1.9258	.5660	-.1036	-.00187
.70	1.2916	.4404	-.0390	-.00544
.75	.8040	.3261	.0012	-.00638
.80	.4561	.2299	.0240	-.00575
.85	.2168	.1520	.0348	-.00428
.90	.0418	.0892	.0369	-.00249
.95	-.1130	.0365	.0313	-.00078
1.00	-.6256	-.0112	-.0000	0.00000

B/L= .50 DS/B1= 1.00 KS= .010

XM/L=0.0

X/L	FP	FS	FQ	FM
.05	94.3957	7.7222	4.7198	-.88201
.10	-1.3833	2.2404	4.6506	-.64775
.15	-15.6463	-.9473	3.8683	-.43477
.20	-19.6065	-2.5160	2.8880	-.26587
.25	-18.0360	-3.0400	1.9862	-.14401
.30	-14.5181	-2.9547	1.2603	-.06285
.35	-10.6955	-2.5637	.7255	-.01321
.40	-7.3153	-2.0620	.3597	.01393
.45	-4.6401	-1.5636	.1277	.02611
.50	-2.6850	-1.1267	-.0065	.02914
.55	-1.3524	-.7736	-.0741	.02713
.60	-.5079	-.5053	-.0995	.02278
.65	-.0185	-.3120	-.1005	.01778
.70	.2293	-.1795	-.0890	.01305
.75	.3242	-.0933	-.0728	.00900
.80	.3315	-.0400	-.0562	.00578
.85	.2972	-.0088	-.0413	.00334
.90	.2540	.0088	-.0286	.00159
.95	.2227	.0191	-.0175	.00044
1.00	.3502	.0264	.0000	-.00000

XM/L=0.1

X/L	FP	FS	FQ	FM
.05	72.1605	6.6448	3.6080	.09020
.10	18.3934	3.4025	4.5277	-.70641
.15	-9.4612	-.0347	4.0546	-.49185
.20	-18.2528	-2.0525	3.1420	-.31193
.25	-18.2891	-2.8703	2.2275	-.17769
.30	-15.3931	-2.9594	1.4579	-.08556
.35	-11.6998	-2.6584	.8729	-.02729
.40	-8.2245	-2.1918	.4617	.00608
.45	-5.3705	-1.6960	.1931	.02245
.50	-3.2253	-1.2446	.0319	.02807
.55	-1.7254	-.8700	-.0544	.02751
.60	-.7481	-.5793	-.0918	.02385
.65	-.1614	-.3659	-.0999	.01906
.70	.1530	-.2170	-.0922	.01426
.75	.2906	-.1179	-.0777	.01001
.80	.3233	-.0552	-.0615	.00653
.85	.3032	-.0172	-.0464	.00384
.90	.2688	.0053	-.0329	.00186
.95	.2453	.0194	-.0207	.00052
1.00	.4131	.0299	-.0000	-.00000

XM/L=0.2

X/L	FP	FS	FQ	FM
.05	32.4918	3.9557	1.6246	.04061
.10	17.6649	3.4171	2.5078	.14393
.15	15.8782	2.6072	3.3017	.28916
.20	9.3804	1.1527	3.7708	-.53402
.25	-11.0445	-1.0567	3.2185	-.35929
.30	-16.1996	-2.3045	2.4086	-.21861
.35	-15.0869	-2.6905	1.6542	-.11704
.40	-12.1807	-2.5778	1.0452	-.04956
.45	-8.9688	-2.2189	.5967	-.00851
.50	-6.1216	-1.7758	.2907	.01367
.55	-3.8711	-1.3423	.0971	.02337
.60	-2.2318	-.9656	-.0145	.02543
.65	-1.1205	-.6628	-.0705	.02331
.70	-.4218	-.4335	-.0916	.01926
.75	-.0210	-.2682	-.0927	.01465
.80	.1816	-.1537	-.0836	.01024
.85	.2673	-.0765	-.0702	.00640
.90	.3039	-.0242	-.0550	.00327
.95	.3424	.0137	-.0379	.00095
1.00	.7578	.0454	-.0000	-.00000

XM/L=0.3

X/L	FP	FS	FQ	FM
.05	9.3390	1.8481	.4669	.01167
.10	9.3425	2.2403	.9341	.04670
.15	11.9917	2.5478	1.5337	.10839
.20	14.4313	2.6264	2.2552	.20311
.25	15.2449	2.2423	3.0175	.33493
.30	10.0415	1.0559	3.5195	-.50164
.35	-9.9664	-1.0023	3.0212	-.33812
.40	-15.1069	-2.1790	2.2659	-.20595
.45	-14.1558	-2.5443	1.5581	-.11035
.50	-11.4669	-2.4396	.9847	-.04678
.55	-8.4680	-2.1028	.5613	-.00812
.60	-5.8036	-1.6862	.2712	.01269
.65	-3.6979	-1.2784	.0863	.02162
.70	-2.1662	-.9231	-.0220	.02323
.75	-1.1282	-.6358	-.0785	.02072
.80	-.4685	-.4148	-.1019	.01621
.85	-.0657	-.2494	-.1052	.01103
.90	.2023	-.1248	-.0950	.00603
.95	.4402	-.0257	-.0730	.00183
1.00	1.4607	.0617	-.0000	-.00000

XM/L=0.4

X/L	FP	FS	FQ	FM
.05	-.2427	.6633	-.0121	-.00030
.10	3.5304	1.1665	.1644	.00350
.15	6.0533	1.6661	.4670	.01929
.20	8.8596	2.1333	.9100	.05372
.25	11.8516	2.4939	1.5026	.11403
.30	14.4769	2.6065	2.2264	.20726
.35	15.3548	2.2417	2.9942	.33777
.40	10.1586	1.0641	3.5021	-.49982
.45	-9.8700	-.9922	3.0086	-.33705
.50	-15.0439	-2.1713	2.2564	-.20542
.55	-14.1315	-2.5414	1.5498	-.11027
.60	-11.4831	-2.4423	.9757	-.04713
.65	-8.5243	-2.1108	.5495	-.00900
.70	-5.8969	-1.6977	.2546	.01110
.75	-3.8190	-1.2896	.0637	.01906
.80	-2.2929	-.9280	-.0510	.01938
.85	-1.2137	-.6248	-.1116	.01531
.90	-.4133	-.3739	-.1323	.00922
.95	.2830	-.1600	-.1182	.00295
1.00	2.3632	.0357	-.0000	-.00000

XM/L=0.5

X/L	FP	FS	FQ	FM
.05	-2.6771	.1378	-.1339	-.00335
.10	.7051	.4950	-.0986	-.00916
.15	2.2173	.8712	.0123	-.01132
.20	3.9513	1.2789	.2098	-.00576
.25	6.0957	1.7133	.5146	.01235
.30	8.7264	2.1399	.9509	.04899
.35	11.6643	2.4771	1.5341	.11111
.40	14.2891	2.5778	2.2486	.20568
.45	15.1859	2.2079	3.0079	.33709
.50	10.0092	1.0285	3.5084	-.50000
.55	-10.0092	-1.0285	3.0079	-.33709
.60	-15.1859	-2.2079	2.2486	-.20568
.65	-14.2891	-2.5778	1.5341	-.11111
.70	-11.6643	-2.4771	.9509	-.04899
.75	-8.7264	-2.1399	.5146	-.01235
.80	-6.0956	-1.7133	.2098	.00576
.85	-3.9513	-1.2789	.0123	.01132
.90	-2.2173	-.8712	-.0986	.00916
.95	-.7051	-.4950	-.1339	.00335
1.00	2.6771	-.1378	-.0000	-.00000

B/L= .50 DS/B1= 1.00 KS= .020

XQ/L=0.0

X/L	FP	FS	FQ	FM
.05	13.6675	1.5687	-.3166	-.03292
.10	4.6286	1.1742	-.0852	-.04296
.15	2.6133	.8374	.0455	-.04395
.20	1.2795	.5661	.1094	-.04008
.25	.4793	.3581	.1334	-.03401
.30	.0059	.2057	.1337	-.02733
.35	-.2529	.0994	.1211	-.02096
.40	-.3722	.0292	.1024	-.01538
.45	-.4042	-.0138	.0822	-.01076
.50	-.3849	-.0372	.0630	-.00713
.55	-.3387	-.0473	.0461	-.00440
.60	-.2819	-.0488	.0320	-.00245
.65	-.2242	-.0452	.0208	-.00113
.70	-.1714	-.0390	.0122	-.00031
.75	-.1258	-.0316	.0059	.00014
.80	-.0881	-.0242	.0015	.00033
.85	-.0569	-.0172	-.0014	.00033
.90	-.0298	-.0106	-.0028	.00022
.95	-.0040	-.0044	-.0030	.00008
1.00	.0609	.0015	-.0000	-.00000

XQ/L=0.1

X/L	FP	FS	FQ	FM
.05	6.9632	.9653	.3482	.00870
.10	3.7610	.9003	-.4638	.03081
.15	3.1589	.8078	-.3058	.01157
.20	2.3951	.6856	-.1861	-.00073
.25	1.7337	.5557	-.0994	-.00786
.30	1.1898	.4324	-.0399	-.01135
.35	.7654	.3238	-.0016	-.01239
.40	.4494	.2330	.0208	-.01191
.45	.2253	.1606	.0321	-.01058
.50	.0748	.1051	.0358	-.00889
.55	-.0193	.0641	.0349	-.00712
.60	-.0722	.0352	.0313	-.00547
.65	-.0966	.0157	.0264	-.00402
.70	-.1023	.0033	.0213	-.00283
.75	-.0967	-.0040	.0165	-.00189
.80	-.0854	-.0077	.0122	-.00117
.85	-.0722	-.0092	.0086	-.00065
.90	-.0599	-.0093	.0056	-.00030
.95	-.0499	-.0088	.0031	-.00008
1.00	-.0520	-.0079	-.0000	-.00000

XQ/L=0.2

X/L	FP	FS	FQ	FM
.05	2.4703	.4955	.1235	.00309
.10	2.1262	.5805	.2298	.01192
.15	2.5062	.6545	.3551	.02655
.20	2.8352	.7001	-.5031	.04785
.25	2.7876	.6918	-.3637	.02618
.30	2.3507	.6301	-.2462	.01093
.35	1.8454	.5409	-.1539	.00093
.40	1.3681	.4431	-.0855	-.00506
.45	.9597	.3486	-.0375	-.00814
.50	.6328	.2642	-.0059	-.00922
.55	.3849	.1928	.0134	-.00903
.60	.2064	.1353	.0237	-.00811
.65	.0847	.0906	.0279	-.00682
.70	.0069	.0571	.0283	-.00541
.75	-.0390	.0328	.0263	-.00405
.80	-.0635	.0156	.0231	-.00281
.85	-.0758	.0035	.0193	-.00175
.90	-.0848	-.0052	.0151	-.00089
.95	-.0972	-.0119	.0102	-.00026
1.00	-.2048	-.0178	-.0000	-.00000

XQ/L=0.3

X/L	FP	FS	FQ	FM
.05	.2046	.2032	.0102	.00026
.10	.9183	.3181	.0561	.00192
.15	1.4167	.4315	.1270	.00649
.20	1.9244	.5388	.2232	.01525
.25	2.4203	.6301	.3442	.02943
.30	2.8206	.6882	-.5148	.05017
.35	2.8079	.6887	-.3744	.02794
.40	2.3872	.6326	-.2550	.01221
.45	1.8876	.5467	-.1606	.00182
.50	1.4105	.4506	-.0901	-.00445
.55	.9997	.3568	-.0401	-.00771
.60	.6694	.2722	-.0066	-.00888
.65	.4178	.2001	.0143	-.00869
.70	.2353	.1413	.0260	-.00768
.75	.1084	.0947	.0314	-.00624
.80	.0226	.0587	.0326	-.00464
.85	-.0368	.0308	.0307	-.00306
.90	-.0863	.0087	.0264	-.00163
.95	-.1396	-.0100	.0194	-.00049
1.00	-.3886	-.0270	-.0000	-.00000

XQ/L=0.4

X/L	FP	FS	FQ	FM
.05	-.6403	.0510	-.0320	-.00080
.10	.2398	.1458	-.0200	-.00210
.15	.6281	.2429	.0114	-.00232
.20	1.0247	.3433	.0626	-.00047
.25	1.4547	.4461	.1354	.00448
.30	1.9256	.5460	.2316	.01366
.35	2.4052	.6326	.3519	.02824
.40	2.8007	.6882	-.5081	.04934
.45	2.7898	.6875	-.3686	.02742
.50	2.3746	.6314	-.2499	.01196
.55	1.8825	.5460	-.1557	.00182
.60	1.4132	.4506	-.0851	-.00420
.65	1.0096	.3572	-.0346	-.00719
.70	.6844	.2725	-.0004	-.00806
.75	.4341	.1993	.0213	-.00754
.80	.2459	.1380	.0336	-.00616
.85	.1018	.0869	.0387	-.00436
.90	-.0223	.0437	.0376	-.00245
.95	-.1491	.0057	.0302	-.00075
1.00	-.6030	-.0300	-.0000	-.00000

XQ/L=0.5

X/L	FP	FS	FQ	FM
.05	-.7621	-.0129	-.0381	-.00095
.10	-.0612	.0501	-.0412	-.00293
.15	.1811	.1161	-.0321	-.00477
.20	.4247	.1878	-.0109	-.00584
.25	.6997	.2675	.0241	-.00551
.30	1.0326	.3559	.0757	-.00301
.35	1.4339	.4508	.1474	.00257
.40	1.8952	.5463	.2422	.01231
.45	2.3764	.6309	.3610	.02739
.50	2.7797	.6861	-.5000	.04891
.55	2.7797	.6861	-.3610	.02739
.60	2.3764	.6309	-.2422	.01231
.65	1.8952	.5463	-.1474	.00257
.70	1.4339	.4508	-.0757	-.00301
.75	1.0326	.3559	-.0241	-.00551
.80	.6997	.2675	.0109	-.00584
.85	.4247	.1878	.0321	-.00477
.90	.1811	.1161	.0412	-.00293
.95	-.0612	.0501	.0381	-.00095
1.00	-.7621	-.0129	-.0000	-.00000

B/L= .50 DS/B1= 1.00 KS= .020

XM/L=0.0

X/L	FP	FS	FQ	FM
.05	70.4087	6.2012	3.5204	-.91199
.10	5.7117	2.5719	3.8060	-.72883
.15	-6.1409	.1741	3.4990	-.54620
.20	-11.4310	-1.2684	2.9274	-.38554
.25	-12.6102	-2.0139	2.2969	-.25493
.30	-11.8031	-2.2810	1.7068	-.15484
.35	-10.0991	-2.2426	1.2018	-.08213
.40	-8.1177	-2.0281	.7959	-.03219
.45	-6.1985	-1.7291	.4860	-.00014
.50	-4.5116	-1.4068	.2604	.01852
.55	-3.1236	-1.0990	.1042	.02764
.60	-2.0402	-.8264	.0022	.03030
.65	-1.2338	-.5975	-.0595	.02887
.70	-.6603	-.4131	-.0925	.02507
.75	-.2700	-.2694	-.1060	.02011
.80	-.0126	-.1595	-.1066	.01479
.85	.1610	-.0758	-.0986	.00966
.90	.3030	-.0105	-.0834	.00511
.95	.4566	.0438	-.0606	.00151
1.00	1.2117	.0932	.0000	-.00000

XM/L=0.1

X/L	FP	FS	FQ	FM
.05	57.8934	5.5604	2.8947	.07237
.10	15.6641	3.1412	3.6779	-.76332
.15	-2.6107	.6801	3.5473	-.58269
.20	-10.2301	-.9594	3.0358	-.41811
.25	-12.2847	-1.8499	2.4216	-.28167
.30	-11.9215	-2.2175	1.8255	-.17550
.35	-10.4212	-2.2441	1.3045	-.09725
.40	-8.5095	-2.0677	.8790	-.04266
.45	-6.5861	-1.7878	.5497	-.00694
.50	-4.8575	-1.4717	.3068	.01447
.55	-3.4123	-1.1619	.1362	.02555
.60	-2.2693	-.8828	.0227	.02952
.65	-1.4078	-.6452	-.0477	.02889
.70	-.7871	-.4517	-.0870	.02553
.75	-.3582	-.2992	-.1049	.02073
.80	-.0701	-.1814	-.1084	.01540
.85	.1279	-.0907	-.1020	.01013
.90	.2911	-.0191	-.0875	.00540
.95	.4658	.0403	-.0642	.00160
1.00	1.2838	.0957	-.0000	-.00000

XM/L=0.2

X/L	FP	FS	FQ	FM
.05	32.5648	3.7831	1.6282	.04071
.10	14.8417	3.0305	2.3703	.14067
.15	11.2854	2.1441	2.9346	.27329
.20	5.6822	.9491	3.2187	-.57287
.25	-6.5213	-.5829	2.8926	-.42009
.30	-10.6109	-1.5587	2.3621	-.28872
.35	-10.9906	-2.0045	1.8126	-.18436
.40	-9.9323	-2.0972	1.3159	-.10614
.45	-8.2886	-1.9736	.9015	-.05071
.50	-6.5289	-1.7337	.5751	-.01379
.55	-4.8971	-1.4464	.3302	.00884
.60	-3.5051	-1.1561	.1550	.02097
.65	-2.3866	-.8888	.0356	.02573
.70	-1.5297	-.6568	-.0409	.02560
.75	-.8980	-.4636	-.0858	.02244
.80	-.4422	-.3066	-.1079	.01760
.85	-.1058	-.1797	-.1132	.01207
.90	.1788	-.0750	-.1042	.00664
.95	.4721	.0157	-.0806	.00202
1.00	1.6123	.1000	-.0000	-.00000

XM/L=0.3

X/L	FP	FS	FQ	FM
.05	14.1937	2.1351	.7097	.01774
.10	9.2571	2.1731	1.1725	.06480
.15	9.6998	2.1506	1.6575	.13555
.20	10.0225	1.9794	2.1587	.23095
.25	9.3685	1.5348	2.6271	.35060
.30	5.4627	.6556	2.9002	-.51122
.35	-5.9366	-.6648	2.6034	-.37363
.40	-9.6931	-1.5101	2.1187	-.25558
.45	-10.0061	-1.8849	1.6184	-.16215
.50	-9.0245	-1.9480	1.1672	-.09251
.55	-7.5261	-1.8215	.7909	-.04355
.60	-5.9343	-1.5942	.4942	-.01143
.65	-4.4651	-1.3265	.2709	.00770
.70	-3.2131	-1.0567	.1103	.01723
.75	-2.1999	-.8062	.0003	.01999
.80	-1.4025	-.5839	-.0699	.01825
.85	-.7690	-.3905	-.1083	.01380
.90	-.2182	-.2213	-.1192	.00811
.95	.3311	-.0685	-.1027	.00257
1.00	2.0532	.0763	-.0000	-.00000

XM/L=0.4

X/L	FP	FS	FQ	FM
.05	3.8820	.9989	.1941	.00485
.10	4.5967	1.2998	.4239	.02030
.15	6.0597	1.5826	.7269	.04908
.20	7.5928	1.8143	1.1066	.09491
.25	9.0162	1.9393	1.5574	.16151
.30	9.9181	1.8732	2.0533	.25178
.35	9.5359	1.4988	2.5301	.36636
.40	5.7397	.6623	2.8171	-.49996
.45	-5.6430	-.6356	2.5349	-.36616
.50	-9.4340	-1.4724	2.0632	-.25121
.55	-9.8067	-1.8475	1.5729	-.16030
.60	-8.8935	-1.9156	1.1282	-.09278
.65	-7.4605	-1.7953	.7552	-.04569
.70	-5.9216	-1.5722	.4591	-.01534
.75	-4.4826	-1.3044	.2350	.00202
.80	-3.2245	-1.0272	.0737	.00973
.85	-2.1473	-.7593	-.0336	.01074
.90	-1.1842	-.5072	-.0928	.00758
.95	-.2453	-.2689	-.1051	.00263
1.00	2.1019	-.0384	-.0000	-.00000

XM/L=0.5

X/L	FP	FS	FQ	FM
.05	-.7174	.3486	-.0359	-.00090
.10	1.7052	.6586	.0494	-.00056
.15	3.0614	.9699	.2025	.00574
.20	4.4763	1.2778	.4263	.02146
.25	5.9886	1.5661	.7257	.05026
.30	7.5561	1.8015	1.1035	.09599
.35	8.9926	1.9283	1.5531	.16240
.40	9.8960	1.8628	2.0479	.25243
.45	9.5074	1.4877	2.5233	.36671
.50	5.6992	.6498	2.8083	-.50000
.55	-5.6992	-.6498	2.5233	-.36671
.60	-9.5074	-1.4877	2.0479	-.25243
.65	-9.8960	-1.8628	1.5531	-.16240
.70	-8.9926	-1.9283	1.1035	-.09599
.75	-7.5561	-1.8015	.7257	-.05026
.80	-5.9886	-1.5661	.4263	-.02146
.85	-4.4763	-1.2778	.2025	-.00574
.90	-3.0614	-.9699	.0494	.00056
.95	-1.7052	-.6586	-.0359	.00090
1.00	.7174	-.3486	-.0000	-.00000

B/L= .50 DS/B1= 1.00 KS= .050

XQ/L=0.0

X/L	FP	FS	FQ	FM
.05	11.5207	1.3930	-.4240	-.03560
.10	4.4788	1.1177	-.2000	-.05120
.15	2.9533	.8688	-.0524	-.05751
.20	1.8581	.6526	.0405	-.05780
.25	1.1145	.4712	.0963	-.05438
.30	.5919	.3235	.1259	-.04883
.35	.2279	.2068	.1373	-.04225
.40	-.0184	.1174	.1363	-.03541
.45	-.1767	.0513	.1275	-.02882
.50	-.2696	.0045	.1140	-.02278
.55	-.3149	-.0269	.0983	-.01747
.60	-.3267	-.0462	.0819	-.01296
.65	-.3159	-.0564	.0662	-.00926
.70	-.2910	-.0599	.0516	-.00632
.75	-.2581	-.0588	.0387	-.00406
.80	-.2218	-.0546	.0276	-.00240
.85	-.1851	-.0484	.0184	-.00125
.90	-.1498	-.0412	.0109	-.00052
.95	-.1164	-.0335	.0050	-.00013
1.00	-.1008	-.0256	-.0000	-.00000

XQ/L-0.1

X/L	FP	FS	FQ	FM
.05	6.9615	.9472	.3481	.00870
.10	3.4932	.8631	-.4773	.03047
.15	2.8566	.7681	-.3344	.01018
.20	2.2384	.6617	-.2225	-.00374
.25	1.7275	.5535	-.1361	-.01271
.30	1.2982	.4504	-.0712	-.01790
.35	.9433	.3565	-.0241	-.02028
.40	.6558	.2742	.0087	-.02066
.45	.4288	.2041	.0302	-.01969
.50	.2546	.1462	.0429	-.01786
.55	.1249	.0996	.0491	-.01556
.60	.0321	.0630	.0507	-.01306
.65	-.0316	.0350	.0492	-.01057
.70	-.0729	.0141	.0455	-.00820
.75	-.0981	-.0012	.0406	-.00605
.80	-.1129	-.0122	.0350	-.00416
.85	-.1226	-.0202	.0288	-.00256
.90	-.1336	-.0262	.0222	-.00129
.95	-.1503	-.0310	.0146	-.00037
1.00	-.2929	-.0353	-.0000	-.00000

XQ/L=0.2

X/L	FP	FS	FQ	FM
.05	3.4635	.5697	.1732	.00433
.10	2.2234	.5956	.2843	.01577
.15	2.2561	.6157	.3971	.03280
.20	2.2985	.6214	-.4879	.05554
.25	2.2028	.6013	-.3778	.03389
.30	1.9417	.5551	-.2807	.01743
.35	1.6393	.4937	-.1987	.00544
.40	1.3368	.4255	-.1319	-.00282
.45	1.0562	.3566	-.0791	-.00810
.50	.8083	.2910	-.0387	-.01104
.55	.5975	.2313	-.0088	-.01223
.60	.4235	.1785	.0124	-.01214
.65	.2835	.1331	.0266	-.01116
.70	.1728	.0947	.0352	-.00962
.75	.0859	.0626	.0395	-.00775
.80	.0161	.0356	.0403	-.00576
.85	-.0440	.0127	.0381	-.00380
.90	-.1051	-.0073	.0328	-.00202
.95	-.1757	-.0256	.0241	-.00060
1.00	-.4811	-.0431	-.0000	-.00000

XQ/L=0.3

X/L	FP	FS	FQ	FM
.05	1.2229	.2959	.0611	.00153
.10	1.2008	.3667	.1212	.00609
.15	1.4647	.4354	.1944	.01398
.20	1.7347	.4981	.2812	.02587
.25	1.9901	.5490	.3807	.04241
.30	2.1813	.5795	-.5103	.06417
.35	2.1731	.5788	-.4016	.04137
.40	1.9658	.5472	-.3033	.02375
.45	1.6957	.4962	-.2185	.01070
.50	1.4110	.4350	-.1480	.00154
.55	1.1381	.3701	-.0911	-.00444
.60	.8906	.3063	-.0466	-.00788
.65	.6744	.2461	-.0128	-.00936
.70	.4900	.1912	.0117	-.00939
.75	.3342	.1419	.0284	-.00839
.80	.2011	.0980	.0384	-.00672
.85	.0818	.0587	.0425	-.00470
.90	-.0379	.0227	.0406	-.00262
.95	-.1706	-.0110	.0321	-.00080
1.00	-.6418	-.0437	-.0000	-.00000

XQ/L=0.4

X/L	FP	FS	FQ	FM
.05	-.0142	.1199	-.0007	-.00002
.10	.5109	.1980	.0248	.00059
.15	.8208	.2760	.0659	.00285
.20	1.1236	.3530	.1221	.00755
.25	1.4257	.4270	.1933	.01544
.30	1.7233	.4941	.2795	.02726
.35	1.9958	.5485	.3793	.04373
.40	2.1986	.5819	-.5108	.06544
.45	2.1983	.5832	-.4009	.04265
.50	1.9962	.5528	-.3010	.02510
.55	1.7289	.5022	-.2146	.01221
.60	1.4446	.4405	-.1424	.00329
.65	1.1691	.3744	-.0839	-.00237
.70	.9152	.3080	-.0382	-.00542
.75	.6871	.2439	-.0038	-.00647
.80	.4826	.1835	.0203	-.00606
.85	.2944	.1269	.0351	-.00467
.90	.1066	.0735	.0404	-.00279
.95	-.0963	.0224	.0356	-.00089
1.00	-.7113	-.0276	-.0000	-.00000

XQ/L=0.5

X/L	FP	FS	FQ	FM
.05	-.5677	.0201	-.0284	-.00071
.10	.1055	.0873	-.0231	-.00200
.15	.3766	.1553	-.0043	-.00268
.20	.6339	.2248	.0274	-.00210
.25	.8921	.2957	.0720	.00038
.30	1.1634	.3673	.1302	.00544
.35	1.4481	.4371	.2026	.01376
.40	1.7366	.5013	.2894	.02606
.45	2.0049	.5536	.3897	.04304
.50	2.2066	.5853	-.5000	.06528
.55	2.2066	.5853	-.3897	.04304
.60	2.0049	.5536	-.2894	.02606
.65	1.7366	.5013	-.2026	.01376
.70	1.4481	.4371	-.1302	.00544
.75	1.1634	.3673	-.0720	.00038
.80	.8921	.2957	-.0274	-.00210
.85	.6339	.2248	.0043	-.00268
.90	.3766	.1553	.0231	-.00200
.95	.1055	.0873	.0284	-.00071
1.00	-.5677	.0201	-.0000	-.00000

B/L= .50 DS/B1= 1.00 KS= .050

XM/L=0.0

X/L	FP	FS	FQ	FM
.05	47.1021	4.5383	2.3551	-.94112
.10	8.6825	2.4836	2.7892	-.81251
.15	.6635	.9555	2.8224	-.67222
.20	-3.9613	-.1271	2.6243	-.53605
.25	-6.2068	-.8475	2.3140	-.41260
.30	-7.0941	-1.2837	1.9593	-.30576
.35	-7.1558	-1.5049	1.6015	-.21674
.40	-6.7280	-1.5697	1.2651	-.14508
.45	-6.0315	-1.5264	.9635	-.08936
.50	-5.2130	-1.4131	.7029	-.04770
.55	-4.3689	-1.2591	.4844	-.01802
.60	-3.5591	-1.0856	.3065	.00175
.65	-2.8175	-.9074	.1656	.01355
.70	-2.1584	-.7340	.0577	.01914
.75	-1.5813	-.5706	-.0214	.02004
.80	-1.0739	-.4190	-.0751	.01763
.85	-.6123	-.2788	-.1057	.01311
.90	-.1528	-.1478	-.1133	.00764
.95	.3453	-.0231	-.0961	.00240
1.00	1.9214	.0987	.0000	-.00000

XM/L=0.1

X/L	FP	FS	FQ	FM
.05	41.4372	4.2284	2.0719	.05180
.10	12.6110	2.6943	2.7024	-.82885
.15	2.1916	1.1691	2.8120	-.69099
.20	-3.2887	.0251	2.6476	-.55450
.25	-5.8707	-.7456	2.3540	-.42946
.30	-6.9570	-1.2214	2.0062	-.32045
.35	-7.1385	-1.4727	1.6492	-.22907
.40	-6.7822	-1.5596	1.3101	-.15508
.45	-6.1257	-1.5316	1.0038	-.09723
.50	-5.3263	-1.4284	.7375	-.05370
.55	-4.4872	-1.2802	.5132	-.02243
.60	-3.6736	-1.1094	.3295	-.00137
.65	-2.9227	-.9317	.1834	.01146
.70	-2.2512	-.7573	.0708	.01781
.75	-1.6605	-.5917	-.0122	.01927
.80	-1.1392	-.4374	-.0692	.01724
.85	-.6638	-.2941	-.1024	.01295
.90	-.1909	-.1599	-.1119	.00759
.95	.3207	-.0319	-.0959	.00240
1.00	1.9177	.0932	-.0000	-.00000

XM/L=0.2

X/L	FP	FS	FQ	FM
.05	28.4278	3.2699	1.4214	.03553
.10	11.8092	2.5471	2.0118	.12137
.15	8.0489	1.7781	2.4143	.23202
.20	3.8556	.9035	2.6071	-.64245
.25	-2.6084	-.0727	2.4767	-.51535
.30	-5.5038	-.7767	2.2015	-.39840
.35	-6.5811	-1.2069	1.8724	-.29655
.40	-6.7611	-1.4291	1.5344	-.21138
.45	-6.4193	-1.4993	1.2134	-.14269
.50	-5.7919	-1.4637	.9238	-.08926
.55	-5.0306	-1.3589	.6723	-.04936
.60	-4.2328	-1.2127	.4606	-.02104
.65	-3.4582	-1.0458	.2877	-.00233
.70	-2.7394	-.8720	.1507	.00863
.75	-2.0888	-.7003	.0463	.01356
.80	-1.5024	-.5354	-.0288	.01399
.85	-.9612	-.3788	-.0769	.01135
.90	-.4239	-.2299	-.0981	.00698
.95	.1507	-.0866	-.0905	.00226
1.00	1.8108	.0540	-.0000	-.00000

XM/L=0.3

X/L	FP	FS	FQ	FM
.05	16.8523	2.2199	.8426	.02107
.10	8.5412	1.9984	1.2697	.07387
.15	7.3762	1.7489	1.6385	.14658
.20	6.3514	1.4338	1.9561	.23644
.25	5.0446	1.0042	2.2083	.34055
.30	2.4591	.4018	2.3312	-.54596
.35	-3.0709	-.3639	2.1777	-.43324
.40	-5.4046	-.9109	1.9075	-.33111
.45	-6.1579	-1.2290	1.5996	-.24344
.50	-6.1704	-1.3751	1.2910	-.17117
.55	-5.7638	-1.3972	1.0029	-.11382
.60	-5.1367	-1.3342	.7460	-.07010
.65	-4.4130	-1.2163	.5254	-.03831
.70	-3.6691	-1.0662	.3419	-.01663
.75	-2.9478	-.8998	.1945	-.00322
.80	-2.2667	-.7277	.0812	.00367
.85	-1.6222	-.5558	.0001	.00570
.90	-.9843	-.3868	-.0491	.00448
.95	-.3166	-.2210	-.0650	.00162
1.00	1.2993	-.0570	-.0000	-.00000

XM/L=0.4

X/L	FP	FS	FQ	FM
.05	8.4387	1.3379	.4219	.01055
.10	5.3498	1.3818	.6894	.03833
.15	5.4360	1.4113	.9612	.07960
.20	5.6247	1.4057	1.2425	.13469
.25	5.7650	1.3363	1.5307	.20402
.30	5.5990	1.1655	1.8107	.28755
.35	4.7901	.8477	2.0502	.38407
.40	2.5041	.3286	2.1754	-.51029
.45	-2.8531	-.3774	2.0327	-.40508
.50	-5.0973	-.8840	1.7779	-.30982
.55	-5.8160	-1.1764	1.4871	-.22820
.60	-5.8283	-1.3078	1.1956	-.16113
.65	-5.4413	-1.3227	.9236	-.10815
.70	-4.8422	-1.2573	.6815	-.06802
.75	-4.1459	-1.1392	.4742	-.03913
.80	-3.4203	-.9893	.3032	-.01970
.85	-2.6996	-.8219	.1682	-.00792
.90	-1.9873	-.6464	.0688	-.00199
.95	-1.2670	-.4681	.0055	-.00014
1.00	-.1091	-.2892	-.0000	-.00000

XM/L=0.5

X/L	FP	FS	FQ	FM
.05	3.0908	.6994	.1545	.00386
.10	2.8983	.8542	.2995	.01521
.15	3.4978	1.0035	.4743	.03456
.20	4.1334	1.1381	.6810	.06344
.25	4.7701	1.2435	.9195	.10346
.30	5.3256	1.2992	1.1858	.15609
.35	5.6803	1.2774	1.4698	.22248
.40	5.6453	1.1423	1.7521	.30303
.45	4.9141	.8499	1.9978	.39677
.50	2.6699	.3479	2.1313	-.50000
.55	-2.6699	-.3479	1.9978	-.39677
.60	-4.9141	-.8499	1.7521	-.30303
.65	-5.6453	-1.1423	1.4698	-.22248
.70	-5.6803	-1.2774	1.1858	-.15609
.75	-5.3256	-1.2992	.9195	-.10346
.80	-4.7701	-1.2435	.6810	-.06344
.85	-4.1334	-1.1381	.4743	-.03456
.90	-3.4978	-1.0035	.2995	-.01521
.95	-2.8983	-.8542	.1545	-.00386
1.00	-3.0908	-.6994	-.0000	-.00000

B/L= .50 DS/B1= 1.00 KS= .100

XQ/L=0.0

X/L	FP	FS	FQ	FM
.05	10.0796	1.2628	-.4960	-.03740
.10	4.2214	1.0554	-.2850	-.05692
.15	3.0076	.8623	-.1346	-.06741
.20	2.1075	.6880	-.0292	-.07151
.25	1.4650	.5345	.0441	-.07114
.30	.9799	.4025	.0931	-.06771
.35	.6096	.2913	.1235	-.06229
.40	.3282	.1997	.1399	-.05571
.45	.1179	.1257	.1458	-.04856
.50	-.0353	.0674	.1441	-.04131
.55	-.1426	.0226	.1369	-.03429
.60	-.2139	-.0109	.1262	-.02771
.65	-.2575	-.0350	.1134	-.02172
.70	-.2806	-.0518	.0993	-.01640
.75	-.2898	-.0629	.0848	-.01180
.80	-.2907	-.0697	.0703	-.00792
.85	-.2889	-.0736	.0559	-.00476
.90	-.2919	-.0756	.0413	-.00233
.95	-.3042	-.0766	.0261	-.00065
1.00	-.5213	-.0771	-.0000	-.00000

XQ/L=0.1

X/L	FP	FS	FQ	FM
.05	6.7197	.9150	.3360	.00840
.10	3.3138	.8318	-.4983	.02934
.15	2.7043	.7433	-.3631	.00781
.20	2.1700	.6497	-.2546	-.00764
.25	1.7412	.5562	-.1675	-.01819
.30	1.3791	.4665	-.0986	-.02484
.35	1.0713	.3834	-.0450	-.02844
.40	.8113	.3083	-.0045	-.02967
.45	.5944	.2419	.0253	-.02915
.50	.4159	.1844	.0461	-.02737
.55	.2713	.1353	.0596	-.02473
.60	.1560	.0941	.0674	-.02155
.65	.0650	.0598	.0707	-.01810
.70	-.0065	.0315	.0703	-.01457
.75	-.0634	.0081	.0672	-.01114
.80	-.1111	-.0115	.0616	-.00792
.85	-.1554	-.0282	.0538	-.00503
.90	-.2058	-.0429	.0436	-.00260
.95	-.2686	-.0566	.0301	-.00075
1.00	-.6026	-.0697	-.0000	-.00000

XQ/L=0.2

X/L	FP	FS	FQ	FM
.05	3.9512	.6068	.1976	.00494
.10	2.2769	.6045	.3114	.01766
.15	2.1477	.5989	.4188	.03592
.20	2.0615	.5853	-.4781	.05943
.25	1.9330	.5578	-.3815	.03794
.30	1.7294	.5160	-.2950	.02103
.35	1.5064	.4655	-.2197	.00816
.40	1.2826	.4106	-.1556	-.00122
.45	1.0689	.3547	-.1021	-.00766
.50	.8718	.3002	-.0585	-.01168
.55	.6944	.2486	-.0238	-.01373
.60	.5376	.2008	.0031	-.01425
.65	.4007	.1573	.0231	-.01360
.70	.2814	.1179	.0372	-.01209
.75	.1766	.0825	.0460	-.01001
.80	.0817	.0503	.0501	-.00761
.85	-.0093	.0208	.0496	-.00512
.90	-.1073	-.0068	.0443	-.00277
.95	-.2208	-.0333	.0332	-.00083
1.00	-.6646	-.0592	-.0000	-.00000

XQ/L=0.3

X/L	FP	FS	FQ	FM
.05	1.9503	.3638	.0975	.00244
.10	1.3998	.4040	.1675	.00906
.15	1.5009	.4425	.2426	.01932
.20	1.6227	.4769	.3237	.03347
.25	1.7472	.5033	.4111	.05184
.30	1.8365	.5171	-.4971	.07469
.35	1.8172	.5122	-.4063	.05210
.40	1.6870	.4887	-.3219	.03390
.45	1.5138	.4523	-.2462	.01970
.50	1.3229	.4079	-.1801	.00904
.55	1.1292	.3593	-.1236	.00145
.60	.9418	.3091	-.0765	-.00356
.65	.7656	.2593	-.0382	-.00643
.70	.6022	.2109	-.0081	-.00759
.75	.4512	.1648	.0144	-.00743
.80	.3097	.1208	.0299	-.00632
.85	.1721	.0790	.0385	-.00461
.90	.0270	.0388	.0399	-.00265
.95	-.1355	-.0003	.0331	-.00083
1.00	-.6618	-.0389	-.0000	-.00000

XQ/L=0.4

X/L	FP	FS	FQ	FM
.05	.6391	.1884	.0320	.00080
.10	.7460	.2453	.0693	.00333
.15	.9473	.3016	.1166	.00798
.20	1.1488	.3562	.1741	.01524
.25	1.3501	.4074	.2416	.02563
.30	1.5422	.4525	.3187	.03964
.35	1.7105	.4879	.4042	.05771
.40	1.8292	.5087	-.5043	.08021
.45	1.8297	.5091	-.4129	.05728
.50	1.7122	.4894	-.3272	.03877
.55	1.5459	.4553	-.2500	.02434
.60	1.3570	.4117	-.1821	.01354
.65	1.1606	.3625	-.1241	.00589
.70	.9658	.3105	-.0758	.00089
.75	.7767	.2574	-.0369	-.00193
.80	.5938	.2046	-.0073	-.00303
.85	.4140	.1524	.0134	-.00288
.90	.2272	.1012	.0248	-.00192
.95	.0236	.0508	.0260	-.00065
1.00	-.5197	.0007	-.0000	-.00000

XQ/L=0.5

X/L	FP	FS	FQ	FM
.05	-.1318	.0718	-.0066	-.00016
.10	.3012	.1296	.0085	-.00012
.15	.5252	.1874	.0347	.00096
.20	.7374	.2451	.0716	.00362
.25	.9450	.3021	.1189	.00838
.30	1.1523	.3574	.1765	.01576
.35	1.3571	.4091	.2443	.02628
.40	1.5516	.4545	.3219	.04044
.45	1.7213	.4900	.4080	.05869
.50	1.8406	.5106	-.5000	.08139
.55	1.8406	.5106	-.4080	.05869
.60	1.7213	.4900	-.3219	.04044
.65	1.5516	.4545	-.2443	.02628
.70	1.3571	.4091	-.1765	.01576
.75	1.1523	.3574	-.1189	.00838
.80	.9450	.3021	-.0716	.00362
.85	.7374	.2451	-.0347	.00096
.90	.5252	.1874	-.0085	-.00012
.95	.3012	.1296	.0066	-.00016
1.00	-.1318	.0718	-.0000	-.00000

B/L= .50 DS/B1= 1.00 KS= .100

XM/L=0.0

X/L	FP	FS	FQ	FM
.05	34.4069	3.5235	1.7203	-.95699
.10	8.4978	2.2074	2.1452	-.86035
.15	2.8778	1.1642	2.2891	-.74949
.20	-.7135	.3625	2.2534	-.63593
.25	-2.8144	-.2314	2.1127	-.52677
.30	-4.0215	-.6510	1.9117	-.42616
.35	-4.6324	-.9277	1.6800	-.33637
.40	-4.8365	-1.0902	1.4382	-.25842
.45	-4.7632	-1.1637	1.2000	-.19246
.50	-4.5051	-1.1696	.9748	-.13809
.55	-4.1302	-1.1262	.7683	-.09451
.60	-3.6878	-1.0479	.5839	-.06071
.65	-3.2132	-.9465	.4232	-.03553
.70	-2.7300	-.8308	.2867	-.01778
.75	-2.2523	-.7072	.1741	-.00626
.80	-1.7852	-.5800	.0849	.00021
.85	-1.3248	-.4519	.0186	.00280
.90	-.8523	-.3244	-.0240	.00267
.95	-.3467	-.1977	-.0413	.00103
1.00	.8267	-.0716	.0000	-.00000

XM/L=0.1

X/L	FP	FS	FQ	FM
.05	31.3576	3.3491	1.5679	.03920
.10	10.4232	2.3037	2.0890	-.86938
.15	3.6534	1.2706	2.2717	-.76036
.20	-.3357	.4445	2.2549	-.64720
.25	-2.5905	-.1704	2.1254	-.53769
.30	-3.8929	-.6076	1.9308	-.43628
.35	-4.5663	-.8989	1.7024	-.34545
.40	-4.8129	-1.0731	1.4618	-.26635
.45	-4.7686	-1.1556	1.2234	-.19922
.50	-4.5298	-1.1685	.9969	-.14371
.55	-4.1670	-1.1301	.7885	-.09908
.60	-3.7317	-1.0553	.6019	-.06432
.65	-3.2602	-.9562	.4389	-.03830
.70	-2.7776	-.8418	.3000	-.01982
.75	-2.2986	-.7188	.1851	-.00769
.80	-1.8292	-.5917	.0937	-.00072
.85	-1.3662	-.4634	.0253	.00225
.90	-.8916	-.3354	-.0192	.00240
.95	-.3847	-.2081	-.0385	.00096
1.00	.7694	-.0813	-.0000	-.00000

XM/L=0.2

X/L	FP	FS	FQ	FM
.05	23.8280	2.7745	1.1914	.02978
.10	9.7843	2.1797	1.6806	.10159
.15	6.5831	1.5655	2.0098	.19384
.20	3.4051	.9072	2.1800	-.70141
.25	-.6976	.2127	2.1451	-.59328
.30	-2.8668	-.3252	2.0018	-.48961
.35	-3.9886	-.7008	1.8024	-.39450
.40	-4.5289	-.9438	1.5759	-.31005
.45	-4.6824	-1.0813	1.3418	-.23710
.50	-4.5774	-1.1369	1.1129	-.17573
.55	-4.3030	-1.1307	.8978	-.12547
.60	-3.9229	-1.0794	.7016	-.08548
.65	-3.4828	-.9967	.5275	-.05475
.70	-3.0145	-.8930	.3768	-.03214
.75	-2.5383	-.7763	.2499	-.01648
.80	-2.0650	-.6525	.1466	-.00657
.85	-1.5957	-.5252	.0668	-.00123
.90	-1.1179	-.3969	.0109	.00071
.95	-.6138	-.2685	-.0198	.00049
1.00	.3951	-.1403	-.0000	-.00000

XM/L=0.3

X/L	FP	FS	FQ	FM
.05	16.3412	2.0838	.8171	.02043
.10	7.6712	1.8069	1.2006	.07087
.15	6.1263	1.5165	1.5069	.13856
.20	4.8220	1.1949	1.7480	.21993
.25	3.5065	.8197	1.9234	.31172
.30	1.6184	.3649	2.0043	-.59009
.35	-1.6821	-.1607	1.9202	-.49198
.40	-3.3118	-.5615	1.7546	-.40011
.45	-4.0657	-.8286	1.5513	-.31746
.50	-4.3575	-.9881	1.3334	-.24535
.55	-4.3491	-1.0634	1.1160	-.18411
.60	-4.1457	-1.0744	.9087	-.13349
.65	-3.8192	-1.0379	.7177	-.09283
.70	-3.4200	-.9676	.5467	-.06122
.75	-2.9828	-.8742	.3976	-.03761
.80	-2.5303	-.7662	.2711	-.02090
.85	-2.0751	-.6494	.1673	-.00994
.90	-1.6191	-.5281	.0864	-.00359
.95	-1.1536	-.4048	.0287	-.00072
1.00	-.5738	-.2809	-.0000	-.00000

XM/L=0.4

X/L	FP	FS	FQ	FM
.05	10.1415	1.4394	.5071	.01268
.10	5.4364	1.3662	.7789	.04483
.15	4.8917	1.2845	1.0235	.08989
.20	4.5092	1.1827	1.2489	.14670
.25	4.1746	1.0456	1.4577	.21436
.30	3.7008	.8545	1.6427	.29187
.35	2.9018	.5876	1.7878	.37763
.40	1.3611	.2203	1.8558	-.53128
.45	-1.7031	-.2364	1.7707	-.44061
.50	-3.1745	-.5848	1.6120	-.35605
.55	-3.8276	-.8139	1.4206	-.28023
.60	-4.0624	-.9476	1.2175	-.21428
.65	-4.0305	-1.0073	1.0159	-.15845
.70	-3.8302	-1.0112	.8244	-.11244
.75	-3.5284	-.9746	.6480	-.07563
.80	-3.1729	-.9099	.4894	-.04719
.85	-2.7992	-.8269	.3494	-.02622
.90	-2.4391	-.7329	.2275	-.01180
.95	-2.1035	-.6333	.1223	-.00306
1.00	-2.4455	-.5316	-.0000	-.00000

XM/L=0.5

X/L	FP	FS	FQ	FM
.05	5.5431	.9150	.2772	.00693
.10	3.5315	.9588	.4537	.02520
.15	3.5661	.9979	.6320	.05234
.20	3.6822	1.0255	.8161	.08855
.25	3.8322	1.0321	1.0078	.13415
.30	3.9299	1.0054	1.2042	.18945
.35	3.8948	.9303	1.3990	.25453
.40	3.6226	.7887	1.5801	.32901
.45	2.9597	.5597	1.7281	.41171
.50	1.5069	.2196	1.8034	-.50000
.55	-1.5069	-.2196	1.7281	-.41171
.60	-2.9597	-.5597	1.5801	-.32901
.65	-3.6226	-.7887	1.3990	-.25453
.70	-3.8948	-.9303	1.2042	-.18945
.75	-3.9299	-1.0054	1.0078	-.13415
.80	-3.8322	-1.0321	.8161	-.08855
.85	-3.6822	-1.0255	.6320	-.05234
.90	-3.5661	-.9979	.4537	-.02520
.95	-3.5315	-.9588	.2772	-.00693
1.00	-5.5431	-.9150	-.0000	-.00000

B/L= .50 DS/B1= 1.00 KS= .200

XQ/L=0.0

X/L	FP	FS	FQ	FM
.05	8.8438	1.1446	-.5578	-.03895
.10	3.9264	.9891	-.3615	-.06193
.15	2.9637	.8413	-.2133	-.07630
.20	2.2385	.7039	-.1014	-.08416
.25	1.7065	.5786	-.0161	-.08710
.30	1.2862	.4661	.0483	-.08630
.35	.9457	.3667	.0955	-.08270
.40	.6673	.2800	.1289	-.07709
.45	.4397	.2052	.1509	-.07010
.50	.2546	.1415	.1636	-.06223
.55	.1050	.0877	.1689	-.05392
.60	-.0152	.0427	.1681	-.04550
.65	-.1117	.0051	.1625	-.03723
.70	-.1899	-.0263	.1530	-.02934
.75	-.2555	-.0528	.1403	-.02201
.80	-.3144	-.0753	.1245	-.01539
.85	-.3740	-.0951	.1058	-.00963
.90	-.4477	-.1130	.0835	-.00490
.95	-.5441	-.1298	.0562	-.00141
1.00	-1.1249	-.1461	-.0000	-.00000

XQ/L=0.1

X/L	FP	FS	FQ	FM
.05	6.3850	.8759	.3192	.00798
.10	3.1482	.8000	-.5233	.02788
.15	2.5881	.7215	-.3939	.00495
.20	2.1261	.6408	-.2876	-.01209
.25	1.7642	.5607	-.1994	-.02427
.30	1.4577	.4833	-.1265	-.03242
.35	1.1918	.4101	-.0670	-.03725
.40	.9596	.3423	-.0190	-.03940
.45	.7568	.2801	.0189	-.03941
.50	.5803	.2240	.0479	-.03774
.55	.4274	.1736	.0693	-.03481
.60	.2952	.1286	.0840	-.03098
.65	.1803	.0886	.0930	-.02655
.70	.0796	.0529	.0970	-.02180
.75	-.0110	.0208	.0965	-.01696
.80	-.0961	-.0083	.0917	-.01226
.85	-.1822	-.0353	.0825	-.00791
.90	-.2814	-.0607	.0685	-.00413
.95	-.4022	-.0853	.0484	-.00121
1.00	-.9673	-.1095	-.0000	-.00000

XQ/L=0.2

X/L	FP	FS	FQ	FM
.05	4.2481	.6297	.2124	.00531
.10	2.3121	.6105	.3280	.01882
.15	2.0869	.5894	.4324	.03783
.20	1.9254	.5642	-.4714	.06185
.25	1.7743	.5317	-.3827	.04050
.30	1.5980	.4917	-.3028	.02337
.35	1.4172	.4469	-.2319	.01000
.40	1.2385	.3997	-.1700	-.00005
.45	1.0659	.3517	-.1167	-.00721
.50	.9023	.3042	-.0716	-.01192
.55	.7492	.2583	-.0341	-.01456
.60	.6072	.2143	-.0038	-.01551
.65	.4759	.1726	.0200	-.01510
.70	.3541	.1332	.0378	-.01366
.75	.2397	.0959	.0497	-.01147
.80	.1293	.0606	.0562	-.00882
.85	.0179	.0267	.0571	-.00599
.90	-.1055	-.0060	.0518	-.00326
.95	-.2490	-.0380	.0394	-.00098
1.00	-.7874	-.0698	-.0000	-.00000

XQ/L=0.3

X/L	FP	FS	FQ	FM
.05	2.5583	.4223	.1279	.00320
.10	1.5743	.4382	.2066	.01156
.15	1.5462	.4530	.2839	.02383
.20	1.5549	.4652	.3617	.03997
.25	1.5839	.4726	.4409	.06003
.30	1.6002	.4725	-.4791	.08408
.35	1.5617	.4618	-.4010	.06207
.40	1.4645	.4404	-.3278	.04385
.45	1.3413	.4110	-.2607	.02914
.50	1.2045	.3761	-.2005	.01761
.55	1.0619	.3378	-.1474	.00891
.60	.9184	.2975	-.1015	.00269
.65	.7771	.2564	-.0626	-.00141
.70	.6393	.2151	-.0307	-.00375
.75	.5052	.1743	-.0054	-.00465
.80	.3734	.1341	.0133	-.00445
.85	.2402	.0946	.0253	-.00349
.90	.0972	.0556	.0301	-.00210
.95	-.0631	.0171	.0270	-.00067
1.00	-.5396	-.0212	-.0000	-.00000

XQ/L=0.4

X/L	FP	FS	FQ	FM
.05	1.3051	.2581	.0653	.00163
.10	.9774	.2929	.1141	.00612
.15	1.0640	.3272	.1673	.01315
.20	1.1645	.3600	.2256	.02297
.25	1.2741	.3901	.2893	.03584
.30	1.3796	.4159	.3582	.05203
.35	1.4696	.4351	.4317	.07178
.40	1.5288	.4450	-.4918	.09528
.45	1.5214	.4425	-.4158	.07259
.50	1.4467	.4277	-.3434	.05361
.55	1.3394	.4034	-.2765	.03811
.60	1.2131	.3723	-.2158	.02580
.65	1.0762	.3363	-.1620	.01636
.70	.9343	.2973	-.1153	.00942
.75	.7904	.2563	-.0758	.00465
.80	.6458	.2142	-.0435	.00167
.85	.4997	.1718	-.0185	.00012
.90	.3473	.1291	-.0011	-.00037
.95	.1832	.0865	.0080	-.00020
1.00	-.1607	.0440	-.0000	-.00000

XQ/L=0.5

X/L	FP	FS	FQ	FM
.05	.4261	.1343	.0213	.00053
.10	.5205	.1767	.0473	.00225
.15	.6649	.2189	.0806	.00545
.20	.8073	.2605	.1209	.01048
.25	.9496	.3009	.1684	.01772
.30	1.0898	.3393	.2229	.02750
.35	1.2243	.3742	.2841	.04018
.40	1.3475	.4041	.3515	.05607
.45	1.4505	.4268	.4240	.07545
.50	1.5196	.4397	-.5000	.09855
.55	1.5196	.4397	-.4240	.07545
.60	1.4505	.4268	-.3515	.05607
.65	1.3475	.4041	-.2841	.04018
.70	1.2243	.3742	-.2229	.02750
.75	1.0898	.3393	-.1684	.01772
.80	.9496	.3009	-.1209	.01048
.85	.8073	.2605	-.0806	.00545
.90	.6649	.2189	-.0473	.00225
.95	.5205	.1767	-.0213	.00053
1.00	.4261	.1343	-.0000	-.00000

B/L= .50 QS/B1= 1.00 KS= .200

XM/L=0.0

X/L	FP	FS	FQ	FM
.05	25.0149	2.7109	1.2507	-.96873
.10	7.4984	1.8782	1.6257	-.89682
.15	3.6791	1.1855	1.8096	-.81094
.20	1.0765	.6210	1.8634	-.71911
.25	-.6078	.1713	1.8331	-.62670
.30	-1.7353	-.1776	1.7463	-.53722
.35	-2.4750	-.4391	1.6225	-.45299
.40	-2.9312	-.6264	1.4760	-.37553
.45	-3.1752	-.7517	1.3172	-.30570
.50	-3.2592	-.8258	1.1543	-.24391
.55	-3.2238	-.8589	.9931	-.19023
.60	-3.1010	-.8594	.8380	-.14445
.65	-2.9165	-.8348	.6922	-.10620
.70	-2.6906	-.7915	.5577	-.07495
.75	-2.4397	-.7347	.4357	-.05012
.80	-2.1765	-.6685	.3269	-.03106
.85	-1.9115	-.5962	.2313	-.01710
.90	-1.6560	-.5204	.1485	-.00761
.95	-1.4108	-.4428	.0779	-.00195
1.00	-1.5588	-.3644	.0000	-.00000

XM/L=0.1

X/L	FP	FS	FQ	FM
.05	23.3987	2.6150	1.1699	.02925
.10	8.4395	1.9215	1.5919	-.90171
.15	4.0648	1.2373	1.7951	-.81703
.20	1.2765	.6634	1.8590	-.72568
.25	-.4769	.2052	1.8351	-.63332
.30	-1.6477	-.1511	1.7527	-.54363
.35	-2.4170	-.4191	1.6319	-.45901
.40	-2.8948	-.6120	1.4872	-.38103
.45	-3.1549	-.7419	1.3294	-.31062
.50	-3.2513	-.8200	1.1668	-.24821
.55	-3.2253	-.8563	1.0056	-.19390
.60	-3.1096	-.8594	.8501	-.14751
.65	-2.9305	-.8370	.7036	-.10867
.70	-2.7088	-.7954	.5681	-.07688
.75	-2.4612	-.7399	.4451	-.05155
.80	-2.2008	-.6749	.3350	-.03204
.85	-1.9386	-.6036	.2381	-.01771
.90	-1.6868	-.5286	.1538	-.00792
.95	-1.4465	-.4517	.0814	-.00204
1.00	-1.6290	-.3741	-.0000	-.00000

XM/L=0.2

X/L	FP	FS	FQ	FM
.05	19.1821	2.2836	.9591	.02398
.10	7.9970	1.8335	1.3590	.08193
.15	5.5024	1.3756	1.6341	.15675
.20	3.1908	.8999	1.7936	-.75755
.25	.5597	.4130	1.8216	-.66717
.30	-1.0173	.0143	1.7707	-.57736
.35	-1.9981	-.2911	1.6708	-.49132
.40	-2.6211	-.5164	1.5398	-.41106
.45	-2.9868	-.6741	1.3904	-.33780
.50	-3.1626	-.7756	1.2323	-.27224
.55	-3.1974	-.8314	1.0724	-.21462
.60	-3.1286	-.8508	.9160	-.16491
.65	-2.9857	-.8417	.7667	-.12284
.70	-2.7926	-.8112	.6271	-.08799
.75	-2.5681	-.7648	.4987	-.05985
.80	-2.3281	-.7074	.3823	-.03782
.85	-2.0862	-.6427	.2780	-.02132
.90	-1.8597	-.5736	.1850	-.00974
.95	-1.6529	-.5023	.1023	-.00256
1.00	-2.0469	-.4300	-.0000	-.00000

XM/L=0.3

X/L	FP	FS	FQ	FM
.05	14.6404	1.8578	.7320	.01830
.10	6.6966	1.5962	1.0668	.06327
.15	5.1871	1.3286	1.3262	.12310
.20	3.9401	1.0471	1.5232	.19433
.25	2.7989	.7418	1.6632	.27399
.30	1.4290	.4015	1.7346	-.64106
.35	-.6029	.0325	1.7045	-.55509
.40	-1.7562	-.2656	1.6166	-.47206
.45	-2.4264	-.4867	1.4953	-.39426
.50	-2.8191	-.6428	1.3544	-.32302
.55	-3.0157	-.7452	1.2036	-.25907
.60	-3.0712	-.8040	1.0500	-.20273
.65	-3.0259	-.8282	.8987	-.15401
.70	-2.9110	-.8257	.7532	-.11271
.75	-2.7518	-.8032	.6156	-.07849
.80	-2.5699	-.7664	.4871	-.05092
.85	-2.3860	-.7200	.3678	-.02955
.90	-2.2292	-.6676	.2563	-.01395
.95	-2.1115	-.6119	.1508	-.00377
1.00	-3.0153	-.5549	-.0000	-.00000

XM/L=0.4

X/L	FP	FS	FQ	FM
.05	10.5338	1.4312	.5267	.01317
.10	5.2467	1.3061	.7890	.04606
.15	4.4199	1.1766	1.0100	.09104
.20	3.7867	1.0369	1.1994	.14627
.25	3.2502	.8795	1.3624	.21031
.30	2.6979	.6953	1.4973	.28180
.35	1.9906	.4743	1.5968	.35916
.40	.9254	.2053	1.6431	-.55985
.45	-.8860	-.1050	1.5988	-.47880
.50	-1.8797	-.3560	1.5048	-.40121
.55	-2.4379	-.5412	1.3829	-.32902
.60	-2.7581	-.6716	1.2450	-.26333
.65	-2.9166	-.7575	1.0991	-.20472
.70	-2.9652	-.8085	.9509	-.15347
.75	-2.9435	-.8326	.8037	-.10961
.80	-2.8848	-.8371	.6595	-.07303
.85	-2.8229	-.8279	.5183	-.04358
.90	-2.8082	-.8100	.3779	-.02118
.95	-2.8671	-.7872	.2346	-.00586
1.00	-4.6912	-.7625	-.0000	-.00000

XM/L=0.5

X/L	FP	FS	FQ	FM
.05	7.1856	1.0573	.3593	.00898
.10	3.9272	1.0244	.5556	.03186
.15	3.5674	.9886	.7340	.06410
.20	3.3331	.9456	.9007	.10496
.25	3.1746	.8900	1.0594	.15396
.30	3.0069	.8150	1.2097	.21069
.35	2.7728	.7127	1.3484	.27465
.40	2.4124	.5740	1.4690	.34508
.45	1.8463	.3889	1.5613	.42084
.50	.8768	.1464	1.6052	-.50000
.55	-.8768	-.1464	1.5613	-.42084
.60	-1.8463	-.3889	1.4690	-.34508
.65	-2.4124	-.5740	1.3484	-.27465
.70	-2.7728	-.7127	1.2097	-.21069
.75	-3.0069	-.8150	1.0594	-.15396
.80	-3.1746	-.8900	.9007	-.10496
.85	-3.3331	-.9456	.7340	-.06410
.90	-3.5674	-.9886	.5556	-.03186
.95	-3.9272	-1.0244	.3593	-.00898
1.00	-7.1856	-1.0573	-.0000	-.00000

B/L= .50 DS/B1= 1.00 KS= .500

XQ/L=0.0

X/L	FP	FS	FQ	FM
.05	7.6571	1.0268	-.6171	-.04043
.10	3.5995	.9175	-.4372	-.06679
.15	2.8659	.8113	-.2939	-.08506
.20	2.3104	.7098	-.1784	-.09687
.25	1.8967	.6137	-.0835	-.10342
.30	1.5573	.5236	-.0057	-.10564
.35	1.2673	.4398	.0577	-.10434
.40	1.0137	.3623	.1084	-.10019
.45	.7892	.2910	.1479	-.09378
.50	.5890	.2255	.1773	-.08565
.55	.4092	.1654	.1978	-.07628
.60	.2464	.1101	.2101	-.06608
.65	.0973	.0591	.2150	-.05546
.70	-.0416	.0118	.2129	-.04476
.75	-.1745	-.0326	.2042	-.03433
.80	-.3072	-.0746	.1888	-.02451
.85	-.4485	-.1148	.1664	-.01563
.90	-.6183	-.1538	.1355	-.00809
.95	-.8292	-.1921	.0940	-.00235
1.00	-1.8798	-.2301	-.0000	-.00000

XQ/L=0.1

X/L	FP	FS	FQ	FM
.05	5.9845	.8312	.2992	.00748
.10	2.9787	.7659	-.5518	.02617
.15	2.4818	.6997	-.4278	.00168
.20	2.0915	.6328	-.3232	-.01710
.25	1.7932	.5663	-.2335	-.03102
.30	1.5401	.5013	-.1565	-.04077
.35	1.3159	.4384	-.0907	-.04695
.40	1.1129	.3782	-.0351	-.05009
.45	.9272	.3209	.0113	-.05069
.50	.7561	.2666	.0491	-.04918
.55	.5979	.2154	.0790	-.04598
.60	.4507	.1670	.1015	-.04146
.65	.3126	.1212	.1171	-.03600
.70	.1815	.0777	.1262	-.02991
.75	.0544	.0362	.1289	-.02354
.80	-.0728	-.0036	.1253	-.01718
.85	-.2069	-.0423	.1150	-.01117
.90	-.3631	-.0801	.0968	-.00588
.95	-.5519	-.1174	.0692	-.00173
1.00	-1.3840	-.1545	-.0000	-.00000

XQ/L=0.2

X/L	FP	FS	FQ	FM
.05	4.4507	.6455	.2225	.00556
.10	2.3376	.6149	.3394	.01961
.15	2.0483	.5835	.4418	.03914
.20	1.8366	.5504	-.4663	.06353
.25	1.6690	.5142	-.3829	.04230
.30	1.5080	.4750	-.3075	.02504
.35	1.3534	.4337	-.2398	.01136
.40	1.2038	.3914	-.1796	.00087
.45	1.0589	.3487	-.1267	-.00679
.50	.9188	.3062	-.0807	-.01197
.55	.7837	.2643	-.0416	-.01503
.60	.6534	.2231	-.0089	-.01629
.65	.5276	.1830	.0175	-.01608
.70	.4053	.1437	.0377	-.01470
.75	.2851	.1055	.0520	-.01245
.80	.1644	.0680	.0602	-.00965
.85	.0387	.0312	.0622	-.00659
.90	-.1027	-.0051	.0570	-.00361
.95	-.2676	-.0411	.0436	-.00109
1.00	-.8728	-.0770	-.0000	-.00000

XQ/L=0.3

X/L	FP	FS	FQ	FM
.05	3.1211	.4779	.1561	.00390
.10	1.7438	.4724	.2432	.01388
.15	1.6019	.4663	.3233	.02805
.20	1.5129	.4589	.3990	.04611
.25	1.4608	.4494	.4720	.06788
.30	1.4148	.4364	-.4572	.09325
.35	1.3513	.4187	-.3897	.07208
.40	1.2656	.3961	-.3264	.05418
.45	1.1690	.3697	-.2679	.03932
.50	1.0658	.3405	-.2146	.02725
.55	.9587	.3093	-.1667	.01772
.60	.8496	.2768	-.1242	.01045
.65	.7398	.2434	-.0872	.00516
.70	.6298	.2096	-.0558	.00158
.75	.5197	.1755	-.0298	-.00055
.80	.4088	.1415	-.0093	-.00153
.85	.2948	.1075	.0054	-.00163
.90	.1724	.0736	.0140	-.00114
.95	.0363	.0398	.0158	-.00040
1.00	-.3169	.0060	-.0000	-.00000.

XQ/L=0.4

X/L	FP	FS	FQ	FM
.05	2.0039	.3316	.1002	.00250
.10	1.2187	.3433	.1611	.00904
.15	1.1846	.3547	.2204	.01858
.20	1.1811	.3652	.2794	.03107
.25	1.2001	.3743	.3394	.04654
.30	1.2241	.3810	.4006	.06504
.35	1.2437	.3845	.4628	.08663
.40	1.2502	.3833	-.4747	.11133
.45	1.2279	.3763	-.4133	.08913
.50	1.1759	.3634	-.3545	.06994
.55	1.1076	.3457	-.2991	.05360
.60	1.0286	.3243	-.2477	.03993
.65	.9424	.3001	-.2006	.02872
.70	.8518	.2738	-.1580	.01976
.75	.7584	.2461	-.1200	.01281
.80	.6637	.2175	-.0869	.00764
.85	.5683	.1882	-.0584	.00400
.90	.4728	.1585	-.0348	.00167
.95	.3753	.1287	-.0160	.00040
1.00	.3209	.0989	-.0000	-.00000

XQ/L=0.5

X/L	FP	FS	FQ	FM
.05	1.0814	.2061	.0541	.00135
.10	.7651	.2291	.0923	.00501
.15	.8081	.2519	.1327	.01064
.20	.8636	.2742	.1759	.01835
.25	.9293	.2957	.2224	.02831
.30	.9970	.3157	.2722	.04068
.35	1.0625	.3337	.3253	.05561
.40	1.1217	.3489	.3814	.07328
.45	1.1700	.3601	.4399	.09382
.50	1.2014	.3664	-.5000	.11732
.55	1.2014	.3664	-.4399	.09382
.60	1.1700	.3601	-.3814	.07328
.65	1.1217	.3489	-.3253	.05561
.70	1.0625	.3337	-.2722	.04068
.75	.9970	.3157	-.2224	.02831
.80	.9293	.2957	-.1759	.01835
.85	.8636	.2742	-.1327	.01064
.90	.8081	.2519	-.0923	.00501
.95	.7651	.2291	-.0541	.00135
1.00	1.0814	.2061	-.0000	-.00000

B/L= .50 DS/B1= 1.00 KS= .500

XM/L=0.0

X/L	FP	FS	FQ	FM
.05	16.9056	1.9672	.8453	-.97887
.10	6.0967	1.5105	1.1501	-.92898
.15	3.8114	1.1112	1.3407	-.86671
.20	2.1697	.7657	1.4492	-.79697
.25	1.0211	.4702	1.5002	-.72323
.30	.1623	.2203	1.5083	-.64802
.35	-.4938	.0115	1.4837	-.57322
.40	-.9980	-.1606	1.4338	-.50028
.45	-1.3833	-.3006	1.3646	-.43032
.50	-1.6739	-.4126	1.2809	-.36419
.55	-1.8886	-.5008	1.1865	-.30250
.60	-2.0434	-.5690	1.0843	-.24573
.65	-2.1527	-.6208	.9767	-.19421
.70	-2.2295	-.6594	.8652	-.14817
.75	-2.2873	-.6878	.7508	-.10776
.80	-2.3414	-.7085	.6338	-.07315
.85	-2.4131	-.7237	.5131	-.04448
.90	-2.5476	-.7355	.3857	-.02201
.95	-2.7679	-.7453	.2473	-.00618
1.00	-4.9464	-.7542	.0000	-.00000

XM/L=0.1

X/L	FP	FS	FQ	FM
.05	16.2244	1.9254	.8112	.02028
.10	6.4636	1.5258	1.1344	-.93108
.15	3.9632	1.1311	1.3326	-.86941
.20	2.2521	.7829	1.4452	-.79996
.25	1.0793	.4849	1.4991	-.72635
.30	.2055	.2326	1.5094	-.65114
.35	-.4611	.0216	1.4863	-.57625
.40	-.9734	-.1525	1.4377	-.50315
.45	-1.3652	-.2942	1.3694	-.43297
.50	-1.6612	-.4079	1.2864	-.36657
.55	-1.8806	-.4976	1.1923	-.30461
.60	-2.0396	-.5672	1.0903	-.24754
.65	-2.1526	-.6202	.9827	-.19571
.70	-2.2328	-.6600	.8711	-.14937
.75	-2.2938	-.6894	.7564	-.10868
.80	-2.3510	-.7110	.6388	-.07380
.85	-2.4262	-.7272	.5175	-.04489
.90	-2.5648	-.7399	.3893	-.02222
.95	-2.7902	-.7506	.2498	-.00624
1.00	-4.9956	-.7604	-.0000	-.00000

XM/L=0.2

X/L	FP	FS	FQ	FM
.05	14.3614	1.7751	.7181	.01795
.10	6.2342	1.4795	1.0298	.06165
.15	4.5207	1.1815	1.2558	.11879
.20	3.0273	.8782	1.4072	-.81464
.25	1.5224	.5732	1.4833	-.74237
.30	.4991	.3075	1.5083	-.66759
.35	-.2441	.0841	1.4961	-.59248
.40	-.8105	-.1016	1.4555	-.51869
.45	-1.2441	-.2539	1.3933	-.44747
.50	-1.5742	-.3772	1.3146	-.37977
.55	-1.8226	-.4757	1.2235	-.31631
.60	-2.0070	-.5534	1.1231	-.25765
.65	-2.1426	-.6138	1.0160	-.20417
.70	-2.2436	-.6604	.9038	-.15617
.75	-2.3242	-.6962	.7876	-.11389
.80	-2.4009	-.7239	.6676	-.07751
.85	-2.4967	-.7459	.5427	-.04725
.90	-2.6601	-.7642	.4097	-.02344
.95	-2.9165	-.7803	.2639	-.00660
1.00	-5.2782	-.7956	-.0000	-.00000

XM/L=0.3

X/L	FP	FS	FQ	FM
.05	12.2212	1.5716	.6111	.01528
.10	5.6105	1.3628	.8916	.05284
.15	4.3516	1.1520	1.1092	.10286
.20	3.3339	.9366	1.2759	.16249
.25	2.4635	.7132	1.3990	.22936
.30	1.5518	.4781	1.4766	-.69875
.35	.4073	.2346	1.4970	-.62441
.40	-.3605	.0232	1.4790	-.55001
.45	-.9125	-.1529	1.4333	-.47720
.50	-1.3322	-.2981	1.3667	-.40720
.55	-1.6534	-.4169	1.2841	-.34093
.60	-1.8999	-.5132	1.1891	-.27910
.65	-2.0904	-.5910	1.0845	-.22226
.70	-2.2415	-.6537	.9725	-.17083
.75	-2.3694	-.7046	.8540	-.12517
.80	-2.4927	-.7467	.7294	-.08559
.85	-2.6377	-.7824	.5975	-.05242
.90	-2.8596	-.8141	.4545	-.02612
.95	-3.1881	-.8434	.2951	-.00738
1.00	-5.9019	-.8717	-.0000	-.C0000

XM/L=0.4

X/L	FP	FS	FQ	FM
.05	10.1536	1.3564	.5077	.01269
.10	4.8875	1.2165	.7521	.04419
.15	3.9771	1.0749	.9509	.08676
.20	3.2677	.9295	1.1143	.13839
.25	2.6946	.7772	1.2490	.19747
.30	2.1479	.6150	1.3564	.26261
.35	1.5654	.4389	1.4347	.33239
.40	.8541	.2450	1.4774	-.59481
.45	-.1442	.0365	1.4702	-.52112
.50	-.8042	-.1461	1.4300	-.44862
.55	-1.2785	-.2995	1.3661	-.37872
.60	-1.6467	-.4282	1.2837	-.31247
.65	-1.9406	-.5361	1.1867	-.25071
.70	-2.1841	-.6272	1.0775	-.19411
.75	-2.3982	-.7049	.9576	-.14323
.80	-2.6059	-.7725	.8273	-.09861
.85	-2.8392	-.8329	.6853	-.06079
.90	-3.1645	-.8885	.5271	-.03048
.95	-3.6191	-.9413	.3461	-.00865
1.00	-6.9228	-.9931	-.0000	-.00000

XM/L=0.5

X/L	FP	FS	FQ	FM
.05	8.3530	1.1577	.4176	.01044
.10	4.1985	1.0696	.6276	.03657
.15	3.5531	.9800	.8052	.07239
.20	3.0688	.8872	.9587	.11649
.25	2.6976	.7888	1.0935	.16779
.30	2.3554	.6819	1.2113	.22542
.35	2.0011	.5631	1.3114	.28848
.40	1.6015	.4290	1.3914	.35605
.45	1.1208	.2756	1.4475	.42703
.50	.4783	.0986	1.4714	-.50000
.55	-.4783	-.0986	1.4475	-.42703
.60	-1.1208	-.2756	1.3914	-.35605
.65	-1.6015	-.4290	1.3114	-.28848
.70	-2.0011	-.5631	1.2113	-.22542
.75	-2.3554	-.6819	1.0935	-.16779
.80	-2.6976	-.7888	.9587	-.11649
.85	-3.0688	-.8872	.8052	-.07239
.90	-3.5531	-.9800	.6276	-.03657
.95	-4.1985	-1.0696	.4176	-.01044
1.00	-8.3530	-1.1577	-.0000	-.00000

B/L= .50 DS/B1= 1.00 KS= 1.000

XQ/L=0.0

X/L	FP	FS	FQ	FM
.05	7.1124	.9718	-.6444	-.04111
.10	3.4394	.8827	-.4724	-.06903
.15	2.8081	.7952	-.3320	-.08914
.20	2.3305	.7102	-.2155	-.10283
.25	1.9737	.6280	-.1168	-.11113
.30	1.6757	.5490	-.0330	-.11488
.35	1.4139	.4734	.0377	-.11476
.40	1.1770	.4013	.0965	-.11141
.45	.9588	.3326	.1445	-.10538
.50	.7557	.2671	.1823	-.09721
.55	.5648	.2046	.2105	-.08739
.60	.3839	.1450	.2297	-.07639
.65	.2106	.0878	.2402	-.06464
.70	.0422	.0327	.2423	-.05258
.75	-.1249	-.0207	.2361	-.04062
.80	-.2959	-.0726	.2213	-.02918
.85	-.4805	-.1235	.1973	-.01872
.90	-.7015	-.1737	.1622	-.00973
.95	-.9736	-.2234	.1135	-.00284
1.00	-2.2703	-.2730	-.0000	-.00000

XQ/L =0.1

X/L	FP	FS	FQ	FM
.05	5.7822	.8089	.2891	.00723
.10	2.8980	.7494	-.5660	.02531
.15	2.4338	.6895	-.4443	.00005
.20	2.0771	.6292	-.3404	-.01957
.25	1.8081	.5692	-.2500	-.03433
.30	1.5797	.5100	-.1711	-.04486
.35	1.3750	.4521	-.1023	-.05169
.40	1.1861	.3955	-.0430	-.05533
.45	1.0090	.3406	.0074	-.05621
.50	.8412	.2874	.0495	-.05479
.55	.6811	.2358	.0836	-.05146
.60	.5273	.1858	.1099	-.04663
.65	.3785	.1373	.1289	-.04066
.70	.2329	.0901	.1405	-.03392
.75	.0880	.0441	.1449	-.02679
.80	-.0600	-.0011	.1419	-.01962
.85	-.2180	-.0456	.1310	-.01280
.90	-.4029	-.0896	.1109	-.00675
.95	-.6258	-.1333	.0796	-.00199
1.00	-1.5913	-.1768	-.0000	-.00000

XQ/L=0.2

X/L	FP	FS	FQ	FM
.05	4.5237	.6512	.2262	.00565
.10	2.3472	.6165	.3435	.01990
.15	2.0351	.5815	.4453	.03962
.20	1.8056	.5455	-.4644	.06414
.25	1.6319	.5080	-.3828	.04296
.30	1.4757	.4690	-.3090	.02566
.35	1.3299	.4289	-.2425	.01187
.40	1.1904	.3883	-.1830	.00124
.45	1.0553	.3474	-.1303	-.00660
.50	.9237	.3067	-.0841	-.01196
.55	.7952	.2662	-.0443	-.01516
.60	.6694	.2262	-.0108	-.01654
.65	.5458	.1866	.0165	-.01640
.70	.4237	.1475	.0376	-.01505
.75	.3016	.1089	.0527	-.01279
.80	.1773	.0707	.0616	-.00993
.85	.0466	.0329	.0639	-.00680
.90	-.1013	-.0047	.0588	-.00373
.95	-.2740	-.0421	.0451	-.00113
1.00	-.9030	-.0795	-.0000	-.00000

XQ/L=0.3

X/L	FP	FS	FQ	FM
.05	3.3731	.5032	.1687	.00422
.10	1.8219	.4883	.2598	.01493
.15	1.6308	.4732	.3413	.02995
.20	1.4996	.4573	.4163	.04889
.25	1.4129	.4403	.4869	.07147
.30	1.3399	.4215	-.4461	.09749
.35	1.2634	.4002	-.3829	.07677
.40	1.1783	.3763	-.3240	.05909
.45	1.0888	.3504	-.2696	.04425
.50	.9965	.3229	-.2197	.03202
.55	.9021	.2943	-.1746	.02216
.60	.8067	.2649	-.1343	.01444
.65	.7105	.2349	-.0988	.00861
.70	.6138	.2046	-.0681	.00444
.75	.5166	.1741	-.0423	.00168
.80	.4181	.1435	-.0213	.00009
.85	.3168	.1128	-.0055	-.00058
.90	.2086	.0822	.0049	-.00059
.95	.0894	.0516	.0094	-.00023
1.00	-.1878	.0210	-.0000	-.00000

XQ/L =0.4

X/L	FP	FS	FQ	FM
.05	2.3378	.3668	.1169	.00292
.10	1.3340	.3675	.1836	.01043
.15	1.2423	.3680	.2457	.02117
.20	1.1896	.3681	.3052	.03494
.25	1.1666	.3673	.3635	.05166
.30	1.1535	.3652	.4212	.07127
.35	1.1417	.3613	.4783	.09376
.40	1.1247	.3549	-.4655	.11908
.45	1.0936	.3454	-.4108	.09717
.50	1.0476	.3326	-.3584	.07794
.55	.9930	.3173	-.3088	.06126
.60	.9325	.2998	-.2622	.04699
.65	.8681	.2807	-.2187	.03497
.70	.8010	.2604	-.1787	.02503
.75	.7325	.2392	-.1421	.01701
.80	.6638	.2174	-.1089	.01074
.85	.5962	.1951	-.0791	.00604
.90	.5327	.1725	-.0524	.00275
.95	.4730	.1500	-.0288	.00072
1.00	.5758	.1273	-.0000	-.00000

XQ/L=0.5

X/L	FP	FS	FQ	FM
.05	1.4107	.2419	.0705	.00176
.10	.8856	.2549	.1148	.00640
.15	.8762	.2677	.1586	.01323
.20	.8871	.2803	.2030	.02227
.25	.9143	.2923	.2487	.03357
.30	.9468	.3035	.2960	.04718
.35	.9801	.3135	.3450	.06321
.40	1.0108	.3218	.3956	.08173
.45	1.0360	.3280	.4474	.10280
.50	1.0523	.3314	-.5000	.12649
.55	1.0523	.3314	-.4474	.10280
.60	1.0360	.3280	-.3956	.08173
.65	1.0108	.3218	-.3450	.06321
.70	.9801	.3135	-.2960	.04718
.75	.9468	.3035	-.2487	.03357
.80	.9143	.2923	-.2030	.02227
.85	.8871	.2803	-.1586	.01323
.90	.8762	.2677	-.1148	.00640
.95	.8856	.2549	-.0705	.00176
1.00	1.4107	.2419	-.0000	-.00000

B/L= .50 DS/B1= 1.00 KS= 1.000

XM/L=0.0

X/L	FP	FS	FQ	FM
.05	13.3942	1.6345	.6697	-.98326
.10	5.3587	1.3304	.9376	-.94307
.15	3.7281	1.0552	1.1240	-.89153
.20	2.5243	.8076	1.2503	-.83217
.25	1.6481	.5858	1.3327	-.76760
.30	.9545	.3881	1.3804	-.69977
.35	.3844	.2123	1.3996	-.63027
.40	-.0951	.0565	1.3949	-.56041
.45	-.5040	-.0815	1.3697	-.49130
.50	-.8565	-.2036	1.3268	-.42389
.55	-1.1638	-.3121	1.2687	-.35900
.60	-1.4353	-.4088	1.1969	-.29736
.65	-1.6800	-.4957	1.1129	-.23962
.70	-1.9073	-.5745	1.0175	-.18635
.75	-2.1282	-.6469	.9111	-.13814
.80	-2.3582	-.7145	.7932	-.09553
.85	-2.6229	-.7786	.6620	-.05915
.90	-2.9838	-.8403	.5129	-.02978
.95	-3.4745	-.9008	.3391	-.00848
1.00	-6.7826	-.9607	.0000	-.00000

XM/L=0.1

X/L	FP	FS	FQ	FM
.05	13.0456	1.6128	.6523	.01631
.10	5.5398	1.3375	.9293	-.94415
.15	3.8032	1.0650	1.1194	-.83294
.20	2.5659	.8162	1.2477	-.83376
.25	1.6785	.5934	1.3317	-.76927
.30	.9779	.3946	1.3805	-.70147
.35	.4028	.2178	1.4007	-.63194
.40	-.0804	.0611	1.3967	-.56200
.45	-.4925	-.0777	1.3720	-.49279
.50	-.8478	-.2007	1.3297	-.42524
.55	-1.1576	-.3099	1.2718	-.36021
.60	-1.4314	-.4074	1.2002	-.29841
.65	-1.6784	-.4950	1.1163	-.24050
.70	-1.9078	-.5745	1.0209	-.18707
.75	-2.1308	-.6476	.9143	-.13869
.80	-2.3630	-.7158	.7962	-.09592
.85	-2.6300	-.7805	.6647	-.05940
.90	-2.9936	-.8428	.5150	-.02991
.95	-3.4877	-.9039	.3406	-.00852
1.00	-6.8127	-.9644	-.0000	-.00000

XM/L=0.2

X/L	FP	FS	FQ	FM
.05	12.0734	1.5335	.6037	.01509
.10	5.4125	1.3117	.8743	.05204
.15	4.0771	1.0889	1.0781	.10085
.20	2.9548	.8638	1.2259	-.84155
.25	1.9058	.6386	1.3212	-.77787
.30	1.1337	.4340	1.3779	-.71039
.35	.5226	.2516	1.4040	-.64085
.40	.0136	.0896	1.4047	-.57063
.45	-.4189	-.0543	1.3837	-.50092
.50	-.7915	-.1822	1.3442	-.43272
.55	-1.1167	-.2960	1.2883	-.36691
.60	-1.4046	-.3978	1.2181	-.30425
.65	-1.6647	-.4896	1.1349	-.24543
.70	-1.9068	-.5731	1.0395	-.19107
.75	-2.1423	-.6501	.9324	-.14177
.80	-2.3870	-.7221	.8131	-.09813
.85	-2.6677	-.7905	.6797	-.06082
.90	-3.0477	-.8565	.5273	-.03064
.95	-3.5619	-.9212	.3492	-.00873
1.00	-6.9838	-.9853	-.0000	-.00000

XM/L=0.3

X/L	FP	FS	FQ	FM
.05	10.9271	1.4239	.5464	.01366
.10	5.0757	1.2481	.8001	.04732
.15	3.9816	1.0714	.9992	.09231
.20	3.1085	.8927	1.1546	.14615
.25	2.3858	.7104	1.2739	.20687
.30	1.6765	.5228	1.3578	-.72734
.35	.8697	.3318	1.4012	-.65837
.40	.2631	.1578	1.4144	-.58797
.45	-.2272	.0025	1.4030	-.51754
.50	-.6447	-.1362	1.3708	-.44819
.55	-1.0077	-.2605	1.3204	-.38091
.60	-1.3293	-.3723	1.2540	-.31655
.65	-1.6206	-.4736	1.1729	-.25588
.70	-1.8923	-.5664	1.0783	-.19960
.75	-2.1566	-.6523	.9705	-.14838
.80	-2.4307	-.7330	.8489	-.10289
.85	-2.7427	-.8100	.7118	-.06388
.90	-3.1600	-.8845	.5538	-.03224
.95	-3.7199	-.9575	.3678	-.00920
1.00	-7.3562	-1.0299	-.0000	-.00000

XM/L=0.4

X/L	FP	FS	FQ	FM
.05	9.7912	1.3055	.4896	.01224
.10	4.6795	1.1676	.7235	.04257
.15	3.7775	1.0289	.9124	.08347
.20	3.0736	.8883	1.0661	.13293
.25	2.5117	.7444	1.1917	.18937
.30	1.9950	.5957	1.2914	.25145
.35	1.4770	.4404	1.3653	.31787
.40	.9040	.2766	1.4105	-.61274
.45	.1935	.1060	1.4202	-.54197
.50	-.3435	-.0511	1.4030	-.47139
.55	-.7846	-.1930	1.3638	-.40223
.60	-1.1704	-.3217	1.3052	-.33550
.65	-1.5185	-.4394	1.2293	-.27214
.70	-1.8428	-.5480	1.1372	-.21298
.75	-2.1579	-.6494	1.0293	-.15882
.80	-2.4831	-.7451	.9051	-.11046
.85	-2.8493	-.8368	.7627	-.06876
.90	-3.3303	-.9259	.5961	-.03479
.95	-3.9675	-1.0134	.3978	-.00994
1.00	-7.9553	-1.1002	-.0000	-.00000

XM/L=0.5

X/L	FP	FS	FQ	FM
.05	8.7780	1.1941	.4389	.01097
.10	4.2956	1.0857	.6537	.03829
.15	3.5452	.9766	.8309	.07540
.20	2.9699	.8657	.9794	.12066
.25	2.5222	.7520	1.1055	.17279
.30	2.1191	.6338	1.2115	.23071
.35	1.7246	.5096	1.2977	.29344
.40	1.3147	.3775	1.3635	.35997
.45	.8678	.2356	1.4068	.42923
.50	.3414	.0819	1.4239	-.50000
.55	-.3414	-.0819	1.4068	-.42923
.60	-.8678	-.2356	1.3635	-.35997
.65	-1.3147	-.3775	1.2977	-.29344
.70	-1.7246	-.5096	1.2115	-.23071
.75	-2.1191	-.6338	1.1055	-.17279
.80	-2.5222	-.7520	.9794	-.12066
.85	-2.9699	-.8657	.8309	-.07540
.90	-3.5452	-.9766	.6537	-.03829
.95	-4.2956	-1.0857	.4389	-.01097
1.00	-8.7780	-1.1941	-.0000	-.00000

B/L= .50 DS/B1= 1.00 KS= 3.000

XQ/L=0.0

X/L	FP	FS	FQ	FM
.05	6.6837	.9282	-.6658	-.04165
.10	3.3101	.8547	-.5003	-.07080
.15	2.7582	.7818	-.3624	-.09237
.20	2.3420	.7097	-.2453	-.10756
.25	2.0307	.6386	-.1438	-.11729
.30	1.7666	.5686	-.0554	-.12227
.35	1.5287	.4999	.0210	-.12313
.40	1.3068	.4323	.0863	-.12044
.45	1.0954	.3660	.1411	-.11476
.50	.8914	.3009	.1857	-.10659
.55	.6929	.2368	.2203	-.09644
.60	.4982	.1738	.2452	-.08480
.65	.3057	.1117	.2605	-.07215
.70	.1135	.0504	.2662	-.05899
.75	-.0814	-.0103	.2621	-.04578
.80	-.2841	-.0705	.2479	-.03303
.85	-.5047	-.1302	.2227	-.02126
.90	-.7687	-.1897	.1842	-.01109
.95	-1.0919	-.2490	.1297	-.00324
1.00	-2.5931	-.3083	-.0000	-.00000

XQ/L=0.1

X/L	FP	FS	FQ	FM
.05	5.6166	.7908	.2808	.00702
.10	2.8335	.7361	-.5775	.02460
.15	2.3963	.6813	-.4577	-.00127
.20	2.0663	.6264	-.3544	-.02158
.25	1.8204	.5716	-.2633	-.03702
.30	1.6114	.5171	-.1828	-.04817
.35	1.4223	.4630	-.1117	-.05553
.40	1.2447	.4095	-.0494	-.05956
.45	1.0746	.3565	.0043	-.06069
.50	.9096	.3041	.0498	-.05933
.55	.7483	.2523	.0872	-.05591
.60	.5895	.2011	.1167	-.05081
.65	.4322	.1504	.1383	-.04444
.70	.2750	.1003	.1520	-.03718
.75	.1157	.0505	.1578	-.02943
.80	-.0491	.0010	.1554	-.02160
.85	-.2267	-.0482	.1440	-.01412
.90	-.4350	-.0972	.1223	-.00746
.95	-.6858	-.1461	.0880	-.00220
1.00	-1.7600	-.1950	-.0000	-.00000

XQ/L=0.2

X/L	FP	FS	FQ	FM
.05	4.5741	.6552	.2287	.00572
.10	2.3540	.6177	.3464	.02010
.15	2.0263	.5801	.4477	.03995
.20	1.7846	.5422	-.4630	.06457
.25	1.6066	.5038	-.3827	.04342
.30	1.4535	.4648	-.3100	.02610
.35	1.3136	.4255	-.2444	.01224
.40	1.1809	.3860	-.1853	.00150
.45	1.0524	.3465	-.1327	-.00645
.50	.9267	.3070	-.0864	-.01193
.55	.8028	.2675	-.0462	-.01524
.60	.6802	.2282	-.0122	-.01670
.65	.5583	.1891	.0157	-.01662
.70	.4363	.1501	.0375	-.01529
.75	.3130	.1113	.0532	-.01302
.80	.1863	.0726	.0625	-.01013
.85	.0521	.0341	.0651	-.00694
.90	-.1002	-.0044	.0601	-.00381
.95	-.2782	-.0428	.0462	-.00115
1.00	-.9235	-.0812	-.0000	-.00000

XQ/L=0.3

X/L	FP	FS	FQ	FM
.05	3.5691	.5230	.1785	.00446
.10	1.8835	.5010	.2726	.01574
.15	1.6546	.4789	.3554	.03144
.20	1.4914	.4565	.4299	.05107
.25	1.3782	.4338	.4988	.07429
.30	1.2846	.4104	-.4369	.10084
.35	1.1973	.3861	-.3771	.08049
.40	1.1110	.3610	-.3215	.06302
.45	1.0254	.3351	-.2702	.04823
.50	.9400	.3087	-.2232	.03589
.55	.8545	.2818	-.1805	.02580
.60	.7689	.2547	-.1421	.01773
.65	.6832	.2273	-.1079	.01148
.70	.5971	.1998	-.0781	.00683
.75	.5106	.1722	-.0525	.00357
.80	.4229	.1445	-.0314	.00147
.85	.3329	.1168	-.0147	.00032
.90	.2376	.0891	-.0029	-.00012
.95	.1338	.0615	.0038	-.00010
1.00	-.0767	.0338	-.0000	-.00000

XQ/L=0.4

X/L	FP	FS	FQ	FM
.05	2.6049	.3949	.1302	.00326
.10	1.4263	.3869	.2016	.01155
.15	1.2886	.3788	.2660	.02324
.20	1.1968	.3705	.3258	.03804
.25	1.1405	.3619	.3829	.05575
.30	1.0984	.3529	.4378	.07627
.35	1.0619	.3431	.4909	.09949
.40	1.0266	.3325	-.4578	.12531
.45	.9880	.3208	-.4084	.10366
.50	.9452	.3080	-.3611	.08442
.55	.9000	.2942	-.3161	.06749
.60	.8530	.2797	-.2735	.05275
.65	.8050	.2645	-.2332	.04008
.70	.7565	.2489	-.1954	.02936
.75	.7082	.2330	-.1600	.02048
.80	.6610	.2168	-.1269	.01330
.85	.6169	.2004	-.0961	.00773
.90	.5806	.1840	-.0671	.00365
.95	.5532	.1674	-.0394	.00099
1.00	.7883	.1509	-.0000	-.00000

XQ/L=0.5

X/L	FP	FS	FQ	FM
.05	1.6798	.2710	.0840	.00210
.10	.9832	.2758	.1331	.00753
.15	.9305	.2804	.1797	.01535
.20	.9049	.2850	.2249	.02546
.25	.9006	.2894	.2699	.03784
.30	.9048	.2934	.3152	.05246
.35	.9125	.2970	.3608	.06936
.40	.9211	.3000	.4069	.08856
.45	.9287	.3022	.4533	.11006
.50	.9338	.3034	-.5000	.13389
.55	.9338	.3034	-.4533	.11006
.60	.9287	.3022	-.4069	.08856
.65	.9211	.3000	-.3608	.06936
.70	.9125	.2970	-.3152	.05246
.75	.9048	.2934	-.2699	.03784
.80	.9006	.2894	-.2249	.02546
.85	.9049	.2850	-.1797	.01535
.90	.9305	.2804	-.1331	.00753
.95	.9832	.2758	-.0840	.00210
1.00	1.6798	.2710	-.0000	-.00000

B/L= .50 DS/B1= 1.00 KS= 3.000

XM/L=0.0

X/L	FP	FS	FQ	FM
.05	10.7017	1.3757	.5351	-.98662
.10	4.7473	1.1849	.7725	-.95393
.15	3.6146	1.0039	.9532	-.91079
.20	2.7535	.8322	1.0909	-.85969
.25	2.0998	.6693	1.1958	-.80252
.30	1.5497	.5148	1.2733	-.74080
.35	1.0631	.3679	1.3265	-.67580
.40	.6192	.2282	1.3574	-.60870
.45	.2064	.0949	1.3678	-.54057
.50	-.1831	-.0327	1.3586	-.47241
.55	-.5549	-.1552	1.3309	-.40518
.60	-.9138	-.2733	1.2852	-.33977
.65	-1.2649	-.3877	1.2219	-.27710
.70	-1.6143	-.4990	1.1412	-.21802
.75	-1.9709	-.6078	1.0427	-.16342
.80	-2.3499	-.7148	.9252	-.11422
.85	-2.7801	-.8203	.7862	-.07144
.90	-3.3361	-.9249	.6194	-.03630
.95	-4.0599	-1.0290	.4164	-.01041
1.00	-8.3274	-1.1329	.0000	-.00000

XM/L=0.1

X/L	FP	FS	FQ	FM
.05	10.5834	1.3682	.5292	.01323
.10	4.8071	1.1872	.7695	-.95430
.15	3.6394	1.0071	.9515	-.91128
.20	2.7675	.8350	1.0899	-.86024
.25	2.1102	.6719	1.1954	-.80311
.30	1.5579	.5170	1.2733	-.74140
.35	1.0698	.3699	1.3268	-.67639
.40	.6248	.2299	1.3580	-.60928
.45	.2109	.0963	1.3685	-.54111
.50	-.1796	-.0315	1.3596	-.47291
.55	-.5523	-.1543	1.3320	-.40562
.60	-.9120	-.2727	1.2864	-.34016
.65	-1.2639	-.3873	1.2232	-.27743
.70	-1.6141	-.4989	1.1425	-.21829
.75	-1.9715	-.6080	1.0439	-.16363
.80	-2.3514	-.7152	.9263	-.11437
.85	-2.7825	-.8210	.7872	-.07154
.90	-3.3397	-.9258	.6202	-.03635
.95	-4.0649	-1.0302	.4169	-.01042
1.00	-8.3389	-1.1343	-.0000	-.00000

XM/L=0.2

X/L	FP	FS	FQ	FM
.05	10.2486	1.3407	.5124	.01281
.10	4.7613	1.1778	.7505	.04438
.15	3.7294	1.0147	.9370	.08657
.20	2.8973	.8509	1.0818	-.86296
.25	2.1874	.6872	1.1912	-.80613
.30	1.6121	.5307	1.2718	-.74456
.35	1.1126	.3819	1.3274	-.67958
.40	.6594	.2402	1.3604	-.61238
.45	.2389	.1049	1.3724	-.54406
.50	-.1573	-.0245	1.3645	-.47564
.55	-.5353	-.1488	1.3377	-.40809
.60	-.9001	-.2688	1.2927	-.34233
.65	-1.2569	-.3849	1.2299	-.27926
.70	-1.6119	-.4980	1.1493	-.21978
.75	-1.9742	-.6086	1.0506	-.16479
.80	-2.3591	-.7172	.9326	-.11521
.85	-2.7957	-.8245	.7928	-.07207
.90	-3.3594	-.9308	.6248	-.03663
.95	-4.0926	-1.0366	.4202	-.01051
1.00	-8.4042	-1.1421	-.0000	-.00000

XM/L=0.3

X/L	FP	FS	FQ	FM
.05	9.8463	1.3020	.4923	.01231
.10	4.6423	1.1552	.7244	.04273
.15	3.6945	1.0081	.9092	.08357
.20	2.9486	.8604	1.0566	.13271
.25	2.3498	.7116	1.1741	.18848
.30	1.7973	.5612	1.2639	-.75057
.35	1.2340	.4099	1.3256	-.68583
.40	.7491	.2645	1.3631	-.61862
.45	.3097	.1256	1.3786	-.55007
.50	-.1015	-.0075	1.3735	-.48127
.55	-.4924	-.1353	1.3489	-.41321
.60	-.8691	-.2588	1.3054	-.34685
.65	-1.2372	-.3784	1.2436	-.28313
.70	-1.6033	-.4948	1.1634	-.22295
.75	-1.9767	-.6088	1.0646	-.16725
.80	-2.3730	-.7207	.9459	-.11699
.85	-2.8219	-.8313	.8048	-.07322
.90	-3.4003	-.9409	.6348	-.03723
.95	-4.1513	-1.0500	.4272	-.01068
1.00	-8.5449	-1.1588	-.0000	-.00000

XM/L=0.4

X/L	FP	FS	FQ	FM
.05	9.4404	1.2597	.4720	.01180
.10	4.5010	1.1264	.6971	.04103
.15	3.6219	.9928	.8782	.08041
.20	2.9363	.8587	1.0250	.12799
.25	2.3944	.7235	1.1447	.18223
.30	1.9088	.5867	1.2401	.24185
.35	1.4439	.4478	1.3123	.30566
.40	.9717	.3062	1.3609	-.62751
.45	.4597	.1625	1.3839	-.55888
.50	.0090	.0234	1.3844	-.48968
.55	-.4083	-.1104	1.3639	-.42097
.60	-.8073	-.2397	1.3236	-.35378
.65	-1.1957	-.3651	1.2638	-.28910
.70	-1.5810	-.4873	1.1847	-.22789
.75	-1.9734	-.6069	1.0861	-.17112
.80	-2.3892	-.7245	.9666	-.11980
.85	-2.8589	-.8407	.8237	-.07504
.90	-3.4618	-.9559	.6506	-.03819
.95	-4.2426	-1.0705	.4384	-.01096
1.00	-8.7688	-1.1849	-.0000	-.00000

XM/L=0.5

X/L	FP	FS	FQ	FM
.05	9.0723	1.2193	.4536	.01134
.10	4.3624	1.0968	.6717	.03947
.15	3.5390	.9741	.8487	.07748
.20	2.9006	.8508	.9937	.12354
.25	2.4003	.7264	1.1137	.17623
.30	1.9557	.6006	1.2115	.23436
.35	1.5344	.4727	1.2882	.29685
.40	1.1185	.3422	1.3442	.36266
.45	.6957	.2084	1.3789	.43074
.50	.2490	.0706	1.3914	-.50000
.55	-.2490	-.0706	1.3789	-.43074
.60	-.6957	-.2084	1.3442	-.36266
.65	-1.1185	-.3422	1.2882	-.29685
.70	-1.5344	-.4727	1.2115	-.23436
.75	-1.9557	-.6006	1.1137	-.17623
.80	-2.4003	-.7264	.9937	-.12354
.85	-2.9006	-.8508	.8487	-.07748
.90	-3.5390	-.9741	.6717	-.03947
.95	-4.3624	-1.0968	.4536	-.01134
1.00	-9.0723	-1.2193	-.0000	-.00000

B/L= .50 DS/B1= 1.00 KS= 10.000

XQ/L=0.0

X/L	FP	FS	FQ	FM
.05	6.5182	.9113	-.6741	-.04185
.10	3.2595	.8438	-.5111	-.07148
.15	2.7381	.7764	-.3742	-.09362
.20	2.3455	.7093	-.2569	-.10939
.25	2.0519	.6426	-.1543	-.11968
.30	1.8012	.5761	-.0643	-.12514
.35	1.5730	.5101	.0144	-.12639
.40	1.3572	.4444	.0822	-.12397
.45	1.1487	.3791	.1397	-.11843
.50	.9447	.3141	.1869	-.11026
.55	.7434	.2495	.2241	-.09999
.60	.5435	.1852	.2512	-.08811
.65	.3437	.1212	.2684	-.07511
.70	.1423	.0574	.2755	-.06151
.75	-.0636	-.0061	.2724	-.04782
.80	-.2790	-.0695	.2584	-.03455
.85	-.5139	-.1328	.2327	-.02227
.90	-.7949	-.1960	.1930	-.01163
.95	-1.1386	-.2591	.1360	-.00340
1.00	-2.7209	-.3222	-.0000	-.00000

XQ/L=0.1

X/L	FP	FS	FQ	FM
.05	5.5515	.7837	.2776	.00694
.10	2.8084	.7309	-.5820	.02433
.15	2.3818	.6781	-.4629	-.00179
.20	2.0623	.6253	-.3598	-.02236
.25	1.8253	.5725	-.2685	-.03807
.30	1.6238	.5198	-.1873	-.04947
.35	1.4407	.4673	-.1153	-.05703
.40	1.2676	.4149	-.0519	-.06122
.45	1.1002	.3627	.0031	-.06244
.50	.9364	.3106	.0499	-.06111
.55	.7746	.2588	.0886	-.05765
.60	.6139	.2071	.1193	-.05245
.65	.4533	.1556	.1420	-.04592
.70	.2915	.1042	.1566	-.03845
.75	.1267	.0530	.1629	-.03047
.80	-.0448	.0019	.1607	-.02238
.85	-.2300	-.0492	.1492	-.01463
.90	-.4475	-.1002	.1268	-.00774
.95	-.7093	-.1511	.0913	-.00228
1.00	-1.8263	-.2021	-.0000	-.00000

XQ/L=0.2

X/L	FP	FS	FQ	FM
.05	4.5921	.6567	.2296	.00574
.10	2.3565	.6182	.3474	.02017
.15	2.0232	.5797	.4486	.04007
.20	1.7772	.5410	-.4626	.06472
.25	1.5976	.5023	-.3827	.04359
.30	1.4456	.4634	-.3104	.02626
.35	1.3077	.4243	-.2450	.01238
.40	1.1774	.3852	-.1861	.00160
.45	1.0513	.3461	-.1336	-.00640
.50	.9277	.3070	-.0872	-.01192
.55	.8055	.2680	-.0469	-.01527
.60	.6840	.2289	-.0127	-.01676
.65	.5627	.1900	.0154	-.01669
.70	.4408	.1510	.0375	-.01537
.75	.3171	.1121	.0533	-.01310
.80	.1896	.0733	.0628	-.01020
.85	.0542	.0345	.0655	-.00699
.90	-.0997	-.0043	.0605	-.00384
.95	-.2796	-.0430	.0465	-.00116
1.00	-.9307	-.0818	-.0000	-.00000

XQ/L=0.3

X/L	FP	FS	FQ	FM
.05	3.6443	.5307	.1822	.00456
.10	1.9073	.5059	.2776	.01605
.15	1.6640	.4812	.3608	.03201
.20	1.4886	.4563	.4352	.05191
.25	1.3655	.4313	.5035	.07538
.30	1.2640	.4062	-.4333	.10213
.35	1.1724	.3808	-.3747	.08193
.40	1.0854	.3551	-.3204	.06455
.45	1.0009	.3292	-.2704	.04978
.50	.9178	.3031	-.2245	.03741
.55	.8354	.2769	-.1827	.02723
.60	.7535	.2506	-.1450	.01904
.65	.6717	.2242	-.1115	.01262
.70	.5898	.1978	-.0820	.00779
.75	.5075	.1713	-.0566	.00432
.80	.4242	.1448	-.0354	.00203
.85	.3389	.1183	-.0184	.00068
.90	.2490	.0918	-.0060	.00007
.95	.1514	.0654	.0016	-.00004
1.00	-.0318	.0389	-.0000	-.00000

XQ/L=0.4

X/L	FP	FS	FQ	FM
.05	2.7089	.4059	.1354	.00339
.10	1.4623	.3945	.2086	.01199
.15	1.3066	.3830	.2739	.02405
.20	1.1997	.3715	.3339	.03924
.25	1.1305	.3599	.3904	.05735
.30	1.0771	.3481	.4443	.07822
.35	1.0313	.3361	.4958	.10172
.40	.9889	.3239	-.4547	.12774
.45	.9472	.3113	-.4074	.10619
.50	.9054	.2984	-.3621	.08696
.55	.8635	.2852	-.3189	.06993
.60	.8215	.2717	-.2778	.05501
.65	.7798	.2581	-.2389	.04209
.70	.7384	.2443	-.2019	.03107
.75	.6980	.2304	-.1670	.02185
.80	.6594	.2164	-.1341	.01432
.85	.6246	.2024	-.1028	.00840
.90	.5992	.1884	-.0729	.00400
.95	.5848	.1743	-.0436	.00109
1.00	.8728	.1602	-.0000	-.00000

XQ/L=0.5

X/L	FP	FS	FQ	FM
.05	1.7856	.2825	.0893	.00223
.10	1.0215	.2839	.1404	.00797
.15	.9517	.2854	.1879	.01618
.20	.9115	.2868	.2335	.02672
.25	.8949	.2882	.2783	.03951
.30	.8880	.2894	.3227	.05453
.35	.8859	.2905	.3670	.07178
.40	.8860	.2914	.4113	.09123
.45	.8869	.2921	.4556	.11290
.50	.8879	.2925	-.5000	.13679
.55	.8879	.2925	-.4556	.11290
.60	.8869	.2921	-.4113	.09123
.65	.8860	.2914	-.3670	.07178
.70	.8859	.2905	-.3227	.05453
.75	.8880	.2894	-.2783	.03951
.80	.8949	.2882	-.2335	.02672
.85	.9115	.2868	-.1879	.01618
.90	.9517	.2854	-.1404	.00797
.95	1.0215	.2839	-.0893	.00223
1.00	1.7856	.2825	-.0000	-.00000

[illegible]/L= .50 DS/B1= 1.00 KS= 10.000

XM/L=0.0

X/L	FP	FS	FQ	FM
.05	9.6769	1.2763	.4838	-.98790
.10	4.5052	1.1280	.7091	-.95808
.15	3.5611	.9825	.8872	-.91817
.20	2.8318	.8399	1.0287	-.87028
.25	2.2655	.7000	1.1420	-.81601
.30	1.7735	.5626	1.2307	-.75669
.35	1.3224	.4275	1.2968	-.69350
.40	.8956	.2947	1.3416	-.62754
.45	.4842	.1638	1.3658	-.55986
.50	.0829	.0347	1.3700	-.49146
.55	-.3120	-.0929	1.3544	-.42336
.60	-.7037	-.2190	1.3192	-.35652
.65	-1.0957	-.3440	1.2644	-.29193
.70	-1.4929	-.4681	1.1897	-.23057
.75	-1.9034	-.5913	1.0946	-.17347
.80	-2.3421	-.7139	.9775	-.12167
.85	-2.8390	-.8361	.8355	-.07634
.90	-3.4740	-.9580	.6618	-.03891
.95	-4.2920	-1.0797	.4472	-.01118
1.00	-8.9445	-1.2014	.0000	-.00000

XM/L=0.1

X/L	FP	FS	FQ	FM
.05	9.6411	1.2741	.4821	.01205
.10	4.5230	1.1286	.7082	-.95819
.15	3.5685	.9835	.8866	-.91832
.20	2.8359	.8408	1.0284	-.87044
.25	2.2687	.7008	1.1419	-.81619
.30	1.7760	.5633	1.2307	-.75687
.35	1.3245	.4281	1.2969	-.69369
.40	.8373	.2952	1.3418	-.62772
.45	.4857	.1642	1.3660	-.56002
.50	.0341	.0350	1.3702	-.49162
.55	-.3111	-.0926	1.3547	-.42349
.60	-.7031	-.2188	1.3195	-.35664
.65	-1.0953	-.3439	1.2648	-.29203
.70	-1.4928	-.4680	1.1901	-.23066
.75	-1.9035	-.5913	1.0950	-.17353
.80	-2.3426	-.7140	.9778	-.12171
.85	-2.8397	-.8363	.8358	-.07637
.90	-3.4751	-.9583	.6621	-.03892
.95	-4.2936	-1.0801	.4474	-.01119
1.00	-8.9482	-1.2018	-.0000	-.00000

XM/L=0.2

X/L	FP	FS	FQ	FM
.05	9.5394	1.2657	.4770	.01192
.10	4.5089	1.1258	.7024	.04141
.15	3.5953	.9857	.8822	.08102
.20	2.8749	.8455	1.0259	-.87127
.25	2.2920	.7054	1.1405	-.81711
.30	1.7925	.5674	1.2302	-.75784
.35	1.3377	.4318	1.2970	-.69466
.40	.9081	.2984	1.3424	-.62868
.45	.4945	.1669	1.3672	-.56094
.50	.0912	.0372	1.3717	-.49247
.55	-.3056	-.0909	1.3564	-.42426
.60	-.6991	-.2176	1.3215	-.35731
.65	-1.0929	-.3431	1.2668	-.29260
.70	-1.4919	-.4677	1.1922	-.23113
.75	-1.9042	-.5915	1.0970	-.17390
.80	-2.3448	-.7147	.9798	-.12197
.85	-2.8437	-.8374	.8376	-.07654
.90	-3.4812	-.9598	.6635	-.03901
.95	-4.3022	-1.0821	.4484	-.01121
1.00	-8.9687	-1.2043	-.0000	-.00000

XM/L=0.3

X/L	FP	FS	FQ	FM
.05	9.4164	1.2539	.4708	.01177
.10	4.4724	1.1188	.6944	.04090
.15	3.5845	.9837	.8737	.08010
.20	2.8903	.8484	1.0182	.12740
.25	2.3410	.7128	1.1352	.18124
.30	1.8486	.5767	1.2277	-.75969
.35	1.3747	.4403	1.2964	-.69659
.40	.9358	.3058	1.3432	-.63060
.45	.5165	.1733	1.3690	-.56280
.50	.1088	.0425	1.3744	-.49421
.55	-.2920	-.0866	1.3598	-.42585
.60	-.6891	-.2144	1.3254	-.35872
.65	-1.0864	-.3410	1.2711	-.29381
.70	-1.4889	-.4666	1.1966	-.23212
.75	-1.9046	-.5915	1.1014	-.17467
.80	-2.3489	-.7157	.9840	-.12253
.85	-2.8517	-.8395	.8414	-.07690
.90	-3.4938	-.9630	.6667	-.03920
.95	-4.3206	-1.0863	.4506	-.01127
1.00	-9.0129	-1.2095	-.0000	-.00000

XM/L=0.4

X/L	FP	FS	FQ	FM
.05	9.2914	1.2408	.4646	.01161
.10	4.4289	1.1099	.6860	.04038
.15	3.5622	.9790	.8641	.07913
.20	2.8865	.8478	1.0085	.12595
.25	2.3547	.7164	1.1262	.17931
.30	1.8826	.5845	1.2203	.23798
.35	1.4385	.4519	1.2922	.30079
.40	1.0036	.3186	1.3424	-.63334
.45	.5627	.1846	1.3706	-.56552
.50	.1431	.0521	1.3777	-.49681
.55	-.2656	-.0789	1.3644	-.42826
.60	-.6696	-.2084	1.3310	-.36087
.65	-1.0731	-.3368	1.2773	-.29567
.70	-1.4815	-.4642	1.2032	-.23365
.75	-1.9032	-.5908	1.1081	-.17587
.80	-2.3536	-.7168	.9904	-.12341
.85	-2.8630	-.8423	.8472	-.07747
.90	-3.5129	-.9676	.6716	-.03950
.95	-4.3490	-1.0926	.4541	-.01135
1.00	-9.0829	-1.2176	-.0000	-.00000

XM/L=0.5

X/L	FP	FS	FQ	FM
.05	9.1774	1.2283	.4589	.01147
.10	4.3861	1.1008	.6782	.03990
.15	3.5367	.9732	.8550	.07823
.20	2.8757	.8454	.9988	.12457
.25	2.3567	.7173	1.1166	.17746
.30	1.8973	.5888	1.2115	.23566
.35	1.4666	.4596	1.2848	.29807
.40	1.0488	.3297	1.3373	.36362
.45	.6348	.1987	1.3690	.43128
.50	.2165	.0666	1.3798	-.50000
.55	-.2165	-.0666	1.3690	-.43128
.60	-.6348	-.1987	1.3373	-.36362
.65	-1.0488	-.3297	1.2848	-.29807
.70	-1.4666	-.4596	1.2115	-.23566
.75	-1.8973	-.5888	1.1166	-.17746
.80	-2.3567	-.7173	.9988	-.12457
.85	-2.8757	-.8454	.8550	-.07823
.90	-3.5367	-.9732	.6782	-.03990
.95	-4.3861	-1.1008	.4589	-.01147
1.00	-9.1774	-1.2283	-.0000	-.00000

465

B/L= .50 DS/B1= 1.00 KS=100.000

XQ/L=0.0

X/L	FP	FS	FQ	FM
.05	6.4520	.9045	-.6774	-.04194
.10	3.2391	.8394	-.5154	-.07176
.15	2.7299	.7743	-.3790	-.09412
.20	2.3468	.7092	-.2616	-.11013
.25	2.0603	.6441	-.1586	-.12064
.30	1.8150	.5791	-.0678	-.12630
.35	1.5907	.5141	.0117	-.12770
.40	1.3774	.4492	.0806	-.12539
.45	1.1701	.3843	.1391	-.11990
.50	.9662	.3194	.1874	-.11174
.55	.7638	.2546	.2256	-.10142
.60	.5619	.1898	.2537	-.08944
.65	.3591	.1250	.2716	-.07631
.70	.1539	.0603	.2793	-.06253
.75	-.0564	-.0044	.2765	-.04864
.80	-.2769	-.0691	.2626	-.03516
.85	-.5175	-.1338	.2368	-.02268
.90	-.8055	-.1985	.1965	-.01184
.95	-1.1574	-.2632	.1386	-.00347
1.00	-2.7725	-.3279	-.0000	-.00000

XQ/L=0.1

X/L	FP	FS	FQ	FM
.05	5.5252	.7808	.2763	.00691
.10	2.7984	.7288	-.5838	.02422
.15	2.3761	.6769	-.4650	-.00200
.20	2.0606	.6249	-.3620	-.02268
.25	1.8272	.5729	-.2706	-.03849
.30	1.6288	.5210	-.1892	-.04999
.35	1.4481	.4690	-.1168	-.05764
.40	1.2767	.4171	-.0529	-.06188
.45	1.1105	.3652	.0026	-.06314
.50	.9471	.3133	.0499	-.06183
.55	.7852	.2614	.0892	-.05835
.60	.6237	.2095	.1204	-.05311
.65	.4618	.1577	.1435	-.04651
.70	.2982	.1058	.1584	-.03897
.75	.1311	.0540	.1649	-.03089
.80	-.0430	.0022	.1628	-.02269
.85	-.2313	-.0496	.1512	-.01484
.90	-.4525	-.1014	.1286	-.00785
.95	-.7188	-.1532	.0927	-.00232
1.00	-1.8530	-.2049	-.0000	-.00000

XQ/L=0.2

X/L	FP	FS	FQ	FM
.05	4.5992	.6572	.2300	.00575
.10	2.3575	.6183	.3478	.02019
.15	2.0220	.5795	.4489	.04011
.20	1.7743	.5406	-.4624	.06478
.25	1.5941	.5017	-.3827	.04365
.30	1.4425	.4628	-.3105	.02632
.35	1.3054	.4239	-.2453	.01243
.40	1.1760	.3849	-.1865	.00164
.45	1.0509	.3460	-.1339	-.00637
.50	.9280	.3071	-.0875	-.01191
.55	.8065	.2681	-.0472	-.01528
.60	.6855	.2292	-.0129	-.01678
.65	.5644	.1903	.0153	-.01672
.70	.4425	.1514	.0374	-.01540
.75	.3187	.1125	.0534	-.01313
.80	.1908	.0736	.0629	-.01022
.85	.0549	.0347	.0657	-.00701
.90	-.0996	-.0042	.0607	-.00385
.95	-.2802	-.0431	.0467	-.00117
1.00	-.9334	-.0820	-.0000	-.00000

XQ/L=0.3

X/L	FP	FS	FQ	FM
.05	3.6743	.5337	.1837	.00459
.10	1.9169	.5079	.2796	.01617
.15	1.6678	.4821	.3630	.03224
.20	1.4876	.4562	.4373	.05224
.25	1.3605	.4304	.5054	.07581
.30	1.2558	.4045	-.4319	.10265
.35	1.1625	.3786	-.3737	.08251
.40	1.0752	.3527	-.3200	.06517
.45	.9911	.3268	-.2704	.05041
.50	.9088	.3008	-.2250	.03802
.55	.8277	.2749	-.1836	.02781
.60	.7472	.2489	-.1462	.01956
.65	.6670	.2229	-.1129	.01308
.70	.5868	.1969	-.0835	.00817
.75	.5062	.1709	-.0582	.00463
.80	.4247	.1449	-.0370	.00225
.85	.3413	.1189	-.0199	.00083
.90	.2535	.0929	-.0073	.00015
.95	.1586	.0669	.0007	-.00002
1.00	-.0135	.0409	-.0000	-.00000

XQ/L=0.4

X/L	FP	FS	FQ	FM
.05	2.7507	.4103	.1375	.00344
.10	1.4767	.3975	.2114	.01216
.15	1.3139	.3847	.2771	.02437
.20	1.2009	.3719	.3371	.03973
.25	1.1266	.3590	.3934	.05799
.30	1.0687	.3462	.4469	.07900
.35	1.0191	.3333	.4978	.10261
.40	.9738	.3204	-.4535	.12872
.45	.9309	.3075	-.4069	.10721
.50	.8894	.2945	-.3625	.08798
.55	.8488	.2815	-.3200	.07091
.60	.8088	.2685	-.2796	.05592
.65	.7695	.2555	-.2411	.04290
.70	.7310	.2424	-.2046	.03176
.75	.6938	.2294	-.1699	.02240
.80	.6586	.2163	-.1369	.01473
.85	.6277	.2032	-.1056	.00867
.90	.6067	.1901	-.0752	.00415
.95	.5976	.1770	-.0453	.00113
1.00	.9070	.1640	-.0000	-.00000

XQ/L=0.5

X/L	FP	FS	FQ	FM
.05	1.8283	.2871	.0914	.00229
.10	1.0369	.2872	.1433	.00815
.15	.9602	.2874	.1913	.01652
.20	.9142	.2875	.2370	.02722
.25	.8926	.2877	.2816	.04019
.30	.8813	.2878	.3257	.05537
.35	.8751	.2879	.3694	.07275
.40	.8718	.2880	.4130	.09231
.45	.8701	.2881	.4565	.11405
.50	.8694	.2881	-.5000	.13796
.55	.8694	.2881	-.4565	.11405
.60	.8701	.2881	-.4130	.09231
.65	.8718	.2880	-.3694	.07275
.70	.8751	.2879	-.3257	.05537
.75	.8813	.2878	-.2816	.04019
.80	.8926	.2877	-.2370	.02722
.85	.9142	.2875	-.1913	.01652
.90	.9602	.2874	-.1433	.00815
.95	1.0369	.2872	-.0914	.00229
1.00	1.8283	.2871	-.0000	-.00000

B/L= .50 DS/B1= 1.00 KS=100.000

XM/L=0.0

X/L	FP	FS	FQ	FM
.05	9.2686	1.2367	.4634	-.98841
.10	4.4074	1.1051	.6838	-.95973
.15	3.5382	.9738	.8607	-.92112
.20	2.8616	.8428	1.0038	-.87451
.25	2.3306	.7120	1.1203	-.82140
.30	1.8622	.5816	1.2134	-.76306
.35	1.4258	.4513	1.2847	-.70061
.40	1.0063	.3213	1.3350	-.63511
.45	.5960	.1914	1.3648	-.56762
.50	.1904	.0618	1.3744	-.49914
.55	-.2136	-.0677	1.3637	-.43068
.60	-.6182	-.1970	1.3328	-.36327
.65	-1.0266	-.3263	1.2814	-.29792
.70	-1.4431	-.4554	1.2093	-.23565
.75	-1.8753	-.5845	1.1155	-.17753
.80	-2.3383	-.7134	.9986	-.12468
.85	-2.8623	-.8424	.8555	-.07832
.90	-3.5294	-.9713	.6790	-.03996
.95	-4.3858	-1.1002	.4597	-.01149
1.00	-9.1946	-1.2291	.0000	-.00000

XM/L=0.1

X/L	FP	FS	FQ	FM
.05	9.2651	1.2364	.4633	.01158
.10	4.4092	1.1051	.6837	-.95974
.15	3.5390	.9739	.8607	-.92114
.20	2.8620	.8429	1.0038	-.87452
.25	2.3309	.7121	1.1203	-.82142
.30	1.8625	.5816	1.2134	-.76308
.35	1.4260	.4514	1.2847	-.70063
.40	1.0065	.3213	1.3351	-.63513
.45	.5962	.1915	1.3649	-.56763
.50	.1905	.0618	1.3744	-.49915
.55	-.2135	-.0677	1.3637	-.43070
.60	-.6182	-.1970	1.3328	-.36329
.65	-1.0266	-.3263	1.2815	-.29793
.70	-1.4430	-.4554	1.2093	-.23566
.75	-1.8753	-.5845	1.1156	-.17754
.80	-2.3384	-.7135	.9986	-.12468
.85	-2.8624	-.8424	.8555	-.07833
.90	-3.5295	-.9713	.6790	-.03996
.95	-4.3859	-1.1002	.4597	-.01149
1.00	-9.1950	-1.2291	-.0000	-.00000

XM/L=0.2

X/L	FP	FS	FQ	FM
.05	9.2548	1.2356	.4627	.01157
.10	4.4077	1.1049	.6831	.04022
.15	3.5417	.9741	.8602	.07880
.20	2.8659	.8433	1.0035	-.87461
.25	2.3332	.7126	1.1202	-.82152
.30	1.8641	.5820	1.2134	-.76318
.35	1.4273	.4517	1.2847	-.70072
.40	1.0076	.3216	1.3351	-.63523
.45	.5971	.1918	1.3650	-.56773
.50	.1912	.0621	1.3745	-.49924
.55	-.2129	-.0675	1.3639	-.43078
.60	-.6178	-.1969	1.3330	-.36335
.65	-1.0263	-.3262	1.2817	-.29799
.70	-1.4430	-.4554	1.2095	-.23571
.75	-1.8754	-.5845	1.1158	-.17757
.80	-2.3386	-.7135	.9988	-.12471
.85	-2.8628	-.8425	.8557	-.07834
.90	-3.5301	-.9715	.6792	-.03997
.95	-4.3868	-1.1004	.4599	-.01150
1.00	-9.1971	-1.2294	-.0000	-.00000

XM/L=0.3

X/L	FP	FS	FQ	FM
.05	9.2424	1.2344	.4621	.01155
.10	4.4041	1.1042	.6823	.04016
.15	3.5406	.9739	.8594	.07871
.20	2.8675	.8436	1.0027	.12526
.25	2.3382	.7133	1.1196	.17832
.30	1.8697	.5830	1.2131	-.76336
.35	1.4311	.4526	1.2847	-.70092
.40	1.0104	.3224	1.3352	-.63542
.45	.5993	.1924	1.3652	-.56791
.50	.1930	.0626	1.3748	-.49941
.55	-.2115	-.0671	1.3642	-.43094
.60	-.6167	-.1966	1.3334	-.36350
.65	-1.0256	-.3260	1.2821	-.29811
.70	-1.4426	-.4553	1.2100	-.23581
.75	-1.8754	-.5845	1.1162	-.17765
.80	-2.3390	-.7136	.9993	-.12477
.85	-2.8636	-.8427	.8561	-.07838
.90	-3.5314	-.9718	.6795	-.03999
.95	-4.3887	-1.1009	.4601	-.01150
1.00	-9.2016	-1.2299	-.0000	-.00000

XM/L=0.4

X/L	FP	FS	FQ	FM
.05	9.2298	1.2331	.4615	.01154
.10	4.3997	1.1033	.6815	.04011
.15	3.5383	.9734	.8584	.07861
.20	2.8671	.8436	1.0017	.12511
.25	2.3395	.7137	1.1187	.17812
.30	1.8732	.5838	1.2124	.23640
.35	1.4375	.4538	1.2843	.29882
.40	1.0172	.3237	1.3351	-.63570
.45	.6040	.1936	1.3653	-.56819
.50	.1965	.0636	1.3751	-.49968
.55	-.2088	-.0663	1.3647	-.43118
.60	-.6147	-.1960	1.3340	-.36372
.65	-1.0243	-.3255	1.2827	-.29830
.70	-1.4419	-.4550	1.2107	-.23596
.75	-1.8753	-.5844	1.1169	-.17777
.80	-2.3394	-.7137	.9999	-.12485
.85	-2.8647	-.8430	.8567	-.07844
.90	-3.5333	-.9723	.6800	-.04002
.95	-4.3916	-1.1015	.4604	-.01151
1.00	-9.2087	-1.2307	-.0000	-.00000

XM/L=0.5

X/L	FP	FS	FQ	FM
.05	9.2183	1.2318	.4609	.01152
.10	4.3953	1.1023	.6807	.04006
.15	3.5357	.9728	.8575	.07852
.20	2.8660	.8433	1.0008	.12497
.25	2.3398	.7138	1.1178	.17794
.30	1.8747	.5842	1.2115	.23617
.35	1.4403	.4545	1.2835	.29854
.40	1.0218	.3248	1.3346	.36399
.45	.6112	.1950	1.3652	.43149
.50	.2039	.0650	1.3753	-.50000
.55	-.2039	-.0650	1.3652	-.43149
.60	-.6112	-.1950	1.3346	-.36399
.65	-1.0218	-.3248	1.2835	-.29854
.70	-1.4403	-.4545	1.2115	-.23617
.75	-1.8747	-.5842	1.1178	-.17794
.80	-2.3398	-.7138	1.0008	-.12497
.85	-2.8660	-.8433	.8575	-.07852
.90	-3.5357	-.9728	.6807	-.04006
.95	-4.3953	-1.1023	.4609	-.01152
1.00	-9.2183	-1.2318	-.0000	-.00000

GLEICHMAESSIGE BELASTUNG   B/L= .50   DS/B1= 1.00

KS= .001

X/L	FP	FS	FQ	FM
.05	1.1063	.2191	.0053	.00013
.10	.8977	.2515	.0002	.00027
.15	.9695	.2774	-.0013	.00024
.20	.9984	.2956	-.0014	.00017
.25	1.0076	.3075	-.0010	.00011
.30	1.0078	.3151	-.0006	.00007
.35	1.0055	.3198	-.0004	.00005
.40	1.0034	.3228	-.0002	.00003
.45	1.0021	.3246	-.0001	.00003
.50	1.0016	.3254	-.0000	.00003
.55	1.0016	.3254	.0001	.00003
.60	1.0021	.3246	.0002	.00003
.65	1.0034	.3228	.0004	.00005
.70	1.0055	.3198	.0006	.00007
.75	1.0078	.3151	.0010	.00011
.80	1.0076	.3075	.0014	.00017
.85	.9984	.2956	.0013	.00024
.90	.9695	.2774	-.0002	.00027
.95	.8977	.2515	-.0053	.00013
1.00	1.1063	.2191	.0000	.00000

KS= .003

X/L	FP	FS	FQ	FM
.05	1.1722	.2232	.0086	.00022
.10	.8781	.2504	.0025	.00049
.15	.9359	.2738	-.0007	.00054
.20	.9734	.2921	-.0020	.00047
.25	.9963	.3052	-.0022	.00037
.30	1.0069	.3142	-.0019	.00026
.35	1.0102	.3201	-.0013	.00018
.40	1.0100	.3237	-.0008	.00013
.45	1.0089	.3257	-.0004	.00010
.50	1.0080	.3266	-.0000	.00009
.55	1.0080	.3266	.0004	.00010
.60	1.0089	.3257	.0008	.00013
.65	1.0100	.3237	.0013	.00018
.70	1.0102	.3201	.0019	.00026
.75	1.0069	.3142	.0022	.00037
.80	.9963	.3052	.0020	.00047
.85	.9734	.2921	.0007	.00054
.90	.9359	.2738	-.0025	.00049
.95	.8781	.2504	-.0086	.00022
1.00	1.1722	.2232	.0000	.00000

KS= .010

X/L	FP	FS	FQ	FM
.05	1.2632	.2299	.0132	.00033
.10	.8735	.2512	.0068	.00083
.15	.9060	.2707	.0021	.00105
.20	.9383	.2873	-.0009	.00108
.25	.9684	.3007	-.0025	.00100
.30	.9906	.3110	-.0030	.00086
.35	1.0054	.3185	-.0027	.00071
.40	1.0143	.3237	-.0020	.00060
.45	1.0191	.3268	-.0011	.00052
.50	1.0212	.3283	-.0000	.00049
.55	1.0212	.3283	.0011	.00052
.60	1.0191	.3268	.0020	.00060
.65	1.0143	.3237	.0027	.00071
.70	1.0054	.3185	.0030	.00086
.75	.9906	.3110	.0025	.00100
.80	.9684	.3007	.0009	.00108
.85	.9383	.2873	-.0021	.00105
.90	.9060	.2707	-.0068	.00083
.95	.8735	.2512	-.0132	.00033
1.00	1.2632	.2299	.0000	.00000

KS= .020

X/L	FP	FS	FQ	FM
.05	1.3245	.2352	.0162	.00041
.10	.8809	.2533	.0103	.00107
.15	.8978	.2703	.0052	.00145
.20	.9226	.2853	.0013	.00161
.25	.9516	.2981	-.0011	.00162
.30	.9767	.3084	-.0023	.00153
.35	.9960	.3163	-.0025	.00141
.40	1.0096	.3221	-.0020	.00130
.45	1.0181	.3258	-.0011	.00122
.50	1.0222	.3276	.0000	.00119
.55	1.0222	.3276	.0011	.00122
.60	1.0181	.3258	.0020	.00130
.65	1.0096	.3221	.0025	.00141
.70	.9960	.3163	.0023	.00153
.75	.9767	.3084	.0011	.00162
.80	.9516	.2981	-.0013	.00161
.85	.9226	.2853	-.0052	.00145
.90	.8978	.2703	-.0103	.00107
.95	.8809	.2533	-.0162	.00041
1.00	1.3245	.2352	.0000	.00000

KS= .050

X/L	FP	FS	FQ	FM
.05	1.4240	.2448	.0212	.00053
.10	.9047	.2587	.0164	.00147
.15	.9002	.2720	.0114	.00217
.20	.9113	.2843	.0070	.00263
.25	.9332	.2950	.0037	.00290
.30	.9556	.3041	.0015	.00302
.35	.9751	.3115	.0002	.00307
.40	.9901	.3170	-.0003	.00306
.45	1.0003	.3206	-.0003	.00305
.50	1.0054	.3225	.0000	.00304
.55	1.0054	.3225	.0003	.00305
.60	1.0003	.3206	.0003	.00306
.65	.9901	.3170	-.0002	.00307
.70	.9751	.3115	-.0015	.00302
.75	.9556	.3041	-.0037	.00290
.80	.9332	.2950	-.0070	.00263
.85	.9113	.2843	-.0114	.00217
.90	.9002	.2720	-.0164	.00147
.95	.9047	.2587	-.0212	.00053
1.00	1.4240	.2448	.0000	.00000

KS= .100

X/L	FP	FS	FQ	FM
.05	1.5165	.2543	.0258	.00065
.10	.9327	.2648	.0225	.00185
.15	.9108	.2750	.0180	.00286
.20	.9088	.2845	.0134	.00365
.25	.9216	.2930	.0095	.00422
.30	.9378	.3003	.0064	.00462
.35	.9531	.3063	.0041	.00489
.40	.9656	.3109	.0023	.00505
.45	.9743	.3140	.0011	.00513
.50	.9787	.3155	.0000	.00516
.55	.9787	.3155	-.0011	.00513
.60	.9743	.3140	-.0023	.00505
.65	.9656	.3109	-.0041	.00489
.70	.9531	.3063	-.0064	.00462
.75	.9378	.3003	-.0095	.00422
.80	.9216	.2930	-.0134	.00365
.85	.9088	.2845	-.0180	.00286
.90	.9108	.2750	-.0225	.00185
.95	.9327	.2648	-.0258	.00065
1.00	1.5165	.2543	.0000	.00000

GLEICHMAESSIGE BELASTUNG B/L= .50 DS/B1= 1.00

KS= .200

X/L	FP	FS	FQ	FM
.05	1.6132	.2644	.0307	.00077
.10	.9642	.2716	.0289	.00225
.15	.9249	.2787	.0251	.00360
.20	.9093	.2853	.0206	.00475
.25	.9118	.2912	.0162	.00566
.30	.9200	.2964	.0122	.00637
.35	.9293	.3007	.0086	.00689
.40	.9375	.3040	.0055	.00725
.45	.9434	.3062	.0027	.00745
.50	.9465	.3073	.0000	.00752
.55	.9465	.3073	-.0027	.00745
.60	.9434	.3062	-.0055	.00725
.65	.9375	.3040	-.0086	.00689
.70	.9293	.3007	-.0122	.00637
.75	.9200	.2964	-.0162	.00566
.80	.9118	.2912	-.0206	.00475
.85	.9093	.2853	-.0251	.00360
.90	.9249	.2787	-.0289	.00225
.95	.9642	.2716	-.0307	.00077
1.00	1.6132	.2644	.0000	.00000

KS= .500

X/L	FP	FS	FQ	FM
.05	1.7178	.2754	.0359	.00090
.10	.9993	.2792	.0359	.00269
.15	.9417	.2829	.0329	.00441
.20	.9114	.2863	.0285	.00595
.25	.9022	.2895	.0236	.00725
.30	.9011	.2922	.0187	.00831
.35	.9031	.2945	.0138	.00912
.40	.9058	.2963	.0091	.00969
.45	.9082	.2975	.0045	.01004
.50	.9094	.2981	.0000	.01015
.55	.9094	.2981	-.0045	.01004
.60	.9082	.2975	-.0091	.00969
.65	.9058	.2963	-.0138	.00912
.70	.9031	.2945	-.0187	.00831
.75	.9011	.2922	-.0236	.00725
.80	.9022	.2895	-.0285	.00595
.85	.9114	.2863	-.0329	.00441
.90	.9417	.2829	-.0359	.00269
.95	.9993	.2792	-.0359	.00090
1.00	1.7178	.2754	.0000	.00000

KS= 1.000

X/L	FP	FS	FQ	FM
.05	1.7687	.2808	.0384	.00096
.10	1.0167	.2829	.0393	.00290
.15	.9502	.2849	.0368	.00480
.20	.9127	.2869	.0324	.00653
.25	.8978	.2886	.0273	.00803
.30	.8920	.2902	.0219	.00926
.35	.8902	.2915	.0164	.01022
.40	.8902	.2925	.0109	.01090
.45	.8906	.2931	.0055	.01131
.50	.8910	.2935	.0000	.01144
.55	.8910	.2935	-.0055	.01131
.60	.8906	.2931	-.0109	.01090
.65	.8902	.2925	-.0164	.01022
.70	.8902	.2915	-.0219	.00926
.75	.8920	.2902	-.0273	.00803
.80	.8978	.2886	-.0324	.00653
.85	.9127	.2869	-.0368	.00480
.90	.9502	.2849	-.0393	.00290
.95	1.0167	.2829	-.0384	.00096
1.00	1.7687	.2808	.0000	.00000

KS= 3.000

X/L	FP	FS	FQ	FM
.05	1.8098	.2851	.0405	.00101
.10	1.0307	.2859	.0420	.00308
.15	.9572	.2866	.0399	.00512
.20	.9138	.2873	.0356	.00701
.25	.8943	.2880	.0303	.00866
.30	.8846	.2885	.0245	.01003
.35	.8798	.2890	.0185	.01110
.40	.8775	.2894	.0124	.01187
.45	.8764	.2896	.0062	.01234
.50	.8759	.2897	.0000	.01249
.55	.8759	.2897	-.0062	.01234
.60	.8764	.2896	-.0124	.01187
.65	.8775	.2894	-.0185	.01110
.70	.8798	.2890	-.0245	.01003
.75	.8846	.2885	-.0303	.00866
.80	.8943	.2880	-.0356	.00701
.85	.9138	.2873	-.0399	.00512
.90	.9572	.2866	-.0420	.00308
.95	1.0307	.2859	-.0405	.00101
1.00	1.8098	.2851	.0000	.00000

KS= 10.000

X/L	FP	FS	FQ	FM
.05	1.8259	.2868	.0413	.00103
.10	1.0362	.2871	.0431	.00314
.15	.9599	.2873	.0411	.00525
.20	.9143	.2875	.0368	.00720
.25	.8929	.2877	.0315	.00890
.30	.8818	.2879	.0256	.01033
.35	.8758	.2880	.0193	.01145
.40	.8725	.2882	.0130	.01226
.45	.8707	.2882	.0065	.01274
.50	.8700	.2883	.0000	.01291
.55	.8700	.2883	-.0065	.01274
.60	.8707	.2882	-.0130	.01226
.65	.8725	.2882	-.0193	.01145
.70	.8758	.2880	-.0256	.01033
.75	.8818	.2879	-.0315	.00890
.80	.8929	.2877	-.0368	.00720
.85	.9143	.2875	-.0411	.00525
.90	.9599	.2873	-.0431	.00314
.95	1.0362	.2871	-.0413	.00103
1.00	1.8259	.2868	.0000	.00000

KS=100.000

X/L	FP	FS	FQ	FM
.05	1.8324	.2875	.0416	.00104
.10	1.0384	.2876	.0435	.00317
.15	.9610	.2876	.0416	.00530
.20	.9145	.2876	.0373	.00727
.25	.8924	.2876	.0319	.00900
.30	.8806	.2876	.0260	.01045
.35	.8741	.2877	.0197	.01159
.40	.8705	.2877	.0132	.01241
.45	.8685	.2877	.0066	.01291
.50	.8676	.2877	.0000	.01307
.55	.8676	.2877	-.0066	.01291
.60	.8685	.2877	-.0132	.01241
.65	.8705	.2877	-.0197	.01159
.70	.8741	.2877	-.0260	.01045
.75	.8806	.2876	-.0319	.00900
.80	.8924	.2876	-.0373	.00727
.85	.9145	.2876	-.0416	.00530
.90	.9610	.2876	-.0435	.00317
.95	1.0384	.2876	-.0416	.00104
1.00	1.8324	.2875	.0000	.00000

B/L= .50 DS/B1= 2.00 KS= .001

XQ/L=0.0

X/L	FP	FS	FQ	FM
.05	22.4626	2.2884	.1231	-.02192
.10	.9862	1.1643	.1724	-.01453
.15	-1.1082	.5902	.1170	-.00730
.20	-1.1893	.3400	.0576	-.00293
.25	-.7085	.2395	.0221	-.00094
.30	-.3209	.1948	.0061	-.00023
.35	-.1104	.1667	.0006	-.00007
.40	-.0226	.1427	-.0006	-.00006
.45	.0040	.1206	-.0003	-.00009
.50	.0071	.1007	.0000	-.00010
.55	.0042	.0837	.0002	-.00009
.60	.0013	.0695	.0003	-.00008
.65	-.0003	.0578	.0003	-.00006
.70	-.0008	.0482	.0002	-.00005
.75	-.0008	.0404	.0002	-.00004
.80	-.0005	.0340	.0002	-.00003
.85	.0000	.0287	.0002	-.00003
.90	.0007	.0243	.0002	-.00002
.95	.0012	.0206	.0002	-.00001
1.00	-.0050	.0172	-.0000	-.00000

XQ/L=0.1

X/L	FP	FS	FQ	FM
.05	3.3276	.9897	.1664	.00416
.10	6.4943	1.3078	-.5089	.02060
.15	6.3877	1.3062	-.1895	.00314
.20	3.0488	.9998	-.0371	-.00253
.25	1.0211	.6938	.0140	-.00311
.30	.1433	.4755	.0211	-.00223
.35	-.1167	.3378	.0153	-.00132
.40	-.1331	.2528	.0087	-.00072
.45	-.0877	.1980	.0043	-.00040
.50	-.0456	.1595	.0020	-.00024
.55	-.0203	.1306	.0010	-.00017
.60	-.0081	.1076	.0006	-.00013
.65	-.0032	.0889	.0004	-.00010
.70	-.0016	.0737	.0003	-.00008
.75	-.0010	.0612	.0003	-.00007
.80	-.0006	.0511	.0003	-.00006
.85	.0001	.0428	.0003	-.00004
.90	.0011	.0359	.0003	-.00003
.95	.0018	.0301	.0004	-.00001
1.00	-.0081	.0249	-.0000	-.00000

XQ/L=0.2

X/L	FP	FS	FQ	FM
.05	-.8250	.4066	-.0412	-.00103
.10	1.2239	.6826	.0199	-.00156
.15	3.1838	1.0014	.1791	.00341
.20	6.3675	1.3023	-.5025	.02033
.25	6.3057	1.2983	-.1872	.00309
.30	3.0118	.9939	-.0366	-.00251
.35	1.0091	.6903	.0138	-.00308
.40	.1417	.4737	.0209	-.00221
.45	-.1154	.3368	.0152	-.00131
.50	-.1317	.2522	.0086	-.00071
.55	-.0868	.1976	.0042	-.00039
.60	-.0452	.1593	.0020	-.00024
.65	-.0201	.1304	.0010	-.00017
.70	-.0080	.1074	.0006	-.00013
.75	-.0030	.0888	.0004	-.00010
.80	-.0010	.0737	.0004	-.00008
.85	.0004	.0613	.0004	-.00006
.90	.0018	.0511	.0005	-.00004
.95	.0028	.0426	.0006	-.00002
1.00	-.0123	.0349	-.0000	-.00000

XQ/L=0.3

X/L	FP	FS	FQ	FM
.05	-.4878	.2284	-.0244	-.00061
.10	-.0426	.3337	-.0265	-.00188
.15	.2064	.4762	-.0162	-.00295
.20	1.0449	.6919	.0360	-.00245
.25	3.0147	.9919	.1868	.00312
.30	6.2663	1.2913	-.4999	.02029
.35	6.2622	1.2906	-.1868	.00312
.40	2.9987	.9895	-.0369	-.00247
.45	1.0080	.6879	.0135	-.00305
.50	.1437	.4724	.0207	-.00220
.55	-.1135	.3360	.0151	-.00130
.60	-.1306	.2517	.0085	-.00071
.65	-.0863	.1972	.0042	-.00039
.70	-.0450	.1590	.0020	-.00024
.75	-.0198	.1302	.0010	-.00017
.80	-.0071	.1073	.0006	-.00013
.85	-.0009	.0889	.0006	-.00010
.90	.0027	.0737	.0007	-.00006
.95	.0044	.0610	.0009	-.00002
1.00	-.0186	.0496	-.0000	-.00000

XQ/L=0.4

X/L	FP	FS	FQ	FM
.05	-.1440	.1524	-.0072	-.00018
.10	-.0623	.1968	-.0103	-.00062
.15	-.1108	.2530	-.0159	-.00127
.20	-.1022	.3372	-.0210	-.00219
.25	.1486	.4731	-.0135	-.00306
.30	1.0099	.6881	.0370	-.00247
.35	2.9995	.9892	.1869	.00313
.40	6.2617	1.2898	-.5000	.02030
.45	6.2617	1.2897	-.1869	.00313
.50	2.9994	.9890	-.0369	-.00246
.55	1.0086	.6877	.0135	-.00305
.60	.1440	.4722	.0207	-.00220
.65	-.1134	.3359	.0150	-.00130
.70	-.1305	.2517	.0085	-.00071
.75	-.0859	.1973	.0042	-.00039
.80	-.0436	.1592	.0020	-.00024
.85	-.0166	.1305	.0012	-.00016
.90	-.0016	.1076	.0011	-.00010
.95	.0051	.0886	.0014	-.00003
1.00	-.0278	.0715	-.0000	-.00000

XQ/L=0.5

X/L	FP	FS	FQ	FM
.05	-.0494	.1043	-.0025	-.00006
.10	-.0074	.1301	-.0028	-.00019
.15	-.0352	.1597	-.0046	-.00038
.20	-.0809	.1978	-.0086	-.00071
.25	-.1283	.2520	-.0151	-.00130
.30	-.1127	.3361	-.0207	-.00220
.35	.1441	.4723	-.0135	-.00305
.40	1.0085	.6877	.0369	-.00247
.45	2.9994	.9890	.1869	.00313
.50	6.2619	1.2897	-.5000	.02030
.55	6.2619	1.2897	-.1869	.00313
.60	2.9994	.9890	-.0369	-.00247
.65	1.0085	.6877	.0135	-.00305
.70	.1441	.4723	.0207	-.00220
.75	-.1127	.3361	.0151	-.00130
.80	-.1283	.2520	.0086	-.00071
.85	-.0809	.1978	.0046	-.00038
.90	-.0352	.1597	.0028	-.00019
.95	-.0074	.1301	.0025	-.00006
1.00	-.0494	.1043	-.0000	-.00000

B/L= .50 DS/B1= 2.00 KS= .001

XM/L=0.0

X/L	FP	FS	FQ	FM
.05	225.0350	14.2661	11.2517	-.71871
.10	-102.8426	-4.1410	6.1096	-.28467
.15	-72.3095	-7.8188	2.4941	-.06958
.20	-36.9014	-6.4088	.6491	.00900
.25	-13.6003	-4.2055	-.0309	.02446
.30	-2.9047	-2.5466	-.1762	.01928
.35	.6590	-1.5527	-.1432	.01129
.40	1.2089	-1.0154	-.0828	.00564
.45	.8697	-.7283	-.0393	.00259
.50	.4650	-.5620	-.0160	.00121
.55	.2026	-.4512	-.0059	.00066
.60	.0724	-.3678	-.0023	.00045
.65	.0204	-.3009	-.0013	.00036
.70	.0044	-.2462	-.0011	.00031
.75	.0013	-.2015	-.0010	.00026
.80	.0008	-.1653	-.0009	.00021
.85	-.0009	-.1360	-.0010	.00016
.90	-.0039	-.1122	-.0012	.00010
.95	-.0062	-.0923	-.0015	.00004
1.00	.0299	-.0746	.0000	-.00000

XM/L=0.1

X/L	FP	FS	FQ	FM
.05	105.6655	9.5950	5.2833	.13208
.10	55.2545	5.0299	8.0460	-.53469
.15	-65.4484	-4.5734	4.7736	-.21420
.20	-57.8307	-6.8981	1.8820	-.04781
.25	-28.4504	-5.4734	.4595	.01073
.30	-10.2167	-3.5815	-.0513	.02094
.35	-1.9835	-2.1966	-.1505	.01589
.40	.6666	-1.3703	-.1172	.00920
.45	1.0110	-.9184	-.0666	.00461
.50	.7036	-.6704	-.0314	.00216
.55	.3703	-.5217	-.0129	.00105
.60	.1599	-.4199	-.0049	.00060
.65	.0571	-.3423	-.0021	.00043
.70	.0165	-.2799	-.0012	.00034
.75	.0038	-.2291	-.0010	.00029
.80	.0005	-.1878	-.0010	.00024
.85	-.0017	-.1542	-.0011	.00018
.90	-.0050	-.1270	-.0014	.00012
.95	-.0073	-.1043	-.0017	.00004
1.00	.0345	-.0840	-.0000	-.00000

XM/L=0.2

X/L	FP	FS	FQ	FM
.05	4.2208	3.0085	.2110	.00528
.10	28.6246	5.2270	1.6423	.05161
.15	55.5717	6.6816	4.4209	.20319
.20	60.6367	4.4880	7.4527	-.49997
.25	-59.5396	-4.3142	4.4757	-.20176
.30	-54.0296	-6.5265	1.7742	-.04552
.35	-26.7306	-5.1984	.4377	.00978
.40	-9.6557	-3.4178	-.0451	.01960
.45	-1.9050	-2.1082	-.1403	.01496
.50	.6067	-1.3228	-.1100	.00870
.55	.9436	-.8906	-.0628	.00438
.60	.6606	-.6518	-.0298	.00207
.65	.3494	-.5076	-.0123	.00102
.70	.1515	-.4086	-.0047	.00059
.75	.0539	-.3332	-.0020	.00042
.80	.0136	-.2728	-.0014	.00033
.85	-.0020	-.2236	-.0015	.00026
.90	-.0094	-.1833	-.0019	.00018
.95	-.0126	-.1497	-.0026	.00006
1.00	.0514	-.1197	-.0000	-.00000

XM/L=0.3

X/L	FP	FS	FQ	FM
.05	-5.1251	1.0331	-.2563	-.00641
.10	2.7463	2.0850	-.1189	-.01579
.15	10.4039	3.4784	.4013	-.00873
.20	27.1776	5.2720	1.7601	.04531
.25	54.2983	6.6019	4.4751	.20119
.30	59.9043	4.4040	7.4703	-.50018
.35	-59.8453	-4.3717	4.4780	-.20147
.40	-54.1168	-6.5596	1.7722	-.04522
.45	-26.7345	-5.2162	.4354	.00997
.50	-9.6393	-3.4277	-.0465	.01969
.55	-1.8904	-2.1142	-.1410	.01500
.60	.6153	-1.3271	-.1103	.00872
.65	.9478	-.8940	-.0629	.00439
.70	.6620	-.6546	-.0298	.00208
.75	.3486	-.5102	-.0124	.00102
.80	.1478	-.4111	-.0050	.00059
.85	.0449	-.3357	-.0027	.00040
.90	-.0017	-.2749	-.0028	.00026
.95	-.0186	-.2238	-.0037	.00009
1.00	.0748	-.1781	-.0000	-.00000

XM/L=0.4

X/L	FP	FS	FQ	FM
.05	-1.8205	.5819	-.0910	-.00228
.10	-.7409	.8871	-.1281	-.00775
.15	-.4279	1.3404	-.1495	-.01469
.20	1.9994	2.1291	-.0495	-.01967
.25	9.6816	3.4393	.4346	-.01004
.30	26.7397	5.2253	1.7716	.04512
.35	54.1081	6.5688	4.4770	.20133
.40	59.8460	4.3846	7.4693	-.50001
.45	-59.8507	-4.3822	4.4767	-.20136
.50	-54.1083	-6.5653	1.7713	-.04516
.55	-26.7262	-5.2197	.4350	.01000
.60	-9.6341	-3.4301	-.0467	.01971
.65	-1.8877	-2.1162	-.1411	.01501
.70	.6161	-1.3289	-.1103	.00873
.75	.9463	-.8958	-.0629	.00440
.80	.6565	-.6565	-.0301	.00207
.85	.3357	-.5124	-.0133	.00099
.90	.1258	-.4130	-.0070	.00048
.95	.0208	-.3352	-.0060	.00015
1.00	.1200	-.2667	-.0000	-.00000

XM/L=0.5

X/L	FP	FS	FQ	FM
.05	-.3947	.3952	-.0197	-.00049
.10	-.2902	.5101	-.0342	-.00184
.15	-.6134	.6591	-.0649	-.00432
.20	-.9204	.8988	-.1109	-.00872
.25	-.6048	1.3311	-.1412	-.01502
.30	1.8909	2.1176	-.0466	-.01972
.35	9.6340	3.4311	.4351	-.01000
.40	26.7252	5.2205	1.7713	.04516
.45	54.1067	6.5661	4.4767	.20136
.50	59.8483	4.3831	7.4691	-.50000
.55	-59.8484	-4.3831	4.4767	-.20136
.60	-54.1067	-6.5661	1.7713	-.04516
.65	-26.7250	-5.2205	.4351	.01000
.70	-9.6341	-3.4311	-.0466	.01972
.75	-1.8910	-2.1176	-.1412	.01502
.80	.6049	-1.3311	-.1109	.00872
.85	.9204	-.8988	-.0649	.00432
.90	.6133	-.6591	-.0342	.00184
.95	.2902	-.5101	-.0197	.00049
1.00	.3947	-.3952	-.0000	-.00000

B/L= .50 DS/B1= 2.00 KS= .003

XQ/L=0.0

X/L	FP	FS	FQ	FM
.05	19.0143	2.1144	-.0493	-.02623
.10	3.3764	1.3197	.1195	-.02448
.15	.5480	.7820	.1469	-.01781
.20	-.5844	.4564	.1177	-.01120
.25	-.7850	.2752	.0785	-.00629
.30	-.6507	.1807	.0459	-.00318
.35	-.4418	.1329	.0238	-.00144
.40	-.2615	.1077	.0108	-.00057
.45	-.1364	.0924	.0039	-.00021
.50	-.0611	.0808	.0009	-.00009
.55	-.0214	.0706	-.0002	-.00007
.60	-.0033	.0612	-.0003	-.00008
.65	.0031	.0525	-.0002	-.00010
.70	.0042	.0447	.0000	-.00010
.75	.0035	.0379	.0002	-.00009
.80	.0026	.0321	.0003	-.00008
.85	.0020	.0272	.0004	-.00006
.90	.0015	.0230	.0005	-.00004
.95	.0004	.0192	.0005	-.00001
1.00	-.0105	.0158	-.0000	-.00000

XQ/L=0.1

X/L	FP	FS	FQ	FM
.05	5.3453	1.0788	.2673	.00668
.10	4.9260	1.1884	-.4864	.02620
.15	4.6802	1.1491	-.2524	.00773
.20	2.9796	.9554	-.1034	-.00117
.25	1.5944	.7320	-.0237	-.00435
.30	.6989	.5379	.0112	-.00466
.35	.2074	.3894	.0216	-.00384
.40	-.0187	.2837	.0207	-.00278
.45	-.0956	.2111	.0159	-.00187
.50	-.1012	.1616	.0108	-.00120
.55	-.0803	.1274	.0068	-.00076
.60	-.0549	.1029	.0041	-.00049
.65	-.0339	.0846	.0024	-.00033
.70	-.0190	.0703	.0014	-.00024
.75	-.0095	.0589	.0009	-.00018
.80	-.0037	.0495	.0007	-.00014
.85	-.0003	.0417	.0007	-.00010
.90	.0012	.0350	.0008	-.00006
.95	.0004	.0292	.0008	-.00002
1.00	-.0162	.0237	-.0000	-.00000

XQ/L=0.2

X/L	FP	FS	FQ	FM
.05	-.0512	.4709	-.0026	-.00006
.10	1.7883	.7185	.0869	.00204
.15	3.2381	.9582	.2488	.01043
.20	4.8205	1.1388	-.5102	.02890
.25	4.7684	1.1382	-.2718	.00935
.30	3.1161	.9618	-.1160	-.00035
.35	1.7064	.7436	-.0307	-.00401
.40	.7729	.5490	.0080	-.00458
.45	.2493	.3982	.0204	-.00387
.50	.0015	.2898	.0205	-.00285
.55	-.0879	.2151	.0161	-.00193
.60	-.0996	.1642	.0111	-.00125
.65	-.0810	.1291	.0071	-.00079
.70	-.0559	.1040	.0043	-.00051
.75	-.0341	.0855	.0026	-.00034
.80	-.0181	.0711	.0017	-.00023
.85	-.0075	.0595	.0013	-.00015
.90	-.0017	.0498	.0012	-.00009
.95	-.0008	.0413	.0012	-.00003
1.00	-.0237	.0334	-.0000	-.00000

XQ/L=0.3

X/L	FP	FS	FQ	FM
.05	-.8185	.2248	-.0409	-.00102
.10	.2833	.3755	-.0268	-.00272
.15	.8751	.5453	.0170	-.00296
.20	1.7873	.7443	.1064	.00012
.25	3.1333	.9594	.2630	.00936
.30	4.7081	1.1304	-.5016	.02839
.35	4.6851	1.1279	-.2673	.00917
.40	3.0646	.9529	-.1141	-.00036
.45	1.6790	.7370	-.0301	-.00397
.50	.7607	.5445	.0079	-.00453
.55	.2454	.3953	.0202	-.00382
.60	.0016	.2881	.0202	-.00281
.65	-.0861	.2141	.0159	-.00191
.70	-.0972	.1637	.0111	-.00124
.75	-.0780	.1288	.0072	-.00078
.80	-.0522	.1040	.0046	-.00049
.85	-.0297	.0854	.0031	-.00029
.90	-.0143	.0707	.0024	-.00016
.95	-.0079	.0582	.0020	-.00005
1.00	-.0394	.0468	-.0000	-.00000

XQ/L=0.4

X/L	FP	FS	FQ	FM
.05	-.5028	.1332	-.0251	-.00063
.10	-.0736	.2041	-.0288	-.00198
.15	.0532	.2880	-.0262	-.00335
.20	.2974	.3985	-.0113	-.00429
.25	.7975	.5476	.0286	-.00386
.30	1.6981	.7382	.1135	-.00030
.35	3.0657	.9514	.2668	.00920
.40	4.6656	1.1233	-.4999	.02837
.45	4.6620	1.1226	-.2668	.00920
.50	3.0541	.9493	-.1141	-.00032
.55	1.6755	.7347	-.0304	-.00393
.60	.7607	.5432	.0077	-.00450
.65	.2472	.3947	.0200	-.00381
.70	.0046	.2879	.0203	-.00280
.75	-.0818	.2143	.0162	-.00189
.80	-.0911	.1640	.0116	-.00120
.85	-.0705	.1291	.0081	-.00071
.90	-.0458	.1036	.0058	-.00036
.95	-.0308	.0834	.0043	-.00011
1.00	-.0852	.0655	-.0000	-.00000

XQ/L=0.5

X/L	FP	FS	FQ	FM
.05	-.2158	.0915	-.0108	-.00027
.10	-.0739	.1246	-.0145	-.00090
.15	-.0769	.1634	-.0183	-.00172
.20	-.0650	.2153	-.0216	-.00272
.25	.0176	.2893	-.0207	-.00378
.30	.2556	.3958	-.0079	-.00449
.35	.7656	.5439	.0304	-.00393
.40	1.6779	.7350	.1142	-.00032
.45	3.0546	.9490	.2670	.00921
.50	4.6604	1.1218	-.5000	.02839
.55	4.6604	1.1218	-.2670	.00921
.60	3.0546	.9490	-.1142	-.00032
.65	1.6779	.7350	-.0304	-.00393
.70	.7656	.5439	.0079	-.00449
.75	.2556	.3958	.0207	-.00378
.80	.0176	.2893	.0216	-.00272
.85	-.0650	.2153	.0183	-.00172
.90	-.0769	.1634	.0145	-.00090
.95	-.0739	.1246	.0108	-.00027
1.00	-.2158	.0915	-.0000	-.00000

B/L= .50 DS/B1= 2.00 KS= .003

XM/L=0.0

X/L	FP	FS	FQ	FM
.05	152.2507	11.0081	7.6125	-.80969
.10	-33.9197	.2375	5.9166	-.47146
.15	-42.9873	-4.1627	3.7672	-.22937
.20	-34.8437	-5.1035	2.0250	-.08456
.25	-22.5002	-4.5110	.9000	-.01144
.30	-12.4164	-3.4619	.2792	.01804
.35	-5.7725	-2.4588	-.0094	.02479
.40	-2.0182	-1.6759	-.1104	.02179
.45	-.2083	-1.1280	-.1208	.01601
.50	.4779	-.7693	-.0969	.01057
.55	.6051	-.5430	-.0666	.00648
.60	.5070	-.4013	-.0413	.00379
.65	.3540	-.3105	-.0236	.00217
.70	.2182	-.2491	-.0127	.00126
.75	.1199	-.2046	-.0067	.00078
.80	.0568	-.1701	-.0038	.00051
.85	.0200	-.1420	-.0028	.00035
.90	.0018	-.1182	-.0027	.00021
.95	-.0012	-.0972	-.0028	.00007
1.00	.0560	-.0776	.0000	-.00000

XM/L=0.1

X/L	FP	FS	FQ	FM
.05	95.9139	8.5766	4.7957	.11989
.10	27.7245	3.9234	6.1819	-.60567
.15	-30.7744	-2.0221	4.6432	-.33504
.20	-37.4256	-4.5460	2.7719	-.14966
.25	-27.4551	-4.6855	1.3992	-.04538
.30	-16.7349	-3.8783	.5624	.00366
.35	-8.7107	-2.8799	.1269	.02089
.40	-3.7235	-2.0133	-.0598	.02258
.45	-1.0566	-1.3680	-.1121	.01829
.50	.1379	-.9281	-.1052	.01286
.55	.5254	-.6438	-.0790	.00826
.60	.5371	-.4646	-.0521	.00498
.65	.4150	-.3509	-.0313	.00289
.70	.2752	-.2763	-.0176	.00167
.75	.1617	-.2241	-.0095	.00099
.80	.0833	-.1851	-.0053	.00062
.85	.0347	-.1542	-.0036	.00040
.90	.0089	-.1283	-.0032	.00023
.95	.0019	-.1055	-.0031	.00008
1.00	.0611	-.0843	-.0000	-.00000

XM/L=0.2

X/L	FP	FS	FQ	FM
.05	22.2401	3.8638	1.1120	.02780
.10	24.1105	4.4249	2.3175	.11354
.15	31.8538	4.3044	3.9102	.26923
.20	25.8584	2.3032	5.2031	-.50293
.25	-26.2270	-2.2526	3.8918	-.27556
.30	-31.7931	-4.1931	2.3021	-.12071
.35	-23.0864	-4.1855	1.1478	-.03446
.40	-13.9476	-3.4260	.4504	.00549
.45	-7.1811	-2.5361	.0914	.01904
.50	-3.0132	-1.7764	-.0593	.01984
.55	-.8068	-1.2142	-.0996	.01587
.60	.1661	-.8314	-.0913	.01109
.65	.4690	-.5831	-.0679	.00711
.70	.4636	-.4255	-.0447	.00430
.75	.3510	-.3244	-.0271	.00250
.80	.2267	-.2570	-.0158	.00143
.85	.1271	-.2090	-.0094	.00080
.90	.0614	-.1720	-.0064	.00040
.95	.0297	-.1409	-.0049	.00012
1.00	.0978	-.1125	-.0000	-.00000

XM/L=0.3

X/L	FP	FS	FQ	FM
.05	-1.0937	1.4254	-.0547	-.00137
.10	7.5747	2.4459	.3241	.00537
.15	14.6782	3.4542	1.0580	.03992
.20	23.6806	4.2514	2.2420	.12242
.25	32.0988	4.2615	3.8469	.27464
.30	26.2918	2.3199	5.1615	-.50015
.35	-25.8615	-2.2169	3.8684	-.27440
.40	-31.5477	-4.1578	2.2911	-.12041
.45	-22.9454	-4.1575	1.1438	-.03454
.50	-13.8782	-3.4063	.4499	.00530
.55	-7.1540	-2.5234	.0922	.01885
.60	-3.0081	-1.7686	-.0582	.01970
.65	-.8119	-1.2098	-.0988	.01577
.70	.1560	-.8292	-.0910	.01103
.75	.4553	-.5824	-.0683	.00705
.80	.4460	-.4256	-.0460	.00419
.85	.3303	-.3244	-.0294	.00231
.90	.2096	-.2554	-.0190	.00110
.95	.1301	-.2032	-.0125	.00031
1.00	.2491	-.1579	-.0000	-.00000

XM/L=0.4

X/L	FP	FS	FQ	FM
.05	-3.6416	.5698	-.1821	-.00455
.10	.9180	1.1321	-.1362	-.01251
.15	3.4458	1.7807	.0361	-.01501
.20	7.5905	2.5704	.4156	-.00372
.25	14.1940	3.4617	1.1253	.03481
.30	23.1530	4.2124	2.2830	.12002
.35	31.7061	4.2130	3.8683	.27380
.40	26.0482	2.2776	5.1707	-.50023
.45	-25.9913	-2.2485	3.8711	-.27418
.50	-31.6056	-4.1796	2.2909	-.12013
.55	-22.9646	-4.1721	1.1426	-.03430
.60	-13.8810	-3.4163	.4486	.00548
.65	-7.1543	-2.5310	.0909	.01897
.70	-3.0150	-1.7753	-.0599	.01975
.75	-.8316	-1.2164	-.1015	.01571
.80	.1200	-.8357	-.0955	.01079
.85	.4057	-.5873	-.0752	.00652
.90	.4037	-.4251	-.0550	.00327
.95	.3434	-.3113	-.0378	.00095
1.00	.7567	-.2183	-.0000	-.00000

XM/L=0.5

X/L	FP	FS	FQ	FM
.05	-2.0005	.3140	-.1000	-.00250
.10	-.4412	.5467	-.1221	-.00805
.15	.0084	.8316	-.1217	-.01415
.20	.9831	1.2276	-.0725	-.01900
.25	3.1295	1.7904	.0840	-.01871
.30	7.2245	2.5450	.4452	-.00549
.35	13.9165	3.4281	1.1410	.03417
.40	22.9793	4.1823	2.2900	.11994
.45	31.6131	4.1899	3.8706	.27396
.50	26.0065	2.2609	5.1710	-.50000
.55	-26.0066	-2.2609	3.8706	-.27396
.60	-31.6131	-4.1899	2.2900	-.11994
.65	-22.9792	-4.1823	1.1410	-.03417
.70	-13.9166	-3.4281	.4452	.00549
.75	-7.2245	-2.5450	.0840	.01871
.80	-3.1295	-1.7904	-.0725	.01900
.85	-.9831	-1.2276	-.1217	.01415
.90	-.0084	-.8316	-.1221	.00805
.95	.4412	-.5467	-.1000	.00250
1.00	2.0005	-.3140	-.0000	-.00000

B/L= .50   DS/B1= 2.00   KS= .010

XQ/L=0.0

X/L	FP	FS	FQ	FM
.05	15.5726	1.9024	-.2214	-.03053
.10	4.4579	1.3795	.0015	-.03603
.15	2.0348	.9579	.1033	-.03341
.20	.6082	.6410	.1337	-.02749
.25	-.0994	.4157	.1287	-.02093
.30	-.4069	.2630	.1084	-.01500
.35	-.4911	.1641	.0838	-.01020
.40	-.4612	.1027	.0607	-.00658
.45	-.3828	.0665	.0416	-.00402
.50	-.2929	.0459	.0270	-.00231
.55	-.2101	.0348	.0165	-.00122
.60	-.1422	.0290	.0093	-.00058
.65	-.0907	.0258	.0048	-.00022
.70	-.0540	.0237	.0021	-.00005
.75	-.0294	.0221	.0006	.00002
.80	-.0138	.0205	-.0000	.00003
.85	-.0045	.0188	-.0003	.00003
.90	.0004	.0171	-.0002	.00001
.95	.0025	.0153	-.0001	.00000
1.00	.0024	.0134	-.0000	-.00000

XQ/L=0.1

X/L	FP	FS	FQ	FM
.05	6.7443	1.1412	.3372	.00843
.10	4.0251	1.1115	-.4615	.03032
.15	3.4965	1.0282	-.2867	.01162
.20	2.5426	.8861	-.1596	.00046
.25	1.7071	.7268	-.0742	-.00539
.30	1.0553	.5753	-.0215	-.00778
.35	.5887	.4439	.0080	-.00812
.40	.2783	.3366	.0219	-.00737
.45	.0875	.2526	.0263	-.00616
.50	-.0186	.1889	.0253	-.00487
.55	-.0689	.1417	.0219	-.00369
.60	-.0848	.1074	.0176	-.00271
.65	-.0817	.0826	.0136	-.00193
.70	-.0696	.0648	.0101	-.00133
.75	-.0544	.0519	.0074	-.00090
.80	-.0400	.0422	.0054	-.00058
.85	-.0282	.0348	.0040	-.00035
.90	-.0204	.0288	.0029	-.00018
.95	-.0177	.0235	.0020	-.00005
1.00	-.0409	.0186	-.0000	-.00000

XQ/L=0.2

X/L	FP	FS	FQ	FM
.05	1.6179	.5894	.0809	.00202
.10	2.0384	.7365	.1828	.00862
.15	2.7565	.8682	.3206	.02120
.20	3.4039	.9561	-.5092	.04149
.25	3.3738	.9541	-.3405	.02025
.30	2.6687	.8637	-.2070	.00656
.35	1.9129	.7340	-.1114	-.00140
.40	1.2637	.5971	-.0482	-.00539
.45	.7663	.4707	-.0099	-.00684
.50	.4154	.3630	.0109	-.00682
.55	.1859	.2759	.0202	-.00604
.60	.0478	.2081	.0226	-.00497
.65	-.0262	.1569	.0212	-.00388
.70	-.0586	.1189	.0183	-.00289
.75	-.0662	.0911	.0150	-.00206
.80	-.0609	.0707	.0120	-.00138
.85	-.0512	.0554	.0094	-.00085
.90	-.0437	.0435	.0072	-.00043
.95	-.0430	.0334	.0051	-.00013
1.00	-.1013	.0242	-.0000	-.00000

XQ/L=0.3

X/L	FP	FS	FQ	FM
.05	-.3587	.2806	-.0179	-.00045
.10	.7082	.4303	.0175	-.00046
.15	1.3220	.5816	.0836	.00207
.20	2.0012	.7309	.1836	.00875
.25	2.7360	.8646	.3204	.02135
.30	3.3964	.9540	-.5097	.04162
.35	3.3724	.9532	-.3411	.02034
.40	2.6704	.8636	-.2076	.00663
.45	1.9161	.7344	-.1118	-.00136
.50	1.2678	.5978	-.0484	-.00536
.55	.7712	.4718	-.0098	-.00682
.60	.4214	.3643	.0112	-.00679
.65	.1932	.2773	.0209	-.00598
.70	.0567	.2095	.0237	-.00487
.75	-.0161	.1581	.0229	-.00370
.80	-.0486	.1195	.0205	-.00262
.85	-.0596	.0903	.0175	-.00167
.90	-.0651	.0676	.0142	-.00087
.95	-.0774	.0486	.0104	-.00026
1.00	-.2075	.0314	-.0000	-.00000

XQ/L=0.4

X/L	FP	FS	FQ	FM
.05	-.7670	.1329	-.0384	-.00096
.10	.0991	.2373	-.0334	-.00275
.15	.4474	.3473	-.0110	-.00386
.20	.8417	.4673	.0311	-.00336
.25	1.3363	.5985	.0979	-.00014
.30	1.9601	.7353	.1959	.00720
.35	2.6793	.8621	.3298	.02035
.40	3.3422	.9484	-.5030	.04102
.45	3.3285	.9469	-.3366	.02003
.50	2.6393	.8580	-.2047	.00649
.55	1.8975	.7301	-.1098	-.00137
.60	1.2606	.5951	-.0468	-.00528
.65	.7738	.4704	-.0081	-.00665
.70	.4320	.3640	.0135	-.00651
.75	.2097	.2774	.0240	-.00558
.80	.0752	.2089	.0278	-.00428
.85	-.0032	.1554	.0276	-.00290
.90	-.0562	.1125	.0248	-.00158
.95	-.1104	.0764	.0193	-.00048
1.00	-.3858	.0433	-.0000	-.00000

XQ/L=0.5

X/L	FP	FS	FQ	FM
.05	-.6217	.0695	-.0311	-.00078
.10	-.0936	.1309	-.0358	-.00245
.15	.0619	.1972	-.0327	-.00416
.20	.2332	.2734	-.0210	-.00550
.25	.4659	.3642	.0023	-.00597
.30	.8054	.4723	.0425	-.00485
.35	1.2841	.5969	.1068	-.00112
.40	1.9100	.7308	.2023	.00661
.45	2.6394	.8571	.3342	.02002
.50	3.3155	.9443	-.5000	.04088
.55	3.3155	.9443	-.3342	.02002
.60	2.6394	.8571	-.2023	.00661
.65	1.9100	.7308	-.1068	-.00112
.70	1.2841	.5969	-.0425	-.00485
.75	.8054	.4723	-.0023	-.00597
.80	.4659	.3642	.0210	-.00550
.85	.2332	.2734	.0327	-.00416
.90	.0619	.1972	.0358	-.00245
.95	-.0936	.1309	.0311	-.00078
1.00	-.6217	.0695	-.0000	-.00000

B/L= .50 OS/B1= 2.00 KS= .010

XM/L=0.0

X/L	FP	FS	FQ	FM
.05	94.3006	7.8917	4.7150	-.88212
.10	-1.5562	2.3360	4.6372	-.64832
.15	-15.7579	-.9246	3.8493	-.43615
.20	-19.6261	-2.5634	2.8680	-.26822
.25	-17.9682	-3.1518	1.9696	-.14728
.30	-14.3903	-3.1225	1.2501	-.06679
.35	-10.5431	-2.7767	.7229	-.01746
.40	-7.1708	-2.3077	.3644	.00972
.45	-4.5264	-1.8294	.1381	.02228
.50	-2.6135	-1.4005	.0074	.02592
.55	-1.3246	-1.0447	-.0588	.02463
.60	-.5179	-.7652	-.0847	.02104
.65	-.0571	-.5543	-.0876	.01674
.70	.1722	-.4002	-.0790	.01257
.75	.2579	-.2899	-.0661	.00895
.80	.2638	-.2119	-.0529	.00597
.85	.2350	-.1561	-.0411	.00362
.90	.2051	-.1147	-.0309	.00182
.95	.1975	-.0814	-.0210	.00053
1.00	.4200	-.0515	.0000	-.00000

XM/L=0.1

X/L	FP	FS	FQ	FM
.05	72.1154	6.8311	3.6058	.09014
.10	18.2164	3.5158	4.5166	-.70680
.15	-9.5920	.0062	4.0370	-.49296
.20	-18.2975	-2.0818	3.1221	-.31398
.25	-18.2442	-2.9651	2.2099	-.18068
.30	-15.2809	-3.1122	1.4459	-.08928
.35	-11.5538	-2.8590	.8682	-.03143
.40	-8.0778	-2.4284	.4643	.00188
.45	-5.2485	-1.9560	.2019	.01853
.50	-3.1424	-1.5158	.0447	.02470
.55	-1.6857	-1.1415	-.0396	.02483
.60	-.7480	-.8420	-.0770	.02191
.65	-.1925	-.6128	-.0866	.01782
.70	.1006	-.4432	-.0815	.01362
.75	.2263	-.3209	-.0702	.00983
.80	.2554	-.2336	-.0575	.00663
.85	.2393	-.1709	-.0455	.00406
.90	.2171	-.1242	-.0346	.00206
.95	.2165	-.0866	-.0238	.00060
1.00	.4764	-.0529	-.0000	-.00000

XM/L=0.2

X/L	FP	FS	FQ	FM
.05	32.6352	4.1965	1.6318	.04079
.10	17.4972	3.5930	2.5066	.14425
.15	15.6953	2.7173	3.2914	.28920
.20	9.2472	1.1964	3.7537	-.53467
.25	-11.0965	-1.0784	3.1989	-.36085
.30	-16.1685	-2.3884	2.3905	-.22112
.35	-14.9909	-2.8305	1.6410	-.12033
.40	-12.0481	-2.7651	1.0385	-.05334
.45	-8.8295	-2.4429	.5971	-.01245
.50	-6.0000	-2.0249	.2971	.00990
.55	-3.7828	-1.6049	.1079	.02003
.60	-2.1832	-1.2309	-.0012	.02269
.65	-1.1104	-.9217	-.0568	.02124
.70	-.4440	-.6788	-.0790	.01785
.75	-.0667	-.4947	-.0823	.01382
.80	.1216	-.3581	-.0762	.00986
.85	.2021	-.2569	-.0661	.00630
.90	.2435	-.1800	-.0539	.00330
.95	.2980	-.1173	-.0390	.00098
1.00	.7806	-.0610	-.0000	-.00000

XM/L=0.3

X/L	FP	FS	FQ	FM
.05	9.6738	2.1328	.4837	.01209
.10	9.2334	2.4792	.9454	.04782
.15	11.8013	2.7386	1.5354	.10984
.20	14.2303	2.7652	2.2469	.20440
.25	15.0839	2.3249	3.0011	.33560
.30	9.9494	1.0793	3.4986	-.50191
.35	-9.9797	-1.0387	2.9996	-.33945
.40	-15.0482	-2.2728	2.2472	-.20828
.45	-14.0447	-2.6900	1.5450	-.11348
.50	-11.3294	-2.6290	.9785	-.05039
.55	-8.3304	-2.3256	.5620	-.01188
.60	-5.6867	-1.9315	.2776	.00911
.65	-3.6149	-1.5350	.0969	.01848
.70	-2.1221	-1.1810	-.0092	.02067
.75	-1.1212	-.8864	-.0653	.01881
.80	-.4926	-.6514	-.0899	.01493
.85	-.1126	-.4671	-.0955	.01029
.90	.1417	-.3207	-.0884	.00569
.95	.3755	-.1982	-.0697	.00174
1.00	1.3932	-.0868	-.0000	-.00000

XM/L=0.4

X/L	FP	FS	FQ	FM
.05	.1616	.9521	.0081	.00020
.10	3.5074	1.4347	.1835	.00499
.15	5.9254	1.9107	.4797	.02157
.20	8.6763	2.3486	.9135	.05640
.25	11.6548	2.6723	1.4963	.11665
.30	14.3008	2.7401	2.2113	.20934
.35	15.2274	2.3233	2.9727	.33894
.40	10.0986	1.0889	3.4776	-.49981
.45	-9.8565	-1.0260	2.9848	-.33825
.50	-14.9643	-2.2619	2.2366	-.20771
.55	-14.0044	-2.6836	1.5364	-.11339
.60	-11.3331	-2.6280	.9697	-.05074
.65	-8.3762	-2.3297	.5509	-.01272
.70	-5.7708	-1.9389	.2623	.00761
.75	-3.7278	-1.5422	.0760	.01607
.80	-2.2426	-1.1822	-.0362	.01706
.85	-1.2046	-.8726	-.0964	.01375
.90	-.4449	-.6095	-.1186	.00837
.95	.2112	-.3799	-.1081	.00270
1.00	2.1617	-.1667	-.0000	-.00000

XM/L=0.5

X/L	FP	FS	FQ	FM
.05	-2.3390	.3932	-.1169	-.00292
.10	.7501	.7527	-.0794	-.00783
.15	2.1801	1.1286	.0296	-.00908
.20	3.8521	1.5305	.2222	-.00279
.25	5.9529	1.9515	.5198	.01576
.30	8.5587	2.3548	.9477	.05245
.35	11.4943	2.6585	1.5225	.11421
.40	14.1419	2.7159	2.2296	.20801
.45	15.0857	2.2943	2.9838	.33834
.50	9.9736	1.0579	3.4825	-.50000
.55	-9.9736	-1.0579	2.9838	-.33834
.60	-15.0857	-2.2943	2.2296	-.20801
.65	-14.1419	-2.7159	1.5225	-.11421
.70	-11.4943	-2.6585	.9477	-.05245
.75	-8.5588	-2.3548	.5198	-.01576
.80	-5.9529	-1.9515	.2222	.00279
.85	-3.8521	-1.5305	.0296	.00908
.90	-2.1801	-1.1286	-.0794	.00783
.95	-.7501	-.7527	-.1169	.00292
1.00	2.3390	-.3932	-.0000	-.00000

B/L= .50 DS/B1= 2.00 KS= .020

XQ/L=0.0

X/L	FP	FS	FQ	FM
.05	13.7971	1.7742	-.3101	-.03275
.10	4.5945	1.3687	-.0804	-.04252
.15	2.5525	1.0203	.0472	-.04335
.20	1.2170	.7368	.1081	-.03947
.25	.4305	.5155	.1296	-.03353
.30	-.0232	.3491	.1284	-.02708
.35	-.2619	.2281	.1153	-.02098
.40	-.3646	.1431	.0971	-.01567
.45	-.3848	.0855	.0779	-.01130
.50	-.3588	.0481	.0599	-.00785
.55	-.3104	.0250	.0444	-.00525
.60	-.2545	.0117	.0317	-.00335
.65	-.2000	.0048	.0217	-.00201
.70	-.1514	.0019	.0141	-.00112
.75	-.1107	.0014	.0086	-.00055
.80	-.0779	.0020	.0047	-.00022
.85	-.0523	.0032	.0020	-.00005
.90	-.0323	.0047	.0004	.00001
.95	-.0161	.0061	-.0004	.00001
1.00	.0074	.0075	-.0000	-.00000

XQ/L=0.1

X/L	FP	FS	FQ	FM
.05	7.1025	1.1518	.3551	.00888
.10	3.7477	1.0822	-.4575	.03132
.15	3.1146	.9847	-.3018	.01234
.20	2.3403	.8564	-.1847	.00017
.25	1.6825	.7191	-.1006	-.00696
.30	1.1500	.5871	-.0431	-.01055
.35	.7400	.4685	-.0061	-.01178
.40	.4386	.3667	.0158	-.01154
.45	.2272	.2825	.0272	-.01047
.50	.0865	.2148	.0315	-.00900
.55	-.0009	.1618	.0315	-.00743
.60	-.0500	.1211	.0290	-.00592
.65	-.0730	.0903	.0253	-.00456
.70	-.0792	.0675	.0213	-.00339
.75	-.0756	.0505	.0176	-.00242
.80	-.0676	.0380	.0142	-.00163
.85	-.0592	.0284	.0112	-.00099
.90	-.0542	.0208	.0085	-.00050
.95	-.0555	.0143	.0057	-.00014
1.00	-.1148	.0083	-.0000	-.00000

XQ/L=0.2

X/L	FP	FS	FQ	FM
.05	2.6083	.6606	.1304	.00326
.10	2.1328	.7471	.2371	.01245
.15	2.4810	.8222	.3611	.02740
.20	2.7928	.8678	-.4993	.04895
.25	2.7395	.8582	-.3623	.02741
.30	2.3049	.7932	-.2470	.01218
.35	1.8072	.6990	-.1567	.00208
.40	1.3405	.5943	-.0897	-.00408
.45	.9441	.4913	-.0424	-.00738
.50	.6288	.3971	-.0110	-.00871
.55	.3911	.3150	.0085	-.00878
.60	.2208	.2461	.0196	-.00807
.65	.1050	.1899	.0248	-.00696
.70	.0307	.1450	.0264	-.00568
.75	-.0138	.1096	.0257	-.00438
.80	-.0392	.0817	.0237	-.00315
.85	-.0549	.0595	.0210	-.00203
.90	-.0710	.0411	.0174	-.00107
.95	-.0955	.0250	.0127	-.00032
1.00	-.2531	.0100	-.0000	-.00000

XQ/L=0.3

X/L	FP	FS	FQ	FM
.05	.3208	.3428	.0160	.00040
.10	.9404	.4646	.0631	.00238
.15	1.4125	.5845	.1337	.00730
.20	1.9014	.6973	.2288	.01636
.25	2.3854	.7927	.3480	.03078
.30	2.7796	.8532	-.5130	.05165
.35	2.7661	.8537	-.3747	.02946
.40	2.3493	.7955	-.2572	.01366
.45	1.8572	.7053	-.1644	.00312
.50	1.3899	.6027	-.0949	-.00336
.55	.9901	.5006	-.0454	-.00686
.60	.6706	.4063	-.0118	-.00829
.65	.4286	.3234	.0096	-.00835
.70	.2539	.2532	.0223	-.00755
.75	.1324	.1948	.0289	-.00627
.80	.0494	.1469	.0314	-.00477
.85	-.0105	.1072	.0309	-.00321
.90	-.0649	.0736	.0276	-.00175
.95	-.1289	.0436	.0212	-.00053
1.00	-.4233	.0153	-.0000	-.00000

XQ/L=0.4

X/L	FP	FS	FQ	FM
.05	-.5633	.1629	-.0282	-.00070
.10	.2692	.2685	-.0147	-.00178
.15	.6419	.3759	.0174	-.00171
.20	1.0239	.4860	.0686	.00044
.25	1.4409	.5973	.1406	.00567
.30	1.9008	.7042	.2357	.01508
.35	2.3726	.7958	.3543	.02983
.40	2.7639	.8542	-.5075	.05100
.45	2.7529	.8539	-.3699	.02906
.50	2.3417	.7955	-.2528	.01350
.55	1.8568	.7057	-.1599	.00318
.60	1.3971	.6035	-.0901	-.00307
.65	1.0042	.5016	-.0399	-.00632
.70	.6896	.4068	-.0054	-.00745
.75	.4486	.3225	.0170	-.00716
.80	.2676	.2492	.0304	-.00598
.85	.1278	.1858	.0368	-.00430
.90	.0036	.1301	.0370	-.00245
.95	-.1288	.0795	.0305	-.00076
1.00	-.6110	.0313	-.0000	-.00000

XQ/L=0.5

X/L	FP	FS	FQ	FM
.05	-.7306	.0721	-.0365	-.00091
.10	-.0333	.1476	-.0382	-.00278
.15	.2053	.2259	-.0279	-.00443
.20	.4417	.3096	-.0058	-.00528
.25	.7071	.4007	.0295	-.00469
.30	1.0292	.4994	.0810	-.00193
.35	1.4196	.6032	.1519	.00390
.40	1.8713	.7057	.2455	.01383
.45	2.3452	.7953	.3628	.02904
.50	2.7446	.8530	-.5000	.05061
.55	2.7446	.8530	-.3628	.02904
.60	2.3452	.7953	-.2455	.01383
.65	1.8713	.7057	-.1519	.00390
.70	1.4196	.6032	-.0810	-.00193
.75	1.0292	.4994	-.0295	-.00469
.80	.7071	.4007	.0058	-.00528
.85	.4417	.3096	.0279	-.00443
.90	.2053	.2259	.0382	-.00278
.95	-.0333	.1476	.0365	-.00091
1.00	-.7306	.0721	-.0000	-.00000

B/L= .50 DS/B1= 2.00 KS= .020

XM/L=0.0

X/L	FP	FS	FQ	FM
.05	70.3012	6.3880	3.5151	-.91212
.10	5.5036	2.6941	3.7902	-.72949
.15	-6.3027	.2323	3.4751	-.54786
.20	-11.5024	-1.2725	2.9000	-.38848
.25	-12.5816	-2.0768	2.2709	-.25921
.30	-11.6908	-2.3973	1.6864	-.16028
.35	-9.9335	-2.4050	1.1897	-.08837
.40	-7.9330	-2.2278	.7930	-.03881
.45	-6.0248	-1.9565	.4918	-.00669
.50	-4.3705	-1.6519	.2733	.01244
.55	-3.0271	-1.3524	.1219	.02232
.60	-1.9916	-1.0794	.0223	.02593
.65	-1.2299	-.8429	-.0392	.02551
.70	-.6936	-.6452	-.0738	.02268
.75	-.3309	-.4838	-.0904	.01858
.80	-.0907	-.3533	-.0949	.01394
.85	.0762	-.2472	-.0911	.00929
.90	.2225	-.1586	-.0800	.00502
.95	.3931	-.0806	-.0603	.00151
1.00	1.2066	-.0075	.0000	-.00000

XM/L=0.1

X/L	FP	FS	FQ	FM
.05	57.8265	5.7581	2.8914	.07229
.10	15.4568	3.2748	3.6643	-.76382
.15	-2.7847	.7501	3.5250	-.58409
.20	-10.3207	-.9516	3.0090	-.42074
.25	-12.2764	-1.9014	2.3952	-.28564
.30	-11.8260	-2.3232	1.8039	-.18066
.35	-10.2662	-2.3972	1.2906	-.10330
.40	-8.3285	-2.2598	.8741	-.04918
.45	-6.4100	-2.0093	.5536	-.01349
.50	-4.7096	-1.7129	.3182	.00831
.55	-3.3065	-1.4133	.1528	.02008
.60	-2.2106	-1.1355	.0423	.02496
.65	-1.3944	-.8919	-.0274	.02533
.70	-.8125	-.6862	-.0680	.02295
.75	-.4133	-.5168	-.0887	.01903
.80	-.1448	-.3790	-.0959	.01441
.85	.0443	-.2663	-.0937	.00967
.90	.2096	-.1716	-.0832	.00525
.95	.3986	-.0881	-.0633	.00158
1.00	1.2663	-.0095	-.0000	-.00000

XM/L=0.2

X/L	FP	FS	FQ	FM
.05	32.6741	4.0185	1.6337	.04084
.10	14.6569	3.2068	2.3666	.14085
.15	11.0789	2.2611	2.9205	.27303
.20	5.5212	1.0067	3.1966	-.57405
.25	-6.5997	-.5835	2.8666	-.42247
.30	-10.5980	-1.6149	2.3367	-.29239
.35	-10.8988	-2.1118	1.7917	-.18918
.40	-9.7865	-2.2492	1.3024	-.11183
.45	-8.1186	-2.1624	.8965	-.05685
.50	-6.3624	-1.9504	.5784	-.01998
.55	-4.7555	-1.6817	.3406	.00299
.60	-3.4019	-1.4010	.1705	.01577
.65	-2.3271	-1.1349	.0541	.02138
.70	-1.5132	-.8971	-.0215	.02220
.75	-.9190	-.6921	-.0675	.01997
.80	-.4928	-.5190	-.0921	.01598
.85	-.1767	-.3728	-.1010	.01116
.90	.0974	-.2471	-.0961	.00623
.95	.3905	-.1344	-.0766	.00191
1.00	1.5311	-.0277	-.0000	-.00000

XM/L=0.3

X/L	FP	FS	FQ	FM
.05	14.5133	2.4052	.7257	.01814
.10	9.1390	2.3967	1.1826	.06585
.15	9.4946	2.3266	1.6573	.13685
.20	9.8025	2.1060	2.1475	.23197
.25	9.1872	1.6103	2.6068	.35083
.30	5.3518	.6789	2.8744	-.51214
.35	-5.9640	-.6931	2.5762	-.37588
.40	-9.6406	-1.5876	2.0942	-.25912
.45	-9.8900	-2.0073	1.5997	-.16677
.50	-8.8690	-2.1092	1.1562	-.09787
.55	-7.3572	-2.0139	.7884	-.04926
.60	-5.7754	-1.8095	.4996	-.01706
.65	-4.3338	-1.5562	.2829	.00251
.70	-3.1202	-1.2927	.1269	.01275
.75	-2.1498	-1.0411	.0194	.01641
.80	-1.3947	-.8118	-.0503	.01564
.85	-.7999	-.6066	-.0903	.01212
.90	-.2838	-.4225	-.1045	.00725
.95	.2348	-.2529	-.0928	.00232
1.00	1.8554	-.0904	-.0000	-.00000

XM/L=0.4

X/L	FP	FS	FQ	FM
.05	4.3277	1.2771	.2164	.00541
.10	4.5702	1.5501	.4449	.02194
.15	5.9127	1.8032	.7405	.05158
.20	7.3821	2.0021	1.1096	.09783
.25	8.7905	2.0901	1.5492	.16430
.30	9.7158	1.9829	2.0349	.25390
.35	9.3872	1.5636	2.5043	.36739
.40	5.6643	.6797	2.7875	-.50032
.45	-5.6378	-.6661	2.5056	-.36799
.50	-9.3537	-1.5490	2.0379	-.25440
.55	-9.6676	-1.9666	1.5546	-.16459
.60	-8.7187	-2.0714	1.1186	-.09776
.65	-7.2752	-1.9809	.7549	-.05092
.70	-5.7489	-1.7800	.4674	-.02036
.75	-4.3411	-1.5265	.2504	-.00242
.80	-3.1275	-1.2566	.0940	.00619
.85	-2.1040	-.9900	-.0112	.00826
.90	-1.2036	-.7347	-.0714	.00620
.95	-.3372	-.4903	-.0882	.00221
1.00	1.7649	-.2523	-.0000	-.00000

XM/L=0.5

X/L	FP	FS	FQ	FM
.05	-.2762	.6047	-.0138	-.00035
.10	1.7566	.9062	.0740	.00116
.15	3.0027	1.2073	.2242	.00861
.20	4.3391	1.5015	.4411	.02525
.25	5.8021	1.7711	.7312	.05455
.30	7.3472	1.9817	1.0986	.10030
.35	8.7890	2.0773	1.5380	.16621
.40	9.7252	1.9744	2.0243	.25527
.45	9.3936	1.5569	2.4940	.36823
.50	5.6592	.6732	2.7769	-.50000
.55	-5.6592	-.6732	2.4940	-.36823
.60	-9.3936	-1.5569	2.0243	-.25527
.65	-9.7252	-1.9744	1.5380	-.16621
.70	-8.7890	-2.0773	1.0986	-.10030
.75	-7.3472	-1.9817	.7312	-.05455
.80	-5.8021	-1.7711	.4411	-.02525
.85	-4.3391	-1.5015	.2242	-.00861
.90	-3.0027	-1.2073	.0740	-.00116
.95	-1.7566	-.9062	-.0138	.00035
1.00	.2762	-.6047	-.0000	-.00000

B/L= .50 DS/B1= 2.00 KS= .050

XQ/L=0.0

X/L	FP	FS	FQ	FM
.05	11.6891	1.6016	-.4155	-.03539
.10	4.4510	1.3152	-.1930	-.05060
.15	2.8855	1.0549	-.0487	-.05664
.20	1.7786	.8269	.0402	-.05686
.25	1.0431	.6331	.0924	-.05354
.30	.5393	.4725	.1193	-.04825
.35	.1983	.3424	.1292	-.04204
.40	-.0252	.2395	.1280	-.03560
.45	-.1638	.1598	.1198	-.02941
.50	-.2415	.0996	.1077	-.02372
.55	-.2768	.0554	.0939	-.01868
.60	-.2833	.0238	.0797	-.01434
.65	-.2716	.0022	.0661	-.01069
.70	-.2492	-.0120	.0537	-.00770
.75	-.2219	-.0206	.0426	-.00529
.80	-.1939	-.0254	.0329	-.00341
.85	-.1685	-.0276	.0245	-.00197
.90	-.1490	-.0281	.0170	-.00093
.95	-.1369	-.0278	.0102	-.00025
1.00	-.2034	-.0272	-.0000	-.00000

XQ/L=0.1

X/L	FP	FS	FQ	FM
.05	7.1416	1.1360	.3571	.00893
.10	3.4891	1.0458	-.4685	.03114
.15	2.8105	.9445	-.3279	.01123
.20	2.1734	.8312	-.2193	-.00245
.25	1.6607	.7154	-.1362	-.01134
.30	1.2404	.6039	-.0742	-.01660
.35	.9002	.5008	-.0292	-.01918
.40	.6299	.4086	.0023	-.01985
.45	.4198	.3280	.0233	-.01921
.50	.2605	.2593	.0363	-.01772
.55	.1430	.2016	.0435	-.01573
.60	.0590	.1539	.0464	-.01348
.65	.0009	.1151	.0465	-.01116
.70	-.0380	.0836	.0446	-.00889
.75	-.0638	.0581	.0414	-.00674
.80	-.0823	.0373	.0372	-.00477
.85	-.0993	.0200	.0323	-.00303
.90	-.1221	.0050	.0262	-.00157
.95	-.1566	-.0086	.0184	-.00046
1.00	-.3671	-.0216	-.0000	-.00000

XQ/L=0.2

X/L	FP	FS	FQ	FM
.05	3.6470	.7373	.1823	.00456
.10	2.2415	.7621	.2944	.01648
.15	2.2327	.7807	.4061	.03399
.20	2.2506	.7844	-.4814	.05711
.25	2.1444	.7615	-.3742	.03572
.30	1.8824	.7115	-.2801	.01936
.35	1.5860	.6451	-.2008	.00734
.40	1.2941	.5707	-.1361	-.00108
.45	1.0264	.4946	-.0847	-.00660
.50	.7923	.4209	-.0451	-.00985
.55	.5947	.3521	-.0154	-.01136
.60	.4325	.2898	.0062	-.01159
.65	.3022	.2343	.0213	-.01090
.70	.1988	.1856	.0313	-.00958
.75	.1162	.1431	.0371	-.00787
.80	.0476	.1058	.0395	-.00596
.85	-.0150	.0727	.0387	-.00401
.90	-.0834	.0426	.0346	-.00217
.95	-.1673	.0143	.0262	-.00065
1.00	-.5238	-.0132	-.0000	-.00000

XQ/L=0.3

X/L	FP	FS	FQ	FM
.05	1.3924	.4399	.0696	.00174
.10	1.2362	.5142	.1314	.00677
.15	1.4639	.5859	.2046	.01517
.20	1.7080	.6512	.2900	.02753
.25	1.9469	.7037	.3874	.04447
.30	2.1290	.7348	-.5062	.06650
.35	2.1179	.7334	-.4003	.04384
.40	1.9132	.6996	-.3046	.02621
.45	1.6499	.6449	-.2221	.01304
.50	1.3752	.5785	-.1534	.00366
.55	1.1142	.5072	-.0977	-.00262
.60	.8795	.4357	-.0537	-.00640
.65	.6756	.3669	-.0199	-.00824
.70	.5024	.3026	.0052	-.00861
.75	.3558	.2433	.0230	-.00790
.80	.2291	.1890	.0345	-.00647
.85	.1129	.1391	.0401	-.00460
.90	-.0082	.0925	.0397	-.00261
.95	-.1477	.0480	.0323	-.00081
1.00	-.6462	.0046	-.0000	-.00000

XQ/L=0.4

X/L	FP	FS	FQ	FM
.05	.1225	.2387	.0061	.00015
.10	.5553	.3238	.0339	.00115
.15	.8387	.4085	.0758	.00390
.20	1.1194	.4919	.1318	.00909
.25	1.4036	.5714	.2020	.01743
.30	1.6872	.6431	.2863	.02964
.35	1.9498	.7007	.3838	.04639
.40	2.1472	.7356	-.5088	.06827
.45	2.1459	.7369	-.4015	.04551
.50	1.9473	.7048	-.3042	.02787
.55	1.6873	.6508	-.2198	.01477
.60	1.4131	.5842	-.1491	.00555
.65	1.1497	.5115	-.0916	-.00047
.70	.9087	.4374	-.0462	-.00392
.75	.6933	.3647	-.0115	-.00536
.80	.5003	.2948	.0135	-.00532
.85	.3213	.2281	.0295	-.00424
.90	.1398	.1643	.0365	-.00259
.95	-.0605	.1025	.0335	-.00084
1.00	-.6701	.0418	-.0000	-.00000

XQ/L=0.5

X/L	FP	FS	FQ	FM
.05	-.4768	.1134	-.0238	-.00060
.10	.1495	.1901	-.0164	-.00160
.15	.4064	.2675	.0040	-.00191
.20	.6487	.3459	.0364	-.00090
.25	.8921	.4253	.0810	.00203
.30	1.1488	.5043	.1384	.00752
.35	1.4203	.5806	.2095	.01622
.40	1.6976	.6498	.2943	.02881
.45	1.9579	.7057	.3922	.04597
.50	2.1554	.7392	-.5000	.06828
.55	2.1554	.7392	-.3922	.04597
.60	1.9579	.7057	-.2943	.02881
.65	1.6976	.6498	-.2095	.01622
.70	1.4203	.5806	-.1384	.00752
.75	1.1488	.5043	-.0810	.00203
.80	.8921	.4253	-.0364	-.00090
.85	.6487	.3459	-.0040	-.00191
.90	.4064	.2675	.0164	-.00160
.95	.1495	.1901	.0238	-.00060
1.00	-.4768	.1134	0.0000	-.00000

B/L= .50 DS/B1= 2.00 KS= .050

XM/L=0.0

X/L	FP	FS	FQ	FM
.05	46.9780	4.7346	2.3489	-.94128
.10	8.4441	2.6294	2.7711	-.81328
.15	.4474	1.0510	2.7935	-.67416
.20	-4.1031	-.0811	2.5883	-.53962
.25	-6.2501	-.8493	2.2758	-.41801
.30	-7.0389	-1.3307	1.9239	-.31302
.35	-7.0186	-1.5931	1.5729	-.22560
.40	-6.5349	-1.6945	1.2462	-.15512
.45	-5.8114	-1.6820	.9556	-.10008
.50	-4.9926	-1.5933	.7060	-.05854
.55	-4.1697	-1.4573	.4975	-.02845
.60	-3.3964	-1.2955	.3277	-.00782
.65	-2.7004	-1.1230	.1927	.00519
.70	-2.0907	-.9499	.0881	.01221
.75	-1.5627	-.7822	.0100	.01466
.80	-1.1012	-.6226	-.0451	.01379
.85	-.6813	-.4716	-.0791	.01068
.90	-.2601	-.3280	-.0921	.00640
.95	.2026	-.1896	-.0820	.00205
1.00	1.6399	-.0537	.0000	-.00000

XM/L=0.1

X/L	FP	FS	FQ	FM
.05	41.3435	4.4304	2.0672	.05168
.10	12.3766	2.8460	2.6860	-.82949
.15	1.9707	1.2708	2.7845	-.69273
.20	-3.4413	.0773	2.6125	-.55780
.25	-5.9275	-.7412	2.3161	-.43459
.30	-6.9148	-1.2623	1.9704	-.32743
.35	-7.0119	-1.5553	1.6198	-.23767
.40	-6.5961	-1.6792	1.2900	-.16493
.45	-5.9086	-1.6828	.9945	-.10782
.50	-5.1051	-1.6049	.7393	-.06447
.55	-4.2843	-1.4756	.5251	-.03286
.60	-3.5052	-1.3174	.3498	-.01099
.65	-2.7988	-1.1462	.2099	.00300
.70	-2.1765	-.9728	.1010	.01078
.75	-1.6353	-.8037	.0193	.01378
.80	-1.1611	-.6421	-.0388	.01330
.85	-.7291	-.4887	-.0752	.01045
.90	-.2968	-.3424	-.0901	.00631
.95	.1765	-.2012	-.0813	.00203
1.00	1.6250	-.0625	-.0000	-.00000

XM/L=0.2

X/L	FP	FS	FQ	FM
.05	28.4707	3.4932	1.4235	.03559
.10	11.6049	2.7226	2.0038	.12127
.15	7.8187	1.9056	2.3947	.23123
.20	3.6631	.9833	2.5779	-.64445
.25	-2.7234	-.0397	2.4417	-.51896
.30	-5.5254	-.7889	2.1654	-.40378
.35	-6.5124	-1.2616	1.8398	-.30365
.40	-6.6189	-1.5225	1.5089	-.21994
.45	-6.2278	-1.6268	1.1975	-.15228
.50	-5.5776	-1.6197	.9186	-.09938
.55	-4.8180	-1.5375	.6777	-.05947
.60	-4.0420	-1.4080	.4756	-.03064
.65	-3.3037	-1.2517	.3104	-.01099
.70	-2.6305	-1.0831	.1789	.00124
.75	-2.0299	-.9117	.0774	.00765
.80	-1.4946	-.7432	.0027	.00965
.85	-1.0043	-.5799	-.0476	.00853
.90	-.5185	-.4221	-.0735	.00550
.95	.0032	-.2686	-.0733	.00183
1.00	1.4665	-.1173	-.0000	-.00000

XM/L=0.3

X/L	FP	FS	FQ	FM
.05	17.0908	2.4662	.8545	.02136
.10	8.4059	2.2032	1.2748	.07460
.15	7.1626	1.9120	1.6330	.14729
.20	6.1256	1.5546	1.9392	.23660
.25	4.8567	1.0824	2.1821	.33963
.30	2.3402	.4377	2.2991	-.54834
.35	-3.1062	-.3693	2.1438	-.43727
.40	-5.3562	-.9557	1.8760	-.33677
.45	-6.0375	-1.3103	1.5741	-.25052
.50	-5.9973	-1.4891	1.2742	-.17931
.55	-5.5611	-1.5393	.9962	-.12255
.60	-4.9277	-1.4993	.7498	-.07891
.65	-4.2185	-1.3992	.5389	-.04669
.70	-3.5058	-1.2616	.3636	-.02413
.75	-2.8284	-1.1031	.2222	-.00948
.80	-2.2003	-.9346	.1121	-.00113
.85	-1.6159	-.7631	.0313	.00246
.90	-1.0467	-.5920	-.0210	.00272
.95	-.4576	-.4226	-.0439	.00110
1.00	.8775	-.2544	-.0000	-.00000

XM/L=0.4

X/L	FP	FS	FQ	FM
.05	8.8462	1.5946	.4423	.01106
.10	5.3080	1.6075	.7077	.03981
.15	5.2785	1.6054	.9716	.08179
.20	5.4087	1.5672	1.2421	.13713
.25	5.5389	1.4636	1.5190	.20616
.30	5.3999	1.2574	1.7890	.28886
.35	4.6458	.9030	2.0213	.38412
.40	2.4320	.3470	2.1429	-.51178
.45	-2.8461	-.3955	2.0006	-.40819
.50	-5.0148	-.9372	1.7499	-.31443
.55	-5.6707	-1.2625	1.4663	-.23402
.60	-5.6392	-1.4236	1.1844	-.16776
.65	-5.2308	-1.4644	.9228	-.11508
.70	-4.6335	-1.4208	.6911	-.07473
.75	-3.9607	-1.3205	.4931	-.04512
.80	-3.2784	-1.1846	.3292	-.02456
.85	-2.6197	-1.0279	.1982	-.01138
.90	-1.9909	-.8605	.0987	-.00396
.95	-1.3774	-.6888	.0298	-.00074
1.00	-.5958	-.5157	-.0000	-.00000

XM/L=0.5

X/L	FP	FS	FQ	FM
.05	3.5832	.9484	.1792	.00448
.10	2.9459	1.0850	.3265	.01712
.15	3.4215	1.2153	.4975	.03772
.20	3.9740	1.3294	.6962	.06756
.25	4.5641	1.4121	.9244	.10808
.30	5.1040	1.4424	1.1796	.16068
.35	5.4715	1.3925	1.4532	.22650
.40	5.4748	1.2267	1.7269	.30601
.45	4.8026	.9015	1.9671	.39836
.50	2.6312	.3653	2.0986	-.50000
.55	-2.6312	-.3653	1.9671	-.39836
.60	-4.8026	-.9015	1.7269	-.30601
.65	-5.4748	-1.2267	1.4532	-.22650
.70	-5.4715	-1.3925	1.1796	-.16068
.75	-5.1040	-1.4424	.9244	-.10808
.80	-4.5641	-1.4121	.6962	-.06756
.85	-3.9740	-1.3294	.4975	-.03772
.90	-3.4215	-1.2153	.3265	-.01712
.95	-2.9458	-1.0850	.1792	-.00448
1.00	-3.5832	-.9484	-.0000	-.00000

B/L= .50 DS/B1= 2.00 KS= .100

XQ/L=0.0

X/L	FP	FS	FQ	FM
.05	10.2812	1.4733	-.4859	-.03715
.10	4.2043	1.2551	-.2757	-.05619
.15	2.9416	1.0510	-.1286	-.06630
.20	2.0217	.8655	-.0276	-.07020
.25	1.3810	.7004	.0415	-.06986
.30	.9109	.5564	.0870	-.06664
.35	.5625	.4329	.1152	-.06159
.40	.3053	.3287	.1304	-.05545
.45	.1181	.2420	.1363	-.04878
.50	-.0151	.1710	.1356	-.04198
.55	-.1069	.1136	.1302	-.03534
.60	-.1674	.0678	.1219	-.02904
.65	-.2051	.0316	.1116	-.02320
.70	-.2271	.0033	.1002	-.01790
.75	-.2397	-.0189	.0883	-.01319
.80	-.2487	-.0365	.0758	-.00909
.85	-.2602	-.0506	.0628	-.00562
.90	-.2834	-.0626	.0486	-.00284
.95	-.3243	-.0734	.0324	-.00081
1.00	-.6485	-.0836	-.0000	-.00000

XQ/L=0.1

X/L	FP	FS	FQ	FM
.05	6.9330	1.1058	.3466	.00867
.10	3.3204	1.0158	-.4873	.03015
.15	2.6615	.9204	-.3543	.00911
.20	2.1017	.8195	-.2492	-.00598
.25	1.6663	.7181	-.1659	-.01635
.30	1.3096	.6202	-.1004	-.02301
.35	1.0149	.5283	-.0496	-.02676
.40	.7719	.4438	-.0110	-.02827
.45	.5730	.3676	.0176	-.02811
.50	.4118	.2999	.0382	-.02672
.55	.2825	.2404	.0523	-.02445
.60	.1795	.1886	.0613	-.02161
.65	.0977	.1437	.0662	-.01842
.70	.0318	.1048	.0678	-.01508
.75	-.0233	.0710	.0666	-.01172
.80	-.0731	.0411	.0630	-.00848
.85	-.1241	.0143	.0568	-.00548
.90	-.1971	-.0104	.0474	-.00288
.95	-.2699	-.0338	.0339	-.00085
1.00	-.6781	-.0567	-.0000	-.00000

XQ/L=0.2

X/L	FP	FS	FQ	FM
.05	4.1698	.7771	.2085	.00521
.10	2.3055	.7719	.3238	.01852
.15	2.1281	.7632	.4302	.03737
.20	2.0123	.7462	-.4692	.06139
.25	1.8695	.7147	-.3757	.04027
.30	1.6622	.6684	-.2926	.02356
.35	1.4431	.6125	-.2205	.01073
.40	1.2286	.5515	-.1590	.00124
.45	1.0275	.4888	-.1077	-.00543
.50	.8444	.4268	-.0655	-.00975
.55	.6812	.3670	-.0314	-.01217
.60	.5379	.3106	-.0045	-.01307
.65	.4128	.2579	.0161	-.01278
.70	.3033	.2092	.0313	-.01159
.75	.2055	.1641	.0416	-.00977
.80	.1145	.1222	.0473	-.00755
.85	.0235	.0829	.0485	-.00516
.90	-.0793	.0456	.0445	-.00283
.95	-.2035	.0094	.0343	-.00086
1.00	-.6869	-.0262	-.0000	-.00000

XQ/L=0.3

X/L	FP	FS	FQ	FM
.05	2.1601	.5120	.1080	.00270
.10	1.4458	.5530	.1803	.00991
.15	1.5035	.5922	.2555	.02080
.20	1.5946	.6268	.3352	.03557
.25	1.6995	.6529	.4202	.05445
.30	1.7775	.6657	-.4909	.07768
.35	1.7536	.6589	-.4033	.05533
.40	1.6246	.6326	-.3220	.03720
.45	1.4571	.5925	-.2492	.02292
.50	1.2753	.5434	-.1854	.01205
.55	1.0933	.4891	-.1308	.00415
.60	.9188	.4324	-.0848	-.00124
.65	.7558	.3753	-.0470	-.00454
.70	.6052	.3191	-.0168	-.00613
.75	.4658	.2645	.0065	-.00639
.80	.3339	.2118	.0232	-.00565
.85	.2033	.1609	.0334	-.00423
.90	.0619	.1115	.0365	-.00248
.95	-.1009	.0631	.0314	-.00079
1.00	-.6288	.0152	-.0000	-.00000

XQ/L=0.4

X/L	FP	FS	FQ	FM
.05	.8224	.3131	.0411	.00103
.10	.8016	.3740	.0812	.00409
.15	.9681	.4341	.1296	.00936
.20	1.1421	.4923	.1867	.01726
.25	1.3222	.5465	.2528	.02825
.30	1.4983	.5939	.3277	.04277
.35	1.6554	.6307	.4105	.06122
.40	1.7677	.6520	-.5011	.08396
.45	1.7666	.6518	-.4128	.06111
.50	1.6518	.6303	-.3302	.04253
.55	1.4921	.5932	-.2556	.02789
.60	1.3130	.5457	-.1899	.01675
.65	1.1289	.4915	-.1335	.00867
.70	.9478	.4335	-.0861	.00318
.75	.7732	.3738	-.0474	-.00016
.80	.6047	.3136	-.0172	-.00178
.85	.4385	.2537	.0047	-.00209
.90	.2644	.1945	.0179	-.00153
.95	.0720	.1358	.0215	-.00054
1.00	-.4307	.0774	-.0000	-.00000

XQ/L=0.5

X/L	FP	FS	FQ	FM
.05	.0094	.1723	.0005	.00001
.10	.3574	.2366	.0183	.00048
.15	.5579	.3009	.0462	.00210
.20	.7490	.3647	.0837	.00534
.25	.9378	.4275	.1306	.01070
.30	1.1282	.4879	.1870	.01864
.35	1.3184	.5439	.2529	.02964
.40	1.5013	.5928	.3280	.04416
.45	1.6628	.6306	.4111	.06264
.50	1.7778	.6524	-.5000	.08541
.55	1.7778	.6524	-.4111	.06264
.60	1.6628	.6306	-.3280	.04416
.65	1.5013	.5928	-.2529	.02964
.70	1.3184	.5439	-.1870	.01864
.75	1.1282	.4879	-.1306	.01070
.80	.9378	.4275	-.0837	.00534
.85	.7490	.3647	-.0462	.00210
.90	.5579	.3009	-.0183	.00048
.95	.3574	.2366	-.0005	.00001
1.00	.0094	.1723	-.0000	-.00000

B/L= .50 DS/B1= 2.00 KS= .100

XM/L=0.0

X/L	FP	FS	FQ	FM
.05	34.2852	3.7188	1.7143	-.95714
.10	8.2607	2.3630	2.1273	-.86110
.15	2.6464	1.2803	2.2596	-.75143
.20	-.8883	.4395	2.2152	-.63956
.25	-2.9032	-.1927	2.0700	-.53243
.30	-4.0151	-.6491	1.8693	-.43395
.35	-4.5371	-.9607	1.6424	-.34616
.40	-4.6691	-1.1555	1.4090	-.26987
.45	-4.5462	-1.2580	1.1817	-.20511
.50	-4.2626	-1.2894	.9685	-.15135
.55	-3.8848	-1.2674	.7743	-.10778
.60	-3.4592	-1.2067	.6013	-.07339
.65	-3.0171	-1.1190	.4505	-.04710
.70	-2.5783	-1.0132	.3216	-.02779
.75	-2.1538	-.8963	.2139	-.01441
.80	-1.7463	-.7732	.1265	-.00590
.85	-1.3516	-.6470	.0590	-.00126
.90	-.9543	-.5198	.0113	.00049
.95	-.5352	-.3926	-.0155	.00039
1.00	.3102	-.2654	.0000	-.00000

XM/L=0.1

X/L	FP	FS	FQ	FM
.05	31.2582	3.5478	1.5629	.03907
.10	10.1907	2.4628	2.0724	-.87004
.15	3.4206	1.3903	2.2435	-.76215
.20	-.5164	.5252	2.2177	-.65062
.25	-2.6877	-.1279	2.0833	-.54309
.30	-3.8956	-.6021	1.8885	-.44380
.35	-4.4794	-.9284	1.6645	-.35498
.40	-4.6522	-1.1350	1.4319	-.27757
.45	-4.5559	-1.2469	1.2041	-.21166
.50	-4.2893	-1.2855	.9896	-.15682
.55	-3.9215	-1.2690	.7936	-.11224
.60	-3.5010	-1.2123	.6185	-.07694
.65	-3.0508	-1.1273	.4655	-.04984
.70	-2.6217	-1.0234	.3344	-.02984
.75	-2.1956	-.9076	.2246	-.01587
.80	-1.7361	-.7850	.1353	-.00687
.85	-1.3895	-.6590	.0658	-.00184
.90	-.9913	-.5318	.0163	.00021
.95	-.5727	-.4044	-.0124	.00031
1.00	.2474	-.2771	-.0000	-.00000

XM/L=0.2

X/L	FP	FS	FQ	FM
.05	23.8348	2.9868	1.1917	.02979
.10	9.5813	2.3537	1.6708	.10136
.15	6.3521	1.7012	1.9884	.19284
.20	3.2033	1.0048	2.1486	-.70374
.25	-.8318	.2726	2.1070	-.59735
.30	-2.9143	-.3019	1.9613	-.49564
.35	-3.9466	-.7126	1.7639	-.40251
.40	-4.4073	-.9887	1.5436	-.31982
.45	-4.4991	-1.1566	1.3186	-.24827
.50	-4.3544	-1.2394	1.1009	-.18778
.55	-4.0632	-1.2569	.8977	-.13782
.60	-3.6875	-1.2257	.7134	-.09754
.65	-3.2702	-1.1594	.5499	-.06596
.70	-2.8396	-1.0686	.4079	-.04201
.75	-2.4132	-.9617	.2872	-.02464
.80	-1.9994	-.8449	.1872	-.01277
.85	-1.5988	-.7225	.1073	-.00541
.90	-1.2027	-.5974	.0472	-.00155
.95	-.7955	-.4714	.0074	-.00018
1.00	-.1479	-.3451	-.0000	-.00000

XM/L=0.3

X/L	FP	FS	FQ	FM
.05	16.5169	2.3129	.8258	.02065
.10	7.5321	2.0011	1.2024	.07135
.15	5.9190	1.6756	1.4984	.13887
.20	4.6051	1.3188	1.7287	.21955
.25	3.3249	.9084	1.8949	.31014
.30	1.5007	.4187	1.9699	-.59324
.35	-1.7213	-.1410	1.8839	-.49689
.40	-3.2703	-.5748	1.7204	-.40679
.45	-3.9514	-.8731	1.5228	-.32571
.50	-4.1858	-1.0617	1.3135	-.25480
.55	-4.1393	-1.1633	1.1065	-.19430
.60	-3.9188	-1.1977	.9106	-.14388
.65	-3.5959	-1.1815	.7308	-.10284
.70	-3.2189	-1.1284	.5698	-.07032
.75	-2.8208	-1.0494	.4288	-.04536
.80	-2.4226	-.9531	.3077	-.02695
.85	-2.0364	-.8461	.2059	-.01411
.90	-1.6685	-.7330	.1224	-.00590
.95	-1.3130	-.6169	.0568	-.00142
1.00	-1.1356	-.4998	-.0000	-.00000

XM/L=0.4

X/L	FP	FS	FQ	FM
.05	10.4919	1.6798	.5246	.01311
.10	5.3952	1.5774	.7939	.04608
.15	4.7376	1.4663	1.0307	.09169
.20	4.3055	1.3347	1.2460	.14861
.25	3.9656	1.1672	1.4443	.21587
.30	3.5198	.9452	1.6203	.29248
.35	2.7728	.6470	1.7589	.37696
.40	1.2989	.2484	1.8239	-.53347
.45	-1.6926	-.2391	1.7392	-.44439
.50	-3.0941	-.6174	1.5845	-.36130
.55	-3.6974	-.8751	1.4002	-.28668
.60	-3.8778	-1.0356	1.2063	-.22152
.65	-3.8206	-1.1201	1.0152	-.16598
.70	-3.6159	-1.1465	.8344	-.11974
.75	-3.3310	-1.1302	.6679	-.08218
.80	-3.0141	-1.0837	.5172	-.05255
.85	-2.7017	-1.0171	.3821	-.03007
.90	-2.4308	-.9381	.2606	-.01400
.95	-2.2159	-.8527	.1498	-.00374
1.00	-2.9955	-.7645	-.0000	-.00000

XM/L=0.5

X/L	FP	FS	FQ	FM
.05	6.0251	1.1565	.3013	.00753
.10	3.5707	1.1788	.4798	.02706
.15	3.4847	1.1959	.6540	.05540
.20	3.5231	1.2008	.8302	.09251
.25	3.6330	1.1836	1.0118	.13856
.30	3.7208	1.1318	1.1979	.19380
.35	3.7018	1.0304	1.3830	.25832
.40	3.4675	.8612	1.5563	.33180
.45	2.8594	.6036	1.6993	.41319
.50	1.4723	.2343	1.7729	-.50000
.55	-1.4723	-.2343	1.6993	-.41319
.60	-2.8594	-.6036	1.5563	-.33180
.65	-3.4675	-.8612	1.3830	-.25832
.70	-3.7018	-1.0304	1.1979	-.19380
.75	-3.7208	-1.1318	1.0118	-.13856
.80	-3.6330	-1.1836	.8302	-.09251
.85	-3.5231	-1.2008	.6540	-.05540
.90	-3.4846	-1.1959	.4798	-.02706
.95	-3.5707	-1.1788	.3013	-.00753
1.00	-6.0251	-1.1565	-.0000	-.00000

B/L= .50 DS/B1= 2.00 KS= .200

XQ/L=0.0

X/L	FP	FS	FQ	FM
.05	9.0888	1.3577	-.5456	-.03864
.10	3.9268	1.1917	-.3492	-.06101
.15	2.9058	1.0332	-.2039	-.07484
.20	2.1518	.8850	-.0963	-.08234
.25	1.6140	.7485	-.0156	-.08514
.30	1.2025	.6247	.0445	-.08442
.35	.8800	.5136	.0885	-.08110
.40	.6241	.4149	.1197	-.07589
.45	.4201	.3281	.1407	-.06938
.50	.2574	.2521	.1536	-.06203
.55	.1273	.1860	.1599	-.05419
.60	.0228	.1286	.1611	-.04617
.65	-.0624	.0787	.1579	-.03819
.70	-.1343	.0351	.1512	-.03046
.75	-.1988	-.0033	.1413	-.02315
.80	-.2623	-.0377	.1282	-.01641
.85	-.3332	-.0691	.1115	-.01042
.90	-.4271	-.0985	.0902	-.00538
.95	-.5541	-.1267	.0625	-.00156
1.00	-1.2491	-.1545	-.0000	-.00000

XQ/L=0.1

X/L	FP	FS	FQ	FM
.05	6.6357	1.0695	.3318	.00829
.10	3.1687	.9860	-.5098	.02884
.15	2.5518	.9000	-.3822	.00655
.20	2.0578	.8115	-.2793	-.00999
.25	1.6837	.7233	-.1951	-.02185
.30	1.3781	.6375	-.1262	-.02989
.35	1.1221	.5557	-.0701	-.03479
.40	.9049	.4787	-.0249	-.03717
.45	.7198	.4071	.0111	-.03751
.50	.5617	.3411	.0392	-.03625
.55	.4260	.2805	.0605	-.03376
.60	.3090	.2255	.0760	-.03035
.65	.2068	.1751	.0863	-.02629
.70	.1153	.1290	.0921	-.02183
.75	.0303	.0864	.0936	-.01719
.80	-.0537	.0469	.0909	-.01258
.85	-.1438	.0095	.0837	-.00821
.90	-.2537	-.0253	.0710	-.00434
.95	-.3932	-.0611	.0514	-.00128
1.00	-1.0273	-.0956	-.0000	-.00000

XQ/L=0.2

X/L	FP	FS	FQ	FM
.05	4.5000	.8031	.2250	.00562
.10	2.3513	.7794	.3426	.01981
.15	2.0720	.7539	.4462	.03953
.20	1.8762	.7240	-.4600	.06419
.25	1.7071	.6865	-.3747	.04332
.30	1.5242	.6411	-.2985	.02649
.35	1.3452	.5905	-.2312	.01325
.40	1.1741	.5369	-.1725	.00316
.45	1.0130	.4821	-.1218	-.00420
.50	.8631	.4274	-.0787	-.00922
.55	.7247	.3737	-.0425	-.01224
.60	.5972	.3217	-.0126	-.01362
.65	.4795	.2716	.0114	-.01365
.70	.3696	.2236	.0299	-.01262
.75	.2648	.1775	.0431	-.01080
.80	.1612	.1332	.0512	-.00844
.85	.0530	.0903	.0538	-.00581
.90	-.0716	.0485	.0502	-.00321
.95	-.2216	.0074	.0392	-.00098
1.00	-.7831	-.0334	-.0000	-.00000

XQ/L=0.3

X/L	FP	FS	FQ	FM
.05	2.8006	.5744	.1400	.00350
.10	1.6285	.5889	.2215	.01254
.15	1.5513	.6022	.2990	.02555
.20	1.5256	.6127	.3753	.04241
.25	1.5326	.6181	.4519	.06309
.30	1.5361	.6156	-.4713	.08760
.35	1.4920	.6020	-.3967	.06591
.40	1.3950	.5770	-.3269	.04782
.45	1.2766	.5436	-.2631	.03307
.50	1.1482	.5041	-.2057	.02135
.55	1.0166	.4605	-.1548	.01233
.60	.8857	.4144	-.1106	.00570
.65	.7579	.3670	-.0727	.00112
.70	.6338	.3191	-.0410	-.00172
.75	.5128	.2713	-.0153	-.00313
.80	.3928	.2238	.0043	-.00341
.85	.2699	.1768	.0178	-.00285
.90	.1352	.1303	.0246	-.00179
.95	-.0192	.0841	.0236	-.00059
1.00	-.4721	.0381	-.0000	-.00000

XQ/L=0.4

X/L	FP	FS	FQ	FM
.05	1.5229	.3878	.0761	.00190
.10	1.0400	.4240	.1281	.00701
.15	1.0856	.4595	.1824	.01477
.20	1.1547	.4935	.2402	.02534
.25	1.2413	.5244	.3022	.03890
.30	1.3300	.5506	.3687	.05567
.35	1.4086	.5696	.4392	.07587
.40	1.4614	.5789	-.4878	.09965
.45	1.4520	.5751	-.4152	.07708
.50	1.3796	.5583	-.3462	.05805
.55	1.2783	.5313	-.2823	.04234
.60	1.1611	.4959	-.2242	.02967
.65	1.0360	.4570	-.1724	.01976
.70	.9076	.4135	-.1270	.01227
.75	.7787	.3676	-.0881	.00689
.80	.6500	.3203	-.0556	.00330
.85	.5204	.2722	-.0296	.00117
.90	.3855	.2238	-.0103	.00017
.95	.2399	.1752	.0017	-.00004
1.00	-.0338	.1267	-.0000	-.00000

XQ/L=0.5

X/L	FP	FS	FQ	FM
.05	.6045	.2406	.0302	.00076
.10	.5839	.2869	.0594	.00300
.15	.6978	.3329	.0943	.00684
.20	.8147	.3781	.1350	.01257
.25	.9359	.4219	.1818	.02049
.30	1.0584	.4633	.2348	.03091
.35	1.1783	.5008	.2937	.04412
.40	1.2903	.5327	.3582	.06042
.45	1.3856	.5568	.4275	.08006
.50	1.4507	.5704	-.5000	.10324
.55	1.4507	.5704	-.4275	.08006
.60	1.3856	.5568	-.3582	.06042
.65	1.2903	.5327	-.2937	.04412
.70	1.1783	.5008	-.2348	.03091
.75	1.0584	.4633	-.1818	.02049
.80	.9359	.4219	-.1350	.01257
.85	.8147	.3781	-.0943	.00684
.90	.6978	.3329	-.0594	.00300
.95	.5839	.2869	-.0302	.00076
1.00	.6045	.2406	-.0000	-.00000

B/L= .50 DS/B1= 2.00 KS= .200

XM/L=0.0

X/L	FP	FS	FQ	FM
.05	24.9542	2.9064	1.2477	-.96881
.10	7.2964	2.0427	1.6125	-.89730
.15	3.4629	1.3191	1.7857	-.81235
.20	.8935	.7238	1.8303	-.72195
.25	-.7267	.2436	1.7940	-.63134
.30	-1.7749	-.1351	1.7053	-.54385
.35	-2.4333	-.4257	1.5836	-.46163
.40	-2.8161	-.6410	1.4428	-.38597
.45	-3.0010	-.7927	1.2927	-.31758
.50	-3.0439	-.8917	1.1406	-.25675
.55	-2.9864	-.9477	.9912	-.20346
.60	-2.8600	-.9692	.8482	-.15747
.65	-2.6891	-.9637	.7138	-.11842
.70	-2.4926	-.9375	.5891	-.08585
.75	-2.2855	-.8960	.4749	-.05925
.80	-2.0801	-.8438	.3709	-.03810
.85	-1.8882	-.7842	.2765	-.02192
.90	-1.7270	-.7201	.1901	-.01026
.95	-1.6011	-.6537	.1101	-.00275
1.00	-2.2011	-.5864	.0000	-.00000

XM/L=0.1

X/L	FP	FS	FQ	FM
.05	23.3538	2.8126	1.1677	.02919
.10	8.2416	2.0882	1.5798	-.90212
.15	3.8488	1.3731	1.7722	-.81832
.20	1.0906	.7684	1.8267	-.72835
.25	-.6006	.2797	1.7967	-.63776
.30	-1.6931	-.1065	1.7120	-.55004
.35	-2.3811	-.4037	1.5930	-.46742
.40	-2.7849	-.6246	1.4537	-.39125
.45	-2.9849	-.7812	1.3045	-.32229
.50	-3.0388	-.8842	1.1526	-.26087
.55	-2.9893	-.9436	1.0031	-.20698
.60	-2.8688	-.9680	.8596	-.16041
.65	-2.7023	-.9648	.7245	-.12080
.70	-2.5090	-.9406	.5991	-.08771
.75	-2.3046	-.9008	.4839	-.06064
.80	-2.1018	-.8499	.3788	-.03907
.85	-1.9127	-.7916	.2831	-.02253
.90	-1.7555	-.7287	.1954	-.01056
.95	-1.6353	-.6633	.1136	-.00284
1.00	-2.2719	-.5969	-.0000	-.00000

XM/L=0.2

X/L	FP	FS	FQ	FM
.05	19.2152	2.4900	.9608	.02402
.10	7.8240	2.0095	1.3520	.08184
.15	5.2928	1.5211	1.6166	.15605
.20	2.9953	1.0149	1.7664	-.75937
.25	.4144	.4978	1.7871	-.67054
.30	-1.0915	.0692	1.7325	-.58255
.35	-1.9938	-.2654	1.6328	-.49842
.40	-2.5414	-.5190	1.5058	-.41995
.45	-2.8426	-.7038	1.3636	-.34822
.50	-2.9697	-.8310	1.2151	-.28375
.55	-2.9738	-.9108	1.0664	-.22671
.60	-2.8930	-.9524	.9218	-.17700
.65	-2.7561	-.9638	.7840	-.13436
.70	-2.5859	-.9519	.6547	-.09839
.75	-2.4004	-.9225	.5347	-.06866
.80	-2.2153	-.8807	.4239	-.04469
.85	-2.0455	-.8304	.3216	-.02605
.90	-1.9146	-.7748	.2259	-.01237
.95	-1.8308	-.7163	.1344	-.00336
1.00	-2.6872	-.6568	-.0000	-.00000

XM/L=0.3

X/L	FP	FS	FQ	FM
.05	14.8073	2.0766	.7404	.01851
.10	6.5761	1.7859	1.0692	.06375
.15	5.0011	1.4891	1.3192	.12346
.20	3.7402	1.1783	1.5062	.19409
.25	2.6252	.8438	1.6375	.27269
.30	1.3080	.4744	1.7029	-.64380
.35	-.6563	.0765	1.6701	-.55948
.40	-1.7375	-.2499	1.5832	-.47815
.45	-2.3396	-.4984	1.4662	-.40191
.50	-2.6744	-.6811	1.3325	-.33194
.55	-2.8277	-.8087	1.1911	-.26885
.60	-2.8569	-.8913	1.0483	-.21287
.65	-2.8033	-.9378	.9081	-.16396
.70	-2.6984	-.9561	.7732	-.12193
.75	-2.5673	-.9530	.6448	-.08648
.80	-2.4322	-.9343	.5232	-.05728
.85	-2.3156	-.9049	.4074	-.03401
.90	-2.2532	-.8686	.2948	-.01645
.95	-2.2613	-.8286	.1817	-.00454
1.00	-3.6341	-.7871	-.0000	-.00000

XM/L=0.4

X/L	FP	FS	FQ	FM
.05	10.8555	1.6608	.5428	.01357
.10	5.1995	1.5091	.8028	.04721
.15	4.2785	1.3530	1.0167	.09269
.20	3.6000	1.1864	1.1967	.14803
.25	3.0687	1.0018	1.3501	.21170
.30	2.5312	.7903	1.4767	.28237
.35	1.8698	.5418	1.5702	.35854
.40	.8636	.2452	1.6133	-.56188
.45	-.8934	-.0923	1.5692	-.48231
.50	-1.8139	-.3703	1.4785	-.40612
.55	-2.3161	-.5817	1.3627	-.33509
.60	-2.5921	-.7375	1.2331	-.27020
.65	-2.7216	-.8480	1.0970	-.21195
.70	-2.7592	-.9223	.9590	-.16055
.75	-2.7462	-.9688	.8217	-.11603
.80	-2.7180	-.9946	.6858	-.07334
.85	-2.7114	-1.0058	.5502	-.04744
.90	-2.7841	-1.0076	.4110	-.02341
.95	-2.9675	-1.0042	.2627	-.00657
1.00	-5.2532	-.9985	-.0000	-.00000

XM/L=0.5

X/L	FP	FS	FQ	FM
.05	7.6467	1.2929	.3823	.00956
.10	3.9587	1.2370	.5803	.03362
.15	3.4843	1.1780	.7545	.06699
.20	3.1787	1.1115	.9134	.10869
.25	2.9863	1.0318	1.0627	.15809
.30	2.8130	.9322	1.2034	.21475
.35	2.5968	.8046	1.3332	.27816
.40	2.2729	.6402	1.4469	.34767
.45	1.7570	.4288	1.5347	.42221
.50	.8461	.1597	1.5770	-.50000
.55	-.8461	-.1597	1.5347	-.42221
.60	-1.7570	-.4288	1.4469	-.34767
.65	-2.2729	-.6402	1.3332	-.27816
.70	-2.5968	-.8046	1.2034	-.21475
.75	-2.8130	-.9322	1.0627	-.15809
.80	-2.9863	-1.0318	.9134	-.10869
.85	-3.1787	-1.1115	.7545	-.06699
.90	-3.4843	-1.1780	.5803	-.03362
.95	-3.9587	-1.2370	.3823	-.00956
1.00	-7.6467	-1.2929	-.0000	-.00000

B/L= .50 DS/B1= 2.00 KS= .500

XQ/L=0.0

X/L	FP	FS	FQ	FM
.05	7.9667	1.2447	-.6017	-.04004
.10	3.6265	1.1244	-.4203	-.06559
.15	2.8228	1.0074	-.2792	-.08308
.20	2.2270	.8949	-.1679	-.09426
.25	1.7970	.7876	-.0780	-.10040
.30	1.4576	.6863	-.0051	-.10248
.35	1.1786	.5910	.0538	-.10126
.40	.9430	.5018	.1010	-.09740
.45	.7402	.4186	.1380	-.09142
.50	.5630	.3411	.1661	-.08382
.55	.4056	.2689	.1864	-.07501
.60	.2633	.2014	.1996	-.06536
.65	.1317	.1381	.2061	-.05522
.70	.0063	.0784	.2065	-.04490
.75	-.1183	.0218	.2005	-.03473
.80	-.2486	-.0325	.1881	-.02501
.85	-.3951	-.0850	.1684	-.01610
.90	-.5801	-.1362	.1394	-.00841
.95	-.8180	-.1867	.0985	-.00246
1.00	-1.9690	-.2369	-.0000	-.00000

XQ/L=0.1

X/L	FP	FS	FQ	FM
.05	6.2835	1.0285	.3142	.00785
.10	3.0178	.9550	-.5349	.02734
.15	2.4555	.8804	-.4122	.00366
.20	2.0253	.8050	-.3109	-.01442
.25	1.7078	.7299	-.2255	-.02783
.30	1.4498	.6561	-.1530	-.03729
.35	1.2307	.5843	-.0915	-.04340
.40	1.0396	.5149	-.0395	-.04668
.45	.8699	.4482	.0040	-.04757
.50	.7170	.3843	.0398	-.04647
.55	.5775	.3233	.0687	-.04376
.60	.4483	.2650	.0911	-.03976
.65	.3266	.2092	.1075	-.03479
.70	.2093	.1556	.1179	-.02916
.75	.0927	.1039	.1226	-.02315
.80	-.0283	.0538	.1212	-.01705
.85	-.1615	.0049	.1131	-.01120
.90	-.3238	-.0431	.0969	-.00595
.95	-.5268	-.0905	.0705	-.00176
1.00	-1.4109	-.1379	-.0000	-.00000

XQ/L=0.2

X/L	FP	FS	FQ	FM
.05	4.7366	.8222	.2368	.00592
.10	2.3880	.7857	.3562	.02075
.15	2.0386	.7485	.4582	.04111
.20	1.7879	.7095	-.4524	.06625
.25	1.5986	.6673	-.3725	.04563
.30	1.4280	.6218	-.3011	.02878
.35	1.2728	.5741	-.2375	.01532
.40	1.1289	.5251	-.1810	.00486
.45	.9943	.4754	-.1313	-.00295
.50	.8674	.4258	-.0880	-.00843
.55	.7470	.3764	-.0506	-.01190
.60	.6321	.3277	-.0190	-.01364
.65	.5213	.2798	.0071	-.01394
.70	.4131	.2327	.0277	-.01307
.75	.3052	.1864	.0430	-.01130
.80	.1945	.1408	.0527	-.00891
.85	.0756	.0959	.0565	-.00618
.90	-.0627	.0513	.0534	-.00343
.95	-.2292	.0071	.0419	-.00105
1.00	-.8379	-.0370	-.0000	-.00000

XQ/L=0.3

X/L	FP	FS	FQ	FM
.05	3.3873	.6332	.1694	.00423
.10	1.8030	.6244	.2595	.01496
.15	1.6078	.6150	.3399	.02994
.20	1.4818	.6043	.4140	.04879
.25	1.4065	.5912	.4843	.07125
.30	1.3471	.5745	-.4483	.09715
.35	1.2777	.5528	-.3844	.07633
.40	1.1919	.5261	-.3248	.05860
.45	1.0997	.4952	-.2699	.04373
.50	1.0044	.4613	-.2196	.03149
.55	.9076	.4252	-.1743	.02164
.60	.8107	.3874	-.1337	.01394
.65	.7140	.3486	-.0980	.00815
.70	.6177	.3092	-.0671	.00402
.75	.5213	.2694	-.0411	.00132
.80	.4236	.2294	-.0199	-.00021
.85	.3221	.1894	-.0038	-.00080
.90	.2115	.1494	.0068	-.00073
.95	.0865	.1095	.0111	-.00028
1.00	-.2223	.0696	-.0000	-.00000

XQ/L=0.4

X/L	FP	FS	FQ	FM
.05	2.2413	.4648	.1121	.00280
.10	1.2828	.4757	.1762	.01001
.15	1.2038	.4853	.2364	.02032
.20	1.1672	.4959	.2948	.03360
.25	1.1632	.5040	.3529	.04979
.30	1.1713	.5095	.4115	.06890
.35	1.1807	.5115	.4705	.09095
.40	1.1818	.5087	-.4704	.11596
.45	1.1582	.4998	-.4125	.09389
.50	1.1085	.4847	-.3571	.07465
.55	1.0456	.4645	-.3048	.05810
.60	.9746	.4403	-.2560	.04408
.65	.8989	.4131	-.2111	.03240
.70	.8205	.3835	-.1701	.02287
.75	.7412	.3524	-.1330	.01530
.80	.6621	.3200	-.0999	.00947
.85	.5841	.2870	-.0707	.00521
.90	.5087	.2535	-.0453	.00231
.95	.4345	.2198	-.0235	.00059
1.00	.4708	.1860	-.0000	-.00000

XQ/L=0.5

X/L	FP	FS	FQ	FM
.05	1.2796	.3165	.0640	.00160
.10	.8292	.3411	.1054	.00584
.15	.8375	.3655	.1473	.01215
.20	.8657	.3894	.1906	.02060
.25	.9103	.4122	.2361	.03127
.30	.9613	.4336	.2842	.04428
.35	1.0139	.4527	.3349	.05975
.40	1.0635	.4686	.3880	.07783
.45	1.1055	.4805	.4433	.09861
.50	1.1337	.4870	-.5000	.12219
.55	1.1337	.4870	-.4433	.09861
.60	1.1055	.4805	-.3880	.07783
.65	1.0635	.4686	-.3349	.05975
.70	1.0139	.4527	-.2842	.04428
.75	.9613	.4336	-.2361	.03127
.80	.9103	.4122	-.1906	.02060
.85	.8657	.3894	-.1473	.01215
.90	.8375	.3655	-.1054	.00584
.95	.8292	.3411	-.0640	.00160
1.00	1.2796	.3165	-.0000	-.00000

B/L= .50   DS/B1= 2.00   KS= .500

XM/L=0.0

X/L	FP	FS	FQ	FM
.05	17.0094	2.1713	.8505	-.97874
.10	5.9752	1.6894	1.1492	-.92875
.15	3.6425	1.2647	1.3314	-.86673
.20	1.9975	.8940	1.4312	-.79767
.25	.8781	.5731	1.4751	-.72501
.30	.0685	.2980	1.4786	-.65116
.35	-.5286	.0641	1.4521	-.57790
.40	-.9719	-.1329	1.4035	-.50651
.45	-1.3006	-.2973	1.3385	-.43796
.50	-1.5428	-.4335	1.2614	-.37296
.55	-1.7201	-.5453	1.1754	-.31204
.60	-1.8504	-.6366	1.0828	-.25559
.65	-1.9489	-.7109	.9854	-.20388
.70	-2.0299	-.7713	.8839	-.15715
.75	-2.1081	-.8210	.7785	-.11559
.80	-2.2009	-.8625	.6684	-.07942
.85	-2.3335	-.8982	.5518	-.04891
.90	-2.5590	-.9300	.4238	-.02452
.95	-2.9065	-.9597	.2785	-.00696
1.00	-5.5699	-.9884	.0000	-.00000

XM/L=0.1

X/L	FP	FS	FQ	FM
.05	16.3369	2.1306	.8168	.02042
.10	6.3448	1.7057	1.1341	-.93081
.15	3.7950	1.2857	1.3238	-.86936
.20	2.0790	.9121	1.4278	-.80057
.25	.9341	.5888	1.4745	-.72801
.30	.1087	.3112	1.4799	-.65415
.35	-.4991	.0752	1.4550	-.58078
.40	-.9504	-.1239	1.4075	-.50922
.45	-1.2853	-.2902	1.3432	-.44045
.50	-1.5324	-.4280	1.2666	-.37521
.55	-1.7138	-.5414	1.1809	-.31402
.60	-1.8476	-.6342	1.0885	-.25729
.65	-1.9492	-.7097	.9910	-.20530
.70	-2.0329	-.7715	.8894	-.15829
.75	-2.1138	-.8223	.7837	-.11646
.80	-2.2094	-.8649	.6732	-.08004
.85	-2.3451	-.9016	.5560	-.04931
.90	-2.5746	-.9345	.4272	-.02473
.95	-2.9273	-.9651	.2809	-.00702
1.00	-5.6176	-.9949	-.0000	-.00000

XM/L=0.2

X/L	FP	FS	FQ	FM
.05	14.5191	1.9850	.7260	.01815
.10	6.1309	1.6641	1.0325	.06211
.15	4.3582	1.3408	1.2504	.11918
.20	2.8512	1.0121	1.3930	-.81473
.25	1.3675	.6818	1.4613	-.74337
.30	.3878	.3907	1.4807	-.66982
.35	-.2991	.1420	1.4658	-.59616
.40	-.8051	-.0687	1.4255	-.52388
.45	-1.1805	-.2458	1.3665	-.45408
.50	-1.4593	-.3935	1.2935	-.38758
.55	-1.6666	-.5161	1.2102	-.32498
.60	-1.8220	-.6172	1.1191	-.26675
.65	-1.9425	-.7007	1.0220	-.21322
.70	-2.0435	-.7697	.9198	-.16468
.75	-2.1408	-.8274	.8128	-.12136
.80	-2.2533	-.8765	.7001	-.08354
.85	-2.4077	-.9196	.5797	-.05155
.90	-2.6610	-.9585	.4467	-.02589
.95	-3.0443	-.9952	.2944	-.00736
1.00	-5.8889	-1.0309	-.0000	-.00000

XM/L=0.3

X/L	FP	FS	FQ	FM
.05	12.4602	1.7888	.6230	.01558
.10	5.5396	1.5549	.9000	.05365
.15	4.2052	1.3190	1.1103	.10391
.20	3.1581	1.0783	1.2682	.16337
.25	2.2952	.8297	1.3829	.22964
.30	1.4161	.5693	1.4537	-.69944
.35	.3204	.3005	1.4697	-.62635
.40	-.3905	.0640	1.4502	-.55335
.45	-.8841	-.1371	1.4060	-.48195
.50	-1.2493	-.3072	1.3435	-.41321
.55	-1.5237	-.4504	1.2674	-.34794
.60	-1.7341	-.5708	1.1807	-.28674
.65	-1.9016	-.6722	1.0856	-.23008
.70	-2.0448	-.7581	.9833	-.17836
.75	-2.1819	-.8317	.8742	-.13192
.80	-2.3346	-.8961	.7575	-.09112
.85	-2.5331	-.9537	.6309	-.05642
.90	-2.8411	-1.0070	.4888	-.02842
.95	-3.2944	-1.0577	.3241	-.00810
1.00	-6.4816	-1.1074	-.0000	-.00000

XM/L=0.4

X/L	FP	FS	FQ	FM
.05	10.4936	1.5812	.5247	.01312
.10	4.8623	1.4168	.7678	.04543
.15	3.8584	1.2506	.9607	.08864
.20	3.1009	1.0804	1.1158	.14055
.25	2.5170	.9034	1.2416	.19949
.30	1.9865	.7162	1.3409	.26405
.35	1.4396	.5151	1.4129	.33290
.40	.7764	.2961	1.4517	-.59549
.45	-.1672	.0625	1.4434	-.52311
.50	-.7712	-.1451	1.4048	-.45191
.55	-1.1931	-.3234	1.3452	-.38316
.60	-1.5162	-.4767	1.2693	-.31779
.65	-1.7759	-.6089	1.1805	-.25655
.70	-1.9992	-.7240	1.0806	-.20002
.75	-2.2103	-.8253	.9701	-.14875
.80	-2.4360	-.9162	.8483	-.10329
.85	-2.7129	-.9996	.7126	-.06427
.90	-3.1165	-1.0779	.5568	-.03253
.95	-3.6903	-1.1534	.3723	-.00931
1.00	-7.4457	-1.2276	-.0000	-.00000

XM/L=0.5

X/L	FP	FS	FQ	FM
.05	8.7931	1.3886	.4397	.01099
.10	4.2237	1.2768	.6508	.03825
.15	3.4695	1.1636	.8243	.07513
.20	2.9199	1.0470	.9703	.12000
.25	2.5196	.9245	1.0963	.17166
.30	2.1755	.7933	1.2051	.22920
.35	1.8402	.6501	1.2971	.29175
.40	1.4755	.4913	1.3709	.35845
.45	1.0407	.3130	1.4229	.42829
.50	.4508	.1111	1.4454	-.50000
.55	-.4508	-.1111	1.4229	-.42829
.60	-1.0407	-.3130	1.3709	-.35845
.65	-1.4755	-.4913	1.2971	-.29175
.70	-1.8402	-.6501	1.2051	-.22920
.75	-2.1755	-.7933	1.0963	-.17166
.80	-2.5196	-.9245	.9703	-.12000
.85	-2.9199	-1.0470	.8243	-.07513
.90	-3.4695	-1.1636	.6508	-.03825
.95	-4.2237	-1.2768	.4397	-.01099
1.00	-8.7931	-1.3886	-.0000	-.00000

B/L= .50   DS/B1= 2.00   KS= 1.000

XQ/L=0.0

X/L	FP	FS	FQ	FM
.05	7.4611	1.1928	-.6269	-.04067
.10	3.4825	1.0924	-.4528	-.06767
.15	2.7741	.9937	-.3141	-.08684
.20	2.2498	.8973	-.2016	-.09973
.25	1.8707	.8037	-.1081	-.10748
.30	1.5674	.7133	-.0297	-.11092
.35	1.3124	.6261	.0359	-.11077
.40	1.0905	.5422	.0904	-.10761
.45	.8924	.4616	.1350	-.10197
.50	.7120	.3842	.1706	-.09433
.55	.5447	.3097	.1979	-.08512
.60	.3865	.2379	.2172	-.07474
.65	.2339	.1685	.2289	-.06359
.70	.0829	.1012	.2330	-.05204
.75	-.0713	.0356	.2295	-.04048
.80	-.2356	-.0286	.2177	-.02930
.85	-.4210	-.0917	.1966	-.01894
.90	-.6531	-.1541	.1640	-.00993
.95	-.9483	-.2161	.1166	-.00291
1.00	-2.3314	-.2779	-.0000	-.00000

XQ/L=0.1

X/L	FP	FS	FQ	FM
.05	6.1081	1.0086	.3054	.00764
.10	2.9476	.9403	-.5472	.02659
.15	2.4134	.8715	-.4265	.00225
.20	2.0125	.8023	-.3259	-.01657
.25	1.7206	.7333	-.2399	-.03071
.30	1.4839	.6651	-.1657	-.04085
.35	1.2816	.5979	-.1016	-.04753
.40	1.1027	.5321	-.0465	-.05124
.45	.9404	.4677	.0005	-.05238
.50	.7905	.4049	.0401	-.05137
.55	.6496	.3437	.0725	-.04855
.60	.5151	.2839	.0983	-.04428
.65	.3846	.2256	.1175	-.03889
.70	.2553	.1685	.1303	-.03269
.75	.1237	.1125	.1365	-.02602
.80	-.0152	.0573	.1357	-.01922
.85	-.1693	.0028	.1273	-.01264
.90	-.3571	-.0511	.1094	-.00673
.95	-.5912	-.1048	.0798	-.00200
1.00	-1.5967	-.1584	-.0000	-.00000

XQ/L=0.2

X/L	FP	FS	FQ	FM
.05	4.8254	.8295	.2413	.00603
.10	2.4029	.7884	.3614	.02110
.15	2.0280	.7469	.4628	.04170
.20	1.7573	.7044	-.4493	.06704
.25	1.5601	.6604	-.3713	.04653
.30	1.3929	.6147	-.3017	.02970
.35	1.2453	.5678	-.2394	.01617
.40	1.1106	.5203	-.1839	.00559
.45	.9852	.4724	-.1346	-.00237
.50	.8665	.4245	-.0913	-.00802
.55	.7528	.3768	-.0537	-.01164
.60	.6427	.3293	-.0215	-.01352
.65	.5349	.2823	.0052	-.01393
.70	.4277	.2356	.0266	-.01313
.75	.3193	.1894	.0426	-.01141
.80	.2064	.1435	.0529	-.00902
.85	.0842	.0979	.0571	-.00627
.90	-.0585	.0526	.0542	-.00349
.95	-.2303	.0074	.0427	-.00107
1.00	-.8532	-.0377	-.0000	-.00000

XQ/L=0.3

X/L	FP	FS	FQ	FM
.05	3.6468	.6597	.1823	.00456
.10	1.8822	.6408	.2764	.01603
.15	1.6363	.6216	.3583	.03190
.20	1.4676	.6017	.4316	.05164
.25	1.3575	.5806	.4995	.07492
.30	1.2711	.5575	-.4369	.10149
.35	1.1889	.5319	-.3775	.08113
.40	1.1038	.5035	-.3223	.06363
.45	1.0188	.4730	-.2714	.04879
.50	.9341	.4408	-.2247	.03639
.55	.8499	.4073	-.1822	.02622
.60	.7663	.3728	-.1438	.01807
.65	.6830	.3378	-.1097	.01173
.70	.5998	.3022	-.0797	.00700
.75	.5161	.2664	-.0539	.00366
.80	.4310	.2305	-.0324	.00150
.85	.3427	.1944	-.0152	.00031
.90	.2475	.1583	-.0028	-.00014
.95	.1411	.1223	.0042	-.00011
1.00	-.0843	.0862	-.0000	-.00000

XQ/L=0.4

X/L	FP	FS	FQ	FM
.05	2.5779	.5010	.1289	.00322
.10	1.3965	.5001	.1987	.01141
.15	1.2592	.4990	.2617	.02292
.20	1.1736	.4975	.3204	.03747
.25	1.1282	.4950	.3768	.05490
.30	1.1003	.4911	.4318	.07511
.35	1.0793	.4853	.4857	.09805
.40	1.0578	.4769	-.4614	.12366
.45	1.0262	.4652	-.4101	.10188
.50	.9826	.4501	-.3609	.08260
.55	.9332	.4323	-.3143	.06572
.60	.8802	.4122	-.2703	.05111
.65	.8252	.3905	-.2290	.03863
.70	.7694	.3673	-.1905	.02814
.75	.7139	.3432	-.1548	.01951
.80	.6600	.3183	-.1218	.01259
.85	.6094	.2930	-.0914	.00726
.90	.5662	.2674	-.0630	.00340
.95	.5310	.2416	-.0365	.00091
1.00	.7300	.2158	-.0000	-.00000

XQ/L=0.5

X/L	FP	FS	FQ	FM
.05	1.6108	.3534	.0805	.00201
.10	.9473	.3672	.1279	.00722
.15	.9024	.3808	.1730	.01475
.20	.8863	.3941	.2173	.02451
.25	.8933	.4069	.2620	.03649
.30	.9105	.4187	.3075	.05073
.35	.9322	.4292	.3541	.06727
.40	.9546	.4379	.4019	.08617
.45	.9745	.4444	.4506	.10748
.50	.9881	.4479	-.5000	.13125
.55	.9881	.4479	-.4506	.10748
.60	.9745	.4444	-.4019	.08617
.65	.9546	.4379	-.3541	.06727
.70	.9322	.4292	-.3075	.05073
.75	.9105	.4187	-.2620	.03649
.80	.8933	.4069	-.2173	.02451
.85	.8863	.3941	-.1730	.01475
.90	.9024	.3808	-.1279	.00722
.95	.9473	.3672	-.0805	.00201
1.00	1.6108	.3534	-.0000	-.00000

B/L= .50 DS/B1= 2.00 KS= 1.000

XM/L=0.0

X/L	FP	FS	FQ	FM
.05	13.6200	1.8470	.6810	-.98298
.10	5.2929	1.5188	.9456	-.94231
.15	3.5929	1.2196	1.1253	-.89054
.20	2.3629	.9479	1.2434	-.83132
.25	1.4941	.7020	1.3181	-.76728
.30	.8301	.4800	1.3596	-.70033
.35	.3035	.2801	1.3748	-.63197
.40	-.1256	.1002	1.3685	-.56339
.45	-.4827	-.0617	1.3444	-.49557
.50	-.7862	-.2078	1.3051	-.42933
.55	-1.0504	-.3401	1.2526	-.36539
.60	-1.2872	-.4604	1.1882	-.30437
.65	-1.5078	-.5707	1.1128	-.24684
.70	-1.7239	-.6727	1.0266	-.19336
.75	-1.9493	-.7681	.9292	-.14446
.80	-2.2028	-.8584	.8190	-.10076
.85	-2.5152	-.9451	.6933	-.06295
.90	-2.9570	-1.0293	.5454	-.03198
.95	-3.5684	-1.1121	.3670	-.00917
1.00	-7.3396	-1.1943	.0000	-.00000

XM/L=0.1

X/L	FP	FS	FQ	FM
.05	13.2766	1.8259	.6638	.01660
.10	5.4756	1.5265	.9376	-.94337
.15	3.6684	1.2299	1.1210	-.89190
.20	2.4041	.9570	1.2412	-.83285
.25	1.5232	.7100	1.3174	-.76888
.30	.8519	.4871	1.3600	-.70195
.35	.3201	.2862	1.3760	-.63355
.40	-.1128	.1053	1.3704	-.56489
.45	-.4729	-.0576	1.3467	-.49696
.50	-.7790	-.2045	1.3078	-.43060
.55	-1.0453	-.3376	1.2555	-.36652
.60	-1.2841	-.4587	1.1913	-.30535
.65	-1.5066	-.5697	1.1160	-.24767
.70	-1.7244	-.6724	1.0297	-.19402
.75	-1.9515	-.7685	.9322	-.14498
.80	-2.2070	-.8596	.8218	-.10113
.85	-2.5214	-.9469	.6957	-.06319
.90	-2.9658	-1.0318	.5475	-.03211
.95	-3.5806	-1.1153	.3684	-.00921
1.00	-7.3684	-1.1981	-.0000	-.00000

XM/L=0.2

X/L	FP	FS	FQ	FM
.05	12.3309	1.7493	.6165	.01541
.10	5.3576	1.5033	.8844	.05294
.15	3.9461	1.2564	1.0817	.10209
.20	2.7917	1.0071	1.2213	-.84033
.25	1.7454	.7577	1.3086	-.77708
.30	.9997	.5288	1.3586	-.71041
.35	.4302	.3222	1.3801	-.64194
.40	-.0291	.1359	1.3786	-.57297
.45	-.4092	-.0322	1.3582	-.50455
.50	-.7314	-.1841	1.3216	-.43756
.55	-1.0115	-.3219	1.2710	-.37274
.60	-1.2623	-.4475	1.2079	-.31077
.65	-1.4958	-.5629	1.1331	-.25224
.70	-1.7242	-.6699	1.0469	-.19774
.75	-1.9617	-.7701	.9488	-.14785
.80	-2.2280	-.8651	.8374	-.10319
.85	-2.5547	-.9564	.7097	-.06452
.90	-3.0144	-1.0451	.5590	-.03280
.95	-3.6487	-1.1324	.3765	-.00941
1.00	-7.5306	-1.2191	-.0000	-.00000

XM/L=0.3

X/L	FP	FS	FQ	FM
.05	11.2332	1.6440	.5617	.01404
.10	5.0403	1.4440	.8137	.04842
.15	3.8605	1.2432	1.0067	.09393
.20	2.9463	1.0403	1.1540	.14795
.25	2.2182	.8337	1.2649	.20843
.30	1.5287	.6218	1.3414	-.72642
.35	.7589	.4064	1.3793	-.65840
.40	.1997	.2081	1.3893	-.58918
.45	-.2386	.0284	1.3774	-.52002
.50	-.6043	-.1346	1.3472	-.45191
.55	-.9192	-.2830	1.3012	-.38570
.60	-1.1998	-.4189	1.2412	-.32214
.65	-1.4599	-.5441	1.1682	-.26190
.70	-1.7131	-.6606	1.0825	-.20563
.75	-1.9750	-.7701	.9838	-.15397
.80	-2.2665	-.8742	.8705	-.10762
.85	-2.6210	-.9744	.7394	-.06737
.90	-3.1151	-1.0720	.5837	-.03429
.95	-3.7929	-1.1680	.3940	-.00985
1.00	-7.8804	-1.2634	-.0000	-.00000

XM/L=0.4

X/L	FP	FS	FQ	FM
.05	10.1593	1.5304	.5080	.01270
.10	4.6716	1.3685	.7415	.04394
.15	3.6731	1.2057	.9252	.08561
.20	2.9168	1.0409	1.0710	.13551
.25	2.3389	.8729	1.1880	.19199
.30	1.8323	.6999	1.2796	.25368
.35	1.3434	.5203	1.3468	.31933
.40	.8125	.3321	1.3874	-.61231
.45	.1515	.1370	1.3950	-.54275
.50	-.3333	-.0445	1.3783	-.47342
.55	-.7234	-.2107	1.3421	-.40541
.60	-1.0632	-.3638	1.2890	-.33963
.65	-1.3737	-.5057	1.2203	-.27690
.70	-1.6724	-.6384	1.1367	-.21798
.75	-1.9777	-.7636	1.0378	-.16362
.80	-2.3131	-.8831	.9221	-.11462
.85	-2.7155	-.9985	.7863	-.07191
.90	-3.2678	-1.1110	.6230	-.03668
.95	-4.0185	-1.2220	.4220	-.01055
1.00	-8.4406	-1.3322	-.0000	-.00000

XM/L=0.5

X/L	FP	FS	FQ	FM
.05	9.2092	1.4232	.4605	.01151
.10	4.3183	1.2910	.6764	.03993
.15	3.4616	1.1581	.8495	.07808
.20	2.8233	1.0233	.9906	.12408
.25	2.3487	.8856	1.1081	.17655
.30	1.9449	.7433	1.2053	.23438
.35	1.5697	.5949	1.2838	.29661
.40	1.1940	.4386	1.3435	.36229
.45	.7914	.2723	1.3831	.43045
.50	.3153	.0942	1.3988	-.50000
.55	-.3153	-.0942	1.3831	-.43045
.60	-.7914	-.2723	1.3435	-.36229
.65	-1.1940	-.4386	1.2838	-.29661
.70	-1.5697	-.5949	1.2053	-.23438
.75	-1.9449	-.7433	1.1081	-.17655
.80	-2.3487	-.8856	.9906	-.12408
.85	-2.8233	-1.0233	.8495	-.07808
.90	-3.4616	-1.1581	.6764	-.03993
.95	-4.3183	-1.2910	.4605	-.01151
1.00	-9.2092	-1.4232	-.0000	-.00000

B/L= .50 DS/B1= 2.00 KS= 3.000

XQ/L=0.0

X/L	FP	FS	FQ	FM
.05	7.0678	1.1521	-.6466	-.04117
.10	3.3675	1.0669	-.4782	-.06929
.15	2.7326	.9823	-.3416	-.08978
.20	2.2638	.8985	-.2284	-.10403
.25	1.9250	.8157	-.1322	-.11305
.30	1.6510	.7340	-.0496	-.11759
.35	1.4161	.6534	.0212	-.11830
.40	1.2064	.5740	.0815	-.11574
.45	1.0134	.4958	.1322	-.11039
.50	.8317	.4187	.1738	-.10275
.55	.6575	.3427	.2066	-.09324
.60	.4874	.2677	.2310	-.08230
.65	.3184	.1935	.2469	-.07035
.70	.1471	.1201	.2543	-.05782
.75	-.0311	.0473	.2527	-.04514
.80	-.2230	-.0249	.2416	-.03278
.85	-.4403	-.0968	.2196	-.02126
.90	-.7112	-.1684	.1840	-.01117
.95	-1.0537	-.2398	.1313	-.00328
1.00	-2.6264	-.3111	-.0000	-.00000

XQ/L=0.1

X/L	FP	FS	FQ	FM
.05	5.9661	.9925	.2983	.00746
.10	2.8923	.9286	-.5571	.02599
.15	2.3809	.8645	-.4380	.00111
.20	2.0032	.8003	-.3379	-.01829
.25	1.7311	.7361	-.2513	-.03302
.30	1.5110	.6722	-.1758	-.04369
.35	1.3219	.6087	-.1097	-.05083
.40	1.1526	.5457	-.0520	-.05487
.45	.9963	.4832	-.0022	-.05623
.50	.8488	.4213	.0402	-.05528
.55	.7070	.3599	.0756	-.05239
.60	.5685	.2991	.1040	-.04790
.65	.4311	.2387	.1255	-.04216
.70	.2922	.1788	.1402	-.03552
.75	.1487	.1193	.1476	-.02832
.80	-.0044	.0602	.1474	-.02095
.85	-.1753	.0012	.1386	-.01380
.90	-.3837	-.0575	.1194	-.00735
.95	-.6427	-.1162	.0873	-.00218
1.00	-1.7457	-.1748	-.0000	-.00000

XQ/L=0.2

X/L	FP	FS	FQ	FM
.05	4.8884	.8348	.2444	.00611
.10	2.4139	.7904	.3651	.02135
.15	2.0212	.7459	.4662	.04213
.20	1.7366	.7010	-.4470	.06761
.25	1.5336	.6556	-.3703	.04718
.30	1.3684	.6097	-.3019	.03037
.35	1.2257	.5634	-.2406	.01681
.40	1.0972	.5168	-.1857	.00615
.45	.9780	.4701	-.1369	-.00191
.50	.8649	.4234	-.0936	-.00768
.55	.7558	.3768	-.0558	-.01141
.60	.6492	.3302	-.0234	-.01339
.65	.5435	.2838	.0038	-.01388
.70	.4373	.2375	.0257	-.01314
.75	.3286	.1914	.0421	-.01145
.80	.2145	.1453	.0528	-.00907
.85	.0903	.0994	.0574	-.00632
.90	-.0552	.0536	.0546	-.00352
.95	-.2303	.0078	.0431	-.00108
1.00	-.8616	-.0380	-.0000	-.00000

XQ/L=0.3

X/L	FP	FS	FQ	FM
.05	3.8468	.6803	.1923	.00481
.10	1.9439	.6537	.2895	.01686
.15	1.6595	.6271	.3725	.03341
.20	1.4584	.6002	.4454	.05386
.25	1.3220	.5728	.5115	.07778
.30	1.2152	.5448	-.4277	.10488
.35	1.1225	.5159	-.3716	.08489
.40	1.0365	.4861	-.3198	.06761
.45	.9554	.4555	-.2720	.05282
.50	.8777	.4243	-.2281	.04031
.55	.8022	.3927	-.1880	.02991
.60	.7281	.3607	-.1516	.02142
.65	.6549	.3284	-.1188	.01466
.70	.5820	.2960	-.0897	.00945
.75	.5088	.2634	-.0643	.00560
.80	.4345	.2308	-.0426	.00292
.85	.3577	.1981	-.0247	.00124
.90	.2759	.1654	-.0109	.00035
.95	.1860	.1327	-.0016	.00004
1.00	.0319	.1000	-.0000	-.00000

XQ/L=0.4

X/L	FP	FS	FQ	FM
.05	2.8439	.5296	.1422	.00355
.10	1.4863	.5195	.2165	.01252
.15	1.3030	.5092	.2817	.02498
.20	1.1788	.4988	.3406	.04053
.25	1.1012	.4880	.3957	.05894
.30	1.0453	.4768	.4479	.08003
.35	1.0009	.4648	.4980	.10368
.40	.9621	.4520	-.4539	.12978
.45	.9235	.4379	-.4077	.10824
.50	.8834	.4227	-.3636	.08895
.55	.8432	.4065	-.3214	.07183
.60	.8032	.3895	-.2813	.05676
.65	.7638	.3719	-.2431	.04365
.70	.7255	.3538	-.2068	.03241
.75	.6891	.3353	-.1723	.02293
.80	.6557	.3165	-.1396	.01513
.85	.6278	.2975	-.1082	.00894
.90	.6117	.2784	-.0776	.00430
.95	.6091	.2592	-.0471	.00118
1.00	.9425	.2400	-.0000	-.00000

XQ/L=0.5

X/L	FP	FS	FQ	FM
.05	1.8775	.3830	.0939	.00235
.10	1.0418	.3880	.1460	.00834
.15	.9537	.3930	.1936	.01683
.20	.9016	.3978	.2387	.02764
.25	.8783	.4023	.2826	.04068
.30	.8685	.4066	.3261	.05589
.35	.8662	.4104	.3694	.07328
.40	.8677	.4135	.4128	.09283
.45	.8709	.4158	.4563	.11456
.50	.8739	.4170	-.5000	.13847
.55	.8739	.4170	-.4563	.11456
.60	.8709	.4158	-.4128	.09283
.65	.8677	.4135	-.3694	.07328
.70	.8662	.4104	-.3261	.05589
.75	.8685	.4066	-.2826	.04068
.80	.8783	.4023	-.2387	.02764
.85	.9016	.3978	-.1936	.01683
.90	.9537	.3930	-.1460	.00834
.95	1.0418	.3880	-.0939	.00235
1.00	1.8775	.3830	-.0000	-.00000

B/L= .50 DS/B1= 2.00 KS= 3.000

XM/L=0.0

X/L	FP	FS	FQ	FM
.05	11.0470	1.5970	.5523	-.98619
.10	4.7343	1.3824	.7891	-.95266
.15	3.5112	1.1776	.9646	-.90881
.20	2.6028	.9821	1.0948	-.85733
.25	1.9365	.7954	1.1916	-.80017
.30	1.3981	.6170	1.2615	-.73884
.35	.9404	.4463	1.3085	-.67459
.40	.5366	.2827	1.3353	-.60850
.45	.1699	.1255	1.3438	-.54152
.50	-.1712	-.0259	1.3353	-.47454
.55	-.4957	-.1723	1.3105	-.40839
.60	-.8117	-.3143	1.2699	-.34388
.65	-1.1271	-.4525	1.2136	-.28180
.70	-1.4515	-.5875	1.1410	-.22293
.75	-1.7976	-.7201	1.0511	-.16813
.80	-2.1853	-.8507	.9418	-.11831
.85	-2.6494	-.9799	.8094	-.07453
.90	-3.2742	-1.1081	.6457	-.03815
.95	-4.1088	-1.2357	.4402	-.01101
1.00	-8.8043	-1.3631	.0000	-.00000

XM/L=0.1

X/L	FP	FS	FQ	FM
.05	10.9306	1.5897	.5465	.01366
.10	4.7947	1.3849	.7863	-.95302
.15	3.5362	1.1810	.9631	-.90928
.20	2.6166	.9852	1.0939	-.85786
.25	1.9465	.7982	1.1912	-.80073
.30	1.4058	.6195	1.2615	-.73941
.35	.9465	.4485	1.3088	-.67515
.40	.5414	.2846	1.3359	-.60903
.45	.1737	.1271	1.3446	-.54202
.50	-.1682	-.0247	1.3362	-.47500
.55	-.4936	-.1713	1.3115	-.40881
.60	-.8102	-.3136	1.2710	-.34424
.65	-1.1263	-.4520	1.2147	-.28210
.70	-1.4514	-.5874	1.1421	-.22318
.75	-1.7982	-.7202	1.0522	-.16832
.80	-2.1866	-.8511	.9429	-.11845
.85	-2.6515	-.9805	.8103	-.07462
.90	-3.2774	-1.1090	.6464	-.03820
.95	-4.1134	-1.2369	.4408	-.01102
1.00	-8.8152	-1.3645	-.0000	-.00000

XM/L=0.2

X/L	FP	FS	FQ	FM
.05	10.6059	1.5632	.5303	.01326
.10	4.7524	1.3765	.7679	.04571
.15	3.6277	1.1895	.9493	.08864
.20	2.7462	1.0019	1.0866	-.86046
.25	2.0219	.8144	1.1877	-.80360
.30	1.4572	.6339	1.2606	-.74240
.35	.9857	.4612	1.3098	-.67813
.40	.5722	.2956	1.3385	-.61193
.45	.1980	.1364	1.3484	-.54476
.50	-.1494	-.0170	1.3409	-.47753
.55	-.4795	-.1653	1.3169	-.41108
.60	-.8005	-.3091	1.2769	-.34624
.65	-1.1207	-.4492	1.2208	-.28379
.70	-1.4497	-.5861	1.1484	-.22456
.75	-1.8006	-.7204	1.0583	-.16940
.80	-2.1934	-.8528	.9487	-.11922
.85	-2.6631	-.9838	.8155	-.07512
.90	-3.2950	-1.1138	.6508	-.03846
.95	-4.1386	-1.2432	.4438	-.01110
1.00	-8.8765	-1.3724	-.0000	-.00000

XM/L=0.3

X/L	FP	FS	FQ	FM
.05	10.2221	1.5262	.5111	.01278
.10	4.6409	1.3555	.7432	.04413
.15	3.5967	1.1845	.9230	.08579
.20	2.7979	1.0129	1.0629	.13543
.25	2.1818	.8402	1.1720	.19131
.30	1.6373	.6659	1.2538	-.74805
.35	1.1002	.4905	1.3088	-.68398
.40	.6540	.3211	1.3415	-.61772
.45	.2607	.1582	1.3546	-.55032
.50	-.1011	.0012	1.3495	-.48272
.55	-.4431	-.1507	1.3274	-.41579
.60	-.7746	-.2981	1.2886	-.35039
.65	-1.1045	-.4417	1.2334	-.28734
.70	-1.4428	-.5820	1.1613	-.22748
.75	-1.8030	-.7199	1.0711	-.17167
.80	-2.2055	-.8557	.9608	-.12087
.85	-2.6861	-.9900	.8265	-.07618
.90	-3.3314	-1.1234	.6600	-.03902
.95	-4.1919	-1.2562	.4504	-.01126
1.00	-9.0076	-1.3887	-.0000	-.00000

XM/L=0.4

X/L	FP	FS	FQ	FM
.05	9.8402	1.4858	.4920	.01230
.10	4.5100	1.3286	.7175	.04254
.15	3.5305	1.1711	.8940	.08283
.20	2.7878	1.0130	1.0334	.13101
.25	2.2245	.8539	1.1446	.18547
.30	1.7432	.6931	1.2318	.24488
.35	1.3016	.5302	1.2969	.30809
.40	.8660	.3646	1.3402	-.62598
.45	.3991	.1968	1.3601	-.55847
.50	-.0023	.0336	1.3600	-.49047
.55	-.3697	-.1243	1.3415	-.42293
.60	-.7217	-.2776	1.3055	-.35675
.65	-1.0694	-.4270	1.2520	-.29282
.70	-1.4243	-.5732	1.1808	-.23200
.75	-1.8007	-.7168	1.0907	-.17521
.80	-2.2199	-.8583	.9797	-.12345
.85	-2.7187	-.9983	.8438	-.07786
.90	-3.3863	-1.1374	.6745	-.03990
.95	-4.2745	-1.2758	.4608	-.01152
1.00	-9.2154	-1.4140	-.0000	-.00000

XM/L=0.5

X/L	FP	FS	FQ	FM
.05	9.4970	1.4472	.4749	.01187
.10	4.3832	1.3008	.6940	.04109
.15	3.4555	1.1542	.8668	.08011
.20	2.7558	1.0069	1.0046	.12690
.25	2.2300	.8587	1.1161	.17991
.30	1.7856	.7089	1.2054	.23795
.35	1.3839	.5570	1.2745	.29995
.40	1.0016	.4024	1.3246	.36493
.45	.6220	.2445	1.3557	.43193
.50	.2239	.0826	1.3669	-.50000
.55	-.2239	-.0826	1.3557	-.43193
.60	-.6220	-.2445	1.3246	-.36493
.65	-1.0016	-.4024	1.2745	-.29995
.70	-1.3839	-.5570	1.2054	-.23795
.75	-1.7856	-.7089	1.1161	-.17991
.80	-2.2300	-.8587	1.0046	-.12690
.85	-2.7558	-1.0069	.8668	-.08011
.90	-3.4555	-1.1542	.6940	-.04109
.95	-4.3832	-1.3008	.4749	-.01187
1.00	-9.4970	-1.4472	-.0000	-.00000

B/L= .50 DS/B1= 2.00 KS= 10.000

XQ/L=0.0

X/L	FP	FS	FQ	FM
.05	6.9170	1.1364	-.6541	-.04135
.10	3.3229	1.0570	-.4880	-.06991
.15	2.7159	.9778	-.3522	-.09091
.20	2.2684	.8989	-.2388	-.10569
.25	1.9451	.8202	-.1415	-.11520
.30	1.6826	.7419	-.0574	-.12017
.35	1.4558	.6639	.0154	-.12122
.40	1.2510	.5863	.0779	-.11889
.45	1.0603	.5090	.1310	-.11366
.50	.8784	.4321	.1749	-.10602
.55	.7017	.3556	.2100	-.09640
.60	.5271	.2793	.2363	-.08524
.65	.3519	.2033	.2539	-.07298
.70	.1727	.1275	.2625	-.06007
.75	-.0149	.0520	.2618	-.04697
.80	-.2176	-.0234	.2509	-.03415
.85	-.4476	-.0987	.2285	-.02216
.90	-.7337	-.1739	.1918	-.01165
.95	-1.0948	-.2490	.1371	-.00343
1.00	-2.7422	-.3241	-.0000	-.00000

XQ/L=0.1

X/L	FP	FS	FQ	FM
.05	5.9106	.9863	.2955	.00739
.10	2.8709	.9241	-.5609	.02575
.15	2.3686	.8618	-.4425	.00067
.20	1.9997	.7995	-.3425	-.01896
.25	1.7352	.7372	-.2558	-.03391
.30	1.5215	.6750	-.1797	-.04480
.35	1.3375	.6129	-.1128	-.05211
.40	1.1719	.5510	-.0542	-.05629
.45	1.0179	.4892	-.0033	-.05772
.50	.8714	.4276	.0403	-.05680
.55	.7293	.3662	.0767	-.05388
.60	.5893	.3049	.1062	-.04930
.65	.4492	.2438	.1287	-.04343
.70	.3067	.1829	.1440	-.03662
.75	.1585	.1220	.1519	-.02922
.80	-.0002	.0613	.1519	-.02162
.85	-.1776	.0006	.1430	-.01425
.90	-.3940	-.0600	.1233	-.00759
.95	-.6627	-.1206	.0902	-.00225
1.00	-1.8037	-.1812	-.0000	-.00000

XQ/L=0.2

X/L	FP	FS	FQ	FM
.05	4.9113	.8367	.2456	.00614
.10	2.4180	.7911	.3665	.02144
.15	2.0189	.7455	.4674	.04229
.20	1.7292	.6998	-.4461	.06782
.25	1.5242	.6539	-.3699	.04742
.30	1.3596	.6079	-.3019	.03062
.35	1.2186	.5617	-.2410	.01705
.40	1.0923	.5155	-.1864	.00636
.45	.9752	.4693	-.1376	-.00174
.50	.8641	.4230	-.0944	-.00754
.55	.7567	.3767	-.0566	-.01132
.60	.6513	.3305	-.0240	-.01333
.65	.5465	.2843	.0033	-.01385
.70	.4406	.2382	.0253	-.01313
.75	.3319	.1921	.0419	-.01145
.80	.2174	.1460	.0528	-.00909
.85	.0925	.0999	.0574	-.00633
.90	-.0539	.0539	.0547	-.00353
.95	-.2301	.0079	.0432	-.00108
1.00	-.8642	-.0381	-.0000	-.00000

XQ/L=0.3

X/L	FP	FS	FQ	FM
.05	3.9231	.6881	.1962	.00490
.10	1.9676	.6587	.2945	.01717
.15	1.6686	.6292	.3780	.03398
.20	1.4553	.5997	.4507	.05470
.25	1.3089	.5700	.5162	.07887
.30	1.1945	.5401	-.4241	.10618
.35	1.0976	.5099	-.3692	.08634
.40	1.0110	.4795	-.3187	.06915
.45	.9311	.4488	-.2721	.05438
.50	.8557	.4179	-.2293	.04184
.55	.7833	.3869	-.1902	.03135
.60	.7127	.3558	-.1545	.02274
.65	.6434	.3246	-.1224	.01581
.70	.5744	.2934	-.0936	.01041
.75	.5053	.2621	-.0684	.00636
.80	.4353	.2308	-.0466	.00349
.85	.3632	.1994	-.0284	.00161
.90	.2869	.1681	-.0141	.00055
.95	.2037	.1368	-.0039	.00010
1.00	.0783	.1054	-.0000	-.00000

XQ/L=0.4

X/L	FP	FS	FQ	FM
.05	2.9467	.5407	.1473	.00368
.10	1.5210	.5270	.2234	.01295
.15	1.3199	.5132	.2894	.02577
.20	1.1809	.4993	.3484	.04172
.25	1.0909	.4854	.4030	.06050
.30	1.0243	.4713	.4542	.08193
.35	.9710	.4570	.5027	.10585
.40	.9255	.4424	-.4510	.13215
.45	.8841	.4274	-.4068	.11070
.50	.8451	.4121	-.3645	.09142
.55	.8082	.3965	-.3241	.07420
.60	.7730	.3807	-.2855	.05897
.65	.7394	.3646	-.2485	.04562
.70	.7078	.3484	-.2131	.03408
.75	.6788	.3321	-.1792	.02427
.80	.6536	.3156	-.1465	.01613
.85	.6347	.2992	-.1147	.00960
.90	.6292	.2825	-.0833	.00465
.95	.6396	.2661	-.0513	.00128
1.00	1.0261	.2495	-.0000	-.00000

XQ/L=0.5

X/L	FP	FS	FQ	FM
.05	1.9816	.3946	.0991	.00248
.10	1.0785	.3961	.1530	.00878
.15	.9735	.3976	.2017	.01765
.20	.9073	.3991	.2470	.02886
.25	.8722	.4005	.2906	.04231
.30	.8520	.4019	.3332	.05790
.35	.8403	.4030	.3753	.07562
.40	.8340	.4040	.4170	.09542
.45	.8309	.4047	.4585	.11731
.50	.8299	.4051	-.5000	.14127
.55	.8299	.4051	-.4585	.11731
.60	.8309	.4047	-.4170	.09542
.65	.8340	.4040	-.3753	.07562
.70	.8403	.4030	-.3332	.05790
.75	.8520	.4019	-.2906	.04231
.80	.8722	.4005	-.2470	.02886
.85	.9073	.3991	-.2017	.01765
.90	.9735	.3976	-.1530	.00878
.95	1.0785	.3961	-.0991	.00248
1.00	1.9816	.3946	-.0000	-.00000

B/L= .50 DS/B1= 2.00 KS= 10.000

XM/L=0.0

X/L	FP	FS	FQ	FM
.05	10.0740	1.5016	.5037	-.98741
.10	4.5147	1.3294	.7294	-.95658
.15	3.4713	1.1601	.9030	-.91577
.20	2.6857	.9937	1.0373	-.86726
.25	2.0985	.8299	1.1422	-.81277
.30	1.6107	.6686	1.2227	-.75365
.35	1.1822	.5096	1.2819	-.69104
.40	.7909	.3529	1.3214	-.62595
.45	.4232	.1981	1.3426	-.55935
.50	.0699	.0451	1.3461	-.49214
.55	-.2763	-.1064	1.3322	-.42518
.60	-.6218	-.2564	1.3011	-.35935
.65	-.9735	-.4053	1.2525	-.29551
.70	-1.3399	-.5532	1.1855	-.23456
.75	-1.7336	-.7003	1.0988	-.17745
.80	-2.1746	-.8468	.9901	-.12523
.85	-2.6992	-.9928	.8551	-.07910
.90	-3.3972	-1.1386	.6852	-.04059
.95	-4.3211	-1.2841	.4692	-.01173
1.00	-9.3838	-1.4296	.0000	-.00000

XM/L=0.1

X/L	FP	FS	FQ	FM
.05	10.0389	1.4994	.5019	.01255
.10	4.5327	1.3301	.7286	-.95669
.15	3.4787	1.1611	.9025	-.91591
.20	2.6899	.9946	1.0370	-.86742
.25	2.1015	.8307	1.1421	-.81295
.30	1.6130	.6693	1.2227	-.75382
.35	1.1841	.5103	1.2819	-.69121
.40	.7924	.3534	1.3216	-.62612
.45	.4244	.1986	1.3428	-.55951
.50	.0708	.0455	1.3463	-.49228
.55	-.2756	-.1061	1.3326	-.42531
.60	-.6213	-.2562	1.3015	-.35946
.65	-.9732	-.4052	1.2528	-.29560
.70	-1.3399	-.5531	1.1858	-.23464
.75	-1.7338	-.7003	1.0991	-.17751
.80	-2.1750	-.8469	.9904	-.12527
.85	-2.6999	-.9930	.8554	-.07913
.90	-3.3982	-1.1388	.6855	-.04061
.95	-4.3226	-1.2845	.4694	-.01173
1.00	-9.3872	-1.4300	-.0000	-.00000

XM/L=0.2

X/L	FP	FS	FQ	FM
.05	9.9404	1.4914	.4970	.01243
.10	4.5197	1.3276	.7230	.04293
.15	3.5061	1.1637	.8983	.08346
.20	2.7288	.9996	1.0347	-.86822
.25	2.1243	.8356	1.1410	-.81382
.30	1.6287	.6737	1.2224	-.75474
.35	1.1962	.5142	1.2822	-.69212
.40	.8020	.3568	1.3223	-.62701
.45	.4321	.2015	1.3439	-.56036
.50	.0768	.0479	1.3477	-.49306
.55	-.2711	-.1041	1.3342	-.42602
.60	-.6181	-.2548	1.3033	-.36008
.65	-.9713	-.4042	1.2547	-.29613
.70	-1.3392	-.5527	1.1878	-.23507
.75	-1.7344	-.7004	1.1010	-.17785
.80	-2.1770	-.8474	.9922	-.12551
.85	-2.7034	-.9940	.8570	-.07928
.90	-3.4037	-1.1403	.6868	-.04069
.95	-4.3304	-1.2864	.4703	-.01176
1.00	-9.4065	-1.4325	-.0000	-.00000

XM/L=0.3

X/L	FP	FS	FQ	FM
.05	9.8232	1.4800	.4912	.01228
.10	4.4856	1.3211	.7154	.04244
.15	3.4965	1.1621	.8903	.08259
.20	2.7443	1.0029	1.0275	.13053
.25	2.1725	.8434	1.1361	.18462
.30	1.6832	.6834	1.2203	-.75647
.35	1.2311	.5231	1.2818	-.69392
.40	.8272	.3647	1.3232	-.62880
.45	.4516	.2082	1.3458	-.56207
.50	.0920	.0535	1.3504	-.49467
.55	-.2595	-.0996	1.3374	-.42748
.60	-.6098	-.2513	1.3069	-.36137
.65	-.9659	-.4018	1.2586	-.29723
.70	-1.3367	-.5514	1.1918	-.23597
.75	-1.7348	-.7001	1.1050	-.17855
.80	-2.1805	-.8482	.9960	-.12603
.85	-2.7104	-.9959	.8605	-.07962
.90	-3.4149	-1.1433	.6897	-.04086
.95	-4.3470	-1.2905	.4724	-.01181
1.00	-9.4475	-1.4376	-.0000	-.00000

XM/L=0.4

X/L	FP	FS	FQ	FM
.05	9.7058	1.4676	.4853	.01213
.10	4.4454	1.3128	.7076	.04195
.15	3.4762	1.1580	.8814	.08168
.20	2.7412	1.0029	1.0184	.12917
.25	2.1856	.8475	1.1277	.18283
.30	1.7155	.6917	1.2135	.24136
.35	1.2923	.5352	1.2781	.30364
.40	.8917	.3780	1.3227	-.63134
.45	.4941	.2200	1.3474	-.56458
.50	.1226	.0635	1.3535	-.49706
.55	-.2365	-.0914	1.3417	-.42968
.60	-.5930	-.2449	1.3120	-.36334
.65	-.9546	-.3972	1.2643	-.29893
.70	-1.3306	-.5486	1.1978	-.23738
.75	-1.7338	-.6991	1.1111	-.17966
.80	-2.1847	-.8490	1.0019	-.12683
.85	-2.7203	-.9985	.8658	-.08014
.90	-3.4318	-1.1476	.6942	-.04114
.95	-4.3727	-1.2965	.4756	-.01189
1.00	-9.5123	-1.4454	-.0000	-.00000

XM/L=0.5

X/L	FP	FS	FQ	FM
.05	9.5998	1.4557	.4800	.01200
.10	4.4063	1.3043	.7003	.04151
.15	3.4531	1.1528	.8730	.08084
.20	2.7315	1.0011	1.0095	.12790
.25	2.1875	.8491	1.1189	.18111
.30	1.7287	.6966	1.2054	.23922
.35	1.3177	.5435	1.2712	.30113
.40	.9334	.3896	1.3179	.36586
.45	.5620	.2347	1.3460	.43246
.50	.1916	.0786	1.3556	-.50000
.55	-.1916	-.0786	1.3460	-.43246
.60	-.5620	-.2347	1.3179	-.36586
.65	-.9334	-.3896	1.2712	-.30113
.70	-1.3177	-.5435	1.2054	-.23922
.75	-1.7287	-.6966	1.1189	-.18111
.80	-2.1875	-.8491	1.0095	-.12790
.85	-2.7315	-1.0011	.8730	-.08084
.90	-3.4531	-1.1528	.7003	-.04151
.95	-4.4063	-1.3043	.4800	-.01200
1.00	-9.5998	-1.4557	-.0000	-.00000

B/L= .50 DS/B1= 2.00 KS=100.000

XQ/L=0.0

X/L	FP	FS	FQ	FM
.05	6.8569	1.1301	-.6572	-.04143
.10	3.3050	1.0531	-.4919	-.07016
.15	2.7091	.9760	-.3565	-.09136
.20	2.2701	.8990	-.2429	-.10635
.25	1.9531	.8220	-.1453	-.11605
.30	1.6952	.7450	-.0605	-.12120
.35	1.4716	.6681	.0131	-.12239
.40	1.2689	.5912	.0765	-.12015
.45	1.0791	.5144	.1304	-.11497
.50	.8971	.4375	.1753	-.10733
.55	.7194	.3607	.2113	-.09767
.60	.5431	.2840	.2384	-.08642
.65	.3654	.2073	.2567	-.07404
.70	.1830	.1306	.2659	-.06098
.75	-.0083	.0539	.2654	-.04770
.80	-.2154	-.0228	.2547	-.03470
.85	-.4504	-.0994	.2321	-.02253
.90	-.7428	-.1761	.1950	-.01185
.95	-1.1114	-.2527	.1394	-.00349
1.00	-2.7888	-.3294	-.0000	-.00000

XQ/L=0.1

X/L	FP	FS	FQ	FM
.05	5.8882	.9838	.2944	.00736
.10	2.8624	.9222	-.5625	.02566
.15	2.3637	.8607	-.4443	.00049
.20	1.9983	.7992	-.3444	-.01923
.25	1.7369	.7376	-.2575	-.03427
.30	1.5257	.6761	-.1812	-.04524
.35	1.3438	.6146	-.1140	-.05263
.40	1.1796	.5531	-.0551	-.05685
.45	1.0266	.4916	-.0037	-.05832
.50	.8804	.4302	.0403	-.05741
.55	.7382	.3687	.0772	-.05447
.60	.5976	.3073	.1071	-.04987
.65	.4565	.2459	.1299	-.04394
.70	.3124	.1845	.1455	-.03706
.75	.1624	.1231	.1536	-.02958
.80	.0016	.0617	.1537	-.02189
.85	-.1785	.0004	.1448	-.01443
.90	-.3981	-.0610	.1249	-.00769
.95	-.6707	-.1224	.0913	-.00228
1.00	-1.8270	-.1837	-.0000	-.00000

XQ/L=0.2

X/L	FP	FS	FQ	FM
.05	4.9203	.8375	.2460	.00615
.10	2.4196	.7914	.3670	.02148
.15	2.0180	.7454	.4679	.04235
.20	1.7264	.6993	-.4458	.06790
.25	1.5206	.6533	-.3698	.04751
.30	1.3562	.6072	-.3019	.03072
.35	1.2159	.5611	-.2412	.01714
.40	1.0903	.5150	-.1366	.00645
.45	.9740	.4689	-.1379	-.00167
.50	.8637	.4228	-.0948	-.00748
.55	.7570	.3767	-.0569	-.01128
.60	.6521	.3306	-.0243	-.01331
.65	.5476	.2845	.0031	-.01384
.70	.4419	.2384	.0252	-.01313
.75	.3331	.1923	.0418	-.01146
.80	.2185	.1462	.0528	-.00909
.85	.0934	.1002	.0574	-.00634
.90	-.0534	.0541	.0548	-.00353
.95	-.2300	.0080	.0433	-.00108
1.00	-.8651	-.0381	-.0000	-.00000

XQ/L=0.3

X/L	FP	FS	FQ	FM
.05	3.9535	.6913	.1977	.00494
.10	1.9771	.6607	.2965	.01730
.15	1.6723	.6301	.3801	.03421
.20	1.4541	.5995	.4528	.05504
.25	1.3038	.5688	.5180	.07931
.30	1.1863	.5382	-.4226	.10670
.35	1.0877	.5075	-.3683	.08692
.40	1.0008	.4768	-.3182	.06976
.45	.9214	.4461	-.2721	.05500
.50	.8469	.4154	-.2298	.04245
.55	.7756	.3846	-.1910	.03193
.60	.7065	.3539	-.1557	.02326
.65	.6386	.3231	-.1238	.01628
.70	.5713	.2923	-.0952	.01080
.75	.5039	.2615	-.0700	.00667
.80	.4356	.2308	-.0482	.00372
.85	.3653	.2000	-.0300	.00176
.90	.2914	.1692	-.0154	.00063
.95	.2108	.1384	-.0049	.00012
1.00	.0971	.1076	-.0000	-.00000

XQ/L=0.4

X/L	FP	FS	FQ	FM
.05	2.9879	.5452	.1494	.00373
.10	1.5350	.5300	.2261	.01312
.15	1.3267	.5148	.2925	.02609
.20	1.1818	.4995	.3516	.04219
.25	1.0868	.4843	.4059	.06113
.30	1.0159	.4691	.4567	.08269
.35	.9591	.4539	.5047	.10673
.40	.9109	.4386	-.4498	.13310
.45	.8684	.4232	-.4064	.11169
.50	.8298	.4079	-.3649	.09241
.55	.7941	.3925	-.3252	.07516
.60	.7608	.3771	-.2871	.05985
.65	.7296	.3617	-.2507	.04641
.70	.7007	.3462	-.2156	.03475
.75	.6746	.3308	-.1819	.02481
.80	.6526	.3153	-.1493	.01653
.85	.6374	.2998	-.1174	.00986
.90	.6363	.2843	-.0856	.00479
.95	.6519	.2688	-.0530	.00132
1.00	1.0599	.2534	-.0000	-.00000

XQ/L=0.5

X/L	FP	FS	FQ	FM
.05	2.0234	.3992	.1012	.00253
.10	1.0932	.3994	.1558	.00895
.15	.9814	.3995	.2049	.01797
.20	.9095	.3997	.2504	.02935
.25	.8697	.3998	.2939	.04296
.30	.8453	.3999	.3361	.05871
.35	.8300	.4001	.3776	.07655
.40	.8204	.4002	.4186	.09646
.45	.8148	.4002	.4594	.11841
.50	.8123	.4003	-.5000	.14240
.55	.8123	.4003	-.4594	.11841
.60	.8148	.4002	-.4186	.09646
.65	.8204	.4002	-.3776	.07655
.70	.8300	.4001	-.3361	.05871
.75	.8453	.3999	-.2939	.04296
.80	.8697	.3998	-.2504	.02935
.85	.9095	.3997	-.2049	.01797
.90	.9814	.3995	-.1558	.00895
.95	1.0932	.3994	-.1012	.00253
1.00	2.0234	.3992	-.0000	-.00000

B/L= .50 DS/B1= 2.00 KS=100.000

XM/L=0.0

X/L	FP	FS	FQ	FM
.05	9.6875	1.4636	.4844	-.98789
.10	4.4262	1.3082	.7057	-.95814
.15	3.4541	1.1530	.8784	-.91854
.20	2.7175	.9980	1.0143	-.87122
.25	2.1621	.8434	1.1224	-.81781
.30	1.6948	.6890	1.2071	-.75957
.35	1.2784	.5348	1.2710	-.69761
.40	.8926	.3809	1.3157	-.63295
.45	.5248	.2272	1.3419	-.56651
.50	.1669	.0736	1.3502	-.49921
.55	-.1878	-.0798	1.3409	-.43193
.60	-.5449	-.2331	1.3136	-.36557
.65	-.9110	-.3862	1.2681	-.30102
.70	-1.2944	-.5392	1.2033	-.23924
.75	-1.7072	-.6922	1.1180	-.18121
.80	-2.1697	-.8451	1.0095	-.12802
.85	-2.7189	-.9980	.8735	-.08094
.90	-3.4465	-1.1508	.7012	-.04157
.95	-4.4066	-1.3036	.4809	-.01202
1.00	-9.6178	-1.4564	.0000	-.00000

XM/L=0.1

X/L	FP	FS	FQ	FM
.05	9.6840	1.4634	.4842	.01210
.10	4.4280	1.3082	.7056	-.95815
.15	3.4548	1.1531	.8783	-.91855
.20	2.7179	.9981	1.0142	-.87124
.25	2.1624	.8435	1.1224	-.81782
.30	1.6950	.6891	1.2071	-.75959
.35	1.2786	.5349	1.2710	-.69763
.40	.8927	.3810	1.3157	-.63296
.45	.5249	.2272	1.3419	-.56652
.50	.1670	.0736	1.3503	-.49922
.55	-.1877	-.0798	1.3409	-.43194
.60	-.5449	-.2330	1.3136	-.36558
.65	-.9110	-.3862	1.2681	-.30103
.70	-1.2944	-.5392	1.2034	-.23925
.75	-1.7072	-.6922	1.1180	-.18121
.80	-2.1698	-.8451	1.0095	-.12802
.85	-2.7189	-.9980	.8736	-.08095
.90	-3.4466	-1.1508	.7012	-.04158
.95	-4.4068	-1.3036	.4809	-.01202
1.00	-9.6181	-1.4564	-.0000	-.00000

XM/L=0.2

X/L	FP	FS	FQ	FM
.05	9.6741	1.4626	.4837	.01209
.10	4.4267	1.3080	.7050	.04181
.15	3.4575	1.1533	.8779	.08139
.20	2.7218	.9986	1.0140	-.87132
.25	2.1647	.8440	1.1222	-.81791
.30	1.6966	.6895	1.2071	-.75968
.35	1.2798	.5353	1.2711	-.69772
.40	.8937	.3813	1.3157	-.63305
.45	.5257	.2275	1.3420	-.56661
.50	.1676	.0739	1.3504	-.49930
.55	-.1872	-.0796	1.3411	-.43201
.60	-.5445	-.2329	1.3138	-.36564
.65	-.9108	-.3861	1.2683	-.30109
.70	-1.2943	-.5392	1.2036	-.23929
.75	-1.7073	-.6922	1.1182	-.18125
.80	-2.1700	-.8452	1.0097	-.12805
.85	-2.7193	-.9981	.8737	-.08096
.90	-3.4472	-1.1509	.7014	-.04158
.95	-4.4076	-1.3038	.4810	-.01203
1.00	-9.6201	-1.4567	-.0000	-.00000

XM/L=0.3

X/L	FP	FS	FQ	FM
.05	9.6623	1.4615	.4831	.01208
.10	4.4233	1.3073	.7043	.04176
.15	3.4566	1.1531	.8771	.08130
.20	2.7234	.9990	1.0133	.12856
.25	2.1695	.8447	1.1217	.18193
.30	1.7021	.6905	1.2069	-.75985
.35	1.2834	.5362	1.2710	-.69791
.40	.8962	.3821	1.3158	-.63323
.45	.5277	.2282	1.3422	-.56678
.50	.1691	.0745	1.3507	-.49946
.55	-.1860	-.0791	1.3414	-.43216
.60	-.5437	-.2325	1.3142	-.36577
.65	-.9102	-.3858	1.2687	-.30120
.70	-1.2940	-.5391	1.2040	-.23938
.75	-1.7073	-.6922	1.1186	-.18132
.80	-2.1703	-.8452	1.0101	-.12810
.85	-2.7200	-.9983	.8741	-.08100
.90	-3.4483	-1.1512	.7017	-.04160
.95	-4.4093	-1.3042	.4812	-.01203
1.00	-9.6242	-1.4572	-.0000	-.00000

XM/L=0.4

X/L	FP	FS	FQ	FM
.05	9.6504	1.4602	.4825	.01206
.10	4.4192	1.3065	.7035	.04171
.15	3.4545	1.1527	.8762	.08121
.20	2.7231	.9990	1.0124	.12842
.25	2.1708	.8452	1.1209	.18175
.30	1.7053	.6913	1.2062	.23993
.35	1.2895	.5374	1.2706	.30185
.40	.9027	.3834	1.3158	-.63349
.45	.5320	.2294	1.3424	-.56704
.50	.1722	.0755	1.3510	-.49970
.55	-.1837	-.0783	1.3418	-.43238
.60	-.5420	-.2319	1.3147	-.36597
.65	-.9091	-.3854	1.2693	-.30137
.70	-1.2934	-.5388	1.2046	-.23953
.75	-1.7072	-.6921	1.1192	-.18143
.80	-2.1707	-.8453	1.0107	-.12818
.85	-2.7210	-.9985	.8746	-.08105
.90	-3.4500	-1.1517	.7021	-.04163
.95	-4.4119	-1.3048	.4815	-.01204
1.00	-9.6308	-1.4580	-.0000	-.00000

XM/L=0.5

X/L	FP	FS	FQ	FM
.05	9.6397	1.4590	.4820	.01205
.10	4.4153	1.3056	.7027	.04167
.15	3.4522	1.1522	.8754	.08112
.20	2.7221	.9988	1.0115	.12829
.25	2.1710	.8453	1.1200	.18158
.30	1.7067	.6918	1.2053	.23971
.35	1.2921	.5382	1.2700	.30159
.40	.9069	.3846	1.3153	.36623
.45	.5388	.2309	1.3422	.43266
.50	.1792	.0770	1.3512	-.50000
.55	-.1792	-.0770	1.3422	-.43266
.60	-.5388	-.2309	1.3153	-.36623
.65	-.9069	-.3846	1.2700	-.30159
.70	-1.2921	-.5382	1.2053	-.23971
.75	-1.7067	-.6918	1.1200	-.18158
.80	-2.1710	-.8453	1.0115	-.12829
.85	-2.7221	-.9988	.8754	-.08112
.90	-3.4522	-1.1522	.7027	-.04167
.95	-4.4153	-1.3056	.4820	-.01205
1.00	-9.6397	-1.4590	-.0000	-.00000

GLEICHMAESSIGE BELASTUNG   B/L= .50   DS/B1= 2.00

KS= .001

X/L	FP	FS	FQ	FM
.05	1.1108	.3097	.0055	.00014
.10	.8971	.3501	.0004	.00029
.15	.9685	.3838	-.0012	.00027
.20	.9974	.4091	-.0013	.00020
.25	1.0068	.4273	-.0010	.00015
.30	1.0072	.4403	-.0006	.00011
.35	1.0052	.4494	-.0003	.00008
.40	1.0033	.4557	-.0002	.00007
.45	1.0021	.4596	-.0001	.00006
.50	1.0016	.4615	-.0000	.00006
.55	1.0016	.4615	.0001	.00006
.60	1.0021	.4596	.0002	.00007
.65	1.0033	.4557	.0003	.00008
.70	1.0052	.4494	.0006	.00011
.75	1.0072	.4403	.0010	.00015
.80	1.0068	.4273	.0013	.00020
.85	.9974	.4091	.0012	.00027
.90	.9685	.3838	-.0004	.00029
.95	.8971	.3501	-.0055	.00014
1.00	1.1108	.3097	.0000	.00000

KS= .003

X/L	FP	FS	FQ	FM
.05	1.1825	.3143	.0091	.00023
.10	.8782	.3492	.0030	.00053
.15	.9342	.3801	-.0003	.00060
.20	.9711	.4054	-.0017	.00055
.25	.9942	.4248	-.0020	.00046
.30	1.0052	.4391	-.0017	.00037
.35	1.0090	.4494	-.0013	.00029
.40	1.0093	.4563	-.0008	.00024
.45	1.0085	.4606	-.0004	.00021
.50	1.0078	.4626	.0000	.00020
.55	1.0078	.4626	.0004	.00021
.60	1.0085	.4605	.0008	.00024
.65	1.0093	.4563	.0013	.00029
.70	1.0090	.4494	.0017	.00037
.75	1.0052	.4391	.0020	.00046
.80	.9942	.4248	.0017	.00055
.85	.9711	.4054	.0003	.00060
.90	.9342	.3801	-.0030	.00053
.95	.8782	.3492	-.0091	.00023
1.00	1.1825	.3143	.0000	.00000

KS= .010

X/L	FP	FS	FQ	FM
.05	1.2877	.3224	.0144	.00036
.10	.8770	.3507	.0082	.00093
.15	.9046	.3771	.0035	.00122
.20	.9344	.4002	.0002	.00131
.25	.9636	.4196	-.0016	.00127
.30	.9859	.4350	-.0023	.00117
.35	1.0012	.4468	-.0023	.00106
.40	1.0108	.4552	-.0017	.00096
.45	1.0162	.4606	-.0009	.00089
.50	1.0186	.4632	-.0000	.00087
.55	1.0186	.4632	.0009	.00089
.60	1.0162	.4606	.0017	.00096
.65	1.0108	.4552	.0023	.00106
.70	1.0012	.4468	.0023	.00117
.75	.9859	.4350	.0016	.00127
.80	.9636	.4196	-.0002	.00131
.85	.9344	.4002	-.0035	.00122
.90	.9046	.3771	-.0082	.00093
.95	.8770	.3507	-.0144	.00036
1.00	1.2877	.3224	.0000	.00000

KS= .020

X/L	FP	FS	FQ	FM
.05	1.3642	.3293	.0182	.00046
.10	.8888	.3538	.0126	.00123
.15	.8980	.3771	.0075	.00173
.20	.9181	.3981	.0035	.00201
.25	.9448	.4163	.0007	.00211
.30	.9689	.4314	-.0009	.00211
.35	.9882	.4433	-.0015	.00205
.40	1.0022	.4521	-.0013	.00198
.45	1.0112	.4579	-.0008	.00193
.50	1.0156	.4608	.0000	.00191
.55	1.0156	.4608	.0008	.00193
.60	1.0112	.4579	.0013	.00198
.65	1.0022	.4521	.0015	.00205
.70	.9882	.4433	.0009	.00211
.75	.9689	.4314	-.0007	.00211
.80	.9448	.4163	-.0035	.00201
.85	.9181	.3981	-.0075	.00173
.90	.8980	.3771	-.0126	.00123
.95	.8888	.3538	-.0182	.00046
1.00	1.3642	.3293	.0000	.00000

KS= .050

X/L	FP	FS	FQ	FM
.05	1.4957	.3425	.0248	.00062
.10	.9225	.3616	.0209	.00176
.15	.9045	.3799	.0161	.00269
.20	.9065	.3969	.0115	.00338
.25	.9228	.4120	.0076	.00385
.30	.9420	.4250	.0047	.00416
.35	.9597	.4356	.0027	.00435
.40	.9739	.4436	.0014	.00445
.45	.9837	.4490	.0006	.00450
.50	.9887	.4517	.0000	.00451
.55	.9887	.4517	-.0006	.00450
.60	.9837	.4490	-.0014	.00445
.65	.9739	.4436	-.0027	.00435
.70	.9597	.4356	-.0047	.00416
.75	.9420	.4250	-.0076	.00385
.80	.9228	.4120	-.0115	.00338
.85	.9065	.3969	-.0161	.00269
.90	.9045	.3799	-.0209	.00176
.95	.9225	.3616	-.0248	.00062
1.00	1.4957	.3425	.0000	.00000

KS= .100

X/L	FP	FS	FQ	FM
.05	1.6198	.3556	.0310	.00077
.10	.9604	.3700	.0290	.00227
.15	.9194	.3840	.0250	.00362
.20	.9040	.3970	.0202	.00475
.25	.9080	.4089	.0156	.00565
.30	.9184	.4191	.0115	.00633
.35	.9301	.4275	.0080	.00681
.40	.9403	.4340	.0050	.00714
.45	.9478	.4384	.0024	.00732
.50	.9517	.4406	.0000	.00739
.55	.9517	.4406	-.0024	.00732
.60	.9478	.4384	-.0050	.00714
.65	.9403	.4340	-.0080	.00681
.70	.9301	.4275	-.0115	.00633
.75	.9184	.4191	-.0156	.00565
.80	.9080	.4089	-.0202	.00475
.85	.9040	.3970	-.0250	.00362
.90	.9194	.3840	-.0290	.00227
.95	.9604	.3700	-.0310	.00077
1.00	1.6198	.3556	.0000	.00000

GLEICHMAESSIGE BELASTUNG B/L = .50 DS/B1 = 2.00

KS= .200

X/L	FP	FS	FQ	FM
.05	1.7478	.3693	.0374	.00093
.10	1.0017	.3792	.0375	.00281
.15	.9379	.3887	.0344	.00460
.20	.9046	.3977	.0296	.00620
.25	.8950	.4059	.0243	.00755
.30	.8949	.4130	.0191	.00864
.35	.8986	.4189	.0140	.00946
.40	.9033	.4235	.0092	.01004
.45	.9071	.4266	.0045	.01039
.50	.9092	.4282	.0000	.01050
.55	.9092	.4282	-.0045	.01039
.60	.9071	.4266	-.0092	.01004
.65	.9033	.4235	-.0140	.00946
.70	.8986	.4189	-.0191	.00864
.75	.8949	.4130	-.0243	.00755
.80	.8950	.4059	-.0296	.00620
.85	.9046	.3977	-.0344	.00460
.90	.9379	.3887	-.0375	.00281
.95	1.0017	.3792	-.0374	.00093
1.00	1.7478	.3693	.0000	.00000

KS= .500

X/L	FP	FS	FQ	FM
.05	1.8831	.3840	.0442	.00110
.10	1.0464	.3890	.0465	.00337
.15	.9589	.3940	.0444	.00564
.20	.9067	.3986	.0398	.00775
.25	.8824	.4029	.0339	.00959
.30	.8705	.4066	.0274	.01112
.35	.8650	.4097	.0207	.01232
.40	.8628	.4121	.0138	.01318
.45	.8621	.4137	.0069	.01370
.50	.8620	.4146	.0000	.01387
.55	.8620	.4146	-.0069	.01370
.60	.8621	.4137	-.0138	.01318
.65	.8628	.4121	-.0207	.01232
.70	.8650	.4097	-.0274	.01112
.75	.8705	.4066	-.0339	.00959
.80	.8824	.4029	-.0398	.00775
.85	.9067	.3986	-.0444	.00564
.90	.9589	.3940	-.0465	.00337
.95	1.0464	.3890	-.0442	.00110
1.00	1.8831	.3840	.0000	.00000

KS= 1.000

X/L	FP	FS	FQ	FM
.05	1.9477	.3910	.0474	.00118
.10	1.0680	.3938	.0508	.00364
.15	.9692	.3965	.0492	.00614
.20	.9080	.3991	.0446	.00849
.25	.8765	.4015	.0385	.01057
.30	.8589	.4035	.0314	.01231
.35	.8489	.4053	.0239	.01369
.40	.8433	.4066	.0160	.01469
.45	.8404	.4075	.0080	.01529
.50	.8391	.4080	.0000	.01549
.55	.8391	.4080	-.0080	.01529
.60	.8404	.4075	-.0160	.01469
.65	.8433	.4066	-.0239	.01369
.70	.8489	.4053	-.0314	.01231
.75	.8589	.4035	-.0385	.01057
.80	.8765	.4015	-.0446	.00849
.85	.9080	.3991	-.0492	.00614
.90	.9692	.3965	-.0508	.00364
.95	1.0680	.3938	-.0474	.00118
1.00	1.9477	.3910	.0000	.00000

KS= 3.000

X/L	FP	FS	FQ	FM
.05	1.9992	.3966	.0500	.00125
.10	1.0852	.3976	.0542	.00385
.15	.9776	.3986	.0531	.00654
.20	.9091	.3995	.0486	.00908
.25	.8720	.4004	.0422	.01135
.30	.8497	.4011	.0346	.01326
.35	.8360	.4017	.0264	.01479
.40	.8277	.4022	.0178	.01590
.45	.8229	.4025	.0090	.01657
.50	.8207	.4027	.0000	.01679
.55	.8207	.4027	-.0090	.01657
.60	.8229	.4025	-.0178	.01590
.65	.8277	.4022	-.0264	.01479
.70	.8360	.4017	-.0346	.01326
.75	.8497	.4011	-.0422	.01135
.80	.8720	.4004	-.0486	.00908
.85	.9091	.3995	-.0531	.00654
.90	.9776	.3986	-.0542	.00385
.95	1.0852	.3976	-.0500	.00125
1.00	1.9992	.3966	.0000	.00000

KS= 10.000

X/L	FP	FS	FQ	FM
.05	2.0192	.3988	.0510	.00127
.10	1.0919	.3991	.0556	.00394
.15	.9808	.3994	.0546	.00669
.20	.9096	.3997	.0501	.00931
.25	.8702	.3999	.0436	.01165
.30	.8461	.4002	.0359	.01364
.35	.8310	.4003	.0274	.01522
.40	.8216	.4005	.0185	.01637
.45	.8161	.4006	.0093	.01706
.50	.8135	.4007	.0000	.01730
.55	.8135	.4007	-.0093	.01706
.60	.8161	.4006	-.0185	.01637
.65	.8216	.4005	-.0274	.01522
.70	.8310	.4003	-.0359	.01364
.75	.8461	.4002	-.0436	.01165
.80	.8702	.3999	-.0501	.00931
.85	.9096	.3997	-.0546	.00669
.90	.9808	.3994	-.0556	.00394
.95	1.0919	.3991	-.0510	.00127
1.00	2.0192	.3988	.0000	.00000

KS=100.000

X/L	FP	FS	FQ	FM
.05	2.0272	.3996	.0514	.00128
.10	1.0946	.3997	.0561	.00397
.15	.9821	.3997	.0552	.00675
.20	.9098	.3997	.0507	.00940
.25	.8695	.3998	.0442	.01177
.30	.8447	.3998	.0364	.01378
.35	.8290	.3998	.0278	.01539
.40	.8192	.3998	.0188	.01656
.45	.8134	.3998	.0095	.01726
.50	.8107	.3998	.0000	.01750
.55	.8107	.3998	-.0095	.01726
.60	.8134	.3998	-.0188	.01656
.65	.8192	.3998	-.0278	.01539
.70	.8290	.3998	-.0364	.01378
.75	.8447	.3998	-.0442	.01177
.80	.8695	.3998	-.0507	.00940
.85	.9098	.3997	-.0552	.00675
.90	.9821	.3997	-.0561	.00397
.95	1.0946	.3997	-.0514	.00128
1.00	2.0272	.3996	.0000	.00000

B/L= .50 DS/B1=100.00 KS= .001

XQ/L=0.0

X/L	FP	FS	FQ	FM
.05	22.4691	2.5137	.1235	-.02191
.10	.9827	1.3882	.1726	-.01451
.15	-1.1107	.8122	.1171	-.00727
.20	-1.1906	.5594	.0575	-.00291
.25	-.7091	.4556	.0221	-.00092
.30	-.3210	.4070	.0060	-.00021
.35	-.1104	.3743	.0005	-.00005
.40	-.0225	.3452	-.0006	-.00005
.45	.0042	.3177	-.0004	-.00008
.50	.0073	.2922	-.0000	-.00009
.55	.0043	.2693	.0002	-.00009
.60	.0014	.2491	.0002	-.00008
.65	-.0001	.2315	.0002	-.00007
.70	-.0007	.2160	.0002	-.00006
.75	-.0007	.2024	.0002	-.00005
.80	-.0003	.1903	.0001	-.00004
.85	.0004	.1796	.0002	-.00003
.90	.0013	.1699	.0002	-.00002
.95	.0019	.1610	.0003	-.00001
1.00	-.0065	.1526	-.0000	-.00000

XQ/L=0.1

X/L	FP	FS	FQ	FM
.05	3.3343	1.2129	.1667	.00417
.10	6.4912	1.5314	-.5087	.02062
.15	6.3853	1.5297	-.1895	.00316
.20	3.0474	1.2224	-.0371	-.00250
.25	1.0204	.9148	.0139	-.00308
.30	.1430	.6941	.0211	-.00220
.35	-.1168	.5531	.0152	-.00130
.40	-.1332	.4642	.0086	-.00070
.45	-.0877	.4049	.0042	-.00038
.50	-.0456	.3616	.0019	-.00023
.55	-.0202	.3273	.0009	-.00016
.60	-.0079	.2987	.0005	-.00012
.65	-.0031	.2743	.0004	-.00010
.70	-.0014	.2532	.0003	-.00008
.75	-.0009	.2349	.0002	-.00007
.80	-.0004	.2190	.0002	-.00006
.85	.0005	.2049	.0003	-.00005
.90	.0017	.1925	.0003	-.00003
.95	.0026	.1812	.0005	-.00001
1.00	-.0093	.1706	-.0000	-.00000

XQ/L=0.2

X/L	FP	FS	FQ	FM
.05	-.8187	.6256	-.0409	-.00102
.10	1.2213	.9037	.0201	-.00154
.15	3.1817	1.2240	.1792	.00344
.20	6.3663	1.5259	-.5025	.02036
.25	6.3050	1.5219	-.1872	.00312
.30	3.0114	1.2167	-.0366	-.00248
.35	1.0088	.9115	.0138	-.00305
.40	.1415	.6923	.0209	-.00219
.45	-.1155	.5521	.0151	-.00129
.50	-.1317	.4637	.0085	-.00070
.55	-.0868	.4046	.0042	-.00038
.60	-.0452	.3613	.0019	-.00023
.65	-.0200	.3271	.0009	-.00016
.70	-.0079	.2985	.0005	-.00012
.75	-.0028	.2742	.0004	-.00010
.80	-.0007	.2532	.0003	-.00008
.85	.0007	.2350	.0004	-.00007
.90	.0023	.2190	.0005	-.00004
.95	.0035	.2047	.0007	-.00002
1.00	-.0131	.1914	-.0000	-.00000

XQ/L=0.3

X/L	FP	FS	FQ	FM
.05	-.4825	.4402	-.0241	-.00060
.10	-.0444	.5490	-.0263	-.00186
.15	.2049	.6947	-.0161	-.00293
.20	1.0440	.9129	.0361	-.00243
.25	3.0141	1.2147	.1868	.00315
.30	6.2659	1.5151	-.4999	.02032
.35	6.2618	1.5143	-.1868	.00315
.40	2.9984	1.2124	-.0369	-.00244
.45	1.0077	.9091	.0135	-.00303
.50	.1435	.6910	.0207	-.00217
.55	-.1136	.5514	.0150	-.00128
.60	-.1306	.4632	.0085	-.00069
.65	-.0863	.4042	.0041	-.00038
.70	-.0449	.3610	.0019	-.00023
.75	-.0197	.3269	.0009	-.00016
.80	-.0069	.2985	.0006	-.00012
.85	-.0006	.2743	.0005	-.00009
.90	.0031	.2533	.0007	-.00006
.95	.0049	.2347	.0009	-.00002
1.00	-.0186	.2174	-.0000	-.00000

XQ/L=0.4

X/L	FP	FS	FQ	FM
.05	-.1402	.3546	-.0070	-.00018
.10	-.0634	.4038	-.0102	-.00060
.15	-.1116	.4644	-.0158	-.00125
.20	-.1028	.5525	-.0209	-.00217
.25	.1482	.6917	-.0135	-.00303
.30	1.0096	.9093	.0370	-.00244
.35	2.9992	1.2122	.1870	.00316
.40	6.2613	1.5136	-.5000	.02033
.45	6.2614	1.5136	-.1869	.00316
.50	2.9990	1.2120	-.0370	-.00244
.55	1.0083	.9089	.0135	-.00302
.60	.1438	.6909	.0206	-.00217
.65	-.1135	.5513	.0150	-.00128
.70	-.1305	.4631	.0084	-.00070
.75	-.0859	.4042	.0042	-.00038
.80	-.0436	.3612	.0020	-.00023
.85	-.0165	.3272	.0011	-.00015
.90	-.0015	.2987	.0011	-.00009
.95	.0053	.2740	.0013	-.00003
1.00	-.0268	.2511	-.0000	-.00000

XQ/L=0.5

X/L	FP	FS	FQ	FM
.05	-.0470	.2955	-.0024	-.00006
.10	-.0077	.3268	-.0027	-.00019
.15	-.0355	.3617	-.0045	-.00037
.20	-.0811	.4047	-.0086	-.00069
.25	-.1285	.4635	-.0150	-.00128
.30	-.1129	.5515	-.0206	-.00217
.35	.1439	.6910	-.0134	-.00303
.40	1.0083	.9089	.0370	-.00244
.45	2.9991	1.2119	.1869	.00316
.50	6.2615	1.5135	-.5000	.02033
.55	6.2615	1.5135	-.1869	.00316
.60	2.9991	1.2119	-.0370	-.00244
.65	1.0083	.9089	.0134	-.00303
.70	.1439	.6910	.0206	-.00217
.75	-.1129	.5515	.0150	-.00128
.80	-.1285	.4635	.0086	-.00069
.85	-.0811	.4047	.0045	-.00037
.90	-.0355	.3617	.0027	-.00019
.95	-.0077	.3268	.0024	-.00006
1.00	-.0470	.2955	-.0000	-.00000

B/L= .50 DS/B1=100.00 KS= .001

XM/L=0.0

X/L	FP	FS	FQ	FM
.05	225.0330	14.2839	11.2517	-.71871
.10	-102.8455	-4.1410	6.1094	-.28468
.15	-72.3105	-7.8364	2.4939	-.06960
.20	-36.9011	-6.4436	.6488	.00896
.25	-13.5992	-4.2564	-.0312	.02440
.30	-2.9033	-2.6123	-.1763	.01922
.35	.6605	-1.6316	-.1433	.01123
.40	1.2103	-1.1055	-.0828	.00557
.45	.8709	-.8277	-.0392	.00252
.50	.4659	-.6686	-.0159	.00114
.55	.2032	-.5631	-.0058	.00060
.60	.0727	-.4831	-.0021	.00040
.65	.0205	-.4180	-.0011	.00032
.70	.0044	-.3637	-.0009	.00027
.75	.0012	-.3182	-.0008	.00023
.80	.0006	-.2802	-.0008	.00018
.85	-.0010	-.2484	-.0009	.00014
.90	-.0038	-.2215	-.0011	.00009
.95	-.0061	-.1981	-.0014	.00003
1.00	.0273	-.1767	.0000	-.00000

XM/L=0.1

X/L	FP	FS	FQ	FM
.05	105.6659	9.6233	5.2833	.13208
.10	55.2504	5.0405	8.0458	-.53469
.15	-65.4503	-4.5805	4.7733	-.21421
.20	-57.8310	-6.9225	1.8817	-.04784
.25	-28.4496	-5.5145	.4593	.01069
.30	-10.2154	-3.6382	-.0515	.02088
.35	-1.9821	-2.2675	-.1506	.01583
.40	.6680	-1.4535	-.1172	.00913
.45	1.0123	-1.0121	-.0666	.00454
.50	.7046	-.7725	-.0314	.00209
.55	.3711	-.6302	-.0128	.00099
.60	.1604	-.5330	-.0048	.00055
.65	.0574	-.4582	-.0019	.00038
.70	.0166	-.3971	-.0011	.00030
.75	.0038	-.3462	-.0009	.00025
.80	.0004	-.3037	-.0009	.00021
.85	-.0017	-.2681	-.0010	.00016
.90	-.0048	-.2381	-.0012	.00011
.95	-.0070	-.2122	-.0016	.00004
1.00	.0312	-.1885	-.0000	-.00000

XM/L=0.2

X/L	FP	FS	FQ	FM
.05	4.2279	3.0662	.2114	.00528
.10	28.6178	5.2684	1.6423	.05163
.15	55.5673	6.7063	4.4206	.20320
.20	60.6346	4.4955	7.4524	-.49997
.25	-59.5400	-4.3242	4.4754	-.20178
.30	-54.0290	-6.5537	1.7739	-.04555
.35	-26.7295	-5.2420	.4375	.00974
.40	-9.6543	-3.4768	-.0453	.01954
.45	-1.9036	-2.1810	-.1404	.01490
.50	.6080	-1.4077	-.1100	.00864
.55	.9448	-.9855	-.0628	.00432
.60	.6616	-.7548	-.0297	.00200
.65	.3501	-.6167	-.0122	.00096
.70	.1520	-.5220	-.0046	.00053
.75	.0542	-.4492	-.0019	.00037
.80	.0139	-.3898	-.0012	.00029
.85	-.0015	-.3403	-.0013	.00023
.90	-.0085	-.2988	-.0017	.00016
.95	-.0115	-.2631	-.0023	.00006
1.00	.0457	-.2306	-.0000	-.00000

XM/L=0.3

X/L	FP	FS	FQ	FM
.05	-5.1124	1.1182	-.2556	-.00639
.10	2.7381	2.1567	-.1187	-.01575
.15	10.3979	3.5359	.4012	-.00869
.20	27.1742	5.3141	1.7599	.04534
.25	54.2967	6.6275	4.4747	.20120
.30	59.9039	4.4124	7.4699	-.50018
.35	-59.8450	-4.3809	4.4777	-.20149
.40	-54.1160	-6.5862	1.7719	-.04525
.45	-26.7334	-5.2594	.4352	.00993
.50	-9.6380	-3.4863	-.0467	.01964
.55	-1.8890	-2.1867	-.1411	.01494
.60	.6166	-1.4117	-.1103	.00865
.65	.9489	-.9888	-.0629	.00432
.70	.6630	-.7575	-.0297	.00201
.75	.3494	-.6193	-.0123	.00096
.80	.1487	-.5244	-.0048	.00053
.85	.0463	-.4516	-.0025	.00035
.90	.0004	-.3918	-.0025	.00023
.95	-.0162	-.3408	-.0033	.00008
1.00	.0659	-.2944	-.0000	-.00000

XM/L=0.4

X/L	FP	FS	FQ	FM
.05	-1.8054	.6859	-.0903	-.00226
.10	-.7486	.9816	-.1277	-.00771
.15	-.4340	1.4245	-.1494	-.01463
.20	1.9955	2.2010	-.0496	-.01961
.25	9.6793	3.4974	.4343	-.00999
.30	26.7384	5.2681	1.7713	.04515
.35	54.1075	6.5949	4.4766	.20135
.40	59.8459	4.3934	7.4689	-.50001
.45	-59.8504	-4.3911	4.4764	-.20138
.50	-54.1076	-6.5917	1.7710	-.04519
.55	-26.7251	-5.2627	.4348	.00995
.60	-9.6328	-3.4886	-.0469	.01965
.65	-1.8863	-2.1886	-.1412	.01495
.70	.6175	-1.4134	-.1103	.00866
.75	.9477	-.9905	-.0629	.00433
.80	.6582	-.7594	-.0300	.00201
.85	.3381	-.6213	-.0131	.00093
.90	.1293	-.5263	-.0066	.00044
.95	.0250	-.4513	-.0054	.00013
1.00	.1078	-.3847	-.0000	-.00000

XM/L=0.5

X/L	FP	FS	FQ	FM
.05	-.3800	.5097	-.0190	-.00047
.10	-.2964	.6192	-.0338	-.00180
.15	-.6184	.7617	-.0647	-.00426
.20	-.9238	.9932	-.1109	-.00865
.25	-.6070	1.4155	-.1413	-.01496
.30	1.8893	2.1899	-.0468	-.01966
.35	9.6327	3.4895	.4348	-.00996
.40	26.7242	5.2634	1.7710	.04519
.45	54.1061	6.5924	4.4763	.20137
.50	59.8480	4.3920	7.4687	-.50000
.55	-59.8482	-4.3920	4.4763	-.20137
.60	-54.1060	-6.5924	1.7710	-.04519
.65	-26.7240	-5.2634	.4348	.00996
.70	-9.6328	-3.4895	-.0468	.01966
.75	-1.8894	-2.1899	-.1413	.01496
.80	.6071	-1.4155	-.1109	.00865
.85	.9238	-.9932	-.0647	.00426
.90	.6184	-.7617	-.0338	.00180
.95	.2963	-.6192	-.0190	.00047
1.00	.3800	-.5097	-.0000	-.00000

B/L= .50 DS/B1=100.00 KS= .003

XQ/L=0.0

X/L	FP	FS	FQ	FM
.05	19.0272	2.3408	-.0486	-.02622
.10	3.3724	1.5443	.1200	-.02443
.15	.5432	1.0045	.1471	-.01775
.20	-.5883	.6762	.1177	-.01113
.25	-.7876	.4917	.0783	-.00623
.30	-.6521	.3933	.0457	-.00313
.35	-.4424	.3409	.0236	-.00139
.40	-.2616	.3108	.0105	-.00054
.45	-.1362	.2900	.0037	-.00018
.50	-.0607	.2727	.0007	-.00007
.55	-.0208	.2566	-.0003	-.00006
.60	-.0027	.2412	-.0005	-.00008
.65	.0037	.2265	-.0003	-.00010
.70	.0048	.2128	-.0001	-.00011
.75	.0042	.2002	.0002	-.00011
.80	.0034	.1886	.0003	-.00010
.85	.0031	.1782	.0005	-.00008
.90	.0027	.1686	.0006	-.00005
.95	.0013	.1596	.0007	-.00002
1.00	-.0137	.1510	-.0000	-.00000

XQ/L=0.1

X/L	FP	FS	FQ	FM
.05	5.3585	1.3024	.2679	.00670
.10	4.9227	1.4119	-.4859	.02625
.15	4.6758	1.3722	-.2522	.00780
.20	2.9758	1.1775	-.1034	-.00109
.25	1.5917	.9526	-.0238	-.00427
.30	.6972	.7560	.0111	-.00459
.35	.2064	.6045	.0214	-.00378
.40	-.0192	.4950	.0205	-.00273
.45	-.0957	.4180	.0157	-.00183
.50	-.1011	.3636	.0106	-.00117
.55	-.0800	.3242	.0066	-.00074
.60	-.0546	.2941	.0039	-.00048
.65	-.0334	.2701	.0022	-.00032
.70	-.0185	.2501	.0013	-.00024
.75	-.0088	.2328	.0008	-.00018
.80	-.0029	.2176	.0007	-.00014
.85	.0007	.2041	.0007	-.00011
.90	.0024	.1918	.0009	-.00007
.95	.0014	.1804	.0009	-.00002
1.00	-.0186	.1694	-.0000	-.00000

XQ/L=0.2

X/L	FP	FS	FQ	FM
.05	-.0383	.6900	-.0019	-.00005
.10	1.7858	.9393	.0874	.00209
.15	3.2344	1.1803	.2491	.01050
.20	4.8171	1.3617	-.5101	.02898
.25	4.7658	1.3611	-.2718	.00943
.30	3.1143	1.1839	-.1161	-.00026
.35	1.7052	.9641	-.0308	-.00394
.40	.7721	.7671	.0078	-.00451
.45	.2488	.6132	.0203	-.00381
.50	.0013	.5011	.0203	-.00279
.55	-.0879	.4220	.0159	-.00189
.60	-.0995	.3662	.0110	-.00122
.65	-.0808	.3258	.0069	-.00077
.70	-.0555	.2953	.0041	-.00049
.75	-.0335	.2710	.0025	-.00033
.80	-.0173	.2509	.0016	-.00023
.85	-.0066	.2334	.0013	-.00016
.90	-.0006	.2179	.0012	-.00009
.95	.0003	.2036	.0012	-.00003
1.00	-.0250	.1900	-.0000	-.00000

XQ/L=0.3

X/L	FP	FS	FQ	FM
.05	-.8073	.4368	-.0404	-.00101
.10	.2818	.5907	-.0263	-.00268
.15	.8724	.7634	.0173	-.00290
.20	1.7846	.9648	.1066	.00020
.25	3.1311	1.1817	.2631	.00944
.30	4.7064	1.3535	-.5016	.02848
.35	4.6838	1.3511	-.2674	.00926
.40	3.0636	1.1753	-.1142	-.00028
.45	1.6782	.9577	-.0303	-.00389
.50	.7601	.7628	.0077	-.00446
.55	.2450	.6104	.0200	-.00376
.60	.0014	.4994	.0200	-.00276
.65	-.0862	.4210	.0157	-.00187
.70	-.0970	.3657	.0109	-.00120
.75	-.0777	.3256	.0070	-.00076
.80	-.0517	.2953	.0044	-.00047
.85	-.0290	.2710	.0030	-.00029
.90	-.0135	.2505	.0023	-.00015
.95	-.0069	.2322	.0019	-.00005
1.00	-.0390	.2148	-.0000	-.00000

XQ/L=0.4

X/L	FP	FS	FQ	FM
.05	-.4942	.3358	-.0247	-.00062
.10	-.0741	.4111	-.0284	-.00195
.15	.0517	.4992	-.0258	-.00330
.20	.2957	.6135	-.0110	-.00422
.25	.7960	.7658	.0288	-.00378
.30	1.6968	.9589	.1136	-.00022
.35	3.0646	1.1739	.2668	.00929
.40	4.6645	1.3466	-.4999	.02846
.45	4.6611	1.3460	-.2669	.00929
.50	3.0532	1.1718	-.1142	-.00024
.55	1.6747	.9556	-.0305	-.00386
.60	.7601	.7616	.0075	-.00443
.65	.2467	.6098	.0198	-.00375
.70	.0043	.4992	.0201	-.00275
.75	-.0819	.4212	.0160	-.00185
.80	-.0911	.3660	.0114	-.00117
.85	-.0703	.3258	.0079	-.00068
.90	-.0454	.2949	.0056	-.00035
.95	-.0300	.2690	.0041	-.00010
1.00	-.0824	.2453	-.0000	-.00000

XQ/L=0.5

X/L	FP	FS	FQ	FM
.05	-.2102	.2831	-.0105	-.00026
.10	-.0737	.3214	-.0142	-.00088
.15	-.0773	.3654	-.0181	-.00169
.20	-.0657	.4221	-.0213	-.00267
.25	.0169	.5005	-.0205	-.00372
.30	.2549	.6109	-.0078	-.00442
.35	.7648	.7623	.0305	-.00386
.40	1.6771	.9558	.1143	-.00023
.45	3.0537	1.1716	.2670	.00930
.50	4.6595	1.3452	-.5000	.02848
.55	4.6595	1.3452	-.2670	.00930
.60	3.0537	1.1716	-.1143	-.00023
.65	1.6771	.9558	-.0305	-.00386
.70	.7648	.7623	.0078	-.00442
.75	.2549	.6109	.0205	-.00372
.80	.0169	.5005	.0213	-.00267
.85	-.0657	.4221	.0181	-.00169
.90	-.0773	.3654	.0142	-.00088
.95	-.0737	.3214	.0105	-.00026
1.00	-.2102	.2831	-.0000	-.00000

B/L= .50 DS/B1=100.00 KS= .003

XM/L=0.0

X/L	FP	FS	FQ	FM
.05	152.2469	11.0345	7.6123	-.80969
.10	-33.9262	.2463	5.9160	-.47148
.15	-42.9911	-4.1714	3.7665	-.22942
.20	-34.8447	-5.1293	2.0242	-.08465
.25	-22.4988	-4.5532	.8993	-.01156
.30	-12.4135	-3.5195	.2786	.01789
.35	-5.7688	-2.5303	-.0098	.02461
.40	-2.0143	-1.7595	-.1105	.02160
.45	-.2046	-1.2219	-.1208	.01582
.50	.4810	-.8716	-.0967	.01038
.55	.6075	-.6517	-.0663	.00630
.60	.5087	-.5146	-.0409	.00362
.65	.3550	-.4266	-.0231	.00202
.70	.2187	-.3665	-.0122	.00114
.75	.1201	-.3219	-.0062	.00068
.80	.0568	-.2862	-.0034	.00044
.85	.0199	-.2561	-.0024	.00029
.90	.0016	-.2296	-.0023	.00018
.95	-.0022	-.2054	-.0024	.00006
1.00	.0480	-.1824	.0000	-.00000

XM/L=0.1

X/L	FP	FS	FQ	FM
.05	95.9133	8.6101	4.7957	.11989
.10	27.7172	3.9394	6.1815	-.60568
.15	-30.7794	-2.0235	4.6426	-.33508
.20	-37.4277	-4.5647	2.7712	-.14973
.25	-27.4546	-4.7208	1.3984	-.04549
.30	-16.7326	-3.9294	.5618	.00351
.35	-8.7073	-2.9455	.1264	.02072
.40	-3.7196	-2.0918	-.0595	.02239
.45	-1.0528	-1.4575	-.1122	.01810
.50	.1413	-1.0268	-.1051	.01267
.55	.5281	-.7498	-.0787	.00807
.60	.5391	-.5759	-.0518	.00481
.65	.4163	-.4658	-.0309	.00274
.70	.2760	-.3930	-.0171	.00154
.75	.1622	-.3414	-.0090	.00089
.80	.0836	-.3017	-.0048	.00054
.85	.0350	-.2690	-.0031	.00034
.90	.0090	-.2407	-.0026	.00020
.95	.0011	-.2151	-.0026	.00006
1.00	.0519	-.1907	-.0000	-.00000

XM/L=0.2

X/L	FP	FS	FQ	FM
.05	22.2503	3.9214	1.1125	.02781
.10	24.1011	4.4659	2.3176	.11357
.15	31.8451	4.3287	3.9098	.26925
.20	25.8527	2.3106	5.2025	-.50294
.25	-26.2296	-2.2622	3.8910	-.27561
.30	-31.7930	-4.2195	2.3013	-.12080
.35	-23.0845	-4.2279	1.1471	-.03459
.40	-13.9444	-3.4834	.4499	.00534
.45	-7.1774	-2.6072	.0910	.01886
.50	-3.0094	-1.8595	-.0595	.01965
.55	-.8033	-1.3074	-.0996	.01567
.60	.1691	-.9328	-.0912	.01090
.65	.4715	-.6910	-.0676	.00694
.70	.4656	-.5378	-.0443	.00414
.75	.3527	-.4395	-.0267	.00236
.80	.2283	-.3734	-.0152	.00132
.85	.1287	-.3254	-.0088	.00071
.90	.0627	-.2874	-.0057	.00035
.95	.0296	-.2547	-.0042	.00011
1.00	.0840	-.2243	-.0000	-.00000

XM/L=0.3

X/L	FP	FS	FQ	FM
.05	-1.0719	1.5091	-.0536	-.00134
.10	7.5645	2.5155	.3246	.00544
.15	14.6669	3.5093	1.0580	.04000
.20	23.6715	4.2912	2.2415	.12249
.25	32.0929	4.2853	3.8462	.27468
.30	26.2889	2.3269	5.1606	-.50015
.35	-25.8620	-2.2267	3.8675	-.27444
.40	-31.5463	-4.1843	2.2902	-.12050
.45	-22.9428	-4.2001	1.1431	-.03467
.50	-13.8748	-3.4639	.4493	.00514
.55	-7.1502	-2.5946	.0918	.01867
.60	-3.0042	-1.8518	-.0584	.01951
.65	-.8082	-1.3031	-.0988	.01558
.70	.1596	-.9306	-.0908	.01084
.75	.4588	-.6901	-.0679	.00687
.80	.4497	-.5377	-.0454	.00404
.85	.3342	-.4393	-.0287	.00219
.90	.2132	-.3718	-.0180	.00102
.95	.1314	-.3201	-.0114	.00029
1.00	.2289	-.2748	-.0000	-.00000

XM/L=0.4

X/L	FP	FS	FQ	FM
.05	-3.6129	.6733	-.1806	-.00452
.10	.9090	1.2251	-.1352	-.01241
.15	3.4342	1.8625	.0365	-.01488
.20	7.5801	2.6400	.4155	-.00358
.25	14.1863	3.5176	1.1248	.03493
.30	23.1478	4.2532	2.2822	.12011
.35	31.7031	4.2378	3.8674	.27385
.40	26.0471	2.2856	5.1697	-.50022
.45	-25.9908	-2.2576	3.8702	-.27423
.50	-31.6038	-4.2055	2.2900	-.12022
.55	-22.9618	-4.2142	1.1419	-.03442
.60	-13.8774	-3.4735	.4480	.00533
.65	-7.1502	-2.6018	.0905	.01879
.70	-3.0103	-1.8582	-.0600	.01955
.75	-.8264	-1.3094	-.1013	.01552
.80	.1260	-.9368	-.0950	.01061
.85	.4125	-.6948	-.0744	.00638
.90	.4103	-.5373	-.0539	.00317
.95	.3470	-.4271	-.0365	.00091
1.00	.7304	-.3370	-.0000	-.00000

XM/L=0.5

X/L	FP	FS	FQ	FM
.05	-1.9707	.4289	-.0985	-.00246
.10	-.4476	.6550	-.1209	-.00795
.15	-.0012	.9327	-.1210	-.01400
.20	.9738	1.3201	-.0723	-.01883
.25	3.1219	1.8727	.0838	-.01854
.30	7.2185	2.6153	.4447	-.00533
.35	13.9120	3.4848	1.1403	.03430
.40	22.9761	4.2240	2.2891	.12004
.45	31.6112	4.2154	3.8697	.27401
.50	26.0058	2.2694	5.1700	-.50000
.55	-26.0059	-2.2694	3.8697	-.27401
.60	-31.6111	-4.2154	2.2891	-.12004
.65	-22.9760	-4.2240	1.1403	-.03430
.70	-13.9120	-3.4848	.4447	.00533
.75	-7.2185	-2.6153	.0838	.01854
.80	-3.1218	-1.8727	-.0723	.01883
.85	-.9738	-1.3201	-.1210	.01400
.90	.0012	-.9327	-.1209	.00795
.95	.4476	-.6550	-.0985	.00246
1.00	1.9707	-.4289	-.0000	-.00000

B/L= .50 DS/B1=100.00 KS= .010

XQ/L=0.0

X/L	FP	FS	FQ	FM
.05	15.5982	2.1310	-.2201	-.03050
.10	4.4549	1.6057	.0027	-.03594
.15	2.0275	1.1815	.1040	-.03327
.20	.5999	.8617	.1340	-.02732
.25	-.1067	.6329	.1287	-.02075
.30	-.4125	.4763	.1081	-.01483
.35	-.4949	.3729	.0833	-.01005
.40	-.4634	.3066	.0602	-.00646
.45	-.3836	.2650	.0410	-.00393
.50	-.2925	.2389	.0263	-.00225
.55	-.2089	.2219	.0159	-.00119
.60	-.1404	.2100	.0089	-.00057
.65	-.0885	.2008	.0045	-.00024
.70	-.0515	.1927	.0019	-.00008
.75	-.0267	.1851	.0005	-.00002
.80	-.0109	.1776	-.0000	-.00001
.85	-.0018	.1702	-.0001	-.00001
.90	.0026	.1629	.0000	-.00001
.95	.0034	.1555	.0002	-.00001
1.00	-.0042	.1482	-.0000	-.00000

XQ/L=0.1

X/L	FP	FS	FQ	FM
.05	6.7705	1.3658	.3385	.00846
.10	4.0234	1.3354	-.4603	.03042
.15	3.4903	1.2511	-.2858	.01177
.20	2.5350	1.1078	-.1590	.00065
.25	1.7000	.9465	-.0740	-.00518
.30	1.0495	.7928	-.0216	-.00757
.35	.5842	.6584	.0076	-.00792
.40	.2753	.5475	.0214	-.00719
.45	.0858	.4593	.0257	-.00602
.50	-.0193	.3910	.0247	-.00476
.55	-.0687	.3388	.0213	-.00360
.60	-.0839	.2991	.0171	-.00264
.65	-.0803	.2688	.0131	-.00189
.70	-.0677	.2452	.0097	-.00132
.75	-.0522	.2265	.0071	-.00090
.80	-.0375	.2110	.0052	-.00059
.85	-.0255	.1978	.0039	-.00036
.90	-.0181	.1860	.0030	-.00019
.95	-.0162	.1751	.0022	-.00006
1.00	-.0447	.1644	-.0000	-.00000

XQ/L=0.2

X/L	FP	FS	FQ	FM
.05	1.6438	.8089	.0822	.00205
.10	2.0381	.9569	.1841	.00871
.15	2.7516	1.0894	.3217	.02136
.20	3.3974	1.1777	-.5085	.04169
.25	3.3672	1.1755	-.3401	.02047
.30	2.6629	1.0844	-.2070	.00680
.35	1.9081	.9531	-.1115	-.00117
.40	1.2600	.8140	-.0485	-.00517
.45	.7637	.6848	-.0104	-.00664
.50	.4137	.5735	.0103	-.00664
.55	.1851	.4823	.0196	-.00589
.60	.0478	.4100	.0220	-.00486
.65	-.0256	.3537	.0207	-.00379
.70	-.0575	.3105	.0178	-.00283
.75	-.0646	.2772	.0146	-.00202
.80	-.0589	.2511	.0116	-.00136
.85	-.0489	.2300	.0092	-.00084
.90	-.0413	.2123	.0071	-.00043
.95	-.0410	.1964	.0051	-.00013
1.00	-.1016	.1814	-.0000	-.00000

XQ/L=0.3

X/L	FP	FS	FQ	FM
.05	-.3350	.4930	-.0167	-.00042
.10	.7092	.6452	.0187	-.00037
.15	1.3188	.7988	.0847	.00221
.20	1.9961	.9501	.1845	.00894
.25	2.7305	1.0852	.3210	.02158
.30	3.3912	1.1754	-.5095	.04187
.35	3.3677	1.1747	-.3411	.02060
.40	2.6665	1.0844	-.2078	.00688
.45	1.9129	.9537	-.1121	-.00111
.50	1.2653	.8150	-.0488	-.00514
.55	.7694	.6860	-.0104	-.00662
.60	.4202	.5749	.0106	-.00661
.65	.1927	.4838	.0203	-.00584
.70	.0568	.4114	.0231	-.00475
.75	-.0155	.3550	.0223	-.00362
.80	-.0475	.3110	.0200	-.00256
.85	-.0580	.2764	.0171	-.00163
.90	-.0630	.2480	.0139	-.00086
.95	-.0749	.2233	.0102	-.00025
1.00	-.2036	.2002	-.0000	-.00000

XQ/L=0.4

X/L	FP	FS	FQ	FM
.05	-.7473	.3361	-.0374	-.00093
.10	.1011	.4443	-.0323	-.00268
.15	.4459	.5580	-.0100	-.00373
.20	.8386	.6814	.0319	-.00319
.25	1.3324	.8154	.0985	.00007
.30	1.9561	.9545	.1963	.00745
.35	2.6754	1.0830	.3301	.02061
.40	3.3385	1.1702	-.5030	.04129
.45	3.3251	1.1687	-.3367	.02029
.50	2.6362	1.0791	-.2049	.00675
.55	1.8949	.9496	-.1102	-.00112
.60	1.2584	.8124	-.0472	-.00506
.65	.7720	.6847	-.0086	-.00645
.70	.4308	.5746	.0129	-.00635
.75	.2090	.4838	.0234	-.00544
.80	.0749	.4108	.0271	-.00418
.85	-.0027	.3522	.0270	-.00283
.90	-.0548	.3041	.0242	-.00155
.95	-.1077	.2626	.0188	-.00047
1.00	-.3768	.2241	-.0000	-.00000

XQ/L=0.5

X/L	FP	FS	FQ	FM
.05	-.6072	.2619	-.0304	-.00076
.10	-.0910	.3282	-.0349	-.00239
.15	.0620	.3992	-.0318	-.00406
.20	.2319	.4798	-.0202	-.00536
.25	.4639	.5747	.0030	-.00579
.30	.8030	.6864	.0431	-.00464
.35	1.2814	.8140	.1072	-.00088
.40	1.9071	.9503	.2026	.00687
.45	2.6364	1.0782	.3344	.02029
.50	3.3124	1.1662	-.5000	.04115
.55	3.3124	1.1662	-.3344	.02029
.60	2.6364	1.0782	-.2026	.00687
.65	1.9071	.9503	-.1072	-.00088
.70	1.2814	.8140	-.0431	-.00464
.75	.8030	.6864	-.0030	-.00579
.80	.4639	.5747	.0202	-.00536
.85	.2319	.4798	.0318	-.00406
.90	.0620	.3992	.0349	-.00239
.95	-.0910	.3282	.0304	-.00076
1.00	-.6072	.2619	0.0000	-.00000

B/L= .50 DS/B1=100.00 KS= .010

XM/L=0.0

X/L	FP	FS	FQ	FM
.05	94.2935	7.9309	4.7147	-.88213
.10	-1.5698	2.3582	4.6362	-.64836
.15	-15.7689	-.9193	3.8477	-.43626
.20	-19.6326	-2.5748	2.8661	-.26842
.25	-17.9698	-3.1795	1.9676	-.14757
.30	-14.3874	-3.1657	1.2482	-.06718
.35	-10.5368	-2.8343	.7214	-.01794
.40	-7.1622	-2.3786	.3633	.00918
.45	-4.5166	-1.9119	.1375	.02170
.50	-2.6036	-1.4930	.0073	.02532
.55	-1.3152	-1.1454	-.0585	.02404
.60	-.5096	-.8723	-.0840	.02048
.65	-.0501	-.6661	-.0865	.01622
.70	.1778	-.5150	-.0776	.01212
.75	.2621	-.4063	-.0645	.00857
.80	.2667	-.3286	-.0511	.00568
.85	.2362	-.2721	-.0393	.00342
.90	.2037	-.2293	-.0291	.00171
.95	.1916	-.1940	-.0196	.00049
1.00	.3910	-.1620	.0000	-.00000

XM/L=0.1

X/L	FP	FS	FQ	FM
.05	72.1120	6.8746	3.6056	.09014
.10	18.2027	3.5424	4.5157	-.70683
.15	-9.6039	.0158	4.0355	-.49304
.20	-18.3052	-2.0889	3.1203	-.31415
.25	-18.2471	-2.9885	2.2079	-.18094
.30	-15.2791	-3.1512	1.4440	-.08965
.35	-11.5483	-2.9128	.8666	-.03188
.40	-8.0698	-2.4957	.4631	.00136
.45	-5.2389	-2.0353	.2011	.01796
.50	-3.1324	-1.6056	.0445	.02410
.55	-1.6761	-1.2399	-.0393	.02423
.60	-.7392	-.9472	-.0763	.02134
.65	-.1849	-.7232	-.0855	.01730
.70	.1068	-.5571	-.0802	.01315
.75	.2312	-.4367	-.0686	.00943
.80	.2590	-.3501	-.0557	.00633
.85	.2411	-.2871	-.0436	.00385
.90	.2160	-.2392	-.0328	.00193
.95	.2106	-.2000	-.0223	.00056
1.00	.4457	-.1644	-.0000	-.00000

XM/L=0.2

X/L	FP	FS	FQ	FM
.05	32.6467	4.2567	1.6323	.04081
.10	17.4836	3.6369	2.5065	.14428
.15	15.6802	2.7449	3.2905	.28921
.20	9.2348	1.2076	3.7523	-.53472
.25	-11.1043	-1.0835	3.1971	-.36099
.30	-16.1714	-2.4095	2.3885	-.22135
.35	-14.9892	-2.8671	1.6390	-.12067
.40	-12.0428	-2.8163	1.0369	-.05377
.45	-8.8215	-2.5076	.5958	-.01295
.50	-5.9905	-2.1016	.2963	.00935
.55	-3.7726	-1.6921	.1077	.01945
.60	-2.1730	-1.3270	-.0010	.02212
.65	-1.1007	-1.0249	-.0560	.02069
.70	-.4351	-.7873	-.0778	.01734
.75	-.0589	-.6070	-.0807	.01338
.80	.1281	-.4727	-.0743	.00950
.85	.2067	-.3727	-.0640	.00605
.90	.2444	-.2960	-.0518	.00315
.95	.2926	-.2330	-.0371	.00093
1.00	.7429	-.1761	-.0000	-.00000

XM/L=0.3

X/L	FP	FS	FQ	FM
.05	9.7049	2.2147	.4852	.01213
.10	9.2215	2.5465	.9463	.04792
.15	11.7837	2.7911	1.5355	.10997
.20	14.2129	2.8026	2.2462	.20451
.25	15.0699	2.3468	2.9996	.33565
.30	9.9401	1.0855	3.4967	-.50194
.35	-9.9840	-1.0483	2.9974	-.33959
.40	-15.0479	-2.2979	2.2451	-.20853
.45	-14.0404	-2.7300	1.5430	-.11382
.50	-11.3221	-2.6830	.9769	-.05082
.55	-8.3207	-2.3926	.5609	-.01238
.60	-5.6756	-2.0099	.2771	.00857
.65	-3.6029	-1.6234	.0970	.01792
.70	-2.1098	-1.2777	-.0085	.02014
.75	-1.1092	-.9897	-.0640	.01832
.80	-.4814	-.7598	-.0881	.01452
.85	-.1034	-.5793	-.0932	.00999
.90	.1465	-.4356	-.0859	.00551
.95	.3718	-.3151	-.0673	.00168
1.00	1.3462	-.2053	-.0000	-.00000

XM/L=0.4

X/L	FP	FS	FQ	FM
.05	.2089	1.0530	.0104	.00026
.10	3.4991	1.5239	.1854	.00516
.15	5.9080	1.9877	.4808	.02181
.20	8.6564	2.4130	.9136	.05667
.25	11.6366	2.7232	1.4955	.11690
.30	14.2862	2.7767	2.2098	.20953
.35	15.2172	2.3450	2.9706	.33904
.40	10.0931	1.0952	3.4753	-.49981
.45	-9.8575	-1.0353	2.9824	-.33837
.50	-14.9612	-2.2866	2.2343	-.20795
.55	-13.9976	-2.7231	1.5345	-.11373
.60	-11.3231	-2.6814	.9683	-.05116
.65	-8.3637	-2.3959	.5501	-.01320
.70	-5.7564	-2.0165	.2623	.00711
.75	-3.7121	-1.6297	.0767	.01558
.80	-2.2266	-1.2782	-.0346	.01664
.85	-1.1902	-.9755	-.0941	.01342
.90	-.4352	-.7186	-.1159	.00817
.95	.2106	-.4940	-.1054	.00263
1.00	2.1074	-.2856	-.0000	-.00000

XM/L=0.5

X/L	FP	FS	FQ	FM
.05	-2.2838	.5066	-.1142	-.00285
.10	.7464	.8579	-.0769	-.00763
.15	2.1656	1.2251	.0314	-.00877
.20	3.8335	1.6175	.2231	-.00240
.25	5.9341	2.0280	.5198	.01617
.30	8.5418	2.4196	.9469	.05283
.35	11.4803	2.7104	1.5209	.11453
.40	14.1316	2.7538	2.2275	.20824
.45	15.0794	2.3174	2.9815	.33846
.50	9.9715	1.0657	3.4800	-.50000
.55	-9.9715	-1.0657	2.9815	-.33846
.60	-15.0794	-2.3174	2.2275	-.20824
.65	-14.1316	-2.7538	1.5209	-.11453
.70	-11.4803	-2.7104	.9469	-.05283
.75	-8.5419	-2.4196	.5198	-.01617
.80	-5.9341	-2.0280	.2231	.00240
.85	-3.8335	-1.6175	.0314	.00877
.90	-2.1656	-1.2251	-.0769	.00763
.95	-.7464	-.8579	-.1142	.00285
1.00	2.2838	-.5066	-.0000	-.00000

B/L= .50   DS/B1=100.00   KS= .020

XQ/L=0.0

X/L	FP	FS	FQ	FM
.05	13.8334	2.0047	-.3083	-.03271
.10	4.5932	1.5964	-.0787	-.04238
.15	2.5442	1.2451	.0485	-.04314
.20	1.2060	.9583	.1088	-.03920
.25	.4195	.7335	.1298	-.03324
.30	-.0327	.5630	.1282	-.02679
.35	-.2693	.4376	.1147	-.02071
.40	-.3696	.3478	.0962	-.01544
.45	-.3876	.2850	.0769	-.01111
.50	-.3596	.2420	.0589	-.00772
.55	-.3094	.2132	.0434	-.00516
.60	-.2522	.1939	.0308	-.00331
.65	-.1965	.1810	.0210	-.00201
.70	-.1472	.1720	.0136	-.00115
.75	-.1060	.1653	.0083	-.00060
.80	-.0731	.1600	.0047	-.00027
.85	-.0479	.1553	.0023	-.00010
.90	-.0289	.1508	.0008	-.00002
.95	-.0149	.1465	.0001	-.00000
1.00	-.0015	.1422	-.0000	-.00000

XQ/L=0.1

X/L	FP	FS	FQ	FM
.05	7.1397	1.3775	.3570	.00892
.10	3.7483	1.3068	-.4556	.03146
.15	3.1080	1.2078	-.3002	.01256
.20	2.3305	1.0779	-.1837	.00047
.25	1.6722	.9386	-.1001	-.00663
.30	1.1405	.8042	-.0430	-.01020
.35	.7321	.6826	-.0064	-.01144
.40	.4325	.5773	.0152	-.01122
.45	.2230	.4891	.0263	-.01018
.50	.0842	.4169	.0305	-.00876
.55	-.0016	.3590	.0305	-.00723
.60	-.0494	.3131	.0280	-.00577
.65	-.0711	.2770	.0244	-.00446
.70	-.0764	.2485	.0206	-.00334
.75	-.0721	.2258	.0170	-.00239
.80	-.0636	.2074	.0138	-.00162
.85	-.0551	.1920	.0111	-.00100
.90	-.0506	.1786	.0086	-.00051
.95	-.0531	.1663	.0059	-.00015
1.00	-.1179	.1545	-.0000	-.00000

XQ/L=0.2

X/L	FP	FS	FQ	FM
.05	2.6455	.8806	.1323	.00331
.10	2.1353	.9676	.2390	.01259
.15	2.4763	1.0429	.3629	.02764
.20	2.7845	1.0885	-.4979	.04926
.25	2.7301	1.0784	-.3614	.02778
.30	2.2957	1.0126	-.2466	.01258
.35	1.7989	.9168	-.1567	.00249
.40	1.3336	.8100	-.0900	-.00367
.45	.9386	.7043	-.0431	-.00700
.50	.6248	.6067	-.0118	-.00838
.55	.3887	.5208	.0076	-.00848
.60	.2197	.4476	.0186	-.00783
.65	.1051	.3866	.0238	-.00677
.70	.0320	.3367	.0254	-.00553
.75	-.0116	.2959	.0249	-.00428
.80	-.0363	.2625	.0230	-.00308
.85	-.0515	.2346	.0205	-.00199
.90	-.0673	.2105	.0171	-.00105
.95	-.0919	.1887	.0125	-.00031
1.00	-.2502	.1679	-.0000	-.00000

XQ/L=0.3

X/L	FP	FS	FQ	FM
.05	.3559	.5556	.0178	.00044
.10	.9444	.6794	.0650	.00252
.15	1.4099	.8010	.1355	.00753
.20	1.8952	.9154	.2303	.01667
.25	2.3776	1.0119	.3491	.03116
.30	2.7714	1.0729	-.5123	.05208
.35	2.7581	1.0735	-.3744	.02991
.40	2.3420	1.0145	-.2573	.01412
.45	1.8509	.9229	-.1647	.00357
.50	1.3847	.8184	-.0955	-.00293
.55	.9860	.7135	-.0462	-.00648
.60	.6676	.6159	-.0128	-.00795
.65	.4269	.5292	.0085	-.00806
.70	.2532	.4546	.0212	-.00732
.75	.1328	.3915	.0278	-.00609
.80	.0508	.3385	.0304	-.00464
.85	-.0081	.2936	.0300	-.00313
.90	-.0614	.2545	.0269	-.00171
.95	-.1242	.2190	.0207	-.00052
1.00	-.4136	.1851	-.0000	-.00000

XQ/L=0.4

X/L	FP	FS	FQ	FM
.05	-.5327	.3667	-.0266	-.00067
.10	.2743	.4755	-.0129	-.00165
.15	.6414	.5861	.0192	-.00150
.20	1.0200	.6991	.0702	.00073
.25	1.4352	.8129	.1419	.00604
.30	1.8943	.9219	.2366	.01550
.35	2.3657	1.0149	.3549	.03029
.40	2.7571	1.0740	-.5072	.05148
.45	2.7464	1.0738	-.3699	.02955
.50	2.3357	1.0148	-.2531	.01398
.55	1.8514	.9235	-.1606	.00363
.60	1.3925	.8193	-.0909	-.00265
.65	1.0004	.7146	-.0409	-.00595
.70	.6867	.6164	-.0066	-.00714
.75	.4467	.5282	.0158	-.00691
.80	.2670	.4506	.0291	-.00578
.85	.1285	.3826	.0355	-.00417
.90	.0063	.3220	.0359	-.00238
.95	-.1234	.2664	.0297	-.00074
1.00	-.5939	.2130	-.0000	-.00000

XQ/L=0.5

X/L	FP	FS	FQ	FM
.05	-.7062	.2653	-.0353	-.00088
.10	-.0278	.3452	-.0367	-.00268
.15	.2066	.4277	-.0264	-.00426
.20	.4403	.5155	-.0044	-.00503
.25	.7040	.6103	.0308	-.00437
.30	1.0249	.7123	.0821	-.00154
.35	1.4146	.8189	.1528	.00433
.40	1.8657	.9236	.2461	.01430
.45	2.3393	1.0146	.3631	.02953
.50	2.7386	1.0731	-.5000	.05111
.55	2.7386	1.0731	-.3631	.02953
.60	2.3393	1.0146	-.2461	.01430
.65	1.8657	.9236	-.1528	.00433
.70	1.4146	.8189	-.0821	-.00154
.75	1.0249	.7123	-.0308	-.00437
.80	.7040	.6103	.0044	-.00503
.85	.4403	.5155	.0264	-.00426
.90	.2066	.4277	.0367	-.00268
.95	-.0278	.3452	.0353	-.00088
1.00	-.7062	.2653	0.0000	-.00000

B/L= .50 DS/B1=100.00 KS= .020

XM/L=0.0

X/L	FP	FS	FQ	FM
.05	70.2910	6.4357	3.5146	-.91214
.10	5.4844	2.7255	3.7888	-.72955
.15	-6.3200	.2475	3.4728	-.54801
.20	-11.5147	-1.2733	2.8970	-.38877
.25	-12.5875	-2.0934	2.2677	-.25965
.30	-11.6902	-2.4291	1.6832	-.16088
.35	-9.9271	-2.4512	1.1868	-.08913
.40	-7.9218	-2.2874	.7907	-.03969
.45	-6.0103	-2.0282	.4902	-.00767
.50	-4.3540	-1.7344	.2725	.01139
.55	-3.0099	-1.4441	.1220	.02126
.60	-1.9747	-1.1787	.0233	.02489
.65	-1.2142	-.9483	-.0374	.02453
.70	-.6798	-.7551	-.0714	.02181
.75	-.3195	-.5967	-.0874	.01784
.80	-.0825	-.4682	-.0915	.01337
.85	.0801	-.3631	-.0875	.00889
.90	.2199	-.2747	-.0765	.00479
.95	.3806	-.1964	-.0575	.00144
1.00	1.1500	-.1228	.0000	-.00000

XM/L=0.1

X/L	FP	FS	FQ	FM
.05	57.8219	5.8089	2.8911	.07228
.10	15.4379	3.3094	3.6630	-.76387
.15	-2.8026	.7685	3.5229	-.58422
.20	-10.3341	-.9493	3.0062	-.42100
.25	-12.2836	-1.9148	2.3920	-.28605
.30	-11.8266	-2.3519	1.8006	-.18123
.35	-10.2608	-2.4404	1.2876	-.10402
.40	-8.3181	-2.3166	.8717	-.05004
.45	-6.3960	-2.0785	.5519	-.01445
.50	-4.6933	-1.7931	.3172	.00728
.55	-3.2892	-1.5030	.1528	.01903
.60	-2.1934	-1.2332	.0431	.02392
.65	-1.3782	-.9959	-.0258	.02436
.70	-.7980	-.7950	-.0657	.02207
.75	-.4011	-.6291	-.0858	.01828
.80	-.1357	-.4935	-.0925	.01383
.85	.0489	-.3820	-.0901	.00926
.90	.2075	-.2878	-.0797	.00501
.95	.3862	-.2043	-.0604	.00151
1.00	1.2083	-.1256	-.0000	-.00000

XM/L=0.2

X/L	FP	FS	FQ	FM
.05	32.6836	4.0821	1.6342	.04085
.10	14.6395	3.2546	2.3662	.14086
.15	11.0589	2.2931	2.9191	.27299
.20	5.5036	1.0230	3.1943	-.57417
.25	-6.6120	-.5830	2.8637	-.42272
.30	-10.6040	-1.6297	2.3335	-.29279
.35	-10.8983	-2.1415	1.7886	-.18974
.40	-9.7802	-2.2931	1.2996	-.11254
.45	-8.1075	-2.2195	.8942	-.05770
.50	-6.3477	-2.0195	.5768	-.02092
.55	-4.7385	-1.7615	.3399	.00200
.60	-3.3837	-1.4901	.1707	.01476
.65	-2.3089	-1.2318	.0552	.02041
.70	-1.4959	-1.0002	-.0195	.02130
.75	-.9036	-.8001	-.0647	.01920
.80	-.4803	-.6306	-.0887	.01536
.85	-.1688	-.4870	-.0972	.01071
.90	.0977	-.3630	-.0923	.00597
.95	.3789	-.2515	-.0733	.00183
1.00	1.4669	-.1458	-.0000	-.00000

XM/L=0.3

X/L	FP	FS	FQ	FM
.05	14.5460	2.4867	.7273	.01818
.10	9.1253	2.4637	1.1836	.06595
.15	9.4734	2.3791	1.6572	.13697
.20	9.7802	2.1437	2.1462	.23206
.25	9.1681	1.6331	2.6046	.35083
.30	5.3382	.6867	2.8716	-.51226
.35	-5.9713	-.7002	2.5730	-.37615
.40	-9.6413	-1.6093	2.0909	-.25955
.45	-9.8846	-2.0431	1.5967	-.16736
.50	-8.8583	-2.1583	1.1538	-.09860
.55	-7.3422	-2.0754	.7867	-.05008
.60	-5.7573	-1.8821	.4988	-.01795
.65	-4.3138	-1.6387	.2831	.00160
.70	-3.0995	-1.3837	.1281	.01188
.75	-2.1298	-1.1393	.0217	.01563
.80	-1.3769	-.9159	-.0472	.01499
.85	-.7867	-.7156	-.0865	.01165
.90	-.2791	-.5355	-.1005	.00697
.95	.2256	-.3694	-.0892	.00223
1.00	1.7839	-.2101	-.0000	-.00000

XM/L=0.4

X/L	FP	FS	FQ	FM
.05	4.3825	1.3758	.2191	.00548
.10	4.5624	1.6365	.4472	.02214
.15	5.8926	1.8773	.7419	.05187
.20	7.3573	2.0634	1.1097	.09816
.25	8.7663	2.1382	1.5481	.16460
.30	9.6953	2.0173	2.0328	.25412
.35	9.3721	1.5838	2.5014	.36748
.40	5.6555	.6856	2.7842	-.50038
.45	-5.6400	-.6745	2.5022	-.36822
.50	-9.3494	-1.5715	2.0347	-.25480
.55	-9.6574	-2.0028	1.5519	-.16513
.60	-8.7033	-2.1205	1.1167	-.09842
.65	-7.2556	-2.0421	.7539	-.05165
.70	-5.7265	-1.8522	.4676	-.02112
.75	-4.3174	-1.6086	.2517	-.00313
.80	-3.1046	-1.3475	.0965	.00557
.85	-2.0849	-1.0887	-.0078	.00779
.90	-1.1930	-.8403	-.0674	.00591
.95	-.3421	-.6023	-.0845	.00211
1.00	1.6903	-.3704	-.0000	-.00000

XM/L=0.5

X/L	FP	FS	FQ	FM
.05	-.2066	.7160	-.0103	-.00026
.10	1.7555	1.0082	.0774	.00142
.15	2.9864	1.2998	.2268	.00902
.20	4.3155	1.5840	.4425	.02576
.25	5.7767	1.8428	.7314	.05511
.30	7.3231	2.0419	1.0975	.10083
.35	8.7683	2.1252	1.5359	.16666
.40	9.7095	2.0092	2.0214	.25560
.45	9.3839	1.5780	2.4906	.36840
.50	5.6559	.6803	2.7734	-.50000
.55	-5.6559	-.6803	2.4906	-.36840
.60	-9.3839	-1.5780	2.0214	-.25560
.65	-9.7095	-2.0092	1.5359	-.16666
.70	-8.7684	-2.1252	1.0975	-.10083
.75	-7.3231	-2.0419	.7314	-.05511
.80	-5.7767	-1.8428	.4425	-.02576
.85	-4.3155	-1.5840	.2268	-.00902
.90	-2.9864	-1.2998	.0774	-.00142
.95	-1.7555	-1.0082	-.0103	.00026
1.00	.2066	-.7160	-.0000	-.00000

B/L= .50 DS/B1=100.00 KS= .050

XQ/L=0.0

X/L	FP	FS	FQ	FM
.05	11.7442	1.8355	-.4128	-.03532
.10	4.4541	1.5457	-.1901	-.05039
.15	2.8774	1.2820	-.0462	-.05630
.20	1.7645	1.0504	.0420	-.05640
.25	1.0271	.8528	.0934	-.05302
.30	.5236	.6880	.1195	-.04770
.35	.1846	.5535	.1288	-.04149
.40	-.0361	.4458	.1270	-.03510
.45	-.1715	.3610	.1184	-.02896
.50	-.2460	.2954	.1061	-.02335
.55	-.2781	.2455	.0922	-.01839
.60	-.2819	.2082	.0781	-.01413
.65	-.2677	.1805	.0647	-.01056
.70	-.2435	.1603	.0525	-.00763
.75	-.2150	.1455	.0418	-.00528
.80	-.1865	.1345	.0325	-.00342
.85	-.1614	.1262	.0244	-.00200
.90	-.1431	.1195	.0172	-.00096
.95	-.1337	.1136	.0105	-.00026
1.00	-.2109	.1081	-.0000	-.00000

XQ/L=0.1

X/L	FP	FS	FQ	FM
.05	7.1981	1.3639	.3599	.00900
.10	3.4949	1.2718	-.4653	.03136
.15	2.8050	1.1685	-.3251	.01160
.20	2.1615	1.0531	-.2170	-.00195
.25	1.6461	.9349	-.1347	-.01075
.30	1.2253	.8207	-.0735	-.01595
.35	.8861	.7145	-.0292	-.01852
.40	.6177	.6187	.0017	-.01920
.45	.4101	.5343	.0222	-.01860
.50	.2535	.4613	.0349	-.01717
.55	.1387	.3990	.0418	-.01525
.60	.0572	.3464	.0447	-.01309
.65	.0015	.3023	.0448	-.01085
.70	-.0354	.2654	.0430	-.00866
.75	-.0596	.2344	.0400	-.00658
.80	-.0769	.2080	.0362	-.00468
.85	-.0931	.1849	.0315	-.00298
.90	-.1159	.1641	.0257	-.00155
.95	-.1510	.1446	.0182	-.00045
1.00	-.3638	.1258	-.0000	-.00000

XQ/L=0.2

X/L	FP	FS	FQ	FM
.05	3.7041	.9587	.1852	.00463
.10	2.2498	.9831	.2977	.01670
.15	2.2298	1.0012	.4092	.03437
.20	2.2410	1.0042	-.4788	.05764
.25	2.1313	.9803	-.3722	.03636
.30	1.8681	.9290	-.2788	.02009
.35	1.5718	.8608	-.2002	.00811
.40	1.2809	.7843	-.1362	-.00030
.45	1.0149	.7055	-.0854	-.00584
.50	.7829	.6286	-.0463	-.00913
.55	.5875	.5563	-.0169	-.01071
.60	.4276	.4900	.0045	-.01102
.65	.2996	.4302	.0195	-.01042
.70	.1983	.3768	.0294	-.00920
.75	.1177	.3294	.0353	-.00758
.80	.0509	.2869	.0378	-.00576
.85	-.0101	.2485	.0373	-.00388
.90	-.0769	.2130	.0335	-.00211
.95	-.1594	.1793	.0255	-.00064
1.00	-.5097	.1464	-.0000	-.00000

XQ/L=0.3

X/L	FP	FS	FQ	FM
.05	1.4480	.6538	.0724	.00181
.10	1.2466	.7290	.1347	.00699
.15	1.4636	.8016	.2079	.01555
.20	1.7010	.8676	.2930	.02808
.25	1.9360	.9206	.3898	.04514
.30	2.1160	.9517	-.5044	.06728
.35	2.1042	.9499	-.3992	.04469
.40	1.8996	.9152	-.3042	.02710
.45	1.6372	.8591	-.2224	.01393
.50	1.3638	.7908	-.1542	.00452
.55	1.1045	.7171	-.0990	-.00181
.60	.8716	.6426	-.0554	-.00567
.65	.6698	.5704	-.0219	-.00760
.70	.4987	.5022	.0030	-.00808
.75	.3543	.4388	.0207	-.00748
.80	.2299	.3801	.0322	-.00616
.85	.1162	.3255	.0380	-.00440
.90	-.0018	.2740	.0379	-.00250
.95	-.1377	.2246	.0311	-.00078
1.00	-.6213	.1762	-.0000	-.00000

XQ/L=0.4

X/L	FP	FS	FQ	FM
.05	.1738	.4436	.0087	.00022
.10	.5670	.5310	.0370	.00136
.15	.8409	.6180	.0791	.00426
.20	1.1152	.7033	.1348	.00961
.25	1.3954	.7845	.2046	.01810
.30	1.6765	.8575	.2884	.03043
.35	1.9375	.9161	.3853	.04727
.40	2.1342	.9515	-.5080	.06920
.45	2.1329	.9527	-.4013	.04647
.50	1.9347	.9199	-.3046	.02882
.55	1.6755	.8647	-.2208	.01569
.60	1.4027	.7962	-.1507	.00640
.65	1.1409	.7212	-.0936	.00029
.70	.9018	.6443	-.0485	-.00326
.75	.6886	.5683	-.0141	-.00483
.80	.4983	.4947	.0108	-.00491
.85	.3226	.4242	.0269	-.00397
.90	.1455	.3563	.0342	-.00244
.95	-.0492	.2903	.0317	-.00079
1.00	-.6347	.2253	-.0000	-.00000

XQ/L=0.5

X/L	FP	FS	FQ	FM
.05	-.4324	.3081	-.0216	-.00054
.10	.1615	.3882	-.0135	-.00142
.15	.4106	.4689	.0070	-.00158
.20	.6474	.5505	.0394	-.00042
.25	.8870	.6327	.0837	.00265
.30	1.1409	.7144	.1408	.00826
.35	1.4104	.7928	.2113	.01706
.40	1.6862	.8637	.2956	.02973
.45	1.9457	.9207	.3929	.04695
.50	2.1427	.9548	-.5000	.06927
.55	2.1427	.9548	-.3929	.04695
.60	1.9457	.9207	-.2956	.02973
.65	1.6862	.8637	-.2113	.01706
.70	1.4104	.7928	-.1408	.00826
.75	1.1409	.7144	-.0837	.00265
.80	.8870	.6327	-.0394	-.00042
.85	.6474	.5505	-.0070	-.00158
.90	.4106	.4689	.0135	-.00142
.95	.1615	.3882	.0216	-.00054
1.00	-.4324	.3081	-.0000	-.00000

B/L= .50 DS/B1=100.00 KS= .050

XM/L=0.0

X/L	FP	FS	FQ	FM
.05	46.9621	4.7939	2.3481	-.94130
.10	8.4173	2.6740	2.7690	-.81337
.15	.4212	1.0810	2.7900	-.67440
.20	-4.1243	-.0656	2.5838	-.54005
.25	-6.2637	-.8482	2.2706	-.41869
.30	-7.0434	-1.3436	1.9185	-.31396
.35	-7.0140	-1.6195	1.5678	-.22681
.40	-6.5218	-1.7337	1.2417	-.15657
.45	-5.7910	-1.7333	.9521	-.10173
.50	-4.9665	-1.6558	.7038	-.06033
.55	-4.1397	-1.5299	.4968	-.03031
.60	-3.3645	-1.3771	.3286	-.00968
.65	-2.6684	-1.2126	.1952	.00342
.70	-2.0607	-1.0463	.0921	.01060
.75	-1.5367	-.8843	.0153	.01328
.80	-1.0817	-.7297	-.0388	.01270
.85	-.6712	-.5828	-.0723	.00992
.90	-.2641	-.4428	-.0855	.00597
.95	.1784	-.3076	-.0766	.00192
1.00	1.5326	-.1747	.0000	-.00000

XM/L=0.1

X/L	FP	FS	FQ	FM
.05	41.3309	4.4916	2.0665	.05166
.10	12.3503	2.8926	2.6841	-.82957
.15	1.9443	1.3027	2.7813	-.69294
.20	-3.4631	.0948	2.6081	-.55820
.25	-5.9419	-.7381	2.3110	-.43522
.30	-6.9204	-1.2733	1.9650	-.32832
.35	-7.0084	-1.5798	1.6146	-.23883
.40	-6.5840	-1.7167	1.2854	-.16633
.45	-5.8889	-1.7324	.9909	-.10943
.50	-5.0795	-1.6658	.7370	-.06623
.55	-4.2546	-1.5467	.5242	-.03470
.60	-3.4732	-1.3977	.3506	-.01283
.65	-2.7666	-1.2346	.2122	.00124
.70	-2.1461	-1.0682	.1049	.00917
.75	-1.6088	-.9051	.0245	.01241
.80	-1.1410	-.7485	-.0326	.01221
.85	-.7184	-.5994	-.0685	.00968
.90	-.3003	-.4570	-.0835	.00588
.95	.1525	-.3192	-.0759	.00190
1.00	1.5172	-.1837	-.0000	-.00000

XM/L=0.2

X/L	FP	FS	FQ	FM
.05	28.4736	3.5628	1.4237	.03559
.10	11.5816	2.7778	2.0028	.12125
.15	7.7920	1.9464	2.3924	.23113
.20	3.6386	1.0099	2.5743	-.64470
.25	-2.7419	-.0274	2.4372	-.51942
.30	-5.5359	-.7906	2.1604	-.40448
.35	-6.5140	-1.2770	1.8347	-.30460
.40	-6.6115	-1.5510	1.5041	-.22113
.45	-6.2122	-1.6678	1.1935	-.15369
.50	-5.5551	-1.6725	.9158	-.10096
.55	-4.7902	-1.6011	.6762	-.06116
.60	-4.0108	-1.4815	.4757	-.03236
.65	-3.2711	-1.3340	.3121	-.01266
.70	-2.5987	-1.1732	.1822	-.00030
.75	-2.0012	-1.0087	.0822	.00631
.80	-1.4718	-.8461	.0086	.00857
.85	-.9907	-.6880	-.0410	.00776
.90	-.5194	-.5350	-.0669	.00507
.95	-.0189	-.3858	-.0679	.00170
1.00	1.3576	-.2386	-.0000	-.00000

XM/L=0.3

X/L	FP	FS	FQ	FM
.05	17.1191	2.5486	.8560	.02140
.10	8.3888	2.2720	1.2754	.07468
.15	7.1367	1.9672	1.6322	.14737
.20	6.0981	1.5962	1.9371	.23661
.25	4.8324	1.1104	2.1787	.33950
.30	2.3222	.4520	2.2949	-.54866
.35	-3.1160	-.3684	2.1391	-.43781
.40	-5.3571	-.9681	1.8712	-.33755
.45	-6.0296	-1.3356	1.5697	-.25153
.50	-5.9813	-1.5267	1.2707	-.18052
.55	-5.5381	-1.5885	.9937	-.12391
.60	-4.8994	-1.5594	.7488	-.08035
.65	-4.1868	-1.4693	.5394	-.04814
.70	-3.4730	-1.3409	.3658	-.02551
.75	-2.7971	-1.1907	.2259	-.01072
.80	-2.1735	-1.0297	.1173	-.00214
.85	-1.5975	-.8650	.0374	.00173
.90	-1.0426	-.7003	-.0147	.00229
.95	-.4753	-.5369	-.0385	.00096
1.00	.7703	-.3745	-.0000	-.00000

XM/L=0.4

X/L	FP	FS	FQ	FM
.05	8.9028	1.6908	.4451	.01113
.10	5.2997	1.6915	.7101	.04001
.15	5.2559	1.6772	.9729	.08209
.20	5.3798	1.6266	1.2419	.13746
.25	5.5097	1.5105	1.5174	.20644
.30	5.3743	1.2916	1.7861	.28903
.35	4.6265	.9244	2.0174	.38412
.40	2.4208	.3555	2.1385	-.51199
.45	-2.8485	-.3999	1.9961	-.40862
.50	-5.0083	-.9542	1.7456	-.31508
.55	-5.6557	-1.2918	1.4629	-.23487
.60	-5.6169	-1.4647	1.1820	-.16875
.65	-5.2029	-1.5169	.9219	-.11615
.70	-4.6019	-1.4840	.6918	-.07581
.75	-3.9281	-1.3938	.4954	-.04613
.80	-3.2482	-1.2672	.3330	-.02542
.85	-2.5962	-1.1193	.2031	-.01202
.90	-1.9803	-.9604	.1041	-.00434
.95	-1.3880	-.7967	.0347	-.00087
1.00	-.6945	-.6316	-.0000	-.00000

XM/L=0.5

X/L	FP	FS	FQ	FM
.05	3.6648	1.0562	.1832	.00458
.10	2.9473	1.1826	.3306	.01743
.15	3.4043	1.3027	.5008	.03821
.20	3.9465	1.4062	.6981	.06819
.25	4.5328	1.4781	.9248	.10876
.30	5.0732	1.4972	1.1784	.16134
.35	5.4445	1.4356	1.4507	.22707
.40	5.4539	1.2578	1.7234	.30642
.45	4.7895	.9203	1.9628	.39857
.50	2.6267	.3716	2.0942	-.50000
.55	-2.6267	-.3716	1.9628	-.39857
.60	-4.7895	-.9203	1.7234	-.30642
.65	-5.4539	-1.2578	1.4507	-.22707
.70	-5.4445	-1.4356	1.1784	-.16134
.75	-5.0732	-1.4972	.9248	-.10876
.80	-4.5328	-1.4781	.6981	-.06819
.85	-3.9465	-1.4062	.5008	-.03821
.90	-3.4043	-1.3027	.3306	-.01743
.95	-2.9473	-1.1826	.1832	-.00458
1.00	-3.6648	-1.0562	-.0000	-.00000

504

B/L= .50   DS/B1=100.00   KS= .100

XQ/L=0.0

X/L	FP	FS	FQ	FM
.05	10.3544	1.7103	-.4823	-.03706
.10	4.2127	1.4884	-.2716	-.05591
.15	2.9350	1.2805	-.1249	-.06582
.20	2.0063	1.0910	-.0246	-.06956
.25	1.3616	.9219	.0435	-.06908
.30	.8904	.7736	.0880	-.06580
.35	.5431	.6456	.1152	-.06072
.40	.2884	.5365	.1296	-.05460
.45	.1046	.4448	.1348	-.04799
.50	-.0248	.3684	.1336	-.04128
.55	-.1126	.3055	.1280	-.03474
.60	-.1692	.2539	.1195	-.02855
.65	-.2034	.2119	.1093	-.02283
.70	-.2225	.1775	.0982	-.01764
.75	-.2327	.1492	.0866	-.01303
.80	-.2401	.1255	.0746	-.00900
.85	-.2510	.1051	.0620	-.00558
.90	-.2747	.0868	.0483	-.00283
.95	-.3173	.0698	.0324	-.00081
1.00	-.6480	.0534	-.0000	-.00000

XQ/L=0.1

X/L	FP	FS	FQ	FM
.05	7.0077	1.3360	.3504	.00876
.10	3.3317	1.2435	-.4830	.03044
.15	2.6579	1.1456	-.3501	.00961
.20	2.0890	1.0421	-.2457	-.00528
.25	1.6488	.9380	-.1632	-.01550
.30	1.2901	.8370	-.0987	-.02205
.35	.9954	.7417	-.0490	-.02575
.40	.7538	.6537	-.0113	-.02725
.45	.5573	.5736	.0166	-.02712
.50	.3992	.5016	.0365	-.02579
.55	.2732	.4377	.0502	-.02363
.60	.1737	.3811	.0589	-.02090
.65	.0952	.3313	.0636	-.01784
.70	.0324	.2872	.0653	-.01461
.75	-.0199	.2480	.0643	-.01137
.80	-.0673	.2127	.0609	-.00824
.85	-.1165	.1804	.0551	-.00535
.90	-.1780	.1501	.0462	-.00281
.95	-.2599	.1210	.0332	-.00083
1.00	-.6637	.0924	-.0000	-.00000

XQ/L=0.2

X/L	FP	FS	FQ	FM
.05	4.2452	1.0001	.2123	.00531
.10	2.3196	.9938	.3282	.01882
.15	2.1276	.9839	.4346	.03789
.20	2.0023	.9655	-.4653	.06212
.25	1.8540	.9325	-.3726	.04118
.30	1.6438	.8844	-.2904	.02460
.35	1.4238	.8265	-.2192	.01187
.40	1.2096	.7632	-.1587	.00242
.45	1.0099	.6977	-.1082	-.00426
.50	.8290	.6326	-.0668	-.00863
.55	.6685	.5694	-.0333	-.01113
.60	.5281	.5092	-.0069	-.01214
.65	.4062	.4525	.0134	-.01198
.70	.2998	.3994	.0284	-.01093
.75	.2052	.3498	.0386	-.00926
.80	.1173	.3032	.0445	-.00718
.85	.0295	.2591	.0460	-.00492
.90	-.0700	.2168	.0425	-.00271
.95	-.1906	.1757	.0329	-.00082
1.00	-.6588	.1351	-.0000	-.00000

XQ/L=0.3

X/L	FP	FS	FQ	FM
.05	2.2341	.7270	.1117	.00279
.10	1.4621	.7681	.1848	.01021
.15	1.5059	.8074	.2601	.02133
.20	1.5876	.8419	.3395	.03632
.25	1.6865	.8678	.4238	.05540
.30	1.7608	.8801	-.4882	.07879
.35	1.7350	.8726	-.4014	.05655
.40	1.6054	.8451	-.3211	.03849
.45	1.4383	.8034	-.2492	.02423
.50	1.2577	.7524	-.1863	.01334
.55	1.0775	.6958	-.1325	.00537
.60	.9054	.6364	-.0872	-.00012
.65	.7452	.5762	-.0499	-.00355
.70	.5978	.5166	-.0200	-.00530
.75	.4618	.4584	.0031	-.00572
.80	.3337	.4018	.0197	-.00515
.85	.2073	.3469	.0301	-.00390
.90	.0711	.2933	.0337	-.00231
.95	-.0855	.2407	.0294	-.00073
1.00	-.5876	.1885	-.0000	-.00000

XQ/L=0.4

X/L	FP	FS	FQ	FM
.05	.8923	.5191	.0446	.00112
.10	.8193	.5813	.0856	.00437
.15	.9731	.6427	.1342	.00987
.20	1.1380	.7021	.1911	.01800
.25	1.3121	.7572	.2567	.02920
.30	1.4840	.8054	.3309	.04389
.35	1.6384	.8426	.4129	.06248
.40	1.7492	.8639	-.4997	.08531
.45	1.7474	.8634	-.4123	.06251
.50	1.6328	.8411	-.3307	.04394
.55	1.4742	.8029	-.2570	.02925
.60	1.2967	.7538	-.1921	.01802
.65	1.1148	.6976	-.1364	.00981
.70	.9366	.6373	-.0896	.00416
.75	.7655	.5749	-.0513	.00064
.80	.6012	.5118	-.0212	-.00117
.85	.4401	.4488	.0008	-.00169
.90	.2728	.3863	.0144	-.00130
.95	.0891	.3242	.0189	-.00047
1.00	-.3777	.2623	-.0000	-.00000

XQ/L=0.5

X/L	FP	FS	FQ	FM
.05	.0722	.3683	.0036	.00009
.10	.3754	.4350	.0224	.00074
.15	.5649	.5016	.0506	.00257
.20	.7479	.5678	.0880	.00603
.25	.9309	.6327	.1346	.01160
.30	1.1170	.6950	.1904	.01972
.35	1.3039	.7526	.2556	.03087
.40	1.4845	.8026	.3298	.04551
.45	1.6445	.8413	.4121	.06406
.50	1.7588	.8636	-.5000	.08686
.55	1.7588	.8636	-.4121	.06406
.60	1.6445	.8413	-.3298	.04551
.65	1.4845	.8026	-.2556	.03087
.70	1.3039	.7526	-.1904	.01972
.75	1.1170	.6950	-.1346	.01160
.80	.9309	.6327	-.0880	.00603
.85	.7479	.5678	-.0506	.00257
.90	.5649	.5016	-.0224	.00074
.95	.3754	.4350	-.0036	.00009
1.00	.0722	.3683	0.0000	-.00000

B/L= .50 DS/B1=100.00 KS= .100

XM/L=0.0

X/L	FP	FS	FQ	FM
.05	34.2697	3.7870	1.7135	-.95716
.10	8.2311	2.4181	2.1250	-.86120
.15	2.6158	1.3223	2.2558	-.75168
.20	-.9148	.4685	2.2101	-.64003
.25	-2.9221	-.1765	2.0640	-.53318
.30	-4.0243	-.6457	1.8628	-.43501
.35	-4.5357	-.9698	1.6360	-.34754
.40	-4.6572	-1.1766	1.4031	-.27156
.45	-4.5246	-1.2907	1.1769	-.20706
.50	-4.2327	-1.3332	.9653	-.15351
.55	-3.8486	-1.3217	.7728	-.11005
.60	-3.4189	-1.2708	.6019	-.07569
.65	-2.9753	-1.1922	.4531	-.04931
.70	-2.5379	-1.0948	.3262	-.02983
.75	-2.1179	-.9857	.2203	-.01616
.80	-1.7186	-.8698	.1344	-.00729
.85	-1.3363	-.7504	.0676	-.00224
.90	-.9579	-.6296	.0197	-.00006
.95	-.5657	-.5085	-.0086	.00021
1.00	.1718	-.3874	.0000	-.00000

XM/L=0.1

X/L	FP	FS	FQ	FM
.05	31.2456	3.6173	1.5623	.03906
.10	10.1617	2.5192	2.0704	-.87013
.15	3.3900	1.4337	2.2399	-.76237
.20	-.5432	.5556	2.2127	-.65106
.25	-2.7073	-.1105	2.0773	-.54381
.30	-3.9057	-.5974	1.8821	-.44482
.35	-4.4789	-.9362	1.6581	-.35632
.40	-4.6411	-1.1549	1.4261	-.27921
.45	-4.5351	-1.2785	1.1993	-.21358
.50	-4.2600	-1.3283	.9863	-.15894
.55	-3.8857	-1.3223	.7920	-.11448
.60	-3.4610	-1.2754	.6190	-.07920
.65	-3.0191	-1.1996	.4680	-.05203
.70	-2.5813	-1.1042	.3390	-.03186
.75	-2.1595	-.9963	.2310	-.01761
.80	-1.7580	-.8811	.1431	-.00826
.85	-1.3738	-.7620	.0744	-.00282
.90	-.9944	-.6413	.0247	-.00034
.95	-.6027	-.5202	-.0055	.00014
1.00	.1094	-.3990	-.0000	-.00000

XM/L=0.2

X/L	FP	FS	FQ	FM
.05	23.8362	3.0621	1.1918	.02980
.10	9.5559	2.4161	1.6696	.10133
.15	6.3222	1.7507	1.9857	.19271
.20	3.1750	1.0414	2.1445	-.70403
.25	-.8543	.2964	2.1018	-.59788
.30	-2.9282	-.2909	1.9553	-.49645
.35	-3.9506	-.7141	1.7578	-.40362
.40	-4.4007	-1.0024	1.5378	-.32123
.45	-4.4824	-1.1821	1.3137	-.24995
.50	-4.3288	-1.2763	1.0972	-.18967
.55	-4.0303	-1.3047	.8957	-.13985
.60	-3.6494	-1.2837	.7132	-.09963
.65	-3.2295	-1.2270	.5518	-.06800
.70	-2.7991	-1.1452	.4118	-.04391
.75	-2.3762	-1.0468	.2930	-.02629
.80	-1.9696	-.9378	.1945	-.01411
.85	-1.5810	-.8229	.1155	-.00636
.90	-1.2033	-.7049	.0553	-.00209
.95	-.8229	-.5857	.0141	-.00035
1.00	-.2829	-.4662	-.0000	-.00000

XM/L=0.3

X/L	FP	FS	FQ	FM
.05	16.5428	2.3976	.8271	.02068
.10	7.5136	2.0733	1.2028	.07143
.15	5.8913	1.7354	1.4974	.13893
.20	4.5752	1.3661	1.7261	.21952
.25	3.2980	.9432	1.8910	.30995
.30	1.4803	.4410	1.9651	-.59365
.35	-1.7329	-.1312	1.8784	-.49756
.40	-3.2719	-.5772	1.7148	-.40773
.45	-3.9429	-.8875	1.5177	-.32692
.50	-4.1676	-1.0877	1.3093	-.25624
.55	-4.1126	-1.2006	1.1037	-.19592
.60	-3.8855	-1.2458	.9094	-.14559
.65	-3.5582	-1.2399	.7315	-.10457
.70	-3.1797	-1.1966	.5725	-.07197
.75	-2.7833	-1.1269	.4333	-.04682
.80	-2.3906	-1.0395	.3138	-.02814
.85	-2.0149	-.9409	.2131	-.01497
.90	-1.6644	-.8359	.1298	-.00640
.95	-1.3348	-.7277	.0631	-.00158
1.00	-1.2619	-.6184	-.0000	-.00000

XM/L=0.4

X/L	FP	FS	FQ	FM
.05	10.5478	1.7753	.5274	.01318
.10	5.3766	1.6613	.7962	.04627
.15	4.7142	1.5385	1.0319	.09198
.20	4.2752	1.3952	1.2457	.14892
.25	3.9347	1.2158	1.4424	.21612
.30	3.4925	.9818	1.6170	.29261
.35	2.7521	.6716	1.7547	.37690
.40	1.2867	.2611	1.8190	-.53376
.45	-1.6951	-.2384	1.7342	-.44493
.50	-3.0866	-.6286	1.5799	-.36207
.55	-3.6704	-.8978	1.3964	-.28767
.60	-3.8526	-1.0697	1.2037	-.22266
.65	-3.7889	-1.1652	1.0143	-.16721
.70	-3.5802	-1.2023	.8353	-.12097
.75	-3.2945	-1.1963	.6706	-.08333
.80	-2.9806	-1.1598	.5215	-.05352
.85	-2.6762	-1.1028	.3877	-.03079
.90	-2.4202	-1.0333	.2667	-.01443
.95	-2.2292	-.9570	.1553	-.00388
1.00	-3.1052	-.8781	-.0000	-.00000

XM/L=0.5

X/L	FP	FS	FQ	FM
.05	6.1105	1.2621	.3055	.00764
.10	3.5733	1.2739	.4842	.02738
.15	3.4672	1.2805	.6576	.05592
.20	3.4944	1.2747	.8323	.09317
.25	3.5997	1.2466	1.0123	.13928
.30	3.6877	1.1838	1.1966	.19451
.35	3.6725	1.0711	1.3803	.25893
.40	3.4447	.8904	1.5525	.33225
.45	2.8450	.6212	1.6947	.41343
.50	1.4673	.2402	1.7681	-.50000
.55	-1.4673	-.2402	1.6947	-.41343
.60	-2.8450	-.6212	1.5525	-.33225
.65	-3.4447	-.8904	1.3803	-.25893
.70	-3.6725	-1.0711	1.1966	-.19451
.75	-3.6877	-1.1838	1.0123	-.13928
.80	-3.5997	-1.2466	.8323	-.09317
.85	-3.4944	-1.2747	.6576	-.05592
.90	-3.4672	-1.2805	.4842	-.02738
.95	-3.5733	-1.2739	.3055	-.00764
1.00	-6.1105	-1.2621	-.0000	-.00000

B/L= .50 DS/B1=100.00 KS= .200

XQ/L=0.0

X/L	FP	FS	FQ	FM
.05	9.1826	1.5981	-.5409	-.03852
.10	3.9417	1.4279	-.3438	-.06064
.15	2.9018	1.2652	-.1987	-.07420
.20	2.1360	1.1127	-.0919	-.08146
.25	1.5916	.9719	-.0123	-.08407
.30	1.1774	.8435	.0466	-.08321
.35	.8546	.7277	.0893	-.07982
.40	.6004	.6241	.1193	-.07460
.45	.3996	.5321	.1393	-.06814
.50	.2409	.4509	.1513	-.06087
.55	.1154	.3793	.1571	-.05316
.60	.0157	.3162	.1579	-.04529
.65	-.0649	.2606	.1546	-.03747
.70	-.1325	.2111	.1480	-.02991
.75	-.1932	.1667	.1384	-.02275
.80	-.2536	.1263	.1257	-.01615
.85	-.3224	.0888	.1096	-.01027
.90	-.4149	.0532	.0888	-.00531
.95	-.5416	.0188	.0617	-.00154
1.00	-1.2346	-.0151	-.0000	-.00000

XQ/L=0.1

X/L	FP	FS	FQ	FM
.05	6.7297	1.3021	.3365	.00841
.10	3.1862	1.2157	-.5042	.02922
.15	2.5509	1.1266	-.3767	.00720
.20	2.0449	1.0350	-.2744	-.00908
.25	1.6637	.9436	-.1912	-.02072
.30	1.3544	.8544	-.1235	-.02859
.35	1.0972	.7690	-.0687	-.03339
.40	.8807	.6882	-.0246	-.03573
.45	.6976	.6126	.0103	-.03608
.50	.5425	.5425	.0374	-.03489
.55	.4106	.4776	.0579	-.03251
.60	.2978	.4178	.0728	-.02924
.65	.1999	.3627	.0828	-.02535
.70	.1127	.3116	.0884	-.02107
.75	.0317	.2641	.0900	-.01661
.80	-.0484	.2193	.0876	-.01217
.85	-.1349	.1767	.0809	-.00796
.90	-.2414	.1356	.0688	-.00421
.95	-.3777	.0955	.0499	-.00125
1.00	-.9981	.0557	-.0000	-.00000

XQ/L=0.2

X/L	FP	FS	FQ	FM
.05	4.5934	1.0277	.2297	.00574
.10	2.3713	1.0022	.3482	.02019
.15	2.0742	.9749	.4519	.04019
.20	1.8662	.9430	-.4547	.06512
.25	1.6896	.9034	-.3703	.04450
.30	1.5022	.8558	-.2952	.02786
.35	1.3210	.8028	-.2291	.01476
.40	1.1494	.7466	-.1716	.00474
.45	.9893	.6890	-.1222	-.00261
.50	.8415	.6312	-.0801	-.00766
.55	.7059	.5742	-.0448	-.01079
.60	.5820	.5186	-.0157	-.01230
.65	.4682	.4647	.0077	-.01250
.70	.3625	.4127	.0258	-.01166
.75	.2622	.3625	.0389	-.01004
.80	.1632	.3140	.0471	-.00789
.85	.0598	.2668	.0501	-.00546
.90	-.0594	.2206	.0471	-.00303
.95	-.2033	.1750	.0370	-.00092
1.00	-.7394	.1297	-.0000	-.00000

XQ/L=0.3

X/L	FP	FS	FQ	FM
.05	2.8919	.7905	.1446	.00361
.10	1.6504	.8044	.2271	.01291
.15	1.5563	.8170	.3049	.02621
.20	1.5187	.8267	.3809	.04335
.25	1.5179	.8312	.4568	.06429
.30	1.5162	.8276	-.4674	.08903
.35	1.4689	.8128	-.3940	.06749
.40	1.3704	.7864	-.3255	.04951
.45	1.2520	.7512	-.2629	.03480
.50	1.1246	.7097	-.2066	.02306
.55	.9949	.6639	-.1569	.01397
.60	.8669	.6153	-.1135	.00721
.65	.7425	.5652	-.0764	.00246
.70	.6225	.5143	-.0453	-.00058
.75	.5061	.4634	-.0200	-.00221
.80	.3914	.4126	-.0004	-.00272
.85	.2744	.3622	.0133	-.00240
.90	.1471	.3122	.0207	-.00155
.95	.0016	.2625	.0207	-.00052
1.00	-.4147	.2130	-.0000	-.00000

XQ/L=0.4

X/L	FP	FS	FQ	FM
.05	1.6097	.5947	.0805	.00201
.10	1.0632	.6314	.1336	.00737
.15	1.0931	.6673	.1883	.01541
.20	1.1509	.7017	.2458	.02627
.25	1.2295	.7329	.3073	.04010
.30	1.3126	.7591	.3730	.05710
.35	1.3874	.7781	.4423	.07749
.40	1.4378	.7870	-.4858	.10140
.45	1.4273	.7825	-.4144	.07889
.50	1.3549	.7649	-.3467	.05987
.55	1.2546	.7369	-.2840	.04410
.60	1.1393	.7010	-.2270	.03133
.65	1.0170	.6595	-.1761	.02125
.70	.8924	.6141	-.1315	.01356
.75	.7681	.5661	-.0931	.00794
.80	.6451	.5165	-.0609	.00409
.85	.5224	.4660	-.0347	.00170
.90	.3965	.4151	-.0149	.00046
.95	.2624	.3640	-.0018	.00004
1.00	.0358	.3128	-.0000	-.00000

XQ/L=0.5

X/L	FP	FS	FQ	FM
.05	.6840	.4375	.0342	.00085
.10	.6072	.4853	.0646	.00332
.15	.7073	.5328	.0999	.00744
.20	.8138	.5796	.1406	.01345
.25	.9275	.6247	.1870	.02164
.30	1.0442	.6673	.2392	.03229
.35	1.1598	.7058	.2972	.04570
.40	1.2685	.7385	.3606	.06215
.45	1.3618	.7632	.4287	.08188
.50	1.4259	.7770	-.5000	.10510
.55	1.4259	.7770	-.4287	.08188
.60	1.3618	.7632	-.3606	.06215
.65	1.2685	.7385	-.2972	.04570
.70	1.1598	.7058	-.2392	.03229
.75	1.0442	.6673	-.1870	.02164
.80	.9275	.6247	-.1406	.01345
.85	.8138	.5796	-.0999	.00744
.90	.7073	.5328	-.0646	.00332
.95	.6072	.4853	-.0342	.00085
1.00	.6840	.4375	0.0000	-.00000

B/L= .50 DS/B1=100.00 KS= .200

XM/L=0.0

X/L	FP	FS	FQ	FM
.05	24.9520	2.9838	1.2476	-.96881
.10	7.2699	2.1084	1.6111	-.89734
.15	3.4321	1.3731	1.7827	-.81250
.20	.8642	.7660	1.8259	-.72228
.25	-.7501	.2741	1.7884	-.63192
.30	-1.7897	-.1163	1.6989	-.54474
.35	-2.4378	-.4184	1.5770	-.46284
.40	-2.8096	-.6450	1.4366	-.38750
.45	-2.9838	-.8079	1.2874	-.31940
.50	-3.0169	-.9178	1.1365	-.25881
.55	-2.9512	-.9844	.9890	-.20567
.60	-2.8188	-1.0163	.8480	-.15975
.65	-2.6447	-1.0207	.7158	-.12065
.70	-2.4482	-1.0042	.5934	-.08792
.75	-2.2446	-.9720	.4811	-.06106
.80	-2.0472	-.9287	.3788	-.03956
.85	-1.8683	-.8779	.2854	-.02296
.90	-1.7276	-.8225	.1990	-.01085
.95	-1.6312	-.7645	.1174	-.00294
1.00	-2.3487	-.7055	.0000	-.00000

XM/L=0.1

X/L	FP	FS	FQ	FM
.05	23.3538	2.8908	1.1677	.02919
.10	8.2156	2.1547	1.5785	-.90215
.15	3.8182	1.4279	1.7694	-.81846
.20	1.0611	.8114	1.8224	-.72866
.25	-.6245	.3110	1.7912	-.63832
.30	-1.7085	-.0859	1.7058	-.55090
.35	-2.3863	-.3956	1.5865	-.46859
.40	-2.7791	-.6279	1.4475	-.39274
.45	-2.9683	-.7956	1.2991	-.32407
.50	-3.0124	-.9097	1.1485	-.26288
.55	-2.9546	-.9797	1.0008	-.20915
.60	-2.8281	-1.0144	.8593	-.16265
.65	-2.6581	-1.0213	.7264	-.12301
.70	-2.4647	-1.0068	.6032	-.08976
.75	-2.2637	-.9763	.4900	-.06243
.80	-2.0686	-.9345	.3866	-.04052
.85	-1.8925	-.8850	.2920	-.02355
.90	-1.7556	-.8307	.2042	-.01115
.95	-1.6649	-.7738	.1209	-.00302
1.00	-2.4188	-.7159	-.0000	-.00000

XM/L=0.2

X/L	FP	FS	FQ	FM
.05	19.2267	2.5721	.9613	.02403
.10	7.8013	2.0798	1.3514	.08185
.15	5.2631	1.5797	1.6146	.15600
.20	2.9652	1.0619	1.7628	-.75956
.25	.3886	.5331	1.7822	-.67094
.30	-1.1098	.0928	1.7268	-.58321
.35	-2.0024	-.2534	1.6266	-.49938
.40	-2.5393	-.5185	1.4997	-.42122
.45	-2.8297	-.7145	1.3582	-.34977
.50	-2.9467	-.8528	1.2109	-.28555
.55	-2.9421	-.9434	1.0637	-.22868
.60	-2.8545	-.9956	.9210	-.17906
.65	-2.7136	-1.0172	.7853	-.13640
.70	-2.5424	-1.0151	.6582	-.10032
.75	-2.3596	-.9954	.5402	-.07035
.80	-2.1814	-.9629	.4312	-.04607
.85	-2.0239	-.9217	.3300	-.02704
.90	-1.9127	-.8751	.2343	-.01293
.95	-1.8577	-.8255	.1415	-.00354
1.00	-2.8291	-.7747	-.0000	-.00000

XM/L=0.3

X/L	FP	FS	FQ	FM
.05	14.8395	2.1651	.7420	.01855
.10	6.5599	1.8629	1.0700	.06385
.15	4.9740	1.5546	1.3187	.12356
.20	3.7095	1.2323	1.5041	.19413
.25	2.5964	.8862	1.6340	.27259
.30	1.2849	.5052	1.6982	-.64411
.35	-.6711	.0958	1.6646	-.56004
.40	-1.7424	-.2421	1.5775	-.47899
.45	-2.3338	-.5020	1.4608	-.40303
.50	-2.6583	-.6959	1.3279	-.33331
.55	-2.8021	-.8345	1.1878	-.27041
.60	-2.8236	-.9280	1.0466	-.21455
.65	-2.7646	-.9850	.9084	-.16568
.70	-2.6572	-1.0137	.7755	-.12358
.75	-2.5272	-1.0206	.6492	-.08796
.80	-2.3975	-1.0118	.5293	-.05850
.85	-2.2916	-.9919	.4147	-.03490
.90	-2.2473	-.9652	.3024	-.01697
.95	-2.2827	-.9345	.1882	-.00471
1.00	-3.7645	-.9023	-.0000	-.00000

XM/L=0.4

X/L	FP	FS	FQ	FM
.05	10.9144	1.7572	.5457	.01364
.10	5.1923	1.5943	.8053	.04742
.15	4.2556	1.4270	1.0181	.09301
.20	3.5694	1.2492	1.1966	.14837
.25	3.0368	1.0533	1.3484	.21200
.30	2.5023	.8305	1.4735	.28255
.35	1.8472	.5706	1.5659	.35853
.40	.8496	.2626	1.6084	-.56211
.45	-.8875	-.0863	1.5640	-.48280
.50	-1.8076	-.3756	1.4736	-.40686
.55	-2.2997	-.5982	1.3586	-.33605
.60	-2.5669	-.7651	1.2303	-.27133
.65	-2.6894	-.8865	1.0958	-.21318
.70	-2.7225	-.9716	.9597	-.16179
.75	-2.7082	-1.0287	.8243	-.11719
.80	-2.6830	-1.0648	.6901	-.07933
.85	-2.6846	-1.0863	.5559	-.04817
.90	-2.7728	-1.0982	.4173	-.02384
.95	-2.9806	-1.1048	.2682	-.00671
1.00	-5.3649	-1.1091	-.0000	-.00000

XM/L=0.5

X/L	FP	FS	FQ	FM
.05	7.7336	1.3970	.3867	.00967
.10	3.9618	1.3305	.5848	.03395
.15	3.4669	1.2608	.7581	.06753
.20	3.1495	1.1835	.9156	.10937
.25	2.9521	1.0931	1.0632	.15884
.30	2.7789	.9825	1.2021	.21547
.35	2.5665	.8439	1.3305	.27879
.40	2.2492	.6683	1.4429	.34812
.45	1.7420	.4457	1.5300	.42245
.50	.8409	.1654	1.5721	-.50000
.55	-.8409	-.1654	1.5300	-.42245
.60	-1.7420	-.4457	1.4429	-.34812
.65	-2.2492	-.6683	1.3305	-.27879
.70	-2.5665	-.8439	1.2021	-.21547
.75	-2.7789	-.9825	1.0632	-.15884
.80	-2.9521	-1.0931	.9156	-.10937
.85	-3.1495	-1.1835	.7581	-.06753
.90	-3.4669	-1.2608	.5848	-.03395
.95	-3.9618	-1.3305	.3867	-.00967
1.00	-7.7336	-1.3970	-.0000	-.00000

B/L= .50 DS/B1=100.00 KS= .500

XQ/L=0.0

X/L	FP	FS	FQ	FM
.05	8.0853	1.4890	-.5957	-.03989
.10	3.6496	1.3640	-.4133	-.06512
.15	2.8226	1.2423	-.2721	-.08225
.20	2.2112	1.1250	-.1616	-.09309
.25	1.7718	1.0129	-.0730	-.09896
.30	1.4273	.9067	-.0016	-.10082
.35	1.1463	.8064	.0557	-.09947
.40	.9113	.7122	.1013	-.09555
.45	.7111	.6238	.1368	-.08959
.50	.5378	.5409	.1637	-.08208
.55	.3854	.4633	.1830	-.07341
.60	.2487	.3903	.1954	-.06395
.65	.1230	.3214	.2016	-.05403
.70	.0034	.2560	.2017	-.04394
.75	-.1155	.1936	.1960	-.03400
.80	-.2407	.1335	.1839	-.02450
.85	-.3827	.0752	.1648	-.01579
.90	-.5635	.0181	.1366	-.00825
.95	-.7979	-.0383	.0967	-.00242
1.00	-1.9344	-.0944	-.0000	-.00000

XQ/L=0.1

X/L	FP	FS	FQ	FM
.05	6.3990	1.2640	.3200	.00800
.10	3.0425	1.1868	-.5279	.02780
.15	2.4579	1.1086	-.4050	.00448
.20	2.0126	1.0296	-.3044	-.01326
.25	1.6855	.9508	-.2201	-.02637
.30	1.4218	.8732	-.1490	-.03560
.35	1.2000	.7974	-.0890	-.04155
.40	1.0085	.7240	-.0386	-.04474
.45	.8402	.6532	.0034	-.04562
.50	.6902	.5851	.0379	-.04459
.55	.5547	.5197	.0656	-.04200
.60	.4303	.4569	.0872	-.03818
.65	.3140	.3966	.1029	-.03343
.70	.2023	.3383	.1130	-.02804
.75	.0914	.2820	.1175	-.02227
.80	-.0239	.2271	.1164	-.01642
.85	-.1515	.1734	.1088	-.01080
.90	-.3078	.1205	.0934	-.00574
.95	-.5046	.0681	.0682	-.00170
1.00	-1.3631	.0159	-.0000	-.00000

XQ/L=0.2

X/L	FP	FS	FQ	FM
.05	4.8487	1.0486	.2424	.00606
.10	2.4142	1.0097	.3631	.02120
.15	2.0437	.9699	.4653	.04191
.20	1.7782	.9283	-.4458	.06740
.25	1.5792	.8835	-.3668	.04709
.30	1.4024	.8353	-.2967	.03050
.35	1.2436	.7848	-.2345	.01722
.40	1.0984	.7329	-.1796	.00687
.45	.9642	.6802	-.1314	-.00091
.50	.8391	.6274	-.0894	-.00643
.55	.7218	.5748	-.0533	-.01000
.60	.6109	.5227	-.0228	-.01190
.65	.5049	.4713	.0025	-.01241
.70	.4020	.4205	.0226	-.01178
.75	.2999	.3706	.0376	-.01028
.80	.1953	.3212	.0473	-.00816
.85	.0832	.2725	.0515	-.00569
.90	-.0475	.2241	.0491	-.00317
.95	-.2050	.1761	.0389	-.00097
1.00	-.7772	.1281	-.0000	-.00000

XQ/L=0.3

X/L	FP	FS	FQ	FM
.05	3.4950	.8505	.1747	.00437
.10	1.8303	.8402	.2663	.01539
.15	1.6154	.8294	.3470	.03073
.20	1.4752	.8172	.4208	.04992
.25	1.3902	.8025	.4903	.07270
.30	1.3241	.7843	-.4435	.09887
.35	1.2504	.7609	-.3810	.07826
.40	1.1623	.7323	-.3229	.06066
.45	1.0695	.6995	-.2694	.04586
.50	.9750	.6636	-.2206	.03361
.55	.8803	.6252	-.1766	.02367
.60	.7865	.5852	-.1373	.01583
.65	.6939	.5439	-.1026	.00983
.70	.6026	.5019	-.0725	.00545
.75	.5120	.4595	-.0469	.00247
.80	.4209	.4168	-.0258	.00065
.85	.3271	.3740	-.0095	-.00023
.90	.2259	.3313	.0018	-.00042
.95	.1125	.2885	.0075	-.00019
1.00	-.1492	.2457	-.0000	-.00000

XQ/L=0.4

X/L	FP	FS	FQ	FM
.05	2.3430	.6724	.1171	.00293
.10	1.3108	.6830	.1827	.01042
.15	1.2136	.6932	.2434	.02108
.20	1.1636	.7025	.3016	.03470
.25	1.1501	.7101	.3591	.05121
.30	1.1512	.7151	.4166	.07061
.35	1.1558	.7165	.4744	.09288
.40	1.1537	.7130	-.4679	.11804
.45	1.1285	.7032	-.4115	.09606
.50	1.0785	.6871	-.3576	.07683
.55	1.0167	.6658	-.3067	.06023
.60	.9480	.6404	-.2593	.04608
.65	.8756	.6118	-.2155	.03420
.70	.8017	.5808	-.1755	.02443
.75	.7281	.5481	-.1391	.01657
.80	.6558	.5141	-.1063	.01043
.85	.5863	.4794	-.0769	.00585
.90	.5219	.4441	-.0508	.00266
.95	.4618	.4085	-.0278	.00069
1.00	.5551	.3730	-.0000	-.00000

XQ/L=0.5

X/L	FP	FS	FQ	FM
.05	1.3735	.5140	.0687	.00172
.10	.8572	.5393	.1115	.00622
.15	.8492	.5645	.1540	.01286
.20	.8650	.5890	.1972	.02164
.25	.9005	.6126	.2423	.03263
.30	.9446	.6345	.2895	.04592
.35	.9917	.6540	.3391	.06164
.40	1.0375	.6704	.3910	.07989
.45	1.0770	.6825	.4448	.10078
.50	1.1039	.6892	-.5000	.12440
.55	1.1039	.6892	-.4448	.10078
.60	1.0770	.6825	-.3910	.07989
.65	1.0375	.6704	-.3391	.06164
.70	.9917	.6540	-.2895	.04592
.75	.9446	.6345	-.2423	.03263
.80	.9005	.6126	-.1972	.02164
.85	.8650	.5890	-.1540	.01286
.90	.8492	.5645	-.1115	.00622
.95	.8572	.5393	-.0687	.00172
1.00	1.3735	.5140	-.0000	-.00000

B/L= .50 DS/B1=100.00 KS= .500

XM/L=0.0

X/L	FP	FS	FQ	FM
.05	17.0394	2.2598	.8520	-.97870
.10	5.9592	1.7669	1.1499	-.92865
.15	3.6160	1.3313	1.3307	-.86664
.20	1.9674	.9496	1.4291	-.79764
.25	.8497	.6179	1.4716	-.72512
.30	.0456	.3318	1.4739	-.65149
.35	-.5433	.0870	1.4467	-.57847
.40	-.9769	-.1209	1.3978	-.50736
.45	-1.2950	-.2962	1.3331	-.43909
.50	-1.5268	-.4431	1.2568	-.37434
.55	-1.6946	-.5656	1.1720	-.31362
.60	-1.8170	-.6675	1.0812	-.25729
.65	-1.9099	-.7523	.9857	-.20562
.70	-1.9883	-.8232	.8863	-.15882
.75	-2.0674	-.8832	.7829	-.11709
.80	-2.1657	-.9349	.6746	-.08065
.85	-2.3090	-.9808	.5592	-.04981
.90	-2.5530	-1.0227	.4315	-.02504
.95	-2.9282	-1.0623	.2851	-.00713
1.00	-5.7021	-1.1011	.0000	-.00000

XM/L=0.1

X/L	FP	FS	FQ	FM
.05	16.3683	2.2194	.8184	.02046
.10	6.3291	1.7836	1.1349	-.93071
.15	3.7685	1.3526	1.3233	-.86925
.20	2.0488	.9682	1.4257	-.80053
.25	.9055	.6339	1.4710	-.72811
.30	.0855	.3454	1.4753	-.65445
.35	-.5142	.0984	1.4496	-.58133
.40	-.9558	-.1115	1.4018	-.51004
.45	-1.2801	-.2887	1.3378	-.44156
.50	-1.5168	-.4373	1.2619	-.37656
.55	-1.6887	-.5614	1.1775	-.31558
.60	-1.8145	-.6648	1.0868	-.25897
.65	-1.9104	-.7509	.9913	-.20702
.70	-1.9914	-.8231	.8917	-.15994
.75	-2.0732	-.8843	.7880	-.11795
.80	-2.1741	-.9371	.6793	-.08127
.85	-2.3205	-.9840	.5633	-.05020
.90	-2.5684	-1.0269	.4349	-.02524
.95	-2.9487	-1.0676	.2875	-.00719
1.00	-5.7490	-1.1074	-.0000	-.00000

XM/L=0.2

X/L	FP	FS	FQ	FM
.05	14.5575	2.0758	.7279	.01820
.10	6.1174	1.7440	1.0337	.06224
.15	4.3326	1.4097	1.2504	.11934
.20	2.8208	1.0701	1.3914	-.81462
.25	1.3378	.7288	1.4583	-.74337
.30	.3630	.4268	1.4765	-.67000
.35	-.3163	.1672	1.4606	-.59658
.40	-.8128	-.0545	1.4200	-.52456
.45	-1.1777	-.2425	1.3611	-.45503
.50	-1.4460	-.4011	1.2888	-.38878
.55	-1.6435	-.5344	1.2066	-.32640
.60	-1.7907	-.6463	1.1171	-.26830
.65	-1.9051	-.7403	1.0219	-.21483
.70	-2.0029	-.8199	.9217	-.16624
.75	-2.1006	-.8880	.8167	-.12278
.80	-2.2178	-.9475	.7058	-.08472
.85	-2.3825	-1.0008	.5867	-.05241
.90	-2.6534	-1.0500	.4540	-.02639
.95	-3.0638	-1.0968	.3008	-.00752
1.00	-6.0162	-1.1426	-.0000	-.00000

XM/L=0.3

X/L	FP	FS	FQ	FM
.05	12.5115	1.8830	.6256	.01564
.10	5.5303	1.6382	.9021	.05383
.15	4.1815	1.3914	1.1112	.10416
.20	3.1276	1.1398	1.2675	.16363
.25	2.2639	.8803	1.3807	.22984
.30	1.3885	.6089	1.4502	-.69939
.35	.2995	.3291	1.4651	-.62651
.40	-.4025	.0816	1.4450	-.55375
.45	-.8859	-.1304	1.4007	-.48261
.50	-1.2405	-.3114	1.3387	-.41412
.55	-1.5048	-.4656	1.2635	-.34907
.60	-1.7064	-.5968	1.1781	-.28803
.65	-1.8671	-.7089	1.0848	-.23146
.70	-2.0061	-.8054	.9845	-.17973
.75	-2.1427	-.8897	.8773	-.13318
.80	-2.2990	-.9645	.7624	-.09219
.85	-2.5065	-1.0326	.6371	-.05720
.90	-2.8311	-1.0962	.4955	-.02889
.95	-3.3101	-1.1573	.3300	-.00825
1.00	-6.6000	-1.2173	-.0000	-.00000

XM/L=0.4

X/L	FP	FS	FQ	FM
.05	10.5622	1.6798	.5281	.01320
.10	4.8589	1.5045	.7711	.04568
.15	3.8375	1.3275	.9629	.08903
.20	3.0707	1.1464	1.1165	.14102
.25	2.4840	.9585	1.2407	.19994
.30	1.9554	.7604	1.3384	.26442
.35	1.4139	.5483	1.4091	.33311
.40	.7587	.3183	1.4471	-.59549
.45	-.1753	.0737	1.4383	-.52335
.50	-.7689	-.1448	1.3998	-.45240
.55	-1.1805	-.3341	1.3408	-.38388
.60	-1.4941	-.4982	1.2661	-.31871
.65	-1.7460	-.6414	1.1788	-.25758
.70	-1.9639	-.7672	1.0806	-.20110
.75	-2.1729	-.8793	.9720	-.14978
.80	-2.4007	-.9809	.8519	-.10419
.85	-2.6849	-1.0749	.7177	-.06495
.90	-3.1031	-1.1638	.5625	-.03294
.95	-3.7004	-1.2498	.3775	-.00944
1.00	-7.5504	-1.3345	-.0000	-.00000

XM/L=0.5

X/L	FP	FS	FQ	FM
.05	8.8804	1.4916	.4440	.01110
.10	4.2271	1.3691	.6554	.03859
.15	3.4522	1.2452	.8280	.07567
.20	2.8906	1.1178	.9725	.12068
.25	2.4852	.9846	1.0968	.17241
.30	2.1410	.8426	1.2038	.22993
.35	1.8094	.6885	1.2943	.29238
.40	1.4514	.5188	1.3669	.35891
.45	1.0254	.3295	1.4181	.42854
.50	.4456	.1166	1.4404	-.50000
.55	-.4456	-.1166	1.4181	-.42854
.60	-1.0255	-.3295	1.3669	-.35891
.65	-1.4514	-.5188	1.2943	-.29238
.70	-1.8094	-.6885	1.2038	-.22993
.75	-2.1410	-.8426	1.0968	-.17241
.80	-2.4852	-.9846	.9725	-.12068
.85	-2.8906	-1.1178	.8280	-.07567
.90	-3.4522	-1.2452	.6554	-.03859
.95	-4.2271	-1.3691	.4440	-.01110
1.00	-8.8804	-1.4916	-.0000	-.00000

B/L= .50 DS/B1=100.00 KS= 1.000

XQ/L=0.0

X/L	FP	FS	FQ	FM
.05	7.5927	1.4390	-.6204	-.04051
.10	3.5100	1.3337	-.4449	-.06714
.15	2.7760	1.2300	-.3061	-.08591
.20	2.2342	1.1286	-.1943	-.09842
.25	1.8442	1.0299	-.1021	-.10584
.30	1.5345	.9344	-.0254	-.10902
.35	1.2766	.8420	.0384	-.10870
.40	1.0546	.7530	.0911	-.10546
.45	.8586	.6671	.1341	-.09983
.50	.6821	.5844	.1682	-.09227
.55	.5199	.5045	.1942	-.08321
.60	.3677	.4272	.2126	-.07305
.65	.2216	.3523	.2236	-.06214
.70	.0773	.2794	.2275	-.05086
.75	-.0703	.2083	.2240	-.03958
.80	-.2282	.1384	.2126	-.02866
.85	-.4078	.0696	.1922	-.01854
.90	-.6342	.0015	.1605	-.00973
.95	-.9241	-.0661	.1143	-.00286
1.00	-2.2854	-.1336	-.0000	-.00000

XQ/L=0.1

X/L	FP	FS	FQ	FM
.05	6.2345	1.2454	.3117	.00779
.10	2.9760	1.1732	-.5395	.02710
.15	2.4175	1.1005	-.4186	.00315
.20	2.0000	1.0274	-.3186	-.01528
.25	1.6972	.9544	-.2337	-.02909
.30	1.4538	.8822	-.1611	-.03896
.35	1.2480	.8109	-.0987	-.04545
.40	1.0681	.7409	-.0452	-.04905
.45	.9069	.6724	.0001	-.05018
.50	.7598	.6053	.0381	-.04922
.55	.6230	.5398	.0692	-.04654
.60	.4937	.4756	.0939	-.04246
.65	.3690	.4128	.1124	-.03731
.70	.2459	.3512	.1247	-.03138
.75	.1208	.2907	.1307	-.02499
.80	-.0114	.2310	.1301	-.01847
.85	-.1588	.1719	.1222	-.01216
.90	-.3393	.1133	.1052	-.00648
.95	-.5655	.0550	.0770	-.00192
1.00	-1.5392	-.0033	-.0000	-.00000

XQ/L=0.2

X/L	FP	FS	FQ	FM
.05	4.9463	1.0568	.2473	.00618
.10	2.4320	1.0129	.3689	.02159
.15	2.0344	.9685	.4706	.04258
.20	1.7477	.9232	-.4420	.06829
.25	1.5399	.8763	-.3650	.04812
.30	1.3656	.8276	-.2967	.03158
.35	1.2138	.7778	-.2360	.01826
.40	1.0774	.7272	-.1821	.00781
.45	.9520	.6762	-.1345	-.00011
.50	.8351	.6252	-.0928	-.00580
.55	.7245	.5742	-.0566	-.00953
.60	.6187	.5234	-.0256	-.01158
.65	.5159	.4730	.0002	-.01222
.70	.4146	.4229	.0209	-.01169
.75	.3125	.3731	.0365	-.01026
.80	.2067	.3238	.0469	-.00817
.85	.0921	.2746	.0515	-.00572
.90	-.0418	.2257	.0494	-.00319
.95	-.2032	.1770	.0392	-.00098
1.00	-.7842	.1282	-.0000	-.00000

XQ/L=0.3

X/L	FP	FS	FQ	FM
.05	3.7616	.8774	.1881	.00470
.10	1.9118	.8567	.2837	.01650
.15	1.6449	.8358	.3659	.03274
.20	1.4610	.8141	.4390	.05286
.25	1.3404	.7911	.5060	.07648
.30	1.2468	.7662	-.4317	.10334
.35	1.1598	.7386	-.3737	.08321
.40	1.0720	.7083	-.3201	.06586
.45	.9862	.6758	-.2708	.05109
.50	.9023	.6414	-.2257	.03868
.55	.8202	.6058	-.1846	.02842
.60	.7398	.5691	-.1477	.02012
.65	.6609	.5317	-.1146	.01356
.70	.5830	.4938	-.0855	.00856
.75	.5056	.4556	-.0602	.00492
.80	.4277	.4172	-.0388	.00244
.85	.3479	.3787	-.0214	.00094
.90	.2630	.3401	-.0083	.00020
.95	.1694	.3015	.0002	-.00001
1.00	-.0044	.2629	-.0000	-.00000

XQ/L=0.4

X/L	FP	FS	FQ	FM
.05	2.6856	.7088	.1343	.00336
.10	1.4264	.7072	.2056	.01185
.15	1.2698	.7055	.2691	.02372
.20	1.1700	.7032	.3276	.03864
.25	1.1145	.7000	.3833	.05641
.30	1.0791	.6953	.4373	.07693
.35	1.0529	.6887	.4899	.10011
.40	1.0280	.6794	-.4587	.12589
.45	.9945	.6657	-.4090	.10420
.50	.9506	.6506	-.3614	.08494
.55	.9023	.6317	-.3163	.06799
.60	.8516	.6105	-.2737	.05324
.65	.8002	.5875	-.2337	.04056
.70	.7491	.5631	-.1963	.02981
.75	.6997	.5376	-.1613	.02087
.80	.6532	.5114	-.1286	.01362
.85	.6117	.4847	-.0980	.00795
.90	.5804	.4576	-.0690	.00378
.95	.5603	.4304	-.0410	.00103
1.00	.8202	.4031	-.0000	-.00000

XQ/L=0.5

X/L	FP	FS	FQ	FM
.05	1.7103	.5511	.0855	.00214
.10	.9771	.5652	.1344	.00764
.15	.9150	.5793	.1801	.01550
.20	.8857	.5930	.2244	.02561
.25	.8830	.6060	.2686	.03793
.30	.8927	.6182	.3132	.05248
.35	.9087	.6289	.3586	.06927
.40	.9270	.6379	.4050	.08836
.45	.9441	.6445	.4522	.10979
.50	.9564	.6481	-.5000	.13360
.55	.9564	.6481	-.4522	.10979
.60	.9441	.6445	-.4050	.08836
.65	.9270	.6379	-.3586	.06927
.70	.9087	.6289	-.3132	.05248
.75	.8927	.6182	-.2686	.03793
.80	.8830	.6060	-.2244	.02561
.85	.8857	.5930	-.1801	.01550
.90	.9150	.5793	-.1344	.00764
.95	.9771	.5652	-.0855	.00214
1.00	1.7103	.5511	-.0000	-.00000

B/L= .50 DS/B1=100.00 KS= 1.000

XM/L=0.0

X/L	FP	FS	FQ	FM
.05	13.6726	1.9412	.6836	-.98291
.10	5.2845	1.6024	.9479	-.94212
.15	3.5699	1.2924	1.1263	-.89027
.20	2.3329	1.0099	1.2430	-.83103
.25	1.4631	.7532	1.3161	-.76706
.30	.8024	.5205	1.3563	-.70024
.35	.2822	.3099	1.3704	-.63208
.40	-.1382	.1192	1.3635	-.56373
.45	-.4854	-.0536	1.3392	-.49617
.50	-.7785	-.2104	1.3003	-.43018
.55	-1.0326	-.3534	1.2486	-.36646
.60	-1.2606	-.4844	1.1856	-.30560
.65	-1.4742	-.6053	1.1119	-.24816
.70	-1.6861	-.7180	1.0276	-.19468
.75	-1.9105	-.8240	.9321	-.14568
.80	-2.1675	-.9249	.8237	-.10179
.85	-2.4886	-1.0221	.6993	-.06372
.90	-2.9465	-1.1168	.5519	-.03244
.95	-3.5832	-1.2101	.3728	-.00932
1.00	-7.4554	-1.3028	.0000	-.00000

XM/L=0.1

X/L	FP	FS	FQ	FM
.05	13.3300	1.9204	.6665	.01666
.10	5.4675	1.6103	.9399	-.94318
.15	3.6455	1.3029	1.1221	-.89163
.20	2.3740	1.0193	1.2409	-.83255
.25	1.4921	.7615	1.3155	-.76864
.30	.8240	.5278	1.3567	-.70184
.35	.2986	.3161	1.3716	-.63364
.40	-.1256	.1244	1.3653	-.56521
.45	-.4759	-.0492	1.3415	-.49754
.50	-.7715	-.2069	1.3029	-.43143
.55	-1.0278	-.3507	1.2515	-.36757
.60	-1.2577	-.4825	1.1887	-.30657
.65	-1.4732	-.6042	1.1150	-.24897
.70	-1.6867	-.7176	1.0307	-.19533
.75	-1.9129	-.8243	.9350	-.14619
.80	-2.1716	-.9259	.8264	-.10215
.85	-2.4948	-1.0238	.7017	-.06395
.90	-2.9552	-1.1192	.5539	-.03256
.95	-3.5952	-1.2131	.3742	-.00935
1.00	-7.4837	-1.3065	-.0000	-.00000

XM/L=0.2

X/L	FP	FS	FQ	FM
.05	12.3885	1.8449	.6194	.01549
.10	5.3508	1.5882	.8870	.05315
.15	3.9237	1.3305	1.0831	.10240
.20	2.7616	1.0704	1.2212	-.83999
.25	1.7137	.8102	1.3069	-.77679
.30	.9708	.5705	1.3555	-.71023
.35	.4075	.3531	1.3758	-.64195
.40	-.0433	.1560	1.3737	-.57321
.45	-.4136	-.0229	1.3530	-.50504
.50	-.7254	-.1856	1.3167	-.43830
.55	-.9952	-.3341	1.2670	-.37371
.60	-1.2370	-.4705	1.2051	-.31191
.65	-1.4632	-.5966	1.1319	-.25348
.70	-1.6870	-.7143	1.0476	-.19899
.75	-1.9233	-.8251	.9514	-.14902
.80	-2.1926	-.9308	.8418	-.10419
.85	-2.5276	-1.0326	.7154	-.06526
.90	-3.0030	-1.1319	.5653	-.03324
.95	-3.6621	-1.2298	.3822	-.00955
1.00	-7.6432	-1.3270	-.0000	-.00000

XM/L=0.3

X/L	FP	FS	FQ	FM
.05	11.2986	1.7415	.5649	.01412
.10	5.0360	1.5308	.8167	.04866
.15	3.8393	1.3192	1.0087	.09430
.20	2.9162	1.1055	1.1545	.14838
.25	2.1856	.8881	1.2638	.20884
.30	1.4982	.6654	1.3387	-.72610
.35	.7340	.4392	1.3754	-.65825
.40	.1828	.2300	1.3845	-.58925
.45	-.2458	.0395	1.3723	-.52033
.50	-.6010	-.1343	1.3422	-.45247
.55	-.9056	-.2936	1.2969	-.38649
.60	-1.1768	-.4402	1.2381	-.32311
.65	-1.4292	-.5763	1.1666	-.26300
.70	-1.6773	-.7035	1.0828	-.20676
.75	-1.9373	-.8237	.9859	-.15505
.80	-2.2311	-.9385	.8743	-.10854
.85	-2.5932	-1.0493	.7447	-.06806
.90	-3.1022	-1.1575	.5896	-.03471
.95	-3.8040	-1.2641	.3994	-.00998
1.00	-7.9874	-1.3701	-.0000	-.00000

XM/L=0.4

X/L	FP	FS	FQ	FM
.05	10.2352	1.6305	.5118	.01279
.10	4.6709	1.4577	.7453	.04422
.15	3.6536	1.2842	.9280	.08605
.20	2.8869	1.1086	1.0723	.13606
.25	2.3052	.9298	1.1876	.19256
.30	1.7997	.7460	1.2776	.25419
.35	1.3156	.5555	1.3434	.31971
.40	.7921	.3565	1.3830	-.61213
.45	.1405	.1505	1.3900	-.54281
.50	-.3339	-.0418	1.3733	-.47372
.55	-.7136	-.2189	1.3376	-.40595
.60	-1.0437	-.3828	1.2854	-.34038
.65	-1.3459	-.5356	1.2181	-.27779
.70	-1.6387	-.6790	1.1362	-.21893
.75	-1.9412	-.8150	1.0391	-.16454
.80	-2.2780	-.9453	.9252	-.11544
.85	-2.6869	-1.0714	.7909	-.07253
.90	-3.2529	-1.1946	.6283	-.03705
.95	-4.0261	-1.3163	.4269	-.01067
1.00	-8.5389	-1.4372	-.0000	-.00000

XM/L=0.5

X/L	FP	FS	FQ	FM
.05	9.2967	1.5259	.4648	.01162
.10	4.3218	1.3829	.6809	.04026
.15	3.4444	1.2392	.8531	.07862
.20	2.7940	1.0937	.9928	.12477
.25	2.3141	.9452	1.1085	.17730
.30	1.9102	.7922	1.2041	.23512
.35	1.5388	.6329	1.2810	.29724
.40	1.1698	.4657	1.3395	.36275
.45	.7760	.2886	1.3783	.43070
.50	.3101	.0996	1.3938	-.50000
.55	-.3101	-.0996	1.3783	-.43070
.60	-.7760	-.2886	1.3395	-.36275
.65	-1.1698	-.4657	1.2810	-.29724
.70	-1.5388	-.6329	1.2041	-.23512
.75	-1.9102	-.7922	1.1085	-.17730
.80	-2.3141	-.9452	.9928	-.12477
.85	-2.7940	-1.0937	.8531	-.07862
.90	-3.4444	-1.2392	.6809	-.04026
.95	-4.3218	-1.3829	.4648	-.01162
1.00	-9.2967	-1.5259	-.0000	-.00000

B/L= .50   DS/B1=100.00   KS= 3.000

XQ/L=0.0

X/L	FP	FS	FQ	FM
.05	7.2105	1.4000	-.6395	-.04099
.10	3.3988	1.3096	-.4695	-.06871
.15	2.7362	1.2198	-.3327	-.08877
.20	2.2484	1.1307	-.2203	-.10259
.25	1.8974	1.0427	-.1254	-.11124
.30	1.6160	.9557	-.0446	-.11549
.35	1.3774	.8698	.0242	-.11600
.40	1.1669	.7851	.0826	-.11333
.45	.9757	.7015	.1314	-.10798
.50	.7978	.6191	.1713	-.10041
.55	.6288	.5377	.2027	-.09107
.60	.4650	.4572	.2259	-.08035
.65	.3031	.3776	.2411	-.06867
.70	.1391	.2988	.2481	-.05644
.75	-.0316	.2205	.2465	-.04408
.80	-.2162	.1428	.2357	-.03203
.85	-.4265	.0655	.2143	-.02078
.90	-.6904	-.0116	.1798	-.01092
.95	-1.0259	-.0885	.1285	-.00321
1.00	-2.5706	-.1654	-.0000	-.00000

XQ/L=0.1

X/L	FP	FS	FQ	FM
.05	6.1014	1.2305	.3051	.00763
.10	2.9237	1.1624	-.5487	.02653
.15	2.3866	1.0941	-.4294	.00208
.20	1.9908	1.0257	-.3299	-.01690
.25	1.7068	.9574	-.2445	-.03126
.30	1.4792	.8893	-.1706	-.04164
.35	1.2860	.8216	-.1063	-.04856
.40	1.1152	.7544	-.0505	-.05248
.45	.9597	.6876	-.0025	-.05381
.50	.8149	.6214	.0382	-.05292
.55	.6773	.5557	.0721	-.05016
.60	.5442	.4905	.0993	-.04588
.65	.4130	.4258	.1199	-.04040
.70	.2809	.3616	.1340	-.03405
.75	.1445	.2977	.1412	-.02717
.80	-.0011	.2341	.1411	-.02011
.85	-.1644	.1707	.1329	-.01326
.90	-.3643	.1076	.1147	-.00707
.95	-.6141	.0445	.0840	-.00210
1.00	-1.6800	-.0186	-.0000	-.00000

XQ/L=0.2

X/L	FP	FS	FQ	FM
.05	5.0162	1.0628	.2508	.00627
.10	2.4453	1.0153	.3731	.02187
.15	2.0287	.9677	.4745	.04306
.20	1.7271	.9198	-.4391	.06894
.25	1.5128	.8713	-.3635	.04888
.30	1.3398	.8222	-.2965	.03238
.35	1.1925	.7727	-.2369	.01904
.40	1.0618	.7230	-.1838	.00853
.45	.9424	.6731	-.1367	.00051
.50	.8310	.6232	-.0951	-.00528
.55	.7251	.5734	-.0589	-.00913
.60	.6229	.5236	-.0277	-.01129
.65	.5226	.4738	-.0016	-.01203
.70	.4226	.4243	.0195	-.01158
.75	.3208	.3748	.0356	-.01020
.80	.2143	.3254	.0463	-.00815
.85	.0984	.2762	.0512	-.00571
.90	-.0373	.2270	.0494	-.00320
.95	-.2010	.1778	.0393	-.00098
1.00	-.7862	.1287	-.0000	-.00000

XQ/L=0.3

X/L	FP	FS	FQ	FM
.05	3.9669	.8983	.1983	.00496
.10	1.9754	.8697	.2971	.01735
.15	1.6690	.8410	.3806	.03429
.20	1.4520	.8121	.4532	.05513
.25	1.3045	.7828	.5184	.07942
.30	1.1900	.7527	-.4221	.10682
.35	1.0921	.7218	-.3675	.08708
.40	1.0032	.6898	-.3174	.06996
.45	.9211	.6571	-.2713	.05525
.50	.8440	.6238	-.2291	.04274
.55	.7706	.5900	-.1906	.03224
.60	.6999	.5558	-.1556	.02359
.65	.6313	.5213	-.1240	.01660
.70	.5640	.4867	-.0958	.01110
.75	.4974	.4519	-.0710	.00693
.80	.4307	.4170	-.0494	.00392
.85	.3629	.3820	-.0313	.00191
.90	.2923	.3470	-.0167	.00071
.95	.2160	.3121	-.0059	.00015
1.00	.1171	.2771	-.0000	-.00000

XQ/L=0.4

X/L	FP	FS	FQ	FM
.05	2.9559	.7376	.1478	.00369
.10	1.5176	.7265	.2237	.01298
.15	1.3143	.7153	.2894	.02581
.20	1.1753	.7039	.3482	.04175
.25	1.0871	.6922	.4025	.06051
.30	1.0234	.6799	.4537	.08192
.35	.9734	.6670	.5024	.10582
.40	.9309	.6531	-.4511	.13210
.45	.8904	.6381	-.4066	.11066
.50	.8500	.6218	-.3641	.09139
.55	.8108	.6045	-.3235	.07420
.60	.7732	.5854	-.2849	.05899
.65	.7375	.5677	-.2480	.04567
.70	.7042	.5484	-.2128	.03415
.75	.6741	.5287	-.1791	.02435
.80	.6485	.5087	-.1467	.01621
.85	.6302	.4886	-.1152	.00966
.90	.6264	.4683	-.0838	.00469
.95	.6397	.4479	-.0518	.00130
1.00	1.0369	.4275	-.0000	-.00000

XQ/L=0.5

X/L	FP	FS	FQ	FM
.05	1.9809	.5808	.0990	.00248
.10	1.0728	.5859	.1527	.00877
.15	.9668	.5910	.2010	.01761
.20	.9010	.5959	.2461	.02879
.25	.8676	.6006	.2895	.04218
.30	.8500	.6050	.3320	.05771
.35	.8417	.6088	.3740	.07536
.40	.8389	.6120	.4160	.09511
.45	.8393	.6143	.4580	.11696
.50	.8409	.6156	-.5000	.14091
.55	.8409	.6156	-.4580	.11696
.60	.8393	.6143	-.4160	.09511
.65	.8389	.6120	-.3740	.07536
.70	.8417	.6088	-.3320	.05771
.75	.8500	.6050	-.2895	.04218
.80	.8676	.6006	-.2461	.02879
.85	.9010	.5959	-.2010	.01761
.90	.9668	.5910	-.1527	.00877
.95	1.0728	.5859	-.0990	.00248
1.00	1.9809	.5808	-.0000	-.00000

B/L= .50 DS/B1=100.00 KS= 3.000

XM/L=0.0

X/L	FP	FS	FQ	FM
.05	11.1211	1.6962	.5561	-.98610
.10	4.7333	1.4710	.7927	-.95238
.15	3.4918	1.2554	.9673	-.90838
.20	2.5732	1.0492	1.0960	-.85680
.25	1.9033	.8518	1.1911	-.79962
.30	1.3660	.6627	1.2594	-.73836
.35	.9131	.4812	1.3051	-.67424
.40	.5167	.3069	1.3309	-.60834
.45	.1594	.1389	1.3389	-.54160
.50	-.1715	-.0233	1.3303	-.47487
.55	-.4856	-.1804	1.3060	-.40896
.60	-.7919	-.3332	1.2664	-.34465
.65	-1.0992	-.4821	1.2115	-.28270
.70	-1.4177	-.6279	1.1406	-.22390
.75	-1.7612	-.7712	1.0525	-.16907
.80	-2.1503	-.9125	.9450	-.11913
.85	-2.6210	-1.0524	.8140	-.07516
.90	-3.2595	-1.1913	.6510	-.03853
.95	-4.1168	-1.3296	.4452	-.01113
1.00	-8.9030	-1.4677	.0000	-.00000

XM/L=0.1

X/L	FP	FS	FQ	FM
.05	11.0050	1.6891	.5503	.01376
.10	4.7937	1.4735	.7899	-.95274
.15	3.5168	1.2589	.9658	-.90885
.20	2.5870	1.0523	1.0951	-.85732
.25	1.9132	.8546	1.1908	-.80018
.30	1.3736	.6652	1.2595	-.73892
.35	.9190	.4834	1.3054	-.67480
.40	.5214	.3088	1.3315	-.60887
.45	.1631	.1405	1.3396	-.54209
.50	-.1686	-.0220	1.3312	-.47532
.55	-.4835	-.1794	1.3070	-.40937
.60	-.7905	-.3324	1.2675	-.34500
.65	-1.0984	-.4815	1.2126	-.28300
.70	-1.4177	-.6277	1.1417	-.22414
.75	-1.7618	-.7712	1.0536	-.16926
.80	-2.1517	-.9128	.9460	-.11927
.85	-2.6231	-1.0529	.8149	-.07524
.90	-3.2627	-1.1921	.6517	-.03858
.95	-4.1212	-1.3307	.4457	-.01114
1.00	-8.9137	-1.4691	-.0000	-.00000

XM/L=0.2

X/L	FP	FS	FQ	FM
.05	10.6818	1.6630	.5341	.01335
.10	4.7520	1.4655	.7717	.04600
.15	3.6085	1.2678	.9521	.08909
.20	2.7165	1.0694	1.0879	-.85991
.25	1.9884	.8712	1.1874	-.80302
.30	1.4246	.6800	1.2586	-.74188
.35	.9579	.4965	1.3065	-.67775
.40	.5517	.3201	1.3341	-.61173
.45	.1868	.1501	1.3434	-.54480
.50	-.1503	-.0140	1.3359	-.47781
.55	-.4700	-.1731	1.3124	-.41161
.60	-.7812	-.3276	1.2733	-.34696
.65	-1.0931	-.4785	1.2187	-.28466
.70	-1.4163	-.6261	1.1479	-.22550
.75	-1.7644	-.7712	1.0596	-.17031
.80	-2.1584	-.9143	.9517	-.12003
.85	-2.6346	-1.0560	.8200	-.07573
.90	-3.2800	-1.1967	.6560	-.03883
.95	-4.1461	-1.3368	.4487	-.01122
1.00	-8.9739	-1.4767	-.0000	-.00000

XM/L=0.3

X/L	FP	FS	FQ	FM
.05	10.3011	1.6267	.5151	.01288
.10	4.6415	1.4452	.7471	.04443
.15	3.5779	1.2635	.9260	.08626
.20	2.7682	1.0812	1.0644	.13602
.25	2.1479	.8977	1.1718	.19193
.30	1.6042	.7126	1.2520	-.74748
.35	1.0715	.5265	1.3056	-.68353
.40	.6326	.3463	1.3372	-.61746
.45	.2485	.1726	1.3497	-.55029
.50	-.1031	.0048	1.3445	-.48293
.55	-.4346	-.1579	1.3228	-.41625
.60	-.7562	-.3161	1.2850	-.35106
.65	-1.0777	-.4704	1.2311	-.28816
.70	-1.4099	-.6215	1.1606	-.22836
.75	-1.7670	-.7701	1.0722	-.17254
.80	-2.1706	-.9167	.9637	-.12164
.85	-2.6573	-1.0617	.8308	-.07678
.90	-3.3158	-1.2058	.6651	-.03938
.95	-4.1984	-1.3494	.4551	-.01138
1.00	-9.1028	-1.4926	-.0000	-.00000

XM/L=0.4

X/L	FP	FS	FQ	FM
.05	9.9232	1.5872	.4962	.01240
.10	4.5120	1.4192	.7218	.04285
.15	3.5124	1.2510	.8974	.08333
.20	2.7582	1.0821	1.0353	.13165
.25	2.1902	.9122	1.1448	.18615
.30	1.7093	.7407	1.2303	.24553
.35	1.2718	.5670	1.2939	.30863
.40	.8432	.3906	1.3360	-.62562
.45	.3854	.2120	1.3553	-.55834
.50	-.0058	.0381	1.3550	-.49058
.55	-.3627	-.1306	1.3369	-.42329
.60	-.7046	-.2947	1.3016	-.35733
.65	-1.0438	-.4550	1.2494	-.29355
.70	-1.3922	-.6119	1.1798	-.23282
.75	-1.7652	-.7663	1.0916	-.17603
.80	-2.1851	-.9185	.9823	-.12418
.85	-2.6896	-1.0693	.8478	-.07843
.90	-3.3699	-1.2191	.6793	-.04025
.95	-4.2796	-1.3683	.4654	-.01163
1.00	-9.3071	-1.5172	-.0000	-.00000

XM/L=0.5

X/L	FP	FS	FQ	FM
.05	9.5845	1.5495	.4792	.01198
.10	4.3868	1.3924	.6986	.04143
.15	3.4382	1.2350	.8705	.08065
.20	2.7264	1.0770	1.0068	.12758
.25	2.1954	.9180	1.1166	.18067
.30	1.7508	.7574	1.2041	.23868
.35	1.3529	.5948	1.2718	.30058
.40	.9774	.4294	1.3206	.36539
.45	.6065	.2607	1.3509	.43218
.50	.2186	.0880	1.3619	-.50000
.55	-.2186	-.0880	1.3509	-.43218
.60	-.6065	-.2607	1.3206	-.36539
.65	-.9774	-.4294	1.2718	-.30058
.70	-1.3529	-.5948	1.2041	-.23868
.75	-1.7508	-.7574	1.1166	-.18067
.80	-2.1954	-.9180	1.0068	-.12758
.85	-2.7264	-1.0770	.8705	-.08065
.90	-3.4382	-1.2350	.6986	-.04143
.95	-4.3868	-1.3924	.4792	-.01198
1.00	-9.5845	-1.5495	-.0000	-.00000

B/L= .50 DS/B1=100.00 KS= 10.000

XQ/L=0.0

X/L	FP	FS	FQ	FM
.05	7.0642	1.3849	-.6468	-.04117
.10	3.3557	1.3002	-.4790	-.06931
.15	2.7203	1.2157	-.3430	-.08986
.20	2.2531	1.1314	-.2303	-.10420
.25	1.9172	1.0474	-.1345	-.11332
.30	1.6468	.9637	-.0521	-.11798
.35	1.4159	.8804	.0187	-.11882
.40	1.2102	.7974	.0792	-.11637
.45	1.0210	.7148	.1302	-.11114
.50	.8428	.6326	.1724	-.10358
.55	.6714	.5506	.2059	-.09412
.60	.5033	.4689	.2311	-.08319
.65	.3353	.3876	.2479	-.07122
.70	.1637	.3064	.2560	-.05862
.75	-.0160	.2254	.2552	-.04584
.80	-.2111	.1446	.2447	-.03334
.85	-.4335	.0639	.2230	-.02165
.90	-.7121	-.0167	.1874	-.01139
.95	-1.0656	-.0972	.1341	-.00335
1.00	-2.6823	-.1778	-.0000	-.00000

XQ/L =0.1

X/L	FP	FS	FQ	FM
.05	6.0494	1.2247	.3025	.00756
.10	2.9035	1.1582	-.5524	.02631
.15	2.3748	1.0917	-.4336	.00167
.20	1.9874	1.0251	-.3342	-.01753
.25	1.7107	.9586	-.2487	-.03211
.30	1.4891	.8921	-.1743	-.04268
.35	1.3006	.8258	-.1092	-.04977
.40	1.1333	.7595	-.0526	-.05381
.45	.9801	.6935	-.0036	-.05522
.50	.8362	.6276	.0382	-.05435
.55	.6983	.5619	.0732	-.05156
.60	.5638	.4963	.1014	-.04720
.65	.4300	.4309	.1229	-.04160
.70	.2945	.3656	.1376	-.03508
.75	.1538	.3004	.1453	-.02801
.80	.0029	.2353	.1454	-.02075
.85	-.1665	.1703	.1371	-.01368
.90	-.3740	.1053	.1184	-.00730
.95	-.6330	.0404	.0867	-.00217
1.00	-1.7348	-.0245	-.0000	-.00000

XQ/L=0.2

X/L	FP	FS	FQ	FM
.05	5.0418	1.0650	.2521	.00630
.10	2.4503	1.0162	.3746	.02197
.15	2.0269	.9674	.4759	.04323
.20	1.7199	.9185	-.4381	.06918
.25	1.5031	.8695	-.3629	.04916
.30	1.3306	.8202	-.2964	.03267
.35	1.1847	.7709	-.2371	.01934
.40	1.0560	.7214	-.1843	.00880
.45	.9387	.6720	-.1374	.00076
.50	.8292	.6225	-.0959	-.00508
.55	.7250	.5730	-.0597	-.00897
.60	.6241	.5235	-.0285	-.01117
.65	.5248	.4741	-.0023	-.01194
.70	.4253	.4247	.0190	-.01152
.75	.3237	.3753	.0352	-.01017
.80	.2170	.3260	.0460	-.00814
.85	.1007	.2767	.0511	-.00571
.90	-.0356	.2274	.0493	-.00320
.95	-.1999	.1782	.0393	-.00098
1.00	-.7862	.1289	-.0000	-.00000

XQ/L=0.3

X/L	FP	FS	FQ	FM
.05	4.0451	.9063	.2023	.00506
.10	1.9997	.8747	.3022	.01767
.15	1.6784	.8431	.3862	.03488
.20	1.4489	.8115	.4586	.05600
.25	1.2912	.7797	.5232	.08054
.30	1.1689	.7476	-.4184	.10816
.35	1.0667	.7154	-.3651	.08858
.40	.9770	.6828	-.3162	.07154
.45	.8961	.6500	-.2714	.05685
.50	.8213	.6170	-.2303	.04431
.55	.7510	.5838	-.1928	.03373
.60	.6839	.5505	-.1586	.02495
.65	.6191	.5172	-.1276	.01779
.70	.5559	.4837	-.0998	.01210
.75	.4936	.4503	-.0752	.00773
.80	.4314	.4168	-.0536	.00451
.85	.3685	.3833	-.0352	.00229
.90	.3036	.3497	-.0200	.00091
.95	.2343	.3162	-.0083	.00021
1.00	.1654	.2826	-.0000	-.00000

XQ/L =0.4

X/L	FP	FS	FQ	FM
.05	3.0602	.7487	.1530	.00383
.10	1.5528	.7339	.2307	.01342
.15	1.3315	.7191	.2972	.02661
.20	1.1775	.7042	.3561	.04295
.25	1.0766	.6892	.4099	.06210
.30	1.0021	.6741	.4600	.08385
.35	.9431	.6587	.5072	.10803
.40	.8939	.6430	-.4481	.13450
.45	.8506	.6270	-.4056	.11316
.50	.8112	.6107	-.3650	.09390
.55	.7753	.5940	-.3263	.07661
.60	.7425	.5770	-.2891	.06123
.65	.7127	.5599	-.2535	.04766
.70	.6862	.5426	-.2192	.03585
.75	.6636	.5251	-.1860	.02572
.80	.6462	.5075	-.1537	.01722
.85	.6371	.4900	-.1219	.01033
.90	.6442	.4724	-.0896	.00505
.95	.6707	.4547	-.0561	.00140
1.00	1.1221	.4370	-.0000	-.00000

XQ/L=0.5

X/L	FP	FS	FQ	FM
.05	2.0864	.5923	.1043	.00261
.10	1.1100	.5939	.1598	.00921
.15	.9867	.5955	.2092	.01844
.20	.9067	.5970	.2545	.03003
.25	.8614	.5984	.2976	.04383
.30	.8332	.5998	.3392	.05975
.35	.8156	.6010	.3800	.07773
.40	.8048	.6020	.4202	.09773
.45	.7988	.6027	.4602	.11974
.50	.7964	.6031	-.5000	.14375
.55	.7964	.6031	-.4602	.11974
.60	.7988	.6027	-.4202	.09773
.65	.8048	.6020	-.3800	.07773
.70	.8156	.6010	-.3392	.05975
.75	.8332	.5998	-.2976	.04383
.80	.8614	.5984	-.2545	.03003
.85	.9067	.5970	-.2092	.01844
.90	.9867	.5955	-.1598	.00921
.95	1.1100	.5939	-.1043	.00261
1.00	2.0864	.5923	-.0000	-.00000

B/L= .50 DS/B1=100.00 KS= 10.000

XM/L=0.0

X/L	FP	FS	FQ	FM
.05	10.1573	1.6029	.5079	-.98730
.10	4.5168	1.4200	.7337	-.95626
.15	3.4534	1.2399	.9064	-.91526
.20	2.6563	1.0627	1.0392	-.86662
.25	2.0643	.8882	1.1424	-.81208
.30	1.5767	.7161	1.2212	-.75299
.35	1.1524	.5464	1.2789	-.69049
.40	.7680	.3789	1.3173	-.62559
.45	.4093	.2134	1.3377	-.55921
.50	.0662	.0496	1.3410	-.49224
.55	-.2695	-.1126	1.3276	-.42553
.60	-.6050	-.2734	1.2973	-.35991
.65	-.9480	-.4330	1.2499	-.29623
.70	-1.3080	-.5917	1.1845	-.23537
.75	-1.6983	-.7495	1.0996	-.17826
.80	-2.1399	-.9068	.9926	-.12596
.85	-2.6701	-1.0636	.8591	-.07967
.90	-3.3808	-1.2200	.6901	-.04094
.95	-4.3261	-1.3763	.4737	-.01184
1.00	-9.4749	-1.5325	.0000	-.00000

XM/L=0.1

X/L	FP	FS	FQ	FM
.05	10.1222	1.6008	.5061	.01265
.10	4.5349	1.4207	.7329	-.95637
.15	3.4608	1.2410	.9059	-.91540
.20	2.6604	1.0637	1.0389	-.86678
.25	2.0673	.8890	1.1423	-.81225
.30	1.5791	.7169	1.2212	-.75317
.35	1.1542	.5471	1.2790	-.69066
.40	.7695	.3795	1.3174	-.62575
.45	.4105	.2139	1.3380	-.55937
.50	.0671	.0500	1.3413	-.49238
.55	-.2688	-.1123	1.3279	-.42566
.60	-.6045	-.2731	1.2976	-.36002
.65	-.9478	-.4329	1.2503	-.29632
.70	-1.3080	-.5916	1.1849	-.23544
.75	-1.6985	-.7495	1.0999	-.17832
.80	-2.1403	-.9069	.9929	-.12600
.85	-2.6708	-1.0637	.8594	-.07969
.90	-3.3818	-1.2203	.6903	-.04095
.95	-4.3275	-1.3767	.4739	-.01185
1.00	-9.4782	-1.5330	-.0000	-.00000

XM/L=0.2

X/L	FP	FS	FQ	FM
.05	10.0242	1.5928	.5012	.01253
.10	4.5220	1.4183	.7273	.04324
.15	3.4882	1.2436	.9017	.08397
.20	2.6993	1.0688	1.0367	-.86757
.25	2.0900	.8940	1.1412	-.81312
.30	1.5946	.7214	1.2209	-.75407
.35	1.1661	.5511	1.2792	-.69157
.40	.7789	.3830	1.3182	-.62663
.45	.4180	.2169	1.3391	-.56020
.50	.0729	.0525	1.3427	-.49316
.55	-.2644	-.1102	1.3295	-.42635
.60	-.6015	-.2716	1.2994	-.36063
.65	-.9459	-.4319	1.2521	-.29684
.70	-1.3074	-.5911	1.1868	-.23587
.75	-1.6991	-.7495	1.1018	-.17865
.80	-2.1422	-.9073	.9947	-.12624
.85	-2.6743	-1.0647	.8610	-.07985
.90	-3.3872	-1.2217	.6916	-.04103
.95	-4.3353	-1.3786	.4749	-.01187
1.00	-9.4971	-1.5353	-.0000	-.00000

XM/L=0.3

X/L	FP	FS	FQ	FM
.05	9.9080	1.5817	.4954	.01238
.10	4.4882	1.4120	.7198	.04277
.15	3.4788	1.2423	.8937	.08310
.20	2.7148	1.0723	1.0295	.13119
.25	2.1381	.9020	1.1364	.18533
.30	1.6489	.7313	1.2188	-.75579
.35	1.2008	.5603	1.2789	-.69334
.40	.8038	.3910	1.3191	-.62839
.45	.4372	.2238	1.3409	-.56189
.50	.0877	.0584	1.3453	-.49474
.55	-.2532	-.1055	1.3327	-.42779
.60	-.5934	-.2680	1.3030	-.36190
.65	-.9408	-.4293	1.2559	-.29792
.70	-1.3051	-.5896	1.1907	-.23676
.75	-1.6997	-.7491	1.1057	-.17935
.80	-2.1458	-.9080	.9984	-.12674
.85	-2.6812	-1.0664	.8644	-.08018
.90	-3.3982	-1.2245	.6944	-.04120
.95	-4.3515	-1.3825	.4769	-.01192
1.00	-9.5374	-1.5403	-.0000	-.00000

XM/L=0.4

X/L	FP	FS	FQ	FM
.05	9.7919	1.5696	.4896	.01224
.10	4.4485	1.4040	.7120	.04228
.15	3.4587	1.2384	.8850	.08220
.20	2.7118	1.0726	1.0205	.12984
.25	2.1511	.9065	1.1281	.18356
.30	1.6810	.7399	1.2121	.24206
.35	1.2616	.5726	1.2752	.30425
.40	.8679	.4046	1.3186	-.63091
.45	.4792	.2359	1.3426	-.56438
.50	.1179	.0686	1.3485	-.49710
.55	-.2307	-.0971	1.3369	-.42996
.60	-.5771	-.2613	1.3081	-.36384
.65	-.9299	-.4244	1.2616	-.29960
.70	-1.2992	-.5865	1.1966	-.23814
.75	-1.6988	-.7478	1.1117	-.18043
.80	-2.1500	-.9085	1.0042	-.12753
.85	-2.6910	-1.0687	.8696	-.08069
.90	-3.4149	-1.2286	.6989	-.04148
.95	-4.3768	-1.3883	.4801	-.01200
1.00	-9.6012	-1.5480	-.0000	-.00000

XM/L=0.5

X/L	FP	FS	FQ	FM
.05	9.6873	1.5579	.4844	.01211
.10	4.4099	1.3958	.7049	.04184
.15	3.4359	1.2335	.8767	.08138
.20	2.7022	1.0710	1.0118	.12859
.25	2.1529	.9083	1.1194	.18187
.30	1.6940	.7450	1.2041	.23996
.35	1.2867	.5812	1.2684	.30177
.40	.9091	.4165	1.3139	.36633
.45	.5466	.2508	1.3412	.43271
.50	.1863	.0839	1.3505	-.50000
.55	-.1863	-.0840	1.3412	-.43271
.60	-.5466	-.2508	1.3139	-.36633
.65	-.9091	-.4165	1.2684	-.30177
.70	-1.2867	-.5812	1.2041	-.23996
.75	-1.6940	-.7450	1.1194	-.18187
.80	-2.1529	-.9083	1.0118	-.12859
.85	-2.7022	-1.0710	.8767	-.08138
.90	-3.4359	-1.2335	.7049	-.04184
.95	-4.4099	-1.3958	.4844	-.01211
1.00	-9.6873	-1.5579	-.0000	-.00000

B/L= .50 DS/B1=100.00 KS=100.000

XQ/L=0.0

X/L	FP	FS	FQ	FM
.05	7.0058	1.3789	-.6497	-.04124
.10	3.3384	1.2965	-.4828	-.06956
.15	2.7138	1.2141	-.3471	-.09030
.20	2.2549	1.1317	-.2344	-.10484
.25	1.9250	1.0493	-.1381	-.11415
.30	1.6590	.9670	-.0552	-.11898
.35	1.4312	.8847	.0164	-.11995
.40	1.2274	.8024	.0778	-.11760
.45	1.0392	.7202	.1297	-.11241
.50	.8609	.6380	.1728	-.10484
.55	.6885	.5558	.2072	-.09534
.60	.5187	.4737	.2331	-.08434
.65	.3482	.3916	.2506	-.07224
.70	.1737	.3095	.2592	-.05950
.75	-.0097	.2274	.2588	-.04655
.80	-.2090	.1454	.2483	-.03387
.85	-.4363	.0633	.2265	-.02200
.90	-.7209	-.0187	.1904	-.01158
.95	-1.0816	-.1007	.1364	-.00341
1.00	-2.7273	-.1828	-.0000	-.00000

XQ/L=0.1

X/L	FP	FS	FQ	FM
.05	6.0285	1.2224	.3014	.00754
.10	2.8954	1.1566	-.5538	.02623
.15	2.3701	1.0907	-.4353	.00150
.20	1.9861	1.0249	-.3360	-.01778
.25	1.7122	.9591	-.2504	-.03244
.30	1.4930	.8932	-.1757	-.04310
.35	1.3065	.8274	-.1104	-.05025
.40	1.1406	.7616	-.0534	-.05435
.45	.9882	.6958	-.0040	-.05578
.50	.8447	.6301	.0383	-.05492
.55	.7067	.5643	.0736	-.05213
.60	.5716	.4986	.1022	-.04773
.65	.4369	.4329	.1240	-.04208
.70	.3000	.3672	.1390	-.03550
.75	.1575	.3015	.1469	-.02835
.80	.0045	.2358	.1471	-.02100
.85	-.1673	.1701	.1388	-.01385
.90	-.3779	.1044	.1199	-.00739
.95	-.6406	.0388	.0878	-.00220
1.00	-1.7567	-.0269	-.0000	-.00000

XQ/L=0.2

X/L	FP	FS	FQ	FM
.05	5.0518	1.0659	.2526	.00631
.10	2.4523	1.0166	.3752	.02201
.15	2.0262	.9673	.4765	.04330
.20	1.7171	.9181	-.4376	.06927
.25	1.4993	.8688	-.3627	.04927
.30	1.3269	.8195	-.2963	.03279
.35	1.1817	.7702	-.2372	.01945
.40	1.0537	.7208	-.1846	.00891
.45	.9372	.6715	-.1377	.00085
.50	.8285	.6222	-.0963	-.00500
.55	.7249	.5728	-.0600	-.00890
.60	.6245	.5235	-.0288	-.01112
.65	.5256	.4742	-.0025	-.01191
.70	.4263	.4249	.0188	-.01150
.75	.3248	.3755	.0350	-.01015
.80	.2181	.3262	.0459	-.00813
.85	.1016	.2769	.0510	-.00570
.90	-.0349	.2276	.0493	-.00320
.95	-.1995	.1783	.0393	-.00098
1.00	-.7860	.1290	-.0000	-.00000

XQ/L=0.3

X/L	FP	FS	FQ	FM
.05	4.0763	.9094	.2038	.00510
.10	2.0094	.8767	.3043	.01780
.15	1.6822	.8440	.3884	.03511
.20	1.4477	.8112	.4608	.05634
.25	1.2860	.7784	.5251	.08099
.30	1.1605	.7456	-.4169	.10870
.35	1.0566	.7128	-.3641	.08917
.40	.9666	.6800	-.3157	.07218
.45	.8861	.6471	-.2714	.05750
.50	.8122	.6142	-.2308	.04494
.55	.7431	.5813	-.1937	.03433
.60	.6774	.5484	-.1598	.02549
.65	.6142	.5155	-.1291	.01827
.70	.5526	.4825	-.1015	.01251
.75	.4920	.4496	-.0769	.00805
.80	.4316	.4167	-.0553	.00475
.85	.3707	.3837	-.0367	.00245
.90	.3081	.3508	-.0213	.00100
.95	.2417	.3178	-.0092	.00023
1.00	.1849	.2849	-.0000	-.00000

XQ/L=0.4

X/L	FP	FS	FQ	FM
.05	3.1019	.7531	.1551	.00388
.10	1.5669	.7359	.2334	.01359
.15	1.3383	.7206	.3004	.02694
.20	1.1783	.7043	.3593	.04343
.25	1.0725	.6880	.4129	.06273
.30	.9936	.6717	.4626	.08462
.35	.9310	.6554	.5091	.10891
.40	.8792	.6390	-.4469	.13547
.45	.8347	.6226	-.4052	.11416
.50	.7957	.6062	-.3654	.09490
.55	.7610	.5897	-.3273	.07758
.60	.7301	.5732	-.2908	.06213
.65	.7027	.5567	-.2557	.04846
.70	.6789	.5402	-.2218	.03653
.75	.6592	.5237	-.1888	.02626
.80	.6452	.5071	-.1565	.01763
.85	.6398	.4905	-.1245	.01060
.90	.6513	.4740	-.0920	.00519
.95	.6831	.4574	-.0578	.00145
1.00	1.1564	.4409	-.0000	-.00000

XQ/L=0.5

X/L	FP	FS	FQ	FM
.05	2.1287	.5970	.1064	.00266
.10	1.1249	.5971	.1627	.00939
.15	.9947	.5973	.2124	.01877
.20	.9090	.5974	.2579	.03052
.25	.8588	.5976	.3008	.04449
.30	.8265	.5977	.3421	.06056
.35	.8051	.5978	.3824	.07868
.40	.7911	.5979	.4219	.09878
.45	.7826	.5980	.4611	.12086
.50	.7787	.5980	-.5000	.14489
.55	.7787	.5980	-.4611	.12086
.60	.7826	.5980	-.4219	.09878
.65	.7911	.5979	-.3824	.07868
.70	.8051	.5978	-.3421	.06056
.75	.8265	.5977	-.3008	.04449
.80	.8588	.5976	-.2579	.03052
.85	.9090	.5974	-.2124	.01877
.90	.9947	.5973	-.1627	.00939
.95	1.1249	.5971	-.1064	.00266
1.00	2.1287	.5970	-.0000	-.00000

B/L= .50 DS/B1=100.00 KS=100.000

XM/L=0.0

X/L	FP	FS	FQ	FM
.05	9.7745	1.5658	.4887	-.98778
.10	4.4297	1.3995	.7102	-.95781
.15	3.4368	1.2336	.8821	-.91800
.20	2.6881	1.0679	1.0165	-.87054
.25	2.1275	.9025	1.1228	-.81706
.30	1.6601	.7373	1.2058	-.75884
.35	1.2475	.5724	1.2682	-.69699
.40	.8684	.4077	1.3116	-.63249
.45	.5095	.2432	1.3371	-.56627
.50	.1617	.0789	1.3452	-.49922
.55	-.1823	-.0853	1.3361	-.43218
.60	-.5293	-.2493	1.3096	-.36604
.65	-.8866	-.4132	1.2653	-.30167
.70	-1.2633	-.5770	1.2021	-.23998
.75	-1.6724	-.7407	1.1185	-.18197
.80	-2.1351	-.9044	1.0117	-.12871
.85	-2.6895	-1.0680	.8773	-.08149
.90	-3.4294	-1.2315	.7058	-.04191
.95	-4.4104	-1.3951	.4853	-.01213
1.00	-9.7056	-1.5586	.0000	-.00000

XM/L=0.1

X/L	FP	FS	FQ	FM
.05	9.7710	1.5655	.4886	.01221
.10	4.4315	1.3996	.7101	-.95782
.15	3.4376	1.2337	.8820	-.91802
.20	2.6886	1.0680	1.0164	-.87056
.25	2.1278	.9026	1.1228	-.81707
.30	1.6603	.7374	1.2058	-.75886
.35	1.2477	.5725	1.2682	-.69701
.40	.8686	.4078	1.3117	-.63251
.45	.5097	.2433	1.3371	-.56629
.50	.1618	.0789	1.3452	-.49923
.55	-.1822	-.0852	1.3361	-.43220
.60	-.5293	-.2493	1.3096	-.36605
.65	-.8866	-.4132	1.2653	-.30168
.70	-1.2632	-.5770	1.2022	-.23999
.75	-1.6724	-.7407	1.1185	-.18197
.80	-2.1352	-.9044	1.0118	-.12872
.85	-2.6896	-1.0680	.8773	-.08149
.90	-3.4295	-1.2316	.7058	-.04191
.95	-4.4105	-1.3951	.4853	-.01213
1.00	-9.7060	-1.5587	-.0000	-.00000

XM/L=0.2

X/L	FP	FS	FQ	FM
.05	9.7612	1.5647	.4881	.01220
.10	4.4302	1.3993	.7096	.04214
.15	3.4403	1.2339	.8816	.08192
.20	2.6924	1.0685	1.0162	-.87063
.25	2.1301	.9031	1.1227	-.81716
.30	1.6619	.7379	1.2058	-.75895
.35	1.2489	.5729	1.2683	-.69710
.40	.8695	.4081	1.3117	-.63260
.45	.5104	.2436	1.3372	-.56637
.50	.1624	.0792	1.3454	-.49931
.55	-.1818	-.0850	1.3363	-.43227
.60	-.5290	-.2491	1.3098	-.36611
.65	-.8864	-.4131	1.2655	-.30173
.70	-1.2632	-.5769	1.2024	-.24003
.75	-1.6724	-.7407	1.1187	-.18201
.80	-2.1354	-.9044	1.0120	-.12874
.85	-2.6899	-1.0681	.8775	-.08150
.90	-3.4301	-1.2317	.7060	-.04192
.95	-4.4113	-1.3953	.4854	-.01213
1.00	-9.7079	-1.5589	-.0000	-.00000

XM/L=0.3

X/L	FP	FS	FQ	FM
.05	9.7495	1.5636	.4875	.01219
.10	4.4268	1.3987	.7088	.04209
.15	3.4393	1.2338	.8808	.08183
.20	2.6940	1.0688	1.0155	.12924
.25	2.1349	.9039	1.1222	.18268
.30	1.6673	.7388	1.2056	-.75912
.35	1.2524	.5738	1.2682	-.69728
.40	.8720	.4089	1.3118	-.63278
.45	.5124	.2443	1.3374	-.56654
.50	.1639	.0798	1.3456	-.49947
.55	-.1806	-.0845	1.3366	-.43241
.60	-.5281	-.2487	1.3102	-.36624
.65	-.8859	-.4128	1.2659	-.30184
.70	-1.2629	-.5768	1.2027	-.24012
.75	-1.6725	-.7407	1.1191	-.18208
.80	-2.1357	-.9045	1.0123	-.12879
.85	-2.6906	-1.0683	.8778	-.08154
.90	-3.4312	-1.2320	.7062	-.04194
.95	-4.4130	-1.3957	.4856	-.01214
1.00	-9.7120	-1.5594	-.0000	-.00000

XM/L=0.4

X/L	FP	FS	FQ	FM
.05	9.7378	1.5624	.4869	.01217
.10	4.4228	1.3979	.7080	.04205
.15	3.4373	1.2334	.8799	.08174
.20	2.6937	1.0689	1.0146	.12910
.25	2.1362	.9043	1.1214	.18250
.30	1.6706	.7397	1.2049	.24066
.35	1.2585	.5750	1.2678	.30248
.40	.8785	.4103	1.3118	-.63303
.45	.5166	.2455	1.3376	-.56680
.50	.1670	.0808	1.3459	-.49971
.55	-.1784	-.0837	1.3370	-.43263
.60	-.5265	-.2481	1.3107	-.36644
.65	-.8847	-.4123	1.2665	-.30201
.70	-1.2623	-.5765	1.2033	-.24026
.75	-1.6724	-.7405	1.1197	-.18219
.80	-2.1361	-.9045	1.0129	-.12887
.85	-2.6916	-1.0685	.8783	-.08159
.90	-3.4329	-1.2324	.7067	-.04196
.95	-4.4155	-1.3963	.4859	-.01215
1.00	-9.7185	-1.5602	-.0000	-.00000

XM/L=0.5

X/L	FP	FS	FQ	FM
.05	9.7272	1.5612	.4864	.01216
.10	4.4189	1.3971	.7073	.04200
.15	3.4350	1.2329	.8791	.08166
.20	2.6927	1.0687	1.0137	.12898
.25	2.1364	.9045	1.1205	.18233
.30	1.6719	.7402	1.2041	.24045
.35	1.2610	.5759	1.2672	.30223
.40	.8826	.4115	1.3113	.36669
.45	.5234	.2470	1.3375	.43291
.50	.1739	.0824	1.3462	-.50000
.55	-.1739	-.0824	1.3375	-.43291
.60	-.5234	-.2470	1.3113	-.36669
.65	-.8826	-.4115	1.2672	-.30223
.70	-1.2610	-.5759	1.2041	-.24045
.75	-1.6719	-.7402	1.1205	-.18233
.80	-2.1364	-.9045	1.0137	-.12898
.85	-2.6927	-1.0687	.8791	-.08166
.90	-3.4350	-1.2329	.7073	-.04200
.95	-4.4189	-1.3971	.4864	-.01216
1.00	-9.7272	-1.5612	-.0000	-.00000

GLEICHMAESSIGE BELASTUNG B/L= .50 DS/B1=100.00

KS= .001

X/L	FP	FS	FQ	FM
.05	1.1134	.4975	.0057	.00014
.10	.8963	.5420	.0005	.00030
.15	.9678	.5796	-.0011	.00028
.20	.9970	.6085	-.0013	.00022
.25	1.0066	.6299	-.0009	.00016
.30	1.0071	.6456	-.0006	.00013
.35	1.0051	.6570	-.0003	.00010
.40	1.0032	.6649	-.0002	.00009
.45	1.0020	.6700	-.0001	.00008
.50	1.0015	.6725	.0000	.00008
.55	1.0015	.6725	.0001	.00008
.60	1.0020	.6700	.0002	.00009
.65	1.0032	.6649	.0003	.00010
.70	1.0051	.6570	.0006	.00013
.75	1.0071	.6456	.0009	.00016
.80	1.0066	.6299	.0013	.00022
.85	.9970	.6085	.0011	.00028
.90	.9678	.5796	-.0005	.00030
.95	.8963	.5420	-.0057	.00014
1.00	1.1134	.4975	.0000	.00000

KS= .003

X/L	FP	FS	FQ	FM
.05	1.1881	.5023	.0094	.00024
.10	.8777	.5411	.0033	.00055
.15	.9331	.5759	-.0001	.00063
.20	.9700	.6046	-.0016	.00059
.25	.9933	.6272	-.0019	.00051
.30	1.0046	.6443	-.0017	.00042
.35	1.0086	.6567	-.0012	.00035
.40	1.0089	.6653	-.0008	.00030
.45	1.0081	.6708	-.0004	.00027
.50	1.0075	.6734	.0000	.00026
.55	1.0075	.6734	.0004	.00027
.60	1.0081	.6708	.0008	.00030
.65	1.0089	.6653	.0012	.00035
.70	1.0086	.6567	.0017	.00042
.75	1.0046	.6443	.0019	.00051
.80	.9933	.6272	.0016	.00059
.85	.9700	.6046	.0001	.00063
.90	.9331	.5759	-.0033	.00055
.95	.8777	.5411	-.0094	.00024
1.00	1.1881	.5023	.0000	.00000

KS= .010

X/L	FP	FS	FQ	FM
.05	1.3006	.5111	.0150	.00038
.10	.8782	.5430	.0089	.00097
.15	.9036	.5729	.0041	.00130
.20	.9325	.5993	.0007	.00142
.25	.9614	.6216	-.0012	.00141
.30	.9838	.6396	-.0020	.00133
.35	.9992	.6536	-.0020	.00123
.40	1.0090	.6637	-.0016	.00114
.45	1.0146	.6702	-.0009	.00108
.50	1.0171	.6734	-.0000	.00106
.55	1.0171	.6734	.0009	.00108
.60	1.0146	.6702	.0016	.00114
.65	1.0090	.6637	.0020	.00123
.70	.9992	.6536	.0020	.00133
.75	.9838	.6396	.0012	.00141
.80	.9614	.6216	-.0007	.00142
.85	.9325	.5993	-.0041	.00130
.90	.9036	.5729	-.0089	.00097
.95	.8782	.5430	-.0150	.00038
1.00	1.3006	.5111	.0000	.00000

KS= .020

X/L	FP	FS	FQ	FM
.05	1.3847	.5187	.0192	.00048
.10	.8922	.5465	.0138	.00131
.15	.8978	.5729	.0087	.00187
.20	.9159	.5970	.0045	.00220
.25	.9416	.6179	.0016	.00236
.30	.9653	.6355	-.0001	.00239
.35	.9845	.6494	-.0009	.00237
.40	.9985	.6598	-.0010	.00232
.45	1.0075	.6667	-.0006	.00228
.50	1.0119	.6701	-.0000	.00227
.55	1.0119	.6701	.0006	.00228
.60	1.0075	.6667	.0010	.00232
.65	.9985	.6598	.0009	.00237
.70	.9845	.6494	.0001	.00239
.75	.9653	.6355	-.0016	.00236
.80	.9416	.6179	-.0045	.00220
.85	.9159	.5970	-.0087	.00187
.90	.8978	.5729	-.0138	.00131
.95	.8922	.5465	-.0192	.00048
1.00	1.3847	.5187	.0000	.00000

KS= .050

X/L	FP	FS	FQ	FM
.05	1.5325	.5335	.0266	.00067
.10	.9311	.5552	.0232	.00191
.15	.9067	.5761	.0185	.00295
.20	.9043	.5955	.0137	.00376
.25	.9180	.6130	.0096	.00434
.30	.9354	.6279	.0064	.00474
.35	.9519	.6402	.0040	.00500
.40	.9655	.6495	.0023	.00516
.45	.9749	.6558	.0010	.00524
.50	.9797	.6589	.0000	.00527
.55	.9797	.6589	-.0010	.00524
.60	.9749	.6558	-.0023	.00516
.65	.9655	.6495	-.0040	.00500
.70	.9519	.6402	-.0064	.00474
.75	.9354	.6279	-.0096	.00434
.80	.9180	.6130	-.0137	.00376
.85	.9043	.5955	-.0185	.00295
.90	.9067	.5761	-.0232	.00191
.95	.9311	.5552	-.0266	.00067
1.00	1.5325	.5335	.0000	.00000

KS= .100

X/L	FP	FS	FQ	FM
.05	1.6730	.5482	.0336	.00084
.10	.9745	.5646	.0324	.00249
.15	.9242	.5806	.0286	.00402
.20	.9022	.5955	.0237	.00532
.25	.9017	.6090	.0188	.00638
.30	.9088	.6208	.0142	.00721
.35	.9182	.6305	.0101	.00782
.40	.9270	.6380	.0065	.00823
.45	.9335	.6431	.0032	.00847
.50	.9370	.6456	.0000	.00855
.55	.9370	.6456	-.0032	.00847
.60	.9335	.6431	-.0065	.00823
.65	.9270	.6380	-.0101	.00782
.70	.9182	.6305	-.0142	.00721
.75	.9088	.6208	-.0188	.00638
.80	.9017	.6090	-.0237	.00532
.85	.9022	.5955	-.0286	.00402
.90	.9242	.5806	-.0324	.00249
.95	.9745	.5646	-.0336	.00084
1.00	1.6730	.5482	.0000	.00000

GLEICHMAESSIGE BELASTUNG B/L= .50 DS/B1=100.00

KS= .200

X/L	FP	FS	FQ	FM
.05	1.8178	.5636	.0409	.00102
.10	1.0215	.5748	.0420	.00309
.15	.9454	.5857	.0392	.00512
.20	.9031	.5959	.0344	.00696
.25	.8872	.6053	.0287	.00854
.30	.8823	.6135	.0229	.00983
.35	.8826	.6203	.0170	.01083
.40	.8848	.6255	.0112	.01153
.45	.8870	.6291	.0056	.01196
.50	.8883	.6309	.0000	.01209
.55	.8883	.6309	-.0056	.01196
.60	.8870	.6291	-.0112	.01153
.65	.8848	.6255	-.0170	.01083
.70	.8826	.6203	-.0229	.00983
.75	.8823	.6135	-.0287	.00854
.80	.8872	.6053	-.0344	.00696
.85	.9031	.5959	-.0392	.00512
.90	.9454	.5857	-.0420	.00309
.95	1.0215	.5748	-.0409	.00102
1.00	1.8178	.5636	.0000	.00000

KS= .500

X/L	FP	FS	FQ	FM
.05	1.9706	.5800	.0485	.00121
.10	1.0720	.5857	.0521	.00373
.15	.9693	.5913	.0506	.00630
.20	.9057	.5966	.0459	.00871
.25	.8730	.6015	.0395	.01084
.30	.8548	.6057	.0323	.01264
.35	.8446	.6093	.0245	.01406
.40	.8390	.6120	.0165	.01508
.45	.8361	.6139	.0083	.01570
.50	.8349	.6148	.0000	.01591
.55	.8349	.6148	-.0083	.01570
.60	.8361	.6139	-.0165	.01508
.65	.8390	.6120	-.0245	.01406
.70	.8446	.6093	-.0323	.01264
.75	.8548	.6057	-.0395	.01084
.80	.8730	.6015	-.0459	.00871
.85	.9057	.5966	-.0506	.00630
.90	.9693	.5913	-.0521	.00373
.95	1.0720	.5857	-.0485	.00121
1.00	1.9706	.5800	.0000	.00000

KS= 1.000

X/L	FP	FS	FQ	FM
.05	2.0433	.5878	.0522	.00130
.10	1.0963	.5910	.0570	.00403
.15	.9810	.5941	.0560	.00686
.20	.9072	.5970	.0514	.00954
.25	.8665	.5997	.0447	.01195
.30	.8418	.6020	.0368	.01398
.35	.8265	.6040	.0281	.01561
.40	.8170	.6055	.0190	.01678
.45	.8115	.6066	.0095	.01750
.50	.8090	.6071	.0000	.01774
.55	.8090	.6071	-.0095	.01750
.60	.8115	.6066	-.0190	.01678
.65	.8170	.6055	-.0281	.01561
.70	.8265	.6040	-.0368	.01398
.75	.8418	.6020	-.0447	.01195
.80	.8665	.5997	-.0514	.00954
.85	.9072	.5970	-.0560	.00686
.90	.9810	.5941	-.0570	.00403
.95	1.0963	.5910	-.0522	.00130
1.00	2.0433	.5878	.0000	.00000

KS= 3.000

X/L	FP	FS	FQ	FM
.05	2.1011	.5940	.0551	.00138
.10	1.1157	.5951	.0608	.00427
.15	.9903	.5962	.0604	.00730
.20	.9085	.5973	.0558	.01021
.25	.8614	.5983	.0488	.01282
.30	.8315	.5991	.0404	.01505
.35	.8120	.5998	.0310	.01684
.40	.7994	.6004	.0210	.01814
.45	.7919	.6008	.0106	.01893
.50	.7883	.6009	.0000	.01919
.55	.7883	.6009	-.0106	.01893
.60	.7919	.6008	-.0210	.01814
.65	.7994	.6004	-.0310	.01684
.70	.8120	.5998	-.0404	.01505
.75	.8315	.5991	-.0488	.01282
.80	.8614	.5983	-.0558	.01021
.85	.9085	.5973	-.0604	.00730
.90	.9903	.5962	-.0608	.00427
.95	1.1157	.5951	-.0551	.00138
1.00	2.1011	.5940	.0000	.00000

KS= 10.000

X/L	FP	FS	FQ	FM
.05	2.1235	.5964	.0562	.00140
.10	1.1232	.5968	.0623	.00437
.15	.9940	.5971	.0620	.00748
.20	.9090	.5974	.0575	.01046
.25	.8594	.5977	.0505	.01316
.30	.8275	.5980	.0418	.01547
.35	.8064	.5982	.0321	.01732
.40	.7926	.5984	.0218	.01867
.45	.7842	.5985	.0110	.01949
.50	.7803	.5985	.0000	.01976
.55	.7803	.5985	-.0110	.01949
.60	.7842	.5985	-.0218	.01867
.65	.7926	.5984	-.0321	.01732
.70	.8064	.5982	-.0418	.01547
.75	.8275	.5980	-.0505	.01316
.80	.8594	.5977	-.0575	.01046
.85	.9090	.5974	-.0620	.00748
.90	.9940	.5971	-.0623	.00437
.95	1.1232	.5968	-.0562	.00140
1.00	2.1235	.5964	.0000	.00000

KS=100.000

X/L	FP	FS	FQ	FM
.05	2.1324	.5974	.0566	.00142
.10	1.1262	.5974	.0629	.00440
.15	.9955	.5974	.0627	.00755
.20	.9092	.5975	.0582	.01057
.25	.8586	.5975	.0511	.01330
.30	.8259	.5975	.0424	.01564
.35	.8041	.5976	.0326	.01751
.40	.7899	.5976	.0221	.01888
.45	.7812	.5976	.0111	.01971
.50	.7770	.5976	.0000	.01999
.55	.7770	.5976	-.0111	.01971
.60	.7812	.5976	-.0221	.01888
.65	.7899	.5976	-.0326	.01751
.70	.8041	.5976	-.0424	.01564
.75	.8259	.5975	-.0511	.01330
.80	.8586	.5975	-.0582	.01057
.85	.9092	.5975	-.0627	.00755
.90	.9955	.5974	-.0629	.00440
.95	1.1262	.5974	-.0566	.00142
1.00	2.1324	.5974	.0000	.00000

B/L= 1.00 DS/B1= .10 KS= .001

XQ/L=0.0

X/L	FP	FS	FQ	FM
.05	22.1919	1.3591	.1096	-.02226
.10	1.7313	.3978	.1962	-.01462
.15	-1.2456	-.0049	.1339	-.00637
.20	-1.5092	-.0968	.0584	-.00156
.25	-.8781	-.0746	.0145	.00027
.30	-.3357	-.0357	-.0023	.00057
.35	-.0579	-.0105	-.0052	.00039
.40	.0329	.0002	-.0035	.00017
.45	.0393	.0027	-.0016	.00004
.50	.0231	.0021	-.0004	-.00001
.55	.0090	.0010	.0001	-.00002
.60	.0016	.0004	.0001	-.00001
.65	-.0008	.0001	.0001	-.00000
.70	-.0010	-.0000	.0000	-.00000
.75	-.0006	-.0000	.0000	.00000
.80	-.0002	-.0000	-.0000	.00000
.85	-.0000	.0000	-.0000	.00000
.90	.0000	.0000	-.0000	.00000
.95	.0000	.0000	-.0000	.00000
1.00	.0000	.0000	-.0000	-.00000

XQ/L=0.1

X/L	FP	FS	FQ	FM
.05	2.6652	.2852	.1333	.00333
.10	6.9536	.5671	-.5191	.01869
.15	6.8811	.5717	-.1750	.00133
.20	3.2099	.3287	-.0145	-.00340
.25	.8919	.1268	.0301	-.00301
.30	-.0581	.0240	.0272	-.00158
.35	-.2561	-.0101	.0144	-.00054
.40	-.1882	-.0132	.0050	-.00006
.45	-.0882	-.0077	.0006	.00008
.50	-.0254	-.0028	-.0007	.00007
.55	.0006	-.0003	-.0007	.00004
.60	.0063	.0005	-.0004	.00001
.65	.0048	.0005	-.0001	.00000
.70	.0023	.0003	-.0000	-.00000
.75	.0007	.0001	.0000	-.00000
.80	-.0000	.0001	.0000	-.00000
.85	-.0002	.0000	.0000	-.00000
.90	-.0001	.0000	.0000	-.00000
.95	-.0001	.0000	.0000	-.00000
1.00	-.0000	.0000	-.0000	-.00000

XQ/L=0.2

X/L	FP	FS	FQ	FM
.05	-1.0059	-.0277	-.0503	-.00126
.10	.9807	.1197	-.0013	-.00255
.15	3.2461	.3273	.1610	.00145
.20	6.7397	.5614	-.5020	.01793
.25	6.6804	.5572	-.1679	.00118
.30	3.0986	.3186	-.0130	-.00335
.35	.8523	.1222	.0296	-.00293
.40	-.0630	.0227	.0264	-.00153
.45	-.2507	-.0101	.0139	-.00052
.50	-.1828	-.0128	.0048	-.00006
.55	-.0852	-.0075	.0005	.00008
.60	-.0243	-.0027	-.0007	.00007
.65	.0007	-.0003	-.0007	.00004
.70	.0062	.0005	-.0004	.00001
.75	.0047	.0005	-.0001	.00000
.80	.0022	.0003	-.0000	-.00000
.85	.0006	.0001	.0000	-.00000
.90	-.0000	.0001	.0000	-.00000
.95	-.0002	.0000	.0000	-.00000
1.00	-.0002	.0000	-.0000	-.00000

XQ/L=0.3

X/L	FP	FS	FQ	FM
.05	-.3046	-.0187	-.0152	-.00038
.10	-.2456	-.0110	-.0275	-.00145
.15	-.0477	.0235	-.0299	-.00288
.20	.8641	.1228	.0133	-.00330
.25	3.0941	.3176	.1680	.00123
.30	6.6404	.5530	-.5000	.01794
.35	6.6390	.5528	-.1680	.00124
.40	3.0894	.3171	-.0135	-.00330
.45	.8549	.1221	.0292	-.00291
.50	-.0589	.0229	.0263	-.00153
.55	-.2481	-.0098	.0139	-.00052
.60	-.1817	-.0127	.0048	-.00006
.65	-.0849	-.0074	.0005	.00008
.70	-.0244	-.0027	-.0007	.00007
.75	.0006	-.0003	-.0007	.00004
.80	.0062	.0005	-.0004	.00001
.85	.0047	.0005	-.0001	.00000
.90	.0023	.0003	-.0000	-.00000
.95	.0007	.0001	.0000	-.00000
1.00	-.0007	.0000	-.0000	-.00000-

XQ/L=0.4

X/L	FP	FS	FQ	FM
.05	.0076	-.0009	.0004	.00001
.10	-.0912	-.0075	-.0042	-.00009
.15	-.1883	-.0131	-.0136	-.00053
.20	-.2520	-.0102	-.0262	-.00152
.25	-.0603	.0228	-.0292	-.00291
.30	.8548	.1221	.0135	-.00330
.35	3.0899	.3171	.1680	.00124
.40	6.6392	.5528	-.5000	.01794
.45	6.6391	.5528	-.1681	.00124
.50	3.0898	.3171	-.0136	-.00330
.55	.8551	.1221	.0292	-.00291
.60	-.0587	.0229	.0263	-.00153
.65	-.2480	-.0098	.0139	-.00052
.70	-.1817	-.0127	.0048	-.00006
.75	-.0849	-.0074	.0005	.00008
.80	-.0243	-.0027	-.0007	.00007
.85	.0007	-.0003	-.0007	.00004
.90	.0063	.0005	-.0003	.00001
.95	.0049	.0005	-.0001	.00000
1.00	.0019	.0003	-.0000	-.00000

XQ/L=0.5

X/L	FP	FS	FQ	FM
.05	.0171	.0010	.0009	.00002
.10	-.0004	-.0003	.0008	.00006
.15	-.0259	-.0028	-.0005	.00007
.20	-.0860	-.0075	-.0048	-.00006
.25	-.1821	-.0127	-.0139	-.00052
.30	-.2481	-.0099	-.0263	-.00152
.35	-.0587	.0229	-.0292	-.00291
.40	.8552	.1221	.0136	-.00330
.45	3.0898	.3171	.1680	.00124
.50	6.6390	.5528	-.5000	.01794
.55	6.6390	.5528	-.1680	.00124
.60	3.0898	.3171	-.0136	-.00330
.65	.8552	.1221	.0292	-.00291
.70	-.0587	.0229	.0263	-.00152
.75	-.2481	-.0099	.0139	-.00052
.80	-.1821	-.0127	.0048	-.00006
.85	-.0860	-.0075	.0005	.00007
.90	-.0259	-.0028	-.0008	.00006
.95	-.0004	-.0003	-.0009	.00002
1.00	.0171	.0010	-.0000	-.00000

B/L= 1.00 DS/B1= .10 KS= .001

XM/L=0.0

X/L	FP	FS	FQ	FM
.05	230.6871	12.1812	11.5344	-.71164
.10	-101.9037	-4.1428	6.4392	-.26230
.15	-79.8841	-6.1761	2.4450	-.04020
.20	-41.1038	-3.9214	.3898	.03067
.25	-13.1799	-1.6523	-.2692	.03368
.30	-.6909	-.3896	-.3038	.01936
.35	2.5553	.0752	-.1760	.00736
.40	2.1720	.1472	-.0674	.00128
.45	1.1096	.0964	-.0119	-.00070
.50	.3645	.0403	.0063	-.00084
.55	.0276	.0086	.0077	-.00049
.60	-.0631	-.0030	.0045	-.00019
.65	-.0557	-.0046	.0017	-.00003
.70	-.0288	-.0031	.0003	.00002
.75	-.0095	-.0014	-.0002	.00002
.80	-.0007	-.0005	-.0002	.00001
.85	.0017	-.0001	-.0001	.00001
.90	.0015	-.0000	-.0000	.00000
.95	.0008	-.0000	-.0000	.00000
1.00	.0001	-.0000	.0000	-.00000

XM/L=0.1

X/L	FP	FS	FQ	FM
.05	104.9921	6.9502	5.2496	.13124
.10	62.6858	4.0813	8.3839	-.52792
.15	-67.9057	-3.8914	4.9886	-.19361
.20	-63.8215	-5.0033	1.7975	-.02396
.25	-31.1906	-3.0512	.2380	.02693
.30	-9.5088	-1.2412	-.2374	.02695
.35	-.1138	-.2691	-.2431	.01493
.40	2.1468	.0745	-.1358	.00546
.45	1.7161	.1189	-.0500	.00082
.50	.8471	.0745	-.0076	-.00062
.55	.2649	.0299	.0056	-.00067
.60	.0106	.0056	.0061	-.00038
.65	-.0532	-.0029	.0035	-.00014
.70	-.0440	-.0038	.0013	-.00002
.75	-.0220	-.0024	.0002	.00002
.80	-.0069	-.0011	-.0002	.00002
.85	-.0003	-.0004	-.0002	.00001
.90	.0014	-.0001	-.0001	.00000
.95	.0012	-.0000	-.0000	.00000
1.00	.0007	-.0000	-.0000	-.00000

XM/L=0.2

X/L	FP	FS	FQ	FM
.05	-1.8639	.5685	-.0932	-.00233
.10	31.8202	2.9155	1.4978	.03279
.15	62.8121	4.9051	4.6384	.18619
.20	65.1531	3.8063	7.8961	-.50045
.25	-63.2337	-3.6250	4.7344	-.18468
.30	-60.3961	-4.7270	1.7146	-.02346
.35	-29.6394	-2.8955	.2326	.02522
.40	-9.0957	-1.1831	-.2222	.02548
.45	-.1537	-.2596	-.2299	.01418
.50	2.0187	.0685	-.1289	.00521
.55	1.6247	.1121	-.0477	.00080
.60	.8052	.0706	-.0074	-.00058
.65	.2535	.0284	.0052	-.00064
.70	.0113	.0054	.0058	-.00036
.75	-.0499	-.0027	.0033	-.00013
.80	-.0417	-.0036	.0012	-.00002
.85	-.0212	-.0023	.0002	.00002
.90	-.0071	-.0011	-.0002	.00002
.95	-.0006	-.0003	-.0002	.00001
1.00	.0044	.0001	-.0000	-.00000

XM/L=0.3

X/L	FP	FS	FQ	FM
.05	-6.1679	-.2857	-.3084	-.00771
.10	.5197	.2376	-.2824	-.02248
.15	9.6187	1.2154	.1985	-.02458
.20	29.9841	2.9290	1.6977	.02283
.25	60.6580	4.7626	4.7306	.18354
.30	63.8058	3.6902	7.9209	-.50017
.35	-63.7739	-3.6833	4.7322	-.18384
.40	-60.5036	-4.7458	1.7070	-.02286
.45	-29.5972	-2.8968	.2272	.02549
.50	-9.0372	-1.1797	-.2247	.02556
.55	-.1176	-.2567	-.2306	.01418
.60	2.0333	.0700	-.1289	.00519
.65	1.6279	.1125	-.0475	.00078
.70	.8042	.0706	-.0073	-.00059
.75	.2518	.0283	.0053	-.00064
.80	.0101	.0052	.0058	-.00036
.85	-.0513	-.0029	.0032	-.00013
.90	-.0433	-.0037	.0011	-.00003
.95	-.0224	-.0023	-.0000	.00000
1.00	.0008	-.0006	-.0000	-.00000

XM/L=0.4

X/L	FP	FS	FQ	FM
.05	-.8405	-.0702	-.0420	-.00105
.10	-1.6864	-.1164	-.1263	-.00526
.15	-2.0697	-.0732	-.2298	-.01416
.20	.1018	.2549	-.2247	-.02553
.25	9.0298	1.1788	.2267	-.02548
.30	29.5878	2.8959	1.7061	.02284
.35	60.4893	4.7450	4.7306	.18376
.40	63.7663	3.6841	7.9189	-.50000
.45	-63.7651	-3.6840	4.7307	-.18376
.50	-60.4875	-4.7449	1.7063	-.02284
.55	-29.5867	-2.8959	.2270	.02549
.60	-9.0328	-1.1793	-.2247	.02555
.65	-.1166	-.2565	-.2305	.01417
.70	2.0332	.0700	-.1289	.00519
.75	1.6278	.1126	-.0475	.00078
.80	.8051	.0707	-.0072	-.00059
.85	.2543	.0285	.0055	-.00063
.90	.0135	.0054	.0062	-.00034
.95	-.0494	-.0031	.0037	-.00009
1.00	-.0741	-.0052	-.0000	-.00000

XM/L=0.5

X/L	FP	FS	FQ	FM
.05	.2047	.0063	.0102	.00026
.10	-.2816	-.0279	-.0038	.00042
.15	-.8404	-.0730	-.0459	-.00083
.20	-1.6507	-.1145	-.1284	-.00518
.25	-2.0425	-.0710	-.2305	-.01416
.30	.1144	.2562	-.2248	-.02554
.35	9.0332	1.1792	.2269	-.02549
.40	29.5878	2.8960	1.7062	.02284
.45	60.4884	4.7450	4.7307	.18376
.50	63.7656	3.6840	7.9189	-.50000
.55	-63.7657	-3.6840	4.7307	-.18376
.60	-60.4883	-4.7450	1.7062	-.02284
.65	-29.5876	-2.8960	.2269	.02549
.70	-9.0333	-1.1793	-.2248	.02554
.75	-.1145	-.2562	-.2305	.01416
.80	2.0426	.0710	-.1284	.00518
.85	1.6507	.1145	-.0459	.00083
.90	.8404	.0730	-.0038	-.00042
.95	.2816	.0279	.0102	-.00026
1.00	-.2046	-.0063	-.0000	-.00000

B/L= 1.00 DS/B1= .10 KS= .003

XQ/L=0.0

X/L	FP	FS	FQ	FM
.05	18.5688	1.1843	-.0716	-.02679
.10	4.3522	.5337	.1461	-.02493
.15	.7047	.1462	.1813	-.01674
.20	-.8822	-.0322	.1372	-.00878
.25	-1.1436	-.0839	.0800	-.00335
.30	-.8832	-.0761	.0358	-.00046
.35	-.5233	-.0501	.0097	.00068
.40	-.2394	-.0259	-.0023	.00087
.45	-.0685	-.0096	-.0057	.00066
.50	.0113	-.0011	-.0052	.00039
.55	.0354	.0022	-.0034	.00018
.60	.0329	.0027	-.0017	.00005
.65	.0220	.0020	-.0006	-.00001
.70	.0115	.0012	-.0001	-.00003
.75	.0044	.0005	.0002	-.00002
.80	.0006	.0002	.0002	-.00002
.85	-.0009	-.0000	.0001	-.00001
.90	-.0012	-.0001	.0001	-.00000
.95	-.0009	-.0001	.0000	-.00000
1.00	-.0006	-.0000	-.0000	-.00000

XQ/L=0.1

X/L	FP	FS	FQ	FM
.05	4.4460	.3664	.2223	.00556
.10	5.4378	.4792	-.5058	.02347
.15	5.2725	.4630	-.2422	.00477
.20	3.3157	.3214	-.0764	-.00319
.25	1.6177	.1755	.0045	-.00499
.30	.5335	.0721	.0312	-.00410
.35	-.0048	.0148	.0309	-.00255
.40	-.1896	-.0093	.0214	-.00124
.45	-.1958	-.0147	.0117	-.00041
.50	-.1384	-.0120	.0047	-.00000
.55	-.0764	-.0073	.0009	.00014
.60	-.0318	-.0035	-.0007	.00014
.65	-.0068	-.0011	-.0010	.00010
.70	.0039	.0001	-.0008	.00006
.75	.0064	.0005	-.0005	.00002
.80	.0054	.0005	-.0002	.00000
.85	.0034	.0003	-.0001	-.00000
.90	.0017	.0002	.0000	-.00000
.95	.0005	.0001	.0000	-.00000
1.00	-.0010	-.0000	-.0000	-.00000

XQ/L=0.2

X/L	FP	FS	FQ	FM
.05	-.6112	.0044	-.0306	-.00076
.10	1.6244	.1615	.0507	-.00026
.15	3.4488	.3256	.2231	.00658
.20	5.3072	.4616	-.5115	.02437
.25	5.2533	.4587	-.2489	.00536
.30	3.3515	.3232	-.0813	-.00289
.35	1.6601	.1787	.0017	-.00488
.40	.5652	.0749	.0300	-.00409
.45	.0135	.0166	.0306	-.00258
.50	-.1816	-.0084	.0216	-.00127
.55	-.1937	-.0144	.0119	-.00044
.60	-.1390	-.0119	.0049	-.00002
.65	-.0778	-.0074	.0010	.00013
.70	-.0330	-.0036	-.0006	.00014
.75	-.0075	-.0011	-.0010	.00010
.80	.0036	.0001	-.0008	.00006
.85	.0064	.0005	-.0005	.00003
.90	.0055	.0005	-.0002	.00001
.95	.0034	.0003	-.0000	.00000
1.00	.0009	.0001	-.0000	-.00000

XQ/L=0.3

X/L	FP	FS	FQ	FM
.05	-.7775	-.0415	-.0389	-.00097
.10	-.0226	.0073	-.0400	-.00294
.15	.6082	.0757	-.0096	-.00418
.20	1.6988	.1803	.0753	-.00254
.25	3.3307	.3204	.2419	.00539
.30	5.1498	.4496	-.5006	.02392
.35	5.1321	.4481	-.2440	.00531
.40	3.2799	.3162	-.0800	-.00280
.45	1.6277	.1751	.0014	-.00476
.50	.5561	.0736	.0292	-.00400
.55	.0153	.0164	.0299	-.00252
.60	-.1766	-.0081	.0211	-.00125
.65	-.1892	-.0140	.0116	-.00043
.70	-.1361	-.0117	.0048	-.00002
.75	-.0765	-.0073	.0010	.00013
.80	-.0328	-.0035	-.0006	.00014
.85	-.0079	-.0011	-.0010	.00010
.90	.0032	.0001	-.0009	.00005
.95	.0067	.0006	-.0005	.00001
1.00	.0107	.0008	-.0000	-.00000

XQ/L=0.4

X/L	FP	FS	FQ	FM
.05	-.2340	-.0166	-.0117	-.00029
.10	-.2036	-.0160	-.0219	-.00113
.15	-.1761	-.0084	-.0307	-.00245
.20	.0225	.0169	-.0296	-.00395
.25	.5638	.0742	-.0014	-.00473
.30	1.6323	.1754	.0802	-.00275
.35	3.2777	.3158	.2441	.00536
.40	5.1178	.4465	-.5000	.02396
.45	5.1171	.4465	-.2441	.00536
.50	3.2755	.3156	-.0804	-.00275
.55	1.6282	.1750	.0011	-.00474
.60	.5582	.0737	.0290	-.00399
.65	.0170	.0165	.0298	-.00252
.70	-.1759	-.0081	.0210	-.00125
.75	-.1898	-.0140	.0115	-.00043
.80	-.1380	-.0118	.0046	-.00003
.85	-.0792	-.0075	.0007	.00011
.90	-.0348	-.0036	-.0011	.00010
.95	-.0062	-.0008	-.0014	.00003
1.00	.0276	.0014	-.0000	-.00000

XQ/L=0.5

X/L	FP	FS	FQ	FM
.05	.0000	-.0015	.0000	.00000
.10	-.0774	-.0070	-.0039	-.00010
.15	-.1419	-.0120	-.0110	-.00047
.20	-.1947	-.0144	-.0207	-.00126
.25	-.1795	-.0084	-.0297	-.00252
.30	.0150	.0163	-.0289	-.00398
.35	.5574	.0736	-.0011	-.00473
.40	1.6282	.1750	.0804	-.00275
.45	3.2758	.3156	.2441	.00536
.50	5.1172	.4464	-.5000	.02397
.55	5.1172	.4464	-.2441	.00536
.60	3.2758	.3156	-.0804	-.00275
.65	1.6282	.1750	.0011	-.00473
.70	.5574	.0736	.0289	-.00398
.75	.0150	.0163	.0297	-.00252
.80	-.1795	-.0084	.0207	-.00126
.85	-.1947	-.0144	.0110	-.00047
.90	-.1419	-.0120	.0039	-.00010
.95	-.0774	-.0070	-.0000	.00000
1.00	.0000	-.0015	-.0000	-.00000

B/L= 1.00 DS/B1= .10 KS= .003

XM/L=0.0

X/L	FP	FS	FQ	FM
.05	158.0076	8.9091	7.9004	-.80249
.10	-30.1921	-.4175	6.3908	-.44521
.15	-48.3850	-3.5371	3.9715	-.18615
.20	-41.3022	-3.5502	1.9064	-.03921
.25	-25.9532	-2.4795	.6088	.02367
.30	-12.6952	-1.3583	-.0260	.03824
.35	-4.2315	-.5598	-.2376	.03165
.40	-.0156	-.1152	-.2384	.01975
.45	1.4455	.0723	-.1661	.00964
.50	1.5097	.1144	-.0906	.00323
.55	1.0720	.0937	-.0370	.00004
.60	.5946	.0577	-.0073	-.00107
.65	.2488	.0276	.0052	-.00112
.70	.0538	.0087	.0079	-.00080
.75	-.0301	-.0006	.0064	-.00044
.80	-.0503	-.0037	.0038	-.00019
.85	-.0425	-.0037	.0017	-.00005
.90	-.0270	-.0026	.0004	.00000
.95	-.0124	-.0013	-.0003	.00001
1.00	.0052	-.0000	.0000	-.00000

XM/L=0.1

X/L	FP	FS	FQ	FM
.05	97.0825	6.2013	4.8541	.12135
.10	34.5726	2.8423	6.5828	-.59273
.15	-32.0773	-1.8737	4.9789	-.30368
.20	-43.1348	-3.3911	2.8221	-.10866
.25	-32.2212	-2.8917	1.2111	-.00783
.30	-18.5651	-1.8435	.2828	.02952
.35	-8.1496	-.9230	-.1247	.03347
.40	-2.0591	-.3261	-.2276	.02467
.45	.6740	-.0219	-.1939	.01413
.50	1.4128	.0889	-.1233	.00620
.55	1.2376	.0996	-.0614	.00158
.60	.8003	.0726	-.0214	-.00049
.65	.4057	.0410	-.0011	-.00105
.70	.1460	.0175	.0062	-.00092
.75	.0118	.0039	.0068	-.00059
.80	-.0385	-.0020	.0049	-.00030
.85	-.0447	-.0036	.0026	-.00012
.90	-.0334	-.0030	.0010	-.00003
.95	-.0187	-.0018	.0000	-.00000
1.00	-.0006	-.0005	-.0000	-.00000

XM/L=0.2

X/L	FP	FS	FQ	FM
.05	15.7649	1.4945	.7882	.01971
.10	28.7139	2.5625	2.2239	.09501
.15	38.7014	3.0868	4.1590	.25458
.20	29.8112	1.9034	5.6496	-.50020
.25	-28.4170	-1.7708	4.2287	-.25324
.30	-37.1988	-2.9574	2.3688	-.08831
.35	-27.3919	-2.4750	.9992	-.00411
.40	-15.6006	-1.5591	.2192	.02635
.45	-6.7368	-.7707	-.1177	.02889
.50	-1.6136	-.2655	-.1984	.02099
.55	.6495	-.0114	-.1659	.01188
.60	1.2336	.0791	-.1042	.00513
.65	1.0598	.0858	-.0512	.00124
.70	.6773	.0617	-.0173	-.00047
.75	.3397	.0345	-.0004	-.00091
.80	.1203	.0145	.0056	-.00078
.85	.0082	.0031	.0061	-.00049
.90	-.0337	-.0019	.0044	-.00023
.95	-.0404	-.0034	.0024	-.00006
1.00	-.0471	-.0035	-.0000	-.00000

XM/L=0.3

X/L	FP	FS	FQ	FM
.05	-5.5184	-.1496	-.2759	-.00690
.10	6.5185	.6765	.0500	-.01255
.15	16.4651	1.6067	.8733	.01054
.20	28.4728	2.5640	2.2969	.08979
.25	38.1630	3.0494	4.2050	.25234
.30	29.3428	1.8639	5.6722	-.50073
.35	-28.7173	-1.7991	4.2363	-.25302
.40	-37.3491	-2.9732	2.3689	-.08789
.45	-27.4447	-2.4818	.9966	-.00375
.50	-15.6038	-1.5607	.2165	.02658
.55	-6.7219	-.7700	-.1196	.02900
.60	-1.5969	-.2642	-.1995	.02102
.65	.6627	-.0102	-.1663	.01187
.70	1.2435	.0801	-.1042	.00511
.75	1.0692	.0867	-.0507	.00124
.80	.6887	.0627	-.0163	-.00044
.85	.3527	.0355	.0014	-.00081
.90	.1286	.0148	.0078	-.00058
.95	-.0012	.0012	.0077	-.00019
1.00	-.1545	-.0086	-.0000	-.00000

XM/L=0.4

X/L	FP	FS	FQ	FM
.05	-4.0622	-.2349	-.2031	-.00508
.10	-.8926	-.0361	-.2477	-.01635
.15	1.7753	.2689	-.1590	-.02652
.20	6.9963	.7900	.1908	-.02572
.25	15.8136	1.5796	.9815	.00359
.30	27.5753	2.4964	2.3603	.08714
.35	37.4644	2.9882	4.2335	.25198
.40	28.9271	1.8235	5.6799	-.50019
.45	-28.9083	-1.8201	4.2345	-.25233
.50	-37.4046	-2.9812	2.3642	-.08736
.55	-27.4367	-2.4828	.9924	-.00345
.60	-15.5760	-1.5590	.2136	.02670
.65	-6.6939	-.7677	-.1211	.02902
.70	-1.5729	-.2619	-.1998	.02099
.75	.6860	-.0079	-.1655	.01186
.80	1.2709	.0826	-.1019	.00518
.85	1.1007	.0892	-.0469	.00146
.90	.7113	.0637	-.0113	.00001
.95	.3373	.0317	.0056	-.00014
1.00	-.1111	.0007	-.0000	-.00000

XM/L=0.5

X/L	FP	FS	FQ	FM
.05	-.9422	-.0736	-.0471	-.00118
.10	-1.1289	-.0932	-.1036	-.00494
.15	-1.2723	-.0834	-.1672	-.01171
.20	-.6756	.0084	-.2010	-.02092
.25	1.5829	.2627	-.1218	-.02899
.30	6.6986	.7681	.2131	-.02670
.35	15.5743	1.5589	.9918	.00342
.40	27.4298	2.4823	2.3633	.08730
.45	37.3959	2.9808	4.2331	.25221
.50	28.9063	1.8206	5.6784	-.50000
.55	-28.9064	-1.8206	4.2331	-.25221
.60	-37.3959	-2.9808	2.3633	-.08730
.65	-27.4297	-2.4823	.9918	-.00342
.70	-15.5743	-1.5589	.2131	.02670
.75	-6.6986	-.7681	-.1218	.02899
.80	-1.5829	-.2627	-.2010	.02092
.85	.6756	-.0084	-.1672	.01171
.90	1.2723	.0834	-.1036	.00494
.95	1.1289	.0932	-.0471	.00118
1.00	.9422	.0736	-.0000	-.00000

B/L= 1.00 DS/B1= .10 KS= .010

XQ/L=0.0

X/L	FP	FS	FQ	FM
.05	14.9258	.9888	-.2537	-.03134
.10	5.5475	.5856	.0237	-.03709
.15	2.5574	.2867	.1515	-.03271
.20	.5859	.0934	.1808	-.02440
.25	-.4219	-.0140	.1597	-.01589
.30	-.8062	-.0612	.1194	-.00891
.35	-.8295	-.0714	.0779	-.00398
.40	-.6819	-.0625	.0439	-.00093
.45	-.4833	-.0465	.0197	.00066
.50	-.2991	-.0302	.0047	.00127
.55	-.1566	-.0169	-.0031	.00131
.60	-.0606	-.0075	-.0061	.00108
.65	-.0044	-.0017	-.0063	.00077
.70	.0227	.0014	-.0052	.00048
.75	.0313	.0025	-.0036	.00026
.80	.0295	.0026	-.0022	.00011
.85	.0230	.0021	-.0010	.00003
.90	.0152	.0015	-.0003	.00000
.95	.0076	.0007	.0001	-.00000
1.00	-.0025	.0000	-.0000	-.00000

XQ/L=0.1

X/L	FP	FS	FQ	FM
.05	5.6602	.4232	.2830	.00708
.10	4.5438	.4256	-.4898	.02691
.15	4.1226	.3816	-.2837	.00757
.20	2.9992	.2903	-.1337	-.00287
.25	1.9040	.1929	-.0385	-.00717
.30	1.0311	.1111	.0130	-.00781
.35	.4291	.0521	.0345	-.00662
.40	.0679	.0149	.0379	-.00481
.45	-.1127	-.0051	.0323	-.00306
.50	-.1750	-.0134	.0235	-.00166
.55	-.1707	-.0147	.0150	-.00070
.60	-.1363	-.0125	.0082	-.00012
.65	-.0946	-.0091	.0034	.00017
.70	-.0574	-.0058	.0006	.00027
.75	-.0293	-.0031	-.0009	.00026
.80	-.0108	-.0013	-.0014	.00020
.85	.0001	-.0002	-.0014	.00013
.90	.0058	.0004	-.0011	.00006
.95	.0085	.0008	-.0007	.00002
1.00	.0144	.0010	-.0000	-.00000

XQ/L=0.2

X/L	FP	FS	FQ	FM
.05	.6343	.0814	.0317	.00079
.10	1.9542	.1882	.1294	.00482
.15	3.0607	.2873	.2825	.01512
.20	3.9501	.3574	-.5200	.03418
.25	3.9425	.3578	-.3229	.01311
.30	3.0711	.2918	-.1694	.00080
.35	2.0744	.2058	-.0656	-.00508
.40	1.2141	.1269	-.0049	-.00684
.45	.5827	.0662	.0242	-.00636
.50	.1783	.0255	.0331	-.00493
.55	-.0435	.0018	.0309	-.00332
.60	-.1386	-.0095	.0240	-.00195
.65	-.1568	-.0130	.0162	-.00095
.70	-.1361	-.0122	.0094	-.00031
.75	-.1012	-.0095	.0043	.00004
.80	-.0662	-.0065	.0010	.00017
.85	-.0370	-.0038	-.0008	.00017
.90	-.0145	-.0016	-.0016	.00011
.95	.0025	.0002	-.0014	.00004
1.00	.0290	.0017	-.0000	-.00000

XQ/L=0.3

X/L	FP	FS	FQ	FM
.05	-.7834	-.0344	-.0392	-.00098
.10	.3695	.0394	-.0207	-.00248
.15	1.1700	.1185	.0378	-.00205
.20	2.0940	.2048	.1425	.00246
.25	3.0773	.2911	.2964	.01343
.30	3.9038	.3545	-.5084	.03313
.35	3.8767	.3525	-.3146	.01255
.40	3.0089	.2862	-.1642	.00058
.45	2.0258	.2012	-.0629	-.00509
.50	1.1809	.1236	-.0038	-.00676
.55	.5627	.0641	.0243	-.00625
.60	.1678	.0244	.0327	-.00482
.65	-.0483	.0012	.0303	-.00325
.70	-.1406	-.0098	.0232	-.00191
.75	-.1579	-.0131	.0154	-.00095
.80	-.1369	-.0122	.0085	-.00035
.85	-.1010	-.0094	.0035	-.00005
.90	-.0628	-.0060	.0003	.00004
.95	-.0274	-.0027	-.0010	.00003
1.00	.0210	.0006	-.0000	-.00000

XQ/L=0.4

X/L	FP	FS	FQ	FM
.05	-.6813	-.0413	-.0341	-.00085
.10	-.1653	-.0130	-.0423	-.00276
.15	.1502	.0207	-.0348	-.00469
.20	.5948	.0656	-.0051	-.00569
.25	1.2204	.1263	.0559	-.00442
.30	2.0463	.2025	.1583	.00094
.35	2.9947	.2846	.3080	.01259
.40	3.8210	.3473	-.5010	.03277
.45	3.8098	.3463	-.3105	.01248
.50	2.9621	.2817	-.1624	.00066
.55	1.9973	.1983	-.0625	-.00496
.60	1.1662	.1220	-.0042	-.00663
.65	.5571	.0634	.0237	-.00614
.70	.1674	.0242	.0320	-.00475
.75	-.0465	.0013	.0297	-.00321
.80	-.1382	-.0096	.0228	-.00189
.85	-.1559	-.0129	.0150	-.00095
.90	-.1355	-.0121	.0082	-.00037
.95	-.0996	-.0093	.0032	-.00008
1.00	-.0648	-.0058	-.0000	-.00000

XQ/L=0.5

X/L	FP	FS	FQ	FM
.05	-.3047	-.0212	-.0152	-.00038
.10	-.1945	-.0174	-.0250	-.00139
.15	-.1480	-.0110	-.0324	-.00282
.20	-.0391	.0017	-.0343	-.00449
.25	.1813	.0253	-.0252	-.00597
.30	.5712	.0646	.0033	-.00652
.35	1.1767	.1229	.0621	-.00489
.40	2.0018	.1987	.1622	.00072
.45	2.9587	.2813	.3102	.01253
.50	3.7966	.3450	-.5000	.03279
.55	3.7966	.3450	-.3102	.01253
.60	2.9587	.2813	-.1622	.00072
.65	2.0018	.1987	-.0621	-.00489
.70	1.1767	.1229	-.0033	-.00652
.75	.5712	.0646	.0252	-.00597
.80	.1813	.0253	.0343	-.00449
.85	-.0391	.0017	.0324	-.00282
.90	-.1480	-.0110	.0250	-.00139
.95	-.1945	-.0174	.0152	-.00038
1.00	-.3047	-.0212	0.0000	0.00000

B/L= 1.00   DS/B1= .10   KS= .010

XM/L=0.0

X/L	FP	FS	FQ	FM
.05	99.3497	5.9658	4.9675	-.87581
.10	3.8608	1.2964	5.1605	-.62261
.15	-17.3273	-1.1241	4.2942	-.38625
.20	-24.6830	-2.0368	3.0600	-.20239
.25	-23.1769	-2.0742	1.9012	-.07836
.30	-18.0212	-1.6977	1.0001	-.00583
.35	-12.1792	-1.2005	.3911	.02895
.40	-7.1430	-.7419	.0340	.03958
.45	-3.4440	-.3883	-.1382	.03697
.50	-1.0710	-.1505	-.1918	.02872
.55	.2350	-.0117	-.1800	.01943
.60	.7980	.0550	-.1401	.01143
.65	.9103	.0756	-.0946	.00556
.70	.7928	.0711	-.0550	.00182
.75	.5912	.0557	-.0254	-.00019
.80	.3875	.0380	-.0060	-.00097
.85	.2173	.0222	.0048	-.00100
.90	.0859	.0095	.0091	-.00065
.95	-.0139	-.0008	.0084	-.00021
1.00	-.1690	-.0098	.0000	-.00000

XM/L=0.1

X/L	FP	FS	FQ	FM
.05	74.5540	4.7926	3.7277	.09319
.10	24.6084	2.3201	4.9581	-.68966
.15	-9.0746	-.3750	4.5044	-.45310
.20	-22.1894	-1.7338	3.3949	-.25562
.25	-23.3245	-2.0365	2.2287	-.11503
.30	-19.3548	-1.7905	1.2610	-.02778
.35	-13.7974	-1.3363	.5711	.01802
.40	-8.5814	-.8718	.1420	.03584
.45	-4.5235	-.4908	-.0842	.03729
.50	-1.7779	-.2208	-.1731	.03086
.55	-.1641	-.0537	-.1813	.02200
.60	.6180	.0341	-.1504	.01371
.65	.8665	.0686	-.1070	.00728
.70	.8210	.0718	-.0660	.00295
.75	.6479	.0599	-.0336	.00046
.80	.4471	.0431	-.0112	-.00066
.85	.2670	.0267	.0021	-.00088
.90	.1209	.0127	.0082	-.00063
.95	.0056	.0011	.0085	-.00021
1.00	-.1691	-.0093	-.0000	-.00000

XM/L=0.2

X/L	FP	FS	FQ	FM
.05	28.4743	2.1043	1.4237	.03559
.10	22.2093	2.0607	2.5342	.13454
.15	20.8308	1.7688	3.5757	.28729
.20	11.9268	.8506	4.1721	-.51902
.25	-12.3138	-.8412	3.5564	-.32581
.30	-19.9606	-1.6446	2.5583	-.17294
.35	-19.0777	-1.7062	1.6045	-.06887
.40	-14.9964	-1.4110	.8546	-.00739
.45	-10.2241	-1.0061	.3434	.02256
.50	-6.0547	-.6271	.0407	.03216
.55	-2.9632	-.3321	-.1075	.03049
.60	-.9612	-.1321	-.1555	.02392
.65	.1550	-.0139	-.1478	.01634
.70	.6488	.0439	-.1153	.00976
.75	.7606	.0628	-.0773	.00494
.80	.6724	.0598	-.0437	.00192
.85	.5035	.0468	-.0185	.00036
.90	.3181	.0306	-.0026	-.00017
.95	.1442	.0141	.0046	-.00012
1.00	-.0921	-.0019	-.0000	-.00000

XM/L=0.3

X/L	FP	FS	FQ	FM
.05	3.6227	.4288	.1811	.00453
.10	9.7451	.9328	.6684	.02577
.15	14.9888	1.3944	1.4178	.07792
.20	19.1202	1.7051	2.3738	.17271
.25	19.9064	1.6459	3.3692	.31629
.30	12.3154	.8594	3.9849	-.49986
.35	-11.4144	-.7730	3.4142	-.31488
.40	-18.9992	-1.5617	2.4642	-.16792
.45	-18.2725	-1.6322	1.5506	-.06755
.50	-14.4177	-1.3553	.8297	-.00804
.55	-9.8610	-.9694	.3367	.02112
.60	-5.8609	-.6063	.0436	.03063
.65	-2.8848	-.3226	-.1006	.02921
.70	-.9511	-.1295	-.1482	.02299
.75	.1318	-.0151	-.1416	.01574
.80	.6154	.0413	-.1108	.00943
.85	.7299	.0601	-.0743	.00481
.90	.6507	.0578	-.0418	.00191
.95	.4906	.0457	-.0172	.00043
1.00	.3447	.0301	-.0000	-.00000

XM/L=0.4

X/L	FP	FS	FQ	FM
.05	-3.6273	-.1545	-.1814	-.00453
.10	1.9591	.2052	-.0834	-.01115
.15	5.8646	.5891	.2098	-.00799
.20	10.3405	1.0035	.7268	.01542
.25	15.0487	1.4100	1.4793	.07058
.30	18.9112	1.6922	2.4248	.16818
.35	19.6164	1.6222	3.4057	.31394
.40	12.0434	.8351	4.0078	-.50072
.45	-11.6273	-.7931	3.4265	-.31486
.50	-19.1477	-1.5765	2.4691	-.16747
.55	-18.3693	-1.6423	1.5506	-.06698
.60	-14.4823	-1.3623	.8265	-.00755
.65	-9.9123	-.9749	.3309	.02138
.70	-5.9124	-.6114	.0353	.03053
.75	-2.9410	-.3276	-.1118	.02862
.80	-1.0030	-.1334	-.1619	.02178
.85	.1111	-.0152	-.1564	.01382
.90	.6780	.0497	-.1225	.00685
.95	.9348	.0837	-.0757	.00189
1.00	1.5148	.1050	-.0000	-.00000

XM/L=0.5

X/L	FP	FS	FQ	FM
.05	-3.3009	-.1992	-.1650	-.00413
.10	-.7398	-.0576	-.2020	-.01330
.15	.8383	.1099	-.1601	-.02236
.20	3.0417	.3312	-.0080	-.02656
.25	6.1102	.6268	.2975	-.01932
.30	10.1176	.9931	.8034	.00820
.35	14.6599	1.3793	1.5363	.06669
.40	18.5200	1.6577	2.4624	.16666
.45	19.2945	1.5919	3.4271	.31389
.50	11.8039	.8114	4.0173	-.50000
.55	-11.8039	-.8114	3.4271	-.31389
.60	-19.2945	-1.5919	2.4623	-.16666
.65	-18.5200	-1.6577	1.5363	-.06669
.70	-14.6599	-1.3793	.8034	-.00820
.75	-10.1176	-.9931	.2975	.01932
.80	-6.1102	-.6268	-.0080	.02656
.85	-3.0417	-.3312	-.1601	.02236
.90	-.8383	-.1099	-.2020	.01330
.95	.7398	.0576	-.1650	.00413
1.00	3.3009	.1992	-.0000	-.00000

B/L= 1.00 OS/B1= .10 KS= .020

XQ/L=0.0

X/L	FP	FS	FQ	FM
.05	13.0477	.8804	-.3476	-.03369
.10	5.6772	.5797	-.0638	-.04397
.15	3.2401	.3381	.0983	-.04311
.20	1.4042	.1623	.1685	-.03644
.25	.2534	.0465	.1811	-.02770
.30	-.3865	-.0213	.1618	-.01913
.35	-.6673	-.0539	.1284	-.01187
.40	-.7194	-.0634	.0925	-.00635
.45	-.6439	-.0594	.0603	-.00253
.50	-.5122	-.0488	.0347	-.00016
.55	-.3697	-.0362	.0162	.00111
.60	-.2419	-.0245	.0041	.00162
.65	-.1402	-.0148	-.0029	.00165
.70	-.0667	-.0076	-.0063	.00142
.75	-.0183	-.0027	-.0072	.00108
.80	.0103	.0004	-.0067	.00074
.85	.0251	.0020	-.0054	.00044
.90	.0313	.0028	-.0038	.00021
.95	.0329	.0031	-.0022	.00005
1.00	.0438	.0032	-.0000	-.00000

XQ/L=0.1

X/L	FP	FS	FQ	FM
.05	5.9563	.4357	.2978	.00745
.10	4.2565	.4067	-.4894	.02766
.15	3.7428	.3536	-.3022	.00787
.20	2.8373	.2761	-.1604	-.00370
.25	1.9558	.1958	-.0626	-.00927
.30	1.2106	.1256	-.0020	-.01089
.35	.6443	.0706	.0302	-.01018
.40	.2535	.0316	.0429	-.00836
.45	.0109	.0065	.0434	-.00620
.50	-.1188	-.0077	.0375	-.00418
.55	-.1707	-.0141	.0289	-.00252
.60	-.1742	-.0155	.0202	-.00129
.65	-.1518	-.0140	.0126	-.00047
.70	-.1188	-.0113	.0067	.00001
.75	-.0848	-.0083	.0024	.00024
.80	-.0545	-.0055	-.0003	.00030
.85	-.0295	-.0030	-.0018	.00025
.90	-.0091	-.0010	-.0022	.00015
.95	.0076	.0007	-.0018	.00005
1.00	.0366	.0022	-.0000	-.00000

XQ/L=0.2

X/L	FP	FS	FQ	FM
.05	1.4524	.1310	.0726	.00182
.10	2.0839	.2014	.1768	.00805
.15	2.7972	.2646	.3167	.02039
.20	3.3242	.3070	-.5171	.04038
.25	3.3066	.3059	-.3518	.01865
.30	2.7572	.2626	-.2139	.00451
.35	2.0686	.2023	-.1105	-.00360
.40	1.4078	.1417	-.0401	-.00736
.45	.8572	.0895	.0028	-.00830
.50	.4437	.0492	.0249	-.00760
.55	.1616	.0209	.0330	-.00616
.60	-.0110	.0030	.0325	-.00452
.65	-.1013	-.0070	.0274	-.00302
.70	-.1354	-.0113	.0206	-.00182
.75	-.1347	-.0120	.0139	-.00096
.80	-.1153	-.0107	.0081	-.00041
.85	-.0877	-.0083	.0037	-.00011
.90	-.0578	-.0056	.0009	.00001
.95	-.0286	-.0028	-.0006	.00001
1.00	.0114	-.0000	-.0000	-.00000

XQ/L=0.3

X/L	FP	FS	FQ	FM
.05	-.4083	-.0082	-.0204	-.00051
.10	.6062	.0606	.0099	-.00077
.15	1.3258	.1305	.0762	.00138
.20	2.0726	.2001	.1798	.00778
.25	2.7796	.2632	.3188	.02024
.30	3.3092	.3056	-.5157	.04032
.35	3.2949	.3048	-.3510	.01865
.40	2.7489	.2618	-.2136	.00454
.45	2.0633	.2018	-.1104	-.00356
.50	1.4048	.1414	-.0402	-.00732
.55	.8560	.0894	.0026	-.00826
.60	.4437	.0492	.0248	-.00758
.65	.1623	.0210	.0329	-.00613
.70	-.0100	.0030	.0324	-.00450
.75	-.1004	-.0069	.0274	-.00300
.80	-.1349	-.0113	.0207	-.00180
.85	-.1350	-.0121	.0139	-.00093
.90	-.1169	-.0108	.0081	-.00038
.95	-.0905	-.0086	.0036	-.00009
1.00	-.0712	-.0061	-.0000	-.00000

XQ/L=0.4

X/L	FP	FS	FQ	FM
.05	-.7569	-.0434	-.0378	-.00095
.10	-.0582	-.0036	-.0408	-.00291
.15	.3623	.0390	-.0226	-.00450
.20	.8558	.0873	.0202	-.00456
.25	1.4318	.1425	.0917	-.00176
.30	2.0818	.2027	.1958	.00543
.35	2.7382	.2604	.3327	.01864
.40	3.2478	.3005	-.5049	.03934
.45	3.2326	.2992	-.3432	.01814
.50	2.6962	.2569	-.2084	.00435
.55	2.0247	.1981	-.1072	-.00354
.60	1.3809	.1390	-.0381	-.00718
.65	.8450	.0882	.0041	-.00803
.70	.4424	.0489	.0262	-.00727
.75	.1664	.0211	.0345	-.00575
.80	-.0057	.0032	.0343	-.00403
.85	-.1026	-.0074	.0291	-.00244
.90	-.1521	-.0132	.0215	-.00118
.95	-.1745	-.0163	.0128	-.00032
1.00	-.2560	-.0183	-.0000	-.00000

XQ/L=0.5

X/L	FP	FS	FQ	FM
.05	-.5399	-.0352	-.0270	-.00067
.10	-.2197	-.0200	-.0380	-.00230
.15	-.0576	-.0026	-.0409	-.00427
.20	.1595	.0197	-.0329	-.00611
.25	.4580	.0498	-.0100	-.00718
.30	.8676	.0899	.0334	-.00660
.35	1.3998	.1405	.1034	-.00318
.40	2.0329	.1987	.2050	.00453
.45	2.6897	.2562	.3395	.01814
.50	3.2097	.2971	-.5000	.03913
.55	3.2097	.2971	-.3395	.01814
.60	2.6897	.2562	-.2050	.00453
.65	2.0329	.1987	-.1034	-.00318
.70	1.3998	.1405	-.0334	-.00660
.75	.8676	.0899	.0100	-.00718
.80	.4580	.0498	.0329	-.00611
.85	.1595	.0197	.0409	-.00427
.90	-.0576	-.0026	.0380	-.00230
.95	-.2197	-.0200	.0270	-.00067
1.00	-.5399	-.0352	-.0000	-.00000

B/L= 1.00 DS/B1= .10 KS= .020

XM/L=0.0

X/L	FP	FS	FQ	FM
.05	74.7153	4.6286	3.7358	-.90661
.10	11.1167	1.5813	4.2916	-.70592
.15	-6.0222	-.2549	3.9905	-.49887
.20	-14.8112	-1.1885	3.2499	-.31786
.25	-17.1609	-1.5118	2.3919	-.17681
.30	-15.9120	-1.4667	1.5963	-.07711
.35	-12.9634	-1.2338	.9481	-.01350
.40	-9.5492	-.9349	.4707	.02197
.45	-6.3808	-.6438	.1516	.03753
.50	-3.7957	-.3984	-.0382	.04036
.55	-1.8877	-.2119	-.1326	.03610
.60	-.6086	-.0831	-.1630	.02871
.65	.1569	-.0031	-.1551	.02075
.70	.5426	.0400	-.1280	.01367
.75	.6727	.0573	-.0944	.00812
.80	.6476	.0583	-.0620	.00421
.85	.5400	.0502	-.0350	.00178
.90	.3966	.0377	-.0152	.00053
.95	.2439	.0235	-.0030	.00007
1.00	.0593	.0090	.0000	-.00000

XM/L=0.1

X/L	FP	FS	FQ	FM
.05	60.4998	3.9350	3.0250	.07562
.10	21.4727	2.0784	4.0986	-.74628
.15	-1.2763	.1656	4.0348	-.54295
.20	-12.7388	-.9680	3.3979	-.35713
.25	-16.5086	-1.4284	2.5724	-.20787
.30	-16.0947	-1.4678	1.7677	-.09937
.35	-13.5536	-1.2791	1.0900	-.02793
.40	-10.2677	-.9972	.5766	.01374
.45	-7.0635	-.7062	.2235	.03374
.50	-4.3619	-.4519	.0054	.03946
.55	-2.3115	-.2532	-.1102	.03684
.60	-.8971	-.1121	-.1551	.03021
.65	-.0194	-.0214	-.1560	.02243
.70	.4505	.0298	-.1335	.01519
.75	.6382	.0529	-.1016	.00931
.80	.6490	.0577	-.0691	.00505
.85	.5616	.0518	-.0411	.00229
.90	.4284	.0405	-.0196	.00077
.95	.2803	.0270	-.0056	.00014
1.00	.1126	.0128	-.0000	-.00000

XM/L=0.2

X/L	FP	FS	FQ	FM
.05	30.1654	2.1450	1.5083	.03771
.10	19.1911	1.8184	2.4678	.13711
.15	15.3890	1.3638	3.2373	.27974
.20	7.6326	.5989	3.6189	-.54886
.25	-7.5025	-.5255	3.2438	-.37729
.30	-13.6454	-1.1439	2.5615	-.23216
.35	-14.5685	-1.3074	1.8331	-.12229
.40	-12.9469	-1.2073	1.1857	-.04682
.45	-10.2267	-.9824	.6744	-.00032
.50	-7.3258	-.7237	.3081	.02425
.55	-4.7475	-.4842	.0707	.03372
.60	-2.7089	-.2888	-.0647	.03387
.65	-1.2460	-.1446	-.1270	.02908
.70	-.2946	-.0477	-.1417	.02236
.75	.2529	.0105	-.1291	.01559
.80	.5119	.0403	-.1035	.00977
.85	.5851	.0511	-.0742	.00533
.90	.5538	.0507	-.0465	.00231
.95	.4713	.0447	-.0230	.00057
1.00	.4595	.0366	-.0000	-.00000

XM/L=0.3

X/L	FP	FS	FQ	FM
.05	9.1151	.7545	.4558	.01139
.10	10.3231	.9903	.9719	.04709
.15	12.6882	1.1839	1.6063	.11154
.20	13.9743	1.2605	2.3050	.20932
.25	12.9777	1.0986	2.9539	.34080
.30	7.2173	.5262	3.3148	-.50248
.35	-6.8418	-.4864	2.9727	-.34530
.40	-12.5203	-1.0517	2.3467	-.21231
.45	-13.3663	-1.2007	1.6784	-.11169
.50	-11.8831	-1.1088	1.0842	-.04262
.55	-9.3964	-.9030	.6144	-.00016
.60	-6.7470	-.6667	.2770	.02213
.65	-4.3939	-.4478	.0573	.03049
.70	-2.5320	-.2691	-.0693	.03019
.75	-1.1886	-.1363	-.1287	.02524
.80	-.2971	-.0453	-.1435	.01844
.85	.2514	.0129	-.1310	.01157
.90	.5763	.0487	-.1022	.00574
.95	.7672	.0716	-.0638	.00159
1.00	1.2759	.0890	-.0000	-.00000

XM/L=0.4

X/L	FP	FS	FQ	FM
.05	-.5380	.0545	-.0269	-.00067
.10	3.5470	.3489	.1504	.00242
.15	6.6221	.6426	.4816	.01822
.20	9.6857	.9218	.9658	.05440
.25	12.3477	1.1481	1.5832	.11813
.30	13.8708	1.2469	2.2768	.21463
.35	13.0052	1.0983	2.9270	.34472
.40	7.3026	.5323	3.2921	-.49980
.45	-6.7493	-.4789	2.9547	-.34363
.50	-12.4529	-1.0460	2.3320	-.21146
.55	-13.3424	-1.1987	1.6649	-.11154
.60	-11.9099	-1.1113	1.0694	-.04318
.65	-9.4714	-.9097	.5959	-.00155
.70	-6.8565	-.6760	.2530	.01968
.75	-4.5099	-.4570	.0275	.02669
.80	-2.6075	-.2735	-.1028	.02481
.85	-1.1522	-.1290	-.1605	.01823
.90	-.0435	-.0170	-.1626	.01015
.95	.8194	.0737	-.1217	.00304
1.00	2.4332	.1547	-.0000	-.00000

XM/L=0.5

X/L	FP	FS	FQ	FM
.05	-2.9961	-.1622	-.1498	-.00375
.10	.1897	.0263	-.1403	-.01100
.15	2.1806	.2260	-.0313	-.01529
.20	4.4543	.4456	.1914	-.01129
.25	7.0042	.6859	.5416	.00704
.30	9.7146	.9305	1.0274	.04627
.35	12.1855	1.1366	1.6366	.11287
.40	13.6209	1.2253	2.3177	.21172
.45	12.7273	1.0727	2.9541	.34352
.50	7.0237	.5056	3.3052	-.50000
.55	-7.0237	-.5056	2.9541	-.34352
.60	-12.7273	-1.0727	2.3177	-.21172
.65	-13.6209	-1.2253	1.6366	-.11287
.70	-12.1855	-1.1366	1.0274	-.04627
.75	-9.7146	-.9305	.5416	-.00704
.80	-7.0042	-.6859	.1914	.01129
.85	-4.4543	-.4456	-.0313	.01529
.90	-2.1806	-.2260	-.1403	.01100
.95	-.1897	-.0263	-.1498	.00375
1.00	2.9961	.1622	-.0000	-.00000

B/L= 1.00 OS/B1= .10 KS= .050

XQ/L=0.0

X/L	FP	FS	FQ	FM
.05	10.8372	.7465	-.4581	-.03645
.10	5.4605	.5454	-.1851	-.05253
.15	3.7062	.3713	.0002	-.05716
.20	2.2143	.2304	.1109	-.05438
.25	1.1166	.1231	.1667	-.04744
.30	.3490	.0464	.1842	-.03866
.35	-.1475	-.0045	.1768	-.02964
.40	-.4334	-.0348	.1552	-.02134
.45	-.5652	-.0499	.1269	-.01429
.50	-.5917	-.0544	.0973	-.00868
.55	-.5523	-.0520	.0697	-.00451
.60	-.4767	-.0456	.0459	-.00162
.65	-.3861	-.0375	.0266	.00019
.70	-.2944	-.0290	.0118	.00115
.75	-.2091	-.0208	.0014	.00148
.80	-.1336	-.0135	-.0053	.00138
.85	-.0679	-.0070	-.0087	.00103
.90	-.0097	-.0013	-.0092	.00058
.95	.0420	.0039	-.0071	.00018
1.00	.1417	.0089	-.0000	-.00000

XQ/L=0.1

X/L	FP	FS	FQ	FM
.05	5.9623	.4310	.2981	.00745
.10	3.9719	.3849	-.5033	.02732
.15	3.4300	.3293	-.3318	.00645
.20	2.7040	.2644	-.1966	-.00676
.25	2.0104	.1997	-.0961	-.01408
.30	1.3980	.1414	-.0262	-.01714
.35	.8935	.0925	.0185	-.01733
.40	.5025	.0542	.0436	-.01577
.45	.2175	.0257	.0545	-.01332
.50	.0238	.0060	.0557	-.01057
.55	-.0963	-.0066	.0509	-.00790
.60	-.1603	-.0136	.0429	-.00556
.65	-.1843	-.0166	.0336	-.00365
.70	-.1816	-.0168	.0246	-.00219
.75	-.1624	-.0153	.0164	-.00117
.80	-.1342	-.0128	.0097	-.00051
.85	-.1019	-.0099	.0046	-.00015
.90	-.0683	-.0067	.0012	-.00000
.95	-.0351	-.0035	-.0005	.00001
1.00	.0105	-.0002	-.0000	-.00000

XQ/L=0.2

X/L	FP	FS	FQ	FM
.05	2.3684	.1868	.1184	.00296
.10	2.2330	.2172	.2301	.01167
.15	2.5410	.2432	.3571	.02635
.20	2.7293	.2581	-.5064	.04762
.25	2.6595	.2515	-.3734	.02562
.30	2.3300	.2238	-.2569	.00986
.35	1.9044	.1855	-.1617	-.00060
.40	1.4632	.1446	-.0886	-.00686
.45	1.0558	.1060	-.0358	-.00997
.50	.7082	.0726	-.0004	-.01087
.55	.4303	.0454	.0212	-.01035
.60	.2209	.0246	.0322	-.00902
.65	.0729	.0097	.0358	-.00732
.70	-.0244	-.0004	.0346	-.00555
.75	-.0824	-.0066	.0305	-.00393
.80	-.1119	-.0099	.0249	-.00254
.85	-.1225	-.0113	.0188	-.00145
.90	-.1222	-.0115	.0127	-.00066
.95	-.1154	-.0111	.0069	-.00017
1.00	-.1381	-.0105	-.0000	-.00000

XQ/L=0.3

X/L	FP	FS	FQ	FM
.05	.3441	.0417	.0172	.00043
.10	.9249	.0909	.0634	.00245
.15	1.4306	.1393	.1350	.00741
.20	1.9168	.1848	.2308	.01655
.25	2.3408	.2232	.3479	.03102
.30	2.6308	.2475	-.5206	.05170
.35	2.6308	.2478	-.3891	.02896
.40	2.3471	.2246	-.2717	.01244
.45	1.9488	.1892	-.1743	.00129
.50	1.5214	.1498	-.0982	-.00552
.55	1.1182	.1118	-.0423	-.00904
.60	.7683	.0782	-.0039	-.01019
.65	.4835	.0504	.0203	-.00978
.70	.2638	.0287	.0335	-.00844
.75	.1023	.0124	.0386	-.00663
.80	-.0123	.0006	.0380	-.00472
.85	-.0923	-.0077	.0334	-.00294
.90	-.1504	-.0138	.0258	-.00145
.95	-.1935	-.0185	.0162	-.00040
1.00	-.3234	-.0227	-.0000	-.00000

XQ/L=0.4

X/L	FP	FS	FQ	FM
.05	-.5012	-.0239	-.0251	-.00063
.10	.1683	.0175	-.0166	-.00167
.15	.5945	.0596	.0131	-.00176
.20	1.0425	.1028	.0652	.00020
.25	1.5003	.1465	.1402	.00533
.30	1.9513	.1886	.2378	.01478
.35	2.3531	.2248	.3554	.02961
.40	2.6311	.2478	-.5130	.05068
.45	2.6266	.2476	-.3817	.02831
.50	2.3437	.2244	-.2645	.01215
.55	1.9490	.1893	-.1670	.00137
.60	1.5259	.1502	-.0907	-.00508
.65	1.1254	.1123	-.0345	-.00821
.70	.7742	.0785	.0042	-.00897
.75	.4819	.0499	.0283	-.00815
.80	.2458	.0264	.0406	-.00643
.85	.0560	.0074	.0434	-.00433
.90	-.1021	-.0085	.0383	-.00228
.95	-.2356	-.0223	.0265	-.00066
1.00	-.5306	-.0353	-.0000	-.00000

XQ/L=0.5

X/L	FP	FS	FQ	FM
.05	-.6647	-.0410	-.0332	-.00083
.10	-.1608	-.0147	-.0413	-.00269
.15	.1097	.0126	-.0358	-.00462
.20	.4105	.0421	-.0153	-.00590
.25	.7442	.0748	.0219	-.00573
.30	1.1188	.1111	.0779	-.00323
.35	1.5291	.1501	.1543	.00257
.40	1.9527	.1894	.2520	.01273
.45	2.3422	.2242	.3691	.02825
.50	2.6184	.2469	-.5000	.04998
.55	2.6184	.2469	-.3691	.02825
.60	2.3422	.2242	-.2520	.01273
.65	1.9527	.1894	-.1543	.00257
.70	1.5291	.1501	-.0779	-.00323
.75	1.1188	.1111	-.0219	-.00573
.80	.7442	.0748	.0153	-.00590
.85	.4105	.0421	.0358	-.00462
.90	.1097	.0126	.0413	-.00269
.95	-.1608	-.0147	.0332	-.00083
1.00	-.6647	-.0410	-.0000	-.00000

B/L= 1.00 DS/B1= .10 KS= .050

XM/L=0.0

X/L	FP	FS	FQ	FM
.05	50.4921	3.2411	2.5246	-.93688
.10	13.6816	1.5493	3.2087	-.79355
.15	2.3216	.3775	3.3248	-.63022
.20	-5.1706	-.3670	3.0662	-.47044
.25	-9.0817	-.7817	2.6122	-.32848
.30	-10.5457	-.9572	2.0849	-.21106
.35	-10.4062	-.9716	1.5646	-.11982
.40	-9.3201	-.8873	1.0986	-.05324
.45	-7.7710	-.7517	.7100	-.00803
.50	-6.0937	-.5982	.4053	.01985
.55	-4.5011	-.4487	.1803	.03449
.60	-3.1118	-.3157	.0247	.03962
.65	-1.9755	-.2051	-.0741	.03838
.70	-1.0950	-.1181	-.1289	.03331
.75	-.4438	-.0526	-.1510	.02631
.80	.0209	-.0051	-.1500	.01878
.85	.3480	.0289	-.1326	.01172
.90	.5880	.0538	-.1032	.00582
.95	.7672	.0735	-.0648	.00162
1.00	1.2968	.0910	.0000	-.00000

XM/L=0.1

X/L	FP	FS	FQ	FM
.05	43.9071	2.9085	2.1954	.05488
.10	17.6876	1.7310	3.0797	-.81324
.15	4.3842	.5571	3.2989	-.65377
.20	-4.0145	-.2514	3.0982	-.49384
.25	-8.4543	-.7159	2.6755	-.34950
.30	-10.2947	-.9280	2.1608	-.22859
.35	-10.4038	-.9672	1.6406	-.13356
.40	-9.4674	-.8984	1.1672	-.06336
.45	-7.9946	-.7712	.7675	-.01500
.50	-6.3424	-.6209	.4504	.01545
.55	-4.7415	-.4712	.2133	.03204
.60	-3.3247	-.3360	.0470	.03855
.65	-2.1517	-.2222	-.0605	.03821
.70	-1.2323	-.1316	-.1222	.03364
.75	-.5436	-.0625	-.1493	.02686
.80	-.0450	-.0117	-.1516	.01933
.85	.3122	.0252	-.1360	.01214
.90	.5792	.0528	-.1070	.00607
.95	.7826	.0749	-.0679	.00170
1.00	1.3576	.0947	-.0000	-.00000

XM/L=0.2

X/L	FP	FS	FQ	FM
.05	27.7253	1.9373	1.3863	.03466
.10	15.7859	1.5216	2.1756	.12370
.15	11.4350	1.0595	2.7473	.24677
.20	5.4761	.4868	3.0211	-.60902
.25	-3.1080	-.2018	2.8657	-.46184
.30	-7.6147	-.6443	2.4850	-.32808
.35	-9.4349	-.8503	2.0132	-.21562
.40	-9.6182	-.8938	1.5323	-.12698
.45	-8.8046	-.8352	1.0921	-.06137
.50	-7.4739	-.7205	.7184	-.01611
.55	-5.9615	-.5831	.4203	.01236
.60	-4.4842	-.4450	.1961	.02777
.65	-3.1658	-.3191	.0378	.03362
.70	-2.0616	-.2119	-.0653	.03293
.75	-1.1784	-.1248	-.1242	.02819
.80	-.4922	-.0560	-.1488	.02137
.85	.0388	-.0022	-.1469	.01398
.90	.4668	.0410	-.1235	.00722
.95	.8179	.0779	-.0826	.00207
1.00	1.6524	.1121	-.0000	-.00000

XM/L=0.3

X/L	FP	FS	FQ	FM
.05	13.4936	1.0032	.6747	.01687
.10	10.2307	.9898	1.1862	.06339
.15	10.0810	.9531	1.6903	.13530
.20	9.2726	.8573	2.1539	.23141
.25	7.4059	.6521	2.5242	.34836
.30	3.5134	.2734	2.6999	-.52104
.35	-3.6814	-.2782	2.5158	-.39065
.40	-7.3110	-.6316	2.1502	-.27400
.45	-8.6452	-.7860	1.7180	-.17729
.50	-8.6241	-.8056	1.2868	-.10217
.55	-7.7939	-.7419	.8971	-.04758
.60	-6.5582	-.6337	.5692	-.01092
.65	-5.1919	-.5084	.3096	.01105
.70	-3.8663	-.3835	.1163	.02169
.75	-2.6717	-.2686	-.0173	.02417
.80	-1.6388	-.1677	-.0993	.02125
.85	-.7568	-.0805	-.1371	.01534
.90	.0140	-.0043	-.1364	.00850
.95	.6908	.0648	-.1019	.00255
1.00	2.0374	.1305	-.0000	-.00000

XM/L=0.4

X/L	FP	FS	FQ	FM
.05	4.2735	.3634	.2137	.00534
.10	5.1370	.5004	.4705	.02245
.15	6.5473	.6294	.7979	.05416
.20	7.7458	.7358	1.1852	.10373
.25	8.5172	.7954	1.6110	.17364
.30	8.4856	.7722	2.0353	.26480
.35	7.1376	.6181	2.3922	.37549
.40	3.5684	.2723	2.5706	-.50044
.45	-3.4526	-.2608	2.3980	-.37623
.50	-7.0157	-.6060	2.0472	-.26510
.55	-8.3533	-.7594	1.6295	-.17318
.60	-8.3737	-.7817	1.2108	-.10217
.65	-7.5956	-.7220	.8311	-.05112
.70	-6.3993	-.6168	.5111	-.01757
.75	-5.0395	-.4913	.2591	.00169
.80	-3.6689	-.3614	.0757	.01006
.85	-2.3611	-.2353	-.0424	.01089
.90	-1.1273	-.1156	-.0987	.00736
.95	.0182	-.0014	-.0978	.00245
1.00	1.9566	.1098	-.0000	-.00000

XM/L=0.5

X/L	FP	FS	FQ	FM
.05	-.3576	.0223	-.0179	-.00045
.10	1.7462	.1729	.0694	.00084
.15	3.2987	.3236	.2344	.00844
.20	4.8615	.4717	.4774	.02623
.25	6.3481	.6097	.7948	.05804
.30	7.6212	.7229	1.1759	.10731
.35	8.4385	.7869	1.5978	.17665
.40	8.4311	.7662	2.0194	.26708
.45	7.0901	.6129	2.3739	.37691
.50	3.5161	.2669	2.5497	-.50000
.55	-3.5161	-.2669	2.3739	-.37691
.60	-7.0901	-.6129	2.0194	-.26708
.65	-8.4311	-.7662	1.5978	-.17665
.70	-8.4385	-.7869	1.1759	-.10731
.75	-7.6212	-.7229	.7948	-.05804
.80	-6.3480	-.6097	.4774	-.02623
.85	-4.8615	-.4717	.2344	-.00844
.90	-3.2987	-.3236	.0694	-.00084
.95	-1.7462	-.1729	-.0179	.00045
1.00	.3576	-.0223	-.0000	-.00000

B/L= 1.00 DS/B1= .10 KS= .100

XQ/L=0.0

X/L	FP	FS	FQ	FM
.05	9.3702	.6539	-.5315	-.03829
.10	5.1167	.5068	-.2757	-.05847
.15	3.7887	.3743	-.0862	-.06751
.20	2.5824	.2609	.0429	-.06860
.25	1.6234	.1680	.1241	-.06442
.30	.8817	.0951	.1682	-.05712
.35	.3332	.0404	.1848	-.04829
.40	-.0509	.0016	.1823	-.03911
.45	-.3004	-.0242	.1672	-.03038
.50	-.4443	-.0395	.1450	-.02257
.55	-.5087	-.0469	.1196	-.01595
.60	-.5160	-.0485	.0938	-.01062
.65	-.4847	-.0461	.0696	-.00654
.70	-.4290	-.0412	.0481	-.00359
.75	-.3597	-.0348	.0301	-.00164
.80	-.2837	-.0276	.0159	-.00049
.85	-.2056	-.0202	.0057	.00005
.90	-.1272	-.0126	-.0007	.00018
.95	-.0506	-.0051	-.0032	.00008
1.00	.0645	.0024	-.0000	-.00000

XQ/L=0.1

X/L	FP	FS	FQ	FM
.05	5.7439	.4143	.2872	.00718
.10	3.7650	.3668	-.5246	.02625
.15	3.2576	.3147	-.3617	.00409
.20	2.6391	.2584	-.2297	-.01069
.25	2.0537	.2033	-.1270	-.01961
.30	1.5254	.1527	-.0508	-.02406
.35	1.0715	.1087	.0028	-.02526
.40	.6981	.0722	.0377	-.02424
.45	.4037	.0431	.0579	-.02185
.50	.1818	.0210	.0670	-.01873
.55	.0229	.0049	.0681	-.01536
.60	-.0836	-.0060	.0639	-.01205
.65	-.1484	-.0129	.0565	-.00904
.70	-.1815	-.0166	.0474	-.00644
.75	-.1917	-.0179	.0379	-.00431
.80	-.1862	-.0177	.0286	-.00265
.85	-.1708	-.0164	.0200	-.00144
.90	-.1502	-.0145	.0125	-.00062
.95	-.1261	-.0123	.0062	-.00015
1.00	-.1239	-.0100	-.0000	-.00000

XQ/L=0.2

X/L	FP	FS	FQ	FM
.05	2.8473	.2161	.1424	.00356
.10	2.3155	.2260	.2581	.01357
.15	2.4206	.2333	.3792	.02950
.20	2.4442	.2342	-.4986	.05152
.25	2.3310	.2234	-.3821	.02950
.30	2.0760	.2008	-.2783	.01299
.35	1.7618	.1719	-.1902	.00128
.40	1.4318	.1409	-.1186	-.00644
.45	1.1150	.1108	-.0628	-.01097
.50	.8294	.0832	-.0214	-.01308
.55	.5839	.0594	.0078	-.01342
.60	.3815	.0395	.0269	-.01255
.65	.2203	.0235	.0379	-.01093
.70	.0960	.0110	.0427	-.00891
.75	.0025	.0015	.0428	-.00677
.80	-.0671	-.0056	.0395	-.00472
.85	-.1196	-.0110	.0335	-.00289
.90	-.1618	-.0153	.0254	-.00142
.95	-.1953	-.0189	.0157	-.00039
1.00	-.3130	-.0223	-.0000	-.00000

XQ/L=0.3

X/L	FP	FS	FQ	FM
.05	.9435	.0811	.0472	.00118
.10	1.1575	.1135	.1050	.00498
.15	1.4912	.1450	.1796	.01210
.20	1.7987	.1740	.2695	.02333
.25	2.0586	.1977	.3725	.03938
.30	2.2277	.2121	-.5161	.06079
.35	2.2237	.2118	-.4050	.03776
.40	2.0491	.1971	-.3025	.02008
.45	1.7911	.1739	-.2129	.00719
.50	1.4971	.1466	-.1381	-.00159
.55	1.2001	.1184	-.0781	-.00699
.60	.9209	.0917	-.0320	-.00974
.65	.6710	.0674	.0015	-.01051
.70	.4547	.0462	.0242	-.00986
.75	.2715	.0281	.0378	-.00831
.80	.1170	.0127	.0437	-.00627
.85	-.0151	-.0005	.0429	-.00411
.90	-.1329	-.0121	.0363	-.00213
.95	-.2371	-.0228	.0244	-.00061
1.00	-.4885	-.0331	-.0000	-.00000

XQ/L=0.4

X/L	FP	FS	FQ	FM
.05	-.0972	.0042	-.0049	-.00012
.10	.3921	.0390	.0147	.00013
.15	.7490	.0739	.0522	.00180
.20	1.1089	.1085	.1076	.00579
.25	1.4596	.1420	.1806	.01300
.30	1.7864	.1727	.2699	.02426
.35	2.0617	.1979	.3730	.04034
.40	2.2430	.2135	-.5148	.06179
.45	2.2483	.2141	-.4024	.03886
.50	2.0799	.2000	-.2984	.02134
.55	1.8245	.1769	-.2072	.00870
.60	1.5290	.1494	-.1307	.00025
.65	1.2255	.1206	-.0695	-.00475
.70	.9335	.0925	-.0228	-.00706
.75	.6632	.0663	.0104	-.00737
.80	.4175	.0422	.0312	-.00633
.85	.1939	.0201	.0409	-.00453
.90	-.0146	-.0003	.0402	-.00250
.95	-.2063	-.0196	.0299	-.00075
1.00	-.5977	-.0385	-.0000	-.00000

XQ/L=0.5

X/L	FP	FS	FQ	FM
.05	-.5287	-.0303	-.0264	-.00066
.10	-.0292	-.0022	-.0279	-.00202
.15	.2576	.0264	-.0150	-.00309
.20	.5594	.0557	.0130	-.00314
.25	.8705	.0859	.0565	-.00141
.30	1.1914	.1169	.1160	.00291
.35	1.5142	.1477	.1918	.01060
.40	1.8218	.1765	.2828	.02247
.45	2.0847	.2004	.3871	.03921
.50	2.2583	.2151	-.5000	.06139
.55	2.2583	.2151	-.3871	.03921
.60	2.0847	.2004	-.2828	.02247
.65	1.8218	.1765	-.1918	.01060
.70	1.5142	.1477	-.1160	.00291
.75	1.1914	.1169	-.0565	-.00141
.80	.8705	.0859	-.0130	-.00314
.85	.5594	.0557	.0150	-.00309
.90	.2576	.0264	.0279	-.00202
.95	-.0292	-.0022	.0264	-.00066
1.00	-.5287	-.0303	-.0000	-.00000

B/L= 1.00 DS/B1= .10 KS= .100

XM/L=0.0

X/L	FP	FS	FQ	FM
.05	37.2104	2.4436	1.8605	-.95349
.10	12.9344	1.3743	2.5072	-.84429
.15	5.0882	.5751	2.7616	-.71257
.20	-.7220	.0096	2.7255	-.57539
.25	-4.4017	-.3628	2.5055	-.44462
.30	-6.4931	-.5823	2.1808	-.32746
.35	-7.4073	-.6861	1.8104	-.22768
.40	-7.4915	-.7070	1.4359	-.14652
.45	-7.0281	-.6719	1.0845	-.08351
.50	-6.2388	-.6026	.7725	-.03709
.55	-5.2892	-.5154	.5081	-.00507
.60	-4.2964	-.4220	.2932	.01496
.65	-3.3362	-.3302	.1264	.02545
.70	-2.4515	-.2446	.0039	.02871
.75	-1.6598	-.1672	-.0791	.02683
.80	-.9592	-.0982	-.1271	.02167
.85	-.3354	-.0365	-.1439	.01490
.90	.2376	.0197	-.1320	.00800
.95	.7580	.0725	-.0941	.00235
1.00	1.8816	.1238	.0000	-.00000

XM/L=0.1

X/L	FP	FS	FQ	FM
.05	33.6078	2.2575	1.6804	.04201
.10	14.8537	1.4562	2.4231	-.85540
.15	6.1289	.6648	2.7295	-.72659
.20	-.0699	.0735	2.7260	-.59020
.25	-3.9804	-.3204	2.5270	-.45888
.30	-6.2511	-.5570	2.2144	-.34034
.35	-7.2986	-.6739	1.8495	-.23874
.40	-7.4775	-.7042	1.4756	-.15561
.45	-7.0774	-.6756	1.1218	-.09068
.50	-6.3263	-.6103	.8055	-.04250
.55	-5.3959	-.5251	.5357	-.00897
.60	-4.4082	-.4325	.3153	.01231
.65	-3.4437	-.3404	.1431	.02376
.70	-2.5484	-.2539	.0156	.02773
.75	-1.7423	-.1752	-.0715	.02634
.80	-1.0256	-.1047	-.1227	.02148
.85	-.3847	-.0413	-.1420	.01486
.90	.2056	.0166	-.1317	.00802
.95	.7430	.0710	-.0946	.00236
1.00	1.8911	.1239	-.0000	-.00000

XM/L=0.2

X/L	FP	FS	FQ	FM
.05	23.9890	1.6729	1.1995	.02999
.10	13.3978	1.3002	1.8693	.10671
.15	9.5986	.9074	2.3493	.21217
.20	4.9767	.4671	2.5981	-.66414
.25	-.7900	-.0178	2.5586	-.53523
.30	-4.3065	-.3603	2.3433	-.41268
.35	-6.2228	-.5607	2.0321	-.30329
.40	-7.0437	-.6539	1.6800	-.21049
.45	-7.0937	-.6703	1.3253	-.13536
.50	-6.6371	-.6350	.9934	-.07739
.55	-5.8792	-.5680	.6995	-.03507
.60	-4.9717	-.4844	.4509	-.00631
.65	-4.0208	-.3947	.2498	.01120
.70	-3.0935	-.3058	.0952	.01983
.75	-2.2262	-.2217	-.0162	.02180
.80	-1.4310	-.1439	-.0877	.01921
.85	-.7029	-.0723	-.1228	.01394
.90	-.0214	-.0057	-.1239	.00777
.95	.6077	.0577	-.0935	.00234
1.00	1.8706	.1195	-.0000	-.00000

XM/L=0.3

X/L	FP	FS	FQ	FM
.05	14.3423	1.0384	.7171	.01793
.10	9.6185	.9350	1.1980	.06581
.15	8.5862	.8194	1.6274	.13644
.20	7.1469	.6736	1.9847	.22674
.25	5.1986	.4737	2.2446	.33248
.30	2.2668	.1899	2.3580	-.55246
.35	-2.2444	-.1732	2.2457	-.43737
.40	-4.8483	-.4254	2.0033	-.33114
.45	-6.1365	-.5625	1.6965	-.23864
.50	-6.5566	-.6144	1.3687	-.16201
.55	-6.3788	-.6063	1.0497	-.10155
.60	-5.8185	-.5589	.7588	-.05634
.65	-5.0379	-.4880	.5069	-.02470
.70	-4.1527	-.4051	.2993	-.00454
.75	-3.2388	-.3179	.1373	.00637
.80	-2.3402	-.2312	.0203	.01032
.85	-1.4749	-.1470	-.0534	.00949
.90	-.6390	-.0658	-.0854	.00602
.95	.1530	.0131	-.0777	.00194
1.00	1.5542	.0907	-.0000	-.00000

XM/L=0.4

X/L	FP	FS	FQ	FM
.05	6.9149	.5284	.3457	.00864
.10	5.7856	.5642	.6350	.03316
.15	6.1683	.5939	.9434	.07262
.20	6.3586	.6079	1.2614	.12774
.25	6.2779	.5920	1.5753	.19866
.30	5.7154	.5274	1.8610	.28457
.35	4.4177	.3905	2.0819	.38314
.40	1.9588	.1535	2.1799	-.51031
.45	-2.2270	-.1768	2.0685	-.40410
.50	-4.6227	-.4075	1.8374	-.30646
.55	-5.7917	-.5318	1.5478	-.22183
.60	-6.1550	-.5770	1.2400	-.15213
.65	-5.9599	-.5663	.9420	-.09758
.70	-5.4019	-.5184	.6719	-.05723
.75	-4.6264	-.4473	.4406	-.02942
.80	-3.7354	-.3635	.2539	-.01205
.85	-2.7943	-.2735	.1141	-.00285
.90	-1.8367	-.1814	.0223	.00056
.95	-.8925	-.0890	-.0223	.00056
1.00	.4462	.0032	-.0000	-.00000

XM/L=0.5

X/L	FP	FS	FQ	FM
.05	2.1346	.1882	.1067	.00267
.10	2.8152	.2761	.2475	.01152
.15	3.7213	.3619	.4336	.02855
.20	4.5693	.4418	.6620	.05594
.25	5.3066	.5092	.9274	.09567
.30	5.8311	.5540	1.2189	.14933
.35	5.9996	.5623	1.5189	.21778
.40	5.6196	.5156	1.7999	.30074
.45	4.4483	.3914	2.0223	.39630
.50	2.0704	.1628	2.1258	-.50000
.55	-2.0704	-.1628	2.0223	-.39630
.60	-4.4483	-.3914	1.7999	-.30074
.65	-5.6196	-.5156	1.5189	-.21778
.70	-5.9996	-.5623	1.2189	-.14933
.75	-5.8311	-.5540	.9274	-.09567
.80	-5.3066	-.5092	.6620	-.05594
.85	-4.5693	-.4418	.4336	-.02855
.90	-3.7213	-.3619	.2475	-.01152
.95	-2.8152	-.2761	.1067	-.00267
1.00	-2.1346	-.1882	-.0000	-.00000

B/L= 1.00   DS/B1= .10   KS= .200

XQ/L=0.0

X/L	FP	FS	FQ	FM
.05	8.0696	.5694	-.5965	-.03991
.10	4.6927	.4626	-.3619	-.06387
.15	3.7072	.3636	-.1765	-.07733
.20	2.7649	.2753	-.0383	-.08270
.25	1.9742	.1990	.0604	-.08215
.30	1.3195	.1351	.1264	-.07748
.35	.7925	.0832	.1660	-.07017
.40	.3813	.0424	.1851	-.06139
.45	.0723	.0114	.1887	-.05205
.50	-.1495	-.0110	.1812	-.04280
.55	-.2988	-.0263	.1663	-.03411
.60	-.3897	-.0359	.1468	-.02628
.65	-.4353	-.0409	.1250	-.01949
.70	-.4467	-.0425	.1027	-.01379
.75	-.4337	-.0416	.0810	-.00920
.80	-.4040	-.0390	.0608	-.00565
.85	-.3638	-.0353	.0426	-.00307
.90	-.3182	-.0310	.0267	-.00133
.95	-.2681	-.0263	.0133	-.00033
1.00	-.2663	-.0215	-.0000	-.00000

XQ/L=0.1

X/L	FP	FS	FQ	FM
.05	5.3997	.3899	.2700	.00675
.10	3.5440	.3462	-.5528	.02468
.15	3.0995	.3004	-.3978	.00091
.20	2.5813	.2529	-.2688	-.01575
.25	2.0927	.2065	-.1641	-.02658
.30	1.6436	.1633	-.0820	-.03273
.35	1.2446	.1247	-.0197	-.03527
.40	.9008	.0911	.0253	-.03513
.45	.6131	.0628	.0560	-.03310
.50	.3791	.0397	.0749	-.02983
.55	.1941	.0212	.0846	-.02584
.60	.0521	.0070	.0872	-.02154
.65	-.0534	-.0037	.0846	-.01725
.70	-.1295	-.0115	.0781	-.01318
.75	-.1826	-.0170	.0690	-.00950
.80	-.2188	-.0208	.0580	-.00633
.85	-.2436	-.0234	.0458	-.00373
.90	-.2622	-.0253	.0327	-.00177
.95	-.2740	-.0267	.0190	-.00048
1.00	-.3806	-.0280	-.0000	-.00000

XQ/L=0.2

X/L	FP	FS	FQ	FM
.05	3.1367	.2338	.1568	.00392
.10	2.3621	.2310	.2749	.01472
.15	2.3435	.2269	.3921	.03139
.20	2.2675	.2193	-.4945	.05383
.25	2.1240	.2055	-.3883	.03176
.30	1.9067	.1855	-.2930	.01473
.35	1.6569	.1621	-.2101	.00215
.40	1.3973	.1374	-.1403	-.00661
.45	1.1439	.1131	-.0831	-.01219
.50	.9072	.0902	-.0377	-.01521
.55	.6933	.0693	-.0030	-.01623
.60	.5049	.0508	.0222	-.01575
.65	.3419	.0348	.0393	-.01421
.70	.2026	.0210	.0494	-.01199
.75	.0837	.0091	.0536	-.00942
.80	-.0189	-.0011	.0527	-.00676
.85	-.1095	-.0101	.0472	-.00426
.90	-.1934	-.0183	.0375	-.00214
.95	-.2684	-.0261	.0241	-.00060
1.00	-.4821	-.0336	-.0000	-.00000

XQ/L=0.3

X/L	FP	FS	FQ	FM
.05	1.4751	.1163	.0738	.00184
.10	1.3698	.1343	.1422	.00724
.15	1.5592	.1517	.2202	.01631
.20	1.7228	.1673	.3063	.02947
.25	1.8568	.1796	.3992	.04711
.30	1.9349	.1861	-.5041	.06949
.35	1.9137	.1840	-.4084	.04667
.40	1.7933	.1735	-.3187	.02850
.45	1.6174	.1573	-.2379	.01458
.50	1.4113	.1379	-.1673	.00445
.55	1.1932	.1171	-.1076	-.00242
.60	.9758	.0962	-.0588	-.00658
.65	.7673	.0760	-.0205	-.00856
.70	.5719	.0569	.0081	-.00887
.75	.3908	.0391	.0277	-.00798
.80	.2233	.0226	.0388	-.00632
.85	.0667	.0072	.0422	-.00429
.90	-.0836	-.0074	.0380	-.00229
.95	-.2238	-.0216	.0268	-.00067
1.00	-.5357	-.0355	-.0000	-.00000

XQ/L=0.4

X/L	FP	FS	FQ	FM
.05	.3975	.0381	.0199	.00050
.10	.6434	.0634	.0520	.00229
.15	.9040	.0886	.0972	.00603
.20	1.1585	.1132	.1552	.01234
.25	1.4010	.1364	.2252	.02185
.30	1.6197	.1570	.3062	.03513
.35	1.7974	.1734	.3961	.05269
.40	1.9100	.1833	-.5084	.07488
.45	1.9144	.1837	-.4127	.05185
.50	1.8115	.1749	-.3221	.03348
.55	1.6453	.1597	-.2399	.01943
.60	1.4413	.1405	-.1678	.00924
.65	1.2179	.1192	-.1069	.00237
.70	.9880	.0971	-.0575	-.00174
.75	.7595	.0749	-.0195	-.00366
.80	.5364	.0531	.0073	-.00397
.85	.3197	.0319	.0233	-.00320
.90	.1071	.0113	.0286	-.00191
.95	-.0962	-.0090	.0238	-.00060
1.00	-.4765	-.0290	-.0000	-.00000

XQ/L=0.5

X/L	FP	FS	FQ	FM
.05	-.2073	-.0074	-.0104	-.00026
.10	.1719	.0173	-.0018	-.00056
.15	.4237	.0421	.0194	-.00012
.20	.6802	.0670	.0534	.00170
.25	.9352	.0917	.1002	.00554
.30	1.1861	.1159	.1595	.01203
.35	1.4256	.1388	.2308	.02179
.40	1.6418	.1592	.3129	.03538
.45	1.8168	.1753	.4037	.05329
.50	1.9261	.1848	-.5000	.07588
.55	1.9261	.1848	-.4037	.05329
.60	1.8168	.1753	-.3129	.03538
.65	1.6418	.1592	-.2308	.02179
.70	1.4256	.1388	-.1595	.01203
.75	1.1861	.1159	-.1002	.00554
.80	.9352	.0917	-.0534	.00170
.85	.6802	.0670	-.0194	-.00012
.90	.4237	.0421	.0018	-.00056
.95	.1719	.0173	.0104	-.00026
1.00	-.2073	-.0074	-.0000	-.00000

B/L= 1.00 DS/B1= .10 KS= .200

XM/L=0.0

X/L	FP	FS	FQ	FM
.05	27.2063	1.8217	1.3603	-.96599
.10	11.2071	1.1522	1.9207	-.88397
.15	5.9683	.6216	2.2191	-.78047
.20	1.7536	.2159	2.3068	-.66733
.25	-1.2432	-.0811	2.2446	-.55354
.30	-3.2800	-.2866	2.0806	-.44541
.35	-4.5457	-.4173	1.8533	-.34706
.40	-5.2079	-.4885	1.5929	-.26091
.45	-5.4124	-.5143	1.3223	-.18803
.50	-5.2829	-.5065	1.0582	-.12852
.55	-4.9214	-.4750	.8121	-.08176
.60	-4.4089	-.4278	.5916	-.04667
.65	-3.8070	-.3711	.4013	-.02184
.70	-3.1604	-.3092	.2433	-.00573
.75	-2.4991	-.2454	.1183	.00331
.80	-1.8405	-.1814	.0263	.00693
.85	-1.1921	-.1182	-.0333	.00675
.90	-.5514	-.0561	-.0609	.00440
.95	.0666	.0052	-.0575	.00144
1.00	1.1509	.0661	.0000	-.00000

XM/L=0.1

X/L	FP	FS	FQ	FM
.05	25.2639	1.7194	1.2632	.03158
.10	12.1173	1.1881	1.8691	-.89011
.15	6.4769	.6650	2.1929	-.78856
.20	2.0975	.2493	2.2978	-.67630
.25	-.9951	-.0566	2.2480	-.56265
.30	-3.1110	-.2696	2.0925	-.45414
.35	-4.4400	-.4064	1.8705	-.35507
.40	-5.1519	-.4825	1.6129	-.26798
.45	-5.3941	-.5120	1.3432	-.19408
.50	-5.2922	-.5070	1.0786	-.13354
.55	-4.9496	-.4774	.8311	-.08580
.60	-4.4491	-.4315	.6086	-.04981
.65	-3.8538	-.3754	.4159	-.02419
.70	-3.2098	-.3139	.2554	-.00741
.75	-2.5480	-.2501	.1280	.00218
.80	-1.8868	-.1859	.0337	.00622
.85	-1.2347	-.1223	-.0280	.00637
.90	-.5894	-.0598	-.0575	.00423
.95	.0336	.0020	-.0558	.00140
1.00	1.1164	.0633	-.0000	-.00000

XM/L=0.2

X/L	FP	FS	FQ	FM
.05	19.7179	1.3784	.9859	.02465
.10	11.1006	1.0812	1.5409	.08782
.15	8.1133	.7758	1.9466	.17501
.20	4.6862	.4508	2.1809	-.72181
.25	.7820	.1107	2.2200	-.61179
.30	-1.8862	-.1482	2.1257	-.50314
.35	-3.6195	-.3235	1.9447	-.40138
.40	-4.6549	-.4310	1.7120	-.30997
.45	-5.1485	-.4853	1.4545	-.23080
.50	-5.2358	-.4990	1.1928	-.16462
.55	-5.0298	-.4832	.9413	-.11127
.60	-4.6223	-.4468	.7101	-.06998
.65	-4.0853	-.3968	.5059	-.03958
.70	-3.4727	-.3387	.3322	-.01863
.75	-2.8225	-.2763	.1911	-.00555
.80	-2.1591	-.2121	.0832	.00131
.85	-1.4956	-.1476	.0084	.00360
.90	-.8543	-.0835	-.0333	.00298
.95	-.1905	-.0200	-.0429	.00107
1.00	.8571	.0433	-.0000	-.00000

XM/L=0.3

X/L	FP	FS	FQ	FM
.05	13.5606	.9717	.6780	.01695
.10	8.6293	.8413	1.1095	.06164
.15	7.3404	.7052	1.4765	.12629
.20	5.8006	.5550	1.7665	.20737
.25	4.0450	.3800	1.9688	.30075
.30	1.8393	.1668	2.0608	-.59851
.35	-1.0949	-.0802	2.0060	-.49684
.40	-2.9918	-.2638	1.8564	-.40028
.45	-4.1288	-.3802	1.6500	-.31262
.50	-4.7183	-.4431	1.4141	-.23602
.55	-4.8921	-.4650	1.1695	-.17143
.60	-4.7618	-.4565	.9314	-.11891
.65	-4.4179	-.4262	.7105	-.07787
.70	-3.9320	-.3812	.5139	-.04726
.75	-3.3580	-.3269	.3460	-.02576
.80	-2.7346	-.2672	.2092	-.01188
.85	-2.0872	-.2047	.1049	-.00403
.90	-1.4289	-.1410	.0334	-.00057
.95	-.7749	-.0771	-.0053	.00013
1.00	.1062	-.0131	-.0000	-.00000

XM/L=0.4

X/L	FP	FS	FQ	FM
.05	8.1880	.6041	.4094	.01024
.10	5.9252	.5787	.7057	.03811
.15	5.6941	.5498	.9904	.08051
.20	5.3157	.5120	1.2561	.13667
.25	4.7999	.4581	1.4961	.20548
.30	4.0316	.3785	1.6977	.28533
.35	2.8884	.2622	1.8421	.37383
.40	1.1692	.0966	1.9006	-.53261
.45	-1.3900	-.1134	1.8311	-.43931
.50	-3.0088	-.2693	1.6807	-.35152
.55	-3.9499	-.3659	1.4832	-.27242
.60	-4.4117	-.4158	1.2626	-.20378
.65	-4.5129	-.4300	1.0369	-.14629
.70	-4.3532	-.4181	.8193	-.09988
.75	-4.0130	-.3877	.6186	-.06394
.80	-3.5553	-.3451	.4409	-.03745
.85	-3.0271	-.2950	.2895	-.01919
.90	-2.4626	-.2407	.1664	-.00779
.95	-1.8746	-.1844	.0727	-.00182
1.00	-1.4531	-.1274	-.0000	-.00000

XM/L=0.5

X/L	FP	FS	FQ	FM
.05	4.1418	.3202	.2071	.00518
.10	3.5951	.3520	.3868	.02003
.15	3.9354	.3820	.5836	.04429
.20	4.2032	.4072	.7938	.07872
.25	4.3932	.4233	1.0134	.12390
.30	4.4380	.4242	1.2353	.18012
.35	4.2578	.4025	1.4482	.24721
.40	3.7545	.3487	1.6360	.32432
.45	2.8118	.2521	1.7765	.40963
.50	1.2349	.1005	1.8383	-.50000
.55	-1.2349	-.1005	1.7765	-.40963
.60	-2.8118	-.2521	1.6360	-.32432
.65	-3.7545	-.3487	1.4482	-.24721
.70	-4.2578	-.4025	1.2353	-.18012
.75	-4.4380	-.4242	1.0134	-.12390
.80	-4.3932	-.4233	.7938	-.07872
.85	-4.2032	-.4072	.5836	-.04429
.90	-3.9354	-.3820	.3868	-.02003
.95	-3.5951	-.3520	.2071	-.00518
1.00	-4.1418	-.3202	-.0000	-.00000

B/L= 1.00 DS/B1= .10 KS= .500

XQ/L=0.0

X/L	FP	FS	FQ	FM
.05	6.6561	.4756	-.6672	-.04168
.10	4.1325	.4061	-.4606	-.06987
.15	3.4816	.3399	-.2865	-.08855
.20	2.8239	.2785	-.1453	-.09935
.25	2.2446	.2227	-.0331	-.10380
.30	1.7339	.1731	.0536	-.10329
.35	1.2902	.1296	.1181	-.09900
.40	.9104	.0923	.1637	-.09195
.45	.5903	.0607	.1932	-.08303
.50	.3245	.0343	.2094	-.07297
.55	.1068	.0126	.2147	-.06236
.60	-.0694	-.0050	.2113	-.05171
.65	-.2107	-.0192	.2007	-.04141
.70	-.3238	-.0306	.1845	-.03178
.75	-.4150	-.0398	.1638	-.02307
.80	-.4900	-.0474	.1393	-.01550
.85	-.5542	-.0538	.1116	-.00922
.90	-.6139	-.0595	.0809	-.00441
.95	-.6619	-.0647	.0478	-.00119
1.00	-.9559	-.0698	-.0000	-.00000

XQ/L=0.1

X/L	FP	FS	FQ	FM
.05	4.8922	.3546	.2446	.00612
.10	3.2591	.3190	-.5924	.02242
.15	2.9094	.2826	-.4470	-.00357
.20	2.5091	.2458	-.3215	-.02278
.25	2.1313	.2097	-.2149	-.03619
.30	1.7762	.1754	-.1261	-.04471
.35	1.4487	.1436	-.0537	-.04921
.40	1.1518	.1146	.0039	-.05046
.45	.8866	.0886	.0482	-.04915
.50	.6528	.0656	.0809	-.04593
.55	.4488	.0455	.1033	-.04132
.60	.2718	.0280	.1169	-.03582
.65	.1186	.0127	.1228	-.02982
.70	-.0144	-.0005	.1221	-.02370
.75	-.1313	-.0121	.1155	-.01776
.80	-.2358	-.0225	.1038	-.01228
.85	-.3319	-.0320	.0872	-.00750
.90	-.4245	-.0409	.0659	-.00368
.95	-.5071	-.0495	.0406	-.00101
1.00	-.8115	-.0579	-.0000	-.00000

XQ/L=0.2

X/L	FP	FS	FQ	FM
.05	3.3101	.2441	.1655	.00414
.10	2.3806	.2331	.2845	.01539
.15	2.2816	.2216	.3986	.03247
.20	2.1420	.2086	-.4943	.05508
.25	1.9798	.1930	-.3953	.03284
.30	1.7886	.1749	-.3059	.01531
.35	1.5844	.1554	-.2266	.00199
.40	1.3764	.1353	-.1578	-.00762
.45	1.1714	.1154	-.0993	-.01404
.50	.9740	.0962	-.0506	-.01779
.55	.7872	.0779	-.0112	-.01933
.60	.6124	.0608	.0194	-.01913
.65	.4499	.0448	.0419	-.01759
.70	.2989	.0299	.0569	-.01512
.75	.1581	.0161	.0648	-.01208
.80	.0254	.0030	.0660	-.00881
.85	-.1013	-.0095	.0610	-.00564
.90	-.2258	-.0215	.0497	-.00287
.95	-.3420	-.0333	.0326	-.00081
1.00	-.6516	-.0449	-.0000	-.00000

XQ/L=0.3

X/L	FP	FS	FQ	FM
.05	2.0188	.1526	.1009	.00252
.10	1.6008	.1570	.1810	.00957
.15	1.6541	.1610	.2637	.02069
.20	1.6836	.1642	.3479	.03598
.25	1.7013	.1657	.4329	.05550
.30	1.6929	.1644	-.4824	.07926
.35	1.6393	.1592	-.4005	.05719
.40	1.5399	.1499	-.3235	.03909
.45	1.4118	.1378	-.2529	.02468
.50	1.2652	.1237	-.1896	.01362
.55	1.1077	.1086	-.1342	.00552
.60	.9453	.0928	-.0870	-.00001
.65	.7820	.0769	-.0479	-.00338
.70	.6203	.0611	-.0168	-.00500
.75	.4615	.0456	.0062	-.00526
.80	.3061	.0304	.0215	-.00457
.85	.1535	.0154	.0292	-.00330
.90	.0017	.0007	.0293	-.00184
.95	-.1440	-.0138	.0221	-.00055
1.00	-.4418	-.0283	-.0000	-.00000

XQ/L=0.4

X/L	FP	FS	FQ	FM
.05	1.0389	.0820	.0519	.00130
.10	.9645	.0948	.1002	.00510
.15	1.0994	.1074	.1551	.01148
.20	1.2226	.1195	.2163	.02077
.25	1.3387	.1307	.2832	.03326
.30	1.4397	.1402	.3552	.04922
.35	1.5165	.1473	.4310	.06887
.40	1.5580	.1508	-.4911	.09237
.45	1.5457	.1496	-.4138	.06975
.50	1.4793	.1436	-.3398	.05091
.55	1.3767	.1340	-.2710	.03564
.60	1.2484	.1218	-.2086	.02365
.65	1.1029	.1078	-.1534	.01460
.70	.9465	.0927	-.1061	.00811
.75	.7839	.0769	-.0669	.00378
.80	.6182	.0608	-.0360	.00121
.85	.4511	.0445	-.0134	-.00003
.90	.2830	.0281	.0007	-.00035
.95	.1174	.0118	.0066	-.00016
1.00	-.1314	-.0045	-.0000	-.00000

XQ/L=0.5

X/L	FP	FS	FQ	FM
.05	.3407	.0308	.0170	.00043
.10	.4765	.0470	.0409	.00187
.15	.6430	.0631	.0730	.00472
.20	.8063	.0791	.1133	.00938
.25	.9660	.0946	.1616	.01625
.30	1.1186	.1093	.2176	.02573
.35	1.2593	.1228	.2805	.03818
.40	1.3813	.1344	.3496	.05394
.45	1.4760	.1432	.4234	.07326
.50	1.5323	.1482	-.5000	.09635
.55	1.5323	.1482	-.4234	.07326
.60	1.4760	.1432	-.3496	.05394
.65	1.3813	.1344	-.2805	.03818
.70	1.2593	.1228	-.2176	.02573
.75	1.1186	.1093	-.1616	.01625
.80	.9660	.0946	-.1133	.00938
.85	.8063	.0791	-.0730	.00472
.90	.6430	.0631	-.0409	.00187
.95	.4765	.0470	-.0170	.00043
1.00	.3407	.0308	-.0000	-.00000

B/L= 1.00 DS/B1= .10 KS= .500

XM/L=0.0

X/L	FP	FS	FQ	FM
.05	17.8570	1.2222	.8928	-.97768
.10	8.6282	.8670	1.3243	-.92225
.15	5.6810	.5689	1.6083	-.84894
.20	3.1143	.3240	1.7640	-.76463
.25	1.1068	.1274	1.8194	-.67504
.30	-.4432	-.0259	1.7972	-.58463
.35	-1.6004	-.1414	1.7172	-.49677
.40	-2.4245	-.2245	1.5960	-.41394
.45	-2.9703	-.2803	1.4474	-.33786
.50	-3.2876	-.3136	1.2831	-.26959
.55	-3.4215	-.3287	1.1120	-.20972
.60	-3.4114	-.3294	.9414	-.15838
.65	-3.2916	-.3190	.7768	-.11542
.70	-3.0908	-.3005	.6223	-.08045
.75	-2.8329	-.2762	.4807	-.05287
.80	-2.5367	-.2478	.3538	-.03201
.85	-2.2171	-.2169	.2430	-.01709
.90	-1.8862	-.1846	.1487	-.00730
.95	-1.5401	-.1515	.0717	-.00179
1.00	-1.4331	-.1182	.0000	-.00000

XM/L=0.1

X/L	FP	FS	FQ	FM
.05	17.0175	1.1771	.8509	.02127
.10	8.9665	.8788	1.2992	-.92498
.15	5.8734	.5852	1.5929	-.85267
.20	3.2538	.3374	1.7556	-.76896
.25	1.2176	.1383	1.8164	-.67966
.30	-.3572	-.0174	1.7986	-.58929
.35	-1.5358	-.1350	1.7218	-.50128
.40	-2.3781	-.2199	1.6029	-.41816
.45	-2.9393	-.2772	1.4559	-.34169
.50	-3.2694	-.3117	1.2924	-.27298
.55	-3.4139	-.3278	1.1218	-.21263
.60	-3.4125	-.3294	.9511	-.16081
.65	-3.2997	-.3198	.7861	-.11737
.70	-3.1046	-.3018	.6309	-.08195
.75	-2.8513	-.2779	.4884	-.05397
.80	-2.5590	-.2500	.3604	-.03275
.85	-2.2427	-.2194	.2483	-.01753
.90	-1.9150	-.1874	.1525	-.00751
.95	-1.5714	-.1546	.0739	-.00185
1.00	-1.4790	-.1216	-.0000	-.00000

XM/L=0.2

X/L	FP	FS	FQ	FM
.05	14.4583	1.0178	.7229	.01807
.10	8.4103	.8213	1.1434	.06473
.15	6.4570	.6223	1.4663	.12997
.20	4.2899	.4176	1.6808	-.79135
.25	1.9858	.2102	1.7801	-.70483
.30	.2311	.0402	1.7916	-.61554
.35	-1.0830	-.0902	1.7375	-.52731
.40	-2.0420	-.1863	1.6354	-.44299
.45	-2.7027	-.2533	1.5002	-.36460
.50	-3.1171	-.2961	1.3444	-.29348
.55	-3.3321	-.3192	1.1778	-.23043
.60	-3.3892	-.3266	1.0083	-.17578
.65	-3.3249	-.3218	.8421	-.12952
.70	-3.1700	-.3079	.6836	-.09138
.75	-2.9503	-.2874	.5361	-.06089
.80	-2.6869	-.2623	.4017	-.03744
.85	-2.3962	-.2343	.2819	-.02035
.90	-2.0926	-.2046	.1773	-.00887
.95	-1.7696	-.1740	.0888	-.00222
1.00	-1.7758	-.1431	-.0000	-.00000

XM/L=0.3

X/L	FP	FS	FQ	FM
.05	11.3388	.8107	.5669	.01417
.10	7.1156	.6952	.9227	.05141
.15	5.9832	.5779	1.2219	.10503
.20	4.7077	.4559	1.4573	.17201
.25	3.3792	.3256	1.6262	.24910
.30	1.9009	.1826	1.7213	-.66722
.35	.1701	.0298	1.7298	-.58094
.40	-1.0973	-.0931	1.6749	-.49582
.45	-2.0039	-.1838	1.5747	-.41458
.50	-2.6293	-.2471	1.4433	-.33913
.55	-3.0239	-.2878	1.2921	-.27075
.60	-3.2336	-.3103	1.1304	-.21019
.65	-3.2985	-.3183	.9655	-.15779
.70	-3.2535	-.3153	.8028	-.11359
.75	-3.1283	-.3042	.6464	-.07736
.80	-2.9479	-.2874	.4990	-.04872
.85	-2.7324	-.2668	.3624	-.02719
.90	-2.5008	-.2440	.2373	-.01220
.95	-2.2407	-.2200	.1253	-.00313
1.00	-2.5058	-.1956	-.0000	-.00000

XM/L=0.4

X/L	FP	FS	FQ	FM
.05	8.3125	.6038	.4156	.01039
.10	5.6044	.5481	.6958	.03818
.15	5.0710	.4910	.9494	.07931
.20	4.4353	.4304	1.1712	.13232
.25	3.7596	.3636	1.3591	.19558
.30	2.9899	.2868	1.5086	.26727
.35	2.0796	.1963	1.6126	.34531
.40	.9534	.0873	1.6603	-.57287
.45	-.4874	-.0373	1.6359	-.49047
.50	-1.5234	-.1375	1.5597	-.41058
.55	-2.2534	-.2107	1.4471	-.33540
.60	-2.7531	-.2615	1.3094	-.26649
.65	-3.0690	-.2943	1.1560	-.20486
.70	-3.2425	-.3130	.9938	-.15111
.75	-3.3099	-.3210	.8284	-.10556
.80	-3.3023	-.3213	.6632	-.06827
.85	-3.2461	-.3164	.5009	-.03916
.90	-3.1682	-.3084	.3425	-.01808
.95	-3.0456	-.2986	.1902	-.00476
1.00	-3.8049	-.2882	-.0000	-.00000

XM/L=0.5

X/L	FP	FS	FQ	FM
.05	5.7472	.4252	.2874	.00718
.10	4.1901	.4102	.4969	.02679
.15	4.0620	.3943	.7000	.05671
.20	3.8647	.3759	.8932	.09654
.25	3.6377	.3530	1.0751	.14575
.30	3.3425	.3228	1.2422	.20368
.35	2.9439	.2821	1.3894	.26947
.40	2.4016	.2272	1.5095	.34194
.45	1.6707	.1541	1.5930	.41950
.50	.6771	.0580	1.6269	-.50000
.55	-.6771	-.0580	1.5930	-.41950
.60	-1.6707	-.1541	1.5095	-.34194
.65	-2.4016	-.2272	1.3894	-.26947
.70	-2.9439	-.2821	1.2422	-.20368
.75	-3.3425	-.3228	1.0751	-.14575
.80	-3.6377	-.3530	.8932	-.09654
.85	-3.8647	-.3759	.7000	-.05671
.90	-4.0620	-.3943	.4969	-.02679
.95	-4.1901	-.4102	.2874	-.00718
1.00	-5.7472	-.4252	-.0000	-.00000

B/L= 1.00 DS/B1= .10 KS= 1.000

XQ/L=0.0

X/L	FP	FS	FQ	FM
.05	5.8943	.4245	-.7053	-.04263
.10	3.8010	.3730	-.5152	-.07315
.15	3.3178	.3234	-.3493	-.09476
.20	2.8111	.2762	-.2088	-.10871
.25	2.3528	.2321	-.0912	-.11621
.30	1.9337	.1914	.0055	-.11835
.35	1.5531	.1542	.0832	-.11613
.40	1.2100	.1206	.1437	-.11046
.45	.9025	.0903	.1888	-.10215
.50	.6280	.0632	.2202	-.09192
.55	.3837	.0391	.2394	-.08043
.60	.1658	.0175	.2477	-.06826
.65	-.0292	-.0018	.2462	-.05591
.70	-.2054	-.0193	.2360	-.04385
.75	-.3667	-.0353	.2176	-.03251
.80	-.5169	-.0501	.1918	-.02228
.85	-.6600	-.0641	.1588	-.01352
.90	-.8018	-.0776	.1187	-.00658
.95	-.9286	-.0908	.0723	-.00181
1.00	-1.4451	-.1038	-.0000	-.00000

XQ/L=0.1

X/L	FP	FS	FQ	FM
.05	4.5776	.3328	.2289	.00572
.10	3.0902	.3026	-.6166	.02103
.15	2.7992	.2721	-.4766	-.00630
.20	2.4658	.2414	-.3534	-.02705
.25	2.1502	.2113	-.2458	-.04203
.30	1.8488	.1821	-.1534	-.05201
.35	1.5640	.1544	-.0752	-.05773
.40	1.2971	.1283	-.0104	-.05987
.45	1.0492	.1040	.0421	-.05908
.50	.8200	.0815	.0831	-.05594
.55	.6088	.0607	.1135	-.05103
.60	.4143	.0415	.1343	-.04483
.65	.2346	.0238	.1460	-.03783
.70	.0675	.0073	.1494	-.03044
.75	-.0893	-.0082	.1449	-.02309
.80	-.2383	-.0229	.1330	-.01614
.85	-.3822	-.0370	.1139	-.00997
.90	-.5255	-.0507	.0876	-.00493
.95	-.6571	-.0642	.0548	-.00137
1.00	-1.0952	-.0775	-.0000	-.00000

XQ/L=0.2

X/L	FP	FS	FQ	FM
.05	3.3570	.2468	.1679	.00420
.10	2.3792	.2331	.2868	.01556
.15	2.2541	.2191	.3995	.03272
.20	2.0945	.2045	-.4958	.05532
.25	1.9279	.1885	-.3994	.03294
.30	1.7477	.1712	-.3120	.01515
.35	1.5615	.1532	-.2339	.00151
.40	1.3738	.1350	-.1652	-.00847
.45	1.1879	.1169	-.1058	-.01525
.50	1.0062	.0992	-.0555	-.01928
.55	.8302	.0819	-.0140	-.02102
.60	.6608	.0653	.0190	-.02089
.65	.4980	.0493	.0439	-.01932
.70	.3416	.0339	.0610	-.01669
.75	.1906	.0191	.0705	-.01341
.80	.0440	.0047	.0727	-.00982
.85	-.0995	-.0094	.0678	-.00631
.90	-.2430	-.0232	.0556	-.00323
.95	-.3785	-.0368	.0367	-.00092
1.00	-.7339	-.0504	-.0000	-.00000

XQ/L=0.3

X/L	FP	FS	FQ	FM
.05	2.2961	.1712	.1148	.00287
.10	1.7244	.1691	.2010	.01077
.15	1.7129	.1668	.2867	.02296
.20	1.6784	.1640	.3706	.03939
.25	1.6404	.1602	.4526	.05997
.30	1.5889	.1550	-.4679	.08459
.35	1.5137	.1477	-.3923	.06308
.40	1.4139	.1381	-.3216	.04524
.45	1.2980	.1270	-.2567	.03078
.50	1.1709	.1147	-.1981	.01941
.55	1.0367	.1017	-.1463	.01080
.60	.8982	.0882	-.1014	.00461
.65	.7578	.0745	-.0635	.00049
.70	.6168	.0607	-.0326	-.00192
.75	.4763	.0469	-.0088	-.00295
.80	.3365	.0332	.0080	-.00297
.85	.1973	.0196	.0179	-.00233
.90	.0577	.0061	.0207	-.00136
.95	-.0778	-.0074	.0169	-.00042
1.00	-.3372	-.0208	-.0000	-.00000

XQ/L=0.4

X/L	FP	FS	FQ	FM
.05	1.4137	.1076	.0707	.00177
.10	1.1525	.1131	.1283	.00674
.15	1.2147	.1185	.1890	.01468
.20	1.2632	.1236	.2522	.02571
.25	1.3091	.1280	.3177	.03995
.30	1.3461	.1315	.3850	.05752
.35	1.3690	.1335	.4534	.07848
.40	1.3715	.1335	-.4780	.10286
.45	1.3440	.1308	-.4108	.08064
.50	1.2862	.1254	-.3465	.06171
.55	1.2069	.1178	-.2862	.04589
.60	1.1116	.1087	-.2306	.03297
.65	1.0045	.0983	-.1804	.02270
.70	.8894	.0871	-.1359	.01479
.75	.7688	.0754	-.0974	.00896
.80	.6449	.0633	-.0652	.00490
.85	.5190	.0510	-.0392	.00228
.90	.3920	.0386	-.0196	.00081
.95	.2645	.0262	-.0064	.00016
1.00	.1284	.0137	-.0000	-.00000

XQ/L=0.5

X/L	FP	FS	FQ	FM
.05	.7001	.0557	.0350	.00088
.10	.6688	.0658	.0684	.00346
.15	.7745	.0758	.1072	.00785
.20	.8737	.0856	.1509	.01430
.25	.9712	.0951	.1994	.02306
.30	1.0635	.1041	.2526	.03436
.35	1.1476	.1122	.3100	.04842
.40	1.2196	.1190	.3710	.06545
.45	1.2745	.1242	.4347	.08559
.50	1.3065	.1270	-.5000	.10895
.55	1.3065	.1270	-.4347	.08559
.60	1.2745	.1242	-.3710	.06545
.65	1.2196	.1190	-.3100	.04842
.70	1.1476	.1122	-.2526	.03436
.75	1.0635	.1041	-.1994	.02306
.80	.9712	.0951	-.1509	.01430
.85	.8737	.0856	-.1072	.00785
.90	.7745	.0758	-.0684	.00346
.95	.6688	.0658	-.0350	.00088
1.00	.7001	.0557	-.0000	-.00000

B/L= 1.00 DS/B1= .10 KS= 1.000

XM/L=0.0

X/L	FP	FS	FQ	FM
.05	13.2804	.9228	.6640	-.98340
.10	7.0569	.7022	1.0169	-.94138
.15	5.1663	.5104	1.2752	-.88408
.20	3.4366	.3461	1.4470	-.81602
.25	2.0119	.2073	1.5476	-.74116
.30	.8372	.0919	1.5895	-.66273
.35	-.1171	-.0025	1.5836	-.58340
.40	-.8785	-.0782	1.5397	-.50532
.45	-1.4725	-.1376	1.4661	-.43018
.50	-1.9235	-.1829	1.3699	-.35928
.55	-2.2543	-.2164	1.2572	-.29360
.60	-2.4861	-.2401	1.1329	-.23385
.65	-2.6384	-.2559	1.0009	-.18050
.70	-2.7288	-.2655	.8645	-.13387
.75	-2.7727	-.2704	.7259	-.09411
.80	-2.7838	-.2719	.5867	-.06129
.85	-2.7742	-.2711	.4480	-.03543
.90	-2.7591	-.2688	.3100	-.01648
.95	-2.7095	-.2658	.1746	-.00436
1.00	-3.4910	-.2624	.0000	-.00000

XM/L=0.1

X/L	FP	FS	FQ	FM
.05	12.8436	.8991	.6422	.01605
.10	7.2185	.7073	1.0031	-.94281
.15	5.2587	.5182	1.2660	-.88608
.20	3.5059	.3528	1.4413	-.81840
.25	2.0696	.2129	1.5448	-.74375
.30	.8846	.0965	1.5890	-.66540
.35	-.0789	.0013	1.5851	-.58605
.40	-.8485	-.0752	1.5427	-.50785
.45	-1.4499	-.1353	1.4702	-.43253
.50	-1.9074	-.1813	1.3748	-.36141
.55	-2.2441	-.2154	1.2626	-.29547
.60	-2.4812	-.2396	1.1385	-.23544
.65	-2.6383	-.2559	1.0066	-.18181
.70	-2.7329	-.2659	.8700	-.13490
.75	-2.7807	-.2712	.7310	-.09487
.80	-2.7955	-.2731	.5912	-.06182
.85	-2.7894	-.2726	.4517	-.03575
.90	-2.7778	-.2705	.3128	-.01663
.95	-2.7313	-.2679	.1763	-.00441
1.00	-3.5252	-.2649	-.0000	-.00000

XM/L=0.2

X/L	FP	FS	FQ	FM
.05	11.4690	.8130	.5735	.01434
.10	6.8964	.6742	.9183	.05163
.15	5.5269	.5344	1.1946	.10445
.20	4.0196	.3923	1.3956	-.83079
.25	2.4654	.2499	1.5189	-.75793
.30	1.2031	.1275	1.5790	-.68049
.35	.1809	.0268	1.5881	-.60131
.40	-.6414	-.0548	1.5560	-.52271
.45	-1.2901	-.1195	1.4915	-.44652
.50	-1.7903	-.1696	1.4020	-.37418
.55	-2.1653	-.2075	1.2937	-.30679
.60	-2.4369	-.2351	1.1719	-.24515
.65	-2.6253	-.2545	1.0406	-.18984
.70	-2.7484	-.2673	.9032	-.14125
.75	-2.8226	-.2752	.7620	-.09961
.80	-2.8622	-.2795	.6189	-.06509
.85	-2.8798	-.2813	.4749	-.03774
.90	-2.8918	-.2816	.3304	-.01761
.95	-2.8665	-.2811	.1870	-.00468
1.00	-3.7406	-.2803	-.0000	-.00000

XM/L=0.3

X/L	FP	FS	FQ	FM
.05	9.7205	.6966	.4860	.01215
.10	6.1580	.6022	.7939	.04415
.15	5.2376	.5071	1.0558	.09039
.20	4.2140	.4099	1.2665	.14845
.25	3.1808	.3092	1.4255	.21575
.30	2.0840	.2030	1.5297	-.71037
.35	.8741	.0930	1.5735	-.63279
.40	-.0887	-.0006	1.5690	-.55423
.45	-.8536	-.0764	1.5263	-.47684
.50	-1.4588	-.1368	1.4534	-.40235
.55	-1.9290	-.1839	1.3569	-.33209
.60	-2.2873	-.2201	1.2426	-.26710
.65	-2.5548	-.2473	1.1148	-.20817
.70	-2.7508	-.2673	.9773	-.15586
.75	-2.8929	-.2819	.8327	-.11061
.80	-2.9966	-.2925	.6828	-.07273
.85	-3.0760	-.3004	.5290	-.04243
.90	-3.1493	-.3065	.3716	-.01992
.95	-3.1800	-.3117	.2126	-.00531
1.00	-4.2512	-.3166	-.0000	-.00000

XM/L=0.4

X/L	FP	FS	FQ	FM
.05	7.9461	.5752	.3973	.00993
.10	5.2725	.5160	.6609	.03639
.15	4.7025	.4560	.8960	.07531
.20	4.0498	.3943	1.0985	.12518
.25	3.3891	.3297	1.2680	.18434
.30	2.6865	.2604	1.4023	.25110
.35	1.9189	.1847	1.4983	.32361
.40	1.0497	.1003	1.5508	-.60016
.45	.0310	.0088	1.5523	-.52258
.50	-.7758	-.0696	1.5135	-.44594
.55	-1.4191	-.1335	1.4426	-.37204
.60	-1.9359	-.1851	1.3458	-.30233
.65	-2.3494	-.2266	1.2283	-.23798
.70	-2.6813	-.2601	1.0942	-.17992
.75	-2.9509	-.2872	.9467	-.12889
.80	-3.1758	-.3097	.7879	-.08553
.85	-3.3723	-.3291	.6193	-.05035
.90	-3.5621	-.3464	.4412	-.02384
.95	-3.7001	-.3625	.2562	-.00640
1.00	-5.1234	-.3783	-.0000	-.00000

XM/L=0.5

X/L	FP	FS	FQ	FM
.05	6.3713	.4659	.3186	.00796
.10	4.4163	.4324	.5394	.02941
.15	4.1034	.3985	.7446	.06151
.20	3.7252	.3631	.9308	.10340
.25	3.3398	.3254	1.0978	.15411
.30	2.9200	.2837	1.2438	.21265
.35	2.4468	.2366	1.3661	.27790
.40	1.8995	.1821	1.4611	.34858
.45	1.2557	.1182	1.5239	.42321
.50	.4788	.0428	1.5478	-.50000
.55	-.4788	-.0428	1.5239	-.42321
.60	-1.2557	-.1182	1.4611	-.34858
.65	-1.8995	-.1821	1.3661	-.27790
.70	-2.4468	-.2366	1.2438	-.21265
.75	-2.9200	-.2837	1.0978	-.15411
.80	-3.3398	-.3254	.9308	-.10340
.85	-3.7252	-.3631	.7446	-.06151
.90	-4.1034	-.3985	.5394	-.02941
.95	-4.4163	-.4324	.3186	-.00796
1.00	-6.3713	-.4659	-.0000	-.00000

B/L= 1.00   DS/B1= .10   KS= 3.000

XQ/L=0.0

X/L	FP	FS	FQ	FM
.05	5.2147	.3786	-.7393	-.04348
.10	3.4933	.3425	-.5646	-.07608
.15	3.1546	.3071	-.4069	-.10036
.20	2.7812	.2725	-.2678	-.11723
.25	2.4332	.2391	-.1462	-.12758
.30	2.1013	.2068	-.0411	-.13226
.35	1.7846	.1759	.0481	-.13209
.40	1.4824	.1463	.1223	-.12783
.45	1.1940	.1180	.1820	-.12022
.50	.9186	.0909	.2279	-.10997
.55	.6552	.0650	.2606	-.09776
.60	.4024	.0401	.2808	-.08422
.65	.1590	.0161	.2887	-.06999
.70	-.0768	-.0071	.2849	-.05565
.75	-.3064	-.0297	.2696	-.04179
.80	-.5318	-.0517	.2430	-.02897
.85	-.7550	-.0735	.2052	-.01777
.90	-.9815	-.0950	.1561	-.00874
.95	-1.1899	-.1163	.0966	-.00242
1.00	-1.9328	-.1377	-.0000	-.00000

XQ/L=0.1

X/L	FP	FS	FQ	FM
.05	4.2802	.3123	.2140	.00535
.10	2.9329	.2874	-.6393	.01972
.15	2.6974	.2624	-.5045	-.00888
.20	2.4250	.2374	-.3832	-.03107
.25	2.1661	.2125	-.2749	-.04753
.30	1.9140	.1881	-.1792	-.05888
.35	1.6690	.1642	-.0958	-.06575
.40	1.4311	.1409	-.0242	-.06875
.45	1.2006	.1183	.0358	-.06846
.50	.9775	.0964	.0847	-.06545
.55	.7613	.0752	.1228	-.06027
.60	.5517	.0546	.1503	-.05344
.65	.3480	.0345	.1677	-.04549
.70	.1492	.0150	.1752	-.03691
.75	-.0456	-.0042	.1729	-.02821
.80	-.2376	-.0230	.1610	-.01986
.85	-.4281	-.0415	.1396	-.01235
.90	-.6211	-.0599	.1086	-.00614
.95	-.8012	-.0783	.0685	-.00171
1.00	-1.3702	-.0965	-.0000	-.00000

XQ/L=0.2

X/L	FP	FS	FQ	FM
.05	3.3793	.2479	.1690	.00422
.10	2.3731	.2326	.2876	.01564
.15	2.2318	.2172	.3992	.03281
.20	2.0602	.2015	-.4978	.05535
.25	1.8922	.1854	-.4032	.03282
.30	1.7209	.1688	-.3171	.01481
.35	1.5484	.1520	-.2397	.00089
.40	1.3757	.1352	-.1709	-.00937
.45	1.2039	.1184	-.1107	-.01641
.50	1.0337	.1017	-.0590	-.02066
.55	.8656	.0852	-.0158	-.02253
.60	.6998	.0689	.0192	-.02244
.65	.5364	.0529	.0460	-.02081
.70	.3752	.0371	.0648	-.01804
.75	.2159	.0214	.0756	-.01453
.80	.0579	.0059	.0785	-.01068
.85	-.0994	-.0094	.0735	-.00688
.90	-.2584	-.0247	.0606	-.00352
.95	-.4095	-.0399	.0401	-.00100
1.00	-.8027	-.0551	-.0000	-.00000

XQ/L=0.3

X/L	FP	FS	FQ	FM
.05	2.5359	.1874	.1268	.00317
.10	1.8341	.1798	.2185	.01180
.15	1.7687	.1722	.3069	.02494
.20	1.6809	.1644	.3910	.04239
.25	1.5962	.1563	.4708	.06393
.30	1.5076	.1477	-.4538	.08935
.35	1.4112	.1383	-.3833	.06843
.40	1.3064	.1281	-.3180	.05090
.45	1.1957	.1173	-.2582	.03649
.50	1.0808	.1061	-.2041	.02494
.55	.9629	.0946	-.1560	.01593
.60	.8431	.0828	-.1138	.00919
.65	.7222	.0710	-.0777	.00440
.70	.6006	.0591	-.0477	.00126
.75	.4788	.0471	-.0238	-.00052
.80	.3568	.0352	-.0059	-.00126
.85	.2348	.0232	.0058	-.00127
.90	.1118	.0113	.0114	-.00083
.95	-.0086	-.0006	.0110	-.00027
1.00	-.2198	-.0125	-.0000	-.00000

XQ/L=0.4

X/L	FP	FS	FQ	FM
.05	1.7591	.1313	.0880	.00220
.10	1.3262	.1301	.1543	.00825
.15	1.3220	.1289	.2204	.01762
.20	1.3026	.1275	.2855	.03027
.25	1.2850	.1259	.3497	.04615
.30	1.2647	.1239	.4130	.06522
.35	1.2393	.1214	.4750	.08741
.40	1.2064	.1181	-.4647	.11267
.45	1.1627	.1138	-.4066	.09089
.50	1.1079	.1085	-.3512	.07194
.55	1.0449	.1024	-.2990	.05569
.60	.9754	.0956	-.2502	.04196
.65	.9012	.0884	-.2051	.03058
.70	.8234	.0808	-.1640	.02135
.75	.7431	.0730	-.1268	.01408
.80	.6611	.0649	-.0937	.00857
.85	.5782	.0568	-.0648	.00460
.90	.4952	.0486	-.0401	.00198
.95	.4094	.0403	-.0196	.00049
1.00	.3921	.0321	-.0000	-.00000

XQ/L=0.5

X/L	FP	FS	FQ	FM
.05	1.0474	.0797	.0524	.00131
.10	.8522	.0837	.0950	.00499
.15	.8975	.0877	.1399	.01086
.20	.9339	.0915	.1866	.01902
.25	.9713	.0953	.2351	.02957
.30	1.0068	.0987	.2855	.04258
.35	1.0390	.1019	.3374	.05815
.40	1.0663	.1045	.3907	.07635
.45	1.0869	.1064	.4451	.09725
.50	1.0988	.1075	-.5000	.12087
.55	1.0988	.1075	-.4451	.09725
.60	1.0869	.1064	-.3907	.07635
.65	1.0663	.1045	-.3374	.05815
.70	1.0390	.1019	-.2855	.04258
.75	1.0068	.0987	-.2351	.02957
.80	.9713	.0953	-.1866	.01902
.85	.9339	.0915	-.1399	.01086
.90	.8975	.0877	-.0950	.00499
.95	.8522	.0837	-.0524	.00131
1.00	1.0474	.0797	-.0000	-.00000

B/L= 1.00 DS/B1= .10 KS= 3.000

XM/L=0.0

X/L	FP	FS	FQ	FM
.05	9.3841	.6653	.4692	-.98827
.10	5.5883	.5510	.7486	-.95782
.15	4.5655	.4464	.9769	-.91469
.20	3.5565	.3512	1.1547	-.86140
.25	2.6667	.2648	1.2881	-.80033
.30	1.8688	.1868	1.3815	-.73359
.35	1.1527	.1165	1.4391	-.66307
.40	.5095	.0531	1.4646	-.59048
.45	-.0689	-.0040	1.4612	-.51733
.50	-.5905	-.0556	1.4316	-.44501
.55	-1.0630	-.1023	1.3785	-.37476
.60	-1.4939	-.1450	1.3038	-.30771
.65	-1.8905	-.1842	1.2093	-.24488
.70	-2.2595	-.2207	1.0963	-.18724
.75	-2.6077	-.2550	.9659	-.13569
.80	-2.9415	-.2877	.8188	-.09107
.85	-3.2677	-.3193	.6554	-.05421
.90	-3.6015	-.3502	.4754	-.02594
.95	-3.8849	-.3806	.2811	-.00703
1.00	-5.6225	-.4109	.0000	-.00000

XM/L=0.1

X/L	FP	FS	FQ	FM
.05	9.2334	.6571	.4617	.01154
.10	5.6398	.5525	.7437	-.95832
.15	4.5951	.4488	.9734	-.91540
.20	3.5794	.3534	1.1524	-.86225
.25	2.6865	.2668	1.2867	-.80128
.30	1.8858	.1885	1.3810	-.73458
.35	1.1672	.1179	1.4394	-.66407
.40	.5216	.0543	1.4654	-.59145
.45	-.0592	-.0030	1.4625	-.51826
.50	-.5830	-.0548	1.4333	-.44586
.55	-1.0576	-.1018	1.3805	-.37552
.60	-1.4905	-.1446	1.3059	-.30836
.65	-1.8890	-.1841	1.2115	-.24542
.70	-2.2599	-.2207	1.0985	-.18767
.75	-2.6099	-.2552	.9680	-.13601
.80	-2.9455	-.2881	.8207	-.09129
.85	-3.2734	-.3199	.6570	-.05435
.90	-3.6091	-.3509	.4766	-.02601
.95	-3.8941	-.3815	.2819	-.00705
1.00	-5.6376	-.4120	-.0000	-.00000

XM/L=0.2

X/L	FP	FS	FQ	FM
.05	8.7466	.6264	.4373	.01093
.10	5.5188	.5401	.7133	.03970
.15	4.6768	.4535	.9471	.08121
.20	3.7487	.3663	1.1345	-.86675
.25	2.8214	.2793	1.2756	-.80650
.30	1.9989	.1994	1.3756	-.74022
.35	1.2637	.1273	1.4387	-.66986
.40	.6025	.0622	1.4689	-.59717
.45	.0070	.0035	1.4692	-.52372
.50	-.5309	-.0497	1.4427	-.45092
.55	-1.0190	-.0980	1.3917	-.38006
.60	-1.4649	-.1421	1.3185	-.31231
.65	-1.8759	-.1828	1.2247	-.24873
.70	-2.2590	-.2206	1.1117	-.19032
.75	-2.6209	-.2563	.9807	-.13801
.80	-2.9682	-.2903	.8323	-.09269
.85	-3.3077	-.3232	.6669	-.05521
.90	-3.6551	-.3553	.4841	-.02643
.95	-3.9510	-.3871	.2866	-.00716
1.00	-5.7315	-.4187	-.0000	-.00000

XM/L=0.3

X/L	FP	FS	FQ	FM
.05	8.1059	.5837	.4053	.01013
.10	5.2444	.5133	.6675	.03695
.15	4.5637	.4428	.8957	.07603
.20	3.8082	.3716	1.0861	.12558
.25	3.0647	.2995	1.2393	.18371
.30	2.3059	.2258	1.3546	-.75144
.35	1.5147	.1512	1.4304	-.68181
.40	.8112	.0826	1.4709	-.60928
.45	.1796	.0204	1.4799	-.53551
.50	-.3928	-.0361	1.4603	-.46200
.55	-.9139	-.0876	1.4146	-.39013
.60	-1.3915	-.1349	1.3450	-.32114
.65	-1.8333	-.1785	1.2533	-.25618
.70	-2.2464	-.2193	1.1410	-.19632
.75	-2.6375	-.2579	1.0091	-.14257
.80	-3.0135	-.2947	.8585	-.09588
.85	-3.3816	-.3304	.6894	-.05718
.90	-3.7579	-.3653	.5015	-.02741
.95	-4.0806	-.3998	.2975	-.00744
1.00	-5.9493	-.4341	-.0000	-.00000

XM/L=0.4

X/L	FP	FS	FQ	FM
.05	7.4334	.5377	.3717	.00929
.10	4.9086	.4806	.6171	.03401
.15	4.3603	.4233	.8351	.07032
.20	3.7442	.3655	1.0223	.11675
.25	3.1390	.3068	1.1793	.17179
.30	2.5240	.2466	1.3055	.23391
.35	1.8904	.1844	1.4000	.30155
.40	1.2256	.1195	1.4613	-.62692
.45	.5138	.0525	1.4870	-.55322
.50	-.1241	-.0099	1.4808	-.47902
.55	-.7042	-.0670	1.4455	-.40587
.60	-1.2386	-.1198	1.3836	-.33514
.65	-1.7353	-.1689	1.2968	-.26813
.70	-2.2019	-.2149	1.1868	-.20603
.75	-2.6454	-.2586	1.0545	-.15000
.80	-3.0731	-.3005	.9008	-.10112
.85	-3.4924	-.3411	.7262	-.06044
.90	-3.9205	-.3810	.5302	-.02903
.95	-4.2917	-.4204	.3156	-.00789
1.00	-6.3120	-.4596	-.0000	-.00000

XM/L=0.5

X/L	FP	FS	FQ	FM
.05	6.8164	.4949	.3408	.00852
.10	4.5763	.4482	.5696	.03128
.15	4.1308	.4012	.7762	.06493
.20	3.6235	.3538	.9573	.10826
.25	3.1261	.3056	1.1137	.16004
.30	2.6197	.2560	1.2446	.21900
.35	2.0963	.2045	1.3494	.28385
.40	1.5482	.1505	1.4269	.35326
.45	.9677	.0933	1.4752	.42581
.50	.3427	.0322	1.4924	-.50000
.55	-.3427	-.0322	1.4752	-.42581
.60	-.9677	-.0933	1.4269	-.35326
.65	-1.5482	-.1505	1.3494	-.28385
.70	-2.0963	-.2045	1.2446	-.21900
.75	-2.6197	-.2560	1.1137	-.16004
.80	-3.1261	-.3056	.9573	-.10826
.85	-3.6235	-.3538	.7762	-.06493
.90	-4.1308	-.4012	.5696	-.03128
.95	-4.5763	-.4482	.3408	-.00852
1.00	-6.8164	-.4949	-.0000	-.00000

B/L= 1.00 OS/B1= .10 KS= 10.000

XQ/L=0.0

X/L	FP	FS	FQ	FM
.05	4.9281	.3592	-.7536	-.04384
.10	3.3610	.3294	-.5855	-.07732
.15	3.0819	.2999	-.4314	-.10274
.20	2.7645	.2706	-.2932	-.12086
.25	2.4635	.2417	-.1700	-.13244
.30	2.1696	.2131	-.0616	-.13823
.35	1.8814	.1850	.0325	-.13896
.40	1.5982	.1572	.1124	-.13534
.45	1.3197	.1299	.1784	-.12807
.50	1.0455	.1030	.2307	-.11784
.55	.7751	.0764	.2694	-.10534
.60	.5082	.0502	.2948	-.09123
.65	.2443	.0242	.3071	-.07618
.70	-.0172	-.0014	.3062	-.06085
.75	-.2770	-.0269	.2923	-.04589
.80	-.5359	-.0522	.2655	-.03194
.85	-.7952	-.0774	.2258	-.01966
.90	-1.0599	-.1026	.1728	-.00970
.95	-1.3055	-.1276	.1075	-.00269
1.00	-2.1502	-.1527	-.0000	-.00000

XQ/L=0.1

X/L	FP	FS	FQ	FM
.05	4.1511	.3034	.2076	.00519
.10	2.8650	.2808	-.6492	.01915
.15	2.6536	.2582	-.5165	-.00999
.20	2.4073	.2356	-.3961	-.03281
.25	2.1725	.2131	-.2875	-.04990
.30	1.9416	.1906	-.1904	-.06185
.35	1.7138	.1684	-.1048	-.06923
.40	1.4886	.1464	-.0303	-.07261
.45	1.2659	.1245	.0330	-.07254
.50	1.0457	.1029	.0853	-.06959
.55	.8278	.0815	.1266	-.06429
.60	.6120	.0603	.1572	-.05719
.65	.3980	.0393	.1771	-.04883
.70	.1855	.0184	.1864	-.03974
.75	-.0258	-.0023	.1851	-.03046
.80	-.2366	-.0229	.1733	-.02149
.85	-.4477	-.0435	.1509	-.01339
.90	-.6628	-.0640	.1178	-.00667
.95	-.8643	-.0844	.0746	-.00186
1.00	-1.4912	-.1049	-.0000	-.00000

XQ/L=0.2

X/L	FP	FS	FQ	FM
.05	3.3843	.2481	.1692	.00423
.10	2.3694	.2323	.2877	.01565
.15	2.2229	.2163	.3988	.03282
.20	2.0476	.2004	-.4988	.05532
.25	1.8795	.1843	-.4048	.03273
.30	1.7119	.1680	-.3192	.01462
.35	1.5446	.1517	-.2420	.00059
.40	1.3776	.1354	-.1731	-.00978
.45	1.2110	.1190	-.1126	-.01693
.50	1.0451	.1028	-.0603	-.02125
.55	.8798	.0865	-.0163	-.02317
.60	.7153	.0704	.0194	-.02309
.65	.5515	.0543	.0470	-.02143
.70	.3883	.0383	.0664	-.01859
.75	.2256	.0223	.0777	-.01499
.80	.0631	.0064	.0809	-.01102
.85	-.0997	-.0095	.0759	-.00710
.90	-.2648	-.0253	.0626	-.00364
.95	-.4222	-.0411	.0415	-.00104
1.00	-.8305	-.0569	-.0000	-.00000

XQ/L=0.3

X/L	FP	FS	FQ	FM
.05	2.6353	.1941	.1318	.00329
.10	1.8802	.1844	.2258	.01223
.15	1.7930	.1746	.3154	.02576
.20	1.6836	.1648	.3996	.04364
.25	1.5798	.1549	.4786	.06559
.30	1.4759	.1448	-.4476	.09137
.35	1.3702	.1345	-.3791	.07070
.40	1.2621	.1239	-.3160	.05332
.45	1.1524	.1132	-.2584	.03896
.50	1.0414	.1023	-.2063	.02735
.55	.9295	.0914	-.1598	.01819
.60	.8169	.0803	-.1190	.01122
.65	.7040	.0692	-.0838	.00615
.70	.5908	.0581	-.0542	.00270
.75	.4774	.0470	-.0304	.00059
.80	.3639	.0359	-.0122	-.00048
.85	.2501	.0247	.0003	-.00077
.90	.1355	.0136	.0071	-.00059
.95	.0229	.0025	.0082	-.00021
1.00	-.1648	-.0087	-.0000	-.00000

XQ/L=0.4

X/L	FP	FS	FQ	FM
.05	1.9072	.1415	.0954	.00238
.10	1.4008	.1374	.1654	.00890
.15	1.3683	.1334	.2338	.01888
.20	1.3199	.1293	.2998	.03222
.25	1.2755	.1251	.3636	.04881
.30	1.2309	.1208	.4251	.06853
.35	1.1851	.1163	.4844	.09127
.40	1.1372	.1116	-.4588	.11691
.45	1.0859	.1066	-.4045	.09533
.50	1.0313	.1013	-.3529	.07639
.55	.9741	.0957	-.3042	.05997
.60	.9149	.0899	-.2584	.04590
.65	.8541	.0839	-.2157	.03405
.70	.7922	.0778	-.1761	.02425
.75	.7295	.0717	-.1397	.01635
.80	.6662	.0655	-.1063	.01020
.85	.6028	.0592	-.0762	.00564
.90	.5401	.0529	-.0492	.00251
.95	.4735	.0466	-.0255	.00064
1.00	.5104	.0403	-.0000	-.00000

XQ/L=0.5

X/L	FP	FS	FQ	FM
.05	1.1998	.0903	.0600	.00150
.10	.9322	.0915	.1066	.00566
.15	.9507	.0928	.1541	.01218
.20	.9593	.0940	.2021	.02109
.25	.9703	.0952	.2506	.03241
.30	.9811	.0963	.2997	.04616
.35	.9911	.0973	.3492	.06239
.40	.9996	.0982	.3992	.08110
.45	1.0061	.0988	.4495	.10231
.50	1.0098	.0991	-.5000	.12605
.55	1.0098	.0991	-.4495	.10231
.60	1.0061	.0988	-.3992	.08110
.65	.9996	.0982	-.3492	.06239
.70	.9911	.0973	-.2997	.04616
.75	.9811	.0963	-.2506	.03241
.80	.9703	.0952	-.2021	.02109
.85	.9593	.0940	-.1541	.01218
.90	.9507	.0928	-.1066	.00566
.95	.9322	.0915	-.0600	.00150
1.00	1.1998	.0903	-.0000	-.00000

B/L= 1.00 DS/B1= .10 KS= 10.000

XM/L=0.0

X/L	FP	FS	FQ	FM
.05	7.7826	.5589	.3891	-.99027
.10	4.9548	.4864	.6369	-.96462
.15	4.2812	.4168	.8509	-.92743
.20	3.5700	.3500	1.0294	-.88042
.25	2.9084	.2860	1.1748	-.82531
.30	2.2783	.2245	1.2888	-.76372
.35	1.6752	.1654	1.3725	-.69719
.40	1.0958	.1085	1.4273	-.62719
.45	.5372	.0536	1.4542	-.55515
.50	-.0030	.0005	1.4540	-.48245
.55	-.5272	-.0511	1.4277	-.41041
.60	-1.0378	-.1013	1.3758	-.34032
.65	-1.5373	-.1505	1.2989	-.27345
.70	-2.0279	-.1986	1.1975	-.21104
.75	-2.5122	-.2461	1.0719	-.15431
.80	-2.9931	-.2930	.9222	-.10445
.85	-3.4744	-.3396	.7485	-.06268
.90	-3.9709	-.3859	.5500	-.03022
.95	-4.4106	-.4320	.3295	-.00824
1.00	-6.5891	-.4781	.0000	-.00000

XM/L=0.1

X/L	FP	FS	FQ	FM
.05	7.7367	.5564	.3868	.00967
.10	4.9699	.4868	.6353	-.96477
.15	4.2899	.4175	.8498	-.92765
.20	3.5768	.3507	1.0287	-.88068
.25	2.9144	.2865	1.1744	-.82561
.30	2.2836	.2250	1.2886	-.76403
.35	1.6798	.1659	1.3726	-.69750
.40	1.0996	.1089	1.4275	-.62750
.45	.5404	.0539	1.4546	-.55545
.50	-.0004	.0007	1.4545	-.48272
.55	-.5253	-.0509	1.4283	-.41065
.60	-1.0366	-.1012	1.3765	-.34053
.65	-1.5366	-.1504	1.2996	-.27363
.70	-2.0279	-.1986	1.1982	-.21119
.75	-2.5128	-.2462	1.0726	-.15442
.80	-2.9943	-.2932	.9229	-.10453
.85	-3.4762	-.3398	.7491	-.06273
.90	-3.9734	-.3861	.5504	-.03024
.95	-4.4136	-.4323	.3297	-.00824
1.00	-6.5941	-.4785	-.0000	-.00000

XM/L=0.2

X/L	FP	FS	FQ	FM
.05	7.5870	.5469	.3794	.00948
.10	4.9319	.4829	.6259	.03462
.15	4.3134	.4188	.8416	.07131
.20	3.6273	.3545	1.0230	-.88208
.25	2.9552	.2904	1.1707	-.82724
.30	2.3184	.2284	1.2867	-.76580
.35	1.7100	.1688	1.3722	-.69933
.40	1.1254	.1114	1.4284	-.62932
.45	.5619	.0560	1.4565	-.55719
.50	.0169	.0024	1.4574	-.48434
.55	-.5121	-.0496	1.4318	-.41212
.60	-1.0274	-.1003	1.3804	-.34181
.65	-1.5316	-.1499	1.3038	-.27471
.70	-2.0268	-.1985	1.2025	-.21205
.75	-2.5157	-.2465	1.0767	-.15507
.80	-3.0012	-.2938	.9266	-.10499
.85	-3.4870	-.3408	.7523	-.06301
.90	-3.9882	-.3875	.5529	-.03038
.95	-4.4322	-.4341	.3313	-.00828
1.00	-6.6252	-.4807	-.0000	-.00000

XM/L=0.3

X/L	FP	FS	FQ	FM
.05	7.3874	.5336	.3694	.00923
.10	4.8459	.4745	.6117	.03376
.15	4.2773	.4154	.8255	.06969
.20	3.6444	.3561	1.0078	.11552
.25	3.0288	.2965	1.1592	.16970
.30	2.4121	.2365	1.2798	-.76933
.35	1.7878	.1762	1.3692	-.70310
.40	1.1912	.1178	1.4287	-.63316
.45	.6172	.0615	1.4596	-.56095
.50	.0620	.0069	1.4627	-.48789
.55	-.4771	-.0462	1.4389	-.41535
.60	-1.0023	-.0978	1.3887	-.34466
.65	-1.5162	-.1484	1.3129	-.27712
.70	-2.0212	-.1980	1.2119	-.21400
.75	-2.5197	-.2468	1.0859	-.15656
.80	-3.0148	-.2951	.9351	-.10603
.85	-3.5103	-.3431	.7596	-.06366
.90	-4.0213	-.3907	.5586	-.03071
.95	-4.4744	-.4382	.3348	-.00837
1.00	-6.6968	-.4857	-.0000	-.00000

XM/L=0.4

X/L	FP	FS	FQ	FM
.05	7.1752	.5191	.3588	.00897
.10	4.7399	.4642	.5958	.03283
.15	4.2130	.4092	.8064	.06789
.20	3.6240	.3541	.9876	.11274
.25	3.0517	.2987	1.1402	.16593
.30	2.4798	.2429	1.2642	.22604
.35	1.9040	.1865	1.3594	.29163
.40	1.3200	.1293	1.4254	-.63875
.45	.7226	.0716	1.4615	-.56658
.50	.1479	.0152	1.4689	-.49332
.55	-.4090	-.0395	1.4485	-.42039
.60	-.9517	-.0929	1.4009	-.34915
.65	-1.4829	-.1451	1.3267	-.28096
.70	-2.0050	-.1964	1.2265	-.21714
.75	-2.5205	-.2469	1.1004	-.15896
.80	-3.0326	-.2969	.9488	-.10773
.85	-3.5451	-.3464	.7716	-.06472
.90	-4.0733	-.3958	.5679	-.03124
.95	-4.5427	-.4449	.3408	-.00852
1.00	-6.8152	-.4940	-.0000	-.00000

XM/L=0.5

X/L	FP	FS	FQ	FM
.05	6.9781	.5054	.3489	.00872
.10	4.6341	.4538	.5806	.03196
.15	4.1403	.4022	.7876	.06617
.20	3.5861	.3504	.9669	.11003
.25	3.0482	.2984	1.1193	.16219
.30	2.5108	.2459	1.2449	.22129
.35	1.9697	.1929	1.3434	.28600
.40	1.4219	.1391	1.4145	.35494
.45	.8647	.0844	1.4577	.42675
.50	.2943	.0285	1.4724	-.50000
.55	-.2943	-.0285	1.4577	-.42675
.60	-.8647	-.0844	1.4145	-.35494
.65	-1.4219	-.1391	1.3434	-.28600
.70	-1.9697	-.1929	1.2449	-.22129
.75	-2.5108	-.2459	1.1193	-.16219
.80	-3.0482	-.2984	.9669	-.11003
.85	-3.5861	-.3504	.7876	-.06617
.90	-4.1403	-.4022	.5806	-.03196
.95	-4.6341	-.4538	.3489	-.00872
1.00	-6.9781	-.5054	-.0000	-.00000

B/L= 1.00 DS/B1= .10 KS=100.000

XQ/L=0.0

X/L	FP	FS	FQ	FM
.05	4.8090	.3511	-.7595	-.04399
.10	3.3056	.3240	-.5943	-.07783
.15	3.0512	.2969	-.4417	-.10373
.20	2.7569	.2698	-.3039	-.12237
.25	2.4755	.2427	-.1801	-.13447
.30	2.1976	.2157	-.0702	-.14073
.35	1.9215	.1887	.0259	-.14184
.40	1.6465	.1618	.1082	-.13849
.45	1.3724	.1349	.1768	-.13136
.50	1.0989	.1080	.2318	-.12115
.55	.8258	.0812	.2730	-.10853
.60	.5531	.0544	.3007	-.09418
.65	.2807	.0277	.3147	-.07880
.70	.0083	.0010	.3151	-.06305
.75	-.2642	-.0257	.3019	-.04762
.80	-.5373	-.0524	.2751	-.03320
.85	-.8119	-.0791	.2345	-.02046
.90	-1.0929	-.1058	.1798	-.01010
.95	-1.3543	-.1324	.1121	-.00280
1.00	-2.2423	-.1591	-.0000	-.00000

XQ/L=0.1

X/L	FP	FS	FQ	FM
.05	4.0968	.2996	.2048	.00512
.10	2.8366	.2780	-.6533	.01891
.15	2.6353	.2564	-.5216	-.01046
.20	2.3999	.2349	-.4016	-.03354
.25	2.1752	.2133	-.2928	-.05090
.30	1.9531	.1917	-.1952	-.06310
.35	1.7324	.1702	-.1085	-.07069
.40	1.5126	.1486	-.0329	-.07423
.45	1.2933	.1271	.0318	-.07426
.50	1.0744	.1055	.0855	-.07133
.55	.8557	.0842	.1283	-.06598
.60	.6374	.0627	.1601	-.05877
.65	.4191	.0413	.1811	-.05024
.70	.2009	.0199	.1911	-.04094
.75	-.0174	-.0015	.1903	-.03140
.80	-.2361	-.0229	.1785	-.02218
.85	-.4559	-.0443	.1557	-.01383
.90	-.6803	-.0657	.1217	-.00690
.95	-.8909	-.0870	.0771	-.00193
1.00	-1.5422	-.1084	-.0000	-.00000

XQ/L=0.2

X/L	FP	FS	FQ	FM
.05	3.3857	.2482	.1693	.00423
.10	2.3677	.2321	.2877	.01566
.15	2.2192	.2160	.3986	.03281
.20	2.0426	.1999	-.4992	.05530
.25	1.8746	.1838	-.4055	.03268
.30	1.7084	.1677	-.3201	.01454
.35	1.5432	.1516	-.2429	.00046
.40	1.3785	.1354	-.1740	-.00996
.45	1.2140	.1193	-.1133	-.01714
.50	1.0498	.1032	-.0608	-.02150
.55	.8856	.0871	-.0165	-.02343
.60	.7216	.0710	.0195	-.02336
.65	.5576	.0549	.0474	-.02168
.70	.3936	.0388	.0671	-.01882
.75	.2295	.0227	.0786	-.01518
.80	.0652	.0066	.0818	-.01117
.85	-.0998	-.0095	.0768	-.00720
.90	-.2675	-.0256	.0635	-.00369
.95	-.4274	-.0416	.0421	-.00105
1.00	-.8419	-.0577	-.0000	-.00000

XQ/L=0.3

X/L	FP	FS	FQ	FM
.05	2.6763	.1969	.1338	.00335
.10	1.8994	.1862	.2288	.01241
.15	1.8032	.1756	.3189	.02610
.20	1.6849	.1650	.4032	.04416
.25	1.5733	.1543	.4819	.06628
.30	1.4631	.1436	-.4450	.09220
.35	1.3535	.1329	-.3773	.07165
.40	1.2439	.1222	-.3151	.05434
.45	1.1344	.1115	-.2584	.04000
.50	1.0248	.1007	-.2072	.02836
.55	.9152	.0900	-.1614	.01915
.60	.8056	.0792	-.1211	.01208
.65	.6959	.0684	-.0863	.00690
.70	.5862	.0577	-.0570	.00331
.75	.4764	.0469	-.0332	.00106
.80	.3665	.0361	-.0149	-.00014
.85	.2564	.0253	-.0020	-.00056
.90	.1455	.0146	.0052	-.00048
.95	.0363	.0038	.0071	-.00018
1.00	-.1411	-.0070	-.0000	-.00000

XQ/L=0.4

X/L	FP	FS	FQ	FM
.05	1.9691	.1457	.0985	.00246
.10	1.4321	.1405	.1701	.00917
.15	1.3877	.1352	.2394	.01941
.20	1.3272	.1300	.3058	.03304
.25	1.2716	.1248	.3694	.04992
.30	1.2169	.1195	.4302	.06991
.35	1.1627	.1142	.4884	.09288
.40	1.1084	.1089	-.4562	.11868
.45	1.0540	.1036	-.4035	.09719
.50	.9993	.0982	-.3536	.07826
.55	.9443	.0928	-.3063	.06176
.60	.8892	.0874	-.2619	.04756
.65	.8340	.0820	-.2202	.03551
.70	.7787	.0766	-.1812	.02547
.75	.7234	.0711	-.1451	.01732
.80	.6681	.0656	-.1117	.01090
.85	.6130	.0602	-.0810	.00608
.90	.5589	.0547	-.0531	.00273
.95	.5007	.0493	-.0280	.00070
1.00	.5607	.0438	-.0000	-.00000

XQ/L=0.5

X/L	FP	FS	FQ	FM
.05	1.2640	.0947	.0632	.00158
.10	.9659	.0948	.1115	.00595
.15	.9729	.0950	.1601	.01274
.20	.9699	.0951	.2086	.02196
.25	.9698	.0952	.2571	.03360
.30	.9703	.0953	.3056	.04767
.35	.9709	.0954	.3542	.06417
.40	.9716	.0955	.4028	.08309
.45	.9722	.0956	.4514	.10444
.50	.9725	.0956	-.5000	.12823
.55	.9725	.0956	-.4514	.10444
.60	.9722	.0956	-.4028	.08309
.65	.9716	.0955	-.3542	.06417
.70	.9709	.0954	-.3056	.04767
.75	.9703	.0953	-.2571	.03360
.80	.9698	.0952	-.2086	.02196
.85	.9699	.0951	-.1601	.01274
.90	.9729	.0950	-.1115	.00595
.95	.9659	.0948	-.0632	.00158
1.00	1.2640	.0947	-.0000	-.00000

B/L= 1.00 DS/B1= .10 KS=100.000

XM/L=0.0

X/L	FP	FS	FQ	FM
.05	7.1232	.5150	.3562	-.99110
.10	4.6894	.4594	.5906	-.96743
.15	4.1585	.4041	.7986	-.93270
.20	3.5700	.3491	.9771	-.88831
.25	3.0037	.2943	1.1272	-.83570
.30	2.4447	.2398	1.2495	-.77628
.35	1.8904	.1856	1.3440	-.71144
.40	1.3395	.1316	1.4110	-.64257
.45	.7912	.0778	1.4505	-.57103
.50	.2450	.0241	1.4628	-.49820
.55	-.2995	-.0293	1.4478	-.42544
.60	-.8426	-.0827	1.4057	-.35410
.65	-1.3848	-.1359	1.3364	-.28555
.70	-1.9265	-.1890	1.2401	-.22113
.75	-2.4686	-.2420	1.1167	-.16221
.80	-3.0123	-.2950	.9661	-.11014
.85	-3.5601	-.3480	.7881	-.06629
.90	-4.1266	-.4009	.5817	-.03205
.95	-4.6336	-.4538	.3501	-.00875
1.00	-7.0011	-.5067	.0000	-.00000

XM/L=0.1

X/L	FP	FS	FQ	FM
.05	7.1185	.5147	.3559	.00890
.10	4.6909	.4594	.5905	-.96744
.15	4.1593	.4042	.7984	-.93272
.20	3.5707	.3491	.9770	-.88833
.25	3.0043	.2944	1.1272	-.83573
.30	2.4452	.2399	1.2495	-.77631
.35	1.8909	.1856	1.3440	-.71148
.40	1.3399	.1316	1.4110	-.64260
.45	.7915	.0778	1.4506	-.57106
.50	.2453	.0242	1.4628	-.49823
.55	-.2993	-.0293	1.4479	-.42546
.60	-.8424	-.0827	1.4057	-.35412
.65	-1.3847	-.1359	1.3365	-.28556
.70	-1.9265	-.1890	1.2402	-.22115
.75	-2.4686	-.2421	1.1168	-.16222
.80	-3.0124	-.2950	.9661	-.11015
.85	-3.5603	-.3480	.7881	-.06630
.90	-4.1268	-.4009	.5818	-.03205
.95	-4.6339	-.4538	.3501	-.00875
1.00	-7.0016	-.5067	-.0000	-.00000

XM/L=0.2

X/L	FP	FS	FQ	FM
.05	7.1034	.5138	.3552	.00888
.10	4.6870	.4590	.5895	.03250
.15	4.1617	.4043	.7976	.06717
.20	3.5757	.3495	.9764	-.88848
.25	3.0084	.2948	1.1268	-.83589
.30	2.4487	.2402	1.2492	-.77649
.35	1.8939	.1859	1.3439	-.71166
.40	1.3425	.1319	1.4111	-.64279
.45	.7937	.0780	1.4508	-.57124
.50	.2471	.0243	1.4631	-.49840
.55	-.2979	-.0292	1.4482	-.42561
.60	-.8415	-.0826	1.4061	-.35425
.65	-1.3841	-.1358	1.3369	-.28568
.70	-1.9264	-.1890	1.2406	-.22124
.75	-2.4689	-.2421	1.1172	-.16229
.80	-3.0131	-.2951	.9665	-.11020
.85	-3.5614	-.3481	.7885	-.06633
.90	-4.1283	-.4011	.5820	-.03206
.95	-4.6359	-.4540	.3502	-.00876
1.00	-7.0048	-.5070	-.0000	-.00000

XM/L=0.3

X/L	FP	FS	FQ	FM
.05	7.0832	.5124	.3542	.00885
.10	4.6783	.4582	.5881	.03241
.15	4.1579	.4039	.7960	.06701
.20	3.5774	.3497	.9748	.11128
.25	3.0158	.2954	1.1256	.16379
.30	2.4582	.2410	1.2485	-.77685
.35	1.9018	.1867	1.3436	-.71205
.40	1.3492	.1325	1.4111	-.64318
.45	.7994	.0786	1.4511	-.57163
.50	.2517	.0248	1.4636	-.49876
.55	-.2942	-.0288	1.4489	-.42594
.60	-.8388	-.0823	1.4070	-.35455
.65	-1.3825	-.1357	1.3379	-.28592
.70	-1.9257	-.1889	1.2416	-.22144
.75	-2.4693	-.2421	1.1181	-.16245
.80	-3.0144	-.2952	.9674	-.11031
.85	-3.5638	-.3483	.7892	-.06639
.90	-4.1317	-.4014	.5826	-.03210
.95	-4.6402	-.4545	.3506	-.00877
1.00	-7.0123	-.5075	-.0000	-.00000

XM/L=0.4

X/L	FP	FS	FQ	FM
.05	7.0615	.5109	.3531	.00883
.10	4.6675	.4571	.5864	.03231
.15	4.1514	.4033	.7940	.06683
.20	3.5753	.3495	.9728	.11100
.25	3.0181	.2956	1.1237	.16341
.30	2.4650	.2417	1.2469	.22267
.35	1.9136	.1877	1.3426	.28741
.40	1.3623	.1337	1.4107	-.64375
.45	.8102	.0796	1.4512	-.57220
.50	.2606	.0257	1.4643	-.49932
.55	-.2872	-.0281	1.4499	-.42646
.60	-.8336	-.0818	1.4082	-.35501
.65	-1.3790	-.1353	1.3393	-.28632
.70	-1.9240	-.1888	1.2431	-.22176
.75	-2.4693	-.2421	1.1196	-.16269
.80	-3.0162	-.2954	.9688	-.11048
.85	-3.5673	-.3487	.7904	-.06650
.90	-4.1371	-.4019	.5836	-.03215
.95	-4.6473	-.4551	.3512	-.00878
1.00	-7.0245	-.5084	-.0000	-.00000

XM/L=0.5

X/L	FP	FS	FQ	FM
.05	7.0413	.5095	.3521	.00880
.10	4.6566	.4561	.5849	.03223
.15	4.1439	.4026	.7921	.06665
.20	3.5715	.3491	.9707	.11072
.25	3.0178	.2956	1.1216	.16302
.30	2.4682	.2420	1.2450	.22219
.35	1.9203	.1884	1.3410	.28684
.40	1.3727	.1347	1.4096	.35560
.45	.8246	.0809	1.4508	.42711
.50	.2755	.0270	1.4646	-.50000
.55	-.2755	-.0270	1.4508	-.42711
.60	-.8246	-.0809	1.4096	-.35560
.65	-1.3727	-.1347	1.3410	-.28684
.70	-1.9203	-.1884	1.2450	-.22219
.75	-2.4682	-.2420	1.1216	-.16302
.80	-3.0178	-.2956	.9707	-.11072
.85	-3.5715	-.3491	.7921	-.06665
.90	-4.1439	-.4026	.5849	-.03223
.95	-4.6566	-.4561	.3521	-.00880
1.00	-7.0413	-.5095	-.0000	-.00000

GLEICHMAESSIGE BELASTUNG B/L= 1.00 DS/B1= .10

KS= .001

X/L	FP	FS	FQ	FM
.05	1.0554	.0817	.0028	.00007
.10	.9317	.0902	-.0006	.00012
.15	.9917	.0956	-.0011	.00008
.20	1.0070	.0980	-.0007	.00004
.25	1.0079	.0986	-.0003	.00001
.30	1.0046	.0986	-.0001	-.00000
.35	1.0018	.0985	.0000	-.00000
.40	1.0004	.0983	.0000	-.00000
.45	.9998	.0983	.0000	-.00000
.50	.9997	.0983	.0000	-.00000
.55	.9997	.0983	-.0000	-.00000
.60	.9998	.0983	-.0000	-.00000
.65	1.0004	.0983	-.0000	-.00000
.70	1.0018	.0985	.0001	-.00000
.75	1.0046	.0986	.0003	.00001
.80	1.0079	.0986	.0007	.00004
.85	1.0070	.0980	.0011	.00008
.90	.9917	.0956	.0006	.00012
.95	.9317	.0902	-.0028	.00007
1.00	1.0554	.0817	.0000	.00000

KS= .003

X/L	FP	FS	FQ	FM
.05	1.0829	.0831	.0041	.00010
.10	.9190	.0896	.0001	.00021
.15	.9742	.0944	-.0012	.00018
.20	.9975	.0972	-.0013	.00012
.25	1.0069	.0984	-.0010	.00006
.30	1.0081	.0988	-.0006	.00002
.35	1.0060	.0988	-.0003	.00000
.40	1.0034	.0986	-.0001	-.00001
.45	1.0014	.0985	-.0000	-.00001
.50	1.0004	.0984	-.0000	-.00001
.55	1.0004	.0984	.0000	-.00001
.60	1.0014	.0985	.0001	-.00001
.65	1.0034	.0986	.0003	.00000
.70	1.0060	.0988	.0006	.00002
.75	1.0081	.0988	.0010	.00006
.80	1.0069	.0984	.0013	.00012
.85	.9975	.0972	.0012	.00018
.90	.9742	.0944	-.0001	.00021
.95	.9190	.0896	-.0041	.00010
1.00	1.0829	.0831	.0000	.00000

KS= .010

X/L	FP	FS	FQ	FM
.05	1.1160	.0850	.0058	.00014
.10	.9137	.0894	.0015	.00033
.15	.9578	.0931	-.0006	.00035
.20	.9814	.0958	-.0016	.00029
.25	.9967	.0975	-.0017	.00021
.30	1.0046	.0984	-.0015	.00013
.35	1.0076	.0989	-.0011	.00007
.40	1.0080	.0990	-.0007	.00002
.45	1.0074	.0990	-.0003	-.00000
.50	1.0068	.0990	-.0000	-.00001
.55	1.0068	.0990	.0003	-.00000
.60	1.0074	.0990	.0007	.00002
.65	1.0080	.0990	.0011	.00007
.70	1.0076	.0989	.0015	.00013
.75	1.0046	.0984	.0017	.00021
.80	.9967	.0975	.0016	.00029
.85	.9814	.0958	.0006	.00035
.90	.9578	.0931	-.0015	.00033
.95	.9137	.0894	-.0058	.00014
1.00	1.1160	.0850	.0000	.00000

KS= .020

X/L	FP	FS	FQ	FM
.05	1.1347	.0861	.0067	.00017
.10	.9143	.0896	.0025	.00040
.15	.9517	.0927	.0000	.00046
.20	.9728	.0951	-.0013	.00043
.25	.9891	.0968	-.0019	.00035
.30	.9998	.0980	-.0019	.00025
.35	1.0061	.0987	-.0016	.00017
.40	1.0093	.0991	-.0011	.00010
.45	1.0108	.0993	-.0006	.00006
.50	1.0114	.0994	-.0000	.00004
.55	1.0114	.0994	.0006	.00006
.60	1.0108	.0993	.0011	.00010
.65	1.0093	.0991	.0016	.00017
.70	1.0061	.0987	.0019	.00025
.75	.9998	.0980	.0019	.00035
.80	.9891	.0968	.0013	.00043
.85	.9728	.0951	-.0000	.00046
.90	.9517	.0927	-.0025	.00040
.95	.9143	.0896	-.0067	.00017
1.00	1.1347	.0861	.0000	.00000

KS= .050

X/L	FP	FS	FQ	FM
.05	1.1585	.0876	.0079	.00020
.10	.9189	.0901	.0039	.00049
.15	.9487	.0925	.0013	.00062
.20	.9656	.0945	-.0004	.00064
.25	.9810	.0961	-.0014	.00060
.30	.9930	.0974	-.0017	.00052
.35	1.0018	.0983	-.0016	.00044
.40	1.0078	.0989	-.0012	.00037
.45	1.0115	.0993	-.0007	.00032
.50	1.0133	.0995	-.0000	.00030
.55	1.0133	.0995	.0007	.00032
.60	1.0115	.0993	.0012	.00037
.65	1.0078	.0989	.0016	.00044
.70	1.0018	.0983	.0017	.00052
.75	.9930	.0974	.0014	.00060
.80	.9810	.0961	.0004	.00064
.85	.9656	.0945	-.0013	.00062
.90	.9487	.0925	-.0039	.00049
.95	.9189	.0901	-.0079	.00020
1.00	1.1585	.0876	.0000	.00000

KS= .100

X/L	FP	FS	FQ	FM
.05	1.1777	.0888	.0089	.00022
.10	.9255	.0908	.0052	.00057
.15	.9503	.0927	.0027	.00077
.20	.9636	.0944	.0009	.00086
.25	.9769	.0958	-.0003	.00087
.30	.9881	.0970	-.0009	.00084
.35	.9970	.0979	-.0010	.00079
.40	1.0035	.0985	-.0009	.00075
.45	1.0077	.0989	-.0005	.00071
.50	1.0098	.0992	.0000	.00070
.55	1.0098	.0992	.0005	.00071
.60	1.0077	.0989	.0009	.00075
.65	1.0035	.0985	.0010	.00079
.70	.9970	.0979	.0009	.00084
.75	.9881	.0970	.0003	.00087
.80	.9769	.0958	-.0009	.00086
.85	.9636	.0944	-.0027	.00077
.90	.9503	.0927	-.0052	.00057
.95	.9255	.0908	-.0089	.00022
1.00	1.1777	.0888	.0000	.00000

GLEICHMAESSIGE BELASTUNG   B/L= 1.00   DS/B1= .10

KS= .200

X/L	FP	FS	FQ	FM
.05	1.1992	.0903	.0100	.00025
.10	.9347	.0918	.0067	.00067
.15	.9547	.0932	.0044	.00094
.20	.9639	.0944	.0026	.00112
.25	.9742	.0956	.0013	.00122
.30	.9834	.0965	.0005	.00127
.35	.9908	.0973	.0001	.00128
.40	.9965	.0979	-.0001	.00128
.45	1.0003	.0982	-.0001	.00127
.50	1.0022	.0984	.0000	.00127
.55	1.0022	.0984	.0001	.00127
.60	1.0003	.0982	.0001	.00128
.65	.9965	.0979	-.0001	.00128
.70	.9908	.0973	-.0005	.00127
.75	.9834	.0965	-.0013	.00122
.80	.9742	.0956	-.0026	.00112
.85	.9639	.0944	-.0044	.00094
.90	.9547	.0932	-.0067	.00067
.95	.9347	.0918	-.0100	.00025
1.00	1.1992	.0903	.0000	.00000

KS= .500

X/L	FP	FS	FQ	FM
.05	1.2278	.0922	.0114	.00028
.10	.9482	.0931	.0088	.00079
.15	.9624	.0939	.0069	.00118
.20	.9662	.0947	.0052	.00149
.25	.9720	.0954	.0038	.00171
.30	.9775	.0960	.0027	.00188
.35	.9822	.0965	.0018	.00199
.40	.9858	.0968	.0011	.00206
.45	.9883	.0971	.0005	.00210
.50	.9896	.0972	.0000	.00212
.55	.9896	.0972	-.0005	.00210
.60	.9883	.0971	-.0011	.00206
.65	.9858	.0968	-.0018	.00199
.70	.9822	.0965	-.0027	.00188
.75	.9775	.0960	-.0038	.00171
.80	.9720	.0954	-.0052	.00149
.85	.9662	.0947	-.0069	.00118
.90	.9624	.0939	-.0088	.00079
.95	.9482	.0931	-.0114	.00028
1.00	1.2278	.0922	.0000	.00000

KS= 1.000

X/L	FP	FS	FQ	FM
.05	1.2450	.0934	.0122	.00031
.10	.9566	.0939	.0101	.00086
.15	.9675	.0944	.0085	.00133
.20	.9680	.0949	.0069	.00171
.25	.9710	.0953	.0054	.00202
.30	.9741	.0957	.0041	.00225
.35	.9769	.0960	.0030	.00243
.40	.9790	.0962	.0019	.00255
.45	.9806	.0964	.0009	.00262
.50	.9813	.0964	.0000	.00265
.55	.9813	.0964	-.0009	.00262
.60	.9806	.0964	-.0019	.00255
.65	.9790	.0962	-.0030	.00243
.70	.9769	.0960	-.0041	.00225
.75	.9741	.0957	-.0054	.00202
.80	.9710	.0953	-.0069	.00171
.85	.9680	.0949	-.0085	.00133
.90	.9675	.0944	-.0101	.00086
.95	.9566	.0939	-.0122	.00031
1.00	1.2450	.0934	.0000	.00000

KS= 3.000

X/L	FP	FS	FQ	FM
.05	1.2611	.0945	.0131	.00033
.10	.9646	.0947	.0113	.00093
.15	.9723	.0949	.0099	.00146
.20	.9699	.0951	.0084	.00192
.25	.9702	.0952	.0069	.00230
.30	.9710	.0954	.0055	.00261
.35	.9718	.0955	.0040	.00285
.40	.9726	.0956	.0027	.00302
.45	.9731	.0957	.0013	.00312
.50	.9734	.0957	.0000	.00315
.55	.9734	.0957	-.0013	.00312
.60	.9731	.0957	-.0027	.00302
.65	.9726	.0956	-.0040	.00285
.70	.9718	.0955	-.0055	.00261
.75	.9710	.0954	-.0069	.00230
.80	.9702	.0952	-.0084	.00192
.85	.9699	.0951	-.0099	.00146
.90	.9723	.0949	-.0113	.00093
.95	.9646	.0947	-.0131	.00033
1.00	1.2611	.0945	.0000	.00000

KS= 10.000

X/L	FP	FS	FQ	FM
.05	1.2681	.0950	.0134	.00034
.10	.9681	.0950	.0118	.00097
.15	.9745	.0951	.0105	.00152
.20	.9707	.0952	.0091	.00201
.25	.9699	.0952	.0076	.00243
.30	.9696	.0953	.0060	.00277
.35	.9697	.0953	.0045	.00303
.40	.9698	.0953	.0030	.00322
.45	.9699	.0953	.0015	.00333
.50	.9699	.0954	.0000	.00337
.55	.9699	.0954	-.0015	.00333
.60	.9699	.0953	-.0030	.00322
.65	.9698	.0953	-.0045	.00303
.70	.9697	.0953	-.0060	.00277
.75	.9696	.0953	-.0076	.00243
.80	.9699	.0952	-.0091	.00201
.85	.9707	.0952	-.0105	.00152
.90	.9745	.0951	-.0118	.00097
.95	.9681	.0950	-.0134	.00034
1.00	1.2681	.0950	.0000	.00000

KS=100.000

X/L	FP	FS	FQ	FM
.05	1.2710	.0952	.0135	.00034
.10	.9695	.0952	.0120	.00098
.15	.9754	.0952	.0108	.00155
.20	.9711	.0952	.0093	.00205
.25	.9697	.0952	.0078	.00248
.30	.9691	.0952	.0063	.00283
.35	.9687	.0952	.0047	.00311
.40	.9686	.0952	.0032	.00331
.45	.9685	.0952	.0016	.00343
.50	.9684	.0952	.0000	.00346
.55	.9684	.0952	-.0016	.00343
.60	.9685	.0952	-.0032	.00331
.65	.9686	.0952	-.0047	.00311
.70	.9687	.0952	-.0063	.00283
.75	.9691	.0952	-.0078	.00248
.80	.9697	.0952	-.0093	.00205
.85	.9711	.0952	-.0108	.00155
.90	.9754	.0952	-.0120	.00098
.95	.9695	.0952	-.0135	.00034
1.00	1.2710	.0952	.0000	.00000

546

B/L= 1.00 DS/B1= .50 KS= .001

XQ/L=0.0

X/L	FP	FS	FQ	FM
.05	22.4725	2.2852	.1236	-.02191
.10	.8430	1.1276	.1658	-.01467
.15	-1.0318	.5214	.1142	-.00768
.20	-1.1066	.2472	.0589	-.00335
.25	-.6768	.1350	.0250	-.00125
.30	-.3260	.0896	.0087	-.00041
.35	-.1283	.0681	.0023	-.00013
.40	-.0391	.0543	.0004	-.00007
.45	-.0069	.0434	.0000	-.00006
.50	.0013	.0343	.0001	-.00005
.55	.0017	.0268	.0002	-.00005
.60	.0005	.0209	.0002	-.00004
.65	-.0003	.0164	.0002	-.00003
.70	-.0007	.0129	.0001	-.00002
.75	-.0007	.0103	.0001	-.00002
.80	-.0005	.0082	.0001	-.00001
.85	-.0002	.0067	.0001	-.00001
.90	.0000	.0054	.0001	-.00001
.95	.0002	.0044	.0001	-.00000
1.00	-.0017	.0035	-.0000	-.00000

XQ/L=0.1

X/L	FP	FS	FQ	FM
.05	3.4464	.9401	.1723	.00431
.10	6.3979	1.2641	-.5078	.02092
.15	6.2902	1.2610	-.1933	.00339
.20	3.0295	.9440	-.0418	-.00248
.25	1.0603	.6228	.0112	-.00325
.30	.1898	.3908	.0207	-.00245
.35	-.0887	.2448	.0163	-.00152
.40	-.1248	.1582	.0100	-.00087
.45	-.0911	.1069	.0055	-.00048
.50	-.0530	.0756	.0028	-.00027
.55	-.0273	.0553	.0015	-.00016
.60	-.0132	.0413	.0008	-.00011
.65	-.0063	.0314	.0005	-.00007
.70	-.0033	.0241	.0003	-.00005
.75	-.0019	.0187	.0002	-.00004
.80	-.0011	.0146	.0002	-.00003
.85	-.0005	.0115	.0002	-.00002
.90	.0000	.0092	.0002	-.00001
.95	.0004	.0073	.0002	-.00000
1.00	-.0034	.0057	-.0000	-.00000

XQ/L=0.2

X/L	FP	FS	FQ	FM
.05	-.8144	.3154	-.0407	-.00102
.10	1.2899	.6103	.0238	-.00144
.15	3.1807	.9461	.1828	.00372
.20	6.2879	1.2576	-.5028	.02072
.25	6.2247	1.2533	-.1916	.00336
.30	3.0017	.9385	-.0415	-.00246
.35	1.0516	.6194	.0111	-.00322
.40	.1886	.3890	.0205	-.00243
.45	-.0877	.2438	.0161	-.00151
.50	-.1237	.1576	.0100	-.00086
.55	-.0903	.1066	.0054	-.00048
.60	-.0527	.0754	.0028	-.00027
.65	-.0271	.0551	.0015	-.00016
.70	-.0131	.0412	.0008	-.00011
.75	-.0062	.0313	.0005	-.00007
.80	-.0030	.0241	.0003	-.00005
.85	-.0013	.0187	.0003	-.00004
.90	-.0001	.0146	.0003	-.00002
.95	.0006	.0114	.0003	-.00001
1.00	-.0062	.0087	-.0000	-.00000

XQ/L=0.3

X/L	FP	FS	FQ	FM
.05	-.5431	.1283	-.0272	-.00068
.10	.0008	.2397	-.0271	-.00204
.15	.2627	.3918	-.0140	-.00306
.20	1.0918	.6213	.0406	-.00240
.25	3.0054	.9360	.1909	.00339
.30	6.1839	1.2452	-.4999	.02066
.35	6.1789	1.2442	-.1910	.00339
.40	2.9867	.9328	-.0416	-.00242
.45	1.0492	.6163	.0108	-.00319
.50	.1900	.3872	.0203	-.00241
.55	-.0859	.2429	.0160	-.00151
.60	-.1225	.1570	.0099	-.00086
.65	-.0897	.1062	.0054	-.00047
.70	-.0523	.0751	.0028	-.00027
.75	-.0269	.0550	.0015	-.00016
.80	-.0125	.0412	.0008	-.00010
.85	-.0051	.0314	.0006	-.00007
.90	-.0011	.0241	.0005	-.00004
.95	.0009	.0185	.0006	-.00001
1.00	-.0114	.0138	-.0000	-.00000

XQ/L=0.4

X/L	FP	FS	FQ	FM
.05	-.1771	.0666	-.0089	-.00022
.10	-.0625	.1054	-.0120	-.00074
.15	-.1002	.1585	-.0170	-.00147
.20	-.0729	.2444	-.0206	-.00241
.25	.1960	.3882	-.0108	-.00319
.30	1.0517	.6166	.0417	-.00242
.35	2.9876	.9325	.1911	.00340
.40	6.1780	1.2430	-.5000	.02068
.45	6.1780	1.2429	-.1911	.00340
.50	2.9872	.9322	-.0417	-.00242
.55	1.0499	.6159	.0108	-.00319
.60	.1904	.3870	.0203	-.00241
.65	-.0857	.2428	.0160	-.00150
.70	-.1224	.1570	.0099	-.00086
.75	-.0894	.1063	.0054	-.00047
.80	-.0514	.0753	.0029	-.00027
.85	-.0248	.0552	.0016	-.00015
.90	-.0090	.0414	.0012	-.00009
.95	-.0011	.0311	.0011	-.00003
1.00	-.0223	.0226	-.0000	-.00000

XQ/L=0.5

X/L	FP	FS	FQ	FM
.05	-.0549	.0381	-.0027	-.00007
.10	-.0164	.0547	-.0036	-.00023
.15	-.0440	.0757	-.0058	-.00046
.20	-.0850	.1068	-.0100	-.00085
.25	-.1204	.1574	-.0160	-.00151
.30	-.0851	.2430	-.0203	-.00241
.35	.1906	.3871	-.0108	-.00319
.40	1.0499	.6159	.0417	-.00242
.45	2.9873	.9321	.1911	.00340
.50	6.1781	1.2429	-.5000	.02068
.55	6.1781	1.2429	-.1911	.00340
.60	2.9873	.9321	-.0417	-.00242
.65	1.0499	.6159	.0108	-.00319
.70	.1906	.3871	.0203	-.00241
.75	-.0851	.2430	.0160	-.00151
.80	-.1204	.1574	.0100	-.00085
.85	-.0850	.1068	.0058	-.00046
.90	-.0440	.0757	.0036	-.00023
.95	-.0164	.0547	.0027	-.00007
1.00	-.0549	.0381	-.0000	-.00000

B/L= 1.00 DS/B1= .50 KS= .001

XM/L=0.0

X/L	FP	FS	FQ	FM
.05	223.4782	14.7116	11.1739	-.72065
.10	-102.7355	-4.1150	6.0371	-.29038
.15	-70.2967	-8.0972	2.5223	-.07639
.20	-36.0872	-6.7976	.7179	.00462
.25	-13.8698	-4.5341	.0244	.02318
.30	-3.4851	-2.7309	-.1498	.02004
.35	.2142	-1.5868	-.1391	.01282
.40	.9941	-.9349	-.0894	.00711
.45	.8204	-.5788	-.0484	.00366
.50	.4944	-.3817	-.0236	.00186
.55	.2521	-.2659	-.0110	.00100
.60	.1151	-.1922	-.0053	.00059
.65	.0494	-.1419	-.0028	.00038
.70	.0215	-.1060	-.0017	.00027
.75	.0105	-.0798	-.0012	.00020
.80	.0059	-.0605	-.0009	.00014
.85	.0030	-.0463	-.0008	.00010
.90	.0004	-.0357	-.0008	.00006
.95	-.0015	-.0275	-.0008	.00002
1.00	.0166	-.0205	.0000	-.00000

XM/L=0.1

X/L	FP	FS	FQ	FM
.05	105.7968	10.0956	5.2898	.13225
.10	53.4385	5.2150	7.9618	-.53646
.15	-64.5970	-4.6854	4.7319	-.21912
.20	-56.3670	-7.2038	1.9136	-.05299
.25	-27.9584	-5.8168	.5156	.00774
.30	-10.5051	-3.8385	-.0096	.02040
.35	-2.4591	-2.3152	-.1326	.01684
.40	.3251	-1.3581	-.1163	.01062
.45	.8574	-.8118	-.0734	.00588
.50	.6782	-.5104	-.0395	.00305
.55	.4024	-.3407	-.0194	.00158
.60	.2041	-.2391	-.0092	.00086
.65	.0935	-.1736	-.0045	.00052
.70	.0407	-.1284	-.0025	.00034
.75	.0181	-.0961	-.0016	.00024
.80	.0086	-.0726	-.0011	.00017
.85	.0039	-.0553	-.0010	.00012
.90	.0004	-.0424	-.0009	.00007
.95	-.0018	-.0324	-.0010	.00003
1.00	.0205	-.0240	-.0000	-.00000

XM/L=0.2

X/L	FP	FS	FQ	FM
.05	5.4998	3.2749	.2750	.00687
.10	28.0447	5.5421	1.6772	.05568
.15	53.9391	6.9587	4.3742	.20697
.20	59.5164	4.6041	7.3500	-.49993
.25	-58.5281	-4.4199	4.4236	-.20559
.30	-52.5254	-6.7941	1.7973	-.05007
.35	-26.1910	-5.4976	.4878	.00706
.40	-9.8888	-3.6378	-.0067	.01909
.45	-2.3375	-2.2012	-.1235	.01583
.50	.2891	-1.2957	-.1091	.01002
.55	.7989	-.7772	-.0691	.00556
.60	.6357	-.4899	-.0373	.00290
.65	.3788	-.3276	-.0184	.00151
.70	.1927	-.2302	-.0088	.00083
.75	.0883	-.1673	-.0044	.00050
.80	.0373	-.1240	-.0025	.00033
.85	.0138	-.0931	-.0018	.00022
.90	.0023	-.0704	-.0017	.00013
.95	-.0032	-.0530	-.0018	.00005
1.00	.0369	-.0383	-.0000	-.00000

XM/L=0.3

X/L	FP	FS	FQ	FM
.05	-5.0724	.9708	-.2536	-.00634
.10	3.3303	2.1754	-.0871	-.01486
.15	10.7103	3.7084	.4484	-.00583
.20	26.6769	5.5852	1.7823	.04994
.25	52.8112	6.8836	4.4228	.20507
.30	58.8757	4.5219	7.3666	-.50020
.35	-58.8015	-4.4788	4.4265	-.20537
.40	-52.6104	-6.8298	1.7960	-.04981
.45	-26.2013	-5.5176	.4859	.00724
.50	-9.8782	-3.6488	-.0080	.01919
.55	-2.3259	-2.2075	-.1243	.01589
.60	.2967	-1.2996	-.1094	.01005
.65	.8030	-.7798	-.0693	.00558
.70	.6374	-.4918	-.0374	.00291
.75	.3785	-.3292	-.0185	.00151
.80	.1901	-.2317	-.0090	.00083
.85	.0816	-.1688	-.0049	.00048
.90	.0259	-.1252	-.0036	.00027
.95	.0007	-.0928	-.0036	.00009
1.00	.0713	-.0657	-.0000	-.00000

XM/L=0.4

X/L	FP	FS	FQ	FM
.05	-2.1570	.3903	-.1079	-.00270
.10	-.5082	.7689	-.1333	-.00872
.15	-.0476	1.3173	-.1356	-.01545
.20	2.4693	2.2280	-.0122	-.01914
.25	9.9361	3.6653	.4846	-.00733
.30	26.2131	5.5308	1.7953	.04967
.35	52.6056	6.8431	4.4256	.20519
.40	58.8076	4.4969	7.3659	-.50002
.45	-58.8124	-4.4929	4.4253	-.20524
.50	-52.6043	-6.8375	1.7951	-.04973
.55	-26.1935	-5.5220	.4854	.00728
.60	-9.8727	-3.6515	-.0082	.01921
.65	-2.3229	-2.2094	-.1243	.01590
.70	.2978	-1.3012	-.1095	.01005
.75	.8015	-.7814	-.0694	.00558
.80	.6316	-.4937	-.0378	.00290
.85	.3649	-.3313	-.0196	.00147
.90	.1670	-.2334	-.0112	.00070
.95	.0554	-.1676	-.0084	.00021
1.00	.1687	-.1153	-.0000	-.00000

XM/L=0.5

X/L	FP	FS	FQ	FM
.05	-.5828	.2050	-.0291	-.00073
.10	-.2953	.3270	-.0439	-.00255
.15	-.5687	.4972	-.0723	-.00546
.20	-.7638	.7859	-.1105	-.01003
.25	-.2809	1.3047	-.1246	-.01591
.30	2.3282	2.2117	-.0082	-.01923
.35	9.8731	3.6530	.4855	-.00730
.40	26.1923	5.5231	1.7951	.04972
.45	52.6022	6.8387	4.4252	.20523
.50	58.8096	4.4944	7.3657	-.50000
.55	-58.8097	-4.4944	4.4252	-.20523
.60	-52.6022	-6.8387	1.7951	-.04972
.65	-26.1921	-5.5231	.4855	.00730
.70	-9.8732	-3.6530	-.0082	.01923
.75	-2.3283	-2.2117	-.1246	.01591
.80	.2810	-1.3047	-.1105	.01003
.85	.7638	-.7859	-.0723	.00546
.90	.5686	-.4972	-.0439	.00255
.95	.2953	-.3270	-.0291	.00073
1.00	.5829	-.2050	-.0000	-.00000

B/L= 1.00 DS/B1= .50 KS= .003

XQ/L=0.0

X/L	FP	FS	FQ	FM
.05	19.0244	2.1042	-.0488	-.02622
.10	3.1925	1.2842	.1108	-.02467
.15	.5831	.7220	.1400	-.01840
.20	-.4823	.3757	.1159	-.01200
.25	-.7017	.1809	.0808	-.00708
.30	-.6104	.0808	.0503	-.00381
.35	-.4377	.0345	.0284	-.00184
.40	-.2781	.0160	.0145	-.00077
.45	-.1600	.0102	.0065	-.00024
.50	-.0832	.0093	.0023	-.00002
.55	-.0381	.0096	.0004	.00005
.60	-.0142	.0098	-.0003	.00005
.65	-.0029	.0095	-.0004	.00003
.70	.0015	.0087	-.0003	.00001
.75	.0027	.0077	-.0002	.00000
.80	.0025	.0067	-.0001	-.00001
.85	.0019	.0057	.0000	-.00001
.90	.0013	.0047	.0001	-.00001
.95	.0007	.0039	.0001	-.00000
1.00	-.0022	.0031	-.0000	-.00000

XQ/L=0.1

X/L	FP	FS	FQ	FM
.05	5.4692	1.0301	.2735	.00684
.10	4.8235	1.1379	-.4854	.02654
.15	4.5887	1.0942	-.2559	.00801
.20	2.9452	.8930	-.1087	-.00111
.25	1.6138	.6604	-.0280	-.00453
.30	.7425	.4577	.0091	-.00500
.35	.2495	.3033	.0216	-.00423
.40	.0094	.1953	.0221	-.00313
.45	-.0834	.1242	.0179	-.00213
.50	-.1013	.0792	.0129	-.00136
.55	-.0874	.0517	.0085	-.00083
.60	-.0647	.0351	.0052	-.00049
.65	-.0434	.0250	.0031	-.00028
.70	-.0269	.0187	.0017	-.00016
.75	-.0156	.0145	.0010	-.00009
.80	-.0083	.0116	.0005	-.00006
.85	-.0039	.0095	.0003	-.00003
.90	-.0016	.0077	.0003	-.00002
.95	-.0007	.0063	.0002	-.00001
1.00	-.0046	.0049	-.0000	-.00000

XQ/L=0.2

X/L	FP	FS	FQ	FM
.05	.0102	.3877	.0005	.00001
.10	1.8258	.6465	.0918	.00232
.15	3.2101	.8955	.2523	.01092
.20	4.7384	1.0817	-.5108	.02946
.25	4.6870	1.0813	-.2764	.00978
.30	3.0865	.8999	-.1221	-.00018
.35	1.7292	.6738	-.0356	-.00412
.40	.8200	.4710	.0054	-.00488
.45	.2950	.3140	.0201	-.00424
.50	.0328	.2030	.0218	-.00320
.55	-.0733	.1293	.0181	-.00220
.60	-.0982	.0825	.0132	-.00142
.65	-.0876	.0537	.0088	-.00087
.70	-.0658	.0362	.0055	-.00051
.75	-.0445	.0257	.0033	-.00029
.80	-.0275	.0191	.0019	-.00016
.85	-.0156	.0148	.0011	-.00009
.90	-.0081	.0117	.0007	-.00004
.95	-.0043	.0093	.0005	-.00001
1.00	-.0100	.0072	-.0000	-.00000

XQ/L=0.3

X/L	FP	FS	FQ	FM
.05	-.8590	.1286	-.0430	-.00107
.10	.3405	.2875	-.0259	-.00280
.15	.9285	.4662	.0205	-.00293
.20	1.8135	.6744	.1112	.00036
.25	3.1065	.8974	.2665	.00980
.30	4.6300	1.0729	-.5020	.02891
.35	4.6062	1.0699	-.2717	.00957
.40	3.0352	.8898	-.1199	-.00022
.45	1.7006	.6661	-.0349	-.00409
.50	.8062	.4656	.0054	-.00483
.55	.2897	.3106	.0199	-.00419
.60	.0318	.2010	.0215	-.00316
.65	-.0723	.1281	.0179	-.00218
.70	-.0965	.0819	.0130	-.00140
.75	-.0855	.0534	.0088	-.00086
.80	-.0635	.0362	.0056	-.00050
.85	-.0420	.0257	.0035	-.00027
.90	-.0255	.0189	.0022	-.00013
.95	-.0157	.0141	.0014	-.00004
1.00	-.0288	.0102	-.0000	-.00000

XQ/L=0.4

X/L	FP	FS	FQ	FM
.05	-.5645	.0455	-.0282	-.00071
.10	-.0558	.1158	-.0310	-.00219
.15	.0878	.2005	-.0266	-.00363
.20	.3454	.3144	-.0094	-.00453
.25	.8455	.4694	.0329	-.00394
.30	1.7209	.6676	.1190	-.00014
.35	3.0359	.8880	.2708	.00960
.40	4.5846	1.0642	-.5000	.02887
.45	4.5805	1.0633	-.2710	.00960
.50	3.0226	.8852	-.1199	-.00017
.55	1.6956	.6631	-.0351	-.00405
.60	.8053	.4639	.0052	-.00479
.65	.2910	.3098	.0197	-.00417
.70	.0345	.2007	.0215	-.00314
.75	-.0685	.1283	.0180	-.00215
.80	-.0913	.0822	.0135	-.00137
.85	-.0793	.0537	.0095	-.00079
.90	-.0583	.0359	.0066	-.00039
.95	-.0426	.0238	.0045	-.00011
1.00	-.0893	.0143	-.0000	-.00000

XQ/L=0.5

X/L	FP	FS	FQ	FM
.05	-.2494	.0220	-.0125	-.00031
.10	-.0815	.0484	-.0165	-.00104
.15	-.0763	.0815	-.0204	-.00196
.20	-.0510	.1294	-.0229	-.00304
.25	.0481	.2024	-.0205	-.00413
.30	.3001	.3112	-.0055	-.00478
.35	.8107	.4649	.0350	-.00404
.40	1.6983	.6634	.1199	-.00017
.45	3.0229	.8848	.2711	.00961
.50	4.5782	1.0621	-.5000	.02889
.55	4.5782	1.0621	-.2711	.00961
.60	3.0229	.8848	-.1199	-.00017
.65	1.6983	.6634	-.0350	-.00404
.70	.8107	.4649	.0055	-.00478
.75	.3001	.3112	.0205	-.00413
.80	.0481	.2024	.0229	-.00304
.85	-.0510	.1294	.0204	-.00196
.90	-.0763	.0815	.0165	-.00104
.95	-.0815	.0484	.0125	-.00031
1.00	-.2494	.0220	-.0000	-.00000

B/L= 1.00 DS/B1= .50 KS= .003

XM/L=0.0

X/L	FP	FS	FQ	FM
.05	150.8175	11.3868	7.5409	-.81148
.10	-34.4723	.3729	5.8173	-.47752
.15	-41.4946	-4.2318	3.7425	-.23853
.20	-33.4926	-5.2995	2.0679	-.09327
.25	-21.9560	-4.7431	.9701	-.01732
.30	-12.5294	-3.6566	.3436	.01552
.35	-6.1940	-2.5742	.0339	.02496
.40	-2.4737	-1.7007	-.0898	.02357
.45	-.5565	-1.0725	-.1176	.01838
.50	.2729	-.6545	-.1039	.01285
.55	.5220	-.3925	-.0778	.00830
.60	.5047	-.2357	-.0526	.00504
.65	.3937	-.1450	-.0329	.00291
.70	.2719	-.0937	-.0193	.00160
.75	.1718	-.0646	-.0107	.00085
.80	.1002	-.0476	-.0057	.00044
.85	.0537	-.0370	-.0030	.00022
.90	.0261	-.0295	-.0017	.00010
.95	.0122	-.0236	-.0011	.00003
1.00	.0224	-.0183	.0000	-.00000

XM/L=0.1

X/L	FP	FS	FQ	FM
.05	95.5775	8.9705	4.7789	.11947
.10	26.2859	4.1104	6.0932	-.60873
.15	-30.1898	-2.0261	4.5837	-.34181
.20	-36.0925	-4.6914	2.7791	-.15774
.25	-26.5587	-4.8966	1.4511	-.05198
.30	-16.5258	-4.0808	.6248	-.00008
.35	-8.9588	-3.0219	.1769	.01996
.40	-4.1349	-2.0717	-.0299	.02363
.45	-1.4340	-1.3438	-.1016	.02035
.50	-.1212	-.8372	-.1076	.01512
.55	.3917	-.5082	-.0880	.01023
.60	.4992	-.3055	-.0631	.00645
.65	.4350	-.1857	-.0413	.00384
.70	.3215	-.1168	-.0252	.00218
.75	.2138	-.0778	-.0146	.00118
.80	.1305	-.0553	-.0080	.00062
.85	.0733	-.0417	-.0044	.00031
.90	.0378	-.0327	-.0025	.00014
.95	.0189	-.0258	-.0015	.00004
1.00	.0305	-.0199	-.0000	-.00000

XM/L=0.2

X/L	FP	FS	FQ	FM
.05	23.4421	4.1205	1.1721	.02930
.10	23.2410	4.6410	2.3342	.11696
.15	30.5498	4.4544	3.8616	.27185
.20	25.1065	2.3555	5.1170	-.50368
.25	-25.6354	-2.3081	3.8352	-.27988
.30	-30.6465	-4.3306	2.3029	-.12643
.35	-22.3211	-4.3535	1.1868	-.03918
.40	-13.7614	-3.5716	.4987	.00296
.45	-7.3770	-2.6229	.1299	.01867
.50	-3.3444	-1.7900	-.0373	.02099
.55	-1.1092	-1.1589	-.0928	.01773
.60	-.0383	-.7226	-.0947	.01305
.65	.3678	-.4402	-.0763	.00877
.70	.4405	-.2666	-.0543	.00551
.75	.3749	-.1639	-.0355	.00326
.80	.2719	-.1047	-.0219	.00183
.85	.1768	-.0706	-.0131	.00095
.90	.1059	-.0502	-.0078	.00043
.95	.0626	-.0366	-.0047	.00012
1.00	.0933	-.0257	-.0000	-.00000

XM/L=0.3

X/L	FP	FS	FQ	FM
.05	-.4552	1.4324	-.0228	-.00057
.10	7.8638	2.5315	.3704	.00812
.15	14.4891	3.6010	1.0949	.04476
.20	22.8768	4.4212	2.2387	.12810
.25	30.9026	4.4009	3.7839	.27866
.30	25.6370	2.3791	5.0657	-.50010
.35	-25.1978	-2.2588	3.8058	-.27831
.40	-30.3507	-4.2809	2.2883	-.12596
.45	-22.1465	-4.3132	1.1810	-.03923
.50	-13.6709	-3.5426	.4974	.00273
.55	-7.3378	-2.6038	.1305	.01843
.60	-3.3334	-1.7784	-.0362	.02079
.65	-1.1124	-1.1526	-.0918	.01759
.70	-.0488	-.7198	-.0942	.01294
.75	.3524	-.4396	-.0766	.00867
.80	.4210	-.2672	-.0555	.00536
.85	.3523	-.1644	-.0379	.00303
.90	.2533	-.1033	-.0253	.00145
.95	.1789	-.0642	-.0163	.00041
1.00	.3264	-.0342	-.0000	-.00000

XM/L=0.4

X/L	FP	FS	FQ	FM
.05	-3.7762	.4159	-.1888	-.00472
.10	1.2944	1.0601	-.1241	-.01254
.15	3.8303	1.7919	.0674	-.01396
.20	7.8193	2.6603	.4584	-.00081
.25	14.0230	3.6107	1.1595	.03963
.30	22.3852	4.3815	2.2788	.12559
.35	30.5354	4.3496	3.8056	.27770
.40	25.4039	2.3330	5.0758	-.50026
.45	-25.3276	-2.2943	3.8094	-.27813
.50	-30.4136	-4.3061	2.2887	-.12568
.55	-22.1721	-4.3304	1.1801	-.03896
.60	-13.6798	-3.5545	.4961	.00294
.65	-7.3439	-2.6129	.1289	.01857
.70	-3.3464	-1.7865	-.0384	.02083
.75	-1.1397	-1.1605	-.0954	.01749
.80	-.0948	-.7274	-.1001	.01260
.85	.2904	-.4448	-.0856	.00796
.90	.3669	-.2647	-.0673	.00414
.95	.3630	-.1447	-.0491	.00123
1.00	.9821	-.0511	-.0000	-.00000

XM/L=0.5

X/L	FP	FS	FQ	FM
.05	-2.3421	.1202	-.1171	-.00293
.10	-.3121	.3901	-.1327	-.00917
.15	.2519	.7202	-.1201	-.01549
.20	1.3190	1.1739	-.0542	-.01985
.25	3.4826	1.8057	.1200	-.01821
.30	7.4299	2.6314	.4915	-.00292
.35	13.7267	3.5704	1.1778	.03881
.40	22.1954	4.3444	2.2876	.12545
.45	30.4290	4.3201	3.8090	.27786
.50	25.3514	2.3110	5.0766	-.50000
.55	-25.3515	-2.3110	3.8090	-.27786
.60	-30.4289	-4.3201	2.2876	-.12545
.65	-22.1954	-4.3444	1.1778	-.03881
.70	-13.7267	-3.5705	.4915	.00292
.75	-7.4299	-2.6314	.1200	.01821
.80	-3.4826	-1.8057	-.0542	.01985
.85	-1.3190	-1.1739	-.1201	.01549
.90	-.2519	-.7202	-.1327	.00917
.95	.3121	-.3901	-.1171	.00293
1.00	2.3421	-.1202	-.0000	-.00000

B/L= 1.00   DS/B1= .50   KS= .010

XQ/L=0.0

X/L	FP	FS	FQ	FM
.05	15.5646	1.8780	-.2218	-.03054
.10	4.2593	1.3392	-.0088	-.03631
.15	2.0216	.9021	.0923	-.03422
.20	.6913	.5713	.1268	-.02874
.25	.0067	.3353	.1272	-.02239
.30	-.3186	.1759	.1112	-.01643
.35	-.4358	.0747	.0895	-.01141
.40	-.4389	.0151	.0675	-.00749
.45	-.3862	-.0162	.0482	-.00460
.50	-.3125	-.0295	.0326	-.00258
.55	-.2375	-.0322	.0207	-.00125
.60	-.1711	-.0292	.0121	-.00043
.65	-.1172	-.0238	.0063	.00003
.70	-.0761	-.0178	.0025	.00025
.75	-.0465	-.0123	.0002	.00032
.80	-.0261	-.0076	-.0012	.00029
.85	-.0124	-.0039	-.0018	.00022
.90	-.0027	-.0009	-.0019	.00013
.95	.0054	.0015	-.0016	.00004
1.00	.0328	.0037	-.0000	-.00000

XQ/L=0.1

X/L	FP	FS	FQ	FM
.05	6.8328	1.0905	.3416	.00854
.10	3.9190	1.0559	-.4624	.03052
.15	3.4262	.9670	-.2911	.01168
.20	2.5193	.8190	-.1651	.00028
.25	1.7231	.6539	-.0790	-.00582
.30	1.0932	.4976	-.0243	-.00841
.35	.6319	.3630	.0073	-.00883
.40	.3157	.2545	.0231	-.00807
.45	.1133	.1714	.0287	-.00678
.50	-.0056	.1107	.0284	-.00535
.55	-.0671	.0681	.0251	-.00401
.60	-.0915	.0396	.0205	-.00287
.65	-.0937	.0214	.0158	-.00196
.70	-.0842	.0104	.0116	-.00128
.75	-.0698	.0042	.0081	-.00078
.80	-.0544	.0011	.0054	-.00045
.85	-.0405	-.0002	.0034	-.00023
.90	-.0290	-.0004	.0019	-.00009
.95	-.0203	-.0002	.0009	-.00002
1.00	-.0183	.0002	-.0000	-.00000

XQ/L=0.2

X/L	FP	FS	FQ	FM
.05	1.6997	.5152	.0850	.00212
.10	2.0397	.6651	.1870	.00892
.15	2.7207	.7991	.3230	.02167
.20	3.3412	.8881	-.5099	.04200
.25	3.3125	.8857	-.3443	.02064
.30	2.6359	.7935	-.2125	.00672
.35	1.9149	.6610	-.1168	-.00151
.40	1.2908	.5214	-.0522	-.00573
.45	.8045	.3930	-.0120	-.00734
.50	.4529	.2844	.0106	-.00737
.55	.2153	.1981	.0214	-.00657
.60	.0660	.1328	.0247	-.00542
.65	-.0193	.0854	.0237	-.00421
.70	-.0611	.0525	.0207	-.00310
.75	-.0755	.0306	.0169	-.00216
.80	-.0743	.0165	.0132	-.00140
.85	-.0659	.0077	.0099	-.00083
.90	-.0567	.0023	.0071	-.00040
.95	-.0509	-.0014	.0045	-.00011
1.00	-.0905	-.0042	-.0000	-.00000

XQ/L=0.3

X/L	FP	FS	FQ	FM
.05	-.3525	.1940	-.0176	-.00044
.10	.7509	.3484	.0199	-.00038
.15	1.3475	.5042	.0873	.00230
.20	1.9996	.6576	.1873	.00916
.25	2.7008	.7944	.3223	.02190
.30	3.3354	.8855	-.5109	.04219
.35	3.3129	.8846	-.3453	.02078
.40	2.6393	.7934	-.2133	.00682
.45	1.9195	.6617	-.1173	-.00145
.50	1.2961	.5225	-.0525	-.00569
.55	.8103	.3944	-.0120	-.00731
.60	.4593	.2860	.0110	-.00733
.65	.2226	.1998	.0221	-.00651
.70	.0744	.1344	.0258	-.00531
.75	-.0101	.0868	.0253	-.00403
.80	-.0524	.0531	.0227	-.00283
.85	-.0699	.0298	.0192	-.00179
.90	-.0781	.0133	.0153	-.00092
.95	-.0888	.0009	.0108	-.00027
1.00	-.2169	-.0097	-.0000	-.00000

XQ/L=0.4

X/L	FP	FS	FQ	FM
.05	-.8157	.0482	-.0408	-.00102
.10	.1289	.1543	-.0343	-.00290
.15	.4828	.2664	-.0102	-.00401
.20	.8770	.3890	.0336	-.00343
.25	1.3610	.5230	.1017	-.00004
.30	1.9611	.6627	.1998	.00749
.35	2.6471	.7918	.3321	.02079
.40	3.2833	.8793	-.5037	.04150
.45	3.2699	.8775	-.3402	.02040
.50	2.6079	.7869	-.2098	.00665
.55	1.9000	.6567	-.1148	-.00147
.60	1.2876	.5192	-.0505	-.00560
.65	.8114	.3928	-.0099	-.00711
.70	.4685	.2857	.0135	-.00702
.75	.2376	.1999	.0254	-.00604
.80	.0912	.1337	.0300	-.00466
.85	.0016	.0837	.0301	-.00316
.90	-.0601	.0454	.0270	-.00173
.95	-.1191	.0144	.0211	-.00053
1.00	-.4219	-.0132	-.0000	-.00000

XQ/L=0.5

X/L	FP	FS	FQ	FM
.05	-.6787	-.0032	-.0339	-.00085
.10	-.0880	.0559	-.0383	-.00266
.15	.0777	.1202	-.0344	-.00447
.20	.2599	.1952	-.0215	-.00587
.25	.5011	.2858	.0036	-.00632
.30	.8421	.3949	.0457	-.00509
.35	1.3104	.5213	.1112	-.00116
.40	1.9119	.6576	.2068	.00679
.45	2.6074	.7859	.3372	.02039
.50	3.2562	.8743	-.5000	.04132
.55	3.2562	.8743	-.3372	.02039
.60	2.6074	.7859	-.2068	.00679
.65	1.9119	.6576	-.1112	-.00116
.70	1.3104	.5213	-.0457	-.00509
.75	.8421	.3949	-.0036	-.00632
.80	.5011	.2858	.0215	-.00587
.85	.2599	.1952	.0344	-.00447
.90	.0777	.1202	.0383	-.00266
.95	-.0880	.0559	.0339	-.00085
1.00	-.6787	-.0032	-.0000	-.00000

B/L= 1.00 OS/B1= .50 KS= .010

XM/L=0.0

X/L	FP	FS	FQ	FM
.05	93.1929	8.1532	4.6596	-.88351
.10	-2.3966	2.4866	4.5398	-.65352
.15	-15.0773	-.8752	3.7860	-.44538
.20	-18.5286	-2.5934	2.8595	-.27924
.25	-17.0804	-3.2305	2.0055	-.15762
.30	-13.9151	-3.2175	1.3098	-.07473
.35	-10.4512	-2.8605	.7872	-.02231
.40	-7.3416	-2.3611	.4201	.00787
.45	-4.8289	-1.8423	.1787	.02284
.50	-2.9435	-1.3712	.0315	.02809
.55	-1.6155	-.9773	-.0493	.02765
.60	-.7373	-.6676	-.0862	.02426
.65	-.1976	-.4360	-.0960	.01971
.70	.1025	-.2704	-.0909	.01504
.75	.2437	-.1569	-.0787	.01079
.80	.2878	-.0820	-.0643	.00722
.85	.2813	-.0341	-.0503	.00435
.90	.2605	-.0034	-.0372	.00216
.95	.2514	.0175	-.0247	.00062
1.00	.4935	.0344	.0000	-.00000

XM/L=0.1

X/L	FP	FS	FQ	FM
.05	71.5511	7.0926	3.5776	.03944
.10	17.0882	3.6757	4.4320	-.71032
.15	-9.3486	.0705	3.9645	-.50041
.20	-17.3578	-2.0965	3.0966	-.32388
.25	-17.3162	-3.0325	2.2308	-.19069
.30	-14.6924	-3.2021	1.4962	-.09752
.35	-11.3480	-2.9439	.9288	-.03689
.40	-8.1651	-2.4877	.5206	-.00066
.45	-5.5037	-1.9777	.2454	.01849
.50	-3.4558	-1.4961	.0726	.02644
.55	-1.9807	-1.0831	-.0264	.02759
.60	-.9826	-.7517	-.0756	.02504
.65	-.3521	-.4995	-.0932	.02082
.70	.0126	-.3163	-.0926	.01618
.75	.1971	-.1886	-.0827	.01180
.80	.2688	-.1028	-.0693	.00800
.85	.2791	-.0466	-.0553	.00489
.90	.2698	-.0096	-.0418	.00246
.95	.2713	.0164	-.0282	.00071
1.00	.5649	.0378	-.0000	-.00000

XM/L=0.2

X/L	FP	FS	FQ	FM
.05	33.2279	4.3887	1.6614	.04153
.10	16.6865	3.7355	2.4957	.14546
.15	14.9582	2.8070	3.2436	.28895
.20	8.9502	1.2316	3.6911	-.53768
.25	-10.7122	-1.0930	3.1555	-.36652
.30	-15.4406	-2.4395	2.3835	-.22804
.35	-14.3579	-2.8991	1.6656	-.12682
.40	-11.6990	-2.8308	1.0806	-.05816
.45	-8.7623	-2.4888	.6425	-.01508
.50	-6.1308	-2.0396	.3360	.00938
.55	-4.0136	-1.5838	.1353	.02117
.60	-2.4342	-1.1751	.0136	.02489
.65	-1.3302	-.8362	-.0529	.02391
.70	-.6073	-.5710	-.0833	.02050
.75	-.1679	-.3725	-.0917	.01613
.80	.0762	-.2290	-.0879	.01164
.85	.2005	-.1272	-.0778	.00750
.90	.2729	-.0539	-.0642	.00395
.95	.3478	.0022	-.0468	.00117
1.00	.9361	.0508	-.0000	-.00000

XM/L=0.3

X/L	FP	FS	FQ	FM
.05	10.4278	2.1831	.5214	.01303
.10	9.1704	2.5402	.9799	.05057
.15	11.4386	2.8049	1.5518	.11386
.20	13.5987	2.8264	2.2318	.20845
.25	14.3849	2.3688	2.9510	.33802
.30	9.6123	1.0959	3.4316	-.50241
.35	-9.6526	-1.0524	2.9490	-.34290
.40	-14.3599	-2.3107	2.2310	-.21340
.45	-13.4239	-2.7391	1.5598	-.11863
.50	-10.9688	-2.6737	1.0114	-.05435
.55	-8.2369	-2.3522	.5995	-.01407
.60	-5.7857	-1.9306	.3102	.00867
.65	-3.8152	-1.5028	.1195	.01941
.70	-2.3480	-1.1183	.0021	.02245
.75	-1.3227	-.7973	-.0641	.02090
.80	-.6438	-.5418	-.0962	.01690
.85	-.2061	-.3431	-.1065	.01183
.90	.1039	-.1876	-.1013	.00663
.95	.3887	-.0598	-.0819	.00205
1.00	1.6383	.0551	-.0000	-.00000

XM/L=0.4

X/L	FP	FS	FQ	FM
.05	.4699	.8722	.0235	.00059
.10	3.7500	1.3954	.2110	.00645
.15	6.0353	1.9093	.5128	.02454
.20	8.5802	2.3786	.9418	.06091
.25	11.2300	2.7224	1.5063	.12211
.30	13.6790	2.7952	2.1902	.21452
.35	14.5414	2.3673	2.9173	.34221
.40	9.7753	1.1089	3.4060	-.49971
.45	-9.5166	-1.0352	2.9302	-.34130
.50	-14.2656	-2.2958	2.2169	-.21262
.55	-13.3766	-2.7299	1.5481	-.11850
.60	-10.9690	-2.6715	.9997	-.05480
.65	-8.2826	-2.3566	.5855	-.01517
.70	-5.8719	-1.9393	.2919	.00676
.75	-3.9312	-1.5113	.0954	.01644
.80	-2.4712	-1.1192	-.0282	.01812
.85	-1.4075	-.7798	-.0986	.01496
.90	-.5932	-.4905	-.1282	.00929
.95	.1324	-.2377	-.1216	.00304
1.00	2.4321	-.0034	-.0000	-.00000

XM/L=0.5

X/L	FP	FS	FQ	FM
.05	-2.4451	.2425	-.1223	-.00306
.10	.9567	.6405	-.0744	-.00797
.15	2.4106	1.0554	.0461	-.00868
.20	4.0558	1.4961	.2489	-.00131
.25	6.0560	1.9529	.5517	.01871
.30	8.4711	2.3856	.9753	.05688
.35	11.1401	2.7076	1.5323	.11957
.40	13.5263	2.7683	2.2086	.21309
.45	14.3994	2.3343	2.9285	.34152
.50	9.6441	1.0728	3.4107	-.50000
.55	-9.6441	-1.0728	2.9285	-.34152
.60	-14.3994	-2.3343	2.2086	-.21309
.65	-13.5263	-2.7683	1.5323	-.11957
.70	-11.1401	-2.7076	.9752	-.05688
.75	-8.4711	-2.3856	.5517	-.01871
.80	-6.0560	-1.9529	.2489	.00131
.85	-4.0558	-1.4961	.0461	.00868
.90	-2.4106	-1.0554	-.0744	.00797
.95	-.9567	-.6405	-.1223	.00306
1.00	2.4451	-.2425	-.0000	-.00000

B/L= 1.00 DS/B1= .50 KS= .020

XQ/L=0.0

X/L	FP	FS	FQ	FM
.05	13.7695	1.7391	-.3115	-.03279
.10	4.3988	1.3226	-.0916	-.04287
.15	2.5200	.9635	.0344	-.04430
.20	1.2826	.6701	.0985	-.04097
.25	.5331	.4409	.1252	-.03538
.30	.0770	.2691	.1290	-.02902
.35	-.1845	.1456	.1198	-.02280
.40	-.3168	.0609	.1040	-.01720
.45	-.3653	.0061	.0857	-.01246
.50	-.3622	-.0264	.0676	-.00863
.55	-.3298	-.0432	.0511	-.00566
.60	-.2834	-.0493	.0370	-.00346
.65	-.2328	-.0486	.0253	-.00190
.70	-.1841	-.0440	.0161	-.00087
.75	-.1404	-.0373	.0091	-.00024
.80	-.1027	-.0298	.0040	.00009
.85	-.0707	-.0222	.0004	.00020
.90	-.0426	-.0148	-.0017	.00017
.95	-.0157	-.0077	-.0025	.00006
1.00	.0499	-.0008	-.0000	-.00000

XQ/L=0.1

X/L	FP	FS	FQ	FM
.05	7.1555	1.0979	.3578	.00894
.10	3.6381	1.0236	-.4603	.03138
.15	3.0549	.9211	-.3076	.01218
.20	2.3285	.7880	-.1912	-.00028
.25	1.7056	.6463	-.1059	-.00771
.30	1.1917	.5109	-.0463	-.01151
.35	.7865	.3901	-.0070	-.01285
.40	.4802	.2877	.0170	-.01259
.45	.2583	.2044	.0300	-.01142
.50	.1053	.1392	.0352	-.00979
.55	.0058	.0900	.0355	-.00802
.60	-.0535	.0540	.0328	-.00631
.65	-.0842	.0288	.0286	-.00477
.70	-.0954	.0119	.0239	-.00346
.75	-.0944	.0012	.0191	-.00238
.80	-.0867	-.0052	.0148	-.00154
.85	-.0763	-.0086	.0110	-.00089
.90	-.0667	-.0102	.0077	-.00042
.95	-.0601	-.0109	.0047	-.00012
1.00	-.0931	-.0111	-.0000	-.00000

XQ/L=0.2

X/L	FP	FS	FQ	FM
.05	2.6744	.5897	.1337	.00334
.10	2.1130	.6764	.2394	.01267
.15	2.4470	.7514	.3617	.02770
.20	2.7488	.7965	-.5008	.04922
.25	2.6996	.7860	-.3659	.02755
.30	2.2839	.7198	-.2517	.01211
.35	1.8092	.6243	-.1612	.00179
.40	1.3607	.5186	-.0932	-.00457
.45	.9742	.4151	-.0445	-.00801
.50	.6608	.3213	-.0114	-.00941
.55	.4190	.2407	.0095	-.00945
.60	.2410	.1742	.0216	-.00867
.65	.1160	.1214	.0274	-.00745
.70	.0328	.0807	.0290	-.00604
.75	-.0193	.0501	.0280	-.00461
.80	-.0502	.0275	.0255	-.00328
.85	-.0686	.0108	.0221	-.00208
.90	-.0840	-.0018	.0179	-.00108
.95	-.1039	-.0121	.0127	-.00032
1.00	-.2542	-.0214	-.0000	-.00000

XQ/L=0.3

X/L	FP	FS	FQ	FM
.05	.3401	.2622	.0170	.00043
.10	.9650	.3861	.0653	.00248
.15	1.4234	.5079	.1364	.00752
.20	1.8931	.6225	.2311	.01671
.25	2.3555	.7192	.3489	.03121
.30	2.7343	.7804	-.5144	.05207
.35	2.7228	.7810	-.3783	.02975
.40	2.3248	.7223	-.2620	.01374
.45	1.8570	.6314	-.1692	.00296
.50	1.4093	.5281	-.0987	-.00374
.55	1.0205	.4257	-.0477	-.00740
.60	.7035	.3318	-.0125	-.00890
.65	.4576	.2503	.0103	-.00896
.70	.2748	.1822	.0241	-.00810
.75	.1437	.1269	.0313	-.00672
.80	.0514	.0828	.0338	-.00509
.85	-.0157	.0475	.0330	-.00342
.90	-.0739	.0186	.0293	-.00186
.95	-.1378	-.0063	.0225	-.00056
1.00	-.4492	-.0294	-.0000	-.00000

XQ/L=0.4

X/L	FP	FS	FQ	FM
.05	-.5937	.0823	-.0297	-.00074
.10	.2951	.1890	-.0149	-.00186
.15	.6674	.2977	.0184	-.00177
.20	1.0453	.4093	.0707	.00046
.25	1.4521	.5219	.1433	.00581
.30	1.8950	.6301	.2381	.01534
.35	2.3458	.7228	.3554	.03018
.40	2.7217	.7816	-.5086	.05135
.45	2.7120	.7813	-.3730	.02931
.50	2.3189	.7225	-.2570	.01356
.55	1.8574	.6319	-.1642	.00303
.60	1.4164	.5292	-.0933	-.00341
.65	1.0335	.4269	-.0417	-.00678
.70	.7205	.3325	-.0056	-.00796
.75	.4748	.2492	.0181	-.00765
.80	.2855	.1777	.0324	-.00639
.85	.1367	.1168	.0392	-.00460
.90	.0051	.0641	.0395	-.00263
.95	-.1317	.0169	.0329	-.00082
1.00	-.6578	-.0278	-.0000	-.00000

XQ/L=0.5

X/L	FP	FS	FQ	FM
.05	-.7831	-.0001	-.0392	-.00098
.10	-.0227	.0742	-.0403	-.00297
.15	.2217	.1515	-.0292	-.00470
.20	.4642	.2346	-.0060	-.00558
.25	.7335	.3255	.0307	-.00496
.30	1.0544	.4244	.0834	-.00211
.35	1.4357	.5287	.1552	.00385
.40	1.8699	.6320	.2487	.01395
.45	2.3219	.7222	.3648	.02929
.50	2.7044	.7804	-.5000	.05091
.55	2.7044	.7804	-.3648	.02929
.60	2.3219	.7222	-.2487	.01395
.65	1.8699	.6320	-.1552	.00385
.70	1.4357	.5287	-.0834	-.00211
.75	1.0544	.4244	-.0307	-.00496
.80	.7335	.3255	.0060	-.00558
.85	.4642	.2346	.0292	-.00470
.90	.2217	.1515	.0403	-.00297
.95	-.0227	.0742	.0392	-.00098
1.00	-.7831	-.0001	-.0000	-.00000

B/L= 1.00 DS/B1= .50 KS= .020

XM/L=0.0

X/L	FP	FS	FQ	FM
.05	69.4087	6.5765	3.4704	-.91324
.10	4.6839	2.8194	3.7046	-.73386
.15	-5.9672	.2984	3.4063	-.55609
.20	-10.7017	-1.2561	2.8712	-.39915
.25	-11.7846	-2.0959	2.2820	-.27033
.30	-11.1171	-2.4354	1.7261	-.17012
.35	-9.6384	-2.4462	1.2442	-.09587
.40	-7.8832	-2.2591	.8500	-.04351
.45	-6.1508	-1.9687	.5425	-.00870
.50	-4.5974	-1.6401	.3126	.01268
.55	-3.2909	-1.3152	.1481	.02419
.60	-2.2457	-1.0185	.0358	.02879
.65	-1.4451	-.7618	-.0365	.02877
.70	-.8558	-.5486	-.0793	.02588
.75	-.4369	-.3764	-.1011	.02137
.80	-.1449	-.2398	-.1083	.01613
.85	.0653	-.1314	-.1051	.01080
.90	.2458	-.0431	-.0928	.00585
.95	.4429	.0328	-.0706	.00177
1.00	1.4129	.1029	.0000	-.00000

XM/_=0.1

X/L	FP	FS	FQ	FM
.05	57.2684	5.9445	2.8634	.07159
.10	14.5014	3.4019	3.5885	-.76712
.15	-2.7007	.8207	3.4535	-.59107
.20	-9.6430	-.9298	2.9713	-.43045
.25	-11.4933	-1.9157	2.3966	-.29625
.30	-11.2116	-2.3583	1.8361	-.19043
.35	-9.9133	-2.4377	1.3404	-.11102
.40	-8.2248	-2.2925	.9292	-.05428
.45	-6.4952	-2.0246	.6044	-.01594
.50	-4.9110	-1.7051	.3588	.00814
.55	-3.5584	-1.3805	.1809	.02163
.60	-2.4632	-1.0788	.0578	.02760
.65	-1.6149	-.8144	-.0230	.02847
.70	-.9835	-.5923	-.0721	.02609
.75	-.5292	-.4112	-.0986	.02182
.80	-.2082	-.2662	-.1090	.01663
.85	.0259	-.1501	-.1077	.01121
.90	.2275	-.0548	-.0963	.00611
.95	.4457	.0275	-.0741	.00185
1.00	1.4812	.1039	-.0000	-.00000

XM/L=0.2

X/L	FP	FS	FQ	FM
.05	32.9380	4.1605	1.6469	.04117
.10	13.9386	3.3130	2.3438	.14094
.15	10.5809	2.3310	2.8729	.27136
.20	5.4020	1.0415	3.1430	-.57825
.25	-6.2634	-.5795	2.8298	-.42893
.30	-10.0285	-1.6336	2.3284	-.29997
.35	-10.3707	-2.1426	1.8098	-.19652
.40	-9.4395	-2.2808	1.3379	-.11782
.45	-7.9785	-2.1848	.9389	-.06090
.50	-6.3945	-1.9560	.6192	-.02195
.55	-4.9027	-1.6660	.3741	.00288
.60	-3.6067	-1.3625	.1937	.01708
.65	-2.5426	-1.0746	.0666	.02359
.70	-1.7067	-.8175	-.0187	.02479
.75	-1.0716	-.5970	-.0723	.02251
.80	-.5968	-.4121	-.1021	.01815
.85	-.2326	-.2578	-.1138	.01275
.90	.0852	-.1268	-.1095	.00717
.95	.4177	-.0106	-.0886	.00222
1.00	1.7725	.0986	-.0000	-.00000

XM/L=0.3

X/L	FP	FS	FQ	FM
.05	15.0780	2.4544	.7539	.01885
.10	8.9526	2.4426	1.2015	.06773
.15	9.1789	2.3671	1.6605	.13928
.20	9.3783	2.1379	2.1294	.23403
.25	8.7704	1.6302	2.5679	.35146
.30	5.1773	.6847	2.8268	-.51367
.35	-5.7374	-.7009	2.5399	-.37950
.40	-9.1804	-1.6049	2.0809	-.26399
.45	-9.4443	-2.0278	1.6087	-.17175
.50	-8.5692	-2.1253	1.1802	-.10202
.55	-7.2317	-2.0189	.8186	-.05205
.60	-5.7969	-1.7980	.5288	-.01837
.65	-4.4535	-1.5252	.3061	.00250
.70	-3.2882	-1.2412	.1417	.01370
.75	-2.3249	-.9699	.0254	.01788
.80	-1.5484	-.7226	-.0520	.01721
.85	-.9162	-.5019	-.0978	.01347
.90	-.3552	-.3043	-.1155	.00814
.95	.2119	-.1230	-.1049	.00262
1.00	2.0989	.0502	-.0000	-.00000

XM/L=0.4

X/L	FP	FS	FQ	FM
.05	4.7074	1.2297	.2354	.00588
.10	4.6814	1.5217	.4694	.02350
.15	5.9162	1.7924	.7653	.05437
.20	7.2391	2.0057	1.1272	.10168
.25	8.4795	2.1030	1.5512	.16864
.30	9.2681	1.9990	2.0146	.25779
.35	8.9363	1.5765	2.4614	.36969
.40	5.4587	.6848	2.7343	-.50042
.45	-5.4324	-.6704	2.4627	-.37049
.50	-8.9034	-1.5608	2.0175	-.25849
.55	-9.2215	-1.9809	1.5565	-.16914
.60	-8.4106	-2.0817	1.1359	-.10183
.65	-7.1356	-1.9806	.7792	-.05395
.70	-5.7524	-1.7638	.4915	-.02218
.75	-4.4405	-1.4908	.2695	-.00315
.80	-3.2744	-1.1995	.1058	.00623
.85	-2.2596	-.9110	-.0072	.00869
.90	-1.3407	-.6340	-.0742	.00666
.95	-.4374	-.3687	-.0961	.00240
1.00	1.9217	-.1104	-.0000	-.00000

XM/L=0.5

X/L	FP	FS	FQ	FM
.05	-.2103	.4907	-.0105	-.00026
.10	1.9198	.8177	.0855	.00161
.15	3.1484	1.1440	.2429	.00982
.20	4.4312	1.4623	.4645	.02750
.25	5.7964	1.7532	.7543	.05797
.30	7.1993	1.9809	1.1142	.10469
.35	8.4745	2.0878	1.5380	.17099
.40	9.2750	1.9892	2.0017	.25948
.45	8.9412	1.5692	2.4488	.37075
.50	5.4532	.6780	2.7214	-.50000
.55	-5.4532	-.6780	2.4488	-.37074
.60	-8.9412	-1.5692	2.0017	-.25948
.65	-9.2750	-1.9892	1.5380	-.17099
.70	-8.4745	-2.0878	1.1142	-.10469
.75	-7.1993	-1.9809	.7543	-.05797
.80	-5.7964	-1.7532	.4645	-.02750
.85	-4.4312	-1.4623	.2429	-.00982
.90	-3.1484	-1.1440	.0855	-.00161
.95	-1.9198	-.8177	-.0105	.00026
1.00	.2103	-.4907	-.0000	-.00000

B/L= 1.00 DS/B1= .50 KS= .050

XQ/L=0.0

X/L	FP	FS	FQ	FM
.05	11.6281	1.5512	-.4186	-.03546
.10	4.2659	1.2591	-.2053	-.05106
.15	2.8381	.9932	-.0634	-.05778
.20	1.8233	.7601	.0278	-.05867
.25	1.1329	.5621	.0844	-.05587
.30	.6402	.3985	.1164	-.05084
.35	.2896	.2670	.1309	-.04466
.40	.0454	.1642	.1332	-.03806
.45	-.1177	.0861	.1273	-.03155
.50	-.2194	.0290	.1163	-.02546
.55	-.2754	-.0111	.1025	-.01999
.60	-.2982	-.0376	.0876	-.01523
.65	-.2978	-.0535	.0728	-.01122
.70	-.2821	-.0615	.0586	-.00794
.75	-.2574	-.0637	.0458	-.00533
.80	-.2281	-.0620	.0344	-.00332
.85	-.1978	-.0577	.0245	-.00185
.90	-.1696	-.0519	.0160	-.00084
.95	-.1447	-.0453	.0088	-.00022
1.00	-.1754	-.0384	-.0000	-.00000

XQ/L=0.1

X/L	FP	FS	FQ	FM
.05	7.1394	1.0755	.3570	.00892
.10	3.3737	.9821	-.4743	.03099
.15	2.7593	.8776	-.3364	.01072
.20	2.1741	.7614	-.2277	-.00338
.25	1.6950	.6431	-.1429	-.01264
.30	1.2916	.5298	-.0783	-.01818
.35	.9554	.4258	-.0306	-.02090
.40	.6803	.3335	.0034	-.02158
.45	.4601	.2540	.0264	-.02083
.50	.2882	.1873	.0408	-.01915
.55	.1577	.1326	.0487	-.01691
.60	.0616	.0888	.0518	-.01440
.65	-.0066	.0543	.0515	-.01181
.70	-.0533	.0277	.0488	-.00931
.75	-.0844	.0074	.0446	-.00697
.80	-.1051	-.0080	.0393	-.00487
.85	-.1210	-.0199	.0333	-.00306
.90	-.1390	-.0294	.0263	-.00156
.95	-.1646	-.0375	.0181	-.00045
1.00	-.3623	-.0450	-.0000	-.00000

XQ/L=0.2

X/L	FP	FS	FQ	FM
.05	3.6689	.6677	.1834	.00459
.10	2.1945	.6915	.2932	.01650
.15	2.2009	.7091	.4032	.03391
.20	2.2301	.7117	-.4853	.05686
.25	2.1350	.6878	-.3785	.03526
.30	1.8861	.6371	-.2842	.01870
.35	1.6020	.5703	-.2041	.00649
.40	1.3187	.4960	-.1382	-.00207
.45	1.0550	.4205	-.0854	-.00766
.50	.8204	.3480	-.0444	-.01091
.55	.6187	.2811	-.0135	-.01236
.60	.4500	.2212	.0090	-.01247
.65	.3119	.1688	.0246	-.01163
.70	.2005	.1237	.0346	-.01015
.75	.1108	.0850	.0402	-.00828
.80	.0368	.0520	.0420	-.00622
.85	-.0284	.0232	.0406	-.00416
.90	-.0958	-.0024	.0358	-.00225
.95	-.1747	-.0261	.0271	-.00068
1.00	-.5413	-.0489	-.0000	-.00000

XQ/L=0.3

X/L	FP	FS	FQ	FM
.05	1.3996	.3651	.0700	.00175
.10	1.2314	.4394	.1316	.00679
.15	1.4606	.5112	.2046	.01519
.20	1.7014	.5765	.2897	.02755
.25	1.9337	.6291	.3863	.04445
.30	2.1108	.6602	-.5081	.06640
.35	2.1017	.6588	-.4030	.04362
.40	1.9065	.6252	-.3077	.02585
.45	1.6554	.5709	-.2249	.01254
.50	1.3909	.5051	-.1554	.00303
.55	1.1359	.4348	-.0986	-.00332
.60	.9026	.3646	-.0535	-.00712
.65	.6962	.2976	-.0187	-.00893
.70	.5176	.2354	.0072	-.00921
.75	.3641	.1788	.0254	-.00840
.80	.2307	.1274	.0370	-.00684
.85	.1093	.0806	.0424	-.00485
.90	-.0140	.0374	.0417	-.00275
.95	-.1522	-.0036	.0341	-.00085
1.00	-.6822	-.0435	-.0000	-.00000

XQ/L=0.4

X/L	FP	FS	FQ	FM
.05	.1017	.1639	.0051	.00013
.10	.5647	.2491	.0333	.00109
.15	.8494	.3339	.0758	.00381
.20	1.1287	.4173	.1322	.00902
.25	1.4083	.4970	.2026	.01739
.30	1.6840	.5688	.2868	.02962
.35	1.9372	.6266	.3837	.04639
.40	2.1281	.6617	-.5099	.06823
.45	2.1283	.6632	-.4035	.04540
.50	1.9389	.6313	-.3065	.02765
.55	1.6907	.5777	-.2220	.01444
.60	1.4263	.5116	-.1507	.00512
.65	1.1684	.4396	-.0923	-.00095
.70	.9283	.3665	-.0458	-.00441
.75	.7100	.2951	-.0103	-.00581
.80	.5120	.2268	.0152	-.00569
.85	.3277	.1619	.0316	-.00452
.90	.1424	.1001	.0388	-.00276
.95	-.0595	.0406	.0358	-.00089
1.00	-.7156	-.0179	-.0000	-.00000

XQ/L=0.5

X/L	FP	FS	FQ	FM
.05	-.5178	.0442	-.0259	-.00065
.10	.1572	.1200	-.0180	-.00175
.15	.4164	.1965	.0028	-.00213
.20	.6615	.2742	.0359	-.00116
.25	.9065	.3529	.0812	.00177
.30	1.1625	.4315	.1393	.00728
.35	1.4293	.5075	.2108	.01603
.40	1.6982	.5766	.2957	.02869
.45	1.9482	.6323	.3931	.04591
.50	2.1380	.6658	-.5000	.06824
.55	2.1380	.6658	-.3931	.04591
.60	1.9482	.6323	-.2957	.02869
.65	1.6982	.5766	-.2108	.01603
.70	1.4293	.5075	-.1393	.00728
.75	1.1625	.4315	-.0812	.00177
.80	.9065	.3529	-.0359	-.00116
.85	.6615	.2742	-.0028	-.00213
.90	.4164	.1965	.0180	-.00175
.95	.1572	.1200	.0259	-.00065
1.00	-.5178	.0442	-.0000	-.00000

B/L= 1.00 DS/B1= .50 KS= .050

XM/L=0.0

X/L	FP	FS	FQ	FM
.05	46.3478	4.8363	2.3174	-.94207
.10	7.7614	2.7054	2.7055	-.81649
.15	.5137	1.1026	2.7311	-.68058
.20	-3.6473	-.0511	2.5488	-.54858
.25	-5.6902	-.8363	2.2643	-.42825
.30	-6.5420	-1.3288	1.9372	-.32322
.35	-6.6621	-1.5962	1.6041	-.23469
.40	-6.3377	-1.6967	1.2872	-.16241
.45	-5.7585	-1.6785	.9993	-.10524
.50	-5.0524	-1.5803	.7466	-.06160
.55	-4.3055	-1.4324	.5314	-.02965
.60	-3.5731	-1.2574	.3527	-.00755
.65	-2.8882	-1.0714	.2083	.00648
.70	-2.2669	-.8853	.0950	.01406
.75	-1.7118	-.7055	.0094	.01667
.80	-1.2145	-.5351	-.0514	.01562
.85	-.7557	-.3744	-.0891	.01211
.90	-.2956	-.2220	-.1039	.00728
.95	.2059	-.0756	-.0936	.00234
1.00	1.8726	.0681	.0000	-.00000

XM/L=0.1

X/L	FP	FS	FQ	FM
.05	40.8740	4.5300	2.0437	.05109
.10	11.6479	2.9211	2.6261	-.83216
.15	1.9266	1.3223	2.7224	-.69845
.20	-3.0526	.1078	2.5698	-.56614
.25	-5.3907	-.7275	2.3003	-.44439
.30	-6.4143	-1.2600	1.9795	-.33740
.35	-6.6384	-1.5584	1.6476	-.24672
.40	-6.3776	-1.6819	1.3287	-.17231
.45	-5.8353	-1.6802	1.0370	-.11317
.50	-5.1482	-1.5931	.7796	-.06775
.55	-4.4080	-1.4521	.5592	-.03428
.60	-3.6743	-1.2808	.3754	-.01092
.65	-2.9830	-1.0961	.2263	.00412
.70	-2.3522	-.9096	.1087	.01250
.75	-1.7861	-.7282	.0194	.01570
.80	-1.2772	-.5554	-.0445	.01507
.85	-.8070	-.3918	-.0848	.01184
.90	-.3357	-.2365	-.1016	.00718
.95	.1768	-.0868	-.0928	.00232
1.00	1.8555	.0600	-.0000	-.00000

XM/L=0.2

X/L	FP	FS	FQ	FM
.05	28.4580	3.5694	1.4229	.03557
.10	11.0249	2.7817	1.9741	.12050
.15	7.5150	1.9478	2.3499	.22860
.20	3.6576	1.0097	2.5328	-.64933
.25	-2.4529	-.0269	2.4101	-.52576
.30	-5.1161	-.7862	2.1543	-.41165
.35	-6.1148	-1.2645	1.8486	-.31158
.40	-6.3194	-1.5263	1.5326	-.22705
.45	-6.0560	-1.6269	1.2298	-.15799
.50	-5.5279	-1.6123	.9534	-.10340
.55	-4.8662	-1.5197	.7101	-.06182
.60	-4.1570	-1.3778	.5023	-.03151
.65	-3.4547	-1.2082	.3295	-.01071
.70	-2.7907	-1.0261	.1900	.00228
.75	-2.1788	-.8417	.0811	.00905
.80	-1.6183	-.6608	.0001	.01108
.85	-1.0952	-.4861	-.0546	.00972
.90	-.5728	-.3176	-.0833	.00627
.95	-.0120	-.1540	-.0839	.00210
1.00	1.6771	.0071	-.0000	-.00000

XM/L=0.3

X/L	FP	FS	FQ	FM
.05	17.3496	2.4933	.8675	.02169
.10	8.1397	2.2253	1.2745	.07524
.15	6.9364	1.9287	1.6213	.14763
.20	5.9273	1.5657	1.9176	.23610
.25	4.7118	1.0879	2.1532	.33787
.30	2.3297	.4382	2.2697	-.55155
.35	-2.9293	-.3722	2.1233	-.44173
.40	-5.0724	-.9598	1.8696	-.34190
.45	-5.7617	-1.3126	1.5816	-.25562
.50	-5.7966	-1.4866	1.2917	-.18379
.55	-5.4573	-1.5291	1.0189	-.12603
.60	-4.9142	-1.4790	.7731	-.08123
.65	-4.2747	-1.3670	.5594	-.04791
.70	-3.6062	-1.2165	.3791	-.02445
.75	-2.9483	-1.0446	.2317	-.00918
.80	-2.3192	-.8627	.1157	-.00050
.85	-1.7188	-.6781	.0298	.00314
.90	-1.1232	-.4944	-.0264	.00323
.95	-.4999	-.3127	-.0514	.00128
1.00	1.0273	-.1323	-.0000	-.00000

XM/L=0.4

X/L	FP	FS	FQ	FM
.05	9.1111	1.5647	.4556	.01139
.10	5.2675	1.5834	.7189	.04075
.15	5.2230	1.5867	.9801	.08323
.20	5.3094	1.5531	1.2456	.13887
.25	5.3776	1.4532	1.5144	.20787
.30	5.1890	1.2497	1.7739	.29007
.35	4.4467	.8971	1.9962	.38433
.40	2.3539	.3424	2.1139	-.51292
.45	-2.7328	-.3985	1.9773	-.41064
.50	-4.7810	-.9376	1.7382	-.31775
.55	-5.4277	-1.2584	1.4668	-.23763
.60	-5.4543	-1.4129	1.1941	-.17110
.65	-5.1278	-1.4452	.9377	-.11781
.70	-4.6090	-1.3911	.7073	-.07668
.75	-3.9971	-1.2789	.5074	-.04631
.80	-3.3531	-1.1301	.3398	-.02513
.85	-2.7103	-.9601	.2043	-.01153
.90	-2.0777	-.7792	.1004	-.00392
.95	-1.4444	-.5939	.0281	-.00070
1.00	-.5629	-.4072	-.0000	-.00000

XM/L=0.5

X/L	FP	FS	FQ	FM
.05	3.7103	.8705	.1855	.00464
.10	3.0022	1.0191	.3356	.01767
.15	3.4749	1.1612	.5094	.03879
.20	3.9992	1.2866	.7093	.06926
.25	4.5348	1.3799	.9361	.11039
.30	5.0000	1.4195	1.1861	.16345
.35	5.2886	1.3772	1.4505	.22936
.40	5.2369	1.2175	1.7123	.30843
.45	4.5782	.8968	1.9413	.39977
.50	2.5325	.3638	2.0679	-.50000
.55	-2.5325	-.3638	1.9413	-.39977
.60	-4.5782	-.8968	1.7123	-.30843
.65	-5.2369	-1.2175	1.4505	-.22936
.70	-5.2886	-1.3772	1.1861	-.16345
.75	-5.0000	-1.4195	.9361	-.11039
.80	-4.5348	-1.3799	.7093	-.06926
.85	-3.9992	-1.2866	.5094	-.03879
.90	-3.4749	-1.1612	.3356	-.01767
.95	-3.0022	-1.0191	.1855	-.00464
1.00	-3.7103	-.8705	-.0000	-.00000

B/L= 1.00 DS/B1= .50 KS= .100

XQ/L=0.0

X/L	FP	FS	FQ	FM
.05	10.1924	1.4115	-.4904	-.03726
.10	4.0292	1.1907	-.2889	-.05674
.15	2.8891	.9841	-.1445	-.06758
.20	2.0551	.7962	-.0417	-.07223
.25	1.4609	.6294	.0313	-.07249
.30	1.0076	.4844	.0817	-.06966
.35	.6566	.3607	.1145	-.06476
.40	.3853	.2572	.1338	-.05855
.45	.1781	.1722	.1427	-.05164
.50	.0231	.1037	.1439	-.04447
.55	-.0894	.0496	.1394	-.03739
.60	-.1682	.0078	.1310	-.03063
.65	-.2206	-.0237	.1200	-.02436
.70	-.2535	-.0471	.1073	-.01868
.75	-.2726	-.0640	.0936	-.01365
.80	-.2838	-.0760	.0795	-.00933
.85	-.2928	-.0846	.0648	-.00572
.90	-.3084	-.0910	.0494	-.00286
.95	-.3365	-.0961	.0326	-.00081
1.00	-.6515	-.1007	-.0000	-.00000

XQ/L=0.1

X/L	FP	FS	FQ	FM
.05	6.8896	1.0393	.3445	.00861
.10	3.2011	.9476	-.4955	.02984
.15	2.6132	.8506	-.3648	.00833
.20	2.1083	.7483	-.2594	-.00727
.25	1.7072	.6459	-.1740	-.01811
.30	1.3677	.5474	-.1056	-.02510
.35	1.0774	.4553	-.0518	-.02904
.40	.8301	.3715	-.0103	-.03059
.45	.6215	.2966	.0208	-.03033
.50	.4477	.2308	.0432	-.02873
.55	.3047	.1740	.0584	-.02619
.60	.1885	.1253	.0678	-.02303
.65	.0947	.0841	.0726	-.01952
.70	.0190	.0493	.0735	-.01587
.75	-.0433	.0197	.0714	-.01224
.80	-.0970	-.0056	.0665	-.00880
.85	-.1481	-.0278	.0591	-.00566
.90	-.2066	-.0478	.0488	-.00296
.95	-.2803	-.0665	.0348	-.00087
1.00	-.6954	-.0847	-.0000	-.00000

XQ/L=0.2

X/L	FP	FS	FQ	FM
.05	4.1520	.7065	.2076	.00519
.10	2.2402	.7006	.3196	.01837
.15	2.0958	.6911	.4244	.03697
.20	2.0045	.6734	-.4754	.06070
.25	1.8788	.6415	-.3814	.03928
.30	1.6842	.5949	-.2972	.02231
.35	1.4736	.5391	-.2235	.00929
.40	1.2630	.4786	-.1604	-.00031
.45	1.0618	.4169	-.1073	-.00700
.50	.8751	.3562	-.0635	-.01127
.55	.7058	.2983	-.0283	-.01357
.60	.5547	.2442	-.0005	-.01429
.65	.4211	.1943	.0205	-.01379
.70	.3032	.1486	.0357	-.01238
.75	.1981	.1068	.0456	-.01035
.80	.1018	.0684	.0507	-.00794
.85	.0084	.0328	.0511	-.00539
.90	-.0930	-.0008	.0465	-.00296
.95	-.2119	-.0332	.0359	-.00090
1.00	-.7174	-.0650	-.0000	-.00000

XQ/L=0.3

X/L	FP	FS	FQ	FM
.05	2.1430	.4395	.1072	.00268
.10	1.4181	.4802	.1781	.00981
.15	1.4916	.5190	.2526	.02058
.20	1.5922	.5533	.3322	.03520
.25	1.7005	.5793	.4173	.05394
.30	1.7796	.5920	-.4937	.07702
.35	1.7584	.5854	-.4058	.05454
.40	1.6345	.5595	-.3241	.03629
.45	1.4725	.5199	-.2505	.02192
.50	1.2947	.4717	-.1857	.01102
.55	1.1139	.4186	-.1301	.00312
.60	.9380	.3634	-.0832	-.00221
.65	.7711	.3081	-.0446	-.00540
.70	.6151	.2540	-.0138	-.00686
.75	.4694	.2017	.0096	-.00697
.80	.3318	.1515	.0262	-.00607
.85	.1971	.1032	.0361	-.00451
.90	.0544	.0566	.0388	-.00264
.95	-.1067	.0110	.0335	-.00084
1.00	-.6692	-.0340	-.0000	-.00000

XQ/L=0.4

X/L	FP	FS	FQ	FM
.05	.7938	.2420	.0397	.00099
.10	.7927	.3024	.0793	.00397
.15	.9679	.3622	.1277	.00914
.20	1.1473	.4199	.1851	.01696
.25	1.3288	.4738	.2515	.02788
.30	1.5030	.5210	.3267	.04233
.35	1.6564	.5578	.4095	.06074
.40	1.7659	.5791	-.5022	.08342
.45	1.7655	.5791	-.4139	.06052
.50	1.6551	.5580	-.3312	.04189
.55	1.5009	.5215	-.2561	.02721
.60	1.3260	.4747	-.1898	.01606
.65	1.1437	.4215	-.1327	.00799
.70	.9616	.3647	-.0846	.00256
.75	.7838	.3063	-.0454	-.00068
.80	.6109	.2477	-.0148	-.00219
.85	.4402	.1895	.0072	-.00238
.90	.2628	.1321	.0203	-.00169
.95	.0686	.0752	.0237	-.00059
1.00	-.4749	.0187	-.0000	-.00000

XQ/L=0.5

X/L	FP	FS	FQ	FM
.05	-.0305	.1061	-.0015	-.00004
.10	.3544	.1693	.0162	.00033
.15	.5599	.2326	.0442	.00184
.20	.7554	.2955	.0820	.00499
.25	.9474	.3574	.1293	.01028
.30	1.1391	.4171	.1863	.01817
.35	1.3280	.4725	.2527	.02914
.40	1.5072	.5209	.3281	.04366
.45	1.6638	.5584	.4112	.06214
.50	1.7751	.5801	-.5000	.08492
.55	1.7751	.5801	-.4112	.06214
.60	1.6638	.5584	-.3281	.04366
.65	1.5072	.5209	-.2527	.02914
.70	1.3280	.4725	-.1863	.01817
.75	1.1391	.4171	-.1293	.01028
.80	.9474	.3574	-.0820	.00499
.85	.7554	.2955	-.0442	.00184
.90	.5599	.2326	-.0162	.00033
.95	.3544	.1693	.0015	-.00004
1.00	-.0305	.1061	-.0000	-.00000

B/L= 1.00 DS/B1= .50 KS= .100

XM/L=0.0

X/L	FP	FS	FQ	FM
.05	33.8086	3.7665	1.6904	-.95774
.10	7.7085	2.4005	2.0759	-.86358
.15	2.6192	1.3080	2.2068	-.75652
.20	-.6106	.4586	2.1763	-.64694
.25	-2.5102	-.1803	2.0508	-.54126
.30	-3.6282	-.6411	1.8694	-.44326
.35	-4.2224	-.9543	1.6582	-.35507
.40	-4.4543	-1.1479	1.4355	-.27772
.45	-4.4340	-1.2467	1.2138	-.21149
.50	-4.2410	-1.2722	1.0018	-.15610
.55	-3.9344	-1.2428	.8051	-.11093
.60	-3.5580	-1.1734	.6272	-.07512
.65	-3.1438	-1.0762	.4700	-.04770
.70	-2.7142	-.9607	.3343	-.02759
.75	-2.2834	-.8340	.2201	-.01373
.80	-1.8582	-.7012	.1272	-.00505
.85	-1.4376	-.5656	.0553	-.00049
.90	-1.0084	-.4292	.0049	.00102
.95	-.5524	-.2929	-.0227	.00057
1.00	.4549	-.1569	.0000	-.00000

XM/L=0.1

X/L	FP	FS	FQ	FM
.05	30.8700	3.5939	1.5435	.03859
.10	9.6193	2.4992	2.0245	-.87221
.15	3.3368	1.4173	2.1913	-.76682
.20	-.2765	.5438	2.1775	-.65760
.25	-2.3114	-.1160	2.0619	-.55162
.30	-3.5114	-.5944	1.8863	-.45291
.35	-4.1594	-.9223	1.6784	-.36379
.40	-4.4284	-1.1279	1.4569	-.28541
.45	-4.4338	-1.2361	1.2353	-.21810
.50	-4.2584	-1.2690	1.0223	-.16166
.55	-3.9634	-1.2451	.8242	-.11550
.60	-3.5942	-1.1797	.6445	-.07879
.65	-3.1838	-1.0853	.4853	-.05054
.70	-2.7557	-.9716	.3475	-.02972
.75	-2.3248	-.8459	.2312	-.01526
.80	-1.8985	-.7136	.1363	-.00607
.85	-1.4766	-.5781	.0625	-.00110
.90	-1.0468	-.4416	.0101	.00072
.95	-.5912	-.3050	-.0194	.00049
1.00	.3884	-.1687	-.0000	-.00000

XM/L=0.2

X/L	FP	FS	FQ	FM
.05	23.7169	3.0191	1.1858	.02965
.10	9.1067	2.3792	1.6412	.10032
.15	6.1365	1.7201	1.9480	.19005
.20	3.2275	1.0176	2.1094	-.70851
.25	-.6141	.2805	2.0787	-.60381
.30	-2.6004	-.2973	1.9487	-.50313
.35	-3.6341	-.7091	1.7669	-.41024
.40	-4.1552	-.9840	1.5592	-.32709
.45	-4.3325	-1.1484	1.3426	-.25454
.50	-4.2759	-1.2258	1.1288	-.19276
.55	-4.0617	-1.2362	.9257	-.14140
.60	-3.7455	-1.1966	.7384	-.09980
.65	-3.3677	-1.1209	.5700	-.06709
.70	-2.9575	-1.0203	.4221	-.04228
.75	-2.5345	-.9034	.2954	-.02434
.80	-2.1103	-.7765	.1899	-.01221
.85	-1.6887	-.6443	.1055	-.00482
.90	-1.2628	-.5095	.0423	-.00113
.95	-.8187	-.3739	.0014	-.00004
1.00	-.0280	-.2382	-.0000	-.00000

XM/L=0.3

X/L	FP	FS	FQ	FM
.05	16.5952	2.3165	.8298	.02074
.10	7.2568	2.0031	1.1926	.07130
.15	5.7498	1.6760	1.4801	.13812
.20	4.5135	1.3178	1.7058	.21777
.25	3.2994	.9062	1.8707	.30718
.30	1.5635	.4161	1.9489	-.59733
.35	-1.5569	-.1430	1.8711	-.50183
.40	-3.0545	-.5747	1.7183	-.41210
.45	-3.7496	-.8695	1.5309	-.33087
.50	-4.0372	-1.0529	1.3290	-.25937
.55	-4.0580	-1.1480	1.1261	-.19799
.60	-3.9025	-1.1745	.9310	-.14657
.65	-3.6328	-1.1495	.7493	-.10456
.70	-3.2932	-1.0869	.5847	-.07121
.75	-2.9152	-.9981	.4389	-.04562
.80	-2.5206	-.8918	.3129	-.02682
.85	-2.1234	-.7748	.2067	-.01383
.90	-1.7312	-.6517	.1202	-.00566
.95	-1.3401	-.5257	.0532	-.00133
1.00	-1.0630	-.3988	-.0000	-.00000

XM/L=0.4

X/L	FP	FS	FQ	FM
.05	10.6224	1.6483	.5311	.01328
.10	5.2730	1.5496	.7948	.04643
.15	4.6729	1.4422	1.0284	.09200
.20	4.2574	1.3141	1.2413	.14875
.25	3.9077	1.1500	1.4367	.21570
.30	3.4468	.9314	1.6090	.29184
.35	2.7091	.6368	1.7445	.37567
.40	1.2958	.2422	1.8093	-.53548
.45	-1.6019	-.2410	1.7292	-.44702
.50	-2.9477	-.6143	1.5818	-.36425
.55	-3.5439	-.8661	1.4046	-.28959
.60	-3.7737	-1.0198	1.2159	-.22408
.65	-3.7694	-1.0966	1.0274	-.16800
.70	-3.6157	-1.1148	.8466	-.12114
.75	-3.3707	-1.0897	.6781	-.08303
.80	-3.0773	-1.0340	.5242	-.05297
.85	-2.7694	-.9581	.3858	-.03022
.90	-2.4831	-.8697	.2616	-.01403
.95	-2.2354	-.7749	.1498	-.00375
1.00	-2.9969	-.6774	-.0000	-.00000

XM/L=0.5

X/L	FP	FS	FQ	FM
.05	6.1089	1.0929	.3054	.00764
.10	3.5519	1.1226	.4830	.02735
.15	3.4985	1.1473	.6580	.05587
.20	3.5445	1.1595	.8352	.09320
.25	3.6358	1.1495	1.0170	.13951
.30	3.6863	1.1047	1.2013	.19496
.35	3.6234	1.0098	1.3825	.25956
.40	3.3563	.8469	1.5503	.33288
.45	2.7507	.5952	1.6878	.41383
.50	1.4239	.2316	1.7590	-.50000
.55	-1.4239	-.2316	1.6878	-.41383
.60	-2.7507	-.5952	1.5503	-.33288
.65	-3.3563	-.8469	1.3825	-.25956
.70	-3.6234	-1.0098	1.2013	-.19496
.75	-3.6863	-1.1047	1.0170	-.13951
.80	-3.6358	-1.1495	.8352	-.09320
.85	-3.5445	-1.1595	.6580	-.05587
.90	-3.4985	-1.1473	.4830	-.02735
.95	-3.5519	-1.1226	.3054	-.00764
1.00	-6.1089	-1.0929	-.0000	-.00000

B/L= 1.00 DS/B1= .50 KS= .200

XQ/L=0.0

X/L	FP	FS	FQ	FM
.05	8.9771	1.2862	-.5511	-.03878
.10	3.7625	1.1198	-.3630	-.06163
.15	2.8524	.9610	-.2204	-.07622
.20	2.1783	.8126	-.1115	-.08452
.25	1.6861	.6763	-.0272	-.08798
.30	1.2946	.5529	.0375	-.08772
.35	.9740	.4428	.0862	-.08463
.40	.7085	.3456	.1217	-.07943
.45	.4884	.2607	.1461	-.07274
.50	.3063	.1872	.1614	-.06505
.55	.1562	.1241	.1692	-.05678
.60	.0327	.0701	.1708	-.04828
.65	-.0693	.0239	.1674	-.03983
.70	-.1547	-.0156	.1596	-.03165
.75	-.2286	-.0497	.1482	-.02395
.80	-.2967	-.0797	.1334	-.01691
.85	-.3665	-.1066	.1151	-.01070
.90	-.4527	-.1315	.0924	-.00552
.95	-.5660	-.1552	.0641	-.00160
1.00	-1.2825	-.1783	-.0000	-.00000

XQ/L=0.1

X/L	FP	FS	FQ	FM
.05	6.5584	.9973	.3279	.00820
.10	3.0472	.9136	-.5197	.02840
.15	2.5051	.8274	-.3945	.00555
.20	2.0678	.7389	-.2911	-.01159
.25	1.7289	.6508	-.2046	-.02398
.30	1.4413	.5655	-.1326	-.03241
.35	1.1906	.4843	-.0730	-.03755
.40	.9700	.4085	-.0245	-.03999
.45	.7756	.3385	.0142	-.04025
.50	.6049	.2745	.0445	-.03878
.55	.4552	.2164	.0672	-.03599
.60	.3239	.1640	.0834	-.03222
.65	.2083	.1167	.0939	-.02779
.70	.1053	.0739	.0991	-.02296
.75	.0113	.0349	.0997	-.01799
.80	-.0781	-.0011	.0958	-.01311
.85	-.1691	-.0347	.0873	-.00853
.90	-.2747	-.0666	.0736	-.00451
.95	-.4049	-.0977	.0533	-.00133
1.00	-1.0670	-.1282	-.0000	-.00000

XQ/L=0.2

X/L	FP	FS	FQ	FM
.05	4.4461	.7306	.2223	.00556
.10	2.2712	.7069	.3359	.01951
.15	2.0379	.6813	.4378	.03885
.20	1.8763	.6513	-.4684	.06309
.25	1.7296	.6139	-.3819	.04183
.30	1.5604	.5689	-.3039	.02468
.35	1.3885	.5188	-.2345	.01122
.40	1.2190	.4661	-.1735	.00102
.45	1.0552	.4125	-.1208	-.00634
.50	.8994	.3593	-.0758	-.01126
.55	.7529	.3074	-.0382	-.01411
.60	.6161	.2574	-.0074	-.01524
.65	.4886	.2097	.0171	-.01500
.70	.3693	.1642	.0355	-.01369
.75	.2564	.1209	.0483	-.01159
.80	.1469	.0795	.0557	-.00899
.85	.0358	.0396	.0575	-.00616
.90	-.0878	.0009	.0531	-.00340
.95	-.2332	-.0371	.0414	-.00104
1.00	-.8285	-.0748	-.0000	-.00000

XQ/L=0.3

X/L	FP	FS	FQ	FM
.05	2.7553	.5029	.1378	.00344
.10	1.5798	.5172	.2168	.01231
.15	1.5315	.5304	.2933	.02506
.20	1.5264	.5407	.3696	.04163
.25	1.5451	.5461	.4469	.06205
.30	1.5549	.5437	-.4754	.08634
.35	1.5146	.5304	-.3996	.06446
.40	1.4204	.5060	-.3286	.04626
.45	1.3035	.4732	-.2634	.03146
.50	1.1748	.4347	-.2047	.01975
.55	1.0409	.3923	-.1526	.01082
.60	.9058	.3477	-.1073	.00432
.65	.7723	.3019	-.0687	-.00008
.70	.6417	.2559	-.0366	-.00272
.75	.5139	.2100	-.0110	-.00391
.80	.3879	.1647	.0084	-.00397
.85	.2604	.1199	.0215	-.00322
.90	.1234	.0757	.0276	-.00199
.95	-.0311	.0319	.0261	-.00065
1.00	-.5215	-.0117	-.0000	-.00000

XQ/L=0.4

X/L	FP	FS	FQ	FM
.05	1.4770	.3191	.0738	.00185
.10	1.0110	.3548	.1244	.00680
.15	1.0751	.3899	.1782	.01437
.20	1.1576	.4234	.2360	.02472
.25	1.2520	.4540	.2986	.03809
.30	1.3441	.4799	.3658	.05470
.35	1.4232	.4989	.4370	.07477
.40	1.4754	.5082	-.4892	.09846
.45	1.4663	.5046	-.4159	.07584
.50	1.3952	.4882	-.3462	.05678
.55	1.2954	.4619	-.2814	.04110
.60	1.1785	.4282	-.2225	.02850
.65	1.0520	.3893	-.1699	.01869
.70	.9206	.3470	-.1238	.01135
.75	.7872	.3023	-.0845	.00614
.80	.6531	.2564	-.0518	.00273
.85	.5176	.2098	-.0259	.00079
.90	.3771	.1630	-.0071	-.00003
.95	.2262	.1161	.0042	-.00011
1.00	-.0846	.0692	-.0000	-.00000

XQ/L=0.5

X/L	FP	FS	FQ	FM
.05	.5553	.1767	.0278	.00069
.10	.5654	.2219	.0560	.00279
.15	.6904	.2669	.0906	.00645
.20	.8164	.3113	.1314	.01200
.25	.9444	.3542	.1786	.01975
.30	1.0710	.3948	.2321	.03002
.35	1.1927	.4317	.2918	.04312
.40	1.3044	.4631	.3570	.05934
.45	1.3982	.4869	.4269	.07893
.50	1.4619	.5003	-.5000	.10211
.55	1.4619	.5003	-.4269	.07893
.60	1.3982	.4869	-.3570	.05934
.65	1.3044	.4631	-.2918	.04312
.70	1.1927	.4317	-.2321	.03002
.75	1.0710	.3948	-.1786	.01975
.80	.9444	.3542	-.1314	.01200
.85	.8164	.3113	-.0906	.00645
.90	.6904	.2669	-.0560	.00279
.95	.5654	.2219	-.0278	.00069
1.00	.5553	.1767	-.0000	-.00000

B/L= 1.00 DS/B1= .50 KS= .200

XM/L=0.0

X/L	FP	FS	FQ	FM
.05	24.5981	2.9132	1.2299	-.96925
.10	6.8706	2.0479	1.5734	-.89917
.15	3.4035	1.3229	1.7436	-.81624
.20	1.0627	.7265	1.7967	-.72773
.25	-.4550	.2460	1.7740	-.63846
.30	-1.4863	-.1320	1.6997	-.55162
.35	-2.1791	-.4208	1.5907	-.46936
.40	-2.6226	-.6331	1.4596	-.39310
.45	-2.8775	-.7807	1.3157	-.32372
.50	-2.9883	-.8746	1.1663	-.26167
.55	-2.9901	-.9247	1.0168	-.20709
.60	-2.9107	-.9396	.8713	-.15989
.65	-2.7731	-.9271	.7326	-.11979
.70	-2.5957	-.8936	.6028	-.08641
.75	-2.3940	-.8447	.4831	-.05926
.80	-2.1809	-.7850	.3741	-.03783
.85	-1.9683	-.7179	.2757	-.02158
.90	-1.7736	-.6465	.1870	-.01002
.95	-1.6028	-.5727	.1069	-.00267
1.00	-2.1370	-.4980	.0000	-.00000

XM/L=0.1

X/L	FP	FS	FQ	FM
.05	23.0452	2.8183	1.1523	.02881
.10	7.8081	2.0925	1.5427	-.90382
.15	3.7610	1.3761	1.7307	-.82199
.20	1.2395	.7705	1.7927	-.73390
.25	-.3390	.2816	1.7757	-.64469
.30	-1.4076	-.1039	1.7054	-.55766
.35	-2.1257	-.3992	1.5991	-.47505
.40	-2.5879	-.6171	1.4697	-.39833
.45	-2.8569	-.7696	1.3268	-.32842
.50	-2.9788	-.8676	1.1779	-.26580
.55	-2.9891	-.9211	1.0284	-.21064
.60	-2.9164	-.9389	.8826	-.16287
.65	-2.7840	-.9287	.7434	-.12222
.70	-2.6108	-.8972	.6129	-.08831
.75	-2.4125	-.8499	.4923	-.06068
.80	-2.2025	-.7915	.3821	-.03882
.85	-1.9931	-.7257	.2825	-.02221
.90	-1.8023	-.6554	.1924	-.01033
.95	-1.6370	-.5826	.1105	-.00276
1.00	-2.2103	-.5088	-.0000	-.00000

XM/L=0.2

X/L	FP	FS	FQ	FM
.05	19.0598	2.4881	.9530	.02382
.10	7.4499	2.0072	1.3255	.08079
.15	5.1404	1.5186	1.5825	.15349
.20	3.0310	1.0125	1.7341	-.76360
.25	.5879	.4960	1.7634	-.67616
.30	-.8508	.0687	1.7209	-.58905
.35	-1.7506	-.2637	1.6334	-.50520
.40	-2.3369	-.5141	1.5165	-.42645
.45	-2.6968	-.6946	1.3817	-.35399
.50	-2.8880	-.8167	1.2373	-.28852
.55	-2.9523	-.8906	1.0897	-.23034
.60	-2.9222	-.9256	.9436	-.17951
.65	-2.8237	-.9300	.8024	-.13586
.70	-2.6780	-.9107	.6685	-.09909
.75	-2.5028	-.8738	.5433	-.06880
.80	-2.3135	-.8244	.4277	-.04452
.85	-2.1252	-.7666	.3214	-.02580
.90	-1.9608	-.7035	.2234	-.01218
.95	-1.8305	-.6376	.1318	-.00330
1.00	-2.6368	-.5705	-.0000	-.00000

XM/L=0.3

X/L	FP	FS	FQ	FM
.05	14.7796	2.0588	.7390	.01847
.10	6.3228	1.7699	1.0551	.06333
.15	4.8779	1.4749	1.2990	.12218
.20	3.7123	1.1662	1.4846	.19177
.25	2.6640	.8339	1.6178	.26933
.30	1.4069	.4671	1.6882	-.64802
.35	-.5036	.0724	1.6630	-.56424
.40	-1.5653	-.2500	1.5847	-.48304
.45	-2.1867	-.4940	1.4754	-.40654
.50	-2.5645	-.6713	1.3472	-.33598
.55	-2.7698	-.7929	1.2087	-.27208
.60	-2.8501	-.8689	1.0662	-.21521
.65	-2.8399	-.9085	.9242	-.16545
.70	-2.7669	-.9195	.7858	-.12270
.75	-2.6538	-.9090	.6531	-.08672
.80	-2.5210	-.8828	.5271	-.05722
.85	-2.3897	-.8459	.4076	-.03385
.90	-2.2940	-.8022	.2929	-.01634
.95	-2.2527	-.7547	.1803	-.00451
1.00	-3.6056	-.7057	-.0000	-.00000

XM/L=0.4

X/L	FP	FS	FQ	FM
.05	10.8844	1.6231	.5442	.01361
.10	5.0546	1.4755	.7969	.04713
.15	4.2187	1.3235	1.0079	.09226
.20	3.5922	1.1611	1.1875	.14714
.25	3.0808	.9807	1.3415	.21037
.30	2.5461	.7736	1.4688	.28063
.35	1.8899	.5298	1.5633	.35643
.40	.9080	.2381	1.6087	-.56427
.45	-.8022	-.0942	1.5686	-.48483
.50	-1.7178	-.3665	1.4827	-.40855
.55	-2.2361	-.5719	1.3709	-.33721
.60	-2.5468	-.7214	1.2436	-.27185
.65	-2.7169	-.8252	1.1077	-.21306
.70	-2.7912	-.8927	.9682	-.16116
.75	-2.8043	-.9322	.8280	-.11626
.80	-2.7865	-.9510	.6886	-.07834
.85	-2.7701	-.9551	.5501	-.04737
.90	-2.8094	-.9499	.4097	-.02338
.95	-2.9382	-.9395	.2628	-.00657
1.00	-5.2552	-.9268	-.0000	-.00000

XM/L=0.5

X/L	FP	FS	FQ	FM
.05	7.6757	1.2361	.3838	.00959
.10	3.8874	1.1862	.5782	.03364
.15	3.4773	1.1331	.7520	.06690
.20	3.2087	1.0725	.9125	.10851
.25	3.0242	.9988	1.0637	.15791
.30	2.8373	.9052	1.2055	.21464
.35	2.5960	.7836	1.3353	.27816
.40	2.2472	.6252	1.4477	.34774
.45	1.7215	.4198	1.5338	.42228
.50	.8282	.1567	1.5752	-.50000
.55	-.8282	-.1567	1.5338	-.42228
.60	-1.7215	-.4198	1.4477	-.34774
.65	-2.2472	-.6252	1.3353	-.27816
.70	-2.5960	-.7836	1.2055	-.21464
.75	-2.8373	-.9052	1.0637	-.15791
.80	-3.0242	-.9988	.9125	-.10851
.85	-3.2087	-1.0725	.7520	-.06690
.90	-3.4773	-1.1331	.5782	-.03364
.95	-3.8874	-1.1862	.3838	-.00959
1.00	-7.6757	-1.2361	-.0000	-.00000

560

B/L= 1.00 DS/B1= .50 KS= .500

XQ/L=0.0

X/L	FP	FS	FQ	FM
.05	7.8388	1.1647	-.6081	-.04020
.10	3.4754	1.0458	-.4343	-.06626
.15	2.7716	.9302	-.2957	-.08451
.20	2.2489	.8191	-.1833	-.09648
.25	1.8627	.7134	-.0901	-.10332
.30	1.5443	.6138	-.0129	-.10590
.35	1.2701	.5204	.0506	-.10495
.40	1.0283	.4334	.1020	-.10114
.45	.8123	.3526	.1426	-.09502
.50	.6178	.2776	.1735	-.08712
.55	.4412	.2082	.1956	-.07789
.60	.2797	.1436	.2096	-.06776
.65	.1302	.0835	.2161	-.05712
.70	-.0105	.0271	.2155	-.04633
.75	-.1463	-.0262	.2082	-.03574
.80	-.2826	-.0771	.1941	-.02568
.85	-.4279	-.1261	.1727	-.01651
.90	-.6034	-.1738	.1425	-.00863
.95	-.8244	-.2208	.1013	-.00253
1.00	-2.0263	-.2675	-.0000	-.00000

XQ/L=0.1

X/L	FP	FS	FQ	FM
.05	6.1779	.9512	.3089	.00772
.10	2.8960	.8786	-.5463	.02679
.15	2.4103	.8051	-.4258	.00248
.20	2.0376	.7308	-.3239	-.01626
.25	1.7560	.6569	-.2361	-.03026
.30	1.5167	.5845	-.1603	-.04017
.35	1.3038	.5141	-.0951	-.04655
.40	1.1101	.4464	-.0396	-.04992
.45	.9317	.3816	.0070	-.05073
.50	.7664	.3198	.0453	-.04943
.55	.6124	.2610	.0759	-.04639
.60	.4682	.2050	.0993	-.04201
.65	.3319	.1518	.1159	-.03663
.70	.2016	.1009	.1260	-.03058
.75	.0746	.0520	.1298	-.02419
.80	-.0529	.0047	.1271	-.01777
.85	-.1876	-.0412	.1177	-.01164
.90	-.3452	-.0863	.1005	-.00619
.95	-.5382	-.1309	.0736	-.00184
1.00	-1.4711	-.1753	-.0000	-.00000

XQ/L=0.2

X/L	FP	FS	FQ	FM
.05	4.6484	.7475	.2324	.00581
.10	2.2945	.7118	.3471	.02030
.15	2.0017	.6753	.4472	.04016
.20	1.7933	.6370	-.4631	.06476
.25	1.6311	.5956	-.3815	.04365
.30	1.4760	.5510	-.3077	.02641
.35	1.3277	.5044	-.2414	.01269
.40	1.1843	.4566	-.1821	.00210
.45	1.0454	.4083	-.1299	-.00570
.50	.9109	.3602	-.0843	-.01106
.55	.7808	.3125	-.0453	-.01430
.60	.6551	.2657	-.0125	-.01574
.65	.5331	.2197	.0141	-.01570
.70	.4143	.1747	.0348	-.01448
.75	.2970	.1306	.0497	-.01237
.80	.1792	.0873	.0586	-.00966
.85	.0563	.0447	.0615	-.00666
.90	-.0824	.0025	.0573	-.00369
.95	-.2458	-.0393	.0450	-.00113
1.00	-.9010	-.0810	-.0000	-.00000

XQ/L=0.3

X/L	FP	FS	FQ	FM
.05	3.3097	.5618	.1655	.00414
.10	1.7332	.5533	.2521	.01458
.15	1.5797	.5442	.3311	.02916
.20	1.4847	.5338	.4054	.04757
.25	1.4289	.5211	.4768	.06963
.30	1.3805	.5050	-.4542	.09519
.35	1.3167	.4839	-.3883	.07413
.40	1.2328	.4578	-.3267	.05626
.45	1.1398	.4278	-.2697	.04135
.50	1.0412	.3950	-.2176	.02916
.55	.9394	.3599	-.1707	.01945
.60	.8358	.3235	-.1289	.01197
.65	.7315	.2861	-.0923	.00644
.70	.6272	.2482	-.0609	.00261
.75	.5226	.2099	-.0348	.00021
.80	.4173	.1717	-.0139	-.00101
.85	.3093	.1334	.0015	-.00132
.90	.1933	.0952	.0112	-.00100
.95	.0641	.0571	.0144	-.00036
1.00	-.2879	.0190	-.0000	-.00000

XQ/L=0.4

X/L	FP	FS	FQ	FM
.05	2.1690	.3974	.1084	.00271
.10	1.2309	.4082	.1700	.00967
.15	1.1820	.4186	.2291	.01965
.20	1.1683	.4281	.2875	.03256
.25	1.1791	.4361	.3465	.04841
.30	1.1959	.4417	.4063	.06723
.35	1.2097	.4438	.4667	.08906
.40	1.2124	.4412	-.4726	.11391
.45	1.1891	.4326	-.4132	.09176
.50	1.1387	.4179	-.3562	.07253
.55	1.0744	.3983	-.3025	.05606
.60	1.0007	.3748	-.2525	.04218
.65	.9209	.3484	-.2064	.03071
.70	.8372	.3198	-.1646	.02143
.75	.7512	.2896	-.1270	.01414
.80	.6642	.2584	-.0938	.00862
.85	.5771	.2265	-.0650	.00465
.90	.4911	.1942	-.0404	.00202
.95	.4050	.1617	-.0202	.00050
1.00	.4032	.1292	-.0000	-.00000

XQ/L=0.5

X/L	FP	FS	FQ	FM
.05	1.2100	.2540	.0605	.00151
.10	.7903	.2779	.1000	.00553
.15	.8189	.3017	.1410	.01155
.20	.8634	.3249	.1841	.01968
.25	.9198	.3472	.2301	.03003
.30	.9790	.3680	.2791	.04276
.35	1.0366	.3866	.3309	.05801
.40	1.0891	.4022	.3854	.07592
.45	1.1323	.4138	.4420	.09660
.50	1.1607	.4203	-.5000	.12015
.55	1.1607	.4203	-.4420	.09660
.60	1.1323	.4138	-.3854	.07592
.65	1.0891	.4022	-.3309	.05801
.70	1.0366	.3866	-.2791	.04276
.75	.9790	.3680	-.2301	.03003
.80	.9198	.3472	-.1841	.01968
.85	.8634	.3249	-.1410	.01155
.90	.8189	.3017	-.1000	.00553
.95	.7903	.2779	-.0605	.00151
1.00	1.2100	.2540	-.0000	-.00000

B/L= 1.00 DS/B1= .50 KS= .500

XM/L=0.0

X/L	FP	FS	FQ	FM
.05	16.7813	2.1456	.8391	-.97902
.10	5.6839	1.6670	1.1233	-.92997
.15	3.5855	1.2457	1.3025	-.86932
.20	2.0957	.8784	1.4073	-.80157
.25	1.0541	.5612	1.4600	-.72989
.30	.2668	.2900	1.4734	-.65656
.35	-.3441	.0604	1.4562	-.58332
.40	-.8226	-.1320	1.4150	-.51154
.45	-1.1973	-.2916	1.3552	-.44228
.50	-1.4888	-.4225	1.2807	-.37639
.55	-1.7135	-.5289	1.1950	-.31449
.60	-1.8855	-.6146	1.1008	-.25710
.65	-2.0172	-.6832	.9999	-.20458
.70	-2.1206	-.7379	.8939	-.15724
.75	-2.2081	-.7818	.7835	-.11530
.80	-2.2943	-.8175	.6688	-.07900
.85	-2.4009	-.8474	.5487	-.04856
.90	-2.5778	-.8735	.4198	-.02435
.95	-2.8567	-.8975	.2770	-.00692
1.00	-5.5399	-.9205	.0000	-.00000

XM/L=0.1

X/L	FP	FS	FQ	FM
.05	16.1291	2.1044	.8065	.02016
.10	6.0512	1.6828	1.1090	-.93195
.15	3.7267	1.2662	1.2954	-.87184
.20	2.1687	.8962	1.4038	-.80436
.25	1.1055	.5765	1.4591	-.73279
.30	.3052	.3030	1.4743	-.65946
.35	-.3147	.0712	1.4586	-.58613
.40	-.8002	-.1233	1.4186	-.51421
.45	-1.1805	-.2847	1.3596	-.44475
.50	-1.4768	-.4173	1.2857	-.37862
.55	-1.7057	-.5253	1.2004	-.31647
.60	-1.8814	-.6125	1.1064	-.25880
.65	-2.0166	-.6823	1.0055	-.20600
.70	-2.1231	-.7383	.8994	-.15838
.75	-2.2136	-.7833	.7887	-.11618
.80	-2.3027	-.8201	.6736	-.07962
.85	-2.4125	-.8511	.5529	-.04896
.90	-2.5933	-.8782	.4233	-.02455
.95	-2.8771	-.9031	.2794	-.00699
1.00	-5.5883	-.9271	-.0000	-.00000

XM/L=0.2

X/L	FP	FS	FQ	FM
.05	14.3800	1.9555	.7190	.01798
.10	5.8658	1.6383	1.0123	.06126
.15	4.2653	1.3187	1.2256	.11720
.20	2.8943	.9938	1.3703	-.81790
.25	1.5008	.6674	1.4453	-.74751
.30	.5630	.3805	1.4735	-.67454
.35	-.1229	.1362	1.4673	-.60102
.40	-.6548	-.0697	1.4346	-.52848
.45	-1.0710	-.2418	1.3810	-.45809
.50	-1.3969	-.3843	1.3112	-.39078
.55	-1.6513	-.5014	1.2286	-.32728
.60	-1.8494	-.5969	1.1361	-.26817
.65	-2.0048	-.6746	1.0359	-.21386
.70	-2.1301	-.7378	.9294	-.16473
.75	-2.2384	-.7897	.8175	-.12106
.80	-2.3454	-.8330	.7002	-.08312
.85	-2.4740	-.8702	.5765	-.05120
.90	-2.6777	-.9034	.4426	-.02572
.95	-2.9904	-.9342	.2931	-.00733
1.00	-5.8622	-.9642	-.0000	-.00000

XM/L=0.3

X/L	FP	FS	FQ	FM
.05	12.3857	1.7526	.6193	.01548
.10	5.3320	1.5230	.8859	.05311
.15	4.1274	1.2913	1.0923	.10256
.20	3.1745	1.0550	1.2510	.16115
.25	2.3703	.8109	1.3695	.22666
.30	1.5286	.5551	1.4459	-.70296
.35	.4540	.2910	1.4686	-.63009
.40	-.2592	.0595	1.4557	-.55699
.45	-.7771	-.1364	1.4168	-.48517
.50	-1.1799	-.3010	1.3578	-.41581
.55	-1.4971	-.4386	1.2830	-.34979
.60	-1.7495	-.5533	1.1955	-.28783
.65	-1.9532	-.6488	1.0978	-.23050
.70	-2.1231	-.7288	.9917	-.17826
.75	-2.2736	-.7966	.8780	-.13152
.80	-2.4225	-.8551	.7569	-.09065
.85	-2.5955	-.9069	.6271	-.05605
.90	-2.8521	-.9543	.4845	-.02826
.95	-3.2311	-.9993	.3229	-.00807
1.00	-6.4585	-1.0431	-.0000	-.00000

XM/L=0.4

X/L	FP	FS	FQ	FM
.05	10.4576	1.5366	.5229	.01307
.10	4.7102	1.3771	.7584	.04510
.15	3.8112	1.2158	.9489	.08779
.20	3.1252	1.0506	1.1052	.13914
.25	2.5775	.8786	1.2341	.19762
.30	2.0590	.6965	1.3370	.26190
.35	1.5124	.5006	1.4127	.33064
.40	.8485	.2869	1.4551	-.59766
.45	-.0966	.0588	1.4503	-.52503
.50	-.7142	-.1431	1.4145	-.45341
.55	-1.1635	-.3157	1.3564	-.38414
.60	-1.5209	-.4632	1.2803	-.31822
.65	-1.8146	-.5896	1.1896	-.25647
.70	-2.0654	-.6988	1.0863	-.19957
.75	-2.2921	-.7943	.9717	-.14812
.80	-2.5158	-.8794	.8459	-.10268
.85	-2.7671	-.9570	.7076	-.06384
.90	-3.1161	-1.0296	.5518	-.03236
.95	-3.6093	-1.0994	.3713	-.00928
1.00	-7.4261	-1.1679	-.0000	-.00000

XM/L=0.5

X/L	FP	FS	FQ	FM
.05	8.7721	1.3356	.4386	.01097
.10	4.1141	1.2293	.6443	.03804
.15	3.4498	1.1215	.8168	.07457
.20	2.9605	1.0103	.9648	.11911
.25	2.5881	.8933	1.0942	.17058
.30	2.2468	.7677	1.2066	.22810
.35	1.8979	.6301	1.3015	.29080
.40	1.5117	.4770	1.3770	.35777
.45	1.0563	.3044	1.4299	.42794
.50	.4539	.1082	1.4526	-.50000
.55	-.4539	-.1082	1.4299	-.42794
.60	-1.0563	-.3044	1.3770	-.35777
.65	-1.5117	-.4770	1.3015	-.29080
.70	-1.8979	-.6301	1.2066	-.22810
.75	-2.2468	-.7677	1.0942	-.17058
.80	-2.5881	-.8933	.9648	-.11911
.85	-2.9605	-1.0103	.8168	-.07457
.90	-3.4498	-1.1215	.6443	-.03804
.95	-4.1141	-1.2293	.4386	-.01097
1.00	-8.7721	-1.3356	-.0000	-.00000

B/L= 1.00 DS/B1= .50 KS= 1.000

XQ/L=0.0

X/L	FP	FS	FQ	FM
.05	7.3287	1.1093	-.6336	-.04084
.10	3.3386	1.0109	-.4666	-.06834
.15	2.7249	.9143	-.3304	-.08827
.20	2.2703	.8199	-.2169	-.10195
.25	1.9335	.7285	-.1202	-.11038
.30	1.6513	.6402	-.0376	-.11432
.35	1.4020	.5553	.0325	-.11445
.40	1.1750	.4738	.0912	-.11136
.45	.9648	.3958	.1395	-.10559
.50	.7679	.3209	.1779	-.09766
.55	.5818	.2492	.2069	-.08804
.60	.4043	.1802	.2272	-.07719
.65	.2334	.1137	.2388	-.06554
.70	.0666	.0494	.2422	-.05351
.75	-.0994	-.0132	.2372	-.04153
.80	-.2696	-.0744	.2237	-.03000
.85	-.4533	-.1344	.2011	-.01938
.90	-.6744	-.1938	.1673	-.01017
.95	-.9504	-.2527	.1198	-.00300
1.00	-2.3964	-.3113	-.0000	-.00000

XQ/L=0.1

X/L	FP	FS	FQ	FM
.05	5.9914	.9289	.2996	.00749
.10	2.8263	.8622	-.5591	.02600
.15	2.3690	.7949	-.4407	.00101
.20	2.0257	.7273	-.3394	-.01849
.25	1.7697	.6600	-.2509	-.03325
.30	1.5520	.5935	-.1733	-.04386
.35	1.3564	.5281	-.1055	-.05082
.40	1.1751	.4642	-.0467	-.05463
.45	1.0044	.4018	.0035	-.05571
.50	.8421	.3411	.0456	-.05448
.55	.6867	.2820	.0799	-.05134
.60	.5368	.2246	.1068	-.04668
.65	.3913	.1686	.1263	-.04085
.70	.2483	.1139	.1388	-.03422
.75	.1058	.0603	.1441	-.02715
.80	-.0400	.0077	.1421	-.02000
.85	-.1956	-.0442	.1323	-.01314
.90	-.3784	-.0957	.1134	-.00700
.95	-.6018	-.1468	.0833	-.00208
1.00	-1.6653	-.1978	-.0000	-.00000

XQ/L=0.2

X/L	FP	FS	FQ	FM
.05	4.7219	.7537	.2361	.00590
.10	2.3036	.7137	.3513	.02059
.15	1.9895	.6733	.4508	.04064
.20	1.7646	.6320	-.4610	.06538
.25	1.5965	.5891	-.3812	.04433
.30	1.4458	.5446	-.3089	.02707
.35	1.3052	.4991	-.2436	.01326
.40	1.1708	.4529	-.1851	.00254
.45	1.0406	.4065	-.1331	-.00541
.50	.9137	.3602	-.0874	-.01093
.55	.7897	.3141	-.0479	-.01431
.60	.6681	.2684	-.0145	-.01587
.65	.5485	.2231	.0129	-.01591
.70	.4300	.1783	.0344	-.01472
.75	.3115	.1340	.0500	-.01261
.80	.1909	.0901	.0595	-.00988
.85	.0640	.0466	.0627	-.00682
.90	-.0799	.0032	.0587	-.00378
.95	-.2496	-.0399	.0463	-.00116
1.00	-.9253	-.0830	-.0000	-.00000

XQ/L=0.3

X/L	FP	FS	FQ	FM
.05	3.5527	.5881	.1776	.00444
.10	1.8024	.5698	.2678	.01558
.15	1.6040	.5512	.3480	.03097
.20	1.4711	.5320	.4215	.05021
.25	1.3840	.5115	.4907	.07301
.30	1.3110	.4892	-.4437	.09918
.35	1.2354	.4643	-.3820	.07854
.40	1.1521	.4368	-.3244	.06088
.45	1.0655	.4072	-.2711	.04600
.50	.9766	.3760	-.2223	.03366
.55	.8863	.3436	-.1779	.02366
.60	.7950	.3104	-.1382	.01575
.65	.7032	.2766	-.1030	.00972
.70	.6110	.2424	-.0725	.00534
.75	.5183	.2079	-.0466	.00236
.80	.4246	.1734	-.0253	.00056
.85	.3283	.1388	-.0089	-.00029
.90	.2258	.1042	.0024	-.00046
.95	.1127	.0696	.0080	-.00020
1.00	-.1599	.0351	-.0000	-.00000

XQ/L=0.4

X/L	FP	FS	FQ	FM
.05	2.4902	.4339	.1245	.00311
.10	1.3330	.4331	.1912	.01100
.15	1.2317	.4322	.2527	.02210
.20	1.1737	.4307	.3114	.03621
.25	1.1468	.4284	.3688	.05321
.30	1.1302	.4247	.4253	.07306
.35	1.1154	.4192	.4810	.09572
.40	1.0966	.4111	-.4641	.12114
.45	1.0653	.3998	-.4109	.09927
.50	1.0206	.3852	-.3598	.08000
.55	.9686	.3679	-.3114	.06322
.60	.9118	.3485	-.2658	.04879
.65	.8515	.3274	-.2232	.03657
.70	.7891	.3051	-.1838	.02639
.75	.7257	.2818	-.1475	.01811
.80	.6623	.2578	-.1144	.01156
.85	.6005	.2334	-.0843	.00659
.90	.5436	.2087	-.0572	.00306
.95	.4926	.1839	-.0325	.00081
1.00	.6508	.1590	-.0000	-.00000

XQ/L=0.5

X/L	FP	FS	FQ	FM
.05	1.5278	.2913	.0764	.00191
.10	.8974	.3046	.1213	.00685
.15	.8781	.3179	.1652	.01401
.20	.8823	.3308	.2093	.02337
.25	.9040	.3431	.2545	.03497
.30	.9314	.3546	.3010	.04885
.35	.9600	.3649	.3490	.06511
.40	.9867	.3734	.3984	.08379
.45	1.0089	.3797	.4488	.10497
.50	1.0235	.3832	-.5000	.12869
.55	1.0235	.3832	-.4488	.10497
.60	1.0089	.3797	-.3984	.08379
.65	.9867	.3734	-.3490	.06511
.70	.9600	.3649	-.3010	.04885
.75	.9314	.3546	-.2545	.03497
.80	.9040	.3431	-.2093	.02337
.85	.8823	.3308	-.1652	.01401
.90	.8781	.3179	-.1213	.00685
.95	.8974	.3046	-.0764	.00191
1.00	1.5278	.2913	-.0000	-.00000

B/L= 1.00 DS/B1= .50 KS= 1.000

XM/L=0.0

X/L	FP	FS	FQ	FM
.05	13.4606	1.8089	.6730	-.98317
.10	5.0681	1.4854	.9264	-.94319
.15	3.5459	1.1908	1.1037	-.89243
.20	2.4371	.9237	1.2256	-.83420
.25	1.6316	.6825	1.3072	-.77088
.30	.9881	.4654	1.3566	-.70429
.35	.4527	.2705	1.3792	-.63589
.40	-.0035	.0956	1.3790	-.56694
.45	-.3984	-.0612	1.3591	-.49848
.50	-.7441	-.2021	1.3219	-.43146
.55	-1.0506	-.3289	1.2694	-.36668
.60	-1.3261	-.4439	1.2031	-.30487
.65	-1.5788	-.5487	1.1241	-.24669
.70	-1.8170	-.6453	1.0333	-.19275
.75	-2.0510	-.7353	.9307	-.14365
.80	-2.2953	-.8202	.8160	-.09998
.85	-2.5755	-.9016	.6872	-.06241
.90	-2.9569	-.9804	.5393	-.03174
.95	-3.4830	-1.0579	.3652	-.00913
1.00	-7.3038	-1.1348	.0000	-.00000

XM/L=0.1

X/L	FP	FS	FQ	FM
.05	13.1276	1.7876	.6564	.01641
.10	5.2499	1.4929	.9189	-.94421
.15	3.6160	1.2008	1.0997	-.89375
.20	2.4740	.9326	1.2234	-.83567
.25	1.6584	.6904	1.3063	-.77243
.30	1.0088	.4722	1.3567	-.70585
.35	.4692	.2763	1.3802	-.63743
.40	.0096	.1005	1.3807	-.56841
.45	-.3880	-.0572	1.3613	-.49986
.50	-.7362	-.1989	1.3245	-.43271
.55	-1.0449	-.3266	1.2722	-.36780
.60	-1.3225	-.4423	1.2061	-.30584
.65	-1.5772	-.5479	1.1272	-.24751
.70	-1.8173	-.6452	1.0364	-.19342
.75	-2.0531	-.7359	.9337	-.14416
.80	-2.2994	-.8215	.8187	-.10035
.85	-2.5816	-.9035	.6897	-.06264
.90	-2.9656	-.9830	.5414	-.03187
.95	-3.4948	-1.0612	.3666	-.00917
1.00	-7.3328	-1.1387	-.0000	-.00000

XM/L=0.2

X/L	FP	FS	FQ	FM
.05	12.2181	1.7093	.6109	.01527
.10	5.1473	1.4681	.8683	.05225
.15	3.8817	1.2259	1.0624	.10052
.20	2.8381	.9814	1.2043	-.84282
.25	1.8609	.7368	1.2973	-.78028
.30	1.1452	.5128	1.3546	-.71398
.35	.5743	.3113	1.3833	-.64553
.40	.0926	.1301	1.3879	-.57625
.45	-.3225	-.0328	1.3718	-.50726
.50	-.6858	-.1794	1.3375	-.43953
.55	-1.0079	-.3118	1.2871	-.37391
.60	-1.2978	-.4320	1.2222	-.31118
.65	-1.5641	-.5419	1.1440	-.25202
.70	-1.8155	-.6434	1.0532	-.19709
.75	-2.0623	-.7382	.9501	-.14701
.80	-2.3199	-.8278	.8341	-.10240
.85	-2.6142	-.9136	.7034	-.06396
.90	-3.0128	-.9970	.5528	-.03256
.95	-3.5603	-1.0789	.3748	-.00937
1.00	-7.4954	-1.1603	-.0000	-.00000

XM/L=0.3

X/L	FP	FS	FQ	FM
.05	11.1563	1.6007	.5578	.01395
.10	4.8610	1.4057	.8009	.04791
.15	3.8045	1.2098	.9911	.09271
.20	2.9791	1.0118	1.1401	.14599
.25	2.3037	.8103	1.2552	.20587
.30	1.6416	.6035	1.3373	-.72931
.35	.8803	.3933	1.3813	-.66135
.40	.3103	.2002	1.3968	-.59189
.45	-.1546	.0259	1.3891	-.52224
.50	-.5564	-.1317	1.3613	-.45348
.55	-.9110	-.2747	1.3157	-.38656
.60	-1.2302	-.4050	1.2542	-.32231
.65	-1.5236	-.5248	1.1781	-.26150
.70	-1.8008	-.6357	1.0880	-.20485
.75	-2.0730	-.7397	.9844	-.15304
.80	-2.3563	-.8383	.8665	-.10677
.85	-2.6782	-.9331	.7326	-.06679
.90	-3.1096	-1.0252	.5772	-.03404
.95	-3.6980	-1.1158	.3923	-.00981
1.00	-7.8451	-1.2058	-.0000	-.00000

XM/L=0.4

X/L	FP	FS	FQ	FM
.05	10.1060	1.4829	.5053	.01263
.10	4.5232	1.3261	.7315	.04355
.15	3.6338	1.1685	.9131	.08467
.20	2.9537	1.0089	1.0608	.13402
.25	2.4162	.8451	1.1816	.19008
.30	1.9236	.6784	1.2778	.25156
.35	1.4325	.5041	1.3494	.31725
.40	.8915	.3213	1.3940	-.61417
.45	.2153	.1317	1.4048	-.54420
.50	-.2935	-.0442	1.3901	-.47432
.55	-.7154	-.2050	1.3543	-.40571
.60	-1.0898	-.3525	1.2999	-.33936
.65	-1.4322	-.4888	1.2282	-.27616
.70	-1.7550	-.6159	1.1405	-.21694
.75	-2.0713	-.7356	1.0369	-.16250
.80	-2.3990	-.8496	.9170	-.11365
.85	-2.7680	-.9595	.7786	-.07127
.90	-3.2552	-1.0667	.6158	-.03641
.95	-3.9122	-1.1722	.4202	-.01051
1.00	-8.4040	-1.2770	-.0000	-.00000

XM/L=0.5

X/L	FP	FS	FQ	FM
.05	9.1680	1.3715	.4584	.01146
.10	4.1945	1.2446	.6681	.03962
.15	3.4378	1.1170	.8400	.07733
.20	2.8687	.9876	.9834	.12291
.25	2.4293	.8553	1.1049	.17512
.30	2.0342	.7184	1.2066	.23291
.35	1.6494	.5755	1.2891	.29530
.40	1.2530	.4246	1.3517	.36132
.45	.8254	.2639	1.3930	.42994
.50	.3259	.0914	1.4093	-.50000
.55	-.3259	-.0914	1.3930	-.42994
.60	-.8254	-.2639	1.3517	-.36132
.65	-1.2530	-.4246	1.2891	-.29530
.70	-1.6494	-.5755	1.2066	-.23291
.75	-2.0342	-.7184	1.1049	-.17512
.80	-2.4293	-.8553	.9834	-.12291
.85	-2.8687	-.9876	.8400	-.07733
.90	-3.4378	-1.1170	.6681	-.03962
.95	-4.1945	-1.2446	.4584	-.01146
1.00	-9.1680	-1.3715	-.0000	-.00000

B/L= 1.00 DS/B1= .50 KS= 3.000

XQ/L=0.0

X/L	FP	FS	FQ	FM
.05	6.9335	1.0660	-.6533	-.04133
.10	3.2299	.9833	-.4918	-.06996
.15	2.6853	.9012	-.3576	-.09120
.20	2.2834	.8199	-.2434	-.10622
.25	1.9857	.7396	-.1441	-.11591
.30	1.7326	.6603	-.0575	-.12095
.35	1.5039	.5823	.0177	-.12194
.40	1.2898	.5055	.0822	-.11944
.45	1.0853	.4299	.1365	-.11398
.50	.8877	.3554	.1809	-.10605
.55	.6950	.2821	.2156	-.09613
.60	.5056	.2098	.2409	-.08472
.65	.3182	.1384	.2568	-.07228
.70	.1307	.0677	.2633	-.05928
.75	-.0594	-.0023	.2604	-.04619
.80	-.2572	-.0717	.2475	-.03349
.85	-.4721	-.1408	.2239	-.02170
.90	-.7305	-.2095	.1874	-.01142
.95	-1.0516	-.2782	.1348	-.00337
1.00	-2.6957	-.3467	-.0000	-.00000

XQ/L=0.1

X/L	FP	FS	FQ	FM
.05	5.8417	.9112	.2921	.00730
.10	2.7717	.8491	-.5693	.02537
.15	2.3373	.7870	-.4525	-.00017
.20	2.0170	.7247	-.3516	-.02028
.25	1.7809	.6625	-.2626	-.03563
.30	1.5800	.6006	-.1836	-.04678
.35	1.3977	.5391	-.1137	-.05422
.40	1.2262	.4782	-.0524	-.05837
.45	1.0617	.4178	.0007	-.05966
.50	.9019	.3579	.0458	-.05850
.55	.7455	.2987	.0831	-.05528
.60	.5914	.2401	.1127	-.05038
.65	.4386	.1819	.1346	-.04420
.70	.2857	.1243	.1489	-.03711
.75	.1309	.0670	.1554	-.02951
.80	-.0293	.0101	.1539	-.02177
.85	-.2017	-.0465	.1439	-.01433
.90	-.4047	-.1030	.1236	-.00764
.95	-.6524	-.1594	.0910	-.00228
1.00	-1.8201	-.2157	-.0000	-.00000

XQ/L=0.2

X/L	FP	FS	FQ	FM
.05	4.7730	.7581	.2387	.00597
.10	2.3101	.7151	.3542	.02079
.15	1.9815	.6720	.4532	.04097
.20	1.7450	.6286	-.4595	.06581
.25	1.5729	.5846	-.3809	.04480
.30	1.4249	.5402	-.3096	.02754
.35	1.2895	.4953	-.2452	.01367
.40	1.1611	.4503	-.1871	.00287
.45	1.0368	.4052	-.1353	-.00519
.50	.9152	.3601	-.0895	-.01081
.55	.7953	.3150	-.0497	-.01429
.60	.6767	.2701	-.0159	-.01593
.65	.5587	.2254	.0120	-.01603
.70	.4407	.1808	.0341	-.01488
.75	.3214	.1363	.0501	-.01277
.80	.1989	.0921	.0601	-.01002
.85	.0693	.0479	.0636	-.00692
.90	-.0780	.0038	.0597	-.00384
.95	-.2519	-.0403	.0471	-.00118
1.00	-.9411	-.0843	-.0000	-.00000

XQ/L=0.3

X/L	FP	FS	FQ	FM
.05	3.7391	.6083	.1870	.00467
.10	1.8561	.5827	.2798	.01634
.15	1.6238	.5569	.3610	.03236
.20	1.4623	.5309	.4341	.05224
.25	1.3516	.5045	.5016	.07563
.30	1.2601	.4774	-.4354	.10229
.35	1.1748	.4495	-.3766	.08199
.40	1.0908	.4207	-.3221	.06452
.45	1.0077	.3911	-.2717	.04968
.50	.9251	.3610	-.2254	.03725
.55	.8426	.3304	-.1833	.02703
.60	.7602	.2995	-.1453	.01881
.65	.6777	.2684	-.1114	.01240
.70	.5951	.2371	-.0817	.00757
.75	.5121	.2057	-.0560	.00413
.80	.4281	.1743	-.0346	.00186
.85	.3421	.1428	-.0175	.00056
.90	.2512	.1113	-.0050	-.00001
.95	.1522	.0798	.0026	-.00007
1.00	-.0527	.0484	-.0000	-.00000

XQ/L=0.4

X/L	FP	FS	FQ	FM
.05	2.7428	.4626	.1371	.00343
.10	1.4133	.4528	.2078	.01205
.15	1.2708	.4429	.2713	.02403
.20	1.1782	.4329	.3303	.03907
.25	1.1219	.4225	.3864	.05699
.30	1.0795	.4116	.4403	.07765
.35	1.0428	.4001	.4925	.10097
.40	1.0076	.3877	-.4572	.12686
.45	.9696	.3741	-.4087	.10521
.50	.9280	.3595	-.3623	.08594
.55	.8845	.3438	-.3181	.06893
.60	.8397	.3274	-.2761	.05407
.65	.7941	.3104	-.2364	.04126
.70	.7483	.2928	-.1990	.03038
.75	.7027	.2750	-.1638	.02131
.80	.6585	.2569	-.1309	.01394
.85	.6175	.2385	-.1000	.00817
.90	.5849	.2201	-.0708	.00390
.95	.5629	.2017	-.0426	.00107
1.00	.8526	.1832	-.0000	-.00000

XQ/L=0.5

X/L	FP	FS	FQ	FM
.05	1.7822	.3210	.0891	.00223
.10	.9826	.3258	.1382	.00791
.15	.9245	.3306	.1845	.01598
.20	.8962	.3353	.2293	.02632
.25	.8901	.3397	.2738	.03890
.30	.8925	.3438	.3184	.05370
.35	.8984	.3475	.3633	.07075
.40	.9054	.3505	.4086	.09004
.45	.9119	.3527	.4542	.11161
.50	.9163	.3540	-.5000	.13547
.55	.9163	.3540	-.4542	.11161
.60	.9119	.3527	-.4086	.09004
.65	.9054	.3505	-.3633	.07075
.70	.8984	.3475	-.3184	.05370
.75	.8925	.3438	-.2738	.03890
.80	.8901	.3397	-.2293	.02632
.85	.8962	.3353	-.1845	.01598
.90	.9245	.3306	-.1382	.00791
.95	.9826	.3258	-.0891	.00223
1.00	1.7822	.3210	-.0000	-.00000

B/L= 1.00 DS/B1= .50 KS= 3.000

XM/L=0.0

X/L	FP	FS	FQ	FM
.05	10.9474	1.5505	.5474	-.98632
.10	4.5642	1.3411	.7756	-.95324
.15	3.4757	1.1415	.9494	-.91012
.20	2.6613	.9512	1.0824	-.85932
.25	2.0457	.7697	1.1847	-.80264
.30	1.5246	.5965	1.2609	-.74150
.35	1.0604	.4311	1.3140	-.67713
.40	.6342	.2727	1.3457	-.61064
.45	.2353	.1208	1.3574	-.54306
.50	-.1432	-.0253	1.3503	-.47537
.55	-.5064	-.1663	1.3250	-.40849
.60	-.8587	-.3030	1.2820	-.34331
.65	-1.2047	-.4358	1.2218	-.28072
.70	-1.5501	-.5656	1.1443	-.22157
.75	-1.9033	-.6928	1.0491	-.16673
.80	-2.2784	-.8181	.9352	-.11712
.85	-2.7036	-.9420	.8000	-.07374
.90	-3.2567	-1.0650	.6372	-.03781
.95	-3.9904	-1.1873	.4377	-.01094
1.00	-8.7533	-1.3095	.0000	-.00000

XM/L=0.1

X/L	FP	FS	FQ	FM
.05	10.8347	1.5432	.5417	.01354
.10	4.6243	1.3435	.7729	-.95359
.15	3.4989	1.1448	.9479	-.91057
.20	2.6737	.9542	1.0816	-.85983
.25	2.0548	.7724	1.1843	-.80318
.30	1.5319	.5989	1.2609	-.74205
.35	1.0664	.4332	1.3142	-.67768
.40	.6391	.2745	1.3462	-.61117
.45	.2393	.1223	1.3582	-.54356
.50	-.1400	-.0241	1.3511	-.47582
.55	-.5040	-.1654	1.3259	-.40890
.60	-.8571	-.3023	1.2831	-.34367
.65	-1.2038	-.4355	1.2229	-.28102
.70	-1.5500	-.5655	1.1454	-.22181
.75	-1.9038	-.6930	1.0502	-.16692
.80	-2.2797	-.8186	.9362	-.11726
.85	-2.7057	-.9427	.8009	-.07383
.90	-3.2599	-1.0659	.6380	-.03786
.95	-3.9948	-1.1885	.4382	-.01096
1.00	-8.7643	-1.3109	-.0000	-.00000

XM/L=0.2

X/L	FP	FS	FQ	FM
.05	10.5225	1.5161	.5261	.01315
.10	4.5875	1.3346	.7555	.04519
.15	3.5864	1.1529	.9348	.08745
.20	2.7953	.9704	1.0746	-.86231
.25	2.1236	.7881	1.1808	-.80593
.30	1.5792	.6129	1.2597	-.74492
.35	1.1038	.4454	1.3149	-.68055
.40	.6695	.2851	1.3484	-.61397
.45	.2639	.1313	1.3616	-.54622
.50	-.1204	-.0168	1.3556	-.47829
.55	-.4890	-.1597	1.3311	-.41112
.60	-.8465	-.2982	1.2888	-.34563
.65	-1.1975	-.4329	1.2289	-.28268
.70	-1.5479	-.5645	1.1515	-.22317
.75	-1.9060	-.6935	1.0562	-.16798
.80	-2.2863	-.8206	.9419	-.11802
.85	-2.7170	-.9462	.8061	-.07433
.90	-3.2769	-1.0709	.6422	-.03812
.95	-4.0189	-1.1951	.4413	-.01103
1.00	-8.8254	-1.3189	-.0000	-.00000

XM/L=0.3

X/L	FP	FS	FQ	FM
.05	10.1517	1.4780	.5076	.01269
.10	4.4870	1.3126	.7319	.04368
.15	3.5585	1.1468	.9099	.08472
.20	2.8425	.9805	1.0520	.13377
.25	2.2732	.8130	1.1656	.18921
.30	1.7481	.6440	1.2530	-.75032
.35	1.2103	.4740	1.3136	-.68616
.40	.7472	.3099	1.3509	-.61955
.45	.3254	.1524	1.3672	-.55159
.50	-.0718	.0007	1.3636	-.48332
.55	-.4515	-.1458	1.3410	-.41571
.60	-.8192	-.2878	1.3001	-.34968
.65	-1.1800	-.4260	1.2411	-.28615
.70	-1.5399	-.5610	1.1641	-.22602
.75	-1.9076	-.6935	1.0687	-.17020
.80	-2.2977	-.8240	.9538	-.11964
.85	-2.7391	-.9530	.8169	-.07537
.90	-3.3117	-1.0810	.6513	-.03867
.95	-4.0695	-1.2085	.4478	-.01119
1.00	-8.9558	-1.3358	-.0000	-.00000

XM/L=0.4

X/L	FP	FS	FQ	FM
.05	9.7789	1.4362	.4889	.01222
.10	4.3672	1.2843	.7073	.04213
.15	3.4982	1.1321	.8822	.08187
.20	2.8337	.9793	1.0239	.12952
.25	2.3129	.8255	1.1396	.18361
.30	1.8465	.6701	1.2319	.24289
.35	1.4004	.5125	1.3019	.30624
.40	.9481	.3523	1.3493	-.62748
.45	.4565	.1898	1.3721	-.55945
.50	.0238	.0321	1.3733	-.49081
.55	-.3786	-.1204	1.3544	-.42262
.60	-.7654	-.2683	1.3161	-.35586
.65	-1.1436	-.4123	1.2589	-.29148
.70	-1.5200	-.5531	1.1829	-.23043
.75	-1.9040	-.6913	1.0877	-.17367
.80	-2.3109	-.8275	.9722	-.12217
.85	-2.7701	-.9622	.8337	-.07702
.90	-3.3639	-1.0959	.6655	-.03954
.95	-4.1476	-1.2290	.4581	-.01145
1.00	-9.1622	-1.3618	-.0000	-.00000

XM/L=0.5

X/L	FP	FS	FQ	FM
.05	9.4411	1.3961	.4721	.01180
.10	4.2496	1.2551	.6845	.04072
.15	3.4288	1.1138	.8560	.07923
.20	2.8047	.9719	.9962	.12553
.25	2.3193	.8290	1.1122	.17824
.30	1.8878	.6845	1.2066	.23621
.35	1.4790	.5380	1.2805	.29839
.40	1.0765	.3889	1.3343	.36376
.45	.6687	.2364	1.3678	.43131
.50	.2396	.0799	1.3798	-.50000
.55	-.2396	-.0799	1.3678	-.43131
.60	-.6687	-.2364	1.3343	-.36376
.65	-1.0765	-.3889	1.2805	-.29839
.70	-1.4790	-.5380	1.2066	-.23621
.75	-1.8878	-.6845	1.1122	-.17824
.80	-2.3193	-.8290	.9962	-.12553
.85	-2.8047	-.9719	.8560	-.07923
.90	-3.4288	-1.1138	.6845	-.04072
.95	-4.2496	-1.2551	.4721	-.01180
1.00	-9.4411	-1.3961	-.0000	-.00000

B/L= 1.00 DS/B1= .50 KS= 10.000

XQ/L=0.0

X/L	FP	FS	FQ	FM
.05	6.7824	1.0494	-.6609	-.04152
.10	3.1878	.9727	-.5015	-.07058
.15	2.6694	.8961	-.3680	-.09232
.20	2.2878	.8197	-.2536	-.10786
.25	2.0050	.7437	-.1534	-.11804
.30	1.7633	.6680	-.0652	-.12350
.35	1.5427	.5926	.0119	-.12483
.40	1.3338	.5177	.0786	-.12257
.45	1.1319	.4431	.1352	-.11722
.50	.9342	.3688	.1819	-.10930
.55	.7391	.2949	.2189	-.09928
.60	.5453	.2213	.2461	-.08765
.65	.3515	.1480	.2637	-.07490
.70	.1561	.0750	.2715	-.06152
.75	-.0434	.0021	.2693	-.04800
.80	-.2520	-.0706	.2567	-.03485
.85	-.4791	-.1432	.2328	-.02261
.90	-.7522	-.2156	.1952	-.01191
.95	-1.0910	-.2881	.1406	-.00352
1.00	-2.8127	-.3605	-.0000	-.00000

XQ/L=0.1

X/L	FP	FS	FQ	FM
.05	5.7834	.9043	.2892	.00723
.10	2.7506	.8441	-.5733	.02513
.15	2.3252	.7839	-.4570	-.00063
.20	2.0138	.7237	-.3563	-.02097
.25	1.7852	.6635	-.2671	-.03655
.30	1.5907	.6034	-.1875	-.04792
.35	1.4136	.5434	-.1169	-.05553
.40	1.2459	.4836	-.0546	-.05982
.45	1.0838	.4239	-.0004	-.06119
.50	.9251	.3645	.0459	-.06005
.55	.7683	.3052	.0843	-.05680
.60	.6126	.2461	.1149	-.05182
.65	.4570	.1871	.1378	-.04550
.70	.3003	.1283	.1528	-.03824
.75	.1407	.0696	.1598	-.03042
.80	-.0252	.0111	.1586	-.02246
.85	-.2040	-.0474	.1484	-.01479
.90	-.4149	-.1059	.1276	-.00789
.95	-.6720	-.1643	.0940	-.00235
1.00	-1.8802	-.2227	-.0000	-.00000

XQ/L=0.2

X/L	FP	FS	FQ	FM
.05	4.7914	.7596	.2396	.00599
.10	2.3125	.7156	.3552	.02086
.15	1.9787	.6715	.4541	.04109
.20	1.7382	.6274	-.4590	.06597
.25	1.5645	.5831	-.3807	.04498
.30	1.4174	.5386	-.3099	.02771
.35	1.2839	.4940	-.2457	.01382
.40	1.1576	.4493	-.1878	.00299
.45	1.0353	.4047	-.1360	-.00511
.50	.9156	.3600	-.0903	-.01077
.55	.7972	.3153	-.0504	-.01428
.60	.6797	.2707	-.0164	-.01595
.65	.5623	.2262	.0117	-.01607
.70	.4444	.1816	.0339	-.01493
.75	.3249	.1372	.0502	-.01282
.80	.2018	.0927	.0603	-.01006
.85	.0713	.0483	.0638	-.00696
.90	-.0773	.0040	.0600	-.00387
.95	-.2527	-.0404	.0473	-.00118
1.00	-.9466	-.0847	-.0000	-.00000

XQ/L=0.3

X/L	FP	FS	FQ	FM
.05	3.8100	.6160	.1905	.00476
.10	1.8766	.5876	.2843	.01663
.15	1.6316	.5591	.3659	.03289
.20	1.4593	.5306	.4389	.05301
.25	1.3397	.5019	.5059	.07663
.30	1.2412	.4731	-.4321	.10347
.35	1.1522	.4440	-.3745	.08331
.40	1.0676	.4146	-.3211	.06592
.45	.9856	.3849	-.2718	.05110
.50	.9050	.3551	-.2266	.03864
.55	.8254	.3252	-.1853	.02834
.60	.7462	.2952	-.1480	.02001
.65	.6673	.2651	-.1146	.01344
.70	.5884	.2349	-.0852	.00845
.75	.5091	.2047	-.0597	.00482
.80	.4290	.1745	-.0383	.00237
.85	.3471	.1443	-.0209	.00089
.90	.2611	.1141	-.0079	.00017
.95	.1678	.0838	.0005	-.00001
1.00	-.0101	.0536	-.0000	-.00000

XQ/L=0.4

X/L	FP	FS	FQ	FM
.05	2.8400	.4737	.1420	.00355
.10	1.4443	.4604	.2142	.01246
.15	1.2859	.4471	.2785	.02477
.20	1.1800	.4337	.3375	.04017
.25	1.1124	.4203	.3931	.05844
.30	1.0602	.4066	.4461	.07942
.35	1.0152	.3928	.4969	.10300
.40	.9736	.3787	-.4544	.12906
.45	.9330	.3643	-.4078	.10751
.50	.8923	.3495	-.3631	.08823
.55	.8518	.3345	-.3206	.07114
.60	.8115	.3191	-.2800	.05613
.65	.7714	.3036	-.2414	.04309
.70	.7319	.2880	-.2048	.03194
.75	.6933	.2722	-.1702	.02256
.80	.6566	.2564	-.1373	.01487
.85	.6237	.2405	-.1061	.00879
.90	.6008	.2245	-.0761	.00423
.95	.5903	.2086	-.0466	.00116
1.00	.9317	.1926	-.0000	-.00000

XQ/L=0.5

X/L	FP	FS	FQ	FM
.05	1.8811	.3326	.0941	.00235
.10	1.0155	.3340	.1448	.00832
.15	.9423	.3355	.1919	.01674
.20	.9014	.3370	.2370	.02747
.25	.8845	.3383	.2812	.04042
.30	.8772	.3396	.3251	.05558
.35	.8744	.3407	.3688	.07293
.40	.8740	.3417	.4125	.09246
.45	.8745	.3423	.4562	.11418
.50	.8752	.3427	-.5000	.13809
.55	.8752	.3427	-.4562	.11418
.60	.8745	.3423	-.4125	.09246
.65	.8740	.3417	-.3688	.07293
.70	.8744	.3407	-.3251	.05558
.75	.8772	.3396	-.2812	.04042
.80	.8845	.3383	-.2370	.02747
.85	.9014	.3370	-.1919	.01674
.90	.9423	.3355	-.1448	.00832
.95	1.0155	.3340	-.0941	.00235
1.00	1.8811	.3326	-.0000	-.00000

B/L= 1.00 DS/B1= .50 KS= 10.000

XM/L=0.0

X/L	FP	FS	FQ	FM
.05	9.9991	1.4522	.5000	-.98750
.10	4.3662	1.2853	.7183	-.95705
.15	3.4408	1.1213	.8903	-.91683
.20	2.7388	.9601	1.0272	-.86889
.25	2.1971	.8016	1.1371	-.81478
.30	1.7250	.6457	1.2233	-.75577
.35	1.2906	.4920	1.2879	-.69299
.40	.8785	.3406	1.3318	-.62750
.45	.4804	.1911	1.3558	-.56031
.50	.0913	.0435	1.3604	-.49240
.55	-.2922	-.1027	1.3458	-.42475
.60	-.6730	-.2474	1.3121	-.35830
.65	-1.0547	-.3909	1.2594	-.29401
.70	-1.4416	-.5335	1.1873	-.23285
.75	-1.8414	-.6753	1.0952	-.17578
.80	-2.2682	-.8165	.9818	-.12385
.85	-2.7510	-.9572	.8443	-.07820
.90	-3.3725	-1.0976	.6757	-.04020
.95	-4.1888	-1.2379	.4662	-.01166
1.00	-9.3244	-1.3780	.0000	-.00000

XM/L=0.1

X/L	FP	FS	FQ	FM
.05	9.9651	1.4500	.4983	.01246
.10	4.3842	1.2860	.7175	-.95715
.15	3.4478	1.1223	.8899	-.91697
.20	2.7425	.9610	1.0270	-.86905
.25	2.1998	.8024	1.1370	-.81495
.30	1.7272	.6464	1.2233	-.75594
.35	1.2925	.4927	1.2880	-.69316
.40	.8800	.3411	1.3320	-.62766
.45	.4816	.1916	1.3560	-.56046
.50	.0923	.0438	1.3607	-.49254
.55	-.2914	-.1024	1.3461	-.42488
.60	-.6725	-.2472	1.3125	-.35841
.65	-1.0543	-.3908	1.2597	-.29411
.70	-1.4415	-.5335	1.1877	-.23292
.75	-1.8416	-.6753	1.0956	-.17584
.80	-2.2686	-.8166	.9822	-.12390
.85	-2.7517	-.9574	.8446	-.07823
.90	-3.3735	-1.0979	.6759	-.04022
.95	-4.1902	-1.2382	.4664	-.01166
1.00	-9.3278	-1.3785	-.0000	-.00000

XM/L=0.2

X/L	FP	FS	FQ	FM
.05	9.8704	1.4418	.4935	.01234
.10	4.3729	1.2833	.7122	.04248
.15	3.4739	1.1247	.8859	.08243
.20	2.7790	.9659	1.0248	-.86980
.25	2.2206	.8072	1.1358	-.81579
.30	1.7416	.6506	1.2229	-.75682
.35	1.3040	.4964	1.2881	-.69404
.40	.8895	.3444	1.3326	-.62852
.45	.4894	.1944	1.3571	-.56128
.50	.0985	.0461	1.3620	-.49331
.55	-.2866	-.1006	1.3477	-.42557
.60	-.6691	-.2458	1.3142	-.35902
.65	-1.0522	-.3900	1.2616	-.29462
.70	-1.4407	-.5331	1.1896	-.23335
.75	-1.8421	-.6755	1.0975	-.17617
.80	-2.2705	-.8172	.9839	-.12414
.85	-2.7551	-.9585	.8462	-.07838
.90	-3.3788	-1.0994	.6772	-.04030
.95	-4.1977	-1.2402	.4673	-.01168
1.00	-9.3470	-1.3810	-.0000	-.00000

XM/L=0.3

X/L	FP	FS	FQ	FM
.05	9.7572	1.4301	.4879	.01220
.10	4.3421	1.2765	.7050	.04202
.15	3.4653	1.1228	.8782	.08160
.20	2.7932	.9689	1.0179	.12900
.25	2.2657	.8147	1.1312	.18273
.30	1.7927	.6601	1.2208	-.75847
.35	1.3364	.5051	1.2876	-.69576
.40	.9134	.3520	1.3333	-.63024
.45	.5084	.2009	1.3587	-.56294
.50	.1138	.0515	1.3644	-.49486
.55	-.2747	-.0962	1.3507	-.42698
.60	-.6603	-.2426	1.3177	-.36028
.65	-1.0465	-.3878	1.2653	-.29570
.70	-1.4380	-.5320	1.1934	-.23423
.75	-1.8423	-.6754	1.1013	-.17686
.80	-2.2739	-.8182	.9876	-.12464
.85	-2.7618	-.9605	.8495	-.07871
.90	-3.3895	-1.1026	.6801	-.04047
.95	-4.2134	-1.2444	.4694	-.01173
1.00	-9.3877	-1.3862	-.0000	-.00000

XM/L=0.4

X/L	FP	FS	FQ	FM
.05	9.6427	1.4173	.4821	.01205
.10	4.3054	1.2678	.6974	.04154
.15	3.4468	1.1183	.8697	.08072
.20	2.7905	.9685	1.0093	.12770
.25	2.2779	.8185	1.1232	.18101
.30	1.8227	.6680	1.2143	.23944
.35	1.3941	.5169	1.2840	.30190
.40	.9745	.3649	1.3327	-.63268
.45	.5487	.2124	1.3602	-.55536
.50	.1434	.0612	1.3673	-.49717
.55	-.2520	-.0883	1.3547	-.42912
.60	-.6434	-.2365	1.3226	-.36219
.65	-1.0349	-.3835	1.2708	-.29735
.70	-1.4315	-.5294	1.1993	-.23560
.75	-1.8409	-.6746	1.1072	-.17794
.80	-2.2777	-.8192	.9933	-.12542
.85	-2.7712	-.9633	.8548	-.07922
.90	-3.4056	-1.1071	.6845	-.04074
.95	-4.2376	-1.2508	.4726	-.01181
1.00	-9.4520	-1.3943	-.0000	-.00000

XM/L=0.5

X/L	FP	FS	FQ	FM
.05	9.5384	1.4049	.4769	.01192
.10	4.2691	1.2588	.6904	.04111
.15	3.4255	1.1126	.8617	.07991
.20	2.7817	.9663	1.0007	.12647
.25	2.2800	.8196	1.1147	.17935
.30	1.8356	.6725	1.2065	.23739
.35	1.4185	.5247	1.2774	.29948
.40	1.0139	.3762	1.3281	.36462
.45	.6134	.2266	1.3588	.43180
.50	.2092	.0759	1.3693	-.50000
.55	-.2092	-.0759	1.3588	-.43180
.60	-.6134	-.2266	1.3281	-.36462
.65	-1.0139	-.3762	1.2774	-.29948
.70	-1.4185	-.5247	1.2065	-.23739
.75	-1.8356	-.6725	1.1147	-.17935
.80	-2.2800	-.8196	1.0007	-.12647
.85	-2.7817	-.9663	.8617	-.07991
.90	-3.4255	-1.1126	.6904	-.04111
.95	-4.2691	-1.2588	.4769	-.01192
1.00	-9.5384	-1.4049	-.0000	-.00000

B/L= 1.00 DS/B1= .50 KS=100.000

XQ/L=0.0

X/L	FP	FS	FQ	FM
.05	6.7222	1.0428	-.6639	-.04160
.10	3.1709	.9684	-.5053	-.07083
.15	2.6630	.8940	-.3722	-.09277
.20	2.2894	.8196	-.2577	-.10851
.25	2.0126	.7453	-.1571	-.11888
.30	1.7755	.6710	-.0683	-.12452
.35	1.5582	.5967	.0096	-.12599
.40	1.3514	.5225	.0772	-.12382
.45	1.1505	.4483	.1347	-.11852
.50	.9529	.3742	.1823	-.11060
.55	.7568	.3001	.2202	-.10054
.60	.5613	.2260	.2482	-.08883
.65	.3650	.1519	.2665	-.07596
.70	.1664	.0779	.2748	-.06242
.75	-.0370	.0039	.2730	-.04873
.80	-.2498	-.0701	.2605	-.03540
.85	-.4819	-.1441	.2364	-.02297
.90	-.7608	-.2181	.1983	-.01211
.95	-1.1068	-.2921	.1430	-.00357
1.00	-2.8597	-.3660	-.0000	-.00000

XQ/L=0.1

X/L	FP	FS	FQ	FM
.05	5.7600	.9015	.2880	.00720
.10	2.7422	.8421	-.5749	.02503
.15	2.3204	.7827	-.4589	-.00082
.20	2.0125	.7233	-.3582	-.02124
.25	1.7870	.6639	-.2689	-.03692
.30	1.5950	.6045	-.1891	-.04837
.35	1.4200	.5451	-.1181	-.05605
.40	1.2538	.4858	-.0554	-.06039
.45	1.0927	.4264	-.0008	-.06180
.50	.9343	.3671	.0459	-.06067
.55	.7774	.3078	.0848	-.05741
.60	.6211	.2485	.1158	-.05239
.65	.4643	.1892	.1390	-.04602
.70	.3061	.1299	.1543	-.03869
.75	.1446	.0707	.1616	-.03079
.80	-.0235	.0114	.1604	-.02274
.85	-.2050	-.0478	.1502	-.01498
.90	-.4190	-.1070	.1292	-.00799
.95	-.6799	-.1662	.0952	-.00238
1.00	-1.9043	-.2255	-.0000	-.00000

XQ/L=0.2

X/L	FP	FS	FQ	FM
.05	4.7985	.7603	.2399	.00600
.10	2.3134	.7158	.3556	.02089
.15	1.9776	.6714	.4545	.04114
.20	1.7355	.6269	-.4587	.06603
.25	1.5612	.5824	-.3807	.04505
.30	1.4145	.5380	-.3100	.02778
.35	1.2817	.4935	-.2459	.01388
.40	1.1562	.4490	-.1881	.00304
.45	1.0348	.4045	-.1363	-.00507
.50	.9157	.3600	-.0905	-.01075
.55	.7980	.3155	-.0506	-.01428
.60	.6808	.2710	-.0166	-.01596
.65	.5637	.2265	.0116	-.01608
.70	.4459	.1820	.0339	-.01495
.75	.3262	.1375	.0502	-.01284
.80	.2029	.0930	.0603	-.01008
.85	.0720	.0485	.0639	-.00697
.90	-.0770	.0041	.0601	-.00387
.95	-.2530	-.0404	.0474	-.00119
1.00	-.9487	-.0849	-.0000	-.00000

XQ/L=0.3

X/L	FP	FS	FQ	FM
.05	3.8381	.6191	.1919	.00480
.10	1.8848	.5896	.2861	.01675
.15	1.6347	.5600	.3679	.03310
.20	1.4581	.5305	.4408	.05332
.25	1.3351	.5009	.5075	.07703
.30	1.2337	.4714	-.4308	.10394
.35	1.1432	.4418	-.3736	.08384
.40	1.0584	.4121	-.3207	.06648
.45	.9767	.3825	-.2719	.05166
.50	.8970	.3528	-.2270	.03919
.55	.8184	.3231	-.1861	.02887
.60	.7406	.2934	-.1490	.02049
.65	.6630	.2637	-.1159	.01386
.70	.5856	.2340	-.0866	.00880
.75	.5078	.2043	-.0612	.00511
.80	.4293	.1746	-.0398	.00258
.85	.3491	.1449	-.0223	.00103
.90	.2650	.1152	-.0091	.00024
.95	.1740	.0854	-.0004	.00001
1.00	.0072	.0557	-.0000	-.00000

XQ/L=0.4

X/L	FP	FS	FQ	FM
.05	2.8789	.4781	.1439	.00360
.10	1.4566	.4634	.2168	.01262
.15	1.2920	.4487	.2814	.02507
.20	1.1808	.4341	.3404	.04061
.25	1.1087	.4194	.3958	.05902
.30	1.0525	.4047	.4485	.08013
.35	1.0042	.3899	.4987	.10381
.40	.9602	.3752	-.4533	.12994
.45	.9184	.3604	-.4074	.10842
.50	.8781	.3456	-.3635	.08915
.55	.8388	.3307	-.3215	.07203
.60	.8002	.3158	-.2815	.05695
.65	.7623	.3009	-.2434	.04382
.70	.7252	.2860	-.2072	.03256
.75	.6894	.2711	-.1727	.02306
.80	.6557	.2562	-.1399	.01525
.85	.6262	.2412	-.1086	.00904
.90	.6071	.2263	-.0782	.00436
.95	.6013	.2114	-.0482	.00120
1.00	.9636	.1964	-.0000	-.00000

XQ/L=0.5

X/L	FP	FS	FQ	FM
.05	1.9207	.3372	.0960	.00240
.10	1.0288	.3373	.1475	.00849
.15	.9494	.3375	.1949	.01705
.20	.9034	.3376	.2401	.02793
.25	.8822	.3378	.2842	.04103
.30	.8710	.3379	.3278	.05633
.35	.8648	.3380	.3710	.07380
.40	.8614	.3381	.4141	.09343
.45	.8595	.3382	.4571	.11521
.50	.8587	.3382	-.5000	.13914
.55	.8587	.3382	-.4571	.11521
.60	.8595	.3382	-.4141	.09343
.65	.8614	.3381	-.3710	.07380
.70	.8648	.3380	-.3278	.05633
.75	.8710	.3379	-.2842	.04103
.80	.8822	.3378	-.2401	.02793
.85	.9034	.3376	-.1949	.01705
.90	.9494	.3375	-.1475	.00849
.95	1.0288	.3373	-.0960	.00240
1.00	1.9207	.3372	-.0000	-.00000

B/L= 1.00   DS/B1=   .50   KS=100.000

XM/L=0.0

X/L	FP	FS	FQ	FM
.05	9.6227	1.4131	.4811	-.98797
.10	4.2865	1.2629	.6955	-.95856
.15	3.4258	1.1131	.8668	-.91950
.20	2.7685	.9635	1.0052	-.87270
.25	2.2565	.8142	1.1180	-.81962
.30	1.8042	.6651	1.2082	-.76147
.35	1.3821	.5163	1.2773	-.69933
.40	.9760	.3677	1.3261	-.63424
.45	.5785	.2193	1.3550	-.56722
.50	.1855	.0710	1.3643	-.49923
.55	-.2058	-.0770	1.3540	-.43127
.60	-.5980	-.2250	1.3241	-.36432
.65	-.9938	-.3728	1.2744	-.29936
.70	-1.3974	-.5205	1.2046	-.23738
.75	-1.8160	-.6681	1.1138	-.17942
.80	-2.2636	-.8157	1.0006	-.12656
.85	-2.7697	-.9632	.8621	-.08000
.90	-3.4189	-1.1107	.6912	-.04117
.95	-4.2686	-1.2581	.4777	-.01194
1.00	-9.5545	-1.4056	.0000	-.00000

XM/L=0.1

X/L	FP	FS	FQ	FM
.05	9.6193	1.4129	.4810	.01202
.10	4.2883	1.2630	.6954	-.95857
.15	3.4265	1.1132	.8667	-.91952
.20	2.7689	.9636	1.0051	-.87272
.25	2.2567	.8143	1.1180	-.81964
.30	1.8044	.6652	1.2082	-.76149
.35	1.3823	.5163	1.2773	-.69935
.40	.9761	.3677	1.3261	-.63426
.45	.5787	.2193	1.3551	-.56723
.50	.1856	.0711	1.3643	-.49925
.55	-.2058	-.0770	1.3541	-.43129
.60	-.5980	-.2249	1.3242	-.36433
.65	-.9938	-.3727	1.2745	-.29937
.70	-1.3974	-.5205	1.2046	-.23739
.75	-1.8160	-.6681	1.1138	-.17943
.80	-2.2637	-.8157	1.0006	-.12657
.85	-2.7698	-.9632	.8621	-.08000
.90	-3.4190	-1.1107	.6912	-.04117
.95	-4.2687	-1.2582	.4777	-.01194
1.00	-9.5549	-1.4057	-.0000	-.00000

XM/L=0.2

X/L	FP	FS	FQ	FM
.05	9.6097	1.4121	.4805	.01201
.10	4.2872	1.2627	.6948	.04140
.15	3.4291	1.1134	.8663	.08042
.20	2.7725	.9641	1.0049	-.87279
.25	2.2588	.8147	1.1179	-.81972
.30	1.8059	.6656	1.2082	-.76157
.35	1.3835	.5167	1.2773	-.69944
.40	.9771	.3681	1.3262	-.63435
.45	.5794	.2196	1.3552	-.56731
.50	.1863	.0713	1.3645	-.49932
.55	-.2053	-.0768	1.3542	-.43136
.60	-.5976	-.2248	1.3243	-.36439
.65	-.9935	-.3727	1.2747	-.29942
.70	-1.3973	-.5204	1.2048	-.23743
.75	-1.8160	-.6681	1.1140	-.17946
.80	-2.2639	-.8157	1.0008	-.12659
.85	-2.7701	-.9633	.8623	-.08002
.90	-3.4195	-1.1109	.6913	-.04117
.95	-4.2695	-1.2584	.4778	-.01195
1.00	-9.5568	-1.4059	-.0000	-.00000

XM/L=0.3

X/L	FP	FS	FQ	FM
.05	9.5984	1.4109	.4799	.01200
.10	4.2841	1.2621	.6941	.04135
.15	3.4282	1.1132	.8655	.08034
.20	2.7739	.9644	1.0042	.12708
.25	2.2633	.8155	1.1174	.18013
.30	1.8110	.6666	1.2079	-.76174
.35	1.3867	.5176	1.2773	-.69961
.40	.9795	.3688	1.3263	-.63452
.45	.5814	.2203	1.3553	-.56748
.50	.1878	.0719	1.3647	-.49948
.55	-.2041	-.0764	1.3545	-.43150
.60	-.5967	-.2245	1.3247	-.36452
.65	-.9930	-.3724	1.2750	-.29953
.70	-1.3970	-.5203	1.2052	-.23752
.75	-1.8160	-.6681	1.1144	-.17953
.80	-2.2642	-.8158	1.0012	-.12664
.85	-2.7708	-.9635	.8626	-.08005
.90	-3.4206	-1.1112	.6916	-.04119
.95	-4.2711	-1.2588	.4780	-.01195
1.00	-9.5610	-1.4064	-.0000	-.00000

XM/L=0.4

X/L	FP	FS	FQ	FM
.05	9.5868	1.4096	.4793	.01198
.10	4.2804	1.2612	.6934	.04130
.15	3.4264	1.1128	.8647	.08025
.20	2.7737	.9643	1.0034	.12695
.25	2.2646	.8159	1.1166	.17995
.30	1.8140	.6674	1.2073	.23805
.35	1.3925	.5188	1.2769	.30015
.40	.9857	.3701	1.3262	-.63477
.45	.5854	.2214	1.3555	-.56773
.50	.1908	.0728	1.3650	-.49971
.55	-.2017	-.0756	1.3549	-.43172
.60	-.5950	-.2238	1.3252	-.36471
.65	-.9918	-.3720	1.2756	-.29969
.70	-1.3963	-.5201	1.2058	-.23766
.75	-1.8159	-.6680	1.1150	-.17964
.80	-2.2646	-.8159	1.0017	-.12672
.85	-2.7717	-.9639	.8632	-.08010
.90	-3.4222	-1.1116	.6921	-.04122
.95	-4.2735	-1.2595	.4784	-.01196
1.00	-9.5675	-1.4073	-.0000	-.00000

XM/L=0.5

X/L	FP	FS	FQ	FM
.05	9.5763	1.4083	.4788	.01197
.10	4.2767	1.2603	.6926	.04126
.15	3.4242	1.1122	.8639	.08017
.20	2.7728	.9641	1.0025	.12683
.25	2.2648	.8160	1.1157	.17978
.30	1.8153	.6678	1.2065	.23784
.35	1.3950	.5196	1.2763	.29991
.40	.9896	.3713	1.3257	.36496
.45	.5919	.2228	1.3553	.43199
.50	.1974	.0743	1.3652	-.50000
.55	-.1974	-.0743	1.3553	-.43199
.60	-.5919	-.2228	1.3257	-.36496
.65	-.9896	-.3713	1.2763	-.29991
.70	-1.3950	-.5196	1.2065	-.23784
.75	-1.8153	-.6678	1.1157	-.17978
.80	-2.2648	-.8160	1.0025	-.12683
.85	-2.7728	-.9641	.8639	-.08017
.90	-3.4242	-1.1122	.6926	-.04126
.95	-4.2767	-1.2603	.4788	-.01197
1.00	-9.5763	-1.4083	-.0000	-.00000

GLEICHMAESSIGE BELASTUNG B/L= 1.00 DS/B1= .50

KS= .001

X/L	FP	FS	FQ	FM
.05	1.1187	.2561	.0059	.00015
.10	.8888	.2943	.0004	.00031
.15	.9649	.3254	-.0014	.00028
.20	.9967	.3475	-.0015	.00021
.25	1.0075	.3623	-.0012	.00014
.30	1.0083	.3719	-.0008	.00009
.35	1.0063	.3780	-.0004	.00006
.40	1.0041	.3819	-.0002	.00005
.45	1.0027	.3841	-.0001	.00004
.50	1.0020	.3852	.0000	.00003
.55	1.0020	.3852	.0001	.00004
.60	1.0027	.3841	.0002	.00005
.65	1.0041	.3819	.0004	.00006
.70	1.0063	.3780	.0008	.00009
.75	1.0083	.3719	.0012	.00014
.80	1.0075	.3623	.0015	.00021
.85	.9967	.3475	.0014	.00028
.90	.9649	.3254	-.0004	.00031
.95	.8888	.2943	-.0059	.00015
1.00	1.1187	.2561	.0000	.00000

KS= .003

X/L	FP	FS	FQ	FM
.05	1.1928	.2609	.0096	.00024
.10	.8673	.2931	.0030	.00056
.15	.9283	.3211	-.0006	.00062
.20	.9689	.3432	-.0021	.00055
.25	.9943	.3594	-.0024	.00044
.30	1.0065	.3706	-.0021	.00032
.35	1.0108	.3781	-.0016	.00023
.40	1.0112	.3828	-.0010	.00017
.45	1.0103	.3856	-.0005	.00013
.50	1.0096	.3868	-.0000	.00012
.55	1.0096	.3868	.0005	.00013
.60	1.0103	.3856	.0010	.00017
.65	1.0112	.3828	.0016	.00023
.70	1.0108	.3781	.0021	.00032
.75	1.0065	.3706	.0024	.00044
.80	.9943	.3594	.0021	.00055
.85	.9689	.3432	.0006	.00062
.90	.9283	.3211	-.0030	.00056
.95	.8673	.2931	-.0096	.00024
1.00	1.1928	.2609	.0000	.00000

KS= .010

X/L	FP	FS	FQ	FM
.05	1.2956	.2690	.0148	.00037
.10	.8622	.2943	.0079	.00094
.15	.8964	.3175	.0027	.00120
.20	.9314	.3376	-.0007	.00125
.25	.9639	.3539	-.0025	.00117
.30	.9881	.3666	-.0031	.00103
.35	1.0045	.3759	-.0029	.00088
.40	1.0147	.3825	-.0022	.00075
.45	1.0204	.3865	-.0011	.00067
.50	1.0229	.3885	.0000	.00064
.55	1.0229	.3885	.0011	.00067
.60	1.0204	.3865	.0022	.00075
.65	1.0147	.3825	.0029	.00088
.70	1.0045	.3759	.0031	.00103
.75	.9881	.3666	.0025	.00117
.80	.9639	.3539	.0007	.00125
.85	.9314	.3376	-.0027	.00120
.90	.8964	.3175	-.0079	.00094
.95	.8622	.2943	-.0148	.00037
1.00	1.2956	.2690	.0000	.00000

KS= .020

X/L	FP	FS	FQ	FM
.05	1.3658	.2756	.0183	.00046
.10	.8704	.2971	.0118	.00121
.15	.8881	.3173	.0062	.00166
.20	.9150	.3353	.0020	.00187
.25	.9461	.3507	-.0007	.00190
.30	.9729	.3632	-.0021	.00183
.35	.9936	.3730	-.0024	.00171
.40	1.0083	.3801	-.0020	.00160
.45	1.0176	.3847	-.0011	.00153
.50	1.0221	.3870	.0000	.00150
.55	1.0221	.3870	.0011	.00153
.60	1.0176	.3847	.0020	.00160
.65	1.0083	.3801	.0024	.00171
.70	.9936	.3730	.0021	.00183
.75	.9729	.3632	.0007	.00190
.80	.9461	.3507	-.0020	.00187
.85	.9150	.3353	-.0062	.00166
.90	.8881	.3173	-.0118	.00121
.95	.8704	.2971	-.0183	.00046
1.00	1.3658	.2756	.0000	.00000

KS= .050

X/L	FP	FS	FQ	FM
.05	1.4815	.2877	.0241	.00060
.10	.8965	.3040	.0189	.00168
.15	.8913	.3197	.0135	.00249
.20	.9033	.3342	.0086	.00304
.25	.9263	.3470	.0049	.00338
.30	.9496	.3578	.0024	.00356
.35	.9697	.3666	.0009	.00364
.40	.9852	.3732	.0002	.00367
.45	.9957	.3776	-.0000	.00367
.50	1.0010	.3798	.0000	.00367
.55	1.0010	.3798	.0000	.00367
.60	.9957	.3776	-.0002	.00367
.65	.9852	.3732	-.0009	.00364
.70	.9697	.3666	-.0024	.00356
.75	.9496	.3578	-.0049	.00338
.80	.9263	.3470	-.0086	.00304
.85	.9033	.3342	-.0135	.00249
.90	.8913	.3197	-.0189	.00168
.95	.8965	.3040	-.0241	.00060
1.00	1.4815	.2877	.0000	.00000

KS= .100

X/L	FP	FS	FQ	FM
.05	1.5876	.2994	.0294	.00073
.10	.9263	.3116	.0257	.00211
.15	.9023	.3235	.0208	.00327
.20	.9004	.3345	.0158	.00419
.25	.9135	.3444	.0115	.00487
.30	.9298	.3529	.0080	.00536
.35	.9452	.3599	.0053	.00569
.40	.9577	.3653	.0031	.00590
.45	.9664	.3689	.0015	.00602
.50	.9708	.3707	.0000	.00605
.55	.9708	.3707	-.0015	.00602
.60	.9664	.3689	-.0031	.00590
.65	.9577	.3653	-.0053	.00569
.70	.9452	.3599	-.0080	.00536
.75	.9298	.3529	-.0115	.00487
.80	.9135	.3444	-.0158	.00419
.85	.9004	.3345	-.0208	.00327
.90	.9023	.3235	-.0257	.00211
.95	.9263	.3116	-.0294	.00073
1.00	1.5876	.2994	.0000	.00000

GLEICHMAESSIGE BELASTUNG B/L= 1.00 DS/B1= .50

KS= .200

X/L	FP	FS	FQ	FM
.05	1.6951	.3115	.0348	.00087
.10	.9586	.3198	.0327	.00255
.15	.9164	.3278	.0285	.00408
.20	.9003	.3353	.0235	.00538
.25	.9026	.3421	.0186	.00644
.30	.9106	.3481	.0142	.00726
.35	.9196	.3530	.0102	.00787
.40	.9275	.3567	.0065	.00829
.45	.9332	.3593	.0032	.00853
.50	.9361	.3606	.0000	.00861
.55	.9361	.3606	-.0032	.00853
.60	.9332	.3593	-.0065	.00829
.65	.9275	.3567	-.0102	.00787
.70	.9196	.3530	-.0142	.00726
.75	.9106	.3481	-.0186	.00644
.80	.9026	.3421	-.0235	.00538
.85	.9003	.3353	-.0285	.00408
.90	.9164	.3278	-.0327	.00255
.95	.9586	.3198	-.0348	.00087
1.00	1.6951	.3115	.0000	.00000

KS= .500

X/L	FP	FS	FQ	FM
.05	1.8071	.3242	.0404	.00101
.10	.9932	.3284	.0400	.00302
.15	.9325	.3326	.0366	.00493
.20	.9015	.3364	.0317	.00664
.25	.8923	.3399	.0263	.00809
.30	.8909	.3430	.0209	.00927
.35	.8925	.3456	.0155	.01018
.40	.8949	.3475	.0102	.01083
.45	.8970	.3489	.0051	.01121
.50	.8981	.3496	.0000	.01134
.55	.8981	.3496	-.0051	.01121
.60	.8970	.3489	-.0102	.01083
.65	.8949	.3475	-.0155	.01018
.70	.8925	.3456	-.0209	.00927
.75	.8909	.3430	-.0263	.00809
.80	.8923	.3399	-.0317	.00664
.85	.9015	.3364	-.0366	.00493
.90	.9325	.3326	-.0400	.00302
.95	.9932	.3284	-.0404	.00101
1.00	1.8071	.3242	.0000	.00000

KS= 1.000

X/L	FP	FS	FQ	FM
.05	1.8599	.3303	.0430	.00107
.10	1.0097	.3326	.0435	.00324
.15	.9404	.3348	.0405	.00534
.20	.9024	.3370	.0356	.00724
.25	.8876	.3389	.0300	.00888
.30	.8817	.3406	.0241	.01023
.35	.8797	.3421	.0181	.01129
.40	.8793	.3432	.0120	.01204
.45	.8795	.3439	.0060	.01249
.50	.8798	.3443	.0000	.01264
.55	.8798	.3443	-.0060	.01249
.60	.8795	.3439	-.0120	.01204
.65	.8793	.3432	-.0181	.01129
.70	.8797	.3421	-.0241	.01023
.75	.8817	.3406	-.0300	.00888
.80	.8876	.3389	-.0356	.00724
.85	.9024	.3370	-.0405	.00534
.90	.9404	.3348	-.0435	.00324
.95	1.0097	.3326	-.0430	.00107
1.00	1.8599	.3303	.0000	.00000

KS= 3.000

X/L	FP	FS	FQ	FM
.05	1.9018	.3350	.0451	.00113
.10	1.0229	.3359	.0462	.00341
.15	.9467	.3367	.0436	.00566
.20	.9032	.3374	.0387	.00771
.25	.8840	.3381	.0329	.00950
.30	.8744	.3388	.0266	.01099
.35	.8694	.3393	.0201	.01216
.40	.8669	.3397	.0135	.01300
.45	.8656	.3399	.0067	.01351
.50	.8651	.3401	.0000	.01368
.55	.8651	.3401	-.0067	.01351
.60	.8656	.3399	-.0135	.01300
.65	.8669	.3397	-.0201	.01216
.70	.8694	.3393	-.0266	.01099
.75	.8744	.3388	-.0329	.00950
.80	.8840	.3381	-.0387	.00771
.85	.9032	.3374	-.0436	.00566
.90	.9467	.3367	-.0462	.00341
.95	1.0229	.3359	-.0451	.00113
1.00	1.9018	.3350	.0000	.00000

KS= 10.000

X/L	FP	FS	FQ	FM
.05	1.9180	.3369	.0459	.00115
.10	1.0280	.3371	.0473	.00348
.15	.9491	.3374	.0448	.00578
.20	.9035	.3376	.0399	.00790
.25	.8826	.3378	.0341	.00975
.30	.8716	.3380	.0276	.01129
.35	.8655	.3382	.0209	.01250
.40	.8621	.3383	.0140	.01338
.45	.8602	.3384	.0070	.01390
.50	.8594	.3384	.0000	.01408
.55	.8594	.3384	-.0070	.01390
.60	.8602	.3384	-.0140	.01338
.65	.8621	.3383	-.0209	.01250
.70	.8655	.3382	-.0276	.01129
.75	.8716	.3380	-.0341	.00975
.80	.8826	.3378	-.0399	.00790
.85	.9035	.3376	-.0448	.00578
.90	.9491	.3374	-.0473	.00348
.95	1.0280	.3371	-.0459	.00115
1.00	1.9180	.3369	.0000	.00000

KS=100.000

X/L	FP	FS	FQ	FM
.05	1.9245	.3376	.0462	.00116
.10	1.0300	.3377	.0477	.00350
.15	.9501	.3377	.0452	.00583
.20	.9036	.3377	.0404	.00797
.25	.8820	.3377	.0345	.00984
.30	.8704	.3377	.0280	.01141
.35	.8639	.3378	.0212	.01264
.40	.8602	.3378	.0142	.01352
.45	.8581	.3378	.0071	.01406
.50	.8571	.3378	.0000	.01424
.55	.8571	.3378	-.0071	.01406
.60	.8581	.3378	-.0142	.01352
.65	.8602	.3378	-.0212	.01264
.70	.8639	.3378	-.0280	.01141
.75	.8704	.3377	-.0345	.00984
.80	.8820	.3377	-.0404	.00797
.85	.9036	.3377	-.0452	.00583
.90	.9501	.3377	-.0477	.00350
.95	1.0300	.3377	-.0462	.00116
1.00	1.9245	.3376	.0000	.00000

B/L= 1.00 DS/B1= 1.00 KS= .001

XQ/L=0.0

X/L	FP	FS	FQ	FM
.05	22.5130	2.5559	.1257	-.02186
.10	.8134	1.3885	.1663	-.01456
.15	-1.0517	.7699	.1137	-.00756
.20	-1.1154	.4797	.0580	-.00327
.25	-.6775	.3484	.0241	-.00121
.30	-.3225	.2822	.0080	-.00041
.35	-.1234	.2394	.0018	-.00017
.40	-.0345	.2048	.0001	-.00012
.45	-.0034	.1745	-.0001	-.00012
.50	.0037	.1478	.0001	-.00012
.55	.0031	.1247	.0002	-.00011
.60	.0012	.1051	.0003	-.00010
.65	-.0002	.0887	.0003	-.00008
.70	-.0007	.0751	.0003	-.00007
.75	-.0008	.0637	.0002	-.00006
.80	-.0004	.0542	.0002	-.00005
.85	.0002	.0463	.0002	-.00004
.90	.0011	.0396	.0003	-.00002
.95	.0018	.0338	.0004	-.00001
1.00	-.0071	.0286	-.0000	-.00000

XQ/L =0.1

X/L	FP	FS	FQ	FM
.05	3.4903	1.1968	.1745	.00436
.10	6.3754	1.5230	-.5067	.02106
.15	6.2712	1.5191	-.1932	.00356
.20	3.0172	1.1967	-.0423	-.00233
.25	1.0542	.8653	.0104	-.00312
.30	.1882	.6188	.0198	-.00237
.35	-.0872	.4553	.0155	-.00148
.40	-.1216	.3493	.0094	-.00086
.45	-.0873	.2780	.0050	-.00050
.50	-.0495	.2270	.0025	-.00031
.55	-.0244	.1881	.0013	-.00022
.60	-.0110	.1570	.0008	-.00016
.65	-.0049	.1317	.0005	-.00013
.70	-.0024	.1107	.0004	-.00011
.75	-.0014	.0933	.0003	-.00009
.80	-.0006	.0789	.0003	-.00007
.85	.0004	.0669	.0003	-.00006
.90	.0017	.0569	.0004	-.00004
.95	.0028	.0482	.0006	-.00001
1.00	-.0111	.0404	-.0000	-.00000

XQ/L=0.2

X/L	FP	FS	FQ	FM
.05	-.7786	.5455	-.0389	-.00097
.10	1.2795	.8530	.0250	-.00132
.15	3.1686	1.1989	.1835	.00389
.20	6.2768	1.5162	-.5027	.02091
.25	6.2157	1.5122	-.1919	.00355
.30	2.9952	1.1920	-.0421	-.00230
.35	1.0480	.8625	.0103	-.00310
.40	.1879	.6173	.0197	-.00235
.45	-.0860	.4544	.0154	-.00148
.50	-.1206	.3487	.0093	-.00086
.55	-.0867	.2777	.0050	-.00050
.60	-.0492	.2268	.0025	-.00031
.65	-.0243	.1879	.0013	-.00022
.70	-.0109	.1569	.0008	-.00016
.75	-.0046	.1316	.0005	-.00013
.80	-.0016	.1107	.0005	-.00011
.85	.0005	.0934	.0005	-.00008
.90	.0026	.0790	.0006	-.00006
.95	.0040	.0666	.0008	-.00002
1.00	-.0163	.0555	-.0000	-.00000

XQ/L=0.3

X/L	FP	FS	FQ	FM
.05	-.5255	.3198	-.0263	-.00066
.10	.0027	.4502	-.0261	-.00197
.15	.2614	.6199	-.0131	-.00295
.20	1.0877	.8642	.0413	-.00224
.25	2.9991	1.1897	.1913	.00357
.30	6.1763	1.5047	-.4999	.02086
.35	6.1715	1.5037	-.1913	.00358
.40	2.9808	1.1867	-.0423	-.00227
.45	1.0458	.8595	.0100	-.00307
.50	.1894	.6156	.0195	-.00234
.55	-.0843	.4534	.0152	-.00147
.60	-.1195	.3480	.0093	-.00086
.65	-.0861	.2771	.0050	-.00050
.70	-.0489	.2264	.0025	-.00031
.75	-.0238	.1877	.0013	-.00022
.80	-.0097	.1568	.0008	-.00016
.85	-.0019	.1317	.0007	-.00012
.90	.0030	.1108	.0009	-.00008
.95	.0058	.0930	.0012	-.00003
1.00	-.0238	.0769	-.0000	-.00000

XQ/L =0.4

X/L	FP	FS	FQ	FM
.05	-.1772	.2172	-.0089	-.00022
.10	-.0543	.2764	-.0116	-.00073
.15	-.0943	.3496	-.0163	-.00143
.20	-.0700	.4550	-.0198	-.00233
.25	.1958	.6165	-.0100	-.00308
.30	1.0483	.8598	.0424	-.00226
.35	2.9817	1.1864	.1915	.00358
.40	6.1706	1.5026	-.5000	.02087
.45	6.1706	1.5025	-.1914	.00359
.50	2.9813	1.1861	-.0424	-.00226
.55	1.0464	.8591	.0099	-.00307
.60	.1897	.6153	.0194	-.00234
.65	-.0841	.4532	.0152	-.00147
.70	-.1193	.3479	.0093	-.00086
.75	-.0855	.2772	.0050	-.00050
.80	-.0471	.2266	.0026	-.00031
.85	-.0198	.1880	.0016	-.00020
.90	-.0029	.1571	.0015	-.00013
.95	.0059	.1312	.0018	-.00004
1.00	-.0357	.1078	-.0000	-.00000

XQ/L=0.5

X/L	FP	FS	FQ	FM
.05	-.0652	.1525	-.0033	-.00008
.10	-.0076	.1873	-.0036	-.00025
.15	-.0365	.2272	-.0055	-.00048
.20	-.0793	.2779	-.0094	-.00085
.25	-.1166	.3484	-.0153	-.00147
.30	-.0832	.4535	-.0194	-.00234
.35	.1899	.6154	-.0099	-.00307
.40	1.0464	.8591	.0424	-.00226
.45	2.9814	1.1861	.1915	.00359
.50	6.1707	1.5024	-.5000	.02087
.55	6.1707	1.5024	-.1915	.00359
.60	2.9814	1.1861	-.0424	-.00226
.65	1.0464	.8591	.0099	-.00307
.70	.1899	.6154	.0194	-.00234
.75	-.0832	.4535	.0153	-.00147
.80	-.1166	.3484	.0094	-.00085
.85	-.0793	.2779	.0055	-.00048
.90	-.0365	.2272	.0036	-.00025
.95	-.0076	.1873	.0033	-.00008
1.00	-.0652	.1525	-.0000	-.00000

B/L= 1.00 DS/B1= 1.00 KS= .001

XM/L=0.0

X/L	FP	FS	FQ	FM
.05	223.4301	14.8350	11.1715	-.72071
.10	-102.7983	-4.1126	6.0316	-.29064
.15	-70.2981	-8.2113	2.5167	-.07693
.20	-36.0461	-7.0162	.7144	.00385
.25	-13.8135	-4.8375	.0237	.02230
.30	-3.4356	-3.0943	-.1481	.01919
.35	.2452	-1.9841	-.1358	.01209
.40	1.0051	-1.3424	-.0856	.00656
.45	.8160	-.9773	-.0448	.00330
.50	.4812	-.7576	-.0207	.00166
.55	.2361	-.6108	-.0089	.00092
.60	.1002	-.5020	-.0039	.00060
.65	.0375	-.4159	-.0020	.00046
.70	.0129	-.3455	-.0014	.00037
.75	.0046	-.2875	-.0011	.00031
.80	.0013	-.2396	-.0011	.00025
.85	-.0017	-.2002	-.0012	.00020
.90	-.0058	-.1675	-.0015	.00013
.95	-.0091	-.1398	-.0019	.00005
1.00	.0382	-.1149	.0000	-.00000

XM/L=0.1

X/L	FP	FS	FQ	FM
.05	105.8053	10.2842	5.2903	.13226
.10	53.3444	5.2862	7.9575	-.53655
.15	-64.6301	-4.7306	4.7260	-.21946
.20	-56.3473	-7.3592	1.9086	-.05360
.25	-27.9094	-6.0680	.5131	.00695
.30	-10.4513	-4.1641	-.0094	.01954
.35	-2.4172	-2.6903	-.1303	.01605
.40	.3480	-1.7577	-.1129	.00997
.45	.8625	-1.2143	-.0698	.00540
.50	.6707	-.8987	-.0362	.00275
.55	.3885	-.7034	-.0168	.00143
.60	.1889	-.5695	-.0073	.00082
.65	.0800	-.4688	-.0033	.00056
.70	.0301	-.3886	-.0018	.00043
.75	.0103	-.3230	-.0013	.00035
.80	.0026	-.2690	-.0012	.00028
.85	-.0021	-.2245	-.0013	.00022
.90	-.0069	-.1876	-.0016	.00015
.95	-.0105	-.1563	-.0022	.00005
1.00	.0433	-.1281	-.0000	-.00000

XM/L=0.2

X/L	FP	FS	FQ	FM
.05	5.6474	3.6148	.2824	.00706
.10	27.9084	5.7945	1.6778	.05606
.15	53.8385	7.1146	4.3697	.20725
.20	59.4691	4.6532	7.3432	-.49993
.25	-58.5255	-4.4822	4.4169	-.20593
.30	-52.4876	-6.9626	1.7925	-.05069
.35	-26.1370	-5.7578	.4857	.00626
.40	-9.8365	-3.9683	-.0062	.01825
.45	-2.2991	-2.5772	-.1211	.01507
.50	.3091	-1.6931	-.1057	.00940
.55	.8022	-1.1751	-.0656	.00512
.60	.6276	-.8723	-.0342	.00263
.65	.3652	-.6837	-.0159	.00137
.70	.1780	-.5540	-.0070	.00080
.75	.0749	-.4563	-.0033	.00054
.80	.0258	-.3786	-.0020	.00041
.85	.0029	-.3151	-.0018	.00032
.90	-.0094	-.2625	-.0023	.00021
.95	-.0158	-.2178	-.0031	.00008
1.00	.0620	-.1776	-.0000	-.00000

XM/L=0.3

X/L	FP	FS	FQ	FM
.05	-4.8750	1.3829	-.2437	-.00609
.10	3.2323	2.5507	-.0821	-.01424
.15	10.6115	4.0337	.4484	-.00508
.20	26.5958	5.8397	1.7782	.05058
.25	52.7577	7.0462	4.4161	.20544
.30	58.8560	4.5772	7.3589	-.50018
.35	-58.7864	-4.5367	4.4196	-.20572
.40	-52.5681	-6.9960	1.7912	-.05045
.45	-26.1461	-5.7770	.4839	.00643
.50	-9.8258	-3.9795	-.0074	.01834
.55	-2.2877	-2.5843	-.1218	.01511
.60	.3164	-1.6982	-.1060	.00942
.65	.8061	-1.1790	-.0657	.00513
.70	.6291	-.8757	-.0342	.00263
.75	.3642	-.6868	-.0160	.00138
.80	.1737	-.5570	-.0073	.00080
.85	.0646	-.4593	-.0041	.00051
.90	.0081	-.3810	-.0037	.00032
.95	-.0175	-.3152	-.0045	.00011
1.00	.0909	-.2559	-.0000	-.00000

XM/L=0.4

X/L	FP	FS	FQ	FM
.05	-2.0134	.7836	-.1007	-.00252
.10	-.5379	1.1694	-.1276	-.00822
.15	-.0901	1.7147	-.1321	-.01471
.20	2.4178	2.6037	-.0112	-.01829
.25	9.8781	3.9954	.4827	-.00651
.30	26.1562	5.7900	1.7905	.05033
.35	52.5630	7.0090	4.4187	.20556
.40	58.7918	4.5541	7.3583	-.50002
.45	-58.7964	-4.5501	4.4185	-.20560
.50	-52.5620	-7.0037	1.7904	-.05038
.55	-26.1386	-5.7819	.4834	.00646
.60	-9.8206	-3.9829	-.0076	.01836
.65	-2.2848	-2.5871	-.1218	.01512
.70	.3174	-1.7006	-.1060	.00943
.75	.8043	-1.1815	-.0657	.00514
.80	.6223	-.8784	-.0346	.00263
.85	.3486	-.6897	-.0172	.00133
.90	.1469	-.5594	-.0099	.00065
.95	.0338	-.4584	-.0082	.00020
1.00	.1634	-.3702	-.0000	-.00000

XM/L=0.5

X/L	FP	FS	FQ	FM
.05	-.5208	.5335	-.0260	-.00065
.10	-.2839	.6858	-.0402	-.00231
.15	-.5644	.8817	-.0685	-.00503
.20	-.7697	1.1858	-.1069	-.00941
.25	-.3019	1.7040	-.1220	-.01513
.30	2.2896	2.5894	-.0075	-.01837
.35	9.8209	3.9846	.4835	-.00648
.40	26.1374	5.7832	1.7904	.05037
.45	52.5601	7.0050	4.4184	.20559
.50	58.7937	4.5517	7.3581	-.50000
.55	-58.7939	-4.5517	4.4184	-.20559
.60	-52.5600	-7.0050	1.7904	-.05037
.65	-26.1373	-5.7832	.4835	.00648
.70	-9.8209	-3.9846	-.0076	.01837
.75	-2.2897	-2.5894	-.1220	.01513
.80	.3020	-1.7040	-.1069	.00941
.85	.7697	-1.1858	-.0685	.00503
.90	.5643	-.8817	-.0402	.00231
.95	.2839	-.6858	-.0260	.00065
1.00	.5208	-.5335	-.0000	-.00000

B/L= 1.00 DS/B1= 1.00 KS= .003

XQ/L=0.0

X/L	FP	FS	FQ	FM
.05	19.0992	2.3800	-.0450	-.02613
.10	3.1531	1.5483	.1126	-.02444
.15	.5436	.9726	.1398	-.01813
.20	-.5092	.6103	.1143	-.01177
.25	-.7134	.3969	.0787	-.00695
.30	-.6099	.2764	.0482	-.00378
.35	-.4298	.2089	.0267	-.00191
.40	-.2672	.1694	.0133	-.00091
.45	-.1492	.1436	.0059	-.00043
.50	-.0743	.1243	.0021	-.00023
.55	-.0317	.1082	.0006	-.00016
.60	-.0102	.0940	.0000	-.00014
.65	-.0008	.0813	.0000	-.00014
.70	.0024	.0700	.0001	-.00014
.75	.0030	.0601	.0003	-.00013
.80	.0029	.0515	.0004	-.00011
.85	.0027	.0440	.0006	-.00008
.90	.0024	.0376	.0007	-.00005
.95	.0010	.0319	.0007	-.00002
1.00	-.0147	.0265	-.0000	-.00000

XQ/L=0.1

X/L	FP	FS	FQ	FM
.05	5.5503	1.2877	.2775	.00694
.10	4.7972	1.3948	-.4826	.02681
.15	4.5546	1.3487	-.2549	.00837
.20	2.9155	1.1417	-.1091	-.00073
.25	1.5936	.8996	-.0294	-.00419
.30	.7322	.6837	.0072	-.00475
.35	.2476	.5133	.0196	-.00408
.40	.0134	.3872	.0202	-.00308
.45	-.0761	.2970	.0164	-.00217
.50	-.0927	.2330	.0118	-.00146
.55	-.0792	.1870	.0078	-.00097
.60	-.0576	.1531	.0049	-.00065
.65	-.0378	.1273	.0031	-.00045
.70	-.0227	.1070	.0019	-.00033
.75	-.0122	.0905	.0013	-.00025
.80	-.0053	.0769	.0011	-.00019
.85	-.0008	.0655	.0010	-.00014
.90	.0014	.0556	.0011	-.00008
.95	.0008	.0469	.0011	-.00003
1.00	-.0224	.0387	-.0000	-.00000

XQ/L=0.2

X/L	FP	FS	FQ	FM
.05	.0830	.6184	.0042	.00010
.10	1.8159	.8867	.0949	.00258
.15	3.1883	1.1436	.2544	.01131
.20	4.7133	1.3342	-.5100	.02992
.25	4.6639	1.3340	-.2768	.01025
.30	3.0682	1.1482	-.1234	.00025
.35	1.7172	.9131	-.0375	-.00377
.40	.8147	.6973	.0032	-.00463
.45	.2956	.5244	.0180	-.00410
.50	.0377	.3954	.0199	-.00315
.55	-.0658	.3027	.0166	-.00224
.60	-.0897	.2368	.0121	-.00152
.65	-.0791	.1897	.0082	-.00101
.70	-.0582	.1550	.0053	-.00068
.75	-.0376	.1288	.0034	-.00046
.80	-.0212	.1081	.0023	-.00032
.85	-.0095	.0914	.0018	-.00021
.90	-.0026	.0773	.0017	-.00013
.95	-.0011	.0649	.0017	-.00004
1.00	-.0330	.0533	-.0000	-.00000

XQ/L=0.3

X/L	FP	FS	FQ	FM
.05	-.8132	.3221	-.0407	-.00102
.10	.3460	.4978	-.0234	-.00262
.15	.9243	.6921	.0229	-.00263
.20	1.8024	.9135	.1130	.00077
.25	3.0907	1.1461	.2675	.01028
.30	4.6121	1.3267	-.5019	.02942
.35	4.5888	1.3241	-.2724	.01006
.40	3.0208	1.1392	-.1214	.00022
.45	1.6910	.9061	-.0369	-.00374
.50	.8022	.6924	.0033	-.00458
.55	.2909	.5212	.0178	-.00405
.60	.0372	.3934	.0197	-.00312
.65	-.0643	.3015	.0164	-.00221
.70	-.0871	.2362	.0121	-.00150
.75	-.0756	.1894	.0083	-.00099
.80	-.0535	.1550	.0056	-.00064
.85	-.0319	.1287	.0040	-.00040
.90	-.0162	.1076	.0032	-.00022
.95	-.0095	.0895	.0028	-.00007
1.00	-.0551	.0729	-.0000	-.00000

XQ/L=0.4

X/L	FP	FS	FQ	FM
.05	-.5514	.1985	-.0276	-.00069
.10	-.0421	.2885	-.0297	-.00212
.15	.0976	.3925	-.0248	-.00348
.20	.3496	.5247	-.0073	-.00429
.25	.8433	.6960	.0348	-.00360
.30	1.7124	.9076	.1205	.00029
.35	3.0224	1.1375	.2716	.01009
.40	4.5683	1.3188	-.5000	.02938
.45	4.5641	1.3179	-.2718	.01008
.50	3.0089	1.1348	-.1213	.00025
.55	1.6865	.9033	-.0370	-.00371
.60	.8017	.6907	.0031	-.00455
.65	.2927	.5203	.0177	-.00404
.70	.0407	.3931	.0197	-.00310
.75	-.0588	.3017	.0168	-.00219
.80	-.0793	.2366	.0128	-.00145
.85	-.0657	.1896	.0095	-.00089
.90	-.0448	.1543	.0073	-.00047
.95	-.0324	.1256	.0057	-.00014
1.00	-.1136	.0999	-.0000	-.00000

XQ/L=0.5

X/L	FP	FS	FQ	FM
.05	-.2615	.1379	-.0131	-.00033
.10	-.0675	.1832	-.0164	-.00106
.15	-.0612	.2355	-.0195	-.00196
.20	-.0383	.3028	-.0214	-.00299
.25	.0566	.3948	-.0186	-.00399
.30	.3032	.5218	-.0034	-.00454
.35	.8078	.6917	.0370	-.00370
.40	1.6895	.9036	.1214	.00026
.45	3.0094	1.1345	.2719	.01009
.50	4.5619	1.3167	-.5000	.02939
.55	4.5619	1.3167	-.2719	.01009
.60	3.0094	1.1345	-.1214	.00026
.65	1.6895	.9036	-.0370	-.00370
.70	.8078	.6917	.0034	-.00454
.75	.3032	.5218	.0186	-.00399
.80	.0566	.3948	.0214	-.00299
.85	-.0383	.3028	.0195	-.00196
.90	-.0612	.2355	.0164	-.00106
.95	-.0675	.1832	.0131	-.00033
1.00	-.2615	.1379	-.0000	-.00000

B/L= 1.00 DS/B1= 1.00 KS= .003

XM/L=0.0

X/L	FP	FS	FQ	FM
.05	150.7375	11.5590	7.5369	-.81158
.10	-34.5978	.4329	5.8070	-.47798
.15	-41.5404	-4.2815	3.7300	-.23956
.20	-33.4568	-5.4515	2.0571	-.09488
.25	-21.8656	-4.9841	.9638	-.01936
.30	-12.4207	-3.9683	.3428	.01331
.35	-6.0977	-2.9351	.0379	.02283
.40	-2.4078	-2.0891	-.0825	.02171
.45	-.5260	-1.4682	-.1088	.01693
.50	.2727	-1.0411	-.0951	.01184
.55	.5005	-.7576	-.0701	.00771
.60	.4720	-.5713	-.0465	.00479
.65	.3579	-.4470	-.0286	.00291
.70	.2382	-.3608	-.0167	.00178
.75	.1423	-.2978	-.0096	.00112
.80	.0750	-.2492	-.0058	.00074
.85	.0318	-.2098	-.0042	.00049
.90	.0080	-.1766	-.0038	.00028
.95	.0015	-.1471	-.0038	.00009
1.00	.0753	-.1195	.0000	-.00000

XM/L=0.1

X/L	FP	FS	FQ	FM
.05	95.5628	9.1837	4.7781	.11945
.10	26.1402	4.2136	6.0852	-.60896
.15	-30.2689	-2.0318	4.5717	-.34254
.20	-36.0886	-4.8011	2.7673	-.15907
.25	-26.4891	-5.1000	1.4428	-.05382
.30	-16.4238	-4.3621	.6216	-.00221
.35	-8.8570	-3.3612	.1788	.01781
.40	-4.0562	-2.4474	-.0240	.02167
.45	-1.3886	-1.7353	-.0935	.01874
.50	-.1083	-1.2268	-.0989	.01393
.55	.3795	-.8816	-.0799	.00946
.60	.4716	-.6530	-.0563	.00605
.65	.4007	-.5014	-.0363	.00374
.70	.2867	-.3984	-.0220	.00228
.75	.1818	-.3252	-.0129	.00141
.80	.1022	-.2702	-.0078	.00089
.85	.0484	-.2267	-.0053	.00057
.90	.0169	-.1904	-.0045	.00032
.95	.0061	-.1585	-.0042	.00010
1.00	.0837	-.1288	-.0000	-.00000

XM/L=0.2

X/L	FP	FS	FQ	FM
.05	23.6303	4.4482	1.1815	.02954
.10	23.0693	4.8782	2.3350	.11745
.15	30.3876	4.5973	3.8544	.27218
.20	25.0067	2.3999	5.1047	-.50384
.25	-25.6565	-2.3631	3.8219	-.28068
.30	-30.5999	-4.4803	2.2919	-.12783
.35	-22.2318	-4.5869	1.1803	-.04103
.40	-13.6588	-3.8723	.4973	.00091
.45	-7.2860	-2.9714	.1330	.01667
.50	-3.2802	-2.1660	-.0310	.01923
.55	-1.0768	-1.5435	-.0848	.01633
.60	-.0346	-1.0999	-.0865	.01205
.65	.3503	-.7982	-.0690	.00816
.70	.4104	-.5972	-.0485	.00522
.75	.3390	-.4627	-.0315	.00322
.80	.2348	-.3700	-.0198	.00194
.85	.1411	-.3029	-.0127	.00112
.90	.0743	-.2508	-.0090	.00058
.95	.0402	-.2072	-.0070	.00018
1.00	.1405	-.1674	-.0000	-.00000

XM/L=0.3

X/L	FP	FS	FQ	FM
.05	-.1292	1.8336	-.0065	-.00016
.10	7.7389	2.8817	.3805	.00919
.15	14.3164	3.8927	1.0963	.04611
.20	22.7133	4.6421	2.2320	.12932
.25	30.7842	4.5380	3.7712	.27940
.30	25.5817	2.4225	5.0503	-.50007
.35	-25.1869	-2.3131	3.7909	-.27904
.40	-30.2848	-4.4293	2.2767	-.12735
.45	-22.0476	-4.5451	1.1743	-.04107
.50	-13.5647	-3.8418	.4961	.00069
.55	-7.2463	-2.9507	.1338	.01643
.60	-3.2701	-2.1527	-.0298	.01903
.65	-1.0815	-1.5355	-.0838	.01619
.70	-.0471	-1.0955	-.0862	.01194
.75	.3321	-.7962	-.0696	.00805
.80	.3866	-.5965	-.0502	.00505
.85	.3108	-.4619	-.0347	.00293
.90	.2108	-.3668	-.0242	.00146
.95	.1424	-.2935	-.0170	.00043
1.00	.3409	-.2295	-.0000	-.00000

XM/L=0.4

X/L	FP	FS	FQ	FM
.05	-3.4702	.8130	-.1735	-.00434
.10	1.2561	1.4485	-.1107	-.01144
.15	3.7324	2.1642	.0759	-.01231
.20	7.6916	3.0026	.4605	.00110
.25	13.8883	3.9051	1.1549	.04148
.30	22.2647	4.6091	2.2681	.12706
.35	30.4505	4.4936	3.7907	.27853
.40	25.3710	2.3819	5.0592	-.50022
.45	-25.3031	-2.3449	3.7941	-.27889
.50	-30.3404	-4.4525	2.2770	-.12711
.55	-22.0696	-4.5617	1.1736	-.04085
.60	-13.5721	-3.8540	.4950	.00086
.65	-7.2519	-2.9606	.1324	.01655
.70	-3.2831	-2.1618	-.0318	.01906
.75	-1.1090	-1.5444	-.0872	.01609
.80	-.0933	-1.1040	-.0919	.01161
.85	.2697	-.8021	-.0784	.00735
.90	.3315	-.5947	-.0619	.00384
.95	.3190	-.4429	-.0459	.00115
1.00	.9181	-.3157	-.0000	-.00000

XM/L=0.5

X/L	FP	FS	FQ	FM
.05	-2.1548	.4599	-.1077	-.00269
.10	-.2877	.7507	-.1221	-.00844
.15	.2406	1.0968	-.1101	-.01425
.20	1.2761	1.5566	-.0463	-.01815
.25	3.4097	2.1798	.1242	-.01621
.30	7.3315	2.9783	.4908	-.00083
.35	13.6151	3.8696	1.1715	.04072
.40	22.0905	4.5757	2.2761	.12691
.45	30.3535	4.4665	3.7937	.27866
.50	25.3239	2.3611	5.0599	-.50000
.55	-25.3240	-2.3611	3.7937	-.27866
.60	-30.3535	-4.4665	2.2760	-.12691
.65	-22.0904	-4.5756	1.1715	-.04072
.70	-13.6151	-3.8696	.4908	.00083
.75	-7.3315	-2.9783	.1242	.01621
.80	-3.4097	-2.1798	-.0463	.01815
.85	-1.2761	-1.5566	-.1101	.01425
.90	-.2406	-1.0968	-.1221	.00844
.95	.2876	-.7507	-.1077	.00269
1.00	2.1548	-.4599	-.0000	-.00000

B/L= 1.00 DS/B1= 1.00 KS= .010

XQ/L=0.0

X/L	FP	FS	FQ	FM
.05	15.6939	2.1613	-.2153	-.03038
.10	4.2146	1.6087	-.0046	-.03588
.15	1.9585	1.1567	.0933	-.03366
.20	.6340	.8097	.1250	-.02820
.25	-.0325	.5557	.1234	-.02199
.30	-.3370	.3770	.1066	-.01624
.35	-.4360	.2555	.0848	-.01146
.40	-.4261	.1754	.0635	-.00775
.45	-.3659	.1240	.0452	-.00503
.50	-.2897	.0916	.0307	-.00314
.55	-.2156	.0714	.0199	-.00187
.60	-.1522	.0587	.0123	-.00107
.65	-.1021	.0503	.0072	-.00058
.70	-.0649	.0444	.0039	-.00030
.75	-.0385	.0397	.0020	-.00015
.80	-.0209	.0357	.0010	-.00008
.85	-.0097	.0321	.0005	-.00004
.90	-.0034	.0287	.0003	-.00002
.95	-.0007	.0253	.0003	-.00001
1.00	-.0056	.0220	-.0000	-.00000

XQ/L=0.1

X/L	FP	FS	FQ	FM
.05	6.9720	1.3507	.3486	.00871
.10	3.8953	1.3118	-.4566	.03101
.15	3.3772	1.2176	-.2878	.01240
.20	2.4655	1.0624	-.1645	.00110
.25	1.6771	.8878	-.0806	-.00503
.30	1.0607	.7196	-.0276	-.00774
.35	.6142	.5709	.0031	-.00835
.40	.3113	.4465	.0187	-.00781
.45	.1194	.3464	.0246	-.00672
.50	.0076	.2682	.0250	-.00548
.55	-.0499	.2083	.0225	-.00429
.60	-.0728	.1630	.0189	-.00326
.65	-.0753	.1291	.0151	-.00241
.70	-.0671	.1036	.0118	-.00174
.75	-.0545	.0843	.0090	-.00122
.80	-.0414	.0695	.0070	-.00082
.85	-.0303	.0577	.0054	-.00051
.90	-.0234	.0479	.0043	-.00026
.95	-.0224	.0392	.0032	-.00008
1.00	-.0631	.0310	-.0000	-.00000

XQ/L=0.2

X/L	FP	FS	FQ	FM
.05	1.8342	.7474	.0917	.00229
.10	2.0372	.9021	.1936	.00942
.15	2.6905	1.0398	.3281	.02247
.20	3.2979	1.1305	-.5070	.04299
.25	3.2668	1.1272	-.3437	.02173
.30	2.5947	1.0310	-.2139	.00779
.35	1.8826	.8913	-.1198	-.00056
.40	1.2697	.7414	-.0563	-.00496
.45	.7948	.6001	-.0166	-.00678
.50	.4536	.4767	.0061	-.00705
.55	.2244	.3742	.0173	-.00646
.60	.0812	.2920	.0214	-.00549
.65	-.0002	.2277	.0214	-.00442
.70	-.0401	.1784	.0194	-.00341
.75	-.0542	.1407	.0167	-.00251
.80	-.0540	.1119	.0140	-.00174
.85	-.0481	.0895	.0115	-.00110
.90	-.0441	.0713	.0093	-.00058
.95	-.0481	.0556	.0069	-.00017
1.00	-.1387	.0411	-.0000	-.00000

XQ/L=0.3

X/L	FP	FS	FQ	FM
.05	-.2472	.3912	-.0124	-.00031
.10	.7662	.5577	.0259	.00003
.15	1.3403	.7249	.0930	.00300
.20	1.9765	.8880	.1918	.01012
.25	2.6680	1.0320	.3252	.02305
.30	3.2980	1.1271	-.5099	.04343
.35	3.2757	1.1266	-.3461	.02203
.40	2.6066	1.0321	-.2158	.00798
.45	1.8947	.8933	-.1211	-.00044
.50	1.2810	.7439	-.0570	-.00489
.55	.8054	.6029	-.0167	-.00674
.60	.4641	.4795	.0065	-.00700
.65	.2355	.3770	.0182	-.00638
.70	.0934	.2945	.0229	-.00535
.75	.0129	.2297	.0235	-.00419
.80	-.0276	.1792	.0222	-.00305
.85	-.0459	.1395	.0199	-.00199
.90	-.0584	.1074	.0170	-.00107
.95	-.0791	.0799	.0130	-.00032
1.00	-.2600	.0544	-.0000	-.00000

XQ/L=0.4

X/L	FP	FS	FQ	FM
.05	-.7567	.2067	-.0378	-.00095
.10	.1534	.3297	-.0302	-.00265
.15	.4955	.4581	-.0054	-.00353
.20	.8776	.5959	.0385	-.00271
.25	1.3500	.7433	.1060	.00090
.30	1.9401	.8939	.2030	.00863
.35	2.6186	1.0308	.3339	.02205
.40	3.2508	1.1225	-.5035	.04281
.45	3.2374	1.1210	-.3417	.02168
.50	2.5795	1.0269	-.2127	.00782
.55	1.8790	.8894	-.1187	-.00046
.60	1.2759	.7414	-.0549	-.00480
.65	.8099	.6017	-.0144	-.00654
.70	.4767	.4793	.0094	-.00667
.75	.2540	.3769	.0221	-.00588
.80	.1137	.2933	.0278	-.00463
.85	.0272	.2255	.0291	-.00321
.90	-.0355	.1696	.0274	-.00180
.95	-.1012	.1211	.0223	-.00056
1.00	-.4459	.0761	-.0000	-.00000

XQ/L=0.5

X/L	FP	FS	FQ	FM
.05	-.6671	.1181	-.0334	-.00083
.10	-.0637	.1955	-.0365	-.00258
.15	.1012	.2780	-.0315	-.00428
.20	.2782	.3709	-.0176	-.00551
.25	.5112	.4785	.0080	-.00575
.30	.8423	.6031	.0501	-.00429
.35	1.3001	.7431	.1151	-.00016
.40	1.8922	.8901	.2097	.00796
.45	2.5803	1.0261	.3387	.02167
.50	3.2251	1.1184	-.5000	.04264
.55	3.2251	1.1184	-.3387	.02167
.60	2.5803	1.0261	-.2097	.00796
.65	1.8922	.8901	-.1151	-.00016
.70	1.3001	.7431	-.0501	-.00429
.75	.8423	.6031	-.0080	-.00575
.80	.5112	.4785	.0176	-.00551
.85	.2782	.3709	.0315	-.00428
.90	.1012	.2780	.0365	-.00258
.95	-.0637	.1955	.0334	-.00083
1.00	-.6671	.1181	-.0000	-.00000

B/L= 1.00 DS/B1= 1.00 KS= .010

XM/L=0.0

X/L	FP	FS	FQ	FM
.05	93.0783	8.3787	4.6539	-.88365
.10	-2.6044	2.6164	4.5237	-.65421
.15	-15.2125	-.8399	3.7631	-.44704
.20	-18.5568	-2.6490	2.8352	-.28209
.25	-17.0067	-3.3703	1.9849	-.16158
.30	-13.7699	-3.4314	1.2964	-.07955
.35	-10.2744	-3.1351	.7827	-.02757
.40	-7.1700	-2.6813	.4242	.00260
.45	-4.6893	-2.1923	.1897	.01795
.50	-2.8503	-1.7356	.0472	.02387
.55	-1.5718	-1.3425	-.0314	.02426
.60	-.7381	-1.0221	-.0683	.02177
.65	-.2335	-.7710	-.0800	.01807
.70	.0425	-.5797	-.0778	.01412
.75	.1699	-.4367	-.0694	.01044
.80	.2094	-.3304	-.0589	.00723
.85	.2063	-.2507	-.0486	.00455
.90	.1980	-.1885	-.0387	.00237
.95	.2129	-.1366	-.0280	.00070
1.00	.5604	-.0893	.0000	-.00000

XM/L=0.1

X/L	FP	FS	FQ	FM
.05	71.4960	7.3396	3.5748	.08937
.10	16.8749	3.8282	4.4185	-.71080
.15	-9.5059	.1291	3.9432	-.50175
.20	-17.4146	-2.1291	3.0725	-.32636
.25	-17.2689	-3.1506	2.2091	-.19432
.30	-14.5656	-3.3964	1.4808	-.10207
.35	-11.1793	-3.2023	.9218	-.04200
.40	-7.9919	-2.7955	.5222	-.00590
.45	-5.3556	-2.3193	.2545	.01351
.50	-3.3502	-1.8563	.0869	.02205
.55	-1.9238	-1.4476	-.0092	.02399
.60	-.9716	-1.1086	-.0578	.02232
.65	-.3787	-.8393	-.0768	.01895
.70	-.0412	-.6321	-.0788	.01506
.75	.1267	-.4759	-.0725	.01128
.80	.1912	-.3592	-.0629	.00789
.85	.2030	-.2712	-.0528	.00500
.90	.2046	-.2024	-.0425	.00262
.95	.2288	-.1451	-.0311	.00078
1.00	.6220	-.0927	-.0000	-.00000

XM/L=0.2

X/L	FP	FS	FQ	FM
.05	33.3965	4.7060	1.6698	.04175
.10	16.4812	3.9680	2.4939	.14584
.15	14.7407	2.9537	3.2309	.28896
.20	8.7926	1.2919	3.6706	-.53850
.25	-10.7753	-1.1179	3.1318	-.36845
.30	-15.4074	-2.5456	2.3614	-.23112
.35	-14.2488	-3.0788	1.6490	-.13086
.40	-11.5458	-3.0735	1.0717	-.06284
.45	-8.5986	-2.7812	.6418	-.02000
.50	-5.9846	-2.3674	.3425	.00461
.55	-3.9033	-1.9324	.1474	.01685
.60	-2.3683	-1.5307	.0290	.02126
.65	-1.3083	-1.1870	-.0365	.02107
.70	-.6236	-.9072	-.0676	.01847
.75	-.2133	-.6869	-.0783	.01482
.80	.0118	-.5166	-.0777	.01092
.85	.1271	-.3849	-.0714	.00719
.90	.2007	-.2803	-.0613	.00388
.95	.2887	-.1923	-.0469	.00117
1.00	.9378	-.1118	-.0000	-.00000

XM/L=0.3

X/L	FP	FS	FQ	FM
.05	10.8284	2.5596	.5414	.01354
.10	9.0296	2.8552	.9929	.05189
.15	11.2103	3.0554	1.5534	.11555
.20	13.3625	3.0080	2.2215	.20992
.25	14.1969	2.4766	2.9314	.33875
.30	9.5041	1.1266	3.4066	-.50280
.35	-9.6700	-1.0994	2.9231	-.34456
.40	-14.2941	-2.4323	2.2084	-.21627
.45	-13.2968	-2.9284	1.5435	-.12248
.50	-10.8095	-2.9206	1.0031	-.05881
.55	-8.0747	-2.6443	.5993	-.01875
.60	-5.6446	-2.2541	.3171	.00416
.65	-3.7106	-1.8438	.1316	.01538
.70	-2.2866	-1.4640	.0172	.01910
.75	-1.3038	-1.1366	-.0479	.01833
.80	-.6616	-.8657	-.0810	.01511
.85	-.2524	-.6452	-.0936	.01074
.90	.0375	-.4636	-.0918	.00611
.95	.3105	-.3073	-.0762	.00191
1.00	1.5249	-.1628	-.0000	-.00000

XM/L=0.4

X/L	FF	FS	FQ	FM
.05	.9649	1.2597	.0482	.00121
.10	3.7082	1.7525	.2337	.00825
.15	5.8757	2.2322	.5274	.02728
.20	8.3604	2.6605	.9455	.06410
.25	11.0580	2.9544	1.4984	.12520
.30	13.4730	2.9677	2.1720	.21696
.35	14.3925	2.4720	2.8916	.34355
.40	9.7044	1.1400	3.3769	-.49974
.45	-9.5028	-1.0796	2.9017	-.34277
.50	-14.1751	-2.4134	2.1930	-.21541
.55	-13.2301	-2.9144	1.5315	-.12230
.60	-10.7939	-2.9130	.9918	-.05922
.65	-8.1067	-2.6427	.5864	-.01976
.70	-5.7183	-2.2564	.3005	.00241
.75	-3.8152	-1.8459	.1097	.01267
.80	-2.4007	-1.4592	-.0103	.01515
.85	-1.3848	-1.1150	-.0795	.01291
.90	-.6200	-.8133	-.1105	.00816
.95	.0531	-.5434	-.1079	.00270
1.00	2.1574	-.2898	-.0000	-.00000

XM/L=0.5

X/L	FP	FS	FQ	FM
.05	-2.0152	.5931	-.1008	-.00252
.10	.9977	.9899	-.0509	-.00631
.15	2.3544	1.4003	.0668	-.00591
.20	3.9290	1.8298	.2633	.00234
.25	5.8814	2.2658	.5574	.02286
.30	8.2707	2.6659	.9709	.06107
.35	10.9397	2.9426	1.5179	.12329
.40	13.3545	2.9463	2.1856	.21587
.45	14.2832	2.4454	2.8998	.34301
.50	9.6030	1.1106	3.3799	-.50000
.55	-9.6030	-1.1106	2.8998	-.34301
.60	-14.2832	-2.4454	2.1856	-.21587
.65	-13.3545	-2.9463	1.5179	-.12329
.70	-10.9397	-2.9426	.9709	-.06107
.75	-8.2707	-2.6659	.5574	-.02286
.80	-5.8814	-2.2658	.2633	-.00234
.85	-3.9289	-1.8298	.0668	.00591
.90	-2.3544	-1.4003	-.0509	.00631
.95	-.9977	-.9899	-.1008	.00252
1.00	2.0152	-.5931	-.0000	-.00000

B/L= 1.00 OS/B1= 1.00 KS= .020

XQ/L=0.0

X/L	FP	FS	FQ	FM
.05	13.9351	2.0266	-.3032	-.03258
.10	4.3553	1.5955	-.0855	-.04230
.15	2.4457	1.2212	.0368	-.04352
.20	1.2066	.9116	.0971	-.04017
.25	.4729	.6650	.1208	-.03472
.30	.0397	.4746	.1228	-.02863
.35	-.1983	.3317	.1128	-.02274
.40	-.3106	.2274	.0973	-.01749
.45	-.3446	.1531	.0801	-.01305
.50	-.3326	.1017	.0635	-.00946
.55	-.2963	.0672	.0486	-.00666
.60	-.2499	.0447	.0361	-.00454
.65	-.2020	.0305	.0260	-.00299
.70	-.1576	.0220	.0182	-.00188
.75	-.1191	.0171	.0122	-.00112
.80	-.0873	.0144	.0078	-.00062
.85	-.0622	.0130	.0047	-.00031
.90	-.0430	.0123	.0026	-.00012
.95	-.0288	.0119	.0012	-.00003
1.00	-.0230	.0116	-.0000	-.00000

XQ/L=0.1

X/L	FP	FS	FQ	FM
.05	7.3329	1.3603	.3666	.00917
.10	3.6194	1.2796	-.4524	.03202
.15	3.0003	1.1702	-.3024	.01315
.20	2.2620	1.0289	-.1893	.00086
.25	1.6434	.8774	-.1071	-.00655
.30	1.1426	.7305	-.0500	-.01047
.35	.7543	.5965	-.0123	-.01203
.40	.4651	.4796	.0110	-.01206
.45	.2584	.3807	.0239	-.01119
.50	.1174	.2994	.0298	-.00985
.55	.0265	.2338	.0311	-.00832
.60	-.0276	.1819	.0297	-.00680
.65	-.0558	.1413	.0269	-.00539
.70	-.0669	.1098	.0236	-.00412
.75	-.0676	.0855	.0202	-.00303
.80	-.0633	.0665	.0170	-.00210
.85	-.0584	.0514	.0141	-.00132
.90	-.0575	.0388	.0113	-.00068
.95	-.0645	.0277	.0080	-.00020
1.00	-.1606	.0172	-.0000	-.00000

XQ/L=0.2

X/L	FP	FS	FQ	FM
.05	2.8504	.8236	.1425	.00356
.10	2.1183	.9120	.2484	.01334
.15	2.4151	.9881	.3692	.02878
.20	2.6970	1.0330	-.4960	.05061
.25	2.6415	1.0203	-.3639	.02911
.30	2.2284	.9498	-.2525	.01370
.35	1.7625	.8475	-.1643	.00328
.40	1.3264	.7328	-.0980	-.00328
.45	.9537	.6183	-.0503	-.00698
.50	.6540	.5116	-.0176	-.00868
.55	.4244	.4168	.0036	-.00903
.60	.2564	.3354	.0164	-.00853
.65	.1389	.2671	.0234	-.00754
.70	.0606	.2109	.0264	-.00630
.75	.0108	.1651	.0269	-.00496
.80	-.0204	.1278	.0259	-.00364
.85	-.0422	.0969	.0238	-.00240
.90	-.0652	.0705	.0205	-.00129
.95	-.0988	.0469	.0156	-.00039
1.00	-.3118	.0246	-.0000	-.00000

XQ/L=0.3

X/L	FP	FS	FQ	FM
.05	.4909	.4625	.0245	.00061
.10	.9894	.5951	.0740	.00308
.15	1.4164	.7252	.1448	.00855
.20	1.8641	.8467	.2380	.01812
.25	2.3127	.9485	.3537	.03291
.30	2.6847	1.0124	-.5121	.05395
.35	2.6723	1.0131	-.3785	.03169
.40	2.2788	.9516	-.2645	.01561
.45	1.8195	.8549	-.1736	.00466
.50	1.3832	.7433	-.1044	-.00229
.55	1.0071	.6302	-.0540	-.00625
.60	.7027	.5236	-.0189	-.00807
.65	.4683	.4278	.0045	-.00843
.70	.2950	.3446	.0193	-.00784
.75	.1709	.2735	.0278	-.00666
.80	.0826	.2134	.0319	-.00517
.85	.0159	.1621	.0327	-.00355
.90	-.0469	.1174	.0304	-.00197
.95	-.1218	.0768	.0243	-.00061
1.00	-.4858	.0382	-.0000	-.00008

XQ/L=0.4

X/L	FP	FS	FQ	FM
.05	-.4895	.2459	-.0245	-.00061
.10	.3296	.3664	-.0080	-.00142
.15	.6822	.4885	.0261	-.00097
.20	1.0422	.6125	.0782	.00164
.25	1.4337	.7362	.1499	.00734
.30	1.8640	.8533	.2431	.01717
.35	2.3058	.9524	.3584	.03220
.40	2.6769	1.0147	-.5078	.05347
.45	2.6673	1.0149	-.3744	.03142
.50	2.2787	.9533	-.2605	.01555
.55	1.8255	.8568	-.1692	.00481
.60	1.3954	.7454	-.0994	-.00191
.65	1.0249	.6320	-.0482	-.00560
.70	.7243	.5244	-.0119	-.00710
.75	.4898	.4265	.0125	-.00709
.80	.3095	.3393	.0280	-.00607
.85	.1665	.2620	.0363	-.00446
.90	.0364	.1926	.0382	-.00260
.95	-.1048	.1285	.0329	-.00082
1.00	-.6585	.0670	-.0000	-.00000

XQ/L=0.5

X/L	FP	FS	FQ	FM
.05	-.7341	.1272	-.0367	-.00092
.10	.0118	.2180	-.0361	-.00274
.15	.2497	.3116	-.0236	-.00423
.20	.4824	.4104	.0005	-.00481
.25	.7400	.5161	.0375	-.00386
.30	1.0480	.6284	.0899	-.00068
.35	1.4168	.7443	.1607	.00559
.40	1.8399	.8567	.2527	.01593
.45	2.2836	.9532	.3669	.03142
.50	2.6618	1.0146	-.5000	.05309
.55	2.6618	1.0146	-.3669	.03142
.60	2.2836	.9532	-.2527	.01593
.65	1.8399	.8567	-.1607	.00559
.70	1.4168	.7443	-.0899	-.00068
.75	1.0480	.6284	-.0375	-.00386
.80	.7400	.5161	-.0005	-.00481
.85	.4824	.4104	.0236	-.00423
.90	.2497	.3116	.0361	-.00274
.95	.0118	.2180	.0367	-.00092
1.00	-.7341	.1272	0.0000	0.00000

B/L= 1.00 DS/B1= 1.00 KS= .020

XM/L=0.0

X/L	FP	FS	FQ	FM
.05	69.2793	6.8247	3.4640	-.91340
.10	4.4356	2.9843	3.6857	-.73466
.15	-6.1604	.3807	3.3777	-.55807
.20	-10.7910	-1.2544	2.8382	-.40267
.25	-11.7591	-2.1706	2.2502	-.27546
.30	-10.9942	-2.5801	1.7005	-.17670
.35	-9.4514	-2.6521	1.2279	-.10348
.40	-7.6700	-2.5155	.8444	-.05168
.45	-5.9452	-2.2637	.5472	-.01688
.50	-4.4244	-1.9614	.3260	.00494
.55	-3.1654	-1.6509	.1677	.01728
.60	-2.1731	-1.3575	.0590	.02295
.65	-1.4234	-1.0946	-.0121	.02412
.70	-.8782	-.8673	-.0560	.02242
.75	-.4940	-.6750	-.0807	.01900
.80	-.2259	-.5139	-.0920	.01468
.85	-.0288	-.3780	-.0935	.01004
.90	.1499	-.2607	-.0860	.00556
.95	.3573	-.1551	-.0681	.00170
1.00	1.3624	-.0548	.0000	-.00000

XM/L=0.1

X/L	FP	FS	FQ	FM
.05	57.1891	6.2067	2.8595	.07149
.10	14.2535	3.5814	3.5721	-.76772
.15	-2.9078	.9180	3.4267	-.59275
.20	-9.7539	-.9130	2.9390	-.43361
.25	-11.4906	-1.9758	2.3645	-.30102
.30	-11.1078	-2.4894	1.8091	-.19668
.35	-9.7388	-2.6314	1.3222	-.11840
.40	-8.0165	-2.5386	.9214	-.06231
.45	-6.2878	-2.3116	.6070	-.02410
.50	-4.7311	-2.0208	.3704	.00033
.55	-3.4230	-1.7128	.1993	.01458
.60	-2.3794	-1.4166	.0803	.02156
.65	-1.5825	-1.1479	.0012	.02360
.70	-.9966	-.9132	-.0487	.02241
.75	-.5791	-.7133	-.0776	.01926
.80	-.2844	-.5447	-.0918	.01502
.85	-.0659	-.4018	-.0951	.01034
.90	.1311	-.2780	-.0886	.00575
.95	.3565	-.1662	-.0708	.00177
1.00	1.4151	-.0600	-.0000	-.00000

XM/L=0.2

X/L	FP	FS	FQ	FM
.05	33.0631	4.4710	1.6532	.04133
.10	13.7140	3.5467	2.3389	.14113
.15	10.3365	2.4877	2.8557	.27099
.20	5.2123	1.1213	3.1163	-.57971
.25	-6.3576	-.5754	2.7984	-.43184
.30	-10.0178	-1.7018	2.2975	-.30444
.35	-10.2686	-2.2776	1.7841	-.20240
.40	-9.2736	-2.4749	1.3204	-.12479
.45	-7.7816	-2.4283	.9313	-.06849
.50	-6.1976	-2.2379	.6215	-.02967
.55	-4.7304	-1.9748	.3849	-.00451
.60	-3.4749	-1.6868	.2112	.01039
.65	-2.4590	-1.4038	.0882	.01788
.70	-1.6717	-1.1424	.0047	.02020
.75	-1.0808	-.9098	-.0494	.01908
.80	-.6426	-.7068	-.0815	.01581
.85	-.3062	-.5301	-.0968	.01135
.90	-.0073	-.3739	-.0972	.00650
.95	.3151	-.2310	-.0814	.00204
1.00	1.6285	-.0944	-.0000	-.00000

XM/L=0.3

X/L	FP	FS	FQ	FM
.05	15.4531	2.8112	.7727	.01932
.10	8.8009	2.7377	1.2127	.06895
.15	8.9344	2.5994	1.6594	.14075
.20	9.1219	2.3052	2.1155	.23513
.25	8.5608	1.7305	2.5436	.35160
.30	5.0490	.7171	2.7960	-.51491
.35	-5.7701	-.7355	2.5075	-.38232
.40	-9.1216	-1.7036	2.0514	-.26835
.45	-9.3120	-2.1851	1.5858	-.17742
.50	-8.3899	-2.3337	1.1663	-.10861
.55	-7.0342	-2.2692	.8146	-.05909
.60	-5.6075	-2.0799	.5342	-.02537
.65	-4.2924	-1.8282	.3196	-.00402
.70	-3.1685	-1.5552	.1612	.00800
.75	-2.2529	-1.2856	.0486	.01324
.80	-1.5252	-1.0323	-.0277	.01377
.85	-.9397	-.7995	-.0747	.01121
.90	-.4237	-.5856	-.0959	.00694
.95	.0993	-.3853	-.0909	.00227
1.00	1.8182	-.1919	-.0000	-.00000

XM/L=0.4

X/L	FP	FS	FQ	FM
.05	5.2413	1.6012	.2621	.00655
.10	4.6336	1.8542	.4937	.02545
.15	5.7353	2.0839	.7805	.05730
.20	6.9905	2.2524	1.1300	.10507
.25	8.2177	2.3003	1.5409	.17184
.30	9.0356	2.1417	1.9927	.26018
.35	8.7661	1.6606	2.4310	.37077
.40	5.3724	.7076	2.6996	-.50096
.45	-5.4269	-.7095	2.4283	-.37276
.50	-8.8122	-1.6595	1.9877	-.26236
.55	-9.0623	-2.1346	1.5346	-.17431
.60	-8.2087	-2.2837	1.1241	-.10784
.65	-6.9190	-2.2223	.7782	-.06028
.70	-5.5470	-2.0360	.5008	-.02831
.75	-4.2677	-1.7841	.2874	-.00860
.80	-3.1503	-1.5052	.1299	.00183
.85	-2.1961	-1.2217	.0201	.00558
.90	-1.3509	-.9441	-.0474	.00490
.95	-.5364	-.6745	-.0743	.00186
1.00	1.4850	-.4101	-.0000	-.00000

XM/L=0.5

X/L	FP	FS	FQ	FM
.05	.3343	.8395	.0167	.00042
.10	1.9648	1.1519	.1150	.00371
.15	3.0669	1.4614	.2683	.01329
.20	4.2623	1.7587	.4814	.03203
.25	5.5747	2.0226	.7602	.06307
.30	6.9552	2.2161	1.1079	.10978
.35	8.2393	2.2810	1.5199	.17547
.40	9.0792	2.1333	1.9738	.26281
.45	8.8114	1.6582	2.4144	.37252
.50	5.4077	.7081	2.6848	-.50000
.55	-5.4077	-.7081	2.4144	-.37252
.60	-8.8114	-1.6582	1.9738	-.26281
.65	-9.0792	-2.1333	1.5199	-.17547
.70	-8.2394	-2.2810	1.1079	-.10978
.75	-6.9552	-2.2161	.7602	-.06307
.80	-5.5747	-2.0226	.4814	-.03203
.85	-4.2623	-1.7587	.2683	-.01329
.90	-3.0669	-1.4614	.1150	-.00371
.95	-1.9648	-1.1519	.0167	-.00042
1.00	-.3343	-.8395	-.0000	-.00000

B/L= 1.00 DS/B1= 1.00 KS= .050

XQ/L=0.0

X/L	FP	FS	FQ	FM
.05	11.8431	1.8430	-.4078	-.03520
.10	4.2304	1.5361	-.1963	-.05030
.15	2.7564	1.2552	-.0585	-.05667
.20	1.7282	1.0065	.0279	-.05744
.25	1.0468	.7922	.0802	-.05473
.30	.5753	.6116	.1090	-.05000
.35	.2511	.4625	.1216	-.04424
.40	.0333	.3416	.1232	-.03812
.45	-.1065	.2454	.1179	-.03209
.50	-.1899	.1703	.1084	-.02643
.55	-.2330	.1128	.0968	-.02130
.60	-.2483	.0695	.0843	-.01677
.65	-.2453	.0377	.0721	-.01286
.70	-.2312	.0147	.0605	-.00955
.75	-.2118	-.0016	.0499	-.00679
.80	-.1914	-.0129	.0404	-.00453
.85	-.1739	-.0209	.0317	-.00273
.90	-.1639	-.0268	.0235	-.00135
.95	-.1648	-.0314	.0152	-.00038
1.00	-.3047	-.0355	-.0000	-.00000

XQ/L=0.1

X/L	FP	FS	FQ	FM
.05	7.3685	1.3410	.3684	.00921
.10	3.3661	1.2394	-.4633	.03184
.15	2.7030	1.1263	-.3281	.01205
.20	2.0960	1.0008	-.2233	-.00173
.25	1.6149	.8724	-.1426	-.01088
.30	1.2215	.7479	-.0815	-.01648
.35	.9021	.6316	-.0364	-.01943
.40	.6467	.5262	-.0041	-.02044
.45	.4462	.4327	.0183	-.02008
.50	.2920	.3515	.0329	-.01881
.55	.1761	.2819	.0417	-.01694
.60	.0911	.2231	.0462	-.01475
.65	.0303	.1738	.0477	-.01240
.70	-.0126	.1326	.0471	-.01003
.75	-.0433	.0982	.0449	-.00773
.80	-.0674	.0690	.0416	-.00556
.85	-.0908	.0439	.0370	-.00360
.90	-.1218	.0215	.0309	-.00190
.95	-.1676	.0008	.0226	-.00056
1.00	-.4510	-.0193	-.0000	-.00000

XQ/L=0.2

X/L	FP	FS	FQ	FM
.05	3.9024	.9052	.1951	.00488
.10	2.2132	.9271	.3058	.01740
.15	2.1711	.9424	.4143	.03540
.20	2.1720	.9420	-.4771	.05884
.25	2.0648	.9141	-.3738	.03756
.30	1.8149	.8580	-.2831	.02114
.35	1.5377	.7845	-.2062	.00891
.40	1.2663	.7020	-.1429	.00018
.45	1.0175	.6169	-.0920	-.00569
.50	.7987	.5335	-.0521	-.00929
.55	.6124	.4546	-.0214	-.01113
.60	.4576	.3819	.0014	-.01163
.65	.3312	.3160	.0180	-.01114
.70	.2288	.2570	.0294	-.00996
.75	.1451	.2044	.0367	-.00830
.80	.0736	.1572	.0404	-.00638
.85	.0067	.1145	.0407	-.00435
.90	-.0677	.0749	.0373	-.00240
.95	-.1605	.0374	.0293	-.00073
1.00	-.5861	.0008	-.0000	-.00000

XQ/L=0.3

X/L	FP	FS	FQ	FM
.05	1.6174	.5714	.0809	.00202
.10	1.2712	.6496	.1444	.00765
.15	1.4571	.7250	.2173	.01670
.20	1.6678	.7932	.3007	.02965
.25	1.8811	.8476	.3947	.04703
.30	2.0477	.8791	-.5029	.06933
.35	2.0355	.8764	-.4011	.04673
.40	1.8431	.8397	-.3090	.02898
.45	1.5996	.7804	-.2290	.01553
.50	1.3465	.7078	-.1617	.00576
.55	1.1051	.6290	-.1064	-.00094
.60	.8863	.5487	-.0621	-.00515
.65	.6943	.4704	-.0274	-.00739
.70	.5289	.3958	-.0009	-.00809
.75	.3867	.3259	.0184	-.00766
.80	.2617	.2608	.0315	-.00641
.85	.1452	.1999	.0388	-.00465
.90	.0222	.1423	.0399	-.00269
.95	-.1214	.0870	.0338	-.00085
1.00	-.6760	.0327	-.0000	-.00000

XQ/L=0.4

X/L	FP	FS	FQ	FM
.05	.2813	.3367	.0141	.00035
.10	.6163	.4306	.0449	.00183
.15	.8683	.5239	.0883	.00515
.20	1.1212	.6151	.1443	.01097
.25	1.3799	.7016	.2133	.01991
.30	1.6394	.7789	.2953	.03263
.35	1.8813	.8405	.3894	.04975
.40	2.0659	.8776	-.5073	.07180
.45	2.0651	.8789	-.4041	.04901
.50	1.8795	.8447	-.3101	.03116
.55	1.6394	.7866	-.2281	.01770
.60	1.3865	.7140	-.1588	.00803
.65	1.1425	.6337	-.1017	.00152
.70	.9173	.5506	-.0558	-.00242
.75	.7139	.4679	-.0201	-.00432
.80	.5297	.3872	.0064	-.00466
.85	.3574	.3093	.0242	-.00390
.90	.1814	.2339	.0333	-.00246
.95	-.0147	.1605	.0326	-.00081
1.00	-.6513	.0880	-.0000	-.00000

XQ/L=0.5

X/L	FP	FS	FQ	FM
.05	-.3927	.1828	-.0196	-.00049
.10	.2099	.2707	-.0091	-.00121
.15	.4500	.3592	.0134	-.00110
.20	.6763	.4483	.0472	.00041
.25	.9034	.5378	.0923	.00390
.30	1.1423	.6259	.1495	.00994
.35	1.3938	.7100	.2192	.01916
.40	1.6500	.7855	.3017	.03218
.45	1.8909	.8457	.3962	.04962
.50	2.0760	.8814	-.5000	.07203
.55	2.0760	.8814	-.3962	.04962
.60	1.8909	.8457	-.3017	.03218
.65	1.6500	.7855	-.2192	.01916
.70	1.3938	.7100	-.1495	.00994
.75	1.1423	.6259	-.0923	.00390
.80	.9034	.5378	-.0472	.00041
.85	.6763	.4483	-.0134	-.00110
.90	.4500	.3592	.0091	-.00121
.95	.2099	.2707	.0196	-.00049
1.00	-.3927	.1828	-.0000	-.00000

B/L= 1.00 DS/B1= 1.00 KS= .050

XM/L=0.0

X/L	FP	FS	FQ	FM
.05	46.1986	5.0972	2.3099	-.94225
.10	7.4811	2.9015	2.6840	-.81740
.15	.2609	1.2342	2.6970	-.68288
.20	-3.8153	.0169	2.5063	-.55280
.25	-5.7469	-.8298	2.2189	-.43467
.30	-6.4865	-1.3807	1.8946	-.33183
.35	-6.5120	-1.7020	1.5690	-.24524
.40	-6.1209	-1.8507	1.2630	-.17444
.45	-5.5064	-1.8738	.9876	-.11818
.50	-4.7945	-1.8094	.7479	-.07479
.55	-4.0661	-1.6875	.5446	-.04247
.60	-3.3704	-1.5307	.3761	-.01946
.65	-2.7339	-1.3555	.2394	-.00407
.70	-2.1669	-1.1734	.1310	.00519
.75	-1.6680	-.9917	.0476	.00966
.80	-1.2257	-.8147	-.0136	.01051
.85	-.8198	-.6437	-.0546	.00880
.90	-.4123	-.4786	-.0752	.00556
.95	.0351	-.3178	-.0735	.00184
1.00	1.4698	-.1593	.0000	-.00000

XM/L=0.1

X/L	FP	FS	FQ	FM
.05	40.7603	4.7981	2.0380	.05095
.10	11.3717	3.1247	2.6066	-.83293
.15	1.6684	1.4617	2.6900	-.70052
.20	-3.2325	.1838	2.5284	-.57006
.25	-5.4621	-.7132	2.2553	-.45047
.30	-6.3733	-1.3043	1.9366	-.34567
.35	-6.5003	-1.6570	1.6116	-.25696
.40	-6.1690	-1.8293	1.3032	-.18409
.45	-5.5870	-1.8695	1.0238	-.12592
.50	-4.8901	-1.8173	.7793	-.08084
.55	-4.1652	-1.7033	.5710	-.04708
.60	-3.4658	-1.5512	.3978	-.02286
.65	-2.8215	-1.3783	.2567	-.00650
.70	-2.2446	-1.1968	.1444	.00353
.75	-1.7350	-1.0145	.0577	.00858
.80	-1.2823	-.8360	-.0064	.00986
.85	-.8665	-.6630	-.0497	.00846
.90	-.4503	-.4957	-.0723	.00541
.95	.0050	-.3325	-.0720	.00180
1.00	1.4403	-.1714	-.0000	-.00000

XM/L=0.2

X/L	FP	FS	FQ	FM
.05	28.5027	3.8649	1.4251	.03563
.10	10.7808	3.0155	1.9642	.12036
.15	7.2463	2.1199	2.3265	.22763
.20	3.4341	1.1205	2.4982	-.65176
.25	-2.5878	.0234	2.3688	-.53008
.30	-5.1450	-.7942	2.1116	-.41807
.35	-6.0409	-1.3277	1.8095	-.32004
.40	-6.1605	-1.6402	1.5015	-.23727
.45	-5.8385	-1.7858	1.2096	-.16949
.50	-5.2805	-1.8098	.9455	-.11562
.55	-4.6161	-1.7485	.7147	-.07411
.60	-3.9270	-1.6307	.5184	-.04328
.65	-3.2620	-1.4779	.3553	-.02144
.70	-2.6471	-1.3058	.2229	-.00698
.75	-2.0911	-1.1254	.1184	.00155
.80	-1.5901	-.9435	.0389	.00548
.85	-1.1284	-.7638	-.0175	.00601
.90	-.6720	-.5877	-.0511	.00430
.95	-.1836	-.4146	-.0603	.00151
1.00	1.2066	-.2433	-.0000	-.00000

XM/L=0.3

X/L	FP	FS	FQ	FM
.05	17.6235	2.8193	.8812	.02203
.10	7.9708	2.4972	1.2797	.07605
.15	6.6852	2.1462	1.6140	.14839
.20	5.6671	1.7282	1.8973	.23618
.25	4.4972	1.1952	2.1222	.33666
.30	2.1942	.4907	2.2319	-.55448
.35	-2.9700	-.3734	2.0834	-.44660
.40	-5.0182	-1.0123	1.8325	-.34870
.45	-5.6252	-1.4129	1.5512	-.26411
.50	-5.5990	-1.6301	1.2713	-.19355
.55	-5.2236	-1.7103	1.0101	-.13651
.60	-4.6702	-1.6918	.7766	-.09185
.65	-4.0435	-1.6051	.5744	-.05807
.70	-3.4073	-1.4737	.4040	-.03361
.75	-2.7968	-1.3149	.2642	-.01690
.80	-2.2269	-1.1412	.1529	-.00648
.85	-1.6957	-.9607	.0681	-.00095
.90	-1.1825	-.7780	.0090	.00097
.95	-.6573	-.5953	-.0239	.00060
1.00	.4783	-.4132	-.0000	-.00000

XM/L=0.4

X/L	FP	FS	FQ	FM
.05	9.5899	1.9070	.4795	.01199
.10	5.2029	1.8841	.7396	.04247
.15	5.0329	1.8451	.9913	.08574
.20	5.0586	1.7680	1.2442	.14163
.25	5.1196	1.6230	1.5002	.21024
.30	4.9642	1.3728	1.7484	.29145
.35	4.2849	.9724	1.9626	.39423
.40	2.2738	.3695	2.0763	-.51480
.45	-2.7239	-.4191	1.9401	-.41439
.50	-4.6873	-1.0040	1.7058	-.32324
.55	-5.2627	-1.3680	1.4426	-.24453
.60	-5.2388	-1.5620	1.1807	-.17894
.65	-4.8861	-1.6292	.9364	-.12602
.70	-4.3665	-1.6053	.7181	-.08466
.75	-3.7781	-1.5185	.5292	-.05347
.80	-3.1804	-1.3904	.3701	-.03099
.85	-2.6059	-1.2372	.2398	-.01574
.90	-2.0679	-1.0702	.1365	-.00633
.95	-1.5597	-.8966	.0585	-.00146
1.00	-1.1694	-.7208	-.0000	-.00000

XM/L=0.5

X/L	FP	FS	FQ	FM
.05	4.3038	1.2077	.2152	.00538
.10	3.0405	1.3301	.3672	.01994
.15	3.3746	1.4452	.5359	.04252
.20	3.8085	1.5417	.7264	.07408
.25	4.2955	1.6034	.9411	.11577
.30	4.7465	1.6085	1.1785	.16876
.35	5.0521	1.5286	1.4311	.23399
.40	5.0451	1.3281	1.6833	.31186
.45	4.4533	.9642	1.9060	.40159
.50	2.4892	.3865	2.0305	-.50000
.55	-2.4892	-.3865	1.9060	-.40159
.60	-4.4533	-.9642	1.6833	-.31185
.65	-5.0451	-1.3281	1.4311	-.23399
.70	-5.0521	-1.5286	1.1785	-.16876
.75	-4.7465	-1.6085	.9411	-.11576
.80	-4.2955	-1.6034	.7264	-.07408
.85	-3.8085	-1.5417	.5359	-.04252
.90	-3.3746	-1.4452	.3672	-.01994
.95	-3.0405	-1.3301	.2152	-.00538
1.00	-4.3038	-1.2077	-.0000	-.00000

B/L= 1.00 DS/B1= 1.00 KS= .100

XQ/L=0.0

X/L	FP	FS	FQ	FM
.05	10.4513	1.7063	-.4774	-.03694
.10	4.0073	1.4711	-.2771	-.05580
.15	2.8103	1.2500	-.1366	-.06614
.20	1.9531	1.0472	-.0389	-.07053
.25	1.3605	.8650	.0291	-.07077
.30	.9237	.7040	.0753	-.06816
.35	.5973	.5639	.1052	-.06365
.40	.3533	.4436	.1228	-.05795
.45	.1727	.3416	.1315	-.05159
.50	.0412	.2559	.1335	-.04496
.55	-.0525	.1848	.1309	-.03835
.60	-.1175	.1261	.1250	-.03196
.65	-.1616	.0780	.1169	-.02591
.70	-.1914	.0386	.1074	-.02030
.75	-.2128	.0061	.0967	-.01519
.80	-.2317	-.0211	.0852	-.01065
.85	-.2546	-.0444	.0724	-.00671
.90	-.2923	-.0651	.0578	-.00345
.95	-.3530	-.0843	.0402	-.00100
1.00	-.8031	-.1029	-.0000	-.00000

XQ/L=0.1

X/L	FP	FS	FQ	FM
.05	7.1615	1.3079	.3581	.00895
.10	3.2064	1.2069	-.4816	.03086
.15	2.5609	1.1004	-.3536	.00998
.20	2.0267	.9882	-.2522	-.00516
.25	1.6177	.8753	-.1713	-.01575
.30	1.2840	.7656	-.1071	-.02271
.35	1.0083	.6617	-.0567	-.02681
.40	.7801	.5653	-.0177	-.02867
.45	.5922	.4772	.0119	-.02882
.50	.4384	.3978	.0338	-.02767
.55	.3135	.3268	.0495	-.02559
.60	.2123	.2639	.0601	-.02285
.65	.1300	.2082	.0666	-.01969
.70	.0619	.1589	.0697	-.01628
.75	.0032	.1150	.0698	-.01279
.80	-.0516	.0755	.0673	-.00936
.85	-.1089	.0392	.0618	-.00614
.90	-.1805	.0053	.0528	-.00327
.95	-.2758	-.0272	.0390	-.00098
1.00	-.7801	-.0590	-.0000	-.00000

XQ/L=0.2

X/L	FP	FS	FQ	FM
.05	4.4296	.9478	.2215	.00554
.10	2.2711	.9375	.3350	.01945
.15	2.0703	.9236	.4386	.03879
.20	1.9448	.9009	-.4642	.06315
.25	1.8026	.8634	-.3741	.04219
.30	1.6036	.8104	-.2939	.02549
.35	1.3975	.7474	-.2240	.01254
.40	1.1973	.6786	-.1642	.00284
.45	1.0102	.6076	-.1137	-.00411
.50	.8395	.5368	-.0717	-.00874
.55	.6867	.4680	-.0373	-.01146
.60	.5513	.4022	-.0098	-.01264
.65	.4319	.3401	.0118	-.01259
.70	.3259	.2817	.0281	-.01159
.75	.2298	.2270	.0396	-.00990
.80	.1392	.1755	.0466	-.00775
.85	.0473	.1267	.0489	-.00536
.90	-.0577	.0798	.0460	-.00299
.95	-.1868	.0342	.0367	-.00092
1.00	-.7340	-.0108	-.0000	-.00000

XQ/L=0.3

X/L	FP	FS	FQ	FM
.05	2.4101	.6513	.1205	.00301
.10	1.4695	.6925	.1940	.01087
.15	1.4916	.7316	.2686	.02244
.20	1.5566	.7657	.3464	.03781
.25	1.6425	.7908	.4285	.05718
.30	1.7086	.8018	-.4861	.08075
.35	1.6823	.7924	-.4019	.05855
.40	1.5596	.7625	-.3240	.04040
.45	1.4041	.7178	-.2538	.02595
.50	1.2366	.6632	-.1919	.01481
.55	1.0690	.6026	-.1385	.00655
.60	.9077	.5387	-.0931	.00076
.65	.7562	.4738	-.0553	-.00295
.70	.6151	.4092	-.0245	-.00494
.75	.4834	.3459	-.0004	-.00556
.80	.3577	.2841	.0175	-.00513
.85	.2324	.2239	.0291	-.00397
.90	.0959	.1652	.0339	-.00239
.95	-.0630	.1073	.0308	-.00077
1.00	-.6159	.0500	-.0000	-.00000

XQ/L=0.4

X/L	FP	FS	FQ	FM
.05	1.0295	.4223	.0515	.00129
.10	.8561	.4875	.0943	.00493
.15	.9894	.5517	.1438	.01088
.20	1.1362	.6136	.2006	.01949
.25	1.2333	.6710	.2652	.03113
.30	1.4492	.7208	.3377	.04621
.35	1.5900	.7590	.4172	.06508
.40	1.6924	.7805	-.4982	.08805
.45	1.6900	.7797	-.4137	.06526
.50	1.5827	.7560	-.3346	.04655
.55	1.4359	.7157	-.2628	.03162
.60	1.2721	.6637	-.1992	.02007
.65	1.1036	.6039	-.1440	.01149
.70	.9373	.5395	-.0971	.00546
.75	.7762	.4726	-.0583	.00158
.80	.6203	.4046	-.0273	-.00056
.85	.4663	.3365	-.0040	-.00135
.90	.3052	.2687	.0113	-.00116
.95	.1269	.2012	.0176	-.00044
1.00	-.3525	.1341	-.0000	-.00000

XQ/L=0.5

X/L	FP	FS	FQ	FM
.05	.1550	.2538	.0078	.00019
.10	.4200	.3253	.0288	.00111
.15	.5959	.3965	.0585	.00329
.20	.7658	.4671	.0968	.00717
.25	.9357	.5361	.1436	.01318
.30	1.1078	.6022	.1990	.02175
.35	1.2801	.6630	.2630	.03330
.40	1.4461	.7156	.3353	.04826
.45	1.5935	.7560	.4150	.06702
.50	1.7001	.7792	-.5000	.08989
.55	1.7001	.7792	-.4150	.06702
.60	1.5935	.7560	-.3353	.04826
.65	1.4461	.7156	-.2630	.03330
.70	1.2801	.6630	-.1990	.02175
.75	1.1078	.6022	-.1436	.01318
.80	.9357	.5361	-.0968	.00717
.85	.7658	.4671	-.0585	.00329
.90	.5959	.3965	-.0288	.00111
.95	.4200	.3253	-.0078	.00019
1.00	.1550	.2538	-.0000	-.00000

B/L= 1.00 DS/B1= 1.00 KS= .100

XM/L=0.0

X/L	FP	FS	FQ	FM
.05	33.6720	4.0278	1.6836	-.95791
.10	7.4354	2.6111	2.0554	-.86444
.15	2.3538	1.4679	2.1731	-.75873
.20	-.8125	.5683	2.1324	-.65109
.25	-2.6165	-.1198	2.0016	-.54774
.30	-3.6283	-.6282	1.8202	-.45219
.35	-4.1225	-.9868	1.6141	-.36634
.40	-4.2718	-1.2226	1.4005	-.29097
.45	-4.1928	-1.3601	1.1908	-.22619
.50	-3.9669	-1.4200	.9925	-.17161
.55	-3.6522	-1.4204	.8099	-.12655
.60	-3.2894	-1.3763	.6454	-.09017
.65	-2.9071	-1.2997	.5000	-.06153
.70	-2.5238	-1.2004	.3739	-.03968
.75	-2.1507	-1.0861	.2663	-.02368
.80	-1.7925	-.9623	.1767	-.01260
.85	-1.4483	-.8331	.1043	-.00558
.90	-1.1099	-.7012	.0488	-.00175
.95	-.7629	-.5683	.0106	-.00027
1.00	-.2127	-.4351	.0000	-.00000

XM/L=0.1

X/L	FP	FS	FQ	FM
.05	30.7594	3.8596	1.5380	.03845
.10	9.3510	2.7142	2.0055	-.87296
.15	3.0697	1.5818	2.1590	-.76885
.20	-.4849	.6583	2.1348	-.66151
.25	-2.4269	-.0507	2.0134	-.55780
.30	-3.5215	-.5769	1.8373	-.46153
.35	-4.0688	-.9503	1.6339	-.37475
.40	-4.2534	-1.1984	1.4212	-.29837
.45	-4.1978	-1.3456	1.2113	-.23256
.50	-3.9870	-1.4134	1.0120	-.17697
.55	-3.6815	-1.4198	.8279	-.13098
.60	-3.3239	-1.3801	.6617	-.09373
.65	-2.9439	-1.3069	.5145	-.06433
.70	-2.5611	-1.2100	.3865	-.04180
.75	-2.1874	-1.0973	.2771	-.02521
.80	-1.8282	-.9746	.1857	-.01364
.85	-1.4833	-.8461	.1115	-.00621
.90	-1.1454	-.7148	.0543	-.00207
.95	-.8006	-.5822	.0142	-.00036
1.00	-.2845	-.4492	-.0000	-.00000

XM/L=0.2

X/L	FP	FS	FQ	FM
.05	23.7289	3.3024	1.1864	.02966
.10	8.8700	2.6132	1.6299	.10007
.15	5.8711	1.9048	1.9235	.18891
.20	2.9961	1.1533	2.0733	-.71117
.25	-.7694	.3677	2.0348	-.60847
.30	-2.6590	-.2575	1.9019	-.51005
.35	-3.5926	-.7149	1.7223	-.41945
.40	-4.0236	-1.0331	1.5211	-.33836
.45	-4.1298	-1.2377	1.3146	-.26747
.50	-4.0256	-1.3516	1.1133	-.20678
.55	-3.7885	-1.3945	.9239	-.15585
.60	-3.4727	-1.3831	.7502	-.11399
.65	-3.1160	-1.3313	.5944	-.08038
.70	-2.7443	-1.2505	.4572	-.05409
.75	-2.3744	-1.1496	.3385	-.03419
.80	-2.0160	-1.0355	.2377	-.01979
.85	-1.6728	-.9134	.1541	-.00999
.90	-1.3435	-.7868	.0869	-.00397
.95	-1.0183	-.6582	.0360	-.00090
1.00	-.7193	-.5289	-.0000	-.00000

XM/L=0.3

X/L	FP	FS	FQ	FM
.05	16.8032	2.6221	.8402	.02100
.10	7.0890	2.2632	1.1946	.07187
.15	5.5094	1.8906	1.4701	.13849
.20	4.2654	1.4866	1.6834	.21733
.25	3.0924	1.0294	1.8380	.30536
.30	1.4287	.4939	1.9094	-.60096
.35	-1.6037	-.1097	1.8292	-.50749
.40	-3.0109	-.5847	1.6787	-.41979
.45	-3.6240	-.9206	1.4975	-.34039
.50	-3.8457	-1.1426	1.3052	-.27032
.55	-3.8215	-1.2731	1.1141	-.20984
.60	-3.6437	-1.3317	.9319	-.15869
.65	-3.3743	-1.3352	.7632	-.11631
.70	-3.0559	-1.2975	.6104	-.08197
.75	-2.7184	-1.2301	.4745	-.05484
.80	-2.3823	-1.1423	.3554	-.03410
.85	-2.0620	-1.0413	.2523	-.01890
.90	-1.7711	-.9324	.1637	-.00850
.95	-1.5104	-.8194	.0882	-.00221
1.00	-1.7642	-.7048	-.0000	-.00000

XM/L=0.4

X/L	FP	FS	FQ	FM
.05	11.0374	1.9704	.5519	.01380
.10	5.2014	1.8330	.8119	.04789
.15	4.4894	1.6865	1.0364	.09410
.20	4.0221	1.5189	1.2375	.15095
.25	3.6698	1.3146	1.4210	.21741
.30	3.2422	1.0552	1.5831	.29252
.35	2.5637	.7194	1.7113	.37488
.40	1.2255	.2835	1.7726	-.53803
.45	-1.5910	-.2403	1.6930	-.45139
.50	-2.8585	-.6532	1.5501	-.37031
.55	-3.3871	-.9430	1.3808	-.29704
.60	-3.5659	-1.1328	1.2025	-.23246
.65	-3.5312	-1.2433	1.0259	-.17675
.70	-3.3696	-1.2925	.8574	-.12966
.75	-3.1403	-1.2959	.7004	-.09072
.80	-2.8869	-1.2662	.5561	-.05931
.85	-2.6452	-1.2142	.4238	-.03481
.90	-2.4583	-1.1482	.3009	-.01669
.95	-2.3490	-1.0745	.1834	-.00459
1.00	-3.6687	-.9976	-.0000	-.00000

XM/L=0.5

X/L	FP	FS	FQ	FM
.05	6.6870	1.4199	.3344	.00836
.10	3.5812	1.4197	.5134	.02955
.15	3.3935	1.4139	.6831	.05947
.20	3.3555	1.3948	.8509	.09781
.25	3.4055	1.3523	1.0211	.14461
.30	3.4480	1.2735	1.1935	.19998
.35	3.4054	1.1431	1.3638	.26391
.40	3.1823	.9433	1.5229	.33608
.45	2.6386	.6535	1.6548	.41553
.50	1.3852	.2511	1.7241	-.50000
.55	-1.3852	-.2511	1.6548	-.41553
.60	-2.6386	-.6535	1.5229	-.33608
.65	-3.1823	-.9433	1.3638	-.26391
.70	-3.4054	-1.1431	1.1935	-.19998
.75	-3.4480	-1.2735	1.0211	-.14461
.80	-3.4055	-1.3523	.8509	-.09781
.85	-3.3555	-1.3948	.6831	-.05947
.90	-3.3935	-1.4139	.5134	-.02955
.95	-3.5811	-1.4197	.3344	-.00836
1.00	-6.6870	-1.4199	-.0000	-.00000

B/L= 1.00 DS/B1= 1.00 KS= .200

XQ/L=0.0

X/L	FP	FS	FQ	FM
.05	9.2921	1.5853	-.5354	-.03838
.10	3.7613	1.4046	-.3473	-.06045
.15	2.7832	1.2314	-.2082	-.07434
.20	2.0755	1.0684	-.1044	-.08215
.25	1.5759	.9171	-.0256	-.08540
.30	1.1936	.7784	.0341	-.08519
.35	.8927	.6526	.0787	-.08237
.40	.6523	.5393	.1113	-.07762
.45	.4589	.4380	.1343	-.07148
.50	.3026	.3479	.1494	-.06439
.55	.1756	.2680	.1582	-.05670
.60	.0712	.1972	.1617	-.04870
.65	-.0164	.1343	.1609	-.04063
.70	-.0926	.0781	.1563	-.03270
.75	-.1632	.0274	.1481	-.02509
.80	-.2344	-.0189	.1364	-.01798
.85	-.3150	-.0621	.1207	-.01155
.90	-.4220	-.1030	.0996	-.00605
.95	-.5687	-.1426	.0711	-.00178
1.00	-1.4226	-.1817	-.0000	-.00000

XQ/L=0.1

X/L	FP	FS	FQ	FM
.05	6.8776	1.2698	.3439	.00860
.10	3.0687	1.1759	-.5027	.02963
.15	2.4603	1.0793	-.3797	.00757
.20	1.9860	.9802	-.2804	-.00893
.25	1.6327	.8811	-.1987	-.02091
.30	1.3458	.7843	-.1314	-.02916
.35	1.1058	.6913	-.0761	-.03435
.40	.9021	.6031	-.0310	-.03703
.45	.7278	.5203	.0053	-.03768
.50	.5779	.4430	.0342	-.03669
.55	.4483	.3714	.0567	-.03441
.60	.3352	.3051	.0734	-.03116
.65	.2350	.2437	.0852	-.02720
.70	.1439	.1867	.0924	-.02276
.75	.0577	.1334	.0953	-.01807
.80	-.0286	.0833	.0938	-.01334
.85	-.1223	.0354	.0877	-.00880
.90	-.2381	-.0108	.0758	-.00472
.95	-.3876	-.0559	.0564	-.00141
1.00	-1.1285	-.1006	-.0000	-.00000

XQ/L=0.2

X/L	FP	FS	FQ	FM
.05	4.7644	.9759	.2382	.00596
.10	2.3138	.9459	.3539	.02076
.15	2.0173	.9139	.4548	.04098
.20	1.8163	.8773	-.4544	.06599
.25	1.6490	.8329	-.3720	.04533
.30	1.4722	.7804	-.2983	.02857
.35	1.3022	.7223	-.2332	.01528
.40	1.1412	.6609	-.1762	.00504
.45	.9904	.5980	-.1267	-.00253
.50	.8502	.5350	-.0841	-.00780
.55	.7205	.4728	-.0481	-.01110
.60	.6006	.4119	-.0181	-.01276
.65	.4891	.3529	.0064	-.01305
.70	.3842	.2958	.0256	-.01225
.75	.2833	.2407	.0397	-.01062
.80	.1827	.1872	.0489	-.00841
.85	.0769	.1352	.0527	-.00587
.90	-.0462	.0842	.0504	-.00329
.95	-.1967	.0339	.0406	-.00101
1.00	-.8114	-.0160	-.0000	-.00000

XQ/L=0.3

X/L	FP	FS	FQ	FM
.05	3.0603	.7195	.1530	.00383
.10	1.6396	.7314	.2350	.01353
.15	1.5337	.7421	.3117	.02719
.20	1.4890	.7498	.3861	.04464
.25	1.4829	.7521	.4603	.06580
.30	1.4781	.7461	-.4658	.09066
.35	1.4316	.7286	-.3942	.06916
.40	1.3377	.6992	-.3274	.05112
.45	1.2264	.6609	-.2660	.03628
.50	1.1072	.6160	-.2107	.02437
.55	.9857	.5666	-.1614	.01506
.60	.8650	.5143	-.1181	.00808
.65	.7470	.4602	-.0808	.00310
.70	.6321	.4053	-.0492	-.00015
.75	.5198	.3502	-.0232	-.00196
.80	.4081	.2953	-.0028	-.00261
.85	.2935	.2407	.0119	-.00238
.90	.1677	.1865	.0203	-.00158
.95	.0224	.1326	.0214	-.00053
1.00	-.4277	.0788	-.0000	-.00000

XQ/L=0.4

X/L	FP	FS	FQ	FM
.05	1.7518	.5053	.0876	.00219
.10	1.0811	.5424	.1416	.00792
.15	1.0965	.5788	.1965	.01637
.20	1.1426	.6133	.2536	.02763
.25	1.2108	.6445	.3141	.04182
.30	1.2841	.6706	.3783	.05913
.35	1.3505	.6891	.4459	.07974
.40	1.3956	.6972	-.4843	.10378
.45	1.3945	.6918	-.4151	.08129
.50	1.3161	.6726	-.3493	.06218
.55	1.2229	.6427	-.2882	.04624
.60	1.1163	.6047	-.2324	.03323
.65	1.0029	.5607	-.1822	.02286
.70	.8870	.5126	-.1379	.01486
.75	.7707	.4616	-.0993	.00893
.80	.6549	.4089	-.0666	.00478
.85	.5389	.3551	-.0396	.00213
.90	.4197	.3008	-.0187	.00067
.95	.2923	.2464	-.0040	.00010
1.00	.0809	.1918	-.0000	-.00000

XQ/L=0.5

X/L	FP	FS	FQ	FM
.05	.7827	.3314	.0391	.00098
.10	.6375	.3814	.0710	.00373
.15	.7255	.4310	.1073	.00819
.20	.8215	.4798	.1484	.01458
.25	.9252	.5269	.1946	.02316
.30	1.0317	.5711	.2462	.03418
.35	1.1371	.6111	.3031	.04791
.40	1.2362	.6449	.3649	.06461
.45	1.3215	.6703	.4310	.08450
.50	1.3809	.6845	-.5000	.10778
.55	1.3809	.6845	-.4310	.08450
.60	1.3215	.6703	-.3649	.06461
.65	1.2362	.6449	-.3031	.04791
.70	1.1371	.6111	-.2462	.03418
.75	1.0317	.5711	-.1946	.02316
.80	.9252	.5269	-.1484	.01458
.85	.8215	.4798	-.1073	.00819
.90	.7255	.4310	-.0710	.00373
.95	.6375	.3814	-.0391	.00098
1.00	.7827	.3314	-.0000	-.00000

B/L= 1.00 DS/B1= 1.00 KS= .200

XM/L=0.0

X/L	FP	FS	FQ	FM
.05	24.5512	3.1782	1.2276	-.96931
.10	6.6436	2.2727	1.5597	-.89963
.15	3.1592	1.5074	1.7177	-.81769
.20	.8535	.8710	1.7604	-.73074
.25	-.5946	.3508	1.7306	-.64347
.30	-1.5394	-.0665	1.6537	-.55886
.35	-2.1427	-.3935	1.5465	-.47885
.40	-2.5044	-.6428	1.4213	-.40466
.45	-2.6921	-.8258	1.2867	-.33696
.50	-2.7542	-.9533	1.1490	-.27606
.55	-2.7273	-1.0348	1.0126	-.22202
.60	-2.6392	-1.0790	.8807	-.17469
.65	-2.5117	-1.0935	.7551	-.13379
.70	-2.3621	-1.0849	.6370	-.09899
.75	-2.2050	-1.0589	.5267	-.06990
.80	-2.0534	-1.0202	.4241	-.04613
.85	-1.9212	-.9729	.3280	-.02733
.90	-1.8334	-.9201	.2363	-.01322
.95	-1.8026	-.8643	.1462	-.00366
1.00	-2.9241	-.8072	.0000	-.00000

XM/L=0.1

X/L	FP	FS	FQ	FM
.05	23.0163	3.0860	1.1508	.02877
.10	7.5854	2.3200	1.5301	-.90421
.15	3.5169	1.5634	1.7059	-.82331
.20	1.0273	.9177	1.7573	-.73673
.25	-.4839	.3891	1.7331	-.64947
.30	-1.4670	-.0356	1.6597	-.56464
.35	-2.0958	-.3693	1.5550	-.48428
.40	-2.4755	-.6243	1.4312	-.40962
.45	-2.6762	-.8124	1.2974	-.34141
.50	-2.7480	-.9441	1.1600	-.27998
.55	-2.7283	-1.0293	1.0236	-.22539
.60	-2.6455	-1.0766	.8913	-.17752
.65	-2.5220	-1.0938	.7652	-.13611
.70	-2.3756	-1.0875	.6464	-.10082
.75	-2.2212	-1.0634	.5353	-.07127
.80	-2.0722	-1.0264	.4317	-.04710
.85	-1.9430	-.9807	.3346	-.02794
.90	-1.8595	-.9293	.2416	-.01353
.95	-1.8348	-.8748	.1499	-.00375
1.00	-2.9974	-.8191	-.0000	-.00000

XM/L=0.2

X/L	FP	FS	FQ	FM
.05	19.1201	2.7671	.9560	.02390
.10	7.2534	2.2465	1.3187	.08077
.15	4.9025	1.7181	1.5638	.15283
.20	2.8081	1.1722	1.7042	-.76547
.25	.4198	.6161	1.7252	-.67974
.30	-.9413	.1497	1.6781	-.59465
.35	-1.7547	-.2212	1.5904	-.51294
.40	-2.2573	-.5090	1.4775	-.43624
.45	-2.5445	-.7257	1.3503	-.36555
.50	-2.6793	-.8823	1.2163	-.30138
.55	-2.7061	-.9889	1.0810	-.24395
.60	-2.6584	-1.0547	.9481	-.19322
.65	-2.5617	-1.0877	.8200	-.14901
.70	-2.4368	-1.0951	.6982	-.11106
.75	-2.3007	-1.0830	.5832	-.07902
.80	-2.1691	-1.0567	.4747	-.05258
.85	-2.0594	-1.0205	.3717	-.03142
.90	-2.0024	-.9781	.2716	-.01533
.95	-2.0150	-.9322	.1709	-.00427
1.00	-3.4172	-.8849	-.0000	-.00000

XM/L=0.3

X/L	FP	FS	FQ	FM
.05	14.9923	2.3539	.7496	.01874
.10	6.1817	2.0267	1.0587	.06395
.15	4.6643	1.6934	1.2919	.12271
.20	3.4840	1.3461	1.4661	.19166
.25	2.4650	.9754	1.5894	.26805
.30	1.2661	.5702	1.6527	-.65090
.35	-.5698	.1375	1.6242	-.56898
.40	-1.5514	-.2225	1.5466	-.48971
.45	-2.0966	-.5031	1.4418	-.41500
.50	-2.4088	-.7158	1.3213	-.34592
.55	-2.5638	-.8716	1.1932	-.28306
.60	-2.6115	-.9802	1.0626	-.22666
.65	-2.5883	-1.0506	.9332	-.17677
.70	-2.5220	-1.0908	.8071	-.13326
.75	-2.4359	-1.1078	.6853	-.09595
.80	-2.3515	-1.1077	.5677	-.06463
.85	-2.2926	-1.0955	.4531	-.03911
.90	-2.3018	-1.0756	.3380	-.01934
.95	-2.4048	-1.0513	.2177	-.00544
1.00	-4.3547	-1.0252	-.0000	-.00000

XM/L=0.4

X/L	FP	FS	FQ	FM
.05	11.2751	1.9330	.5638	.01409
.10	4.9914	1.7500	.8133	.04852
.15	4.0514	1.5623	1.0159	.09425
.20	3.3764	1.3640	1.1847	.14927
.25	2.8614	1.1475	1.3278	.21208
.30	2.3555	.9040	1.4456	.28141
.35	1.7510	.6235	1.5331	.35588
.40	.8351	.2951	1.5749	-.56642
.45	-.8031	-.0736	1.5347	-.48868
.50	-1.6478	-.3820	1.4523	-.41401
.55	-2.1026	-.6227	1.3472	-.34402
.60	-2.3625	-.8066	1.2291	-.27961
.65	-2.4978	-.9437	1.1042	-.22128
.70	-2.5567	-1.0433	.9763	-.16927
.75	-2.5759	-1.1137	.8475	-.12367
.80	-2.5885	-1.1621	.7181	-.08453
.85	-2.6305	-1.1950	.5866	-.05191
.90	-2.7656	-1.2177	.4483	-.02604
.95	-3.0349	-1.2346	.2966	-.00741
1.00	-5.9314	-1.2490	-.0000	-.00000

XM/L=0.5

X/L	FP	FS	FQ	FM
.05	8.2298	1.5555	.4115	.01029
.10	3.9089	1.4741	.6069	.03575
.15	3.3710	1.3892	.7755	.07031
.20	3.0254	1.2965	.9268	.11286
.25	2.8059	1.1900	1.0671	.16271
.30	2.6157	1.0630	1.1978	.21933
.35	2.3964	.9073	1.3177	.28222
.40	2.0899	.7141	1.4222	.35071
.45	1.6210	.4734	1.5032	.42385
.50	.7937	.1746	1.5429	-.50000
.55	-.7937	-.1746	1.5032	-.42385
.60	-1.6210	-.4734	1.4222	-.35071
.65	-2.0899	-.7141	1.3177	-.28222
.70	-2.3964	-.9073	1.1978	-.21933
.75	-2.6157	-1.0630	1.0671	-.16271
.80	-2.8059	-1.1900	.9268	-.11286
.85	-3.0254	-1.2965	.7755	-.07031
.90	-3.3710	-1.3892	.6069	-.03575
.95	-3.9089	-1.4741	.4115	-.01029
1.00	-8.2298	-1.5555	-.0000	-.00000

587

B/L= 1.00   DS/B1= 1.00   KS= .500

XQ/L=0.0

X/L	FP	FS	FQ	FM
.05	8.2316	1.4704	-.5884	-.03971
.10	3.5039	1.3367	-.4132	-.06475
.15	2.7183	1.2062	-.2773	-.08202
.20	2.1492	1.0801	-.1699	-.09319
.25	1.7439	.9593	-.0827	-.09951
.30	1.4250	.8442	-.0114	-.10186
.35	1.1628	.7352	.0467	-.10098
.40	.9411	.6323	.0938	-.09746
.45	.7496	.5354	.1313	-.09184
.50	.5813	.4441	.1603	-.08455
.55	.4308	.3582	.1819	-.07599
.60	.2935	.2770	.1965	-.06653
.65	.1651	.2002	.2048	-.05650
.70	.0413	.1270	.2069	-.04621
.75	-.0830	.0569	.2027	-.03597
.80	-.2144	-.0107	.1920	-.02610
.85	-.3633	-.0765	.1738	-.01696
.90	-.5533	-.1409	.1462	-.00896
.95	-.8025	-.2046	.1060	-.00265
1.00	-2.1207	-.2680	-.0000	-.00000

XQ/L =0.1

X/L	FP	FS	FQ	FM
.05	6.5547	1.2289	.3277	.00819
.10	2.9378	1.1449	-.5254	.02825
.15	2.3761	1.0599	-.4066	.00495
.20	1.9577	.9740	-.3087	-.01293
.25	1.6541	.8884	-.2260	-.02629
.30	1.4090	.8039	-.1555	-.03583
.35	1.2017	.7213	-.0954	-.04211
.40	1.0212	.6410	-.0444	-.04560
.45	.8610	.5634	-.0013	-.04675
.50	.7164	.4886	.0345	-.04592
.55	.5840	.4165	.0637	-.04346
.60	.4608	.3471	.0867	-.03970
.65	.3440	.2803	.1039	-.03494
.70	.2306	.2156	.1155	-.02945
.75	.1169	.1529	.1213	-.02353
.80	-.0020	.0918	.1212	-.01747
.85	-.1337	.0319	.1145	-.01158
.90	-.2960	-.0271	.0997	-.00622
.95	-.5029	-.0855	.0746	-.00186
1.00	-1.4914	-.1438	-.0000	-.00000

XQ/L=0.2

X/L	FP	FS	FQ	FM
.05	5.0063	.9969	.2503	.00626
.10	2.3490	.9532	.3678	.02171
.15	1.9864	.9085	.4671	.04258
.20	1.7334	.8620	-.4462	.06810
.25	1.5467	.8123	-.3689	.04772
.30	1.3807	.7591	-.2999	.03100
.35	1.2317	.7036	-.2383	.01755
.40	1.0949	.6466	-.1835	.00700
.45	.9677	.5889	-.1352	-.00096
.50	.8482	.5310	-.0927	-.00666
.55	.7351	.4734	-.0560	-.01038
.60	.6271	.4162	-.0246	-.01239
.65	.5227	.3598	.0015	-.01297
.70	.4205	.3041	.0225	-.01237
.75	.3181	.2492	.0384	-.01085
.80	.2126	.1950	.0491	-.00866
.85	.0988	.1414	.0540	-.00608
.90	-.0346	.0882	.0523	-.00343
.95	-.1976	.0353	.0424	-.00106
1.00	-.8479	-.0175	-.0000	-.00000

XQ/L=0.3

X/L	FP	FS	FQ	FM
.05	3.6415	.7822	.1821	.00455
.10	1.7978	.7690	.2720	.01590
.15	1.5823	.7552	.3511	.03148
.20	1.4452	.7400	.4233	.05084
.25	1.3632	.7223	.4915	.07371
.30	1.2998	.7009	-.4435	.09991
.35	1.2295	.6744	-.3820	.07927
.40	1.1457	.6425	-.3247	.06160
.45	1.0579	.6065	-.2719	.04669
.50	.9683	.5672	-.2234	.03431
.55	.8782	.5254	-.1795	.02423
.60	.7885	.4820	-.1401	.01624
.65	.6994	.4373	-.1051	.01011
.70	.6108	.3918	-.0746	.00562
.75	.5221	.3459	-.0485	.00254
.80	.4324	.2997	-.0269	.00066
.85	.3393	.2534	-.0099	-.00026
.90	.2382	.2071	.0020	-.00046
.95	.1237	.1609	.0082	-.00020
1.00	-.1639	.1146	-.0000	-.00000

XQ/L=0.4

X/L	FP	FS	FQ	FM
.05	2.4645	.5877	.1232	.00308
.10	1.3016	.5971	.1883	.01087
.15	1.2002	.6062	.2483	.02178
.20	1.1486	.6143	.3057	.03564
.25	1.1335	.6206	.3624	.05234
.30	1.1326	.6244	.4191	.07188
.35	1.1351	.6244	.4758	.09425
.40	1.1320	.6194	-.4676	.11946
.45	1.1074	.6081	-.4122	.09746
.50	1.0598	.5904	-.3592	.07817
.55	1.0016	.5674	-.3091	.06146
.60	.9370	.5402	-.2623	.04718
.65	.8689	.5098	-.2188	.03515
.70	.7990	.4769	-.1789	.02521
.75	.7290	.4422	-.1424	.01717
.80	.6598	.4062	-.1095	.01088
.85	.5928	.3694	-.0798	.00614
.90	.5305	.3321	-.0533	.00282
.95	.4728	.2945	-.0297	.00074
1.00	.5931	.2568	-.0000	-.00000

XQ/L=0.5

X/L	FP	FS	FQ	FM
.05	1.4579	.4133	.0729	.00182
.10	.8620	.4392	.1160	.00654
.15	.8496	.4648	.1585	.01341
.20	.8625	.4899	.2016	.02241
.25	.8949	.5139	.2463	.03361
.30	.9354	.5362	.2931	.04709
.35	.9787	.5561	.3421	.06297
.40	1.0205	.5727	.3931	.08135
.45	1.0567	.5850	.4459	.10233
.50	1.0817	.5918	-.5000	.12597
.55	1.0817	.5918	-.4459	.10233
.60	1.0567	.5850	-.3931	.08135
.65	1.0205	.5727	-.3421	.06297
.70	.9787	.5561	-.2931	.04709
.75	.9354	.5362	-.2463	.03361
.80	.8949	.5139	-.2016	.02241
.85	.8625	.4899	-.1585	.01341
.90	.8496	.4648	-.1160	.00654
.95	.8620	.4392	-.0729	.00182
1.00	1.4579	.4133	-.0000	-.00000

B/L= 1.00   DS/B1= 1.00   KS= .500

XM/L=0.0

X/L	FP	FS	FQ	FM
.05	16.9391	2.4249	.8470	-.97883
.10	5.5487	1.9124	1.1244	-.92954
.15	3.3940	1.4572	1.2941	-.86908
.20	1.8978	1.0560	1.3890	-.80200
.25	.8864	.7049	1.4333	-.73145
.30	.1517	.3999	1.4409	-.65959
.35	-.3949	.1366	1.4211	-.58804
.40	-.8063	-.0894	1.3808	-.51799
.45	-1.1173	-.2821	1.3250	-.45035
.50	-1.3533	-.4458	1.2573	-.38579
.55	-1.5336	-.5844	1.1806	-.32484
.60	-1.6744	-.7017	1.0969	-.26790
.65	-1.7897	-.8012	1.0074	-.21530
.70	-1.8928	-.8862	.9128	-.16729
.75	-1.9979	-.9598	.8129	-.12415
.80	-2.1226	-1.0247	.7068	-.08616
.85	-2.2931	-1.0832	.5921	-.05369
.90	-2.5694	-1.1376	.4636	-.02729
.95	-2.9916	-1.1895	.3141	-.00785
1.00	-6.2810	-1.2405	.0000	-.00000

XM/L=0.1

X/L	FP	FS	FQ	FM
.05	16.2969	2.3850	.8148	.02037
.10	5.9187	1.9296	1.1108	-.93149
.15	3.5358	1.4790	1.2876	-.87153
.20	1.9698	1.0751	1.3861	-.80469
.25	.9355	.7215	1.4328	-.73422
.30	.1871	.4140	1.4422	-.66234
.35	-.3689	.1484	1.4237	-.59069
.40	-.7871	-.0796	1.3844	-.52049
.45	-1.1035	-.2742	1.3292	-.45265
.50	-1.3438	-.4397	1.2620	-.38787
.55	-1.5277	-.5799	1.1856	-.32668
.60	-1.6715	-.6988	1.1021	-.26948
.65	-1.7895	-.7997	1.0126	-.21662
.70	-1.8951	-.8861	.9178	-.16836
.75	-2.0026	-.9609	.8177	-.12497
.80	-2.1298	-1.0270	.7112	-.08675
.85	-2.3031	-1.0867	.5961	-.05406
.90	-2.5832	-1.1422	.4669	-.02749
.95	-3.0103	-1.1953	.3164	-.00791
1.00	-6.3275	-1.2474	-.0000	-.00000

XM/L=0.2

X/L	FP	FS	FQ	FM
.05	14.5981	2.2421	.7299	.01825
.10	5.7492	1.8909	1.0174	.06193
.15	4.0799	1.5374	1.2214	.11790
.20	2.6918	1.1785	1.3560	-.81767
.25	1.3202	.8180	1.4220	-.74822
.30	.4294	.4971	1.4434	-.67659
.35	-.1952	.2189	1.4337	-.60466
.40	-.6604	-.0208	1.4007	-.53380
.45	-1.0114	-.2264	1.3501	-.46503
.50	-1.2788	-.4020	1.2861	-.39913
.55	-1.4849	-.5517	1.2119	-.33668
.60	-1.6474	-.6794	1.1295	-.27814
.65	-1.7817	-.7886	1.0404	-.22389
.70	-1.9023	-.8828	.9453	-.17425
.75	-2.0244	-.9650	.8441	-.12951
.80	-2.1665	-1.0381	.7358	-.09001
.85	-2.3566	-1.1047	.6180	-.05617
.90	-2.6581	-1.1669	.4851	-.02860
.95	-3.1135	-1.2265	.3294	-.00823
1.00	-6.5875	-1.2851	-.0000	-.00000

XM/L=0.3

X/L	FP	FS	FQ	FM
.05	12.6936	2.0484	.6347	.01587
.10	5.2485	1.7850	.8971	.05416
.15	3.9579	1.5196	1.0950	.10396
.20	2.9716	1.2494	1.2436	.16243
.25	2.1752	.9713	1.3523	.22733
.30	1.3692	.6815	1.4208	-.70334
.35	.3483	.3835	1.4382	-.63187
.40	-.3019	.1180	1.4231	-.56033
.45	-.7546	-.1117	1.3854	-.49012
.50	-1.0955	-.3099	1.3306	-.42222
.55	-1.3587	-.4807	1.2627	-.35739
.60	-1.5682	-.6282	1.1843	-.29622
.65	-1.7428	-.7560	1.0971	-.23918
.70	-1.8997	-.8678	1.0021	-.18670
.75	-2.0562	-.9668	.8993	-.13916
.80	-2.2334	-1.0561	.7877	-.09699
.85	-2.4621	-1.1383	.6646	-.06068
.90	-2.8123	-1.2158	.5239	-.03097
.95	-3.3312	-1.2905	.3574	-.00893
1.00	-7.1478	-1.3641	-.0000	-.00000

XM/L=0.4

X/L	FP	FS	FQ	FM
.05	10.8773	1.8421	.5439	.01360
.10	4.6735	1.6494	.7775	.04663
.15	3.6694	1.4549	.9610	.09010
.20	2.9305	1.2563	1.1075	.14181
.25	2.3719	1.0508	1.2261	.20015
.30	1.8722	.8350	1.3197	.26380
.35	1.3658	.6053	1.3880	.33149
.40	.7559	.3578	1.4258	-.59816
.45	-.1277	.0958	1.4194	-.52703
.50	-.6823	-.1399	1.3853	-.45691
.55	-1.0718	-.3462	1.3317	-.38898
.60	-1.3771	-.5271	1.2629	-.32412
.65	-1.6302	-.6866	1.1814	-.26301
.70	-1.8555	-.8284	1.0886	-.20626
.75	-2.0754	-.9563	.9848	-.15443
.80	-2.3155	-1.0733	.8690	-.10808
.85	-2.6121	-1.1824	.7384	-.06789
.90	-3.0460	-1.2863	.5861	-.03478
.95	-3.6725	-1.3871	.4025	-.01006
1.00	-8.0503	-1.4866	-.0000	-.00000

XM/L=0.5

X/L	FP	FS	FQ	FM
.05	9.3033	1.6492	.4652	.01163
.10	4.1293	1.5106	.6716	.04005
.15	3.3435	1.3705	.8388	.07781
.20	2.7832	1.2269	.9780	.12323
.25	2.3809	1.0773	1.0970	.17510
.30	2.0397	.9187	1.1990	.23250
.35	1.7139	.7479	1.2847	.29460
.40	1.3682	.5613	1.3531	.36054
.45	.9654	.3551	1.4014	.42940
.50	.4228	.1252	1.4225	-.50000
.55	-.4228	-.1252	1.4014	-.42940
.60	-.9654	-.3551	1.3531	-.36054
.65	-1.3682	-.5613	1.2847	-.29460
.70	-1.7139	-.7479	1.1990	-.23250
.75	-2.0397	-.9187	1.0970	-.17510
.80	-2.3809	-1.0773	.9780	-.12323
.85	-2.7832	-1.2269	.8388	-.07781
.90	-3.3435	-1.3705	.6716	-.04005
.95	-4.1293	-1.5106	.4652	-.01163
1.00	-9.3033	-1.6492	-.0000	-.00000

B/L= 1.00 DS/B1= 1.00 KS= 1.000

XQ/L=0.0

X/L	FP	FS	FQ	FM
.05	7.7661	1.4190	-.6117	-.04029
.10	3.3838	1.3053	-.4425	-.06665
.15	2.6809	1.1933	-.3085	-.08542
.20	2.1729	1.0835	-.1998	-.09813
.25	1.8109	.9765	-.1093	-.10586
.30	1.5226	.8725	-.0331	-.10942
.35	1.2809	.7718	.0309	-.10947
.40	1.0708	.6743	.0844	-.10659
.45	.8833	.5801	.1286	-.10126
.50	.7124	.4891	.1642	-.09394
.55	.5534	.4009	.1919	-.08504
.60	.4026	.3155	.2120	-.07494
.65	.2562	.2324	.2248	-.06402
.70	.1104	.1515	.2304	-.05263
.75	-.0394	.0722	.2284	-.04117
.80	-.2001	-.0056	.2184	-.03000
.85	-.3826	-.0823	.1993	-.01956
.90	-.6137	-.1583	.1686	-.01036
.95	-.9136	-.2339	.1229	-.00307
1.00	-2.4579	-.3092	-.0000	-.00000

XQ/L=0.1

X/L	FP	FS	FQ	FM
.05	6.3989	1.2096	.3199	.00800
.10	2.8791	1.1307	-.5361	.02759
.15	2.3407	1.0514	-.4191	.00372
.20	1.9471	.9716	-.3217	-.01480
.25	1.6652	.8920	-.2385	-.02881
.30	1.4382	.8130	-.1665	-.03893
.35	1.2453	.7351	-.1043	-.04570
.40	1.0754	.6584	-.0505	-.04957
.45	.9216	.5832	-.0044	-.05095
.50	.7797	.5095	.0346	-.05019
.55	.6464	.4373	.0669	-.04766
.60	.5189	.3666	.0928	-.04367
.65	.3948	.2972	.1126	-.03853
.70	.2713	.2291	.1261	-.03256
.75	.1449	.1621	.1334	-.02608
.80	.0110	.0959	.1339	-.01939
.85	-.1386	.0304	.1270	-.01287
.90	-.3227	-.0346	.1109	-.00692
.95	-.5564	-.0993	.0830	-.00208
1.00	-1.6608	-.1639	-.0000	-.00000

XQ/L=0.2

X/L	FP	FS	FQ	FM
.05	5.0977	1.0051	.2549	.00637
.10	2.3634	.9562	.3731	.02207
.15	1.9767	.9070	.4719	.04319
.20	1.7048	.8567	-.4429	.06892
.25	1.5104	.8048	-.3673	.04866
.30	1.3473	.7512	-.3000	.03198
.35	1.2049	.6964	-.2397	.01849
.40	1.0762	.6408	-.1859	.00785
.45	.9570	.5849	-.1381	-.00025
.50	.8449	.5288	-.0958	-.00610
.55	.7378	.4728	-.0589	-.00997
.60	.6344	.4171	-.0272	-.01212
.65	.5330	.3617	-.0006	-.01282
.70	.4321	.3066	.0210	-.01230
.75	.3298	.2520	.0375	-.01084
.80	.2230	.1977	.0487	-.00869
.85	.1071	.1437	.0540	-.00612
.90	-.0294	.0899	.0526	-.00345
.95	-.1960	.0363	.0428	-.00107
1.00	-.8553	-.0173	-.0000	-.00000

XQ/L=0.3

X/L	FP	FS	FQ	FM
.05	3.8928	.8097	.1946	.00487
.10	1.8678	.7859	.2880	.01693
.15	1.6061	.7617	.3683	.03334
.20	1.4304	.7368	.4399	.05355
.25	1.3170	.7106	.5057	.07719
.30	1.2292	.6824	-.4328	.10401
.35	1.1472	.6516	-.3755	.08380
.40	1.0643	.6180	-.3223	.06636
.45	.9828	.5821	-.2731	.05147
.50	.9029	.5445	-.2280	.03894
.55	.8241	.5055	-.1868	.02857
.60	.7463	.4655	-.1495	.02017
.65	.6692	.4247	-.1160	.01353
.70	.5925	.3835	-.0864	.00847
.75	.5156	.3419	-.0606	.00480
.80	.4376	.3002	-.0387	.00231
.85	.3568	.2583	-.0209	.00082
.90	.2702	.2164	-.0074	.00012
.95	.1735	.1745	.0013	-.00003
1.00	-.0262	.1325	-.0000	-.00000

XQ/L=0.4

X/L	FP	FS	FQ	FM
.05	2.7883	.6252	.1394	.00349
.10	1.4017	.6222	.2095	.01221
.15	1.2473	.6189	.2719	.02424
.20	1.1517	.6151	.3295	.03928
.25	1.0997	.6103	.3844	.05712
.30	1.0664	.6041	.4378	.07768
.35	1.0416	.5959	.4898	.10087
.40	1.0180	.5850	-.4593	.12663
.45	.9862	.5707	-.4099	.10490
.50	.9444	.5530	-.3627	.08559
.55	.8984	.5324	-.3178	.06857
.60	.8499	.5095	-.2753	.05374
.65	.8004	.4848	-.2353	.04098
.70	.7507	.4586	-.1978	.03015
.75	.7021	.4314	-.1627	.02114
.80	.6556	.4035	-.1299	.01383
.85	.6133	.3750	-.0992	.00810
.90	.5805	.3462	-.0702	.00387
.95	.5588	.3172	-.0422	.00106
1.00	.8449	.2881	-.0000	-.00000

XQ/L=0.5

X/L	FP	FS	FQ	FM
.05	1.7771	.4517	.0889	.00222
.10	.9664	.4660	.1372	.00787
.15	.9054	.4802	.1824	.01586
.20	.8783	.4940	.2264	.02608
.25	.8771	.5072	.2702	.03850
.30	.8873	.5195	.3146	.05312
.35	.9030	.5303	.3597	.06997
.40	.9205	.5393	.4057	.08911
.45	.9367	.5460	.4526	.11057
.50	.9484	.5496	-.5000	.13438
.55	.9484	.5496	-.4526	.11057
.60	.9367	.5460	-.4057	.08911
.65	.9205	.5393	-.3597	.06997
.70	.9030	.5303	-.3146	.05312
.75	.8873	.5195	-.2702	.03850
.80	.8771	.5072	-.2264	.02608
.85	.8783	.4940	-.1824	.01586
.90	.9054	.4802	-.1372	.00787
.95	.9664	.4660	-.0889	.00222
1.00	1.7771	.4517	-.0000	-.00000

B/L= 1.00   DS/B1= 1.00   KS= 1.000

XM/L=0.0

X/L	FP	FS	FQ	FM
.05	13.7587	2.0996	.6879	-.98280
.10	4.9918	1.7435	.9375	-.94217
.15	3.3891	1.4162	1.1070	-.89105
.20	2.2493	1.1165	1.2194	-.83289
.25	1.4509	.8427	1.2920	-.77011
.30	.8395	.5928	1.3340	-.70446
.35	.3519	.3652	1.3516	-.63732
.40	-.0483	.1576	1.3491	-.56980
.45	-.3848	-.0319	1.3299	-.50282
.50	-.6745	-.2052	1.2962	-.43717
.55	-.9307	-.3645	1.2496	-.37353
.60	-1.1646	-.5116	1.1914	-.31250
.65	-1.3868	-.6484	1.1221	-.25466
.70	-1.6085	-.7768	1.0417	-.20057
.75	-1.8431	-.8983	.9495	-.15079
.80	-2.1095	-1.0145	.8440	-.10595
.85	-2.4390	-1.1269	.7221	-.06680
.90	-2.9080	-1.2367	.5767	-.03433
.95	-3.5691	-1.3450	.3982	-.00996
1.00	-7.9645	-1.4526	.0000	-.00000

XM/L=0.1

X/L	FP	FS	FQ	FM
.05	13.4315	2.0790	.6716	.01679
.10	5.1753	1.7517	.9303	-.94316
.15	3.4596	1.4270	1.1033	-.89232
.20	2.2857	1.1261	1.2176	-.83430
.25	1.4764	.8512	1.2914	-.77157
.30	.8585	.6003	1.3343	-.70593
.35	.3665	.3716	1.3527	-.63875
.40	-.0370	.1630	1.3508	-.57117
.45	-.3762	-.0274	1.3320	-.50410
.50	-.6681	-.2016	1.2986	-.43833
.55	-.9262	-.3617	1.2523	-.37456
.60	-1.1618	-.5097	1.1942	-.31340
.65	-1.3856	-.6473	1.1249	-.25542
.70	-1.6088	-.7764	1.0445	-.20118
.75	-1.8449	-.8986	.9522	-.15126
.80	-2.1130	-1.0156	.8466	-.10629
.85	-2.4443	-1.1287	.7244	-.06702
.90	-2.9157	-1.2392	.5786	-.03444
.95	-3.5799	-1.3482	.3996	-.00999
1.00	-7.9919	-1.4566	-.0000	-.00000

XM/L=0.2

X/L	FP	FS	FQ	FM
.05	12.5511	2.0041	.6276	.01569
.10	5.0821	1.7302	.8817	.05342
.15	3.7289	1.4553	1.0681	.10216
.20	2.6483	1.1780	1.2005	-.84112
.25	1.6733	.9006	1.2842	-.77900
.30	.9864	.6438	1.3335	-.71356
.35	.4614	.4093	1.3566	-.64631
.40	.0352	.1953	1.3583	-.57843
.45	-.3211	-.0004	1.3423	-.51092
.50	-.6268	-.1798	1.3109	-.44459
.55	-.8966	-.3448	1.2661	-.38016
.60	-1.1425	-.4974	1.2090	-.31828
.65	-1.3757	-.6396	1.1402	-.25955
.70	-1.6079	-.7731	1.0598	-.20455
.75	-1.8530	-.8997	.9672	-.15388
.80	-2.1305	-1.0208	.8606	-.10818
.85	-2.4724	-1.1381	.7370	-.06824
.90	-2.9572	-1.2527	.5892	-.03509
.95	-3.6388	-1.3658	.4072	-.01018
1.00	-8.1442	-1.4782	-.0000	-.00000

XM/L=0.3

X/L	FP	FS	FQ	FM
.05	11.5422	1.9008	.5771	.01443
.10	4.8154	1.6731	.8179	.04930
.15	3.6614	1.4444	1.0009	.09477
.20	2.7896	1.2137	1.1404	.14831
.25	2.1084	.9792	1.2458	.20796
.30	1.4683	.7395	1.3193	-.72791
.35	.7483	.4962	1.3567	-.66101
.40	.2314	.2701	1.3683	-.59289
.45	-.1749	.0628	1.3595	-.52469
.50	-.5177	-.1278	1.3336	-.45736
.55	-.8171	-.3036	1.2928	-.39170
.60	-1.0882	-.4667	1.2384	-.32843
.65	-1.3440	-.6190	1.1712	-.26819
.70	-1.5972	-.7623	1.0913	-.21163
.75	-1.8630	-.8985	.9981	-.15939
.80	-2.1619	-1.0291	.8901	-.11219
.85	-2.5276	-1.1556	.7637	-.07084
.90	-3.0422	-1.2794	.6116	-.03646
.95	-3.7623	-1.4016	.4234	-.01059
1.00	-8.4689	-1.5231	-.0000	-.00000

XM/L=0.4

X/L	FP	FS	FQ	FM
.05	10.5591	1.7890	.5280	.01320
.10	4.5052	1.5995	.7532	.04523
.15	3.5069	1.4092	.9286	.08727
.20	2.7691	1.2169	1.0670	.13716
.25	2.2149	1.0213	1.1778	.19328
.30	1.7346	.8207	1.2645	.25434
.35	1.2769	.6134	1.3283	.31916
.40	.7836	.3975	1.3675	-.61345
.45	.1634	.1747	1.3757	-.54487
.50	-.2859	-.0344	1.3614	-.47644
.55	-.6496	-.2282	1.3289	-.40918
.60	-.9709	-.4087	1.2804	-.34395
.65	-1.2692	-.5779	1.2169	-.28152
.70	-1.5609	-.7377	1.1389	-.22262
.75	-1.8633	-.8900	1.0457	-.16801
.80	-2.1993	-1.0365	.9357	-.11847
.85	-2.6056	-1.1786	.8054	-.07495
.90	-3.1701	-1.3178	.6469	-.03864
.95	-3.9540	-1.4554	.4492	-.01123
1.00	-8.9849	-1.5922	-.0000	-.00000

XM/L=0.5

X/L	FP	FS	FQ	FM
.05	9.6897	1.6829	.4845	.01211
.10	4.2074	1.5236	.6949	.04160
.15	3.3316	1.3636	.8614	.08050
.20	2.6938	1.2017	.9961	.12694
.25	2.2265	1.0367	1.1075	.17953
.30	1.8329	.8671	1.1991	.23720
.35	1.4717	.6913	1.2727	.29899
.40	1.1150	.5075	1.3284	.36402
.45	.7383	.3137	1.3653	.43136
.50	.2962	.1080	1.3802	-.50000
.55	-.2962	-.1080	1.3653	-.43136
.60	-.7383	-.3137	1.3284	-.36402
.65	-1.1150	-.5075	1.2727	-.29899
.70	-1.4717	-.6913	1.1991	-.23720
.75	-1.8329	-.8671	1.1075	-.17953
.80	-2.2265	-1.0367	.9961	-.12694
.85	-2.6938	-1.2017	.8614	-.08050
.90	-3.3316	-1.3636	.6949	-.04160
.95	-4.2074	-1.5236	.4845	-.01211
1.00	-9.6897	-1.6829	-.0000	-.00000

B/L= 1.00 DS/B1= 1.00 KS= 3.000

XQ/L=0.0

X/L	FP	FS	FQ	FM
.05	7.4098	1.3794	-.6295	-.04074
.10	3.2897	1.2808	-.4650	-.06810
.15	2.6494	1.1828	-.3326	-.08804
.20	2.1882	1.0855	-.2231	-.10193
.25	1.8598	.9892	-.1301	-.11077
.30	1.5960	.8939	-.0503	-.11528
.35	1.3710	.7998	.0182	-.11608
.40	1.1710	.7069	.0768	-.11371
.45	.9877	.6150	.1261	-.10864
.50	.8157	.5244	.1669	-.10131
.55	.6508	.4347	.1995	-.09215
.60	.4899	.3460	.2240	-.08156
.65	.3297	.2582	.2404	-.06995
.70	.1669	.1712	.2488	-.05772
.75	-.0032	.0848	.2486	-.04529
.80	-.1872	-.0011	.2393	-.03309
.85	-.3967	-.0866	.2194	-.02162
.90	-.6608	-.1719	.1864	-.01148
.95	-1.0015	-.2569	.1363	-.00341
1.00	-2.7265	-.3419	-.0000	-.00000

XQ/L=0.1

X/L	FP	FS	FQ	FM
.05	6.2750	1.1943	.3138	.00784
.10	2.8337	1.1196	-.5446	.02707
.15	2.3139	1.0448	-.4289	.00274
.20	1.9396	.9698	-.3319	-.01628
.25	1.6742	.8949	-.2482	-.03078
.30	1.4612	.8202	-.1751	-.04137
.35	1.2793	.7459	-.1112	-.04852
.40	1.1174	.6720	-.0553	-.05268
.45	.9688	.5987	-.0068	-.05424
.50	.8290	.5259	.0346	-.05354
.55	.6951	.4536	.0694	-.05094
.60	.5644	.3818	.0976	-.04677
.65	.4346	.3105	.1193	-.04135
.70	.3033	.2397	.1345	-.03500
.75	.1671	.1693	.1428	-.02807
.80	.0213	.0991	.1439	-.02090
.85	-.1422	.0292	.1368	-.01388
.90	-.3435	-.0405	.1196	-.00747
.95	-.5984	-.1101	.0897	-.00224
1.00	-1.7938	-.1796	-.0000	-.00000

XQ/L=0.2

X/L	FP	FS	FQ	FM
.05	5.1627	1.0110	.2581	.00645
.10	2.3741	.9586	.3768	.02233
.15	1.9706	.9060	.4754	.04363
.20	1.6855	.8531	-.4404	.06951
.25	1.4855	.7997	-.3661	.04935
.30	1.3241	.7457	-.2999	.03270
.35	1.1859	.6913	-.2406	.01919
.40	1.0624	.6366	-.1875	.00849
.45	.9487	.5818	-.1400	.00030
.50	.8416	.5269	-.0979	-.00565
.55	.7387	.4721	-.0610	-.00962
.60	.6385	.4173	-.0291	-.01188
.65	.5393	.3627	-.0021	-.01266
.70	.4396	.3082	.0199	-.01221
.75	.3374	.2538	.0367	-.01080
.80	.2301	.1995	.0482	-.00867
.85	.1128	.1453	.0539	-.00612
.90	-.0254	.0912	.0526	-.00346
.95	-.1941	.0371	.0429	-.00107
1.00	-.8580	-.0169	-.0000	-.00000

XQ/L=0.3

X/L	FP	FS	FQ	FM
.05	4.0836	.8308	.2042	.00510
.10	1.9216	.7989	.3003	.01772
.15	1.6251	.7670	.3815	.03476
.20	1.4206	.7348	.4525	.05561
.25	1.2837	.7021	.5167	.07984
.30	1.1776	.6688	-.4244	.10715
.35	1.0864	.6345	-.3701	.08729
.40	1.0029	.5993	-.3199	.07004
.45	.9251	.5633	-.2737	.05520
.50	.8513	.5267	-.2311	.04258
.55	.7803	.4896	-.1921	.03200
.60	.7111	.4521	-.1565	.02329
.65	.6430	.4143	-.1244	.01626
.70	.5756	.3763	-.0956	.01077
.75	.5080	.3382	-.0702	.00662
.80	.4396	.3001	-.0482	.00366
.85	.3693	.2618	-.0298	.00171
.90	.2950	.2236	-.0150	.00059
.95	.2135	.1853	-.0043	.00011
1.00	.0866	.1470	-.0000	-.00000

XQ/L=0.4

X/L	FP	FS	FQ	FM
.05	3.0397	.6544	.1520	.00380
.10	1.4794	.6417	.2260	.01325
.15	1.2838	.6288	.2901	.02615
.20	1.1543	.6158	.3479	.04210
.25	1.0738	.6025	.4016	.06084
.30	1.0160	.5886	.4524	.08218
.35	.9705	.5740	.5009	.10601
.40	.9314	.5585	-.4526	.13222
.45	.8935	.5418	-.4079	.11071
.50	.8551	.5238	-.3651	.09139
.55	.8173	.5049	-.3243	.07415
.60	.7805	.4852	-.2852	.05891
.65	.7447	.4648	-.2480	.04558
.70	.7105	.4438	-.2125	.03407
.75	.6786	.4225	-.1785	.02430
.80	.6503	.4009	-.1460	.01618
.85	.6281	.3791	-.1146	.00967
.90	.6191	.3571	-.0837	.00471
.95	.6268	.3351	-.0523	.00131
1.00	1.0466	.3130	-.0000	-.00000

XQ/L=0.5

X/L	FP	FS	FQ	FM
.05	2.0289	.4819	.1014	.00254
.10	1.0482	.4871	.1539	.00892
.15	.9485	.4921	.2013	.01780
.20	.8897	.4971	.2458	.02897
.25	.8620	.5018	.2889	.04234
.30	.8485	.5062	.3313	.05784
.35	.8430	.5100	.3734	.07546
.40	.8421	.5132	.4155	.09518
.45	.8436	.5155	.4577	.11702
.50	.8456	.5168	-.5000	.14096
.55	.8456	.5168	-.4577	.11702
.60	.8436	.5155	-.4155	.09518
.65	.8421	.5132	-.3734	.07546
.70	.8430	.5100	-.3313	.05784
.75	.8485	.5062	-.2889	.04234
.80	.8620	.5018	-.2458	.02897
.85	.8897	.4971	-.2013	.01780
.90	.9485	.4921	-.1539	.00892
.95	1.0482	.4871	-.1014	.00254
1.00	2.0289	.4819	-.0000	-.00000

B/L= 1.00 DS/B1= 1.00 KS= 3.000

XM/L=0.0

X/L	FP	FS	FQ	FM
.05	11.3772	1.8524	.5689	-.98578
.10	4.5417	1.6107	.7959	-.95166
.15	3.3505	1.3787	.9635	-.90767
.20	2.4833	1.1560	1.0876	-.85640
.25	1.8542	.9421	1.1803	-.79970
.30	1.3469	.7365	1.2477	-.73900
.35	.9157	.5386	1.2935	-.67547
.40	.5350	.3477	1.3202	-.61012
.45	.1887	.1633	1.3297	-.54388
.50	-.1343	-.0153	1.3229	-.47756
.55	-.4430	-.1889	1.3008	-.41197
.60	-.7453	-.3580	1.2635	-.34786
.65	-1.0491	-.5232	1.2111	-.28600
.70	-1.3640	-.6854	1.1429	-.22715
.75	-1.7024	-.8449	1.0577	-.17213
.80	-2.0843	-1.0025	.9535	-.12185
.85	-2.5443	-1.1586	.8263	-.07735
.90	-3.1721	-1.3137	.6677	-.04000
.95	-4.0298	-1.4682	.4662	-.01166
1.00	-9.3244	-1.6225	.0000	-.00000

XM/L=0.1

X/L	FP	FS	FQ	FM
.05	11.2666	1.8454	.5633	.01408
.10	4.6025	1.6133	.7935	-.95200
.15	3.3739	1.3822	.9621	-.90811
.20	2.4955	1.1592	1.0869	-.85688
.25	1.8629	.9450	1.1801	-.80021
.30	1.3536	.7391	1.2477	-.73951
.35	.9209	.5408	1.2938	-.67597
.40	.5392	.3497	1.3207	-.61061
.45	.1920	.1650	1.3303	-.54433
.50	-.1318	-.0140	1.3238	-.47798
.55	-.4411	-.1878	1.3017	-.41234
.60	-.7440	-.3572	1.2645	-.34819
.65	-1.0484	-.5228	1.2121	-.28627
.70	-1.3638	-.6852	1.1439	-.22737
.75	-1.7029	-.8450	1.0587	-.17231
.80	-2.0854	-1.0028	.9545	-.12198
.85	-2.5462	-1.1592	.8272	-.07744
.90	-3.1749	-1.3146	.6684	-.04005
.95	-4.0337	-1.4694	.4667	-.01167
1.00	-9.3347	-1.6239	-.0000	-.00000

XM/L=0.2

X/L	FP	FS	FQ	FM
.05	10.9652	1.8195	.5483	.01371
.10	4.5692	1.6056	.7767	.04683
.15	3.4629	1.3914	.9499	.09000
.20	2.6167	1.1765	1.0807	-.85924
.25	1.9297	.9618	1.1772	-.80279
.30	1.3979	.7540	1.2471	-.74219
.35	.9546	.5540	1.2948	-.67864
.40	.5655	.3612	1.3231	-.61319
.45	.2128	.1747	1.3337	-.54677
.50	-.1157	-.0059	1.3279	-.48023
.55	-.4291	-.1814	1.3065	-.41437
.60	-.7357	-.3524	1.2697	-.34996
.65	-1.0435	-.5196	1.2175	-.28778
.70	-1.3623	-.6836	1.1494	-.22861
.75	-1.7048	-.8451	1.0642	-.17327
.80	-2.0909	-1.0045	.9596	-.12268
.85	-2.5559	-1.1624	.8318	-.07789
.90	-3.1898	-1.3194	.6723	-.04029
.95	-4.0554	-1.4757	.4696	-.01174
1.00	-9.3914	-1.6318	-.0000	-.00000

XM/L=0.3

X/L	FP	FS	FQ	FM
.05	10.6144	1.7834	.5307	.01327
.10	4.4760	1.5855	.7545	.04540
.15	3.4386	1.3873	.9265	.08742
.20	2.6641	1.1884	1.0597	.13708
.25	2.0765	.9885	1.1635	.19265
.30	1.5616	.7868	1.2416	-.74722
.35	1.0541	.5842	1.2943	-.68382
.40	.6353	.3875	1.3260	-.61832
.45	.2661	.1973	1.3393	-.55168
.50	-.0747	.0130	1.3356	-.48481
.55	-.3983	-.1662	1.3157	-.41853
.60	-.7137	-.3408	1.2800	-.35363
.65	-1.0297	-.5116	1.2285	-.29092
.70	-1.3562	-.6792	1.1607	-.23119
.75	-1.7065	-.8441	1.0754	-.17529
.80	-2.1008	-1.0070	.9703	-.12415
.85	-2.5749	-1.1685	.8416	-.07885
.90	-3.2202	-1.3289	.6806	-.04079
.95	-4.1004	-1.4887	.4756	-.01189
1.00	-9.5114	-1.6482	-.0000	-.00000

XM/L=0.4

X/L	FP	FS	FQ	FM
.05	10.2672	1.7439	.5134	.01283
.10	4.3667	1.5595	.7317	.04396
.15	3.3845	1.3748	.9009	.08478
.20	2.6572	1.1895	1.0338	.13314
.25	2.1141	1.0031	1.1395	.18748
.30	1.6541	.8150	1.2222	.24652
.35	1.2354	.6249	1.2840	.30917
.40	.8253	.4319	1.3252	-.62560
.45	.3853	.2368	1.3445	-.55886
.50	.0091	.0463	1.3449	-.49162
.55	-.3362	-.1389	1.3281	-.42479
.60	-.6689	-.3195	1.2947	-.35922
.65	-.9999	-.4962	1.2447	-.29574
.70	-1.3403	-.6697	1.1777	-.23518
.75	-1.7041	-.8404	1.0925	-.17842
.80	-2.1123	-1.0092	.9869	-.12644
.85	-2.6016	-1.1763	.8568	-.08035
.90	-3.2657	-1.3425	.6935	-.04159
.95	-4.1698	-1.5080	.4850	-.01213
1.00	-9.7005	-1.6733	-.0000	-.00000

XM/L=0.5

X/L	FP	FS	FQ	FM
.05	9.9560	1.7060	.4978	.01244
.10	4.2608	1.5325	.7108	.04266
.15	3.3228	1.3587	.8770	.08236
.20	2.6317	1.1842	1.0086	.12949
.25	2.1199	1.0088	1.1146	.18257
.30	1.6907	.8317	1.1991	.24041
.35	1.3057	.6526	1.2644	.30200
.40	.9424	.4707	1.3115	.36640
.45	.5843	.2855	1.3407	.43270
.50	.2108	.0963	1.3512	-.50000
.55	-.2108	-.0963	1.3407	-.43270
.60	-.5843	-.2855	1.3115	-.36640
.65	-.9424	-.4707	1.2644	-.30200
.70	-1.3057	-.6526	1.1991	-.24041
.75	-1.6907	-.8317	1.1146	-.18257
.80	-2.1199	-1.0088	1.0086	-.12949
.85	-2.6317	-1.1842	.8770	-.08236
.90	-3.3228	-1.3587	.7108	-.04266
.95	-4.2608	-1.5325	.4978	-.01244
1.00	-9.9560	-1.7060	-.0000	-.00000

B/L= 1.00   DS/B1= 1.00   KS= 10.000

XQ/L=0.0

X/L	FP	FS	FQ	FM
.05	7.2747	1.3643	-.6363	-.04091
.10	3.2535	1.2714	-.4736	-.06865
.15	2.6369	1.1786	-.3417	-.08904
.20	2.1934	1.0861	-.2321	-.10338
.25	1.8779	.9939	-.1382	-.11264
.30	1.6236	.9020	-.0570	-.11752
.35	1.4052	.8105	.0133	-.11861
.40	1.2092	.7193	.0737	-.11644
.45	1.0277	.6284	.1251	-.11146
.50	.8554	.5379	.1679	-.10414
.55	.6885	.4477	.2023	-.09489
.60	.5238	.3579	.2285	-.08412
.65	.3584	.2682	.2464	-.07224
.70	.1890	.1789	.2559	-.05969
.75	.0111	.0897	.2564	-.04688
.80	-.1819	.0007	.2473	-.03429
.85	-.4019	-.0882	.2272	-.02242
.90	-.6788	-.1770	.1933	-.01191
.95	-1.0354	-.2658	.1415	-.00354
1.00	-2.8305	-.3545	-.0000	-.00000

XQ/L=0.1

X/L	FP	FS	FQ	FM
.05	6.2271	1.1885	.3114	.00778
.10	2.8163	1.1154	-.5478	.02687
.15	2.3039	1.0423	-.4326	.00236
.20	1.9369	.9692	-.3358	-.01685
.25	1.6778	.8960	-.2519	-.03154
.30	1.4700	.8230	-.1784	-.04230
.35	1.2923	.7500	-.1138	-.04960
.40	1.1335	.6772	-.0571	-.05388
.45	.9868	.6046	-.0078	-.05550
.50	.8479	.5321	.0346	-.05483
.55	.7137	.4598	.0703	-.05220
.60	.5818	.3876	.0994	-.04796
.65	.4499	.3156	.1219	-.04243
.70	.3156	.2438	.1377	-.03594
.75	.1756	.1720	.1465	-.02884
.80	.0253	.1004	.1477	-.02148
.85	-.1436	.0288	.1405	-.01427
.90	-.3515	-.0427	.1230	-.00769
.95	-.6145	-.1142	.0922	-.00231
1.00	-1.8449	-.1857	-.0000	-.00000

XQ/L=0.2

X/L	FP	FS	FQ	FM
.05	5.1863	1.0131	.2593	.00648
.10	2.3781	.9594	.3782	.02242
.15	1.9685	.9057	.4767	.04379
.20	1.6786	.8519	-.4394	.06972
.25	1.4766	.7979	-.3656	.04960
.30	1.3157	.7437	-.2998	.03296
.35	1.1790	.6894	-.2409	.01945
.40	1.0574	.6350	-.1880	.00873
.45	.9455	.5806	-.1407	.00051
.50	.8401	.5262	-.0987	-.00548
.55	.7388	.4718	-.0618	-.00949
.60	.6397	.4174	-.0298	-.01178
.65	.5413	.3630	-.0027	-.01259
.70	.4421	.3087	.0194	-.01217
.75	.3401	.2544	.0364	-.01078
.80	.2325	.2001	.0480	-.00866
.85	.1149	.1459	.0538	-.00612
.90	-.0239	.0917	.0526	-.00346
.95	-.1933	.0375	.0429	-.00107
1.00	-.8584	-.0167	-.0000	-.00000

XQ/L=0.3

X/L	FP	FS	FQ	FM
.05	4.1556	.8388	.2078	.00519
.10	1.9421	.8039	.3049	.01801
.15	1.6325	.7690	.3865	.03530
.20	1.4172	.7341	.4574	.05639
.25	1.2716	.6990	.5209	.08085
.30	1.1586	.6637	-.4211	.10835
.35	1.0638	.6281	-.3679	.08862
.40	.9798	.5923	-.3189	.07145
.45	.9032	.5561	-.2738	.05663
.50	.8315	.5198	-.2322	.04398
.55	.7632	.4834	-.1940	.03332
.60	.6971	.4468	-.1592	.02449
.65	.6325	.4102	-.1276	.01732
.70	.5685	.3735	-.0991	.01166
.75	.5046	.3367	-.0739	.00733
.80	.4400	.2999	-.0519	.00419
.85	.3738	.2631	-.0332	.00206
.90	.3044	.2263	-.0180	.00078
.95	.2290	.1895	-.0065	.00016
1.00	.1309	.1527	-.0000	-.00000

XQ/L=0.4

X/L	FP	FS	FQ	FM
.05	3.1357	.6656	.1568	.00392
.10	1.5091	.6491	.2322	.01365
.15	1.2978	.6326	.2971	.02688
.20	1.1553	.6161	.3549	.04318
.25	1.0641	.5995	.4081	.06226
.30	.9969	.5827	.4579	.08391
.35	.9436	.5657	.5051	.10798
.40	.8986	.5484	-.4499	.13436
.45	.8584	.5307	-.4070	.11294
.50	.8210	.5127	-.3660	.09361
.55	.7862	.4944	-.3267	.07630
.60	.7535	.4758	-.2890	.06091
.65	.7229	.4570	-.2528	.04736
.70	.6946	.4380	-.2181	.03559
.75	.6691	.4190	-.1847	.02552
.80	.6478	.3998	-.1523	.01709
.85	.6334	.3805	-.1206	.01027
.90	.6339	.3613	-.0889	.00503
.95	.6530	.3420	-.0562	.00141
1.00	1.1250	.3227	-.0000	-.00000

XQ/L=0.5

X/L	FP	FS	FQ	FM
.05	2.1260	.4936	.1063	.00266
.10	1.0796	.4951	.1603	.00932
.15	.9649	.4967	.2085	.01854
.20	.8939	.4982	.2532	.03009
.25	.8559	.4997	.2960	.04382
.30	.8334	.5010	.3377	.05966
.35	.8199	.5022	.3787	.07757
.40	.8120	.5032	.4193	.09752
.45	.8080	.5039	.4597	.11949
.50	.8065	.5043	-.5000	.14348
.55	.8065	.5043	-.4597	.11949
.60	.8080	.5039	-.4193	.09752
.65	.8120	.5032	-.3787	.07757
.70	.8199	.5022	-.3377	.05966
.75	.8334	.5010	-.2960	.04382
.80	.8559	.4997	-.2532	.03009
.85	.8939	.4982	-.2085	.01854
.90	.9649	.4967	-.1603	.00932
.95	1.0796	.4951	-.1063	.00266
1.00	2.1260	.4936	-.0000	-.00000

B/L= 1.00   DS/B1= 1.00   KS= 10.000

XM/L=0.0

X/L	FP	FS	FQ	FM
.05	10.4846	1.7590	.5242	-.98689
.10	4.3663	1.5597	.7425	-.95522
.15	3.3288	1.3632	.9090	-.91394
.20	2.5649	1.1696	1.0372	-.86528
.25	2.0013	.9786	1.1373	-.81092
.30	1.5354	.7901	1.2141	-.75213
.35	1.1278	.6040	1.2705	-.69002
.40	.7567	.4200	1.3083	-.62555
.45	.4088	.2381	1.3287	-.55963
.50	.0747	.0579	1.3325	-.49310
.55	-.2528	-.1208	1.3198	-.42679
.60	-.5804	-.2980	1.2908	-.36152
.65	-.9151	-.4741	1.2451	-.29813
.70	-1.2657	-.6491	1.1818	-.23746
.75	-1.6445	-.8234	1.0995	-.18042
.80	-2.0715	-.9971	.9960	-.12804
.85	-2.5830	-1.1702	.8668	-.08147
.90	-3.2733	-1.3431	.7032	-.04222
.95	-4.2083	-1.5158	.4927	-.01232
1.00	-9.8548	-1.6884	.0000	-.00000

XM/L=0.1

X/L	FP	FS	FQ	FM
.05	10.4513	1.7569	.5226	.01306
.10	4.3844	1.5604	.7418	-.95533
.15	3.3358	1.3643	.9086	-.91407
.20	2.5685	1.1705	1.0370	-.86543
.25	2.0039	.9795	1.1372	-.81107
.30	1.5375	.7909	1.2141	-.75229
.35	1.1294	.6047	1.2705	-.69018
.40	.7580	.4206	1.3084	-.62570
.45	.4098	.2386	1.3289	-.55977
.50	.0755	.0583	1.3327	-.49323
.55	-.2522	-.1204	1.3201	-.42690
.60	-.5800	-.2978	1.2911	-.36162
.65	-.9149	-.4739	1.2454	-.29821
.70	-1.2656	-.6491	1.1821	-.23753
.75	-1.6446	-.8234	1.0999	-.18048
.80	-2.0718	-.9972	.9963	-.12807
.85	-2.5835	-1.1704	.8671	-.08149
.90	-3.2741	-1.3434	.7034	-.04223
.95	-4.2096	-1.5162	.4929	-.01232
1.00	-9.8580	-1.6888	-.0000	-.00000

XM/L=0.2

X/L	FP	FS	FQ	FM
.05	10.3600	1.7490	.5180	.01295
.10	4.3742	1.5581	.7367	.04432
.15	3.3625	1.3670	.9048	.08536
.20	2.6049	1.1757	1.0351	-.86615
.25	2.0241	.9845	1.1363	-.81186
.30	1.5509	.7954	1.2138	-.75311
.35	1.1398	.6087	1.2708	-.69099
.40	.7662	.4242	1.3091	-.62649
.45	.4163	.2416	1.3299	-.56052
.50	.0806	.0608	1.3340	-.49392
.55	-.2483	-.1184	1.3216	-.42753
.60	-.5772	-.2963	1.2927	-.36217
.65	-.9132	-.4729	1.2470	-.29868
.70	-1.2650	-.6486	1.1838	-.23791
.75	-1.6451	-.8234	1.1015	-.18078
.80	-2.0735	-.9976	.9979	-.12829
.85	-2.5865	-1.1714	.8685	-.08163
.90	-3.2787	-1.3449	.7046	-.04230
.95	-4.2163	-1.5181	.4938	-.01234
1.00	-9.8757	-1.6913	-.0000	-.00000

XM/L=0.3

X/L	FP	FS	FQ	FM
.05	10.2530	1.7380	.5127	.01282
.10	4.3458	1.5519	.7299	.04388
.15	3.3550	1.3657	.8977	.08457
.20	2.6192	1.1793	1.0286	.13273
.25	2.0683	.9926	1.1321	.18675
.30	1.6004	.8054	1.2121	-.75465
.35	1.1701	.6179	1.2706	-.69258
.40	.7876	.4322	1.3100	-.62807
.45	.4328	.2485	1.3316	-.56203
.50	.0934	.0666	1.3363	-.49533
.55	-.2386	-.1137	1.3244	-.42881
.60	-.5702	-.2926	1.2958	-.36331
.65	-.9087	-.4704	1.2504	-.29965
.70	-1.2629	-.6471	1.1873	-.23871
.75	-1.6454	-.8231	1.1050	-.18140
.80	-2.0764	-.9984	1.0012	-.12875
.85	-2.5922	-1.1732	.8716	-.08193
.90	-3.2880	-1.3478	.7072	-.04246
.95	-4.2302	-1.5221	.4957	-.01239
1.00	-9.9131	-1.6964	-.0000	-.00000

XM/L=0.4

X/L	FP	FS	FQ	FM
.05	10.1467	1.7259	.5073	.01268
.10	4.3123	1.5439	.7229	.04344
.15	3.3384	1.3619	.8899	.08376
.20	2.6171	1.1796	1.0207	.13153
.25	2.0798	.9970	1.1247	.18516
.30	1.6286	.8140	1.2061	.24343
.35	1.2250	.6303	1.2674	.30527
.40	.8453	.4458	1.3097	-.63030
.45	.4694	.2606	1.3331	-.56423
.50	.1193	.0769	1.3391	-.49743
.55	-.2192	-.1053	1.3281	-.43074
.60	-.5561	-.2860	1.3003	-.36503
.65	-.8992	-.4656	1.2554	-.30114
.70	-1.2577	-.6441	1.1925	-.23994
.75	-1.6444	-.8219	1.1103	-.18237
.80	-2.0797	-.9990	1.0063	-.12946
.85	-2.6003	-1.1756	.8763	-.08240
.90	-3.3020	-1.3520	.7112	-.04271
.95	-4.2517	-1.5281	.4986	-.01246
1.00	-9.9718	-1.7042	-.0000	-.00000

XM/L=0.5

X/L	FP	FS	FQ	FM
.05	10.0508	1.7142	.5025	.01256
.10	4.2797	1.5356	.7165	.04304
.15	3.3195	1.3569	.8825	.08302
.20	2.6094	1.1780	1.0130	.13040
.25	2.0818	.9988	1.1171	.18365
.30	1.6400	.8191	1.1991	.24156
.35	1.2467	.6388	1.2614	.30307
.40	.8812	.4577	1.3055	.36724
.45	.5299	.2755	1.3320	.43318
.50	.1807	.0922	1.3410	-.50000
.55	-.1807	-.0922	1.3320	-.43318
.60	-.5299	-.2755	1.3055	-.36724
.65	-.8812	-.4577	1.2614	-.30307
.70	-1.2467	-.6388	1.1991	-.24156
.75	-1.6400	-.8191	1.1171	-.18365
.80	-2.0818	-.9988	1.0130	-.13040
.85	-2.6094	-1.1780	.8825	-.08302
.90	-3.3195	-1.3569	.7165	-.04304
.95	-4.2797	-1.5356	.5025	-.01256
1.00	-10.0508	-1.7142	-.0000	-.00000

B/L= 1.00 DS/B1= 1.00 KS=100.000

XQ/L=0.0

X/L	FP	FS	FQ	FM
.05	7.2210	1.3583	-.6389	-.04097
.10	3.2391	1.2676	-.4770	-.06887
.15	2.6319	1.1770	-.3454	-.08943
.20	2.1954	1.0864	-.2356	-.10396
.25	1.8851	.9958	-.1414	-.11338
.30	1.6345	.9052	-.0597	-.11841
.35	1.4187	.8147	.0113	-.11962
.40	1.2244	.7242	.0725	-.11752
.45	1.0436	.6337	.1247	-.11259
.50	.8713	.5433	.1682	-.10527
.55	.7036	.4529	.2034	-.09598
.60	.5374	.3626	.2303	-.08514
.65	.3699	.2723	.2488	-.07316
.70	.1979	.1819	.2587	-.06047
.75	.0169	.0917	.2595	-.04752
.80	-.1797	.0014	.2505	-.03476
.85	-.4039	-.0889	.2304	-.02274
.90	-.6860	-.1791	.1961	-.01208
.95	-1.0489	-.2694	.1436	-.00359
1.00	-2.8721	-.3596	-.0000	-.00000

XQ/L=0.1

X/L	FP	FS	FQ	FM
.05	6.2080	1.1861	.3104	.00776
.10	2.8094	1.1137	-.5491	.02679
.15	2.2999	1.0413	-.4341	.00221
.20	1.9358	.9689	-.3373	-.01708
.25	1.6792	.8965	-.2534	-.03185
.30	1.4735	.8241	-.1797	-.04267
.35	1.2975	.7517	-.1148	-.05004
.40	1.1399	.6793	-.0578	-.05435
.45	.9940	.6070	-.0081	-.05600
.50	.8554	.5346	.0346	-.05534
.55	.7212	.4623	.0707	-.05271
.60	.5888	.3900	.1001	-.04844
.65	.4560	.3177	.1229	-.04286
.70	.3205	.2454	.1390	-.03631
.75	.1790	.1731	.1479	-.02914
.80	.0269	.1009	.1493	-.02171
.85	-.1441	.0286	.1420	-.01443
.90	-.3547	-.0436	.1243	-.00777
.95	-.6209	-.1159	.0933	-.00233
1.00	-1.8653	-.1881	-.0000	-.00000

XQ/L=0.2

X/L	FP	FS	FQ	FM
.05	5.1956	1.0140	.2598	.00649
.10	2.3797	.9598	.3788	.02246
.15	1.9677	.9056	.4772	.04386
.20	1.6760	.8514	-.4390	.06981
.25	1.4732	.7972	-.3654	.04970
.30	1.3124	.7429	-.2998	.03307
.35	1.1763	.6887	-.2410	.01955
.40	1.0554	.6344	-.1882	.00882
.45	.9443	.5802	-.1410	.00059
.50	.8396	.5259	-.0990	-.00541
.55	.7388	.4716	-.0621	-.00943
.60	.6402	.4174	-.0300	-.01173
.65	.5421	.3631	-.0029	-.01256
.70	.4431	.3088	.0192	-.01215
.75	.3411	.2546	.0363	-.01076
.80	.2335	.2003	.0479	-.00866
.85	.1157	.1461	.0537	-.00612
.90	-.0233	.0919	.0526	-.00346
.95	-.1929	.0376	.0429	-.00107
1.00	-.8584	-.0166	-.0000	-.00000

XQ/L=0.3

X/L	FP	FS	FQ	FM
.05	4.1842	.8419	.2092	.00523
.10	1.9502	.8059	.3067	.01813
.15	1.6355	.7699	.3885	.03551
.20	1.4159	.7338	.4593	.05670
.25	1.2668	.6978	.5226	.08125
.30	1.1511	.6617	-.4198	.10882
.35	1.0548	.6256	-.3671	.08915
.40	.9707	.5895	-.3185	.07201
.45	.8945	.5533	-.2738	.05720
.50	.8236	.5171	-.2326	.04454
.55	.7564	.4809	-.1948	.03385
.60	.6915	.4447	-.1602	.02498
.65	.6282	.4085	-.1288	.01775
.70	.5656	.3723	-.1006	.01201
.75	.5032	.3361	-.0754	.00762
.80	.4401	.2998	-.0534	.00440
.85	.3756	.2636	-.0346	.00220
.90	.3082	.2274	-.0192	.00085
.95	.2352	.1911	-.0074	.00019
1.00	.1487	.1549	-.0000	-.00000

XQ/L=0.4

X/L	FP	FS	FQ	FM
.05	3.1740	.6700	.1587	.00397
.10	1.5210	.6521	.2347	.01380
.15	1.3034	.6342	.2999	.02717
.20	1.1557	.6162	.3577	.04361
.25	1.0602	.5983	.4107	.06282
.30	.9893	.5804	.4602	.08459
.35	.9329	.5624	.5068	.10877
.40	.8856	.5444	-.4489	.13522
.45	.8444	.5263	-.4067	.11383
.50	.8075	.5083	-.3663	.09450
.55	.7738	.4902	-.3276	.07715
.60	.7427	.4720	-.2905	.06170
.65	.7142	.4539	-.2548	.04807
.70	.6882	.4357	-.2204	.03619
.75	.6653	.4175	-.1871	.02601
.80	.6468	.3993	-.1548	.01746
.85	.6355	.3811	-.1230	.01052
.90	.6397	.3629	-.0910	.00517
.95	.6635	.3447	-.0578	.00145
1.00	1.1564	.3265	-.0000	-.00000

XQ/L=0.5

X/L	FP	FS	FQ	FM
.05	2.1647	.4982	.1082	.00271
.10	1.0921	.4984	.1628	.00948
.15	.9715	.4985	.2114	.01884
.20	.8956	.4987	.2562	.03053
.25	.8535	.4988	.2989	.04441
.30	.8273	.4990	.3402	.06038
.35	.8106	.4991	.3808	.07841
.40	.8000	.4992	.4208	.09845
.45	.7938	.4993	.4605	.12048
.50	.7909	.4993	-.5000	.14449
.55	.7909	.4993	-.4605	.12048
.60	.7938	.4993	-.4208	.09845
.65	.8000	.4992	-.3808	.07841
.70	.8106	.4991	-.3402	.06038
.75	.8273	.4990	-.2989	.04441
.80	.8535	.4988	-.2562	.03053
.85	.8956	.4987	-.2114	.01884
.90	.9715	.4985	-.1628	.00948
.95	1.0921	.4984	-.1082	.00271
1.00	2.1647	.4982	-.0000	-.00000

B/L= 1.00 DS/B1= 1.00 KS=100.000

XM/L=0.0

X/L	FP	FS	FQ	FM
.05	10.1313	1.7220	.5066	-.98734
.10	4.2958	1.5393	.7214	-.95664
.15	3.3192	1.3569	.8873	-.91642
.20	2.5963	1.1748	1.0171	-.86881
.25	2.0589	.9929	1.1201	-.81538
.30	1.6098	.8113	1.2006	-.75736
.35	1.2119	.6300	1.2612	-.69582
.40	.8450	.4488	1.3034	-.63170
.45	.4966	.2679	1.3282	-.56591
.50	.1584	.0871	1.3362	-.49930
.55	-.1764	-.0935	1.3273	-.43271
.60	-.5140	-.2739	1.3016	-.36699
.65	-.8610	-.4543	1.2586	-.30298
.70	-1.2258	-.6345	1.1973	-.24159
.75	-1.6208	-.8147	1.1163	-.18375
.80	-2.0660	-.9948	1.0130	-.13052
.85	-2.5981	-1.1748	.8831	-.08312
.90	-3.3136	-1.3548	.7174	-.04310
.95	-4.2799	-1.5348	.5034	-.01258
1.00	-10.0678	-1.7148	.0000	-.00000

XM/L=0.1

X/L	FP	FS	FQ	FM
.05	10.1280	1.7217	.5064	.01266
.10	4.2976	1.5393	.7213	-.95665
.15	3.3199	1.3570	.8873	-.91643
.20	2.5967	1.1749	1.0171	-.86882
.25	2.0592	.9930	1.1201	-.81539
.30	1.6100	.8114	1.2006	-.75738
.35	1.2121	.6300	1.2612	-.69583
.40	.8451	.4489	1.3034	-.63172
.45	.4967	.2679	1.3283	-.56593
.50	.1585	.0872	1.3362	-.49932
.55	-.1763	-.0934	1.3274	-.43273
.60	-.5139	-.2739	1.3017	-.36700
.65	-.8609	-.4543	1.2586	-.30299
.70	-1.2258	-.6345	1.1973	-.24159
.75	-1.6208	-.8147	1.1163	-.18375
.80	-2.0660	-.9948	1.0130	-.13052
.85	-2.5982	-1.1748	.8831	-.08312
.90	-3.3137	-1.3549	.7174	-.04311
.95	-4.2800	-1.5349	.5034	-.01259
1.00	-10.0681	-1.7149	-.0000	-.00000

XM/L=0.2

X/L	FP	FS	FQ	FM
.05	10.1188	1.7209	.5059	.01265
.10	4.2966	1.5391	.7208	.04332
.15	3.3226	1.3572	.8869	.08351
.20	2.6003	1.1754	1.0169	-.86890
.25	2.0612	.9935	1.1200	-.81547
.30	1.6114	.8119	1.2005	-.75746
.35	1.2131	.6304	1.2612	-.69592
.40	.8459	.4492	1.3035	-.63180
.45	.4974	.2682	1.3284	-.56600
.50	.1590	.0874	1.3363	-.49939
.55	-.1760	-.0932	1.3275	-.43279
.60	-.5137	-.2738	1.3018	-.36706
.65	-.8608	-.4542	1.2588	-.30304
.70	-1.2258	-.6345	1.1975	-.24163
.75	-1.6209	-.8147	1.1165	-.18378
.80	-2.0662	-.9948	1.0132	-.13054
.85	-2.5985	-1.1749	.8832	-.08313
.90	-3.3142	-1.3550	.7175	-.04311
.95	-4.2807	-1.5351	.5035	-.01259
1.00	-10.0699	-1.7151	-.0000	-.00000

XM/L=0.3

X/L	FP	FS	FQ	FM
.05	10.1081	1.7198	.5054	.01264
.10	4.2937	1.5385	.7201	.04327
.15	3.3218	1.3571	.8862	.08343
.20	2.6017	1.1757	1.0163	.13099
.25	2.0656	.9943	1.1196	.18439
.30	1.6163	.8129	1.2004	-.75762
.35	1.2162	.6314	1.2612	-.69608
.40	.8481	.4501	1.3036	-.63196
.45	.4991	.2689	1.3285	-.56616
.50	.1603	.0880	1.3365	-.49953
.55	-.1750	-.0928	1.3278	-.43292
.60	-.5129	-.2734	1.3022	-.36717
.65	-.8603	-.4539	1.2591	-.30314
.70	-1.2255	-.6343	1.1979	-.24171
.75	-1.6209	-.8146	1.1168	-.18385
.80	-2.0665	-.9949	1.0135	-.13059
.85	-2.5990	-1.1751	.8835	-.08316
.90	-3.3151	-1.3553	.7178	-.04313
.95	-4.2821	-1.5355	.5037	-.01259
1.00	-10.0737	-1.7156	-.0000	-.00000

XM/L=0.4

X/L	FP	FS	FQ	FM
.05	10.0973	1.7186	.5049	.01262
.10	4.2904	1.5377	.7194	.04323
.15	3.3202	1.3567	.8854	.08335
.20	2.6015	1.1758	1.0155	.13087
.25	2.0668	.9948	1.1188	.18423
.30	1.6192	.8137	1.1998	.24219
.35	1.2217	.6326	1.2609	.30371
.40	.8539	.4514	1.3035	-.63218
.45	.5028	.2702	1.3287	-.56638
.50	.1629	.0890	1.3368	-.49974
.55	-.1730	-.0919	1.3282	-.43311
.60	-.5115	-.2727	1.3026	-.36735
.65	-.8593	-.4534	1.2596	-.30329
.70	-1.2250	-.6340	1.1984	-.24184
.75	-1.6208	-.8145	1.1174	-.18394
.80	-2.0668	-.9950	1.0140	-.13066
.85	-2.5998	-1.1754	.8840	-.08321
.90	-3.3165	-1.3557	.7182	-.04315
.95	-4.2842	-1.5361	.5040	-.01260
1.00	-10.0797	-1.7164	-.0000	-.00000

XM/L=0.5

X/L	FP	FS	FQ	FM
.05	10.0877	1.7174	.5044	.01261
.10	4.2871	1.5368	.7187	.04319
.15	3.3183	1.3562	.8847	.08327
.20	2.6008	1.1756	1.0147	.13076
.25	2.0670	.9949	1.1180	.18407
.30	1.6203	.8142	1.1991	.24200
.35	1.2239	.6335	1.2602	.30348
.40	.8575	.4526	1.3031	.36757
.45	.5088	.2717	1.3286	.43336
.50	.1691	.0906	1.3370	-.50000
.55	-.1691	-.0906	1.3286	-.43336
.60	-.5088	-.2717	1.3031	-.36757
.65	-.8575	-.4526	1.2602	-.30348
.70	-1.2239	-.6335	1.1991	-.24200
.75	-1.6203	-.8142	1.1180	-.18407
.80	-2.0670	-.9949	1.0147	-.13076
.85	-2.6008	-1.1756	.8847	-.08327
.90	-3.3183	-1.3562	.7187	-.04319
.95	-4.2871	-1.5368	.5044	-.01261
1.00	-10.0877	-1.7174	-.0000	-.00000

GLEICHMAESSIGE BELASTUNG B/L = 1.00 DS/B1 = 1.00

KS = .001

X/L	FP	FS	FQ	FM
.05	1.1248	.3882	.0062	.00016
.10	.8879	.4376	.0006	.00033
.15	.9635	.4793	-.0012	.00031
.20	.9954	.5113	-.0014	.00025
.25	1.0065	.5349	-.0011	.00019
.30	1.0077	.5520	-.0007	.00014
.35	1.0058	.5642	-.0004	.00011
.40	1.0039	.5726	-.0002	.00010
.45	1.0026	.5780	-.0001	.00009
.50	1.0020	.5806	.0000	.00009
.55	1.0020	.5806	.0001	.00009
.60	1.0026	.5780	.0002	.00010
.65	1.0039	.5726	.0004	.00011
.70	1.0058	.5642	.0007	.00014
.75	1.0077	.5520	.0011	.00019
.80	1.0065	.5349	.0014	.00025
.85	.9954	.5113	.0012	.00031
.90	.9635	.4793	-.0006	.00033
.95	.8879	.4376	-.0062	.00016
1.00	1.1248	.3882	.0000	.00000

KS = .003

X/L	FP	FS	FQ	FM
.05	1.2069	.3937	.0103	.00026
.10	.8673	.4366	.0037	.00061
.15	.9261	.4749	.0000	.00070
.20	.9660	.5065	-.0017	.00066
.25	.9915	.5315	-.0021	.00057
.30	1.0043	.5502	-.0019	.00047
.35	1.0092	.5638	-.0014	.00038
.40	1.0101	.5731	-.0009	.00032
.45	1.0096	.5790	-.0005	.00029
.50	1.0091	.5818	-.0000	.00028
.55	1.0091	.5818	.0005	.00029
.60	1.0096	.5790	.0009	.00032
.65	1.0101	.5731	.0014	.00038
.70	1.0092	.5638	.0019	.00047
.75	1.0043	.5502	.0021	.00057
.80	.9915	.5315	.0017	.00066
.85	.9660	.5066	-.0000	.00070
.90	.9261	.4749	-.0037	.00061
.95	.8673	.4366	-.0103	.00026
1.00	1.2069	.3937	.0000	.00000

KS = .010

X/L	FP	FS	FQ	FM
.05	1.3291	.4039	.0165	.00041
.10	.8664	.4389	.0098	.00107
.15	.8946	.4716	.0045	.00142
.20	.9264	.5005	.0008	.00156
.25	.9577	.5249	-.0013	.00155
.30	.9819	.5447	-.0022	.00146
.35	.9989	.5599	-.0022	.00135
.40	1.0098	.5710	-.0018	.00125
.45	1.0161	.5781	-.0009	.00118
.50	1.0190	.5816	.0000	.00116
.55	1.0190	.5816	.0009	.00118
.60	1.0161	.5781	.0018	.00125
.65	1.0098	.5710	.0022	.00135
.70	.9989	.5599	.0022	.00146
.75	.9819	.5447	.0013	.00155
.80	.9577	.5249	-.0008	.00156
.85	.9264	.5005	-.0045	.00142
.90	.8946	.4716	-.0098	.00107
.95	.8664	.4389	-.0165	.00041
1.00	1.3291	.4039	.0000	.00000

KS = .020

X/L	FP	FS	FQ	FM
.05	1.4201	.4129	.0210	.00053
.10	.8802	.4431	.0150	.00143
.15	.8882	.4719	.0094	.00204
.20	.9092	.4980	.0049	.00239
.25	.9372	.5207	.0017	.00256
.30	.9628	.5398	-.0001	.00260
.35	.9833	.5550	-.0010	.00257
.40	.9983	.5663	-.0010	.00252
.45	1.0080	.5737	-.0006	.00248
.50	1.0127	.5774	.0000	.00247
.55	1.0127	.5774	.0006	.00248
.60	1.0080	.5737	.0010	.00252
.65	.9983	.5663	.0010	.00257
.70	.9833	.5550	.0001	.00260
.75	.9628	.5398	-.0017	.00256
.80	.9372	.5207	-.0049	.00239
.85	.9092	.4980	-.0094	.00204
.90	.8882	.4719	-.0150	.00143
.95	.8802	.4431	-.0210	.00053
1.00	1.4201	.4129	.0000	.00000

KS = .050

X/L	FP	FS	FQ	FM
.05	1.5784	.4302	.0289	.00072
.10	.9183	.4534	.0248	.00207
.15	.8961	.4757	.0196	.00318
.20	.8968	.4965	.0145	.00403
.25	.9128	.5151	.0101	.00465
.30	.9318	.5311	.0067	.00507
.35	.9495	.5442	.0042	.00534
.40	.9638	.5541	.0024	.00550
.45	.9737	.5608	.0011	.00559
.50	.9788	.5642	.0000	.00562
.55	.9788	.5642	-.0011	.00559
.60	.9737	.5608	-.0024	.00550
.65	.9638	.5541	-.0042	.00534
.70	.9495	.5442	-.0067	.00507
.75	.9318	.5311	-.0101	.00465
.80	.9128	.5151	-.0145	.00403
.85	.8968	.4965	-.0196	.00318
.90	.8961	.4757	-.0248	.00207
.95	.9183	.4534	-.0289	.00072
1.00	1.5784	.4302	.0000	.00000

KS = .100

X/L	FP	FS	FQ	FM
.05	1.7249	.4469	.0362	.00091
.10	.9596	.4642	.0342	.00267
.15	.9120	.4809	.0298	.00427
.20	.8935	.4965	.0245	.00563
.25	.8958	.5107	.0193	.00672
.30	.9050	.5231	.0145	.00757
.35	.9157	.5332	.0103	.00819
.40	.9253	.5411	.0066	.00861
.45	.9323	.5463	.0032	.00886
.50	.9360	.5490	.0000	.00894
.55	.9360	.5490	-.0032	.00886
.60	.9323	.5463	-.0066	.00861
.65	.9253	.5411	-.0103	.00819
.70	.9157	.5332	-.0145	.00757
.75	.9050	.5231	-.0193	.00672
.80	.8958	.5107	-.0245	.00563
.85	.8935	.4965	-.0298	.00427
.90	.9120	.4809	-.0342	.00267
.95	.9596	.4642	-.0362	.00091
1.00	1.7249	.4469	.0000	.00000

GLEICHMAESSIGE BELASTUNG B/L= 1.00 DS/B1= 1.00

KS= .200

X/L	FP	FS	FQ	FM
.05	1.8705	.4638	.0435	.00109
.10	1.0027	.4753	.0437	.00327
.15	.9306	.4865	.0402	.00536
.20	.8931	.4971	.0348	.00724
.25	.8811	.5067	.0289	.00883
.30	.8790	.5151	.0228	.01013
.35	.8812	.5220	.0169	.01112
.40	.8847	.5274	.0111	.01182
.45	.8877	.5311	.0055	.01224
.50	.8895	.5329	.0000	.01238
.55	.8895	.5329	-.0055	.01224
.60	.8877	.5311	-.0111	.01182
.65	.8847	.5274	-.0169	.01112
.70	.8812	.5220	-.0228	.01013
.75	.8790	.5151	-.0289	.00883
.80	.8811	.5067	-.0348	.00724
.85	.8931	.4971	-.0402	.00536
.90	.9306	.4865	-.0437	.00327
.95	1.0027	.4753	-.0435	.00109
1.00	1.8705	.4638	.0000	.00000

KS= .500

X/L	FP	FS	FQ	FM
.05	2.0182	.4810	.0509	.00127
.10	1.0474	.4868	.0533	.00388
.15	.9508	.4925	.0508	.00648
.20	.8941	.4978	.0455	.00889
.25	.8670	.5027	.0389	.01100
.30	.8530	.5070	.0315	.01276
.35	.8459	.5106	.0238	.01414
.40	.8424	.5133	.0159	.01514
.45	.8409	.5152	.0080	.01573
.50	.8404	.5161	.0000	.01593
.55	.8404	.5161	-.0080	.01573
.60	.8409	.5152	-.0159	.01514
.65	.8424	.5133	-.0238	.01414
.70	.8459	.5106	-.0315	.01276
.75	.8530	.5070	-.0389	.01100
.80	.8670	.5027	-.0455	.00889
.85	.8941	.4978	-.0508	.00648
.90	.9508	.4925	-.0533	.00388
.95	1.0474	.4868	-.0509	.00127
1.00	2.0182	.4810	.0000	.00000

KS= 1.000

X/L	FP	FS	FQ	FM
.05	2.0863	.4890	.0543	.00136
.10	1.0682	.4922	.0577	.00416
.15	.9604	.4953	.0557	.00700
.20	.8948	.4982	.0505	.00965
.25	.8607	.5009	.0435	.01200
.30	.8411	.5033	.0356	.01398
.35	.8295	.5052	.0270	.01554
.40	.8227	.5067	.0182	.01668
.45	.8190	.5078	.0091	.01736
.50	.8173	.5083	.0000	.01759
.55	.8173	.5083	-.0091	.01736
.60	.8190	.5078	-.0182	.01668
.65	.8227	.5067	-.0270	.01554
.70	.8295	.5052	-.0356	.01398
.75	.8411	.5033	-.0435	.01200
.80	.8607	.5009	-.0505	.00965
.85	.8948	.4982	-.0557	.00700
.90	.9604	.4953	-.0577	.00416
.95	1.0682	.4922	-.0543	.00136
1.00	2.0863	.4890	.0000	.00000

KS= 3.000

X/L	FP	FS	FQ	FM
.05	2.1396	.4953	.0570	.00142
.10	1.0845	.4964	.0612	.00438
.15	.9680	.4975	.0596	.00740
.20	.8954	.4985	.0544	.01025
.25	.8559	.4995	.0472	.01279
.30	.8318	.5003	.0388	.01494
.35	.8167	.5010	.0296	.01664
.40	.8073	.5016	.0200	.01788
.45	.8018	.5020	.0100	.01863
.50	.7992	.5021	.0000	.01888
.55	.7992	.5021	-.0100	.01863
.60	.8018	.5020	-.0200	.01788
.65	.8073	.5016	-.0296	.01664
.70	.8167	.5010	-.0388	.01494
.75	.8318	.5003	-.0472	.01279
.80	.8559	.4995	-.0544	.01025
.85	.8954	.4985	-.0596	.00740
.90	.9680	.4975	-.0612	.00438
.95	1.0845	.4964	-.0570	.00142
1.00	2.1396	.4953	.0000	.00000

KS= 10.000

X/L	FP	FS	FQ	FM
.05	2.1600	.4977	.0580	.00145
.10	1.0907	.4980	.0625	.00446
.15	.9709	.4984	.0611	.00755
.20	.8956	.4987	.0559	.01048
.25	.8540	.4990	.0486	.01309
.30	.8282	.4992	.0400	.01530
.35	.8117	.4994	.0306	.01707
.40	.8013	.4996	.0206	.01835
.45	.7951	.4997	.0104	.01912
.50	.7922	.4998	.0000	.01938
.55	.7922	.4998	-.0104	.01912
.60	.7951	.4997	-.0206	.01835
.65	.8013	.4996	-.0306	.01707
.70	.8117	.4994	-.0400	.01530
.75	.8282	.4992	-.0486	.01309
.80	.8540	.4990	-.0559	.01048
.85	.8956	.4987	-.0611	.00755
.90	.9709	.4984	-.0625	.00446
.95	1.0907	.4980	-.0580	.00145
1.00	2.1600	.4977	.0000	.00000

KS=100.000

X/L	FP	FS	FQ	FM
.05	2.1682	.4986	.0584	.00146
.10	1.0932	.4987	.0631	.00450
.15	.9721	.4987	.0617	.00762
.20	.8957	.4987	.0565	.01057
.25	.8533	.4988	.0491	.01321
.30	.8268	.4988	.0405	.01545
.35	.8098	.4988	.0310	.01723
.40	.7989	.4988	.0209	.01853
.45	.7925	.4988	.0105	.01932
.50	.7895	.4988	.0000	.01958
.55	.7895	.4988	-.0105	.01932
.60	.7925	.4988	-.0209	.01853
.65	.7989	.4988	-.0310	.01723
.70	.8098	.4988	-.0405	.01545
.75	.8268	.4988	-.0491	.01321
.80	.8533	.4988	-.0565	.01057
.85	.8957	.4987	-.0617	.00762
.90	.9721	.4987	-.0631	.00450
.95	1.0932	.4987	-.0584	.00146
1.00	2.1682	.4986	.0000	.00000

B/L= 1.00 DS/B1= 2.00 KS= .001

XQ/L=0.0

X/L	FP	FS	FQ	FM
.05	22.5218	2.7452	.1261	-.02185
.10	.8087	1.5757	.1665	-.01453
.15	-1.0551	.9546	.1138	-.00752
.20	-1.1172	.6609	.0579	-.00323
.25	-.6783	.5252	.0240	-.00118
.30	-.3227	.4536	.0079	-.00039
.35	-.1234	.4046	.0017	-.00015
.40	-.0344	.3632	-.0000	-.00011
.45	-.0032	.3256	-.0002	-.00011
.50	.0039	.2913	.0000	-.00012
.55	.0033	.2605	.0002	-.00011
.60	.0014	.2331	.0002	-.00010
.65	.0001	.2089	.0002	-.00009
.70	-.0005	.1877	.0002	-.00008
.75	-.0005	.1689	.0002	-.00007
.80	-.0001	.1523	.0002	-.00006
.85	.0008	.1376	.0002	-.00005
.90	.0021	.1245	.0003	-.00003
.95	.0031	.1125	.0005	-.00001
1.00	-.0098	.1013	-.0000	-.00000

XQ/L=0.1

X/L	FP	FS	FQ	FM
.05	3.4992	1.3832	.1750	.00437
.10	6.3711	1.7098	-.5065	.02109
.15	6.2681	1.7058	-.1931	.00360
.20	3.0153	1.3823	-.0423	-.00229
.25	1.0532	1.0486	.0104	-.00309
.30	.1878	.7988	.0197	-.00233
.35	-.0874	.6309	.0154	-.00146
.40	-.1217	.5195	.0093	-.00084
.45	-.0873	.4423	.0049	-.00048
.50	-.0494	.3847	.0025	-.00030
.55	-.0243	.3386	.0012	-.00021
.60	-.0108	.3002	.0007	-.00016
.65	-.0047	.2672	.0005	-.00013
.70	-.0022	.2386	.0003	-.00011
.75	-.0011	.2136	.0003	-.00009
.80	-.0002	.1917	.0003	-.00008
.85	.0010	.1725	.0003	-.00007
.90	.0027	.1554	.0005	-.00005
.95	.0041	.1400	.0007	-.00002
1.00	-.0134	.1255	-.0000	-.00000

XQ/L=0.2

X/L	FP	FS	FQ	FM
.05	-.7701	.7260	-.0385	-.00096
.10	1.2760	1.0364	.0253	-.00129
.15	3.1659	1.3845	.1836	.00393
.20	6.2751	1.7030	-.5027	.02095
.25	6.2147	1.6991	-.1919	.00359
.30	2.9946	1.3778	-.0422	-.00226
.35	1.0476	1.0460	.0102	-.00306
.40	.1877	.7973	.0196	-.00232
.45	-.0862	.6301	.0153	-.00145
.50	-.1207	.5191	.0092	-.00084
.55	-.0867	.4420	.0049	-.00048
.60	-.0491	.3844	.0024	-.00030
.65	-.0242	.3385	.0012	-.00021
.70	-.0108	.3001	.0007	-.00016
.75	-.0044	.2672	.0005	-.00013
.80	-.0013	.2387	.0004	-.00011
.85	.0011	.2138	.0005	-.00009
.90	.0035	.1918	.0006	-.00006
.95	.0053	.1722	.0009	-.00002
1.00	-.0179	.1537	-.0000	-.00000

XQ/L=0.3

X/L	FP	FS	FQ	FM
.05	-.5185	.4907	-.0259	-.00065
.10	.0003	.6258	-.0259	-.00194
.15	.2594	.7999	-.0129	-.00292
.20	1.0864	1.0476	.0414	-.00220
.25	2.9983	1.3755	.1913	.00361
.30	6.1757	1.6917	-.4999	.02090
.35	6.1710	1.6908	-.1914	.00362
.40	2.9804	1.3727	-.0423	-.00223
.45	1.0454	1.0430	.0099	-.00304
.50	.1891	.7957	.0194	-.00231
.55	-.0845	.6291	.0152	-.00144
.60	-.1196	.5184	.0092	-.00083
.65	-.0861	.4415	.0049	-.00048
.70	-.0488	.3840	.0024	-.00030
.75	-.0237	.3382	.0012	-.00021
.80	-.0095	.3000	.0008	-.00016
.85	-.0015	.2672	.0007	-.00012
.90	.0037	.2387	.0009	-.00008
.95	.0068	.2133	.0012	-.00003
1.00	-.0244	.1896	-.0000	-.00000

XQ/L=0.4

X/L	FP	FS	FQ	FM
.05	-.1721	.3752	-.0086	-.00022
.10	-.0556	.4407	-.0114	-.00071
.15	-.0954	.5199	-.0162	-.00140
.20	-.0708	.6306	-.0197	-.00230
.25	.1952	.7966	-.0099	-.00304
.30	1.0479	1.0433	.0425	-.00223
.35	2.9812	1.3723	.1915	.00362
.40	6.1701	1.6897	-.5000	.02091
.45	6.1701	1.6896	-.1915	.00363
.50	2.9809	1.3720	-.0424	-.00222
.55	1.0461	1.0427	.0099	-.00304
.60	.1894	.7954	.0194	-.00230
.65	-.0844	.6289	.0151	-.00144
.70	-.1194	.5183	.0092	-.00084
.75	-.0855	.4415	.0049	-.00048
.80	-.0471	.3843	.0025	-.00030
.85	-.0196	.3386	.0015	-.00020
.90	-.0026	.3003	.0014	-.00012
.95	.0064	.2668	.0017	-.00004
1.00	-.0348	.2357	-.0000	-.00000

XQ/L=0.5

X/L	FP	FS	FQ	FM
.05	-.0624	.2959	-.0031	-.00008
.10	-.0079	.3379	-.0035	-.00024
.15	-.0368	.3848	-.0054	-.00047
.20	-.0795	.4422	-.0093	-.00083
.25	-.1168	.5188	-.0152	-.00144
.30	-.0835	.6292	-.0193	-.00231
.35	.1896	.7956	-.0099	-.00304
.40	1.0460	1.0427	.0424	-.00222
.45	2.9809	1.3720	.1915	.00363
.50	6.1702	1.6896	-.5000	.02091
.55	6.1702	1.6896	-.1915	.00363
.60	2.9809	1.3720	-.0424	-.00222
.65	1.0460	1.0427	.0099	-.00304
.70	.1896	.7956	.0193	-.00231
.75	-.0835	.6292	.0152	-.00144
.80	-.1168	.5188	.0093	-.00083
.85	-.0795	.4422	.0054	-.00047
.90	-.0368	.3848	.0035	-.00024
.95	-.0079	.3379	.0031	-.00008
1.00	-.0624	.2959	-.0000	-.00000

B/L= 1.00 DS/B1= 2.00 KS= .001

XM/L=0.0

X/L	FP	FS	FQ	FM
.05	223.4273	14.8597	11.1714	-.72072
.10	-102.8024	-4.1122	6.0312	-.29065
.15	-70.2996	-8.2349	2.5163	-.07696
.20	-36.0457	-7.0631	.7140	.00379
.25	-13.8120	-4.9064	.0234	.02223
.30	-3.4336	-3.1832	-.1483	.01910
.35	.2473	-2.0906	-.1359	.01200
.40	1.0071	-1.4638	-.0856	.00646
.45	.8177	-1.1108	-.0447	.00320
.50	.4825	-.9001	-.0206	.00157
.55	.2371	-.7596	-.0087	.00084
.60	.1008	-.6545	-.0037	.00053
.65	.0377	-.5696	-.0018	.00039
.70	.0128	-.4985	-.0012	.00032
.75	.0044	-.4379	-.0009	.00027
.80	.0011	-.3861	-.0009	.00022
.85	-.0019	-.3417	-.0010	.00018
.90	-.0059	-.3032	-.0013	.00012
.95	-.0093	-.2691	-.0017	.00004
1.00	.0347	-.2375	.0000	-.00000

XM/L=0.1

X/L	FP	FS	FQ	FM
.05	105.8058	10.3230	5.2903	.13226
.10	53.3387	5.3009	7.9572	-.53655
.15	-64.6328	-4.7399	4.7256	-.21948
.20	-56.3477	-7.3922	1.9082	-.05364
.25	-27.9084	-6.1236	.5128	.00688
.30	-10.4495	-4.2409	-.0097	.01946
.35	-2.4151	-2.7861	-.1305	.01596
.40	.3501	-1.8701	-.1130	.00987
.45	.8643	-1.3404	-.0697	.00530
.50	.6722	-1.0357	-.0361	.00266
.55	.3897	-.8483	-.0166	.00134
.60	.1897	-.7197	-.0072	.00074
.65	.0805	-.6217	-.0031	.00049
.70	.0303	-.5419	-.0016	.00037
.75	.0102	-.4749	-.0011	.00030
.80	.0025	-.4178	-.0010	.00025
.85	-.0021	-.3689	-.0011	.00020
.90	-.0068	-.3267	-.0014	.00013
.95	-.0103	-.2894	-.0019	.00005
1.00	.0389	-.2549	-.0000	-.00000

XM/L=0.2

X/L	FP	FS	FQ	FM
.05	5.6574	3.6933	.2829	.00707
.10	27.8988	5.8508	1.6778	.05609
.15	53.8323	7.1482	4.3694	.20727
.20	59.4662	4.6634	7.3427	-.49993
.25	-58.5261	-4.4957	4.4164	-.20595
.30	-52.4868	-6.9995	1.7921	-.05074
.35	-26.1354	-5.8171	.4853	.00620
.40	-9.8346	-4.0483	-.0064	.01817
.45	-2.2970	-2.6758	-.1213	.01498
.50	.3110	-1.8076	-.1057	.00930
.55	.8039	-1.3028	-.0655	.00502
.60	.6291	-1.0104	-.0341	.00253
.65	.3662	-.8293	-.0158	.00129
.70	.1787	-.7043	-.0068	.00072
.75	.0754	-.6089	-.0031	.00048
.80	.0262	-.5313	-.0017	.00036
.85	.0036	-.4660	-.0016	.00027
.90	-.0082	-.4102	-.0020	.00018
.95	-.0144	-.3612	-.0027	.00007
1.00	.0539	-.3160	-.0000	-.00000

XM/L=0.3

X/L	FP	FS	FQ	FM
.05	-4.8570	1.4978	-.2429	-.00607
.10	3.2207	2.6477	-.0818	-.01419
.15	10.6031	4.1116	.4483	-.00503
.20	26.5910	5.8968	1.7779	.05063
.25	52.7555	7.0810	4.4157	.20547
.30	58.8554	4.5885	7.3584	-.50018
.35	-58.7860	-4.5493	4.4191	-.20574
.40	-52.5670	-7.0321	1.7908	-.05049
.45	-26.1446	-5.8357	.4835	.00637
.50	-9.8240	-4.0590	-.0077	.01826
.55	-2.2857	-2.6825	-.1219	.01502
.60	.3184	-1.8125	-.1060	.00932
.65	.8079	-1.3066	-.0656	.00503
.70	.6305	-1.0136	-.0341	.00254
.75	.3655	-.8323	-.0158	.00129
.80	.1751	-.7073	-.0071	.00072
.85	.0665	-.6119	-.0037	.00045
.90	.0109	-.5338	-.0032	.00028
.95	-.0140	-.4665	-.0039	.00010
1.00	.0780	-.4049	-.0000	-.00000

XM/L=0.4

X/L	FP	FS	FQ	FM
.05	-1.9918	.9232	-.0996	-.00249
.10	-.5491	1.2967	-.1270	-.00816
.15	-.0987	1.8281	-.1320	-.01463
.20	2.4123	2.7011	-.0114	-.01821
.25	9.8749	4.0742	.4824	-.00644
.30	26.1544	5.8480	1.7901	.05037
.35	52.5621	7.0445	4.4182	.20558
.40	58.7916	4.5660	7.3578	-.50002
.45	-58.7960	-4.5622	4.4180	-.20563
.50	-52.5610	-7.0395	1.7899	-.05043
.55	-26.1371	-5.8403	.4831	.00640
.60	-9.8188	-4.0623	-.0079	.01828
.65	-2.2829	-2.6851	-.1220	.01503
.70	.3193	-1.8148	-.1060	.00933
.75	.8064	-1.3090	-.0657	.00504
.80	.6247	-1.0162	-.0345	.00253
.85	.3520	-.8350	-.0169	.00125
.90	.1519	-.7096	-.0093	.00060
.95	.0399	-.6113	-.0073	.00018
1.00	.1457	-.5246	-.0000	-.00000

XM/L=0.5

X/L	FP	FS	FQ	FM
.05	-.4997	.6856	-.0250	-.00062
.10	-.2929	.8314	-.0396	-.00224
.15	-.5715	1.0192	-.0682	-.00494
.20	-.7745	1.3129	-.1069	-.00931
.25	-.3051	1.8179	-.1222	-.01504
.30	2.2873	2.6872	-.0078	-.01829
.35	9.8190	4.0638	.4831	-.00641
.40	26.1360	5.8415	1.7899	.05042
.45	52.5592	7.0407	4.4179	.20561
.50	58.7934	4.5637	7.3576	-.50000
.55	-58.7936	-4.5637	4.4179	-.20561
.60	-52.5591	-7.0407	1.7899	-.05042
.65	-26.1358	-5.8415	.4831	.00641
.70	-9.8191	-4.0638	-.0078	.01829
.75	-2.2874	-2.6872	-.1222	.01504
.80	.3052	-1.8179	-.1069	.00931
.85	.7745	-1.3129	-.0682	.00494
.90	.5715	-1.0192	-.0396	.00224
.95	.2928	-.8314	-.0250	.00062
1.00	.4997	-.6856	-.0000	-.00000

B/L= 1.00 DS/B1= 2.00 KS= .003

XQ/L=0.0

X/L	FP	FS	FQ	FM
.05	19.1166	2.5708	-.0442	-.02610
.10	3.1476	1.7365	.1132	-.02438
.15	.5372	1.1579	.1401	-.01805
.20	-.5144	.7919	.1143	-.01169
.25	-.7169	.5741	.0785	-.00686
.30	-.6119	.4483	.0479	-.00370
.35	-.4307	.3747	.0264	-.00185
.40	-.2673	.3284	.0130	-.00086
.45	-.1489	.2954	.0056	-.00040
.50	-.0737	.2685	.0019	-.00021
.55	-.0310	.2446	.0003	-.00016
.60	-.0094	.2225	-.0001	-.00015
.65	.0000	.2019	-.0001	-.00016
.70	.0034	.1829	.0000	-.00016
.75	.0041	.1656	.0002	-.00016
.80	.0043	.1498	.0004	-.00014
.85	.0044	.1355	.0007	-.00011
.90	.0043	.1225	.0009	-.00007
.95	.0026	.1104	.0010	-.00003
1.00	-.0202	.0987	-.0000	-.00000

XQ/L=0.1

X/L	FP	FS	FQ	FM
.05	5.5682	1.4745	.2784	.00696
.10	4.7926	1.5816	-.4820	.02687
.15	4.5488	1.5348	-.2545	.00846
.20	2.9105	1.3266	-.1090	-.00063
.25	1.5900	1.0822	-.0295	-.00409
.30	.7299	.8631	.0070	-.00465
.35	.2462	.6884	.0193	-.00400
.40	.0127	.5573	.0199	-.00301
.45	-.0763	.4612	.0161	-.00211
.50	-.0926	.3907	.0115	-.00142
.55	-.0788	.3378	.0076	-.00095
.60	-.0571	.2966	.0047	-.00064
.65	-.0371	.2632	.0028	-.00045
.70	-.0218	.2353	.0018	-.00033
.75	-.0111	.2112	.0012	-.00026
.80	-.0039	.1902	.0010	-.00021
.85	.0009	.1714	.0010	-.00015
.90	.0033	.1545	.0012	-.00010
.95	.0025	.1388	.0013	-.00003
1.00	-.0268	.1237	-.0000	-.00000

XQ/L=0.2

X/L	FP	FS	FQ	FM
.05	.1002	.7991	.0050	.00013
.10	1.8125	1.0696	.0956	.00264
.15	3.1835	1.3282	.2548	.01140
.20	4.7089	1.5199	-.5098	.03003
.25	4.6604	1.5198	-.2767	.01037
.30	3.0657	1.3330	-.1234	.00036
.35	1.7155	1.0957	-.0377	-.00367
.40	.8135	.8767	.0030	-.00453
.45	.2948	.6995	.0177	-.00401
.50	.0374	.5654	.0196	-.00308
.55	-.0659	.4668	.0163	-.00218
.60	-.0895	.3945	.0118	-.00148
.65	-.0787	.3404	.0079	-.00098
.70	-.0575	.2985	.0050	-.00066
.75	-.0367	.2647	.0032	-.00046
.80	-.0200	.2365	.0022	-.00032
.85	-.0079	.2122	.0018	-.00022
.90	-.0007	.1906	.0018	-.00013
.95	.0006	.1707	.0018	-.00004
1.00	-.0357	.1518	-.0000	-.00000

XQ/L=0.3

X/L	FP	FS	FQ	FM
.05	-.7982	.4932	-.0399	-.00100
.10	.3440	.6732	-.0227	-.00256
.15	.9209	.8713	.0233	-.00255
.20	1.7990	1.0960	.1133	.00087
.25	3.0878	1.3309	.2677	.01039
.30	4.6098	1.5128	-.5018	.02954
.35	4.5869	1.5102	-.2725	.01018
.40	3.0193	1.3243	-.1215	.00033
.45	1.6898	1.0890	-.0370	-.00364
.50	.8013	.8720	.0030	-.00449
.55	.2903	.6964	.0175	-.00397
.60	.0368	.5635	.0194	-.00305
.65	-.0644	.4657	.0162	-.00216
.70	-.0869	.3939	.0118	-.00146
.75	-.0751	.3401	.0081	-.00097
.80	-.0526	.2984	.0054	-.00063
.85	-.0307	.2646	.0039	-.00039
.90	-.0147	.2359	.0032	-.00022
.95	-.0079	.2102	.0028	-.00007
1.00	-.0554	.1860	-.0000	-.00000

XQ/_=0.4

X/L	FP	FS	FQ	FM
.05	-.5401	.3570	-.0270	-.00068
.10	-.0428	.4529	-.0291	-.00208
.15	.0958	.5625	-.0244	-.00342
.20	.3475	.6997	-.0070	-.00420
.25	.8414	.8754	.0351	-.00350
.30	1.7107	1.0904	.1206	.00040
.35	3.0208	1.3227	.2717	.01020
.40	4.5668	1.5051	-.5000	.02949
.45	4.5628	1.5043	-.2719	.01020
.50	3.0076	1.3201	-.1215	.00036
.55	1.6854	1.0863	-.0372	-.00360
.60	.8008	.8704	.0028	-.00446
.65	.2921	.6955	.0174	-.00396
.70	.0404	.5633	.0195	-.00303
.75	-.0590	.4659	.0165	-.00213
.80	-.0791	.3943	.0125	-.00141
.85	-.0653	.3403	.0093	-.00086
.90	-.0440	.2976	.0071	-.00045
.95	-.0311	.2615	.0055	-.00014
1.00	-.1105	.2283	-.0000	-.00000

XQ/L=0.5

X/L	FP	FS	FQ	FM
.05	-.2543	.2817	-.0127	-.00032
.10	-.0670	.3341	-.0161	-.00104
.15	-.0615	.3931	-.0191	-.00192
.20	-.0390	.4669	-.0211	-.00292
.25	.0558	.5649	-.0183	-.00391
.30	.3023	.6970	-.0032	-.00445
.35	.8067	.8713	.0371	-.00360
.40	1.6883	1.0866	.1216	.00037
.45	3.0081	1.3198	.2720	.01021
.50	4.5606	1.5032	-.5000	.02951
.55	4.5606	1.5032	-.2720	.01021
.60	3.0081	1.3198	-.1216	.00037
.65	1.6883	1.0866	-.0371	-.00360
.70	.8067	.8713	.0032	-.00445
.75	.3023	.6970	.0183	-.00391
.80	.0558	.5649	.0211	-.00292
.85	-.0390	.4669	.0191	-.00192
.90	-.0615	.3931	.0161	-.00104
.95	-.0670	.3341	.0127	-.00032
1.00	-.2543	.2817	-.0000	-.00000

B/L= 1.00   DS/B1= 2.00   KS= .003

XM/L=0.0

X/L	FP	FS	FQ	FM
.05	150.7321	11.5958	7.5366	-.81158
.10	-34.6070	.4457	5.8063	-.47801
.15	-41.5459	-4.2924	3.7290	-.23963
.20	-33.4583	-5.4856	2.0560	-.09501
.25	-21.8639	-5.0405	.9629	-.01954
.30	-12.4168	-4.0454	.3420	.01309
.35	-6.0926	-3.0310	.0374	.02257
.40	-2.4023	-2.2012	-.0827	.02144
.45	-.5208	-1.5940	-.1088	.01665
.50	.2773	-1.1778	-.0949	.01156
.55	.5041	-.9023	-.0697	.00744
.60	.4746	-.7213	-.0460	.00455
.65	.3596	-.5998	-.0280	.00270
.70	.2391	-.5141	-.0160	.00160
.75	.1426	-.4498	-.0089	.00098
.80	.0750	-.3981	-.0052	.00063
.85	.0317	-.3545	-.0036	.00041
.90	.0074	-.3160	-.0032	.00024
.95	-.0001	-.2807	-.0032	.00008
1.00	.0640	-.2470	.0000	-.00000

XM/L=0.1

X/L	FP	FS	FQ	FM
.05	95.5619	9.2301	4.7781	.11945
.10	26.1299	4.2361	6.0846	-.60898
.15	-30.2760	-2.0330	4.5708	-.34260
.20	-36.0916	-4.8257	2.7662	-.15917
.25	-26.4886	-5.1472	1.4418	-.05397
.30	-16.4207	-4.4306	.6207	-.00241
.35	-8.8523	-3.4492	.1781	.01756
.40	-4.0509	-2.5527	-.0244	.02141
.45	-1.3833	-1.8554	-.0936	.01846
.50	-.1034	-1.3588	-.0987	.01365
.55	.3835	-1.0228	-.0796	.00919
.60	.4746	-.8006	-.0558	.00580
.65	.4028	-.6529	-.0357	.00352
.70	.2880	-.5513	-.0213	.00209
.75	.1825	-.4775	-.0122	.00125
.80	.1027	-.4202	-.0070	.00077
.85	.0487	-.3730	-.0046	.00048
.90	.0168	-.3319	-.0038	.00027
.95	.0048	-.2946	-.0035	.00009
1.00	.0707	-.2591	-.0000	-.00000

XM/L=0.2

X/L	FP	FS	FQ	FM
.05	23.6446	4.5265	1.1822	.02956
.10	23.0561	4.9342	2.3350	.11749
.15	30.3757	4.6306	3.8538	.27221
.20	24.9988	2.4103	5.1038	-.50385
.25	-25.6602	-2.3759	3.8207	-.28074
.30	-30.5999	-4.5157	2.2908	-.12795
.35	-22.2292	-4.6440	1.1793	-.04120
.40	-13.6545	-3.9497	.4966	.00070
.45	-7.2809	-3.0670	.1325	.01642
.50	-3.2749	-2.2776	-.0312	.01895
.55	-1.0718	-1.6684	-.0848	.01605
.60	-.0301	-1.2354	-.0863	.01178
.65	.3540	-.9416	-.0686	.00790
.70	.4134	-.7457	-.0479	.00499
.75	.3416	-.6139	-.0309	.00302
.80	.2372	-.5218	-.0190	.00177
.85	.1434	-.4534	-.0118	.00100
.90	.0760	-.3986	-.0080	.00050
.95	.0400	-.3513	-.0060	.00015
1.00	.1207	-.3073	-.0000	-.00000

XM/L=0.3

X/L	FP	FS	FQ	FM
.05	-.0988	1.9466	-.0049	-.00012
.10	7.7243	2.9757	.3813	.00929
.15	14.3007	3.9671	1.0963	.04622
.20	22.7008	4.6959	2.2314	.12942
.25	30.7761	4.5701	3.7702	.27945
.30	25.5775	2.4320	5.0490	-.50007
.35	-25.1877	-2.3264	3.7897	-.27910
.40	-30.2831	-4.4653	2.2755	-.12747
.45	-22.0441	-4.6028	1.1733	-.04125
.50	-13.5600	-3.9196	.4953	.00046
.55	-7.2410	-3.0467	.1332	.01618
.60	-3.2646	-2.2645	-.0300	.01876
.65	-1.0761	-1.6604	-.0838	.01591
.70	-.0419	-1.2308	-.0859	.01167
.75	.3372	-.9392	-.0690	.00780
.80	.3919	-.7446	-.0494	.00484
.85	.3164	-.6127	-.0336	.00276
.90	.2159	-.5185	-.0228	.00135
.95	.1445	-.4446	-.0156	.00039
1.00	.3119	-.3793	-.0000	-.00000

XM/L=0.4

X/L	FP	FS	FQ	FM
.05	-3.4297	.9517	-.1715	-.00429
.10	1.2430	1.5733	-.1093	-.01131
.15	3.7163	2.2742	.0765	-.01213
.20	7.6773	3.0962	.4603	.00129
.25	13.8775	3.9803	1.1542	.04166
.30	22.2574	4.6642	2.2671	.12719
.35	30.4462	4.5270	3.7894	.27860
.40	25.3694	2.3926	5.0579	-.50022
.45	-25.3026	-2.3572	3.7927	-.27895
.50	-30.3380	-4.4876	2.2758	-.12724
.55	-22.0658	-4.6185	1.1725	-.04103
.60	-13.5671	-3.9312	.4942	.00064
.65	-7.2461	-3.0560	.1319	.01629
.70	-3.2765	-2.2731	-.0319	.01879
.75	-1.1015	-1.6689	-.0870	.01582
.80	-.0848	-1.2389	-.0913	.01136
.85	.2792	-.9448	-.0773	.00715
.90	.3408	-.7430	-.0602	.00371
.95	.3246	-.5951	-.0440	.00110
1.00	.8804	-.4709	-.0000	-.00000

XM/L=0.5

X/L	FP	FS	FQ	FM
.05	-2.1123	.6123	-.1056	-.00264
.10	-.2973	.8948	-.1205	-.00829
.15	.2270	1.2317	-.1091	-.01403
.20	1.2631	1.6805	-.0460	-.01791
.25	3.3990	2.2902	.1240	-.01596
.30	7.3230	3.0729	.4901	-.00061
.35	13.6087	3.9461	1.1706	.04091
.40	22.0859	4.6319	2.2749	.12705
.45	30.3508	4.5009	3.7924	.27873
.50	25.3230	2.3727	5.0585	-.50000
.55	-25.3231	-2.3727	3.7924	-.27873
.60	-30.3508	-4.5009	2.2749	-.12705
.65	-22.0858	-4.6319	1.1706	-.04091
.70	-13.6087	-3.9461	.4901	.00061
.75	-7.3231	-3.0729	.1240	.01596
.80	-3.3990	-2.2902	-.0460	.01791
.85	-1.2631	-1.6805	-.1091	.01403
.90	-.2270	-1.2317	-.1205	.00829
.95	.2973	-.8948	-.1056	.00264
1.00	2.1123	-.6123	-.0000	-.00000

B/L= 1.00 DS/B1= 2.00 KS= .010

XQ/L=0.0

X/L	FP	FS	FQ	FM
.05	15.7278	2.3551	-.2136	-.03034
.10	4.2099	1.7991	-.0031	-.03576
.15	1.9487	1.3436	.0943	-.03348
.20	.6231	.9925	.1255	-.02798
.25	-.0421	.7339	.1234	-.02176
.30	-.3445	.5498	.1061	-.01602
.35	-.4412	.4223	.0841	-.01127
.40	-.4290	.3356	.0626	-.00760
.45	-.3670	.2771	.0443	-.00493
.50	-.2892	.2372	.0298	-.00307
.55	-.2140	.2093	.0191	-.00185
.60	-.1497	.1887	.0116	-.00108
.65	-.0989	.1724	.0067	-.00062
.70	-.0611	.1587	.0036	-.00036
.75	-.0344	.1464	.0019	-.00023
.80	-.0165	.1350	.0011	-.00015
.85	-.0055	.1242	.0008	-.00010
.90	.0001	.1137	.0008	-.00006
.95	.0007	.1035	.0009	-.00002
1.00	-.0170	.0934	-.0000	-.00000

XQ/L=0.1

X/L	FP	FS	FQ	FM
.05	7.0068	1.5389	.3503	.00876
.10	3.8925	1.4989	-.4550	.03114
.15	3.3689	1.4034	-.2866	.01260
.20	2.4556	1.2465	-.1638	.00134
.25	1.6678	1.0694	-.0804	-.00477
.30	1.0529	.8979	-.0278	-.00747
.35	.6083	.7452	.0026	-.00810
.40	.3072	.6159	.0180	-.00758
.45	.1170	.5103	.0238	-.00654
.50	.0066	.4260	.0242	-.00534
.55	-.0496	.3594	.0217	-.00419
.60	-.0715	.3071	.0181	-.00319
.65	-.0731	.2658	.0145	-.00238
.70	-.0643	.2329	.0113	-.00173
.75	-.0511	.2061	.0087	-.00124
.80	-.0375	.1838	.0068	-.00085
.85	-.0263	.1646	.0055	-.00054
.90	-.0197	.1474	.0045	-.00029
.95	-.0202	.1315	.0035	-.00009
1.00	-.0703	.1162	-.0000	-.00000

XQ/L=0.2

X/L	FP	FS	FQ	FM
.05	1.8685	.9286	.0934	.00234
.10	2.0364	1.0845	.1952	.00955
.15	2.6841	1.2231	.3294	.02267
.20	3.2893	1.3143	-.5061	.04325
.25	3.2582	1.3107	-.3432	.02202
.30	2.5870	1.2134	-.2138	.00810
.35	1.8762	1.0717	-.1200	-.00025
.40	1.2647	.9188	-.0568	-.00467
.45	.7912	.7737	-.0172	-.00652
.50	.4512	.6456	.0053	-.00682
.55	.2232	.5377	.0165	-.00627
.60	.0812	.4494	.0206	-.00534
.65	.0007	.3786	.0206	-.00431
.70	-.0384	.3223	.0187	-.00333
.75	-.0517	.2774	.0161	-.00246
.80	-.0508	.2413	.0136	-.00172
.85	-.0445	.2113	.0113	-.00110
.90	-.0405	.1857	.0093	-.00058
.95	-.0451	.1625	.0070	-.00018
1.00	-.1409	.1404	-.0000	-.00000

XQ/L=0.3

X/L	FP	FS	FQ	FM
.05	-.2157	.5628	-.0108	-.00027
.10	.7672	.7326	.0276	.00015
.15	1.3361	.9028	.0944	.00320
.20	1.9700	1.0685	.1929	.01038
.25	2.6609	1.2144	.3259	.02335
.30	3.2911	1.3105	-.5095	.04376
.35	3.2694	1.3101	-.3461	.02237
.40	2.6012	1.2146	-.2160	.00832
.45	1.8902	1.0740	-.1215	-.00012
.50	1.2775	.9216	-.0576	-.00460
.55	.8029	.7767	-.0175	-.00647
.60	.4626	.6486	.0057	-.00677
.65	.2349	.5406	.0174	-.00619
.70	.0937	.4520	.0221	-.00520
.75	.0140	.3806	.0228	-.00408
.80	-.0257	.3231	.0215	-.00297
.85	-.0432	.2762	.0193	-.00195
.90	-.0552	.2367	.0166	-.00105
.95	-.0755	.2017	.0128	-.00032
1.00	-.2561	.1687	-.0000	-.00000

XQ/L=0.4

X/L	FP	FS	FQ	FM
.05	-.7307	.3660	-.0365	-.00091
.10	.1559	.4940	-.0287	-.00255
.15	.4938	.6272	-.0041	-.00336
.20	.8736	.7695	.0396	-.00248
.25	1.3451	.9208	.1069	.00119
.30	1.9348	1.0745	.2036	.00895
.35	2.6133	1.2135	.3343	.02240
.40	3.2457	1.3064	-.5034	.04317
.45	3.2327	1.3050	-.3418	.02204
.50	2.5753	1.2099	-.2130	.00817
.55	1.8753	1.0704	-.1193	-.00014
.60	1.2729	.9193	-.0556	-.00451
.65	.8076	.7757	-.0152	-.00628
.70	.4751	.6484	.0085	-.00645
.75	.2531	.5405	.0212	-.00570
.80	.1137	.4508	.0269	-.00450
.85	.0282	.3764	.0283	-.00312
.90	-.0333	.3135	.0266	-.00175
.95	-.0975	.2579	.0217	-.00054
1.00	-.4348	.2058	-.0000	-.00000

XQ/L=0.5

X/L	FP	FS	FQ	FM
.05	-.6482	.2631	-.0324	-.00081
.10	-.0603	.3469	-.0354	-.00251
.15	.1017	.4356	-.0303	-.00415
.20	.2769	.5344	-.0165	-.00532
.25	.5088	.6474	.0089	-.00551
.30	.8392	.7769	.0509	-.00401
.35	1.2966	.9208	.1157	.00015
.40	1.8882	1.0710	.2101	.00830
.45	2.5762	1.2091	.3390	.02203
.50	3.2208	1.3025	-.5000	.04300
.55	3.2208	1.3025	-.3390	.02203
.60	2.5762	1.2091	-.2101	.00830
.65	1.8882	1.0710	-.1157	.00015
.70	1.2966	.9208	-.0509	-.00401
.75	.8392	.7769	-.0089	-.00551
.80	.5088	.6474	.0165	-.00532
.85	.2769	.5344	.0303	-.00415
.90	.1017	.4356	.0354	-.00251
.95	-.0603	.3469	.0324	-.00081
1.00	-.6482	.2631	-.0000	0.00000

B/L= 1.00 DS/B1= 2.00 KS= .010

XM/L=0.0

X/L	FP	FS	FQ	FM
.05	93.0683	8.4332	4.6534	-.88366
.10	-2.6232	2.6480	4.5223	-.65427
.15	-15.2277	-.8312	3.7609	-.44719
.20	-18.5659	-2.6629	2.8326	-.28236
.25	-17.0091	-3.4060	1.9821	-.16199
.30	-13.7664	-3.4880	1.2938	-.08009
.35	-10.2660	-3.2112	.7805	-.02824
.40	-7.1583	-2.7750	.4226	.00184
.45	-4.6758	-2.3015	.1888	.01713
.50	-2.8364	-1.8579	.0470	.02302
.55	-1.5584	-1.4755	-.0309	.02342
.60	-.7261	-1.1631	-.0673	.02097
.65	-.2232	-.9176	-.0784	.01732
.70	.0509	-.7296	-.0759	.01347
.75	.1763	-.5878	-.0671	.00989
.80	.2138	-.4809	-.0564	.00681
.85	.2082	-.3991	-.0460	.00425
.90	.1961	-.3337	-.0361	.00220
.95	.2049	-.2780	-.0259	.00065
1.00	.5180	-.2265	.0000	-.00000

XM/L=0.1

X/L	FP	FS	FQ	FM
.05	71.4911	7.3998	3.5746	.08936
.10	16.8558	3.8655	4.4173	-.71084
.15	-9.5223	.1437	3.9412	-.50187
.20	-17.4253	-2.1371	3.0700	-.32659
.25	-17.2730	-3.1806	2.2063	-.19469
.30	-14.5635	-3.4475	1.4781	-.10258
.35	-11.1721	-3.2732	.9195	-.04263
.40	-7.9810	-2.8845	.5205	-.00663
.45	-5.3425	-2.4244	.2534	.01271
.50	-3.3363	-1.9750	.0865	.02121
.55	-1.9101	-1.5776	-.0090	.02315
.60	-.9590	-1.2474	-.0569	.02150
.65	-.3677	-.9844	-.0753	.01820
.70	-.0319	-.7810	-.0769	.01439
.75	.1340	-.6266	-.0702	.01072
.80	.1965	-.5098	-.0604	.00745
.85	.2058	-.4201	-.0501	.00469
.90	.2034	-.3486	-.0399	.00244
.95	.2209	-.2878	-.0289	.00072
1.00	.5773	-.2316	-.0000	-.00000

XM/L=0.2

X/L	FP	FS	FQ	FM
.05	33.4120	4.7881	1.6706	.04177
.10	16.4621	4.0281	2.4937	.14587
.15	14.7201	2.9918	3.2297	.28896
.20	8.7758	1.3079	3.6685	-.53859
.25	-10.7860	-1.1238	3.1292	-.36864
.30	-15.4115	-2.5731	2.3586	-.23145
.35	-14.2468	-3.1271	1.6463	-.13133
.40	-11.5387	-3.1413	1.0694	-.06343
.45	-8.5878	-2.8670	.6400	-.02070
.50	-5.9715	-2.4692	.3414	.00383
.55	-3.8891	-2.0480	.1469	.01604
.60	-2.3539	-1.6577	.0292	.02044
.65	-1.2945	-1.3230	-.0355	.02029
.70	-.6108	-1.0497	-.0660	.01775
.75	-.2020	-.8337	-.0761	.01420
.80	.0212	-.6657	-.0751	.01042
.85	.1337	-.5345	-.0684	.00683
.90	.2024	-.4292	-.0583	.00366
.95	.2818	-.3396	-.0442	.00110
1.00	.8834	-.2571	-.0000	-.00000

XM/L=0.3

X/L	FP	FS	FQ	FM
.05	10.8708	2.6698	.5435	.01359
.10	9.0124	2.9459	.9942	.05203
.15	11.1862	3.1263	1.5535	.11572
.20	13.3390	3.0586	2.2204	.21007
.25	14.1781	2.5064	2.9293	.33881
.30	9.4916	1.1353	3.4039	-.50286
.35	-9.6759	-1.1118	2.9201	-.34476
.40	-14.2938	-2.4655	2.2054	-.21662
.45	-13.2911	-2.9816	1.5409	-.12296
.50	-10.7995	-2.9925	1.0009	-.05942
.55	-8.0615	-2.7332	.5978	-.01945
.60	-5.6292	-2.3581	.3164	.00341
.65	-3.6940	-1.9607	.1317	.01461
.70	-2.2695	-1.5915	.0182	.01835
.75	-1.2869	-1.2725	-.0462	.01765
.80	-.6459	-1.0078	-.0785	.01454
.85	-.2395	-.7916	-.0904	.01032
.90	.0445	-.6128	-.0882	.00585
.95	.3063	-.4582	-.0729	.00182
1.00	1.4578	-.3151	-.0000	-.00000

XM/L=0.4

X/L	FP	FS	FQ	FM
.05	1.0300	1.3942	.0515	.00129
.10	3.6956	1.8714	.2363	.00848
.15	5.8516	2.3351	.5289	.02761
.20	8.3336	2.7464	.9455	.06447
.25	11.0335	3.0222	1.4972	.12554
.30	13.4533	3.0165	2.1699	.21722
.35	14.3787	2.5009	2.8888	.34368
.40	9.6968	1.1483	3.3737	-.49975
.45	-9.5042	-1.0920	2.8984	-.34295
.50	-14.1709	-2.4463	2.1899	-.21574
.55	-13.2208	-2.9670	1.5289	-.12277
.60	-10.7803	-2.9840	.9898	-.05981
.65	-8.0895	-2.7305	.5854	-.02043
.70	-5.6984	-2.3592	.3004	.00172
.75	-3.7937	-1.9616	.1108	.01200
.80	-2.3788	-1.5858	-.0082	.01456
.85	-1.3648	-1.2506	-.0764	.01245
.90	-.6062	-.9563	-.1067	.00787
.95	.0536	-.6927	-.1040	.00260
1.00	2.0810	-.4447	-.0000	-.00000

XM/L=0.5

X/L	FP	FS	FQ	FM
.05	-1.9384	.7428	-.0969	-.00242
.10	.9912	1.1289	-.0474	-.00603
.15	2.3343	1.5280	.0694	-.00548
.20	3.9036	1.9451	.2645	.00287
.25	5.8560	2.3673	.5573	.02341
.30	8.2478	2.7519	.9697	.06159
.35	10.9208	3.0116	1.5158	.12373
.40	13.3405	2.9967	2.1828	.21619
.45	14.2746	2.4761	2.8965	.34317
.50	9.6001	1.1210	3.3765	-.50000
.55	-9.6001	-1.1210	2.8965	-.34317
.60	-14.2746	-2.4761	2.1828	-.21619
.65	-13.3405	-2.9967	1.5158	-.12373
.70	-10.9208	-3.0116	.9697	-.06159
.75	-8.2478	-2.7519	.5573	-.02341
.80	-5.8559	-2.3673	.2645	-.00287
.85	-3.9036	-1.9451	.0694	.00548
.90	-2.3343	-1.5280	-.0474	.00603
.95	-.9912	-1.1289	-.0969	.00242
1.00	1.9384	-.7428	-.0000	-.00000

B/L= 1.00 DS/B1= 2.00 KS= .020

XQ/L=0.0

X/L	FP	FS	FQ	FM
.05	13.9828	2.2230	-.3009	-.03252
.10	4.3525	1.7880	-.0832	-.04212
.15	2.4345	1.4096	.0385	-.04324
.20	1.1921	1.0956	.0981	-.03983
.25	.4586	.8441	.1210	-.03435
.30	.0273	.6484	.1224	-.02826
.35	-.2080	.4996	.1120	-.02240
.40	-.3173	.3887	.0961	-.01720
.45	-.3482	.3075	.0787	-.01283
.50	-.3335	.2488	.0620	-.00931
.55	-.2948	.2066	.0473	-.00658
.60	-.2464	.1763	.0350	-.00452
.65	-.1970	.1543	.0251	-.00302
.70	-.1515	.1379	.0176	-.00195
.75	-.1122	.1252	.0119	-.00121
.80	-.0803	.1149	.0079	-.00071
.85	-.0556	.1060	.0052	-.00039
.90	-.0380	.0979	.0033	-.00018
.95	-.0270	.0902	.0019	-.00005
1.00	-.0381	.0827	-.0000	-.00000

XQ/L=0.1

X/L	FP	FS	FQ	FM
.05	7.3818	1.5499	.3691	.00923
.10	3.6193	1.4676	-.4499	.03221
.15	2.9914	1.3562	-.3004	.01345
.20	2.2493	1.2127	-.1879	.00124
.25	1.6300	1.0585	-.1064	-.00612
.30	1.1302	.9082	-.0499	-.01003
.35	.7438	.7702	-.0127	-.01159
.40	.4570	.6486	.0101	-.01165
.45	.2529	.5444	.0228	-.01083
.50	.1143	.4571	.0285	-.00955
.55	.0256	.3852	.0298	-.00809
.60	-.0265	.3264	.0285	-.00664
.65	-.0530	.2788	.0258	-.00528
.70	-.0628	.2400	.0227	-.00407
.75	-.0625	.2083	.0195	-.00301
.80	-.0575	.1818	.0167	-.00211
.85	-.0524	.1592	.0140	-.00134
.90	-.0523	.1392	.0114	-.00070
.95	-.0611	.1207	.0084	-.00021
1.00	-.1675	.1029	-.0000	-.00000

XQ/L=0.2

X/L	FP	FS	FQ	FM
.05	2.8994	1.0055	.1450	.00362
.10	2.1207	1.0944	.2510	.01352
.15	2.4088	1.1707	.3714	.02908
.20	2.6863	1.2155	-.4942	.05101
.25	2.6294	1.2022	-.3628	.02959
.30	2.2165	1.1303	-.2520	.01422
.35	1.7517	1.0260	-.1644	.00381
.40	1.3172	.9085	-.0985	-.00276
.45	.9465	.7903	-.0512	-.00650
.50	.6487	.6792	-.0187	-.00825
.55	.4212	.5793	.0023	-.00866
.60	.2550	.4922	.0151	-.00822
.65	.1393	.4177	.0220	-.00730
.70	.0625	.3550	.0252	-.00612
.75	.0140	.3022	.0259	-.00484
.80	-.0161	.2577	.0250	-.00357
.85	-.0372	.2196	.0232	-.00236
.90	-.0599	.1858	.0202	-.00128
.95	-.0939	.1548	.0155	-.00039
1.00	-.3099	.1250	-.0000	-.00000

XQ/L=0.3

X/L	FP	FS	FQ	FM
.05	.5371	.6347	.0269	.00067
.10	.9941	.7698	.0766	.00326
.15	1.4129	.9021	.1472	.00885
.20	1.8561	1.0255	.2400	.01853
.25	2.3027	1.1287	.3551	.03341
.30	2.6740	1.1933	-.5112	.05451
.35	2.6619	1.1940	-.3781	.03228
.40	2.2692	1.1315	-.2646	.01621
.45	1.8111	1.0330	-.1740	.00525
.50	1.3762	.9187	-.1052	-.00174
.55	1.0016	.8020	-.0552	-.00575
.60	.6989	.6911	-.0202	-.00763
.65	.4660	.5903	.0031	-.00806
.70	.2943	.5013	.0178	-.00754
.75	.1717	.4241	.0264	-.00643
.80	.0849	.3574	.0306	-.00501
.85	.0195	.2993	.0316	-.00345
.90	-.0420	.2475	.0295	-.00192
.95	-.1156	.1997	.0237	-.00059
1.00	-.4744	.1538	-.0000	-.00000

XQ/L=0.4

X/L	FP	FS	FQ	FM
.05	-.4493	.4060	-.0225	-.00056
.10	.3359	.5308	-.0057	-.00126
.15	.6815	.6570	.0284	-.00070
.20	1.0374	.7847	.0803	.00202
.25	1.4266	.9117	.1516	.00782
.30	1.8556	1.0314	.2444	.01772
.35	2.2969	1.1323	.3592	.03281
.40	2.6680	1.1957	-.5074	.05410
.45	2.6587	1.1959	-.3744	.03206
.50	2.2707	1.1334	-.2609	.01617
.55	1.8183	1.0351	-.1700	.00540
.60	1.3893	.9209	-.1005	-.00136
.65	1.0200	.8039	-.0495	-.00511
.70	.7207	.6920	-.0135	-.00669
.75	.4876	.5889	.0109	-.00675
.80	.3090	.4961	.0263	-.00582
.85	.1679	.4127	.0347	-.00430
.90	.0402	.3369	.0367	-.00251
.95	-.0979	.2662	.0318	-.00080
1.00	-.6368	.1980	-.0000	-.00000

XQ/L=0.5

X/L	FP	FS	FQ	FM
.05	-.7023	.2734	-.0351	-.00088
.10	.0188	.3699	-.0342	-.00261
.15	.2516	.4690	-.0216	-.00400
.20	.4809	.5731	.0024	-.00448
.25	.7362	.6836	.0393	-.00344
.30	1.0426	.8002	.0914	-.00017
.35	1.4103	.9197	.1619	.00616
.40	1.8326	1.0349	.2535	.01654
.45	2.2758	1.1334	.3673	.03206
.50	2.6537	1.1958	-.5000	.05375
.55	2.6537	1.1958	-.3673	.03206
.60	2.2758	1.1334	-.2535	.01654
.65	1.8326	1.0349	-.1619	.00616
.70	1.4103	.9197	-.0914	-.00017
.75	1.0426	.8002	-.0393	-.00344
.80	.7362	.6836	-.0024	-.00448
.85	.4809	.5731	.0216	-.00400
.90	.2516	.4690	.0342	-.00261
.95	.0188	.3699	.0351	-.00088
1.00	-.7023	.2734	-.0000	-.00000

B/L= 1.00   DS/B1= 2.00   KS= .020

XM/L=0.0

X/L	FP	FS	FQ	FM
.05	69.2650	6.8907	3.4633	-.91342
.10	4.4095	3.0285	3.6837	-.73474
.15	-6.1839	.4032	3.3745	-.55829
.20	-10.8078	-1.2534	2.8341	-.40307
.25	-11.7674	-2.1907	2.2458	-.27607
.30	-10.9938	-2.6204	1.6961	-.17753
.35	-9.4432	-2.7116	1.2239	-.10453
.40	-7.6553	-2.5928	.8412	-.05290
.45	-5.9257	-2.3571	.5449	-.01825
.50	-4.4019	-2.0690	.3248	.00349
.55	-3.1416	-1.7705	.1677	.01580
.60	-2.1495	-1.4869	.0602	.02150
.65	-1.4012	-1.2317	-.0098	.02276
.70	-.8584	-1.0099	-.0528	.02120
.75	-.4775	-.8212	-.0766	.01796
.80	-.2138	-.6619	-.0873	.01386
.85	-.0226	-.5265	-.0885	.00947
.90	.1471	-.4087	-.0811	.00523
.95	.3411	-.3018	-.0640	.00160
1.00	1.2808	-.2000	.0000	-.00000

XM/L=0.1

X/L	FP	FS	FQ	FM
.05	57.1797	6.2767	2.8590	.07147
.10	14.2275	3.6297	3.5704	-.76779
.15	-2.9321	.9446	3.4238	-.59294
.20	-9.7721	-.9079	2.9352	-.43397
.25	-11.5005	-1.9917	2.3601	-.30158
.30	-11.1090	-2.5257	1.8047	-.19746
.35	-9.7319	-2.6871	1.3181	-.11939
.40	-8.0029	-2.6124	.9179	-.06349
.45	-6.2690	-2.4018	.6045	-.02543
.50	-4.7089	-2.1254	.3690	-.00110
.55	-3.3991	-1.8299	.1991	.01311
.60	-2.3554	-1.5440	.0813	.02012
.65	-1.5596	-1.2833	.0033	.02223
.70	-.9760	-1.0546	-.0455	.02118
.75	-.5616	-.8587	-.0735	.01820
.80	-.2713	-.6923	-.0871	.01419
.85	-.0588	-.5503	-.0900	.00976
.90	.1291	-.4263	-.0836	.00542
.95	.3405	-.3137	-.0666	.00166
1.00	1.3314	-.2063	-.0000	-.00000

XM/L=0.2

X/L	FP	FS	FQ	FM
.05	33.0753	4.5576	1.6538	.04134
.10	13.6898	3.6122	2.3383	.14114
.15	10.3095	2.5321	2.8537	.27094
.20	5.1888	1.1445	3.1132	-.57988
.25	-6.3741	-.5730	2.7945	-.43219
.30	-10.0259	-1.7200	2.2932	-.30500
.35	-10.2681	-2.3156	1.7798	-.20318
.40	-9.2653	-2.5318	1.3165	-.12577
.45	-7.7667	-2.5026	.9282	-.06965
.50	-6.1777	-2.3281	.6193	-.03097
.55	-4.7072	-2.0791	.3839	-.00589
.60	-3.4500	-1.8032	.2114	.00900
.65	-2.4338	-1.5302	.0897	.01653
.70	-1.6476	-1.2767	.0074	.01895
.75	-1.0591	-1.0500	-.0456	.01800
.80	-.6249	-.8513	-.0768	.01494
.85	-.2948	-.6773	-.0916	.01073
.90	-.0060	-.5226	-.0919	.00614
.95	.3006	-.3806	-.0769	.00192
1.00	1.5370	-.2446	-.0000	-.00000

XM/L=0.3

X/L	FP	FS	FQ	FM
.05	15.4966	2.9206	.7748	.01937
.10	8.7813	2.8279	1.2139	.06909
.15	8.9056	2.6701	1.6592	.14092
.20	9.0923	2.3563	2.1138	.23524
.25	8.5356	1.7618	2.5406	.35160
.30	5.0310	.7284	2.7921	-.51508
.35	-5.7796	-.7440	2.5031	-.38270
.40	-9.1225	-1.7315	2.0470	-.26895
.45	-9.3047	-2.2317	1.5818	-.17823
.50	-8.3755	-2.3979	1.1630	-.10961
.55	-7.0140	-2.3496	.8123	-.06023
.60	-5.5830	-2.1750	.5332	-.02659
.65	-4.2652	-1.9361	.3199	-.00526
.70	-3.1403	-1.6741	.1629	.00681
.75	-2.2255	-1.4136	.0516	.01217
.80	-1.5008	-1.1678	-.0234	.01287
.85	-.9212	-.9410	-.0695	.01055
.90	-.4162	-.7318	-.0903	.00655
.95	.0884	-.5356	-.0859	.00215
1.00	1.7178	-.3459	-.0000	-.00000

XM/L=0.4

X/L	FP	FS	FQ	FM
.05	5.3153	1.7322	.2658	.00664
.10	4.6213	1.9690	.4968	.02571
.15	5.7078	2.1823	.7822	.05769
.20	6.9575	2.3339	1.1301	.10549
.25	8.1858	2.3642	1.5394	.17223
.30	9.0086	2.1875	1.9898	.26046
.35	8.7462	1.6877	2.4271	.37088
.40	5.3609	.7157	2.6952	-.50106
.45	-5.4297	-.7203	2.4237	-.37309
.50	-8.8064	-1.6890	1.9834	-.26291
.55	-9.0486	-2.1821	1.5309	-.17505
.60	-8.1882	-2.3482	1.1215	-.10874
.65	-6.8929	-2.3027	.7769	-.06128
.70	-5.5171	-2.1307	.5010	-.02933
.75	-4.2360	-1.8917	.2892	-.00958
.80	-3.1195	-1.6241	.1333	.00099
.85	-2.1701	-1.3506	.0248	.00494
.90	-1.3357	-1.0819	-.0420	.00451
.95	-.5410	-.8204	-.0691	.00173
1.00	1.3817	-.5637	-.0000	-.00000

XM/L=0.5

X/L	FP	FS	FQ	FM
.05	.4294	.9859	.0215	.00054
.10	1.9612	1.2861	.1195	.00406
.15	3.0444	1.5831	.2718	.01384
.20	4.2307	1.8672	.4833	.03272
.25	5.5408	2.1171	.7603	.06381
.30	6.9233	2.2954	1.1065	.11048
.35	8.2121	2.3441	1.5171	.17607
.40	9.0585	2.1791	1.9700	.26325
.45	8.7985	1.6861	2.4099	.37275
.50	5.4033	.7174	2.6801	-.50000
.55	-5.4033	-.7174	2.4099	-.37275
.60	-8.7985	-1.6861	1.9700	-.26325
.65	-9.0585	-2.1791	1.5171	-.17607
.70	-8.2121	-2.3441	1.1065	-.11048
.75	-6.9233	-2.2954	.7603	-.06381
.80	-5.5408	-2.1171	.4833	-.03272
.85	-4.2307	-1.8672	.2718	-.01384
.90	-3.0444	-1.5831	.1195	-.00406
.95	-1.9612	-1.2861	.0215	-.00054
1.00	-.4294	-.9859	-.0000	-.00000

B/L= 1.00 DS/B1= 2.00 KS= .050

XQ/L=0.0

X/L	FP	FS	FQ	FM
.05	11.9142	2.0437	-.4043	-.03511
.10	4.2325	1.7323	-.1927	-.05003
.15	2.7450	1.4467	-.0554	-.05623
.20	1.7098	1.1931	.0301	-.05687
.25	1.0262	.9736	.0814	-.05408
.30	.5555	.7875	.1092	-.04932
.35	.2337	.6324	.1208	-.04357
.40	.0195	.5052	.1218	-.03750
.45	-.1162	.4023	.1160	-.03155
.50	-.1953	.3201	.1062	-.02600
.55	-.2343	.2551	.0945	-.02098
.60	-.2458	.2043	.0822	-.01656
.65	-.2397	.1646	.0703	-.01274
.70	-.2231	.1338	.0591	-.00951
.75	-.2020	.1096	.0490	-.00681
.80	-.1809	.0903	.0400	-.00458
.85	-.1638	.0744	.0318	-.00279
.90	-.1558	.0607	.0240	-.00140
.95	-.1607	.0483	.0159	-.00040
1.00	-.3189	.0363	-.0000	-.00000

XQ/L=0.1

X/L	FP	FS	FQ	FM
.05	7.4416	1.5335	.3721	.00930
.10	3.3718	1.4293	-.4593	.03212
.15	2.6950	1.3135	-.3246	.01252
.20	2.0805	1.1850	-.2206	-.00110
.25	1.5962	1.0533	-.1407	-.01014
.30	1.2023	.9251	-.0806	-.01567
.35	.8842	.8046	-.0364	-.01860
.40	.6313	.6945	-.0049	-.01963
.45	.4339	.5959	.0168	-.01933
.50	.2832	.5091	.0310	-.01813
.55	.1709	.4335	.0395	-.01637
.60	.0893	.3682	.0440	-.01428
.65	.0316	.3121	.0456	-.01204
.70	-.0086	.2640	.0452	-.00977
.75	-.0372	.2224	.0433	-.00756
.80	-.0597	.1860	.0403	-.00547
.85	-.0822	.1534	.0362	-.00356
.90	-.1134	.1236	.0305	-.00189
.95	-.1605	.0955	.0225	-.00056
1.00	-.4502	.0680	-.0000	-.00000

XQ/L=0.2

X/L	FP	FS	FQ	FM
.05	3.9763	1.0889	.1988	.00497
.10	2.2223	1.1100	.3099	.01769
.15	2.1666	1.1245	.4183	.03589
.20	2.1595	1.1231	-.4738	.05951
.25	2.0482	1.0938	-.3714	.03838
.30	1.7967	1.0358	-.2815	.02206
.35	1.5196	.9599	-.2055	.00988
.40	1.2496	.8745	-.1431	.00117
.45	1.0029	.7858	-.0929	-.00473
.50	.7867	.6983	-.0536	-.00839
.55	.6034	.6147	-.0234	-.01032
.60	.4516	.5368	-.0008	-.01092
.65	.3282	.4653	.0156	-.01056
.70	.2287	.4003	.0270	-.00949
.75	.1476	.3413	.0344	-.00795
.80	.0785	.2876	.0383	-.00614
.85	.0136	.2380	.0390	-.00420
.90	-.0591	.1916	.0360	-.00233
.95	-.1506	.1471	.0285	-.00071
1.00	-.5703	.1036	-.0000	-.00000

XQ/L=0.3

X/L	FP	FS	FQ	FM
.05	1.6893	.7449	.0845	.00211
.10	1.2830	.8243	.1486	.00794
.15	1.4562	.9007	.2214	.01719
.20	1.6587	.9696	.3044	.03033
.25	1.8673	1.0245	.3977	.04789
.30	2.0314	1.0559	-.5007	.07031
.35	2.0181	1.0527	-.3998	.04780
.40	1.8259	1.0147	-.3085	.03009
.45	1.5835	.9535	-.2293	.01665
.50	1.3319	.8784	-.1627	.00684
.55	1.0927	.7964	-.1081	.00007
.60	.8764	.7123	-.0643	-.00424
.65	.6871	.6295	-.0299	-.00659
.70	.5245	.5500	-.0037	-.00743
.75	.3851	.4748	.0156	-.00713
.80	.2631	.4039	.0287	-.00603
.85	.1498	.3370	.0362	-.00440
.90	.0304	.2733	.0377	-.00256
.95	-.1091	.2116	.0323	-.00081
1.00	-.6453	.1510	-.0000	-.00000

XQ/L=0.4

X/L	FP	FS	FQ	FM
.05	.3476	.4984	.0174	.00043
.10	.6300	.5951	.0489	.00209
.15	.8706	.6911	.0924	.00562
.20	1.1158	.7848	.1482	.01164
.25	1.3695	.8734	.2167	.02076
.30	1.6258	.9524	.2980	.03363
.35	1.8658	1.0152	.3913	.05086
.40	2.0495	1.0527	-.5063	.07298
.45	2.0485	1.0539	-.4038	.05023
.50	1.8635	1.0188	-.3107	.03236
.55	1.6245	.9591	-.2294	.01886
.60	1.3733	.8841	-.1608	.00911
.65	1.1313	.8008	-.1042	.00248
.70	.9086	.7141	-.0588	-.00159
.75	.7081	.6272	-.0234	-.00365
.80	.5274	.5419	.0030	-.00416
.85	.3592	.4590	.0210	-.00356
.90	.1884	.3784	.0304	-.00228
.95	-.0009	.2996	.0303	-.00076
1.00	-.6065	.2216	-.0000	-.00000

XQ/L=0.5

X/L	FP	FS	FQ	FM
.05	-.3357	.3310	-.0168	-.00042
.10	.2243	.4232	-.0056	-.00098
.15	.4550	.5159	.0172	-.00069
.20	.6746	.6090	.0509	.00101
.25	.8971	.7021	.0958	.00468
.30	1.1325	.7936	.1524	.01088
.35	1.3813	.8804	.2215	.02023
.40	1.6356	.9580	.3032	.03335
.45	1.8754	1.0196	.3970	.05085
.50	2.0599	1.0561	-.5000	.07328
.55	2.0599	1.0561	-.3970	.05085
.60	1.8754	1.0196	-.3032	.03335
.65	1.6356	.9580	-.2215	.02023
.70	1.3813	.8804	-.1524	.01088
.75	1.1325	.7936	-.0958	.00468
.80	.8971	.7021	-.0509	.00101
.85	.6746	.6090	-.0172	-.00069
.90	.4550	.5159	.0056	-.00098
.95	.2243	.4232	.0168	-.00042
1.00	-.3357	.3310	-.0000	-.00000

B/L= 1.00   DS/B1= 2.00   KS= .050

XM/L=0.0

X/L	FP	FS	FQ	FM
.05	46.1774	5.1782	2.3089	-.94228
.10	7.4455	2.9632	2.6811	-.81753
.15	.2264	1.2767	2.6925	-.68319
.20	-3.8432	.0403	2.5003	-.55337
.25	-5.7648	-.8253	2.2121	-.43556
.30	-6.4929	-1.3945	1.8874	-.33307
.35	-6.5064	-1.7336	1.5621	-.24683
.40	-6.1042	-1.8992	1.2569	-.17636
.45	-5.4800	-1.9381	.9829	-.12036
.50	-4.7604	-1.8884	.7449	-.07717
.55	-4.0266	-1.7797	.5435	-.04496
.60	-3.3280	-1.6347	.3771	-.02194
.65	-2.6911	-1.4698	.2426	-.00645
.70	-2.1265	-1.2965	.1363	.00302
.75	-1.6326	-1.1223	.0546	.00779
.80	-1.1986	-.9515	-.0053	.00903
.85	-.8047	-.7858	-.0455	.00776
.90	-.4156	-.6252	-.0663	.00496
.95	.0054	-.4684	-.0660	.00165
1.00	1.3208	-.3136	.0000	-.00000

XM/L=0.1

X/L	FP	FS	FQ	FM
.05	40.7435	4.8815	2.0372	.05093
.10	11.3368	3.1889	2.6040	-.83304
.15	1.6336	1.5057	2.6857	-.70080
.20	-3.2612	.2097	2.5226	-.57059
.25	-5.4812	-.7061	2.2486	-.45131
.30	-6.3810	-1.3156	1.9295	-.34686
.35	-6.4961	-1.6861	1.6047	-.25850
.40	-6.1535	-1.8754	1.2970	-.18596
.45	-5.5616	-1.9318	1.0190	-.12806
.50	-4.8567	-1.8943	.7761	-.08318
.55	-4.1261	-1.7937	.5698	-.04953
.60	-3.4235	-1.6535	.3986	-.02532
.65	-2.7786	-1.4912	.2597	-.00886
.70	-2.2038	-1.3187	.1495	.00137
.75	-1.6990	-1.1441	.0646	.00672
.80	-1.2544	-.9721	.0019	.00838
.85	-.8507	-.8047	-.0407	.00741
.90	-.4528	-.6420	-.0633	.00481
.95	-.0242	-.4831	-.0645	.00161
1.00	1.2908	-.3261	-.0000	-.00000

XM/L=0.2

X/L	FP	FS	FQ	FM
.05	28.5064	3.9589	1.4253	.03563
.10	10.7495	3.0906	1.9628	.12034
.15	7.2110	2.1763	2.3233	.22749
.20	3.4020	1.1580	2.4934	-.65209
.25	-2.6121	.0423	2.3628	-.53068
.30	-5.1588	-.7937	2.1049	-.41899
.35	-6.0430	-1.3452	1.8028	-.32130
.40	-6.1511	-1.6749	1.4952	-.23885
.45	-5.8183	-1.8370	1.2043	-.17136
.50	-5.2511	-1.8763	.9417	-.11771
.55	-4.5797	-1.8293	.7127	-.07635
.60	-3.8859	-1.7243	.5184	-.04557
.65	-3.2189	-1.5830	.3575	-.02367
.70	-2.6047	-1.4212	.2273	-.00905
.75	-2.0526	-1.2496	.1246	-.00026
.80	-1.5589	-1.0755	.0467	.00403
.85	-1.1090	-.9025	-.0088	.00498
.90	-.6711	-.7323	-.0423	.00370
.95	-.2101	-.5648	-.0528	.00132
1.00	1.0564	-.3988	-.0000	-.00000

XM/L=0.3

X/L	FP	FS	FQ	FM
.05	17.6608	2.9294	.8830	.02208
.10	7.9470	2.5895	1.2804	.07616
.15	6.6509	2.2206	1.6129	.14849
.20	5.6311	1.7848	1.8945	.23618
.25	4.4657	1.2339	2.1178	.33649
.30	2.1710	.5114	2.2263	-.55491
.35	-2.9827	-.3703	2.0772	-.44732
.40	-5.0194	-1.0266	1.8262	-.34974
.45	-5.6150	-1.4441	1.5455	-.26544
.50	-5.5781	-1.6774	1.2666	-.19514
.55	-5.1937	-1.7728	1.0069	-.13831
.60	-4.6333	-1.7686	.7752	-.09376
.65	-4.0021	-1.6950	.5751	-.06000
.70	-3.3642	-1.5755	.4069	-.03545
.75	-2.7554	-1.4276	.2691	-.01855
.80	-2.1910	-1.2637	.1596	-.00783
.85	-1.6704	-1.0920	.0761	-.00194
.90	-1.1752	-.9175	.0173	.00040
.95	-.6778	-.7426	-.0166	.00041
1.00	.3318	-.5680	-.0000	-.00000

XM/L=0.4

X/L	FP	FS	FQ	FM
.05	9.6653	2.0341	.4833	.01208
.10	5.1899	1.9952	.7428	.04273
.15	5.0024	1.9403	.9929	.08612
.20	5.0208	1.8470	1.2439	.14204
.25	5.0819	1.6855	1.4980	.21059
.30	4.9314	1.4186	1.7446	.29166
.35	4.2603	1.0013	1.9576	.38421
.40	2.2595	.3816	2.0706	-.51509
.45	-2.7269	-.4238	1.9342	-.41497
.50	-4.6788	-1.0253	1.7003	-.32410
.55	-5.2434	-1.4054	1.4381	-.24564
.60	-5.2100	-1.6149	1.1776	-.18025
.65	-4.8499	-1.6969	.9351	-.12743
.70	-4.3255	-1.6870	.7188	-.08608
.75	-3.7357	-1.6133	.5321	-.05481
.80	-3.1407	-1.4975	.3750	-.03213
.85	-2.5743	-1.3559	.2463	-.01660
.90	-2.0524	-1.1997	.1437	-.00685
.95	-1.5708	-1.0367	.0651	-.00163
1.00	-1.3030	-.8713	-.0000	-.00000

XM/L=0.5

X/L	FP	FS	FQ	FM
.05	4.4131	1.3488	.2207	.00552
.10	3.0399	1.4580	.3727	.02035
.15	3.3508	1.5596	.5402	.04317
.20	3.7723	1.6423	.7288	.07490
.25	4.2548	1.6899	.9415	.11665
.30	4.7069	1.6802	1.1769	.16961
.35	5.0174	1.5850	1.4278	.23473
.40	5.0183	1.3688	1.6787	.31239
.45	4.4364	.9888	1.9005	.40187
.50	2.4834	.3947	2.0247	-.50000
.55	-2.4834	-.3947	1.9005	-.40187
.60	-4.4364	-.9888	1.6787	-.31239
.65	-5.0183	-1.3688	1.4278	-.23473
.70	-5.0174	-1.5850	1.1769	-.16961
.75	-4.7069	-1.6802	.9415	-.11665
.80	-4.2548	-1.6899	.7288	-.07490
.85	-3.7723	-1.6423	.5402	-.04317
.90	-3.3508	-1.5596	.3727	-.02035
.95	-3.0399	-1.4580	.2207	-.00552
1.00	-4.4131	-1.3488	-.0000	-.00000

B/L= 1.00 DS/B1= 2.00 KS= .100

XQ/L=0.0

X/L	FP	FS	FQ	FM
.05	10.5447	1.9110	-.4728	-.03682
.10	4.0153	1.6707	-.2720	-.05544
.15	2.8004	1.4445	-.1320	-.06554
.20	1.9331	1.2364	-.0353	-.06972
.25	1.3358	1.0487	.0315	-.06982
.30	.8980	.8820	.0764	-.06712
.35	.5731	.7359	.1050	-.06259
.40	.3324	.6092	.1216	-.05692
.45	.1562	.5004	.1295	-.05064
.50	.0297	.4078	.1309	-.04413
.55	-.0589	.3294	.1280	-.03766
.60	-.1190	.2633	.1220	-.03141
.65	-.1585	.2076	.1141	-.02550
.70	-.1845	.1603	.1049	-.02003
.75	-.2029	.1199	.0948	-.01504
.80	-.2199	.0848	.0838	-.01058
.85	-.2422	.0535	.0716	-.00669
.90	-.2809	.0247	.0576	-.00346
.95	-.3446	-.0025	.0404	-.00101
1.00	-.8075	-.0290	-.0000	-.00000

XQ/L=0.1

X/L	FP	FS	FQ	FM
.05	7.2566	1.5032	.3628	.00907
.10	3.2182	1.3990	-.4763	.03123
.15	2.5550	1.2890	-.3485	.01062
.20	2.0100	1.1732	-.2480	-.00430
.25	1.5955	1.0565	-.1682	-.01470
.30	1.2596	.9427	-.1053	-.02154
.35	.9841	.8344	-.0561	-.02557
.40	.7578	.7332	-.0182	-.02743
.45	.5730	.6400	.0105	-.02762
.50	.4232	.5550	.0316	-.02657
.55	.3025	.4782	.0468	-.02461
.60	.2057	.4090	.0571	-.02201
.65	.1277	.3469	.0634	-.01900
.70	.0636	.2909	.0666	-.01575
.75	.0083	.2401	.0670	-.01241
.80	-.0435	.1936	.0649	-.00911
.85	-.0987	.1503	.0599	-.00599
.90	-.1689	.1092	.0515	-.00320
.95	-.2638	.0695	.0383	-.00096
1.00	-.7660	.0304	-.0000	-.00000

XQ/L=0.2

X/L	FP	FS	FQ	FM
.05	4.5253	1.1335	.2263	.00566
.10	2.2864	1.1215	.3406	.01983
.15	2.0683	1.1058	.4440	.03944
.20	1.9317	1.0813	-.4594	.06406
.25	1.7831	1.0416	-.3703	.04332
.30	1.5808	.9862	-.2912	.02678
.35	1.3735	.9203	-.2225	.01393
.40	1.1740	.8484	-.1638	.00427
.45	.9887	.7738	-.1144	-.00268
.50	.8208	.6989	-.0734	-.00738
.55	.6714	.6256	-.0398	-.01021
.60	.5398	.5550	-.0128	-.01152
.65	.4243	.4876	.0084	-.01163
.70	.3223	.4237	.0245	-.01081
.75	.2303	.3632	.0360	-.00930
.80	.1434	.3057	.0432	-.00731
.85	.0552	.2507	.0460	-.00509
.90	-.0462	.1976	.0437	-.00285
.95	-.1715	.1456	.0351	-.00088
1.00	-.7015	.0942	-.0000	-.00000

XQ/L=0.3

X/L	FP	FS	FQ	FM
.05	2.5038	.8263	.1252	.00313
.10	1.4877	.8674	.1996	.01125
.15	1.4933	.9064	.2742	.02309
.20	1.5473	.9403	.3516	.03874
.25	1.6261	.9650	.4329	.05835
.30	1.6880	.9752	-.4827	.08211
.35	1.6594	.9646	-.3997	.06005
.40	1.5360	.9331	-.3229	.04198
.45	1.3811	.8864	-.2539	.02756
.50	1.2152	.8292	-.1931	.01639
.55	1.0499	.7655	-.1406	.00805
.60	.8917	.6982	-.0960	.00213
.65	.7436	.6293	-.0588	-.00174
.70	.6065	.5605	-.0285	-.00393
.75	.4789	.4925	-.0046	-.00475
.80	.3578	.4258	.0133	-.00453
.85	.2375	.3605	.0252	-.00357
.90	.1070	.2964	.0305	-.00218
.95	-.0448	.2332	.0283	-.00071
1.00	-.5659	.1705	-.0000	-.00000

XQ/L=0.4

X/L	FP	FS	FQ	FM
.05	1.1177	.5854	.0559	.00140
.10	.8763	.6521	.0997	.00529
.15	.9945	.7178	.1494	.01152
.20	1.1307	.7810	.2060	.02040
.25	1.2806	.8395	.2700	.03230
.30	1.4317	.8901	.3416	.04759
.35	1.5692	.9288	.4200	.06663
.40	1.6697	.9504	-.4965	.08972
.45	1.6666	.9489	-.4132	.06698
.50	1.5596	.9243	-.3352	.04827
.55	1.4141	.8824	-.2645	.03328
.60	1.2523	.8283	-.2019	.02162
.65	1.0866	.7661	-.1475	.01288
.70	.9238	.6987	-.1013	.00666
.75	.7670	.6284	-.0630	.00256
.80	.6162	.5567	-.0322	.00018
.85	.4683	.4847	-.0088	-.00085
.90	.3150	.4127	.0070	-.00089
.95	.1469	.3411	.0143	-.00036
1.00	-.2867	.2696	-.0000	-.00000

XQ/L=0.5

X/L	FP	FS	FQ	FM
.05	.2338	.4037	.0117	.00029
.10	.4408	.4781	.0337	.00143
.15	.6038	.5523	.0639	.00387
.20	.7642	.6257	.1021	.00802
.25	.9272	.6973	.1485	.01429
.30	1.0941	.7656	.2032	.02308
.35	1.2625	.8284	.2663	.03482
.40	1.4256	.8825	.3376	.04991
.45	1.5712	.9240	.4162	.06876
.50	1.6768	.9477	-.5000	.09166
.55	1.6768	.9477	-.4162	.06876
.60	1.5712	.9240	-.3376	.04991
.65	1.4256	.8825	-.2663	.03482
.70	1.2625	.8284	-.2032	.02308
.75	1.0941	.7656	-.1485	.01429
.80	.9272	.6973	-.1021	.00802
.85	.7642	.6257	-.0639	.00387
.90	.6038	.5523	-.0337	.00143
.95	.4408	.4781	-.0117	.00029
1.00	.2338	.4037	-.0000	-.00000

B/L= 1.00 DS/B1= 2.00 KS= .100

XM/L=0.0

X/L	FP	FS	FQ	FM
.05	33.6543	4.1201	1.6827	-.95793
.10	7.3974	2.6864	2.0526	-.86455
.15	2.3146	1.5263	2.1683	-.75903
.20	-.8466	.6098	2.1260	-.65167
.25	-2.6411	-.0951	1.9939	-.54867
.30	-3.6408	-.6201	1.8119	-.45353
.35	-4.1216	-.9948	1.6058	-.36808
.40	-4.2576	-1.2464	1.3929	-.29311
.45	-4.1661	-1.3990	1.1846	-.22868
.50	-3.9295	-1.4735	.9881	-.17436
.55	-3.6064	-1.4876	.8078	-.12946
.60	-3.2381	-1.4562	.6459	-.09311
.65	-2.8535	-1.3916	.5032	-.06438
.70	-2.4716	-1.3034	.3797	-.04231
.75	-2.1037	-1.1993	.2745	-.02596
.80	-1.7552	-1.0850	.1867	-.01443
.85	-1.4263	-.9648	.1154	-.00687
.90	-1.1114	-.8413	.0598	-.00249
.95	-.7983	-.7165	.0199	-.00050
1.00	-.3984	-.5913	.0000	-.00000

XM/L=0.1

X/L	FP	FS	FQ	FM
.05	30.7455	3.9535	1.5373	.03843
.10	9.3139	2.7912	2.0030	-.87306
.15	3.0306	1.6418	2.1545	-.76913
.20	-.5194	.7014	2.1285	-.66205
.25	-2.4523	-.0244	2.0059	-.55869
.30	-3.5350	-.5671	1.8292	-.46281
.35	-4.0690	-.9568	1.6257	-.37644
.40	-4.2403	-1.2206	1.4137	-.30046
.45	-4.1721	-1.3831	1.2051	-.23499
.50	-3.9504	-1.4654	1.0076	-.17967
.55	-3.6363	-1.4856	.8258	-.13384
.60	-3.2730	-1.4589	.6621	-.09664
.65	-2.8905	-1.3977	.5176	-.06715
.70	-2.5088	-1.3120	.3921	-.04441
.75	-2.1401	-1.2097	.2851	-.02747
.80	-1.7905	-1.0967	.1956	-.01546
.85	-1.4608	-.9773	.1226	-.00750
.90	-1.1462	-.8545	.0653	-.00281
.95	-.8354	-.7302	.0235	-.00059
1.00	-.4696	-.6054	-.0000	-.00000

XM/L=0.2

X/L	FP	FS	FQ	FM
.05	23.7332	3.4036	1.1867	.02967
.10	8.8370	2.6976	1.6285	.10005
.15	5.8325	1.9725	1.9201	.18876
.20	2.9597	1.2042	2.0681	-.71153
.25	-.7985	.4019	2.0282	-.60912
.30	-2.6774	-.2398	1.8943	-.51106
.35	-3.5983	-.7136	1.7144	-.42084
.40	-4.0161	-1.0477	1.5136	-.34014
.45	-4.1094	-1.2677	1.3081	-.26960
.50	-3.9937	-1.3965	1.1085	-.20918
.55	-3.7471	-1.4535	.9211	-.15844
.60	-3.4244	-1.4555	.7499	-.11667
.65	-3.0640	-1.4164	.5967	-.08301
.70	-2.6922	-1.3474	.4621	-.05654
.75	-2.3263	-1.2576	.3458	-.03634
.80	-1.9765	-1.1539	.2469	-.02152
.85	-1.6478	-1.0415	.1645	-.01124
.90	-1.3413	-.9244	.0975	-.00469
.95	-1.0497	-.8048	.0450	-.00112
1.00	-.8999	-.6845	-.0000	-.00000

XM/L=0.3

X/L	FP	FS	FQ	FM
.05	16.8392	2.7349	.8420	.02105
.10	7.0643	2.3598	1.1952	.07198
.15	5.4733	1.9709	1.4688	.13858
.20	4.2269	1.5507	1.6802	.21730
.25	3.0579	1.0772	1.8331	.30514
.30	1.4025	.5254	1.9032	-.60146
.35	-1.6189	-.0944	1.8223	-.50832
.40	-3.0135	-.5852	1.6716	-.42097
.45	-3.6137	-.9368	1.4909	-.34191
.50	-3.8231	-1.1740	1.2997	-.27215
.55	-3.7880	-1.3193	1.1103	-.21189
.60	-3.6016	-1.3920	.9303	-.16088
.65	-3.3264	-1.4090	.7639	-.11852
.70	-3.0057	-1.3841	.6137	-.08408
.75	-2.6699	-1.3290	.4802	-.05674
.80	-2.3404	-1.2528	.3631	-.03565
.85	-2.0327	-1.1629	.2615	-.02004
.90	-1.7630	-1.0646	.1734	-.00917
.95	-1.5347	-.9620	.0966	-.00242
1.00	-1.9325	-.8577	-.0000	-.00000

XM/L=0.4

X/L	FP	FS	FQ	FM
.05	11.1123	2.0964	.5556	.01389
.10	5.1885	1.9438	.8150	.04816
.15	4.4583	1.7821	1.0380	.09448
.20	3.9829	1.5991	1.2371	.15136
.25	3.6301	1.3794	1.4186	.21775
.30	3.2072	1.1044	1.5790	.29269
.35	2.5372	.7529	1.7058	.37481
.40	1.2099	.3014	1.7663	-.53839
.45	-1.5944	-.2380	1.6866	-.45206
.50	-2.8493	-.6664	1.5441	-.37129
.55	-3.3659	-.9714	1.3758	-.29829
.60	-3.5341	-1.1760	1.1991	-.23392
.65	-3.4910	-1.3009	1.0246	-.17833
.70	-3.3241	-1.3641	.8584	-.13125
.75	-3.0934	-1.3810	.7037	-.09220
.80	-2.8434	-1.3645	.5615	-.06057
.85	-2.6112	-1.3251	.4310	-.03575
.90	-2.4425	-1.2713	.3089	-.01726
.95	-2.3626	-1.2097	.1907	-.00477
1.00	-3.8146	-1.1449	-.0000	-.00000

XM/L=0.5

X/L	FP	FS	FQ	FM
.05	6.8006	1.5580	.3400	.00850
.10	3.5817	1.5440	.5191	.02998
.15	3.3695	1.5244	.6876	.06015
.20	3.3179	1.4914	.8535	.09867
.25	3.3626	1.4347	1.0216	.14555
.30	3.4057	1.3414	1.1919	.20089
.35	3.3682	1.1963	1.3603	.26470
.40	3.1534	.9815	1.5180	.33665
.45	2.6203	.6765	1.6490	.41583
.50	1.3789	.2588	1.7179	-.50000
.55	-1.3789	-.2588	1.6490	-.41583
.60	-2.6203	-.6765	1.5180	-.33665
.65	-3.1534	-.9815	1.3603	-.26470
.70	-3.3682	-1.1963	1.1919	-.20089
.75	-3.4057	-1.3414	1.0216	-.14555
.80	-3.3626	-1.4347	.8535	-.09867
.85	-3.3179	-1.4914	.6876	-.06015
.90	-3.3695	-1.5244	.5191	-.02998
.95	-3.5817	-1.5440	.3400	-.00850
1.00	-6.8006	-1.5580	-.0000	-.00000

B/L= 1.00 DS/B1= 2.00 KS= .200

XQ/L=0.0

X/L	FP	FS	FQ	FM
.05	9.4101	1.7941	-.5295	-.03824
.10	3.7765	1.6078	-.3407	-.05999
.15	2.7762	1.4290	-.2019	-.07355
.20	2.0546	1.2603	-.0991	-.08108
.25	1.5477	1.1031	-.0217	-.08410
.30	1.1624	.9584	.0364	-.08374
.35	.8616	.8263	.0795	-.08084
.40	.6237	.7065	.1106	-.07609
.45	.4345	.5985	.1324	-.07001
.50	.2833	.5015	.1465	-.06304
.55	.1621	.4145	.1546	-.05551
.60	.0637	.3363	.1578	-.04770
.65	-.0181	.2659	.1569	-.03983
.70	-.0890	.2021	.1525	-.03209
.75	-.1549	.1437	.1447	-.02466
.80	-.2225	.0895	.1336	-.01771
.85	-.3007	.0385	.1186	-.01140
.90	-.4067	-.0104	.0982	-.00598
.95	-.5541	-.0579	.0705	-.00176
1.00	-1.4105	-.1049	-.0000	-.00000

XQ/L=0.1

X/L	FP	FS	FQ	FM
.05	6.9952	1.4682	.3498	.00874
.10	3.0871	1.3702	-.4959	.03009
.15	2.4571	1.2695	-.3730	.00837
.20	1.9689	1.1662	-.2746	-.00782
.25	1.6076	1.0628	-.1942	-.01954
.30	1.3167	.9615	-.1284	-.02761
.35	1.0755	.8637	-.0746	-.03268
.40	.8729	.7705	-.0309	-.03532
.45	.7013	.6824	.0041	-.03599
.50	.5554	.5997	.0319	-.03509
.55	.4306	.5222	.0534	-.03295
.60	.3227	.4500	.0696	-.02988
.65	.2278	.3824	.0810	-.02612
.70	.1420	.3190	.0881	-.02189
.75	.0608	.2592	.0911	-.01741
.80	-.0211	.2024	.0900	-.01289
.85	-.1108	.1479	.0845	-.00852
.90	-.2231	.0949	.0733	-.00458
.95	-.3697	.0430	.0549	-.00137
1.00	-1.0971	-.0086	-.0000	-.00000

XQ/L=0.2

X/L	FP	FS	FQ	FM
.05	4.8808	1.1636	.2440	.00610
.10	2.3353	1.1310	.3608	.02122
.15	2.0180	1.0965	.4617	.04178
.20	1.8030	1.0572	-.4481	.06712
.25	1.6271	1.0100	-.3668	.04675
.30	1.4453	.9544	-.2945	.03022
.35	1.2729	.8930	-.2309	.01708
.40	1.1117	.8282	-.1753	.00693
.45	.9623	.7615	-.1272	-.00064
.50	.8248	.6944	-.0859	-.00596
.55	.6987	.6278	-.0510	-.00939
.60	.5831	.5623	-.0219	-.01121
.65	.4765	.4985	.0020	-.01171
.70	.3767	.4363	.0208	-.01114
.75	.2811	.3758	.0349	-.00975
.80	.1859	.3170	.0442	-.00777
.85	.0855	.2594	.0484	-.00546
.90	-.0317	.2029	.0468	-.00307
.95	-.1757	.1469	.0381	-.00095
1.00	-.7612	.0913	-.0000	-.00000

XQ/L=0.3

X/L	FP	FS	FQ	FM
.05	3.1734	.8958	.1587	.00397
.10	1.6636	.9067	.2419	.01398
.15	1.5380	.9164	.3188	.02800
.20	1.4796	.9228	.3927	.04578
.25	1.4645	.9238	.4660	.06725
.30	1.4539	.9163	-.4614	.09236
.35	1.4038	.8970	-.3912	.07105
.40	1.3084	.8657	-.3257	.05313
.45	1.1972	.8250	-.2659	.03834
.50	1.0794	.7776	-.2119	.02639
.55	.9604	.7252	-.1639	.01700
.60	.8431	.6697	-.1217	.00986
.65	.7294	.6121	-.0853	.00468
.70	.6193	.5535	-.0543	.00119
.75	.5125	.4944	-.0287	-.00088
.80	.4068	.4353	-.0083	-.00181
.85	.2990	.3764	.0066	-.00185
.90	.1813	.3178	.0157	-.00129
.95	.0460	.2594	.0180	-.00045
1.00	-.3597	.2012	-.0000	-.00000

XQ/L=0.4

X/L	FP	FS	FQ	FM
.05	1.8587	.6695	.0929	.00232
.10	1.1068	.7070	.1483	.00835
.15	1.1040	.7437	.2035	.01715
.20	1.1372	.7786	.2603	.02874
.25	1.1963	.8100	.3201	.04325
.30	1.2631	.8350	.3833	.06084
.35	1.3252	.8543	.4496	.08166
.40	1.3676	.8619	-.4821	.10585
.45	1.3553	.8556	-.4143	.08344
.50	1.2869	.8353	-.3499	.06434
.55	1.1950	.8039	-.2902	.04833
.60	1.0908	.7641	-.2357	.03519
.65	.9808	.7180	-.1866	.02463
.70	.8693	.6675	-.1432	.01638
.75	.7584	.6139	-.1052	.01017
.80	.6491	.5584	-.0728	.00572
.85	.5410	.5016	-.0457	.00276
.90	.4320	.4442	-.0241	.00102
.95	.3177	.3866	-.0082	.00021
1.00	.1648	.3288	-.0000	-.00000

XQ/L=0.5

X/L	FP	FS	FQ	FM
.05	.8798	.4824	.0440	.00110
.10	.6637	.5342	.0772	.00413
.15	.7358	.5857	.1140	.00891
.20	.8200	.6362	.1550	.01563
.25	.9150	.6849	.2007	.02452
.30	1.0148	.7306	.2515	.03583
.35	1.1152	.7717	.3072	.04979
.40	1.2106	.8065	.3677	.06667
.45	1.2935	.8326	.4324	.08667
.50	1.3517	.8471	-.5000	.10998
.55	1.3517	.8471	-.4324	.08667
.60	1.2935	.8326	-.3677	.06667
.65	1.2106	.8065	-.3072	.04979
.70	1.1152	.7717	-.2515	.03583
.75	1.0148	.7306	-.2007	.02452
.80	.9150	.6849	-.1550	.01563
.85	.8200	.6362	-.1140	.00891
.90	.7358	.5857	-.0772	.00413
.95	.6637	.5342	-.0440	.00110
1.00	.8798	.4824	-.0000	-.00000

B/L= 1.00   DS/B1= 2.00   KS= .200

XM/L=0.0

X/L	FP	FS	FQ	FM
.05	24.5545	3.2822	1.2277	-.96931
.10	6.6107	2.3614	1.5583	-.89966
.15	3.1204	1.5809	1.7143	-.81784
.20	.8162	.9293	1.7551	-.73111
.25	-.6250	.3939	1.7238	-.64414
.30	-1.5593	-.0384	1.6459	-.55989
.35	-2.1500	-.3805	1.5384	-.48029
.40	-2.4981	-.6445	1.4135	-.40649
.45	-2.6722	-.8421	1.2799	-.33916
.50	-2.7220	-.9838	1.1438	-.27857
.55	-2.6846	-1.0792	1.0095	-.22474
.60	-2.5886	-1.1369	.8801	-.17750
.65	-2.4565	-1.1645	.7573	-.13656
.70	-2.3063	-1.1685	.6420	-.10158
.75	-2.1529	-1.1548	.5343	-.07218
.80	-2.0102	-1.1280	.4338	-.04797
.85	-1.8934	-1.0922	.3391	-.02865
.90	-1.8302	-1.0508	.2476	-.01398
.95	-1.8356	-1.0061	.1558	-.00390
1.00	-3.1167	-.9602	.0000	-.00000

XM/L=0.1

X/L	FP	FS	FQ	FM
.05	23.0225	3.1910	1.1511	.02878
.10	7.5532	2.4097	1.5288	-.90422
.15	3.4782	1.6379	1.7027	-.82344
.20	.9897	.9770	1.7522	-.73707
.25	-.5148	.4332	1.7264	-.65010
.30	-1.4877	-.0065	1.6521	-.56564
.35	-2.1039	-.3553	1.5469	-.48566
.40	-2.4701	-.6252	1.4234	-.41141
.45	-2.6573	-.8278	1.2905	-.34356
.50	-2.7166	-.9738	1.1547	-.28243
.55	-2.6862	-1.0729	1.0204	-.22806
.60	-2.5954	-1.1338	.8906	-.18029
.65	-2.4671	-1.1641	.7672	-.13884
.70	-2.3199	-1.1705	.6512	-.10338
.75	-2.1691	-1.1587	.5428	-.07353
.80	-2.0289	-1.1337	.4413	-.04893
.85	-1.9149	-1.0996	.3456	-.02925
.90	-1.8558	-1.0597	.2528	-.01429
.95	-1.8672	-1.0165	.1594	-.00399
1.00	-3.1888	-.9719	-.0000	-.00000

XM/L=0.2

X/L	FP	FS	FQ	FM
.05	19.1407	2.8768	.9570	.02393
.10	7.2248	2.3410	1.3183	.08081
.15	4.8649	1.7974	1.5615	.15280
.20	2.7696	1.2364	1.7000	-.76566
.25	.3865	.6651	1.7193	-.68018
.30	-.9654	.1835	1.6711	-.59542
.35	-1.7670	-.2024	1.5827	-.51407
.40	-2.2563	-.5051	1.4699	-.43776
.45	-2.5300	-.7365	1.3434	-.36742
.50	-2.6520	-.9075	1.2108	-.30357
.55	-2.6677	-1.0283	1.0774	-.24636
.60	-2.6112	-1.1078	.9469	-.19576
.65	-2.5089	-1.1543	.8214	-.15155
.70	-2.3821	-1.1747	.7023	-.11346
.75	-2.2487	-1.1753	.5899	-.08116
.80	-2.1250	-1.1613	.4836	-.05432
.85	-2.0296	-1.1372	.3821	-.03267
.90	-1.9963	-1.1066	.2823	-.01606
.95	-2.0442	-1.0723	.1801	-.00450
1.00	-3.6022	-1.0366	-.0000	-.00000

XM/L=0.3

X/L	FP	FS	FQ	FM
.05	15.0389	2.4714	.7519	.01880
.10	6.1606	2.1292	1.0600	.06410
.15	4.6295	1.7809	1.2914	.12288
.20	3.4446	1.4187	1.4637	.19176
.25	2.4279	1.0329	1.5851	.26798
.30	1.2361	.6127	1.6469	-.65122
.35	-.5894	.1650	1.6174	-.56962
.40	-1.5587	-.2100	1.5395	-.49069
.45	-2.0907	-.5054	1.4349	-.41633
.50	-2.3898	-.7328	1.3154	-.34757
.55	-2.5328	-.9030	1.1888	-.28497
.60	-2.5706	-1.0257	1.0603	-.22874
.65	-2.5402	-1.1100	.9333	-.17890
.70	-2.4703	-1.1637	.8097	-.13533
.75	-2.3850	-1.1940	.6905	-.09782
.80	-2.3066	-1.2067	.5752	-.06618
.85	-2.2601	-1.2072	.4622	-.04025
.90	-2.2910	-1.1998	.3476	-.02000
.95	-2.4273	-1.1878	.2262	-.00566
1.00	-4.5249	-1.1740	-.0000	-.00000

XM/L=0.4

X/L	FP	FS	FQ	FM
.05	11.3551	2.0599	.5678	.01419
.10	4.9807	1.8623	.8168	.04881
.15	4.0212	1.6601	1.0178	.09467
.20	3.3370	1.4472	1.1847	.14974
.25	2.8205	1.2160	1.3257	.21250
.30	2.3186	.9576	1.4417	.28168
.35	1.7220	.6623	1.5278	.35592
.40	.8169	.3191	1.5686	-.56667
.45	-.8089	-.0644	1.5282	-.48926
.50	-1.6406	-.3876	1.4461	-.41490
.55	-2.0828	-.6429	1.3420	-.34520
.60	-2.3313	-.8413	1.2254	-.28101
.65	-2.4576	-.9928	1.1025	-.22281
.70	-2.5105	-1.1065	.9770	-.17082
.75	-2.5278	-1.1907	.8506	-.12513
.80	-2.5434	-1.2528	.7235	-.08578
.85	-2.5950	-1.2991	.5937	-.05285
.90	-2.7485	-1.3350	.4563	-.02660
.95	-3.0478	-1.3650	.3039	-.00760
1.00	-6.0778	-1.3925	-.0000	-.00000

XM/L=0.5

X/L	FP	FS	FQ	FM
.05	8.3448	1.6915	.4172	.01043
.10	3.9101	1.5962	.6127	.03618
.15	3.3471	1.4974	.7801	.07100
.20	2.9873	1.3906	.9295	.11374
.25	2.7622	1.2701	1.0676	.16367
.30	2.5723	1.1287	1.1962	.22026
.35	2.3581	.9586	1.3141	.28302
.40	2.0600	.7508	1.4171	.35130
.45	1.6021	.4955	1.4972	.42416
.50	.7873	.1820	1.5366	-.50000
.55	-.7873	-.1820	1.4972	-.42416
.60	-1.6021	-.4955	1.4171	-.35130
.65	-2.0600	-.7508	1.3141	-.28302
.70	-2.3581	-.9586	1.1962	-.22026
.75	-2.5723	-1.1287	1.0676	-.16367
.80	-2.7622	-1.2701	.9295	-.11374
.85	-2.9873	-1.3906	.7801	-.07100
.90	-3.3471	-1.4974	.6127	-.03618
.95	-3.9101	-1.5962	.4172	-.01043
1.00	-8.3448	-1.6915	-.0000	-.00000

B/L= 1.00 DS/B1= 2.00 KS= .500

XQ/L=0.0

X/L	FP	FS	FQ	FM
.05	8.3782	1.6838	-.5811	-.03953
.10	3.5277	1.5439	-.4047	-.06417
.15	2.7150	1.4071	-.2690	-.08101
.20	2.1281	1.2747	-.1626	-.09180
.25	1.7124	1.1475	-.0769	-.09779
.30	1.3880	1.0260	-.0075	-.09990
.35	1.1241	.9104	.0487	-.09887
.40	.9036	.8009	.0939	-.09531
.45	.7156	.6971	.1296	-.08972
.50	.5524	.5989	.1573	-.08255
.55	.4082	.5058	.1777	-.07417
.60	.2778	.4175	.1916	-.06494
.65	.1566	.3334	.1994	-.05517
.70	.0398	.2528	.2014	-.04515
.75	-.0778	.1753	.1975	-.03518
.80	-.2034	.1001	.1873	-.02556
.85	-.3474	.0268	.1700	-.01663
.90	-.5335	-.0452	.1433	-.00880
.95	-.7799	-.1165	.1043	-.00261
1.00	-2.0856	-.1875	-.0000	-.00000

XQ/L=0.1

X/L	FP	FS	FQ	FM
.05	6.6965	1.4305	.3348	.00837
.10	2.9636	1.3418	-.5170	.02882
.15	2.3762	1.2520	-.3982	.00594
.20	1.9405	1.1612	-.3012	-.01155
.25	1.6263	1.0706	-.2198	-.02457
.30	1.3750	.9810	-.1511	-.03384
.35	1.1650	.8933	-.0928	-.03994
.40	.9846	.8077	-.0436	-.04335
.45	.8265	.7247	-.0023	-.04450
.50	.6858	.6443	.0320	-.04376
.55	.5584	.5665	.0599	-.04146
.60	.4412	.4914	.0820	-.03791
.65	.3308	.4186	.0985	-.03340
.70	.2240	.3480	.1097	-.02819
.75	.1170	.2792	.1156	-.02256
.80	.0045	.2119	.1158	-.01678
.85	-.1211	.1458	.1097	-.01114
.90	-.2774	.0805	.0959	-.00600
.95	-.4781	.0158	.0720	-.00180
1.00	-1.4395	-.0487	-.0000	-.00000

XQ/L=0.2

X/L	FP	FS	FQ	FM
.05	5.1430	1.1867	.2572	.00643
.10	2.3766	1.1395	.3760	.02226
.15	1.9898	1.0915	.4755	.04354
.20	1.7202	1.0415	-.4385	.06947
.25	1.5227	.9883	-.3624	.04944
.30	1.3500	.9315	-.2949	.03301
.35	1.1972	.8722	-.2350	.01976
.40	1.0593	.8114	-.1821	.00934
.45	.9329	.7497	-.1354	.00140
.50	.8160	.6877	-.0946	-.00435
.55	.7067	.6258	-.0593	-.00820
.60	.6036	.5642	-.0291	-.01041
.65	.5049	.5033	-.0039	-.01123
.70	.4088	.4429	.0166	-.01092
.75	.3131	.3833	.0322	-.00969
.80	.2145	.3242	.0430	-.00782
.85	.1081	.2657	.0484	-.00553
.90	-.0171	.2076	.0475	-.00314
.95	-.1707	.1498	.0390	-.00097
1.00	-.7793	.0921	-.0000	-.00000

XQ/L=0.3

X/L	FP	FS	FQ	FM
.05	3.7718	.9597	.1886	.00471
.10	1.8270	.9445	.2799	.01643
.15	1.5888	.9288	.3594	.03241
.20	1.4358	.9115	.4312	.05217
.25	1.3431	.8918	.4983	.07541
.30	1.2725	.8682	-.4381	.10192
.35	1.1976	.8393	-.3782	.08151
.40	1.1115	.8051	-.3226	.06399
.45	1.0232	.7665	-.2714	.04914
.50	.9348	.7244	-.2247	.03674
.55	.8474	.6799	-.1823	.02656
.60	.7614	.6334	-.1443	.01840
.65	.6771	.5856	-.1104	.01203
.70	.5942	.5368	-.0807	.00725
.75	.5121	.4875	-.0551	.00386
.80	.4297	.4379	-.0336	.00164
.85	.3451	.3881	-.0164	.00039
.90	.2542	.3382	-.0036	-.00011
.95	.1522	.2884	.0040	-.00010
1.00	-.0794	.2385	-.0000	-.00000

XQ/L=0.4

X/L	FP	FS	FQ	FM
.05	2.5865	.7525	.1293	.00323
.10	1.3317	.7614	.1959	.01136
.15	1.2097	.7699	.2564	.02267
.20	1.1432	.7774	.3136	.03692
.25	1.1175	.7831	.3694	.05400
.30	1.1090	.7861	.4249	.07385
.35	1.1062	.7852	.4802	.09648
.40	1.0997	.7793	-.4648	.12186
.45	1.0735	.7669	-.4111	.09997
.50	1.0257	.7478	-.3599	.08069
.55	.9688	.7234	-.3114	.06391
.60	.9069	.6946	-.2661	.04947
.65	.8426	.6625	-.2239	.03722
.70	.7779	.6277	-.1851	.02700
.75	.7141	.5910	-.1493	.01864
.80	.6526	.5530	-.1167	.01198
.85	.5949	.5140	-.0870	.00689
.90	.5448	.4745	-.0597	.00322
.95	.5026	.4347	-.0346	.00087
1.00	.6921	.3948	-.0000	-.00000

XQ/L=0.5

X/L	FP	FS	FQ	FM
.05	1.5695	.5649	.0785	.00196
.10	.8924	.5917	.1231	.00700
.15	.8616	.6182	.1662	.01423
.20	.8609	.6441	.2092	.02362
.25	.8833	.6688	.2534	.03518
.30	.9160	.6918	.2992	.04900
.35	.9533	.7123	.3469	.06515
.40	.9909	.7293	.3964	.08373
.45	1.0243	.7419	.4476	.10483
.50	1.0478	.7488	-.5000	.12852
.55	1.0478	.7488	-.4476	.10483
.60	1.0243	.7419	-.3964	.08373
.65	.9909	.7293	-.3469	.06515
.70	.9533	.7123	-.2992	.04900
.75	.9160	.6918	-.2534	.03518
.80	.8833	.6688	-.2092	.02362
.85	.8609	.6441	-.1662	.01423
.90	.8616	.6182	-.1231	.00700
.95	.8924	.5917	-.0785	.00196
1.00	1.5695	.5649	-.0000	-.00000

614

B/L= 1.00   DS/B1= 2.00   KS= .500

XM/L=0.0

X/L	FP	FS	FQ	FM
.05	16.9857	2.5423	.8493	-.97877
.10	5.5287	2.0156	1.1257	-.92939
.15	3.3603	1.5462	1.2937	-.86891
.20	1.8593	1.1308	1.3867	-.80190
.25	.8497	.7655	1.4292	-.73150
.30	.1216	.4462	1.4353	-.65989
.35	-.4151	.1686	1.4145	-.58864
.40	-.8145	-.0714	1.3738	-.51894
.45	-1.1125	-.2783	1.3182	-.45164
.50	-1.3355	-.4561	1.2514	-.38740
.55	-1.5038	-.6087	1.1762	-.32671
.60	-1.6343	-.7399	1.0945	-.26994
.65	-1.7421	-.8532	1.0074	-.21740
.70	-1.8413	-.9518	.9153	-.16933
.75	-1.9468	-1.0389	.8180	-.12600
.80	-2.0772	-1.1172	.7141	-.08769
.85	-2.2600	-1.1890	.6011	-.05481
.90	-2.5580	-1.2566	.4732	-.02796
.95	-3.0136	-1.3218	.3225	-.00806
1.00	-6.4505	-1.3858	.0000	-.00000

XM/L=0.1

X/L	FP	FS	FQ	FM
.05	16.3451	2.5029	.8173	.02043
.10	5.8992	2.0333	1.1122	-.93133
.15	3.5023	1.5685	1.2873	-.87134
.20	1.9311	1.1503	1.3839	-.80456
.25	.8986	.7825	1.4288	-.73425
.30	.1566	.4608	1.4366	-.66261
.35	-.3896	.1810	1.4172	-.59126
.40	-.7959	-.0612	1.3774	-.52140
.45	-1.0993	-.2700	1.3224	-.45391
.50	-1.3265	-.4495	1.2561	-.38944
.55	-1.4983	-.6039	1.1812	-.32851
.60	-1.6318	-.7366	1.0996	-.27149
.65	-1.7422	-.8513	1.0125	-.21869
.70	-1.8438	-.9514	.9203	-.17037
.75	-1.9516	-1.0398	.8227	-.12680
.80	-2.0844	-1.1193	.7185	-.08827
.85	-2.2699	-1.1923	.6050	-.05518
.90	-2.5715	-1.2611	.4764	-.02815
.95	-3.0319	-1.3274	.3248	-.00812
1.00	-6.4961	-1.3926	-.0000	-.00000

XM/L=0.2

X/L	FP	FS	FQ	FM
.05	14.6548	2.3624	.7327	.01832
.10	5.7320	1.9970	1.0193	.06212
.15	4.0472	1.6292	1.2217	.11815
.20	2.6529	1.2560	1.3543	-.81745
.25	1.2820	.8813	1.4184	-.74813
.30	.3970	.5462	1.4383	-.67671
.35	-.2183	.2537	1.4274	-.60507
.40	-.6718	-.0003	1.3938	-.53454
.45	-1.0099	-.2201	1.3433	-.46612
.50	-1.2641	-.4099	1.2801	-.40053
.55	-1.4578	-.5737	1.2072	-.33835
.60	-1.6097	-.7154	1.1267	-.28000
.65	-1.7360	-.8385	1.0399	-.22583
.70	-1.8520	-.9464	.9473	-.17615
.75	-1.9738	-1.0423	.8486	-.13126
.80	-2.1209	-1.1290	.7426	-.09147
.85	-2.3226	-1.2090	.6265	-.05725
.90	-2.6449	-1.2846	.4942	-.02923
.95	-3.1330	-1.3576	.3376	-.00844
1.00	-6.7511	-1.4295	-.0000	-.00000

XM/L=0.3

X/L	FP	FS	FQ	FM
.05	12.7660	2.1727	.6383	.01596
.10	5.2360	1.8951	.9001	.05442
.15	3.9271	1.6155	1.0965	.10433
.20	2.9324	1.3311	1.2431	.16282
.25	2.1351	1.0387	1.3498	.22764
.30	1.3334	.7346	1.4165	-.70320
.35	.3208	.4222	1.4325	-.63197
.40	-.3183	.1425	1.4166	-.56074
.45	-.7583	-.1015	1.3787	-.49086
.50	-1.0861	-.3140	1.3244	-.42328
.55	-1.3366	-.4990	1.2576	-.35873
.60	-1.5347	-.6606	1.1808	-.29777
.65	-1.7005	-.8024	1.0958	-.24085
.70	-1.8517	-.9282	1.0032	-.18838
.75	-2.0068	-1.0411	.9029	-.14072
.80	-2.1878	-1.1441	.7935	-.09831
.85	-2.4267	-1.2399	.6722	-.06167
.90	-2.7964	-1.3310	.5323	-.03156
.95	-3.3464	-1.4193	.3650	-.00913
1.00	-7.3006	-1.5064	-.0000	-.00000

XM/L=0.4

X/L	FP	FS	FQ	FM
.05	10.9704	1.9715	.5485	.01371
.10	4.6675	1.7647	.7819	.04697
.15	3.6417	1.5560	.9640	.09062
.20	2.8915	1.3432	1.1086	.14243
.25	2.3296	1.1235	1.2250	.20077
.30	1.8324	.8935	1.3167	.26432
.35	1.3327	.6495	1.3833	.33181
.40	.7329	.3877	1.4199	-.59811
.45	-.1387	.1113	1.4130	-.52728
.50	-.6802	-.1388	1.3790	-.45748
.55	-1.0567	-.3593	1.3261	-.38985
.60	-1.3501	-.5544	1.2586	-.32523
.65	-1.5932	-.7281	1.1790	-.26429
.70	-1.8115	-.8842	1.0884	-.20761
.75	-2.0283	-1.0260	.9870	-.15572
.80	-2.2703	-1.1570	.8735	-.10921
.85	-2.5752	-1.2800	.7447	-.06876
.90	-3.0264	-1.3978	.5934	-.03530
.95	-3.6815	-1.5124	.4093	-.01023
1.00	-8.1867	-1.6257	-.0000	-.00000

XM/L=0.5

X/L	FP	FS	FQ	FM
.05	9.4188	1.7838	.4709	.01177
.10	4.1309	1.6312	.6775	.04048
.15	3.3197	1.4771	.8435	.07851
.20	2.7449	1.3194	.9807	.12411
.25	2.3368	1.1557	1.0976	.17607
.30	1.9958	.9830	1.1973	.23344
.35	1.6751	.7980	1.2811	.29540
.40	1.3379	.5971	1.3480	.36113
.45	.9462	.3766	1.3953	.42971
.50	.4163	.1323	1.4161	-.50000
.55	-.4163	-.1323	1.3953	-.42971
.60	-.9462	-.3766	1.3480	-.36113
.65	-1.3379	-.5971	1.2811	-.29540
.70	-1.6751	-.7980	1.1973	-.23344
.75	-1.9958	-.9830	1.0976	-.17607
.80	-2.3368	-1.1557	.9807	-.12411
.85	-2.7449	-1.3194	.8435	-.07851
.90	-3.3197	-1.4771	.6775	-.04048
.95	-4.1309	-1.6312	.4709	-.01177
1.00	-9.4188	-1.7838	-.0000	-.00000

B/L= 1.00 DS/B1= 2.00 KS= 1.000

XQ/L=0.0

X/L	FP	FS	FQ	FM
.05	7.9272	1.6347	-.6036	-.04009
.10	3.4121	1.5144	-.4330	-.06601
.15	2.6797	1.3958	-.2991	-.08431
.20	2.1519	1.2794	-.1915	-.09657
.25	1.7779	1.1657	-.1026	-.10392
.30	1.4829	1.0551	-.0284	-.10720
.35	1.2384	.9476	.0335	-.10707
.40	1.0288	.8433	.0849	-.10411
.45	.8445	.7422	.1272	-.09881
.50	.6786	.6442	.1611	-.09160
.55	.5260	.5490	.1874	-.08289
.60	.3825	.4564	.2065	-.07304
.65	.2440	.3662	.2187	-.06241
.70	.1061	.2779	.2240	-.05134
.75	-.0361	.1915	.2222	-.04018
.80	-.1897	.1063	.2127	-.02931
.85	-.3660	.0223	.1944	-.01913
.90	-.5916	-.0611	.1649	-.01015
.95	-.8868	-.1440	.1205	-.00301
1.00	-2.4104	-.2267	-.0000	-.00000

XQ/L=0.1

X/L	FP	FS	FQ	FM
.05	6.5525	1.4128	.3276	.00819
.10	2.9085	1.3288	-.5270	.02821
.15	2.3423	1.2443	-.4098	.00479
.20	1.9300	1.1593	-.3133	-.01329
.25	1.6362	1.0744	-.2315	-.02691
.30	1.4021	.9902	-.1614	-.03674
.35	1.2057	.9069	-.1011	-.04330
.40	1.0351	.8248	-.0494	-.04706
.45	.8832	.7441	-.0052	-.04843
.50	.7451	.6648	.0320	-.04776
.55	.6169	.5869	.0629	-.04539
.60	.4957	.5105	.0877	-.04162
.65	.3785	.4354	.1066	-.03677
.70	.2623	.3614	.1197	-.03111
.75	.1434	.2885	.1269	-.02494
.80	.0168	.2164	.1277	-.01858
.85	-.1255	.1449	.1214	-.01235
.90	-.3022	.0739	.1063	-.00665
.95	-.5283	.0032	.0799	-.00200
1.00	-1.5984	-.0673	-.0000	-.00000

XQ/L=0.2

X/L	FP	FS	FQ	FM
.05	5.2435	1.1958	.2622	.00655
.10	2.3939	1.1432	.3819	.02266
.15	1.9814	1.0901	.4809	.04423
.20	1.6916	1.0361	-.4345	.07039
.25	1.4855	.9804	-.3602	.05052
.30	1.3149	.9229	-.2945	.03415
.35	1.1682	.8641	-.2361	.02089
.40	1.0378	.8045	-.1842	.01038
.45	.9193	.7445	-.1382	.00233
.50	.8095	.6842	-.0977	-.00357
.55	.7064	.6240	-.0624	-.00758
.60	.6080	.5639	-.0320	-.00994
.65	.5127	.5041	-.0064	-.01090
.70	.4185	.4447	.0146	-.01069
.75	.3234	.3855	.0307	-.00956
.80	.2243	.3267	.0419	-.00774
.85	.1166	.2681	.0478	-.00550
.90	-.0106	.2097	.0472	-.00313
.95	-.1665	.1514	.0389	-.00097
1.00	-.7782	.0932	-.0000	-.00000

XQ/L=0.3

X/L	FP	FS	FQ	FM
.05	4.0301	.9877	.2015	.00504
.10	1.8991	.9615	.2965	.01749
.15	1.6136	.9350	.3771	.03433
.20	1.4210	.9077	.4482	.05496
.25	1.2962	.8791	.5130	.07899
.30	1.2005	.8484	-.4270	.10614
.35	1.1136	.8150	-.3713	.08618
.40	1.0279	.7788	-.3199	.06890
.45	.9459	.7403	-.2726	.05409
.50	.8670	.6999	-.2293	.04154
.55	.7909	.6580	-.1897	.03107
.60	.7170	.6151	-.1539	.02248
.65	.6450	.5714	-.1216	.01559
.70	.5744	.5271	-.0929	.01023
.75	.5044	.4825	-.0677	.00622
.80	.4343	.4375	-.0460	.00338
.85	.3627	.3925	-.0278	.00153
.90	.2872	.3474	-.0135	.00050
.95	.2041	.3022	-.0033	.00008
1.00	.0651	.2570	-.0000	-.00000

XQ/L=0.4

X/L	FP	FS	FQ	FM
.05	2.9161	.7903	.1458	.00365
.10	1.4335	.7863	.2175	.01273
.15	1.2575	.7820	.2804	.02517
.20	1.1462	.7772	.3377	.04062
.25	1.0831	.7714	.3918	.05886
.30	1.0418	.7642	.4439	.07975
.35	1.0113	.7548	.4945	.10321
.40	.9841	.7427	-.4563	.12917
.45	.9505	.7272	-.4088	.10754
.50	.9085	.7081	-.3634	.08824
.55	.8638	.6861	-.3202	.07115
.60	.8181	.6617	-.2793	.05616
.65	.7725	.6354	-.2407	.04316
.70	.7282	.6077	-.2042	.03204
.75	.6862	.5788	-.1699	.02269
.80	.6479	.5490	-.1375	.01500
.85	.6155	.5188	-.1068	.00889
.90	.5954	.4881	-.0770	.00430
.95	.5902	.4573	-.0475	.00119
1.00	.9495	.4264	-.0000	-.00000

XQ/L=0.5

X/L	FP	FS	FQ	FM
.05	1.8940	.6035	.0947	.00237
.10	.9982	.6183	.1446	.00835
.15	.9180	.6329	.1905	.01673
.20	.8767	.6471	.2343	.02735
.25	.8649	.6607	.2776	.04015
.30	.8669	.6733	.3209	.05511
.35	.8764	.6845	.3648	.07225
.40	.8894	.6937	.4092	.09160
.45	.9027	.7005	.4544	.11319
.50	.9129	.7042	-.5000	.13705
.55	.9129	.7042	-.4544	.11319
.60	.9027	.7005	-.4092	.09160
.65	.8894	.6937	-.3648	.07225
.70	.8764	.6845	-.3209	.05511
.75	.8669	.6733	-.2776	.04015
.80	.8649	.6607	-.2343	.02735
.85	.8767	.6471	-.1905	.01673
.90	.9180	.6329	-.1446	.00835
.95	.9982	.6183	-.0947	.00237
1.00	1.8940	.6035	-.0000	-.00000

B/L= 1.00 DS/B1= 2.00 KS= 1.000

XM/L=0.0

X/L	FP	FS	FQ	FM
.05	13.8333	2.2239	.6917	-.98271
.10	4.9806	1.8538	.9407	-.94190
.15	3.3593	1.5126	1.1087	-.89067
.20	2.2108	1.1988	1.2192	-.83247
.25	1.4109	.9109	1.2897	-.76975
.30	.8035	.6470	1.3299	-.70425
.35	.3239	.4053	1.3461	-.63735
.40	-.0656	.1836	1.3428	-.57013
.45	-.3898	-.0199	1.3233	-.50347
.50	-.6665	-.2073	1.2900	-.43814
.55	-.9100	-.3806	1.2445	-.37478
.60	-1.1326	-.5417	1.1879	-.31397
.65	-1.3458	-.6925	1.1206	-.25625
.70	-1.5616	-.8347	1.0425	-.20218
.75	-1.7945	-.9700	.9528	-.15229
.80	-2.0643	-1.1001	.8496	-.10723
.85	-2.4036	-1.2262	.7294	-.06776
.90	-2.8916	-1.3498	.5848	-.03490
.95	-3.5831	-1.4718	.4057	-.01014
1.00	-8.1134	-1.5931	.0000	-.00000

XM/L=0.1

X/L	FP	FS	FQ	FM
.05	13.5070	2.2036	.6753	.01688
.10	5.1644	1.8623	.9336	-.94289
.15	3.4299	1.5236	1.1051	-.89193
.20	2.2471	1.2087	1.2174	-.83387
.25	1.4363	.9196	1.2892	-.77120
.30	.8223	.6547	1.3303	-.70571
.35	.3382	.4119	1.3473	-.63877
.40	-.0547	.1893	1.3445	-.57148
.45	-.3815	-.0152	1.3254	-.50473
.50	-.6604	-.2035	1.2924	-.43928
.55	-.9058	-.3776	1.2471	-.37579
.60	-1.1301	-.5396	1.1906	-.31485
.65	-1.3447	-.6911	1.1234	-.25700
.70	-1.5620	-.8341	1.0453	-.20278
.75	-1.7964	-.9703	.9555	-.15276
.80	-2.0677	-1.1010	.8521	-.10757
.85	-2.4088	-1.2279	.7316	-.06798
.90	-2.8991	-1.3522	.5867	-.03502
.95	-3.5936	-1.4749	.4070	-.01018
1.00	-8.1403	-1.5970	-.0000	-.00000

XM/L=0.2

X/L	FP	FS	FQ	FM
.05	12.6316	2.1300	.6316	.01579
.10	5.0726	1.8421	.8852	.05371
.15	3.6998	1.5531	1.0702	.10259
.20	2.6095	1.2618	1.2007	-.84063
.25	1.6326	.9703	1.2823	-.77856
.30	.9491	.6994	1.3298	-.71326
.35	.4317	.4508	1.3514	-.64623
.40	.0160	.2227	1.3521	-.57864
.45	-.3280	.0129	1.3357	-.51144
.50	-.6207	-.1806	1.3047	-.44543
.55	-.8777	-.3597	1.2608	-.38129
.60	-1.1120	-.5263	1.2052	-.31964
.65	-1.3359	-.6825	1.1384	-.26105
.70	-1.5618	-.8300	1.0603	-.20608
.75	-1.8048	-.9705	.9701	-.15532
.80	-2.0852	-1.1055	.8658	-.10942
.85	-2.4365	-1.2366	.7440	-.06918
.90	-2.9397	-1.3650	.5970	-.03565
.95	-3.6513	-1.4919	.4145	-.01036
1.00	-8.2894	-1.6181	-.0000	-.00000

XM/L=0.3

X/L	FP	FS	FQ	FM
.05	11.6320	2.0290	.5816	.01454
.10	4.8086	1.7873	.8220	.04963
.15	3.6334	1.5445	1.0037	.09527
.20	2.7508	1.2997	1.1412	.14890
.25	2.0665	1.0511	1.2446	.20854
.30	1.4291	.7972	1.3160	-.72744
.35	.7161	.5399	1.3518	-.66075
.40	.2093	.2996	1.3623	-.59289
.45	-.1850	.0781	1.3530	-.52501
.50	-.5147	-.1266	1.3273	-.45800
.55	-.8011	-.3165	1.2873	-.39264
.60	-1.0603	-.4937	1.2342	-.32960
.65	-1.3062	-.6601	1.1689	-.26952
.70	-1.5527	-.8175	1.0913	-.21302
.75	-1.8156	-.9676	1.0005	-.16072
.80	-2.1166	-1.1122	.8947	-.11334
.85	-2.4909	-1.2526	.7701	-.07172
.90	-3.0231	-1.3903	.6190	-.03699
.95	-3.7722	-1.5264	.4304	-.01076
1.00	-8.6074	-1.6617	-.0000	-.00000

XM/L=0.4

X/L	FP	FS	FQ	FM
.05	10.6612	1.9201	.5331	.01333
.10	4.5023	1.7165	.7582	.04561
.15	3.4809	1.5122	.9322	.08787
.20	2.7304	1.3058	1.0687	.13789
.25	2.1718	1.0960	1.1773	.19404
.30	1.6930	.8813	1.2620	.25503
.35	1.2414	.6599	1.3240	.31968
.40	.7575	.4298	1.3619	-.61317
.45	.1490	.1929	1.3694	-.54489
.50	-.2874	-.0304	1.3550	-.47678
.55	-.6379	-.2384	1.3231	-.40983
.60	-.9469	-.4331	1.2758	-.34486
.65	-1.2347	-.6154	1.2140	-.28261
.70	-1.5187	-.7904	1.1381	-.22381
.75	-1.8173	-.9567	1.0472	-.16918
.80	-2.1544	-1.1172	.9395	-.11951
.85	-2.5681	-1.2734	.8111	-.07574
.90	-3.1488	-1.4266	.6537	-.03912
.95	-3.9601	-1.5781	.4557	-.01139
1.00	-9.1132	-1.7289	-.0000	-.00000

XM/L=0.5

X/L	FP	FS	FQ	FM
.05	9.8054	1.8169	.4903	.01226
.10	4.2090	1.6436	.7007	.04203
.15	3.3078	1.4695	.8661	.08120
.20	2.6556	1.2936	.9989	.12783
.25	2.1824	1.1146	1.1080	.18050
.30	1.7890	.9309	1.1975	.23814
.35	1.4326	.7410	1.2691	.29980
.40	1.0845	.5429	1.3233	.36461
.45	.7190	.3350	1.3593	.43167
.50	.2895	.1151	1.3737	-.50000
.55	-.2896	-.1151	1.3593	-.43167
.60	-.7190	-.3350	1.3233	-.36461
.65	-1.0845	-.5429	1.2691	-.29980
.70	-1.4326	-.7410	1.1975	-.23814
.75	-1.7890	-.9309	1.1080	-.18050
.80	-2.1824	-1.1146	.9989	-.12783
.85	-2.6556	-1.2936	.8661	-.08120
.90	-3.3078	-1.4695	.7007	-.04203
.95	-4.2090	-1.6436	.4903	-.01226
1.00	-9.8054	-1.8169	-.0000	-.00000

B/L= 1.00 DS/B1= 2.00 KS= 3.000

XQ/L=0.0

X/L	FP	FS	FQ	FM
.05	7.5829	1.5969	-.6209	-.04052
.10	3.3217	1.4915	-.4548	-.06741
.15	2.6499	1.3866	-.3223	-.08684
.20	2.1673	1.2824	-.2139	-.10024
.25	1.8257	1.1792	-.1226	-.10866
.30	1.5540	1.0771	-.0449	-.11285
.35	1.3255	.9760	.0213	-.11344
.40	1.1254	.8761	.0776	-.11096
.45	.9448	.7773	.1249	-.10590
.50	.7776	.6796	.1637	-.09869
.55	.6194	.5829	.1947	-.08972
.60	.4662	.4872	.2180	-.07941
.65	.3144	.3923	.2337	-.06811
.70	.1601	.2982	.2417	-.05623
.75	-.0015	.2046	.2417	-.04414
.80	-.1774	.1116	.2328	-.03228
.85	-.3795	.0190	.2138	-.02112
.90	-.6368	-.0734	.1820	-.01122
.95	-.9711	-.1656	.1334	-.00334
1.00	-2.6684	-.2578	-.0000	-.00000

XQ/L=0.1

X/L	FP	FS	FQ	FM
.05	6.4380	1.3988	.3219	.00805
.10	2.8660	1.3187	-.5348	.02773
.15	2.3170	1.2384	-.4189	.00388
.20	1.9225	1.1579	-.3228	-.01466
.25	1.6443	1.0775	-.2406	-.02875
.30	1.4233	.9973	-.1694	-.03900
.35	1.2373	.9175	-.1076	-.04593
.40	1.0743	.8381	-.0539	-.04996
.45	.9272	.7592	-.0075	-.05150
.50	.7911	.6807	.0321	-.05088
.55	.6624	.6028	.0652	-.04845
.60	.5382	.5254	.0921	-.04452
.65	.4158	.4484	.1129	-.03940
.70	.2923	.3719	.1275	-.03339
.75	.1642	.2957	.1357	-.02681
.80	.0266	.2199	.1370	-.01999
.85	-.1288	.1442	.1306	-.01330
.90	-.3216	.0688	.1145	-.00717
.95	-.5674	-.0066	.0861	-.00215
1.00	-1.7229	-.0819	-.0000	-.00000

XQ/L=0.2

X/L	FP	FS	FQ	FM
.05	5.3156	1.2024	.2658	.00664
.10	2.4067	1.1460	.3861	.02294
.15	1.9762	1.0894	.4849	.04472
.20	1.6723	1.0324	-.4315	.07105
.25	1.4599	.9749	-.3585	.05131
.30	1.2903	.9168	-.2940	.03500
.35	1.1474	.8583	-.2366	.02173
.40	1.0220	.7994	-.1855	.01118
.45	.9086	.7404	-.1401	.00304
.50	.8038	.6814	-.0999	-.00296
.55	.7049	.6223	-.0646	-.00707
.60	.6099	.5633	-.0341	-.00954
.65	.5170	.5044	-.0083	-.01060
.70	.4244	.4456	.0129	-.01048
.75	.3300	.3869	.0294	-.00942
.80	.2309	.3282	.0410	-.00766
.85	.1225	.2697	.0471	-.00546
.90	-.0056	.2112	.0468	-.00311
.95	-.1625	.1528	.0387	-.00097
1.00	-.7743	.0944	-.0000	-.00000

XQ/L=0.3

X/L	FP	FS	FQ	FM
.05	4.2261	1.0091	.2113	.00528
.10	1.9544	.9746	.3090	.01829
.15	1.6333	.9400	.3907	.03578
.20	1.4112	.9052	.4613	.05708
.25	1.2624	.8698	.5244	.08172
.30	1.1480	.8338	-.4182	.10938
.35	1.0515	.7968	-.3657	.08978
.40	.9651	.7589	-.3174	.07270
.45	.8866	.7201	-.2731	.05794
.50	.8138	.6807	-.2324	.04531
.55	.7454	.6407	-.1951	.03462
.60	.6802	.6004	-.1611	.02571
.65	.6174	.5598	-.1302	.01843
.70	.5562	.5189	-.1024	.01261
.75	.4960	.4779	-.0776	.00811
.80	.4360	.4368	-.0558	.00478
.85	.3752	.3956	-.0371	.00245
.90	.3126	.3544	-.0214	.00099
.95	.2456	.3132	-.0091	.00023
1.00	.1829	.2719	-.0000	-.00000

XQ/L=0.4

X/L	FP	FS	FQ	FM
.05	3.1714	.8195	.1586	.00396
.10	1.5123	.8056	.2342	.01378
.15	1.2945	.7915	.2989	.02711
.20	1.1488	.7772	.3563	.04349
.25	1.0569	.7625	.4092	.06263
.30	.9907	.7474	.4587	.08433
.35	.9393	.7315	.5057	.10844
.40	.8964	.7146	-.4495	.13484
.45	.8566	.6956	-.4067	.11344
.50	.8180	.6773	-.3658	.09413
.55	.7815	.6570	-.3267	.07682
.60	.7474	.6358	-.2893	.06142
.65	.7158	.6139	-.2535	.04785
.70	.6871	.5915	-.2192	.03603
.75	.6621	.5686	-.1861	.02590
.80	.6422	.5455	-.1540	.01740
.85	.6302	.5221	-.1225	.01049
.90	.6345	.4985	-.0907	.00516
.95	.6593	.4750	-.0578	.00144
1.00	1.1552	.4514	-.0000	-.00000

XQ/L=0.5

X/L	FP	FS	FQ	FM
.05	2.1493	.6338	.1075	.00269
.10	1.0809	.6391	.1615	.00941
.15	.9616	.6443	.2096	.01869
.20	.8881	.6494	.2540	.03028
.25	.8494	.6542	.2965	.04404
.30	.8275	.6587	.3378	.05990
.35	.8156	.6627	.3786	.07781
.40	.8101	.6659	.4191	.09775
.45	.8085	.6683	.4595	.11972
.50	.8090	.6696	-.5000	.14371
.55	.8090	.6696	-.4595	.11972
.60	.8085	.6683	-.4191	.09775
.65	.8101	.6659	-.3786	.07781
.70	.8156	.6627	-.3378	.05990
.75	.8275	.6587	-.2965	.04404
.80	.8494	.6542	-.2540	.03028
.85	.8881	.6494	-.2096	.01869
.90	.9616	.6443	-.1615	.00941
.95	1.0809	.6391	-.1075	.00269
1.00	2.1493	.6338	-.0000	-.00000

B/L= 1.00   DS/B1= 2.00   KS= 3.000

XM/L=0.0

X/L	FP	FS	FQ	FM
.05	11.4773	1.9826	.5739	-.98565
.10	4.5386	1.7268	.8008	-.95129
.15	3.3245	1.4808	.9670	-.90709
.20	2.4448	1.2441	1.0893	-.85568
.25	1.8115	1.0162	1.1798	-.79896
.30	1.3058	.7965	1.2451	-.73833
.35	.8807	.5846	1.2892	-.67498
.40	.5094	.3797	1.3146	-.60988
.45	.1748	.1813	1.3234	-.54393
.50	-.1354	-.0114	1.3166	-.47793
.55	-.4311	-.1990	1.2950	-.41264
.60	-.7211	-.3821	1.2590	-.34879
.65	-1.0146	-.5614	1.2083	-.28711
.70	-1.3218	-.7376	1.1422	-.22835
.75	-1.6565	-.9112	1.0593	-.17331
.80	-2.0395	-1.0827	.9574	-.12289
.85	-2.5071	-1.2528	.8320	-.07816
.90	-3.1511	-1.4219	.6745	-.04049
.95	-4.0362	-1.5904	.4726	-.01182
1.00	-9.4529	-1.7586	.0000	-.00000

XM/L=0.1

X/L	FP	FS	FQ	FM
.05	11.3670	1.9756	.5684	.01421
.10	4.5994	1.7295	.7983	-.95162
.15	3.3479	1.4845	.9657	-.90752
.20	2.4570	1.2474	1.0886	-.85617
.25	1.8202	1.0192	1.1796	-.79946
.30	1.3124	.7992	1.2452	-.73884
.35	.8859	.5869	1.2895	-.67548
.40	.5135	.3818	1.3152	-.61036
.45	.1780	.1830	1.3241	-.54438
.50	-.1329	-.0100	1.3174	-.47834
.55	-.4293	-.1979	1.2960	-.41301
.60	-.7199	-.3813	1.2600	-.34911
.65	-1.0139	-.5609	1.2093	-.28738
.70	-1.3217	-.7373	1.1432	-.22857
.75	-1.6570	-.9112	1.0603	-.17348
.80	-2.0407	-1.0830	.9583	-.12301
.85	-2.5089	-1.2534	.8328	-.07824
.90	-3.1538	-1.4227	.6752	-.04054
.95	-4.0401	-1.5915	.4731	-.01183
1.00	-9.4630	-1.7600	-.0000	-.00000

XM/L=0.2

X/L	FP	FS	FQ	FM
.05	11.0676	1.9502	.5534	.01383
.10	4.5667	1.7223	.7817	.04721
.15	3.4371	1.4941	.9536	.09059
.20	2.5782	1.2652	1.0825	-.85850
.25	1.8867	1.0364	1.1768	-.80202
.30	1.3563	.8146	1.2446	-.74149
.35	.9191	.6006	1.2906	-.67811
.40	.5392	.3936	1.3175	-.61290
.45	.1981	.1931	1.3275	-.54678
.50	-.1175	-.0016	1.3216	-.48055
.55	-.4178	-.1911	1.3007	-.41500
.60	-.7120	-.3762	1.2651	-.35085
.65	-1.0094	-.5574	1.2146	-.28886
.70	-1.3205	-.7355	1.1486	-.22978
.75	-1.6591	-.9110	1.0656	-.17442
.80	-2.0462	-1.0844	.9633	-.12370
.85	-2.5184	-1.2563	.8374	-.07868
.90	-3.1684	-1.4273	.6790	-.04077
.95	-4.0612	-1.5976	.4759	-.01190
1.00	-9.5184	-1.7677	-.0000	-.00000

XM/L=0.3

X/L	FP	FS	FQ	FM
.05	10.7202	1.9150	.5360	.01340
.10	4.4746	1.7030	.7597	.04579
.15	3.4133	1.4908	.9304	.08805
.20	2.6256	1.2779	1.0617	.13785
.25	2.0332	1.0638	1.1633	.19348
.30	1.5193	.8481	1.2393	-.74646
.35	1.0176	.6315	1.2902	-.68322
.40	.6079	.4207	1.3206	-.61795
.45	.2502	.2164	1.3331	-.55161
.50	-.0777	.0180	1.3292	-.48505
.55	-.3881	-.1752	1.3098	-.41908
.60	-.6911	-.3639	1.2753	-.35445
.65	-.9964	-.5488	1.2254	-.29193
.70	-1.3150	-.7304	1.1597	-.23231
.75	-1.6611	-.9094	1.0766	-.17640
.80	-2.0561	-1.0864	.9738	-.12514
.85	-2.5372	-1.2618	.8470	-.07962
.90	-3.1982	-1.4363	.6871	-.04127
.95	-4.1052	-1.6101	.4818	-.01204
1.00	-9.6358	-1.7837	-.0000	-.00000

XM/L=0.4

X/L	FP	FS	FQ	FM
.05	10.3777	1.8765	.5189	.01297
.10	4.3668	1.6780	.7372	.04437
.15	3.3599	1.4793	.9052	.08544
.20	2.6187	1.2799	1.0362	.13397
.25	2.0703	1.0794	1.1397	.18837
.30	1.6110	.8774	1.2202	.24736
.35	1.1977	.6731	1.2801	.30987
.40	.7965	.4660	1.3199	-.62513
.45	.3678	.2568	1.3383	-.55867
.50	.0044	.0523	1.3385	-.49175
.55	-.3276	-.1470	1.3222	-.42523
.60	-.6477	-.3417	1.2898	-.35994
.65	-.9678	-.5325	1.2414	-.29666
.70	-1.3000	-.7200	1.1764	-.23621
.75	-1.6592	-.9049	1.0934	-.17947
.80	-2.0677	-1.0877	.9900	-.12738
.85	-2.5636	-1.2689	.8619	-.08108
.90	-3.2429	-1.4491	.6997	-.04205
.95	-4.1732	-1.6287	.4910	-.01228
1.00	-9.8210	-1.8080	-.0000	-.00000

XM/L=0.5

X/L	FP	FS	FQ	FM
.05	10.0716	1.8397	.5036	.01259
.10	4.2625	1.6521	.7167	.04310
.15	3.2991	1.4643	.8817	.08306
.20	2.5934	1.2758	1.0113	.13038
.25	2.0756	1.0862	1.1151	.18354
.30	1.6466	.8951	1.1974	.24136
.35	1.2666	.7019	1.2608	.30281
.40	.9118	.5060	1.3064	.36699
.45	.5649	.3067	1.3346	.43301
.50	.2042	.1034	1.3448	-.50000
.55	-.2042	-.1034	1.3346	-.43301
.60	-.5649	-.3067	1.3064	-.36699
.65	-.9118	-.5060	1.2608	-.30281
.70	-1.2666	-.7019	1.1974	-.24136
.75	-1.6466	-.8951	1.1151	-.18354
.80	-2.0756	-1.0862	1.0113	-.13038
.85	-2.5934	-1.2758	.8817	-.08306
.90	-3.2991	-1.4643	.7167	-.04310
.95	-4.2625	-1.6521	.5036	-.01259
1.00	-10.0716	-1.8397	-.0000	-.00000

B/L= 1.00 DS/B1= 2.00 KS= 10.000

XQ/L=0.0

X/L	FP	FS	FQ	FM
.05	7.4525	1.5826	-.6274	-.04068
.10	3.2870	1.4827	-.4630	-.06794
.15	2.6380	1.3829	-.3311	-.08780
.20	2.1726	1.2835	-.2225	-.10164
.25	1.8433	1.1842	-.1303	-.11046
.30	1.5807	1.0854	-.0513	-.11500
.35	1.3584	.9868	.0166	-.11587
.40	1.1621	.8886	.0747	-.11358
.45	.9832	.7908	.1239	-.10862
.50	.8157	.6932	.1647	-.10140
.55	.6554	.5960	.1974	-.09235
.60	.4986	.4991	.2224	-.08186
.65	.3418	.4024	.2395	-.07031
.70	.1812	.3060	.2485	-.05811
.75	.0122	.2098	.2491	-.04567
.80	-.1724	.1137	.2405	-.03343
.85	-.3845	.0177	.2213	-.02188
.90	-.6541	-.0781	.1886	-.01164
.95	-1.0036	-.1740	.1384	-.00346
1.00	-2.7681	-.2698	-.0000	-.00000

XQ/L=0.1

X/L	FP	FS	FQ	FM
.05	6.3938	1.3935	.3197	.00799
.10	2.8498	1.3148	-.5378	.02754
.15	2.3075	1.2362	-.4224	.00353
.20	1.9198	1.1574	-.3265	-.01519
.25	1.6475	1.0787	-.2441	-.02945
.30	1.4314	1.0001	-.1725	-.03987
.35	1.2493	.9215	-.1100	-.04693
.40	1.0893	.8432	-.0556	-.05107
.45	.9440	.7649	-.0084	-.05267
.50	.8087	.6868	.0321	-.05208
.55	.6799	.6089	.0661	-.04963
.60	.5545	.5311	.0938	-.04563
.65	.4301	.4535	.1153	-.04040
.70	.3038	.3759	.1305	-.03426
.75	.1722	.2985	.1391	-.02752
.80	.0304	.2212	.1406	-.02053
.85	-.1300	.1440	.1341	-.01366
.90	-.3290	.0668	.1177	-.00737
.95	-.5824	-.0103	.0885	-.00221
1.00	-1.7706	-.0875	-.0000	-.00000

XQ/L=0.2

X/L	FP	FS	FQ	FM
.05	5.3419	1.2049	.2671	.00668
.10	2.4115	1.1470	.3877	.02305
.15	1.9745	1.0891	.4864	.04490
.20	1.6655	1.0311	-.4303	.07130
.25	1.4507	.9729	-.3578	.05160
.30	1.2814	.9146	-.2937	.03531
.35	1.1398	.8561	-.2367	.02205
.40	1.0161	.7975	-.1859	.01148
.45	.9046	.7389	-.1407	.00332
.50	.8015	.6803	-.1006	-.00272
.55	.7041	.6216	-.0654	-.00687
.60	.6103	.5630	-.0349	-.00938
.65	.5184	.5044	-.0090	-.01047
.70	.4263	.4458	.0123	-.01039
.75	.3322	.3873	.0289	-.00936
.80	.2332	.3288	.0406	-.00762
.85	.1247	.2703	.0468	-.00543
.90	-.0037	.2118	.0467	-.00310
.95	-.1609	.1534	.0386	-.00097
1.00	-.7721	.0949	-.0000	-.00000

XQ/L=0.3

X/L	FP	FS	FQ	FM
.05	4.3000	1.0172	.2150	.00538
.10	1.9754	.9796	.3138	.01859
.15	1.6410	.9420	.3958	.03633
.20	1.4078	.9043	.4662	.05788
.25	1.2501	.8664	.5287	.08276
.30	1.1287	.8283	-.4149	.11060
.35	1.0284	.7900	-.3634	.09115
.40	.9415	.7513	-.3164	.07415
.45	.8640	.7124	-.2732	.05941
.50	.7934	.6733	-.2335	.04675
.55	.7277	.6340	-.1971	.03598
.60	.6657	.5947	-.1638	.02696
.65	.6063	.5552	-.1335	.01953
.70	.5488	.5156	-.1061	.01354
.75	.4923	.4760	-.0815	.00885
.80	.4362	.4364	-.0596	.00532
.85	.3798	.3967	-.0407	.00282
.90	.3223	.3571	-.0245	.00119
.95	.2617	.3174	-.0115	.00029
1.00	.2290	.2777	-.0000	-.00000

XQ/L=0.4

X/L	FP	FS	FQ	FM
.05	3.2688	.8307	.1634	.00409
.10	1.5424	.8129	.2406	.01419
.15	1.3087	.7951	.3060	.02785
.20	1.1498	.7772	.3635	.04459
.25	1.0470	.7592	.4158	.06407
.30	.9713	.7411	.4644	.08607
.35	.9120	.7227	.5100	.11043
.40	.8632	.7040	-.4468	.13701
.45	.8210	.6849	-.4058	.11570
.50	.7835	.6655	-.3666	.09639
.55	.7500	.6458	-.3291	.07899
.60	.7201	.6258	-.2931	.06344
.65	.6936	.6056	-.2584	.04965
.70	.6709	.5852	-.2249	.03757
.75	.6524	.5646	-.1923	.02714
.80	.6396	.5440	-.1603	.01832
.85	.6356	.5234	-.1285	.01110
.90	.6495	.5026	-.0960	.00549
.95	.6859	.4819	-.0617	.00154
1.00	1.2349	.4611	-.0000	-.00000

XQ/L=0.5

X/L	FP	FS	FQ	FM
.05	2.2475	.6454	.1124	.00281
.10	1.1127	.6470	.1680	.00982
.15	.9782	.6486	.2169	.01944
.20	.8922	.6502	.2615	.03140
.25	.8432	.6517	.3037	.04553
.30	.8122	.6531	.3443	.06173
.35	.7922	.6543	.3839	.07994
.40	.7797	.6553	.4229	.10011
.45	.7725	.6560	.4615	.12222
.50	.7695	.6564	-.5000	.14626
.55	.7695	.6564	-.4615	.12222
.60	.7725	.6560	-.4229	.10011
.65	.7797	.6553	-.3839	.07994
.70	.7922	.6543	-.3443	.06173
.75	.8122	.6531	-.3037	.04553
.80	.8432	.6517	-.2615	.03140
.85	.8922	.6502	-.2169	.01944
.90	.9782	.6486	-.1680	.00982
.95	1.1127	.6470	-.1124	.00281
1.00	2.2475	.6454	-.0000	-.00000

B/L= 1.00 DS/B1= 2.00 KS= 10.000

XM/L=0.0

X/L	FP	FS	FQ	FM
.05	10.5954	1.8915	.5298	-.98676
.10	4.3665	1.6781	.7481	-.95481
.15	3.3044	1.4676	.9133	-.91327
.20	2.5266	1.2599	1.0396	-.86445
.25	1.9575	1.0549	1.1375	-.81002
.30	1.4923	.8524	1.2121	-.75128
.35	1.0900	.6522	1.2666	-.68931
.40	.7278	.4542	1.3030	-.62507
.45	.3911	.2582	1.3226	-.55943
.50	.0698	.0639	1.3261	-.49321
.55	-.2445	-.1287	1.3138	-.42721
.60	-.5595	-.3200	1.2859	-.36222
.65	-.8833	-.5101	1.2417	-.29903
.70	-1.2256	-.6993	1.1804	-.23848
.75	-1.5998	-.8876	1.1004	-.18146
.80	-2.0271	-1.0752	.9991	-.12897
.85	-2.5450	-1.2625	.8718	-.08220
.90	-3.2504	-1.4494	.7093	-.04267
.95	-4.2116	-1.6361	.4987	-.01247
1.00	-9.9746	-1.8227	.0000	-.00000

XM/L=0.1

X/L	FP	FS	FQ	FM
.05	10.5622	1.8894	.5281	.01320
.10	4.3847	1.6789	.7473	-.95491
.15	3.3114	1.4687	.9129	-.91340
.20	2.5302	1.2609	1.0394	-.86460
.25	1.9601	1.0558	1.1374	-.81017
.30	1.4943	.8532	1.2121	-.75144
.35	1.0916	.6529	1.2667	-.68946
.40	.7290	.4548	1.3032	-.62522
.45	.3921	.2587	1.3228	-.55957
.50	.0706	.0644	1.3263	-.49334
.55	-.2439	-.1284	1.3141	-.42733
.60	-.5591	-.3198	1.2862	-.36232
.65	-.8831	-.5100	1.2420	-.29912
.70	-1.2256	-.6992	1.1807	-.23855
.75	-1.6000	-.8876	1.1007	-.18151
.80	-2.0274	-1.0753	.9994	-.12901
.85	-2.5455	-1.2626	.8721	-.08222
.90	-3.2512	-1.4496	.7095	-.04268
.95	-4.2128	-1.6364	.4989	-.01247
1.00	-9.9777	-1.8232	-.0000	-.00000

XM/L=0.2

X/L	FP	FS	FQ	FM
.05	10.4715	1.8817	.5236	.01309
.10	4.3746	1.6767	.7423	.04474
.15	3.3381	1.4715	.9092	.08602
.20	2.5666	1.2662	1.0375	-.86531
.25	1.9802	1.0610	1.1366	-.81095
.30	1.5077	.8579	1.2119	-.75224
.35	1.1018	.6571	1.2670	-.69027
.40	.7370	.4585	1.3039	-.62600
.45	.3984	.2619	1.3238	-.56030
.50	.0755	.0670	1.3276	-.49402
.55	-.2402	-.1263	1.3156	-.42794
.60	-.5565	-.3182	1.2877	-.36286
.65	-.8815	-.5089	1.2437	-.29958
.70	-1.2250	-.6986	1.1824	-.23892
.75	-1.6005	-.8875	1.1024	-.18180
.80	-2.0291	-1.0757	1.0009	-.12922
.85	-2.5484	-1.2635	.8735	-.08236
.90	-3.2557	-1.4510	.7107	-.04276
.95	-4.2193	-1.6383	.4998	-.01249
1.00	-9.9950	-1.8256	-.0000	-.00000

XM/L=0.3

X/L	FP	FS	FQ	FM
.05	10.3656	1.8709	.5183	.01296
.10	4.3465	1.6707	.7356	.04430
.15	3.3308	1.4705	.9021	.08525
.20	2.5809	1.2701	1.0312	.13358
.25	2.0244	1.0693	1.1324	.18767
.30	1.5569	.8680	1.2103	-.75376
.35	1.1318	.6665	1.2668	-.69184
.40	.7581	.4668	1.3047	-.62755
.45	.4146	.2690	1.3255	-.56179
.50	.0880	.0731	1.3299	-.49541
.55	-.2308	-.1213	1.3183	-.42920
.60	-.5498	-.3143	1.2908	-.36397
.65	-.8773	-.5061	1.2470	-.30053
.70	-1.2231	-.6969	1.1858	-.23971
.75	-1.6009	-.8869	1.1058	-.18242
.80	-2.0320	-1.0763	1.0042	-.12967
.85	-2.5541	-1.2652	.8765	-.08265
.90	-3.2649	-1.4538	.7132	-.04291
.95	-4.2330	-1.6422	.5016	-.01254
1.00	-10.0316	-1.8305	-.0000	-.00000

XM/L=0.4

X/L	FP	FS	FQ	FM
.05	10.2607	1.8591	.5130	.01283
.10	4.3135	1.6631	.7287	.04387
.15	3.3144	1.4670	.8944	.08445
.20	2.5788	1.2707	1.0234	.13239
.25	2.0357	1.0740	1.1252	.18611
.30	1.5848	.8769	1.2044	.24435
.35	1.1863	.6792	1.2637	.30605
.40	.8153	.4806	1.3045	-.62975
.45	.4506	.2814	1.3270	-.56396
.50	.1133	.0836	1.3327	-.49747
.55	-.2120	-.1126	1.3221	-.43110
.60	-.5362	-.3074	1.2953	-.36566
.65	-.8681	-.5010	1.2519	-.30199
.70	-1.2182	-.6937	1.1910	-.24091
.75	-1.6001	-.8855	1.1110	-.18337
.80	-2.0353	-1.0766	1.0092	-.13036
.85	-2.5621	-1.2673	.8811	-.08311
.90	-3.2786	-1.4577	.7171	-.04315
.95	-4.2540	-1.6479	.5044	-.01261
1.00	-10.0890	-1.8380	-.0000	-.00000

XM/L=0.5

X/L	FP	FS	FQ	FM
.05	10.1665	1.8478	.5083	.01271
.10	4.2815	1.6551	.7224	.04348
.15	3.2958	1.4624	.8872	.08372
.20	2.5712	1.2694	1.0157	.13129
.25	2.0375	1.0762	1.1176	.18462
.30	1.5959	.8824	1.1974	.24250
.35	1.2076	.6880	1.2578	.30388
.40	.8507	.4928	1.3003	.36783
.45	.5105	.2966	1.3259	.43349
.50	.1741	.0992	1.3346	-.50000
.55	-.1741	-.0992	1.3259	-.43349
.60	-.5105	-.2966	1.3003	-.36783
.65	-.8507	-.4928	1.2578	-.30388
.70	-1.2076	-.6880	1.1974	-.24250
.75	-1.5959	-.8824	1.1176	-.18462
.80	-2.0375	-1.0762	1.0157	-.13129
.85	-2.5712	-1.2694	.8872	-.08372
.90	-3.2958	-1.4624	.7224	-.04348
.95	-4.2815	-1.6551	.5083	-.01271
1.00	-10.1665	-1.8478	-.0000	-.00000

B/L= 1.00 DS/B1= 2.00 KS=100.000

XQ/L=0.0

X/L	FP	FS	FQ	FM
.05	7.4007	1.5768	-.6300	-.04075
.10	3.2732	1.4792	-.4663	-.06816
.15	2.6333	1.3815	-.3346	-.08818
.20	2.1746	1.2838	-.2259	-.10219
.25	1.8502	1.1862	-.1334	-.11118
.30	1.5912	1.0886	-.0538	-.11586
.35	1.3714	.9911	.0147	-.11684
.40	1.1767	.8936	.0736	-.11463
.45	.9985	.7961	.1235	-.10970
.50	.8309	.6987	.1650	-.10249
.55	.6698	.6012	.1985	-.09340
.60	.5116	.5039	.2241	-.08283
.65	.3528	.4065	.2417	-.07119
.70	.1897	.3092	.2512	-.05886
.75	.0177	.2119	.2521	-.04628
.80	-.1703	.1146	.2436	-.03389
.85	-.3865	.0173	.2243	-.02219
.90	-.6609	-.0800	.1912	-.01180
.95	-1.0166	-.1773	.1404	-.00351
1.00	-2.8081	-.2746	-.0000	-.00000

XQ/L=0.1

X/L	FP	FS	FQ	FM
.05	6.3761	1.3913	.3188	.00797
.10	2.8434	1.3133	-.5390	.02746
.15	2.3037	1.2353	-.4238	.00339
.20	1.9188	1.1572	-.3279	-.01540
.25	1.6488	1.0792	-.2455	-.02973
.30	1.4346	1.0012	-.1737	-.04021
.35	1.2541	.9232	-.1110	-.04733
.40	1.0952	.8452	-.0563	-.05152
.45	.9507	.7672	-.0087	-.05314
.50	.8157	.6893	.0321	-.05256
.55	.6868	.6113	.0664	-.05010
.60	.5610	.5334	.0945	-.04607
.65	.4358	.4555	.1162	-.04081
.70	.3084	.3775	.1317	-.03461
.75	.1754	.2997	.1404	-.02781
.80	.0319	.2218	.1420	-.02075
.85	-.1305	.1439	.1355	-.01381
.90	-.3319	.0660	.1189	-.00745
.95	-.5884	-.0118	.0895	-.00224
1.00	-1.7897	-.0897	-.0000	-.00000

XQ/L=0.2

X/L	FP	FS	FQ	FM
.05	5.3522	1.2058	.2676	.00669
.10	2.4134	1.1474	.3883	.02309
.15	1.9739	1.0890	.4870	.04497
.20	1.6628	1.0306	-.4299	.07140
.25	1.4472	.9722	-.3575	.05171
.30	1.2780	.9137	-.2936	.03543
.35	1.1368	.8553	-.2368	.02217
.40	1.0137	.7968	-.1861	.01160
.45	.9029	.7383	-.1409	.00343
.50	.8005	.6798	-.1009	-.00262
.55	.7037	.6214	-.0657	-.00679
.60	.6105	.5629	-.0352	-.00931
.65	.5188	.5044	-.0093	-.01042
.70	.4271	.4459	.0121	-.01035
.75	.3331	.3875	.0287	-.00933
.80	.2340	.3290	.0404	-.00760
.85	.1255	.2705	.0467	-.00542
.90	-.0029	.2121	.0466	-.00309
.95	-.1602	.1536	.0386	-.00096
1.00	-.7712	.0951	-.0000	-.00000

XQ/L=0.3

X/L	FP	FS	FQ	FM
.05	4.3294	1.0205	.2165	.00541
.10	1.9838	.9816	.3157	.01871
.15	1.6440	.9428	.3979	.03655
.20	1.4065	.9039	.4682	.05820
.25	1.2452	.8651	.5304	.08317
.30	1.1210	.8262	-.4135	.11109
.35	1.0193	.7873	-.3625	.09169
.40	.9321	.7483	-.3159	.07473
.45	.8550	.7094	-.2732	.06000
.50	.7852	.6704	-.2339	.04732
.55	.7206	.6314	-.1979	.03653
.60	.6598	.5923	-.1649	.02746
.65	.6018	.5533	-.1348	.01997
.70	.5457	.5143	-.1075	.01391
.75	.4907	.4753	-.0830	.00915
.80	.4362	.4362	-.0612	.00554
.85	.3816	.3972	-.0421	.00296
.90	.3262	.3581	-.0258	.00126
.95	.2681	.3191	-.0124	.00031
1.00	.2476	.2800	-.0000	-.00000

XQ/L=0.4

X/L	FP	FS	FQ	FM
.05	3.3076	.8352	.1654	.00413
.10	1.5544	.8159	.2431	.01435
.15	1.3143	.7965	.3088	.02814
.20	1.1502	.7772	.3663	.04502
.25	1.0430	.7579	.4185	.06464
.30	.9636	.7385	.4667	.08677
.35	.9012	.7192	.5117	.11123
.40	.8501	.6997	-.4458	.13788
.45	.8069	.6803	-.4054	.11660
.50	.7697	.6608	-.3669	.09729
.55	.7373	.6413	-.3301	.07986
.60	.7091	.6218	-.2946	.06424
.65	.6848	.6022	-.2604	.05037
.70	.6643	.5826	-.2272	.03818
.75	.6484	.5630	-.1947	.02763
.80	.6385	.5434	-.1628	.01869
.85	.6377	.5238	-.1309	.01135
.90	.6554	.5042	-.0982	.00562
.95	.6966	.4846	-.0633	.00158
1.00	1.2668	.4650	-.0000	-.00000

XQ/L=0.5

X/L	FP	FS	FQ	FM
.05	2.2868	.6500	.1143	.00286
.10	1.1253	.6502	.1706	.00998
.15	.9848	.6504	.2198	.01974
.20	.8939	.6505	.2645	.03185
.25	.8408	.6507	.3066	.04613
.30	.8061	.6508	.3469	.06247
.35	.7829	.6509	.3860	.08079
.40	.7676	.6510	.4244	.10105
.45	.7582	.6511	.4623	.12322
.50	.7538	.6511	-.5000	.14728
.55	.7538	.6511	-.4623	.12322
.60	.7582	.6511	-.4244	.10105
.65	.7676	.6510	-.3860	.08079
.70	.7829	.6509	-.3469	.06247
.75	.8061	.6508	-.3066	.04613
.80	.8408	.6507	-.2645	.03185
.85	.8939	.6505	-.2198	.01974
.90	.9848	.6504	-.1706	.00998
.95	1.1253	.6502	-.1143	.00286
1.00	2.2868	.6500	-.0000	-.00000

B/L= 1.00 DS/B1= 2.00 KS=100.000

XM/L=0.0

X/L	FP	FS	FQ	FM
.05	10.2465	1.8553	.5123	-.98719
.10	4.2974	1.6586	.7272	-.95620
.15	3.2955	1.4622	.8920	-.91572
.20	2.5580	1.2660	1.0199	-.86793
.25	2.0147	1.0701	1.1206	-.81442
.30	1.5658	.8745	1.1989	-.75643
.35	1.1729	.6791	1.2575	-.69502
.40	.8146	.4839	1.2983	-.63112
.45	.4774	.2889	1.3221	-.56561
.50	.1520	.0941	1.3297	-.49931
.55	-.1696	-.1006	1.3213	-.43304
.60	-.4945	-.2951	1.2965	-.36759
.65	-.8303	-.4895	1.2550	-.30381
.70	-1.1866	-.6838	1.1957	-.24254
.75	-1.5767	-.8780	1.1169	-.18472
.80	-2.0217	-1.0722	1.0158	-.13141
.85	-2.5599	-1.2663	.8878	-.08382
.90	-3.2900	-1.4603	.7233	-.04354
.95	-4.2818	-1.6544	.5092	-.01273
1.00	-10.1839	-1.8484	.0000	-.00000

XM/L=0.1

X/L	FP	FS	FQ	FM
.05	10.2432	1.8551	.5122	.01280
.10	4.2993	1.6587	.7271	-.95621
.15	3.2962	1.4623	.8919	-.91574
.20	2.5584	1.2661	1.0198	-.86794
.25	2.0150	1.0702	1.1206	-.81443
.30	1.5660	.8745	1.1989	-.75644
.35	1.1731	.6791	1.2576	-.69503
.40	.8147	.4839	1.2983	-.63114
.45	.4775	.2889	1.3222	-.56563
.50	.1520	.0941	1.3298	-.49933
.55	-.1696	-.1005	1.3213	-.43305
.60	-.4944	-.2951	1.2966	-.36760
.65	-.8303	-.4895	1.2551	-.30381
.70	-1.1866	-.6838	1.1957	-.24254
.75	-1.5767	-.8780	1.1169	-.18473
.80	-2.0217	-1.0722	1.0158	-.13141
.85	-2.5599	-1.2663	.8878	-.08382
.90	-3.2901	-1.4603	.7233	-.04354
.95	-4.2819	-1.6544	.5092	-.01273
1.00	-10.1842	-1.8485	-.0000	-.00000

XM/L=0.2

X/L	FP	FS	FQ	FM
.05	10.2341	1.8544	.5117	.01279
.10	4.2982	1.6585	.7266	.04375
.15	3.2988	1.4626	.8916	.08420
.20	2.5620	1.2666	1.0197	-.86801
.25	2.0170	1.0707	1.1205	-.81451
.30	1.5674	.8750	1.1989	-.75653
.35	1.1741	.6795	1.2576	-.69511
.40	.8155	.4843	1.2984	-.63122
.45	.4782	.2892	1.3223	-.56570
.50	.1525	.0944	1.3299	-.49940
.55	-.1692	-.1003	1.3214	-.43311
.60	-.4942	-.2949	1.2967	-.36766
.65	-.8301	-.4894	1.2552	-.30386
.70	-1.1865	-.6837	1.1959	-.24258
.75	-1.5767	-.8780	1.1171	-.18476
.80	-2.0219	-1.0722	1.0160	-.13143
.85	-2.5602	-1.2664	.8880	-.08383
.90	-3.2905	-1.4605	.7234	-.04355
.95	-4.2826	-1.6546	.5093	-.01273
1.00	-10.1860	-1.8487	-.0000	-.00000

XM/L=0.3

X/L	FP	FS	FQ	FM
.05	10.2234	1.8533	.5112	.01278
.10	4.2954	1.6579	.7259	.04371
.15	3.2981	1.4625	.8908	.08413
.20	2.5635	1.2670	1.0190	.13187
.25	2.0214	1.0715	1.1201	.18535
.30	1.5723	.8760	1.1987	-.75668
.35	1.1771	.6805	1.2576	-.69527
.40	.8176	.4851	1.2984	-.63137
.45	.4798	.2900	1.3224	-.56585
.50	.1538	.0950	1.3301	-.49954
.55	-.1682	-.0998	1.3217	-.43324
.60	-.4935	-.2945	1.2970	-.36777
.65	-.8297	-.4891	1.2556	-.30396
.70	-1.1863	-.6836	1.1962	-.24266
.75	-1.5768	-.8779	1.1174	-.18482
.80	-2.0222	-1.0723	1.0163	-.13148
.85	-2.5608	-1.2665	.8883	-.08386
.90	-3.2915	-1.4608	.7237	-.04357
.95	-4.2839	-1.6550	.5095	-.01274
1.00	-10.1897	-1.8492	-.0000	-.00000

XM/L=0.4

X/L	FP	FS	FQ	FM
.05	10.2128	1.8521	.5106	.01277
.10	4.2921	1.6571	.7252	.04366
.15	3.2965	1.4621	.8901	.08405
.20	2.5633	1.2671	1.0182	.13175
.25	2.0225	1.0720	1.1194	.18519
.30	1.5751	.8769	1.1981	.24313
.35	1.1826	.6818	1.2572	.30451
.40	.8234	.4865	1.2984	-.63159
.45	.4835	.2912	1.3226	-.56607
.50	.1564	.0960	1.3304	-.49974
.55	-.1663	-.0990	1.3221	-.43343
.60	-.4921	-.2938	1.2975	-.36794
.65	-.8287	-.4885	1.2561	-.30410
.70	-1.1858	-.6832	1.1968	-.24278
.75	-1.5767	-.8778	1.1179	-.18492
.80	-2.0225	-1.0723	1.0168	-.13155
.85	-2.5616	-1.2667	.8887	-.08391
.90	-3.2928	-1.4612	.7241	-.04359
.95	-4.2861	-1.6555	.5098	-.01274
1.00	-10.1955	-1.8500	-.0000	-.00000

XM/L=0.5

X/L	FP	FS	FQ	FM
.05	10.2033	1.8509	.5102	.01275
.10	4.2889	1.6563	.7246	.04362
.15	3.2946	1.4616	.8893	.08397
.20	2.5625	1.2670	1.0175	.13164
.25	2.0227	1.0722	1.1186	.18504
.30	1.5762	.8775	1.1974	.24294
.35	1.1848	.6827	1.2566	.30430
.40	.8270	.4877	1.2980	.36816
.45	.4895	.2927	1.3225	.43367
.50	.1625	.0976	1.3306	-.50000
.55	-.1625	-.0976	1.3225	-.43367
.60	-.4895	-.2927	1.2980	-.36816
.65	-.8270	-.4877	1.2566	-.30430
.70	-1.1848	-.6827	1.1974	-.24294
.75	-1.5762	-.8775	1.1186	-.18504
.80	-2.0227	-1.0722	1.0175	-.13164
.85	-2.5625	-1.2670	.8893	-.08397
.90	-3.2946	-1.4616	.7246	-.04362
.95	-4.2889	-1.6563	.5102	-.01275
1.00	-10.2033	-1.8509	-.0000	-.00000

GLEICHMAESSIGE BELASTUNG B/L= 1.00 DS/B1= 2.00

KS= .001

X/L	FP	FS	FQ	FM
.05	1.1279	.5277	.0064	.00016
.10	.8869	.5823	.0007	.00034
.15	.9628	.6292	-.0011	.00033
.20	.9950	.6659	-.0014	.00027
.25	1.0063	.6936	-.0011	.00021
.30	1.0075	.7143	-.0007	.00016
.35	1.0057	.7294	-.0004	.00014
.40	1.0037	.7401	-.0002	.00012
.45	1.0024	.7470	-.0001	.00011
.50	1.0018	.7503	.0000	.00011
.55	1.0018	.7503	.0001	.00011
.60	1.0024	.7470	.0002	.00012
.65	1.0037	.7401	.0004	.00014
.70	1.0057	.7294	.0007	.00016
.75	1.0075	.7143	.0011	.00021
.80	1.0063	.6936	.0014	.00027
.85	.9950	.6659	.0011	.00033
.90	.9628	.6292	-.0007	.00034
.95	.8869	.5823	-.0064	.00016
1.00	1.1279	.5277	.0000	.00000

KS= .003

X/L	FP	FS	FQ	FM
.05	1.2139	.5336	.0107	.00027
.10	.8667	.5815	.0040	.00064
.15	.9248	.6247	.0003	.00074
.20	.9647	.6610	-.0015	.00071
.25	.9905	.6900	-.0020	.00063
.30	1.0035	.7123	-.0018	.00053
.35	1.0085	.7288	-.0014	.00045
.40	1.0096	.7403	-.0009	.00040
.45	1.0092	.7477	-.0004	.00036
.50	1.0086	.7513	.0000	.00035
.55	1.0086	.7513	.0004	.00036
.60	1.0092	.7477	.0009	.00040
.65	1.0096	.7403	.0014	.00045
.70	1.0085	.7288	.0018	.00053
.75	1.0035	.7123	.0020	.00063
.80	.9905	.6900	.0015	.00071
.85	.9647	.6610	-.0003	.00074
.90	.9248	.6247	-.0040	.00064
.95	.8667	.5815	-.0107	.00027
1.00	1.2139	.5336	.0000	.00000

KS= .010

X/L	FP	FS	FQ	FM
.05	1.3454	.5446	.0173	.00043
.10	.8679	.5842	.0107	.00113
.15	.8935	.6214	.0053	.00153
.20	.9241	.6546	.0015	.00170
.25	.9551	.6828	-.0007	.00172
.30	.9793	.7060	-.0017	.00166
.35	.9964	.7240	-.0019	.00157
.40	1.0075	.7372	-.0015	.00149
.45	1.0139	.7458	-.0008	.00143
.50	1.0168	.7501	-.0000	.00141
.55	1.0168	.7501	.0008	.00143
.60	1.0139	.7458	.0015	.00149
.65	1.0075	.7372	.0019	.00157
.70	.9964	.7240	.0017	.00166
.75	.9793	.7060	.0007	.00172
.80	.9551	.6828	-.0015	.00170
.85	.9241	.6546	-.0053	.00153
.90	.8935	.6214	-.0107	.00113
.95	.8679	.5842	-.0173	.00043
1.00	1.3454	.5446	.0000	.00000

KS= .020

X/L	FP	FS	FQ	FM
.05	1.4463	.5546	.0223	.00056
.10	.8843	.5890	.0165	.00153
.15	.8881	.6218	.0109	.00222
.20	.9066	.6518	.0063	.00265
.25	.9334	.6781	.0029	.00288
.30	.9583	.7003	.0008	.00297
.35	.9785	.7180	-.0002	.00299
.40	.9935	.7313	-.0006	.00297
.45	1.0031	.7402	-.0004	.00294
.50	1.0079	.7446	.0000	.00293
.55	1.0079	.7446	.0004	.00294
.60	1.0031	.7402	.0006	.00297
.65	.9935	.7313	.0002	.00299
.70	.9785	.7180	-.0008	.00297
.75	.9583	.7003	-.0029	.00288
.80	.9334	.6781	-.0063	.00265
.85	.9066	.6518	-.0109	.00222
.90	.8881	.6218	-.0165	.00153
.95	.8843	.5890	-.0223	.00056
1.00	1.4463	.5546	.0000	.00000

KS= .050

X/L	FP	FS	FQ	FM
.05	1.6249	.5740	.0312	.00078
.10	.9284	.6005	.0277	.00225
.15	.8986	.6261	.0226	.00351
.20	.8941	.6499	.0173	.00451
.25	.9068	.6713	.0126	.00526
.30	.9237	.6898	.0088	.00579
.35	.9399	.7050	.0058	.00616
.40	.9533	.7165	.0035	.00639
.45	.9627	.7243	.0016	.00652
.50	.9675	.7282	.0000	.00656
.55	.9675	.7282	-.0016	.00652
.60	.9627	.7243	-.0035	.00639
.65	.9533	.7165	-.0058	.00616
.70	.9399	.7050	-.0088	.00579
.75	.9237	.6898	-.0126	.00526
.80	.9068	.6713	-.0173	.00451
.85	.8941	.6499	-.0226	.00351
.90	.8986	.6261	-.0277	.00225
.95	.9284	.6005	-.0312	.00078
1.00	1.6249	.5740	.0000	.00000

KS= .100

X/L	FP	FS	FQ	FM
.05	1.7909	.5928	.0395	.00099
.10	.9757	.6125	.0383	.00294
.15	.9172	.6316	.0342	.00475
.20	.8910	.6496	.0287	.00632
.25	.8881	.6658	.0231	.00762
.30	.8934	.6800	.0178	.00864
.35	.9014	.6918	.0129	.00941
.40	.9092	.7008	.0083	.00994
.45	.9150	.7069	.0041	.01025
.50	.9182	.7100	.0000	.01035
.55	.9182	.7100	-.0041	.01025
.60	.9150	.7069	-.0083	.00994
.65	.9092	.7008	-.0129	.00941
.70	.9014	.6918	-.0178	.00864
.75	.8934	.6800	-.0231	.00762
.80	.8881	.6658	-.0287	.00632
.85	.8910	.6496	-.0342	.00475
.90	.9172	.6316	-.0383	.00294
.95	.9757	.6125	-.0395	.00099
1.00	1.7909	.5928	.0000	.00000

GLEICHMAESSIGE BELASTUNG   B/L = 1.00   DS/B1 = 2.00

KS= .200

X/L	FP	FS	FQ	FM
.05	1.9556	.6117	.0478	.00119
.10	1.0246	.6249	.0490	.00361
.15	.9385	.6376	.0459	.00599
.20	.8909	.6497	.0405	.00815
.25	.8716	.6607	.0341	.01001
.30	.8641	.6703	.0273	.01155
.35	.8623	.6783	.0204	.01274
.40	.8630	.6845	.0135	.01359
.45	.8642	.6887	.0067	.01409
.50	.8651	.6908	.0000	.01426
.55	.8651	.6908	-.0067	.01409
.60	.8642	.6887	-.0135	.01359
.65	.8630	.6845	-.0204	.01274
.70	.8623	.6783	-.0273	.01155
.75	.8641	.6703	-.0341	.01001
.80	.8716	.6607	-.0405	.00815
.85	.8909	.6497	-.0459	.00599
.90	.9385	.6376	-.0490	.00361
.95	1.0246	.6249	-.0478	.00119
1.00	1.9556	.6117	.0000	.00000

KS= .500

X/L	FP	FS	FQ	FM
.05	2.1220	.6310	.0561	.00140
.10	1.0750	.6376	.0598	.00430
.15	.9615	.6440	.0579	.00725
.20	.8921	.6501	.0525	.01001
.25	.8559	.6556	.0453	.01245
.30	.8349	.6605	.0371	.01451
.35	.8225	.6646	.0282	.01614
.40	.8153	.6678	.0190	.01732
.45	.8113	.6699	.0095	.01804
.50	.8095	.6710	.0000	.01827
.55	.8095	.6710	-.0095	.01804
.60	.8113	.6699	-.0190	.01732
.65	.8153	.6678	-.0282	.01614
.70	.8225	.6646	-.0371	.01451
.75	.8349	.6605	-.0453	.01245
.80	.8559	.6556	-.0525	.01001
.85	.8921	.6501	-.0579	.00725
.90	.9615	.6440	-.0598	.00430
.95	1.0750	.6376	-.0561	.00140
1.00	2.1220	.6310	.0000	.00000

KS= 1.000

X/L	FP	FS	FQ	FM
.05	2.1985	.6398	.0599	.00150
.10	1.0984	.6434	.0648	.00462
.15	.9723	.6469	.0635	.00782
.20	.8929	.6503	.0581	.01086
.25	.8489	.6533	.0505	.01358
.30	.8215	.6560	.0416	.01588
.35	.8041	.6583	.0318	.01772
.40	.7931	.6600	.0215	.01905
.45	.7866	.6612	.0108	.01986
.50	.7836	.6618	.0000	.02013
.55	.7836	.6618	-.0108	.01986
.60	.7866	.6612	-.0215	.01905
.65	.7931	.6600	-.0318	.01772
.70	.8041	.6583	-.0416	.01588
.75	.8215	.6560	-.0505	.01358
.80	.8489	.6533	-.0581	.01086
.85	.8929	.6503	-.0635	.00782
.90	.9723	.6469	-.0648	.00462
.95	1.0984	.6434	-.0599	.00150
1.00	2.1985	.6398	.0000	.00000

KS= 3.000

X/L	FP	FS	FQ	FM
.05	2.2582	.6467	.0629	.00157
.10	1.1166	.6480	.0687	.00486
.15	.9808	.6493	.0678	.00828
.20	.8936	.6505	.0625	.01153
.25	.8434	.6515	.0546	.01446
.30	.8111	.6525	.0452	.01696
.35	.7898	.6533	.0347	.01895
.40	.7758	.6539	.0235	.02041
.45	.7673	.6543	.0118	.02129
.50	.7633	.6546	.0000	.02158
.55	.7633	.6546	-.0118	.02129
.60	.7673	.6543	-.0235	.02041
.65	.7758	.6539	-.0347	.01895
.70	.7898	.6533	-.0452	.01696
.75	.8111	.6525	-.0546	.01446
.80	.8434	.6515	-.0625	.01153
.85	.8936	.6505	-.0678	.00828
.90	.9808	.6493	-.0687	.00486
.95	1.1166	.6480	-.0629	.00157
1.00	2.2582	.6467	.0000	.00000

KS= 10.000

X/L	FP	FS	FQ	FM
.05	2.2810	.6494	.0641	.00160
.10	1.1236	.6498	.0702	.00496
.15	.9840	.6502	.0694	.00845
.20	.8939	.6505	.0641	.01179
.25	.8414	.6509	.0562	.01480
.30	.8071	.6511	.0466	.01737
.35	.7842	.6514	.0358	.01943
.40	.7691	.6516	.0242	.02093
.45	.7599	.6517	.0122	.02184
.50	.7555	.6518	.0000	.02214
.55	.7555	.6518	-.0122	.02184
.60	.7599	.6517	-.0242	.02093
.65	.7691	.6516	-.0358	.01943
.70	.7842	.6514	-.0466	.01737
.75	.8071	.6511	-.0562	.01480
.80	.8414	.6509	-.0641	.01179
.85	.8939	.6505	-.0694	.00845
.90	.9840	.6502	-.0702	.00496
.95	1.1236	.6498	-.0641	.00160
1.00	2.2810	.6494	.0000	.00000

KS=100.000

X/L	FP	FS	FQ	FM
.05	2.2901	.6504	.0645	.00161
.10	1.1264	.6505	.0708	.00500
.15	.9854	.6505	.0701	.00852
.20	.8941	.6505	.0648	.01189
.25	.8406	.6506	.0568	.01493
.30	.8056	.6506	.0471	.01753
.35	.7821	.6506	.0362	.01961
.40	.7665	.6507	.0245	.02113
.45	.7569	.6507	.0124	.02205
.50	.7524	.6507	.0000	.02236
.55	.7524	.6507	-.0124	.02205
.60	.7569	.6507	-.0245	.02113
.65	.7665	.6507	-.0362	.01961
.70	.7821	.6506	-.0471	.01753
.75	.8056	.6506	-.0568	.01493
.80	.8406	.6506	-.0648	.01189
.85	.8941	.6505	-.0701	.00852
.90	.9854	.6505	-.0708	.00500
.95	1.1264	.6505	-.0645	.00161
1.00	2.2901	.6504	.0000	.00000

B/L= 1.00 DS/B1=100.00 KS= .001

XQ/L=0.0

X/L	FP	FS	FQ	FM
.05	22.5235	2.9696	.1262	-.02185
.10	.8079	1.7998	.1666	-.01453
.15	-1.0556	1.1782	.1138	-.00752
.20	-1.1175	.8839	.0579	-.00323
.25	-.6784	.7473	.0240	-.00118
.30	-.3228	.6746	.0079	-.00038
.35	-.1234	.6243	.0017	-.00014
.40	-.0344	.5814	-.0000	-.00010
.45	-.0032	.5422	-.0002	-.00011
.50	.0039	.5060	.0000	-.00011
.55	.0033	.4732	.0002	-.00011
.60	.0014	.4437	.0002	-.00010
.65	.0001	.4173	.0002	-.00009
.70	-.0005	.3936	.0002	-.00007
.75	-.0005	.3723	.0002	-.00006
.80	-.0001	.3531	.0002	-.00006
.85	.0008	.3357	.0002	-.00005
.90	.0020	.3198	.0003	-.00003
.95	.0030	.3051	.0005	-.00001
1.00	-.0094	.2910	-.0000	-.00000

XQ/L=0.1

X/L	FP	FS	FQ	FM
.05	3.5009	1.6071	.1750	.00438
.10	6.3704	1.9338	-.5064	.02109
.15	6.2675	1.9297	-.1931	.00360
.20	3.0150	1.6060	-.0423	-.00228
.25	1.0531	1.2719	.0103	-.00308
.30	.1877	1.0214	.0197	-.00233
.35	-.0874	.8527	.0154	-.00145
.40	-.1217	.7403	.0093	-.00083
.45	-.0873	.6618	.0049	-.00048
.50	-.0494	.6026	.0024	-.00029
.55	-.0243	.5550	.0012	-.00020
.60	-.0109	.5147	.0007	-.00015
.65	-.0047	.4798	.0005	-.00013
.70	-.0022	.4490	.0003	-.00011
.75	-.0011	.4218	.0003	-.00009
.80	-.0003	.3975	.0003	-.00008
.85	.0009	.3757	.0003	-.00006
.90	.0026	.3561	.0004	-.00004
.95	.0039	.3380	.0006	-.00002
1.00	-.0128	.3208	-.0000	-.00000

XQ/L=0.2

X/L	FP	FS	FQ	FM
.05	-.7685	.9489	-.0384	-.00096
.10	1.2753	1.2597	.0253	-.00129
.15	3.1654	1.6083	.1836	.00394
.20	6.2748	1.9270	-.5026	.02096
.25	6.2146	1.9231	-.1919	.00360
.30	2.9946	1.6016	-.0422	-.00226
.35	1.0476	1.2693	.0102	-.00306
.40	.1877	1.0201	.0196	-.00231
.45	-.0862	.8519	.0153	-.00144
.50	-.1207	.7398	.0092	-.00083
.55	-.0867	.6614	.0049	-.00048
.60	-.0492	.6024	.0024	-.00029
.65	-.0242	.5548	.0012	-.00020
.70	-.0108	.5146	.0007	-.00016
.75	-.0044	.4797	.0005	-.00013
.80	-.0013	.4491	.0004	-.00011
.85	.0010	.4219	.0004	-.00008
.90	.0033	.3976	.0006	-.00006
.95	.0050	.3754	.0009	-.00002
1.00	-.0172	.3545	-.0000	-.00000

XQ/L=0.3

X/L	FP	FS	FQ	FM
.05	-.5169	.7115	-.0258	-.00065
.10	-.0004	.8477	-.0259	-.00194
.15	.2589	1.0226	-.0129	-.00291
.20	1.0862	1.2710	.0414	-.00220
.25	2.9982	1.5994	.1913	.00362
.30	6.1757	1.9158	-.4999	.02091
.35	6.1710	1.9148	-.1914	.00362
.40	2.9804	1.5965	-.0424	-.00222
.45	1.0454	1.2664	.0099	-.00303
.50	.1891	1.0184	.0194	-.00230
.55	-.0845	.8509	.0151	-.00144
.60	-.1196	.7392	.0092	-.00083
.65	-.0862	.6610	.0049	-.00048
.70	-.0488	.6021	.0024	-.00029
.75	-.0237	.5546	.0012	-.00020
.80	-.0095	.5145	.0008	-.00015
.85	-.0016	.4798	.0007	-.00012
.90	.0035	.4491	.0008	-.00008
.95	.0065	.4214	.0012	-.00003
1.00	-.0235	.3954	-.0000	-.00000

XQ/L=0.4

X/L	FP	FS	FQ	FM
.05	-.1707	.5934	-.0085	-.00021
.10	-.0562	.6602	-.0113	-.00071
.15	-.0958	.7406	-.0161	-.00140
.20	-.0710	.8524	-.0197	-.00229
.25	.1951	1.0193	-.0099	-.00303
.30	1.0478	1.2667	.0425	-.00222
.35	2.9812	1.5962	.1915	.00363
.40	6.1701	1.9138	-.5000	.02092
.45	6.1701	1.9137	-.1915	.00363
.50	2.9809	1.5959	-.0424	-.00221
.55	1.0460	1.2661	.0099	-.00303
.60	.1894	1.0182	.0193	-.00230
.65	-.0844	.8508	.0151	-.00144
.70	-.1194	.7391	.0092	-.00083
.75	-.0856	.6610	.0049	-.00048
.80	-.0471	.6023	.0025	-.00029
.85	-.0198	.5549	.0015	-.00019
.90	-.0029	.5148	.0014	-.00012
.95	.0060	.4793	.0017	-.00004
1.00	-.0337	.4463	-.0000	-.00000

XQ/L=0.5

X/L	FP	FS	FQ	FM
.05	-.0610	.5105	-.0031	-.00008
.10	-.0084	.5543	-.0035	-.00024
.15	-.0372	.6028	-.0053	-.00046
.20	-.0797	.6617	-.0093	-.00083
.25	-.1169	.7396	-.0152	-.00144
.30	-.0835	.8510	-.0193	-.00230
.35	.1896	1.0183	-.0099	-.00303
.40	1.0460	1.2661	.0424	-.00221
.45	2.9809	1.5959	.1915	.00363
.50	6.1702	1.9136	-.5000	.02092
.55	6.1702	1.9136	-.1915	.00363
.60	2.9809	1.5959	-.0424	-.00221
.65	1.0460	1.2661	.0099	-.00303
.70	.1896	1.0183	.0193	-.00230
.75	-.0835	.8510	.0152	-.00144
.80	-.1169	.7396	.0093	-.00083
.85	-.0797	.6617	.0053	-.00046
.90	-.0372	.6028	.0035	-.00024
.95	-.0084	.5543	.0031	-.00008
1.00	-.0610	.5105	-.0000	-.00000

B/L= 1.00   DS/B1=100.00   KS= .001

XM/L=0.0

X/L	FP	FS	FQ	FM
.05	223.4271	14.8643	11.1714	-.72072
.10	-102.8026	-4.1121	6.0312	-.29065
.15	-70.2996	-8.2393	2.5162	-.07696
.20	-36.0457	-7.0719	.7140	.00379
.25	-13.8120	-4.9196	.0234	.02222
.30	-3.4336	-3.2006	-.1483	.01910
.35	.2473	-2.1122	-.1360	.01199
.40	1.0071	-1.4895	-.0856	.00645
.45	.8177	-1.1402	-.0447	.00320
.50	.4826	-.9332	-.0206	.00156
.55	.2371	-.7961	-.0087	.00083
.60	.1008	-.6942	-.0037	.00052
.65	.0377	-.6122	-.0018	.00038
.70	.0129	-.5437	-.0012	.00031
.75	.0044	-.4856	-.0009	.00026
.80	.0012	-.4360	-.0009	.00021
.85	-.0016	-.3934	-.0010	.00017
.90	-.0054	-.3566	-.0012	.00011
.95	-.0085	-.3239	-.0016	.00004
1.00	.0329	-.2936	.0000	-.00000

XM/L=0.1

X/L	FP	FS	FQ	FM
.05	105.8058	10.3302	5.2903	.13226
.10	53.3385	5.3037	7.9572	-.53656
.15	-64.6330	-4.7417	4.7256	-.21949
.20	-56.3478	-7.3983	1.9082	-.05364
.25	-27.9084	-6.1342	.5128	.00688
.30	-10.4495	-4.2559	-.0097	.01946
.35	-2.4151	-2.8052	-.1305	.01595
.40	.3501	-1.8933	-.1130	.00987
.45	.8644	-1.3676	-.0698	.00530
.50	.6723	-1.0665	-.0361	.00265
.55	.3898	-.8828	-.0167	.00133
.60	.1897	-.7574	-.0072	.00074
.65	.0805	-.6625	-.0031	.00048
.70	.0303	-.5856	-.0016	.00036
.75	.0103	-.5211	-.0011	.00029
.80	.0026	-.4663	-.0010	.00024
.85	-.0018	-.4195	-.0011	.00019
.90	-.0062	-.3790	-.0014	.00013
.95	-.0095	-.3434	-.0019	.00005
1.00	.0370	-.3103	-.0000	-.00000

XM/L=0.2

X/L	FP	FS	FQ	FM
.05	5.6578	3.7084	.2829	.00707
.10	27.8983	5.8616	1.6778	.05609
.15	53.8320	7.1545	4.3694	.20727
.20	59.4660	4.6653	7.3427	-.49993
.25	-58.5262	-4.4982	4.4164	-.20595
.30	-52.4868	-7.0065	1.7921	-.05074
.35	-26.1354	-5.8285	.4853	.00620
.40	-9.8346	-4.0640	-.0064	.01817
.45	-2.2970	-2.6956	-.1213	.01497
.50	.3111	-1.8316	-.1057	.00930
.55	.8040	-1.3306	-.0655	.00502
.60	.6291	-1.0419	-.0341	.00253
.65	.3663	-.8643	-.0158	.00128
.70	.1787	-.7426	-.0068	.00071
.75	.0755	-.6502	-.0031	.00047
.80	.0264	-.5754	-.0017	.00035
.85	.0040	-.5126	-.0015	.00026
.90	-.0076	-.4590	-.0019	.00018
.95	-.0135	-.4121	-.0026	.00006
1.00	.0519	-.3688	-.0000	-.00000

XM/L=0.3

X/L	FP	FS	FQ	FM
.05	-4.8561	1.5215	-.2428	-.00607
.10	3.2200	2.6672	-.0818	-.01419
.15	10.6027	4.1268	.4483	-.00502
.20	26.5908	5.9077	1.7779	.05063
.25	52.7554	7.0875	4.4156	.20547
.30	58.8554	4.5906	7.3584	-.50018
.35	-58.7860	-4.5517	4.4191	-.20574
.40	-52.5670	-7.0389	1.7908	-.05049
.45	-26.1445	-5.8469	.4835	.00636
.50	-9.8239	-4.0746	-.0077	.01826
.55	-2.2857	-2.7023	-.1220	.01502
.60	.3184	-1.8363	-.1060	.00932
.65	.8079	-1.3343	-.0656	.00503
.70	.6306	-1.0451	-.0341	.00253
.75	.3656	-.8672	-.0158	.00128
.80	.1752	-.7454	-.0071	.00071
.85	.0668	-.6530	-.0037	.00044
.90	.0116	-.5778	-.0032	.00027
.95	-.0131	-.5131	-.0038	.00010
1.00	.0761	-.4539	-.0000	-.00000

XM/L=0.4

X/L	FP	FS	FQ	FM
.05	-1.9904	.9546	-.0995	-.00249
.10	-.5499	1.3243	-.1270	-.00815
.15	-.0993	1.8518	-.1320	-.01463
.20	2.4121	2.7206	-.0114	-.01821
.25	9.8748	4.0895	.4824	-.00644
.30	26.1544	5.8591	1.7901	.05038
.35	52.5621	7.0512	4.4182	.20558
.40	58.7916	4.5682	7.3578	-.50002
.45	-58.7960	-4.5645	4.4180	-.20563
.50	-52.5609	-7.0462	1.7899	-.05043
.55	-26.1371	-5.8514	.4831	.00640
.60	-9.8187	-4.0777	-.0079	.01828
.65	-2.2828	-2.7048	-.1220	.01503
.70	.3194	-1.8385	-.1060	.00933
.75	.8064	-1.3366	-.0657	.00503
.80	.6249	-1.0475	-.0345	.00253
.85	.3523	-.8699	-.0169	.00124
.90	.1526	-.7477	-.0092	.00059
.95	.0408	-.6525	-.0072	.00018
1.00	.1439	-.5687	-.0000	-.00000

XM/L=0.5

X/L	FP	FS	FQ	FM
.05	-.4981	.7239	-.0249	-.00062
.10	-.2937	.8662	-.0396	-.00223
.15	-.5721	1.0505	-.0682	-.00493
.20	-.7748	1.3405	-.1069	-.00931
.25	-.3052	1.8416	-.1222	-.01504
.30	2.2872	2.7069	-.0078	-.01829
.35	9.8190	4.0792	.4831	-.00641
.40	26.1360	5.8526	1.7899	.05042
.45	52.5592	7.0474	4.4179	.20561
.50	58.7934	4.5660	7.3575	-.50000
.55	-58.7936	-4.5660	4.4179	-.20561
.60	-52.5591	-7.0474	1.7899	-.05042
.65	-26.1358	-5.8526	.4831	.00641
.70	-9.8191	-4.0792	-.0078	.01829
.75	-2.2873	-2.7069	-.1222	.01504
.80	.3053	-1.8416	-.1069	.00931
.85	.7748	-1.3405	-.0682	.00493
.90	.5721	-1.0505	-.0396	.00223
.95	.2937	-.8662	-.0249	.00062
1.00	.4981	-.7239	-.0000	-.00000

B/L= 1.00 DS/B1=100.00 KS= .003

XQ/L=0.0

X/L	FP	FS	FQ	FM
.05	19.1200	2.7956	-.0440	-.02610
.10	3.1467	1.9608	.1133	-.02437
.15	.5362	1.3816	.1401	-.01803
.20	-.5152	1.0150	.1144	-.01167
.25	-.7174	.7963	.0785	-.00684
.30	-.6123	.6694	.0479	-.00368
.35	-.4309	.5945	.0264	-.00183
.40	-.2674	.5468	.0130	-.00084
.45	-.1489	.5121	.0055	-.00038
.50	-.0737	.4834	.0019	-.00020
.55	-.0310	.4575	.0003	-.00014
.60	-.0094	.4332	-.0002	-.00014
.65	.0000	.4104	-.0002	-.00015
.70	.0033	.3890	-.0000	-.00015
.75	.0041	.3691	.0002	-.00015
.80	.0042	.3507	.0004	-.00013
.85	.0043	.3337	.0006	-.00011
.90	.0042	.3179	.0008	-.00007
.95	.0025	.3030	.0010	-.00002
1.00	-.0193	.2886	-.0000	-.00000

XQ/L=0.1

X/L	FP	FS	FQ	FM
.05	5.5715	1.6986	.2786	.00696
.10	4.7918	1.8056	-.4818	.02688
.15	4.5479	1.7587	-.2544	.00848
.20	2.9097	1.5502	-.1090	-.00061
.25	1.5894	1.3054	-.0295	-.00407
.30	.7295	1.0857	.0070	-.00463
.35	.2460	.9102	.0193	-.00397
.40	.0126	.7780	.0199	-.00299
.45	-.0764	.6806	.0161	-.00209
.50	-.0926	.6087	.0115	-.00140
.55	-.0788	.5541	.0075	-.00093
.60	-.0571	.5111	.0047	-.00062
.65	-.0371	.4757	.0028	-.00044
.70	-.0219	.4457	.0017	-.00032
.75	-.0112	.4194	.0012	-.00025
.80	-.0041	.3959	.0010	-.00020
.85	.0007	.3747	.0010	-.00015
.90	.0031	.3552	.0012	-.00009
.95	.0024	.3368	.0013	-.00003
1.00	-.0255	.3191	-.0000	-.00000

XQ/L=0.2

X/L	FP	FS	FQ	FM
.05	.1035	1.0220	.0052	.00013
.10	1.8117	1.2929	.0958	.00265
.15	3.1825	1.5519	.2549	.01142
.20	4.7081	1.7438	-.5097	.03005
.25	4.6599	1.7436	-.2767	.01039
.30	3.0653	1.5566	-.1234	.00038
.35	1.7153	1.3189	-.0377	-.00364
.40	.8134	1.0993	.0030	-.00451
.45	.2948	.9213	.0177	-.00399
.50	.0373	.7861	.0196	-.00306
.55	-.0659	.6862	.0163	-.00216
.60	-.0895	.6124	.0118	-.00146
.65	-.0788	.5566	.0079	-.00097
.70	-.0576	.5129	.0050	-.00065
.75	-.0369	.4772	.0032	-.00044
.80	-.0202	.4469	.0021	-.00031
.85	-.0082	.4203	.0017	-.00021
.90	-.0010	.3963	.0017	-.00013
.95	.0004	.3740	.0017	-.00004
1.00	-.0341	.3526	-.0000	-.00000

XQ/L=0.3

X/L	FP	FS	FQ	FM
.05	-.7950	.7142	-.0398	-.00099
.10	.3433	.8950	-.0226	-.00255
.15	.9200	1.0939	.0234	-.00253
.20	1.7982	1.3192	.1133	.00089
.25	3.0873	1.5546	.2677	.01041
.30	4.6094	1.7367	-.5018	.02956
.35	4.5867	1.7342	-.2725	.01020
.40	3.0192	1.5480	-.1215	.00035
.45	1.6898	1.3123	-.0370	-.00362
.50	.8012	1.0946	.0030	-.00447
.55	.2903	.9182	.0175	-.00395
.60	.0368	.7842	.0194	-.00303
.65	-.0645	.6851	.0161	-.00214
.70	-.0870	.6118	.0118	-.00144
.75	-.0752	.5564	.0080	-.00095
.80	-.0529	.5129	.0054	-.00061
.85	-.0311	.4771	.0038	-.00038
.90	-.0151	.4463	.0031	-.00021
.95	-.0081	.4184	.0027	-.00007
1.00	-.0534	.3919	-.0000	-.00000

XQ/L=0.4

X/L	FP	FS	FQ	FM
.05	-.5371	.5752	-.0269	-.00067
.10	-.0433	.6724	-.0290	-.00207
.15	.0950	.7832	-.0243	-.00340
.20	.3468	.9214	-.0069	-.00418
.25	.8409	1.0980	.0351	-.00348
.30	1.7104	1.3137	.1206	.00042
.35	3.0206	1.5464	.2717	.01023
.40	4.5667	1.7291	-.5000	.02952
.45	4.5627	1.7283	-.2719	.01022
.50	3.0075	1.5439	-.1215	.00039
.55	1.6853	1.3096	-.0372	-.00358
.60	.8007	1.0930	.0028	-.00444
.65	.2920	.9174	.0174	-.00393
.70	.0402	.7839	.0194	-.00301
.75	-.0592	.6853	.0165	-.00212
.80	-.0795	.6122	.0125	-.00139
.85	-.0658	.5566	.0092	-.00085
.90	-.0445	.5121	.0070	-.00044
.95	-.0315	.4741	.0054	-.00014
1.00	-.1081	.4389	-.0000	-.00000

XQ/L=0.5

X/L	FP	FS	FQ	FM
.05	-.2516	.4964	-.0126	-.00031
.10	-.0675	.5504	-.0160	-.00103
.15	-.0622	.6111	-.0191	-.00190
.20	-.0395	.6863	-.0210	-.00291
.25	.0554	.7855	-.0183	-.00389
.30	.3020	.9188	-.0032	-.00442
.35	.8066	1.0939	.0372	-.00357
.40	1.6882	1.3099	.1216	.00039
.45	3.0080	1.5435	.2720	.01023
.50	4.5605	1.7272	-.5000	.02953
.55	4.5605	1.7272	-.2720	.01023
.60	3.0080	1.5435	-.1216	.00039
.65	1.6882	1.3099	-.0372	-.00357
.70	.8066	1.0939	.0032	-.00442
.75	.3020	.9188	.0183	-.00389
.80	.0554	.7855	.0210	-.00291
.85	-.0395	.6863	.0191	-.00190
.90	-.0622	.6111	.0160	-.00103
.95	-.0675	.5504	.0126	-.00031
1.00	-.2516	.4964	0.0000	0.00000

B/L= 1.00 DS/B1=100.00 KS= .003

XM/L=0.0

X/L	FP	FS	FQ	FM
.05	150.7318	11.6027	7.5366	-.81159
.10	-34.6074	.4481	5.8062	-.47801
.15	-41.5462	-4.2945	3.7289	-.23964
.20	-33.4585	-5.4921	2.0560	-.09501
.25	-21.8639	-5.0514	.9628	-.01954
.30	-12.4167	-4.0606	.3420	.01307
.35	-6.0925	-3.0504	.0373	.02256
.40	-2.4022	-2.2247	-.0828	.02142
.45	-.5207	-1.6214	-.1088	.01663
.50	.2774	-1.2089	-.0949	.01154
.55	.5043	-.9369	-.0697	.00742
.60	.4748	-.7592	-.0460	.00453
.65	.3598	-.6407	-.0280	.00268
.70	.2394	-.5579	-.0160	.00158
.75	.1431	-.4961	-.0089	.00095
.80	.0756	-.4467	-.0051	.00060
.85	.0325	-.4051	-.0035	.00039
.90	.0085	-.3684	-.0030	.00023
.95	.0007	-.3348	-.0030	.00008
1.00	.0602	-.3027	.0000	-.00000

XM/L=0.1

X/L	FP	FS	FQ	FM
.05	95.5618	9.2388	4.7781	.11945
.10	26.1294	4.2403	6.0846	-.60898
.15	-30.2764	-2.0332	4.5707	-.34260
.20	-36.0918	-4.8304	2.7662	-.15918
.25	-26.4887	-5.1563	1.4417	-.05398
.30	-16.4207	-4.4440	.6207	-.00242
.35	-8.8523	-3.4668	.1781	.01755
.40	-4.0508	-2.5745	-.0245	.02139
.45	-1.3831	-1.8811	-.0936	.01844
.50	-.1033	-1.3883	-.0988	.01363
.55	.3836	-1.0559	-.0796	.00917
.60	.4748	-.8371	-.0559	.00578
.65	.4030	-.6926	-.0357	.00349
.70	.2883	-.5939	-.0213	.00206
.75	.1830	-.5228	-.0122	.00123
.80	.1033	-.4679	-.0070	.00075
.85	.0496	-.4228	-.0045	.00046
.90	.0179	-.3836	-.0036	.00026
.95	.0056	-.3481	-.0033	.00008
1.00	.0669	-.3143	-.0000	-.00000

XM/L=0.2

X/L	FP	FS	FQ	FM
.05	23.6453	4.5417	1.1823	.02956
.10	23.0554	4.9450	2.3350	.11749
.15	30.3751	4.6370	3.8538	.27221
.20	24.9984	2.4122	5.1037	-.50385
.25	-25.6604	-2.3783	3.8207	-.28074
.30	-30.6000	-4.5226	2.2907	-.12796
.35	-22.2292	-4.6552	1.1792	-.04121
.40	-13.6545	-3.9652	.4965	.00068
.45	-7.2808	-3.0867	.1325	.01641
.50	-3.2748	-2.3013	-.0313	.01894
.55	-1.0716	-1.6960	-.0849	.01603
.60	-.0300	-1.2667	-.0864	.01175
.65	.3542	-.9763	-.0686	.00788
.70	.4137	-.7837	-.0480	.00496
.75	.3420	-.6550	-.0309	.00299
.80	.2379	-.5656	-.0190	.00175
.85	.1444	-.4997	-.0117	.00098
.90	.0772	-.4473	-.0079	.00049
.95	.0409	-.4021	-.0058	.00015
1.00	.1168	-.3601	-.0000	-.00000

XM/L=0.3

X/L	FP	FS	FQ	FM
.05	-.0972	1.9699	-.0049	-.00012
.10	7.7235	2.9948	.3813	.00929
.15	14.2999	3.9820	1.0963	.04623
.20	22.7002	4.7064	2.2313	.12942
.25	30.7757	4.5763	3.7701	.27946
.30	25.5773	2.4337	5.0490	-.50007
.35	-25.1877	-2.3291	3.7896	-.27910
.40	-30.2831	-4.4723	2.2754	-.12748
.45	-22.0441	-4.6142	1.1732	-.04126
.50	-13.5600	-3.9353	.4952	.00045
.55	-7.2409	-3.0665	.1332	.01616
.60	-3.2645	-2.2884	-.0300	.01874
.65	-1.0759	-1.6882	-.0838	.01589
.70	-.0416	-1.2622	-.0859	.01165
.75	.3377	-.9740	-.0690	.00778
.80	.3926	-.7826	-.0494	.00482
.85	.3174	-.6538	-.0335	.00274
.90	.2171	-.5624	-.0227	.00134
.95	.1455	-.4912	-.0154	.00039
1.00	.3080	-.4284	-.0000	-.00000

XM/L=0.4

X/L	FP	FS	FQ	FM
.05	-3.4273	.9829	-.1714	-.00428
.10	1.2420	1.6006	-.1093	-.01130
.15	3.7153	2.2975	.0765	-.01212
.20	7.6765	3.1154	.4603	.00130
.25	13.8770	3.9954	1.1542	.04166
.30	22.2571	4.6750	2.2670	.12719
.35	30.4461	4.5334	3.7893	.27860
.40	25.3693	2.3946	5.0578	-.50022
.45	-25.3026	-2.3597	3.7927	-.27896
.50	-30.3380	-4.4944	2.2758	-.12725
.55	-22.0657	-4.6298	1.1725	-.04104
.60	-13.5670	-3.9467	.4941	.00063
.65	-7.2459	-3.0757	.1318	.01627
.70	-3.2762	-2.2967	-.0320	.01877
.75	-1.1010	-1.6964	-.0870	.01580
.80	-.0841	-1.2701	-.0912	.01134
.85	.2802	-.9795	-.0772	.00713
.90	.3420	-.7810	-.0601	.00370
.95	.3256	-.6363	-.0438	.00110
1.00	.8768	-.5151	-.0000	-.00000

XM/L=0.5

X/L	FP	FS	FQ	FM
.05	-2.1092	.6505	-.1055	-.00264
.10	-.2983	.9295	-.1204	-.00828
.15	.2259	1.2628	-.1091	-.01402
.20	1.2622	1.7078	-.0460	-.01789
.25	3.3984	2.3137	.1239	-.01595
.30	7.3226	3.0924	.4901	-.00059
.35	13.6084	3.9614	1.1705	.04092
.40	22.0858	4.6429	2.2748	.12705
.45	30.3507	4.5076	3.7923	.27873
.50	25.3230	2.3749	5.0585	-.50000
.55	-25.3231	-2.3749	3.7923	-.27873
.60	-30.3507	-4.5076	2.2748	-.12705
.65	-22.0857	-4.6429	1.1705	-.04092
.70	-13.6085	-3.9614	.4901	.00059
.75	-7.3227	-3.0924	.1239	.01595
.80	-3.3983	-2.3137	-.0460	.01789
.85	-1.2622	-1.7078	-.1091	.01402
.90	-.2259	-1.2628	-.1204	.00828
.95	.2983	-.9295	-.1055	.00264
1.00	2.1092	-.6505	-.0000	-.00000

B/L= 1.00 DS/B1=100.00 KS= .010

XQ/L=0.0

X/L	FP	FS	FQ	FM
.05	15.7347	2.5806	-.2133	-.03033
.10	4.2095	2.0240	-.0028	-.03573
.15	1.9473	1.5678	.0946	-.03344
.20	.6215	1.2159	.1257	-.02793
.25	-.0436	.9563	.1235	-.02170
.30	-.3457	.7711	.1062	-.01596
.35	-.4421	.6424	.0841	-.01121
.40	-.4297	.5542	.0626	-.00754
.45	-.3675	.4941	.0442	-.00487
.50	-.2896	.4524	.0297	-.00302
.55	-.2142	.4225	.0190	-.00180
.60	-.1499	.3997	.0115	-.00104
.65	-.0991	.3812	.0066	-.00058
.70	-.0613	.3650	.0035	-.00033
.75	-.0346	.3502	.0018	-.00020
.80	-.0167	.3362	.0010	-.00013
.85	-.0056	.3227	.0007	-.00009
.90	.0001	.3095	.0007	-.00005
.95	.0010	.2965	.0007	-.00002
1.00	-.0148	.2836	-.0000	-.00000

XQ/L=0.1

X/L	FP	FS	FQ	FM
.05	7.0137	1.7634	.3507	.00877
.10	3.8922	1.7231	-.4547	.03117
.15	3.3676	1.6274	-.2863	.01264
.20	2.4541	1.4701	-.1636	.00139
.25	1.6664	1.2925	-.0803	-.00471
.30	1.0517	1.1204	-.0277	-.00741
.35	.6073	.9667	.0027	-.00803
.40	.3065	.8365	.0180	-.00752
.45	.1165	.7297	.0238	-.00647
.50	.0062	.6438	.0241	-.00528
.55	-.0499	.5756	.0216	-.00413
.60	-.0717	.5215	.0180	-.00314
.65	-.0734	.4783	.0144	-.00233
.70	-.0645	.4433	.0111	-.00169
.75	-.0514	.4143	.0086	-.00120
.80	-.0378	.3896	.0067	-.00082
.85	-.0265	.3680	.0053	-.00052
.90	-.0198	.3483	.0044	-.00028
.95	-.0199	.3298	.0034	-.00008
1.00	-.0673	.3119	-.0000	-.00000

XQ/L=0.2

X/L	FP	FS	FQ	FM
.05	1.8754	1.1516	.0938	.00234
.10	2.0362	1.3077	.1956	.00958
.15	2.6829	1.4466	.3297	.02271
.20	3.2879	1.5378	-.5059	.04331
.25	3.2568	1.5342	-.3430	.02208
.30	2.5858	1.4367	-.2138	.00816
.35	1.8753	1.2945	-.1200	-.00018
.40	1.2640	1.1410	-.0568	-.00460
.45	.7906	.9951	-.0173	-.00645
.50	.4508	.8659	.0053	-.00675
.55	.2229	.7568	.0164	-.00621
.60	.0808	.6671	.0205	-.00528
.65	.0004	.5947	.0205	-.00426
.70	-.0388	.5365	.0185	-.00328
.75	-.0521	.4897	.0159	-.00242
.80	-.0513	.4515	.0134	-.00169
.85	-.0449	.4194	.0111	-.00108
.90	-.0407	.3914	.0091	-.00057
.95	-.0448	.3659	.0069	-.00017
1.00	-.1371	.3415	-.0000	-.00000

XQ/L=0.3

X/L	FP	FS	FQ	FM
.05	-.2090	.7838	-.0105	-.00026
.10	.7671	.9543	.0279	.00018
.15	1.3351	1.1252	.0947	.00324
.20	1.9687	1.2913	.1931	.01043
.25	2.6596	1.4376	.3261	.02341
.30	3.2900	1.5339	-.5094	.04383
.35	3.2686	1.5335	-.3460	.02244
.40	2.6005	1.4379	-.2160	.00839
.45	1.8896	1.2968	-.1215	-.00005
.50	1.2770	1.1438	-.0577	-.00452
.55	.8025	.9981	-.0175	-.00640
.60	.4621	.8690	.0056	-.00670
.65	.2344	.7597	.0173	-.00613
.70	.0932	.6697	.0220	-.00515
.75	.0134	.5966	.0226	-.00403
.80	-.0263	.5374	.0213	-.00293
.85	-.0439	.4886	.0191	-.00192
.90	-.0556	.4470	.0163	-.00104
.95	-.0753	.4099	.0126	-.00031
1.00	-.2516	.3748	-.0000	-.00000

XQ/L=0.4

X/L	FP	FS	FQ	FM
.05	-.7243	.5843	-.0362	-.00091
.10	.1559	.7134	-.0284	-.00252
.15	.4929	.8477	-.0038	-.00333
.20	.8724	.9909	.0398	-.00242
.25	1.3440	1.1430	.1070	.00125
.30	1.9338	1.2973	.2037	.00902
.35	2.6125	1.4368	.3344	.02247
.40	3.2451	1.5299	-.5034	.04324
.45	3.2322	1.5285	-.3418	.02211
.50	2.5748	1.4333	-.2130	.00824
.55	1.8749	1.2933	-.1193	-.00006
.60	1.2724	1.1416	-.0557	-.00444
.65	.8070	.9971	-.0153	-.00621
.70	.4744	.8688	.0084	-.00639
.75	.2524	.7595	.0210	-.00565
.80	.1129	.6684	.0267	-.00446
.85	.0273	.5925	.0280	-.00309
.90	-.0338	.5279	.0263	-.00173
.95	-.0973	.4706	.0215	-.00054
1.00	-.4295	.4166	-.0000	-.00000

XQ/L=0.5

X/L	FP	FS	FQ	FM
.05	-.6423	.4780	-.0321	-.00080
.10	-.0602	.5633	-.0351	-.00248
.15	.1010	.6534	-.0301	-.00411
.20	.2759	.7535	-.0163	-.00527
.25	.5078	.8677	.0091	-.00545
.30	.8383	.9982	.0510	-.00395
.35	1.2958	1.1431	.1158	.00022
.40	1.8876	1.2939	.2102	.00837
.45	2.5756	1.4325	.3390	.02210
.50	3.2204	1.5261	-.5000	.04308
.55	3.2204	1.5261	-.3390	.02210
.60	2.5756	1.4325	-.2102	.00837
.65	1.8876	1.2939	-.1158	.00022
.70	1.2958	1.1431	-.0510	-.00395
.75	.8383	.9982	-.0091	-.00545
.80	.5078	.8677	.0163	-.00527
.85	.2759	.7535	.0301	-.00411
.90	.1010	.6534	.0351	-.00248
.95	-.0602	.5633	.0321	-.00080
1.00	-.6423	.4780	-.0000	-.00000

B/L= 1.00 DS/B1=100.00 KS= .010

XM/L=0.0

X/L	FP	FS	FQ	FM
.05	93.0678	8.4438	4.6534	-.88367
.10	-2.6242	2.6542	4.5222	-.65428
.15	-15.2286	-.8294	3.7608	-.44720
.20	-18.5665	-2.6655	2.8324	-.28237
.25	-17.0095	-3.4131	1.9819	-.16201
.30	-13.7665	-3.4994	1.2936	-.08013
.35	-10.2660	-3.2268	.7803	-.02828
.40	-7.1581	-2.7948	.4224	.00179
.45	-4.6755	-2.3253	.1886	.01707
.50	-2.8359	-1.8856	.0468	.02295
.55	-1.5578	-1.5067	-.0310	.02335
.60	-.7253	-1.1979	-.0673	.02089
.65	-.2222	-.9556	-.0784	.01725
.70	.0522	-.7705	-.0758	.01339
.75	.1779	-.6315	-.0669	.00982
.80	.2155	-.5272	-.0561	.00675
.85	.2100	-.4477	-.0456	.00420
.90	.1975	-.3845	-.0358	.00217
.95	.2051	-.3309	-.0255	.00064
1.00	.5101	-.2814	.0000	-.00000

XM/L=0.1

X/L	FP	FS	FQ	FM
.05	71.4908	7.4115	3.5745	.08936
.10	16.8548	3.8728	4.4173	-.71084
.15	-9.5233	.1466	3.9411	-.50188
.20	-17.4260	-2.1386	3.0698	-.32661
.25	-17.2734	-3.1865	2.2061	-.19471
.30	-14.5637	-3.4578	1.4780	-.10261
.35	-11.1721	-3.2877	.9194	-.04267
.40	-7.9809	-2.9032	.5203	-.00668
.45	-5.3422	-2.4471	.2532	.01266
.50	-3.3358	-2.0016	.0864	.02115
.55	-1.9094	-1.6079	-.0091	.02308
.60	-.9581	-1.2811	-.0570	.02143
.65	-.3666	-1.0214	-.0753	.01812
.70	-.0306	-.8211	-.0768	.01432
.75	.1356	-.6695	-.0701	.01065
.80	.1982	-.5553	-.0601	.00739
.85	.2076	-.4681	-.0498	.00464
.90	.2048	-.3989	-.0395	.00241
.95	.2211	-.3402	-.0285	.00071
1.00	.5693	-.2861	-.0000	-.00000

XM/L=0.2

X/L	FP	FS	FQ	FM
.05	33.4128	4.8046	1.6706	.04177
.10	16.4610	4.0402	2.4937	.14587
.15	14.7190	2.9995	3.2296	.28896
.20	8.7748	1.3112	3.6684	-.53859
.25	-10.7867	-1.1249	3.1291	-.36866
.30	-15.4120	-2.5786	2.3585	-.23147
.35	-14.2470	-3.1368	1.6461	-.13135
.40	-11.5387	-3.1553	1.0692	-.06347
.45	-8.5876	-2.8852	.6398	-.02075
.50	-5.9711	-2.4914	.3412	.00378
.55	-3.8885	-2.0740	.1468	.01598
.60	-2.3531	-1.6875	.0292	.02038
.65	-1.2935	-1.3562	-.0355	.02022
.70	-.6095	-1.0862	-.0660	.01768
.75	-.2004	-.8733	-.0760	.01413
.80	.0230	-.7082	-.0749	.01036
.85	.1356	-.5797	-.0681	.00679
.90	.2039	-.4770	-.0579	.00364
.95	.2821	-.3898	-.0438	.00109
1.00	.8756	-.3096	-.0000	-.00000

XM/L=0.3

X/L	FP	FS	FQ	FM
.05	10.8732	2.6932	.5437	.01359
.10	9.0113	2.9650	.9942	.05204
.15	11.1849	3.1411	1.5535	.11573
.20	13.3377	3.0691	2.2204	.21008
.25	14.1771	2.5126	2.9292	.33882
.30	9.4908	1.1371	3.4038	-.50286
.35	-9.6764	-1.1143	2.9199	-.34477
.40	-14.2941	-2.4723	2.2052	-.21664
.45	-13.2911	-2.9926	1.5407	-.12299
.50	-10.7992	-3.0077	1.0007	-.05946
.55	-8.0610	-2.7525	.5977	-.01950
.60	-5.6284	-2.3814	.3162	.00335
.65	-3.6930	-1.9878	.1316	.01455
.70	-2.2682	-1.6222	.0182	.01829
.75	-1.2853	-1.3065	-.0461	.01759
.80	-.6441	-1.0451	-.0783	.01448
.85	-.2375	-.8321	-.0902	.01027
.90	.0461	-.6562	-.0879	.00582
.95	.3068	-.5044	-.0725	.00181
1.00	1.4503	-.3641	-.0000	-.00000

XM/L=0.4

X/L	FP	FS	FQ	FM
.05	1.0340	1.4250	.0517	.00129
.10	3.6946	1.8982	.2364	.00850
.15	5.8501	2.3578	.5289	.02763
.20	8.3320	2.7651	.9455	.06449
.25	11.0321	3.0368	1.4971	.12556
.30	13.4522	3.0269	2.1698	.21723
.35	14.3780	2.5069	2.8886	.34369
.40	9.6963	1.1501	3.3735	-.49976
.45	-9.5044	-1.0945	2.8982	-.34296
.50	-14.1708	-2.4531	2.1897	-.21576
.55	-13.2205	-2.9780	1.5287	-.12280
.60	-10.7797	-2.9992	.9897	-.05985
.65	-8.0887	-2.7498	.5853	-.02047
.70	-5.6972	-2.3824	.3004	.00167
.75	-3.7922	-1.9885	.1108	.01195
.80	-2.3770	-1.6164	-.0081	.01452
.85	-1.3629	-1.2847	-.0762	.01241
.90	-.6045	-.9938	-.1064	.00785
.95	.0543	-.7335	-.1037	.00259
1.00	2.0743	-.4888	-.0000	-.00000

XM/L=0.5

X/L	FP	FS	FQ	FM
.05	-1.9328	.7807	-.0966	-.00242
.10	.9903	1.1631	-.0471	-.00601
.15	2.3326	1.5585	.0695	-.00545
.20	3.9018	1.9718	.2646	.00290
.25	5.8543	2.3902	.5573	.02345
.30	8.2465	2.7708	.9696	.06162
.35	10.9198	3.0264	1.5156	.12375
.40	13.3398	3.0074	2.1826	.21621
.45	14.2742	2.4826	2.8963	.34318
.50	9.5999	1.1231	3.3763	-.50000
.55	-9.6000	-1.1231	2.8963	-.34318
.60	-14.2742	-2.4826	2.1826	-.21621
.65	-13.3398	-3.0074	1.5156	-.12375
.70	-10.9198	-3.0264	.9696	-.06162
.75	-8.2465	-2.7708	.5573	-.02345
.80	-5.8543	-2.3902	.2646	-.00290
.85	-3.9017	-1.9718	.0695	.00545
.90	-2.3326	-1.5585	-.0471	.00601
.95	-.9903	-1.1631	-.0966	.00242
1.00	1.9328	-.7807	-.0000	-.00000

B/L= 1.00 DS/B1=100.00 KS= .020

XQ/L=0.0

X/L	FP	FS	FQ	FM
.05	13.9929	2.4492	-.3004	-.03251
.10	4.3529	2.0134	-.0827	-.04209
.15	2.4332	1.6342	.0389	-.04318
.20	1.1901	1.3193	.0985	-.03974
.25	.4564	1.0668	.1213	-.03425
.30	.0253	.8699	.1225	-.02816
.35	-.2097	.7198	.1120	-.02229
.40	-.3187	.6075	.0961	-.01709
.45	-.3494	.5247	.0786	-.01272
.50	-.3344	.4641	.0619	-.00921
.55	-.2956	.4200	.0471	-.00648
.60	-.2470	.3876	.0348	-.00443
.65	-.1975	.3633	.0249	-.00294
.70	-.1518	.3445	.0173	-.00188
.75	-.1125	.3293	.0117	-.00116
.80	-.0804	.3164	.0077	-.00067
.85	-.0555	.3048	.0049	-.00036
.90	-.0376	.2940	.0030	-.00016
.95	-.0261	.2836	.0017	-.00004
1.00	-.0342	.2734	-.0000	-.00000

XQ/L=0.1

X/L	FP	FS	FQ	FM
.05	7.3920	1.7748	.3696	.00924
.10	3.6197	1.6921	-.4494	.03224
.15	2.9902	1.5804	-.2999	.01351
.20	2.2474	1.4364	-.1875	.00133
.25	1.6279	1.2816	-.1061	-.00602
.30	1.1282	1.1306	-.0497	-.00991
.35	.7420	.9917	-.0126	-.01147
.40	.4555	.8690	.0101	-.01153
.45	.2516	.7636	.0227	-.01071
.50	.1132	.6749	.0284	-.00943
.55	.0247	.6013	.0296	-.00798
.60	-.0272	.5408	.0283	-.00654
.65	-.0537	.4912	.0256	-.00519
.70	-.0634	.4504	.0224	-.00399
.75	-.0630	.4165	.0193	-.00295
.80	-.0579	.3877	.0164	-.00206
.85	-.0527	.3627	.0137	-.00131
.90	-.0520	.3402	.0111	-.00068
.95	-.0602	.3192	.0081	-.00020
1.00	-.1624	.2989	-.0000	-.00000

XQ/L=0.2

X/L	FP	FS	FQ	FM
.05	2.9096	1.2288	.1455	.00364
.10	2.1213	1.3177	.2515	.01356
.15	2.4077	1.3941	.3719	.02915
.20	2.6846	1.4388	-.4938	.05110
.25	2.6274	1.4254	-.3625	.02969
.30	2.2145	1.3533	-.2517	.01434
.35	1.7499	1.2485	-.1642	.00394
.40	1.3157	1.1303	-.0985	-.00263
.45	.9451	1.0113	-.0512	-.00637
.50	.6476	.8992	-.0188	-.00812
.55	.4202	.7981	.0022	-.00854
.60	.2541	.7095	.0149	-.00811
.65	.1384	.6335	.0218	-.00719
.70	.0617	.5690	.0249	-.00603
.75	.0132	.5144	.0255	-.00477
.80	-.0168	.4679	.0247	-.00351
.85	-.0376	.4276	.0228	-.00232
.90	-.0599	.3917	.0198	-.00126
.95	-.0929	.3584	.0152	-.00038
1.00	-.3037	.3264	-.0000	-.00000

XQ/L=0.3

X/L	FP	FS	FQ	FM
.05	.5472	.8558	.0274	.00068
.10	.9948	.9914	.0771	.00330
.15	1.4120	1.1242	.1477	.00892
.20	1.8545	1.2481	.2404	.01862
.25	2.3008	1.3516	.3555	.03352
.30	2.6722	1.4163	-.5109	.05463
.35	2.6602	1.4169	-.3779	.03241
.40	2.2677	1.3542	-.2645	.01635
.45	1.8097	1.2553	-.1740	.00538
.50	1.3749	1.1404	-.1053	-.00160
.55	1.0005	1.0229	-.0553	-.00562
.60	.6978	.9109	-.0204	-.00751
.65	.4650	.8089	.0029	-.00795
.70	.2932	.7186	.0175	-.00744
.75	.1707	.6398	.0261	-.00635
.80	.0839	.5714	.0303	-.00494
.85	.0188	.5115	.0312	-.00340
.90	-.0421	.4578	.0291	-.00189
.95	-.1146	.4081	.0234	-.00058
1.00	-.4671	.3602	-.0000	-.00000

XQ/L=0.4

X/L	FP	FS	FQ	FM
.05	-.4396	.6245	-.0220	-.00055
.10	.3367	.7502	-.0051	-.00123
.15	.6809	.8772	.0289	-.00063
.20	1.0359	1.0058	.0807	.00211
.25	1.4249	1.1334	.1519	.00792
.30	1.8539	1.2538	.2446	.01784
.35	2.2953	1.3551	.3594	.03294
.40	2.6665	1.4186	-.5073	.05424
.45	2.6573	1.4188	-.3744	.03220
.50	2.2694	1.3561	-.2609	.01632
.55	1.8171	1.2574	-.1701	.00554
.60	1.3881	1.1426	-.1007	-.00123
.65	1.0187	1.0248	-.0497	-.00499
.70	.7194	.9118	-.0138	-.00658
.75	.4863	.8075	.0105	-.00666
.80	.3078	.7134	.0259	-.00575
.85	.1669	.6285	.0343	-.00424
.90	.0399	.5512	.0363	-.00248
.95	-.0969	.4789	.0314	-.00079
1.00	-.6286	.4090	-.0000	-.00000

XQ/L=0.5

X/L	FP	FS	FQ	FM
.05	-.6933	.4884	-.0347	-.00087
.10	.0198	.5862	-.0337	-.00258
.15	.2511	.6866	-.0211	-.00395
.20	.4797	.7919	.0029	-.00440
.25	.7347	.9036	.0396	-.00334
.30	1.0411	1.0211	.0917	-.00006
.35	1.4088	1.1414	.1621	.00628
.40	1.8312	1.2573	.2537	.01668
.45	2.2745	1.3562	.3674	.03220
.50	2.6524	1.4187	-.5000	.05389
.55	2.6524	1.4187	-.3674	.03220
.60	2.2745	1.3562	-.2537	.01668
.65	1.8312	1.2573	-.1621	.00628
.70	1.4088	1.1414	-.0917	-.00006
.75	1.0411	1.0211	-.0396	-.00334
.80	.7347	.9036	-.0029	-.00440
.85	.4797	.7919	.0211	-.00395
.90	.2511	.6866	.0337	-.00258
.95	.0198	.5862	.0347	-.00087
1.00	-.6933	.4884	-.0000	0.00000

B/L= 1.00 DS/B1=100.00 KS= .020

XM/L=0.0

X/L	FP	FS	FQ	FM
.05	69.2641	6.9042	3.4632	-.91342
.10	4.4079	3.0376	3.6836	-.73475
.15	-6.1853	.4079	3.3743	-.55830
.20	-10.8090	-1.2531	2.8339	-.40310
.25	-11.7682	-2.1946	2.2455	-.27611
.30	-10.9943	-2.6287	1.6958	-.17758
.35	-9.4432	-2.7241	1.2236	-.10460
.40	-7.6550	-2.6094	.8409	-.05299
.45	-5.9250	-2.3778	.5446	-.01835
.50	-4.4009	-2.0935	.3246	.00338
.55	-3.1402	-1.7987	.1675	.01568
.60	-2.1477	-1.5187	.0602	.02137
.65	-1.3992	-1.2668	-.0098	.02263
.70	-.8561	-1.0482	-.0526	.02107
.75	-.4750	-.8624	-.0764	.01785
.80	-.2112	-.7060	-.0869	.01377
.85	-.0202	-.5732	-.0879	.00940
.90	.1486	-.4579	-.0805	.00519
.95	.3406	-.3534	-.0635	.00159
1.00	1.2693	-.2540	.0000	-.00000

XM/L=0.1

X/L	FP	FS	FQ	FM
.05	57.1791	6.2911	2.8590	.07147
.10	14.2260	3.6396	3.5703	-.76780
.15	-2.9336	.9502	3.4236	-.59295
.20	-9.7733	-.9067	2.9349	-.43399
.25	-11.5014	-1.9948	2.3598	-.30162
.30	-11.1095	-2.5331	1.8044	-.19751
.35	-9.7321	-2.6988	1.3178	-.11946
.40	-8.0026	-2.6282	.9176	-.06358
.45	-6.2683	-2.4216	.6042	-.02553
.50	-4.7079	-2.1492	.3688	-.00121
.55	-3.3978	-1.8574	.1989	.01299
.60	-2.3538	-1.5750	.0812	.01999
.65	-1.5576	-1.3177	.0034	.02211
.70	-.9736	-1.0923	-.0453	.02106
.75	-.5590	-.8993	-.0733	.01809
.80	-.2686	-.7358	-.0867	.01409
.85	-.0564	-.5965	-.0895	.00969
.90	.1305	-.4751	-.0830	.00537
.95	.3400	-.3649	-.0660	.00165
1.00	1.3200	-.2599	-.0000	-.00000

XM/L=0.2

X/L	FP	FS	FQ	FM
.05	33.0759	4.5757	1.6538	.04134
.10	13.6884	3.6260	2.3382	.14115
.15	10.3079	2.5415	2.8536	.27094
.20	5.1874	1.1496	3.1130	-.57989
.25	-6.3753	-.5723	2.7942	-.43221
.30	-10.0267	-1.7235	2.2929	-.30504
.35	-10.2685	-2.3235	1.7795	-.20323
.40	-9.2652	-2.5438	1.3162	-.12584
.45	-7.7662	-2.5187	.9279	-.06974
.50	-6.1769	-2.3482	.6190	-.03106
.55	-4.7060	-2.1031	.3837	-.00599
.60	-3.4484	-1.8309	.2113	.00888
.65	-2.4318	-1.5614	.0897	.01641
.70	-1.6453	-1.3113	.0075	.01884
.75	-1.0565	-1.0878	-.0454	.01789
.80	-.6223	-.8921	-.0765	.01485
.85	-.2924	-.7210	-.0911	.01066
.90	-.0044	-.5691	-.0913	.00610
.95	.3003	-.4298	-.0763	.00191
1.00	1.5259	-.2964	-.0000	-.00000

XM/L=0.3

X/L	FP	FS	FQ	FM
.05	15.4992	2.9446	.7750	.01937
.10	8.7800	2.8476	1.2140	.06910
.15	8.9039	2.6856	1.6592	.14093
.20	9.0905	2.3676	2.1137	.23525
.25	8.5340	1.7688	2.5404	.35160
.30	5.0298	.7312	2.7919	-.51510
.35	-5.7804	-.7455	2.5028	-.38273
.40	-9.1228	-1.7372	2.0467	-.26899
.45	-9.3046	-2.2416	1.5815	-.17828
.50	-8.3749	-2.4119	1.1627	-.10968
.55	-7.0131	-2.3676	.8121	-.06031
.60	-5.5816	-2.1969	.5330	-.02668
.65	-4.2634	-1.9618	.3198	-.00536
.70	-3.1381	-1.7034	.1629	.00671
.75	-2.2230	-1.4464	.0518	.01207
.80	-1.4981	-1.2039	-.0231	.01279
.85	-.9187	-.9803	-.0691	.01049
.90	-.4145	-.7742	-.0898	.00651
.95	.0884	-.5810	-.0854	.00213
1.00	1.7075	-.3943	-.0000	-.00000

XM/L=0.4

X/L	FP	FS	FQ	FM
.05	5.3202	1.7630	.2660	.00665
.10	4.6203	1.9958	.4970	.02573
.15	5.7060	2.2050	.7823	.05771
.20	6.9554	2.3525	1.1301	.10552
.25	8.1839	2.3787	1.5393	.17225
.30	9.0070	2.1979	1.9896	.26048
.35	8.7450	1.6939	2.4269	.37089
.40	5.3601	.7177	2.6949	-.50107
.45	-5.4300	-.7225	2.4234	-.37311
.50	-8.8062	-1.6954	1.9831	-.26295
.55	-9.0480	-2.1926	1.5307	-.17510
.60	-8.1871	-2.3627	1.1213	-.10880
.65	-6.8913	-2.3212	.7768	-.06135
.70	-5.5151	-2.1531	.5010	-.02941
.75	-4.2337	-1.9178	.2893	-.00965
.80	-3.1170	-1.6539	.1335	.00092
.85	-2.1676	-1.3839	.0251	.00488
.90	-1.3338	-1.1187	-.0416	.00447
.95	-.5407	-.8606	-.0686	.00172
1.00	1.3728	-.6073	-.0000	-.00000

XM/L=0.5

X/L	FP	FS	FQ	FM
.05	.4365	1.0234	.0218	.00055
.10	1.9606	1.3199	.1199	.00409
.15	3.0425	1.6132	.2720	.01388
.20	4.2284	1.8935	.4834	.03277
.25	5.5385	2.1395	.7603	.06386
.30	6.9213	2.3138	1.1064	.11053
.35	8.2104	2.3585	1.5169	.17611
.40	9.0573	2.1895	1.9698	.26328
.45	8.7978	1.6923	2.4097	.37276
.50	5.4031	.7195	2.6798	-.50000
.55	-5.4031	-.7195	2.4097	-.37276
.60	-8.7978	-1.6923	1.9698	-.26328
.65	-9.0573	-2.1895	1.5169	-.17611
.70	-8.2104	-2.3585	1.1064	-.11053
.75	-6.9213	-2.3138	.7603	-.06386
.80	-5.5385	-2.1395	.4834	-.03277
.85	-4.2283	-1.8935	.2720	-.01388
.90	-3.0425	-1.6132	.1199	-.00409
.95	-1.9606	-1.3199	.0218	-.00055
1.00	-.4365	-1.0234	-.0000	-.00000

B/L= 1.00 DS/B1=100.00 KS= .050

XQ/L=0.0

X/L	FP	FS	FQ	FM
.05	11.9306	2.2713	-.4035	-.03509
.10	4.2345	1.9589	-.1917	-.04997
.15	2.7442	1.6723	-.0545	-.05612
.20	1.7074	1.4176	.0308	-.05672
.25	1.0231	1.1969	.0820	-.05390
.30	.5520	1.0095	.1096	-.04911
.35	.2302	.8530	.1211	-.04334
.40	.0163	.7243	.1219	-.03727
.45	-.1192	.6197	.1160	-.03132
.50	-.1979	.5357	.1061	-.02577
.55	-.2366	.4688	.0942	-.02076
.60	-.2478	.4159	.0818	-.01636
.65	-.2412	.3740	.0698	-.01257
.70	-.2244	.3409	.0586	-.00936
.75	-.2028	.3143	.0484	-.00669
.80	-.1812	.2925	.0394	-.00449
.85	-.1635	.2740	.0312	-.00273
.90	-.1547	.2577	.0234	-.00136
.95	-.1584	.2427	.0155	-.00039
1.00	-.3105	.2281	-.0000	-.00000

XQ/L=0.1

X/L	FP	FS	FQ	FM
.05	7.4581	1.7593	.3729	.00932
.10	3.3740	1.6545	-.4584	.03219
.15	2.6944	1.5380	-.3237	.01263
.20	2.0783	1.4089	-.2198	-.00095
.25	1.5932	1.2764	-.1401	-.00995
.30	1.1989	1.1473	-.0802	-.01545
.35	.8808	1.0259	-.0361	-.01836
.40	.6280	.9147	-.0047	-.01938
.45	.4308	.8148	.0168	-.01908
.50	.2803	.7265	.0308	-.01789
.55	.1683	.6494	.0393	-.01613
.60	.0871	.5824	.0436	-.01406
.65	.0297	.5245	.0451	-.01185
.70	-.0102	.4744	.0446	-.00960
.75	-.0384	.4307	.0427	-.00742
.80	-.0604	.3921	.0396	-.00536
.85	-.0822	.3573	.0355	-.00348
.90	-.1124	.3252	.0299	-.00185
.95	-.1580	.2947	.0220	-.00055
1.00	-.4403	.2649	-.0000	-.00000

XQ/L=0.2

X/L	FP	FS	FQ	FM
.05	3.9929	1.3127	.1996	.00499
.10	2.2247	1.3337	.3109	.01775
.15	2.1662	1.3480	.4192	.03601
.20	2.1575	1.3462	-.4729	.05966
.25	2.0454	1.3166	-.3707	.03857
.30	1.7935	1.2582	-.2810	.02228
.35	1.5162	1.1817	-.2052	.01013
.40	1.2463	1.0955	-.1429	.00143
.45	.9997	1.0060	-.0929	-.00447
.50	.7837	.9175	-.0537	-.00813
.55	.6006	.8327	-.0237	-.01007
.60	.4490	.7535	-.0012	-.01069
.65	.3259	.6805	.0151	-.01034
.70	.2267	.6139	.0264	-.00930
.75	.1460	.5531	.0337	-.00780
.80	.0774	.4975	.0376	-.00602
.85	.0132	.4461	.0383	-.00412
.90	-.0583	.3976	.0353	-.00228
.95	-.1480	.3511	.0279	-.00070
1.00	-.5588	.3055	-.0000	-.00000

XQ/L=0.3

X/L	FP	FS	FQ	FM
.05	1.7057	.9664	.0853	.00213
.10	1.2856	1.0460	.1496	.00800
.15	1.4560	1.1226	.2224	.01730
.20	1.6570	1.1917	.3052	.03049
.25	1.8647	1.2466	.3985	.04808
.30	2.0283	1.2780	-.5001	.07054
.35	2.0148	1.2746	-.3994	.04805
.40	1.8226	1.2363	-.3083	.03036
.45	1.5802	1.1747	-.2293	.01692
.50	1.3288	1.0989	-.1628	.00712
.55	1.0897	1.0161	-.1083	.00034
.60	.8736	.9310	-.0646	-.00398
.65	.6845	.8471	-.0304	-.00636
.70	.5221	.7664	-.0043	-.00723
.75	.3832	.6897	.0148	-.00696
.80	.2617	.6174	.0279	-.00589
.85	.1491	.5489	.0354	-.00431
.90	.0311	.4835	.0369	-.00250
.95	-.1064	.4201	.0316	-.00079
1.00	-.6323	.3577	-.0000	-.00000

XQ/_=0.4

X/L	FP	FS	FQ	FM
.05	.3636	.7170	.0182	.00045
.10	.6327	.8143	.0498	.00215
.15	.8707	.9109	.0934	.00573
.20	1.1143	1.0052	.1491	.01179
.25	1.3671	1.0943	.2174	.02096
.30	1.6229	1.1737	.2986	.03386
.35	1.8626	1.2367	.3917	.05111
.40	2.0463	1.2743	-.5060	.07325
.45	2.0453	1.2754	-.4037	.05051
.50	1.8603	1.2401	-.3107	.03265
.55	1.6214	1.1800	-.2296	.01914
.60	1.3703	1.1044	-.1611	.00937
.65	1.1284	1.0204	-.1047	.00273
.70	.9059	.9328	-.0594	-.00138
.75	.7058	.8449	-.0241	-.00346
.80	.5256	.7584	.0022	-.00401
.85	.3582	.6742	.0201	-.00346
.90	.1889	.5923	.0295	-.00222
.95	.0019	.5122	.0296	-.00074
1.00	-.5922	.4329	-.0000	-.00000

XQ/L=0.5

X/L	FP	FS	FQ	FM
.05	-.3204	.5462	-.0160	-.00040
.10	.2271	.6394	-.0047	-.00092
.15	.4554	.7331	.0181	-.00058
.20	.6734	.8272	.0518	.00117
.25	.8950	.9211	.0965	.00487
.30	1.1298	1.0134	.1530	.01111
.35	1.3784	1.1009	.2219	.02048
.40	1.6325	1.1790	.3036	.03362
.45	1.8722	1.2409	.3972	.05114
.50	2.0566	1.2776	-.5000	.07357
.55	2.0566	1.2776	-.3972	.05114
.60	1.8722	1.2409	-.3036	.03362
.65	1.6325	1.1790	-.2219	.02048
.70	1.3784	1.1009	-.1530	.01111
.75	1.1298	1.0134	-.0965	.00487
.80	.8950	.9211	-.0518	.00117
.85	.6734	.8272	-.0181	-.00058
.90	.4554	.7331	.0047	-.00092
.95	.2271	.6394	.0160	-.00040
1.00	-.3204	.5462	-.0000	-.00000

B/L= 1.00 DS/B1=100.00 KS= .050

XM/L=0.0

X/L	FP	FS	FQ	FM
.05	46.1758	5.1965	2.3088	-.94228
.10	7.4431	2.9774	2.6809	-.81754
.15	.2241	1.2866	2.6922	-.68321
.20	-3.8452	.0460	2.4999	-.55341
.25	-5.7663	-.8237	2.2116	-.43562
.30	-6.4937	-1.3972	1.8869	-.33316
.35	-6.5066	-1.7404	1.5616	-.24695
.40	-6.1037	-1.9100	1.2564	-.17650
.45	-5.4787	-1.9529	.9824	-.12053
.50	-4.7584	-1.9071	.7445	-.07736
.55	-4.0240	-1.8022	.5433	-.04516
.60	-3.3248	-1.6608	.3771	-.02215
.65	-2.6875	-1.4994	.2427	-.00666
.70	-2.1226	-1.3295	.1366	.00283
.75	-1.6286	-1.1586	.0551	.00762
.80	-1.1949	-.9910	-.0046	.00888
.85	-.8018	-.8283	-.0447	.00765
.90	-.4143	-.6707	-.0654	.00490
.95	.0038	-.5169	-.0652	.00163
1.00	1.3044	-.3650	.0000	-.00000

XM/L=0.1

X/L	FP	FS	FQ	FM
.05	40.7422	4.9004	2.0371	.05093
.10	11.3344	3.2036	2.6038	-.83305
.15	1.6313	1.5172	2.6854	-.70082
.20	-3.2632	.2160	2.5222	-.57063
.25	-5.4828	-.7040	2.2481	-.45137
.30	-6.3819	-1.3177	1.9290	-.34694
.35	-6.4964	-1.6923	1.6042	-.25861
.40	-6.1530	-1.8857	1.2965	-.18610
.45	-5.5604	-1.9460	1.0185	-.12822
.50	-4.8548	-1.9124	.7758	-.08336
.55	-4.1236	-1.8156	.5696	-.04973
.60	-3.4204	-1.6791	.3986	-.02553
.65	-2.7750	-1.5203	.2598	-.00907
.70	-2.1999	-1.3513	.1498	.00118
.75	-1.6951	-1.1800	.0651	.00655
.80	-1.2507	-1.0112	.0025	.00824
.85	-.8478	-.8468	-.0399	.00730
.90	-.4515	-.6872	-.0624	.00475
.95	-.0258	-.5313	-.0637	.00159
1.00	1.2745	-.3772	-.0000	-.00000

XM/L=0.2

X/L	FP	FS	FQ	FM
.05	28.5065	3.9804	1.4253	.03563
.10	10.7474	3.1079	1.9627	.12033
.15	7.2087	2.1894	2.3231	.22748
.20	3.3998	1.1669	2.4931	-.65211
.25	-2.6139	.0471	2.3624	-.53073
.30	-5.1600	-.7931	2.1044	-.41905
.35	-6.0436	-1.3487	1.8022	-.32139
.40	-6.1509	-1.6825	1.4947	-.23896
.45	-5.8174	-1.8485	1.2038	-.17150
.50	-5.2495	-1.8918	.9414	-.11787
.55	-4.5774	-1.8487	.7125	-.07653
.60	-3.8830	-1.7475	.5183	-.04576
.65	-3.2155	-1.6098	.3576	-.02386
.70	-2.6010	-1.4515	.2275	-.00923
.75	-2.0487	-1.2834	.1251	-.00042
.80	-1.5552	-1.1125	.0473	.00389
.85	-1.1060	-.9428	-.0080	.00488
.90	-.6696	-.7757	-.0415	.00364
.95	-.2115	-.6113	-.0520	.00130
1.00	1.0409	-.4484	-.0000	-.00000

XM/L=0.3

X/L	FP	FS	FQ	FM
.05	17.6633	2.9553	.8832	.02208
.10	7.9453	2.6113	1.2804	.07617
.15	6.6485	2.2383	1.6129	.14850
.20	5.6287	1.7983	1.8943	.23618
.25	4.4635	1.2433	2.1175	.33647
.30	2.1693	.5167	2.2259	-.55494
.35	-2.9838	-.3691	2.0767	-.44737
.40	-5.0198	-1.0295	1.8258	-.34981
.45	-5.6146	-1.4510	1.5450	-.26554
.50	-5.5771	-1.6883	1.2662	-.19526
.55	-5.1919	-1.7877	1.0066	-.13844
.60	-4.6308	-1.7873	.7750	-.09390
.65	-3.9990	-1.7174	.5751	-.06015
.70	-3.3607	-1.6016	.4070	-.03560
.75	-2.7517	-1.4573	.2695	-.01868
.80	-2.1874	-1.2969	.1601	-.00795
.85	-1.6674	-1.1286	.0767	-.00203
.90	-1.1735	-.9575	.0180	.00034
.95	-.6787	-.7859	-.0159	.00040
1.00	.3179	-.6146	-.0000	-.00000

XM/L=0.4

X/L	FP	FS	FQ	FM
.05	9.6708	2.0654	.4835	.01209
.10	5.1888	2.0226	.7430	.04275
.15	5.0001	1.9636	.9930	.08615
.20	5.0181	1.8663	1.2439	.14207
.25	5.0792	1.7009	1.4979	.21062
.30	4.9291	1.4300	1.7443	.29167
.35	4.2585	1.0086	1.9572	.38421
.40	2.2584	.3848	2.0702	-.51511
.45	-2.7272	-.4246	1.9338	-.41501
.50	-4.6784	-1.0301	1.6999	-.32417
.55	-5.2423	-1.4142	1.4378	-.24573
.60	-5.2082	-1.6277	1.1774	-.18035
.65	-4.8474	-1.7136	.9350	-.12754
.70	-4.3225	-1.7075	.7189	-.08619
.75	-3.7324	-1.6375	.5322	-.05492
.80	-3.1373	-1.5255	.3754	-.03223
.85	-2.5713	-1.3874	.2468	-.01667
.90	-2.0505	-1.2349	.1443	-.00689
.95	-1.5711	-1.0755	.0657	-.00164
1.00	-1.3146	-.9135	-.0000	-.00000

XM/L=0.5

X/L	FP	FS	FQ	FM
.05	4.4219	1.3858	.2211	.00553
.10	3.0395	1.4912	.3731	.02038
.15	3.3487	1.5890	.5405	.04322
.20	3.7694	1.6679	.7290	.07496
.25	4.2517	1.7117	.9416	.11672
.30	4.7040	1.6981	1.1768	.16968
.35	5.0150	1.5990	1.4275	.23478
.40	5.0165	1.3788	1.6783	.31243
.45	4.4353	.9948	1.9001	.40189
.50	2.4831	.3967	2.0242	-.50000
.55	-2.4831	-.3967	1.9001	-.40189
.60	-4.4353	-.9948	1.6783	-.31243
.65	-5.0165	-1.3788	1.4275	-.23478
.70	-5.0150	-1.5990	1.1768	-.16968
.75	-4.704(	-1.6981	.9416	-.11672
.80	-4.2517	-1.7117	.7290	-.07496
.85	-3.7694	-1.6679	.5405	-.04322
.90	-3.3487	-1.5890	.3731	-.02038
.95	-3.0395	-1.4912	.2211	-.00553
1.00	-4.4218	-1.3858	-.0000	-.00000

B/L= 1.00 DS/B1=100.00 KS= .100

XQ/L=0.0

X/L	FP	FS	FQ	FM
.05	10.5671	2.1400	-.4716	-.03679
.10	4.0190	1.8985	-.2707	-.05535
.15	2.8003	1.6710	-.1307	-.06538
.20	1.9305	1.4617	-.0342	-.06950
.25	1.3318	1.2726	.0324	-.06955
.30	.8934	1.1045	.0771	-.06681
.35	.5681	.9568	.1055	-.06224
.40	.3274	.8286	.1219	-.05656
.45	.1514	.7181	.1295	-.05028
.50	.0252	.6237	.1307	-.04377
.55	-.0630	.5434	.1276	-.03731
.60	-.1225	.4752	.1214	-.03109
.65	-.1615	.4173	.1134	-.02522
.70	-.1868	.3679	.1040	-.01979
.75	-.2045	.3251	.0938	-.01484
.80	-.2206	.2876	.0828	-.01043
.85	-.2417	.2539	.0707	-.00659
.90	-.2789	.2227	.0567	-.00340
.95	-.3406	.1930	.0397	-.00099
1.00	-.7941	.1639	-.0000	-.00000

XQ/L=0.1

X/L	FP	FS	FQ	FM
.05	7.2791	1.7300	.3640	.00910
.10	3.2221	1.6249	-.4749	.03132
.15	2.5551	1.5141	-.3472	.01077
.20	2.0077	1.3974	-.2468	-.00408
.25	1.5917	1.2798	-.1672	-.01443
.30	1.2551	1.1650	-.1045	-.02122
.35	.9791	1.0555	-.0555	-.02522
.40	.7528	.9531	-.0179	-.02705
.45	.5681	.8586	.0105	-.02724
.50	.4184	.7722	.0315	-.02619
.55	.2981	.6938	.0464	-.02424
.60	.2018	.6230	.0565	-.02167
.65	.1243	.5591	.0627	-.01869
.70	.0608	.5012	.0657	-.01548
.75	.0063	.4485	.0660	-.01219
.80	-.0446	.3999	.0638	-.00894
.85	-.0986	.3545	.0589	-.00587
.90	-.1671	.3113	.0505	-.00314
.95	-.2597	.2695	.0375	-.00094
1.00	-.7507	.2282	-.0000	-.00000

XQ/L=0.2

X/L	FP	FS	FQ	FM
.05	4.5479	1.3579	.2274	.00568
.10	2.2906	1.3455	.3419	.01992
.15	2.0687	1.3293	.4454	.03960
.20	1.9296	1.3043	-.4582	.06428
.25	1.7796	1.2641	-.3692	.04360
.30	1.5764	1.2081	-.2904	.02711
.35	1.3686	1.1415	-.2219	.01430
.40	1.1689	1.0687	-.1635	.00467
.45	.9836	.9932	-.1143	-.00228
.50	.8159	.9173	-.0735	-.00697
.55	.6667	.8428	-.0402	-.00982
.60	.5354	.7709	-.0134	-.01116
.65	.4205	.7021	.0076	-.01130
.70	.3191	.6367	.0236	-.01052
.75	.2278	.5746	.0350	-.00906
.80	.1419	.5154	.0421	-.00713
.85	.0550	.4587	.0448	-.00496
.90	-.0445	.4038	.0426	-.00278
.95	-.1671	.3500	.0342	-.00086
1.00	-.6845	.2968	-.0000	-.00000

XQ/L=0.3

X/L	FP	FS	FQ	FM
.05	2.5263	1.0481	.1263	.00316
.10	1.4921	1.0892	.2009	.01134
.15	1.4940	1.1281	.2756	.02325
.20	1.5455	1.1619	.3529	.03897
.25	1.6228	1.1865	.4340	.05864
.30	1.6838	1.1964	-.4818	.08245
.35	1.6546	1.1856	-.3990	.06042
.40	1.5310	1.1536	-.3225	.04239
.45	1.3759	1.1063	-.2537	.02798
.50	1.2100	1.0485	-.1932	.01681
.55	1.0449	.9840	-.1410	.00846
.60	.8870	.9158	-.0966	.00252
.65	.7394	.8459	-.0596	-.00139
.70	.6028	.7759	-.0295	-.00362
.75	.4760	.7067	-.0057	-.00450
.80	.3559	.6387	.0121	-.00434
.85	.2370	.5720	.0240	-.00344
.90	.1085	.5065	.0294	-.00210
.95	-.0403	.4418	.0274	-.00068
1.00	-.5472	.3776	-.0000	-.00000

XQ/L=0.4

X/L	FP	FS	FQ	FM
.05	1.1398	.8041	.0570	.00142
.10	.8809	.8712	.1010	.00538
.15	.9954	.9373	.1508	.01167
.20	1.1292	1.0008	.2073	.02062
.25	1.2777	1.0595	.2711	.03258
.30	1.4277	1.1103	.3425	.04792
.35	1.5646	1.1491	.4208	.06701
.40	1.6647	1.1707	-.4960	.09013
.45	1.6614	1.1690	-.4129	.06740
.50	1.5544	1.1441	-.3352	.04870
.55	1.4089	1.1019	-.2648	.03370
.60	1.2474	1.0473	-.2024	.02202
.65	1.0820	.9844	-.1483	.01325
.70	.9197	.9162	-.1023	.00699
.75	.7637	.8451	-.0641	.00282
.80	.6139	.7724	-.0334	.00039
.85	.4674	.6994	-.0101	-.00070
.90	.3164	.6264	.0058	-.00081
.95	.1515	.5536	.0133	-.00033
1.00	-.2666	.4810	-.0000	-.00000

XQ/L=0.5

X/L	FP	FS	FQ	FM
.05	.2551	.6189	.0128	.00032
.10	.4454	.6941	.0350	.00151
.15	.6050	.7690	.0653	.00402
.20	.7630	.8431	.1034	.00824
.25	.9245	.9154	.1496	.01456
.30	1.0904	.9843	.2042	.02341
.35	1.2581	1.0476	.2671	.03519
.40	1.4208	1.1021	.3381	.05032
.45	1.5661	1.1438	.4164	.06918
.50	1.6716	1.1676	-.5000	.09209
.55	1.6716	1.1676	-.4164	.06918
.60	1.5661	1.1438	-.3381	.05032
.65	1.4208	1.1021	-.2671	.03519
.70	1.2581	1.0476	-.2042	.02341
.75	1.0904	.9843	-.1496	.01456
.80	.9245	.9154	-.1034	.00824
.85	.7630	.8431	-.0653	.00402
.90	.6050	.7690	-.0350	.00151
.95	.4454	.6941	-.0128	.00032
1.00	.2551	.6189	-.0000	-.00000

B/L= 1.00 DS/B1=100.00 KS= .100

XM/L=0.0

X/L	FP	FS	FQ	FM
.05	33.6531	4.1428	1.6827	-.95793
.10	7.3947	2.7050	2.0524	-.86456
.15	2.3117	1.5409	2.1680	-.75905
.20	-.8491	.6203	2.1255	-.65171
.25	-2.6431	-.0886	1.9934	-.54874
.30	-3.6420	-.6176	1.8113	-.45362
.35	-4.1220	-.9963	1.6052	-.36821
.40	-4.2571	-1.2519	1.3923	-.29328
.45	-4.1647	-1.4084	1.1841	-.22887
.50	-3.9272	-1.4867	.9877	-.17457
.55	-3.6032	-1.5046	.8076	-.12969
.60	-3.2343	-1.4770	.6458	-.09335
.65	-2.8491	-1.4160	.5034	-.06462
.70	-2.4669	-1.3314	.3800	-.04254
.75	-2.0990	-1.2308	.2751	-.02616
.80	-1.7510	-1.1200	.1875	-.01459
.85	-1.4232	-1.0031	.1164	-.00700
.90	-1.1102	-.8830	.0609	-.00256
.95	-.8005	-.7616	.0208	-.00052
1.00	-.4169	-.6397	.0000	-.00000

XM/L=0.1

X/L	FP	FS	FQ	FM
.05	30.7445	3.9766	1.5372	.03843
.10	9.3112	2.8102	2.0028	-.87307
.15	3.0277	1.6568	2.1542	-.76914
.20	-.5220	.7123	2.1281	-.66209
.25	-2.4543	-.0175	2.0054	-.55875
.30	-3.5363	-.5642	1.8285	-.46291
.35	-4.0695	-.9579	1.6251	-.37657
.40	-4.2398	-1.2257	1.4131	-.30061
.45	-4.1707	-1.3921	1.2045	-.23517
.50	-3.9481	-1.4782	1.0071	-.17988
.55	-3.6332	-1.5022	.8255	-.13406
.60	-3.2692	-1.4793	.6620	-.09688
.65	-2.8862	-1.4217	.5177	-.06738
.70	-2.5041	-1.3397	.3925	-.04463
.75	-2.1355	-1.2409	.2857	-.02767
.80	-1.7863	-1.1314	.1964	-.01562
.85	-1.4576	-1.0154	.1235	-.00762
.90	-1.1450	-.8959	.0663	-.00288
.95	-.8376	-.7750	.0244	-.00061
1.00	-.4879	-.6535	-.0000	-.00000

XM/L=0.2

X/L	FP	FS	FQ	FM
.05	23.7336	3.4285	1.1867	.02967
.10	8.8347	2.7185	1.6284	.10004
.15	5.8298	1.9893	1.9199	.18875
.20	2.9570	1.2170	2.0678	-.71156
.25	-.8007	.4107	2.0277	-.60917
.30	-2.6789	-.2350	1.8938	-.51113
.35	-3.5991	-.7128	1.7138	-.42094
.40	-4.0160	-1.0509	1.5130	-.34027
.45	-4.1084	-1.2749	1.3076	-.26976
.50	-3.9917	-1.4075	1.1080	-.20937
.55	-3.7443	-1.4684	.9208	-.15865
.60	-3.4209	-1.4742	.7497	-.11688
.65	-3.0599	-1.4387	.5968	-.08322
.70	-2.6877	-1.3734	.4624	-.05674
.75	-2.3217	-1.2872	.3463	-.03653
.80	-1.9723	-1.1870	.2477	-.02168
.85	-1.6445	-1.0781	.1654	-.01135
.90	-1.3399	-.9644	.0984	-.00475
.95	-1.0516	-.8483	.0459	-.00115
1.00	-.9172	-.7313	-.0000	-.00000

XM/L=0.3

X/L	FP	FS	FQ	FM
.05	16.8420	2.7630	.8421	.02105
.10	7.0625	2.3839	1.1952	.07199
.15	5.4707	1.9911	1.4688	.13859
.20	4.2240	1.5669	1.6800	.21730
.25	3.0553	1.0894	1.8327	.30512
.30	1.4004	.5336	1.9028	-.60149
.35	-1.6202	-.0902	1.8217	-.50838
.40	-3.0140	-.5850	1.6710	-.42106
.45	-3.6133	-.9405	1.4904	-.34202
.50	-3.8218	-1.1817	1.2993	-.27228
.55	-3.7858	-1.3308	1.1100	-.21205
.60	-3.5987	-1.4074	.9301	-.16105
.65	-3.3228	-1.4281	.7639	-.11870
.70	-3.0016	-1.4070	.6138	-.08426
.75	-2.6657	-1.3556	.4806	-.05689
.80	-2.3364	-1.2830	.3637	-.03579
.85	-2.0295	-1.1967	.2623	-.02014
.90	-1.7614	-1.1020	.1742	-.00922
.95	-1.5360	-1.0029	.0974	-.00243
1.00	-1.9480	-.9022	-.0000	-.00000

XM/L=0.4

X/L	FP	FS	FQ	FM
.05	11.1183	2.1286	.5559	.01390
.10	5.1874	1.9721	.8153	.04818
.15	4.4559	1.8065	1.0381	.09451
.20	3.9799	1.6196	1.2371	.15139
.25	3.6271	1.3960	1.4184	.21778
.30	3.2046	1.1170	1.5787	.29271
.35	2.5351	.7616	1.7054	.37481
.40	1.2086	.3062	1.7658	-.53841
.45	-1.5948	-.2372	1.6861	-.45211
.50	-2.8488	-.6695	1.5437	-.37137
.55	-3.3645	-.9784	1.3754	-.29839
.60	-3.5319	-1.1870	1.1989	-.23403
.65	-3.4881	-1.3158	1.0244	-.17845
.70	-3.3206	-1.3828	.8584	-.13138
.75	-3.0896	-1.4034	.7039	-.09232
.80	-2.8396	-1.3906	.5620	-.06067
.85	-2.6080	-1.3550	.4316	-.03583
.90	-2.4406	-1.3049	.3095	-.01731
.95	-2.3632	-1.2470	.1914	-.00478
1.00	-3.8273	-1.1858	-.0000	-.00000

XM/L=0.5

X/L	FP	FS	FQ	FM
.05	6.8101	1.5947	.3405	.00851
.10	3.5815	1.5770	.5196	.03001
.15	3.3673	1.5536	.6879	.06020
.20	3.3148	1.5167	.8537	.09874
.25	3.3592	1.4562	1.0216	.14563
.30	3.4024	1.3590	1.1918	.20096
.35	3.3654	1.2100	1.3600	.26476
.40	3.1512	.9913	1.5176	.33670
.45	2.6190	.6824	1.6485	.41585
.50	1.3785	.2608	1.7175	-.50000
.55	-1.3785	-.2608	1.6485	-.41585
.60	-2.6190	-.6824	1.5176	-.33670
.65	-3.1512	-.9913	1.3600	-.26476
.70	-3.3654	-1.2100	1.1918	-.20096
.75	-3.4024	-1.3590	1.0216	-.14563
.80	-3.3592	-1.4562	.8537	-.09874
.85	-3.3148	-1.5167	.6879	-.06020
.90	-3.3673	-1.5536	.5196	-.03001
.95	-3.5815	-1.5770	.3405	-.00851
1.00	-6.8101	-1.5947	-.0000	-.00000

B/L= 1.00 DS/B1=100.00 KS= .200

XQ/L=0.0

X/L	FP	FS	FQ	FM
.05	9.4389	2.0246	-.5281	-.03820
.10	3.7820	1.8369	-.3390	-.05988
.15	2.7768	1.6566	-.2001	-.07335
.20	2.0520	1.4863	-.0975	-.08079
.25	1.5431	1.3277	-.0204	-.08374
.30	1.1566	1.1814	.0375	-.08331
.35	.8551	1.0476	.0802	-.08037
.40	.6169	.9262	.1111	-.07559
.45	.4276	.8164	.1324	-.06950
.50	.2768	.7175	.1463	-.06253
.55	.1560	.6286	.1541	-.05502
.60	.0582	.5485	.1570	-.04724
.65	-.0227	.4760	.1559	-.03942
.70	-.0926	.4100	.1512	-.03175
.75	-.1574	.3494	.1434	-.02438
.80	-.2236	.2930	.1322	-.01749
.85	-.3001	.2397	.1172	-.01126
.90	-.4039	.1885	.0970	-.00590
.95	-.5483	.1387	.0696	-.00174
1.00	-1.3914	.0894	-.0000	-.00000

XQ/L=0.1

X/L	FP	FS	FQ	FM
.05	7.0240	1.6960	.3512	.00878
.10	3.0929	1.5969	-.4942	.03021
.15	2.4581	1.4952	-.3713	.00857
.20	1.9666	1.3907	-.2729	-.00753
.25	1.6033	1.2862	-.1928	-.01918
.30	1.3110	1.1837	-.1272	-.02717
.35	1.0691	1.0847	-.0738	-.03220
.40	.8660	.9902	-.0305	-.03480
.45	.6944	.9007	.0043	-.03546
.50	.5486	.8165	.0317	-.03456
.55	.4242	.7375	.0529	-.03245
.60	.3169	.6636	.0687	-.02940
.65	.2228	.5944	.0799	-.02569
.70	.1379	.5292	.0868	-.02152
.75	.0578	.4676	.0897	-.01711
.80	-.0226	.4089	.0885	-.01265
.85	-.1106	.3525	.0830	-.00837
.90	-.2204	.2976	.0720	-.00449
.95	-.3638	.2437	.0538	-.00135
1.00	-1.0761	.1902	-.0000	-.00000

XQ/L=0.2

X/L	FP	FS	FQ	FM
.05	4.9094	1.3886	.2455	.00614
.10	2.3414	1.3553	.3625	.02134
.15	2.0192	1.3201	.4635	.04199
.20	1.8010	1.2801	-.4465	.06741
.25	1.6230	1.2322	-.3653	.04712
.30	1.4398	1.1758	-.2933	.03065
.35	1.2665	1.1136	-.2300	.01757
.40	1.1048	1.0478	-.1748	.00745
.45	.9552	.9801	-.1270	-.00009
.50	.8178	.9119	-.0861	-.00542
.55	.6920	.8442	-.0515	-.00886
.60	.5770	.7775	-.0227	-.01071
.65	.4710	.7123	.0009	-.01126
.70	.3721	.6487	.0195	-.01075
.75	.2777	.5869	.0334	-.00942
.80	.1839	.5265	.0426	-.00752
.85	.0854	.4674	.0469	-.00529
.90	-.0291	.4092	.0454	-.00298
.95	-.1695	.3517	.0369	-.00092
1.00	-.7385	.2945	-.0000	-.00000

XQ/L=0.3

X/L	FP	FS	FQ	FM
.05	3.2017	1.1179	.1601	.00400
.10	1.6698	1.1285	.2436	.01409
.15	1.5395	1.1378	.3206	.02820
.20	1.4779	1.1440	.3944	.04607
.25	1.4607	1.1446	.4675	.06762
.30	1.4486	1.1367	-.4601	.09280
.35	1.3976	1.1170	-.3902	.07155
.40	1.3016	1.0851	-.3251	.05366
.45	1.1901	1.0438	-.2656	.03890
.50	1.0723	.9957	-.2120	.02695
.55	.9534	.9426	-.1643	.01755
.60	.8366	.8861	-.1225	.01037
.65	.7235	.8276	-.0863	.00515
.70	.6143	.7680	-.0556	.00160
.75	.5086	.7078	-.0302	-.00054
.80	.4045	.6476	-.0100	-.00154
.85	.2986	.5875	.0050	-.00167
.90	.1837	.5277	.0141	-.00119
.95	.0523	.4681	.0168	-.00042
1.00	-.3353	.4086	-.0000	-.00000

XQ/L=0.4

X/L	FP	FS	FQ	FM
.05	1.8864	.8883	.0943	.00236
.10	1.1131	.9259	.1500	.00847
.15	1.1058	.9628	.2053	.01735
.20	1.1358	.9977	.2621	.02903
.25	1.1928	1.0292	.3217	.04362
.30	1.2582	1.0552	.3846	.06128
.35	1.3191	1.0734	.4506	.08216
.40	1.3609	1.0808	-.4814	.10639
.45	1.3482	1.0743	-.4140	.08400
.50	1.2797	1.0537	-.3500	.06491
.55	1.1879	1.0219	-.2906	.04889
.60	1.0840	.9816	-.2364	.03572
.65	.9746	.9350	-.1877	.02511
.70	.8638	.8839	-.1445	.01681
.75	.7541	.8296	-.1068	.01053
.80	.6463	.7733	-.0745	.00600
.85	.5403	.7157	-.0474	.00295
.90	.4342	.6575	-.0257	.00112
.95	.3241	.5990	-.0095	.00024
1.00	.1906	.5404	-.0000	-.00000

XQ/L=0.5

X/L	FP	FS	FQ	FM
.05	.9067	.6977	.0453	.00113
.10	.6701	.7501	.0788	.00424
.15	.7378	.8020	.1157	.00910
.20	.8189	.8530	.1567	.01591
.25	.9118	.9021	.2023	.02489
.30	1.0102	.9481	.2528	.03626
.35	1.1094	.9896	.3082	.05029
.40	1.2041	1.0246	.3685	.06720
.45	1.2865	1.0509	.4328	.08723
.50	1.3445	1.0655	-.5000	.11055
.55	1.3445	1.0655	-.4328	.08723
.60	1.2865	1.0509	-.3685	.06720
.65	1.2041	1.0246	-.3082	.05029
.70	1.1094	.9896	-.2528	.03626
.75	1.0102	.9481	-.2023	.02489
.80	.9118	.9021	-.1567	.01591
.85	.8189	.8530	-.1157	.00910
.90	.7378	.8020	-.0788	.00424
.95	.6701	.7501	-.0453	.00113
1.00	.9067	.6977	-.0000	-.00000

B/L= 1.00 DS/B1=100.00 KS= .200

XM/L=0.0

X/L	FP	FS	FQ	FM
.05	24.5552	3.3092	1.2278	-.96931
.10	6.6082	2.3845	1.5582	-.89966
.15	3.1174	1.6001	1.7140	-.81785
.20	.8133	.9446	1.7547	-.73113
.25	-.6275	.4052	1.7233	-.64418
.30	-1.5611	-.0310	1.6453	-.55997
.35	-2.1509	-.3769	1.5377	-.48039
.40	-2.4980	-.6448	1.4128	-.40663
.45	-2.6711	-.8462	1.2793	-.33933
.50	-2.7199	-.9918	1.1433	-.27876
.55	-2.6816	-1.0910	1.0092	-.22495
.60	-2.5848	-1.1525	.8800	-.17772
.65	-2.4521	-1.1838	.7573	-.13679
.70	-2.3014	-1.1916	.6423	-.10180
.75	-2.1481	-1.1815	.5349	-.07237
.80	-2.0058	-1.1583	.4346	-.04814
.85	-1.8901	-1.1262	.3401	-.02877
.90	-1.8289	-1.0884	.2486	-.01405
.95	-1.8378	-1.0473	.1567	-.00392
1.00	-3.1348	-1.0049	.0000	-.00000

XM/L=0.1

X/L	FP	FS	FQ	FM
.05	23.0235	3.2183	1.1512	.02878
.10	7.5507	2.4331	1.5287	-.90422
.15	3.4752	1.6574	1.7025	-.82344
.20	.9868	.9926	1.7518	-.73709
.25	-.5174	.4448	1.7259	-.65014
.30	-1.4895	.0011	1.6515	-.56571
.35	-2.1049	-.3515	1.5462	-.48577
.40	-2.4701	-.6252	1.4227	-.41154
.45	-2.6562	-.8317	1.2899	-.34373
.50	-2.7145	-.9815	1.1542	-.28263
.55	-2.6832	-1.0845	1.0200	-.22827
.60	-2.5916	-1.1491	.8904	-.18051
.65	-2.4627	-1.1832	.7673	-.13907
.70	-2.3151	-1.1933	.6515	-.10359
.75	-2.1643	-1.1852	.5433	-.07372
.80	-2.0245	-1.1639	.4421	-.04909
.85	-1.9116	-1.1334	.3465	-.02937
.90	-1.8545	-1.0970	.2538	-.01436
.95	-1.8693	-1.0574	.1603	-.00401
1.00	-3.2068	-1.0165	-.0000	-.00000

XM/L=0.2

X/L	FP	FS	FQ	FM
.05	19.1428	2.9053	.9571	.02393
.10	7.2227	2.3655	1.3183	.08081
.15	4.8620	1.8180	1.5614	.15280
.20	2.7666	1.2531	1.6997	-.76567
.25	.3838	.6779	1.7189	-.68020
.30	-.9675	.1925	1.6705	-.59547
.35	-1.7682	-.1974	1.5821	-.51415
.40	-2.2566	-.5040	1.4693	-.43787
.45	-2.5293	-.7392	1.3428	-.36757
.50	-2.6502	-.9141	1.2103	-.30374
.55	-2.6650	-1.0387	1.0771	-.24655
.60	-2.6076	-1.1221	.9467	-.19596
.65	-2.5047	-1.1723	.8214	-.15176
.70	-2.3775	-1.1964	.7026	-.11366
.75	-2.2440	-1.2007	.5904	-.08134
.80	-2.1207	-1.1904	.4843	-.05447
.85	-2.0263	-1.1700	.3830	-.03279
.90	-1.9949	-1.1430	.2833	-.01613
.95	-2.0460	-1.1124	.1810	-.00452
1.00	-3.6192	-1.0803	-.0000	-.00000

XM/L=0.3

X/L	FP	FS	FQ	FM
.05	15.0430	2.5020	.7522	.01880
.10	6.1589	2.1560	1.0601	.06411
.15	4.6267	1.8038	1.2914	.12290
.20	3.4415	1.4376	1.4635	.19177
.25	2.4249	1.0480	1.5848	.26798
.30	1.2336	.6238	1.6464	-.65124
.35	-.5911	.1722	1.6169	-.56966
.40	-1.5596	-.2066	1.5389	-.49076
.45	-2.0905	-.5059	1.4344	-.41643
.50	-2.3887	-.7372	1.3149	-.34770
.55	-2.5307	-.9112	1.1884	-.28512
.60	-2.5676	-1.0378	1.0600	-.22891
.65	-2.5365	-1.1259	.9332	-.17907
.70	-2.4661	-1.1834	.8099	-.13550
.75	-2.3806	-1.2174	.6909	-.09798
.80	-2.3024	-1.2339	.5757	-.06631
.85	-2.2567	-1.2381	.4629	-.04035
.90	-2.2894	-1.2344	.3484	-.02006
.95	-2.4286	-1.2261	.2270	-.00568
1.00	-4.5402	-1.2160	-.0000	-.00000

XM/L=0.4

X/L	FP	FS	FQ	FM
.05	11.3619	2.0934	.5681	.01420
.10	4.9797	1.8919	.8171	.04883
.15	4.0187	1.6858	1.0180	.09471
.20	3.3338	1.4690	1.1847	.14978
.25	2.8172	1.2340	1.3256	.21253
.30	2.3156	.9718	1.4413	.28171
.35	1.7197	.6725	1.5273	.35592
.40	.8153	.3255	1.5681	-.56669
.45	-.8095	-.0620	1.5276	-.48930
.50	-1.6402	-.3890	1.4456	-.41497
.55	-2.0814	-.6482	1.3415	-.34529
.60	-2.3290	-.8505	1.2251	-.28112
.65	-2.4545	-1.0058	1.1024	-.22293
.70	-2.5068	-1.1233	.9770	-.17095
.75	-2.5238	-1.2114	.8508	-.12525
.80	-2.5395	-1.2772	.7239	-.08589
.85	-2.5916	-1.3273	.5943	-.05293
.90	-2.7466	-1.3670	.4570	-.02665
.95	-3.0484	-1.4007	.3045	-.00761
1.00	-6.0907	-1.4320	-.0000	-.00000

XM/L=0.5

X/L	FP	FS	FQ	FM
.05	8.3547	1.7281	.4177	.01044
.10	3.9099	1.6289	.6132	.03622
.15	3.3449	1.5263	.7805	.07106
.20	2.9841	1.4157	.9297	.11381
.25	2.7585	1.2913	1.0676	.16375
.30	2.5688	1.1461	1.1960	.22034
.35	2.3550	.9722	1.3138	.28308
.40	2.0577	.7605	1.4167	.35135
.45	1.6006	.5013	1.4967	.42418
.50	.7868	.1840	1.5361	-.50000
.55	-.7868	-.1840	1.4967	-.42418
.60	-1.6006	-.5013	1.4167	-.35135
.65	-2.0577	-.7605	1.3138	-.28308
.70	-2.3550	-.9722	1.1960	-.22034
.75	-2.5688	-1.1461	1.0676	-.16375
.80	-2.7585	-1.2913	.9297	-.11381
.85	-2.9841	-1.4157	.7805	-.07106
.90	-3.3449	-1.5263	.6132	-.03622
.95	-3.9099	-1.6289	.4177	-.01044
1.00	-8.3547	-1.7281	-.0000	-.00000

B/L= 1.00 DS/B1=100.00 KS= .500

XQ/L=0.0

X/L	FP	FS	FQ	FM
.05	8.4137	1.9157	-.5793	-.03948
.10	3.5352	1.7742	-.4026	-.06403
.15	2.7165	1.6357	-.2667	-.08076
.20	2.1255	1.5016	-.1604	-.09144
.25	1.7071	1.3727	-.0751	-.09733
.30	1.3809	1.2495	-.0060	-.09936
.35	1.1159	1.1321	.0497	-.09827
.40	.8947	1.0207	.0945	-.09466
.45	.7066	.9151	.1298	-.08905
.50	.5436	.8151	.1570	-.08188
.55	.3999	.7201	.1770	-.07353
.60	.2703	.6298	.1905	-.06434
.65	.1502	.5437	.1980	-.05463
.70	.0348	.4611	.1998	-.04469
.75	-.0813	.3815	.1957	-.03480
.80	-.2050	.3043	.1854	-.02527
.85	-.3466	.2289	.1681	-.01643
.90	-.5297	.1547	.1416	-.00869
.95	-.7723	.0813	.1030	-.00258
1.00	-2.0602	.0082	-.0000	-.00000

XQ/L=0.1

X/L	FP	FS	FQ	FM
.05	6.7316	1.6594	.3366	.00841
.10	2.9714	1.5693	-.5149	.02896
.15	2.3780	1.4781	-.3960	.00619
.20	1.9382	1.3861	-.2990	-.01119
.25	1.6213	1.2941	-.2180	-.02411
.30	1.3682	1.2032	-.1496	-.03330
.35	1.1570	1.1141	-.0917	-.03933
.40	.9758	1.0272	-.0429	-.04270
.45	.8175	.9427	-.0020	-.04382
.50	.6768	.8608	.0318	-.04308
.55	.5499	.7815	.0593	-.04080
.60	.4334	.7048	.0810	-.03730
.65	.3240	.6304	.0972	-.03284
.70	.2185	.5581	.1081	-.02771
.75	.1130	.4875	.1137	-.02217
.80	.0025	.4186	.1139	-.01648
.85	-.1207	.3508	.1078	-.01093
.90	-.2738	.2838	.0941	-.00588
.95	-.4703	.2173	.0706	-.00177
1.00	-1.4125	.1510	-.0000	-.00000

XQ/L=0.2

X/L	FP	FS	FQ	FM
.05	5.1776	1.4123	.2589	.00647
.10	2.3845	1.3642	.3781	.02240
.15	1.9919	1.3153	.4777	.04379
.20	1.7182	1.2644	-.4364	.06982
.25	1.5180	1.2102	-.3605	.04990
.30	1.3434	1.1524	-.2933	.03356
.35	1.1894	1.0922	-.2339	.02038
.40	1.0506	1.0303	-.1813	.01000
.45	.9239	.9675	-.1351	.00209
.50	.8069	.9044	-.0948	-.00366
.55	.6980	.8413	-.0599	-.00753
.60	.5954	.7786	-.0301	-.00978
.65	.4977	.7164	-.0052	-.01066
.70	.4029	.6548	.0149	-.01042
.75	.3087	.5939	.0304	-.00929
.80	.2121	.5335	.0410	-.00750
.85	.1081	.4736	.0464	-.00532
.90	-.0137	.4142	.0457	-.00302
.95	-.1628	.3550	.0375	-.00094
1.00	-.7508	.2959	-.0000	-.00000

XQ/L=0.3

X/L	FP	FS	FQ	FM
.05	3.8058	1.1820	.1903	.00476
.10	1.8350	1.1663	.2820	.01657
.15	1.5912	1.1500	.3616	.03266
.20	1.4342	1.1322	.4333	.05253
.25	1.3388	1.1119	.5002	.07587
.30	1.2662	1.0878	-.4364	.10246
.35	1.1900	1.0583	-.3769	.08213
.40	1.1029	1.0234	-.3218	.06466
.45	1.0142	.9841	-.2711	.04984
.50	.9257	.9413	-.2248	.03744
.55	.8385	.8960	-.1829	.02725
.60	.7530	.8487	-.1452	.01904
.65	.6695	.8000	-.1118	.01262
.70	.5878	.7504	-.0824	.00777
.75	.5073	.7002	-.0570	.00428
.80	.4269	.6496	-.0357	.00197
.85	.3448	.5988	-.0184	.00061
.90	.2575	.5480	-.0055	.00001
.95	.1603	.4971	.0025	-.00006
1.00	-.0494	.4463	-.0000	-.00000

XQ/L=0.4

X/L	FP	FS	FQ	FM
.05	2.6198	.9714	.1310	.00327
.10	1.3398	.9802	.1980	.01150
.15	1.2123	.9886	.2586	.02291
.20	1.1419	.9959	.3157	.03727
.25	1.1136	1.0014	.3714	.05445
.30	1.1030	1.0042	.4265	.07439
.35	1.0988	1.0031	.4815	.09709
.40	1.0914	.9969	-.4640	.12253
.45	1.0645	.9842	-.4107	.10066
.50	1.0166	.9648	-.3599	.08140
.55	.9598	.9400	-.3119	.06460
.60	.8983	.9108	-.2670	.05013
.65	.8348	.8782	-.2253	.03782
.70	.7711	.8429	-.1867	.02752
.75	.7089	.8057	-.1513	.01907
.80	.6494	.7671	-.1188	.01232
.85	.5943	.7275	-.0891	.00712
.90	.5478	.6874	-.0617	.00335
.95	.5107	.6470	-.0362	.00090
1.00	.7233	.6064	-.0000	-.00000

XQ/L=0.5

X/L	FP	FS	FQ	FM
.05	1.6019	.7803	.0801	.00200
.10	.9005	.8073	.1251	.00713
.15	.8645	.8340	.1683	.01447
.20	.8599	.8601	.2113	.02396
.25	.8796	.8851	.2553	.03563
.30	.9104	.9082	.3008	.04953
.35	.9462	.9289	.3482	.06576
.40	.9828	.9460	.3973	.08439
.45	1.0155	.9587	.4481	.10553
.50	1.0387	.9657	-.5000	.12923
.55	1.0387	.9657	-.4481	.10553
.60	1.0155	.9587	-.3973	.08439
.65	.9828	.9460	-.3482	.06576
.70	.9462	.9289	-.3008	.04953
.75	.9104	.9082	-.2553	.03563
.80	.8796	.8851	-.2113	.02396
.85	.8599	.8601	-.1683	.01447
.90	.8645	.8340	-.1251	.00713
.95	.9005	.8073	-.0801	.00200
1.00	1.6019	.7803	-.0000	-.00000

B/L= 1.00 DS/B1=100.00 KS= .500

XM/L=0.0

X/L	FP	FS	FQ	FM
.05	16.9902	2.5738	.8495	-.97876
.10	5.5271	2.0433	1.1259	-.92938
.15	3.3575	1.5701	1.2937	-.86889
.20	1.8560	1.1508	1.3865	-.80188
.25	.8466	.7817	1.4289	-.73150
.30	.1190	.4586	1.4348	-.65990
.35	-.4170	.1772	1.4140	-.58868
.40	-.8154	-.0667	1.3732	-.51900
.45	-1.1124	-.2774	1.3176	-.45173
.50	-1.3343	-.4590	1.2509	-.38752
.55	-1.5016	-.6154	1.1758	-.32686
.60	-1.6312	-.7504	1.0942	-.27011
.65	-1.7383	-.8675	1.0073	-.21757
.70	-1.8370	-.9700	.9155	-.16950
.75	-1.9423	-1.0609	.8183	-.12615
.80	-2.0730	-1.1429	.7147	-.08783
.85	-2.2566	-1.2185	.6019	-.05491
.90	-2.5564	-1.2899	.4740	-.02802
.95	-3.0150	-1.3587	.3233	-.00808
1.00	-6.4660	-1.4265	.0000	-.00000

XM/L=0.1

X/L	FP	FS	FQ	FM
.05	16.3498	2.5346	.8175	.02044
.10	5.8976	2.0611	1.1124	-.93132
.15	3.4995	1.5925	1.2873	-.87132
.20	1.9279	1.1705	1.3837	-.80455
.25	.8954	.7988	1.4285	-.73424
.30	.1539	.4733	1.4362	-.66262
.35	-.3915	.1896	1.4166	-.59130
.40	-.7969	-.0554	1.3768	-.52147
.45	-1.0992	-.2690	1.3218	-.45400
.50	-1.3253	-.4524	1.2556	-.38957
.55	-1.4961	-.6105	1.1808	-.32866
.60	-1.6288	-.7471	1.0993	-.27166
.65	-1.7384	-.8656	1.0124	-.21886
.70	-1.8394	-.9695	.9204	-.17054
.75	-1.9471	-1.0616	.8231	-.12696
.80	-2.0802	-1.1449	.7191	-.08840
.85	-2.2665	-1.2217	.6057	-.05528
.90	-2.5699	-1.2942	.4772	-.02821
.95	-3.0332	-1.3643	.3256	-.00814
1.00	-6.5115	-1.4332	-.0000	-.00000

XM/L=0.2

X/L	FP	FS	FQ	FM
.05	14.6601	2.3946	.7330	.01833
.10	5.7306	2.0254	1.0195	.06214
.15	4.0445	1.6538	1.2218	.11817
.20	2.6496	1.2768	1.3542	-.81743
.25	1.2788	.8983	1.4182	-.74812
.30	.3943	.5592	1.4379	-.67672
.35	-.2203	.2629	1.4269	-.60510
.40	-.6729	.0051	1.3932	-.53459
.45	-1.0100	-.2185	1.3427	-.46620
.50	-1.2632	-.4122	1.2796	-.40064
.55	-1.4559	-.5798	1.2068	-.33848
.60	-1.6068	-.7253	1.1264	-.28015
.65	-1.7323	-.8522	1.0398	-.22599
.70	-1.8478	-.9639	.9474	-.17631
.75	-1.9694	-1.0636	.8490	-.13140
.80	-2.1167	-1.1541	.7431	-.09160
.85	-2.3192	-1.2379	.6272	-.05734
.90	-2.6432	-1.3172	.4950	-.02929
.95	-3.1341	-1.3940	.3383	-.00846
1.00	-6.7659	-1.4696	-.0000	-.00000

XM/L=0.3

X/L	FP	FS	FQ	FM
.05	12.7726	2.2061	.6386	.01597
.10	5.2349	1.9247	.9004	.05444
.15	3.9245	1.6412	1.0966	.10437
.20	2.9291	1.3529	1.2431	.16286
.25	2.1317	1.0567	1.3496	.22767
.30	1.3304	.7487	1.4162	-.70318
.35	.3185	.4326	1.4321	-.63197
.40	-.3198	.1490	1.4161	-.56077
.45	-.7588	-.0989	1.3782	-.49091
.50	-1.0855	-.3152	1.3239	-.42336
.55	-1.3350	-.5040	1.2571	-.35884
.60	-1.5322	-.6694	1.1805	-.29790
.65	-1.6971	-.8151	1.0957	-.24099
.70	-1.8478	-.9447	1.0033	-.18852
.75	-2.0026	-1.0614	.9031	-.14086
.80	-2.1837	-1.1682	.7940	-.09843
.85	-2.4233	-1.2679	.6728	-.06176
.90	-2.7945	-1.3627	.5331	-.03161
.95	-3.3472	-1.4548	.3657	-.00914
1.00	-7.3142	-1.5457	-.0000	-.00000

XM/L=0.4

X/L	FP	FS	FQ	FM
.05	10.9787	2.0063	.5489	.01372
.10	4.6669	1.7956	.7823	.04700
.15	3.6392	1.5831	.9642	.09067
.20	2.8881	1.3665	1.1086	.14249
.25	2.3260	1.1430	1.2249	.20083
.30	1.8290	.9091	1.3164	.26436
.35	1.3300	.6613	1.3829	.33185
.40	.7310	.3956	1.4194	-.59810
.45	-.1397	.1154	1.4125	-.52730
.50	-.6802	-.1385	1.3785	-.45753
.55	-1.0556	-.3629	1.3257	-.38992
.60	-1.3480	-.5619	1.2583	-.32532
.65	-1.5902	-.7394	1.1788	-.26440
.70	-1.8079	-.8992	1.0884	-.20772
.75	-2.0243	-1.0449	.9872	-.15583
.80	-2.2663	-1.1797	.8738	-.10931
.85	-2.5718	-1.3066	.7452	-.06883
.90	-3.0243	-1.4281	.5940	-.03535
.95	-3.6819	-1.5465	.4099	-.01025
1.00	-8.1987	-1.6636	-.0000	-.00000

XM/L=0.5

X/L	FP	FS	FQ	FM
.05	9.4290	1.8202	.4715	.01179
.10	4.1308	1.6638	.6780	.04052
.15	3.3175	1.5059	.8439	.07857
.20	2.7416	1.3444	.9809	.12419
.25	2.3330	1.1768	1.0976	.17615
.30	1.9922	1.0003	1.1972	.23352
.35	1.6719	.8114	1.2808	.29547
.40	1.3355	.6067	1.3476	.36118
.45	.9447	.3824	1.3948	.42974
.50	.4157	.1342	1.4156	-.50000
.55	-.4157	-.1342	1.3948	-.42974
.60	-.9447	-.3824	1.3476	-.36118
.65	-1.3355	-.6067	1.2808	-.29547
.70	-1.6719	-.8114	1.1972	-.23352
.75	-1.9922	-1.0003	1.0976	-.17615
.80	-2.3330	-1.1768	.9809	-.12419
.85	-2.7416	-1.3444	.8439	-.07857
.90	-3.3175	-1.5059	.6780	-.04052
.95	-4.1308	-1.6638	.4715	-.01179
1.00	-9.4290	-1.8202	-.0000	-.00000

B/L= 1.00 DS/B1=100.00 KS= 1.000

XQ/L=0.0

X/L	FP	FS	FQ	FM
.05	7.9659	1.8673	-.6017	-.04004
.10	3.4206	1.7453	-.4307	-.06585
.15	2.6816	1.6248	-.2966	-.08403
.20	2.1493	1.5067	-.1891	-.09618
.25	1.7723	1.3912	-.1005	-.10342
.30	1.4752	1.2787	-.0267	-.10660
.35	1.2294	1.1694	.0347	-.10640
.40	1.0191	1.0633	.0857	-.10339
.45	.8344	.9603	.1274	-.09806
.50	.6687	.8604	.1608	-.09086
.55	.5167	.7633	.1867	-.08217
.60	.3740	.6688	.2054	-.07237
.65	.2367	.5766	.2172	-.06181
.70	.1003	.4864	.2222	-.05082
.75	-.0401	.3979	.2202	-.03976
.80	-.1915	.3108	.2106	-.02899
.85	-.3652	.2247	.1924	-.01891
.90	-.5873	.1393	.1630	-.01003
.95	-.8782	.0543	.1191	-.00298
1.00	-2.3819	-.0304	-.0000	-.00000

XQ/L=0.1

X/L	FP	FS	FQ	FM
.05	6.5905	1.6421	.3295	.00824
.10	2.9171	1.5567	-.5246	.02836
.15	2.3446	1.4707	-.4074	.00506
.20	1.9277	1.3843	-.3110	-.01290
.25	1.6309	1.2981	-.2295	-.02641
.30	1.3947	1.2124	-.1597	-.03614
.35	1.1969	1.1276	-.0999	-.04263
.40	1.0255	1.0441	-.0486	-.04634
.45	.8732	.9619	-.0049	-.04768
.50	.7351	.8811	.0318	-.04701
.55	.6074	.8017	.0622	-.04466
.60	.4870	.7237	.0865	-.04094
.65	.3709	.6470	.1051	-.03615
.70	.2561	.5714	.1179	-.03057
.75	.1390	.4969	.1248	-.02451
.80	.0146	.4232	.1256	-.01825
.85	-.1250	.3501	.1193	-.01212
.90	-.2982	.2774	.1044	-.00653
.95	-.5195	.2051	.0784	-.00196
1.00	-1.5685	.1329	-.0000	-.00000

XQ/L=0.2

X/L	FP	FS	FQ	FM
.05	5.2809	1.4217	.2640	.00660
.10	2.4026	1.3680	.3842	.02281
.15	1.9839	1.3140	.4834	.04450
.20	1.6897	1.2589	-.4321	.07078
.25	1.4805	1.2021	-.3581	.05102
.30	1.3078	1.1436	-.2927	.03475
.35	1.1596	1.0838	-.2348	.02156
.40	1.0283	1.0231	-.1833	.01111
.45	.9093	.9619	-.1379	.00308
.50	.7995	.9006	-.0979	-.00282
.55	.6967	.8392	-.0631	-.00684
.60	.5990	.7780	-.0331	-.00924
.65	.5047	.7170	-.0079	-.01027
.70	.4119	.6563	.0127	-.01015
.75	.3186	.5959	.0287	-.00911
.80	.2217	.5358	.0397	-.00740
.85	.1167	.4760	.0456	-.00527
.90	-.0068	.4163	.0452	-.00300
.95	-.1577	.3568	.0374	-.00093
1.00	-.7470	.2973	-.0000	-.00000

XQ/L=0.3

X/L	FP	FS	FQ	FM
.05	4.0667	1.2102	.2033	.00508
.10	1.9079	1.1833	.2987	.01763
.15	1.6163	1.1562	.3795	.03459
.20	1.4194	1.1282	.4505	.05534
.25	1.2916	1.0989	.5151	.07948
.30	1.1938	1.0676	-.4252	.10673
.35	1.1053	1.0336	-.3700	.08685
.40	1.0187	.9966	-.3190	.06963
.45	.9361	.9574	-.2722	.05485
.50	.8570	.9162	-.2294	.04231
.55	.7811	.8736	-.1903	.03181
.60	.7078	.8299	-.1549	.02318
.65	.6367	.7854	-.1231	.01623
.70	.5674	.7403	-.0947	.01079
.75	.4992	.6948	-.0698	.00668
.80	.4313	.6490	-.0482	.00373
.85	.3625	.6031	-.0301	.00177
.90	.2908	.5570	-.0155	.00063
.95	.2130	.5110	-.0049	.00012
1.00	.0976	.4649	-.0000	-.00000

XQ/L=0.4

X/L	FP	FS	FQ	FM
.05	2.9518	1.0092	.1476	.00369
.10	1.4423	1.0049	.2197	.01287
.15	1.2605	1.0004	.2827	.02543
.20	1.1450	.9954	.3400	.04100
.25	1.0789	.9893	.3939	.05935
.30	1.0354	.9818	.4457	.08034
.35	1.0034	.9721	.4959	.10388
.40	.9750	.9597	-.4554	.12989
.45	.9407	.9438	-.4083	.10830
.50	.8985	.9244	-.3634	.08900
.55	.8539	.9020	-.3207	.07190
.60	.8086	.8772	-.2803	.05687
.65	.7640	.8505	-.2421	.04381
.70	.7209	.8223	-.2061	.03261
.75	.6806	.7929	-.1720	.02316
.80	.6444	.7627	-.1398	.01536
.85	.6150	.7319	-.1091	.00914
.90	.5989	.7008	-.0791	.00444
.95	.5991	.6695	-.0492	.00123
1.00	.9832	.6380	-.0000	-.00000

XQ/L=0.5

X/L	FP	FS	FQ	FM
.05	1.9287	.8188	.0964	.00241
.10	1.0071	.8337	.1468	.00849
.15	.9213	.8485	.1929	.01698
.20	.8758	.8629	.2366	.02772
.25	.8611	.8766	.2797	.04063
.30	.8609	.8892	.3227	.05569
.35	.8687	.9005	.3662	.07291
.40	.8805	.9098	.4102	.09232
.45	.8931	.9166	.4549	.11395
.50	.9029	.9204	-.5000	.13782
.55	.9029	.9204	-.4549	.11395
.60	.8931	.9166	-.4102	.09232
.65	.8805	.9098	-.3662	.07291
.70	.8687	.9005	-.3227	.05569
.75	.8609	.8892	-.2797	.04063
.80	.8611	.8766	-.2366	.02772
.85	.8758	.8629	-.1929	.01698
.90	.9213	.8485	-.1468	.00849
.95	1.0071	.8337	-.0964	.00241
1.00	1.9287	.8188	-.0000	-.00000

B/L= 1.00 DS/B1=100.00 KS= 1.000

XM/L=0.0

X/L	FP	FS	FQ	FM
.05	13.8402	2.2576	.6920	-.98270
.10	4.9796	1.8837	.9410	-.94187
.15	3.3567	1.5386	1.1088	-.89063
.20	2.2074	1.2210	1.2192	-.83243
.25	1.4075	.9293	1.2896	-.76971
.30	.8004	.6616	1.3296	-.70423
.35	.3215	.4160	1.3457	-.63735
.40	-.0672	.1906	1.3423	-.57015
.45	-.3904	-.0168	1.3228	-.50352
.50	-.6660	-.2080	1.2895	-.43822
.55	-.9085	-.3851	1.2441	-.37488
.60	-1.1301	-.5500	1.1876	-.31409
.65	-1.3424	-.7046	1.1204	-.25639
.70	-1.5577	-.8507	1.0426	-.20231
.75	-1.7902	-.9898	.9530	-.15242
.80	-2.0602	-1.1237	.8500	-.10735
.85	-2.4002	-1.2536	.7300	-.06784
.90	-2.8897	-1.3810	.5855	-.03496
.95	-3.5839	-1.5068	.4063	-.01016
1.00	-8.1268	-1.6319	.0000	-.00000

XM/L=0.1

X/L	FP	FS	FQ	FM
.05	13.5140	2.2374	.6757	.01689
.10	5.1634	1.8922	.9339	-.94287
.15	3.4273	1.5497	1.1052	-.89189
.20	2.2437	1.2309	1.2174	-.83382
.25	1.4329	.9381	1.2891	-.77116
.30	.8192	.6693	1.3300	-.70569
.35	.3357	.4227	1.3468	-.63876
.40	-.0563	.1963	1.3440	-.57149
.45	-.3821	-.0120	1.3249	-.50477
.50	-.6600	-.2041	1.2919	-.43935
.55	-.9043	-.3821	1.2467	-.37589
.60	-1.1276	-.5479	1.1903	-.31496
.65	-1.3414	-.7033	1.1232	-.25713
.70	-1.5581	-.8501	1.0453	-.20291
.75	-1.7922	-.9900	.9557	-.15289
.80	-2.0636	-1.1246	.8525	-.10768
.85	-2.4054	-1.2553	.7323	-.06806
.90	-2.8972	-1.3833	.5874	-.03507
.95	-3.5944	-1.5099	.4077	-.01019
1.00	-8.1536	-1.6357	-.0000	-.00000

XM/L=0.2

X/L	FP	FS	FQ	FM
.05	12.6390	2.1641	.6320	.01580
.10	5.0717	1.8723	.8855	.05374
.15	3.6972	1.5795	1.0704	.10263
.20	2.6062	1.2844	1.2007	-.84059
.25	1.6291	.9891	1.2822	-.77852
.30	.9459	.7143	1.3295	-.71323
.35	.4292	.4620	1.3509	-.64622
.40	.0143	.2300	1.3516	-.57865
.45	-.3287	.0164	1.3352	-.51148
.50	-.6204	-.1809	1.3042	-.44550
.55	-.8763	-.3638	1.2604	-.38138
.60	-1.1096	-.5343	1.2049	-.31975
.65	-1.3326	-.6943	1.1382	-.26118
.70	-1.5580	-.8456	1.0603	-.20621
.75	-1.8006	-.9899	.9703	-.15544
.80	-2.0811	-1.1288	.8663	-.10953
.85	-2.4330	-1.2637	.7446	-.06926
.90	-2.9378	-1.3959	.5977	-.03570
.95	-3.6520	-1.5266	.4151	-.01038
1.00	-8.3024	-1.6565	-.0000	-.00000

XM/L=0.3

X/L	FP	FS	FQ	FM
.05	11.6401	2.0637	.5820	.01455
.10	4.8079	1.8181	.8224	.04966
.15	3.6309	1.5716	1.0039	.09532
.20	2.7474	1.3229	1.1413	.14895
.25	2.0629	1.0705	1.2445	.20860
.30	1.4258	.8128	1.3158	-.72740
.35	.7134	.5516	1.3514	-.66072
.40	.2074	.3075	1.3618	-.59289
.45	-.1859	.0822	1.3525	-.52503
.50	-.5146	-.1263	1.3268	-.45805
.55	-.8000	-.3201	1.2868	-.39271
.60	-1.0582	-.5012	1.2339	-.32969
.65	-1.3032	-.6714	1.1687	-.26963
.70	-1.5490	-.8326	1.0913	-.21313
.75	-1.8115	-.9865	1.0007	-.16083
.80	-2.1126	-1.1349	.8950	-.11344
.85	-2.4875	-1.2792	.7707	-.07180
.90	-3.0211	-1.4207	.6196	-.03704
.95	-3.7726	-1.5605	.4310	-.01077
1.00	-8.6197	-1.6997	-.0000	-.00000

XM/L=0.4

X/L	FP	FS	FQ	FM
.05	10.6704	1.9556	.5335	.01334
.10	4.5019	1.7482	.7586	.04564
.15	3.4785	1.5400	.9325	.08792
.20	2.7270	1.3298	1.0689	.13796
.25	2.1681	1.1162	1.1773	.19411
.30	1.6895	.8977	1.2618	.25509
.35	1.2385	.6724	1.3237	.31972
.40	.7553	.4385	1.3615	-.61315
.45	.1478	.1977	1.3688	-.54489
.50	-.2876	-.0294	1.3545	-.47681
.55	-.6370	-.2412	1.3226	-.40988
.60	-.9450	-.4397	1.2754	-.34493
.65	-1.2319	-.6269	1.2138	-.28270
.70	-1.5152	-.8047	1.1380	-.22391
.75	-1.8134	-.9749	1.0473	-.16928
.80	-2.1505	-1.1392	.9398	-.11960
.85	-2.5647	-1.2991	.8116	-.07581
.90	-3.1467	-1.4562	.6542	-.03917
.95	-3.9603	-1.6115	.4562	-.01141
1.00	-9.1246	-1.7661	-.0000	-.00000

XM/L=0.5

X/L	FP	FS	FQ	FM
.05	9.8156	1.8533	.4908	.01227
.10	4.2089	1.6762	.7012	.04207
.15	3.3056	1.4983	.8665	.08126
.20	2.6522	1.3185	.9991	.12790
.25	2.1785	1.1356	1.1080	.18058
.30	1.7853	.9481	1.1973	.23822
.35	1.4294	.7544	1.2688	.29987
.40	1.0820	.5525	1.3229	.36466
.45	.7174	.3407	1.3588	.43170
.50	.2890	.1170	1.3732	-.50000
.55	-.2890	-.1170	1.3588	-.43170
.60	-.7174	-.3407	1.3229	-.36466
.65	-1.0820	-.5525	1.2688	-.29987
.70	-1.4294	-.7544	1.1973	-.23822
.75	-1.7853	-.9481	1.1080	-.18058
.80	-2.1785	-1.1356	.9991	-.12790
.85	-2.6522	-1.3185	.8665	-.08126
.90	-3.3056	-1.4983	.7012	-.04207
.95	-4.2089	-1.6762	.4908	-.01227
1.00	-9.8156	-1.8533	-.0000	-.00000

B/L= 1.00 DS/B1=100.00 KS= 3.000

XQ/L=0.0

X/L	FP	FS	FQ	FM
.05	7.6242	1.8301	-.6188	-.04047
.10	3.3310	1.7228	-.4522	-.06725
.15	2.6522	1.6160	-.3196	-.08654
.20	2.1648	1.5100	-.2114	-.09982
.25	1.8198	1.4049	-.1204	-.10811
.30	1.5459	1.3009	-.0431	-.11220
.35	1.3158	1.1980	.0227	-.11271
.40	1.1148	1.0962	.0784	-.11018
.45	.9339	.9955	.1251	-.10510
.50	.7669	.8959	.1635	-.09788
.55	.6092	.7973	.1939	-.08895
.60	.4569	.6996	.2168	-.07868
.65	.3064	.6028	.2321	-.06746
.70	.1537	.5067	.2398	-.05566
.75	-.0059	.4112	.2395	-.04368
.80	-.1794	.3163	.2305	-.03193
.85	-.3787	.2217	.2116	-.02088
.90	-.6322	.1273	.1800	-.01109
.95	-.9618	.0332	.1319	-.00330
1.00	-2.6374	-.0609	-.0000	-.00000

XQ/L=0.1

X/L	FP	FS	FQ	FM
.05	6.4785	1.6285	.3239	.00810
.10	2.8753	1.5468	-.5323	.02789
.15	2.3195	1.4651	-.4163	.00417
.20	1.9203	1.3831	-.3203	-.01424
.25	1.6388	1.3012	-.2384	-.02821
.30	1.4155	1.2195	-.1676	-.03836
.35	1.2279	1.1382	-.1062	-.04521
.40	1.0640	1.0573	-.0530	-.04919
.45	.9165	.9768	-.0072	-.05069
.50	.7804	.8969	.0318	-.05008
.55	.6521	.8174	.0644	-.04767
.60	.5288	.7385	.0909	-.04379
.65	.4075	.6600	.1113	-.03873
.70	.2855	.5819	.1255	-.03281
.75	.1594	.5042	.1335	-.02634
.80	.0242	.4267	.1347	-.01963
.85	-.1283	.3495	.1283	-.01306
.90	-.3172	.2725	.1124	-.00704
.95	-.5580	.1956	.0845	-.00211
1.00	-1.6907	.1187	-.0000	-.00000

XQ/L=0.2

X/L	FP	FS	FQ	FM
.05	5.3551	1.4285	.2678	.00669
.10	2.4161	1.3710	.3886	.02310
.15	1.9790	1.3132	.4875	.04500
.20	1.6704	1.2552	-.4290	.07147
.25	1.4547	1.1966	-.3562	.05184
.30	1.2829	1.1374	-.2921	.03563
.35	1.1383	1.0777	-.2352	.02245
.40	1.0119	1.0177	-.1846	.01195
.45	.8980	.9576	-.1397	.00385
.50	.7931	.8974	-.1000	-.00215
.55	.6945	.8372	-.0653	-.00628
.60	.6002	.7771	-.0353	-.00679
.65	.5084	.7170	-.0099	-.00992
.70	.4173	.6570	.0110	-.00990
.75	.3248	.5971	.0272	-.00894
.80	.2281	.5373	.0386	-.00729
.85	.1227	.4776	.0448	-.00521
.90	-.0014	.4179	.0447	-.00297
.95	-.1531	.3583	.0370	-.00093
1.00	-.7410	.2987	-.0000	-.00000

XQ/L=0.3

X/L	FP	FS	FQ	FM
.05	4.2646	1.2316	.2132	.00533
.10	1.9638	1.1964	.3114	.01845
.15	1.6363	1.1611	.3932	.03606
.20	1.4097	1.1255	.4637	.05749
.25	1.2577	1.0895	.5266	.08225
.30	1.1409	1.0527	-.4163	.11000
.35	1.0427	1.0150	-.3642	.09049
.40	.9552	.9763	-.3164	.07347
.45	.8760	.9368	-.2726	.05875
.50	.8031	.8966	-.2325	.04612
.55	.7349	.8559	-.1957	.03541
.60	.6704	.8148	-.1622	.02646
.65	.6086	.7734	-.1318	.01911
.70	.5488	.7317	-.1044	.01321
.75	.4904	.6899	-.0798	.00860
.80	.4328	.6480	-.0582	.00515
.85	.3751	.6060	-.0394	.00271
.90	.3165	.5640	-.0236	.00113
.95	.2550	.5220	-.0109	.00027
1.00	.2173	.4799	-.0000	-.00000

XQ/L=0.4

X/L	FP	FS	FQ	FM
.05	3.2090	1.0385	.1604	.00401
.10	1.5218	1.0242	.2365	.01394
.15	1.2978	1.0097	.3014	.02738
.20	1.1476	.9951	.3588	.04389
.25	1.0525	.9801	.4114	.06315
.30	.9839	.9646	.4606	.08495
.35	.9308	.9484	.5072	.10914
.40	.8867	.9312	-.4485	.13561
.45	.8462	.9127	-.4062	.11424
.50	.8073	.8931	-.3658	.09494
.55	.7710	.8724	-.3273	.07761
.60	.7374	.8508	-.2904	.06217
.65	.7067	.8285	-.2551	.04854
.70	.6793	.8057	-.2211	.03663
.75	.6561	.7824	-.1883	.02640
.80	.6386	.7589	-.1564	.01778
.85	.6297	.7351	-.1249	.01075
.90	.6383	.7112	-.0930	.00530
.95	.6688	.6871	-.0595	.00149
1.00	1.1907	.6631	-.0000	-.00000

XQ/L=0.5

X/L	FP	FS	FQ	FM
.05	2.1859	.8491	.1093	.00273
.10	1.0904	.8544	.1638	.00956
.15	.9651	.8597	.2121	.01896
.20	.8872	.8648	.2564	.03067
.25	.8454	.8697	.2987	.04455
.30	.8212	.8742	.3398	.06051
.35	.8075	.8782	.3801	.07851
.40	.8007	.8815	.4202	.09851
.45	.7983	.8839	.4601	.12052
.50	.7984	.8852	-.5000	.14452
.55	.7984	.8852	-.4601	.12052
.60	.7983	.8839	-.4202	.09851
.65	.8007	.8815	-.3801	.07851
.70	.8075	.8782	-.3398	.06051
.75	.8212	.8742	-.2987	.04455
.80	.8454	.8697	-.2564	.03067
.85	.8872	.8648	-.2121	.01896
.90	.9651	.8597	-.1638	.00956
.95	1.0904	.8544	-.1093	.00273
1.00	2.1859	.8491	-.0000	-.00000

B/L= 1.00 DS/B1=100.00 KS= 3.000

XM/L=0.0

X/L	FP	FS	FQ	FM
.05	11.4864	2.0179	.5743	-.98564
.10	4.5381	1.7584	.8012	-.95125
.15	3.3221	1.5086	.9673	-.90704
.20	2.4414	1.2680	1.0894	-.85562
.25	1.8078	1.0363	1.1798	-.79889
.30	1.3023	.8128	1.2449	-.73827
.35	.8778	.5970	1.2888	-.67493
.40	.5072	.3883	1.3142	-.60986
.45	.1736	.1861	1.3228	-.54393
.50	-.1356	-.0104	1.3161	-.47796
.55	-.4302	-.2018	1.2946	-.41269
.60	-.7192	-.3888	1.2586	-.34887
.65	-1.0117	-.5719	1.2080	-.28720
.70	-1.3183	-.7519	1.1421	-.22845
.75	-1.6526	-.9293	1.0595	-.17341
.80	-2.0356	-1.1047	.9577	-.12298
.85	-2.5037	-1.2785	.8325	-.07823
.90	-3.1490	-1.4514	.6750	-.04054
.95	-4.0365	-1.6237	.4732	-.01183
1.00	-9.4645	-1.7958	.0000	-.00000

XM/L=0.1

X/L	FP	FS	FQ	FM
.05	11.3761	2.0110	.5688	.01422
.10	4.5990	1.7611	.7988	-.95159
.15	3.3455	1.5122	.9660	-.90747
.20	2.4536	1.2713	1.0887	-.85610
.25	1.8165	1.0393	1.1795	-.79940
.30	1.3089	.8155	1.2450	-.73878
.35	.8829	.5994	1.2891	-.67543
.40	.5113	.3904	1.3147	-.61033
.45	.1768	.1878	1.3235	-.54438
.50	-.1331	-.0090	1.3169	-.47837
.55	-.4284	-.2007	1.2955	-.41306
.60	-.7180	-.3879	1.2596	-.34919
.65	-1.0111	-.5714	1.2090	-.28747
.70	-1.3182	-.7516	1.1431	-.22867
.75	-1.6531	-.9293	1.0604	-.17358
.80	-2.0367	-1.1049	.9586	-.12310
.85	-2.5055	-1.2791	.8333	-.07831
.90	-3.1517	-1.4523	.6757	-.04058
.95	-4.0403	-1.6249	.4737	-.01184
1.00	-9.4745	-1.7972	-.0000	-.00000

XM/L=0.2

X/L	FP	FS	FQ	FM
.05	11.0768	1.9858	.5538	.01385
.10	4.5663	1.7540	.7822	.04725
.15	3.4347	1.5220	.9539	.09065
.20	2.5748	1.2892	1.0826	-.85844
.25	1.8830	1.0566	1.1768	-.80195
.30	1.3528	.8310	1.2444	-.74142
.35	.9160	.6131	1.2902	-.67806
.40	.5370	.4024	1.3171	-.61288
.45	.1968	.1981	1.3269	-.54678
.50	-.1177	-.0005	1.3210	-.48058
.55	-.4169	-.1938	1.3002	-.41505
.60	-.7102	-.3827	1.2647	-.35092
.65	-1.0066	-.5678	1.2143	-.28895
.70	-1.3170	-.7497	1.1485	-.22988
.75	-1.6552	-.9290	1.0657	-.17452
.80	-2.0423	-1.1062	.9636	-.12379
.85	-2.5150	-1.2820	.8379	-.07875
.90	-3.1663	-1.4567	.6796	-.04081
.95	-4.0614	-1.6309	.4765	-.01191
1.00	-9.5298	-1.8048	-.0000	-.00000

XM/L=0.3

X/L	FP	FS	FQ	FM
.05	10.7297	1.9507	.5365	.01341
.10	4.4743	1.7349	.7602	.04583
.15	3.4110	1.5189	.9307	.08810
.20	2.6222	1.3021	1.0619	.13792
.25	2.0294	1.0843	1.1633	.19355
.30	1.5157	.8648	1.2391	-.74639
.35	1.0145	.6443	1.2898	-.68317
.40	.6056	.4297	1.3201	-.61792
.45	.2489	.2216	1.3326	-.55160
.50	-.0780	.0193	1.3287	-.48507
.55	-.3873	-.1777	1.3093	-.41912
.60	-.6892	-.3703	1.2748	-.35452
.65	-.9936	-.5590	1.2252	-.29202
.70	-1.3115	-.7444	1.1596	-.23240
.75	-1.6572	-.9272	1.0767	-.17649
.80	-2.0522	-1.1080	.9741	-.12522
.85	-2.5337	-1.2873	.8474	-.07968
.90	-3.1960	-1.4655	.6876	-.04131
.95	-4.1054	-1.6432	.4823	-.01206
1.00	-9.6470	-1.8206	-.0000	-.00000

XM/L=0.4

X/L	FP	FS	FQ	FM
.05	10.3877	1.9125	.5194	.01298
.10	4.3665	1.7102	.7377	.04441
.15	3.3576	1.5077	.9056	.08549
.20	2.6153	1.3045	1.0364	.13404
.25	2.0665	1.1002	1.1397	.18844
.30	1.6073	.8943	1.2200	.24744
.35	1.1945	.6862	1.2798	.30993
.40	.7941	.4753	1.3195	-.62509
.45	.3664	.2622	1.3378	-.55866
.50	.0040	.0539	1.3380	-.49176
.55	-.3269	-.1493	1.3216	-.42527
.60	-.6460	-.3478	1.2893	-.36000
.65	-.9652	-.5424	1.2411	-.29673
.70	-1.2966	-.7338	1.1763	-.23630
.75	-1.6554	-.9224	1.0935	-.17956
.80	-2.0639	-1.1090	.9903	-.12746
.85	-2.5602	-1.2941	.8623	-.08115
.90	-3.2407	-1.4781	.7002	-.04209
.95	-4.1732	-1.6615	.4916	-.01229
1.00	-9.8317	-1.8446	-.0000	-.00000

XM/L=0.5

X/L	FP	FS	FQ	FM
.05	10.0820	1.8760	.5041	.01260
.10	4.2624	1.6846	.7172	.04314
.15	3.2968	1.4930	.8821	.08312
.20	2.5900	1.3007	1.0116	.13046
.25	2.0718	1.1073	1.1151	.18363
.30	1.6429	.9124	1.1973	.24144
.35	1.2633	.7153	1.2605	.30288
.40	.9093	.5155	1.3059	.36704
.45	.5634	.3124	1.3341	.43304
.50	.2036	.1053	1.3443	-.50000
.55	-.2036	-.1053	1.3341	-.43304
.60	-.5634	-.3124	1.3059	-.36704
.65	-.9093	-.5155	1.2605	-.30288
.70	-1.2633	-.7153	1.1973	-.24144
.75	-1.6429	-.9124	1.1151	-.18363
.80	-2.0718	-1.1073	1.0116	-.13046
.85	-2.5900	-1.3007	.8821	-.08312
.90	-3.2968	-1.4930	.7172	-.04314
.95	-4.2624	-1.6846	.5041	-.01260
1.00	-10.0820	-1.8760	-.0000	-.00000

B/L= 1.00 DS/B1=100.00 KS= 10.000

XQ/L=0.0

X/L	FP	FS	FQ	FM
.05	7.4948	1.8159	-.6253	-.04063
.10	3.2966	1.7142	-.4604	-.06777
.15	2.6405	1.6125	-.3284	-.08749
.20	2.1700	1.5111	-.2199	-.10120
.25	1.8373	1.4100	-.1280	-.10990
.30	1.5724	1.3092	-.0494	-.11434
.35	1.3485	1.2088	.0180	-.11512
.40	1.1513	1.1087	.0756	-.11278
.45	.9720	1.0089	.1242	-.10779
.50	.8046	.9095	.1644	-.10058
.55	.6449	.8104	.1966	-.09155
.60	.4890	.7115	.2211	-.08111
.65	.3335	.6130	.2378	-.06964
.70	.1746	.5146	.2465	-.05753
.75	.0076	.4165	.2469	-.04519
.80	-.1745	.3185	.2382	-.03307
.85	-.3836	.2206	.2190	-.02164
.90	-.6493	.1228	.1865	-.01150
.95	-.9940	.0250	.1368	-.00342
1.00	-2.7362	-.0727	-.0000	-.00000

XQ/L=0.1

X/L	FP	FS	FQ	FM
.05	6.4351	1.6232	.3218	.00804
.10	2.8594	1.5431	-.5353	.02771
.15	2.3101	1.4629	-.4198	.00383
.20	1.9176	1.3827	-.3239	-.01476
.25	1.6419	1.3024	-.2418	-.02890
.30	1.4234	1.2223	-.1706	-.03921
.35	1.2398	1.1422	-.1086	-.04619
.40	1.0787	1.0623	-.0547	-.05028
.45	.9330	.9825	-.0080	-.05185
.50	.7977	.9029	.0318	-.05125
.55	.6692	.8235	.0653	-.04882
.60	.5448	.7441	.0925	-.04488
.65	.4216	.6650	.1136	-.03972
.70	.2969	.5859	.1285	-.03367
.75	.1672	.5070	.1368	-.02704
.80	.0279	.4281	.1382	-.02016
.85	-.1295	.3493	.1317	-.01341
.90	-.3245	.2705	.1155	-.00723
.95	-.5728	.1919	.0869	-.00217
1.00	-1.7376	.1132	-.0000	-.00000

XQ/L=0.2

X/L	FP	FS	FQ	FM
.05	5.3822	1.4310	.2691	.00673
.10	2.4212	1.3721	.3902	.02321
.15	1.9774	1.3130	.4890	.04519
.20	1.6636	1.2539	-.4278	.07172
.25	1.4455	1.1946	-.3555	.05214
.30	1.2739	1.1351	-.2918	.03596
.35	1.1305	1.0755	-.2353	.02278
.40	1.0057	1.0158	-.1850	.01227
.45	.8937	.9560	-.1403	.00414
.50	.7905	.8962	-.1008	-.00189
.55	.6934	.8364	-.0661	-.00606
.60	.6004	.7766	-.0361	-.00862
.65	.5095	.7169	-.0106	-.00978
.70	.4191	.6572	.0103	-.00979
.75	.3269	.5975	.0267	-.00887
.80	.2303	.5378	.0382	-.00724
.85	.1249	.4782	.0444	-.00518
.90	.0006	.4185	.0445	-.00296
.95	-.1512	.3589	.0369	-.00092
1.00	-.7380	.2993	-.0000	-.00000

XQ/L=0.3

X/L	FP	FS	FQ	FM
.05	4.3393	1.2398	.2170	.00542
.10	1.9851	1.2014	.3162	.01875
.15	1.6441	1.1630	.3984	.03662
.20	1.4063	1.1246	.4687	.05830
.25	1.2453	1.0860	.5310	.08329
.30	1.1215	1.0471	-.4129	.11124
.35	1.0194	1.0080	-.3620	.09187
.40	.9314	.9686	-.3154	.07494
.45	.8533	.9289	-.2727	.06024
.50	.7824	.8891	-.2336	.04758
.55	.7170	.8490	-.1978	.03679
.60	.6556	.8089	-.1650	.02773
.65	.5972	.7686	-.1351	.02022
.70	.5411	.7283	-.1081	.01415
.75	.4866	.6879	-.0837	.00935
.80	.4329	.6475	-.0621	.00571
.85	.3796	.6071	-.0431	.00308
.90	.3264	.5666	-.0268	.00133
.95	.2713	.5262	-.0132	.00033
1.00	.2642	.4857	-.0000	-.00000

XQ/L=0.4

X/L	FP	FS	FQ	FM
.05	3.3070	1.0497	.1654	.00413
.10	1.5521	1.0315	.2430	.01434
.15	1.3120	1.0133	.3086	.02813
.20	1.1486	.9950	.3660	.04499
.25	1.0425	.9767	.4181	.06460
.30	.9645	.9581	.4663	.08671
.35	.9034	.9394	.5115	.11115
.40	.8534	.9203	-.4458	.13780
.45	.8104	.9009	-.4053	.11652
.50	.7725	.8811	-.3667	.09722
.55	.7391	.8610	-.3297	.07981
.60	.7098	.8406	-.2942	.06421
.65	.6843	.8200	-.2600	.05035
.70	.6629	.7992	-.2269	.03818
.75	.6463	.7783	-.1946	.02765
.80	.6359	.7573	-.1628	.01871
.85	.6351	.7362	-.1310	.01137
.90	.6533	.7151	-.0983	.00564
.95	.6956	.6939	-.0636	.00159
1.00	1.2711	.6728	-.0000	-.00000

XQ/L=0.5

X/L	FP	FS	FQ	FM
.05	2.2848	.8607	.1142	.00286
.10	1.1223	.8623	.1704	.00997
.15	.9818	.8640	.2194	.01972
.20	.8914	.8656	.2640	.03180
.25	.8392	.8671	.3060	.04605
.30	.8057	.8684	.3463	.06236
.35	.7839	.8697	.3855	.08065
.40	.7701	.8707	.4240	.10089
.45	.7621	.8714	.4621	.12304
.50	.7587	.8718	-.5000	.14709
.55	.7587	.8718	-.4621	.12304
.60	.7621	.8714	-.4240	.10089
.65	.7701	.8707	-.3855	.08065
.70	.7839	.8697	-.3463	.06236
.75	.8057	.8684	-.3060	.04605
.80	.8392	.8671	-.2640	.03180
.85	.8914	.8656	-.2194	.01972
.90	.9818	.8640	-.1704	.00997
.95	1.1223	.8623	-.1142	.00286
1.00	2.2848	.8607	-.0000	-.00000

B/L= 1.00 DS/B1=100.00 KS= 10.000

XM/L=0.0

X/L	FP	FS	FQ	FM
.05	10.6054	1.9275	.5303	-.98674
.10	4.3663	1.7103	.7486	-.95477
.15	3.3021	1.4960	.9137	-.91322
.20	2.5231	1.2845	1.0398	-.86438
.25	1.9537	1.0756	1.1375	-.80994
.30	1.4886	.8693	1.2120	-.75121
.35	1.0868	.6653	1.2663	-.68925
.40	.7253	.4635	1.3026	-.62503
.45	.3897	.2636	1.3221	-.55941
.50	.0694	.0656	1.3255	-.49322
.55	-.2438	-.1309	1.3133	-.42725
.60	-.5578	-.3260	1.2854	-.36228
.65	-.8807	-.5200	1.2414	-.29911
.70	-1.2222	-.7129	1.1803	-.23857
.75	-1.5960	-.9051	1.1005	-.18155
.80	-2.0232	-1.0966	.9993	-.12905
.85	-2.5416	-1.2876	.8723	-.08226
.90	-3.2482	-1.4783	.7098	-.04271
.95	-4.2116	-1.6689	.4993	-.01248
1.00	-9.9853	-1.8593	.0000	-.00000

XM/L=0.1

X/L	FP	FS	FQ	FM
.05	10.5721	1.9254	.5286	.01322
.10	4.3845	1.7111	.7478	-.95487
.15	3.3091	1.4971	.9133	-.91335
.20	2.5268	1.2855	1.0396	-.86452
.25	1.9563	1.0765	1.1374	-.81010
.30	1.4906	.8701	1.2120	-.75136
.35	1.0884	.6660	1.2664	-.68940
.40	.7266	.4641	1.3027	-.62517
.45	.3907	.2642	1.3223	-.55955
.50	.0702	.0650	1.3258	-.49335
.55	-.2432	-.1306	1.3136	-.42736
.60	-.5574	-.3258	1.2857	-.36238
.65	-.8804	-.5198	1.2417	-.23919
.70	-1.2222	-.7128	1.1806	-.23864
.75	-1.5962	-.9050	1.1008	-.18160
.80	-2.0235	-1.0966	.9996	-.12909
.85	-2.5421	-1.2878	.8725	-.08229
.90	-3.2490	-1.4786	.7101	-.04272
.95	-4.2128	-1.6692	.4994	-.01249
1.00	-9.9884	-1.8597	-.0000	-.00000

XM/L=0.2

X/L	FP	FS	FQ	FM
.05	10.4815	1.9177	.5241	.01310
.10	4.3744	1.7089	.7428	.04477
.15	3.3358	1.5000	.9096	.08608
.20	2.5632	1.2909	1.0377	-.86523
.25	1.9764	1.0818	1.1366	-.81088
.30	1.5040	.8748	1.2118	-.75217
.35	1.0986	.6702	1.2667	-.69021
.40	.7346	.4678	1.3034	-.62595
.45	.3969	.2674	1.3233	-.56029
.50	.0751	.0687	1.3270	-.49403
.55	-.2396	-.1284	1.3150	-.42798
.60	-.5548	-.3241	1.2873	-.36292
.65	-.8789	-.5187	1.2434	-.29965
.70	-1.2217	-.7122	1.1823	-.23901
.75	-1.5967	-.9049	1.1024	-.18189
.80	-2.0252	-1.0970	1.0012	-.12930
.85	-2.5450	-1.2886	.8739	-.08243
.90	-3.2535	-1.4799	.7113	-.04280
.95	-4.2193	-1.6711	.5003	-.01251
1.00	-10.0057	-1.8621	-.0000	-.00000

XM/L=0.3

X/L	FP	FS	FQ	FM
.05	10.3757	1.9070	.5188	.01297
.10	4.3464	1.7031	.7361	.04434
.15	3.3285	1.4990	.9025	.08531
.20	2.5774	1.2947	1.0314	.13366
.25	2.0205	1.0901	1.1324	.18775
.30	1.5532	.8851	1.2101	-.75369
.35	1.1286	.6797	1.2665	-.69177
.40	.7556	.4762	1.3043	-.62750
.45	.4131	.2746	1.3249	-.56177
.50	.0875	.0748	1.3293	-.49541
.55	-.2302	-.1234	1.3178	-.42923
.60	-.5481	-.3202	1.2904	-.36403
.65	-.8747	-.5159	1.2467	-.30060
.70	-1.2198	-.7105	1.1857	-.23979
.75	-1.5971	-.9043	1.1058	-.18250
.80	-2.0281	-1.0975	1.0044	-.12975
.85	-2.5507	-1.2902	.8769	-.08272
.90	-3.2627	-1.4826	.7138	-.04295
.95	-4.2329	-1.6749	.5021	-.01255
1.00	-10.0422	-1.8670	-.0000	-.00000

XM/L=0.4

X/L	FP	FS	FQ	FM
.05	10.2710	1.8953	.5135	.01284
.10	4.3134	1.6955	.7292	.04391
.15	3.3122	1.4956	.8948	.08451
.20	2.5754	1.2954	1.0236	.13247
.25	2.0319	1.0950	1.1252	.18619
.30	1.5811	.8940	1.2042	.24442
.35	1.1831	.6925	1.2634	.30612
.40	.8128	.4901	1.3040	-.62970
.45	.4490	.2870	1.3265	-.56394
.50	.1128	.0854	1.3321	-.49747
.55	-.2114	-.1146	1.3216	-.43113
.60	-.5345	-.3133	1.2948	-.36572
.65	-.8656	-.5107	1.2516	-.30206
.70	-1.2149	-.7071	1.1908	-.24100
.75	-1.5963	-.9028	1.1110	-.18345
.80	-2.0315	-1.0978	1.0094	-.13044
.85	-2.5587	-1.2923	.8815	-.08317
.90	-3.2764	-1.4865	.7177	-.04319
.95	-4.2539	-1.6805	.5050	-.01262
1.00	-10.0995	-1.8744	-.0000	-.00000

XM/L=0.5

X/L	FP	FS	FQ	FM
.05	10.1769	1.8841	.5088	.01272
.10	4.2814	1.6876	.7229	.04352
.15	3.2936	1.4910	.8876	.08378
.20	2.5677	1.2943	1.0160	.13137
.25	2.0337	1.0972	1.1177	.18471
.30	1.5922	.8996	1.1973	.24258
.35	1.2043	.7014	1.2575	.30395
.40	.8481	.5024	1.2999	.36788
.45	.5089	.3024	1.3253	.43352
.50	.1736	.1011	1.3340	-.50000
.55	-.1736	-.1011	1.3253	-.43352
.60	-.5089	-.3024	1.2999	-.36788
.65	-.8481	-.5024	1.2575	-.30395
.70	-1.2043	-.7014	1.1973	-.24258
.75	-1.5922	-.8996	1.1177	-.18471
.80	-2.0337	-1.0972	1.0160	-.13137
.85	-2.5677	-1.2943	.8876	-.08378
.90	-3.2936	-1.4910	.7229	-.04352
.95	-4.2814	-1.6876	.5088	-.01272
1.00	-10.1769	-1.8841	-.0000	-.00000

B/L= 1.00 DS/B1=100.00 KS=100.000

XQ/L=0.0

X/L	FP	FS	FQ	FM
.05	7.4434	1.8103	-.6278	-.04070
.10	3.2829	1.7107	-.4637	-.06798
.15	2.6358	1.6111	-.3319	-.08787
.20	2.1721	1.5116	-.2233	-.10175
.25	1.8442	1.4121	-.1311	-.11061
.30	1.5828	1.3126	-.0519	-.11519
.35	1.3615	1.2131	.0161	-.11608
.40	1.1658	1.1137	.0744	-.11382
.45	.9871	1.0143	.1238	-.10886
.50	.8197	.9149	.1648	-.10165
.55	.6592	.8156	.1977	-.09259
.60	.5018	.7163	.2228	-.08208
.65	.3444	.6170	.2400	-.07051
.70	.1830	.5178	.2492	-.05827
.75	.0131	.4186	.2498	-.04580
.80	-.1724	.3193	.2412	-.03352
.85	-.3856	.2201	.2219	-.02194
.90	-.6562	.1210	.1891	-.01167
.95	-1.0068	.0218	.1388	-.00347
1.00	-2.7757	-.0774	-.0000	-.00000

XQ/L=0.1

X/L	FP	FS	FQ	FM
.05	6.4178	1.6211	.3209	.00802
.10	2.8531	1.5416	-.5365	.02763
.15	2.3064	1.4621	-.4211	.00369
.20	1.9166	1.3825	-.3253	-.01497
.25	1.6432	1.3029	-.2431	-.02918
.30	1.4266	1.2234	-.1718	-.03955
.35	1.2445	1.1439	-.1096	-.04659
.40	1.0846	1.0643	-.0554	-.05071
.45	.9395	.9848	-.0084	-.05231
.50	.8046	.9053	.0318	-.05172
.55	.6761	.8259	.0656	-.04928
.60	.5511	.7464	.0932	-.04531
.65	.4272	.6669	.1146	-.04012
.70	.3014	.5875	.1296	-.03401
.75	.1704	.5081	.1381	-.02732
.80	.0293	.4287	.1396	-.02037
.85	-.1299	.3493	.1331	-.01356
.90	-.3274	.2699	.1167	-.00731
.95	-.5786	.1905	.0878	-.00220
1.00	-1.7563	.1111	-.0000	-.00000

XQ/L=0.2

X/L	FP	FS	FQ	FM
.05	5.3929	1.4320	.2696	.00674
.10	2.4232	1.3725	.3908	.02325
.15	1.9769	1.3129	.4896	.04526
.20	1.6610	1.2534	-.4273	.07182
.25	1.4420	1.1938	-.3552	.05226
.30	1.2703	1.1342	-.2917	.03609
.35	1.1275	1.0746	-.2353	.02291
.40	1.0033	1.0150	-.1852	.01240
.45	.8919	.9554	-.1406	.00426
.50	.7894	.8957	-.1011	-.00178
.55	.6929	.8361	-.0664	-.00597
.60	.6004	.7765	-.0364	-.00854
.65	.5099	.7168	-.0109	-.00973
.70	.4197	.6572	.0101	-.00975
.75	.3277	.5976	.0264	-.00884
.80	.2311	.5380	.0380	-.00722
.85	.1257	.4784	.0443	-.00517
.90	.0014	.4188	.0444	-.00295
.95	-.1504	.3592	.0368	-.00092
1.00	-.7368	.2996	-.0000	-.00000

XQ/L=0.3

X/L	FP	FS	FQ	FM
.05	4.3690	1.2430	.2184	.00546
.10	1.9935	1.2034	.3181	.01888
.15	1.6472	1.1638	.4005	.03684
.20	1.4050	1.1242	.4707	.05862
.25	1.2404	1.0846	.5328	.08371
.30	1.1138	1.0449	-.4116	.11174
.35	1.0103	1.0053	-.3610	.09242
.40	.9219	.9656	-.3149	.07552
.45	.8442	.9258	-.2727	.06083
.50	.7741	.8861	-.2340	.04816
.55	.7098	.8463	-.1985	.03735
.60	.6496	.8065	-.1661	.02823
.65	.5927	.7667	-.1364	.02067
.70	.5380	.7269	-.1095	.01452
.75	.4850	.6871	-.0853	.00965
.80	.4330	.6473	-.0636	.00593
.85	.3814	.6075	-.0446	.00322
.90	.3303	.5677	-.0280	.00141
.95	.2779	.5279	-.0142	.00035
1.00	.2831	.4881	-.0000	-.00000

XQ/L=0.4

X/L	FP	FS	FQ	FM
.05	3.3461	1.0541	.1673	.00418
.10	1.5641	1.0344	.2455	.01450
.15	1.3177	1.0147	.3114	.02843
.20	1.1490	.9950	.3688	.04543
.25	1.0386	.9753	.4208	.06517
.30	.9568	.9556	.4686	.08741
.35	.8926	.9358	.5132	.11195
.40	.8402	.9160	-.4447	.13867
.45	.7962	.8962	-.4049	.11742
.50	.7587	.8763	-.3670	.09813
.55	.7264	.8564	-.3307	.08068
.60	.6988	.8365	-.2957	.06502
.65	.6753	.8165	-.2620	.05108
.70	.6563	.7966	-.2292	.03880
.75	.6423	.7766	-.1970	.02815
.80	.6348	.7567	-.1653	.01909
.85	.6372	.7367	-.1334	.01162
.90	.6593	.7167	-.1005	.00577
.95	.7064	.6967	-.0652	.00163
1.00	1.3033	.6767	-.0000	-.00000

XQ/L=0.5

X/L	FP	FS	FQ	FM
.05	2.3243	.8653	.1162	.00291
.10	1.1351	.8655	.1730	.01013
.15	.9884	.8657	.2224	.02002
.20	.8930	.8658	.2670	.03225
.25	.8367	.8660	.3089	.04665
.30	.7996	.8661	.3489	.06310
.35	.7745	.8662	.3876	.08151
.40	.7579	.8663	.4255	.10183
.45	.7477	.8664	.4629	.12404
.50	.7429	.8665	-.5000	.14811
.55	.7429	.8665	-.4629	.12404
.60	.7477	.8664	-.4255	.10183
.65	.7579	.8663	-.3876	.08151
.70	.7745	.8662	-.3489	.06310
.75	.7996	.8661	-.3089	.04665
.80	.8367	.8660	-.2670	.03225
.85	.8930	.8658	-.2224	.02002
.90	.9884	.8657	-.1730	.01013
.95	1.1351	.8655	-.1162	.00291
1.00	2.3243	.8653	-.0000	-.00000

B/L= 1.00 DS/B1=100.00 KS=100.000

XM/L=0.0

X/L	FP	FS	FQ	FM
.05	10.2568	1.8916	.5128	-.98718
.10	4.2973	1.6911	.7277	-.95617
.15	3.2932	1.4908	.8924	-.91566
.20	2.5546	1.2908	1.0201	-.86785
.25	2.0109	1.0911	1.1206	-.81433
.30	1.5621	.8916	1.1987	-.75635
.35	1.1696	.6924	1.2572	-.69495
.40	.8121	.4934	1.2978	-.63107
.45	.4759	.2946	1.3216	-.56559
.50	.1514	.0959	1.3292	-.49932
.55	-.1691	-.1025	1.3207	-.43307
.60	-.4929	-.3009	1.2961	-.36765
.65	-.8278	-.4991	1.2547	-.30388
.70	-1.1833	-.6972	1.1955	-.24262
.75	-1.5729	-.8952	1.1169	-.18481
.80	-2.0179	-1.0932	1.0160	-.13149
.85	-2.5564	-1.2911	.8882	-.08388
.90	-3.2877	-1.4890	.7238	-.04358
.95	-4.2817	-1.6869	.5097	-.01274
1.00	-10.1943	-1.8848	.0000	-.00000

XM/L=0.1

X/L	FP	FS	FQ	FM
.05	10.2535	1.8914	.5127	.01282
.10	4.2992	1.6912	.7276	-.95618
.15	3.2939	1.4909	.8923	-.91568
.20	2.5550	1.2909	1.0201	-.86787
.25	2.0111	1.0912	1.1206	-.81435
.30	1.5623	.8917	1.1987	-.75636
.35	1.1698	.6925	1.2572	-.69496
.40	.8122	.4935	1.2978	-.63109
.45	.4760	.2946	1.3216	-.56560
.50	.1515	.0960	1.3292	-.49933
.55	-.1690	-.1025	1.3208	-.43308
.60	-.4928	-.3008	1.2961	-.36766
.65	-.8277	-.4991	1.2547	-.30388
.70	-1.1833	-.6972	1.1956	-.24263
.75	-1.5729	-.8952	1.1169	-.18481
.80	-2.0179	-1.0932	1.0160	-.13149
.85	-2.5565	-1.2912	.8882	-.08388
.90	-3.2878	-1.4890	.7238	-.04358
.95	-4.2818	-1.6869	.5097	-.01274
1.00	-10.1946	-1.8848	-.0000	-.00000

XM/L=0.2

X/L	FP	FS	FQ	FM
.05	10.2444	1.8907	.5122	.01281
.10	4.2981	1.6909	.7271	.04379
.15	3.2966	1.4912	.8920	.08427
.20	2.5586	1.2915	1.0199	-.86794
.25	2.0131	1.0917	1.1205	-.81443
.30	1.5636	.8922	1.1987	-.75645
.35	1.1708	.6929	1.2573	-.69505
.40	.8130	.4938	1.2979	-.63117
.45	.4766	.2949	1.3217	-.56567
.50	.1520	.0963	1.3293	-.49940
.55	-.1686	-.1023	1.3209	-.43314
.60	-.4926	-.3007	1.2963	-.36771
.65	-.8276	-.4990	1.2549	-.30393
.70	-1.1833	-.6971	1.1957	-.24266
.75	-1.5730	-.8952	1.1171	-.18484
.80	-2.0180	-1.0933	1.0162	-.13151
.85	-2.5568	-1.2912	.8884	-.08390
.90	-3.2883	-1.4892	.7239	-.04359
.95	-4.2825	-1.6871	.5098	-.01275
1.00	-10.1964	-1.8850	-.0000	-.00000

XM/L=0.3

X/L	FP	FS	FQ	FM
.05	10.2338	1.8896	.5117	.01279
.10	4.2953	1.6903	.7265	.04375
.15	3.2958	1.4911	.8912	.08419
.20	2.5600	1.2918	1.0192	.13195
.25	2.0176	1.0926	1.1201	.18543
.30	1.5686	.8932	1.1986	-.75660
.35	1.1738	.6939	1.2572	-.69520
.40	.8151	.4947	1.2980	-.63132
.45	.4782	.2957	1.3219	-.56582
.50	.1533	.0969	1.3296	-.49954
.55	-.1677	-.1018	1.3212	-.43327
.60	-.4919	-.3003	1.2966	-.36782
.65	-.8271	-.4987	1.2552	-.30403
.70	-1.1831	-.6970	1.1961	-.24274
.75	-1.5730	-.8952	1.1174	-.18491
.80	-2.0183	-1.0933	1.0165	-.13156
.85	-2.5573	-1.2914	.8887	-.08393
.90	-3.2892	-1.4895	.7242	-.04361
.95	-4.2839	-1.6875	.5100	-.01275
1.00	-10.2001	-1.8855	-.0000	-.00000

XM/L=0.4

X/L	FP	FS	FQ	FM
.05	10.2232	1.8884	.5112	.01278
.10	4.2920	1.6895	.7258	.04370
.15	3.2942	1.4908	.8905	.08411
.20	2.5598	1.2919	1.0185	.13183
.25	2.0187	1.0930	1.1194	.18528
.30	1.5714	.8941	1.1980	.24321
.35	1.1793	.6951	1.2569	.30458
.40	.8209	.4961	1.2980	-.63154
.45	.4819	.2969	1.3221	-.56604
.50	.1558	.0979	1.3299	-.49974
.55	-.1658	-.1009	1.3216	-.43346
.60	-.4905	-.2996	1.2970	-.36799
.65	-.8262	-.4981	1.2557	-.30417
.70	-1.1825	-.6966	1.1966	-.24287
.75	-1.5729	-.8950	1.1180	-.18500
.80	-2.0187	-1.0933	1.0170	-.13163
.85	-2.5582	-1.2916	.8891	-.08397
.90	-3.2906	-1.4898	.7246	-.04363
.95	-4.2860	-1.6881	.5103	-.01276
1.00	-10.2059	-1.8863	-.0000	-.00000

XM/L=0.5

X/L	FP	FS	FQ	FM
.05	10.2137	1.8873	.5107	.01277
.10	4.2888	1.6888	.7251	.04366
.15	3.2923	1.4903	.8897	.08403
.20	2.5591	1.2918	1.0177	.13172
.25	2.0189	1.0933	1.1186	.18513
.30	1.5725	.8947	1.1973	.24303
.35	1.1815	.6960	1.2563	.30437
.40	.8244	.4973	1.2976	.36821
.45	.4879	.2985	1.3220	.43370
.50	.1619	.0995	1.3300	-.50000
.55	-.1619	-.0995	1.3220	-.43370
.60	-.4879	-.2985	1.2976	-.36821
.65	-.8244	-.4973	1.2563	-.30437
.70	-1.1815	-.6960	1.1973	-.24303
.75	-1.5725	-.8947	1.1186	-.18513
.80	-2.0189	-1.0933	1.0177	-.13172
.85	-2.5591	-1.2918	.8897	-.08403
.90	-3.2923	-1.4903	.7251	-.04366
.95	-4.2888	-1.6888	.5107	-.01277
1.00	-10.2137	-1.8873	-.0000	-.00000

GLEICHMAESSIGE BELASTUNG B/L= 1.00 DS/B1=100.00

KS= .001

X/L	FP	FS	FQ	FM
.05	1.1292	.7397	.0065	.00016
.10	.8864	.7959	.0008	.00034
.15	.9624	.8442	-.0011	.00033
.20	.9948	.8822	-.0014	.00027
.25	1.0062	.9111	-.0011	.00021
.30	1.0074	.9328	-.0007	.00017
.35	1.0057	.9487	-.0004	.00014
.40	1.0037	.9600	-.0002	.00013
.45	1.0024	.9672	-.0001	.00012
.50	1.0018	.9708	-.0000	.00012
.55	1.0018	.9708	.0001	.00012
.60	1.0024	.9672	.0002	.00013
.65	1.0037	.9600	.0004	.00014
.70	1.0057	.9487	.0007	.00017
.75	1.0074	.9328	.0011	.00021
.80	1.0062	.9111	.0014	.00027
.85	.9948	.8822	.0011	.00033
.90	.9624	.8442	-.0008	.00034
.95	.8864	.7959	-.0065	.00016
1.00	1.1292	.7397	.0000	.00000

KS= .003

X/L	FP	FS	FQ	FM
.05	1.2164	.7457	.0108	.00027
.10	.8662	.7951	.0041	.00064
.15	.9242	.8397	.0003	.00076
.20	.9642	.8773	-.0014	.00073
.25	.9901	.9074	-.0019	.00064
.30	1.0032	.9307	-.0018	.00055
.35	1.0084	.9480	-.0014	.00047
.40	1.0095	.9602	-.0009	.00042
.45	1.0091	.9679	-.0004	.00038
.50	1.0086	.9717	-.0000	.00037
.55	1.0086	.9717	.0004	.00038
.60	1.0091	.9679	.0009	.00042
.65	1.0095	.9602	.0014	.00047
.70	1.0084	.9480	.0018	.00055
.75	1.0032	.9307	.0019	.00064
.80	.9901	.9074	.0014	.00073
.85	.9642	.8773	-.0003	.00076
.90	.9242	.8397	-.0041	.00064
.95	.8662	.7951	-.0108	.00027
1.00	1.2164	.7457	.0000	.00000

KS= .010

X/L	FP	FS	FQ	FM
.05	1.3508	.7570	.0175	.00044
.10	.8679	.7979	.0109	.00115
.15	.8928	.8364	.0056	.00156
.20	.9232	.8707	.0017	.00175
.25	.9542	.9001	-.0006	.00178
.30	.9785	.9242	-.0016	.00172
.35	.9957	.9430	-.0018	.00163
.40	1.0069	.9568	-.0015	.00155
.45	1.0135	.9658	-.0008	.00149
.50	1.0164	.9702	.0000	.00147
.55	1.0164	.9702	.0008	.00149
.60	1.0135	.9658	.0015	.00155
.65	1.0069	.9568	.0018	.00163
.70	.9957	.9430	.0016	.00172
.75	.9785	.9242	.0006	.00178
.80	.9542	.9001	-.0017	.00175
.85	.9232	.8707	-.0056	.00156
.90	.8928	.8364	-.0109	.00115
.95	.8679	.7979	-.0175	.00044
1.00	1.3508	.7570	.0000	.00000

KS= .020

X/L	FP	FS	FQ	FM
.05	1.4546	.7673	.0227	.00057
.10	.8851	.8028	.0170	.00156
.15	.8876	.8368	.0114	.00227
.20	.9055	.8679	.0066	.00272
.25	.9321	.8952	.0032	.00297
.30	.9569	.9182	.0011	.00308
.35	.9772	.9367	-.0001	.00310
.40	.9922	.9506	-.0004	.00309
.45	1.0020	.9598	-.0003	.00307
.50	1.0068	.9644	.0000	.00306
.55	1.0068	.9644	.0003	.00307
.60	1.0020	.9598	.0004	.00309
.65	.9922	.9506	.0001	.00310
.70	.9772	.9367	-.0011	.00308
.75	.9569	.9182	-.0032	.00297
.80	.9321	.8952	-.0066	.00272
.85	.9055	.8679	-.0114	.00227
.90	.8876	.8368	-.0170	.00156
.95	.8851	.8028	-.0227	.00057
1.00	1.4546	.7673	.0000	.00000

KS= .050

X/L	FP	FS	FQ	FM
.05	1.6391	.7872	.0320	.00080
.10	.9310	.8146	.0285	.00231
.15	.8988	.8411	.0234	.00361
.20	.8929	.8658	.0181	.00465
.25	.9049	.8880	.0133	.00543
.30	.9212	.9072	.0094	.00600
.35	.9372	.9230	.0063	.00639
.40	.9505	.9350	.0038	.00664
.45	.9598	.9431	.0018	.00678
.50	.9646	.9472	.0000	.00683
.55	.9646	.9472	-.0018	.00678
.60	.9598	.9431	-.0038	.00664
.65	.9505	.9350	-.0063	.00639
.70	.9372	.9230	-.0094	.00600
.75	.9212	.9072	-.0133	.00543
.80	.9049	.8880	-.0181	.00465
.85	.8929	.8658	-.0234	.00361
.90	.8988	.8411	-.0285	.00231
.95	.9310	.8146	-.0320	.00080
1.00	1.6391	.7872	.0000	.00000

KS= .100

X/L	FP	FS	FQ	FM
.05	1.8109	.8065	.0405	.00101
.10	.9800	.8269	.0395	.00302
.15	.9182	.8467	.0355	.00489
.20	.8899	.8653	.0299	.00653
.25	.8856	.8822	.0242	.00788
.30	.8899	.8969	.0187	.00895
.35	.8973	.9091	.0136	.00976
.40	.9046	.9185	.0088	.01032
.45	.9103	.9248	.0043	.01065
.50	.9133	.9281	.0000	.01076
.55	.9133	.9281	-.0043	.01065
.60	.9103	.9248	-.0088	.01032
.65	.9046	.9185	-.0136	.00976
.70	.8973	.9091	-.0187	.00895
.75	.8899	.8969	-.0242	.00788
.80	.8856	.8822	-.0299	.00653
.85	.8899	.8653	-.0355	.00489
.90	.9182	.8467	-.0395	.00302
.95	.9800	.8269	-.0405	.00101
1.00	1.8109	.8065	.0000	.00000

GLEICHMAESSIGE BELASTUNG   B/L= 1.00   DS/B1=100.00

KS= .200

X/L	FP	FS	FQ	FM
.05	1.9814	.8260	.0491	.00123
.10	1.0307	.8396	.0506	.00372
.15	.9404	.8528	.0476	.00617
.20	.8899	.8653	.0421	.00842
.25	.8685	.8767	.0356	.01036
.30	.8596	.8867	.0285	.01196
.35	.8568	.8950	.0214	.01321
.40	.8568	.9014	.0142	.01410
.45	.8576	.9058	.0071	.01463
.50	.8582	.9080	.0000	.01481
.55	.8582	.9080	-.0071	.01463
.60	.8576	.9058	-.0142	.01410
.65	.8568	.9014	-.0214	.01321
.70	.8568	.8950	-.0285	.01196
.75	.8596	.8867	-.0356	.01036
.80	.8685	.8767	-.0421	.00842
.85	.8899	.8653	-.0476	.00617
.90	.9404	.8528	-.0506	.00372
.95	1.0307	.8396	-.0491	.00123
1.00	1.9814	.8260	.0000	.00000

KS= .500

X/L	FP	FS	FQ	FM
.05	2.1536	.8457	.0577	.00144
.10	1.0830	.8526	.0618	.00443
.15	.9642	.8592	.0600	.00748
.20	.8912	.8655	.0546	.01034
.25	.8523	.8713	.0472	.01289
.30	.8294	.8764	.0387	.01504
.35	.8156	.8806	.0295	.01674
.40	.8073	.8839	.0198	.01797
.45	.8027	.8861	.0100	.01872
.50	.8006	.8872	.0000	.01897
.55	.8006	.8872	-.0100	.01872
.60	.8027	.8861	-.0198	.01797
.65	.8073	.8839	-.0295	.01674
.70	.8156	.8806	-.0387	.01504
.75	.8294	.8764	-.0472	.01289
.80	.8523	.8713	-.0546	.01034
.85	.8912	.8655	-.0600	.00748
.90	.9642	.8592	-.0618	.00443
.95	1.0830	.8526	-.0577	.00144
1.00	2.1536	.8457	.0000	.00000

KS= 1.000

X/L	FP	FS	FQ	FM
.05	2.2328	.8548	.0616	.00154
.10	1.1071	.8586	.0670	.00476
.15	.9754	.8622	.0658	.00808
.20	.8920	.8657	.0604	.01123
.25	.8451	.8688	.0526	.01405
.30	.8156	.8716	.0434	.01646
.35	.7965	.8739	.0332	.01837
.40	.7844	.8757	.0225	.01976
.45	.7772	.8770	.0113	.02061
.50	.7738	.8776	.0000	.02089
.55	.7738	.8776	-.0113	.02061
.60	.7772	.8770	-.0225	.01976
.65	.7844	.8757	-.0332	.01837
.70	.7965	.8739	-.0434	.01646
.75	.8156	.8716	-.0526	.01405
.80	.8451	.8688	-.0604	.01123
.85	.8920	.8657	-.0658	.00808
.90	.9754	.8622	-.0670	.00476
.95	1.1071	.8586	-.0616	.00154
1.00	2.2328	.8548	.0000	.00000

KS= 3.000

X/L	FP	FS	FQ	FM
.05	2.2946	.8619	.0647	.00162
.10	1.1261	.8633	.0710	.00501
.15	.9842	.8646	.0702	.00854
.20	.8928	.8658	.0649	.01192
.25	.8395	.8669	.0569	.01497
.30	.8048	.8679	.0471	.01756
.35	.7817	.8687	.0362	.01965
.40	.7664	.8694	.0245	.02116
.45	.7572	.8698	.0124	.02209
.50	.7528	.8700	.0000	.02239
.55	.7528	.8700	-.0124	.02209
.60	.7572	.8698	-.0245	.02116
.65	.7664	.8694	-.0362	.01965
.70	.7817	.8687	-.0471	.01756
.75	.8048	.8679	-.0569	.01497
.80	.8395	.8669	-.0649	.01192
.85	.8928	.8658	-.0702	.00854
.90	.9842	.8646	-.0710	.00501
.95	1.1261	.8633	-.0647	.00162
1.00	2.2946	.8619	.0000	.00000

KS= 10.000

X/L	FP	FS	FQ	FM
.05	2.3182	.8647	.0659	.00165
.10	1.1333	.8651	.0726	.00511
.15	.9876	.8655	.0720	.00872
.20	.8931	.8658	.0666	.01219
.25	.8373	.8662	.0585	.01532
.30	.8007	.8665	.0485	.01799
.35	.7760	.8667	.0373	.02014
.40	.7596	.8669	.0253	.02170
.45	.7495	.8671	.0128	.02265
.50	.7447	.8672	.0000	.02297
.55	.7447	.8672	-.0128	.02265
.60	.7495	.8671	-.0253	.02170
.65	.7596	.8669	-.0373	.02014
.70	.7760	.8667	-.0485	.01799
.75	.8007	.8665	-.0585	.01532
.80	.8373	.8662	-.0666	.01219
.85	.8931	.8658	-.0720	.00872
.90	.9876	.8655	-.0726	.00511
.95	1.1333	.8651	-.0659	.00165
1.00	2.3182	.8647	.0000	.00000

KS=100.000

X/L	FP	FS	FQ	FM
.05	2.3277	.8657	.0664	.00166
.10	1.1362	.8658	.0732	.00515
.15	.9890	.8658	.0726	.00879
.20	.8932	.8659	.0673	.01229
.25	.8365	.8659	.0591	.01545
.30	.7990	.8659	.0491	.01816
.35	.7737	.8660	.0378	.02033
.40	.7568	.8660	.0256	.02192
.45	.7464	.8660	.0129	.02288
.50	.7414	.8660	.0000	.02320
.55	.7414	.8660	-.0129	.02288
.60	.7464	.8660	-.0256	.02192
.65	.7568	.8660	-.0378	.02033
.70	.7737	.8660	-.0491	.01816
.75	.7990	.8659	-.0591	.01545
.80	.8365	.8659	-.0673	.01229
.85	.8932	.8659	-.0726	.00879
.90	.9890	.8658	-.0732	.00515
.95	1.1362	.8658	-.0664	.00166
1.00	2.3277	.8657	.0000	.00000

B/L= 2.00   DS/B1= .10   KS= .001

XQ/L=0.0

X/L	FP	FS	FQ	FM
.05	22.1944	1.3653	.1097	-.02226
.10	1.7227	.4024	.1959	-.01462
.15	-1.2437	-.0021	.1337	-.00638
.20	-1.5045	-.0954	.0584	-.00158
.25	-.8757	-.0742	.0147	.00025
.30	-.3358	-.0358	-.0021	.00056
.35	-.0591	-.0106	-.0051	.00038
.40	.0319	.0001	-.0035	.00017
.45	.0388	.0026	-.0016	.00004
.50	.0230	.0021	-.0004	-.00001
.55	.0090	.0011	.0000	-.00001
.60	.0017	.0004	.0001	-.00001
.65	-.0008	.0001	.0001	-.00000
.70	-.0010	-.0000	.0000	-.00000
.75	-.0006	-.0000	.0000	.00000
.80	-.0002	.0000	-.0000	.00000
.85	-.0001	.0000	-.0000	.00000
.90	.0000	.0000	-.0000	.00000
.95	.0000	.0000	-.0000	.00000
1.00	.0000	.0000	-.0000	-.00000

XQ/L=0.1

X/L	FP	FS	FQ	FM
.05	2.6721	.2891	.1336	.00334
.10	6.9488	.5714	-.5190	.01871
.15	6.8754	.5760	-.1752	.00135
.20	3.2081	.3324	-.0148	-.00340
.25	.8938	.1295	.0299	-.00302
.30	-.0553	.0256	.0271	-.00159
.35	-.2544	-.0093	.0144	-.00055
.40	-.1878	-.0128	.0050	-.00007
.45	-.0885	-.0076	.0006	.00007
.50	-.0259	-.0028	-.0007	.00007
.55	.0002	-.0003	-.0007	.00004
.60	.0061	.0005	-.0004	.00001
.65	.0047	.0005	-.0001	.00000
.70	.0023	.0003	-.0000	-.00000
.75	.0007	.0002	.0000	-.00000
.80	-.0000	.0001	.0000	-.00000
.85	-.0002	.0000	.0000	-.00000
.90	-.0001	.0000	.0000	-.00000
.95	-.0001	.0000	.0000	-.00000
1.00	-.0000	.0000	-.0000	-.00000

XQ/L=0.2

X/L	FP	FS	FQ	FM
.05	-1.0048	-.0262	-.0502	-.00126
.10	.9842	.1224	-.0010	-.00254
.15	3.2457	.3310	.1613	.00147
.20	6.7354	.5657	-.5020	.01795
.25	6.6759	.5616	-.1682	.00120
.30	3.0976	.3223	-.0133	-.00334
.35	.8545	.1249	.0294	-.00294
.40	-.0602	.0243	.0264	-.00154
.45	-.2491	-.0092	.0140	-.00053
.50	-.1824	-.0124	.0048	-.00006
.55	-.0855	-.0073	.0006	.00007
.60	-.0248	-.0027	-.0007	.00007
.65	.0004	-.0003	-.0007	.00004
.70	.0060	.0005	-.0004	.00001
.75	.0046	.0005	-.0001	.00000
.80	.0022	.0003	-.0000	-.00000
.85	.0006	.0002	.0000	-.00000
.90	.0000	.0001	.0000	-.00000
.95	-.0002	.0000	.0000	-.00000
1.00	-.0002	.0000	-.0000	-.00000

XQ/L=0.3

X/L	FP	FS	FQ	FM
.05	-.3073	-.0186	-.0154	-.00038
.10	-.2434	-.0101	-.0275	-.00146
.15	-.0444	.0252	-.0298	-.00289
.20	.8667	.1255	.0136	-.00329
.25	3.0933	.3212	.1682	.00125
.30	6.6359	.5573	-.5000	.01796
.35	6.6345	.5572	-.1682	.00125
.40	3.0885	.3208	-.0138	-.00330
.45	.8570	.1247	.0290	-.00292
.50	-.0561	.0246	.0262	-.00154
.55	-.2464	-.0090	.0139	-.00053
.60	-.1813	-.0123	.0048	-.00006
.65	-.0852	-.0073	.0006	.00007
.70	-.0248	-.0027	-.0007	.00007
.75	.0003	-.0003	-.0006	.00004
.80	.0060	.0005	-.0003	.00001
.85	.0046	.0005	-.0001	.00000
.90	.0023	.0003	-.0000	-.00000
.95	.0007	.0002	.0000	-.00000
1.00	-.0007	.0000	-.0000	-.00000

XQ/L=0.4

X/L	FP	FS	FQ	FM
.05	.0062	-.0010	.0003	.00001
.10	-.0914	-.0073	-.0043	-.00009
.15	-.1877	-.0128	-.0136	-.00054
.20	-.2503	-.0093	-.0262	-.00153
.25	-.0575	.0244	-.0290	-.00291
.30	.8570	.1247	.0138	-.00329
.35	3.0889	.3208	.1683	.00126
.40	6.6347	.5571	-.5000	.01796
.45	6.6346	.5571	-.1683	.00126
.50	3.0888	.3208	-.0138	-.00330
.55	.8573	.1248	.0290	-.00292
.60	-.0560	.0246	.0262	-.00154
.65	-.2464	-.0090	.0139	-.00053
.70	-.1813	-.0123	.0048	-.00006
.75	-.0853	-.0073	.0006	.00007
.80	-.0248	-.0027	-.0007	.00007
.85	.0003	-.0003	-.0006	.00004
.90	.0061	.0005	-.0003	.00001
.95	.0048	.0005	-.0001	.00000
1.00	.0020	.0003	-.0000	-.00000

XQ/L=0.5

X/L	FP	FS	FQ	FM
.05	.0169	.0010	.0008	.00002
.10	-.0007	-.0002	.0008	.00006
.15	-.0264	-.0028	-.0005	.00007
.20	-.0863	-.0074	-.0048	-.00006
.25	-.1817	-.0124	-.0139	-.00053
.30	-.2465	-.0090	-.0262	-.00153
.35	-.0560	.0246	-.0290	-.00292
.40	.8573	.1248	.0138	-.00330
.45	3.0888	.3208	.1683	.00126
.50	6.6345	.5571	-.5000	.01796
.55	6.6345	.5571	-.1683	.00126
.60	3.0888	.3208	-.0138	-.00330
.65	.8573	.1248	.0290	-.00292
.70	-.0560	.0246	.0262	-.00153
.75	-.2465	-.0090	.0139	-.00053
.80	-.1817	-.0124	.0048	-.00006
.85	-.0863	-.0074	.0005	.00007
.90	-.0264	-.0028	-.0008	.00006
.95	-.0007	-.0002	-.0008	.00002
1.00	.0169	.0010	-.0000	-.00000

B/L= 2.00 DS/B1= .10 KS= .001

XM/L=0.0

X/L	FP	FS	FQ	FM
.05	230.6235	12.2020	11.5312	-.71172
.10	-101.9206	-4.1435	6.4351	-.26256
.15	-79.7915	-6.1933	2.4456	-.04054
.20	-41.0451	-3.9458	.3933	.03043
.25	-13.1868	-1.6748	-.2660	.03361
.30	-.7253	-.4055	-.3023	.01940
.35	2.5271	.0663	-.1759	.00745
.40	2.1599	.1433	-.0679	.00135
.45	1.1092	.0951	-.0125	-.00066
.50	.3686	.0402	.0059	-.00083
.55	.0316	.0087	.0075	-.00049
.60	-.0606	-.0030	.0045	-.00019
.65	-.0547	-.0046	.0018	-.00003
.70	-.0286	-.0031	.0003	.00002
.75	-.0097	-.0015	-.0002	.00002
.80	-.0009	-.0005	-.0002	.00001
.85	.0016	-.0001	-.0001	.00001
.90	.0015	-.0000	-.0000	.00000
.95	.0008	-.0000	-.0000	.00000
1.00	.0001	-.0000	.0000	-.00000

XM/L=0.1

X/L	FP	FS	FQ	FM
.05	105.0010	6.9765	5.2501	.13125
.10	62.5979	4.0904	8.3799	-.52800
.15	-67.8791	-3.8987	4.9860	-.19385
.20	-63.7454	-5.0223	1.7987	-.02423
.25	-31.1540	-3.0738	.2410	.02676
.30	-9.5209	-1.2606	-.2350	.02691
.35	-.1427	-.2822	-.2422	.01498
.40	2.1255	.0673	-.1359	.00553
.45	1.7080	.1158	-.0505	.00087
.50	.8477	.0736	-.0081	-.00059
.55	.2685	.0298	.0053	-.00066
.60	.0139	.0057	.0060	-.00038
.65	-.0513	-.0029	.0035	-.00014
.70	-.0433	-.0038	.0013	-.00002
.75	-.0219	-.0025	.0002	.00002
.80	-.0070	-.0012	-.0001	.00002
.85	-.0004	-.0004	-.0002	.00001
.90	.0013	-.0001	-.0001	.00000
.95	.0012	-.0000	-.0000	.00000
1.00	.0008	-.0000	-.0000	-.00000

XM/L=0.2

X/L	FP	FS	FQ	FM
.05	-1.7914	.5887	-.0896	-.00224
.10	31.7845	2.9368	1.4997	.03301
.15	62.7227	4.9227	4.6358	.18640
.20	65.0988	3.8134	7.8907	-.50044
.25	-63.1893	-3.6318	4.7313	-.18489
.30	-60.3149	-4.7446	1.7155	-.02372
.35	-29.6012	-2.9167	.2355	.02505
.40	-9.1062	-1.2014	-.2199	.02544
.45	-.1811	-.2721	-.2289	.01423
.50	1.9983	.0617	-.1290	.00528
.55	1.6168	.1091	-.0482	.00085
.60	.8057	.0697	-.0079	-.00055
.65	.2569	.0283	.0050	-.00062
.70	.0144	.0054	.0057	-.00036
.75	-.0481	-.0027	.0033	-.00013
.80	-.0411	-.0036	.0012	-.00002
.85	-.0211	-.0024	.0002	.00002
.90	-.0072	-.0012	-.0002	.00002
.95	-.0007	-.0004	-.0002	.00001
1.00	.0043	.0000	-.0000	-.00000

XM/L=0.3

X/L	FP	FS	FQ	FM
.05	-6.1650	-.2802	-.3083	-.00771
.10	.5551	.2501	-.2805	-.02243
.15	9.6348	1.2342	.2012	-.02441
.20	29.9490	2.9508	1.6987	.02309
.25	60.5777	4.7808	4.7276	.18375
.30	63.7589	3.6974	7.9155	-.50017
.35	-63.7267	-3.6903	4.7292	-.18406
.40	-60.4226	-4.7637	1.7081	-.02312
.45	-29.5599	-2.9182	.2301	.02533
.50	-9.0484	-1.1982	-.2224	.02552
.55	-.1452	-.2693	-.2296	.01422
.60	2.0129	.0631	-.1290	.00526
.65	1.6201	.1096	-.0480	.00083
.70	.8048	.0697	-.0077	-.00056
.75	.2553	.0282	.0050	-.00063
.80	.0132	.0053	.0057	-.00036
.85	-.0494	-.0028	.0032	-.00013
.90	-.0426	-.0037	.0011	-.00003
.95	-.0223	-.0024	-.0000	.00000
1.00	.0004	-.0007	-.0000	-.00000

XM/L=0.4

X/L	FP	FS	FQ	FM
.05	-.8584	-.0702	-.0429	-.00107
.10	-1.6759	-.1134	-.1267	-.00531
.15	-2.0462	-.0661	-.2290	-.01421
.20	.1313	.2677	-.2225	-.02549
.25	9.0417	1.1973	.2296	-.02531
.30	29.5506	2.9174	1.7072	.02310
.35	60.4082	4.7630	4.7276	.18397
.40	63.7191	3.6912	7.9135	-.50000
.45	-63.7180	-3.6911	4.7276	-.18397
.50	-60.4065	-4.7629	1.7073	-.02310
.55	-29.5494	-2.9174	.2298	.02533
.60	-9.0440	-1.1978	-.2224	.02552
.65	-.1442	-.2691	-.2296	.01422
.70	2.0128	.0631	-.1289	.00525
.75	1.6199	.1096	-.0479	.00083
.80	.8057	.0698	-.0077	-.00056
.85	.2578	.0284	.0052	-.00062
.90	.0167	.0055	.0061	-.00034
.95	-.0475	-.0030	.0037	-.00009
1.00	-.0739	-.0053	-.0000	-.00000

XM/L=0.5

X/L	FP	FS	FQ	FM
.05	.1982	.0061	.0099	.00025
.10	-.2850	-.0278	-.0043	.00039
.15	-.8406	-.0720	-.0464	-.00088
.20	-1.6426	-.1115	-.1285	-.00525
.25	-2.0219	-.0641	-.2296	-.01420
.30	.1420	.2688	-.2225	-.02551
.35	9.0444	1.1978	.2297	-.02533
.40	29.5505	2.9175	1.7073	.02310
.45	60.4074	4.7630	4.7276	.18397
.50	63.7185	3.6911	7.9135	-.50000
.55	-63.7186	-3.6911	4.7276	-.18397
.60	-60.4073	-4.7630	1.7072	-.02310
.65	-29.5503	-2.9175	.2297	.02533
.70	-9.0445	-1.1978	-.2225	.02551
.75	-.1421	-.2688	-.2296	.01420
.80	2.0221	.0641	-.1285	.00525
.85	1.6426	.1115	-.0464	.00088
.90	.8405	.0720	-.0043	-.00039
.95	.2850	.0278	.0099	-.00025
1.00	-.1982	-.0061	-.0000	-.00000

B/L= 2.00 DS/B1= .10 KS= .003

XQ/L=0.0

X/L	FP	FS	FQ	FM
.05	18.5728	1.1904	-.0714	-.02678
.10	4.3409	.5384	.1457	-.02493
.15	.7032	.1495	.1808	-.01676
.20	-.8773	-.0303	.1370	-.00882
.25	-1.1382	-.0830	.0801	-.00339
.30	-.8802	-.0759	.0361	-.00049
.35	-.5229	-.0504	.0099	.00066
.40	-.2406	-.0262	-.0021	.00086
.45	-.0700	-.0099	-.0056	.00066
.50	.0100	-.0012	-.0051	.00039
.55	.0346	.0021	-.0034	.00018
.60	.0325	.0027	-.0018	.00005
.65	.0219	.0020	-.0007	-.00001
.70	.0116	.0012	-.0001	-.00003
.75	.0045	.0006	.0001	-.00002
.80	.0007	.0002	.0002	-.00002
.85	-.0008	-.0000	.0001	-.00001
.90	-.0011	-.0001	.0001	-.00000
.95	-.0009	-.0001	.0000	-.00000
1.00	-.0006	-.0000	-.0000	-.00000

XQ/L=0.1

X/L	FP	FS	FQ	FM
.05	4.4553	.3704	.2228	.00557
.10	5.4324	.4832	-.5056	.02350
.15	5.2656	.4668	-.2423	.00480
.20	3.3120	.3248	-.0767	-.00318
.25	1.6180	.1781	.0042	-.00499
.30	.5362	.0740	.0310	-.00411
.35	-.0018	.0159	.0309	-.00257
.40	-.1876	-.0087	.0215	-.00126
.45	-.1949	-.0144	.0118	-.00043
.50	-.1384	-.0119	.0048	-.00001
.55	-.0770	-.0074	.0010	.00013
.60	-.0324	-.0033	-.0006	.00014
.65	-.0073	-.0011	-.0010	.00010
.70	.0036	.0001	-.0008	.00006
.75	.0063	.0005	-.0005	.00002
.80	.0053	.0005	-.0002	.00001
.85	.0034	.0004	-.0001	-.00000
.90	.0017	.0002	.0000	-.00000
.95	.0005	.0001	.0000	-.00000
1.00	-.0010	-.0000	-.0000	-.00000

XQ/L=0.2

X/L	FP	FS	FQ	FM
.05	-.6063	.0061	-.0303	-.00076
.10	1.6271	.1642	.0510	-.00024
.15	3.4468	.3289	.2234	.00662
.20	5.3016	.4654	-.5115	.02442
.25	5.2476	.4626	-.2492	.00540
.30	3.3490	.3266	-.0817	-.00287
.35	1.6613	.1815	.0013	-.00488
.40	.5683	.0769	.0298	-.00411
.45	.0166	.0178	.0306	-.00260
.50	-.1794	-.0078	.0216	-.00129
.55	-.1929	-.0141	.0120	-.00045
.60	-.1391	-.0119	.0050	-.00003
.65	-.0783	-.0075	.0011	.00013
.70	-.0336	-.0036	-.0006	.00014
.75	-.0080	-.0012	-.0010	.00010
.80	.0033	.0001	-.0008	.00006
.85	.0063	.0005	-.0005	.00003
.90	.0054	.0005	-.0002	.00001
.95	.0034	.0003	-.0000	.00000
1.00	.0010	.0002	-.0000	-.00000

XQ/L=0.3

X/L	FP	FS	FQ	FM
.05	-.7795	-.0412	-.0398	-.00097
.10	-.0189	.0084	-.0399	-.00295
.15	.6121	.0776	-.0093	-.00418
.20	1.7005	.1831	.0757	-.00252
.25	3.3286	.3238	.2421	.00543
.30	5.1445	.4534	-.5006	.02397
.35	5.1267	.4519	-.2443	.00534
.40	3.2775	.3196	-.0804	-.00278
.45	1.6288	.1778	.0010	-.00476
.50	.5591	.0755	.0290	-.00401
.55	.0183	.0176	.0299	-.00254
.60	-.1745	-.0075	.0212	-.00127
.65	-.1884	-.0137	.0117	-.00044
.70	-.1362	-.0116	.0049	-.00003
.75	-.0770	-.0073	.0011	.00012
.80	-.0335	-.0036	-.0006	.00014
.85	-.0084	-.0012	-.0010	.00010
.90	.0029	.0000	-.0009	.00005
.95	.0066	.0006	-.0005	.00001
1.00	.0108	.0008	-.0000	-.00000

XQ/L=0.4

X/L	FP	FS	FQ	FM
.05	-.2375	-.0167	-.0119	-.00030
.10	-.2028	-.0157	-.0220	-.00114
.15	-.1736	-.0078	-.0307	-.00246
.20	.0260	.0181	-.0294	-.00396
.25	.5672	.0761	-.0010	-.00472
.30	1.6335	.1781	.0806	-.00273
.35	3.2753	.3191	.2444	.00539
.40	5.1123	.4503	-.5000	.02400
.45	5.1115	.4502	-.2444	.00539
.50	3.2730	.3189	-.0807	-.00274
.55	1.6293	.1777	.0007	-.00474
.60	.5612	.0756	.0288	-.00400
.65	.0201	.0177	.0298	-.00254
.70	-.1738	-.0074	.0211	-.00126
.75	-.1890	-.0138	.0116	-.00045
.80	-.1381	-.0118	.0047	-.00004
.85	-.0797	-.0075	.0007	.00010
.90	-.0354	-.0037	-.0010	.00009
.95	-.0068	-.0008	-.0014	.00003
1.00	.0272	.0014	-.0000	-.00000

XQ/L=0.5

X/L	FP	FS	FQ	FM
.05	-.0017	-.0016	-.0001	-.00000
.10	-.0780	-.0070	-.0040	-.00010
.15	-.1419	-.0120	-.0111	-.00048
.20	-.1937	-.0142	-.0208	-.00128
.25	-.1774	-.0078	-.0296	-.00254
.30	.0181	.0175	-.0287	-.00400
.35	.5604	.0755	-.0007	-.00473
.40	1.6293	.1777	.0808	-.00273
.45	3.2733	.3189	.2444	.00540
.50	5.1117	.4502	-.5000	.02401
.55	5.1117	.4502	-.2444	.00540
.60	3.2733	.3189	-.0808	-.00273
.65	1.6293	.1777	.0007	-.00473
.70	.5604	.0755	.0287	-.00400
.75	.0181	.0175	.0296	-.00254
.80	-.1774	-.0078	.0208	-.00128
.85	-.1937	-.0142	.0111	-.00048
.90	-.1419	-.0120	.0040	-.00010
.95	-.0780	-.0070	.0001	-.00000
1.00	-.0017	-.0016	-.0000	-.00000

B/L= 2.00   DS/B1= .10   KS= .003

XM/L=0.0

X/L	FP	FS	FQ	FM
.05	157.9404	8.9294	7.8970	-.80257
.10	-30.2410	-.4119	6.3850	-.44552
.15	-48.3168	-3.5442	3.9691	-.18667
.20	-41.2134	-3.5658	1.9085	-.03973
.25	-25.9083	-2.4984	.6131	.02331
.30	-12.6986	-1.3758	-.0219	.03808
.35	-4.2607	-.5733	-.2349	.03166
.40	-.0479	-.1241	-.2373	.01986
.45	1.4225	.0675	-.1662	.00977
.50	1.4986	.1124	-.0913	.00334
.55	1.0701	.0933	-.0378	.00011
.60	.5976	.0581	-.0079	-.00103
.65	.2533	.0281	.0048	-.00111
.70	.0577	.0091	.0077	-.00080
.75	-.0275	-.0003	.0063	-.00045
.80	-.0490	-.0036	.0039	-.00019
.85	-.0420	-.0037	.0018	-.00005
.90	-.0270	-.0026	.0004	.00000
.95	-.0127	-.0013	-.0002	.00001
1.00	.0047	-.0001	.0000	-.00000

XM/L=0.1

X/L	FP	FS	FQ	FM
.05	97.0701	6.2241	4.8535	.12134
.10	34.4888	2.8523	6.5779	-.59288
.15	-32.0625	-1.8759	4.9748	-.30406
.20	-43.0589	-3.4029	2.8219	-.10914
.25	-32.1575	-2.9087	1.2140	-.00824
.30	-18.5450	-1.8611	.2868	.02928
.35	-8.1647	-.9380	-.1215	.03341
.40	-2.0880	-.3369	-.2259	.02473
.45	.6479	-.0285	-.1935	.01424
.50	1.3967	.0856	-.1236	.00631
.55	1.2315	.0984	-.0621	.00167
.60	.8009	.0726	-.0220	-.00043
.65	.4093	.0414	-.0016	-.00102
.70	.1500	.0179	.0059	-.00091
.75	.0149	.0043	.0067	-.00060
.80	-.0366	-.0019	.0049	-.00031
.85	-.0438	-.0035	.0027	-.00012
.90	-.0332	-.0030	.0010	-.00003
.95	-.0188	-.0019	.0001	-.00000
1.00	-.0012	-.0006	-.0000	-.00000

XM/L=0.2

X/L	FP	FS	FQ	FM
.05	15.8451	1.5147	.7923	.01981
.10	28.6611	2.5791	2.2253	.09525
.15	38.6141	3.0981	4.1560	.25478
.20	29.7606	1.9073	5.6440	-.50022
.25	-28.3888	-1.7754	4.2246	-.25350
.30	-37.1268	-2.9690	2.3683	-.08868
.35	-27.3348	-2.4903	1.0015	-.00444
.40	-15.5826	-1.5745	.2224	.02616
.45	-6.7492	-.7836	-.1151	.02884
.50	-1.6378	-.2747	-.1970	.02104
.55	.6277	-.0170	-.1656	.01198
.60	1.2203	.0763	-.1046	.00523
.65	1.0549	.0848	-.0518	.00132
.70	.6781	.0617	-.0179	-.00042
.75	.3429	.0348	-.0008	-.00089
.80	.1238	.0149	.0054	-.00077
.85	.0110	.0034	.0060	-.00049
.90	-.0320	-.0018	.0044	-.00023
.95	-.0397	-.0034	.0024	-.00006
1.00	-.0480	-.0036	-.0000	-.00000

XM/L=0.3

X/L	FP	FS	FQ	FM
.05	-5.4747	-.1407	-.2737	-.00684
.10	6.5415	.6893	.0533	-.01235
.15	16.4496	1.6221	.8758	.01088
.20	28.4127	2.5795	2.2965	.09018
.25	38.0845	3.0611	4.2007	.25261
.30	29.3045	1.8685	5.6659	-.50072
.35	-28.6799	-1.8031	4.2319	-.25328
.40	-37.2720	-2.9844	2.3683	-.08827
.45	-27.3856	-2.4969	.9990	-.00409
.50	-15.5854	-1.5761	.2198	.02638
.55	-6.7347	-.7829	-.1170	.02895
.60	-1.6216	-.2735	-.1981	.02107
.65	.6406	-.0158	-.1660	.01197
.70	1.2301	.0773	-.1045	.00521
.75	1.0643	.0858	-.0513	.00131
.80	.6895	.0628	-.0168	-.00039
.85	.3560	.0358	.0010	-.00079
.90	.1323	.0152	.0076	-.00057
.95	.0016	.0014	.0077	-.00019
1.00	-.1533	-.0085	-.0000	-.00000

XM/L=0.4

X/L	FP	FS	FQ	FM
.05	-4.0712	-.2338	-.2036	-.00509
.10	-.8677	-.0309	-.2469	-.01635
.15	1.8045	.2782	-.1567	-.02644
.20	7.0129	.8033	.1939	-.02551
.25	15.7979	1.5954	.9838	.00393
.30	27.5181	2.5119	2.3597	.08752
.35	37.3886	2.9998	4.2292	.25224
.40	28.8901	1.8278	5.6737	-.50019
.45	-28.8708	-1.8243	4.2301	-.25259
.50	-37.3281	-2.9926	2.3637	-.08775
.55	-27.3783	-2.4981	.9948	-.00378
.60	-15.5581	-1.5744	.2169	.02651
.65	-6.7070	-.7806	-.1184	.02897
.70	-1.5978	-.2712	-.1983	.02105
.75	.6636	-.0135	-.1652	.01196
.80	1.2571	.0798	-.1023	.00528
.85	1.0953	.0882	-.0475	.00153
.90	.7118	.0637	-.0119	.00004
.95	.3412	.0321	.0051	-.00013
1.00	-.1022	.0013	-.0000	-.00000

XM/L=0.5

X/L	FP	FS	FQ	FM
.05	-.9611	-.0747	-.0481	-.00120
.10	-1.1247	-.0925	-.1043	-.00501
.15	-1.2569	-.0805	-.1671	-.01180
.20	-.6512	.0142	-.1997	-.02097
.25	1.6094	.2721	-.1192	-.02894
.30	6.7126	.7811	.2164	-.02651
.35	15.5568	1.5744	.9942	.00376
.40	27.3714	2.4976	2.3628	.08768
.45	37.3195	2.9922	4.2288	.25247
.50	28.8690	1.8248	5.6722	-.50000
.55	-28.8690	-1.8248	4.2288	-.25247
.60	-37.3195	-2.9922	2.3628	-.08768
.65	-27.3714	-2.4976	.9942	-.00376
.70	-15.5568	-1.5744	.2164	.02651
.75	-6.7126	-.7811	-.1192	.02894
.80	-1.6093	-.2721	-.1997	.02097
.85	.6512	-.0142	-.1671	.01180
.90	1.2569	.0805	-.1043	.00501
.95	1.1246	.0925	-.0481	.00120
1.00	.9611	.0747	-.0000	-.00000

B/L= 2.00 DS/B1= .10 KS= .010

XQ/L=0.0

X/L	FP	FS	FQ	FM
.05	14.9313	.9946	-.2534	-.03134
.10	5.5347	.5903	.0233	-.03709
.15	2.5516	.2904	.1509	-.03273
.20	.5879	.0959	.1803	-.02446
.25	-.4161	-.0125	.1595	-.01596
.30	-.8001	-.0605	.1195	-.00899
.35	-.8252	-.0713	.0782	-.00405
.40	-.6798	-.0627	.0442	-.00099
.45	-.4833	-.0469	.0201	.00062
.50	-.3003	-.0306	.0050	.00125
.55	-.1584	-.0173	-.0029	.00130
.60	-.0624	-.0078	-.0060	.00108
.65	-.0058	-.0019	-.0063	.00077
.70	.0218	.0012	-.0052	.00049
.75	.0307	.0025	-.0037	.00026
.80	.0292	.0026	-.0022	.00012
.85	.0230	.0022	-.0011	.00004
.90	.0154	.0015	-.0003	.00000
.95	.0078	.0008	.0001	-.00000
1.00	-.0021	.0001	-.0000	-.00000

XQ/L=0.1

X/L	FP	FS	FQ	FM
.05	5.6708	.4273	.2835	.00709
.10	4.5382	.4295	-.4895	.02694
.15	4.1154	.3851	-.2838	.00761
.20	2.9943	.2934	-.1341	-.00284
.25	1.9026	.1954	-.0389	-.00717
.30	1.0324	.1131	.0127	-.00782
.35	.4319	.0535	.0343	-.00665
.40	.0709	.0158	.0378	-.00484
.45	-.1103	-.0046	.0323	-.00309
.50	-.1736	-.0132	.0236	-.00169
.55	-.1702	-.0147	.0151	-.00072
.60	-.1364	-.0125	.0083	-.00014
.65	-.0951	-.0092	.0035	.00016
.70	-.0581	-.0059	.0006	.00026
.75	-.0300	-.0032	-.0009	.00026
.80	-.0113	-.0014	-.0014	.00020
.85	-.0003	-.0002	-.0014	.00013
.90	.0056	.0004	-.0012	.00007
.95	.0085	.0008	-.0007	.00002
1.00	.0147	.0010	-.0000	-.00000

XQ/L=0.2

X/L	FP	FS	FQ	FM
.05	.6435	.0836	.0322	.00080
.10	1.9559	.1909	.1300	.00486
.15	3.0576	.2902	.2829	.01518
.20	3.9438	.3605	-.5200	.03425
.25	3.9359	.3610	-.3232	.01317
.30	3.0667	.2947	-.1698	.00085
.35	2.0733	.2084	-.0662	-.00505
.40	1.2156	.1290	-.0054	-.00684
.45	.5857	.0678	.0239	-.00638
.50	.1817	.0266	.0330	-.00496
.55	-.0407	.0025	.0309	-.00336
.60	-.1367	-.0092	.0241	-.00198
.65	-.1559	-.0129	.0163	-.00097
.70	-.1360	-.0122	.0095	-.00033
.75	-.1016	-.0096	.0044	.00002
.80	-.0668	-.0066	.0011	.00016
.85	-.0377	-.0039	-.0008	.00017
.90	-.0151	-.0017	-.0015	.00011
.95	.0021	.0001	-.0014	.00004
1.00	.0289	.0017	-.0000	-.00000

XQ/L=0.3

X/L	FP	FS	FQ	FM
.05	-.7811	-.0337	-.0391	-.00098
.10	.3737	.0408	-.0204	-.00246
.15	1.1726	.1205	.0383	-.00201
.20	2.0937	.2073	.1429	.00252
.25	3.0736	.2941	.2966	.01350
.30	3.8979	.3577	-.5085	.03321
.35	3.8708	.3557	-.3149	.01262
.40	3.0052	.2892	-.1647	.00063
.45	2.0252	.2038	-.0634	-.00507
.50	1.1828	.1257	-.0043	-.00676
.55	.5659	.0657	.0240	-.00627
.60	.1712	.0254	.0326	-.00486
.65	-.0456	.0019	.0303	-.00328
.70	-.1388	-.0095	.0234	-.00194
.75	-.1570	-.0130	.0155	-.00097
.80	-.1368	-.0122	.0087	-.00037
.85	-.1014	-.0095	.0036	-.00006
.90	-.0635	-.0061	.0004	.00004
.95	-.0283	-.0028	-.0010	.00002
1.00	.0199	.0005	-.0000	-.00000

XQ/L=0.4

X/L	FP	FS	FQ	FM
.05	-.6842	-.0414	-.0342	-.00086
.10	-.1629	-.0126	-.0424	-.00277
.15	.1539	.0217	-.0347	-.00469
.20	.5985	.0672	-.0047	-.00568
.25	1.2226	.1284	.0564	-.00439
.30	2.0459	.2051	.1587	.00099
.35	2.9912	.2876	.3082	.01266
.40	3.8153	.3505	-.5010	.03284
.45	3.8040	.3494	-.3108	.01255
.50	2.9585	.2846	-.1629	.00071
.55	1.9966	.2009	-.0630	-.00494
.60	1.1680	.1240	-.0046	-.00663
.65	.5603	.0650	.0234	-.00616
.70	.1708	.0252	.0319	-.00478
.75	-.0436	.0020	.0297	-.00324
.80	-.1363	-.0093	.0229	-.00192
.85	-.1550	-.0128	.0152	-.00097
.90	-.1355	-.0121	.0084	-.00038
.95	-.1005	-.0094	.0034	-.00008
1.00	-.0675	-.0060	-.0000	-.00000

XQ/L=0.5

X/L	FP	FS	FQ	FM
.05	-.3087	-.0215	-.0154	-.00039
.10	-.1943	-.0174	-.0251	-.00140
.15	-.1462	-.0107	-.0325	-.00284
.20	-.0361	.0023	-.0343	-.00451
.25	.1849	.0263	-.0250	-.00599
.30	.5746	.0662	.0037	-.00652
.35	1.1787	.1250	.0626	-.00486
.40	2.0012	.2012	.1627	.00077
.45	2.9551	.2842	.3105	.01260
.50	3.7907	.3481	-.5000	.03286
.55	3.7907	.3481	-.3105	.01260
.60	2.9551	.2842	-.1627	.00077
.65	2.0012	.2012	-.0626	-.00486
.70	1.1787	.1250	-.0037	-.00652
.75	.5746	.0662	.0250	-.00599
.80	.1849	.0263	.0343	-.00451
.85	-.0361	.0023	.0325	-.00284
.90	-.1462	-.0107	.0251	-.00140
.95	-.1943	-.0174	.0154	-.00039
1.00	-.3087	-.0215	-.0000	-.00000

B/L= 2.00 DS/B1= .10 KS= .010

XM/L=0.0

X/L	FP	FS	FQ	FM
.05	99.2893	5.9834	4.9645	-.87589
.10	3.7919	1.3053	5.1541	-.62293
.15	-17.3057	-1.1233	4.2888	-.38685
.20	-24.6099	-2.0427	3.0583	-.20318
.25	-23.1039	-2.0847	1.9031	-.07914
.30	-17.9758	-1.7105	1.0043	-.00646
.35	-12.1663	-1.2134	.3960	.02855
.40	-7.1548	-.7533	.0382	.03940
.45	-3.4685	-.3974	-.1352	.03698
.50	-1.0980	-.1571	-.1901	.02884
.55	.2121	-.0159	-.1795	.01961
.60	.7823	.0527	-.1404	.01161
.65	.9018	.0747	-.0953	.00572
.70	.7902	.0711	-.0558	.00194
.75	.5926	.0561	-.0261	-.00011
.80	.3909	.0387	-.0066	-.00093
.85	.2213	.0228	.0045	-.00098
.90	.0896	.0099	.0089	-.00064
.95	-.0111	-.0005	.0084	-.00021
1.00	-.1678	-.0096	.0000	-.00000

XM/L=0.1

X/L	FP	FS	FQ	FM
.05	74.5258	4.8112	3.7263	.09316
.10	24.5289	2.3305	4.9527	-.68987
.15	-9.0808	-.3724	4.4987	-.45358
.20	-22.1337	-1.7380	3.3920	-.25631
.25	-23.2530	-2.0457	2.2294	-.11578
.30	-19.3016	-1.8025	1.2643	-.02844
.35	-13.7745	-1.3490	.5756	.01756
.40	-8.5850	-.8835	.1463	.03560
.45	-4.5434	-.5004	-.0809	.03724
.50	-1.8034	-.2281	-.1710	.03094
.55	-.1876	-.0585	-.1804	.02216
.60	.6005	.0313	-.1504	.01389
.65	.8560	.0673	-.1076	.00744
.70	.8167	.0715	-.0667	.00308
.75	.6480	.0602	-.0343	.00055
.80	.4498	.0437	-.0119	-.00060
.85	.2707	.0273	.0017	-.00086
.90	.1247	.0133	.0079	-.00062
.95	.0088	.0014	.0084	-.00021
1.00	-.1671	-.0091	-.0000	-.00000

XM/L=0.2

X/L	FP	FS	FQ	FM
.05	28.5286	2.1221	1.4264	.03566
.10	22.1543	2.0737	2.5341	.13468
.15	20.7644	1.7767	3.5724	.28734
.20	11.8921	.8533	4.1670	-.51918
.25	-12.2967	-.8437	3.5521	-.32620
.30	-19.9083	-1.6515	2.5567	-.17348
.35	-19.0227	-1.7160	1.6056	-.06942
.40	-14.9602	-1.4221	.8576	-.00784
.45	-10.2121	-1.0169	.3470	.02227
.50	-6.0620	-.6366	.0439	.03204
.55	-2.9811	-.3396	-.1052	.03051
.60	-.9816	-.1374	-.1543	.02402
.65	.1373	-.0174	-.1474	.01648
.70	.6364	.0420	-.1156	.00991
.75	.7536	.0620	-.0779	.00507
.80	.6701	.0598	-.0444	.00201
.85	.5044	.0472	-.0192	.00042
.90	.3211	.0311	-.0031	-.00014
.95	.1484	.0146	.0043	-.00011
1.00	-.0858	-.0014	-.0000	-.00000

XM/L=0.3

X/L	FP	FS	FQ	FM
.05	3.6920	.4405	.1846	.00461
.10	9.7481	.9443	.6720	.02603
.15	14.9529	1.4052	1.4197	.07832
.20	19.0569	1.7142	2.3725	.17312
.25	19.8422	1.6520	3.3646	.31655
.30	12.2846	.8615	3.9788	-.49986
.35	-11.3938	-.7751	3.4091	-.31516
.40	-18.9439	-1.5679	2.4619	-.16839
.45	-18.2146	-1.6412	1.5512	-.06806
.50	-14.3787	-1.3655	.8323	-.00847
.55	-9.8465	-.9795	.3400	.02084
.60	-5.8662	-.6152	.0466	.03050
.65	-2.9014	-.3297	-.0984	.02921
.70	-.9711	-.1347	-.1470	.02307
.75	.1139	-.0185	-.1413	.01587
.80	.6024	.0394	-.1112	.00956
.85	.7225	.0594	-.0750	.00490
.90	.6488	.0579	-.0426	.00196
.95	.4938	.0463	-.0179	.00045
1.00	.3582	.0312	-.0000	-.00000

XM/L=0.4

X/L	FP	FS	FQ	FM
.05	-3.5966	-.1500	-.1798	-.00450
.10	1.9847	.2121	-.0806	-.01101
.15	5.8749	.5980	.2132	-.00769
.20	10.3273	1.0138	.7295	.01587
.25	15.0087	1.4205	1.4800	.07111
.30	18.8511	1.7015	2.4225	.16867
.35	19.5580	1.6287	3.4004	.31424
.40	12.0185	.8376	4.0013	-.50071
.45	-11.6022	-.7950	3.4212	-.31515
.50	-19.0897	-1.5825	2.4667	-.16795
.55	-18.3102	-1.6513	1.5512	-.06750
.60	-14.4433	-1.3726	.8291	-.00799
.65	-9.8987	-.9852	.3341	.02109
.70	-5.9192	-.6205	.0382	.03040
.75	-2.9593	-.3350	-.1098	.02860
.80	-1.0246	-.1388	-.1610	.02183
.85	.0921	-.0186	-.1564	.01390
.90	.6655	.0480	-.1231	.00691
.95	.9311	.0836	-.0766	.00191
1.00	1.5319	.1063	-.0000	-.00000

XM/L=0.5

X/L	FP	FS	FQ	FM
.05	-3.3058	-.1990	-.1653	-.00413
.10	-.7225	-.0550	-.2014	-.01330
.15	.8603	.1149	-.1584	-.02230
.20	3.0609	.3385	-.0054	-.02639
.25	6.1178	.6361	.3005	-.01901
.30	10.1050	1.0036	.8058	.00865
.35	14.6220	1.3899	1.5369	.06721
.40	18.4621	1.6670	2.4600	.16714
.45	19.2375	1.5983	3.4219	.31418
.50	11.7793	.8136	4.0108	-.50000
.55	-11.7793	-.8136	3.4219	-.31418
.60	-19.2375	-1.5983	2.4600	-.16714
.65	-18.4621	-1.6670	1.5369	-.06721
.70	-14.6220	-1.3899	.8058	-.00865
.75	-10.1050	-1.0036	.3005	.01901
.80	-6.1178	-.6361	-.0054	.02639
.85	-3.0609	-.3385	-.1584	.02230
.90	-.8603	-.1149	-.2014	.01330
.95	.7225	.0550	-.1653	.00413
1.00	3.3058	.1990	-.0000	-.00000

B/L= 2.00   DS/B1= .10   KS= .020

XQ/L=0.0

X/L	FP	FS	FQ	FM
.05	13.0538	.8860	-.3473	-.03368
.10	5.6644	.5843	-.0641	-.04397
.15	3.2324	.3418	.0975	-.04313
.20	1.4037	.1651	.1677	-.03650
.25	.2578	.0484	.1806	-.02779
.30	-.3802	-.0201	.1616	-.01924
.35	-.6613	-.0534	.1285	-.01198
.40	-.7151	-.0634	.0928	-.00645
.45	-.6416	-.0597	.0607	-.00261
.50	-.5116	-.0492	.0351	-.00022
.55	-.3705	-.0367	.0166	.00107
.60	-.2435	-.0249	.0044	.00160
.65	-.1422	-.0152	-.0027	.00164
.70	-.0686	-.0079	-.0061	.00142
.75	-.0199	-.0029	-.0071	.00109
.80	.0092	.0002	-.0067	.00075
.85	.0243	.0019	-.0054	.00044
.90	.0310	.0028	-.0039	.00021
.95	.0330	.0031	-.0022	.00006
1.00	.0449	.0033	-.0000	-.00000

XQ/L=0.1

X/L	FP	FS	FQ	FM
.05	5.9672	.4398	.2984	.00746
.10	4.2509	.4105	-.4891	.02769
.15	3.7356	.3570	-.3023	.00791
.20	2.8321	.2790	-.1607	-.00367
.25	1.9536	.1983	-.0630	-.00926
.30	1.2111	.1276	-.0025	-.01090
.35	.6466	.0721	.0299	-.01022
.40	.2565	.0327	.0427	-.00840
.45	.0138	.0072	.0434	-.00625
.50	-.1165	-.0073	.0375	-.00423
.55	-.1692	-.0139	.0291	-.00256
.60	-.1736	-.0155	.0204	-.00133
.65	-.1518	-.0141	.0128	-.00050
.70	-.1193	-.0115	.0068	-.00000
.75	-.0855	-.0084	.0026	.00023
.80	-.0553	-.0056	-.0002	.00029
.85	-.0302	-.0032	-.0017	.00024
.90	-.0097	-.0011	-.0022	.00015
.95	.0072	.0006	-.0018	.00005
1.00	.0366	.0022	-.0000	-.00000

XQ/L=0.2

X/L	FP	FS	FQ	FM
.05	1.4632	.1335	.0732	.00183
.10	2.0852	.2040	.1774	.00809
.15	2.7939	.2674	.3171	.02046
.20	3.3181	.3099	-.5170	.04046
.25	3.3001	.3087	-.3520	.01874
.30	2.7523	.2652	-.2144	.00458
.35	2.0663	.2047	-.1110	-.00356
.40	1.4080	.1437	-.0407	-.00735
.45	.8592	.0911	.0023	-.00831
.50	.4467	.0504	.0246	-.00763
.55	.1647	.0218	.0329	-.00620
.60	-.0083	.0035	.0325	-.00456
.65	-.0993	-.0067	.0275	-.00306
.70	-.1342	-.0112	.0208	-.00186
.75	-.1342	-.0120	.0141	-.00099
.80	-.1154	-.0107	.0083	-.00043
.85	-.0882	-.0084	.0039	-.00012
.90	-.0585	-.0057	.0010	.00000
.95	-.0295	-.0029	-.0005	.00001
1.00	.0101	-.0001	-.0000	-.00000

XQ/L=0.3

X/L	FP	FS	FQ	FM
.05	-.4029	-.0071	-.0201	-.00050
.10	.6104	.0622	.0104	-.00075
.15	1.3276	.1325	.0768	.00143
.20	2.0712	.2025	.1803	.00786
.25	2.7753	.2658	.3191	.02034
.30	3.3031	.3085	-.5158	.04043
.35	3.2888	.3076	-.3513	.01875
.40	2.7445	.2645	-.2141	.00461
.45	2.0616	.2042	-.1110	-.00352
.50	1.4056	.1435	-.0407	-.00731
.55	.8585	.0911	.0022	-.00827
.60	.4471	.0505	.0245	-.00761
.65	.1657	.0219	.0328	-.00617
.70	-.0071	.0036	.0325	-.00454
.75	-.0983	-.0066	.0276	-.00304
.80	-.1336	-.0112	.0209	-.00183
.85	-.1346	-.0121	.0141	-.00095
.90	-.1172	-.0109	.0083	-.00039
.95	-.0916	-.0088	.0037	-.00009
1.00	-.0740	-.0063	-.0000	-.00000

XQ/L=0.4

X/L	FP	FS	FQ	FM
.05	-.7574	-.0433	-.0379	-.00095
.10	-.0549	-.0030	-.0406	-.00291
.15	.3660	.0401	-.0223	-.00448
.20	.8586	.0889	.0206	-.00452
.25	1.4328	.1446	.0922	-.00170
.30	2.0804	.2051	.1963	.00551
.35	2.7342	.2631	.3330	.01874
.40	3.2422	.3034	-.5049	.03944
.45	3.2270	.3021	-.3436	.01823
.50	2.6923	.2596	-.2089	.00442
.55	2.0233	.2005	-.1078	-.00350
.60	1.3819	.1411	-.0387	-.00716
.65	.8477	.0898	.0037	-.00804
.70	.4459	.0501	.0260	-.00730
.75	.1700	.0220	.0345	-.00578
.80	-.0028	.0037	.0343	-.00406
.85	-.1006	-.0072	.0293	-.00247
.90	-.1513	-.0132	.0218	-.00119
.95	-.1750	-.0165	.0130	-.00033
1.00	-.2601	-.0187	-.0000	-.00000

XQ/L=0.5

X/L	FP	FS	FQ	FM
.05	-.5436	-.0355	-.0272	-.00068
.10	-.2186	-.0199	-.0381	-.00231
.15	-.0550	-.0022	-.0409	-.00429
.20	.1629	.0205	-.0327	-.00613
.25	.4615	.0510	-.0096	-.00718
.30	.8703	.0916	.0339	-.00658
.35	1.4009	.1426	.1039	-.00313
.40	2.0316	.2011	.2055	.00460
.45	2.6858	.2589	.3398	.01823
.50	3.2042	.2999	-.5000	.03923
.55	3.2042	.2999	-.3398	.01823
.60	2.6858	.2589	-.2055	.00460
.65	2.0316	.2011	-.1039	-.00313
.70	1.4009	.1426	-.0339	-.00658
.75	.8703	.0916	.0096	-.00718
.80	.4615	.0510	.0327	-.00613
.85	.1629	.0205	.0409	-.00429
.90	-.0550	-.0022	.0381	-.00231
.95	-.2186	-.0199	.0272	-.00068
1.00	-.5436	-.0355	-.0000	-.00000

B/L= 2.00 DS/B1= .10 KS= .020

XM/L=0.0

X/L	FP	FS	FQ	FM
.05	74.6619	4.6441	3.7331	-.90667
.10	11.0455	1.5906	4.2854	-.70621
.15	-6.0239	-.2515	3.9842	-.49947
.20	-14.7604	-1.1903	3.2462	-.31871
.25	-17.0936	-1.5177	2.3915	-.17777
.30	-15.8545	-1.4755	1.5987	-.07802
.35	-12.9281	-1.2438	.9523	-.01424
.40	-9.5373	-.9450	.4755	.02145
.45	-6.3875	-.6531	.1561	.03724
.50	-3.8139	-.4063	-.0346	.04028
.55	-1.9106	-.2181	-.1301	.03616
.60	-.6310	-.0876	-.1617	.02887
.65	.1381	-.0060	-.1548	.02096
.70	.5289	.0383	-.1283	.01388
.75	.6642	.0565	-.0951	.00829
.80	.6437	.0582	-.0629	.00434
.85	.5400	.0506	-.0359	.00187
.90	.3996	.0383	-.0160	.00057
.95	.2493	.0243	-.0035	.00009
1.00	.0698	.0099	.0000	-.00000

XM/L=0.1

X/L	FP	FS	FQ	FM
.05	60.4683	3.9510	3.0234	.07559
.10	21.3974	2.0885	4.0933	-.74650
.15	-1.2946	.1699	4.0286	-.54345
.20	-12.7013	-.9688	3.3935	-.35790
.25	-16.4462	-1.4336	2.5712	-.20878
.30	-16.0357	-1.4759	1.7694	-.10027
.35	-13.5134	-1.2889	1.0937	-.02869
.40	-10.2503	-1.0073	.5812	.01318
.45	-7.0656	-.7156	.2279	.03341
.50	-4.3770	-.4600	.0091	.03934
.55	-2.3330	-.2597	-.1076	.03687
.60	-.9194	-.1169	-.1535	.03035
.65	-.0388	-.0246	-.1555	.02262
.70	.4357	.0279	-.1337	.01539
.75	.6286	.0520	-.1023	.00949
.80	.6441	.0575	-.0701	.00519
.85	.5607	.0521	-.0420	.00238
.90	.4309	.0411	-.0205	.00082
.95	.2856	.0278	-.0062	.00015
1.00	.1239	.0137	-.0000	-.00000

XM/L=0.2

X/L	FP	FS	FQ	FM
.05	30.1995	2.1606	1.5100	.03775
.10	19.1378	1.8299	2.4669	.13717
.15	15.3338	1.3710	3.2336	.27968
.20	7.6062	.6018	3.6139	-.54913
.25	-7.4882	-.5266	3.2395	-.37780
.30	-13.6021	-1.1485	2.5594	-.23283
.35	-14.5182	-1.3145	1.8334	-.12301
.40	-12.9068	-1.2159	1.1881	-.04747
.45	-10.2043	-.9915	.6779	-.00082
.50	-7.3210	-.7325	.3118	.02392
.55	-4.7561	-.4919	.0740	.03357
.60	-2.7253	-.2951	-.0622	.03386
.65	-1.2650	-.1494	-.1255	.02917
.70	-.3125	-.0511	-.1411	.02250
.75	.2384	.0083	-.1292	.01575
.80	.5019	.0392	-.1041	.00991
.85	.5798	.0508	-.0751	.00543
.90	.5532	.0510	-.0474	.00237
.95	.4753	.0455	-.0237	.00059
1.00	.4737	.0378	-.0000	-.00000

XM/L=0.3

X/L	FP	FS	FQ	FM
.05	9.1798	.7663	.4590	.01147
.10	10.3168	1.0008	.9748	.04732
.15	12.6511	1.1927	1.6074	.11188
.20	13.9199	1.2673	2.3034	.20965
.25	12.9268	1.1028	2.9497	.34097
.30	7.1927	.5275	3.3094	-.50255
.35	-6.8287	-.4881	2.9679	-.34562
.40	-12.4794	-1.0561	2.3439	-.21282
.45	-13.3181	-1.2072	1.6780	-.11227
.50	-11.8439	-1.1166	1.0858	-.04317
.55	-9.3737	-.9113	.6172	-.00060
.60	-6.7410	-.6745	.2801	.02183
.65	-4.4008	-.4548	.0601	.03034
.70	-2.5466	-.2749	-.0673	.03016
.75	-1.2060	-.1407	-.1276	.02529
.80	-.3135	-.0484	-.1432	.01852
.85	.2385	.0111	-.1313	.01165
.90	.5688	.0480	-.1029	.00580
.95	.7663	.0719	-.0646	.00161
1.00	1.2911	.0903	-.0000	-.00000

XM/L=0.4

X/L	FP	FS	FQ	FM
.05	-.4901	.0610	-.0245	-.00061
.10	3.5672	.3562	.1539	.00262
.15	6.6215	.6505	.4849	.01859
.20	9.6620	.9300	.9680	.05491
.25	12.3038	1.1558	1.5832	.11870
.30	13.8159	1.2533	2.2740	.21513
.35	12.9566	1.1026	2.9218	.34502
.40	7.2815	.5338	3.2859	-.49978
.45	-6.7326	-.4802	2.9493	-.34390
.50	-12.4089	-1.0501	2.3288	-.21195
.55	-13.2918	-1.2050	1.6643	-.11212
.60	-11.8691	-1.1189	1.0708	-.04374
.65	-9.4477	-.9178	.5984	-.00201
.70	-6.8499	-.6839	.2559	.01934
.75	-4.5165	-.4640	.0301	.02649
.80	-2.6220	-.2792	-.1010	.02472
.85	-1.1695	-.1332	-.1595	.01821
.90	-.0595	-.0196	-.1625	.01016
.95	.8088	.0727	-.1220	.00305
1.00	2.4402	.1552	-.0000	-.00000

XM/L=0.5

X/L	FP	FS	FQ	FM
.05	-2.9804	-.1602	-.1490	-.00373
.10	.2107	.0300	-.1385	-.01091
.15	2.1977	.2313	-.0286	-.01509
.20	4.4617	.4524	.1945	-.01094
.25	6.9972	.6937	.5443	.00753
.30	9.6898	.9387	1.0288	.04686
.35	12.1435	1.1444	1.6360	.11348
.40	13.5691	1.2318	2.3145	.21224
.45	12.6819	1.0770	2.9486	.34382
.50	7.0051	.5071	3.2988	-.50000
.55	-7.0051	-.5071	2.9486	-.34382
.60	-12.6819	-1.0770	2.3145	-.21224
.65	-13.5691	-1.2318	1.6360	-.11348
.70	-12.1435	-1.1444	1.0288	-.04686
.75	-9.6898	-.9387	.5443	-.00753
.80	-6.9972	-.6937	.1945	.01094
.85	-4.4617	-.4524	-.0286	.01509
.90	-2.1977	-.2313	-.1385	.01091
.95	-.2107	-.0300	-.1490	.00373
1.00	2.9804	.1602	-.0000	-.00000

B/L= 2.00 DS/B1= .10 KS= .050

XQ/L=0.0

X/L	FP	FS	FQ	FM
.05	10.8439	.7516	-.4578	-.03645
.10	5.4484	.5498	-.1854	-.05252
.15	3.6967	.3750	-.0005	-.05717
.20	2.2106	.2334	.1100	-.05444
.25	1.1181	.1254	.1659	-.04754
.30	.3537	.0480	.1836	-.03880
.35	-.1414	-.0034	.1765	-.02980
.40	-.4274	-.0343	.1551	-.02151
.45	-.5603	-.0498	.1271	-.01445
.50	-.5883	-.0545	.0977	-.00883
.55	-.5504	-.0523	.0702	-.00464
.60	-.4762	-.0461	.0464	-.00172
.65	-.3867	-.0380	.0270	.00011
.70	-.2957	-.0294	.0123	.00110
.75	-.2109	-.0213	.0017	.00145
.80	-.1356	-.0139	-.0051	.00136
.85	-.0698	-.0073	-.0085	.00102
.90	-.0113	-.0015	-.0091	.00058
.95	.0408	.0038	-.0071	.00018
1.00	.1415	.0089	-.0000	-.00000

XQ/L=0.1

X/L	FP	FS	FQ	FM
.05	5.9730	.4349	.2986	.00747
.10	3.9664	.3885	-.5030	.02736
.15	3.4229	.3325	-.3319	.00648
.20	2.6984	.2672	-.1970	-.00674
.25	2.0074	.2022	-.0966	-.01408
.30	1.3975	.1435	-.0267	-.01716
.35	.8950	.0942	.0180	-.01738
.40	.5051	.0554	.0433	-.01584
.45	.2206	.0266	.0543	-.01340
.50	.0268	.0066	.0557	-.01065
.55	-.0937	-.0062	.0510	-.00799
.60	-.1584	-.0134	.0430	-.00564
.65	-.1831	-.0166	.0339	-.00371
.70	-.1810	-.0169	.0248	-.00225
.75	-.1624	-.0155	.0167	-.00121
.80	-.1346	-.0130	.0100	-.00054
.85	-.1027	-.0100	.0049	-.00017
.90	-.0694	-.0069	.0014	-.00001
.95	-.0364	-.0036	-.0004	.00001
1.00	.0087	-.0004	-.0000	-.00000

XQ/L=0.2

X/L	FP	FS	FQ	FM
.05	2.3801	.1895	.1190	.00298
.10	2.2336	.2198	.2307	.01172
.15	2.5378	.2459	.3576	.02642
.20	2.7239	.2606	-.5062	.04771
.25	2.6537	.2540	-.3735	.02571
.30	2.3251	.2261	-.2573	.00994
.35	1.9013	.1876	-.1622	-.00055
.40	1.4621	.1465	-.0891	-.00683
.45	1.0564	.1076	-.0363	-.00997
.50	.7101	.0739	-.0008	-.01089
.55	.4329	.0464	.0209	-.01039
.60	.2238	.0254	.0320	-.00907
.65	.0756	.0102	.0358	-.00737
.70	-.0221	-.0000	.0347	-.00561
.75	-.0806	-.0064	.0307	-.00397
.80	-.1108	-.0098	.0251	-.00258
.85	-.1222	-.0114	.0190	-.00147
.90	-.1227	-.0117	.0129	-.00068
.95	-.1166	-.0114	.0071	-.00018
1.00	-.1413	-.0108	-.0000	-.00000

XQ/L=0.3

X/L	FP	FS	FQ	FM
.05	.3526	.0432	.0176	.00044
.10	.9288	.0926	.0641	.00248
.15	1.4316	.1412	.1356	.00748
.20	1.9148	.1869	.2314	.01665
.25	2.3364	.2255	.3482	.03114
.30	2.6250	.2499	-.5205	.05183
.35	2.6249	.2501	-.3893	.02909
.40	2.3423	.2269	-.2722	.01255
.45	1.9460	.1914	-.1749	.00138
.50	1.5206	.1518	-.0988	-.00547
.55	1.1192	.1135	-.0429	-.00901
.60	.7706	.0796	-.0044	-.01019
.65	.4865	.0516	.0200	-.00980
.70	.2671	.0295	.0333	-.00847
.75	.1053	.0130	.0386	-.00667
.80	-.0098	.0010	.0381	-.00475
.85	-.0906	-.0076	.0336	-.00296
.90	-.1498	-.0138	.0261	-.00147
.95	-.1941	-.0187	.0164	-.00041
1.00	-.3275	-.0231	-.0000	-.00000

XQ/L=0.4

X/L	FP	FS	FQ	FM
.05	-.4978	-.0234	-.0249	-.00062
.10	.1724	.0184	-.0163	-.00165
.15	.5977	.0608	.0136	-.00172
.20	1.0441	.1043	.0658	.00027
.25	1.4998	.1483	.1408	.00543
.30	1.9487	.1907	.2382	.01491
.35	2.3487	.2271	.3557	.02976
.40	2.6257	.2503	-.5130	.05083
.45	2.6213	.2500	-.3820	.02845
.50	2.3395	.2268	-.2650	.01228
.55	1.9468	.1915	-.1677	.00146
.60	1.5256	.1522	-.0914	-.00502
.65	1.1268	.1140	-.0350	-.00818
.70	.7768	.0799	.0038	-.00896
.75	.4851	.0510	.0281	-.00816
.80	.2490	.0272	.0405	-.00644
.85	.0588	.0079	.0435	-.00434
.90	-.1001	-.0083	.0385	-.00230
.95	-.2349	-.0224	.0267	-.00067
1.00	-.5341	-.0357	-.0000	-.00000

XQ/L=0.5

X/L	FP	FS	FQ	FM
.05	-.6658	-.0411	-.0333	-.00083
.10	-.1583	-.0144	-.0412	-.00269
.15	.1129	.0132	-.0356	-.00461
.20	.4136	.0431	-.0149	-.00587
.25	.7467	.0762	.0225	-.00568
.30	1.1201	.1128	.0785	-.00316
.35	1.5288	.1520	.1549	.00267
.40	1.9504	.1916	.2524	.01285
.45	2.3382	.2266	.3693	.02840
.50	2.6134	.2494	-.5000	.05013
.55	2.6134	.2494	-.3693	.02840
.60	2.3382	.2266	-.2524	.01285
.65	1.9504	.1916	-.1549	.00267
.70	1.5288	.1520	-.0785	-.00316
.75	1.1201	.1128	-.0225	-.00568
.80	.7467	.0762	.0149	-.00587
.85	.4136	.0431	.0356	-.00461
.90	.1129	.0132	.0412	-.00269
.95	-.1583	-.0144	.0333	-.00083
1.00	-.6658	-.0411	-.0000	-.00000

B/L= 2.00 DS/B1= .10 KS= .050

XM/L=0.0

X/L	FP	FS	FQ	FM
.05	50.4496	3.2536	2.5225	-.93694
.10	13.6154	1.5580	3.2033	-.79379
.15	2.2994	.3825	3.3182	-.63076
.20	-5.1496	-.3655	3.0607	-.47128
.25	-9.0361	-.7832	2.6089	-.32954
.30	-10.4936	-.9612	2.0843	-.21221
.35	-10.3604	-.9774	1.5662	-.12095
.40	-9.2872	-.8942	1.1019	-.05425
.45	-7.7532	-.7591	.7142	-.00884
.50	-6.0897	-.6055	.4097	.01925
.55	-4.5080	-.4555	.1843	.03411
.60	-3.1260	-.3217	.0280	.03942
.65	-1.9935	-.2102	-.0716	.03833
.70	-1.1139	-.1221	-.1273	.03335
.75	-.4613	-.0556	-.1504	.02641
.80	.0065	-.0070	-.1501	.01890
.85	.3378	.0279	-.1332	.01181
.90	.5829	.0537	-.1040	.00588
.95	.7682	.0742	-.0656	.00164
1.00	1.3128	.0924	.0000	-.00000

XM/L=0.1

X/L	FP	FS	FQ	FM
.05	43.8767	2.9212	2.1938	.05485
.10	17.6211	1.7400	3.0749	-.81344
.15	4.3546	.5624	3.2926	-.65425
.20	-4.0009	-.2495	3.0926	-.49462
.25	-8.4132	-.7171	2.6719	-.35051
.30	-10.2441	-.9316	2.1597	-.22972
.35	-10.3572	-.9727	1.6418	-.13468
.40	-9.4326	-.9051	1.1702	-.06438
.45	-7.9744	-.7784	.7715	-.01583
.50	-6.3361	-.6282	.4547	.01482
.55	-4.7466	-.4780	.2174	.03162
.60	-3.3376	-.3421	.0505	.03832
.65	-2.1690	-.2273	-.0580	.03813
.70	-1.2509	-.1357	-.1205	.03367
.75	-.5611	-.0655	-.1486	.02694
.80	-.0597	-.0138	-.1516	.01944
.85	.3015	.0241	-.1365	.01224
.90	.5735	.0525	-.1078	.00613
.95	.7831	.0755	-.0687	.00172
1.00	1.3732	.0962	-.0000	-.00000

XM/L=0.2

X/L	FP	FS	FQ	FM
.05	27.7376	1.9499	1.3869	.03467
.10	15.7362	1.5312	2.1737	.12369
.15	11.3894	1.0659	2.7432	.24661
.20	5.4549	.4903	3.0159	-.60942
.25	-3.0989	-.2011	2.8610	-.46249
.30	-7.5828	-.6462	2.4818	-.32892
.35	-9.3932	-.8543	2.0122	-.21657
.40	-9.5785	-.8993	1.5332	-.12794
.45	-8.7742	-.8416	1.0945	-.06225
.50	-7.4558	-.7274	.7217	-.01684
.55	-5.9555	-.5899	.4240	.01180
.60	-4.4881	-.4513	.1996	.02739
.65	-3.1768	-.3248	.0407	.03340
.70	-2.0766	-.2166	-.0631	.03284
.75	-1.1947	-.1285	-.1228	.02819
.80	-.5075	-.0587	-.1482	.02141
.85	.0263	-.0039	-.1469	.01403
.90	.4584	.0403	-.1240	.00726
.95	.8152	.0782	-.0832	.00208
1.00	1.6646	.1133	-.0000	-.00000

XM/L=0.3

X/L	FP	FS	FQ	FM
.05	13.5396	1.0140	.6770	.01692
.10	10.2149	.9989	1.1877	.06354
.15	10.0467	.9602	1.6901	.13549
.20	9.2322	.8624	2.1517	.23153
.25	7.3722	.6551	2.5203	.34833
.30	3.4981	.2744	2.6952	-.52128
.35	-3.6730	-.2793	2.5115	-.39112
.40	-7.2838	-.6345	2.1473	-.27464
.45	-8.6099	-.7904	1.7169	-.17804
.50	-8.5906	-.8111	1.2873	-.10293
.55	-7.7683	-.7480	.8989	-.04828
.60	-6.5429	-.6400	.5718	-.01151
.65	-5.1867	-.5145	.3124	.01059
.70	-3.8695	-.3890	.1189	.02138
.75	-2.6808	-.2733	-.0151	.02397
.80	-1.6512	-.1715	-.0976	.02115
.85	-.7703	-.0833	-.1362	.01531
.90	.0015	-.0060	-.1361	.00850
.95	.6818	.0641	-.1020	.00255
1.00	2.0400	.1309	-.0000	-.00000

XM/L=0.4

X/L	FP	FS	FQ	FM
.05	4.3247	.3711	.2162	.00541
.10	5.1469	.5076	.4736	.02265
.15	6.5376	.6360	.8005	.05450
.20	7.7192	.7417	1.1864	.10417
.25	8.4788	.8003	1.6104	.17409
.30	8.4435	.7759	2.0325	.26517
.35	7.1027	.6203	2.3877	.37567
.40	3.5524	.2729	2.5653	-.50050
.45	-3.4443	-.2619	2.3931	-.37655
.50	-6.9879	-.6088	2.0437	-.26563
.55	-8.3167	-.7634	1.6278	-.17384
.60	-8.3382	-.7867	1.2109	-.10287
.65	-7.5674	-.7276	.8326	-.05178
.70	-6.3813	-.6225	.5135	-.01813
.75	-5.0319	-.4968	.2619	.00125
.80	-3.6705	-.3664	.0784	.00976
.85	-2.3701	-.2395	-.0401	.01072
.90	-1.1415	-.1189	-.0972	.00729
.95	.0019	-.0038	-.0971	.00243
1.00	1.9421	.1084	-.0000	-.00000

XM/L=0.5

X/L	FP	FS	FQ	FM
.05	-.3217	.0265	-.0161	-.00040
.10	1.7653	.1777	.0722	.00100
.15	3.3067	.3288	.2375	.00874
.20	4.8564	.4772	.4803	.02669
.25	6.3297	.6153	.7968	.05862
.30	7.5907	.7281	1.1764	.10795
.35	8.3995	.7915	1.5963	.17726
.40	8.3904	.7699	2.0158	.26757
.45	7.0581	.6153	2.3688	.37718
.50	3.5037	.2677	2.5439	-.50000
.55	-3.5037	-.2677	2.3688	-.37718
.60	-7.0581	-.6153	2.0158	-.26757
.65	-8.3904	-.7699	1.5963	-.17726
.70	-8.3995	-.7915	1.1764	-.10795
.75	-7.5907	-.7281	.7968	-.05862
.80	-6.3297	-.6153	.4803	-.02669
.85	-4.8564	-.4772	.2375	-.00874
.90	-3.3067	-.3288	.0722	-.00100
.95	-1.7653	-.1777	-.0161	.00040
1.00	.3217	-.0265	-.0000	-.00000

B/L= 2.00 DS/B1= .10 KS= .100

XQ/L=0.0

X/L	FP	FS	FQ	FM
.05	9.3770	.6587	-.5311	-.03828
.10	5.1055	.5110	-.2759	-.05845
.15	3.7786	.3780	-.0869	-.06752
.20	2.5769	.2640	.0419	-.06865
.25	1.6226	.1705	.1230	-.06453
.30	.8845	.0970	.1673	-.05727
.35	.3381	.0418	.1842	-.04848
.40	-.0450	.0025	.1819	-.03933
.45	-.2946	-.0236	.1672	-.03061
.50	-.4391	-.0392	.1452	-.02280
.55	-.5045	-.0469	.1200	-.01617
.60	-.5131	-.0487	.0943	-.01081
.65	-.4830	-.0465	.0702	-.00669
.70	-.4285	-.0417	.0488	-.00372
.75	-.3601	-.0353	.0308	-.00173
.80	-.2850	-.0281	.0165	-.00055
.85	-.2075	-.0206	.0061	.00002
.90	-.1297	-.0130	-.0004	.00016
.95	-.0535	-.0055	-.0030	.00008
1.00	.0606	.0020	-.0000	-.00000

XQ/L=0.1

X/L	FP	FS	FQ	FM
.05	5.7540	.4181	.2877	.00719
.10	3.7598	.3702	-.5243	.02628
.15	3.2506	.3178	-.3618	.00413
.20	2.6333	.2612	-.2301	-.01067
.25	2.0502	.2057	-.1276	-.01961
.30	1.5243	.1548	-.0514	-.02409
.35	1.0723	.1105	.0022	-.02532
.40	.7003	.0736	.0372	-.02433
.45	.4067	.0442	.0576	-.02196
.50	.1851	.0218	.0668	-.01885
.55	.0261	.0055	.0681	-.01548
.60	-.0808	-.0057	.0641	-.01217
.65	-.1462	-.0127	.0568	-.00915
.70	-.1800	-.0165	.0478	-.00653
.75	-.1908	-.0180	.0383	-.00438
.80	-.1860	-.0178	.0289	-.00270
.85	-.1714	-.0166	.0204	-.00147
.90	-.1515	-.0148	.0128	-.00064
.95	-.1281	-.0126	.0064	-.00016
1.00	-.1280	-.0104	-.0000	-.00000

XQ/L=0.2

X/L	FP	FS	FQ	FM
.05	2.8589	.2189	.1429	.00357
.10	2.3156	.2286	.2587	.01362
.15	2.4175	.2358	.3796	.02957
.20	2.4394	.2367	-.4984	.05160
.25	2.3260	.2257	-.3821	.02959
.30	2.0717	.2030	-.2785	.01307
.35	1.7588	.1739	-.1906	.00134
.40	1.4303	.1427	-.1191	-.00640
.45	1.1150	.1123	-.0633	-.01096
.50	.8305	.0846	-.0218	-.01309
.55	.5859	.0605	.0075	-.01345
.60	.3839	.0403	.0267	-.01259
.65	.2229	.0242	.0378	-.01098
.70	.0985	.0115	.0427	-.00897
.75	.0045	.0018	.0430	-.00682
.80	-.0656	-.0055	.0397	-.00476
.85	-.1187	-.0110	.0338	-.00292
.90	-.1618	-.0154	.0257	-.00143
.95	-.1964	-.0192	.0159	-.00040
1.00	-.3170	-.0227	-.0000	-.00000

XQ/L=0.3

X/L	FP	FS	FQ	FM
.05	.9535	.0829	.0477	.00119
.10	1.1610	.1154	.1057	.00503
.15	1.4919	.1470	.1803	.01218
.20	1.7968	.1760	.2702	.02344
.25	2.0548	.1998	.3729	.03952
.30	2.2226	.2142	-.5160	.06094
.35	2.2185	.2139	-.4050	.03791
.40	2.0446	.1992	-.3028	.02022
.45	1.7878	.1758	-.2134	.00731
.50	1.4955	.1483	-.1387	-.00149
.55	1.2000	.1201	-.0787	-.00692
.60	.9220	.0931	-.0326	-.00970
.65	.6730	.0686	.0011	-.01049
.70	.4573	.0472	.0240	-.00986
.75	.2742	.0288	.0377	-.00832
.80	.1195	.0132	.0436	-.00629
.85	-.0129	-.0002	.0430	-.00413
.90	-.1315	-.0120	.0364	-.00214
.95	-.2368	-.0229	.0246	-.00061
1.00	-.4917	-.0335	-.0000	-.00000

XQ/L=0.4

X/L	FP	FS	FG	FM
.05	-.0909	.0050	-.0045	-.00011
.10	.3965	.0401	.0153	.00015
.15	.7519	.0752	.0529	.00186
.20	1.1099	.1101	.1084	.00589
.25	1.4586	.1437	.1813	.01313
.30	1.7836	.1746	.2705	.02443
.35	2.0573	.1999	.3733	.04052
.40	2.2378	.2156	-.5148	.06199
.45	2.2432	.2162	-.4026	.03905
.50	2.0755	.2021	-.2988	.02152
.55	1.8215	.1789	-.2078	.00885
.60	1.5276	.1513	-.1314	.00037
.65	1.2255	.1223	-.0701	-.00466
.70	.9348	.0940	-.0234	-.00700
.75	.6654	.0674	.0099	-.00734
.80	.4202	.0431	.0309	-.00632
.85	.1968	.0208	.0408	-.00452
.90	-.0119	.0001	.0402	-.00250
.95	-.2044	-.0195	.0299	-.00075
1.00	-.5989	-.0386	-.0000	-.00000

XQ/L=0.5

X/L	FP	FS	FQ	FM
.05	-.5266	-.0300	-.0263	-.00066
.10	-.0257	-.0016	-.0276	-.00201
.15	.2611	.0272	-.0146	-.00306
.20	.5621	.0568	.0135	-.00309
.25	.8721	.0873	.0571	-.00132
.30	1.1915	.1185	.1167	.00303
.35	1.5129	.1495	.1924	.01076
.40	1.8189	.1784	.2833	.02265
.45	2.0805	.2025	.3873	.03941
.50	2.2533	.2172	-.5000	.06160
.55	2.2533	.2172	-.3873	.03941
.60	2.0805	.2025	-.2833	.02265
.65	1.8189	.1784	-.1924	.01076
.70	1.5129	.1495	-.1167	.00303
.75	1.1915	.1185	-.0571	-.00132
.80	.8721	.0873	-.0135	-.00309
.85	.5621	.0568	.0146	-.00306
.90	.2611	.0272	.0276	-.00201
.95	-.0257	-.0016	.0263	-.00066
1.00	-.5266	-.0300	-.0000	-.00000

B/L= 2.00   DS/B1= .10   KS= .100

XM/L=0.0

X/L	FP	FS	FQ	FM
.05	37.1755	2.4539	1.8588	-.95353
.10	12.8753	1.3820	2.5025	-.84450
.15	5.0580	.5803	2.7554	-.71305
.20	-.7187	.0123	2.7195	-.57617
.25	-4.3746	-.3623	2.5008	-.44567
.30	-6.4541	-.5837	2.1781	-.32870
.35	-7.3661	-.6892	1.8098	-.22900
.40	-7.4548	-.7113	1.4370	-.14783
.45	-6.9999	-.6771	1.0870	-.08473
.50	-6.2205	-.6082	.7760	-.03815
.55	-5.2806	-.5211	.5120	-.00596
.60	-4.2962	-.4275	.2972	.01427
.65	-3.3425	-.3353	.1300	.02495
.70	-2.4625	-.2491	.0069	.02838
.75	-1.6733	-.1710	-.0768	.02663
.80	-.9738	-.1012	-.1254	.02157
.85	-.3495	-.0386	-.1429	.01487
.90	.2253	.0184	-.1317	.00800
.95	.7494	.0721	-.0942	.00235
1.00	1.8837	.1242	.0000	-.00000

XM/L=0.1

X/L	FP	FS	FQ	FM
.05	33.5802	2.2679	1.6790	.04198
.10	14.7951	1.4640	2.4188	-.85558
.15	6.0950	.6702	2.7235	-.72702
.20	-.0710	.0764	2.7200	-.59094
.25	-3.9565	-.3197	2.5221	-.45988
.30	-6.2138	-.5583	2.2115	-.34154
.35	-7.2578	-.6769	1.8486	-.24004
.40	-7.4405	-.7084	1.4765	-.15691
.45	-7.0482	-.6807	1.1241	-.09190
.50	-6.3068	-.6158	.8088	-.04357
.55	-5.3860	-.5308	.5395	-.00987
.60	-4.4070	-.4380	.3191	.01160
.65	-3.4492	-.3456	.1467	.02324
.70	-2.5587	-.2585	.0187	.02738
.75	-1.7555	-.1791	-.0690	.02612
.80	-1.0400	-.1077	-.1210	.02137
.85	-.3989	-.0435	-.1410	.01482
.90	.1931	.0152	-.1313	.00801
.95	.7340	.0705	-.0946	.00237
1.00	1.8924	.1243	-.0000	-.00000

XM/L=0.2

X/L	FP	FS	FQ	FM
.05	23.9900	1.6832	1.1995	.02999
.10	13.3519	1.3083	1.8671	.10665
.15	9.5576	.9133	2.3450	.21195
.20	4.9559	.4708	2.5928	-.66460
.25	-.7867	-.0162	2.5534	-.53595
.30	-4.2837	-.3606	2.3392	-.41363
.35	-6.1893	-.5627	2.0298	-.30440
.40	-7.0078	-.6573	1.6794	-.21168
.45	-7.0614	-.6747	1.3263	-.13653
.50	-6.6121	-.6401	.9957	-.07848
.55	-5.8628	-.5734	.7026	-.03602
.60	-4.9640	-.4898	.4544	-.00710
.65	-4.0205	-.3998	.2534	.01059
.70	-3.0992	-.3105	.0984	.01939
.75	-2.2361	-.2258	-.0134	.02151
.80	-1.4436	-.1473	-.0856	.01904
.85	-.7167	-.0749	-.1214	.01386
.90	-.0350	-.0075	-.1232	.00775
.95	.5963	.0567	-.0934	.00233
1.00	1.8672	.1194	-.0000	-.00000

XM/L=0.3

X/L	FP	FS	FQ	FM
.05	14.3715	1.0478	.7186	.01796
.10	9.5975	.9428	1.1985	.06589
.15	8.5543	.8255	1.6262	.13651
.20	7.1147	.6781	1.9819	.22671
.25	5.1744	.4764	2.2406	.33227
.30	2.2573	.1911	2.3535	-.55288
.35	-2.2367	-.1736	2.2416	-.43800
.40	-4.8266	-.4272	2.0003	-.33195
.45	-6.1075	-.5655	1.6949	-.23957
.50	-6.5266	-.6182	1.3686	-.16298
.55	-6.3526	-.6108	1.0510	-.10249
.60	-5.7988	-.5637	.7610	-.05719
.65	-5.0256	-.4929	.5098	-.02542
.70	-4.1477	-.4098	.3024	-.00511
.75	-3.2404	-.3223	.1404	.00595
.80	-2.3471	-.2350	.0230	.01004
.85	-1.4860	-.1502	-.0513	.00933
.90	-.6530	-.0684	-.0839	.00595
.95	.1381	.0112	-.0770	.00193
1.00	1.5408	.0896	-.0000	-.00000

XM/L=0.4

X/L	FP	FS	FQ	FM
.05	6.9568	.5359	.3478	.00870
.10	5.7871	.5709	.6372	.03332
.15	6.1547	.5997	.9449	.07287
.20	6.3344	.6127	1.2617	.12804
.25	6.2478	.5959	1.5740	.19893
.30	5.6851	.5301	1.8583	.28474
.35	4.3941	.3920	2.0780	.38315
.40	1.9487	.1539	2.1754	-.51052
.45	-2.2204	-.1776	2.0644	-.40452
.50	-4.6022	-.4094	1.8343	-.30705
.55	-5.7635	-.5346	1.5461	-.22254
.60	-6.1254	-.5805	1.2399	-.15289
.65	-5.9337	-.5703	.9432	-.09831
.70	-5.3819	-.5227	.6741	-.05788
.75	-4.6141	-.4517	.4434	-.02995
.80	-3.7313	-.3678	.2568	-.01244
.85	-2.7982	-.2776	.1169	-.00310
.90	-1.8479	-.1851	.0245	.00044
.95	-.9096	-.0923	-.0210	.00052
1.00	.4194	.0003	-.0000	-.00000

XM/L=0.5

X/L	FP	FS	FQ	FM
.05	2.1735	.1933	.1087	.00272
.10	2.8292	.2811	.2501	.01169
.15	3.7236	.3668	.4363	.02885
.20	4.5603	.4465	.6643	.05636
.25	5.2877	.5135	.9287	.09619
.30	5.8044	.5579	1.2189	.14988
.35	5.9686	.5655	1.5174	.21829
.40	5.5894	.5181	1.7968	.30114
.45	4.4257	.3930	2.0181	.39652
.50	2.0618	.1633	2.1212	-.50000
.55	-2.0618	-.1633	2.0181	-.39652
.60	-4.4257	-.3930	1.7968	-.30114
.65	-5.5894	-.5181	1.5174	-.21829
.70	-5.9686	-.5655	1.2189	-.14988
.75	-5.8044	-.5579	.9287	-.09619
.80	-5.2877	-.5135	.6643	-.05636
.85	-4.5603	-.4465	.4363	-.02885
.90	-3.7236	-.3668	.2501	-.01169
.95	-2.8292	-.2811	.1087	-.00272
1.00	-2.1735	-.1933	-.0000	-.00000

B/L= 2.00 DS/B1= .10 KS= .200

XQ/L=0.0

X/L	FP	FS	FQ	FM
.05	8.0765	.5738	-.5962	-.03990
.10	4.6828	.4665	-.3620	-.06386
.15	3.6973	.3671	-.1772	-.07734
.20	2.7583	.2783	-.0393	-.08275
.25	1.9717	.2016	.0593	-.08225
.30	1.3204	.1372	.1253	-.07763
.35	.7959	.0849	.1651	-.07037
.40	.3863	.0437	.1845	-.06163
.45	.0781	.0124	.1884	-.05231
.50	-.1436	-.0103	.1812	-.04307
.55	-.2933	-.0259	.1665	-.03438
.60	-.3851	-.0357	.1473	-.02653
.65	-.4317	-.0410	.1257	-.01971
.70	-.4443	-.0427	.1035	-.01398
.75	-.4325	-.0420	.0818	-.00935
.80	-.4041	-.0395	.0616	-.00576
.85	-.3652	-.0359	.0434	-.00314
.90	-.3210	-.0316	.0273	-.00137
.95	-.2722	-.0270	.0137	-.00034
1.00	-.2743	-.0223	-.0000	-.00000

XQ/L=0.1

X/L	FP	FS	FQ	FM
.05	5.4095	.3935	.2705	.00676
.10	3.5392	.3495	-.5526	.02471
.15	3.0929	.3034	-.3979	.00095
.20	2.5756	.2556	-.2691	-.01573
.25	2.0890	.2089	-.1647	-.02658
.30	1.6419	.1655	-.0826	-.03276
.35	1.2448	.1265	-.0204	-.03533
.40	.9025	.0926	.0248	-.03522
.45	.6158	.0641	.0556	-.03321
.50	.3824	.0407	.0747	-.02996
.55	.1976	.0220	.0846	-.02598
.60	.0555	.0076	.0873	-.02168
.65	-.0505	-.0033	.0848	-.01738
.70	-.1271	-.0113	.0784	-.01330
.75	-.1809	-.0170	.0694	-.00960
.80	-.2180	-.0209	.0585	-.00640
.85	-.2437	-.0237	.0463	-.00378
.90	-.2633	-.0257	.0331	-.00180
.95	-.2763	-.0272	.0193	-.00048
1.00	-.3867	-.0287	-.0000	-.00000

XQ/L=0.2

X/L	FP	FS	FQ	FM
.05	3.1480	.2365	.1574	.00394
.10	2.3620	.2336	.2755	.01476
.15	2.3405	.2294	.3925	.03146
.20	2.2633	.2217	-.4943	.05391
.25	2.1197	.2078	-.3883	.03185
.30	1.9030	.1876	-.2932	.01481
.35	1.6542	.1640	-.2105	.00222
.40	1.3958	.1391	-.1407	-.00656
.45	1.1435	.1146	-.0835	-.01216
.50	.9077	.0915	-.0381	-.01520
.55	.6946	.0705	-.0034	-.01624
.60	.5067	.0518	.0220	-.01577
.65	.3440	.0355	.0392	-.01425
.70	.2048	.0215	.0494	-.01203
.75	.0857	.0095	.0537	-.00946
.80	-.0173	-.0009	.0528	-.00679
.85	-.1084	-.0101	.0474	-.00429
.90	-.1929	-.0185	.0378	-.00216
.95	-.2690	-.0263	.0243	-.00061
1.00	-.4861	-.0340	-.0000	-.00000

XQ/L=0.3

X/L	FP	FS	FQ	FM
.05	1.4860	.1182	.0743	.00186
.10	1.3729	.1363	.1429	.00729
.15	1.5596	.1537	.2209	.01639
.20	1.7211	.1693	.3070	.02958
.25	1.8535	.1816	.3997	.04725
.30	1.9307	.1880	-.5038	.06964
.35	1.9092	.1860	-.4084	.04684
.40	1.7892	.1753	-.3189	.02866
.45	1.6142	.1590	-.2382	.01473
.50	1.4090	.1395	-.1677	.00458
.55	1.1920	.1186	-.1081	-.00231
.60	.9757	.0975	-.0593	-.00650
.65	.7680	.0771	-.0209	-.00851
.70	.5733	.0578	.0077	-.00884
.75	.3927	.0399	.0274	-.00796
.80	.2254	.0232	.0386	-.00631
.85	.0688	.0076	.0421	-.00429
.90	-.0817	-.0072	.0380	-.00229
.95	-.2226	-.0216	.0269	-.00067
1.00	-.5371	-.0357	-.0000	-.00000

XQ/L=0.4

X/L	FP	FS	FQ	FM
.05	.4060	.0393	.0203	.00051
.10	.6478	.0648	.0527	.00233
.15	.9066	.0901	.0980	.00610
.20	1.1592	.1147	.1560	.01245
.25	1.3998	.1380	.2260	.02200
.30	1.6170	.1588	.3068	.03532
.35	1.7934	.1752	.3965	.05290
.40	1.9051	.1851	-.5083	.07511
.45	1.9095	.1856	-.4128	.05208
.50	1.8070	.1767	-.3224	.03370
.55	1.6417	.1614	-.2403	.01963
.60	1.4388	.1421	-.1684	.00941
.65	1.2167	.1207	-.1076	.00251
.70	.9880	.0984	-.0582	-.00163
.75	.7605	.0760	-.0201	-.00359
.80	.5383	.0541	.0068	-.00392
.85	.3223	.0327	.0229	-.00318
.90	.1102	.0118	.0284	-.00190
.95	-.0932	-.0086	.0237	-.00059
1.00	-.4748	-.0289	-.0000	-.00000

XQ/L=0.5

X/L	FP	FS	FQ	FM
.05	-.2021	-.0068	-.0101	-.00025
.10	.1761	.0181	-.0013	-.00054
.15	.4271	.0431	.0201	-.00007
.20	.6824	.0681	.0542	.00179
.25	.9360	.0930	.1010	.00567
.30	1.1854	.1174	.1602	.01220
.35	1.4235	.1404	.2314	.02199
.40	1.6383	.1609	.3133	.03561
.45	1.8123	.1771	.4040	.05354
.50	1.9210	.1866	-.5000	.07614
.55	1.9210	.1866	-.4040	.05354
.60	1.8123	.1771	-.3133	.03561
.65	1.6383	.1609	-.2314	.02199
.70	1.4235	.1404	-.1602	.01220
.75	1.1854	.1174	-.1010	.00567
.80	.9360	.0930	-.0542	.00179
.85	.6824	.0681	-.0201	-.00007
.90	.4271	.0431	.0013	-.00054
.95	.1761	.0181	.0101	-.00025
1.00	-.2021	-.0068	-.0000	-.00000

B/L= 2.00 DS/B1= .10 KS= .200

XM/L=0.0

X/L	FP	FS	FQ	FM
.05	27.1775	1.8299	1.3589	-.96603
.10	11.1564	1.1587	1.9167	-.88414
.15	5.9358	.6264	2.2135	-.78088
.20	1.7456	.2191	2.3008	-.66803
.25	-1.2310	-.0795	2.2392	-.55453
.30	-3.2545	-.2864	2.0765	-.44664
.35	-4.5135	-.4183	1.8508	-.34845
.40	-5.1744	-.4906	1.5921	-.26238
.45	-5.3814	-.5172	1.3230	-.18950
.50	-5.2569	-.5100	1.0602	-.12992
.55	-4.9017	-.4789	.8151	-.08304
.60	-4.3958	-.4320	.5953	-.04778
.65	-3.8005	-.3752	.4053	-.02277
.70	-3.1600	-.3133	.2473	-.00645
.75	-2.5039	-.2492	.1221	.00278
.80	-1.8498	-.1848	.0296	.00657
.85	-1.2052	-.1212	-.0307	.00655
.90	-.5674	-.0586	-.0590	.00430
.95	.0492	.0031	-.0566	.00141
1.00	1.1315	.0645	.0000	-.00000

XM/L=0.1

X/L	FP	FS	FQ	FM
.05	25.2394	1.7277	1.2620	.03155
.10	12.0673	1.1946	1.8653	-.89027
.15	6.4427	.6699	2.1875	-.78895
.20	2.0872	.2525	2.2918	-.67697
.25	-.9848	-.0549	2.2426	-.56361
.30	-3.0868	-.2693	2.0882	-.45533
.35	-4.4085	-.4073	1.8678	-.35643
.40	-5.1185	-.4845	1.6119	-.26944
.45	-5.3629	-.5149	1.3438	-.19555
.50	-5.2657	-.5105	1.0805	-.13494
.55	-4.9293	-.4813	.8340	-.08708
.60	-4.4355	-.4356	.6122	-.05093
.65	-3.8468	-.3796	.4199	-.02512
.70	-3.2088	-.3180	.2594	-.00814
.75	-2.5524	-.2539	.1318	.00164
.80	-1.8959	-.1893	.0370	.00586
.85	-1.2476	-.1254	-.0254	.00616
.90	-.6054	-.0624	-.0556	.00413
.95	.0161	-.0002	-.0548	.00137
1.00	1.0963	.0617	-.0000	-.00000

XM/L=0.2

X/L	FP	FS	FQ	FM
.05	19.7116	1.3866	.9856	.02464
.10	11.0595	1.0879	1.5386	.08774
.15	8.0767	.7810	1.9424	.17477
.20	4.6656	.4544	2.1757	-.72228
.25	.7804	.1128	2.2147	-.61252
.30	-1.8716	-.1474	2.1211	-.50413
.35	-3.5942	-.3240	1.9414	-.40257
.40	-4.6245	-.4326	1.7102	-.31128
.45	-5.1177	-.4877	1.4543	-.23216
.50	-5.2079	-.5022	1.1939	-.16596
.55	-5.0068	-.4868	.9436	-.11252
.60	-4.6054	-.4507	.7133	-.07110
.65	-4.0749	-.4009	.5095	-.04053
.70	-3.4686	-.3427	.3361	-.01939
.75	-2.8243	-.2801	.1949	-.00611
.80	-2.1661	-.2157	.0866	.00092
.85	-1.5073	-.1509	.0112	.00337
.90	-.8499	-.0864	-.0313	.00287
.95	-.2087	-.0224	-.0417	.00104
1.00	.8341	.0413	-.0000	-.00000

XM/L=0.3

X/L	FP	FS	FQ	FM
.05	13.5757	.9795	.6788	.01697
.10	8.6061	.8479	1.1091	.06167
.15	7.3113	.7104	1.4747	.12626
.20	5.7744	.5590	1.7634	.20721
.25	4.0272	.3827	1.9647	.30041
.30	1.8337	.1684	2.0564	-.59906
.35	-1.0875	-.0797	2.0020	-.49759
.40	-2.9736	-.2644	1.8534	-.40121
.45	-4.1041	-.3817	1.6482	-.31367
.50	-4.6914	-.4455	1.4136	-.23713
.55	-4.8665	-.4680	1.1703	-.17253
.60	-4.7399	-.4598	.9333	-.11994
.65	-4.4013	-.4299	.7132	-.07878
.70	-3.9214	-.3850	.5171	-.04802
.75	-3.3537	-.3307	.3495	-.02635
.80	-2.7366	-.2709	.2126	-.01230
.85	-2.0952	-.2083	.1079	-.00429
.90	-1.4425	-.1444	.0358	-.00070
.95	-.7931	-.0802	-.0039	.00010
1.00	.0780	-.0159	-.0000	-.00000

XM/L=0.4

X/L	FP	FS	FQ	FM
.05	8.2180	.6109	.4109	.01027
.10	5.9202	.5846	.7069	.03822
.15	5.6790	.5549	.9909	.08066
.20	5.2952	.5162	1.2556	.13682
.25	4.7778	.4614	1.4945	.20558
.30	4.0116	.3809	1.6951	.28532
.35	2.8744	.2637	1.8388	.37366
.40	1.1649	.0972	1.8971	-.53294
.45	-1.3831	-.1137	1.8279	-.43982
.50	-2.9924	-.2704	1.6783	-.35216
.55	-3.9279	-.3677	1.4819	-.27316
.60	-4.3879	-.4182	1.2625	-.20455
.65	-4.4906	-.4329	1.0380	-.14704
.70	-4.3348	-.4214	.8212	-.10056
.75	-4.0001	-.3913	.6212	-.06450
.80	-3.5489	-.3489	.4438	-.03787
.85	-3.0278	-.2989	.2924	-.01947
.90	-2.4708	-.2447	.1688	-.00794
.95	-1.8902	-.1884	.0743	-.00186
1.00	-1.4866	-.1314	-.0000	-.00000

XM/L=0.5

X/L	FP	FS	FQ	FM
.05	4.1772	.3256	.2089	.00522
.10	3.6035	.3571	.3890	.02017
.15	3.9339	.3866	.5857	.04454
.20	4.1935	.4114	.7954	.07907
.25	4.3773	.4270	1.0143	.12431
.30	4.4177	.4274	1.2352	.18054
.35	4.2358	.4050	1.4469	.24760
.40	3.7341	.3505	1.6336	.32461
.45	2.7970	.2532	1.7735	.40979
.50	1.2294	.1009	1.8350	-.50000
.55	-1.2294	-.1009	1.7735	-.40979
.60	-2.7970	-.2532	1.6336	-.32461
.65	-3.7341	-.3505	1.4469	-.24760
.70	-4.2358	-.4050	1.2352	-.18054
.75	-4.4177	-.4274	1.0143	-.12431
.80	-4.3773	-.4270	.7954	-.07907
.85	-4.1935	-.4114	.5857	-.04454
.90	-3.9339	-.3866	.3890	-.02017
.95	-3.6035	-.3571	.2089	-.00522
1.00	-4.1772	-.3256	-.0000	-.00000

B/L= 2.00 DS/B1= .10 KS= .500

XG/L=0.0

X/L	FP	FS	FQ	FM
.05	6.6646	.4797	-.6668	-.04167
.10	4.1253	.4098	-.4605	-.06985
.15	3.4732	.3432	-.2868	-.08854
.20	2.8173	.2815	-.1460	-.09936
.25	2.2408	.2254	-.0339	-.10385
.30	1.7328	.1754	.0527	-.10338
.35	1.2913	.1317	.1173	-.09914
.40	.9133	.0940	.1629	-.09213
.45	.5944	.0621	.1927	-.08324
.50	.3293	.0354	.2091	-.07320
.55	.1118	.0134	.2147	-.06260
.60	-.0646	-.0045	.2115	-.05195
.65	-.2065	-.0189	.2012	-.04163
.70	-.3203	-.0306	.1851	-.03197
.75	-.4124	-.0400	.1645	-.02323
.80	-.4886	-.0478	.1401	-.01562
.85	-.5542	-.0544	.1124	-.00931
.90	-.6154	-.0603	.0816	-.00446
.95	-.6655	-.0658	.0483	-.00121
1.00	-.9665	-.0711	-.0000	-.00000

XQ/L=0.1

X/L	FP	FS	FQ	FM
.05	4.9024	.3580	.2451	.00613
.10	3.2556	.3221	-.5921	.02245
.15	2.9038	.2855	-.4469	-.00352
.20	2.5039	.2484	-.3217	-.02274
.25	2.1275	.2122	-.2153	-.03616
.30	1.7740	.1776	-.1266	-.04471
.35	1.4480	.1456	-.0542	-.04924
.40	1.1523	.1163	.0034	-.05051
.45	.8882	.0901	.0478	-.04923
.50	.6551	.0668	.0805	-.04602
.55	.4515	.0465	.1031	-.04143
.60	.2747	.0287	.1168	-.03593
.65	.1215	.0133	.1229	-.02994
.70	-.0118	-.0002	.1223	-.02380
.75	-.1291	-.0120	.1159	-.01785
.80	-.2343	-.0226	.1042	-.01235
.85	-.3311	-.0323	.0876	-.00755
.90	-.4248	-.0414	.0664	-.00371
.95	-.5089	-.0502	.0409	-.00102
1.00	-.8184	-.0588	-.0000	-.00000

XQ/L=0.2

X/L	FP	FS	FQ	FM
.05	3.3215	.2469	.1661	.00415
.10	2.3804	.2358	.2851	.01543
.15	2.2789	.2241	.3990	.03253
.20	2.1383	.2109	-.4940	.05516
.25	1.9762	.1952	-.3952	.03293
.30	1.7854	.1769	-.3060	.01540
.35	1.5819	.1572	-.2269	.00208
.40	1.3748	.1370	-.1581	-.00755
.45	1.1705	.1169	-.0996	-.01399
.50	.9739	.0975	-.0509	-.01775
.55	.7877	.0791	-.0115	-.01931
.60	.6134	.0618	.0191	-.01912
.65	.4512	.0456	.0417	-.01760
.70	.3005	.0306	.0567	-.01514
.75	.1597	.0165	.0647	-.01210
.80	.0270	.0032	.0661	-.00883
.85	-.0999	-.0094	.0611	-.00566
.90	-.2248	-.0216	.0498	-.00288
.95	-.3418	-.0335	.0327	-.00082
1.00	-.6549	-.0454	-.0000	-.00000

XQ/L=0.3

X/L	FP	FS	FQ	FM
.05	2.0301	.1547	.1015	.00254
.10	1.6031	.1591	.1817	.00962
.15	1.6540	.1631	.2644	.02077
.20	1.6819	.1662	.3485	.03609
.25	1.6986	.1676	.4334	.05563
.30	1.6895	.1662	-.4821	.07942
.35	1.6358	.1609	-.4003	.05735
.40	1.5366	.1516	-.3235	.03926
.45	1.4089	.1393	-.2531	.02484
.50	1.2628	.1252	-.1899	.01377
.55	1.1061	.1099	-.1346	.00565
.60	.9444	.0940	-.0874	.00010
.65	.7818	.0780	-.0483	-.00329
.70	.6207	.0620	-.0173	-.00493
.75	.4625	.0463	.0058	-.00522
.80	.3076	.0310	.0212	-.00454
.85	.1554	.0159	.0290	-.00329
.90	.0038	.0010	.0292	-.00183
.95	-.1422	-.0137	.0221	-.00055
1.00	-.4414	-.0283	-.0000	-.00000

XQ/L=0.4

X/L	FP	FS	FQ	FM
.05	1.0488	.0835	.0524	.00131
.10	.9683	.0963	.1009	.00514
.15	1.1012	.1090	.1559	.01156
.20	1.2227	.1211	.2170	.02089
.25	1.3374	.1323	.2839	.03341
.30	1.4372	.1418	.3558	.04940
.35	1.5131	.1489	.4314	.06908
.40	1.5540	.1524	-.4909	.09260
.45	1.5415	.1512	-.4138	.06998
.50	1.4753	.1451	-.3400	.05113
.55	1.3732	.1354	-.2714	.03585
.60	1.2456	.1231	-.2091	.02384
.65	1.1010	.1091	-.1540	.01476
.70	.9456	.0939	-.1068	.00824
.75	.7840	.0780	-.0676	.00388
.80	.6192	.0617	-.0366	.00128
.85	.4530	.0453	-.0140	.00001
.90	.2858	.0288	.0003	-.00033
.95	.1206	.0124	.0064	-.00016
1.00	-.1274	-.0040	-.0000	-.00000

XQ/L=0.5

X/L	FP	FS	FQ	FM
.05	.3480	.0318	.0174	.00044
.10	.4805	.0481	.0414	.00191
.15	.6457	.0643	.0737	.00478
.20	.8076	.0803	.1141	.00948
.25	.9661	.0958	.1624	.01639
.30	1.1174	.1106	.2183	.02591
.35	1.2569	.1242	.2811	.03839
.40	1.3780	.1358	.3500	.05417
.45	1.4719	.1447	.4236	.07351
.50	1.5279	.1497	-.5000	.09660
.55	1.5279	.1497	-.4236	.07351
.60	1.4719	.1447	-.3500	.05417
.65	1.3780	.1358	-.2811	.03839
.70	1.2569	.1242	-.2183	.02591
.75	1.1174	.1106	-.1624	.01639
.80	.9661	.0958	-.1141	.00948
.85	.8076	.0803	-.0737	.00478
.90	.6457	.0643	-.0414	.00191
.95	.4805	.0481	-.0174	.00044
1.00	.3480	.0318	-.0000	0.00000

B/L= 2.00 DS/B1= .10 KS= .500

XM/L=0.0

X/L	FP	FS	FQ	FM
.05	17.8393	1.2284	.8920	-.97770
.10	8.5916	.8723	1.3215	-.92236
.15	5.6531	.5732	1.6042	-.84922
.20	3.1012	.3273	1.7593	-.76513
.25	1.1076	.1299	1.8146	-.67579
.30	-.4314	-.0243	1.7931	-.58559
.35	-1.5812	-.1407	1.7140	-.49792
.40	-2.4010	-.2246	1.5940	-.41522
.45	-2.9452	-.2811	1.4467	-.33920
.50	-3.2631	-.3149	1.2835	-.27094
.55	-3.3993	-.3305	1.1136	-.21102
.60	-3.3928	-.3317	.9439	-.15958
.65	-3.2774	-.3217	.7801	-.11648
.70	-3.0816	-.3035	.6260	-.08133
.75	-2.8289	-.2794	.4845	-.05356
.80	-2.5382	-.2513	.3576	-.03251
.85	-2.2243	-.2206	.2464	-.01741
.90	-1.8994	-.1884	.1515	-.00746
.95	-1.5592	-.1554	.0735	-.00184
1.00	-1.4698	-.1222	.0000	-.00000

XM/L=0.1

X/L	FP	FS	FQ	FM
.05	17.0019	1.1834	.8501	.02125
.10	8.9304	.8841	1.2966	-.92508
.15	5.8450	.5895	1.5889	-.85294
.20	3.2397	.3408	1.7509	-.76945
.25	1.2176	.1407	1.8117	-.68039
.30	-.3462	-.0158	1.7944	-.59023
.35	-1.5170	-.1342	1.7186	-.50241
.40	-2.3549	-.2199	1.6008	-.41942
.45	-2.9143	-.2779	1.4551	-.34302
.50	-3.2450	-.3130	1.2929	-.27432
.55	-3.3917	-.3297	1.1233	-.21392
.60	-3.3937	-.3317	.9536	-.16200
.65	-3.2853	-.3224	.7893	-.11842
.70	-3.0951	-.3048	.6346	-.08283
.75	-2.8471	-.2812	.4922	-.05466
.80	-2.5603	-.2534	.3642	-.03325
.85	-2.2498	-.2231	.2517	-.01785
.90	-1.9280	-.1912	.1553	-.00767
.95	-1.5905	-.1585	.0758	-.00189
1.00	-1.5158	-.1256	-.0000	-.00000

XM/L=0.2

X/L	FP	FS	FQ	FM
.05	14.4524	1.0241	.7226	.01807
.10	8.3795	.8267	1.1416	.06467
.15	6.4286	.6268	1.4630	.12979
.20	4.2720	.4211	1.6766	-.79172
.25	1.9805	.2128	1.7756	-.70542
.30	.2373	.0419	1.7875	-.61634
.35	-1.0680	-.0893	1.7341	-.52830
.40	-2.0214	-.1861	1.6330	-.44412
.45	-2.6793	-.2539	1.4991	-.36582
.50	-3.0933	-.2973	1.3444	-.29473
.55	-3.3098	-.3209	1.1789	-.23164
.60	-3.3699	-.3288	1.0104	-.17691
.65	-3.3096	-.3244	.8449	-.13053
.70	-3.1594	-.3109	.6870	-.09223
.75	-2.9449	-.2906	.5397	-.06156
.80	-2.6869	-.2658	.4054	-.03793
.85	-2.4020	-.2380	.2853	-.02067
.90	-2.1046	-.2084	.1801	-.00903
.95	-1.7880	-.1780	.0907	-.00227
1.00	-1.8131	-.1473	-.0000	-.00000

XM/L=0.3

X/L	FP	FS	FQ	FM
.05	11.3465	.8169	.5673	.01418
.10	7.0955	.7006	.9221	.05142
.15	5.9601	.5824	1.2201	.10497
.20	4.6883	.4596	1.4545	.17184
.25	3.3668	.3284	1.6229	.24877
.30	1.8972	.1847	1.7177	-.66771
.35	.1752	.0311	1.7265	-.58161
.40	-1.0846	-.0926	1.6722	-.49664
.45	-1.9861	-.1839	1.5729	-.41551
.50	-2.6089	-.2479	1.4425	-.34012
.55	-3.0032	-.2892	1.2923	-.27175
.60	-3.2143	-.3122	1.1316	-.21115
.65	-3.2820	-.3207	.9675	-.15868
.70	-3.2408	-.3181	.8055	-.11435
.75	-3.1203	-.3074	.6495	-.07798
.80	-2.9450	-.2909	.5022	-.04918
.85	-2.7351	-.2706	.3655	-.02749
.90	-2.5098	-.2481	.2400	-.01236
.95	-2.2567	-.2243	.1271	-.00318
1.00	-2.5427	-.2001	-.0000	-.00000

XM/L=0.4

X/L	FP	FS	FQ	FM
.05	8.3328	.6097	.4166	.01042
.10	5.5966	.5533	.6965	.03824
.15	5.0570	.4956	.9493	.07939
.20	4.4197	.4343	1.1703	.13238
.25	3.7450	.3667	1.3576	.19558
.30	2.9783	.2893	1.5065	.26718
.35	2.0727	.1980	1.6101	.34509
.40	.9527	.0884	1.6577	-.57321
.45	-.4816	-.0369	1.6337	-.49093
.50	-1.5119	-.1378	1.5581	-.41113
.55	-2.2383	-.2116	1.4462	-.33603
.60	-2.7365	-.2630	1.3093	-.26714
.65	-3.0527	-.2963	1.1567	-.20549
.70	-3.2282	-.3155	.9953	-.15169
.75	-3.2986	-.3240	.8304	-.10605
.80	-3.2950	-.3248	.6656	-.06865
.85	-3.2437	-.3203	.5034	-.03943
.90	-3.1718	-.3126	.3448	-.01822
.95	-3.0567	-.3032	.1920	-.00480
1.00	-3.8397	-.2932	-.0000	-.00000

XM/L=0.5

X/L	FP	FS	FQ	FM
.05	5.7767	.4307	.2888	.00722
.10	4.1932	.4152	.4985	.02690
.15	4.0576	.3988	.7014	.05690
.20	3.8556	.3798	.8942	.09679
.25	3.6258	.3563	1.0754	.14603
.30	3.3291	.3255	1.2419	.20396
.35	2.9305	.2843	1.3884	.26972
.40	2.3899	.2288	1.5079	.34213
.45	1.6626	.1550	1.5911	.41960
.50	.6741	.0584	1.6248	-.50000
.55	-.6741	-.0584	1.5911	-.41960
.60	-1.6626	-.1550	1.5079	-.34213
.65	-2.3899	-.2288	1.3884	-.26972
.70	-2.9305	-.2843	1.2419	-.20396
.75	-3.3291	-.3255	1.0754	-.14603
.80	-3.6258	-.3563	.8942	-.09679
.85	-3.8556	-.3798	.7014	-.05690
.90	-4.0576	-.3988	.4985	-.02690
.95	-4.1932	-.4152	.2888	-.00722
1.00	-5.7767	-.4307	-.0000	-.00000

B/L= 2.00 DS/B1= .10 KS= 1.000

XQ/L=0.0

X/L	FP	FS	FQ	FM
.05	5.9051	.4284	-.7047	-.04262
.10	3.7961	.3767	-.5149	-.07311
.15	3.3110	.3267	-.3494	-.09472
.20	2.8051	.2792	-.2091	-.10868
.25	2.3486	.2349	-.0917	-.11620
.30	1.9314	.1938	.0049	-.11837
.35	1.5527	.1564	.0825	-.11619
.40	1.2110	.1224	.1431	-.11055
.45	.9046	.0918	.1883	-.10227
.50	.6310	.0645	.2198	-.09206
.55	.3871	.0400	.2392	-.08059
.60	.1695	.0182	.2477	-.06842
.65	-.0257	-.0014	.2464	-.05607
.70	-.2022	-.0192	.2363	-.04400
.75	-.3639	-.0354	.2181	-.03264
.80	-.5148	-.0505	.1923	-.02238
.85	-.6588	-.0648	.1594	-.01359
.90	-.8020	-.0785	.1193	-.00662
.95	-.9308	-.0920	.0728	-.00182
1.00	-1.4552	-.1053	-.0000	-.00000

XQ/L=0.1

X/L	FP	FS	FQ	FM
.05	4.5890	.3362	.2294	.00574
.10	3.0878	.3058	-.6162	.02107
.15	2.7946	.2750	-.4764	-.00625
.20	2.4610	.2441	-.3534	-.02699
.25	2.1463	.2137	-.2461	-.04198
.30	1.8461	.1843	-.1538	-.05197
.35	1.5624	.1564	-.0756	-.05771
.40	1.2967	.1301	-.0108	-.05987
.45	1.0496	.1055	.0417	-.05910
.50	.8212	.0828	.0827	-.05598
.55	.6106	.0618	.1133	-.05108
.60	.4164	.0423	.1341	-.04490
.65	.2369	.0244	.1459	-.03790
.70	.0698	.0076	.1494	-.03052
.75	-.0871	-.0081	.1451	-.02315
.80	-.2364	-.0230	.1333	-.01619
.85	-.3808	-.0373	.1142	-.01001
.90	-.5249	-.0512	.0880	-.00495
.95	-.6579	-.0649	.0551	-.00138
1.00	-1.1016	-.0785	-.0000	-.00000

XQ/L=0.2

X/L	FP	FS	FQ	FM
.05	3.3686	.2496	.1684	.00421
.10	2.3792	.2358	.2874	.01561
.15	2.2516	.2216	.4000	.03279
.20	2.0911	.2068	-.4955	.05540
.25	1.9245	.1907	-.3992	.03304
.30	1.7447	.1732	-.3120	.01525
.35	1.5591	.1551	-.2341	.00160
.40	1.3720	.1367	-.1655	-.00839
.45	1.1867	.1184	-.1061	-.01518
.50	1.0056	.1005	-.0558	-.01922
.55	.8303	.0831	-.0143	-.02098
.60	.6613	.0663	.0187	-.02087
.65	.4989	.0501	.0437	-.01931
.70	.3428	.0345	.0608	-.01670
.75	.1921	.0195	.0704	-.01341
.80	.0456	.0049	.0727	-.00984
.85	-.0980	-.0093	.0678	-.00632
.90	-.2417	-.0233	.0557	-.00323
.95	-.3779	-.0371	.0368	-.00092
1.00	-.7366	-.0509	-.0000	-.00000

XQ/L=0.3

X/L	FP	FS	FQ	FM
.05	2.3071	.1734	.1154	.00288
.10	1.7262	.1712	.2017	.01081
.15	1.7124	.1688	.2873	.02303
.20	1.6766	.1660	.3711	.03949
.25	1.6379	.1621	.4530	.06010
.30	1.5860	.1568	-.4677	.08473
.35	1.5107	.1494	-.3922	.06323
.40	1.4111	.1397	-.3216	.04539
.45	1.2955	.1285	-.2568	.03093
.50	1.1689	.1161	-.1984	.01955
.55	1.0351	.1029	-.1466	.01092
.60	.8972	.0893	-.1018	.00471
.65	.7574	.0755	-.0639	.00057
.70	.6170	.0615	-.0330	-.00185
.75	.4769	.0477	-.0092	-.00291
.80	.3376	.0338	.0077	-.00294
.85	.1989	.0201	.0176	-.00231
.90	.0596	.0064	.0206	-.00136
.95	-.0760	-.0072	.0168	-.00042
1.00	-.3362	-.0207	-.0000	-.00000

XQ/L=0.4

X/L	FP	FS	FQ	FM
.05	1.4233	.1093	.0712	.00178
.10	1.1553	.1148	.1289	.00678
.15	1.2157	.1201	.1897	.01475
.20	1.2628	.1252	.2529	.02581
.25	1.3077	.1296	.3182	.04009
.30	1.3439	.1330	.3854	.05768
.35	1.3662	.1350	.4537	.07866
.40	1.3683	.1350	-.4778	.10306
.45	1.3407	.1322	-.4108	.08084
.50	1.2831	.1267	-.3467	.06191
.55	1.2041	.1191	-.2864	.04608
.60	1.1092	.1099	-.2310	.03314
.65	1.0028	.0995	-.1808	.02285
.70	.8884	.0882	-.1364	.01491
.75	.7686	.0764	-.0980	.00905
.80	.6455	.0643	-.0657	.00496
.85	.5204	.0519	-.0397	.00232
.90	.3941	.0394	-.0200	.00083
.95	.2672	.0269	-.0066	.00017
1.00	.1328	.0143	-.0000	-.00000

XQ/L=0.5

X/L	FP	FS	FQ	FM
.05	.7074	.0569	.0354	.00088
.10	.6720	.0670	.0690	.00349
.15	.7763	.0770	.1078	.00791
.20	.8744	.0869	.1515	.01439
.25	.9708	.0964	.2001	.02318
.30	1.0623	.1054	.2532	.03451
.35	1.1456	.1135	.3104	.04860
.40	1.2168	.1203	.3713	.06565
.45	1.2713	.1255	.4348	.08580
.50	1.3031	.1284	-.5000	.10917
.55	1.3031	.1284	-.4348	.08580
.60	1.2713	.1255	-.3713	.06565
.65	1.2168	.1203	-.3104	.04860
.70	1.1456	.1135	-.2532	.03451
.75	1.0623	.1054	-.2001	.02318
.80	.9708	.0964	-.1515	.01439
.85	.8744	.0869	-.1078	.00791
.90	.7763	.0770	-.0690	.00349
.95	.6720	.0670	-.0354	.00088
1.00	.7074	.0569	-.0000	0.00000

B/L= 2.00 DS/B1= .10 KS= 1.000

XM/L=0.0

X/L	FP	FS	FQ	FM
.05	13.2745	.9283	.6637	-.98341
.10	7.0319	.7070	1.0153	-.94143
.15	5.1449	.5146	1.2726	-.88423
.20	3.4240	.3496	1.4438	-.81633
.25	2.0085	.2101	1.5442	-.74163
.30	.8417	.0940	1.5863	-.66337
.35	-.1066	-.0011	1.5809	-.58418
.40	-.8639	-.0774	1.5378	-.50622
.45	-1.4556	-.1374	1.4650	-.43115
.50	-1.9058	-.1833	1.3697	-.36028
.55	-2.2371	-.2174	1.2578	-.29459
.60	-2.4705	-.2416	1.1343	-.23479
.65	-2.6252	-.2579	1.0030	-.18136
.70	-2.7186	-.2680	.8671	-.13460
.75	-2.7661	-.2734	.7288	-.09471
.80	-2.7813	-.2753	.5897	-.06174
.85	-2.7762	-.2748	.4509	-.03572
.90	-2.7666	-.2730	.3126	-.01664
.95	-2.7237	-.2703	.1764	-.00441
1.00	-3.5284	-.2673	.0000	-.00000

XM/L=0.1

X/L	FP	FS	FQ	FM
.05	12.8390	.9047	.6419	.01605
.10	7.1938	.7122	1.0016	-.94286
.15	5.2371	.5223	1.2635	-.88623
.20	3.4928	.3562	1.4381	-.81869
.25	2.0658	.2157	1.5414	-.74420
.30	.8887	.0986	1.5859	-.66602
.35	-.0687	.0027	1.5824	-.58681
.40	-.8341	-.0744	1.5407	-.50874
.45	-1.4331	-.1351	1.4691	-.43349
.50	-1.8898	-.1817	1.3746	-.36240
.55	-2.2269	-.2163	1.2632	-.29646
.60	-2.4656	-.2411	1.1400	-.23638
.65	-2.6250	-.2579	1.0087	-.18266
.70	-2.7226	-.2684	.8726	-.13563
.75	-2.7740	-.2741	.7339	-.09547
.80	-2.7929	-.2764	.5942	-.06226
.85	-2.7913	-.2763	.4547	-.03604
.90	-2.7852	-.2748	.3154	-.01679
.95	-2.7454	-.2725	.1781	-.00445
1.00	-3.5625	-.2698	-.0000	-.00000

XM/L=0.2

X/L	FP	FS	FQ	FM
.05	11.4702	.8186	.5735	.01434
.10	6.8749	.6791	.9173	.05161
.15	5.5056	.5387	1.1925	.10435
.20	4.0047	.3959	1.3928	-.83102
.25	2.4588	.2528	1.5157	-.75830
.30	1.2045	.1297	1.5759	-.68101
.35	.1888	.0283	1.5854	-.60198
.40	-.6288	-.0539	1.5539	-.52350
.45	-1.2747	-.1192	1.4902	-.44739
.50	-1.7735	-.1700	1.4015	-.37510
.55	-2.1486	-.2084	1.2941	-.30771
.60	-2.4214	-.2366	1.1730	-.24603
.65	-2.6118	-.2564	1.0424	-.19065
.70	-2.7378	-.2698	.9055	-.14195
.75	-2.8154	-.2781	.7648	-.10019
.80	-2.8588	-.2829	.6218	-.06552
.85	-2.8809	-.2851	.4778	-.03803
.90	-2.8983	-.2858	.3329	-.01777
.95	-2.8799	-.2857	.1889	-.00472
1.00	-3.7776	-.2853	-.0000	-.00000

XM/L=0.3

X/L	FP	FS	FQ	FM
.05	9.7303	.7022	.4865	.01216
.10	6.1432	.6072	.7937	.04417
.15	5.2199	.5114	1.0547	.09038
.20	4.1988	.4136	1.2646	.14836
.25	3.1706	.3122	1.4231	.21555
.30	2.0799	.2053	1.5271	-.71069
.35	.8762	.0947	1.5709	-.63324
.40	-.0813	.0004	1.5669	-.55479
.45	-.8422	-.0760	1.5248	-.47750
.50	-1.4450	-.1369	1.4525	-.40307
.55	-1.9142	-.1847	1.3568	-.33284
.60	-2.2727	-.2214	1.2432	-.26784
.65	-2.5415	-.2491	1.1161	-.20886
.70	-2.7396	-.2697	.9791	-.15648
.75	-2.8845	-.2848	.8349	-.11113
.80	-2.9916	-.2958	.6853	-.07312
.85	-3.0750	-.3042	.5316	-.04270
.90	-3.1535	-.3108	.3739	-.02006
.95	-3.1911	-.3165	.2143	-.00536
1.00	-4.2866	-.3218	-.0000	-.00000

XM/L=0.4

X/L	FP	FS	FQ	FM
.05	7.9650	.5808	.3982	.00996
.10	5.2657	.5209	.6615	.03645
.15	4.6907	.4603	.8961	.07539
.20	4.0371	.3981	1.0979	.12524
.25	3.3777	.3328	1.2668	.18436
.30	2.6778	.2630	1.4007	.25105
.35	1.9138	.1865	1.4964	.32347
.40	1.0489	.1015	1.5488	-.60040
.45	.0347	.0094	1.5506	-.52291
.50	-.7683	-.0696	1.5121	-.44634
.55	-1.4089	-.1341	1.4417	-.37250
.60	-1.9242	-.1863	1.3455	-.30282
.65	-2.3375	-.2283	1.2286	-.23846
.70	-2.6700	-.2623	1.0951	-.18037
.75	-2.9411	-.2900	.9481	-.12929
.80	-3.1683	-.3130	.7896	-.08585
.85	-3.3679	-.3329	.6212	-.05058
.90	-3.5623	-.3507	.4431	-.02397
.95	-3.7071	-.3674	.2578	-.00644
1.00	-5.1555	-.3836	-.0000	-.00000

XM/L=0.5

X/L	FP	FS	FQ	FM
.05	6.3979	.4714	.3199	.00800
.10	4.4172	.4374	.5408	.02951
.15	4.0980	.4028	.7457	.06167
.20	3.7167	.3669	.9315	.10360
.25	3.3298	.3286	1.0980	.15434
.30	2.9097	.2864	1.2435	.21288
.35	2.4372	.2387	1.3653	.27810
.40	1.8915	.1836	1.4599	.34873
.45	1.2502	.1191	1.5224	.42328
.50	.4769	.0431	1.5463	-.50000
.55	-.4769	-.0431	1.5224	-.42328
.60	-1.2502	-.1191	1.4599	-.34873
.65	-1.8915	-.1836	1.3653	-.27810
.70	-2.4372	-.2387	1.2435	-.21288
.75	-2.9097	-.2864	1.0980	-.15434
.80	-3.3298	-.3286	.9315	-.10360
.85	-3.7167	-.3669	.7457	-.06167
.90	-4.0980	-.4028	.5408	-.02951
.95	-4.4172	-.4374	.3199	-.00800
1.00	-6.3979	-.4714	-.0000	-.00000

B/L= 2.00 DS/B1= .10 KS= 3.000

XQ/L=0.0

X/L	FP	FS	FQ	FM
.05	5.2288	.3825	-.7386	-.04346
.10	3.4913	.3462	-.5640	-.07603
.15	3.1498	.3104	-.4065	-.10029
.20	2.7760	.2756	-.2677	-.11715
.25	2.4287	.2418	-.1463	-.12749
.30	2.0979	.2093	-.0414	-.13219
.35	1.7823	.1781	.0477	-.13203
.40	1.4811	.1482	.1218	-.12779
.45	1.1936	.1196	.1815	-.12021
.50	.9191	.0922	.2274	-.10998
.55	.6564	.0660	.2603	-.09779
.60	.4042	.0409	.2805	-.08427
.65	.1612	.0166	.2885	-.07005
.70	-.0743	-.0069	.2848	-.05572
.75	-.3037	-.0297	.2696	-.04186
.80	-.5291	-.0521	.2432	-.02904
.85	-.7525	-.0741	.2055	-.01782
.90	-.9798	-.0959	.1565	-.00877
.95	-1.1900	-.1176	.0970	-.00243
1.00	-1.9410	-.1392	-.0000	-.00000

XQ/L=0.1

X/L	FP	FS	FQ	FM
.05	4.2933	.3156	.2147	.00537
.10	2.9320	.2905	-.6387	.01976
.15	2.6939	.2653	-.5040	-.00880
.20	2.4209	.2401	-.3830	-.03098
.25	2.1622	.2150	-.2749	-.04743
.30	1.9108	.1904	-.1793	-.05878
.35	1.6665	.1662	-.0960	-.06567
.40	1.4294	.1427	-.0245	-.06868
.45	1.1997	.1199	.0354	-.06841
.50	.9772	.0978	.0843	-.06542
.55	.7617	.0763	.1224	-.06025
.60	.5526	.0554	.1500	-.05344
.65	.3493	.0352	.1675	-.04550
.70	.1509	.0154	.1750	-.03694
.75	-.0436	-.0040	.1728	-.02824
.80	-.2354	-.0230	.1611	-.01989
.85	-.4260	-.0418	.1398	-.01237
.90	-.6195	-.0604	.1088	-.00616
.95	-.8087	-.0790	.0688	-.00172
1.00	-1.3753	-.0975	-.0000	-.00000

XQ/L=0.2

X/L	FP	FS	FQ	FM
.05	3.3913	.2508	.1696	.00424
.10	2.3733	.2353	.2882	.01568
.15	2.2296	.2197	.3997	.03288
.20	2.0572	.2038	-.4974	.05544
.25	1.8890	.1875	-.4030	.03293
.30	1.7180	.1708	-.3171	.01493
.35	1.5459	.1539	-.2398	.00100
.40	1.3737	.1369	-.1711	-.00927
.45	1.2024	.1199	-.1110	-.01632
.50	1.0327	.1030	-.0593	-.02058
.55	.8651	.0864	-.0161	-.02246
.60	.6998	.0699	.0189	-.02239
.65	.5369	.0537	.0457	-.02078
.70	.3761	.0377	.0645	-.01802
.75	.2171	.0219	.0754	-.01452
.80	.0595	.0062	.0784	-.01068
.85	-.0977	-.0093	.0735	-.00688
.90	-.2567	-.0247	.0607	-.00353
.95	-.4084	-.0401	.0402	-.00101
1.00	-.8047	-.0555	-.0000	-.00000

XQ/L=0.3

X/L	FP	FS	FQ	FM
.05	2.5465	.1897	.1273	.00318
.10	1.8352	.1820	.2191	.01184
.15	1.7677	.1743	.3075	.02501
.20	1.6789	.1664	.3914	.04248
.25	1.5938	.1582	.4711	.06404
.30	1.5051	.1494	-.4536	.08948
.35	1.4088	.1399	-.3832	.06856
.40	1.3041	.1296	-.3180	.05103
.45	1.1937	.1187	-.2583	.03662
.50	1.0792	.1074	-.2044	.02505
.55	.9617	.0957	-.1563	.01604
.60	.8423	.0839	-.1142	.00928
.65	.7218	.0719	-.0781	.00447
.70	.6007	.0599	-.0480	.00132
.75	.4793	.0478	-.0241	-.00048
.80	.3577	.0358	-.0062	-.00124
.85	.2360	.0237	.0056	-.00125
.90	.1133	.0117	.0113	-.00083
.95	-.0070	-.0004	.0109	-.00027
1.00	-.2188	-.0124	-.0000	-.00000

XQ/L=0.4

X/L	FP	FS	FQ	FM
.05	1.7678	.1331	.0884	.00221
.10	1.3279	.1318	.1548	.00829
.15	1.3221	.1305	.2209	.01768
.20	1.3016	.1291	.2860	.03035
.25	1.2835	.1275	.3501	.04626
.30	1.2629	.1254	.4133	.06534
.35	1.2372	.1228	.4752	.08755
.40	1.2043	.1195	-.4646	.11281
.45	1.1606	.1151	-.4066	.09103
.50	1.1059	.1098	-.3513	.07209
.55	1.0430	.1036	-.2992	.05582
.60	.9739	.0968	-.2505	.04208
.65	.9001	.0895	-.2055	.03069
.70	.8227	.0819	-.1643	.02144
.75	.7428	.0739	-.1272	.01415
.80	.6613	.0658	-.0941	.00862
.85	.5789	.0576	-.0652	.00464
.90	.4965	.0494	-.0404	.00200
.95	.4112	.0411	-.0198	.00049
1.00	.3959	.0327	-.0000	-.00000

XQ/L=0.5

X/L	FP	FS	FQ	FM
.05	1.0538	.0809	.0527	.00132
.10	.8542	.0849	.0954	.00502
.15	.8983	.0889	.1403	.01091
.20	.9339	.0928	.1870	.01909
.25	.9706	.0965	.2355	.02966
.30	1.0057	.1000	.2858	.04269
.35	1.0375	.1031	.3377	.05828
.40	1.0645	.1057	.3909	.07650
.45	1.0849	.1077	.4452	.09740
.50	1.0967	.1088	-.5000	.12103
.55	1.0967	.1088	-.4452	.09740
.60	1.0849	.1077	-.3909	.07650
.65	1.0645	.1057	-.3377	.05828
.70	1.0375	.1031	-.2858	.04269
.75	1.0057	.1000	-.2355	.02966
.80	.9706	.0965	-.1870	.01909
.85	.9339	.0928	-.1403	.01091
.90	.8983	.0889	-.0954	.00502
.95	.8542	.0849	-.0527	.00132
1.00	1.0538	.0809	-.0000	-.00000

B/L= 2.00 DS/B1= .10 KS= 3.000

XM/L=0.0

X/L	FP	FS	FQ	FM
.05	9.3943	.6706	.4697	-.98826
.10	5.5766	.5557	.7485	-.95780
.15	4.5525	.4506	.9762	-.91468
.20	3.5463	.3548	1.1535	-.86144
.25	2.6605	.2678	1.2865	-.80044
.30	1.8665	.1892	1.3798	-.73378
.35	1.1539	.1183	1.4375	-.66335
.40	.5135	.0544	1.4632	-.59083
.45	-.0628	-.0033	1.4601	-.51775
.50	-.5830	-.0555	1.4309	-.44547
.55	-1.0546	-.1028	1.3782	-.37525
.60	-1.4852	-.1460	1.3039	-.30819
.65	-1.8818	-.1858	1.2098	-.24535
.70	-2.2514	-.2228	1.0973	-.18767
.75	-2.6005	-.2577	.9672	-.13606
.80	-2.9357	-.2910	.8205	-.09137
.85	-3.2639	-.3231	.6573	-.05442
.90	-3.6012	-.3545	.4772	-.02606
.95	-3.8906	-.3855	.2827	-.00707
1.00	-5.6533	-.4163	.0000	-.00000

XM/L=0.1

X/L	FP	FS	FQ	FM
.05	9.2440	.6624	.4622	.01156
.10	5.6283	.5572	.7436	-.95830
.15	4.5820	.4530	.9727	-.91539
.20	3.5690	.3569	1.1512	-.86229
.25	2.6801	.2698	1.2852	-.80139
.30	1.8834	.1909	1.3793	-.73477
.35	1.1682	.1197	1.4378	-.66434
.40	.5255	.0555	1.4640	-.59180
.45	-.0532	-.0024	1.4614	-.51866
.50	-.5755	-.0547	1.4326	-.44632
.55	-1.0492	-.1022	1.3801	-.37600
.60	-1.4818	-.1456	1.3061	-.30884
.65	-1.8803	-.1856	1.2120	-.24589
.70	-2.2518	-.2229	1.0994	-.18810
.75	-2.6027	-.2579	.9693	-.13638
.80	-2.9397	-.2913	.8223	-.09159
.85	-3.2697	-.3236	.6588	-.05456
.90	-3.6087	-.3552	.4784	-.02613
.95	-3.8998	-.3864	.2834	-.00709
1.00	-5.6684	-.4174	-.0000	-.00000

XM/L=0.2

X/L	FP	FS	FQ	FM
.05	8.7594	.6318	.4380	.01095
.10	5.5086	.5449	.7134	.03973
.15	4.6640	.4577	.9466	.08123
.20	3.7378	.3700	1.1335	-.86676
.25	2.8141	.2824	1.2742	-.80657
.30	1.9955	.2019	1.3740	-.74037
.35	1.2638	.1292	1.4372	-.67009
.40	.6056	.0635	1.4674	-.59747
.45	.0123	.0042	1.4681	-.52409
.50	-.5239	-.0496	1.4419	-.45134
.55	-1.0110	-.0984	1.3913	-.38051
.60	-1.4564	-.1431	1.3185	-.31276
.65	-1.8674	-.1843	1.2251	-.24917
.70	-2.2509	-.2227	1.1126	-.19073
.75	-2.6136	-.2590	.9819	-.13837
.80	-2.9621	-.2935	.8338	-.09298
.85	-3.3036	-.3270	.6686	-.05542
.90	-3.6543	-.3597	.4859	-.02655
.95	-3.9562	-.3919	.2881	-.00720
1.00	-5.7619	-.4241	-.0000	-.00000

XM/L=0.3

X/L	FP	FS	FQ	FM
.05	8.1224	.5891	.4061	.01015
.10	5.2369	.5182	.6680	.03701
.15	4.5524	.4470	.8956	.07609
.20	3.7974	.3753	1.0855	.12562
.25	3.0561	.3026	1.2383	.18371
.30	2.3005	.2283	1.3533	-.75150
.35	1.5126	.1532	1.4289	-.68194
.40	.8122	.0839	1.4695	-.60948
.45	.1831	.0211	1.4787	-.53578
.50	-.3872	-.0359	1.4593	-.46233
.55	-.9069	-.0880	1.4140	-.39050
.60	-1.3837	-.1358	1.3448	-.32153
.65	-1.8251	-.1801	1.2535	-.25657
.70	-2.2382	-.2214	1.1416	-.19669
.75	-2.6298	-.2605	1.0101	-.14290
.80	-3.0068	-.2979	.8598	-.09615
.85	-3.3765	-.3342	.6910	-.05738
.90	-3.7560	-.3696	.5032	-.02753
.95	-4.0847	-.4046	.2989	-.00747
1.00	-5.9786	-.4395	-.0000	-.00000

XM/L=0.4

X/L	FP	FS	FQ	FM
.05	7.4539	.5431	.3727	.00932
.10	4.9045	.4855	.6179	.03408
.15	4.3515	.4276	.8355	.07042
.20	3.7344	.3692	1.0222	.11686
.25	3.1300	.3099	1.1787	.17188
.30	2.5168	.2491	1.3046	.23397
.35	1.8855	.1863	1.3988	.30155
.40	1.2233	.1209	1.4600	-.62698
.45	.5142	.0533	1.4857	-.55334
.50	-.1214	-.0096	1.4796	-.47920
.55	-.6994	-.0674	1.4447	-.40610
.60	-1.2323	-.1207	1.3830	-.33540
.65	-1.7280	-.1704	1.2966	-.26841
.70	-2.1940	-.2170	1.1869	-.20632
.75	-2.6374	-.2612	1.0551	-.15027
.80	-3.0655	-.3037	.9018	-.10135
.85	-3.4859	-.3449	.7275	-.06062
.90	-3.9168	-.3853	.5317	-.02914
.95	-4.2938	-.4253	.3170	-.00792
1.00	-6.3393	-.4650	-.0000	-.00000

XM/L=0.5

X/L	FP	FS	FQ	FM
.05	6.8407	.5003	.3420	.00855
.10	4.5755	.4530	.5708	.03137
.15	4.1247	.4056	.7770	.06507
.20	3.6154	.3576	.9578	.10844
.25	3.1176	.3088	1.1137	.16023
.30	2.6117	.2586	1.2443	.21918
.35	2.0894	.2065	1.3487	.28400
.40	1.5428	.1519	1.4259	.35337
.45	.9643	.0942	1.4741	.42587
.50	.3415	.0325	1.4912	-.50000
.55	-.3415	-.0325	1.4741	-.42587
.60	-.9643	-.0942	1.4259	-.35337
.65	-1.5428	-.1519	1.3487	-.28400
.70	-2.0894	-.2065	1.2443	-.21918
.75	-2.6117	-.2586	1.1137	-.16023
.80	-3.1176	-.3088	.9578	-.10844
.85	-3.6154	-.3576	.7770	-.06507
.90	-4.1247	-.4056	.5708	-.03137
.95	-4.5755	-.4530	.3420	-.00855
1.00	-6.8407	-.5003	-.0000	-.00000

B/L= 2.00 DS/B1= .10 KS= 10.000

XQ/L=0.0

X/L	FP	FS	FQ	FM
.05	4.9441	.3631	-.7528	-.04382
.10	3.3604	.3331	-.5848	-.07726
.15	3.0781	.3032	-.4309	-.10265
.20	2.7598	.2737	-.2929	-.12074
.25	2.4589	.2445	-.1699	-.13231
.30	2.1656	.2156	-.0617	-.13810
.35	1.8782	.1872	.0323	-.13884
.40	1.5958	.1591	.1120	-.13523
.45	1.3181	.1315	.1779	-.12798
.50	1.0447	.1043	.2302	-.11778
.55	.7751	.0775	.2689	-.10530
.60	.5089	.0510	.2944	-.09122
.65	.2457	.0247	.3067	-.07619
.70	-.0152	-.0012	.3059	-.06088
.75	-.2745	-.0270	.2922	-.04592
.80	-.5330	-.0526	.2655	-.03198
.85	-.7921	-.0781	.2259	-.01969
.90	-1.0572	-.1035	.1731	-.00972
.95	-1.3043	-.1289	.1079	-.00270
1.00	-2.1570	-.1542	-.0000	-.00000

XQ/L=0.1

X/L	FP	FS	FQ	FM
.05	4.1651	.3067	.2083	.00521
.10	2.8649	.2839	-.6485	.01920
.15	2.6507	.2611	-.5160	-.00991
.20	2.4035	.2383	-.3958	-.03270
.25	2.1687	.2155	-.2874	-.04978
.30	1.9382	.1929	-.1904	-.06173
.35	1.7109	.1704	-.1049	-.06911
.40	1.4863	.1481	-.0306	-.07250
.45	1.2643	.1261	.0326	-.07245
.50	1.0447	.1042	.0849	-.06951
.55	.8274	.0826	.1262	-.06423
.60	.6122	.0612	.1568	-.05716
.65	.3988	.0399	.1768	-.04882
.70	.1869	.0188	.1861	-.03974
.75	-.0239	-.0021	.1849	-.03047
.80	-.2344	-.0230	.1732	-.02151
.85	-.4453	-.0437	.1510	-.01341
.90	-.6605	-.0645	.1179	-.00669
.95	-.8631	-.0852	.0748	-.00187
1.00	-1.4954	-.1058	-.0000	-.00000

XQ/L=0.2

X/L	FP	FS	FQ	FM
.05	3.3964	.2510	.1698	.00425
.10	2.3697	.2349	.2883	.01570
.15	2.2208	.2189	.3993	.03289
.20	2.0446	.2027	-.4984	.05541
.25	1.8764	.1864	-.4046	.03284
.30	1.7090	.1700	-.3192	.01474
.35	1.5420	.1535	-.2421	.00071
.40	1.3754	.1370	-.1733	-.00967
.45	1.2094	.1205	-.1128	-.01682
.50	1.0439	.1041	-.0606	-.02116
.55	.8791	.0877	-.0167	-.02309
.60	.7151	.0713	.0191	-.02303
.65	.5518	.0551	.0467	-.02139
.70	.3890	.0389	.0661	-.01857
.75	.2268	.0228	.0775	-.01498
.80	.0646	.0067	.0807	-.01102
.85	-.0979	-.0094	.0758	-.00711
.90	-.2630	-.0254	.0627	-.00365
.95	-.4209	-.0414	.0416	-.00104
1.00	-.8322	-.0574	-.0000	-.00000

XQ/L=0.3

X/L	FP	FS	FQ	FM
.05	2.6455	.1964	.1323	.00331
.10	1.8810	.1866	.2263	.01227
.15	1.7917	.1767	.3159	.02583
.20	1.6815	.1668	.4000	.04372
.25	1.5774	.1567	.4789	.06570
.30	1.4736	.1465	-.4475	.09148
.35	1.3680	.1361	-.3791	.07082
.40	1.2602	.1254	-.3161	.05344
.45	1.1508	.1146	-.2585	.03908
.50	1.0401	.1036	-.2065	.02745
.55	.9285	.0925	-.1601	.01828
.60	.8163	.0814	-.1193	.01130
.65	.7037	.0702	-.0841	.00622
.70	.5909	.0589	-.0545	.00275
.75	.4778	.0477	-.0307	.00062
.80	.3647	.0364	-.0124	-.00046
.85	.2512	.0252	.0001	-.00076
.90	.1368	.0140	.0070	-.00058
.95	.0242	.0027	.0082	-.00020
1.00	-.1639	-.0085	-.0000	-.00000

XQ/L=0.4

X/L	FP	FS	FQ	FM
.05	1.9152	.1432	.0958	.00239
.10	1.4019	.1391	.1659	.00893
.15	1.3678	.1350	.2342	.01894
.20	1.3187	.1309	.3002	.03230
.25	1.2739	.1266	.3639	.04890
.30	1.2292	.1223	.4253	.06863
.35	1.1834	.1178	.4845	.09138
.40	1.1355	.1130	-.4587	.11702
.45	1.0844	.1079	-.4045	.09544
.50	1.0299	.1025	-.3530	.07650
.55	.9729	.0969	-.3044	.06007
.60	.9139	.0910	-.2587	.04600
.65	.8533	.0850	-.2160	.03413
.70	.7917	.0789	-.1764	.02432
.75	.7292	.0726	-.1399	.01641
.80	.6663	.0664	-.1066	.01025
.85	.6032	.0600	-.0765	.00567
.90	.5409	.0537	-.0494	.00252
.95	.4749	.0473	-.0257	.00064
1.00	.5138	.0410	-.0000	-.00000

XQ/L=0.5

X/L	FP	FS	FQ	FM
.05	1.2055	.0915	.0603	.00151
.10	.9335	.0928	.1069	.00569
.15	.9509	.0940	.1545	.01222
.20	.9590	.0953	.2024	.02115
.25	.9696	.0964	.2509	.03248
.30	.9802	.0976	.2999	.04625
.35	.9900	.0986	.3494	.06249
.40	.9984	.0994	.3993	.08120
.45	1.0047	.1000	.4496	.10243
.50	1.0084	.1003	-.5000	.12617
.55	1.0084	.1003	-.4496	.10243
.60	1.0047	.1000	-.3993	.08120
.65	.9984	.0994	-.3494	.06249
.70	.9900	.0986	-.2999	.04625
.75	.9802	.0976	-.2509	.03248
.80	.9696	.0964	-.2024	.02115
.85	.9590	.0953	-.1545	.01222
.90	.9509	.0940	-.1069	.00569
.95	.9335	.0928	-.0603	.00151
1.00	1.2055	.0915	-.0000	-.00000

B/L= 2.00 DS/B1= .10 KS= 10.000

XM/L=0.0

X/L	FP	FS	FQ	FM
.05	7.8013	.5643	.3901	-.99025
.10	4.9498	.4912	.6376	-.96456
.15	4.2726	.4210	.8512	-.92734
.20	3.5613	.3537	1.0292	-.88033
.25	2.9012	.2891	1.1743	-.82524
.30	2.2731	.2271	1.2880	-.76368
.35	1.6720	.1674	1.3716	-.69719
.40	1.0944	.1099	1.4263	-.62725
.45	.5376	.0544	1.4532	-.55526
.50	-.0010	.0007	1.4531	-.48261
.55	-.5238	-.0514	1.4269	-.41060
.60	-1.0333	-.1022	1.3753	-.34055
.65	-1.5317	-.1519	1.2987	-.27370
.70	-2.0215	-.2007	1.1976	-.21129
.75	-2.5053	-.2487	1.0723	-.15455
.80	-2.9860	-.2962	.9230	-.10466
.85	-3.4679	-.3433	.7496	-.06284
.90	-3.9665	-.3902	.5513	-.03032
.95	-4.4115	-.4369	.3307	-.00827
1.00	-6.6149	-.4835	.0000	-.00000

XM/L=0.1

X/L	FP	FS	FQ	FM
.05	7.7556	.5617	.3878	.00969
.10	4.9650	.4916	.6360	-.96471
.15	4.2813	.4217	.8501	-.92756
.20	3.5681	.3544	1.0285	-.88059
.25	2.9072	.2897	1.1739	-.82553
.30	2.2783	.2276	1.2878	-.76399
.35	1.6765	.1678	1.3716	-.69751
.40	1.0983	.1103	1.4265	-.62756
.45	.5408	.0548	1.4536	-.55555
.50	.0016	.0010	1.4536	-.48288
.55	-.5219	-.0512	1.4275	-.41085
.60	-1.0320	-.1021	1.3759	-.34076
.65	-1.5311	-.1519	1.2994	-.27388
.70	-2.0215	-.2007	1.1983	-.21143
.75	-2.5059	-.2488	1.0730	-.15465
.80	-2.9872	-.2963	.9236	-.10474
.85	-3.4697	-.3435	.7502	-.06289
.90	-3.9689	-.3904	.5517	-.03034
.95	-4.4145	-.4372	.3310	-.00827
1.00	-6.6199	-.4839	-.0000	-.00000

XM/L=0.2

X/L	FP	FS	FQ	FM
.05	7.6066	.5523	.3803	.00951
.10	4.9274	.4877	.6267	.03468
.15	4.3049	.4230	.8419	.07140
.20	3.6184	.3582	1.0229	-.88198
.25	2.9477	.2935	1.1702	-.82715
.30	2.3128	.2309	1.2859	-.76575
.35	1.7064	.1708	1.3712	-.69932
.40	1.1238	.1128	1.4274	-.62936
.45	.5621	.0569	1.4555	-.55728
.50	.0187	.0027	1.4564	-.48449
.55	-.5088	-.0499	1.4310	-.41230
.60	-1.0230	-.1012	1.3798	-.34203
.65	-1.5260	-.1513	1.3035	-.27494
.70	-2.0204	-.2006	1.2025	-.21229
.75	-2.5087	-.2491	1.0771	-.15530
.80	-2.9940	-.2970	.9274	-.10519
.85	-3.4804	-.3445	.7534	-.06317
.90	-3.9836	-.3918	.5542	-.03048
.95	-4.4329	-.4390	.3325	-.00831
1.00	-6.6508	-.4861	-.0000	-.00000

XM/L=0.3

X/L	FP	FS	FQ	FM
.05	7.4082	.5390	.3704	.00926
.10	4.8423	.4793	.6125	.03383
.15	4.2692	.4196	.8260	.06980
.20	3.6356	.3598	1.0078	.11564
.25	3.0208	.2996	1.1588	.16980
.30	2.4059	.2390	1.2791	-.76925
.35	1.7835	.1782	1.3683	-.70306
.40	1.1889	.1193	1.4277	-.63316
.45	.6168	.0623	1.4586	-.56101
.50	.0633	.0071	1.4617	-.48800
.55	-.4742	-.0465	1.4380	-.41551
.60	-.9981	-.0987	1.3881	-.34485
.65	-1.5108	-.1498	1.3126	-.27734
.70	-2.0148	-.2000	1.2118	-.21423
.75	-2.5127	-.2494	1.0862	-.15678
.80	-3.0074	-.2983	.9358	-.10623
.85	-3.5033	-.3468	.7607	-.06381
.90	-4.0163	-.3950	.5598	-.03080
.95	-4.4747	-.4431	.3361	-.00840
1.00	-6.7221	-.4912	-.0000	-.00000

XM/L=0.4

X/L	FP	FS	FQ	FM
.05	7.1973	.5245	.3599	.00900
.10	4.7374	.4690	.5967	.03291
.15	4.2058	.4135	.8070	.06801
.20	3.6155	.3578	.9878	.11288
.25	3.0436	.3018	1.1400	.16607
.30	2.4729	.2455	1.2636	.22616
.35	1.8988	.1885	1.3586	.29171
.40	1.3166	.1308	1.4244	-.63871
.45	.7211	.0724	1.4605	-.56659
.50	.1483	.0155	1.4679	-.49338
.55	-.4069	-.0398	1.4475	-.42050
.60	-.9481	-.0938	1.4001	-.34931
.65	-1.4779	-.1465	1.3262	-.28115
.70	-1.9988	-.1984	1.2263	-.21733
.75	-2.5134	-.2495	1.1006	-.15916
.80	-3.0249	-.3000	.9494	-.10791
.85	-3.5377	-.3502	.7725	-.06487
.90	-4.0678	-.4001	.5691	-.03133
.95	-4.5423	-.4498	.3420	-.00855
1.00	-6.8396	-.4995	-.0000	-.00000

XM/L=0.5

X/L	FP	FS	FQ	FM
.05	7.0015	.5108	.3501	.00875
.10	4.6327	.4587	.5817	.03205
.15	4.1339	.4065	.7884	.06630
.20	3.5782	.3542	.9673	.11019
.25	3.0403	.3015	1.1193	.16236
.30	2.5037	.2485	1.2445	.22145
.35	1.9638	.1949	1.3427	.28614
.40	1.4175	.1406	1.4136	.35504
.45	.8620	.0852	1.4567	.42680
.50	.2933	.0288	1.4713	-.50000
.55	-.2933	-.0288	1.4567	-.42680
.60	-.8620	-.0852	1.4136	-.35504
.65	-1.4175	-.1406	1.3427	-.28614
.70	-1.9638	-.1949	1.2445	-.22145
.75	-2.5037	-.2485	1.1193	-.16236
.80	-3.0403	-.3015	.9673	-.11019
.85	-3.5782	-.3542	.7884	-.06630
.90	-4.1339	-.4065	.5817	-.03205
.95	-4.6327	-.4587	.3501	-.00875
1.00	-7.0015	-.5108	-.0000	-.00000

B/L= 2.00 DS/B1= .10 KS=100.000

XQ/L=0.0

X/L	FP	FS	FQ	FM
.05	4.8258	.3550	-.7587	-.04397
.10	3.3056	.3276	-.5934	-.07777
.15	3.0478	.3002	-.4410	-.10363
.20	2.7524	.2728	-.3034	-.12224
.25	2.4709	.2455	-.1799	-.13433
.30	2.1934	.2182	-.0702	-.14058
.35	1.9179	.1909	.0257	-.14169
.40	1.6436	.1637	.1079	-.13835
.45	1.3702	.1365	.1764	-.13125
.50	1.0975	.1094	.2313	-.12105
.55	.8252	.0823	.2725	-.10846
.60	.5534	.0552	.3002	-.09414
.65	.2817	.0282	.3143	-.07878
.70	.0101	.0012	.3148	-.06305
.75	-.2617	-.0258	.3017	-.04764
.80	-.5343	-.0528	.2750	-.03323
.85	-.8086	-.0797	.2345	-.02049
.90	-1.0898	-.1067	.1801	-.01012
.95	-1.3526	-.1336	.1124	-.00281
1.00	-2.2485	-.1606	-.0000	-.00000

XQ/L=0.1

X/L	FP	FS	FQ	FM
.05	4.1114	.3030	.2056	.00514
.10	2.8368	.2812	-.6526	.01896
.15	2.6326	.2594	-.5210	-.01038
.20	2.3962	.2376	-.4012	-.03343
.25	2.1713	.2158	-.2926	-.05077
.30	1.9495	.1940	-.1951	-.06296
.35	1.7293	.1722	-.1086	-.07056
.40	1.5100	.1504	-.0331	-.07410
.45	1.2913	.1287	.0314	-.07414
.50	1.0730	.1070	.0851	-.07123
.55	.8551	.0853	.1278	-.06591
.60	.6373	.0636	.1597	-.05872
.65	.4197	.0419	.1807	-.05021
.70	.2022	.0203	.1908	-.04092
.75	-.0156	-.0013	.1900	-.03140
.80	-.2338	-.0229	.1783	-.02220
.85	-.4533	-.0446	.1557	-.01385
.90	-.6778	-.0662	.1218	-.00691
.95	-.8894	-.0878	.0773	-.00193
1.00	-1.5461	-.1093	-.0000	-.00000

XQ/L=0.2

X/L	FP	FS	FQ	FM
.05	3.3980	.2510	.1699	.00425
.10	2.3681	.2348	.2883	.01570
.15	2.2172	.2185	.3992	.03289
.20	2.0397	.2023	-.4989	.05540
.25	1.8715	.1860	-.4053	.03279
.30	1.7055	.1697	-.3200	.01466
.35	1.5406	.1534	-.2430	.00059
.40	1.3763	.1371	-.1742	-.00984
.45	1.2123	.1208	-.1135	-.01703
.50	1.0485	.1045	-.0611	-.02140
.55	.8848	.0882	-.0169	-.02335
.60	.7213	.0719	.0192	-.02329
.65	.5578	.0557	.0471	-.02164
.70	.3943	.0394	.0668	-.01879
.75	.2306	.0231	.0783	-.01516
.80	.0667	.0069	.0817	-.01116
.85	-.0980	-.0094	.0768	-.00720
.90	-.2657	-.0256	.0635	-.00370
.95	-.4261	-.0419	.0422	-.00105
1.00	-.8434	-.0581	-.0000	-.00000

XQ/L=0.3

X/L	FP	FS	FQ	FM
.05	2.6863	.1992	.1343	.00336
.10	1.9000	.1884	.2293	.01245
.15	1.8018	.1777	.3194	.02617
.20	1.6828	.1669	.4035	.04424
.25	1.5710	.1562	.4821	.06638
.30	1.4609	.1454	-.4449	.09231
.35	1.3514	.1346	-.3773	.07176
.40	1.2421	.1237	-.3152	.05445
.45	1.1329	.1129	-.2585	.04010
.50	1.0236	.1020	-.2074	.02846
.55	.9144	.0911	-.1616	.01923
.60	.8051	.0803	-.1214	.01216
.65	.6957	.0694	-.0866	.00696
.70	.5863	.0585	-.0573	.00336
.75	.4769	.0476	-.0334	.00109
.80	.3673	.0367	-.0151	-.00012
.85	.2575	.0258	-.0022	-.00055
.90	.1467	.0149	.0051	-.00048
.95	.0376	.0040	.0070	-.00018
1.00	-.1403	-.0069	-.0000	-.00000

XQ/L=0.4

X/L	FP	FS	FQ	FM
.05	1.9768	.1475	.0988	.00247
.10	1.4328	.1422	.1705	.00920
.15	1.3870	.1369	.2398	.01946
.20	1.3259	.1316	.3061	.03311
.25	1.2700	.1263	.3696	.05000
.30	1.2154	.1210	.4304	.07001
.35	1.1612	.1156	.4885	.09298
.40	1.1070	.1103	-.4562	.11878
.45	1.0527	.1049	-.4036	.09729
.50	.9981	.0995	-.3537	.07836
.55	.9434	.0940	-.3065	.06186
.60	.8884	.0886	-.2621	.04764
.65	.8334	.0831	-.2204	.03558
.70	.7783	.0776	-.1815	.02553
.75	.7231	.0721	-.1453	.01737
.80	.6681	.0666	-.1119	.01093
.85	.6132	.0610	-.0813	.00610
.90	.5595	.0555	-.0533	.00274
.95	.5018	.0500	-.0282	.00070
1.00	.5638	.0445	-.0000	-.00000

XQ/L=0.5

X/L	FP	FS	FQ	FM
.05	1.2694	.0959	.0635	.00159
.10	.9668	.0960	.1118	.00597
.15	.9729	.0962	.1605	.01278
.20	.9694	.0963	.2089	.02201
.25	.9690	.0964	.2574	.03367
.30	.9694	.0965	.3058	.04775
.35	.9700	.0966	.3543	.06425
.40	.9706	.0967	.4029	.08318
.45	.9711	.0968	.4514	.10454
.50	.9715	.0968	-.5000	.12833
.55	.9715	.0968	-.4514	.10454
.60	.9711	.0968	-.4029	.08318
.65	.9706	.0967	-.3543	.06425
.70	.9700	.0966	-.3058	.04775
.75	.9694	.0965	-.2574	.03367
.80	.9690	.0964	-.2089	.02201
.85	.9694	.0963	-.1605	.01278
.90	.9729	.0962	-.1118	.00597
.95	.9668	.0960	-.0635	.00159
1.00	1.2694	.0959	-.0000	-.00000

B/L= 2.00 DS/B1= .10 KS=100.000

XM/L=0.0

X/L	FP	FS	FQ	FM
.05	7.1457	.5204	.3573	-.99107
.10	4.6874	.4642	.5917	-.96734
.15	4.1518	.4084	.7992	-.93257
.20	3.5621	.3528	.9774	-.88816
.25	2.9961	.2975	1.1272	-.83554
.30	2.4381	.2424	1.2491	-.77614
.35	1.8852	.1876	1.3433	-.71133
.40	1.3358	.1330	1.4101	-.64249
.45	.7891	.0786	1.4496	-.57100
.50	.2445	.0244	1.4618	-.49822
.55	-.2984	-.0296	1.4469	-.42550
.60	-.8399	-.0835	1.4049	-.35421
.65	-1.3806	-.1373	1.3358	-.28569
.70	-1.9210	-.1910	1.2398	-.22130
.75	-2.4619	-.2446	1.1167	-.16239
.80	-3.0047	-.2982	.9665	-.11031
.85	-3.5524	-.3517	.7888	-.06642
.90	-4.1203	-.4052	.5828	-.03213
.95	-4.6322	-.4587	.3512	-.00878
1.00	-7.0244	-.5121	.0000	-.00000

XM/L =0.1

X/L	FP	FS	FQ	FM
.05	7.1411	.5201	.3571	.00893
.10	4.6890	.4643	.5915	-.96736
.15	4.1526	.4084	.7991	-.93259
.20	3.5627	.3528	.9773	-.88818
.25	2.9967	.2975	1.1271	-.83557
.30	2.4387	.2425	1.2490	-.77617
.35	1.8857	.1876	1.3433	-.71136
.40	1.3362	.1330	1.4101	-.64252
.45	.7894	.0787	1.4496	-.57103
.50	.2448	.0244	1.4618	-.49824
.55	-.2982	-.0296	1.4469	-.42553
.60	-.8398	-.0835	1.4049	-.35423
.65	-1.3806	-.1373	1.3359	-.28571
.70	-1.9210	-.1910	1.2399	-.22131
.75	-2.4619	-.2446	1.1168	-.16240
.80	-3.0048	-.2982	.9665	-.11031
.85	-3.5525	-.3517	.7889	-.06643
.90	-4.1206	-.4052	.5829	-.03213
.95	-4.6326	-.4587	.3512	-.00878
1.00	-7.0249	-.5122	-.0000	-.00000

XM/L=0.2

X/L	FP	FS	FQ	FM
.05	7.1261	.5192	.3563	.00891
.10	4.6851	.4639	.5906	.03258
.15	4.1550	.4086	.7983	.06730
.20	3.5678	.3532	.9767	-.88832
.25	3.0008	.2979	1.1267	-.83574
.30	2.4421	.2428	1.2488	-.77635
.35	1.8887	.1879	1.3433	-.71155
.40	1.3388	.1333	1.4102	-.64271
.45	.7916	.0789	1.4498	-.57121
.50	.2465	.0246	1.4621	-.49841
.55	-.2968	-.0295	1.4473	-.42567
.60	-.8388	-.0834	1.4053	-.35436
.65	-1.3800	-.1373	1.3363	-.28582
.70	-1.9209	-.1910	1.2403	-.22140
.75	-2.4622	-.2447	1.1172	-.16246
.80	-3.0055	-.2983	.9669	-.11036
.85	-3.5536	-.3518	.7892	-.06646
.90	-4.1221	-.4054	.5831	-.03215
.95	-4.6345	-.4589	.3514	-.00879
1.00	-7.0281	-.5124	-.0000	-.00000

XM/L=0.3

X/L	FP	FS	FQ	FM
.05	7.1059	.5178	.3553	.00888
.10	4.6765	.4630	.5891	.03249
.15	4.1513	.4082	.7967	.06714
.20	3.5694	.3534	.9752	.11143
.25	3.0081	.2985	1.1256	.16395
.30	2.4515	.2436	1.2481	-.77671
.35	1.8965	.1887	1.3430	-.71193
.40	1.3454	.1340	1.4102	-.64310
.45	.7972	.0794	1.4501	-.57159
.50	.2512	.0251	1.4627	-.49877
.55	-.2932	-.0291	1.4480	-.42600
.60	-.8362	-.0832	1.4062	-.35465
.65	-1.3784	-.1371	1.3373	-.28606
.70	-1.9202	-.1909	1.2413	-.22160
.75	-2.4625	-.2447	1.1181	-.16262
.80	-3.0068	-.2984	.9678	-.11047
.85	-3.5560	-.3521	.7900	-.06652
.90	-4.1254	-.4057	.5837	-.03218
.95	-4.6388	-.4593	.3518	-.00879
1.00	-7.0355	-.5129	-.0000	-.00000

XM/L =0.4

X/L	FP	FS	FQ	FM
.05	7.0844	.5164	.3542	.00886
.10	4.6658	.4620	.5875	.03240
.15	4.1448	.4076	.7947	.06696
.20	3.5674	.3532	.9731	.11115
.25	3.0104	.2987	1.1236	.16357
.30	2.4583	.2443	1.2466	.22283
.35	1.9082	.1897	1.3420	.28754
.40	1.3584	.1351	1.4099	-.64367
.45	.8079	.0805	1.4503	-.57216
.50	.2599	.0259	1.4633	-.49932
.55	-.2862	-.0284	1.4490	-.42652
.60	-.8310	-.0826	1.4074	-.35511
.65	-1.3749	-.1367	1.3387	-.28646
.70	-1.9185	-.1908	1.2427	-.22192
.75	-2.4625	-.2447	1.1196	-.16286
.80	-3.0086	-.2986	.9692	-.11064
.85	-3.5595	-.3524	.7912	-.06663
.90	-4.1307	-.4062	.5847	-.03224
.95	-4.6457	-.4600	.3524	-.00881
1.00	-7.0477	-.5138	-.0000	-.00000

XM/L=0.5

X/L	FP	FS	FQ	FM
.05	7.0643	.5150	.3532	.00883
.10	4.6550	.4609	.5860	.03231
.15	4.1375	.4069	.7928	.06678
.20	3.5636	.3528	.9710	.11088
.25	3.0101	.2987	1.1215	.16319
.30	2.4615	.2446	1.2446	.22234
.35	1.9149	.1904	1.3403	.28697
.40	1.3687	.1361	1.4088	.35570
.45	.8222	.0818	1.4499	.42716
.50	.2746	.0273	1.4636	-.50000
.55	-.2746	-.0273	1.4499	-.42716
.60	-.8222	-.0818	1.4088	-.35570
.65	-1.3687	-.1361	1.3403	-.28697
.70	-1.9149	-.1904	1.2446	-.22234
.75	-2.4615	-.2446	1.1215	-.16319
.80	-3.0101	-.2987	.9710	-.11088
.85	-3.5636	-.3528	.7928	-.06678
.90	-4.1375	-.4069	.5860	-.03231
.95	-4.6550	-.4609	.3532	-.00883
1.00	-7.0643	-.5150	-.0000	-.00000

GLEICHMAESSIGE BELASTUNG B/L= 2.00 DS/B1= .10

KS= .001

X/L	FP	FS	FQ	FM
.05	1.0559	.0826	.0028	.00007
.10	.9313	.0912	-.0006	.00012
.15	.9914	.0968	-.0011	.00008
.20	1.0069	.0992	-.0007	.00004
.25	1.0079	.0999	-.0003	.00001
.30	1.0047	.0999	-.0001	.00000
.35	1.0019	.0998	.0000	-.00000
.40	1.0004	.0997	.0000	-.00000
.45	.9998	.0997	.0000	-.00000
.50	.9997	.0997	-.0000	-.00000
.55	.9997	.0997	-.0000	-.00000
.60	.9998	.0997	-.0000	-.00000
.65	1.0004	.0997	-.0000	-.00000
.70	1.0019	.0998	.0001	.00000
.75	1.0047	.0999	.0003	.00001
.80	1.0079	.0999	.0007	.00004
.85	1.0069	.0992	.0011	.00008
.90	.9914	.0968	.0006	.00012
.95	.9313	.0912	-.0028	.00007
1.00	1.0559	.0826	.0000	.00000

KS= .003

X/L	FP	FS	FQ	FM
.05	1.0838	.0840	.0042	.00010
.10	.9186	.0906	.0001	.00021
.15	.9738	.0955	-.0012	.00019
.20	.9973	.0984	-.0013	.00012
.25	1.0069	.0997	-.0010	.00006
.30	1.0082	.1002	-.0006	.00003
.35	1.0061	.1001	-.0003	.00000
.40	1.0035	.1000	-.0001	-.00001
.45	1.0015	.0998	-.0000	-.00001
.50	1.0005	.0998	.0000	-.00001
.55	1.0005	.0998	.0000	-.00001
.60	1.0015	.0998	.0001	-.00001
.65	1.0035	.1000	.0003	.00000
.70	1.0061	.1001	.0006	.00003
.75	1.0082	.1002	.0010	.00006
.80	1.0069	.0997	.0013	.00012
.85	.9973	.0984	.0012	.00019
.90	.9738	.0955	-.0001	.00021
.95	.9186	.0906	-.0042	.00010
1.00	1.0838	.0840	.0000	.00000

KS= .010

X/L	FP	FS	FQ	FM
.05	1.1175	.0859	.0059	.00015
.10	.9132	.0904	.0015	.00033
.15	.9572	.0943	-.0006	.00036
.20	.9809	.0970	-.0016	.00030
.25	.9964	.0988	-.0017	.00022
.30	1.0045	.0998	-.0015	.00014
.35	1.0077	.1002	-.0011	.00007
.40	1.0081	.1004	-.0007	.00002
.45	1.0075	.1004	-.0003	-.00000
.50	1.0070	.1004	-.0000	-.00001
.55	1.0070	.1004	.0003	-.00000
.60	1.0075	.1004	.0007	.00002
.65	1.0081	.1004	.0011	.00007
.70	1.0077	.1002	.0015	.00014
.75	1.0045	.0998	.0017	.00022
.80	.9964	.0988	.0016	.00030
.85	.9809	.0970	.0006	.00036
.90	.9572	.0943	-.0015	.00033
.95	.9132	.0904	-.0059	.00015
1.00	1.1175	.0859	.0000	.00000

KS= .020

X/L	FP	FS	FQ	FM
.05	1.1366	.0870	.0068	.00017
.10	.9139	.0906	.0025	.00040
.15	.9510	.0938	.0001	.00047
.20	.9722	.0963	-.0013	.00044
.25	.9887	.0981	-.0019	.00036
.30	.9996	.0993	-.0019	.00026
.35	1.0060	.1001	-.0016	.00018
.40	1.0095	.1005	-.0011	.00011
.45	1.0110	.1007	-.0006	.00006
.50	1.0116	.1008	.0000	.00005
.55	1.0116	.1008	.0006	.00006
.60	1.0110	.1007	.0011	.00011
.65	1.0095	.1005	.0016	.00018
.70	1.0060	.1001	.0019	.00026
.75	.9996	.0993	.0019	.00036
.80	.9887	.0981	.0013	.00044
.85	.9722	.0963	-.0001	.00047
.90	.9510	.0938	-.0025	.00040
.95	.9139	.0906	-.0068	.00017
1.00	1.1366	.0870	.0000	.00000

KS= .050

X/L	FP	FS	FQ	FM
.05	1.1609	.0886	.0080	.00020
.10	.9186	.0912	.0040	.00050
.15	.9479	.0936	.0014	.00064
.20	.9649	.0957	-.0004	.00066
.25	.9804	.0974	-.0014	.00062
.30	.9927	.0987	-.0017	.00054
.35	1.0017	.0996	-.0016	.00045
.40	1.0078	.1003	-.0013	.00038
.45	1.0117	.1007	-.0007	.00033
.50	1.0135	.1009	.0000	.00032
.55	1.0135	.1009	.0007	.00033
.60	1.0117	.1007	.0013	.00038
.65	1.0078	.1003	.0016	.00045
.70	1.0017	.0996	.0017	.00054
.75	.9927	.0987	.0014	.00062
.80	.9804	.0974	.0004	.00066
.85	.9649	.0957	-.0014	.00064
.90	.9479	.0936	-.0040	.00050
.95	.9186	.0912	-.0080	.00020
1.00	1.1609	.0886	.0000	.00000

KS= .100

X/L	FP	FS	FQ	FM
.05	1.1807	.0899	.0090	.00023
.10	.9254	.0919	.0053	.00058
.15	.9497	.0938	.0028	.00079
.20	.9629	.0956	.0009	.00088
.25	.9763	.0970	-.0003	.00090
.30	.9877	.0982	-.0009	.00087
.35	.9967	.0992	-.0010	.00082
.40	1.0033	.0999	-.0009	.00077
.45	1.0076	.1003	-.0005	.00074
.50	1.0097	.1005	.0000	.00073
.55	1.0097	.1005	.0005	.00074
.60	1.0076	.1003	.0009	.00077
.65	1.0033	.0999	.0010	.00082
.70	.9967	.0992	.0009	.00087
.75	.9877	.0982	.0003	.00090
.80	.9763	.0970	-.0009	.00088
.85	.9629	.0956	-.0028	.00079
.90	.9497	.0938	-.0053	.00058
.95	.9254	.0919	-.0090	.00023
1.00	1.1807	.0899	.0000	.00000

GLEICHMAESSIGE BELASTUNG   B/L= 2.00   DS/B1= .10

KS= .200

X/L	FP	FS	FQ	FM
.05	1.2028	.0913	.0101	.00025
.10	.9349	.0929	.0069	.00068
.15	.9542	.0943	.0046	.00097
.20	.9633	.0956	.0028	.00115
.25	.9736	.0968	.0014	.00125
.30	.9828	.0978	.0006	.00131
.35	.9904	.0986	.0001	.00132
.40	.9961	.0992	-.0001	.00132
.45	1.0000	.0996	-.0001	.00132
.50	1.0019	.0998	.0000	.00132
.55	1.0019	.0998	.0001	.00132
.60	1.0000	.0996	.0001	.00132
.65	.9961	.0992	-.0001	.00132
.70	.9904	.0986	-.0006	.00131
.75	.9828	.0978	-.0014	.00125
.80	.9736	.0968	-.0028	.00115
.85	.9633	.0956	-.0046	.00097
.90	.9542	.0943	-.0069	.00068
.95	.9349	.0929	-.0101	.00025
1.00	1.2028	.0913	.0000	.00000

KS= .500

X/L	FP	FS	FQ	FM
.05	1.2321	.0934	.0116	.00029
.10	.9487	.0942	.0090	.00081
.15	.9621	.0951	.0071	.00121
.20	.9656	.0959	.0054	.00153
.25	.9713	.0966	.0040	.00176
.30	.9768	.0972	.0028	.00193
.35	.9815	.0977	.0019	.00205
.40	.9852	.0981	.0012	.00213
.45	.9877	.0984	.0006	.00217
.50	.9890	.0985	.0000	.00218
.55	.9890	.0985	-.0006	.00217
.60	.9877	.0984	-.0012	.00213
.65	.9852	.0981	-.0019	.00205
.70	.9815	.0977	-.0028	.00193
.75	.9768	.0972	-.0040	.00176
.80	.9713	.0966	-.0054	.00153
.85	.9656	.0959	-.0071	.00121
.90	.9621	.0951	-.0090	.00081
.95	.9487	.0942	-.0116	.00029
1.00	1.2321	.0934	.0000	.00000

KS= 1.000

X/L	FP	FS	FQ	FM
.05	1.2498	.0946	.0125	.00031
.10	.9573	.0951	.0104	.00088
.15	.9673	.0956	.0087	.00136
.20	.9674	.0961	.0071	.00175
.25	.9703	.0965	.0056	.00207
.30	.9733	.0969	.0043	.00232
.35	.9761	.0972	.0031	.00250
.40	.9783	.0975	.0020	.00263
.45	.9798	.0976	.0010	.00270
.50	.9805	.0977	.0000	.00273
.55	.9805	.0977	-.0010	.00270
.60	.9798	.0976	-.0020	.00263
.65	.9783	.0975	-.0031	.00250
.70	.9761	.0972	-.0043	.00232
.75	.9733	.0969	-.0056	.00207
.80	.9703	.0965	-.0071	.00175
.85	.9674	.0961	-.0087	.00136
.90	.9673	.0956	-.0104	.00088
.95	.9573	.0951	-.0125	.00031
1.00	1.2498	.0946	.0000	.00000

KS= 3.000

X/L	FP	FS	FQ	FM
.05	1.2662	.0957	.0133	.00033
.10	.9654	.0959	.0116	.00096
.15	.9722	.0961	.0102	.00150
.20	.9693	.0963	.0087	.00197
.25	.9694	.0965	.0071	.00237
.30	.9701	.0966	.0056	.00269
.35	.9709	.0967	.0042	.00293
.40	.9717	.0968	.0028	.00310
.45	.9722	.0969	.0014	.00321
.50	.9725	.0969	.0000	.00324
.55	.9725	.0969	-.0014	.00321
.60	.9722	.0969	-.0028	.00310
.65	.9717	.0968	-.0042	.00293
.70	.9709	.0967	-.0056	.00269
.75	.9701	.0966	-.0071	.00237
.80	.9694	.0965	-.0087	.00197
.85	.9693	.0963	-.0102	.00150
.90	.9722	.0961	-.0116	.00096
.95	.9654	.0959	-.0133	.00033
1.00	1.2662	.0957	.0000	.00000

KS= 10.000

X/L	FP	FS	FQ	FM
.05	1.2734	.0962	.0137	.00034
.10	.9690	.0963	.0121	.00099
.15	.9744	.0963	.0108	.00156
.20	.9702	.0964	.0093	.00206
.25	.9691	.0964	.0078	.00249
.30	.9688	.0965	.0062	.00284
.35	.9687	.0965	.0047	.00312
.40	.9688	.0965	.0031	.00331
.45	.9689	.0966	.0016	.00343
.50	.9689	.0966	.0000	.00347
.55	.9689	.0966	-.0016	.00343
.60	.9689	.0966	-.0031	.00331
.65	.9688	.0965	-.0047	.00312
.70	.9687	.0965	-.0062	.00284
.75	.9688	.0965	-.0078	.00249
.80	.9691	.0964	-.0093	.00206
.85	.9702	.0964	-.0108	.00156
.90	.9744	.0963	-.0121	.00099
.95	.9690	.0963	-.0137	.00034
1.00	1.2734	.0962	.0000	.00000

KS=100.000

X/L	FP	FS	FQ	FM
.05	1.2764	.0964	.0138	.00035
.10	.9704	.0964	.0123	.00100
.15	.9753	.0964	.0111	.00159
.20	.9705	.0964	.0096	.00210
.25	.9689	.0964	.0081	.00255
.30	.9682	.0964	.0065	.00291
.35	.9678	.0964	.0049	.00319
.40	.9676	.0964	.0033	.00340
.45	.9675	.0964	.0016	.00352
.50	.9674	.0964	.0000	.00356
.55	.9674	.0964	-.0016	.00352
.60	.9675	.0964	-.0033	.00340
.65	.9676	.0964	-.0049	.00319
.70	.9678	.0964	-.0065	.00291
.75	.9682	.0964	-.0081	.00255
.80	.9689	.0964	-.0096	.00210
.85	.9705	.0964	-.0111	.00159
.90	.9753	.0964	-.0123	.00100
.95	.9704	.0964	-.0138	.00035
1.00	1.2764	.0964	.0000	.00000

B/L= 2.00 DS/B1= .50 KS= .001

XQ/L=0.0

X/L	FP	FS	FQ	FM
.05	22.5172	2.4054	.1259	-.02185
.10	.7679	1.2310	.1643	-.01460
.15	-1.0457	.6059	.1120	-.00769
.20	-1.0864	.3119	.0577	-.00345
.25	-.6543	.1817	.0249	-.00139
.30	-.3137	.1221	.0093	-.00053
.35	-.1254	.0904	.0030	-.00023
.40	-.0413	.0698	.0009	-.00013
.45	-.0104	.0544	.0004	-.00010
.50	-.0017	.0424	.0003	-.00008
.55	-.0004	.0330	.0003	-.00006
.60	-.0007	.0258	.0003	-.00005
.65	-.0010	.0203	.0002	-.00004
.70	-.0010	.0161	.0002	-.00003
.75	-.0008	.0129	.0001	-.00002
.80	-.0006	.0105	.0001	-.00002
.85	-.0003	.0085	.0001	-.00001
.90	.0001	.0070	.0001	-.00001
.95	.0003	.0058	.0001	-.00000
1.00	-.0020	.0047	-.0000	-.00000

XQ/L=0.1

X/L	FP	FS	FQ	FM
.05	3.5149	1.0366	.1757	.00439
.10	6.3534	1.3640	-.5066	.02112
.15	6.2464	1.3598	-.1943	.00360
.20	3.0084	1.0354	-.0438	-.00235
.25	1.0632	.7017	.0093	-.00321
.30	.2046	.4549	.0195	-.00249
.35	-.0735	.2942	.0159	-.00161
.40	-.1146	.1949	.0101	-.00096
.45	-.0864	.1336	.0058	-.00056
.50	-.0522	.0948	.0032	-.00033
.55	-.0284	.0691	.0018	-.00021
.60	-.0148	.0515	.0010	-.00014
.65	-.0078	.0390	.0007	-.00009
.70	-.0044	.0299	.0004	-.00007
.75	-.0026	.0232	.0003	-.00005
.80	-.0016	.0182	.0002	-.00003
.85	-.0008	.0145	.0002	-.00002
.90	-.0000	.0116	.0002	-.00001
.95	.0005	.0093	.0002	-.00001
1.00	-.0041	.0073	-.0000	-.00000

XQ/L=0.2

X/L	FP	FS	FQ	FM
.05	-.7835	.3786	-.0392	-.00098
.10	1.3026	.6890	.0260	-.00131
.15	3.1687	1.0378	.1844	.00395
.20	6.2565	1.3569	-.5028	.02099
.25	6.1934	1.3528	-.1931	.00359
.30	2.9882	1.0306	-.0437	-.00233
.35	1.0576	.6988	.0092	-.00319
.40	.2043	.4532	.0194	-.00248
.45	-.0724	.2933	.0158	-.00160
.50	-.1137	.1943	.0101	-.00095
.55	-.0859	.1332	.0058	-.00056
.60	-.0520	.0945	.0032	-.00033
.65	-.0283	.0690	.0018	-.00021
.70	-.0147	.0514	.0010	-.00014
.75	-.0077	.0390	.0007	-.00009
.80	-.0041	.0299	.0005	-.00007
.85	-.0019	.0233	.0004	-.00005
.90	-.0003	.0183	.0003	-.00003
.95	.0007	.0144	.0004	-.00001
1.00	-.0076	.0110	-.0000	-.00000

XQ/L=0.3

X/L	FP	FS	FQ	FM
.05	-.5563	.1624	-.0278	-.00070
.10	.0258	.2886	-.0265	-.00205
.15	.2845	.4561	-.0123	-.00302
.20	1.1006	.7007	.0427	-.00226
.25	2.9932	1.0281	.1924	.00361
.30	6.1537	1.3446	-.4999	.02093
.35	6.1485	1.3434	-.1925	.00361
.40	2.9735	1.0246	-.0438	-.00229
.45	1.0551	.6953	.0089	-.00317
.50	.2055	.4512	.0192	-.00246
.55	-.0709	.2921	.0157	-.00159
.60	-.1127	.1936	.0100	-.00095
.65	-.0853	.1328	.0058	-.00055
.70	-.0516	.0943	.0032	-.00033
.75	-.0279	.0688	.0018	-.00021
.80	-.0141	.0514	.0011	-.00013
.85	-.0063	.0390	.0008	-.00009
.90	-.0017	.0300	.0007	-.00005
.95	.0008	.0231	.0007	-.00002
1.00	-.0144	.0172	-.0000	-.00000

XQ/L=0.4

X/L	FP	FS	FQ	FM
.05	-.1989	.0838	-.0099	-.00025
.10	-.0516	.1317	-.0125	-.00081
.15	-.0856	.1953	-.0168	-.00154
.20	-.0554	.2939	-.0196	-.00245
.25	.2124	.4523	-.0090	-.00317
.30	1.0579	.6957	.0439	-.00229
.35	2.9744	1.0242	.1927	.00362
.40	6.1474	1.3421	-.5000	.02094
.45	6.1474	1.3420	-.1926	.00363
.50	2.9739	1.0238	-.0439	-.00229
.55	1.0557	.6948	.0089	-.00316
.60	.2059	.4509	.0192	-.00246
.65	-.0707	.2919	.0156	-.00159
.70	-.1125	.1935	.0100	-.00095
.75	-.0849	.1328	.0058	-.00055
.80	-.0505	.0944	.0032	-.00033
.85	-.0253	.0691	.0020	-.00020
.90	-.0096	.0516	.0015	-.00011
.95	-.0011	.0387	.0015	-.00004
1.00	-.0291	.0280	-.0000	-.00000

XQ/L=0.5

X/L	FP	FS	FQ	FM
.05	-.0689	.0473	-.0034	-.00009
.10	-.0144	.0684	-.0042	-.00028
.15	-.0409	.0949	-.0062	-.00054
.20	-.0792	.1335	-.0102	-.00095
.25	-.1100	.1940	-.0157	-.00159
.30	-.0699	.2922	-.0192	-.00246
.35	.2060	.4510	-.0089	-.00316
.40	1.0558	.6949	.0439	-.00229
.45	2.9740	1.0238	.1926	.00363
.50	6.1476	1.3418	-.5000	.02094
.55	6.1476	1.3418	-.1926	.00363
.60	2.9740	1.0238	-.0439	-.00229
.65	1.0558	.6949	.0089	-.00316
.70	.2060	.4510	.0192	-.00246
.75	-.0699	.2922	.0157	-.00159
.80	-.1100	.1940	.0102	-.00095
.85	-.0792	.1335	.0062	-.00054
.90	-.0409	.0949	.0042	-.00028
.95	-.0144	.0684	.0034	-.00009
1.00	-.0689	.0473	-.0000	.00000

B/L= 2.00   DS/B1= .50   KS= .001

XM/L=0.0

X/L	FP	FS	FQ	FM
.05	223.1374	14.9272	11.1569	-.72108
.10	-102.9506	-4.1065	6.0093	-.29192
.15	-69.9129	-8.2670	2.5137	-.07885
.20	-35.6754	-7.0843	.7299	.00224
.25	-13.7167	-4.8641	.0441	.02159
.30	-3.5456	-3.0443	-.1332	.01937
.35	.0768	-1.8500	-.1294	.01280
.40	.8730	-1.1380	-.0857	.00743
.45	.7467	-.7267	-.0484	.00408
.50	.4628	-.4856	-.0252	.00224
.55	.2464	-.3377	-.0129	.00128
.60	.1209	-.2418	-.0069	.00079
.65	.0580	-.1766	-.0040	.00052
.70	.0291	-.1308	-.0025	.00036
.75	.0160	-.0979	-.0017	.00025
.80	.0094	-.0742	-.0012	.00018
.85	.0049	-.0568	-.0010	.00012
.90	.0011	-.0439	-.0009	.00007
.95	-.0015	-.0339	-.0010	.00003
1.00	.0202	-.0254	.0000	-.00000

XM/L=0.1

X/L	FP	FS	FQ	FM
.05	105.8405	10.3880	5.2920	.13230
.10	52.9050	5.3250	7.9373	-.53697
.15	-64.5417	-4.7527	4.7102	-.22078
.20	-55.9767	-7.4159	1.9114	-.05524
.25	-27.6472	-6.1137	.5290	.00577
.30	-10.4234	-4.1557	.0078	.01919
.35	-2.5367	-2.6047	-.1190	.01641
.40	.2018	-1.5955	-.1089	.01071
.45	.7576	-.9925	-.0710	.00621
.50	.6209	-.6410	-.0400	.00344
.55	.3800	-.4323	-.0210	.00191
.60	.2019	-.3026	-.0109	.00111
.65	.0998	-.2176	-.0059	.00069
.70	.0487	-.1594	-.0035	.00046
.75	.0247	-.1185	-.0022	.00032
.80	.0132	-.0891	-.0016	.00022
.85	.0065	-.0677	-.0012	.00015
.90	.0015	-.0520	-.0012	.00009
.95	-.0018	-.0399	-.0013	.00003
1.00	.0251	-.0296	-.0000	-.00000

XM/L=0.2

X/L	FP	FS	FQ	FM
.05	6.0589	3.6150	.3029	.00757
.10	27.6370	5.8317	1.6848	.05727
.15	53.4100	7.1623	4.3553	.20827
.20	59.2375	4.6767	7.3172	-.49992
.25	-58.3462	-4.4990	4.3999	-.20699
.30	-52.1097	-7.0034	1.7944	-.05214
.35	-25.8853	-5.7836	.5001	.00522
.40	-9.8094	-3.9411	.0096	.01797
.45	-2.4100	-2.4771	-.1109	.01544
.50	.1736	-1.5218	-.1022	.01011
.55	.7053	-.9491	-.0669	.00589
.60	.5821	-.6143	-.0378	.00327
.65	.3579	-.4149	-.0199	.00182
.70	.1907	-.2908	-.0104	.00107
.75	.0942	-.2095	-.0057	.00067
.80	.0445	-.1538	-.0034	.00044
.85	.0193	-.1146	-.0025	.00029
.90	.0052	-.0863	-.0022	.00017
.95	-.0024	-.0648	-.0023	.00006
1.00	.0468	-.0469	-.0000	-.00000

XM/L=0.3

X/L	FP	FS	FQ	FM
.05	-4.8171	1.1996	-.2409	-.00602
.10	3.4237	2.4525	-.0697	-.01378
.15	10.6299	4.0132	.4618	-.00398
.20	26.3625	5.8736	1.7799	.05206
.25	52.3812	7.0952	4.3990	.20654
.30	58.6621	4.6014	7.3321	-.50018
.35	-58.5893	-4.5543	4.4026	-.20682
.40	-52.1855	-7.0381	1.7934	-.05191
.45	-25.8956	-5.8041	.4986	.00538
.50	-9.8011	-3.9530	.0085	.01806
.55	-2.4005	-2.4843	-.1115	.01549
.60	.1799	-1.5263	-.1025	.01014
.65	.7089	-.9523	-.0670	.00590
.70	.5835	-.6166	-.0379	.00328
.75	.3573	-.4169	-.0200	.00183
.80	.1874	-.2926	-.0106	.00107
.85	.0857	-.2113	-.0064	.00064
.90	.0298	-.1552	-.0049	.00036
.95	.0023	-.1140	-.0048	.00012
1.00	.0951	-.0800	-.0000	-.00000

XM/L=0.4

X/L	FP	FS	FQ	FM
.05	-2.1961	.5059	-.1098	-.00275
.10	-.3744	.9408	-.1285	-.00870
.15	.0949	1.5462	-.1238	-.01501
.20	2.5561	2.5077	.0040	-.01800
.25	9.8640	3.9724	.4972	-.00547
.30	25.9097	5.8200	1.7927	.05177
.35	52.1822	7.0542	4.4018	.20664
.40	58.5960	4.5752	7.3316	-.50003
.45	-58.6007	-4.5699	4.4016	-.20670
.50	-52.1805	-7.0472	1.7926	-.05184
.55	-25.8887	-5.8095	.4981	.00543
.60	-9.7962	-3.9565	.0083	.01809
.65	-2.3977	-2.4868	-.1116	.01551
.70	.1808	-1.5284	-.1025	.01015
.75	.7068	-.9544	-.0672	.00591
.80	.5758	-.6191	-.0384	.00327
.85	.3392	-.4196	-.0214	.00177
.90	.1564	-.2947	-.0136	.00090
.95	.0501	-.2094	-.0111	.00028
1.00	.2224	-.1416	-.0000	-.00000

XM/L=0.5

X/L	FP	FS	FQ	FM
.05	-.6717	.2587	-.0336	-.00084
.10	-.2495	.4139	-.0461	-.00283
.15	-.4964	.6234	-.0709	-.00575
.20	-.6598	.9601	-.1039	-.01012
.25	-.1600	1.5330	-.1119	-.01552
.30	2.4043	2.4899	.0083	-.01810
.35	9.7969	3.9586	.4982	-.00544
.40	25.8875	5.8112	1.7926	.05183
.45	52.1784	7.0489	4.4015	.20668
.50	58.5979	4.5720	7.3314	-.50000
.55	-58.5980	-4.5720	4.4015	-.20668
.60	-52.1783	-7.0489	1.7926	-.05183
.65	-25.8873	-5.8112	.4982	.00544
.70	-9.7969	-3.9586	.0083	.01810
.75	-2.4044	-2.4899	-.1119	.01552
.80	.1601	-1.5330	-.1039	.01012
.85	.6598	-.9601	-.0709	.00575
.90	.4964	-.6234	-.0461	.00283
.95	.2495	-.4139	-.0336	.00084
1.00	.6717	-.2587	-.0000	-.00000

B/L= 2.00 DS/B1= .50 KS= .003

XQ/L=0.0

X/L	FP	FS	FQ	FM
.05	19.0926	2.2256	-.0454	-.02613
.10	3.0962	1.3896	.1094	-.02453
.15	.5397	.8101	.1364	-.01839
.20	-.4744	.4457	.1127	-.01216
.25	-.6711	.2336	.0791	-.00736
.30	-.5801	.1183	.0501	-.00413
.35	-.4178	.0600	.0293	-.00214
.40	-.2695	.0325	.0158	-.00102
.45	-.1596	.0206	.0078	-.00043
.50	-.0873	.0158	.0034	-.00015
.55	-.0437	.0138	.0012	-.00003
.60	-.0195	.0127	.0003	.00001
.65	-.0071	.0116	-.0001	.00001
.70	-.0014	.0105	-.0002	.00000
.75	.0008	.0093	-.0001	-.00000
.80	.0014	.0081	-.0001	-.00001
.85	.0014	.0070	.0000	-.00001
.90	.0011	.0059	.0001	-.00001
.95	.0007	.0050	.0001	-.00000
1.00	-.0021	.0040	-.0000	-.00000

XQ/L=0.1

X/L	FP	FS	FQ	FM
.05	5.5678	1.1268	.2784	.00696
.10	4.7714	1.2335	-.4830	.02684
.15	4.5299	1.1867	-.2565	.00835
.20	2.9070	.9789	-.1112	-.00084
.25	1.6030	.7366	-.0310	-.00439
.30	.7518	.5222	.0065	-.00501
.35	.2681	.3555	.0200	-.00434
.40	.0284	.2359	.0214	-.00331
.45	-.0688	.1546	.0179	-.00233
.50	-.0923	.1014	.0133	-.00155
.55	-.0835	.0675	.0091	-.00099
.60	-.0643	.0462	.0059	-.00061
.65	-.0450	.0328	.0037	-.00037
.70	-.0293	.0242	.0022	-.00022
.75	-.0180	.0186	.0013	-.00013
.80	-.0104	.0147	.0008	-.00008
.85	-.0055	.0119	.0005	-.00005
.90	-.0026	.0097	.0004	-.00003
.95	-.0014	.0079	.0003	-.00001
1.00	-.0064	.0062	-.0000	-.00000

XQ/L=0.2

X/L	FP	FS	FQ	FM
.05	.0812	.4542	.0041	.00010
.10	1.8316	.7233	.0956	.00259
.15	3.1850	.9808	.2549	.01136
.20	4.6936	1.1720	-.5104	.02997
.25	4.6423	1.1718	-.2783	.01025
.30	3.0591	.9857	-.1254	.00016
.35	1.7245	.7508	-.0391	-.00395
.40	.8326	.5367	.0025	-.00487
.45	.3155	.3675	.0183	-.00435
.50	.0531	.2448	.0209	-.00337
.55	-.0577	.1607	.0180	-.00240
.60	-.0886	.1055	.0136	-.00161
.65	-.0831	.0701	.0095	-.00103
.70	-.0651	.0478	.0062	-.00064
.75	-.0458	.0338	.0039	-.00039
.80	-.0297	.0249	.0024	-.00023
.85	-.0177	.0190	.0015	-.00013
.90	-.0099	.0149	.0010	-.00006
.95	-.0059	.0117	.0007	-.00002
1.00	-.0150	.0089	-.0000	-.00000

XQ/L=0.3

X/L	FP	FS	FQ	FM
.05	-.8492	.1664	-.0425	-.00106
.10	.3711	.3391	-.0239	-.00272
.15	.9487	.5310	.0235	-.00273
.20	1.8137	.7512	.1142	.00071
.25	3.0832	.9834	.2684	.01028
.30	4.5903	1.1638	-.5021	.02944
.35	4.5663	1.1609	-.2738	.01004
.40	3.0111	.9757	-.1232	.00011
.45	1.6976	.7430	-.0384	-.00393
.50	.8193	.5311	.0026	-.00482
.55	.3101	.3638	.0181	-.00430
.60	.0518	.2425	.0207	-.00333
.65	-.0570	.1594	.0179	-.00237
.70	-.0869	.1047	.0135	-.00159
.75	-.0808	.0698	.0095	-.00101
.80	-.0622	.0478	.0064	-.00062
.85	-.0425	.0338	.0042	-.00035
.90	-.0268	.0246	.0029	-.00017
.95	-.0177	.0180	.0020	-.00005
1.00	-.0401	.0125	-.0000	-.00000

XQ/L=0.4

X/L	FP	FS	FQ	FM
.05	-.5913	.0640	-.0296	-.00074
.10	-.0341	.1454	-.0313	-.00226
.15	.1152	.2417	-.0255	-.00368
.20	.3711	.3678	-.0070	-.00449
.25	.8617	.5351	.0361	-.00376
.30	1.7194	.7447	.1221	.00019
.35	3.0123	.9738	.2727	.01006
.40	4.5449	1.1548	-.5000	.02938
.45	4.5405	1.1537	-.2730	.01005
.50	2.9982	.9707	-.1231	.00015
.55	1.6923	.7397	-.0385	-.00389
.60	.8183	.5291	.0024	-.00479
.65	.3114	.3628	.0180	-.00428
.70	.0548	.2422	.0207	-.00331
.75	-.0524	.1596	.0181	-.00234
.80	-.0804	.1052	.0141	-.00154
.85	-.0728	.0701	.0104	-.00092
.90	-.0552	.0473	.0077	-.00047
.95	-.0429	.0313	.0055	-.00014
1.00	-.1109	.0183	-.0000	-.00000

XQ/L=0.5

X/L	FP	FS	FQ	FM
.05	-.2808	.0304	-.0140	-.00035
.10	-.0742	.0635	-.0178	-.00115
.15	-.0619	.1041	-.0208	-.00211
.20	-.0317	.1608	-.0224	-.00319
.25	.0706	.2441	-.0189	-.00423
.30	.3218	.3645	-.0028	-.00477
.35	.8244	.5302	.0384	-.00388
.40	1.6953	.7400	.1232	.00016
.45	2.9986	.9702	.2731	.01007
.50	4.5380	1.1524	-.5000	.02939
.55	4.5380	1.1524	-.2731	.01007
.60	2.9986	.9702	-.1232	.00016
.65	1.6953	.7400	-.0384	-.00388
.70	.8244	.5302	.0028	-.00477
.75	.3218	.3645	.0189	-.00423
.80	.0706	.2441	.0224	-.00319
.85	-.0317	.1608	.0208	-.00211
.90	-.0619	.1041	.0178	-.00115
.95	-.0742	.0635	.0140	-.00035
1.00	-.2808	.0304	-.0000	-.00000

B/L= 2.00   DS/B1= .50   KS= .003

XM/L=0.0

X/L	FP	FS	FQ	FM
.05	150.4329	11.6242	7.5216	-.81196
.10	-34.8689	.4573	5.7782	-.47946
.15	-41.2752	-4.2889	3.7144	-.24215
.20	-33.0041	-5.4701	2.0642	-.09768
.25	-21.5518	-4.9865	.9866	-.02141
.30	-12.3446	-3.9299	.3694	.01249
.35	-6.2024	-2.8416	.0593	.02321
.40	-2.5908	-1.9383	-.0702	.02294
.45	-.7043	-1.2685	-.1055	.01855
.50	.1430	-.8068	-.0983	.01345
.55	.4299	-.5049	-.0768	.00907
.60	.4512	-.3153	-.0542	.00580
.65	.3705	-.1995	-.0357	.00355
.70	.2684	-.1300	-.0223	.00210
.75	.1785	-.0885	-.0134	.00121
.80	.1106	-.0633	-.0078	.00067
.85	.0638	-.0474	-.0047	.00036
.90	.0345	-.0366	-.0029	.00017
.95	.0191	-.0285	-.0020	.00005
1.00	.0396	-.0214	.0000	-.00000

XM/L=0.1

X/L	FP	FS	FQ	FM
.05	95.4970	9.2463	4.7749	.11937
.10	25.7288	4.2435	6.0613	-.60973
.15	-30.2247	-2.0307	4.5501	-.34444
.20	-35.7234	-4.8156	2.7639	-.16159
.25	-26.1228	-5.1076	1.4577	-.05605
.30	-16.2453	-4.3385	.6455	-.00347
.35	-8.8783	-3.2887	.2016	.01770
.40	-4.1984	-2.3194	-.0084	.02253
.45	-1.5630	-1.5556	-.0865	.02016
.50	-.2551	-1.0069	-.0993	.01552
.55	.2853	-.6369	-.0850	.01091
.60	.4299	-.3988	-.0635	.00720
.65	.3988	-.2507	-.0436	.00452
.70	.3091	-.1609	-.0281	.00273
.75	.2154	-.1070	-.0173	.00160
.80	.1386	-.0746	-.0104	.00090
.85	.0828	-.0545	-.0063	.00048
.90	.0464	-.0412	-.0039	.00023
.95	.0267	-.0315	-.0026	.00007
1.00	.0523	-.0232	-.0000	-.00000

XM/L=0.2

X/L	FP	FS	FQ	FM
.05	24.0090	4.4334	1.2005	.03001
.10	22.7625	4.8780	2.3386	.11849
.15	30.0069	4.6038	3.8389	.27292
.20	24.8200	2.4038	5.0799	-.50410
.25	-25.5192	-2.3645	3.8040	-.28201
.30	-30.2696	-4.4788	2.2905	-.12965
.35	-21.9392	-4.5663	1.1935	-.04255
.40	-13.5319	-3.8158	.5169	.00021
.45	-7.3207	-2.8676	.1509	.01691
.50	-3.4069	-2.0128	-.0194	.02020
.55	-1.2226	-1.3470	-.0806	.01770
.60	-.1524	-.8719	-.0882	.01348
.65	.2787	-.5529	-.0743	.00941
.70	.3832	-.3480	-.0551	.00618
.75	.3449	-.2207	-.0379	.00386
.80	.2608	-.1433	-.0248	.00229
.85	.1763	-.0963	-.0160	.00127
.90	.1106	-.0669	-.0105	.00061
.95	.0712	-.0468	-.0069	.00017
1.00	.1383	-.0305	-.0000	-.00000

XM/L=0.3

X/L	FP	FS	FQ	FM
.05	.0902	1.6775	.0045	.00011
.10	7.8332	2.7807	.3962	.01013
.15	14.2196	3.8409	1.1071	.04771
.20	22.4292	4.6266	2.2286	.13111
.25	30.4507	4.5417	3.7511	.28060
.30	25.4305	2.4299	5.0227	-.50005
.35	-25.0292	-2.3081	3.7712	-.28021
.40	-29.9428	-4.4209	2.2741	-.12908
.45	-21.7472	-4.5185	1.1867	-.04256
.50	-13.4317	-3.7805	.5151	-.00001
.55	-7.2762	-2.8437	.1513	.01665
.60	-3.3933	-1.9977	-.0184	.01997
.65	-1.2252	-1.3384	-.0796	.01753
.70	-.1642	-.8678	-.0878	.01334
.75	.2601	-.5517	-.0748	.00927
.80	.3582	-.3485	-.0569	.00598
.85	.3147	-.2211	-.0412	.00353
.90	.2347	-.1410	-.0294	.00176
.95	.1775	-.0870	-.0206	.00051
1.00	.4112	-.0443	-.0000	-.00000

XM/L=0.4

X/L	FP	FS	FQ	FM
.05	-3.5929	.5583	-.1796	-.00449
.10	1.4486	1.2439	-.1072	-.01166
.15	3.9106	2.0118	.0883	-.01213
.20	7.7626	2.9028	.4764	.00198
.25	13.7827	3.8526	1.1656	.04303
.30	21.9831	4.5917	2.2647	.12879
.35	30.1223	4.4945	3.7709	.27968
.40	25.2233	2.3863	5.0320	-.50025
.45	-25.1450	-2.3427	3.7748	-.28008
.50	-30.0003	-4.4464	2.2748	-.12884
.55	-21.7722	-4.5367	1.1861	-.04232
.60	-13.4426	-3.7940	.5140	.00019
.65	-7.2856	-2.8546	.1497	.01678
.70	-3.4109	-2.0076	-.0208	.02001
.75	-1.2590	-1.3482	-.0838	.01739
.80	-.2196	-.8770	-.0947	.01293
.85	.1852	-.5577	-.0855	.00842
.90	.2907	-.3450	-.0709	.00451
.95	.3222	-.1967	-.0548	.00137
1.00	1.0965	-.0774	-.0000	-.00000

XM/L=0.5

X/L	FP	FS	FQ	FM
.05	-2.3996	.1864	-.1200	-.00300
.10	-.1970	.4966	-.1298	-.00924
.15	.3937	.8679	-.1101	-.01524
.20	1.4514	1.3620	-.0376	-.01894
.25	3.5553	2.0286	.1402	-.01637
.30	7.3767	2.8754	.5090	-.00014
.35	13.4931	3.8124	1.1837	.04218
.40	21.7985	4.5534	2.2736	.12861
.45	30.0182	4.4631	3.7745	.27981
.50	25.1706	2.3620	5.0330	-.50000
.55	-25.1707	-2.3620	3.7745	-.27981
.60	-30.0182	-4.4631	2.2736	-.12861
.65	-21.7985	-4.5534	1.1837	-.04218
.70	-13.4932	-3.8124	.5090	.00014
.75	-7.3767	-2.8754	.1402	.01637
.80	-3.5552	-2.0286	-.0376	.01894
.85	-1.4514	-1.3620	-.1101	.01524
.90	-.3937	-.8679	-.1298	.00924
.95	.1970	-.4966	-.1200	.00300
1.00	2.3996	-.1864	-.0000	-.00000

B/L= 2.00 DS/B1= .50 KS= .010

XQ/L=0.0

X/L	FP	FS	FQ	FM
.05	15.6563	1.9982	-.2172	-.03043
.10	4.1531	1.4452	-.0095	-.03610
.15	1.9474	.9934	.0878	-.03414
.20	.6697	.6475	.1213	-.02891
.25	.0240	.3963	.1225	-.02281
.30	-.2832	.2228	.1084	-.01704
.35	-.3981	.1090	.0885	-.01212
.40	-.4078	.0388	.0681	-.00821
.45	-.3652	-.0010	.0498	-.00526
.50	-.3015	-.0208	.0347	-.00315
.55	-.2347	-.0280	.0230	-.00170
.60	-.1739	-.0280	.0143	-.00077
.65	-.1233	-.0244	.0081	-.00021
.70	-.0837	-.0193	.0040	.00009
.75	-.0542	-.0141	.0012	.00022
.80	-.0331	-.0093	-.0004	.00024
.85	-.0184	-.0053	-.0013	.00020
.90	-.0075	-.0019	-.0017	.00012
.95	.0020	.0010	-.0016	.00004
1.00	.0321	.0036	-.0000	-.00000

XQ/L=0.1

X/L	FP	FS	FQ	FM
.05	6.9560	1.1871	.3478	.00869
.10	3.8641	1.1480	-.4590	.03092
.15	3.3591	1.0538	-.2910	.01216
.20	2.4683	.8992	-.1676	.00070
.25	1.6971	.7260	-.0828	-.00556
.30	1.0896	.5607	-.0283	-.00834
.35	.6435	.4165	.0039	-.00895
.40	.3350	.2986	.0206	-.00834
.45	.1344	.2066	.0274	-.00714
.50	.0133	.1379	.0280	-.00575
.55	-.0523	.0885	.0254	-.00442
.60	-.0814	.0544	.0213	-.00325
.65	-.0879	.0317	.0169	-.00229
.70	-.0819	.0173	.0128	-.00155
.75	-.0699	.0087	.0093	-.00099
.80	-.0562	.0038	.0065	-.00060
.85	-.0432	.0014	.0044	-.00032
.90	-.0324	.0002	.0028	-.00015
.95	-.0246	-.0002	.0015	-.00004
1.00	-.0305	-.0004	-.0000	-.00000

XQ/L=0.2

X/L	FP	FS	FQ	FM
.05	1.8141	.5858	.0907	.00227
.10	2.0380	.7397	.1926	.00935
.15	2.6860	.8768	.3269	.02234
.20	3.2890	.9673	-.5086	.04280
.25	3.2594	.9641	-.3457	.02144
.30	2.5953	.8688	-.2159	.00740
.35	1.8934	.7310	-.1212	-.00103
.40	1.2881	.5843	-.0568	-.00548
.45	.8159	.4477	-.0160	-.00730
.50	.4724	.3306	.0076	-.00751
.55	.2375	.2358	.0195	-.00684
.60	.0870	.1627	.0238	-.00576
.65	-.0017	.1084	.0237	-.00457
.70	-.0479	.0697	.0213	-.00344
.75	-.0666	.0429	.0180	-.00246
.80	-.0690	.0250	.0146	-.00164
.85	-.0636	.0132	.0114	-.00100
.90	-.0574	.0054	.0085	-.00050
.95	-.0553	-.0003	.0057	-.00014
1.00	-.1147	-.0049	-.0000	-.00000

XQ/L=0.3

X/L	FP	FS	FQ	FM
.05	-.2900	.2389	-.0145	-.00036
.10	.7799	.4023	.0245	-.00011
.15	1.3554	.5667	.0923	.00281
.20	1.9842	.7275	.1915	.00990
.25	2.6651	.8698	.3247	.02281
.30	3.2877	.9640	-.5109	.04315
.35	3.2656	.9633	-.3476	.02169
.40	2.6042	.8695	-.2174	.00756
.45	1.9028	.7327	-.1223	-.00093
.50	1.2972	.5865	-.0574	-.00542
.55	.8248	.4502	-.0162	-.00726
.60	.4814	.3332	.0079	-.00746
.65	.2471	.2384	.0203	-.00676
.70	.0975	.1650	.0251	-.00562
.75	.0094	.1102	.0256	-.00436
.80	-.0372	.0705	.0237	-.00312
.85	-.0594	.0419	.0208	-.00201
.90	-.0727	.0209	.0171	-.00106
.95	-.0904	.0046	.0126	-.00032
1.00	-.2525	-.0097	-.0000	-.00000

XQ/L=0.4

X/L	FP	FS	FQ	FM
.05	-.8103	.0723	-.0405	-.00101
.10	.1598	.1887	-.0325	-.00284
.15	.5113	.3109	-.0070	-.00383
.20	.8955	.4433	.0378	-.00305
.25	1.3643	.5863	.1060	.00054
.30	1.9460	.7335	.2033	.00828
.35	2.6143	.8680	.3341	.02171
.40	3.2393	.9584	-.5040	.04246
.45	3.2262	.9567	-.3427	.02130
.50	2.5757	.8634	-.2139	.00738
.55	1.8855	.7279	-.1196	-.00095
.60	1.2904	.5834	-.0551	-.00532
.65	.8274	.4487	-.0137	-.00704
.70	.4920	.3329	.0109	-.00711
.75	.2635	.2384	.0241	-.00624
.80	.1161	.1640	.0299	-.00489
.85	.0229	.1063	.0310	-.00337
.90	-.0446	.0611	.0288	-.00188
.95	-.1130	.0237	.0231	-.00058
1.00	-.4626	-.0101	-.0000	-.00000

XQ/L=0.5

X/L	FP	FS	FQ	FM
.05	-.7087	.0074	-.0354	-.00089
.10	-.0691	.0751	-.0389	-.00274
.15	.1043	.1483	-.0337	-.00456
.20	.2881	.2325	-.0193	-.00588
.25	.5260	.3324	.0070	-.00619
.30	.8589	.4506	.0500	-.00476
.35	1.3137	.5854	.1157	-.00062
.40	1.8978	.7288	.2105	.00753
.45	2.5758	.8624	.3393	.02128
.50	3.2133	.9536	-.5000	.04226
.55	3.2133	.9536	-.3393	.02128
.60	2.5758	.8624	-.2105	.00753
.65	1.8978	.7288	-.1157	-.00062
.70	1.3137	.5854	-.0500	-.00476
.75	.8589	.4506	-.0070	-.00619
.80	.5260	.3324	.0193	-.00588
.85	.2881	.2325	.0337	-.00456
.90	.1043	.1483	.0389	-.00274
.95	-.0691	.0751	.0354	-.00089
1.00	-.7087	.0074	-.0000	-.00000

B/L= 2.00 DS/B1= .50 KS= .010

XM/L=0.0

X/L	FP	FS	FQ	FM
.05	92.8309	8.3851	4.6415	-.88396
.10	-2.8955	2.6206	4.4968	-.65550
.15	-15.1150	-.8356	3.7410	-.44956
.20	-18.2100	-2.6389	2.8305	-.28527
.25	-16.6398	-3.3456	1.9985	-.16454
.30	-13.5284	-3.3829	1.3221	-.08153
.35	-10.1993	-3.0552	.8121	-.02817
.40	-7.2344	-2.5662	.4504	.00339
.45	-4.8382	-2.0423	.2085	.01987
.50	-3.0285	-1.5547	.0571	.02651
.55	-1.7376	-1.1377	-.0298	.02719
.60	-.8670	-.8018	-.0731	.02462
.65	-.3160	-.5438	-.0889	.02056
.70	.0051	-.3538	-.0887	.01612
.75	.1700	-.2187	-.0802	.01190
.80	.2366	-.1256	-.0683	.00819
.85	.2500	-.0626	-.0558	.00508
.90	.2484	-.0195	-.0434	.00260
.95	.2620	.0122	-.0303	.00076
1.00	.6067	.0390	.0000	-.00000

XM/L=0.1

X/L	FP	FS	FQ	FM
.05	71.3719	7.3397	3.5686	.08921
.10	16.5404	3.8282	4.3956	-.71168
.15	-9.5133	.1306	3.9200	-.50379
.20	-17.1400	-2.1218	3.0629	-.32922
.25	-16.9130	-3.1300	2.2173	-.19721
.30	-14.2933	-3.3539	1.5026	-.10421
.35	-11.0595	-3.1301	.9497	-.04291
.40	-8.0169	-2.6891	.5488	-.00544
.45	-5.4790	-2.1780	.2749	.01515
.50	-3.5178	-1.6832	.0990	.02449
.55	-2.0907	-1.2490	-.0056	.02683
.60	-1.1088	-.8924	-.0610	.02516
.65	-.4728	-.6142	-.0846	.02152
.70	-.0903	-.4061	-.0892	.01718
.75	.1167	-.2561	-.0833	.01286
.80	.2108	-.1511	-.0728	.00896
.85	.2418	-.0788	-.0607	.00562
.90	.2530	-.0283	-.0480	.00291
.95	.2790	.0095	-.0341	.00085
1.00	.6819	.0418	-.0000	-.00000

XM/L=0.2

X/L	FP	FS	FQ	FM
.05	33.5831	4.6563	1.6792	.04198
.10	16.2270	3.9324	2.4905	.14622
.15	14.5108	2.9314	3.2160	.28888
.20	8.7268	1.2822	3.6524	-.53940
.25	-10.6409	-1.1135	3.1203	-.37089
.30	-15.1549	-2.5233	2.3626	-.23301
.35	-14.0057	-3.0331	1.6623	-.13239
.40	-11.3999	-2.9993	1.0923	-.06352
.45	-8.5733	-2.6751	.6637	-.01962
.50	-6.0574	-2.2289	.3608	.00599
.55	-4.0325	-1.7641	.1592	.01899
.60	-2.5125	-1.3380	.0335	.02380
.65	-1.4370	-.9769	-.0383	.02368
.70	-.7193	-.6875	-.0743	.02087
.75	-.2702	-.4652	-.0878	.01682
.80	-.0088	-.2994	-.0882	.01242
.85	.1360	-.1775	-.0814	.00818
.90	.2319	-.0865	-.0698	.00439
.95	.3377	-.0142	-.0529	.00132
1.00	1.0590	.0496	-.0000	-.00000

XM/L=0.3

X/L	FP	FS	FQ	FM
.05	11.0376	2.4215	.5519	.01380
.10	9.0238	2.7484	1.0031	.05267
.15	11.0959	2.9785	1.5579	.11669
.20	13.1745	2.9579	2.2166	.21106
.25	14.0172	2.4499	2.9174	.33941
.30	9.4404	1.1205	3.3895	-.50292
.35	-9.5647	-1.0856	2.9112	-.34540
.40	-14.0773	-2.3972	2.2074	-.21744
.45	-13.0805	-2.8690	1.5533	-.12342
.50	-10.6760	-2.8335	1.0195	-.05910
.55	-8.0490	-2.5276	.6171	-.01818
.60	-5.7085	-2.1083	.3317	.00553
.65	-3.8272	-1.6718	.1403	.01733
.70	-2.4186	-1.2708	.0194	.02133
.75	-1.4229	-.9286	-.0518	.02052
.80	-.7518	-.6495	-.0894	.01699
.85	-.3070	-.4270	-.1047	.01214
.90	.0215	-.2482	-.1036	.00693
.95	.3387	-.0980	-.0867	.00217
1.00	1.7341	.0386	-.0000	-.00000

XM/L=0.4

X/L	FP	FS	FQ	FM
.05	.9540	1.0445	.0477	.00119
.10	3.8296	1.5725	.2392	.00836
.15	5.9617	2.0875	.5373	.02778
.20	8.3609	2.5500	.9553	.06509
.25	10.9517	2.8759	1.5029	.12655
.30	13.2853	2.9178	2.1672	.21830
.35	14.2067	2.4465	2.8775	.34441
.40	9.6321	1.1356	3.3591	-.49967
.45	-9.4056	-1.0643	2.8888	-.34347
.50	-13.9651	-2.3775	2.1906	-.21649
.55	-13.0192	-2.8552	1.5396	-.12323
.60	-10.6653	-2.8273	1.0063	-.05959
.65	-8.0860	-2.5285	.6020	-.01938
.70	-5.7880	-2.1138	.3126	.00349
.75	-3.9389	-1.6770	.1157	.01420
.80	-2.5410	-1.2681	-.0114	.01681
.85	-1.5120	-.9064	-.0870	.01435
.90	-.7097	-.5920	-.1224	.00912
.95	.0271	-.3129	-.1211	.00303
1.00	2.4217	-.0521	-.0000	-.00000

XM/L=0.5

X/L	FP	FS	FQ	FM
.05	-2.2236	.3447	-.1112	-.00278
.10	1.0966	.7659	-.0563	-.00697
.15	2.4975	1.2021	.0685	-.00666
.20	4.0645	1.6595	.2718	.00184
.25	5.9642	2.1253	.5700	.02289
.30	8.2630	2.5560	.9831	.06171
.35	10.8242	2.8624	1.5243	.12440
.40	13.1569	2.8929	2.1822	.21706
.45	14.0864	2.4154	2.8865	.34378
.50	9.5187	1.1010	3.3624	-.50000
.55	-9.5187	-1.1010	2.8865	-.34378
.60	-14.0864	-2.4154	2.1822	-.21706
.65	-13.1569	-2.8929	1.5243	-.12440
.70	-10.8242	-2.8624	.9831	-.06171
.75	-8.2630	-2.5560	.5700	-.02289
.80	-5.9641	-2.1253	.2718	-.00184
.85	-4.0645	-1.6595	.0685	.00666
.90	-2.4975	-1.2021	-.0563	.00697
.95	-1.0967	-.7659	-.1112	.00278
1.00	2.2236	-.3447	-.0000	-.00000

B/L= 2.00 DS/B1= .50 KS= .020

XQ/L=0.0

X/L	FP	FS	FQ	FM
.05	13.8708	1.8568	-.3065	-.03266
.10	4.2937	1.4276	-.0918	-.04262
.15	2.4340	1.0555	.0299	-.04416
.20	1.2430	.7489	.0921	-.04111
.25	.5347	.5065	.1188	-.03584
.30	.1041	.3218	.1240	-.02977
.35	-.1465	.1864	.1167	-.02375
.40	-.2782	.0911	.1028	-.01827
.45	-.3323	.0272	.0862	-.01354
.50	-.3374	-.0128	.0693	-.00966
.55	-.3138	-.0355	.0536	-.00658
.60	-.2752	-.0460	.0398	-.00425
.65	-.2310	-.0485	.0283	-.00254
.70	-.1869	-.0459	.0190	-.00136
.75	-.1462	-.0405	.0116	-.00060
.80	-.1104	-.0335	.0061	-.00015
.85	-.0794	-.0261	.0022	.00005
.90	-.0518	-.0185	-.0004	.00010
.95	-.0254	-.0111	-.0017	.00004
1.00	.0342	-.0038	-.0000	-.00000

XQ/L=0.1

X/L	FP	FS	FQ	FM
.05	7.2860	1.1938	.3643	.00911
.10	3.5834	1.1139	-.4565	.03180
.15	2.9860	1.0055	-.3072	.01271
.20	2.2734	.8658	-.1936	.00019
.25	1.6734	.7167	-.1099	-.00740
.30	1.1811	.5733	-.0508	-.01142
.35	.7922	.4441	-.0112	-.01297
.40	.4962	.3334	.0136	-.01291
.45	.2793	.2422	.0276	-.01188
.50	.1271	.1696	.0339	-.01034
.55	.0258	.1137	.0352	-.00862
.60	-.0368	.0721	.0334	-.00690
.65	-.0715	.0420	.0298	-.00532
.70	-.0866	.0211	.0255	-.00394
.75	-.0892	.0072	.0210	-.00278
.80	-.0845	-.0017	.0168	-.00184
.85	-.0769	-.0072	.0129	-.00110
.90	-.0702	-.0105	.0094	-.00054
.95	-.0674	-.0125	.0060	-.00015
1.00	-.1209	-.0141	-.0000	-.00000

XQ/L=0.2

X/L	FP	FS	FQ	FM
.05	2.8050	.6624	.1402	.00351
.10	2.1075	.7502	.2456	.01315
.15	2.4101	.8258	.3661	.02845
.20	2.6972	.8706	-.4990	.05013
.25	2.6475	.8584	-.3666	.02848
.30	2.2413	.7893	-.2546	.01295
.35	1.7819	.6894	-.1655	.00245
.40	1.3497	.5783	-.0980	-.00413
.45	.9772	.4687	-.0491	-.00781
.50	.6740	.3681	-.0154	-.00943
.55	.4383	.2806	.0065	-.00965
.60	.2627	.2075	.0196	-.00900
.65	.1374	.1483	.0265	-.00785
.70	.0521	.1019	.0291	-.00646
.75	-.0032	.0662	.0289	-.00501
.80	-.0377	.0391	.0270	-.00361
.85	-.0602	.0184	.0240	-.00233
.90	-.0805	.0022	.0200	-.00123
.95	-.1076	-.0114	.0146	-.00037
1.00	-.2924	-.0238	-.0000	-.00000

XQ/L=0.3

X/L	FP	FS	FQ	FM
.05	.4326	.3117	.0216	.00054
.10	.9909	.4415	.0712	.00286
.15	1.4245	.5688	.1424	.00820
.20	1.8718	.6881	.2360	.01766
.25	2.3168	.7883	.3518	.03236
.30	2.6860	.8513	-.5139	.05331
.35	2.6746	.8521	-.3801	.03095
.40	2.2861	.7917	-.2658	.01481
.45	1.8332	.6973	-.1742	.00381
.50	1.4016	.5892	-.1041	-.00315
.55	1.0267	.4808	-.0528	-.00707
.60	.7198	.3803	-.0168	-.00881
.65	.4799	.2918	.0072	-.00905
.70	.2994	.2168	.0222	-.00831
.75	.1679	.1548	.0306	-.00699
.80	.0733	.1043	.0343	-.00537
.85	.0025	.0632	.0344	-.00365
.90	-.0615	.0288	.0313	-.00201
.95	-.1347	-.0014	.0246	-.00061
1.00	-.4916	-.0296	-.0000	-.00000

XQ/L=0.4

X/L	FP	FS	FQ	FM
.05	-.5551	.1118	-.0278	-.00069
.10	.3287	.2267	-.0113	-.00167
.15	.6917	.3434	.0233	-.00137
.20	1.0556	.4624	.0760	.00111
.25	1.4464	.5819	.1484	.00672
.30	1.8729	.6957	.2420	.01648
.35	2.3096	.7924	.3575	.03147
.40	2.6772	.8535	-.5087	.05269
.45	2.6683	.8534	-.3752	.03059
.50	2.2844	.7929	-.2610	.01468
.55	1.8372	.6988	-.1692	.00393
.60	1.4116	.5910	-.0986	-.00276
.65	1.0421	.4826	-.0465	-.00639
.70	.7387	.3811	-.0095	-.00779
.75	.4987	.2905	.0154	-.00764
.80	.3119	.2115	.0310	-.00648
.85	.1626	.1431	.0391	-.00473
.90	.0275	.0832	.0405	-.00274
.95	-.1181	.0288	.0346	-.00086
1.00	-.6918	-.0228	-.0000	-.00000

XQ/L=0.5

X/L	FP	FS	FQ	FM
.05	-.7903	.0144	-.0395	-.00099
.10	.0033	.0971	-.0394	-.00296
.15	.2506	.1826	-.0268	-.00461
.20	.4900	.2739	-.0023	-.00534
.25	.7523	.3727	.0353	-.00452
.30	1.0628	.4791	.0884	-.00142
.35	1.4308	.5901	.1600	.00479
.40	1.8500	.6987	.2525	.01510
.45	2.2882	.7928	.3669	.03058
.50	2.6623	.8529	-.5000	.05225
.55	2.6623	.8529	-.3669	.03058
.60	2.2882	.7928	-.2525	.01510
.65	1.8500	.6987	-.1600	.00479
.70	1.4308	.5901	-.0884	-.00142
.75	1.0628	.4791	-.0353	-.00452
.80	.7523	.3727	.0023	-.00534
.85	.4900	.2739	.0268	-.00461
.90	.2506	.1826	.0394	-.00296
.95	.0033	.0971	.0395	-.00099
1.00	-.7903	.0144	-.0000	0.00000

B/L= 2.00 DS/B1= .50 KS= .020

XM/L=0.0

X/L	FP	FS	FQ	FM
.05	69.0860	6.7921	3.4543	-.91364
.10	4.1855	2.9629	3.6636	-.73570
.15	-6.1195	.3714	3.3576	-.56017
.20	-10.5287	-1.2492	2.8312	-.40545
.25	-11.4379	-2.1472	2.2593	-.27819
.30	-10.7388	-2.5342	1.7223	-.17865
.35	-9.3188	-2.5803	1.2564	-.10418
.40	-7.6629	-2.4158	.8732	-.05094
.45	-6.0356	-2.1361	.5715	-.01482
.50	-4.5729	-1.8080	.3428	.00804
.55	-3.3344	-1.4756	.1761	.02101
.60	-2.3331	-1.1655	.0594	.02690
.65	-1.5551	-.8916	-.0183	.02793
.70	-.9719	-.6592	-.0669	.02580
.75	-.5476	-.4671	-.0943	.02177
.80	-.2429	-.3108	-.1064	.01675
.85	-.0152	-.1835	-.1072	.01141
.90	.1886	-.0773	-.0978	.00628
.95	.4197	.0157	-.0768	.00192
1.00	1.5355	.1027	.0000	-.00000

XM/L=0.1

X/L	FP	FS	FQ	FM
.05	57.0695	6.1685	2.8535	.07134
.10	13.9844	3.5553	3.5527	-.76851
.15	-2.9265	.9047	3.4064	-.59453
.20	-9.5399	-.9117	2.9294	-.43614
.25	-11.1855	-1.9565	2.3701	-.30365
.30	-10.8421	-2.4482	1.8280	-.19870
.35	-9.5828	-2.5648	1.3489	-.11928
.40	-7.9843	-2.4444	.9496	-.06181
.45	-6.3579	-2.1895	.6318	-.02228
.50	-4.8670	-1.8725	.3884	.00322
.55	-3.5869	-1.5420	.2091	.01816
.60	-2.5405	-1.2281	.0820	.02544
.65	-1.7193	-.9473	-.0039	.02739
.70	-1.0975	-.7063	-.0588	.02582
.75	-.6405	-.5055	-.0908	.02208
.80	-.3085	-.3405	-.1063	.01715
.85	-.0581	-.2053	-.1092	.01177
.90	.1662	-.0916	-.1009	.00652
.95	.4181	.0083	-.0799	.00200
1.00	1.5989	.1020	-.0000	-.00000

XM/L=0.2

X/L	FP	FS	FQ	FM
.05	33.1495	4.3973	1.6575	.04144
.10	13.5077	3.4911	2.3329	.14120
.15	10.1881	2.4500	2.8423	.27057
.20	5.2080	1.1017	3.1027	-.58080
.25	-6.2159	-.5756	2.7919	-.43344
.30	-9.7983	-1.6807	2.3020	-.30609
.35	-10.0616	-2.2327	1.7989	-.20357
.40	-9.1427	-2.4040	1.3417	-.12506
.45	-7.7488	-2.3303	.9543	-.06766
.50	-6.2525	-2.1132	.6417	-.02776
.55	-4.8453	-1.8256	.3994	-.00173
.60	-3.6182	-1.5166	.2185	.01372
.65	-2.6027	-1.2172	.0884	.02139
.70	-1.7958	-.9445	-.0014	.02356
.75	-1.1736	-.7058	-.0601	.02203
.80	-.6996	-.5015	-.0951	.01815
.85	-.3278	-.3274	-.1115	.01298
.90	.0064	-.1767	-.1112	.00742
.95	.3682	-.0413	-.0927	.00232
1.00	1.8550	.0868	-.0000	-.00000

XM/L=0.3

X/L	FP	FS	FQ	FM
.05	15.5854	2.6753	.7793	.01948
.10	8.7642	2.6278	1.2175	.06940
.15	8.8510	2.5150	1.6600	.14134
.20	9.0204	2.2455	2.1111	.23562
.25	8.4827	1.6947	2.5352	.35177
.30	5.0461	.7047	2.7875	-.51516
.35	-5.6759	-.7245	2.5037	-.38288
.40	-8.9675	-1.6686	2.0553	-.26891
.45	-9.1652	-2.1251	1.5971	-.17760
.50	-8.3021	-2.2483	1.1820	-.10812
.55	-7.0244	-2.1585	.8307	-.05780
.60	-5.6672	-1.9453	.5474	-.02335
.65	-4.3988	-1.6721	.3274	-.00148
.70	-3.2949	-1.3810	.1627	.01077
.75	-2.3760	-1.0974	.0439	.01594
.80	-1.6279	-.8342	-.0375	.01610
.85	-1.0110	-.5953	-.0880	.01296
.90	-.4536	-.3783	-.1107	.00799
.95	.1252	-.1771	-.1045	.00261
1.00	2.0893	.0161	-.0000	-.00000

XM/L=0.4

X/L	FP	FS	FQ	FM
.05	5.2356	1.4064	.2618	.00654
.10	4.7009	1.6875	.4968	.02551
.15	5.7852	1.9452	.7861	.05758
.20	6.9936	2.1416	1.1358	.10563
.25	8.1601	2.2166	1.5438	.17262
.30	8.9324	2.0842	1.9904	.26097
.35	8.6662	1.6280	2.4237	.37132
.40	5.3395	.6989	2.6907	-.50082
.45	-5.3618	-.6947	2.4226	-.37299
.50	-8.6812	-1.6212	1.9885	-.26271
.55	-8.9312	-2.0724	1.5420	-.17445
.60	-8.1298	-2.1971	1.1355	-.10751
.65	-6.9124	-2.1116	.7899	-.05938
.70	-5.6060	-1.9021	.5096	-.02689
.75	-4.3707	-1.6287	.2910	-.00688
.80	-3.2713	-1.3306	.1275	.00359
.85	-2.3103	-1.0306	.0119	.00707
.90	-1.4334	-.7390	-.0597	.00588
.95	-.5582	-.4572	-.0876	.00219
1.00	1.7528	-.1817	-.0000	-.00000

XM/L=0.5

X/L	FP	FS	FQ	FM
.05	.1595	.6123	.0080	.00020
.10	2.0343	.9468	.1097	.00314
.15	3.1728	1.2791	.2683	.01259
.20	4.3639	1.6000	.4865	.03146
.25	5.6382	1.8886	.7684	.06284
.30	6.9564	2.1074	1.1163	.10996
.35	8.1704	2.1976	1.5248	.17598
.40	8.9601	2.0747	1.9728	.26342
.45	8.6942	1.6236	2.4075	.37293
.50	5.3580	.6967	2.6754	-.50000
.55	-5.3580	-.6967	2.4075	-.37293
.60	-8.6942	-1.6236	1.9728	-.26342
.65	-8.9601	-2.0747	1.5248	-.17598
.70	-8.1704	-2.1976	1.1163	-.10996
.75	-6.9564	-2.1074	.7684	-.06284
.80	-5.6382	-1.8886	.4865	-.03146
.85	-4.3639	-1.6000	.2683	-.01259
.90	-3.1728	-1.2791	.1097	-.00314
.95	-2.0343	-.9468	.0080	-.00020
1.00	-.1595	-.6123	-.0000	-.00000

B/L= 2.00   DS/B1= .50   KS= .050

XQ/L=0.0

X/L	FP	FS	FQ	FM
.05	11.7363	1.6633	-.4132	-.03533
.10	4.1684	1.3609	-.2048	-.05078
.15	2.7454	1.0845	-.0675	-.05758
.20	1.7661	.8408	.0208	-.05875
.25	1.1134	.6322	.0765	-.05632
.30	.6496	.4581	.1090	-.05168
.35	.3174	.3165	.1248	-.04584
.40	.0826	.2041	.1290	-.03949
.45	-.0779	.1173	.1251	-.03314
.50	-.1816	.0524	.1160	-.02711
.55	-.2423	.0055	.1039	-.02162
.60	-.2712	-.0268	.0903	-.01676
.65	-.2776	-.0476	.0764	-.01259
.70	-.2686	-.0596	.0630	-.00911
.75	-.2500	-.0652	.0505	-.00627
.80	-.2266	-.0661	.0392	-.00403
.85	-.2021	-.0639	.0291	-.00232
.90	-.1805	-.0599	.0200	-.00109
.95	-.1641	-.0548	.0118	-.00030
1.00	-.2369	-.0494	-.0000	-.00000

XQ/L=0.1

X/L	FP	FS	FQ	FM
.05	7.2726	1.1692	.3636	.00909
.10	3.3214	1.0701	-.4703	.03142
.15	2.6911	.9597	-.3357	.01127
.20	2.1169	.8372	-.2299	-.00287
.25	1.6578	.7124	-.1470	-.01229
.30	1.2740	.5922	-.0833	-.01805
.35	.9541	.4812	-.0356	-.02102
.40	.6908	.3819	-.0011	-.02194
.45	.4783	.2956	.0228	-.02140
.50	.3105	.2224	.0384	-.01986
.55	.1813	.1615	.0474	-.01772
.60	.0845	.1119	.0517	-.01524
.65	.0140	.0722	.0524	-.01264
.70	-.0359	.0409	.0506	-.01007
.75	-.0706	.0164	.0470	-.00763
.80	-.0954	-.0028	.0423	-.00540
.85	-.1158	-.0181	.0365	-.00343
.90	-.1397	-.0308	.0295	-.00178
.95	-.1739	-.0419	.0208	-.00052
1.00	-.4159	-.0523	-.0000	-.00000

XQ/L=0.2

X/L	FP	FS	FQ	FM
.05	3.8101	.7424	.1905	.00476
.10	2.1849	.7648	.2998	.01702
.15	2.1635	.7808	.4079	.03471
.20	2.1825	.7814	-.4829	.05784
.25	2.0883	.7550	-.3785	.03630
.30	1.8468	.7011	-.2862	.01968
.35	1.5737	.6305	-.2075	.00734
.40	1.3025	.5519	-.1424	-.00141
.45	1.0500	.4717	-.0899	-.00722
.50	.8249	.3941	-.0486	-.01068
.55	.6302	.3219	-.0171	-.01232
.60	.4662	.2566	.0062	-.01260
.65	.3306	.1988	.0227	-.01187
.70	.2199	.1484	.0337	-.01046
.75	.1296	.1048	.0402	-.00861
.80	.0540	.0668	.0429	-.00654
.85	-.0140	.0334	.0422	-.00441
.90	-.0860	.0033	.0379	-.00241
.95	-.1734	-.0248	.0292	-.00073
1.00	-.5844	-.0519	-.0000	-.00000

XQ/L=0.3

X/L	FP	FS	FQ	FM
.05	1.5218	.4206	.0761	.00190
.10	1.2524	.4972	.1387	.00727
.15	1.4555	.5711	.2115	.01603
.20	1.6775	.6381	.2954	.02870
.25	1.8971	.6917	.3902	.04584
.30	2.0673	.7232	-.5064	.06793
.35	2.0579	.7212	-.4035	.04518
.40	1.8682	.6861	-.3101	.02734
.45	1.6267	.6293	-.2288	.01387
.50	1.3735	.5603	-.1601	.00415
.55	1.1297	.4860	-.1036	-.00244
.60	.9060	.4112	-.0583	-.00649
.65	.7072	.3391	-.0230	-.00853
.70	.5339	.2716	.0037	-.00901
.75	.3838	.2094	.0229	-.00834
.80	.2521	.1524	.0355	-.00688
.85	.1309	.1000	.0421	-.00494
.90	.0055	.0512	.0423	-.00283
.95	-.1392	.0047	.0354	-.00088
1.00	-.7077	-.0407	-.0000	-.00000

XQ/L=0.4

X/L	FP	FS	FQ	FM
.05	.1856	.2018	.0093	.00023
.10	.5990	.2917	.0392	.00144
.15	.8671	.3812	.0826	.00449
.20	1.1303	.4689	.1391	.01003
.25	1.3949	.5524	.2088	.01873
.30	1.6572	.6273	.2917	.03124
.35	1.8999	.6873	.3867	.04820
.40	2.0849	.7237	-.5091	.07014
.45	2.0851	.7252	-.4048	.04730
.50	1.9014	.6923	-.3097	.02943
.55	1.6627	.6365	-.2266	.01603
.60	1.4097	.5672	-.1561	.00646
.65	1.1630	.4912	-.0980	.00011
.70	.9328	.4133	-.0513	-.00363
.75	.7227	.3365	-.0152	-.00529
.80	.5312	.2624	.0114	-.00539
.85	.3518	.1915	.0290	-.00438
.90	.1690	.1237	.0374	-.00272
.95	-.0348	.0580	.0357	-.00089
1.00	-.7134	-.0067	-.0000	-.00000

XQ/L=0.5

X/L	FP	FS	FQ	FM
.05	-.4774	.0670	-.0239	-.00060
.10	.1907	.1489	-.0143	-.00155
.15	.4438	.2314	.0079	-.00171
.20	.6797	.3148	.0418	-.00047
.25	.9142	.3990	.0875	.00276
.30	1.1586	.4826	.1455	.00859
.35	1.4134	.5628	.2161	.01763
.40	1.6706	.6353	.2997	.03052
.45	1.9111	.6934	.3952	.04790
.50	2.0954	.7281	-.5000	.07028
.55	2.0954	.7281	-.3952	.04790
.60	1.9111	.6934	-.2997	.03052
.65	1.6706	.6353	-.2161	.01763
.70	1.4134	.5628	-.1455	.00859
.75	1.1586	.4826	-.0875	.00276
.80	.9142	.3990	-.0418	-.00047
.85	.6797	.3148	-.0079	-.00171
.90	.4438	.2314	.0143	-.00155
.95	.1907	.1489	.0239	-.00060
1.00	-.4774	.0670	-.0000	-.00000

B/L= 2.00 DS/B1= .50 KS= .050

XM/L=0.0

X/L	FP	FS	FQ	FM
.05	46.0816	5.0195	2.3041	-.94240
.10	7.3110	2.8427	2.6696	-.81806
.15	.2766	1.1946	2.6835	-.68423
.20	-3.6385	-.0029	2.5015	-.55460
.25	-5.5062	-.8290	2.2262	-.43641
.30	-6.2695	-1.3581	1.9128	-.33293
.35	-6.3704	-1.6568	1.5942	-.24526
.40	-6.0724	-1.7824	1.2906	-.17314
.45	-5.5445	-1.7829	1.0134	-.11554
.50	-4.8994	-1.6971	.7684	-.07099
.55	-4.2127	-1.5557	.5578	-.03784
.60	-3.5340	-1.3819	.3811	-.01437
.65	-2.8936	-1.1926	.2364	.00107
.70	-2.3067	-.9996	.1211	.01001
.75	-1.7770	-.8100	.0322	.01384
.80	-1.2978	-.6277	-.0327	.01383
.85	-.8514	-.4537	-.0752	.01113
.90	-.3981	-.2873	-.0951	.00687
.95	.1064	-.1263	-.0898	.00225
1.00	1.7965	.0319	.0000	-.00000

XM/L=0.1

X/L	FP	FS	FQ	FM
.05	40.6757	4.7167	2.0338	.05084
.10	11.1959	3.0625	2.5936	-.83347
.15	1.6581	1.4187	2.6765	-.70172
.20	-3.0796	.1607	2.5225	-.57174
.25	-5.2326	-.7156	2.2609	-.45216
.30	-6.1553	-1.2849	1.9531	-.34681
.35	-6.3502	-1.6150	1.6356	-.25709
.40	-6.1089	-1.7643	1.3302	-.18295
.45	-5.6141	-1.7820	1.0494	-.12346
.50	-4.9862	-1.7081	.8001	-.07722
.55	-4.3062	-1.5743	.5848	-.04260
.60	-3.6270	-1.4048	.4035	-.01789
.65	-2.9814	-1.2174	.2544	-.00144
.70	-2.3865	-1.0244	.1351	.00830
.75	-1.8474	-.8336	.0427	.01274
.80	-1.3582	-.6492	-.0252	.01318
.85	-.9018	-.4727	-.0703	.01079
.90	-.4390	-.3035	-.0922	.00673
.95	.0746	-.1395	-.0885	.00221
1.00	1.7701	.0218	-.0000	-.00000

XM/L=0.2

X/L	FP	FS	FQ	FM
.05	28.5142	3.7624	1.4257	.03564
.10	10.6416	2.9337	1.9578	.12023
.15	7.1790	2.0589	2.3167	.22709
.20	3.4804	1.0803	2.4908	-.65272
.25	-2.4475	.0047	2.3684	-.53124
.30	-4.9647	-.7909	2.1201	-.41903
.35	-5.8795	-1.3018	1.8262	-.32037
.40	-6.0592	-1.5912	1.5232	-.23663
.45	-5.8135	-1.7139	1.2325	-.16774
.50	-5.3280	-1.7156	.9661	-.11277
.55	-4.7198	-1.6335	.7301	-.07037
.60	-4.0653	-1.4967	.5269	-.03894
.65	-3.4130	-1.3275	.3562	-.01686
.70	-2.7916	-1.1417	.2167	-.00254
.75	-2.2144	-.9502	.1059	.00552
.80	-1.6817	-.7598	.0219	.00872
.85	-1.1806	-.5737	-.0372	.00834
.90	-.6756	-.3929	-.0710	.00563
.95	-.1241	-.2163	-.0772	.00193
1.00	1.5433	-.0419	-.0000	-.00000

XM/L=0.3

X/L	FP	FS	FQ	FM
.05	17.6584	2.6803	.8829	.02207
.10	7.9209	2.3809	1.2790	.07612
.15	6.6473	2.0525	1.6113	.14838
.20	5.6569	1.6572	1.8942	.23602
.25	4.5190	1.1469	2.1201	.33637
.30	2.2537	.4652	2.2328	-.55480
.35	-2.8765	-.3759	2.0890	-.44676
.40	-4.9154	-.9916	1.8432	-.34845
.45	-5.5468	-1.3691	1.5659	-.26322
.50	-5.5692	-1.5635	1.2874	-.19189
.55	-5.2504	-1.6216	1.0249	-.13408
.60	-4.7470	-1.5823	.7876	-.08877
.65	-4.1554	-1.4765	.5798	-.05459
.70	-3.5356	-1.3278	.4030	-.03002
.75	-2.9234	-1.1541	.2568	-.01352
.80	-2.3357	-.9674	.1400	-.00360
.85	-1.7728	-.7758	.0514	.00119
.90	-1.2123	-.5835	-.0092	.00224
.95	-.6202	-.3923	-.0402	.00101
1.00	.8043	-.2022	-.0000	-.00000

XM/L=0.4

X/L	FP	FS	FQ	FM
.05	9.5425	1.7301	.4771	.01193
.10	5.2141	1.7298	.7378	.04230
.15	5.0612	1.7136	.9909	.08552
.20	5.0891	1.6594	1.2453	.14143
.25	5.1358	1.5374	1.5021	.21011
.30	4.9624	1.3103	1.7503	.29142
.35	4.2790	.9330	1.9642	.38428
.40	2.2866	.3533	2.0785	-.51465
.45	-2.6815	-.4121	1.9445	-.41407
.50	-4.6302	-.9742	1.7130	-.32264
.55	-5.2195	-1.3154	1.4520	-.24351
.60	-5.2320	-1.4872	1.1904	-.17746
.65	-4.9238	-1.5330	.9442	-.12409
.70	-4.4431	-1.4887	.7220	-.08244
.75	-3.8795	-1.3827	.5281	-.05118
.80	-3.2880	-1.2368	.3637	-.02889
.85	-2.6993	-1.0671	.2287	-.01408
.90	-2.1243	-.8847	.1225	-.00530
.95	-1.5539	-.6965	.0448	-.00112
1.00	-.8957	-.5067	-.0000	-.00000

XM/L=0.5

X/L	FP	FS	FQ	FM
.05	4.1319	1.0040	.2066	.00516
.10	3.0597	1.1460	.3596	.01932
.15	3.4373	1.2809	.5314	.04159
.20	3.8885	1.3978	.7259	.07303
.25	4.3666	1.4805	.9442	.11478
.30	4.7894	1.5071	1.1837	.16798
.35	5.0578	1.4492	1.4366	.23348
.40	5.0198	1.2712	1.6875	.31158
.45	4.4186	.9300	1.9085	.40148
.50	2.4731	.3751	2.0321	-.50000
.55	-2.4731	-.3751	1.9085	-.40148
.60	-4.4186	-.9300	1.6875	-.31158
.65	-5.0198	-1.2712	1.4366	-.23348
.70	-5.0578	-1.4492	1.1837	-.16798
.75	-4.7894	-1.5071	.9442	-.11478
.80	-4.3666	-1.4805	.7259	-.07303
.85	-3.8885	-1.3978	.5314	-.04159
.90	-3.4373	-1.2809	.3596	-.01932
.95	-3.0597	-1.1460	.2066	-.00516
1.00	-4.1319	-1.0040	-.0000	-.00000

B/L= 2.00   DS/B1= .50   KS= .100

XQ/L=0.0

X/L	FP	FS	FQ	FM
.05	10.3067	1.5190	-.4847	-.03712
.10	3.9426	1.2896	-.2875	-.05642
.15	2.7990	1.0744	-.1476	-.06730
.20	1.9917	.8778	-.0480	-.07219
.25	1.4297	.7021	.0235	-.07280
.30	1.0038	.5483	.0737	-.07037
.35	.6728	.4160	.1073	-.06585
.40	.4144	.3041	.1280	-.05996
.45	.2143	.2111	.1388	-.05329
.50	.0620	.1351	.1419	-.04628
.55	-.0513	.0740	.1393	-.03925
.60	-.1331	.0258	.1326	-.03245
.65	-.1903	-.0117	.1231	-.02606
.70	-.2287	-.0404	.1117	-.02019
.75	-.2541	-.0622	.0990	-.01492
.80	-.2721	-.0787	.0854	-.01031
.85	-.2887	-.0914	.0709	-.00640
.90	-.3143	-.1017	.0552	-.00325
.95	-.3572	-.1105	.0374	-.00093
1.00	-.7474	-.1187	-.0000	-.00000

XQ/L=0.1

X/L	FP	FS	FQ	FM
.05	7.0250	1.1312	.3512	.00878
.10	3.1533	1.0340	-.4911	.03029
.15	2.5483	.9315	-.3637	.00892
.20	2.0519	.8234	-.2611	-.00670
.25	1.6681	.7151	-.1777	-.01767
.30	1.3462	.6104	-.1104	-.02487
.35	1.0710	.5122	-.0568	-.02905
.40	.8355	.4222	-.0150	-.03085
.45	.6354	.3411	.0167	-.03080
.50	.4670	.2693	.0401	-.02938
.55	.3270	.2065	.0564	-.02697
.60	.2118	.1522	.0670	-.02388
.65	.1173	.1056	.0729	-.02039
.70	.0398	.0656	.0749	-.01669
.75	-.0251	.0311	.0736	-.01298
.80	-.0822	.0011	.0695	-.00940
.85	-.1376	-.0255	.0626	-.00610
.90	-.2027	-.0499	.0525	-.00322
.95	-.2876	-.0728	.0381	-.00095
1.00	-.7625	-.0951	-.0000	-.00000

XQ/L=0.2

X/L	FP	FS	FQ	FM
.05	4.2977	.7824	.2149	.00537
.10	2.2291	.7740	.3263	.01890
.15	2.0592	.7619	.4293	.03779
.20	1.9604	.7414	-.4727	.06171
.25	1.8367	.7064	-.3808	.04037
.30	1.6486	.6564	-.2984	.02339
.35	1.4468	.5970	-.2261	.01028
.40	1.2455	.5325	-.1638	.00053
.45	1.0531	.4664	-.1111	-.00634
.50	.8742	.4012	-.0674	-.01081
.55	.7112	.3387	-.0319	-.01329
.60	.5649	.2797	-.0036	-.01418
.65	.4347	.2249	.0181	-.01382
.70	.3189	.1744	.0341	-.01251
.75	.2149	.1277	.0448	-.01054
.80	.1188	.0846	.0507	-.00815
.85	.0246	.0442	.0520	-.00558
.90	-.0796	.0060	.0480	-.00308
.95	-.2057	-.0310	.0377	-.00094
1.00	-.7541	-.0674	-.0000	-.00000

XQ/L=0.3

X/L	FP	FS	FQ	FM
.05	2.2799	.4992	.1140	.00285
.10	1.4348	.5401	.1857	.01034
.15	1.4828	.5790	.2599	.02148
.20	1.5679	.6133	.3383	.03644
.25	1.6670	.6388	.4216	.05543
.30	1.7413	.6507	-.4913	.07869
.35	1.7196	.6428	-.4053	.05628
.40	1.5991	.6150	-.3254	.03801
.45	1.4433	.5731	-.2532	.02354
.50	1.2732	.5221	-.1896	.01247
.55	1.1007	.4656	-.1345	.00437
.60	.9325	.4067	-.0879	-.00119
.65	.7726	.3474	-.0493	-.00462
.70	.6225	.2889	-.0181	-.00630
.75	.4818	.2321	.0060	-.00661
.80	.3483	.1772	.0234	-.00587
.85	.2168	.1242	.0342	-.00443
.90	.0756	.0728	.0380	-.00263
.95	-.0878	.0224	.0336	-.00084
1.00	-.6719	-.0274	-.0000	-.00000

XQ/L=0.4

X/L	FP	FS	FQ	FM
.05	.9046	.2861	.0452	.00113
.10	.8245	.3489	.0865	.00442
.15	.9800	.4109	.1354	.00997
.20	1.1435	.4707	.1926	.01817
.25	1.3121	.5264	.2582	.02944
.30	1.4756	.5750	.3320	.04420
.35	1.6207	.6125	.4130	.06283
.40	1.7254	.6341	-.5007	.08563
.45	1.7242	.6338	-.4145	.06276
.50	1.6172	.6116	-.3336	.04405
.55	1.4695	.5734	-.2601	.02921
.60	1.3028	.5242	-.1950	.01783
.65	1.1294	.4681	-.1385	.00949
.70	.9563	.4079	-.0907	.00376
.75	.7870	.3457	-.0514	.00021
.80	.6221	.2830	-.0203	-.00158
.85	.4589	.2205	.0027	-.00202
.90	.2880	.1585	.0171	-.00153
.95	.0982	.0971	.0220	-.00055
1.00	-.4399	.0360	-.0000	-.00000

XQ/L=0.5

X/L	FP	FS	FQ	FM
.05	.0439	.1358	.0022	.00005
.10	.3894	.2029	.0217	.00065
.15	.5830	.2699	.0508	.00246
.20	.7667	.3365	.0891	.00596
.25	.9474	.4018	.1365	.01160
.30	1.1281	.4645	.1929	.01984
.35	1.3065	.5225	.2582	.03112
.40	1.4764	.5729	.3321	.04588
.45	1.6257	.6118	.4134	.06451
.50	1.7330	.6343	-.5000	.08735
.55	1.7330	.6343	-.4134	.06451
.60	1.6257	.6118	-.3321	.04588
.65	1.4764	.5729	-.2582	.03112
.70	1.3065	.5225	-.1929	.01984
.75	1.1281	.4645	-.1365	.01160
.80	.9474	.4018	-.0891	.00596
.85	.7667	.3365	-.0508	.00246
.90	.5830	.2699	-.0217	.00065
.95	.3894	.2029	-.0022	.00005
1.00	.0439	.1358	0.0000	0.00000

B/L= 2.00 DS/B1= .50 KS= .100

XM/L=0.0

X/L	FP	FS	FQ	FM
.05	33.5881	3.9227	1.6794	-.95801
.10	7.3200	2.5256	2.0454	-.86489
.15	2.3699	1.4021	2.1639	-.75966
.20	-.6762	.5225	2.1301	-.65231
.25	-2.4264	-.1454	2.0088	-.54884
.30	-3.4486	-.6332	1.8363	-.45271
.35	-3.9954	-.9709	1.6366	-.36589
.40	-4.2165	-1.1859	1.4257	-.28933
.45	-4.2101	-1.3028	1.2152	-.22331
.50	-4.0464	-1.3429	1.0129	-.16760
.55	-3.7771	-1.3245	.8241	-.12168
.60	-3.4410	-1.2628	.6520	-.08478
.65	-3.0671	-1.1702	.4987	-.05601
.70	-2.6759	-1.0566	.3649	-.03442
.75	-2.2809	-.9296	.2508	-.01903
.80	-1.8894	-.7946	.1564	-.00885
.85	-1.5016	-.6555	.0813	-.00291
.90	-1.1068	-.5146	.0259	-.00023
.95	-.6869	-.3734	-.0084	.00021
1.00	.1682	-.2321	.0000	-.00000

XM/L=0.1

X/L	FP	FS	FQ	FM
.05	30.6909	3.7520	1.5345	.03836
.10	9.2331	2.6263	1.9962	-.87337
.15	3.0725	1.5137	2.1498	-.76972
.20	-.3616	.6101	2.1317	-.66268
.25	-2.2436	-.0786	2.0196	-.55889
.30	-3.3421	-.5842	1.8525	-.46209
.35	-3.9376	-.9367	1.6556	-.37439
.40	-4.1917	-1.1639	1.4460	-.29685
.45	-4.2084	-1.2905	1.2356	-.22982
.50	-4.0606	-1.3382	1.0325	-.17311
.55	-3.8021	-1.3256	.8424	-.12624
.60	-3.4729	-1.2683	.6688	-.08846
.65	-3.1029	-1.1788	.5136	-.05890
.70	-2.7135	-1.0674	.3780	-.03661
.75	-2.3189	-.9417	.2620	-.02061
.80	-1.9271	-.8075	.1657	-.00991
.85	-1.5388	-.6687	.0887	-.00355
.90	-1.1442	-.5280	.0315	-.00055
.95	-.7261	-.3868	-.0048	.00012
1.00	.0957	-.2454	-.0000	-.00000

XM/L=0.2

X/L	FP	FS	FQ	FM
.05	23.7048	3.1812	1.1852	.02963
.10	8.7728	2.5122	1.6239	.09986
.15	5.8441	1.8242	1.9161	.18836
.20	3.0613	1.0930	2.0692	-.71201
.25	-.6367	.3280	2.0373	-.60935
.30	-2.5034	-.2763	1.9121	-.51061
.35	-3.4579	-.7127	1.7392	-.41933
.40	-3.9401	-1.0097	1.5422	-.33729
.45	-4.1103	-1.1933	1.3367	-.26532
.50	-4.0687	-1.2867	1.1333	-.20357
.55	-3.8834	-1.3099	.9391	-.15176
.60	-3.6033	-1.2799	.7590	-.10930
.65	-3.2647	-1.2108	.5957	-.07544
.70	-2.8939	-1.1142	.4510	-.04927
.75	-2.5093	-.9989	.3256	-.02986
.80	-2.1222	-.8718	.2194	-.01623
.85	-1.7377	-.7379	.1326	-.00743
.90	-1.3518	-.6005	.0650	-.00249
.95	-.9519	-.4617	.0174	-.00043
1.00	-.3475	-.3224	-.0000	-.00000

XM/L=0.3

X/L	FP	FS	FQ	FM
.05	16.7796	2.4771	.8390	.02097
.10	7.0406	2.1390	1.1910	.07172
.15	5.4975	1.7874	1.4659	.13815
.20	4.2974	1.4044	1.6808	.21681
.25	3.1578	.9683	1.8386	.30480
.30	1.5161	.4540	1.9144	-.60138
.35	-1.5076	-.1282	1.8391	-.50754
.40	-2.9264	-.5816	1.6927	-.41924
.45	-3.5724	-.8961	1.5141	-.33907
.50	-3.8408	-1.0970	1.3221	-.26817
.55	-3.8661	-1.2069	1.1288	-.20689
.60	-3.7315	-1.2456	.9422	-.15512
.65	-3.4926	-1.2302	.7676	-.11237
.70	-3.1892	-1.1748	.6081	-.07798
.75	-2.8499	-1.0909	.4656	-.05114
.80	-2.4953	-.9877	.3409	-.03098
.85	-2.1398	-.8723	.2339	-.01661
.90	-1.7950	-.7498	.1441	-.00716
.95	-1.4605	-.6238	.0711	-.00178
1.00	-1.4220	-.4965	-.0000	-.00000

XM/L=0.4

X/L	FP	FS	FQ	FM
.05	10.9479	1.7991	.5474	.01368
.10	5.1865	1.6823	.8067	.04754
.15	4.5127	1.5565	1.0324	.09351
.20	4.0728	1.4096	1.2360	.15022
.25	3.7278	1.2264	1.4224	.21668
.30	3.2941	.9882	1.5871	.29192
.35	2.6070	.6738	1.7174	.37453
.40	1.2656	.2596	1.7807	-.53801
.45	-1.5524	-.2426	1.7031	-.45092
.50	-2.8304	-.6340	1.5616	-.36930
.55	-3.3841	-.9025	1.3924	-.29545
.60	-3.5979	-1.0713	1.2125	-.23033
.65	-3.5992	-1.1614	1.0325	-.17420
.70	-3.4663	-1.1909	.8592	-.12691
.75	-3.2519	-1.1754	.6966	-.08802
.80	-2.9955	-1.1277	.5468	-.05693
.85	-2.7305	-1.0584	.4103	-.03300
.90	-2.4974	-.9757	.2854	-.01561
.95	-2.3206	-.8858	.1694	-.00424
1.00	-3.3882	-.7929	-.0000	-.00000

XM/L=0.5

X/L	FP	FS	FQ	FM
.05	6.4984	1.2274	.3249	.00812
.10	3.5696	1.2461	.5034	.02883
.15	3.4358	1.2593	.6752	.05830
.20	3.4322	1.2596	.8468	.09634
.25	3.4920	1.2368	1.0214	.14305
.30	3.5238	1.1782	1.1976	.19852
.35	3.4576	1.0684	1.3705	.26273
.40	3.2082	.8896	1.5309	.33526
.45	2.6455	.6212	1.6632	.41511
.50	1.3854	.2403	1.7324	-.50000
.55	-1.3854	-.2403	1.6632	-.41511
.60	-2.6455	-.6212	1.5309	-.33526
.65	-3.2082	-.8896	1.3705	-.26273
.70	-3.4576	-1.0684	1.1976	-.19852
.75	-3.5238	-1.1782	1.0214	-.14305
.80	-3.4920	-1.2368	.8468	-.09634
.85	-3.4322	-1.2596	.6752	-.05830
.90	-3.4358	-1.2593	.5034	-.02883
.95	-3.5696	-1.2461	.3249	-.00812
1.00	-6.4984	-1.2274	-.0000	-.00000

B/L= 2.00 DS/B1= .50 KS= .200

XQ/L=0.0

X/L	FP	FS	FQ	FM
.05	9.1073	1.3907	-.5446	-.03862
.10	3.6915	1.2169	-.3601	-.06123
.15	2.7703	1.0507	-.2215	-.07577
.20	2.1140	.8948	-.1158	-.08421
.25	1.6474	.7510	-.0335	-.08794
.30	1.2791	.6201	.0305	-.08802
.35	.9770	.5024	.0793	-.08527
.40	.7251	.3977	.1156	-.08040
.45	.5140	.3054	.1413	-.07398
.50	.3372	.2247	.1581	-.06649
.55	.1895	.1546	.1676	-.05835
.60	.0660	.0939	.1709	-.04989
.65	-.0376	.0412	.1690	-.04139
.70	-.1260	-.0046	.1627	-.03309
.75	-.2038	-.0448	.1525	-.02521
.80	-.2768	-.0806	.1387	-.01793
.85	-.3528	-.1132	.1211	-.01144
.90	-.4489	-.1437	.0986	-.00595
.95	-.5797	-.1728	.0696	-.00174
1.00	-1.3924	-.2013	-.0000	-.00000

XQ/L=0.1

X/L	FP	FS	FQ	FM
.05	6.7018	1.0881	.3351	.00838
.10	3.0069	.9992	-.5146	.02889
.15	2.4456	.9077	-.3923	.00622
.20	2.0135	.8133	-.2916	-.01088
.25	1.6887	.7202	-.2072	-.02335
.30	1.4160	.6292	-.1364	-.03194
.35	1.1785	.5425	-.0775	-.03728
.40	.9686	.4609	-.0290	-.03995
.45	.7826	.3851	.0101	-.04042
.50	.6178	.3154	.0410	-.03914
.55	.4721	.2516	.0646	-.03650
.60	.3432	.1935	.0818	-.03284
.65	.2287	.1407	.0932	-.02847
.70	.1257	.0924	.0995	-.02365
.75	.0309	.0480	.1010	-.01864
.80	-.0600	.0069	.0980	-.01366
.85	-.1536	-.0319	.0903	-.00895
.90	-.2646	-.0690	.0771	-.00477
.95	-.4063	-.1050	.0568	-.00142
1.00	-1.1359	-.1406	-.0000	-.00000

XQ/L=0.2

X/L	FP	FS	FQ	FM
.05	4.5961	.8075	.2298	.00575
.10	2.2598	.7806	.3428	.02006
.15	2.0022	.7518	.4429	.03970
.20	1.8347	.7186	-.4654	.06414
.25	1.6908	.6777	-.3808	.04299
.30	1.5275	.6290	-.3044	.02586
.35	1.3628	.5751	-.2363	.01234
.40	1.2007	.5184	-.1763	.00202
.45	1.0439	.4607	-.1241	-.00549
.50	.8944	.4032	-.0794	-.01057
.55	.7533	.3470	-.0417	-.01360
.60	.6210	.2925	-.0106	-.01491
.65	.4972	.2402	.0142	-.01482
.70	.3809	.1902	.0333	-.01363
.75	.2703	.1423	.0468	-.01163
.80	.1626	.0963	.0549	-.00909
.85	.0525	.0518	.0575	-.00627
.90	-.0720	.0085	.0539	-.00349
.95	-.2227	-.0341	.0428	-.00107
1.00	-.8559	-.0763	-.0000	-.00000

XQ/L=0.3

X/L	FP	FS	FQ	FM
.05	2.8990	.5657	.1450	.00362
.10	1.5914	.5788	.2245	.01286
.15	1.5187	.5907	.3005	.02599
.20	1.5012	.5997	.3755	.04288
.25	1.5140	.6036	.4512	.06355
.30	1.5212	.5995	-.4727	.08802
.35	1.4809	.5842	-.3987	.06623
.40	1.3891	.5575	-.3292	.04803
.45	1.2765	.5223	-.2654	.03317
.50	1.1531	.4810	-.2077	.02134
.55	1.0249	.4357	-.1565	.01223
.60	.8959	.3878	-.1117	.00553
.65	.7682	.3386	-.0733	.00091
.70	.6431	.2890	-.0411	-.00196
.75	.5206	.2394	-.0151	-.00336
.80	.3995	.1903	.0049	-.00362
.85	.2766	.1417	.0187	-.00303
.90	.1432	.0935	.0259	-.00191
.95	-.0101	.0458	.0254	-.00063
1.00	-.5071	-.0018	-.0000	-.00000

XQ/L=0.4

X/L	FP	FS	FQ	FM
.05	1.6008	.3677	.0800	.00200
.10	1.0368	.4040	.1319	.00730
.15	1.0802	.4396	.1859	.01524
.20	1.1490	.4735	.2433	.02597
.25	1.2335	.5044	.3050	.03968
.30	1.3179	.5303	.3709	.05658
.35	1.3912	.5491	.4405	.07686
.40	1.4399	.5578	-.4875	.10069
.45	1.4301	.5535	-.4160	.07810
.50	1.3610	.5359	-.3480	.05900
.55	1.2653	.5080	-.2847	.04318
.60	1.1542	.4725	-.2270	.03039
.65	1.0345	.4315	-.1753	.02033
.70	.9103	.3867	-.1298	.01270
.75	.7843	.3394	-.0906	.00720
.80	.6578	.2907	-.0577	.00349
.85	.5301	.2411	-.0312	.00127
.90	.3977	.1913	-.0113	.00021
.95	.2547	.1413	.0015	-.00004
1.00	-.0292	.0913	-.0000	-.00000

XQ/L=0.5

X/L	FP	FS	FQ	FM
.05	.6484	.2117	.0324	.00081
.10	.5962	.2589	.0622	.00318
.15	.7065	.3059	.0976	.00717
.20	.8208	.3521	.1386	.01308
.25	.9388	.3968	.1855	.02118
.30	1.0565	.4390	.2384	.03178
.35	1.1701	.4772	.2969	.04516
.40	1.2749	.5096	.3606	.06159
.45	1.3635	.5341	.4288	.08133
.50	1.4244	.5479	-.5000	.10455
.55	1.4244	.5479	-.4288	.08133
.60	1.3635	.5341	-.3606	.06159
.65	1.2749	.5096	-.2969	.04516
.70	1.1701	.4772	-.2384	.03178
.75	1.0565	.4390	-.1855	.02118
.80	.9388	.3968	-.1386	.01308
.85	.8208	.3521	-.0976	.00717
.90	.7065	.3059	-.0622	.00318
.95	.5962	.2589	-.0324	.00081
1.00	.6484	.2117	-.0000	0.00000

B/L= 2.00   DS/B1= .50   KS= .200

XM/L=0.0

X/L	FP	FS	FQ	FM
.05	24.4599	3.0497	1.2230	-.96943
.10	6.5636	2.1632	1.5512	-.90007
.15	3.1787	1.4170	1.7101	-.81854
.20	.9651	.7997	1.7584	-.73183
.25	-.4382	.2987	1.7365	-.64446
.30	-1.3861	-.0990	1.6671	-.55937
.35	-2.0263	-.4065	1.5658	-.47854
.40	-2.4430	-.6362	1.4437	-.40330
.45	-2.6906	-.7998	1.3092	-.33448
.50	-2.8083	-.9081	1.1687	-.27254
.55	-2.8269	-.9710	1.0274	-.21763
.60	-2.7710	-.9971	.8888	-.16973
.65	-2.6608	-.9941	.7558	-.12861
.70	-2.5135	-.9689	.6301	-.09396
.75	-2.3433	-.9270	.5130	-.06539
.80	-2.1632	-.8732	.4048	-.04244
.85	-1.9867	-.8113	.3055	-.02469
.90	-1.8366	-.7445	.2136	-.01171
.95	-1.7258	-.6749	.1273	-.00318
1.00	-2.5470	-.6042	.0000	-.00000

XM/L=0.1

X/L	FP	FS	FQ	FM
.05	22.9316	2.9560	1.1466	.02866
.10	7.5041	2.2089	1.5218	-.90463
.15	3.5295	1.4715	1.6983	-.82413
.20	1.1320	.8449	1.7549	-.73780
.25	-.3313	.3356	1.7383	-.65047
.30	-1.3141	-.0697	1.6726	-.56520
.35	-1.9773	-.3837	1.5737	-.48404
.40	-2.4106	-.6192	1.4532	-.40837
.45	-2.6708	-.7877	1.3197	-.33904
.50	-2.7985	-.9002	1.1797	-.27656
.55	-2.8249	-.9666	1.0385	-.22111
.60	-2.7752	-.9957	.8997	-.17265
.65	-2.6700	-.9953	.7662	-.13100
.70	-2.5267	-.9722	.6399	-.09585
.75	-2.3599	-.9322	.5219	-.06681
.80	-2.1829	-.8799	.4127	-.04344
.85	-2.0097	-.8194	.3123	-.02532
.90	-1.8639	-.7538	.2191	-.01203
.95	-1.7590	-.6854	.1311	-.00328
1.00	-2.6222	-.6159	-.0000	-.00000

XM/L=0.2

X/L	FP	FS	FQ	FM
.05	19.0522	2.6286	.9526	.02382
.10	7.1823	2.1272	1.3117	.08042
.15	4.8997	1.6182	1.5567	.15213
.20	2.8823	1.0917	1.7008	-.76643
.25	.5454	.5551	1.7281	-.68070
.30	-.8013	.1083	1.6880	-.59530
.35	-1.6344	-.2428	1.6063	-.51294
.40	-2.1801	-.5108	1.4973	-.43535
.45	-2.5215	-.7077	1.3712	-.36364
.50	-2.7112	-.8447	1.2357	-.29847
.55	-2.7862	-.9321	1.0964	-.24017
.60	-2.7753	-.9792	.9576	-.18882
.65	-2.7016	-.9941	.8225	-.14432
.70	-2.5843	-.9841	.6933	-.10642
.75	-2.4397	-.9553	.5713	-.07481
.80	-2.2831	-.9130	.4572	-.04909
.85	-2.1311	-.8614	.3506	-.02890
.90	-2.0124	-.8040	.2500	-.01389
.95	-1.9451	-.7434	.1527	-.00382
1.00	-3.0545	-.6815	-.0000	-.00000

XM/L=0.3

X/L	FP	FS	FQ	FM
.05	14.9132	2.2004	.7457	.01864
.10	6.1351	1.8928	1.0524	.06359
.15	4.6685	1.5791	1.2858	.12205
.20	3.5398	1.2515	1.4628	.19077
.25	2.5546	.9006	1.5906	.26710
.30	1.3703	.5153	1.6591	-.65166
.35	-.4688	.1027	1.6356	-.56929
.40	-1.4717	-.2372	1.5620	-.48935
.45	-2.0535	-.4976	1.4594	-.41381
.50	-2.4110	-.6904	1.3388	-.34386
.55	-2.6122	-.8263	1.2082	-.28018
.60	-2.7006	-.9155	1.0732	-.22315
.65	-2.7073	-.9670	.9378	-.17287
.70	-2.6570	-.9888	.8050	-.12930
.75	-2.5706	-.9880	.6764	-.09227
.80	-2.4677	-.9707	.5530	-.06153
.85	-2.3709	-.9418	.4345	-.03684
.90	-2.3209	-.9056	.3185	-.01802
.95	-2.3462	-.8653	.2012	-.00503
1.00	-4.0230	-.8233	-.0000	-.00000

XM/L=0.4

X/L	FP	FS	FQ	FM
.05	11.1441	1.7623	.5572	.01393
.10	4.9605	1.5987	.8052	.04799
.15	4.0729	1.4306	1.0089	.09334
.20	3.4408	1.2519	1.1809	.14809
.25	2.9462	1.0552	1.3282	.21082
.30	2.4414	.8316	1.4503	.28028
.35	1.8266	.5712	1.5416	.35508
.40	.8957	.2632	1.5864	-.56672
.45	-.7611	-.0852	1.5484	-.48835
.50	-1.6314	-.3732	1.4668	-.41297
.55	-2.1193	-.5936	1.3608	-.34228
.60	-2.4156	-.7574	1.2400	-.27726
.65	-2.5845	-.8748	1.1108	-.21849
.70	-2.6678	-.9550	.9774	-.16628
.75	-2.6970	-1.0065	.8426	-.12078
.80	-2.7009	-1.0364	.7075	-.08203
.85	-2.7125	-1.0512	.5719	-.05004
.90	-2.7936	-1.0561	.4322	-.02494
.95	-2.9910	-1.0554	.2827	-.00707
1.00	-5.6536	-1.0524	-.0000	-.00000

XM/L=0.5

X/L	FP	FS	FQ	FM
.05	8.0243	1.3695	.4012	.01003
.10	3.8771	1.3068	.5951	.03494
.15	3.4016	1.2407	.7652	.06894
.20	3.1028	1.1670	.9203	.11108
.25	2.9056	1.0798	1.0656	.16073
.30	2.7154	.9722	1.2013	.21740
.35	2.4799	.8363	1.3253	.28057
.40	2.1485	.6631	1.4328	.34952
.45	1.6537	.4427	1.5154	.42322
.50	.8039	.1644	1.5556	-.50000
.55	-.8039	-.1644	1.5154	-.42322
.60	-1.6537	-.4427	1.4328	-.34952
.65	-2.1485	-.6631	1.3253	-.28057
.70	-2.4799	-.8363	1.2013	-.21740
.75	-2.7154	-.9722	1.0656	-.16073
.80	-2.9056	-1.0798	.9203	-.11108
.85	-3.1028	-1.1670	.7652	-.06894
.90	-3.4016	-1.2407	.5951	-.03494
.95	-3.8771	-1.3068	.4012	-.01003
1.00	-8.0243	-1.3695	-.0000	-.00000

B/L= 2.00 DS/B1= .50 KS= .500

XQ/L=0.0

X/L	FP	FS	FQ	FM
.05	8.0011	1.2681	-.5999	-.04000
.10	3.4263	1.1425	-.4286	-.06571
.15	2.7024	1.0201	-.2935	-.08377
.20	2.1873	.9022	-.1841	-.09571
.25	1.8178	.7897	-.0933	-.10264
.30	1.5164	.6832	-.0174	-.10541
.35	1.2568	.5829	.0454	-.10471
.40	1.0267	.4889	.0967	-.10116
.45	.8196	.4011	.1377	-.09530
.50	.6317	.3192	.1693	-.08762
.55	.4599	.2428	.1923	-.07858
.60	.3016	.1714	.2074	-.06859
.65	.1541	.1044	.2151	-.05803
.70	.0146	.0412	.2158	-.04726
.75	-.1207	-.0188	.2098	-.03662
.80	-.2570	-.0764	.1969	-.02645
.85	-.4040	-.1320	.1767	-.01711
.90	-.5854	-.1863	.1475	-.00900
.95	-.8224	-.2399	.1063	-.00266
1.00	-2.1267	-.2931	-.0000	-.00000

XQ/L=0.1

X/L	FP	FS	FQ	FM
.05	6.3380	1.0419	.3169	.00792
.10	2.8664	.9641	-.5398	.02735
.15	2.3582	.8854	-.4219	.00331
.20	1.9865	.8058	-.3225	-.01530
.25	1.7147	.7265	-.2368	-.02928
.30	1.4866	.6488	-.1625	-.03927
.35	1.2842	.5730	-.0983	-.04579
.40	1.0993	.4998	-.0433	-.04933
.45	.9283	.4294	.0031	-.05033
.50	.7689	.3620	.0416	-.04921
.55	.6197	.2977	.0725	-.04636
.60	.4792	.2362	.0965	-.04213
.65	.3460	.1773	.1138	-.03688
.70	.2181	.1208	.1247	-.03091
.75	.0930	.0664	.1294	-.02456
.80	-.0330	.0136	.1277	-.01814
.85	-.1670	-.0379	.1194	-.01196
.90	-.3272	-.0885	.1030	-.00640
.95	-.5299	-.1385	.0765	-.00191
1.00	-1.5300	-.1883	-.0000	-.00000

XQ/L=0.2

X/L	FP	FS	FQ	FM
.05	4.8033	.8254	.2402	.00600
.10	2.2836	.7859	.3543	.02087
.15	1.9670	.7458	.4527	.04104
.20	1.7537	.7037	-.4596	.06587
.25	1.5945	.6585	-.3799	.04488
.30	1.4449	.6101	-.3076	.02769
.35	1.3026	.5595	-.2425	.01394
.40	1.1651	.5077	-.1843	.00327
.45	1.0317	.4553	-.1327	-.00465
.50	.9024	.4030	-.0876	-.01016
.55	.7769	.3512	-.0487	-.01357
.60	.6554	.3001	-.0159	-.01518
.65	.5373	.2498	.0109	-.01531
.70	.4219	.2005	.0320	-.01423
.75	.3081	.1520	.0474	-.01225
.80	.1933	.1043	.0571	-.00964
.85	.0731	.0573	.0607	-.00669
.90	-.0647	.0108	.0575	-.00373
.95	-.2315	-.0354	.0459	-.00115
1.00	-.9186	-.0814	-.0000	-.00000

XQ/L=0.3

X/L	FP	FS	FQ	FM
.05	3.4523	.6267	.1726	.00432
.10	1.7378	.6160	.2595	.01512
.15	1.5617	.6047	.3376	.03005
.20	1.4580	.5921	.4105	.04875
.25	1.3998	.5771	.4805	.07102
.30	1.3515	.5586	-.4519	.09674
.35	1.2891	.5350	-.3875	.07575
.40	1.2075	.5064	-.3271	.05788
.45	1.1177	.4738	-.2712	.04293
.50	1.0228	.4382	-.2201	.03064
.55	.9250	.4003	-.1738	.02080
.60	.8257	.3610	-.1326	.01313
.65	.7258	.3206	-.0963	.00741
.70	.6258	.2796	-.0650	.00338
.75	.5257	.2383	-.0387	.00079
.80	.4249	.1968	-.0175	-.00061
.85	.3214	.1554	-.0014	-.00108
.90	.2096	.1140	.0091	-.00089
.95	.0833	.0726	.0133	-.00033
1.00	-.2652	.0314	-.0000	-.00000

XQ/L=0.4

X/L	FP	FS	FQ	FM
.05	2.2913	.4491	.1146	.00286
.10	1.2461	.4591	.1769	.01015
.15	1.1780	.4688	.2358	.02047
.20	1.1543	.4776	.2935	.03370
.25	1.1598	.4848	.3515	.04982
.30	1.1730	.4895	.4101	.06886
.35	1.1842	.4906	.4693	.09085
.40	1.1856	.4869	-.4714	.11580
.45	1.1623	.4771	-.4133	.09368
.50	1.1133	.4611	-.3576	.07441
.55	1.0515	.4400	-.3050	.05784
.60	.9814	.4150	-.2560	.04382
.65	.9057	.3870	-.2107	.03215
.70	.8267	.3567	-.1693	.02265
.75	.7457	.3247	-.1321	.01512
.80	.6641	.2916	-.0989	.00934
.85	.5828	.2578	-.0697	.00513
.90	.5038	.2235	-.0445	.00227
.95	.4267	.1890	-.0232	.00058
1.00	.4638	.1545	-.0000	-.00000

XQ/L=0.5

X/L	FP	FS	FQ	FM
.05	1.3045	.2925	.0652	.00163
.10	.8110	.3171	.1058	.00591
.15	.8251	.3415	.1470	.01223
.20	.8605	.3654	.1901	.02065
.25	.9105	.3883	.2356	.03129
.30	.9645	.4096	.2838	.04428
.35	1.0176	.4287	.3347	.05974
.40	1.0662	.4446	.3880	.07781
.45	1.1066	.4565	.4433	.09859
.50	1.1335	.4630	-.5000	.12217
.55	1.1335	.4630	-.4433	.09859
.60	1.1066	.4565	-.3880	.07781
.65	1.0662	.4446	-.3347	.05974
.70	1.0176	.4287	-.2838	.04428
.75	.9645	.4096	-.2356	.03129
.80	.9105	.3883	-.1901	.02065
.85	.8605	.3654	-.1470	.01223
.90	.8251	.3415	-.1058	.00591
.95	.8110	.3171	-.0652	.00163
1.00	1.3045	.2925	-.0000	-.00000

B/L= 2.00 DS/B1= .50 KS= .500

XM/L=0.0

X/L	FP	FS	FQ	FM
.05	16.7994	2.2726	.8400	-.97900
.10	5.4879	1.7786	1.1144	-.93014
.15	3.4147	1.3420	1.2851	-.87016
.20	1.9920	.9593	1.3847	-.80341
.25	1.0198	.6269	1.4357	-.73290
.30	.2891	.3406	1.4501	-.66076
.35	-.2805	.0961	1.4361	-.58860
.40	-.7316	-.1109	1.3995	-.51771
.45	-1.0903	-.2847	1.3450	-.44909
.50	-1.3749	-.4296	1.2763	-.38356
.55	-1.5998	-.5495	1.1963	-.32175
.60	-1.7773	-.6482	1.1074	-.26416
.65	-1.9185	-.7293	1.0115	-.21118
.70	-2.0342	-.7962	.9098	-.16315
.75	-2.1361	-.8519	.8030	-.12033
.80	-2.2390	-.8991	.6910	-.08298
.85	-2.3670	-.9402	.5727	-.05139
.90	-2.5787	-.9773	.4437	-.02598
.95	-2.9204	-1.0121	.2977	-.00744
1.00	-5.9544	-1.0459	.0000	-.00000

XM/L=0.1

X/L	FP	FS	FQ	FM
.05	16.1591	2.2319	.8080	.02020
.10	5.8573	1.7950	1.1008	-.93208
.15	3.5537	1.3630	1.2785	-.87260
.20	2.0611	.9777	1.3816	-.80610
.25	1.0673	.6428	1.4349	-.73569
.30	.3243	.3541	1.4511	-.66353
.35	-.2535	.1073	1.4385	-.59129
.40	-.7109	-.1017	1.4029	-.52026
.45	-1.0747	-.2775	1.3492	-.45146
.50	-1.3637	-.4240	1.2810	-.38570
.55	-1.5924	-.5455	1.2014	-.32364
.60	-1.7733	-.6457	1.1127	-.26579
.65	-1.9176	-.7283	1.0168	-.21255
.70	-2.0362	-.7965	.9150	-.16426
.75	-2.1408	-.8534	.8080	-.12118
.80	-2.2465	-.9017	.6956	-.08359
.85	-2.3775	-.9440	.5768	-.05178
.90	-2.5931	-.9821	.4471	-.02618
.95	-2.9398	-1.0180	.3001	-.00750
1.00	-6.0025	-1.0529	-.0000	-.00000

XM/L=0.2

X/L	FP	FS	FQ	FM
.05	14.4635	2.0849	.7232	.01808
.10	5.6915	1.7523	1.0078	.06135
.15	4.0913	1.4175	1.2123	.11685
.20	2.7705	1.0773	1.3508	-.81907
.25	1.4408	.7357	1.4229	-.74972
.30	.5613	.4337	1.4510	-.67788
.35	-.0788	.1745	1.4470	-.60543
.40	-.5784	-.0462	1.4181	-.53380
.45	-.9743	-.2327	1.3694	-.46411
.50	-1.2897	-.3893	1.3049	-.39726
.55	-1.5412	-.5201	1.2278	-.33394
.60	-1.7424	-.6289	1.1407	-.27473
.65	-1.9052	-.7195	1.0455	-.22007
.70	-2.0410	-.7952	.9434	-.17035
.75	-2.1621	-.8593	.8353	-.12588
.80	-2.2843	-.9145	.7211	-.08697
.85	-2.4330	-.9633	.5994	-.05396
.90	-2.6706	-1.0079	.4659	-.02733
.95	-3.0462	-1.0500	.3136	-.00784
1.00	-6.2718	-1.0912	-.0000	-.00000

XM/L=0.3

X/L	FP	FS	FQ	FM
.05	12.5478	1.8837	.6274	.01568
.10	5.1998	1.6392	.8874	.05355
.15	3.9716	1.3926	1.0860	.10289
.20	3.0425	1.1414	1.2381	.16099
.25	2.2810	.8822	1.3521	.22574
.30	1.4867	.6115	1.4265	-.70479
.35	.4576	.3327	1.4493	-.63290
.40	-.2174	.0864	1.4385	-.56070
.45	-.7071	-.1240	1.4031	-.48966
.50	-1.0917	-.3029	1.3485	-.42087
.55	-1.3994	-.4545	1.2786	-.35519
.60	-1.6491	-.5828	1.1961	-.29332
.65	-1.8554	-.6916	1.1034	-.23584
.70	-2.0314	-.7847	1.0018	-.18321
.75	-2.1910	-.8651	.8922	-.13586
.80	-2.3516	-.9360	.7747	-.09418
.85	-2.5413	-1.0000	.6476	-.05863
.90	-2.8291	-1.0595	.5061	-.02979
.95	-3.2700	-1.1163	.3426	-.00857
1.00	-6.8527	-1.1719	-.0000	-.00000

XM/L=0.4

X/L	FP	FS	FQ	FM
.05	10.7004	1.6686	.5350	.01338
.10	4.6297	1.4948	.7665	.04591
.15	3.6895	1.3192	.9510	.08885
.20	3.0044	1.1396	1.1012	.14016
.25	2.4756	.9532	1.2250	.19831
.30	1.9829	.7565	1.3241	.26204
.35	1.4663	.5462	1.3974	.33008
.40	.8351	.3181	1.4392	-.59901
.45	-.0775	.0755	1.4353	-.52714
.50	-.6672	-.1408	1.4020	-.45621
.55	-1.0956	-.3275	1.3472	-.38748
.60	-1.4397	-.4890	1.2752	-.32192
.65	-1.7264	-.6292	1.1889	-.26032
.70	-1.9751	-.7520	1.0901	-.20335
.75	-2.2031	-.8608	.9800	-.15160
.80	-2.4314	-.9590	.8584	-.10564
.85	-2.6928	-1.0495	.7238	-.06608
.90	-3.0672	-1.1349	.5704	-.03373
.95	-3.6194	-1.2173	.3894	-.00974
1.00	-7.7884	-1.2984	-.0000	-.00000

XM/L=0.5

X/L	FP	FS	FQ	FM
.05	9.0837	1.4674	.4542	.01135
.10	4.0833	1.3476	.6583	.03917
.15	3.3666	1.2262	.8267	.07629
.20	2.8621	1.1015	.9698	.12121
.25	2.4909	.9708	1.0943	.17281
.30	2.1572	.8313	1.2022	.23022
.35	1.8198	.6798	1.2932	.29261
.40	1.4496	.5125	1.3657	.35908
.45	1.0156	.3258	1.4164	.42863
.50	.4397	.1154	1.4384	-.50000
.55	-.4397	-.1154	1.4164	-.42863
.60	-1.0156	-.3258	1.3657	-.35908
.65	-1.4496	-.5125	1.2932	-.29261
.70	-1.8198	-.6798	1.2022	-.23022
.75	-2.1572	-.8313	1.0943	-.17281
.80	-2.4909	-.9708	.9698	-.12121
.85	-2.8621	-1.1015	.8267	-.07629
.90	-3.3666	-1.2262	.6583	-.03917
.95	-4.0833	-1.3476	.4542	-.01135
1.00	-9.0837	-1.4674	-.0000	-.00000

B/L= 2.00 DS/B1= .50 KS= 1.000

XQ/L=0.0

X/L	FP	FS	FQ	FM
.05	7.5125	1.2130	-.6244	-.04061
.10	3.3020	1.1080	-.4593	-.06770
.15	2.6632	1.0046	-.3261	-.08734
.20	2.2108	.9035	-.2156	-.10088
.25	1.8860	.8053	-.1213	-.10930
.30	1.6171	.7102	-.0404	-.11334
.35	1.3797	.6185	.0286	-.11364
.40	1.1628	.5302	.0867	-.11076
.45	.9609	.4453	.1347	-.10522
.50	.7709	.3636	.1733	-.09752
.55	.5904	.2849	.2028	-.08812
.60	.4177	.2091	.2237	-.07745
.65	.2508	.1357	.2362	-.06596
.70	.0876	.0644	.2406	-.05404
.75	-.0751	-.0050	.2369	-.04210
.80	-.2424	-.0730	.2247	-.03056
.85	-.4244	-.1399	.2035	-.01985
.90	-.6484	-.2060	.1711	-.01049
.95	-.9383	-.2717	.1242	-.00310
1.00	-2.4837	-.3372	-.0000	-.00000

XQ/L=0.1

X/L	FP	FS	FQ	FM
.05	6.1628	1.0200	.3081	.00770
.10	2.8030	.9479	-.5517	.02661
.15	2.3210	.8754	-.4357	.00193
.20	1.9762	.8025	-.3369	-.01738
.25	1.7277	.7298	-.2505	-.03207
.30	1.5193	.6579	-.1745	-.04269
.35	1.3325	.5871	-.1079	-.04975
.40	1.1590	.5177	-.0499	-.05369
.45	.9950	.4498	-.0002	-.05495
.50	.8385	.3836	.0417	-.05391
.55	.6881	.3190	.0762	-.05096
.60	.5427	.2560	.1033	-.04647
.65	.4011	.1945	.1233	-.04081
.70	.2618	.1342	.1364	-.03431
.75	.1229	.0751	.1426	-.02734
.80	-.0196	.0169	.1416	-.02023
.85	-.1727	-.0405	.1330	-.01337
.90	-.3561	-.0975	.1152	-.00717
.95	-.5877	-.1542	.0858	-.00214
1.00	-1.7154	-.2107	-.0000	-.00000

XQ/L=0.2

X/L	FP	FS	FQ	FM
.05	4.8791	.8320	.2440	.00610
.10	2.2930	.7881	.3586	.02116
.15	1.9554	.7438	.4564	.04154
.20	1.7256	.6986	-.4573	.06651
.25	1.5607	.6518	-.3793	.04560
.30	1.4152	.6033	-.3085	.02840
.35	1.2803	.5537	-.2445	.01457
.40	1.1512	.5035	-.1870	.00379
.45	1.0259	.4530	-.1357	-.00428
.50	.9037	.4026	-.0905	-.00994
.55	.7840	.3523	-.0513	-.01348
.60	.6665	.3024	-.0180	-.01521
.65	.5507	.2529	.0096	-.01542
.70	.4360	.2039	.0314	-.01440
.75	.3213	.1554	.0474	-.01243
.80	.2043	.1072	.0576	-.00980
.85	.0807	.0594	.0617	-.00682
.90	-.0614	.0118	.0586	-.00381
.95	-.2337	-.0356	.0469	-.00117
1.00	-.9385	-.0829	-.0000	-.00000

XQ/L=0.3

X/L	FP	FS	FQ	FM
.05	3.6919	.6535	.1846	.00461
.10	1.8028	.6327	.2747	.01610
.15	1.5832	.6117	.3539	.03181
.20	1.4434	.5899	.4261	.05131
.25	1.3558	.5669	.4939	.07431
.30	1.2843	.5420	-.4419	.10061
.35	1.2109	.5145	-.3814	.08003
.40	1.1303	.4844	-.3249	.06237
.45	1.0467	.4521	-.2725	.04743
.50	.9610	.4181	-.2245	.03501
.55	.8740	.3830	-.1808	.02488
.60	.7862	.3469	-.1415	.01682
.65	.6980	.3102	-.1066	.01062
.70	.6095	.2731	-.0761	.00605
.75	.5206	.2358	-.0501	.00290
.80	.4307	.1983	-.0285	.00093
.85	.3384	.1608	-.0116	-.00007
.90	.2397	.1233	.0004	-.00035
.95	.1296	.0857	.0068	-.00017
1.00	-.1370	.0482	-.0000	-.00000

XQ/L=0.4

X/L	FP	FS	FQ	FM
.05	2.6065	.4863	.1303	.00326
.10	1.3417	.4845	.1974	.01145
.15	1.2226	.4824	.2585	.02285
.20	1.1572	.4798	.3164	.03722
.25	1.1274	.4764	.3728	.05445
.30	1.1095	.4715	.4282	.07448
.35	1.0941	.4648	.4829	.09726
.40	1.0752	.4554	-.4633	.12275
.45	1.0446	.4428	-.4111	.10089
.50	1.0012	.4269	-.3610	.08159
.55	.9512	.4083	-.3135	.06473
.60	.8968	.3874	-.2686	.05017
.65	.8394	.3648	-.2266	.03779
.70	.7802	.3410	-.1876	.02744
.75	.7202	.3161	-.1516	.01896
.80	.6606	.2905	-.1186	.01220
.85	.6029	.2645	-.0884	.00702
.90	.5518	.2382	-.0609	.00329
.95	.5090	.2118	-.0354	.00089
1.00	.7081	.1852	-.0000	-.00000

XQ/L=0.5

X/L	FP	FS	FQ	FM
.05	1.6165	.3306	.0808	.00202
.10	.9113	.3442	.1264	.00720
.15	.8787	.3578	.1703	.01462
.20	.8759	.3710	.2141	.02423
.25	.8936	.3836	.2588	.03605
.30	.9181	.3953	.3047	.05014
.35	.9442	.4057	.3519	.06656
.40	.9689	.4144	.4004	.08536
.45	.9895	.4208	.4498	.10662
.50	1.0033	.4243	-.5000	.13036
.55	1.0033	.4243	-.4498	.10662
.60	.9895	.4208	-.4004	.08536
.65	.9689	.4144	-.3519	.06656
.70	.9442	.4057	-.3047	.05014
.75	.9181	.3953	-.2588	.03605
.80	.8936	.3836	-.2141	.02423
.85	.8759	.3710	-.1703	.01462
.90	.8787	.3578	-.1264	.00720
.95	.9113	.3442	-.0808	.00202
1.00	1.6165	.3306	-.0000	-.00000

B/L= 2.00 DS/B1= .50 KS= 1.000

XM/L=0.0

X/L	FP	FS	FQ	FM
.05	13.5829	1.9356	.6791	-.98302
.10	4.9348	1.5980	.9259	-.94290
.15	3.4091	1.2894	1.0963	-.89234
.20	2.3370	1.0082	1.2132	-.83460
.25	1.5765	.7530	1.2920	-.77197
.30	.9728	.5218	1.3407	-.70616
.35	.4687	.3129	1.3641	-.63854
.40	.0357	.1241	1.3659	-.57029
.45	-.3429	-.0466	1.3487	-.50242
.50	-.6780	-.2011	1.3148	-.43583
.55	-.9782	-.3416	1.2659	-.37132
.60	-1.2509	-.4700	1.2034	-.30958
.65	-1.5031	-.5882	1.1282	-.25129
.70	-1.7425	-.6979	1.0411	-.19706
.75	-1.9789	-.8010	.9422	-.14748
.80	-2.2273	-.8989	.8308	-.10316
.85	-2.5161	-.9930	.7050	-.06476
.90	-2.9208	-1.0846	.5589	-.03316
.95	-3.5033	-1.1748	.3838	-.00959
1.00	-7.6756	-1.2643	.0000	-.00000

XM/L=0.1

X/L	FP	FS	FQ	FM
.05	13.2564	1.9146	.6628	.01657
.10	5.1179	1.6058	.9187	-.94389
.15	3.4781	1.2997	1.0926	-.89361
.20	2.3720	1.0174	1.2112	-.83601
.25	1.6013	.7611	1.2913	-.77345
.30	.9917	.5289	1.3409	-.70765
.35	.4838	.3190	1.3651	-.64000
.40	.0478	.1292	1.3674	-.57169
.45	-.3333	-.0424	1.3508	-.50373
.50	-.6706	-.1978	1.3172	-.43703
.55	-.9729	-.3391	1.2686	-.37238
.60	-1.2474	-.4683	1.2062	-.31051
.65	-1.5014	-.5873	1.1312	-.25208
.70	-1.7426	-.6978	1.0440	-.19770
.75	-1.9807	-.8016	.9450	-.14797
.80	-2.2310	-.9002	.8334	-.10351
.85	-2.5216	-.9950	.7074	-.06499
.90	-2.9288	-1.0873	.5609	-.03328
.95	-3.5145	-1.1782	.3852	-.00963
1.00	-7.7041	-1.2684	-.0000	-.00000

XM/L=0.2

X/L	FP	FS	FQ	FM
.05	12.3767	1.8374	.6188	.01547
.10	5.0265	1.5822	.8702	.05270
.15	3.7441	1.3259	1.0574	.10088
.20	2.7282	1.0673	1.1938	-.84284
.25	1.7926	.8086	1.2834	-.78091
.30	1.1170	.5705	1.3392	-.71534
.35	.5794	.3549	1.3682	-.64766
.40	.1231	.1597	1.3744	-.57909
.45	-.2737	-.0171	1.3607	-.51071
.50	-.6244	-.1775	1.3295	-.44346
.55	-.9387	-.3236	1.2825	-.37816
.60	-1.2243	-.4574	1.2213	-.31556
.65	-1.4889	-.5808	1.1469	-.25636
.70	-1.7402	-.6956	1.0599	-.20119
.75	-1.9884	-.8036	.9604	-.15068
.80	-2.2489	-.9063	.8480	-.10547
.85	-2.5508	-1.0052	.7205	-.06626
.90	-2.9717	-1.1015	.5719	-.03395
.95	-3.5753	-1.1963	.3931	-.00983
1.00	-7.8622	-1.2904	-.0000	-.00000

XM/L=0.3

X/L	FP	FS	FQ	FM
.05	11.3603	1.7301	.5680	.01420
.10	4.7639	1.5211	.8062	.04856
.15	3.6776	1.3112	.9901	.09346
.20	2.8654	1.0992	1.1334	.14655
.25	2.2201	.8836	1.2444	.20599
.30	1.5918	.6627	1.3240	-.72980
.35	.8631	.4385	1.3671	-.66252
.40	.3211	.2313	1.3832	-.59377
.45	-.1217	.0430	1.3771	-.52476
.50	-.5072	-.1285	1.3517	-.45654
.55	-.8505	-.2853	1.3092	-.39002
.60	-1.1622	-.4294	1.2511	-.32601
.65	-1.4510	-.5627	1.1785	-.26527
.70	-1.7256	-.6872	1.0923	-.20850
.75	-1.9966	-.8046	.9924	-.15638
.80	-2.2804	-.9166	.8784	-.10961
.85	-2.6074	-1.0245	.7480	-.06895
.90	-3.0590	-1.1298	.5951	-.03538
.95	-3.7023	-1.2335	.4100	-.01025
1.00	-8.1993	-1.3366	-.0000	-.00000

XM/L=0.4

X/L	FP	FS	FQ	FM
.05	10.3587	1.6134	.5179	.01295
.10	4.4557	1.4427	.7407	.04441
.15	3.5262	1.2712	.9170	.08586
.20	2.8463	1.0978	1.0593	.13527
.25	2.3256	.9210	1.1756	.19114
.30	1.8549	.7394	1.2684	.25224
.35	1.3877	.5511	1.3378	.31740
.40	.8712	.3543	1.3813	-.61463
.45	.2189	.1507	1.3923	-.54529
.50	-.2688	-.0392	1.3788	-.47601
.55	-.6735	-.2139	1.3451	-.40791
.60	-1.0348	-.3753	1.2934	-.34195
.65	-1.3672	-.5254	1.2250	-.27899
.70	-1.6825	-.6662	1.1409	-.21984
.75	-1.9929	-.7996	1.0413	-.16528
.80	-2.3165	-.9271	.9255	-.11611
.85	-2.6861	-1.0505	.7911	-.07320
.90	-3.1894	-1.1710	.6317	-.03763
.95	-3.8985	-1.2899	.4367	-.01092
1.00	-8.7350	-1.4081	-.0000	-.00000

XM/L=0.5

X/L	FP	FS	FQ	FM
.05	9.4646	1.5025	.4732	.01183
.10	4.1562	1.3620	.6810	.04069
.15	3.3520	1.2208	.8486	.07893
.20	2.7735	1.0777	.9873	.12483
.25	2.3406	.9316	1.1043	.17712
.30	1.9570	.7810	1.2022	.23478
.35	1.5857	.6243	1.2815	.29687
.40	1.2046	.4595	1.3417	.36245
.45	.7948	.2849	1.3815	.43053
.50	.3154	.0984	1.3972	-.50000
.55	-.3154	-.0984	1.3814	-.43053
.60	-.7948	-.2849	1.3417	-.36245
.65	-1.2046	-.4595	1.2815	-.29687
.70	-1.5857	-.6243	1.2022	-.23478
.75	-1.9570	-.7810	1.1043	-.17712
.80	-2.3406	-.9316	.9873	-.12483
.85	-2.7735	-1.0777	.8486	-.07893
.90	-3.3520	-1.2208	.6810	-.04069
.95	-4.1562	-1.3620	.4732	-.01183
1.00	-9.4646	-1.5025	-.0000	-.00000

B/L= 2.00 DS/B1= .50 KS= 3.000

XQ/L=0.0

X/L	FP	FS	FQ	FM
.05	7.1373	1.1704	-.6431	-.04108
.10	3.2041	1.0809	-.4829	-.06923
.15	2.6301	.9920	-.3514	-.09009
.20	2.2258	.9039	-.2401	-.10488
.25	1.9360	.8168	-.1433	-.11446
.30	1.6929	.7308	-.0587	-.11952
.35	1.4738	.6459	.0150	-.12061
.40	1.2683	.5623	.0784	-.11827
.45	1.0715	.4798	.1320	-.11301
.50	.8807	.3985	.1760	-.10531
.55	.6943	.3183	.2107	-.09564
.60	.5108	.2391	.2363	-.08447
.65	.3291	.1608	.2527	-.07224
.70	.1474	.0833	.2601	-.05942
.75	-.0370	.0064	.2583	-.04646
.80	-.2291	-.0699	.2468	-.03383
.85	-.4393	-.1458	.2248	-.02204
.90	-.6976	-.2215	.1900	-.01167
.95	-1.0302	-.2969	.1384	-.00346
1.00	-2.7689	-.3723	-.0000	-.00000

XQ/L=0.1

X/L	FP	FS	FQ	FM
.05	6.0234	1.0027	.3012	.00753
.10	2.7537	.9352	-.5611	.02603
.15	2.2928	.8677	-.4465	.00084
.20	1.9689	.8000	-.3481	-.01902
.25	1.7383	.7324	-.2611	-.03425
.30	1.5449	.6651	-.1839	-.04538
.35	1.3701	.5981	-.1154	-.05286
.40	1.2054	.5317	-.0551	-.05713
.45	1.0470	.4658	-.0028	-.05857
.50	.8929	.4005	.0419	-.05759
.55	.7416	.3358	.0790	-.05457
.60	.5925	.2716	.1086	-.04989
.65	.4445	.2080	.1308	-.04390
.70	.2965	.1448	.1456	-.03699
.75	.1466	.0820	.1530	-.02952
.80	-.0088	.0196	.1525	-.02189
.85	-.1769	-.0426	.1437	-.01448
.90	-.3787	-.1046	.1247	-.00777
.95	-.6332	-.1665	.0931	-.00233
1.00	-1.8616	-.2283	-.0000	-.00000

XQ/L=0.2

X/L	FP	FS	FQ	FM
.05	4.9321	.8367	.2466	.00617
.10	2.2998	.7897	.3616	.02137
.15	1.9477	.7425	.4590	.04188
.20	1.7066	.6951	-.4557	.06697
.25	1.5376	.6471	-.3788	.04610
.30	1.3947	.5986	-.3091	.02891
.35	1.2646	.5497	-.2458	.01503
.40	1.1411	.5005	-.1888	.00417
.45	1.0214	.4513	-.1377	-.00399
.50	.9040	.4021	-.0925	-.00975
.55	.7883	.3529	-.0531	-.01339
.60	.6736	.3039	-.0194	-.01520
.65	.5596	.2550	.0086	-.01547
.70	.4455	.2062	.0308	-.01449
.75	.3302	.1576	.0473	-.01253
.80	.2118	.1092	.0579	-.00990
.85	.0861	.0608	.0622	-.00690
.90	-.0590	.0126	.0593	-.00386
.95	-.2349	-.0356	.0475	-.00119
1.00	-.9509	-.0838	-.0000	-.00000

XQ/L=0.3

X/L	FP	FS	FQ	FM
.05	3.8741	.6740	.1937	.00484
.10	1.8528	.6457	.2863	.01684
.15	1.6005	.6173	.3664	.03316
.20	1.4338	.5886	.4381	.05327
.25	1.3241	.5595	.5043	.07683
.30	1.2353	.5298	-.4340	.10359
.35	1.1531	.4991	-.3763	.08333
.40	1.0721	.4676	-.3227	.06586
.45	.9920	.4353	-.2731	.05096
.50	.9122	.4024	-.2275	.03845
.55	.8327	.3691	-.1859	.02811
.60	.7531	.3354	-.1482	.01976
.65	.6736	.3015	-.1145	.01319
.70	.5940	.2674	-.0848	.00821
.75	.5141	.2333	-.0591	.00461
.80	.4333	.1990	-.0375	.00219
.85	.3505	.1648	-.0199	.00076
.90	.2630	.1305	-.0068	.00009
.95	.1668	.0962	.0016	-.00004
1.00	-.0312	.0619	-.0000	-.00000

XQ/L=0.4

X/L	FP	FS	FQ	FM
.05	2.8518	.5153	.1426	.00356
.10	1.4161	.5042	.2134	.01246
.15	1.2574	.4930	.2763	.02471
.20	1.1596	.4817	.3342	.03997
.25	1.1026	.4700	.3894	.05806
.30	1.0609	.4578	.4424	.07885
.35	1.0253	.4450	.4937	.10226
.40	.9911	.4312	-.4568	.12818
.45	.9544	.4163	-.4090	.10654
.50	.9141	.4003	-.3633	.08723
.55	.8722	.3833	-.3197	.07015
.60	.8291	.3654	-.2783	.05520
.65	.7853	.3470	-.2390	.04227
.70	.7413	.3281	-.2019	.03124
.75	.6978	.3088	-.1671	.02202
.80	.6557	.2892	-.1343	.01449
.85	.6173	.2695	-.1034	.00854
.90	.5890	.2497	-.0739	.00411
.95	.5744	.2297	-.0452	.00113
1.00	.9046	.2098	-.0000	-.00000

XQ/L=0.5

X/L	FP	FS	FQ	FM
.05	1.8635	.3607	.0932	.00233
.10	.9902	.3656	.1427	.00823
.15	.9202	.3704	.1887	.01651
.20	.8871	.3752	.2330	.02705
.25	.8792	.3797	.2770	.03981
.30	.8806	.3839	.3210	.05476
.35	.8859	.3876	.3653	.07192
.40	.8924	.3906	.4100	.09130
.45	.8984	.3929	.4549	.11292
.50	.9026	.3941	-.5000	.13679
.55	.9026	.3941	-.4549	.11292
.60	.8984	.3929	-.4100	.09130
.65	.8924	.3906	-.3653	.07192
.70	.8859	.3876	-.3210	.05476
.75	.8806	.3839	-.2770	.03981
.80	.8792	.3797	-.2330	.02705
.85	.8871	.3752	-.1887	.01651
.90	.9202	.3704	-.1427	.00823
.95	.9902	.3656	-.0932	.00233
1.00	1.8635	.3607	-.0000	-.00000

B/L= 2.00 DS/B1= .50 KS= 3.000

XM/L=0.0

X/L	FP	FS	FQ	FM
.05	11.1672	1.6789	.5584	-.98604
.10	4.4855	1.4559	.7826	-.95252
.15	3.3692	1.2426	.9511	-.90917
.20	2.5663	1.0386	1.0794	-.85841
.25	1.9749	.8434	1.1782	-.80197
.30	1.4784	.6566	1.2521	-.74122
.35	1.0359	.4774	1.3039	-.67732
.40	.6278	.3054	1.3353	-.61134
.45	.2439	.1398	1.3474	-.54427
.50	-.1220	-.0201	1.3413	-.47705
.55	-.4744	-.1748	1.3176	-.41058
.60	-.8171	-.3251	1.2768	-.34572
.65	-1.1542	-.4716	1.2191	-.28332
.70	-1.4909	-.6149	1.1445	-.22423
.75	-1.8354	-.7558	1.0527	-.16930
.80	-2.2026	-.8946	.9426	-.11942
.85	-2.6237	-1.0320	.8114	-.07557
.90	-3.1880	-1.1685	.6520	-.03898
.95	-3.9696	-1.3044	.4536	-.01134
1.00	-9.0711	-1.4400	.0000	-.00000

XM/L=0.1

X/L	FP	FS	FQ	FM
.05	11.0567	1.6717	.5528	.01382
.10	4.5461	1.4584	.7801	-.95285
.15	3.3921	1.2460	.9497	-.90961
.20	2.5780	1.0417	1.0786	-.85890
.25	1.9834	.8462	1.1778	-.80249
.30	1.4851	.6590	1.2521	-.74174
.35	1.0413	.4795	1.3041	-.67783
.40	.6322	.3072	1.3357	-.61184
.45	.2475	.1413	1.3481	-.54474
.50	-.1191	-.0188	1.3422	-.47748
.55	-.4721	-.1738	1.3186	-.41097
.60	-.8155	-.3244	1.2778	-.34606
.65	-1.1533	-.4712	1.2201	-.28361
.70	-1.4907	-.6148	1.1456	-.22447
.75	-1.8359	-.7559	1.0538	-.16948
.80	-2.2037	-.8950	.9436	-.11955
.85	-2.6256	-1.0327	.8123	-.07565
.90	-3.1909	-1.1694	.6528	-.03902
.95	-3.9737	-1.3056	.4541	-.01135
1.00	-9.0818	-1.4415	-.0000	-.00000

XM/L=0.2

X/L	FP	FS	FQ	FM
.05	10.7553	1.6451	.5378	.01344
.10	4.5134	1.4499	.7634	.04597
.15	3.4800	1.2544	.9374	.08850
.20	2.6971	1.0583	1.0723	-.86126
.25	2.0482	.8623	1.1747	-.80509
.30	1.5285	.6733	1.2511	-.74444
.35	1.0752	.4922	1.3049	-.68054
.40	.6597	.3181	1.3379	-.61447
.45	.2699	.1505	1.3514	-.54724
.50	-.1013	-.0113	1.3463	-.47980
.55	-.4585	-.1679	1.3234	-.41306
.60	-.8058	-.3201	1.2831	-.34790
.65	-1.1474	-.4685	1.2257	-.28518
.70	-1.4886	-.6137	1.1513	-.22575
.75	-1.8376	-.7563	1.0594	-.17048
.80	-2.2094	-.8970	.9489	-.12027
.85	-2.6357	-1.0363	.8172	-.07612
.90	-3.2063	-1.1745	.6568	-.03927
.95	-3.9960	-1.3122	.4570	-.01143
1.00	-9.1408	-1.4496	-.0000	-.00000

XM/L=0.3

X/L	FP	FS	FQ	FM
.05	10.4014	1.6076	.5201	.01300
.10	4.4215	1.4284	.7411	.04453
.15	3.4560	1.2490	.9139	.08591
.20	2.7431	1.0689	1.0511	.13504
.25	2.1926	.8877	1.1607	.19033
.30	1.6899	.7049	1.2452	-.74952
.35	1.1738	.5211	1.3039	-.68579
.40	.7302	.3433	1.3404	-.61968
.45	.3253	.1720	1.3567	-.55226
.50	-.0574	.0066	1.3538	-.48449
.55	-.4245	-.1537	1.3326	-.41733
.60	-.7810	-.3094	1.2935	-.35168
.65	-1.1313	-.4613	1.2370	-.28842
.70	-1.4811	-.6101	1.1629	-.22842
.75	-1.8386	-.7562	1.0710	-.17257
.80	-2.2193	-.9003	.9600	-.12180
.85	-2.6551	-1.0429	.8273	-.07712
.90	-3.2375	-1.1846	.6654	-.03980
.95	-4.0423	-1.3257	.4633	-.01158
1.00	-9.2656	-1.4665	-.0000	-.00000

XM/L=0.4

X/L	FP	FS	FQ	FM
.05	10.0473	1.5663	.5024	.01256
.10	4.3127	1.4006	.7180	.04307
.15	3.4028	1.2348	.8881	.08322
.20	2.7366	1.0683	1.0250	.13105
.25	2.2298	.9007	1.1365	.18509
.30	1.7814	.7315	1.2255	.24414
.35	1.3538	.5602	1.2932	.30711
.40	.9198	.3862	1.3392	-.62708
.45	.4455	.2100	1.3615	-.55957
.50	.0289	.0385	1.3629	-.49146
.55	-.3589	-.1278	1.3450	-.42376
.60	-.7325	-.2895	1.3084	-.35742
.65	-1.0983	-.4473	1.2535	-.29338
.70	-1.4627	-.6018	1.1803	-.23253
.75	-1.8347	-.7537	1.0886	-.17581
.80	-2.2302	-.9036	.9771	-.12417
.85	-2.6821	-1.0519	.8430	-.07867
.90	-3.2839	-1.1993	.6788	-.04062
.95	-4.1134	-1.3460	.4731	-.01183
1.00	-9.4621	-1.4925	-.0000	-.00000

XM/L=0.5

X/L	FP	FS	FQ	FM
.05	9.7268	1.5266	.4863	.01216
.10	4.2060	1.3719	.6966	.04173
.15	3.3415	1.2169	.8637	.08074
.20	2.7119	1.0613	.9993	.12732
.25	2.2368	.9047	1.1111	.18008
.30	1.8193	.7465	1.2021	.23791
.35	1.4254	.5863	1.2734	.29980
.40	1.0377	.4233	1.3253	.36476
.45	.6452	.2571	1.3575	.43183
.50	.2317	.0868	1.3691	-.50000
.55	-.2317	-.0868	1.3575	-.43183
.60	-.6452	-.2571	1.3253	-.36476
.65	-1.0377	-.4233	1.2734	-.29980
.70	-1.4254	-.5863	1.2021	-.23791
.75	-1.8193	-.7465	1.1111	-.18008
.80	-2.2368	-.9047	.9993	-.12732
.85	-2.7119	-1.0613	.8637	-.08074
.90	-3.3415	-1.2169	.6966	-.04173
.95	-4.2060	-1.3719	.4863	-.01216
1.00	-9.7268	-1.5266	-.0000	-.00000

B/L= 2.00 DS/B1= .50 KS= 10.000

XQ/L=0.0

X/L	FP	FS	FQ	FM
.05	6.9947	1.1541	-.6503	-.04126
.10	3.1665	1.0705	-.4919	-.06981
.15	2.6170	.9871	-.3611	-.09114
.20	2.2309	.9039	-.2495	-.10640
.25	1.9545	.8211	-.1518	-.11644
.30	1.7215	.7385	-.0657	-.12188
.35	1.5095	.6563	.0097	-.12328
.40	1.3086	.5745	.0752	-.12116
.45	1.1140	.4931	.1309	-.11601
.50	.9231	.4120	.1770	-.10831
.55	.7345	.3312	.2137	-.09854
.60	.5470	.2508	.2411	-.08717
.65	.3597	.1706	.2591	-.07467
.70	.1709	.0907	.2676	-.06150
.75	-.0219	.0110	.2665	-.04815
.80	-.2236	-.0686	.2553	-.03510
.85	-.4449	-.1480	.2331	-.02289
.90	-.7165	-.2274	.1973	-.01213
.95	-1.0658	-.3067	.1440	-.00360
1.00	-2.8796	-.3859	-.0000	-.00000

XQ/L=0.1

X/L	FP	FS	FQ	FM
.05	5.9695	.9960	.2985	.00746
.10	2.7349	.9304	-.5648	.02580
.15	2.2821	.8647	-.4507	.00042
.20	1.9662	.7990	-.3524	-.01966
.25	1.7424	.7334	-.2652	-.03510
.30	1.5548	.6678	-.1875	-.04642
.35	1.3845	.6024	-.1183	-.05406
.40	1.2232	.5371	-.0571	-.05844
.45	1.0670	.4719	-.0038	-.05997
.50	.9137	.4070	.0419	-.05901
.55	.7622	.3422	.0800	-.05596
.60	.6116	.2776	.1106	-.05120
.65	.4612	.2132	.1337	-.04509
.70	.3098	.1489	.1492	-.03802
.75	.1557	.0847	.1570	-.03037
.80	-.0046	.0206	.1567	-.02252
.85	-.1785	-.0434	.1478	-.01491
.90	-.3874	-.1073	.1284	-.00801
.95	-.6507	-.1712	.0959	-.00240
1.00	-1.9179	-.2351	-.0000	-.00000

XQ/L=0.2

X/L	FP	FS	FQ	FM
.05	4.9512	.8384	.2476	.00619
.10	2.3024	.7903	.3627	.02144
.15	1.9450	.7421	.4599	.04201
.20	1.6999	.6939	-.4551	.06713
.25	1.5294	.6455	-.3786	.04629
.30	1.3874	.5969	-.3092	.02909
.35	1.2590	.5482	-.2463	.01520
.40	1.1374	.4994	-.1894	.00431
.45	1.0196	.4506	-.1384	-.00388
.50	.9040	.4019	-.0932	-.00968
.55	.7897	.3531	-.0537	-.01335
.60	.6761	.3044	-.0199	-.01519
.65	.5627	.2557	.0082	-.01549
.70	.4488	.2070	.0306	-.01452
.75	.3334	.1584	.0473	-.01257
.80	.2145	.1099	.0580	-.00994
.85	.0880	.0614	.0624	-.00692
.90	-.0581	.0129	.0595	-.00388
.95	-.2352	-.0356	.0478	-.00119
1.00	-.9551	-.0841	-.0000	-.00000

XQ/L=0.3

X/L	FP	FS	FQ	FM
.05	3.9430	.6818	.1971	.00493
.10	1.8719	.6506	.2907	.01713
.15	1.6072	.6195	.3711	.03367
.20	1.4304	.5882	.4426	.05402
.25	1.3126	.5568	.5083	.07779
.30	1.2172	.5252	-.4309	.10472
.35	1.1316	.4934	-.3743	.08459
.40	1.0502	.4613	-.3218	.06719
.45	.9711	.4289	-.2732	.05231
.50	.8934	.3963	-.2286	.03977
.55	.8165	.3637	-.1877	.02936
.60	.7400	.3309	-.1507	.02090
.65	.6637	.2980	-.1176	.01419
.70	.5875	.2651	-.0882	.00905
.75	.5110	.2322	-.0626	.00528
.80	.4338	.1992	-.0409	.00269
.85	.3549	.1662	-.0232	.00109
.90	.2719	.1332	-.0096	.00027
.95	.1813	.1003	-.0005	.00001
1.00	.0105	.0673	-.0000	-.00000

XQ/L=0.4

X/L	FP	FS	FQ	FM
.05	2.9457	.5264	.1473	.00368
.10	1.4446	.5118	.2195	.01285
.15	1.2708	.4971	.2831	.02542
.20	1.1605	.4824	.3411	.04102
.25	1.0933	.4676	.3957	.05944
.30	1.0425	.4526	.4479	.08053
.35	.9992	.4375	.4978	.10417
.40	.9593	.4220	-.4542	.13026
.45	.9201	.4062	-.4082	.10870
.50	.8809	.3901	-.3642	.08939
.55	.8417	.3736	-.3221	.07224
.60	.8028	.3569	-.2819	.05714
.65	.7641	.3401	-.2437	.04400
.70	.7259	.3230	-.2074	.03272
.75	.6887	.3059	-.1730	.02321
.80	.6535	.2886	-.1403	.01537
.85	.6226	.2714	-.1092	.00913
.90	.6032	.2540	-.0790	.00443
.95	.5997	.2367	-.0491	.00123
1.00	.9811	.2193	-.0000	-.00000

XQ/L=0.5

X/L	FP	FS	FQ	FM
.05	1.9589	.3723	.0979	.00245
.10	1.0206	.3738	.1490	.00862
.15	.9361	.3753	.1958	.01724
.20	.8911	.3768	.2403	.02814
.25	.8734	.3781	.2840	.04125
.30	.8660	.3794	.3273	.05653
.35	.8634	.3806	.3705	.07398
.40	.8630	.3815	.4136	.09358
.45	.8635	.3822	.4568	.11534
.50	.8642	.3826	-.5000	.13926
.55	.8642	.3826	-.4568	.11534
.60	.8635	.3822	-.4136	.09358
.65	.8630	.3815	-.3705	.07398
.70	.8634	.3806	-.3273	.05653
.75	.8660	.3794	-.2840	.04125
.80	.8734	.3781	-.2403	.02814
.85	.8911	.3768	-.1958	.01724
.90	.9361	.3753	-.1490	.00862
.95	1.0206	.3738	-.0979	.00245
1.00	1.9589	.3723	-.0000	-.00000

B/L= 2.00   DS/B1= .50   KS= 10.000

XM/L=0.0

X/L	FP	FS	FQ	FM
.05	10.2601	1.5818	.5130	-.98717
.10	4.3098	1.4012	.7285	-.95614
.15	3.3469	1.2236	.8958	-.91553
.20	2.6462	1.0487	1.0282	-.86743
.25	2.1203	.8765	1.1342	-.81337
.30	1.6666	.7069	1.2175	-.75458
.35	1.2496	.5395	1.2800	-.69214
.40	.8533	.3744	1.3226	-.62708
.45	.4694	.2112	1.3461	-.56036
.50	.0935	.0499	1.3508	-.49294
.55	-.2775	-.1099	1.3369	-.42574
.60	-.6462	-.2684	1.3046	-.35971
.65	-1.0155	-.4256	1.2538	-.29575
.70	-1.3897	-.5819	1.1843	-.23479
.75	-1.7762	-.7373	1.0955	-.17779
.80	-2.1899	-.8922	.9860	-.12575
.85	-2.6632	-1.0466	.8529	-.07978
.90	-3.2904	-1.2006	.6884	-.04125
.95	-4.1506	-1.3546	.4808	-.01202
1.00	-9.6166	-1.5084	.0000	-.00000

XM/L=0.1

X/L	FP	FS	FQ	FM
.05	10.2268	1.5796	.5113	.01278
.10	4.3280	1.4020	.7277	-.95624
.15	3.3538	1.2246	.8954	-.91566
.20	2.6497	1.0496	1.0279	-.86758
.25	2.1229	.8774	1.1341	-.81353
.30	1.6686	.7076	1.2175	-.75474
.35	1.2513	.5402	1.2801	-.69230
.40	.8547	.3750	1.3228	-.62723
.45	.4705	.2117	1.3463	-.56050
.50	.0944	.0503	1.3510	-.49307
.55	-.2768	-.1096	1.3372	-.42586
.60	-.6457	-.2681	1.3049	-.35981
.65	-1.0152	-.4255	1.2541	-.29583
.70	-1.3896	-.5818	1.1847	-.23486
.75	-1.7763	-.7374	1.0959	-.17785
.80	-2.1902	-.8923	.9863	-.12580
.85	-2.6637	-1.0468	.8532	-.07981
.90	-3.2913	-1.2009	.6886	-.04126
.95	-4.1519	-1.3549	.4810	-.01202
1.00	-9.6200	-1.5088	-.0000	-.00000

XM/L=0.2

X/L	FP	FS	FQ	FM
.05	10.1354	1.5715	.5068	.01267
.10	4.3179	1.3993	.7227	.04341
.15	3.3801	1.2271	.8917	.08376
.20	2.6855	1.0546	1.0259	-.86830
.25	2.1425	.8822	1.1331	-.81432
.30	1.6818	.7119	1.2172	-.75557
.35	1.2617	.5440	1.2802	-.69313
.40	.8632	.3783	1.3234	-.62804
.45	.4775	.2146	1.3473	-.56127
.50	.1000	.0526	1.3523	-.49378
.55	-.2724	-.1078	1.3387	-.42651
.60	-.6425	-.2668	1.3065	-.36038
.65	-1.0132	-.4246	1.2559	-.29632
.70	-1.3888	-.5814	1.1864	-.23526
.75	-1.7767	-.7375	1.0976	-.17816
.80	-2.1919	-.8929	.9880	-.12602
.85	-2.6668	-1.0478	.8547	-.07996
.90	-3.2961	-1.2025	.6899	-.04134
.95	-4.1588	-1.3570	.4819	-.01205
1.00	-9.6384	-1.5114	-.0000	-.00000

XM/L=0.3

X/L	FP	FS	FQ	FM
.05	10.0275	1.5601	.5014	.01253
.10	4.2898	1.3928	.7159	.04297
.15	3.3727	1.2254	.8845	.08297
.20	2.6993	1.0578	1.0195	.13057
.25	2.1860	.8899	1.1288	.18428
.30	1.7306	.7215	1.2153	-.75712
.35	1.2917	.5529	1.2799	-.69474
.40	.8848	.3860	1.3241	-.62964
.45	.4947	.2212	1.3489	-.56282
.50	.1138	.0581	1.3545	-.49523
.55	-.2617	-.1033	1.3415	-.42783
.60	-.6346	-.2634	1.3097	-.36155
.65	-1.0080	-.4223	1.2593	-.29732
.70	-1.3862	-.5802	1.1900	-.23609
.75	-1.7768	-.7374	1.1012	-.17881
.80	-2.1948	-.8938	.9914	-.12650
.85	-2.6727	-1.0499	.8578	-.08026
.90	-3.3057	-1.2056	.6925	-.04151
.95	-4.1731	-1.3611	.4839	-.01210
1.00	-9.6773	-1.5166	-.0000	-.00000

XM/L=0.4

X/L	FP	FS	FQ	FM
.05	9.9190	1.5474	.4959	.01240
.10	4.2565	1.3842	.7088	.04252
.15	3.3564	1.2210	.8766	.08215
.20	2.6974	1.0576	1.0115	.12935
.25	2.1974	.8938	1.1213	.18267
.30	1.7585	.7296	1.2093	.24094
.35	1.3464	.5648	1.2766	.30308
.40	.9424	.3991	1.3237	-.63191
.45	.5315	.2328	1.3503	-.56506
.50	.1404	.0680	1.3573	-.49737
.55	-.2413	-.0953	1.3452	-.42981
.60	-.6194	-.2572	1.3143	-.36332
.65	-.9975	-.4179	1.2644	-.29886
.70	-1.3802	-.5776	1.1954	-.23736
.75	-1.7753	-.7365	1.1066	-.17981
.80	-2.1979	-.8948	.9967	-.12723
.85	-2.6809	-1.0526	.8627	-.08075
.90	-3.3199	-1.2101	.6967	-.04176
.95	-4.1951	-1.3674	.4869	-.01217
1.00	-9.7383	-1.5247	-.0000	-.00000

XM/L=0.5

X/L	FP	FS	FQ	FM
.05	9.8202	1.5352	.4910	.01228
.10	4.2237	1.3754	.7022	.04211
.15	3.3376	1.2155	.8691	.08139
.20	2.6899	1.0555	1.0036	.12820
.25	2.1997	.8951	1.1136	.18113
.30	1.7703	.7342	1.2021	.23902
.35	1.3685	.5728	1.2705	.30084
.40	.9786	.4105	1.3194	.36558
.45	.5923	.2472	1.3490	.43230
.50	.2022	.0827	1.3591	-.50000
.55	-.2022	-.0827	1.3490	-.43230
.60	-.5923	-.2472	1.3194	-.36558
.65	-.9786	-.4105	1.2705	-.30084
.70	-1.3685	-.5728	1.2021	-.23902
.75	-1.7703	-.7342	1.1136	-.18113
.80	-2.1997	-.8951	1.0036	-.12820
.85	-2.6899	-1.0555	.8691	-.08139
.90	-3.3376	-1.2155	.7022	-.04211
.95	-4.2237	-1.3754	.4910	-.01228
1.00	-9.8202	-1.5352	-.0000	-.00000

B/L= 2.00 DS/B1= .50 KS=100.000

XQ/L=0.0

X/L	FP	FS	FQ	FM
.05	6.9379	1.1476	-.6531	-.04133
.10	3.1514	1.0664	-.4955	-.07004
.15	2.6116	.9851	-.3650	-.09156
.20	2.2329	.9039	-.2533	-.10701
.25	1.9618	.8227	-.1552	-.11723
.30	1.7328	.7416	-.0686	-.12282
.35	1.5237	.6605	.0076	-.12434
.40	1.3246	.5794	.0738	-.12231
.45	1.1309	.4984	.1304	-.11720
.50	.9400	.4174	.1774	-.10951
.55	.7506	.3364	.2149	-.09970
.60	.5616	.2554	.2430	-.08825
.65	.3720	.1745	.2616	-.07564
.70	.1803	.0936	.2706	-.06233
.75	-.0158	.0128	.2698	-.04882
.80	-.2213	-.0681	.2587	-.03561
.85	-.4470	-.1489	.2364	-.02323
.90	-.7240	-.2297	.2002	-.01231
.95	-1.0800	-.3106	.1462	-.00365
1.00	-2.9240	-.3914	-.0000	-.00000

XQ/L=0.1

X/L	FP	FS	FQ	FM
.05	5.9479	.9933	.2974	.00743
.10	2.7274	.9284	-.5662	.02571
.15	2.2779	.8636	-.4523	.00025
.20	1.9652	.7987	-.3541	-.01991
.25	1.7441	.7338	-.2669	-.03543
.30	1.5587	.6689	-.1889	-.04683
.35	1.3903	.6041	-.1194	-.05454
.40	1.2303	.5392	-.0579	-.05897
.45	1.0749	.4744	-.0042	-.06052
.50	.9220	.4095	.0419	-.05958
.55	.7704	.3448	.0805	-.05652
.60	.6193	.2800	.1114	-.05172
.65	.4679	.2152	.1348	-.04557
.70	.3152	.1505	.1506	-.03843
.75	.1594	.0858	.1585	-.03070
.80	-.0029	.0210	.1584	-.02278
.85	-.1792	-.0437	.1494	-.01508
.90	-.3909	-.1084	.1299	-.00810
.95	-.6577	-.1731	.0970	-.00243
1.00	-1.9404	-.2378	-.0000	-.00000

XQ/L=0.2

X/L	FP	FS	FQ	FM
.05	4.9586	.8391	.2479	.00620
.10	2.3033	.7905	.3631	.02147
.15	1.9440	.7420	.4603	.04206
.20	1.6973	.6934	-.4548	.06720
.25	1.5262	.6448	-.3785	.04636
.30	1.3845	.5962	-.3093	.02917
.35	1.2568	.5476	-.2465	.01527
.40	1.1360	.4990	-.1897	.00437
.45	1.0190	.4504	-.1387	-.00384
.50	.9040	.4018	-.0935	-.00965
.55	.7902	.3532	-.0540	-.01333
.60	.6770	.3045	-.0201	-.01519
.65	.5638	.2559	.0080	-.01549
.70	.4500	.2073	.0305	-.01453
.75	.3346	.1587	.0473	-.01258
.80	.2155	.1101	.0580	-.00995
.85	.0887	.0616	.0625	-.00693
.90	-.0577	.0130	.0596	-.00388
.95	-.2353	-.0356	.0478	-.00120
1.00	-.9567	-.0842	-.0000	-.00000

XQ/L=0.3

X/L	FP	FS	FQ	FM
.05	3.9703	.6849	.1985	.00496
.10	1.8795	.6526	.2925	.01724
.15	1.6100	.6203	.3730	.03388
.20	1.4291	.5881	.4444	.05431
.25	1.3080	.5558	.5098	.07817
.30	1.2101	.5234	-.4296	.10517
.35	1.1231	.4911	-.3735	.08509
.40	1.0415	.4587	-.3214	.06772
.45	.9628	.4263	-.2733	.05285
.50	.8859	.3939	-.2290	.04030
.55	.8100	.3615	-.1885	.02986
.60	.7347	.3291	-.1517	.02136
.65	.6597	.2966	-.1188	.01459
.70	.5849	.2642	-.0895	.00939
.75	.5098	.2317	-.0640	.00555
.80	.4340	.1993	-.0423	.00289
.85	.3567	.1668	-.0245	.00122
.90	.2755	.1343	-.0107	.00034
.95	.1872	.1019	-.0014	.00003
1.00	.0273	.0694	-.0000	-.00000

XQ/L=0.4

X/L	FP	FS	FQ	FM
.05	2.9831	.5309	.1492	.00373
.10	1.4559	.5148	.2220	.01301
.15	1.2761	.4988	.2858	.02570
.20	1.1609	.4827	.3438	.04144
.25	1.0896	.4667	.3983	.05999
.30	1.0352	.4506	.4500	.08120
.35	.9889	.4345	.4995	.10494
.40	.9466	.4184	-.4532	.13109
.45	.9065	.4022	-.4079	.10957
.50	.8676	.3860	-.3645	.09026
.55	.8296	.3698	-.3230	.07307
.60	.7922	.3535	-.2834	.05791
.65	.7555	.3373	-.2456	.04469
.70	.7196	.3210	-.2096	.03331
.75	.6850	.3047	-.1754	.02368
.80	.6525	.2884	-.1428	.01573
.85	.6247	.2721	-.1115	.00937
.90	.6089	.2558	-.0811	.00456
.95	.6098	.2395	-.0506	.00126
1.00	1.0118	.2231	-.0000	-.00000

XQ/L=0.5

X/L	FP	FS	FQ	FM
.05	1.9970	.3769	.0999	.00250
.10	1.0327	.3771	.1515	.00878
.15	.9424	.3772	.1986	.01753
.20	.8927	.3774	.2432	.02858
.25	.8710	.3775	.2868	.04183
.30	.8601	.3777	.3298	.05724
.35	.8544	.3778	.3725	.07480
.40	.8512	.3779	.4151	.09449
.45	.8496	.3779	.4576	.11631
.50	.8489	.3780	-.5000	.14025
.55	.8489	.3780	-.4576	.11631
.60	.8496	.3779	-.4151	.09449
.65	.8512	.3779	-.3725	.07480
.70	.8544	.3778	-.3298	.05724
.75	.8601	.3777	-.2868	.04183
.80	.8710	.3775	-.2432	.02858
.85	.8927	.3774	-.1986	.01753
.90	.9424	.3772	-.1515	.00878
.95	1.0327	.3771	-.0999	.00250
1.00	1.9970	.3769	-.0000	-.00000

B/L= 2.00 DS/B1= .50 KS=100.000

XM/L=0.0

X/L	FP	FS	FQ	FM
.05	9.9008	1.5432	.4950	-.98762
.10	4.2392	1.3794	.7070	-.95757
.15	3.3371	1.2158	.8739	-.91805
.20	2.6770	1.0525	1.0077	-.87101
.25	2.1773	.8895	1.1166	-.81791
.30	1.7409	.7267	1.2036	-.75990
.35	1.3344	.5642	1.2703	-.69805
.40	.9430	.4019	1.3175	-.63336
.45	.5595	.2398	1.3455	-.56678
.50	.1798	.0778	1.3544	-.49929
.55	-.1984	-.0839	1.3445	-.43181
.60	-.5773	-.2456	1.3157	-.36531
.65	-.9594	-.4071	1.2677	-.30072
.70	-1.3486	-.5685	1.2003	-.23902
.75	-1.7519	-.7298	1.1127	-.18120
.80	-2.1843	-.8911	1.0034	-.12830
.85	-2.6787	-1.0523	.8695	-.08147
.90	-3.3313	-1.2135	.7029	-.04216
.95	-4.2231	-1.3747	.4918	-.01229
1.00	-9.8358	-1.5358	.0000	-.00000

XM/L=0.1

X/L	FP	FS	FQ	FM
.05	9.8974	1.5430	.4949	.01237
.10	4.2410	1.3794	.7069	-.95758
.15	3.3377	1.2159	.8738	-.91806
.20	2.6773	1.0526	1.0077	-.87103
.25	2.1776	.8896	1.1166	-.81792
.30	1.7411	.7268	1.2036	-.75992
.35	1.3346	.5643	1.2703	-.69807
.40	.9432	.4019	1.3175	-.63337
.45	.5596	.2398	1.3455	-.56680
.50	.1799	.0779	1.3545	-.49930
.55	-.1983	-.0839	1.3446	-.43182
.60	-.5773	-.2455	1.3157	-.36532
.65	-.9594	-.4070	1.2677	-.30073
.70	-1.3486	-.5685	1.2003	-.23903
.75	-1.7519	-.7298	1.1127	-.18121
.80	-2.1844	-.8911	1.0035	-.12830
.85	-2.6787	-1.0523	.8695	-.08148
.90	-3.3314	-1.2135	.7030	-.04216
.95	-4.2233	-1.3747	.4918	-.01230
1.00	-9.8362	-1.5359	-.0000	-.00000

XM/L=0.2

X/L	FP	FS	FQ	FM
.05	9.8883	1.5422	.4944	.01236
.10	4.2400	1.3792	.7064	.04238
.15	3.3404	1.2162	.8734	.08188
.20	2.6809	1.0531	1.0075	-.87110
.25	2.1796	.8901	1.1165	-.81800
.30	1.7424	.7272	1.2036	-.76000
.35	1.3356	.5647	1.2704	-.69815
.40	.9440	.4023	1.3176	-.63345
.45	.5603	.2401	1.3456	-.56688
.50	.1805	.0781	1.3546	-.49937
.55	-.1979	-.0837	1.3447	-.43189
.60	-.5770	-.2454	1.3159	-.36538
.65	-.9592	-.4070	1.2679	-.30078
.70	-1.3485	-.5684	1.2005	-.23907
.75	-1.7520	-.7298	1.1129	-.18124
.80	-2.1845	-.8911	1.0036	-.12833
.85	-2.6790	-1.0524	.8697	-.08149
.90	-3.3319	-1.2137	.7031	-.04217
.95	-4.2240	-1.3749	.4919	-.01230
1.00	-9.8381	-1.5361	-.0000	-.00000

XM/L=0.3

X/L	FP	FS	FQ	FM
.05	9.8774	1.5410	.4939	.01235
.10	4.2372	1.3785	.7057	.04234
.15	3.3396	1.2160	.8727	.08180
.20	2.6823	1.0534	1.0068	.12879
.25	2.1839	.8908	1.1160	.18186
.30	1.7473	.7282	1.2034	-.76016
.35	1.3387	.5655	1.2703	-.69831
.40	.9462	.4031	1.3176	-.63362
.45	.5620	.2408	1.3457	-.56703
.50	.1819	.0787	1.3548	-.49952
.55	-.1968	-.0832	1.3450	-.43202
.60	-.5762	-.2450	1.3162	-.36549
.65	-.9587	-.4067	1.2682	-.30088
.70	-1.3482	-.5683	1.2008	-.23916
.75	-1.7520	-.7298	1.1132	-.18130
.80	-2.1848	-.8912	1.0040	-.12837
.85	-2.6796	-1.0526	.8700	-.08152
.90	-3.3329	-1.2140	.7034	-.04219
.95	-4.2254	-1.3753	.4921	-.01230
1.00	-9.8420	-1.5367	-.0000	-.00000

XM/L=0.4

X/L	FP	FS	FQ	FM
.05	9.8665	1.5398	.4933	.01233
.10	4.2338	1.3777	.7050	.04229
.15	3.3380	1.2155	.8719	.08171
.20	2.6821	1.0534	1.0060	.12866
.25	2.1851	.8912	1.1153	.18170
.30	1.7501	.7290	1.2028	.23965
.35	1.3442	.5667	1.2700	.30147
.40	.9520	.4044	1.3176	-.63385
.45	.5657	.2420	1.3459	-.56726
.50	.1846	.0797	1.3551	-.49973
.55	-.1947	-.0824	1.3454	-.43222
.60	-.5746	-.2444	1.3166	-.36567
.65	-.9576	-.4063	1.2688	-.30104
.70	-1.3476	-.5680	1.2014	-.23929
.75	-1.7518	-.7297	1.1138	-.18141
.80	-2.1851	-.8913	1.0045	-.12845
.85	-2.6804	-1.0529	.8705	-.08157
.90	-3.3343	-1.2144	.7038	-.04222
.95	-4.2276	-1.3760	.4924	-.01231
1.00	-9.8482	-1.5375	-.0000	-.00000

XM/L=0.5

X/L	FP	FS	FQ	FM
.05	9.8565	1.5385	.4928	.01232
.10	4.2305	1.3768	.7044	.04225
.15	3.3361	1.2150	.8712	.08164
.20	2.6813	1.0532	1.0052	.12855
.25	2.1853	.8914	1.1145	.18154
.30	1.7513	.7295	1.2021	.23945
.35	1.3464	.5675	1.2694	.30124
.40	.9557	.4055	1.3172	.36590
.45	.5719	.2434	1.3457	.43247
.50	.1908	.0812	1.3553	-.50000
.55	-.1908	-.0812	1.3457	-.43247
.60	-.5719	-.2434	1.3172	-.36590
.65	-.9557	-.4055	1.2694	-.30124
.70	-1.3464	-.5675	1.2021	-.23945
.75	-1.7513	-.7295	1.1145	-.18154
.80	-2.1853	-.8914	1.0052	-.12855
.85	-2.6813	-1.0532	.8712	-.08164
.90	-3.3361	-1.2150	.7044	-.04225
.95	-4.2305	-1.3768	.4928	-.01232
1.00	-9.8565	-1.5385	-.0000	-.00000

GLEICHMAESSIGE BELASTUNG B/L = 2.00 DS/B1= .50

KS= .001

X/L	FP	FS	FQ	FM
.05	1.1250	.2853	.0063	.00016
.10	.8859	.3280	.0005	.00033
.15	.9621	.3631	-.0014	.00031
.20	.9951	.3886	-.0016	.00023
.25	1.0069	.4060	-.0013	.00016
.30	1.0084	.4176	-.0008	.00011
.35	1.0066	.4251	-.0005	.00008
.40	1.0045	.4298	-.0003	.00006
.45	1.0031	.4327	-.0001	.00005
.50	1.0025	.4340	-.0000	.00004
.55	1.0025	.4340	.0001	.00005
.60	1.0031	.4327	.0003	.00006
.65	1.0045	.4298	.0005	.00008
.70	1.0066	.4251	.0008	.00011
.75	1.0084	.4176	.0013	.00016
.80	1.0069	.4060	.0016	.00023
.85	.9951	.3886	.0014	.00031
.90	.9621	.3631	-.0005	.00033
.95	.8859	.3280	-.0063	.00016
1.00	1.1250	.2853	.0000	.00000

KS= .003

X/L	FP	FS	FQ	FM
.05	1.2047	.2906	.0102	.00026
.10	.8637	.3267	.0034	.00060
.15	.9236	.3585	-.0004	.00067
.20	.9653	.3838	-.0021	.00061
.25	.9922	.4027	-.0025	.00049
.30	1.0057	.4160	-.0022	.00037
.35	1.0109	.4250	-.0017	.00028
.40	1.0119	.4308	-.0011	.00021
.45	1.0113	.4342	-.0005	.00016
.50	1.0107	.4358	.0000	.00015
.55	1.0107	.4358	.0005	.00016
.60	1.0113	.4342	.0011	.00021
.65	1.0119	.4308	.0017	.00028
.70	1.0109	.4250	.0022	.00037
.75	1.0057	.4160	.0025	.00049
.80	.9922	.4027	.0021	.00061
.85	.9653	.3838	.0004	.00067
.90	.9236	.3585	-.0034	.00060
.95	.8637	.3267	-.0102	.00026
1.00	1.2047	.2906	.0000	.00000

KS= .010

X/L	FP	FS	FQ	FM
.05	1.3166	.2997	.0158	.00040
.10	.8589	.3283	.0088	.00101
.15	.8903	.3547	.0033	.00131
.20	.9257	.3776	-.0004	.00138
.25	.9598	.3964	-.0024	.00131
.30	.9857	.4112	-.0032	.00117
.35	1.0034	.4223	-.0030	.00102
.40	1.0147	.4300	-.0022	.00089
.45	1.0210	.4349	-.0012	.00080
.50	1.0239	.4372	-.0000	.00077
.55	1.0239	.4372	.0012	.00080
.60	1.0210	.4349	.0022	.00089
.65	1.0147	.4300	.0030	.00102
.70	1.0034	.4223	.0032	.00117
.75	.9857	.4112	.0024	.00131
.80	.9598	.3964	.0004	.00138
.85	.9257	.3776	-.0033	.00131
.90	.8903	.3547	-.0088	.00101
.95	.8589	.3283	-.0158	.00040
1.00	1.3166	.2997	.0000	.00000

KS= .020

X/L	FP	FS	FQ	FM
.05	1.3945	.3073	.0197	.00049
.10	.8682	.3316	.0131	.00131
.15	.8819	.3546	.0072	.00182
.20	.9086	.3752	.0027	.00207
.25	.9409	.3928	-.0003	.00213
.30	.9691	.4073	-.0018	.00208
.35	.9912	.4186	-.0023	.00197
.40	1.0069	.4269	-.0019	.00187
.45	1.0169	.4323	-.0011	.00179
.50	1.0218	.4350	.0000	.00177
.55	1.0218	.4350	.0011	.00179
.60	1.0169	.4323	.0019	.00187
.65	1.0069	.4269	.0023	.00197
.70	.9912	.4186	.0018	.00208
.75	.9691	.4073	.0003	.00213
.80	.9409	.3928	-.0027	.00207
.85	.9086	.3752	-.0072	.00182
.90	.8819	.3546	-.0131	.00131
.95	.8682	.3316	-.0197	.00049
1.00	1.3945	.3073	.0000	.00000

KS= .050

X/L	FP	FS	FQ	FM
.05	1.5242	.3214	.0262	.00066
.10	.8967	.3399	.0210	.00184
.15	.8853	.3576	.0153	.00275
.20	.8959	.3740	.0101	.00338
.25	.9194	.3885	.0061	.00379
.30	.9436	.4008	.0033	.00402
.35	.9646	.4108	.0015	.00414
.40	.9809	.4183	.0005	.00419
.45	.9919	.4234	.0001	.00421
.50	.9974	.4259	-.0000	.00421
.55	.9974	.4259	-.0001	.00421
.60	.9919	.4234	-.0005	.00419
.65	.9809	.4183	-.0015	.00414
.70	.9646	.4108	-.0033	.00402
.75	.9436	.4008	-.0061	.00379
.80	.9194	.3885	-.0101	.00338
.85	.8959	.3740	-.0153	.00275
.90	.8853	.3576	-.0210	.00184
.95	.8967	.3399	-.0262	.00066
1.00	1.5242	.3214	.0000	.00000

KS= .100

X/L	FP	FS	FQ	FM
.05	1.6421	.3350	.0321	.00080
.10	.9286	.3487	.0285	.00232
.15	.8966	.3620	.0234	.00362
.20	.8923	.3743	.0180	.00465
.25	.9053	.3854	.0132	.00543
.30	.9221	.3950	.0093	.00600
.35	.9380	.4028	.0062	.00638
.40	.9509	.4088	.0038	.00664
.45	.9598	.4129	.0018	.00678
.50	.9644	.4149	.0000	.00682
.55	.9644	.4149	-.0018	.00678
.60	.9598	.4129	-.0038	.00664
.65	.9509	.4088	-.0062	.00638
.70	.9380	.4028	-.0093	.00600
.75	.9221	.3950	-.0132	.00543
.80	.9053	.3854	-.0180	.00465
.85	.8923	.3743	-.0234	.00362
.90	.8966	.3620	-.0285	.00232
.95	.9286	.3487	-.0321	.00080
1.00	1.6421	.3350	.0000	.00000

702

GLEICHMAESSIGE BELASTUNG   B/L= 2.00   DS/B1= .50

KS= .200

X/L	FP	FS	FQ	FM
.05	1.7593	.3488	.0380	.00095
.10	.9622	.3579	.0361	.00280
.15	.9107	.3668	.0316	.00449
.20	.8914	.3751	.0262	.00594
.25	.8933	.3827	.0208	.00711
.30	.9014	.3892	.0159	.00803
.35	.9107	.3947	.0114	.00872
.40	.9188	.3988	.0074	.00919
.45	.9246	.4017	.0036	.00946
.50	.9277	.4031	.0000	.00955
.55	.9277	.4031	-.0036	.00946
.60	.9246	.4017	-.0074	.00919
.65	.9188	.3988	-.0114	.00872
.70	.9107	.3947	-.0159	.00803
.75	.9014	.3892	-.0208	.00711
.80	.8933	.3827	-.0262	.00594
.85	.8914	.3751	-.0316	.00449
.90	.9107	.3668	-.0361	.00280
.95	.9622	.3579	-.0380	.00095
1.00	1.7593	.3488	.0000	.00000

KS= .500

X/L	FP	FS	FQ	FM
.05	1.8786	.3629	.0439	.00110
.10	.9974	.3675	.0438	.00329
.15	.9263	.3720	.0401	.00539
.20	.8918	.3762	.0347	.00726
.25	.8819	.3801	.0288	.00885
.30	.8806	.3834	.0228	.01014
.35	.8825	.3862	.0170	.01113
.40	.8851	.3884	.0112	.01184
.45	.8873	.3898	.0056	.01226
.50	.8885	.3906	.0000	.01240
.55	.8885	.3906	-.0056	.01226
.60	.8873	.3898	-.0112	.01184
.65	.8851	.3884	-.0170	.01113
.70	.8825	.3862	-.0228	.01014
.75	.8806	.3834	-.0288	.00885
.80	.8819	.3801	-.0347	.00726
.85	.8918	.3762	-.0401	.00539
.90	.9263	.3720	-.0438	.00329
.95	.9974	.3675	-.0439	.00110
1.00	1.8786	.3629	.0000	.00000

KS= 1.000

X/L	FP	FS	FQ	FM
.05	1.9339	.3694	.0467	.00117
.10	1.0139	.3720	.0474	.00352
.15	.9338	.3744	.0441	.00581
.20	.8922	.3768	.0387	.00788
.25	.8768	.3789	.0325	.00966
.30	.8711	.3807	.0261	.01112
.35	.8694	.3823	.0196	.01226
.40	.8693	.3835	.0130	.01308
.45	.8696	.3843	.0065	.01357
.50	.8699	.3847	.0000	.01373
.55	.8699	.3847	-.0065	.01357
.60	.8696	.3843	-.0130	.01308
.65	.8693	.3835	-.0196	.01226
.70	.8694	.3823	-.0261	.01112
.75	.8711	.3807	-.0325	.00966
.80	.8768	.3789	-.0387	.00788
.85	.8922	.3768	-.0441	.00581
.90	.9338	.3744	-.0474	.00352
.95	1.0139	.3720	-.0467	.00117
1.00	1.9339	.3694	.0000	.00000

KS= 3.000

X/L	FP	FS	FQ	FM
.05	1.9773	.3746	.0489	.00122
.10	1.0269	.3755	.0502	.00370
.15	.9398	.3764	.0472	.00613
.20	.8927	.3772	.0418	.00836
.25	.8729	.3780	.0355	.01029
.30	.8636	.3786	.0287	.01189
.35	.8591	.3792	.0216	.01315
.40	.8568	.3796	.0144	.01405
.45	.8557	.3799	.0072	.01459
.50	.8553	.3800	.0000	.01478
.55	.8553	.3800	-.0072	.01459
.60	.8557	.3799	-.0144	.01405
.65	.8568	.3796	-.0216	.01315
.70	.8591	.3792	-.0287	.01189
.75	.8636	.3786	-.0355	.01029
.80	.8729	.3780	-.0418	.00836
.85	.8927	.3772	-.0472	.00613
.90	.9398	.3764	-.0502	.00370
.95	1.0269	.3755	-.0489	.00122
1.00	1.9773	.3746	.0000	.00000

KS= 10.000

X/L	FP	FS	FQ	FM
.05	1.9939	.3766	.0497	.00124
.10	1.0318	.3769	.0513	.00377
.15	.9421	.3771	.0484	.00626
.20	.8928	.3774	.0430	.00854
.25	.8714	.3776	.0366	.01054
.30	.8607	.3778	.0296	.01219
.35	.8551	.3780	.0224	.01349
.40	.8520	.3781	.0150	.01443
.45	.8504	.3782	.0075	.01499
.50	.8497	.3783	.0000	.01518
.55	.8497	.3783	-.0075	.01499
.60	.8504	.3782	-.0150	.01443
.65	.8520	.3781	-.0224	.01349
.70	.8551	.3780	-.0296	.01219
.75	.8607	.3778	-.0366	.01054
.80	.8714	.3776	-.0430	.00854
.85	.8928	.3774	-.0484	.00626
.90	.9421	.3771	-.0513	.00377
.95	1.0318	.3769	-.0497	.00124
1.00	1.9939	.3766	.0000	.00000

KS=100.000

X/L	FP	FS	FQ	FM
.05	2.0006	.3774	.0500	.00125
.10	1.0338	.3774	.0517	.00379
.15	.9430	.3774	.0489	.00631
.20	.8929	.3775	.0435	.00862
.25	.8708	.3775	.0371	.01063
.30	.8596	.3775	.0300	.01231
.35	.8535	.3775	.0227	.01363
.40	.8501	.3775	.0152	.01458
.45	.8482	.3775	.0076	.01515
.50	.8474	.3775	.0000	.01534
.55	.8474	.3775	-.0076	.01515
.60	.8482	.3775	-.0152	.01458
.65	.8501	.3775	-.0227	.01363
.70	.8535	.3775	-.0300	.01231
.75	.8596	.3775	-.0371	.01063
.80	.8708	.3775	-.0435	.00862
.85	.8929	.3775	-.0489	.00631
.90	.9430	.3774	-.0517	.00379
.95	1.0338	.3774	-.0500	.00125
1.00	2.0006	.3774	.0000	.00000

B/L= 2.00 DS/B1= 1.00 KS= .001

XQ/L=0.0

X/L	FP	FS	FQ	FM
.05	22.5665	2.7426	.1283	-.02179
.10	.7320	1.5562	.1649	-.01446
.15	-1.0698	.9159	.1114	-.00755
.20	-1.0970	.6024	.0566	-.00335
.25	-.6551	.4491	.0238	-.00134
.30	-.3095	.3641	.0083	-.00054
.35	-.1196	.3063	.0024	-.00027
.40	-.0358	.2603	.0006	-.00020
.45	-.0061	.2211	.0003	-.00017
.50	.0012	.1874	.0003	-.00016
.55	.0013	.1588	.0004	-.00014
.60	.0001	.1346	.0004	-.00012
.65	-.0008	.1144	.0004	-.00010
.70	-.0011	.0974	.0003	-.00008
.75	-.0010	.0833	.0003	-.00007
.80	-.0005	.0714	.0002	-.00006
.85	.0003	.0615	.0003	-.00004
.90	.0014	.0530	.0003	-.00003
.95	.0023	.0457	.0004	-.00001
1.00	-.0087	.0390	-.0000	-.00000

XQ/L =0.1

X/L	FP	FS	FQ	FM
.05	3.5681	1.3566	.1784	.00446
.10	6.3261	1.6866	-.5053	.02129
.15	6.2234	1.6814	-.1941	.00380
.20	2.9936	1.3505	-.0444	-.00216
.25	1.0558	1.0044	.0083	-.00306
.30	.2027	.7399	.0185	-.00239
.35	-.0717	.5579	.0149	-.00156
.40	-.1109	.4349	.0094	-.00095
.45	-.0820	.3492	.0053	-.00059
.50	-.0480	.2863	.0029	-.00038
.55	-.0249	.2379	.0016	-.00027
.60	-.0122	.1992	.0010	-.00021
.65	-.0061	.1677	.0007	-.00016
.70	-.0033	.1417	.0005	-.00013
.75	-.0020	.1201	.0004	-.00011
.80	-.0009	.1022	.0004	-.00009
.85	.0004	.0873	.0004	-.00007
.90	.0021	.0747	.0005	-.00005
.95	.0034	.0639	.0007	-.00002
1.00	-.0135	.0541	-.0000	-.00000

XQ/L=0.2

X/L	FP	FS	FQ	FM
.05	-.7399	.6661	-.0370	-.00092
.10	1.2897	.9919	.0275	-.00116
.15	3.1541	1.3530	.1852	.00415
.20	6.2432	1.6791	-.5026	.02122
.25	6.1825	1.6754	-.1935	.00381
.30	2.9804	1.3467	-.0445	-.00214
.35	1.0533	1.0022	.0082	-.00304
.40	.2034	.7387	.0183	-.00238
.45	-.0705	.5571	.0148	-.00155
.50	-.1100	.4344	.0093	-.00095
.55	-.0815	.3489	.0052	-.00059
.60	-.0478	.2861	.0028	-.00038
.65	-.0248	.2377	.0016	-.00027
.70	-.0121	.1991	.0010	-.00021
.75	-.0058	.1676	.0007	-.00016
.80	-.0024	.1417	.0006	-.00013
.85	.0002	.1203	.0006	-.00010
.90	.0029	.1023	.0007	-.00007
.95	.0049	.0870	.0010	-.00002
1.00	-.0198	.0730	-.0000	-.00000

XQ/L=0.3

X/L	FP	FS	FQ	FM
.05	-.5347	.4030	-.0267	-.00067
.10	.0278	.5523	-.0253	-.00197
.15	.2827	.7413	-.0112	-.00288
.20	1.0956	1.0039	.0436	-.00208
.25	2.9856	1.3444	.1929	.00384
.30	6.1446	1.6678	-.4999	.02116
.35	6.1396	1.6667	-.1929	.00384
.40	2.9664	1.3412	-.0446	-.00210
.45	1.0510	.9988	.0079	-.00302
.50	.2046	.7366	.0182	-.00237
.55	-.0690	.5558	.0147	-.00155
.60	-.1091	.4335	.0093	-.00095
.65	-.0810	.3482	.0052	-.00058
.70	-.0475	.2856	.0028	-.00038
.75	-.0242	.2374	.0016	-.00027
.80	-.0107	.1990	.0011	-.00021
.85	-.0025	.1677	.0010	-.00015
.90	.0033	.1418	.0011	-.00010
.95	.0069	.1197	.0015	-.00004
1.00	-.0294	.0997	-.0000	-.00000

XQ/L =0.4

X/L	FP	FS	FQ	FM
.05	-.1986	.2745	-.0099	-.00025
.10	-.0419	.3472	-.0120	-.00080
.15	-.0787	.4354	-.0160	-.00150
.20	-.0520	.5578	-.0186	-.00236
.25	.2121	.7378	-.0080	-.00302
.30	1.0539	.9992	.0447	-.00210
.35	2.9672	1.3408	.1931	.00384
.40	6.1385	1.6655	-.5000	.02117
.45	6.1385	1.6654	-.1930	.00385
.50	2.9668	1.3403	-.0447	-.00210
.55	1.0516	.9983	.0079	-.00302
.60	.2050	.7363	.0181	-.00237
.65	-.0689	.5556	.0147	-.00155
.70	-.1088	.4334	.0092	-.00095
.75	-.0803	.3483	.0052	-.00059
.80	-.0453	.2859	.0030	-.00038
.85	-.0193	.2379	.0020	-.00026
.90	-.0022	.1993	.0019	-.00016
.95	.0074	.1670	.0023	-.00006
1.00	-.0451	.1380	-.0000	-.00000

XQ/L=0.5

X/L	FP	FS	FQ	FM
.05	-.0811	.1934	-.0041	-.00010
.10	-.0037	.2369	-.0042	-.00031
.15	-.0319	.2866	-.0058	-.00056
.20	-.0725	.3491	-.0095	-.00094
.25	-.1054	.4341	-.0147	-.00155
.30	-.0677	.5560	-.0181	-.00237
.35	.2052	.7365	-.0079	-.00302
.40	1.0516	.9984	.0447	-.00210
.45	2.9668	1.3403	.1931	.00385
.50	6.1387	1.6652	-.5000	.02117
.55	6.1387	1.6652	-.1931	.00385
.60	2.9668	1.3403	-.0447	-.00210
.65	1.0516	.9984	.0079	-.00302
.70	.2052	.7365	.0181	-.00237
.75	-.0677	.5560	.0147	-.00155
.80	-.1054	.4341	.0095	-.00094
.85	-.0725	.3491	.0058	-.00056
.90	-.0319	.2866	.0042	-.00031
.95	-.0037	.2369	.0041	-.00010
1.00	-.0811	.1934	-.0000	-.00000

B/L= 2.00 DS/B1= 1.00 KS= .001

XM/L=0.0

X/L	FP	FS	FQ	FM
.05	223.0795	15.0784	11.1540	-.72115
.10	-103.0262	-4.1026	6.0027	-.29223
.15	-69.9146	-8.4047	2.5069	-.07949
.20	-35.6264	-7.3494	.7256	.00132
.25	-13.6493	-5.2327	.0431	.02054
.30	-3.4862	-3.4866	-.1312	.01834
.35	.1142	-2.3345	-.1255	.01192
.40	.8866	-1.6359	-.0811	.00676
.45	.7418	-1.2148	-.0440	.00363
.50	.4474	-.9472	-.0217	.00199
.55	.2274	-.7624	-.0103	.00119
.60	.1031	-.6245	-.0051	.00080
.65	.0437	-.5161	-.0030	.00060
.70	.0186	-.4286	-.0020	.00048
.75	.0087	-.3572	-.0016	.00038
.80	.0038	-.2987	-.0014	.00031
.85	-.0009	-.2505	-.0014	.00024
.90	-.0065	-.2106	-.0018	.00016
.95	-.0109	-.1768	-.0023	.00006
1.00	.0461	-.1462	.0000	-.00000

XM/L=0.1

X/L	FP	FS	FQ	FM
.05	105.8506	10.6183	5.2925	.13231
.10	52.7919	5.4126	7.9321	-.53707
.15	-64.5814	-4.8068	4.7031	-.22119
.20	-55.9532	-7.6040	1.9054	-.05598
.25	-27.5887	-6.4186	.5260	.00480
.30	-10.3590	-4.5518	.0080	.01815
.35	-2.4863	-3.0617	-.1163	.01545
.40	.2297	-2.0834	-.1048	.00992
.45	.7640	-1.4848	-.0666	.00563
.50	.6122	-1.1172	-.0360	.00307
.55	.3636	-.8782	-.0178	.00172
.60	.1838	-.7099	-.0086	.00106
.65	.0836	-.5827	-.0045	.00073
.70	.0359	-.4822	-.0027	.00056
.75	.0153	-.4010	-.0019	.00044
.80	.0059	-.3346	-.0016	.00035
.85	-.0007	-.2802	-.0016	.00027
.90	-.0073	-.2351	-.0020	.00018
.95	-.0124	-.1969	-.0026	.00007
1.00	.0525	-.1624	-.0000	-.00000

XM/L=0.2

X/L	FP	FS	FQ	FM
.05	6.2361	4.0292	.3118	.00780
.10	27.4725	6.1391	1.6854	.05773
.15	53.2895	7.3520	4.3499	.20861
.20	59.1811	4.7364	7.3090	-.49992
.25	-58.3430	-4.5745	4.3918	-.20740
.30	-52.0646	-7.2081	1.7886	-.05289
.35	-25.8210	-6.1000	.4975	.00426
.40	-9.7468	-4.3433	.0102	.01696
.45	-2.3638	-2.9354	-.1080	.01451
.50	.1978	-2.0069	-.0981	.00936
.55	.7097	-1.4358	-.0626	.00534
.60	.5727	-1.0831	-.0340	.00293
.65	.3417	-.8527	-.0169	.00166
.70	.1731	-.6899	-.0082	.00103
.75	.0781	-.5668	-.0043	.00071
.80	.0306	-.4696	-.0028	.00053
.85	.0062	-.3910	-.0025	.00040
.90	-.0089	-.3263	-.0029	.00027
.95	-.0177	-.2717	-.0038	.00010
1.00	.0766	-.2225	-.0000	-.00000

XM/L=0.3

X/L	FP	FS	FQ	FM
.05	-4.5792	1.7026	-.2290	-.00572
.10	3.3046	2.9099	-.0637	-.01304
.15	10.5112	4.4089	.4618	-.00309
.20	26.2656	6.1828	1.7751	.05283
.25	52.3175	7.2925	4.3910	.20699
.30	58.6386	4.6684	7.3229	-.50016
.35	-58.5714	-4.6248	4.3943	-.20723
.40	-52.1351	-7.2400	1.7876	-.05268
.45	-25.8298	-6.1194	.4961	.00441
.50	-9.7385	-4.3553	.0092	.01704
.55	-2.3546	-2.9434	-.1086	.01455
.60	.2039	-2.0127	-.0984	.00938
.65	.7130	-1.4404	-.0627	.00536
.70	.5739	-1.0870	-.0340	.00294
.75	.3404	-.8562	-.0170	.00166
.80	.1679	-.6933	-.0086	.00102
.85	.0653	-.5702	-.0053	.00067
.90	.0085	-.4723	-.0049	.00042
.95	-.0196	-.3908	-.0059	.00015
1.00	.1179	-.3178	-.0000	-.00000

XM/L=0.4

X/L	FP	FS	FQ	FM
.05	-2.0217	.9879	-.1011	-.00253
.10	-.4117	1.4304	-.1217	-.00810
.15	.0430	2.0311	-.1195	-.01413
.20	2.4941	2.9652	.0052	-.01698
.25	9.7945	4.3738	.4949	-.00448
.30	25.8418	6.1349	1.7870	.05256
.35	52.1314	7.2556	4.3936	.20708
.40	58.5772	4.6446	7.3224	-.50002
.45	-58.5816	-4.6392	4.3933	-.20713
.50	-52.1301	-7.2489	1.7868	-.05262
.55	-25.8232	-6.1253	.4957	.00444
.60	-9.7338	-4.3596	.0090	.01706
.65	-2.3519	-2.9469	-.1086	.01457
.70	.2046	-2.0158	-.0984	.00939
.75	.7105	-1.4436	-.0628	.00536
.80	.5652	-1.0905	-.0346	.00293
.85	.3200	-.8599	-.0186	.00160
.90	.1327	-.6963	-.0119	.00083
.95	.0244	-.5687	-.0107	.00027
1.00	.2145	-.4577	-.0000	-.00000

XM/L=0.5

X/L	FP	FS	FQ	FM
.05	-.5951	.6633	-.0298	-.00074
.10	-.2369	.8547	-.0416	-.00253
.15	-.4921	1.0944	-.0662	-.00522
.20	-.6675	1.4489	-.0996	-.00937
.25	-.1856	2.0201	-.1089	-.01458
.30	2.3579	2.9499	.0090	-.01707
.35	9.7343	4.3618	.4958	-.00445
.40	25.8220	6.1272	1.7869	.05261
.45	52.1282	7.2508	4.3933	.20711
.50	58.5790	4.6415	7.3222	-.50000
.55	-58.5791	-4.6415	4.3933	-.20711
.60	-52.1281	-7.2508	1.7868	-.05261
.65	-25.8218	-6.1272	.4958	.00445
.70	-9.7344	-4.3618	.0090	.01707
.75	-2.3580	-2.9499	-.1089	.01458
.80	.1857	-2.0201	-.0996	.00937
.85	.6675	-1.4489	-.0662	.00522
.90	.4921	-1.0944	-.0416	.00253
.95	.2368	-.8547	-.0298	.00074
1.00	.5951	-.6633	-.0000	-.00000

B/L= 2.00 DS/B1= 1.00 KS= .003

XQ/L=0.0

X/L	FP	FS	FQ	FM
.05	19.1831	2.5691	-.0408	-.02602
.10	3.0485	1.7186	.1116	-.02425
.15	.4922	1.1226	.1362	-.01806
.20	-.5065	.7387	.1109	-.01188
.25	-.6851	.5040	.0766	-.00720
.30	-.5797	.3640	.0476	-.00409
.35	-.4086	.2797	.0272	-.00222
.40	-.2567	.2267	.0144	-.00118
.45	-.1469	.1903	.0070	-.00065
.50	-.0767	.1629	.0032	-.00039
.55	-.0361	.1406	.0014	-.00028
.60	-.0147	.1217	.0006	-.00023
.65	-.0045	.1052	.0004	-.00020
.70	-.0003	.0909	.0004	-.00018
.75	.0013	.0784	.0005	-.00016
.80	.0020	.0677	.0006	-.00013
.85	.0025	.0585	.0007	-.00010
.90	.0026	.0504	.0008	-.00006
.95	.0013	.0431	.0009	-.00002
1.00	-.0176	.0363	-.0000	-.00000

XQ/L=0.1

X/L	FP	FS	FQ	FM
.05	5.6659	1.4479	.2833	.00708
.10	4.7393	1.5537	-.4797	.02717
.15	4.4890	1.5037	-.2553	.00880
.20	2.8716	1.2889	-.1117	-.00038
.25	1.5789	1.0350	-.0328	-.00399
.30	.7395	.8046	.0042	-.00470
.35	.2657	.6184	.0175	-.00416
.40	.0330	.4769	.0191	-.00325
.45	-.0602	.3724	.0161	-.00236
.50	-.0822	.2959	.0120	-.00166
.55	-.0737	.2394	.0083	-.00115
.60	-.0559	.1970	.0055	-.00080
.65	-.0382	.1642	.0036	-.00057
.70	-.0241	.1383	.0024	-.00042
.75	-.0139	.1173	.0017	-.00032
.80	-.0066	.1000	.0014	-.00024
.85	-.0016	.0855	.0013	-.00017
.90	.0012	.0731	.0014	-.00010
.95	.0006	.0621	.0014	-.00004
1.00	-.0282	.0518	-.0000	-.00000

XQ/L=0.2

X/L	FP	FS	FQ	FM
.05	.1694	.7423	.0085	.00021
.10	1.8190	1.0230	.0994	.00291
.15	3.1586	1.2899	.2573	.01183
.20	4.6636	1.4865	-.5095	.03053
.25	4.6148	1.4865	-.2787	.01082
.30	3.0373	1.2951	-.1269	.00068
.35	1.7103	1.0493	-.0413	-.00352
.40	.8262	.8195	-.0000	-.00456
.45	.3159	.6309	.0158	-.00417
.50	.0588	.4864	.0187	-.00331
.55	-.0489	.3792	.0163	-.00243
.60	-.0785	.3007	.0123	-.00172
.65	-.0731	.2429	.0087	-.00119
.70	-.0559	.1995	.0059	-.00083
.75	-.0376	.1662	.0040	-.00058
.80	-.0220	.1399	.0029	-.00041
.85	-.0103	.1185	.0024	-.00028
.90	-.0030	.1005	.0022	-.00016
.95	-.0018	.0848	.0021	-.00005
1.00	-.0428	.0701	-.0000	-.00000

XQ/L=0.3

X/L	FP	FS	FQ	FM
.05	-.7931	.4095	-.0397	-.00099
.10	.3771	.6024	-.0208	-.00250
.15	.9432	.8132	.0264	-.00236
.20	1.8001	1.0494	.1164	.00121
.25	3.0644	1.2932	.2696	.01085
.30	4.5689	1.4799	-.5020	.03004
.35	4.5456	1.4773	-.2747	.01063
.40	2.9939	1.2864	-.1250	.00064
.45	1.6862	1.0424	-.0407	-.00351
.50	.8145	.8145	.0000	-.00452
.55	.3114	.6275	.0156	-.00413
.60	.0580	.4842	.0185	-.00328
.65	-.0476	.3779	.0161	-.00241
.70	-.0758	.3000	.0123	-.00170
.75	-.0691	.2426	.0089	-.00117
.80	-.0502	.1995	.0064	-.00079
.85	-.0304	.1661	.0049	-.00051
.90	-.0155	.1391	.0041	-.00028
.95	-.0101	.1160	.0036	-.00009
1.00	-.0717	.0948	-.0000	-.00000

XQ/L=0.4

X/L	FP	FS	FQ	FM
.05	-.5745	.2577	-.0287	-.00072
.10	-.0180	.3630	-.0296	-.00218
.15	.1265	.4827	-.0233	-.00350
.20	.3756	.6310	-.0045	-.00420
.25	.8587	.8182	.0384	-.00335
.30	1.7091	1.0439	.1239	.00071
.35	2.9963	1.2847	.2737	.01065
.40	4.5255	1.4717	-.5000	.02999
.45	4.5211	1.4707	-.2740	.01064
.50	2.9819	1.2817	-.1249	.00067
.55	1.6814	1.0392	-.0408	-.00347
.60	.8138	.8125	-.0001	-.00450
.65	.3133	.6265	.0155	-.00411
.70	.0620	.4833	.0186	-.00326
.75	-.0411	.3781	.0166	-.00238
.80	-.0662	.3005	.0133	-.00163
.85	-.0567	.2428	.0104	-.00103
.90	-.0390	.1984	.0085	-.00056
.95	-.0304	.1619	.0070	-.00017
1.00	-.1395	.1291	-.0000	-.00000

XQ/L=0.5

X/L	FP	FS	FQ	FM
.05	-.2943	.1785	-.0147	-.00037
.10	-.0574	.2349	-.0176	-.00118
.15	-.0441	.2989	-.0198	-.00211
.20	-.0168	.3793	-.0206	-.00312
.25	.0805	.4858	-.0166	-.00405
.30	.3253	.6282	-.0003	-.00447
.35	.8208	.8136	.0407	-.00347
.40	1.6848	1.0396	.1249	.00068
.45	2.9825	1.2812	.2741	.01065
.50	4.5187	1.4694	-.5000	.03000
.55	4.5187	1.4694	-.2741	.01065
.60	2.9825	1.2812	-.1249	.00068
.65	1.6848	1.0396	-.0407	-.00347
.70	.8208	.8136	.0003	-.00447
.75	.3253	.6282	.0166	-.00405
.80	.0805	.4858	.0206	-.00312
.85	-.0168	.3793	.0198	-.00211
.90	-.0441	.2989	.0176	-.00118
.95	-.0574	.2349	.0147	-.00037
1.00	-.2943	.1785	-.0000	-.00000

B/L= 2.00 DS/B1= 1.00 KS= .003

XM/L=0.0

X/L	FP	FS	FQ	FM
.05	150.3373	11.8353	7.5169	-.81208
.10	-35.0187	.5322	5.7659	-.48001
.15	-41.3299	-4.3470	3.6994	-.24337
.20	-32.9620	-5.6522	2.0513	-.09961
.25	-21.4450	-5.2770	.9791	-.02384
.30	-12.2159	-4.3068	.3683	.00984
.35	-6.0880	-3.2793	.0639	.02064
.40	-2.5120	-2.4106	-.0617	.02070
.45	-.6670	-1.7512	-.0951	.01678
.50	.1441	-1.2799	-.0879	.01221
.55	.4057	-.9534	-.0676	.00832
.60	.4134	-.7291	-.0469	.00546
.65	.3286	-.5733	-.0305	.00353
.70	.2285	-.4621	-.0190	.00229
.75	.1434	-.3798	-.0119	.00152
.80	.0803	-.3163	-.0079	.00102
.85	.0373	-.2654	-.0060	.00068
.90	.0121	-.2229	-.0054	.00039
.95	.0055	-.1858	-.0051	.00013
1.00	.1024	-.1513	.0000	-.00000

XM/L=0.1

X/L	FP	FS	FQ	FM
.05	95.4793	9.5069	4.7740	.11935
.10	25.5547	4.3707	6.0517	-.61001
.15	-30.3189	-2.0356	4.5358	-.34532
.20	-35.7189	-4.9467	2.7498	-.16318
.25	-26.0407	-5.3526	1.4478	-.05824
.30	-16.1246	-4.6784	.6415	-.00601
.35	-8.7576	-3.6998	.2037	.01512
.40	-4.1047	-2.7759	-.0016	.02017
.45	-1.5082	-2.0326	-.0770	.01821
.50	-.2385	-1.4829	-.0889	.01406
.55	.2720	-1.0948	-.0753	.00996
.60	.3981	-.8264	-.0554	.00669
.65	.3587	-.6409	-.0375	.00437
.70	.2680	-.5103	-.0241	.00283
.75	.1774	-.4153	-.0152	.00185
.80	.1047	-.3436	-.0100	.00122
.85	.0527	-.2871	-.0073	.00079
.90	.0208	-.2405	-.0063	.00045
.95	.0104	-.2001	-.0058	.00014
1.00	.1153	-.1626	-.0000	-.00000

XM/L=0.2

X/L	FP	FS	FQ	FM
.05	24.2328	4.8323	1.2116	.03029
.10	22.5566	5.1669	2.3395	.11907
.15	29.8142	4.7781	3.8302	.27331
.20	24.7023	2.4585	5.0653	-.50430
.25	-25.5438	-2.4304	3.7881	-.28297
.30	-30.2144	-4.6595	2.2774	-.13133
.35	-21.8339	-4.8487	1.1857	-.04475
.40	-13.4108	-4.1802	.5152	-.00223
.45	-7.2129	-3.2907	.1545	.01451
.50	-3.3304	-2.4702	-.0120	.01807
.55	-1.1834	-1.8160	-.0712	.01599
.60	-.1469	-1.3334	-.0785	.01225
.65	.2591	-.9922	-.0656	.00865
.70	.3484	-.7552	-.0482	.00581
.75	.3030	-.5902	-.0330	.00378
.80	.2172	-.4727	-.0221	.00240
.85	.1340	-.3858	-.0154	.00146
.90	.0726	-.3181	-.0118	.00078
.95	.0437	-.2615	-.0096	.00024
1.00	.1926	-.2099	-.0000	-.00000

XM/L=0.3

X/L	FP	FS	FQ	FM
.05	.4790	2.1661	.0239	.00060
.10	7.6817	3.2064	.4080	.01140
.15	14.0137	4.1948	1.1087	.04932
.20	22.2361	4.8941	2.2205	.13255
.25	30.3115	4.7074	3.7361	.28146
.30	25.3656	2.4821	5.0044	-.50002
.35	-25.0163	-2.3740	3.7536	-.28108
.40	-29.8655	-4.6006	2.2603	-.13073
.45	-21.6310	-4.7992	1.1787	-.04475
.50	-13.3066	-4.1430	.5134	-.00245
.55	-7.1679	-3.2646	.1550	.01426
.60	-3.3179	-2.4528	-.0109	.01786
.65	-1.1876	-1.8050	-.0703	.01583
.70	-.1608	-1.3270	-.0783	.01212
.75	.2375	-.9888	-.0664	.00850
.80	.3187	-.7536	-.0505	.00558
.85	.2665	-.5884	-.0372	.00339
.90	.1849	-.4678	-.0279	.00176
.95	.1339	-.3727	-.0212	.00053
1.00	.4246	-.2889	-.0000	-.00000

XM/L=0.4

X/L	FP	FS	FQ	FM
.05	-3.2253	1.0437	-.1613	-.00403
.10	1.3995	1.7173	-.0913	-.01035
.15	3.7920	2.4643	.0983	-.01017
.20	7.6105	3.3178	.4788	.00426
.25	13.6234	4.2087	1.1600	.04523
.30	21.8410	4.8665	2.2521	.13053
.35	30.0223	4.6681	3.7532	.28066
.40	25.1845	2.4451	5.0124	-.50020
.45	-25.1165	-2.4040	3.7566	-.28097
.50	-29.9143	-4.6234	2.2609	-.13054
.55	-21.6517	-4.8164	1.1783	-.04456
.60	-13.3156	-4.1564	.5125	-.00229
.65	-7.1767	-3.2761	.1537	.01436
.70	-3.3352	-2.4635	-.0131	.01788
.75	-1.2212	-1.8157	-.0742	.01569
.80	-.2159	-1.3369	-.0850	.01172
.85	.1628	-.9954	-.0768	.00767
.90	.2506	-.7507	-.0643	.00414
.95	.2711	-.5648	-.0507	.00127
1.00	1.0147	-.4057	-.0000	-.00000

XM/L=0.5

X/L	FP	FS	FQ	FM
.05	-2.1712	.6043	-.1086	-.00271
.10	-.1707	.9385	-.1171	-.00836
.15	.3774	1.3278	-.0982	-.01374
.20	1.3985	1.8280	-.0283	-.01690
.25	3.4677	2.4828	.1451	-.01398
.30	7.2598	3.2957	.5081	.00235
.35	13.3612	4.1742	1.1761	.04445
.40	21.6748	4.8328	2.2599	.13035
.45	29.9294	4.6398	3.7564	.28076
.50	25.1383	2.4225	5.0133	-.50000
.55	-25.1384	-2.4225	3.7564	-.28076
.60	-29.9294	-4.6398	2.2599	-.13035
.65	-21.6748	-4.8328	1.1761	-.04445
.70	-13.3613	-4.1742	.5081	-.00235
.75	-7.2598	-3.2957	.1451	.01398
.80	-3.4677	-2.4828	-.0283	.01690
.85	-1.3985	-1.8280	-.0982	.01374
.90	-.3775	-1.3278	-.1171	.00836
.95	.1707	-.9385	-.1086	.00271
1.00	2.1712	-.6043	-.0000	-.00000

B/L= 2.00 DS/B1= 1.00 KS= .010

XQ/L=0.0

X/L	FP	FS	FQ	FM
.05	15.8114	2.3505	-.2094	-.03024
.10	4.0989	1.7806	-.0045	-.03558
.15	1.8722	1.3107	.0891	-.03347
.20	.6019	.9451	.1192	-.02826
.25	-.0222	.6721	.1181	-.02233
.30	-.3049	.4751	.1029	-.01680
.35	-.3986	.3366	.0829	-.01216
.40	-.3932	.2415	.0633	-.00850
.45	-.3418	.1772	.0462	-.00577
.50	-.2750	.1342	.0324	-.00380
.55	-.2091	.1055	.0220	-.00244
.60	-.1517	.0861	.0144	-.00153
.65	-.1053	.0726	.0091	-.00094
.70	-.0700	.0627	.0056	-.00057
.75	-.0443	.0551	.0034	-.00035
.80	-.0263	.0489	.0021	-.00021
.85	-.0145	.0435	.0014	-.00012
.90	-.0075	.0386	.0010	-.00006
.95	-.0047	.0340	.0008	-.00002
1.00	-.0153	.0295	-.0000	-.00000

XQ/L=0.1

X/L	FP	FS	FQ	FM
.05	7.1229	1.5112	.3561	.00890
.10	3.8346	1.4667	-.4521	.03150
.15	3.3004	1.3659	-.2871	.01302
.20	2.4047	1.2024	-.1669	.00167
.25	1.6432	1.0177	-.0847	-.00462
.30	1.0515	.8379	-.0321	-.00754
.35	.6227	.6766	-.0010	-.00837
.40	.3297	.5394	.0155	-.00800
.45	.1412	.4269	.0225	-.00705
.50	.0284	.3369	.0240	-.00589
.55	-.0325	.2665	.0223	-.00473
.60	-.0597	.2119	.0193	-.00369
.65	-.0664	.1700	.0160	-.00281
.70	-.0618	.1378	.0129	-.00208
.75	-.0518	.1129	.0103	-.00150
.80	-.0405	.0933	.0083	-.00104
.85	-.0306	.0776	.0068	-.00066
.90	-.0250	.0644	.0055	-.00035
.95	-.0264	.0527	.0042	-.00011
1.00	-.0844	.0417	-.0000	-.00000

XQ/L=0.2

X/L	FP	FS	FQ	FM
.05	1.9755	.8757	.0988	.00247
.10	2.0337	1.0352	.2005	.00995
.15	2.6494	1.1766	.3329	.02328
.20	3.2376	1.2690	-.5052	.04398
.25	3.2058	1.2647	-.3449	.02273
.30	2.5472	1.1645	-.2175	.00866
.35	1.8557	1.0179	-.1248	.00011
.40	1.2633	.8588	-.0616	-.00455
.45	.8043	.7067	-.0214	-.00663
.50	.4728	.5716	.0023	-.00710
.55	.2476	.4573	.0146	-.00668
.60	.1043	.3638	.0199	-.00582
.65	.0201	.2890	.0209	-.00480
.70	-.0237	.2301	.0197	-.00379
.75	-.0417	.1842	.0176	-.00285
.80	-.0451	.1481	.0153	-.00203
.85	-.0424	.1194	.0132	-.00132
.90	-.0419	.0957	.0111	-.00071
.95	-.0510	.0750	.0086	-.00021
1.00	-.1715	.0556	-.0000	-.00000

XQ/L=0.3

X/L	FP	FS	FQ	FM
.05	-.1628	.4863	-.0081	-.00020
.10	.7968	.6643	.0317	.00039
.15	1.3458	.8422	.0990	.00365
.20	1.9564	1.0146	.1968	.01105
.25	2.6263	1.1654	.3281	.02417
.30	3.2438	1.2643	-.5097	.04463
.35	3.2221	1.2641	-.3486	.02318
.40	2.5660	1.1663	-.2203	.00895
.45	1.8736	1.0211	-.1266	.00028
.50	1.2793	.8627	-.0626	-.00445
.55	.8187	.7108	-.0217	-.00656
.60	.4864	.5758	.0026	-.00703
.65	.2615	.4613	.0157	-.00658
.70	.1191	.3673	.0216	-.00564
.75	.0358	.2916	.0234	-.00451
.80	-.0085	.2312	.0230	-.00335
.85	-.0311	.1826	.0215	-.00224
.90	-.0491	.1424	.0190	-.00123
.95	-.0780	.1074	.0151	-.00038
1.00	-.3021	.0747	-.0000	-.00000

XQ/L=0.4

X/L	FP	FS	FQ	FM
.05	-.7373	.2728	-.0369	-.00092
.10	.1882	.4095	-.0275	-.00253
.15	.5253	.5513	-.0012	-.00325
.20	.8953	.7020	.0436	-.00219
.25	1.3508	.8611	.1111	.00168
.30	1.9210	1.0214	.2072	.00964
.35	2.5808	1.1653	.3362	.02322
.40	3.2013	1.2607	-.5037	.04403
.45	3.1882	1.2594	-.3443	.02283
.50	2.5425	1.1619	-.2172	.00879
.55	1.8607	1.0178	-.1242	.00026
.60	1.2764	.8605	-.0603	-.00435
.65	.8250	.7100	-.0191	-.00634
.70	.5008	.5757	.0060	-.00667
.75	.2819	.4610	.0200	-.00602
.80	.1417	.3655	.0271	-.00484
.85	.0525	.2863	.0298	-.00341
.90	-.0156	.2195	.0290	-.00195
.95	-.0912	.1607	.0244	-.00061
1.00	-.4884	.1057	-.0000	-.00000

XQ/L=0.5

X/L	FP	FS	FQ	FM
.05	-.6918	.1624	-.0346	-.00086
.10	-.0405	.2524	-.0366	-.00264
.15	.1314	.3477	-.0300	-.00431
.20	.3087	.4534	-.0146	-.00543
.25	.5370	.5739	.0122	-.00549
.30	.8584	.7108	.0552	-.00380
.35	1.3012	.8620	.1202	.00058
.40	1.8745	1.0184	.2139	.00894
.45	2.5441	1.1611	.3412	.02282
.50	3.1770	1.2570	-.5000	.04384
.55	3.1770	1.2570	-.3412	.02282
.60	2.5441	1.1611	-.2139	.00894
.65	1.8745	1.0184	-.1202	.00058
.70	1.3012	.8620	-.0552	-.00380
.75	.8584	.7108	-.0122	-.00549
.80	.5370	.5739	.0146	-.00543
.85	.3087	.4534	.0300	-.00431
.90	.1314	.3477	.0366	-.00264
.95	-.0405	.2524	.0346	-.00086
1.00	-.6918	.1624	-.0000	-.00000

B/L= 2.00 DS/B1= 1.00 KS= .010

XM/L=0.0

X/L	FP	FS	FQ	FM
.05	92.6956	8.6608	4.6348	-.88413
.10	-3.1404	2.7810	4.4778	-.65632
.15	-15.2738	-.7890	3.7141	-.45152
.20	-18.2435	-2.7020	2.8019	-.28862
.25	-16.5547	-3.5106	1.9742	-.16922
.30	-13.3603	-3.6375	1.3061	-.08721
.35	-9.9942	-3.3840	.8064	-.03440
.40	-7.0347	-2.9512	.4547	-.00287
.45	-4.6748	-2.4646	.2210	.01402
.50	-2.9179	-1.9963	.0751	.02142
.55	-1.6836	-1.5821	-.0091	.02307
.60	-.8642	-1.2351	-.0523	.02154
.65	-.3538	-.9553	-.0700	.01848
.70	-.0611	-.7356	-.0731	.01490
.75	.0872	-.5661	-.0687	.01136
.80	.1473	-.4359	-.0613	.00811
.85	.1632	-.3348	-.0532	.00524
.90	.1742	-.2537	-.0445	.00280
.95	.2137	-.1846	-.0338	.00084
1.00	.6757	-.1209	.0000	-.00000

XM/L=0.1

X/L	FP	FS	FQ	FM
.05	71.3066	7.6412	3.5653	.08913
.10	16.2887	4.0157	4.3798	-.71224
.15	-9.6980	.2050	3.8949	-.50537
.20	-17.2067	-2.1573	3.0345	-.33214
.25	-16.8584	-3.2688	2.1916	-.20149
.30	-14.1465	-3.5850	1.4843	-.10959
.35	-10.8638	-3.4391	.9411	-.04895
.40	-7.8157	-3.0588	.5503	-.01167
.45	-5.3060	-2.5900	.2850	.00921
.50	-3.3933	-2.1192	.1153	.01922
.55	-2.0217	-1.6920	.0143	.02246
.60	-1.0924	-1.3281	-.0404	.02181
.65	-.4998	-1.0309	-.0653	.01917
.70	-.1491	-.7953	-.0728	.01572
.75	.0379	-.6121	-.0709	.01212
.80	.1228	-.4707	-.0648	.00873
.85	.1542	-.3604	-.0571	.00569
.90	.1761	-.2718	-.0482	.00305
.95	.2262	-.1962	-.0369	.00092
1.00	.7388	-.1266	-.0000	-.00000

XM/L=0.2

X/L	FP	FS	FQ	FM
.05	33.7800	5.0418	1.6890	.04223
.10	15.9833	4.2155	2.4882	.14665
.15	14.2555	3.1109	3.2009	.28888
.20	8.5434	1.3574	3.6281	-.54039
.25	-10.7136	-1.1411	3.0924	-.37238
.30	-15.1159	-2.6488	2.3366	-.23665
.35	-13.8789	-3.2477	1.6427	-.13717
.40	-11.2222	-3.2902	1.0816	-.06906
.45	-8.3832	-3.0269	.6624	-.02546
.50	-5.8870	-2.6244	.3681	.00030
.55	-3.9030	-2.1860	.1729	.01382
.60	-2.4334	-1.7700	.0512	.01943
.65	-1.4083	-1.4046	-.0192	.02023
.70	-.7344	-1.0992	-.0559	.01835
.75	-.3191	-.8519	-.0718	.01516
.80	-.0803	-.6549	-.0759	.01147
.85	.0529	-.4979	-.0732	.00774
.90	.1485	-.3697	-.0658	.00427
.95	.2667	-.2595	-.0524	.00131
1.00	1.0489	-.1576	-.0000	-.00000

XM/L=0.3

X/L	FP	FS	FQ	FM
.05	11.5069	2.8782	.5753	.01438
.10	8.8533	3.1301	1.0180	.05422
.15	10.8269	3.2819	1.5594	.11865
.20	12.8996	3.1777	2.2043	.21274
.25	13.8002	2.5804	2.8943	.34021
.30	9.3165	1.1581	3.3602	-.50343
.35	-9.5838	-1.1416	2.8810	-.34740
.40	-14.0009	-2.5430	2.1809	-.22085
.45	-12.9335	-3.0963	1.5343	-.12797
.50	-10.4919	-3.1306	1.0097	-.06437
.55	-7.8611	-2.8795	.6166	-.02371
.60	-5.5442	-2.4988	.3394	.00019
.65	-3.7042	-2.0846	.1542	.01252
.70	-2.3445	-1.6905	.0370	.01730
.75	-1.3972	-1.3420	-.0329	.01740
.80	-.7682	-1.0459	-.0713	.01480
.85	-.3567	-.7984	-.0891	.01079
.90	-.0528	-.5893	-.0918	.00626
.95	.2480	-.4059	-.0794	.00198
1.00	1.5878	-.2348	-.0000	-.00000

XM/L=0.4

X/L	FP	FS	FQ	FM
.05	1.5370	1.5158	.0769	.00192
.10	3.7738	2.0056	.2655	.01048
.15	5.7710	2.4780	.5541	.03097
.20	8.1038	2.8900	.9593	.06881
.25	10.6829	3.1548	1.4934	.13012
.30	13.0480	3.1246	2.1458	.22110
.35	14.0358	2.5717	2.8476	.34594
.40	9.5510	1.1725	3.3252	-.49974
.45	-9.3895	-1.1179	2.8557	-.34522
.50	-13.8609	-2.5188	2.1626	-.21976
.55	-12.8505	-3.0767	1.5201	-.12769
.60	-10.4632	-3.1173	.9970	-.06477
.65	-7.8823	-2.8725	.6028	-.02477
.70	-5.6089	-2.4959	.3224	-.00164
.75	-3.8021	-2.0814	.1323	.00973
.80	-2.4555	-1.6803	.0095	.01327
.85	-1.4808	-1.3144	-.0645	.01190
.90	-.7356	-.9867	-.1013	.00775
.95	-.0617	-.6888	-.1044	.00261
1.00	2.0878	-.4064	-.0000	-.00000

XM/L=0.5

X/L	FP	FS	FQ	FM
.05	-1.7120	.7739	-.0856	-.00214
.10	1.1383	1.1918	-.0287	-.00500
.15	2.4263	1.6207	.0926	-.00340
.20	3.9134	2.0630	.2883	.00612
.25	5.7598	2.5024	.5763	.02774
.30	8.0306	2.8928	.9778	.06659
.35	10.5929	3.1442	1.5075	.12872
.40	12.9591	3.1060	2.1554	.22030
.45	13.9528	2.5482	2.8531	.34551
.50	9.4714	1.1462	3.3266	-.50000
.55	-9.4715	-1.1462	2.8531	-.34551
.60	-13.9528	-2.5482	2.1554	-.22030
.65	-12.9591	-3.1060	1.5075	-.12872
.70	-10.5929	-3.1442	.9778	-.06659
.75	-8.0306	-2.8928	.5763	-.02774
.80	-5.7598	-2.5024	.2883	-.00612
.85	-3.9134	-2.0630	.0926	.00340
.90	-2.4263	-1.6207	-.0287	.00500
.95	-1.1383	-1.1918	-.0856	.00214
1.00	1.7120	-.7739	-.0000	-.00000

B/L= 2.00 DS/B1= 1.00 KS= .020

XQ/L=0.0

X/L	FP	FS	FQ	FM
.05	14.0686	2.2140	-.2966	-.03241
.10	4.2408	1.7670	-.0845	-.04194
.15	2.3459	1.3764	.0328	-.04324
.20	1.1539	1.0501	.0905	-.04016
.25	.4645	.7866	.1137	-.03505
.30	.0607	.5795	.1167	-.02929
.35	-.1627	.4206	.1086	-.02366
.40	-.2715	.3015	.0950	-.01857
.45	-.3088	.2140	.0796	-.01421
.50	-.3037	.1510	.0644	-.01061
.55	-.2755	.1066	.0506	-.00773
.60	-.2367	.0759	.0388	-.00550
.65	-.1952	.0551	.0290	-.00381
.70	-.1557	.0413	.0212	-.00255
.75	-.1208	.0322	.0152	-.00164
.80	-.0914	.0262	.0106	-.00099
.85	-.0680	.0221	.0072	-.00055
.90	-.0508	.0193	.0047	-.00025
.95	-.0395	.0170	.0027	-.00007
1.00	-.0540	.0149	-.0000	-.00000

XQ/L=0.1

X/L	FP	FS	FQ	FM
.05	7.4975	1.5203	.3749	.00937
.10	3.5595	1.4327	-.4472	.03256
.15	2.9207	1.3157	-.3011	.01386
.20	2.1953	1.1659	-.1914	.00155
.25	1.6011	1.0048	-.1113	-.00602
.30	1.1242	.8474	-.0551	-.01018
.35	.7549	.7024	-.0173	-.01199
.40	.4786	.5740	.0066	-.01226
.45	.2790	.4640	.0205	-.01158
.50	.1406	.3718	.0276	-.01038
.55	.0491	.2962	.0300	-.00894
.60	-.0075	.2350	.0296	-.00745
.65	-.0391	.1862	.0277	-.00601
.70	-.0539	.1474	.0250	-.00470
.75	-.0581	.1166	.0221	-.00352
.80	-.0570	.0920	.0192	-.00249
.85	-.0551	.0719	.0165	-.00159
.90	-.0581	.0549	.0136	-.00084
.95	-.0711	.0396	.0100	-.00025
1.00	-.2005	.0252	-.0000	-.00000

XQ/L=0.2

X/L	FP	FS	FQ	FM
.05	3.0151	.9543	.1508	.00377
.10	2.1117	1.0439	.2563	.01395
.15	2.3712	1.1206	.3749	.02973
.20	2.6361	1.1649	-.4933	.05177
.25	2.5798	1.1500	-.3643	.03033
.30	2.1772	1.0755	-.2554	.01483
.35	1.7281	.9675	-.1690	.00422
.40	1.3101	.8455	-.1035	-.00259
.45	.9533	.7224	-.0559	-.00658
.50	.6656	.6064	-.0226	-.00854
.55	.4438	.5019	-.0004	-.00911
.60	.2796	.4106	.0136	-.00879
.65	.1629	.3328	.0217	-.00790
.70	.0833	.2675	.0259	-.00671
.75	.0310	.2132	.0274	-.00538
.80	-.0035	.1680	.0273	-.00401
.85	-.0292	.1299	.0258	-.00269
.90	-.0577	.0967	.0229	-.00147
.95	-.1000	.0667	.0179	-.00045
1.00	-.3582	.0381	-.0000	-.00000

XQ/L=0.3

X/L	FP	FS	FQ	FM
.05	.6136	.5630	.0307	.00077
.10	1.0180	.7030	.0816	.00357
.15	1.4147	.8399	.1523	.00942
.20	1.8370	.9673	.2442	.01933
.25	2.2667	1.0735	.3575	.03437
.30	2.6284	1.1397	-.5111	.05553
.35	2.6163	1.1404	-.3803	.03325
.40	2.2329	1.0765	-.2686	.01703
.45	1.7898	.9753	-.1791	.00583
.50	1.3711	.8572	-.1106	-.00141
.55	1.0105	.7360	-.0601	-.00567
.60	.7179	.6202	-.0242	-.00778
.65	.4911	.5147	.0004	-.00837
.70	.3216	.4213	.0165	-.00795
.75	.1983	.3403	.0264	-.00688
.80	.1087	.2704	.0318	-.00543
.85	.0388	.2097	.0338	-.00379
.90	-.0296	.1560	.0323	-.00213
.95	-.1147	.1067	.0265	-.00066
1.00	-.5310	.0595	-.0000	-.00000

XQ/L=0.4

X/L	FP	FS	FQ	FM
.05	-.4281	.3186	-.0214	-.00054
.10	.3681	.4499	-.0030	-.00115
.15	.7074	.5825	.0324	-.00041
.20	1.0507	.7164	.0849	.00252
.25	1.4241	.8489	.1561	.00855
.30	1.8364	.9733	.2479	.01865
.35	2.2629	1.0776	.3611	.03387
.40	2.6254	1.1429	-.5077	.05521
.45	2.6164	1.1433	-.3768	.03310
.50	2.2377	1.0795	-.2649	.01705
.55	1.7999	.9784	-.1750	.00606
.60	1.3867	.8602	-.1056	-.00096
.65	1.0311	.7385	-.0541	-.00495
.70	.7418	.6213	-.0170	-.00673
.75	.5147	.5130	.0088	-.00693
.80	.3384	.4151	.0257	-.00607
.85	.1963	.3269	.0355	-.00454
.90	.0637	.2468	.0387	-.00269
.95	-.0859	.1720	.0344	-.00086
1.00	-.6878	.0999	-.0000	-.00000

XQ/L=0.5

X/L	FP	FS	FQ	FM
.05	-.7275	.1771	-.0364	-.00091
.10	.0435	.2795	-.0342	-.00267
.15	.2822	.3846	-.0201	-.00403
.20	.5099	.4948	.0054	-.00440
.25	.7585	.6114	.0433	-.00318
.30	1.0543	.7338	.0960	.00030
.35	1.4080	.8585	.1664	.00687
.40	1.8147	.9780	.2572	.01746
.45	2.2436	1.0796	.3694	.03312
.50	2.6128	1.1436	-.5000	.05485
.55	2.6128	1.1436	-.3694	.03312
.60	2.2436	1.0796	-.2572	.01746
.65	1.8147	.9780	-.1664	.00687
.70	1.4080	.8585	-.0960	.00030
.75	1.0543	.7338	-.0433	-.00318
.80	.7585	.6114	-.0054	-.00440
.85	.5099	.4948	.0201	-.00403
.90	.2822	.3846	.0342	-.00267
.95	.0435	.2795	.0364	-.00091
1.00	-.7275	.1771	-.0000	-.00000

B/L= 2.00 DS/B1= 1.00 KS= .020

XM/L=0.0

X/L	FP	FS	FQ	FM
.05	68.9339	7.0946	3.4467	-.91383
.10	3.8955	3.1656	3.6415	-.73663
.15	-6.3441	.4750	3.3243	-.56248
.20	-10.6325	-1.2422	2.7926	-.40956
.25	-11.4092	-2.2321	2.2222	-.28419
.30	-10.5985	-2.7034	1.6923	-.18633
.35	-9.1049	-2.8235	1.2370	-.11310
.40	-7.4186	-2.7205	.8661	-.06052
.45	-5.7989	-2.4883	.5761	-.02447
.50	-4.3724	-2.1934	.3575	-.00113
.55	-3.1867	-1.8799	.1982	.01277
.60	-2.2444	-1.5757	.0860	.01987
.65	-1.5237	-1.2963	.0098	.02226
.70	-.9906	-1.0488	-.0398	.02152
.75	-.6062	-.8342	-.0701	.01877
.80	-.3300	-.6499	-.0866	.01485
.85	-.1193	-.4909	-.0925	.01038
.90	.0791	-.3509	-.0886	.00585
.95	.3172	-.2230	-.0727	.00182
1.00	1.4541	-.1008	.0000	-.00000

XM/L=0.1

X/L	FP	FS	FQ	FM
.05	56.9757	6.4876	2.8488	.07122
.10	13.6945	3.7753	3.5335	-.76922
.15	-3.1674	1.0261	3.3751	-.59651
.20	-9.6685	-.8868	2.8917	-.43983
.25	-11.1829	-2.0240	2.3326	-.30923
.30	-10.7236	-2.6011	1.7964	-.20600
.35	-9.3832	-2.7934	1.3272	-.12791
.40	-7.7456	-2.7368	.9400	-.07123
.45	-6.1193	-2.5320	.6340	-.03188
.50	-4.6587	-2.2508	.4011	-.00601
.55	-3.4280	-1.9420	.2297	.00976
.60	-2.4394	-1.6365	.1077	.01819
.65	-1.6758	-1.3524	.0239	.02148
.70	-1.1057	-1.0982	-.0314	.02130
.75	-.6907	-.8764	-.0659	.01886
.80	-.3899	-.6847	-.0854	.01508
.85	-.1593	-.5186	-.0934	.01061
.90	.0565	-.3718	-.0906	.00601
.95	.3118	-.2374	-.0750	.00187
1.00	1.4992	-.1089	-.0000	-.00000

XM/L=0.2

X/L	FP	FS	FQ	FM
.05	33.2929	4.7739	1.6646	.04162
.10	13.2431	3.7755	2.3268	.14140
.15	9.9037	2.6419	2.8220	.27012
.20	4.9892	1.2012	3.0714	-.58254
.25	-6.3236	-.5669	2.7553	-.43688
.30	-9.7853	-1.7590	2.2660	-.31134
.35	-9.9441	-2.3914	1.7688	-.21047
.40	-8.9522	-2.6339	1.3212	-.13323
.45	-7.5228	-2.6202	.9450	-.07657
.50	-6.0259	-2.4502	.6437	-.03685
.55	-4.6458	-2.1961	.4115	-.01047
.60	-3.4637	-1.9073	.2383	.00577
.65	-2.5020	-1.6154	.1132	.01456
.70	-1.7497	-1.3393	.0257	.01803
.75	-1.1775	-1.0878	-.0332	.01784
.80	-.7458	-.8634	-.0705	.01525
.85	-.4069	-.6639	-.0908	.01122
.90	-.0971	-.4844	-.0957	.00656
.95	.2484	-.3182	-.0833	.00208
1.00	1.6652	-.1585	-.0000	-.00000

XM/L=0.3

X/L	FP	FS	FQ	FM
.05	16.0187	3.1071	.8009	.02002
.10	8.5817	2.9851	1.2300	.07080
.15	8.5653	2.7963	1.6583	.14301
.20	8.7250	2.4485	2.0945	.23683
.25	8.2436	1.8172	2.5067	.35186
.30	4.9014	.7456	2.7518	-.51668
.35	-5.7113	-.7641	2.4662	-.38623
.40	-8.8988	-1.7849	2.0213	-.27404
.45	-9.0131	-2.3120	1.5706	-.18425
.50	-8.0967	-2.4968	1.1658	-.11584
.55	-6.7980	-2.4577	.8259	-.06604
.60	-5.4493	-2.2833	.5534	-.03156
.65	-4.2122	-2.0366	.3428	-.00916
.70	-3.1543	-1.7600	.1851	.00404
.75	-2.2887	-1.4800	.0707	.01044
.80	-1.5955	-1.2112	-.0091	.01197
.85	-1.0318	-.9595	-.0607	.01023
.90	-.5271	-.7247	-.0871	.00654
.95	-.0028	-.5025	-.0872	.00218
1.00	1.7439	-.2868	-.0000	-.00000

XM/L=0.4

X/L	FP	FS	FQ	FM
.05	5.8557	1.8570	.2928	.00732
.10	4.6369	2.0899	.5246	.02775
.15	5.5710	2.2973	.8032	.06095
.20	6.7059	2.4390	1.1385	.10949
.25	7.8609	2.4539	1.5315	.17624
.30	8.6688	2.2558	1.9650	.26365
.35	8.4745	1.7291	2.3887	.37249
.40	5.2432	.7266	2.6508	-.50152
.45	-5.3542	-.7408	2.3831	-.37567
.50	-8.5767	-1.7387	1.9543	-.26723
.55	-8.7499	-2.2557	1.5168	-.18046
.60	-7.9000	-2.4383	1.1218	-.11449
.65	-6.6653	-2.4010	.7885	-.06673
.70	-5.3707	-2.2287	.5200	-.03402
.75	-4.1710	-1.9818	.3115	-.01323
.80	-3.1251	-1.7001	.1552	-.00157
.85	-2.2316	-1.4077	.0436	.00341
.90	-1.4381	-1.1171	-.0283	.00379
.95	-.6667	-.8321	-.0616	.00154
1.00	1.2325	-.5512	-.0000	-.00000

XM/L=0.5

X/L	FP	FS	FQ	FM
.05	.7978	1.0379	.0399	.00100
.10	2.0780	1.3530	.1438	.00559
.15	3.0718	1.6634	.2974	.01662
.20	4.1659	1.9577	.5057	.03669
.25	5.3829	2.2127	.7748	.06871
.30	6.6781	2.3894	1.1087	.11580
.35	7.9036	2.4288	1.5039	.18111
.40	8.7386	2.2467	1.9408	.26723
.45	8.5476	1.7298	2.3682	.37496
.50	5.3067	.7326	2.6335	-.50000
.55	-5.3067	-.7326	2.3682	-.37496
.60	-8.5476	-1.7298	1.9408	-.26723
.65	-8.7386	-2.2467	1.5039	-.18111
.70	-7.9036	-2.4288	1.1087	-.11580
.75	-6.6781	-2.3894	.7748	-.06871
.80	-5.3829	-2.2127	.5057	-.03669
.85	-4.1659	-1.9577	.2974	-.01662
.90	-3.0718	-1.6634	.1438	-.00559
.95	-2.0780	-1.3530	.0399	-.00100
1.00	-.7978	-1.0379	-.0000	-.00000

B/L= 2.00 DS/B1= 1.00 KS= .050

XQ/L=0.0

X/L	FP	FS	FQ	FM
.05	11.9918	2.0255	-.4004	-.03501
.10	4.1250	1.7052	-.1942	-.04987
.15	2.6493	1.4107	-.0617	-.05627
.20	1.6556	1.1481	.0211	-.05729
.25	1.0143	.9197	.0718	-.05496
.30	.5753	.7250	.1006	-.05065
.35	.2731	.5621	.1142	-.04529
.40	.0683	.4280	.1176	-.03949
.45	-.0661	.3193	.1143	-.03369
.50	-.1491	.2325	.1069	-.02816
.55	-.1953	.1643	.0971	-.02306
.60	-.2156	.1114	.0863	-.01847
.65	-.2186	.0710	.0754	-.01443
.70	-.2108	.0405	.0649	-.01092
.75	-.1976	.0175	.0550	-.00793
.80	-.1834	.0002	.0458	-.00541
.85	-.1726	-.0131	.0372	-.00333
.90	-.1712	-.0238	.0286	-.00169
.95	-.1845	-.0331	.0194	-.00049
1.00	-.3880	-.0417	-.0000	-.00000

XQ/L=0.1

X/L	FP	FS	FQ	FM
.05	7.5443	1.4995	.3772	.00943
.10	3.3101	1.3902	-.4573	.03243
.15	2.6240	1.2692	-.3261	.01284
.20	2.0258	1.1355	-.2248	-.00093
.25	1.5655	.9982	-.1465	-.01021
.30	1.1938	.8644	-.0868	-.01604
.35	.8933	.7386	-.0422	-.01927
.40	.6523	.6234	-.0095	-.02056
.45	.4619	.5202	.0135	-.02046
.50	.3139	.4293	.0292	-.01939
.55	.2010	.3504	.0393	-.01768
.60	.1167	.2826	.0451	-.01557
.65	.0547	.2248	.0479	-.01324
.70	.0095	.1757	.0483	-.01084
.75	-.0243	.1338	.0471	-.00845
.80	-.0521	.0976	.0445	-.00616
.85	-.0801	.0659	.0405	-.00404
.90	-.1180	.0372	.0346	-.00216
.95	-.1750	.0103	.0259	-.00065
1.00	-.5171	-.0157	-.0000	-.00000

XQ/L=0.2

X/L	FP	FS	FQ	FM
.05	4.0871	1.0387	.2044	.00511
.10	2.2041	1.0585	.3146	.01808
.15	2.1266	1.0714	.4209	.03647
.20	2.1142	1.0681	-.4734	.06015
.25	2.0072	1.0366	-.3730	.03899
.30	1.7654	.9761	-.2848	.02255
.35	1.5004	.8972	-.2098	.01019
.40	1.2427	.8087	-.1476	.00125
.45	1.0069	.7167	-.0973	-.00487
.50	.7994	.6259	-.0573	-.00874
.55	.6219	.5393	-.0262	-.01082
.60	.4734	.4585	-.0025	-.01154
.65	.3510	.3845	.0150	-.01123
.70	.2507	.3173	.0275	-.01017
.75	.1674	.2566	.0359	-.00858
.80	.0952	.2015	.0407	-.00666
.85	.0262	.1510	.0420	-.00460
.90	-.0528	.1039	.0393	-.00256
.95	-.1550	.0589	.0316	-.00079
1.00	-.6319	.0149	-.0000	-.00000

XQ/L=0.3

X/L	FP	FS	FQ	FM
.05	1.7808	.6792	.0890	.00223
.10	1.2960	.7601	.1538	.00830
.15	1.4488	.8380	.2263	.01780
.20	1.6370	.9081	.3081	.03116
.25	1.8358	.9636	.3999	.04886
.30	1.9948	.9952	-.5003	.07135
.35	1.9822	.9915	-.4012	.04881
.40	1.7959	.9525	-.3114	.03100
.45	1.5630	.8896	-.2333	.01738
.50	1.3225	.8124	-.1672	.00737
.55	1.0937	.7278	-.1125	.00038
.60	.8861	.6409	-.0682	-.00414
.65	.7033	.5553	-.0330	-.00667
.70	.5449	.4729	-.0058	-.00763
.75	.4077	.3948	.0146	-.00741
.80	.2859	.3213	.0289	-.00632
.85	.1709	.2519	.0375	-.00466
.90	.0470	.1858	.0398	-.00273
.95	-.1023	.1220	.0347	-.00087
1.00	-.6942	.0592	-.0000	-.00000

XQ/L=0.4

X/L	FP	FS	FQ	FM
.05	.4010	.4198	.0200	.00050
.10	.6568	.5198	.0529	.00232
.15	.8864	.6191	.0972	.00608
.20	1.1194	.7159	.1532	.01234
.25	1.3607	.8073	.2212	.02170
.30	1.6052	.8885	.3015	.03476
.35	1.8355	.9529	.3932	.05213
.40	2.0138	.9913	-.5061	.07431
.45	2.0129	.9925	-.4054	.05152
.50	1.8334	.9568	-.3138	.03354
.55	1.6038	.8956	-.2336	.01986
.60	1.3634	.8185	-.1654	.00989
.65	1.1321	.7326	-.1088	.00303
.70	.9185	.6429	-.0629	-.00126
.75	.7252	.5527	-.0266	-.00350
.80	.5495	.4640	.0009	-.00414
.85	.3840	.3776	.0201	-.00362
.90	.2127	.2935	.0307	-.00235
.95	.0172	.2113	.0316	-.00079
1.00	-.6313	.1300	-.0000	-.00000

XQ/L=0.5

X/L	FP	FS	FQ	FM
.05	-.3247	.2436	-.0162	-.00041
.10	.2508	.3397	-.0037	-.00090
.15	.4805	.4362	.0203	-.00049
.20	.6945	.5332	.0551	.00140
.25	.9086	.6300	.1005	.00528
.30	1.1340	.7248	.1572	.01173
.35	1.3717	.8145	.2258	.02130
.40	1.6149	.8945	.3065	.03461
.45	1.8453	.9577	.3988	.05224
.50	2.0244	.9951	-.5000	.07471
.55	2.0244	.9951	-.3988	.05224
.60	1.8453	.9577	-.3065	.03461
.65	1.6149	.8945	-.2258	.02130
.70	1.3717	.8145	-.1572	.01173
.75	1.1340	.7248	-.1005	.00528
.80	.9086	.6300	-.0551	.00140
.85	.6945	.5332	-.0203	-.00049
.90	.4805	.4362	.0037	-.00090
.95	.2508	.3397	.0162	-.00041
1.00	-.3247	.2436	-.0000	-.00000

B/L= 2.00   DS/B1= 1.00   KS= .050

XM/L=0.0

X/L	FP	FS	FQ	FM
.05	45.9087	5.3364	2.2954	-.94261
.10	6.9885	3.0826	2.6449	-.81911
.15	-.0121	1.3578	2.6443	-.68688
.20	-3.8294	.0847	2.4528	-.55945
.25	-5.5702	-.8146	2.1743	-.44378
.30	-6.2068	-1.4134	1.8639	-.34282
.35	-6.2013	-1.7765	1.5539	-.25737
.40	-5.8284	-1.9600	1.2625	-.18697
.45	-5.2603	-2.0106	.9994	-.13042
.50	-4.6077	-1.9662	.7691	-.08621
.55	-3.9404	-1.8572	.5720	-.05268
.60	-3.3011	-1.7067	.4070	-.02820
.65	-2.7130	-1.5322	.2713	-.01124
.70	-2.1855	-1.3460	.1621	-.00041
.75	-1.7177	-1.1565	.0762	.00555
.80	-1.3000	-.9686	.0112	.00773
.85	-.9139	-.7848	-.0345	.00715
.90	-.5232	-.6054	-.0607	.00477
.95	-.0872	-.4298	-.0650	.00163
1.00	1.3007	-.2560	.0000	-.00000

XM/L=0.1

X/L	FP	FS	FQ	FM
.05	40.5436	5.0422	2.0272	.05068
.10	10.8779	3.3113	2.5711	-.83436
.15	1.3631	1.5912	2.6392	-.70411
.20	-3.2839	.2577	2.4750	-.57625
.25	-5.3132	-.6918	2.2094	-.45914
.30	-6.1089	-1.3311	1.9039	-.35631
.35	-6.1945	-1.7261	1.5942	-.26885
.40	-5.8739	-1.9340	1.3005	-.19649
.45	-5.3342	-2.0026	1.0338	-.13813
.50	-4.6944	-1.9712	.7991	-.09231
.55	-4.0302	-1.8710	.5976	-.05739
.60	-3.3878	-1.7261	.4282	-.03175
.65	-2.7930	-1.5546	.2885	-.01383
.70	-2.2570	-1.3697	.1757	-.00222
.75	-1.7801	-1.1801	.0867	.00433
.80	-1.3535	-.9912	.0190	.00698
.85	-.9592	-.8058	-.0290	.00673
.90	-.5615	-.6246	-.0570	.00458
.95	-.1197	-.4468	-.0630	.00158
1.00	1.2604	-.2709	-.0000	-.00000

XM/L=0.2

X/L	FP	FS	FQ	FM
.05	28.5639	4.1203	1.4282	.03570
.10	10.3589	3.2181	1.9461	.12006
.15	6.8711	2.2699	2.2897	.22596
.20	3.2266	1.2183	2.4510	-.65552
.25	-2.5994	.0707	2.3211	-.53622
.30	-4.9963	-.7945	2.0712	-.42641
.35	-5.7953	-1.3712	1.7815	-.33010
.40	-5.8797	-1.7213	1.4875	-.24837
.45	-5.5681	-1.8982	1.2091	-.18096
.50	-5.0488	-1.9467	.9566	-.12682
.55	-4.4368	-1.9032	.7348	-.08453
.60	-3.8035	-1.7966	.5446	-.05254
.65	-3.1914	-1.6490	.3851	-.02930
.70	-2.6232	-1.4771	.2539	-.01333
.75	-2.1072	-1.2926	.1485	-.00327
.80	-1.6401	-1.1032	.0665	.00211
.85	-1.2081	-.9136	.0061	.00392
.90	-.7797	-.7259	-.0329	.00326
.95	-.3164	-.5404	-.0487	.00122
1.00	.9736	-.3562	-.0000	-.00000

XM/L=0.3

X/L	FP	FS	FQ	FM
.05	17.9708	3.0745	.8985	.02246
.10	7.7217	2.7104	1.2846	.07704
.15	6.3578	2.3169	1.6025	.14922
.20	5.3612	1.8559	1.8706	.23605
.25	4.2777	1.2797	2.0845	.33492
.30	2.1032	.5325	2.1896	-.55822
.35	-2.9199	-.3726	2.0436	-.45239
.40	-4.8525	-1.0497	1.8010	-.35628
.45	-5.3922	-1.4845	1.5314	-.27297
.50	-5.3465	-1.7309	1.2641	-.20308
.55	-4.9873	-1.8348	1.0147	-.14611
.60	-4.4718	-1.8342	.7911	-.10096
.65	-3.8934	-1.7598	.5964	-.06628
.70	-3.3082	-1.6355	.4310	-.04059
.75	-2.7473	-1.4794	.2937	-.02247
.80	-2.2240	-1.3044	.1825	-.01057
.85	-1.7374	-1.1197	.0956	-.00362
.90	-1.2701	-.9309	.0321	-.00042
.95	-.7936	-.7409	-.0076	.00019
1.00	.1517	-.5509	-.0000	-.00000

XM/L=0.4

X/L	FP	FS	FQ	FM
.05	10.0914	2.1445	.5046	.01261
.10	5.1316	2.0939	.7611	.04426
.15	4.8392	2.0267	1.0031	.08836
.20	4.8029	1.9199	1.2433	.14452
.25	4.8454	1.7436	1.4855	.21274
.30	4.7118	1.4603	1.7211	.29291
.35	4.1001	1.0257	1.9261	.38409
.40	2.1994	.3883	2.0361	-.51686
.45	-2.6697	-.4342	1.9026	-.41839
.50	-4.5242	-1.0513	1.6764	-.32892
.55	-5.0346	-1.4444	1.4247	-.25139
.60	-4.9909	-1.6633	1.1751	-.18640
.65	-4.6530	-1.7522	.9425	-.13346
.70	-4.1703	-1.7449	.7339	-.09155
.75	-3.6311	-1.6704	.5524	-.05939
.80	-3.0887	-1.5508	.3980	-.03563
.85	-2.5738	-1.4029	.2693	-.01895
.90	-2.1038	-1.2388	.1641	-.00811
.95	-1.6766	-1.0667	.0802	-.00201
1.00	-1.6049	-.8916	-.0000	-.00000

XM/L=0.5

X/L	FP	FS	FQ	FM
.05	4.8176	1.4143	.2409	.00602
.10	3.0938	1.5238	.3956	.02193
.15	3.3153	1.6250	.5613	.04586
.20	3.6680	1.7062	.7447	.07851
.25	4.0954	1.7502	.9495	.12086
.30	4.5051	1.7347	1.1748	.17397
.35	4.7943	1.6310	1.4145	.23870
.40	4.8069	1.4039	1.6548	.31543
.45	4.2803	1.0108	1.8688	.40353
.50	2.4252	.4022	1.9901	-.50000
.55	-2.4252	-.4022	1.8688	-.40353
.60	-4.2803	-1.0108	1.6548	-.31543
.65	-4.8069	-1.4039	1.4145	-.23870
.70	-4.7943	-1.6310	1.1748	-.17397
.75	-4.5051	-1.7347	.9495	-.12086
.80	-4.0954	-1.7502	.7447	-.07851
.85	-3.6680	-1.7062	.5613	-.04586
.90	-3.3153	-1.6250	.3956	-.02193
.95	-3.0938	-1.5238	.2409	-.00602
1.00	-4.8176	-1.4143	-.0000	-.00000

B/L= 2.00 DS/B1= 1.00 KS= .100

XQ/L=0.0

X/L	FP	FS	FQ	FM
.05	10.6143	1.8851	-.4693	-.03673
.10	3.9152	1.6382	-.2735	-.05530
.15	2.7063	1.4053	-.1382	-.06560
.20	1.8738	1.1905	-.0445	-.07016
.25	1.3148	.9962	.0212	-.07075
.30	.9082	.8231	.0666	-.06855
.35	.6050	.6709	.0969	-.06446
.40	.3773	.5387	.1157	-.05915
.45	.2068	.4250	.1261	-.05310
.50	.0805	.3282	.1301	-.04670
.55	-.0118	.2463	.1295	-.04021
.60	-.0783	.1775	.1256	-.03383
.65	-.1256	.1198	.1193	-.02771
.70	-.1600	.0713	.1113	-.02194
.75	-.1869	.0302	.1020	-.01661
.80	-.2122	-.0051	.0914	-.01177
.85	-.2431	-.0361	.0792	-.00751
.90	-.2925	-.0642	.0646	-.00391
.95	-.3719	-.0907	.0460	-.00115
1.00	-.9198	-.1164	-.0000	-.00000

XQ/L=0.1

X/L	FP	FS	FQ	FM
.05	7.3467	1.4652	.3673	.00918
.10	3.1566	1.3567	-.4748	.03150
.15	2.4856	1.2424	-.3506	.01086
.20	1.9568	1.1222	-.2527	-.00422
.25	1.5653	1.0010	-.1744	-.01490
.30	1.2509	.8828	-.1119	-.02206
.35	.9925	.7701	-.0623	-.02641
.40	.7785	.6648	-.0234	-.02855
.45	.6014	.5677	.0067	-.02897
.50	.4553	.4792	.0295	-.02807
.55	.3352	.3994	.0462	-.02617
.60	.2366	.3276	.0581	-.02356
.65	.1552	.2634	.0658	-.02047
.70	.0866	.2057	.0702	-.01707
.75	.0263	.1537	.0715	-.01353
.80	-.0310	.1063	.0699	-.00999
.85	-.0922	.0624	.0653	-.00661
.90	-.1709	.0210	.0568	-.00356
.95	-.2794	-.0189	.0428	-.00107
1.00	-.8560	-.0581	-.0000	-.00000

XQ/L=0.2

X/L	FP	FS	FQ	FM
.05	4.6253	1.0832	.2313	.00578
.10	2.2614	1.0693	.3443	.02017
.15	2.0266	1.0515	.4457	.03992
.20	1.8899	1.0248	-.4598	.06457
.25	1.7488	.9827	-.3724	.04376
.30	1.5568	.9248	-.2946	.02709
.35	1.3605	.8563	-.2265	.01406
.40	1.1712	.7817	-.1680	.00420
.45	.9945	.7043	-.1182	-.00296
.50	.8333	.6268	-.0766	-.00783
.55	.6885	.5510	-.0422	-.01080
.60	.5596	.4780	-.0142	-.01220
.65	.4451	.4084	.0081	-.01236
.70	.3427	.3425	.0252	-.01153
.75	.2491	.2803	.0377	-.00995
.80	.1599	.2212	.0457	-.00787
.85	.0684	.1649	.0491	-.00550
.90	-.0389	.1105	.0471	-.00310
.95	-.1751	.0575	.0384	-.00096
1.00	-.7675	.0050	-.0000	-.00000

XQ/L=0.3

X/L	FP	FS	FQ	FM
.05	2.5949	.7643	.1297	.00324
.10	1.4906	.8053	.2043	.01159
.15	1.4792	.8442	.2782	.02366
.20	1.5246	.8778	.3545	.03947
.25	1.5994	.9020	.4344	.05920
.30	1.6601	.9115	-.4826	.08299
.35	1.6334	.9000	-.4009	.06091
.40	1.5146	.8672	-.3252	.04275
.45	1.3662	.8190	-.2569	.02820
.50	1.2076	.7601	-.1965	.01687
.55	1.0494	.6946	-.1440	.00836
.60	.8974	.6253	-.0991	.00228
.65	.7543	.5544	-.0614	-.00173
.70	.6208	.4834	-.0304	-.00403
.75	.4956	.4134	-.0056	-.00493
.80	.3756	.3447	.0132	-.00474
.85	.2552	.2775	.0259	-.00376
.90	.1220	.2115	.0320	-.00231
.95	-.0371	.1465	.0302	-.00075
1.00	-.6038	.0819	-.0000	-.00000

XQ/L=0.4

X/L	FP	FS	FQ	FM
.05	1.1833	.5130	.0592	.00148
.10	.8945	.5810	.1039	.00556
.15	1.0009	.6480	.1539	.01200
.20	1.1278	.7124	.2103	.02111
.25	1.2697	.7719	.2738	.03321
.30	1.4134	.8232	.3445	.04867
.35	1.5451	.8624	.4217	.06782
.40	1.6423	.8841	-.4961	.09096
.45	1.6393	.8823	-.4142	.06821
.50	1.5357	.8570	-.3374	.04942
.55	1.3961	.8142	-.2676	.03429
.60	1.2415	.7588	-.2055	.02246
.65	1.0832	.6950	-.1514	.01354
.70	.9273	.6257	-.1050	.00713
.75	.7765	.5534	-.0662	.00286
.80	.6305	.4797	-.0346	.00034
.85	.4861	.4055	-.0103	-.00079
.90	.3343	.3313	.0064	-.00089
.95	.1641	.2574	.0146	-.00036
1.00	-.2916	.1837	-.0000	-.00000

XQ/L=0.5

X/L	FP	FS	FQ	FM
.05	.2650	.3232	.0132	.00033
.10	.4626	.3997	.0364	.00157
.15	.6210	.4759	.0674	.00417
.20	.7755	.5513	.1062	.00851
.25	.9316	.6249	.1528	.01498
.30	1.0910	.6949	.2073	.02399
.35	1.2514	.7591	.2699	.03592
.40	1.4070	.8144	.3403	.05117
.45	1.5464	.8567	.4176	.07012
.50	1.6486	.8808	-.5000	.09305
.55	1.6486	.8808	-.4176	.07012
.60	1.5464	.8567	-.3403	.05117
.65	1.4070	.8144	-.2699	.03592
.70	1.2514	.7591	-.2073	.02399
.75	1.0910	.6949	-.1528	.01498
.80	.9316	.6249	-.1062	.00851
.85	.7755	.5513	-.0674	.00417
.90	.6210	.4759	-.0364	.00157
.95	.4626	.3997	-.0132	.00033
1.00	.2650	.3232	-.0000	-.00000

B/L= 2.00 DS/B1= 1.00 KS= .100

XM/L=0.0

X/L	FP	FS	FQ	FM
.05	33.4388	4.2407	1.6719	-.95820
.10	7.0111	2.7835	2.0225	-.86584
.15	2.0712	1.6000	2.1261	-.76213
.20	-.9025	.6609	2.0809	-.65695
.25	-2.5453	-.0655	1.9537	-.55609
.30	-3.4492	-.6099	1.7812	-.46272
.35	-3.8852	-1.0017	1.5869	-.37851
.40	-4.0151	-1.2674	1.3862	-.30418
.45	-3.9439	-1.4308	1.1890	-.23980
.50	-3.7434	-1.5127	1.0018	-.18503
.55	-3.4641	-1.5311	.8286	-.13927
.60	-3.1415	-1.5009	.6715	-.10177
.65	-2.8005	-1.4346	.5315	-.07169
.70	-2.4579	-1.3424	.4086	-.04819
.75	-2.1242	-1.2323	.3024	-.03041
.80	-1.8046	-1.1104	.2122	-.01755
.85	-1.5004	-.9815	.1372	-.00881
.90	-1.2079	-.8486	.0768	-.00347
.95	-.9163	-.7139	.0310	-.00077
1.00	-.6190	-.5786	.0000	-.00000

XM/L=0.1

X/L	FP	FS	FQ	FM
.05	30.5713	4.0753	1.5286	.03821
.10	8.9295	2.8896	1.9750	-.87420
.15	2.7717	1.7171	2.1136	-.77198
.20	-.5952	.7541	2.0839	-.66704
.25	-2.3727	.0069	1.9652	-.56581
.30	-3.3538	-.5554	1.7975	-.47175
.35	-3.8377	-.9622	1.6057	-.38667
.40	-3.9987	-1.2403	1.4057	-.31138
.45	-3.9480	-1.4139	1.2083	-.24603
.50	-3.7607	-1.5039	1.0203	-.19031
.55	-3.4895	-1.5287	.8458	-.14366
.60	-3.1717	-1.5034	.6872	-.10534
.65	-2.8330	-1.4409	.5456	-.07452
.70	-2.4911	-1.3515	.4210	-.05035
.75	-2.1572	-1.2435	.3132	-.03200
.80	-1.8373	-1.1231	.2213	-.01863
.85	-1.5330	-.9952	.1446	-.00949
.90	-1.2420	-.8632	.0826	-.00381
.95	-.9540	-.7292	.0348	-.00087
1.00	-.6970	-.5945	-.0000	-.00000

XM/L=0.2

X/L	FP	FS	FQ	FM
.05	23.7246	3.5253	1.1862	.02966
.10	8.5036	2.7978	1.6114	.09960
.15	5.5442	2.0513	1.8886	.18710
.20	2.8016	1.2619	2.0287	-.71497
.25	-.8103	.4392	1.9882	-.61455
.30	-2.5687	-.2215	1.8597	-.51835
.35	-3.4122	-.7124	1.6891	-.42963
.40	-3.7949	-1.0612	1.4994	-.34991
.45	-3.8867	-1.2931	1.3051	-.27980
.50	-3.7924	-1.4308	1.1154	-.21929
.55	-3.5811	-1.4937	.9364	-.16800
.60	-3.3002	-1.4986	.7714	-.12530
.65	-2.9829	-1.4596	.6222	-.09046
.70	-2.6522	-1.3883	.4896	-.06267
.75	-2.3235	-1.2942	.3734	-.04109
.80	-2.0066	-1.1846	.2731	-.02493
.85	-1.7072	-1.0651	.1878	-.01340
.90	-1.4293	-.9399	.1163	-.00580
.95	-1.1679	-.8119	.0579	-.00145
1.00	-1.1580	-.6829	-.0000	-.00000

XM/L=0.3

X/L	FP	FS	FQ	FM
.05	17.0217	2.8476	.8511	.02128
.10	6.8469	2.4554	1.1934	.07239
.15	5.2238	2.0494	1.4546	.13859
.20	4.0179	1.6119	1.6555	.21634
.25	2.9265	1.1213	1.8018	.30278
.30	1.3665	.5529	1.8702	-.60542
.35	-1.5591	-.0826	1.7922	-.51386
.40	-2.8778	-.5877	1.6483	-.42785
.45	-3.4335	-.9517	1.4766	-.34973
.50	-3.6294	-1.1991	1.2952	-.28043
.55	-3.6049	-1.3521	1.1149	-.22018
.60	-3.4450	-1.4301	.9427	-.16874
.65	-3.2049	-1.4499	.7824	-.12561
.70	-2.9229	-1.4257	.6363	-.09014
.75	-2.6256	-1.3691	.5050	-.06161
.80	-2.3327	-1.2899	.3884	-.03928
.85	-2.0599	-1.1957	.2854	-.02243
.90	-1.8270	-1.0922	.1940	-.01045
.95	-1.6423	-.9839	.1119	-.00280
1.00	-2.2383	-.8736	-.0000	-.00000

XM/L=0.4

X/L	FP	FS	FQ	FM
.05	11.4255	2.1898	.5713	.01428
.10	5.0985	2.0263	.8262	.04922
.15	4.3005	1.8535	1.0412	.09590
.20	3.8061	1.6590	1.2315	.15272
.25	3.4614	1.4274	1.4046	.21863
.30	3.0669	1.1402	1.5579	.29269
.35	2.4467	.7763	1.6803	.37364
.40	1.1886	.3126	1.7397	-.54086
.45	-1.5398	-.2385	1.6627	-.45580
.50	-2.7319	-.6776	1.5261	-.37607
.55	-3.2113	-.9920	1.3656	-.30378
.60	-3.3688	-1.2046	1.1971	-.23972
.65	-3.3357	-1.3358	1.0303	-.18403
.70	-3.1924	-1.4034	.8707	-.13650
.75	-2.9929	-1.4232	.7211	-.09671
.80	-2.7776	-1.4080	.5822	-.06413
.85	-2.5826	-1.3688	.4531	-.03825
.90	-2.4581	-1.3143	.3302	-.01867
.95	-2.4381	-1.2513	.2082	-.00521
1.00	-4.1649	-1.1849	-.0000	-.00000

XM/L=0.5

X/L	FP	FS	FQ	FM
.05	7.1636	1.6254	.3582	.00895
.10	3.5930	1.6072	.5378	.03135
.15	3.3088	1.5831	.7033	.06238
.20	3.2147	1.5450	.8640	.10156
.25	3.2322	1.4824	1.0256	.14881
.30	3.2582	1.3824	1.1885	.20416
.35	3.2165	1.2295	1.3494	.26761
.40	3.0165	1.0060	1.5002	.33884
.45	2.5224	.6916	1.6263	.41701
.50	1.3430	.2639	1.6934	-.50000
.55	-1.3430	-.2639	1.6263	-.41701
.60	-2.5224	-.6916	1.5002	-.33884
.65	-3.0165	-1.0060	1.3494	-.26761
.70	-3.2165	-1.2295	1.1885	-.20416
.75	-3.2582	-1.3824	1.0256	-.14881
.80	-3.2322	-1.4824	.8640	-.10156
.85	-3.2147	-1.5450	.7033	-.06238
.90	-3.3088	-1.5831	.5378	-.03135
.95	-3.5930	-1.6072	.3582	-.00895
1.00	-7.1636	-1.6254	-.0000	-.00000

B/L= 2.00 DS/B1= 1.00 KS= .200

XQ/L=0.0

X/L	FP	FS	FQ	FM
.05	9.4803	1.7620	-.5260	-.03815
.10	3.6874	1.5708	-.3416	-.05984
.15	2.6883	1.3870	-.2072	-.07356
.20	1.9951	1.2133	-.1074	-.08143
.25	1.5213	1.0512	-.0314	-.08490
.30	1.1644	.9016	.0268	-.08501
.35	.8847	.7648	.0711	-.08256
.40	.6607	.6405	.1041	-.07818
.45	.4792	.5284	.1281	-.07238
.50	.3308	.4275	.1446	-.06556
.55	.2085	.3370	.1550	-.05807
.60	.1063	.2557	.1604	-.05018
.65	.0190	.1826	.1613	-.04214
.70	-.0585	.1164	.1584	-.03415
.75	-.1315	.0559	.1518	-.02640
.80	-.2065	-.0001	.1415	-.01906
.85	-.2928	-.0526	.1268	-.01236
.90	-.4106	-.1028	.1063	-.00653
.95	-.5780	-.1516	.0774	-.00194
1.00	-1.5481	-.1997	-.0000	-.00000

XQ/L=0.1

X/L	FP	FS	FQ	FM
.05	7.0778	1.4269	.3539	.00885
.10	3.0280	1.3254	-.4947	.03033
.15	2.3909	1.2211	-.3752	.00858
.20	1.9180	1.1141	-.2793	-.00778
.25	1.5784	1.0071	-.2003	-.01977
.30	1.3076	.9021	-.1350	-.02815
.35	1.0827	.8008	-.0808	-.03355
.40	.8918	.7041	-.0362	-.03648
.45	.7280	.6127	.0002	-.03738
.50	.5863	.5269	.0295	-.03664
.55	.4627	.4465	.0526	-.03459
.60	.3539	.3716	.0703	-.03151
.65	.2565	.3016	.0831	-.02768
.70	.1671	.2361	.0915	-.02331
.75	.0816	.1744	.0956	-.01864
.80	-.0049	.1158	.0953	-.01386
.85	-.1003	.0597	.0903	-.00922
.90	-.2214	.0053	.0792	-.00498
.95	-.3837	-.0481	.0601	-.00150
1.00	-1.2011	-.1010	-.0000	-.00000

XQ/L=0.2

X/L	FP	FS	FQ	FM
.05	4.9693	1.1130	.2485	.00621
.10	2.3046	1.0783	.3637	.02152
.15	1.9746	1.0415	.4624	.04217
.20	1.7635	.9999	-.4494	.06749
.25	1.5978	.9503	-.3695	.04702
.30	1.4274	.8923	-.2981	.03033
.35	1.2656	.8286	-.2349	.01700
.40	1.1134	.7613	-.1792	.00665
.45	.9712	.6922	-.1306	-.00109
.50	.8390	.6227	-.0887	-.00658
.55	.7163	.5539	-.0529	-.01012
.60	.6025	.4863	-.0227	-.01201
.65	.4962	.4203	.0021	-.01252
.70	.3958	.3562	.0219	-.01192
.75	.2988	.2940	.0368	-.01046
.80	.2015	.2334	.0469	-.00837
.85	.0980	.1742	.0518	-.00590
.90	-.0248	.1162	.0505	-.00334
.95	-.1799	.0588	.0415	-.00104
1.00	-.8309	.0017	-.0000	-.00000

XQ/L=0.3

X/L	FP	FS	FQ	FM
.05	3.2555	.8362	.1628	.00407
.10	1.6554	.8461	.2455	.01428
.15	1.5167	.8547	.3214	.02845
.20	1.4554	.8601	.3942	.04634
.25	1.4417	.8600	.4662	.06785
.30	1.4339	.8513	-.4621	.09295
.35	1.3876	.8307	-.3927	.07158
.40	1.2968	.7979	-.3279	.05357
.45	1.1906	.7558	-.2683	.03867
.50	1.0777	.7068	-.2144	.02660
.55	.9632	.6529	-.1663	.01708
.60	.8498	.5957	-.1238	.00983
.65	.7389	.5365	-.0868	.00456
.70	.6310	.4763	-.0553	.00101
.75	.5254	.4157	-.0290	-.00110
.80	.4203	.3550	-.0080	-.00202
.85	.3119	.2947	.0076	-.00203
.90	.1919	.2346	.0172	-.00141
.95	.0504	.1748	.0197	-.00049
1.00	-.3941	.1151	-.0000	-.00000

XQ/L=0.4

X/L	FP	FS	FQ	FM
.05	1.9218	.6014	.0961	.00240
.10	1.1127	.6389	.1517	.00860
.15	1.1000	.6757	.2067	.01756
.20	1.1284	.7105	.2631	.02931
.25	1.1847	.7418	.3224	.04394
.30	1.2492	.7677	.3848	.06162
.35	1.3093	.7856	.4503	.08250
.40	1.3509	.7928	-.4821	.10671
.45	1.3393	.7859	-.4152	.08427
.50	1.2733	.7649	-.3515	.06511
.55	1.1850	.7327	-.2923	.04901
.60	1.0849	.6920	-.2380	.03575
.65	.9792	.6449	-.1891	.02508
.70	.8716	.5933	-.1455	.01671
.75	.7641	.5386	-.1073	.01039
.80	.6575	.4818	-.0744	.00585
.85	.5512	.4239	-.0468	.00282
.90	.4430	.3653	-.0247	.00103
.95	.3280	.3064	-.0083	.00021
1.00	.1659	.2474	-.0000	-.00000

XQ/L=0.5

X/L	FP	FS	FQ	FM
.05	.9145	.4069	.0457	.00114
.10	.6752	.4596	.0795	.00427
.15	.7425	.5118	.1166	.00918
.20	.8231	.5631	.1578	.01604
.25	.9148	.6124	.2035	.02507
.30	1.0109	.6587	.2540	.03651
.35	1.1072	.7004	.3094	.05059
.40	1.1987	.7356	.3693	.06756
.45	1.2784	.7619	.4333	.08763
.50	1.3347	.7766	-.5000	.11096
.55	1.3347	.7766	-.4333	.08763
.60	1.2784	.7619	-.3693	.06756
.65	1.1987	.7356	-.3094	.05059
.70	1.1072	.7004	-.2540	.03651
.75	1.0109	.6587	-.2035	.02507
.80	.9148	.6124	-.1578	.01604
.85	.8231	.5631	-.1166	.00918
.90	.7425	.5118	-.0795	.00427
.95	.6752	.4596	-.0457	.00114
1.00	.9145	.4069	-.0000	-.00000

B/L= 2.00 DS/B1= 1.00 KS= .200

XM/L=0.0

X/L	FP	FS	FQ	FM
.05	24.4251	3.3739	1.2213	-.96947
.10	6.3111	2.4394	1.5368	-.90052
.15	2.9063	1.6451	1.6821	-.82004
.20	.7319	.9800	1.7187	-.73502
.25	-.5945	.4315	1.6890	-.64983
.30	-1.4472	-.0132	1.6166	-.56719
.35	-1.9897	-.3666	1.5171	-.48885
.40	-2.3172	-.6408	1.4013	-.41589
.45	-2.4916	-.8472	1.2767	-.34894
.50	-2.5560	-.9963	1.1489	-.28830
.55	-2.5424	-1.0976	1.0218	-.23403
.60	-2.4752	-1.1598	.8980	-.18603
.65	-2.3736	-1.1905	.7793	-.14410
.70	-2.2533	-1.1965	.6667	-.10795
.75	-2.1281	-1.1836	.5603	-.07727
.80	-2.0114	-1.1569	.4597	-.05178
.85	-1.9199	-1.1206	.3637	-.03119
.90	-1.8868	-1.0780	.2694	-.01536
.95	-1.9355	-1.0320	.1726	-.00431
1.00	-3.4518	-.9845	.0000	-.00000

XM/L=0.1

X/L	FP	FS	FQ	FM
.05	22.9173	3.2833	1.1459	.02865
.10	7.2562	2.4883	1.5087	-.90499
.15	3.2571	1.7028	1.6715	-.82548
.20	.8952	1.0284	1.7163	-.74079
.25	-.4934	.4715	1.6916	-.65559
.30	-1.3822	.0193	1.6225	-.57274
.35	-1.9477	-.3407	1.5251	-.49405
.40	-2.2912	-.6208	1.4106	-.42066
.45	-2.4770	-.8324	1.2867	-.35322
.50	-2.5499	-.9859	1.1592	-.29208
.55	-2.5426	-1.0911	1.0321	-.23729
.60	-2.4801	-1.1566	.9081	-.18879
.65	-2.3822	-1.1902	.7890	-.14636
.70	-2.2649	-1.1987	.6757	-.10975
.75	-2.1423	-1.1880	.5686	-.07864
.80	-2.0282	-1.1632	.4672	-.05274
.85	-1.9397	-1.1286	.3702	-.03181
.90	-1.9111	-1.0877	.2747	-.01568
.95	-1.9665	-1.0432	.1763	-.00441
1.00	-3.5268	-.9973	-.0000	-.00000

XM/L=0.2

X/L	FP	FS	FQ	FM
.05	19.1380	2.9693	.9569	.02392
.10	6.9625	2.4204	1.3050	.08047
.15	4.6332	1.8637	1.5367	.15151
.20	2.6331	1.2898	1.6683	-.76836
.25	.3574	.7058	1.6862	-.68450
.30	-.9035	.2121	1.6410	-.60132
.35	-1.6419	-.1851	1.5589	-.52132
.40	-2.0963	-.4982	1.4541	-.44599
.45	-2.3585	-.7388	1.3362	-.37623
.50	-2.4864	-.9178	1.2119	-.31253
.55	-2.5198	-1.0451	1.0859	-.25508
.60	-2.4882	-1.1299	.9615	-.20390
.65	-2.4143	-1.1803	.8408	-.15884
.70	-2.3164	-1.2036	.7249	-.11970
.75	-2.2108	-1.2060	.6144	-.08622
.80	-2.1135	-1.1930	.5087	-.05814
.85	-2.0442	-1.1692	.4065	-.03526
.90	-2.0426	-1.1384	.3044	-.01749
.95	-2.1376	-1.1037	.1975	-.00494
1.00	-3.9501	-1.0674	-.0000	-.00000

XM/L=0.3

X/L	FP	FS	FQ	FM
.05	15.1692	2.5600	.7585	.01896
.10	5.9748	2.2064	1.0572	.06435
.15	4.4271	1.8467	1.2786	.12275
.20	3.2833	1.4730	1.4427	.19078
.25	2.3321	1.0758	1.5593	.26583
.30	1.2130	.6445	1.6200	-.65469
.35	-.5438	.1860	1.5928	-.57437
.40	-1.4591	-.1990	1.5198	-.49655
.45	-1.9576	-.5037	1.4220	-.42301
.50	-2.2435	-.7394	1.3098	-.35471
.55	-2.3893	-.9169	1.1903	-.29221
.60	-2.4412	-1.0459	1.0683	-.23575
.65	-2.4317	-1.1354	.9467	-.18538
.70	-2.3860	-1.1932	.8274	-.14102
.75	-2.3257	-1.2267	.7111	-.10256
.80	-2.2719	-1.2419	.5975	-.06985
.85	-2.2508	-1.2442	.4849	-.04279
.90	-2.3147	-1.2381	.3692	-.02143
.95	-2.5029	-1.2273	.2441	-.00610
1.00	-4.8814	-1.2144	-.0000	-.00000

XM/L=0.4

X/L	FP	FS	FQ	FM
.05	11.5986	2.1395	.5799	.01450
.10	4.8841	1.9330	.8241	.04960
.15	3.8802	1.7219	1.0181	.09566
.20	3.1964	1.4999	1.1780	.15056
.25	2.7005	1.2595	1.3130	.21283
.30	2.2293	.9918	1.4245	.28127
.35	1.6725	.6872	1.5081	.35458
.40	.8144	.3349	1.5488	-.56900
.45	-.7635	-.0576	1.5106	-.49251
.50	-1.5563	-.3892	1.4328	-.41892
.55	-1.9748	-.6525	1.3341	-.34975
.60	-2.2149	-.8582	1.2233	-.28582
.65	-2.3447	-1.0162	1.1061	-.22758
.70	-2.4089	-1.1358	.9856	-.17529
.75	-2.4419	-1.2251	.8635	-.12906
.80	-2.4754	-1.2917	.7398	-.08898
.85	-2.5476	-1.3420	.6124	-.05517
.90	-2.7322	-1.3815	.4758	-.02797
.95	-3.0874	-1.4149	.3214	-.00804
1.00	-6.4284	-1.4455	-.0000	-.00000

XM/L=0.5

X/L	FP	FS	FQ	FM
.05	8.6614	1.7584	.4331	.01083
.10	3.8920	1.6571	.6277	.03735
.15	3.2736	1.5523	.7914	.07282
.20	2.8920	1.4392	.9360	.11600
.25	2.6596	1.3121	1.0689	.16613
.30	2.4688	1.1638	1.1924	.22266
.35	2.2596	.9864	1.3054	.28510
.40	1.9758	.7709	1.4041	.35284
.45	1.5437	.5077	1.4813	.42498
.50	.7662	.1861	1.5196	-.50000
.55	-.7662	-.1861	1.4813	-.42498
.60	-1.5437	-.5077	1.4041	-.35284
.65	-1.9758	-.7709	1.3054	-.28510
.70	-2.2596	-.9864	1.1924	-.22266
.75	-2.4688	-1.1638	1.0689	-.16613
.80	-2.6596	-1.3121	.9360	-.11600
.85	-2.8920	-1.4392	.7914	-.07282
.90	-3.2736	-1.5523	.6277	-.03735
.95	-3.8920	-1.6571	.4331	-.01083
1.00	-8.6614	-1.7584	-.0000	-.00000

B/L= 2.00 DS/B1= 1.00 KS= .500

XQ/L=0.0

X/L	FP	FS	FQ	FM
.05	8.4617	1.6473	-.5769	-.03942
.10	3.4542	1.5035	-.4042	-.06395
.15	2.6371	1.3629	-.2724	-.08086
.20	2.0710	1.2266	-.1688	-.09189
.25	1.6820	1.0956	-.0847	-.09823
.30	1.3814	.9702	-.0156	-.10074
.35	1.1360	.8508	.0412	-.10010
.40	.9285	.7375	.0876	-.09688
.45	.7487	.6300	.1250	-.09157
.50	.5896	.5283	.1545	-.08458
.55	.4464	.4318	.1768	-.07629
.60	.3147	.3401	.1926	-.06706
.65	.1907	.2527	.2021	-.05719
.70	.0703	.1691	.2056	-.04700
.75	-.0513	.0886	.2031	-.03678
.80	-.1811	.0106	.1940	-.02686
.85	-.3304	-.0655	.1775	-.01757
.90	-.5264	-.1402	.1512	-.00935
.95	-.7938	-.2142	.1115	-.00279
1.00	-2.2294	-.2878	-.0000	-.00000

XQ/L=0.1

X/L	FP	FS	FQ	FM
.05	6.7780	1.3868	.3389	.00847
.10	2.9092	1.2950	-.5156	.02905
.15	2.3144	1.2021	-.3999	.00617
.20	1.8924	1.1083	-.3053	-.01147
.25	1.5978	1.0146	-.2254	-.02473
.30	1.3648	.9221	-.1572	-.03430
.35	1.1696	.8313	-.0987	-.04069
.40	1.0001	.7427	-.0487	-.04438
.45	.8493	.6568	-.0062	-.04575
.50	.7128	.5735	.0294	-.04517
.55	.5872	.4930	.0588	-.04297
.60	.4698	.4151	.0823	-.03944
.65	.3579	.3397	.1002	-.03488
.70	.2488	.2665	.1126	-.02956
.75	.1389	.1953	.1195	-.02376
.80	.0232	.1256	.1207	-.01775
.85	-.1067	.0572	.1154	-.01185
.90	-.2708	-.0103	.1018	-.00642
.95	-.4878	-.0772	.0774	-.00194
1.00	-1.5488	-.1440	-.0000	-.00000

XQ/L=0.2

X/L	FP	FS	FQ	FM
.05	5.2194	1.1356	.2610	.00652
.10	2.3404	1.0862	.3780	.02250
.15	1.9445	1.0360	.4752	.04383
.20	1.6822	.9838	-.4407	.06969
.25	1.4973	.9283	-.3658	.04953
.30	1.3372	.8693	-.2989	.03291
.35	1.1953	.8078	-.2392	.01946
.40	1.0658	.7447	-.1859	.00883
.45	.9457	.6808	-.1386	.00072
.50	.8329	.6166	-.0970	-.00517
.55	.7260	.5526	-.0607	-.00911
.60	.6238	.4890	-.0295	-.01137
.65	.5248	.4260	-.0032	-.01218
.70	.4277	.3637	.0182	-.01181
.75	.3302	.3022	.0347	-.01049
.80	.2293	.2413	.0461	-.00847
.85	.1197	.1810	.0521	-.00601
.90	-.0114	.1211	.0515	-.00342
.95	-.1766	.0615	.0427	-.00107
1.00	-.8541	.0020	-.0000	-.00000

XQ/L=0.3

X/L	FP	FS	FQ	FM
.05	3.8369	.9013	.1918	.00480
.10	1.8060	.8847	.2821	.01665
.15	1.5593	.8676	.3601	.03270
.20	1.4094	.8489	.4306	.05247
.25	1.3237	.8277	.4968	.07565
.30	1.2602	.8027	-.4402	.10207
.35	1.1918	.7724	-.3806	.08155
.40	1.1112	.7367	-.3251	.06390
.45	1.0274	.6966	-.2737	.04893
.50	.9426	.6531	-.2266	.03643
.55	.8577	.6071	-.1837	.02617
.60	.7734	.5592	-.1450	.01795
.65	.6897	.5100	-.1105	.01156
.70	.6067	.4599	-.0802	.00680
.75	.5238	.4093	-.0540	.00344
.80	.4399	.3584	-.0320	.00129
.85	.3530	.3073	-.0144	.00013
.90	.2581	.2562	-.0015	-.00026
.95	.1493	.2050	.0060	-.00015
1.00	-.1202	.1539	-.0000	-.00000

XQ/L=0.4

X/L	FP	FS	FQ	FM
.05	2.6330	.6870	.1316	.00329
.10	1.3216	.6953	.1977	.01153
.15	1.1935	.7031	.2574	.02290
.20	1.1283	.7100	.3138	.03718
.25	1.1063	.7150	.3691	.05426
.30	1.1011	.7173	.4242	.07409
.35	1.1011	.7158	.4792	.09668
.40	1.0969	.7091	-.4659	.12201
.45	1.0727	.6960	-.4123	.10006
.50	1.0270	.6752	-.3609	.08073
.55	.9719	.6511	-.3123	.06389
.60	.9114	.6216	-.2668	.04942
.65	.8482	.5887	-.2244	.03714
.70	.7837	.5532	-.1852	.02690
.75	.7196	.5158	-.1492	.01854
.80	.6569	.4771	-.1163	.01190
.85	.5974	.4374	-.0865	.00683
.90	.5449	.3972	-.0592	.00319
.95	.5006	.3567	-.0342	.00085
1.00	.6839	.3161	-.0000	-.00000

XQ/L=0.5

X/L	FP	FS	FQ	FM
.05	1.5910	.4926	.0795	.00199
.10	.8883	.5194	.1240	.00708
.15	.8554	.5460	.1667	.01434
.20	.8559	.5719	.2095	.02375
.25	.8803	.5967	.2535	.03533
.30	.9146	.6198	.2993	.04915
.35	.9528	.6403	.3469	.06530
.40	.9906	.6573	.3964	.08389
.45	1.0239	.6699	.4476	.10499
.50	1.0473	.6769	-.5000	.12868
.55	1.0473	.6769	-.4476	.10499
.60	1.0239	.6699	-.3964	.08389
.65	.9906	.6573	-.3469	.06530
.70	.9528	.6403	-.2993	.04915
.75	.9146	.6198	-.2535	.03533
.80	.8803	.5967	-.2095	.02375
.85	.8559	.5719	-.1667	.01434
.90	.8554	.5460	-.1240	.00708
.95	.8883	.5194	-.0795	.00199
1.00	1.5910	.4926	-.0000	-.00000

B/L= 2.00   DS/B1= 1.00   KS= .500

XM/L=0.0

X/L	FP	FS	FQ	FM
.05	17.0030	2.6151	.8501	-.97875
.10	5.3379	2.0801	1.1170	-.92957
.15	3.1999	1.6024	1.2770	-.86971
.20	1.7700	1.1787	1.3655	-.80365
.25	.8312	.8052	1.4071	-.73433
.30	.1584	.4778	1.4150	-.66378
.35	-.3411	.1924	1.3980	-.59346
.40	-.7193	-.0553	1.3620	-.52446
.45	-1.0091	-.2694	1.3115	-.45762
.50	-1.2332	-.4542	1.2499	-.39358
.55	-1.4093	-.6133	1.1794	-.33285
.60	-1.5514	-.7507	1.1018	-.27582
.65	-1.6723	-.8699	1.0182	-.22282
.70	-1.7843	-.9741	.9290	-.17414
.75	-1.9012	-1.0664	.8340	-.13006
.80	-2.0414	-1.1495	.7319	-.09092
.85	-2.2347	-1.2261	.6201	-.05712
.90	-2.5530	-1.2983	.4925	-.02930
.95	-3.0551	-1.3678	.3397	-.00849
1.00	-6.7949	-1.4363	.0000	-.00000

XM/L=0.1

X/L	FP	FS	FQ	FM
.05	16.3738	2.5760	.8187	.02047
.10	5.7102	2.0980	1.1042	-.93146
.15	3.3394	1.6249	1.2712	-.87208
.20	1.8377	1.1985	1.3631	-.80622
.25	.8761	.8224	1.4069	-.73697
.30	.1302	.4926	1.4164	-.66639
.35	-.3179	.2049	1.4005	-.59597
.40	-.7022	-.0449	1.3654	-.52682
.45	-.9967	-.2610	1.3155	-.45980
.50	-1.2246	-.4476	1.2543	-.39556
.55	-1.4038	-.6085	1.1841	-.33460
.60	-1.5486	-.7475	1.1067	-.27733
.65	-1.6719	-.8681	1.0231	-.22408
.70	-1.7861	-.9737	.9338	-.17516
.75	-1.9052	-1.0674	.8385	-.13085
.80	-2.0477	-1.1519	.7361	-.09149
.85	-2.2437	-1.2297	.6239	-.05748
.90	-2.5656	-1.3031	.4957	-.02949
.95	-3.0726	-1.3738	.3420	-.00855
1.00	-6.8409	-1.4435	-.0000	-.00000

XM/L=0.2

X/L	FP	FS	FQ	FM
.05	14.7337	2.4358	.7367	.01842
.10	5.5611	2.0622	1.0147	.06220
.15	3.8823	1.6862	1.2089	.11779
.20	2.5428	1.3048	1.3360	-.81859
.25	1.2379	.9219	1.3979	-.75024
.30	.4104	.5787	1.4184	-.67983
.35	-.1626	.2783	1.4103	-.60911
.40	-.5895	.0166	1.3808	-.53934
.45	-.9147	-.2106	1.3351	-.47144
.50	-1.1664	-.4075	1.2768	-.40614
.55	-1.3649	-.5782	1.2085	-.34401
.60	-1.5261	-.7263	1.1322	-.28549
.65	-1.6638	-.8555	1.0490	-.23096
.70	-1.7913	-.9693	.9595	-.18075
.75	-1.9233	-1.0707	.8633	-.13518
.80	-2.0793	-1.1626	.7593	-.09462
.85	-2.2907	-1.2477	.6448	-.05951
.90	-2.6330	-1.3281	.5131	-.03057
.95	-3.1681	-1.4059	.3547	-.00887
1.00	-7.0948	-1.4825	-.0000	-.00000

XM/L=0.3

X/L	FP	FS	FQ	FM
.05	12.9164	2.2452	.6458	.01615
.10	5.1043	1.9598	.9010	.05482
.15	3.7787	1.6722	1.0900	.10459
.20	2.8134	1.3799	1.2306	.16261
.25	2.0618	1.0796	1.3337	.22672
.30	1.3078	.7676	1.3991	-.70496
.35	.3380	.4475	1.4160	-.63458
.40	-.2680	.1600	1.4026	-.56412
.45	-.6867	-.0914	1.3683	-.49485
.50	-1.0039	-.3112	1.3181	-.42769
.55	-1.2525	-.5032	1.2555	-.36335
.60	-1.4545	-.6715	1.1827	-.30239
.65	-1.6273	-.8199	1.1014	-.24529
.70	-1.7865	-.9518	1.0120	-.19245
.75	-1.9489	-1.0706	.9146	-.14429
.80	-2.1360	-1.1794	.8078	-.10123
.85	-2.3824	-1.2807	.6887	-.06382
.90	-2.7703	-1.3772	.5502	-.03284
.95	-3.3675	-1.4707	.3818	-.00954
1.00	-7.6359	-1.5630	-.0000	-.00000

XM/L=0.4

X/L	FP	FS	FQ	FM
.05	11.1907	2.0414	.5595	.01399
.10	4.5833	1.8272	.7887	.04769
.15	3.5251	1.6112	.9650	.09154
.20	2.7830	1.3911	1.1041	.14326
.25	2.2444	1.1639	1.2163	.20127
.30	1.7743	.9264	1.3050	.26431
.35	1.3030	.6749	1.3702	.33119
.40	.7315	.4056	1.4068	-.59939
.45	-.1138	.1219	1.4011	-.52919
.50	-.6347	-.1355	1.3693	-.45993
.55	-.9979	-.3633	1.3194	-.39271
.60	-1.2846	-.5654	1.2552	-.32835
.65	-1.5258	-.7460	1.1789	-.26749
.70	-1.7445	-.9086	1.0917	-.21073
.75	-1.9621	-1.0570	.9936	-.15860
.80	-2.2046	-1.1942	.8834	-.11167
.85	-2.5117	-1.3234	.7578	-.07064
.90	-2.9769	-1.4471	.6089	-.03648
.95	-3.6779	-1.5676	.4250	-.01063
1.00	-8.5008	-1.6868	-.0000	-.00000

XM/L=0.5

X/L	FP	FS	FQ	FM
.05	9.6950	1.8496	.4847	.01212
.10	4.0915	1.6904	.6893	.04147
.15	3.2387	1.5297	.8513	.07999
.20	2.6581	1.3653	.9842	.12587
.25	2.2573	1.1948	1.0970	.17790
.30	1.9266	1.0151	1.1934	.23516
.35	1.6168	.8231	1.2742	.29685
.40	1.2922	.6152	1.3388	.36218
.45	.9163	.3874	1.3846	.43026
.50	.4057	.1359	1.4049	-.50000
.55	-.4057	-.1359	1.3846	-.43026
.60	-.9163	-.3874	1.3388	-.36218
.65	-1.2922	-.6152	1.2742	-.29685
.70	-1.6168	-.8231	1.1934	-.23516
.75	-1.9266	-1.0151	1.0970	-.17790
.80	-2.2573	-1.1948	.9842	-.12587
.85	-2.6581	-1.3653	.8513	-.07999
.90	-3.2387	-1.5297	.6893	-.04147
.95	-4.0915	-1.6904	.4847	-.01212
1.00	-9.6950	-1.8496	-.0000	-.00000

B/L= 2.00 DS/B1= 1.00 KS= 1.000

XQ/L=0.0

X/L	FP	FS	FQ	FM
.05	8.0217	1.5968	-.5989	-.03997
.10	3.3474	1.4730	-.4315	-.06573
.15	2.6073	1.3508	-.3012	-.08405
.20	2.0965	1.2308	-.1964	-.09649
.25	1.7458	1.1136	-.1091	-.10413
.30	1.4720	.9993	-.0355	-.10774
.35	1.2443	.8883	.0267	-.10796
.40	1.0468	.7805	.0791	-.10531
.45	.8703	.6758	.1226	-.10027
.50	.7088	.5743	.1580	-.09325
.55	.5581	.4757	.1859	-.08465
.60	.4144	.3797	.2067	-.07484
.65	.2745	.2862	.2204	-.06416
.70	.1347	.1947	.2271	-.05297
.75	-.0095	.1050	.2266	-.04163
.80	-.1653	.0167	.2184	-.03050
.85	-.3448	-.0705	.2011	-.02002
.90	-.5785	-.1570	.1722	-.01068
.95	-.8940	-.2430	.1275	-.00319
1.00	-2.5505	-.3288	-.0000	-.00000

XQ/L=0.1

X/L	FP	FS	FQ	FM
.05	6.6359	1.3682	.3318	.00829
.10	2.8570	1.2813	-.5254	.02846
.15	2.2830	1.1939	-.4112	.00504
.20	1.8833	1.1061	-.3170	-.01316
.25	1.6079	1.0184	-.2366	-.02701
.30	1.3910	.9312	-.1671	-.03710
.35	1.2086	.8451	-.1067	-.04394
.40	1.0483	.7602	-.0542	-.04797
.45	.9034	.6766	-.0091	-.04955
.50	.7694	.5945	.0294	-.04904
.55	.6432	.5139	.0615	-.04677
.60	.5221	.4348	.0877	-.04304
.65	.4040	.3569	.1079	-.03815
.70	.2861	.2804	.1222	-.03240
.75	.1652	.2048	.1304	-.02609
.80	.0364	.1302	.1322	-.01952
.85	-.1093	.0562	.1268	-.01304
.90	-.2931	-.0173	.1121	-.00707
.95	-.5352	-.0905	.0854	-.00213
1.00	-1.7073	-.1635	-.0000	-.00000

XQ/L=0.2

X/L	FP	FS	FQ	FM
.05	5.3143	1.1444	.2657	.00664
.10	2.3551	1.0896	.3835	.02287
.15	1.9351	1.0344	.4802	.04446
.20	1.6541	.9783	-.4371	.07054
.25	1.4617	.9204	-.3640	.05052
.30	1.3042	.8607	-.2988	.03395
.35	1.1685	.7998	-.2403	.02047
.40	1.0466	.7381	-.1880	.00976
.45	.9340	.6759	-.1413	.00153
.50	.8280	.6135	-.0999	-.00450
.55	.7269	.5512	-.0636	-.00859
.60	.6290	.4891	-.0321	-.01098
.65	.5331	.4273	-.0055	-.01192
.70	.4375	.3658	.0164	-.01165
.75	.3404	.3047	.0334	-.01040
.80	.2389	.2439	.0454	-.00844
.85	.1276	.1834	.0518	-.00601
.90	-.0057	.1232	.0515	-.00343
.95	-.1734	.0630	.0428	-.00107
1.00	-.8559	.0030	-.0000	-.00000

XQ/L=0.3

X/L	FP	FS	FQ	FM
.05	4.0846	.9295	.2042	.00511
.10	1.8715	.9019	.2978	.01766
.15	1.5799	.8739	.3768	.03452
.20	1.3935	.8452	.4465	.05510
.25	1.2783	.8151	.5104	.07903
.30	1.1919	.7830	-.4300	.10603
.35	1.1129	.7482	-.3744	.08593
.40	1.0335	.7105	-.3227	.06850
.45	.9561	.6706	-.2749	.05356
.50	.8803	.6288	-.2309	.04091
.55	.8060	.5855	-.1906	.03038
.60	.7328	.5412	-.1539	.02177
.65	.6604	.4962	-.1209	.01489
.70	.5884	.4506	-.0915	.00958
.75	.5164	.4046	-.0657	.00565
.80	.4435	.3584	-.0435	.00292
.85	.3682	.3120	-.0251	.00121
.90	.2874	.2656	-.0107	.00031
.95	.1966	.2192	-.0009	.00002
1.00	.0180	.1728	-.0000	-.00000

XQ/L=0.4

X/L	FP	FS	FQ	FM
.05	2.9502	.7253	.1475	.00369
.10	1.4146	.7206	.2182	.01283
.15	1.2351	.7156	.2800	.02529
.20	1.1285	.7101	.3364	.04070
.25	1.0723	.7035	.3900	.05886
.30	1.0374	.6955	.4419	.07966
.35	1.0120	.6855	.4925	.10302
.40	.9888	.6725	-.4581	.12888
.45	.9581	.6564	-.4102	.10717
.50	.9181	.6366	-.3642	.08781
.55	.8746	.6139	-.3205	.07069
.60	.8292	.5888	-.2791	.05570
.65	.7831	.5619	-.2399	.04273
.70	.7372	.5334	-.2030	.03166
.75	.6927	.5039	-.1684	.02237
.80	.6510	.4735	-.1359	.01476
.85	.6145	.4426	-.1051	.00874
.90	.5898	.4113	-.0756	.00422
.95	.5809	.3799	-.0466	.00116
1.00	.9319	.3484	-.0000	-.00000

XQ/L=0.5

X/L	FP	FS	FQ	FM
.05	1.9037	.5319	.0952	.00238
.10	.9853	.5467	.1445	.00837
.15	.9050	.5612	.1897	.01672
.20	.8679	.5754	.2331	.02729
.25	.8613	.5890	.2762	.04003
.30	.8678	.6015	.3196	.05492
.35	.8807	.6126	.3636	.07200
.40	.8960	.6218	.4084	.09130
.45	.9107	.6286	.4539	.11285
.50	.9215	.6323	-.5000	.13670
.55	.9215	.6323	-.4539	.11285
.60	.9107	.6286	-.4084	.09130
.65	.8960	.6218	-.3636	.07200
.70	.8807	.6126	-.3196	.05492
.75	.8678	.6015	-.2762	.04003
.80	.8613	.5890	-.2331	.02729
.85	.8679	.5754	-.1897	.01672
.90	.9050	.5612	-.1445	.00837
.95	.9853	.5467	-.0952	.00238
1.00	1.9037	.5319	-.0000	-.00000

B/L= 2.00 DS/B1= 1.00 KS= 1.000

XM/L=0.0

X/L	FP	FS	FQ	FM
.05	13.9423	2.2916	.6971	-.98257
.10	4.8479	1.9144	.9395	-.94166
.15	3.2303	1.5660	1.1010	-.89064
.20	2.1245	1.2451	1.2073	-.83294
.25	1.3729	.9500	1.2759	-.77086
.30	.8052	.6791	1.3162	-.70606
.35	.3540	.4302	1.3339	-.63981
.40	-.0178	.2016	1.3330	-.57314
.45	-.3329	-.0088	1.3163	-.50690
.50	-.6069	-.2031	1.2860	-.44185
.55	-.8520	-.3831	1.2434	-.37861
.60	-1.0782	-.5508	1.1895	-.31779
.65	-1.2954	-.7080	1.1247	-.25994
.70	-1.5140	-.8566	1.0490	-.20559
.75	-1.7475	-.9983	.9616	-.15533
.80	-2.0157	-1.1345	.8608	-.10977
.85	-2.3540	-1.2667	.7431	-.06967
.90	-2.8521	-1.3963	.6005	-.03608
.95	-3.5852	-1.5243	.4213	-.01053
1.00	-8.4254	-1.6515	.0000	-.00000

XM/L=0.1

X/L	FP	FS	FQ	FM
.05	13.6221	2.2714	.6811	.01703
.10	5.0327	1.9229	.9327	-.94263
.15	3.2998	1.5771	1.0977	-.89186
.20	2.1588	1.2551	1.2057	-.83428
.25	1.3962	.9589	1.2755	-.77225
.30	.8223	.6868	1.3166	-.70745
.35	.3670	.4370	1.3349	-.64116
.40	-.0078	.2073	1.3346	-.57442
.45	-.3252	-.0041	1.3183	-.50810
.50	-.6012	-.1992	1.2882	-.44294
.55	-.8479	-.3801	1.2458	-.37959
.60	-1.0757	-.5487	1.1921	-.31864
.65	-1.2942	-.7068	1.1274	-.26065
.70	-1.5142	-.8562	1.0516	-.20618
.75	-1.7490	-.9986	.9642	-.15578
.80	-2.0187	-1.1356	.8633	-.11010
.85	-2.3587	-1.2686	.7453	-.06988
.90	-2.8591	-1.3989	.6024	-.03619
.95	-3.5952	-1.5276	.4226	-.01057
1.00	-8.4522	-1.6556	-.0000	-.00000

XM/L=0.2

X/L	FP	FS	FQ	FM
.05	12.7743	2.1981	.6387	.01597
.10	4.9511	1.9031	.8863	.05409
.15	3.5692	1.6069	1.0647	.10287
.20	2.5130	1.3085	1.1904	-.84075
.25	1.5813	1.0098	1.2694	-.77926
.30	.9384	.7318	1.3164	-.71461
.35	.4517	.4761	1.3389	-.64823
.40	.0562	.2409	1.3418	-.58121
.45	-.2764	.0241	1.3279	-.51447
.50	-.5645	-.1763	1.2997	-.44878
.55	-.8214	-.3622	1.2586	-.38482
.60	-1.0582	-.5356	1.2057	-.32321
.65	-1.2850	-.6984	1.1415	-.26453
.70	-1.5129	-.8524	1.0658	-.20935
.75	-1.7555	-.9992	.9781	-.15825
.80	-2.0336	-1.1406	.8764	-.11189
.85	-2.3832	-1.2779	.7572	-.07105
.90	-2.8961	-1.4125	.6124	-.03681
.95	-3.6492	-1.5455	.4300	-.01075
1.00	-8.5992	-1.6777	-.0000	-.00000

XM/L=0.3

X/L	FP	FS	FQ	FM
.05	11.8152	2.0969	.5908	.01477
.10	4.7088	1.8481	.8262	.05019
.15	3.5123	1.5983	1.0018	.09589
.20	2.6501	1.3463	1.1343	.14930
.25	2.0001	1.0906	1.2343	.20851
.30	1.3977	.8296	1.3042	-.72802
.35	.7152	.5652	1.3400	-.66192
.40	.2316	.3178	1.3515	-.59463
.45	-.1472	.0893	1.3442	-.52724
.50	-.4684	-.1224	1.3208	-.46062
.55	-.7513	-.3193	1.2832	-.39552
.60	-1.0099	-.5033	1.2327	-.33262
.65	-1.2562	-.6764	1.1699	-.27255
.70	-1.5024	-.8404	1.0948	-.21594
.75	-1.7631	-.9971	1.0066	-.16340
.80	-2.0599	-1.1482	.9036	-.11564
.85	-2.4308	-1.2950	.7821	-.07350
.90	-2.9711	-1.4390	.6335	-.03811
.95	-3.7613	-1.5814	.4455	-.01114
1.00	-8.9093	-1.7230	-.0000	-.00000

XM/L=0.4

X/L	FP	FS	FQ	FM
.05	10.8859	1.9870	.5443	.01361
.10	4.4293	1.7765	.7658	.04636
.15	3.3775	1.5652	.9346	.08887
.20	2.6355	1.3519	1.0664	.13889
.25	2.0989	1.1351	1.1713	.19484
.30	1.6439	.9134	1.2535	.25546
.35	1.2148	.6849	1.3143	.31966
.40	.7513	.4478	1.3519	-.61369
.45	.1604	.2038	1.3599	-.54590
.50	-.2624	-.0265	1.3468	-.47823
.55	-.6036	-.2415	1.3166	-.41165
.60	-.9065	-.4431	1.2712	-.34695
.65	-1.1898	-.6333	1.2118	-.28488
.70	-1.4691	-.8141	1.1383	-.22613
.75	-1.7615	-.9872	1.0502	-.17141
.80	-2.0907	-1.1543	.9457	-.12151
.85	-2.4975	-1.3171	.8208	-.07735
.90	-3.0833	-1.4769	.6667	-.04016
.95	-3.9341	-1.6349	.4700	-.01175
1.00	-9.3990	-1.7921	-.0000	-.00000

XM/L=0.5

X/L	FP	FS	FQ	FM
.05	10.0653	1.8822	.5033	.01258
.10	4.1618	1.7022	.7114	.04295
.15	3.2244	1.5213	.8726	.08255
.20	2.5723	1.3386	1.0012	.12939
.25	2.1120	1.1528	1.1068	.18209
.30	1.7328	.9622	1.1934	.23960
.35	1.3894	.7654	1.2629	.30100
.40	1.0532	.5604	1.3156	.36547
.45	.6996	.3455	1.3505	.43212
.50	.2829	.1186	1.3647	-.50000
.55	-.2829	-.1186	1.3505	-.43212
.60	-.6996	-.3455	1.3156	-.36547
.65	-1.0532	-.5604	1.2629	-.30100
.70	-1.3894	-.7654	1.1934	-.23960
.75	-1.7328	-.9622	1.1068	-.18209
.80	-2.1120	-1.1528	1.0012	-.12939
.85	-2.5723	-1.3386	.8726	-.08255
.90	-3.2244	-1.5213	.7114	-.04295
.95	-4.1618	-1.7022	.5033	-.01258
1.00	-10.0653	-1.8822	-.0000	-.00000

B/L= 2.00 DS/B1= 1.00 KS= 3.000

XQ/L=0.0

X/L	FP	FS	FQ	FM
.05	7.6881	1.5583	-.6156	-.04039
.10	3.2645	1.4494	-.4524	-.06709
.15	2.5824	1.3411	-.3233	-.08648
.20	2.1135	1.2335	-.2176	-.10000
.25	1.7922	1.1268	-.1280	-.10864
.30	1.5395	1.0212	-.0510	-.11311
.35	1.3262	.9168	.0153	-.11400
.40	1.1372	.8134	.0722	-.11182
.45	.9642	.7112	.1204	-.10700
.50	.8016	.6101	.1605	-.09998
.55	.6456	.5100	.1927	-.09115
.60	.4931	.4108	.2174	-.08090
.65	.3412	.3126	.2345	-.06960
.70	.1865	.2150	.2438	-.05765
.75	.0245	.1181	.2450	-.04543
.80	-.1517	.0218	.2374	-.03336
.85	-.3550	-.0742	.2197	-.02194
.90	-.6186	-.1699	.1887	-.01173
.95	-.9722	-.2654	.1401	-.00350
1.00	-2.8028	-.3609	-.0000	-.00000

XQ/L =0.1

X/L	FP	FS	FQ	FM
.05	6.5241	1.3537	.3262	.00816
.10	2.8171	1.2708	-.5329	.02799
.15	2.2597	1.1877	-.4200	.00416
.20	1.8770	1.1045	-.3261	-.01449
.25	1.6161	1.0213	-.2453	-.02877
.30	1.4114	.9384	-.1747	-.03927
.35	1.2386	.8558	-.1128	-.04646
.40	1.0854	.7736	-.0585	-.05075
.45	.9450	.6919	-.0113	-.05249
.50	.8130	.6107	.0294	-.05204
.55	.6863	.5301	.0637	-.04971
.60	.5626	.4500	.0918	-.04582
.65	.4397	.3703	.1138	-.04068
.70	.3151	.2911	.1296	-.03460
.75	.1857	.2122	.1388	-.02789
.80	.0467	.1337	.1412	-.02089
.85	-.1111	.0554	.1356	-.01397
.90	-.3103	-.0227	.1201	-.00758
.95	-.5718	-.1007	.0915	-.00229
1.00	-1.8302	-.1787	-.0000	-.00000

XQ/L=0.2

X/L	FP	FS	FQ	FM
.05	5.3818	1.1507	.2691	.00673
.10	2.3661	1.0922	.3874	.02314
.15	1.9291	1.0335	.4838	.04492
.20	1.6351	.9745	-.4344	.07116
.25	1.4372	.9149	-.3625	.05123
.30	1.2813	.8547	-.2985	.03471
.35	1.1495	.7941	-.2410	.02122
.40	1.0325	.7332	-.1894	.01046
.45	.9249	.6721	-.1431	.00215
.50	.8236	.6110	-.1019	-.00398
.55	.7264	.5499	-.0656	-.00817
.60	.6317	.4888	-.0340	-.01066
.65	.5379	.4279	-.0071	-.01169
.70	.4437	.3670	.0150	-.01149
.75	.3470	.3063	.0324	-.01031
.80	.2452	.2457	.0446	-.00838
.85	.1332	.1852	.0513	-.00598
.90	-.0013	.1247	.0512	-.00342
.95	-.1704	.0643	.0427	-.00107
1.00	-.8545	.0039	-.0000	-.00000

XQ/L=0.3

X/L	FP	FS	FQ	FM
.05	4.2711	.9509	.2136	.00534
.10	1.9214	.9150	.3096	.01842
.15	1.5963	.8790	.3894	.03590
.20	1.3827	.8427	.4586	.05710
.25	1.2457	.8060	.5209	.08158
.30	1.1424	.7686	-.4220	.10905
.35	1.0549	.7302	-.3693	.08927
.40	.9754	.6908	-.3205	.07203
.45	.9017	.6507	-.2754	.05713
.50	.8319	.6099	-.2338	.04440
.55	.7648	.5686	-.1956	.03366
.60	.6995	.5269	-.1606	.02476
.65	.6354	.4849	-.1288	.01752
.70	.5719	.4427	-.1002	.01179
.75	.5085	.4003	-.0748	.00742
.80	.4445	.3579	-.0526	.00423
.85	.3788	.3154	-.0337	.00207
.90	.3098	.2729	-.0182	.00078
.95	.2340	.2303	-.0065	.00016
1.00	.1294	.1878	-.0000	-.00000

XQ/L =0.4

X/L	FP	FS	FQ	FM
.05	3.1937	.7548	.1597	.00399
.10	1.4860	.7401	.2340	.01383
.15	1.2671	.7253	.2973	.02712
.20	1.1288	.7103	.3538	.04340
.25	1.0466	.6949	.4061	.06239
.30	.9892	.6790	.4556	.08393
.35	.9449	.6624	.5028	.10789
.40	.9074	.6449	-.4518	.13417
.45	.8713	.6261	-.4083	.11267
.50	.8348	.6061	-.3665	.09330
.55	.7991	.5851	-.3266	.07597
.60	.7644	.5632	-.2883	.06060
.65	.7309	.5407	-.2518	.04710
.70	.6992	.5176	-.2168	.03538
.75	.6699	.4941	-.1833	.02538
.80	.6446	.4703	-.1511	.01702
.85	.6264	.4463	-.1198	.01024
.90	.6241	.4222	-.0886	.00503
.95	.6436	.3979	-.0564	.00141
1.00	1.1280	.3737	-.0000	-.00000

XQ/L=0.5

X/L	FP	FS	FQ	FM
.05	2.1475	.5625	.1074	.00268
.10	1.0604	.5677	.1604	.00938
.15	.9430	.5729	.2075	.01858
.20	.8764	.5780	.2514	.03005
.25	.8455	.5828	.2936	.04367
.30	.8306	.5872	.3352	.05939
.35	.8243	.5912	.3764	.07718
.40	.8228	.5944	.4175	.09703
.45	.8238	.5968	.4587	.11894
.50	.8257	.5981	-.5000	.14291
.55	.8257	.5981	-.4587	.11894
.60	.8238	.5968	-.4175	.09703
.65	.8228	.5944	-.3764	.07718
.70	.8243	.5912	-.3352	.05939
.75	.8306	.5872	-.2936	.04367
.80	.8455	.5828	-.2514	.03005
.85	.8764	.5780	-.2075	.01858
.90	.9430	.5729	-.1604	.00938
.95	1.0604	.5677	-.1074	.00268
1.00	2.1475	.5625	-.0000	-.00000

B/L= 2.00 DS/B1= 1.00 KS= 3.000

XM/L=0.0

X/L	FP	FS	FQ	FM
.05	11.6693	2.0479	.5835	-.98541
.10	4.4547	1.7854	.8062	-.95067
.15	3.2227	1.5326	.9673	-.90633
.20	2.3628	1.2891	1.0855	-.85501
.25	1.7588	1.0543	1.1734	-.79854
.30	1.2795	.8279	1.2374	-.73827
.35	.8745	.6091	1.2811	-.67531
.40	.5169	.3975	1.3070	-.61061
.45	.1908	.1922	1.3165	-.54502
.50	-.1145	-.0073	1.3108	-.47934
.55	-.4073	-.2016	1.2904	-.41431
.60	-.6950	-.3915	1.2557	-.35066
.65	-.9849	-.5776	1.2064	-.28911
.70	-1.2863	-.7605	1.1421	-.23039
.75	-1.6119	-.9407	1.0615	-.17530
.80	-1.9828	-1.1190	.9624	-.12471
.85	-2.4385	-1.2957	.8404	-.07964
.90	-3.0824	-1.4715	.6863	-.04147
.95	-4.0025	-1.6466	.4862	-.01215
1.00	-9.7239	-1.8214	.0000	-.00000

XM/L=0.1

X/L	FP	FS	FQ	FM
.05	11.5612	2.0410	.5781	.01445
.10	4.5160	1.7882	.8039	-.95100
.15	3.2457	1.5363	.9661	-.90675
.20	2.3743	1.2924	1.0849	-.85548
.25	1.7668	1.0574	1.1732	-.79902
.30	1.2855	.8306	1.2375	-.73876
.35	.8791	.6115	1.2814	-.67578
.40	.5206	.3995	1.3075	-.61106
.45	.1937	.1939	1.3171	-.54545
.50	-.1122	-.0059	1.3115	-.47973
.55	-.4056	-.2005	1.2913	-.41466
.60	-.6938	-.3907	1.2566	-.35096
.65	-.9843	-.5771	1.2074	-.28937
.70	-1.2861	-.7602	1.1430	-.23061
.75	-1.6123	-.9408	1.0624	-.17547
.80	-1.9838	-1.1193	.9632	-.12483
.85	-2.4401	-1.2964	.8412	-.07972
.90	-3.0849	-1.4724	.6870	-.04151
.95	-4.0061	-1.6478	.4867	-.01217
1.00	-9.7338	-1.8229	-.0000	-.00000

XM/L=0.2

X/L	FP	FS	FQ	FM
.05	11.2716	2.0157	.5636	.01409
.10	4.4869	1.7810	.7879	.04788
.15	3.3350	1.5460	.9547	.09144
.20	2.4927	1.3103	1.0793	-.85771
.25	1.8296	1.0746	1.1708	-.80146
.30	1.3257	.8460	1.2371	-.74126
.35	.9092	.6252	1.2825	-.67827
.40	.5438	.4114	1.3097	-.61346
.45	.2120	.2041	1.3203	-.54771
.50	-.0981	.0025	1.3154	-.48182
.55	-.3950	-.1938	1.2957	-.41654
.60	-.6863	-.3857	1.2614	-.35262
.65	-.9798	-.5737	1.2124	-.29077
.70	-1.2846	-.7585	1.1481	-.23176
.75	-1.6138	-.9407	1.0674	-.17637
.80	-1.9885	-1.1209	.9680	-.12548
.85	-2.4485	-1.2996	.8456	-.08014
.90	-3.0981	-1.4772	.6907	-.04174
.95	-4.0258	-1.6542	.4894	-.01224
1.00	-9.7880	-1.8310	-.0000	-.00000

XM/L=0.3

X/L	FP	FS	FQ	FM
.05	10.9390	1.9805	.5470	.01367
.10	4.4026	1.7617	.7671	.04652
.15	3.3147	1.5427	.9328	.08902
.20	2.5388	1.3229	1.0598	.13884
.25	1.9708	1.1021	1.1583	.19429
.30	1.4815	.8795	1.2324	-.74595
.35	1.0003	.6560	1.2824	-.68308
.40	.6060	.4384	1.3127	-.61820
.45	.2589	.2273	1.3256	-.55224
.50	-.0622	.0220	1.3225	-.48604
.55	-.3679	-.1781	1.3041	-.42037
.60	-.6670	-.3736	1.2708	-.35600
.65	-.9674	-.5653	1.2224	-.29367
.70	-1.2790	-.7537	1.1585	-.23415
.75	-1.6148	-.9395	1.0777	-.17824
.80	-1.9967	-1.1232	.9779	-.12685
.85	-2.4648	-1.3054	.8546	-.08104
.90	-3.1247	-1.4866	.6984	-.04221
.95	-4.0664	-1.6671	.4951	-.01238
1.00	-9.9018	-1.8474	-.0000	-.00000

XM/L=0.4

X/L	FP	FS	FQ	FM
.05	10.6123	1.9418	.5306	.01327
.10	4.3045	1.7365	.7458	.04518
.15	3.2676	1.5310	.9092	.08655
.20	2.5341	1.3248	1.0359	.13518
.25	2.0056	1.1175	1.1362	.18949
.30	1.5668	.9085	1.2145	.24825
.35	1.1712	.6974	1.2731	.31045
.40	.7843	.4835	1.3123	-.62492
.45	.3669	.2674	1.3307	-.55884
.50	.0120	.0560	1.3313	-.49230
.55	-.3134	-.1501	1.3156	-.42612
.60	-.6277	-.3517	1.2842	-.36113
.65	-.9412	-.5493	1.2372	-.29810
.70	-1.2646	-.7437	1.1739	-.23782
.75	-1.6121	-.9353	1.0933	-.18114
.80	-2.0060	-1.1249	.9930	-.12898
.85	-2.4875	-1.3129	.8686	-.08244
.90	-3.1644	-1.4999	.7104	-.04296
.95	-4.1285	-1.6862	.5040	-.01260
1.00	-10.0800	-1.8723	-.0000	-.00000

XM/L=0.5

X/L	FP	FS	FQ	FM
.05	10.3200	1.9045	.5160	.01290
.10	4.2099	1.7102	.7265	.04396
.15	3.2140	1.5155	.8872	.08430
.20	2.5128	1.3203	1.0128	.13181
.25	2.0117	1.1239	1.1134	.18496
.30	1.5997	.9260	1.1934	.24263
.35	1.2340	.7259	1.2551	.30385
.40	.8905	.5231	1.2996	.36771
.45	.5528	.3170	1.3273	.43339
.50	.2002	.1068	1.3373	-.50000
.55	-.2002	-.1068	1.3273	-.43339
.60	-.5528	-.3170	1.2996	-.36771
.65	-.8905	-.5231	1.2551	-.30385
.70	-1.2340	-.7259	1.1934	-.24263
.75	-1.5997	-.9260	1.1134	-.18496
.80	-2.0117	-1.1239	1.0128	-.13181
.85	-2.5128	-1.3203	.8872	-.08430
.90	-3.2141	-1.5155	.7265	-.04396
.95	-4.2099	-1.7102	.5160	-.01290
1.00	-10.3200	-1.9045	-.0000	-.00000

B/L= 2.00 DS/B1= 1.00 KS= 10.000

XQ/L=0.0

X/L	FP	FS	FQ	FM
.05	7.5624	1.5437	-.6219	-.04055
.10	3.2328	1.4404	-.4602	-.06760
.15	2.5725	1.3373	-.3316	-.08740
.20	2.1194	1.2344	-.2256	-.10133
.25	1.8093	1.1318	-.1352	-.11035
.30	1.5647	1.0295	-.0569	-.11515
.35	1.3570	.9275	.0109	-.11630
.40	1.1715	.8259	.0695	-.11429
.45	.9999	.7246	.1195	-.10957
.50	.8370	.6237	.1613	-.10255
.55	.6792	.5231	.1953	-.09363
.60	.5235	.4228	.2215	-.08321
.65	.3670	.3227	.2398	-.07168
.70	.2066	.2229	.2501	-.05943
.75	.0379	.1233	.2520	-.04688
.80	-.1462	.0238	.2447	-.03446
.85	-.3588	-.0755	.2268	-.02267
.90	-.6339	-.1748	.1951	-.01213
.95	-1.0021	-.2740	.1450	-.00362
1.00	-2.8997	-.3732	-.0000	-.00000

XQ/L=0.1

X/L	FP	FS	FQ	FM
.05	6.4811	1.3481	.3241	.00810
.10	2.8020	1.2668	-.5358	.02781
.15	2.2510	1.1854	-.4233	.00383
.20	1.8747	1.1039	-.3296	-.01499
.25	1.6193	1.0225	-.2486	-.02945
.30	1.4192	.9411	-.1776	-.04010
.35	1.2500	.8599	-.1151	-.04742
.40	1.0995	.7787	-.0602	-.05180
.45	.9608	.6977	-.0121	-.05361
.50	.8295	.6169	.0294	-.05318
.55	.7027	.5363	.0645	-.05083
.60	.5780	.4558	.0934	-.04689
.65	.4533	.3754	.1161	-.04165
.70	.3262	.2952	.1324	-.03544
.75	.1936	.2150	.1420	-.02858
.80	.0506	.1350	.1446	-.02141
.85	-.1118	.0551	.1390	-.01432
.90	-.3168	-.0248	.1231	-.00777
.95	-.5858	-.1046	.0939	-.00235
1.00	-1.8770	-.1845	-.0000	-.00000

XQ/L=0.2

X/L	FP	FS	FQ	FM
.05	5.4063	1.1531	.2703	.00676
.10	2.3702	1.0932	.3888	.02324
.15	1.9271	1.0332	.4852	.04509
.20	1.6284	.9732	-.4334	.07138
.25	1.4285	.9129	-.3620	.05150
.30	1.2730	.8525	-.2983	.03499
.35	1.1426	.7920	-.2412	.02150
.40	1.0272	.7314	-.1898	.01073
.45	.9215	.6707	-.1438	.00239
.50	.8218	.6100	-.1027	-.00378
.55	.7260	.5493	-.0664	-.00800
.60	.6324	.4887	-.0347	-.01053
.65	.5395	.4280	-.0078	-.01159
.70	.4457	.3674	.0145	-.01142
.75	.3493	.3068	.0320	-.01026
.80	.2474	.2463	.0443	-.00835
.85	.1352	.1858	.0511	-.00597
.90	.0004	.1253	.0511	-.00341
.95	-.1692	.0648	.0427	-.00107
1.00	-.8534	.0043	-.0000	-.00000

XQ/L=0.3

X/L	FP	FS	FQ	FM
.05	4.3412	.9589	.2171	.00543
.10	1.9402	.9200	.3141	.01870
.15	1.6026	.8810	.3942	.03641
.20	1.3789	.8419	.4631	.05785
.25	1.2338	.8026	.5248	.08254
.30	1.1242	.7632	-.4190	.11019
.35	1.0335	.7234	-.3673	.09054
.40	.9537	.6834	-.3196	.07336
.45	.8811	.6431	-.2755	.05849
.50	.8134	.6027	-.2349	.04573
.55	.7488	.5620	-.1974	.03492
.60	.6864	.5213	-.1631	.02590
.65	.6254	.4805	-.1318	.01853
.70	.5651	.4396	-.1036	.01265
.75	.5050	.3986	-.0783	.00810
.80	.4445	.3576	-.0561	.00474
.85	.3827	.3166	-.0370	.00241
.90	.3182	.2756	-.0211	.00096
.95	.2484	.2346	-.0086	.00022
1.00	.1728	.1936	-.0000	-.00000

XQ/L=0.4

X/L	FP	FS	FQ	FM
.05	3.2862	.7660	.1643	.00411
.10	1.5131	.7475	.2400	.01421
.15	1.2792	.7289	.3039	.02781
.20	1.1290	.7104	.3604	.04442
.25	1.0369	.6917	.4122	.06373
.30	.9710	.6728	.4608	.08556
.35	.9197	.6537	.5068	.10975
.40	.8768	.6344	-.4494	.13618
.45	.8386	.6146	-.4075	.11476
.50	.8032	.5945	-.3673	.09539
.55	.7703	.5741	-.3288	.07799
.60	.7395	.5534	-.2918	.06247
.65	.7107	.5325	-.2563	.04877
.70	.6842	.5115	-.2221	.03681
.75	.6608	.4903	-.1890	.02653
.80	.6418	.4690	-.1569	.01788
.85	.6307	.4476	-.1254	.01082
.90	.6371	.4263	-.0936	.00535
.95	.6676	.4048	-.0602	.00150
1.00	1.2035	.3834	-.0000	-.00000

XQ/L=0.5

X/L	FP	FS	FQ	FM
.05	2.2407	.5741	.1120	.00280
.10	1.0890	.5758	.1665	.00976
.15	.9574	.5774	.2144	.01929
.20	.8795	.5789	.2583	.03110
.25	.8393	.5804	.3003	.04507
.30	.8162	.5817	.3411	.06110
.35	.8027	.5830	.3812	.07916
.40	.7949	.5839	.4210	.09922
.45	.7909	.5847	.4605	.12125
.50	.7894	.5851	-.5000	.14527
.55	.7894	.5851	-.4605	.12125
.60	.7909	.5847	-.4210	.09922
.65	.7949	.5839	-.3812	.07916
.70	.8027	.5830	-.3411	.06110
.75	.8162	.5817	-.3003	.04507
.80	.8393	.5804	-.2583	.03110
.85	.8795	.5789	-.2144	.01929
.90	.9574	.5774	-.1665	.00976
.95	1.0890	.5758	-.1120	.00280
1.00	2.2407	.5741	-.0000	-.00000

B/L= 2.00 DS/B1= 1.00 KS= 10.000

XM/L=0.0

X/L	FP	FS	FQ	FM
.05	10.8219	1.9563	.5411	-.98647
.10	4.3022	1.7361	.7562	-.95404
.15	3.2136	1.5188	.9169	-.91221
.20	2.4464	1.3044	1.0392	-.86331
.25	1.8994	1.0926	1.1342	-.80898
.30	1.4551	.8833	1.2069	-.75045
.35	1.0693	.6763	1.2604	-.68877
.40	.7189	.4715	1.2963	-.62485
.45	.3904	.2687	1.3159	-.55954
.50	.0746	.0676	1.3196	-.49366
.55	-.2353	-.1318	1.3078	-.42797
.60	-.5455	-.3299	1.2806	-.36326
.65	-.8628	-.5268	1.2374	-.30031
.70	-1.1957	-.7227	1.1776	-.23994
.75	-1.5569	-.9178	1.0998	-.18300
.80	-1.9677	-1.1123	1.0014	-.13047
.85	-2.4691	-1.3063	.8779	-.08349
.90	-3.1699	-1.5000	.7195	-.04355
.95	-4.1629	-1.6934	.5113	-.01278
1.00	-10.2261	-1.8868	.0000	-.00000

XM/L=0.1

X/L	FP	FS	FQ	FM
.05	10.7893	1.9542	.5395	.01349
.10	4.3205	1.7369	.7555	-.95414
.15	3.2205	1.5199	.9165	-.91234
.20	2.4499	1.3054	1.0390	-.86345
.25	1.9018	1.0935	1.1341	-.80912
.30	1.4569	.8841	1.2069	-.75060
.35	1.0707	.6770	1.2605	-.68891
.40	.7201	.4721	1.2965	-.62499
.45	.3913	.2692	1.3161	-.55967
.50	.0753	.0681	1.3198	-.49378
.55	-.2347	-.1315	1.3081	-.42808
.60	-.5451	-.3297	1.2808	-.36336
.65	-.8626	-.5267	1.2377	-.30039
.70	-1.1957	-.7227	1.1779	-.24000
.75	-1.5570	-.9179	1.1001	-.18305
.80	-1.9679	-1.1124	1.0017	-.13051
.85	-2.4696	-1.3065	.8782	-.08351
.90	-3.1707	-1.5002	.7197	-.04356
.95	-4.1641	-1.6938	.5115	-.01279
1.00	-10.2292	-1.8873	-.0000	-.00000

XM/L=0.2

X/L	FP	FS	FQ	FM
.05	10.7017	1.9465	.5351	.01338
.10	4.3116	1.7347	.7507	.04552
.15	3.2472	1.5228	.9130	.08711
.20	2.4855	1.3107	1.0373	-.86413
.25	1.9207	1.0987	1.1333	-.80986
.30	1.4691	.8888	1.2068	-.75136
.35	1.0800	.6812	1.2608	-.68967
.40	.7273	.4758	1.2972	-.62572
.45	.3970	.2723	1.3170	-.56037
.50	.0798	.0707	1.3210	-.49442
.55	-.2313	-.1294	1.3094	-.42866
.60	-.5427	-.3281	1.2823	-.36387
.65	-.8611	-.5256	1.2392	-.30083
.70	-1.1951	-.7221	1.1795	-.24036
.75	-1.5573	-.9178	1.1016	-.18333
.80	-1.9693	-1.1129	1.0032	-.13071
.85	-2.4721	-1.3075	.8795	-.08364
.90	-3.1747	-1.5017	.7208	-.04364
.95	-4.1702	-1.6958	.5123	-.01281
1.00	-10.2461	-1.8898	-.0000	-.00000

XM/L=0.3

X/L	FP	FS	FQ	FM
.05	10.6004	1.9358	.5300	.01325
.10	4.2859	1.7288	.7443	.04511
.15	3.2410	1.5218	.9064	.08638
.20	2.4993	1.3145	1.0313	.13482
.25	1.9633	1.1070	1.1295	.18884
.30	1.5162	.8989	1.2053	-.75279
.35	1.1077	.6906	1.2607	-.69114
.40	.7464	.4840	1.2980	-.62717
.45	.4115	.2795	1.3186	-.56176
.50	.0910	.0767	1.3231	-.49572
.55	-.2228	-.1245	1.3120	-.42984
.60	-.5365	-.3243	1.2852	-.36491
.65	-.8570	-.5229	1.2423	-.30172
.70	-1.1931	-.7206	1.1827	-.24110
.75	-1.5575	-.9174	1.1048	-.18391
.80	-1.9717	-1.1135	1.0062	-.13114
.85	-2.4770	-1.3092	.8824	-.08392
.90	-3.1829	-1.5046	.7232	-.04378
.95	-4.1827	-1.6998	.5141	-.01285
1.00	-10.2814	-1.8949	-.0000	-.00000

XM/L=0.4

X/L	FP	FS	FQ	FM
.05	10.5005	1.9239	.5250	.01313
.10	4.2559	1.7211	.7378	.04470
.15	3.2266	1.5182	.8992	.08562
.20	2.4979	1.3151	1.0240	.13370
.25	1.9739	1.1116	1.1227	.18737
.30	1.5421	.9077	1.1998	.24544
.35	1.1594	.7032	1.2578	.30688
.40	.8004	.4978	1.2978	-.62923
.45	.4445	.2917	1.3201	-.56378
.50	.1139	.0871	1.3258	-.49764
.55	-.2058	-.1159	1.3155	-.43161
.60	-.5242	-.3175	1.2893	-.36649
.65	-.8487	-.5180	1.2468	-.30309
.70	-1.1885	-.7174	1.1874	-.24223
.75	-1.5564	-.9160	1.1096	-.18480
.80	-1.9744	-1.1140	1.0109	-.13179
.85	-2.4839	-1.3115	.8867	-.08435
.90	-3.1951	-1.5087	.7269	-.04401
.95	-4.2019	-1.7057	.5168	-.01292
1.00	-10.3366	-1.9026	-.0000	-.00000

XM/L=0.5

X/L	FP	FS	FQ	FM
.05	10.4106	1.9125	.5205	.01301
.10	4.2269	1.7130	.7319	.04432
.15	3.2103	1.5135	.8924	.08493
.20	2.4915	1.3137	1.0170	.13266
.25	1.9759	1.1136	1.1158	.18598
.30	1.5524	.9131	1.1934	.24371
.35	1.1788	.7119	1.2523	.30485
.40	.8329	.5099	1.2940	.36851
.45	.5010	.3069	1.3190	.43384
.50	.1711	.1026	1.3276	-.50000
.55	-.1711	-.1026	1.3190	-.43384
.60	-.5010	-.3069	1.2940	-.36851
.65	-.8329	-.5099	1.2523	-.30485
.70	-1.1788	-.7119	1.1934	-.24371
.75	-1.5524	-.9131	1.1158	-.18598
.80	-1.9759	-1.1136	1.0170	-.13266
.85	-2.4915	-1.3137	.8924	-.08493
.90	-3.2103	-1.5135	.7319	-.04432
.95	-4.2269	-1.7130	.5205	-.01301
1.00	-10.4106	-1.9125	-.0000	-.00000

B/L= 2.00 DS/B1= 1.00 KS=100.000

XQ/L=0.0

X/L	FP	FS	FQ	FM
.05	7.5125	1.5379	-.6244	-.04061
.10	3.2202	1.4368	-.4634	-.06780
.15	2.5685	1.3358	-.3349	-.08776
.20	2.1217	1.2347	-.2289	-.10186
.25	1.8161	1.1337	-.1381	-.11103
.30	1.5747	1.0327	-.0593	-.11596
.35	1.3692	.9318	.0091	-.11722
.40	1.1851	.8309	.0684	-.11528
.45	1.0141	.7300	.1191	-.11059
.50	.8511	.6291	.1617	-.10357
.55	.6926	.5283	.1963	-.09462
.60	.5356	.4275	.2231	-.08414
.65	.3773	.3268	.2419	-.07251
.70	.2147	.2260	.2527	-.06015
.75	.0433	.1253	.2548	-.04746
.80	-.1440	.0246	.2476	-.03490
.85	-.3602	-.0761	.2296	-.02297
.90	-.6399	-.1767	.1976	-.01229
.95	-1.0141	-.2774	.1469	-.00367
1.00	-2.9384	-.3781	-.0000	-.00000

XQ/L=0.1

X/L	FP	FS	FQ	FM
.05	6.4639	1.3459	.3232	.00808
.10	2.7960	1.2652	-.5370	.02773
.15	2.2475	1.1845	-.4246	.00369
.20	1.8738	1.1037	-.3309	-.01519
.25	1.6206	1.0230	-.2499	-.02972
.30	1.4223	.9422	-.1788	-.04043
.35	1.2546	.8615	-.1161	-.04780
.40	1.1051	.7808	-.0608	-.05223
.45	.9671	.7001	-.0124	-.05406
.50	.8361	.6194	.0294	-.05363
.55	.7092	.5387	.0648	-.05128
.60	.5841	.4581	.0940	-.04731
.65	.4587	.3774	.1170	-.04203
.70	.3306	.2968	.1335	-.03577
.75	.1967	.2162	.1433	-.02885
.80	.0522	.1356	.1459	-.02162
.85	-.1121	.0550	.1403	-.01447
.90	-.3195	-.0256	.1244	-.00785
.95	-.5914	-.1062	.0948	-.00237
1.00	-1.8957	-.1868	-.0000	-.00000

XQ/L=0.2

X/L	FP	FS	FQ	FM
.05	5.4159	1.1540	.2708	.00677
.10	2.3718	1.0936	.3894	.02327
.15	1.9264	1.0331	.4857	.04515
.20	1.6258	.9726	-.4330	.07147
.25	1.4251	.9122	-.3618	.05160
.30	1.2698	.8517	-.2983	.03510
.35	1.1399	.7912	-.2413	.02161
.40	1.0252	.7307	-.1900	.01083
.45	.9201	.6701	-.1440	.00248
.50	.8211	.6096	-.1030	-.00369
.55	.7259	.5491	-.0667	-.00794
.60	.6327	.4886	-.0350	-.01048
.65	.5400	.4281	-.0080	-.01155
.70	.4465	.3675	.0143	-.01140
.75	.3502	.3070	.0318	-.01024
.80	.2483	.2465	.0442	-.00834
.85	.1360	.1860	.0510	-.00596
.90	.0010	.1255	.0511	-.00341
.95	-.1686	.0650	.0426	-.00107
1.00	-.8529	.0045	-.0000	-.00000

XQ/L=0.3

X/L	FP	FS	FQ	FM
.05	4.3689	.9621	.2184	.00546
.10	1.9477	.9219	.3158	.01882
.15	1.6051	.8817	.3961	.03662
.20	1.3774	.8415	.4650	.05814
.25	1.2292	.8013	.5264	.08293
.30	1.1170	.7611	-.4177	.11064
.35	1.0250	.7208	-.3665	.09104
.40	.9451	.6805	-.3192	.07390
.45	.8730	.6402	-.2756	.05903
.50	.8060	.5998	-.2353	.04625
.55	.7424	.5594	-.1982	.03542
.60	.6812	.5191	-.1641	.02636
.65	.6214	.4787	-.1330	.01893
.70	.5624	.4383	-.1049	.01299
.75	.5036	.3979	-.0797	.00837
.80	.4445	.3575	-.0575	.00494
.85	.3842	.3171	-.0383	.00254
.90	.3216	.2767	-.0222	.00103
.95	.2542	.2363	-.0095	.00024
1.00	.1902	.1959	-.0000	-.00000

XQ/L=0.4

X/L	FP	FS	FQ	FM
.05	3.3229	.7704	.1661	.00415
.10	1.5239	.7504	.2423	.01437
.15	1.2840	.7304	.3065	.02809
.20	1.1290	.7104	.3630	.04483
.25	1.0330	.6904	.4146	.06427
.30	.9638	.6703	.4628	.08620
.35	.9097	.6503	.5083	.11048
.40	.8647	.6302	-.4484	.13698
.45	.8256	.6101	-.4072	.11559
.50	.7907	.5899	-.3676	.09622
.55	.7589	.5697	-.3297	.07879
.60	.7296	.5495	-.2932	.06322
.65	.7026	.5293	-.2581	.04943
.70	.6782	.5090	-.2242	.03738
.75	.6571	.4887	-.1913	.02699
.80	.6406	.4685	-.1593	.01823
.85	.6324	.4482	-.1277	.01105
.90	.6423	.4279	-.0955	.00547
.95	.6772	.4075	-.0617	.00154
1.00	1.2337	.3873	-.0000	-.00000

XQ/L=0.5

X/L	FP	FS	FQ	FM
.05	2.2779	.5788	.1139	.00285
.10	1.1004	.5790	.1689	.00992
.15	.9631	.5791	.2171	.01957
.20	.8807	.5793	.2611	.03152
.25	.8368	.5794	.3029	.04562
.30	.8105	.5796	.3435	.06178
.35	.7940	.5797	.3832	.07995
.40	.7838	.5798	.4224	.10009
.45	.7778	.5799	.4612	.12218
.50	.7750	.5799	-.5000	.14621
.55	.7750	.5799	-.4612	.12218
.60	.7778	.5799	-.4224	.10009
.65	.7838	.5798	-.3832	.07995
.70	.7940	.5797	-.3435	.06178
.75	.8105	.5796	-.3029	.04562
.80	.8368	.5794	-.2611	.03152
.85	.8807	.5793	-.2171	.01957
.90	.9631	.5791	-.1689	.00992
.95	1.1004	.5790	-.1139	.00285
1.00	2.2779	.5788	-.0000	-.00000

B/L= 2.00 DS/B1= 1.00 KS=100.000

XM/L=0.0

X/L	FP	FS	FQ	FM
.05	10.4872	1.9200	.5244	-.98689
.10	4.2411	1.7165	.7364	-.95537
.15	3.2091	1.5132	.8969	-.91454
.20	2.4788	1.3102	1.0208	-.86660
.25	1.9544	1.1075	1.1185	-.81311
.30	1.5242	.9051	1.1947	-.75528
.35	1.1464	.7029	1.2521	-.69411
.40	.7991	.5009	1.2920	-.63051
.45	.4698	.2991	1.3155	-.56532
.50	.1501	.0975	1.3230	-.49936
.55	-.1664	-.1040	1.3147	-.43342
.60	-.4855	-.3053	1.2904	-.36829
.65	-.8137	-.5065	1.2497	-.30479
.70	-1.1591	-.7076	1.1918	-.24375
.75	-1.5345	-.9086	1.1151	-.18608
.80	-1.9612	-1.1095	1.0170	-.13278
.85	-2.4810	-1.3104	.8929	-.08503
.90	-3.2047	-1.5113	.7327	-.04439
.95	-4.2270	-1.7121	.5214	-.01303
1.00	-10.4271	-1.9130	.0000	-.00000

XM/L=0.1

X/L	FP	FS	FQ	FM
.05	10.4839	1.9198	.5242	.01310
.10	4.2429	1.7165	.7363	-.95538
.15	3.2098	1.5133	.8968	-.91455
.20	2.4791	1.3103	1.0208	-.86661
.25	1.9546	1.1076	1.1185	-.81313
.30	1.5244	.9052	1.1947	-.75530
.35	1.1465	.7030	1.2521	-.69413
.40	.7992	.5010	1.2920	-.63052
.45	.4699	.2992	1.3155	-.56534
.50	.1502	.0975	1.3230	-.49937
.55	-.1663	-.1039	1.3147	-.43343
.60	-.4855	-.3053	1.2904	-.36830
.65	-.8136	-.5065	1.2498	-.30479
.70	-1.1591	-.7076	1.1918	-.24375
.75	-1.5345	-.9086	1.1151	-.18608
.80	-1.9613	-1.1095	1.0170	-.13278
.85	-2.4811	-1.3105	.8930	-.08503
.90	-3.2048	-1.5113	.7327	-.04439
.95	-4.2271	-1.7122	.5214	-.01303
1.00	-10.4274	-1.9130	-.0000	-.00000

XM/L=0.2

X/L	FP	FS	FQ	FM
.05	10.4751	1.9190	.5238	.01309
.10	4.2420	1.7163	.7359	.04458
.15	3.2125	1.5136	.8965	.08539
.20	2.4827	1.3109	1.0206	-.86668
.25	1.9565	1.1082	1.1184	-.81320
.30	1.5256	.9057	1.1947	-.75537
.35	1.1475	.7034	1.2521	-.69420
.40	.8000	.5013	1.2921	-.63060
.45	.4705	.2995	1.3156	-.56541
.50	.1507	.0978	1.3232	-.49944
.55	-.1660	-.1037	1.3149	-.43349
.60	-.4852	-.3051	1.2906	-.36835
.65	-.8135	-.5064	1.2499	-.30484
.70	-1.1591	-.7075	1.1920	-.24379
.75	-1.5345	-.9086	1.1152	-.18611
.80	-1.9614	-1.1096	1.0172	-.13280
.85	-2.4813	-1.3105	.8931	-.08504
.90	-3.2052	-1.5115	.7328	-.04439
.95	-4.2278	-1.7124	.5215	-.01304
1.00	-10.4292	-1.9133	-.0000	-.00000

XM/L=0.3

X/L	FP	FS	FQ	FM
.05	10.4649	1.9179	.5232	.01308
.10	4.2394	1.7157	.7352	.04454
.15	3.2119	1.5135	.8958	.08532
.20	2.4840	1.3113	1.0200	.13321
.25	1.9608	1.1090	1.1181	.18667
.30	1.5303	.9067	1.1946	-.75552
.35	1.1502	.7043	1.2521	-.69435
.40	.8019	.5022	1.2922	-.63075
.45	.4720	.3002	1.3158	-.56555
.50	.1518	.0984	1.3234	-.49957
.55	-.1651	-.1032	1.3151	-.43361
.60	-.4846	-.3047	1.2909	-.36846
.65	-.8131	-.5061	1.2502	-.30493
.70	-1.1589	-.7074	1.1923	-.24386
.75	-1.5345	-.9085	1.1156	-.18617
.80	-1.9616	-1.1097	1.0175	-.13284
.85	-2.4818	-1.3107	.8934	-.08507
.90	-3.2060	-1.5118	.7331	-.04441
.95	-4.2290	-1.7128	.5216	-.01304
1.00	-10.4327	-1.9138	-.0000	-.00000

XM/L=0.4

X/L	FP	FS	FQ	FM
.05	10.4549	1.9167	.5227	.01307
.10	4.2364	1.7149	.7346	.04450
.15	3.2104	1.5131	.8951	.08524
.20	2.4839	1.3113	1.0193	.13310
.25	1.9619	1.1095	1.1174	.18652
.30	1.5330	.9076	1.1940	.24430
.35	1.1554	.7056	1.2518	.30545
.40	.8073	.5035	1.2922	-.63095
.45	.4753	.3014	1.3159	-.56575
.50	.1541	.0995	1.3236	-.49976
.55	-.1634	-.1024	1.3155	-.43378
.60	-.4833	-.3040	1.2913	-.36862
.65	-.8122	-.5056	1.2507	-.30507
.70	-1.1584	-.7070	1.1928	-.24398
.75	-1.5344	-.9084	1.1160	-.18626
.80	-1.9619	-1.1097	1.0180	-.13291
.85	-2.4825	-1.3110	.8938	-.08511
.90	-3.2073	-1.5122	.7335	-.04443
.95	-4.2310	-1.7134	.5219	-.01305
1.00	-10.4383	-1.9146	-.0000	-.00000

XM/L=0.5

X/L	FP	FS	FQ	FM
.05	10.4458	1.9156	.5223	.01306
.10	4.2335	1.7141	.7340	.04446
.15	3.2088	1.5127	.8944	.08517
.20	2.4833	1.3112	1.0186	.13300
.25	1.9621	1.1097	1.1167	.18638
.30	1.5340	.9081	1.1934	.24413
.35	1.1574	.7065	1.2512	.30524
.40	.8106	.5048	1.2918	.36882
.45	.4810	.3029	1.3158	.43401
.50	.1599	.1010	1.3238	-.50000
.55	-.1599	-.1010	1.3158	-.43401
.60	-.4810	-.3029	1.2918	-.36882
.65	-.8106	-.5048	1.2512	-.30524
.70	-1.1574	-.7065	1.1934	-.24413
.75	-1.5340	-.9081	1.1167	-.18638
.80	-1.9621	-1.1097	1.0186	-.13300
.85	-2.4833	-1.3112	.8944	-.08517
.90	-3.2088	-1.5127	.7340	-.04446
.95	-4.2335	-1.7141	.5223	-.01306
1.00	-10.4458	-1.9156	-.0000	-.00000

GLEICHMAESSIGE BELASTUNG B/L= 2.00 DS/B1= 1.00

KS= .001

X/L	FP	FS	FQ	FM
.05	1.1326	.4525	.0066	.00017
.10	.8846	.5089	.0009	.00035
.15	.9604	.5572	-.0011	.00035
.20	.9935	.5949	-.0014	.00028
.25	1.0057	.6231	-.0012	.00022
.30	1.0075	.6439	-.0008	.00017
.35	1.0060	.6589	-.0005	.00014
.40	1.0042	.6693	-.0003	.00012
.45	1.0030	.6759	-.0001	.00011
.50	1.0024	.6791	.0000	.00011
.55	1.0024	.6791	.0001	.00011
.60	1.0030	.6759	.0003	.00012
.65	1.0042	.6693	.0005	.00014
.70	1.0060	.6589	.0008	.00017
.75	1.0075	.6439	.0012	.00022
.80	1.0057	.6231	.0014	.00028
.85	.9935	.5949	.0011	.00035
.90	.9604	.5572	-.0009	.00035
.95	.8846	.5089	-.0066	.00017
1.00	1.1326	.4525	.0000	.00000

KS= .003

X/L	FP	FS	FQ	FM
.05	1.2220	.4587	.0111	.00028
.10	.8635	.5080	.0043	.00066
.15	.9208	.5524	.0003	.00078
.20	.9618	.5896	-.0016	.00075
.25	.9889	.6191	-.0021	.00065
.30	1.0030	.6416	-.0020	.00055
.35	1.0089	.6581	-.0016	.00046
.40	1.0105	.6696	-.0010	.00039
.45	1.0104	.6769	-.0005	.00036
.50	1.0101	.6804	-.0000	.00034
.55	1.0101	.6804	.0005	.00036
.60	1.0104	.6769	.0010	.00039
.65	1.0105	.6696	.0016	.00046
.70	1.0089	.6581	.0020	.00055
.75	1.0030	.6416	.0021	.00065
.80	.9889	.6191	.0016	.00075
.85	.9618	.5896	-.0003	.00078
.90	.9208	.5524	-.0043	.00066
.95	.8635	.5080	-.0111	.00028
1.00	1.2220	.4587	.0000	.00000

KS= .010

X/L	FP	FS	FQ	FM
.05	1.3580	.4705	.0179	.00045
.10	.8638	.5109	.0111	.00117
.15	.8879	.5489	.0055	.00159
.20	.9196	.5827	.0015	.00176
.25	.9523	.6114	-.0009	.00177
.30	.9782	.6349	-.0020	.00170
.35	.9966	.6531	-.0022	.00160
.40	1.0087	.6663	-.0017	.00150
.45	1.0158	.6750	-.0010	.00143
.50	1.0191	.6792	.0000	.00141
.55	1.0191	.6792	.0010	.00143
.60	1.0158	.6750	.0017	.00150
.65	1.0087	.6663	.0022	.00160
.70	.9966	.6531	.0020	.00170
.75	.9782	.6349	.0009	.00177
.80	.9523	.6114	-.0015	.00176
.85	.9196	.5827	-.0055	.00159
.90	.8879	.5489	-.0111	.00117
.95	.8638	.5109	-.0179	.00045
1.00	1.3580	.4705	.0000	.00000

KS= .020

X/L	FP	FS	FQ	FM
.05	1.4614	.4812	.0231	.00058
.10	.8795	.5162	.0170	.00158
.15	.8814	.5495	.0111	.00228
.20	.9012	.5798	.0062	.00272
.25	.9301	.6065	.0027	.00294
.30	.9570	.6288	.0005	.00302
.35	.9788	.6467	-.0005	.00302
.40	.9949	.6601	-.0008	.00298
.45	1.0053	.6690	-.0005	.00295
.50	1.0104	.6734	.0000	.00294
.55	1.0104	.6734	.0005	.00295
.60	1.0053	.6690	.0008	.00298
.65	.9949	.6601	.0005	.00302
.70	.9788	.6467	-.0005	.00302
.75	.9570	.6288	-.0027	.00294
.80	.9301	.6065	-.0062	.00272
.85	.9012	.5798	-.0111	.00228
.90	.8814	.5495	-.0170	.00158
.95	.8795	.5162	-.0231	.00058
1.00	1.4614	.4812	.0000	.00000

KS= .050

X/L	FP	FS	FQ	FM
.05	1.6422	.5019	.0321	.00080
.10	.9216	.5285	.0282	.00231
.15	.8899	.5542	.0227	.00358
.20	.8873	.5780	.0170	.00458
.25	.9029	.5995	.0122	.00531
.30	.9224	.6180	.0083	.00582
.35	.9408	.6331	.0054	.00616
.40	.9557	.6446	.0031	.00637
.45	.9660	.6524	.0014	.00649
.50	.9713	.6563	.0000	.00652
.55	.9713	.6563	-.0014	.00649
.60	.9660	.6524	-.0031	.00637
.65	.9557	.6446	-.0054	.00616
.70	.9408	.6331	-.0083	.00582
.75	.9224	.6180	-.0122	.00531
.80	.9029	.5995	-.0170	.00458
.85	.8873	.5780	-.0227	.00358
.90	.8899	.5542	-.0282	.00231
.95	.9216	.5285	-.0321	.00080
1.00	1.6422	.5019	.0000	.00000

KS= .100

X/L	FP	FS	FQ	FM
.05	1.8070	.5215	.0404	.00101
.10	.9659	.5411	.0386	.00298
.15	.9060	.5601	.0339	.00480
.20	.8827	.5779	.0281	.00635
.25	.8837	.5940	.0223	.00761
.30	.8927	.6080	.0169	.00859
.35	.9036	.6196	.0121	.00931
.40	.9134	.6285	.0077	.00981
.45	.9206	.6345	.0038	.01010
.50	.9244	.6376	.0000	.01019
.55	.9244	.6376	-.0038	.01010
.60	.9206	.6345	-.0077	.00981
.65	.9134	.6285	-.0121	.00931
.70	.9036	.6196	-.0169	.00859
.75	.8927	.6080	-.0223	.00761
.80	.8837	.5940	-.0281	.00635
.85	.8827	.5779	-.0339	.00480
.90	.9060	.5601	-.0386	.00298
.95	.9659	.5411	-.0404	.00101
1.00	1.8070	.5215	.0000	.00000

GLEICHMAESSIGE BELASTUNG B/L= 2.00 DS/B1= 1.00

KS= .200

X/L	FP	FS	FQ	FM
.05	1.9670	.5409	.0483	.00121
.10	1.0109	.5538	.0489	.00364
.15	.9244	.5663	.0451	.00599
.20	.8810	.5782	.0392	.00810
.25	.8671	.5889	.0325	.00989
.30	.8645	.5983	.0257	.01135
.35	.8666	.6062	.0191	.01247
.40	.8702	.6122	.0126	.01326
.45	.8733	.6163	.0062	.01373
.50	.8750	.6184	.0000	.01388
.55	.8750	.6184	-.0062	.01373
.60	.8733	.6163	-.0126	.01326
.65	.8702	.6122	-.0191	.01247
.70	.8666	.6062	-.0257	.01135
.75	.8645	.5983	-.0325	.00989
.80	.8671	.5889	-.0392	.00810
.85	.8810	.5782	-.0451	.00599
.90	.9244	.5663	-.0489	.00364
.95	1.0109	.5538	-.0483	.00121
1.00	1.9670	.5409	.0000	.00000

KS= .500

X/L	FP	FS	FQ	FM
.05	2.1250	.5601	.0563	.00141
.10	1.0562	.5665	.0591	.00429
.15	.9438	.5728	.0562	.00717
.20	.8806	.5787	.0503	.00984
.25	.8515	.5841	.0429	.01216
.30	.8370	.5888	.0347	.01410
.35	.8298	.5927	.0262	.01563
.40	.8265	.5958	.0175	.01672
.45	.8250	.5979	.0088	.01738
.50	.8245	.5989	.0000	.01759
.55	.8245	.5989	-.0088	.01738
.60	.8250	.5979	-.0175	.01672
.65	.8265	.5958	-.0262	.01563
.70	.8298	.5927	-.0347	.01410
.75	.8370	.5888	-.0429	.01216
.80	.8515	.5841	-.0503	.00984
.85	.8806	.5787	-.0562	.00717
.90	.9438	.5728	-.0591	.00429
.95	1.0562	.5665	-.0563	.00141
1.00	2.1250	.5601	.0000	.00000

KS= 1.000

X/L	FP	FS	FQ	FM
.05	2.1965	.5689	.0598	.00150
.10	1.0769	.5723	.0637	.00458
.15	.9528	.5757	.0613	.00771
.20	.8806	.5790	.0553	.01062
.25	.8447	.5819	.0476	.01320
.30	.8246	.5845	.0388	.01536
.35	.8131	.5866	.0295	.01706
.40	.8065	.5883	.0198	.01829
.45	.8029	.5894	.0099	.01904
.50	.8014	.5900	.0000	.01928
.55	.8014	.5900	-.0099	.01904
.60	.8029	.5894	-.0198	.01829
.65	.8065	.5883	-.0295	.01706
.70	.8131	.5866	-.0388	.01536
.75	.8246	.5845	-.0476	.01320
.80	.8447	.5819	-.0553	.01062
.85	.8806	.5790	-.0613	.00771
.90	.9528	.5757	-.0637	.00458
.95	1.0769	.5723	-.0598	.00150
1.00	2.1965	.5689	.0000	.00000

KS= 3.000

X/L	FP	FS	FQ	FM
.05	2.2517	.5756	.0626	.00156
.10	1.0929	.5768	.0672	.00481
.15	.9598	.5780	.0652	.00812
.20	.8807	.5792	.0593	.01123
.25	.8394	.5802	.0512	.01400
.30	.8151	.5812	.0420	.01633
.35	.8002	.5819	.0320	.01818
.40	.7911	.5825	.0215	.01951
.45	.7858	.5829	.0108	.02032
.50	.7834	.5831	.0000	.02059
.55	.7834	.5831	-.0108	.02032
.60	.7858	.5829	-.0215	.01951
.65	.7911	.5825	-.0320	.01818
.70	.8002	.5819	-.0420	.01633
.75	.8151	.5812	-.0512	.01400
.80	.8394	.5802	-.0593	.01123
.85	.8807	.5792	-.0652	.00812
.90	.9598	.5780	-.0672	.00481
.95	1.0929	.5768	-.0626	.00156
1.00	2.2517	.5756	.0000	.00000

KS= 10.000

X/L	FP	FS	FQ	FM
.05	2.2728	.5782	.0636	.00159
.10	1.0990	.5786	.0686	.00490
.15	.9625	.5789	.0667	.00828
.20	.8808	.5793	.0608	.01147
.25	.8374	.5796	.0526	.01430
.30	.8114	.5799	.0432	.01670
.35	.7952	.5801	.0330	.01860
.40	.7851	.5803	.0222	.01998
.45	.7792	.5804	.0112	.02081
.50	.7765	.5805	.0000	.02109
.55	.7765	.5805	-.0112	.02081
.60	.7792	.5804	-.0222	.01998
.65	.7851	.5803	-.0330	.01860
.70	.7952	.5801	-.0432	.01670
.75	.8114	.5799	-.0526	.01430
.80	.8374	.5796	-.0608	.01147
.85	.8808	.5793	-.0667	.00828
.90	.9625	.5789	-.0686	.00490
.95	1.0990	.5786	-.0636	.00159
1.00	2.2728	.5782	.0000	.00000

KS=100.000

X/L	FP	FS	FQ	FM
.05	2.2812	.5792	.0641	.00160
.10	1.1014	.5792	.0691	.00493
.15	.9636	.5793	.0673	.00834
.20	.8808	.5793	.0613	.01156
.25	.8366	.5793	.0532	.01442
.30	.8100	.5794	.0437	.01684
.35	.7933	.5794	.0333	.01877
.40	.7828	.5794	.0225	.02016
.45	.7766	.5794	.0113	.02101
.50	.7737	.5794	.0000	.02129
.55	.7737	.5794	-.0113	.02101
.60	.7766	.5794	-.0225	.02016
.65	.7828	.5794	-.0333	.01877
.70	.7933	.5794	-.0437	.01684
.75	.8100	.5794	-.0532	.01442
.80	.8366	.5793	-.0613	.01156
.85	.8808	.5793	-.0673	.00834
.90	.9636	.5793	-.0691	.00493
.95	1.1014	.5792	-.0641	.00160
1.00	2.2812	.5792	.0000	.00000

B/L= 2.00 DS/B1= 2.00 KS= .001

XQ/L=0.0

X/L	FP	FS	FQ	FM
.05	22.5779	3.0085	.1289	-.02178
.10	.7258	1.8195	.1652	-.01443
.15	-1.0741	1.1758	.1115	-.00751
.20	-1.0993	.8578	.0565	-.00331
.25	-.6562	.6986	.0237	-.00130
.30	-.3099	.6066	.0082	-.00051
.35	-.1196	.5407	.0022	-.00024
.40	-.0356	.4857	.0004	-.00018
.45	-.0059	.4369	.0002	-.00016
.50	.0015	.3932	.0002	-.00015
.55	.0016	.3542	.0003	-.00014
.60	.0004	.3196	.0003	-.00012
.65	-.0005	.2890	.0003	-.00011
.70	-.0008	.2618	.0003	-.00009
.75	-.0007	.2377	.0002	-.00008
.80	-.0001	.2161	.0002	-.00007
.85	.0010	.1968	.0003	-.00006
.90	.0026	.1795	.0004	-.00004
.95	.0039	.1636	.0006	-.00002
1.00	-.0121	.1485	-.0000	-.00000

XQ/L=0.1

X/L	FP	FS	FQ	FM
.05	3.5798	1.6188	.1790	.00447
.10	6.3205	1.9494	-.5050	.02132
.15	6.2194	1.9439	-.1940	.00385
.20	2.9912	1.6115	-.0445	-.00211
.25	1.0546	1.2624	.0083	-.00302
.30	.2021	.9936	.0184	-.00235
.35	-.0720	.8058	.0148	-.00152
.40	-.1110	.6759	.0092	-.00092
.45	-.0820	.5823	.0051	-.00056
.50	-.0479	.5107	.0027	-.00037
.55	-.0247	.4529	.0015	-.00026
.60	-.0120	.4044	.0009	-.00020
.65	-.0059	.3628	.0006	-.00016
.70	-.0031	.3266	.0005	-.00014
.75	-.0017	.2948	.0004	-.00012
.80	-.0005	.2668	.0003	-.00010
.85	.0011	.2420	.0004	-.00008
.90	.0032	.2199	.0006	-.00005
.95	.0050	.1997	.0008	-.00002
1.00	-.0163	.1807	-.0000	-.00000

XQ/L=0.2

X/L	FP	FS	FQ	FM
.05	-.7288	.9207	-.0364	-.00091
.10	1.2851	1.2501	.0278	-.00113
.15	3.1506	1.6140	.1853	.00420
.20	6.2410	1.9417	-.5026	.02127
.25	6.1813	1.9381	-.1935	.00387
.30	2.9796	1.6080	-.0446	-.00209
.35	1.0528	1.2605	.0081	-.00300
.40	.2031	.9925	.0182	-.00234
.45	-.0708	.8052	.0147	-.00152
.50	-.1102	.6755	.0092	-.00092
.55	-.0816	.5820	.0051	-.00056
.60	-.0477	.5105	.0027	-.00037
.65	-.0247	.4528	.0015	-.00026
.70	-.0119	.4043	.0009	-.00020
.75	-.0055	.3628	.0006	-.00016
.80	-.0020	.3267	.0005	-.00013
.85	.0009	.2950	.0006	-.00011
.90	.0040	.2670	.0008	-.00007
.95	.0064	.2416	.0011	-.00003
1.00	-.0217	.2179	-.0000	-.00000

XQ/L=0.3

X/L	FP	FS	FQ	FM
.05	-.5254	.6448	-.0263	-.00066
.10	.0246	.8003	-.0250	-.00194
.15	.2801	.9949	-.0110	-.00284
.20	1.0940	1.2621	.0437	-.00203
.25	2.9845	1.6057	.1929	.00389
.30	6.1438	1.9307	-.4999	.02121
.35	6.1389	1.9297	-.1930	.00389
.40	2.9658	1.6026	-.0447	-.00205
.45	1.0506	1.2573	.0078	-.00297
.50	.2043	.9905	.0181	-.00233
.55	-.0693	.8039	.0146	-.00151
.60	-.1092	.6747	.0091	-.00092
.65	-.0811	.5814	.0051	-.00056
.70	-.0474	.5101	.0027	-.00037
.75	-.0241	.4525	.0015	-.00026
.80	-.0104	.4042	.0010	-.00020
.85	-.0020	.3628	.0009	-.00015
.90	.0041	.3267	.0011	-.00010
.95	.0080	.2944	.0015	-.00004
1.00	-.0299	.2641	-.0000	-.00000

XQ/L=0.4

X/L	FP	FS	FQ	FM
.05	-.1918	.4994	-.0096	-.00024
.10	-.0436	.5804	-.0118	-.00077
.15	-.0802	.6764	-.0158	-.00146
.20	-.0530	.8058	-.0184	-.00232
.25	.2114	.9917	-.0079	-.00298
.30	1.0533	1.2576	.0448	-.00205
.35	2.9667	1.6023	.1931	.00390
.40	6.1380	1.9286	-.5000	.02123
.45	6.1379	1.9284	-.1931	.00390
.50	2.9663	1.6019	-.0448	-.00205
.55	1.0511	1.2568	.0078	-.00297
.60	.2046	.9902	.0180	-.00232
.65	-.0691	.8038	.0146	-.00151
.70	-.1090	.6746	.0091	-.00092
.75	-.0803	.5815	.0051	-.00056
.80	-.0453	.5103	.0028	-.00036
.85	-.0192	.4529	.0019	-.00025
.90	-.0019	.4046	.0018	-.00015
.95	.0079	.3622	.0022	-.00005
1.00	-.0436	.3230	-.0000	-.00000

XQ/L=0.5

X/L	FP	FS	FQ	FM
.05	-.0771	.3989	-.0039	-.00010
.10	-.0042	.4520	-.0041	-.00029
.15	-.0324	.5109	-.0057	-.00054
.20	-.0728	.5823	-.0093	-.00091
.25	-.1057	.6752	-.0146	-.00151
.30	-.0681	.8041	-.0180	-.00233
.35	.2048	.9904	-.0078	-.00297
.40	1.0511	1.2568	.0448	-.00205
.45	2.9663	1.6018	.1931	.00390
.50	6.1381	1.9283	-.5000	.02123
.55	6.1381	1.9283	-.1931	.00390
.60	2.9663	1.6018	-.0448	-.00205
.65	1.0511	1.2568	.0078	-.00297
.70	.2048	.9904	.0180	-.00233
.75	-.0681	.8041	.0146	-.00151
.80	-.1057	.6752	.0093	-.00091
.85	-.0728	.5823	.0057	-.00054
.90	-.0324	.5109	.0041	-.00029
.95	-.0042	.4520	.0039	-.00010
1.00	-.0771	.3989	-.0000	-.00000

B/L= 2.00 DS/B1= 2.00 KS= .001

XM/L=0.0

X/L	FP	FS	FQ	FM
.05	223.0760	15.1109	11.1538	-.72116
.10	-103.0313	-4.1018	6.0022	-.29225
.15	-69.9165	-8.4353	2.5064	-.07954
.20	-35.6259	-7.4104	.7251	.00125
.25	-13.6475	-5.3225	.0427	.02045
.30	-3.4838	-3.6027	-.1314	.01823
.35	.1168	-2.4740	-.1256	.01180
.40	.8890	-1.7954	-.0812	.00663
.45	.7439	-1.3905	-.0440	.00351
.50	.4490	-1.1355	-.0215	.00187
.55	.2286	-.9597	-.0101	.00108
.60	.1038	-.8274	-.0049	.00071
.65	.0440	-.7216	-.0027	.00052
.70	.0186	-.6340	-.0018	.00041
.75	.0085	-.5602	-.0013	.00033
.80	.0036	-.4973	-.0012	.00027
.85	-.0009	-.4433	-.0012	.00021
.90	-.0063	-.3965	-.0015	.00014
.95	-.0106	-.3549	-.0020	.00005
1.00	.0409	-.3162	.0000	-.00000

XM/L=0.1

X/L	FP	FS	FQ	FM
.05	105.8513	10.6692	5.2926	.13231
.10	52.7848	5.4320	7.9318	-.53708
.15	-64.5848	-4.8187	4.7026	-.22122
.20	-55.9538	-7.6468	1.9049	-.05603
.25	-27.5875	-6.4911	.5255	.00473
.30	-10.3568	-4.6520	.0077	.01806
.35	-2.4838	-3.1870	-.1165	.01533
.40	.2322	-2.2307	-.1049	.00980
.45	.7663	-1.6506	-.0666	.00551
.50	.6141	-1.2978	-.0359	.00295
.55	.3650	-1.0699	-.0176	.00161
.60	.1848	-.9092	-.0084	.00096
.65	.0842	-.7865	-.0042	.00064
.70	.0361	-.6875	-.0024	.00048
.75	.0152	-.6052	-.0016	.00038
.80	.0058	-.5357	-.0013	.00030
.85	-.0005	-.4763	-.0014	.00023
.90	-.0068	-.4250	-.0017	.00016
.95	-.0117	-.3796	-.0023	.00006
1.00	.0459	-.3375	-.0000	-.00000

XM/L=0.2

X/L	FP	FS	FQ	FM
.05	6.2485	4.1319	.3124	.00781
.10	27.4605	6.2128	1.6855	.05776
.15	53.2819	7.3960	4.3495	.20863
.20	59.1775	4.7498	7.3084	-.49992
.25	-58.3437	-4.5921	4.3912	-.20743
.30	-52.0637	-7.2562	1.7880	-.05294
.35	-25.8191	-6.1774	.4971	.00418
.40	-9.7445	-4.4478	.0099	.01686
.45	-2.3613	-3.0644	-.1082	.01440
.50	.2003	-2.1572	-.0982	.00924
.55	.7119	-1.6039	-.0626	.00522
.60	.5745	-1.2653	-.0339	.00281
.65	.3430	-1.0453	-.0167	.00154
.70	.1741	-.8896	-.0080	.00093
.75	.0787	-.7704	-.0041	.00062
.80	.0312	-.6742	-.0025	.00046
.85	.0073	-.5942	-.0022	.00034
.90	-.0071	-.5261	-.0025	.00023
.95	-.0154	-.4666	-.0033	.00008
1.00	.0655	-.4118	-.0000	-.00000

XM/L=0.3

X/L	FP	FS	FQ	FM
.05	-4.5568	1.8534	-.2278	-.00570
.10	3.2899	3.0369	-.0633	-.01298
.15	10.5007	4.5108	.4617	-.00302
.20	26.2596	6.2573	1.7747	.05289
.25	52.3147	7.3378	4.3904	.20702
.30	58.6378	4.6831	7.3223	-.50016
.35	-58.5710	-4.6412	4.3937	-.20726
.40	-52.1338	-7.2872	1.7871	-.05274
.45	-25.8279	-6.1960	.4957	.00433
.50	-9.7362	-4.4592	.0088	.01694
.55	-2.3522	-3.0719	-.1088	.01444
.60	.2063	-2.1627	-.0984	.00926
.65	.7152	-1.6083	-.0627	.00523
.70	.5757	-1.2691	-.0339	.00282
.75	.3420	-1.0488	-.0168	.00155
.80	.1696	-.8930	-.0083	.00092
.85	.0679	-.7737	-.0049	.00059
.90	.0124	-.6770	-.0043	.00036
.95	-.0148	-.5944	-.0050	.00013
1.00	.1009	-.5192	-.0000	-.00000

XM/L=0.4

X/L	FP	FS	FQ	FM
.05	-1.9945	1.1720	-.0997	-.00249
.10	-.4260	1.5978	-.1210	-.00801
.15	.0322	2.1799	-.1194	-.01402
.20	2.4873	3.0926	.0050	-.01688
.25	9.7906	4.4767	.4945	-.00440
.30	25.8395	6.2106	1.7865	.05262
.35	52.1302	7.3019	4.3930	.20711
.40	58.5769	4.6600	7.3218	-.50002
.45	-58.5811	-4.6551	4.3928	-.20716
.50	-52.1289	-7.2956	1.7863	-.05268
.55	-25.8214	-6.2015	.4952	.00436
.60	-9.7316	-4.4633	.0087	.01696
.65	-2.3495	-3.0752	-.1088	.01445
.70	.2070	-2.1656	-.0985	.00927
.75	.7131	-1.6112	-.0628	.00524
.80	.5682	-1.2723	-.0344	.00281
.85	.3244	-1.0522	-.0182	.00149
.90	.1392	-.8958	-.0112	.00076
.95	.0326	-.7727	-.0096	.00024
1.00	.1918	-.6645	-.0000	-.00000

XM/L=0.5

X/L	FP	FS	FQ	FM
.05	-.5683	.8654	-.0284	-.00071
.10	-.2485	1.0474	-.0408	-.00244
.15	-.5012	1.2759	-.0659	-.00511
.20	-.6735	1.6161	-.0996	-.00925
.25	-.1896	2.1695	-.1091	-.01446
.30	2.3550	3.0780	.0087	-.01697
.35	9.7321	4.4653	.4953	-.00437
.40	25.8203	6.2032	1.7863	.05267
.45	52.1270	7.2973	4.3927	.20714
.50	58.5786	4.6571	7.3216	-.50000
.55	-58.5787	-4.6571	4.3927	-.20714
.60	-52.1270	-7.2973	1.7863	-.05267
.65	-25.8201	-6.2032	.4953	.00437
.70	-9.7321	-4.4653	.0087	.01697
.75	-2.3551	-3.0780	-.1091	.01446
.80	.1897	-2.1695	-.0996	.00925
.85	.6736	-1.6161	-.0659	.00511
.90	.5012	-1.2759	-.0408	.00244
.95	.2484	-1.0474	-.0284	.00071
1.00	.5683	-.8654	-.0000	-.00000

730

B/L= 2.00 DS/B1= 2.00 KS= .003

XQ/L=0.0

X/L	FP	FS	FQ	FM
.05	19.2057	2.8370	-.0397	-.02599
.10	3.0412	1.9832	.1123	-.02418
.15	.4840	1.3833	.1365	-.01795
.20	-.5132	.9947	.1109	-.01177
.25	-.6895	.7541	.0764	-.00709
.30	-.5823	.6071	.0473	-.00399
.35	-.4098	.5149	.0268	-.00214
.40	-.2569	.4529	.0140	-.00112
.45	-.1466	.4070	.0066	-.00061
.50	-.0761	.3695	.0028	-.00037
.55	-.0352	.3369	.0011	-.00027
.60	-.0137	.3074	.0004	-.00024
.65	-.0035	.2804	.0002	-.00022
.70	.0009	.2558	.0003	-.00021
.75	.0027	.2333	.0004	-.00019
.80	.0037	.2127	.0006	-.00017
.85	.0046	.1941	.0008	-.00013
.90	.0050	.1769	.0011	-.00009
.95	.0033	.1608	.0012	-.00003
1.00	-.0244	.1453	-.0000	-.00000

XQ/L=0.1

X/L	FP	FS	FQ	FM
.05	5.6891	1.7106	.2845	.00711
.10	4.7333	1.8163	-.4789	.02725
.15	4.4815	1.7654	-.2548	.00891
.20	2.8652	1.5489	-.1115	-.00025
.25	1.5743	1.2921	-.0328	-.00386
.30	.7365	1.0575	.0040	-.00458
.35	.2639	.8658	.0172	-.00405
.40	.0321	.7175	.0188	-.00315
.45	-.0605	.6054	.0158	-.00229
.50	-.0821	.5203	.0117	-.00160
.55	-.0733	.4547	.0080	-.00111
.60	-.0552	.4025	.0052	-.00078
.65	-.0374	.3597	.0034	-.00057
.70	-.0231	.3237	.0022	-.00043
.75	-.0126	.2925	.0016	-.00033
.80	-.0050	.2652	.0013	-.00026
.85	.0005	.2408	.0014	-.00019
.90	.0036	.2187	.0015	-.00012
.95	.0027	.1982	.0017	-.00004
1.00	-.0333	.1785	-.0000	-.00000

XQ/L=0.2

X/L	FP	FS	FQ	FM
.05	.1918	.9970	.0096	.00024
.10	1.8144	1.2805	.1003	.00299
.15	3.1522	1.5497	.2579	.01194
.20	4.6579	1.7476	-.5092	.03066
.25	4.6104	1.7477	-.2787	.01097
.30	3.0341	1.5549	-.1270	.00082
.35	1.7080	1.3063	-.0416	-.00339
.40	.8246	1.0723	-.0003	-.00443
.45	.3150	.8782	.0154	-.00406
.50	.0582	.7270	.0183	-.00321
.55	-.0490	.6121	.0159	-.00236
.60	-.0783	.5251	.0120	-.00166
.65	-.0727	.4581	.0083	-.00115
.70	-.0552	.4051	.0056	-.00081
.75	-.0365	.3618	.0038	-.00057
.80	-.0206	.3254	.0027	-.00041
.85	-.0084	.2938	.0023	-.00028
.90	-.0008	.2658	.0023	-.00017
.95	.0004	.2400	.0023	-.00006
1.00	-.0457	.2153	-.0000	-.00000

XQ/L=0.3

X/L	FP	FS	FQ	FM
.05	-.7734	.6516	-.0387	-.00097
.10	.3743	.8501	-.0200	-.00243
.15	.9386	1.0660	.0270	-.00226
.20	1.7956	1.3063	.1168	.00134
.25	3.0607	1.5531	.2698	.01100
.30	4.5660	1.7414	-.5019	.03020
.35	4.5432	1.7389	-.2748	.01078
.40	2.9921	1.5467	-.1252	.00078
.45	1.6847	1.2998	-.0409	-.00337
.50	.8133	1.0676	-.0002	-.00440
.55	.3106	.8750	.0153	-.00402
.60	.0576	.7249	.0182	-.00319
.65	-.0477	.6109	.0158	-.00234
.70	-.0756	.5245	.0120	-.00164
.75	-.0685	.4579	.0086	-.00113
.80	-.0493	.4051	.0061	-.00076
.85	-.0290	.3617	.0047	-.00049
.90	-.0137	.3245	.0040	-.00028
.95	-.0081	.2912	.0036	-.00009
1.00	-.0714	.2597	-.0000	-.00000

XQ/L=0.4

X/L	FP	FS	FQ	FM
.05	-.5594	.4831	-.0280	-.00070
.10	-.0191	.5962	-.0289	-.00212
.15	.1239	.7233	-.0227	-.00341
.20	.3729	.8783	-.0041	-.00408
.25	.8562	1.0711	.0387	-.00322
.30	1.7069	1.3012	.1241	.00085
.35	2.9943	1.5450	.2738	.01080
.40	4.5237	1.7337	-.5000	.03014
.45	4.5194	1.7327	-.2741	.01079
.50	2.9803	1.5422	-.1250	.00081
.55	1.6801	1.2968	-.0410	-.00334
.60	.8127	1.0657	-.0004	-.00437
.65	.3125	.8741	.0152	-.00400
.70	.0615	.7246	.0183	-.00317
.75	-.0413	.6111	.0162	-.00230
.80	-.0662	.5249	.0129	-.00157
.85	-.0564	.4580	.0101	-.00100
.90	-.0382	.4039	.0082	-.00054
.95	-.0289	.3575	.0067	-.00017
1.00	-.1349	.3146	-.0000	-.00000

XQ/L=0.5

X/L	FP	FS	FQ	FM
.05	-.2844	.3846	-.0142	-.00036
.10	-.0570	.4502	-.0171	-.00114
.15	-.0448	.5232	-.0193	-.00205
.20	-.0178	.6121	-.0202	-.00304
.25	.0793	.7264	-.0162	-.00395
.30	.3240	.8757	-.0000	-.00435
.35	.8194	1.0668	.0409	-.00333
.40	1.6833	1.2971	.1251	.00082
.45	2.9809	1.5418	.2741	.01080
.50	4.5170	1.7315	-.5000	.03016
.55	4.5170	1.7315	-.2741	.01080
.60	2.9809	1.5418	-.1251	.00082
.65	1.6833	1.2971	-.0409	-.00333
.70	.8194	1.0668	.0000	-.00435
.75	.3240	.8757	.0162	-.00395
.80	.0793	.7264	.0202	-.00304
.85	-.0178	.6121	.0193	-.00205
.90	-.0448	.5232	.0171	-.00114
.95	-.0570	.4502	.0142	-.00036
1.00	-.2844	.3846	-.0000	-.00000

B/L= 2.00 DS/B1= 2.00 KS= .003

XM/L=0.0

X/L	FP	FS	FQ	FM
.05	150.3306	11.8838	7.5165	-.81209
.10	-35.0301	.5495	5.7650	-.48005
.15	-41.3367	-4.3607	3.6982	-.24347
.20	-32.9639	-5.6963	2.0500	-.09976
.25	-21.4430	-5.3501	.9778	-.02407
.30	-12.2113	-4.4071	.3673	.00956
.35	-6.0818	-3.4043	.0632	.02032
.40	-2.5053	-2.5573	-.0621	.02035
.45	-.6606	-1.9162	-.0951	.01642
.50	.1497	-1.4597	-.0876	.01185
.55	.4102	-1.1445	-.0671	.00799
.60	.4167	-.9280	-.0463	.00515
.65	.3308	-.7768	-.0297	.00325
.70	.2298	-.6672	-.0182	.00205
.75	.1441	-.5840	-.0110	.00132
.80	.0807	-.5175	-.0070	.00087
.85	.0376	-.4618	-.0051	.00057
.90	.0121	-.4134	-.0045	.00033
.95	.0040	-.3694	-.0043	.00011
1.00	.0861	-.3275	.0000	-.00000

XM/L=0.1

X/L	FP	FS	FQ	FM
.05	95.4781	9.5678	4.7739	.11935
.10	25.5419	4.4006	6.0510	-.61003
.15	-30.3276	-2.0366	4.5346	-.34539
.20	-35.7227	-4.9783	2.7485	-.16331
.25	-26.0401	-5.4137	1.4465	-.05844
.30	-16.1209	-4.7675	.6404	-.00626
.35	-8.7520	-3.8145	.2028	.01482
.40	-4.0982	-2.9135	-.0021	.01984
.45	-1.5017	-2.1900	-.0772	.01786
.50	-.2326	-1.6565	-.0888	.01371
.55	.2770	-1.2810	-.0749	.00961
.60	.4019	-1.0219	-.0548	.00637
.65	.3614	-.8423	-.0368	.00408
.70	.2699	-.7145	-.0233	.00258
.75	.1787	-.6198	-.0143	.00164
.80	.1057	-.5459	-.0091	.00105
.85	.0536	-.4854	-.0064	.00067
.90	.0213	-.4334	-.0053	.00037
.95	.0093	-.3866	-.0048	.00012
1.00	.0969	-.3423	-.0000	-.00000

XM/L=0.2

X/L	FP	FS	FQ	FM
.05	24.2505	4.9349	1.2125	.03031
.10	22.5401	5.2402	2.3395	.11911
.15	29.7995	4.8218	3.8295	.27334
.20	24.6926	2.4722	5.0641	-.50432
.25	-25.5483	-2.4467	3.7867	-.28305
.30	-30.2145	-4.7055	2.2760	-.13148
.35	-21.8308	-4.9230	1.1845	-.04497
.40	-13.4057	-4.2811	.5142	-.00250
.45	-7.2067	-3.4158	.1538	.01420
.50	-3.3239	-2.6164	-.0124	.01773
.55	-1.1772	-1.9802	-.0712	.01564
.60	-.1414	-1.5120	-.0783	.01191
.65	.2638	-1.1818	-.0651	.00832
.70	.3523	-.9524	-.0475	.00551
.75	.3065	-.7917	-.0322	.00351
.80	.2205	-.6759	-.0211	.00218
.85	.1374	-.5882	-.0143	.00130
.90	.0755	-.5179	-.0105	.00068
.95	.0441	-.4573	-.0083	.00021
1.00	.1658	-.4011	-.0000	-.00000

XM/L=0.3

X/L	FP	FS	FQ	FM
.05	.5167	2.3141	.0258	.00065
.10	7.6633	3.3295	.4090	.01152
.15	13.9943	4.2921	1.1087	.04946
.20	22.2207	4.9644	2.2198	.13267
.25	30.3015	4.7491	3.7348	.28154
.30	25.3606	2.4944	5.0029	-.50002
.35	-25.0173	-2.3914	3.7520	-.28115
.40	-29.8635	-4.6475	2.2588	-.13088
.45	-21.6268	-4.8744	1.1775	-.04497
.50	-13.3010	-4.2447	.5124	-.00273
.55	-7.1615	-3.3903	.1543	.01394
.60	-3.3112	-2.5994	-.0112	.01752
.65	-1.1810	-1.9692	-.0703	.01548
.70	-.1543	-1.5054	-.0780	.01178
.75	.2440	-1.1780	-.0658	.00818
.80	.3256	-.9502	-.0495	.00530
.85	.2740	-.7894	-.0358	.00317
.90	.1919	-.6708	-.0262	.00162
.95	.1373	-.5759	-.0193	.00048
1.00	.3866	-.4914	-.0000	-.00000

XM/L=0.4

X/L	FP	FS	FQ	FM
.05	-3.1747	1.2263	-.1587	-.00397
.10	1.3828	1.8813	-.0896	-.01018
.15	3.7718	2.6084	.0990	-.00994
.20	7.5928	3.4401	.4786	.00450
.25	13.6102	4.3069	1.1591	.04544
.30	21.8320	4.9382	2.2507	.13069
.35	30.0171	4.7116	3.7516	.28075
.40	25.1824	2.4590	5.0107	-.50019
.45	-25.1159	-2.4201	3.7549	-.28105
.50	-29.9115	-4.6692	2.2593	-.13070
.55	-21.6470	-4.8906	1.1770	-.04479
.60	-13.3095	-4.2572	.5115	-.00257
.65	-7.1694	-3.4009	.1531	.01404
.70	-3.3270	-2.6094	-.0133	.01753
.75	-1.2119	-1.9791	-.0739	.01535
.80	-.2052	-1.5146	-.0842	.01140
.85	.1750	-1.1841	-.0754	.00741
.90	.2628	-.9475	-.0623	.00397
.95	.2788	-.7676	-.0483	.00121
1.00	.9664	-.6133	-.0000	-.00000

XM/L=0.5

X/L	FP	FS	FQ	FM
.05	-2.1176	.8063	-.1059	-.00265
.10	-.1834	1.1290	-.1150	-.00817
.15	.3602	1.5055	-.0970	-.01347
.20	1.3823	1.9906	-.0279	-.01660
.25	3.4544	2.6275	.1448	-.01367
.30	7.2494	3.4194	.5073	.00263
.35	13.3533	4.2740	1.1749	.04468
.40	21.6692	4.9060	2.2584	.13052
.45	29.9261	4.6846	3.7547	.28084
.50	25.1372	2.4375	5.0116	-.50000
.55	-25.1372	-2.4375	3.7547	-.28084
.60	-29.9261	-4.6846	2.2584	-.13052
.65	-21.6692	-4.9060	1.1749	-.04468
.70	-13.3534	-4.2740	.5073	-.00263
.75	-7.2494	-3.4194	.1448	.01367
.80	-3.4544	-2.6275	-.0279	.01660
.85	-1.3823	-1.9906	-.0970	.01347
.90	-.3602	-1.5055	-.1150	.00817
.95	.1834	-1.1290	-.1059	.00265
1.00	2.1176	-.8063	-.0000	-.00000

732

B/L= 2.00 DS/B1= 2.00 KS= .010

XQ/L=0.0

X/L	FP	FS	FQ	FM
.05	15.8555	2.6224	-.2072	-.03018
.10	4.0927	2.0481	-.0026	-.03543
.15	1.8596	1.5735	.0904	-.03323
.20	.5882	1.2025	.1198	-.02798
.25	-.0343	.9235	.1181	-.02203
.30	-.3144	.7194	.1024	-.01652
.35	-.4051	.5731	.0821	-.01191
.40	-.3970	.4693	.0623	-.00830
.45	-.3434	.3957	.0451	-.00561
.50	-.2747	.3428	.0314	-.00370
.55	-.2073	.3038	.0210	-.00239
.60	-.1487	.2739	.0136	-.00153
.65	-.1015	.2499	.0085	-.00098
.70	-.0655	.2296	.0052	-.00064
.75	-.0393	.2116	.0032	-.00043
.80	-.0210	.1953	.0022	-.00029
.85	-.0091	.1801	.0017	-.00019
.90	-.0030	.1655	.0016	-.00011
.95	-.0026	.1515	.0014	-.00004
1.00	-.0289	.1376	-.0000	-.00000

XQ/L =0.1

X/L	FP	FS	FQ	FM
.05	7.1680	1.7757	.3584	.00896
.10	3.8308	1.7298	-.4501	.03167
.15	3.2897	1.6272	-.2856	.01328
.20	2.3921	1.4613	-.1660	.00199
.25	1.6314	1.2733	-.0844	-.00427
.30	1.0417	1.0893	-.0323	-.00719
.35	.6152	.9227	-.0016	-.00803
.40	.3244	.7792	.0147	-.00771
.45	.1380	.6594	.0216	-.00680
.50	.0270	.5614	.0229	-.00569
.55	-.0324	.4821	.0213	-.00458
.60	-.0583	.4182	.0184	-.00359
.65	-.0640	.3666	.0152	-.00275
.70	-.0585	.3245	.0123	-.00206
.75	-.0477	.2895	.0099	-.00151
.80	-.0358	.2600	.0081	-.00106
.85	-.0257	.2342	.0068	-.00069
.90	-.0204	.2111	.0058	-.00038
.95	-.0234	.1896	.0046	-.00012
1.00	-.0922	.1688	-.0000	-.00000

XQ/L=0.2

X/L	FP	FS	FQ	FM
.05	2.0201	1.1310	.1010	.00253
.10	2.0322	1.2920	.2026	.01012
.15	2.6410	1.4346	.3347	.02355
.20	3.2267	1.5275	-.5040	.04431
.25	3.1949	1.5228	-.3443	.02311
.30	2.5375	1.4211	-.2174	.00907
.35	1.8477	1.2719	-.1250	.00051
.40	1.2570	1.1089	-.0621	-.00417
.45	.7997	.9518	-.0222	-.00628
.50	.4698	.8106	.0013	-.00680
.55	.2461	.6892	.0136	-.00642
.60	.1040	.5877	.0188	-.00561
.65	.0210	.5043	.0199	-.00464
.70	-.0218	.4362	.0188	-.00368
.75	-.0389	.3807	.0169	-.00279
.80	-.0414	.3348	.0148	-.00200
.85	-.0381	.2961	.0129	-.00130
.90	-.0375	.2623	.0110	-.00071
.95	-.0472	.2315	.0086	-.00022
1.00	-.1728	.2021	-.0000	-.00000

XQ/L=0.3

X/L	FP	FS	FQ	FM
.05	-.1217	.7290	-.0061	-.00015
.10	.7977	.9112	.0338	.00054
.15	1.3401	1.0931	.1008	.00391
.20	1.9480	1.2687	.1982	.01138
.25	2.6173	1.4220	.3291	.02456
.30	3.2351	1.5222	-.5092	.04506
.35	3.2143	1.5220	-.3485	.02362
.40	2.5592	1.4230	-.2205	.00940
.45	1.8680	1.2753	-.1271	.00071
.50	1.2748	1.1130	-.0634	-.00406
.55	.8154	.9562	-.0226	-.00620
.60	.4843	.8149	.0016	-.00673
.65	.2605	.6933	.0147	-.00632
.70	.1191	.5913	.0206	-.00544
.75	.0368	.5069	.0224	-.00436
.80	-.0065	.4373	.0221	-.00325
.85	-.0282	.3791	.0207	-.00218
.90	-.0453	.3291	.0184	-.00120
.95	-.0735	.2841	.0148	-.00037
1.00	-.2955	.2414	-.0000	-.00000

XQ/L=0.4

X/L	FP	FS	FQ	FM
.05	-.7029	.4994	-.0351	-.00088
.10	.1909	.6426	-.0256	-.00240
.15	.5227	.7907	.0005	-.00302
.20	.8900	.9472	.0450	-.00188
.25	1.3444	1.1112	.1123	.00205
.30	1.9143	1.2755	.2080	.01005
.35	2.5741	1.4222	.3367	.02367
.40	3.1949	1.5191	-.5036	.04450
.45	3.1824	1.5179	-.3445	.02330
.50	2.5372	1.4192	-.2176	.00925
.55	1.8561	1.2724	-.1248	.00069
.60	1.2725	1.1113	-.0612	-.00396
.65	.8219	.9555	-.0201	-.00599
.70	.4986	.8149	.0049	-.00637
.75	.2806	.6930	.0189	-.00578
.80	.1413	.5894	.0260	-.00466
.85	.0533	.5016	.0286	-.00330
.90	-.0132	.4256	.0280	-.00188
.95	-.0866	.3575	.0236	-.00059
1.00	-.4726	.2930	-.0000	-.00000

XQ/L=0.5

X/L	FP	FS	FQ	FM
.05	-.6663	.3701	-.0333	-.00083
.10	-.0364	.4685	-.0351	-.00254
.15	.1316	.5719	-.0286	-.00414
.20	.3066	.6853	-.0132	-.00518
.25	.5337	.8129	.0135	-.00517
.30	.8543	.9561	.0562	-.00343
.35	1.2966	1.1125	.1210	.00100
.40	1.8694	1.2730	.2145	.00938
.45	2.5388	1.4184	.3414	.02328
.50	3.1716	1.5157	-.5000	.04432
.55	3.1716	1.5157	-.3414	.02328
.60	2.5388	1.4184	-.2145	.00938
.65	1.8694	1.2730	-.1210	.00100
.70	1.2966	1.1125	-.0562	-.00343
.75	.8543	.9561	-.0135	-.00517
.80	.5337	.8129	.0132	-.00518
.85	.3066	.6853	.0286	-.00414
.90	.1316	.5719	.0351	-.00254
.95	-.0364	.4685	.0333	-.00083
1.00	-.6663	.3701	-.0000	-.00000

B/L= 2.00 DS/B1= 2.00 KS= .010

XM/L=0.0

X/L	FP	FS	FQ	FM
.05	92.6832	8.7329	4.6342	-.88415
.10	-3.1635	2.8233	4.4760	-.65639
.15	-15.2924	-.7765	3.7114	-.45171
.20	-18.2547	-2.7189	2.7986	-.28896
.25	-16.5579	-3.5559	1.9707	-.16973
.30	-13.3563	-3.7102	1.3029	-.08788
.35	-9.9844	-3.4822	.8037	-.03522
.40	-7.0208	-3.0726	.4527	-.00381
.45	-4.6586	-2.6067	.2197	.01300
.50	-2.9010	-2.1561	.0747	.02036
.55	-1.6672	-1.7564	-.0087	.02201
.60	-.8491	-1.4208	-.0511	.02051
.65	-.3406	-1.1492	-.0682	.01753
.70	-.0499	-.9348	-.0707	.01406
.75	.0961	-.7678	-.0659	.01065
.80	.1540	-.6378	-.0582	.00755
.85	.1671	-.5351	-.0498	.00485
.90	.1733	-.4509	-.0411	.00257
.95	.2045	-.3778	-.0309	.00077
1.00	.6183	-.3096	.0000	-.00000

XM/L=0.1

X/L	FP	FS	FQ	FM
.05	71.3004	7.7207	3.5650	.08913
.10	16.2652	4.0655	4.3783	-.71229
.15	-9.7182	.2251	3.8924	-.50553
.20	-17.2200	-2.1666	3.0314	-.33243
.25	-16.8636	-3.3067	2.1882	-.20194
.30	-14.1442	-3.6506	1.4810	-.11021
.35	-10.8553	-3.5306	.9382	-.04973
.40	-7.8027	-3.1741	.5481	-.01258
.45	-5.2903	-2.7265	.2836	.00821
.50	-3.3763	-2.2742	.1147	.01817
.55	-2.0049	-1.8624	.0145	.02140
.60	-1.0767	-1.5106	-.0393	.02078
.65	-.4857	-1.2224	-.0636	.01821
.70	-.1370	-.9929	-.0705	.01486
.75	.0480	-.8130	-.0681	.01139
.80	.1306	-.6724	-.0615	.00815
.85	.1590	-.5612	-.0536	.00528
.90	.1759	-.4700	-.0448	.00282
.95	.2172	-.3909	-.0339	.00085
1.00	.6785	-.3173	-.0000	-.00000

XM/L=0.2

X/L	FP	FS	FQ	FM
.05	33.7988	5.1497	1.6899	.04225
.10	15.9594	4.2948	2.4879	.14669
.15	14.2302	3.1615	3.1994	.28888
.20	8.5228	1.3792	3.6256	-.54050
.25	-10.7266	-1.1480	3.0892	-.37263
.30	-15.1210	-2.6838	2.3332	-.23707
.35	-13.8767	-3.3098	1.6394	-.13775
.40	-11.2138	-3.3779	1.0787	-.06980
.45	-8.3704	-3.1382	.6601	-.02633
.50	-5.8712	-2.7569	.3666	-.00066
.55	-3.8856	-2.3370	.1723	.01281
.60	-2.4157	-1.9365	.0515	.01840
.65	-1.3911	-1.5835	-.0180	.01924
.70	-.7182	-1.2874	-.0539	.01744
.75	-.3044	-1.0466	-.0692	.01436
.80	-.0676	-.8536	-.0725	.01082
.85	.0624	-.6984	-.0694	.00727
.90	.1521	-.5703	-.0618	.00399
.95	.2592	-.4590	-.0489	.00122
1.00	.9773	-.3555	-.0000	-.00000

XM/L=0.3

X/L	FP	FS	FQ	FM
.05	11.5588	3.0229	.5779	.01445
.10	8.8316	3.2491	1.0195	.05439
.15	10.7973	3.3748	1.5594	.11886
.20	12.8710	3.2441	2.2029	.21292
.25	13.7774	2.6197	2.8918	.34028
.30	9.3014	1.1698	3.3569	-.50350
.35	-9.5910	-1.1574	2.8773	-.34764
.40	-14.0007	-2.5858	2.1773	-.22128
.45	-12.9268	-3.1652	1.5310	-.12857
.50	-10.4799	-3.2239	1.0070	-.06512
.55	-7.8452	-2.9954	.6147	-.02458
.60	-5.5255	-2.6347	.3384	-.00075
.65	-3.6838	-2.2377	.1542	.01156
.70	-2.3233	-1.8581	.0381	.01637
.75	-1.3761	-1.5211	-.0307	.01655
.80	-.7482	-1.2340	-.0682	.01408
.85	-.3397	-.9930	-.0851	.01025
.90	-.0428	-.7886	-.0873	.00594
.95	.2440	-.6085	-.0751	.00188
1.00	1.5016	-.4400	-.0000	-.00000

XM/L=0.4

X/L	FP	FS	FQ	FM
.05	1.6172	1.6927	.0809	.00202
.10	3.7574	2.1617	.2687	.01076
.15	5.7411	2.6127	.5558	.03137
.20	8.0710	3.0023	.9593	.06925
.25	10.6532	3.2435	1.4920	.13053
.30	13.0243	3.1884	2.1432	.22141
.35	14.0192	2.6094	2.8442	.34610
.40	9.5419	1.1835	3.3213	-.49977
.45	-9.3913	-1.1339	2.8517	-.34544
.50	-13.8559	-2.5615	2.1589	-.22018
.55	-12.8393	-3.1449	1.5169	-.12828
.60	-10.4468	-3.2097	.9946	-.06549
.65	-7.8616	-2.9871	.6015	-.02559
.70	-5.5848	-2.6303	.3223	-.00249
.75	-3.7757	-2.2331	.1335	.00890
.80	-2.4284	-1.8468	.0121	.01254
.85	-1.4556	-1.4933	-.0607	.01132
.90	-.7175	-1.1761	-.0966	.00739
.95	-.0599	-.8872	-.0996	.00249
1.00	1.9914	-.6132	-.0000	-.00000

XM/L=0.5

X/L	FP	FS	FQ	FM
.05	-1.6165	.9720	-.0808	-.00202
.10	1.1291	1.3752	-.0244	-.00465
.15	2.4008	1.7887	.0957	-.00287
.20	3.8820	2.2142	.2898	.00677
.25	5.7288	2.6352	.5762	.02842
.30	8.0029	3.0051	.9764	.06723
.35	10.5701	3.2340	1.5049	.12926
.40	12.9423	3.1715	2.1520	.22068
.45	13.9424	2.5882	2.8491	.34571
.50	9.4680	1.1596	3.3225	-.50000
.55	-9.4680	-1.1596	2.8491	-.34571
.60	-13.9424	-2.5882	2.1520	-.22068
.65	-12.9423	-3.1715	1.5049	-.12926
.70	-10.5701	-3.2340	.9764	-.06723
.75	-8.0029	-3.0051	.5762	-.02842
.80	-5.7288	-2.6352	.2898	-.00677
.85	-3.8820	-2.2142	.0957	.00287
.90	-2.4008	-1.7887	-.0244	.00465
.95	-1.1291	-1.3752	-.0808	.00202
1.00	1.6165	-.9720	-.0000	-.00000

B/L= 2.00   DS/B1= 2.00   KS= .020

XQ/L=0.0

X/L	FP	FS	FQ	FM
.05	14.1303	2.4893	-.2935	-.03234
.10	4.2371	2.0372	-.0816	-.04171
.15	2.3315	1.6413	.0349	-.04288
.20	1.1357	1.3092	.0917	-.03972
.25	.4467	1.0392	.1141	-.03457
.30	.0452	.8251	.1163	-.02881
.35	-.1749	.6584	.1076	-.02321
.40	-.2800	.5308	.0936	-.01818
.45	-.3137	.4341	.0779	-.01390
.50	-.3053	.3615	.0626	-.01038
.55	-.2741	.3070	.0489	-.00759
.60	-.2329	.2660	.0373	-.00544
.65	-.1895	.2347	.0278	-.00381
.70	-.1486	.2103	.0204	-.00261
.75	-.1126	.1907	.0148	-.00173
.80	-.0829	.1744	.0106	-.00109
.85	-.0599	.1601	.0076	-.00064
.90	-.0443	.1471	.0054	-.00031
.95	-.0368	.1349	.0036	-.00009
1.00	-.0713	.1229	-.0000	-.00000

XQ/L=0.1

X/L	FP	FS	FQ	FM
.05	7.5609	1.7868	.3780	.00945
.10	3.5590	1.6968	-.4440	.03280
.15	2.9093	1.5773	-.2985	.01424
.20	2.1792	1.4245	-.1896	.00203
.25	1.5843	1.2598	-.1104	-.00546
.30	1.1088	1.0980	-.0549	-.00960
.35	.7419	.9476	-.0178	-.01142
.40	.4684	.8131	.0056	-.01172
.45	.2718	.6960	.0192	-.01110
.50	.1363	.5961	.0260	-.00997
.55	.0476	.5120	.0284	-.00862
.60	-.0066	.4419	.0280	-.00721
.65	-.0362	.3837	.0262	-.00585
.70	-.0493	.3352	.0238	-.00460
.75	-.0521	.2945	.0212	-.00348
.80	-.0501	.2599	.0187	-.00248
.85	-.0480	.2298	.0163	-.00161
.90	-.0516	.2027	.0137	-.00086
.95	-.0665	.1775	.0104	-.00026
1.00	-.2071	.1530	-.0000	-.00000

XQ/L=0.2

X/L	FP	FS	FQ	FM
.05	3.0786	1.2106	.1539	.00385
.10	2.1143	1.3007	.2596	.01419
.15	2.3628	1.3776	.3778	.03012
.20	2.6225	1.4216	-.4911	.05229
.25	2.5646	1.4058	-.3629	.03094
.30	2.1622	1.3296	-.2547	.01550
.35	1.7145	1.2188	-.1690	.00491
.40	1.2986	1.0931	-.1041	-.00192
.45	.9441	.9652	-.0569	-.00595
.50	.6588	.8435	-.0239	-.00797
.55	.4394	.7322	-.0020	-.00861
.60	.2775	.6335	.0119	-.00837
.65	.1629	.5475	.0200	-.00757
.70	.0852	.4736	.0243	-.00646
.75	.0344	.4101	.0260	-.00520
.80	.0014	.3554	.0261	-.00390
.85	-.0234	.3075	.0249	-.00262
.90	-.0513	.2646	.0224	-.00144
.95	-.0937	.2246	.0177	-.00044
1.00	-.3534	.1861	-.0000	-.00000

XQ/L=0.3

X/L	FP	FS	FQ	FM
.05	.6737	.8064	.0337	.00084
.10	1.0233	.9495	.0849	.00381
.15	1.4098	1.0894	.1553	.00981
.20	1.8266	1.2192	.2467	.01986
.25	2.2540	1.3271	.3594	.03501
.30	2.6150	1.3941	-.5099	.05625
.35	2.6033	1.3947	-.3797	.03401
.40	2.2210	1.3296	-.2687	.01780
.45	1.7793	1.2259	-.1797	.00659
.50	1.3622	1.1043	-.1116	-.00069
.55	1.0035	.9784	-.0614	-.00502
.60	.7128	.8570	-.0258	-.00720
.65	.4878	.7448	-.0014	-.00788
.70	.3202	.6441	.0146	-.00755
.75	.1987	.5549	.0246	-.00657
.80	.1108	.4764	.0301	-.00520
.85	.0427	.4067	.0322	-.00364
.90	-.0238	.3436	.0310	-.00206
.95	-.1069	.2848	.0257	-.00064
1.00	-.5139	.2280	-.0000	-.00000

XQ/L=0.4

X/L	FP	FS	FQ	FM
.05	-.3752	.5461	-.0188	-.00047
.10	.3755	.6829	.0000	-.00094
.15	.7060	.8208	.0353	-.00005
.20	1.0442	.9596	.0875	.00302
.25	1.4149	1.0963	.1583	.00916
.30	1.8257	1.2240	.2496	.01936
.35	2.2517	1.3307	.3621	.03465
.40	2.6141	1.3972	-.5072	.05602
.45	2.6056	1.3977	-.3769	.03392
.50	2.2276	1.3327	-.2655	.01786
.55	1.7908	1.2292	-.1760	.00683
.60	1.3788	1.1075	-.1070	-.00025
.65	1.0246	.9810	-.0558	-.00432
.70	.7369	.8581	-.0189	-.00618
.75	.5115	.7432	.0066	-.00649
.80	.3371	.6379	.0235	-.00574
.85	.1974	.5418	.0334	-.00432
.90	.0679	.4533	.0368	-.00256
.95	-.0772	.3699	.0329	-.00082
1.00	-.6578	.2891	-.0000	-.00000

XQ/L=0.5

X/L	FP	FS	FQ	FM
.05	-.6851	.3863	-.0343	-.00086
.10	.0520	.4961	-.0317	-.00250
.15	.2840	.6084	-.0175	-.00373
.20	.5073	.7254	.0079	-.00397
.25	.7533	.8483	.0456	-.00263
.30	1.0472	.9762	.0979	.00095
.35	1.3996	1.1056	.1679	.00760
.40	1.8054	1.2288	.2582	.01825
.45	2.2337	1.3329	.3699	.03395
.50	2.6026	1.3982	-.5000	.05570
.55	2.6026	1.3982	-.3699	.03395
.60	2.2337	1.3329	-.2582	.01825
.65	1.8054	1.2288	-.1679	.00760
.70	1.3996	1.1056	-.0979	.00095
.75	1.0472	.9762	-.0456	-.00263
.80	.7533	.8483	-.0079	-.00397
.85	.5073	.7254	.0175	-.00373
.90	.2840	.6084	.0317	-.00250
.95	.0520	.4961	.0343	-.00086
1.00	-.6851	.3863	-.0000	-.00000

B/L= 2.00 DS/B1= 2.00 KS= .020

XM/L=0.0

X/L	FP	FS	FQ	FM
.05	68.9161	7.1821	3.4458	-.91385
.10	3.8635	3.2248	3.6390	-.73674
.15	-6.3726	.5060	3.3203	-.56275
.20	-10.6529	-1.2392	2.7877	-.41005
.25	-11.4195	-2.2564	2.2167	-.28494
.30	-10.5983	-2.7541	1.6868	-.18735
.35	-9.0954	-2.8993	1.2320	-.11438
.40	-7.4012	-2.8197	.8620	-.06203
.45	-5.7757	-2.6088	.5732	-.02615
.50	-4.3453	-2.3328	.3559	-.00292
.55	-3.1578	-2.0356	.1980	.01093
.60	-2.2154	-1.7449	.0873	.01806
.65	-1.4960	-1.4763	.0125	.02056
.70	-.9654	-1.2369	-.0358	.01997
.75	-.5846	-1.0280	-.0650	.01745
.80	-.3133	-.8473	-.0807	.01381
.85	-.1096	-.6901	-.0862	.00964
.90	.0778	-.5505	-.0823	.00543
.95	.2985	-.4222	-.0674	.00168
1.00	1.3471	-.2992	.0000	-.00000

XM/L=0.1

X/L	FP	FS	FQ	FM
.05	56.9640	6.5803	2.8482	.07121
.10	13.6627	3.8397	3.5313	-.76931
.15	-3.1969	1.0624	3.3715	-.59674
.20	-9.6906	-.8784	2.8870	-.44027
.25	-11.1951	-2.0429	2.3272	-.30992
.30	-10.7253	-2.6466	1.7909	-.20697
.35	-9.3753	-2.8642	1.3222	-.12914
.40	-7.7295	-2.8313	.9357	-.07269
.45	-6.0969	-2.6482	.6309	-.03353
.50	-4.6321	-2.3863	.3993	-.00777
.55	-3.3991	-2.0942	.2293	.00794
.60	-2.4099	-1.8028	.1088	.01639
.65	-1.6474	-1.5300	.0264	.01977
.70	-1.0795	-1.2846	-.0275	.01974
.75	-.6680	-1.0689	-.0609	.01753
.80	-.3721	-.8814	-.0795	.01402
.85	-.1485	-.7176	-.0870	.00986
.90	.0560	-.5716	-.0842	.00558
.95	.2934	-.4373	-.0695	.00174
1.00	1.3899	-.3084	-.0000	-.00000

XM/L=0.2

X/L	FP	FS	FQ	FM
.05	33.3073	4.8880	1.6654	.04163
.10	13.2132	3.8622	2.3260	.14142
.15	9.8708	2.7011	2.8196	.27006
.20	4.9607	1.2330	3.0676	-.58276
.25	-6.3436	-.5623	2.7504	-.43731
.30	-9.7952	-1.7810	2.2607	-.31203
.35	-9.9437	-2.4393	1.7635	-.21143
.40	-8.9424	-2.7065	1.3164	-.13444
.45	-7.5051	-2.7157	.9411	-.07800
.50	-6.0021	-2.5668	.6410	-.03845
.55	-4.6177	-2.3314	.4101	-.01217
.60	-3.4333	-2.0589	.2384	.00405
.65	-2.4710	-1.7807	.1149	.01288
.70	-1.7197	-1.5157	.0289	.01647
.75	-1.1501	-1.2729	-.0286	.01648
.80	-.7227	-1.0550	-.0647	.01415
.85	-.3910	-.8603	-.0843	.01042
.90	-.0935	-.6840	-.0890	.00609
.95	.2320	-.5201	-.0774	.00193
1.00	1.5472	-.3622	-.0000	-.00000

XM/L=0.3

X/L	FP	FS	FQ	FM
.05	16.0714	3.2509	.8036	.02009
.10	8.5570	3.1037	1.2314	.07096
.15	8.5300	2.8896	1.6579	.14320
.20	8.6891	2.5161	2.0924	.23696
.25	8.2134	1.8589	2.5031	.35184
.30	4.8799	.7614	2.7470	-.51691
.35	-5.7227	-.7741	2.4609	-.38671
.40	-8.8998	-1.8202	2.0159	-.27479
.45	-9.0044	-2.3716	1.5657	-.18525
.50	-8.0795	-2.5794	1.1617	-.11706
.55	-6.7739	-2.5618	.8230	-.06744
.60	-5.4199	-2.4068	.5520	-.03307
.65	-4.1794	-2.1773	.3431	-.01069
.70	-3.1199	-1.9156	.1871	.00257
.75	-2.2549	-1.6483	.0743	.00910
.80	-1.5648	-1.3901	-.0039	.01086
.85	-1.0078	-1.1471	-.0543	.00940
.90	-.5161	-.9195	-.0801	.00604
.95	-.0145	-.7036	-.0808	.00202
1.00	1.6167	-.4937	-.0000	-.00000

XM/L=0.4

X/L	FP	FS	FQ	FM
.05	5.9460	2.0293	.2973	.00743
.10	4.6207	2.2409	.5283	.02807
.15	5.5370	2.4266	.8052	.06141
.20	6.6660	2.5460	1.1385	.11000
.25	7.8227	2.5379	1.5296	.17671
.30	8.6366	2.3160	1.9614	.26398
.35	8.4509	1.7649	2.3840	.37262
.40	5.2296	.7377	2.6455	-.50165
.45	-5.3574	-.7544	2.3776	-.37607
.50	-8.5698	-1.7766	1.9491	-.26790
.55	-8.7336	-2.3171	1.5124	-.18136
.60	-7.8755	-2.5221	1.1187	-.11559
.65	-6.6341	-2.5055	.7870	-.06794
.70	-5.3348	-2.3524	.5202	-.03527
.75	-4.1327	-2.1226	.3136	-.01442
.80	-3.0874	-1.8563	.1592	-.00260
.85	-2.1990	-1.5777	.0493	.00261
.90	-1.4181	-1.2994	-.0216	.00330
.95	-.6706	-1.0258	-.0552	.00138
1.00	1.1036	-.7558	-.0000	-.00000

XM/L=0.5

X/L	FP	FS	FQ	FM
.05	.9149	1.2313	.0457	.00114
.10	2.0721	1.5300	.1493	.00602
.15	3.0433	1.8237	.3015	.01729
.20	4.1272	2.1003	.5079	.03753
.25	5.3421	2.3365	.7750	.06960
.30	6.6399	2.4931	1.1070	.11665
.35	7.8712	2.5111	1.5005	.18183
.40	8.7141	2.3065	1.9362	.26775
.45	8.5323	1.7661	2.3629	.37523
.50	5.3015	.7447	2.6279	-.50000
.55	-5.3015	-.7447	2.3629	-.37523
.60	-8.5323	-1.7661	1.9362	-.26775
.65	-8.7141	-2.3065	1.5005	-.18183
.70	-7.8712	-2.5111	1.1070	-.11665
.75	-6.6399	-2.4931	.7750	-.06960
.80	-5.3421	-2.3365	.5079	-.03753
.85	-4.1272	-2.1003	.3015	-.01729
.90	-3.0433	-1.8237	.1493	-.00602
.95	-2.0721	-1.5300	.0457	-.00114
1.00	-.9149	-1.2313	-.0000	-.00000

B/L= 2.00 DS/B1= 2.00 KS= .050

XQ/L=0.0

X/L	FP	FS	FQ	FM
.05	12.0838	2.3067	-.3958	-.03490
.10	4.1274	1.9804	-.1894	-.04953
.15	2.6347	1.6796	-.0577	-.05570
.20	1.6327	1.4106	.0239	-.05655
.25	.9888	1.1754	.0734	-.05412
.30	.5506	.9734	.1009	-.04976
.35	.2515	.8026	.1135	-.04440
.40	.0509	.6601	.1160	-.03866
.45	-.0786	.5425	.1121	-.03296
.50	-.1565	.4463	.1043	-.02755
.55	-.1978	.3684	.0944	-.02259
.60	-.2137	.3054	.0837	-.01813
.65	-.2128	.2547	.0730	-.01422
.70	-.2020	.2136	.0630	-.01082
.75	-.1866	.1801	.0536	-.00790
.80	-.1712	.1521	.0451	-.00543
.85	-.1604	.1281	.0370	-.00338
.90	-.1608	.1068	.0290	-.00173
.95	-.1783	.0870	.0201	-.00050
1.00	-.4018	.0678	-.0000	-.00000

XQ/L=0.1

X/L	FP	FS	FQ	FM
.05	7.6388	1.7698	.3819	.00955
.10	3.3168	1.6570	-.4522	.03279
.15	2.6135	1.5323	-.3215	.01345
.20	2.0062	1.3946	-.2212	-.00012
.25	1.5421	1.2529	-.1441	-.00926
.30	1.1700	1.1142	-.0856	-.01500
.35	.8710	.9828	-.0421	-.01819
.40	.6330	.8614	-.0104	-.01951
.45	.4463	.7514	.0119	-.01947
.50	.3024	.6531	.0270	-.01850
.55	.1938	.5662	.0367	-.01690
.60	.1135	.4899	.0424	-.01493
.65	.0553	.4232	.0451	-.01274
.70	.0134	.3648	.0458	-.01047
.75	-.0177	.3134	.0449	-.00820
.80	-.0434	.2675	.0428	-.00601
.85	-.0700	.2260	.0393	-.00396
.90	-.1075	.1874	.0339	-.00213
.95	-.1654	.1506	.0256	-.00064
1.00	-.5121	.1146	-.0000	-.00000

XQ/L=0.2

X/L	FP	FS	FQ	FM
.05	4.1824	1.2973	.2091	.00523
.10	2.2148	1.3160	.3199	.01845
.15	2.1203	1.3277	.4259	.03710
.20	2.0982	1.3229	-.4692	.06101
.25	1.9865	1.2894	-.3699	.04004
.30	1.7428	1.2264	-.2827	.02372
.35	1.4780	1.1443	-.2088	.01143
.40	1.2219	1.0518	-.1478	.00251
.45	.9887	.9552	-.0983	-.00364
.50	.7842	.8589	-.0591	-.00757
.55	.6102	.7661	-.0286	-.00977
.60	.4653	.6786	-.0053	-.01061
.65	.3465	.5971	.0120	-.01045
.70	.2496	.5220	.0245	-.00954
.75	.1695	.4529	.0329	-.00810
.80	.1002	.3892	.0380	-.00633
.85	.0339	.3297	.0397	-.00439
.90	-.0426	.2735	.0375	-.00246
.95	-.1423	.2193	.0304	-.00076
1.00	-.6081	.1661	-.0000	-.00000

XQ/L=0.3

X/L	FP	FS	FQ	FM
.05	1.8738	.9244	.0937	.00234
.10	1.3101	1.0066	.1592	.00866
.15	1.4468	1.0856	.2315	.01843
.20	1.6251	1.1566	.3128	.03204
.25	1.8183	1.2125	.4037	.04995
.30	1.9744	1.2439	-.4976	.07261
.35	1.9607	1.2393	-.3995	.05018
.40	1.7746	1.1986	-.3108	.03242
.45	1.5430	1.1333	-.2337	.01881
.50	1.3043	1.0527	-.1684	.00876
.55	1.0780	.9639	-.1145	.00168
.60	.8734	.8720	-.0709	-.00295
.65	.6937	.7806	-.0362	-.00563
.70	.5387	.6918	-.0093	-.00677
.75	.4049	.6067	.0110	-.00672
.80	.2867	.5257	.0253	-.00582
.85	.1757	.4485	.0341	-.00433
.90	.0565	.3744	.0369	-.00255
.95	-.0871	.3023	.0326	-.00081
1.00	-.6518	.2312	-.0000	-.00000

XQ/L=0.4

X/L	FP	FS	FQ	FM
.05	.4871	.6493	.0244	.00061
.10	.6733	.7529	.0580	.00267
.15	.8883	.8555	.1024	.00668
.20	1.1119	.9554	.1580	.01319
.25	1.3473	1.0494	.2254	.02278
.30	1.5881	1.1327	.3048	.03603
.35	1.8162	1.1985	.3956	.05354
.40	1.9934	1.2375	-.5047	.07581
.45	1.9923	1.2384	-.4051	.05307
.50	1.8135	1.2015	-.3144	.03508
.55	1.5852	1.1382	-.2352	.02134
.60	1.3468	1.0580	-.1678	.01126
.65	1.1178	.9682	-.1119	.00427
.70	.9072	.8738	-.0666	-.00019
.75	.7174	.7782	-.0307	-.00262
.80	.5457	.6835	-.0034	-.00348
.85	.3852	.5907	.0158	-.00317
.90	.2205	.4999	.0269	-.00210
.95	.0342	.4107	.0286	-.00071
1.00	-.5715	.3223	-.0000	-.00000

XQ/L=0.5

X/L	FP	FS	FQ	FM
.05	-.2500	.4553	-.0125	-.00031
.10	.2682	.5569	.0009	-.00060
.15	.4859	.6588	.0252	.00005
.20	.6915	.7608	.0598	.00218
.25	.9000	.8623	.1048	.00629
.30	1.1212	.9612	.1608	.01293
.35	1.3559	1.0545	.2286	.02267
.40	1.5970	1.1372	.3085	.03610
.45	1.8260	1.2023	.3998	.05380
.50	2.0044	1.2406	-.5000	.07630
.55	2.0044	1.2406	-.3998	.05380
.60	1.8260	1.2023	-.3085	.03610
.65	1.5970	1.1372	-.2286	.02267
.70	1.3559	1.0545	-.1608	.01293
.75	1.1212	.9612	-.1048	.00629
.80	.9000	.8623	-.0598	.00218
.85	.6915	.7608	-.0252	.00005
.90	.4859	.6588	-.0009	-.00060
.95	.2682	.5569	.0125	-.00031
1.00	-.2500	.4553	-.0000	-.00000

B/L= 2.00 DS/B1= 2.00 KS= .050

XM/L=0.0

X/L	FP	FS	FQ	FM
.05	45.8834	5.4442	2.2942	-.94265
.10	6.9458	3.1655	2.6415	-.81926
.15	-.0533	1.4158	2.6388	-.68725
.20	-3.8626	.1180	2.4457	-.56014
.25	-5.5916	-.8058	2.1661	-.44484
.30	-6.2146	-1.4284	1.8553	-.34431
.35	-6.1951	-1.8147	1.5456	-.25929
.40	-5.8091	-2.0203	1.2551	-.18927
.45	-5.2296	-2.0917	.9937	-.13305
.50	-4.5676	-2.0667	.7653	-.08907
.55	-3.8937	-1.9754	.5706	-.05568
.60	-3.2506	-1.8408	.4081	-.03121
.65	-2.6616	-1.6805	.2750	-.01413
.70	-2.1362	-1.5067	.1682	-.00306
.75	-1.6737	-1.3278	.0845	.00326
.80	-1.2651	-1.1491	.0212	.00590
.85	-.8929	-.9733	-.0234	.00585
.90	-.5240	-.8010	-.0496	.00402
.95	-.1207	-.6318	-.0557	.00139
1.00	1.1130	-.4641	.0000	-.00000

XM/L=0.1

X/L	FP	FS	FQ	FM
.05	40.5236	5.1531	2.0262	.05065
.10	10.8358	3.3974	2.5680	-.83449
.15	1.3215	1.6524	2.6340	-.70444
.20	-3.3182	.2942	2.4681	-.57689
.25	-5.3361	-.6797	2.2013	-.46015
.30	-6.1183	-1.3429	1.8954	-.35773
.35	-6.1899	-1.7612	1.5859	-.27070
.40	-5.8561	-1.9913	1.2931	-.19872
.45	-5.3046	-2.0809	1.0279	-.14070
.50	-4.6553	-2.0690	.7951	-.09512
.55	-3.9840	-1.9867	.5959	-.06034
.60	-3.3375	-1.8580	.4291	-.03472
.65	-2.7415	-1.7010	.2920	-.01669
.70	-2.2073	-1.5287	.1816	-.00485
.75	-1.7355	-1.3501	.0948	.00206
.80	-1.3178	-1.1707	.0289	.00515
.85	-.9373	-.9937	-.0179	.00543
.90	-.5614	-.8198	-.0460	.00383
.95	-.1526	-.6488	-.0536	.00134
1.00	1.0723	-.4793	-.0000	-.00000

XM/L=0.2

X/L	FP	FS	FQ	FM
.05	28.5686	4.2449	1.4284	.03571
.10	10.3209	3.3183	1.9445	.12003
.15	6.8288	2.3457	2.2859	.22579
.20	3.1883	1.2697	2.4453	-.65593
.25	-2.6283	.0979	2.3139	-.53694
.30	-5.0128	-.7912	2.0633	-.42751
.35	-5.7981	-1.3912	1.7734	-.33160
.40	-5.8689	-1.7639	1.4799	-.25026
.45	-5.5447	-1.9623	1.2027	-.18320
.50	-5.0145	-2.0311	.9520	-.12933
.55	-4.3940	-2.0065	.7323	-.08722
.60	-3.7548	-1.9171	.5445	-.05530
.65	-3.1399	-1.7852	.3875	-.03200
.70	-2.5721	-1.6273	.2589	-.01584
.75	-2.0599	-1.4553	.1559	-.00547
.80	-1.6009	-1.2770	.0759	.00033
.85	-1.1822	-1.0972	.0168	.00264
.90	-.7755	-.9184	-.0220	.00251
.95	-.3459	-.7412	-.0393	.00098
1.00	.7857	-.5650	-.0000	-.00000

XM/L=0.3

X/L	FP	FS	FQ	FM
.05	18.0161	3.2199	.9008	.02252
.10	7.6923	2.8326	1.2854	.07718
.15	6.3164	2.4159	1.6012	.14934
.20	5.3183	1.9317	1.8672	.23605
.25	4.2404	1.3321	2.0792	.33471
.30	2.0758	.5616	2.1830	-.55874
.35	-2.9349	-.3666	2.0362	-.45326
.40	-4.8541	-1.0663	1.7935	-.35751
.45	-5.3803	-1.5231	1.5245	-.27456
.50	-5.3221	-1.7907	1.2584	-.20499
.55	-4.9522	-1.9147	1.0108	-.14826
.60	-4.4283	-1.9330	.7894	-.10326
.65	-3.8443	-1.8762	.5972	-.06859
.70	-3.2567	-1.7681	.4343	-.04281
.75	-2.6972	-1.6267	.2995	-.02446
.80	-2.1798	-1.4653	.1905	-.01221
.85	-1.7050	-1.2931	.1052	-.00482
.90	-1.2587	-1.1159	.0423	-.00113
.95	-.8158	-.9369	.0015	-.00004
1.00	-.0300	-.7577	-.0000	-.00000

XM/L=0.4

X/L	FP	FS	FQ	FM
.05	10.1829	2.3121	.5091	.01273
.10	5.1147	2.2407	.7649	.04458
.15	4.8018	2.1524	1.0050	.08883
.20	4.7574	2.0244	1.2428	.14502
.25	4.8005	1.8265	1.4829	.21316
.30	4.6731	1.5215	1.7165	.29315
.35	4.0713	1.0648	1.9201	.38406
.40	2.1827	.4053	2.0292	-.51720
.45	-2.6732	-.4392	1.8956	-.41908
.50	-4.5143	-1.0780	1.6698	-.32995
.55	-5.0120	-1.4923	1.4192	-.25272
.60	-4.9572	-1.7321	1.1714	-.18796
.65	-4.6104	-1.8400	.9409	-.13515
.70	-4.1218	-1.8513	.7348	-.09326
.75	-3.5804	-1.7944	.5558	-.06100
.80	-3.0406	-1.6914	.4037	-.03701
.85	-2.5346	-1.5591	.2770	-.01999
.90	-2.0830	-1.4100	.1728	-.00874
.95	-1.6877	-1.2523	.0885	-.00221
1.00	-1.7692	-1.0914	-.0000	-.00000

XM/L=0.5

X/L	FP	FS	FQ	FM
.05	4.9511	1.6010	.2476	.00619
.10	3.0912	1.6927	.4021	.02243
.15	3.2852	1.7760	.5664	.04664
.20	3.6239	1.8387	.7476	.07949
.25	4.0467	1.8639	.9499	.12193
.30	4.4582	1.8289	1.1728	.17500
.35	4.7535	1.7051	1.4105	.23958
.40	4.7755	1.4573	1.6493	.31607
.45	4.2606	1.0430	1.8623	.40386
.50	2.4185	.4130	1.9832	-.50000
.55	-2.4185	-.4130	1.8623	-.40386
.60	-4.2606	-1.0430	1.6493	-.31607
.65	-4.7755	-1.4573	1.4105	-.23958
.70	-4.7535	-1.7051	1.1728	-.17500
.75	-4.4582	-1.8289	.9499	-.12193
.80	-4.0467	-1.8639	.7476	-.07949
.85	-3.6239	-1.8387	.5664	-.04664
.90	-3.2852	-1.7760	.4021	-.02243
.95	-3.0912	-1.6927	.2476	-.00619
1.00	-4.9511	-1.6010	-.0000	-.00000

B/L= 2.00   DS/B1= 2.00   KS= .100

XQ/L=0.0

X/L	FP	FS	FQ	FM
.05	10.7348	2.1716	-.4633	-.03658
.10	3.9248	1.9180	-.2670	-.05484
.15	2.6936	1.6782	-.1323	-.06482
.20	1.8486	1.4564	-.0399	-.06913
.25	1.2842	1.2548	.0243	-.06952
.30	.8765	1.0741	.0681	-.06721
.35	.5751	.9139	.0969	-.06308
.40	.3513	.7732	.1144	-.05780
.45	.1859	.6507	.1237	-.05185
.50	.0653	.5446	.1270	-.04558
.55	-.0209	.4532	.1260	-.03925
.60	-.0814	.3744	.1219	-.03306
.65	-.1234	.3066	.1157	-.02712
.70	-.1530	.2477	.1081	-.02152
.75	-.1762	.1961	.0993	-.01634
.80	-.1988	.1502	.0893	-.01163
.85	-.2283	.1085	.0779	-.00745
.90	-.2781	.0697	.0640	-.00390
.95	-.3601	.0325	.0460	-.00115
1.00	-.9197	-.0039	-.0000	-.00000

XQ/L=0.1

X/L	FP	FS	FQ	FM
.05	7.4689	1.7394	.3734	.00934
.10	3.1707	1.6262	-.4680	.03197
.15	2.4775	1.5073	-.3441	.01167
.20	1.9357	1.3823	-.2474	-.00312
.25	1.5376	1.2560	-.1705	-.01357
.30	1.2207	1.1323	-.1094	-.02056
.35	.9626	1.0137	-.0613	-.02483
.40	.7509	.9020	-.0238	-.02696
.45	.5774	.7981	.0051	-.02743
.50	.4359	.7023	.0269	-.02663
.55	.3209	.6147	.0429	-.02488
.60	.2275	.5348	.0543	-.02245
.65	.1512	.4620	.0619	-.01954
.70	.0874	.3955	.0662	-.01634
.75	.0314	.3344	.0678	-.01299
.80	-.0222	.2777	.0667	-.00963
.85	-.0804	.2244	.0627	-.00639
.90	-.1567	.1735	.0548	-.00345
.95	-.2637	.1240	.0417	-.00104
1.00	-.8332	.0752	-.0000	-.00000

XQ/L=0.2

X/L	FP	FS	FQ	FM
.05	4.7480	1.3444	.2374	.00594
.10	2.2796	1.3281	.3514	.02065
.15	2.0231	1.3079	.4525	.04075
.20	1.8730	1.2785	-.4538	.06572
.25	1.7244	1.2335	-.3676	.04519
.30	1.5285	1.1723	-.2912	.02872
.35	1.3310	1.1000	-.2246	.01582
.40	1.1424	1.0211	-.1675	.00602
.45	.9680	.9389	-.1191	-.00115
.50	.8100	.8560	-.0786	-.00609
.55	.6691	.7743	-.0451	-.00918
.60	.5446	.6948	-.0179	-.01076
.65	.4348	.6184	.0038	-.01111
.70	.3372	.5453	.0207	-.01050
.75	.2484	.4754	.0331	-.00915
.80	.1639	.4084	.0413	-.00729
.85	.0771	.3440	.0452	-.00513
.90	-.0252	.2814	.0439	-.00290
.95	-.1559	.2200	.0361	-.00090
1.00	-.7222	.1592	-.0000	-.00000

XQ/L=0.3

X/L	FP	FS	FQ	FM
.05	2.7150	1.0112	.1358	.00339
.10	1.5123	1.0521	.2114	.01207
.15	1.4802	1.0907	.2854	.02449
.20	1.5121	1.1238	.3610	.04065
.25	1.5787	1.1472	.4399	.06067
.30	1.6345	1.1555	-.4784	.08471
.35	1.6051	1.1423	-.3981	.06280
.40	1.4856	1.1074	-.3238	.04475
.45	1.3378	1.0564	-.2569	.03023
.50	1.1811	.9941	-.1979	.01886
.55	1.0257	.9246	-.1466	.01025
.60	.8772	.8507	-.1027	.00402
.65	.7382	.7747	-.0658	-.00020
.70	.6093	.6981	-.0354	-.00273
.75	.4891	.6220	-.0109	-.00388
.80	.3747	.5469	.0078	-.00396
.85	.2604	.4730	.0209	-.00324
.90	.1348	.4002	.0276	-.00203
.95	-.0148	.3282	.0269	-.00067
1.00	-.5371	.2566	-.0000	-.00000

XQ/L=0.4

X/L	FP	FS	FQ	FM
.05	1.2967	.7441	.0648	.00162
.10	.9185	.8140	.1108	.00601
.15	1.0060	.8828	.1611	.01281
.20	1.1200	.9488	.2171	.02226
.25	1.2534	1.0095	.2797	.03468
.30	1.3914	1.0618	.3493	.05040
.35	1.5193	1.1014	.4253	.06977
.40	1.6144	1.1229	-.4940	.09305
.45	1.6106	1.1204	-.4135	.07036
.50	1.5074	1.0938	-.3381	.05157
.55	1.3692	1.0489	-.2697	.03638
.60	1.2170	.9909	-.2088	.02442
.65	1.0620	.9238	-.1557	.01530
.70	.9102	.8507	-.1102	.00866
.75	.7643	.7741	-.0720	.00410
.80	.6243	.6957	-.0408	.00128
.85	.4873	.6164	-.0164	-.00015
.90	.3454	.5369	.0009	-.00054
.95	.1884	.4576	.0103	-.00026
1.00	-.2057	.3784	-.0000	-.00000

XQ/L=0.5

X/L	FP	FS	FQ	FM
.05	.3668	.5368	.0183	.00046
.10	.4875	.6171	.0427	.00198
.15	.6295	.6970	.0742	.00491
.20	.7723	.7760	.1128	.00958
.25	.9203	.8528	.1588	.01637
.30	1.0735	.9257	.2125	.02566
.35	1.2294	.9923	.2740	.03782
.40	1.3817	1.0495	.3430	.05324
.45	1.5190	1.0931	.4190	.07229
.50	1.6201	1.1178	-.5000	.09527
.55	1.6201	1.1178	-.4190	.07229
.60	1.5190	1.0931	-.3430	.05324
.65	1.3817	1.0495	-.2740	.03782
.70	1.2294	.9923	-.2125	.02566
.75	1.0735	.9257	-.1588	.01637
.80	.9203	.8528	-.1128	.00958
.85	.7723	.7760	-.0742	.00491
.90	.6295	.6970	-.0427	.00198
.95	.4875	.6171	-.0183	.00046
1.00	.3668	.5368	-.0000	-.00000

B/L= 2.00 DS/B1= 2.00 KS= .100

XM/L=0.0

X/L	FP	FS	FQ	FM
.05	33.4203	4.3642	1.6710	-.95822
.10	6.9664	2.8849	2.0193	-.86597
.15	2.0249	1.6795	2.1206	-.76247
.20	-.9428	.7183	2.0734	-.65762
.25	-2.5745	-.0298	1.9447	-.55716
.30	-3.4644	-.5958	1.7715	-.46426
.35	-3.8850	-1.0087	1.5772	-.38054
.40	-3.9995	-1.2951	1.3773	-.30668
.45	-3.9137	-1.4784	1.1816	-.24270
.50	-3.7006	-1.5795	.9966	-.18825
.55	-3.4113	-1.6160	.8260	-.14269
.60	-3.0819	-1.6030	.6719	-.10524
.65	-2.7377	-1.5530	.5350	-.07507
.70	-2.3958	-1.4759	.4152	-.05131
.75	-2.0673	-1.3800	.3119	-.03314
.80	-1.7583	-1.2715	.2239	-.01974
.85	-1.4711	-1.1551	.1504	-.01038
.90	-1.2058	-1.0342	.0901	-.00437
.95	-.9551	-.9111	.0423	-.00106
1.00	-.8469	-.7873	.0000	-.00000

XM/L=0.1

X/L	FP	FS	FQ	FM
.05	30.5573	4.2008	1.5279	.03820
.10	8.8857	2.9931	1.9721	-.87430
.15	2.7255	1.7986	2.1084	-.77229
.20	-.6360	.8136	2.0766	-.66766
.25	-2.4029	.0447	1.9565	-.56684
.30	-3.3703	-.5392	1.7880	-.47322
.35	-3.8388	-.9672	1.5960	-.38862
.40	-3.9843	-1.2660	1.3968	-.31380
.45	-3.9190	-1.4596	1.2009	-.24886
.50	-3.7189	-1.5689	1.0149	-.19347
.55	-3.4375	-1.6119	.8430	-.14702
.60	-3.1125	-1.6040	.6874	-.10876
.65	-2.7704	-1.5579	.5489	-.07785
.70	-2.4290	-1.4838	.4274	-.05344
.75	-2.1001	-1.3901	.3224	-.03469
.80	-1.7905	-1.2832	.2329	-.02081
.85	-1.5031	-1.1681	.1578	-.01104
.90	-1.2391	-1.0483	.0958	-.00471
.95	-.9921	-.9261	.0462	-.00115
1.00	-.9240	-.8031	-.0000	-.00000

XM/L=0.2

X/L	FP	FS	FQ	FM
.05	23.7323	3.6602	1.1866	.02967
.10	8.4645	2.9109	1.6098	.09958
.15	5.4986	2.1425	1.8848	.18694
.20	2.7584	1.3313	2.0227	-.71537
.25	-.8448	.4870	1.9804	-.61529
.30	-2.5908	-.1953	1.8509	-.51951
.35	-3.4196	-.7075	1.6799	-.43124
.40	-3.7869	-1.0771	1.4906	-.35198
.45	-3.8638	-1.3293	1.2974	-.28228
.50	-3.7560	-1.4866	1.1096	-.22210
.55	-3.5334	-1.5683	.9329	-.17104
.60	-3.2442	-1.5912	.7707	-.12845
.65	-2.9221	-1.5692	.6246	-.09356
.70	-2.5905	-1.5140	.4951	-.06557
.75	-2.2656	-1.4350	.3818	-.04365
.80	-1.9579	-1.3397	.2839	-.02701
.85	-1.6745	-1.2339	.2002	-.01490
.90	-1.4229	-1.1219	.1290	-.00667
.95	-1.2019	-1.0066	.0689	-.00172
1.00	-1.3789	-.8901	-.0000	-.00000

XM/L=0.3

X/L	FP	FS	FQ	FM
.05	17.0671	2.9974	.8534	.02133
.10	6.8171	2.5840	1.1942	.07252
.15	5.1807	2.1568	1.4532	.13871
.20	3.9721	1.6981	1.6519	.21634
.25	2.8856	1.1862	1.7961	.30254
.30	1.3354	.5966	1.8629	-.60599
.35	-1.5773	-.0600	1.7840	-.51481
.40	-2.8815	-.5860	1.6400	-.42921
.45	-3.4221	-.9705	1.4689	-.35149
.50	-3.6037	-1.2380	1.2887	-.28256
.55	-3.5665	-1.4105	1.1103	-.22258
.60	-3.3963	-1.5073	.9405	-.17131
.65	-3.1491	-1.5451	.7831	-.12822
.70	-2.8637	-1.5382	.6399	-.09264
.75	-2.5677	-1.4981	.5115	-.06386
.80	-2.2816	-1.4347	.3974	-.04114
.85	-2.0226	-1.3556	.2963	-.02379
.90	-1.8141	-1.2669	.2056	-.01125
.95	-1.6681	-1.1729	.1222	-.00305
1.00	-2.4435	-1.0768	-.0000	-.00000

XM/L=0.4

X/L	FP	FS	FQ	FM
.05	11.5173	2.3567	.5759	.01440
.10	5.0820	2.1732	.8300	.04954
.15	4.2626	1.9804	1.0431	.09637
.20	3.7591	1.7657	1.2310	.15322
.25	3.4143	1.5138	1.4018	.21904
.30	3.0257	1.2061	1.5530	.29291
.35	2.4154	.8218	1.6738	.37358
.40	1.1701	.3375	1.7323	-.54126
.45	-1.5441	-.2341	1.6551	-.45658
.50	-2.7215	-.6936	1.5190	-.37722
.55	-3.1869	-1.0280	1.3597	-.30525
.60	-3.3320	-1.2602	1.1931	-.24143
.65	-3.2890	-1.4105	1.0287	-.18589
.70	-3.1391	-1.4968	.8717	-.13838
.75	-2.9374	-1.5346	.7248	-.09847
.80	-2.7253	-1.5369	.5886	-.06563
.85	-2.5405	-1.5147	.4615	-.03938
.90	-2.4367	-1.4769	.3397	-.01935
.95	-2.4517	-1.4303	.2171	-.00543
1.00	-4.3423	-1.3800	-.0000	-.00000

XM/L=0.5

X/L	FP	FS	FQ	FM
.05	7.3019	1.8081	.3651	.00913
.10	3.5917	1.7717	.5447	.03187
.15	3.2785	1.7292	.7086	.06320
.20	3.1690	1.6726	.8671	.10260
.25	3.1811	1.5912	1.0261	.14992
.30	3.2083	1.4720	1.1865	.20524
.35	3.1728	1.2996	1.3452	.26853
.40	2.9828	1.0563	1.4943	.33952
.45	2.5012	.7219	1.6194	.41736
.50	1.3357	.2740	1.6862	-.50000
.55	-1.3357	-.2740	1.6194	-.41736
.60	-2.5012	-.7219	1.4943	-.33952
.65	-2.9828	-1.0563	1.3452	-.26853
.70	-3.1729	-1.2996	1.1865	-.20524
.75	-3.2083	-1.4720	1.0261	-.14992
.80	-3.1811	-1.5912	.8671	-.10260
.85	-3.1690	-1.6726	.7086	-.06320
.90	-3.2785	-1.7292	.5447	-.03187
.95	-3.5917	-1.7717	.3651	-.00913
1.00	-7.3019	-1.8081	-.0000	-.00000

B/L= 2.00 DS/B1= 2.00 KS= .200

XQ/L=0.0

X/L	FP	FS	FQ	FM
.05	9.6314	2.0540	-.5184	-.03796
.10	3.7054	1.8553	-.3332	-.05925
.15	2.6787	1.6640	-.1992	-.07256
.20	1.9688	1.4826	-.1008	-.08006
.25	1.4865	1.3127	-.0265	-.08324
.30	1.1260	1.1550	.0298	-.08316
.35	.8465	1.0099	.0722	-.08061
.40	.6254	.8770	.1034	-.07622
.45	.4487	.7559	.1259	-.07048
.50	.3064	.6459	.1412	-.06381
.55	.1908	.5459	.1507	-.05651
.60	.0957	.4549	.1555	-.04885
.65	.0153	.3718	.1563	-.04106
.70	-.0558	.2955	.1535	-.03331
.75	-.1231	.2248	.1473	-.02579
.80	-.1933	.1585	.1377	-.01867
.85	-.2762	.0955	.1239	-.01213
.90	-.3919	.0348	.1043	-.00642
.95	-.5588	-.0245	.0763	-.00191
1.00	-1.5267	-.0832	-.0000	-.00000

XQ/L=0.1

X/L	FP	FS	FQ	FM
.05	7.2279	1.7049	.3614	.00903
.10	3.0498	1.5979	-.4861	.03092
.15	2.3858	1.4881	-.3668	.00959
.20	1.8962	1.3754	-.2720	-.00638
.25	1.5472	1.2626	-.1947	-.01805
.30	1.2717	1.1515	-.1311	-.02619
.35	1.0455	1.0439	-.0788	-.03144
.40	.8560	.9405	-.0360	-.03431
.45	.6954	.8421	-.0012	-.03524
.50	.5583	.7490	.0267	-.03460
.55	.4403	.6610	.0487	-.03272
.60	.3376	.5782	.0656	-.02986
.65	.2465	.5000	.0779	-.02627
.70	.1633	.4260	.0861	-.02217
.75	.0839	.3557	.0903	-.01776
.80	.0030	.2884	.0904	-.01325
.85	-.0873	.2234	.0860	-.00884
.90	-.2034	.1601	.0759	-.00479
.95	-.3610	.0977	.0578	-.00145
1.00	-1.1565	.0359	-.0000	-.00000

XQ/L=0.2

X/L	FP	FS	FQ	FM
.05	5.1173	1.3767	.2559	.00640
.10	2.3299	1.3385	.3724	.02210
.15	1.9740	1.2981	.4711	.04319
.20	1.7462	1.2529	-.4416	.06892
.25	1.5704	1.1995	-.3631	.04881
.30	1.3942	1.1374	-.2934	.03239
.35	1.2297	1.0692	-.2319	.01926
.40	1.0773	.9972	-.1780	.00901
.45	.9368	.9231	-.1312	.00128
.50	.8077	.8482	-.0908	-.00427
.55	.6893	.7736	-.0564	-.00795
.60	.5806	.6999	-.0273	-.01004
.65	.4800	.6275	-.0033	-.01081
.70	.3857	.5568	.0160	-.01050
.75	.2949	.4876	.0307	-.00933
.80	.2041	.4199	.0409	-.00754
.85	.1074	.3535	.0463	-.00536
.90	-.0078	.2880	.0459	-.00306
.95	-.1540	.2232	.0382	-.00095
1.00	-.7637	.1587	-.0000	-.00000

XQ/L=0.3

X/L	FP	FS	FQ	FM
.05	3.3992	1.0847	.1700	.00425
.10	1.6838	1.0932	.2541	.01485
.15	1.5204	1.1002	.3302	.02946
.20	1.4427	1.1039	.4023	.04777
.25	1.4184	1.1019	.4732	.06966
.30	1.4039	1.0911	-.4566	.09508
.35	1.3537	1.0681	-.3889	.07394
.40	1.2611	1.0326	-.3258	.05607
.45	1.1550	.9873	-.2681	.04122
.50	1.0438	.9348	-.2159	.02912
.55	.9323	.8771	-.1693	.01949
.60	.8228	.8157	-.1281	.01206
.65	.7169	.7519	-.0923	.00655
.70	.6146	.6868	-.0616	.00270
.75	.5154	.6210	-.0358	.00026
.80	.4175	.5549	-.0149	-.00100
.85	.3174	.4889	.0009	-.00135
.90	.2075	.4232	.0113	-.00105
.95	.0790	.3575	.0153	-.00038
1.00	-.3054	.2920	-.0000	-.00000

XQ/L=0.4

X/L	FP	FS	FQ	FM
.05	2.0575	.8337	.1029	.00257
.10	1.1430	.8717	.1600	.00914
.15	1.1077	.9088	.2154	.01853
.20	1.1204	.9439	.2714	.03070
.25	1.1661	.9753	.3297	.04573
.30	1.2232	1.0010	.3909	.06375
.35	1.2783	1.0185	.4548	.08489
.40	1.3168	1.0249	-.4793	.10928
.45	1.3038	1.0169	-.4142	.08694
.50	1.2380	.9943	-.3523	.06778
.55	1.1511	.9602	-.2947	.05160
.60	1.0538	.9171	-.2420	.03819
.65	.9520	.8674	-.1944	.02727
.70	.8495	.8127	-.1519	.01862
.75	.7482	.7546	-.1145	.01195
.80	.6492	.6942	-.0821	.00704
.85	.5524	.6324	-.0544	.00363
.90	.4567	.5698	-.0316	.00147
.95	.3584	.5068	-.0137	.00034
1.00	.2738	.4437	-.0000	-.00000

XQ/L=0.5

X/L	FP	FS	FQ	FM
.05	1.0383	.6218	.0519	.00130
.10	.7062	.6768	.0872	.00478
.15	.7535	.7313	.1249	.01008
.20	.8198	.7847	.1659	.01735
.25	.9012	.8360	.2110	.02677
.30	.9896	.8841	.2604	.03855
.35	1.0801	.9273	.3144	.05293
.40	1.1675	.9636	.3728	.07011
.45	1.2444	.9908	.4350	.09030
.50	1.2994	1.0059	-.5000	.11368
.55	1.2994	1.0059	-.4350	.09030
.60	1.2444	.9908	-.3728	.07011
.65	1.1675	.9636	-.3144	.05293
.70	1.0801	.9273	-.2604	.03855
.75	.9896	.8841	-.2110	.02677
.80	.9012	.8360	-.1659	.01735
.85	.8198	.7847	-.1249	.01008
.90	.7535	.7313	-.0872	.00478
.95	.7062	.6768	-.0519	.00130
1.00	1.0383	.6218	-.0000	-.00000

B/L= 2.00   DS/B1= 2.00   KS= .200

XM/L=0.0

X/L	FP	FS	FQ	FM
.05	24.4346	3.5133	1.2217	-.96946
.10	6.2729	2.5588	1.5354	-.90053
.15	2.8607	1.7446	1.6784	-.82018
.20	.6878	1.0595	1.7128	-.73540
.25	-.6307	.4911	1.6813	-.65055
.30	-1.4715	.0267	1.6077	-.56833
.35	-1.9995	-.3464	1.5077	-.49044
.40	-2.3114	-.6401	1.3921	-.41795
.45	-2.4703	-.8657	1.2686	-.35143
.50	-2.5203	-1.0336	1.1426	-.29115
.55	-2.4943	-1.1534	1.0179	-.23713
.60	-2.4176	-1.2336	.8970	-.18926
.65	-2.3101	-1.2818	.7815	-.14730
.70	-2.1882	-1.3049	.6721	-.11096
.75	-2.0663	-1.3086	.5688	-.07994
.80	-1.9589	-1.2980	.4708	-.05395
.85	-1.8840	-1.2774	.3766	-.03276
.90	-1.8788	-1.2504	.2827	-.01628
.95	-1.9704	-1.2197	.1842	-.00460
1.00	-3.6835	-1.1874	.0000	-.00000

XM/L=0.1

X/L	FP	FS	FQ	FM
.05	22.9303	3.4240	1.1465	.02866
.10	7.2188	2.6090	1.5075	-.90499
.15	3.2116	1.8036	1.6680	-.82560
.20	.8508	1.1092	1.7106	-.74114
.25	-.5302	.5324	1.6841	-.65627
.30	-1.4073	.0604	1.6137	-.57383
.35	-1.9585	-.3193	1.5158	-.49559
.40	-2.2864	-.6189	1.4015	-.42266
.45	-2.4567	-.8497	1.2786	-.35566
.50	-2.5150	-1.0221	1.1529	-.29487
.55	-2.4953	-1.1458	1.0281	-.24035
.60	-2.4231	-1.2294	.9069	-.19197
.65	-2.3191	-1.2806	.7910	-.14952
.70	-2.2000	-1.3062	.6810	-.11272
.75	-2.0805	-1.3122	.5770	-.08127
.80	-1.9754	-1.3036	.4782	-.05489
.85	-1.9035	-1.2849	.3830	-.03336
.90	-1.9026	-1.2596	.2879	-.01659
.95	-2.0007	-1.2306	.1879	-.00470
1.00	-3.7572	-1.2000	-.0000	-.00000

XM/L=0.2

X/L	FP	FS	FQ	FM
.05	19.1679	3.1159	.9584	.02396
.10	6.9292	2.5471	1.3049	.08054
.15	4.5888	1.9706	1.5343	.15152
.20	2.5875	1.3767	1.6637	-.76853
.25	.3178	.7729	1.6796	-.68495
.30	-.9326	.2593	1.6329	-.60214
.35	-1.6574	-.1577	1.5501	-.52256
.40	-2.0966	-.4904	1.4452	-.44768
.45	-2.3432	-.7504	1.3281	-.37835
.50	-2.4563	-.9485	1.2053	-.31501
.55	-2.4766	-1.0946	1.0814	-.25785
.60	-2.4345	-1.1977	.9597	-.20682
.65	-2.3535	-1.2661	.8420	-.16178
.70	-2.2528	-1.3068	.7294	-.12249
.75	-2.1493	-1.3263	.6219	-.08871
.80	-2.0600	-1.3300	.5189	-.06019
.85	-2.0062	-1.3225	.4186	-.03675
.90	-2.0314	-1.3078	.3170	-.01836
.95	-2.1681	-1.2889	.2086	-.00522
1.00	-4.1726	-1.2684	-.0000	-.00000

XM/L=0.3

X/L	FP	FS	FQ	FM
.05	15.2294	2.7166	.7615	.01904
.10	5.9496	2.3433	1.0590	.06455
.15	4.3855	1.9639	1.2782	.12298
.20	3.2365	1.5705	1.4401	.19093
.25	2.2880	1.1536	1.5545	.26580
.30	1.1772	.7024	1.6133	-.65501
.35	-.5676	.2242	1.5849	-.57505
.40	-1.4686	-.1804	1.5115	-.49764
.45	-1.9519	-.5047	1.4139	-.42451
.50	-2.2227	-.7598	1.3028	-.35659
.55	-2.3545	-.9564	1.1850	-.29440
.60	-2.3946	-1.1042	1.0653	-.23814
.65	-2.3764	-1.2120	.9465	-.18784
.70	-2.3259	-1.2880	.8302	-.14342
.75	-2.2656	-1.3392	.7169	-.10475
.80	-2.2177	-1.3717	.6060	-.07167
.85	-2.2101	-1.3911	.4955	-.04413
.90	-2.2984	-1.4019	.3806	-.02223
.95	-2.5260	-1.4077	.2543	-.00636
1.00	-5.0862	-1.4114	-.0000	-.00000

XM/L=0.4

X/L	FP	FS	FQ	FM
.05	11.6976	2.3080	.5849	.01462
.10	4.8703	2.0823	.8284	.04995
.15	3.8435	1.8519	1.0206	.09618
.20	3.1491	1.6106	1.1780	.15114
.25	2.6519	1.3508	1.3106	.21336
.30	2.1856	1.0637	1.4199	.28162
.35	1.6382	.7395	1.5018	.35467
.40	.7926	.3676	1.5414	-.56925
.45	-.7709	-.0444	1.5029	-.49314
.50	-1.5486	-.3955	1.4255	-.41993
.55	-1.9524	-.6782	1.3278	-.35110
.60	-2.1792	-.9030	1.2189	-.28743
.65	-2.2982	-1.0800	1.1040	-.22936
.70	-2.3551	-1.2183	.9862	-.17711
.75	-2.3852	-1.3261	.8670	-.13078
.80	-2.4215	-1.4109	.7459	-.09046
.85	-2.5038	-1.4791	.6207	-.05629
.90	-2.7092	-1.5364	.4852	-.02864
.95	-3.0997	-1.5873	.3303	-.00826
1.00	-6.6051	-1.6355	-.0000	-.00000

XM/L=0.5

X/L	FP	FS	FQ	FM
.05	8.8014	1.9386	.4401	.01100
.10	3.8914	1.8189	.6346	.03787
.15	3.2434	1.6955	.7968	.07366
.20	2.8458	1.5638	.9391	.11705
.25	2.6075	1.4179	1.0695	.16727
.30	2.4177	1.2507	1.1904	.22376
.35	2.2148	1.0542	1.3011	.28605
.40	1.9410	.8195	1.3981	.35353
.45	1.5218	.5369	1.4742	.42534
.50	.7587	.1958	1.5122	-.50000
.55	-.7587	-.1958	1.4742	-.42534
.60	-1.5218	-.5369	1.3981	-.35353
.65	-1.9410	-.8195	1.3011	-.28605
.70	-2.2148	-1.0542	1.1904	-.22376
.75	-2.4177	-1.2507	1.0695	-.16727
.80	-2.6075	-1.4179	.9391	-.11705
.85	-2.8458	-1.5638	.7968	-.07366
.90	-3.2434	-1.6955	.6346	-.03787
.95	-3.8914	-1.8189	.4401	-.01100
1.00	-8.8014	-1.9386	-.0000	-.00000

B/L= 2.00 DS/B1= 2.00 KS= .500

XQ/L=0.0

X/L	FP	FS	FQ	FM
.05	8.6469	1.9451	-.5677	-.03919
.10	3.4820	1.7930	-.3936	-.06322
.15	2.6314	1.6440	-.2620	-.07961
.20	2.0442	1.4994	-.1598	-.09015
.25	1.6431	1.3598	-.0776	-.09609
.30	1.3363	1.2258	-.0108	-.09830
.35	1.0891	1.0977	.0437	-.09748
.40	.8830	.9754	.0878	-.09419
.45	.7072	.8589	.1232	-.08892
.50	.5542	.7479	.1509	-.08206
.55	.4182	.6420	.1718	-.07400
.60	.2946	.5408	.1865	-.06504
.65	.1791	.4438	.1955	-.05549
.70	.0670	.3504	.1988	-.04563
.75	-.0467	.2600	.1965	-.03575
.80	-.1692	.1721	.1880	-.02614
.85	-.3122	.0860	.1724	-.01713
.90	-.5028	.0013	.1473	-.00913
.95	-.7655	-.0827	.1090	-.00273
1.00	-2.1802	-.1664	-.0000	-.00000

XQ/L=0.1

X/L	FP	FS	FQ	FM
.05	6.9570	1.6689	.3479	.00870
.10	2.9393	1.5705	-.5052	.02976
.15	2.3127	1.4713	-.3895	.00739
.20	1.8702	1.3709	-.2960	-.00974
.25	1.5633	1.2707	-.2179	-.02259
.30	1.3234	1.1713	-.1517	-.03183
.35	1.1251	1.0737	-.0954	-.03801
.40	.9557	.9781	-.0477	-.04159
.45	.8075	.8850	-.0073	-.04296
.50	.6754	.7943	.0265	-.04248
.55	.5557	.7063	.0543	-.04046
.60	.4452	.6207	.0765	-.03719
.65	.3409	.5375	.0936	-.03294
.70	.2396	.4563	.1056	-.02796
.75	.1375	.3770	.1124	-.02251
.80	.0296	.2993	.1139	-.01685
.85	-.0927	.2227	.1093	-.01127
.90	-.2489	.1469	.0968	-.00612
.95	-.4574	.0717	.0740	-.00185
1.00	-1.4794	-.0033	-.0000	-.00000

XQ/L=0.2

X/L	FP	FS	FQ	FM
.05	5.3916	1.4018	.2696	.00674
.10	2.3727	1.3479	.3882	.02318
.15	1.9468	1.2931	.4856	.04503
.20	1.6646	1.2362	-.4312	.07139
.25	1.4673	1.1760	-.3578	.05166
.30	1.2995	1.1121	-.2929	.03539
.35	1.1534	1.0456	-.2352	.02219
.40	1.0227	.9774	-.1841	.01171
.45	.9037	.9082	-.1389	.00363
.50	.7939	.8385	-.0992	-.00232
.55	.6915	.7688	-.0646	-.00641
.60	.5949	.6994	-.0349	-.00890
.65	.5025	.6304	-.0097	-.01001
.70	.4126	.5620	.0109	-.00999
.75	.3229	.4942	.0270	-.00904
.80	.2303	.4270	.0385	-.00740
.85	.1295	.3602	.0450	-.00531
.90	.0087	.2939	.0454	-.00305
.95	-.1441	.2278	.0382	-.00096
1.00	-.7649	.1618	-.0000	-.00000

XQ/L=0.3

X/L	FP	FS	FQ	FM
.05	4.0008	1.1512	.2000	.00500
.10	1.8401	1.1320	.2920	.01730
.15	1.5655	1.1121	.3703	.03386
.20	1.3965	1.0907	.4401	.05412
.25	1.2984	1.0666	.5051	.07775
.30	1.2266	1.0386	-.4336	.10454
.35	1.1530	1.0053	-.3760	.08430
.40	1.0698	.9663	-.3225	.06684
.45	.9857	.9228	-.2732	.05195
.50	.9023	.8757	-.2281	.03942
.55	.8204	.8259	-.1870	.02904
.60	.7404	.7740	-.1500	.02061
.65	.6624	.7207	-.1169	.01394
.70	.5859	.6663	-.0876	.00883
.75	.5106	.6113	-.0621	.00509
.80	.4354	.5558	-.0403	.00253
.85	.3585	.5001	-.0224	.00096
.90	.2762	.4443	-.0086	.00018
.95	.1835	.3885	.0006	-.00001
1.00	-.0120	.3327	-.0000	-.00000

XQ/L=0.4

X/L	FP	FS	FQ	FM
.05	2.7866	.9200	.1393	.00348
.10	1.3568	.9275	.2072	.01215
.15	1.2032	.9345	.2673	.02401
.20	1.1202	.9405	.3233	.03878
.25	1.0858	.9446	.3776	.05630
.30	1.0719	.9458	.4312	.07652
.35	1.0659	.9430	.4845	.09942
.40	1.0579	.9350	-.4626	.12496
.45	1.0319	.9204	-.4110	.10312
.50	.9861	.8989	-.3617	.08381
.55	.9325	.8718	-.3151	.06689
.60	.8751	.8403	-.2713	.05223
.65	.8162	.8051	-.2305	.03969
.70	.7576	.7673	-.1926	.02911
.75	.7007	.7273	-.1576	.02035
.80	.6470	.6859	-.1252	.01328
.85	.5985	.6434	-.0953	.00777
.90	.5606	.6004	-.0673	.00371
.95	.5359	.5570	-.0405	.00101
1.00	.8095	.5134	-.0000	-.00000

XQ/L=0.5

X/L	FP	FS	FQ	FM
.05	1.7319	.7081	.0866	.00216
.10	.9240	.7360	.1328	.00765
.15	.8683	.7636	.1762	.01537
.20	.8524	.7905	.2188	.02525
.25	.8650	.8162	.2621	.03727
.30	.8904	.8401	.3066	.05149
.35	.9218	.8613	.3527	.06797
.40	.9547	.8789	.4004	.08680
.45	.9848	.8918	.4497	.10805
.50	1.0066	.8990	-.5000	.13179
.55	1.0066	.8990	-.4497	.10805
.60	.9848	.8918	-.4004	.08680
.65	.9547	.8789	-.3527	.06797
.70	.9218	.8613	-.3066	.05149
.75	.8904	.8401	-.2621	.03727
.80	.8650	.8162	-.2188	.02525
.85	.8524	.7905	-.1762	.01537
.90	.8683	.7636	-.1328	.00765
.95	.9240	.7360	-.0866	.00216
1.00	1.7319	.7081	-.0000	-.00000

B/L= 2.00 DS/B1= 2.00 KS= .500

XM/L=0.0

X/L	FP	FS	FQ	FM
.05	17.0651	2.7721	.8533	-.97867
.10	5.3147	2.2183	1.1190	-.92936
.15	3.1599	1.7218	1.2770	-.86946
.20	1.7240	1.2793	1.3632	-.80346
.25	.7874	.8870	1.4026	-.73432
.30	.1221	.5408	1.4087	-.66404
.35	-.3661	.2366	1.3904	-.59406
.40	-.7305	-.0299	1.3538	-.52546
.45	-1.0053	-.2628	1.3036	-.45902
.50	-1.2144	-.4662	1.2428	-.39536
.55	-1.3763	-.6439	1.1740	-.33494
.60	-1.5064	-.7998	1.0987	-.27812
.65	-1.6182	-.9372	1.0178	-.22521
.70	-1.7249	-1.0596	.9316	-.17647
.75	-1.8413	-1.1700	.8395	-.13220
.80	-1.9869	-1.2711	.7402	-.09271
.85	-2.1933	-1.3654	.6305	-.05844
.90	-2.5358	-1.4552	.5037	-.03008
.95	-3.0770	-1.5424	.3499	-.00875
1.00	-6.9970	-1.6285	.0000	-.00000

XM/L=0.1

X/L	FP	FS	FQ	FM
.05	16.4378	2.7336	.8219	.02055
.10	5.6874	2.2368	1.1063	-.93125
.15	3.2995	1.7450	1.2712	-.87181
.20	1.7917	1.2997	1.3608	-.80601
.25	.8320	.9048	1.4024	-.73693
.30	.1534	.5562	1.4101	-.66662
.35	-.3434	.2497	1.3929	-.59654
.40	-.7140	-.0190	1.3572	-.52779
.45	-.9934	-.2539	1.3076	-.46117
.50	-1.2063	-.4591	1.2472	-.39730
.55	-1.3713	-.6386	1.1787	-.33665
.60	-1.5040	-.7961	1.1035	-.27960
.65	-1.6180	-.9351	1.0226	-.22644
.70	-1.7269	-1.0589	.9362	-.17747
.75	-1.8453	-1.1706	.8440	-.13297
.80	-1.9932	-1.2730	.7443	-.09326
.85	-2.2021	-1.3687	.6342	-.05880
.90	-2.5480	-1.4598	.5068	-.03027
.95	-3.0940	-1.5482	.3521	-.00880
1.00	-7.0419	-1.6355	-.0000	-.00000

XM/L=0.2

X/L	FP	FS	FQ	FM
.05	14.8075	2.5964	.7404	.01851
.10	5.5409	2.2040	1.0174	.06245
.15	3.8432	1.8091	1.2096	.11813
.20	2.4963	1.4089	1.3344	-.81827
.25	1.1924	1.0072	1.3940	-.75006
.30	.3716	.6451	1.4126	-.67990
.35	-.1907	.3258	1.4031	-.60951
.40	-.6042	.0452	1.3728	-.54011
.45	-.9145	-.2008	1.3271	-.47261
.50	-1.1510	-.4165	1.2696	-.40769
.55	-1.3351	-.6058	1.2028	-.34588
.60	-1.4837	-.7725	1.1286	-.28759
.65	-1.6116	-.9203	1.0481	-.23318
.70	-1.7331	-1.0524	.9614	-.18294
.75	-1.8639	-1.1720	.8682	-.13720
.80	-2.0246	-1.2820	.7670	-.09632
.85	-2.2483	-1.3850	.6546	-.06078
.90	-2.6139	-1.4834	.5239	-.03132
.95	-3.1872	-1.5790	.3645	-.00911
1.00	-7.2900	-1.6734	-.0000	-.00000

XM/L=0.3

X/L	FP	FS	FQ	FM
.05	13.0080	2.4109	.6504	.01626
.10	5.0890	2.1067	.9048	.05514
.15	3.7416	1.8003	1.0919	.10506
.20	2.7664	1.4891	1.2303	.16312
.25	2.0140	1.1699	1.3309	.22715
.30	1.2652	.8390	1.3942	-.70473
.35	.3051	.5000	1.4095	-.63463
.40	-.2881	.1936	1.3951	-.56452
.45	-.6922	-.0768	1.3605	-.49563
.50	-.9942	-.3154	1.3107	-.42885
.55	-1.2280	-.5263	1.2493	-.36485
.60	-1.4168	-.7134	1.1785	-.30416
.65	-1.5789	-.8804	1.0996	-.24720
.70	-1.7310	-1.0309	1.0130	-.19439
.75	-1.8909	-1.1681	.9185	-.14610
.80	-2.0814	-1.2952	.8144	-.10278
.85	-2.3387	-1.4147	.6975	-.06499
.90	-2.7483	-1.5293	.5600	-.03355
.95	-3.3820	-1.6409	.3909	-.00977
1.00	-7.8188	-1.7513	-.0000	-.00000

XM/L=0.4

X/L	FP	FS	FQ	FM
.05	11.3058	2.2134	.5653	.01413
.10	4.5751	1.9805	.7940	.04812
.15	3.4910	1.7457	.9686	.09218
.20	2.7360	1.5068	1.1054	.14403
.25	2.1940	1.2608	1.2151	.20204
.30	1.7272	1.0044	1.3014	.26496
.35	1.2640	.7340	1.3646	.33161
.40	.7042	.4457	1.3999	-.59928
.45	-.1272	.1430	1.3935	-.52945
.50	-.6330	-.1334	1.3618	-.46056
.55	-.9811	-.3801	1.3128	-.39370
.60	-1.2538	-.6011	1.2501	-.32962
.65	-1.4832	-.8005	1.1759	-.26897
.70	-1.6933	-.9819	1.0913	-.21229
.75	-1.9067	-1.1489	.9959	-.16011
.80	-2.1506	-1.3047	.8884	-.11300
.85	-2.4665	-1.4524	.7651	-.07167
.90	-2.9511	-1.5945	.6175	-.03710
.95	-3.6857	-1.7334	.4332	-.01083
1.00	-8.6649	-1.8708	-.0000	-.00000

XM/L=0.5

X/L	FP	FS	FQ	FM
.05	9.8355	2.0280	.4918	.01229
.10	4.0913	1.8503	.6963	.04200
.15	3.2086	1.6709	.8568	.08083
.20	2.6117	1.4879	.9874	.12693
.25	2.2048	1.2987	1.0976	.17905
.30	1.8750	1.1003	1.1913	.23628
.35	1.5713	.8894	1.2699	.29781
.40	1.2570	.6626	1.3328	.36287
.45	.8940	.4159	1.3775	.43063
.50	.3981	.1454	1.3974	-.50000
.55	-.3981	-.1454	1.3775	-.43063
.60	-.8940	-.4159	1.3328	-.36287
.65	-1.2570	-.6626	1.2699	-.29781
.70	-1.5713	-.8894	1.1913	-.23628
.75	-1.8750	-1.1003	1.0976	-.17905
.80	-2.2048	-1.2987	.9874	-.12693
.85	-2.6117	-1.4879	.8568	-.08083
.90	-3.2086	-1.6709	.6963	-.04200
.95	-4.0913	-1.8503	.4918	-.01229
1.00	-9.8355	-2.0280	-.0000	-.00000

B/L= 2.00 DS/B1= 2.00 KS= 1.000

XQ/L=0.0

X/L	FP	FS	FQ	FM
.05	8.2238	1.8975	-.5888	-.03972
.10	3.3801	1.7649	-.4198	-.06494
.15	2.6038	1.6339	-.2896	-.08267
.20	2.0697	1.5051	-.1861	-.09457
.25	1.7051	1.3790	-.1009	-.10174
.30	1.4236	1.2558	-.0297	-.10501
.35	1.1930	1.1358	.0300	-.10500
.40	.9963	1.0189	.0798	-.10226
.45	.8234	.9051	.1209	-.09724
.50	.6678	.7943	.1543	-.09036
.55	.5245	.6863	.1806	-.08198
.60	.3894	.5809	.2000	-.07247
.65	.2587	.4778	.2130	-.06215
.70	.1282	.3768	.2194	-.05134
.75	-.0070	.2774	.2190	-.04038
.80	-.1543	.1795	.2113	-.02962
.85	-.3260	.0825	.1950	-.01946
.90	-.5524	-.0137	.1674	-.01040
.95	-.8610	-.1094	.1243	-.00311
1.00	-2.4867	-.2049	-.0000	-.00000

XQ/L=0.1

X/L	FP	FS	FQ	FM
.05	6.8285	1.6522	.3414	.00854
.10	2.8911	1.5584	-.5140	.02922
.15	2.2830	1.4641	-.3999	.00637
.20	1.8610	1.3694	-.3068	-.01129
.25	1.5720	1.2746	-.2282	-.02467
.30	1.3470	1.1805	-.1609	-.03440
.35	1.1607	1.0872	-.1028	-.04099
.40	1.0000	.9950	-.0528	-.04488
.45	.8572	.9042	-.0100	-.04645
.50	.7276	.8147	.0264	-.04604
.55	.6074	.7266	.0568	-.04396
.60	.4936	.6398	.0815	-.04050
.65	.3835	.5544	.1006	-.03595
.70	.2742	.4700	.1143	-.03058
.75	.1620	.3867	.1224	-.02466
.80	.0420	.3042	.1245	-.01848
.85	-.0948	.2224	.1198	-.01238
.90	-.2693	.1410	.1063	-.00672
.95	-.5010	.0599	.0813	-.00203
1.00	-1.6257	-.0211	-.0000	-.00000

XQ/L=0.2

X/L	FP	FS	FQ	FM
.05	5.4971	1.4117	.2749	.00687
.10	2.3905	1.3519	.3944	.02360
.15	1.9387	1.2917	.4913	.04574
.20	1.6365	1.2304	-.4269	.07236
.25	1.4306	1.1674	-.3553	.05280
.30	1.2646	1.1026	-.2921	.03661
.35	1.1241	1.0364	-.2359	.02341
.40	1.0004	.9693	-.1859	.01287
.45	.8886	.9017	-.1414	.00469
.50	.7855	.8338	-.1022	-.00140
.55	.6889	.7658	-.0677	-.00565
.60	.5970	.6980	-.0379	-.00829
.65	.5080	.6304	-.0125	-.00955
.70	.4202	.5630	.0085	-.00965
.75	.3316	.4960	.0251	-.00881
.80	.2390	.4292	.0371	-.00725
.85	.1377	.3627	.0439	-.00523
.90	.0159	.2963	.0447	-.00301
.95	-.1380	.2301	.0378	-.00095
1.00	-.7568	.1639	-.0000	-.00000

XQ/L=0.3

X/L	FP	FS	FQ	FM
.05	4.2568	1.1799	.2128	.00532
.10	1.9080	1.1491	.3082	.01835
.15	1.5870	1.1180	.3876	.03574
.20	1.3805	1.0860	.4566	.05685
.25	1.2521	1.0527	.5192	.08124
.30	1.1568	1.0173	-.4229	.10865
.35	1.0721	.9791	-.3693	.08884
.40	.9898	.9379	-.3198	.07162
.45	.9118	.8944	-.2743	.05676
.50	.8374	.8489	-.2324	.04410
.55	.7661	.8019	-.1941	.03344
.60	.6974	.7538	-.1592	.02460
.65	.6308	.7048	-.1277	.01743
.70	.5658	.6552	-.0994	.01176
.75	.5019	.6051	-.0743	.00741
.80	.4382	.5547	-.0524	.00425
.85	.3737	.5042	-.0337	.00210
.90	.3065	.4536	-.0184	.00079
.95	.2331	.4029	-.0067	.00017
1.00	.1342	.3522	-.0000	-.00000

XQ/L=0.4

X/L	FP	FS	FQ	FM
.05	3.1105	.9585	.1555	.00389
.10	1.4517	.9524	.2281	.01348
.15	1.2456	.9462	.2904	.02644
.20	1.1203	.9393	.3464	.04236
.25	1.0512	.9314	.3990	.06100
.30	1.0070	.9219	.4493	.08220
.35	.9753	.9103	.4981	.10589
.40	.9480	.8959	-.4545	.13198
.45	.9153	.8779	-.4088	.11039
.50	.8752	.8564	-.3650	.09105
.55	.8331	.8318	-.3233	.07384
.60	.7908	.8048	-.2838	.05866
.65	.7493	.7757	-.2463	.04541
.70	.7096	.7451	-.2109	.03398
.75	.6728	.7134	-.1772	.02428
.80	.6404	.6807	-.1452	.01622
.85	.6155	.6475	-.1144	.00973
.90	.6063	.6138	-.0841	.00476
.95	.6180	.5800	-.0532	.00133
1.00	1.0642	.5460	-.0000	-.00000

XQ/L=0.5

X/L	FP	FS	FQ	FM
.05	2.0508	.7475	.1025	.00256
.10	1.0226	.7628	.1537	.00897
.15	.9186	.7779	.1996	.01780
.20	.8643	.7926	.2428	.02886
.25	.8454	.8067	.2851	.04206
.30	.8425	.8196	.3272	.05737
.35	.8483	.8311	.3696	.07479
.40	.8585	.8406	.4126	.09434
.45	.8699	.8476	.4560	.11606
.50	.8790	.8514	-.5000	.13996
.55	.8790	.8514	-.4560	.11606
.60	.8699	.8476	-.4126	.09434
.65	.8585	.8406	-.3696	.07479
.70	.8483	.8311	-.3272	.05737
.75	.8425	.8196	-.2851	.04206
.80	.8454	.8067	-.2428	.02886
.85	.8643	.7926	-.1996	.01780
.90	.9186	.7779	-.1537	.00897
.95	1.0226	.7628	-.1025	.00256
1.00	2.0508	.7475	-.0000	-.00000

B/L= 2.00   DS/B1= 2.00   KS= 1.000

XM/L=0.0

X/L	FP	FS	FQ	FM
.05	14.0368	2.4574	.7018	-.98245
.10	4.8342	2.0616	.9436	-.94132
.15	3.1943	1.6946	1.1033	-.89015
.20	2.0782	1.3551	1.2072	-.83239
.25	1.3252	1.0414	1.2734	-.77037
.30	.7623	.7518	1.3116	-.70575
.35	.3203	.4844	1.3276	-.63977
.40	-.0391	.2371	1.3256	-.57344
.45	-.3399	.0080	1.3086	-.50758
.50	-.5989	-.2049	1.2787	-.44290
.55	-.8293	-.4035	1.2372	-.38001
.60	-1.0422	-.5898	1.1851	-.31945
.65	-1.2486	-.7656	1.1227	-.26175
.70	-1.4598	-.9327	1.0497	-.20744
.75	-1.6904	-1.0927	.9652	-.15707
.80	-1.9616	-1.2473	.8671	-.11127
.85	-2.3102	-1.3978	.7516	-.07080
.90	-2.8296	-1.5457	.6101	-.03676
.95	-3.5983	-1.6919	.4302	-.01075
1.00	-8.6035	-1.8374	.0000	-.00000

XM/L=0.1

X/L	FP	FS	FQ	FM
.05	13.7178	2.4376	.6859	.01715
.10	5.0193	2.0705	.9369	-.94228
.15	3.2639	1.7061	1.1000	-.89136
.20	2.1124	1.3654	1.2057	-.83372
.25	1.3484	1.0506	1.2731	-.77175
.30	.7791	.7599	1.3120	-.70712
.35	.3330	.4914	1.3287	-.64110
.40	-.0294	.2431	1.3272	-.57471
.45	-.3326	.0130	1.3106	-.50876
.50	-.5935	-.2008	1.2809	-.44397
.55	-.8255	-.4003	1.2396	-.38096
.60	-1.0399	-.5875	1.1877	-.32028
.65	-1.2476	-.7641	1.1253	-.26245
.70	-1.4601	-.9320	1.0523	-.20801
.75	-1.6920	-1.0928	.9677	-.15752
.80	-1.9645	-1.2482	.8694	-.11159
.85	-2.3149	-1.3995	.7537	-.07101
.90	-2.8363	-1.5481	.6119	-.03687
.95	-3.6080	-1.6951	.4315	-.01079
1.00	-8.6296	-1.8414	-.0000	-.00000

XM/L=0.2

X/L	FP	FS	FQ	FM
.05	12.8756	2.3659	.6438	.01609
.10	4.9391	2.0522	.8907	.05446
.15	3.5338	1.7375	1.0674	.10341
.20	2.4664	1.4204	1.1907	-.84013
.25	1.5327	1.1031	1.2674	-.77868
.30	.8940	.8063	1.3121	-.71419
.35	.4162	.5319	1.3329	-.64807
.40	.0329	.2780	1.3345	-.58138
.45	-.2855	.0425	1.3203	-.51501
.50	-.5586	-.1765	1.2923	-.44970
.55	-.8006	-.3811	1.2523	-.38608
.60	-1.0238	-.5732	1.2011	-.32475
.65	-1.2394	-.7545	1.1391	-.26624
.70	-1.4595	-.9271	1.0662	-.21111
.75	-1.6989	-1.0924	.9812	-.15992
.80	-1.9794	-1.2522	.8822	-.11334
.85	-2.3389	-1.4079	.7653	-.07215
.90	-2.8724	-1.5609	.6217	-.03747
.95	-3.6606	-1.7122	.4386	-.01097
1.00	-8.7730	-1.8628	-.0000	-.00000

XM/L=0.3

X/L	FP	FS	FQ	FM
.05	11.9269	2.2675	.5963	.01491
.10	4.6998	2.0000	.8313	.05060
.15	3.4781	1.7316	1.0052	.09651
.20	2.6032	1.4609	1.1354	.15003
.25	1.9502	1.1866	1.2329	.20924
.30	1.3512	.9069	1.3005	-.72743
.35	.6769	.6237	1.3343	-.66156
.40	.2051	.3575	1.3446	-.59458
.45	-.1598	.1103	1.3366	-.52756
.50	-.4658	-.1202	1.3133	-.46131
.55	-.7336	-.3358	1.2766	-.39656
.60	-.9783	-.5385	1.2277	-.33395
.65	-1.2130	-.7303	1.1671	-.27408
.70	-1.4507	-.9130	1.0945	-.21754
.75	-1.7074	-1.0883	1.0091	-.16495
.80	-2.0059	-1.2579	.9089	-.11700
.85	-2.3858	-1.4232	.7896	-.07454
.90	-2.9458	-1.5857	.6423	-.03875
.95	-3.7699	-1.7465	.4538	-.01134
1.00	-9.0756	-1.9065	-.0000	-.00000

XM/L=0.4

X/L	FP	FS	FQ	FM
.05	11.0115	2.1611	.5506	.01376
.10	4.4244	1.9320	.7718	.04682
.15	3.3451	1.7021	.9390	.08959
.20	2.5887	1.4700	1.0685	.13978
.25	2.0475	1.2346	1.1709	.19577
.30	1.5948	.9941	1.2506	.25630
.35	1.1730	.7468	1.3092	.32030
.40	.7205	.4909	1.3453	-.61334
.45	.1433	.2282	1.3524	-.54590
.50	-.2645	-.0210	1.3392	-.47860
.55	-.5905	-.2547	1.3097	-.41238
.60	-.8791	-.4751	1.2657	-.34800
.65	-1.1500	-.6841	1.2082	-.28615
.70	-1.4200	-.8836	1.1372	-.22751
.75	-1.7074	-1.0753	1.0519	-.17278
.80	-2.0372	-1.2611	.9500	-.12274
.85	-2.4517	-1.4425	.8274	-.07830
.90	-3.0558	-1.6208	.6746	-.04075
.95	-3.9387	-1.7974	.4777	-.01194
1.00	-9.5539	-1.9732	-.0000	-.00000

XM/L=0.5

X/L	FP	FS	FQ	FM
.05	10.2060	2.0600	.5103	.01276
.10	4.1618	1.8613	.7184	.04347
.15	3.1944	1.6619	.8781	.08339
.20	2.5259	1.4606	1.0044	.13045
.25	2.0593	1.2560	1.1074	.18324
.30	1.6810	1.0468	1.1914	.24071
.35	1.3438	.8312	1.2586	.30196
.40	1.0178	.6075	1.3095	.36617
.45	.6772	.3737	1.3434	.43249
.50	.2753	.1280	1.3571	-.50000
.55	-.2753	-.1280	1.3434	-.43249
.60	-.6772	-.3737	1.3095	-.36617
.65	-1.0178	-.6075	1.2586	-.30196
.70	-1.3438	-.8312	1.1914	-.24071
.75	-1.6810	-1.0468	1.1074	-.18324
.80	-2.0593	-1.2560	1.0044	-.13045
.85	-2.5259	-1.4606	.8781	-.08339
.90	-3.1944	-1.6619	.7184	-.04347
.95	-4.1618	-1.8613	.5103	-.01276
1.00	-10.2060	-2.0600	-.0000	-.00000

B/L= 2.00 DS/B1= 2.00 KS= 3.000

XQ/L=0.0

X/L	FP	FS	FQ	FM
.05	7.9039	1.8612	-.6048	-.04012
.10	3.3012	1.7432	-.4397	-.06623
.15	2.5806	1.6257	-.3107	-.08500
.20	2.0866	1.5090	-.2064	-.09792
.25	1.7501	1.3932	-.1189	-.10606
.30	1.4886	1.2784	-.0445	-.11014
.35	1.2715	1.1647	.0191	-.11077
.40	1.0827	1.0521	.0733	-.10846
.45	.9129	.9406	.1189	-.10366
.50	.7560	.8302	.1567	-.09677
.55	.6077	.7208	.1871	-.08818
.60	.4641	.6123	.2103	-.07824
.65	.3219	.5046	.2264	-.06732
.70	.1772	.3977	.2352	-.05578
.75	.0252	.2914	.2365	-.04399
.80	-.1414	.1855	.2294	-.03234
.85	-.3358	.0801	.2126	-.02129
.90	-.5905	-.0251	.1831	-.01140
.95	-.9354	-.1301	.1363	-.00341
1.00	-2.7269	-.2350	-.0000	-.00000

XQ/L=0.1

X/L	FP	FS	FQ	FM
.05	6.7275	1.6392	.3364	.00841
.10	2.8544	1.5491	-.5209	.02880
.15	2.2611	1.4588	-.4079	.00558
.20	1.8547	1.3683	-.3151	-.01250
.25	1.5791	1.2778	-.2362	-.02628
.30	1.3654	1.1875	-.1679	-.03638
.35	1.1881	1.0976	-.1085	-.04329
.40	1.0339	1.0080	-.0568	-.04742
.45	.8954	.9190	-.0120	-.04914
.50	.7676	.8303	.0264	-.04879
.55	.6470	.7422	.0587	-.04666
.60	.5308	.6546	.0852	-.04306
.65	.4164	.5674	.1061	-.03828
.70	.3009	.4806	.1211	-.03260
.75	.1810	.3942	.1302	-.02632
.80	.0516	.3081	.1327	-.01975
.85	-.0964	.2221	.1279	-.01323
.90	-.2850	.1364	.1137	-.00719
.95	-.5346	.0508	.0869	-.00217
1.00	-1.7388	-.0348	-.0000	-.00000

XQ/L=0.2

X/L	FP	FS	FQ	FM
.05	5.5727	1.4190	.2786	.00697
.10	2.4038	1.3550	.3988	.02390
.15	1.9338	1.2909	.4955	.04626
.20	1.6174	1.2265	-.4236	.07306
.25	1.4052	1.1615	-.3534	.05363
.30	1.2401	1.0958	-.2913	.03752
.35	1.1031	1.0297	-.2362	.02433
.40	.9840	.9633	-.1870	.01375
.45	.8770	.8967	-.1431	.00550
.50	.7785	.8300	-.1042	-.00069
.55	.6859	.7633	-.0699	-.00504
.60	.5972	.6966	-.0401	-.00779
.65	.5107	.6300	-.0145	-.00916
.70	.4246	.5634	.0067	-.00935
.75	.3370	.4970	.0235	-.00860
.80	.2448	.4306	.0358	-.00711
.85	.1434	.3644	.0430	-.00514
.90	.0213	.2982	.0440	-.00297
.95	-.1327	.2320	.0374	-.00093
1.00	-.7478	.1658	-.0000	-.00000

XQ/L=0.3

X/L	FP	FS	FQ	FM
.05	4.4493	1.2017	.2225	.00556
.10	1.9595	1.1622	.3204	.01913
.15	1.6041	1.1227	.4006	.03716
.20	1.3697	1.0829	.4691	.05891
.25	1.2189	1.0426	.5301	.08389
.30	1.1062	1.0016	-.4146	.11177
.35	1.0128	.9596	-.3640	.09231
.40	.9301	.9166	-.3175	.07527
.45	.8556	.8728	-.2747	.06047
.50	.7870	.8282	-.2353	.04772
.55	.7230	.7832	-.1992	.03685
.60	.6623	.7377	-.1661	.02772
.65	.6042	.6919	-.1359	.02017
.70	.5480	.6459	-.1085	.01407
.75	.4930	.5997	-.0838	.00926
.80	.4387	.5534	-.0619	.00562
.85	.3844	.5070	-.0427	.00300
.90	.3296	.4606	-.0262	.00128
.95	.2721	.4141	-.0126	.00031
1.00	.2514	.3677	-.0000	-.00000

XQ/L=0.4

X/L	FP	FS	FQ	FM
.05	3.3587	.9880	.1679	.00420
.10	1.5244	.9716	.2442	.01450
.15	1.2780	.9552	.3081	.02831
.20	1.1205	.9385	.3641	.04511
.25	1.0250	.9214	.4153	.06459
.30	.9580	.9038	.4632	.08656
.35	.9071	.8855	.5086	.11085
.40	.8654	.8661	-.4481	.13736
.45	.8271	.8456	-.4068	.11599
.50	.7904	.8237	-.3673	.09664
.55	.7563	.8009	-.3295	.07922
.60	.7248	.7771	-.2932	.06365
.65	.6960	.7526	-.2584	.04986
.70	.6705	.7276	-.2249	.03778
.75	.6491	.7021	-.1924	.02735
.80	.6335	.6763	-.1608	.01852
.85	.6274	.6502	-.1294	.01126
.90	.6411	.6240	-.0973	.00560
.95	.6819	.5978	-.0632	.00158
1.00	1.2648	.5715	-.0000	-.00000

XQ/L=0.5

X/L	FP	FS	FQ	FM
.05	2.2986	.7781	.1149	.00287
.10	1.0988	.7835	.1699	.00999
.15	.9570	.7889	.2177	.01968
.20	.8727	.7941	.2614	.03166
.25	.8292	.7991	.3028	.04576
.30	.8046	.8037	.3430	.06191
.35	.7910	.8077	.3826	.08005
.40	.7842	.8111	.4218	.10016
.45	.7818	.8135	.4609	.12223
.50	.7820	.8148	-.5000	.14625
.55	.7820	.8148	-.4609	.12223
.60	.7818	.8135	-.4218	.10016
.65	.7842	.8111	-.3826	.08005
.70	.7910	.8077	-.3430	.06191
.75	.8046	.8037	-.3028	.04576
.80	.8292	.7991	-.2614	.03166
.85	.8727	.7941	-.2177	.01968
.90	.9570	.7889	-.1699	.00999
.95	1.0988	.7835	-.1149	.00287
1.00	2.2986	.7781	-.0000	-.00000

B/L= 2.00 DS/B1= 2.00 KS= 3.000

XM/L=0.0

X/L	FP	FS	FQ	FM
.05	11.7928	2.2209	.5896	-.98526
.10	4.4496	1.9398	.8121	-.95022
.15	3.1904	1.6684	.9716	-.90562
.20	2.3163	1.4063	1.0875	-.85414
.25	1.7080	1.1530	1.1728	-.79764
.30	1.2309	.9079	1.2344	-.73746
.35	.8332	.6705	1.2761	-.67469
.40	.4866	.4402	1.3004	-.61028
.45	.1741	.2163	1.3091	-.54505
.50	-.1163	-.0018	1.3033	-.47974
.55	-.3940	-.2148	1.2836	-.41507
.60	-.6674	-.4233	1.2502	-.35172
.65	-.9450	-.6280	1.2030	-.29039
.70	-1.2372	-.8294	1.1411	-.23179
.75	-1.5579	-1.0283	1.0632	-.17668
.80	-1.9295	-1.2251	.9667	-.12594
.85	-2.3930	-1.4205	.8471	-.08059
.90	-3.0552	-1.6147	.6943	-.04206
.95	-4.0075	-1.8084	.4939	-.01235
1.00	-9.8789	-2.0018	.0000	-.00000

XM/L=0.1

X/L	FP	FS	FQ	FM
.05	11.6850	2.2141	.5843	.01461
.10	4.5110	1.9427	.8098	-.95054
.15	3.2135	1.6722	.9705	-.90604
.20	2.3278	1.4098	1.0869	-.85460
.25	1.7159	1.1561	1.1727	-.79811
.30	1.2368	.9107	1.2345	-.73793
.35	.8378	.6730	1.2764	-.67516
.40	.4902	.4424	1.3009	-.61073
.45	.1769	.2182	1.3097	-.54546
.50	-.1141	-.0003	1.3040	-.48012
.55	-.3924	-.2136	1.2844	-.41541
.60	-.6663	-.4224	1.2511	-.35202
.65	-.9445	-.6274	1.2039	-.29065
.70	-1.2371	-.8291	1.1420	-.23200
.75	-1.5583	-1.0283	1.0641	-.17685
.80	-1.9304	-1.2254	.9676	-.12605
.85	-2.3945	-1.4210	.8479	-.08067
.90	-3.0576	-1.6156	.6950	-.04210
.95	-4.0110	-1.8095	.4944	-.01236
1.00	-9.8886	-2.0033	-.0000	-.00000

XM/L=0.2

X/L	FP	FS	FQ	FM
.05	11.3975	2.1895	.5699	.01425
.10	4.4825	1.9361	.7940	.04834
.15	3.3029	1.6825	.9591	.09217
.20	2.4462	1.4282	1.0815	-.85681
.25	1.7783	1.1739	1.1704	-.80052
.30	1.2766	.9267	1.2342	-.74040
.35	.8672	.6872	1.2776	-.67761
.40	.5128	.4547	1.3032	-.61309
.45	.1945	.2288	1.3129	-.54769
.50	-.1006	.0086	1.3079	-.48217
.55	-.3823	-.2064	1.2888	-.41725
.60	-.6593	-.4170	1.2558	-.35363
.65	-.9404	-.6236	1.2088	-.29202
.70	-1.2359	-.8271	1.1470	-.23312
.75	-1.5600	-1.0279	1.0690	-.17772
.80	-1.9351	-1.2266	.9722	-.12669
.85	-2.4028	-1.4239	.8521	-.08108
.90	-3.0705	-1.6201	.6986	-.04232
.95	-4.0301	-1.8157	.4971	-.01243
1.00	-9.9414	-2.0110	-.0000	-.00000

XM/L=0.3

X/L	FP	FS	FQ	FM
.05	11.0688	2.1552	.5534	.01384
.10	4.3993	1.9178	.7734	.04701
.15	3.2831	1.6802	.9376	.08978
.20	2.4922	1.4418	1.0622	.13977
.25	1.9192	1.2023	1.1581	.19528
.30	1.4316	.9611	1.2297	-.74502
.35	.9573	.7189	1.2776	-.68234
.40	.5738	.4826	1.3063	-.61774
.45	.2402	.2528	1.3183	-.55213
.50	-.0660	.0289	1.3150	-.48630
.55	-.3565	-.1899	1.2971	-.42100
.60	-.6410	-.4041	1.2651	-.35694
.65	-.9289	-.6144	1.2186	-.29485
.70	-1.2309	-.8215	1.1571	-.23545
.75	-1.5615	-1.0259	1.0790	-.17955
.80	-1.9434	-1.2283	.9819	-.12803
.85	-2.4188	-1.4291	.8609	-.08196
.90	-3.0965	-1.6288	.7061	-.04278
.95	-4.0697	-1.8280	.5026	-.01257
1.00	-10.0522	-2.0269	-.0000	-.00000

XM/L=0.4

X/L	FP	FS	FQ	FM
.05	10.7473	2.1178	.5374	.01343
.10	4.3028	1.8939	.7525	.04568
.15	3.2367	1.6697	.9143	.08735
.20	2.4875	1.4449	1.0387	.13618
.25	1.9534	1.2189	1.1364	.19056
.30	1.5159	.9913	1.2122	.24927
.35	1.1269	.7615	1.2685	.31129
.40	.7506	.5289	1.3061	-.62435
.45	.3464	.2942	1.3234	-.55861
.50	.0064	.0641	1.3237	-.49244
.55	-.3037	-.1608	1.3085	-.42663
.60	-.6033	-.3811	1.2783	-.36196
.65	-.9040	-.5974	1.2331	-.29917
.70	-1.2176	-.8104	1.1723	-.23904
.75	-1.5594	-1.0207	1.0943	-.18237
.80	-1.9529	-1.2289	.9966	-.13010
.85	-2.4412	-1.4356	.8746	-.08332
.90	-3.1353	-1.6412	.7178	-.04351
.95	-4.1303	-1.8462	.5113	-.01278
1.00	-10.2260	-2.0508	-.0000	-.00000

XM/L=0.5

X/L	FP	FS	FQ	FM
.05	10.4607	2.0819	.5230	.01308
.10	4.2099	1.8689	.7335	.04449
.15	3.1840	1.6556	.8927	.08515
.20	2.4664	1.4417	1.0160	.13287
.25	1.9590	1.2267	1.1140	.18612
.30	1.5478	1.0101	1.1914	.24375
.35	1.1882	.7914	1.2508	.30481
.40	.8550	.5699	1.2936	.36842
.45	.5304	.3450	1.3201	.43376
.50	.1925	.1161	1.3297	-.50000
.55	-.1925	-.1161	1.3201	-.43376
.60	-.5304	-.3450	1.2936	-.36842
.65	-.8550	-.5699	1.2508	-.30481
.70	-1.1882	-.7914	1.1914	-.24375
.75	-1.5478	-1.0101	1.1140	-.18612
.80	-1.9590	-1.2267	1.0160	-.13287
.85	-2.4664	-1.4417	.8927	-.08515
.90	-3.1840	-1.6556	.7335	-.04449
.95	-4.2099	-1.8689	.5230	-.01308
1.00	-10.4607	-2.0819	-.0000	-.00000

B/L= 2.00   DS/B1= 2.00   KS= 10.000

XQ/L=0.0

X/L	FP	FS	FQ	FM
.05	7.7835	1.8475	-.6108	-.04027
.10	3.2711	1.7349	-.4473	-.06672
.15	2.5713	1.6225	-.3187	-.08587
.20	2.0925	1.5103	-.2141	-.09919
.25	1.7666	1.3984	-.1257	-.10769
.30	1.5129	1.2869	-.0501	-.11208
.35	1.3010	1.1756	.0149	-.11296
.40	1.1153	1.0647	.0707	-.11082
.45	.9469	.9541	.1181	-.10610
.50	.7897	.8439	.1575	-.09921
.55	.6395	.7340	.1895	-.09054
.60	.4929	.6243	.2142	-.08044
.65	.3463	.5149	.2315	-.06930
.70	.1962	.4057	.2413	-.05748
.75	.0379	.2967	.2432	-.04537
.80	-.1362	.1879	.2364	-.03338
.85	-.3393	.0792	.2194	-.02199
.90	-.6050	-.0294	.1891	-.01178
.95	-.9639	-.1380	.1410	-.00352
1.00	-2.8191	-.2466	-.0000	-.00000

XQ/L=0.1

X/L	FP	FS	FQ	FM
.05	6.6886	1.6343	.3344	.00836
.10	2.8405	1.5455	-.5235	.02863
.15	2.2529	1.4567	-.4109	.00527
.20	1.8524	1.3679	-.3183	-.01296
.25	1.5819	1.2790	-.2392	-.02689
.30	1.3724	1.1902	-.1706	-.03714
.35	1.1984	1.1016	-.1106	-.04417
.40	1.0468	1.0130	-.0583	-.04839
.45	.9099	.9246	-.0128	-.05017
.50	.7828	.8363	.0263	-.04983
.55	.6621	.7482	.0594	-.04769
.60	.5450	.6602	.0867	-.04403
.65	.4289	.5724	.1081	-.03916
.70	.3111	.4846	.1237	-.03337
.75	.1883	.3970	.1331	-.02695
.80	.0552	.3095	.1359	-.02023
.85	-.0970	.2221	.1310	-.01355
.90	-.2909	.1347	.1165	-.00737
.95	-.5474	.0473	.0891	-.00223
1.00	-1.7819	-.0400	-.0000	-.00000

XQ/L=0.2

X/L	FP	FS	FQ	FM
.05	5.6003	1.4216	.2800	.00700
.10	2.4088	1.3562	.4005	.02401
.15	1.9322	1.2907	.4971	.04645
.20	1.6107	1.2251	-.4224	.07332
.25	1.3962	1.1593	-.3526	.05394
.30	1.2313	1.0934	-.2910	.03785
.35	1.0954	1.0273	-.2363	.02467
.40	.9779	.9611	-.1874	.01408
.45	.8726	.8948	-.1437	.00580
.50	.7757	.8286	-.1049	-.00042
.55	.6845	.7623	-.0707	-.00481
.60	.5970	.6960	-.0409	-.00760
.65	.5114	.6297	-.0153	-.00900
.70	.4260	.5635	.0060	-.00923
.75	.3387	.4973	.0229	-.00851
.80	.2468	.4311	.0353	-.00705
.85	.1454	.3650	.0425	-.00511
.90	.0234	.2988	.0437	-.00295
.95	-.1306	.2327	.0372	-.00093
1.00	-.7438	.1666	-.0000	-.00000

XQ/L=0.3

X/L	FP	FS	FQ	FM
.05	4.5215	1.2099	.2261	.00565
.10	1.9789	1.1672	.3250	.01943
.15	1.6107	1.1245	.4056	.03769
.20	1.3659	1.0818	.4739	.05968
.25	1.2068	1.0389	.5342	.08488
.30	1.0876	.9957	-.4114	.11295
.35	.9908	.9523	-.3619	.09362
.40	.9078	.9086	-.3165	.07666
.45	.8344	.8646	-.2748	.06187
.50	.7678	.8204	-.2364	.04910
.55	.7063	.7760	-.2011	.03816
.60	.6486	.7315	-.1686	.02892
.65	.5937	.6869	-.1390	.02123
.70	.5408	.6423	-.1119	.01495
.75	.4892	.5976	-.0875	.00997
.80	.4386	.5528	-.0655	.00615
.85	.3882	.5080	-.0461	.00336
.90	.3383	.4632	-.0292	.00147
.95	.2871	.4184	-.0148	.00037
1.00	.2969	.3736	-.0000	-.00000

XQ/L=0.4

X/L	FP	FS	FQ	FM
.05	3.4527	.9992	.1726	.00432
.10	1.5519	.9789	.2502	.01489
.15	1.2903	.9586	.3147	.02901
.20	1.1206	.9382	.3708	.04615
.25	1.0151	.9177	.4215	.06596
.30	.9396	.8970	.4685	.08821
.35	.8815	.8761	.5126	.11274
.40	.8344	.8549	-.4457	.13941
.45	.7940	.8333	-.4060	.11812
.50	.7584	.8114	-.3681	.09877
.55	.7270	.7891	-.3317	.08127
.60	.6994	.7665	-.2968	.06556
.65	.6754	.7437	-.2630	.05156
.70	.6552	.7208	-.2302	.03923
.75	.6397	.6977	-.1982	.02852
.80	.6306	.6745	-.1667	.01940
.85	.6316	.6512	-.1351	.01185
.90	.6542	.6279	-.1024	.00592
.95	.7064	.6046	-.0671	.00168
1.00	1.3419	.5812	-.0000	-.00000

XQ/L=0.5

X/L	FP	FS	FQ	FM
.05	2.3933	.7897	.1197	.00299
.10	1.1278	.7914	.1761	.01038
.15	.9715	.7930	.2246	.02040
.20	.8758	.7946	.2684	.03273
.25	.8228	.7962	.3096	.04718
.30	.7900	.7976	.3491	.06364
.35	.7691	.7988	.3875	.08206
.40	.7560	.7998	.4253	.10238
.45	.7485	.8006	.4627	.12458
.50	.7453	.8010	-.5000	.14865
.55	.7453	.8010	-.4627	.12458
.60	.7485	.8006	-.4253	.10238
.65	.7560	.7998	-.3875	.08206
.70	.7691	.7988	-.3491	.06364
.75	.7900	.7976	-.3096	.04718
.80	.8228	.7962	-.2684	.03273
.85	.8758	.7946	-.2246	.02040
.90	.9715	.7930	-.1761	.01038
.95	1.1278	.7914	-.1197	.00299
1.00	2.3933	.7897	-.0000	-.00000

B/L= 2.00 DS/B1= 2.00 KS= 10.000

XM/L=0.0

X/L	FP	FS	FQ	FM
.05	10.9572	2.1321	.5479	-.98630
.10	4.3006	1.8933	.7629	-.95353
.15	3.1829	1.6574	.9220	-.91141
.20	2.4000	1.4243	1.0420	-.86231
.25	1.8472	1.1939	1.1344	-.80790
.30	1.4042	.9660	1.2046	-.74942
.35	1.0249	.7404	1.2559	-.68791
.40	.6850	.5169	1.2901	-.62426
.45	.3697	.2955	1.3086	-.55930
.50	.0688	.0758	1.3120	-.49378
.55	-.2258	-.1423	1.3007	-.42846
.60	-.5214	-.3591	1.2747	-.36408
.65	-.8259	-.5746	1.2334	-.30138
.70	-1.1489	-.7891	1.1759	-.24114
.75	-1.5043	-1.0029	1.1007	-.18423
.80	-1.9147	-1.2160	1.0050	-.13158
.85	-2.4229	-1.4286	.8838	-.08436
.90	-3.1408	-1.6409	.7268	-.04410
.95	-4.1646	-1.8530	.5186	-.01296
1.00	-10.3713	-2.0650	.0000	-.00000

XM/L=0.1

X/L	FP	FS	FQ	FM
.05	10.9248	2.1301	.5462	.01366
.10	4.3190	1.8942	.7622	-.95363
.15	3.1898	1.6586	.9217	-.91154
.20	2.4034	1.4254	1.0419	-.86245
.25	1.8496	1.1948	1.1343	-.80804
.30	1.4060	.9668	1.2046	-.74957
.35	1.0263	.7411	1.2559	-.68806
.40	.6861	.5176	1.2903	-.62440
.45	.3706	.2960	1.3088	-.55942
.50	.0695	.0763	1.3123	-.49390
.55	-.2253	-.1419	1.3010	-.42857
.60	-.5210	-.3588	1.2749	-.36417
.65	-.8257	-.5744	1.2337	-.30145
.70	-1.1489	-.7890	1.1762	-.24121
.75	-1.5044	-1.0029	1.1010	-.18428
.80	-1.9150	-1.2160	1.0052	-.13162
.85	-2.4234	-1.4287	.8841	-.08439
.90	-3.1415	-1.6411	.7270	-.04411
.95	-4.1656	-1.8533	.5187	-.01297
1.00	-10.3743	-2.0654	-.0000	-.00000

XM/L=0.2

X/L	FP	FS	FQ	FM
.05	10.8377	2.1226	.5419	.01355
.10	4.3103	1.8922	.7574	.04603
.15	3.2166	1.6616	.9182	.08792
.20	2.4390	1.4309	1.0402	-.86312
.25	1.8684	1.2002	1.1336	-.80878
.30	1.4181	.9717	1.2045	-.75032
.35	1.0354	.7455	1.2563	-.68880
.40	.6931	.5214	1.2909	-.62512
.45	.3761	.2993	1.3097	-.56011
.50	.0737	.0790	1.3134	-.49453
.55	-.2221	-.1397	1.3023	-.42913
.60	-.5188	-.3571	1.2764	-.36467
.65	-.8243	-.5732	1.2352	-.30188
.70	-1.1484	-.7884	1.1777	-.24156
.75	-1.5048	-1.0027	1.1025	-.18455
.80	-1.9164	-1.2164	1.0067	-.13182
.85	-2.4259	-1.4296	.8854	-.08452
.90	-3.1455	-1.6425	.7281	-.04418
.95	-4.1716	-1.8552	.5195	-.01299
1.00	-10.3908	-2.0678	-.0000	-.00000

XM/L=0.3

X/L	FP	FS	FQ	FM
.05	10.7377	2.1122	.5369	.01342
.10	4.2849	1.8866	.7511	.04562
.15	3.2105	1.6609	.9117	.08719
.20	2.4528	1.4350	1.0343	.13584
.25	1.9109	1.2088	1.1298	.18994
.30	1.4648	.9821	1.2031	-.75173
.35	1.0628	.7551	1.2562	-.69025
.40	.7119	.5299	1.2918	-.62655
.45	.3902	.3067	1.3113	-.56147
.50	.0846	.0853	1.3156	-.49580
.55	-.2139	-.1346	1.3049	-.43029
.60	-.5129	-.3531	1.2792	-.36569
.65	-.8206	-.5703	1.2382	-.30275
.70	-1.1466	-.7866	1.1809	-.24228
.75	-1.5051	-1.0020	1.1056	-.18511
.80	-1.9188	-1.2168	1.0097	-.13223
.85	-2.4307	-1.4312	.8881	-.08479
.90	-3.1535	-1.6452	.7304	-.04432
.95	-4.1838	-1.8590	.5213	-.01303
1.00	-10.4252	-2.0727	-.0000	-.00000

XM/L=0.4

X/L	FP	FS	FQ	FM
.05	10.6394	2.1007	.5320	.01330
.10	4.2554	1.8792	.7447	.04522
.15	3.1964	1.6577	.9046	.08645
.20	2.4514	1.4359	1.0271	.13474
.25	1.9214	1.2139	1.1232	.18850
.30	1.4905	.9913	1.1977	.24652
.35	1.1141	.7681	1.2534	.30780
.40	.7654	.5440	1.2917	-.62857
.45	.4227	.3193	1.3128	-.56346
.50	.1069	.0961	1.3182	-.49768
.55	-.1975	-.1256	1.3083	-.43202
.60	-.5011	-.3459	1.2832	-.36723
.65	-.8126	-.5650	1.2426	-.30408
.70	-1.1423	-.7831	1.1855	-.24338
.75	-1.5042	-1.0004	1.1103	-.18599
.80	-1.9215	-1.2170	1.0142	-.13287
.85	-2.4375	-1.4331	.8923	-.08521
.90	-3.1654	-1.6490	.7341	-.04455
.95	-4.2025	-1.8646	.5239	-.01310
1.00	-10.4790	-2.0801	-.0000	-.00000

XM/L=0.5

X/L	FP	FS	FQ	FM
.05	10.5513	2.0897	.5276	.01319
.10	4.2269	1.8716	.7389	.04485
.15	3.1803	1.6534	.8979	.08577
.20	2.4451	1.4350	1.0202	.13372
.25	1.9232	1.2163	1.1163	.18714
.30	1.5004	.9971	1.1914	.24483
.35	1.1330	.7772	1.2480	.30582
.40	.7974	.5565	1.2879	.36921
.45	.4786	.3349	1.3118	.43421
.50	.1634	.1120	1.3200	-.50000
.55	-.1634	-.1120	1.3118	-.43421
.60	-.4786	-.3349	1.2879	-.36921
.65	-.7974	-.5565	1.2480	-.30582
.70	-1.1330	-.7772	1.1914	-.24483
.75	-1.5004	-.9971	1.1163	-.18714
.80	-1.9232	-1.2163	1.0202	-.13372
.85	-2.4451	-1.4350	.8979	-.08577
.90	-3.1803	-1.6534	.7389	-.04485
.95	-4.2269	-1.8716	.5276	-.01319
1.00	-10.5513	-2.0897	-.0000	-.00000

B/L= 2.00 DS/B1= 2.00 KS=100.000

XQ/L=0.0

X/L	FP	FS	FQ	FM
.05	7.7358	1.8420	-.6132	-.04033
.10	3.2591	1.7316	-.4503	-.06692
.15	2.5676	1.6212	-.3219	-.08622
.20	2.0948	1.5109	-.2171	-.09970
.25	1.7731	1.4005	-.1285	-.10834
.30	1.5224	1.2902	-.0524	-.11286
.35	1.3126	1.1799	.0133	-.11383
.40	1.1283	1.0697	.0697	-.11176
.45	.9604	.9595	.1177	-.10707
.50	.8031	.8493	.1579	-.10018
.55	.6522	.7392	.1905	-.09148
.60	.5043	.6291	.2157	-.08132
.65	.3561	.5190	.2335	-.07009
.70	.2039	.4089	.2437	-.05816
.75	.0429	.2989	.2458	-.04592
.80	-.1341	.1889	.2391	-.03380
.85	-.3407	.0789	.2221	-.02227
.90	-.6108	-.0311	.1916	-.01193
.95	-.9752	-.1411	.1428	-.00357
1.00	-2.8559	-.2511	-.0000	-.00000

XQ/L=0.1

X/L	FP	FS	FQ	FM
.05	6.6731	1.6323	.3337	.00834
.10	2.8350	1.5441	-.5246	.02857
.15	2.2497	1.4559	-.4121	.00515
.20	1.8515	1.3677	-.3195	-.01314
.25	1.5830	1.2795	-.2404	-.02714
.30	1.3752	1.1913	-.1716	-.03744
.35	1.2026	1.1031	-.1115	-.04452
.40	1.0519	1.0150	-.0589	-.04878
.45	.9156	.9268	-.0131	-.05058
.50	.7888	.8387	.0263	-.05025
.55	.6681	.7505	.0597	-.04810
.60	.5506	.6624	.0873	-.04442
.65	.4339	.5743	.1090	-.03952
.70	.3152	.4862	.1247	-.03367
.75	.1912	.3982	.1343	-.02720
.80	.0567	.3101	.1371	-.02042
.85	-.0972	.2220	.1322	-.01368
.90	-.2933	.1340	.1176	-.00744
.95	-.5525	.0459	.0900	-.00225
1.00	-1.7990	-.0421	-.0000	-.00000

XQ/L=0.2

X/L	FP	FS	FQ	FM
.05	5.6111	1.4227	.2806	.00701
.10	2.4107	1.3566	.4011	.02406
.15	1.9315	1.2906	.4977	.04652
.20	1.6081	1.2246	-.4219	.07342
.25	1.3927	1.1585	-.3523	.05406
.30	1.2279	1.0924	-.2909	.03798
.35	1.0924	1.0263	-.2363	.02480
.40	.9755	.9602	-.1875	.01421
.45	.8708	.8941	-.1440	.00592
.50	.7745	.8280	-.1052	-.00031
.55	.6839	.7619	-.0710	-.00471
.60	.5969	.6958	-.0412	-.00752
.65	.5117	.6296	-.0156	-.00894
.70	.4265	.5635	.0057	-.00918
.75	.3394	.4974	.0227	-.00847
.80	.2476	.4313	.0351	-.00703
.85	.1462	.3652	.0424	-.00509
.90	.0242	.2991	.0436	-.00295
.95	-.1297	.2330	.0371	-.00093
1.00	-.7421	.1669	-.0000	-.00000

XQ/L=0.3

X/L	FP	FS	FQ	FM
.05	4.5501	1.2131	.2275	.00569
.10	1.9866	1.1692	.3268	.01955
.15	1.6133	1.1253	.4075	.03790
.20	1.3644	1.0813	.4757	.05999
.25	1.2021	1.0374	.5358	.08527
.30	1.0803	.9934	-.4102	.11342
.35	.9822	.9494	-.3610	.09414
.40	.8990	.9054	-.3161	.07721
.45	.8259	.8613	-.2748	.06243
.50	.7602	.8173	-.2368	.04964
.55	.6997	.7732	-.2018	.03868
.60	.6431	.7291	-.1697	.02939
.65	.5894	.6849	-.1402	.02165
.70	.5378	.6408	-.1133	.01531
.75	.4877	.5967	-.0889	.01026
.80	.4384	.5525	-.0670	.00636
.85	.3897	.5084	-.0475	.00350
.90	.3418	.4643	-.0304	.00155
.95	.2931	.4201	-.0158	.00039
1.00	.3151	.3760	-.0000	-.00000

XQ/L=0.4

X/L	FP	FS	FQ	FM
.05	3.4901	1.0037	.1745	.00436
.10	1.5628	.9818	.2526	.01504
.15	1.2952	.9600	.3174	.02929
.20	1.1207	.9381	.3734	.04656
.25	1.0112	.9162	.4240	.06650
.30	.9323	.8943	.4706	.08887
.35	.8714	.8724	.5142	.11349
.40	.8221	.8504	-.4447	.14022
.45	.7808	.8285	-.4057	.11896
.50	.7457	.8064	-.3684	.09961
.55	.7153	.7844	-.3326	.08209
.60	.6893	.7623	-.2982	.06632
.65	.6671	.7402	-.2648	.05224
.70	.6491	.7181	-.2323	.03981
.75	.6359	.6959	-.2005	.02899
.80	.6293	.6738	-.1691	.01975
.85	.6333	.6516	-.1374	.01209
.90	.6594	.6295	-.1044	.00604
.95	.7161	.6073	-.0686	.00172
1.00	1.3727	.5851	-.0000	-.00000

XQ/L=0.5

X/L	FP	FS	FQ	FM
.05	2.4310	.7943	.1215	.00304
.10	1.1394	.7945	.1785	.01054
.15	.9772	.7947	.2274	.02069
.20	.8769	.7948	.2712	.03315
.25	.8203	.7950	.3122	.04774
.30	.7842	.7951	.3514	.06433
.35	.7603	.7953	.3895	.08285
.40	.7447	.7954	.4267	.10326
.45	.7352	.7954	.4635	.12551
.50	.7308	.7955	-.5000	.14960
.55	.7308	.7955	-.4635	.12551
.60	.7352	.7954	-.4267	.10326
.65	.7447	.7954	-.3895	.08285
.70	.7603	.7953	-.3514	.06433
.75	.7842	.7951	-.3122	.04774
.80	.8203	.7950	-.2712	.03315
.85	.8769	.7948	-.2274	.02069
.90	.9772	.7947	-.1785	.01054
.95	1.1394	.7945	-.1215	.00304
1.00	2.4310	.7943	-.0000	-.00000

B/L= 2.00 DS/B1= 2.00 KS=100.000

XM/L=0.0

X/L	FP	FS	FQ	FM
.05	10.6274	2.0970	.5314	-.98672
.10	4.2410	1.8748	.7434	-.95485
.15	3.1791	1.6529	.9024	-.91370
.20	2.4323	1.4313	1.0240	-.86554
.25	1.9017	1.2100	1.1191	-.81197
.30	1.4724	.9889	1.1927	-.75417
.35	1.1007	.7680	1.2477	-.69316
.40	.7637	.5474	1.2859	-.62982
.45	.4475	.3270	1.3083	-.56497
.50	.1426	.1067	1.3154	-.49937
.55	-.1585	-.1134	1.3075	-.43380
.60	-.4629	-.3334	1.2844	-.36900
.65	-.7780	-.5532	1.2455	-.30576
.70	-1.1133	-.7729	1.1898	-.24488
.75	-1.4825	-.9926	1.1157	-.18724
.80	-1.9085	-1.2122	1.0202	-.13384
.85	-2.4346	-1.4317	.8985	-.08587
.90	-3.1748	-1.6512	.7398	-.04492
.95	-4.2272	-1.8707	.5284	-.01321
1.00	-10.5683	-2.0902	.0000	-.00000

XM/L=0.1

X/L	FP	FS	FQ	FM
.05	10.6241	2.0968	.5312	.01328
.10	4.2428	1.8749	.7433	-.95486
.15	3.1798	1.6530	.9023	-.91371
.20	2.4326	1.4314	1.0240	-.86556
.25	1.9019	1.2101	1.1191	-.81198
.30	1.4726	.9890	1.1927	-.75419
.35	1.1009	.7681	1.2477	-.69318
.40	.7638	.5475	1.2859	-.62983
.45	.4476	.3270	1.3083	-.56498
.50	.1427	.1067	1.3154	-.49938
.55	-.1584	-.1134	1.3075	-.43381
.60	-.4628	-.3333	1.2844	-.36901
.65	-.7779	-.5532	1.2455	-.30577
.70	-1.1133	-.7729	1.1898	-.24488
.75	-1.4825	-.9926	1.1157	-.18724
.80	-1.9085	-1.2122	1.0203	-.13385
.85	-2.4346	-1.4318	.8985	-.08587
.90	-3.1749	-1.6513	.7398	-.04492
.95	-4.2274	-1.8708	.5284	-.01321
1.00	-10.5686	-2.0903	-.0000	-.00000

XM/L=0.2

X/L	FP	FS	FQ	FM
.05	10.6154	2.0960	.5308	.01327
.10	4.2419	1.8747	.7429	.04511
.15	3.1825	1.6533	.9020	.08623
.20	2.4362	1.4320	1.0238	-.86562
.25	1.9038	1.2106	1.1190	-.81205
.30	1.4738	.9895	1.1927	-.75426
.35	1.1018	.7685	1.2478	-.69325
.40	.7646	.5478	1.2860	-.62991
.45	.4482	.3273	1.3084	-.56505
.50	.1431	.1070	1.3156	-.49945
.55	-.1581	-.1131	1.3077	-.43387
.60	-.4626	-.3332	1.2845	-.36906
.65	-.7778	-.5531	1.2456	-.30581
.70	-1.1132	-.7729	1.1900	-.24492
.75	-1.4825	-.9926	1.1159	-.18727
.80	-1.9087	-1.2122	1.0204	-.13387
.85	-2.4349	-1.4318	.8987	-.08589
.90	-3.1753	-1.6514	.7399	-.04492
.95	-4.2280	-1.8710	.5285	-.01321
1.00	-10.5703	-2.0905	-.0000	-.00000

XM/L=0.3

X/L	FP	FS	FQ	FM
.05	10.6053	2.0950	.5303	.01326
.10	4.2394	1.8741	.7422	.04507
.15	3.1818	1.6533	.9013	.08616
.20	2.4376	1.4324	1.0232	.13427
.25	1.9081	1.2115	1.1186	.18782
.30	1.4785	.9905	1.1925	-.75440
.35	1.1046	.7695	1.2478	-.69340
.40	.7664	.5487	1.2861	-.63005
.45	.4496	.3281	1.3086	-.56518
.50	.1442	.1077	1.3158	-.49958
.55	-.1573	-.1126	1.3079	-.43398
.60	-.4620	-.3328	1.2848	-.36917
.65	-.7774	-.5528	1.2459	-.30590
.70	-1.1130	-.7727	1.1903	-.24499
.75	-1.4825	-.9925	1.1162	-.18733
.80	-1.9089	-1.2123	1.0207	-.13391
.85	-2.4354	-1.4320	.8990	-.08592
.90	-3.1761	-1.6517	.7401	-.04494
.95	-4.2292	-1.8713	.5287	-.01322
1.00	-10.5738	-2.0910	-.0000	-.00000

XM/L=0.4

X/L	FP	FS	FQ	FM
.05	10.5954	2.0938	.5298	.01324
.10	4.2364	1.8734	.7416	.04503
.15	3.1804	1.6529	.9006	.08608
.20	2.4374	1.4325	1.0225	.13416
.25	1.9091	1.2120	1.1179	.18767
.30	1.4811	.9914	1.1920	.24542
.35	1.1097	.7708	1.2475	.30641
.40	.7718	.5501	1.2861	-.63025
.45	.4529	.3294	1.3087	-.56539
.50	.1465	.1087	1.3160	-.49977
.55	-.1556	-.1117	1.3083	-.43416
.60	-.4608	-.3320	1.2852	-.36932
.65	-.7766	-.5522	1.2464	-.30603
.70	-1.1126	-.7723	1.1908	-.24510
.75	-1.4825	-.9923	1.1166	-.18742
.80	-1.9092	-1.2123	1.0212	-.13397
.85	-2.4360	-1.4322	.8994	-.08596
.90	-3.1773	-1.6521	.7405	-.04496
.95	-4.2311	-1.8719	.5290	-.01322
1.00	-10.5792	-2.0918	-.0000	-.00000

XM/L=0.5

X/L	FP	FS	FQ	FM
.05	10.5865	2.0927	.5293	.01323
.10	4.2336	1.8726	.7410	.04499
.15	3.1788	1.6525	.8999	.08602
.20	2.4368	1.4324	1.0218	.13406
.25	1.9093	1.2122	1.1172	.18753
.30	1.4821	.9920	1.1914	.24525
.35	1.1116	.7717	1.2469	.30621
.40	.7750	.5514	1.2857	.36952
.45	.4585	.3309	1.3086	.43438
.50	.1522	.1103	1.3162	-.50000
.55	-.1522	-.1103	1.3086	-.43438
.60	-.4585	-.3309	1.2857	-.36952
.65	-.7750	-.5514	1.2469	-.30621
.70	-1.1116	-.7717	1.1914	-.24525
.75	-1.4821	-.9920	1.1172	-.18753
.80	-1.9093	-1.2122	1.0218	-.13406
.85	-2.4368	-1.4324	.8999	-.08602
.90	-3.1788	-1.6525	.7410	-.04499
.95	-4.2336	-1.8726	.5293	-.01323
1.00	-10.5865	-2.0927	-.0000	-.00000

GLEICHMAESSIGE BELASTUNG B/L= 2.00 DS/B1= 2.00

KS= .001

X/L	FP	FS	FQ	FM
.05	1.1369	.6523	.0068	.00017
.10	.8833	.7159	.0010	.00037
.15	.9594	.7710	-.0010	.00037
.20	.9929	.8149	-.0014	.00031
.25	1.0053	.8487	-.0011	.00025
.30	1.0073	.8742	-.0007	.00020
.35	1.0059	.8931	-.0005	.00017
.40	1.0040	.9065	-.0002	.00015
.45	1.0028	.9152	-.0001	.00014
.50	1.0022	.9194	-.0000	.00014
.55	1.0022	.9194	.0001	.00014
.60	1.0028	.9152	.0002	.00015
.65	1.0040	.9065	.0005	.00017
.70	1.0059	.8931	.0007	.00020
.75	1.0073	.8742	.0011	.00025
.80	1.0053	.8487	.0014	.00031
.85	.9929	.8149	.0010	.00037
.90	.9594	.7710	-.0010	.00037
.95	.8833	.7159	-.0068	.00017
1.00	1.1369	.6523	.0000	.00000

KS= .003

X/L	FP	FS	FQ	FM
.05	1.2316	.6590	.0116	.00029
.10	.8626	.7151	.0047	.00070
.15	.9191	.7661	.0007	.00083
.20	.9601	.8093	-.0013	.00081
.25	.9875	.8443	-.0020	.00073
.30	1.0019	.8716	-.0019	.00064
.35	1.0081	.8920	-.0015	.00055
.40	1.0098	.9065	-.0010	.00049
.45	1.0098	.9157	-.0005	.00046
.50	1.0095	.9202	.0000	.00045
.55	1.0095	.9202	.0005	.00046
.60	1.0098	.9157	.0010	.00049
.65	1.0098	.9065	.0015	.00055
.70	1.0081	.8920	.0019	.00064
.75	1.0019	.8716	.0020	.00073
.80	.9875	.8443	.0013	.00081
.85	.9601	.8093	-.0007	.00083
.90	.9191	.7661	-.0047	.00070
.95	.8626	.7151	-.0116	.00029
1.00	1.2316	.6590	.0000	.00000

KS= .010

X/L	FP	FS	FQ	FM
.05	1.3800	.6720	.0190	.00047
.10	.8654	.7186	.0123	.00126
.15	.8863	.7625	.0066	.00173
.20	.9165	.8019	.0024	.00195
.25	.9488	.8358	-.0001	.00201
.30	.9748	.8637	-.0014	.00197
.35	.9934	.8856	-.0017	.00189
.40	1.0056	.9018	-.0015	.00181
.45	1.0129	.9123	-.0008	.00176
.50	1.0163	.9176	-.0000	.00173
.55	1.0163	.9176	.0008	.00176
.60	1.0129	.9123	.0015	.00181
.65	1.0056	.9018	.0017	.00189
.70	.9934	.8856	.0014	.00197
.75	.9748	.8637	.0001	.00201
.80	.9488	.8358	-.0024	.00195
.85	.9165	.8019	-.0066	.00173
.90	.8863	.7625	-.0123	.00126
.95	.8654	.7186	-.0190	.00047
1.00	1.3800	.6720	.0000	.00000

KS= .020

X/L	FP	FS	FQ	FM
.05	1.4965	.6841	.0248	.00062
.10	.8845	.7246	.0190	.00172
.15	.8809	.7632	.0131	.00252
.20	.8976	.7987	.0080	.00305
.25	.9250	.8300	.0042	.00335
.30	.9511	.8564	.0018	.00350
.35	.9726	.8777	.0004	.00356
.40	.9886	.8937	-.0002	.00356
.45	.9990	.9044	-.0002	.00355
.50	1.0042	.9097	.0000	.00355
.55	1.0042	.9097	.0002	.00355
.60	.9990	.9044	.0002	.00356
.65	.9886	.8937	-.0004	.00356
.70	.9726	.8777	-.0018	.00350
.75	.9511	.8564	-.0042	.00335
.80	.9250	.8300	-.0080	.00305
.85	.8976	.7987	-.0131	.00252
.90	.8809	.7632	-.0190	.00172
.95	.8845	.7246	-.0248	.00062
1.00	1.4965	.6841	.0000	.00000

KS= .050

X/L	FP	FS	FQ	FM
.05	1.7038	.7076	.0352	.00088
.10	.9340	.7385	.0319	.00256
.15	.8924	.7683	.0265	.00402
.20	.8833	.7962	.0207	.00520
.25	.8950	.8213	.0154	.00610
.30	.9118	.8429	.0110	.00676
.35	.9285	.8608	.0074	.00722
.40	.9423	.8744	.0046	.00752
.45	.9520	.8836	.0022	.00769
.50	.9569	.8882	.0000	.00774
.55	.9569	.8882	-.0022	.00769
.60	.9520	.8836	-.0046	.00752
.65	.9423	.8744	-.0074	.00722
.70	.9285	.8608	-.0110	.00676
.75	.9118	.8429	-.0154	.00610
.80	.8950	.8213	-.0207	.00520
.85	.8833	.7962	-.0265	.00402
.90	.8924	.7683	-.0319	.00256
.95	.9340	.7385	-.0352	.00088
1.00	1.7038	.7076	.0000	.00000

KS= .100

X/L	FP	FS	FQ	FM
.05	1.8933	.7299	.0447	.00112
.10	.9855	.7526	.0439	.00333
.15	.9116	.7746	.0395	.00542
.20	.8788	.7953	.0335	.00724
.25	.8734	.8141	.0271	.00876
.30	.8778	.8305	.0210	.00996
.35	.8855	.8441	.0153	.01087
.40	.8931	.8545	.0099	.01150
.45	.8990	.8616	.0049	.01187
.50	.9021	.8652	.0000	.01199
.55	.9021	.8652	-.0049	.01187
.60	.8990	.8616	-.0099	.01150
.65	.8931	.8545	-.0153	.01087
.70	.8855	.8441	-.0210	.00996
.75	.8778	.8305	-.0271	.00876
.80	.8734	.8141	-.0335	,00724
.85	.8788	.7953	-.0395	.00542
.90	.9116	.7746	-.0439	.00333
.95	.9855	.7526	-.0447	.00112
1.00	1.8933	.7299	.0000	.00000

GLEICHMAESSIGE BELASTUNG   B/L= 2.00   DS/B1= 2.00

KS= .200

X/L	FP	FS	FQ	FM
.05	2.0768	.7518	.0538	.00135
.10	1.0373	.7667	.0557	.00408
.15	.9329	.7813	.0524	.00679
.20	.8771	.7950	.0462	.00925
.25	.8545	.8075	.0389	.01138
.30	.8456	.8184	.0312	.01313
.35	.8431	.8276	.0234	.01450
.40	.8433	.8346	.0155	.01547
.45	.8443	.8394	.0077	.01605
.50	.8450	.8418	.0000	.01624
.55	.8450	.8418	-.0077	.01605
.60	.8443	.8394	-.0155	.01547
.65	.8433	.8346	-.0234	.01450
.70	.8431	.8276	-.0312	.01313
.75	.8456	.8184	-.0389	.01138
.80	.8545	.8075	-.0462	.00925
.85	.8771	.7950	-.0524	.00679
.90	.9329	.7813	-.0557	.00408
.95	1.0373	.7667	-.0538	.00135
1.00	2.0768	.7518	.0000	.00000

KS= .500

X/L	FP	FS	FQ	FM
.05	2.2571	.7734	.0629	.00157
.10	1.0890	.7808	.0673	.00483
.15	.9552	.7880	.0651	.00813
.20	.8768	.7949	.0589	.01123
.25	.8369	.8011	.0508	.01398
.30	.8143	.8066	.0415	.01628
.35	.8011	.8112	.0315	.01811
.40	.7933	.8147	.0212	.01942
.45	.7891	.8171	.0106	.02022
.50	.7872	.8183	.0000	.02048
.55	.7872	.8183	-.0106	.02022
.60	.7891	.8171	-.0212	.01942
.65	.7933	.8147	-.0315	.01811
.70	.8011	.8112	-.0415	.01628
.75	.8143	.8066	-.0508	.01398
.80	.8369	.8011	-.0589	.01123
.85	.8768	.7949	-.0651	.00813
.90	.9552	.7880	-.0673	.00483
.95	1.0890	.7808	-.0629	.00157
1.00	2.2571	.7734	.0000	.00000

KS= 1.000

X/L	FP	FS	FQ	FM
.05	2.3383	.7832	.0669	.00167
.10	1.1125	.7872	.0725	.00516
.15	.9655	.7911	.0708	.00874
.20	.8769	.7949	.0647	.01213
.25	.8292	.7983	.0561	.01515
.30	.8002	.8012	.0461	.01771
.35	.7821	.8037	.0352	.01974
.40	.7707	.8057	.0238	.02121
.45	.7639	.8070	.0120	.02211
.50	.7608	.8077	.0000	.02241
.55	.7608	.8077	-.0120	.02211
.60	.7639	.8070	-.0238	.02121
.65	.7707	.8057	-.0352	.01974
.70	.7821	.8037	-.0461	.01771
.75	.8002	.8012	-.0561	.01515
.80	.8292	.7983	-.0647	.01213
.85	.8769	.7949	-.0708	.00874
.90	.9655	.7911	-.0725	.00516
.95	1.1125	.7872	-.0669	.00167
1.00	2.3383	.7832	.0000	.00000

KS= 3.000

X/L	FP	FS	FQ	FM
.05	2.4009	.7907	.0700	.00175
.10	1.1307	.7922	.0766	.00542
.15	.9735	.7935	.0753	.00921
.20	.8770	.7949	.0691	.01282
.25	.8232	.7961	.0603	.01606
.30	.7894	.7971	.0497	.01881
.35	.7674	.7980	.0381	.02100
.40	.7531	.7987	.0258	.02260
.45	.7445	.7992	.0130	.02357
.50	.7404	.7994	.0000	.02389
.55	.7404	.7994	-.0130	.02357
.60	.7445	.7992	-.0258	.02260
.65	.7531	.7987	-.0381	.02100
.70	.7674	.7980	-.0497	.01881
.75	.7894	.7971	-.0603	.01606
.80	.8232	.7961	-.0691	.01282
.85	.8770	.7949	-.0753	.00921
.90	.9735	.7935	-.0766	.00542
.95	1.1307	.7922	-.0700	.00175
1.00	2.4009	.7907	.0000	.00000

KS= 10.000

X/L	FP	FS	FQ	FM
.05	2.4247	.7936	.0712	.00178
.10	1.1376	.7940	.0781	.00551
.15	.9765	.7945	.0769	.00939
.20	.8770	.7949	.0708	.01308
.25	.8210	.7952	.0618	.01640
.30	.7853	.7956	.0511	.01922
.35	.7618	.7958	.0392	.02148
.40	.7464	.7960	.0265	.02312
.45	.7370	.7962	.0134	.02412
.50	.7326	.7963	.0000	.02446
.55	.7326	.7963	-.0134	.02412
.60	.7370	.7962	-.0265	.02312
.65	.7464	.7960	-.0392	.02148
.70	.7618	.7958	-.0511	.01922
.75	.7853	.7956	-.0618	.01640
.80	.8210	.7952	-.0708	.01308
.85	.8770	.7949	-.0769	.00939
.90	.9765	.7945	-.0781	.00551
.95	1.1376	.7940	-.0712	.00178
1.00	2.4247	.7936	.0000	.00000

KS=100.000

X/L	FP	FS	FQ	FM
.05	2.4342	.7947	.0717	.00179
.10	1.1403	.7948	.0787	.00555
.15	.9778	.7948	.0776	.00946
.20	.8771	.7949	.0715	.01319
.25	.8201	.7949	.0625	.01654
.30	.7837	.7949	.0517	.01939
.35	.7596	.7950	.0396	.02167
.40	.7438	.7950	.0268	.02333
.45	.7341	.7950	.0135	.02434
.50	.7295	.7950	.0000	.02468
.55	.7295	.7950	-.0135	.02434
.60	.7341	.7950	-.0268	.02333
.65	.7438	.7950	-.0396	.02167
.70	.7596	.7950	-.0517	.01939
.75	.7837	.7949	-.0625	.01654
.80	.8201	.7949	-.0715	.01319
.85	.8771	.7949	-.0776	.00946
.90	.9778	.7948	-.0787	.00555
.95	1.1403	.7948	-.0717	.00179
1.00	2.4342	.7947	.0000	.00000

754

B/L= 2.00 DS/B1=100.00 KS= .001

XQ/L=0.0

X/L	FP	FS	FQ	FM
.05	22.5806	3.4161	.1290	-.02177
.10	.7245	2.2265	.1653	-.01442
.15	-1.0750	1.5820	.1115	-.00750
.20	-1.0998	1.2629	.0565	-.00330
.25	-.6564	1.1023	.0237	-.00129
.30	-.3099	1.0085	.0082	-.00049
.35	-.1196	.9405	.0022	-.00023
.40	-.0356	.8831	.0004	-.00017
.45	-.0059	.8316	.0001	-.00015
.50	.0015	.7849	.0002	-.00014
.55	.0016	.7427	.0003	-.00013
.60	.0004	.7046	.0003	-.00012
.65	-.0005	.6703	.0003	-.00010
.70	-.0008	.6392	.0003	-.00009
.75	-.0007	.6109	.0002	-.00008
.80	-.0001	.5851	.0002	-.00007
.85	.0009	.5614	.0003	-.00005
.90	.0024	.5395	.0004	-.00004
.95	.0037	.5189	.0006	-.00001
1.00	-.0113	.4992	-.0000	-.00000

XQ/L=0.1

X/L	FP	FS	FQ	FM
.05	3.5825	2.0255	.1791	.00448
.10	6.3192	2.3562	-.5049	.02133
.15	6.2185	2.3507	-.1940	.00386
.20	2.9907	2.0179	-.0445	-.00210
.25	1.0544	1.6681	.0083	-.00300
.30	.2020	1.3982	.0184	-.00234
.35	-.0720	1.2091	.0148	-.00151
.40	-.1110	1.0774	.0092	-.00091
.45	-.0820	.9818	.0051	-.00055
.50	-.0479	.9078	.0027	-.00036
.55	-.0247	.8473	.0015	-.00025
.60	-.0120	.7958	.0009	-.00019
.65	-.0059	.7510	.0006	-.00015
.70	-.0031	.7113	.0004	-.00013
.75	-.0017	.6758	.0004	-.00011
.80	-.0006	.6439	.0003	-.00009
.85	.0010	.6150	.0004	-.00007
.90	.0030	.5886	.0005	-.00005
.95	.0047	.5641	.0008	-.00002
1.00	-.0152	.5406	-.0000	-.00000

XQ/L=0.2

X/L	FP	FS	FQ	FM
.05	-.7262	1.3256	-.0363	-.00091
.10	1.2839	1.6558	.0279	-.00112
.15	3.1498	2.0205	.1854	.00421
.20	6.2406	2.3485	-.5026	.02128
.25	6.1811	2.3449	-.1935	.00388
.30	2.9796	2.0144	-.0446	-.00207
.35	1.0528	1.6662	.0081	-.00299
.40	.2031	1.3972	.0182	-.00233
.45	-.0708	1.2085	.0147	-.00151
.50	-.1102	1.0770	.0092	-.00091
.55	-.0816	.9815	.0051	-.00055
.60	-.0478	.9076	.0027	-.00036
.65	-.0247	.8471	.0015	-.00025
.70	-.0119	.7957	.0009	-.00019
.75	-.0055	.7509	.0006	-.00015
.80	-.0020	.7114	.0005	-.00013
.85	.0007	.6760	.0005	-.00010
.90	.0036	.6440	.0007	-.00007
.95	.0059	.6147	.0010	-.00003
1.00	-.0204	.5867	-.0000	-.00000

XQ/L=0.3

X/L	FP	FS	FQ	FM
.05	-.5229	1.0465	-.0261	-.00065
.10	.0234	1.2036	-.0250	-.00193
.15	.2793	1.3996	-.0110	-.00283
.20	1.0935	1.6678	.0437	-.00201
.25	2.9843	2.0122	.1929	.00390
.30	6.1438	2.3376	-.4999	.02122
.35	6.1389	2.3366	-.1930	.00390
.40	2.9658	2.0092	-.0447	-.00204
.45	1.0505	1.6631	.0078	-.00296
.50	.2042	1.3953	.0181	-.00231
.55	-.0693	1.2073	.0146	-.00150
.60	-.1092	1.0762	.0091	-.00091
.65	-.0811	.9809	.0051	-.00055
.70	-.0474	.9072	.0027	-.00036
.75	-.0241	.8469	.0015	-.00025
.80	-.0105	.7956	.0010	-.00019
.85	-.0022	.7510	.0009	-.00014
.90	.0036	.7114	.0010	-.00010
.95	.0074	.6754	.0014	-.00004
1.00	-.0283	.6414	-.0000	-.00000

XQ/L=0.4

X/L	FP	FS	FQ	FM
.05	-.1894	.8966	-.0095	-.00024
.10	-.0447	.9798	-.0117	-.00077
.15	-.0809	1.0779	-.0157	-.00145
.20	-.0534	1.2090	-.0184	-.00231
.25	.2112	1.3964	-.0079	-.00296
.30	1.0532	1.6634	.0448	-.00204
.35	2.9666	2.0088	.1931	.00391
.40	6.1379	2.3354	-.5000	.02124
.45	6.1379	2.3353	-.1931	.00391
.50	2.9662	2.0084	-.0448	-.00203
.55	1.0511	1.6625	.0078	-.00296
.60	.2046	1.3950	.0180	-.00231
.65	-.0691	1.2071	.0146	-.00150
.70	-.1090	1.0761	.0091	-.00091
.75	-.0804	.9810	.0051	-.00055
.80	-.0454	.9074	.0028	-.00035
.85	-.0195	.8473	.0019	-.00024
.90	-.0025	.7960	.0017	-.00015
.95	.0072	.7504	.0021	-.00005
1.00	-.0417	.7078	-.0000	-.00000

XQ/L=0.5

X/L	FP	FS	FQ	FM
.05	-.0749	.7905	-.0037	-.00009
.10	-.0051	.8464	-.0040	-.00029
.15	-.0330	.9080	-.0057	-.00053
.20	-.0732	.9817	-.0093	-.00090
.25	-.1059	1.0767	-.0146	-.00150
.30	-.0681	1.2074	-.0180	-.00232
.35	.2048	1.3951	-.0078	-.00296
.40	1.0511	1.6626	.0448	-.00204
.45	2.9663	2.0084	.1931	.00391
.50	6.1381	2.3352	-.5000	.02124
.55	6.1381	2.3352	-.1931	.00391
.60	2.9663	2.0084	-.0448	-.00204
.65	1.0511	1.6626	.0078	-.00296
.70	.2048	1.3951	.0180	-.00232
.75	-.0681	1.2074	.0146	-.00150
.80	-.1059	1.0767	.0093	-.00090
.85	-.0732	.9817	.0057	-.00053
.90	-.0330	.9080	.0040	-.00029
.95	-.0051	.8464	.0037	-.00009
1.00	-.0749	.7905	0.0000	-.00000

B/L= 2.00 DS/B1=100.00 KS= .001

XM/L=0.0

X/L	FP	FS	FQ	FM
.05	223.0758	15.1183	11.1538	-.72116
.10	-103.0315	-4.1016	6.0022	-.29226
.15	-69.9166	-8.4423	2.5064	-.07954
.20	-35.6259	-7.4246	.7251	.00125
.25	-13.6475	-5.3438	.0427	.02044
.30	-3.4838	-3.6309	-.1315	.01822
.35	.1169	-2.5089	-.1256	.01179
.40	.8891	-1.8368	-.0812	.00662
.45	.7440	-1.4383	-.0440	.00350
.50	.4491	-1.1892	-.0215	.00186
.55	.2287	-1.0190	-.0101	.00107
.60	.1039	-.8920	-.0049	.00069
.65	.0441	-.7911	-.0027	.00050
.70	.0187	-.7080	-.0018	.00039
.75	.0086	-.6383	-.0013	.00031
.80	.0038	-.5791	-.0011	.00025
.85	-.0005	-.5285	-.0012	.00020
.90	-.0054	-.4846	-.0014	.00013
.95	-.0094	-.4456	-.0019	.00005
1.00	.0381	-.4093	.0000	-.00000

XM/L=0.1

X/L	FP	FS	FQ	FM
.05	105.8513	10.6809	5.2926	.13231
.10	52.7844	5.4365	7.9318	-.53708
.15	-64.5850	-4.8215	4.7025	-.22122
.20	-55.9538	-7.6558	1.9048	-.05603
.25	-27.5875	-6.5082	.5255	.00472
.30	-10.3568	-4.6761	.0076	.01805
.35	-2.4838	-3.2179	-.1166	.01533
.40	.2323	-2.2682	-.1049	.00979
.45	.7664	-1.6946	-.0666	.00550
.50	.6142	-1.3479	-.0359	.00294
.55	.3651	-1.1258	-.0177	.00160
.60	.1848	-.9706	-.0084	.00095
.65	.0842	-.8530	-.0042	.00063
.70	.0361	-.7588	-.0024	.00046
.75	.0154	-.6808	-.0016	.00036
.80	.0061	-.6152	-.0013	.00029
.85	-.0000	-.5594	-.0013	.00022
.90	-.0060	-.5113	-.0016	.00015
.95	-.0104	-.4687	-.0022	.00005
1.00	.0431	-.4293	-.0000	-.00000

XM/L=0.2

X/L	FP	FS	FQ	FM
.05	6.2492	4.1564	.3125	.00781
.10	27.4599	6.2302	1.6855	.05776
.15	53.2814	7.4062	4.3495	.20863
.20	59.1773	4.7529	7.3084	-.49992
.25	-58.3438	-4.5962	4.3912	-.20743
.30	-52.0637	-7.2675	1.7880	-.05295
.35	-25.8191	-6.1958	.4971	.00418
.40	-9.7445	-4.4732	.0098	.01685
.45	-2.3612	-3.0966	-.1082	.01439
.50	.2003	-2.1959	-.0982	.00923
.55	.7119	-1.6490	-.0626	.00521
.60	.5746	-1.3165	-.0339	.00280
.65	.3431	-1.1023	-.0167	.00153
.70	.1741	-.9520	-.0080	.00091
.75	.0789	-.8378	-.0041	.00061
.80	.0315	-.7462	-.0025	.00045
.85	.0078	-.6704	-.0021	.00033
.90	-.0061	-.6063	-.0024	.00022
.95	-.0141	-.5503	-.0031	.00008
1.00	.0625	-.4988	-.0000	-.00000

XM/L=0.3

X/L	FP	FS	FQ	FM
.05	-4.5554	1.8917	-.2278	-.00569
.10	3.2890	3.0684	-.0633	-.01297
.15	10.5000	4.5354	.4617	-.00301
.20	26.2593	6.2750	1.7746	.05290
.25	52.3146	7.3483	4.3904	.20702
.30	58.6378	4.6864	7.3223	-.50016
.35	-58.5710	-4.6451	4.3937	-.20726
.40	-52.1338	-7.2982	1.7870	-.05275
.45	-25.8279	-6.2141	.4956	.00432
.50	-9.7362	-4.4844	.0088	.01693
.55	-2.3521	-3.1039	-.1088	.01443
.60	.2063	-2.2012	-.0985	.00925
.65	.7152	-1.6532	-.0627	.00522
.70	.5758	-1.3201	-.0339	.00281
.75	.3421	-1.1055	-.0168	.00154
.80	.1699	-.9551	-.0083	.00091
.85	.0684	-.8409	-.0049	.00058
.90	.0134	-.7488	-.0042	.00035
.95	-.0133	-.6707	-.0049	.00012
1.00	.0980	-.5996	-.0000	-.00000

XM/L=0.4

X/L	FP	FS	FQ	FM
.05	-1.9925	1.2229	-.0996	-.00249
.10	-.4272	1.6425	-.1210	-.00801
.15	.0314	2.2182	-.1194	-.01402
.20	2.4869	3.1243	.0049	-.01688
.25	9.7904	4.5015	.4944	-.00439
.30	25.8394	6.2285	1.7864	.05263
.35	52.1302	7.3126	4.3929	.20711
.40	58.5769	4.6636	7.3218	-.50002
.45	-58.5811	-4.6588	4.3927	-.20716
.50	-52.1288	-7.3065	1.7863	-.05268
.55	-25.8213	-6.2195	.4952	.00435
.60	-9.7316	-4.4883	.0086	.01695
.65	-2.3495	-3.1070	-.1088	.01445
.70	.2071	-2.2040	-.0985	.00926
.75	.7132	-1.6560	-.0628	.00523
.80	.5684	-1.3231	-.0344	.00280
.85	.3249	-1.1089	-.0182	.00148
.90	.1402	-.9578	-.0111	.00075
.95	.0340	-.8398	-.0095	.00024
1.00	.1890	-.7366	-.0000	-.00000

XM/L=0.5

X/L	FP	FS	FQ	FM
.05	-.5658	.9277	-.0283	-.00071
.10	-.2498	1.1040	-.0408	-.00243
.15	-.5021	1.3267	-.0659	-.00510
.20	-.6740	1.6608	-.0996	-.00924
.25	-.1898	2.2079	-.1091	-.01445
.30	2.3549	3.1097	.0087	-.01696
.35	9.7320	4.4903	.4953	-.00437
.40	25.8202	6.2212	1.7863	.05267
.45	52.1270	7.3081	4.3926	.20715
.50	58.5786	4.6607	7.3216	-.50000
.55	-58.5787	-4.6608	4.3926	-.20715
.60	-52.1270	-7.3081	1.7863	-.05267
.65	-25.8201	-6.2212	.4953	.00437
.70	-9.7321	-4.4903	.0087	.01696
.75	-2.3550	-3.1097	-.1091	.01445
.80	.1899	-2.2079	-.0996	.00924
.85	.6741	-1.6608	-.0659	.00510
.90	.5021	-1.3267	-.0408	.00243
.55	.2498	-1.1040	-.0283	.00071
1.00	.5658	-.9277	-.0000	-.00000

B/L= 2.00 DS/B1=100.00 KS= .003

XQ/L=0.0

X/L	FP	FS	FQ	FM
.05	19.2111	3.2451	-.0394	-.02599
.10	3.0398	2.3905	.1125	-.02416
.15	.4824	1.7897	.1367	-.01793
.20	-.5145	1.4000	.1109	-.01174
.25	-.6904	1.1580	.0764	-.00705
.30	-.5828	1.0092	.0473	-.00396
.35	-.4100	.9149	.0268	-.00211
.40	-.2571	.8506	.0139	-.00109
.45	-.1466	.8019	.0066	-.00058
.50	-.0761	.7615	.0028	-.00034
.55	-.0353	.7256	.0010	-.00025
.60	-.0137	.6926	.0003	-.00021
.65	-.0035	.6620	.0002	-.00020
.70	.0009	.6333	.0002	-.00019
.75	.0026	.6067	.0003	-.00018
.80	.0036	.5819	.0005	-.00016
.85	.0044	.5588	.0007	-.00012
.90	.0048	.5370	.0010	-.00008
.95	.0032	.5163	.0011	-.00003
1.00	-.0228	.4962	-.0000	-.00000

XQ/L=0.1

X/L	FP	FS	FQ	FM
.05	5.6945	2.1175	.2847	.00712
.10	4.7320	2.2231	-.4787	.02727
.15	4.4799	2.1721	-.2547	.00894
.20	2.8639	1.9552	-.1115	-.00022
.25	1.5734	1.6976	-.0328	-.00383
.30	.7360	1.4619	.0040	-.00455
.35	.2636	1.2689	.0172	-.00402
.40	.0319	1.1190	.0188	-.00312
.45	-.0606	1.0047	.0157	-.00226
.50	-.0822	.9173	.0116	-.00157
.55	-.0733	.8490	.0080	-.00108
.60	-.0553	.7939	.0052	-.00076
.65	-.0375	.7479	.0033	-.00054
.70	-.0232	.7083	.0022	-.00041
.75	-.0127	.6735	.0015	-.00031
.80	-.0052	.6423	.0013	-.00024
.85	.0001	.6138	.0013	-.00018
.90	.0032	.5875	.0014	-.00011
.95	.0025	.5626	.0016	-.00004
1.00	-.0310	.5385	-.0000	-.00000

XQ/L=0.2

X/L	FP	FS	FQ	FM
.05	.1972	1.4020	.0099	.00025
.10	1.8132	1.6861	.1005	.00301
.15	3.1507	1.9559	.2581	.01197
.20	4.6567	2.1541	-.5091	.03069
.25	4.6095	2.1542	-.2786	.01100
.30	3.0336	1.9610	-.1270	.00086
.35	1.7077	1.7118	-.0416	-.00335
.40	.8245	1.4767	-.0003	-.00440
.45	.3149	1.2813	.0154	-.00402
.50	.0582	1.1283	.0183	-.00318
.55	-.0491	1.0114	.0159	-.00233
.60	-.0784	.9220	.0119	-.00163
.65	-.0728	.8523	.0083	-.00113
.70	-.0553	.7963	.0055	-.00078
.75	-.0367	.7498	.0037	-.00055
.80	-.0209	.7099	.0027	-.00039
.85	-.0089	.6747	.0022	-.00027
.90	-.0013	.6428	.0021	-.00016
.95	.0001	.6130	.0021	-.00005
1.00	-.0428	.5843	-.0000	-.00000

XQ/L=0.3

X/L	FP	FS	FQ	FM
.05	-.7682	1.0534	-.0384	-.00096
.10	.3732	1.2533	-.0198	-.00241
.15	.9372	1.4704	.0271	-.00223
.20	1.7945	1.7118	.1168	.00137
.25	3.0599	1.9593	.2698	.01103
.30	4.5655	2.1480	-.5019	.03023
.35	4.5429	2.1456	-.2748	.01082
.40	2.9919	1.9530	-.1252	.00082
.45	1.6846	1.7054	-.0409	-.00333
.50	.8133	1.4721	-.0003	-.00436
.55	.3105	1.2782	.0153	-.00399
.60	.0575	1.1263	.0181	-.00315
.65	-.0478	1.0102	.0157	-.00231
.70	-.0758	.9214	.0120	-.00161
.75	-.0688	.8521	.0085	-.00110
.80	-.0497	.7963	.0060	-.00074
.85	-.0296	.7497	.0045	-.00047
.90	-.0145	.7091	.0038	-.00027
.95	-.0086	.6722	.0034	-.00008
1.00	-.0679	.6371	-.0000	-.00000

XQ/L=0.4

X/L	FP	FS	FQ	FM
.05	-.5544	.8805	-.0277	-.00069
.10	-.0200	.9956	-.0287	-.00210
.15	.1226	1.1247	-.0226	-.00339
.20	.3718	1.2813	-.0040	-.00405
.25	.8555	1.4755	.0388	-.00318
.30	1.7065	1.7068	.1241	.00089
.35	2.9940	1.9513	.2738	.01084
.40	4.5235	2.1404	-.5000	.03018
.45	4.5193	2.1394	-.2741	.01083
.50	2.9802	1.9485	-.1251	.00085
.55	1.6800	1.7024	-.0411	-.00330
.60	.8126	1.4703	-.0004	-.00434
.65	.3123	1.2772	.0152	-.00397
.70	.0613	1.1260	.0183	-.00313
.75	-.0417	1.0104	.0162	-.00227
.80	-.0667	.9218	.0128	-.00155
.85	-.0571	.8522	.0100	-.00098
.90	-.0391	.7952	.0080	-.00053
.95	-.0296	.7457	.0065	-.00016
1.00	-.1309	.6996	-.0000	-.00000

XQ/L=0.5

X/L	FP	FS	FQ	FM
.05	-.2799	.7764	-.0140	-.00035
.10	-.0578	.8446	-.0169	-.00112
.15	-.0459	.9202	-.0192	-.00202
.20	-.0188	1.0114	-.0201	-.00301
.25	.0787	1.1278	-.0162	-.00391
.30	.3236	1.2788	-.0000	-.00432
.35	.8192	1.4713	.0410	-.00329
.40	1.6832	1.7028	.1251	.00086
.45	2.9808	1.9482	.2742	.01084
.50	4.5170	2.1382	-.5000	.03019
.55	4.5170	2.1382	-.2742	.01084
.60	2.9808	1.9482	-.1251	.00086
.65	1.6832	1.7028	-.0410	-.00329
.70	.8192	1.4713	.0000	-.00432
.75	.3236	1.2788	.0162	-.00391
.80	.0787	1.1278	.0201	-.00301
.85	-.0188	1.0114	.0192	-.00202
.90	-.0459	.9202	.0169	-.00112
.95	-.0578	.8446	.0140	-.00035
1.00	-.2799	.7764	-.0000	.00000

B/L= 2.00 DS/B1=100.00 KS= .003

XM/L=0.0

X/L	FP	FS	FQ	FM
.05	150.3302	11.8951	7.5165	-.81209
.10	-35.0307	.5535	5.7650	-.48005
.15	-41.3371	-4.3638	3.6981	-.24347
.20	-32.9642	-5.7066	2.0499	-.09977
.25	-21.4431	-5.3676	.9778	-.02408
.30	-12.2112	-4.4315	.3672	.00954
.35	-6.0817	-3.4356	.0631	.02030
.40	-2.5051	-2.5952	-.0621	.02033
.45	-.6604	-1.9605	-.0952	.01639
.50	.1499	-1.5101	-.0877	.01182
.55	.4104	-1.2006	-.0672	.00795
.60	.4170	-.9896	-.0463	.00511
.65	.3311	-.8435	-.0297	.00321
.70	.2303	-.7386	-.0182	.00201
.75	.1447	-.6597	-.0110	.00128
.80	.0817	-.5971	-.0069	.00084
.85	.0390	-.5450	-.0050	.00054
.90	.0137	-.4998	-.0043	.00031
.95	.0053	-.4587	-.0040	.00010
1.00	.0803	-.4197	.0000	-.00000

XM/L=0.1

X/L	FP	FS	FQ	FM
.05	95.4780	9.5820	4.7739	.11935
.10	25.5412	4.4076	6.0510	-.61003
.15	-30.3282	-2.0368	4.5346	-.34539
.20	-35.7230	-4.9857	2.7484	-.16332
.25	-26.0402	-5.4282	1.4464	-.05845
.30	-16.1209	-4.7890	.6403	-.00628
.35	-8.7519	-3.8430	.2028	.01480
.40	-4.0981	-2.9486	-.0022	.01981
.45	-1.5015	-2.2316	-.0772	.01783
.50	-.2324	-1.7043	-.0888	.01368
.55	.2772	-1.3348	-.0750	.00958
.60	.4022	-1.0813	-.0549	.00633
.65	.3617	-.9069	-.0368	.00404
.70	.2703	-.7840	-.0233	.00254
.75	.1793	-.6937	-.0143	.00160
.80	.1067	-.6239	-.0090	.00102
.85	.0550	-.5671	-.0062	.00064
.90	.0230	-.5185	-.0051	.00035
.95	.0106	-.4748	-.0045	.00011
1.00	.0910	-.4335	-.0000	-.00000

XM/L=0.2

X/L	FP	FS	FQ	FM
.05	24.2515	4.9596	1.2126	.03031
.10	22.5391	5.2578	2.3395	.11912
.15	29.7986	4.8323	3.8295	.27334
.20	24.6920	2.4755	5.0641	-.50432
.25	-25.5486	-2.4506	3.7866	-.28305
.30	-30.2146	-4.7165	2.2759	-.13149
.35	-21.8308	-4.9411	1.1844	-.04498
.40	-13.4056	-4.3061	.5141	-.00252
.45	-7.2066	-3.4476	.1537	.01417
.50	-3.3238	-2.6548	-.0124	.01771
.55	-1.1770	-2.0248	-.0713	.01561
.60	-.1412	-1.5627	-.0783	.01187
.65	.2641	-1.2382	-.0651	.00828
.70	.3527	-1.0142	-.0475	.00547
.75	.3071	-.8586	-.0321	.00348
.80	.2215	-.7474	-.0211	.00215
.85	.1388	-.6640	-.0141	.00127
.90	.0772	-.5976	-.0103	.00066
.95	.0455	-.5408	-.0080	.00020
1.00	.1599	-.4881	-.0000	-.00000

XM/L=0.3

X/L	FP	FS	FQ	FM
.05	.5191	2.3519	.0260	.00065
.10	7.6621	3.3605	.4091	.01152
.15	13.9931	4.3162	1.1087	.04947
.20	22.2198	4.9815	2.2197	.13268
.25	30.3009	4.7592	3.7347	.28154
.30	25.3603	2.4973	5.0028	-.50002
.35	-25.0175	-2.3957	3.7519	-.28116
.40	-29.8635	-4.6588	2.2587	-.13089
.45	-21.6267	-4.8928	1.1774	-.04499
.50	-13.3009	-4.2700	.5123	-.00275
.55	-7.1613	-3.4223	.1543	.01392
.60	-3.3110	-2.6380	-.0113	.01749
.65	-1.1807	-2.0142	-.0703	.01545
.70	-.1539	-1.5563	-.0780	.01175
.75	.2447	-1.2346	-.0658	.00815
.80	.3267	-1.0122	-.0494	.00527
.85	.2755	-.8565	-.0357	.00314
.90	.1937	-.7425	-.0260	.00160
.95	.1388	-.6521	-.0190	.00048
1.00	.3808	-.5720	-.0000	-.00000

XM/L=0.4

X/L	FP	FS	FQ	FM
.05	-3.1711	1.2769	-.1586	-.00396
.10	1.3813	1.9255	-.0895	-.01016
.15	3.7703	2.6462	.0990	-.00993
.20	7.5917	3.4712	.4786	.00451
.25	13.6094	4.3313	1.1591	.04546
.30	21.8316	4.9556	2.2507	.13070
.35	30.0168	4.7219	3.7515	.28075
.40	25.1823	2.4622	5.0106	-.50019
.45	-25.1159	-2.4240	3.7548	-.28106
.50	-29.9114	-4.6802	2.2592	-.13071
.55	-21.6469	-4.9087	1.1769	-.04480
.60	-13.3094	-4.2823	.5114	-.00259
.65	-7.1692	-3.4327	.1530	.01402
.70	-3.3266	-2.6477	-.0134	.01751
.75	-1.2112	-2.0238	-.0739	.01533
.80	-.2042	-1.5653	-.0841	.01137
.85	.1764	-1.2405	-.0753	.00739
.90	.2646	-1.0094	-.0621	.00395
.95	.2804	-.8347	-.0481	.00120
1.00	.9610	-.6855	-.0000	-.00000

XM/L=0.5

X/L	FP	FS	FQ	FM
.05	-2.1129	.8685	-.1056	-.00264
.10	-.1849	1.1854	-.1149	-.00815
.15	.3585	1.5560	-.0970	-.01345
.20	1.3810	2.0350	-.0279	-.01657
.25	3.4535	2.6656	.1448	-.01365
.30	7.2488	3.4508	.5072	.00265
.35	13.3530	4.2987	1.1748	.04470
.40	21.6691	4.9238	2.2583	.13053
.45	29.9260	4.6953	3.7546	.28085
.50	25.1372	2.4411	5.0115	-.50000
.55	-25.1372	-2.4411	3.7546	-.28085
.60	-29.9260	-4.6953	2.2583	-.13053
.65	-21.6690	-4.9238	1.1748	-.04470
.70	-13.3530	-4.2987	.5072	-.00265
.75	-7.2488	-3.4508	.1448	.01365
.80	-3.4535	-2.6655	-.0279	.01657
.85	-1.3809	-2.0350	-.0970	.01345
.90	-.3585	-1.5560	-.1149	.00815
.95	.1849	-1.1854	-.1056	.00264
1.00	2.1129	-.8685	-.0000	-.00000

B/L= 2.00 DS/B1=100.00 KS= .010

XQ/L=0.0

X/L	FP	FS	FQ	FM
.05	15.8665	3.0317	-.2067	-.03017
.10	4.0921	2.4563	-.0021	-.03539
.15	1.8574	1.9806	.0908	-.03317
.20	.5857	1.6083	.1201	-.02790
.25	-.0366	1.3277	.1183	-.02194
.30	-.3163	1.1219	.1024	-.01642
.35	-.4066	.9735	.0821	-.01181
.40	-.3981	.8673	.0622	-.00820
.45	-.3442	.7910	.0450	-.00552
.50	-.2753	.7352	.0312	-.00361
.55	-.2077	.6930	.0208	-.00231
.60	-.1490	.6596	.0134	-.00146
.65	-.1018	.6318	.0083	-.00091
.70	-.0658	.6076	.0050	-.00058
.75	-.0396	.5855	.0030	-.00038
.80	-.0213	.5649	.0020	-.00025
.85	-.0094	.5453	.0015	-.00017
.90	-.0031	.5262	.0013	-.00010
.95	-.0021	.5076	.0012	-.00003
1.00	-.0249	.4891	-.0000	-.00000

XQ/L=0.1

X/L	FP	FS	FQ	FM
.05	7.1791	2.1832	.3590	.00897
.10	3.8303	2.1369	-.4495	.03171
.15	3.2876	2.0339	-.2852	.01334
.20	2.3897	1.8675	-.1657	.00207
.25	1.6292	1.6786	-.0842	-.00418
.30	1.0399	1.4935	-.0322	-.00709
.35	.6137	1.3256	-.0015	-.00793
.40	.3233	1.1803	.0146	-.00760
.45	.1372	1.0585	.0215	-.00670
.50	.0264	.9582	.0228	-.00559
.55	-.0329	.8763	.0212	-.00449
.60	-.0588	.8095	.0182	-.00350
.65	-.0644	.7547	.0150	-.00267
.70	-.0589	.7091	.0121	-.00200
.75	-.0483	.6705	.0097	-.00145
.80	-.0364	.6371	.0078	-.00101
.85	-.0262	.6073	.0065	-.00066
.90	-.0207	.5801	.0055	-.00035
.95	-.0229	.5544	.0043	-.00011
1.00	-.0870	.5293	-.0000	-.00000

XQ/L=0.2

X/L	FP	FS	FQ	FM
.05	2.0311	1.5363	.1016	.00254
.10	2.0319	1.6976	.2032	.01016
.15	2.6391	1.8404	.3351	.02361
.20	3.2244	1.9335	-.5037	.04440
.25	3.1928	1.9287	-.3440	.02321
.30	2.5357	1.8266	-.2172	.00917
.35	1.8462	1.6767	-.1249	.00062
.40	1.2559	1.5127	-.0621	-.00406
.45	.7988	1.3542	-.0222	-.00617
.50	.4691	1.2114	.0012	-.00669
.55	.2455	1.0879	.0135	-.00632
.60	.1035	.9841	.0187	-.00552
.65	.0204	.8981	.0197	-.00456
.70	-.0224	.8271	.0186	-.00360
.75	-.0396	.7684	.0166	-.00272
.80	-.0423	.7191	.0145	-.00194
.85	-.0389	.6768	.0126	-.00126
.90	-.0379	.6393	.0107	-.00068
.95	-.0468	.6048	.0083	-.00021
1.00	-.1664	.5715	-.0000	-.00000

XQ/L=0.3

X/L	FP	FS	FQ	FM
.05	-.1109	1.1310	-.0055	-.00014
.10	.7975	1.3143	.0343	.00058
.15	1.3384	1.4971	.1013	.00397
.20	1.9459	1.6735	.1985	.01147
.25	2.6152	1.8274	.3293	.02466
.30	3.2334	1.9279	-.5090	.04517
.35	3.2129	1.9278	-.3484	.02373
.40	2.5581	1.8285	-.2205	.00951
.45	1.8671	1.6801	-.1271	.00082
.50	1.2741	1.5168	-.0634	-.00394
.55	.8148	1.3586	-.0227	-.00609
.60	.4837	1.2157	.0015	-.00662
.65	.2597	1.0920	.0145	-.00622
.70	.1183	.9876	.0204	-.00535
.75	.0359	.9007	.0222	-.00429
.80	-.0076	.8282	.0218	-.00319
.85	-.0293	.7669	.0204	-.00213
.90	-.0461	.7136	.0180	-.00117
.95	-.0732	.6652	.0144	-.00036
1.00	-.2878	.6191	-.0000	-.00000.

XQ/L=0.4

X/L	FP	FS	FQ	FM
.05	-.6926	.8970	-.0346	-.00087
.10	.1909	1.0419	-.0251	-.00236
.15	.5212	1.1917	.0010	-.00296
.20	.8880	1.3497	.0454	-.00180
.25	1.3426	1.5150	.1125	.00214
.30	1.9127	1.6803	.2081	.01016
.35	2.5728	1.8277	.3368	.02378
.40	3.1939	1.9250	-.5035	.04462
.45	3.1815	1.9238	-.3444	.02342
.50	2.5365	1.8247	-.2176	.00936
.55	1.8553	1.6773	-.1249	.00080
.60	1.2718	1.5151	-.0613	-.00385
.65	.8211	1.3579	-.0202	-.00589
.70	.4975	1.2156	.0047	-.00628
.75	.2794	1.0917	.0186	-.00569
.80	.1400	.9858	.0256	-.00459
.85	.0519	.8954	.0282	-.00324
.90	-.0142	.8168	.0275	-.00185
.95	-.0864	.7457	.0232	-.00058
1.00	-.4639	.6783	-.0000	-.00000

XQ/L=0.5

X/L	FP	FS	FQ	FM
.05	-.6567	.7621	-.0328	-.00082
.10	-.0363	.8628	-.0346	-.00251
.15	.1303	.9685	-.0281	-.00408
.20	.3050	1.0841	-.0129	-.00510
.25	.5321	1.2136	.0137	-.00508
.30	.8529	1.3585	.0564	-.00333
.35	1.2954	1.5163	.1211	.00111
.40	1.8685	1.6778	.2146	.00950
.45	2.5380	1.8240	.3415	.02340
.50	3.1708	1.9217	-.5000	.04444
.55	3.1708	1.9217	-.3415	.02340
.60	2.5380	1.8240	-.2146	.00950
.65	1.8685	1.6778	-.1211	.00111
.70	1.2954	1.5163	-.0564	-.00333
.75	.8529	1.3585	-.0137	-.00508
.80	.5321	1.2136	.0129	-.00510
.85	.3050	1.0841	.0281	-.00408
.90	.1303	.9685	.0346	-.00251
.95	-.0363	.8628	.0328	-.00082
1.00	-.6567	.7621	-.0000	-.00000

B/L= 2.00 DS/B1=100.00 KS= .010

XM/L=0.0

X/L	FP	FS	FQ	FM
.05	92.6824	8.7503	4.6341	-.88415
.10	-3.1650	2.8336	4.4759	-.65640
.15	-15.2937	-.7733	3.7112	-.45172
.20	-18.2557	-2.7229	2.7984	-.28898
.25	-16.5585	-3.5670	1.9705	-.16976
.30	-13.3566	-3.7283	1.3026	-.08793
.35	-9.9843	-3.5071	.8034	-.03528
.40	-7.0205	-3.1043	.4524	-.00388
.45	-4.6581	-2.6449	.2195	.01291
.50	-2.9003	-2.2005	.0745	.02026
.55	-1.6662	-1.8068	-.0088	.02190
.60	-.8479	-1.4769	-.0512	.02040
.65	-.3390	-1.2107	-.0682	.01742
.70	-.0480	-1.0013	-.0706	.01395
.75	.0984	-.8389	-.0657	.01054
.80	.1566	-.7133	-.0578	.00746
.85	.1698	-.6146	-.0493	.00478
.90	.1756	-.5343	-.0406	.00253
.95	.2050	-.4648	-.0303	.00076
1.00	.6061	-.4002	.0000	-.00000

XM/L=0.1

X/L	FP	FS	FQ	FM
.05	71.3000	7.7400	3.5650	.08912
.10	16.2637	4.0776	4.3782	-.71230
.15	-9.7195	.2301	3.8922	-.50554
.20	-17.2210	-2.1688	3.0312	-.33245
.25	-16.8643	-3.3160	2.1879	-.20197
.30	-14.1445	-3.6668	1.4807	-.11026
.35	-10.8554	-3.5538	.9379	-.04979
.40	-7.8025	-3.2040	.5478	-.01265
.45	-5.2898	-2.7630	.2833	.00813
.50	-3.3756	-2.3170	.1145	.01808
.55	-2.0039	-1.9112	.0143	.02130
.60	-1.0754	-1.5652	-.0394	.02067
.65	-.4842	-1.2824	-.0636	.01810
.70	-.1350	-1.0580	-.0704	.01475
.75	.0503	-.8829	-.0679	.01129
.80	.1333	-.7468	-.0612	.00806
.85	.1618	-.6397	-.0531	.00520
.90	.1782	-.5524	-.0442	.00277
.95	.2177	-.4771	-.0333	.00083
1.00	.6664	-.4071	-.0000	-.00000

XM/L=0.2

X/L	FP	FS	FQ	FM
.05	33.8000	5.1766	1.6900	.04225
.10	15.9579	4.3146	2.4879	.14670
.15	14.2286	3.1741	3.1993	.28888
.20	8.5214	1.3848	3.6254	-.54050
.25	-10.7277	-1.1495	3.0890	-.37264
.30	-15.1216	-2.6924	2.3329	-.23710
.35	-13.8770	-3.3253	1.6391	-.13780
.40	-11.2138	-3.4003	1.0784	-.06986
.45	-8.3701	-3.1674	.6599	-.02640
.50	-5.8707	-2.7926	.3664	-.00075
.55	-3.8847	-2.3790	.1721	.01272
.60	-2.4145	-1.9845	.0514	.01830
.65	-1.3895	-1.6373	-.0181	.01914
.70	-.7163	-1.3467	-.0539	.01734
.75	-.3021	-1.1110	-.0690	.01426
.80	-.0649	-.9229	-.0722	.01073
.85	.0653	-.7722	-.0690	.00720
.90	.1545	-.6484	-.0613	.00395
.95	.2599	-.5413	-.0483	.00121
1.00	.9654	-.4418	-.0000	-.00000

XM/L=0.3

X/L	FP	FS	FQ	FM
.05	11.5623	3.0608	.5781	.01445
.10	8.8301	3.2801	1.0196	.05440
.15	10.7953	3.3990	1.5594	.11887
.20	12.8691	3.2613	2.2028	.21293
.25	13.7759	2.6299	2.8916	.34029
.30	9.3003	1.1730	3.3566	-.50350
.35	-9.5917	-1.1612	2.8771	-.34766
.40	-14.0010	-2.5966	2.1770	-.22131
.45	-12.9268	-3.1829	1.5307	-.12862
.50	-10.4796	-3.2484	1.0067	-.06518
.55	-7.8445	-3.0264	.6145	-.02465
.60	-5.5245	-2.6722	.3382	-.00084
.65	-3.6824	-2.2814	.1541	.01147
.70	-2.3215	-1.9077	.0381	.01628
.75	-1.3738	-1.5764	-.0306	.01646
.80	-.7455	-1.2946	-.0679	.01400
.85	-.3368	-1.0588	-.0847	.01018
.90	-.0403	-.8593	-.0868	.00589
.95	.2449	-.6840	-.0745	.00186
1.00	1.4903	-.5202	-.0000	-.00000

XM/L=0.4

X/L	FP	FS	FQ	FM
.05	1.6232	1.7427	.0812	.00203
.10	3.7559	2.2052	.2690	.01078
.15	5.7388	2.6497	.5559	.03140
.20	8.0686	3.0327	.9593	.06928
.25	10.6512	3.2671	1.4919	.13056
.30	13.0227	3.2052	2.1430	.22144
.35	14.0181	2.6193	2.8439	.34611
.40	9.5412	1.1864	3.3210	-.49977
.45	-9.3915	-1.1380	2.8514	-.34546
.50	-13.8558	-2.5724	2.1586	-.22021
.55	-12.8388	-3.1627	1.5167	-.12832
.60	-10.4460	-3.2342	.9944	-.06555
.65	-7.8603	-3.0182	.6014	-.02565
.70	-5.5831	-2.6678	.3222	-.00257
.75	-3.7735	-2.2768	.1335	.00883
.80	-2.4257	-1.8965	.0122	.01247
.85	-1.4527	-1.5488	-.0604	.01127
.90	-.7149	-1.2372	-.0961	.00736
.95	-.0588	-.9537	-.0991	.00248
1.00	1.9814	-.6850	-.0000	-.00000

XM/L=0.5

X/L	FP	FS	FQ	FM
.05	-1.6082	1.0336	-.0804	-.00201
.10	1.1278	1.4308	-.0240	-.00462
.15	2.3983	1.8383	.0959	-.00282
.20	3.8793	2.2576	.2899	.00682
.25	5.7264	2.6722	.5762	.02847
.30	8.0009	3.0357	.9762	.06728
.35	10.5687	3.2580	1.5047	.12930
.40	12.9413	3.1888	2.1517	.22071
.45	13.9419	2.5986	2.8488	.34572
.50	9.4678	1.1631	3.3222	-.50000
.55	-9.4678	-1.1631	2.8488	-.34572
.60	-13.9419	-2.5986	2.1517	-.22071
.65	-12.9413	-3.1888	1.5047	-.12930
.70	-10.5687	-3.2580	.9762	-.06728
.75	-8.0009	-3.0357	.5762	-.02847
.80	-5.7264	-2.6722	.2899	-.00682
.85	-3.8793	-2.2576	.0959	.00282
.90	-2.3983	-1.8383	-.0240	.00462
.95	-1.1278	-1.4308	-.0804	.00201
1.00	1.6083	-1.0336	-.0000	-.00000

B/L= 2.00 DS/B1=100.00 KS= .020

XQ/L=0.0

X/L	FP	FS	FQ	FM
.05	14.1465	2.8998	-.2927	-.03232
.10	4.2375	2.4464	-.0808	-.04165
.15	2.3294	2.0491	.0357	-.04278
.20	1.1325	1.7155	.0923	-.03958
.25	.4433	1.4439	.1145	-.03441
.30	.0421	1.2279	.1166	-.02864
.35	-.1776	1.0591	.1077	-.02303
.40	-.2823	.9290	.0936	-.01800
.45	-.3156	.8297	.0778	-.01372
.50	-.3068	.7542	.0624	-.01021
.55	-.2754	.6965	.0487	-.00743
.60	-.2339	.6520	.0370	-.00529
.65	-.1903	.6170	.0275	-.00368
.70	-.1493	.5888	.0200	-.00249
.75	-.1132	.5651	.0143	-.00164
.80	-.0833	.5445	.0102	-.00102
.85	-.0600	.5259	.0072	-.00059
.90	-.0439	.5085	.0050	-.00029
.95	-.0354	.4917	.0032	-.00008
1.00	-.0642	.4752	-.0000	-.00000

XQ/L=0.1

X/L	FP	FS	FQ	FM
.05	7.5772	2.1950	.3789	.00947
.10	3.5596	2.1045	-.4432	.03286
.15	2.9074	1.9843	-.2978	.01434
.20	2.1762	1.8307	-.1890	.00217
.25	1.5810	1.6651	-.1099	-.00530
.30	1.1057	1.5020	-.0546	-.00942
.35	.7391	1.3502	-.0177	-.01123
.40	.4660	1.2140	.0056	-.01153
.45	.2698	1.0949	.0191	-.01091
.50	.1346	.9927	.0258	-.00979
.55	.0461	.9060	.0281	-.00844
.60	-.0079	.8330	.0277	-.00704
.65	-.0374	.7716	.0259	-.00570
.70	-.0503	.7198	.0234	-.00447
.75	-.0531	.6756	.0207	-.00337
.80	-.0509	.6372	.0182	-.00239
.85	-.0485	.6031	.0157	-.00155
.90	-.0514	.5721	.0132	-.00082
.95	-.0651	.5427	.0099	-.00025
1.00	-.1983	.5142	-.0000	-.00000

XQ/L=0.2

X/L	FP	FS	FQ	FM
.05	3.0949	1.6162	.1547	.00387
.10	2.1152	1.7064	.2605	.01425
.15	2.3611	1.7833	.3786	.03023
.20	2.6197	1.8273	-.4905	.05243
.25	2.5615	1.8112	-.3624	.03111
.30	2.1592	1.7345	-.2544	.01569
.35	1.7118	1.6230	-.1688	.00511
.40	1.2962	1.4962	-.1040	-.00171
.45	.9420	1.3670	-.0569	-.00574
.50	.6570	1.2436	-.0241	-.00776
.55	.4377	1.1304	-.0022	-.00842
.60	.2759	1.0293	.0116	-.00818
.65	.1614	.9408	.0197	-.00740
.70	.0838	.8640	.0239	-.00631
.75	.0331	.7975	.0255	-.00508
.80	.0002	.7396	.0255	-.00380
.85	-.0242	.6883	.0243	-.00255
.90	-.0513	.6417	.0218	-.00140
.95	-.0922	.5981	.0171	-.00043
1.00	-.3430	.5559	-.0000	-.00000

XQ/L=0.3

X/L	FP	FS	FQ	FM
.05	.6899	1.2086	.0345	.00086
.10	1.0244	1.3525	.0857	.00387
.15	1.4083	1.4931	.1561	.00991
.20	1.8240	1.6235	.2473	.02000
.25	2.2511	1.7318	.3599	.03518
.30	2.6121	1.7991	-.5095	.05644
.35	2.6006	1.7996	-.3795	.03421
.40	2.2186	1.7341	-.2685	.01801
.45	1.7771	1.6298	-.1797	.00681
.50	1.3603	1.5071	-.1117	-.00048
.55	1.0017	1.3799	-.0616	-.00481
.60	.7111	1.2569	-.0260	-.00700
.65	.4861	1.1427	-.0017	-.00769
.70	.3185	1.0397	.0142	-.00738
.75	.1970	.9481	.0240	-.00643
.80	.1092	.8668	.0295	-.00509
.85	.0414	.7942	.0316	-.00356
.90	-.0242	.7280	.0304	-.00201
.95	-.1054	.6661	.0251	-.00063
1.00	-.5018	.6061	-.0000	-.00000

XQ/L=0.4

X/L	FP	FS	FQ	FM
.05	-.3596	.9439	-.0180	-.00045
.10	.3768	1.0821	.0009	-.00088
.15	.7048	1.2214	.0361	.00005
.20	1.0419	1.3615	.0882	.00315
.25	1.4122	1.4993	.1588	.00933
.30	1.8231	1.6279	.2500	.01955
.35	2.2492	1.7352	.3624	.03486
.40	2.6118	1.8021	-.5070	.05624
.45	2.6035	1.8025	-.3768	.03415
.50	2.2256	1.7372	-.2655	.01809
.55	1.7889	1.6330	-.1761	.00705
.60	1.3769	1.5103	-.1072	-.00004
.65	1.0226	1.3825	-.0561	-.00412
.70	.7348	1.2580	-.0194	-.00601
.75	.5094	1.1411	.0061	-.00634
.80	.3351	1.0337	.0229	-.00561
.85	.1958	.9352	.0326	-.00423
.90	.0673	.8442	.0360	-.00251
.95	-.0758	.7582	.0322	-.00081
1.00	-.6443	.6747	-.0000	-.00000

XQ/L=0.5

X/L	FP	FS	FQ	FM
.05	-.6704	.7785	-.0335	-.00084
.10	.0534	.8903	-.0309	-.00245
.15	.2831	1.0047	-.0167	-.00364
.20	.5054	1.1237	.0086	-.00384
.25	.7509	1.2483	.0461	-.00247
.30	1.0448	1.3778	.0984	.00114
.35	1.3973	1.5085	.1682	.00780
.40	1.8032	1.6326	.2584	.01847
.45	2.2317	1.7374	.3700	.03418
.50	2.6006	1.8030	-.5000	.05593
.55	2.6006	1.8030	-.3700	.03418
.60	2.2317	1.7374	-.2584	.01847
.65	1.8032	1.6326	-.1682	.00780
.70	1.3973	1.5085	-.0984	.00114
.75	1.0448	1.3778	-.0461	-.00247
.80	.7509	1.2483	-.0086	-.00384
.85	.5054	1.1237	.0167	-.00364
.90	.2831	1.0047	.0309	-.00245
.95	.0534	.8903	.0335	-.00084
1.00	-.6704	.7785	-.0000	0.00000

B/L= 2.00 DS/B1=100.00 KS= .020

XM/L=0.0

X/L	FP	FS	FQ	FM
.05	68.9147	7.2044	3.4457	-.91386
.10	3.8612	3.2400	3.6388	-.73674
.15	-6.3748	.5141	3.3201	-.56277
.20	-10.6546	-1.2381	2.7873	-.41009
.25	-11.4207	-2.2623	2.2163	-.28500
.30	-10.5990	-2.7670	1.6863	-.18743
.35	-9.0955	-2.9190	1.2316	-.11448
.40	-7.4007	-2.8460	.8615	-.06215
.45	-5.7747	-2.6417	.5728	-.02630
.50	-4.3439	-2.3719	.3556	-.00309
.55	-3.1558	-2.0808	.1978	.01075
.60	-2.2129	-1.7960	.0872	.01787
.65	-1.4931	-1.5329	.0125	.02037
.70	-.9620	-1.2988	-.0356	.01979
.75	-.5808	-1.0949	-.0646	.01728
.80	-.3094	-.9189	-.0801	.01367
.85	-.1060	-.7662	-.0854	.00953
.90	.0801	-.6309	-.0814	.00536
.95	.2980	-.5068	-.0665	.00166
1.00	1.3298	-.3878	.0000	-.00000

XM/L=0.1

X/L	FP	FS	FQ	FM
.05	56.9630	6.6039	2.8482	.07120
.10	13.6605	3.8563	3.5312	-.76931
.15	-3.1991	1.0720	3.3712	-.59675
.20	-9.6924	-.8759	2.8866	-.44031
.25	-11.1964	-2.0474	2.3268	-.30997
.30	-10.7260	-2.6580	1.7905	-.20704
.35	-9.3754	-2.8825	1.3217	-.12924
.40	-7.7291	-2.8563	.9353	-.07281
.45	-6.0960	-2.6797	.6305	-.03367
.50	-4.6306	-2.4242	.3989	-.00794
.55	-3.3972	-2.1383	.2291	.00776
.60	-2.4075	-1.8527	.1087	.01621
.65	-1.6444	-1.5855	.0265	.01959
.70	-1.0761	-1.3454	-.0273	.01956
.75	-.6642	-1.1348	-.0606	.01737
.80	-.3681	-.9521	-.0790	.01388
.85	-.1449	-.7928	-.0862	.00975
.90	.0584	-.6513	-.0833	.00551
.95	.2930	-.5212	-.0686	.00172
1.00	1.3726	-.3965	-.0000	-.00000

XM/L=0.2

X/L	FP	FS	FQ	FM
.05	33.3082	4.9176	1.6654	.04164
.10	13.2111	3.8848	2.3260	.14142
.15	9.8684	2.7168	2.8194	.27005
.20	4.9586	1.2416	3.0673	-.58278
.25	-6.3452	-.5606	2.7500	-.43735
.30	-9.7963	-1.7863	2.2602	-.31209
.35	-9.9442	-2.4515	1.7630	-.21151
.40	-8.9424	-2.7255	1.3159	-.13453
.45	-7.5044	-2.7413	.9407	-.07812
.50	-6.0009	-2.5989	.6406	-.03859
.55	-4.6160	-2.3698	.4098	-.01232
.60	-3.4310	-2.1033	.2383	.00388
.65	-2.4682	-1.8310	.1149	.01271
.70	-1.7164	-1.5716	.0291	.01631
.75	-1.1463	-1.3341	-.0283	.01633
.80	-.7188	-1.1213	-.0642	.01402
.85	-.3873	-.9314	-.0836	.01032
.90	-.0910	-.7598	-.0881	.00603
.95	.2318	-.6005	-.0765	.00191
1.00	1.5305	-.4471	-.0000	-.00000

XM/L=0.3

X/L	FP	FS	FQ	FM
.05	16.0752	3.2900	.8038	.02009
.10	8.5551	3.1360	1.2315	.07098
.15	8.5274	2.9150	1.6579	.14321
.20	8.6865	2.5346	2.0922	.23696
.25	8.2111	1.8705	2.5028	.35184
.30	4.8782	.7661	2.7467	-.51693
.35	-5.7238	-.7762	2.4605	-.38675
.40	-8.9003	-1.8292	2.0155	-.27485
.45	-9.0043	-2.3873	1.5653	-.18533
.50	-8.0787	-2.6018	1.1613	-.11716
.55	-6.7725	-2.5906	.8227	-.06756
.60	-5.4179	-2.4420	.5518	-.03320
.65	-4.1767	-2.2186	.3430	-.01083
.70	-3.1168	-1.9629	.1871	.00242
.75	-2.2513	-1.7013	.0746	.00896
.80	-1.5609	-1.4486	-.0035	.01074
.85	-1.0040	-1.2110	-.0537	.00931
.90	-.5134	-.9885	-.0793	.00599
.95	-.0143	-.7776	-.0801	.00200
1.00	1.6013	-.5727	-.0000	-.00000

XM/L=0.4

X/L	FP	FS	FQ	FM
.05	5.9531	2.0794	.2977	.00744
.10	4.6192	2.2844	.5286	.02810
.15	5.5342	2.4635	.8053	.06145
.20	6.6629	2.5763	1.1385	.11004
.25	7.8198	2.5616	1.5295	.17674
.30	8.6343	2.3330	1.9612	.26401
.35	8.4492	1.7751	2.3836	.37263
.40	5.2285	.7411	2.6451	-.50166
.45	-5.3579	-.7577	2.3772	-.37610
.50	-8.5695	-1.7867	1.9487	-.26796
.55	-8.7327	-2.3339	1.5121	-.18144
.60	-7.8739	-2.5454	1.1184	-.11568
.65	-6.6319	-2.5353	.7868	-.06805
.70	-5.3320	-2.3885	.5202	-.03538
.75	-4.1293	-2.1649	.3137	-.01453
.80	-3.0837	-1.9046	.1595	-.00270
.85	-2.1953	-1.6318	.0497	.00253
.90	-1.4153	-1.3592	-.0210	.00325
.95	-.6700	-1.0912	-.0545	.00136
1.00	1.0903	-.8267	-.0000	-.00000

XM/L=0.5

X/L	FP	FS	FQ	FM
.05	.9253	1.2923	.0463	.00116
.10	2.0710	1.5850	.1498	.00606
.15	3.0405	1.8725	.3018	.01735
.20	4.1237	2.1429	.5080	.03760
.25	5.3387	2.3728	.7750	.06967
.30	6.6370	2.5230	1.1068	.11672
.35	7.8688	2.5345	1.5002	.18189
.40	8.7124	2.3233	1.9359	.26779
.45	8.5313	1.7762	2.3624	.37525
.50	5.3012	.7481	2.6275	-.50000
.55	-5.3012	-.7481	2.3624	-.37525
.60	-8.5313	-1.7762	1.9359	-.26779
.65	-8.7124	-2.3233	1.5002	-.18189
.70	-7.8688	-2.5345	1.1068	-.11672
.75	-6.6370	-2.5230	.7750	-.06967
.80	-5.3387	-2.3728	.5080	-.03760
.85	-4.1237	-2.1429	.3018	-.01735
.90	-3.0405	-1.8725	.1498	-.00606
.95	-2.0710	-1.5850	.0463	-.00116
1.00	-.9253	-1.2923	-.0000	-.00000

B/L= 2.00   DS/B1=100.00   KS= .050

XQ/L=0.0

X/L	FP	FS	FQ	FM
.05	12.1100	2.7196	-.3945	-.03486
.10	4.1303	2.3916	-.1880	-.04942
.15	2.6333	2.0891	-.0563	-.05553
.20	1.6289	1.8182	.0251	-.05631
.25	.9839	1.5810	.0743	-.05383
.30	.5453	1.3769	.1016	-.04943
.35	.2462	1.2038	.1139	-.04404
.40	.0458	1.0588	.1162	-.03829
.45	-.0832	.9385	.1120	-.03258
.50	-.1607	.8394	.1040	-.02718
.55	-.2015	.7583	.0939	-.02224
.60	-.2169	.6920	.0831	-.01781
.65	-.2155	.6376	.0723	-.01393
.70	-.2041	.5928	.0621	-.01057
.75	-.1881	.5553	.0527	-.00770
.80	-.1720	.5233	.0441	-.00528
.85	-.1603	.4952	.0361	-.00328
.90	-.1593	.4696	.0281	-.00167
.95	-.1747	.4455	.0194	-.00048
1.00	-.3874	.4220	-.0000	-.00000

XQ/L=0.1

X/L	FP	FS	FQ	FM
.05	7.6652	2.1796	.3833	.00958
.10	3.3200	2.0658	-.4507	.03289
.15	2.6124	1.9400	-.3201	.01362
.20	2.0027	1.8011	-.2200	.00012
.25	1.5374	1.6582	-.1431	-.00896
.30	1.1648	1.5180	-.0849	-.01466
.35	.8658	1.3850	-.0416	-.01782
.40	.6279	1.2618	-.0102	-.01911
.45	.4415	1.1497	.0119	-.01907
.50	.2980	1.0491	.0268	-.01810
.55	.1898	.9596	.0363	-.01653
.60	.1099	.8806	.0418	-.01458
.65	.0521	.8109	.0444	-.01242
.70	.0107	.7493	.0449	-.01019
.75	-.0198	.6945	.0439	-.00797
.80	-.0448	.6451	.0417	-.00583
.85	-.0704	.5999	.0382	-.00383
.90	-.1063	.5575	.0328	-.00206
.95	-.1616	.5170	.0248	-.00062
1.00	-.4954	.4772	-.0000	-.00000

XQ/L=0.2

X/L	FP	FS	FQ	FM
.05	4.2089	1.7038	.2104	.00526
.10	2.2183	1.7221	.3214	.01856
.15	2.1196	1.7335	.4273	.03727
.20	2.0950	1.7282	-.4679	.06126
.25	1.9820	1.6941	-.3688	.04034
.30	1.7378	1.6303	-.2819	.02407
.35	1.4728	1.5473	-.2083	.01182
.40	1.2168	1.4536	-.1474	.00293
.45	.9837	1.3555	-.0983	-.00322
.50	.7795	1.2576	-.0593	-.00716
.55	.6058	1.1629	-.0290	-.00936
.60	.4612	1.0731	-.0059	-.01024
.65	.3428	.9893	.0112	-.01010
.70	.2463	.9116	.0235	-.00923
.75	.1668	.8397	.0319	-.00785
.80	.0983	.7729	.0368	-.00613
.85	.0331	.7103	.0384	-.00425
.90	-.0415	.6509	.0364	-.00238
.95	-.1383	.5934	.0295	-.00074
1.00	-.5890	.5369	-.0000	-.00000

XQ/L=0.3

X/L	FP	FS	FQ	FM
.05	1.9001	1.3270	.0950	.00238
.10	1.3139	1.4095	.1607	.00877
.15	1.4464	1.4888	.2330	.01861
.20	1.6222	1.5600	.3141	.03229
.25	1.8142	1.6160	.4048	.05026
.30	1.9696	1.6473	-.4967	.07297
.35	1.9556	1.6424	-.3989	.05058
.40	1.7695	1.6012	-.3104	.03284
.45	1.5379	1.5351	-.2335	.01925
.50	1.2995	1.4535	-.1686	.00919
.55	1.0734	1.3634	-.1149	.00211
.60	.8689	1.2699	-.0714	-.00255
.65	.6896	1.1767	-.0370	-.00526
.70	.5349	1.0859	-.0102	-.00644
.75	.4016	.9986	.0099	-.00645
.80	.2843	.9151	.0241	-.00560
.85	.1745	.8354	.0328	-.00418
.90	.0574	.7585	.0357	-.00247
.95	-.0829	.6837	.0315	-.00079
1.00	-.6305	.6098	-.0000	-.00000

XQ/L=0.4

X/L	FP	FS	FQ	FM
.05	.5128	1.0472	.0256	.00064
.10	.6773	1.1518	.0595	.00277
.15	.8882	1.2554	.1039	.00686
.20	1.1093	1.3561	.1594	.01344
.25	1.3435	1.4509	.2266	.02309
.30	1.5835	1.5347	.3057	.03639
.35	1.8113	1.6009	.3963	.05395
.40	1.9883	1.6400	-.5043	.07625
.45	1.9873	1.6408	-.4049	.05352
.50	1.8085	1.6035	-.3145	.03553
.55	1.5803	1.5395	-.2355	.02178
.60	1.3421	1.4585	-.1684	.01169
.65	1.1133	1.3675	-.1127	.00466
.70	.9030	1.2717	-.0676	.00015
.75	.7136	1.1744	-.0319	-.00233
.80	.5428	1.0779	-.0047	-.00325
.85	.3835	.9831	.0144	-.00301
.90	.2211	.8902	.0255	-.00201
.95	.0384	.7988	.0274	-.00069
1.00	-.5483	.7082	-.0000	-.00000

XQ/L=0.5

X/L	FP	FS	FQ	FM
.05	-.2253	.8477	-.0113	-.00028
.10	.2724	.9509	.0024	-.00050
.15	.4861	1.0543	.0267	.00022
.20	.6894	1.1579	.0611	.00242
.25	.8966	1.2607	.1060	.00659
.30	1.1170	1.3609	.1618	.01329
.35	1.3513	1.4551	.2294	.02307
.40	1.5921	1.5386	.3090	.03653
.45	1.8211	1.6042	.4000	.05425
.50	1.9994	1.6428	-.5000	.07675
.55	1.9994	1.6428	-.4000	.05425
.60	1.8211	1.6042	-.3090	.03653
.65	1.5921	1.5386	-.2294	.02307
.70	1.3513	1.4551	-.1618	.01329
.75	1.1170	1.3609	-.1060	.00659
.80	.8966	1.2607	-.0611	.00242
.85	.6894	1.1579	-.0267	.00022
.90	.4861	1.0543	-.0024	-.00050
.95	.2724	.9509	.0113	-.00028
1.00	-.2253	.8477	-.0000	-.00000

B/L= 2.00 DS/B1=100.00 KS= .050

XM/L=0.0

X/L	FP	FS	FQ	FM
.05	45.8811	5.4746	2.2941	-.94265
.10	6.9423	3.1891	2.6412	-.81927
.15	-.0567	1.4326	2.6383	-.68728
.20	-3.8655	.1281	2.4451	-.56019
.25	-5.5937	-.8025	2.1654	-.44493
.30	-6.2159	-1.4318	1.8546	-.34443
.35	-6.1954	-1.8247	1.5448	-.25945
.40	-5.8083	-2.0369	1.2544	-.18947
.45	-5.2278	-2.1147	.9930	-.13328
.50	-4.5649	-2.0960	.7648	-.08934
.55	-3.8901	-2.0109	.5703	-.05596
.60	-3.2461	-1.8824	.4080	-.03151
.65	-2.6565	-1.7278	.2751	-.01443
.70	-2.1306	-1.5596	.1686	-.00334
.75	-1.6680	-1.3863	.0852	.00301
.80	-1.2597	-1.2129	.0222	.00569
.85	-.8885	-1.0422	-.0222	.00569
.90	-.5218	-.8750	-.0483	.00393
.95	-.1227	-.7108	-.0544	.00136
1.00	1.0888	-.5481	.0000	-.00000

XM/L=0.1

X/L	FP	FS	FQ	FM
.05	40.5218	5.1845	2.0261	.05065
.10	10.8325	3.4219	2.5677	-.83450
.15	1.3181	1.6702	2.6336	-.70447
.20	-3.3211	.3052	2.4676	-.57694
.25	-5.3383	-.6755	2.2007	-.46023
.30	-6.1196	-1.3454	1.8947	-.35785
.35	-6.1903	-1.7703	1.5852	-.27085
.40	-5.8554	-2.0070	1.2924	-.19892
.45	-5.3030	-2.1030	1.0272	-.14093
.50	-4.6526	-2.0975	.7946	-.09538
.55	-3.9805	-2.0214	.5956	-.06062
.60	-3.3331	-1.8987	.4289	-.03501
.65	-2.7364	-1.7475	.2921	-.01698
.70	-2.2018	-1.5809	.1820	-.00513
.75	-1.7298	-1.4078	.0955	.00181
.80	-1.3124	-1.2338	.0299	.00494
.85	-.9329	-1.0620	-.0167	.00527
.90	-.5592	-.8932	-.0447	.00374
.95	-.1546	-.7272	-.0524	.00131
1.00	1.0483	-.5627	-.0000	-.00000

XM/L=0.2

X/L	FP	FS	FQ	FM
.05	28.5689	4.2804	1.4284	.03571
.10	10.3179	3.3471	1.9443	.12003
.15	6.8254	2.3676	2.2856	.22578
.20	3.1852	1.2849	2.4449	-.65596
.25	-2.6308	.1064	2.3133	-.53700
.30	-5.0145	-.7894	2.0626	-.42761
.35	-5.7989	-1.3961	1.7727	-.33172
.40	-5.8687	-1.7753	1.4792	-.25043
.45	-5.5434	-1.9803	1.2021	-.18340
.50	-5.0122	-2.0555	.9514	-.12956
.55	-4.3908	-2.0371	.7319	-.08747
.60	-3.7508	-1.9539	.5444	-.05557
.65	-3.1351	-1.8280	.3876	-.03227
.70	-2.5668	-1.6759	.2593	-.01610
.75	-2.0544	-1.5095	.1566	-.00570
.80	-1.5955	-1.3367	.0768	.00013
.85	-1.1777	-1.1623	.0179	.00250
.90	-.7732	-.9888	-.0208	.00243
.95	-.3475	-.8168	-.0381	.00095
1.00	.7629	-.6458	-.0000	-.00000

XM/L=0.3

X/L	FP	FS	FQ	FM
.05	18.0198	3.2624	.9010	.02252
.10	7.6899	2.8685	1.2855	.07719
.15	6.3130	2.4451	1.6011	.14935
.20	5.3148	1.9542	1.8669	.23605
.25	4.2373	1.3480	2.0787	.33469
.30	2.0734	.5708	2.1824	-.55878
.35	-2.9364	-.3640	2.0356	-.45333
.40	-4.8546	-1.0704	1.7929	-.35762
.45	-5.3798	-1.5337	1.5239	-.27470
.50	-5.3206	-1.8078	1.2578	-.20516
.55	-4.9497	-1.9382	1.0103	-.14845
.60	-4.4248	-1.9628	.7891	-.10347
.65	-3.8400	-1.9121	.5971	-.06881
.70	-3.2518	-1.8100	.4345	-.04302
.75	-2.6919	-1.6745	.2999	-.02466
.80	-2.1746	-1.5189	.1912	-.01238
.85	-1.7005	-1.3523	.1062	-.00495
.90	-1.2560	-1.1807	.0434	-.00121
.95	-.8168	-1.0072	.0025	-.00006
1.00	-.0505	-.8335	-.0000	-.00000

XM/L=0.4

X/L	FP	FS	FQ	FM
.05	10.1911	2.3633	.5096	.01274
.10	5.1130	2.2854	.7652	.04461
.15	4.7985	2.1906	1.0051	.08887
.20	4.7535	2.0561	1.2428	.14506
.25	4.7968	1.8517	1.4826	.21320
.30	4.6699	1.5401	1.7161	.29317
.35	4.0688	1.0770	1.9196	.38406
.40	2.1811	.4109	2.0286	-.51723
.45	-2.6737	-.4402	1.8949	-.41914
.50	-4.5138	-1.0854	1.6693	-.33004
.55	-5.0104	-1.5062	1.4187	-.25284
.60	-4.9546	-1.7525	1.1710	-.18810
.65	-4.6069	-1.8668	.9407	-.13530
.70	-4.1175	-1.8843	.7348	-.09342
.75	-3.5756	-1.8335	.5560	-.06115
.80	-3.0357	-1.7365	.4042	-.03714
.85	-2.5301	-1.6103	.2777	-.02009
.90	-2.0801	-1.4670	.1737	-.00881
.95	-1.6879	-1.3152	.0893	-.00223
1.00	-1.7862	-1.1602	-.0000	-.00000

XM/L=0.5

X/L	FP	FS	FQ	FM
.05	4.9639	1.6612	.2482	.00620
.10	3.0904	1.7467	.4027	.02248
.15	3.2820	1.8239	.5668	.04672
.20	3.6197	1.8804	.7478	.07958
.25	4.0423	1.8993	.9499	.12202
.30	4.4541	1.8580	1.1726	.17509
.35	4.7501	1.7278	1.4101	.23966
.40	4.7730	1.4735	1.6488	.31613
.45	4.2590	1.0527	1.8617	.40389
.50	2.4179	.4163	1.9826	-.50000
.55	-2.4179	-.4163	1.8617	-.40389
.60	-4.2590	-1.0527	1.6488	-.31613
.65	-4.7730	-1.4735	1.4101	-.23966
.70	-4.7501	-1.7278	1.1726	-.17509
.75	-4.4541	-1.8580	.9499	-.12202
.80	-4.0423	-1.8993	.7478	-.07958
.85	-3.6197	-1.8804	.5668	-.04672
.90	-3.2820	-1.8239	.4027	-.02248
.95	-3.0904	-1.7467	.2482	-.00620
1.00	-4.9639	-1.6612	-.0000	-.00000

B/L= 2.00 DS/B1=100.00 KS= .100

XQ/L=0.0

X/L	FP	FS	FQ	FM
.05	10.7705	2.5867	-.4615	-.03654
.10	3.9302	2.3310	-.2650	-.05470
.15	2.6931	2.0892	-.1303	-.06458
.20	1.8445	1.8653	-.0381	-.06879
.25	1.2781	1.6614	.0258	-.06910
.30	.8693	1.4783	.0693	-.06672
.35	.5675	1.3156	.0977	-.06254
.40	.3436	1.1724	.1148	-.05723
.45	.1784	1.0470	.1238	-.05127
.50	.0583	.9380	.1267	-.04501
.55	-.0273	.8434	.1253	-.03871
.60	-.0871	.7614	.1210	-.03255
.65	-.1282	.6900	.1145	-.02666
.70	-.1569	.6275	.1067	-.02113
.75	-.1789	.5722	.0978	-.01602
.80	-.2002	.5225	.0877	-.01138
.85	-.2280	.4768	.0763	-.00728
.90	-.2755	.4340	.0626	-.00381
.95	-.3541	.3928	.0449	-.00112
1.00	-.8972	.3523	-.0000	-.00000

XQ/L=0.1

X/L	FP	FS	FQ	FM
.05	7.5048	2.1507	.3752	.00938
.10	3.1765	2.0362	-.4659	.03211
.15	2.4774	1.9158	-.3421	.01191
.20	1.9320	1.7893	-.2455	-.00277
.25	1.5318	1.6615	-.1689	-.01313
.30	1.2137	1.5360	-.1082	-.02006
.35	.9550	1.4156	-.0604	-.02428
.40	.7431	1.3019	-.0233	-.02637
.45	.5698	1.1958	.0052	-.02682
.50	.4286	1.0977	.0266	-.02602
.55	.3140	1.0076	.0423	-.02430
.60	.2213	.9250	.0534	-.02191
.65	.1457	.8493	.0607	-.01905
.70	.0828	.7798	.0648	-.01592
.75	.0280	.7155	.0662	-.01264
.80	-.0242	.6555	.0650	-.00936
.85	-.0806	.5988	.0610	-.00621
.90	-.1543	.5445	.0533	-.00335
.95	-.2574	.4916	.0404	-.00101
1.00	-.8080	.4393	-.0000	-.00000

XQ/L=0.2

X/L	FP	FS	FQ	FM
.05	4.7839	1.7518	.2392	.00598
.10	2.2858	1.7347	.3535	.02080
.15	2.0234	1.7137	.4547	.04100
.20	1.8696	1.6835	-.4519	.06607
.25	1.7189	1.6376	-.3659	.04563
.30	1.5217	1.5753	-.2898	.02923
.35	1.3235	1.5018	-.2237	.01639
.40	1.1346	1.4216	-.1669	.00663
.45	.9602	1.3379	-.1189	-.00052
.50	.8024	1.2533	-.0788	-.00546
.55	.6619	1.1697	-.0457	-.00857
.60	.5379	1.0881	-.0188	-.01018
.65	.4288	1.0094	.0026	-.01059
.70	.3320	.9339	.0192	-.01004
.75	.2444	.8614	.0315	-.00877
.80	.1613	.7918	.0395	-.00700
.85	.0764	.7245	.0433	-.00493
.90	-.0229	.6590	.0422	-.00279
.95	-.1493	.5947	.0347	-.00087
1.00	-.6944	.5309	-.0000	-.00000

XQ/L=0.3

X/L	FP	FS	FQ	FM
.05	2.7506	1.4143	.1375	.00344
.10	1.5188	1.4550	.2135	.01221
.15	1.4809	1.4935	.2875	.02474
.20	1.5091	1.5264	.3630	.04100
.25	1.5735	1.5496	.4416	.06112
.30	1.6280	1.5574	-.4770	.08523
.35	1.5978	1.5437	-.3971	.06338
.40	1.4779	1.5081	-.3232	.04538
.45	1.3299	1.4562	-.2567	.03088
.50	1.1733	1.3929	-.1980	.01951
.55	1.0181	1.3220	-.1471	.01088
.60	.8700	1.2467	-.1036	.00462
.65	.7317	1.1690	-.0670	.00035
.70	.6035	1.0906	-.0368	-.00225
.75	.4844	1.0126	-.0126	-.00348
.80	.3714	.9354	.0059	-.00365
.85	.2592	.8592	.0189	-.00303
.90	.1368	.7841	.0257	-.00191
.95	-.0080	.7098	.0253	-.00063
1.00	-.5069	.6358	-.0000	-.00000

XQ/L=0.4

X/L	FP	FS	FQ	FM
.05	1.3316	1.1422	.0666	.00166
.10	.9252	1.2126	.1128	.00615
.15	1.0070	1.2819	.1632	.01305
.20	1.1175	1.3484	.2191	.02261
.25	1.2487	1.4095	.2815	.03512
.30	1.3852	1.4620	.3508	.05093
.35	1.5122	1.5017	.4264	.07036
.40	1.6067	1.5232	-.4933	.09368
.45	1.6027	1.5204	-.4132	.07102
.50	1.4994	1.4934	-.3382	.05224
.55	1.3614	1.4479	-.2701	.03703
.60	1.2095	1.3890	-.2096	.02504
.65	1.0549	1.3208	-.1569	.01587
.70	.9039	1.2466	-.1117	.00916
.75	.7591	1.1686	-.0738	.00452
.80	.6205	1.0886	-.0427	.00161
.85	.4857	1.0077	-.0184	.00008
.90	.3471	.9266	-.0011	-.00041
.95	.1952	.8455	.0087	-.00022
1.00	-.1735	.7645	-.0000	-.00000

XQ/L=0.5

X/L	FP	FS	FQ	FM
.05	.4006	.9292	.0200	.00050
.10	.4943	1.0107	.0447	.00212
.15	.6309	1.0918	.0763	.00515
.20	.7702	1.1718	.1148	.00992
.25	.9160	1.2496	.1606	.01681
.30	1.0677	1.3234	.2140	.02617
.35	1.2226	1.3908	.2751	.03840
.40	1.3743	1.4486	.3438	.05387
.45	1.5112	1.4925	.4194	.07296
.50	1.6121	1.5175	-.5000	.09594
.55	1.6121	1.5175	-.4194	.07296
.60	1.5112	1.4925	-.3438	.05387
.65	1.3743	1.4486	-.2751	.03840
.70	1.2226	1.3908	-.2140	.02617
.75	1.0677	1.3234	-.1606	.01681
.80	.9160	1.2496	-.1148	.00992
.85	.7702	1.1718	-.0763	.00515
.90	.6309	1.0918	-.0447	.00212
.95	.4943	1.0107	-.0200	.00050
1.00	.4006	.9292	-.0000	0.00000

B/L= 2.00 DS/B1=100.00 KS= .100

XM/L=0.0

X/L	FP	FS	FQ	FM
.05	33.4189	4.4019	1.6709	-.95823
.10	6.9626	2.9161	2.0191	-.86598
.15	2.0209	1.7041	2.1201	-.76250
.20	-.9464	.7364	2.0728	-.65767
.25	-2.5773	-.0183	1.9439	-.55725
.30	-3.4662	-.5908	1.7706	-.46439
.35	-3.8857	-1.0101	1.5763	-.38072
.40	-3.9988	-1.3029	1.3764	-.30690
.45	-3.9118	-1.4926	1.1808	-.24297
.50	-3.6975	-1.5999	.9959	-.18855
.55	-3.4070	-1.6427	.8256	-.14301
.60	-3.0766	-1.6358	.6718	-.10558
.65	-2.7316	-1.5917	.5352	-.07540
.70	-2.3893	-1.5206	.4157	-.05163
.75	-2.0607	-1.4305	.3127	-.03342
.80	-1.7521	-1.3276	.2251	-.01998
.85	-1.4663	-1.2169	.1518	-.01056
.90	-1.2037	-1.1016	.0916	-.00447
.95	-.9579	-.9841	.0437	-.00109
1.00	-.8736	-.8657	.0000	-.00000

XM/L=0.1

X/L	FP	FS	FQ	FM
.05	30.5563	4.2391	1.5278	.03820
.10	8.8820	3.0249	1.9719	-.87431
.15	2.7215	1.8238	2.1080	-.77231
.20	-.6397	.8323	2.0760	-.66771
.25	-2.4058	.0569	1.9557	-.56692
.30	-3.3722	-.5335	1.7871	-.47335
.35	-3.8395	-.9680	1.5951	-.38880
.40	-3.9838	-1.2732	1.3959	-.31402
.45	-3.9171	-1.4731	1.2001	-.24912
.50	-3.7158	-1.5887	1.0143	-.19376
.55	-3.4333	-1.6380	.8426	-.14734
.60	-3.1073	-1.6362	.6873	-.10909
.65	-2.7643	-1.5961	.5490	-.07818
.70	-2.4225	-1.5279	.4279	-.05376
.75	-2.0935	-1.4400	.3232	-.03498
.80	-1.7843	-1.3389	.2340	-.02105
.85	-1.4983	-1.2295	.1591	-.01122
.90	-1.2370	-1.1152	.0973	-.00481
.95	-.9948	-.9986	.0475	-.00119
1.00	-.9505	-.8811	-.0000	-.00000

XM/L=0.2

X/L	FP	FS	FQ	FM
.05	23.7333	3.7014	1.1867	.02967
.10	8.4611	2.9456	1.6097	.09958
.15	5.4946	2.1707	1.8844	.18693
.20	2.7546	1.3530	2.0222	-.71540
.25	-.8480	.5021	1.9798	-.61535
.30	-2.5930	-.1867	1.8501	-.51961
.35	-3.4207	-.7053	1.6791	-.43138
.40	-3.7868	-1.0813	1.4897	-.35216
.45	-3.8624	-1.3400	1.2966	-.28250
.50	-3.7534	-1.5036	1.1090	-.22236
.55	-3.5296	-1.5915	.9325	-.17132
.60	-3.2393	-1.6206	.7705	-.12875
.65	-2.9164	-1.6047	.6247	-.09387
.70	-2.5843	-1.5555	.4955	-.06586
.75	-2.2592	-1.4824	.3825	-.04391
.80	-1.9519	-1.3930	.2849	-.02723
.85	-1.6697	-1.2929	.2014	-.01507
.90	-1.4206	-1.1865	.1304	-.00677
.95	-1.2042	-1.0770	.0702	-.00176
1.00	-1.4040	-.9661	-.0000	-.00000

XM/L=0.3

X/L	FP	FS	FQ	FM
.05	17.0715	3.0437	.8536	.02134
.10	6.8144	2.6239	1.1943	.07254
.15	5.1769	2.1902	1.4531	.13872
.20	3.9680	1.7250	1.6515	.21634
.25	2.8819	1.2066	1.7956	.30252
.30	1.3325	.6105	1.8623	-.60603
.35	-1.5792	-.0525	1.7833	-.51489
.40	-2.8822	-.5850	1.6392	-.42933
.45	-3.4216	-.9759	1.4681	-.35165
.50	-3.6019	-1.2497	1.2880	-.28275
.55	-3.5635	-1.4285	1.1098	-.22280
.60	-3.3922	-1.5316	.9402	-.17155
.65	-3.1441	-1.5756	.7830	-.12847
.70	-2.8580	-1.5748	.6401	-.09289
.75	-2.5617	-1.5408	.5120	-.06408
.80	-2.2759	-1.4834	.3982	-.04133
.85	-2.0178	-1.4102	.2974	-.02394
.90	-1.8116	-1.3273	.2068	-.01133
.95	-1.6696	-1.2391	.1233	-.00308
1.00	-2.4658	-1.1489	-.0000	-.00000

XM/L=0.4

X/L	FP	FS	FQ	FM
.05	11.5262	2.4095	.5763	.01441
.10	5.0803	2.2197	.8303	.04957
.15	4.2590	2.0205	1.0433	.09641
.20	3.7548	1.7995	1.2310	.15327
.25	3.4101	1.5411	1.4015	.21908
.30	3.0220	1.2270	1.5526	.29294
.35	2.4126	.8353	1.6732	.37358
.40	1.1683	.3456	1.7317	-.54129
.45	-1.5447	-.2324	1.6544	-.45664
.50	-2.7209	-.6983	1.5184	-.37732
.55	-3.1850	-1.0391	1.3591	-.30538
.60	-3.3289	-1.2777	1.1927	-.24159
.65	-3.2849	-1.4343	1.0284	-.18606
.70	-3.1342	-1.5268	.8717	-.13856
.75	-2.9320	-1.5708	.7251	-.09864
.80	-2.7199	-1.5792	.5891	-.06578
.85	-2.5358	-1.5631	.4623	-.03949
.90	-2.4338	-1.5313	.3407	-.01942
.95	-2.4522	-1.4907	.2180	-.00545
1.00	-4.3608	-1.4465	-.0000	-.00000

XM/L=0.5

X/L	FP	FS	FQ	FM
.05	7.3157	1.8680	.3658	.00914
.10	3.5911	1.8253	.5453	.03192
.15	3.2752	1.7766	.7091	.06328
.20	3.1645	1.7138	.8673	.10269
.25	3.1762	1.6261	1.0261	.15003
.30	3.2037	1.5006	1.1863	.20534
.35	3.1689	1.3219	1.3448	.26862
.40	2.9798	1.0723	1.4938	.33958
.45	2.4993	.7315	1.6187	.41740
.50	1.3351	.2772	1.6855	-.50000
.55	-1.3351	-.2772	1.6187	-.41739
.60	-2.4993	-.7315	1.4938	-.33958
.65	-2.9798	-1.0723	1.3448	-.26862
.70	-3.1689	-1.3219	1.1863	-.20534
.75	-3.2037	-1.5006	1.0261	-.15003
.80	-3.1762	-1.6261	.8673	-.10269
.85	-3.1645	-1.7138	.7091	-.06328
.90	-3.2752	-1.7766	.5453	-.03192
.95	-3.5911	-1.8253	.3658	-.00914
1.00	-7.3157	-1.8680	-.0000	-.00000

B/L= 2.00   OS/B1=100.00   KS= .200

XQ/L=0.0

X/L	FP	FS	FQ	FM
.05	9.6768	2.4713	-.5162	-.03790
.10	3.7136	2.2703	-.3305	-.05907
.15	2.6793	2.0765	-.1965	-.07225
.20	1.9646	1.8927	-.0983	-.07962
.25	1.4793	1.7202	-.0243	-.08268
.30	1.1171	1.5600	.0315	-.08250
.35	.8366	1.4122	.0734	-.07988
.40	.6150	1.2765	.1041	-.07544
.45	.4383	1.1526	.1260	-.06969
.50	.2964	1.0395	.1408	-.06302
.55	.1815	.9363	.1499	-.05575
.60	.0873	.8421	.1543	-.04814
.65	.0080	.7557	.1547	-.04042
.70	-.0616	.6759	.1516	-.03276
.75	-.1272	.6016	.1452	-.02534
.80	-.1954	.5317	.1355	-.01832
.85	-.2758	.4650	.1217	-.01189
.90	-.3880	.4006	.1023	-.00630
.95	-.5502	.3376	.0748	-.00187
1.00	-1.4954	.2751	-.0000	-.00000

XQ/L=0.1

X/L	FP	FS	FQ	FM
.05	7.2730	2.1178	.3637	.00909
.10	3.0583	2.0090	-.4834	.03110
.15	2.3868	1.8974	-.3641	.00991
.20	1.8924	1.7829	-.2695	-.00593
.25	1.5404	1.6682	-.1925	-.01748
.30	1.2630	1.5552	-.1293	-.02552
.35	1.0357	1.4455	-.0775	-.03069
.40	.8456	1.3400	-.0352	-.03351
.45	.6849	1.2393	-.0010	-.03442
.50	.5480	1.1438	.0264	-.03378
.55	.4305	1.0533	.0479	-.03193
.60	.3286	.9678	.0644	-.02912
.65	.2386	.8869	.0763	-.02560
.70	.1568	.8101	.0841	-.02159
.75	.0791	.7368	.0881	-.01729
.80	.0002	.6665	.0881	-.01288
.85	-.0874	.5984	.0837	-.00859
.90	-.1998	.5319	.0737	-.00465
.95	-.3521	.4664	.0561	-.00140
1.00	-1.1227	.4014	-.0000	-.00000

XQ/L=0.2

X/L	FP	FS	FQ	FM
.05	5.1622	1.7850	.2581	.00645
.10	2.3387	1.7456	.3750	.02228
.15	1.9754	1.7041	.4738	.04350
.20	1.7428	1.6577	-.4390	.06937
.25	1.5640	1.6030	-.3608	.04938
.30	1.3857	1.5396	-.2916	.03307
.35	1.2201	1.4700	-.2306	.02001
.40	1.0670	1.3965	-.1772	.00982
.45	.9262	1.3208	-.1309	.00212
.50	.7971	1.2441	-.0910	-.00343
.55	.6792	1.1676	-.0571	-.00714
.60	.5711	1.0919	-.0285	-.00928
.65	.4716	1.0174	-.0049	-.01011
.70	.3785	.9444	.0140	-.00989
.75	.2894	.8729	.0285	-.00883
.80	.2007	.8028	.0385	-.00715
.85	.1068	.7339	.0438	-.00509
.90	-.0044	.6659	.0436	-.00291
.95	-.1449	.5985	.0364	-.00091
1.00	-.7273	.5314	-.0000	-.00000

XQ/L=0.3

X/L	FP	FS	FQ	FM
.05	3.4436	1.4881	.1722	.00430
.10	1.6929	1.4961	.2568	.01503
.15	1.5222	1.5026	.3329	.02977
.20	1.4397	1.5058	.4049	.04822
.25	1.4124	1.5031	.4755	.07023
.30	1.3958	1.4916	-.4547	.09575
.35	1.3443	1.4678	-.3875	.07470
.40	1.2509	1.4314	-.3249	.05689
.45	1.1443	1.3852	-.2677	.04208
.50	1.0331	1.3316	-.2160	.02998
.55	.9218	1.2725	-.1700	.02033
.60	.8130	1.2097	-.1293	.01285
.65	.7079	1.1445	-.0939	.00727
.70	.6069	1.0777	-.0636	.00333
.75	.5093	1.0102	-.0381	.00079
.80	.4135	.9423	-.0174	-.00060
.85	.3163	.8745	-.0016	-.00107
.90	.2106	.8067	.0089	-.00089
.95	.0883	.7392	.0133	-.00033
1.00	-.2667	.6717	-.0000	-.00000

XQ/L=0.4

X/L	FP	FS	FQ	FM
.05	2.1011	1.2318	.1051	.00263
.10	1.1523	1.2699	.1627	.00932
.15	1.1099	1.3072	.2182	.01884
.20	1.1179	1.3424	.2741	.03115
.25	1.1606	1.3738	.3321	.04630
.30	1.2155	1.3995	.3929	.06442
.35	1.2692	1.4168	.4563	.08565
.40	1.3067	1.4229	-.4783	.11010
.45	1.2932	1.4146	-.4137	.08780
.50	1.2271	1.3915	-.3523	.06865
.55	1.1404	1.3567	-.2953	.05246
.60	1.0435	1.3129	-.2431	.03900
.65	.9426	1.2622	-.1960	.02802
.70	.8411	1.2066	-.1539	.01927
.75	.7415	1.1473	-.1169	.01250
.80	.6447	1.0858	-.0846	.00746
.85	.5509	1.0227	-.0571	.00392
.90	.4596	.9588	-.0341	.00164
.95	.3678	.8944	-.0157	.00039
1.00	.3145	.8300	-.0000	-.00000

XQ/L=0.5

X/L	FP	FS	FQ	FM
.05	1.0807	1.0142	.0540	.00135
.10	.7156	1.0699	.0898	.00495
.15	.7560	1.1252	.1276	.01038
.20	.8177	1.1793	.1685	.01779
.25	.8961	1.2313	.2133	.02733
.30	.9824	1.2800	.2624	.03922
.35	1.0714	1.3237	.3160	.05369
.40	1.1576	1.3604	.3739	.07093
.45	1.2339	1.3878	.4356	.09117
.50	1.2885	1.4030	-.5000	.11456
.55	1.2885	1.4030	-.4356	.09117
.60	1.2339	1.3878	-.3739	.07093
.65	1.1576	1.3604	-.3160	.05369
.70	1.0714	1.3237	-.2624	.03922
.75	.9824	1.2800	-.2133	.02733
.80	.8961	1.2313	-.1685	.01779
.85	.8177	1.1793	-.1276	.01038
.90	.7560	1.1252	-.0898	.00495
.95	.7156	1.0699	-.0540	.00135
1.00	1.0807	1.0142	-.0000	-.00000

B/L= 2.00   DS/B1=100.00   KS= .200

XM/L=0.0

X/L	FP	FS	FQ	FM
.05	24.4363	3.5581	1.2218	-.96945
.10	6.2695	2.5972	1.5353	-.90053
.15	2.8564	1.7767	1.6781	-.82019
.20	.6836	1.0853	1.7123	-.73543
.25	-.6343	.5105	1.6806	-.65061
.30	-1.4741	.0397	1.6069	-.56842
.35	-2.0009	-.3397	1.5068	-.49058
.40	-2.3115	-.6397	1.3912	-.41813
.45	-2.4689	-.8715	1.2678	-.35165
.50	-2.5175	-1.0457	1.1419	-.29141
.55	-2.4903	-1.1717	1.0174	-.23743
.60	-2.4125	-1.2581	.8968	-.18957
.65	-2.3040	-1.3125	.7816	-.14761
.70	-2.1816	-1.3416	.6725	-.11126
.75	-2.0595	-1.3513	.5695	-.08021
.80	-1.9526	-1.3468	.4719	-.05417
.85	-1.8791	-1.3321	.3779	-.03293
.90	-1.8766	-1.3110	.2841	-.01638
.95	-1.9729	-1.2862	.1855	-.00464
1.00	-3.7094	-1.2599	.0000	-.00000

XM/L=0.1

X/L	FP	FS	FQ	FM
.05	22.9323	3.4691	1.1466	.02867
.10	7.2154	2.6478	1.5074	-.90498
.15	3.2074	1.8360	1.6678	-.82561
.20	.8466	1.1354	1.7101	-.74116
.25	-.5338	.5522	1.6834	-.65632
.30	-1.4100	.0739	1.6129	-.57392
.35	-1.9600	-.3122	1.5149	-.49572
.40	-2.2865	-.6181	1.4006	-.42284
.45	-2.4554	-.8552	1.2778	-.35588
.50	-2.5124	-1.0339	1.1522	-.29513
.55	-2.4913	-1.1638	1.0276	-.24063
.60	-2.4180	-1.2535	.9067	-.19227
.65	-2.3131	-1.3109	.7911	-.14983
.70	-2.1934	-1.3426	.6814	-.11302
.75	-2.0737	-1.3546	.5777	-.08154
.80	-1.9692	-1.3521	.4792	-.05512
.85	-1.8986	-1.3393	.3843	-.03353
.90	-1.9004	-1.3200	.2893	-.01669
.95	-2.0031	-1.2968	.1891	-.00473
1.00	-3.7828	-1.2722	-.0000	-.00000

XM/L=0.2

X/L	FP	FS	FQ	FM
.05	19.1714	3.1630	.9586	.02396
.10	6.9262	2.5878	1.3049	.08055
.15	4.5847	2.0049	1.5341	.15153
.20	2.5832	1.4047	1.6633	-.76854
.25	.3139	.7945	1.6790	-.68498
.30	-.9355	.2746	1.6322	-.60220
.35	-1.6592	-.1487	1.5492	-.52267
.40	-2.0971	-.4878	1.4444	-.44783
.45	-2.3423	-.7541	1.3273	-.37854
.50	-2.4540	-.9584	1.2046	-.31524
.55	-2.4730	-1.1107	1.0809	-.25810
.60	-2.4298	-1.2201	.9594	-.20710
.65	-2.3478	-1.2946	.8420	-.16206
.70	-2.2465	-1.3415	.7297	-.12277
.75	-2.1428	-1.3671	.6226	-.08896
.80	-2.0538	-1.3768	.5199	-.06040
.85	-2.0013	-1.3753	.4198	-.03691
.90	-2.0290	-1.3666	.3184	-.01845
.95	-2.1703	-1.3537	.2098	-.00525
1.00	-4.1970	-1.3391	-.0000	-.00000

XM/L=0.3

X/L	FP	FS	FQ	FM
.05	15.2358	2.7670	.7618	.01904
.10	5.9472	2.3874	1.0592	.06457
.15	4.3815	2.0016	1.2782	.12300
.20	3.2320	1.6019	1.4398	.19095
.25	2.2838	1.1786	1.5540	.26580
.30	1.1737	.7212	1.6127	-.65503
.35	-.5701	.2366	1.5842	-.57511
.40	-1.4699	-.1744	1.5107	-.49774
.45	-1.9518	-.5049	1.4131	-.42464
.50	-2.2212	-.7664	1.3021	-.35676
.55	-2.3516	-.9692	1.1845	-.29460
.60	-2.3905	-1.1232	1.0650	-.23836
.65	-2.3713	-1.2373	.9464	-.18808
.70	-2.3201	-1.3195	.8304	-.14366
.75	-2.2594	-1.3768	.7174	-.10496
.80	-2.2118	-1.4155	.6068	-.07186
.85	-2.2051	-1.4410	.4966	-.04427
.90	-2.2958	-1.4578	.3818	-.02231
.95	-2.5274	-1.4696	.2554	-.00639
1.00	-5.1081	-1.4794	-.0000	-.00000

XM/L=0.4

X/L	FP	FS	FQ	FM
.05	11.7078	2.3627	.5854	.01463
.10	4.8688	2.1308	.8288	.04999
.15	3.8398	1.8941	1.0208	.09623
.20	3.1445	1.6465	1.1780	.15120
.25	2.6472	1.3804	1.3104	.21341
.30	2.1815	1.0870	1.4195	.28166
.35	1.6349	.7565	1.5012	.35468
.40	.7905	.3783	1.5407	-.56927
.45	-.7718	-.0401	1.5022	-.49320
.50	-1.5482	-.3975	1.4248	-.42003
.55	-1.9506	-.6865	1.3272	-.35123
.60	-2.1761	-.9176	1.2184	-.28758
.65	-2.2940	-1.1009	1.1037	-.22953
.70	-2.3500	-1.2454	.9862	-.17728
.75	-2.3796	-1.3595	.8672	-.13095
.80	-2.4159	-1.4505	.7464	-.09060
.85	-2.4989	-1.5249	.6215	-.05641
.90	-2.7062	-1.5883	.4862	-.02871
.95	-3.1002	-1.6453	.3312	-.00828
1.00	-6.6236	-1.6997	-.0000	-.00000

XM/L=0.5

X/L	FP	FS	FQ	FM
.05	8.8158	1.9982	.4408	.01102
.10	3.8909	1.8722	.6353	.03792
.15	3.2401	1.7426	.7973	.07374
.20	2.8411	1.6047	.9394	.11716
.25	2.6024	1.4525	1.0695	.16738
.30	2.4127	1.2791	1.1901	.22387
.35	2.2105	1.0763	1.3007	.28614
.40	1.9377	.8353	1.3976	.35360
.45	1.5198	.5463	1.4735	.42538
.50	.7580	.1990	1.5114	-.50000
.55	-.7580	-.1990	1.4735	-.42538
.60	-1.5198	-.5463	1.3976	-.35360
.65	-1.9377	-.8353	1.3007	-.28614
.70	-2.2105	-1.0763	1.1901	-.22387
.75	-2.4128	-1.2791	1.0695	-.16738
.80	-2.6024	-1.4525	.9394	-.11716
.85	-2.8411	-1.6047	.7973	-.07374
.90	-3.2401	-1.7426	.6353	-.03792
.95	-3.8909	-1.8722	.4408	-.01102
1.00	-8.8158	-1.9982	-.0000	-.00000

B/L= 2.00 DS/B1=100.00 KS= .500

XQ/L=0.0

X/L	FP	FS	FQ	FM
.05	8.7022	2.3647	-.5649	-.03912
.10	3.4929	2.2099	-.3902	-.06300
.15	2.6332	2.0581	-.2586	-.07922
.20	2.0399	1.9107	-.1566	-.08960
.25	1.6350	1.7683	-.0748	-.09539
.30	1.3256	1.6315	-.0086	-.09747
.35	1.0767	1.5004	.0453	-.09655
.40	.8699	1.3752	.0888	-.09320
.45	.6938	1.2557	.1235	-.08790
.50	.5410	1.1416	.1505	-.08105
.55	.4058	1.0326	.1708	-.07302
.60	.2833	.9283	.1850	-.06412
.65	.1693	.8280	.1934	-.05466
.70	.0591	.7313	.1964	-.04492
.75	-.0523	.6376	.1938	-.03516
.80	-.1721	.5463	.1852	-.02569
.85	-.3117	.4568	.1696	-.01682
.90	-.4976	.3686	.1447	-.00897
.95	-.7542	.2812	.1070	-.00267
1.00	-2.1396	.1941	-.0000	-.00000

XQ/L=0.1

X/L	FP	FS	FQ	FM
.05	7.0115	2.0833	.3506	.00876
.10	2.9505	1.9829	-.5019	.02998
.15	2.3149	1.8814	-.3862	.00778
.20	1.8664	1.7789	-.2928	-.00920
.25	1.5556	1.6765	-.2151	-.02189
.30	1.3130	1.5749	-.1494	-.03100
.35	1.1131	1.4750	-.0938	-.03708
.40	.9427	1.3771	-.0466	-.04059
.45	.7941	1.2816	-.0069	-.04193
.50	.6621	1.1885	.0262	-.04145
.55	.5430	1.0979	.0533	-.03946
.60	.4335	1.0098	.0750	-.03625
.65	.3306	.9240	.0915	-.03209
.70	.2310	.8402	.1031	-.02722
.75	.1313	.7581	.1097	-.02190
.80	.0261	.6776	.1110	-.01639
.85	-.0926	.5982	.1063	-.01096
.90	-.2440	.5196	.0941	-.00594
.95	-.4459	.4415	.0718	-.00180
1.00	-1.4366	.3637	-.0000	-.00000

XQ/L=0.2

X/L	FP	FS	FQ	FM
.05	5.4453	1.8110	.2723	.00681
.10	2.3841	1.7555	.3915	.02340
.15	1.9493	1.6992	.4889	.04541
.20	1.6613	1.6408	-.4280	.07193
.25	1.4600	1.5790	-.3550	.05236
.30	1.2895	1.5135	-.2905	.03622
.35	1.1417	1.4454	-.2334	.02312
.40	1.0099	1.3755	-.1829	.01271
.45	.8903	1.3045	-.1384	.00468
.50	.7804	1.2331	-.0994	-.00127
.55	.6785	1.1615	-.0655	-.00539
.60	.5827	1.0901	-.0364	-.00794
.65	.4916	1.0191	-.0118	-.00914
.70	.4035	.9487	.0084	-.00923
.75	.3160	.8788	.0242	-.00841
.80	.2262	.8094	.0355	-.00692
.85	.1290	.7405	.0420	-.00498
.90	.0133	.6719	.0426	-.00287
.95	-.1325	.6036	.0360	-.00090
1.00	-.7200	.5354	-.0000	-.00000

XQ/L=0.3

X/L	FP	FS	FQ	FM
.05	4.0536	1.5550	.2027	.00507
.10	1.8516	1.5349	.2953	.01752
.15	1.5684	1.5141	.3737	.03424
.20	1.3936	1.4918	.4434	.05467
.25	1.2916	1.4668	.5079	.07845
.30	1.2170	1.4378	-.4312	.10537
.35	1.1416	1.4034	-.3741	.08523
.40	1.0571	1.3634	-.3213	.06785
.45	.9723	1.3187	-.2727	.05300
.50	.8888	1.2705	-.2282	.04048
.55	.8072	1.2194	-.1879	.03008
.60	.7279	1.1663	-.1515	.02159
.65	.6510	1.1115	-.1189	.01483
.70	.5763	1.0557	-.0901	.00961
.75	.5031	.9992	-.0649	.00573
.80	.4307	.9422	-.0434	.00302
.85	.3575	.8850	-.0255	.00130
.90	.2805	.8276	-.0115	.00037
.95	.1952	.7702	-.0017	.00004
1.00	.0349	.7127	-.0000	-.00000

XQ/L=0.4

X/L	FP	FS	FQ	FM
.05	2.8383	1.3182	.1419	.00355
.10	1.3685	1.3254	.2103	.01235
.15	1.2065	1.3322	.2707	.02438
.20	1.1177	1.3379	.3266	.03931
.25	1.0795	1.3416	.3805	.05699
.30	1.0628	1.3425	.4337	.07734
.35	1.0548	1.3394	.4864	.10034
.40	1.0455	1.3309	-.4613	.12597
.45	1.0187	1.3158	-.4104	.10418
.50	.9725	1.2937	-.3618	.08488
.55	.9191	1.2661	-.3158	.06794
.60	.8622	1.2338	-.2727	.05322
.65	.8044	1.1979	-.2325	.04060
.70	.7474	1.1592	-.1951	.02991
.75	.6926	1.1184	-.1605	.02102
.80	.6417	1.0761	-.1284	.01380
.85	.5970	1.0327	-.0985	.00812
.90	.5646	.9887	-.0703	.00390
.95	.5477	.9443	-.0429	.00107
1.00	.8582	.8998	-.0000	-.00000

XQ/L=0.5

X/L	FP	FS	FQ	FM
.05	1.7822	1.1005	.0891	.00223
.10	.9358	1.1287	.1359	.00785
.15	.8719	1.1567	.1795	.01574
.20	.8504	1.1840	.2220	.02578
.25	.8592	1.2100	.2650	.03795
.30	.8818	1.2341	.3091	.05230
.35	.9112	1.2555	.3546	.06889
.40	.9426	1.2733	.4018	.08780
.45	.9717	1.2864	.4503	.10911
.50	.9931	1.2936	-.5000	.13286
.55	.9931	1.2936	-.4503	.10911
.60	.9717	1.2864	-.4018	.08780
.65	.9426	1.2733	-.3546	.06889
.70	.9112	1.2555	-.3091	.05230
.75	.8818	1.2341	-.2650	.03795
.80	.8592	1.2100	-.2220	.02578
.85	.8504	1.1840	-.1795	.01574
.90	.8719	1.1567	-.1359	.00785
.95	.9358	1.1287	-.0891	.00223
1.00	1.7822	1.1005	-.0000	-.00000

B/L= 2.00 DS/B1=100.00 KS= .500

XM/L=0.0

X/L	FP	FS	FQ	FM
.05	17.0722	2.8240	.8536	-.97866
.10	5.3124	2.2640	1.1192	-.92934
.15	3.1559	1.7612	1.2770	-.86943
.20	1.7194	1.3125	1.3630	-.80343
.25	.7830	.9139	1.4021	-.73430
.30	.1183	.5615	1.4081	-.66405
.35	-.3688	.2510	1.3896	-.59411
.40	-.7319	-.0217	1.3530	-.52554
.45	-1.0053	-.2608	1.3028	-.45915
.50	-1.2129	-.4705	1.2421	-.39552
.55	-1.3735	-.6544	1.1734	-.33514
.60	-1.5023	-.8165	1.0983	-.27834
.65	-1.6129	-.9602	1.0177	-.22544
.70	-1.7189	-1.0887	.9317	-.17671
.75	-1.8350	-1.2053	.8400	-.13241
.80	-1.9809	-1.3125	.7409	-.09289
.85	-2.1883	-1.4130	.6315	-.05858
.90	-2.5331	-1.5090	.5049	-.03017
.95	-3.0784	-1.6023	.3509	-.00877
1.00	-7.0189	-1.6945	.0000	-.00000

XM/L=0.1

X/L	FP	FS	FQ	FM
.05	16.4451	2.7857	.8223	.02056
.10	5.6852	2.2827	1.1065	-.93122
.15	3.2955	1.7846	1.2713	-.87178
.20	1.7870	1.3331	1.3606	-.80598
.25	.8275	.9319	1.4020	-.73691
.30	.1497	.5771	1.4095	-.66663
.35	-.3461	.2643	1.3922	-.59658
.40	-.7155	-.0106	1.3564	-.52787
.45	-.9935	-.2517	1.3067	-.46129
.50	-1.2049	-.4632	1.2465	-.39746
.55	-1.3685	-.6489	1.1781	-.33684
.60	-1.4999	-.8126	1.1031	-.27981
.65	-1.6129	-.9578	1.0224	-.22668
.70	-1.7209	-1.0878	.9364	-.17771
.75	-1.8391	-1.2058	.8444	-.13318
.80	-1.9872	-1.3143	.7451	-.09345
.85	-2.1971	-1.4161	.6352	-.05894
.90	-2.5454	-1.5134	.5080	-.03036
.95	-3.0955	-1.6080	.3532	-.00883
1.00	-7.0637	-1.7014	-.0000	-.00000

XM/L=0.2

X/L	FP	FS	FQ	FM
.05	14.8157	2.6494	.7408	.01852
.10	5.5389	2.2508	1.0177	.06248
.15	3.8393	1.8497	1.2097	.11817
.20	2.4916	1.4432	1.3343	-.81823
.25	1.1878	1.0352	1.3937	-.75003
.30	.3676	.6668	1.4120	-.67989
.35	-.1936	.3413	1.4024	-.60953
.40	-.6059	.0545	1.3721	-.54017
.45	-.9148	-.1978	1.3263	-.47271
.50	-1.1498	-.4198	1.2688	-.40783
.55	-1.3325	-.6153	1.2022	-.34606
.60	-1.4798	-.7882	1.1282	-.28779
.65	-1.6067	-.9422	1.0479	-.23339
.70	-1.7274	-1.0805	.9615	-.18316
.75	-1.8578	-1.2063	.8686	-.13740
.80	-2.0187	-1.3225	.7677	-.09650
.85	-2.2433	-1.4317	.6555	-.06091
.90	-2.6112	-1.5362	.5250	-.03140
.95	-3.1885	-1.6380	.3656	-.00914
1.00	-7.3110	-1.7385	-.0000	-.00000

XM/L=0.3

X/L	FP	FS	FQ	FM
.05	13.0179	2.4657	.6509	.01627
.10	5.0874	2.1551	.9053	.05518
.15	3.7378	1.8425	1.0922	.10511
.20	2.7617	1.5251	1.2302	.16317
.25	2.0092	1.1996	1.3307	.22720
.30	1.2610	.8625	1.3937	-.70469
.35	.3018	.5171	1.4088	-.63463
.40	-.2903	.2045	1.3943	-.56455
.45	-.6930	-.0722	1.3597	-.49570
.50	-.9936	-.3170	1.3100	-.42896
.55	-1.2259	-.5342	1.2487	-.36499
.60	-1.4133	-.7275	1.1780	-.30432
.65	-1.5743	-.9007	1.0993	-.24739
.70	-1.7256	-1.0574	1.0130	-.19458
.75	-1.8850	-1.2009	.9188	-.14628
.80	-2.0756	-1.3341	.8150	-.10294
.85	-2.3337	-1.4599	.6983	-.06511
.90	-2.7454	-1.5807	.5611	-.03362
.95	-3.3828	-1.6985	.3919	-.00980
1.00	-7.8383	-1.8150	-.0000	-.00000

XM/L=0.4

X/L	FP	FS	FQ	FM
.05	11.3180	2.2703	.5659	.01415
.10	4.5740	2.0312	.7946	.04816
.15	3.4874	1.7902	.9690	.09225
.20	2.7312	1.5450	1.1055	.14411
.25	2.1890	1.2927	1.2150	.20212
.30	1.7225	1.0301	1.3011	.26503
.35	1.2601	.7534	1.3641	.33166
.40	.7014	.4589	1.3992	-.59926
.45	-.1287	.1499	1.3927	-.52946
.50	-.6330	-.1328	1.3611	-.46062
.55	-.9796	-.3857	1.3121	-.39379
.60	-1.2510	-.6130	1.2496	-.32975
.65	-1.4792	-.8186	1.1756	-.26912
.70	-1.6883	-1.0063	1.0912	-.21245
.75	-1.9012	-1.1795	.9961	-.16026
.80	-2.1450	-1.3416	.8889	-.11314
.85	-2.4615	-1.4955	.7658	-.07177
.90	-2.9479	-1.6438	.6184	-.03717
.95	-3.6859	-1.7889	.4341	-.01085
1.00	-8.6822	-1.9326	-.0000	-.00000

XM/L=0.5

X/L	FP	FS	FQ	FM
.05	9.8503	2.0874	.4925	.01231
.10	4.0909	1.9034	.6971	.04205
.15	3.2052	1.7178	.8573	.08091
.20	2.6068	1.5286	.9877	.12704
.25	2.1995	1.3331	1.0976	.17917
.30	1.8699	1.1285	1.1911	.23639
.35	1.5669	.9114	1.2695	.29790
.40	1.2536	.6783	1.3322	.36294
.45	.8919	.4253	1.3767	.43067
.50	.3974	.1486	1.3966	-.50000
.55	-.3974	-.1486	1.3767	-.43067
.60	-.8919	-.4253	1.3322	-.36294
.65	-1.2536	-.6783	1.2695	-.29790
.70	-1.5669	-.9114	1.1911	-.23639
.75	-1.8699	-1.1285	1.0976	-.17917
.80	-2.1995	-1.3331	.9877	-.12704
.85	-2.6068	-1.5286	.8573	-.08091
.90	-3.2052	-1.7178	.6971	-.04205
.95	-4.0909	-1.9034	.4925	-.01231
1.00	-9.8503	-2.0874	-.0000	-.00000

B/L= 2.00 DS/B1=100.00 KS= 1.000

XQ/L=0.0

X/L	FP	FS	FQ	FM
.05	8.2836	2.3181	-.5858	-.03965
.10	3.3923	2.1826	-.4162	-.06470
.15	2.6061	2.0487	-.2859	-.08225
.20	2.0653	1.9170	-.1826	-.09396
.25	1.6964	1.7879	-.0978	-.10097
.30	1.4121	1.6618	-.0272	-.10410
.35	1.1796	1.5387	.0318	-.10399
.40	.9818	1.4188	.0809	-.10117
.45	.8086	1.3020	.1213	-.09612
.50	.6532	1.1881	.1540	-.08923
.55	.5106	1.0770	.1795	-.08090
.60	.3767	.9684	.1983	-.07145
.65	.2476	.8622	.2107	-.06123
.70	.1193	.7579	.2167	-.05054
.75	-.0134	.6553	.2160	-.03973
.80	-.1575	.5541	.2081	-.02913
.85	-.3254	.4539	.1918	-.01913
.90	-.5467	.3544	.1645	-.01022
.95	-.8484	.2554	.1221	-.00305
1.00	-2.4418	.1565	-.0000	-.00000

XQ/L=0.1

X/L	FP	FS	FQ	FM
.05	6.8873	2.0673	.3444	.00861
.10	2.9035	1.9713	-.5105	.02946
.15	2.2857	1.8747	-.3962	.00679
.20	1.8572	1.7776	-.3033	-.01070
.25	1.5638	1.6805	-.2251	-.02391
.30	1.3359	1.5840	-.1583	-.03349
.35	1.1476	1.4883	-.1010	-.03998
.40	.9857	1.3938	-.0517	-.04379
.45	.8425	1.3005	-.0095	-.04532
.50	.7129	1.2086	.0261	-.04491
.55	.5933	1.1180	.0558	-.04286
.60	.4806	1.0287	.0798	-.03947
.65	.3720	.9407	.0984	-.03502
.70	.2647	.8537	.1116	-.02977
.75	.1551	.7678	.1194	-.02399
.80	.0381	.6826	.1213	-.01797
.85	-.0948	.5981	.1166	-.01203
.90	-.2639	.5141	.1034	-.00653
.95	-.4883	.4303	.0789	-.00197
1.00	-1.5789	.3466	-.0000	-.00000

XQ/L=0.2

X/L	FP	FS	FQ	FM
.05	5.5547	1.8213	.2777	.00694
.10	2.4030	1.7598	.3979	.02383
.15	1.9418	1.6979	.4950	.04616
.20	1.6331	1.6349	-.4234	.07295
.25	1.4229	1.5702	-.3522	.05356
.30	1.2539	1.5037	-.2895	.03751
.35	1.1114	1.4357	-.2340	.02443
.40	.9864	1.3669	-.1846	.01396
.45	.8740	1.2974	-.1409	.00582
.50	.7708	1.2277	-.1024	-.00026
.55	.6746	1.1579	-.0687	-.00454
.60	.5836	1.0882	-.0395	-.00724
.65	.4960	1.0186	-.0147	-.00860
.70	.4102	.9493	.0058	-.00882
.75	.3240	.8802	.0220	-.00812
.80	.2346	.8114	.0338	-.00673
.85	.1372	.7429	.0406	-.00487
.90	.0210	.6745	.0417	-.00281
.95	-.1252	.6062	.0354	-.00089
1.00	-.7081	.5379	-.0000	-.00000

XQ/L=0.3

X/L	FP	FS	FQ	FM
.05	4.3133	1.5839	.2157	.00539
.10	1.9206	1.5520	.3117	.01858
.15	1.5905	1.5198	.3912	.03615
.20	1.3776	1.4868	.4601	.05743
.25	1.2450	1.4524	.5223	.08199
.30	1.1466	1.4159	-.4203	.10954
.35	1.0598	1.3766	-.3673	.08985
.40	.9761	1.3343	-.3185	.07271
.45	.8972	1.2895	-.2737	.05790
.50	.8226	1.2428	-.2325	.04525
.55	.7516	1.1946	-.1950	.03456
.60	.6837	1.1452	-.1608	.02567
.65	.6184	1.0949	-.1298	.01840
.70	.5553	1.0439	-.1021	.01260
.75	.4938	.9924	-.0774	.00811
.80	.4332	.9407	-.0557	.00479
.85	.3728	.8887	-.0371	.00247
.90	.3113	.8367	-.0215	.00100
.95	.2459	.7846	-.0092	.00023
1.00	.1847	.7324	-.0000	-.00000

XQ/L=0.4

X/L	FP	FS	FQ	FM
.05	3.1658	1.3567	.1583	.00396
.10	1.4644	1.3502	.2315	.01370
.15	1.2494	1.3435	.2940	.02684
.20	1.1179	1.3362	.3499	.04294
.25	1.0445	1.3278	.4021	.06173
.30	.9973	1.3179	.4520	.08309
.35	.9634	1.3058	.5001	.10689
.40	.9345	1.2908	-.4531	.13306
.45	.9009	1.2723	-.4081	.11153
.50	.8604	1.2502	-.3651	.09220
.55	.8185	1.2250	-.3242	.07497
.60	.7769	1.1973	-.2853	.05974
.65	.7366	1.1676	-.2485	.04639
.70	.6986	1.1362	-.2135	.03484
.75	.6641	1.1037	-.1803	.02499
.80	.6348	1.0703	-.1486	.01677
.85	.6141	1.0362	-.1179	.01011
.90	.6107	1.0018	-.0874	.00498
.95	.6308	.9671	-.0558	.00140
1.00	1.1164	.9323	-.0000	-.00000

XQ/L=0.5

X/L	FP	FS	FQ	FM
.05	2.1046	1.1399	.1052	.00263
.10	1.0354	1.1553	.1570	.00919
.15	.9227	1.1707	.2031	.01819
.20	.8624	1.1856	.2463	.02943
.25	.8393	1.1997	.2882	.04279
.30	.8333	1.2129	.3299	.05824
.35	.8368	1.2245	.3717	.07578
.40	.8454	1.2341	.4140	.09542
.45	.8557	1.2411	.4568	.11719
.50	.8643	1.2449	-.5000	.14111
.55	.8643	1.2449	-.4568	.11719
.60	.8557	1.2411	-.4140	.09542
.65	.8454	1.2341	-.3717	.07578
.70	.8368	1.2245	-.3299	.05824
.75	.8333	1.2129	-.2882	.04279
.80	.8393	1.1997	-.2463	.02943
.85	.8624	1.1856	-.2031	.01819
.90	.9227	1.1707	-.1570	.00919
.95	1.0354	1.1553	-.1052	.00263
1.00	2.1046	1.1399	-.0000	-.00000

B/L= 2.00 DS/B1=100.00 KS= 1.000

XM/L=0.0

X/L	FP	FS	FQ	FM
.05	14.0473	2.5127	.7024	-.98244
.10	4.8327	2.1106	.9440	-.94128
.15	3.1906	1.7374	1.1035	-.89009
.20	2.0734	1.3916	1.2072	-.83233
.25	1.3203	1.0717	1.2732	-.77032
.30	.7579	.7759	1.3111	-.70571
.35	.3168	.5022	1.3269	-.63976
.40	-.0414	.2487	1.3249	-.57346
.45	-.3408	.0133	1.3078	-.50764
.50	-.5984	-.2058	1.2779	-.44300
.55	-.8273	-.4106	1.2366	-.38014
.60	-1.0389	-.6031	1.1846	-.31961
.65	-1.2440	-.7851	1.1224	-.26193
.70	-1.4544	-.9584	1.0497	-.20763
.75	-1.6845	-1.1247	.9655	-.15725
.80	-1.9557	-1.2855	.8677	-.11142
.85	-2.3053	-1.4422	.7524	-.07092
.90	-2.8266	-1.5963	.6111	-.03683
.95	-3.5990	-1.7487	.4311	-.01078
1.00	-8.6226	-1.9004	.0000	-.00000

XM/L=0.1

X/L	FP	FS	FQ	FM
.05	13.7283	2.4929	.6864	.01716
.10	5.0178	2.1196	.9373	-.94225
.15	3.2601	1.7489	1.1003	-.89131
.20	2.1076	1.4020	1.2057	-.83366
.25	1.3435	1.0810	1.2729	-.77169
.30	.7747	.7841	1.3116	-.70708
.35	.3295	.5093	1.3281	-.64109
.40	-.0317	.2548	1.3265	-.57472
.45	-.3335	.0185	1.3098	-.50882
.50	-.5930	-.2016	1.2802	-.44407
.55	-.8235	-.4073	1.2390	-.38109
.60	-1.0366	-.6007	1.1872	-.32043
.65	-1.2431	-.7835	1.1250	-.26263
.70	-1.4547	-.9577	1.0523	-.20820
.75	-1.6861	-1.1247	.9680	-.15769
.80	-1.9587	-1.2863	.8700	-.11174
.85	-2.3099	-1.4438	.7545	-.07113
.90	-2.8334	-1.5986	.6129	-.03694
.95	-3.6087	-1.7518	.4324	-.01081
1.00	-8.6487	-1.9043	-.0000	-.00000

XM/L=0.2

X/L	FP	FS	FQ	FM
.05	12.8867	2.4218	.6443	.01611
.10	4.9378	2.1018	.8912	.05450
.15	3.5301	1.7808	1.0677	.10347
.20	2.4616	1.4575	1.1908	-.84007
.25	1.5277	1.1340	1.2672	-.77862
.30	.8895	.8310	1.3117	-.71414
.35	.4126	.5504	1.3323	-.64805
.40	.0304	.2902	1.3338	-.58139
.45	-.2866	.0485	1.3195	-.51506
.50	-.5582	-.1768	1.2916	-.44978
.55	-.7988	-.3876	1.2516	-.38620
.60	-1.0206	-.5859	1.2006	-.32490
.65	-1.2350	-.7735	1.1389	-.26641
.70	-1.4542	-.9523	1.0661	-.21128
.75	-1.6931	-1.1239	.9815	-.16009
.80	-1.9737	-1.2899	.8828	-.11349
.85	-2.3339	-1.4518	.7661	-.07226
.90	-2.8694	-1.6110	.6226	-.03754
.95	-3.6612	-1.7685	.4396	-.01099
1.00	-8.7915	-1.9253	-.0000	-.00000

XM/L=0.3

X/L	FP	FS	FQ	FM
.05	11.9390	2.3243	.5969	.01492
.10	4.6987	2.0506	.8319	.05064
.15	3.4744	1.7759	1.0056	.09658
.20	2.5984	1.4990	1.1355	.15011
.25	1.9451	1.2184	1.2328	.20932
.30	1.3465	.9324	1.3001	-.72736
.35	.6731	.6430	1.3338	-.66151
.40	.2024	.3706	1.3439	-.59457
.45	-.1611	.1171	1.3358	-.52758
.50	-.4657	-.1196	1.3125	-.46137
.55	-.7320	-.3415	1.2759	-.39666
.60	-.9754	-.5504	1.2272	-.33408
.65	-1.2088	-.7485	1.1667	-.27423
.70	-1.4456	-.9374	1.0944	-.21770
.75	-1.7017	-1.1189	1.0094	-.16511
.80	-2.0002	-1.2947	.9094	-.11714
.85	-2.3808	-1.4663	.7903	-.07465
.90	-2.9427	-1.6350	.6432	-.03881
.95	-3.7703	-1.8020	.4547	-.01137
1.00	-9.0932	-1.9682	-.0000	-.00000

XM/L=0.4

X/L	FP	FS	FQ	FM
.05	11.0249	2.2191	.5512	.01378
.10	4.4237	1.9838	.7724	.04687
.15	3.3415	1.7475	.9395	.08967
.20	2.5838	1.5093	1.0687	.13988
.25	2.0423	1.2676	1.1708	.19586
.30	1.5899	1.0209	1.2503	.25639
.35	1.1688	.7673	1.3087	.32037
.40	.7175	.5052	1.3446	-.61330
.45	.1415	.2362	1.3517	-.54589
.50	-.2648	-.0192	1.3384	-.47864
.55	-.5893	-.2592	1.3090	-.41245
.60	-.8765	-.4858	1.2652	-.34810
.65	-1.1462	-.7011	1.2079	-.28627
.70	-1.4152	-.9068	1.1371	-.22765
.75	-1.7020	-1.1048	1.0520	-.17292
.80	-2.0316	-1.2968	.9504	-.12286
.85	-2.4467	-1.4844	.8281	-.07840
.90	-3.0525	-1.6690	.6755	-.04081
.95	-3.9388	-1.8518	.4785	-.01196
1.00	-9.5703	-2.0338	-.0000	-.00000

XM/L=0.5

X/L	FP	FS	FQ	FM
.05	10.2209	2.1193	.5110	.01278
.10	4.1614	1.9144	.7191	.04353
.15	3.1910	1.7087	.8787	.08347
.20	2.5210	1.5012	1.0047	.13056
.25	2.0539	1.2904	1.1074	.18336
.30	1.6758	1.0749	1.1912	.24083
.35	1.3393	.8531	1.2582	.30206
.40	1.0143	.6231	1.3089	.36624
.45	.6750	.3831	1.3426	.43253
.50	.2745	.1311	1.3564	-.50000
.55	-.2745	-.1311	1.3426	-.43253
.60	-.6750	-.3831	1.3089	-.36624
.65	-1.0143	-.6231	1.2582	-.30206
.70	-1.3393	-.8531	1.1912	-.24083
.75	-1.6758	-1.0749	1.1074	-.18336
.80	-2.0539	-1.2904	1.0047	-.13056
.85	-2.5210	-1.5012	.8787	-.08347
.90	-3.1910	-1.7087	.7191	-.04353
.95	-4.1614	-1.9144	.5110	-.01278
1.00	-10.2209	-2.1193	-.0000	-.00000

B/L= 2.00 DS/B1=100.00 KS= 3.000

XQ/L=0.0

X/L	FP	FS	FQ	FM
.05	7.9673	2.2826	-.6016	-.04004
.10	3.3144	2.1616	-.4359	-.06598
.15	2.5833	2.0410	-.3067	-.08455
.20	2.0822	1.9213	-.2026	-.09728
.25	1.7410	1.8024	-.1156	-.10524
.30	1.4764	1.6846	-.0418	-.10917
.35	1.2572	1.5678	.0211	-.10969
.40	1.0672	1.4521	.0745	-.10730
.45	.8969	1.3376	.1193	-.10245
.50	.7402	1.2240	.1563	-.09556
.55	.5926	1.1115	.1859	-.08701
.60	.4503	.9999	.2085	-.07715
.65	.3099	.8890	.2240	-.06634
.70	.1675	.7790	.2323	-.05493
.75	.0183	.6695	.2332	-.04329
.80	-.1450	.5605	.2260	-.03181
.85	-.3351	.4519	.2092	-.02093
.90	-.5844	.3435	.1800	-.01120
.95	-.9218	.2353	.1339	-.00335
1.00	-2.6786	.1272	-.0000	-.00000

XQ/L=0.1

X/L	FP	FS	FQ	FM
.05	6.7895	2.0549	.3395	.00849
.10	2.8677	1.9623	-.5171	.02905
.15	2.2642	1.8696	-.4039	.00602
.20	1.8508	1.7766	-.3114	-.01186
.25	1.5706	1.6838	-.2329	-.02547
.30	1.3537	1.5911	-.1652	-.03542
.35	1.1742	1.4987	-.1065	-.04221
.40	1.0187	1.4066	-.0555	-.04626
.45	.8796	1.3151	-.0115	-.04794
.50	.7518	1.2240	.0260	-.04758
.55	.6319	1.1334	.0576	-.04548
.60	.5168	1.0432	.0835	-.04196
.65	.4040	.9535	.1037	-.03728
.70	.2907	.8642	.1182	-.03173
.75	.1735	.7752	.1269	-.02560
.80	.0474	.6866	.1293	-.01920
.85	-.0963	.5981	.1244	-.01286
.90	-.2791	.5098	.1105	-.00698
.95	-.5210	.4216	.0844	-.00211
1.00	-1.6888	.3335	-.0000	-.00000

XQ/L=0.2

X/L	FP	FS	FQ	FM
.05	5.6334	1.8288	.2817	.00704
.10	2.4172	1.7631	.4025	.02415
.15	1.9372	1.6972	.4994	.04669
.20	1.6141	1.6309	-.4199	.07368
.25	1.3973	1.5641	-.3500	.05443
.30	1.2289	1.4966	-.2886	.03847
.35	1.0897	1.4287	-.2341	.02540
.40	.9691	1.3605	-.1857	.01491
.45	.8614	1.2920	-.1426	.00670
.50	.7627	1.2235	-.1044	.00052
.55	.6706	1.1549	-.0709	-.00386
.60	.5829	1.0863	-.0418	-.00668
.65	.4979	1.0178	-.0169	-.00814
.70	.4139	.9494	.0038	-.00847
.75	.3289	.8810	.0203	-.00787
.80	.2401	.8127	.0323	-.00656
.85	.1430	.7445	.0394	-.00476
.90	.0268	.6764	.0408	-.00276
.95	-.1191	.6083	.0348	-.00087
1.00	-.6961	.5402	-.0000	-.00000

XQ/L=0.3

X/L	FP	FS	FQ	FM
.05	4.5086	1.6057	.2254	.00564
.10	1.9730	1.5651	.3241	.01937
.15	1.6079	1.5244	.4045	.03759
.20	1.3668	1.4834	.4728	.05952
.25	1.2115	1.4419	.5334	.08467
.30	1.0955	1.3997	-.4118	.11271
.35	.9998	1.3565	-.3618	.09337
.40	.9155	1.3123	-.3161	.07642
.45	.8401	1.2672	-.2741	.06167
.50	.7713	1.2215	-.2355	.04893
.55	.7076	1.1752	-.2001	.03804
.60	.6478	1.1285	-.1677	.02885
.65	.5911	1.0814	-.1382	.02120
.70	.5368	1.0341	-.1113	.01496
.75	.4844	.9866	-.0871	.01000
.80	.4335	.9390	-.0654	.00619
.85	.3835	.8913	-.0463	.00339
.90	.3347	.8436	-.0295	.00150
.95	.2857	.7958	-.0152	.00038
1.00	.3047	.7480	-.0000	-.00000

XQ/L=0.4

X/L	FP	FS	FQ	FM
.05	3.4166	1.3862	.1708	.00427
.10	1.5379	1.3693	.2477	.01473
.15	1.2822	1.3523	.3118	.02872
.20	1.1181	1.3350	.3677	.04571
.25	1.0181	1.3174	.4186	.06537
.30	.9478	1.2992	.4660	.08749
.35	.8946	1.2803	.5108	.11191
.40	.8511	1.2604	-.4467	.13851
.45	.8119	1.2392	-.4061	.11719
.50	.7748	1.2168	-.3673	.09786
.55	.7408	1.1932	-.3303	.08041
.60	.7099	1.1688	-.2948	.06479
.65	.6825	1.1437	-.2607	.05090
.70	.6589	1.1180	-.2277	.03869
.75	.6400	1.0919	-.1957	.02810
.80	.6277	1.0654	-.1644	.01910
.85	.6260	1.0387	-.1331	.01166
.90	.6459	1.0118	-.1008	.00582
.95	.6956	.9848	-.0660	.00165
1.00	1.3197	.9578	-.0000	-.00000

XQ/L=0.5

X/L	FP	FS	FQ	FM
.05	2.3551	1.1704	.1178	.00294
.10	1.1124	1.1759	.1734	.01022
.15	.9615	1.1813	.2214	.02009
.20	.8709	1.1866	.2650	.03225
.25	.8228	1.1916	.3061	.04653
.30	.7949	1.1963	.3459	.06283
.35	.7789	1.2004	.3848	.08110
.40	.7704	1.2038	.4233	.10130
.45	.7668	1.2062	.4617	.12343
.50	.7664	1.2076	-.5000	.14747
.55	.7664	1.2076	-.4617	.12343
.60	.7668	1.2062	-.4233	.10130
.65	.7704	1.2038	-.3848	.08110
.70	.7789	1.2004	-.3459	.06283
.75	.7949	1.1963	-.3061	.04653
.80	.8228	1.1916	-.2650	.03225
.85	.8709	1.1866	-.2214	.02009
.90	.9615	1.1813	-.1734	.01022
.95	1.1124	1.1759	-.1178	.00294
1.00	2.3551	1.1704	-.0000	-.00000

B/L= 2.00 DS/B1=100.00 KS= 3.000

XM/L=0.0

X/L	FP	FS	FQ	FM
.05	11.8061	2.2787	.5903	-.98524
.10	4.4488	1.9914	.8127	-.95017
.15	3.1868	1.7138	.9721	-.90555
.20	2.3114	1.4454	1.0877	-.85405
.25	1.7027	1.1859	1.1728	-.79754
.30	1.2260	.9346	1.2341	-.73737
.35	.8290	.6910	1.2755	-.67463
.40	.4836	.4544	1.2997	-.61025
.45	.1724	.2243	1.3083	-.54504
.50	-.1166	-.0001	1.3025	-.47977
.55	-.3928	-.2193	1.2829	-.41514
.60	-.6647	-.4340	1.2496	-.35183
.65	-.9411	-.6450	1.2026	-.29052
.70	-1.2323	-.8527	1.1410	-.23193
.75	-1.5524	-1.0578	1.0633	-.17682
.80	-1.9239	-1.2608	.9671	-.12606
.85	-2.3880	-1.4623	.8477	-.08069
.90	-3.0519	-1.6629	.6952	-.04212
.95	-4.0076	-1.8628	.4948	-.01237
1.00	-9.8955	-2.0624	.0000	-.00000

XM/L=0.1

X/L	FP	FS	FQ	FM
.05	11.6984	2.2720	.5849	.01462
.10	4.5102	1.9943	.8104	-.95049
.15	3.2099	1.7176	.9709	-.90596
.20	2.3229	1.4489	1.0871	-.85451
.25	1.7106	1.1890	1.1726	-.79802
.30	1.2319	.9374	1.2342	-.73785
.35	.8336	.6935	1.2759	-.67510
.40	.4871	.4566	1.3002	-.61069
.45	.1752	.2262	1.3090	-.54546
.50	-.1144	.0015	1.3033	-.48016
.55	-.3912	-.2180	1.2837	-.41548
.60	-.6637	-.4331	1.2505	-.35213
.65	-.9406	-.6443	1.2035	-.29077
.70	-1.2323	-.8523	1.1419	-.23214
.75	-1.5528	-1.0577	1.0642	-.17699
.80	-1.9248	-1.2611	.9680	-.12618
.85	-2.3896	-1.4629	.8485	-.08077
.90	-3.0543	-1.6637	.6958	-.04216
.95	-4.0111	-1.8639	.4953	-.01238
1.00	-9.9051	-2.0638	-.0000	-.00000

XM/L=0.2

X/L	FP	FS	FQ	FM
.05	11.4111	2.2475	.5706	.01426
.10	4.4818	1.9879	.7946	.04839
.15	3.2994	1.7281	.9596	.09225
.20	2.4413	1.4675	1.0817	-.85672
.25	1.7730	1.2070	1.1703	-.80042
.30	1.2716	.9535	1.2339	-.74031
.35	.8630	.7078	1.2771	-.67754
.40	.5097	.4691	1.3025	-.61305
.45	.1927	.2369	1.3122	-.54768
.50	-.1009	.0105	1.3071	-.48220
.55	-.3812	-.2108	1.2881	-.41732
.60	-.6568	-.4275	1.2552	-.35373
.65	-.9366	-.6404	1.2084	-.29214
.70	-1.2311	-.8501	1.1469	-.23326
.75	-1.5545	-1.0571	1.0691	-.17786
.80	-1.9295	-1.2621	.9726	-.12682
.85	-2.3978	-1.4656	.8528	-.08118
.90	-3.0672	-1.6680	.6994	-.04238
.95	-4.0302	-1.8699	.4979	-.01245
1.00	-9.9578	-2.0714	-.0000	-.00000

XM/L=0.3

X/L	FP	FS	FQ	FM
.05	11.0828	2.2136	.5541	.01385
.10	4.3987	1.9699	.7741	.04706
.15	3.2796	1.7260	.9381	.08986
.20	2.4872	1.4814	1.0624	.13987
.25	1.9138	1.2357	1.1581	.19539
.30	1.4265	.9883	1.2294	-.74493
.35	.9530	.7398	1.2771	-.68226
.40	.5706	.4973	1.3056	-.61770
.45	.2383	.2613	1.3175	-.55212
.50	-.0664	.0311	1.3142	-.48632
.55	-.3554	-.1939	1.2964	-.42106
.60	-.6386	-.4144	1.2645	-.35703
.65	-.9252	-.6309	1.2182	-.29497
.70	-1.2262	-.8442	1.1569	-.23559
.75	-1.5560	-1.0549	1.0791	-.17968
.80	-1.9379	-1.2635	.9822	-.12815
.85	-2.4138	-1.4705	.8616	-.08205
.90	-3.0932	-1.6765	.7069	-.04284
.95	-4.0696	-1.8819	.5034	-.01259
1.00	-10.0683	-2.0870	-.0000	-.00000

XM/L=0.4

X/L	FP	FS	FQ	FM
.05	10.7617	2.1766	.5381	.01345
.10	4.3023	1.9465	.7532	.04573
.15	3.2333	1.7160	.9149	.08744
.20	2.4825	1.4849	1.0390	.13628
.25	1.9480	1.2528	1.1364	.19067
.30	1.5108	1.0189	1.2119	.24937
.35	1.1225	.7829	1.2681	.31137
.40	.7472	.5441	1.3054	-.62429
.45	.3444	.3030	1.3226	-.55859
.50	.0058	.0667	1.3229	-.49245
.55	-.3028	-.1644	1.3078	-.42668
.60	-.6010	-.3909	1.2777	-.36204
.65	-.9004	-.6135	1.2327	-.29928
.70	-1.2129	-.8327	1.1721	-.23916
.75	-1.5540	-1.0493	1.0944	-.18250
.80	-1.9474	-1.2637	.9970	-.13022
.85	-2.4363	-1.4765	.8752	-.08341
.90	-3.1320	-1.6885	.7186	-.04357
.95	-4.1301	-1.8996	.5121	-.01280
1.00	-10.2416	-2.1106	-.0000	-.00000

XM/L=0.5

X/L	FP	FS	FQ	FM
.05	10.4757	2.1411	.5238	.01309
.10	4.2095	1.9219	.7343	.04455
.15	3.1806	1.7024	.8933	.08523
.20	2.4614	1.4823	1.0164	.13298
.25	1.9536	1.2610	1.1140	.18624
.30	1.5426	1.0382	1.1912	.24387
.35	1.1837	.8132	1.2504	.30490
.40	.8515	.5855	1.2929	.36849
.45	.5282	.3544	1.3193	.43379
.50	.1918	.1193	1.3289	-.50000
.55	-.1918	-.1193	1.3193	-.43379
.60	-.5282	-.3544	1.2929	-.36849
.65	-.8515	-.5855	1.2504	-.30490
.70	-1.1837	-.8132	1.1912	-.24387
.75	-1.5426	-1.0382	1.1140	-.18624
.80	-1.9536	-1.2610	1.0164	-.13298
.85	-2.4614	-1.4823	.8933	-.08523
.90	-3.1806	-1.7024	.7343	-.04455
.95	-4.2095	-1.9219	.5238	-.01309
1.00	-10.4757	-2.1411	-.0000	-.00000

B/L= 2.00 DS/B1=100.00 KS= 10.000

XQ/L=0.0

X/L	FP	FS	FQ	FM
.05	7.8483	2.2692	-.6076	-.04019
.10	3.2848	2.1535	-.4433	-.06646
.15	2.5743	2.0381	-.3146	-.08541
.20	2.0881	1.9228	-.2102	-.09853
.25	1.7575	1.8078	-.1224	-.10685
.30	1.5004	1.6931	-.0473	-.11109
.35	1.2864	1.5788	.0170	-.11185
.40	1.0994	1.4648	.0720	-.10963
.45	.9305	1.3511	.1185	-.10486
.50	.7734	1.2377	.1572	-.09797
.55	.6240	1.1247	.1884	-.08934
.60	.4787	1.0119	.2123	-.07932
.65	.3339	.8994	.2290	-.06829
.70	.1862	.7871	.2383	-.05661
.75	.0307	.6749	.2398	-.04465
.80	-.1399	.5630	.2328	-.03284
.85	-.3387	.4511	.2159	-.02162
.90	-.5987	.3394	.1860	-.01157
.95	-.9499	.2277	.1385	-.00346
1.00	-2.7694	.1160	-.0000	-.00000

XQ/L=0.1

X/L	FP	FS	FQ	FM
.05	6.7519	2.0502	.3376	.00844
.10	2.8542	1.9589	-.5197	.02889
.15	2.2562	1.8677	-.4069	.00572
.20	1.8486	1.7763	-.3145	-.01231
.25	1.5732	1.6850	-.2358	-.02607
.30	1.3605	1.5937	-.1678	-.03616
.35	1.1843	1.5026	-.1086	-.04306
.40	1.0312	1.4115	-.0570	-.04720
.45	.8937	1.3206	-.0123	-.04893
.50	.7666	1.2299	.0260	-.04859
.55	.6465	1.1392	.0583	-.04648
.60	.5305	1.0488	.0849	-.04290
.65	.4162	.9584	.1057	-.03814
.70	.3006	.8682	.1207	-.03248
.75	.1806	.7781	.1297	-.02622
.80	.0510	.6881	.1323	-.01967
.85	-.0969	.5981	.1274	-.01317
.90	-.2849	.5082	.1132	-.00716
.95	-.5334	.4183	.0865	-.00216
1.00	-1.7306	.3284	-.0000	-.00000

XQ/L=0.2

X/L	FP	FS	FQ	FM
.05	5.6622	1.8316	.2831	.00708
.10	2.4225	1.7643	.4042	.02426
.15	1.9358	1.6970	.5010	.04689
.20	1.6074	1.6295	-.4186	.07395
.25	1.3882	1.5619	-.3492	.05476
.30	1.2199	1.4941	-.2882	.03882
.35	1.0817	1.4261	-.2341	.02576
.40	.9627	1.3581	-.1860	.01526
.45	.8566	1.2900	-.1432	.00703
.50	.7595	1.2218	-.1052	.00083
.55	.6688	1.1537	-.0717	-.00360
.60	.5823	1.0855	-.0426	-.00646
.65	.4983	1.0174	-.0177	-.00796
.70	.4150	.9493	.0030	-.00833
.75	.3305	.8812	.0196	-.00777
.80	.2420	.8131	.0317	-.00648
.85	.1451	.7451	.0389	-.00472
.90	.0291	.6771	.0404	-.00274
.95	-.1166	.6091	.0345	-.00086
1.00	-.6909	.5411	-.0000	-.00000

XQ/L=0.3

X/L	FP	FS	FQ	FM
.05	4.5819	1.6140	.2291	.00573
.10	1.9927	1.5701	.3287	.01967
.15	1.6146	1.5262	.4095	.03813
.20	1.3630	1.4822	.4776	.06030
.25	1.1993	1.4380	.5376	.08568
.30	1.0768	1.3937	-.4086	.11391
.35	.9775	1.3490	-.3597	.09470
.40	.8929	1.3041	-.3151	.07783
.45	.8186	1.2588	-.2741	.06310
.50	.7518	1.2134	-.2365	.05034
.55	.6906	1.1678	-.2020	.03937
.60	.6337	1.1220	-.1703	.03006
.65	.5802	1.0762	-.1413	.02227
.70	.5293	1.0303	-.1148	.01587
.75	.4805	.9843	-.0908	.01073
.80	.4332	.9383	-.0692	.00673
.85	.3874	.8922	-.0498	.00375
.90	.3436	.8462	-.0326	.00169
.95	.3011	.8001	-.0176	.00044
1.00	.3512	.7540	-.0000	-.00000

XQ/L=0.4

X/L	FP	FS	FQ	FM
.05	3.5116	1.3974	.1756	.00439
.10	1.5657	1.3765	.2539	.01513
.15	1.2946	1.3556	.3186	.02944
.20	1.1182	1.3346	.3745	.04677
.25	1.0081	1.3135	.4249	.06675
.30	.9293	1.2922	.4714	.08916
.35	.8687	1.2707	.5148	.11381
.40	.8198	1.2489	-.4442	.14058
.45	.7784	1.2267	-.4053	.11934
.50	.7424	1.2041	-.3682	.10001
.55	.7112	1.1812	-.3326	.08249
.60	.6843	1.1580	-.2984	.06671
.65	.6616	1.1346	-.2653	.05262
.70	.6433	1.1110	-.2331	.04016
.75	.6304	1.0872	-.2016	.02929
.80	.6247	1.0634	-.1704	.01999
.85	.6303	1.0395	-.1389	.01226
.90	.6592	1.0156	-.1059	.00614
.95	.7203	.9916	-.0699	.00175
1.00	1.3978	.9676	-.0000	-.00000

XQ/L=0.5

X/L	FP	FS	FQ	FM
.05	2.4507	1.1820	.1225	.00306
.10	1.1417	1.1837	.1796	.01062
.15	.9761	1.1854	.2284	.02082
.20	.8739	1.1870	.2721	.03333
.25	.8164	1.1885	.3129	.04796
.30	.7802	1.1899	.3519	.06458
.35	.7567	1.1912	.3898	.08312
.40	.7418	1.1922	.4269	.10354
.45	.7331	1.1930	.4635	.12580
.50	.7294	1.1934	-.5000	.14989
.55	.7294	1.1934	-.4635	.12580
.60	.7331	1.1930	-.4269	.10354
.65	.7418	1.1922	-.3898	.08312
.70	.7567	1.1912	-.3519	.06458
.75	.7802	1.1899	-.3129	.04796
.80	.8164	1.1885	-.2721	.03333
.85	.8739	1.1870	-.2284	.02082
.90	.9761	1.1854	-.1796	.01062
.95	1.1417	1.1837	-.1225	.00306
1.00	2.4507	1.1820	-.0000	-.00000

B/L= 2.00 DS/B1=100.00 KS= 10.000

XM/L=0.0

X/L	FP	FS	FQ	FM
.05	10.9717	2.1909	.5486	-.98629
.10	4.3001	1.9459	.7636	-.95348
.15	3.1794	1.7038	.9226	-.91133
.20	2.3950	1.4644	1.0423	-.86220
.25	1.8418	1.2278	1.1344	-.80779
.30	1.3990	.9936	1.2044	-.74932
.35	1.0205	.7618	1.2554	-.68782
.40	.6817	.5321	1.2895	-.62420
.45	.3677	.3044	1.3078	-.55927
.50	.0682	.0785	1.3113	-.49379
.55	-.2249	-.1459	1.3000	-.42851
.60	-.5191	-.3688	1.2741	-.36416
.65	-.8223	-.5906	1.2329	-.30148
.70	-1.1442	-.8114	1.1757	-.24127
.75	-1.4989	-1.0313	1.1008	-.18435
.80	-1.9092	-1.2507	1.0053	-.13170
.85	-2.4179	-1.4695	.8844	-.08446
.90	-3.1374	-1.6881	.7276	-.04416
.95	-4.1643	-1.9064	.5193	-.01298
1.00	-10.3869	-2.1246	.0000	-.00000

XM/L=0.1

X/L	FP	FS	FQ	FM
.05	10.9393	2.1889	.5470	.01367
.10	4.3185	1.9468	.7629	-.95358
.15	3.1864	1.7049	.9222	-.91145
.20	2.3985	1.4655	1.0421	-.86234
.25	1.8442	1.2287	1.1343	-.80793
.30	1.4008	.9945	1.2044	-.74946
.35	1.0219	.7625	1.2555	-.68797
.40	.6828	.5328	1.2896	-.62434
.45	.3685	.3050	1.3080	-.55940
.50	.0689	.0790	1.3115	-.49391
.55	-.2244	-.1455	1.3003	-.42862
.60	-.5187	-.3685	1.2743	-.36425
.65	-.8221	-.5904	1.2332	-.30156
.70	-1.1442	-.8113	1.1760	-.24133
.75	-1.4991	-1.0313	1.1011	-.18440
.80	-1.9095	-1.2507	1.0056	-.13174
.85	-2.4184	-1.4697	.8847	-.08448
.90	-3.1382	-1.6883	.7278	-.04417
.95	-4.1654	-1.9067	.5195	-.01299
1.00	-10.3899	-2.1251	-.0000	-.00000

XM/L=0.2

X/L	FP	FS	FQ	FM
.05	10.8523	2.1815	.5426	.01357
.10	4.3098	1.9448	.7581	.04608
.15	3.2131	1.7080	.9188	.08801
.20	2.4340	1.4711	1.0405	-.86301
.25	1.8630	1.2341	1.1336	-.80866
.30	1.4129	.9994	1.2043	-.75022
.35	1.0309	.7669	1.2558	-.68871
.40	.6898	.5366	1.2903	-.62506
.45	.3740	.3083	1.3090	-.56008
.50	.0731	.0818	1.3127	-.49454
.55	-.2212	-.1432	1.3016	-.42918
.60	-.5165	-.3668	1.2758	-.36475
.65	-.8207	-.5892	1.2347	-.30198
.70	-1.1437	-.8106	1.1775	-.24168
.75	-1.4995	-1.0311	1.1026	-.18467
.80	-1.9109	-1.2511	1.0070	-.13193
.85	-2.4209	-1.4705	.8860	-.08461
.90	-3.1421	-1.6896	.7289	-.04424
.95	-4.1713	-1.9086	.5203	-.01301
1.00	-10.4063	-2.1274	-.0000	-.00000

XM/L=0.3

X/L	FP	FS	FQ	FM
.05	10.7524	2.1711	.5376	.01344
.10	4.2845	1.9393	.7518	.04568
.15	3.2070	1.7074	.9122	.08728
.20	2.4479	1.4753	1.0346	.13595
.25	1.9055	1.2428	1.1299	.19006
.30	1.4596	1.0099	1.2028	-.75162
.35	1.0583	.7767	1.2558	-.69016
.40	.7084	.5452	1.2912	-.62648
.45	.3881	.3158	1.3106	-.56144
.50	.0839	.0881	1.3148	-.49581
.55	-.2131	-.1380	1.3041	-.43033
.60	-.5106	-.3627	1.2786	-.36576
.65	-.8170	-.5862	1.2377	-.30286
.70	-1.1420	-.8087	1.1806	-.24240
.75	-1.4998	-1.0304	1.1057	-.18524
.80	-1.9133	-1.2514	1.0100	-.13235
.85	-2.4257	-1.4720	.8887	-.08488
.90	-3.1501	-1.6922	.7312	-.04438
.95	-4.1835	-1.9123	.5220	-.01305
1.00	-10.4405	-2.1322	-.0000	-.00000

XM/L=0.4

X/L	FP	FS	FQ	FM
.05	10.6542	2.1598	.5327	.01332
.10	4.2550	1.9321	.7455	.04527
.15	3.1929	1.7043	.9051	.08654
.20	2.4465	1.4763	1.0274	.13485
.25	1.9159	1.2480	1.1232	.18862
.30	1.4853	1.0192	1.1975	.24663
.35	1.1096	.7898	1.2530	.30790
.40	.7620	.5595	1.2911	-.62850
.45	.4205	.3285	1.3121	-.56342
.50	.1062	.0990	1.3174	-.49769
.55	-.1967	-.1289	1.3076	-.43206
.60	-.4988	-.3554	1.2826	-.36731
.65	-.8091	-.5808	1.2422	-.30419
.70	-1.1377	-.8051	1.1853	-.24350
.75	-1.4989	-1.0286	1.1103	-.18611
.80	-1.9161	-1.2514	1.0145	-.13299
.85	-2.4325	-1.4738	.8929	-.08530
.90	-3.1620	-1.6959	.7348	-.04461
.95	-4.2022	-1.9177	.5247	-.01312
1.00	-10.4942	-2.1395	-.0000	-.00000

XM/L=0.5

X/L	FP	FS	FQ	FM
.05	10.5664	2.1489	.5283	.01321
.10	4.2266	1.9246	.7396	.04491
.15	3.1769	1.7002	.8985	.08586
.20	2.4401	1.4755	1.0205	.13384
.25	1.9178	1.2506	1.1164	.18726
.30	1.4952	1.0251	1.1911	.24495
.35	1.1285	.7990	1.2476	.30591
.40	.7939	.5721	1.2873	.36928
.45	.4764	.3442	1.3111	.43424
.50	.1627	.1151	1.3192	-.50000
.55	-.1627	-.1151	1.3111	-.43424
.60	-.4764	-.3442	1.2873	-.36928
.65	-.7939	-.5721	1.2476	-.30591
.70	-1.1285	-.7990	1.1911	-.24495
.75	-1.4952	-1.0251	1.1164	-.18726
.80	-1.9178	-1.2506	1.0205	-.13384
.85	-2.4401	-1.4755	.8985	-.08586
.90	-3.1769	-1.7002	.7396	-.04491
.95	-4.2266	-1.9246	.5283	-.01321
1.00	-10.5664	-2.1489	-.0000	-.00000

B/L= 2.00 DS/B1=100.00 KS=100.000

XQ/L=0.0

X/L	FP	FS	FQ	FM
.05	7.8011	2.2639	-.6099	-.04025
.10	3.2730	2.1504	-.4463	-.06665
.15	2.5706	2.0369	-.3178	-.08576
.20	2.0904	1.9234	-.2132	-.09903
.25	1.7639	1.8099	-.1250	-.10749
.30	1.5099	1.6965	-.0496	-.11185
.35	1.2979	1.5831	.0153	-.11271
.40	1.1122	1.4698	.0710	-.11055
.45	.9438	1.3565	.1181	-.10582
.50	.7867	1.2432	.1575	-.09893
.55	.6366	1.1299	.1893	-.09026
.60	.4900	1.0167	.2138	-.08019
.65	.3435	.9035	.2310	-.06907
.70	.1937	.7903	.2407	-.05728
.75	.0357	.6771	.2424	-.04520
.80	-.1379	.5640	.2356	-.03325
.85	-.3401	.4509	.2186	-.02189
.90	-.6044	.3377	.1883	-.01172
.95	-.9611	.2246	.1403	-.00351
1.00	-2.8056	.1115	-.0000	-.00000

XQ/L=0.1

X/L	FP	FS	FQ	FM
.05	6.7370	2.0483	.3368	.00842
.10	2.8488	1.9576	-.5207	.02882
.15	2.2530	1.8669	-.4081	.00561
.20	1.8477	1.7762	-.3157	-.01249
.25	1.5743	1.6855	-.2370	-.02630
.30	1.3632	1.5948	-.1688	-.03645
.35	1.1883	1.5041	-.1094	-.04340
.40	1.0362	1.4135	-.0576	-.04758
.45	.8993	1.3228	-.0126	-.04933
.50	.7725	1.2322	.0260	-.04900
.55	.6523	1.1416	.0586	-.04688
.60	.5360	1.0510	.0854	-.04328
.65	.4210	.9604	.1065	-.03848
.70	.3046	.8698	.1217	-.03278
.75	.1834	.7792	.1309	-.02646
.80	.0524	.6886	.1335	-.01985
.85	-.0971	.5981	.1286	-.01330
.90	-.2872	.5075	.1143	-.00723
.95	-.5384	.4170	.0874	-.00218
1.00	-1.7473	.3264	-.0000	-.00000

XQ/L=0.2

X/L	FP	FS	FQ	FM
.05	5.6735	1.8327	.2837	.00709
.10	2.4246	1.7648	.4049	.02431
.15	1.9352	1.6969	.5017	.04697
.20	1.6048	1.6290	-.4181	.07406
.25	1.3846	1.5611	-.3489	.05489
.30	1.2164	1.4931	-.2880	.03896
.35	1.0786	1.4251	-.2341	.02591
.40	.9602	1.3572	-.1861	.01540
.45	.8547	1.2892	-.1434	.00717
.50	.7583	1.2212	-.1055	.00095
.55	.6681	1.1532	-.0721	-.00349
.60	.5821	1.0852	-.0430	-.00637
.65	.4984	1.0172	-.0180	-.00789
.70	.4154	.9493	.0027	-.00827
.75	.3311	.8813	.0193	-.00772
.80	.2427	.8133	.0314	-.00646
.85	.1459	.7453	.0387	-.00470
.90	.0299	.6774	.0402	-.00273
.95	-.1156	.6094	.0344	-.00086
1.00	-.6888	.5414	-.0000	-.00000

XQ/L=0.3

X/L	FP	FS	FQ	FM
.05	4.6109	1.6172	.2305	.00576
.10	2.0006	1.5721	.3306	.01979
.15	1.6173	1.5269	.4114	.03834
.20	1.3616	1.4817	.4795	.06062
.25	1.1945	1.4365	.5392	.08609
.30	1.0694	1.3913	-.4073	.11438
.35	.9688	1.3461	-.3588	.09523
.40	.8840	1.3008	-.3146	.07839
.45	.8100	1.2555	-.2741	.06367
.50	.7440	1.2102	-.2369	.05090
.55	.6838	1.1648	-.2028	.03990
.60	.6281	1.1195	-.1714	.03055
.65	.5758	1.0741	-.1426	.02270
.70	.5263	1.0287	-.1162	.01623
.75	.4788	.9833	-.0923	.01102
.80	.4331	.9380	-.0707	.00694
.85	.3889	.8926	-.0512	.00390
.90	.3472	.8472	-.0339	.00177
.95	.3072	.8018	-.0185	.00046
1.00	.3699	.7564	-.0000	-.00000

XQ/L=0.4

X/L	FP	FS	FQ	FM
.05	3.5494	1.4019	.1775	.00444
.10	1.5768	1.3794	.2563	.01528
.15	1.2996	1.3569	.3213	.02972
.20	1.1183	1.3344	.3772	.04718
.25	1.0042	1.3119	.4274	.06730
.30	.9219	1.2894	.4735	.08982
.35	.8585	1.2669	.5164	.11457
.40	.8074	1.2443	-.4432	.14140
.45	.7652	1.2217	-.4049	.12020
.50	.7295	1.1990	-.3685	.10086
.55	.6994	1.1764	-.3335	.08331
.60	.6740	1.1536	-.2998	.06748
.65	.6532	1.1309	-.2671	.05331
.70	.6371	1.1082	-.2353	.04075
.75	.6266	1.0854	-.2040	.02977
.80	.6234	1.0626	-.1728	.02035
.85	.6319	1.0398	-.1412	.01250
.90	.6645	1.0171	-.1080	.00627
.95	.7302	.9943	-.0715	.00179
1.00	1.4290	.9715	-.0000	-.00000

XQ/L=0.5

X/L	FP	FS	FQ	FM
.05	2.4888	1.1866	.1244	.00311
.10	1.1534	1.1868	.1821	.01077
.15	.9819	1.1870	.2312	.02111
.20	.8751	1.1871	.2750	.03376
.25	.8138	1.1873	.3156	.04853
.30	.7743	1.1874	.3544	.06528
.35	.7479	1.1875	.3918	.08393
.40	.7304	1.1877	.4283	.10443
.45	.7198	1.1877	.4643	.12674
.50	.7147	1.1878	-.5000	.15085
.55	.7147	1.1878	-.4643	.12674
.60	.7198	1.1877	-.4283	.10443
.65	.7304	1.1877	-.3918	.08393
.70	.7479	1.1875	-.3544	.06528
.75	.7743	1.1874	-.3156	.04853
.80	.8138	1.1873	-.2750	.03376
.85	.8751	1.1871	-.2312	.02111
.90	.9819	1.1870	-.1821	.01077
.95	1.1534	1.1868	-.1244	.00311
1.00	2.4888	1.1866	-.0000	-.00000

B/L= 2.00 DS/B1=100.00 KS=100.000

XM/L=0.0

X/L	FP	FS	FQ	FM
.05	10.6424	2.1562	.5321	-.98670
.10	4.2406	1.9278	.7441	-.95479
.15	3.1757	1.6996	.9029	-.91361
.20	2.4273	1.4718	1.0243	-.86543
.25	1.8962	1.2442	1.1191	-.81185
.30	1.4671	1.0169	1.1925	-.75406
.35	1.0962	.7898	1.2473	-.69306
.40	.7602	.5629	1.2853	-.62975
.45	.4454	.3363	1.3076	-.56493
.50	.1419	.1098	1.3147	-.49937
.55	-.1577	-.1166	1.3068	-.43384
.60	-.4606	-.3428	1.2837	-.36908
.65	-.7744	-.5688	1.2450	-.30586
.70	-1.1087	-.7948	1.1896	-.24499
.75	-1.4772	-1.0207	1.1157	-.18736
.80	-1.9030	-1.2465	1.0206	-.13395
.85	-2.4296	-1.4723	.8991	-.08596
.90	-3.1714	-1.6981	.7405	-.04497
.95	-4.2269	-1.9238	.5292	-.01323
1.00	-10.5834	-2.1495	.0000	-.00000

XM/L=0.1

X/L	FP	FS	FQ	FM
.05	10.6391	2.1560	.5320	.01330
.10	4.2425	1.9279	.7441	-.95480
.15	3.1764	1.6998	.9029	-.91363
.20	2.4277	1.4719	1.0243	-.86545
.25	1.8965	1.2443	1.1191	-.81186
.30	1.4673	1.0170	1.1925	-.75407
.35	1.0963	.7899	1.2473	-.69308
.40	.7604	.5630	1.2853	-.62976
.45	.4454	.3363	1.3076	-.56494
.50	.1420	.1098	1.3147	-.49939
.55	-.1577	-.1165	1.3068	-.43385
.60	-.4606	-.3427	1.2838	-.36909
.65	-.7744	-.5688	1.2450	-.30587
.70	-1.1087	-.7948	1.1896	-.24500
.75	-1.4772	-1.0207	1.1157	-.18737
.80	-1.9030	-1.2465	1.0206	-.13396
.85	-2.4296	-1.4723	.8991	-.08596
.90	-3.1715	-1.6981	.7405	-.04497
.95	-4.2270	-1.9238	.5292	-.01323
1.00	-10.5837	-2.1495	-.0000	-.00000

XM/L=0.2

X/L	FP	FS	FQ	FM
.05	10.6304	2.1552	.5315	.01329
.10	4.2416	1.9277	.7436	.04517
.15	3.1790	1.7001	.9026	.08632
.20	2.4312	1.4725	1.0241	-.86551
.25	1.8984	1.2449	1.1190	-.81194
.30	1.4685	1.0175	1.1925	-.75415
.35	1.0972	.7903	1.2473	-.69315
.40	.7611	.5634	1.2854	-.62984
.45	.4460	.3367	1.3077	-.56501
.50	.1424	.1101	1.3148	-.49945
.55	-.1574	-.1163	1.3069	-.43391
.60	-.4604	-.3426	1.2839	-.36914
.65	-.7743	-.5687	1.2452	-.30591
.70	-1.1086	-.7947	1.1898	-.24503
.75	-1.4773	-1.0207	1.1159	-.18739
.80	-1.9032	-1.2466	1.0207	-.13398
.85	-2.4299	-1.4724	.8992	-.08598
.90	-3.1719	-1.6982	.7406	-.04498
.95	-4.2276	-1.9240	.5293	-.01323
1.00	-10.5854	-2.1498	-.0000	-.00000

XM/L=0.3

X/L	FP	FS	FQ	FM
.05	10.6203	2.1542	.5310	.01328
.10	4.2390	1.9271	.7430	.04513
.15	3.1784	1.7000	.9019	.08625
.20	2.4326	1.4729	1.0235	.13438
.25	1.9026	1.2457	1.1187	.18794
.30	1.4732	1.0185	1.1923	-.75429
.35	1.1000	.7913	1.2473	-.69330
.40	.7629	.5643	1.2855	-.62998
.45	.4474	.3374	1.3078	-.56515
.50	.1435	.1107	1.3150	-.49958
.55	-.1565	-.1158	1.3072	-.43402
.60	-.4598	-.3421	1.2842	-.36924
.65	-.7739	-.5684	1.2455	-.30600
.70	-1.1084	-.7945	1.1901	-.24511
.75	-1.4773	-1.0206	1.1162	-.18745
.80	-1.9034	-1.2466	1.0210	-.13402
.85	-2.4304	-1.4726	.8995	-.08600
.90	-3.1727	-1.6985	.7409	-.04499
.95	-4.2289	-1.9244	.5294	-.01324
1.00	-10.5888	-2.1503	-.0000	-.00000

XM/L=0.4

X/L	FP	FS	FQ	FM
.05	10.6104	2.1530	.5305	.01326
.10	4.2361	1.9264	.7423	.04508
.15	3.1770	1.6997	.9012	.08617
.20	2.4325	1.4730	1.0228	.13427
.25	1.9037	1.2463	1.1180	.18779
.30	1.4758	1.0195	1.1918	.24553
.35	1.1051	.7926	1.2470	.30650
.40	.7683	.5657	1.2854	-.63018
.45	.4507	.3387	1.3080	-.56535
.50	.1458	.1118	1.3153	-.49977
.55	-.1549	-.1149	1.3075	-.43420
.60	-.4586	-.3414	1.2846	-.36939
.65	-.7731	-.5678	1.2459	-.30613
.70	-1.1080	-.7942	1.1905	-.24522
.75	-1.4772	-1.0204	1.1167	-.18754
.80	-1.9037	-1.2466	1.0215	-.13408
.85	-2.4311	-1.4727	.8999	-.08605
.90	-3.1739	-1.6988	.7413	-.04502
.95	-4.2307	-1.9249	.5297	-.01324
1.00	-10.5943	-2.1510	-.0000	-.00000

XM/L=0.5

X/L	FP	FS	FQ	FM
.05	10.6016	2.1520	.5301	.01325
.10	4.2332	1.9256	.7417	.04505
.15	3.1754	1.6993	.9005	.08610
.20	2.4318	1.4729	1.0221	.13417
.25	1.9039	1.2465	1.1173	.18765
.30	1.4768	1.0201	1.1911	.24536
.35	1.1071	.7936	1.2465	.30630
.40	.7715	.5670	1.2851	.36959
.45	.4563	.3403	1.3079	.43442
.50	.1514	.1135	1.3154	-.50000
.55	-.1514	-.1135	1.3079	-.43442
.60	-.4563	-.3403	1.2851	-.36959
.65	-.7715	-.5670	1.2465	-.30630
.70	-1.1071	-.7936	1.1911	-.24536
.75	-1.4768	-1.0201	1.1173	-.18765
.80	-1.9039	-1.2465	1.0221	-.13417
.85	-2.4318	-1.4729	.9005	-.08610
.90	-3.1754	-1.6993	.7417	-.04505
.95	-4.2332	-1.9256	.5301	-.01325
1.00	-10.6016	-2.1520	-.0000	-.00000

GLEICHMAESSIGE BELASTUNG B/L= 2.00 OS/B1=100.00

KS= .001

X/L	FP	FS	FQ	FM
.05	1.1389	1.0396	.0069	.00017
.10	.8825	1.1057	.0011	.00037
.15	.9588	1.1632	-.0010	.00038
.20	.9926	1.2093	-.0014	.00032
.25	1.0052	1.2450	-.0011	.00026
.30	1.0072	1.2721	-.0007	.00021
.35	1.0058	1.2923	-.0004	.00018
.40	1.0040	1.3066	-.0002	.00016
.45	1.0028	1.3159	-.0001	.00015
.50	1.0022	1.3205	.0000	.00015
.55	1.0022	1.3205	.0001	.00015
.60	1.0028	1.3159	.0002	.00016
.65	1.0040	1.3066	.0004	.00018
.70	1.0058	1.2923	.0007	.00021
.75	1.0072	1.2721	.0011	.00026
.80	1.0052	1.2450	.0014	.00032
.85	.9926	1.2093	.0010	.00038
.90	.9588	1.1632	-.0011	.00037
.95	.8825	1.1057	-.0069	.00017
1.00	1.1389	1.0396	.0000	.00000

KS= .003

X/L	FP	FS	FQ	FM
.05	1.2357	1.0464	.0118	.00029
.10	.8618	1.1049	.0049	.00071
.15	.9181	1.1582	.0008	.00085
.20	.9592	1.2036	-.0013	.00084
.25	.9869	1.2404	-.0019	.00076
.30	1.0016	1.2693	-.0018	.00067
.35	1.0079	1.2910	-.0014	.00059
.40	1.0097	1.3064	-.0010	.00053
.45	1.0097	1.3163	-.0005	.00049
.50	1.0094	1.3212	.0000	.00048
.55	1.0094	1.3212	.0005	.00049
.60	1.0097	1.3163	.0010	.00053
.65	1.0097	1.3064	.0014	.00059
.70	1.0079	1.2910	.0018	.00067
.75	1.0016	1.2693	.0019	.00076
.80	.9869	1.2404	.0013	.00084
.85	.9592	1.2036	-.0008	.00085
.90	.9181	1.1582	-.0049	.00071
.95	.8618	1.1049	-.0118	.00029
1.00	1.2357	1.0464	.0000	.00000

KS= .010

X/L	FP	FS	FQ	FM
.05	1.3888	1.0599	.0194	.00049
.10	.8655	1.1086	.0127	.00129
.15	.8851	1.1546	.0070	.00178
.20	.9149	1.1959	.0027	.00202
.25	.9473	1.2316	.0001	.00209
.30	.9734	1.2610	-.0012	.00207
.35	.9923	1.2842	-.0016	.00199
.40	1.0048	1.3013	-.0014	.00192
.45	1.0122	1.3125	-.0008	.00186
.50	1.0156	1.3180	.0000	.00184
.55	1.0156	1.3180	.0008	.00186
.60	1.0122	1.3125	.0014	.00192
.65	1.0048	1.3013	.0016	.00199
.70	.9923	1.2842	.0012	.00207
.75	.9734	1.2610	-.0001	.00209
.80	.9473	1.2316	-.0027	.00202
.85	.9149	1.1959	-.0070	.00178
.90	.8851	1.1546	-.0127	.00129
.95	.8655	1.1086	-.0194	.00049
1.00	1.3888	1.0599	.0000	.00000

KS= .020

X/L	FP	FS	FQ	FM
.05	1.5100	1.0724	.0255	.00064
.10	.8857	1.1147	.0198	.00177
.15	.8800	1.1553	.0138	.00261
.20	.8958	1.1925	.0086	.00317
.25	.9228	1.2254	.0047	.00350
.30	.9489	1.2532	.0022	.00367
.35	.9705	1.2757	.0007	.00374
.40	.9866	1.2926	.0000	.00376
.45	.9972	1.3039	-.0001	.00376
.50	1.0024	1.3095	.0000	.00376
.55	1.0024	1.3095	.0001	.00376
.60	.9972	1.3039	-.0000	.00376
.65	.9866	1.2926	-.0007	.00374
.70	.9705	1.2757	-.0022	.00367
.75	.9489	1.2532	-.0047	.00350
.80	.9228	1.2254	-.0086	.00317
.85	.8958	1.1925	-.0138	.00261
.90	.8800	1.1553	-.0198	.00177
.95	.8857	1.1147	-.0255	.00064
1.00	1.5100	1.0724	.0000	.00000

KS= .050

X/L	FP	FS	FQ	FM
.05	1.7268	1.0967	.0363	.00091
.10	.9379	1.1291	.0332	.00265
.15	.8925	1.1604	.0279	.00418
.20	.8813	1.1896	.0219	.00542
.25	.8917	1.2160	.0165	.00638
.30	.9079	1.2388	.0119	.00709
.35	.9242	1.2576	.0081	.00759
.40	.9378	1.2719	.0050	.00792
.45	.9474	1.2816	.0024	.00811
.50	.9524	1.2865	.0000	.00817
.55	.9524	1.2865	-.0024	.00811
.60	.9474	1.2816	-.0050	.00792
.65	.9378	1.2719	-.0081	.00759
.70	.9242	1.2576	-.0119	.00709
.75	.9079	1.2388	-.0165	.00638
.80	.8917	1.2160	-.0219	.00542
.85	.8813	1.1896	-.0279	.00418
.90	.8925	1.1604	-.0332	.00265
.95	.9379	1.1291	-.0363	.00091
1.00	1.7268	1.0967	.0000	.00000

KS= .100

X/L	FP	FS	FQ	FM
.05	1.9254	1.1199	.0463	.00116
.10	.9919	1.1437	.0459	.00346
.15	.9128	1.1667	.0415	.00564
.20	.8767	1.1885	.0353	.00757
.25	.8693	1.2082	.0288	.00917
.30	.8723	1.2254	.0224	.01045
.35	.8791	1.2397	.0164	.01142
.40	.8861	1.2507	.0107	.01210
.45	.8916	1.2582	.0053	.01250
.50	.8946	1.2620	.0000	.01263
.55	.8946	1.2620	-.0053	.01250
.60	.8916	1.2582	-.0107	.01210
.65	.8861	1.2507	-.0164	.01142
.70	.8791	1.2397	-.0224	.01045
.75	.8723	1.2254	-.0288	.00917
.80	.8693	1.2082	-.0353	.00757
.85	.8767	1.1885	-.0415	.00564
.90	.9128	1.1667	-.0459	.00346
.95	.9919	1.1437	-.0463	.00116
1.00	1.9254	1.1199	.0000	.00000

GLEICHMAESSIGE BELASTUNG B/L= 2.00 DS/B1=100.00

KS= .200

X/L	FP	FS	FQ	FM
.05	2.1176	1.1425	.0559	.00140
.10	1.0463	1.1582	.0582	.00425
.15	.9354	1.1734	.0550	.00708
.20	.8751	1.1878	.0487	.00967
.25	.8496	1.2010	.0412	.01192
.30	.8386	1.2125	.0331	.01378
.35	.8346	1.2221	.0249	.01523
.40	.8338	1.2295	.0166	.01626
.45	.8342	1.2345	.0083	.01688
.50	.8347	1.2371	.0000	.01709
.55	.8347	1.2371	-.0083	.01688
.60	.8342	1.2345	-.0166	.01626
.65	.8338	1.2295	-.0249	.01523
.70	.8346	1.2221	-.0331	.01378
.75	.8386	1.2125	-.0412	.01192
.80	.8496	1.2010	-.0487	.00967
.85	.8751	1.1878	-.0550	.00708
.90	.9354	1.1734	-.0582	.00425
.95	1.0463	1.1582	-.0559	.00140
1.00	2.1176	1.1425	.0000	.00000

KS= .500

X/L	FP	FS	FQ	FM
.05	2.3065	1.1649	.0653	.00163
.10	1.1006	1.1727	.0704	.00503
.15	.9588	1.1803	.0683	.00849
.20	.8748	1.1874	.0620	.01175
.25	.8312	1.1940	.0536	.01464
.30	.8058	1.1997	.0439	.01708
.35	.7906	1.2045	.0334	.01901
.40	.7814	1.2083	.0225	.02041
.45	.7763	1.2108	.0113	.02125
.50	.7740	1.2121	.0000	.02153
.55	.7740	1.2121	-.0113	.02125
.60	.7763	1.2108	-.0225	.02041
.65	.7814	1.2083	-.0334	.01901
.70	.7906	1.2045	-.0439	.01708
.75	.8058	1.1997	-.0536	.01464
.80	.8312	1.1940	-.0620	.01175
.85	.8748	1.1874	-.0683	.00849
.90	.9588	1.1803	-.0704	.00503
.95	1.1006	1.1727	-.0653	.00163
1.00	2.3065	1.1649	.0000	.00000

KS= 1.000

X/L	FP	FS	FQ	FM
.05	2.3916	1.1751	.0696	.00174
.10	1.1252	1.1793	.0758	.00537
.15	.9696	1.1834	.0743	.00913
.20	.8749	1.1873	.0681	.01269
.25	.8231	1.1909	.0592	.01587
.30	.7911	1.1940	.0488	.01857
.35	.7707	1.1966	.0373	.02072
.40	.7577	1.1986	.0252	.02228
.45	.7499	1.2000	.0127	.02323
.50	.7463	1.2007	.0000	.02355
.55	.7463	1.2007	-.0127	.02323
.60	.7499	1.2000	-.0252	.02228
.65	.7577	1.1986	-.0373	.02072
.70	.7707	1.1966	-.0488	.01857
.75	.7911	1.1940	-.0592	.01587
.80	.8231	1.1909	-.0681	.01269
.85	.8749	1.1873	-.0743	.00913
.90	.9696	1.1834	-.0758	.00537
.95	1.1252	1.1793	-.0696	.00174
1.00	2.3916	1.1751	.0000	.00000

KS= 3.000

X/L	FP	FS	FQ	FM
.05	2.4571	1.1829	.0729	.00182
.10	1.1442	1.1844	.0801	.00564
.15	.9780	1.1858	.0790	.00962
.20	.8751	1.1872	.0727	.01341
.25	.8169	1.1885	.0636	.01682
.30	.7798	1.1896	.0526	.01972
.35	.7553	1.1905	.0403	.02204
.40	.7393	1.1912	.0273	.02373
.45	.7295	1.1917	.0138	.02476
.50	.7249	1.1920	.0000	.02510
.55	.7249	1.1920	-.0138	.02476
.60	.7295	1.1917	-.0273	.02373
.65	.7393	1.1912	-.0403	.02204
.70	.7553	1.1905	-.0526	.01972
.75	.7798	1.1896	-.0636	.01682
.80	.8169	1.1885	-.0727	.01341
.85	.8751	1.1872	-.0790	.00962
.90	.9780	1.1858	-.0801	.00564
.95	1.1442	1.1844	-.0729	.00182
1.00	2.4571	1.1829	.0000	.00000

KS= 10.000

X/L	FP	FS	FQ	FM
.05	2.4820	1.1858	.0741	.00185
.10	1.1515	1.1863	.0817	.00575
.15	.9812	1.1867	.0807	.00981
.20	.8752	1.1872	.0745	.01369
.25	.8145	1.1875	.0652	.01718
.30	.7755	1.1879	.0540	.02016
.35	.7495	1.1882	.0415	.02255
.40	.7323	1.1884	.0281	.02429
.45	.7217	1.1885	.0142	.02534
.50	.7167	1.1886	.0000	.02570
.55	.7167	1.1886	-.0142	.02534
.60	.7217	1.1885	-.0281	.02429
.65	.7323	1.1884	-.0415	.02255
.70	.7495	1.1882	-.0540	.02016
.75	.7755	1.1879	-.0652	.01718
.80	.8145	1.1875	-.0745	.01369
.85	.8752	1.1872	-.0807	.00981
.90	.9812	1.1867	-.0817	.00575
.95	1.1515	1.1863	-.0741	.00185
1.00	2.4820	1.1858	.0000	.00000

KS=100.000

X/L	FP	FS	FQ	FM
.05	2.4920	1.1870	.0746	.00186
.10	1.1543	1.1871	.0823	.00579
.15	.9825	1.1871	.0814	.00988
.20	.8752	1.1871	.0752	.01380
.25	.8136	1.1872	.0659	.01732
.30	.7738	1.1872	.0546	.02034
.35	.7471	1.1872	.0419	.02275
.40	.7295	1.1873	.0284	.02451
.45	.7186	1.1873	.0143	.02557
.50	.7134	1.1873	.0000	.02593
.55	.7134	1.1873	-.0143	.02557
.60	.7186	1.1873	-.0284	.02451
.65	.7295	1.1873	-.0419	.02275
.70	.7471	1.1872	-.0546	.02034
.75	.7738	1.1872	-.0659	.01732
.80	.8136	1.1872	-.0752	.01380
.85	.8752	1.1871	-.0814	.00988
.90	.9825	1.1871	-.0823	.00579
.95	1.1543	1.1871	-.0746	.00186
1.00	2.4920	1.1870	.0000	.00000

780

B/L= 5.00 DS/B1= .10 KS= .001

XQ/L=0.0

X/L	FP	FS	FQ	FM
.05	22.1947	1.3659	.1097	-.02226
.10	1.7223	.4029	.1959	-.01462
.15	-1.2439	-.0016	.1337	-.00638
.20	-1.5044	-.0951	.0584	-.00158
.25	-.8756	-.0739	.0147	.00025
.30	-.3357	-.0356	-.0021	.00056
.35	-.0591	-.0105	-.0051	.00038
.40	.0319	.0002	-.0035	.00017
.45	.0388	.0027	-.0015	.00004
.50	.0230	.0021	-.0004	-.00001
.55	.0090	.0011	.0000	-.00001
.60	.0017	.0004	.0001	-.00001
.65	-.0008	.0001	.0001	-.00000
.70	-.0010	-.0000	.0000	-.00000
.75	-.0006	-.0000	.0000	.00000
.80	-.0002	.0000	-.0000	.00000
.85	-.0001	.0000	-.0000	.00000
.90	.0000	.0000	-.0000	.00000
.95	.0000	.0000	-.0000	.00000
1.00	.0000	.0000	-.0000	-.00000

XQ/L=0.1

X/L	FP	FS	FQ	FM
.05	2.6725	.2896	.1336	.00334
.10	6.9486	.5719	-.5189	.01871
.15	6.8751	.5765	-.1752	.00135
.20	3.2079	.3329	-.0148	-.00340
.25	.8938	.1299	.0299	-.00302
.30	-.0552	.0260	.0271	-.00159
.35	-.2543	-.0090	.0144	-.00055
.40	-.1877	-.0126	.0050	-.00007
.45	-.0884	-.0075	.0006	.00007
.50	-.0259	-.0027	-.0007	.00007
.55	.0002	-.0003	-.0007	.00004
.60	.0061	.0005	-.0004	.00001
.65	.0047	.0005	-.0001	.00000
.70	.0023	.0003	-.0000	-.00000
.75	.0007	.0002	.0000	-.00000
.80	-.0000	.0001	.0000	-.00000
.85	-.0002	.0000	.0000	-.00000
.90	-.0001	.0000	.0000	-.00000
.95	-.0001	.0000	.0000	-.00000
1.00	-.0000	.0000	-.0000	-.00000

XQ/L=0.2

X/L	FP	FS	FQ	FM
.05	-1.0046	-.0259	-.0502	-.00126
.10	.9842	.1228	-.0010	-.00254
.15	3.2457	.3314	.1613	.00147
.20	6.7352	.5662	-.5020	.01795
.25	6.6758	.5621	-.1682	.00120
.30	3.0976	.3228	-.0133	-.00334
.35	.8546	.1253	.0294	-.00294
.40	-.0602	.0247	.0264	-.00154
.45	-.2490	-.0090	.0140	-.00053
.50	-.1823	-.0123	.0048	-.00006
.55	-.0855	-.0072	.0006	.00007
.60	-.0248	-.0026	-.0007	.00007
.65	.0004	-.0002	-.0007	.00004
.70	.0060	.0005	-.0004	.00001
.75	.0046	.0005	-.0001	.00000
.80	.0022	.0003	-.0000	-.00000
.85	.0006	.0002	.0000	-.00000
.90	-.0000	.0001	.0000	-.00000
.95	-.0002	.0000	.0000	-.00000
1.00	-.0003	.0000	-.0000	-.00000

XQ/L=0.3

X/L	FP	FS	FQ	FM
.05	-.3074	-.0184	-.0154	-.00038
.10	-.2432	-.0099	-.0275	-.00146
.15	-.0443	.0255	-.0297	-.00289
.20	.8667	.1259	.0136	-.00329
.25	3.0932	.3217	.1683	.00125
.30	6.6357	.5578	-.5000	.01796
.35	6.6343	.5577	-.1682	.00126
.40	3.0884	.3213	-.0138	-.00330
.45	.8571	.1251	.0290	-.00292
.50	-.0560	.0249	.0262	-.00154
.55	-.2463	-.0088	.0139	-.00053
.60	-.1812	-.0122	.0048	-.00006
.65	-.0852	-.0072	.0006	.00007
.70	-.0248	-.0026	-.0007	.00007
.75	.0003	-.0002	-.0006	.00004
.80	.0060	.0005	-.0003	.00001
.85	.0046	.0005	-.0001	.00000
.90	.0023	.0003	-.0000	-.00000
.95	.0007	.0002	.0000	-.00000
1.00	-.0007	.0000	-.0000	-.00000

XQ/L=0.4

X/L	FP	FS	FQ	FM
.05	.0060	-.0009	.0003	.00001
.10	-.0913	-.0072	-.0043	-.00009
.15	-.1877	-.0126	-.0136	-.00054
.20	-.2502	-.0091	-.0262	-.00153
.25	-.0574	.0247	-.0290	-.00291
.30	.8570	.1251	.0138	-.00329
.35	3.0888	.3213	.1683	.00126
.40	6.6345	.5576	-.5000	.01796
.45	6.6344	.5576	-.1683	.00126
.50	3.0887	.3213	-.0138	-.00330
.55	.8573	.1251	.0290	-.00292
.60	-.0559	.0249	.0262	-.00154
.65	-.2463	-.0088	.0139	-.00053
.70	-.1812	-.0122	.0048	-.00006
.75	-.0852	-.0072	.0006	.00007
.80	-.0248	-.0026	-.0007	.00007
.85	.0003	-.0002	-.0006	.00004
.90	.0061	.0005	-.0003	.00001
.95	.0048	.0005	-.0001	.00000
1.00	.0020	.0003	-.0000	-.00000

XQ/L=0.5

X/L	FP	FS	FQ	FM
.05	.0169	.0011	.0008	.00002
.10	-.0007	-.0002	.0008	.00006
.15	-.0263	-.0027	-.0005	.00007
.20	-.0862	-.0073	-.0048	-.00006
.25	-.1817	-.0122	-.0139	-.00053
.30	-.2464	-.0088	-.0262	-.00154
.35	-.0559	.0249	-.0290	-.00292
.40	.8573	.1251	.0138	-.00330
.45	3.0887	.3213	.1683	.00126
.50	6.6344	.5576	-.5000	.01796
.55	6.6344	.5576	-.1683	.00126
.60	3.0887	.3213	-.0138	-.00330
.65	.8573	.1251	.0290	-.00292
.70	-.0559	.0249	.0262	-.00154
.75	-.2464	-.0088	.0139	-.00053
.80	-.1817	-.0122	.0048	-.00006
.85	-.0862	-.0073	.0005	.00007
.90	-.0263	-.0027	-.0008	.00006
.95	-.0007	-.0002	-.0008	.00002
1.00	.0169	.0011	0.0000	0.00000

B/L= 5.00 DS/B1= .10 KS= .001

XM/L=0.0

X/L	FP	FS	FQ	FM
.05	230.6221	12.2029	11.5311	-.71172
.10	-101.9218	-4.1436	6.4350	-.26257
.15	-79.7901	-6.1942	2.4455	-.04056
.20	-41.0430	-3.9473	.3934	.03041
.25	-13.1856	-1.6765	-.2659	.03360
.30	-.7254	-.4072	-.3022	.01940
.35	2.5263	.0649	-.1759	.00745
.40	2.1591	.1423	-.0679	.00135
.45	1.1087	.0945	-.0125	-.00066
.50	.3684	.0397	.0059	-.00082
.55	.0316	.0084	.0075	-.00049
.60	-.0606	-.0032	.0045	-.00019
.65	-.0546	-.0048	.0017	-.00003
.70	-.0286	-.0032	.0003	.00002
.75	-.0096	-.0016	-.0002	.00002
.80	-.0009	-.0006	-.0002	.00001
.85	.0016	-.0002	-.0001	.00001
.90	.0015	-.0001	-.0000	.00000
.95	.0008	-.0001	-.0000	.00000
1.00	.0002	-.0001	.0000	-.00000

XM/L=0.1

X/L	FP	FS	FQ	FM
.05	105.0013	6.9778	5.2501	.13125
.10	62.5955	4.0309	8.3798	-.52800
.15	-67.8792	-3.8991	4.9859	-.19386
.20	-63.7437	-5.0234	1.7987	-.02424
.25	-31.1522	-3.0754	.2411	.02675
.30	-9.5201	-1.2623	-.2349	.02690
.35	-.1429	-.2837	-.2421	.01498
.40	2.1248	.0661	-.1358	.00553
.45	1.7073	.1149	-.0505	.00087
.50	.8473	.0730	-.0081	-.00059
.55	.2684	.0294	.0053	-.00066
.60	.0139	.0054	.0060	-.00038
.65	-.0512	-.0031	.0035	-.00014
.70	-.0432	-.0039	.0013	-.00002
.75	-.0218	-.0026	.0002	.00002
.80	-.0070	-.0012	-.0001	.00002
.85	-.0004	-.0005	-.0002	.00001
.90	.0013	-.0002	-.0001	.00000
.95	.0012	-.0001	-.0000	.00000
1.00	.0008	-.0000	-.0000	-.00000

XM/L=0.2

X/L	FP	FS	FQ	FM
.05	-1.7884	.5905	-.0894	-.00224
.10	31.7823	2.9384	1.4997	.03302
.15	62.7200	4.9238	4.6357	.18641
.20	65.0974	3.8138	7.8906	-.50044
.25	-63.1886	-3.6322	4.7311	-.18490
.30	-60.3129	-4.7457	1.7155	-.02373
.35	-29.5994	-2.9183	.2355	.02504
.40	-9.1055	-1.2031	-.2198	.02544
.45	-.1814	-.2736	-.2288	.01422
.50	1.9976	.0605	-.1290	.00528
.55	1.6162	.1082	-.0481	.00085
.60	.8053	.0691	-.0079	-.00055
.65	.2568	.0280	.0050	-.00062
.70	.0144	.0052	.0057	-.00036
.75	-.0481	-.0029	.0033	-.00013
.80	-.0410	-.0038	.0012	-.00002
.85	-.0211	-.0025	.0002	.00002
.90	-.0071	-.0012	-.0002	.00002
.95	-.0007	-.0005	-.0002	.00001
1.00	.0044	.0000	-.0000	-.00000

XM/L=0.3

X/L	FP	FS	FQ	FM
.05	-6.1635	-.2790	-.3082	-.00770
.10	.5555	.2516	-.2804	-.02242
.15	9.6342	1.2358	.2013	-.02440
.20	29.9472	2.9524	1.6987	.02310
.25	60.5756	4.7819	4.7275	.18376
.30	63.7580	3.6979	7.9154	-.50017
.35	-63.7258	-3.6907	4.7291	-.18406
.40	-60.4205	-4.7648	1.7080	-.02314
.45	-29.5582	-2.9198	.2301	.02532
.50	-9.0478	-1.1999	-.2223	.02552
.55	-.1455	-.2707	-.2295	.01422
.60	2.0122	.0619	-.1289	.00526
.65	1.6194	.1087	-.0480	.00084
.70	.8045	.0691	-.0077	-.00056
.75	.2552	.0278	.0050	-.00062
.80	.0132	.0051	.0057	-.00036
.85	-.0494	-.0030	.0032	-.00013
.90	-.0426	-.0039	.0011	-.00003
.95	-.0223	-.0025	-.0000	.00000
1.00	.0005	-.0008	-.0000	-.00000

XM/L=0.4

X/L	FP	FS	FQ	FM
.05	-.8587	-.0697	-.0429	-.00107
.10	-1.6750	-.1126	-.1267	-.00531
.15	-2.0452	-.0649	-.2289	-.01420
.20	.1317	.2692	-.2224	-.02549
.25	9.0411	1.1990	.2297	-.02530
.30	29.5489	2.9190	1.7071	.02312
.35	60.4061	4.7641	4.7274	.18398
.40	63.7182	3.6916	7.9133	-.50000
.45	-63.7171	-3.6915	4.7275	-.18398
.50	-60.4044	-4.7640	1.7073	-.02311
.55	-29.5476	-2.9190	.2299	.02532
.60	-9.0433	-1.1994	-.2223	.02551
.65	-.1445	-.2706	-.2295	.01422
.70	2.0120	.0620	-.1289	.00526
.75	1.6193	.1087	-.0479	.00083
.80	.8053	.0692	-.0077	-.00056
.85	.2577	.0280	.0052	-.00062
.90	.0167	.0053	.0061	-.00034
.95	-.0474	-.0032	.0037	-.00009
1.00	-.0736	-.0054	-.0000	-.00000

XM/L=0.5

X/L	FP	FS	FQ	FM
.05	.1976	.0063	.0099	.00025
.10	-.2848	-.0274	-.0044	.00039
.15	-.8401	-.0714	-.0464	-.00088
.20	-1.6418	-.1106	-.1285	-.00525
.25	-2.0212	-.0629	-.2295	-.01420
.30	.1423	.2702	-.2224	-.02550
.35	9.0437	1.1994	.2298	-.02531
.40	29.5487	2.9191	1.7072	.02311
.45	60.4053	4.7641	4.7275	.18398
.50	63.7175	3.6915	7.9134	-.50000
.55	-63.7177	-3.6916	4.7275	-.18398
.60	-60.4052	-4.7641	1.7072	-.02311
.65	-29.5485	-2.9191	.2298	.02531
.70	-9.0438	-1.1994	-.2224	.02550
.75	-.1424	-.2702	-.2295	.01420
.80	2.0213	.0630	-.1285	.00525
.85	1.6419	.1106	-.0464	.00088
.90	.8400	.0714	-.0044	-.00039
.95	.2847	.0274	.0099	-.00025
1.00	-.1976	-.0063	-.0000	-.00000

B/L= 5.00 DS/B1= .10 KS= .003

XQ/L=0.0

X/L	FP	FS	FQ	FM
.05	18.5732	1.1910	-.0713	-.02678
.10	4.3404	.5389	.1457	-.02493
.15	.7029	.1499	.1808	-.01676
.20	-.8773	-.0299	.1370	-.00882
.25	-1.1380	-.0828	.0801	-.00339
.30	-.8800	-.0758	.0361	-.00049
.35	-.5227	-.0503	.0099	.00066
.40	-.2405	-.0262	-.0021	.00085
.45	-.0700	-.0099	-.0056	.00066
.50	.0100	-.0012	-.0051	.00039
.55	.0345	.0021	-.0034	.00018
.60	.0325	.0027	-.0018	.00005
.65	.0219	.0021	-.0007	-.00001
.70	.0116	.0012	-.0001	-.00003
.75	.0045	.0006	.0001	-.00002
.80	.0007	.0002	.0002	-.00002
.85	-.0008	-.0000	.0001	-.00001
.90	-.0011	-.0001	.0001	-.00000
.95	-.0009	-.0001	.0000	-.00000
1.00	-.0006	-.0000	-.0000	-.00000

XQ/L=0.1

X/L	FP	FS	FQ	FM
.05	4.4559	.3709	.2228	.00557
.10	5.4321	.4837	-.5056	.02350
.15	5.2653	.4673	-.2423	.00480
.20	3.3117	.3252	-.0768	-.00318
.25	1.6179	.1785	.0041	-.00499
.30	.5362	.0743	.0310	-.00411
.35	-.0017	.0162	.0309	-.00257
.40	-.1874	-.0085	.0215	-.00126
.45	-.1948	-.0143	.0118	-.00043
.50	-.1384	-.0118	.0048	-.00001
.55	-.0769	-.0073	.0010	.00013
.60	-.0324	-.0035	-.0006	.00014
.65	-.0073	-.0011	-.0010	.00010
.70	.0036	.0001	-.0008	.00006
.75	.0063	.0005	-.0005	.00002
.80	.0053	.0005	-.0002	.00001
.85	.0034	.0004	-.0001	-.00000
.90	.0017	.0002	.0000	-.00000
.95	.0005	.0001	.0000	-.00000
1.00	-.0010	-.0000	-.0000	-.00000

XQ/L=0.2

X/L	FP	FS	FQ	FM
.05	-.6059	.0064	-.0303	-.00076
.10	1.6271	.1646	.0511	-.00024
.15	3.4467	.3294	.2234	.00662
.20	5.3013	.4659	-.5115	.02442
.25	5.2473	.4631	-.2492	.00540
.30	3.3488	.3270	-.0817	-.00287
.35	1.6613	.1819	.0013	-.00488
.40	.5684	.0772	.0297	-.00411
.45	.0168	.0180	.0306	-.00260
.50	-.1793	-.0076	.0216	-.00129
.55	-.1928	-.0140	.0120	-.00045
.60	-.1390	-.0118	.0050	-.00003
.65	-.0783	-.0074	.0011	.00013
.70	-.0336	-.0036	-.0006	.00014
.75	-.0080	-.0011	-.0010	.00010
.80	.0033	.0001	-.0008	.00006
.85	.0063	.0005	-.0005	.00003
.90	.0054	.0005	-.0002	.00001
.95	.0034	.0004	-.0000	.00000
1.00	.0010	.0002	-.0000	-.00000

XQ/L=0.3

X/L	FP	FS	FQ	FM
.05	-.7795	-.0410	-.0390	-.00097
.10	-.0187	.0087	-.0399	-.00295
.15	.6122	.0779	-.0093	-.00418
.20	1.7005	.1835	.0757	-.00252
.25	3.3285	.3243	.2421	.00543
.30	5.1443	.4539	-.5006	.02397
.35	5.1264	.4524	-.2443	.00534
.40	3.2774	.3200	-.0804	-.00277
.45	1.6288	.1782	.0010	-.00476
.50	.5592	.0758	.0289	-.00401
.55	.0185	.0179	.0299	-.00254
.60	-.1744	-.0073	.0212	-.00127
.65	-.1883	-.0136	.0117	-.00044
.70	-.1361	-.0115	.0049	-.00003
.75	-.0770	-.0073	.0011	.00012
.80	-.0335	-.0035	-.0006	.00014
.85	-.0085	-.0012	-.0010	.00010
.90	.0029	.0001	-.0009	.00005
.95	.0066	.0006	-.0005	.00001
1.00	.0108	.0008	-.0000	-.00000

XQ/L=0.4

X/L	FP	FS	FQ	FM
.05	-.2377	-.0167	-.0119	-.00030
.10	-.2027	-.0156	-.0220	-.00114
.15	-.1734	-.0076	-.0307	-.00246
.20	.0262	.0183	-.0294	-.00396
.25	.5673	.0764	-.0010	-.00472
.30	1.6335	.1785	.0807	-.00273
.35	3.2752	.3196	.2444	.00539
.40	5.1120	.4508	-.5000	.02401
.45	5.1113	.4507	-.2444	.00540
.50	3.2728	.3194	-.0808	-.00273
.55	1.6292	.1781	.0007	-.00474
.60	.5613	.0759	.0288	-.00400
.65	.0203	.0180	.0298	-.00254
.70	-.1737	-.0073	.0211	-.00127
.75	-.1889	-.0137	.0116	-.00045
.80	-.1380	-.0117	.0047	-.00004
.85	-.0797	-.0075	.0008	.00010
.90	-.0354	-.0036	-.0010	.00009
.95	-.0068	-.0008	-.0014	.00003
1.00	.0271	.0014	-.0000	-.00000

XQ/L=0.5

X/L	FP	FS	FQ	FM
.05	-.0019	-.0016	-.0001	-.00000
.10	-.0780	-.0070	-.0040	-.00010
.15	-.1418	-.0119	-.0111	-.00048
.20	-.1936	-.0140	-.0208	-.00128
.25	-.1772	-.0076	-.0296	-.00254
.30	.0183	.0178	-.0287	-.00400
.35	.5605	.0758	-.0007	-.00473
.40	1.6292	.1781	.0808	-.00273
.45	3.2731	.3194	.2444	.00540
.50	5.1114	.4507	-.5000	.02401
.55	5.1114	.4507	-.2444	.00540
.60	3.2731	.3194	-.0808	-.00273
.65	1.6292	.1781	.0007	-.00473
.70	.5605	.0758	.0287	-.00400
.75	.0183	.0178	.0296	-.00254
.80	-.1772	-.0076	.0208	-.00128
.85	-.1936	-.0140	.0111	-.00048
.90	-.1418	-.0119	.0040	-.00010
.95	-.0780	-.0070	.0001	-.00000
1.00	-.0019	-.0016	-.0000	-.00000

B/L= 5.00 DS/B1= .10 KS= .003

XM/L=0.0

X/L	FP	FS	FQ	FM
.05	157.9385	8.9305	7.8969	-.80258
.10	-30.2434	-.4116	6.3848	-.44553
.15	-48.3162	-3.5446	3.9689	-.18669
.20	-41.2106	-3.5669	1.9084	-.03976
.25	-25.9054	-2.4998	.6131	.02328
.30	-12.6970	-1.3773	-.0217	.03807
.35	-4.2607	-.5748	-.2347	.03166
.40	-.0488	-.1253	-.2372	.01986
.45	1.4213	.0665	-.1661	.00978
.50	1.4976	.1117	-.0912	.00334
.55	1.0695	.0928	-.0378	.00012
.60	.5973	.0578	-.0079	-.00103
.65	.2533	.0280	.0048	-.00110
.70	.0578	.0090	.0077	-.00079
.75	-.0274	-.0004	.0063	-.00044
.80	-.0489	-.0036	.0038	-.00019
.85	-.0419	-.0037	.0017	-.00005
.90	-.0269	-.0027	.0004	.00000
.95	-.0127	-.0014	-.0002	.00001
1.00	.0047	-.0001	.0000	-.00000

XM/L=0.1

X/L	FP	FS	FQ	FM
.05	97.0698	6.2255	4.8535	.12134
.10	34.4858	2.8529	6.5778	-.59288
.15	-32.0632	-1.8761	4.9746	-.30407
.20	-43.0571	-3.4037	2.8218	-.10916
.25	-32.1547	-2.9100	1.2140	-.00827
.30	-18.5429	-1.8626	.2869	.02926
.35	-8.1639	-.9395	-.1213	.03340
.40	-2.0884	-.3382	-.2257	.02472
.45	.6468	-.0296	-.1934	.01424
.50	1.3956	.0848	-.1236	.00632
.55	1.2307	.0979	-.0621	.00168
.60	.8004	.0722	-.0220	-.00043
.65	.4092	.0412	-.0016	-.00102
.70	.1501	.0178	.0059	-.00091
.75	.0150	.0042	.0067	-.00059
.80	-.0365	-.0019	.0048	-.00031
.85	-.0437	-.0035	.0027	-.00012
.90	-.0331	-.0031	.0010	-.00003
.95	-.0188	-.0019	.0001	-.00000
1.00	-.0012	-.0006	-.0000	-.00000

XM/L=0.2

X/L	FP	FS	FQ	FM
.05	15.8487	1.5163	.7924	.01981
.10	28.6584	2.5804	2.2254	.09526
.15	38.6107	3.0990	4.1559	.25479
.20	29.7586	1.9075	5.6438	-.50022
.25	-28.3884	-1.7757	4.2244	-.25352
.30	-37.1246	-2.9698	2.3682	-.08870
.35	-27.3321	-2.4915	1.0016	-.00446
.40	-15.5807	-1.5759	.2225	.02614
.45	-6.7486	-.7850	-.1149	.02883
.50	-1.6383	-.2759	-.1968	.02104
.55	.6268	-.0179	-.1655	.01198
.60	1.2194	.0756	-.1045	.00523
.65	1.0542	.0844	-.0518	.00132
.70	.6777	.0614	-.0179	-.00042
.75	.3428	.0346	-.0008	-.00089
.80	.1239	.0148	.0054	-.00077
.85	.0111	.0033	.0060	-.00049
.90	-.0319	-.0018	.0044	-.00023
.95	-.0396	-.0034	.0024	-.00006
1.00	-.0478	-.0036	-.0000	-.00000

XM/L=0.3

X/L	FP	FS	FQ	FM
.05	-5.4712	-.1394	-.2736	-.00684
.10	6.5416	.6907	.0535	-.01234
.15	16.4477	1.6235	.8759	.01090
.20	28.4096	2.5807	2.2964	.09020
.25	38.0815	3.0620	4.2005	.25262
.30	29.3032	1.8688	5.6656	-.50072
.35	-28.6789	-1.8034	4.2317	-.25329
.40	-37.2694	-2.9853	2.3682	-.08829
.45	-27.3828	-2.4981	.9991	-.00411
.50	-15.5836	-1.5775	.2199	.02636
.55	-6.7342	-.7843	-.1168	.02894
.60	-1.6221	-.2747	-.1979	.02107
.65	.6396	-.0167	-.1659	.01197
.70	1.2291	.0766	-.1045	.00521
.75	1.0636	.0853	-.0513	.00132
.80	.6891	.0624	-.0169	-.00039
.85	.3559	.0356	.0009	-.00078
.90	.1323	.0150	.0076	-.00057
.95	.0017	.0014	.0076	-.00019
1.00	-.1528	-.0085	-.0000	-.00000

XM/L=0.4

X/L	FP	FS	FQ	FM
.05	-4.0703	-.2331	-.2035	-.00509
.10	-.8664	-.0300	-.2468	-.01635
.15	1.8053	.2795	-.1566	-.02643
.20	7.0126	.8047	.1941	-.02549
.25	15.7962	1.5968	.9839	.00395
.30	27.5153	2.5132	2.3596	.08754
.35	37.3859	3.0007	4.2289	.25225
.40	28.8890	1.8281	5.6734	-.50019
.45	-28.8697	-1.8246	4.2299	-.25261
.50	-37.3254	-2.9935	2.3636	-.08777
.55	-27.3755	-2.4994	.9948	-.00381
.60	-15.5563	-1.5759	.2170	.02649
.65	-6.7065	-.7820	-.1183	.02896
.70	-1.5983	-.2724	-.1982	.02105
.75	.6626	-.0145	-.1651	.01196
.80	1.2560	.0791	-.1023	.00528
.85	1.0944	.0877	-.0476	.00153
.90	.7114	.0634	-.0120	.00005
.95	.3411	.0320	.0051	-.00013
1.00	-.1014	.0012	-.0000	-.00000

XM/L=0.5

X/L	FP	FS	FQ	FM
.05	-.9619	-.0744	-.0481	-.00120
.10	-1.1239	-.0921	-.1043	-.00501
.15	-1.2557	-.0798	-.1671	-.01180
.20	-.6499	.0152	-.1996	-.02096
.25	1.6101	.2733	-.1191	-.02893
.30	6.7122	.7825	.2165	-.02649
.35	15.5550	1.5758	.9943	.00378
.40	27.3686	2.4989	2.3627	.08770
.45	37.3168	2.9931	4.2286	.25249
.50	28.8679	1.8251	5.6720	-.50000
.55	-28.8680	-1.8251	4.2286	-.25249
.60	-37.3168	-2.9931	2.3627	-.08770
.65	-27.3686	-2.4989	.9943	-.00378
.70	-15.5550	-1.5758	.2165	.02649
.75	-6.7122	-.7825	-.1191	.02893
.80	-1.6100	-.2733	-.1996	.02096
.85	.6500	-.0152	-.1671	.01180
.90	1.2557	.0798	-.1043	.00501
.95	1.1239	.0921	-.0481	.00120
1.00	.9619	.0744	-.0000	-.00000

B/L= 5.00 DS/B1= .10 KS= .010

XQ/L=0.0

X/L	FP	FS	FQ	FM
.05	14.9319	.9952	-.2534	-.03134
.10	5.5341	.5908	.0233	-.03709
.15	2.5510	.2908	.1509	-.03273
.20	.5876	.0963	.1802	-.02446
.25	-.4160	-.0122	.1594	-.01597
.30	-.7998	-.0603	.1194	-.00899
.35	-.8248	-.0711	.0782	-.00405
.40	-.6795	-.0627	.0442	-.00099
.45	-.4831	-.0468	.0201	.00062
.50	-.3002	-.0306	.0051	.00124
.55	-.1584	-.0173	-.0029	.00130
.60	-.0624	-.0078	-.0060	.00108
.65	-.0059	-.0019	-.0063	.00077
.70	.0217	.0012	-.0052	.00049
.75	.0306	.0025	-.0037	.00026
.80	.0292	.0026	-.0022	.00012
.85	.0230	.0022	-.0011	.00004
.90	.0154	.0015	-.0003	.00000
.95	.0078	.0008	.0001	-.00000
1.00	-.0021	.0001	-.0000	-.00000

XQ/L=0.1

X/L	FP	FS	FQ	FM
.05	5.6717	.4278	.2836	.00709
.10	4.5380	.4299	-.4895	.02694
.15	4.1150	.3856	-.2838	.00761
.20	2.9938	.2938	-.1341	-.00284
.25	1.9023	.1958	-.0390	-.00716
.30	1.0324	.1134	.0127	-.00782
.35	.4320	.0538	.0343	-.00665
.40	.0711	.0160	.0378	-.00485
.45	-.1101	-.0045	.0323	-.00309
.50	-.1734	-.0131	.0236	-.00170
.55	-.1700	-.0146	.0151	-.00073
.60	-.1364	-.0125	.0083	-.00014
.65	-.0951	-.0092	.0036	.00016
.70	-.0581	-.0059	.0007	.00026
.75	-.0300	-.0032	-.0008	.00026
.80	-.0114	-.0014	-.0014	.00020
.85	-.0004	-.0002	-.0014	.00013
.90	.0055	.0004	-.0012	.00007
.95	.0085	.0008	-.0007	.00002
1.00	.0146	.0010	-.0000	-.00000

XQ/L=0.2

X/L	FP	FS	FQ	FM
.05	.6442	.0840	.0322	.00081
.10	1.9560	.1913	.1300	.00486
.15	3.0574	.2907	.2829	.01518
.20	3.9434	.3610	-.5199	.03426
.25	3.9354	.3614	-.3232	.01318
.30	3.0663	.2951	-.1699	.00085
.35	2.0731	.2087	-.0662	-.00505
.40	1.2156	.1293	-.0054	-.00684
.45	.5859	.0680	.0239	-.00638
.50	.1819	.0268	.0330	-.00496
.55	-.0405	.0026	.0309	-.00336
.60	-.1365	-.0091	.0241	-.00198
.65	-.1558	-.0128	.0163	-.00097
.70	-.1359	-.0121	.0095	-.00033
.75	-.1016	-.0096	.0044	.00002
.80	-.0668	-.0066	.0011	.00016
.85	-.0377	-.0039	-.0008	.00017
.90	-.0152	-.0017	-.0015	.00011
.95	.0020	.0001	-.0014	.00004
1.00	.0288	.0017	-.0000	-.00000

XQ/L=0.3

X/L	FP	FS	FQ	FM
.05	-.7807	-.0335	-.0390	-.00098
.10	.3740	.0410	-.0203	-.00246
.15	1.1727	.1208	.0383	-.00201
.20	2.0936	.2077	.1430	.00252
.25	3.0734	.2945	.2966	.01351
.30	3.8975	.3582	-.5085	.03322
.35	3.8704	.3561	-.3150	.01263
.40	3.0049	.2896	-.1647	.00064
.45	2.0251	.2042	-.0635	-.00507
.50	1.1828	.1260	-.0043	-.00676
.55	.5660	.0660	.0240	-.00627
.60	.1714	.0256	.0325	-.00486
.65	-.0454	.0020	.0303	-.00329
.70	-.1386	-.0093	.0234	-.00195
.75	-.1569	-.0129	.0155	-.00097
.80	-.1367	-.0122	.0087	-.00037
.85	-.1014	-.0095	.0036	-.00006
.90	-.0635	-.0061	.0004	.00004
.95	-.0283	-.0028	-.0010	.00002
1.00	.0197	.0005	-.0000	-.00000

XQ/L=0.4

X/L	FP	FS	FQ	FM
.05	-.6843	-.0413	-.0342	-.00086
.10	-.1627	-.0124	-.0423	-.00277
.15	.1541	.0219	-.0346	-.00469
.20	.5987	.0674	-.0047	-.00568
.25	1.2227	.1287	.0564	-.00438
.30	2.0458	.2055	.1587	.00099
.35	2.9909	.2880	.3083	.01267
.40	3.8149	.3509	-.5010	.03285
.45	3.8036	.3499	-.3108	.01256
.50	2.9582	.2850	-.1629	.00071
.55	1.9965	.2012	-.0631	-.00494
.60	1.1681	.1244	-.0047	-.00663
.65	.5604	.0652	.0234	-.00616
.70	.1710	.0254	.0319	-.00478
.75	-.0434	.0021	.0297	-.00324
.80	-.1361	-.0092	.0229	-.00192
.85	-.1548	-.0128	.0152	-.00097
.90	-.1354	-.0121	.0084	-.00038
.95	-.1005	-.0094	.0034	-.00008
1.00	-.0679	-.0060	-.0000	-.00000

XQ/L=0.5

X/L	FP	FS	FQ	FM
.05	-.3090	-.0215	-.0154	-.00039
.10	-.1943	-.0174	-.0252	-.00140
.15	-.1460	-.0106	-.0325	-.00284
.20	-.0358	.0025	-.0343	-.00451
.25	.1852	.0265	-.0250	-.00599
.30	.5748	.0664	.0037	-.00652
.35	1.1787	.1253	.0627	-.00486
.40	2.0011	.2016	.1627	.00077
.45	2.9548	.2846	.3105	.01261
.50	3.7904	.3485	-.5000	.03287
.55	3.7904	.3485	-.3105	.01261
.60	2.9548	.2846	-.1627	.00077
.65	2.0011	.2016	-.0627	-.00486
.70	1.1787	.1253	-.0037	-.00652
.75	.5748	.0664	.0250	-.00599
.80	.1852	.0265	.0343	-.00451
.85	-.0358	.0025	.0325	-.00284
.90	-.1460	-.0106	.0252	-.00140
.95	-.1943	-.0174	.0154	-.00039
1.00	-.3090	-.0215	-.0000	0.00000

B/L= 5.00   DS/B1= .10   KS= .010

XM/L=0.0

X/L	FP	FS	FQ	FM
.05	99.2871	5.9846	4.9644	-.87589
.10	3.7883	1.3060	5.1538	-.62294
.15	-17.3067	-1.1233	4.2884	-.38688
.20	-24.6080	-2.0432	3.0580	-.20322
.25	-23.1004	-2.0856	1.9030	-.07919
.30	-17.9723	-1.7116	1.0044	-.00651
.35	-12.1639	-1.2147	.3962	.02851
.40	-7.1538	-.7546	.0385	.03937
.45	-3.4689	-.3985	-.1349	.03696
.50	-1.0992	-.1581	-.1899	.02884
.55	.2107	-.0166	-.1794	.01961
.60	.7809	.0522	-.1403	.01162
.65	.9007	.0744	-.0953	.00573
.70	.7895	.0708	-.0558	.00195
.75	.5922	.0560	-.0262	-.00010
.80	.3908	.0386	-.0067	-.00092
.85	.2214	.0228	.0044	-.00097
.90	.0898	.0099	.0089	-.00064
.95	-.0108	-.0005	.0084	-.00021
1.00	-.1673	-.0096	.0000	-.00000

XM/L=0.1

X/L	FP	FS	FQ	FM
.05	74.5248	4.8125	3.7262	.09316
.10	24.5252	2.3312	4.9525	-.68988
.15	-9.0825	-.3723	4.4984	-.45360
.20	-22.1326	-1.7384	3.3917	-.25635
.25	-23.2500	-2.0465	2.2292	-.11583
.30	-19.2981	-1.8036	1.2643	-.02849
.35	-13.7718	-1.3503	.5758	.01752
.40	-8.5836	-.8848	.1466	.03557
.45	-4.5433	-.5016	-.0806	.03722
.50	-1.8043	-.2291	-.1708	.03094
.55	-.1890	-.0593	-.1803	.02216
.60	.5991	.0307	-.1503	.01390
.65	.8548	.0668	-.1076	.00745
.70	.8158	.0712	-.0668	.00309
.75	.6476	.0600	-.0344	.00056
.80	.4496	.0436	-.0119	-.00059
.85	.2708	.0273	.0016	-.00085
.90	.1249	.0132	.0079	-.00061
.95	.0091	.0015	.0083	-.00021
1.00	-.1665	-.0091	-.0000	-.00000

XM/L=0.2

X/L	FP	FS	FQ	FM
.05	28.5315	2.1236	1.4266	.03566
.10	22.1514	2.0748	2.5341	.13468
.15	20.7608	1.7774	3.5722	.28734
.20	11.8898	.8535	4.1667	-.51919
.25	-12.2966	-.8440	3.5518	-.32622
.30	-19.9063	-1.6521	2.5565	-.17351
.35	-19.0197	-1.7169	1.6055	-.06946
.40	-14.9574	-1.4232	.8577	-.00788
.45	-10.2103	-1.0181	.3472	.02224
.50	-6.0614	-.6377	.0441	.03202
.55	-2.9814	-.3407	-.1050	.03050
.60	-.9826	-.1383	-.1541	.02402
.65	.1360	-.0180	-.1473	.01649
.70	.6352	.0416	-.1155	.00992
.75	.7527	.0617	-.0779	.00508
.80	.6695	.0596	-.0444	.00202
.85	.5041	.0471	-.0192	.00043
.90	.3210	.0310	-.0032	-.00013
.95	.1486	.0146	.0042	-.00011
1.00	-.0849	-.0014	-.0000	-.00000

XM/L=0.3

X/L	FP	FS	FQ	FM
.05	3.6969	.4418	.1848	.00462
.10	9.7476	.9455	.6722	.02605
.15	14.9502	1.4062	1.4197	.07835
.20	19.0531	1.7151	2.3724	.17315
.25	19.8387	1.6526	3.3643	.31657
.30	12.2828	.8617	3.9785	-.49986
.35	-11.3932	-.7754	3.4088	-.31518
.40	-18.9415	-1.5684	2.4617	-.16842
.45	-18.2114	-1.6420	1.5512	-.06809
.50	-14.3758	-1.3665	.8324	-.00851
.55	-9.8446	-.9807	.3401	.02081
.60	-5.8655	-.6163	.0469	.03048
.65	-2.9018	-.3307	-.0982	.02920
.70	-.9721	-.1356	-.1468	.02307
.75	.1126	-.0191	-.1412	.01587
.80	.6011	.0390	-.1111	.00956
.85	.7215	.0591	-.0751	.00491
.90	.6482	.0577	-.0427	.00196
.95	.4938	.0462	-.0180	.00045
1.00	.3594	.0312	-.0000	-.00000

XM/L=0.4

X/L	FP	FS	FQ	FM
.05	-3.5931	-.1491	-.1797	-.00449
.10	1.9860	.2131	-.0804	-.01099
.15	5.8748	.5991	.2134	-.00767
.20	10.3254	1.0149	.7297	.01591
.25	15.0056	1.4216	1.4799	.07115
.30	18.8475	1.7024	2.4223	.16871
.35	19.5551	1.6293	3.4001	.31426
.40	12.0173	.8378	4.0009	-.50071
.45	-11.6013	-.7952	3.4209	-.31517
.50	-19.0870	-1.5831	2.4665	-.16798
.55	-18.3069	-1.6521	1.5512	-.06754
.60	-14.4404	-1.3737	.8292	-.00803
.65	-9.8968	-.9863	.3343	.02106
.70	-5.9186	-.6217	.0384	.03037
.75	-2.9598	-.3360	-.1096	.02859
.80	-1.0258	-.1396	-.1609	.02183
.85	.0907	-.0193	-.1564	.01390
.90	.6642	.0475	-.1232	.00691
.95	.9304	.0833	-.0766	.00192
1.00	1.5328	.1062	-.0000	-.00000

XM/L=0.5

X/L	FP	FS	FQ	FM
.05	-3.3050	-.1986	-.1652	-.00413
.10	-.7211	-.0544	-.2013	-.01330
.15	.8616	.1157	-.1582	-.02228
.20	3.0615	.3395	-.0051	-.02637
.25	6.1174	.6372	.3007	-.01898
.30	10.1032	1.0048	.8059	.00869
.35	14.6191	1.3910	1.5368	.06725
.40	18.4587	1.6679	2.4598	.16717
.45	19.2347	1.5989	3.4215	.31420
.50	11.7782	.8138	4.0104	-.50000
.55	-11.7783	-.8138	3.4215	-.31420
.60	-19.2347	-1.5989	2.4598	-.16717
.65	-18.4587	-1.6679	1.5368	-.06725
.70	-14.6191	-1.3910	.8059	-.00869
.75	-10.1032	-1.0048	.3007	.01898
.80	-6.1173	-.6372	-.0051	.02637
.85	-3.0615	-.3395	-.1582	.02228
.50	-.8616	-.1157	-.2013	.01329
.95	.7211	.0544	-.1652	.00413
1.00	3.3050	.1986	-.0000	-.00000

B/L= 5.00 DS/B1= .10 KS= .020

	XQ/L=0.0					XQ/L=0.1					XQ/L=0.2			
X/L	FP	FS	FQ	FM	X/L	FP	FS	FQ	FM	X/L	FP	FS	FQ	FM
.05	13.0546	.8866	-.3473	-.03368	.05	5.9682	.4403	.2984	.00746	.05	1.4641	.1338	.0732	.00183
.10	5.6638	.5849	-.0641	-.04397	.10	4.2507	.4109	-.4891	.02769	.10	2.0853	.2044	.1775	.00810
.15	3.2316	.3423	.0975	-.04313	.15	3.7351	.3575	-.3023	.00791	.15	2.7937	.2678	.3172	.02046
.20	1.4033	.1655	.1677	-.03650	.20	2.8315	.2794	-.1607	-.00367	.20	3.3177	.3103	-.5170	.04047
.25	.2577	.0487	.1805	-.02780	.25	1.9533	.1986	-.0631	-.00926	.25	3.2996	.3091	-.3520	.01874
.30	-.3800	-.0199	.1616	-.01924	.30	1.2109	.1279	-.0025	-.01090	.30	2.7518	.2656	-.2144	.00459
.35	-.6609	-.0533	.1285	-.01199	.35	.6466	.0724	.0298	-.01022	.35	2.0659	.2051	-.1111	-.00355
.40	-.7147	-.0633	.0928	-.00646	.40	.2566	.0329	.0426	-.00841	.40	1.4078	.1440	-.0407	-.00735
.45	-.6412	-.0596	.0607	-.00262	.45	.0141	.0074	.0433	-.00626	.45	.8593	.0914	.0023	-.00831
.50	-.5114	-.0492	.0351	-.00023	.50	-.1163	-.0072	.0375	-.00423	.50	.4468	.0507	.0246	-.00764
.55	-.3704	-.0367	.0166	.00107	.55	-.1690	-.0138	.0291	-.00257	.55	.1650	.0220	.0329	-.00620
.60	-.2435	-.0249	.0044	.00159	.60	-.1734	-.0154	.0204	-.00133	.60	-.0080	.0036	.0325	-.00457
.65	-.1422	-.0152	-.0027	.00164	.65	-.1517	-.0141	.0128	-.00050	.65	-.0991	-.0066	.0275	-.00307
.70	-.0687	-.0079	-.0061	.00142	.70	-.1193	-.0115	.0069	-.00001	.70	-.1340	-.0111	.0208	-.00186
.75	-.0200	-.0029	-.0071	.00109	.75	-.0855	-.0084	.0026	.00023	.75	-.1341	-.0120	.0141	-.00099
.80	.0090	.0002	-.0066	.00075	.80	-.0553	-.0056	-.0002	.00029	.80	-.1153	-.0107	.0083	-.00043
.85	.0242	.0019	-.0054	.00044	.85	-.0303	-.0032	-.0017	.00024	.85	-.0882	-.0084	.0039	-.00012
.90	.0309	.0028	-.0039	.00021	.90	-.0098	-.0011	-.0022	.00015	.90	-.0586	-.0057	.0010	.00000
.95	.0329	.0031	-.0022	.00006	.95	.0071	.0006	-.0018	.00005	.95	-.0296	-.0029	-.0005	.00001
1.00	.0449	.0033	-.0000	-.00000	1.00	.0365	.0022	-.0000	-.00000	1.00	.0099	-.0001	-.0000	-.00000

	XQ/L=0.3					XQ/L=0.4					XQ/L=0.5			
X/L	FP	FS	FQ	FM	X/L	FP	FS	FQ	FM	X/L	FP	FS	FQ	FM
.05	-.4023	-.0069	-.0201	-.00050	.05	-.7573	-.0432	-.0379	-.00095	.05	-.5438	-.0354	-.0272	-.00068
.10	.6107	.0624	.0104	-.00075	.10	-.0546	-.0029	-.0406	-.00291	.10	-.2185	-.0199	-.0381	-.00231
.15	1.3277	.1328	.0768	.00144	.15	.3662	.0404	-.0223	-.00448	.15	-.0547	-.0021	-.0409	-.00429
.20	2.0711	.2028	.1804	.00786	.20	.8587	.0892	.0207	-.00452	.20	.1632	.0207	-.0327	-.00613
.25	2.7749	.2662	.3191	.02035	.25	1.4328	.1449	.0923	-.00170	.25	.4618	.0512	-.0096	-.00718
.30	3.3026	.3089	-.5158	.04044	.30	2.0802	.2055	.1963	.00552	.30	.8705	.0918	.0339	-.00657
.35	3.2883	.3080	-.3513	.01876	.35	2.7339	.2635	.3330	.01875	.35	1.4009	.1429	.1040	-.00313
.40	2.7441	.2648	-.2141	.00462	.40	3.2418	.3038	-.5049	.03945	.40	2.0314	.2015	.2055	.00461
.45	2.0613	.2046	-.1111	-.00351	.45	3.2266	.3025	-.3436	.01824	.45	2.6855	.2592	.3398	.01824
.50	1.4056	.1438	-.0408	-.00731	.50	2.6919	.2500	-.2090	.00443	.50	3.2038	.3003	-.5000	.03924
.55	.8586	.0913	.0021	-.00827	.55	2.0231	.2009	-.1078	-.00349	.55	3.2038	.3003	-.3398	.01824
.60	.4473	.0507	.0245	-.00761	.60	1.3819	.1414	-.0387	-.00716	.60	2.6855	.2592	-.2055	.00461
.65	.1660	.0220	.0328	-.00617	.65	.8478	.0901	.0036	-.00804	.65	2.0314	.2015	-.1040	-.00313
.70	-.0068	.0037	.0325	-.00454	.70	.4461	.0504	.0260	-.00730	.70	1.4009	.1429	-.0339	-.00657
.75	-.0980	-.0065	.0276	-.00304	.75	.1703	.0222	.0345	-.00579	.75	.8705	.0918	.0096	-.00718
.80	-.1334	-.0111	.0209	-.00183	.80	-.0025	.0039	.0343	-.00407	.80	.4618	.0512	.0327	-.00613
.85	-.1345	-.0120	.0142	-.00096	.85	-.1003	-.0071	.0293	-.00247	.85	.1632	.0207	.0409	-.00429
.90	-.1172	-.0109	.0083	-.00039	.90	-.1511	-.0131	.0218	-.00120	.90	-.0547	-.0021	.0381	-.00231
.95	-.0917	-.0088	.0037	-.00009	.95	-.1750	-.0165	.0130	-.00033	.95	-.2185	-.0199	.0272	-.00068
1.00	-.0744	-.0063	-.0000	-.00000	1.00	-.2605	-.0187	-.0000	-.00000	1.00	-.5438	-.0354	-.0000	-.00000

B/L= 5.00 DS/B1= .10 KS= .020

XM/L=0.0

X/L	FP	FS	FQ	FM
.05	74.6597	4.6453	3.7330	-.90668
.10	11.0416	1.5913	4.2851	-.70622
.15	-6.0258	-.2513	3.9838	-.49950
.20	-14.7596	-1.1905	3.2458	-.31876
.25	-17.0906	-1.5183	2.3913	-.17784
.30	-15.8507	-1.4763	1.5987	-.07809
.35	-12.9246	-1.2448	.9525	-.01431
.40	-9.5350	-.9461	.4758	.02140
.45	-6.3864	-.6542	.1564	.03720
.50	-3.8141	-.4073	-.0343	.04026
.55	-1.9116	-.2190	-.1299	.03615
.60	-.6325	-.0883	-.1615	.02887
.65	.1365	-.0066	-.1547	.02097
.70	.5274	.0379	-.1283	.01389
.75	.6630	.0562	-.0951	.00831
.80	.6429	.0581	-.0630	.00436
.85	.5395	.0505	-.0360	.00188
.90	.3995	.0383	-.0160	.00058
.95	.2497	.0243	-.0036	.00009
1.00	.0711	.0099	.0000	-.00000

XM/L=0.1

X/L	FP	FS	FQ	FM
.05	60.4670	3.9523	3.0233	.07558
.10	21.3935	2.0892	4.0930	-.74651
.15	-1.2970	.1703	4.0282	-.54348
.20	-12.7010	-.9689	3.3931	-.35794
.25	-16.4437	-1.4340	2.5709	-.20884
.30	-16.0320	-1.4766	1.7693	-.10034
.35	-13.5098	-1.2898	1.0938	-.02876
.40	-10.2477	-1.0083	.5815	.01313
.45	-7.0642	-.7167	.2282	.03337
.50	-4.3769	-.4611	.0094	.03931
.55	-2.3338	-.2606	-.1073	.03686
.60	-.9207	-.1176	-.1533	.03035
.65	-.0404	-.0252	-.1553	.02263
.70	.4342	.0274	-.1336	.01541
.75	.6273	.0516	-.1023	.00951
.80	.6432	.0573	-.0701	.00520
.85	.5602	.0520	-.0421	.00239
.90	.4308	.0410	-.0206	.00083
.95	.2860	.0278	-.0063	.00016
1.00	.1252	.0138	-.0000	-.00000

XM/L=0.2

X/L	FP	FS	FQ	FM
.05	30.2017	2.1620	1.5101	.03775
.10	19.1348	1.8309	2.4668	.13717
.15	15.3302	1.3716	3.2333	.27968
.20	7.6039	.6020	3.6135	-.54915
.25	-7.4883	-.5267	3.2391	-.37783
.30	-13.6002	-1.1489	2.5591	-.23288
.35	-14.5152	-1.3152	1.8333	-.12307
.40	-12.9036	-1.2168	1.1882	-.04753
.45	-10.2018	-.9925	.6781	-.00087
.50	-7.3196	-.7335	.3121	.02388
.55	-4.7558	-.4928	.0743	.03354
.60	-2.7258	-.2960	-.0620	.03385
.65	-1.2661	-.1501	-.1253	.02917
.70	-.3139	-.0517	-.1410	.02251
.75	.2370	.0079	-.1291	.01576
.80	.5007	.0388	-.1041	.00992
.85	.5789	.0506	-.0752	.00544
.90	.5527	.0509	-.0475	.00238
.95	.4754	.0455	-.0238	.00059
1.00	.4750	.0379	-.0000	-.00000

XM/L=0.3

X/L	FP	FS	FQ	FM
.05	9.1846	.7676	.4592	.01148
.10	10.3161	1.0019	.9750	.04734
.15	12.6483	1.1936	1.6074	.11190
.20	13.9162	1.2679	2.3033	.20967
.25	12.9235	1.1032	2.9494	.34098
.30	7.1910	.5276	3.3090	-.50256
.35	-6.8285	-.4883	2.9676	-.34564
.40	-12.4774	-1.0566	2.3437	-.21286
.45	-13.3152	-1.2079	1.6779	-.11232
.50	-11.8409	-1.1175	1.0859	-.04323
.55	-9.3713	-.9122	.6173	-.00065
.60	-6.7397	-.6755	.2803	.02180
.65	-4.4005	-.4557	.0603	.03031
.70	-2.5471	-.2757	-.0670	.03014
.75	-1.2071	-.1414	-.1274	.02528
.80	-.3149	-.0489	-.1431	.01852
.85	.2372	.0107	-.1313	.01166
.90	.5678	.0477	-.1029	.00580
.95	.7659	.0717	-.0646	.00162
1.00	1.2921	.0903	-.0000	-.00000

XM/L=0.4

X/L	FP	FS	FQ	FM
.05	-.4855	.0619	-.0243	-.00061
.10	3.5684	.3572	.1541	.00264
.15	6.6208	.6515	.4852	.01862
.20	9.6596	.9309	.9682	.05496
.25	12.3003	1.1566	1.5832	.11874
.30	13.8121	1.2539	2.2738	.21516
.35	12.9536	1.1030	2.9215	.34505
.40	7.2801	.5340	3.2855	-.49978
.45	-6.7320	-.4804	2.9489	-.34392
.50	-12.4066	-1.0505	2.3285	-.21199
.55	-13.2886	-1.2057	1.6641	-.11217
.60	-11.8659	-1.1198	1.0708	-.04380
.65	-9.4452	-.9188	.5986	-.00206
.70	-6.8485	-.6848	.2561	.01931
.75	-4.5162	-.4649	.0303	.02647
.80	-2.6226	-.2800	-.1008	.02471
.85	-1.1707	-.1339	-.1593	.01820
.90	-.0608	-.0201	-.1624	.01016
.95	.8077	.0723	-.1220	.00305
1.00	2.4399	.1550	-.0000	-.00000

XM/L=0.5

X/L	FP	FS	FQ	FM
.05	-2.9779	-.1597	-.1489	-.00372
.10	.2124	.0307	-.1383	-.01090
.15	2.1987	.2321	-.0283	-.01507
.20	4.4615	.4533	.1947	-.01091
.25	6.9958	.6947	.5445	.00757
.30	9.6872	.9396	1.0289	.04691
.35	12.1400	1.1453	1.6359	.11353
.40	13.5656	1.2324	2.3142	.21228
.45	12.6792	1.0774	2.9481	.34384
.50	7.0041	.5072	3.2983	-.50000
.55	-7.0041	-.5072	2.9481	-.34384
.60	-12.6792	-1.0774	2.3142	-.21228
.65	-13.5656	-1.2324	1.6359	-.11353
.70	-12.1401	-1.1453	1.0289	-.04691
.75	-9.6872	-.9396	.5445	-.00757
.80	-6.9958	-.6947	.1947	.01091
.85	-4.4615	-.4533	-.0283	.01507
.90	-2.1987	-.2321	-.1383	.01090
.95	-.2124	-.0307	-.1489	.00372
1.00	2.9779	.1597	-.0000	-.00000

B/L= 5.00 DS/B1= .10 KS= .050

XQ/L=0.0

X/L	FP	FS	FQ	FM
.05	10.8449	.7522	-.4578	-.03644
.10	5.4478	.5504	-.1854	-.05252
.15	3.6959	.3755	-.0006	-.05717
.20	2.2099	.2338	.1099	-.05444
.25	1.1177	.1257	.1658	-.04754
.30	.3537	.0483	.1835	-.03881
.35	-.1411	-.0032	.1764	-.02981
.40	-.4270	-.0341	.1551	-.02152
.45	-.5598	-.0497	.1271	-.01447
.50	-.5878	-.0545	.0977	-.00885
.55	-.5500	-.0523	.0702	-.00465
.60	-.4759	-.0461	.0464	-.00173
.65	-.3866	-.0380	.0271	.00010
.70	-.2957	-.0295	.0123	.00109
.75	-.2109	-.0213	.0018	.00144
.80	-.1357	-.0139	-.0050	.00136
.85	-.0700	-.0074	-.0085	.00102
.90	-.0115	-.0016	-.0091	.00058
.95	.0406	.0038	-.0071	.00018
1.00	.1412	.0089	-.0000	-.00000

XQ/L=0.1

X/L	FP	FS	FQ	FM
.05	5.9741	.4354	.2987	.00747
.10	3.9663	.3890	-.5030	.02736
.15	3.4223	.3329	-.3319	.00649
.20	2.6978	.2676	-.1970	-.00673
.25	2.0068	.2025	-.0966	-.01407
.30	1.3972	.1438	-.0268	-.01716
.35	.8949	.0945	.0180	-.01738
.40	.5052	.0557	.0432	-.01585
.45	.2208	.0268	.0543	-.01341
.50	.0271	.0067	.0556	-.01066
.55	-.0934	-.0061	.0510	-.00800
.60	-.1581	-.0133	.0431	-.00565
.65	-.1829	-.0165	.0339	-.00372
.70	-.1808	-.0169	.0249	-.00225
.75	-.1623	-.0155	.0168	-.00121
.80	-.1346	-.0130	.0100	-.00054
.85	-.1028	-.0101	.0049	-.00017
.90	-.0695	-.0069	.0014	-.00001
.95	-.0365	-.0037	-.0004	.00001
1.00	.0084	-.0004	-.0000	-.00000

XQ/L=0.2

X/L	FP	FS	FQ	FM
.05	2.3813	.1899	.1191	.00298
.10	2.2337	.2202	.2307	.01172
.15	2.5375	.2463	.3576	.02643
.20	2.7234	.2610	-.5062	.04772
.25	2.6531	.2543	-.3735	.02572
.30	2.3246	.2264	-.2573	.00995
.35	1.9009	.1880	-.1623	-.00054
.40	1.4619	.1468	-.0892	-.00682
.45	1.0564	.1079	-.0364	-.00996
.50	.7102	.0741	-.0008	-.01089
.55	.4331	.0466	.0208	-.01039
.60	.2241	.0256	.0320	-.00907
.65	.0759	.0104	.0358	-.00738
.70	-.0218	.0001	.0347	-.00561
.75	-.0804	-.0063	.0307	-.00398
.80	-.1107	-.0098	.0252	-.00258
.85	-.1221	-.0113	.0191	-.00148
.90	-.1227	-.0117	.0129	-.00068
.95	-.1167	-.0114	.0071	-.00018
1.00	-.1418	-.0108	-.0000	-.00000

XQ/L=0.3

X/L	FP	FS	FQ	FM
.05	.3536	.0434	.0177	.00044
.10	.9292	.0929	.0641	.00249
.15	1.4317	.1415	.1357	.00748
.20	1.9147	.1872	.2315	.01666
.25	2.3360	.2258	.3483	.03116
.30	2.6245	.2502	-.5205	.05185
.35	2.6243	.2505	-.3893	.02910
.40	2.3418	.2273	-.2722	.01257
.45	1.9456	.1917	-.1749	.00139
.50	1.5205	.1521	-.0989	-.00546
.55	1.1192	.1138	-.0430	-.00901
.60	.7708	.0799	-.0044	-.01019
.65	.4868	.0518	.0199	-.00980
.70	.2675	.0297	.0333	-.00847
.75	.1057	.0131	.0386	-.00667
.80	-.0095	.0011	.0381	-.00476
.85	-.0904	-.0075	.0336	-.00296
.90	-.1497	-.0138	.0261	-.00147
.95	-.1942	-.0187	.0164	-.00041
1.00	-.3279	-.0231	-.0000	-.00000

XQ/L=0.4

X/L	FP	FS	FQ	FM
.05	-.4973	-.0232	-.0249	-.00062
.10	.1728	.0186	-.0162	-.00165
.15	.5980	.0611	.0137	-.00171
.20	1.0442	.1046	.0659	.00028
.25	1.4998	.1486	.1409	.00545
.30	1.9484	.1910	.2383	.01492
.35	2.3483	.2275	.3557	.02978
.40	2.6252	.2506	-.5130	.05084
.45	2.6208	.2504	-.3820	.02847
.50	2.3391	.2271	-.2650	.01229
.55	1.9465	.1918	-.1677	.00147
.60	1.5255	.1525	-.0914	-.00501
.65	1.1268	.1143	-.0351	-.00817
.70	.7770	.0802	.0038	-.00895
.75	.4854	.0512	.0280	-.00816
.80	.2494	.0274	.0405	-.00644
.85	.0592	.0080	.0435	-.00435
.90	-.0998	-.0082	.0385	-.00230
.95	-.2348	-.0224	.0267	-.00067
1.00	-.5344	-.0357	-.0000	-.00000

XQ/L=0.5

X/L	FP	FS	FQ	FM
.05	-.6657	-.0410	-.0333	-.00083
.10	-.1580	-.0143	-.0412	-.00269
.15	.1132	.0134	-.0355	-.00461
.20	.4139	.0433	-.0148	-.00587
.25	.7469	.0764	.0225	-.00568
.30	1.1201	.1130	.0785	-.00315
.35	1.5287	.1524	.1550	.00268
.40	1.9502	.1919	.2525	.01287
.45	2.3378	.2269	.3694	.02842
.50	2.6129	.2497	-.5000	.05015
.55	2.6129	.2497	-.3694	.02842
.60	2.3378	.2269	-.2525	.01287
.65	1.9502	.1919	-.1550	.00268
.70	1.5287	.1524	-.0785	-.00315
.75	1.1201	.1130	-.0225	-.00568
.80	.7469	.0764	.0148	-.00587
.85	.4139	.0433	.0355	-.00461
.90	.1132	.0134	.0412	-.00269
.95	-.1580	-.0143	.0333	-.00083
1.00	-.6657	-.0410	-.0000	0.00000

B/L= 5.00 DS/B1= .10 KS= .050

XM/L=0.0

X/L	FP	FS	FQ	FM
.05	50.4476	3.2547	2.5224	-.93694
.10	13.6114	1.5588	3.2029	-.79381
.15	2.2966	.3830	3.3178	-.63079
.20	-5.1502	-.3653	3.0603	-.47134
.25	-9.0344	-.7833	2.6085	-.32962
.30	-10.4905	-.9616	2.0840	-.21230
.35	-10.3567	-.9780	1.5662	-.12105
.40	-9.2838	-.8950	1.1020	-.05434
.45	-7.7505	-.7599	.7145	-.00893
.50	-6.0881	-.6064	.4101	.01918
.55	-4.5075	-.4563	.1847	.03405
.60	-3.1263	-.3225	.0284	.03938
.65	-1.9945	-.2109	-.0713	.03830
.70	-1.1154	-.1227	-.1271	.03334
.75	-.4629	-.0561	-.1503	.02641
.80	.0049	-.0074	-.1500	.01890
.85	.3365	.0276	-.1332	.01182
.90	.5820	.0535	-.1041	.00589
.95	.7680	.0741	-.0657	.00164
1.00	1.3140	.0925	.0000	-.00000

XM/L=0.1

X/L	FP	FS	FQ	FM
.05	43.8752	2.9223	2.1938	.05484
.10	17.6171	1.7408	3.0746	-.81345
.15	4.3515	.5629	3.2922	-.65428
.20	-4.0019	-.2494	3.0921	-.49467
.25	-8.4119	-.7172	2.6715	-.35058
.30	-10.2412	-.9320	2.1594	-.22980
.35	-10.3537	-.9733	1.6418	-.13477
.40	-9.4291	-.9059	1.1703	-.06447
.45	-7.9717	-.7793	.7717	-.01592
.50	-6.3344	-.6291	.4550	.01475
.55	-4.7459	-.4789	.2177	.03156
.60	-3.3378	-.3429	.0508	.03828
.65	-2.1700	-.2281	-.0577	.03811
.70	-1.2523	-.1363	-.1203	.03366
.75	-.5627	-.0661	-.1484	.02694
.80	-.0613	-.0142	-.1515	.01944
.85	.3002	.0239	-.1365	.01224
.90	.5726	.0524	-.1079	.00613
.95	.7828	.0755	-.0687	.00172
1.00	1.3743	.0962	-.0000	-.00000

XM/L=0.2

X/L	FP	FS	FQ	FM
.05	27.7387	1.9511	1.3869	.03467
.10	15.7332	1.5321	2.1736	.12369
.15	11.3859	1.0666	2.7429	.24660
.20	5.4525	.4907	3.0155	-.60944
.25	-3.0995	-.2011	2.8605	-.46254
.30	-7.5815	-.6464	2.4815	-.32899
.35	-9.3906	-.8547	2.0119	-.21666
.40	-9.5754	-.9000	1.5332	-.12803
.45	-8.7711	-.8424	1.0946	-.06233
.50	-7.4534	-.7282	.7219	-.01692
.55	-5.9539	-.5908	.4242	.01174
.60	-4.4875	-.4522	.1999	.02734
.65	-3.1770	-.3255	.0410	.03336
.70	-2.0774	-.2173	-.0629	.03281
.75	-1.1959	-.1291	-.1227	.02818
.80	-.5089	-.0592	-.1481	.02141
.85	.0249	-.0043	-.1469	.01403
.90	.4573	.0401	-.1240	.00726
.95	.8146	.0780	-.0833	.00208
1.00	1.6652	.1133	-.0000	-.00000

XM/L=0.3

X/L	FP	FS	FQ	FM
.05	13.5434	1.0152	.6772	.01693
.10	10.2137	.9998	1.1879	.06355
.15	10.0439	.9610	1.6900	.13550
.20	9.2289	.8630	2.1515	.23154
.25	7.3694	.6555	2.5200	.34833
.30	3.4966	.2745	2.6948	-.52130
.35	-3.6729	-.2794	2.5111	-.39116
.40	-7.2822	-.6348	2.1470	-.27470
.45	-8.6074	-.7909	1.7167	-.17811
.50	-8.5878	-.8117	1.2873	-.10301
.55	-7.7657	-.7487	.8990	-.04835
.60	-6.5408	-.6407	.5720	-.01158
.65	-5.1855	-.5152	.3127	.01053
.70	-3.8691	-.3897	.1192	.02133
.75	-2.6811	-.2740	-.0148	.02394
.80	-1.6521	-.1721	-.0974	.02114
.85	-.7716	-.0838	-.1360	.01530
.90	.0002	-.0064	-.1360	.00850
.95	.6806	.0638	-.1020	.00255
1.00	2.0395	.1307	-.0000	-.00000

XM/L=0.4

X/L	FP	FS	FQ	FM
.05	4.3295	.3721	.2165	.00541
.10	5.1476	.5085	.4739	.02267
.15	6.5364	.6369	.8007	.05453
.20	7.7165	.7424	1.1865	.10421
.25	8.4754	.8009	1.6103	.17413
.30	8.4401	.7764	2.0323	.26520
.35	7.1001	.6206	2.3873	.37569
.40	3.5511	.2729	2.5648	-.50051
.45	-3.4440	-.2620	2.3926	-.37657
.50	-6.9861	-.6091	2.0433	-.26568
.55	-8.3140	-.7639	1.6276	-.17390
.60	-8.3351	-.7873	1.2109	-.10294
.65	-7.5646	-.7282	.8327	-.05185
.70	-6.3791	-.6232	.5137	-.01819
.75	-5.0305	-.4975	.2622	.00121
.80	-3.6701	-.3671	.0787	.00973
.85	-2.3706	-.2402	-.0399	.01070
.90	-1.1427	-.1195	-.0970	.00727
.95	.0002	-.0043	-.0970	.00242
1.00	1.9398	.1080	-.0000	-.00000

XM/L=0.5

X/L	FP	FS	FQ	FM
.05	-.3177	.0272	-.0159	-.00040
.10	1.7669	.1784	.0725	.00102
.15	3.3071	.3295	.2378	.00877
.20	4.8555	.4779	.4806	.02673
.25	6.3275	.6160	.7970	.05867
.30	7.5877	.7288	1.1764	.10801
.35	8.3960	.7921	1.5962	.17732
.40	8.3872	.7703	2.0155	.26761
.45	7.0558	.6156	2.3683	.37721
.50	3.5029	.2678	2.5434	-.50000
.55	-3.5029	-.2678	2.3683	-.37721
.60	-7.0558	-.6156	2.0155	-.26761
.65	-8.3872	-.7703	1.5962	-.17732
.70	-8.3960	-.7921	1.1764	-.10801
.75	-7.5877	-.7288	.7970	-.05867
.80	-6.3275	-.6160	.4806	-.02673
.85	-4.8555	-.4779	.2378	-.00877
.90	-3.3071	-.3295	.0725	-.00102
.95	-1.7669	-.1784	-.0159	.00040
1.00	.3177	-.0272	-.0000	-.00000

B/L= 5.00 DS/B1= .10 KS= .100

XQ/L=0.0

X/L	FP	FS	FQ	FM
.05	9.3781	.6592	-.5311	-.03828
.10	5.1050	.5115	-.2758	-.05845
.15	3.7777	.3784	-.0870	-.06752
.20	2.5760	.2644	.0418	-.06865
.25	1.6220	.1708	.1229	-.06453
.30	.8842	.0973	.1672	-.05728
.35	.3382	.0421	.1841	-.04850
.40	-.0446	.0027	.1818	-.03935
.45	-.2940	-.0235	.1671	-.03063
.50	-.4385	-.0391	.1452	-.02282
.55	-.5040	-.0468	.1200	-.01619
.60	-.5126	-.0487	.0944	-.01083
.65	-.4826	-.0465	.0702	-.00671
.70	-.4283	-.0417	.0488	-.00374
.75	-.3600	-.0353	.0308	-.00174
.80	-.2850	-.0282	.0166	-.00056
.85	-.2077	-.0207	.0062	.00001
.90	-.1299	-.0131	-.0003	.00016
.95	-.0539	-.0055	-.0030	.00007
1.00	.0600	.0020	-.0000	-.00000

XQ/L=0.1

X/L	FP	FS	FQ	FM
.05	5.7553	.4186	.2878	.00719
.10	3.7596	.3707	-.5243	.02628
.15	3.2500	.3182	-.3618	.00413
.20	2.6326	.2616	-.2301	-.01067
.25	2.0496	.2060	-.1276	-.01961
.30	1.5239	.1551	-.0514	-.02409
.35	1.0721	.1107	.0022	-.02532
.40	.7003	.0738	.0372	-.02434
.45	.4069	.0444	.0575	-.02197
.50	.1854	.0219	.0668	-.01886
.55	.0265	.0056	.0681	-.01549
.60	-.0804	-.0056	.0641	-.01218
.65	-.1458	-.0126	.0568	-.00916
.70	-.1797	-.0165	.0478	-.00654
.75	-.1906	-.0180	.0383	-.00439
.80	-.1859	-.0178	.0290	-.00271
.85	-.1714	-.0166	.0204	-.00147
.90	-.1516	-.0148	.0128	-.00064
.95	-.1284	-.0127	.0064	-.00016
1.00	-.1286	-.0104	-.0000	-.00000

XQ/L=0.2

X/L	FP	FS	FQ	FM
.05	2.8602	.2193	.1430	.00358
.10	2.3158	.2290	.2588	.01362
.15	2.4173	.2362	.3797	.02958
.20	2.4389	.2370	-.4984	.05161
.25	2.3255	.2261	-.3821	.02960
.30	2.0712	.2033	-.2786	.01308
.35	1.7583	.1742	-.1906	.00135
.40	1.4300	.1430	-.1191	-.00639
.45	1.1149	.1126	-.0634	-.01095
.50	.8306	.0848	-.0219	-.01309
.55	.5861	.0607	.0074	-.01345
.60	.3841	.0405	.0266	-.01260
.65	.2232	.0243	.0378	-.01098
.70	.0988	.0116	.0427	-.00897
.75	.0048	.0019	.0430	-.00683
.80	-.0653	-.0054	.0397	-.00476
.85	-.1186	-.0110	.0338	-.00292
.90	-.1617	-.0154	.0257	-.00144
.95	-.1965	-.0192	.0159	-.00040
1.00	-.3175	-.0227	-.0000	-.00000

XQ/L=0.3

X/L	FP	FS	FQ	FM
.05	.9546	.0831	.0477	.00119
.10	1.1614	.1157	.1058	.00503
.15	1.4920	.1473	.1804	.01219
.20	1.7967	.1763	.2702	.02345
.25	2.0544	.2001	.3730	.03953
.30	2.2221	.2145	-.5159	.06096
.35	2.2179	.2143	-.4050	.03793
.40	2.0441	.1995	-.3028	.02023
.45	1.7874	.1761	-.2135	.00733
.50	1.4952	.1486	-.1387	-.00148
.55	1.1999	.1203	-.0787	-.00691
.60	.9220	.0933	-.0326	-.00970
.65	.6731	.0688	.0010	-.01049
.70	.4575	.0474	.0239	-.00986
.75	.2745	.0290	.0376	-.00832
.80	.1199	.0134	.0436	-.00629
.85	-.0126	-.0001	.0430	-.00413
.90	-.1313	-.0120	.0364	-.00214
.95	-.2367	-.0229	.0246	-.00061
1.00	-.4920	-.0335	-.0000	-.00000

XQ/L=0.4

X/L	FP	FS	FQ	FM
.05	-.0901	.0052	-.0045	-.00011
.10	.3970	.0403	.0153	.00016
.15	.7522	.0755	.0530	.00187
.20	1.1100	.1103	.1085	.00590
.25	1.4585	.1440	.1814	.01315
.30	1.7832	.1749	.2705	.02444
.35	2.0569	.2003	.3734	.04054
.40	2.2373	.2159	-.5147	.06201
.45	2.2426	.2165	-.4026	.03907
.50	2.0750	.2024	-.2989	.02154
.55	1.8211	.1792	-.2078	.00887
.60	1.5273	.1516	-.1314	.00039
.65	1.2254	.1225	-.0702	-.00465
.70	.9349	.0942	-.0234	-.00699
.75	.6656	.0676	.0098	-.00733
.80	.4205	.0433	.0309	-.00631
.85	.1971	.0209	.0407	-.00452
.90	-.0115	.0002	.0402	-.00250
.95	-.2041	-.0194	.0299	-.00075
1.00	-.5989	-.0386	-.0000	-.00000

XQ/L=0.5

X/L	FP	FS	FQ	FM
.05	-.5262	-.0299	-.0263	-.00066
.10	-.0253	-.0015	-.0276	-.00200
.15	.2615	.0273	-.0145	-.00306
.20	.5624	.0570	.0136	-.00308
.25	.8722	.0875	.0572	-.00131
.30	1.1915	.1187	.1168	.00304
.35	1.5127	.1498	.1924	.01077
.40	1.8185	.1787	.2834	.02267
.45	2.0800	.2028	.3874	.03944
.50	2.2527	.2175	-.5000	.06162
.55	2.2527	.2175	-.3874	.03944
.60	2.0800	.2028	-.2834	.02267
.65	1.8185	.1787	-.1924	.01077
.70	1.5127	.1498	-.1168	.00304
.75	1.1915	.1187	-.0572	-.00131
.80	.8722	.0875	-.0136	-.00308
.85	.5624	.0570	.0145	-.00306
.90	.2615	.0273	.0276	-.00200
.95	-.0253	-.0015	.0263	-.00066
1.00	-.5262	-.0299	-.0000	-.00000

B/L= 5.00 DS/B1= .10 KS= .100

XM/L=0.0

X/L	FP	FS	FQ	FM
.05	37.1737	2.4549	1.8587	-.95353
.10	12.8714	1.3828	2.5023	-.84451
.15	5.0547	.5808	2.7550	-.71308
.20	-.7203	.0126	2.7190	-.57623
.25	-4.3742	-.3622	2.5003	-.44575
.30	-6.4520	-.5839	2.1777	-.32880
.35	-7.3630	-.6896	1.8095	-.22912
.40	-7.4514	-.7118	1.4369	-.14796
.45	-6.9967	-.6777	1.0871	-.08486
.50	-6.2178	-.6089	.7762	-.03827
.55	-5.2787	-.5218	.5123	-.00606
.60	-4.2951	-.4283	.2975	.01418
.65	-3.3423	-.3360	.1304	.02488
.70	-2.4629	-.2498	.0073	.02833
.75	-1.6743	-.1716	-.0765	.02660
.80	-.9751	-.1017	-.1252	.02155
.85	-.3510	-.0390	-.1428	.01486
.90	.2238	.0181	-.1316	.00800
.95	.7482	.0719	-.0942	.00235
1.00	1.8831	.1241	.0000	-.00000

XM/L=0.1

X/L	FP	FS	FQ	FM
.05	33.5788	2.2689	1.6789	.04197
.10	14.7913	1.4648	2.4185	-.85559
.15	6.0917	.6707	2.7231	-.72705
.20	-.0727	.0767	2.7195	-.59099
.25	-3.9562	-.3196	2.5216	-.45996
.30	-6.2119	-.5584	2.2110	-.34164
.35	-7.2549	-.6772	1.8483	-.24016
.40	-7.4371	-.7089	1.4764	-.15704
.45	-7.0450	-.6813	1.1242	-.09202
.50	-6.3040	-.6165	.8090	-.04369
.55	-5.3841	-.5315	.5398	-.00997
.60	-4.4058	-.4387	.3195	.01151
.65	-3.4488	-.3463	.1471	.02317
.70	-2.5591	-.2591	.0191	.02733
.75	-1.7564	-.1796	-.0687	.02609
.80	-1.0413	-.1082	-.1208	.02135
.85	-.4004	-.0439	-.1408	.01481
.90	.1915	.0149	-.1312	.00801
.95	.7327	.0703	-.0946	.00236
1.00	1.8917	.1242	-.0000	-.00000

XM/L=0.2

X/L	FP	FS	FQ	FM
.05	23.9903	1.6843	1.1995	.02999
.10	13.3489	1.3091	1.8670	.10665
.15	9.5541	.9139	2.3447	.21194
.20	4.9533	.4711	2.5923	-.66463
.25	-.7876	-.0161	2.5529	-.53600
.30	-4.2830	-.3607	2.3388	-.41371
.35	-6.1872	-.5630	2.0294	-.30450
.40	-7.0049	-.6577	1.6792	-.21179
.45	-7.0582	-.6752	1.3263	-.13665
.50	-6.6091	-.6407	.9958	-.07860
.55	-5.8604	-.5741	.7028	-.03613
.60	-4.9623	-.4905	.4547	-.00719
.65	-4.0196	-.4005	.2537	.01052
.70	-3.0991	-.3112	.0988	.01933
.75	-2.2367	-.2264	-.0131	.02147
.80	-1.4447	-.1478	-.0853	.01901
.85	-.7181	-.0753	-.1212	.01385
.90	-.0365	-.0078	-.1230	.00774
.95	.5949	.0565	-.0933	.00233
1.00	1.8660	.1192	-.0000	-.00000

XM/L=0.3

X/L	FP	FS	FQ	FM
.05	14.3741	1.0489	.7187	.01797
.10	9.5960	.9437	1.1985	.06590
.15	8.5515	.8262	1.6261	.13651
.20	7.1116	.6786	1.9817	.22671
.25	5.1719	.4767	2.2403	.33225
.30	2.2560	.1912	2.3531	-.55291
.35	-2.2366	-.1736	2.2412	-.43806
.40	-4.8252	-.4274	2.0000	-.33203
.45	-6.1052	-.5658	1.6947	-.23966
.50	-6.5238	-.6187	1.3685	-.16308
.55	-6.3498	-.6113	1.0510	-.10259
.60	-5.7963	-.5643	.7612	-.05728
.65	-5.0237	-.4935	.5100	-.02550
.70	-4.1465	-.4105	.3027	-.00518
.75	-3.2400	-.3229	.1407	.00590
.80	-2.3475	-.2356	.0233	.01000
.85	-1.4870	-.1507	-.0510	.00931
.90	-.6545	-.0688	-.0837	.00594
.95	.1364	.0108	-.0769	.00192
1.00	1.5386	.0892	-.0000	-.00000

XM/L=0.4

X/L	FP	FS	FQ	FM
.05	6.9609	.5369	.3480	.00870
.10	5.7873	.5717	.6374	.03334
.15	6.1533	.6004	.9451	.07290
.20	6.3319	.6133	1.2617	.12807
.25	6.2449	.5963	1.5739	.19896
.30	5.6823	.5305	1.8580	.28476
.35	4.3920	.3922	2.0776	.38315
.40	1.9478	.1539	2.1750	-.51054
.45	-2.2201	-.1777	2.0640	-.40456
.50	-4.6007	-.4096	1.8340	-.30711
.55	-5.7611	-.5349	1.5459	-.22261
.60	-6.1226	-.5810	1.2398	-.15297
.65	-5.9309	-.5709	.9433	-.09839
.70	-5.3796	-.5232	.6743	-.05796
.75	-4.6124	-.4523	.4437	-.03001
.80	-3.7305	-.3684	.2571	-.01249
.85	-2.7983	-.2781	.1172	-.00313
.90	-1.8489	-.1857	.0248	.00042
.95	-.9114	-.0929	-.0208	.00052
1.00	.4160	-.0002	-.0000	-.00000

XM/L=0.5

X/L	FP	FS	FQ	FM
.05	2.1777	.1941	.1089	.00272
.10	2.8305	.2818	.2504	.01170
.15	3.7236	.3674	.4366	.02888
.20	4.5591	.4471	.6645	.05641
.25	5.2855	.5141	.9288	.09624
.30	5.8017	.5584	1.2189	.14994
.35	5.9656	.5659	1.5172	.21834
.40	5.5868	.5184	1.7965	.30118
.45	4.4238	.3931	2.0177	.39654
.50	2.0612	.1634	2.1208	-.50000
.55	-2.0612	-.1634	2.0177	-.39654
.60	-4.4238	-.3931	1.7965	-.30118
.65	-5.5868	-.5184	1.5172	-.21834
.70	-5.9656	-.5659	1.2189	-.14994
.75	-5.8017	-.5584	.9288	-.09624
.80	-5.2855	-.5141	.6645	-.05641
.85	-4.5591	-.4471	.4366	-.02888
.90	-3.7236	-.3674	.2504	-.01170
.95	-2.8305	-.2818	.1089	-.00272
1.00	-2.1777	-.1941	-.0000	-.00000

B/L= 5.00 DS/B1= .10 KS= .200

XQ/L=0.0

X/L	FP	FS	FQ	FM
.05	8.0776	.5744	-.5961	-.03990
.10	4.6823	.4670	-.3620	-.06386
.15	3.6965	.3676	-.1772	-.07734
.20	2.7574	.2787	-.0393	-.08275
.25	1.9710	.2019	.0592	-.08225
.30	1.3200	.1376	.1252	-.07764
.35	.7958	.0852	.1650	-.07038
.40	.3866	.0439	.1844	-.06165
.45	.0785	.0126	.1883	-.05233
.50	-.1430	-.0102	.1811	-.04309
.55	-.2927	-.0258	.1665	-.03440
.60	-.3845	-.0357	.1473	-.02656
.65	-.4311	-.0409	.1257	-.01973
.70	-.4438	-.0427	.1035	-.01400
.75	-.4322	-.0420	.0819	-.00937
.80	-.4039	-.0395	.0617	-.00577
.85	-.3653	-.0360	.0435	-.00315
.90	-.3212	-.0317	.0274	-.00137
.95	-.2726	-.0271	.0138	-.00034
1.00	-.2754	-.0224	-.0000	-.00000

XQ/L=0.1

X/L	FP	FS	FQ	FM
.05	5.4107	.3939	.2705	.00676
.10	3.5391	.3500	-.5525	.02471
.15	3.0924	.3038	-.3979	.00095
.20	2.5749	.2560	-.2691	-.01572
.25	2.0883	.2093	-.1647	-.02657
.30	1.6414	.1658	-.0827	-.03275
.35	1.2445	.1268	-.0204	-.03533
.40	.9024	.0929	.0247	-.03522
.45	.6159	.0643	.0555	-.03322
.50	.3826	.0409	.0746	-.02997
.55	.1979	.0222	.0845	-.02599
.60	.0559	.0077	.0873	-.02169
.65	-.0501	-.0032	.0848	-.01739
.70	-.1267	-.0112	.0785	-.01331
.75	-.1806	-.0169	.0694	-.00961
.80	-.2178	-.0209	.0585	-.00641
.85	-.2436	-.0237	.0464	-.00379
.90	-.2634	-.0257	.0332	-.00180
.95	-.2766	-.0273	.0194	-.00048
1.00	-.3874	-.0287	-.0000	-.00000

XQ/L=0.2

X/L	FP	FS	FQ	FM
.05	3.1494	.2369	.1575	.00394
.10	2.3622	.2340	.2756	.01476
.15	2.3404	.2297	.3926	.03147
.20	2.2629	.2220	-.4943	.05393
.25	2.1192	.2081	-.3883	.03186
.30	1.9025	.1879	-.2932	.01483
.35	1.6538	.1643	-.2105	.00223
.40	1.3954	.1394	-.1407	-.00655
.45	1.1433	.1149	-.0836	-.01215
.50	.9077	.0917	-.0382	-.01520
.55	.6947	.0707	-.0034	-.01624
.60	.5069	.0520	.0219	-.01577
.65	.3443	.0357	.0391	-.01425
.70	.2050	.0217	.0494	-.01204
.75	.0860	.0096	.0537	-.00946
.80	-.0170	-.0008	.0528	-.00680
.85	-.1081	-.0101	.0474	-.00429
.90	-.1928	-.0184	.0378	-.00216
.95	-.2690	-.0264	.0243	-.00061
1.00	-.4865	-.0341	-.0000	-.00000

XQ/L=0.3

X/L	FP	FS	FQ	FM
.05	1.4873	.1185	.0744	.00186
.10	1.3734	.1366	.1430	.00729
.15	1.5597	.1540	.2210	.01640
.20	1.7209	.1696	.3071	.02960
.25	1.8531	.1819	.3997	.04727
.30	1.9302	.1884	-.5038	.06967
.35	1.9087	.1863	-.4083	.04686
.40	1.7886	.1756	-.3189	.02868
.45	1.6137	.1593	-.2382	.01475
.50	1.4087	.1398	-.1678	.00460
.55	1.1918	.1188	-.1082	-.00230
.60	.9756	.0977	-.0594	-.00649
.65	.7681	.0773	-.0210	-.00850
.70	.5734	.0580	.0077	-.00883
.75	.3929	.0400	.0273	-.00796
.80	.2257	.0233	.0386	-.00631
.85	.0691	.0077	.0420	-.00429
.90	-.0814	-.0072	.0380	-.00229
.95	-.2224	-.0215	.0269	-.00067
1.00	-.5372	-.0357	-.0000	-.00000

XQ/L=0.4

X/L	FP	FS	FQ	FM
.05	.4071	.0395	.0204	.00051
.10	.6484	.0550	.0528	.00234
.15	.9070	.0903	.0981	.00611
.20	1.1593	.1150	.1561	.01246
.25	1.3997	.1383	.2261	.02202
.30	1.6166	.1591	.3069	.03534
.35	1.7929	.1755	.3965	.05293
.40	1.9046	.1854	-.5082	.07514
.45	1.9089	.1859	-.4128	.05211
.50	1.8064	.1770	-.3225	.03373
.55	1.6412	.1617	-.2404	.01966
.60	1.4385	.1424	-.1685	.00944
.65	1.2165	.1209	-.1077	.00253
.70	.9880	.0986	-.0583	-.00161
.75	.7606	.0762	-.0202	-.00358
.80	.5385	.0542	.0067	-.00391
.85	.3226	.0328	.0228	-.00318
.90	.1106	.0120	.0284	-.00190
.95	-.0929	-.0085	.0237	-.00059
1.00	-.4745	-.0288	-.0000	-.00000

XQ/L=0.5

X/L	FP	FS	FQ	FM
.05	-.2014	-.0066	-.0101	-.00025
.10	.1766	.0183	-.0012	-.00053
.15	.4276	.0433	.0201	-.00006
.20	.6826	.0683	.0543	.00180
.25	.9361	.0932	.1011	.00568
.30	1.1853	.1176	.1603	.01222
.35	1.4232	.1407	.2315	.02201
.40	1.6379	.1612	.3134	.03564
.45	1.8118	.1774	.4040	.05357
.50	1.9204	.1869	-.5000	.07617
.55	1.9204	.1869	-.4040	.05357
.60	1.8118	.1774	-.3134	.03564
.65	1.6379	.1612	-.2315	.02201
.70	1.4232	.1407	-.1603	.01222
.75	1.1853	.1176	-.1011	.00568
.80	.9361	.0932	-.0543	.00180
.85	.6826	.0683	-.0201	-.00006
.90	.4276	.0433	.0012	-.00053
.95	.1766	.0183	.0101	-.00025
1.00	-.2014	-.0066	-.0000	0.00000

B/L= 5.00 DS/B1= .10 KS= .200

XM/L=0.0

X/L	FP	FS	FQ	FM
.05	27.1758	1.8307	1.3588	-.96603
.10	11.1529	1.1593	1.9164	-.88415
.15	5.9325	.6269	2.2131	-.78091
.20	1.7435	.2194	2.3002	-.66808
.25	-1.2314	-.0793	2.2387	-.55461
.30	-3.2534	-.2864	2.0760	-.44674
.35	-4.5113	-.4184	1.8504	-.34858
.40	-5.1714	-.4909	1.5919	-.26252
.45	-5.3781	-.5176	1.3230	-.18965
.50	-5.2538	-.5105	1.0603	-.13007
.55	-4.8989	-.4794	.8153	-.08318
.60	-4.3937	-.4325	.5956	-.04791
.65	-3.7990	-.3758	.4057	-.02288
.70	-3.1592	-.3138	.2477	-.00654
.75	-2.5039	-.2497	.1225	.00271
.80	-1.8505	-.1854	.0300	.00653
.85	-1.2065	-.1217	-.0303	.00652
.90	-.5692	-.0591	-.0588	.00429
.95	.0471	.0027	-.0564	.00141
1.00	1.1286	.0641	.0000	-.00000

XM/L=0.1

X/L	FP	FS	FQ	FM
.05	25.2380	1.7285	1.2619	.03155
.10	12.0639	1.1953	1.8651	-.89028
.15	6.4393	.6704	2.1871	-.78897
.20	2.0850	.2529	2.2913	-.67702
.25	-.9854	-.0547	2.2420	-.56368
.30	-3.0858	-.2693	2.0877	-.45544
.35	-4.4063	-.4075	1.8674	-.35656
.40	-5.1156	-.4848	1.6116	-.26958
.45	-5.3597	-.5153	1.3437	-.19570
.50	-5.2625	-.5109	1.0805	-.13509
.55	-4.9265	-.4818	.8342	-.08722
.60	-4.4333	-.4361	.6125	-.05106
.65	-3.8453	-.3802	.4203	-.02523
.70	-3.2080	-.3185	.2599	-.00823
.75	-2.5524	-.2544	.1323	.00157
.80	-1.8966	-.1899	.0374	.00582
.85	-1.2489	-.1259	-.0250	.00613
.90	-.6072	-.0628	-.0554	.00412
.95	.0140	-.0005	-.0547	.00137
1.00	1.0934	.0613	-.0000	-.00000

XM/L=0.2

X/L	FP	FS	FQ	FM
.05	19.7113	1.3875	.9856	.02464
.10	11.0566	1.0887	1.5384	.08774
.15	8.0734	.7815	1.9421	.17475
.20	4.6630	.4548	2.1752	-.72232
.25	.7791	.1131	2.2142	-.61258
.30	-1.8714	-.1474	2.1206	-.50421
.35	-3.5927	-.3240	1.9410	-.40267
.40	-4.6220	-.4328	1.7099	-.31140
.45	-5.1147	-.4880	1.4541	-.23230
.50	-5.2047	-.5025	1.1939	-.16610
.55	-5.0039	-.4873	.9437	-.11266
.60	-4.6030	-.4512	.7136	-.07123
.65	-4.0731	-.4014	.5099	-.04064
.70	-3.4675	-.3433	.3365	-.01948
.75	-2.8239	-.2807	.1953	-.00619
.80	-2.1665	-.2162	.0870	.00087
.85	-1.5084	-.1514	.0116	.00334
.90	-.8516	-.0869	-.0310	.00285
.95	-.2109	-.0229	-.0415	.00104
1.00	.8308	.0409	-.0000	-.00000

XM/L=0.3

X/L	FP	FS	FQ	FM
.05	13.5773	.9804	.6789	.01697
.10	8.6044	.8486	1.1091	.06167
.15	7.3087	.7110	1.4745	.12626
.20	5.7717	.5595	1.7631	.20720
.25	4.0251	.3830	1.9644	.30039
.30	1.8325	.1686	2.0560	-.59910
.35	-1.0874	-.0797	2.0016	-.49766
.40	-2.9724	-.2645	1.8530	-.40130
.45	-4.1020	-.3819	1.6479	-.31378
.50	-4.6887	-.4458	1.4135	-.23724
.55	-4.8637	-.4684	1.1703	-.17265
.60	-4.7372	-.4603	.9334	-.12006
.65	-4.3990	-.4303	.7135	-.07888
.70	-3.9197	-.3855	.5175	-.04811
.75	-3.3527	-.3313	.3498	-.02643
.80	-2.7364	-.2715	.2130	-.01235
.85	-2.0958	-.2088	.1082	-.00432
.90	-1.4439	-.1449	.0360	-.00072
.95	-.7952	-.0807	-.0037	.00009
1.00	.0743	-.0164	-.0000	-.00000

XM/L=0.4

X/L	FP	FS	FQ	FM
.05	8.2211	.6117	.4111	.01028
.10	5.9200	.5854	.7071	.03823
.15	5.6775	.5555	.9909	.08068
.20	5.2929	.5168	1.2556	.13684
.25	4.7754	.4618	1.4943	.20559
.30	4.0095	.3813	1.6948	.28532
.35	2.8729	.2639	1.8385	.37365
.40	1.1644	.0972	1.8967	-.53297
.45	-1.3827	-.1137	1.8275	-.43987
.50	-2.9911	-.2705	1.6780	-.35223
.55	-3.9258	-.3679	1.4817	-.27323
.60	-4.3854	-.4185	1.2624	-.20463
.65	-4.4881	-.4333	1.0380	-.14712
.70	-4.3325	-.4218	.8214	-.10063
.75	-3.9984	-.3918	.6215	-.06456
.80	-3.5478	-.3495	.4441	-.03792
.85	-3.0276	-.2995	.2927	-.01950
.90	-2.4716	-.2453	.1691	-.00796
.95	-1.8920	-.1890	.0745	-.00186
1.00	-1.4907	-.1320	-.0000	-.00000

XM/L=0.5

X/L	FP	FS	FQ	FM
.05	4.1812	.3264	.2091	.00523
.10	3.6045	.3578	.3893	.02019
.15	3.9336	.3873	.5860	.04457
.20	4.1923	.4120	.7956	.07911
.25	4.3753	.4275	1.0143	.12435
.30	4.4154	.4278	1.2351	.18059
.35	4.2334	.4053	1.4468	.24764
.40	3.7320	.3508	1.6334	.32464
.45	2.7956	.2534	1.7732	.40981
.50	1.2289	.1010	1.8346	-.50000
.55	-1.2289	-.1010	1.7732	-.40981
.60	-2.7956	-.2534	1.6334	-.32464
.65	-3.7320	-.3508	1.4468	-.24764
.70	-4.2334	-.4053	1.2351	-.18059
.75	-4.4154	-.4278	1.0143	-.12435
.80	-4.3753	-.4275	.7956	-.07911
.85	-4.1923	-.4120	.5860	-.04457
.90	-3.9336	-.3873	.3893	-.02019
.95	-3.6045	-.3578	.2091	-.00523
1.00	-4.1812	-.3264	-.0000	-.00000

B/L= 5.00 DS/B1= .10 KS= .500

XQ/L=0.0

X/L	FP	FS	FQ	FM
.05	6.6660	.4802	-.6667	-.04167
.10	4.1251	.4103	-.4604	-.06985
.15	3.4725	.3437	-.2868	-.08853
.20	2.8165	.2819	-.1460	-.09935
.25	2.2401	.2258	-.0340	-.10385
.30	1.7323	.1758	.0526	-.10338
.35	1.2910	.1320	.1172	-.09914
.40	.9133	.0943	.1628	-.09214
.45	.5946	.0623	.1926	-.08325
.50	.3296	.0356	.2090	-.07321
.55	.1123	.0136	.2147	-.06262
.60	-.0640	-.0044	.2115	-.05197
.65	-.2059	-.0188	.2012	-.04165
.70	-.3198	-.0305	.1852	-.03199
.75	-.4120	-.0400	.1646	-.02325
.80	-.4883	-.0478	.1402	-.01563
.85	-.5540	-.0545	.1125	-.00932
.90	-.6156	-.0604	.0817	-.00446
.95	-.6659	-.0659	.0484	-.00121
1.00	-.9677	-.0713	-.0000	-.00000

XQ/L=0.1

X/L	FP	FS	FQ	FM
.05	4.9039	.3584	.2452	.00613
.10	3.2556	.3226	-.5920	.02246
.15	2.9034	.2860	-.4469	-.00351
.20	2.5033	.2488	-.3217	-.02273
.25	2.1268	.2125	-.2153	-.03615
.30	1.7734	.1780	-.1267	-.04470
.35	1.4475	.1459	-.0543	-.04923
.40	1.1521	.1166	.0033	-.05050
.45	.8881	.0903	.0477	-.04923
.50	.6553	.0671	.0805	-.04602
.55	.4518	.0466	.1031	-.04143
.60	.2750	.0288	.1168	-.03594
.65	.1219	.0134	.1229	-.02994
.70	-.0114	-.0001	.1223	-.02381
.75	-.1287	-.0120	.1159	-.01786
.80	-.2339	-.0226	.1042	-.01236
.85	-.3309	-.0323	.0877	-.00756
.90	-.4248	-.0415	.0664	-.00371
.95	-.5090	-.0502	.0410	-.00102
1.00	-.8192	-.0589	-.0000	-.00000

XQ/L=0.2

X/L	FP	FS	FQ	FM
.05	3.3230	.2473	.1661	.00415
.10	2.3807	.2362	.2852	.01544
.15	2.2788	.2244	.3991	.03254
.20	2.1379	.2113	-.4940	.05517
.25	1.9756	.1955	-.3952	.03294
.30	1.7849	.1772	-.3060	.01542
.35	1.5814	.1575	-.2269	.00209
.40	1.3743	.1373	-.1582	-.00753
.45	1.1702	.1172	-.0997	-.01398
.50	.9737	.0978	-.0510	-.01774
.55	.7877	.0793	-.0116	-.01931
.60	.6135	.0620	.0191	-.01912
.65	.4514	.0458	.0417	-.01760
.70	.3007	.0307	.0567	-.01514
.75	.1600	.0166	.0647	-.01211
.80	.0273	.0033	.0661	-.00884
.85	-.0997	-.0094	.0611	-.00566
.90	-.2247	-.0216	.0498	-.00288
.95	-.3418	-.0335	.0328	-.00082
1.00	-.6552	-.0454	-.0000	-.00000

XQ/L=0.3

X/L	FP	FS	FQ	FM
.05	2.0316	.1550	.1016	.00254
.10	1.6036	.1594	.1818	.00962
.15	1.6541	.1634	.2645	.02078
.20	1.6817	.1665	.3486	.03610
.25	1.6982	.1679	.4335	.05565
.30	1.6890	.1665	-.4821	.07944
.35	1.6353	.1612	-.4003	.05738
.40	1.5360	.1518	-.3235	.03928
.45	1.4084	.1396	-.2531	.02487
.50	1.2624	.1254	-.1900	.01379
.55	1.1058	.1101	-.1347	.00567
.60	.9442	.0942	-.0875	.00012
.65	.7817	.0782	-.0484	-.00328
.70	.6207	.0622	-.0174	-.00492
.75	.4627	.0465	.0058	-.00521
.80	.3078	.0311	.0212	-.00454
.85	.1556	.0160	.0290	-.00328
.90	.0041	.0011	.0292	-.00183
.95	-.1419	-.0136	.0221	-.00055
1.00	-.4412	-.0283	-.0000	-.00000

XQ/L=0.4

X/L	FP	FS	FQ	FM
.05	1.0501	.0838	.0525	.00131
.10	.9689	.0966	.1009	.00515
.15	1.1015	.1092	.1560	.01157
.20	1.2227	.1214	.2172	.02090
.25	1.3372	.1325	.2840	.03343
.30	1.4368	.1421	.3559	.04943
.35	1.5126	.1491	.4315	.06911
.40	1.5534	.1527	-.4908	.09263
.45	1.5409	.1514	-.4138	.07001
.50	1.4748	.1454	-.3401	.05117
.55	1.3727	.1357	-.2714	.03588
.60	1.2452	.1234	-.2092	.02386
.65	1.1007	.1093	-.1541	.01478
.70	.9455	.0941	-.1068	.00826
.75	.7840	.0781	-.0677	.00390
.80	.6193	.0619	-.0367	.00129
.85	.4533	.0454	-.0140	.00002
.90	.2861	.0290	.0003	-.00032
.95	.1211	.0125	.0063	-.00016
1.00	-.1268	-.0039	-.0000	-.00000

XQ/L=0.5

X/L	FP	FS	FQ	FM
.05	.3490	.0320	.0175	.00044
.10	.4810	.0483	.0415	.00191
.15	.6461	.0645	.0738	.00479
.20	.8078	.0805	.1142	.00949
.25	.9660	.0961	.1625	.01641
.30	1.1172	.1109	.2184	.02593
.35	1.2566	.1244	.2812	.03842
.40	1.3775	.1360	.3501	.05420
.45	1.4714	.1449	.4236	.07354
.50	1.5273	.1499	-.5000	.09664
.55	1.5273	.1499	-.4236	.07354
.60	1.4714	.1449	-.3501	.05420
.65	1.3775	.1360	-.2812	.03842
.70	1.2566	.1244	-.2184	.02593
.75	1.1172	.1109	-.1625	.01641
.80	.9660	.0961	-.1142	.00949
.85	.8078	.0805	-.0738	.00479
.90	.6461	.0645	-.0415	.00191
.95	.4810	.0483	-.0175	.00044
1.00	.3490	.0320	-.0000	-.00000

B/L= 5.00 DS/B1= .10 KS= .500

XM/L=0.0

X/L	FP	FS	FQ	FM
.05	17.8383	1.2291	.8919	-.97770
.10	8.5890	.8729	1.3214	-.92237
.15	5.6503	.5737	1.6039	-.84924
.20	3.0991	.3277	1.7588	-.76517
.25	1.1066	.1302	1.8142	-.67585
.30	-.4313	-.0241	1.7926	-.58568
.35	-1.5800	-.1406	1.7136	-.49802
.40	-2.3990	-.2246	1.5936	-.41534
.45	-2.9427	-.2812	1.4465	-.33934
.50	-3.2604	-.3151	1.2835	-.27109
.55	-3.3966	-.3308	1.1137	-.21116
.60	-3.3903	-.3320	.9441	-.15971
.65	-3.2753	-.3221	.7804	-.11660
.70	-3.0800	-.3039	.6264	-.08143
.75	-2.8279	-.2799	.4850	-.05365
.80	-2.5380	-.2518	.3581	-.03257
.85	-2.2249	-.2211	.2468	-.01745
.90	-1.9008	-.1889	.1518	-.00748
.95	-1.5615	-.1560	.0737	-.00184
1.00	-1.4745	-.1228	.0000	-.00000

XM/L=0.1

X/L	FP	FS	FQ	FM
.05	17.0011	1.1841	.8501	.02125
.10	8.9279	.8847	1.2964	-.92509
.15	5.8423	.5900	1.5886	-.85296
.20	3.2376	.3412	1.7504	-.76949
.25	1.2165	.1410	1.8113	-.68044
.30	-.3461	-.0156	1.7940	-.59031
.35	-1.5160	-.1341	1.7182	-.50251
.40	-2.3530	-.2199	1.6005	-.41954
.45	-2.9119	-.2780	1.4549	-.34316
.50	-3.2423	-.3132	1.2928	-.27446
.55	-3.3890	-.3299	1.1234	-.21406
.60	-3.3912	-.3320	.9538	-.16213
.65	-3.2831	-.3228	.7896	-.11855
.70	-3.0935	-.3052	.6350	-.08293
.75	-2.8461	-.2816	.4927	-.05474
.80	-2.5601	-.2539	.3647	-.03331
.85	-2.2503	-.2236	.2521	-.01789
.90	-1.9295	-.1917	.1557	-.00769
.95	-1.5928	-.1591	.0760	-.00190
1.00	-1.5204	-.1262	-.0000	-.00000

XM/L=0.2

X/L	FP	FS	FQ	FM
.05	14.4523	1.0248	.7226	.01807
.10	8.3773	.8273	1.1415	.06467
.15	6.4260	.6273	1.4628	.12977
.20	4.2697	.4215	1.6763	-.79175
.25	1.9790	.2131	1.7752	-.70546
.30	.2370	.0422	1.7871	-.61641
.35	-1.0673	-.0891	1.7337	-.52839
.40	-2.0199	-.1861	1.6327	-.44423
.45	-2.6771	-.2539	1.4988	-.36594
.50	-3.0908	-.2974	1.3443	-.29486
.55	-3.3071	-.3212	1.1790	-.23178
.60	-3.3674	-.3291	1.0106	-.17704
.65	-3.3074	-.3248	.8452	-.13064
.70	-3.1577	-.3113	.6873	-.09233
.75	-2.9438	-.2911	.5401	-.06164
.80	-2.6865	-.2663	.4058	-.03799
.85	-2.4024	-.2385	.2857	-.02071
.90	-2.1059	-.2090	.1804	-.00905
.95	-1.7902	-.1786	.0909	-.00227
1.00	-1.8177	-.1479	-.0000	-.00000

XM/L=0.3

X/L	FP	FS	FQ	FM
.05	11.3476	.8176	.5674	.01418
.10	7.0941	.7013	.9221	.05142
.15	5.9580	.5830	1.2200	.10497
.20	4.6860	.4600	1.4543	.17183
.25	3.3650	.3288	1.6225	.24875
.30	1.8961	.1850	1.7173	-.66775
.35	.1751	.0312	1.7261	-.58167
.40	-1.0839	-.0925	1.6719	-.49672
.45	-1.9846	-.1839	1.5727	-.41560
.50	-2.6068	-.2480	1.4423	-.34023
.55	-3.0009	-.2894	1.2923	-.27186
.60	-3.2119	-.3124	1.1317	-.21126
.65	-3.2797	-.3210	.9677	-.15878
.70	-3.2389	-.3185	.8058	-.11444
.75	-3.1189	-.3078	.6498	-.07805
.80	-2.9443	-.2914	.5026	-.04924
.85	-2.7352	-.2712	.3658	-.02753
.90	-2.5108	-.2486	.2403	-.01238
.95	-2.2587	-.2249	.1274	-.00318
1.00	-2.5473	-.2008	-.0000	-.00000

XM/L=0.4

X/L	FP	FS	FQ	FM
.05	8.3353	.6105	.4168	.01042
.10	5.5963	.5540	.6966	.03825
.15	5.0557	.4962	.9494	.07940
.20	4.4178	.4348	1.1703	.13239
.25	3.7431	.3671	1.3574	.19558
.30	2.9767	.2896	1.5062	.26717
.35	2.0717	.1982	1.6098	.34508
.40	.9523	.0885	1.6574	-.57324
.45	-.4812	-.0369	1.6334	-.49097
.50	-1.5109	-.1378	1.5578	-.41119
.55	-2.2368	-.2117	1.4460	-.33610
.60	-2.7346	-.2632	1.3093	-.26721
.65	-3.0507	-.2966	1.1567	-.20556
.70	-3.2262	-.3159	.9954	-.15176
.75	-3.2970	-.3244	.8306	-.10611
.80	-3.2938	-.3252	.6659	-.06870
.85	-3.2432	-.3208	.5037	-.03946
.90	-3.1722	-.3132	.3451	-.01824
.95	-3.0582	-.3039	.1922	-.00480
1.00	-3.8440	-.2939	-.0000	-.00000

XM/L=0.5

X/L	FP	FS	FQ	FM
.05	5.7803	.4314	.2890	.00723
.10	4.1939	.4159	.4987	.02692
.15	4.0572	.3994	.7016	.05693
.20	3.8544	.3804	.8943	.09682
.25	3.6241	.3568	1.0755	.14607
.30	3.3273	.3259	1.2419	.20400
.35	2.9288	.2845	1.3883	.26975
.40	2.3885	.2290	1.5077	.34215
.45	1.6616	.1551	1.5908	.41962
.50	.6738	.0584	1.6245	-.50000
.55	-.6738	-.0584	1.5908	-.41962
.60	-1.6616	-.1551	1.5077	-.34215
.65	-2.3885	-.2290	1.3883	-.26975
.70	-2.9288	-.2846	1.2419	-.20400
.75	-3.3273	-.3259	1.0755	-.14607
.80	-3.6241	-.3568	.8943	-.09682
.85	-3.8544	-.3804	.7016	-.05693
.90	-4.0572	-.3994	.4987	-.02692
.95	-4.1939	-.4159	.2890	-.00723
1.00	-5.7803	-.4314	-.0000	-.00000

B/L= 5.00 DS/B1= .10 KS= 1.000

XQ/L=0.0

X/L	FP	FS	FQ	FM
.05	5.9068	.4289	-.7047	-.04262
.10	3.7962	.3772	-.5149	-.07310
.15	3.3105	.3272	-.3493	-.09471
.20	2.8043	.2797	-.2091	-.10867
.25	2.3478	.2352	-.0917	-.11619
.30	1.9308	.1942	.0048	-.11836
.35	1.5522	.1567	.0824	-.11618
.40	1.2107	.1227	.1430	-.11055
.45	.9046	.0921	.1882	-.10227
.50	.6311	.0647	.2198	-.09207
.55	.3874	.0402	.2391	-.08060
.60	.1699	.0183	.2476	-.06843
.65	-.0252	-.0013	.2464	-.05608
.70	-.2016	-.0191	.2363	-.04401
.75	-.3634	-.0354	.2181	-.03265
.80	-.5144	-.0505	.1924	-.02239
.85	-.6585	-.0649	.1595	-.01360
.90	-.8019	-.0786	.1194	-.00663
.95	-.9310	-.0921	.0728	-.00182
1.00	-1.4563	-.1055	-.0000	-.00000

XQ/L=0.1

X/L	FP	FS	FQ	FM
.05	4.5906	.3366	.2295	.00574
.10	3.0880	.3062	-.6161	.02107
.15	2.7943	.2755	-.4764	-.00624
.20	2.4605	.2445	-.3533	-.02698
.25	2.1457	.2141	-.2460	-.04196
.30	1.8455	.1847	-.1538	-.05196
.35	1.5619	.1567	-.0757	-.05769
.40	1.2963	.1303	-.0109	-.05986
.45	1.0494	.1058	.0416	-.05909
.50	.8212	.0830	.0827	-.05598
.55	.6107	.0619	.1132	-.05108
.60	.4166	.0425	.1340	-.04490
.65	.2372	.0245	.1459	-.03790
.70	.0702	.0077	.1494	-.03052
.75	-.0867	-.0080	.1451	-.02316
.80	-.2360	-.0229	.1333	-.01620
.85	-.3805	-.0373	.1142	-.01001
.90	-.5247	-.0512	.0880	-.00496
.95	-.6579	-.0650	.0551	-.00138
1.00	-1.1022	-.0786	-.0000	-.00000

XQ/L=0.2

X/L	FP	FS	FQ	FM
.05	3.3702	.2500	.1685	.00421
.10	2.3796	.2362	.2875	.01561
.15	2.2515	.2220	.4001	.03280
.20	2.0908	.2071	-.4954	.05542
.25	1.9240	.1910	-.3992	.03305
.30	1.7441	.1735	-.3120	.01527
.35	1.5585	.1554	-.2341	.00162
.40	1.3715	.1370	-.1655	-.00837
.45	1.1864	.1187	-.1062	-.01516
.50	1.0054	.1007	-.0559	-.01921
.55	.8301	.0833	-.0144	-.02097
.60	.6613	.0665	.0187	-.02086
.65	.4991	.0503	.0436	-.01930
.70	.3430	.0347	.0608	-.01669
.75	.1923	.0196	.0704	-.01341
.80	.0459	.0050	.0727	-.00984
.85	-.0977	-.0092	.0678	-.00632
.90	-.2415	-.0232	.0557	-.00324
.95	-.3778	-.0371	.0368	-.00092
1.00	-.7368	-.0509	-.0000	-.00000

XQ/L=0.3

X/L	FP	FS	FQ	FM
.05	2.3087	.1738	.1154	.00289
.10	1.7266	.1716	.2018	.01082
.15	1.7125	.1692	.2874	.02304
.20	1.6764	.1663	.3712	.03951
.25	1.6376	.1624	.4531	.06012
.30	1.5855	.1571	-.4676	.08475
.35	1.5102	.1496	-.3921	.06326
.40	1.4106	.1400	-.3216	.04542
.45	1.2950	.1287	-.2568	.03096
.50	1.1685	.1163	-.1984	.01957
.55	1.0348	.1031	-.1467	.01095
.60	.8970	.0895	-.1018	.00473
.65	.7573	.0756	-.0640	.00059
.70	.6170	.0617	-.0331	-.00184
.75	.4771	.0478	-.0093	-.00290
.80	.3378	.0339	.0076	-.00294
.85	.1992	.0202	.0176	-.00231
.90	.0599	.0065	.0206	-.00135
.95	-.0757	-.0071	.0168	-.00042
1.00	-.3359	-.0207	-.0000	-.00000

XQ/L=0.4

X/L	FP	FS	FQ	FM
.05	1.4246	.1096	.0712	.00178
.10	1.1559	.1151	.1290	.00679
.15	1.2159	.1204	.1898	.01476
.20	1.2628	.1254	.2530	.02583
.25	1.3075	.1299	.3183	.04011
.30	1.3435	.1333	.3855	.05771
.35	1.3657	.1353	.4538	.07869
.40	1.3678	.1352	-.4778	.10309
.45	1.3402	.1324	-.4108	.08087
.50	1.2826	.1270	-.3467	.06194
.55	1.2037	.1193	-.2865	.04611
.60	1.1089	.1101	-.2311	.03317
.65	1.0026	.0997	-.1809	.02287
.70	.8882	.0884	-.1365	.01493
.75	.7685	.0766	-.0981	.00907
.80	.6455	.0644	-.0658	.00497
.85	.5206	.0520	-.0398	.00233
.90	.3945	.0395	-.0201	.00083
.95	.2677	.0270	-.0067	.00017
1.00	.1334	.0144	-.0000	-.00000

XQ/L=0.5

X/L	FP	FS	FQ	FM
.05	.7085	.0571	.0354	.00089
.10	.6725	.0672	.0690	.00350
.15	.7766	.0772	.1079	.00792
.20	.8745	.0871	.1516	.01441
.25	.9708	.0966	.2001	.02320
.30	1.0621	.1056	.2532	.03454
.35	1.1453	.1137	.3105	.04863
.40	1.2164	.1206	.3713	.06568
.45	1.2708	.1257	.4349	.08583
.50	1.3025	.1286	-.5000	.10920
.55	1.3025	.1286	-.4349	.08583
.60	1.2708	.1257	-.3713	.06568
.65	1.2164	.1206	-.3105	.04863
.70	1.1453	.1137	-.2532	.03454
.75	1.0621	.1056	-.2001	.02320
.80	.9708	.0966	-.1516	.01441
.85	.8745	.0871	-.1079	.00792
.90	.7766	.0772	-.0690	.00350
.95	.6725	.0672	-.0354	.00089
1.00	.7085	.0571	-.0000	-.00000

B/L= 5.00 DS/B1= .10 KS= 1.000

XM/L=0.0

X/L	FP	FS	FQ	FM
.05	13.2747	.9290	.6637	-.98341
.10	7.0302	.7076	1.0152	-.94143
.15	5.1428	.5151	1.2724	-.88424
.20	3.4221	.3500	1.4435	-.81634
.25	2.0073	.2104	1.5439	-.74166
.30	.8413	.0942	1.5859	-.66342
.35	-.1063	-.0009	1.5806	-.58425
.40	-.8629	-.0773	1.5375	-.50630
.45	-1.4540	-.1374	1.4648	-.43125
.50	-1.9039	-.1834	1.3696	-.36039
.55	-2.2350	-.2175	1.2578	-.29470
.60	-2.4684	-.2418	1.1344	-.23490
.65	-2.6233	-.2582	1.0032	-.18146
.70	-2.7169	-.2684	.8674	-.13469
.75	-2.7648	-.2738	.7291	-.09478
.80	-2.7806	-.2757	.5901	-.06180
.85	-2.7762	-.2754	.4513	-.03576
.90	-2.7675	-.2735	.3129	-.01666
.95	-2.7256	-.2709	.1766	-.00442
1.00	-3.5330	-.2680	.0000	-.00000

XM/L=0.1

X/L	FP	FS	FQ	FM
.05	12.8392	.9053	.6420	.01605
.10	7.1921	.7128	1.0016	-.94286
.15	5.2350	.5229	1.2633	-.88624
.20	3.4910	.3567	1.4379	-.81871
.25	2.0646	.2160	1.5411	-.74424
.30	.8883	.0989	1.5855	-.66607
.35	-.0684	.0029	1.5821	-.58688
.40	-.8331	-.0743	1.5404	-.50882
.45	-1.4316	-.1351	1.4689	-.43359
.50	-1.8879	-.1818	1.3745	-.36250
.55	-2.2249	-.2165	1.2632	-.29656
.60	-2.4635	-.2413	1.1400	-.23648
.65	-2.6231	-.2582	1.0089	-.18276
.70	-2.7210	-.2687	.8728	-.13572
.75	-2.7728	-.2745	.7342	-.09554
.80	-2.7921	-.2769	.5946	-.06232
.85	-2.7913	-.2768	.4550	-.03608
.90	-2.7860	-.2754	.3157	-.01681
.95	-2.7473	-.2731	.1784	-.00446
1.00	-3.5671	-.2705	-.0000	-.00000

XM/L=0.2

X/L	FP	FS	FQ	FM
.05	11.4708	.8193	.5735	.01434
.10	6.8735	.6797	.9172	.05161
.15	5.5037	.5392	1.1924	.10435
.20	4.0028	.3963	1.3925	-.83103
.25	2.4574	.2531	1.5154	-.75833
.30	1.2039	.1300	1.5756	-.68105
.35	.1889	.0285	1.5850	-.60204
.40	-.6281	-.0538	1.5536	-.52357
.45	-1.2733	-.1192	1.4900	-.44748
.50	-1.7718	-.1700	1.4014	-.37520
.55	-2.1466	-.2085	1.2941	-.30781
.60	-2.4194	-.2368	1.1731	-.24613
.65	-2.6099	-.2567	1.0426	-.19074
.70	-2.7361	-.2701	.9058	-.14203
.75	-2.8140	-.2785	.7651	-.10026
.80	-2.8580	-.2833	.6222	-.06558
.85	-2.8808	-.2857	.4781	-.03807
.90	-2.8990	-.2864	.3332	-.01779
.95	-2.8817	-.2864	.1891	-.00473
1.00	-3.7821	-.2860	-.0000	-.00000

XM/L=0.3

X/L	FP	FS	FQ	FM
.05	9.7318	.7029	.4866	.01216
.10	6.1423	.6079	.7937	.04417
.15	5.2183	.5119	1.0546	.09038
.20	4.1970	.4140	1.2645	.14836
.25	3.1690	.3126	1.4229	.21554
.30	2.0788	.2056	1.5269	-.71071
.35	.8758	.0949	1.5706	-.63328
.40	-.0810	.0006	1.5666	-.55485
.45	-.8413	-.0760	1.5245	-.47757
.50	-1.4437	-.1370	1.4523	-.40315
.55	-1.9125	-.1848	1.3567	-.33292
.60	-2.2708	-.2216	1.2432	-.26792
.65	-2.5396	-.2494	1.1162	-.20894
.70	-2.7379	-.2700	.9793	-.15655
.75	-2.8830	-.2852	.8351	-.11119
.80	-2.9906	-.2963	.6856	-.07317
.85	-3.0747	-.3047	.5319	-.04273
.90	-3.1540	-.3114	.3742	-.02008
.95	-3.1927	-.3171	.2145	-.00536
1.00	-4.2910	-.3225	-.0000	-.00000

XM/L=0.4

X/L	FP	FS	FQ	FM
.05	7.9674	.5816	.3984	.00996
.10	5.2655	.5216	.6616	.03646
.15	4.6896	.4609	.8961	.07540
.20	4.0355	.3986	1.0979	.12525
.25	3.3761	.3332	1.2667	.18437
.30	2.6763	.2533	1.4005	.25105
.35	1.9128	.1868	1.4962	.32347
.40	1.0484	.1017	1.5486	-.60041
.45	.0348	.0095	1.5503	-.52294
.50	-.7677	-.0696	1.5119	-.44638
.55	-1.4078	-.1342	1.4415	-.37255
.60	-1.9228	-.1864	1.3454	-.30287
.65	-2.3359	-.2286	1.2286	-.23852
.70	-2.6683	-.2626	1.0952	-.18043
.75	-2.9395	-.2904	.9482	-.12934
.80	-3.1671	-.3135	.7899	-.08589
.85	-3.3672	-.3334	.6215	-.05061
.90	-3.5624	-.3513	.4434	-.02398
.95	-3.7083	-.3680	.2580	-.00645
1.00	-5.1595	-.3843	-.0000	-.00000

XM/L=0.5

X/L	FP	FS	FQ	FM
.05	6.4012	.4721	.3201	.00800
.10	4.4178	.4380	.5409	.02953
.15	4.0976	.4034	.7458	.06170
.20	3.7155	.3675	.9316	.10363
.25	3.3283	.3290	1.0980	.15437
.30	2.9081	.2867	1.2434	.21291
.35	2.4357	.2389	1.3652	.27812
.40	1.8903	.1838	1.4597	.34875
.45	1.2495	.1192	1.5222	.42329
.50	.4766	.0431	1.5460	-.50000
.55	-.4766	-.0431	1.5222	-.42329
.60	-1.2495	-.1192	1.4597	-.34875
.65	-1.8903	-.1838	1.3652	-.27812
.70	-2.4357	-.2389	1.2434	-.21291
.75	-2.9081	-.2867	1.0980	-.15437
.80	-3.3283	-.3290	.9316	-.10363
.85	-3.7155	-.3675	.7458	-.06170
.90	-4.0976	-.4034	.5409	-.02953
.95	-4.4178	-.4380	.3201	-.00800
1.00	-6.4012	-.4721	-.0000	-.00000

B/L= 5.00 DS/B1= .10 KS= 3.000

XQ/L=0.0

X/L	FP	FS	FQ	FM
.05	5.2309	.3830	-.7385	-.04346
.10	3.4916	.3467	-.5639	-.07602
.15	3.1495	.3109	-.4064	-.10028
.20	2.7754	.2760	-.2676	-.11713
.25	2.4279	.2422	-.1462	-.12747
.30	2.0971	.2097	-.0414	-.13216
.35	1.7816	.1784	.0477	-.13201
.40	1.4806	.1485	.1217	-.12777
.45	1.1933	.1198	.1814	-.12019
.50	.9189	.0924	.2273	-.10997
.55	.6564	.0662	.2602	-.09779
.60	.4044	.0410	.2804	-.08427
.65	.1615	.0167	.2885	-.07005
.70	-.0738	-.0068	.2848	-.05572
.75	-.3032	-.0297	.2696	-.04186
.80	-.5286	-.0521	.2432	-.02904
.85	-.7521	-.0742	.2056	-.01782
.90	-.9795	-.0960	.1566	-.00877
.95	-1.1900	-.1177	.0971	-.00243
1.00	-1.9418	-.1393	-.0000	-.00000

XQ/L=0.1

X/L	FP	FS	FQ	FM
.05	4.2952	.3161	.2148	.00537
.10	2.9324	.2910	-.6386	.01977
.15	2.6937	.2657	-.5039	-.00879
.20	2.4204	.2405	-.3829	-.03096
.25	2.1616	.2154	-.2748	-.04741
.30	1.9102	.1907	-.1793	-.05876
.35	1.6659	.1665	-.0960	-.06564
.40	1.4289	.1430	-.0246	-.06866
.45	1.1993	.1201	.0354	-.06839
.50	.9770	.0980	.0842	-.06540
.55	.7616	.0765	.1223	-.06024
.60	.5527	.0556	.1499	-.05343
.65	.3495	.0353	.1674	-.04550
.70	.1512	.0155	.1750	-.03694
.75	-.0433	-.0039	.1728	-.02824
.80	-.2350	-.0230	.1611	-.01990
.85	-.4256	-.0418	.1398	-.01237
.90	-.6192	-.0605	.1088	-.00616
.95	-.8006	-.0791	.0688	-.00172
1.00	-1.3758	-.0976	-.0000	-.00000

XQ/L=0.2

X/L	FP	FS	FQ	FM
.05	3.3930	.2512	.1696	.00424
.10	2.3737	.2357	.2883	.01569
.15	2.2295	.2200	.3998	.03289
.20	2.0568	.2042	-.4973	.05546
.25	1.8885	.1879	-.4029	.03295
.30	1.7174	.1711	-.3171	.01495
.35	1.5453	.1542	-.2398	.00103
.40	1.3732	.1371	-.1711	-.00924
.45	1.2020	.1201	-.1110	-.01630
.50	1.0324	.1032	-.0594	-.02056
.55	.8649	.0866	-.0162	-.02245
.60	.6997	.0701	.0188	-.02238
.65	.5369	.0538	.0457	-.02077
.70	.3762	.0378	.0645	-.01801
.75	.2173	.0220	.0754	-.01452
.80	.0598	.0063	.0783	-.01068
.85	-.0973	-.0093	.0735	-.00688
.90	-.2564	-.0247	.0606	-.00353
.95	-.4082	-.0401	.0402	-.00101
1.00	-.8047	-.0555	-.0000	-.00000

XQ/L=0.3

X/L	FP	FS	FQ	FM
.05	2.5480	.1900	.1274	.00318
.10	1.8356	.1824	.2192	.01185
.15	1.7678	.1746	.3076	.02502
.20	1.6787	.1667	.3915	.04250
.25	1.5934	.1585	.4712	.06406
.30	1.5046	.1497	-.4536	.08950
.35	1.4083	.1402	-.3832	.06858
.40	1.3036	.1299	-.3180	.05105
.45	1.1933	.1189	-.2583	.03664
.50	1.0788	.1076	-.2044	.02508
.55	.9614	.0959	-.1563	.01606
.60	.8421	.0841	-.1142	.00930
.65	.7217	.0721	-.0781	.00449
.70	.6007	.0601	-.0481	.00133
.75	.4794	.0480	-.0241	-.00047
.80	.3579	.0359	-.0062	-.00123
.85	.2363	.0238	.0056	-.00125
.90	.1136	.0118	.0113	-.00083
.95	-.0068	-.0003	.0109	-.00027
1.00	-.2185	-.0123	-.0000	-.00000

XQ/L=0.4

X/L	FP	FS	FQ	FM
.05	1.7691	.1333	.0885	.00221
.10	1.3284	.1321	.1549	.00829
.15	1.3222	.1308	.2210	.01769
.20	1.3016	.1294	.2861	.03037
.25	1.2833	.1277	.3502	.04627
.30	1.2625	.1257	.4133	.06536
.35	1.2369	.1231	.4752	.08758
.40	1.2039	.1197	-.4646	.11284
.45	1.1601	.1154	-.4066	.09106
.50	1.1055	.1100	-.3513	.07211
.55	1.0427	.1038	-.2992	.05585
.60	.9736	.0970	-.2505	.04211
.65	.8998	.0897	-.2055	.03070
.70	.8225	.0820	-.1644	.02146
.75	.7427	.0741	-.1273	.01417
.80	.6614	.0660	-.0942	.00863
.85	.5790	.0578	-.0652	.00464
.90	.4967	.0495	-.0404	.00200
.95	.4116	.0412	-.0198	.00050
1.00	.3965	.0329	-.0000	-.00000

XQ/L=0.5

X/L	FP	FS	FQ	FM
.05	1.0548	.0811	.0527	.00132
.10	.8546	.0851	.0955	.00502
.15	.8985	.0891	.1404	.01092
.20	.9339	.0930	.1871	.01911
.25	.9705	.0967	.2356	.02967
.30	1.0055	.1002	.2859	.04271
.35	1.0372	.1033	.3377	.05830
.40	1.0642	.1059	.3910	.07652
.45	1.0845	.1079	.4452	.09742
.50	1.0963	.1090	-.5000	.12105
.55	1.0963	.1090	-.4452	.09742
.60	1.0845	.1079	-.3910	.07652
.65	1.0642	.1059	-.3377	.05830
.70	1.0372	.1033	-.2859	.04271
.75	1.0055	.1002	-.2356	.02967
.80	.9705	.0967	-.1871	.01911
.85	.9339	.0930	-.1404	.01092
.90	.8985	.0891	-.0955	.00502
.95	.8546	.0851	-.0527	.00132
1.00	1.0548	.0811	-.0000	-.00000

B/L= 5.00 DS/B1= .10 KS= 3.000

XM/L=0.0

X/L	FP	FS	FQ	FM
.05	9.3960	.6713	.4698	-.98826
.10	5.5761	.5564	.7486	-.95779
.15	4.5513	.4511	.9762	-.91468
.20	3.5449	.3552	1.1534	-.86144
.25	2.6592	.2682	1.2864	-.80044
.30	1.8656	.1895	1.3797	-.73379
.35	1.1534	.1185	1.4373	-.66337
.40	.5134	.0545	1.4630	-.59086
.45	-.0625	-.0032	1.4599	-.51779
.50	-.5823	-.0555	1.4308	-.44552
.55	-1.0536	-.1028	1.3781	-.37530
.60	-1.4839	-.1461	1.3039	-.30825
.65	-1.8804	-.1860	1.2099	-.24541
.70	-2.2500	-.2231	1.0974	-.18773
.75	-2.5992	-.2581	.9674	-.13611
.80	-2.9346	-.2914	.8207	-.09141
.85	-3.2633	-.3236	.6575	-.05445
.90	-3.6013	-.3550	.4774	-.02608
.95	-3.8917	-.3861	.2829	-.00707
1.00	-5.6572	-.4170	.0000	-.00000

XM/L=0.1

X/L	FP	FS	FQ	FM
.05	9.2458	.6631	.4623	.01156
.10	5.6278	.5578	.7437	-.95829
.15	4.5808	.4536	.9727	-.91538
.20	3.5676	.3574	1.1511	-.86229
.25	2.6788	.2702	1.2850	-.80138
.30	1.8825	.1912	1.3792	-.73478
.35	1.1677	.1200	1.4375	-.66436
.40	.5254	.0557	1.4638	-.59183
.45	-.0528	-.0023	1.4612	-.51870
.50	-.5748	-.0547	1.4324	-.44636
.55	-1.0482	-.1023	1.3800	-.37605
.60	-1.4805	-.1458	1.3060	-.30890
.65	-1.8789	-.1859	1.2121	-.24595
.70	-2.2503	-.2231	1.0995	-.18816
.75	-2.6013	-.2583	.9695	-.13643
.80	-2.9385	-.2918	.8225	-.09163
.85	-3.2690	-.3241	.6591	-.05459
.90	-3.6088	-.3558	.4787	-.02615
.95	-3.9009	-.3870	.2836	-.00709
1.00	-5.6723	-.4181	-.0000	-.00000

XM/L=0.2

X/L	FP	FS	FQ	FM
.05	8.7614	.6325	.4381	.01095
.10	5.5082	.5455	.7135	.03974
.15	4.6629	.4583	.9466	.08124
.20	3.7363	.3704	1.1334	-.86676
.25	2.8127	.2828	1.2741	-.80657
.30	1.9945	.2022	1.3738	-.74037
.35	1.2632	.1294	1.4370	-.67010
.40	.6054	.0637	1.4672	-.59750
.45	.0126	.0043	1.4679	-.52412
.50	-.5233	-.0495	1.4417	-.45138
.55	-1.0100	-.0985	1.3912	-.38056
.60	-1.4552	-.1432	1.3184	-.31282
.65	-1.8660	-.1845	1.2251	-.24923
.70	-2.2494	-.2230	1.1127	-.19078
.75	-2.6122	-.2593	.9821	-.13842
.80	-2.9609	-.2940	.8340	-.09302
.85	-3.3029	-.3275	.6689	-.05544
.90	-3.6543	-.3602	.4861	-.02657
.95	-3.9573	-.3926	.2883	-.00721
1.00	-5.7657	-.4248	-.0000	-.00000

XM/L=0.3

X/L	FP	FS	FQ	FM
.05	8.1247	.5898	.4062	.01016
.10	5.2367	.5188	.6681	.03701
.15	4.5514	.4476	.8956	.07611
.20	3.7959	.3758	1.0854	.12563
.25	3.0547	.3030	1.2382	.18372
.30	2.2992	.2287	1.3531	-.75149
.35	1.5117	.1534	1.4287	-.68195
.40	.8118	.0841	1.4693	-.60950
.45	.1832	.0212	1.4785	-.53580
.50	-.3867	-.0359	1.4591	-.46236
.55	-.9061	-.0881	1.4138	-.39054
.60	-1.3826	-.1360	1.3447	-.32157
.65	-1.8238	-.1803	1.2535	-.25662
.70	-2.2367	-.2217	1.1417	-.19674
.75	-2.6284	-.2609	1.0103	-.14294
.80	-3.0056	-.2984	.8600	-.09618
.85	-3.3757	-.3347	.6912	-.05741
.90	-3.7559	-.3702	.5034	-.02754
.95	-4.0856	-.4053	.2991	-.00748
1.00	-5.9823	-.4402	-.0000	-.00000

XM/L=0.4

X/L	FP	FS	FQ	FM
.05	7.4566	.5438	.3728	.00932
.18	4.9046	.4861	.6181	.03409
.15	4.3507	.4282	.8356	.07043
.20	3.7331	.3697	1.0222	.11688
.25	3.1286	.3103	1.1787	.17190
.30	2.5155	.2495	1.3045	.23398
.35	1.8844	.1866	1.3987	.30156
.40	1.2226	.1211	1.4598	-.62698
.45	.5139	.0534	1.4855	-.55335
.50	-.1212	-.0096	1.4794	-.47922
.55	-.6988	-.0674	1.4445	-.40612
.60	-1.2314	-.1209	1.3829	-.33544
.65	-1.7268	-.1706	1.2966	-.26845
.70	-2.1926	-.2173	1.1870	-.20636
.75	-2.6360	-.2616	1.0552	-.15031
.80	-3.0642	-.3041	.9019	-.10138
.85	-3.4850	-.3454	.7277	-.06064
.90	-3.9166	-.3859	.5319	-.02915
.95	-4.2945	-.4259	.3171	-.00793
1.00	-6.3428	-.4658	-.0000	-.00000

XM/L=0.5

X/L	FP	FS	FQ	FM
.05	6.8438	.5011	.3422	.00855
.10	4.5759	.4537	.5710	.03138
.15	4.1241	.4061	.7772	.06509
.20	3.6143	.3581	.9579	.10847
.25	3.1162	.3092	1.1137	.16026
.30	2.6103	.2589	1.2442	.21921
.35	2.0881	.2068	1.3486	.28403
.40	1.5418	.1521	1.4257	.35339
.45	.9637	.0943	1.4739	.42588
.50	.3413	.0326	1.4910	-.50000
.55	-.3413	-.0326	1.4739	-.42588
.60	-.9637	-.0943	1.4257	-.35339
.65	-1.5418	-.1521	1.3486	-.28403
.70	-2.0881	-.2068	1.2442	-.21921
.75	-2.6103	-.2589	1.1137	-.16026
.80	-3.1162	-.3092	.9579	-.10847
.85	-3.6143	-.3581	.7772	-.06509
.90	-4.1241	-.4061	.5710	-.03138
.95	-4.5759	-.4537	.3422	-.00855
1.00	-6.8438	-.5011	-.0000	-.00000

B/L= 5.00 DS/B1= .10 KS= 10.000

XQ/L=0.0

X/L	FP	FS	FQ	FM
.05	4.9464	.3637	-.7527	-.04382
.10	3.3608	.3336	-.5846	-.07725
.15	3.0779	.3037	-.4307	-.10263
.20	2.7592	.2741	-.2928	-.12072
.25	2.4581	.2449	-.1699	-.13229
.30	2.1648	.2160	-.0616	-.13808
.35	1.8774	.1875	.0322	-.13881
.40	1.5952	.1594	.1120	-.13521
.45	1.3176	.1318	.1779	-.12796
.50	1.0444	.1045	.2301	-.11776
.55	.7750	.0777	.2688	-.10529
.60	.5090	.0511	.2943	-.09121
.65	.2459	.0248	.3066	-.07619
.70	-.0149	-.0012	.3058	-.06088
.75	-.2740	-.0270	.2921	-.04593
.80	-.5325	-.0526	.2655	-.03198
.85	-.7916	-.0781	.2259	-.01970
.90	-1.0569	-.1036	.1731	-.00972
.95	-1.3043	-.1290	.1079	-.00270
1.00	-2.1577	-.1544	-.0000	-.00000

XQ/L=0.1

X/L	FP	FS	FQ	FM
.05	4.1672	.3072	.2084	.00521
.10	2.8654	.2844	-.6484	.01921
.15	2.6506	.2616	-.5158	-.00990
.20	2.4030	.2387	-.3957	-.03269
.25	2.1680	.2159	-.2873	-.04976
.30	1.9375	.1932	-.1904	-.06170
.35	1.7102	.1707	-.1049	-.06909
.40	1.4857	.1484	-.0306	-.07247
.45	1.2638	.1263	.0326	-.07243
.50	1.0444	.1045	.0848	-.06949
.55	.8273	.0828	.1262	-.06422
.60	.6122	.0613	.1568	-.05715
.65	.3990	.0401	.1767	-.04881
.70	.1872	.0189	.1861	-.03974
.75	-.0236	-.0021	.1849	-.03047
.80	-.2340	-.0229	.1732	-.02151
.85	-.4449	-.0437	.1509	-.01341
.90	-.6602	-.0645	.1179	-.00669
.95	-.8630	-.0852	.0748	-.00187
1.00	-1.4958	-.1059	-.0000	-.00000

XQ/L=0.2

X/L	FP	FS	FQ	FM
.05	3.3982	.2514	.1699	.00425
.10	2.3702	.2353	.2884	.01571
.15	2.2207	.2192	.3995	.03290
.20	2.0443	.2030	-.4983	.05543
.25	1.8759	.1867	-.4045	.03286
.30	1.7084	.1703	-.3191	.01477
.35	1.5414	.1538	-.2420	.00074
.40	1.3749	.1373	-.1733	-.00964
.45	1.2089	.1208	-.1129	-.01680
.50	1.0436	.1043	-.0607	-.02114
.55	.8789	.0879	-.0167	-.02307
.60	.7150	.0715	.0190	-.02301
.65	.5518	.0552	.0466	-.02137
.70	.3892	.0390	.0661	-.01856
.75	.2270	.0229	.0774	-.01497
.80	.0649	.0068	.0807	-.01102
.85	-.0976	-.0093	.0758	-.00711
.90	-.2627	-.0253	.0626	-.00365
.95	-.4207	-.0414	.0416	-.00104
1.00	-.8322	-.0574	-.0000	-.00000

XQ/L=0.3

X/L	FP	FS	FQ	FM
.05	2.6470	.1967	.1323	.00331
.10	1.8814	.1869	.2264	.01228
.15	1.7918	.1770	.3160	.02584
.20	1.6813	.1671	.4001	.04374
.25	1.5771	.1570	.4789	.06572
.30	1.4731	.1468	-.4474	.09150
.35	1.3676	.1364	-.3790	.07084
.40	1.2598	.1257	-.3161	.05346
.45	1.1504	.1148	-.2585	.03910
.50	1.0397	.1038	-.2065	.02747
.55	.9282	.0927	-.1601	.01830
.60	.8161	.0815	-.1193	.01132
.65	.7036	.0703	-.0842	.00623
.70	.5909	.0591	-.0546	.00276
.75	.4779	.0478	-.0307	.00063
.80	.3648	.0366	-.0125	-.00045
.85	.2514	.0253	.0001	-.00076
.90	.1371	.0140	.0070	-.00058
.95	.0245	.0028	.0082	-.00020
1.00	-.1636	-.0085	-.0000	-.00000

XQ/L=0.4

X/L	FP	FS	FQ	FM
.05	1.9164	.1435	.0958	.00240
.10	1.4023	.1394	.1659	.00894
.15	1.3680	.1353	.2343	.01895
.20	1.3186	.1311	.3003	.03231
.25	1.2737	.1269	.3640	.04892
.30	1.2289	.1225	.4254	.06865
.35	1.1831	.1180	.4845	.09140
.40	1.1351	.1132	-.4587	.11705
.45	1.0840	.1081	-.4045	.09547
.50	1.0296	.1027	-.3530	.07653
.55	.9726	.0971	-.3044	.06009
.60	.9136	.0912	-.2587	.04602
.65	.8531	.0852	-.2160	.03415
.70	.7915	.0790	-.1765	.02433
.75	.7291	.0728	-.1400	.01642
.80	.6663	.0665	-.1067	.01025
.85	.6033	.0602	-.0765	.00567
.90	.5411	.0538	-.0495	.00252
.95	.4752	.0475	-.0257	.00064
1.00	.5144	.0411	-.0000	-.00000

XQ/L=0.5

X/L	FP	FS	FQ	FM
.05	1.2064	.0917	.0603	.00151
.10	.9338	.0930	.1070	.00569
.15	.9510	.0942	.1546	.01223
.20	.9590	.0955	.2025	.02116
.25	.9695	.0967	.2510	.03250
.30	.9800	.0978	.3000	.04627
.35	.9897	.0988	.3495	.06251
.40	.9981	.0996	.3994	.08123
.45	1.0044	.1002	.4496	.10245
.50	1.0080	.1005	-.5000	.12619
.55	1.0080	.1005	-.4496	.10245
.60	1.0044	.1002	-.3994	.08123
.65	.9981	.0996	-.3495	.06251
.70	.9897	.0988	-.3000	.04627
.75	.9800	.0978	-.2510	.03250
.80	.9695	.0967	-.2025	.02116
.85	.9590	.0955	-.1546	.01223
.90	.9510	.0942	-.1070	.00569
.95	.9338	.0930	-.0603	.00151
1.00	1.2064	.0917	-.0000	-.00000

B/L= 5.00 DS/B1= .10 KS= 10.000

XM/L=0.0

X/L	FP	FS	FQ	FM
.05	7.8038	.5650	.3902	-.99025
.10	4.9499	.4918	.6377	-.96455
.15	4.2718	.4216	.8513	-.92732
.20	3.5601	.3542	1.0293	-.88031
.25	2.8999	.2895	1.1743	-.82522
.30	2.2719	.2274	1.2879	-.76367
.35	1.6710	.1676	1.3714	-.69719
.40	1.0938	.1101	1.4261	-.62725
.45	.5374	.0545	1.4530	-.55527
.50	-.0008	.0008	1.4529	-.48262
.55	-.5233	-.0515	1.4268	-.41063
.60	-1.0324	-.1024	1.3751	-.34058
.65	-1.5306	-.1521	1.2986	-.27374
.70	-2.0203	-.2010	1.1976	-.21133
.75	-2.5040	-.2491	1.0724	-.15458
.80	-2.9848	-.2966	.9232	-.10469
.85	-3.4669	-.3438	.7498	-.06287
.90	-3.9662	-.3907	.5515	-.03033
.95	-4.4121	-.4375	.3309	-.00827
1.00	-6.6182	-.4842	.0000	-.00000

XM/L=0.1

X/L	FP	FS	FQ	FM
.05	7.7581	.5625	.3879	.00970
.10	4.9651	.4922	.6362	-.95470
.15	4.2805	.4223	.8502	-.92754
.20	3.5669	.3548	1.0285	-.88057
.25	2.9058	.2901	1.1738	-.82551
.30	2.2771	.2279	1.2877	-.76398
.35	1.6756	.1681	1.3715	-.69750
.40	1.0977	.1105	1.4263	-.62755
.45	.5406	.0549	1.4534	-.55556
.50	.0017	.0010	1.4534	-.48289
.55	-.5214	-.0513	1.4274	-.41087
.60	-1.0312	-.1022	1.3758	-.34079
.65	-1.5300	-.1520	1.2993	-.27391
.70	-2.0202	-.2009	1.1983	-.21147
.75	-2.5045	-.2491	1.0731	-.15469
.80	-2.9860	-.2967	.9238	-.10477
.85	-3.4687	-.3440	.7503	-.06291
.90	-3.9686	-.3910	.5519	-.03036
.95	-4.4151	-.4378	.3312	-.00828
1.00	-6.6232	-.4846	-.0000	-.00000

XM/L=0.2

X/L	FP	FS	FQ	FM
.05	7.6092	.5530	.3805	.00951
.10	4.9275	.4884	.6268	.03469
.15	4.3041	.4236	.8420	.07142
.20	3.6172	.3587	1.0229	-.88196
.25	2.9463	.2939	1.1702	-.82713
.30	2.3115	.2313	1.2858	-.76573
.35	1.7054	.1710	1.3711	-.69931
.40	1.1232	.1130	1.4272	-.62935
.45	.5618	.0570	1.4553	-.55729
.50	.0188	.0027	1.4563	-.48450
.55	-.5084	-.0500	1.4308	-.41232
.60	-1.0222	-.1013	1.3797	-.34206
.65	-1.5250	-.1515	1.3035	-.27498
.70	-2.0192	-.2008	1.2025	-.21233
.75	-2.5074	-.2494	1.0772	-.15534
.80	-2.9927	-.2974	.9275	-.10522
.85	-3.4794	-.3450	.7535	-.06319
.90	-3.9833	-.3924	.5544	-.03049
.95	-4.4335	-.4396	.3327	-.00832
1.00	-6.6541	-.4868	-.0000	-.00000

XM/L=0.3

X/L	FP	FS	FQ	FM
.05	7.4109	.5397	.3705	.00926
.10	4.8425	.4800	.6127	.03384
.15	4.2685	.4202	.8261	.06981
.20	3.6344	.3602	1.0078	.11566
.25	3.0195	.3000	1.1588	.16983
.30	2.4046	.2394	1.2790	-.76923
.35	1.7825	.1785	1.3681	-.70305
.40	1.1882	.1194	1.4276	-.63316
.45	.6164	.0624	1.4584	-.56101
.50	.0633	.0071	1.4615	-.48801
.55	-.4738	-.0465	1.4378	-.41553
.60	-.9973	-.0988	1.3880	-.34488
.65	-1.5098	-.1500	1.3125	-.27737
.70	-2.0136	-.2003	1.2118	-.21426
.75	-2.5113	-.2498	1.0862	-.15681
.80	-3.0061	-.2987	.9359	-.10625
.85	-3.5023	-.3473	.7608	-.06384
.90	-4.0159	-.3956	.5600	-.03081
.95	-4.4753	-.4438	.3363	-.00841
1.00	-6.7253	-.4919	-.0000	-.00000

XM/L=0.4

X/L	FP	FS	FQ	FM
.05	7.2002	.5252	.3600	.00900
.10	4.7377	.4697	.5969	.03292
.15	4.2051	.4140	.8072	.06802
.20	3.6143	.3583	.9879	.11290
.25	3.0422	.3023	1.1400	.16610
.30	2.4716	.2458	1.2636	.22618
.35	1.8977	.1888	1.3584	.29173
.40	1.3158	.1310	1.4242	-.63870
.45	.7207	.0725	1.4603	-.56659
.50	.1482	.0155	1.4677	-.49339
.55	-.4065	-.0398	1.4473	-.42051
.60	-.9474	-.0939	1.4000	-.34933
.65	-1.4769	-.1467	1.3261	-.28118
.70	-1.9975	-.1987	1.2263	-.21737
.75	-2.5121	-.2498	1.1007	-.15919
.80	-3.0236	-.3005	.9495	-.10794
.85	-3.5366	-.3507	.7726	-.06489
.90	-4.0673	-.4006	.5693	-.03134
.95	-4.5428	-.4504	.3421	-.00855
1.00	-6.8428	-.5002	-.0000	-.00000

XM/L=0.5

X/L	FP	FS	FQ	FM
.05	7.0045	.5116	.3502	.00876
.10	4.6331	.4593	.5819	.03206
.15	4.1334	.4071	.7886	.06632
.20	3.5771	.3546	.9674	.11022
.25	3.0390	.3020	1.1194	.16239
.30	2.5023	.2489	1.2445	.22148
.35	1.9626	.1952	1.3426	.28616
.40	1.4166	.1408	1.4134	.35506
.45	.8614	.0854	1.4565	.42681
.50	.2931	.0288	1.4712	-.50000
.55	-.2931	-.0288	1.4565	-.42681
.60	-.8614	-.0854	1.4134	-.35506
.65	-1.4166	-.1408	1.3426	-.28616
.70	-1.9626	-.1952	1.2445	-.22148
.75	-2.5023	-.2489	1.1194	-.16239
.80	-3.0390	-.3020	.9674	-.11022
.85	-3.5771	-.3546	.7886	-.06632
.90	-4.1334	-.4071	.5819	-.03206
.95	-4.6331	-.4593	.3502	-.00876
1.00	-7.0045	-.5116	-.0000	-.00000

B/L= 5.00 DS/B1= .10 KS=100.000

XQ/L=0.0

X/L	FP	FS	FQ	FM
.05	4.8282	.3556	-.7586	-.04396
.10	3.3061	.3281	-.5933	-.07776
.15	3.0477	.3007	-.4409	-.10362
.20	2.7518	.2733	-.3033	-.12222
.25	2.4702	.2459	-.1798	-.13430
.30	2.1925	.2186	-.0702	-.14055
.35	1.9171	.1913	.0257	-.14166
.40	1.6429	.1640	.1078	-.13832
.45	1.3697	.1368	.1763	-.13122
.50	1.0971	.1096	.2312	-.12103
.55	.8251	.0825	.2724	-.10844
.60	.5534	.0554	.3001	-.09413
.65	.2819	.0283	.3142	-.07877
.70	.0104	.0013	.3147	-.06305
.75	-.2613	-.0258	.3016	-.04764
.80	-.5337	-.0528	.2750	-.03323
.85	-.8080	-.0798	.2346	-.02049
.90	-1.0894	-.1068	.1801	-.01012
.95	-1.3525	-.1337	.1125	-.00281
1.00	-2.2491	-.1607	-.0000	-.00000

XO/L=0.1

X/L	FP	FS	FQ	FM
.05	4.1135	.3035	.2057	.00514
.10	2.8373	.2817	-.6525	.01897
.15	2.6325	.2598	-.5208	-.01036
.20	2.3957	.2380	-.4010	-.03341
.25	2.1707	.2161	-.2925	-.05075
.30	1.9488	.1943	-.1951	-.06294
.35	1.7286	.1725	-.1086	-.07053
.40	1.5094	.1507	-.0332	-.07407
.45	1.2908	.1289	.0314	-.07412
.50	1.0727	.1072	.0850	-.07121
.55	.8549	.0854	.1277	-.06589
.60	.6373	.0637	.1596	-.05871
.65	.4198	.0421	.1806	-.05020
.70	.2024	.0204	.1907	-.04092
.75	-.0152	-.0013	.1900	-.03140
.80	-.2334	-.0229	.1783	-.02219
.85	-.4529	-.0445	.1556	-.01385
.90	-.6774	-.0662	.1218	-.00691
.95	-.8892	-.0878	.0773	-.00193
1.00	-1.5464	-.1094	-.0000	-.00000

XQ/L=0.2

X/L	FP	FS	FQ	FM
.05	3.3997	.2515	.1700	.00425
.10	2.3685	.2352	.2884	.01571
.15	2.2172	.2189	.3993	.03290
.20	2.0393	.2026	-.4988	.05541
.25	1.8710	.1863	-.4052	.03282
.30	1.7049	.1700	-.3200	.01469
.35	1.5401	.1537	-.2430	.00061
.40	1.3758	.1374	-.1742	-.00982
.45	1.2119	.1210	-.1136	-.01701
.50	1.0482	.1047	-.0612	-.02138
.55	.8846	.0884	-.0169	-.02333
.60	.7212	.0721	.0191	-.02328
.65	.5578	.0558	.0470	-.02162
.70	.3944	.0395	.0667	-.01878
.75	.2309	.0232	.0783	-.01516
.80	.0670	.0070	.0816	-.01116
.85	-.0977	-.0093	.0767	-.00720
.90	-.2653	-.0256	.0635	-.00370
.95	-.4258	-.0419	.0422	-.00105
1.00	-.8434	-.0581	-.0000	-.00000

XO/L=0.3

X/L	FP	FS	FQ	FM
.05	2.6878	.1995	.1344	.00336
.10	1.9004	.1888	.2294	.01245
.15	1.8019	.1780	.3195	.02618
.20	1.6826	.1672	.4036	.04426
.25	1.5706	.1564	.4822	.06640
.30	1.4604	.1456	-.4448	.09233
.35	1.3510	.1348	-.3773	.07178
.40	1.2417	.1240	-.3152	.05447
.45	1.1325	.1131	-.2586	.04013
.50	1.0233	.1022	-.2074	.02848
.55	.9141	.0913	-.1617	.01925
.60	.8049	.0804	-.1214	.01217
.65	.6956	.0695	-.0867	.00697
.70	.5863	.0586	-.0573	.00337
.75	.4770	.0477	-.0335	.00110
.80	.3674	.0368	-.0151	-.00012
.85	.2577	.0259	-.0022	-.00055
.90	.1470	.0150	.0051	-.00048
.95	.0378	.0041	.0070	--.00017
1.00	-.1400	-.0068	-.0000	-.00000

XO/L=0.4

X/L	FP	FS	FQ	FM
.05	1.9780	.1477	.0989	.00247
.10	1.4332	.1425	.1706	.00921
.15	1.3871	.1372	.2399	.01947
.20	1.3258	.1318	.3062	.03312
.25	1.2698	.1265	.3697	.05002
.30	1.2150	.1212	.4304	.07003
.35	1.1608	.1159	.4885	.09300
.40	1.1067	.1105	-.4562	.11881
.45	1.0524	.1051	-.4036	.09731
.50	.9978	.0997	-.3537	.07838
.55	.9431	.0942	-.3065	.06188
.60	.8882	.0887	-.2621	.04766
.65	.8332	.0833	-.2204	.03560
.70	.7782	.0778	-.1815	.02555
.75	.7231	.0722	-.1454	.01738
.80	.6681	.0667	-.1120	.01094
.85	.6133	.0512	-.0813	.00611
.90	.5597	.0557	-.0533	.00274
.95	.5021	.0501	-.0282	.00071
1.00	.5644	.0446	-.0000	-.00000

XQ/L=0.5

X/L	FP	FS	FQ	FM
.05	1.2703	.0961	.0635	.00159
.10	.9671	.0962	.1119	.00597
.15	.9730	.0964	.1605	.01278
.20	.9694	.0965	.2090	.02202
.25	.9689	.0966	.2574	.03368
.30	.9692	.0967	.3059	.04776
.35	.9697	.0968	.3544	.06427
.40	.9703	.0969	.4029	.08320
.45	.9709	.0970	.4514	.10456
.50	.9712	.0970	-.5000	.12835
.55	.9712	.0970	-.4514	.10456
.60	.9709	.0970	-.4029	.08320
.65	.9703	.0969	-.3544	.06427
.70	.9697	.0968	-.3059	.04776
.75	.9692	.0967	-.2574	.03368
.80	.9689	.0966	-.2090	.02202
.85	.9694	.0965	-.1605	.01278
.90	.9730	.0964	-.1119	.00597
.95	.9671	.0962	-.0635	.00159
1.00	1.2703	.0961	-.0000	-.00000

B/L= 5.00   DS/B1=   .10   KS=100.000

XM/L=0.0

X/L	FP	FS	FQ	FM
.05	7.1487	.5211	.3574	-.99106
.10	4.6878	.4649	.5918	-.96733
.15	4.1512	.4089	.7994	-.93255
.20	3.5609	.3533	.9774	-.88813
.25	2.9948	.2979	1.1272	-.83552
.30	2.4368	.2427	1.2490	-.77611
.35	1.8841	.1879	1.3432	-.71131
.40	1.3349	.1332	1.4100	-.64248
.45	.7885	.0787	1.4494	-.57099
.50	.2443	.0245	1.4616	-.49822
.55	-.2982	-.0297	1.4467	-.42551
.60	-.8394	-.0836	1.4047	-.35423
.65	-1.3797	-.1375	1.3357	-.28571
.70	-1.9198	-.1913	1.2398	-.22133
.75	-2.4605	-.2450	1.1167	-.16241
.80	-3.0034	-.2986	.9666	-.11033
.85	-3.5513	-.3522	.7890	-.06644
.90	-4.1198	-.4058	.5830	-.03214
.95	-4.6327	-.4593	.3514	-.00878
1.00	-7.0274	-.5129	.0000	-.00000

XM/L=0.1

X/L	FP	FS	FQ	FM
.05	7.1441	.5209	.3572	.00893
.10	4.6893	.4649	.5917	-.96735
.15	4.1521	.4090	.7993	-.93257
.20	3.5616	.3533	.9774	-.88816
.25	2.9954	.2979	1.1271	-.83555
.30	2.4373	.2428	1.2490	-.77614
.35	1.8845	.1879	1.3432	-.71134
.40	1.3353	.1332	1.4100	-.64251
.45	.7889	.0788	1.4494	-.57102
.50	.2446	.0245	1.4617	-.49825
.55	-.2980	-.0296	1.4468	-.42554
.60	-.8392	-.0836	1.4048	-.35425
.65	-1.3797	-.1375	1.3358	-.28573
.70	-1.9198	-.1913	1.2398	-.22134
.75	-2.4606	-.2450	1.1168	-.16243
.80	-3.0035	-.2986	.9666	-.11034
.85	-3.5514	-.3522	.7890	-.06645
.90	-4.1200	-.4058	.5830	-.03215
.95	-4.6330	-.4593	.3514	-.00878
1.00	-7.0280	-.5129	-.0000	-.00000

XM/L=0.2

X/L	FP	FS	FQ	FM
.05	7.1291	.5199	.3565	.00891
.10	4.6855	.4645	.5907	.03259
.15	4.1544	.4091	.7984	.06732
.20	3.5666	.3537	.9768	-.88830
.25	2.9994	.2983	1.1267	-.83571
.30	2.4408	.2431	1.2488	-.77632
.35	1.8876	.1882	1.3432	-.71152
.40	1.3379	.1335	1.4101	-.64269
.45	.7911	.0790	1.4496	-.57120
.50	.2464	.0247	1.4619	-.49841
.55	-.2966	-.0295	1.4471	-.42569
.60	-.8383	-.0835	1.4052	-.35438
.65	-1.3791	-.1374	1.3362	-.28584
.70	-1.9197	-.1913	1.2403	-.22143
.75	-2.4609	-.2450	1.1172	-.16249
.80	-3.0041	-.2987	.9670	-.11039
.85	-3.5525	-.3523	.7894	-.06648
.90	-4.1215	-.4059	.5833	-.03216
.95	-4.6349	-.4595	.3516	-.00879
1.00	-7.0312	-.5131	-.0000	-.00000

XM/L=0.3

X/L	FP	FS	FQ	FM
.05	7.1089	.5186	.3554	.00889
.10	4.6768	.4637	.5893	.03250
.15	4.1507	.4088	.7968	.06716
.20	3.5683	.3539	.9752	.11146
.25	3.0068	.2989	1.1256	.16398
.30	2.4502	.2440	1.2481	-.77668
.35	1.8954	.1890	1.3429	-.71191
.40	1.3446	.1341	1.4101	-.64308
.45	.7967	.0795	1.4499	-.57158
.50	.2510	.0251	1.4625	-.49877
.55	-.2930	-.0291	1.4478	-.42601
.60	-.8357	-.0833	1.4060	-.35467
.65	-1.3775	-.1373	1.3372	-.28609
.70	-1.9191	-.1912	1.2412	-.22163
.75	-2.4612	-.2450	1.1181	-.16264
.80	-3.0055	-.2988	.9679	-.11049
.85	-3.5549	-.3525	.7901	-.06654
.90	-4.1249	-.4063	.5839	-.03219
.95	-4.6392	-.4600	.3519	-.00880
1.00	-7.0386	-.5136	-.0000	-.00000

XM/L=0.4

X/L	FP	FS	FQ	FM
.05	7.0874	.5171	.3544	.00886
.10	4.6661	.4626	.5877	.03241
.15	4.1443	.4081	.7949	.06697
.20	3.5663	.3537	.9732	.11118
.25	3.0091	.2992	1.1237	.16360
.30	2.4570	.2446	1.2465	.22285
.35	1.9070	.1900	1.3419	.28756
.40	1.3575	.1353	1.4097	-.64365
.45	.8073	.0806	1.4501	-.57215
.50	.2597	.0260	1.4631	-.49932
.55	-.2860	-.0285	1.4488	-.42653
.60	-.8305	-.0828	1.4073	-.35513
.65	-1.3740	-.1369	1.3386	-.28648
.70	-1.9173	-.1910	1.2427	-.22195
.75	-2.4612	-.2450	1.1196	-.16289
.80	-3.0072	-.2990	.9693	-.11067
.85	-3.5584	-.3529	.7914	-.06665
.90	-4.1302	-.4068	.5848	-.03225
.95	-4.6461	-.4606	.3525	-.00881
1.00	-7.0507	-.5145	-.0000	-.00000

XM/L=0.5

X/L	FP	FS	FQ	FM
.05	7.0674	.5157	.3534	.00883
.10	4.6554	.4616	.5861	.03232
.15	4.1369	.4074	.7930	.06680
.20	3.5625	.3533	.9711	.11090
.25	3.0088	.2991	1.1215	.16322
.30	2.4602	.2449	1.2446	.22237
.35	1.9137	.1907	1.3402	.28699
.40	1.3678	.1363	1.4086	.35571
.45	.8216	.0819	1.4497	.42717
.50	.2744	.0273	1.4634	-.50000
.55	-.2744	-.0273	1.4497	-.42717
.60	-.8216	-.0819	1.4086	-.35571
.65	-1.3678	-.1363	1.3402	-.28699
.70	-1.9137	-.1907	1.2446	-.22237
.75	-2.4602	-.2449	1.1215	-.16322
.80	-3.0088	-.2991	.9711	-.11090
.85	-3.5625	-.3533	.7930	-.06680
.90	-4.1369	-.4074	.5861	-.03232
.95	-4.6554	-.4616	.3534	-.00883
1.00	-7.0674	-.5157	-.0000	-.00000

GLEICHMAESSIGE BELASTUNG B/L= 5.00 DS/B1= .10

KS= .001

X/L	FP	FS	FQ	FM
.05	1.0560	.0827	.0028	.00007
.10	.9313	.0914	-.0006	.00012
.15	.9914	.0970	-.0011	.00008
.20	1.0069	.0994	-.0007	.00004
.25	1.0079	.1002	-.0003	.00001
.30	1.0047	.1002	-.0001	.00000
.35	1.0019	.1000	.0000	-.00000
.40	1.0004	.0999	.0000	-.00000
.45	.9998	.0999	.0000	-.00000
.50	.9997	.0999	-.0000	-.00000
.55	.9997	.0999	-.0000	-.00000
.60	.9998	.0999	-.0000	-.00000
.65	1.0004	.0999	-.0000	-.00000
.70	1.0019	.1000	.0001	.00000
.75	1.0047	.1002	.0003	.00001
.80	1.0079	.1002	.0007	.00004
.85	1.0069	.0994	.0011	.00008
.90	.9914	.0970	.0006	.00012
.95	.9313	.0914	-.0028	.00007
1.00	1.0560	.0827	.0000	.00000

KS= .003

X/L	FP	FS	FQ	FM
.05	1.0839	.0842	.0042	.00010
.10	.9185	.0908	.0001	.00021
.15	.9737	.0957	-.0012	.00019
.20	.9972	.0986	-.0013	.00012
.25	1.0069	.1000	-.0010	.00006
.30	1.0082	.1004	-.0006	.00003
.35	1.0061	.1004	-.0003	.00000
.40	1.0035	.1002	-.0001	-.00000
.45	1.0015	.1001	-.0000	-.00001
.50	1.0005	.1000	-.0000	-.00001
.55	1.0005	.1000	.0000	-.00001
.60	1.0015	.1001	.0001	-.00000
.65	1.0035	.1002	.0003	.00000
.70	1.0061	.1004	.0006	.00003
.75	1.0082	.1004	.0010	.00006
.80	1.0069	.1000	.0013	.00012
.85	.9972	.0986	.0012	.00019
.90	.9737	.0957	-.0001	.00021
.95	.9185	.0908	-.0042	.00010
1.00	1.0839	.0842	.0000	.00000

KS= .010

X/L	FP	FS	FQ	FM
.05	1.1176	.0860	.0059	.00015
.10	.9132	.0906	.0015	.00033
.15	.9571	.0944	-.0006	.00036
.20	.9808	.0972	-.0016	.00030
.25	.9964	.0990	-.0017	.00022
.30	1.0045	.1000	-.0015	.00014
.35	1.0077	.1005	-.0011	.00007
.40	1.0081	.1006	-.0007	.00003
.45	1.0075	.1006	-.0003	-.00000
.50	1.0070	.1006	-.0000	-.00001
.55	1.0070	.1006	.0003	-.00000
.60	1.0075	.1006	.0007	.00003
.65	1.0081	.1006	.0011	.00007
.70	1.0077	.1005	.0015	.00014
.75	1.0045	.1000	.0017	.00022
.80	.9964	.0990	.0016	.00030
.85	.9808	.0972	.0006	.00036
.90	.9571	.0944	-.0015	.00033
.95	.9132	.0906	-.0059	.00015
1.00	1.1176	.0860	.0000	.00000

KS= .020

X/L	FP	FS	FQ	FM
.05	1.1367	.0872	.0068	.00017
.10	.9139	.0908	.0025	.00041
.15	.9509	.0940	.0001	.00047
.20	.9721	.0965	-.0013	.00044
.25	.9886	.0983	-.0019	.00036
.30	.9995	.0995	-.0019	.00026
.35	1.0060	.1003	-.0016	.00018
.40	1.0095	.1007	-.0011	.00011
.45	1.0111	.1009	-.0006	.00007
.50	1.0116	.1010	-.0000	.00005
.55	1.0116	.1010	.0006	.00007
.60	1.0111	.1009	.0011	.00011
.65	1.0095	.1007	.0016	.00018
.70	1.0060	.1003	.0019	.00026
.75	.9995	.0995	.0019	.00036
.80	.9886	.0983	.0013	.00044
.85	.9721	.0965	-.0001	.00047
.90	.9509	.0940	-.0025	.00041
.95	.9139	.0908	-.0068	.00017
1.00	1.1367	.0872	.0000	.00000

KS= .050

X/L	FP	FS	FQ	FM
.05	1.1612	.0887	.0081	.00020
.10	.9186	.0914	.0040	.00050
.15	.9479	.0938	.0014	.00064
.20	.9648	.0959	-.0004	.00066
.25	.9804	.0976	-.0014	.00062
.30	.9926	.0989	-.0017	.00054
.35	1.0016	.0999	-.0016	.00046
.40	1.0078	.1005	-.0013	.00039
.45	1.0116	.1009	-.0007	.00034
.50	1.0135	.1011	.0000	.00032
.55	1.0135	.1011	.0007	.00034
.60	1.0116	.1009	.0013	.00039
.65	1.0078	.1005	.0016	.00046
.70	1.0016	.0999	.0017	.00054
.75	.9926	.0989	.0014	.00062
.80	.9804	.0976	.0004	.00066
.85	.9648	.0959	-.0014	.00064
.90	.9479	.0938	-.0040	.00050
.95	.9186	.0914	-.0081	.00020
1.00	1.1612	.0887	.0000	.00000

KS= .100

X/L	FP	FS	FQ	FM
.05	1.1810	.0900	.0091	.00023
.10	.9255	.0921	.0053	.00059
.15	.9497	.0940	.0028	.00079
.20	.9628	.0958	.0010	.00088
.25	.9762	.0972	-.0002	.00090
.30	.9876	.0984	-.0009	.00087
.35	.9966	.0994	-.0010	.00083
.40	1.0032	.1001	-.0009	.00078
.45	1.0076	.1005	-.0005	.00075
.50	1.0097	.1008	.0000	.00073
.55	1.0097	.1008	.0005	.00075
.60	1.0076	.1005	.0009	.00078
.65	1.0032	.1001	.0010	.00083
.70	.9966	.0994	.0009	.00087
.75	.9876	.0984	.0002	.00090
.80	.9762	.0972	-.0010	.00088
.85	.9628	.0958	-.0028	.00079
.90	.9497	.0940	-.0053	.00059
.95	.9255	.0921	-.0091	.00023
1.00	1.1810	.0900	.0000	.00000

GLEICHMAESSIGE BELASTUNG   B/L= 5.00   DS/B1= .10

KS= .200

X/L	FP	FS	FQ	FM
.05	1.2033	.0915	.0102	.00025
.10	.9350	.0930	.0069	.00068
.15	.9543	.0945	.0046	.00097
.20	.9632	.0958	.0028	.00116
.25	.9735	.0970	.0015	.00126
.30	.9827	.0980	.0006	.00131
.35	.9903	.0988	.0001	.00133
.40	.9960	.0994	-.0001	.00133
.45	.9999	.0998	-.0001	.00133
.50	1.0018	.1000	.0000	.00133
.55	1.0018	.1000	.0001	.00133
.60	.9999	.0998	.0001	.00133
.65	.9960	.0994	-.0001	.00133
.70	.9903	.0988	-.0006	.00131
.75	.9827	.0980	-.0015	.00126
.80	.9735	.0970	-.0028	.00116
.85	.9632	.0958	-.0046	.00097
.90	.9543	.0945	-.0069	.00068
.95	.9350	.0930	-.0102	.00025
1.00	1.2033	.0915	.0000	.00000

KS= .500

X/L	FP	FS	FQ	FM
.05	1.2328	.0935	.0116	.00029
.10	.9489	.0944	.0091	.00081
.15	.9622	.0953	.0072	.00122
.20	.9656	.0961	.0055	.00153
.25	.9712	.0968	.0040	.00177
.30	.9767	.0974	.0029	.00194
.35	.9813	.0979	.0019	.00206
.40	.9850	.0983	.0012	.00214
.45	.9875	.0986	.0006	.00218
.50	.9888	.0987	.0000	.00220
.55	.9888	.0987	-.0006	.00218
.60	.9875	.0986	-.0012	.00214
.65	.9850	.0983	-.0019	.00206
.70	.9813	.0979	-.0029	.00194
.75	.9767	.0974	-.0040	.00177
.80	.9712	.0968	-.0055	.00153
.85	.9656	.0961	-.0072	.00122
.90	.9622	.0953	-.0091	.00081
.95	.9489	.0944	-.0116	.00029
1.00	1.2328	.0935	.0000	.00000

KS= 1.000

X/L	FP	FS	FQ	FM
.05	1.2505	.0948	.0125	.00031
.10	.9576	.0953	.0104	.00089
.15	.9674	.0958	.0088	.00137
.20	.9674	.0963	.0071	.00176
.25	.9702	.0967	.0057	.00208
.30	.9732	.0971	.0043	.00233
.35	.9759	.0974	.0031	.00252
.40	.9780	.0977	.0020	.00265
.45	.9796	.0978	.0010	.00272
.50	.9803	.0979	.0000	.00274
.55	.9803	.0979	-.0010	.00272
.60	.9796	.0978	-.0020	.00265
.65	.9780	.0977	-.0031	.00252
.70	.9759	.0974	-.0043	.00233
.75	.9732	.0971	-.0057	.00208
.80	.9702	.0967	-.0071	.00176
.85	.9674	.0963	-.0088	.00137
.90	.9674	.0958	-.0104	.00089
.95	.9576	.0953	-.0125	.00031
1.00	1.2505	.0948	.0000	.00000

KS= 3.000

X/L	FP	FS	FQ	FM
.05	1.2671	.0959	.0134	.00033
.10	.9657	.0961	.0116	.00096
.15	.9723	.0963	.0103	.00151
.20	.9693	.0965	.0087	.00198
.25	.9693	.0967	.0072	.00238
.30	.9699	.0968	.0057	.00270
.35	.9707	.0969	.0042	.00295
.40	.9714	.0970	.0028	.00312
.45	.9719	.0971	.0014	.00323
.50	.9722	.0971	.0000	.00326
.55	.9722	.0971	-.0014	.00323
.60	.9719	.0971	-.0028	.00312
.65	.9714	.0970	-.0042	.00295
.70	.9707	.0969	-.0057	.00270
.75	.9699	.0968	-.0072	.00238
.80	.9693	.0967	-.0087	.00198
.85	.9693	.0965	-.0103	.00151
.90	.9723	.0963	-.0116	.00096
.95	.9657	.0961	-.0134	.00033
1.00	1.2671	.0959	.0000	.00000

KS= 10.000

X/L	FP	FS	FQ	FM
.05	1.2742	.0964	.0137	.00034
.10	.9693	.0965	.0122	.00099
.15	.9745	.0965	.0109	.00157
.20	.9701	.0966	.0094	.00207
.25	.9690	.0966	.0079	.00251
.30	.9686	.0967	.0063	.00286
.35	.9685	.0967	.0047	.00314
.40	.9685	.0967	.0031	.00333
.45	.9686	.0968	.0016	.00345
.50	.9686	.0968	.0000	.00349
.55	.9686	.0968	-.0016	.00345
.60	.9686	.0968	-.0031	.00333
.65	.9685	.0967	-.0047	.00314
.70	.9685	.0967	-.0063	.00286
.75	.9686	.0967	-.0079	.00251
.80	.9690	.0966	-.0094	.00207
.85	.9701	.0966	-.0109	.00157
.90	.9745	.0965	-.0122	.00099
.95	.9693	.0965	-.0137	.00034
1.00	1.2742	.0964	.0000	.00000

KS=100.000

X/L	FP	FS	FQ	FM
.05	1.2772	.0966	.0139	.00035
.10	.9708	.0966	.0124	.00100
.15	.9755	.0966	.0112	.00159
.20	.9705	.0966	.0097	.00211
.25	.9688	.0966	.0081	.00256
.30	.9680	.0966	.0065	.00293
.35	.9676	.0966	.0049	.00321
.40	.9673	.0966	.0033	.00342
.45	.9672	.0966	.0016	.00354
.50	.9671	.0966	.0000	.00358
.55	.9671	.0966	-.0016	.00354
.60	.9672	.0966	-.0033	.00342
.65	.9673	.0966	-.0049	.00321
.70	.9676	.0966	-.0065	.00293
.75	.9680	.0966	-.0081	.00256
.80	.9688	.0966	-.0097	.00211
.85	.9705	.0966	-.0112	.00159
.90	.9755	.0966	-.0124	.00100
.95	.9708	.0966	-.0139	.00035
1.00	1.2772	.0966	.0000	.00000

B/L= 5.00 DS/B1= .50 KS= .001

XQ/L=0.0

X/L	FP	FS	FQ	FM
.05	22.5323	2.4626	.1266	-.02183
.10	.7529	1.2841	.1643	-.01456
.15	-1.0539	.6539	.1116	-.00767
.20	-1.0876	.3539	.0572	-.00345
.25	-.6516	.2172	.0246	-.00140
.30	-.3101	.1512	.0091	-.00056
.35	-.1226	.1138	.0030	-.00026
.40	-.0396	.0883	.0010	-.00016
.45	-.0097	.0689	.0005	-.00012
.50	-.0017	.0538	.0004	-.00010
.55	-.0006	.0420	.0004	-.00008
.60	-.0011	.0330	.0003	-.00006
.65	-.0013	.0260	.0003	-.00005
.70	-.0013	.0207	.0002	-.00004
.75	-.0010	.0166	.0002	-.00003
.80	-.0007	.0135	.0001	-.00002
.85	-.0003	.0110	.0001	-.00001
.90	.0001	.0091	.0001	-.00001
.95	.0004	.0075	.0001	-.00000
1.00	-.0026	.0061	-.0000	-.00000

XQ/L=0.1

X/L	FP	FS	FQ	FM
.05	3.5327	1.0879	.1766	.00442
.10	6.3435	1.4162	-.5062	.02118
.15	6.2372	1.4116	-.1943	.00366
.20	3.0027	1.0852	-.0442	-.00230
.25	1.0612	.7477	.0089	-.00318
.30	.2055	.4958	.0191	-.00248
.35	-.0711	.3294	.0156	-.00161
.40	-.1120	.2243	.0100	-.00098
.45	-.0843	.1578	.0058	-.00058
.50	-.0508	.1143	.0032	-.00036
.55	-.0276	.0847	.0018	-.00023
.60	-.0145	.0639	.0011	-.00016
.65	-.0079	.0489	.0007	-.00011
.70	-.0046	.0378	.0005	-.00008
.75	-.0028	.0295	.0004	-.00006
.80	-.0018	.0233	.0003	-.00004
.85	-.0008	.0186	.0002	-.00003
.90	.0000	.0149	.0002	-.00002
.95	.0006	.0120	.0003	-.00001
1.00	-.0052	.0095	-.0000	-.00000

XQ/L=0.2

X/L	FP	FS	FQ	FM
.05	-.7715	.4198	-.0386	-.00096
.10	1.3012	.7350	.0265	-.00127
.15	3.1644	1.0876	.1847	.00401
.20	6.2507	1.4090	-.5028	.02106
.25	6.1880	1.4049	-.1934	.00366
.30	2.9847	1.0807	-.0441	-.00228
.35	1.0567	.7450	.0087	-.00316
.40	.2056	.4942	.0190	-.00247
.45	-.0700	.3285	.0155	-.00161
.50	-.1111	.2238	.0099	-.00097
.55	-.0838	.1574	.0057	-.00058
.60	-.0506	.1141	.0032	-.00036
.65	-.0275	.0846	.0018	-.00023
.70	-.0145	.0638	.0011	-.00016
.75	-.0077	.0488	.0007	-.00011
.80	-.0042	.0378	.0005	-.00008
.85	-.0019	.0296	.0004	-.00005
.90	-.0002	.0233	.0004	-.00003
.95	.0010	.0184	.0005	-.00001
1.00	-.0093	.0142	-.0000	-.00000

XQ/L=0.3

X/L	FP	FS	FQ	FM
.05	-.5546	.1915	-.0277	-.00069
.10	.0303	.3237	-.0262	-.00204
.15	.2869	.4971	-.0119	-.00299
.20	1.1003	.7468	.0431	-.00221
.25	2.9900	1.0782	.1926	.00368
.30	6.1487	1.3968	-.4999	.02100
.35	6.1435	1.3956	-.1927	.00368
.40	2.9701	1.0747	-.0442	-.00224
.45	1.0543	.7414	.0085	-.00314
.50	.2067	.4921	.0188	-.00245
.55	-.0685	.3272	.0154	-.00160
.60	-.1101	.2230	.0099	-.00097
.65	-.0832	.1569	.0057	-.00058
.70	-.0502	.1137	.0032	-.00036
.75	-.0272	.0844	.0018	-.00023
.80	-.0137	.0638	.0012	-.00015
.85	-.0060	.0489	.0009	-.00010
.90	-.0013	.0378	.0008	-.00006
.95	.0014	.0293	.0009	-.00002
1.00	-.0172	.0220	-.0000	-.00000

XQ/L=0.4

X/L	FP	FS	FQ	FM
.05	-.2035	.1027	-.0102	-.00025
.10	-.0470	.1558	-.0125	-.00082
.15	-.0813	.2248	-.0166	-.00155
.20	-.0521	.3292	-.0192	-.00244
.25	.2140	.4933	-.0085	-.00314
.30	1.0571	.7418	.0444	-.00224
.35	2.9710	1.0743	.1929	.00369
.40	6.1424	1.3943	-.5000	.02101
.45	6.1424	1.3942	-.1928	.00369
.50	2.9706	1.0738	-.0443	-.00223
.55	1.0549	.7409	.0084	-.00313
.60	.2071	.4918	.0188	-.00245
.65	-.0683	.3271	.0154	-.00160
.70	-.1099	.2229	.0099	-.00097
.75	-.0827	.1569	.0057	-.00058
.80	-.0489	.1139	.0033	-.00035
.85	-.0240	.0847	.0021	-.00022
.90	-.0083	.0640	.0017	-.00013
.95	.0002	.0485	.0017	-.00004
1.00	-.0335	.0354	-.0000	-.00000

XQ/L=0.5

X/L	FP	FS	FQ	FM
.05	-.0747	.0592	-.0037	-.00009
.10	-.0116	.0839	-.0043	-.00029
.15	-.0381	.1145	-.0062	-.00056
.20	-.0764	.1577	-.0100	-.00096
.25	-.1072	.2235	-.0154	-.00160
.30	-.0674	.3274	-.0188	-.00245
.35	.2073	.4919	-.0084	-.00313
.40	1.0549	.7409	.0443	-.00224
.45	2.9706	1.0738	.1929	.00370
.50	6.1426	1.3940	-.5000	.02102
.55	6.1426	1.3940	-.1929	.00370
.60	2.9706	1.0738	-.0443	-.00224
.65	1.0549	.7409	.0084	-.00313
.70	.2073	.4919	.0188	-.00245
.75	-.0674	.3274	.0154	-.00160
.80	-.1072	.2235	.0100	-.00096
.85	-.0764	.1577	.0062	-.00056
.90	-.0381	.1145	.0043	-.00029
.95	-.0116	.0839	.0037	-.00009
1.00	-.0747	.0592	-.0000	-.00000

B/L= 5.00 DS/B1= .50 KS= .001

XM/L=0.0

X/L	FP	FS	FQ	FM
.05	223.0985	14.9793	11.1549	-.72113
.10	-102.9934	-4.1049	6.0053	-.29212
.15	-69.8949	-8.3123	2.5105	-.07923
.20	-35.6262	-7.1679	.7292	.00176
.25	-13.6713	-4.9728	.0456	.02114
.30	-3.5223	-3.1639	-.1305	.01902
.35	.0779	-1.9684	-.1266	.01259
.40	.8610	-1.2466	-.0835	.00734
.45	.7308	-.8210	-.0470	.00407
.50	.4490	-.5643	-.0245	.00228
.55	.2367	-.4015	-.0127	.00135
.60	.1154	-.2926	-.0069	.00086
.65	.0556	-.2165	-.0042	.00059
.70	.0285	-.1620	-.0027	.00041
.75	.0163	-.1223	-.0019	.00030
.80	.0098	-.0933	-.0014	.00021
.85	.0051	-.0718	-.0012	.00015
.90	.0008	-.0558	-.0011	.00009
.95	-.0022	-.0433	-.0012	.00003
1.00	.0248	-.0326	.0000	-.00000

XM/L=0.1

X/L	FP	FS	FQ	FM
.05	105.8468	10.4646	5.2923	.13231
.10	52.8337	5.3540	7.9340	-.53703
.15	-64.5557	-4.7706	4.7062	-.22103
.20	-55.9440	-7.4760	1.9090	-.05564
.25	-27.5991	-6.2062	.5291	.00531
.30	-10.3868	-4.2676	.0097	.01878
.35	-2.5218	-2.7228	-.1163	.01611
.40	.1984	-1.7093	-.1064	.01054
.45	.7446	-1.0950	-.0692	.00615
.50	.6062	-.7289	-.0389	.00345
.55	.3679	-.5050	-.0205	.00197
.60	.1940	-.3612	-.0108	.00119
.65	.0955	-.2641	-.0060	.00077
.70	.0468	-.1960	-.0037	.00052
.75	.0244	-.1471	-.0025	.00037
.80	.0134	-.1114	-.0018	.00026
.85	.0066	-.0853	-.0015	.00018
.90	.0011	-.0658	-.0014	.00011
.95	-.0026	-.0507	-.0015	.00004
1.00	.0306	-.0379	-.0000	-.00000

XM/L=0.2

X/L	FP	FS	FQ	FM
.05	6.1572	3.7341	.3079	.00770
.10	27.5513	5.9241	1.6854	.05753
.15	53.3356	7.2218	4.3522	.20847
.20	59.2019	4.6963	7.3123	-.49992
.25	-58.3353	-4.5225	4.3955	-.20722
.30	-52.0671	-7.0665	1.7922	-.05253
.35	-25.8368	-5.8769	.5003	.00478
.40	-9.7754	-4.0519	.0116	.01758
.45	-2.3972	-2.5929	-.1083	.01516
.50	.1694	-1.6325	-.0998	.00996
.55	.6926	-1.0485	-.0652	.00584
.60	.5681	-.6993	-.0368	.00329
.65	.3465	-.4852	-.0195	.00188
.70	.1833	-.3474	-.0103	.00114
.75	.0900	-.2544	-.0058	.00074
.80	.0424	-.1892	-.0037	.00050
.85	.0180	-.1423	-.0028	.00034
.90	.0038	-.1079	-.0026	.00020
.95	-.0042	-.0817	-.0028	.00007
1.00	.0557	-.0595	-.0000	-.00000

XM/L=0.3

X/L	FP	FS	FQ	FM
.05	-4.7244	1.3158	-.2362	-.00591
.10	3.3977	2.5689	-.0663	-.01347
.15	10.5832	4.1232	.4628	-.00356
.20	26.3053	5.9660	1.7781	.05247
.25	52.3319	7.1574	4.3947	.20679
.30	58.6419	4.6235	7.3268	-.50018
.35	-58.5712	-4.5763	4.3982	-.20705
.40	-52.1402	-7.1006	1.7912	-.05232
.45	-25.8465	-5.8973	.4989	.00494
.50	-9.7673	-4.0640	.0105	.01767
.55	-2.3881	-2.6004	-.1089	.01521
.60	.1754	-1.6375	-.1001	.00999
.65	.6960	-1.0521	-.0653	.00585
.70	.5694	-.7020	-.0368	.00330
.75	.3457	-.4875	-.0196	.00189
.80	.1792	-.3496	-.0106	.00113
.85	.0799	-.2565	-.0066	.00070
.90	.0251	-.1908	-.0053	.00041
.95	-.0020	-.1417	-.0054	.00014
1.00	.1089	-.1006	-.0000	-.00000

XM/L=0.4

X/L	FP	FS	FQ	FM
.05	-2.1625	.5921	-.1081	-.00270
.10	-.3591	1.0410	-.1261	-.00856
.15	.0997	1.6577	-.1211	-.01474
.20	2.5433	2.5242	.0061	-.01761
.25	9.8298	4.0839	.4976	-.00502
.30	25.8605	5.9138	1.7906	.05218
.35	52.1369	7.1172	4.3974	.20688
.40	58.5774	4.5975	7.3263	-.50003
.45	-58.5821	-4.5919	4.3972	-.20694
.50	-52.1353	-7.1099	1.7904	-.05225
.55	-25.8398	-5.9031	.4984	.00497
.60	-9.7625	-4.0679	.0103	.01769
.65	-2.3854	-2.6033	-.1090	.01523
.70	.1762	-1.6400	-.1001	.01000
.75	.6936	-1.0545	-.0655	.00586
.80	.5607	-.7048	-.0374	.00329
.85	.3254	-.4906	-.0212	.00182
.90	.1443	-.3520	-.0139	.00095
.95	.0398	-.2545	-.0119	.00030
1.00	.2390	-.1756	-.0000	-.00000

XM/L=0.5

X/L	FP	FS	FQ	FM
.05	-.6778	.3143	-.0339	-.00085
.10	-.2309	.4846	-.0454	-.00283
.15	-.4774	.7093	-.0693	-.00570
.20	-.6444	1.0605	-.1015	-.00997
.25	-.1545	1.6447	-.1093	-.01524
.30	2.3922	2.6066	.0104	-.01771
.35	9.7632	4.0702	.4985	-.00499
.40	25.8385	5.9049	1.7904	.05223
.45	52.1332	7.1118	4.3971	.20692
.50	58.5793	4.5942	7.3261	-.50000
.55	-58.5794	-4.5942	4.3971	-.20692
.60	-52.1331	-7.1118	1.7904	-.05223
.65	-25.8384	-5.9049	.4985	.00499
.70	-9.7633	-4.0702	.0104	.01771
.75	-2.3923	-2.6066	-.1093	.01524
.80	.1547	-1.6447	-.1015	.00997
.85	.6445	-1.0605	-.0693	.00570
.90	.4774	-.7093	-.0454	.00283
.95	.2309	-.4846	-.0339	.00085
1.00	.6778	-.3143	-.0000	-.00000

B/L= 5.00 DS/B1= .50 KS= .003

XQ/L=0.0

X/L	FP	FS	FQ	FM
.05	19.1181	2.2841	-.0441	-.02610
.10	3.0760	1.4435	.1097	-.02446
.15	.5232	.8589	.1359	-.01832
.20	-.4818	.4887	.1118	-.01213
.25	-.6703	.2704	.0783	-.00738
.30	-.5748	.1489	.0495	-.00419
.35	-.4113	.0846	.0290	-.00222
.40	-.2640	.0519	.0158	-.00111
.45	-.1560	.0357	.0080	-.00051
.50	-.0855	.0273	.0037	-.00022
.55	-.0433	.0226	.0015	-.00009
.60	-.0199	.0193	.0005	-.00004
.65	-.0080	.0168	.0001	-.00003
.70	-.0024	.0145	.0000	-.00002
.75	-.0000	.0125	.0000	-.00002
.80	.0008	.0107	.0000	-.00002
.85	.0010	.0091	.0001	-.00002
.90	.0009	.0077	.0001	-.00001
.95	.0005	.0064	.0002	-.00000
1.00	-.0032	.0052	-.0000	-.00000

XQ/L=0.1

X/L	FP	FS	FQ	FM
.05	5.5978	1.1782	.2799	.00700
.10	4.7595	1.2847	-.4821	.02694
.15	4.5149	1.2368	-.2564	.00848
.20	2.8949	1.0270	-.1116	-.00072
.25	1.5962	.7814	-.0318	-.00431
.30	.7503	.5627	.0057	-.00496
.35	.2703	.3910	.0192	-.00434
.40	.0326	.2662	.0208	-.00334
.45	-.0642	.1799	.0176	-.00238
.50	-.0883	.1221	.0132	-.00161
.55	-.0806	.0841	.0092	-.00105
.60	-.0625	.0594	.0061	-.00067
.65	-.0441	.0432	.0038	-.00042
.70	-.0291	.0324	.0024	-.00027
.75	-.0181	.0250	.0015	-.00017
.80	-.0106	.0197	.0010	-.00011
.85	-.0057	.0159	.0007	-.00007
.90	-.0028	.0129	.0005	-.00004
.95	-.0017	.0104	.0005	-.00001
1.00	-.0091	.0081	-.0000	-.00000

XQ/L=0.2

X/L	FP	FS	FQ	FM
.05	.1060	.4959	.0053	.00013
.10	1.8299	.7684	.0968	.00269
.15	3.1771	1.0287	.2557	.01150
.20	4.6827	1.2214	-.5102	.03013
.25	4.6316	1.2213	-.2786	.01041
.30	3.0510	1.0337	-.1261	.00029
.35	1.7205	.7957	-.0401	-.00386
.40	.8325	.5774	.0016	-.00482
.45	.3183	.4033	.0175	-.00435
.50	.0575	.2754	.0204	-.00340
.55	-.0530	.1863	.0177	-.00245
.60	-.0845	.1264	.0135	-.00167
.65	-.0801	.0869	.0095	-.00109
.70	-.0631	.0612	.0063	-.00070
.75	-.0446	.0444	.0041	-.00044
.80	-.0290	.0332	.0026	-.00027
.85	-.0174	.0255	.0018	-.00016
.90	-.0097	.0199	.0013	-.00008
.95	-.0061	.0156	.0010	-.00002
1.00	-.0198	.0117	-.0000	-.00000

XQ/L=0.3

X/L	FP	FS	FQ	FM
.05	-.8387	.1966	-.0419	-.00105
.10	.3770	.3745	-.0231	-.00267
.15	.9507	.5715	.0244	-.00264
.20	1.8111	.7961	.1150	.00085
.25	3.0767	1.0315	.2688	.01044
.30	4.5813	1.2136	-.5021	.02961
.35	4.5573	1.2107	-.2742	.01020
.40	3.0043	1.0239	-.1240	.00025
.45	1.6944	.7880	-.0393	-.00384
.50	.8197	.5718	.0017	-.00478
.55	.3131	.3996	.0173	-.00430
.60	.0563	.2731	.0202	-.00336
.65	-.0522	.1849	.0175	-.00242
.70	-.0827	.1257	.0134	-.00165
.75	-.0775	.0866	.0095	-.00107
.80	-.0597	.0612	.0066	-.00067
.85	-.0406	.0444	.0045	-.00039
.90	-.0255	.0328	.0032	-.00020
.95	-.0173	.0243	.0024	-.00006
1.00	-.0476	.0170	-.0000	-.00000

XQ/L=0.4

X/L	FP	FS	FQ	FM
.05	-.5944	.0838	-.0297	-.00074
.10	-.0270	.1704	-.0311	-.00226
.15	.1222	.2721	-.0250	-.00366
.20	.3760	.4035	-.0062	-.00444
.25	.8632	.5759	.0370	-.00367
.30	1.7168	.7897	.1228	.00033
.35	3.0060	1.0220	.2731	.01023
.40	4.5362	1.2047	-.5000	.02955
.45	4.5318	1.2036	-.2735	.01022
.50	2.9916	1.0188	-.1239	.00028
.55	1.6892	.7846	-.0394	-.00380
.60	.8187	.5698	.0015	-.00475
.65	.3145	.3985	.0172	-.00428
.70	.0595	.2728	.0202	-.00334
.75	-.0472	.1851	.0179	-.00239
.80	-.0754	.1261	.0141	-.00159
.85	-.0683	.0870	.0107	-.00097
.90	-.0516	.0605	.0081	-.00050
.95	-.0409	.0414	.0060	-.00015
1.00	-.1208	.0256	-.0000	-.00000

XQ/L=0.5

X/L	FP	FS	FQ	FM
.05	-.2904	.0425	-.0145	-.00036
.10	-.0695	.0799	-.0180	-.00118
.15	-.0555	.1249	-.0208	-.00215
.20	-.0251	.1864	-.0220	-.00321
.25	.0763	.2747	-.0182	-.00422
.30	.3255	.4003	-.0019	-.00472
.35	.8251	.5710	.0393	-.00379
.40	1.6923	.7850	.1239	.00029
.45	2.9920	1.0184	.2735	.01023
.50	4.5292	1.2022	-.5000	.02957
.55	4.5292	1.2022	-.2735	.01023
.60	2.9920	1.0184	-.1239	.00029
.65	1.6923	.7850	-.0393	-.00379
.70	.8251	.5710	.0019	-.00472
.75	.3255	.4003	.0182	-.00422
.80	.0763	.2747	.0220	-.00321
.85	-.0251	.1864	.0208	-.00215
.90	-.0555	.1249	.0180	-.00118
.95	-.0695	.0799	.0145	-.00036
1.00	-.2904	.0425	-.0000	-.00000

B/L= 5.00   DS/B1= .50   KS= .003

XM/L=0.0

X/L	FP	FS	FQ	FM
.05	150.3779	11.6910	7.5189	-.81203
.10	-34.9463	.4810	5.7716	-.47977
.15	-41.2824	-4.3065	3.7075	-.24279
.20	-32.9514	-5.5242	2.0599	-.09861
.25	-21.4752	-5.0692	.9861	-.02246
.30	-12.2779	-4.0313	.3722	.01150
.35	-6.1631	-2.9514	.0641	.02241
.40	-2.5807	-2.0476	-.0650	.02239
.45	-.7158	-1.3704	-.1007	.01825
.50	.1203	-.8972	-.0947	.01336
.55	.4046	-.5819	-.0745	.00913
.60	.4289	-.3786	-.0530	.00594
.65	.3536	-.2503	-.0354	.00373
.70	.2572	-.1700	-.0225	.00229
.75	.1719	-.1195	-.0139	.00138
.80	.1071	-.0871	-.0086	.00081
.85	.0620	-.0656	-.0055	.00046
.90	.0337	-.0504	-.0038	.00023
.95	.0199	-.0386	-.0028	.00007
1.00	.0556	-.0284	.0000	-.00000

XM/L=0.1

X/L	FP	FS	FQ	FM
.05	95.4864	9.3271	4.7743	.11936
.10	25.6347	4.2828	6.0561	-.60988
.15	-30.2606	-2.0322	4.5430	-.34491
.20	-35.6946	-4.8547	2.7583	-.16237
.25	-26.0558	-5.1781	1.4555	-.05703
.30	-16.1744	-4.4316	.6468	-.00447
.35	-8.8274	-3.3944	.2054	.01683
.40	-4.1757	-2.4283	-.0034	.02189
.45	-1.5648	-1.6601	-.0816	.01976
.50	-.2725	-1.1018	-.0952	.01534
.55	.2615	-.7193	-.0822	.01091
.60	.4066	-.4677	-.0618	.00731
.65	.3797	-.3068	-.0428	.00469
.70	.2954	-.2055	-.0281	.00292
.75	.2066	-.1418	-.0177	.00177
.80	.1333	-.1015	-.0111	.00105
.85	.0797	-.0750	-.0071	.00060
.90	.0447	-.0568	-.0049	.00030
.95	.0270	-.0429	-.0035	.00009
1.00	.0702	-.0310	-.0000	-.00000

XM/L=0.2

X/L	FP	FS	FQ	FM
.05	24.1207	4.5446	1.2060	.03015
.10	22.6621	4.9597	2.3391	.11878
.15	29.9074	4.6539	3.8345	.27312
.20	24.7637	2.4196	5.0727	-.50420
.25	-25.5174	-2.3834	3.7968	-.28246
.30	-30.2213	-4.5298	2.2858	-.13040
.35	-21.8707	-4.6433	1.1922	-.04345
.40	-13.4694	-3.9104	.5188	-.00067
.45	-7.2801	-2.9710	.1547	.01617
.50	-3.3919	-2.1166	-.0148	.01966
.55	-1.2281	-1.4449	-.0763	.01739
.60	-.1702	-.9597	-.0848	.01336
.65	.2565	-.6284	-.0719	.00944
.70	.3620	-.4109	-.0538	.00630
.75	.3274	-.2717	-.0375	.00401
.80	.2475	-.1837	-.0251	.00245
.85	.1666	-.1278	-.0168	.00140
.90	.1040	-.0909	-.0116	.00070
.95	.0687	-.0645	-.0081	.00020
1.00	.1626	-.0425	-.0000	-.00000

XM/L=0.3

X/L	FP	FS	FQ	FM
.05	.2465	1.7919	.0123	.00031
.10	7.7896	2.8860	.4018	.01066
.15	14.1362	3.9334	1.1086	.04842
.20	22.3349	4.7000	2.2254	.13177
.25	30.3747	4.5890	3.7441	.28101
.30	25.3966	2.4457	5.0139	-.50004
.35	-25.0122	-2.3259	3.7633	-.28061
.40	-29.8861	-4.4704	2.2690	-.12980
.45	-21.6747	-4.5939	1.1853	-.04345
.50	-13.3676	-3.8737	.5169	-.00089
.55	-7.2352	-2.9458	.1551	.01591
.60	-3.3783	-2.1005	-.0138	.01944
.65	-1.2311	-1.4355	-.0753	.01721
.70	-.1828	-.9550	-.0845	.01322
.75	.2365	-.6269	-.0727	.00929
.80	.3345	-.4111	-.0559	.00608
.85	.2937	-.2718	-.0412	.00365
.90	.2180	-.1808	-.0303	.00186
.95	.1674	-.1171	-.0220	.00055
1.00	.4394	-.0653	-.0000	-.00000

XM/L=0.4

X/L	FP	FS	FQ	FM
.05	-3.4897	.6497	-.1745	-.00436
.10	1.4612	1.3424	-.1014	-.01126
.15	3.8932	2.1146	.0932	-.01146
.20	7.7161	3.0046	.4790	.00284
.25	13.7129	3.9457	1.1647	.04394
.30	21.9051	4.6672	2.2599	.12955
.35	30.0597	4.5440	3.7629	.28012
.40	25.1986	2.4038	5.0229	-.50023
.45	-25.1225	-2.3596	3.7667	-.28049
.50	-29.9406	-4.4955	2.2697	-.12958
.55	-21.6985	-4.6122	1.1848	-.04322
.60	-13.3784	-3.8876	.5159	-.00070
.65	-7.2451	-2.9572	.1536	.01603
.70	-3.3970	-2.1110	-.0162	.01947
.75	-1.2668	-1.4459	-.0796	.01707
.80	-.2410	-.9648	-.0916	.01279
.85	.1576	-.6332	-.0838	.00840
.90	.2630	-.4075	-.0706	.00455
.95	.3001	-.2462	-.0556	.00139
1.00	1.1121	-.1143	-.0000	-.00000

XM/L=0.5

X/L	FP	FS	FQ	FM
.05	-2.3705	.2478	-.1185	-.00296
.10	-.1671	.5715	-.1269	-.00910
.15	.4173	.9553	-.1060	-.01492
.20	1.4604	1.4597	-.0330	-.01840
.25	3.5419	2.1321	.1441	-.01562
.30	7.3363	2.9783	.5109	.00076
.35	13.4289	3.9065	1.1824	.04309
.40	21.7248	4.6295	2.2686	.12936
.45	29.9583	4.5128	3.7665	.28024
.50	25.1474	2.3792	5.0239	-.50000
.55	-25.1475	-2.3793	3.7665	-.28024
.60	-29.9582	-4.5128	2.2686	-.12936
.65	-21.7247	-4.6295	1.1824	-.04309
.70	-13.4289	-3.9065	.5109	-.00076
.75	-7.3363	-2.9783	.1441	.01562
.80	-3.5418	-2.1321	-.0330	.01840
.85	-1.4604	-1.4597	-.1060	.01492
.90	-.4173	-.9553	-.1269	.00910
.95	.1671	-.5715	-.1185	.00296
1.00	2.3705	-.2478	-.0000	-.00000

B/L= 5.00   DS/B1= .50   KS= .010

XQ/L=0.0

X/L	FP	FS	FQ	FM
.05	15.6955	2.0578	-.2152	-.03038
.10	4.1298	1.5001	-.0087	-.03598
.15	1.9218	1.0432	.0874	-.03401
.20	.6518	.6920	.1199	-.02883
.25	.0169	.4352	.1208	-.02281
.30	-.2812	.2559	.1067	-.01713
.35	-.3904	.1364	.0872	-.01228
.40	-.3979	.0609	.0673	-.00841
.45	-.3555	.0163	.0495	-.00549
.50	-.2935	-.0076	.0349	-.00338
.55	-.2289	-.0182	.0234	-.00192
.60	-.1705	-.0210	.0149	-.00097
.65	-.1218	-.0194	.0088	-.00037
.70	-.0837	-.0159	.0046	-.00004
.75	-.0551	-.0118	.0019	.00012
.80	-.0346	-.0078	.0001	.00017
.85	-.0201	-.0043	-.0009	.00016
.90	-.0093	-.0013	-.0013	.00010
.95	-.0002	.0013	-.0013	.00003
1.00	.0268	.0037	-.0000	-.00000

XQ/L=0.1

X/L	FP	FS	FQ	FM
.05	7.0008	1.2388	.3500	.00875
.10	3.8519	1.1982	-.4574	.03107
.15	3.3390	1.1022	-.2904	.01237
.20	2.4490	.9452	-.1680	.00091
.25	1.6831	.7690	-.0838	-.00538
.30	1.0822	.5001	-.0297	-.00822
.35	.6422	.4519	.0024	-.00890
.40	.3381	.3296	.0193	-.00836
.45	.1402	.2332	.0263	-.00722
.50	.0201	.1603	.0273	-.00587
.55	-.0456	.1070	.0251	-.00456
.60	-.0755	.0693	.0213	-.00341
.65	-.0832	.0436	.0171	-.00245
.70	-.0784	.0267	.0132	-.00169
.75	-.0675	.0159	.0098	-.00111
.80	-.0547	.0093	.0071	-.00069
.85	-.0425	.0054	.0050	-.00039
.90	-.0327	.0031	.0033	-.00018
.95	-.0263	.0016	.0020	-.00005
1.00	-.0401	.0005	-.0000	-.00000

XQ/L=0.2

X/L	FP	FS	FQ	FM
.05	1.8566	.6283	.0928	.00232
.10	2.0371	.7837	.1947	.00951
.15	2.6749	.9220	.3284	.02259
.20	3.2729	1.0129	-.5079	.04310
.25	3.2426	1.0095	-.3458	.02176
.30	2.5810	.9129	-.2167	.00769
.35	1.8835	.7730	-.1226	-.00079
.40	1.2833	.6233	-.0584	-.00531
.45	.8158	.4832	-.0176	-.00721
.50	.4760	.3621	.0062	-.00750
.55	.2434	.2632	.0184	-.00689
.60	.0941	.1860	.0231	-.00585
.65	.0055	.1279	.0233	-.00469
.70	-.0413	.0856	.0213	-.00358
.75	-.0608	.0557	.0182	-.00259
.80	-.0643	.0351	.0150	-.00176
.85	-.0602	.0209	.0120	-.00108
.90	-.0556	.0110	.0092	-.00055
.95	-.0561	.0035	.0064	-.00016
1.00	-.1283	-.0029	-.0000	-.00000

XQ/L=0.3

X/L	FP	FS	FQ	FM
.05	-.2612	.2709	-.0131	-.00033
.10	.7873	.4380	.0263	.00000
.15	1.3554	.6058	.0941	.00301
.20	1.9775	.7695	.1929	.01019
.25	2.6535	.9140	.3256	.02315
.30	3.2734	1.0093	-.5107	.04353
.35	3.2513	1.0087	-.3481	.02206
.40	2.5922	.9140	-.2185	.00789
.45	1.8949	.7751	-.1238	-.00067
.50	1.2940	.6259	-.0591	-.00524
.55	.8260	.4861	-.0178	-.00716
.60	.4861	.3651	.0065	-.00744
.65	.2540	.2661	.0192	-.00680
.70	.1056	.1886	.0245	-.00571
.75	.0177	.1299	.0254	-.00446
.80	-.0294	.0865	.0239	-.00323
.85	-.0527	.0545	.0213	-.00210
.90	-.0681	.0306	.0179	-.00112
.95	-.0893	.0114	.0134	-.00034
1.00	-.2683	-.0056	-.0000	-.00000

XQ/L=0.4

X/L	FP	FS	FQ	FM
.05	-.8001	.0942	-.0400	-.00100
.10	.1698	.2152	-.0315	-.00279
.15	.5190	.3420	-.0056	-.00371
.20	.8990	.4786	.0394	-.00287
.25	1.3628	.6254	.1075	.00080
.30	1.9395	.7757	.2045	.00860
.35	2.6037	.9126	.3347	.02208
.40	3.2264	1.0042	-.5040	.04285
.45	3.2132	1.0025	-.3433	.02167
.50	2.5651	.9082	-.2151	.00771
.55	1.8788	.7706	-.1211	-.00070
.60	1.2882	.6231	-.0567	-.00514
.65	.8295	.4847	-.0153	-.00694
.70	.4976	.3648	.0096	-.00708
.75	.2716	.2660	.0232	-.00626
.80	.1254	.1874	.0295	-.00495
.85	.0322	.1256	.0311	-.00343
.90	-.0367	.0764	.0293	-.00192
.95	-.1086	.0351	.0238	-.00060
1.00	-.4765	-.0023	-.0000	-.00000

XQ/L=0.5

X/L	FP	FS	FQ	FM
.05	-.7141	.0210	-.0357	-.00089
.10	-.0611	.0932	-.0388	-.00275
.15	.1141	.1709	-.0331	-.00455
.20	.2971	.2596	-.0182	-.00583
.25	.5326	.3640	.0084	-.00608
.30	.8617	.4863	.0515	-.00458
.35	1.3120	.6250	.1171	-.00036
.40	1.8915	.7714	.2117	.00786
.45	2.5655	.9072	.3400	.02165
.50	3.2008	.9995	-.5000	.04265
.55	3.2008	.9995	-.3400	.02165
.60	2.5655	.9072	-.2117	.00786
.65	1.8915	.7714	-.1171	-.00036
.70	1.3120	.6250	-.0515	-.00458
.75	.8617	.4863	-.0084	-.00608
.80	.5326	.3640	.0182	-.00583
.85	.2971	.2596	.0331	-.00455
.90	.1141	.1709	.0388	-.00275
.95	-.0611	.0932	.0357	-.00089
1.00	-.7141	.0210	-.0000	-.00000

B/L= 5.00 DS/B1= .50 KS= .010

XM/L=0.0

X/L	FP	FS	FQ	FM
.05	92.7662	8.4622	4.6383	-.88404
.10	-3.0047	2.6654	4.4881	-.65588
.15	-15.1664	-.8225	3.7298	-.45044
.20	-18.1905	-2.6556	2.8202	-.28669
.25	-16.5676	-3.3887	1.9919	-.16638
.30	-13.4340	-3.4474	1.3202	-.08358
.35	-10.1101	-3.1354	.8146	-.03021
.40	-7.1676	-2.6598	.4563	.00156
.45	-4.8004	-2.1354	.2162	.01837
.50	-3.0182	-1.6465	.0653	.02541
.55	-1.7490	-1.2242	-.0221	.02649
.60	-.8926	-.8802	-.0667	.02427
.65	-.3488	-.6127	-.0842	.02050
.70	-.0296	-.4125	-.0857	.01625
.75	.1372	-.2673	-.0788	.01214
.80	.2079	-.1647	-.0684	.00846
.85	.2269	-.0930	-.0571	.00532
.90	.2330	-.0419	-.0454	.00276
.95	.2577	-.0028	-.0325	.00081
1.00	.6504	.0311	.0000	-.00000

XM/L=0.1

X/L	FP	FS	FQ	FM
.05	71.3405	7.4233	3.5670	.08918
.10	16.4264	3.8800	4.3883	-.71194
.15	-9.5811	.1511	3.9093	-.50450
.20	-17.1394	-2.1312	3.0523	-.33046
.25	-16.8548	-3.1664	2.2096	-.19891
.30	-14.2050	-3.4128	1.4993	-.10619
.35	-10.9690	-3.2060	.9509	-.04493
.40	-7.9442	-2.7760	.5537	-.00732
.45	-5.4334	-2.2700	.2820	.01357
.50	-3.5001	-1.7752	.1070	.02330
.55	-2.0961	-1.3367	.0022	.02603
.60	-1.1305	-.9728	-.0543	.02472
.65	-.5036	-.6855	-.0795	.02138
.70	-.1246	-.4674	-.0857	.01724
.75	.0831	-.3073	-.0816	.01306
.80	.1807	-.1926	-.0726	.00921
.85	.2171	-.1113	-.0617	.00585
.90	.2359	-.0525	-.0499	.00306
.95	.2732	-.0069	-.0362	.00091
1.00	.7249	.0327	-.0000	-.00000

XM/L=0.2

X/L	FP	FS	FQ	FM
.05	33.6672	4.7568	1.6834	.04208
.10	16.1217	4.0063	2.4894	.14640
.15	14.4029	2.9781	3.2096	.28888
.20	8.6591	1.3015	3.6425	-.53982
.25	-10.6508	-1.1210	3.1100	-.37100
.30	-15.1129	-2.5555	2.3544	-.23439
.35	-13.9315	-3.0868	1.6578	-.13409
.40	-11.3171	-3.0696	1.0919	-.06535
.45	-8.5012	-2.7568	.6669	-.02138
.50	-6.0072	-2.3166	.3665	.00446
.55	-4.0075	-1.8529	.1661	.01777
.60	-2.5104	-1.4237	.0406	.02294
.65	-1.4524	-1.0565	-.0320	.02315
.70	-.7459	-.7588	-.0693	.02062
.75	-.3024	-.5270	-.0844	.01678
.80	-.0420	-.3514	-.0865	.01250
.85	.1053	-.2198	-.0813	.00831
.90	.2075	-.1193	-.0709	.00451
.95	.3243	-.0380	-.0547	.00137
1.00	1.0934	.0346	-.0000	-.00000

XM/L=0.3

X/L	FP	FS	FQ	FM
.05	11.2141	2.5275	.5607	.01402
.10	8.9679	2.8385	1.0091	.05326
.15	10.9942	3.0514	1.5588	.11746
.20	13.0640	3.0117	2.2120	.21173
.25	13.9292	2.4823	2.9085	.33974
.30	9.3957	1.1300	3.3782	-.50309
.35	-9.5588	-1.0994	2.9003	-.34613
.40	-14.0279	-2.4329	2.1989	-.21865
.45	-13.0052	-2.9236	1.5487	-.12496
.50	-10.5956	-2.9030	1.0189	-.06077
.55	-7.9802	-2.6071	.6199	-.01980
.60	-5.6611	-2.1928	.3368	.00412
.65	-3.8040	-1.7568	.1466	.01620
.70	-2.4173	-1.3525	.0257	.02051
.75	-1.4387	-1.0039	-.0462	.02000
.80	-.7788	-.7166	-.0851	.01672
.85	-.3395	-.4847	-.1021	.01204
.90	-.0109	-.2959	-.1027	.00692
.95	.3127	-.1356	-.0870	.00218
1.00	1.7403	.0112	-.0000	-.00000

XM/L=0.4

X/L	FP	FS	FQ	FM
.05	1.1360	1.1382	.0568	.00142
.10	3.8307	1.6625	.2483	.00905
.15	5.9126	2.1723	.5440	.02886
.20	8.2771	2.6270	.9578	.06640
.25	10.8507	2.9415	1.5004	.12786
.30	13.1871	2.9680	2.1597	.21936
.35	14.1327	2.4777	2.8663	.34501
.40	9.5996	1.1454	3.3463	-.49967
.45	-9.3901	-1.0770	2.8768	-.34410
.50	-13.9084	-2.4116	2.1814	-.21764
.55	-12.9384	-2.9080	1.5345	-.12474
.60	-10.5804	-2.8349	1.0055	-.06124
.65	-8.0136	-2.6060	.6048	-.02099
.70	-5.7377	-2.1964	.3179	.00208
.75	-3.9137	-1.7501	.1222	.01308
.80	-2.5391	-1.3478	-.0047	.01602
.85	-1.5288	-.9800	-.0812	.01387
.90	-.7395	-.6575	-.1182	.00889
.95	-.0097	-.3693	-.1186	.00297
1.00	2.3729	-.0989	-.0000	-.00000

XM/L=0.5

X/L	FP	FS	FQ	FM
.05	-2.1010	.4156	-.1050	-.00263
.10	1.1296	.8420	-.0486	-.00647
.15	2.5010	1.2824	.0765	-.00577
.20	4.0384	1.7420	.2784	.00310
.25	5.9095	2.2068	.5739	.02441
.30	8.1846	2.6322	.9831	.06333
.35	10.7326	2.9286	1.5197	.12591
.40	13.0691	2.9444	2.1732	.21823
.45	14.0223	2.4481	2.8743	.34442
.50	9.4951	1.1123	3.3491	-.50000
.55	-9.4952	-1.1123	2.8743	-.34442
.60	-14.0223	-2.4481	2.1732	-.21823
.65	-13.0691	-2.9444	1.5197	-.12590
.70	-10.7327	-2.9286	.9831	-.06333
.75	-8.1846	-2.6322	.5739	-.02441
.80	-5.9095	-2.2068	.2784	-.00310
.85	-4.0384	-1.7420	.0765	.00577
.90	-2.5010	-1.2824	-.0486	.00647
.95	-1.1296	-.8420	-.1050	.00263
1.00	2.1010	-.4156	-.0000	-.00000

B/L= 5.00 DS/B1= .50 KS= .020

XQ/L=0.0

X/L	FP	FS	FQ	FM
.05	13.9174	1.9165	-.3041	-.03260
.10	4.2703	1.4827	-.0906	-.04247
.15	2.4046	1.1059	.0296	-.04400
.20	1.2192	.7943	.0906	-.04099
.25	.5214	.5466	.1166	-.03581
.30	.1012	.3566	.1217	-.02985
.35	-.1414	.2159	.1146	-.02395
.40	-.2682	.1155	.1012	-.01855
.45	-.3202	.0469	.0852	-.01389
.50	-.3255	.0026	.0689	-.01003
.55	-.3033	-.0238	.0538	-.00697
.60	-.2669	-.0375	.0404	-.00461
.65	-.2250	-.0425	.0292	-.00287
.70	-.1832	-.0420	.0200	-.00164
.75	-.1444	-.0381	.0128	-.00082
.80	-.1103	-.0324	.0073	-.00032
.85	-.0807	-.0259	.0032	-.00006
.90	-.0546	-.0190	.0005	.00004
.95	-.0301	-.0122	-.0010	.00002
1.00	.0198	-.0054	-.0000	-.00000

XQ/L=0.1

X/L	FP	FS	FQ	FM
.05	7.3384	1.2456	.3669	.00917
.10	3.5718	1.1638	-.4545	.03198
.15	2.9643	1.0531	-.3063	.01296
.20	2.2509	.9108	-.1937	.00046
.25	1.6556	.7588	-.1110	-.00715
.30	1.1699	.6121	-.0525	-.01124
.35	.7877	.4793	-.0131	-.01288
.40	.4972	.3648	.0118	-.01291
.45	.2843	.2696	.0260	-.01196
.50	.1345	.1932	.0327	-.01050
.55	.0343	.1336	.0344	-.00882
.60	-.0284	.0885	.0330	-.00713
.65	-.0637	.0554	.0298	-.00556
.70	-.0800	.0318	.0258	-.00417
.75	-.0838	.0154	.0216	-.00298
.80	-.0806	.0044	.0176	-.00200
.85	-.0745	-.0028	.0139	-.00121
.90	-.0699	-.0077	.0104	-.00060
.95	-.0701	-.0112	.0069	-.00017
1.00	-.1378	-.0142	-.0000	-.00000

XQ/L=0.2

X/L	FP	FS	FQ	FM
.05	2.8569	.7054	.1428	.00357
.10	2.1074	.7937	.2482	.01335
.15	2.3981	.8695	.3681	.02876
.20	2.6793	.9142	-.4979	.05051
.25	2.6284	.9014	-.3665	.02890
.30	2.2243	.8310	-.2553	.01336
.35	1.7690	.7293	-.1668	.00280
.40	1.3418	.6158	-.0998	-.00386
.45	.9743	.5032	-.0510	-.00763
.50	.6755	.3994	-.0173	-.00934
.55	.4432	.3085	.0049	-.00965
.60	.2699	.2318	.0184	-.00907
.65	.1458	.1692	.0257	-.00796
.70	.0609	.1195	.0287	-.00660
.75	.0052	.0806	.0290	-.00516
.80	-.0302	.0506	.0275	-.00375
.85	-.0542	.0273	.0248	-.00244
.90	-.0769	.0086	.0209	-.00130
.95	-.1079	-.0073	.0155	-.00039
1.00	-.3107	-.0220	-.0000	-.00000

XQ/L=0.3

X/L	FP	FS	FQ	FM
.05	.4736	.3451	.0237	.00059
.10	.9993	.4773	.0736	.00303
.15	1.4233	.6070	.1448	.00849
.20	1.8632	.7282	.2380	.01806
.25	2.3030	.8298	.3531	.03283
.30	2.6695	.8936	-.5134	.05383
.35	2.6579	.8944	-.3805	.03148
.40	2.2715	.8332	-.2669	.01529
.45	1.8224	.7373	-.1758	.00423
.50	1.3955	.6270	-.1060	-.00282
.55	1.0253	.5159	-.0548	-.00684
.60	.7227	.4122	-.0186	-.00868
.65	.4861	.3203	.0057	-.00900
.70	.3079	.2416	.0211	-.00833
.75	.1777	.1761	.0299	-.00706
.80	.0834	.1221	.0341	-.00546
.85	.0117	.0775	.0347	-.00374
.90	-.0544	.0397	.0320	-.00207
.95	-.1318	.0064	.0254	-.00063
1.00	-.5078	-.0250	-.0000	-.00000

XQ/L=0.4

X/L	FP	FS	FQ	FM
.05	-.5320	.1357	-.0266	-.00066
.10	.3405	.2542	-.0096	-.00157
.15	.6988	.3745	.0254	-.00117
.20	1.0573	.4969	.0782	.00141
.25	1.4425	.6194	.1503	.00713
.30	1.8638	.7356	.2435	.01698
.35	2.2965	.8341	.3584	.03202
.40	2.6621	.8962	-.5085	.05327
.45	2.6531	.8962	-.3759	.03116
.50	2.2714	.8350	-.2623	.01520
.55	1.8279	.7393	-.1709	.00437
.60	1.4068	.6292	-.1006	-.00241
.65	1.0419	.5179	-.0485	-.00614
.70	.7428	.4131	-.0113	-.00763
.75	.5062	.3188	.0140	-.00757
.80	.3216	.2360	.0300	-.00647
.85	.1733	.1637	.0387	-.00475
.90	.0375	.0999	.0406	-.00277
.95	-.1111	.0418	.0350	-.00088
1.00	-.7007	-.0137	-.0000	-.00000

XQ/L=0.5

X/L	FP	FS	FQ	FM
.05	-.7855	.0300	-.0393	-.00098
.10	.0139	.1167	-.0386	-.00293
.15	.2613	.2063	-.0255	-.00453
.20	.4985	.3016	-.0006	-.00518
.25	.7573	.4042	.0373	-.00427
.30	1.0633	.5140	.0904	-.00107
.35	1.4265	.6280	.1618	.00523
.40	1.8411	.7392	.2538	.01562
.45	2.2757	.8349	.3676	.03116
.50	2.6478	.8959	-.5000	.05285
.55	2.6478	.8959	-.3676	.03116
.60	2.2757	.8349	-.2538	.01562
.65	1.8411	.7392	-.1618	.00523
.70	1.4265	.6280	-.0904	-.00107
.75	1.0633	.5140	-.0373	-.00427
.80	.7573	.4042	.0006	-.00518
.85	.4985	.3016	.0255	-.00453
.90	.2613	.2063	.0386	-.00293
.95	.0139	.1167	.0393	-.00098
1.00	-.7855	.0300	-.0000	-.00000

B/L= 5.00 DS/B1= .50 KS= .020

XM/L=0.0

X/L	FP	FS	FQ	FM
.05	69.0215	6.8705	3.4511	-.91372
.10	4.0675	3.0153	3.6545	-.73608
.15	-6.1939	.3981	3.3448	-.56110
.20	-10.5383	-1.2472	2.8178	-.40704
.25	-11.3894	-2.1680	2.2484	-.28039
.30	-10.6540	-2.5751	1.7157	-.18128
.35	-9.2220	-2.6375	1.2546	-.10703
.40	-7.5738	-2.4852	.8759	-.05377
.45	-5.9663	-2.2135	.5776	-.01743
.50	-4.5287	-1.8892	.3511	.00579
.55	-3.3151	-1.5570	.1854	.01920
.60	-2.3353	-1.2440	.0686	.02555
.65	-1.5738	-.9649	-.0101	.02701
.70	-1.0018	-.7255	-.0602	.02525
.75	-.5838	-.5255	-.0894	.02151
.80	-.2811	-.3606	-.1034	.01669
.85	-.0517	-.2244	-.1060	.01146
.90	.1581	-.1093	-.0981	.00636
.95	.4006	-.0076	-.0781	.00195
1.00	1.5614	.0880	.0000	-.00000

XM/L=0.1

X/L	FP	FS	FQ	FM
.05	57.0302	6.2508	2.8515	.07129
.10	13.8655	3.6119	3.5448	-.76881
.15	-3.0108	.9357	3.3942	-.59533
.20	-9.5628	-.9053	2.9161	-.43757
.25	-11.1488	-1.9731	2.3587	-.30570
.30	-10.7648	-2.4852	1.8204	-.20122
.35	-9.4886	-2.6188	1.3460	-.12206
.40	-7.8937	-2.5114	.9513	-.06463
.45	-6.2846	-2.2652	.6371	-.02492
.50	-4.8176	-1.9528	.3962	.00091
.55	-3.5625	-1.6232	.2181	.01627
.60	-2.5382	-1.3070	.0912	.02400
.65	-1.7345	-1.0214	.0044	.02639
.70	-1.1250	-.7739	-.0518	.02520
.75	-.6753	-.5652	-.0856	.02177
.80	-.3464	-.3919	-.1029	.01705
.85	-.0950	-.2477	-.1077	.01179
.90	.1346	-.1252	-.1009	.00658
.95	.3974	-.0164	-.0811	.00203
1.00	1.6210	.0860	-.0000	-.00000

XM/L=0.2

X/L	FP	FS	FQ	FM
.05	33.2061	4.4905	1.6603	.04151
.10	13.4023	3.5614	2.3304	.14128
.15	10.0798	2.4972	2.8344	.27040
.20	5.1360	1.1259	3.0912	-.58146
.25	-6.2344	-.5739	2.7795	-.43469
.30	-9.7659	-1.7000	2.2912	-.30793
.35	-9.9933	-2.2706	1.7915	-.20586
.40	-9.0581	-2.4575	1.3386	-.12761
.45	-7.6657	-2.3957	.9553	-.07026
.50	-6.1836	-2.1867	.6462	-.03022
.55	-4.7973	-1.9033	.4063	-.00391
.60	-3.5927	-1.5950	.2267	.01192
.65	-2.5981	-1.2934	.0968	.02000
.70	-1.8082	-1.0160	.0063	.02258
.75	-1.1984	-.7709	-.0536	.02140
.80	-.7323	-.5590	-.0902	.01780
.85	-.3638	-.3765	-.1084	.01284
.90	-.0284	-.2172	-.1098	.00738
.95	.3403	-.0729	-.0928	.00232
1.00	1.8558	.0640	-.0000	-.00000

XM/L=0.3

X/L	FP	FS	FQ	FM
.05	15.7396	2.7734	.7870	.01967
.10	8.7031	2.7094	1.2221	.06990
.15	8.7493	2.5795	1.6596	.14195
.20	8.9139	2.2921	2.1053	.23607
.25	8.3990	1.7226	2.5252	.35183
.30	5.0023	.7135	2.7754	-.51565
.35	-5.6741	-.7344	2.4917	-.38398
.40	-8.9253	-1.6960	2.0454	-.27055
.45	-9.0959	-2.1681	1.5906	-.17965
.50	-8.2220	-2.3040	1.1795	-.11040
.55	-6.9481	-2.2236	.8321	-.06011
.60	-5.6050	-2.0165	.5518	-.02551
.65	-4.3562	-1.7459	.3340	-.00337
.70	-3.2733	-1.4544	.1704	.00924
.75	-2.3738	-1.1679	.0517	.01479
.80	-1.6420	-.8997	-.0304	.01532
.85	-1.0373	-.6543	-.0823	.01251
.90	-.4878	-.4300	-.1067	.00778
.95	.0879	-.2210	-.1023	.00256
1.00	2.0458	-.0197	-.0000	-.00000

XM/L=0.4

X/L	FP	FS	FQ	FM
.05	5.4276	1.4973	.2714	.00678
.10	4.6928	1.7703	.5060	.02622
.15	5.7253	2.0193	.7923	.05868
.20	6.9024	2.2055	1.1374	.10692
.25	8.0574	2.2685	1.5403	.17386
.30	8.8369	2.1223	1.9821	.26192
.35	8.5955	1.6505	2.4119	.37177
.40	5.3068	.7049	2.6772	-.50100
.45	-5.3513	-.7055	2.4097	-.37383
.50	-8.6324	-1.6481	1.9780	-.26413
.55	-8.8565	-2.1136	1.5352	-.17630
.60	-8.0447	-2.2501	1.1330	-.10960
.65	-6.8313	-2.1735	.7914	-.06149
.70	-5.5394	-1.9696	.5145	-.02884
.75	-4.3247	-1.6989	.2982	-.00852
.80	-3.2482	-1.4008	.1358	.00233
.85	-2.3098	-1.0985	.0203	.00623
.90	-1.4544	-.8031	-.0524	.00543
.95	-.5992	-.5166	-.0824	.00206
1.00	1.6472	-.2358	-.0000	-.00000

XM/L=0.5

X/L	FP	FS	FQ	FM
.05	.3254	.6866	.0163	.00041
.10	2.0625	1.0208	.1194	.00380
.15	3.1611	1.3521	.2774	.01372
.20	4.3190	1.6708	.4934	.03299
.25	5.5670	1.9552	.7717	.06462
.30	6.8676	2.1672	1.1151	.11179
.35	8.0759	2.2480	1.5189	.17764
.40	8.8751	2.1130	1.9627	.26468
.45	8.6346	1.6476	2.3944	.37361
.50	5.3365	.7048	2.6612	-.50000
.55	-5.3366	-.7048	2.3944	-.37361
.60	-8.6346	-1.6476	1.9627	-.26468
.65	-8.8751	-2.1130	1.5189	-.17764
.70	-8.0759	-2.2480	1.1151	-.11179
.75	-6.8676	-2.1672	.7717	-.06462
.80	-5.5670	-1.9552	.4934	-.03299
.85	-4.3190	-1.6708	.2774	-.01372
.90	-3.1611	-1.3521	.1194	-.00380
.95	-2.0625	-1.0208	.0163	-.00041
1.00	-.3254	-.6866	-.0000	-.00000

B/L= 5.00 DS/B1= .50 KS= .050

XQ/L=0.0

X/L	FP	FS	FQ	FM
.05	11.7909	1.7225	-.4105	-.03526
.10	4.1469	1.4159	-.2031	-.05060
.15	2.7138	1.1353	-.0674	-.05736
.20	1.7366	.8872	.0194	-.05856
.25	1.0926	.6740	.0740	-.05623
.30	.6393	.4954	.1060	-.05173
.35	.3165	.3491	.1218	-.04603
.40	.0892	.2322	.1263	-.03983
.45	-.0663	.1411	.1230	-.03359
.50	-.1672	.0720	.1146	-.02765
.55	-.2270	.0213	.1033	-.02221
.60	-.2565	-.0145	.0904	-.01736
.65	-.2643	-.0385	.0772	-.01317
.70	-.2574	-.0533	.0644	-.00963
.75	-.2414	-.0612	.0523	-.00672
.80	-.2210	-.0643	.0412	-.00438
.85	-.1998	-.0641	.0313	-.00256
.90	-.1825	-.0618	.0221	-.00123
.95	-.1719	-.0583	.0135	-.00034
1.00	-.2707	-.0545	-.0000	-.00000

XQ/L=0.1

X/L	FP	FS	FQ	FM
.05	7.3331	1.2209	.3667	.00917
.10	3.3116	1.1195	-.4678	.03164
.15	2.6689	1.0066	-.3343	.01159
.20	2.0919	.8815	-.2297	-.00252
.25	1.6362	.7539	-.1479	-.01196
.30	1.2585	.6307	-.0850	-.01778
.35	.9453	.5165	-.0377	-.02085
.40	.6883	.4140	-.0033	-.02187
.45	.4810	.3243	.0207	-.02144
.50	.3170	.2476	.0366	-.02001
.55	.1903	.1834	.0461	-.01794
.60	.0948	.1306	.0508	-.01552
.65	.0247	.0878	.0521	-.01294
.70	-.0255	.0536	.0508	-.01037
.75	-.0612	.0263	.0477	-.00791
.80	-.0875	.0046	.0434	-.00563
.85	-.1102	-.0131	.0378	-.00360
.90	-.1376	-.0281	.0310	-.00188
.95	-.1771	-.0414	.0221	-.00055
1.00	-.4424	-.0540	-.0000	-.00000

XQ/L=0.2

X/L	FP	FS	FQ	FM
.05	3.8723	.7863	.1936	.00484
.10	2.1862	.8081	.3029	.01725
.15	2.1514	.8234	.4105	.03509
.20	2.1638	.8232	-.4813	.05832
.25	2.0679	.7956	-.3779	.03684
.30	1.8280	.7403	-.2865	.02023
.35	1.5583	.6680	-.2086	.00785
.40	1.2915	.5874	-.1440	-.00097
.45	1.0437	.5048	-.0918	-.00686
.50	.8230	.4246	-.0507	-.01043
.55	.6322	.3496	-.0191	-.01217
.60	.4713	.2814	.0045	-.01254
.65	.3380	.2207	.0214	-.01189
.70	.2288	.1674	.0328	-.01053
.75	.1392	.1207	.0398	-.00872
.80	.0635	.0799	.0430	-.00665
.85	-.0055	.0437	.0427	-.00451
.90	-.0799	.0108	.0387	-.00247
.95	-.1716	-.0200	.0301	-.00075
1.00	-.6022	-.0498	-.0000	-.00000

XQ/L=0.3

X/L	FP	FS	FQ	FM
.05	1.5779	.4561	.0789	.00197
.10	1.2622	.5337	.1420	.00749
.15	1.4536	.6085	.2147	.01641
.20	1.6675	.6762	.2981	.02923
.25	1.8820	.7303	.3922	.04649
.30	2.0495	.7619	-.5054	.06866
.35	2.0396	.7596	-.4034	.04594
.40	1.8514	.7238	-.3108	.02808
.45	1.6127	.6658	-.2302	.01456
.50	1.3634	.5951	-.1620	.00475
.55	1.1238	.5188	-.1058	-.00194
.60	.9044	.4416	-.0606	-.00610
.65	.7094	.3669	-.0251	-.00824
.70	.5394	.2966	.0018	-.00883
.75	.3918	.2314	.0214	-.00824
.80	.2618	.1714	.0345	-.00685
.85	.1412	.1159	.0416	-.00494
.90	.0151	.0640	.0423	-.00284
.95	-.1325	.0144	.0357	-.00089
1.00	-.7143	-.0341	-.0000	-.00000

XQ/L=0.4

X/L	FP	FS	FQ	FM
.05	.2282	.2288	.0114	.00029
.10	.6132	.3210	.0421	.00162
.15	.8734	.4126	.0857	.00482
.20	1.1295	.5023	.1422	.01052
.25	1.3880	.5875	.2116	.01936
.30	1.6453	.6639	.2939	.03200
.35	1.8844	.7249	.3881	.04905
.40	2.0674	.7617	-.5085	.07104
.45	2.0674	.7633	-.4052	.04820
.50	1.8851	.7298	-.3109	.03029
.55	1.6494	.6729	-.2284	.01681
.60	1.4002	.6020	-.1584	.00714
.65	1.1579	.5240	-.1005	.00067
.70	.9322	.4437	-.0539	-.00319
.75	.7263	.3643	-.0176	-.00498
.80	.5384	.2873	.0093	-.00519
.85	.3618	.2134	.0274	-.00427
.90	.1805	.1424	.0364	-.00267
.95	-.0234	.0735	.0353	-.00088
1.00	-.7053	.0056	-.0000	-.00000

XQ/L=0.5

X/L	FP	FS	FQ	FM
.05	-.4521	.0862	-.0226	-.00057
.10	.2050	.1710	-.0124	-.00144
.15	.4546	.2563	.0104	-.00149
.20	.6860	.3426	.0447	-.00011
.25	.9156	.4294	.0905	.00327
.30	1.1550	.5154	.1482	.00923
.35	1.4049	.5976	.2184	.01840
.40	1.6579	.6717	.3013	.03139
.45	1.8952	.7309	.3961	.04883
.50	2.0778	.7661	-.5000	.07123
.55	2.0778	.7661	-.3961	.04883
.60	1.8952	.7309	-.3013	.03139
.65	1.6579	.6717	-.2184	.01840
.70	1.4049	.5976	-.1482	.00923
.75	1.1550	.5154	-.0905	.00327
.80	.9156	.4294	-.0447	-.00011
.85	.6860	.3426	-.0104	-.00149
.90	.4546	.2563	.0124	-.00144
.95	.2050	.1710	.0226	-.00057
1.00	-.4521	.0862	-.0000	0.00000

B/L= 5.00 DS/B1= .50 KS= .050

XM/L=0.0

X/L	FP	FS	FQ	FM
.05	46.0192	5.0936	2.3010	-.94248
.10	7.1934	2.8985	2.6606	-.81844
.15	.1838	1.2321	2.6698	-.68517
.20	-3.6819	.0168	2.4857	-.55629
.25	-5.4964	-.8263	2.2109	-.43887
.30	-6.2167	-1.3712	1.9001	-.33610
.35	-6.2902	-1.6840	1.5856	-.24895
.40	-5.9808	-1.8216	1.2865	-.17715
.45	-5.4546	-1.8318	1.0138	-.11964
.50	-4.8204	-1.7533	.7728	-.07498
.55	-4.1501	-1.6168	.5653	-.04153
.60	-3.4903	-1.4455	.3908	-.01763
.65	-2.8688	-1.2567	.2473	-.00168
.70	-2.2997	-1.0623	.1323	.00781
.75	-1.7858	-.8698	.0430	.01220
.80	-1.3200	-.6835	-.0230	.01270
.85	-.8844	-.5047	-.0672	.01045
.90	-.4394	-.3330	-.0892	.00654
.95	.0594	-.1663	-.0862	.00215
1.00	1.7236	-.0023	.0000	-.00000

XM/L=0.1

X/L	FP	FS	FQ	FM
.05	40.6288	4.7926	2.0314	.05079
.10	11.0795	3.1201	2.5854	-.83379
.15	1.5613	1.4583	2.6635	-.70257
.20	-3.1299	.1825	2.5070	-.57331
.25	-5.2301	-.7108	2.2455	-.45450
.30	-6.1083	-1.2961	1.9401	-.34986
.35	-6.2737	-1.6404	1.6264	-.26070
.40	-6.0188	-1.8019	1.3254	-.18690
.45	-5.5238	-1.8296	1.0492	-.12753
.50	-4.9055	-1.7632	.8040	-.08120
.55	-4.2411	-1.6346	.5919	-.04631
.60	-3.5804	-1.4679	.4129	-.02119
.65	-2.9538	-1.2813	.2652	-.00423
.70	-2.3770	-1.0872	.1464	.00606
.75	-1.8541	-.8938	.0536	.01106
.80	-1.3789	-.7056	-.0153	.01201
.85	-.9339	-.5244	-.0620	.01008
.90	-.4802	-.3500	-.0860	.00638
.95	.0270	-.1805	-.0847	.00212
1.00	1.6930	-.0135	-.0000	-.00000

XM/L=0.2

X/L	FP	FS	FQ	FM
.05	28.5330	3.8440	1.4267	.03567
.10	10.5396	2.9982	1.9536	.12017
.15	7.0738	2.1063	2.3073	.22670
.20	3.4045	1.1108	2.4775	-.65368
.25	-2.4784	.0186	2.3536	-.53290
.30	-4.9497	-.7928	2.1061	-.42141
.35	-5.8273	-1.3182	1.8148	-.32338
.40	-5.9831	-1.6205	1.5156	-.24012
.45	-5.7273	-1.7541	1.2293	-.17150
.50	-5.2434	-1.7646	.9671	-.11659
.55	-4.6453	-1.6890	.7348	-.07405
.60	-4.0061	-1.5565	.5345	-.04231
.65	-3.3717	-1.3894	.3659	-.01980
.70	-2.7688	-1.2038	.2275	-.00496
.75	-2.2093	-1.0110	.1170	.00365
.80	-1.6929	-.8179	.0324	.00738
.85	-1.2063	-.6282	-.0279	.00750
.90	-.7142	-.4431	-.0636	.00521
.95	-.1739	-.2618	-.0723	.00181
1.00	1.4465	-.0826	-.0000	-.00000

XM/L=0.3

X/L	FP	FS	FQ	FM
.05	17.7605	2.7654	.8880	.02220
.10	7.8548	2.4518	1.2808	.07642
.15	6.5517	2.1092	1.6083	.14865
.20	5.5623	1.6994	1.8865	.23602
.25	4.4471	1.1745	2.1088	.33590
.30	2.2165	.4784	2.2196	-.55589
.35	-2.8753	-.3766	2.0759	-.44850
.40	-4.8795	-1.0055	1.8319	-.35081
.45	-5.4849	-1.3948	1.5577	-.26607
.50	-5.4926	-1.5995	1.2830	-.19505
.55	-5.1700	-1.6662	1.0245	-.13736
.60	-4.6719	-1.6334	.7909	-.09197
.65	-4.0922	-1.5322	.5863	-.05754
.70	-3.4885	-1.3864	.4119	-.03259
.75	-2.8945	-1.2137	.2672	-.01561
.80	-2.3258	-1.0268	.1509	-.00516
.85	-1.7820	-.8338	.0618	.00016
.90	-1.2411	-.6393	-.0003	.00169
.95	-.6695	-.4456	-.0338	.00084
1.00	.6751	-.2526	-.0000	-.00000

XM/L=0.4

X/L	FP	FS	FQ	FM
.05	9.7035	1.8128	.4852	.01213
.10	5.1930	1.8027	.7448	.04288
.15	4.9970	1.7765	.9947	.08637
.20	5.0037	1.7119	1.2449	.14236
.25	5.0474	1.5789	1.4972	.21091
.30	4.8854	1.3403	1.7415	.29188
.35	4.2250	.9511	1.9528	.38423
.40	2.2635	.3594	2.0659	-.51530
.45	-2.6710	-.4178	1.9324	-.41534
.50	-4.5892	-.9911	1.7029	-.32446
.55	-5.1557	-1.3426	1.4451	-.24576
.60	-5.1555	-1.5235	1.1874	-.17995
.65	-4.8448	-1.5769	.9451	-.12664
.70	-4.3705	-1.5387	.7266	-.08484
.75	-3.8201	-1.4373	.5356	-.05329
.80	-3.2469	-1.2947	.3732	-.03057
.85	-2.6804	-1.1271	.2392	-.01526
.90	-2.1322	-.9460	.1326	-.00596
.95	-1.5941	-.7586	.0529	-.00132
1.00	-1.0582	-.5692	-.0000	-.00000

XM/L=0.5

X/L	FP	FS	FQ	FM
.05	4.3108	1.0783	.2155	.00539
.10	3.0767	1.2155	.3694	.02001
.15	3.4122	1.3453	.5400	.04275
.20	3.8339	1.4564	.7317	.07454
.25	4.2936	1.5326	.9464	.11649
.30	4.7075	1.5517	1.1817	.16969
.35	4.9772	1.4853	1.4306	.23500
.40	4.9513	1.2978	1.6782	.31272
.45	4.3724	.9463	1.8968	.40209
.50	2.4568	.3806	2.0196	-.50000
.55	-2.4568	-.3806	1.8968	-.40209
.60	-4.3724	-.9463	1.6782	-.31272
.65	-4.9513	-1.2978	1.4306	-.23500
.70	-4.9772	-1.4853	1.1817	-.16969
.75	-4.7075	-1.5517	.9464	-.11649
.80	-4.2936	-1.5326	.7317	-.07454
.85	-3.8339	-1.4564	.5400	-.04275
.90	-3.4122	-1.3453	.3694	-.02001
.95	-3.0767	-1.2155	.2155	-.00539
1.00	-4.3108	-1.0783	-.0000	-.00000

B/L= 5.00 DS/B1= .50 KS= .100

XQ/L=0.0

X/L	FP	FS	FQ	FM
.05	10.3683	1.5776	-.4816	-.03704
.10	3.9247	1.3444	-.2854	-.05621
.15	2.7684	1.1253	-.1469	-.06702
.20	1.9605	.9248	-.0489	-.07192
.25	1.4051	.7452	.0213	-.07260
.30	.9884	.5874	.0708	-.07030
.35	.6667	.4510	.1041	-.06593
.40	.4164	.3350	.1249	-.06020
.45	.2226	.2380	.1360	-.05368
.50	.0747	.1581	.1398	-.04678
.55	-.0360	.0932	.1380	-.03984
.60	-.1167	.0414	.1321	-.03309
.65	-.1739	.0005	.1235	-.02670
.70	-.2134	-.0315	.1128	-.02079
.75	-.2408	-.0564	.1007	-.01545
.80	-.2616	-.0758	.0877	-.01074
.85	-.2822	-.0913	.0735	-.00671
.90	-.3136	-.1041	.0579	-.00343
.95	-.3649	-.1155	.0396	-.00099
1.00	-.7925	-.1262	-.0000	-.00000

XQ/L=0.1

X/L	FP	FS	FQ	FM
.05	7.0917	1.1828	.3546	.00886
.10	3.1460	1.0833	-.4881	.03053
.15	2.5271	.9782	-.3618	.00928
.20	2.0265	.8676	-.2604	-.00628
.25	1.6448	.7566	-.1782	-.01724
.30	1.3281	.6491	-.1118	-.02449
.35	1.0591	.5480	-.0588	-.02876
.40	.8297	.4549	-.0173	-.03066
.45	.6350	.3707	.0144	-.03073
.50	.4711	.2957	.0380	-.02942
.55	.3344	.2298	.0547	-.02711
.60	.2214	.1724	.0658	-.02410
.65	.1284	.1226	.0722	-.02065
.70	.0514	.0796	.0747	-.01698
.75	-.0138	.0422	.0741	-.01326
.80	-.0720	.0094	.0705	-.00964
.85	-.1295	-.0200	.0640	-.00628
.90	-.1984	-.0470	.0541	-.00333
.95	-.2894	-.0726	.0396	-.00099
1.00	-.7918	-.0976	-.0000	-.00000

XQ/L=0.2

X/L	FP	FS	FQ	FM
.05	4.3668	.8270	.2183	.00546
.10	2.2319	.8174	.3299	.01917
.15	2.0476	.8042	.4323	.03822
.20	1.9417	.7824	-.4706	.06226
.25	1.8161	.7460	-.3798	.04100
.30	1.6291	.6944	-.2983	.02405
.35	1.4301	.6331	-.2268	.01092
.40	1.2327	.5666	-.1652	.00112
.45	1.0445	.4984	-.1130	-.00583
.50	.8697	.4309	-.0695	-.01040
.55	.7105	.3658	-.0340	-.01298
.60	.5675	.3043	-.0056	-.01397
.65	.4400	.2468	.0164	-.01370
.70	.3263	.1935	.0327	-.01247
.75	.2238	.1442	.0439	-.01056
.80	.1284	.0983	.0503	-.00820
.85	.0340	.0552	.0520	-.00564
.90	-.0719	.0142	.0484	-.00313
.95	-.2017	-.0255	.0384	-.00096
1.00	-.7671	-.0646	-.0000	-.00000

XQ/L=0.3

X/L	FP	FS	FQ	FM
.05	2.3455	.5363	.1173	.00293
.10	1.4455	.5773	.1896	.01060
.15	1.4805	.6163	.2636	.02193
.20	1.5572	.6504	.3414	.03706
.25	1.6514	.6758	.4240	.05619
.30	1.7232	.6872	-.4898	.07955
.35	1.7010	.6786	-.4048	.05718
.40	1.5815	.6499	-.3257	.03892
.45	1.4279	.6068	-.2543	.02442
.50	1.2609	.5543	-.1913	.01328
.55	1.0919	.4961	-.1367	.00508
.60	.9276	.4353	-.0903	-.00059
.65	.7714	.3737	-.0517	-.00414
.70	.6247	.3130	-.0205	-.00595
.75	.4871	.2537	.0039	-.00636
.80	.3561	.1963	.0217	-.00573
.85	.2264	.1408	.0330	-.00436
.90	.0859	.0867	.0373	-.00260
.95	-.0783	.0337	.0334	-.00083
1.00	-.6675	-.0188	-.0000	-.00000

XQ/L=0.4

X/L	FP	FS	FQ	FM
.05	.9600	.3155	.0480	.00120
.10	.8397	.3795	.0900	.00465
.15	.9852	.4425	.1392	.01038
.20	1.1409	.5034	.1963	.01877
.25	1.3035	.5599	.2615	.03021
.30	1.4623	.6091	.3346	.04511
.35	1.6042	.6470	.4148	.06385
.40	1.7070	.6687	-.4999	.08672
.45	1.7055	.6681	-.4146	.06386
.50	1.5995	.6453	-.3346	.04513
.55	1.4541	.6063	-.2619	.03022
.60	1.2906	.5559	-.1974	.01873
.65	1.1210	.4983	-.1413	.01027
.70	.9521	.4363	-.0937	.00439
.75	.7871	.3722	-.0544	.00069
.80	.6264	.3073	-.0230	-.00125
.85	.4669	.2426	.0003	-.00181
.90	.2993	.1783	.0153	-.00143
.95	.1119	.1145	.0209	-.00052
1.00	-.4173	.0510	-.0000	-.00000

XQ/L=0.5

X/L	FP	FS	FQ	FM
.05	.0842	.1578	.0042	.00011
.10	.4055	.2268	.0245	.00082
.15	.5928	.2957	.0541	.00279
.20	.7706	.3640	.0927	.00646
.25	.9459	.4310	.1399	.01227
.30	1.1216	.4952	.1960	.02067
.35	1.2955	.5545	.2608	.03209
.40	1.4616	.6059	.3339	.04696
.45	1.6082	.6455	.4143	.06566
.50	1.7141	.6683	-.5000	.08852
.55	1.7141	.6683	-.4143	.06566
.60	1.6082	.6455	-.3339	.04696
.65	1.4616	.6059	-.2608	.03209
.70	1.2955	.5545	-.1960	.02067
.75	1.1216	.4952	-.1399	.01227
.80	.9459	.4310	-.0927	.00646
.85	.7706	.3640	-.0541	.00279
.90	.5928	.2957	-.0245	.00082
.95	.4055	.2268	-.0042	.00011
1.00	.0842	.1578	-.0000	-.00000

B/L= 5.00 DS/B1= .50 KS= .100

XM/L=0.0

X/L	FP	FS	FQ	FM
.05	33.5338	3.9910	1.6767	-.95808
.10	7.2132	2.5806	2.0373	-.86523
.15	2.2766	1.4439	2.1512	-.76052
.20	-.7330	.5511	2.1145	-.65388
.25	-2.4392	-.1295	1.9926	-.55120
.30	-3.4212	-.6295	1.8215	-.45585
.35	-3.9374	-.9785	1.6246	-.36969
.40	-4.1390	-1.2038	1.4177	-.29363
.45	-4.1240	-1.3297	1.2115	-.22791
.50	-3.9604	-1.3775	1.0135	-.17228
.55	-3.6980	-1.3654	.8286	-.12623
.60	-3.3735	-1.3087	.6599	-.08902
.65	-3.0141	-1.2197	.5092	-.05979
.70	-2.6392	-1.1086	.3772	-.03763
.75	-2.2614	-.9829	.2642	-.02160
.80	-1.8875	-.8484	.1698	-.01075
.85	-1.5180	-.7091	.0939	-.00416
.90	-1.1431	-.5676	.0367	-.00089
.95	-.7457	-.4254	-.0006	.00001
1.00	.0111	-.2831	.0000	-.00000

XM/L=0.1

X/L	FP	FS	FQ	FM
.05	30.6469	3.8213	1.5323	.03831
.10	9.1278	2.6824	1.9887	-.87366
.15	2.9775	1.5565	2.1376	-.77051
.20	-.4221	.6399	2.1165	-.66415
.25	-2.2607	-.0616	2.0035	-.56115
.30	-3.3187	-.5793	1.8375	-.46513
.35	-3.8826	-.9432	1.6434	-.37810
.40	-4.1162	-1.1807	1.4376	-.30108
.45	-4.1231	-1.3165	1.2314	-.23435
.50	-3.9746	-1.3721	1.0327	-.17775
.55	-3.7222	-1.3660	.8466	-.13077
.60	-3.4041	-1.3137	.6764	-.09269
.65	-3.0485	-1.2280	.5240	-.06268
.70	-2.6753	-1.1191	.3902	-.03983
.75	-2.2980	-.9950	.2753	-.02319
.80	-1.9239	-.8614	.1791	-.01183
.85	-1.5541	-.7226	.1014	-.00482
.90	-1.1799	-.5814	.0424	-.00122
.95	-.7849	-.4394	.0032	-.00008
1.00	-.0636	-.2971	-.0000	-.00000

XM/L=0.2

X/L	FP	FS	FQ	FM
.05	23.7072	3.2541	1.1854	.02963
.10	8.6801	2.5724	1.6194	.09975
.15	5.7473	1.8715	1.9067	.18790
.20	2.9873	1.1277	2.0561	-.71302
.25	-.6740	.3503	2.0224	-.61106
.30	-2.5011	-.2661	1.8973	-.51307
.35	-3.4211	-.7139	1.7263	-.42248
.40	-3.8778	-1.0214	1.5324	-.34101
.45	-4.0327	-1.2146	1.3308	-.26943
.50	-3.9852	-1.3164	1.1315	-.20788
.55	-3.8019	-1.3466	.9414	-.15605
.60	-3.5300	-1.3224	.7649	-.11340
.65	-3.2037	-1.2579	.6047	-.07916
.70	-2.8481	-1.1646	.4623	-.05248
.75	-2.4804	-1.0516	.3383	-.03246
.80	-2.1116	-.9260	.2327	-.01819
.85	-1.7465	-.7929	.1454	-.00874
.90	-1.3829	-.6557	.0762	-.00320
.95	-1.0091	-.5169	.0258	-.00064
1.00	-.5158	-.3774	-.0000	-.00000

XM/L=0.3

X/L	FP	FS	FQ	FM
.05	16.8488	2.5529	.8424	.02106
.10	6.9766	2.2036	1.1913	.07190
.15	5.4111	1.8405	1.4618	.13823
.20	4.2142	1.4460	1.6725	.21659
.25	3.0953	.9985	1.8273	.30409
.30	1.4837	.4730	1.9015	-.60269
.35	-1.5075	-.1202	1.8261	-.50950
.40	-2.8963	-.5841	1.6813	-.42182
.45	-3.5187	-.9084	1.5054	-.34215
.50	-3.7716	-1.1182	1.3168	-.27160
.55	-3.7897	-1.2361	1.1273	-.21050
.60	-3.6555	-1.2818	.9445	-.15870
.65	-3.4231	-1.2722	.7734	-.11575
.70	-3.1309	-1.2215	.6168	-.08100
.75	-2.8063	-1.1415	.4765	-.05366
.80	-2.4693	-1.0413	.3530	-.03293
.85	-2.1343	-.9282	.2463	-.01794
.90	-1.8144	-.8075	.1556	-.00789
.95	-1.5109	-.6831	.0801	-.00200
1.00	-1.6013	-.5572	-.0000	-.00000

XM/L=0.4

X/L	FP	FS	FQ	FM
.05	11.0778	1.8751	.5539	.01385
.10	5.1600	1.7492	.8119	.04799
.15	4.4514	1.6142	1.0345	.09415
.20	3.9973	1.4580	1.2343	.15087
.25	3.6539	1.2652	1.4170	.21715
.30	3.2328	1.0173	1.5787	.29205
.35	2.5663	.6932	1.7070	.37419
.40	1.2503	.2691	1.7695	-.53890
.45	-1.5411	-.2427	1.6924	-.45235
.50	-2.7950	-.6433	1.5527	-.37123
.55	-3.3298	-.9205	1.3862	-.29776
.60	-3.5318	-1.0974	1.2096	-.23286
.65	-3.5285	-1.1949	1.0332	-.17679
.70	-3.3978	-1.2310	.8633	-.12938
.75	-3.1916	-1.2213	.7037	-.09021
.80	-2.9488	-1.1788	.5563	-.05871
.85	-2.7027	-1.1140	.4211	-.03427
.90	-2.4962	-1.0354	.2963	-.01634
.95	-2.3555	-.9492	.1785	-.00446
1.00	-3.5708	-.8600	-.0000	-.00000

XM/L=0.5

X/L	FP	FS	FQ	FM
.05	6.6668	1.3002	.3333	.00833
.10	3.5783	1.3125	.5123	.02947
.15	3.4059	1.3193	.6825	.05934
.20	3.3784	1.3128	.8515	.09769
.25	3.4259	1.2829	1.0228	.14455
.30	3.4540	1.2168	1.1955	.20000
.35	3.3922	1.0990	1.3651	.26402
.40	3.1545	.9118	1.5228	.33622
.45	2.6102	.6347	1.6533	.41562
.50	1.3731	.2448	1.7220	-.50000
.55	-1.3731	-.2448	1.6533	-.41562
.60	-2.6102	-.6347	1.5228	-.33622
.65	-3.1545	-.9118	1.3651	-.26402
.70	-3.3922	-1.0990	1.1955	-.20000
.75	-3.4540	-1.2168	1.0228	-.14455
.80	-3.4259	-1.2829	.8515	-.09769
.85	-3.3784	-1.3128	.6825	-.05934
.90	-3.4059	-1.3193	.5123	-.02947
.95	-3.5783	-1.3125	.3333	-.00833
1.00	-6.6668	-1.3002	-.0000	-.00000

B/L= 5.00 DS/B1= .50 KS= .200

XQ/L=0.0

X/L	FP	FS	FQ	FM
.05	9.1796	1.4490	-.5410	-.03853
.10	3.6791	1.2718	-.3571	-.06098
.15	2.7428	1.1021	-.2199	-.07540
.20	2.0831	.9426	-.1158	-.08380
.25	1.6203	.7952	-.0348	-.08756
.30	1.2592	.6606	.0282	-.08772
.35	.9652	.5392	.0765	-.08511
.40	.7209	.4307	.1125	-.08038
.45	.5163	.3347	.1383	-.07411
.50	.3448	.2503	.1556	-.06676
.55	.2010	.1764	.1656	-.05873
.60	.0802	.1120	.1696	-.05035
.65	-.0219	.0557	.1685	-.04190
.70	-.1098	.0064	.1630	-.03361
.75	-.1882	-.0373	.1536	-.02569
.80	-.2628	-.0766	.1405	-.01834
.85	-.3421	-.1125	.1234	-.01174
.90	-.4440	-.1462	.1012	-.00613
.95	-.5842	-.1785	.0720	-.00180
1.00	-1.4395	-.2103	-.0000	-.00000

XQ/L=0.1

X/L	FP	FS	FQ	FM
.05	6.7765	1.1400	.3388	.00847
.10	3.0030	1.0486	-.5110	.02917
.15	2.4264	.9546	-.3897	.00665
.20	1.9886	.8580	-.2903	-.01035
.25	1.6644	.7618	-.2071	-.02279
.30	1.3956	.6682	-.1373	-.03139
.35	1.1634	.5785	-.0791	-.03680
.40	.9591	.4941	-.0311	-.03956
.45	.7782	.4153	.0078	-.04014
.50	.6181	.3426	.0387	-.03898
.55	.4762	.2758	.0625	-.03645
.60	.3504	.2147	.0800	-.03289
.65	.2381	.1587	.0919	-.02859
.70	.1367	.1074	.0987	-.02383
.75	.0427	.0600	.1009	-.01884
.80	-.0483	.0159	.0985	-.01385
.85	-.1432	-.0259	.0913	-.00911
.90	-.2576	-.0659	.0784	-.00487
.95	-.4054	-.1048	.0581	-.00145
1.00	-1.1630	-.1433	-.0000	-.00000

XQ/L=0.2

X/L	FP	FS	FQ	FM
.05	4.6714	.8528	.2336	.00584
.10	2.2641	.8244	.3468	.02035
.15	1.9913	.7940	.4463	.04018
.20	1.8163	.7591	-.4628	.06476
.25	1.6700	.7166	-.3793	.04371
.30	1.5074	.6661	-.3040	.02662
.35	1.3451	.6103	-.2367	.01311
.40	1.1863	.5516	-.1774	.00275
.45	1.0332	.4917	-.1257	-.00482
.50	.8875	.4320	-.0814	-.01000
.55	.7500	.3734	-.0439	-.01313
.60	.6211	.3166	-.0128	-.01455
.65	.5003	.2618	.0122	-.01457
.70	.3865	.2093	.0315	-.01347
.75	.2780	.1588	.0454	-.01155
.80	.1717	.1102	.0540	-.00906
.85	.0622	.0632	.0571	-.00628
.90	-.0631	.0173	.0540	-.00351
.95	-.2165	-.0278	.0431	-.00108
1.00	-.8629	-.0726	-.0000	-.00000

XQ/L=0.3

X/L	FP	FS	FQ	FM
.05	2.9707	.6041	.1485	.00371
.10	1.6022	.6166	.2286	.01314
.15	1.5158	.6279	.3044	.02647
.20	1.4898	.6362	.3789	.04355
.25	1.4981	.6393	.4538	.06437
.30	1.5031	.6344	-.4710	.08894
.35	1.4625	.6181	-.3979	.06722
.40	1.3716	.5903	-.3293	.04904
.45	1.2608	.5538	-.2663	.03415
.50	1.1399	.5110	-.2093	.02226
.55	1.0148	.4641	-.1585	.01307
.60	.8890	.4145	-.1141	.00625
.65	.7647	.3635	-.0758	.00150
.70	.6429	.3119	-.0437	-.00149
.75	.5236	.2604	-.0175	-.00302
.80	.4054	.2091	.0027	-.00339
.85	.2850	.1584	.0170	-.00289
.90	.1534	.1081	.0247	-.00185
.95	.0008	.0582	.0247	-.00062
1.00	-.4941	.0085	-.0000	-.00000

XQ/L=0.4

X/L	FP	FS	FQ	FM
.05	1.6636	.3990	.0832	.00208
.10	1.0515	.4356	.1358	.00755
.15	1.0837	.4715	.1899	.01570
.20	1.1445	.5056	.2472	.02662
.25	1.2236	.5365	.3083	.04051
.30	1.3040	.5625	.3735	.05756
.35	1.3747	.5811	.4423	.07795
.40	1.4221	.5896	-.4866	.10185
.45	1.4120	.5848	-.4160	.07928
.50	1.3437	.5665	-.3488	.06016
.55	1.2498	.5379	-.2863	.04428
.60	1.1413	.5014	-.2293	.03139
.65	1.0247	.4592	-.1780	.02121
.70	.9041	.4132	-.1328	.01343
.75	.7820	.3645	-.0937	.00777
.80	.6594	.3143	-.0608	.00391
.85	.5358	.2632	-.0340	.00154
.90	.4076	.2117	-.0136	.00035
.95	.2690	.1601	-.0001	.00000
1.00	.0030	.1084	-.0000	-.00000

XQ/L=0.5

X/L	FP	FS	FQ	FM
.05	.6976	.2358	.0349	.00087
.10	.6120	.2841	.0655	.00338
.15	.7144	.3321	.1012	.00755
.20	.8222	.3793	.1423	.01364
.25	.9350	.4249	.1891	.02192
.30	1.0482	.4679	.2415	.03268
.35	1.1581	.5067	.2994	.04621
.40	1.2599	.5397	.3624	.06275
.45	1.3464	.5645	.4297	.08255
.50	1.4062	.5785	-.5000	.10579
.55	1.4062	.5785	-.4297	.08255
.60	1.3464	.5645	-.3624	.06275
.65	1.2599	.5397	-.2994	.04621
.70	1.1581	.5067	-.2415	.03268
.75	1.0482	.4679	-.1891	.02192
.80	.9350	.4249	-.1423	.01364
.85	.8222	.3793	-.1012	.00755
.90	.7144	.3321	-.0655	.00338
.95	.6120	.2841	-.0349	.00087
1.00	.6976	.2358	-.0000	-.00000

B/L= 5.00 DS/B1= .50 KS= .200

XM/L=0.0

X/L	FP	FS	FQ	FM
.05	24.4340	3.1143	1.2217	-.96946
.10	6.4779	2.2180	1.5456	-.90028
.15	3.0959	1.4619	1.7004	-.81913
.20	.9056	.8349	1.7457	-.73297
.25	-.4655	.3243	1.7224	-.64627
.30	-1.3808	-.0828	1.6534	-.56188
.35	-1.9933	-.3994	1.5537	-.48170
.40	-2.3891	-.6377	1.4342	-.40700
.45	-2.6233	-.8095	1.3031	-.33857
.50	-2.7346	-.9253	1.1663	-.27684
.55	-2.7525	-.9950	1.0287	-.22196
.60	-2.7006	-1.0274	.8937	-.17390
.65	-2.5983	-1.0301	.7638	-.13247
.70	-2.4617	-1.0099	.6407	-.09735
.75	-2.3049	-.9725	.5254	-.06820
.80	-2.1406	-.9227	.4184	-.04461
.85	-1.9833	-.8644	.3192	-.02616
.90	-1.8580	-.8009	.2263	-.01253
.95	-1.7801	-.7345	.1373	-.00343
1.00	-2.7467	-.6670	.0000	-.00000

XM/L=0.1

X/L	FP	FS	FQ	FM
.05	22.9124	3.0212	1.1456	.02864
.10	7.4197	2.2643	1.5166	-.90480
.15	3.4462	1.5170	1.6889	-.82467
.20	1.0706	.8808	1.7424	-.73888
.25	-.3610	.3618	1.7244	-.65221
.30	-1.3112	-.0528	1.6588	-.56763
.35	-1.9463	-.3760	1.5615	-.48712
.40	-2.3583	-.6201	1.4436	-.41199
.45	-2.6046	-.7968	1.3134	-.34307
.50	-2.7253	-.9169	1.1771	-.28081
.55	-2.7506	-.9903	1.0396	-.22539
.60	-2.7046	-1.0257	.9043	-.17679
.65	-2.6070	-1.0311	.7740	-.13483
.70	-2.4743	-1.0131	.6503	-.09923
.75	-2.3207	-.9775	.5342	-.06961
.80	-2.1595	-.9294	.4263	-.04560
.85	-2.0054	-.8726	.3260	-.02679
.90	-1.8846	-.8105	.2318	-.01285
.95	-1.8130	-.7454	.1411	-.00353
1.00	-2.8224	-.6791	-.0000	-.00000

XM/L=0.2

X/L	FP	FS	FQ	FM
.05	19.0644	2.6960	.9532	.02383
.10	7.1076	2.1850	1.3086	.08038
.15	4.8171	1.6663	1.5495	.15183
.20	2.8143	1.1303	1.6902	-.76718
.25	.5045	.5842	1.7154	-.68204
.30	-.8113	.1281	1.6748	-.59729
.35	-1.6157	-.2321	1.5940	-.51557
.40	-2.1380	-.5089	1.4871	-.43854
.45	-2.4627	-.7142	1.3640	-.36726
.50	-2.6425	-.8590	1.2319	-.30236
.55	-2.7140	-.9537	1.0962	-.24416
.60	-2.7047	-1.0074	.9610	-.19273
.65	-2.6368	-1.0284	.8291	-.14798
.70	-2.5287	-1.0239	.7027	-.10968
.75	-2.3964	-1.0001	.5829	-.07754
.80	-2.2551	-.9623	.4701	-.05122
.85	-2.1220	-.9149	.3640	-.03037
.90	-2.0287	-.8613	.2626	-.01470
.95	-1.9958	-.8045	.1628	-.00407
1.00	-3.2556	-.7462	-.0000	-.00000

XM/L=0.3

X/L	FP	FS	FQ	FM
.05	14.9748	2.2704	.7487	.01872
.10	6.0814	1.9537	1.0528	.06376
.15	4.5951	1.6309	1.2826	.12214
.20	3.4682	1.2942	1.4560	.19061
.25	2.4992	.9341	1.5809	.26653
.30	1.3387	.5398	1.6479	-.65275
.35	-.4743	.1182	1.6242	-.57095
.40	-1.4526	-.2303	1.5515	-.49156
.45	-2.0140	-.4992	1.4508	-.41650
.50	-2.3567	-.7000	1.3330	-.34691
.55	-2.5488	-.8436	1.2056	-.28344
.60	-2.6337	-.9400	1.0739	-.22646
.65	-2.6419	-.9982	.9418	-.17607
.70	-2.5972	-1.0262	.8119	-.13222
.75	-2.5202	-1.0311	.6859	-.09478
.80	-2.4306	-1.0191	.5644	-.06352
.85	-2.3517	-.9952	.4468	-.03824
.90	-2.3271	-.9637	.3304	-.01881
.95	-2.3882	-.9280	.2110	-.00528
1.00	-4.2204	-.8905	-.0000	-.00000

XM/L=0.4

X/L	FP	FS	FQ	FM
.05	11.2576	1.8337	.5629	.01407
.10	4.9350	1.6620	.8096	.04838
.15	4.0179	1.4857	1.0105	.09389
.20	3.3751	1.2988	1.1793	.14863
.25	2.8836	1.0937	1.3235	.21120
.30	2.3906	.8617	1.4430	.28036
.35	1.7932	.5929	1.5327	.35476
.40	.8826	.2765	1.5768	-.56751
.45	-.7533	-.0803	1.5391	-.48961
.50	-1.6045	-.3764	1.4589	-.41466
.55	-2.0767	-.6048	1.3551	-.34431
.60	-2.3620	-.7763	1.2370	-.27951
.65	-2.5248	-.9011	1.1107	-.22082
.70	-2.6069	-.9884	.9804	-.16854
.75	-2.6396	-1.0465	.8484	-.12282
.80	-2.6520	-1.0828	.7158	-.08372
.85	-2.6782	-1.1036	.5819	-.05128
.90	-2.7833	-1.1144	.4427	-.02566
.95	-3.0172	-1.1194	.2919	-.00730
1.00	-5.8373	-1.1220	-.0000	-.00000

XM/L=0.5

X/L	FP	FS	FQ	FM
.05	8.1802	1.4407	.4090	.01023
.10	3.8799	1.3711	.6030	.03553
.15	3.3696	1.2981	.7715	.06989
.20	3.0514	1.2172	.9241	.11228
.25	2.8463	1.1228	1.0664	.16204
.30	2.6561	1.0077	1.1992	.21868
.35	2.4266	.8642	1.3205	.28167
.40	2.1062	.6832	1.4258	.35033
.45	1.6264	.4548	1.5071	.42365
.50	.7944	.1685	1.5469	-.50000
.55	-.7944	-.1685	1.5071	-.42365
.60	-1.6264	-.4548	1.4258	-.35033
.65	-2.1062	-.6832	1.3205	-.28167
.70	-2.4266	-.8642	1.1992	-.21868
.75	-2.6561	-1.0077	1.0664	-.16204
.80	-2.8463	-1.1228	.9241	-.11228
.85	-3.0514	-1.2172	.7715	-.06989
.90	-3.3696	-1.2981	.6030	-.03553
.95	-3.8799	-1.3711	.4090	-.01023
1.00	-8.1802	-1.4407	-.0000	-.00000

B/L= 5.00 DS/B1= .50 KS= .500

XQ/L=0.0

X/L	FP	FS	FQ	FM
.05	8.0903	1.3270	-.5955	-.03989
.10	3.4220	1.1980	-.4244	-.06538
.15	2.6797	1.0722	-.2904	-.08325
.20	2.1578	.9508	-.1825	-.09508
.25	1.7888	.8349	-.0931	-.10197
.30	1.4917	.7248	-.0185	-.10475
.35	1.2381	.6209	.0434	-.10413
.40	1.0144	.5234	.0941	-.10069
.45	.8135	.4319	.1348	-.09497
.50	.6311	.3464	.1664	-.08744
.55	.4641	.2663	.1896	-.07854
.60	.3099	.1912	.2051	-.06867
.65	.1658	.1205	.2134	-.05821
.70	.0288	.0537	.2148	-.04751
.75	-.1048	-.0100	.2096	-.03690
.80	-.2407	-.0712	.1975	-.02672
.85	-.3890	-.1305	.1781	-.01733
.90	-.5749	-.1884	.1493	-.00915
.95	-.8207	-.2456	.1083	-.00271
1.00	-2.1659	-.3024	-.0000	-.00000

XQ/L=0.1

X/L	FP	FS	FQ	FM
.05	6.4238	1.0944	.3212	.00803
.10	2.8673	1.0140	-.5354	.02767
.15	2.3418	.9326	-.4184	.00383
.20	1.9625	.8503	-.3202	-.01464
.25	1.6995	.7684	-.2358	-.02854
.30	1.4638	.6878	-.1626	-.03849
.35	1.2653	.6092	-.0993	-.04504
.40	1.0851	.5332	-.0450	-.04865
.45	.9188	.4599	.0009	-.04975
.50	.7640	.3896	.0391	-.04875
.55	.6189	.3223	.0700	-.04603
.60	.4822	.2578	.0942	-.04192
.65	.3522	.1959	.1118	-.03677
.70	.2271	.1365	.1231	-.03090
.75	.1042	.0790	.1283	-.02461
.80	-.0205	.0232	.1273	-.01822
.85	-.1545	-.0313	.1196	-.01205
.90	-.3169	-.0849	.1037	-.00647
.95	-.5248	-.1379	.0775	-.00194
1.00	-1.5499	-.1907	-.0000	-.00000

XQ/L=0.2

X/L	FP	FS	FQ	FM
.05	4.8845	.8713	.2442	.00611
.10	2.2894	.8301	.3587	.02118
.15	1.9569	.7880	.4565	.04156
.20	1.7355	.7440	-.4567	.06656
.25	1.5736	.6969	-.3780	.04569
.30	1.4242	.6465	-.3068	.02857
.35	1.2838	.5939	-.2426	.01483
.40	1.1492	.5400	-.1851	.00414
.45	1.0192	.4855	-.1342	-.00384
.50	.8933	.4310	-.0895	-.00944
.55	.7713	.3769	-.0510	-.01295
.60	.6531	.3235	-.0183	-.01468
.65	.5382	.2709	.0086	-.01492
.70	.4258	.2192	.0299	-.01396
.75	.3145	.1684	.0456	-.01207
.80	.2019	.1184	.0557	-.00954
.85	.0830	.0690	.0599	-.00665
.90	-.0547	.0201	.0571	-.00373
.95	-.2233	-.0285	.0460	-.00115
1.00	-.9193	-.0769	-.0000	-.00000

XQ/L=0.3

X/L	FP	FS	FQ	FM
.05	3.5267	.6660	.1763	.00441
.10	1.7476	.6542	.2637	.01541
.15	1.5576	.6418	.3416	.03054
.20	1.4457	.6281	.4139	.04943
.25	1.3836	.6119	.4831	.07185
.30	1.3338	.5922	-.4502	.09767
.35	1.2714	.5674	-.3867	.07675
.40	1.1909	.5374	-.3271	.05890
.45	1.1028	.5034	-.2720	.04393
.50	1.0101	.4664	-.2215	.03159
.55	.9149	.4270	-.1757	.02166
.60	.8184	.3861	-.1348	.01389
.65	.7214	.3441	-.0988	.00806
.70	.6244	.3014	-.0675	.00390
.75	.5272	.2584	-.0412	.00118
.80	.4292	.2153	-.0197	-.00034
.85	.3283	.1721	-.0033	-.00092
.90	.2188	.1290	.0076	-.00081
.95	.0943	.0859	.0124	-.00031
1.00	-.2471	.0428	-.0000	-.00000

XQ/L=0.4

X/L	FP	FS	FQ	FM
.05	2.3558	.4815	.1178	.00294
.10	1.2587	.4913	.1807	.01041
.15	1.1789	.5006	.2397	.02092
.20	1.1479	.5090	.2971	.03434
.25	1.1488	.5158	.3545	.05063
.30	1.1593	.5200	.4125	.06980
.35	1.1690	.5206	.4709	.09188
.40	1.1698	.5164	-.4706	.11689
.45	1.1466	.5060	-.4133	.09480
.50	1.0984	.4893	-.3583	.07551
.55	1.0380	.4675	-.3064	.05889
.60	.9698	.4417	-.2579	.04478
.65	.8965	.4127	-.2131	.03300
.70	.8201	.3815	-.1721	.02337
.75	.7421	.3485	-.1350	.01569
.80	.6637	.3144	-.1018	.00977
.85	.5860	.2795	-.0725	.00541
.90	.5114	.2442	-.0470	.00242
.95	.4396	.2087	-.0250	.00062
1.00	.4996	.1730	-.0000	-.00000

XQ/L=0.5

X/L	FP	FS	FQ	FM
.05	1.3560	.3180	.0678	.00169
.10	.8245	.3430	.1090	.00612
.15	.8301	.3678	.1505	.01260
.20	.8593	.3920	.1935	.02120
.25	.9050	.4153	.2387	.03201
.30	.9556	.4369	.2865	.04514
.35	1.0062	.4562	.3368	.06073
.40	1.0530	.4724	.3895	.07888
.45	1.0921	.4843	.4441	.09972
.50	1.1183	.4910	-.5000	.12332
.55	1.1183	.4910	-.4441	.09972
.60	1.0921	.4843	-.3895	.07888
.65	1.0530	.4724	-.3368	.06073
.70	1.0062	.4562	-.2865	.04514
.75	.9556	.4369	-.2387	.03201
.80	.9050	.4153	-.1935	.02120
.85	.8593	.3920	-.1505	.01260
.90	.8301	.3678	-.1090	.00612
.95	.8245	.3430	-.0678	.00169
1.00	1.3560	.3180	-.0000	-.00000

B/L= 5.00 DS/B1= .50 KS= .500

XM/L=0.0

X/L	FP	FS	FQ	FM
.05	16.8338	2.3370	.8417	-.97896
.10	5.4354	1.8353	1.1135	-.93008
.15	3.3518	1.3909	1.2811	-.87022
.20	1.9365	1.0005	1.3779	-.80374
.25	.9815	.6603	1.4270	-.73362
.30	.2715	.3663	1.4405	-.66193
.35	-.2780	.1142	1.4266	-.59026
.40	-.7119	-.1004	1.3910	-.51981
.45	-1.0568	-.2817	1.3382	-.45158
.50	-1.3314	-.4338	1.2716	-.38634
.55	-1.5499	-.5609	1.1941	-.32469
.60	-1.7240	-.6666	1.1079	-.26714
.65	-1.8647	-.7545	1.0147	-.21408
.70	-1.9826	-.8281	.9156	-.16582
.75	-2.0893	-.8902	.8111	-.12265
.80	-2.2008	-.9437	.7011	-.08485
.85	-2.3424	-.9910	.5839	-.05272
.90	-2.5767	-1.0342	.4551	-.02675
.95	-2.9538	-1.0750	.3074	-.00769
1.00	-6.1483	-1.1148	.0000	-.00000

XM/L=0.1

X/L	FP	FS	FQ	FM
.05	16.1970	2.2966	.8098	.02025
.10	5.8057	1.8520	1.1001	-.93200
.15	3.4907	1.4122	1.2747	-.87263
.20	2.0049	1.0191	1.3749	-.80639
.25	1.0280	.6764	1.4263	-.73636
.30	.3055	.3800	1.4416	-.66467
.35	-.2522	.1257	1.4290	-.59290
.40	-.6921	-.0910	1.3944	-.52232
.45	-1.0420	-.2742	1.3423	-.45390
.50	-1.3207	-.4281	1.2762	-.38844
.55	-1.5427	-.5568	1.1991	-.32655
.60	-1.7201	-.6640	1.1131	-.26875
.65	-1.8638	-.7534	1.0199	-.21542
.70	-1.9844	-.8282	.9207	-.16691
.75	-2.0938	-.8916	.8160	-.12349
.80	-2.2079	-.9463	.7056	-.08545
.85	-2.3525	-.9948	.5880	-.05311
.90	-2.5906	-1.0391	.4584	-.02695
.95	-2.9727	-1.0810	.3098	-.00775
1.00	-6.1962	-1.1219	-.0000	-.00000

XM/L=0.2

X/L	FP	FS	FQ	FM
.05	14.5182	2.1508	.7259	.01815
.10	5.6454	1.8105	1.0082	.06150
.15	4.0296	1.4679	1.2097	.11695
.20	2.7119	1.1200	1.3453	-.81918
.25	1.3966	.7706	1.4151	-.75017
.30	.5365	.4609	1.4419	-.67875
.35	-.0837	.1940	1.4377	-.60676
.40	-.5653	-.0344	1.4095	-.53558
.45	-.9463	-.2284	1.3621	-.46629
.50	-1.2503	-.3924	1.2996	-.39974
.55	-1.4940	-.5305	1.2249	-.33663
.60	-1.6906	-.6464	1.1404	-.27750
.65	-1.8517	-.7440	1.0478	-.22279
.70	-1.9886	-.8265	.9484	-.17289
.75	-2.1137	-.8972	.8427	-.12811
.80	-2.2437	-.9589	.7305	-.08878
.85	-2.4055	-1.0141	.6102	-.05526
.90	-2.6654	-1.0649	.4770	-.02808
.95	-3.0764	-1.1133	.3231	-.00808
1.00	-6.4629	-1.1606	-.0000	-.00000

XM/L=0.3

X/L	FP	FS	FQ	FM
.05	12.6305	1.9513	.6315	.01579
.10	5.1655	1.6991	.8898	.05382
.15	3.9155	1.4449	1.0856	.10321
.20	2.9829	1.1859	1.2347	.16121
.25	2.2303	.9191	1.3462	.22574
.30	1.4514	.6407	1.4188	-.70514
.35	.4403	.3541	1.4408	-.63365
.40	-.2168	.1002	1.4300	-.56188
.45	-.6904	-.1178	1.3955	-.49124
.50	-1.0617	-.3042	1.3424	-.42279
.55	-1.3592	-.4632	1.2744	-.35737
.60	-1.6018	-.5988	1.1943	-.29566
.65	-1.8040	-.7149	1.1041	-.23819
.70	-1.9789	-.8149	1.0052	-.18546
.75	-2.1405	-.9022	.8982	-.13788
.80	-2.3070	-.9799	.7828	-.09585
.85	-2.5085	-1.0505	.6574	-.05985
.90	-2.8178	-1.1165	.5165	-.03050
.95	-3.2939	-1.1798	.3518	-.00880
1.00	-7.0360	-1.2419	-.0000	-.00000

XM/L=0.4

X/L	FP	FS	FQ	FM
.05	10.8154	1.7376	.5408	.01352
.10	4.6114	1.5564	.7713	.04632
.15	3.6437	1.3733	.9535	.08944
.20	2.9483	1.1862	1.1009	.14081
.25	2.4213	.9922	1.2220	.19888
.30	1.9376	.7881	1.3189	.26240
.35	1.4342	.5701	1.3906	.33014
.40	.8182	.3343	1.4315	-.59931
.45	-.0788	.0842	1.4276	-.52783
.50	-.6536	-.1397	1.3949	-.45727
.55	-1.0689	-.3340	1.3414	-.38886
.60	-1.4023	-.5029	1.2713	-.32354
.65	-1.6810	-.6505	1.1873	-.26208
.70	-1.9247	-.7805	1.0910	-.20512
.75	-2.1510	-.8965	.9835	-.15326
.80	-2.3820	-1.0018	.8644	-.10706
.85	-2.6524	-1.0993	.7318	-.06716
.90	-3.0462	-1.1915	.5795	-.03438
.95	-3.6325	-1.2808	.3978	-.00995
1.00	-7.9565	-1.3687	-.0000	-.00000

XM/L=0.5

X/L	FP	FS	FQ	FM
.05	9.2285	1.5374	.4614	.01154
.10	4.0818	1.4104	.6655	.03971
.15	3.3334	1.2819	.8322	.07715
.20	2.8132	1.1499	.9728	.12228
.25	2.4375	1.0119	1.0947	.17397
.30	2.1062	.8651	1.2000	.23134
.35	1.7758	.7061	1.2888	.29356
.40	1.4159	.5314	1.3596	.35977
.45	.9945	.3371	1.4093	.42899
.50	.4324	.1192	1.4310	-.50000
.55	-.4324	-.1192	1.4093	-.42899
.60	-.9945	-.3371	1.3596	-.35977
.65	-1.4159	-.5314	1.2888	-.29356
.70	-1.7758	-.7061	1.2000	-.23134
.75	-2.1062	-.8651	1.0947	-.17397
.80	-2.4375	-1.0119	.9728	-.12228
.85	-2.8132	-1.1499	.8322	-.07715
.90	-3.3334	-1.2819	.6655	-.03971
.95	-4.0818	-1.4104	.4614	-.01154
1.00	-9.2285	-1.5374	-.0000	-.00000

B/L= 5.00 DS/B1= .50 KS= 1.000

XQ/L=0.0

X/L	FP	FS	FQ	FM
.05	7.6120	1.2725	-.6194	-.04048
.10	3.3022	1.1640	-.4543	-.06733
.15	2.6433	1.0572	-.3221	-.08674
.20	2.1821	.9526	-.2130	-.10012
.25	1.8561	.8509	-.1202	-.10845
.30	1.5900	.7523	-.0407	-.11247
.35	1.3574	.6570	.0272	-.11281
.40	1.1461	.5651	.0845	-.11002
.45	.9499	.4765	.1320	-.10461
.50	.7654	.3912	.1702	-.09705
.55	.5901	.3089	.1997	-.08781
.60	.4221	.2293	.2208	-.07729
.65	.2595	.1523	.2338	-.06592
.70	.1000	.0774	.2388	-.05411
.75	-.0598	.0043	.2358	-.04224
.80	-.2253	-.0674	.2246	-.03073
.85	-.4075	-.1380	.2042	-.02002
.90	-.6348	-.2078	.1724	-.01060
.95	-.9327	-.2771	.1258	-.00315
1.00	-2.5161	-.3463	-.0000	-.00000

XQ/L=0.1

X/L	FP	FS	FQ	FM
.05	6.2548	1.0729	.3127	.00782
.10	2.8064	.9981	-.5469	.02696
.15	2.3061	.9228	-.4316	.00250
.20	1.9528	.8472	-.3340	-.01664
.25	1.7022	.7717	-.2489	-.03121
.30	1.4952	.6970	-.1741	-.04179
.35	1.3116	.6233	-.1085	-.04886
.40	1.1422	.5511	-.0514	-.05285
.45	.9827	.4803	-.0023	-.05420
.50	.8306	.4112	.0392	-.05327
.55	.6845	.3437	.0735	-.05046
.60	.5432	.2777	.1006	-.04610
.65	.4054	.2132	.1209	-.04057
.70	.2696	.1500	.1344	-.03419
.75	.1335	.0879	.1410	-.02730
.80	-.0069	.0268	.1407	-.02026
.85	-.1592	-.0337	.1327	-.01342
.90	-.3440	-.0936	.1155	-.00721
.95	-.5803	-.1533	.0865	-.00216
1.00	-1.7304	-.2128	-.0000	-.00000

XQ/L=0.2

X/L	FP	FS	FQ	FM
.05	4.9630	.8783	.2481	.00620
.10	2.2995	.8324	.3631	.02149
.15	1.9456	.7861	.4604	.04207
.20	1.7075	.7388	-.4542	.06723
.25	1.5396	.6900	-.3772	.04644
.30	1.3942	.6394	-.3075	.02932
.35	1.2610	.5878	-.2445	.01552
.40	1.1346	.5354	-.1877	.00472
.45	1.0125	.4828	-.1371	-.00340
.50	.8936	.4301	-.0924	-.00914
.55	.7773	.3777	-.0536	-.01279
.60	.6632	.3255	-.0204	-.01464
.65	.5507	.2738	.0071	-.01498
.70	.4391	.2226	.0291	-.01407
.75	.3272	.1717	.0454	-.01221
.80	.2126	.1213	.0561	-.00967
.85	.0907	.0712	.0606	-.00676
.90	-.0510	.0213	.0580	-.00379
.95	-.2246	-.0284	.0468	-.00117
1.00	-.9362	-.0780	-.0000	-.00000

XQ/L=0.3

X/L	FP	FS	FQ	FM
.05	3.7664	.6931	.1883	.00471
.10	1.8119	.6710	.2789	.01639
.15	1.5783	.6487	.3578	.03231
.20	1.4307	.6256	.4294	.05199
.25	1.3395	.6013	.4963	.07513
.30	1.2669	.5751	-.4403	.10153
.35	1.1938	.5463	-.3806	.08101
.40	1.1145	.5147	-.3249	.06337
.45	1.0326	.4810	-.2733	.04841
.50	.9491	.4456	-.2258	.03593
.55	.8645	.4090	-.1826	.02572
.60	.7793	.3714	-.1436	.01757
.65	.6937	.3332	-.1090	.01125
.70	.6079	.2946	-.0786	.00656
.75	.5216	.2557	-.0525	.00329
.80	.4344	.2166	-.0308	.00121
.85	.3446	.1775	-.0135	.00010
.90	.2483	.1384	-.0011	-.00027
.95	.1402	.0992	.0059	-.00015
1.00	-.1178	.0601	-.0000	-.00000

XQ/L=0.4

X/L	FP	FS	FQ	FM
.05	2.6698	.5191	.1335	.00334
.10	1.3526	.5167	.2011	.01170
.15	1.2221	.5141	.2622	.02329
.20	1.1497	.5110	.3197	.03783
.25	1.1161	.5069	.3755	.05521
.30	1.0962	.5015	.4303	.07536
.35	1.0799	.4941	.4843	.09823
.40	1.0609	.4841	-.4626	.12377
.45	1.0307	.4708	-.4111	.10192
.50	.9882	.4542	-.3617	.08260
.55	.9394	.4348	-.3147	.06569
.60	.8866	.4132	-.2704	.05107
.65	.8311	.3898	-.2288	.03858
.70	.7740	.3651	-.1901	.02811
.75	.7164	.3394	-.1543	.01950
.80	.6594	.3130	-.1213	.01261
.85	.6050	.2861	-.0911	.00730
.90	.5580	.2589	-.0632	.00344
.95	.5206	.2316	-.0372	.00093
1.00	.7434	.2041	-.0000	-.00000

XQ/L=0.5

X/L	FP	FS	FQ	FM
.05	1.6667	.3565	.0833	.00208
.10	.9230	.3703	.1295	.00740
.15	.8819	.3840	.1736	.01498
.20	.8735	.3974	.2172	.02475
.25	.8875	.4101	.2616	.03672
.30	.9094	.4220	.3071	.05094
.35	.9337	.4325	.3538	.06746
.40	.9571	.4413	.4016	.08635
.45	.9769	.4477	.4505	.10765
.50	.9903	.4513	-.5000	.13141
.55	.9903	.4513	-.4505	.10765
.60	.9769	.4477	-.4016	.08635
.65	.9571	.4413	-.3538	.06746
.70	.9337	.4325	-.3071	.05094
.75	.9094	.4220	-.2616	.03672
.80	.8875	.4101	-.2172	.02475
.85	.8735	.3974	-.1736	.01498
.90	.8819	.3840	-.1295	.00740
.95	.9230	.3703	-.0833	.00208
1.00	1.6667	.3565	-.0000	-.00000

B/L= 5.00 DS/B1= .50 KS= 1.000

XM/L=0.0

X/L	FP	FS	FQ	FM
.05	13.6577	2.0015	.6829	-.98293
.10	4.9021	1.6566	.9280	-.94266
.15	3.3582	1.3405	1.0959	-.89206
.20	2.2850	1.0521	1.2102	-.83441
.25	1.5337	.7895	1.2868	-.77198
.30	.9437	.5510	1.3340	-.70646
.35	.4546	.3347	1.3568	-.63919
.40	.0359	.1386	1.3585	-.57131
.45	-.3300	-.0393	1.3420	-.50379
.50	-.6544	-.2011	1.3093	-.43751
.55	-.9459	-.3488	1.2620	-.37323
.60	-1.2118	-.4844	1.2014	-.31164
.65	-1.4592	-.6097	1.1285	-.25339
.70	-1.6958	-.7265	1.0437	-.19909
.75	-1.9319	-.8365	.9471	-.14932
.80	-2.1837	-.9413	.8379	-.10469
.85	-2.4816	-1.0423	.7138	-.06590
.90	-2.9054	-1.1408	.5686	-.03384
.95	-3.5215	-1.2377	.3925	-.00981
1.00	-7.8497	-1.3340	.0000	-.00000

XM/L=0.1

X/L	FP	FS	FQ	FM
.05	13.3332	1.9806	.6667	.01667
.10	5.0858	1.6645	.9209	-.94364
.15	3.4273	1.3510	1.0923	-.89331
.20	2.3196	1.0614	1.2083	-.83580
.25	1.5578	.7978	1.2862	-.77344
.30	.9620	.5582	1.3343	-.70792
.35	.4691	.3409	1.3577	-.64062
.40	.0474	.1439	1.3601	-.57268
.45	-.3209	-.0350	1.3441	-.50507
.50	-.6474	-.1977	1.3117	-.43868
.55	-.9408	-.3463	1.2647	-.37427
.60	-1.2085	-.4826	1.2042	-.31255
.65	-1.4576	-.6087	1.1313	-.25416
.70	-1.6959	-.7263	1.0466	-.19971
.75	-1.9337	-.8370	.9499	-.14980
.80	-2.1872	-.9426	.8405	-.10504
.85	-2.4869	-1.0443	.7162	-.06612
.90	-2.9131	-1.1434	.5705	-.03396
.95	-3.5324	-1.2411	.3939	-.00985
1.00	-7.8779	-1.3381	-.0000	-.00000

XM/L=0.2

X/L	FP	FS	FQ	FM
.05	12.4630	1.9041	.6232	.01558
.10	4.9975	1.6415	.8730	.05298
.15	3.6941	1.3779	1.0577	.10125
.20	2.6746	1.1120	1.1915	-.84252
.25	1.7466	.8459	1.2788	-.78076
.30	1.0840	.6005	1.3330	-.71547
.35	.5612	.3775	1.3610	-.64812
.40	.1195	.1749	1.3670	-.57991
.45	-.2641	-.0092	1.3538	-.51189
.50	-.6035	-.1770	1.3236	-.44496
.55	-.9083	-.3304	1.2782	-.37991
.60	-1.1865	-.4714	1.2189	-.31748
.65	-1.4455	-.6020	1.1466	-.25834
.70	-1.6934	-.7239	1.0620	-.20313
.75	-1.9407	-.8389	.9649	-.15246
.80	-2.2041	-.9486	.8547	-.10697
.85	-2.5146	-1.0544	.7290	-.06737
.90	-2.9544	-1.1576	.5813	-.03462
.95	-3.5915	-1.2593	.4017	-.01004
1.00	-8.0339	-1.3603	-.0000	-.00000

XM/L=0.3

X/L	FP	FS	FQ	FM
.05	11.4628	1.7978	.5731	.01433
.10	4.7417	1.5815	.8102	.04891
.15	3.6309	1.3642	.9918	.09396
.20	2.8116	1.1449	1.1324	.14707
.25	2.1707	.9219	1.2409	.20640
.30	1.5532	.6936	1.3185	-.72962
.35	.8380	.4620	1.3604	-.66264
.40	.3103	.2474	1.3760	-.59423
.45	-.1188	.0518	1.3700	-.52558
.50	-.4919	-.1271	1.3454	-.45770
.55	-.8246	-.2913	1.3042	-.39146
.60	-1.1275	-.4427	1.2478	-.32766
.65	-1.4094	-.5833	1.1774	-.26703
.70	-1.6792	-.7150	1.0934	-.21026
.75	-1.9481	-.8395	.9960	-.15802
.80	-2.2336	-.9585	.8843	-.11101
.85	-2.5683	-1.0735	.7559	-.07001
.90	-3.0381	-1.1858	.6040	-.03601
.95	-3.7145	-1.2965	.4183	-.01046
1.00	-8.3653	-1.4066	-.0000	-.00000

XM/L=0.4

X/L	FP	FS	FQ	FM
.05	10.4806	1.6821	.5240	.01310
.10	4.4427	1.5041	.7462	.04486
.15	3.4854	1.3253	.9204	.08652
.20	2.7945	1.1446	1.0602	.13604
.25	2.2742	.9605	1.1739	.19189
.30	1.8106	.7715	1.2644	.25284
.35	1.3542	.5758	1.3321	.31776
.40	.8505	.3716	1.3746	-.61457
.45	.2115	.1606	1.3852	-.54558
.50	-.2631	-.0368	1.3721	-.47665
.55	-.6557	-.2188	1.3393	-.40886
.60	-1.0063	-.3876	1.2890	-.34316
.65	-1.3296	-.5450	1.2225	-.28037
.70	-1.6379	-.6931	1.1406	-.22129
.75	-1.9440	-.8337	1.0434	-.16669
.80	-2.2673	-.9685	.9300	-.11736
.85	-2.6429	-1.0991	.7979	-.07416
.90	-3.1629	-1.2267	.6397	-.03822
.95	-3.9042	-1.3527	.4445	-.01111
1.00	-8.8905	-1.4780	-.0000	-.00000

XM/L=0.5

X/L	FP	FS	FQ	FM
.05	9.6049	1.5720	.4802	.01201
.10	4.1531	1.4243	.6879	.04121
.15	3.3185	1.2758	.8538	.07975
.20	2.7256	1.1255	.9901	.12585
.25	2.2895	.9722	1.1046	.17822
.30	1.9092	.8143	1.2000	.23583
.35	1.5453	.6501	1.2773	.29777
.40	1.1742	.4780	1.3360	.36310
.45	.7759	.2960	1.3748	.43087
.50	.3090	.1021	1.3903	-.50000
.55	-.3090	-.1021	1.3748	-.43087
.60	-.7759	-.2960	1.3360	-.36310
.65	-1.1742	-.4780	1.2773	-.29777
.70	-1.5453	-.6501	1.2000	-.23583
.75	-1.9092	-.8143	1.1046	-.17822
.80	-2.2895	-.9722	.9901	-.12585
.85	-2.7256	-1.1255	.8538	-.07975
.90	-3.3185	-1.2758	.6879	-.04121
.95	-4.1531	-1.4243	.4802	-.01201
1.00	-9.6049	-1.5720	-.0000	-.00000

B/L= 5.00 DS/B1= .50 KS= 3.000

XQ/L=0.0

X/L	FP	FS	FQ	FM
.05	7.2459	1.2305	-.6377	-.04094
.10	3.2082	1.1375	-.4773	-.06882
.15	2.6126	1.0450	-.3467	-.08942
.20	2.1980	.9533	-.2368	-.10400
.25	1.9054	.8626	-.1415	-.11346
.30	1.6639	.7730	-.0583	-.11845
.35	1.4485	.6846	.0141	-.11956
.40	1.2478	.5973	.0765	-.11729
.45	1.0563	.5112	.1293	-.11215
.50	.8709	.4263	.1729	-.10459
.55	.6899	.3425	.2074	-.09508
.60	.5117	.2596	.2330	-.08408
.65	.3350	.1777	.2497	-.07201
.70	.1579	.0965	.2576	-.05933
.75	-.0224	.0160	.2565	-.04648
.80	-.2116	-.0640	.2459	-.03392
.85	-.4209	-.1435	.2249	-.02215
.90	-.6814	-.2228	.1908	-.01176
.95	-1.0211	-.3020	.1397	-.00349
1.00	-2.7945	-.3810	-.0000	-.00000

XQ/L=0.1

X/L	FP	FS	FQ	FM
.05	6.1209	1.0560	.3060	.00765
.10	2.7594	.9858	-.5560	.02640
.15	2.2793	.9153	-.4420	.00145
.20	1.9459	.8448	-.3447	-.01822
.25	1.7124	.7744	-.2591	-.03331
.30	1.5197	.7042	-.1831	-.04437
.35	1.3476	.6344	-.1157	-.05184
.40	1.1866	.5650	-.0564	-.05614
.45	1.0324	.4963	-.0048	-.05767
.50	.8825	.4280	.0393	-.05681
.55	.7357	.3504	.0761	-.05392
.60	.5909	.2933	.1057	-.04938
.65	.4470	.2268	.1280	-.04354
.70	.3030	.1607	.1432	-.03676
.75	.1565	.0950	.1510	-.02941
.80	.0040	.0296	.1512	-.02185
.85	-.1627	-.0355	.1430	-.01450
.90	-.3652	-.1005	.1248	-.00780
.95	-.6237	-.1653	.0936	-.00234
1.00	-1.8721	-.2300	-.0000	-.00000

XQ/L=0.2

X/L	FP	FS	FQ	FM
.05	5.0181	.8833	.2509	.00627
.10	2.3069	.8341	.3662	.02170
.15	1.9382	.7849	.4632	.04244
.20	1.6886	.7353	-.4524	.06771
.25	1.5164	.6852	-.3766	.04698
.30	1.3734	.6345	-.3079	.02987
.35	1.2450	.5834	-.2457	.01603
.40	1.1240	.5322	-.1895	.00515
.45	1.0073	.4808	-.1391	-.00307
.50	.8932	.4294	-.0944	-.00890
.55	.7808	.3780	-.0554	-.01265
.60	.6695	.3268	-.0219	-.01458
.65	.5588	.2757	.0060	-.01498
.70	.4479	.2247	.0284	-.01412
.75	.3356	.1739	.0452	-.01228
.80	.2199	.1232	.0562	-.00975
.85	.0960	.0727	.0610	-.00682
.90	-.0482	.0222	.0586	-.00383
.95	-.2250	-.0282	.0473	-.00118
1.00	-.9464	-.0786	-.0000	-.00000

XQ/L=0.3

X/L	FP	FS	FQ	FM
.05	3.9481	.7138	.1974	.00494
.10	1.8612	.6841	.2905	.01713
.15	1.5949	.6542	.3702	.03365
.20	1.4206	.6242	.4412	.05394
.25	1.3078	.5937	.5066	.07763
.30	1.2182	.5625	-.4325	.10449
.35	1.1365	.5305	-.3756	.08428
.40	1.0569	.4975	-.3228	.06682
.45	.9787	.4637	-.2739	.05191
.50	.9011	.4294	-.2288	.03934
.55	.8238	.3946	-.1876	.02893
.60	.7466	.3595	-.1503	.02048
.65	.6695	.3241	-.1168	.01381
.70	.5924	.2886	-.0872	.00871
.75	.5149	.2529	-.0614	.00499
.80	.4365	.2172	-.0396	.00246
.85	.3562	.1814	-.0218	.00093
.90	.2710	.1456	-.0083	.00018
.95	.1769	.1098	.0006	-.00001
1.00	-.0118	.0741	-.0000	-.00000

XQ/L=0.4

X/L	FP	FS	FQ	FM
.05	2.9132	.5482	.1457	.00364
.10	1.4254	.5364	.2169	.01271
.15	1.2556	.5246	.2797	.02512
.20	1.1513	.5126	.3373	.04055
.25	1.0912	.5002	.3918	.05877
.30	1.0481	.4874	.4442	.07968
.35	1.0121	.4738	.4948	.10315
.40	.9782	.4594	-.4562	.12912
.45	.9422	.4438	-.4091	.10748
.50	.9029	.4270	-.3640	.08816
.55	.8621	.4092	-.3209	.07103
.60	.8203	.3907	-.2799	.05602
.65	.7780	.3715	-.2410	.04299
.70	.7357	.3518	-.2042	.03186
.75	.6940	.3318	-.1695	.02252
.80	.6542	.3114	-.1368	.01487
.85	.6185	.2909	-.1059	.00880
.90	.5939	.2703	-.0762	.00425
.95	.5846	.2496	-.0469	.00117
1.00	.9386	.2289	-.0000	-.00000

XQ/L=0.5

X/L	FP	FS	FQ	FM
.05	1.9115	.3867	.0956	.00239
.10	1.0001	.3917	.1456	.00842
.15	.9219	.3966	.1917	.01685
.20	.8836	.4013	.2359	.02754
.25	.8727	.4059	.2795	.04042
.30	.8723	.4101	.3231	.05549
.35	.8764	.4139	.3669	.07274
.40	.8821	.4170	.4110	.09219
.45	.8877	.4192	.4554	.11385
.50	.8917	.4205	-.5000	.13773
.55	.8917	.4205	-.4554	.11385
.60	.8877	.4192	-.4110	.09219
.65	.8821	.4170	-.3669	.07274
.70	.8764	.4139	-.3231	.05549
.75	.8723	.4101	-.2795	.04042
.80	.8727	.4059	-.2359	.02754
.85	.8836	.4013	-.1917	.01685
.90	.9219	.3966	-.1456	.00842
.95	1.0001	.3917	-.0956	.00239
1.00	1.9115	.3867	-.0000	-.00000

B/L= 5.00 DS/B1= .50 KS= 3.000

XM/L=0.0

X/L	FP	FS	FQ	FM
.05	11.2796	1.7466	.5640	-.98590
.10	4.4702	1.5164	.7875	-.95211
.15	3.3290	1.2958	.9539	-.90858
.20	2.5176	1.0846	1.0798	-.85773
.25	1.9284	.8822	1.1762	-.80133
.30	1.4397	.6881	1.2482	-.74072
.35	1.0076	.5017	1.2986	-.67705
.40	.6109	.3224	1.3291	-.61136
.45	.2384	.1495	1.3411	-.54460
.50	-.1165	-.0176	1.3352	-.47769
.55	-.4586	-.1795	1.3123	-.41150
.60	-.7919	-.3370	1.2727	-.34688
.65	-1.1206	-.4908	1.2167	-.28464
.70	-1.4503	-.6413	1.1442	-.22562
.75	-1.7898	-.7894	1.0547	-.17065
.80	-2.1556	-.9354	.9469	-.12061
.85	-2.5814	-1.0800	.8178	-.07649
.90	-3.1610	-1.2236	.6598	-.03955
.95	-3.9736	-1.3666	.4611	-.01153
1.00	-9.2222	-1.5094	.0000	-.00000

XM/L=0.1

X/L	FP	FS	FQ	FM
.05	11.1698	1.7395	.5585	.01396
.10	4.5311	1.5189	.7850	-.95245
.15	3.3519	1.2993	.9526	-.90901
.20	2.5292	1.0877	1.0791	-.85821
.25	1.9366	.8850	1.1759	-.80184
.30	1.4461	.6906	1.2482	-.74123
.35	1.0128	.5039	1.2989	-.67756
.40	.6152	.3243	1.3296	-.61184
.45	.2419	.1511	1.3417	-.54506
.50	-.1138	-.0163	1.3360	-.47811
.55	-.4565	-.1785	1.3132	-.41188
.60	-.7904	-.3363	1.2737	-.34721
.65	-1.1197	-.4903	1.2177	-.28492
.70	-1.4501	-.6412	1.1452	-.22585
.75	-1.7902	-.7895	1.0557	-.17083
.80	-2.1567	-.9358	.9479	-.12074
.85	-2.5832	-1.0807	.8187	-.07658
.90	-3.1638	-1.2246	.6605	-.03959
.95	-3.9775	-1.3679	.4616	-.01154
1.00	-9.2328	-1.5109	-.0000	-.00000

XM/L=0.2

X/L	FP	FS	FQ	FM
.05	10.8719	1.7131	.5436	.01359
.10	4.4995	1.5107	.7686	.04639
.15	3.4402	1.3079	.9406	.08912
.20	2.6479	1.1046	1.0730	-.86054
.25	2.0007	.9013	1.1730	-.80439
.30	1.4884	.7051	1.2474	-.74388
.35	1.0455	.5166	1.2997	-.68020
.40	.6414	.3353	1.3318	-.61441
.45	.2631	.1605	1.3449	-.54750
.50	-.0968	-.0086	1.3401	-.48037
.55	-.4435	-.1725	1.3179	-.41392
.60	-.7812	-.3319	1.2789	-.34900
.65	-1.1141	-.4876	1.2232	-.28645
.70	-1.4480	-.6400	1.1508	-.22710
.75	-1.7918	-.7899	1.0612	-.17180
.80	-2.1620	-.9378	.9531	-.12145
.85	-2.5927	-1.0842	.8234	-.07704
.90	-3.1785	-1.2296	.6645	-.03984
.95	-3.9991	-1.3745	.4645	-.01161
1.00	-9.2908	-1.5191	-.0000	-.00000

XM/L=0.3

X/L	FP	FS	FQ	FM
.05	10.5240	1.6759	.5262	.01316
.10	4.4101	1.4895	.7467	.04498
.15	3.4175	1.3028	.9176	.08659
.20	2.6938	1.1155	1.0523	.13583
.25	2.1438	.9271	1.1595	.19112
.30	1.6478	.7370	1.2419	-.74884
.35	1.1415	.5459	1.2989	-.68532
.40	.7093	.3608	1.3344	-.61949
.45	.3161	.1822	1.3502	-.55237
.50	-.0551	.0095	1.3474	-.48493
.55	-.4113	-.1580	1.3269	-.41808
.60	-.7576	-.3211	1.2890	-.35268
.65	-1.0988	-.4802	1.2341	-.28960
.70	-1.4407	-.6362	1.1620	-.22970
.75	-1.7926	-.7896	1.0724	-.17384
.80	-2.1712	-.9409	.9638	-.12293
.85	-2.6112	-1.0908	.8333	-.07801
.90	-3.2084	-1.2397	.6728	-.04035
.95	-4.0439	-1.3879	.4707	-.01177
1.00	-9.4131	-1.5360	-.0000	-.00000

XM/L=0.4

X/L	FP	FS	FQ	FM
.05	10.1773	1.6350	.5089	.01272
.10	4.3048	1.4622	.7241	.04355
.15	3.3664	1.2890	.8924	.08396
.20	2.6881	1.1153	1.0268	.13194
.25	2.1804	.9404	1.1359	.18601
.30	1.7373	.7640	1.2227	.24497
.35	1.3186	.5854	1.2886	.30776
.40	.8952	.4041	1.3334	-.62669
.45	.4325	.2206	1.3550	-.55948
.50	.0276	.0417	1.3564	-.49170
.55	-.3488	-.1318	1.3390	-.42431
.60	-.7115	-.3008	1.3034	-.35825
.65	-1.0674	-.4659	1.2500	-.29442
.70	-1.4232	-.5277	1.1789	-.23369
.75	-1.7887	-.7869	1.0894	-.17699
.80	-2.1814	-.9440	.9804	-.12524
.85	-2.6367	-1.0996	.8485	-.07952
.90	-3.2527	-1.2542	.6859	-.04116
.95	-4.1125	-1.4082	.4803	-.01201
1.00	-9.6053	-1.5519	-.0000	-.00000

XM/L=0.5

X/L	FP	FS	FQ	FM
.05	9.8640	1.5957	.4932	.01233
.10	4.2018	1.4338	.7033	.04224
.15	3.3077	1.2715	.8687	.08154
.20	2.6648	1.1087	1.0019	.12831
.25	2.1873	.9448	1.1113	.18114
.30	1.7739	.7794	1.2000	.23892
.35	1.3875	.6118	1.2694	.30065
.40	1.0095	.4416	1.3198	.36538
.45	.6279	.2680	1.3512	.43216
.50	.2258	.0905	1.3625	-.50000
.55	-.2258	-.0905	1.3512	-.43216
.60	-.6279	-.2680	1.3198	-.36538
.65	-1.0095	-.4416	1.2694	-.30065
.70	-1.3875	-.6118	1.2000	-.23892
.75	-1.7739	-.7794	1.1113	-.18114
.80	-2.1873	-.9448	1.0019	-.12831
.85	-2.6648	-1.1087	.8687	-.08154
.90	-3.3077	-1.2715	.7033	-.04224
.95	-4.2018	-1.4338	.4932	-.01233
1.00	-9.8640	-1.5957	-.0000	-.00000

B/L= 5.00 DS/B1= .50 KS= 10.000

XQ/L=0.0

X/L	FP	FS	FQ	FM
.05	7.1071	1.2145	-.6446	-.04112
.10	3.1722	1.1273	-.4860	-.06938
.15	2.6004	1.0403	-.3560	-.09043
.20	2.2034	.9535	-.2458	-.10548
.25	1.9237	.8670	-.1497	-.11537
.30	1.6916	.7809	-.0651	-.12074
.35	1.4829	.6950	.0091	-.12214
.40	1.2865	.6096	.0734	-.12008
.45	1.0970	.5245	.1282	-.11504
.50	.9115	.4398	.1738	-.10748
.55	.7284	.3554	.2102	-.09788
.60	.5465	.2713	.2376	-.08669
.65	.3644	.1875	.2558	-.07435
.70	.1806	.1040	.2648	-.06134
.75	-.0077	.0206	.2644	-.04811
.80	-.2060	-.0626	.2541	-.03514
.85	-.4258	-.1456	.2328	-.02297
.90	-.6993	-.2286	.1979	-.01220
.95	-1.0552	-.3115	.1451	-.00363
1.00	-2.9023	-.3944	-.0000	-.00000

XQ/L=0.1

X/L	FP	FS	FQ	FM
.05	6.0692	1.0495	.3035	.00759
.10	2.7414	.9810	-.5595	.02619
.15	2.2692	.9125	-.4460	.00105
.20	1.9434	.8439	-.3488	-.01882
.25	1.7164	.7754	-.2630	-.03412
.30	1.5291	.7069	-.1866	-.04536
.35	1.3613	.6386	-.1185	-.05298
.40	1.2035	.5704	-.0583	-.05741
.45	1.0513	.5023	-.0058	-.05901
.50	.9024	.4345	.0394	-.05817
.55	.7553	.3668	.0771	-.05525
.60	.6091	.2993	.1076	-.05064
.65	.4630	.2319	.1307	-.04468
.70	.3158	.1647	.1465	-.03775
.75	.1654	.0977	.1548	-.03021
.80	.0082	.0307	.1552	-.02246
.85	-.1640	-.0362	.1470	-.01491
.90	-.3734	-.1031	.1283	-.00802
.95	-.6403	-.1699	.0963	-.00241
1.00	-1.9265	-.2367	-.0000	-.00000

XQ/L=0.2

X/L	FP	FS	FQ	FM
.05	5.0379	.8851	.2519	.00630
.10	2.3096	.8348	.3674	.02178
.15	1.9356	.7845	.4642	.04257
.20	1.6819	.7341	-.4517	.06788
.25	1.5082	.6835	-.3763	.04718
.30	1.3660	.6327	-.3080	.03007
.35	1.2392	.5819	-.2461	.01621
.40	1.1201	.5310	-.1901	.00531
.45	1.0053	.4800	-.1398	-.00294
.50	.8929	.4290	-.0952	-.00881
.55	.7819	.3781	-.0561	-.01259
.60	.6717	.3272	-.0225	-.01456
.65	.5616	.2763	.0056	-.01498
.70	.4509	.2255	.0281	-.01413
.75	.3386	.1747	.0451	-.01230
.80	.2225	.1239	.0562	-.00977
.85	.0980	.0732	.0611	-.00684
.90	-.0472	.0225	.0587	-.00384
.95	-.2251	-.0281	.0475	-.00119
1.00	-.9497	-.0788	-.0000	-.00000

XQ/L=0.3

X/L	FP	FS	FQ	FM
.05	4.0167	.7216	.2008	.00502
.10	1.8799	.6890	.2948	.01741
.15	1.6014	.6564	.3749	.03416
.20	1.4171	.6237	.4458	.05467
.25	1.2962	.5909	.5106	.07858
.30	1.2002	.5579	-.4294	.10561
.35	1.1153	.5246	-.3737	.08553
.40	1.0353	.4910	-.3219	.06814
.45	.9582	.4572	-.2740	.05325
.50	.8826	.4232	-.2299	.04065
.55	.8079	.3891	-.1895	.03017
.60	.7337	.3548	-.1528	.02161
.65	.6598	.3205	-.1198	.01480
.70	.5859	.2861	-.0905	.00954
.75	.5118	.2517	-.0649	.00565
.80	.4369	.2173	-.0431	.00296
.85	.3603	.1828	-.0250	.00125
.90	.2796	.1484	-.0111	.00035
.95	.1912	.1140	-.0015	.00004
1.00	.0299	.0795	-.0000	-.00000

XQ/L=0.4

X/L	FP	FS	FQ	FM
.05	3.0062	.5593	.1503	.00376
.10	1.4532	.5440	.2230	.01309
.15	1.2684	.5286	.2864	.02582
.20	1.1520	.5132	.3440	.04158
.25	1.0818	.4977	.3981	.06013
.30	1.0299	.4820	.4496	.08133
.35	.9865	.4661	.4989	.10504
.40	.9470	.4500	-.4538	.13117
.45	.9086	.4334	-.4083	.10961
.50	.8704	.4166	-.3648	.09029
.55	.8324	.3994	-.3232	.07309
.60	.7946	.3820	-.2835	.05792
.65	.7573	.3644	-.2456	.04469
.70	.7205	.3466	-.2096	.03331
.75	.6850	.3287	-.1753	.02369
.80	.6517	.3107	-.1427	.01574
.85	.6234	.2927	-.1116	.00938
.90	.6076	.2746	-.0812	.00457
.95	.6093	.2565	-.0507	.00127
1.00	1.0144	.2385	-.0000	-.00000

XQ/L=0.5

X/L	FP	FS	FQ	FM
.05	2.0058	.3983	.1003	.00251
.10	1.0297	.3999	.1518	.00881
.15	.9371	.4014	.1986	.01757
.20	.8873	.4028	.2430	.02861
.25	.8668	.4042	.2863	.04184
.30	.8578	.4055	.3292	.05723
.35	.8543	.4067	.3719	.07476
.40	.8534	.4076	.4146	.09443
.45	.8536	.4083	.4573	.11622
.50	.8542	.4087	-.5000	.14016
.55	.8542	.4087	-.4573	.11622
.60	.8536	.4083	-.4146	.09443
.65	.8534	.4076	-.3719	.07476
.70	.8543	.4067	-.3292	.05723
.75	.8578	.4055	-.2863	.04184
.80	.8668	.4042	-.2430	.02861
.85	.8873	.4028	-.1986	.01757
.90	.9371	.4014	-.1518	.00881
.95	1.0297	.3999	-.1003	.00251
1.00	2.0058	.3983	-.0000	-.00000

B/L= 5.00   DS/B1= .50   KS= 10.000

XM/L=0.0

X/L	FP	FS	FQ	FM
.05	10.3883	1.6503	.5194	-.98701
.10	4.3018	1.4625	.7345	-.95567
.15	3.3111	1.2776	.9001	-.91480
.20	2.5989	1.0955	1.0300	-.86655
.25	2.0724	.9161	1.1336	-.81246
.30	1.6240	.7392	1.2148	-.75375
.35	1.2157	.5646	1.2756	-.69149
.40	.8294	.3922	1.3171	-.62667
.45	.4564	.2218	1.3399	-.56025
.50	.0914	.0532	1.3445	-.49314
.55	-.2688	-.1139	1.3310	-.42625
.60	-.6270	-.2796	1.2997	-.36048
.65	-.9864	-.4440	1.2504	-.29673
.70	-1.3518	-.6076	1.1828	-.23590
.75	-1.7314	-.7703	1.0962	-.17893
.80	-2.1418	-.9323	.9891	-.12680
.85	-2.6178	-1.0940	.8582	-.08061
.90	-3.2587	-1.2553	.6953	-.04177
.95	-4.1485	-1.4164	.4879	-.01220
1.00	-9.7572	-1.5775	.0000	-.00000

XM/L=0.1

X/L	FP	FS	FQ	FM
.05	10.3552	1.6482	.5178	.01294
.10	4.3200	1.4633	.7338	-.95577
.15	3.3180	1.2786	.8997	-.91493
.20	2.6024	1.0964	1.0298	-.86670
.25	2.0749	.9169	1.1335	-.81261
.30	1.6260	.7399	1.2148	-.75391
.35	1.2173	.5653	1.2757	-.69164
.40	.8308	.3928	1.3172	-.62682
.45	.4575	.2223	1.3401	-.56039
.50	.0923	.0536	1.3447	-.49327
.55	-.2681	-.1136	1.3313	-.42637
.60	-.6265	-.2793	1.3000	-.36059
.65	-.9861	-.4439	1.2507	-.29682
.70	-1.3517	-.6075	1.1831	-.23597
.75	-1.7315	-.7703	1.0965	-.17898
.80	-2.1421	-.9325	.9894	-.12684
.85	-2.6184	-1.0942	.8585	-.08064
.90	-3.2596	-1.2556	.6955	-.04179
.95	-4.1498	-1.4168	.4880	-.01220
1.00	-9.7605	-1.5780	-.0000	-.00000

XM/L=0.2

X/L	FP	FS	FQ	FM
.05	10.2649	1.6401	.5132	.01283
.10	4.3103	1.4607	.7288	.04388
.15	3.3444	1.2812	.8960	.08450
.20	2.6380	1.1015	1.0279	-.86740
.25	2.0942	.9218	1.1326	-.81339
.30	1.6389	.7443	1.2145	-.75471
.35	1.2273	.5692	1.2759	-.69245
.40	.8389	.3962	1.3178	-.62761
.45	.4641	.2252	1.3410	-.56114
.50	.0976	.0560	1.3459	-.49396
.55	-.2639	-.1117	1.3327	-.42700
.60	-.6235	-.2779	1.3016	-.36114
.65	-.9842	-.4430	1.2523	-.29729
.70	-1.3509	-.6071	1.1848	-.23636
.75	-1.7319	-.7704	1.0982	-.17929
.80	-2.1437	-.9330	.9910	-.12706
.85	-2.6213	-1.0952	.8600	-.08078
.90	-3.2641	-1.2571	.6968	-.04187
.95	-4.1565	-1.4189	.4889	-.01222
1.00	-9.7785	-1.5805	-.0000	-.00000

XM/L=0.3

X/L	FP	FS	FQ	FM
.05	10.1589	1.6288	.5079	.01270
.10	4.2830	1.4542	.7221	.04345
.15	3.3374	1.2796	.8890	.08373
.20	2.6518	1.1048	1.0216	.13149
.25	2.1374	.9296	1.1284	.18524
.30	1.6870	.7540	1.2128	-.75623
.35	1.2565	.5781	1.2756	-.69402
.40	.8598	.4040	1.3186	-.62917
.45	.4805	.2319	1.3426	-.56264
.50	.1107	.0616	1.3481	-.49537
.55	-.2538	-.1072	1.3355	-.42828
.60	-.6160	-.2745	1.3047	-.36228
.65	-.9793	-.4407	1.2557	-.29827
.70	-1.3485	-.6059	1.1883	-.23717
.75	-1.7320	-.7702	1.1017	-.17992
.80	-2.1463	-.9340	.9944	-.12752
.85	-2.6268	-1.0973	.8630	-.08108
.90	-3.2733	-1.2602	.6993	-.04203
.95	-4.1703	-1.4230	.4908	-.01227
1.00	-9.8166	-1.5857	-.0000	-.00000

XM/L=0.4

X/L	FP	FS	FQ	FM
.05	10.0527	1.6163	.5026	.01257
.10	4.2507	1.4459	.7152	.04301
.15	3.3218	1.2754	.8813	.08292
.20	2.6501	1.1047	1.0138	.13030
.25	2.1486	.9337	1.1212	.18367
.30	1.7143	.7622	1.2069	.24187
.35	1.3102	.5901	1.2724	.30386
.40	.9162	.4172	1.3182	-.63138
.45	.5162	.2436	1.3440	-.56482
.50	.1362	.0715	1.3508	-.49745
.55	-.2343	-.0991	1.3391	-.43020
.60	-.6015	-.2682	1.3091	-.36400
.65	-.9693	-.4362	1.2606	-.29975
.70	-1.3428	-.6032	1.1935	-.23840
.75	-1.7305	-.7693	1.1069	-.18089
.80	-2.1493	-.9349	.9995	-.12823
.85	-2.6346	-1.0999	.8677	-.08155
.90	-3.2869	-1.2647	.7034	-.04228
.95	-4.1915	-1.4293	.4938	-.01235
1.00	-9.8762	-1.5937	-.0000	-.00000

XM/L=0.5

X/L	FP	FS	FQ	FM
.05	9.9562	1.6042	.4978	.01245
.10	4.2191	1.4371	.7088	.04261
.15	3.3038	1.2700	.8740	.08218
.20	2.6431	1.1027	1.0061	.12918
.25	2.1509	.9351	1.1137	.18217
.30	1.7257	.7670	1.1999	.24001
.35	1.3315	.5982	1.2665	.30167
.40	.9512	.4287	1.3141	.36619
.45	.5756	.2581	1.3429	.43261
.50	.1966	.0864	1.3527	-.50000
.55	-.1966	-.0864	1.3429	-.43261
.60	-.5756	-.2581	1.3141	-.36619
.65	-.9512	-.4287	1.2665	-.30167
.70	-1.3315	-.5982	1.1999	-.24001
.75	-1.7257	-.7670	1.1137	-.18217
.80	-2.1509	-.9351	1.0061	-.12918
.85	-2.6431	-1.1027	.8740	-.08218
.90	-3.3038	-1.2700	.7088	-.04261
.95	-4.2191	-1.4371	.4978	-.01245
1.00	-9.9562	-1.6042	-.0000	-.00000

B/L= 5.00 DS/B1= .50 KS=100.000

XQ/L=0.0

X/L	FP	FS	FQ	FM
.05	7.0519	1.2081	-.6474	-.04119
.10	3.1578	1.1232	-.4895	-.06961
.15	2.5955	1.0384	-.3597	-.09084
.20	2.2055	.9535	-.2495	-.10607
.25	1.9309	.8687	-.1529	-.11613
.30	1.7026	.7840	-.0678	-.12165
.35	1.4966	.6992	.0070	-.12317
.40	1.3019	.6145	.0721	-.12119
.45	1.1132	.5298	.1278	-.11619
.50	.9277	.4452	.1742	-.10864
.55	.7438	.3606	.2114	-.09900
.60	.5604	.2760	.2394	-.08773
.65	.3762	.1915	.2582	-.07529
.70	.1897	.1070	.2677	-.06214
.75	-.0018	.0225	.2676	-.04876
.80	-.2037	-.0620	.2574	-.03564
.85	-.4277	-.1465	.2360	-.02330
.90	-.7064	-.2309	.2007	-.01238
.95	-1.0688	-.3154	.1473	-.00368
1.00	-2.9454	-.3998	-.0000	-.00000

XQ/L=0.1

X/L	FP	FS	FQ	FM
.05	6.0485	1.0469	.3024	.00756
.10	2.7343	.9791	-.5609	.02610
.15	2.2652	.9114	-.4476	.00089
.20	1.9425	.8436	-.3505	-.01906
.25	1.7180	.7758	-.2646	-.03444
.30	1.5329	.7080	-.1879	-.04575
.35	1.3668	.6403	-.1196	-.05344
.40	1.2103	.5725	-.0591	-.05791
.45	1.0589	.5048	-.0061	-.05954
.50	.9103	.4371	.0394	-.05871
.55	.7631	.3694	.0775	-.05579
.60	.6164	.3017	.1084	-.05114
.65	.4694	.2340	.1318	-.04513
.70	.3209	.1664	.1479	-.03814
.75	.1690	.0987	.1563	-.03054
.80	.0099	.0311	.1568	-.02271
.85	-.1645	-.0365	.1486	-.01507
.90	-.3766	-.1041	.1298	-.00811
.95	-.6470	-.1717	.0974	-.00244
1.00	-1.9482	-.2393	-.0000	-.00000

XQ/L=0.2

X/L	FP	FS	FQ	FM
.05	5.0457	.8858	.2523	.00631
.10	2.3107	.8350	.3678	.02181
.15	1.9346	.7843	.4646	.04262
.20	1.6793	.7336	-.4515	.06795
.25	1.5050	.6828	-.3762	.04725
.30	1.3631	.6321	-.3081	.03014
.35	1.2369	.5813	-.2462	.01629
.40	1.1186	.5305	-.1903	.00537
.45	1.0045	.4797	-.1401	-.00289
.50	.8928	.4289	-.0954	-.00877
.55	.7823	.3781	-.0563	-.01257
.60	.6725	.3273	-.0227	-.01454
.65	.5626	.2765	.0054	-.01497
.70	.4521	.2258	.0280	-.01414
.75	.3398	.1750	.0450	-.01231
.80	.2235	.1242	.0562	-.00978
.85	.0987	.0734	.0611	-.00685
.90	-.0468	.0227	.0588	-.00385
.95	-.2251	-.0281	.0475	-.00119
1.00	-.9509	-.0788	-.0000	-.00000

XQ/L=0.3

X/L	FP	FS	FQ	FM
.05	4.0439	.7247	.2022	.00505
.10	1.8874	.6910	.2966	.01752
.15	1.6040	.6573	.3768	.03436
.20	1.4158	.6235	.4476	.05496
.25	1.2916	.5898	.5121	.07896
.30	1.1931	.5560	-.4282	.10605
.35	1.1069	.5222	-.3729	.08603
.40	1.0268	.4884	-.3215	.06867
.45	.9500	.4546	-.2740	.05378
.50	.8752	.4207	-.2303	.04117
.55	.8015	.3868	-.1902	.03066
.60	.7285	.3529	-.1538	.02206
.65	.6558	.3190	-.1210	.01519
.70	.5833	.2851	-.0918	.00987
.75	.5105	.2512	-.0663	.00592
.80	.4371	.2173	-.0444	.00315
.85	.3620	.1834	-.0263	.00138
.90	.2831	.1495	-.0122	.00042
.95	.1969	.1156	-.0023	.00006
1.00	.0467	.0817	-.0000	-.00000

XQ/L=0.4

X/L	FP	FS	FQ	FM
.05	3.0432	.5638	.1522	.00380
.10	1.4643	.5470	.2254	.01324
.15	1.2735	.5303	.2890	.02610
.20	1.1522	.5135	.3467	.04200
.25	1.0780	.4967	.4006	.06068
.30	1.0227	.4799	.4517	.08198
.35	.9763	.4631	.5005	.10579
.40	.9346	.4462	-.4528	.13198
.45	.8953	.4293	-.4080	.11046
.50	.8574	.4124	-.3651	.09114
.55	.8205	.3955	-.3241	.07390
.60	.7843	.3785	-.2849	.05868
.65	.7489	.3615	-.2474	.04537
.70	.7144	.3445	-.2117	.03389
.75	.6813	.3275	-.1776	.02416
.80	.6507	.3104	-.1451	.01609
.85	.6253	.2934	-.1138	.00962
.90	.6131	.2764	-.0832	.00469
.95	.6191	.2593	-.0522	.00131
1.00	1.0447	.2423	-.0000	-.00000

XQ/L=0.5

X/L	FP	FS	FQ	FM
.05	2.0435	.4030	.1022	.00255
.10	1.0416	.4031	.1543	.00897
.15	.9432	.4033	.2014	.01786
.20	.8887	.4034	.2458	.02904
.25	.8644	.4036	.2891	.04241
.30	.8520	.4037	.3317	.05793
.35	.8455	.4038	.3739	.07557
.40	.8419	.4039	.4160	.09532
.45	.8400	.4040	.4580	.11717
.50	.8392	.4040	-.5000	.14112
.55	.8392	.4040	-.4580	.11717
.60	.8400	.4040	-.4160	.09532
.65	.8419	.4039	-.3739	.07557
.70	.8455	.4038	-.3317	.05793
.75	.8520	.4037	-.2891	.04241
.80	.8644	.4036	-.2458	.02904
.85	.8887	.4034	-.2014	.01786
.90	.9432	.4033	-.1543	.00897
.95	1.0416	.4031	-.1022	.00255
1.00	2.0435	.4030	-.0000	-.00000

B/L= 5.00 DS/B1= .50 KS=100.000

XM/L=0.0

X/L	FP	FS	FQ	FM
.05	10.0355	1.6121	.5018	-.98746
.10	4.2341	1.4410	.7135	-.95707
.15	3.3030	1.2702	.8786	-.91727
.20	2.6302	1.0996	1.0101	-.87005
.25	2.1288	.9294	1.1166	-.81688
.30	1.6967	.7593	1.2014	-.75893
.35	1.2981	.5896	1.2663	-.69724
.40	.9164	.4200	1.3121	-.63278
.45	.5433	.2506	1.3393	-.56649
.50	.1746	.0814	1.3480	-.49931
.55	-.1926	-.0876	1.3384	-.43215
.60	-.5606	-.2565	1.3104	-.36593
.65	-.9322	-.4252	1.2638	-.30157
.70	-1.3119	-.5939	1.1982	-.24002
.75	-1.7076	-.7625	1.1128	-.18225
.80	-2.1358	-.9310	1.0060	-.12928
.85	-2.6321	-1.0995	.8744	-.08227
.90	-3.2977	-1.2679	.7095	-.04267
.95	-4.2186	-1.4364	.4986	-.01246
1.00	-9.9719	-1.6048	.0000	-.00000

XM/L=0.1

X/L	FP	FS	FQ	FM
.05	10.0322	1.6119	.5016	.01254
.10	4.2359	1.4411	.7134	-.95708
.15	3.3037	1.2703	.8786	-.91728
.20	2.6305	1.0997	1.0101	-.87007
.25	2.1291	.9295	1.1166	-.81690
.30	1.6969	.7594	1.2014	-.75895
.35	1.2983	.5896	1.2663	-.69726
.40	.9165	.4201	1.3122	-.63279
.45	.5435	.2507	1.3393	-.56651
.50	.1747	.0815	1.3481	-.49932
.55	-.1925	-.0875	1.3384	-.43216
.60	-.5605	-.2564	1.3104	-.36594
.65	-.9322	-.4252	1.2638	-.30158
.70	-1.3119	-.5939	1.1982	-.24003
.75	-1.7076	-.7625	1.1128	-.18225
.80	-2.1358	-.9310	1.0060	-.12928
.85	-2.6321	-1.0995	.8744	-.08227
.90	-3.2978	-1.2680	.7095	-.04267
.95	-4.2187	-1.4364	.4986	-.01247
1.00	-9.9722	-1.6048	-.0000	-.00000

XM/L=0.2

X/L	FP	FS	FQ	FM
.05	10.0232	1.6111	.5012	.01253
.10	4.2349	1.4408	.7129	.04288
.15	3.3064	1.2705	.8782	.08266
.20	2.6341	1.1002	1.0099	-.87014
.25	2.1310	.9299	1.1165	-.81698
.30	1.6982	.7599	1.2014	-.75903
.35	1.2993	.5900	1.2664	-.69734
.40	.9173	.4204	1.3122	-.63287
.45	.5441	.2510	1.3394	-.56658
.50	.1753	.0817	1.3482	-.49939
.55	-.1921	-.0874	1.3386	-.43222
.60	-.5602	-.2563	1.3106	-.36599
.65	-.9320	-.4251	1.2640	-.30163
.70	-1.3118	-.5939	1.1984	-.24007
.75	-1.7076	-.7625	1.1130	-.18228
.80	-2.1360	-.9311	1.0062	-.12930
.85	-2.6324	-1.0996	.8746	-.08228
.90	-3.2983	-1.2681	.7097	-.04268
.95	-4.2194	-1.4366	.4987	-.01247
1.00	-9.9740	-1.6051	-.0000	-.00000

XM/L=0.3

X/L	FP	FS	FQ	FM
.05	10.0125	1.6100	.5006	.01252
.10	4.2322	1.4402	.7122	.04284
.15	3.3056	1.2704	.8775	.08258
.20	2.6355	1.1006	1.0093	.12975
.25	2.1353	.9307	1.1161	.18288
.30	1.7031	.7608	1.2012	-.75918
.35	1.3023	.5909	1.2663	-.69750
.40	.9194	.4212	1.3123	-.63303
.45	.5458	.2517	1.3396	-.56673
.50	.1766	.0823	1.3484	-.49953
.55	-.1910	-.0869	1.3389	-.43235
.60	-.5595	-.2560	1.3109	-.36611
.65	-.9315	-.4249	1.2643	-.30173
.70	-1.3115	-.5937	1.1987	-.24015
.75	-1.7076	-.7625	1.1134	-.18235
.80	-2.1363	-.9312	1.0065	-.12935
.85	-2.6330	-1.0998	.8749	-.08231
.90	-3.2992	-1.2684	.7099	-.04269
.95	-4.2208	-1.4370	.4989	-.01247
1.00	-9.9779	-1.6056	-.0000	-.00000

XM/L=0.4

X/L	FP	FS	FQ	FM
.05	10.0018	1.6087	.5001	.01250
.10	4.2289	1.4393	.7115	.04279
.15	3.3041	1.2700	.8767	.08250
.20	2.6353	1.1006	1.0085	.12963
.25	2.1365	.9311	1.1153	.18273
.30	1.7058	.7617	1.2006	.24063
.35	1.3076	.5921	1.2660	.30229
.40	.9251	.4225	1.3123	-.63325
.45	.5494	.2528	1.3397	-.56695
.50	.1792	.0833	1.3487	-.49974
.55	-.1891	-.0861	1.3392	-.43254
.60	-.5580	-.2553	1.3113	-.36628
.65	-.9305	-.4244	1.2648	-.30188
.70	-1.3109	-.5934	1.1993	-.24028
.75	-1.7075	-.7624	1.1139	-.18245
.80	-2.1365	-.9313	1.0071	-.12942
.85	-2.6338	-1.1001	.8754	-.08236
.90	-3.3006	-1.2689	.7103	-.04272
.95	-4.2230	-1.4377	.4992	-.01248
1.00	-9.9839	-1.6064	-.0000	-.00000

XM/L=0.5

X/L	FP	FS	FQ	FM
.05	9.9920	1.6075	.4996	.01249
.10	4.2258	1.4384	.7109	.04275
.15	3.3023	1.2694	.8760	.08242
.20	2.6346	1.1004	1.0077	.12952
.25	2.1367	.9313	1.1146	.18258
.30	1.7070	.7621	1.1999	.24044
.35	1.3098	.5929	1.2654	.30207
.40	.9286	.4237	1.3118	.36650
.45	.5554	.2543	1.3396	.43279
.50	.1852	.0848	1.3489	-.50000
.55	-.1852	-.0848	1.3396	-.43279
.60	-.5554	-.2543	1.3118	-.36650
.65	-.9286	-.4237	1.2654	-.30207
.70	-1.3098	-.5929	1.1999	-.24044
.75	-1.7070	-.7621	1.1146	-.18258
.80	-2.1367	-.9313	1.0077	-.12952
.85	-2.6346	-1.1004	.8760	-.08242
.90	-3.3023	-1.2694	.7109	-.04275
.95	-4.2258	-1.4384	.4996	-.01249
1.00	-9.9920	-1.6075	-.0000	-.00000

GLEICHMAESSIGE BELASTUNG   B/L= 5.00   DS/B1= .50

KS= .001

X/L	FP	FS	FQ	FM
.05	1.1269	.3052	.0063	.00016
.10	.8854	.3503	.0006	.00033
.15	.9615	.3877	-.0013	.00032
.20	.9945	.4152	-.0016	.00024
.25	1.0065	.4344	-.0013	.00017
.30	1.0082	.4473	-.0008	.00012
.35	1.0065	.4559	-.0005	.00008
.40	1.0046	.4615	-.0003	.00006
.45	1.0032	.4649	-.0001	.00005
.50	1.0026	.4664	-.0000	.00005
.55	1.0026	.4664	.0001	.00005
.60	1.0032	.4649	.0003	.00006
.65	1.0046	.4615	.0005	.00008
.70	1.0065	.4559	.0008	.00012
.75	1.0082	.4473	.0013	.00017
.80	1.0065	.4344	.0016	.00024
.85	.9945	.4152	.0013	.00032
.90	.9615	.3877	-.0006	.00033
.95	.8854	.3503	-.0063	.00016
1.00	1.1269	.3052	.0000	.00000

KS= .003

X/L	FP	FS	FQ	FM
.05	1.2087	.3107	.0104	.00026
.10	.8633	.3491	.0036	.00061
.15	.9226	.3830	-.0003	.00069
.20	.9641	.4103	-.0021	.00064
.25	.9913	.4309	-.0025	.00052
.30	1.0051	.4456	-.0022	.00040
.35	1.0106	.4558	-.0017	.00030
.40	1.0119	.4624	-.0011	.00023
.45	1.0115	.4664	-.0005	.00019
.50	1.0110	.4682	-.0000	.00018
.55	1.0110	.4682	.0005	.00019
.60	1.0115	.4664	.0011	.00023
.65	1.0119	.4624	.0017	.00030
.70	1.0106	.4558	.0022	.00040
.75	1.0051	.4456	.0025	.00052
.80	.9913	.4309	.0021	.00064
.85	.9641	.4103	.0003	.00069
.90	.9226	.3830	-.0036	.00061
.95	.8633	.3491	-.0104	.00026
1.00	1.2087	.3107	.0000	.00000

KS= .010

X/L	FP	FS	FQ	FM
.05	1.3252	.3203	.0163	.00041
.10	.8592	.3509	.0092	.00104
.15	.8890	.3792	.0037	.00137
.20	.9238	.4039	-.0001	.00145
.25	.9579	.4243	-.0022	.00139
.30	.9841	.4405	-.0030	.00126
.35	1.0024	.4527	-.0029	.00111
.40	1.0140	.4613	-.0022	.00098
.45	1.0207	.4667	-.0012	.00090
.50	1.0237	.4694	.0000	.00087
.55	1.0237	.4694	.0012	.00090
.60	1.0207	.4667	.0022	.00098
.65	1.0140	.4613	.0029	.00111
.70	1.0024	.4527	.0030	.00126
.75	.9841	.4405	.0022	.00139
.80	.9579	.4243	.0001	.00145
.85	.9238	.4039	-.0037	.00137
.90	.8890	.3792	-.0092	.00104
.95	.8592	.3509	-.0163	.00041
1.00	1.3252	.3203	.0000	.00000

KS= .020

X/L	FP	FS	FQ	FM
.05	1.4075	.3284	.0204	.00051
.10	.8695	.3545	.0138	.00136
.15	.8807	.3792	.0079	.00191
.20	.9063	.4014	.0032	.00219
.25	.9384	.4205	.0001	.00227
.30	.9668	.4362	-.0015	.00223
.35	.9892	.4486	-.0021	.00214
.40	1.0053	.4577	-.0018	.00204
.45	1.0156	.4637	-.0010	.00197
.50	1.0206	.4666	.0000	.00195
.55	1.0206	.4666	.0010	.00197
.60	1.0156	.4637	.0018	.00204
.65	1.0053	.4577	.0021	.00214
.70	.9892	.4486	.0015	.00223
.75	.9668	.4362	-.0001	.00227
.80	.9384	.4205	-.0032	.00219
.85	.9063	.4014	-.0079	.00191
.90	.8807	.3792	-.0138	.00136
.95	.8695	.3545	-.0204	.00051
1.00	1.4075	.3284	.0000	.00000

KS= .050

X/L	FP	FS	FQ	FM
.05	1.5457	.3438	.0273	.00068
.10	.9001	.3636	.0223	.00192
.15	.8848	.3826	.0165	.00289
.20	.8932	.4001	.0112	.00359
.25	.9159	.4158	.0070	.00404
.30	.9398	.4291	.0040	.00431
.35	.9609	.4399	.0020	.00446
.40	.9773	.4481	.0009	.00454
.45	.9884	.4535	.0003	.00457
.50	.9940	.4563	.0000	.00457
.55	.9940	.4563	-.0003	.00457
.60	.9884	.4535	-.0009	.00454
.65	.9773	.4481	-.0020	.00446
.70	.9609	.4399	-.0040	.00431
.75	.9398	.4291	-.0070	.00404
.80	.9159	.4158	-.0112	.00359
.85	.8932	.4001	-.0165	.00289
.90	.8848	.3826	-.0223	.00192
.95	.9001	.3636	-.0273	.00068
1.00	1.5457	.3438	.0000	.00000

KS= .100

X/L	FP	FS	FQ	FM
.05	1.6713	.3584	.0336	.00084
.10	.9337	.3731	.0302	.00243
.15	.8966	.3872	.0251	.00382
.20	.8893	.4004	.0195	.00493
.25	.9008	.4123	.0146	.00579
.30	.9170	.4226	.0104	.00641
.35	.9326	.4311	.0071	.00685
.40	.9454	.4375	.0043	.00713
.45	.9544	.4419	.0021	.00729
.50	.9589	.4441	.0000	.00735
.55	.9589	.4441	-.0021	.00729
.60	.9544	.4419	-.0043	.00713
.65	.9454	.4375	-.0071	.00685
.70	.9326	.4311	-.0104	.00641
.75	.9170	.4226	-.0146	.00579
.80	.9008	.4123	-.0195	.00493
.85	.8893	.4004	-.0251	.00382
.90	.8966	.3872	-.0302	.00243
.95	.9337	.3731	-.0336	.00084
1.00	1.6713	.3584	.0000	.00000

GLEICHMAESSIGE BELASTUNG B/L= 5.00 DS/B1= .50

KS= .200

X/L	FP	FS	FQ	FM
.05	1.7952	.3732	.0398	.00099
.10	.9689	.3829	.0382	.00294
.15	.9111	.3924	.0338	.00474
.20	.8881	.4013	.0282	.00629
.25	.8880	.4093	.0226	.00756
.30	.8951	.4163	.0173	.00856
.35	.9039	.4221	.0125	.00930
.40	.9118	.4266	.0081	.00982
.45	.9175	.4296	.0040	.01012
.50	.9205	.4311	.0000	.01022
.55	.9205	.4311	-.0040	.01012
.60	.9175	.4296	-.0081	.00982
.65	.9118	.4266	-.0125	.00930
.70	.9039	.4221	-.0173	.00856
.75	.8951	.4163	-.0226	.00756
.80	.8880	.4093	-.0282	.00629
.85	.8881	.4013	-.0338	.00474
.90	.9111	.3924	-.0382	.00294
.95	.9689	.3829	-.0398	.00099
1.00	1.7952	.3732	.0000	.00000

KS= .500

X/L	FP	FS	FQ	FM
.05	1.9203	.3882	.0460	.00115
.10	1.0053	.3931	.0463	.00346
.15	.9270	.3978	.0426	.00568
.20	.8881	.4023	.0370	.00767
.25	.8759	.4064	.0308	.00937
.30	.8733	.4100	.0245	.01075
.35	.8745	.4129	.0182	.01182
.40	.8768	.4152	.0121	.01258
.45	.8788	.4168	.0060	.01303
.50	.8799	.4176	.0000	.01318
.55	.8799	.4176	-.0060	.01303
.60	.8788	.4168	-.0121	.01258
.65	.8768	.4152	-.0182	.01182
.70	.8745	.4129	-.0245	.01075
.75	.8733	.4100	-.0308	.00937
.80	.8759	.4064	-.0370	.00767
.85	.8881	.4023	-.0426	.00568
.90	.9270	.3978	-.0463	.00346
.95	1.0053	.3931	-.0460	.00115
1.00	1.9203	.3882	.0000	.00000

KS= 1.000

X/L	FP	FS	FQ	FM
.05	1.9779	.3951	.0489	.00122
.10	1.0223	.3978	.0500	.00369
.15	.9346	.4004	.0467	.00611
.20	.8884	.4028	.0412	.00831
.25	.8705	.4051	.0347	.01021
.30	.8634	.4070	.0279	.01177
.35	.8610	.4087	.0209	.01299
.40	.8605	.4099	.0139	.01386
.45	.8607	.4108	.0070	.01438
.50	.8609	.4112	.0000	.01456
.55	.8609	.4112	-.0070	.01438
.60	.8607	.4108	-.0139	.01386
.65	.8605	.4099	-.0209	.01299
.70	.8610	.4087	-.0279	.01177
.75	.8634	.4070	-.0347	.01021
.80	.8705	.4051	-.0412	.00831
.85	.8884	.4028	-.0467	.00611
.90	.9346	.4004	-.0500	.00369
.95	1.0223	.3978	-.0489	.00122
1.00	1.9779	.3951	.0000	.00000

KS= 3.000

X/L	FP	FS	FQ	FM
.05	2.0229	.4005	.0511	.00128
.10	1.0355	.4015	.0529	.00388
.15	.9405	.4024	.0499	.00645
.20	.8887	.4033	.0444	.00881
.25	.8664	.4041	.0377	.01086
.30	.8556	.4048	.0305	.01257
.35	.8503	.4053	.0230	.01390
.40	.8477	.4058	.0154	.01486
.45	.8464	.4061	.0077	.01544
.50	.8459	.4063	.0000	.01563
.55	.8459	.4063	-.0077	.01544
.60	.8464	.4061	-.0154	.01486
.65	.8477	.4058	-.0230	.01390
.70	.8503	.4053	-.0305	.01257
.75	.8556	.4048	-.0377	.01086
.80	.8664	.4041	-.0444	.00881
.85	.8887	.4033	-.0499	.00645
.90	.9405	.4024	-.0529	.00388
.95	1.0355	.4015	-.0511	.00128
1.00	2.0229	.4005	.0000	.00000

KS= 10.000

X/L	FF	FS	FQ	FM
.05	2.0401	.4026	.0520	.00130
.10	1.0406	.4029	.0540	.00395
.15	.9429	.4032	.0512	.00658
.20	.8888	.4034	.0456	.00900
.25	.8648	.4037	.0389	.01111
.30	.8527	.4039	.0315	.01287
.35	.8463	.4041	.0238	.01425
.40	.8428	.4042	.0159	.01525
.45	.8409	.4043	.0080	.01585
.50	.8401	.4043	.0000	.01605
.55	.8401	.4043	-.0080	.01585
.60	.8409	.4043	-.0159	.01525
.65	.8428	.4042	-.0238	.01425
.70	.8463	.4041	-.0315	.01287
.75	.8527	.4039	-.0389	.01111
.80	.8648	.4037	-.0456	.00900
.85	.8888	.4034	-.0512	.00658
.90	.9429	.4032	-.0540	.00395
.95	1.0406	.4029	-.0520	.00130
1.00	2.0401	.4026	.0000	.00000

KS=100.000

X/L	FP	FS	FQ	FM
.05	2.0470	.4034	.0523	.00131
.10	1.0427	.4034	.0545	.00398
.15	.9438	.4035	.0517	.00663
.20	.8889	.4035	.0461	.00908
.25	.8642	.4035	.0393	.01121
.30	.8515	.4035	.0319	.01299
.35	.8446	.4036	.0241	.01440
.40	.8408	.4036	.0162	.01540
.45	.8388	.4036	.0081	.01601
.50	.8378	.4036	.0000	.01621
.55	.8378	.4036	-.0081	.01601
.60	.8388	.4036	-.0162	.01540
.65	.8408	.4036	-.0241	.01440
.70	.8446	.4036	-.0319	.01299
.75	.8515	.4035	-.0393	.01121
.80	.8642	.4035	-.0461	.00908
.85	.8889	.4035	-.0517	.00663
.90	.9438	.4035	-.0545	.00398
.95	1.0427	.4034	-.0523	.00131
1.00	2.0470	.4034	.0000	.00000

B/L= 5.00   DS/B1= 1.00   KS= .001

XQ/L=0.0

X/L	FP	FS	FQ	FM
.05	22.5913	2.8813	.1296	-.02176
.10	.7104	1.6885	.1651	-.01439
.15	-1.0825	1.0402	.1110	-.00749
.20	-1.1004	.7168	.0559	-.00332
.25	-.6530	.5522	.0233	-.00134
.30	-.3055	.4556	.0080	-.00056
.35	-.1160	.3864	.0022	-.00030
.40	-.0333	.3298	.0005	-.00023
.45	-.0047	.2812	.0003	-.00021
.50	.0019	.2392	.0004	-.00019
.55	.0015	.2034	.0005	-.00017
.60	.0001	.1730	.0005	-.00015
.65	-.0009	.1475	.0004	-.00012
.70	-.0012	.1260	.0004	-.00010
.75	-.0011	.1080	.0003	-.00009
.80	-.0006	.0929	.0003	-.00007
.85	.0005	.0801	.0003	-.00006
.90	.0018	.0693	.0004	-.00004
.95	.0029	.0598	.0006	-.00001
1.00	-.0111	.0512	-.0000	-.00000

XQ/L=0.1

X/L	FP	FS	FQ	FM
.05	3.5962	1.4861	.1798	.00450
.10	6.3109	1.8174	-.5046	.02137
.15	6.2101	1.8117	-.1941	.00390
.20	2.9852	1.4774	-.0449	-.00207
.25	1.0524	1.1250	.0077	-.00300
.30	.2031	.8519	.0179	-.00236
.35	-.0693	.6598	.0144	-.00155
.40	-.1078	.5261	.0090	-.00096
.45	-.0792	.4299	.0051	-.00061
.50	-.0459	.3570	.0028	-.00042
.55	-.0235	.2993	.0016	-.00031
.60	-.0114	.2524	.0010	-.00024
.65	-.0057	.2137	.0008	-.00019
.70	-.0032	.1814	.0006	-.00016
.75	-.0019	.1545	.0005	-.00013
.80	-.0009	.1319	.0005	-.00011
.85	.0007	.1130	.0005	-.00009
.90	.0028	.0970	.0006	-.00006
.95	.0044	.0832	.0008	-.00002
1.00	-.0169	.0705	-.0000	-.00000

XQ/L=0.2

X/L	FP	FS	FQ	FM
.05	-.7190	.7791	-.0359	-.00090
.10	1.2854	1.1126	.0283	-.00109
.15	3.1469	1.4800	.1857	.00426
.20	6.2351	1.8097	-.5026	.02134
.25	6.1753	1.8061	-.1938	.00393
.30	2.9755	1.4741	-.0450	-.00204
.35	1.0516	1.1231	.0075	-.00298
.40	.2044	.8508	.0178	-.00235
.45	-.0680	.6592	.0144	-.00155
.50	-.1071	.5257	.0090	-.00096
.55	-.0788	.4295	.0051	-.00061
.60	-.0458	.3567	.0028	-.00042
.65	-.0234	.2992	.0016	-.00031
.70	-.0113	.2523	.0010	-.00024
.75	-.0053	.2137	.0008	-.00019
.80	-.0020	.1815	.0007	-.00016
.85	.0008	.1547	.0007	-.00012
.90	.0039	.1320	.0009	-.00008
.95	.0063	.1126	.0012	-.00003
1.00	-.0245	.0948	-.0000	-.00000

XQ/L=0.3

X/L	FP	FS	FQ	FM
.05	-.5277	.4941	-.0264	-.00066
.10	.0318	.6542	-.0248	-.00194
.15	.2842	.8533	-.0106	-.00282
.20	1.0941	1.1248	.0441	-.00199
.25	2.9811	1.4718	.1932	.00395
.30	6.1382	1.7987	-.4999	.02128
.35	6.1332	1.7977	-.1933	.00395
.40	2.9619	1.4687	-.0452	-.00201
.45	1.0494	1.1198	.0073	-.00296
.50	.2055	.8488	.0176	-.00234
.55	-.0666	.6578	.0143	-.00154
.60	-.1061	.5247	.0089	-.00096
.65	-.0784	.4288	.0050	-.00061
.70	-.0454	.3562	.0028	-.00042
.75	-.0228	.2988	.0016	-.00031
.80	-.0095	.2522	.0011	-.00024
.85	-.0013	.2138	.0011	-.00018
.90	.0049	.1816	.0013	-.00012
.95	.0090	.1539	.0018	-.00004
1.00	-.0354	.1288	-.0000	-.00000

XQ/L=0.4

X/L	FP	FS	FQ	FM
.05	-.2019	.3444	-.0101	-.00025
.10	-.0359	.4277	-.0119	-.00080
.15	-.0736	.5267	-.0156	-.00149
.20	-.0485	.6598	-.0180	-.00233
.25	.2134	.8500	-.0073	-.00296
.30	1.0523	1.1202	.0453	-.00201
.35	2.9628	1.4683	.1934	.00396
.40	6.1322	1.7964	-.5000	.02129
.45	6.1322	1.7963	-.1934	.00396
.50	2.9623	1.4678	-.0452	-.00201
.55	1.0500	1.1193	.0073	-.00296
.60	.2059	.8484	.0176	-.00234
.65	-.0664	.6575	.0142	-.00154
.70	-.1059	.5246	.0089	-.00096
.75	-.0775	.4289	.0051	-.00061
.80	-.0429	.3565	.0029	-.00041
.85	-.0170	.2993	.0021	-.00029
.90	.0005	.2526	.0021	-.00018
.95	.0105	.2130	.0026	-.00007
1.00	-.0524	.1771	-.0000	-.00000

XQ/L=0.5

X/L	FP	FS	FQ	FM
.05	-.0883	.2458	-.0044	-.00011
.10	.0009	.2982	-.0044	-.00033
.15	-.0276	.3572	-.0057	-.00058
.20	-.0686	.4298	-.0092	-.00096
.25	-.1020	.5253	-.0143	-.00154
.30	-.0651	.6580	-.0175	-.00234
.35	.2061	.8486	-.0072	-.00296
.40	1.0499	1.1193	.0453	-.00201
.45	2.9624	1.4678	.1934	.00396
.50	6.1323	1.7962	-.5000	.02129
.55	6.1323	1.7962	-.1934	.00396
.60	2.9624	1.4678	-.0453	-.00201
.65	1.0499	1.1193	.0072	-.00296
.70	.2061	.8486	.0175	-.00234
.75	-.0651	.6580	.0143	-.00154
.80	-.1020	.5253	.0092	-.00096
.85	-.0686	.4298	.0057	-.00058
.90	-.0276	.3572	.0044	-.00033
.95	.0009	.2982	.0044	-.00011
1.00	-.0883	.2458	0.0000	-.00000

B/L= 5.00 DS/B1= 1.00 KS= .001

XM/L=0.0

X/L	FP	FS	FQ	FM
.05	223.0321	15.1599	11.1516	-.72121
.10	-103.0806	-4.0999	5.9976	-.29248
.15	-69.8982	-8.4765	2.5027	-.07997
.20	-35.5716	-7.4846	.7241	.00069
.25	-13.5950	-5.4148	.0443	.01990
.30	-3.4541	-3.6964	-.1284	.01780
.35	.1222	-2.5544	-.1223	.01154
.40	.8785	-1.8522	-.0783	.00652
.45	.7272	-1.4182	-.0420	.00352
.50	.4328	-1.1324	-.0203	.00196
.55	.2159	-.9275	-.0095	.00121
.60	.0952	-.7694	-.0048	.00085
.65	.0388	-.6421	-.0028	.00066
.70	.0159	-.5373	-.0020	.00054
.75	.0072	-.4506	-.0017	.00045
.80	.0027	-.3788	-.0015	.00037
.85	-.0023	-.3191	-.0017	.00029
.90	-.0088	-.2693	-.0021	.00019
.95	-.0141	-.2267	-.0028	.00007
1.00	.0562	-.1881	.0000	-.00000

XM/L=0.1

X/L	FP	FS	FQ	FM
.05	105.8584	10.7399	5.2929	.13232
.10	52.7035	5.4590	7.9281	-.53715
.15	-64.6020	-4.8348	4.6980	-.22150
.20	-55.9184	-7.7007	1.9021	-.05650
.25	-27.5333	-6.6714	.5254	.00419
.30	-10.3134	-4.7435	.0097	.01757
.35	-2.4635	-3.2742	-.1134	.01498
.40	.2319	-2.3007	-.1018	.00959
.45	.7540	-1.6952	-.0641	.00545
.50	.5981	-1.3128	-.0342	.00299
.55	.3504	-1.0551	-.0167	.00171
.60	.1737	-.8668	-.0080	.00109
.65	.0768	-.7201	-.0042	.00079
.70	.0318	-.6013	-.0026	.00062
.75	.0129	-.5036	-.0020	.00051
.80	.0042	-.4228	-.0017	.00041
.85	-.0025	-.3558	-.0019	.00032
.90	-.0101	-.2998	-.0024	.00022
.95	-.0160	-.2520	-.0032	.00008
1.00	.0634	-.2087	-.0000	-.00000

XM/L=0.2

X/L	FP	FS	FQ	FM
.05	6.3618	4.2317	.3181	.00795
.10	27.3609	6.2927	1.6861	.05806
.15	53.1970	7.4490	4.3460	.20886
.20	59.1372	4.7678	7.3028	-.49992
.25	-58.3322	-4.6128	4.3862	-.20769
.30	-52.0166	-7.3115	1.7854	-.05340
.35	-25.7641	-6.2564	.4972	.00367
.40	-9.7040	-4.5358	.0120	.01640
.45	-2.3435	-3.1464	-.1052	.01407
.50	.1988	-2.2213	-.0952	.00906
.55	.6995	-1.6424	-.0603	.00517
.60	.5590	-1.2748	-.0323	.00285
.65	.3291	-1.0257	-.0158	.00165
.70	.1635	-.8432	-.0077	.00106
.75	.0715	-.7009	-.0041	.00077
.80	.0260	-.5859	-.0028	.00060
.85	.0023	-.4912	-.0027	.00046
.90	-.0134	-.4124	-.0034	.00031
.95	-.0230	-.3452	-.0045	.00011
1.00	.0900	-.2843	-.0000	-.00000

XM/L=0.3

X/L	FP	FS	FQ	FM
.05	-4.4458	1.9258	-.2223	-.00556
.10	3.2560	3.1212	-.0595	-.01260
.15	10.4445	4.5991	.4627	-.00252
.20	26.1940	6.3366	1.7724	.05336
.25	52.2596	7.3933	4.3854	.20730
.30	58.6154	4.7034	7.3162	-.50016
.35	-58.5511	-4.6606	4.3886	-.20754
.40	-52.0837	-7.3422	1.7844	-.05321
.45	-25.7722	-6.2753	.4958	.00380
.50	-9.6958	-4.5479	.0110	.01647
.55	-2.3347	-3.1548	-.1057	.01411
.60	.2045	-2.2277	-.0955	.00908
.65	.7027	-1.6476	-.0603	.00518
.70	.5600	-1.2792	-.0323	.00287
.75	.3275	-1.0298	-.0160	.00166
.80	.1574	-.8472	-.0081	.00106
.85	.0567	-.7049	-.0052	.00072
.90	.0003	-.5891	-.0052	.00046
.95	-.0278	-.4910	-.0066	.00017
1.00	.1325	-.4025	-.0000	-.00000

XM/L=0.4

X/L	FP	FS	FQ	FM
.05	-1.9529	1.1835	-.0976	-.00244
.10	-.4081	1.6383	-.1180	-.00783
.15	.0355	2.2459	-.1163	-.01369
.20	2.4699	3.1765	.0072	-.01642
.25	9.7499	4.5664	.4947	-.00387
.30	25.7836	6.2911	1.7839	.05310
.35	52.0799	7.3580	4.3879	.20739
.40	58.5564	4.6804	7.3157	-.50002
.45	-58.5607	-4.6748	4.3877	-.20744
.50	-52.0787	-7.3512	1.7837	-.05315
.55	-25.7658	-6.2816	.4955	.00383
.60	-9.6913	-4.5526	.0109	.01649
.65	-2.3321	-3.1587	-.1057	.01412
.70	.2051	-2.2312	-.0955	.00909
.75	.6999	-1.5512	-.0605	.00519
.80	.5505	-1.2831	-.0329	.00285
.85	.3052	-1.0340	-.0177	.00159
.90	.1187	-.8505	-.0118	.00085
.95	.0115	-.7033	-.0112	.00028
1.00	.2235	-.5730	-.0000	-.00000

XM/L=0.5

X/L	FP	FS	FQ	FM
.05	-.5803	.8172	-.0290	-.00073
.10	-.2204	1.0287	-.0400	-.00245
.15	-.4764	1.2871	-.0639	-.00505
.20	-.6564	1.6565	-.0967	-.00906
.25	-.1860	2.2356	-.1060	-.01413
.30	2.3381	3.1619	.0109	-.01650
.35	9.6918	4.5550	.4955	-.00384
.40	25.7646	6.2836	1.7838	.05314
.45	52.0768	7.3532	4.3876	.20742
.50	58.5582	4.6772	7.3155	-.50000
.55	-58.5583	-4.6772	4.3876	-.20742
.60	-52.0768	-7.3532	1.7837	-.05314
.65	-25.7645	-6.2836	.4955	.00384
.70	-9.6919	-4.5550	.0109	.01650
.75	-2.3382	-3.1619	-.1060	.01413
.80	.1862	-2.2356	-.0967	.00906
.85	.6564	-1.6565	-.0638	.00505
.90	.4764	-1.2871	-.0400	.00245
.95	.2204	-1.0287	-.0290	.00073
1.00	.5803	-.8172	-.0000	-.00000

B/L= 5.00 DS/B1= 1.00 KS= .003

XQ/L=0.0

X/L	FP	FS	FQ	FM
.05	19.2267	2.7103	-.0387	-.02597
.10	3.0198	1.8524	.1123	-.02413
.15	.4670	1.2481	.1357	-.01792
.20	-.5202	.8545	.1097	-.01179
.25	-.6876	.6090	.0753	-.00717
.30	-.5752	.4575	.0465	-.00412
.35	-.4012	.3619	.0265	-.00230
.40	-.2494	.2979	.0140	-.00129
.45	-.1411	.2516	.0069	-.00076
.50	-.0729	.2154	.0033	-.00051
.55	-.0340	.1855	.0016	-.00038
.60	-.0139	.1600	.0009	-.00032
.65	-.0045	.1379	.0007	-.00028
.70	-.0006	.1189	.0006	-.00025
.75	.0010	.1026	.0007	-.00022
.80	.0019	.0886	.0008	-.00018
.85	.0027	.0765	.0009	-.00013
.90	.0030	.0660	.0011	-.00008
.95	.0014	.0566	.0011	-.00003
1.00	-.0230	.0478	-.0000	-.00000

XQ/L=0.1

X/L	FP	FS	FQ	FM
.05	5.7151	1.5776	.2858	.00714
.10	4.7214	1.6830	-.4782	.02733
.15	4.4664	1.6313	-.2549	.00901
.20	2.8530	1.4129	-.1122	-.00017
.25	1.5676	1.1534	-.0338	-.00382
.30	.7354	.9154	.0029	-.00459
.35	.2670	.7203	.0163	-.00411
.40	.0375	.5689	.0182	-.00325
.45	-.0545	.4544	.0154	-.00241
.50	-.0767	.3682	.0116	-.00173
.55	-.0691	.3025	.0081	-.00124
.60	-.0524	.2517	.0055	-.00090
.65	-.0359	.2114	.0037	-.00067
.70	-.0226	.1790	.0026	-.00051
.75	-.0128	.1523	.0020	-.00039
.80	-.0057	.1302	.0017	-.00030
.85	-.0006	.1115	.0016	-.00022
.90	.0022	.0954	.0018	-.00013
.95	.0011	.0812	.0018	-.00005
1.00	-.0362	.0678	-.0000	-.00000

XQ/L=0.2

X/L	FP	FS	FQ	FM
.05	.2119	.8558	.0106	.00026
.10	1.8144	1.1420	.1013	.00306
.15	3.1454	1.4135	.2586	.01206
.20	4.6472	1.6127	-.5091	.03080
.25	4.5993	1.6129	-.2791	.01109
.30	3.0255	1.4188	-.1278	.00092
.35	1.7036	1.1677	-.0426	-.00334
.40	.8247	.9306	-.0014	-.00444
.45	.3184	.7332	.0145	-.00411
.50	.0637	.5789	.0177	-.00331
.55	-.0431	.4617	.0156	-.00248
.60	-.0729	.3735	.0119	-.00179
.65	-.0684	.3064	.0085	-.00128
.70	-.0522	.2547	.0059	-.00092
.75	-.0347	.2139	.0041	-.00067
.80	-.0196	.1810	.0032	-.00049
.85	-.0080	.1538	.0028	-.00034
.90	-.0009	.1308	.0027	-.00020
.95	-.0006	.1105	.0027	-.00007
1.00	-.0537	.0916	-.0000	-.00000

XQ/L=0.3

X/L	FP	FS	FQ	FM
.05	-.7702	.5020	-.0385	-.00096
.10	.3831	.7044	-.0194	-.00241
.15	.9433	.9241	.0278	-.00220
.20	1.7946	1.1677	.1175	.00144
.25	3.0543	1.4171	.2703	.01113
.30	4.5563	1.6068	-.5019	.03034
.35	4.5332	1.6043	-.2753	.01091
.40	2.9843	1.4107	-.1261	.00088
.45	1.6809	1.1612	-.0420	-.00332
.50	.8137	.9258	-.0013	-.00441
.55	.3143	.7299	.0144	-.00408
.60	.0631	.5767	.0175	-.00328
.65	-.0416	.4604	.0155	-.00246
.70	-.0699	.3728	.0120	-.00177
.75	-.0637	.3062	.0088	-.00125
.80	-.0454	.2547	.0065	-.00087
.85	-.0259	.2137	.0052	-.00058
.90	-.0115	.1800	.0046	-.00033
.95	-.0076	.1507	.0043	-.00011
1.00	-.0853	.1237	-.0000	-.00000

XQ/L=0.4

X/L	FP	FS	FQ	FM
.05	-.5720	.3290	-.0286	-.00072
.10	-.0086	.4448	-.0290	-.00216
.15	.1347	.5749	-.0223	-.00344
.20	.3806	.7332	-.0033	-.00408
.25	.8592	.9294	.0397	-.00317
.30	1.7045	1.1627	.1249	.00095
.35	2.9872	1.4089	.2743	.01093
.40	4.5137	1.5989	-.5000	.03028
.45	4.5093	1.5979	-.2746	.01092
.50	2.9726	1.4060	-.1259	.00091
.55	1.6763	1.1580	-.0421	-.00330
.60	.8132	.9238	-.0015	-.00439
.65	.3163	.7288	.0144	-.00406
.70	.0675	.5764	.0177	-.00326
.75	-.0343	.4606	.0160	-.00242
.80	-.0590	.3732	.0131	-.00169
.85	-.0494	.3063	.0106	-.00110
.90	-.0323	.2533	.0090	-.00061
.95	-.0256	.2088	.0077	-.00019
1.00	-.1540	.1683	-.0000	-.00000

XQ/L=0.5

X/L	FP	FS	FQ	FM
.05	-.3044	.2317	-.0152	-.00038
.10	-.0497	.2976	-.0177	-.00120
.15	-.0349	.3713	-.0194	-.00213
.20	-.0081	.4617	-.0199	-.00311
.25	.0873	.5783	-.0155	-.00400
.30	.3291	.7305	.0010	-.00436
.35	.8206	.9249	.0420	-.00329
.40	1.6799	1.1584	.1260	.00091
.45	2.9733	1.4056	.2747	.01093
.50	4.5069	1.5966	-.5000	.03030
.55	4.5069	1.5966	-.2747	.01093
.60	2.9733	1.4056	-.1260	.00091
.65	1.6799	1.1584	-.0420	-.00329
.70	.8206	.9249	-.0010	-.00436
.75	.3291	.7305	.0155	-.00400
.80	.0873	.5783	.0199	-.00311
.85	-.0081	.4617	.0194	-.00213
.90	-.0349	.3713	.0177	-.00120
.95	-.0497	.2976	.0152	-.00038
1.00	-.3044	.2317	-.0000	0.00000

B/L= 5.00   DS/B1= 1.00   KS= .003

XM/L=0.0

X/L	FP	FS	FQ	FM
.05	150.2677	11.9440	7.5134	-.81217
.10	-35.1195	.5713	5.7574	-.48040
.15	-41.3472	-4.3751	3.6901	-.24421
.20	-32.9058	-5.7415	2.0448	-.10084
.25	-21.3549	-5.4170	.9770	-.02529
.30	-12.1310	-4.4841	.3705	.00839
.35	-6.0307	-3.4793	.0689	.01938
.40	-2.4873	-2.6197	-.0554	.01971
.45	-.6691	-1.9581	-.0889	.01611
.50	.1255	-1.4763	-.0826	.01182
.55	.3801	-1.1339	-.0636	.00816
.60	.3877	-.8912	-.0442	.00547
.65	.3065	-.7161	-.0289	.00364
.70	.2112	-.5863	-.0183	.00246
.75	.1304	-.4867	-.0118	.00170
.80	.0705	-.4077	-.0083	.00120
.85	.0294	-.3433	-.0068	.00082
.90	.0057	-.2888	-.0066	.00049
.95	.0020	-.2409	-.0065	.00016
1.00	.1290	-.1963	.0000	-.00000

XM/L=0.1

X/L	FP	FS	FQ	FM
.05	95.4660	9.6395	4.7733	.11933
.10	25.4337	4.4357	6.0450	-.61021
.15	-30.3705	-2.0371	4.5265	-.34592
.20	-35.6918	-5.0110	2.7419	-.16422
.25	-25.9639	-5.4712	1.4437	-.05958
.30	-16.0373	-4.8396	.6418	-.00744
.35	-8.6886	-3.8896	.2074	.01379
.40	-4.0660	-2.9804	.0041	.01908
.45	-1.4985	-2.2398	-.0708	.01741
.50	-.2497	-1.6831	-.0833	.01355
.55	.2498	-1.2815	-.0708	.00970
.60	.3727	-.9959	-.0522	.00662
.65	.3351	-.7916	-.0354	.00443
.70	.2485	-.6421	-.0230	.00297
.75	.1623	-.5294	-.0149	.00202
.80	.0929	-.4415	-.0103	.00139
.85	.0431	-.3706	-.0081	.00093
.90	.0130	-.3113	-.0075	.00054
.95	.0061	-.2593	-.0072	.00018
1.00	.1430	-.2110	-.0000	-.00000

XM/L=0.2

X/L	FP	FS	FQ	FM
.05	24.3797	5.0243	1.2190	.03047
.10	22.4233	5.3070	2.3402	.11945
.15	29.6847	4.8635	3.8244	.27357
.20	24.6274	2.4858	5.0558	-.50443
.25	-25.5471	-2.4620	3.7784	-.28358
.30	-30.1597	-4.7463	2.2704	-.13236
.35	-21.7513	-4.9824	1.1829	-.04602
.40	-13.3309	-4.3493	.5163	-.00354
.45	-7.1555	-3.4822	.1585	.01333
.50	-3.3018	-2.6714	-.0066	.01713
.55	-1.1799	-2.0164	-.0656	.01532
.60	-.1605	-1.5248	-.0736	.01184
.65	.2370	-1.1693	-.0617	.00846
.70	.3241	-.9150	-.0455	.00578
.75	.2803	-.7316	-.0315	.00386
.80	.1974	-.5961	-.0216	.00253
.85	.1170	-.4923	-.0158	.00159
.90	.0587	-.4090	-.0128	.00088
.95	.0349	-.3380	-.0111	.00028
1.00	.2220	-.2727	-.0000	-.00000

XM/L=0.3

X/L	FP	FS	FQ	FM
.05	.7005	2.3838	.0350	.00088
.10	7.6101	3.4003	.4155	.01214
.15	13.8959	4.3598	1.1103	.05029
.20	22.1115	5.0216	2.2159	.13344
.25	30.2147	4.7877	3.7266	.28201
.30	25.3220	2.5081	4.9927	-.50001
.35	-24.9983	-2.4050	3.7428	-.28162
.40	-29.7988	-4.6861	2.2529	-.13173
.45	-21.5427	-4.9314	1.1757	-.04601
.50	-13.2246	-4.3105	.5145	-.00376
.55	-7.1100	-3.4545	.1590	.01308
.60	-3.2894	-2.6525	-.0055	.01692
.65	-1.1847	-2.0039	-.0647	.01517
.70	-.1753	-1.5171	-.0735	.01171
.75	.2137	-1.1648	-.0628	.00831
.80	.2918	-.9124	-.0482	.00553
.85	.2400	-.7289	-.0362	.00343
.90	.1612	-.5899	-.0281	.00182
.95	.1163	-.4770	-.0223	.00056
1.00	.4460	-.3759	-.0000	-.00000

XM/L=0.4

X/L	FP	FS	FQ	FM
.05	-3.0534	1.2438	-.1527	-.00382
.10	1.3978	1.9190	-.0828	-.00970
.15	3.7502	2.6633	.1047	-.00915
.20	7.5369	3.5057	.4816	.00550
.25	13.5283	4.3743	1.1580	.04649
.30	21.7423	4.9969	2.2451	.13157
.35	29.9458	4.7519	3.7424	.28126
.40	25.1544	2.4740	5.0001	-.50018
.45	-25.0904	-2.4332	3.7456	-.28154
.50	-29.8434	-4.7079	2.2534	-.13156
.55	-21.5616	-4.9482	1.1753	-.04584
.60	-13.2331	-4.3240	.5137	-.00362
.65	-7.1189	-3.4662	.1577	.01317
.70	-3.3073	-2.6637	-.0076	.01692
.75	-1.2193	-2.0150	-.0686	.01502
.80	-.2321	-1.5274	-.0802	.01130
.85	.1365	-1.1716	-.0734	.00746
.90	.2208	-.9094	-.0623	.00407
.95	.2430	-.7046	-.0502	.00125
1.00	1.0035	-.5261	-.0000	-.00000

XM/L=0.5

X/L	FP	FS	FQ	FM
.05	-2.0910	.7655	-.1045	-.00261
.10	-.1420	1.1152	-.1116	-.00802
.15	.3917	1.5180	-.0921	-.01311
.20	1.3934	2.0268	-.0224	-.01597
.25	3.4370	2.6825	.1495	-.01280
.30	7.2000	3.4856	.5095	.00368
.35	13.2774	4.3419	1.1733	.04575
.40	21.5839	4.9648	2.2525	.13139
.45	29.8577	4.7245	3.7454	.28134
.50	25.1109	2.4517	5.0010	-.50000
.55	-25.1110	-2.4517	3.7454	-.28134
.60	-29.8577	-4.7245	2.2525	-.13139
.65	-21.5839	-4.9648	1.1733	-.04575
.70	-13.2774	-4.3419	.5095	-.00368
.75	-7.2000	-3.4857	.1495	.01280
.80	-3.4370	-2.6825	-.0224	.01597
.85	-1.3934	-2.0268	-.0921	.01311
.90	-.3917	-1.5180	-.1116	.00802
.95	.1420	-1.1152	-.1045	.00261
1.00	2.0910	-.7655	-.0000	-.00000

B/L= 5.00 DS/B1= 1.00 KS= .010

XQ/L=0.0

X/L	FP	FS	FQ	FM
.05	15.8819	2.4947	-.2059	-.03015
.10	4.0662	1.9167	-.0026	-.03536
.15	1.8329	1.4382	.0890	-.03320
.20	.5713	1.0631	.1176	-.02803
.25	-.0387	.7800	.1157	-.02220
.30	-.3083	.5723	.1003	-.01680
.35	-.3926	.4230	.0806	-.01228
.40	-.3820	.3172	.0615	-.00872
.45	-.3289	.2427	.0451	-.00606
.50	-.2628	.1904	.0320	-.00413
.55	-.1988	.1532	.0220	-.00278
.60	-.1439	.1264	.0148	-.00186
.65	-.0999	.1064	.0098	-.00125
.70	-.0665	.0912	.0065	-.00084
.75	-.0422	.0790	.0044	-.00057
.80	-.0252	.0689	.0031	-.00038
.85	-.0142	.0602	.0024	-.00024
.90	-.0084	.0525	.0020	-.00013
.95	-.0077	.0453	.0016	-.00004
1.00	-.0323	.0384	-.0000	-.00000

XQ/L=0.1

X/L	FP	FS	FQ	FM
.05	7.2008	1.6418	.3600	.00900
.10	3.8169	1.5946	-.4491	.03177
.15	3.2695	1.4905	-.2856	.01341
.20	2.3736	1.3229	-.1670	.00209
.25	1.6191	1.1327	-.0860	-.00423
.30	1.0367	.9463	-.0342	-.00724
.35	.6168	.7774	-.0033	-.00818
.40	.3309	.6318	.0132	-.00793
.45	.1472	.5105	.0206	-.00708
.50	.0371	.4117	.0224	-.00601
.55	-.0228	.3326	.0213	-.00492
.60	-.0502	.2699	.0188	-.00391
.65	-.0578	.2203	.0159	-.00305
.70	-.0543	.1813	.0132	-.00232
.75	-.0455	.1502	.0109	-.00172
.80	-.0353	.1252	.0091	-.00122
.85	-.0266	.1046	.0078	-.00079
.90	-.0229	.0870	.0067	-.00043
.95	-.0277	.0712	.0053	-.00013
1.00	-.1056	.0562	-.0000	-.00000

XQ/L=0.2

X/L	FP	FS	FQ	FM
.05	2.0502	.9901	.1025	.00256
.10	2.0314	1.1520	.2041	.01023
.15	2.6310	1.2954	.3356	.02372
.20	3.2119	1.3887	-.5038	.04452
.25	3.1792	1.3838	-.3448	.02330
.30	2.5243	1.2812	-.2186	.00922
.35	1.8390	1.1307	-.1267	.00058
.40	1.2537	.9660	-.0640	-.00418
.45	.8016	.8071	-.0239	-.00638
.50	.4757	.6644	-.0001	-.00698
.55	.2546	.5418	.0126	-.00666
.60	.1137	.4397	.0183	-.00589
.65	.0307	.3565	.0198	-.00494
.70	-.0130	.2896	.0192	-.00396
.75	-.0315	.2360	.0176	-.00304
.80	-.0357	.1929	.0158	-.00221
.85	-.0344	.1576	.0141	-.00146
.90	-.0364	.1279	.0123	-.00080
.95	-.0501	.1015	.0098	-.00024
1.00	-.1958	.0766	-.0000	-.00000

XQ/L=0.3

X/L	FP	FS	FQ	FM
.05	-.1073	.5814	-.0054	-.00013
.10	.8064	.7659	.0350	.00061
.15	1.3429	.9499	.1021	.00403
.20	1.9440	1.1274	.1993	.01157
.25	2.6074	1.2821	.3297	.02479
.30	3.2217	1.3831	-.5092	.04530
.35	3.2003	1.3831	-.3492	.02384
.40	2.5474	1.2835	-.2219	.00956
.45	1.8604	1.1345	-.1288	.00080
.50	1.2725	.9707	-.0652	-.00406
.55	.8182	.8121	-.0243	-.00629
.60	.4912	.6693	.0003	-.00690
.65	.2701	.5464	.0138	-.00655
.70	.1302	.4438	.0203	-.00569
.75	.0483	.3596	.0227	-.00462
.80	.0042	.2908	.0229	-.00348
.85	-.0192	.2342	.0219	-.00236
.90	-.0396	.1864	.0200	-.00131
.95	-.0736	.1441	.0163	-.00041
1.00	-.3255	.1043	-.0000	-.00000

XQ/L=0.4

X/L	FP	FS	FQ	FM
.05	-.7097	.3477	-.0355	-.00089
.10	.2027	.4932	-.0253	-.00241
.15	.5343	.6436	.0014	-.00301
.20	.8976	.8023	.0462	-.00182
.25	1.3460	.9685	.1135	.00218
.30	1.9095	1.1346	.2090	.01024
.35	2.5641	1.2827	.3372	.02390
.40	3.1818	1.3804	-.5037	.04474
.45	3.1689	1.3792	-.3452	.02351
.50	2.5261	1.2798	-.2189	.00941
.55	1.8494	1.1318	-.1265	.00078
.60	1.2713	.9691	-.0629	-.00396
.65	.8260	.8115	-.0216	-.00607
.70	.5071	.6693	.0038	-.00652
.75	.2923	.5460	.0184	-.00596
.80	.1547	.4416	.0261	-.00485
.85	.0666	.3535	.0294	-.00346
.90	-.0025	.2779	.0293	-.00199
.95	-.0823	.2104	.0252	-.00063
1.00	-.5040	.1469	-.0000	-.00000

XQ/L=0.5

X/L	FP	FS	FQ	FM
.05	-.6900	.2188	-.0345	-.00086
.10	-.0272	.3182	-.0359	-.00262
.15	.1453	.4227	-.0286	-.00423
.20	.3204	.5376	-.0126	-.00526
.25	.5444	.6668	.0146	-.00521
.30	.8602	.8119	.0577	-.00340
.35	1.2967	.9702	.1225	.00110
.40	1.8637	1.1323	.2157	.00955
.45	2.5283	1.2791	.3421	.02350
.50	3.1583	1.3770	-.5000	.04455
.55	3.1583	1.3770	-.3421	.02350
.60	2.5283	1.2791	-.2157	.00955
.65	1.8637	1.1323	-.1225	.00110
.70	1.2967	.9702	-.0577	-.00340
.75	.8602	.8119	-.0146	-.00521
.80	.5444	.6668	.0126	-.00526
.85	.3204	.5376	.0286	-.00423
.90	.1453	.4227	.0359	-.00262
.95	-.0272	.3182	.0345	-.00086
1.00	-.6900	.2188	-.0000	-.00000

B/L= 5.00   OS/B1= 1.00   KS= .010

XM/L=0.0

X/L	FP	FS	FQ	FM
.05	92.6097	8.7942	4.6305	-.88424
.10	-3.2887	2.8594	4.4660	-.65682
.15	-15.3522	-.7649	3.6984	-.45271
.20	-18.2329	-2.7297	2.7868	-.29058
.25	-16.4739	-3.5852	1.9631	-.17183
.30	-13.2438	-3.7523	1.3009	-.09023
.35	-9.8753	-3.5304	.8071	-.03753
.40	-6.9365	-3.1199	.4603	-.00585
.45	-4.6086	-2.6465	.2299	.01141
.50	-2.8854	-2.1830	.0856	.01930
.55	-1.6804	-1.7663	.0016	.02148
.60	-.8829	-1.4114	-.0425	.02045
.65	-.3867	-1.1196	-.0619	.01784
.70	-.1014	-.8854	-.0669	.01462
.75	.0446	-.7000	-.0647	.01133
.80	.1061	-.5534	-.0594	.00823
.85	.1263	-.4362	-.0531	.00542
.90	.1452	-.3394	-.0458	.00294
.95	.1978	-.2550	-.0359	.00090
1.00	.7189	-.1764	.0000	-.00000

XM/L=0.1

X/L	FP	FS	FQ	FM
.05	71.2648	7.7864	3.5632	.08908
.10	16.1345	4.1065	4.3700	-.71259
.15	-9.7965	.2420	3.8801	-.50634
.20	-17.2198	-2.1721	3.0192	-.33385
.25	-16.7960	-3.3314	2.1794	-.20389
.30	-14.0394	-3.6893	1.4774	-.11247
.35	-10.7455	-3.5771	.9401	-.05204
.40	-7.7119	-3.2214	.5545	-.01467
.45	-5.2312	-2.7681	.2930	.00652
.50	-3.3516	-2.3042	.1254	.01698
.55	-2.0104	-1.8766	.0249	.02073
.60	-1.1050	-1.5062	-.0304	.02059
.65	-.5288	-1.1981	-.0568	.01841
.70	-.1875	-.9487	-.0662	.01534
.75	-.0042	-.7500	-.0664	.01202
.80	.0810	-.5923	-.0624	.00880
.85	.1159	-.4658	-.0566	.00583
.90	.1452	-.3612	-.0493	.00318
.95	.2082	-.2701	-.0389	.00097
1.00	.7782	-.1851	-.0000	-.00000

XM/L=0.2

X/L	FP	FS	FQ	FM
.05	33.8953	5.2214	1.6948	.04237
.10	15.8381	4.3478	2.4867	.14691
.15	14.1064	3.1952	3.1920	.28887
.20	8.4454	1.3933	3.6143	-.54097
.25	-10.7373	-1.1528	3.0774	-.37368
.30	-15.0709	-2.7053	2.3239	-.23865
.35	-13.7881	-3.3440	1.6344	-.13969
.40	-11.1138	-3.4194	1.0788	-.07186
.45	-8.2819	-3.1811	.6647	-.02828
.50	-5.8085	-2.7951	.3742	-.00230
.55	-3.8540	-2.3650	.1815	.01159
.60	-2.4137	-1.9501	.0609	.01765
.65	-1.4131	-1.5798	-.0098	.01893
.70	-.7573	-1.2648	-.0477	.01749
.75	-.3535	-1.0047	-.0653	.01467
.80	-.1205	-.7929	-.0714	.01125
.85	.0117	-.6200	-.0708	.00769
.90	.1112	-.4755	-.0652	.00429
.95	.2392	-.3490	-.0533	.00133
1.00	1.0652	-.2308	-.0000	-.00000

XM/L=0.3

X/L	FP	FS	FQ	FM
.05	11.7611	3.0804	.5881	.01470
.10	8.7665	3.3002	1.0264	.05506
.15	10.6800	3.4180	1.5604	.11973
.20	12.7448	3.2771	2.1976	.21368
.25	13.6779	2.6400	2.8815	.34066
.30	9.2520	1.1756	3.3441	-.50370
.35	-9.5821	-1.1662	2.8650	-.34847
.40	-13.9416	-2.6079	2.1679	-.22265
.45	-12.8376	-3.1972	1.5260	-.13030
.50	-10.3841	-3.2610	1.0068	-.06698
.55	-7.7628	-3.0322	.6187	-.02634
.60	-5.4690	-2.6659	.3452	-.00224
.65	-3.6577	-2.2584	.1624	.01045
.70	-2.3261	-1.8643	.0461	.01566
.75	-1.4024	-1.5102	-.0241	.01621
.80	-.7912	-1.2043	-.0636	.01402
.85	-.3913	-.9439	-.0832	.01035
.90	-.0934	-.7203	-.0879	.00607
.95	.2071	-.5213	-.0775	.00194
1.00	1.5500	-.3342	-.0000	-.00000

XM/L=0.4

X/L	FP	FS	FQ	FM
.05	1.8218	1.7129	.0911	.00228
.10	3.7600	2.1892	.2791	.01153
.15	5.6857	2.6459	.5634	.03259
.20	7.9756	3.0382	.9622	.07073
.25	10.5385	3.2781	1.4891	.13201
.30	12.9132	3.2171	2.1347	.22261
.35	13.9362	2.6282	2.8316	.34676
.40	9.5062	1.1896	3.3069	-.49977
.45	-9.3722	-1.1415	2.8383	-.34615
.50	-13.7899	-2.5816	2.1488	-.22147
.55	-12.7455	-3.1746	1.5115	-.12997
.60	-10.3481	-3.2445	.9941	-.06733
.65	-7.7775	-3.0216	.6052	-.02734
.70	-5.5277	-2.6592	.3288	-.00399
.75	-3.7502	-2.2515	.1413	.00776
.80	-2.4330	-1.8506	.0197	.01178
.85	-1.4847	-1.4798	-.0546	.01091
.90	-.7627	-1.1435	-.0927	.00723
.95	-.1098	-.8346	-.0982	.00246
1.00	1.9641	-.5403	-.0000	-.00000

XM/L=0.5

X/L	FP	FS	FQ	FM
.05	-1.4903	.9440	-.0745	-.00186
.10	1.1722	1.3640	-.0159	-.00412
.15	2.4105	1.7934	.1046	-.00191
.20	3.8562	2.2326	.2974	.00815
.25	5.6685	2.6636	.5809	.03010
.30	7.9140	3.0390	.9766	.06904
.35	10.4657	3.2682	1.4998	.13095
.40	12.8422	3.2006	2.1419	.22199
.45	13.8696	2.6077	2.8354	.34643
.50	9.4412	1.1665	3.3075	-.50000
.55	-9.4412	-1.1665	2.8354	-.34643
.60	-13.8696	-2.6077	2.1419	-.22199
.65	-12.8422	-3.2006	1.4998	-.13095
.70	-10.4657	-3.2682	.9766	-.06904
.75	-7.9140	-3.0390	.5809	-.03010
.80	-5.6685	-2.6636	.2974	-.00815
.85	-3.8562	-2.2326	.1046	.00191
.90	-2.4105	-1.7934	-.0159	.00412
.95	-1.1722	-1.3640	-.0745	.00186
1.00	1.4903	-.9440	-.0000	-.00000

B/L= 5.00 DS/B1= 1.00 KS= .020

XQ/L=0.0

X/L	FP	FS	FQ	FM
.05	14.1551	2.3594	-.2922	-.03231
.10	4.2084	1.9042	-.0818	-.04166
.15	2.3006	1.5051	.0332	-.04287
.20	1.1135	1.1697	.0889	-.03982
.25	.4376	.8966	.1108	-.03483
.30	.0485	.6794	.1132	-.02923
.35	-.1623	.5104	.1051	-.02377
.40	-.2621	.3811	.0920	-.01885
.45	-.2942	.2837	.0773	-.01462
.50	-.2870	.2113	.0629	-.01111
.55	-.2588	.1582	.0500	-.00829
.60	-.2216	.1197	.0389	-.00607
.65	-.1824	.0918	.0298	-.00436
.70	-.1455	.0718	.0225	-.00305
.75	-.1130	.0573	.0168	-.00206
.80	-.0861	.0466	.0125	-.00133
.85	-.0654	.0384	.0093	-.00079
.90	-.0518	.0318	.0067	-.00039
.95	-.0458	.0261	.0044	-.00011
1.00	-.0878	.0208	-.0000	-.00000

XQ/L=0.1

X/L	FP	FS	FQ	FM
.05	7.5921	1.6515	.3796	.00949
.10	3.5436	1.5602	-.4432	.03290
.15	2.8870	1.4391	-.2989	.01435
.20	2.1583	1.2847	-.1910	.00210
.25	1.5697	1.1182	-.1125	-.00548
.30	1.1021	.9545	-.0574	-.00973
.35	.7428	.8024	-.0202	-.01167
.40	.4753	.6665	.0035	-.01209
.45	.2828	.5485	.0177	-.01155
.50	.1492	.4482	.0251	-.01048
.55	.0607	.3645	.0282	-.00915
.60	.0056	.2955	.0285	-.00773
.65	-.0259	.2392	.0272	-.00634
.70	-.0413	.1934	.0251	-.00504
.75	-.0466	.1562	.0228	-.00384
.80	-.0471	.1256	.0204	-.00276
.85	-.0476	.1000	.0180	-.00180
.90	-.0544	.0778	.0153	-.00097
.95	-.0734	.0576	.0116	-.00029
1.00	-.2329	.0384	-.0000	-.00000

XQ/L=0.2

X/L	FP	FS	FQ	FM
.05	3.1091	1.0696	.1555	.00389
.10	2.1119	1.1599	.2611	.01430
.15	2.3514	1.2369	.3786	.03029
.20	2.6067	1.2808	-.4910	.05248
.25	2.5483	1.2647	-.3636	.03111
.30	2.1485	1.1878	-.2562	.01562
.35	1.7053	1.0761	-.1709	.00494
.40	1.2947	.9494	-.1062	-.00199
.45	.9455	.8206	-.0589	-.00612
.50	.6647	.6980	-.0257	-.00823
.55	.4486	.5863	-.0033	-.00896
.60	.2887	.4876	.0112	-.00876
.65	.1750	.4022	.0199	-.00798
.70	.0970	.3294	.0248	-.00686
.75	.0452	.2678	.0270	-.00557
.80	.0103	.2154	.0276	-.00420
.85	-.0171	.1704	.0267	-.00285
.90	-.0491	.1307	.0242	-.00157
.95	-.0978	.0943	.0194	-.00048
1.00	-.3871	.0595	-.0000	-.00000

XQ/L=0.3

X/L	FP	FS	FQ	FM
.05	.6921	.6601	.0346	.00087
.10	1.0306	.8046	.0861	.00388
.15	1.4106	.9456	.1567	.00995
.20	1.8211	1.0765	.2477	.02006
.25	2.2434	1.1852	.3599	.03525
.30	2.6014	1.2527	-.5100	.05650
.35	2.5893	1.2534	-.3806	.03423
.40	2.2090	1.1880	-.2701	.01797
.45	1.7712	1.0838	-.1816	.00667
.50	1.3591	.9614	-.1136	-.00071
.55	1.0055	.8347	-.0633	-.00513
.60	.7194	.7126	-.0274	-.00740
.65	.4980	.6000	-.0025	-.00814
.70	.3328	.4991	.0142	-.00785
.75	.2124	.4102	.0248	-.00688
.80	.1243	.3325	.0310	-.00548
.85	.0543	.2640	.0337	-.00387
.90	-.0164	.2026	.0329	-.00220
.95	-.1070	.1457	.0276	-.00069
1.00	-.5510	.0909	-.0000	-.00000

XQ/L=0.4

X/L	FP	FS	FQ	FM
.05	-.3766	.3967	-.0188	-.00047
.10	.3866	.5350	.0005	-.00093
.15	.7160	.6744	.0363	-.00001
.20	1.0501	.8147	.0888	.00312
.25	1.4151	.9527	.1596	.00933
.30	1.8202	1.0817	.2506	.01958
.35	2.2414	1.1893	.3626	.03491
.40	2.6011	1.2563	-.5073	.05629
.45	2.5923	1.2569	-.3777	.03417
.50	2.2164	1.1916	-.2669	.01806
.55	1.7837	1.0875	-.1777	.00694
.60	1.3769	.9650	-.1088	-.00022
.65	1.0280	.8376	-.0574	-.00438
.70	.7452	.7138	-.0202	-.00632
.75	.5236	.5982	.0060	-.00667
.80	.3516	.4924	.0236	-.00593
.85	.2121	.3961	.0342	-.00449
.90	.0798	.3076	.0382	-.00268
.95	-.0724	.2246	.0346	-.00086
1.00	-.6911	.1442	-.0000	-.00000

XQ/L=0.5

X/L	FP	FS	FQ	FM
.05	-.7058	.2371	-.0353	-.00088
.10	.0614	.3477	-.0322	-.00257
.15	.2975	.4610	-.0173	-.00381
.20	.5205	.5791	.0087	-.00403
.25	.7632	.7032	.0468	-.00264
.30	1.0522	.8323	.0995	.00102
.35	1.3989	.9629	.1694	.00774
.40	1.7992	1.0871	.2594	.01846
.45	2.2232	1.1919	.3705	.03421
.50	2.5896	1.2576	-.5000	.05597
.55	2.5896	1.2576	-.3705	.03421
.60	2.2232	1.1919	-.2594	.01846
.65	1.7992	1.0871	-.1694	.00774
.70	1.3989	.9629	-.0995	.00102
.75	1.0522	.8323	-.0468	-.00264
.80	.7632	.7032	-.0087	-.00403
.85	.5205	.5791	.0173	-.00381
.90	.2975	.4610	.0322	-.00257
.95	.0614	.3477	.0353	-.00088
1.00	-.7058	.2371	0.0000	0.00000

B/L= 5.00 DS/B1= 1.00 KS= .020

XM/L=0.0

X/L	FP	FS	FQ	FM
.05	68.8447	7.2357	3.4422	-.91394
.10	3.7308	3.2608	3.6288	-.73717
.15	-6.4559	.5248	3.3060	-.56380
.20	-10.6620	-1.2365	2.7729	-.41183
.25	-11.3611	-2.2677	2.2048	-.28739
.30	-10.4966	-2.7763	1.6800	-.19027
.35	-8.9785	-2.9282	1.2311	-.11749
.40	-7.2927	-2.8508	.8664	-.06505
.45	-5.6914	-2.6376	.5819	-.02884
.50	-4.2928	-2.3549	.3672	-.00512
.55	-3.1381	-2.0473	.2103	.00932
.60	-2.2250	-1.7434	.0991	.01706
.65	-1.5290	-1.4597	.0226	.02010
.70	-1.0150	-1.2040	-.0281	.01996
.75	-.6440	-.9786	-.0603	.01775
.80	-.3759	-.7815	-.0791	.01426
.85	-.1684	-.6085	-.0876	.01009
.90	.0317	-.4537	-.0860	.00575
.95	.2774	-.3109	-.0721	.00180
1.00	1.4420	-.1737	.0000	-.00000

XM/L=0.1

X/L	FP	FS	FQ	FM
.05	56.9208	6.6359	2.8460	.07115
.10	13.5288	3.8781	3.5225	-.76964
.15	-3.2914	1.0838	3.3579	-.59763
.20	-9.7149	-.8730	2.8722	-.44187
.25	-11.1504	-2.0518	2.3146	-.31220
.30	-10.6325	-2.6668	1.7830	-.20976
.35	-9.2616	-2.8919	1.3199	-.13219
.40	-7.6195	-2.8620	.9390	-.07572
.45	-6.0080	-2.6774	.6386	-.03628
.50	-4.5733	-2.4097	.4099	-.01006
.55	-3.3729	-2.1080	.2413	.00621
.60	-2.4138	-1.8039	.1206	.01526
.65	-1.6758	-1.5163	.0368	.01919
.70	-1.1260	-1.2548	-.0195	.01962
.75	-.7257	-1.0226	-.0558	.01774
.80	-.4342	-.8185	-.0775	.01441
.85	-.2080	-.6387	-.0879	.01027
.90	.0084	-.4773	-.0875	.00589
.95	.2700	-.3281	-.0740	.00185
1.00	1.4799	-.1846	-.0000	-.00000

XM/L=0.2

X/L	FP	FS	FQ	FM
.05	33.3717	4.9452	1.6686	.04171
.10	13.0942	3.9053	2.3233	.14151
.15	9.7491	2.7299	2.8107	.26986
.20	4.8809	1.2476	3.0548	-.58350
.25	-6.3617	-.5613	2.7367	-.43871
.30	-9.7543	-1.7919	2.2490	-.31407
.35	-9.8609	-2.4596	1.7559	-.21395
.40	-8.8405	-2.7327	1.3139	-.13720
.45	-7.4053	-2.7439	.9437	-.08076
.50	-5.9202	-2.5927	.6476	-.04098
.55	-4.5629	-2.3512	.4195	-.01430
.60	-3.4084	-2.0689	.2491	.00241
.65	-2.4743	-1.7783	.1254	.01178
.70	-1.7467	-1.4987	.0380	.01586
.75	-1.1947	-1.2400	-.0217	.01627
.80	-.7781	-1.0057	-.0606	.01421
.85	-.4496	-.7944	-.0831	.01062
.90	-.1458	-.6017	-.0904	.00628
.95	.1987	-.4217	-.0804	.00201
1.00	1.6089	-.2479	-.0000	-.00000

XM/L=0.3

X/L	FP	FS	FQ	FM
.05	16.2436	3.2962	.8122	.02030
.10	8.4880	3.1420	1.2366	.07152
.15	8.4157	2.9203	1.6574	.14387
.20	8.5705	2.5383	2.0859	.23745
.25	8.1217	1.8717	2.4920	.35190
.30	4.8341	.7644	2.7337	-.51746
.35	-5.7163	-.7805	2.4479	-.38792
.40	-8.8477	-1.8348	2.0055	-.27659
.45	-8.9219	-2.3921	1.5594	-.18747
.50	-7.9855	-2.6027	1.1601	-.11948
.55	-6.6860	-2.5844	.8258	-.06983
.60	-5.3508	-2.4251	.5583	-.03523
.65	-4.1361	-2.1878	.3515	-.01249
.70	-3.1044	-1.9154	.1962	.00120
.75	-2.2651	-1.6351	.0830	.00818
.80	-1.5961	-1.3621	.0032	.01034
.85	-1.0536	-1.1032	-.0495	.00918
.90	-.5678	-.8592	-.0779	.00599
.95	-.0606	-.6266	-.0809	.00202
1.00	1.6185	-.4001	-.0000	-.00000

XM/L=0.4

X/L	FP	FS	FQ	FM
.05	6.1541	2.0458	.3077	.00769
.10	4.6130	2.2596	.5384	.02884
.15	5.4718	2.4467	.8119	.06260
.20	6.5659	2.5661	1.1402	.11141
.25	7.7100	2.5560	1.5257	.17806
.30	8.5324	2.3300	1.9524	.26501
.35	8.3748	1.7731	2.3711	.37310
.40	5.1961	.7389	2.6309	-.50185
.45	-5.3429	-.7605	2.3638	-.37699
.50	-8.5128	-1.7890	1.9381	-.26944
.55	-8.6484	-2.3340	1.5057	-.18334
.60	-7.7800	-2.5408	1.1167	-.11778
.65	-6.5451	-2.5230	.7895	-.07013
.70	-5.2646	-2.3653	.5262	-.03724
.75	-4.0886	-2.1278	.3218	-.01604
.80	-3.0718	-1.8511	.1682	-.00379
.85	-2.2104	-1.5599	.0577	.00186
.90	-1.4526	-1.2676	-.0150	.00293
.95	-.7219	-.9792	-.0510	.00128
1.00	1.0209	-.6940	-.0000	-.00000

XM/L=0.5

X/L	FP	FS	FQ	FM
.05	1.0812	1.2088	.0541	.00135
.10	2.1078	1.5178	.1594	.00669
.15	3.0367	1.8211	.3113	.01846
.20	4.0831	2.1060	.5154	.03913
.25	5.2674	2.3483	.7788	.07148
.30	6.5441	2.5085	1.1060	.11860
.35	7.7679	2.5272	1.4944	.18361
.40	8.6207	2.3204	1.9254	.26911
.45	8.4668	1.7755	2.3488	.37596
.50	5.2779	.7480	2.6127	-.50000
.55	-5.2779	-.7480	2.3488	-.37596
.60	-8.4668	-1.7755	1.9254	-.26911
.65	-8.6206	-2.3204	1.4944	-.18361
.70	-7.7679	-2.5272	1.1060	-.11860
.75	-6.5441	-2.5085	.7788	-.07148
.80	-5.2674	-2.3483	.5154	-.03913
.85	-4.0831	-2.1060	.3113	-.01846
.90	-3.0367	-1.8211	.1594	-.00669
.95	-2.1078	-1.5178	.0541	-.00135
1.00	-1.0812	-1.2088	-.0000	-.00000

B/L= 5.00 DS/B1= 1.00 KS= .050

XQ/L=0.0

X/L	FP	FS	FQ	FM
.05	12.0987	2.1718	-.3951	-.03488
.10	4.0967	1.8435	-.1902	-.04951
.15	2.6006	1.5409	-.0602	-.05577
.20	1.6061	1.2700	.0201	-.05677
.25	.9749	1.0329	.0689	-.05455
.30	.5502	.8293	.0964	-.05042
.35	.2626	.6572	.1095	-.04527
.40	.0701	.5139	.1130	-.03971
.45	-.0546	.3960	.1103	-.03413
.50	-.1311	.3003	.1037	-.02878
.55	-.1735	.2235	.0950	-.02381
.60	-.1923	.1624	.0854	-.01930
.65	-.1955	.1143	.0756	-.01527
.70	-.1894	.0765	.0662	-.01172
.75	-.1789	.0468	.0572	-.00864
.80	-.1685	.0232	.0488	-.00599
.85	-.1629	.0039	.0407	-.00375
.90	-.1693	-.0124	.0322	-.00193
.95	-.1939	-.0270	.0225	-.00056
1.00	-.4501	-.0409	-.0000	-.00000

XQ/L=0.1

X/L	FP	FS	FQ	FM
.05	7.6597	1.6315	.3830	.00957
.10	3.2986	1.5177	-.4521	.03285
.15	2.5894	1.3919	-.3226	.01348
.20	1.9841	1.2531	-.2234	-.00017
.25	1.5267	1.1104	-.1471	-.00943
.30	1.1631	.9706	-.0889	-.01533
.35	.8726	.8384	-.0453	-.01869
.40	.6416	.7164	-.0132	-.02015
.45	.4600	.6061	.0098	-.02024
.50	.3193	.5080	.0258	-.01935
.55	.2119	.4217	.0364	-.01779
.60	.1313	.3466	.0429	-.01581
.65	.0716	.2816	.0465	-.01358
.70	.0273	.2254	.0479	-.01122
.75	-.0068	.1767	.0475	-.00883
.80	-.0361	.1340	.0457	-.00650
.85	-.0671	.0958	.0424	-.00430
.90	-.1104	.0610	.0368	-.00232
.95	-.1765	.0281	.0280	-.00070
1.00	-.5603	-.0040	-.0000	-.00000

XQ/L=0.2

X/L	FP	FS	FQ	FM
.05	4.2049	1.1556	.2102	.00526
.10	2.2086	1.1741	.3207	.01853
.15	2.1070	1.1856	.4260	.03720
.20	2.0824	1.1805	-.4699	.06110
.25	1.9718	1.1466	-.3713	.04007
.30	1.7316	1.0832	-.2847	.02367
.35	1.4715	1.0007	-.2111	.01128
.40	1.2206	.9078	-.1501	.00225
.45	.9922	.8110	-.1005	-.00401
.50	.7920	.7147	-.0609	-.00805
.55	.6212	.6222	-.0298	-.01031
.60	.4784	.5351	-.0059	-.01121
.65	.3607	.4546	.0121	-.01105
.70	.2638	.3807	.0253	-.01011
.75	.1828	.3132	.0345	-.00862
.80	.1116	.2514	.0401	-.00675
.85	.0419	.1941	.0422	-.00470
.90	-.0400	.1403	.0402	-.00264
.95	-.1485	.0887	.0327	-.00082
1.00	-.6546	.0381	-.0000	-.00000

XQ/L=0.3

X/L	FP	FS	FQ	FM
.05	1.8897	.7798	.0945	.00236
.10	1.3131	.8624	.1601	.00873
.15	1.4444	.9418	.2324	.01854
.20	1.6184	1.0130	.3133	.03218
.25	1.8088	1.0692	.4037	.05011
.30	1.9637	1.1007	-.4981	.07275
.35	1.9504	1.0962	-.4006	.05028
.40	1.7663	1.0555	-.3123	.03246
.45	1.5378	.9901	-.2354	.01877
.50	1.3030	.9094	-.1702	.00863
.55	1.0808	.8206	-.1162	.00147
.60	.8800	.7288	-.0722	-.00324
.65	.7035	.6376	-.0370	-.00597
.70	.5508	.5492	-.0095	-.00713
.75	.4184	.4648	.0114	-.00708
.80	.3003	.3846	.0265	-.00614
.85	.1875	.3085	.0358	-.00458
.90	.0639	.2356	.0390	-.00271
.95	-.0879	.1648	.0346	-.00087
1.00	-.6928	.0952	-.0000	-.00000

XQ/L=0.4

X/L	FP	FS	FQ	FM
.05	.4890	.5032	.0245	.00061
.10	.6809	.6073	.0585	.00268
.15	.8945	.7106	.1032	.00673
.20	1.1148	.8110	.1590	.01328
.25	1.3463	.9056	.2263	.02291
.30	1.5832	.9893	.3054	.03621
.35	1.8082	1.0555	.3958	.05374
.40	1.9837	1.0947	-.5050	.07601
.45	1.9826	1.0958	-.4058	.05324
.50	1.8053	1.0588	-.3156	.03520
.55	1.5799	.9955	-.2366	.02140
.60	1.3454	.9152	-.1693	.01125
.65	1.1206	.8252	-.1133	.00419
.70	.9141	.7307	-.0676	-.00033
.75	.7276	.6351	-.0312	-.00280
.80	.5581	.5404	-.0033	-.00366
.85	.3981	.4477	.0166	-.00333
.90	.2311	.3572	.0282	-.00221
.95	.0383	.2683	.0301	-.00075
1.00	-.6018	.1803	-.0000	-.00000

XQ/L=0.5

X/L	FP	FS	FQ	FM
.05	-.2650	.3100	-.0132	-.00033
.10	.2758	.4119	.0005	-.00065
.15	.4963	.5141	.0254	-.00000
.20	.7015	.6165	.0604	.00214
.25	.9073	.7183	.1058	.00630
.30	1.1246	.8177	.1620	.01299
.35	1.3550	.9114	.2298	.02279
.40	1.5920	.9943	.3094	.03627
.45	1.8179	1.0597	.4003	.05401
.50	1.9946	1.0981	-.5000	.07652
.55	1.9946	1.0981	-.4003	.05401
.60	1.8179	1.0597	-.3094	.03627
.65	1.5920	.9943	-.2298	.02279
.70	1.3550	.9114	-.1620	.01299
.75	1.1246	.8177	-.1058	.00630
.80	.9073	.7183	-.0604	.00214
.85	.7015	.6165	-.0254	-.00000
.90	.4963	.5141	-.0005	-.00065
.95	.2758	.4119	.0132	-.00033
1.00	-.2650	.3100	-.0000	-.00000

B/L= 5.00 DS/B1= 1.00 KS= .050

XM/L=0.0

X/L	FP	FS	FQ	FM
.05	45.8188	5.4775	2.2909	-.94273
.10	6.8197	3.1901	2.6319	-.81965
.15	-.1512	1.4319	2.6244	-.68825
.20	-3.9049	.1261	2.4291	-.56191
.25	-5.5741	-.8050	2.1504	-.44742
.30	-6.1487	-1.4336	1.8430	-.34759
.35	-6.0991	-1.8241	1.5380	-.26306
.40	-5.7021	-2.0318	1.2529	-.19329
.45	-5.1277	-2.1029	.9965	-.13705
.50	-4.4825	-2.0752	.7724	-.09283
.55	-3.8321	-1.9789	.5808	-.05900
.60	-3.2153	-1.8372	.4200	-.03398
.65	-2.6522	-1.6679	.2874	-.01629
.70	-2.1500	-1.4836	.1799	-.00461
.75	-1.7067	-1.2932	.0946	.00226
.80	-1.3121	-1.1022	.0290	.00535
.85	-.9478	-.9136	-.0184	.00561
.90	-.5792	-.7283	-.0474	.00397
.95	-.1666	-.5459	-.0557	.00139
1.00	1.1136	-.3652	.0000	-.00000

XM/L=0.1

X/L	FP	FS	FQ	FM
.05	40.4758	5.1869	2.0238	.05059
.10	10.7108	3.4226	2.5593	-.83483
.15	1.2190	1.6693	2.6203	-.70534
.20	-3.3683	.3030	2.4519	-.57853
.25	-5.3267	-.6782	2.1855	-.46260
.30	-6.0589	-1.3475	1.8826	-.36090
.35	-6.0980	-1.7701	1.5777	-.27439
.40	-5.7507	-2.0025	1.2901	-.20269
.45	-5.2021	-2.0921	1.0300	-.14469
.50	-4.5678	-2.0779	.8017	-.09890
.55	-3.9192	-1.9908	.6057	-.06371
.60	-3.2985	-1.8552	.4408	-.03755
.65	-2.7285	-1.6895	.3043	-.01892
.70	-2.2180	-1.5069	.1934	-.00648
.75	-1.7659	-1.3169	.1051	.00099
.80	-1.3629	-1.1254	.0370	.00454
.85	-.9912	-.9356	-.0126	.00515
.90	-.6165	-.7487	-.0434	.00375
.95	-.1997	-.5646	-.0534	.00133
1.00	1.0673	-.3820	-.0000	-.00000

XM/L=0.2

X/L	FP	FS	FQ	FM
.05	28.5909	4.2775	1.4295	.03574
.10	10.2112	3.3436	1.9401	.11998
.15	6.7166	2.3636	2.2759	.22538
.20	3.1095	1.2804	2.4314	-.65694
.25	-2.6562	.1019	2.2986	-.53869
.30	-4.9892	-.7931	2.0491	-.42999
.35	-5.7335	-1.3978	1.7625	-.33470
.40	-5.7790	-1.7735	1.4735	-.25380
.45	-5.4461	-1.9729	1.2012	-.18693
.50	-4.9214	-2.0405	.9551	-.13303
.55	-4.3167	-2.0124	.7393	-.09067
.60	-3.6997	-1.9175	.5543	-.05833
.65	-3.1094	-1.7781	.3988	-.03450
.70	-2.5659	-1.6111	.2705	-.01776
.75	-2.0756	-1.4285	.1668	-.00683
.80	-1.6345	-1.2387	.0850	-.00053
.85	-1.2286	-1.0468	.0236	.00218
.90	-.8283	-.8554	-.0178	.00233
.95	-.3970	-.6655	-.0377	.00094
1.00	.7530	-.4765	-.0000	-.00000

XM/L=0.3

X/L	FP	FS	FQ	FM
.05	18.1245	3.2436	.9062	.02266
.10	7.6215	2.8521	1.2873	.07749
.15	6.2146	2.4310	1.5980	.14963
.20	5.2189	1.9421	1.8590	.23605
.25	4.1671	1.3379	2.0673	.33421
.30	2.0415	.5628	2.1694	-.55987
.35	-2.9270	-.3694	2.0231	-.45506
.40	-4.8088	-1.0723	1.7826	-.35992
.45	-5.3084	-1.5311	1.5172	-.27742
.50	-5.2368	-1.7989	1.2554	-.20811
.55	-4.8665	-1.9214	1.0120	-.15143
.60	-4.3527	-1.9364	.7944	-.10626
.65	-3.7861	-1.8744	.6051	-.07128
.70	-3.2200	-1.7593	.4441	-.04505
.75	-2.6831	-1.6095	.3099	-.02620
.80	-2.1874	-1.4385	.2006	-.01344
.85	-1.7317	-1.2558	.1140	-.00557
.90	-1.3008	-1.0674	.0489	-.00150
.95	-.8687	-.8771	.0055	-.00014
1.00	-.1101	-.6863	-.0000	-.00000

XM/L=0.4

X/L	FP	FS	FQ	FM
.05	10.3460	2.3173	.5173	.01293
.10	5.0934	2.2461	.7720	.04516
.15	4.7357	2.1578	1.0088	.08968
.20	4.6696	2.0293	1.2422	.14596
.25	4.7102	1.8304	1.4777	.21396
.30	4.5955	1.5238	1.7075	.29359
.35	4.0187	1.0653	1.9085	.38399
.40	2.1629	.4037	2.0166	-.51789
.45	-2.6579	-.4426	1.8837	-.42038
.50	-4.4679	-1.0825	1.6603	-.33178
.55	-4.9435	-1.4971	1.4131	-.25494
.60	-4.8778	-1.7360	1.1692	-.19038
.65	-4.5316	-1.8416	.9427	-.13758
.70	-4.0529	-1.8491	.7400	-.09552
.75	-3.5283	-1.7869	.5636	-.06293
.80	-3.0096	-1.6774	.4131	-.03851
.85	-2.5271	-1.5376	.2868	-.02101
.90	-2.1010	-1.3802	.1817	-.00930
.95	-1.7326	-1.2138	.0951	-.00238
1.00	-1.9019	-1.0440	-.0000	-.00000

XM/L=0.5

X/L	FP	FS	FQ	FM
.05	5.1191	1.5807	.2560	.00640
.10	3.1115	1.6774	.4115	.02309
.15	3.2646	1.7654	.5748	.04774
.20	3.5733	1.8324	.7534	.08095
.25	3.9762	1.8610	.9522	.12359
.30	4.3774	1.8285	1.1711	.17667
.35	4.6729	1.7061	1.4047	.24107
.40	4.7064	1.4588	1.6401	.31719
.45	4.2137	1.0442	1.8508	.40446
.50	2.4018	.4135	1.9708	-.50000
.55	-2.4018	-.4135	1.8508	-.40446
.60	-4.2137	-1.0442	1.6401	-.31719
.65	-4.7064	-1.4588	1.4047	-.24107
.70	-4.6729	-1.7061	1.1711	-.17667
.75	-4.3774	-1.8285	.9522	-.12359
.80	-3.9762	-1.8610	.7534	-.08095
.85	-3.5733	-1.8324	.5748	-.04774
.90	-3.2646	-1.7654	.4115	-.02309
.95	-3.1115	-1.6774	.2560	-.00640
1.00	-5.1191	-1.5807	-.0000	-.00000

B/L= 5.00 DS/B1= 1.00 KS= .100

XQ/L=0.0

X/L	FP	FS	FQ	FM
.05	10.7394	2.0318	-.4630	-.03658
.10	3.8936	1.7774	-.2684	-.05486
.15	2.6595	1.5368	-.1354	-.06495
.20	1.8213	1.3143	-.0443	-.06945
.25	1.2688	1.1120	.0191	-.07008
.30	.8744	.9307	.0628	-.06803
.35	.5850	.7701	.0921	-.06415
.40	.3703	.6293	.1106	-.05908
.45	.2111	.5071	.1212	-.05329
.50	.0936	.4017	.1258	-.04712
.55	.0078	.3114	.1262	-.04081
.60	-.0544	.2343	.1235	-.03457
.65	-.0996	.1684	.1185	-.02852
.70	-.1336	.1121	.1119	-.02276
.75	-.1618	.0634	.1038	-.01737
.80	-.1903	.0207	.0942	-.01242
.85	-.2267	-.0175	.0829	-.00799
.90	-.2854	-.0526	.0686	-.00420
.95	-.3794	-.0859	.0497	-.00124
1.00	-.9935	-.1185	-.0000	-.00000

XQ/L=0.1

X/L	FP	FS	FQ	FM
.05	7.4786	1.5982	.3739	.00935
.10	3.1504	1.4846	-.4686	.03198
.15	2.4528	1.3652	-.3459	.01162
.20	1.9138	1.2397	-.2502	-.00328
.25	1.5229	1.1130	-.1741	-.01389
.30	1.2149	.9889	-.1133	-.02107
.35	.9655	.8701	-.0651	-.02553
.40	.7612	.7584	-.0270	-.02784
.45	.5934	.6546	.0027	-.02844
.50	.4554	.5593	.0254	-.02774
.55	.3421	.4725	.0426	-.02604
.60	.2489	.3937	.0550	-.02360
.65	.1713	.3224	.0636	-.02064
.70	.1052	.2577	.0688	-.01733
.75	.0460	.1988	.0711	-.01383
.80	-.0117	.1445	.0705	-.01029
.85	-.0754	.0938	.0668	-.00686
.90	-.1594	.0457	.0588	-.00372
.95	-.2776	-.0008	.0449	-.00112
1.00	-.8984	-.0467	-.0000	-.00000

XQ/L=0.2

X/L	FP	FS	FQ	FM
.05	4.7599	1.2018	.2380	.00595
.10	2.2696	1.1854	.3515	.02069
.15	2.0081	1.1650	.4519	.04077
.20	1.8575	1.1354	-.4552	.06569
.25	1.7116	1.0903	-.3697	.04506
.30	1.5203	1.0289	-.2936	.02848
.35	1.3281	.9565	-.2272	.01546
.40	1.1447	.8776	-.1700	.00553
.45	.9750	.7956	-.1213	-.00175
.50	.8208	.7130	-.0802	-.00679
.55	.6827	.6318	-.0461	-.00995
.60	.5599	.5530	-.0181	-.01155
.65	.4508	.4775	.0044	-.01189
.70	.3529	.4056	.0221	-.01123
.75	.2628	.3371	.0352	-.00980
.80	.1759	.2718	.0440	-.00782
.85	.0852	.2091	.0483	-.00551
.90	-.0235	.1485	.0471	-.00312
.95	-.1643	.0891	.0389	-.00097
1.00	-.7780	.0303	-.0000	-.00000

XQ/L=0.3

X/L	FP	FS	FQ	FM
.05	2.7233	.8677	.1362	.00340
.10	1.5104	.9086	.2117	.01210
.15	1.4746	.9472	.2854	.02453
.20	1.5045	.9804	.3606	.04068
.25	1.5705	1.0038	.4392	.06067
.30	1.6270	1.0121	-.4795	.08467
.35	1.5994	.9990	-.3995	.06269
.40	1.4823	.9641	-.3254	.04457
.45	1.3374	.9132	-.2585	.02997
.50	1.1838	.8511	-.1993	.01852
.55	1.0314	.7818	-.1478	.00984
.60	.8856	.7083	-.1035	.00356
.65	.7488	.6328	-.0661	-.00068
.70	.6214	.5569	-.0350	-.00320
.75	.5018	.4816	-.0099	-.00432
.80	.3868	.4074	.0094	-.00434
.85	.2704	.3346	.0230	-.00353
.90	.1400	.2629	.0300	-.00220
.95	-.0180	.1921	.0291	-.00073
1.00	-.5813	.1217	-.0000	-.00000

XQ/L=0.4

X/L	FP	FS	FQ	FM
.05	1.2951	.6004	.0648	.00162
.10	.9212	.6704	.1108	.00601
.15	1.0079	.7392	.1612	.01281
.20	1.1203	.8053	.2172	.02227
.25	1.2519	.8662	.2798	.03470
.30	1.3883	.9186	.3492	.05042
.35	1.5150	.9582	.4250	.06978
.40	1.6096	.9798	-.4945	.09304
.45	1.6062	.9774	-.4142	.07032
.50	1.5043	.9509	-.3390	.05149
.55	1.3682	.9061	-.2706	.03625
.60	1.2185	.8482	-.2097	.02424
.65	1.0662	.7813	-.1564	.01509
.70	.9170	.7085	-.1105	.00842
.75	.7732	.6322	-.0719	.00386
.80	.6343	.5541	-.0401	.00106
.85	.4970	.4752	-.0153	-.00032
.90	.3525	.3963	.0023	-.00065
.95	.1895	.3175	.0118	-.00030
1.00	-.2361	.2389	-.0000	-.00000

XQ/L=0.5

X/L	FP	FS	FQ	FM
.05	.3514	.3943	.0176	.00044
.10	.4910	.4745	.0421	.00193
.15	.6357	.5544	.0739	.00483
.20	.7787	.6332	.1128	.00950
.25	.9254	.7099	.1591	.01630
.30	1.0766	.7828	.2129	.02560
.35	1.2300	.8495	.2744	.03779
.40	1.3800	.9066	.3434	.05323
.45	1.5155	.9502	.4192	.07230
.50	1.6156	.9750	-.5000	.09528
.55	1.6156	.9750	-.4192	.07230
.60	1.5155	.9502	-.3434	.05323
.65	1.3800	.9066	-.2744	.03779
.70	1.2300	.8495	-.2129	.02560
.75	1.0766	.7828	-.1591	.01630
.80	.9254	.7099	-.1128	.00950
.85	.7787	.6332	-.0739	.00483
.90	.6357	.5544	-.0421	.00193
.95	.4910	.4745	-.0176	.00044
1.00	.3514	.3943	0.0000	0.00000

B/L= 5.00 DS/B1= 1.00 KS= .100

XM/L=0.0

X/L	FP	FS	FQ	FM
.05	33.3668	4.3784	1.6683	-.95829
.10	6.8572	2.8957	2.0112	-.86630
.15	1.9315	1.6870	2.1078	-.76333
.20	-.9958	.7228	2.0580	-.65918
.25	-2.5795	-.0281	1.9290	-.55951
.30	-3.4263	-.5963	1.7577	-.46734
.35	-3.8152	-1.0105	1.5669	-.38423
.40	-3.9117	-1.2972	1.3714	-.31077
.45	-3.8210	-1.4797	1.1803	-.24698
.50	-3.6135	-1.5786	.9996	-.19248
.55	-3.3374	-1.6118	.8328	-.14667
.60	-3.0259	-1.5942	.6815	-.10881
.65	-2.7019	-1.5384	.5464	-.07812
.70	-2.3804	-1.4546	.4273	-.05377
.75	-2.0710	-1.3511	.3238	-.03500
.80	-1.7787	-1.2343	.2349	-.02103
.85	-1.5056	-1.1092	.1596	-.01117
.90	-1.2515	-.9793	.0970	-.00475
.95	-1.0090	-.8471	.0466	-.00116
1.00	-.9311	-.7140	.0000	-.00000

XM/L=0.1

X/L	FP	FS	FQ	FM
.05	30.5144	4.2150	1.5257	.03814
.10	8.7780	3.0040	1.9646	-.87460
.15	2.6300	1.8063	2.0961	-.77308
.20	-.6933	.8183	2.0615	-.66914
.25	-2.4127	.0465	1.9408	-.56908
.30	-3.3364	-.5395	1.7740	-.47621
.35	-3.7722	-.9689	1.5854	-.39223
.40	-3.8984	-1.2681	1.3905	-.31783
.45	-3.8268	-1.4609	1.1991	-.25309
.50	-3.6312	-1.5682	1.0176	-.19767
.55	-3.3623	-1.6080	.8494	-.15100
.60	-3.0548	-1.5956	.6967	-.11235
.65	-2.7326	-1.5438	.5601	-.08093
.70	-2.4115	-1.4631	.4395	-.05594
.75	-2.1019	-1.3620	.3344	-.03659
.80	-1.8093	-1.2470	.2439	-.02213
.85	-1.5364	-1.1233	.1671	-.01185
.90	-1.2843	-.9945	.1029	-.00510
.95	-1.0463	-.8632	.0506	-.00126
1.00	-1.0118	-.7310	-.0000	-.00000

XM/L=0.2

X/L	FP	FS	FQ	FM
.05	23.7365	3.6729	1.1868	.02967
.10	8.3694	2.9209	1.6053	.09947
.15	5.4005	2.1498	1.8753	.18649
.20	2.6860	1.3359	2.0096	-.71639
.25	-.8767	.4891	1.9658	-.61700
.30	-2.5800	-.1952	1.8368	-.52194
.35	-3.3726	-.7088	1.6682	-.43431
.40	-3.7148	-1.0790	1.4824	-.35555
.45	-3.7789	-1.3308	1.2935	-.28615
.50	-3.6696	-1.4866	1.1100	-.22607
.55	-3.4546	-1.5656	.9373	-.17489
.60	-3.1794	-1.5845	.7783	-.13200
.65	-2.8750	-1.5576	.6345	-.09668
.70	-2.5629	-1.4964	.5064	-.06815
.75	-2.2572	-1.4106	.3935	-.04566
.80	-1.9676	-1.3077	.2952	-.02844
.85	-1.7005	-1.1939	.2101	-.01581
.90	-1.4637	-1.0734	.1369	-.00713
.95	-1.2560	-.9495	.0741	-.00185
1.00	-1.4828	-.8244	-.0000	-.00000

XM/L=0.3

X/L	FP	FS	FQ	FM
.05	17.1364	3.0042	.8568	.02142
.10	6.7517	2.5895	1.1944	.07270
.15	5.0934	2.1608	1.4491	.13879
.20	3.8898	1.7006	1.6436	.21610
.25	2.8266	1.1873	1.7849	.30182
.30	1.3088	.5964	1.8503	-.60730
.35	-1.5697	-.0612	1.7718	-.51675
.40	-2.8436	-.5876	1.6297	-.43171
.45	-3.3619	-.9720	1.4616	-.35443
.50	-3.5308	-1.2384	1.2850	-.28577
.55	-3.4905	-1.4090	1.1105	-.22588
.60	-3.3254	-1.5030	.9442	-.17451
.65	-3.0894	-1.5369	.7898	-.13116
.70	-2.8192	-1.5252	.6488	-.09519
.75	-2.5405	-1.4795	.5218	-.06593
.80	-2.2725	-1.4098	.4082	-.04268
.85	-2.0320	-1.3239	.3066	-.02481
.90	-1.8428	-1.2279	.2144	-.01179
.95	-1.7175	-1.1264	.1285	-.00321
1.00	-2.5709	-1.0228	-.0000	-.00000

XM/L=0.4

X/L	FP	FS	FQ	FM
.05	11.6403	2.3518	.5820	.01455
.10	5.0556	2.1692	.8348	.04997
.15	4.2025	1.9770	1.0449	.09696
.20	3.6860	1.7630	1.2292	.15382
.25	3.3439	1.5115	1.3964	.21946
.30	2.9690	1.2040	1.5449	.29299
.35	2.3801	.8198	1.6639	.37321
.40	1.1602	.3358	1.7219	-.54215
.45	-1.5283	-.2354	1.6455	-.45796
.50	-2.6832	-.6941	1.5113	-.37904
.55	-3.1323	-1.0274	1.3547	-.30739
.60	-3.2685	-1.2578	1.1913	-.24374
.65	-3.2241	-1.4056	1.0301	-.18821
.70	-3.0795	-1.4887	.8761	-.14056
.75	-2.8881	-1.5226	.7317	-.10036
.80	-2.6904	-1.5204	.5972	-.06714
.85	-2.5237	-1.4932	.4710	-.04044
.90	-2.4430	-1.4500	.3488	-.01994
.95	-2.4872	-1.3977	.2245	-.00561
1.00	-4.4893	-1.3418	-.0000	-.00000

XM/L=0.5

X/L	FP	FS	FQ	FM
.05	7.4509	1.7873	.3725	.00931
.10	3.6015	1.7542	.5526	.03244
.15	3.2532	1.7150	.7153	.06414
.20	3.1215	1.6614	.8714	.10381
.25	3.1217	1.5827	1.0274	.15128
.30	3.1450	1.4658	1.1847	.20658
.35	3.1130	1.2954	1.3403	.26970
.40	2.9334	1.0536	1.4870	.34039
.45	2.4685	.7204	1.6104	.41782
.50	1.3243	.2735	1.6766	-.50000
.55	-1.3243	-.2735	1.6104	-.41782
.60	-2.4685	-.7204	1.4870	-.34039
.65	-2.9334	-1.0536	1.3403	-.26970
.70	-3.1130	-1.2954	1.1847	-.20658
.75	-3.1450	-1.4658	1.0274	-.15128
.80	-3.1217	-1.5827	.8713	-.10381
.85	-3.1215	-1.6614	.7153	-.06414
.90	-3.2532	-1.7150	.5526	-.03244
.95	-3.6015	-1.7542	.3725	-.00931
1.00	-7.4509	-1.7873	-.0000	-.00000

B/L= 5.00 DS/B1= 1.00 KS= .200

XQ/L=0.0

X/L	FP	FS	FQ	FM
.05	9.6291	1.9100	-.5185	-.03796
.10	3.6753	1.7114	-.3348	-.05930
.15	2.6461	1.5202	-.2025	-.07273
.20	1.9423	1.3390	-.1054	-.08042
.25	1.4709	1.1692	-.0318	-.08385
.30	1.1228	1.0118	.0243	-.08404
.35	.8548	.8670	.0671	-.08176
.40	.6431	.7347	.0992	-.07760
.45	.4731	.6143	.1229	-.07205
.50	.3347	.5051	.1396	-.06548
.55	.2207	.4063	.1506	-.05823
.60	.1250	.3167	.1569	-.05054
.65	.0424	.2353	.1590	-.04264
.70	-.0321	.1609	.1574	-.03473
.75	-.1040	.0923	.1522	-.02699
.80	-.1800	.0283	.1432	-.01960
.85	-.2703	-.0322	.1297	-.01278
.90	-.3967	-.0902	.1099	-.00679
.95	-.5791	-.1468	.0809	-.00202
1.00	-1.6182	-.2028	-.0000	-.00000

XQ/L=0.1

X/L	FP	FS	FQ	FM
.05	7.2280	1.5612	.3614	.00903
.10	3.0280	1.4542	-.4872	.03089
.15	2.3611	1.3445	-.3691	.00948
.20	1.8750	1.2320	-.2754	-.00663
.25	1.5335	1.1192	-.1987	-.01849
.30	1.2670	1.0084	-.1354	-.02684
.35	1.0496	.9010	-.0829	-.03229
.40	.8676	.7980	-.0395	-.03535
.45	.7128	.7002	-.0039	-.03644
.50	.5795	.6077	.0251	-.03591
.55	.4636	.5206	.0483	-.03407
.60	.3612	.4389	.0664	-.03121
.65	.2692	.3620	.0798	-.02755
.70	.1839	.2895	.0890	-.02333
.75	.1013	.2208	.0941	-.01875
.80	.0160	.1553	.0949	-.01403
.85	-.0803	.0923	.0909	-.00939
.90	-.2056	.0310	.0806	-.00510
.95	-.3767	-.0292	.0617	-.00154
1.00	-1.2349	-.0889	-.0000	-.00000

XQ/L=0.2

X/L	FP	FS	FQ	FM
.05	5.1181	1.2332	.2559	.00640
.10	2.3161	1.1950	.3717	.02209
.15	1.9572	1.1547	.4696	.04312
.20	1.7309	1.1096	-.4439	.06876
.25	1.5594	1.0563	-.3659	.04852
.30	1.3888	.9943	-.2965	.03196
.35	1.2303	.9264	-.2350	.01867
.40	1.0835	.8546	-.1808	.00828
.45	.9475	.7809	-.1334	.00042
.50	.8220	.7065	-.0923	-.00522
.55	.7059	.6325	-.0570	-.00895
.60	.5984	.5595	-.0271	-.01106
.65	.4980	.4881	-.0022	-.01179
.70	.4029	.4184	.0180	-.01139
.75	.3103	.3504	.0335	-.01011
.80	.2165	.2841	.0443	-.00816
.85	.1151	.2191	.0500	-.00581
.90	-.0074	.1552	.0497	-.00331
.95	-.1651	.0919	.0414	-.00104
1.00	-.8284	.0290	-.0000	-.00000

XQ/L=0.3

X/L	FP	FS	FQ	FM
.05	3.3967	.9417	.1698	.00425
.10	1.6764	.9501	.2537	.01483
.15	1.5113	.9572	.3292	.02940
.20	1.4339	.9609	.4009	.04766
.25	1.4115	.9590	.4715	.06947
.30	1.3997	.9482	-.4585	.09479
.35	1.3527	.9253	-.3909	.07356
.40	1.2634	.8900	-.3277	.05559
.45	1.1604	.8449	-.2697	.04065
.50	1.0519	.7927	-.2171	.02848
.55	.9426	.7353	-.1700	.01881
.60	.8348	.6744	-.1282	.01135
.65	.7298	.6113	-.0917	.00585
.70	.6278	.5468	-.0604	.00205
.75	.5280	.4818	-.0340	-.00031
.80	.4283	.4167	-.0125	-.00147
.85	.3251	.3516	.0037	-.00169
.90	.2096	.2869	.0142	-.00124
.95	.0721	.2223	.0178	-.00044
1.00	-.3559	.1579	-.0000	-.00000

XQ/L=0.4

X/L	FP	FS	FQ	FM
.05	2.0471	.6915	.1024	.00256
.10	1.1395	.7295	.1593	.00910
.15	1.1047	.7665	.2146	.01845
.20	1.1180	.8015	.2705	.03057
.25	1.1645	.8329	.3287	.04555
.30	1.2224	.8585	.3898	.06352
.35	1.2785	.8760	.4537	.08461
.40	1.3181	.8824	-.4804	.10894
.45	1.3063	.8745	-.4150	.08655
.50	1.2418	.8520	-.3530	.06735
.55	1.1564	.8181	-.2951	.05115
.60	1.0604	.7753	-.2421	.03772
.65	.9598	.7258	-.1941	.02682
.70	.8580	.6715	-.1512	.01818
.75	.7569	.6139	-.1134	.01157
.80	.6572	.5540	-.0805	.00672
.85	.5586	.4927	-.0526	.00339
.90	.4593	.4308	-.0296	.00134
.95	.3547	.3684	-.0119	.00030
1.00	.2379	.3060	-.0000	-.00000

XQ/L=0.5

X/L	FP	FS	FQ	FM
.05	1.0163	.4814	.0508	.00127
.10	.7038	.5360	.0860	.00469
.15	.7545	.5902	.1237	.00993
.20	.8226	.6434	.1649	.01715
.25	.9049	.6945	.2101	.02652
.30	.9936	.7423	.2598	.03827
.35	1.0839	.7853	.3140	.05261
.40	1.1709	.8215	.3725	.06978
.45	1.2474	.8485	.4349	.08996
.50	1.3021	.8636	-.5000	.11333
.55	1.3021	.8636	-.4349	.08996
.60	1.2474	.8485	-.3725	.06978
.65	1.1709	.8215	-.3140	.05261
.70	1.0839	.7853	-.2598	.03827
.75	.9936	.7423	-.2101	.02652
.80	.9049	.6945	-.1649	.01715
.85	.8226	.6434	-.1237	.00993
.90	.7545	.5902	-.0860	.00469
.95	.7038	.5360	-.0508	.00127
1.00	1.0163	.4814	-.0000	-.00000

B/L= 5.00 DS/B1= 1.00 KS= .200

XM/L=0.0

X/L	FP	FS	FQ	FM
.05	24.4084	3.5112	1.2204	-.96949
.10	6.1889	2.5568	1.5299	-.90073
.15	2.7818	1.7428	1.6690	-.82076
.20	.6348	1.0579	1.7007	-.73652
.25	-.6491	.4898	1.6682	-.65230
.30	-1.4563	.0258	1.5954	-.57070
.35	-1.9570	-.3464	1.4976	-.49338
.40	-2.2507	-.6389	1.3850	-.42131
.45	-2.4003	-.8628	1.2650	-.35506
.50	-2.4492	-1.0285	1.1426	-.29487
.55	-2.4284	-1.1455	1.0212	-.24078
.60	-2.3613	-1.2223	.9031	-.19267
.65	-2.2661	-1.2667	.7898	-.15035
.70	-2.1577	-1.2854	.6819	-.11356
.75	-2.0495	-1.2843	.5794	-.08203
.80	-1.9558	-1.2686	.4816	-.05550
.85	-1.8951	-1.2426	.3869	-.03379
.90	-1.9059	-1.2100	.2916	-.01683
.95	-2.0170	-1.1736	.1907	-.00477
1.00	-3.8146	-1.1356	.0000	-.00000

XM/L=0.1

X/L	FP	FS	FQ	FM
.05	22.9106	3.4219	1.1455	.02864
.10	7.1360	2.6070	1.5023	-.90517
.15	3.1320	1.8017	1.6589	-.82613
.20	.7957	1.1076	1.6987	-.74219
.25	-.5513	.5311	1.6712	-.65795
.30	-1.3946	.0596	1.6014	-.57613
.35	-1.9181	-.3194	1.5055	-.49846
.40	-2.2271	-.6178	1.3942	-.42597
.45	-2.3875	-.8469	1.2748	-.35924
.50	-2.4442	-1.0172	1.1526	-.29856
.55	-2.4291	-1.1381	1.0311	-.24397
.60	-2.3662	-1.2184	.9128	-.19537
.65	-2.2741	-1.2658	.7991	-.15257
.70	-2.1684	-1.2871	.6907	-.11533
.75	-2.0626	-1.2884	.5876	-.08337
.80	-1.9714	-1.2748	.4890	-.05646
.85	-1.9136	-1.2507	.3933	-.03440
.90	-1.9291	-1.2199	.2969	-.01715
.95	-2.0471	-1.1852	.1945	-.00486
1.00	-3.8899	-1.1489	-.0000	-.00000

XM/L=0.2

X/L	FP	FS	FQ	FM
.05	19.1783	3.1128	.9589	.02397
.10	6.8557	2.5443	1.3017	.08049
.15	4.5094	1.9681	1.5272	.15121
.20	2.5250	1.3745	1.6534	-.76928
.25	.2846	.7711	1.6676	-.68625
.30	-.9335	.2581	1.6210	-.60403
.35	-1.6297	-.1582	1.5395	-.52502
.40	-2.0473	-.4897	1.4371	-.45061
.45	-2.2808	-.7482	1.3231	-.38160
.50	-2.3888	-.9442	1.2036	-.31843
.55	-2.4109	-1.0878	1.0831	-.26126
.60	-2.3756	-1.1880	.9643	-.21008
.65	-2.3049	-1.2529	.8491	-.16474
.70	-2.2163	-1.2896	.7383	-.12506
.75	-2.1259	-1.3047	.6320	-.09081
.80	-2.0502	-1.3036	.5295	-.06177
.85	-2.0110	-1.2911	.4289	-.03781
.90	-2.0538	-1.2712	.3262	-.01893
.95	-2.2126	-1.2470	.2156	-.00539
1.00	-4.3116	-1.2211	-.0000	-.00000

XM/L=0.3

X/L	FP	FS	FQ	FM
.05	15.2853	2.7100	.7643	.01911
.10	5.8968	2.3376	1.0591	.06469
.15	4.3150	1.9590	1.2749	.12304
.20	3.1699	1.5663	1.4334	.19075
.25	2.2396	1.1502	1.5453	.26521
.30	1.1538	.6999	1.6030	-.65608
.35	-.5649	.2227	1.5748	-.57663
.40	-1.4427	-.1808	1.5026	-.49970
.45	-1.9083	-.5036	1.4072	-.42695
.50	-2.1681	-.7569	1.2988	-.35930
.55	-2.2955	-.9513	1.1840	-.29723
.60	-2.3367	-1.0965	1.0672	-.24095
.65	-2.3240	-1.2014	.9510	-.19049
.70	-2.2820	-1.2739	.8369	-.14579
.75	-2.2322	-1.3213	.7253	-.10674
.80	-2.1965	-1.3497	.6155	-.07322
.85	-2.2034	-1.3647	.5053	-.04520
.90	-2.3107	-1.3709	.3898	-.02282
.95	-2.5638	-1.3719	.2616	-.00654
1.00	-5.2316	-1.3709	-.0000	-.00000

XM/L=0.4

X/L	FP	FS	FQ	FM
.05	11.7975	2.2950	.5899	.01475
.10	4.8453	2.0711	.8321	.05030
.15	3.7920	1.8423	1.0217	.09664
.20	3.0894	1.6026	1.1762	.15159
.25	2.5967	1.3443	1.3060	.21365
.30	2.1430	1.0587	1.4132	.28163
.35	1.6128	.7359	1.4938	.35431
.40	.7862	.3655	1.5331	-.57002
.45	-.7588	-.0450	1.4952	-.49431
.50	-1.5206	-.3944	1.4192	-.42145
.55	-1.9125	-.6751	1.3236	-.35288
.60	-2.1320	-.8978	1.2170	-.28937
.65	-2.2483	-1.0724	1.1045	-.23133
.70	-2.3064	-1.2080	.9892	-.17899
.75	-2.3411	-1.3128	.8722	-.13245
.80	-2.3854	-1.3943	.7529	-.09183
.85	-2.4799	-1.4590	.6289	-.05728
.90	-2.7045	-1.5126	.4937	-.02922
.95	-3.1237	-1.5597	.3375	-.00844
1.00	-6.7499	-1.6040	-.0000	-.00000

XM/L=0.5

X/L	FP	FS	FQ	FM
.05	8.9320	1.9169	.4466	.01117
.10	3.8938	1.7999	.6413	.03836
.15	3.2160	1.6792	.8021	.07445
.20	2.8023	1.5502	.9422	.11805
.25	2.5579	1.4068	1.0701	.16836
.30	2.3684	1.2419	1.1885	.22483
.35	2.1707	1.0476	1.2971	.28697
.40	1.9061	.8149	1.3924	.35420
.45	1.4993	.5341	1.4673	.42569
.50	.7509	.1949	1.5049	-.50000
.55	-.7509	-.1949	1.4673	-.42569
.60	-1.4993	-.5341	1.3924	-.35420
.65	-1.9061	-.8149	1.2971	-.28697
.70	-2.1707	-1.0476	1.1885	-.22483
.75	-2.3684	-1.2419	1.0701	-.16836
.80	-2.5579	-1.4068	.9422	-.11805
.85	-2.8023	-1.5502	.8021	-.07445
.90	-3.2160	-1.6792	.6413	-.03836
.95	-3.8938	-1.7999	.4466	-.01117
1.00	-8.9320	-1.9169	-.0000	-.00000

B/L= 5.00   DS/B1= 1.00   KS= .500

XQ/L=0.0

X/L	FP	FS	FQ	FM
.05	8.6422	1.7976	-.5679	-.03920
.10	3.4546	1.6463	-.3952	-.06327
.15	2.6015	1.4981	-.2651	-.07978
.20	2.0194	1.3542	-.1641	-.09051
.25	1.6278	1.2155	-.0827	-.09668
.30	1.3319	1.0823	-.0161	-.09915
.35	1.0952	.9551	.0386	-.09859
.40	.8980	.8337	.0835	-.09554
.45	.7289	.7182	.1200	-.09045
.50	.5803	.6083	.1490	-.08372
.55	.4466	.5037	.1713	-.07572
.60	.3235	.4038	.1875	-.06675
.65	.2070	.3081	.1978	-.05711
.70	.0927	.2162	.2025	-.04711
.75	-.0245	.1275	.2013	-.03701
.80	-.1520	.0412	.1937	-.02714
.85	-.3022	-.0431	.1785	-.01784
.90	-.5042	-.1261	.1533	-.00954
.95	-.7847	-.2082	.1141	-.00285
1.00	-2.2820	-.2900	-.0000	-.00000

XQ/L=0.1

X/L	FP	FS	FQ	FM
.05	6.9497	1.5229	.3475	.00869
.10	2.9169	1.4252	-.5067	.02971
.15	2.2885	1.3265	-.3922	.00723
.20	1.8501	1.2267	-.2997	-.01006
.25	1.5508	1.1270	-.2222	-.02311
.30	1.3196	1.0283	-.1562	-.03257
.35	1.1300	.9313	-.0997	-.03897
.40	.9680	.8365	-.0513	-.04275
.45	.8256	.7441	-.0100	-.04428
.50	.6974	.6543	.0248	-.04391
.55	.5800	.5672	.0538	-.04194
.60	.4701	.4827	.0773	-.03867
.65	.3651	.4006	.0956	-.03434
.70	.2620	.3207	.1087	-.02923
.75	.1570	.2426	.1165	-.02360
.80	.0447	.1662	.1188	-.01772
.85	-.0839	.0910	.1146	-.01189
.90	-.2502	.0167	.1021	-.00647
.95	-.4740	-.0570	.0784	-.00196
1.00	-1.5675	-.1305	-.0000	-.00000

XQ/L=0.2

X/L	FP	FS	FQ	FM
.05	5.3808	1.2573	.2690	.00673
.10	2.3550	1.2037	.3868	.02312
.15	1.9283	1.1493	.4832	.04487
.20	1.6494	1.0929	-.4343	.07109
.25	1.4578	1.0330	-.3614	.05120
.30	1.2968	.9695	-.2966	.03475
.35	1.1575	.9035	-.2387	.02137
.40	1.0327	.8358	-.1871	.01072
.45	.9184	.7672	-.1412	.00252
.50	.8120	.6981	-.1006	-.00353
.55	.7116	.6291	-.0650	-.00767
.60	.6157	.5604	-.0342	-.01014
.65	.5230	.4923	-.0080	-.01120
.70	.4316	.4248	.0135	-.01106
.75	.3394	.3580	.0305	-.00996
.80	.2430	.2918	.0427	-.00813
.85	.1368	.2262	.0495	-.00583
.90	.0074	.1609	.0499	-.00334
.95	-.1582	.0960	.0420	-.00105
1.00	-.8392	.0312	-.0000	-.00000

XQ/L=0.3

X/L	FP	FS	FQ	FM
.05	3.9846	1.0082	.1992	.00498
.10	1.8263	.9892	.2905	.01723
.15	1.5524	.9695	.3682	.03369
.20	1.3864	.9483	.4375	.05383
.25	1.2926	.9244	.5021	.07732
.30	1.2258	.8967	-.4366	.10396
.35	1.1571	.8635	-.3787	.08358
.40	1.0783	.8248	-.3248	.06599
.45	.9978	.7817	-.2749	.05100
.50	.9170	.7350	-.2291	.03840
.55	.8368	.6856	-.1872	.02799
.60	.7574	.6343	-.1494	.01957
.65	.6791	.5815	-.1154	.01295
.70	.6014	.5278	-.0853	.00794
.75	.5239	.4734	-.0591	.00432
.80	.4454	.4187	-.0369	.00192
.85	.3639	.3638	-.0187	.00053
.90	.2746	.3088	-.0050	-.00006
.95	.1715	.2539	.0036	-.00009
1.00	-.0725	.1989	-.0000	-.00000

XQ/L=0.4

X/L	FP	FS	FQ	FM
.05	2.7623	.7788	.1381	.00345
.10	1.3457	.7863	.2054	.01204
.15	1.1948	.7933	.2651	.02380
.20	1.1151	.7992	.3209	.03846
.25	1.0844	.8033	.3751	.05586
.30	1.0741	.8045	.4288	.07595
.35	1.0715	.8018	.4824	.09873
.40	1.0664	.7939	-.4643	.12419
.45	1.0427	.7793	-.4122	.10228
.50	.9985	.7580	-.3622	.08292
.55	.9459	.7312	-.3149	.06599
.60	.8887	.6999	-.2705	.05135
.65	.8293	.6651	-.2290	.03886
.70	.7694	.6276	-.1906	.02837
.75	.7104	.5881	-.1550	.01973
.80	.6537	.5471	-.1224	.01280
.85	.6013	.5052	-.0923	.00743
.90	.5579	.4626	-.0644	.00352
.95	.5255	.4198	-.0381	.00095
1.00	.7624	.3768	-.0000	-.00000

XQ/L=0.5

X/L	FP	FS	FQ	FM
.05	1.6971	.5690	.0849	.00212
.10	.9139	.5966	.1305	.00751
.15	.8633	.6239	.1737	.01511
.20	.8517	.6506	.2163	.02486
.25	.8679	.6761	.2597	.03676
.30	.8963	.6997	.3045	.05087
.35	.9302	.7207	.3510	.06726
.40	.9649	.7381	.3993	.08601
.45	.9962	.7510	.4491	.10722
.50	1.0186	.7581	-.5000	.13095
.55	1.0186	.7581	-.4491	.10722
.60	.9962	.7510	-.3993	.08601
.65	.9649	.7381	-.3510	.06726
.70	.9302	.7207	-.3045	.05087
.75	.8963	.6997	-.2597	.03676
.80	.8679	.6761	-.2163	.02486
.85	.8517	.6506	-.1737	.01511
.90	.8633	.6239	-.1305	.00751
.95	.9139	.5966	-.0849	.00212
1.00	1.6971	.5690	-.0000	-.00000

B/L= 5.00 DS/B1= 1.00 KS= .500

XM/L=0.0

X/L	FP	FS	FQ	FM
.05	17.0897	2.7574	.8545	-.97864
.10	5.2646	2.2056	1.1177	-.92933
.15	3.1029	1.7111	1.2729	-.86957
.20	1.6773	1.2706	1.3567	-.80383
.25	.7597	.8803	1.3947	-.73504
.30	.1155	.5362	1.4005	-.66516
.35	-.3540	.2341	1.3828	-.59558
.40	-.7040	-.0302	1.3476	-.52732
.45	-.9694	-.2608	1.2991	-.46115
.50	-1.1738	-.4618	1.2404	-.39766
.55	-1.3347	-.6370	1.1737	-.33731
.60	-1.4664	-.7901	1.1004	-.28046
.65	-1.5814	-.9248	1.0213	-.22742
.70	-1.6923	-1.0442	.9367	-.17847
.75	-1.8136	-1.1514	.8460	-.13390
.80	-1.9652	-1.2493	.7477	-.09406
.85	-2.1804	-1.3404	.6387	-.05940
.90	-2.5376	-1.4269	.5118	-.03063
.95	-3.1029	-1.5106	.3567	-.00892
1.00	-7.1340	-1.5933	.0000	-.00000

XM/L=0.1

X/L	FP	FS	FQ	FM
.05	16.4656	2.7189	.8233	.02058
.10	5.6381	2.2241	1.1052	-.93121
.15	3.2424	1.7343	1.2673	-.87189
.20	1.7441	1.2910	1.3545	-.80635
.25	.8032	.8981	1.3947	-.73762
.30	.1456	.5515	1.4020	-.66770
.35	-.3323	.2471	1.3853	-.59802
.40	-.6884	-.0193	1.3509	-.52961
.45	-.9582	-.2519	1.3030	-.46327
.50	-1.1660	-.4548	1.2447	-.39957
.55	-1.3298	-.6318	1.1782	-.33900
.60	-1.4639	-.7866	1.1050	-.28192
.65	-1.5811	-.9228	1.0260	-.22864
.70	-1.6939	-1.0437	.9413	-.17946
.75	-1.8172	-1.1523	.8504	-.13467
.80	-1.9710	-1.2515	.7519	-.09461
.85	-2.1887	-1.3439	.6424	-.05976
.90	-2.5495	-1.4317	.5150	-.03082
.95	-3.1197	-1.5167	.3590	-.00897
1.00	-7.1793	-1.6006	-.0000	-.00000

XM/L=0.2

X/L	FP	FS	FQ	FM
.05	14.8504	2.5813	.7425	.01856
.10	5.4966	2.1908	1.0174	.06256
.15	3.7870	1.7980	1.2067	.11816
.20	2.4459	1.3998	1.3290	-.81845
.25	1.1583	1.0001	1.3869	-.75055
.30	.3575	.6400	1.4048	-.68076
.35	-.1858	.3228	1.3955	-.61075
.40	-.5839	.0444	1.3663	-.54170
.45	-.8834	-.1995	1.3221	-.47449
.50	-1.1135	-.4128	1.2665	-.40978
.55	-1.2950	-.5997	1.2017	-.34807
.60	-1.4439	-.7638	1.1295	-.28979
.65	-1.5739	-.9088	1.0508	-.23529
.70	-1.6987	-1.0381	.9659	-.18487
.75	-1.8336	-1.1547	.8742	-.13887
.80	-1.9999	-1.2617	.7742	-.09765
.85	-2.2321	-1.3616	.6626	-.06173
.90	-2.6128	-1.4567	.5320	-.03187
.95	-3.2111	-1.5490	.3714	-.00929
1.00	-7.4282	-1.6401	-.0000	-.00000

XM/L=0.3

X/L	FP	FS	FQ	FM
.05	13.0754	2.3944	.6538	.01634
.10	5.0557	2.0923	.9066	.05535
.15	3.6905	1.7880	1.0911	.10529
.20	2.7150	1.4789	1.2268	.16324
.25	1.9733	1.1617	1.3255	.22705
.30	1.2407	.8329	1.3875	-.70513
.35	.2977	.4959	1.4024	-.63538
.40	-.2799	.1917	1.3884	-.56561
.45	-.6716	-.0765	1.3548	-.49702
.50	-.9648	-.3129	1.3066	-.43049
.55	-1.1933	-.5214	1.2469	-.36665
.60	-1.3796	-.7061	1.1780	-.30603
.65	-1.5413	-.8705	1.1009	-.24906
.70	-1.6946	-1.0183	1.0162	-.19613
.75	-1.8569	-1.1528	.9233	-.14764
.80	-2.0517	-1.2770	.8207	-.10404
.85	-2.3168	-1.3936	.7049	-.06590
.90	-2.7414	-1.5051	.5678	-.03408
.95	-3.4009	-1.6137	.3978	-.00994
1.00	-7.9555	-1.7210	-.0000	-.00000

XM/L=0.4

X/L	FP	FS	FQ	FM
.05	11.3994	2.1943	.5700	.01425
.10	4.5567	1.9637	.7978	.04844
.15	3.4500	1.7312	.9703	.09265
.20	2.6882	1.4945	1.1047	.14452
.25	2.1502	1.2507	1.2122	.20245
.30	1.6931	.9965	1.2969	.26517
.35	1.2424	.7283	1.3590	.33157
.40	.6957	.4422	1.3938	-.59961
.45	-.1234	.1417	1.3876	-.53008
.50	-.6185	-.1325	1.3567	-.46147
.55	-.9581	-.3769	1.3088	-.39483
.60	-1.2245	-.5957	1.2476	-.33092
.65	-1.4495	-.7926	1.1751	-.27036
.70	-1.6568	-.9716	1.0922	-.21367
.75	-1.8691	-1.1350	.9988	-.16140
.80	-2.1144	-1.2892	.8931	-.11410
.85	-2.4362	-1.4342	.7713	-.07249
.90	-2.9348	-1.5735	.6245	-.03760
.95	-3.6956	-1.7096	.4397	-.01099
1.00	-8.7947	-1.8442	-.0000	-.00000

XM/L=0.5

X/L	FP	FS	FQ	FM
.05	9.9509	2.0054	.4975	.01244
.10	4.0883	1.8302	.7020	.04243
.15	3.1803	1.6534	.8610	.08150
.20	2.5719	1.4728	.9896	.12776
.25	2.1630	1.2861	1.0977	.17995
.30	1.8366	1.0901	1.1895	.23713
.35	1.5393	.8816	1.2665	.29853
.40	1.2330	.6570	1.3282	.36340
.45	.8792	.4126	1.3721	.43090
.50	.3931	.1443	1.3918	-.50000
.55	-.3931	-.1443	1.3721	-.43090
.60	-.8792	-.4126	1.3282	-.36340
.65	-1.2330	-.6570	1.2665	-.29853
.70	-1.5393	-.8816	1.1895	-.23713
.75	-1.8366	-1.0901	1.0977	-.17995
.80	-2.1630	-1.2861	.9896	-.12776
.85	-2.5719	-1.4728	.8610	-.08150
.90	-3.1803	-1.6534	.7020	-.04243
.95	-4.0883	-1.8302	.4975	-.01244
1.00	-9.9509	-2.0054	-.0000	-.00000

B/L= 5.00 DS/B1= 1.00 KS= 1.000

XQ/L=0.0

X/L	FP	FS	FQ	FM
.05	8.2196	1.7486	-.5890	-.03973
.10	3.3545	1.6171	-.4213	-.06498
.15	2.5755	1.4871	-.2925	-.08283
.20	2.0458	1.3593	-.1902	-.09490
.25	1.6898	1.2342	-.1057	-.10230
.30	1.4185	1.1121	-.0348	-.10581
.35	1.1978	.9931	.0251	-.10605
.40	1.0095	.8773	.0756	-.10354
.45	.8432	.7646	.1177	-.09871
.50	.6921	.6550	.1523	-.09196
.55	.5514	.5482	.1799	-.08365
.60	.4173	.4441	.2008	-.07414
.65	.2862	.3423	.2151	-.06374
.70	.1541	.2427	.2228	-.05279
.75	.0161	.1447	.2236	-.04164
.80	-.1355	.0482	.2168	-.03063
.85	-.3141	-.0473	.2011	-.02018
.90	-.5520	-.1420	.1735	-.01081
.95	-.8790	-.2362	.1295	-.00324
1.00	-2.5908	-.3302	-.0000	-.00000

XQ/L=0.1

X/L	FP	FS	FQ	FM
.05	6.8186	1.5053	.3409	.00852
.10	2.8687	1.4123	-.5156	.02916
.15	2.2592	1.3188	-.4027	.00620
.20	1.8414	1.2248	-.3106	-.01163
.25	1.5599	1.1308	-.2326	-.02521
.30	1.3436	1.0375	-.1654	-.03517
.35	1.1658	.9450	-.1071	-.04198
.40	1.0124	.8537	-.0565	-.04607
.45	.8754	.7637	-.0128	-.04780
.50	.7496	.6752	.0247	-.04750
.55	.6317	.5880	.0563	-.04548
.60	.5187	.5023	.0822	-.04201
.65	.4081	.4179	.1027	-.03739
.70	.2971	.3346	.1175	-.03189
.75	.1822	.2524	.1266	-.02578
.80	.0578	.1711	.1295	-.01938
.85	-.0853	.0905	.1252	-.01301
.90	-.2701	.0103	.1117	-.00709
.95	-.5177	-.0695	.0859	-.00215
1.00	-1.7172	-.1493	-.0000	-.00000

XQ/L=0.2

X/L	FP	FS	FQ	FM
.05	5.4810	1.2667	.2740	.00685
.10	2.3711	1.2075	.3926	.02352
.15	1.9194	1.1478	.4886	.04555
.20	1.6212	1.0870	-.4304	.07200
.25	1.4217	1.0246	-.3593	.05226
.30	1.2631	.9603	-.2961	.03588
.35	1.1297	.8947	-.2396	.02248
.40	1.0122	.8282	-.1890	.01176
.45	.9052	.7612	-.1438	.00344
.50	.8055	.6940	-.1035	-.00274
.55	.7107	.6268	-.0680	-.00702
.60	.6193	.5597	-.0370	-.00965
.65	.5297	.4929	-.0105	-.01084
.70	.4402	.4264	.0115	-.01081
.75	.3487	.3602	.0289	-.00980
.80	.2520	.2943	.0415	-.00804
.85	.1447	.2287	.0488	-.00578
.90	.0139	.1633	.0495	-.00333
.95	-.1535	.0981	.0418	-.00104
1.00	-.8356	.0329	-.0000	-.00000

XQ/L=0.3

X/L	FP	FS	FQ	FM
.05	4.2333	1.0369	.2117	.00529
.10	1.8911	1.0064	.3062	.01824
.15	1.5720	.9755	.3848	.03551
.20	1.3697	.9439	.4533	.05647
.25	1.2469	.9109	.5157	.08069
.30	1.1577	.8758	-.4265	.10792
.35	1.0788	.8379	-.3725	.08795
.40	1.0014	.7972	-.3225	.07057
.45	.9272	.7540	-.2761	.05561
.50	.8555	.7090	-.2333	.04287
.55	.7856	.6625	-.1940	.03219
.60	.7171	.6149	-.1582	.02338
.65	.6496	.5664	-.1257	.01629
.70	.5827	.5174	-.0966	.01073
.75	.5158	.4679	-.0708	.00655
.80	.4481	.4182	-.0484	.00357
.85	.3781	.3683	-.0295	.00162
.90	.3030	.3184	-.0143	.00053
.95	.2185	.2684	-.0034	.00008
1.00	.0679	.2184	-.0000	-.00000

XQ/L=0.4

X/L	FP	FS	FQ	FM
.05	3.0782	.8175	.1539	.00385
.10	1.4366	.8115	.2257	.01334
.15	1.2344	.8053	.2875	.02617
.20	1.1139	.7985	.3432	.04193
.25	1.0499	.7907	.3957	.06040
.30	1.0108	.7813	.4462	.08145
.35	.9837	.7698	.4954	.10499
.40	.9602	.7555	-.4566	.13096
.45	.9303	.7377	-.4101	.10929
.50	.8921	.7164	-.3655	.08990
.55	.8509	.6921	-.3229	.07269
.60	.8083	.6653	-.2825	.05755
.65	.7655	.6365	-.2443	.04438
.70	.7234	.6063	-.2081	.03308
.75	.6833	.5749	-.1739	.02353
.80	.6468	.5426	-.1416	.01564
.85	.6167	.5098	-.1107	.00933
.90	.6009	.4766	-.0807	.00454
.95	.6039	.4431	-.0505	.00126
1.00	1.0101	.4096	-.0000	-.00000

XQ/L=0.5

X/L	FP	FS	FQ	FM
.05	2.0082	.6087	.1004	.00251
.10	1.0085	.6238	.1508	.00879
.15	.9107	.6388	.1964	.01747
.20	.8620	.6533	.2395	.02837
.25	.8480	.6672	.2819	.04140
.30	.8496	.6800	.3244	.05656
.35	.8592	.6914	.3673	.07385
.40	.8723	.7008	.4109	.09330
.45	.8856	.7077	.4552	.11496
.50	.8958	.7114	-.5000	.13884
.55	.8958	.7114	-.4552	.11496
.60	.8856	.7077	-.4109	.09330
.65	.8723	.7008	-.3673	.07385
.70	.8592	.6914	-.3244	.05656
.75	.8496	.6800	-.2819	.04140
.80	.8480	.6672	-.2395	.02837
.85	.8620	.6533	-.1964	.01747
.90	.9107	.6388	-.1508	.00879
.95	1.0085	.6238	-.1004	.00251
1.00	2.0082	.6087	-.0000	-.00000

B/L= 5.00 DS/B1= 1.00 KS= 1.000

XM/L=0.0

X/L	FP	FS	FQ	FM
.05	14.0935	2.4383	.7047	-.98238
.10	4.8026	2.0448	.9448	-.94115
.15	3.1494	1.6802	1.1023	-.88997
.20	2.0356	1.3431	1.2041	-.83231
.25	1.2939	1.0318	1.2688	-.77049
.30	.7454	.7446	1.3060	-.70612
.35	.3172	.4795	1.3219	-.64042
.40	-.0308	.2346	1.3203	-.57437
.45	-.3231	.0080	1.3042	-.50875
.50	-.5766	-.2024	1.2754	-.44427
.55	-.8035	-.3986	1.2352	-.38150
.60	-1.0146	-.5823	1.1844	-.32101
.65	-1.2198	-.7555	1.1235	-.26331
.70	-1.4303	-.9200	1.0519	-.20893
.75	-1.6607	-1.0773	.9689	-.15841
.80	-1.9330	-1.2292	.8723	-.11238
.85	-2.2865	-1.3770	.7579	-.07162
.90	-2.8181	-1.5220	.6170	-.03725
.95	-3.6107	-1.6655	.4365	-.01091
1.00	-8.7299	-1.8082	.0000	-.00000

XM/L=0.1

X/L	FP	FS	FQ	FM
.05	13.7762	2.4184	.6888	.01722
.10	4.9881	2.0537	.9382	-.94210
.15	3.2189	1.5917	1.0992	-.89117
.20	2.0694	1.3534	1.2026	-.83362
.25	1.3165	1.0410	1.2685	-.77185
.30	.7616	.7526	1.3065	-.70747
.35	.3293	.4865	1.3230	-.64173
.40	-.0216	.2406	1.3219	-.57561
.45	-.3161	.0130	1.3061	-.50991
.50	-.5714	-.1984	1.2775	-.44532
.55	-.7999	-.3954	1.2376	-.38244
.60	-1.0123	-.5801	1.1869	-.32183
.65	-1.2187	-.7541	1.1260	-.26401
.70	-1.4305	-.9194	1.0545	-.20949
.75	-1.6621	-1.0776	.9714	-.15885
.80	-1.9358	-1.2302	.8746	-.11270
.85	-2.2908	-1.3788	.7600	-.07183
.90	-2.8246	-1.5246	.6188	-.03736
.95	-3.6202	-1.6688	.4378	-.01095
1.00	-8.7561	-1.8123	-.0000	-.00000

XM/L=0.2

X/L	FP	FS	FQ	FM
.05	12.9424	2.3466	.6471	.01618
.10	4.9108	2.0353	.8927	.05467
.15	3.4895	1.7229	1.0671	.10367
.20	2.4221	1.4081	1.1882	-.83995
.25	1.4981	1.0932	1.2631	-.77866
.30	.8731	.7988	1.3068	-.71442
.35	.4091	.5268	1.3273	-.64856
.40	.0377	.2752	1.3291	-.58215
.45	-.2716	.0421	1.3156	-.51604
.50	-.5382	-.1745	1.2887	-.45093
.55	-.7761	-.3767	1.2499	-.38747
.60	-.9966	-.5662	1.2000	-.32622
.65	-1.2104	-.7451	1.1395	-.26773
.70	-1.4292	-.9150	1.0680	-.21254
.75	-1.6679	-1.0778	.9846	-.16123
.80	-1.9493	-1.2349	.8872	-.11443
.85	-2.3134	-1.3879	.7715	-.07296
.90	-2.8592	-1.5381	.6285	-.03796
.95	-3.6717	-1.6867	.4450	-.01112
1.00	-8.8993	-1.8345	-.0000	-.00000

XM/L=0.3

X/L	FP	FS	FQ	FM
.05	12.0075	2.2475	.6004	.01501
.10	4.6776	1.9824	.8343	.05088
.15	3.4368	1.7163	1.0061	.09688
.20	2.5585	1.4480	1.1340	.15039
.25	1.9122	1.1761	1.2296	.20948
.30	1.3248	.8987	1.2959	-.72738
.35	.6632	.6178	1.3290	-.66176
.40	.2032	.3540	1.3392	-.59506
.45	-.1518	.1091	1.3316	-.52829
.50	-.4502	-.1189	1.3091	-.46227
.55	-.7124	-.3321	1.2735	-.39770
.60	-.9531	-.5325	1.2258	-.33522
.65	-1.1845	-.7218	1.1666	-.27541
.70	-1.4197	-.9019	1.0956	-.21886
.75	-1.6747	-1.0747	1.0119	-.16617
.80	-1.9732	-1.2417	.9132	-.11804
.85	-2.3571	-1.4044	.7954	-.07533
.90	-2.9293	-1.5642	.6489	-.03922
.95	-3.7779	-1.7224	.4600	-.01150
1.00	-9.1999	-1.8797	-.0000	-.00000

XM/L=0.4

X/L	FP	FS	FQ	FM
.05	11.1074	2.1399	.5554	.01388
.10	4.4107	1.9132	.7759	.04717
.15	3.3094	1.6856	.9414	.09010
.20	2.5460	1.4560	1.0687	.14035
.25	2.0078	1.2229	1.1691	.19629
.30	1.5631	.9848	1.2472	.25670
.35	1.1514	.7399	1.3048	.32050
.40	.7094	.4864	1.3403	-.61337
.45	.1418	.2260	1.3474	-.54618
.50	-.2575	-.0208	1.3345	-.47914
.55	-.5762	-.2522	1.3057	-.41313
.60	-.8587	-.4702	1.2627	-.34892
.65	-1.1242	-.6768	1.2065	-.28719
.70	-1.3895	-.8738	1.1370	-.22860
.75	-1.6732	-1.0531	1.0534	-.17384
.80	-2.0012	-1.2464	.9533	-.12367
.85	-2.4184	-1.4252	.8324	-.07903
.90	-3.0339	-1.5010	.6807	-.04120
.95	-3.9414	-1.7750	.4836	-.01209
1.00	-9.6729	-1.9482	-.0000	-.00000

XM/L=0.5

X/L	FP	FS	FQ	FM
.05	10.3154	2.0370	.5158	.01289
.10	4.1568	1.8409	.7236	.04388
.15	3.1657	1.6439	.8819	.08402
.20	2.4875	1.4450	1.0063	.13122
.25	2.0206	1.2429	1.1073	.18406
.30	1.6467	1.0361	1.1896	.24148
.35	1.3162	.8229	1.2555	.30261
.40	.9978	.6016	1.3053	.36663
.45	.6652	.3702	1.3386	.43273
.50	.2713	.1268	1.3522	-.50000
.55	-.2713	-.1268	1.3386	-.43273
.60	-.6652	-.3702	1.3053	-.36663
.65	-.9978	-.6016	1.2555	-.30261
.70	-1.3162	-.8229	1.1896	-.24148
.75	-1.6467	-1.0361	1.1073	-.18406
.80	-2.0206	-1.2429	1.0063	-.13122
.85	-2.4875	-1.4450	.8819	-.08402
.90	-3.1657	-1.6439	.7236	-.04388
.95	-4.1568	-1.8409	.5158	-.01289
1.00	-10.3154	-2.0370	-.0000	-.00000

B/L= 5.00 DS/B1= 1.00 KS= 3.000

XQ/L=0.0

X/L	FP	FS	FQ	FM
.05	7.9009	1.7114	-.6050	-.04012
.10	3.2772	1.5945	-.4411	-.06628
.15	2.5536	1.4782	-.3134	-.08514
.20	2.0635	1.3627	-.2102	-.09823
.25	1.7349	1.2480	-.1235	-.10657
.30	1.4829	1.1344	-.0493	-.11089
.35	1.2751	1.0219	.0144	-.11177
.40	1.0944	.9105	.0691	-.10968
.45	.9310	.8002	.1157	-.10506
.50	.7786	.6910	.1546	-.09830
.55	.6331	.5828	.1863	-.08978
.60	.4909	.4755	.2108	-.07985
.65	.3488	.3691	.2282	-.06888
.70	.2031	.2635	.2384	-.05721
.75	.0489	.1584	.2408	-.04523
.80	-.1216	.0539	.2348	-.03334
.85	-.3225	-.0502	.2186	-.02201
.90	-.5886	-.1541	.1892	-.01181
.95	-.9522	-.2578	.1416	-.00354
1.00	-2.8319	-.3614	-.0000	-.00000

XQ/L=0.1

X/L	FP	FS	FQ	FM
.05	6.7159	1.4917	.3358	.00839
.10	2.8320	1.4024	-.5226	.02872
.15	2.2376	1.3130	-.4107	.00539
.20	1.8355	1.2234	-.3189	-.01285
.25	1.5673	1.1339	-.2406	-.02684
.30	1.3622	1.0445	-.1725	-.03717
.35	1.1932	.9555	-.1128	-.04430
.40	1.0463	.8669	-.0605	-.04863
.45	.9134	.7788	-.0148	-.05051
.50	.7896	.6911	.0247	-.05027
.55	.6713	.6040	.0582	-.04820
.60	.5560	.5173	.0860	-.04459
.65	.4412	.4311	.1081	-.03974
.70	.3242	.3454	.1243	-.03393
.75	.2017	.2600	.1344	-.02746
.80	.0680	.1749	.1378	-.02066
.85	-.0863	.0901	.1335	-.01388
.90	-.2853	.0054	.1192	-.00756
.95	-.5513	-.0792	.0916	-.00229
1.00	-1.8325	-.1637	-.0000	-.00000

XQ/L=0.2

X/L	FP	FS	FQ	FM
.05	5.5524	1.2736	.2776	.00694
.10	2.3830	1.2103	.3968	.02380
.15	1.9138	1.1469	.4925	.04603
.20	1.6022	1.0831	-.4274	.07266
.25	1.3969	1.0187	-.3576	.05303
.30	1.2396	.9538	-.2956	.03670
.35	1.1099	.8884	-.2401	.02331
.40	.9971	.8226	-.1903	.01255
.45	.8950	.7567	-.1455	.00415
.50	.7998	.6908	-.1055	-.00212
.55	.7090	.6248	-.0701	-.00651
.60	.6208	.5588	-.0390	-.00924
.65	.5334	.4930	-.0124	-.01052
.70	.4453	.4272	.0099	-.01058
.75	.3545	.3616	.0276	-.00964
.80	.2579	.2960	.0405	-.00794
.85	.1502	.2305	.0480	-.00573
.90	.0187	.1651	.0490	-.00330
.95	-.1494	.0998	.0415	-.00104
1.00	-.8302	.0344	-.0000	-.00000

XQ/L=0.3

X/L	FP	FS	FQ	FM
.05	4.4198	1.0585	.2210	.00552
.10	1.9401	1.0195	.3180	.01900
.15	1.5876	.9804	.3974	.03688
.20	1.3584	.9410	.4653	.05845
.25	1.2142	.9011	.5260	.08323
.30	1.1084	.8605	-.4186	.11092
.35	1.0214	.8190	-.3675	.09127
.40	.9442	.7764	-.3203	.07407
.45	.8738	.7330	-.2766	.05915
.50	.8079	.6890	-.2362	.04633
.55	.7451	.6445	-.1990	.03545
.60	.6843	.5995	-.1647	.02635
.65	.6249	.5542	-.1335	.01890
.70	.5661	.5087	-.1052	.01293
.75	.5075	.4630	-.0798	.00830
.80	.4484	.4173	-.0574	.00487
.85	.3879	.3714	-.0380	.00249
.90	.3246	.3256	-.0218	.00099
.95	.2553	.2797	-.0090	.00023
1.00	.1802	.2338	-.0000	-.00000

XQ/L=0.4

X/L	FP	FS	FQ	FM
.05	3.3195	.8471	.1660	.00415
.10	1.5060	.8309	.2413	.01433
.15	1.2647	.8146	.3045	.02798
.20	1.1131	.7981	.3602	.04459
.25	1.0239	.7812	.4114	.06388
.30	.9632	.7638	.4595	.08565
.35	.9178	.7456	.5054	.10978
.40	.8807	.7265	-.4506	.13615
.45	.8458	.7061	-.4083	.11468
.50	.8111	.6846	-.3677	.09528
.55	.7776	.6619	-.3288	.07786
.60	.7454	.6384	-.2916	.06235
.65	.7147	.6142	-.2558	.04867
.70	.6861	.5894	-.2215	.03673
.75	.6605	.5642	-.1885	.02648
.80	.6397	.5387	-.1565	.01786
.85	.6274	.5130	-.1252	.01081
.90	.6335	.4871	-.0935	.00535
.95	.6649	.4612	-.0602	.00151
1.00	1.2046	.4352	-.0000	-.00000

XQ/L=0.5

X/L	FP	FS	FQ	FM
.05	2.2492	.6394	.1125	.00281
.10	1.0813	.6448	.1665	.00979
.15	.9467	.6501	.2139	.01930
.20	.8691	.6553	.2573	.03107
.25	.8318	.6602	.2989	.04498
.30	.8128	.6647	.3395	.06094
.35	.8040	.6687	.3797	.07892
.40	.8011	.6720	.4198	.09891
.45	.8013	.6744	.4599	.12090
.50	.8027	.6757	-.5000	.14490
.55	.8027	.6757	-.4599	.12090
.60	.8013	.6744	-.4198	.09891
.65	.8011	.6720	-.3797	.07892
.70	.8040	.6687	-.3395	.06094
.75	.8128	.6647	-.2989	.04498
.80	.8318	.6602	-.2573	.03107
.85	.8691	.6553	-.2139	.01930
.90	.9467	.6501	-.1665	.00979
.95	1.0813	.6448	-.1125	.00281
1.00	2.2492	.6394	-.0000	-.00000

B/L= 5.00 DS/B1= 1.00 KS= 3.000

XM/L=0.0

X/L	FP	FS	FQ	FM
.05	11.8783	2.1989	.5939	-.98515
.10	4.4335	1.9203	.8156	-.94991
.15	3.1556	1.6514	.9734	-.90519
.20	2.2774	1.3917	1.0872	-.85367
.25	1.6740	1.1409	1.1709	-.79722
.30	1.2057	.8983	1.2312	-.73717
.35	.8176	.6634	1.2721	-.67458
.40	.4798	.4355	1.2961	-.61038
.45	.1746	.2141	1.3048	-.54535
.50	-.1099	-.0015	1.2993	-.48025
.55	-.3825	-.2121	1.2802	-.41576
.60	-.6513	-.4181	1.2476	-.35257
.65	-.9243	-.6203	1.2014	-.29134
.70	-1.2117	-.8193	1.1408	-.23278
.75	-1.5278	-1.0156	1.0645	-.17765
.80	-1.8963	-1.2100	.9696	-.12680
.85	-2.3608	-1.4028	.8516	-.08127
.90	-3.0326	-1.5945	.7000	-.04248
.95	-4.0078	-1.7856	.4996	-.01249
1.00	-9.9915	-1.9765	.0000	-.00000

XM/L=0.1

X/L	FP	FS	FQ	FM
.05	11.7712	2.1921	.5886	.01471
.10	4.4951	1.9232	.8133	-.95024
.15	3.1787	1.6552	.9723	-.90560
.20	2.2888	1.3952	1.0867	-.85413
.25	1.6817	1.1440	1.1708	-.79769
.30	1.2114	.9011	1.2313	-.73764
.35	.8219	.6658	1.2724	-.67504
.40	.4832	.4377	1.2966	-.61082
.45	.1773	.2159	1.3055	-.54576
.50	-.1078	-.0000	1.3001	-.48063
.55	-.3810	-.2109	1.2810	-.41610
.60	-.6502	-.4172	1.2485	-.35286
.65	-.9237	-.6197	1.2023	-.29159
.70	-1.2116	-.8190	1.1417	-.23299
.75	-1.5282	-1.0157	1.0653	-.17781
.80	-1.8972	-1.2103	.9705	-.12691
.85	-2.3623	-1.4034	.8524	-.08134
.90	-3.0350	-1.5954	.7006	-.04252
.95	-4.0112	-1.7869	.5001	-.01250
1.00	-10.0012	-1.9780	-.0000	-.00000

XM/L=0.2

X/L	FP	FS	FQ	FM
.05	11.4867	2.1674	.5743	.01436
.10	4.4676	1.9165	.7977	.04866
.15	3.2684	1.6654	.9611	.09263
.20	2.4067	1.4135	1.0815	-.85630
.25	1.7432	1.1617	1.1686	-.80005
.30	1.2500	.9169	1.2311	-.74006
.35	.8502	.6799	1.2736	-.67744
.40	.5047	.4499	1.2989	-.61312
.45	.1939	.2264	1.3086	-.54794
.50	-.0949	.0087	1.3038	-.48263
.55	-.3714	-.2039	1.2853	-.41790
.60	-.6435	-.4120	1.2531	-.35444
.65	-.9197	-.6162	1.2071	-.29294
.70	-1.2102	-.8171	1.1466	-.23409
.75	-1.5295	-1.0155	1.0701	-.17868
.80	-1.9014	-1.2117	.9750	-.12755
.85	-2.3700	-1.4065	.8565	-.08176
.90	-3.0473	-1.6002	.7042	-.04274
.95	-4.0299	-1.7933	.5027	-.01257
1.00	-10.0538	-1.9861	-.0000	-.00000

XM/L=0.3

X/L	FP	FS	FQ	FM
.05	11.1631	2.1329	.5582	.01395
.10	4.3867	1.8980	.7775	.04734
.15	3.2497	1.6628	.9400	.09028
.20	2.4526	1.4269	1.0626	.14035
.25	1.8829	1.1898	1.1567	.19583
.30	1.4030	.9511	1.2269	-.74458
.35	.9379	.7114	1.2738	-.68206
.40	.5633	.4775	1.3020	-.61767
.45	.2374	.2501	1.3138	-.55227
.50	-.0621	.0286	1.3107	-.48666
.55	-.3469	-.1877	1.2934	-.42156
.60	-.6260	-.3995	1.2621	-.35767
.65	-.9085	-.6073	1.2167	-.29570
.70	-1.2050	-.8119	1.1564	-.23637
.75	-1.5304	-1.0139	1.0799	-.18047
.80	-1.9088	-1.2138	.9844	-.12886
.85	-2.3849	-1.4121	.8652	-.08262
.90	-3.0721	-1.6094	.7116	-.04320
.95	-4.0682	-1.8060	.5082	-.01270
1.00	-10.1636	-2.0024	-.0000	-.00000

XM/L=0.4

X/L	FP	FS	FQ	FM
.05	10.8473	2.0951	.5424	.01356
.10	4.2932	1.8737	.7570	.04604
.15	3.2054	1.6520	.9173	.08790
.20	2.4487	1.4296	1.0397	.13683
.25	1.9165	1.2061	1.1356	.19121
.30	1.4855	.9809	1.2098	.24984
.35	1.1047	.7536	1.2651	.31172
.40	.7367	.5234	1.3019	-.62411
.45	.3403	.2910	1.3189	-.55859
.50	.0071	.0634	1.3193	-.49263
.55	-.2967	-.1591	1.3044	-.42704
.60	-.5902	-.3769	1.2749	-.36256
.65	-.8847	-.5908	1.2307	-.29992
.70	-1.1920	-.8013	1.1711	-.23987
.75	-1.5279	-1.0092	1.0947	-.18323
.80	-1.9173	-1.2150	.9988	-.13089
.85	-2.4058	-1.4192	.8785	-.08396
.90	-3.1090	-1.6223	.7231	-.04392
.95	-4.1268	-1.8248	.5168	-.01292
1.00	-10.3351	-2.0270	-.0000	-.00000

XM/L=0.5

X/L	FP	FS	FQ	FM
.05	10.5659	2.0587	.5283	.01321
.10	4.2036	1.8481	.7385	.04488
.15	3.1552	1.6373	.8962	.08574
.20	2.4291	1.4259	1.0177	.13359
.25	1.9224	1.2133	1.1138	.18688
.30	1.5164	.9992	1.1896	.24447
.35	1.1638	.7829	1.2478	.30540
.40	.8379	.5638	1.2897	.36884
.45	.5203	.3414	1.3157	.43398
.50	.1892	.1149	1.3252	-.50000
.55	-.1892	-.1149	1.3157	-.43398
.60	-.5203	-.3414	1.2897	-.36884
.65	-.8379	-.5638	1.2478	-.30540
.70	-1.1638	-.7829	1.1896	-.24447
.75	-1.5164	-.9992	1.1138	-.18688
.80	-1.9224	-1.2133	1.0177	-.13359
.85	-2.4291	-1.4259	.8962	-.08574
.90	-3.1552	-1.6373	.7385	-.04488
.95	-4.2036	-1.8481	.5283	-.01321
1.00	-10.5659	-2.0587	-.0000	-.00000

853

B/L= 5.00 DS/B1= 1.00 KS= 10.000

XQ/L=0.0

X/L	FP	FS	FQ	FM
.05	7.7812	1.6973	-.6109	-.04027
.10	3.2478	1.5860	-.4486	-.06676
.15	2.5450	1.4748	-.3213	-.08601
.20	2.0697	1.3638	-.2178	-.09949
.25	1.7515	1.2532	-.1302	-.10819
.30	1.5069	1.1428	-.0549	-.11282
.35	1.3041	1.0328	.0103	-.11393
.40	1.1264	.9231	.0666	-.11201
.45	.9642	.8137	.1148	-.10747
.50	.8116	.7047	.1554	-.10071
.55	.6643	.5960	.1886	-.09211
.60	.5191	.4876	.2146	-.08203
.65	.3729	.3794	.2332	-.07084
.70	.2220	.2715	.2443	-.05890
.75	.0616	.1637	.2474	-.04660
.80	-.1161	.0562	.2416	-.03438
.85	-.3255	-.0513	.2253	-.02270
.90	-.6025	-.1587	.1952	-.01219
.95	-.9801	-.2660	.1462	-.00366
1.00	-2.9241	-.3733	-.0000	-.00000

XQ/L=0.1

X/L	FP	FS	FQ	FM
.05	6.6765	1.4865	.3338	.00835
.10	2.8182	1.3987	-.5253	.02856
.15	2.2296	1.3108	-.4138	.00508
.20	1.8334	1.2229	-.3221	-.01331
.25	1.5702	1.1351	-.2436	-.02746
.30	1.3693	1.0472	-.1751	-.03793
.35	1.2036	.9595	-.1150	-.04518
.40	1.0592	.8719	-.0620	-.04960
.45	.9278	.7845	-.0156	-.05154
.50	.8047	.5972	.0246	-.05132
.55	.6863	.5100	.0589	-.04923
.60	.5701	.5230	.0874	-.04557
.65	.4537	.4362	.1101	-.04063
.70	.3345	.3495	.1269	-.03470
.75	.2091	.2629	.1373	-.02810
.80	.0719	.1763	.1409	-.02114
.85	-.0867	.0899	.1366	-.01421
.90	-.2911	.0035	.1220	-.00774
.95	-.5641	-.0828	.0938	-.00235
1.00	-1.8763	-.1692	-.0000	-.00000

XQ/L=0.2

X/L	FP	FS	FQ	FM
.05	5.5784	1.2761	.2789	.00697
.10	2.3874	1.2114	.3983	.02390
.15	1.9119	1.1466	.4939	.04621
.20	1.5954	1.0817	-.4263	.07290
.25	1.3881	1.0167	-.3569	.05331
.30	1.2311	.9514	-.2954	.03701
.35	1.1027	.8860	-.2402	.02362
.40	.9916	.8206	-.1907	.01284
.45	.8912	.7551	-.1461	.00442
.50	.7976	.6895	-.1062	-.00189
.55	.7082	.6240	-.0708	-.00681
.60	.6210	.5584	-.0398	-.00908
.65	.5345	.4929	-.0130	-.01040
.70	.4470	.4274	.0093	-.01049
.75	.3565	.3620	.0271	-.00958
.80	.2600	.2966	.0401	-.00790
.85	.1522	.2312	.0477	-.00570
.90	.0205	.1658	.0488	-.00329
.95	-.1478	.1004	.0414	-.00103
1.00	-.8276	.0351	-.0000	-.00000

XQ/L=0.3

X/L	FP	FS	FQ	FM
.05	4.4897	1.0666	.2245	.00561
.10	1.9585	1.0245	.3224	.01928
.15	1.5935	.9822	.4021	.03740
.20	1.3544	.9399	.4698	.05919
.25	1.2022	.8975	.5299	.08419
.30	1.0903	.8548	-.4156	.11205
.35	1.0002	.8119	-.3656	.09252
.40	.9228	.7686	-.3194	.07539
.45	.8536	.7251	-.2767	.06049
.50	.7898	.6814	-.2372	.04764
.55	.7295	.6376	-.2008	.03669
.60	.6716	.5936	-.1672	.02749
.65	.6151	.5495	-.1364	.01990
.70	.5594	.5053	-.1085	.01377
.75	.5040	.4611	-.0833	.00898
.80	.4482	.4168	-.0609	.00538
.85	.3914	.3726	-.0413	.00282
.90	.3327	.3283	-.0247	.00118
.95	.2694	.2840	-.0112	.00028
1.00	.2237	.2397	-.0000	-.00000

XQ/L=0.4

X/L	FP	FS	FQ	FM
.05	3.4107	.8583	.1705	.00426
.10	1.5323	.8382	.2472	.01471
.15	1.2761	.8181	.3110	.02866
.20	1.1128	.7979	.3666	.04560
.25	1.0141	.7777	.4173	.06520
.30	.9453	.7572	.4646	.08724
.35	.8932	.7365	.5092	.11159
.40	.8509	.7156	-.4482	.13811
.45	.8140	.6942	-.4075	.11672
.50	.7805	.6725	-.3685	.09732
.55	.7497	.6505	-.3310	.07983
.60	.7213	.6281	-.2950	.06418
.65	.6951	.6056	-.2602	.05030
.70	.6715	.5829	-.2266	.03813
.75	.6514	.5601	-.1941	.02761
.80	.6367	.5372	-.1622	.01871
.85	.6312	.5142	-.1307	.01138
.90	.6458	.4911	-.0984	.00566
.95	.6881	.4681	-.0640	.00160
1.00	1.2792	.4450	-.0000	-.00000

XQ/L=0.5

X/L	FP	FS	FQ	FM
.05	2.3410	.6511	.1171	.00293
.10	1.1089	.6528	.1725	.01017
.15	.9602	.6544	.2205	.01999
.20	.8717	.6560	.2641	.03211
.25	.8254	.6575	.3054	.04634
.30	.7987	.6589	.3453	.06261
.35	.7830	.6601	.3844	.08085
.40	.7740	.6611	.4231	.10104
.45	.7694	.6618	.4616	.12316
.50	.7677	.6622	-.5000	.14720
.55	.7677	.6622	-.4616	.12316
.60	.7694	.6618	-.4231	.10104
.65	.7740	.6611	-.3844	.08085
.70	.7830	.6601	-.3453	.06261
.75	.7987	.6589	-.3054	.04634
.80	.8254	.6575	-.2641	.03211
.85	.8717	.6560	-.2205	.01999
.90	.9602	.6544	-.1725	.01017
.95	1.1089	.6528	-.1171	.00293
1.00	2.3410	.6511	-.0000	-.00000

B/L= 5.00 DS/B1= 1.00 KS= 10.000

XM/L=0.0

X/L	FP	FS	FQ	FM
.05	11.0547	2.1092	.5527	-.98618
.10	4.2908	1.8728	.7673	-.95318
.15	3.1522	1.6394	.9249	-.91088
.20	2.3626	1.4088	1.0430	-.86168
.25	1.8122	1.1808	1.1336	-.80726
.30	1.3757	.9554	1.2024	-.74886
.35	1.0044	.7322	1.2526	-.68749
.40	.6721	.5113	1.2862	-.62401
.45	.3637	.2923	1.3044	-.55925
.50	.0688	.0750	1.3079	-.49394
.55	-.2202	-.1406	1.2968	-.42882
.60	-.5102	-.3549	1.2713	-.36462
.65	-.8086	-.5680	1.2309	-.30206
.70	-1.1252	-.7800	1.1746	-.24192
.75	-1.4743	-.9913	1.1009	-.18503
.80	-1.8799	-1.2019	1.0069	-.13234
.85	-2.3876	-1.4121	.8876	-.08498
.90	-3.1139	-1.6219	.7319	-.04449
.95	-4.1598	-1.8315	.5239	-.01310
1.00	-10.4774	-2.0410	.0000	-.00000

XM/L=0.1

X/L	FP	FS	FQ	FM
.05	11.0225	2.1071	.5511	.01378
.10	4.3092	1.8737	.7666	-.95328
.15	3.1591	1.6405	.9245	-.91100
.20	2.3660	1.4098	1.0428	-.86182
.25	1.8145	1.1818	1.1336	-.80741
.30	1.3775	.9562	1.2024	-.74901
.35	1.0057	.7330	1.2527	-.68763
.40	.6732	.5119	1.2864	-.62415
.45	.3645	.2928	1.3046	-.55937
.50	.0694	.0755	1.3081	-.49406
.55	-.2197	-.1403	1.2971	-.42893
.60	-.5098	-.3546	1.2716	-.36471
.65	-.8084	-.5678	1.2312	-.30214
.70	-1.1252	-.7799	1.1749	-.24199
.75	-1.4744	-.9913	1.1012	-.18508
.80	-1.8802	-1.2020	1.0072	-.13237
.85	-2.3880	-1.4122	.8878	-.08500
.90	-3.1146	-1.6222	.7321	-.04450
.95	-4.1609	-1.8319	.5240	-.01310
1.00	-10.4804	-2.0415	-.0000	-.00000

XM/L=0.2

X/L	FP	FS	FQ	FM
.05	10.9364	2.0996	.5468	.01367
.10	4.3008	1.8716	.7619	.04639
.15	3.1860	1.6436	.9212	.08846
.20	2.4014	1.4153	1.0412	-.86248
.25	1.8331	1.1871	1.1329	-.80812
.30	1.3892	.9610	1.2023	-.74974
.35	1.0144	.7373	1.2531	-.68836
.40	.6799	.5157	1.2871	-.62486
.45	.3697	.2960	1.3055	-.56004
.50	.0735	.0782	1.3092	-.49467
.55	-.2166	-.1381	1.2984	-.42948
.60	-.5076	-.3530	1.2730	-.36520
.65	-.8071	-.5666	1.2326	-.30256
.70	-1.1247	-.7793	1.1764	-.24233
.75	-1.4747	-.9912	1.1027	-.18535
.80	-1.8814	-1.2024	1.0086	-.13257
.85	-2.3904	-1.4132	.8891	-.08513
.90	-3.1184	-1.6236	.7332	-.04457
.95	-4.1667	-1.8338	.5248	-.01312
1.00	-10.4968	-2.0440	-.0000	-.00000

XM/L=0.3

X/L	FP	FS	FQ	FM
.05	10.8379	2.0891	.5419	.01355
.10	4.2762	1.8660	.7557	.04599
.15	3.1802	1.6428	.9147	.08775
.20	2.4152	1.4194	1.0355	.13650
.25	1.8752	1.1956	1.1292	.19062
.30	1.4354	.9714	1.2010	-.75112
.35	1.0411	.7468	1.2531	-.68977
.40	.6978	.5241	1.2879	-.62625
.45	.3832	.3033	1.3071	-.56137
.50	.0838	.0843	1.3113	-.49591
.55	-.2089	-.1331	1.3008	-.43061
.60	-.5020	-.3491	1.2757	-.36619
.65	-.8035	-.5639	1.2356	-.30341
.70	-1.1229	-.7777	1.1794	-.24303
.75	-1.4748	-.9907	1.1057	-.18591
.80	-1.8836	-1.2030	1.0115	-.13298
.85	-2.3949	-1.4149	.8918	-.08539
.90	-3.1260	-1.6264	.7355	-.04471
.95	-4.1785	-1.8378	.5265	-.01316
1.00	-10.5308	-2.0490	-.0000	-.00000

XM/L=0.4

X/L	FP	FS	FQ	FM
.05	10.7414	2.0775	.5371	.01343
.10	4.2476	1.8585	.7495	.04559
.15	3.1667	1.6394	.9078	.08702
.20	2.4141	1.4202	1.0285	.13543
.25	1.8855	1.2005	1.1228	.18921
.30	1.4605	.9804	1.1958	.24717
.35	1.0915	.7597	1.2504	.30833
.40	.7504	.5381	1.2879	-.62822
.45	.4146	.3158	1.3086	-.56331
.50	.1051	.0950	1.3139	-.49774
.55	-.1933	-.1242	1.3042	-.43229
.60	-.4908	-.3421	1.2797	-.36770
.65	-.7959	-.5587	1.2399	-.30471
.70	-1.1186	-.7744	1.1839	-.24411
.75	-1.4738	-.9892	1.1102	-.18676
.80	-1.8860	-1.2033	1.0159	-.13360
.85	-2.4012	-1.4170	.8959	-.08581
.90	-3.1373	-1.6304	.7390	-.04494
.95	-4.1966	-1.8435	.5292	-.01323
1.00	-10.5838	-2.0566	-.0000	-.00000

XM/L=0.5

X/L	FP	FS	FQ	FM
.05	10.6550	2.0664	.5327	.01332
.10	4.2202	1.8507	.7438	.04523
.15	3.1514	1.6350	.9013	.08636
.20	2.4082	1.4190	1.0217	.13444
.25	1.8874	1.2028	1.1161	.18788
.30	1.4701	.9860	1.1896	.24552
.35	1.1097	.7686	1.2451	.30639
.40	.7813	.5504	1.2842	.36962
.45	.4692	.3312	1.3076	.43442
.50	.1604	.1107	1.3156	-.50000
.55	-.1604	-.1107	1.3076	-.43442
.60	-.4692	-.3312	1.2842	-.36962
.65	-.7813	-.5504	1.2451	-.30639
.70	-1.1097	-.7686	1.1896	-.24552
.75	-1.4701	-.9860	1.1161	-.18788
.80	-1.8874	-1.2028	1.0217	-.13444
.85	-2.4082	-1.4190	.9013	-.08636
.90	-3.1514	-1.6350	.7438	-.04523
.95	-4.2202	-1.8507	.5327	-.01332
1.00	-10.6550	-2.0664	-.0000	-.00000

B/L= 5.00 DS/B1= 1.00 KS=100.000

XQ/L=0.0

X/L	FP	FS	FQ	FM
.05	7.7337	1.6917	-.6133	-.04033
.10	3.2361	1.5826	-.4515	-.06695
.15	2.5415	1.4734	-.3244	-.08635
.20	2.0721	1.3643	-.2208	-.09998
.25	1.7580	1.2552	-.1329	-.10883
.30	1.5164	1.1461	-.0571	-.11358
.35	1.3156	1.0371	.0087	-.11479
.40	1.1391	.9280	.0656	-.11293
.45	.9774	.8191	.1145	-.10843
.50	.8247	.7101	.1557	-.10167
.55	.6768	.6012	.1896	-.09304
.60	.5304	.4923	.2161	-.08290
.65	.3825	.3835	.2352	-.07162
.70	.2296	.2747	.2467	-.05957
.75	.0667	.1659	.2500	-.04715
.80	-.1138	.0571	.2443	-.03479
.85	-.3267	-.0517	.2280	-.02298
.90	-.6080	-.1605	.1976	-.01234
.95	-.9912	-.2693	.1480	-.00370
1.00	-2.9609	-.3780	-.0000	-.00000

XQ/L=0.1

X/L	FP	FS	FQ	FM
.05	6.6608	1.4844	.3330	.00833
.10	2.8127	1.3972	-.5263	.02849
.15	2.2265	1.3100	-.4150	.00496
.20	1.8326	1.2227	-.3234	-.01350
.25	1.5714	1.1355	-.2448	-.02770
.30	1.3721	1.0483	-.1762	-.03823
.35	1.2078	.9611	-.1158	-.04553
.40	1.0643	.8739	-.0626	-.04999
.45	.9336	.7867	-.0159	-.05195
.50	.8107	.6996	.0246	-.05173
.55	.6923	.6124	.0592	-.04964
.60	.5758	.5253	.0880	-.04596
.65	.4587	.4382	.1110	-.04098
.70	.3386	.3511	.1279	-.03501
.75	.2120	.2640	.1385	-.02835
.80	.0735	.1769	.1422	-.02134
.85	-.0869	.0898	.1378	-.01434
.90	-.2934	.0028	.1231	-.00781
.95	-.5692	-.0843	.0947	-.00237
1.00	-1.8937	-.1713	-.0000	-.00000

XQ/L=0.2

X/L	FP	FS	FQ	FM
.05	5.5886	1.2771	.2794	.00699
.10	2.3892	1.2118	.3989	.02394
.15	1.9112	1.1465	.4944	.04628
.20	1.5928	1.0812	-.4259	.07299
.25	1.3846	1.0158	-.3567	.05343
.30	1.2278	.9505	-.2953	.03713
.35	1.0999	.8851	-.2403	.02374
.40	.9894	.8198	-.1908	.01296
.45	.8896	.7544	-.1463	.00453
.50	.7967	.6890	-.1065	-.00179
.55	.7078	.6236	-.0711	-.00623
.60	.6211	.5583	-.0401	-.00901
.65	.5349	.4929	-.0133	-.01035
.70	.4476	.4275	.0091	-.01045
.75	.3573	.3621	.0269	-.00955
.80	.2608	.2968	.0400	-.00788
.85	.1530	.2314	.0476	-.00569
.90	.0212	.1661	.0487	-.00328
.95	-.1471	.1007	.0413	-.00103
1.00	-.8264	.0353	-.0000	-.00000

XQ/L=0.3

X/L	FP	FS	FQ	FM
.05	4.5173	1.0699	.2259	.00565
.10	1.9658	1.0264	.3242	.01940
.15	1.5959	.9830	.4040	.03760
.20	1.3528	.9395	.4716	.05949
.25	1.1975	.8961	.5315	.08456
.30	1.0832	.8526	-.4144	.11249
.35	.9919	.8091	-.3648	.09301
.40	.9144	.7656	-.3191	.07592
.45	.8456	.7220	-.2768	.06102
.50	.7826	.6784	-.2376	.04816
.55	.7233	.6348	-.2015	.03718
.60	.6664	.5912	-.1682	.02794
.65	.6111	.5476	-.1376	.02030
.70	.5567	.5039	-.1098	.01411
.75	.5025	.4603	-.0846	.00925
.80	.4481	.4167	-.0622	.00558
.85	.3928	.3730	-.0426	.00296
.90	.3359	.3294	-.0258	.00125
.95	.2751	.2857	-.0121	.00030
1.00	.2411	.2421	-.0000	-.00000

XQ/L=0.4

X/L	FP	FS	FQ	FM
.05	3.4470	.8627	.1723	.00431
.10	1.5427	.8411	.2495	.01485
.15	1.2807	.8195	.3135	.02893
.20	1.1127	.7979	.3692	.04600
.25	1.0102	.7763	.4197	.06572
.30	.9382	.7546	.4666	.08787
.35	.8834	.7329	.5107	.11231
.40	.8391	.7112	-.4473	.13889
.45	.8014	.6895	-.4072	.11753
.50	.7683	.6677	-.3688	.09813
.55	.7386	.6459	-.3319	.08061
.60	.7116	.6241	-.2963	.06491
.65	.6872	.6022	-.2619	.05095
.70	.6657	.5803	-.2287	.03869
.75	.6478	.5584	-.1963	.02806
.80	.6355	.5365	-.1645	.01904
.85	.6327	.5146	-.1329	.01161
.90	.6507	.4927	-.1003	.00578
.95	.6974	.4708	-.0655	.00164
1.00	1.3090	.4489	-.0000	-.00000

XQ/L=0.5

X/L	FP	FS	FQ	FM
.05	2.3776	.6558	.1189	.00297
.10	1.1199	.6559	.1749	.01032
.15	.9656	.6561	.2232	.02027
.20	.8727	.6562	.2668	.03252
.25	.8228	.6564	.3079	.04688
.30	.7930	.6565	.3476	.06327
.35	.7746	.6567	.3863	.08162
.40	.7633	.6568	.4245	.10189
.45	.7567	.6568	.4623	.12406
.50	.7537	.6569	-.5000	.14812
.55	.7537	.6569	-.4623	.12406
.60	.7567	.6568	-.4245	.10189
.65	.7633	.6568	-.3863	.08162
.70	.7746	.6567	-.3476	.06327
.75	.7930	.6565	-.3079	.04688
.80	.8228	.6564	-.2668	.03252
.85	.8727	.6562	-.2232	.02027
.90	.9656	.6561	-.1749	.01032
.95	1.1199	.6559	-.1189	.00297
1.00	2.3776	.6558	-.0000	-.00000

B/L= 5.00 DS/B1= 1.00 KS=100.000

XM/L=0.0

X/L	FP	FS	FQ	FM
.05	10.7298	2.0737	.5365	-.98659
.10	4.2337	1.8539	.7482	-.95447
.15	3.1500	1.6345	.9057	-.91313
.20	2.3955	1.4154	1.0254	-.86485
.25	1.8663	1.1965	1.1188	-.81124
.30	1.4426	.9779	1.1909	-.75350
.35	1.0782	.7595	1.2448	-.69261
.40	.7484	.5413	1.2822	-.62943
.45	.4388	.3233	1.3042	-.56477
.50	.1400	.1055	1.3112	-.49939
.55	-.1553	-.1121	1.3034	-.43402
.60	-.4536	-.3296	1.2807	-.36942
.65	-.7622	-.5470	1.2426	-.30634
.70	-1.0904	-.7643	1.1881	-.24557
.75	-1.4526	-.9815	1.1155	-.18798
.80	-1.8731	-1.1986	1.0218	-.13455
.85	-2.3980	-1.4157	.9019	-.08646
.90	-3.1461	-1.6327	.7446	-.04529
.95	-4.2205	-1.8498	.5336	-.01334
1.00	-10.6716	-2.0668	.0000	-.00000

XM/L=0.1

X/L	FP	FS	FQ	FM
.05	10.7265	2.0735	.5363	.01341
.10	4.2356	1.8540	.7481	-.95448
.15	3.1507	1.6346	.9056	-.91314
.20	2.3958	1.4155	1.0254	-.86486
.25	1.8665	1.1966	1.1188	-.81126
.30	1.4428	.9779	1.1909	-.75351
.35	1.0783	.7595	1.2448	-.69262
.40	.7485	.5414	1.2822	-.62945
.45	.4389	.3234	1.3042	-.56478
.50	.1401	.1056	1.3112	-.49940
.55	-.1552	-.1121	1.3034	-.43404
.60	-.4536	-.3296	1.2807	-.36943
.65	-.7621	-.5470	1.2426	-.30635
.70	-1.0904	-.7643	1.1881	-.24558
.75	-1.4526	-.9815	1.1155	-.18799
.80	-1.8731	-1.1986	1.0218	-.13455
.85	-2.3980	-1.4157	.9019	-.08646
.90	-3.1462	-1.6328	.7446	-.04530
.95	-4.2206	-1.8498	.5336	-.01334
1.00	-10.6719	-2.0568	-.0000	-.00000

XM/L=0.2

X/L	FP	FS	FQ	FM
.05	10.7179	2.0727	.5359	.01340
.10	4.2347	1.8538	.7476	.04549
.15	3.1534	1.6349	.9053	.08681
.20	2.3994	1.4160	1.0253	-.86493
.25	1.8684	1.1971	1.1187	-.81133
.30	1.4440	.9784	1.1909	-.75359
.35	1.0792	.7600	1.2448	-.69270
.40	.7492	.5417	1.2823	-.62952
.45	.4394	.3237	1.3043	-.56485
.50	.1405	.1058	1.3113	-.49946
.55	-.1549	-.1119	1.3036	-.43409
.60	-.4534	-.3294	1.2809	-.36948
.65	-.7620	-.5469	1.2428	-.30639
.70	-1.0903	-.7642	1.1883	-.24561
.75	-1.4526	-.9815	1.1156	-.18801
.80	-1.8732	-1.1987	1.0220	-.13457
.85	-2.3983	-1.4158	.9021	-.08647
.90	-3.1466	-1.6329	.7447	-.04530
.95	-4.2212	-1.8500	.5337	-.01334
1.00	-10.6735	-2.0671	-.0000	-.00000

XM/L=0.3

X/L	FP	FS	FQ	FM
.05	10.7080	2.0716	.5354	.01338
.10	4.2322	1.8532	.7470	.04545
.15	3.1528	1.6348	.9047	.08674
.20	2.4008	1.4164	1.0247	.13497
.25	1.8726	1.1980	1.1183	.18855
.30	1.4486	.9795	1.1908	-.75373
.35	1.0819	.7609	1.2448	-.69284
.40	.7510	.5426	1.2824	-.62966
.45	.4408	.3244	1.3044	-.56499
.50	.1415	.1065	1.3115	-.49959
.55	-.1541	-.1114	1.3038	-.43420
.60	-.4528	-.3290	1.2812	-.36958
.65	-.7616	-.5466	1.2431	-.30647
.70	-1.0901	-.7640	1.1886	-.24568
.75	-1.4526	-.9814	1.1159	-.18807
.80	-1.8735	-1.1987	1.0223	-.13461
.85	-2.3987	-1.4160	.9023	-.08650
.90	-3.1473	-1.6332	.7450	-.04532
.95	-4.2224	-1.8504	.5338	-.01335
1.00	-10.6770	-2.0676	-.0000	-.00000

XM/L=0.4

X/L	FP	FS	FQ	FM
.05	10.6983	2.0705	.5349	.01337
.10	4.2293	1.8525	.7464	.04541
.15	3.1514	1.6345	.9040	.08666
.20	2.4007	1.4165	1.0240	.13486
.25	1.8736	1.1985	1.1177	.18840
.30	1.4511	.9804	1.1902	.24610
.35	1.0869	.7622	1.2446	.30697
.40	.7563	.5440	1.2824	-.62986
.45	.4440	.3257	1.3046	-.56518
.50	.1437	.1075	1.3118	-.49977
.55	-.1526	-.1105	1.3041	-.43437
.60	-.4516	-.3283	1.2816	-.36973
.65	-.7609	-.5461	1.2435	-.30661
.70	-1.0897	-.7637	1.1890	-.24579
.75	-1.4525	-.9813	1.1164	-.18816
.80	-1.8737	-1.1988	1.0227	-.13468
.85	-2.3994	-1.4162	.9028	-.08654
.90	-3.1485	-1.6336	.7453	-.04534
.95	-4.2242	-1.8510	.5341	-.01335
1.00	-10.6824	-2.0684	-.0000	-.00000

XM/L=0.5

X/L	FP	FS	FQ	FM
.05	10.6896	2.0693	.5345	.01336
.10	4.2266	1.8517	.7458	.04537
.15	3.1499	1.6341	.9033	.08660
.20	2.4001	1.4164	1.0233	.13476
.25	1.8738	1.1987	1.1170	.18827
.30	1.4521	.9809	1.1896	.24593
.35	1.0888	.7631	1.2440	.30678
.40	.7594	.5452	1.2820	.36993
.45	.4495	.3272	1.3045	.43459
.50	.1492	.1091	1.3119	-.50000
.55	-.1492	-.1091	1.3045	-.43459
.60	-.4495	-.3272	1.2820	-.36993
.65	-.7594	-.5452	1.2440	-.30678
.70	-1.0888	-.7631	1.1896	-.24593
.75	-1.4521	-.9809	1.1170	-.18827
.80	-1.8738	-1.1987	1.0233	-.13476
.85	-2.4001	-1.4164	.9033	-.08660
.90	-3.1499	-1.6341	.7458	-.04537
.95	-4.2266	-1.8517	.5345	-.01336
1.00	-10.6896	-2.0693	-.0000	-.00000

GLEICHMAESSIGE BELASTUNG B/L= 5.00 DS/B1= 1.00

KS= .001

X/L	FP	FS	FQ	FM
.05	1.1361	.5162	.0068	.00017
.10	.8839	.5783	.0010	.00037
.15	.9594	.6320	-.0010	.00036
.20	.9927	.6746	-.0014	.00030
.25	1.0051	.7071	-.0011	.00024
.30	1.0072	.7315	-.0008	.00019
.35	1.0059	.7494	-.0005	.00016
.40	1.0042	.7620	-.0003	.00014
.45	1.0030	.7700	-.0001	.00013
.50	1.0025	.7740	-.0000	.00013
.55	1.0025	.7740	.0001	.00013
.60	1.0030	.7700	.0003	.00014
.65	1.0042	.7620	.0005	.00016
.70	1.0059	.7494	.0008	.00019
.75	1.0072	.7315	.0011	.00024
.80	1.0051	.7071	.0014	.00030
.85	.9927	.6746	.0010	.00036
.90	.9594	.6320	-.0010	.00037
.95	.8839	.5783	-.0068	.00017
1.00	1.1361	.5162	.0000	.00000

KS= .003

X/L	FP	FS	FQ	FM
.05	1.2300	.5229	.0115	.00029
.10	.8631	.5775	.0047	.00069
.15	.9192	.6271	.0006	.00082
.20	.9599	.6690	-.0014	.00080
.25	.9873	.7027	-.0020	.00072
.30	1.0018	.7289	-.0019	.00062
.35	1.0082	.7483	-.0015	.00053
.40	1.0102	.7620	-.0010	.00047
.45	1.0103	.7707	-.0005	.00043
.50	1.0101	.7750	.0000	.00042
.55	1.0101	.7750	.0005	.00043
.60	1.0103	.7707	.0010	.00047
.65	1.0102	.7620	.0015	.00053
.70	1.0082	.7483	.0019	.00062
.75	1.0018	.7289	.0020	.00072
.80	.9873	.7027	.0014	.00080
.85	.9599	.6690	-.0006	.00082
.90	.9192	.6271	-.0047	.00069
.95	.8631	.5775	-.0115	.00029
1.00	1.2300	.5229	.0000	.00000

KS= .010

X/L	FP	FS	FQ	FM
.05	1.3760	.5359	.0188	.00047
.10	.8652	.5810	.0121	.00124
.15	.8861	.6236	.0064	.00170
.20	.9163	.6617	.0022	.00192
.25	.9489	.6943	-.0004	.00196
.30	.9751	.7212	-.0016	.00191
.35	.9940	.7422	-.0019	.00182
.40	1.0067	.7576	-.0016	.00173
.45	1.0142	.7677	-.0009	.00167
.50	1.0176	.7726	-.0000	.00165
.55	1.0176	.7726	.0009	.00167
.60	1.0142	.7677	.0016	.00173
.65	1.0067	.7576	.0019	.00182
.70	.9940	.7422	.0016	.00191
.75	.9751	.7212	.0004	.00196
.80	.9489	.6943	-.0022	.00192
.85	.9163	.6617	-.0064	.00170
.90	.8861	.6236	-.0121	.00124
.95	.8652	.5810	-.0188	.00047
1.00	1.3760	.5359	.0000	.00000

KS= .020

X/L	FP	FS	FQ	FM
.05	1.4897	.5479	.0245	.00061
.10	.8831	.5870	.0186	.00169
.15	.8801	.6244	.0126	.00247
.20	.8973	.6586	.0075	.00298
.25	.9252	.6887	.0038	.00326
.30	.9520	.7141	.0014	.00339
.35	.9741	.7345	.0001	.00342
.40	.9906	.7499	-.0004	.00341
.45	1.0014	.7601	-.0003	.00340
.50	1.0067	.7651	-.0000	.00339
.55	1.0067	.7651	.0003	.00340
.60	1.0014	.7601	.0004	.00341
.65	.9906	.7499	-.0001	.00342
.70	.9741	.7345	-.0014	.00339
.75	.9520	.7141	-.0038	.00326
.80	.9252	.6887	-.0075	.00298
.85	.8973	.6586	-.0126	.00247
.90	.8801	.6244	-.0186	.00169
.95	.8831	.5870	-.0245	.00061
1.00	1.4897	.5479	.0000	.00000

KS= .050

X/L	FP	FS	FQ	FM
.05	1.6902	.5713	.0345	.00086
.10	.9298	.6010	.0310	.00250
.15	.8898	.6296	.0255	.00391
.20	.8824	.6564	.0196	.00504
.25	.8955	.6804	.0144	.00589
.30	.9139	.7012	.0101	.00650
.35	.9319	.7183	.0067	.00692
.40	.9468	.7313	.0040	.00719
.45	.9572	.7400	.0019	.00734
.50	.9625	.7445	-.0000	.00738
.55	.9625	.7445	-.0019	.00734
.60	.9572	.7400	-.0040	.00719
.65	.9468	.7313	-.0067	.00692
.70	.9319	.7183	-.0101	.00650
.75	.9139	.7012	-.0144	.00589
.80	.8955	.6804	-.0196	.00504
.85	.8824	.6564	-.0255	.00391
.90	.8898	.6296	-.0310	.00250
.95	.9298	.6010	-.0345	.00086
1.00	1.6902	.5713	.0000	.00000

KS= .100

X/L	FP	FS	FQ	FM
.05	1.8717	.5933	.0436	.00109
.10	.9781	.6150	.0425	.00324
.15	.9070	.6361	.0378	.00525
.20	.8770	.6558	.0317	.00699
.25	.8743	.6738	.0254	.00842
.30	.8813	.6894	.0195	.00954
.35	.8912	.7024	.0140	.01037
.40	.9005	.7123	.0091	.01095
.45	.9076	.7191	.0044	.01129
.50	.9113	.7225	.0000	.01140
.55	.9113	.7225	-.0044	.01129
.60	.9076	.7191	-.0091	.01095
.65	.9005	.7123	-.0140	.01037
.70	.8912	.7024	-.0195	.00954
.75	.8813	.6894	-.0254	.00842
.80	.8743	.6738	-.0317	.00699
.85	.8770	.6558	-.0378	.00525
.90	.9070	.6361	-.0425	.00324
.95	.9781	.6150	-.0436	.00109
1.00	1.8717	.5933	.0000	.00000

GLEICHMAESSIGE BELASTUNG B/L= 5.00 DS/B1= 1.00

KS= .200

X/L	FP	FS	FQ	FM
.05	2.0459	.6147	.0523	.00131
.10	1.0262	.6289	.0536	.00395
.15	.9262	.6428	.0499	.00654
.20	.8745	.6558	.0436	.00888
.25	.8559	.6677	.0364	.01088
.30	.8507	.6781	.0290	.01252
.35	.8513	.6868	.0215	.01378
.40	.8541	.6934	.0142	.01468
.45	.8568	.6980	.0071	.01521
.50	.8584	.7003	.0000	.01539
.55	.8584	.7003	-.0071	.01521
.60	.8568	.6980	-.0142	.01468
.65	.8541	.6934	-.0215	.01378
.70	.8513	.6868	-.0290	.01252
.75	.8507	.6781	-.0364	.01088
.80	.8559	.6677	-.0436	.00888
.85	.8745	.6558	-.0499	.00654
.90	.9262	.6428	-.0536	.00395
.95	1.0262	.6289	-.0523	.00131
1.00	2.0459	.6147	.0000	.00000

KS= .500

X/L	FP	FS	FQ	FM
.05	2.2155	.6357	.0608	.00152
.10	1.0740	.6427	.0645	.00465
.15	.9461	.6495	.0618	.00781
.20	.8733	.6560	.0554	.01074
.25	.8388	.6619	.0474	.01331
.30	.8211	.6671	.0384	.01545
.35	.8122	.6714	.0291	.01714
.40	.8078	.6748	.0194	.01835
.45	.8059	.6770	.0097	.01908
.50	.8052	.6782	.0000	.01933
.55	.8052	.6782	-.0097	.01908
.60	.8059	.6770	-.0194	.01835
.65	.8078	.6748	-.0291	.01714
.70	.8122	.6714	-.0384	.01545
.75	.8211	.6671	-.0474	.01331
.80	.8388	.6619	-.0554	.01074
.85	.8733	.6560	-.0618	.00781
.90	.9461	.6495	-.0645	.00465
.95	1.0740	.6427	-.0608	.00152
1.00	2.2155	.6357	.0000	.00000

KS= 1.000

X/L	FP	FS	FQ	FM
.05	2.2914	.6451	.0646	.00161
.10	1.0955	.6489	.0693	.00496
.15	.9552	.6526	.0671	.00837
.20	.8730	.6561	.0608	.01157
.25	.8314	.6593	.0523	.01440
.30	.8080	.6621	.0427	.01677
.35	.7946	.6645	.0325	.01865
.40	.7870	.6663	.0218	.02001
.45	.7829	.6676	.0109	.02083
.50	.7811	.6682	.0000	.02110
.55	.7811	.6682	-.0109	.02083
.60	.7829	.6676	-.0218	.02001
.65	.7870	.6663	-.0325	.01865
.70	.7946	.6645	-.0427	.01677
.75	.8080	.6621	-.0523	.01440
.80	.8314	.6593	-.0608	.01157
.85	.8730	.6561	-.0671	.00837
.90	.9552	.6526	-.0693	.00496
.95	1.0955	.6489	-.0646	.00161
1.00	2.2914	.6451	.0000	.00000

KS= 3.000

X/L	FP	FS	FQ	FM
.05	2.3498	.6523	.0675	.00169
.10	1.1121	.6537	.0731	.00520
.15	.9623	.6550	.0712	.00881
.20	.8729	.6562	.0649	.01221
.25	.8257	.6574	.0561	.01524
.30	.7979	.6584	.0460	.01779
.35	.7811	.6592	.0351	.01982
.40	.7709	.6598	.0236	.02129
.45	.7651	.6603	.0119	.02217
.50	.7624	.6605	.0000	.02247
.55	.7624	.6605	-.0119	.02217
.60	.7651	.6603	-.0236	.02129
.65	.7709	.6598	-.0351	.01982
.70	.7811	.6592	-.0460	.01779
.75	.7979	.6584	-.0561	.01524
.80	.8257	.6574	-.0649	.01221
.85	.8729	.6562	-.0712	.00881
.90	.9623	.6550	-.0731	.00520
.95	1.1121	.6537	-.0675	.00169
1.00	2.3498	.6523	.0000	.00000

KS= 10.000

X/L	FP	FS	FQ	FM
.05	2.3719	.6551	.0686	.00171
.10	1.1184	.6555	.0745	.00529
.15	.9650	.6559	.0728	.00897
.20	.8728	.6563	.0664	.01245
.25	.8235	.6566	.0576	.01555
.30	.7941	.6569	.0473	.01818
.35	.7759	.6572	.0361	.02026
.40	.7648	.6574	.0243	.02177
.45	.7583	.6575	.0122	.02268
.50	.7553	.6576	.0000	.02299
.55	.7553	.6576	-.0122	.02268
.60	.7583	.6575	-.0243	.02177
.65	.7648	.6574	-.0361	.02026
.70	.7759	.6572	-.0473	.01818
.75	.7941	.6569	-.0576	.01555
.80	.8235	.6566	-.0664	.01245
.85	.8728	.6563	-.0728	.00897
.90	.9650	.6559	-.0745	.00529
.95	1.1184	.6555	-.0686	.00171
1.00	2.3719	.6551	.0000	.00000

KS=100.000

X/L	FP	FS	FQ	FM
.05	2.3807	.6562	.0690	.00173
.10	1.1209	.6562	.0751	.00533
.15	.9661	.6562	.0734	.00904
.20	.8728	.6563	.0670	.01255
.25	.8227	.6563	.0582	.01568
.30	.7925	.6563	.0478	.01833
.35	.7739	.6564	.0365	.02044
.40	.7623	.6564	.0246	.02196
.45	.7556	.6564	.0124	.02289
.50	.7525	.6564	.0000	.02320
.55	.7525	.6564	-.0124	.02289
.60	.7556	.6564	-.0246	.02196
.65	.7623	.6564	-.0365	.02044
.70	.7739	.6564	-.0478	.01833
.75	.7925	.6563	-.0582	.01568
.80	.8227	.6563	-.0670	.01255
.85	.8728	.6563	-.0734	.00904
.90	.9661	.6562	-.0751	.00533
.95	1.1209	.6562	-.0690	.00173
1.00	2.3807	.6562	.0000	.00000

B/L= 5.00 DS/B1= 2.00 KS= .001

XQ/L=0.0

X/L	FP	FS	FQ	FM
.05	22.6060	3.2340	.1303	-.02174
.10	.7025	2.0378	.1654	-.01435
.15	-1.0881	1.3852	.1110	-.00744
.20	-1.1035	1.0559	.0558	-.00327
.25	-.6543	.8838	.0231	-.00129
.30	-.3060	.7780	.0078	-.00052
.35	-.1160	.6984	.0020	-.00027
.40	-.0331	.6302	.0004	-.00021
.45	-.0044	.5691	.0002	-.00020
.50	.0022	.5142	.0003	-.00019
.55	.0019	.4649	.0004	-.00017
.60	.0004	.4211	.0004	-.00015
.65	-.0006	.3820	.0004	-.00013
.70	-.0009	.3472	.0003	-.00012
.75	-.0007	.3161	.0003	-.00010
.80	-.0000	.2884	.0003	-.00009
.85	.0014	.2634	.0003	-.00007
.90	.0034	.2409	.0005	-.00005
.95	.0051	.2202	.0008	-.00002
1.00	-.0154	.2007	-.0000	-.00000

XQ/L=0.1

X/L	FP	FS	FQ	FM
.05	3.6113	1.8340	.1806	.00451
.10	6.3037	2.1661	-.5043	.02142
.15	6.2048	2.1600	-.1940	.00397
.20	2.9821	1.8238	-.0449	-.00201
.25	1.0509	1.4676	.0076	-.00294
.30	.2023	1.1888	.0178	-.00230
.35	-.0696	.9893	.0143	-.00150
.40	-.1080	.8457	.0089	-.00092
.45	-.0792	.7402	.0049	-.00058
.50	-.0458	.6560	.0026	-.00039
.55	-.0233	.5853	.0015	-.00029
.60	-.0111	.5267	.0009	-.00023
.65	-.0054	.4748	.0006	-.00019
.70	-.0029	.4293	.0005	-.00016
.75	-.0016	.3890	.0004	-.00014
.80	-.0003	.3533	.0004	-.00012
.85	.0016	.3215	.0005	-.00010
.90	.0043	.2930	.0007	-.00007
.95	.0065	.2670	.0010	-.00003
1.00	-.0204	.2424	-.0000	-.00000

XQ/L=0.2

X/L	FP	FS	FQ	FM
.05	-.7047	1.1171	-.0352	-.00088
.10	1.2794	1.4554	.0287	-.00104
.15	3.1424	1.8264	.1859	.00432
.20	6.2323	2.1581	-.5025	.02140
.25	6.1737	2.1547	-.1938	.00399
.30	2.9746	1.8208	-.0451	-.00198
.35	1.0509	1.4660	.0074	-.00292
.40	.2039	1.1879	.0176	-.00230
.45	-.0683	.9888	.0142	-.00150
.50	-.1072	.8464	.0088	-.00092
.55	-.0789	.7399	.0049	-.00058
.60	-.0457	.6558	.0026	-.00039
.65	-.0233	.5861	.0015	-.00029
.70	-.0110	.5266	.0009	-.00023
.75	-.0049	.4748	.0007	-.00019
.80	-.0015	.4294	.0006	-.00016
.85	.0017	.3893	.0007	-.00013
.90	.0053	.3535	.0009	-.00009
.95	.0082	.3211	.0013	-.00003
1.00	-.0268	.2905	-.0000	-.00000

XQ/L=0.3

X/L	FP	FS	FQ	FM
.05	-.5157	.8157	-.0258	-.00064
.10	.0276	.9838	-.0244	-.00190
.15	.2808	1.1902	-.0104	-.00277
.20	1.0919	1.4676	.0442	-.00192
.25	2.9797	1.8186	.1932	.00401
.30	6.1372	2.1476	-.4999	.02135
.35	6.1324	2.1467	-.1933	.00402
.40	2.9612	1.8156	-.0452	-.00195
.45	1.0488	1.4628	.0072	-.00290
.50	.2051	1.1860	.0175	-.00228
.55	-.0669	.9875	.0141	-.00149
.60	-.1063	.8454	.0088	-.00092
.65	-.0784	.7393	.0049	-.00058
.70	-.0454	.6553	.0026	-.00039
.75	-.0226	.5858	.0015	-.00029
.80	-.0092	.5265	.0010	-.00023
.85	-.0007	.4749	.0010	-.00018
.90	.0059	.4294	.0013	-.00012
.95	.0104	.3885	.0018	-.00004
1.00	-.0360	.3500	-.0000	-.00000

XQ/L=0.4

X/L	FP	FS	FQ	FM
.05	-.1931	.6441	-.0097	-.00024
.10	-.0383	.7382	-.0116	-.00077
.15	-.0756	.8473	-.0153	-.00144
.20	-.0498	.9894	-.0178	-.00227
.25	.2125	1.1871	-.0072	-.00290
.30	1.0516	1.4632	.0454	-.00195
.35	2.9620	1.8153	.1935	.00402
.40	6.1314	2.1455	-.5000	.02136
.45	6.1314	2.1454	-.1934	.00403
.50	2.9616	1.8149	-.0453	-.00194
.55	1.0493	1.4623	.0072	-.00290
.60	.2054	1.1857	.0174	-.00228
.65	-.0667	.9873	.0141	-.00149
.70	-.1061	.8454	.0088	-.00092
.75	-.0776	.7393	.0049	-.00058
.80	-.0428	.6556	.0028	-.00039
.85	-.0168	.5863	.0019	-.00027
.90	.0009	.5268	.0020	-.00017
.95	.0111	.4741	.0025	-.00006
1.00	-.0504	.4249	-.0000	-.00000

XQ/L=0.5

X/L	FP	FS	FQ	FM
.05	-.0830	.5204	-.0042	-.00010
.10	.0003	.5852	-.0041	-.00031
.15	-.0283	.6563	-.0056	-.00055
.20	-.0691	.7402	-.0090	-.00092
.25	-.1024	.8460	-.0141	-.00150
.30	-.0656	.9877	-.0174	-.00228
.35	.2056	1.1858	-.0071	-.00290
.40	1.0493	1.4624	.0453	-.00194
.45	2.9617	1.8148	.1934	.00403
.50	6.1316	2.1452	-.5000	.02136
.55	6.1316	2.1452	-.1934	.00403
.60	2.9617	1.8148	-.0453	-.00194
.65	1.0493	1.4624	.0071	-.00290
.70	.2056	1.1858	.0174	-.00228
.75	-.0656	.9877	.0141	-.00150
.80	-.1024	.8460	.0090	-.00092
.85	-.0691	.7402	.0056	-.00055
.90	-.0283	.6563	.0041	-.00031
.95	.0003	.5852	.0042	-.00010
1.00	-.0830	.5204	-.0000	-.00000

B/L= 5.00   DS/B1= 2.00   KS= .001

XM/L=0.0

X/L	FP	FS	FQ	FM
.05	223.0276	15.2020	11.1514	-.72122
.10	-103.0870	-4.0988	5.9970	-.29251
.15	-69.9006	-8.5158	2.5020	-.08003
.20	-35.5710	-7.5633	.7235	.00061
.25	-13.5927	-5.5306	.0438	.01979
.30	-3.4510	-3.8463	-.1287	.01767
.35	.1255	-2.7346	-.1225	.01139
.40	.8816	-2.0583	-.0784	.00637
.45	.7299	-1.6455	-.0419	.00336
.50	.4349	-1.3763	-.0201	.00181
.55	.2174	-1.1833	-.0093	.00107
.60	.0961	-1.0328	-.0045	.00073
.65	.0392	-.9090	-.0025	.00056
.70	.0159	-.8044	-.0017	.00045
.75	.0070	-.7148	-.0014	.00037
.80	.0024	-.6377	-.0012	.00031
.85	-.0024	-.5707	-.0013	.00025
.90	-.0086	-.5122	-.0018	.00017
.95	-.0137	-.4598	-.0025	.00006
1.00	.0492	-.4109	.0000	-.00000

XM/L=0.1

X/L	FP	FS	FQ	FM
.05	105.8592	10.8056	5.2930	.13232
.10	52.6945	5.4841	7.9277	-.53716
.15	-64.6064	-4.8501	4.6974	-.22153
.20	-55.9191	-7.7558	1.9014	-.05656
.25	-27.5318	-6.6649	.5248	.00409
.30	-10.3107	-4.8728	.0093	.01744
.35	-2.4603	-3.4360	-.1137	.01483
.40	.2351	-2.4911	-.1020	.00944
.45	.7569	-1.9095	-.0641	.00529
.50	.6005	-1.5465	-.0341	.00283
.55	.3523	-1.3035	-.0165	.00157
.60	.1750	-1.1253	-.0077	.00096
.65	.0776	-.9846	-.0039	.00067
.70	.0321	-.8681	-.0023	.00052
.75	.0129	-.7693	-.0016	.00042
.80	.0042	-.6847	-.0014	.00035
.85	-.0023	-.6115	-.0015	.00027
.90	-.0094	-.5477	-.0020	.00019
.95	-.0150	-.4909	-.0027	.00007
1.00	.0547	-.4379	-.0000	-.00000

XM/L=0.2

X/L	FP	FS	FQ	FM
.05	6.3776	4.3644	.3189	.00797
.10	27.3456	6.3879	1.6862	.05810
.15	53.1872	7.5058	4.3455	.20889
.20	59.1327	4.7851	7.3022	-.49992
.25	-58.3332	-4.6354	4.3855	-.20773
.30	-52.0155	-7.3735	1.7847	-.05347
.35	-25.7618	-6.3562	.4966	.00356
.40	-9.7011	-4.6707	.0116	.01627
.45	-2.3404	-3.3131	-.1054	.01392
.50	.2018	-2.4156	-.0953	.00890
.55	.7023	-1.8598	-.0602	.00501
.60	.5613	-1.5106	-.0322	.00270
.65	.3309	-1.2754	-.0156	.00151
.70	.1648	-1.1023	-.0074	.00093
.75	.0724	-.9652	-.0038	.00065
.80	.0269	-.8518	-.0024	.00050
.85	.0037	-.7556	-.0022	.00038
.90	-.0109	-.6727	-.0028	.00026
.95	-.0199	-.5994	-.0038	.00009
1.00	.0755	-.5314	-.0000	-.00000

XM/L=0.3

X/L	FP	FS	FQ	FM
.05	-4.4172	2.1207	-.2209	-.00552
.10	3.2372	3.2854	-.0590	-.01252
.15	10.4311	4.7307	.4626	-.00243
.20	26.1863	6.4328	1.7719	.05343
.25	52.2561	7.4517	4.3847	.20735
.30	58.6144	4.7223	7.3154	-.50015
.35	-58.5506	-4.6818	4.3879	-.20757
.40	-52.0820	-7.4030	1.7838	-.05328
.45	-25.7698	-6.3742	.4953	.00370
.50	-9.6929	-4.6821	.0106	.01634
.55	-2.3316	-3.3209	-.1060	.01396
.60	.2075	-2.4215	-.0956	.00892
.65	.7054	-1.8647	-.0603	.00502
.70	.5623	-1.5149	-.0322	.00271
.75	.3296	-1.2793	-.0157	.00151
.80	.1597	-1.1061	-.0077	.00093
.85	.0600	-.9691	-.0047	.00062
.90	.0055	-.8550	-.0045	.00039
.95	-.0214	-.7560	-.0055	.00014
1.00	.1105	-.6650	-.0000	-.00000

XM/L=0.4

X/L	FP	FS	FQ	FM
.05	-1.9180	1.4219	-.0959	-.00240
.10	-.4263	1.8548	-.1172	-.00773
.15	.0217	2.4383	-.1161	-.01356
.20	2.4612	3.3411	.0069	-.01629
.25	9.7449	4.6993	.4942	-.00376
.30	25.7807	6.3888	1.7832	.05317
.35	52.0784	7.4177	4.3871	.20743
.40	58.5560	4.7003	7.3149	-.50002
.45	-58.5601	-4.6953	4.3869	-.20747
.50	-52.0772	-7.4115	1.7831	-.05322
.55	-25.7635	-6.3800	.4949	.00373
.60	-9.6885	-4.6865	.0105	.01636
.65	-2.3291	-3.3246	-.1060	.01397
.70	.2082	-2.4249	-.0956	.00893
.75	.7031	-1.8680	-.0604	.00503
.80	.5543	-1.5185	-.0327	.00270
.85	.3108	-1.2831	-.0172	.00146
.90	.1272	-1.1092	-.0108	.00076
.95	.0221	-.9681	-.0097	.00024
1.00	.1942	-.8418	-.0000	-.00000

XM/L=0.5

X/L	FP	FS	FQ	FM
.05	-.5458	1.0792	-.0273	-.00068
.10	-.2354	1.2783	-.0391	-.00234
.15	-.4881	1.5220	-.0635	-.00490
.20	-.6642	1.8728	-.0967	-.00891
.25	-.1911	2.4288	-.1062	-.01398
.30	2.3345	3.3274	.0105	-.01637
.35	9.6890	4.6886	.4949	-.00374
.40	25.7624	6.3818	1.7831	.05321
.45	52.0754	7.4133	4.3868	.20746
.50	58.5577	4.6974	7.3147	-.50000
.55	-58.5578	-4.6974	4.3868	-.20746
.60	-52.0754	-7.4133	1.7831	-.05321
.65	-25.7623	-6.3818	.4950	.00374
.70	-9.6890	-4.6886	.0105	.01637
.75	-2.3346	-3.3274	-.1062	.01398
.80	.1912	-2.4287	-.0967	.00891
.85	.6642	-1.8728	-.0635	.00490
.90	.4881	-1.5220	-.0391	.00234
.95	.2353	-1.2783	-.0273	.00068
1.00	.5458	-1.0792	-.0000	-.00000

B/L= 5.00 DS/B1= 2.00 KS= .003

XQ/L=0.0

X/L	FP	FS	FQ	FM
.05	19.2559	3.0656	-.0372	-.02593
.10	3.0105	2.2034	.1133	-.02403
.15	.4565	1.5941	.1361	-.01779
.20	-.5288	1.1944	.1097	-.01164
.25	-.6933	.9413	.0750	-.00703
.30	-.5785	.7808	.0461	-.00400
.35	-.4027	.6748	.0260	-.00219
.40	-.2497	.5994	.0135	-.00121
.45	-.1407	.5407	.0065	-.00071
.50	-.0721	.4915	.0029	-.00048
.55	-.0329	.4481	.0012	-.00038
.60	-.0126	.4089	.0006	-.00033
.65	-.0031	.3733	.0004	-.00031
.70	.0009	.3408	.0005	-.00028
.75	.0028	.3113	.0006	-.00026
.80	.0041	.2845	.0008	-.00022
.85	.0054	.2601	.0011	-.00018
.90	.0061	.2377	.0014	-.00011
.95	.0040	.2168	.0016	-.00004
1.00	-.0316	.1966	-.0000	-.00000

XQ/L=0.1

X/L	FP	FS	FQ	FM
.05	5.7450	1.9262	.2872	.00718
.10	4.7135	2.0313	-.4771	.02744
.15	4.4568	1.9786	-.2542	.00915
.20	2.8448	1.7580	-.1120	-.00000
.25	1.5617	1.4947	-.0339	-.00365
.30	.7316	1.2513	.0027	-.00443
.35	.2647	1.0490	.0159	-.00397
.40	.0363	.8890	.0177	-.00313
.45	-.0549	.7646	.0150	-.00231
.50	-.0766	.6673	.0111	-.00166
.55	-.0686	.5897	.0077	-.00119
.60	-.0517	.5253	.0051	-.00087
.65	-.0349	.4731	.0034	-.00065
.70	-.0213	.4275	.0023	-.00051
.75	-.0112	.3876	.0018	-.00041
.80	-.0036	.3524	.0016	-.00033
.85	.0021	.3208	.0017	-.00025
.90	.0053	.2921	.0019	-.00016
.95	.0039	.2654	.0021	-.00005
1.00	-.0426	.2398	-.0000	-.00000

XQ/L=0.2

X/L	FP	FS	FQ	FM
.05	.2408	1.1940	.0120	.00030
.10	1.8084	1.4839	.1025	.00316
.15	3.1372	1.7583	.2593	.01221
.20	4.6398	1.9592	-.5087	.03097
.25	4.5936	1.9594	-.2790	.01128
.30	3.0215	1.7636	-.1279	.00111
.35	1.7008	1.5089	-.0429	-.00316
.40	.8227	1.2663	-.0018	-.00428
.45	.3172	1.0618	.0141	-.00397
.50	.0630	.8988	.0173	-.00319
.55	-.0433	.7718	.0151	-.00238
.60	-.0727	.6725	.0114	-.00172
.65	-.0679	.5936	.0081	-.00123
.70	-.0513	.5293	.0055	-.00089
.75	-.0333	.4756	.0038	-.00066
.80	-.0178	.4296	.0029	-.00049
.85	-.0056	.3892	.0027	-.00035
.90	.0019	.3531	.0028	-.00021
.95	.0022	.3197	.0029	-.00007
1.00	-.0572	.2878	-.0000	-.00000

XQ/L=0.3

X/L	FP	FS	FQ	FM
.05	-.7448	.8240	-.0372	-.00093
.10	.3794	1.0335	-.0183	-.00232
.15	.9373	1.2597	.0286	-.00206
.20	1.7888	1.5088	.1180	.00161
.25	3.0496	1.7620	.2705	.01132
.30	4.5526	1.9538	-.5019	.03054
.35	4.5302	1.9514	-.2753	.01111
.40	2.9819	1.7560	-.1263	.00107
.45	1.6790	1.5029	-.0423	-.00315
.50	.8123	1.2619	-.0017	-.00425
.55	.3132	1.0587	.0140	-.00394
.60	.0625	.8968	.0171	-.00316
.65	-.0418	.7705	.0150	-.00236
.70	-.0697	.6718	.0115	-.00170
.75	-.0630	.5934	.0084	-.00120
.80	-.0442	.5293	.0062	-.00084
.85	-.0242	.4754	.0050	-.00056
.90	-.0093	.4285	.0045	-.00032
.95	-.0051	.3860	.0042	-.00011
1.00	-.0846	.3456	-.0000	-.00000

XQ/L=0.4

X/L	FP	FS	FQ	FM
.05	-.5524	.6295	-.0276	-.00069
.10	-.0100	.7552	-.0281	-.00208
.15	.1313	.8949	-.0216	-.00333
.20	.3770	1.0617	-.0027	-.00393
.25	.8559	1.2652	.0401	-.00300
.30	1.7017	1.5043	.1252	.00113
.35	2.9846	1.7544	.2744	.01112
.40	4.5113	1.9464	-.5000	.03048
.45	4.5071	1.9455	-.2747	.01111
.50	2.9706	1.7517	-.1261	.00109
.55	1.6746	1.4999	-.0424	-.00312
.60	.8118	1.2600	-.0018	-.00423
.65	.3153	1.0578	.0139	-.00392
.70	.0668	.8966	.0173	-.00314
.75	-.0346	.7708	.0155	-.00232
.80	-.0590	.6723	.0126	-.00162
.85	-.0490	.5934	.0101	-.00105
.90	-.0313	.5279	.0086	-.00058
.95	-.0238	.4705	.0074	-.00018
1.00	-.1477	.4170	-.0000	-.00000

XQ/L=0.5

X/L	FP	FS	FQ	FM
.05	-.2915	.5071	-.0146	-.00036
.10	-.0492	.5849	-.0170	-.00115
.15	-.0359	.6703	-.0188	-.00205
.20	-.0095	.7717	-.0193	-.00300
.25	.0858	.8983	-.0150	-.00386
.30	.3275	1.0594	.0014	-.00420
.35	.8188	1.2611	.0423	-.00311
.40	1.6780	1.5003	.1262	.00110
.45	2.9712	1.7513	.2748	.01112
.50	4.5048	1.9442	-.5000	.03049
.55	4.5048	1.9442	-.2748	.01112
.60	2.9712	1.7513	-.1262	.00110
.65	1.6780	1.5003	-.0423	-.00311
.70	.8188	1.2611	-.0014	-.00420
.75	.3275	1.0594	.0150	-.00386
.80	.0858	.8983	.0193	-.00300
.85	-.0095	.7717	.0188	-.00205
.90	-.0359	.6703	.0170	-.00115
.95	-.0492	.5849	.0146	-.00036
1.00	-.2915	.5071	-.0000	-.00000

B/L= 5.00 DS/B1= 2.00 KS= .003

XM/L=0.0

X/L	FP	FS	FQ	FM
.05	150.2592	12.0068	7.5130	-.81218
.10	-35.1340	.5939	5.7563	-.48045
.15	-41.3558	-4.3925	3.6885	-.24433
.20	-32.9083	-5.7981	2.0431	-.10104
.25	-21.3525	-5.5111	.9754	-.02558
.30	-12.1252	-4.6133	.3692	.00804
.35	-6.0229	-3.6405	.0680	.01897
.40	-2.4789	-2.8090	-.0559	.01927
.45	-.6609	-2.1712	-.0890	.01565
.50	.1326	-1.7088	-.0823	.01137
.55	.3859	-1.3813	-.0630	.00773
.60	.3920	-1.1488	-.0434	.00507
.65	.3094	-.9800	-.0280	.00328
.70	.2130	-.8526	-.0173	.00215
.75	.1315	-.7522	-.0107	.00145
.80	.0712	-.6697	-.0072	.00100
.85	.0300	-.5994	-.0057	.00068
.90	.0058	-.5374	-.0054	.00040
.95	.0003	-.4809	-.0054	.00013
1.00	.1076	-.4271	.0000	-.00000

XM/L=0.1

X/L	FP	FS	FQ	FM
.05	95.4645	9.7183	4.7732	.11933
.10	25.4175	4.4746	6.0441	-.61024
.15	-30.3816	-2.0382	4.5250	-.34601
.20	-35.6967	-5.0514	2.7402	-.16438
.25	-25.9632	-5.5498	1.4420	-.05982
.30	-16.0327	-4.9542	.6404	-.00776
.35	-8.6815	-4.0375	.2063	.01340
.40	-4.0578	-3.1579	.0034	.01865
.45	-1.4903	-2.4429	-.0711	.01696
.50	-.2421	-1.9074	-.0832	.01310
.55	.2562	-1.5225	-.0704	.00926
.60	.3776	-1.2491	-.0515	.00621
.65	.3387	-1.0527	-.0346	.00406
.70	.2510	-.9073	-.0220	.00265
.75	.1640	-.7951	-.0138	.00175
.80	.0943	-.7048	-.0091	.00118
.85	.0444	-.6290	-.0069	.00078
.90	.0139	-.5630	-.0062	.00045
.95	.0048	-.5030	-.0059	.00015
1.00	.1188	-.4461	-.0000	-.00000

XM/L=0.2

X/L	FP	FS	FQ	FM
.05	24.4021	5.1569	1.2201	.03050
.10	22.4023	5.4018	2.3402	.11951
.15	29.6660	4.9201	3.8235	.27360
.20	24.6150	2.5037	5.0543	-.50445
.25	-25.5528	-2.4829	3.7766	-.28368
.30	-30.1598	-4.8054	2.2686	-.13255
.35	-21.7474	-5.0782	1.1813	-.04630
.40	-13.3245	-4.4794	.5150	-.00389
.45	-7.1477	-3.6435	.1577	.01293
.50	-3.2936	-2.8602	-.0070	.01669
.55	-1.1720	-2.2285	-.0656	.01488
.60	-.1534	-1.7558	-.0733	.01140
.65	.2430	-1.4146	-.0611	.00804
.70	.3292	-1.1705	-.0447	.00540
.75	.2848	-.9931	-.0304	.00352
.80	.2018	-.8600	-.0204	.00225
.85	.1216	-.7556	-.0143	.00138
.90	.0627	-.6691	-.0111	.00075
.95	.0357	-.5933	-.0094	.00023
1.00	.1871	-.5223	-.0000	-.00000

XM/L=0.3

X/L	FP	FS	FQ	FM
.05	.7485	2.5751	.0374	.00094
.10	7.5867	3.5594	.4168	.01229
.15	13.8712	4.4855	1.1103	.05047
.20	22.0920	5.1123	2.2149	.13360
.25	30.2021	4.8417	3.7250	.28210
.30	25.3156	2.5241	4.9908	-.50001
.35	-24.9996	-2.4275	3.7408	-.28172
.40	-29.7963	-4.7465	2.2510	-.13192
.45	-21.5374	-5.0284	1.1741	-.04629
.50	-13.2175	-4.4416	.5133	-.00411
.55	-7.1019	-3.6165	.1582	.01268
.60	-3.2809	-2.8417	-.0059	.01648
.65	-1.1762	-2.2162	-.0647	.01472
.70	-.1670	-1.7478	-.0730	.01128
.75	.2221	-1.4096	-.0619	.00790
.80	.3007	-1.1671	-.0469	.00518
.85	.2497	-.9897	-.0344	.00315
.90	.1705	-.8536	-.0259	.00164
.95	.1210	-.7413	-.0198	.00050
1.00	.3969	-.6396	-.0000	-.00000

XM/L=0.4

X/L	FP	FS	FQ	FM
.05	-2.9889	1.4800	-.1494	-.00374
.10	1.3763	2.1310	-.0806	-.00949
.15	3.7244	2.8495	.1056	-.00886
.20	7.5144	3.6637	.4813	.00581
.25	13.5116	4.5010	1.1569	.04676
.30	21.7310	5.0895	2.2434	.13177
.35	29.9392	4.8079	3.7404	.28137
.40	25.1518	2.4918	4.9980	-.50017
.45	-25.0897	-2.4540	3.7435	-.28164
.50	-29.8398	-4.7669	2.2515	-.13176
.55	-21.5558	-5.0439	1.1737	-.04613
.60	-13.2254	-4.4540	.5125	-.00397
.65	-7.1099	-3.6273	.1570	.01276
.70	-3.2970	-2.8520	-.0079	.01649
.75	-1.2075	-2.2263	-.0683	.01458
.80	-.2184	-1.7573	-.0792	.01090
.85	.1522	-1.4159	-.0716	.00713
.90	.2367	-1.1645	-.0597	.00385
.95	.2532	-.9677	-.0471	.00118
1.00	.9415	-.7958	-.0000	-.00000

XM/L=0.5

X/L	FP	FS	FQ	FM
.05	-2.0224	1.0273	-.1011	-.00253
.10	-.1584	1.3619	-.1090	-.00778
.15	.3696	1.7479	-.0906	-.01277
.20	1.3727	2.2370	-.0219	-.01558
.25	3.4201	2.8694	.1491	-.01241
.30	7.1868	3.6453	.5084	.00403
.35	13.2675	4.4705	1.1718	.04604
.40	21.5769	5.0592	2.2506	.13160
.45	29.8535	4.7822	3.7433	.28145
.50	25.1095	2.4711	4.9988	-.50000
.55	-25.1096	-2.4711	3.7433	-.28145
.60	-29.8535	-4.7822	2.2506	-.13160
.65	-21.5769	-5.0592	1.1718	-.04604
.70	-13.2675	-4.4705	.5084	-.00403
.75	-7.1868	-3.6453	.1491	.01241
.80	-3.4201	-2.8694	-.0219	.01558
.85	-1.3727	-2.2370	-.0906	.01277
.90	-.3696	-1.7479	-.1090	.00778
.95	.1583	-1.3619	-.1011	.00253
1.00	2.0224	-1.0273	-.0000	-.00000

B/L= 5.00 DS/B1= 2.00 KS= .010

XQ/L=0.0

X/L	FP	FS	FQ	FM
.05	15.9385	2.8552	-.2031	-.03008
.10	4.0583	2.2714	-.0002	-.03516
.15	1.8168	1.7868	.0907	-.03289
.20	.5537	1.4048	.1184	-.02767
.25	-.0541	1.1138	.1157	-.02182
.30	-.3203	.8971	.0996	-.01644
.35	-.4009	.7376	.0796	-.01195
.40	-.3869	.6206	.0603	-.00846
.45	-.3309	.5341	.0437	-.00586
.50	-.2625	.4689	.0306	-.00400
.55	-.1966	.4185	.0207	-.00272
.60	-.1402	.3781	.0137	-.00186
.65	-.0952	.3445	.0090	-.00129
.70	-.0609	.3156	.0059	-.00092
.75	-.0359	.2900	.0041	-.00067
.80	-.0185	.2668	.0032	-.00048
.85	-.0074	.2452	.0028	-.00033
.90	-.0026	.2249	.0027	-.00019
.95	-.0049	.2054	.0025	-.00006
1.00	-.0494	.1862	-.0000	-.00000

XQ/L=0.1

X/L	FP	FS	FQ	FM
.05	7.2588	1.9927	.3629	.00907
.10	3.8119	1.9436	-.4465	.03199
.15	3.2557	1.8372	-.2837	.01373
.20	2.3575	1.6665	-.1658	.00250
.25	1.6041	1.4721	-.0856	-.00379
.30	1.0243	1.2801	-.0344	-.00679
.35	.6073	1.1044	-.0040	-.00775
.40	.3243	.9506	.0122	-.00754
.45	.1432	.8199	.0194	-.00676
.50	.0353	.7107	.0211	-.00574
.55	-.0227	.6202	.0200	-.00472
.60	-.0485	.5454	.0176	-.00378
.65	-.0548	.4834	.0148	-.00297
.70	-.0502	.4314	.0123	-.00229
.75	-.0404	.3873	.0103	-.00172
.80	-.0295	.3492	.0088	-.00125
.85	-.0204	.3156	.0078	-.00083
.90	-.0171	.2851	.0069	-.00046
.95	-.0238	.2565	.0058	-.00014
1.00	-.1152	.2288	-.0000	-.00000

XQ/L=0.2

X/L	FP	FS	FQ	FM
.05	2.1076	1.3290	.1054	.00263
.10	2.0294	1.4929	.2068	.01044
.15	2.6201	1.6377	.3379	.02406
.20	3.1979	1.7316	-.5023	.04495
.25	3.1654	1.7262	-.3440	.02379
.30	2.5119	1.6217	-.2184	.00973
.35	1.8287	1.4677	-.1269	.00110
.40	1.2457	1.2981	-.0647	-.00369
.45	.7957	1.1327	-.0249	-.00593
.50	.4718	.9820	-.0013	-.00658
.55	.2525	.8502	.0113	-.00633
.60	.1133	.7379	.0170	-.00562
.65	.0317	.6436	.0186	-.00473
.70	-.0106	.5648	.0181	-.00382
.75	-.0280	.4988	.0167	-.00295
.80	-.0312	.4429	.0151	-.00216
.85	-.0291	.3947	.0136	-.00144
.90	-.0308	.3519	.0121	-.00079
.95	-.0451	.3125	.0098	-.00025
1.00	-.1968	.2746	-.0000	-.00000

XQ/L=0.3

X/L	FP	FS	FQ	FM
.05	-.0543	.9040	-.0027	-.00007
.10	.8074	1.0939	.0377	.00081
.15	1.3355	1.2830	.1044	.00436
.20	1.9331	1.4647	.2011	.01200
.25	2.5958	1.6225	.3309	.02529
.30	3.2106	1.7251	-.5086	.04585
.35	3.1903	1.7252	-.3491	.02441
.40	2.5388	1.6240	-.2221	.01013
.45	1.8533	1.4718	-.1295	.00134
.50	1.2669	1.3030	-.0661	-.00355
.55	.8140	1.1379	-.0254	-.00584
.60	.4884	.9871	-.0010	-.00650
.65	.2688	.8550	.0124	-.00622
.70	.1302	.7421	.0189	-.00543
.75	.0495	.6466	.0214	-.00442
.80	.0066	.5660	.0217	-.00334
.85	-.0157	.4970	.0210	-.00228
.90	-.0350	.4365	.0192	-.00127
.95	-.0679	.3812	.0158	-.00040
1.00	-.3164	.3285	-.0000	-.00000

XQ/L=0.4

X/L	FP	FS	FQ	FM
.05	-.6652	.6495	-.0333	-.00083
.10	.2061	.8033	-.0230	-.00224
.15	.5307	.9618	.0036	-.00272
.20	.8906	1.1280	.0481	-.00143
.25	1.3378	1.3006	.1150	.00265
.30	1.9010	1.4718	.2101	.01078
.35	2.5557	1.6234	.3378	.02447
.40	3.1737	1.7230	-.5035	.04533
.45	3.1614	1.7220	-.3454	.02411
.50	2.5194	1.6209	-.2194	.00999
.55	1.8435	1.4695	-.1273	.00132
.60	1.2663	1.3017	-.0639	-.00346
.65	.8220	1.1375	-.0228	-.00563
.70	.5041	.9871	.0024	-.00614
.75	.2905	.8546	.0169	-.00566
.80	.1541	.7399	.0246	-.00462
.85	.0674	.6406	.0280	-.00331
.90	.0003	.5532	.0280	-.00191
.95	-.0765	.4737	.0242	-.00060
1.00	-.4831	.3979	-.0000	-.00000

XQ/L=0.5

X/L	FP	FS	FQ	FM
.05	-.6568	.4962	-.0328	-.00082
.10	-.0221	.6063	-.0339	-.00249
.15	.1453	.7213	-.0267	-.00401
.20	.3175	.8461	-.0108	-.00494
.25	.5400	.9845	.0162	-.00481
.30	.8549	1.1376	.0589	-.00293
.35	1.2908	1.3026	.1235	.00163
.40	1.8573	1.4700	.2163	.01013
.45	2.5216	1.6203	.3424	.02410
.50	3.1515	1.7201	-.5000	.04516
.55	3.1515	1.7201	-.3424	.02410
.60	2.5216	1.6203	-.2163	.01013
.65	1.8573	1.4700	-.1235	.00163
.70	1.2908	1.3026	-.0589	-.00293
.75	.8549	1.1376	-.0162	-.00481
.80	.5400	.9845	.0108	-.00494
.85	.3175	.8461	.0267	-.00401
.90	.1453	.7213	.0339	-.00249
.95	-.0221	.6063	.0328	-.00082
1.00	-.6568	.4962	0.0000	0.00000

B/L= 5.00 DS/B1= 2.00 KS= .010

XM/L=0.0

X/L	FP	FS	FQ	FM
.05	92.5939	8.8877	4.6297	-.88426
.10	-3.3180	2.9145	4.4638	-.65692
.15	-15.3758	-.7481	3.6950	-.45295
.20	-18.2472	-2.7506	2.7826	-.29101
.25	-16.4780	-3.6429	1.9587	-.17247
.30	-13.2388	-3.8452	1.2968	-.09109
.35	-9.8630	-3.6562	.8037	-.03857
.40	-6.9191	-3.2758	.4577	-.00704
.45	-4.5883	-2.8292	.2283	.01011
.50	-2.8641	-2.3886	.0851	.01794
.55	-1.6596	-1.9910	.0021	.02012
.60	-.8637	-1.6509	-.0411	.01915
.65	-.3698	-1.3701	-.0596	.01663
.70	-.0870	-1.1431	-.0639	.01354
.75	.0564	-.9613	-.0611	.01042
.80	.1152	-.8155	-.0553	.00751
.85	.1318	-.6965	-.0488	.00491
.90	.1446	-.5962	-.0415	.00265
.95	.1863	-.5071	-.0322	.00081
1.00	.6441	-.4231	.0000	-.00000

XM/L=0.1

X/L	FP	FS	FQ	FM
.05	71.2569	7.8894	3.5628	.08907
.10	16.1048	4.1713	4.3681	-.71266
.15	-9.8220	.2686	3.8770	-.50653
.20	-17.2366	-2.1833	3.0152	-.33423
.25	-16.8027	-3.3796	2.1750	-.20447
.30	-14.0366	-3.7730	1.4732	-.11327
.35	-10.7349	-3.6942	.9364	-.05302
.40	-7.6957	-3.3694	.5517	-.01582
.45	-5.2115	-2.9436	.2911	.00525
.50	-3.3303	-2.5037	.1246	.01564
.55	-1.9892	-2.0961	.0251	.01938
.60	-1.0851	-1.7416	-.0291	.01928
.65	-.5109	-1.4455	-.0547	.01718
.70	-.1718	-1.2043	-.0633	.01423
.75	.0089	-1.0102	-.0628	.01108
.80	.0914	-.8541	-.0583	.00805
.85	.1227	-.7266	-.0521	.00530
.90	.1456	-.6192	-.0448	.00287
.95	.1970	-.5240	-.0350	.00087
1.00	.6999	-.4343	-.0000	-.00000

XM/L=0.2

X/L	FP	FS	FQ	FM
.05	33.9191	5.3611	1.6960	.04240
.10	15.8079	4.4506	2.4863	.14696
.15	14.0744	3.2609	3.1901	.28887
.20	8.4195	1.4220	3.6110	-.54111
.25	-10.7538	-1.1610	3.0734	-.37400
.30	-15.0773	-2.7497	2.3195	-.23917
.35	-13.7853	-3.4233	1.6302	-.14043
.40	-11.1034	-3.5318	1.0751	-.07280
.45	-8.2658	-3.3239	.6618	-.02938
.50	-5.7887	-2.9654	.3723	-.00353
.55	-3.8322	-2.5593	.1807	.01030
.60	-2.3913	-2.1646	.0612	.01635
.65	-1.3913	-1.8106	-.0084	.01766
.70	-.7366	-1.5080	-.0452	.01632
.75	-.3346	-1.2566	-.0620	.01364
.80	-.1040	-1.0503	-.0672	.01041
.85	.0244	-.8801	-.0659	.00709
.90	.1163	-.7362	-.0601	.00393
.95	.2301	-.6087	-.0486	.00122
1.00	.9726	-.4889	-.0000	-.00000

XM/L=0.3

X/L	FP	FS	FQ	FM
.05	11.8267	3.2672	.5913	.01478
.10	8.7389	3.4539	1.0283	.05527
.15	10.6425	3.5383	1.5604	.11999
.20	12.7087	3.3630	2.1958	.21390
.25	13.6493	2.6910	2.8783	.34075
.30	9.2329	1.1912	3.3399	-.50379
.35	-9.5911	-1.1862	2.8604	-.34879
.40	-13.9413	-2.6626	2.1633	-.22319
.45	-12.8291	-3.2855	1.5219	-.13106
.50	-10.3691	-3.3809	1.0034	-.06793
.55	-7.7429	-3.1811	.6163	-.02744
.60	-5.4455	-2.8407	.3440	-.00343
.65	-3.6321	-2.4557	.1624	.00923
.70	-2.2993	-2.0805	.0474	.01447
.75	-1.3756	-1.7416	-.0214	.01512
.80	-.7655	-1.4475	-.0596	.01310
.85	-.3692	-1.1959	-.0781	.00966
.90	-.0800	-.9786	-.0821	.00565
.95	.2025	-.7843	-.0720	.00180
1.00	1.4394	-.6011	-.0000	-.00000

XM/L=0.4

X/L	FP	FS	FQ	FM
.05	1.9232	1.9415	.0962	.00240
.10	3.7389	2.3908	.2831	.01189
.15	5.6477	2.8199	.5655	.03310
.20	7.9342	3.1833	.9622	.07129
.25	10.5012	3.3925	1.4873	.13253
.30	12.8835	3.2993	2.1314	.22300
.35	13.9155	2.6769	2.8272	.34696
.40	9.4949	1.2039	3.3020	-.43981
.45	-9.3744	-1.1619	2.8332	-.34643
.50	-13.7835	-2.6363	2.1441	-.22200
.55	-12.7315	-3.2623	1.5075	-.13071
.60	-10.3276	-3.3633	.9911	-.05824
.65	-7.7516	-3.1691	.6035	-.02838
.70	-5.4974	-2.8323	.3287	-.00507
.75	-3.7169	-2.4471	.1428	.00671
.80	-2.3986	-2.0655	.0229	.01085
.85	-1.4524	-1.7110	-.0497	.01018
.90	-.7393	-1.3885	-.0867	.00677
.95	-.1071	-1.0917	-.0921	.00230
1.00	1.8412	-.8085	-.0000	-.00000

XM/L=0.5

X/L	FP	FS	FQ	FM
.05	-1.3691	1.2003	-.0685	-.00171
.10	1.1602	1.6011	-.0104	-.00368
.15	2.3779	2.0104	.1085	-.00123
.20	3.8164	2.4278	.2993	.00896
.25	5.6293	2.8348	.5807	.03096
.30	7.8791	3.1837	.9747	.06985
.35	10.4372	3.3839	1.4966	.13163
.40	12.8212	3.2850	2.1376	.22248
.45	13.8567	2.6591	2.8304	.34668
.50	9.4369	1.1837	3.3023	-.50000
.55	-9.4369	-1.1837	2.8304	-.34668
.60	-13.8567	-2.6591	2.1376	-.22248
.65	-12.8212	-3.2850	1.4966	-.13163
.70	-10.4372	-3.3839	.9747	-.06985
.75	-7.8791	-3.1837	.5807	-.03096
.80	-5.6293	-2.8348	.2993	-.00896
.85	-3.8164	-2.4278	.1084	.00123
.90	-2.3779	-2.0104	-.0104	.00368
.95	-1.1602	-1.6011	-.0685	.00171
1.00	1.3691	-1.2003	-.0000	-.00000

B/L= 5.00 DS/B1= 2.00 KS= .020

XQ/L=0.0

X/L	FP	FS	FQ	FM
.05	14.2344	2.7243	-.2883	-.03221
.10	4.2036	2.2624	-.0781	-.04137
.15	2.2822	1.8564	.0360	-.04242
.20	1.0903	1.5135	.0905	-.03926
.25	.4148	1.2321	.1113	-.03421
.30	.0289	1.0058	.1127	-.02861
.35	-.1777	.8266	.1038	-.02320
.40	-.2729	.6863	.0902	-.01835
.45	-.3004	.5771	.0752	-.01421
.50	-.2890	.4923	.0607	-.01082
.55	-.2572	.4262	.0478	-.00810
.60	-.2170	.3742	.0370	-.00598
.65	-.1754	.3328	.0282	-.00435
.70	-.1366	.2991	.0214	-.00311
.75	-.1029	.2710	.0163	-.00217
.80	-.0754	.2468	.0125	-.00145
.85	-.0551	.2253	.0097	-.00089
.90	-.0435	.2056	.0076	-.00046
.95	-.0421	.1868	.0055	-.00014
1.00	-.1091	.1685	-.0000	-.00000

XQ/L=0.1

X/L	FP	FS	FQ	FM
.05	7.6734	2.0049	.3837	.00959
.10	3.5428	1.9105	-.4392	.03320
.15	2.8722	1.7861	-.2956	.01483
.20	2.1377	1.6278	-.1887	.00273
.25	1.5483	1.4565	-.1113	-.00477
.30	1.0825	1.2871	-.0572	-.00898
.35	.7263	1.1282	-.0208	-.01093
.40	.4625	.9843	.0023	-.01140
.45	.2737	.8572	.0160	-.01094
.50	.1438	.7469	.0232	-.00996
.55	.0587	.6523	.0261	-.00873
.60	.0065	.5717	.0264	-.00742
.65	-.0224	.5032	.0253	-.00612
.70	-.0356	.4449	.0235	-.00490
.75	-.0393	.3949	.0216	-.00378
.80	-.0386	.3513	.0196	-.00275
.85	-.0387	.3127	.0177	-.00181
.90	-.0460	.2774	.0154	-.00099
.95	-.0674	.2443	.0120	-.00030
1.00	-.2404	.2121	-.0000	-.00000

XQ/L=0.2

X/L	FP	FS	FQ	FM
.05	3.1905	1.4097	.1595	.00399
.10	2.1150	1.5005	.2653	.01461
.15	2.3406	1.5778	.3823	.03080
.20	2.5892	1.6214	-.4882	.05315
.25	2.5288	1.6040	-.3618	.03190
.30	2.1296	1.5247	-.2553	.01647
.35	1.6882	1.4096	-.1709	.00582
.40	1.2802	1.2779	-.1069	-.00113
.45	.9339	1.1430	-.0602	-.00531
.50	.6562	1.0130	-.0274	-.00750
.55	.4430	.8927	-.0052	-.00831
.60	.2859	.7844	.0091	-.00822
.65	.1747	.6884	.0178	-.00755
.70	.0991	.6044	.0227	-.00653
.75	.0494	.5309	.0252	-.00533
.80	.0162	.4663	.0260	-.00405
.85	-.0098	.4088	.0255	-.00276
.90	-.0410	.3563	.0235	-.00154
.95	-.0896	.3071	.0190	-.00048
1.00	-.3800	.2594	-.0000	-.00000

XQ/L=0.3

X/L	FP	FS	FQ	FM
.05	.7693	.9836	.0385	.00096
.10	1.0371	1.1320	.0903	.00418
.15	1.4041	1.2767	.1605	.01045
.20	1.8077	1.4107	.2509	.02074
.25	2.2271	1.5215	.3623	.03607
.30	2.5844	1.5901	-.5085	.05741
.35	2.5728	1.5906	-.3799	.03520
.40	2.1939	1.5235	-.2702	.01895
.45	1.7579	1.4162	-.1823	.00764
.50	1.3479	1.2892	-.1149	.00021
.55	.9966	1.1565	-.0651	-.00429
.60	.7128	1.0271	-.0294	-.00665
.65	.4938	.9059	-.0047	-.00750
.70	.3308	.7955	.0118	-.00733
.75	.2127	.6962	.0224	-.00647
.80	.1267	.6074	.0288	-.00519
.85	.0590	.5272	.0317	-.00368
.90	-.0093	.4538	.0313	-.00210
.95	-.0971	.3847	.0264	-.00066
1.00	-.5282	.3176	-.0000	-.00000

XQ/L=0.4

X/L	FP	FS	FQ	FM
.05	-.3084	.6997	-.0154	-.00039
.10	.3958	.8450	.0044	-.00066
.15	.7139	.9911	.0401	.00045
.20	1.0415	1.1375	.0921	.00375
.25	1.4031	1.2809	.1623	.01012
.30	1.8065	1.4142	.2526	.02049
.35	2.2272	1.5247	.3640	.03590
.40	2.5869	1.5934	-.5067	.05734
.45	2.5786	1.5940	-.3777	.03523
.50	2.2037	1.5272	-.2676	.01909
.55	1.7722	1.4201	-.1789	.00793
.60	1.3669	1.2929	-.1106	.00069
.65	1.0197	1.1594	-.0596	-.00356
.70	.7388	1.0283	-.0227	-.00562
.75	.5193	.9042	.0033	-.00611
.80	.3496	.7890	.0208	-.00550
.85	.2131	.6825	.0314	-.00420
.90	.0849	.5833	.0357	-.00252
.95	-.0616	.4892	.0326	-.00081
1.00	-.6519	.3976	-.0000	-.00000

XQ/L=0.5

X/L	FP	FS	FQ	FM
.05	-.6508	.5163	-.0325	-.00081
.10	.0721	.6364	-.0289	-.00235
.15	.2995	.7589	-.0140	-.00342
.20	.5170	.8858	.0119	-.00347
.25	.7563	1.0179	.0497	-.00194
.30	1.0430	1.1542	.1018	.00185
.35	1.3882	1.2907	.1713	.00868
.40	1.7874	1.4196	.2606	.01948
.45	2.2107	1.5275	.3712	.03527
.50	2.5768	1.5948	-.5000	.05705
.55	2.5768	1.5948	-.3712	.03527
.60	2.2107	1.5275	-.2606	.01948
.65	1.7874	1.4196	-.1713	.00868
.70	1.3882	1.2907	-.1018	.00185
.75	1.0430	1.1542	-.0497	-.00194
.80	.7563	1.0179	-.0119	-.00347
.85	.5170	.8858	.0140	-.00342
.90	.2995	.7589	.0289	-.00235
.95	.0721	.6364	.0325	-.00081
1.00	-.6508	.5163	-.0000	-.00000

B/L= 5.00 DS/B1= 2.00 KS= .020

XM/L=0.0

X/L	FP	FS	FQ	FM
.05	68.8222	7.3492	3.4411	-.91397
.10	3.6905	3.3380	3.6256	-.73730
.15	-6.4918	.5658	3.3010	-.56414
.20	-10.6876	-1.2313	2.7667	-.41244
.25	-11.3740	-2.2977	2.1980	-.28833
.30	-10.4966	-2.8402	1.6731	-.19155
.35	-8.9666	-3.0245	1.2248	-.11910
.40	-7.2711	-2.9772	.8612	-.06695
.45	-5.6625	-2.7915	.5781	-.03097
.50	-4.2591	-2.5332	.3652	-.00738
.55	-3.1019	-2.2469	.2101	.00700
.60	-2.1886	-1.9607	.1006	.01476
.65	-1.4941	-1.6912	.0259	.01793
.70	-.9829	-1.4465	-.0232	.01800
.75	-.6162	-1.2288	-.0540	.01607
.80	-.3541	-1.0368	-.0717	.01292
.85	-.1552	-.8666	-.0795	.00914
.90	.0310	-.7130	-.0779	.00521
.95	.2544	-.5701	-.0652	.00163
1.00	1.3042	-.4324	.0000	-.00000

XM/L=0.1

X/L	FP	FS	FQ	FM
.05	56.9060	6.7561	2.8453	.07113
.10	13.4888	3.9621	3.5197	-.76974
.15	-3.3285	1.1317	3.3533	-.59792
.20	-9.7426	-.8610	2.8662	-.44243
.25	-11.1656	-2.0749	2.3079	-.31308
.30	-10.6347	-2.7240	1.7762	-.21098
.35	-9.2518	-2.9817	1.3136	-.13373
.40	-7.5995	-2.9823	.9336	-.07755
.45	-5.9801	-2.8257	.6346	-.03835
.50	-4.5401	-2.5830	.4076	-.01229
.55	-3.3368	-2.3031	.2407	.00391
.60	-2.3768	-2.0174	.1219	.01298
.65	-1.6399	-1.7448	.0399	.01703
.70	-1.0927	-1.4949	-.0147	.01765
.75	-.6965	-1.2712	-.0496	.01605
.80	-.4109	-1.0729	-.0701	.01306
.85	-.1934	-.8965	-.0798	.00931
.90	.0088	-.7368	-.0793	.00533
.95	.2474	-.5882	-.0670	.00167
1.00	1.3393	-.4448	-.0000	-.00000

XM/L=0.2

X/L	FP	FS	FQ	FM
.05	33.3898	5.0929	1.6695	.04174
.10	13.0564	4.0177	2.3223	.14153
.15	9.7077	2.8071	2.8077	.26978
.20	4.8451	1.2896	3.0500	-.58378
.25	-6.3867	-.5542	2.7306	-.43926
.30	-9.7667	-1.8192	2.2423	-.31494
.35	-9.8604	-2.5201	1.7493	-.21515
.40	-8.8283	-2.8249	1.3078	-.13872
.45	-7.3832	-2.8657	.9387	-.08256
.50	-5.8906	-2.7417	.6442	-.04299
.55	-4.5279	-2.5245	.4178	-.01644
.60	-3.3704	-2.2634	.2492	.00023
.65	-2.4354	-1.9907	.1275	.00965
.70	-1.7087	-1.7258	.0420	.01389
.75	-1.1596	-1.4788	-.0159	.01454
.80	-.7484	-1.2533	-.0534	.01281
.85	-.4287	-1.0484	-.0748	.00960
.90	-.1402	-.8604	-.0818	.00569
.95	.1787	-.6839	-.0729	.00182
1.00	1.4576	-.5130	-.0000	-.00000

XM/L=0.3

X/L	FP	FS	FQ	FM
.05	16.3099	3.4820	.8155	.02039
.10	8.4567	3.2954	1.2383	.07173
.15	8.3711	3.0411	1.6569	.14411
.20	8.5254	2.6262	2.0832	.23761
.25	8.0838	1.9263	2.4873	.35188
.30	4.8073	.7856	2.7277	-.51775
.35	-5.7305	-.7925	2.4412	-.38852
.40	-8.8489	-1.8793	1.9987	-.27753
.45	-8.9111	-2.4679	1.5532	-.18873
.50	-7.9642	-2.7082	1.1550	-.12102
.55	-6.6559	-2.7175	.8222	-.07159
.60	-5.3141	-2.5833	.5565	-.03713
.65	-4.0950	-2.3684	.3517	-.01442
.70	-3.0612	-2.1156	.1987	-.00066
.75	-2.2224	-1.8518	.0875	.00649
.80	-1.5570	-1.5928	.0097	.00892
.85	-1.0227	-1.3456	-.0414	.00813
.90	-.5531	-1.1113	-.0691	.00537
.95	-.0746	-.8873	-.0728	.00182
1.00	1.4564	-.6687	-.0000	-.00000

XM/L=0.4

X/L	FP	FS	FQ	FM
.05	6.2679	2.2684	.3134	.00783
.10	4.5923	2.4546	.5430	.02924
.15	5.4287	2.6137	.8144	.06318
.20	6.5156	2.7043	1.1402	.11205
.25	7.6621	2.6645	1.5233	.17864
.30	8.4923	2.4080	1.9479	.26542
.35	8.3456	1.8197	2.3652	.37325
.40	5.1792	.7537	2.6242	-.50202
.45	-5.3469	-.7775	2.3568	-.37749
.50	-8.5043	-1.8373	1.9316	-.27028
.55	-8.6282	-2.4126	1.5002	-.18448
.60	-7.7495	-2.6482	1.1127	-.11916
.65	-6.5062	-2.6572	.7874	-.07166
.70	-5.2197	-2.5242	.5264	-.03881
.75	-4.0405	-2.3091	.3244	-.01754
.80	-3.0242	-2.0524	.1732	-.00510
.85	-2.1689	-1.7792	.0648	.00085
.90	-1.4267	-1.5032	-.0066	.00231
.95	-.7261	-1.2298	-.0429	.00107
1.00	.8575	-.9590	-.0000	-.00000

XM/L=0.5

X/L	FP	FS	FQ	FM
.05	1.2291	1.4588	.0615	.00154
.10	2.0997	1.7465	.1664	.00723
.15	3.0003	2.0279	.3165	.01931
.20	4.0342	2.2899	.5182	.04017
.25	5.2161	2.5079	.7790	.07260
.30	6.4964	2.6422	1.1038	.11967
.35	7.7275	2.6333	1.4902	.18452
.40	8.5902	2.3974	1.9197	.26976
.45	8.4478	1.8222	2.3421	.37631
.50	5.2715	.7637	2.6056	-.50000
.55	-5.2715	-.7637	2.3421	-.37631
.60	-8.4478	-1.8222	1.9197	-.26976
.65	-8.5902	-2.3974	1.4902	-.18452
.70	-7.7275	-2.6333	1.1038	-.11967
.75	-6.4964	-2.6422	.7790	-.07260
.80	-5.2161	-2.5079	.5182	-.04017
.85	-4.0342	-2.2899	.3165	-.01931
.90	-3.0003	-2.0279	.1664	-.00723
.95	-2.0997	-1.7465	.0615	-.00154
1.00	-1.2291	-1.4588	-.0000	-.00000

B/L= 5.00 DS/B1= 2.00 KS= .050

XQ/L=0.0

X/L	FP	FS	FQ	FM
.05	12.2165	2.5441	-.3892	-.03473
.10	4.0996	2.2081	-.1842	-.04906
.15	2.5819	1.8974	-.0551	-.05505
.20	1.5768	1.6181	.0237	-.05583
.25	.9426	1.3722	.0709	-.05346
.30	.5191	1.1591	.0968	-.04927
.35	.2352	.9769	.1086	-.04414
.40	.0482	.8227	.1110	-.03865
.45	-.0705	.6933	.1075	-.03319
.50	-.1407	.5855	.1004	-.02799
.55	-.1770	.4960	.0916	-.02319
.60	-.1902	.4219	.0821	-.01885
.65	-.1886	.3604	.0726	-.01498
.70	-.1786	.3090	.0637	-.01157
.75	-.1653	.2656	.0554	-.00859
.80	-.1534	.2282	.0478	-.00601
.85	-.1477	.1951	.0404	-.00380
.90	-.1561	.1650	.0326	-.00198
.95	-.1858	.1367	.0233	-.00058
1.00	-.4660	.1091	-.0000	-.00000

XQ/L=0.1

X/L	FP	FS	FQ	FM
.05	7.7804	1.9898	.3890	.00973
.10	3.3068	1.8713	-.4456	.03331
.15	2.5758	1.7407	-.3168	.01425
.20	1.9590	1.5966	-.2189	.00085
.25	1.4971	1.4482	-.1440	-.00822
.30	1.1330	1.3020	-.0874	-.01401
.35	.8446	1.1626	-.0452	-.01732
.40	.6174	1.0326	-.0143	-.01881
.45	.4404	.9135	.0077	-.01897
.50	.3048	.8057	.0230	-.01820
.55	.2027	.7092	.0331	-.01680
.60	.1271	.6231	.0395	-.01499
.65	.0721	.5466	.0431	-.01293
.70	.0319	.4785	.0447	-.01073
.75	.0012	.4174	.0447	-.00850
.80	-.0254	.3622	.0434	-.00629
.85	-.0546	.3113	.0407	-.00419
.90	-.0974	.2636	.0358	-.00228
.95	-.1643	.2179	.0276	-.00069
1.00	-.5525	.1730	-.0000	-.00000

XQ/L=0.2

X/L	FP	FS	FQ	FM
.05	4.3268	1.4987	.2163	.00541
.10	2.2217	1.5157	.3274	.01900
.15	2.0987	1.5255	.4324	.03800
.20	2.0618	1.5183	-.4646	.06219
.25	1.9453	1.4818	-.3673	.04140
.30	1.7030	1.4150	-.2821	.02516
.35	1.4433	1.3283	-.2100	.01286
.40	1.1945	1.2304	-.1502	.00385
.45	.9694	1.1274	-.1018	-.00245
.50	.7730	1.0241	-.0631	-.00657
.55	.6065	.9236	-.0328	-.00897
.60	.4681	.8278	-.0094	-.01002
.65	.3547	.7377	.0083	-.01005
.70	.2621	.6536	.0215	-.00930
.75	.1851	.5754	.0307	-.00800
.80	.1175	.5023	.0366	-.00632
.85	.0513	.4336	.0391	-.00442
.90	-.0274	.3681	.0378	-.00250
.95	-.1324	.3046	.0312	-.00078
1.00	-.6230	.2422	-.0000	-.00000

XQ/L=0.3

X/L	FP	FS	FQ	FM
.05	2.0084	1.1054	.1004	.00251
.10	1.3305	1.1896	.1669	.00919
.15	1.4413	1.2703	.2390	.01934
.20	1.6028	1.3426	.3192	.03330
.25	1.7865	1.3991	.4085	.05149
.30	1.9378	1.4304	-.4946	.07433
.35	1.9233	1.4246	-.3985	.05201
.40	1.7396	1.3817	-.3115	.03426
.45	1.5127	1.3130	-.2359	.02058
.50	1.2804	1.2280	-.1718	.01038
.55	1.0612	1.1337	-.1188	.00312
.60	.8639	1.0355	-.0756	-.00174
.65	.6913	.9369	-.0410	-.00466
.70	.5427	.8403	-.0139	-.00603
.75	.4145	.7469	.0068	-.00620
.80	.3009	.6572	.0219	-.00549
.85	.1931	.5710	.0315	-.00415
.90	.0755	.4878	.0353	-.00248
.95	-.0688	.4065	.0319	-.00080
1.00	-.6377	.3262	-.0000	-.00000

XQ/L=0.4

X/L	FP	FS	FQ	FM
.05	.5991	.8085	.0300	.00075
.10	.7013	.9171	.0650	.00312
.15	.8964	1.0246	.1098	.00749
.20	1.1048	1.1289	.1651	.01437
.25	1.3291	1.2268	.2315	.02428
.30	1.5615	1.3131	.3096	.03781
.35	1.7839	1.3809	.3988	.05552
.40	1.9582	1.4208	-.5033	.07791
.45	1.9570	1.4215	-.4054	.05519
.50	1.7806	1.3829	-.3164	.03715
.55	1.5568	1.3168	-.2386	.02327
.60	1.3245	1.2326	-.1723	.01300
.65	1.1027	1.1377	-.1172	.00576
.70	.8997	1.0372	-.0722	.00102
.75	.7174	.9347	-.0364	-.00169
.80	.5529	.8324	-.0087	-.00282
.85	.3991	.7316	.0112	-.00276
.90	.2405	.6324	.0233	-.00189
.95	.0595	.5347	.0262	-.00066
1.00	-.5248	.4377	-.0000	-.00000

XQ/L=0.5

X/L	FP	FS	FQ	FM
.05	-.1691	.5924	-.0085	-.00021
.10	.2974	.7012	.0064	-.00026
.15	.5025	.8101	.0315	.00069
.20	.6972	.9190	.0664	.00313
.25	.8959	1.0268	.1112	.00757
.30	1.1082	1.1314	.1666	.01452
.35	1.3350	1.2295	.2334	.02452
.40	1.5695	1.3159	.3118	.03815
.45	1.7938	1.3836	.4015	.05598
.50	1.9696	1.4232	-.5000	.07852
.55	1.9696	1.4232	-.4015	.05598
.60	1.7938	1.3836	-.3118	.03815
.65	1.5695	1.3159	-.2334	.02452
.70	1.3350	1.2295	-.1666	.01452
.75	1.1082	1.1314	-.1112	.00757
.80	.8959	1.0268	-.0664	.00313
.85	.6972	.9190	-.0315	.00069
.90	.5025	.8101	-.0064	-.00026
.95	.2974	.7012	.0085	-.00021
1.00	-.1691	.5924	-.0000	-.00000

B/L= 5.00 DS/B1= 2.00 KS= .050

XM/L=0.0

X/L	FP	FS	FQ	FM
.05	45.7880	5.6177	2.2894	-.94276
.10	6.7665	3.2985	2.6277	-.81984
.15	-.2025	1.5084	2.6176	-.68870
.20	-3.9463	.1709	2.4203	-.56276
.25	-5.6008	-.7915	2.1402	-.44874
.30	-6.1586	-1.4507	1.8323	-.34943
.35	-6.0919	-1.8709	1.5277	-.26543
.40	-5.6786	-2.1070	1.2438	-.19614
.45	-5.0900	-2.2049	.9893	-.14031
.50	-4.4333	-2.2023	.7676	-.09639
.55	-3.7746	-2.1289	.5789	-.06273
.60	-3.1528	-2.0080	.4213	-.03772
.65	-2.5883	-1.8572	.2918	-.01990
.70	-2.0884	-1.6892	.1874	-.00792
.75	-1.6512	-1.5131	.1049	-.00061
.80	-1.2674	-1.3345	.0415	.00305
.85	-.9200	-1.1567	-.0045	.00397
.90	-.5784	-.9810	-.0334	.00303
.95	-.2073	-.8076	-.0438	.00110
1.00	.8760	-.6353	.0000	-.00000

XM/L=0.1

X/L	FP	FS	FQ	FM
.05	40.4517	5.3311	2.0226	.05056
.10	10.6586	3.5350	2.5555	-.83498
.15	1.1672	1.7498	2.6139	-.70575
.20	-3.4109	.3520	2.4433	-.57932
.25	-5.3552	-.6606	2.1756	-.46385
.30	-6.0708	-1.3605	1.8720	-.36266
.35	-6.0927	-1.8129	1.5674	-.27667
.40	-5.7289	-2.0738	1.2809	-.20546
.45	-5.1659	-2.1905	1.0227	-.14787
.50	-4.5197	-2.2015	.7967	-.10239
.55	-3.8623	-2.1377	.6035	-.06738
.60	-3.2363	-2.0232	.4417	-.04125
.65	-2.6644	-1.8763	.3085	-.02250
.70	-2.1558	-1.7105	.2007	-.00976
.75	-1.7096	-1.5351	.1152	-.00187
.80	-1.3172	-1.3563	.0494	.00225
.85	-.9623	-1.1777	.0013	.00352
.90	-.6148	-1.0010	-.0295	.00281
.95	-.2396	-.8261	-.0415	.00104
1.00	.8292	-.6524	-.0000	-.00000

XM/L=0.2

X/L	FP	FS	FQ	FM
.05	28.5978	4.4392	1.4299	.03575
.10	10.1639	3.4740	1.9381	.11995
.15	6.6639	2.4627	2.2713	.22518
.20	3.0619	1.3483	2.4244	-.65743
.25	-2.6922	.1388	2.2898	-.53957
.30	-5.0099	-.7868	2.0393	-.43135
.35	-5.7373	-1.4215	1.7524	-.33656
.40	-5.7659	-1.8261	1.4641	-.25614
.45	-5.4174	-2.0533	1.1932	-.18971
.50	-4.8793	-2.1471	.9493	-.13615
.55	-4.2640	-2.1434	.7361	-.09401
.60	-3.6396	-2.0709	.5541	-.06176
.65	-3.0455	-1.9520	.4018	-.03786
.70	-2.5021	-1.8033	.2767	-.02090
.75	-2.0162	-1.6372	.1759	-.00958
.80	-1.5845	-1.4620	.0967	-.00277
.85	-1.1948	-1.2832	.0369	.00057
.90	-.8216	-1.1039	-.0041	.00139
.95	-.4327	-.9252	-.0258	.00064
1.00	.5155	-.7471	-.0000	-.00000

XM/L=0.3

X/L	FP	FS	FQ	FM
.05	18.1820	3.4319	.9091	.02273
.10	7.5848	3.0107	1.2883	.07766
.15	6.1628	2.5598	1.5965	.14978
.20	5.1654	2.0410	1.8547	.23606
.25	4.1206	1.4068	2.0608	.33395
.30	2.0073	.6019	2.1611	-.56050
.35	-2.9458	-.3600	2.0139	-.45613
.40	-4.8109	-1.0920	1.7733	-.36145
.45	-5.2939	-1.5791	1.5086	-.27940
.50	-5.2070	-1.8742	1.2483	-.21048
.55	-4.8234	-2.0227	1.0071	-.15409
.60	-4.2990	-2.0622	.7921	-.10911
.65	-3.7253	-2.0229	.6059	-.07416
.70	-3.1559	-1.9289	.4481	-.04781
.75	-2.6204	-1.7985	.3171	-.02868
.80	-2.1315	-1.6454	.2105	-.01550
.85	-1.6901	-1.4791	.1260	-.00708
.90	-1.2851	-1.3061	.0617	-.00239
.95	-.8953	-1.1304	.0170	-.00042
1.00	-.3392	-.9538	-.0000	-.00000

XM/L=0.4

X/L	FP	FS	FQ	FM
.05	10.4614	2.5341	.5231	.01308
.10	5.0718	2.4359	.7767	.04557
.15	4.6887	2.3205	1.0111	.09026
.20	4.6127	2.1647	1.2417	.14658
.25	4.6543	1.9380	1.4744	.21449
.30	4.5475	1.6034	1.7018	.29390
.35	3.9828	1.1165	1.9010	.38396
.40	2.1421	.4265	2.0081	-.51831
.45	-2.6623	-.4481	1.8750	-.42123
.50	-4.4558	-1.1160	1.6522	-.33306
.55	-4.9157	-1.5578	1.4064	-.25659
.60	-4.8363	-1.8231	1.1646	-.19232
.65	-4.4789	-1.9540	.9406	-.13969
.70	-3.9927	-1.9856	.7410	-.09765
.75	-3.4651	-1.9462	.5677	-.06493
.80	-2.9492	-1.8582	.4203	-.04023
.85	-2.4773	-1.7389	.2964	-.02232
.90	-2.0739	-1.6010	.1927	-.01009
.95	-1.7455	-1.4535	.1054	-.00264
1.00	-2.1087	-1.3023	-.0000	-.00000

XM/L=0.5

X/L	FP	FS	FQ	FM
.05	5.2870	1.8219	.2644	.00661
.10	3.1075	1.8955	.4197	.02371
.15	3.2263	1.9603	.5810	.04873
.20	3.5177	2.0035	.7569	.08218
.25	3.9154	2.0077	.9527	.12492
.30	4.3189	1.9499	1.1686	.17795
.35	4.6223	1.8016	1.3998	.24216
.40	4.6676	1.5276	1.6331	.31798
.45	4.1894	1.0858	1.8426	.40488
.50	2.3936	.4274	1.9623	-.50000
.55	-2.3936	-.4274	1.8426	-.40488
.60	-4.1894	-1.0858	1.6331	-.31798
.65	-4.6676	-1.5276	1.3998	-.24216
.70	-4.6223	-1.8016	1.1686	-.17795
.75	-4.3189	-1.9499	.9527	-.12492
.80	-3.9154	-2.0077	.7569	-.08218
.85	-3.5177	-2.0035	.5810	-.04873
.90	-3.2263	-1.9603	.4197	-.02371
.95	-3.1075	-1.8955	.2644	-.00661
1.00	-5.2870	-1.8219	-.0000	-.00000

B/L= 5.00 DS/B1= 2.00 KS= .100

XQ/L=0.0

X/L	FP	FS	FQ	FM
.05	10.8931	2.4110	-.4553	-.03638
.10	3.9053	2.1478	-.2601	-.05427
.15	2.6429	1.8983	-.1279	-.06397
.20	1.7892	1.6667	-.0385	-.06813
.25	1.2301	1.4549	.0230	-.06852
.30	.8344	1.2637	.0648	-.06632
.35	.5474	1.0927	.0921	-.06240
.40	.3377	.9410	.1090	-.05737
.45	.1848	.8073	.1182	-.05169
.50	.0746	.6900	.1220	-.04568
.55	-.0038	.5873	.1218	-.03959
.60	-.0588	.4974	.1188	-.03357
.65	-.0972	.4184	.1140	-.02775
.70	-.1253	.3487	.1077	-.02221
.75	-.1488	.2864	.1003	-.01701
.80	-.1739	.2300	.0916	-.01222
.85	-.2084	.1780	.0812	-.00790
.90	-.2673	.1290	.0678	-.00417
.95	-.3642	.0819	.0496	-.00124
1.00	-.9916	.0355	-.0000	-.00000

XQ/L=0.1

X/L	FP	FS	FQ	FM
.05	7.6342	1.9612	.3817	.00954
.10	3.1676	1.8417	-.4599	.03259
.15	2.4420	1.7162	-.3378	.01264
.20	1.8867	1.5844	-.2435	-.00189
.25	1.4878	1.4510	-.1691	-.01220
.30	1.1769	1.3198	-.1102	-.01918
.35	.9280	1.1933	-.0638	-.02354
.40	.7268	1.0733	-.0275	-.02582
.45	.5635	.9607	.0007	-.02649
.50	.4312	.8559	.0222	-.02592
.55	.3242	.7591	.0384	-.02440
.60	.2373	.6697	.0503	-.02218
.65	.1660	.5874	.0586	-.01946
.70	.1058	.5113	.0639	-.01640
.75	.0519	.4407	.0665	-.01314
.80	-.0011	.3744	.0664	-.00981
.85	-.0610	.3116	.0634	-.00657
.90	-.1419	.2512	.0563	-.00358
.95	-.2578	.1924	.0434	-.00109
1.00	-.8680	.1342	-.0000	-.00000

XQ/L=0.2

X/L	FP	FS	FQ	FM
.05	4.9158	1.5480	.2458	.00614
.10	2.2920	1.5284	.3604	.02130
.15	2.0030	1.5047	.4605	.04182
.20	1.8356	1.4717	-.4477	.06714
.25	1.6805	1.4227	-.3637	.04686
.30	1.4847	1.3569	-.2894	.03053
.35	1.2911	1.2796	-.2249	.01768
.40	1.1089	1.1951	-.1694	.00782
.45	.9419	1.1067	-.1223	.00053
.50	.7918	1.0172	-.0827	-.00460
.55	.6586	.9283	-.0498	-.00791
.60	.5413	.8413	-.0227	-.00973
.65	.4379	.7570	-.0008	-.01032
.70	.3458	.6757	.0164	-.00993
.75	.2615	.5974	.0295	-.00878
.80	.1804	.5220	.0385	-.00708
.85	.0955	.4489	.0433	-.00503
.90	-.0067	.3777	.0430	-.00287
.95	-.1402	.3076	.0360	-.00090
1.00	-.7195	.2381	-.0000	-.00000

XQ/L=0.3

X/L	FP	FS	FQ	FM
.05	2.8757	1.1954	.1438	.00359
.10	1.5371	1.2359	.2206	.01271
.15	1.4750	1.2740	.2944	.02558
.20	1.4881	1.3065	.3688	.04216
.25	1.5441	1.3288	.4460	.06253
.30	1.5947	1.3355	-.4743	.08682
.35	1.5640	1.3201	-.3961	.06507
.40	1.4462	1.2823	-.3238	.04707
.45	1.3023	1.2278	-.2586	.03251
.50	1.1510	1.1613	-.2011	.02102
.55	1.0021	1.0869	-.1510	.01221
.60	.8606	1.0075	-.1080	.00574
.65	.7287	.9254	-.0715	.00125
.70	.6068	.8423	-.0412	-.00156
.75	.4933	.7593	-.0165	-.00301
.80	.3850	.6769	.0027	-.00335
.85	.2762	.5956	.0165	-.00287
.90	.1554	.5151	.0243	-.00185
.95	.0097	.4354	.0248	-.00062
1.00	-.4961	.3561	-.0000	-.00000

XQ/L=0.4

X/L	FP	FS	FQ	FM
.05	1.4388	.9076	.0719	.00180
.10	.9508	.9798	.1195	.00658
.15	1.0134	1.0509	.1701	.01382
.20	1.1098	1.1189	.2256	.02372
.25	1.2310	1.1813	.2872	.03654
.30	1.3604	1.2347	.3552	.05260
.35	1.4828	1.2748	.4293	.07221
.40	1.5749	1.2962	-.4919	.09565
.45	1.5707	1.2928	-.4134	.07302
.50	1.4693	1.2645	-.3399	.05419
.55	1.3350	1.2171	-.2732	.03886
.60	1.1882	1.1558	-.2137	.02669
.65	1.0398	1.0847	-.1618	.01730
.70	.8954	1.0071	-.1170	.01033
.75	.7576	.9253	-.0791	.00543
.80	.6260	.8412	-.0478	.00226
.85	.4978	.7550	-.0229	.00049
.90	.3656	.6703	-.0046	-.00020
.95	.2195	.5846	.0063	-.00016
1.00	-.1268	.4990	-.0000	-.00000

XQ/L=0.5

X/L	FP	FS	FQ	FM
.05	.4805	.6789	.0240	.00060
.10	.5217	.7638	.0501	.00245
.15	.6455	.8483	.0824	.00577
.20	.7740	.9316	.1211	.01085
.25	.9107	1.0124	.1666	.01805
.30	1.0544	1.0889	.2193	.02770
.35	1.2025	1.1586	.2795	.04017
.40	1.3486	1.2181	.3469	.05582
.45	1.4816	1.2633	.4210	.07502
.50	1.5805	1.2889	-.5000	.09805
.55	1.5805	1.2889	-.4210	.07502
.60	1.4816	1.2633	-.3469	.05582
.65	1.3486	1.2181	-.2795	.04017
.70	1.2025	1.1586	-.2193	.02770
.75	1.0544	1.0889	-.1666	.01805
.80	.9107	1.0124	-.1211	.01085
.85	.7740	.9316	-.0824	.00577
.90	.6455	.8483	-.0501	.00245
.95	.5217	.7638	-.0240	.00060
1.00	.4805	.6789	-.0000	-.00000

B/L= 5.00 DS/B1= 2.00 KS= .100

XM/L=0.0

X/L	FP	FS	FQ	FM
.05	33.3467	4.5393	1.6673	-.95832
.10	6.8024	3.0284	2.0075	-.86645
.15	1.8744	1.7914	2.1012	-.76373
.20	-1.0457	.7991	2.0489	-.65998
.25	-2.6160	.0202	1.9181	-.56080
.30	-3.4456	-.5756	1.7458	-.46921
.35	-3.8157	-1.0170	1.5550	-.38669
.40	-3.8933	-1.3302	1.3604	-.31380
.45	-3.7848	-1.5384	1.1711	-.25051
.50	-3.5618	-1.6620	.9930	-.19641
.55	-3.2733	-1.7188	.8294	-.15085
.60	-2.9532	-1.7235	.6817	-.11307
.65	-2.6248	-1.6888	.5505	-.08227
.70	-2.3037	-1.6248	.4353	-.05763
.75	-2.0000	-1.5400	.3353	-.03836
.80	-1.7200	-1.4407	.2493	-.02375
.85	-1.4674	-1.3323	.1759	-.01312
.90	-1.2467	-1.2183	.1136	-.00588
.95	-1.0554	-1.1016	.0608	-.00152
1.00	-1.2161	-.9837	.0000	-.00000

XM/L=0.1

X/L	FP	FS	FQ	FM
.05	30.4999	4.3785	1.5250	.03812
.10	8.7242	3.1393	1.9612	-.87472
.15	2.5729	1.9134	2.0899	-.77344
.20	-.7439	.8972	2.0527	-.66988
.25	-2.4504	.0976	1.9301	-.57031
.30	-3.3573	-.5162	1.7623	-.47800
.35	-3.7743	-.9727	1.5736	-.39460
.40	-3.8816	-1.2985	1.3795	-.32078
.45	-3.7921	-1.5171	1.1899	-.25654
.50	-3.5808	-1.6493	1.0108	-.20153
.55	-3.2992	-1.7128	.8459	-.15511
.60	-2.9827	-1.7230	.6967	-.11654
.65	-2.6557	-1.6925	.5640	-.08503
.70	-2.3348	-1.6318	.4472	-.05975
.75	-2.0306	-1.5495	.3457	-.03992
.80	-1.7500	-1.4523	.2582	-.02483
.85	-1.4975	-1.3454	.1833	-.01379
.90	-1.2787	-1.2328	.1194	-.00622
.95	-1.0918	-1.1173	.0648	-.00162
1.00	-1.2957	-1.0006	-.0000	-.00000

XM/L=0.2

X/L	FP	FS	FQ	FM
.05	23.7490	3.8483	1.1874	.02969
.10	8.3213	3.0683	1.6035	.09946
.15	5.3440	2.2692	1.8707	.18632
.20	2.5325	1.4274	2.0023	-.71686
.25	-.9197	.5527	1.9564	-.61789
.30	-2.6077	-.1592	1.8260	-.52333
.35	-3.3824	-.7001	1.6568	-.43626
.40	-3.7058	-1.0971	1.4716	-.35805
.45	-3.7516	-1.3751	1.2840	-.28916
.50	-3.6257	-1.5561	1.1027	-.22950
.55	-3.3968	-1.6595	.9329	-.17861
.60	-3.1111	-1.7017	.7773	-.13586
.65	-2.8004	-1.6968	.6373	-.10049
.70	-2.4868	-1.6566	.5129	-.07174
.75	-2.1851	-1.5907	.4037	-.04882
.80	-1.9061	-1.5067	.3084	-.03102
.85	-1.6582	-1.4108	.2255	-.01767
.90	-1.4538	-1.3077	.1528	-.00822
.95	-1.2966	-1.2007	.0879	-.00220
1.00	-1.7590	-1.0922	-.0000	-.00000

XM/L=0.3

X/L	FP	FS	FQ	FM
.05	17.1954	3.1985	.8598	.02149
.10	6.7149	2.7566	1.1955	.07288
.15	5.0398	2.3007	1.4475	.13895
.20	3.8328	1.8132	1.6391	.21612
.25	2.7756	1.2726	1.7779	.30155
.30	1.2699	.6544	1.8414	-.60797
.35	-1.5927	-.0303	1.7618	-.51789
.40	-2.8487	-.5836	1.6194	-.43336
.45	-3.3486	-.9944	1.4519	-.35658
.50	-3.4999	-1.2867	1.2769	-.28836
.55	-3.4439	-1.4825	1.1047	-.22882
.60	-3.2660	-1.6007	.9414	-.17766
.65	-3.0209	-1.6581	.7904	-.13437
.70	-2.7462	-1.6688	.6531	-.09828
.75	-2.4685	-1.6447	.5297	-.06871
.80	-2.2083	-1.5956	.4192	-.04499
.85	-1.9843	-1.5295	.3200	-.02651
.90	-1.8250	-1.4528	.2288	-.01279
.95	-1.7480	-1.3702	.1414	-.00353
1.00	-2.8275	-1.2852	-.0000	-.00000

XM/L=0.4

X/L	FP	FS	FQ	FM
.05	11.7567	2.5677	.5878	.01470
.10	5.0348	2.3594	.8396	.05038
.15	4.1550	2.1415	1.0473	.09755
.20	3.6273	1.9015	1.2287	.15445
.25	3.2853	1.6238	1.3930	.21999
.30	2.9177	1.2900	1.5388	.29329
.35	2.3412	.8794	1.6559	.37316
.40	1.1370	.3688	1.7127	-.54263
.45	-1.5339	-.2288	1.6361	-.45891
.50	-2.6708	-.7137	1.5025	-.38044
.55	-3.1026	-1.0728	1.3474	-.30919
.60	-3.2235	-1.3285	1.1862	-.24586
.65	-3.1667	-1.5011	1.0279	-.19050
.70	-3.0137	-1.6083	.8772	-.14288
.75	-2.8191	-1.6657	.7362	-.10254
.80	-2.6249	-1.6852	.6050	-.06901
.85	-2.4704	-1.6812	.4815	-.04185
.90	-2.4150	-1.6596	.3607	-.02080
.95	-2.5028	-1.6287	.2356	-.00589
1.00	-4.7114	-1.5938	-.0000	-.00000

XM/L=0.5

X/L	FP	FS	FQ	FM
.05	7.6245	2.0235	.3812	.00953
.10	3.5991	1.9668	.5612	.03309
.15	3.2146	1.9038	.7219	.06517
.20	3.0640	1.8262	.8751	.10509
.25	3.0579	1.7231	1.0280	.15267
.30	3.0831	1.5815	1.1822	.20793
.35	3.0590	1.3859	1.3351	.27086
.40	2.8917	1.1185	1.4797	.34123
.45	2.4423	.7595	1.6018	.41827
.50	1.3153	.2866	1.6676	-.50000
.55	-1.3153	-.2866	1.6018	-.41827
.60	-2.4423	-.7595	1.4797	-.34123
.65	-2.8917	-1.1185	1.3351	-.27086
.70	-3.0590	-1.3859	1.1822	-.20793
.75	-3.0831	-1.5815	1.0280	-.15267
.80	-3.0579	-1.7231	.8751	-.10509
.85	-3.0640	-1.8262	.7219	-.06517
.90	-3.2146	-1.9038	.5612	-.03309
.95	-3.5991	-1.9668	.3812	-.00953
1.00	-7.6245	-2.0235	-.0000	-.00000

B/L= 5.00 DS/B1= 2.00 KS= .200

XQ/L=0.0

X/L	FP	FS	FQ	FM
.05	9.8207	2.2960	-.5090	-.03772
.10	3.6973	2.0878	-.3241	-.05855
.15	2.6331	1.8867	-.1924	-.07146
.20	1.9087	1.6955	-.0970	-.07870
.25	1.4268	1.5156	-.0257	-.08177
.30	1.0747	1.3477	.0281	-.08171
.35	.8072	1.1921	.0684	-.07930
.40	.5992	1.0486	.0984	-.07513
.45	.4352	.9167	.1201	-.06966
.50	.3043	.7956	.1354	-.06327
.55	.1987	.6846	.1453	-.05626
.60	.1116	.5824	.1509	-.04885
.65	.0375	.4882	.1527	-.04126
.70	-.0291	.4008	.1513	-.03366
.75	-.0939	.3189	.1466	-.02622
.80	-.1640	.2416	.1384	-.01909
.85	-.2499	.1676	.1259	-.01248
.90	-.3735	.0960	.1072	-.00665
.95	-.5549	.0258	.0795	-.00199
1.00	-1.5896	-.0437	-.0000	-.00000

XQ/L=0.1

X/L	FP	FS	FQ	FM
.05	7.4178	1.9290	.3709	.00927
.10	3.0546	1.8149	-.4764	.03164
.15	2-3537	1.6980	-.3587	.01076
.20	1.8469	1.5780	-.2663	-.00487
.25	1.4940	1.4577	-.1916	-.01632
.30	1.2220	1.3389	-.1306	-.02437
.35	1.0033	1.2232	-.0804	-.02965
.40	.8232	1.1116	-.0392	-.03264
.45	.6725	1.0047	-.0056	-.03376
.50	.5449	.9028	.0216	-.03336
.55	.4358	.8059	.0434	-.03173
.60	.3409	.7139	.0605	-.02913
.65	.2566	.6254	.0733	-.02579
.70	.1790	.5431	.0823	-.02190
.75	.1037	.4634	.0874	-.01766
.80	.0253	.3866	.0887	-.01325
.85	-.0646	.3122	.0855	-.00890
.90	-.1836	.2394	.0763	-.00485
.95	-.3484	.1676	.0589	-.00147
1.00	-1.1776	.0964	-.0000	-.00000

XQ/L=0.2

X/L	FP	FS	FQ	FM
.05	5.3049	1.5824	.2652	.00663
.10	2.3470	1.5396	.3826	.02283
.15	1.9555	1.4947	.4804	.04440
.20	1.7083	1.4447	-.4342	.07056
.25	1.5246	1.3863	-.3580	.05075
.30	1.3471	1.3190	-.2906	.03454
.35	1.1857	1.2453	-.2313	.02149
.40	1-0388	1.1674	-.1794	.01122
.45	.9051	1.0871	-.1341	.00338
.50	.7835	1.0057	-.0950	-.00235
.55	.6727	.9243	-.0613	-.00626
.60	.5714	.8435	-.0328	-.00861
.65	.4779	.7638	-.0089	-.00965
.70	.3900	.6855	.0106	-.00961
.75	.3051	.6086	.0259	-.00869
.80	.2191	.5332	.0368	-.00713
.85	.1261	.4589	.0431	-.00513
.90	.0131	.3855	.0438	-.00295
.95	-.1330	.3128	.0372	-.00093
1.00	-.7430	.2403	-.0000	-.00000

XQ/L=0.3

X/L	FP	FS	FQ	FM
.05	3.5777	1.2712	.1789	.00447
.10	1.7109	1.2776	.2644	.01555
.15	1.5148	1.2825	.3402	.03067
.20	1.4170	1.2840	.4110	.04945
.25	1.3819	1.2795	.4801	.07173
.30	1.3621	1.2660	-.4518	.09744
.35	1.3105	1.2399	-.3862	.07649
.40	1.2194	1.2009	-.3253	.05870
.45	1.1167	1.1519	-.2694	.04383
.50	1.0104	1.0951	-.2189	.03162
.55	.9046	1.0328	-.1737	.02180
.60	.8017	.9664	-.1336	.01412
.65	.7026	.8973	-.0985	.00832
.70	.6074	.8266	-.0681	.00416
.75	.5152	.7550	-.0424	.00139
.80	.4242	.6829	-.0211	-.00019
.85	.3310	.6108	-.0046	-.00084
.90	.2283	.5387	.0068	-.00078
.95	.1073	.4668	.0122	-.00030
1.00	-.2439	.3949	-.0000	-.00000

XQ/L=0.4

X/L	FP	FS	FQ	FM
.05	2.2180	1.0000	.1109	.00277
.10	1.1765	1.0384	.1697	.00979
.15	1.1132	1.0758	.2254	.01967
.20	1.1071	1.1111	.2807	.03232
.25	1.1407	1.1424	.3378	.04778
.30	1.1897	1.1678	.3973	.06616
.35	1.2400	1.1847	.4593	.08757
.40	1.2761	1.1900	-.4769	.11213
.45	1.2628	1.1805	-.4138	.08986
.50	1.1986	1.1561	-.3539	.07067
.55	1.1150	1.1196	-.2981	.05437
.60	1.0223	1.0738	-.2470	.04074
.65	.9263	1.0209	-.2007	.02954
.70	.8305	.9627	-.1592	.02055
.75	.7368	.9007	-.1223	.01351
.80	.6464	.8363	-.0900	.00820
.85	.5592	.7702	-.0621	.00440
.90	.4754	.7031	-.0383	.00189
.95	.3919	.6356	-.0187	.00047
1.00	.3737	.5680	-.0000	-.00000

XQ/L=0.5

X/L	FP	FS	FQ	FM
.05	1.1720	.7673	.0586	.00146
.10	.7417	.8248	.0957	.00532
.15	.7672	.8819	.1340	.01107
.20	.8175	.9377	.1749	.01879
.25	.8874	.9913	.2193	.02864
.30	.9668	1.0413	.2676	.04082
.35	1.0503	1.0862	.3201	.05551
.40	1.1324	1.1238	.3768	.07294
.45	1.2057	1.1518	.4371	.09328
.50	1.2589	1.1674	-.5000	.11671
.55	1.2589	1.1674	-.4371	.09328
.60	1.2057	1.1518	-.3768	.07294
.65	1.1324	1.1238	-.3201	.05551
.70	1.0503	1.0862	-.2676	.04082
.75	.9668	1.0413	-.2193	.02864
.80	.8874	.9913	-.1749	.01879
.85	.8175	.9377	-.1340	.01107
.90	.7672	.8819	-.0957	.00532
.95	.7417	.8248	-.0586	.00146
1.00	1.1720	.7673	-.0000	-.00000

B/L= 5.00   DS/B1= 2.00   KS= .200

XM/L=0.0

X/L	FP	FS	FQ	FM
.05	24.4251	3.6927	1.2213	-.96947
.10	6.1426	2.7127	1.5284	-.90073
.15	2.7257	1.8730	1.6647	-.82090
.20	.5802	1.1625	1.6937	-.73694
.25	-.6943	.5688	1.6590	-.65313
.30	-1.4870	.0794	1.5846	-.57204
.35	-1.9703	-.3182	1.4861	-.49527
.40	-2.2449	-.6357	1.3739	-.42377
.45	-2.3756	-.8844	1.2551	-.35805
.50	-2.4069	-1.0744	1.1347	-.29830
.55	-2.3708	-1.2153	1.0162	-.24453
.60	-2.2918	-1.3155	.9016	-.19659
.65	-2.1889	-1.3826	.7921	-.15424
.70	-2.0778	-1.4235	.6883	-.11723
.75	-1.9730	-1.4440	.5896	-.08528
.80	-1.8898	-1.4494	.4951	-.05817
.85	-1.8489	-1.4440	.4027	-.03572
.90	-1.8937	-1.4317	.3080	-.01795
.95	-2.0579	-1.4153	.2051	-.00513
1.00	-4.1020	-1.3973	.0000	-.00000

XM/L=0.1

X/L	FP	FS	FQ	FM
.05	22.9315	3.6050	1.1466	.02866
.10	7.0907	2.7645	1.5011	-.90514
.15	3.0760	1.9336	1.6549	-.82624
.20	.7407	1.2138	1.6919	-.74257
.25	-.5973	.6117	1.6621	-.65872
.30	-1.4264	.1147	1.5908	-.57740
.35	-1.9325	-.2896	1.4941	-.50028
.40	-2.2226	-.6132	1.3830	-.42835
.45	-2.3641	-.8671	1.2648	-.36216
.50	-2.4029	-1.0617	1.1447	-.30192
.55	-2.3724	-1.2066	1.0260	-.24765
.60	-2.2974	-1.3103	.9112	-.19922
.65	-2.1974	-1.3806	.8013	-.15641
.70	-2.0887	-1.4242	.6969	-.11896
.75	-1.9861	-1.4471	.5976	-.08660
.80	-1.9051	-1.4547	.5023	-.05910
.85	-1.8670	-1.4514	.4089	-.03632
.90	-1.9162	-1.4410	.3131	-.01827
.95	-2.0872	-1.4265	.2088	-.00522
1.00	-4.1756	-1.4103	-.0000	-.00000

XM/L=0.2

X/L	FP	FS	FQ	FM
.05	19.2199	3.3035	.9610	.02402
.10	6.8152	2.7094	1.3018	.08059
.15	4.4546	2.1076	1.5245	.15125
.20	2.4684	1.4884	1.6479	-.76944
.25	.2351	.8594	1.6597	-.68675
.30	-.9702	.3208	1.6112	-.60498
.35	-1.6498	-.1209	1.5287	-.52649
.40	-2.0489	-.4777	1.4262	-.45261
.45	-2.2634	-.7612	1.3131	-.38413
.50	-2.3532	-.9819	1.1954	-.32142
.55	-2.3591	-1.1497	1.0774	-.26460
.60	-2.3108	-1.2737	.9619	-.21362
.65	-2.2310	-1.3618	.8503	-.16831
.70	-2.1383	-1.4213	.7434	-.12847
.75	-2.0497	-1.4586	.6409	-.09386
.80	-1.9831	-1.4792	.5418	-.06429
.85	-1.9624	-1.4880	.4437	-.03965
.90	-2.0377	-1.4890	.3418	-.02001
.95	-2.2483	-1.4856	.2294	-.00573
1.00	-4.5876	-1.4803	-.0000	-.00000

XM/L=0.3

X/L	FP	FS	FQ	FM
.05	15.3639	2.9133	.7682	.01920
.10	5.8660	2.5155	1.0615	.06495
.15	4.2634	2.1115	1.2747	.12335
.20	3.1116	1.6935	1.4302	.19097
.25	2.1847	1.2519	1.5395	.26522
.30	1.1089	.7762	1.5949	-.65642
.35	-.5951	.2735	1.5652	-.57742
.40	-1.4554	-.1554	1.4924	-.50098
.45	-1.9024	-.5034	1.3973	-.42874
.50	-2.1436	-.7817	1.2901	-.36155
.55	-2.2538	-1.0007	1.1774	-.29987
.60	-2.2804	-1.1702	1.0634	-.24385
.65	-2.2566	-1.2990	.9506	-.19350
.70	-2.2082	-1.3950	.8402	-.14873
.75	-2.1578	-1.4653	.7323	-.10942
.80	-2.1287	-1.5164	.6258	-.07547
.85	-2.1515	-1.5536	.5183	-.04686
.90	-2.2886	-1.5816	.4038	-.02381
.95	-2.5905	-1.6044	.2743	-.00686
1.00	-5.4860	-1.6250	-.0000	-.00000

XM/L=0.4

X/L	FP	FS	FQ	FM
.05	11.9234	2.5132	.5962	.01490
.10	4.8281	2.2645	.8376	.05075
.15	3.7460	2.0109	1.0249	.09731
.20	3.0303	1.7463	1.1764	.15234
.25	2.5361	1.4630	1.3032	.21433
.30	2.0886	1.1523	1.4076	.28210
.35	1.5700	.8043	1.4861	.35445
.40	.7589	.4086	1.5241	-.57030
.45	-.7684	-.0271	1.4856	-.49506
.50	-1.5117	-.4017	1.4101	-.42266
.55	-1.8855	-.7074	1.3158	-.35452
.60	-2.0887	-.9550	1.2114	-.29134
.65	-2.1914	-1.1541	1.1018	-.23351
.70	-2.2402	-1.3139	.9898	-.18122
.75	-2.2708	-1.4426	.8762	-.13457
.80	-2.3180	-1.5476	.7603	-.09366
.85	-2.4245	-1.6356	.6391	-.05867
.90	-2.6745	-1.7122	.5054	-.03006
.95	-3.1376	-1.7822	.3485	-.00871
1.00	-6.9701	-1.8493	-.0000	-.00000

XM/L=0.5

X/L	FP	FS	FQ	FM
.05	9.1076	2.1498	.4554	.01138
.10	3.8923	2.0089	.6500	.03902
.15	3.1776	1.8643	.8089	.07549
.20	2.7442	1.7112	.9461	.11936
.25	2.4929	1.5435	1.0707	.16979
.30	2.3050	1.3542	1.1860	.22620
.35	2.1152	1.1351	1.2917	.28815
.40	1.8632	.8776	1.3849	.35506
.45	1.4723	.5718	1.4585	.42615
.50	.7417	.2075	1.4956	-.50000
.55	-.7417	-.2075	1.4585	-.42615
.60	-1.4723	-.5718	1.3849	-.35506
.65	-1.8632	-.8776	1.2917	-.28815
.70	-2.1152	-1.1352	1.1860	-.22620
.75	-2.3050	-1.3542	1.0707	-.16979
.80	-2.4929	-1.5435	.9461	-.11936
.85	-2.7442	-1.7112	.8089	-.07549
.90	-3.1776	-1.8643	.6500	-.03902
.95	-3.8923	-2.0089	.4554	-.01138
1.00	-9.1076	-2.1498	-.0000	-.00000

B/L= 5.00 DS/B1= 2.00 KS= .500

XQ/L=0.0

X/L	FP	FS	FQ	FM
.05	8.8752	2.1909	-.5562	-.03891
.10	3.4882	2.0288	-.3818	-.06236
.15	2.5932	1.8697	-.2522	-.07821
.20	1.9849	1.7149	-.1529	-.08834
.25	1.5787	1.5651	-.0740	-.09401
.30	1.2755	1.4208	-.0102	-.09611
.35	1.0369	1.2822	.0416	-.09533
.40	.8419	1.1493	.0837	-.09219
.45	.6780	1.0221	.1176	-.08716
.50	.5368	.9002	.1445	-.08061
.55	.4122	.7834	.1651	-.07287
.60	.2990	.6712	.1800	-.06424
.65	.1927	.5631	.1897	-.05500
.70	.0885	.4586	.1941	-.04541
.75	-.0190	.3571	.1931	-.03573
.80	-.1377	.2580	.1862	-.02624
.85	-.2801	.1608	.1722	-.01728
.90	-.4752	.0649	.1485	-.00926
.95	-.7498	-.0302	.1110	-.00277
1.00	-2.2198	-.1249	-.0000	-.00000

XQ/L=0.1

X/L	FP	FS	FQ	FM
.05	7.1744	1.8957	.3587	.00897
.10	2.9533	1.7897	-.4936	.03060
.15	2.2851	1.6825	-.3794	.00877
.20	1.8213	1.5742	-.2883	-.00792
.25	1.5072	1.4659	-.2129	-.02045
.30	1.2678	1.3585	-.1495	-.02951
.35	1.0750	1.2526	-.0958	-.03564
.40	.9134	1.1486	-.0501	-.03929
.45	.7743	1.0469	-.0114	-.04083
.50	.6518	.9476	.0212	-.04059
.55	.5416	.8508	.0483	-.03885
.60	.4402	.7563	.0703	-.03588
.65	.3443	.6641	.0875	-.03194
.70	.2505	.5739	.1000	-.02725
.75	.1550	.4855	.1078	-.02206
.80	.0521	.3986	.1104	-.01660
.85	-.0672	.3129	.1070	-.01117
.90	-.2235	.2279	.0958	-.00610
.95	-.4366	.1435	.0740	-.00185
1.00	-1.4803	.0593	-.0000	-.00000

XQ/L=0.2

X/L	FP	FS	FQ	FM
.05	5.5966	1.6095	.2798	.00700
.10	2.3941	1.5500	.3995	.02398
.15	1.9298	1.4896	.4960	.04637
.20	1.6264	1.4270	-.4227	.07320
.25	1.4198	1.3610	-.3517	.05385
.30	1.2498	1.2912	-.2892	.03782
.35	1.1058	1.2187	-.2339	.02475
.40	.9798	1.1443	-.1849	.01428
.45	.8671	1.0688	-.1415	.00612
.50	.7644	.9926	-.1033	-.00000
.55	.6695	.9163	-.0698	-.00433
.60	.5805	.8401	-.0408	-.00710
.65	.4957	.7643	-.0160	-.00852
.70	.4130	.6889	.0046	-.00881
.75	.3301	.6140	.0211	-.00816
.80	.2437	.5397	.0333	-.00680
.85	.1482	.4658	.0407	-.00495
.90	.0316	.3923	.0423	-.00288
.95	-.1185	.3190	.0364	-.00091
1.00	-.7274	.2458	-.0000	-.00000

XQ/L=0.3

X/L	FP	FS	FQ	FM
.05	4.1898	1.3393	.2095	.00524
.10	1.8676	1.3167	.3029	.01805
.15	1.5587	1.2934	.3808	.03514
.20	1.3693	1.2686	.4493	.05589
.25	1.2604	1.2410	.5123	.07993
.30	1.1839	1.2094	-.4285	.10702
.35	1.1093	1.1722	-.3731	.08698
.40	1.0277	1.1293	-.3217	.06961
.45	.9468	1.0816	-.2743	.05471
.50	.8680	1.0303	-.2309	.04208
.55	.7914	.9760	-.1914	.03152
.60	.7174	.9196	-.1555	.02285
.65	.6456	.8615	-.1232	.01589
.70	.5758	.8023	-.0944	.01044
.75	.5074	.7423	-.0691	.00636
.80	.4392	.6817	-.0471	.00345
.85	.3699	.6209	-.0286	.00156
.90	.2961	.5600	-.0138	.00050
.95	.2132	.4990	-.0031	.00008
1.00	.0627	.4379	-.0000	-.00000

XQ/L=0.4

X/L	FP	FS	FQ	FM
.05	2.9544	1.0880	.1477	.00369
.10	1.3884	1.0943	.2171	.01281
.15	1.2055	1.1002	.2774	.02518
.20	1.1038	1.1049	.3326	.04043
.25	1.0583	1.1077	.3855	.05838
.30	1.0378	1.1075	.4374	.07895
.35	1.0281	1.1032	.4888	.10211
.40	1.0187	1.0935	-.4603	.12782
.45	.9930	1.0769	-.4106	.10605
.50	.9488	1.0534	-.3632	.08671
.55	.8981	1.0241	-.3183	.06967
.60	.8445	.9902	-.2760	.05482
.65	.7903	.9525	-.2365	.04200
.70	.7373	.9119	-.1997	.03110
.75	.6868	.8691	-.1653	.02197
.80	.6408	.8247	-.1333	.01451
.85	.6016	.7792	-.1032	.00860
.90	.5763	.7331	-.0744	.00416
.95	.5684	.6866	-.0460	.00115
1.00	.9192	.6399	-.0000	-.00000

XQ/L=0.5

X/L	FP	FS	FQ	FM
.05	1.8730	.8555	.0936	.00234
.10	.9572	.8844	.1415	.00822
.15	.8781	.9130	.1854	.01639
.20	.8463	.9409	.2277	.02672
.25	.8483	.9675	.2701	.03917
.30	.8661	.9921	.3134	.05376
.35	.8920	1.0140	.3580	.07055
.40	.9211	1.0321	.4041	.08960
.45	.9487	1.0454	.4515	.11099
.50	.9693	1.0527	-.5000	.13478
.55	.9693	1.0527	-.4515	.11099
.60	.9487	1.0454	-.4041	.08960
.65	.9211	1.0321	-.3580	.07055
.70	.8920	1.0140	-.3134	.05376
.75	.8661	.9921	-.2701	.03917
.80	.8483	.9675	-.2277	.02672
.85	.8463	.9409	-.1854	.01639
.90	.8781	.9130	-.1415	.00822
.95	.9572	.8844	-.0936	.00234
1.00	1.8730	.8555	-.0000	-.00000

B/L= 5.00 DS/B1= 2.00 KS= .500

XM/L=0.0

X/L	FP	FS	FQ	FM
.05	17.1718	2.9614	.8586	-.97854
.10	5.2365	2.3854	1.1204	-.92906
.15	3.0534	1.8666	1.2731	-.86922
.20	1.6201	1.4019	1.3541	-.80354
.25	.7050	.9873	1.3893	-.73496
.30	.0699	.6189	1.3928	-.66540
.35	-.3857	.2924	1.3735	-.59624
.40	-.7190	.0039	1.3376	-.52847
.45	-.9661	-.2509	1.2893	-.46279
.50	-1.1520	-.4760	1.2317	-.39977
.55	-1.2956	-.6753	1.1669	-.33980
.60	-1.4123	-.8523	1.0963	-.28323
.65	-1.5157	-1.0107	1.0205	-.23031
.70	-1.6196	-1.1536	.9395	-.18130
.75	-1.7395	-1.2843	.8525	-.13650
.80	-1.8972	-1.4054	.7577	-.09625
.85	-2.1276	-1.5195	.6513	-.06102
.90	-2.5143	-1.6289	.5256	-.03160
.95	-3.1279	-1.7356	.3692	-.00923
1.00	-7.3840	-1.8411	.0000	-.00000

XM/L=0.1

X/L	FP	FS	FQ	FM
.05	16.5501	2.9236	.8275	.02069
.10	5.6106	2.4047	1.1080	-.93092
.15	3.1929	1.8905	1.2677	-.87153
.20	1.6867	1.4230	1.3520	-.80604
.25	.7481	1.0058	1.3894	-.73750
.30	.0995	.6349	1.3944	-.66791
.35	-.3647	.3061	1.3762	-.59864
.40	-.7040	.0154	1.3410	-.53072
.45	-.9556	-.2414	1.2932	-.46486
.50	-1.1449	-.4684	1.2359	-.40163
.55	-1.2913	-.6695	1.1714	-.34145
.60	-1.4103	-.8482	1.1009	-.28465
.65	-1.5157	-1.0081	1.0251	-.23150
.70	-1.6214	-1.1526	.9440	-.18227
.75	-1.7433	-1.2847	.8568	-.13725
.80	-1.9029	-1.4072	.7617	-.09679
.85	-2.1358	-1.5227	.6549	-.06137
.90	-2.5258	-1.6334	.5286	-.03179
.95	-3.1442	-1.7414	.3714	-.00929
1.00	-7.4280	-1.8482	-.0000	-.00000

XM/L=0.2

X/L	FP	FS	FQ	FM
.05	14.9466	2.7898	.7473	.01868
.10	5.4721	2.3751	1.0209	.06289
.15	3.7385	1.9579	1.2079	.11861
.20	2.3880	1.5354	1.3273	-.81801
.25	1.1014	1.1113	1.3823	-.75027
.30	.3088	.7269	1.3978	-.68077
.35	-.2214	.3853	1.3867	-.61116
.40	-.6031	.0825	1.3565	-.54258
.45	-.8843	-.1857	1.3123	-.47586
.50	-1.0958	-.4233	1.2575	-.41161
.55	-1.2596	-.6344	1.1946	-.35031
.60	-1.3929	-.8226	1.1249	-.29232
.65	-1.5106	-.9915	1.0494	-.23796
.70	-1.6275	-1.1445	.9680	-.18753
.75	-1.7603	-1.2847	.8800	-.14133
.80	-1.9316	-1.4151	.7834	-.09974
.85	-2.1783	-1.5383	.6745	-.06329
.90	-2.5873	-1.6566	.5451	-.03280
.95	-3.2328	-1.7721	.3835	-.00959
1.00	-7.6699	-1.8862	-.0000	-.00000

XM/L=0.3

X/L	FP	FS	FQ	FM
.05	13.1931	2.6093	.6597	.01649
.10	5.0370	2.2828	.9115	.05577
.15	3.6442	1.9542	1.0937	.10590
.20	2.6563	1.6208	1.2265	.16391
.25	1.9136	1.2793	1.3222	.22763
.30	1.1875	.9260	1.3816	-.70478
.35	.2565	.5646	1.3944	-.63538
.40	-.3055	.2359	1.3791	-.56604
.45	-.6793	-.0568	1.3452	-.49793
.50	-.9538	-.3176	1.2975	-.43187
.55	-1.1642	-.5505	1.2393	-.36845
.60	-1.3341	-.7593	1.1726	-.30815
.65	-1.4824	-.9479	1.0984	-.25138
.70	-1.6265	-1.1197	1.0171	-.19849
.75	-1.7852	-1.2780	.9279	-.14987
.80	-1.9835	-1.4259	.8287	-.10595
.85	-2.2614	-1.5661	.7156	-.06735
.90	-2.7126	-1.7012	.5800	-.03496
.95	-3.4171	-1.8332	.4091	-.01023
1.00	-8.1824	-1.9638	-.0000	-.00000

XM/L=0.4

X/L	FP	FS	FQ	FM
.05	11.5452	2.4170	.5773	.01443
.10	4.5462	2.1622	.8046	.04898
.15	3.4072	1.9054	.9749	.09347
.20	2.6293	1.6445	1.1064	.14550
.25	2.0873	1.3763	1.2108	.20343
.30	1.6344	1.0977	1.2925	.26601
.35	1.1938	.8051	1.3522	.33213
.40	.6615	.4945	1.3853	-.59944
.45	-.1404	.1694	1.3782	-.53035
.50	-.6170	-.1293	1.3474	-.46221
.55	-.9380	-.3982	1.3005	-.39601
.60	-1.1871	-.6413	1.2411	-.33247
.65	-1.3974	-.8627	1.1713	-.27216
.70	-1.5938	-1.0658	1.0916	-.21559
.75	-1.8006	-1.2544	1.0015	-.16326
.80	-2.0471	-1.4316	.8992	-.11575
.85	-2.3791	-1.6005	.7802	-.07376
.90	-2.9014	-1.7637	.6352	-.03838
.95	-3.7040	-1.9235	.4500	-.01125
1.00	-8.9992	-2.0819	-.0000	-.00000

XM/L=0.5

X/L	FP	FS	FQ	FM
.05	10.1272	2.2361	.5064	.01266
.10	4.0873	2.0368	.7107	.04309
.15	3.1420	1.8360	.8678	.08255
.20	2.5136	1.6313	.9935	.12908
.25	2.0975	1.4204	1.0984	.18138
.30	1.7725	1.2001	1.1870	.23851
.35	1.4831	.9672	1.2612	.29972
.40	1.1895	.7183	1.3206	.36426
.45	.8518	.4494	1.3632	.43136
.50	.3837	.1566	1.3824	-.50000
.55	-.3837	-.1566	1.3632	-.43136
.60	-.8518	-.4494	1.3206	-.36426
.65	-1.1895	-.7183	1.2612	-.29972
.70	-1.4831	-.9672	1.1870	-.23851
.75	-1.7725	-1.2001	1.0984	-.18138
.80	-2.0975	-1.4204	.9935	-.12908
.85	-2.5136	-1.6313	.8678	-.08255
.90	-3.1420	-1.8360	.7107	-.04309
.95	-4.0873	-2.0368	.5064	-.01266
1.00	-10.1272	-2.2361	-.0000	-.00000

B/L= 5.00 DS/B1= 2.00 KS= 1.000

XQ/L=0.0

X/L	FP	FS	FQ	FM
.05	8.4727	2.1453	-.5764	-.03941
.10	3.3939	2.0024	-.4067	-.06399
.15	2.5695	1.8610	-.2782	-.08111
.20	2.0110	1.7218	-.1776	-.09250
.25	1.6384	1.5853	-.0957	-.09934
.30	1.3584	1.4516	-.0278	-.10242
.35	1.1345	1.3210	.0289	-.10240
.40	.9475	1.1934	.0763	-.09977
.45	.7860	1.0688	.1156	-.09497
.50	.6422	.9472	.1477	-.08839
.55	.5107	.8284	.1732	-.08036
.60	.3870	.7120	.1926	-.07122
.65	.2670	.5980	.2059	-.06125
.70	.1461	.4859	.2132	-.05077
.75	.0190	.3755	.2142	-.04009
.80	-.1223	.2665	.2081	-.02953
.85	-.2914	.1585	.1935	-.01949
.90	-.5203	.0513	.1675	-.01047
.95	-.8387	-.0555	.1256	-.00314
1.00	-2.5113	-.1621	-.0000	-.00000

XQ/L=0.1

X/L	FP	FS	FQ	FM
.05	7.0596	1.8805	.3530	.00882
.10	2.9097	1.7785	-.5015	.03011
.15	2.2577	1.6760	-.3887	.00786
.20	1.8125	1.5730	-.2980	-.00931
.25	1.5145	1.4700	-.2223	-.02232
.30	1.2888	1.3675	-.1579	-.03182
.35	1.1067	1.2658	-.1025	-.03833
.40	.9531	1.1651	-.0549	-.04227
.45	.8191	1.0657	-.0139	-.04399
.50	.6989	.9675	.0210	-.04381
.55	.5883	.8707	.0504	-.04202
.60	.4841	.7752	.0746	-.03890
.65	.3832	.6809	.0938	-.03469
.70	.2825	.5877	.1079	-.02964
.75	.1780	.4954	.1168	-.02402
.80	.0643	.4040	.1200	-.01810
.85	-.0682	.3132	.1166	-.01218
.90	-.2413	.2228	.1046	-.00665
.95	-.4759	.1328	.0808	-.00202
1.00	-1.6156	.0428	-.0000	-.00000

XQ/L=0.2

X/L	FP	FS	FQ	FM
.05	5.7093	1.6202	.2855	.00714
.10	2.4137	1.5544	.4062	.02443
.15	1.9224	1.4882	.5023	.04714
.20	1.5981	1.4209	-.4178	.07425
.25	1.3824	1.3517	-.3487	.05509
.30	1.2137	1.2807	-.2880	.03917
.35	1.0750	1.2083	-.2343	.02611
.40	.9557	1.1349	-.1865	.01559
.45	.8500	1.0608	-.1440	.00733
.50	.7539	.9865	-.1063	.00107
.55	.6648	.9120	-.0731	-.00341
.60	.5805	.8375	-.0440	-.00634
.65	.4992	.7632	-.0191	-.00792
.70	.4189	.6891	.0019	-.00835
.75	.3375	.6153	.0188	-.00783
.80	.2517	.5417	.0313	-.00658
.85	.1563	.4683	.0391	-.00482
.90	.0396	.3951	.0411	-.00281
.95	-.1104	.3219	.0356	-.00089
1.00	-.7122	.2489	-.0000	-.00000

XQ/L=0.3

X/L	FP	FS	FQ	FM
.05	4.4482	1.3685	.2224	.00556
.10	1.9350	1.3339	.3192	.01910
.15	1.5794	1.2989	.3981	.03703
.20	1.3525	1.2630	.4657	.05863
.25	1.2137	1.2258	.5264	.08343
.30	1.1140	1.1864	-.4179	.11115
.35	1.0286	1.1441	-.3664	.09154
.40	.9481	1.0988	-.3190	.07440
.45	.8734	1.0511	-.2754	.05954
.50	.8035	1.0013	-.2352	.04678
.55	.7373	.9499	-.1983	.03594
.60	.6743	.8973	-.1646	.02687
.65	.6137	.8438	-.1339	.01940
.70	.5550	.7895	-.1062	.01340
.75	.4977	.7348	-.0813	.00872
.80	.4410	.6798	-.0592	.00520
.85	.3840	.6245	-.0400	.00272
.90	.3256	.5691	-.0238	.00113
.95	.2627	.5137	-.0106	.00027
1.00	.2125	.4582	-.0000	-.00000

XQ/L=0.4

X/L	FP	FS	FQ	FM
.05	3.2781	1.1268	.1639	.00410
.10	1.4814	1.1191	.2380	.01414
.15	1.2460	1.1111	.3003	.02760
.20	1.1025	1.1025	.3554	.04399
.25	1.0230	1.0929	.4065	.06304
.30	.9731	1.0816	.4552	.08458
.35	.9386	1.0682	.5021	.10852
.40	.9105	1.0518	-.4524	.13476
.45	.8784	1.0318	-.4084	.11324
.50	.8401	1.0081	-.3664	.09387
.55	.8007	.9814	-.3264	.07655
.60	.7618	.9520	-.2883	.06118
.65	.7244	.9207	-.2521	.04767
.70	.6895	.8876	-.2176	.03593
.75	.6584	.8534	-.1847	.02587
.80	.6330	.8182	-.1530	.01743
.85	.6170	.7823	-.1222	.01055
.90	.6200	.7461	-.0912	.00522
.95	.6489	.7096	-.0587	.00147
1.00	1.1748	.6730	-.0000	-.00000

XQ/L=0.5

X/L	FP	FS	FQ	FM
.05	2.1913	.8953	.1096	.00274
.10	1.0536	.9111	.1622	.00953
.15	.9262	.9267	.2086	.01880
.20	.8564	.9419	.2514	.03030
.25	.8276	.9563	.2928	.04391
.30	.8181	.9696	.3337	.05957
.35	.8195	.9814	.3746	.07727
.40	.8267	.9912	.4160	.09704
.45	.8361	.9983	.4578	.11888
.50	.8444	1.0022	-.5000	.14283
.55	.8444	1.0022	-.4578	.11888
.60	.8361	.9983	-.4160	.09704
.65	.8267	.9912	-.3746	.07727
.70	.8195	.9814	-.3337	.05957
.75	.8181	.9696	-.2928	.04391
.80	.8276	.9563	-.2514	.03030
.85	.8564	.9419	-.2086	.01880
.90	.9262	.9267	-.1622	.00953
.95	1.0536	.9111	-.1096	.00274
1.00	2.1913	.8953	-.0000	-.00000

B/L= 5.00 DS/B1= 2.00 KS= 1.000

XM/L=0.0

X/L	FP	FS	FQ	FM
.05	14.2149	2.6533	.7107	-.98223
.10	4.7858	2.2358	.9500	-.94071
.15	3.1045	1.8472	1.1053	-.88933
.20	1.9778	1.4860	1.2041	-.83159
.25	1.2343	1.1507	1.2659	-.76984
.30	.6917	.8394	1.3005	-.70569
.35	.2749	.5502	1.3142	-.64032
.40	-.0579	.2812	1.3113	-.57468
.45	-.3327	.0304	1.2947	-.50953
.50	-.5677	-.2041	1.2663	-.44551
.55	-.7766	-.4243	1.2275	-.38317
.60	-.9712	-.6321	1.1789	-.32301
.65	-1.1628	-.8292	1.1208	-.26552
.70	-1.3639	-1.0176	1.0526	-.21118
.75	-1.5902	-1.1988	.9730	-.16054
.80	-1.8655	-1.3744	.8798	-.11422
.85	-2.2311	-1.5459	.7682	-.07302
.90	-2.7885	-1.7146	.6288	-.03810
.95	-3.6252	-1.8817	.4475	-.01119
1.00	-8.9507	-2.0480	.0000	-.00000

XM/L=0.1

X/L	FP	FS	FQ	FM
.05	13.8989	2.6339	.6949	.01737
.10	4.9717	2.2452	.9435	-.94166
.15	3.1741	1.8591	1.1022	-.89052
.20	2.0115	1.4967	1.2028	-.83289
.25	1.2567	1.1602	1.2656	-.77118
.30	.7076	.8478	1.3010	-.70702
.35	.2867	.5575	1.3154	-.64161
.40	-.0491	.2875	1.3129	-.57590
.45	-.3261	.0357	1.2966	-.51066
.50	-.5629	-.1997	1.2685	-.44654
.55	-.7733	-.4209	1.2298	-.38408
.60	-.9692	-.6295	1.1813	-.32380
.65	-1.1620	-.8276	1.1232	-.26619
.70	-1.3642	-1.0167	1.0550	-.21173
.75	-1.5917	-1.1988	.9754	-.16097
.80	-1.8682	-1.3752	.8820	-.11453
.85	-2.2354	-1.5475	.7703	-.07322
.90	-2.7948	-1.7170	.6305	-.03820
.95	-3.6344	-1.8849	.4488	-.01122
1.00	-8.9761	-2.0520	-.0000	-.00000

XM/L=0.2

X/L	FP	FS	FQ	FM
.05	13.0719	2.5641	.6536	.01634
.10	4.8961	2.2287	.8984	.05514
.15	3.4452	1.8922	1.0707	.10437
.20	2.3639	1.5534	1.1889	-.83915
.25	1.4374	1.2143	1.2607	-.77791
.30	.8177	.8958	1.3016	-.71385
.35	.3647	.5996	1.3198	-.64831
.40	.0082	.3238	1.3203	-.58231
.45	-.2836	.0666	1.3061	-.51665
.50	-.5317	-.1742	1.2795	-.45201
.55	-.7513	-.4005	1.2419	-.38897
.60	-.9551	-.6142	1.1942	-.32807
.65	-1.1549	-.8171	1.1364	-.26981
.70	-1.3638	-1.0110	1.0682	-.21469
.75	-1.5980	-1.1977	.9883	-.16328
.80	-1.8818	-1.3787	.8943	-.11621
.85	-2.2574	-1.5555	.7814	-.07432
.90	-2.8284	-1.7295	.6400	-.03879
.95	-3.6842	-1.9018	.4558	-.01139
1.00	-9.1150	-2.0733	-.0000	-.00000

XM/L=0.3

X/L	FP	FS	FQ	FM
.05	12.1495	2.4685	.6075	.01519
.10	4.6664	2.1793	.8408	.05139
.15	3.3938	1.8891	1.0105	.09768
.20	2.4999	1.5967	1.1355	.15132
.25	1.8499	1.3005	1.2280	.21041
.30	1.2668	.9990	1.2913	-.72661
.35	.6155	.6939	1.3221	-.66127
.40	.1700	.4059	1.3306	-.59495
.45	-.1678	.1367	1.3222	-.52863
.50	-.4477	-.1156	1.2998	-.46308
.55	-.6914	-.3530	1.2653	-.39896
.60	-.9148	-.5775	1.2195	-.33684
.65	-1.1317	-.7910	1.1629	-.27727
.70	-1.3562	-.9953	1.0951	-.22082
.75	-1.6058	-1.1921	1.0148	-.16807
.80	-1.9059	-1.3831	.9195	-.11972
.85	-2.3004	-1.5697	.8045	-.07661
.90	-2.8965	-1.7534	.6597	-.04001
.95	-3.7872	-1.9354	.4703	-.01176
1.00	-9.4067	-2.1166	-.0000	-.00000

XM/L=0.4

X/L	FP	FS	FQ	FM
.05	11.2659	2.3652	.5633	.01408
.10	4.4043	2.1145	.7835	.04775
.15	3.2685	1.8628	.9469	.09101
.20	2.4874	1.6090	1.0713	.14147
.25	1.9438	1.3517	1.1685	.19746
.30	1.5020	1.0894	1.2436	.25777
.35	1.0995	.8203	1.2986	.32132
.40	.6712	.5424	1.3321	-.61291
.45	.1204	.2577	1.3381	-.54615
.50	-.2605	-.0134	1.3251	-.47957
.55	-.5605	-.2690	1.2971	-.41402
.60	-.8252	-.5113	1.2558	-.35019
.65	-1.0755	-.7422	1.2021	-.28875
.70	-1.3291	-.9634	1.1356	-.23031
.75	-1.6062	-1.1769	1.0553	-.17553
.80	-1.9345	-1.3842	.9586	-.12519
.85	-2.3608	-1.5871	.8405	-.08021
.90	-2.9986	-1.7869	.6906	-.04193
.95	-3.9460	-1.9849	.4933	-.01233
1.00	-9.8661	-2.1821	-.0000	-.00000

XM/L=0.5

X/L	FP	FS	FQ	FM
.05	10.4918	2.2668	.5246	.01311
.10	4.1560	2.0466	.7324	.04454
.15	3.1275	1.8256	.8888	.08507
.20	2.4292	1.6026	1.0102	.13254
.25	1.9549	1.3764	1.1080	.18550
.30	1.5825	1.1454	1.1871	.24287
.35	1.2598	.9080	1.2501	.30380
.40	.9542	.6623	1.2978	.36750
.45	.6376	.4067	1.3297	.43319
.50	.2618	.1390	1.3428	-.50000
.55	-.2618	-.1390	1.3297	-.43319
.60	-.6376	-.4067	1.2978	-.36750
.65	-.9542	-.6623	1.2501	-.30380
.70	-1.2598	-.9080	1.1871	-.24287
.75	-1.5825	-1.1454	1.1080	-.18550
.80	-1.9549	-1.3764	1.0102	-.13254
.85	-2.4292	-1.6026	.8888	-.08507
.90	-3.1275	-1.8256	.7324	-.04454
.95	-4.1560	-2.0466	.5246	-.01311
1.00	-10.4918	-2.2668	-.0000	-.00000

B/L= 5.00   DS/B1= 2.00   KS= 3.000

XQ/L=0.0

X/L	FP	FS	FQ	FM
.05	8.1702	2.1108	-.5915	-.03979
.10	3.3212	1.9821	-.4254	-.06521
.15	2.5496	1.8540	-.2979	-.08329
.20	2.0286	1.7266	-.1965	-.09566
.25	1.6818	1.6001	-.1124	-.10338
.30	1.4197	1.4747	-.0414	-.10723
.35	1.2078	1.3502	.0189	-.10779
.40	1.0277	1.2269	.0703	-.10556
.45	.8686	1.1046	.1138	-.10096
.50	.7235	.9834	.1499	-.09436
.55	.5873	.8631	.1793	-.08613
.60	.4559	.7437	.2021	-.07660
.65	.3255	.6252	.2184	-.06609
.70	.1919	.5074	.2280	-.05493
.75	.0496	.3901	.2304	-.04347
.80	-.1094	.2734	.2250	-.03208
.85	-.2993	.1570	.2100	-.02121
.90	-.5547	.0409	.1823	-.01140
.95	-.9074	-.0750	.1369	-.00342
1.00	-2.7381	-.1909	-.0000	-.00000

XQ/L=0.1

X/L	FP	FS	FQ	FM
.05	6.9696	1.8686	.3485	.00871
.10	2.8767	1.7700	-.5077	.02973
.15	2.2377	1.6712	-.3958	.00714
.20	1.8064	1.5722	-.3055	-.01039
.25	1.5205	1.4732	-.2295	-.02376
.30	1.3050	1.3744	-.1642	-.03360
.35	1.1310	1.2759	-.1077	-.04040
.40	.9834	1.1777	-.0585	-.04455
.45	.8531	1.0800	-.0158	-.04641
.50	.7347	.9828	.0209	-.04628
.55	.6239	.8860	.0521	-.04446
.60	.5177	.7896	.0780	-.04121
.65	.4131	.6937	.0986	-.03679
.70	.3070	.5982	.1140	-.03147
.75	.1957	.5030	.1238	-.02553
.80	.0736	.4081	.1275	-.01925
.85	-.0689	.3134	.1240	-.01296
.90	-.2549	.2189	.1113	-.00708
.95	-.5061	.1245	.0860	-.00215
1.00	-1.7194	.0301	-.0000	-.00000

XQ/L=0.2

X/L	FP	FS	FQ	FM
.05	5.7903	1.6281	.2895	.00724
.10	2.4283	1.5578	.4109	.02475
.15	1.9179	1.4874	.5068	.04769
.20	1.5790	1.4166	-.4142	.07501
.25	1.3565	1.3453	-.3464	.05599
.30	1.1885	1.2732	-.2870	.04016
.35	1.0529	1.2007	-.2343	.02712
.40	.9380	1.1279	-.1874	.01658
.45	.8369	1.0548	-.1456	.00825
.50	.7452	.9816	-.1083	.00191
.55	.6601	.9084	-.0753	-.00268
.60	.5791	.8352	-.0464	-.00573
.65	.5004	.7620	-.0213	-.00742
.70	.4221	.6889	-.0002	-.00796
.75	.3419	.6158	.0169	-.00754
.80	.2569	.5429	.0297	-.00638
.85	.1619	.4700	.0378	-.00469
.90	.0456	.3971	.0401	-.00275
.95	-.1037	.3243	.0349	-.00087
1.00	-.6978	.2515	-.0000	-.00000

XQ/L=0.3

X/L	FP	FS	FQ	FM
.05	4.6416	1.3905	.2321	.00580
.10	1.9859	1.3469	.3314	.01989
.15	1.5957	1.3032	.4112	.03845
.20	1.3410	1.2592	.4782	.06069
.25	1.1802	1.2147	.5372	.08607
.30	1.0635	1.1695	-.4096	.11426
.35	.9696	1.1232	-.3611	.09499
.40	.8889	1.0760	-.3167	.07805
.45	.8179	1.0279	-.2758	.06324
.50	.7537	.9790	-.2381	.05039
.55	.6947	.9296	-.2034	.03935
.60	.6395	.8798	-.1714	.02998
.65	.5871	.8296	-.1420	.02215
.70	.5369	.7792	-.1152	.01572
.75	.4883	.7285	-.0908	.01057
.80	.4407	.6777	-.0687	.00658
.85	.3938	.6269	-.0490	.00364
.90	.3479	.5760	-.0316	.00162
.95	.3014	.5251	-.0166	.00041
1.00	.3315	.4741	-.0000	-.00000

XQ/L=0.4

X/L	FP	FS	FQ	FM
.05	3.5246	1.1564	.1762	.00441
.10	1.5522	1.1380	.2538	.01516
.15	1.2768	1.1195	.3177	.02945
.20	1.1016	1.1008	.3728	.04671
.25	.9964	1.0818	.4226	.06659
.30	.9245	1.0621	.4688	.08887
.35	.8715	1.0417	.5124	.11340
.40	.8295	1.0203	-.4461	.14006
.45	.7923	.9976	-.4065	.11874
.50	.7575	.9736	-.3687	.03936
.55	.7259	.9485	-.3324	.08184
.60	.6974	.9226	-.2975	.06609
.65	.6723	.8959	-.2639	.05206
.70	.6510	.8686	-.2313	.03968
.75	.6347	.8408	-.1996	.02890
.80	.6254	.8127	-.1683	.01971
.85	.6275	.7844	-.1369	.01207
.90	.6532	.7559	-.1043	.00604
.95	.7112	.7273	-.0687	.00172
1.00	1.3745	.6987	-.0000	-.00000

XQ/L=0.5

X/L	FP	FS	FQ	FM
.05	2.4370	.9259	.1219	.00305
.10	1.1276	.9315	.1782	.01055
.15	.9626	.9370	.2264	.02066
.20	.8635	.9424	.2695	.03306
.25	.8108	.9475	.3101	.04755
.30	.7805	.9522	.3491	.06403
.35	.7633	.9564	.3873	.08244
.40	.7542	.9598	.4250	.10275
.45	.7505	.9623	.4625	.12493
.50	.7500	.9637	-.5000	.14900
.55	.7500	.9637	-.4625	.12493
.60	.7505	.9623	-.4250	.10275
.65	.7542	.9598	-.3873	.08244
.70	.7633	.9564	-.3491	.06403
.75	.7805	.9522	-.3101	.04755
.80	.8108	.9475	-.2695	.03306
.85	.8635	.9424	-.2264	.02066
.90	.9626	.9370	-.1782	.01055
.95	1.1276	.9315	-.1219	.00305
1.00	2.4370	.9259	-.0000	-.00000

B/L= 5.00 DS/B1= 2.00 KS= 3.000

XM/L=0.0

X/L	FP	FS	FQ	FM
.05	12.0343	2.4228	.6017	-.98496
.10	4.4269	2.1202	.8231	-.94934
.15	3.1149	1.8273	.9788	-.90429
.20	2.2192	1.5436	1.0898	-.85258
.25	1.6105	1.2687	1.1703	-.79608
.30	1.1453	1.0020	1.2275	-.73613
.35	.7663	.7430	1.2659	-.67380
.40	.4421	.4911	1.2880	-.60995
.45	.1537	.2456	1.2957	-.54536
.50	-.1125	.0058	1.2900	-.48072
.55	-.3665	-.2288	1.2717	-.41667
.60	-.6177	-.4589	1.2408	-.35386
.65	-.8755	-.6852	1.1970	-.29291
.70	-1.1513	-.9082	1.1395	-.23450
.75	-1.4610	-1.1286	1.0664	-.17935
.80	-1.8298	-1.3470	.9749	-.12832
.85	-2.3035	-1.5638	.8598	-.08245
.90	-2.9977	-1.7795	.7099	-.04321
.95	-4.0128	-1.9947	.5092	-.01273
1.00	-10.1849	-2.2095	.0000	-.00000

XM/L=0.1

X/L	FP	FS	FQ	FM
.05	11.9277	2.4162	.5964	.01491
.10	4.4885	2.1232	.8208	-.94966
.15	3.1380	1.8312	.9777	-.90470
.20	2.2306	1.5472	1.0892	-.85302
.25	1.6181	1.2719	1.1701	-.79654
.30	1.1508	1.0049	1.2277	-.73659
.35	.7705	.7456	1.2662	-.67425
.40	.4454	.4933	1.2885	-.61038
.45	.1562	.2475	1.2963	-.54576
.50	-.1105	.0074	1.2908	-.48108
.55	-.3651	-.2275	1.2725	-.41700
.60	-.6167	-.4579	1.2417	-.35415
.65	-.8750	-.6845	1.1979	-.29316
.70	-1.1513	-.9079	1.1404	-.23470
.75	-1.4614	-1.1286	1.0673	-.17951
.80	-1.8307	-1.3472	.9758	-.12843
.85	-2.3050	-1.5643	.8605	-.08252
.90	-2.9999	-1.7804	.7105	-.04325
.95	-4.0161	-1.9958	.5097	-.01274
1.00	-10.1942	-2.2110	-.0000	-.00000

XM/L=0.2

X/L	FP	FS	FQ	FM
.05	11.6457	2.3922	.5823	.01456
.10	4.4617	2.1173	.8054	.04925
.15	3.2280	1.8421	.9668	.09355
.20	2.3484	1.5661	1.0842	-.85517
.25	1.6793	1.2903	1.1682	-.79887
.30	1.1889	1.0214	1.2276	-.73897
.35	.7981	.7602	1.2675	-.67659
.40	.4662	.5062	1.2908	-.61264
.45	.1721	.2585	1.2994	-.54788
.50	-.0984	.0167	1.2945	-.48303
.55	-.3562	-.2200	1.2767	-.41875
.60	-.6106	-.4522	1.2462	-.35568
.65	-.8715	-.6805	1.2026	-.29446
.70	-1.1502	-.9055	1.1451	-.23577
.75	-1.4629	-1.1279	1.0719	-.18035
.80	-1.8349	-1.3483	.9802	-.12904
.85	-2.3125	-1.5670	.8646	-.08293
.90	-3.0118	-1.7848	.7140	-.04346
.95	-4.0342	-2.0019	.5123	-.01281
1.00	-10.2452	-2.2187	-.0000	-.00000

XM/L=0.3

X/L	FP	FS	FQ	FM
.05	11.3267	2.3590	.5663	.01416
.10	4.3821	2.1000	.7854	.04795
.15	3.2097	1.8407	.9459	.09124
.20	2.3942	1.5807	1.0656	.14153
.25	1.8184	1.3196	1.1566	.19708
.30	1.3410	1.0567	1.2236	-.74342
.35	.8847	.7928	1.2678	-.68113
.40	.5234	.5349	1.2940	-.61708
.45	.2141	.2834	1.3047	-.55212
.50	-.0671	.0377	1.3014	-.48696
.55	-.3331	-.2028	1.2847	-.42231
.60	-.5944	-.4387	1.2550	-.35882
.65	-.8613	-.6707	1.2119	-.29715
.70	-1.1458	-.8994	1.1546	-.23798
.75	-1.4643	-1.1255	1.0814	-.18208
.80	-1.8424	-1.3494	.9893	-.13032
.85	-2.3271	-1.5718	.8729	-.08376
.90	-3.0359	-1.7932	.7211	-.04391
.95	-4.0713	-2.0139	.5176	-.01294
1.00	-10.3516	-2.2343	-.0000	-.00000

XM/L=0.4

X/L	FP	FS	FQ	FM
.05	11.0170	2.3228	.5508	.01377
.10	4.2904	2.0773	.7654	.04668
.15	3.1662	1.8314	.9237	.08890
.20	2.3902	1.5849	1.0432	.13807
.25	1.8514	1.3373	1.1358	.19255
.30	1.4223	1.0880	1.2069	.25111
.35	1.0498	.8365	1.2594	.31277
.40	.6949	.5822	1.2941	-.62339
.45	.3149	.3257	1.3099	-.55829
.50	.0001	.0738	1.3099	-.49280
.55	-.2849	-.1728	1.2956	-.42766
.60	-.5604	-.4147	1.2676	-.36358
.65	-.8390	-.6528	1.2257	-.30125
.70	-1.1340	-.8875	1.1690	-.24138
.75	-1.4625	-1.1195	1.0958	-.18476
.80	-1.8511	-1.3494	1.0033	-.13229
.85	-2.3477	-1.5777	.8859	-.08506
.90	-3.0719	-1.8049	.7323	-.04460
.95	-4.1282	-2.0315	.5259	-.01315
1.00	-10.5179	-2.2577	-.0000	-.00000

XM/L=0.5

X/L	FP	FS	FQ	FM
.05	10.7423	2.2880	.5371	.01343
.10	4.2028	2.0533	.7473	.04554
.15	3.1171	1.8184	.9031	.08680
.20	2.3707	1.5829	1.0216	.13492
.25	1.8567	1.3462	1.1145	.18832
.30	1.4520	1.1079	1.1871	.24586
.35	1.1073	.8675	1.2425	.30660
.40	.7941	.6242	1.2822	.36971
.45	.4927	.3776	1.3068	.43444
.50	.1798	.1270	1.3158	-.50000
.55	-.1798	-.1270	1.3068	-.43444
.60	-.4927	-.3776	1.2822	-.36971
.65	-.7941	-.6242	1.2425	-.30660
.70	-1.1073	-.8675	1.1871	-.24586
.75	-1.4520	-1.1079	1.1145	-.18832
.80	-1.8567	-1.3462	1.0216	-.13492
.85	-2.3707	-1.5829	.9031	-.08680
.90	-3.1171	-1.8184	.7473	-.04554
.95	-4.2028	-2.0533	.5371	-.01343
1.00	-10.7423	-2.2880	-.0000	-.00000

B/L= 5.00 DS/B1= 2.00 KS= 10.000

XQ/L=0.0

X/L	FP	FS	FQ	FM
.05	8.0567	2.0977	-.5972	-.03993
.10	3.2936	1.9744	-.4325	-.06567
.15	2.5417	1.8513	-.3054	-.08412
.20	2.0348	1.7283	-.2037	-.09684
.25	1.6977	1.6057	-.1188	-.10490
.30	1.4425	1.4833	-.0466	-.10904
.35	1.2352	1.3613	.0151	-.10983
.40	1.0578	1.2395	.0680	-.10775
.45	.8998	1.1182	.1130	-.10322
.50	.7544	.9971	.1507	-.09663
.55	.6165	.8763	.1815	-.08833
.60	.4823	.7558	.2057	-.07865
.65	.3480	.6356	.2231	-.06793
.70	.2095	.5156	.2335	-.05651
.75	.0615	.3957	.2366	-.04476
.80	-.1042	.2761	.2314	-.03306
.85	-.3021	.1565	.2163	-.02187
.90	-.5677	.0370	.1879	-.01176
.95	-.9336	-.0824	.1412	-.00353
1.00	-2.8247	-.2018	-.0000	-.00000

XQ/L=0.1

X/L	FP	FS	FQ	FM
.05	6.9351	1.8641	.3468	.00867
.10	2.8642	1.7668	-.5100	.02959
.15	2.2303	1.6694	-.3985	.00687
.20	1.8043	1.5719	-.3083	-.01080
.25	1.5229	1.4744	-.2322	-.02431
.30	1.3112	1.3770	-.1666	-.03428
.35	1.1402	1.2797	-.1096	-.04118
.40	.9948	1.1825	-.0598	-.04542
.45	.8660	1.0854	-.0165	-.04733
.50	.7482	.9885	.0209	-.04722
.55	.6374	.8917	.0527	-.04538
.60	.5304	.7951	.0793	-.04208
.65	.4244	.6986	.1005	-.03759
.70	.3163	.6022	.1163	-.03217
.75	.2024	.5059	.1264	-.02610
.80	.0772	.4096	.1303	-.01968
.85	-.0692	.3135	.1268	-.01326
.90	-.2600	.2174	.1138	-.00724
.95	-.5175	.1214	.0879	-.00220
1.00	-1.7587	.0253	-.0000	-.00000

XQ/L=0.2

X/L	FP	FS	FQ	FM
.05	5.8199	1.6310	.2910	.00727
.10	2.4337	1.5591	.4127	.02487
.15	1.9165	1.4872	.5085	.04790
.20	1.5722	1.4151	-.4129	.07529
.25	1.3473	1.3429	-.3455	.05633
.30	1.1793	1.2705	-.2866	.04052
.35	1.0448	1.1979	-.2343	.02750
.40	.9314	1.1253	-.1877	.01695
.45	.8319	1.0526	-.1461	.00860
.50	.7419	.9798	-.1091	.00222
.55	.6581	.9070	-.0761	-.00241
.60	.5783	.8342	-.0472	-.00549
.65	.5006	.7614	-.0222	-.00723
.70	.4230	.6887	-.0010	-.00781
.75	.3434	.6160	.0161	-.00743
.80	.2587	.5433	.0291	-.00630
.85	.1639	.4706	.0372	-.00464
.90	.0479	.3979	.0396	-.00272
.95	-.1010	.3252	.0346	-.00086
1.00	-.6918	.2526	-.0000	-.00000

XQ/L=0.3

X/L	FP	FS	FQ	FM
.05	4.7140	1.3988	.2357	.00589
.10	2.0050	1.3518	.3359	.02018
.15	1.6019	1.3049	.4160	.03898
.20	1.3370	1.2578	.4829	.06146
.25	1.1680	1.2106	.5413	.08706
.30	1.0449	1.1632	-.4065	.11543
.35	.9479	1.1155	-.3591	.09629
.40	.8669	1.0674	-.3157	.07942
.45	.7970	1.0191	-.2759	.06463
.50	.7348	.9706	-.2391	.05176
.55	.6783	.9219	-.2052	.04065
.60	.6260	.8731	-.1739	.03117
.65	.5767	.8241	-.1451	.02320
.70	.5297	.7751	-.1186	.01661
.75	.4843	.7260	-.0944	.01128
.80	.4403	.6769	-.0724	.00711
.85	.3974	.6277	-.0525	.00399
.90	.3563	.5786	-.0347	.00181
.95	.3162	.5294	-.0189	.00047
1.00	.3774	.4802	-.0000	-.00000

XQ/L=0.4

X/L	FP	FS	FQ	FM
.05	3.6177	1.1676	.1809	.00452
.10	1.5790	1.1452	.2598	.01554
.15	1.2884	1.1227	.3243	.03014
.20	1.1013	1.1002	.3793	.04773
.25	.9864	1.0776	.4286	.06793
.30	.9063	1.0548	.4740	.09050
.35	.8464	1.0317	.5163	.11525
.40	.7992	1.0084	-.4438	.14206
.45	.7600	.9847	-.4058	.12083
.50	.7264	.9605	-.3694	.10145
.55	.6975	.9361	-.3346	.08384
.60	.6728	.9113	-.3009	.06796
.65	.6522	.8864	-.2683	.05373
.70	.6360	.8612	-.2365	.04110
.75	.6253	.8359	-.2053	.03006
.80	.6222	.8106	-.1741	.02057
.85	.6313	.7851	-.1426	.01266
.90	.6657	.7596	-.1093	.00636
.95	.7350	.7340	-.0725	.00181
1.00	1.4509	.7085	-.0000	-.00000

XQ/L=0.5

X/L	FP	FS	FQ	FM
.05	2.5305	.9375	.1265	.00316
.10	1.1557	.9392	.1843	.01093
.15	.9763	.9409	.2331	.02137
.20	.8660	.9426	.2764	.03411
.25	.8043	.9442	.3166	.04894
.30	.7661	.9456	.3549	.06572
.35	.7418	.9469	.3920	.08440
.40	.7267	.9479	.4284	.10491
.45	.7181	.9487	.4643	.12723
.50	.7144	.9491	-.5000	.15133
.55	.7144	.9491	-.4643	.12723
.60	.7181	.9487	-.4284	.10491
.65	.7267	.9479	-.3920	.08440
.70	.7418	.9469	-.3549	.06572
.75	.7661	.9456	-.3166	.04894
.80	.8043	.9442	-.2764	.03411
.85	.8660	.9426	-.2331	.02137
.90	.9763	.9409	-.1843	.01093
.95	1.1557	.9392	-.1265	.00316
1.00	2.5305	.9375	-.0000	-.00000

B/L= 5.00 DS/B1= 2.00 KS= 10.000

XM/L=0.0

X/L	FP	FS	FQ	FM
.05	11.2248	2.3366	.5612	-.98597
.10	4.2883	2.0762	.7757	-.95255
.15	3.1133	1.8187	.9313	-.90987
.20	2.3043	1.5640	1.0465	-.86043
.25	1.7471	1.3119	1.1339	-.80592
.30	1.3125	1.0624	1.1995	-.74758
.35	.9495	.8152	1.2470	-.68642
.40	.6302	.5701	1.2785	-.62328
.45	.3381	.3270	1.2954	-.55893
.50	.0615	.0857	1.2985	-.49409
.55	-.2087	-.1541	1.2880	-.42942
.60	-.4807	-.3925	1.2640	-.36562
.65	-.7633	-.6296	1.2258	-.30338
.70	-1.0675	-.8658	1.1725	-.24342
.75	-1.4091	-1.1012	1.1020	-.18656
.80	-1.8139	-1.3359	1.0113	-.13372
.85	-2.3295	-1.5701	.8948	-.08607
.90	-3.0767	-1.8040	.7410	-.04517
.95	-4.1609	-2.0377	.5330	-.01332
1.00	-10.6592	-2.2713	.0000	-.00000

XM/L=0.1

X/L	FP	FS	FQ	FM
.05	11.1927	2.3346	.5596	.01399
.10	4.3067	2.0771	.7750	-.95264
.15	3.1202	1.8199	.9310	-.91000
.20	2.3077	1.5651	1.0464	-.86056
.25	1.7495	1.3129	1.1338	-.80606
.30	1.3142	1.0633	1.1995	-.74772
.35	.9508	.8160	1.2471	-.68656
.40	.6313	.5708	1.2786	-.62341
.45	.3389	.3276	1.2956	-.55906
.50	.0621	.0862	1.2987	-.49420
.55	-.2082	-.1537	1.2883	-.42953
.60	-.4803	-.3922	1.2643	-.36571
.65	-.7631	-.6294	1.2261	-.30345
.70	-1.0674	-.8657	1.1727	-.24348
.75	-1.4092	-1.1011	1.1023	-.18660
.80	-1.8142	-1.3359	1.0116	-.13376
.85	-2.3300	-1.5703	.8951	-.08609
.90	-3.0774	-1.8042	.7412	-.04519
.95	-4.1620	-2.0380	.5331	-.01333
1.00	-10.6621	-2.2718	-.0000	-.00000

XM/L=0.2

X/L	FP	FS	FQ	FM
.05	11.1073	2.3273	.5554	.01388
.10	4.2985	2.0753	.7703	.04703
.15	3.1471	1.8231	.9276	.08947
.20	2.3431	1.5708	1.0448	-.86121
.25	1.7679	1.3185	1.1332	-.80676
.30	1.3258	1.0683	1.1995	-.74845
.35	.9592	.8204	1.2474	-.68727
.40	.6377	.5747	1.2793	-.62410
.45	.3439	.3310	1.2965	-.55971
.50	.0659	.0890	1.2998	-.49480
.55	-.2054	-.1514	1.2896	-.43006
.60	-.4783	-.3903	1.2656	-.36619
.65	-.7619	-.6281	1.2275	-.30386
.70	-1.0670	-.8649	1.1742	-.24381
.75	-1.4096	-1.1009	1.1037	-.18686
.80	-1.8154	-1.3362	1.0129	-.13395
.85	-2.3323	-1.5711	.8963	-.08622
.90	-3.0811	-1.8056	.7423	-.04525
.95	-4.1675	-2.0399	.5339	-.01335
1.00	-10.6779	-2.2741	-.0000	-.00000

XM/L=0.3

X/L	FP	FS	FQ	FM
.05	11.0103	2.3172	.5505	.01376
.10	4.2742	2.0700	.7642	.04663
.15	3.1415	1.8227	.9213	.08877
.20	2.3569	1.5752	1.0391	.13778
.25	1.8098	1.3273	1.1296	.19200
.30	1.3717	1.0790	1.1982	-.74980
.35	.9855	.8303	1.2475	-.68866
.40	.6552	.5835	1.2803	-.62547
.45	.3569	.3386	1.2981	-.56101
.50	.0757	.0955	1.3019	-.49601
.55	-.1981	-.1460	1.2920	-.43116
.60	-.4731	-.3861	1.2683	-.36715
.65	-.7586	-.6251	1.2304	-.30468
.70	-1.0655	-.8630	1.1771	-.24450
.75	-1.4098	-1.1001	1.1066	-.18740
.80	-1.8176	-1.3365	1.0158	-.13434
.85	-2.3367	-1.5725	.8989	-.08647
.90	-3.0885	-1.8081	.7445	-.04539
.95	-4.1790	-2.0436	.5355	-.01339
1.00	-10.7109	-2.2789	-.0000	-.00000

XM/L=0.4

X/L	FP	FS	FQ	FM
.05	10.9157	2.3061	.5458	.01364
.10	4.2463	2.0630	.7581	.04624
.15	3.1283	1.8198	.9145	.08806
.20	2.3557	1.5764	1.0323	.13673
.25	1.8199	1.3327	1.1233	.19062
.30	1.3964	1.0885	1.1931	.24853
.35	1.0355	.8436	1.2449	.30948
.40	.7072	.5979	1.2802	-.62739
.45	.3876	.3515	1.2996	-.56290
.50	.0964	.1066	1.3045	-.49780
.55	-.1831	-.1368	1.2953	-.43280
.60	-.4625	-.3788	1.2722	-.36861
.65	-.7515	-.6195	1.2346	-.30595
.70	-1.0616	-.8593	1.1815	-.24554
.75	-1.4091	-1.0982	1.1111	-.18823
.80	-1.8201	-1.3365	1.0201	-.13495
.85	-2.3429	-1.5743	.9029	-.08688
.90	-3.0995	-1.8117	.7479	-.04560
.95	-4.1965	-2.0490	.5381	-.01345
1.00	-10.7623	-2.2862	-.0000	-.00000

XM/L=0.5

X/L	FP	FS	FQ	FM
.05	10.8314	2.2955	.5416	.01354
.10	4.2194	2.0557	.7525	.04589
.15	3.1133	1.8159	.9082	.08741
.20	2.3498	1.5758	1.0257	.13576
.25	1.8217	1.3355	1.1168	.18932
.30	1.4057	1.0946	1.1871	.24692
.35	1.0532	.8531	1.2397	.30759
.40	.7375	.6107	1.2766	.37050
.45	.4416	.3674	1.2987	.43488
.50	.1510	.1228	1.3062	-.50000
.55	-.1510	-.1228	1.2987	-.43488
.60	-.4416	-.3674	1.2766	-.37050
.65	-.7375	-.6107	1.2397	-.30759
.70	-1.0532	-.8531	1.1871	-.24692
.75	-1.4057	-1.0946	1.1168	-.18932
.80	-1.8217	-1.3355	1.0257	-.13576
.85	-2.3498	-1.5758	.9082	-.08741
.90	-3.1133	-1.8159	.7525	-.04589
.95	-4.2194	-2.0557	.5416	-.01354
1.00	-10.8314	-2.2955	-.0000	-.00000

B/L= 5.00 DS/B1= 2.00 KS=100.000

XQ/L=0.0

X/L	FP	FS	FQ	FM
.05	8.0118	2.0926	-.5994	-.03999
.10	3.2826	1.9714	-.4353	-.06585
.15	2.5385	1.8502	-.3084	-.08444
.20	2.0372	1.7290	-.2065	-.09731
.25	1.7040	1.6078	-.1213	-.10551
.30	1.4515	1.4867	-.0487	-.10976
.35	1.2461	1.3656	.0136	-.11064
.40	1.0698	1.2446	.0671	-.10862
.45	.9123	1.1235	.1127	-.10413
.50	.7667	1.0025	.1510	-.09753
.55	.6282	.8816	.1824	-.08920
.60	.4929	.7606	.2071	-.07946
.65	.3570	.6397	.2249	-.06866
.70	.2166	.5189	.2358	-.05714
.75	.0663	.3980	.2391	-.04527
.80	-.1021	.2771	.2340	-.03345
.85	-.3032	.1563	.2188	-.02213
.90	-.5729	.0355	.1902	-.01190
.95	-.9440	-.0854	.1430	-.00357
1.00	-2.8592	-.2062	-.0000	-.00000

XQ/L=0.1

X/L	FP	FS	FQ	FM
.05	6.9213	1.8623	.3461	.00865
.10	2.8593	1.7655	-.5110	.02953
.15	2.2273	1.6687	-.3996	.00676
.20	1.8035	1.5718	-.3094	-.01096
.25	1.5239	1.4749	-.2332	-.02453
.30	1.3137	1.3781	-.1675	-.03455
.35	1.1439	1.2813	-.1104	-.04149
.40	.9993	1.1844	-.0604	-.04576
.45	.8711	1.0876	-.0168	-.04769
.50	.7536	.9908	.0208	-.04759
.55	.6427	.8940	.0530	-.04575
.60	.5354	.7972	.0798	-.04243
.65	.4288	.7005	.1012	-.03790
.70	.3200	.6037	.1172	-.03244
.75	.2051	.5070	.1275	-.02633
.80	.0786	.4103	.1314	-.01986
.85	-.0693	.3135	.1279	-.01337
.90	-.2620	.2168	.1148	-.00731
.95	-.5220	.1201	.0887	-.00222
1.00	-1.7744	.0234	-.0000	-.00000

XQ/L=0.2

X/L	FP	FS	FQ	FM
.05	5.8315	1.6321	.2916	.00729
.10	2.4359	1.5596	.4134	.02491
.15	1.9159	1.4871	.5092	.04798
.20	1.5696	1.4146	-.4124	.07540
.25	1.3437	1.3420	-.3452	.05646
.30	1.1758	1.2694	-.2864	.04067
.35	1.0417	1.1969	-.2343	.02765
.40	.9288	1.1243	-.1879	.01710
.45	.8300	1.0517	-.1464	.00874
.50	.7405	.9790	-.1093	.00235
.55	.6573	.9064	-.0765	-.00229
.60	.5780	.8338	-.0476	-.00539
.65	.5007	.7612	-.0225	-.00715
.70	.4233	.6886	-.0014	-.00775
.75	.3439	.6160	.0158	-.00738
.80	.2593	.5434	.0288	-.00627
.85	.1647	.4708	.0370	-.00462
.90	.0488	.3982	.0395	-.00271
.95	-.1000	.3256	.0345	-.00086
1.00	-.6894	.2530	-.0000	-.00000

XQ/L=0.3

X/L	FP	FS	FQ	FM
.05	4.7426	1.4020	.2371	.00593
.10	2.0126	1.3538	.3378	.02030
.15	1.6044	1.3055	.4180	.03919
.20	1.3354	1.2573	.4848	.06176
.25	1.1632	1.2090	.5429	.08745
.30	1.0376	1.1607	-.4052	.11590
.35	.9393	1.1124	-.3582	.09681
.40	.8582	1.0640	-.3153	.07997
.45	.7887	1.0156	-.2759	.06519
.50	.7273	.9672	-.2395	.05230
.55	.6718	.9188	-.2059	.04117
.60	.6205	.8704	-.1749	.03165
.65	.5724	.8219	-.1463	.02362
.70	.5267	.7735	-.1200	.01696
.75	.4827	.7250	-.0958	.01156
.80	.4401	.6765	-.0738	.00732
.85	.3987	.6281	-.0539	.00413
.90	.3597	.5796	-.0359	.00189
.95	.3221	.5311	-.0198	.00049
1.00	.3958	.4827	-.0000	-.00000

XQ/L=0.4

X/L	FP	FS	FQ	FM
.05	3.6547	1.1720	.1827	.00457
.10	1.5896	1.1480	.2622	.01569
.15	1.2930	1.1240	.3269	.03042
.20	1.1011	1.1000	.3819	.04814
.25	.9825	1.0759	.4310	.06846
.30	.8990	1.0519	.4760	.09114
.35	.8364	1.0278	.5178	.11598
.40	.7872	1.0037	-.4428	.14286
.45	.7472	.9795	-.4055	.12165
.50	.7140	.9553	-.3698	.10227
.55	.6862	.9311	-.3354	.08464
.60	.6630	.9069	-.3023	.06870
.65	.6442	.8826	-.2701	.05439
.70	.6300	.8583	-.2386	.04167
.75	.6215	.8340	-.2075	.03052
.80	.6209	.8097	-.1765	.02092
.85	.6328	.7854	-.1448	.01289
.90	.6707	.7610	-.1113	.00649
.95	.7444	.7367	-.0741	.00185
1.00	1.4814	.7124	-.0000	-.00000

XQ/L=0.5

X/L	FP	FS	FQ	FM
.05	2.5677	.9421	.1284	.00321
.10	1.1669	.9423	.1867	.01109
.15	.9818	.9425	.2358	.02165
.20	.8669	.9427	.2792	.03453
.25	.8017	.9428	.3192	.04949
.30	.7603	.9430	.3573	.06640
.35	.7333	.9431	.3939	.08518
.40	.7158	.9432	.4297	.10577
.45	.7053	.9433	.4650	.12814
.50	.7003	.9433	-.5000	.15226
.55	.7003	.9433	-.4650	.12814
.60	.7053	.9433	-.4297	.10577
.65	.7158	.9432	-.3939	.08518
.70	.7333	.9431	-.3573	.06640
.75	.7603	.9430	-.3192	.04949
.80	.8017	.9428	-.2792	.03453
.85	.8669	.9427	-.2358	.02165
.90	.9818	.9425	-.1867	.01109
.95	1.1669	.9423	-.1284	.00321
1.00	2.5677	.9421	-.0000	-.00000

B/L= 5.00 DS/B1= 2.00 KS=100.000

XM/L=0.0

X/L	FP	FS	FQ	FM
.05	10.9056	2.3025	.5453	-.98637
.10	4.2328	2.0587	.7569	-.95381
.15	3.1118	1.8152	.9125	-.91208
.20	2.3372	1.5719	1.0294	-.86353
.25	1.8006	1.3289	1.1194	-.80981
.30	1.3783	1.0862	1.1883	-.75212
.35	1.0218	.8437	1.2394	-.69143
.40	.7048	.6014	1.2746	-.62857
.45	.4114	.3593	1.2952	-.56433
.50	.1308	.1174	1.3018	-.49940
.55	-.1456	-.1243	1.2945	-.43450
.60	-.4258	-.3659	1.2732	-.37031
.65	-.7182	-.6074	1.2373	-.30755
.70	-1.0337	-.8488	1.1856	-.24697
.75	-1.3881	-1.0901	1.1162	-.18943
.80	-1.8073	-1.3313	1.0258	-.13588
.85	-2.3397	-1.5725	.9088	-.08751
.90	-3.1081	-1.8137	.7534	-.04596
.95	-4.2200	-2.0548	.5424	-.01356
1.00	-10.8486	-2.2959	.0000	-.00000

XM/L=0.1

X/L	FP	FS	FQ	FM
.05	10.9024	2.3023	.5451	.01363
.10	4.2347	2.0588	.7569	-.95382
.15	3.1125	1.8153	.9125	-.91209
.20	2.3375	1.5720	1.0294	-.86354
.25	1.8008	1.3290	1.1194	-.80983
.30	1.3785	1.0863	1.1883	-.75213
.35	1.0219	.8438	1.2394	-.69144
.40	.7049	.6015	1.2747	-.62859
.45	.4115	.3594	1.2952	-.56434
.50	.1308	.1175	1.3018	-.49942
.55	-.1456	-.1243	1.2945	-.43451
.60	-.4257	-.3659	1.2732	-.37032
.65	-.7182	-.6074	1.2373	-.30755
.70	-1.0337	-.8488	1.1856	-.24698
.75	-1.3881	-1.0901	1.1162	-.18943
.80	-1.8073	-1.3313	1.0258	-.13588
.85	-2.3397	-1.5725	.9089	-.08752
.90	-3.1082	-1.8137	.7534	-.04596
.95	-4.2201	-2.0548	.5424	-.01356
1.00	-10.8489	-2.2960	-.0000	-.00000

XM/L=0.2

X/L	FP	FS	FQ	FM
.05	10.8938	2.3016	.5447	.01362
.10	4.2338	2.0586	.7564	.04614
.15	3.1152	1.8156	.9121	.08786
.20	2.3410	1.5726	1.0292	-.86361
.25	1.8027	1.3296	1.1193	-.80990
.30	1.3797	1.0868	1.1883	-.75221
.35	1.0228	.8442	1.2394	-.69151
.40	.7055	.6019	1.2747	-.62866
.45	.4120	.3597	1.2953	-.56441
.50	.1312	.1178	1.3019	-.49948
.55	-.1453	-.1240	1.2946	-.43456
.60	-.4255	-.3657	1.2733	-.37036
.65	-.7180	-.6073	1.2374	-.30759
.70	-1.0336	-.8487	1.1858	-.24701
.75	-1.3881	-1.0901	1.1164	-.18946
.80	-1.8075	-1.3314	1.0260	-.13590
.85	-2.3400	-1.5726	.9090	-.08753
.90	-3.1085	-1.8138	.7536	-.04597
.95	-4.2206	-2.0550	.5425	-.01356
1.00	-10.8505	-2.2962	-.0000	-.00000

XM/L=0.3

X/L	FP	FS	FQ	FM
.05	10.8841	2.3006	.5442	.01361
.10	4.2314	2.0581	.7558	.04610
.15	3.1146	1.8156	.9115	.08779
.20	2.3424	1.5730	1.0286	.13629
.25	1.8069	1.3305	1.1190	.18998
.30	1.3843	1.0879	1.1882	-.75234
.35	1.0254	.8452	1.2395	-.69165
.40	.7073	.6028	1.2748	-.62879
.45	.4133	.3605	1.2955	-.56454
.50	.1322	.1184	1.3021	-.49960
.55	-.1446	-.1235	1.2949	-.43467
.60	-.4250	-.3653	1.2736	-.37046
.65	-.7177	-.6070	1.2377	-.30768
.70	-1.0335	-.8485	1.1861	-.24708
.75	-1.3881	-1.0900	1.1166	-.18952
.80	-1.8077	-1.3314	1.0263	-.13594
.85	-2.3404	-1.5728	.9092	-.08755
.90	-3.1093	-1.8141	.7538	-.04598
.95	-4.2218	-2.0554	.5427	-.01357
1.00	-10.8538	-2.2967	-.0000	-.00000

XM/L=0.4

X/L	FP	FS	FQ	FM
.05	10.8745	2.2994	.5437	.01359
.10	4.2286	2.0574	.7552	.04607
.15	3.1133	1.8153	.9108	.08771
.20	2.3423	1.5732	1.0279	.13618
.25	1.8079	1.3310	1.1183	.18984
.30	1.3867	1.0888	1.1877	.24749
.35	1.0304	.8466	1.2392	.30816
.40	.7125	.6042	1.2748	-.62899
.45	.4164	.3618	1.2956	-.56473
.50	.1343	.1195	1.3023	-.49978
.55	-.1430	-.1226	1.2952	-.43484
.60	-.4239	-.3645	1.2740	-.37061
.65	-.7170	-.6064	1.2382	-.30781
.70	-1.0331	-.8481	1.1865	-.24719
.75	-1.3880	-1.0898	1.1171	-.18960
.80	-1.8079	-1.3314	1.0267	-.13600
.85	-2.3410	-1.5729	.9096	-.08760
.90	-3.1104	-1.8145	.7541	-.04600
.95	-4.2236	-2.0559	.5430	-.01357
1.00	-10.8590	-2.2974	-.0000	-.00000

XM/L=0.5

X/L	FP	FS	FQ	FM
.05	10.8660	2.2984	.5433	.01358
.10	4.2259	2.0566	.7546	.04603
.15	3.1118	1.8149	.9102	.08765
.20	2.3417	1.5731	1.0273	.13609
.25	1.8081	1.3313	1.1177	.18971
.30	1.3877	1.0894	1.1871	.24733
.35	1.0322	.8475	1.2387	.30797
.40	.7156	.6055	1.2744	.37080
.45	.4218	.3634	1.2955	.43505
.50	.1398	.1212	1.3025	-.50000
.55	-.1398	-.1212	1.2955	-.43505
.60	-.4218	-.3634	1.2744	-.37080
.65	-.7156	-.6055	1.2387	-.30797
.70	-1.0322	-.8475	1.1871	-.24733
.75	-1.3877	-1.0894	1.1177	-.18971
.80	-1.8081	-1.3313	1.0273	-.13609
.85	-2.3417	-1.5731	.9102	-.08765
.90	-3.1118	-1.8149	.7546	-.04603
.95	-4.2259	-2.0566	.5433	-.01358
1.00	-10.8660	-2.2984	-.0000	-.00000

GLEICHMAESSIGE BELASTUNG   B/L= 5.00   DS/B1= 2.00

KS= .001

X/L	FP	FS	FQ	FM
.05	1.1418	.7833	.0071	.00018
.10	.8822	.8546	.0012	.00038
.15	.9581	.9171	-.0009	.00039
.20	.9919	.9679	-.0013	.00034
.25	1.0047	1.0076	-.0011	.00028
.30	1.0069	1.0382	-.0007	.00023
.35	1.0056	1.0612	-.0004	.00020
.40	1.0040	1.0776	-.0002	.00019
.45	1.0028	1.0883	-.0001	.00018
.50	1.0022	1.0935	.0000	.00017
.55	1.0022	1.0935	.0001	.00018
.60	1.0028	1.0883	.0002	.00019
.65	1.0040	1.0776	.0004	.00020
.70	1.0056	1.0612	.0007	.00023
.75	1.0069	1.0382	.0011	.00028
.80	1.0047	1.0076	.0013	.00034
.85	.9919	.9679	.0009	.00039
.90	.9581	.9171	-.0012	.00038
.95	.8822	.8546	-.0071	.00018
1.00	1.1418	.7833	.0000	.00000

KS= .003

X/L	FP	FS	FQ	FM
.05	1.2424	.7905	.0121	.00030
.10	.8619	.8540	.0052	.00074
.15	.9169	.9120	.0011	.00089
.20	.9576	.9619	-.0011	.00089
.25	.9855	1.0028	-.0018	.00082
.30	1.0005	1.0350	-.0018	.00073
.35	1.0071	1.0595	-.0014	.00065
.40	1.0093	1.0771	-.0009	.00060
.45	1.0095	1.0884	-.0005	.00056
.50	1.0093	1.0940	.0000	.00055
.55	1.0093	1.0940	.0005	.00056
.60	1.0095	1.0884	.0009	.00060
.65	1.0093	1.0771	.0014	.00065
.70	1.0071	1.0595	.0018	.00073
.75	1.0005	1.0350	.0018	.00082
.80	.9855	1.0028	.0011	.00089
.85	.9576	.9619	-.0011	.00089
.90	.9169	.9120	-.0052	.00074
.95	.8619	.8540	-.0121	.00030
1.00	1.2424	.7905	.0000	.00000

KS= .010

X/L	FP	FS	FQ	FM
.05	1.4046	.8051	.0202	.00051
.10	.8672	.8582	.0136	.00135
.15	.8839	.9085	.0078	.00189
.20	.9123	.9539	.0034	.00217
.25	.9443	.9931	.0006	.00227
.30	.9706	1.0257	-.0009	.00226
.35	.9898	1.0515	-.0014	.00220
.40	1.0027	1.0706	-.0012	.00214
.45	1.0105	1.0832	-.0007	.00209
.50	1.0140	1.0895	.0000	.00207
.55	1.0140	1.0895	.0007	.00209
.60	1.0105	1.0832	.0012	.00214
.65	1.0027	1.0706	.0014	.00220
.70	.9898	1.0515	.0009	.00226
.75	.9706	1.0257	-.0006	.00227
.80	.9443	.9931	-.0034	.00217
.85	.9123	.9539	-.0078	.00189
.90	.8839	.9085	-.0136	.00135
.95	.8672	.8582	-.0202	.00051
1.00	1.4046	.8051	.0000	.00000

KS= .020

X/L	FP	FS	FQ	FM
.05	1.5352	.8189	.0268	.00067
.10	.8895	.8651	.0212	.00187
.15	.8792	.9094	.0152	.00278
.20	.8925	.9501	.0098	.00340
.25	.9185	.9862	.0057	.00379
.30	.9444	1.0169	.0030	.00401
.35	.9662	1.0417	.0013	.00412
.40	.9826	1.0604	.0004	.00416
.45	.9934	1.0729	.0001	.00417
.50	.9987	1.0792	-.0000	.00417
.55	.9987	1.0792	-.0001	.00417
.60	.9934	1.0729	-.0004	.00416
.65	.9826	1.0604	-.0013	.00412
.70	.9662	1.0417	-.0030	.00401
.75	.9444	1.0169	-.0057	.00379
.80	.9185	.9862	-.0098	.00340
.85	.8925	.9501	-.0152	.00278
.90	.8792	.9094	-.0212	.00187
.95	.8895	.8651	-.0268	.00067
1.00	1.5352	.8189	.0000	.00000

KS= .050

X/L	FP	FS	FQ	FM
.05	1.7694	.8459	.0385	.00096
.10	.9454	.8810	.0357	.00282
.15	.8925	.9150	.0304	.00447
.20	.8770	.9468	.0242	.00583
.25	.8852	.9755	.0185	.00690
.30	.9004	1.0003	.0135	.00770
.35	.9163	1.0208	.0093	.00827
.40	.9299	1.0365	.0058	.00865
.45	.9395	1.0471	.0028	.00886
.50	.9445	1.0524	.0000	.00893
.55	.9445	1.0524	-.0028	.00886
.60	.9395	1.0471	-.0058	.00865
.65	.9299	1.0365	-.0093	.00827
.70	.9163	1.0208	-.0135	.00770
.75	.9004	1.0003	-.0185	.00690
.80	.8852	.9755	-.0242	.00583
.85	.8770	.9468	-.0304	.00447
.90	.8925	.9150	-.0357	.00282
.95	.9454	.8810	-.0385	.00096
1.00	1.7694	.8459	.0000	.00000

KS= .100

X/L	FP	FS	FQ	FM
.05	1.9818	.8712	.0491	.00123
.10	1.0023	.8968	.0492	.00368
.15	.9134	.9217	.0449	.00604
.20	.8714	.9452	.0384	.00812
.25	.8609	.9665	.0315	.00987
.30	.8624	.9851	.0246	.01127
.35	.8684	1.0006	.0180	.01234
.40	.8752	1.0124	.0118	.01308
.45	.8806	1.0205	.0058	.01352
.50	.8836	1.0246	.0000	.01367
.55	.8836	1.0246	-.0058	.01352
.60	.8806	1.0205	-.0118	.01308
.65	.8752	1.0124	-.0180	.01234
.70	.8684	1.0006	-.0246	.01127
.75	.8624	.9851	-.0315	.00987
.80	.8609	.9665	-.0384	.00812
.85	.8714	.9452	-.0449	.00604
.90	.9134	.9217	-.0492	.00368
.95	1.0023	.8968	-.0491	.00123
1.00	1.9818	.8712	.0000	.00000

GLEICHMAESSIGE BELASTUNG   B/L= 5.00   DS/B1= 2.00

KS= .200

X/L	FP	FS	FQ	FM
.05	2.1846	.8957	.0592	.00148
.10	1.0586	.9124	.0622	.00452
.15	.9361	.9287	.0590	.00754
.20	.8689	.9441	.0524	.01033
.25	.8397	.9582	.0444	.01275
.30	.8268	.9705	.0357	.01475
.35	.8219	.9808	.0268	.01631
.40	.8208	.9887	.0179	.01743
.45	.8211	.9942	.0089	.01810
.50	.8216	.9969	.0000	.01832
.55	.8216	.9969	-.0089	.01810
.60	.8211	.9942	-.0179	.01743
.65	.8208	.9887	-.0268	.01631
.70	.8219	.9808	-.0357	.01475
.75	.8268	.9705	-.0444	.01275
.80	.8397	.9582	-.0524	.01033
.85	.8689	.9441	-.0590	.00754
.90	.9361	.9287	-.0622	.00452
.95	1.0586	.9124	-.0592	.00148
1.00	2.1846	.8957	.0000	.00000

KS= .500

X/L	FP	FS	FQ	FM
.05	2.3809	.9195	.0690	.00173
.10	1.1139	.9277	.0747	.00532
.15	.9592	.9357	.0727	.00901
.20	.8676	.9433	.0661	.01248
.25	.8200	.9503	.0571	.01555
.30	.7927	.9564	.0467	.01815
.35	.7766	.9615	.0355	.02021
.40	.7673	.9655	.0239	.02169
.45	.7621	.9682	.0120	.02259
.50	.7598	.9695	.0000	.02289
.55	.7598	.9695	-.0120	.02259
.60	.7621	.9682	-.0239	.02169
.65	.7673	.9655	-.0355	.02021
.70	.7766	.9615	-.0467	.01815
.75	.7927	.9564	-.0571	.01555
.80	.8200	.9503	-.0661	.01248
.85	.8676	.9433	-.0727	.00901
.90	.9592	.9357	-.0747	.00532
.95	1.1139	.9277	-.0690	.00173
1.00	2.3809	.9195	.0000	.00000

KS= 1.000

X/L	FP	FS	FQ	FM
.05	2.4683	.9301	.0734	.00184
.10	1.1387	.9345	.0803	.00568
.15	.9698	.9389	.0788	.00966
.20	.8673	.9430	.0722	.01343
.25	.8114	.9468	.0628	.01681
.30	.7776	.9501	.0516	.01967
.35	.7564	.9529	.0395	.02195
.40	.7432	.9551	.0266	.02360
.45	.7355	.9565	.0134	.02460
.50	.7319	.9573	.0000	.02494
.55	.7319	.9573	-.0134	.02460
.60	.7355	.9565	-.0266	.02360
.65	.7432	.9551	-.0395	.02195
.70	.7564	.9529	-.0516	.01967
.75	.7776	.9501	-.0628	.01681
.80	.8114	.9468	-.0722	.01343
.85	.8673	.9430	-.0788	.00966
.90	.9698	.9389	-.0803	.00568
.95	1.1387	.9345	-.0734	.00184
1.00	2.4683	.9301	.0000	.00000

KS= 3.000

X/L	FP	FS	FQ	FM
.05	2.5353	.9382	.0768	.00192
.10	1.1577	.9398	.0846	.00595
.15	.9779	.9413	.0835	.01016
.20	.8671	.9428	.0769	.01417
.25	.8049	.9441	.0671	.01777
.30	.7660	.9453	.0554	.02084
.35	.7408	.9463	.0425	.02328
.40	.7247	.9470	.0287	.02506
.45	.7150	.9476	.0145	.02614
.50	.7105	.9478	.0000	.02651
.55	.7105	.9478	-.0145	.02614
.60	.7150	.9476	-.0287	.02506
.65	.7247	.9470	-.0425	.02328
.70	.7408	.9463	-.0554	.02084
.75	.7660	.9453	-.0671	.01777
.80	.8049	.9441	-.0769	.01417
.85	.8671	.9428	-.0835	.01016
.90	.9779	.9413	-.0846	.00595
.95	1.1577	.9398	-.0768	.00192
1.00	2.5353	.9382	.0000	.00000

KS= 10.000

X/L	FP	FS	FQ	FM
.05	2.5606	.9413	.0780	.00195
.10	1.1649	.9418	.0863	.00606
.15	.9810	.9423	.0853	.01035
.20	.8671	.9427	.0787	.01445
.25	.8025	.9431	.0688	.01814
.30	.7616	.9435	.0569	.02128
.35	.7350	.9438	.0436	.02379
.40	.7177	.9440	.0295	.02562
.45	.7073	.9442	.0149	.02673
.50	.7024	.9442	.0000	.02710
.55	.7024	.9442	-.0149	.02673
.60	.7073	.9442	-.0295	.02562
.65	.7177	.9440	-.0436	.02379
.70	.7350	.9438	-.0569	.02128
.75	.7616	.9435	-.0688	.01814
.80	.8025	.9431	-.0787	.01445
.85	.8671	.9427	-.0853	.01035
.90	.9810	.9423	-.0863	.00606
.95	1.1649	.9418	-.0780	.00195
1.00	2.5606	.9413	.0000	.00000

KS=100.000

X/L	FP	FS	FQ	FM
.05	2.5707	.9425	.0785	.00196
.10	1.1678	.9426	.0869	.00610
.15	.9822	.9426	.0860	.01042
.20	.8671	.9427	.0794	.01456
.25	.8015	.9427	.0695	.01828
.30	.7599	.9427	.0575	.02145
.35	.7326	.9428	.0441	.02399
.40	.7149	.9428	.0298	.02584
.45	.7042	.9428	.0150	.02696
.50	.6991	.9428	.0000	.02734
.55	.6991	.9428	-.0150	.02696
.60	.7042	.9428	-.0298	.02584
.65	.7149	.9428	-.0441	.02399
.70	.7326	.9428	-.0575	.02145
.75	.7599	.9427	-.0695	.01828
.80	.8015	.9427	-.0794	.01456
.85	.8671	.9427	-.0860	.01042
.90	.9822	.9426	-.0869	.00610
.95	1.1678	.9426	-.0785	.00196
1.00	2.5707	.9425	.0000	.00000

B/L= 5.00 DS/B1=100.00 KS= .001

XQ/L=0.0

X/L	FP	FS	FQ	FM
.05	22.6099	3.9900	.1305	-.02174
.10	.7006	2.7929	.1655	-.01434
.15	-1.0894	2.1392	.1111	-.00742
.20	-1.1041	1.8084	.0559	-.00325
.25	-.6546	1.6342	.0231	-.00127
.30	-.3061	1.5258	.0078	-.00050
.35	-.1160	1.4432	.0020	-.00026
.40	-.0331	1.3715	.0004	-.00020
.45	-.0044	1.3065	.0001	-.00018
.50	.0022	1.2471	.0003	-.00017
.55	.0019	1.1931	.0003	-.00016
.60	.0004	1.1441	.0004	-.00014
.65	-.0006	1.0995	.0003	-.00012
.70	-.0009	1.0589	.0003	-.00011
.75	-.0007	1.0217	.0003	-.00009
.80	-.0001	.9876	.0003	-.00008
.85	.0012	.9560	.0003	-.00007
.90	.0031	.9267	.0005	-.00005
.95	.0047	.8991	.0007	-.00002
1.00	-.0141	.8724	-.0000	-.00000

XQ/L=0.1

X/L	FP	FS	FQ	FM
.05	3.6152	2.5887	.1808	.00452
.10	6.3019	2.9210	-.5041	.02143
.15	6.2035	2.9149	-.1940	.00398
.20	2.9814	2.5782	-.0449	-.00199
.25	1.0506	2.2209	.0076	-.00292
.30	.2022	1.9406	.0177	-.00229
.35	-.0697	1.7391	.0143	-.00149
.40	-.1080	1.5939	.0089	-.00091
.45	-.0792	1.4844	.0049	-.00056
.50	-.0458	1.3967	.0026	-.00038
.55	-.0233	1.3230	.0014	-.00028
.60	-.0111	1.2590	.0009	-.00022
.65	-.0054	1.2024	.0006	-.00018
.70	-.0029	1.1518	.0005	-.00015
.75	-.0016	1.1061	.0004	-.00013
.80	-.0004	1.0646	.0004	-.00011
.85	.0014	1.0267	.0004	-.00009
.90	.0039	.9919	.0006	-.00006
.95	.0059	.9593	.0009	-.00002
1.00	-.0188	.9281	-.0000	-.00000

XQ/L=0.2

X/L	FP	FS	FQ	FM
.05	-.7008	1.8693	-.0350	-.00088
.10	1.2777	2.2087	.0288	-.00103
.15	3.1411	2.5808	.1859	.00434
.20	6.2316	2.9130	-.5025	.02142
.25	6.1734	2.9096	-.1938	.00401
.30	2.9745	2.5752	-.0451	-.00196
.35	1.0509	2.2194	.0074	-.00290
.40	.2039	1.9398	.0176	-.00228
.45	-.0683	1.7386	.0142	-.00148
.50	-.1073	1.5936	.0088	-.00091
.55	-.0789	1.4841	.0049	-.00056
.60	-.0457	1.3965	.0026	-.00038
.65	-.0233	1.3229	.0014	-.00028
.70	-.0111	1.2590	.0009	-.00022
.75	-.0050	1.2024	.0006	-.00018
.80	-.0016	1.1519	.0006	-.00015
.85	.0014	1.1063	.0006	-.00012
.90	.0048	1.0647	.0009	-.00008
.95	.0075	1.0263	.0012	-.00003
1.00	-.0248	.9896	-.0000	-.00000

XQ/L=0.3

X/L	FP	FS	FQ	FM
.05	-.5120	1.5632	-.0256	-.00064
.10	.0260	1.7336	-.0243	-.00189
.15	.2797	1.9420	-.0103	-.00275
.20	1.0913	2.2209	.0442	-.00190
.25	2.9794	2.5731	.1932	.00403
.30	6.1371	2.9026	-.4999	.02136
.35	6.1323	2.9017	-.1933	.00403
.40	2.9612	2.5701	-.0452	-.00193
.45	1.0488	2.2163	.0072	-.00288
.50	.2050	1.9379	.0174	-.00227
.55	-.0669	1.7373	.0141	-.00148
.60	-.1063	1.5927	.0088	-.00091
.65	-.0784	1.4835	.0049	-.00056
.70	-.0454	1.3960	.0026	-.00038
.75	-.0226	1.3226	.0015	-.00028
.80	-.0093	1.2589	.0010	-.00022
.85	-.0010	1.2025	.0009	-.00017
.90	.0053	1.1519	.0012	-.00011
.95	.0095	1.1055	.0017	-.00004
1.00	-.0335	1.0615	-.0000	-.00000

XQ/L=0.4

X/L	FP	FS	FQ	FM
.05	-.1896	1.3851	-.0095	-.00024
.10	-.0398	1.4824	-.0115	-.00076
.15	-.0766	1.5944	-.0153	-.00143
.20	-.0504	1.7391	-.0178	-.00226
.25	.2122	1.9390	-.0072	-.00288
.30	1.0515	2.2166	.0454	-.00193
.35	2.9620	2.5698	.1935	.00404
.40	6.1314	2.9005	-.5000	.02138
.45	6.1314	2.9004	-.1934	.00404
.50	2.9616	2.5694	-.0453	-.00192
.55	1.0493	2.2158	.0071	-.00288
.60	.2054	1.9376	.0174	-.00226
.65	-.0668	1.7371	.0141	-.00148
.70	-.1061	1.5926	.0088	-.00091
.75	-.0776	1.4836	.0049	-.00057
.80	-.0430	1.3963	.0027	-.00037
.85	-.0172	1.3230	.0019	-.00026
.90	.0001	1.2592	.0019	-.00017
.95	.0100	1.2018	.0024	-.00006
1.00	-.0475	1.1477	-.0000	-.00000

XQ/L=0.5

X/L	FP	FS	FQ	FM
.05	-.0798	1.2531	-.0040	-.00010
.10	-.0011	1.3220	-.0040	-.00030
.15	-.0292	1.3969	-.0055	-.00054
.20	-.0696	1.4844	-.0090	-.00090
.25	-.1026	1.5932	-.0141	-.00148
.30	-.0656	1.7375	-.0174	-.00227
.35	.2056	1.9378	-.0071	-.00288
.40	1.0493	2.2159	.0453	-.00193
.45	2.9616	2.5693	.1934	.00404
.50	6.1315	2.9003	-.5000	.02138
.55	6.1315	2.9003	-.1934	.00404
.60	2.9616	2.5693	-.0453	-.00193
.65	1.0493	2.2159	.0071	-.00288
.70	.2056	1.9378	.0174	-.00227
.75	-.0656	1.7375	.0141	-.00148
.80	-.1026	1.5932	.0090	-.00090
.85	-.0696	1.4844	.0055	-.00054
.90	-.0292	1.3969	.0040	-.00030
.95	-.0011	1.3220	.0040	-.00010
1.00	-.0798	1.2531	-.0000	0.00000

B/L= 5.00 DS/B1=100.00 KS= .001

XM/L=0.0

X/L	FP	FS	FQ	FM
.05	223.0274	15.2128	11.1514	-.72122
.10	-103.0874	-4.0985	5.9970	-.29251
.15	-69.9007	-8.5260	2.5020	-.08003
.20	-35.5710	-7.5840	.7234	.00060
.25	-13.5927	-5.5616	.0438	.01978
.30	-3.4510	-3.8874	-.1288	.01766
.35	.1256	-2.7856	-.1225	.01137
.40	.8817	-2.1189	-.0784	.00635
.45	.7300	-1.7154	-.0419	.00334
.50	.4350	-1.4550	-.0202	.00179
.55	.2175	-1.2703	-.0093	.00106
.60	.0962	-1.1277	-.0045	.00071
.65	.0393	-1.0113	-.0025	.00054
.70	.0160	-.9136	-.0017	.00043
.75	.0071	-.8304	-.0014	.00036
.80	.0027	-.7590	-.0012	.00029
.85	-.0017	-.6973	-.0013	.00023
.90	-.0073	-.6434	-.0017	.00016
.95	-.0120	-.5953	-.0023	.00006
1.00	.0453	-.5504	.0000	-.00000

XM/L=0.1

X/L	FP	FS	FQ	FM
.05	105.8592	10.8227	5.2930	.13232
.10	52.6940	5.4907	7.9277	-.53716
.15	-64.6067	-4.8541	4.6973	-.22154
.20	-55.9192	-7.7703	1.9014	-.05657
.25	-27.5318	-6.6897	.5248	.00409
.30	-10.3107	-4.9079	.0092	.01744
.35	-2.4602	-3.4812	-.1138	.01482
.40	.2352	-2.5460	-.1020	.00943
.45	.7570	-1.9739	-.0642	.00527
.50	.6006	-1.6199	-.0341	.00282
.55	.3523	-1.3855	-.0165	.00155
.60	.1751	-1.2155	-.0078	.00095
.65	.0777	-1.0824	-.0039	.00065
.70	.0321	-.9731	-.0023	.00050
.75	.0130	-.8810	-.0016	.00040
.80	.0045	-.8025	-.0014	.00033
.85	-.0016	-.7349	-.0015	.00026
.90	-.0081	-.6761	-.0019	.00017
.95	-.0133	-.6238	-.0025	.00006
1.00	.0508	-.5752	-.0000	-.00000

XM/L=0.2

X/L	FP	FS	FQ	FM
.05	6.3785	4.4002	.3189	.00797
.10	27.3447	6.4133	1.6862	.05810
.15	53.1867	7.5208	4.3455	.20889
.20	59.1324	4.7896	7.3021	-.49992
.25	-58.3333	-4.6414	4.3855	-.20773
.30	-52.0155	-7.3899	1.7847	-.05348
.35	-25.7618	-6.3830	.4966	.00356
.40	-9.7010	-4.7077	.0115	.01626
.45	-2.3403	-3.3601	-.1055	.01391
.50	.2019	-2.4723	-.0954	.00889
.55	.7024	-1.9259	-.0603	.00500
.60	.5614	-1.5856	-.0322	.00269
.65	.3309	-1.3589	-.0156	.00149
.70	.1649	-1.1939	-.0074	.00092
.75	.0725	-1.0644	-.0038	.00064
.80	.0272	-.9580	-.0024	.00048
.85	.0044	-.8684	-.0022	.00037
.90	-.0096	-.7914	-.0027	.00025
.95	-.0180	-.7237	-.0036	.00009
1.00	.0714	-.6610	-.0000	-.00000

XM/L=0.3

X/L	FP	FS	FQ	FM
.05	-4.4154	2.1767	-.2208	-.00552
.10	3.2359	3.3314	-.0590	-.01251
.15	10.4303	4.7666	.4625	-.00242
.20	26.1859	6.4586	1.7718	.05344
.25	52.2559	7.4671	4.3846	.20735
.30	58.6144	4.7272	7.3153	-.50015
.35	-58.5506	-4.6874	4.3878	-.20757
.40	-52.0820	-7.4191	1.7837	-.05329
.45	-25.7697	-6.4007	.4952	.00369
.50	-9.6929	-4.7188	.0106	.01633
.55	-2.3316	-3.3676	-.1060	.01395
.60	.2076	-2.4779	-.0956	.00891
.65	.7054	-1.9305	-.0603	.00501
.70	.5624	-1.5896	-.0322	.00270
.75	.3297	-1.3626	-.0157	.00150
.80	.1600	-1.1975	-.0077	.00091
.85	.0608	-1.0680	-.0047	.00060
.90	.0068	-.9610	-.0044	.00038
.95	-.0195	-.8687	-.0053	.00013
1.00	.1065	-.7840	-.0000	-.00000

XM/L=0.4

X/L	FP	FS	FQ	FM
.05	-1.9154	1.4965	-.0958	-.00239
.10	-.4280	1.9202	-.1172	-.00772
.15	.0206	2.4942	-.1161	-.01355
.20	2.4606	3.3873	.0069	-.01628
.25	9.7446	4.7356	.4941	-.00376
.30	25.7806	6.4148	1.7832	.05318
.35	52.0784	7.4333	4.3871	.20743
.40	58.5560	4.7054	7.3149	-.50002
.45	-58.5601	-4.7006	4.3869	-.20747
.50	-52.0771	-7.4273	1.7830	-.05323
.55	-25.7635	-6.4062	.4948	.00372
.60	-9.6885	-4.7230	.0104	.01635
.65	-2.3291	-3.3710	-.1060	.01396
.70	.2083	-2.4810	-.0956	.00892
.75	.7032	-1.9336	-.0605	.00502
.80	.5547	-1.5930	-.0327	.00269
.85	.3115	-1.3662	-.0171	.00144
.90	.1285	-1.2004	-.0107	.00074
.95	.0240	-1.0669	-.0095	.00024
1.00	.1904	-.9481	-.0000	-.00000

XM/L=0.5

X/L	FP	FS	FQ	FM
.05	-.5425	1.1707	-.0271	-.00068
.10	-.2372	1.3614	-.0390	-.00233
.15	-.4894	1.5964	-.0635	-.00489
.20	-.6648	1.9382	-.0967	-.00890
.25	-.1913	2.4848	-.1063	-.01397
.30	2.3344	3.3737	.0105	-.01636
.35	9.6889	4.7250	.4949	-.00373
.40	25.7624	6.4079	1.7830	.05322
.45	52.0754	7.4290	4.3868	.20746
.50	58.5577	4.7027	7.3147	-.50000
.55	-58.5578	-4.7027	4.3868	-.20746
.60	-52.0753	-7.4290	1.7830	-.05322
.65	-25.7623	-6.4079	.4949	.00373
.70	-9.6890	-4.7250	.0105	.01636
.75	-2.3344	-3.3737	-.1063	.01397
.80	.1915	-2.4848	-.0967	.00890
.85	.6648	-1.9382	-.0635	.00489
.90	.4893	-1.5964	-.0390	.00233
.95	.2372	-1.3614	-.0271	.00068
1.00	.5425	-1.1707	-.0000	-.00000

B/L= 5.00   OS/B1=100.00   KS= .003

XQ/L=0.0

X/L	FP	FS	FQ	FM
.05	19.2638	3.8224	-.0368	-.02592
.10	3.0085	2.9591	.1136	-.02400
.15	.4541	2.3484	.1363	-.01775
.20	-.5307	1.9471	.1098	-.01160
.25	-.6946	1.6919	.0751	-.00698
.30	-.5792	1.5289	.0461	-.00395
.35	-.4031	1.4199	.0259	-.00215
.40	-.2499	1.3410	.0134	-.00116
.45	-.1408	1.2783	.0064	-.00067
.50	-.0721	1.2247	.0028	-.00044
.55	-.0329	1.1766	.0011	-.00034
.60	-.0126	1.1323	.0005	-.00030
.65	-.0032	1.0911	.0004	-.00028
.70	.0008	1.0528	.0004	-.00026
.75	.0026	1.0172	.0005	-.00023
.80	.0038	.9840	.0007	-.00020
.85	.0050	.9530	.0010	-.00016
.90	.0056	.9238	.0013	-.00010
.95	.0038	.8959	.0014	-.00004
1.00	-.0288	.8687	-.0000	-.00000

XQ/L=0.1

X/L	FP	FS	FQ	FM
.05	5.7528	2.6812	.2876	.00719
.10	4.7116	2.7862	-.4768	.02746
.15	4.4545	2.7333	-.2541	.00919
.20	2.8429	2.5121	-.1119	.00004
.25	1.5605	2.2478	-.0339	-.00360
.30	.7309	2.0028	.0027	-.00438
.35	.2643	1.7985	.0159	-.00392
.40	.0360	1.6350	.0177	-.00308
.45	-.0550	1.5086	.0149	-.00226
.50	-.0767	1.4078	.0111	-.00161
.55	-.0687	1.3263	.0077	-.00115
.60	-.0517	1.2586	.0051	-.00083
.65	-.0350	1.2006	.0033	-.00062
.70	-.0215	1.1499	.0022	-.00048
.75	-.0114	1.1046	.0017	-.00038
.80	-.0040	1.0636	.0015	-.00030
.85	.0015	1.0260	.0016	-.00023
.90	.0046	.9910	.0018	-.00014
.95	.0034	.9578	.0020	-.00005
1.00	-.0391	.9257	-.0000	-.00000

XQ/L=0.2

X/L	FP	FS	FQ	FM
.05	.2486	1.9462	.0124	.00031
.10	1.8066	2.2371	.1028	.00319
.15	3.1350	2.5123	.2595	.01225
.20	4.6381	2.7136	-.5086	.03102
.25	4.5924	2.7139	-.2790	.01133
.30	3.0207	2.5175	-.1279	.00116
.35	1.7003	2.2619	-.0429	-.00311
.40	.8225	2.0178	-.0018	-.00423
.45	.3171	1.8112	.0141	-.00392
.50	.0629	1.6457	.0172	-.00314
.55	-.0434	1.5157	.0150	-.00233
.60	-.0728	1.4129	.0114	-.00167
.65	-.0680	1.3301	.0080	-.00119
.70	-.0515	1.2615	.0054	-.00085
.75	-.0337	1.2030	.0037	-.00062
.80	-.0183	1.1519	.0028	-.00046
.85	-.0064	1.1061	.0025	-.00032
.90	.0010	1.0642	.0026	-.00020
.95	.0015	1.0250	.0026	-.00007
1.00	-.0528	.9870	-.0000	-.00000

XQ/L=0.3

X/L	FP	FS	FQ	FM
.05	-.7372	1.5716	-.0369	-.00092
.10	.3778	1.7832	-.0180	-.00229
.15	.9353	2.0112	.0288	-.00202
.20	1.7872	2.2618	.1182	.00165
.25	3.0484	2.5160	.2706	.01137
.30	4.5519	2.7084	-.5018	.03059
.35	4.5298	2.7061	-.2753	.01116
.40	2.9817	2.5102	-.1263	.00112
.45	1.6788	2.2560	-.0423	-.00310
.50	.8121	2.0135	-.0017	-.00420
.55	.3131	1.8083	.0139	-.00389
.60	.0624	1.6438	.0171	-.00312
.65	-.0420	1.5145	.0150	-.00232
.70	-.0699	1.4123	.0115	-.00166
.75	-.0634	1.3299	.0083	-.00116
.80	-.0449	1.2615	.0061	-.00080
.85	-.0252	1.2028	.0048	-.00053
.90	-.0105	1.1509	.0043	-.00031
.95	-.0059	1.1030	.0040	-.00010
1.00	-.0794	1.0573	-.0000	-.00000

XQ/L=0.4

X/L	FP	FS	FQ	FM
.05	-.5452	1.3707	-.0273	-.00068
.10	-.0115	1.4994	-.0278	-.00206
.15	.1294	1.6418	-.0214	-.00329
.20	.3754	1.8111	-.0026	-.00389
.25	.8549	2.0167	.0402	-.00295
.30	1.7010	2.2574	.1252	.00119
.35	2.9842	2.5086	.2744	.01118
.40	4.5111	2.7011	-.5000	.03054
.45	4.5069	2.7002	-.2747	.01117
.50	2.9705	2.5059	-.1262	.00115
.55	1.6745	2.2531	-.0424	-.00307
.60	.8116	2.0117	-.0019	-.00418
.65	.3151	1.8073	.0139	-.00388
.70	.0665	1.6435	.0172	-.00310
.75	-.0352	1.5147	.0155	-.00228
.80	-.0598	1.4127	.0125	-.00158
.85	-.0502	1.3299	.0100	-.00102
.90	-.0327	1.2601	.0083	-.00056
.95	-.0249	1.1982	.0071	-.00018
1.00	-.1417	1.1399	-.0000	-.00000

XQ/L=0.5

X/L	FP	FS	FQ	FM
.05	-.2849	1.2400	-.0142	-.00036
.10	-.0504	1.3217	-.0168	-.00113
.15	-.0375	1.4108	-.0186	-.00202
.20	-.0109	1.5156	-.0192	-.00296
.25	.0849	1.6452	-.0149	-.00382
.30	.3269	1.8089	.0014	-.00415
.35	.8185	2.0127	.0423	-.00306
.40	1.6778	2.2535	.1262	.00115
.45	2.9711	2.5055	.2748	.01118
.50	4.5047	2.6990	-.5000	.03055
.55	4.5047	2.6990	-.2748	.01118
.60	2.9711	2.5055	-.1262	.00115
.65	1.6778	2.2535	-.0423	-.00306
.70	.8185	2.0127	-.0014	-.00415
.75	.3269	1.8089	.0149	-.00382
.80	.0849	1.6452	.0192	-.00296
.85	-.0109	1.5156	.0186	-.00202
.90	-.0375	1.4108	.0168	-.00113
.95	-.0504	1.3217	.0142	-.00036
1.00	-.2849	1.2400	0.0000	-.00000

B/L= 5.00   DS/B1=100.00   KS= .003

XM/L=0.0

X/L	FP	FS	FQ	FM
.05	150.2587	12.0233	7.5129	-.81218
.10	-35.1349	.5999	5.7562	-.48045
.15	-41.3564	-4.3970	3.6884	-.24433
.20	-32.9086	-5.8131	2.0429	-.10105
.25	-21.3526	-5.5365	.9753	-.02560
.30	-12.1251	-4.6489	.3691	.00801
.35	-6.0228	-3.6861	.0679	.01894
.40	-2.4787	-2.8643	-.0560	.01924
.45	-.6607	-2.2359	-.0891	.01561
.50	.1329	-1.7825	-.0824	.01132
.55	.3861	-1.4636	-.0631	.00768
.60	.3923	-1.2393	-.0435	.00502
.65	.3098	-1.0781	-.0280	.00323
.70	.2136	-.9579	-.0173	.00210
.75	.1324	-.8641	-.0107	.00140
.80	.0725	-.7876	-.0071	.00095
.85	.0319	-.7228	-.0055	.00064
.90	.0081	-.6660	-.0051	.00038
.95	.0021	-.6142	-.0050	.00012
1.00	.0995	-.5650	.0000	-.00000

XM/L=0.1

X/L	FP	FS	FQ	FM
.05	95.4644	9.7391	4.7732	.11933
.10	25.4165	4.4848	6.0440	-.61024
.15	-30.3823	-2.0384	4.5249	-.34601
.20	-35.6971	-5.0621	2.7401	-.16439
.25	-25.9634	-5.5709	1.4419	-.05984
.30	-16.0327	-4.9856	.6403	-.00778
.35	-8.6814	-4.0789	.2062	.01338
.40	-4.0576	-3.2092	.0033	.01861
.45	-1.4901	-2.5037	-.0712	.01692
.50	-.2419	-1.9774	-.0833	.01306
.55	.2565	-1.6013	-.0705	.00921
.60	.3779	-1.3362	-.0516	.00616
.65	.3391	-1.1476	-.0346	.00401
.70	.2516	-1.0095	-.0220	.00259
.75	.1649	-.9042	-.0138	.00170
.80	.0957	-.8201	-.0090	.00113
.85	.0463	-.7501	-.0067	.00074
.90	.0162	-.6894	-.0059	.00042
.95	.0067	-.6345	-.0055	.00014
1.00	.1107	-.5824	-.0000	-.00000

XM/L=0.2

X/L	FP	FS	FQ	FM
.05	24.4035	5.1930	1.2202	.03050
.10	22.4010	5.4276	2.3402	.11951
.15	29.6648	4.9354	3.8235	.27361
.20	24.6143	2.5085	5.0542	-.50445
.25	-25.5532	-2.4885	3.7765	-.28369
.30	-30.1600	-4.8214	2.2685	-.13256
.35	-21.7474	-5.1044	1.1811	-.04632
.40	-13.3244	-4.5158	.5149	-.00392
.45	-7.1475	-3.6899	.1575	.01289
.50	-3.2934	-2.9162	-.0071	.01666
.55	-1.1718	-2.2938	-.0657	.01483
.60	-.1531	-1.8301	-.0734	.01136
.65	.2434	-1.4974	-.0612	.00799
.70	.3298	-1.2613	-.0447	.00535
.75	.2857	-1.0915	-.0304	.00347
.80	.2031	-.9655	-.0203	.00220
.85	.1236	-.8676	-.0141	.00134
.90	.0651	-.7873	-.0108	.00072
.95	.0377	-.7172	-.0089	.00022
1.00	.1790	-.6518	-.0000	-.00000

XM/L=0.3

X/L	FP	FS	FQ	FM
.05	.7517	2.6304	.0376	.00094
.10	7.5850	3.6047	.4168	.01230
.15	13.8696	4.5207	1.1103	.05048
.20	22.0908	5.1372	2.2149	.13361
.25	30.2013	4.8564	3.7249	.28210
.30	25.3152	2.5284	4.9907	-.50001
.35	-24.9998	-2.4336	3.7407	-.28172
.40	-29.7963	-4.7630	2.2509	-.13194
.45	-21.5374	-5.0552	1.1740	-.04631
.50	-13.2173	-4.4785	.5131	-.00413
.55	-7.1017	-3.6634	.1581	.01265
.60	-3.2806	-2.8982	-.0060	.01645
.65	-1.1759	-2.2819	-.0648	.01468
.70	-.1665	-1.8225	-.0731	.01123
.75	.2230	-1.4927	-.0619	.00786
.80	.3021	-1.2582	-.0468	.00514
.85	.2517	-1.0883	-.0343	.00311
.90	.1730	-.9594	-.0256	.00161
.95	.1231	-.8540	-.0194	.00049
1.00	.3890	-.7588	-.0000	-.00000

XM/L=0.4

X/L	FP	FS	FQ	FM
.05	-2.9840	1.5542	-.1492	-.00373
.10	1.3744	2.1957	-.0805	-.00947
.15	3.7223	2.9047	.1056	-.00884
.20	7.5129	3.7092	.4813	.00583
.25	13.5105	4.5365	1.1568	.04678
.30	21.7304	5.1149	2.2433	.13179
.35	29.9389	4.8230	3.7403	.28137
.40	25.1517	2.4966	4.9979	-.50017
.45	-25.0897	-2.4597	3.7434	-.28164
.50	-29.8398	-4.7830	2.2514	-.13177
.55	-21.5556	-5.0703	1.1736	-.04615
.60	-13.2252	-4.4905	.5123	-.00400
.65	-7.1095	-3.6737	.1569	.01273
.70	-3.2965	-2.9080	-.0080	.01645
.75	-1.2066	-2.2916	-.0683	.01455
.80	-.2171	-1.8315	-.0791	.01086
.85	.1542	-1.4986	-.0714	.00710
.90	.2391	-1.2554	-.0595	.00382
.95	.2553	-1.0664	-.0467	.00117
1.00	.9343	-.9022	-.0000	-.00000

XM/L=0.5

X/L	FP	FS	FQ	FM
.05	-2.0161	1.1186	-.1008	-.00252
.10	-.1605	1.4446	-.1088	-.00776
.15	.3673	1.8218	-.0905	-.01274
.20	1.3709	2.3020	-.0219	-.01555
.25	3.4189	2.9250	.1490	-.01238
.30	7.1861	3.6913	.5083	.00406
.35	13.2670	4.5066	1.1717	.04606
.40	21.5767	5.0852	2.2505	.13161
.45	29.8534	4.7979	3.7432	.28145
.50	25.1095	2.4763	4.9987	-.50000
.55	-25.1095	-2.4763	3.7432	-.28145
.60	-29.8534	-4.7979	2.2505	-.13161
.65	-21.5766	-5.0852	1.1717	-.04606
.70	-13.2670	-4.5066	.5083	-.00406
.75	-7.1861	-3.6913	.1490	.01238
.80	-3.4188	-2.9250	-.0219	.01555
.85	-1.3709	-2.3020	-.0905	.01274
.90	-.3673	-1.8218	-.1088	.00776
.95	.1605	-1.4446	-.1008	.00252
1.00	2.0161	-1.1186	-.0000	-.00000

B/L= 5.00 DS/B1=100.00 KS= .010

XQ/L=0.0

X/L	FP	FS	FQ	FM
.05	15.9545	3.6138	-.2023	-.03006
.10	4.0573	3.0284	.0006	-.03510
.15	1.8136	2.5421	.0913	-.03280
.20	.5501	2.1582	.1188	-.02755
.25	-.0574	1.8650	.1159	-.02168
.30	-.3230	1.6456	.0998	-.01629
.35	-.4030	1.4831	.0796	-.01181
.40	-.3885	1.3626	.0602	-.00831
.45	-.3321	1.2722	.0436	-.00572
.50	-.2633	1.2027	.0304	-.00387
.55	-.1972	1.1475	.0206	-.00260
.60	-.1407	1.1020	.0135	-.00174
.65	-.0956	1.0629	.0087	-.00119
.70	-.0614	1.0282	.0057	-.00083
.75	-.0365	.9965	.0038	-.00059
.80	-.0191	.9669	.0029	-.00042
.85	-.0080	.9388	.0025	-.00029
.90	-.0028	.9118	.0023	-.00017
.95	-.0042	.8854	.0021	-.00005
1.00	-.0427	.8594	-.0000	-.00000

XQ/L=0.1

X/L	FP	FS	FQ	FM
.05	7.2749	2.7486	.3637	.00909
.10	3.8112	2.6990	-.4457	.03204
.15	3.2528	2.5920	-.2831	.01383
.20	2.3540	2.4203	-.1654	.00262
.25	1.6009	2.2247	-.0853	-.00365
.30	1.0216	2.0312	-.0342	-.00664
.35	.6052	1.8534	-.0040	-.00759
.40	.3227	1.6972	.0122	-.00739
.45	.1420	1.5635	.0193	-.00660
.50	.0345	1.4509	.0210	-.00560
.55	-.0234	1.3566	.0198	-.00458
.60	-.0492	1.2775	.0174	-.00365
.65	-.0555	1.2108	.0146	-.00285
.70	-.0509	1.1537	.0120	-.00218
.75	-.0413	1.1043	.0100	-.00163
.80	-.0304	1.0605	.0085	-.00117
.85	-.0213	1.0209	.0074	-.00078
.90	-.0176	.9843	.0065	-.00043
.95	-.0232	.9494	.0053	-.00013
1.00	-.1069	.9154	-.0000	-.00000

XQ/L=0.2

X/L	FP	FS	FQ	FM
.05	2.1237	2.0816	.1062	.00265
.10	2.0288	2.2460	.2076	.01050
.15	2.6174	2.3912	.3385	.02415
.20	3.1945	2.4853	-.5018	.04507
.25	3.1623	2.4797	-.3437	.02393
.30	2.5093	2.3746	-.2182	.00989
.35	1.8267	2.2196	-.1269	.00126
.40	1.2441	2.0485	-.0647	-.00353
.45	.7945	1.8812	-.0249	-.00577
.50	.4708	1.7280	-.0014	-.00643
.55	.2517	1.5933	.0112	-.00618
.60	.1125	1.4776	.0168	-.00548
.65	.0308	1.3793	.0184	-.00460
.70	-.0117	1.2963	.0178	-.00370
.75	-.0292	1.2256	.0163	-.00285
.80	-.0325	1.1648	.0147	-.00207
.85	-.0304	1.1114	.0132	-.00138
.90	-.0317	1.0631	.0116	-.00076
.95	-.0446	1.0180	.0093	-.00023
1.00	-.1869	.9743	-.0000	-.00000

XQ/L=0.3

X/L	FP	FS	FQ	FM
.05	-.0385	1.6519	-.0019	-.00005
.10	.8070	1.8433	.0384	.00086
.15	1.3330	2.0338	.1051	.00445
.20	1.9300	2.2167	.2016	.01212
.25	2.5929	2.3753	.3312	.02544
.30	3.2081	2.4785	-.5084	.04601
.35	3.1883	2.4786	-.3490	.02457
.40	2.5372	2.3769	-.2221	.01030
.45	1.8521	2.2237	-.1295	.00151
.50	1.2659	2.0534	-.0662	-.00338
.55	.8131	1.8863	-.0256	-.00568
.60	.4875	1.7330	-.0012	-.00635
.65	.2677	1.5980	.0122	-.00607
.70	.1289	1.4816	.0187	-.00530
.75	.0480	1.3823	.0211	-.00431
.80	.0049	1.2975	.0213	-.00325
.85	-.0174	1.2240	.0204	-.00220
.90	-.0362	1.1586	.0186	-.00123
.95	-.0675	1.0984	.0152	-.00038
1.00	-.3049	1.0406	-.0000	-.00000

XQ/L=0.4

X/L	FP	FS	FQ	FM
.05	-.6500	1.3909	-.0325	-.00081
.10	.2060	1.5473	-.0222	-.00218
.15	.5285	1.7082	.0042	-.00263
.20	.8878	1.8765	.0486	-.00131
.25	1.3351	2.0510	.1154	.00279
.30	1.8987	2.2236	.2103	.01093
.35	2.5538	2.3763	.3380	.02464
.40	3.1722	2.4764	-.5034	.04550
.45	3.1602	2.4755	-.3454	.02428
.50	2.5183	2.3739	-.2195	.01016
.55	1.8425	2.2215	-.1273	.00149
.60	1.2652	2.0522	-.0641	-.00329
.65	.8208	1.8859	-.0230	-.00547
.70	.5026	1.7331	.0021	-.00599
.75	.2887	1.5976	.0165	-.00553
.80	.1520	1.4795	.0241	-.00451
.85	.0653	1.3765	.0274	-.00323
.90	-.0012	1.2851	.0273	-.00186
.95	-.0763	1.2014	.0235	-.00059
1.00	-.4702	1.1213	-.0000	-.00000

XQ/L=0.5

X/L	FP	FS	FQ	FM
.05	-.6426	1.2295	-.0321	-.00080
.10	-.0221	1.3430	-.0332	-.00244
.15	.1434	1.4613	-.0261	-.00392
.20	.3150	1.5893	-.0103	-.00483
.25	.5376	1.7304	.0166	-.00467
.30	.8528	1.8860	.0592	-.00278
.35	1.2891	2.0531	.1237	.00179
.40	1.8559	2.2220	.2165	.01030
.45	2.5204	2.3733	.3425	.02427
.50	3.1504	2.4736	-.5000	.04533
.55	3.1504	2.4736	-.3425	.02427
.60	2.5204	2.3733	-.2165	.01030
.65	1.8559	2.2220	-.1237	.00179
.70	1.2891	2.0531	-.0592	-.00278
.75	.8528	1.8860	-.0166	-.00467
.80	.5376	1.7304	.0103	-.00483
.85	.3150	1.5893	.0261	-.00392
.90	.1434	1.4613	.0332	-.00244
.95	-.0221	1.3430	.0321	-.00080
1.00	-.6426	1.2295	-.0000	-.00000

B/L= 5.00 DS/B1=100.00 KS= .010

XM/L=0.0

X/L	FP	FS	FQ	FM
.05	92.5927	8.9134	4.6296	-.88426
.10	-3.3200	2.9297	4.4636	-.65693
.15	-15.3775	-.7433	3.6948	-.45297
.20	-18.2484	-2.7562	2.7823	-.29104
.25	-16.4788	-3.6589	1.9584	-.17252
.30	-13.2392	-3.8713	1.2964	-.09115
.35	-9.8630	-3.6924	.8033	-.03866
.40	-6.9187	-3.3218	.4574	-.00714
.45	-4.5876	-2.8848	.2280	.00999
.50	-2.8632	-2.4534	.0848	.01781
.55	-1.6583	-2.0646	.0019	.01998
.60	-.8621	-1.7331	-.0412	.01900
.65	-.3677	-1.4603	-.0596	.01648
.70	-.0844	-1.2408	-.0638	.01339
.75	.0595	-1.0661	-.0608	.01028
.80	.1188	-.9270	-.0549	.00738
.85	.1356	-.8142	-.0481	.00481
.90	.1477	-.7198	-.0407	.00259
.95	.1871	-.6364	-.0314	.00078
1.00	.6276	-.5579	.0000	-.00000

XM/L=0.1

X/L	FP	FS	FQ	FM
.05	71.2563	7.9178	3.5628	.08907
.10	16.1028	4.1892	4.3680	-.71266
.15	-9.8238	.2761	3.8768	-.50654
.20	-17.2380	-2.1862	3.0149	-.33425
.25	-16.8036	-3.3928	2.1747	-.20451
.30	-14.0370	-3.7965	1.4728	-.11332
.35	-10.7350	-3.7278	.9361	-.05310
.40	-7.6954	-3.4128	.5513	-.01592
.45	-5.2109	-2.9967	.2908	.00514
.50	-3.3294	-2.5660	.1243	.01551
.55	-1.9880	-2.1674	.0249	.01924
.60	-1.0835	-1.8215	-.0293	.01913
.65	-.5088	-1.5335	-.0547	.01703
.70	-.1692	-1.2999	-.0632	.01409
.75	.0121	-1.1131	-.0626	.01094
.80	.0950	-.9638	-.0578	.00793
.85	.1265	-.8427	-.0515	.00520
.90	.1487	-.7414	-.0441	.00281
.95	.1978	-.6519	-.0342	.00085
1.00	.6834	-.5680	-.0000	-.00000

XM/L=0.2

X/L	FP	FS	FQ	FM
.05	33.9206	5.4005	1.6960	.04240
.10	15.8059	4.4796	2.4863	.14696
.15	14.0722	3.2797	3.1899	.28887
.20	8.4176	1.4304	3.6108	-.54112
.25	-10.7552	-1.1629	3.0731	-.37402
.30	-15.0782	-2.7619	2.3191	-.23921
.35	-13.7857	-3.4457	1.6299	-.14049
.40	-11.1034	-3.5643	1.0747	-.07288
.45	-8.2654	-3.3663	.6614	-.02947
.50	-5.7879	-3.0173	.3720	-.00364
.55	-3.8310	-2.6205	.1805	.01018
.60	-2.3898	-2.2347	.0610	.01621
.65	-1.3893	-1.8893	-.0085	.01752
.70	-.7341	-1.5949	-.0452	.01618
.75	-.3314	-1.3512	-.0618	.01351
.80	-.1003	-1.1522	-.0668	.01030
.85	.0283	-.9890	-.0654	.00699
.90	.1196	-.8517	-.0594	.00388
.95	.2311	-.7306	-.0478	.00120
1.00	.9564	-.6171	-.0000	-.00000

XM/L=0.3

X/L	FP	FS	FQ	FM
.05	11.8313	3.3228	.5916	.01479
.10	8.7368	3.4994	1.0284	.05529
.15	10.6398	3.5737	1.5604	.12001
.20	12.7062	3.3883	2.1957	.21391
.25	13.6472	2.7060	2.8781	.34076
.30	9.2315	1.1960	3.3396	-.50380
.35	-9.5921	-1.1915	2.8600	-.34881
.40	-13.9417	-2.6782	2.1630	-.22324
.45	-12.8291	-3.3111	1.5215	-.13112
.50	-10.3687	-3.4165	1.0031	-.06801
.55	-7.7420	-3.2264	.6160	-.02753
.60	-5.4442	-2.8954	.3438	-.00354
.65	-3.6302	-2.5195	.1622	.00911
.70	-2.2968	-2.1531	.0474	.01435
.75	-1.3725	-1.8226	-.0212	.01500
.80	-.7618	-1.5366	-.0593	.01299
.85	-.3652	-1.2928	-.0776	.00957
.90	-.0766	-1.0829	-.0814	.00560
.95	.2038	-.8958	-.0712	.00178
1.00	1.4242	-.7197	-.0000	-.00000

XM/L=0.4

X/L	FP	FS	FQ	FM
.05	1.9312	2.0148	.0966	.00241
.10	3.7368	2.4546	.2834	.01191
.15	5.6446	2.8741	.5656	.03314
.20	7.9311	3.2277	.9622	.07133
.25	10.4985	3.4271	1.4871	.13257
.30	12.8814	3.3239	2.1312	.22302
.35	13.9140	2.6914	2.8269	.34698
.40	9.4940	1.2082	3.3016	-.49981
.45	-9.3748	-1.1677	2.8328	-.34645
.50	-13.7834	-2.6522	2.1437	-.22204
.55	-12.7309	-3.2882	1.5071	-.13077
.60	-10.3265	-3.3991	.9908	-.06832
.65	-7.7499	-3.2145	.6033	-.02847
.70	-5.4952	-2.8871	.3286	-.00517
.75	-3.7140	-2.5111	.1429	.00661
.80	-2.3950	-2.1383	.0231	.01076
.85	-1.4485	-1.7924	-.0493	.01011
.90	-.7358	-1.4782	-.0861	.00672
.95	-.1055	-1.1895	-.0914	.00228
1.00	1.8277	-.9143	-.0000	-.00000

XM/L=0.5

X/L	FP	FS	FQ	FM
.05	-1.3580	1.2908	-.0679	-.00170
.10	1.1583	1.6828	-.0100	-.00364
.15	2.3745	2.0831	.1087	-.00118
.20	3.8128	2.4914	.2994	.00903
.25	5.6261	2.8891	.5807	.03103
.30	7.8766	3.2285	.9745	.06991
.35	10.4353	3.4189	1.4963	.13168
.40	12.8199	3.3102	2.1373	.22252
.45	13.8559	2.6743	2.8301	.34670
.50	9.4366	1.1888	3.3019	-.50000
.55	-9.4366	-1.1888	2.8301	-.34670
.60	-13.8559	-2.6743	2.1373	-.22252
.65	-12.8199	-3.3102	1.4963	-.13168
.70	-10.4353	-3.4189	.9745	-.06991
.75	-7.8766	-3.2285	.5807	-.03103
.80	-5.6261	-2.8891	.2994	-.00903
.85	-3.8128	-2.4914	.1087	.00118
.90	-2.3745	-2.0831	-.0100	.00364
.95	-1.1583	-1.6828	-.0679	.00170
1.00	1.3580	-1.2908	-.0000	-.00000

B/L= 5.00 DS/B1=100.00 KS= .020

XQ/L=0.0

X/L	FP	FS	FQ	FM
.05	14.2580	3.4847	-.2871	-.03218
.10	4.2042	3.0208	-.0769	-.04128
.15	2.2792	2.6128	.0371	-.04227
.20	1.0857	2.2677	.0914	-.03906
.25	.4100	1.9838	.1119	-.03398
.30	.0244	1.7548	.1131	-.02836
.35	-.1817	1.5725	.1040	-.02293
.40	-.2762	1.4287	.0902	-.01808
.45	-.3032	1.3156	.0750	-.01395
.50	-.2913	1.2264	.0605	-.01056
.55	-.2591	1.1556	.0475	-.00786
.60	-.2185	1.0986	.0366	-.00576
.65	-.1767	1.0517	.0277	-.00415
.70	-.1378	1.0123	.0208	-.00294
.75	-.1039	.9781	.0156	-.00203
.80	-.0763	.9477	.0118	-.00134
.85	-.0556	.9197	.0091	-.00082
.90	-.0431	.8934	.0069	-.00042
.95	-.0402	.8680	.0049	-.00012
1.00	-.0978	.8430	-.0000	-.00000

XQ/L=0.1

X/L	FP	FS	FQ	FM
.05	7.6972	2.7619	.3849	.00962
.10	3.5437	2.6666	-.4380	.03329
.15	2.8694	2.5413	-.2945	.01498
.20	2.1333	2.3817	-.1878	.00293
.25	1.5436	2.2091	-.1106	-.00453
.30	1.0781	2.0379	-.0567	-.00872
.35	.7223	1.8768	-.0206	-.01065
.40	.4591	1.7304	.0023	-.01111
.45	.2708	1.6003	.0159	-.01065
.50	.1414	1.4867	.0230	-.00968
.55	.0566	1.3883	.0258	-.00846
.60	.0046	1.3035	.0260	-.00717
.65	-.0242	1.2304	.0248	-.00590
.70	-.0373	1.1672	.0229	-.00471
.75	-.0409	1.1118	.0209	-.00361
.80	-.0401	1.0628	.0189	-.00262
.85	-.0396	1.0183	.0169	-.00172
.90	-.0460	.9772	.0146	-.00093
.95	-.0654	.9380	.0113	-.00028
1.00	-.2268	.8997	-.0000	-.00000

XQ/L=0.2

X/L	FP	FS	FQ	FM
.05	3.2143	2.1628	.1607	.00402
.10	2.1162	2.2538	.2665	.01470
.15	2.3381	2.3311	.3834	.03095
.20	2.5851	2.3746	-.4873	.05335
.25	2.5244	2.3568	-.3611	.03214
.30	2.1252	2.2768	-.2548	.01674
.35	1.6843	2.1605	-.1706	.00611
.40	1.2767	2.0273	-.1068	-.00083
.45	.9309	1.8903	-.0602	-.00500
.50	.6535	1.7579	-.0276	-.00720
.55	.4406	1.6347	-.0055	-.00802
.60	.2837	1.5231	.0087	-.00795
.65	.1726	1.4234	.0173	-.00730
.70	.0970	1.3352	.0221	-.00631
.75	.0473	1.2572	.0245	-.00515
.80	.0142	1.1878	.0252	-.00390
.85	-.0113	1.1252	.0246	-.00266
.90	-.0413	1.0675	.0226	-.00147
.95	-.0876	1.0130	.0182	-.00046
1.00	-.3641	.9598	-.0000	-.00000

XQ/L=0.3

X/L	FP	FS	FQ	FM
.05	.7928	1.7317	.0396	.00099
.10	1.0386	1.8812	.0916	.00427
.15	1.4019	2.0270	.1617	.01060
.20	1.8039	2.1618	.2519	.02094
.25	2.2229	2.2733	.3630	.03631
.30	2.5803	2.3422	-.5080	.05769
.35	2.5690	2.3425	-.3795	.03550
.40	2.1905	2.2749	-.2700	.01926
.45	1.7548	2.1666	-.1823	.00796
.50	1.3451	2.0381	-.1150	.00052
.55	.9940	1.9035	-.0653	-.00398
.60	.7103	1.7716	-.0298	-.00636
.65	.4913	1.6476	-.0052	-.00724
.70	.3283	1.5339	.0112	-.00709
.75	.2101	1.4310	.0217	-.00626
.80	.1242	1.3381	.0279	-.00502
.85	.0570	1.2537	.0308	-.00356
.90	-.0099	1.1757	.0303	-.00203
.95	-.0950	1.1019	.0255	-.00064
1.00	-.5102	1.0302	-.0000	-.00000

XQ/L=0.4

X/L	FP	FS	FQ	FM
.05	-.2856	1.4412	-.0143	-.00036
.10	.3975	1.5886	.0056	-.00057
.15	.7121	1.7368	.0412	.00060
.20	1.0381	1.8851	.0931	.00395
.25	1.3992	2.0301	.1631	.01036
.30	1.8027	2.1646	.2532	.02076
.35	2.2236	2.2761	.3644	.03620
.40	2.5836	2.3452	-.5064	.05765
.45	2.5756	2.3458	-.3777	.03555
.50	2.2009	2.2785	-.2676	.01942
.55	1.7695	2.1703	-.1791	.00825
.60	1.3641	2.0417	-.1109	.00100
.65	1.0169	1.9063	-.0601	-.00328
.70	.7358	1.7728	-.0233	-.00536
.75	.5162	1.6459	.0025	-.00588
.80	.3467	1.5275	.0198	-.00532
.85	.2106	1.4176	.0304	-.00407
.90	.0939	1.3147	.0346	-.00244
.95	-.0596	1.2168	.0316	-.00079
1.00	-.6319	1.1212	-.0000	-.00000

XQ/L=0.5

X/L	FP	FS	FQ	FM
.05	-.6292	1.2497	-.0315	-.00079
.10	.0740	1.3729	-.0278	-.00227
.15	.2980	1.4983	-.0129	-.00328
.20	.5140	1.6280	.0128	-.00328
.25	.7528	1.7627	.0505	-.00170
.30	1.0395	1.9012	.1025	.00212
.35	1.3848	2.0396	.1717	.00898
.40	1.7843	2.1699	.2609	.01979
.45	2.2078	2.2788	.3713	.03560
.50	2.5740	2.3466	-.5000	.05738
.55	2.5740	2.3466	-.3713	.03560
.60	2.2078	2.2788	-.2609	.01979
.65	1.7843	2.1699	-.1717	.00898
.70	1.3848	2.0396	-.1025	.00212
.75	1.0395	1.9012	-.0505	-.00170
.80	.7528	1.7627	-.0128	-.00328
.85	.5140	1.6280	.0129	-.00328
.90	.2980	1.4983	.0278	-.00227
.95	.0740	1.3729	.0315	-.00079
1.00	-.6292	1.2497	-.0000	-.00000

B/L= 5.00 DS/B1=100.00 KS= .020

XM/L=0.0

X/L	FP	FS	FQ	FM
.05	68.8203	7.3822	3.4410	-.91397
.10	3.6875	3.3606	3.6254	-.73731
.15	-6.4946	.5782	3.3007	-.56416
.20	-10.6899	-1.2292	2.7662	-.41249
.25	-11.3756	-2.3058	2.1974	-.28840
.30	-10.4974	-2.8585	1.6725	-.19166
.35	-8.9668	-3.0527	1.2242	-.11924
.40	-7.2705	-3.0152	.8607	-.06712
.45	-5.6612	-2.8391	.5776	-.03116
.50	-4.2572	-2.5901	.3647	-.00760
.55	-3.0993	-2.3128	.2098	.00676
.60	-2.1853	-2.0353	.1005	.01451
.65	-1.4901	-1.7740	.0260	.01768
.70	-.9784	-1.5372	-.0229	.01775
.75	-.6111	-1.3271	-.0535	.01584
.80	-.3488	-1.1422	-.0709	.01273
.85	-.1503	-.9789	-.0784	.00900
.90	.0342	-.8319	-.0767	.00512
.95	.2538	-.6954	-.0640	.00160
1.00	1.2807	-.5640	.0000	-.00000

XM/L=0.1

X/L	FP	FS	FQ	FM
.05	56.9046	6.7911	2.8452	.07113
.10	13.4858	3.9868	3.5195	-.76975
.15	-3.3314	1.1461	3.3529	-.59794
.20	-9.7450	-.8569	2.8657	-.44247
.25	-11.1673	-2.0811	2.3073	-.31315
.30	-10.6357	-2.7403	1.7755	-.21107
.35	-9.2521	-3.0080	1.3129	-.13386
.40	-7.5991	-3.0184	.9330	-.07771
.45	-5.9789	-2.8714	.6340	-.03854
.50	-4.5383	-2.6381	.4071	-.01251
.55	-3.3342	-2.3672	.2404	.00368
.60	-2.3736	-2.0902	.1217	.01273
.65	-1.6360	-1.8259	.0399	.01678
.70	-1.0882	-1.5840	-.0145	.01741
.75	-.6914	-1.3679	-.0490	.01583
.80	-.4056	-1.1769	-.0693	.01287
.85	-.1884	-1.0074	-.0787	.00917
.90	.0121	-.8545	-.0781	.00524
.95	.2469	-.7124	-.0658	.00164
1.00	1.3159	-.5754	-.0000	-.00000

XM/L=0.2

X/L	FP	FS	FQ	FM
.05	33.3910	5.1365	1.6695	.04174
.10	13.0536	4.0512	2.3222	.14153
.15	9.7045	2.8304	2.8075	.26978
.20	4.8423	1.3026	3.0496	-.58380
.25	-6.3889	-.5513	2.7301	-.43931
.30	-9.7682	-1.8265	2.2417	-.31501
.35	-9.8611	-2.5374	1.7487	-.21525
.40	-8.8283	-2.8522	1.3072	-.13885
.45	-7.3824	-2.9027	.9381	-.08272
.50	-5.8890	-2.7883	.6437	-.04317
.55	-4.5256	-2.5803	.4174	-.01665
.60	-3.3673	-2.3282	.2490	.00001
.65	-2.4316	-2.0641	.1274	.00942
.70	-1.7043	-1.8075	.0422	.01367
.75	-1.1546	-1.5685	-.0155	.01433
.80	-.7431	-1.3507	-.0527	.01263
.85	-.4237	-1.1532	-.0738	.00947
.90	-.1367	-.9723	-.0807	.00560
.95	.1785	-.8027	-.0718	.00179
1.00	1.4351	-.6387	-.0000	-.00000

XM/L=0.3

X/L	FP	FS	FQ	FM
.05	16.3149	3.5394	.8157	.02039
.10	8.4541	3.3429	1.2385	.07175
.15	8.3677	3.0785	1.6568	.14413
.20	8.5220	2.6536	2.0829	.23763
.25	8.0809	1.9436	2.4870	.35187
.30	4.8050	.7928	2.7272	-.51777
.35	-5.7319	-.7953	2.4406	-.38857
.40	-8.8496	-1.8920	1.9982	-.27760
.45	-8.9109	-2.4905	1.5526	-.18884
.50	-7.9632	-2.7406	1.1545	-.12116
.55	-6.6541	-2.7594	.8217	-.07175
.60	-5.3115	-2.6346	.5562	-.03731
.65	-4.0915	-2.4288	.3516	-.01461
.70	-3.0570	-2.1847	.1987	-.00085
.75	-2.2176	-1.9295	.0879	.00631
.80	-1.5517	-1.6787	.0103	.00877
.85	-1.0176	-1.4395	-.0406	.00801
.90	-.5494	-1.2130	-.0681	.00529
.95	-.0743	-.9966	-.0718	.00179
1.00	1.4357	-.7855	-.0000	-.00000

XM/L=0.4

X/L	FP	FS	FQ	FM
.05	6.2774	2.3419	.3139	.00785
.10	4.5902	2.5185	.5434	.02928
.15	5.4249	2.6680	.8146	.06323
.20	6.5115	2.7489	1.1402	.11210
.25	7.6584	2.6994	1.5231	.17868
.30	8.4892	2.4330	1.9476	.26545
.35	8.3432	1.8348	2.3647	.37326
.40	5.1778	.7589	2.6236	-.50203
.45	-5.3475	-.7821	2.3563	-.37754
.50	-8.5039	-1.8518	1.9311	-.27035
.55	-8.6270	-2.4369	1.4997	-.18458
.60	-7.7474	-2.6822	1.1123	-.11928
.65	-6.5033	-2.7007	.7872	-.07179
.70	-5.2160	-2.5770	.5264	-.03896
.75	-4.0360	-2.3710	.3246	-.01768
.80	-3.0192	-2.1232	.1736	-.00523
.85	-2.1639	-1.8586	.0654	.00075
.90	-1.4228	-1.5911	-.0057	.00224
.95	-.7252	-1.3260	-.0420	.00105
1.00	.8397	-1.0635	-.0000	-.00000

XM/L=0.5

X/L	FP	FS	FQ	FM
.05	1.2431	1.5485	.0622	.00155
.10	2.0982	1.8272	.1671	.00728
.15	2.9965	2.0996	.3169	.01938
.20	4.0295	2.3524	.5184	.04026
.25	5.2116	2.5612	.7789	.07270
.30	6.4925	2.6860	1.1036	.11976
.35	7.7244	2.6675	1.4898	.18459
.40	8.5879	2.4220	1.9192	.26982
.45	8.4465	1.8369	2.3415	.37634
.50	5.2710	.7686	2.6051	-.50000
.55	-5.2710	-.7686	2.3415	-.37634
.60	-8.4465	-1.8369	1.9192	-.26982
.65	-8.5879	-2.4220	1.4898	-.18459
.70	-7.7244	-2.6675	1.1036	-.11976
.75	-6.4925	-2.6860	.7789	-.07270
.80	-5.2116	-2.5612	.5184	-.04026
.85	-4.0295	-2.3524	.3169	-.01938
.90	-2.9965	-2.0996	.1671	-.00728
.95	-2.0982	-1.8272	.0622	-.00155
1.00	-1.2431	-1.5485	-.0000	-.00000

B/L= 5.00 DS/B1=100.00 KS= .050

XQ/L=0.0

X/L	FP	FS	FQ	FM
.05	12.2546	3.3080	-.3873	-.03468
.10	4.1037	2.9694	-.1821	-.04892
.15	2.5798	2.6561	-.0531	-.05479
.20	1.5713	2.3741	.0255	-.05549
.25	.9355	2.1253	.0722	-.05304
.30	.5115	1.9091	.0978	-.04879
.35	.2277	1.7235	.1092	-.04361
.40	.0410	1.5656	.1113	-.03810
.45	-.0771	1.4323	.1074	-.03264
.50	-.1467	1.3201	.1001	-.02745
.55	-.1823	1.2260	.0910	-.02267
.60	-.1949	1.1469	.0812	-.01837
.65	-.1927	1.0801	.0716	-.01455
.70	-.1820	1.0232	.0625	-.01120
.75	-.1679	.9740	.0541	-.00829
.80	-.1550	.9306	.0463	-.00578
.85	-.1479	.8914	.0389	-.00364
.90	-.1542	.8551	.0312	-.00189
.95	-.1806	.8204	.0222	-.00055
1.00	-.4438	.7864	-.0000	-.00000

XQ/L=0.1

X/L	FP	FS	FQ	FM
.05	7.8188	2.7490	.3909	.00977
.10	3.3114	2.6290	-.4435	.03346
.15	2.5741	2.4968	-.3148	.01450
.20	1.9538	2.3511	-.2171	.00121
.25	1.4903	2.2007	-.1426	-.00779
.30	1.1256	2.0524	-.0863	-.01351
.35	.8371	1.9106	-.0444	-.01678
.40	.6101	1.7779	-.0139	-.01824
.45	.4336	1.6557	.0077	-.01839
.50	.2985	1.5446	.0227	-.01763
.55	.1969	1.4442	.0325	-.01625
.60	.1218	1.3541	.0386	-.01447
.65	.0673	1.2732	.0420	-.01246
.70	.0278	1.2003	.0434	-.01033
.75	-.0021	1.1343	.0432	-.00816
.80	-.0278	1.0739	.0419	-.00603
.85	-.0555	1.0177	.0391	-.00401
.90	-.0958	.9645	.0343	-.00217
.95	-.1588	.9132	.0264	-.00066
1.00	-.5271	.8627	-.0000	-.00000

XQ/L=0.2

X/L	FP	FS	FQ	FM
.05	4.3652	2.2531	.2183	.00546
.10	2.2268	2.2695	.3296	.01915
.15	2.0974	2.2787	.4345	.03825
.20	2.0571	2.2708	-.4627	.06255
.25	1.9389	2.2334	-.3657	.04184
.30	1.6958	2.1654	-.2809	.02567
.35	1.4359	2.0773	-.2091	.01342
.40	1.1872	1.9776	-.1498	.00445
.45	.9623	1.8726	-.1017	-.00184
.50	.7664	1.7668	-.0634	-.00596
.55	.6002	1.6634	-.0333	-.00838
.60	.4623	1.5644	-.0102	-.00947
.65	.3494	1.4708	.0072	-.00955
.70	.2573	1.3829	.0201	-.00886
.75	.1810	1.3005	.0292	-.00763
.80	.1144	1.2231	.0349	-.00603
.85	.0498	1.1498	.0374	-.00422
.90	-.0261	1.0796	.0361	-.00239
.95	-.1268	1.0113	.0297	-.00074
1.00	-.5944	.9440	-.0000	-.00000

XQ/L=0.3

X/L	FP	FS	FQ	FM
.05	2.0466	1.8540	.1023	.00256
.10	1.3359	1.9386	.1691	.00934
.15	1.4405	2.0198	.2412	.01960
.20	1.5985	2.0923	.3211	.03366
.25	1.7804	2.1489	.4101	.05194
.30	1.9309	2.1800	-.4934	.07486
.35	1.9160	2.1738	-.3976	.05258
.40	1.7323	2.1301	-.3109	.03487
.45	1.5055	2.0602	-.2357	.02121
.50	1.2734	1.9737	-.1720	.01101
.55	1.0546	1.8775	-.1193	.00373
.60	.8576	1.7770	-.0764	-.00116
.65	.6854	1.6758	-.0421	-.00412
.70	.5372	1.5762	-.0153	-.00555
.75	.4097	1.4795	.0052	-.00581
.80	.2971	1.3863	.0201	-.00517
.85	.1910	1.2964	.0296	-.00393
.90	.0764	1.2092	.0335	-.00235
.95	-.0629	1.1239	.0303	-.00076
1.00	-.6062	1.0395	-.0000	-.00000

XQ/L=0.4

X/L	FP	FS	FQ	FM
.05	.6365	1.5502	.0318	.00080
.10	.7069	1.6602	.0672	.00327
.15	.8960	1.7690	.1120	.00775
.20	1.1010	1.8746	.1670	.01472
.25	1.3235	1.9735	.2332	.02473
.30	1.5549	2.0606	.3109	.03833
.35	1.7769	2.1289	.3998	.05610
.40	1.9510	2.1690	-.5027	.07853
.45	1.9498	2.1695	-.4052	.05583
.50	1.7735	2.1304	-.3165	.03779
.55	1.5499	2.0633	-.2390	.02391
.60	1.3178	1.9778	-.1731	.01360
.65	1.0962	1.8811	-.1183	.00632
.70	.8936	1.7786	-.0736	.00152
.75	.7119	1.6737	-.0380	-.00127
.80	.5485	1.5688	-.0106	-.00249
.85	.3964	1.4650	.0092	-.00252
.90	.2410	1.3628	.0213	-.00176
.95	.0654	1.2619	.0245	-.00061
1.00	-.4908	1.1617	-.0000	-.00000

XQ/L=0.5

X/L	FP	FS	FQ	FM
.05	-.1331	1.3259	-.0067	-.00017
.10	.3033	1.4370	.0085	-.00012
.15	.5026	1.5483	.0336	.00093
.20	.6939	1.6593	.0683	.00348
.25	.8909	1.7691	.1129	.00801
.30	1.1021	1.8754	.1680	.01503
.35	1.3284	1.9749	.2344	.02509
.40	1.5626	2.0625	.3125	.03877
.45	1.7868	2.1310	.4019	.05663
.50	1.9626	2.1710	-.5000	.07917
.55	1.9626	2.1710	-.4019	.05663
.60	1.7868	2.1310	-.3125	.03877
.65	1.5626	2.0625	-.2344	.02509
.70	1.3284	1.9749	-.1680	.01503
.75	1.1021	1.8754	-.1129	.00801
.80	.8909	1.7691	-.0683	.00348
.85	.6939	1.6593	-.0336	.00093
.90	.5026	1.5483	-.0085	-.00012
.95	.3033	1.4370	.0067	-.00017
1.00	-.1331	1.3259	-.0000	-.00000

B/L= 5.00 DS/B1=100.00 KS= .050

XM/L=0.0

X/L	FP	FS	FQ	FM
.05	45.7852	5.6630	2.2893	-.94277
.10	6.7620	3.3338	2.6274	-.81985
.15	-.2069	1.5338	2.6170	-.68874
.20	-3.9500	.1864	2.4195	-.56283
.25	-5.6036	-.7858	2.1393	-.44886
.30	-6.1602	-1.4549	1.8313	-.34959
.35	-6.0922	-1.8847	1.5267	-.26564
.40	-5.6777	-2.1304	1.2428	-.19640
.45	-5.0878	-2.2379	.9884	-.14062
.50	-4.4298	-2.2445	.7669	-.09674
.55	-3.7699	-2.1802	.5784	-.06310
.60	-3.1470	-2.0682	.4211	-.03811
.65	-2.5816	-1.9260	.2920	-.02029
.70	-2.0811	-1.7665	.1880	-.00829
.75	-1.6436	-1.5985	.1058	-.00094
.80	-1.2601	-1.4279	.0428	.00277
.85	-.9140	-1.2579	-.0029	.00377
.90	-.5754	-1.0899	-.0317	.00290
.95	-.2098	-.9239	-.0422	.00105
1.00	.8436	-.7592	.0000	-.00000

XM/L=0.1

X/L	FP	FS	FQ	FM
.05	40.4495	5.3777	2.0225	.05056
.10	10.6541	3.5716	2.5552	-.83500
.15	1.1628	1.7766	2.6133	-.70578
.20	-3.4148	.3688	2.4426	-.57939
.25	-5.3581	-.6536	2.1747	-.46396
.30	-6.0726	-1.3633	1.8711	-.36281
.35	-6.0932	-1.8254	1.5664	-.27688
.40	-5.7281	-2.0960	1.2800	-.20572
.45	-5.1638	-2.2222	1.0218	-.14817
.50	-4.5164	-2.2425	.7960	-.10273
.55	-3.8577	-2.1878	.6031	-.06775
.60	-3.2306	-2.0822	.4416	-.04163
.65	-2.6578	-1.9440	.3087	-.02288
.70	-2.1485	-1.7856	.2012	-.01013
.75	-1.7020	-1.6195	.1161	-.00220
.80	-1.3099	-1.4487	.0506	.00197
.85	-.9563	-1.2780	.0028	.00331
.90	-.6117	-1.1089	-.0278	.00269
.95	-.2421	-.9416	-.0399	.00100
1.00	.7972	-.7755	-.0000	-.00000

XM/L=0.2

X/L	FP	FS	FQ	FM
.05	28.5983	4.4918	1.4299	.03575
.10	10.1599	3.5167	1.9379	.11994
.15	6.6594	2.4956	2.2709	.22516
.20	3.0577	1.3713	2.4238	-.65747
.25	-2.6956	.1519	2.2890	-.53965
.30	-5.0122	-.7835	2.0384	-.43147
.35	-5.7383	-1.4279	1.7515	-.33672
.40	-5.7657	-1.8422	1.4632	-.25636
.45	-5.4159	-2.0789	1.1924	-.18997
.50	-4.8764	-2.1821	.9486	-.13644
.55	-4.2599	-2.1876	.7356	-.09434
.60	-3.6343	-2.1242	.5539	-.06210
.65	-3.0392	-2.0141	.4019	-.03821
.70	-2.4951	-1.8741	.2771	-.02124
.75	-2.0088	-1.7164	.1767	-.00989
.80	-1.5773	-1.5495	.0978	-.00303
.85	-1.1888	-1.3788	.0384	.00038
.90	-.8183	-1.2074	-.0025	.00128
.95	-.4347	-1.0365	-.0243	.00061
1.00	.4851	-.8662	-.0000	-.00000

XM/L=0.3

X/L	FP	FS	FQ	FM
.05	18.1871	3.4946	.9094	.02273
.10	7.5815	3.0636	1.2884	.07768
.15	6.1583	2.6030	1.5963	.14980
.20	5.1607	2.0745	1.8544	.23607
.25	4.1165	1.4306	2.0602	.33393
.30	2.0041	.6159	2.1604	-.56055
.35	-2.9478	-.3557	2.0130	-.45622
.40	-4.8117	-1.0974	1.7724	-.36158
.45	-5.2933	-1.5940	1.5078	-.27958
.50	-5.2051	-1.8987	1.2475	-.21070
.55	-4.8201	-2.0566	1.0065	-.15435
.60	-4.2945	-2.1053	.7918	-.10939
.65	-3.7197	-2.0751	.6058	-.07445
.70	-3.1495	-1.9900	.4483	-.04810
.75	-2.6134	-1.8684	.3177	-.02895
.80	-2.1245	-1.7238	.2114	-.01572
.85	-1.6840	-1.5659	.1272	-.00725
.90	-1.2815	-1.4013	.0632	-.00249
.95	-.8965	-1.2338	.0183	-.00046
1.00	-.3665	-1.0654	-.0000	-.00000

XM/L=0.4

X/L	FP	FS	FQ	FM
.05	10.4723	2.6094	.5236	.01309
.10	5.0696	2.5018	.7771	.04561
.15	4.6342	2.3769	1.0113	.09032
.20	4.6075	2.2115	1.2417	.14664
.25	4.6493	1.9753	1.4741	.21454
.30	4.5432	1.6311	1.7013	.29392
.35	3.9796	1.1346	1.9003	.38396
.40	2.1401	.4350	2.0073	-.51835
.45	-2.6630	-.4492	1.8741	-.42131
.50	-4.4551	-1.1266	1.6514	-.33317
.55	-4.9137	-1.5780	1.4057	-.25675
.60	-4.8329	-1.8527	1.1641	-.19250
.65	-4.4743	-1.9929	.9403	-.13989
.70	-3.9871	-2.0337	.7410	-.09786
.75	-3.4588	-2.0034	.5680	-.06513
.80	-2.9427	-1.9244	.4209	-.04041
.85	-2.4713	-1.8140	.2973	-.02245
.90	-2.0699	-1.6848	.1938	-.01017
.95	-1.7456	-1.5460	.1066	-.00266
1.00	-2.1313	-1.4034	-.0000	-.00000

XM/L=0.5

X/L	FP	FS	FQ	FM
.05	5.3040	1.9105	.2652	.00663
.10	3.1064	1.9751	.4205	.02377
.15	3.2220	2.0307	.5816	.04883
.20	3.5120	2.0647	.7572	.08230
.25	3.9095	2.0597	.9527	.12505
.30	4.3136	1.9926	1.1684	.17807
.35	4.6179	1.8349	1.3993	.24226
.40	4.6643	1.5514	1.6325	.31806
.45	4.1873	1.1001	1.8419	.40492
.50	2.3929	.4321	1.9615	-.50000
.55	-2.3929	-.4321	1.8419	-.40492
.60	-4.1873	-1.1001	1.6325	-.31806
.65	-4.6643	-1.5514	1.3993	-.24226
.70	-4.6179	-1.8349	1.1684	-.17807
.75	-4.3136	-1.9926	.9527	-.12505
.80	-3.9095	-2.0597	.7572	-.08230
.85	-3.5120	-2.0647	.5816	-.04883
.90	-3.2220	-2.0307	.4205	-.02377
.95	-3.1064	-1.9751	.2652	-.00663
1.00	-5.3040	-1.9105	-.0000	-.00000

B/L= 5.00 DS/B1=100.00 KS= .100

XQ/L=0.0

X/L	FP	FS	FQ	FM
.05	10.9448	3.1781	-.4528	-.03632
.10	3.9131	2.9118	-.2571	-.05407
.15	2.6421	2.6593	-.1250	-.06362
.20	1.7833	2.4245	-.0358	-.06764
.25	1.2213	2.2094	.0252	-.06790
.30	.8242	2.0147	.0664	-.06561
.35	.5366	1.8400	.0933	-.06162
.40	.3268	1.6845	.1096	-.05655
.45	.1742	1.5467	.1183	-.05085
.50	.0646	1.4250	.1215	-.04485
.55	-.0130	1.3176	.1209	-.03879
.60	-.0670	1.2228	.1175	-.03283
.65	-.1044	1.1388	.1123	-.02708
.70	-.1312	1.0637	.1058	-.02163
.75	-.1532	.9959	.0981	-.01654
.80	-.1764	.9339	.0893	-.01185
.85	-.2085	.8761	.0789	-.00765
.90	-.2639	.8212	.0657	-.00404
.95	-.3557	.7681	.0479	-.00120
1.00	-.9575	.7157	-.0000	-.00000

XQ/L=0.1

X/L	FP	FS	FQ	FM
.05	7.6861	2.7227	.3843	.00961
.10	3.1758	2.6010	-.4569	.03279
.15	2.4417	2.4735	-.3348	.01300
.20	1.8812	2.3394	-.2408	-.00139
.25	1.4795	2.2037	-.1668	-.01158
.30	1.1669	2.0700	-.1084	-.01846
.35	.9173	1.9408	-.0626	-.02274
.40	.7158	1.8178	-.0268	-.02497
.45	.5527	1.7020	.0008	-.02562
.50	.4208	1.5938	.0219	-.02505
.55	.3144	1.4932	.0376	-.02356
.60	.2284	1.3999	.0490	-.02140
.65	.1581	1.3133	.0569	-.01875
.70	.0990	1.2328	.0619	-.01578
.75	.0467	1.1575	.0642	-.01262
.80	-.0045	1.0864	.0640	-.00942
.85	-.0617	1.0187	.0609	-.00630
.90	-.1387	.9533	.0540	-.00343
.95	-.2489	.8893	.0415	-.00104
1.00	-.8305	.8260	-.0000	-.00000

XQ/L=0.2

X/L	FP	FS	FQ	FM
.05	4.9676	2.3036	.2484	.00621
.10	2.3007	2.2828	.3634	.02150
.15	2.0032	2.2580	.4636	.04218
.20	1.8306	2.2237	-.4449	.06765
.25	1.6726	2.1733	-.3613	.04749
.30	1.4750	2.1059	-.2875	.03127
.35	1.2805	2.0268	-.2235	.01850
.40	1.0979	1.9403	-.1686	.00870
.45	.9309	1.8498	-.1221	.00143
.50	.7811	1.7577	-.0830	-.00370
.55	.6484	1.6660	-.0506	-.00704
.60	.5317	1.5760	-.0240	-.00890
.65	.4292	1.4883	-.0025	-.00956
.70	.3382	1.4034	.0144	-.00927
.75	.2554	1.3214	.0271	-.00823
.80	.1763	1.2420	.0360	-.00665
.85	.0941	1.1648	.0407	-.00474
.90	-.0039	1.0894	.0405	-.00271
.95	-.1310	1.0151	.0339	-.00085
1.00	-.6785	.9412	-.0000	-.00000

XQ/L=0.3

X/L	FP	FS	FQ	FM
.05	2.9272	1.9445	.1464	.00366
.10	1.5462	1.9848	.2237	.01291
.15	1.4757	2.0227	.2975	.02594
.20	1.4836	2.0549	.3716	.04266
.25	1.5366	2.0768	.4485	.06317
.30	1.5853	2.0828	-.4723	.08757
.35	1.5536	2.0666	-.3946	.06590
.40	1.4352	2.0278	-.3228	.04797
.45	1.2912	1.9719	-.2583	.03344
.50	1.1400	1.9039	-.2013	.02195
.55	.9914	1.8275	-.1517	.01313
.60	.8504	1.7460	-.1092	.00660
.65	.7193	1.6615	-.0732	.00204
.70	.5984	1.5757	-.0433	-.00087
.75	.4864	1.4898	-.0190	-.00243
.80	.3801	1.4044	.0000	-.00290
.85	.2742	1.3198	.0137	-.00256
.90	.1579	1.2360	.0216	-.00167
.95	.0192	1.1529	.0226	-.00056
1.00	-.4519	1.0701	-.0000	-.00000

XQ/L=0.4

X/L	FP	FS	FQ	FM
.05	1.4894	1.6494	.0745	.00186
.10	.9602	1.7224	.1225	.00679
.15	1.0146	1.7942	.1732	.01418
.20	1.1059	1.8628	.2285	.02422
.25	1.2240	1.9257	.2897	.03718
.30	1.3515	1.9795	.3573	.05335
.35	1.4727	2.0197	.4309	.07305
.40	1.5641	2.0410	-.4909	.09656
.45	1.5596	2.0372	-.4129	.07396
.50	1.4582	2.0082	-.3400	.05514
.55	1.3240	1.9599	-.2738	.03979
.60	1.1776	1.8974	-.2149	.02758
.65	1.0298	1.8248	-.1634	.01812
.70	.8864	1.7454	-.1191	.01105
.75	.7499	1.6616	-.0816	.00604
.80	.6203	1.5753	-.0506	.00273
.85	.4951	1.4878	-.0258	.00082
.90	.3677	1.3997	-.0075	-.00001
.95	.2291	1.3114	.0040	-.00010
1.00	-.0799	1.2232	-.0000	-.00000

XQ/L=0.5

X/L	FP	FS	FQ	FM
.05	.5296	1.4124	.0265	.00066
.10	.5313	1.4990	.0530	.00265
.15	.6472	1.5851	.0854	.00611
.20	.7707	1.6700	.1239	.01134
.25	.9043	1.7522	.1692	.01867
.30	1.0461	1.8300	.2215	.02844
.35	1.1928	1.9007	.2811	.04100
.40	1.3381	1.9611	.3480	.05673
.45	1.4706	2.0068	.4215	.07597
.50	1.5693	2.0327	-.5000	.09901
.55	1.5693	2.0327	-.4215	.07597
.60	1.4706	2.0068	-.3480	.05673
.65	1.3381	1.9611	-.2811	.04100
.70	1.1928	1.9007	-.2215	.02844
.75	1.0461	1.8300	-.1692	.01867
.80	.9043	1.7522	-.1239	.01134
.85	.7707	1.6700	-.0854	.00611
.90	.6472	1.5851	-.0530	.00265
.95	.5313	1.4990	-.0265	.00066
1.00	.5296	1.4124	-.0000	0.00000

B/L= 5.00   DS/B1=100.00   KS= .100

XM/L=0.0

X/L	FP	FS	FQ	FM
.05	33.3453	4.5954	1.6673	-.95832
.10	6.7975	3.0749	2.0071	-.86646
.15	1.8691	1.8284	2.1006	-.76376
.20	-1.0505	.8265	2.0481	-.66005
.25	-2.6197	.0381	1.9171	-.56092
.30	-3.4480	-.5673	1.7447	-.46938
.35	-3.8166	-1.0181	1.5539	-.38691
.40	-3.8926	-1.3407	1.3592	-.31408
.45	-3.7825	-1.5582	1.1701	-.25085
.50	-3.5578	-1.6912	.9922	-.19679
.55	-3.2678	-1.7570	.8288	-.15127
.60	-2.9464	-1.7708	.6815	-.11351
.65	-2.6169	-1.7450	.5507	-.08271
.70	-2.2951	-1.6898	.4359	-.05804
.75	-1.9913	-1.6135	.3363	-.03874
.80	-1.7118	-1.5228	.2507	-.02406
.85	-1.4609	-1.4228	.1777	-.01335
.90	-1.2438	-1.3171	.1155	-.00602
.95	-1.0588	-1.2087	.0626	-.00156
1.00	-1.2515	-1.0991	.0000	-.00000

XM/L=0.1

X/L	FP	FS	FQ	FM
.05	30.4990	4.4355	1.5250	.03812
.10	8.7193	3.1867	1.9609	-.87473
.15	2.5677	1.9512	2.0893	-.77347
.20	-.7487	.9255	2.0519	-.66994
.25	-2.4542	.1163	1.9292	-.57042
.30	-3.3598	-.5069	1.7612	-.47816
.35	-3.7753	-.9730	1.5724	-.39482
.40	-3.8810	-1.3082	1.3783	-.32105
.45	-3.7898	-1.5362	1.1889	-.25687
.50	-3.5769	-1.6776	1.0100	-.20190
.55	-3.2938	-1.7503	.8453	-.15552
.60	-2.9760	-1.7694	.6965	-.11697
.65	-2.6479	-1.7478	.5641	-.08546
.70	-2.3263	-1.6960	.4478	-.05016
.75	-2.0219	-1.6223	.3467	-.04029
.80	-1.7419	-1.5337	.2596	-.02514
.85	-1.4910	-1.4352	.1851	-.01402
.90	-1.2757	-1.3310	.1213	-.00636
.95	-1.0950	-1.2237	.0665	-.00166
1.00	-1.3308	-1.1153	-.0000	-.00000

XM/L=0.2

X/L	FP	FS	FQ	FM
.05	23.7506	3.9095	1.1875	.02969
.10	8.3169	3.1199	1.6034	.09946
.15	5.3388	2.3113	1.8703	.18630
.20	2.6274	1.4599	2.0017	-.71690
.25	-.9239	.5758	1.9555	-.61797
.30	-2.6107	-.1457	1.8250	-.52346
.35	-3.3840	-.6961	1.6558	-.43644
.40	-3.7058	-1.1025	1.4705	-.35828
.45	-3.7499	-1.3899	1.2830	-.28945
.50	-3.6224	-1.5803	1.1018	-.22983
.55	-3.3919	-1.6928	.9323	-.17897
.60	-3.1048	-1.7442	.7770	-.13624
.65	-2.7931	-1.7483	.6374	-.10088
.70	-2.4786	-1.7170	.5134	-.07211
.75	-2.1767	-1.6598	.4046	-.04916
.80	-1.8981	-1.5845	.3097	-.03131
.85	-1.6517	-1.4971	.2271	-.01789
.90	-1.4506	-1.4025	.1546	-.00834
.95	-1.2993	-1.3039	.0896	-.00224
1.00	-1.7921	-1.2038	-.0000	-.00000

XM/L=0.3

X/L	FP	FS	FQ	FM
.05	17.2016	3.2670	.8601	.02150
.10	6.7115	2.8156	1.1957	.07290
.15	5.0347	2.3503	1.4474	.13897
.20	3.8274	1.8533	1.6388	.21613
.25	2.7708	1.3032	1.7773	.30153
.30	1.2660	.6755	1.8406	-.60803
.35	-1.5953	-.0186	1.7608	-.51799
.40	-2.8497	-.5814	1.6184	-.43351
.45	-3.3480	-1.0016	1.4509	-.35678
.50	-3.4977	-1.3034	1.2761	-.28860
.55	-3.4401	-1.5084	1.1041	-.22910
.60	-3.2607	-1.6359	.9410	-.17797
.65	-3.0144	-1.7024	.7903	-.13469
.70	-2.7388	-1.7221	.6534	-.09860
.75	-2.4606	-1.7070	.5303	-.06900
.80	-2.2007	-1.6667	.4203	-.04524
.85	-1.9778	-1.6094	.3214	-.02670
.90	-1.8214	-1.5414	.2303	-.01290
.95	-1.7498	-1.4674	.1429	-.00357
1.00	-2.8571	-1.3911	-.0000	-.00000

XM/L=0.4

X/L	FP	FS	FQ	FM
.05	11.7687	2.6456	.5884	.01471
.10	5.0326	2.4280	.8401	.05042
.15	4.1502	2.2007	1.0476	.09761
.20	3.6215	1.9513	1.2286	.15452
.25	3.2796	1.6642	1.3926	.22005
.30	2.9128	1.3211	1.5383	.29332
.35	2.3374	.9010	1.6551	.37316
.40	1.1346	.3810	1.7119	-.54267
.45	-1.5347	-.2260	1.6351	-.45899
.50	-2.6700	-.7203	1.5016	-.38057
.55	-3.1002	-1.0888	1.3466	-.30937
.60	-3.2195	-1.3538	1.1856	-.24606
.65	-3.1614	-1.5357	1.0276	-.19073
.70	-3.0073	-1.6521	.8772	-.14311
.75	-2.8120	-1.7186	.7366	-.10276
.80	-2.6177	-1.7482	.6057	-.06921
.85	-2.4640	-1.7522	.4825	-.04200
.90	-2.4111	-1.7395	.3620	-.02089
.95	-2.5034	-1.7175	.2368	-.00592
1.00	-4.7359	-1.6915	-.0000	-.00000

XM/L=0.5

X/L	FP	FS	FQ	FM
.05	7.6429	2.1115	.3821	.00955
.10	3.5983	2.0457	.5621	.03316
.15	3.2102	1.9735	.7226	.06527
.20	3.0579	1.8867	.8755	.10523
.25	3.0514	1.7745	1.0280	.15281
.30	3.0770	1.6236	1.1819	.20806
.35	3.0538	1.4187	1.3346	.27097
.40	2.8878	1.1420	1.4790	.34131
.45	2.4399	.7735	1.6010	.41831
.50	1.3145	.2913	1.6667	-.50000
.55	-1.3145	-.2913	1.6010	-.41831
.60	-2.4399	-.7735	1.4790	-.34131
.65	-2.8878	-1.1420	1.3346	-.27097
.70	-3.0538	-1.4187	1.1819	-.20806
.75	-3.0770	-1.6236	1.0280	-.15281
.80	-3.0514	-1.7745	.8755	-.10523
.85	-3.0579	-1.8867	.7226	-.06527
.90	-3.2102	-1.9735	.5621	-.03316
.95	-3.5983	-2.0457	.3821	-.00955
1.00	-7.6429	-2.1115	-.0000	-.00000

B/L= 5.00 DS/B1=100.00 KS= .200

XQ/L=0.0

X/L	FP	FS	FQ	FM
.05	9.8859	3.0663	-.5057	-.03764
.10	3.7088	2.8545	-.3203	-.05829
.15	2.6337	2.6499	-.1886	-.07101
.20	1.9025	2.4550	-.0935	-.07806
.25	1.4166	2.2713	-.0226	-.08097
.30	1.0620	2.0996	.0305	-.08077
.35	.7931	1.9401	.0701	-.07826
.40	.5846	1.7925	.0994	-.07402
.45	.4206	1.6563	.1204	-.06852
.50	.2902	1.5308	.1349	-.06214
.55	.1854	1.4151	.1442	-.05517
.60	.0996	1.3082	.1491	-.04783
.65	.0270	1.2090	.1505	-.04034
.70	-.0377	1.1165	.1486	-.03287
.75	-.1003	1.0294	.1436	-.02556
.80	-.1676	.9468	.1352	-.01859
.85	-.2499	.8674	.1227	-.01214
.90	-.3684	.7903	.1043	-.00647
.95	-.5428	.7146	.0772	-.00193
1.00	-1.5432	.6396	-.0000	-.00000

XQ/L=0.1

X/L	FP	FS	FQ	FM
.05	7.4827	2.6926	.3741	.00935
.10	3.0665	2.5759	-.4725	.03189
.15	2.3549	2.4563	-.3548	.01121
.20	1.8412	2.3336	-.2627	-.00423
.25	1.4842	2.2105	-.1885	-.01551
.30	1.2096	2.0888	-.1280	-.02342
.35	.9895	1.9701	-.0786	-.02859
.40	.8086	1.8553	-.0381	-.03151
.45	.6577	1.7451	-.0053	-.03259
.50	.5305	1.6396	.0213	-.03219
.55	.4220	1.5390	.0424	-.03060
.60	.3283	1.4431	.0588	-.02807
.65	.2453	1.3517	.0711	-.02483
.70	.1695	1.2642	.0795	-.02106
.75	.0965	1.1801	.0843	-.01696
.80	.0209	1.0989	.0854	-.01272
.85	-.0652	1.0200	.0821	-.00853
.90	-.1788	.9426	.0732	-.00465
.95	-.3360	.8662	.0564	-.00141
1.00	-1.1278	.7902	-.0000	-.00000

XQ/L=0.2

X/L	FP	FS	FQ	FM
.05	5.3694	2.3392	.2685	.00671
.10	2.3593	2.2947	.3864	.02308
.15	1.9572	2.2480	.4843	.04485
.20	1.7032	2.1963	-.4305	.07120
.25	1.5153	2.1360	-.3548	.05156
.30	1.3352	2.0668	-.2880	.03549
.35	1.1721	1.9910	-.2294	.02256
.40	1.0242	1.9108	-.1782	.01237
.45	.8902	1.8281	-.1337	.00457
.50	.7687	1.7441	-.0953	-.00115
.55	.6585	1.6599	-.0623	-.00509
.60	.5581	1.5761	-.0344	-.00751
.65	.4659	1.4933	-.0111	-.00865
.70	.3797	1.4117	.0079	-.00873
.75	.2969	1.3315	.0227	-.00797
.80	.2139	1.2524	.0334	-.00657
.85	.1248	1.1745	.0396	-.00474
.90	.0175	1.0974	.0405	-.00274
.55	-.1203	1.0209	.0345	-.00086
1.00	-.6899	.9447	-.0000	-.00000

XQ/L=0.3

X/L	FP	FS	FQ	FM
.05	3.6414	2.0208	.1821	.00455
.10	1.7235	2.0264	.2682	.01581
.15	1.5171	2.0306	.3441	.03112
.20	1.4125	2.0312	.4147	.05009
.25	1.3732	2.0258	.4834	.07254
.30	1.3506	2.0112	-.4491	.09840
.35	1.2972	1.9839	-.3842	.07757
.40	1.2050	1.9437	-.3240	.05986
.45	1.1018	1.8931	-.2689	.04504
.50	.9954	1.8347	-.2191	.03284
.55	.8900	1.7705	-.1746	.02300
.60	.7878	1.7021	-.1352	.01525
.65	.6899	1.6308	-.1007	.00935
.70	.5962	1.5577	-.0709	.00506
.75	.5062	1.4835	-.0456	.00215
.80	.4182	1.4088	-.0247	.00039
.85	.3291	1.3339	-.0082	-.00043
.90	.2324	1.2590	.0034	-.00055
.95	.1202	1.1842	.0094	-.00023
1.00	-.1877	1.1095	-.0000	-.00000

XQ/L=0.4

X/L	FP	FS	FQ	FM
.05	2.2806	1.7419	.1140	.00285
.10	1.1894	1.7804	.1735	.01004
.15	1.1159	1.8179	.2293	.02011
.20	1.1032	1.8533	.2845	.03295
.25	1.1325	1.8846	.3411	.04859
.30	1.1787	1.9099	.4000	.06712
.35	1.2270	1.9265	.4614	.08865
.40	1.2619	1.9314	-.4755	.11330
.45	1.2479	1.9214	-.4131	.09108
.50	1.1835	1.8962	-.3540	.07190
.55	1.1000	1.8588	-.2990	.05558
.60	1.0079	1.8119	-.2486	.04189
.65	.9129	1.7577	-.2029	.03060
.70	.8186	1.6980	-.1620	.02148
.75	.7271	1.6345	-.1256	.01429
.80	.6396	1.5683	-.0937	.00881
.85	.5566	1.5003	-.0658	.00482
.90	.4790	1.4314	-.0419	.00213
.95	.4050	1.3619	-.0216	.00054
1.00	.4326	1.2923	-.0000	-.00000

XQ/L=0.5

X/L	FP	FS	FQ	FM
.05	1.2330	1.5007	.0616	.00154
.10	.7548	1.5593	.0994	.00557
.15	.7704	1.6174	.1379	.01150
.20	.8143	1.6742	.1786	.01941
.25	.8799	1.7287	.2226	.02944
.30	.9564	1.7796	.2704	.04177
.35	1.0379	1.8251	.3223	.05659
.40	1.1185	1.8633	.3783	.07410
.45	1.1911	1.8917	.4378	.09451
.50	1.2438	1.9074	-.5000	.11795
.55	1.2438	1.9074	-.4378	.09451
.60	1.1911	1.8917	-.3783	.07410
.65	1.1185	1.8633	-.3223	.05659
.70	1.0379	1.8251	-.2704	.04177
.75	.9564	1.7796	-.2226	.02944
.80	.8799	1.7287	-.1786	.01941
.85	.8143	1.6742	-.1379	.01150
.90	.7704	1.6174	-.0994	.00557
.95	.7548	1.5593	-.0616	.00154
1.00	1.2330	1.5007	-.0000	-.00000

B/L= 5.00   DS/B1=100.00   KS=   .200

XM/L=0.0

X/L	FP	FS	FQ	FM
.05	24.4279	3.7593	1.2214	-.96947
.10	6.1382	2.7699	1.5283	-.90072
.15	2.7201	1.9209	1.6643	-.82091
.20	.5747	1.2011	1.6930	-.73697
.25	-.6991	.5981	1.6581	-.65319
.30	-1.4905	.0993	1.5836	-.57215
.35	-1.9722	-.3075	1.4850	-.49544
.40	-2.2452	-.6343	1.3727	-.42400
.45	-2.3741	-.8922	1.2540	-.35833
.50	-2.4035	-1.0915	1.1338	-.29864
.55	-2.3657	-1.2415	1.0155	-.24490
.60	-2.2852	-1.3508	.9013	-.19698
.65	-2.1810	-1.4270	.7922	-.15465
.70	-2.0692	-1.4769	.6888	-.11762
.75	-1.9641	-1.5063	.5906	-.08564
.80	-1.8815	-1.5206	.4965	-.05846
.85	-1.8422	-1.5241	.4044	-.03594
.90	-1.8905	-1.5205	.3098	-.01809
.95	-2.0609	-1.5129	.2068	-.00517
1.00	-4.1359	-1.5036	.0000	-.00000

XM/L=0.1

X/L	FP	FS	FQ	FM
.05	22.9347	3.6721	1.1467	.02867
.10	7.0863	2.8223	1.5011	-.90514
.15	3.0705	1.9820	1.6546	-.82625
.20	.7352	1.2529	1.6913	-.74260
.25	-.6021	.6415	1.6612	-.65878
.30	-1.4300	.1352	1.5897	-.57751
.35	-1.9346	-.2784	1.4930	-.50044
.40	-2.2229	-.6112	1.3818	-.42857
.45	-2.3626	-.8744	1.2637	-.36243
.50	-2.3996	-1.0783	1.1437	-.30225
.55	-2.3674	-1.2323	1.0254	-.24802
.60	-2.2908	-1.3452	.9108	-.19961
.65	-2.1897	-1.4245	.8013	-.15681
.70	-2.0802	-1.4771	.6973	-.11934
.75	-1.9772	-1.5090	.5985	-.08695
.80	-1.8968	-1.5255	.5036	-.05939
.85	-1.8603	-1.5310	.4106	-.03654
.90	-1.9130	-1.5294	.3150	-.01840
.95	-2.0901	-1.5236	.2105	-.00526
1.00	-4.2092	-1.5162	-.0000	-.00000

XM/L=0.2

X/L	FP	FS	FQ	FM
.05	19.2251	3.3733	.9613	.02403
.10	6.8113	2.7699	1.3018	.08061
.15	4.4492	2.1587	1.5243	.15126
.20	2.4628	1.5302	1.6474	-.76945
.25	.2300	.8919	1.6589	-.68679
.30	-.9742	.3440	1.6102	-.60506
.35	-1.6523	-.1070	1.5276	-.52661
.40	-2.0497	-.4731	1.4251	-.45280
.45	-2.2624	-.7658	1.3120	-.38437
.50	-2.3504	-.9958	1.1945	-.32171
.55	-2.3546	-1.1729	1.0767	-.26493
.60	-2.3047	-1.3060	.9615	-.21397
.65	-2.2236	-1.4032	.8503	-.16868
.70	-2.1300	-1.4717	.7438	-.12882
.75	-2.0411	-1.5180	.6418	-.09418
.80	-1.9749	-1.5476	.5430	-.06456
.85	-1.9557	-1.5653	.4452	-.03986
.90	-2.0343	-1.5752	.3435	-.02014
.95	-2.2508	-1.5806	.2310	-.00577
1.00	-4.6196	-1.5841	-.0000	-.00000

XM/L=0.3

X/L	FP	FS	FQ	FM
.05	15.3728	2.9879	.7686	.01922
.10	5.8630	2.5808	1.0618	.06498
.15	4.2582	2.1675	1.2747	.12339
.20	3.1057	1.7402	1.4300	.19101
.25	2.1791	1.2893	1.5389	.26523
.30	1.1043	.8042	1.5942	-.65644
.35	-.5984	.2923	1.5642	-.57748
.40	-1.4572	-.1459	1.4914	-.50109
.45	-1.9023	-.5032	1.3963	-.42890
.50	-2.1417	-.7908	1.2892	-.36177
.55	-2.2502	-1.0191	1.1767	-.30012
.60	-2.2752	-1.1978	1.0629	-.24413
.65	-2.2500	-1.3357	.9504	-.19380
.70	-2.2006	-1.4409	.8404	-.14903
.75	-2.1497	-1.5203	.7329	-.10970
.80	-2.1208	-1.5804	.6268	-.07571
.85	-2.1449	-1.6266	.5196	-.04704
.90	-2.2850	-1.6636	.4054	-.02392
.95	-2.5922	-1.6953	.2757	-.00689
1.00	-5.5149	-1.7248	-.0000	-.00000

XM/L=0.4

X/L	FP	FS	FQ	FM
.05	11.9372	2.5941	.5969	.01492
.10	4.8261	2.3361	.8382	.05080
.15	3.7411	2.0733	1.0252	.09738
.20	3.0242	1.7994	1.1764	.15242
.25	2.5299	1.5068	1.3029	.21441
.30	2.0831	1.1868	1.4071	.28216
.35	1.5656	.8295	1.4854	.35447
.40	.7560	.4246	1.5232	-.57032
.45	-.7696	-.0205	1.4847	-.49512
.50	-1.5112	-.4043	1.4091	-.42278
.55	-1.8832	-.7194	1.3150	-.35468
.60	-2.0847	-.9762	1.2107	-.29153
.65	-2.1860	-1.1845	1.1014	-.23373
.70	-2.2335	-1.3535	.9898	-.18145
.75	-2.2635	-1.4914	.8766	-.13479
.80	-2.3106	-1.6056	.7610	-.09385
.85	-2.4179	-1.7027	.6402	-.05882
.90	-2.6704	-1.7883	.5066	-.03015
.95	-3.1381	-1.8674	.3497	-.00874
1.00	-6.9945	-1.9436	-.0000	-.00000

XM/L=0.5

X/L	FP	FS	FQ	FM
.05	9.1268	2.2374	.4563	.01141
.10	3.8916	2.0874	.6509	.03909
.15	3.1731	1.9337	.8096	.07560
.20	2.7379	1.7714	.9465	.11950
.25	2.4860	1.5945	1.0708	.16993
.30	2.2985	1.3959	1.1857	.22635
.35	2.1097	1.1676	1.2912	.28827
.40	1.8590	.9008	1.3841	.35515
.45	1.4697	.5858	1.4576	.42619
.50	.7408	.2122	1.4947	-.50000
.55	-.7408	-.2122	1.4576	-.42619
.60	-1.4697	-.5858	1.3841	-.35515
.65	-1.8590	-.9008	1.2912	-.28827
.70	-2.1097	-1.1676	1.1857	-.22635
.75	-2.2985	-1.3959	1.0708	-.16993
.80	-2.4860	-1.5945	.9465	-.11950
.85	-2.7379	-1.7714	.8096	-.07560
.90	-3.1731	-1.9337	.6509	-.03909
.95	-3.8916	-2.0874	.4563	-.01141
1.00	-9.1268	-2.2374	-.0000	-.00000

B/L= 5.00 DS/B1=100.00 KS= .500

XQ/L=0.0

X/L	FP	FS	FQ	FM
.05	8.9539	2.9643	-.5523	-.03881
.10	3.5034	2.7982	-.3771	-.06204
.15	2.5953	2.6350	-.2474	-.07766
.20	1.9786	2.4761	-.1484	-.08755
.25	1.5670	2.3221	-.0701	-.09301
.30	1.2604	2.1736	-.0071	-.09494
.35	1.0196	2.0307	.0439	-.09402
.40	.8235	1.8935	.0851	-.09080
.45	.6593	1.7618	.1181	-.08572
.50	.5185	1.6355	.1440	-.07917
.55	.3947	1.5141	.1637	-.07148
.60	.2830	1.3972	.1779	-.06294
.65	.1787	1.2843	.1868	-.05382
.70	.0770	1.1750	.1907	-.04438
.75	-.0275	1.0685	.1893	-.03489
.80	-.1424	.9645	.1822	-.02560
.85	-.2800	.8623	.1682	-.01684
.90	-.4686	.7614	.1447	-.00902
.95	-.7340	.6612	.1080	-.00270
1.00	-2.1606	.5614	-.0000	-.00000

XQ/L=0.1

X/L	FP	FS	FQ	FM
.05	7.2521	2.6615	.3626	.00907
.10	2.9688	2.5523	-.4890	.03091
.15	2.2878	2.4419	-.3746	.00932
.20	1.8156	2.3305	-.2838	-.00714
.25	1.4961	2.2189	-.2090	-.01946
.30	1.2532	2.1082	-.1463	-.02834
.35	1.0581	1.9989	-.0934	-.03433
.40	.8953	1.8916	-.0486	-.03789
.45	.7557	1.7864	-.0109	-.03937
.50	.6333	1.6835	.0208	-.03913
.55	.5239	1.5829	.0470	-.03743
.60	.4237	1.4847	.0682	-.03455
.65	.3296	1.3886	.0847	-.03073
.70	.2383	1.2945	.0966	-.02620
.75	.1457	1.2021	.1039	-.02119
.80	.0467	1.1112	.1062	-.01594
.85	-.0677	1.0213	.1028	-.01071
.90	-.2172	.9322	.0919	-.00584
.95	-.4206	.8437	.0709	-.00177
1.00	-1.4182	.7553	-.0000	-.00000

XQ/L=0.2

X/L	FP	FS	FQ	FM
.05	5.6733	2.3674	.2837	.00709
.10	2.4098	2.3057	.4042	.02429
.15	1.9330	2.2430	.5008	.04691
.20	1.6213	2.1783	-.4181	.07398
.25	1.4093	2.1099	-.3477	.05483
.30	1.2357	2.0378	-.2859	.03899
.35	1.0893	1.9628	-.2314	.02606
.40	.9619	1.8859	-.1833	.01569
.45	.8484	1.8078	-.1409	.00759
.50	.7457	1.7290	-.1036	.00147
.55	.6514	1.6499	-.0710	-.00289
.60	.5636	1.5708	-.0429	-.00574
.65	.4804	1.4920	-.0188	-.00728
.70	.3999	1.4137	.0012	-.00772
.75	.3200	1.3357	.0172	-.00727
.80	.2374	1.2582	.0290	-.00611
.85	.1470	1.1811	.0364	-.00448
.90	.0375	1.1044	.0382	-.00261
.95	-.1023	1.0278	.0331	-.00083
1.00	-.6626	.9514	-.0000	-.00000

XQ/L=0.3

X/L	FP	FS	FQ	FM
.05	4.2651	2.0893	.2133	.00533
.10	1.8836	2.0654	.3074	.01835
.15	1.5624	2.0408	.3856	.03567
.20	1.3648	2.0146	.4538	.05666
.25	1.2506	1.9856	.5163	.08091
.30	1.1703	1.9526	-.4252	.10819
.35	1.0932	1.9139	-.3705	.08830
.40	1.0100	1.8693	-.3200	.07103
.45	.9283	1.8201	-.2736	.05619
.50	.8492	1.7669	-.2311	.04358
.55	.7730	1.7109	-.1925	.03299
.60	.6999	1.6525	-.1575	.02424
.65	.6297	1.5924	-.1260	.01715
.70	.5621	1.5311	-.0979	.01155
.75	.4965	1.4689	-.0731	.00728
.80	.4322	1.4061	-.0515	.00416
.85	.3679	1.3430	-.0331	.00205
.90	.3016	1.2797	-.0180	.00078
.95	.2294	1.2164	-.0065	.00016
1.00	.1303	1.1530	-.0000	-.00000

XQ/L=0.4

X/L	FP	FS	FQ	FM
.05	3.0283	1.8298	.1514	.00379
.10	1.4046	1.8357	.2216	.01311
.15	1.2097	1.8412	.2821	.02571
.20	1.0999	1.8455	.3371	.04119
.25	1.0491	1.8478	.3896	.05935
.30	1.0248	1.8471	.4408	.08011
.35	1.0125	1.8422	.4914	.10342
.40	1.0013	1.8318	-.4585	.12924
.45	.9746	1.8145	-.4098	.10754
.50	.9300	1.7901	-.3633	.08821
.55	.8795	1.7599	-.3193	.07115
.60	.8266	1.7249	-.2780	.05622
.65	.7738	1.6861	-.2393	.04329
.70	.7228	1.6444	-.2031	.03223
.75	.6752	1.6003	-.1694	.02292
.80	.6330	1.5546	-.1377	.01524
.85	.5991	1.5078	-.1078	.00910
.90	.5814	1.4603	-.0787	.00444
.95	.5847	1.4123	-.0495	.00124
1.00	.9892	1.3642	-.0000	-.00000

XQ/L=0.5

X/L	FP	FS	FQ	FM
.05	1.9451	1.5887	.0973	.00243
.10	.9735	1.6182	.1459	.00851
.15	.8828	1.6473	.1901	.01691
.20	.8430	1.6757	.2322	.02747
.25	.8397	1.7027	.2742	.04013
.30	.8537	1.7277	.3169	.05491
.35	.8770	1.7499	.3607	.07185
.40	.9041	1.7682	.4059	.09101
.45	.9305	1.7817	.4525	.11247
.50	.9505	1.7891	-.5000	.13629
.55	.9505	1.7891	-.4525	.11247
.60	.9305	1.7817	-.4059	.09101
.65	.9041	1.7682	-.3607	.07185
.70	.8770	1.7499	-.3169	.05491
.75	.8537	1.7277	-.2742	.04013
.80	.8397	1.7027	-.2322	.02747
.85	.8430	1.6757	-.1901	.01691
.90	.8828	1.6473	-.1459	.00851
.95	.9735	1.6182	-.0973	.00243
1.00	1.9451	1.5887	-.0000	-.00000

B/L= 5.00 DS/B1=100.00 KS= .500

XM/L=0.0

X/L	FP	FS	FQ	FM
.05	17.1818	3.0383	.8591	-.97852
.10	5.2336	2.4531	1.1208	-.92903
.15	3.0481	1.9251	1.2732	-.86918
.20	1.6140	1.4512	1.3539	-.80350
.25	.6991	1.0274	1.3888	-.73493
.30	.0649	.6498	1.3921	-.66541
.35	-.3894	.3142	1.3726	-.59630
.40	-.7210	.0164	1.3365	-.52857
.45	-.9663	-.2476	1.2882	-.46295
.50	-1.1503	-.4819	1.2307	-.39997
.55	-1.2921	-.6903	1.1661	-.34005
.60	-1.4070	-.8765	1.0958	-.28351
.65	-1.5090	-1.0440	1.0203	-.23060
.70	-1.6118	-1.1961	.9397	-.18160
.75	-1.7313	-1.3358	.8532	-.13678
.80	-1.8892	-1.4660	.7587	-.09649
.85	-2.1210	-1.5893	.6526	-.06120
.90	-2.5106	-1.7078	.5271	-.03171
.95	-3.1296	-1.8235	.3706	-.00927
1.00	-7.4127	-1.9380	.0000	-.00000

XM/L=0.1

X/L	FP	FS	FQ	FM
.05	16.5603	3.0008	.8280	.02070
.10	5.6077	2.4726	1.1084	-.93089
.15	3.1877	1.9493	1.2678	-.87148
.20	1.6806	1.4726	1.3518	-.80599
.25	.7421	1.0462	1.3889	-.73748
.30	.0944	.6661	1.3936	-.66791
.35	-.3684	.3281	1.3752	-.59869
.40	-.7061	.0282	1.3399	-.53081
.45	-.9558	-.2379	1.2921	-.46501
.50	-1.1433	-.4741	1.2350	-.40183
.55	-1.2878	-.6842	1.1706	-.34170
.60	-1.4051	-.8721	1.1003	-.28492
.65	-1.5091	-1.0412	1.0249	-.23179
.70	-1.6137	-1.1948	.9442	-.18257
.75	-1.7351	-1.3360	.8574	-.13753
.80	-1.8949	-1.4676	.7627	-.09703
.85	-2.1291	-1.5922	.6562	-.06155
.90	-2.5221	-1.7120	.5301	-.03189
.95	-3.1458	-1.8291	.3728	-.00932
1.00	-7.4565	-1.9449	-.0000	-.00000

XM/L=0.2

X/L	FP	FS	FQ	FM
.05	14.9580	2.8682	.7479	.01870
.10	5.4695	2.4443	1.0214	.06293
.15	3.7333	2.0180	1.2080	.11866
.20	2.3818	1.5863	1.3271	-.81796
.25	1.0954	1.1530	1.3819	-.75023
.30	.3035	.7593	1.3971	-.68076
.35	-.2254	.4085	1.3858	-.61118
.40	-.6054	.0965	1.3555	-.54265
.45	-.8848	-.1809	1.3113	-.47598
.50	-1.0945	-.4277	1.2566	-.41179
.55	-1.2564	-.6479	1.1937	-.35053
.60	-1.3879	-.8453	1.1243	-.29258
.65	-1.5042	-1.0234	1.0491	-.23824
.70	-1.6200	-1.1855	.9681	-.18781
.75	-1.7523	-1.3349	.8805	-.14159
.80	-1.9237	-1.4744	.7843	-.09997
.85	-2.1716	-1.6067	.6758	-.06347
.90	-2.5835	-1.7341	.5466	-.03291
.95	-3.2341	-1.8586	.3849	-.00962
1.00	-7.6974	-1.9819	-.0000	-.00000

XM/L=0.3

X/L	FP	FS	FQ	FM
.05	13.2066	2.6902	.6603	.01651
.10	5.0349	2.3545	.9121	.05582
.15	3.6391	2.0167	1.0940	.10597
.20	2.6500	1.6740	1.2265	.16399
.25	1.9072	1.3233	1.3219	.22770
.30	1.1818	.9608	1.3810	-.70473
.35	.2520	.5902	1.3936	-.63537
.40	-.3084	.2523	1.3782	-.56607
.45	-.6804	-.0496	1.3441	-.49802
.50	-.9531	-.3196	1.2965	-.43200
.55	-1.1615	-.5617	1.2384	-.36863
.60	-1.3297	-.7798	1.1719	-.30837
.65	-1.4765	-.9776	1.0981	-.25162
.70	-1.6195	-1.1585	1.0171	-.19874
.75	-1.7775	-1.3260	.9283	-.15010
.80	-1.9758	-1.4831	.8295	-.10616
.85	-2.2548	-1.6324	.7167	-.06750
.90	-2.7086	-1.7766	.5813	-.03505
.95	-3.4180	-1.9177	.4104	-.01026
1.00	-8.2080	-2.0574	-.0000	-.00000

XM/L=0.4

X/L	FP	FS	FQ	FM
.05	11.5617	2.5010	.5781	.01445
.10	4.5448	2.2369	.8053	.04904
.15	3.4024	1.9710	.9754	.09356
.20	2.6229	1.7008	1.1066	.14561
.25	2.0806	1.4235	1.2106	.20354
.30	1.6283	1.1357	1.2920	.26610
.35	1.1887	.8338	1.3515	.33219
.40	.6579	.5140	1.3844	-.59941
.45	-.1423	.1797	1.3773	-.53037
.50	-.6170	-.1282	1.3464	-.46228
.55	-.9362	-.4063	1.2996	-.39613
.60	-1.1835	-.6587	1.2404	-.33263
.65	-1.3921	-.8892	1.1708	-.27235
.70	-1.5873	-1.1016	1.0914	-.21579
.75	-1.7933	-1.2994	1.0018	-.16346
.80	-2.0397	-1.4858	.8998	-.11592
.85	-2.3725	-1.6638	.7812	-.07390
.90	-2.8972	-1.8361	.6363	-.03846
.95	-3.7041	-2.0051	.4511	-.01128
1.00	-9.0220	-2.1726	-.0000	-.00000

XM/L=0.5

X/L	FP	FS	FQ	FM
.05	10.1469	2.3235	.5073	.01268
.10	4.0867	2.1151	.7117	.04316
.15	3.1374	1.9050	.8686	.08266
.20	2.5070	1.6912	.9939	.12923
.25	2.0904	1.4711	1.0984	.18153
.30	1.7657	1.2416	1.1867	.23866
.35	1.4773	.9995	1.2606	.29985
.40	1.1850	.7413	1.3198	.36436
.45	.8490	.4632	1.3623	.43141
.50	.3828	.1612	1.3814	-.50000
.55	-.3828	-.1612	1.3623	-.43141
.60	-.8490	-.4632	1.3198	-.36436
.65	-1.1850	-.7413	1.2606	-.29985
.70	-1.4773	-.9995	1.1867	-.23866
.75	-1.7657	-1.2416	1.0984	-.18153
.80	-2.0904	-1.4711	.9939	-.12923
.85	-2.5070	-1.6912	.8686	-.08266
.90	-3.1374	-1.9050	.7117	-.04316
.95	-4.0867	-2.1151	.5073	-.01268
1.00	-10.1469	-2.3235	-.0000	-.00000

B/L= 5.00 DS/B1=100.00 KS= 1.000

XQ/L=0.0

X/L	FP	FS	FQ	FM
.05	8.5576	2.9202	-.5721	-.03930
.10	3.4108	2.7729	-.4016	-.06365
.15	2.5724	2.6273	-.2730	-.08051
.20	2.0046	2.4838	-.1727	-.09165
.25	1.6261	2.3429	-.0914	-.09826
.30	1.3421	2.2048	-.0243	-.10115
.35	1.1158	2.0697	.0315	-.10097
.40	.9274	1.9377	.0778	-.09824
.45	.7654	1.8087	.1161	-.09339
.50	.6219	1.6825	.1472	-.08680
.55	.4914	1.5590	.1718	-.07883
.60	.3693	1.4381	.1902	-.06978
.65	.2514	1.3193	.2028	-.05995
.70	.1333	1.2025	.2095	-.04965
.75	.0096	1.0874	.2099	-.03916
.80	-.1276	.9736	.2036	-.02882
.85	-.2913	.8608	.1890	-.01901
.90	-.5129	.7487	.1634	-.01020
.95	-.8211	.6370	.1223	-.00306
1.00	-2.4462	.5256	-.0000	-.00000

XQ/L=0.1

X/L	FP	FS	FQ	FM
.05	7.1430	2.6472	.3572	.00893
.10	2.9268	2.5418	-.4965	.03044
.15	2.2611	2.4359	-.3835	.00845
.20	1.8067	2.3295	-.2931	-.00847
.25	1.5028	2.2231	-.2180	-.02125
.30	1.2732	2.1171	-.1543	-.03055
.35	1.0885	2.0119	-.0999	-.03691
.40	.9333	1.9077	-.0532	-.04074
.45	.7986	1.8047	-.0133	-.04240
.50	.6785	1.7029	.0206	-.04222
.55	.5687	1.6024	.0491	-.04047
.60	.4659	1.5031	.0724	-.03744
.65	.3670	1.4051	.0907	-.03336
.70	.2689	1.3080	.1042	-.02849
.75	.1678	1.2119	.1125	-.02307
.80	.0583	1.1166	.1155	-.01737
.85	-.0687	1.0219	.1120	-.01169
.90	-.2343	.9276	.1003	-.00638
.95	-.4583	.8336	.0774	-.00193
1.00	-1.5480	.7397	-.0000	-.00000

XQ/L=0.2

X/L	FP	FS	FQ	FM
.05	5.7914	2.3788	.2896	.00724
.10	2.4310	2.3105	.4111	.02476
.15	1.9262	2.2417	.5074	.04772
.20	1.5930	2.1719	-.4129	.07508
.25	1.3714	2.1003	-.3444	.05615
.30	1.1987	2.0267	-.2844	.04043
.35	1.0572	1.9517	-.2316	.02753
.40	.9363	1.8757	-.1847	.01712
.45	.8297	1.7990	-.1433	.00892
.50	.7335	1.7219	-.1066	.00268
.55	.6449	1.6446	-.0743	-.00185
.60	.5618	1.5674	-.0463	-.00486
.65	.4824	1.4902	-.0221	-.00657
.70	.4047	1.4132	-.0019	-.00717
.75	.3265	1.3364	.0144	-.00686
.80	.2449	1.2599	.0267	-.00583
.85	.1551	1.1835	.0344	-.00430
.90	.0462	1.1073	.0367	-.00252
.95	-.0927	1.0311	.0321	-.00080
1.00	-.6421	.9551	-.0000	-.00000

XQ/L=0.3

X/L	FP	FS	FQ	FM
.05	4.5286	2.1187	.2264	.00566
.10	1.9524	2.0825	.3241	.01942
.15	1.5837	2.0459	.4032	.03761
.20	1.3480	2.0085	.4706	.05945
.25	1.2034	1.9697	.5308	.08449
.30	1.0995	1.9287	-.4142	.11240
.35	1.0113	1.8847	-.3636	.09296
.40	.9289	1.8377	-.3172	.07594
.45	.8533	1.7882	-.2745	.06114
.50	.7830	1.7367	-.2354	.04839
.55	.7173	1.6835	-.1995	.03752
.60	.6552	1.6290	-.1668	.02836
.65	.5964	1.5735	-.1369	.02077
.70	.5401	1.5173	-.1099	.01460
.75	.4860	1.4605	-.0856	.00971
.80	.4335	1.4034	-.0640	.00597
.85	.3821	1.3461	-.0449	.00325
.90	.3318	1.2886	-.0283	.00142
.95	.2804	1.2311	-.0143	.00036
1.00	.2850	1.1735	-.0000	-.00000

XQ/L=0.4

X/L	FP	FS	FQ	FM
.05	3.3568	1.8685	.1678	.00420
.10	1.4990	1.8602	.2428	.01446
.15	1.2508	1.8516	.3053	.02816
.20	1.0986	1.8423	.3603	.04480
.25	1.0133	1.8320	.4109	.06408
.30	.9592	1.8200	.4589	.08583
.35	.9218	1.8058	.5050	.10993
.40	.8917	1.7887	-.4504	.13629
.45	.8585	1.7679	-.4075	.11484
.50	.8197	1.7433	-.3665	.09549
.55	.7805	1.7156	-.3275	.07814
.60	.7424	1.6854	-.2904	.06269
.65	.7066	1.6529	-.2551	.04906
.70	.6740	1.6189	-.2214	.03715
.75	.6460	1.5835	-.1891	.02689
.80	.6248	1.5472	-.1578	.01821
.85	.6144	1.5102	-.1271	.01109
.90	.6258	1.4727	-.0958	.00552
.95	.6666	1.4350	-.0625	.00156
1.00	1.2495	1.3973	-.0000	-.00000

XQ/L=0.5

X/L	FP	FS	FQ	FM
.05	2.2682	1.6284	.1134	.00284
.10	1.0713	1.6444	.1670	.00984
.15	.9315	1.6603	.2135	.01936
.20	.8533	1.6758	.2562	.03110
.25	.8187	1.6905	.2971	.04494
.30	.8050	1.7040	.3374	.06080
.35	.8033	1.7160	.3776	.07867
.40	.8083	1.7259	.4180	.09856
.45	.8164	1.7331	.4588	.12048
.50	.8241	1.7370	-.5000	.14445
.55	.8241	1.7370	-.4588	.12048
.60	.8164	1.7331	-.4180	.09856
.65	.8083	1.7259	-.3776	.07867
.70	.8033	1.7160	-.3374	.06080
.75	.8050	1.7040	-.2971	.04494
.80	.8187	1.6905	-.2562	.03110
.85	.8533	1.6758	-.2135	.01936
.90	.9315	1.6603	-.1670	.00984
.95	1.0713	1.6444	-.1134	.00284
1.00	2.2682	1.6284	-.0000	-.00000

B/L= 5.00 DS/B1=100.00 KS= 1.000

XM/L=0.0

X/L	FP	FS	FQ	FM
.05	14.2291	2.7349	.7115	-.98221
.10	4.7838	2.3083	.9506	-.94066
.15	3.0995	1.9105	1.1056	-.88925
.20	1.9714	1.5401	1.2042	-.83151
.25	1.2279	1.1956	1.2656	-.76976
.30	.6859	.8751	1.2999	-.70563
.35	.2703	.5767	1.3134	-.64030
.40	-.0609	.2985	1.3103	-.57470
.45	-.3340	.0386	1.2936	-.50960
.50	-.5671	-.2051	1.2653	-.44563
.55	-.7741	-.4345	1.2266	-.38333
.60	-.9669	-.6514	1.1782	-.32321
.65	-1.1570	-.8578	1.1204	-.26575
.70	-1.3568	-1.0553	1.0526	-.21142
.75	-1.5825	-1.2456	.9734	-.16077
.80	-1.8578	-1.4304	.8805	-.11442
.85	-2.2245	-1.6111	.7693	-.07318
.90	-2.7844	-1.7889	.6301	-.03819
.95	-3.6260	-1.9651	.4488	-.01122
1.00	-8.9759	-2.1406	.0000	-.00000

XM/L=0.1

X/L	FP	FS	FQ	FM
.05	13.9133	2.7156	.6957	.01739
.10	4.9698	2.3177	.9442	-.94161
.15	3.1690	1.9225	1.1026	-.89044
.20	2.0051	1.5509	1.2029	-.83281
.25	1.2502	1.2052	1.2654	-.77110
.30	.7018	.8836	1.3005	-.70696
.35	.2820	.5842	1.3146	-.64158
.40	-.0522	.3050	1.3120	-.57592
.45	-.3275	.0440	1.2956	-.51073
.50	-.5623	-.2006	1.2675	-.44665
.55	-.7708	-.4309	1.2289	-.38424
.60	-.9649	-.6488	1.1807	-.32400
.65	-1.1562	-.8560	1.1229	-.26641
.70	-1.3572	-1.0543	1.0550	-.21197
.75	-1.5840	-1.2455	.9758	-.16120
.80	-1.8606	-1.4311	.8828	-.11473
.85	-2.2287	-1.6126	.7714	-.07338
.90	-2.7907	-1.7912	.6318	-.03830
.95	-3.6352	-1.9682	.4501	-.01125
1.00	-9.0012	-2.1444	-.0000	-.00000

XM/L=0.2

X/L	FP	FS	FQ	FM
.05	13.0869	2.6465	.6543	.01636
.10	4.8944	2.3019	.8991	.05519
.15	3.4402	1.9563	1.0711	.10445
.20	2.3575	1.6083	1.1890	-.83905
.25	1.4308	1.2600	1.2605	-.77782
.30	.8118	.9323	1.3011	-.71378
.35	.3599	.6269	1.3191	-.64827
.40	.0049	.3420	1.3193	-.58231
.45	-.2851	.0755	1.3051	-.51670
.50	-.5313	-.1745	1.2785	-.45211
.55	-.7490	-.4099	1.2410	-.38913
.60	-.9510	-.6328	1.1935	-.32826
.65	-1.1493	-.8448	1.1360	-.27002
.70	-1.3569	-1.0480	1.0682	-.21492
.75	-1.5904	-1.2438	.9887	-.16350
.80	-1.8741	-1.4340	.8950	-.11641
.85	-2.2508	-1.6199	.7824	-.07447
.90	-2.8243	-1.8031	.6412	-.03888
.95	-3.6848	-1.9845	.4570	-.01142
1.00	-9.1395	-2.1652	-.0000	-.00000

XM/L=0.3

X/L	FP	FS	FQ	FM
.05	12.1658	2.5523	.6083	.01521
.10	4.6649	2.2539	.8415	.05145
.15	3.3889	1.9545	1.0110	.09777
.20	2.4935	1.6529	1.1357	.15143
.25	1.8432	1.3475	1.2278	.21052
.30	1.2606	1.0368	1.2908	-.72651
.35	.6104	.7225	1.3214	-.66121
.40	.1664	.4253	1.3297	-.59493
.45	-.1696	.1469	1.3212	-.52866
.50	-.4476	-.1146	1.2988	-.46316
.55	-.6894	-.3612	1.2644	-.39908
.60	-.9110	-.5949	1.2188	-.33700
.65	-1.1263	-.8176	1.1625	-.27747
.70	-1.3496	-1.0310	1.0950	-.22103
.75	-1.5984	-1.2370	1.0151	-.16828
.80	-1.8984	-1.4371	.9202	-.11990
.85	-2.2937	-1.6330	.8055	-.07676
.90	-2.8923	-1.8259	.6609	-.04010
.95	-3.7875	-2.0170	.4715	-.01179
1.00	-9.4300	-2.2074	-.0000	-.00000

XM/L=0.4

X/L	FP	FS	FQ	FM
.05	11.2839	2.4507	.5642	.01410
.10	4.4032	2.1907	.7844	.04782
.15	3.2638	1.9298	.9475	.09112
.20	2.4809	1.6669	1.0716	.14159
.25	1.9368	1.4004	1.1684	.19759
.30	1.4955	1.1289	1.2432	.25789
.35	1.0940	.8506	1.2979	.32141
.40	.6671	.5635	1.3313	-.61286
.45	.1181	.2696	1.3372	-.54615
.50	-.2609	-.0107	1.3241	-.47961
.55	-.5590	-.2756	1.2962	-.41411
.60	-.8219	-.5270	1.2551	-.35033
.65	-1.0705	-.7671	1.2016	-.28891
.70	-1.3228	-.9975	1.1354	-.23049
.75	-1.5990	-1.2202	1.0555	-.17571
.80	-1.9271	-1.4367	.9591	-.12535
.85	-2.3542	-1.6488	.8414	-.08034
.90	-2.9941	-1.8578	.6917	-.04201
.95	-3.9459	-2.0649	.4944	-.01236
1.00	-9.8878	-2.2713	-.0000	-.00000

XM/L=0.5

X/L	FP	FS	FQ	FM
.05	10.5117	2.3542	.5256	.01314
.10	4.1554	2.1248	.7334	.04461
.15	3.1229	1.8946	.8895	.08518
.20	2.4226	1.6624	1.0106	.13269
.25	1.9478	1.4270	1.1080	.18565
.30	1.5756	1.1868	1.1868	.24302
.35	1.2540	.9402	1.2495	.30393
.40	.9497	.6854	1.2970	.36759
.45	.6348	.4205	1.3287	.43324
.50	.2609	.1436	1.3418	-.50000
.55	-.2609	-.1436	1.3287	-.43324
.60	-.6348	-.4205	1.2970	-.36759
.65	-.9497	-.6854	1.2495	-.30393
.70	-1.2540	-.9402	1.1868	-.24302
.75	-1.5756	-1.1868	1.1080	-.18565
.80	-1.9478	-1.4270	1.0106	-.13269
.85	-2.4226	-1.6624	.8895	-.08518
.90	-3.1229	-1.8946	.7334	-.04461
.95	-4.1554	-2.1248	.5256	-.01314
1.00	-10.5117	-2.3542	-.0000	-.00000

B/L= 5.00 DS/B1=100.00 KS= 3.000

XQ/L=0.0

X/L	FP	FS	FQ	FM
.05	8.2599	2.8867	-.5870	-.03968
.10	3.3395	2.7536	-.4200	-.06485
.15	2.5530	2.6210	-.2924	-.08266
.20	2.0222	2.4891	-.1913	-.09475
.25	1.6690	2.3581	-.1078	-.10223
.30	1.4026	2.2281	-.0377	-.10587
.35	1.1879	2.0992	.0217	-.10627
.40	1.0062	1.9713	.0720	-.10392
.45	.8465	1.8445	.1143	-.09927
.50	.7017	1.7186	.1494	-.09267
.55	.5665	1.5938	.1777	-.08449
.60	.4367	1.4698	.1996	-.07506
.65	.3086	1.3466	.2150	-.06469
.70	.1780	1.2241	.2239	-.05372
.75	.0394	1.1023	.2259	-.04248
.80	-.1150	.9809	.2201	-.03133
.85	-.2991	.8598	.2052	-.02069
.90	-.5467	.7390	.1778	-.01112
.95	-.8886	.6184	.1334	-.00334
1.00	-2.6683	.4979	-.0000	-.00000

XQ/L=0.1

X/L	FP	FS	FQ	FM
.05	7.0575	2.6361	.3529	.00882
.10	2.8950	2.5339	-.5024	.03008
.15	2.2416	2.4315	-.3903	.00777
.20	1.8006	2.3289	-.3003	-.00950
.25	1.5084	2.2263	-.2248	-.02262
.30	1.2886	2.1239	-.1604	-.03226
.35	1.1117	2.0218	-.1048	-.03889
.40	.9623	1.9200	-.0567	-.04292
.45	.8313	1.8187	-.0151	-.04472
.50	.7129	1.7178	.0205	-.04459
.55	.6029	1.6173	.0506	-.04281
.60	.4981	1.5172	.0756	-.03965
.65	.3957	1.4176	.0953	-.03538
.70	.2925	1.3184	.1100	-.03025
.75	.1848	1.2195	.1192	-.02452
.80	.0673	1.1208	.1226	-.01847
.85	-.0694	1.0224	.1191	-.01243
.90	-.2473	.9241	.1067	-.00679
.95	-.4872	.8259	.0824	-.00206
1.00	-1.6474	.7278	-.0000	-.00000

XQ/L=0.2

X/L	FP	FS	FQ	FM
.05	5.8764	2.3870	.2938	.00735
.10	2.4468	2.3141	.4162	.02509
.15	1.9223	2.2410	.5123	.04831
.20	1.5738	2.1676	-.4090	.07589
.25	1.3451	2.0935	-.3418	.05712
.30	1.1727	2.0188	-.2831	.04149
.35	1.0341	1.9436	-.2314	.02863
.40	.9174	1.8681	-.1856	.01820
.45	.8153	1.7923	-.1448	.00994
.50	.7235	1.7164	-.1086	.00361
.55	.6389	1.6404	-.0767	-.00103
.60	.5592	1.5644	-.0487	-.00416
.65	.4825	1.4884	-.0246	-.00599
.70	.4069	1.4125	-.0043	-.00671
.75	.3303	1.3366	.0123	-.00651
.80	.2498	1.2608	.0248	-.00559
.85	.1607	1.1851	.0328	-.00415
.90	.0528	1.1094	.0354	-.00244
.95	-.0849	1.0337	.0312	-.00078
1.00	-.6237	.9581	-.0000	-.00000

XQ/L=0.3

X/L	FP	FS	FQ	FM
.05	4.7259	2.1408	.2363	.00591
.10	2.0045	2.0955	.3365	.02023
.15	1.6005	2.0501	.4165	.03905
.20	1.3365	2.0043	.4834	.06155
.25	1.1695	1.9581	.5418	.08718
.30	1.0483	1.9111	-.4057	.11559
.35	.9515	1.8631	-.3582	.09649
.40	.8687	1.8140	-.3147	.07967
.45	.7965	1.7641	-.2749	.06492
.50	.7320	1.7134	-.2383	.05209
.55	.6734	1.6622	-.2046	.04102
.60	.6193	1.6105	-.1737	.03156
.65	.5687	1.5584	-.1452	.02359
.70	.5211	1.5061	-.1192	.01698
.75	.4759	1.4536	-.0954	.01162
.80	.4329	1.4009	-.0737	.00739
.85	.3920	1.3481	-.0541	.00419
.90	.3546	1.2953	-.0364	.00193
.95	.3202	1.2424	-.0204	.00051
1.00	.4078	1.1896	-.0000	-.00000

XQ/L=0.4

X/L	FP	FS	FQ	FM
.05	3.6070	1.8981	.1804	.00451
.10	1.5709	1.8789	.2589	.01549
.15	1.2821	1.8596	.3230	.03004
.20	1.0977	1.8401	.3779	.04756
.25	.9864	1.8202	.4272	.06769
.30	.9100	1.7997	.4727	.09018
.35	.8539	1.7784	.5154	.11489
.40	.8097	1.7561	-.4441	.14167
.45	.7712	1.7325	-.4056	.12043
.50	.7359	1.7075	-.3688	.10107
.55	.7044	1.6817	-.3335	.08351
.60	.6769	1.6548	-.2997	.06768
.65	.6534	1.6271	-.2670	.05351
.70	.6346	1.5988	-.2353	.04096
.75	.6216	1.5701	-.2042	.02997
.80	.6168	1.5410	-.1734	.02053
.85	.6250	1.5117	-.1421	.01264
.90	.6595	1.4822	-.1091	.00636
.95	.7300	1.4526	-.0726	.00182
1.00	1.4529	1.4229	-.0000	-.00000

XQ/L=0.5

X/L	FP	FS	FQ	FM
.05	2.5175	1.6589	.1259	.00315
.10	1.1464	1.6646	.1832	.01087
.15	.9684	1.6702	.2316	.02124
.20	.8603	1.6757	.2746	.03390
.25	.8015	1.6809	.3147	.04863
.30	.7668	1.6857	.3530	.06533
.35	.7462	1.6899	.3904	.08391
.40	.7349	1.6934	.4271	.10435
.45	.7296	1.6959	.4636	.12661
.50	.7284	1.6973	-.5000	.15070
.55	.7284	1.6973	-.4636	.12661
.60	.7296	1.6959	-.4271	.10435
.65	.7349	1.6934	-.3904	.08391
.70	.7462	1.6899	-.3530	.06533
.75	.7668	1.6857	-.3147	.04863
.80	.8015	1.6809	-.2746	.03390
.85	.8603	1.6757	-.2316	.02124
.90	.9684	1.6702	-.1832	.01087
.95	1.1464	1.6646	-.1259	.00315
1.00	2.5175	1.6589	-.0000	-.00000

B/L= 5.00 DS/B1=100.00 KS= 3.000

XM/L=0.0

X/L	FP	FS	FQ	FM
.05	12.0521	2.5081	.6026	-.98493
.10	4.4258	2.1963	.8239	-.94927
.15	3.1102	1.8941	.9794	-.90419
.20	2.2127	1.6013	1.0900	-.85245
.25	1.6035	1.3172	1.1702	-.79595
.30	1.1388	1.0414	1.2271	-.73601
.35	.7608	.7732	1.2652	-.67371
.40	.4381	.5121	1.2871	-.60990
.45	.1514	.2574	1.2947	-.54535
.50	-.1128	.0084	1.2890	-.48076
.55	-.3649	-.2353	1.2708	-.41677
.60	-.6143	-.4747	1.2401	-.35400
.65	-.8704	-.7101	1.1965	-.29308
.70	-1.1450	-.9423	1.1393	-.23468
.75	-1.4538	-1.1719	1.0666	-.17954
.80	-1.8224	-1.3994	.9755	-.12848
.85	-2.2969	-1.6254	.8606	-.08258
.90	-2.9933	-1.8503	.7110	-.04329
.95	-4.0127	-2.0746	.5103	-.01276
1.00	-10.2068	-2.2987	.0000	-.00000

XM/L=0.1

X/L	FP	FS	FQ	FM
.05	11.9456	2.5015	.5973	.01493
.10	4.4874	2.1994	.8217	-.94959
.15	3.1333	1.8981	.9783	-.90460
.20	2.2240	1.6049	1.0895	-.85290
.25	1.6112	1.3205	1.1701	-.79641
.30	1.1443	1.0443	1.2273	-.73648
.35	.7650	.7758	1.2655	-.67416
.40	.4414	.5144	1.2876	-.61033
.45	.1539	.2593	1.2953	-.54575
.50	-.1109	.0101	1.2898	-.48113
.55	-.3635	-.2340	1.2716	-.41709
.60	-.6133	-.4736	1.2409	-.35428
.65	-.8700	-.7094	1.1974	-.29332
.70	-1.1449	-.9419	1.1402	-.23488
.75	-1.4542	-1.1718	1.0675	-.17969
.80	-1.8233	-1.3996	.9763	-.12860
.85	-2.2983	-1.6259	.8614	-.08266
.90	-2.9955	-1.8511	.7116	-.04333
.95	-4.0161	-2.0757	.5108	-.01277
1.00	-10.2161	-2.3001	-.0000	-.00000

XM/L=0.2

X/L	FP	FS	FQ	FM
.05	11.6638	2.4778	.5832	.01458
.10	4.4607	2.1937	.8062	.04932
.15	3.2232	1.9093	.9674	.09366
.20	2.3418	1.6242	1.0845	-.85505
.25	1.6723	1.3391	1.1681	-.79873
.30	1.1823	1.0611	1.2272	-.73885
.35	.7926	.7907	1.2668	-.67650
.40	.4621	.5274	1.2899	-.61258
.45	.1698	.2706	1.2984	-.54787
.50	-.0989	.0196	1.2935	-.48307
.55	-.3547	-.2263	1.2758	-.41884
.60	-.6073	-.4676	1.2454	-.35581
.65	-.8665	-.7051	1.2021	-.29463
.70	-1.1439	-.9394	1.1449	-.23595
.75	-1.4557	-1.1709	1.0721	-.18053
.80	-1.8275	-1.4004	.9807	-.12921
.85	-2.3059	-1.6284	.8654	-.08305
.90	-3.0074	-1.8553	.7150	-.04354
.95	-4.0340	-2.0816	.5133	-.01283
1.00	-10.2669	-2.3076	-.0000	-.00000

XM/L=0.3

X/L	FP	FS	FQ	FM
.05	11.3453	2.4450	.5673	.01418
.10	4.3812	2.1768	.7863	.04802
.15	3.2050	1.9084	.9466	.09134
.20	2.3876	1.6392	1.0660	.14166
.25	1.8114	1.3688	1.1565	.19722
.30	1.3343	1.0968	1.2232	-.74329
.35	.8790	.8237	1.2672	-.68103
.40	.5192	.5566	1.2932	-.61702
.45	.2116	.2959	1.3037	-.55210
.50	-.0677	.0410	1.3004	-.48699
.55	-.3317	-.2086	1.2838	-.42239
.60	-.5912	-.4537	1.2542	-.35894
.65	-.8564	-.6949	1.2114	-.29730
.70	-1.1396	-.9328	1.1544	-.23816
.75	-1.4571	-1.1681	1.0815	-.18226
.80	-1.8351	-1.4012	.9898	-.13047
.85	-2.3205	-1.6328	.8738	-.08389
.90	-3.0315	-1.8633	.7222	-.04399
.95	-4.0710	-2.0932	.5186	-.01297
1.00	-10.3728	-2.3228	-.0000	-.00000

XM/L=0.4

X/L	FP	FS	FQ	FM
.05	11.0362	2.4094	.5518	.01380
.10	4.2897	2.1547	.7663	.04675
.15	3.1616	1.8997	.9244	.08901
.20	2.3836	1.6440	1.0436	.13821
.25	1.8443	1.3872	1.1358	.19270
.30	1.4156	1.1287	1.2065	.25125
.35	1.0441	.8680	1.2588	.31289
.40	.6906	.6045	1.2933	-.62331
.45	.3123	.3388	1.3089	-.55826
.50	-.0007	.0778	1.3089	-.49281
.55	-.2837	-.1780	1.2947	-.42773
.60	-.5573	-.4292	1.2668	-.36369
.65	-.8343	-.6764	1.2251	-.30139
.70	-1.1279	-.9203	1.1687	-.24155
.75	-1.4555	-1.1615	1.0959	-.18493
.80	-1.8438	-1.4006	1.0037	-.13244
.85	-2.3410	-1.6381	.8867	-.08518
.90	-3.0674	-1.8745	.7333	-.04468
.95	-4.1278	-2.1102	.5269	-.01317
1.00	-10.5385	-2.3457	-.0000	-.00000

XM/L=0.5

X/L	FP	FS	FQ	FM
.05	10.7623	2.3752	.5381	.01345
.10	4.2023	2.1314	.7482	.04561
.15	3.1125	1.8873	.9039	.08691
.20	2.3641	1.6426	1.0221	.13506
.25	1.8495	1.3967	1.1145	.18848
.30	1.4452	1.1493	1.1868	.24601
.35	1.1014	.8996	1.2419	.30673
.40	.7896	.6472	1.2813	.36981
.45	.4899	.3914	1.3058	.43448
.50	.1788	.1316	1.3148	-.50000
.55	-.1788	-.1316	1.3058	-.43448
.60	-.4899	-.3914	1.2813	-.36981
.65	-.7896	-.6472	1.2419	-.30673
.70	-1.1014	-.8996	1.1868	-.24601
.75	-1.4452	-1.1493	1.1145	-.18848
.80	-1.8495	-1.3967	1.0221	-.13506
.85	-2.3641	-1.6426	.9039	-.08691
.90	-3.1125	-1.8873	.7482	-.04561
.95	-4.2023	-2.1314	.5381	-.01345
1.00	-10.7623	-2.3752	-.0000	-.00000

B/L= 5.00   DS/B1=100.00   KS= 10.000

XQ/L=0.0

X/L	FP	FS	FQ	FM
.05	8.1483	2.8741	-.5926	-.03981
.10	3.3124	2.7463	-.4270	-.06530
.15	2.5454	2.6185	-.2997	-.08347
.20	2.0283	2.4910	-.1983	-.09592
.25	1.6847	2.3638	-.1140	-.10373
.30	1.4251	2.2369	-.0428	-.10765
.35	1.2149	2.1103	.0180	-.10827
.40	1.0359	1.9840	.0698	-.10608
.45	.8772	1.8580	.1136	-.10149
.50	.7320	1.7324	.1502	-.09490
.55	.5951	1.6070	.1800	-.08664
.60	.4626	1.4819	.2031	-.07707
.65	.3307	1.3571	.2196	-.06650
.70	.1952	1.2324	.2294	-.05527
.75	.0510	1.1080	.2319	-.04374
.80	-.1100	.9837	.2264	-.03228
.85	-.3020	.8595	.2113	-.02134
.90	-.5594	.7354	.1834	-.01147
.95	-.9142	.6114	.1377	-.00344
1.00	-2.7532	.4873	-.0000	-.00000

XQ/L=0.1

X/L	FP	FS	FQ	FM
.05	7.0247	2.6319	.3512	.00878
.10	2.8831	2.5309	-.5046	.02995
.15	2.2344	2.4298	-.3929	.00751
.20	1.7985	2.3287	-.3030	-.00989
.25	1.5106	2.2276	-.2274	-.02315
.30	1.2945	2.1265	-.1627	-.03290
.35	1.1205	2.0256	-.1067	-.03964
.40	.9733	1.9247	-.0580	-.04375
.45	.8437	1.8240	-.0158	-.04560
.50	.7259	1.7234	.0205	-.04548
.55	.6158	1.6229	.0513	-.04369
.60	.5103	1.5226	.0768	-.04049
.65	.4065	1.4224	.0971	-.03614
.70	.3014	1.3223	.1122	-.03091
.75	.1912	1.2223	.1217	-.02507
.80	.0707	1.1224	.1253	-.01889
.85	-.0697	1.0226	.1218	-.01272
.90	-.2522	.9228	.1092	-.00694
.95	-.4982	.8230	.0843	-.00211
1.00	-1.6851	.7233	-.0000	-.00000

XQ/L=0.2

X/L	FP	FS	FQ	FM
.05	5.9076	2.3901	.2954	.00738
.10	2.4526	2.3155	.4180	.02522
.15	1.9210	2.2408	.5141	.04852
.20	1.5671	2.1660	-.4076	.07618
.25	1.3358	2.0911	-.3408	.05747
.30	1.1633	2.0159	-.2826	.04189
.35	1.0257	1.9406	-.2313	.02904
.40	.9103	1.8652	-.1858	.01861
.45	.8099	1.7898	-.1453	.01033
.50	.7196	1.7142	-.1094	.00396
.55	.6364	1.6387	-.0775	-.00071
.60	.5580	1.5632	-.0496	-.00389
.65	.4823	1.4876	-.0255	-.00577
.70	.4075	1.4121	-.0051	-.00653
.75	.3315	1.3366	.0114	-.00638
.80	.2514	1.2611	.0240	-.00549
.85	.1628	1.1856	.0321	-.00409
.90	.0552	1.1102	.0349	-.00241
.95	-.0818	1.0347	.0308	-.00077
1.00	-.6162	.9593	-.0000	-.00000

XQ/L=0.3

X/L	FP	FS	FQ	FM
.05	4.7997	2.1492	.2400	.00600
.10	2.0240	2.1004	.3412	.02053
.15	1.6070	2.0516	.4215	.03960
.20	1.3325	2.0028	.4882	.06234
.25	1.1572	1.9538	.5460	.08819
.30	1.0295	1.9045	-.4025	.11678
.35	.9293	1.8550	-.3560	.09782
.40	.8463	1.8051	-.3137	.08107
.45	.7752	1.7550	-.2750	.06636
.50	.7127	1.7046	-.2393	.05350
.55	.6566	1.6541	-.2065	.04235
.60	.6053	1.6034	-.1762	.03278
.65	.5579	1.5526	-.1483	.02467
.70	.5135	1.5018	-.1227	.01789
.75	.4717	1.4508	-.0991	.01235
.80	.4323	1.3998	-.0775	.00794
.85	.3955	1.3488	-.0577	.00456
.90	.3632	1.2978	-.0395	.00213
.95	.3355	1.2468	-.0228	.00057
1.00	.4552	1.1957	-.0000	-.00000

XQ/L=0.4

X/L	FP	FS	FQ	FM
.05	3.7015	1.9093	.1851	.00463
.10	1.5980	1.8860	.2650	.01588
.15	1.2939	1.8626	.3297	.03074
.20	1.0974	1.8392	.3845	.04860
.25	.9763	1.8157	.4334	.06905
.30	.8916	1.7920	.4779	.09183
.35	.8284	1.7681	.5194	.11676
.40	.7791	1.7438	-.4417	.14370
.45	.7385	1.7192	-.4048	.12254
.50	.7043	1.6941	-.3695	.10318
.55	.6756	1.6688	-.3358	.08555
.60	.6518	1.6431	-.3032	.06958
.65	.6330	1.6172	-.2715	.05521
.70	.6193	1.5911	-.2406	.04241
.75	.6120	1.5649	-.2100	.03114
.80	.6135	1.5386	-.1793	.02141
.85	.6288	1.5122	-.1478	.01324
.90	.6721	1.4857	-.1142	.00668
.95	.7541	1.4592	-.0765	.00191
1.00	1.5307	1.4327	-.0000	-.00000

XQ/L=0.5

X/L	FP	FS	FQ	FM
.05	2.6123	1.6705	.1306	.00327
.10	1.1748	1.6723	.1894	.01126
.15	.9823	1.6740	.2385	.02196
.20	.8628	1.6757	.2816	.03496
.25	.7949	1.6772	.3214	.05004
.30	.7521	1.6787	.3590	.06704
.35	.7245	1.6800	.3952	.08590
.40	.7070	1.6811	.4305	.10654
.45	.6969	1.6818	.4654	.12894
.50	.6925	1.6823	-.5000	.15307
.55	.6925	1.6823	-.4654	.12894
.60	.6969	1.6818	-.4305	.10654
.65	.7070	1.6811	-.3952	.08590
.70	.7245	1.6800	-.3590	.06704
.75	.7521	1.6787	-.3214	.05004
.80	.7949	1.6772	-.2816	.03496
.85	.8628	1.6757	-.2385	.02196
.90	.9823	1.6740	-.1894	.01126
.95	1.1748	1.6723	-.1306	.00327
1.00	2.6123	1.6705	-.0000	-.00000

B/L= 5.00 DS/B1=100.00 KS= 10.000

XM/L=0.0

X/L	FP	FS	FQ	FM
.05	11.2441	2.4232	.5622	-.98594
.10	4.2875	2.1537	.7766	-.95248
.15	3.1086	1.8870	.9320	-.90976
.20	2.2977	1.6231	1.0469	-.86029
.25	1.7400	1.3618	1.1339	-.80577
.30	1.3057	1.1031	1.1992	-.74744
.35	.9436	.8467	1.2464	-.68630
.40	.6258	.5925	1.2777	-.62320
.45	.3354	.3402	1.2944	-.55890
.50	.0607	.0897	1.2975	-.49410
.55	-.2075	-.1593	1.2871	-.42949
.60	-.4776	-.4068	1.2632	-.36573
.65	-.7585	-.6532	1.2253	-.30352
.70	-1.0614	-.8985	1.1722	-.24358
.75	-1.4021	-1.1431	1.1021	-.18672
.80	-1.8067	-1.3870	1.0118	-.13388
.85	-2.3229	-1.6304	.8956	-.08619
.90	-3.0722	-1.8735	.7420	-.04525
.95	-4.1605	-2.1163	.5340	-.01335
1.00	-10.6798	-2.3591	.0000	-.00000

XM/L=0.1

X/L	FP	FS	FQ	FM
.05	11.2120	2.4213	.5606	.01402
.10	4.3060	2.1546	.7759	-.95257
.15	3.1155	1.8882	.9317	-.90988
.20	2.3011	1.6242	1.0467	-.86042
.25	1.7423	1.3628	1.1338	-.80591
.30	1.3074	1.1040	1.1992	-.74758
.35	.9449	.8475	1.2465	-.68644
.40	.6269	.5932	1.2778	-.62333
.45	.3362	.3408	1.2946	-.55902
.50	.0613	.0902	1.2977	-.49421
.55	-.2071	-.1589	1.2873	-.42959
.60	-.4773	-.4065	1.2635	-.36582
.65	-.7584	-.6530	1.2255	-.30359
.70	-1.0613	-.8984	1.1725	-.24364
.75	-1.4022	-1.1430	1.1024	-.18677
.80	-1.8069	-1.3870	1.0120	-.13391
.85	-2.3234	-1.6305	.8959	-.08621
.90	-3.0729	-1.8737	.7422	-.04526
.95	-4.1616	-2.1167	.5341	-.01335
1.00	-10.6827	-2.3596	-.0000	-.00000

XM/L=0.2

X/L	FP	FS	FQ	FM
.05	11.1268	2.4141	.5563	.01391
.10	4.2978	2.1528	.7712	.04710
.15	3.1425	1.8915	.9284	.08959
.20	2.3365	1.6300	1.0452	-.86107
.25	1.7608	1.3685	1.1332	-.80661
.30	1.3190	1.1091	1.1992	-.74831
.35	.9534	.8520	1.2468	-.68716
.40	.6333	.5972	1.2785	-.62402
.45	.3412	.3442	1.2956	-.55967
.50	.0651	.0931	1.2988	-.49481
.55	-.2042	-.1565	1.2886	-.43013
.60	-.4753	-.4046	1.2648	-.36629
.65	-.7572	-.6516	1.2270	-.30400
.70	-1.0609	-.8976	1.1739	-.24397
.75	-1.4026	-1.1427	1.1038	-.18703
.80	-1.8082	-1.3872	1.0134	-.13410
.85	-2.3256	-1.6313	.8971	-.08634
.90	-3.0765	-1.8750	.7433	-.04533
.95	-4.1671	-2.1185	.5349	-.01337
1.00	-10.6985	-2.3619	-.0000	-.00000

XM/L=0.3

X/L	FP	FS	FQ	FM
.05	11.0299	2.4041	.5515	.01379
.10	4.2736	2.1477	.7652	.04670
.15	3.1369	1.8912	.9220	.08888
.20	2.3503	1.6345	1.0395	.13792
.25	1.8026	1.3774	1.1297	.19215
.30	1.3649	1.1199	1.1979	-.74966
.35	.9796	.8621	1.2469	-.68854
.40	.6508	.6061	1.2794	-.62538
.45	.3541	.3520	1.2971	-.56097
.50	.0749	.0997	1.3009	-.49602
.55	-.1970	-.1510	1.2910	-.43122
.60	-.4702	-.4003	1.2675	-.36725
.65	-.7539	-.6484	1.2298	-.30482
.70	-1.0594	-.8955	1.1769	-.24465
.75	-1.4029	-1.1418	1.1067	-.18756
.80	-1.8104	-1.3874	1.0162	-.13449
.85	-2.3301	-1.6326	.8997	-.08660
.90	-3.0839	-1.8774	.7455	-.04547
.95	-4.1785	-2.1220	.5366	-.01341
1.00	-10.7313	-2.3666	-.0000	-.00000

XM/L=0.4

X/L	FP	FS	FQ	FM
.05	10.9355	2.3932	.5468	.01367
.10	4.2457	2.1409	.7591	.04632
.15	3.1236	1.8885	.9152	.08817
.20	2.3491	1.6359	1.0327	.13687
.25	1.8127	1.3830	1.1233	.19077
.30	1.3896	1.1296	1.1928	.24868
.35	1.0296	.8756	1.2443	.30960
.40	.7027	.6207	1.2794	-.62730
.45	.3848	.3651	1.2987	-.56285
.50	.0955	.1110	1.3034	-.49780
.55	-.1821	-.1416	1.2943	-.43286
.60	-.4595	-.3927	1.2714	-.36871
.65	-.7468	-.6427	1.2340	-.30608
.70	-1.0556	-.8916	1.1812	-.24570
.75	-1.4021	-1.1397	1.1111	-.18839
.80	-1.8129	-1.3872	1.0205	-.13510
.85	-2.3363	-1.6342	.9037	-.08699
.90	-3.0949	-1.8808	.7489	-.04568
.95	-4.1960	-2.1273	.5391	-.01348
1.00	-10.7825	-2.3736	-.0000	-.00000

XM/L=0.5

X/L	FP	FS	FQ	FM
.05	10.8515	2.3827	.5426	.01356
.10	4.2189	2.1338	.7535	.04597
.15	3.1087	1.8848	.9090	.08753
.20	2.3432	1.6355	1.0261	.13590
.25	1.8144	1.3860	1.1168	.18948
.30	1.3988	1.1359	1.1868	.24707
.35	1.0472	.8852	1.2391	.30772
.40	.7329	.6337	1.2758	.37059
.45	.4387	.3811	1.2977	.43493
.50	.1500	.1274	1.3052	-.50000
.55	-.1500	-.1274	1.2977	-.43493
.60	-.4387	-.3811	1.2758	-.37059
.65	-.7329	-.6337	1.2391	-.30772
.70	-1.0472	-.8852	1.1868	-.24707
.75	-1.3988	-1.1359	1.1168	-.18948
.80	-1.8144	-1.3860	1.0261	-.13590
.85	-2.3432	-1.6355	.9090	-.08753
.90	-3.1087	-1.8848	.7535	-.04597
.95	-4.2189	-2.1338	.5426	-.01356
1.00	-10.8515	-2.3827	-.0000	-.00000

B/L= 5.00 DS/B1=100.00 KS=100.000

XQ/L=0.0

X/L	FP	FS	FQ	FM
.05	8.1041	2.8692	-.5948	-.03987
.10	3.3017	2.7434	-.4297	-.06548
.15	2.5423	2.6176	-.3026	-.08379
.20	2.0307	2.4918	-.2011	-.09638
.25	1.6909	2.3660	-.1165	-.10432
.30	1.4340	2.2403	-.0448	-.10836
.35	1.2256	2.1147	.0165	-.10906
.40	1.0477	1.9890	.0688	-.10693
.45	.8894	1.8634	.1133	-.10238
.50	.7440	1.7378	.1505	-.09578
.55	.6065	1.6122	.1808	-.08750
.60	.4729	1.4867	.2045	-.07786
.65	.3395	1.3612	.2215	-.06722
.70	.2021	1.2357	.2316	-.05589
.75	.0557	1.1103	.2344	-.04424
.80	-.1080	.9848	.2290	-.03266
.85	-.3031	.8594	.2138	-.02159
.90	-.5645	.7340	.1856	-.01161
.95	-.9245	.6085	.1393	-.00348
1.00	-2.7870	.4831	-.0000	-.00000

XQ/L=0.1

X/L	FP	FS	FQ	FM
.05	7.0116	2.6302	.3506	.00876
.10	2.8784	2.5297	-.5055	.02989
.15	2.2315	2.4292	-.3939	.00741
.20	1.7977	2.3286	-.3040	-.01004
.25	1.5115	2.2281	-.2285	-.02336
.30	1.2968	2.1276	-.1636	-.03316
.35	1.1240	2.0271	-.1074	-.03993
.40	.9776	1.9266	-.0585	-.04408
.45	.8486	1.8261	-.0161	-.04595
.50	.7310	1.7256	.0204	-.04584
.55	.6210	1.6251	.0515	-.04404
.60	.5152	1.5247	.0773	-.04082
.65	.4108	1.4243	.0978	-.03645
.70	.3049	1.3238	.1130	-.03118
.75	.1938	1.2234	.1227	-.02528
.80	.0720	1.1230	.1263	-.01906
.85	-.0698	1.0226	.1228	-.01283
.90	-.2542	.9222	.1101	-.00700
.95	-.5025	.8218	.0850	-.00213
1.00	-1.7001	.7215	-.0000	-.00000

XQ/L=0.2

X/L	FP	FS	FQ	FM
.05	5.9198	2.3913	.2960	.00740
.10	2.4550	2.3160	.4187	.02527
.15	1.9206	2.2407	.5148	.04861
.20	1.5644	2.1654	-.4070	.07630
.25	1.3321	2.0901	-.3404	.05761
.30	1.1596	2.0148	-.2824	.04204
.35	1.0224	1.9395	-.2313	.02920
.40	.9076	1.8641	-.1859	.01877
.45	.8077	1.7888	-.1455	.01048
.50	.7180	1.7134	-.1096	.00410
.55	.6354	1.6380	-.0779	-.00058
.60	.5575	1.5627	-.0500	-.00378
.65	.4822	1.4873	-.0259	-.00568
.70	.4077	1.4119	-.0055	-.00646
.75	.3319	1.3366	.0111	-.00632
.80	.2520	1.2612	.0237	-.00545
.85	.1635	1.1859	.0319	-.00406
.90	.0562	1.1105	.0347	-.00240
.95	-.0805	1.0351	.0307	-.00077
1.00	-.6131	.9598	-.0000	-.00000

XQ/L=0.3

X/L	FP	FS	FQ	FM
.05	4.8289	2.1524	.2414	.00604
.10	2.0318	2.1024	.3430	.02065
.15	1.6095	2.0523	.4235	.03981
.20	1.3309	2.0022	.4901	.06265
.25	1.1523	1.9521	.5477	.08859
.30	1.0222	1.9020	-.4012	.11726
.35	.9206	1.8518	-.3552	.09834
.40	.8374	1.8016	-.3133	.08163
.45	.7667	1.7514	-.2750	.06692
.50	.7050	1.7011	-.2397	.05406
.55	.6498	1.6509	-.2072	.04288
.60	.5997	1.6006	-.1773	.03327
.65	.5535	1.5503	-.1496	.02510
.70	.5104	1.5000	-.1241	.01826
.75	.4700	1.4497	-.1006	.01264
.80	.4321	1.3994	-.0790	.00815
.85	.3969	1.3491	-.0591	.00470
.90	.3666	1.2988	-.0408	.00220
.95	.3415	1.2485	-.0237	.00059
1.00	.4741	1.1982	-.0000	-.00000

XQ/L=0.4

X/L	FP	FS	FQ	FM
.05	3.7390	1.9137	.1869	.00467
.10	1.6088	1.8888	.2674	.01603
.15	1.2986	1.8639	.3323	.03102
.20	1.0973	1.8389	.3872	.04901
.25	.9723	1.8140	.4358	.06959
.30	.8843	1.7890	.4800	.09248
.35	.8184	1.7640	.5209	.11751
.40	.7669	1.7390	-.4407	.14451
.45	.7256	1.7139	-.4044	.12338
.50	.6918	1.6888	-.3699	.10402
.55	.6641	1.6636	-.3366	.08636
.60	.6419	1.6385	-.3046	.07033
.65	.6248	1.6133	-.2733	.05589
.70	.6132	1.5881	-.2427	.04299
.75	.6081	1.5628	-.2123	.03161
.80	.6121	1.5376	-.1816	.02177
.85	.6303	1.5124	-.1501	.01347
.90	.6772	1.4871	-.1163	.00681
.95	.7637	1.4619	-.0781	.00195
1.00	1.5617	1.4366	-.0000	-.00000

XQ/L=0.5

X/L	FP	FS	FQ	FM
.05	2.6500	1.6751	.1325	.00331
.10	1.1862	1.6753	.1918	.01142
.15	.9878	1.6755	.2412	.02225
.20	.8638	1.6756	.2844	.03538
.25	.7922	1.6758	.3240	.05059
.30	.7462	1.6759	.3613	.06773
.35	.7158	1.6761	.3971	.08669
.40	.6960	1.6762	.4319	.10741
.45	.6839	1.6763	.4661	.12986
.50	.6782	1.6763	-.5000	.15401
.55	.6782	1.6763	-.4661	.12986
.60	.6839	1.6763	-.4319	.10741
.65	.6960	1.6762	-.3971	.08669
.70	.7158	1.6761	-.3613	.06773
.75	.7462	1.6759	-.3240	.05059
.80	.7922	1.6758	-.2844	.03538
.85	.8638	1.6756	-.2412	.02225
.90	.9878	1.6755	-.1918	.01142
.95	1.1862	1.6753	-.1325	.00331
1.00	2.6500	1.6751	-.0000	-.00000

B/L= 5.00 DS/B1=100.00 KS=100.000

XM/L=0.0

X/L	FP	FS	FQ	FM
.05	10.9255	2.3897	.5463	-.98634
.10	4.2323	2.1367	.7579	-.95374
.15	3.1072	1.8840	.9133	-.91196
.20	2.3305	1.6315	1.0298	-.86338
.25	1.7934	1.3794	1.1194	-.80965
.30	1.3714	1.1275	1.1880	-.75197
.35	1.0158	.8758	1.2388	-.69130
.40	.7002	.6243	1.2738	-.62848
.45	.4085	.3730	1.2942	-.56428
.50	.1298	.1220	1.3007	-.49941
.55	-.1447	-.1290	1.2935	-.43455
.60	-.4229	-.3798	1.2724	-.37040
.65	-.7136	-.6304	1.2367	-.30768
.70	-1.0277	-.8810	1.1853	-.24713
.75	-1.3811	-1.1315	1.1162	-.18959
.80	-1.8001	-1.3819	1.0262	-.13603
.85	-2.3331	-1.6323	.9096	-.08763
.90	-3.1035	-1.8826	.7544	-.04603
.95	-4.2194	-2.1329	.5434	-.01359
1.00	-10.8687	-2.3832	.0000	-.00000

XM/L=0.1

X/L	FP	FS	FQ	FM
.05	10.9223	2.3895	.5461	.01365
.10	4.2341	2.1368	.7578	-.95375
.15	3.1079	1.8841	.9132	-.91197
.20	2.3309	1.6317	1.0298	-.86340
.25	1.7936	1.3795	1.1194	-.80967
.30	1.3716	1.1275	1.1880	-.75198
.35	1.0160	.8759	1.2388	-.69131
.40	.7003	.6244	1.2738	-.62849
.45	.4086	.3731	1.2943	-.56429
.50	.1299	.1220	1.3008	-.49942
.55	-.1446	-.1289	1.2935	-.43456
.60	-.4229	-.3797	1.2724	-.37041
.65	-.7136	-.6304	1.2367	-.30768
.70	-1.0277	-.8810	1.1853	-.24713
.75	-1.3811	-1.1315	1.1163	-.18959
.80	-1.8001	-1.3819	1.0263	-.13603
.85	-2.3331	-1.6323	.9096	-.08763
.90	-3.1036	-1.8826	.7544	-.04603
.95	-4.2195	-2.1330	.5434	-.01359
1.00	-10.8690	-2.3833	-.0000	-.00000

XM/L=0.2

X/L	FP	FS	FQ	FM
.05	10.9138	2.3888	.5457	.01364
.10	4.2333	2.1366	.7574	.04622
.15	3.1106	1.8844	.9129	.08797
.20	2.3344	1.6322	1.0296	-.86346
.25	1.7955	1.3800	1.1194	-.80974
.30	1.3728	1.1281	1.1880	-.75205
.35	1.0168	.8763	1.2389	-.69138
.40	.7010	.6248	1.2739	-.62856
.45	.4091	.3735	1.2944	-.56436
.50	.1303	.1223	1.3009	-.49948
.55	-.1443	-.1287	1.2937	-.43461
.60	-.4227	-.3795	1.2725	-.37046
.65	-.7135	-.6303	1.2369	-.30772
.70	-1.0277	-.8809	1.1855	-.24717
.75	-1.3812	-1.1315	1.1164	-.18962
.80	-1.8002	-1.3819	1.0264	-.13605
.85	-2.3333	-1.6324	.9097	-.08765
.90	-3.1039	-1.8828	.7545	-.04604
.95	-4.2201	-2.1331	.5435	-.01359
1.00	-10.8706	-2.3835	-.0000	-.00000

XM/L=0.3

X/L	FP	FS	FQ	FM
.05	10.9040	2.3878	.5452	.01363
.10	4.2308	2.1361	.7567	.04618
.15	3.1100	1.8844	.9122	.08790
.20	2.3358	1.6327	1.0290	.13644
.25	1.7996	1.3809	1.1190	.19014
.30	1.3773	1.1291	1.1879	-.75219
.35	1.0195	.8773	1.2389	-.69152
.40	.7027	.6257	1.2740	-.62870
.45	.4104	.3742	1.2945	-.56449
.50	.1313	.1230	1.3011	-.49960
.55	-.1436	-.1281	1.2939	-.43472
.60	-.4221	-.3791	1.2728	-.37056
.65	-.7131	-.6300	1.2371	-.30781
.70	-1.0275	-.8807	1.1858	-.24724
.75	-1.3812	-1.1314	1.1167	-.18967
.80	-1.8004	-1.3820	1.0267	-.13609
.85	-2.3338	-1.6325	.9100	-.08767
.90	-3.1047	-1.8830	.7548	-.04605
.95	-4.2213	-2.1335	.5437	-.01359
1.00	-10.8739	-2.3840	-.0000	-.00000

XM/L=0.4

X/L	FP	FS	FQ	FM
.05	10.8945	2.3867	.5447	.01362
.10	4.2280	2.1354	.7561	.04614
.15	3.1087	1.8841	.9116	.08783
.20	2.3357	1.6328	1.0283	.13633
.25	1.8007	1.3815	1.1184	.19000
.30	1.3798	1.1301	1.1874	.24764
.35	1.0245	.8787	1.2386	.30829
.40	.7079	.6271	1.2740	-.62889
.45	.4135	.3756	1.2947	-.56468
.50	.1334	.1241	1.3013	-.49978
.55	-.1421	-.1272	1.2942	-.43489
.60	-.4211	-.3783	1.2732	-.37070
.65	-.7124	-.6294	1.2376	-.30794
.70	-1.0271	-.8803	1.1862	-.24734
.75	-1.3811	-1.1311	1.1171	-.18976
.80	-1.8007	-1.3819	1.0271	-.13615
.85	-2.3344	-1.6327	.9104	-.08771
.90	-3.1058	-1.8834	.7551	-.04608
.95	-4.2230	-2.1340	.5440	-.01360
1.00	-10.8791	-2.3847	-.0000	-.00000

XM/L=0.5

X/L	FP	FS	FQ	FM
.05	10.8860	2.3856	.5443	.01361
.10	4.2253	2.1347	.7556	.04610
.15	3.1072	1.8838	.9109	.08777
.20	2.3351	1.6328	1.0277	.13623
.25	1.8008	1.3818	1.1177	.18987
.30	1.3808	1.1308	1.1868	.24748
.35	1.0262	.8797	1.2381	.30810
.40	.7110	.6285	1.2736	.37089
.45	.4189	.3772	1.2946	.43510
.50	.1388	.1258	1.3015	-.50000
.55	-.1388	-.1258	1.2946	-.43510
.60	-.4189	-.3772	1.2736	-.37089
.65	-.7110	-.6285	1.2381	-.30810
.70	-1.0262	-.8797	1.1868	-.24748
.75	-1.3808	-1.1308	1.1177	-.18987
.80	-1.8008	-1.3818	1.0277	-.13623
.85	-2.3351	-1.6328	.9109	-.08777
.90	-3.1072	-1.8838	.7556	-.04610
.95	-4.2253	-2.1347	.5443	-.01361
1.00	-10.8860	-2.3856	-.0000	-.00000

GLEICHMAESSIGE BELASTUNG B/L= 5.00 DS/B1=100.00

KS= .001

X/L	FP	FS	FQ	FM
.05	1.1447	1.5095	.0072	.00018
.10	.8809	1.5846	.0013	.00039
.15	.9572	1.6506	-.0009	.00040
.20	.9914	1.7045	-.0013	.00035
.25	1.0045	1.7471	-.0011	.00029
.30	1.0068	1.7800	-.0007	.00025
.35	1.0056	1.8049	-.0004	.00022
.40	1.0039	1.8228	-.0002	.00020
.45	1.0028	1.8344	-.0001	.00019
.50	1.0022	1.8401	.0000	.00019
.55	1.0022	1.8401	.0001	.00019
.60	1.0028	1.8344	.0002	.00020
.65	1.0039	1.8228	.0004	.00022
.70	1.0056	1.8049	.0007	.00025
.75	1.0068	1.7800	.0011	.00029
.80	1.0045	1.7471	.0013	.00035
.85	.9914	1.7045	.0009	.00040
.90	.9572	1.6506	-.0013	.00039
.95	.8809	1.5846	-.0072	.00018
1.00	1.1447	1.5095	.0000	.00000

KS= .003

X/L	FP	FS	FQ	FM
.05	1.2486	1.5170	.0124	.00031
.10	.8607	1.5839	.0055	.00076
.15	.9154	1.6454	.0012	.00093
.20	.9564	1.6984	-.0010	.00093
.25	.9846	1.7420	-.0017	.00087
.30	.9999	1.7766	-.0017	.00078
.35	1.0068	1.8030	-.0014	.00070
.40	1.0091	1.8220	-.0009	.00064
.45	1.0094	1.8343	-.0005	.00061
.50	1.0092	1.8403	-.0000	.00060
.55	1.0092	1.8403	.0005	.00061
.60	1.0094	1.8343	.0009	.00064
.65	1.0091	1.8220	.0014	.00070
.70	1.0068	1.8030	.0017	.00078
.75	.9999	1.7766	.0017	.00087
.80	.9846	1.7420	.0010	.00093
.85	.9564	1.6984	-.0012	.00093
.90	.9154	1.6454	-.0055	.00076
.95	.8607	1.5839	-.0124	.00031
1.00	1.2486	1.5170	.0000	.00000

KS= .010

X/L	FP	FS	FQ	FM
.05	1.4178	1.5321	.0209	.00052
.10	.8672	1.5884	.0142	.00140
.15	.8821	1.6417	.0084	.00197
.20	.9099	1.6899	.0038	.00227
.25	.9421	1.7318	.0010	.00239
.30	.9687	1.7666	-.0006	.00240
.35	.9883	1.7942	-.0012	.00235
.40	1.0015	1.8148	-.0011	.00230
.45	1.0094	1.8283	-.0007	.00225
.50	1.0131	1.8350	.0000	.00223
.55	1.0131	1.8350	.0007	.00225
.60	1.0094	1.8283	.0011	.00230
.65	1.0015	1.8148	.0012	.00235
.70	.9883	1.7942	.0006	.00240
.75	.9687	1.7666	-.0010	.00239
.80	.9421	1.7318	-.0038	.00227
.85	.9099	1.6899	-.0084	.00197
.90	.8821	1.6417	-.0142	.00140
.95	.8672	1.5884	-.0209	.00052
1.00	1.4178	1.5321	.0000	.00000

KS= .020

X/L	FP	FS	FQ	FM
.05	1.5553	1.5465	.0278	.00069
.10	.8912	1.5955	.0223	.00195
.15	.8778	1.6425	.0162	.00291
.20	.8897	1.6858	.0107	.00358
.25	.9153	1.7243	.0065	.00401
.30	.9411	1.7570	.0035	.00426
.35	.9631	1.7835	.0017	.00439
.40	.9797	1.8036	.0007	.00445
.45	.9907	1.8169	.0002	.00447
.50	.9962	1.8237	-.0000	.00447
.55	.9962	1.8237	-.0002	.00447
.60	.9907	1.8169	-.0007	.00445
.65	.9797	1.8036	-.0017	.00439
.70	.9631	1.7835	-.0035	.00426
.75	.9411	1.7570	-.0065	.00401
.80	.9153	1.7243	-.0107	.00358
.85	.8897	1.6858	-.0162	.00291
.90	.8778	1.6425	-.0223	.00195
.95	.8912	1.5955	-.0278	.00069
1.00	1.5553	1.5465	.0000	.00000

KS= .050

X/L	FP	FS	FQ	FM
.05	1.8032	1.5746	.0402	.00100
.10	.9508	1.6119	.0377	.00295
.15	.8926	1.6481	.0323	.00470
.20	.8738	1.6819	.0260	.00616
.25	.8804	1.7124	.0200	.00731
.30	.8947	1.7389	.0148	.00818
.35	.9101	1.7607	.0103	.00881
.40	.9235	1.7775	.0065	.00923
.45	.9330	1.7888	.0031	.00947
.50	.9380	1.7945	.0000	.00954
.55	.9380	1.7945	-.0031	.00947
.60	.9330	1.7888	-.0065	.00923
.65	.9235	1.7775	-.0103	.00881
.70	.9101	1.7607	-.0148	.00818
.75	.8947	1.7389	-.0200	.00731
.80	.8804	1.7124	-.0260	.00616
.85	.8738	1.6819	-.0323	.00470
.90	.8926	1.6481	-.0377	.00295
.95	.9508	1.6119	-.0402	.00100
1.00	1.8032	1.5746	.0000	.00000

KS= .100

X/L	FP	FS	FQ	FM
.05	2.0285	1.6011	.0514	.00129
.10	1.0114	1.6283	.0520	.00387
.15	.9149	1.6548	.0477	.00636
.20	.8682	1.6797	.0412	.00859
.25	.8548	1.7024	.0339	.01046
.30	.8544	1.7222	.0266	.01198
.35	.8593	1.7387	.0196	.01313
.40	.8653	1.7513	.0128	.01394
.45	.8703	1.7599	.0063	.01442
.50	.8730	1.7643	.0000	.01458
.55	.8730	1.7643	-.0063	.01442
.60	.8703	1.7599	-.0128	.01394
.65	.8653	1.7513	-.0196	.01313
.70	.8593	1.7387	-.0266	.01198
.75	.8544	1.7222	-.0339	.01046
.80	.8548	1.7024	-.0412	.00859
.85	.8682	1.6797	-.0477	.00636
.90	.9149	1.6548	-.0520	.00387
.95	1.0114	1.6283	-.0514	.00129
1.00	2.0285	1.6011	.0000	.00000

GLEICHMAESSIGE BELASTUNG B/L= 5.00 DS/B1=100.00

KS= .200

X/L	FP	FS	FQ	FM
.05	2.2436	1.6266	.0622	.00155
.10	1.0711	1.6444	.0657	.00475
.15	.9391	1.6617	.0627	.00796
.20	.8656	1.6781	.0560	.01093
.25	.8324	1.6931	.0476	.01352
.30	.8167	1.7062	.0384	.01567
.35	.8099	1.7171	.0289	.01735
.40	.8075	1.7256	.0193	.01856
.45	.8070	1.7314	.0097	.01928
.50	.8070	1.7343	.0000	.01953
.55	.8070	1.7343	-.0097	.01928
.60	.8070	1.7314	-.0193	.01856
.65	.8075	1.7256	-.0289	.01735
.70	.8099	1.7171	-.0384	.01567
.75	.8167	1.7062	-.0476	.01352
.80	.8324	1.6931	-.0560	.01093
.85	.8656	1.6781	-.0627	.00796
.90	.9391	1.6617	-.0657	.00475
.95	1.0711	1.6444	-.0622	.00155
1.00	2.2436	1.6266	.0000	.00000

KS= .500

X/L	FP	FS	FQ	FM
.05	2.4518	1.6514	.0726	.00181
.10	1.1299	1.6602	.0791	.00561
.15	.9638	1.6687	.0773	.00952
.20	.8644	1.6768	.0705	.01321
.25	.8116	1.6842	.0611	.01650
.30	.7805	1.6907	.0501	.01928
.35	.7618	1.6961	.0382	.02149
.40	.7506	1.7004	.0257	.02308
.45	.7442	1.7032	.0129	.02405
.50	.7414	1.7047	.0000	.02437
.55	.7414	1.7047	-.0129	.02405
.60	.7442	1.7032	-.0257	.02308
.65	.7506	1.7004	-.0382	.02149
.70	.7618	1.6961	-.0501	.01928
.75	.7805	1.6907	-.0611	.01650
.80	.8116	1.6842	-.0705	.01321
.85	.8644	1.6768	-.0773	.00952
.90	.9638	1.6687	-.0791	.00561
.95	1.1299	1.6602	-.0726	.00181
1.00	2.4518	1.6514	.0000	.00000

KS= 1.000

X/L	FP	FS	FQ	FM
.05	2.5444	1.6625	.0772	.00193
.10	1.1562	1.6672	.0850	.00599
.15	.9750	1.6719	.0838	.01021
.20	.8641	1.6763	.0770	.01423
.25	.8025	1.6803	.0671	.01783
.30	.7645	1.6838	.0553	.02089
.35	.7403	1.6868	.0424	.02333
.40	.7250	1.6891	.0286	.02511
.45	.7160	1.6906	.0144	.02618
.50	.7118	1.6914	.0000	.02654
.55	.7118	1.6914	-.0144	.02618
.60	.7160	1.6906	-.0286	.02511
.65	.7250	1.6891	-.0424	.02333
.70	.7403	1.6868	-.0553	.02089
.75	.7645	1.6838	-.0671	.01783
.80	.8025	1.6803	-.0770	.01423
.85	.8641	1.6763	-.0838	.01021
.90	.9750	1.6719	-.0850	.00599
.95	1.1562	1.6672	-.0772	.00193
1.00	2.5444	1.6625	.0000	.00000

KS= 3.000

X/L	FP	FS	FQ	FM
.05	2.6154	1.6710	.0808	.00202
.10	1.1764	1.6727	.0896	.00628
.15	.9837	1.6743	.0888	.01074
.20	.8640	1.6758	.0820	.01501
.25	.7957	1.6773	.0718	.01885
.30	.7523	1.6785	.0594	.02213
.35	.7239	1.6796	.0456	.02475
.40	.7054	1.6804	.0308	.02666
.45	.6943	1.6809	.0155	.02782
.50	.6890	1.6812	.0000	.02821
.55	.6890	1.6812	-.0155	.02782
.60	.6943	1.6809	-.0308	.02666
.65	.7054	1.6804	-.0456	.02475
.70	.7239	1.6796	-.0594	.02213
.75	.7523	1.6785	-.0718	.01885
.80	.7957	1.6773	-.0820	.01501
.85	.8640	1.6758	-.0888	.01074
.90	.9837	1.6743	-.0896	.00628
.95	1.1764	1.6727	-.0808	.00202
1.00	2.6154	1.6710	.0000	.00000

KS= 10.000

X/L	FP	FS	FQ	FM
.05	2.6423	1.6742	.0821	.00205
.10	1.1840	1.6747	.0913	.00639
.15	.9870	1.6752	.0907	.01094
.20	.8639	1.6757	.0839	.01530
.25	.7931	1.6761	.0735	.01924
.30	.7476	1.6765	.0609	.02260
.35	.7176	1.6768	.0468	.02529
.40	.6980	1.6771	.0317	.02725
.45	.6861	1.6773	.0160	.02844
.50	.6804	1.6773	.0000	.02884
.55	.6804	1.6773	-.0160	.02844
.60	.6861	1.6773	-.0317	.02725
.65	.6980	1.6771	-.0468	.02529
.70	.7176	1.6768	-.0609	.02260
.75	.7476	1.6765	-.0735	.01924
.80	.7931	1.6761	-.0839	.01530
.85	.8639	1.6757	-.0907	.01094
.90	.9870	1.6752	-.0913	.00639
.95	1.1840	1.6747	-.0821	.00205
1.00	2.6423	1.6742	.0000	.00000

KS=100.000

X/L	FP	FS	FQ	FM
.05	2.6530	1.6755	.0826	.00207
.10	1.1871	1.6755	.0920	.00643
.15	.9883	1.6756	.0914	.01102
.20	.8639	1.6756	.0846	.01542
.25	.7920	1.6757	.0742	.01939
.30	.7458	1.6757	.0615	.02278
.35	.7151	1.6757	.0473	.02550
.40	.6950	1.6758	.0320	.02748
.45	.6828	1.6758	.0162	.02869
.50	.6770	1.6758	.0000	.02909
.55	.6770	1.6758	-.0162	.02869
.60	.6828	1.6758	-.0320	.02748
.65	.6950	1.6758	-.0473	.02550
.70	.7151	1.6757	-.0615	.02278
.75	.7458	1.6757	-.0742	.01939
.80	.7920	1.6757	-.0846	.01542
.85	.8639	1.6756	-.0914	.01102
.90	.9883	1.6756	-.0920	.00643
.95	1.1871	1.6755	-.0826	.00207
1.00	2.6530	1.6755	.0000	.00000

Der Bauingenieur 50 (1975) S. 93–100

Erfassung der wirklichen Verhältnisse bei der Berechnung von Gründungsplatten

Dipl.-Ing. **G. König** und Dr.-Ing. **G. Sherif**, Aachen

DK 624.153.07:624.041.6

1. Einleitung

Zur Berechnung und Bemessung biegsamer Gründungsplatten müssen die Kräfte und Momente aus dem Bauwerk (Überbau und Gründungsplatte) und die Größe und Verteilung des Sohldruckes als Reaktionskraft aus dem Baugrund bekannt sein (Abb. 1). Hierzu sind eine Reihe von Näherungsverfahren entwickelt worden, die von unterschiedlichen Annahmen über das Verhalten von Bauwerk und Baugrund ausgehen und als Ergebnisse unterschiedliche Schnittkräfte für die Bemessung der Gründungsplatte liefern. In diesem Zusammenhang wird von den praktisch tätigen Ingenieuren die Frage gestellt: Welches der angebotenen Berechnungsverfahren ist das beste? Die Antwort lautet kurz: Dasjenige, welches das wirkliche Formänderungsverhalten des Systems Bauwerk–Baugrund erfaßt und damit die „richtigen" Schnittkräfte zur Bemessung der Platte liefert. Da eine solche Berechnung wegen der wechselseitigen Beziehungen zwischen den Kräften und Formänderungen im Bauwerk und Baugrund bis heute mit vertretbarem Aufwand nicht möglich ist, verbleibt nur eine Beurteilung der vorhandenen Näherungsverfahren in Abhängigkeit von der Größe der sich ergebenden Schnittkräfte:

a. Bemessung nach den *größten Schnittkräften* (sichere Seite)

b. Bemessung nach den *kleinsten Schnittkräften* (wirtschaftliche Seite)

2. Gründungsplatten und -balken als ebener Streifen

Abgesehen von einigen Sonderfällen (z. B. Kreisplatten) sind nur Verfahren zur Berechnung von ebenen Gründungsstreifen (ebener Formänderungszustand) vorhanden. Die Begriffe „Gründungsbalken" und „Gründungsplatten" enthalten keine statische Bedeutung, sondern lediglich eine Angabe über die Grundrißform der Gründung. Sehr schmale Gründungen werden als Balken, alle übrigen als Platten bezeichnet. Die Anwendung der Berechnungsverfahren setzt stets eine durch Wandscheiben *einachsig ausgesteifte* Gründungsplatte voraus, deren Biegeachse lotrecht zu den aussteifenden Wänden verläuft (Abb. 2). Bei den in der Praxis vorkommenden aus Wänden und Stützen gemischten Bauweisen wird vielfach versucht, durch zwischen den Stützen angeordnete plattengleiche Verstärkungsbalken die Aussteifung zu erzwingen. Strenggenommen verläßt man sich hierbei auf die viel gerühmte Schlauheit des Materials, da rechnerisch die Verstärkungsstreifen bei der Ermittlung des Trägheitsmomentes nicht zu Buche schlagen.

3. Berechnungsverfahren

3.1. Gegenwärtiger Stand

3.1.1. Spannungstrapezverfahren (STV). Das STV ist in der Handhabung am einfachsten und in den Ergebnissen am wenigsten genau. Der Sohldruck unter dem Fundament wird aus Gleichgewichtsbedingungen ohne Berücksichtigung der Formänderung von Bauwerk und Baugrund berechnet. Ersterer ist stets geradlinig begrenzt, während in Wirklichkeit bei biegsamen Gründungsplatten unter den Lastangriffspunkten eine

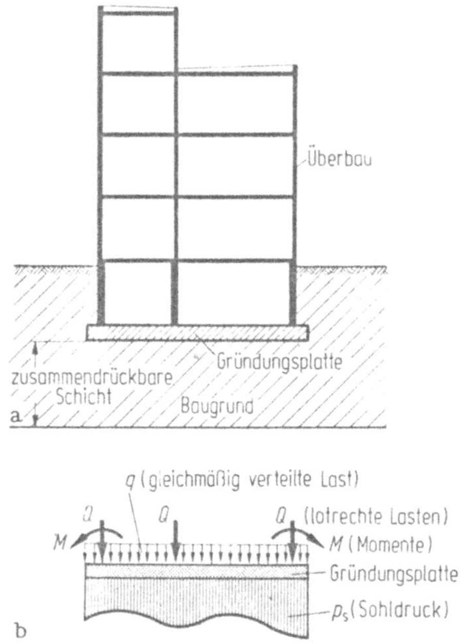

Abb. 1. Bauwerk mit Überbau, Gründungsplatte und Baugrund. a. Schnitt; b. angreifende Kräfte

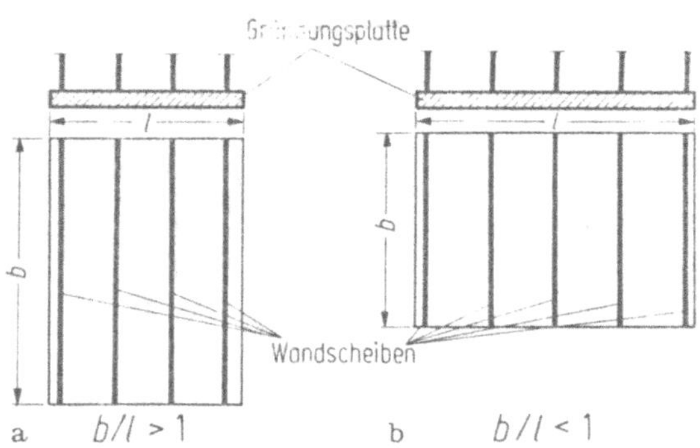

Abb. 2. Grundrißformen einachsig ausgesteifter Gründungsplatten

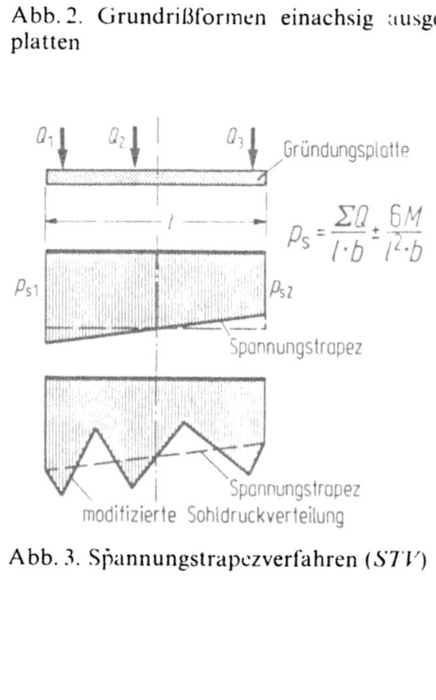

Abb. 3. Spannungstrapezverfahren (*STV*)

Konzentration des Sohldruckes auftritt, die um so größer ausfällt, je härter der Untergrund ist. Dem wird gelegentlich dadurch Rechnung getragen, daß rein gefühlsmäßig unter Beachtung der Gleichgewichtsbedingung $\Sigma V = 0$ versucht wird, durch eine Erhöhung des Sohldruckes unter den Stützen und eine Ermäßigung im Feld etwas näher an die Wirklichkeit heranzukommen (Abb. 3). Obwohl das STV aus theoretischer Sicht zur Berechnung von Gründungsplatten ungeeignet ist, wird es in der Praxis wegen seiner Übersichtlichkeit und Kürze gerne benutzt. Der Unsicherheit der Resultate wird vielfach durch überhöhte Sicherheiten Rechnung getragen, indem z. B. in der Platte unten und oben die gleiche Bewehrung angeordnet wird.

3.1.2. Bettungsmodulverfahren (BV). Das älteste Verfahren zur Berechnung biegsamer Gründungsstreifen auf nachgiebigem Baugrund ist das BV mit konstantem Bettungsmodul [1, 2]. Die Sohldruckverteilung wird proportional zur Setzung des Gründungsstreifens angesetzt (Abb. 4). Der Proportionalitätsfaktor wird als Bettungsmodul k_s bezeichnet, der kein reiner Bodenwert ist, sondern von den Abmessungen des Fundamentes abhängt. Der Baugrund wird durch ein System unabhängig zusammendrückbarer Federn ersetzt. Jede Feder wird nur von dem auf sie entfallenden Sohldruck zusammengedrückt. Die Einflüsse benachbarter Sohldrücke bleiben unberücksichtigt, was als größter Mangel des BV anzusehen ist. Für den praktischen Gebrauch sind Tabellen vorhanden [3, 4], die mit konstantem Bettungsmodul arbeiten. Für konstanten und veränderlichen Bettungsmodul (5 verschiedene Verteilungen ist ein Tabellenwerk berechnet worden, aus dem Sohldruck, Setzung, Momente und Querkräfte biegsamer Balken und Platten in Abhängigkeit der Laststellung für 20 Schnittstellen der Balken- oder Plattenlänge entnommen werden können [5]. Für starre Fundamente stimmen die Ergebnisse des STV und des BV überein, d. h. ersteres ist ein Sonderfall des letzteren.

3.1.3. Steifemodulverfahren (SV). Beim SV [6] werden sowohl die Formänderungen des Gründungsbalkens als auch die Setzungen des Baugrundes dergestalt berücksichtigt, daß die Biegelinie des Gründungsbalkens und die Setzungsmulde deckungsgleich sind (Abb. 5). Dabei wird eine Koppelung der Federn der Bettung angenommen, so daß die Bodenpressung an einer Stelle eine Setzung an einer anderen Stelle hervorrufen kann. Die vorhandenen SV [7–11] bauen alle auf dem gleichen Grundgedanken auf, der bereits von Ohde [6] angegeben worden ist. Bauwerk und Baugrund werden beide nach der Elastizitätstheorie berechnet. Für das erstere stehen die Verfahren der Stabwerkstatik zur Verfügung. Der Baugrund wird als Kontinuum angesehen und durch den elastisch-isotropen Halbraum ersetzt. Die Setzungen werden nach Steinbrenner [12] berechnet, der Formeln und Tafeln für Setzungen unter konstanter Flächenlast auf rechteckförmiger Fläche angegeben hat. Obgleich der Steifemodul E_s von der lotrechten Spannung im Boden abhängig ist, wird er als Konstante in die Berechnungen eingeführt. Um den zeitlichen Aufwand für die Anwendung des SV gering zu halten, sind für den praktischen Gebrauch eine Reihe von Tabellenwerken vorhanden [7, 11, 13]. In letzterem [13] sind 5460 Tabellen zur Berechnung von Sohldruck, Setzung, Querkraft und Momenten enthalten, womit alle praktisch vorkommenden Gründungsbalken und einachsig ausgesteiften Gründungsplatten erfaßt sind. Da die Zahlenrechnung weitgehend in Tabellenform durchgeführt werden kann [13], ist der zeitliche Aufwand nicht größer als bei Anwendung des wesentlich ungenaueren STV.

3.1.4. Kombiniertes Bettungsmodul-Steifemodulverfahren (BSV). In Sonderfällen erhält man für den elastisch-isotropen

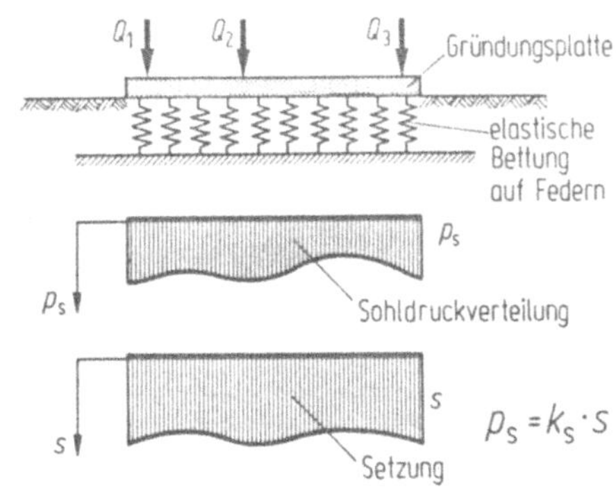

Abb. 4. Bettungsmodulverfahren (*BV*)

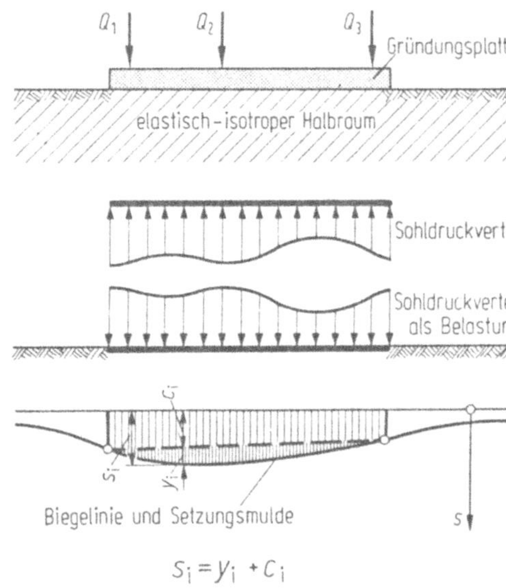

Abb. 5. Steifemodulverfahren (*SV*)

Halbraum mit einem konstanten Steifemodul nach dem SV und dem BV die gleiche Lösung, wenn in letzterem Verfahren der Bettungsmodul richtig gewählt wird, ohne daß dieses ein Kriterium für die Übereinstimmung des einen oder anderen Verfahrens mit der Wirklichkeit ist [14, 15]. Für ein volumenbeständiges Kontinuum (Poisson-Zahl $\mu = 0{,}5$) kann ein von Null an der Unterkante der Gründungsplatte geradlinig mit der Tiefe zunehmender Steifemodul durch einen konstanten Bettungsmodul ersetzt werden [16, 17]. Nimmt man das Fundament als starr an, stimmen in diesem Fall für die vorstehenden Bedingungen die Ergebnisse aller bisher erwähnten Verfahren: STV, BV und SV überein. Infolge seiner Abhängigkeit von der lotrechten Spannung nimmt der Steifemodul im Baugrund meist von einem endlichen Ausgangswert an der Unterkante der Gründungsplatte mit der Tiefe zu [18]. Daraus folgt, daß eine genauere Sohldruckverteilung zwischen den Ergebnissen des BV und des SV zu suchen ist.

Auf diesem Gedanken aufbauend ist – als vorerst letzter Stand in der Entwicklung von Berechnungsverfahren – ein kombiniertes Bettungsmodul-Steifemodulverfahren vorgeschlagen worden [19–21]. Dabei wird als Baugrundmodell ein von lotrechten, freibeweglichen Federn durchsetzter Halbraum gewählt (Abb. 6). Die Belastung der Gründungsplatte wird dergestalt auf die Federn und den Halbraum aufgeteilt, daß beide gleich große Setzungen erfahren. Danach wird für den Lastanteil des Halbraumes die Sohldruckverteilung nach dem gleichen Rechenvorgang wie beim reinen SV durchgeführt, wobei Tabellenwerke benutzt werden können. Alle weiteren Berechnungen müssen von Hand vorgenommen werden.

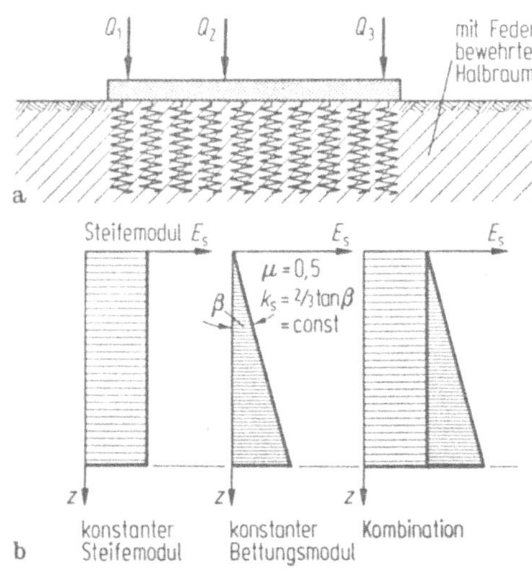

Abb. 6

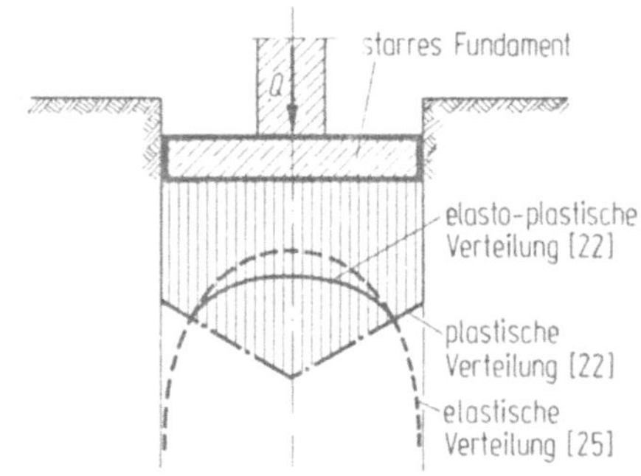

Abb. 7

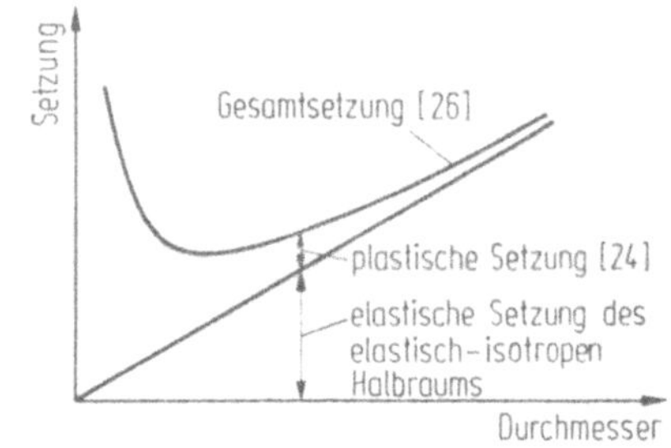

Abb. 8

Abb. 6. Kombiniertes Bettungsmodul-Steifemodulverfahren (*BSV*). a. Baugrundmodell; b. Abhängigkeit des Steifemoduls von der Tiefe

Abb. 7. Elasto-plastische Sohldruckverteilung unter einem starren Fundament

Abb. 8. Elastische und plastische Setzungen unter einer starren Lastplatte mit verschiedenem Durchmesser auf Sand

3.2. Künftige Entwicklung

In den erwähnten Berechnungsverfahren werden eine Reihe von Faktoren, deren Einfluß auf die Bemessung von Gründungsplatten bisher nicht in allen Einzelheiten geklärt ist, vernachlässigt. Es wird die Aufgabe der künftigen Entwicklung sein, durch Berücksichtigung der folgenden Punkte die vorhandenen Verfahren zu verbessern.

3.2.1. Plastische Setzungen. Bei der Berechnung der Sohldruckverteilung unter Fundamenten werden bisher nur elastische Formänderungen (Setzungen) berücksichtigt. Es ist jedoch bekannt, daß mit zunehmendem Sohldruck im Randbereich Grenzwerte der elastischen Verteilung vorhanden sind, die bedingt durch die Bruchfestigkeit des Bodens nicht überschritten werden können. Unter Beachtung der Gleichgewichtsbedingung $\Sigma V = 0$ wird eine Umlagerung des Sohldruckes dergestalt vorgenommen, daß im Randbereich der Sohldruck nach der Grundbruchgleichung verläuft und im mittleren Bereich gegenüber der elastischen Verteilung einen erhöhten Wert erhält (Abb. 7). Ansätze zur rechnerischen Erfassung solcher Umlagerungen sind für den starren Klotz bereits vorhanden [22, 23]. Kennzeichnend für diese Ansätze ist, daß an keiner Stelle das Coulombsche Grenzspannungsverhältnis überschritten wird.

Eine andere Möglichkeit zur Berücksichtigung der plastischen Formänderung auf die Sohldruckverteilung (Abb. 8) liegt in der Trennung der Setzungen in einen elastischen (gestaltsgetreue Volumenänderung) und einen plastischen Anteil (volumenbeständige Gestaltsänderung). Nach einem Ansatz von Wiener [24] für starre Fundamente ist der plastische Anteil der Setzung dem Differentialquotienten der gesuchten Sohldruckverteilung proportional. Die Erweiterung auf biegsame Fundamente sowie der Einbau einer Sperre, die sicherstellt, daß das Verhältnis zwischen Scherspannung und Normalspannung an keiner Stelle größer als $\tan\varphi$ (φ = Winkel der inneren Reibung) ist, bleibt der weiteren Erforschung des elasto-plastischen Verhaltens des Baugrundes vorbehalten.

3.2.2. Waagerechte Reibungsspannungen. Bei der Berechnung der Grenzwerte der plastischen Sohldruckverteilung (Grundbruch) ist zu beachten, daß die zwischen der rauhen Fundamentsohle und dem Baugrund wirkenden waagerechten Reibungsspannungen, die nach innen gerichtet sind, eine Schiefstellung der lotrechten Sohldrücke bewirken und dadurch höhere Grenzwerte ermöglichen. Bei der Berechnung der Sohldruckverteilung wird bisher der Einfluß der Reibungsspannungen vernachlässigt. Mit wachsender Größe der aktivierten Sohlreibung wird der Sohldruck unter starren Fundamenten weiter zum Rand hin verlagert und die Setzung nimmt zu. Beides geschieht in so geringem Maße, daß die Vernachlässigung berechtigt erscheint [27]. Für biegsame Plattenstreifen auf dem elastisch-isotropen Halbraum sind Diagramme zur Berechnung von Sohldruck, Reibungsspannung und Schnittkräften von Laermann [28] aufgestellt worden. Daraus ist ersichtlich, daß die waagerechten Reibungsspannungen lediglich bei randnahen Lasten von Bedeutung sind.

3.2.3. Örtliche Änderung der Zusammendrückbarkeit. Der örtlichen Veränderung der Zusammendrückbarkeit des Baugrundes sowohl in waagerechter als auch in lotrechter Richtung kann durch entsprechende Variation des Bettungs- bzw. des Steifemoduls Rechnung getragen werden. Die unter dem mittleren Bereich eines Bauwerkes infolge Drucküberschneidung vorhandene größere Setzung kann man beim BV dergestalt berücksichtigen, daß man in den Randzonen härtere Federn der Bettung gegenüber dem inneren Bereich annimmt [29]. Zur Erfassung eines druckveränderlichen Steifemoduls sind Iterationsverfahren entwickelt worden [30, 31], die sich wegen der erforderlichen umfangreichen Rechenschritte in der Praxis nicht durchgesetzt haben. Einfach sind dagegen der Fall des waagerecht geschichteten Baugrundes durch Einführung eines ideellen Steifemoduls und der Fall des linear mit der Tiefe zunehmenden Steifemoduls durch das kombinierte Bettungsmodul-Steifemodulverfahren zu lösen. In Einzelfällen sind Berechnungsverfahren zur Erfassung von Unregelmäßigkeiten im Baugrund vorhanden [31, 32].

Verbesserungen der Berechnungsverfahren sind in Zukunft vor allem durch Anwendung der Finite-Elemente-Methode (FE-Methode) zu erwarten [33]. Der Baugrund wird dabei aus endlichen Elementen zusammengesetzt. In der Gründungsfuge werden Bauwerk und Baugrund durch gemeinsame Knoten dergestalt verbunden, daß sie gleiche Verschiebungen erhalten. Die Kräfte und Verschiebungen der Knotenpunkte werden so variiert, daß an jedem Element Gleichgewicht herrscht und die Verformungen benachbarter Elemente miteinander verträglich sind. Ohne Schwierigkeiten lassen sich örtliche Veränderungen der Steifigkeit des Baugrundes erfassen. Voraussetzung für die praktische Anwendung der FE-Methode ist ein leistungsfähiger Computer für die numerische Rechnung und ein das Spannungs-Formänderungsverhalten des Baugrundes möglichst genau beschreibendes Stoffgesetz. Hierfür bietet sich z. B. die im Dreiaxialversuch gemessene Drucksetzungslinie an [34, 36], die empirisch durch eine Hyperbelfunktion

wiedergegeben und während der Berechnung schrittweise linearisiert werden kann (Abb. 9).

Da in Fundamentmitte der Seitendruck σ_3 auf ein Bodenelement größer ist als am Rand, fällt hier eine gegenüber dem äußeren Bereich kleinere Deviatorspannung $\sigma_d = \sigma_1 - \sigma_3$ an. Durch die Ausweichmöglichkeiten des Bodens unter den Randbereichen wird der Unterschied noch verstärkt. Durch Auswertung des Stoffgesetzes erhält man einen parabelförmigen Verlauf des Steifemoduls mit einem Maximalwert in Fundamentmitte und mit einem relativ kleinen Randwert. Der damit berechnete Sohldruck weicht stark von der konkaven (hohlparabolischen) Sohldruckverteilung von Boussinesq ab (Abb. 10). Für kleine Randwerte des Steifemoduls schlägt die Sohldruckverteilung um und man erhält eine konvexe (vollparabolische) Verteilung. Durch solche Sohldruckverteilungen wird der Erscheinung des plastischen Ausweichens unter den Randbereichen Rechnung getragen. Außerdem wurden in letzter Zeit konvexe Sohldruckverteilungen unter starren und biegsamen Fundamenten mit einem Spannungsmaximum in Fundamentmitte gemessen [37–39].

4. Einflüsse auf Sohldruckverteilung und Schnittkräfte

Der Einfluß von Berechnungsverfahren, Systemsteifigkeit, Laststellung, Anordnung von Überkragungen und zeitlichem Verlauf des Kriechens und der Setzung auf Sohldruck und Schnittkräfte ist in der Vergangenheit wiederholt untersucht worden, ohne zu allgemeingültigen Schlüssen zu gelangen [17, 40–44].

4.1. Systemsteifigkeit

Ob eine Gründung als starr, biegsam oder schlaff anzusehen ist, hängt von dem als Systemsteifigkeit K bezeichneten dimensionslosen Verhältnis zwischen der Steifigkeit des Bauwerkes S_{BW} und der Nachgiebigkeit des Baugrundes S_B ab.

$$K = \frac{S_{BW}}{S_B} = \frac{E_b \left(\frac{d_i}{l}\right)^3}{E_f}$$

E_b = E-modul des Materials des Bauwerks [kg/cm²]

$d_i = \sqrt[3]{\frac{12 I}{b}}$ = ideelle Stärke der Fundamentplatte [cm]

I = wirksames Trägheitsmoment des Bauwerkes einschließlich der Fundamentplatte [cm⁴]

l = Seitenlänge der Platte in der Biegeachse [cm]

b = Seitenlänge der Platte senkrecht zu der Biegeachse [cm]

E_f = Formänderungsmodul des Baugrundes [kg/cm²]

Das Trägheitsmoment I setzt sich aus der Steifigkeit der Gründungsplatte mit der Stärke d und der mitwirkenden Geschosse zusammen. Dabei muß unterschieden werden zwischen voller Verdübelung, bei der das Trägheitsmoment mit Hilfe des Steinerschen Satzes berechnet wird, und fehlender Verdübelung, wobei sich das Trägheitsmoment als Summe der Trägheitsmomente der mitwirkenden Einzelgeschosse und der Gründungsplatte ergibt.

Da die Anzahl der mitwirkenden Geschosse meist nur gering ist [11] und Setzungsmessungen gezeigt haben, daß die festgestellten Setzungsmulden oft mit viel schlafferen Konstruktionen übereinstimmen, als aus den Bauwerksabmessungen zu erwarten war [45], ist es berechtigt, näherungsweise die Mitwirkung der Geschosse zu vernachlässigen und lediglich die Stärke der Fundamentplatte zu berücksichtigen.

Die Nachgiebigkeit des Baugrundes wird beim SV durch den Steifemodul $E_f = E_s$ und beim BV durch das Produkt

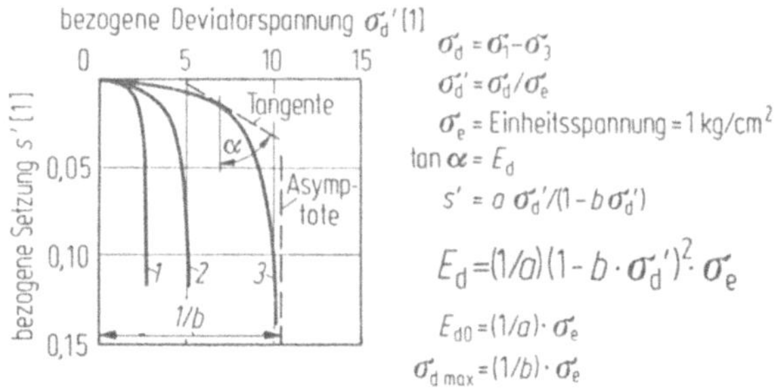

	σ_3' [kg/cm²]	a [1]	E_{d0} [kg/cm²]	b [1]	$\sigma_{d\,max}$ [kg/cm²]
1	1	0,0018	555	0,354	2,82
2	2	0,0013	770	0,183	5,46
3	4	0,0009	1110	0,089	11,24

a

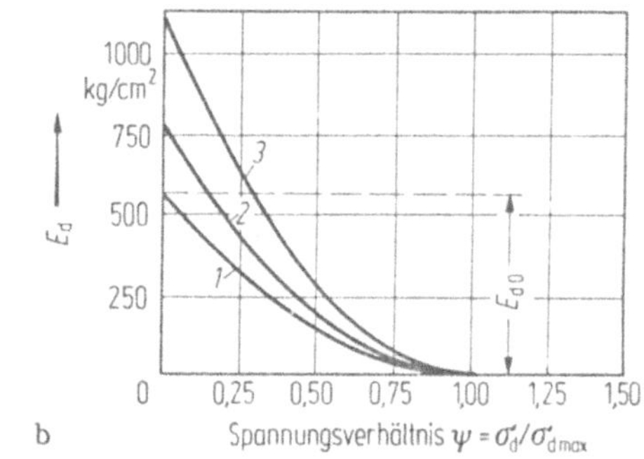

b

Abb. 9. Stoffgesetz für Sand. a. Drucksetzungslinien aus Dreiaxialversuchen mit mitteldichtem Sand [35]; b. Abhängigkeit des dreiaxialen Steifemoduls von der Deviatorspannung

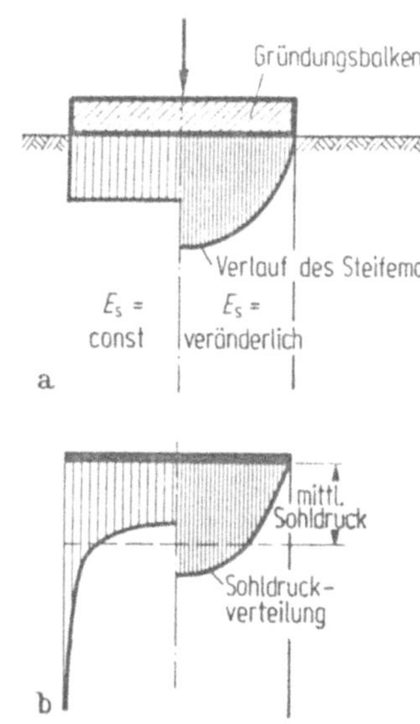

Abb. 10. Sohldruckverteilung für konstanten und veränderlichen Steifemodul

$E_f = k_s \cdot l$ wiedergegeben. Der Zusammenhang zwischen dem Steifemodul E_s und dem Bettungsmodul k_s ergibt sich für gegebene Belastung und Fundamentabmessungen aus der Bedingung gleicher Setzungen s für den kennzeichnenden Punkt (Abb. 11). Damit erhält man für die Systemsteifigkeit:

$$SV: \quad K_s = \frac{S_{BW}}{E_s}$$

$$BV: \quad K_c = \frac{S_{BW}}{l \cdot k_s} = K_s FS$$

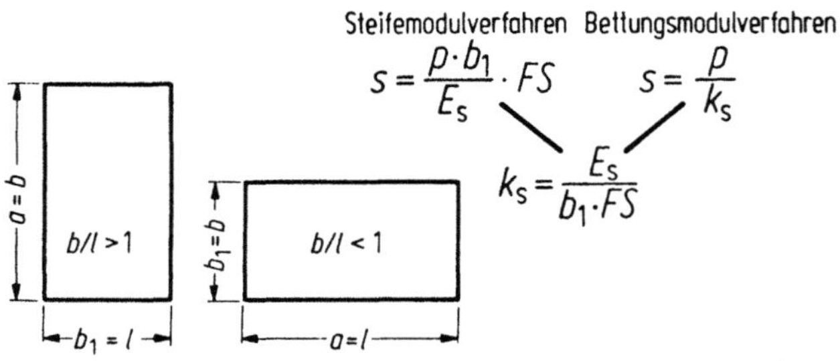

p	mittlerer Sohldruck	[kg/cm²]
b_1	kleinere Seitenlänge des Fundamentes	[cm]
a	größere Seitenlänge des Fundamentes	[cm]
FS	Einflußbeiwert, abhängig von a/b_1 und d_s/b_1 [13]	[1]
d_s	Stärke der zusammendrückbaren Schicht	[cm]

Abb. 11. Ermittlung des Bettungsmoduls aus dem Steifemodul

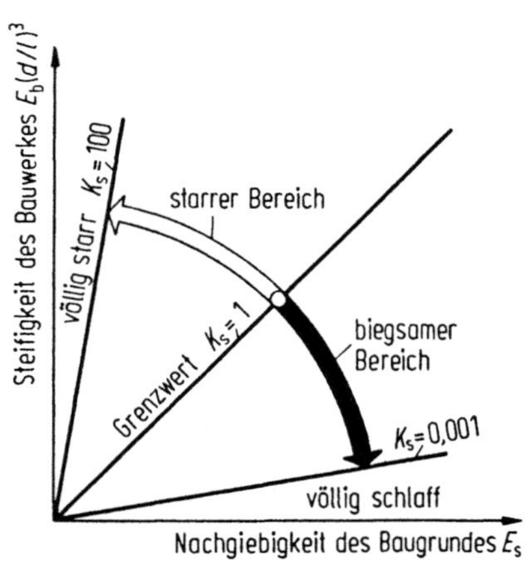

Abb. 12. Steifigkeit des Bauwerkes und Nachgiebigkeit des Baugrundes

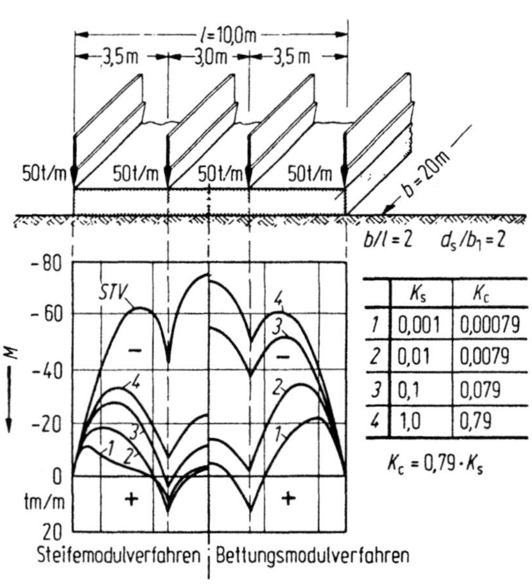

	K_s	K_c
1	0,001	0,00079
2	0,01	0,0079
3	0,1	0,079
4	1,0	0,79

Abb. 13. Abhängigkeit der Biegemomente von der Systemsteifigkeit nach dem *SV* und *BV*

Die praktisch vorkommenden Gründungsplatten haben Verhältnisse d/l zwischen 0,05 und 0,1 und liegen damit meist im biegsamen Bereich der Systemsteifigkeit (Abb. 12). Der Grenzwert $K_s \leq 1$ wird nur bei gedrungenen Fundamenten auf weichem Baugrund überschritten. Interessant ist dabei, daß die Kombinationen gedrungenes Fundament auf hartem Baugrund und schlaffes Fundament auf weichem Baugrund Systemsteifigkeiten gleicher Größenordnung liefern, die meist im starren Bereich von K_s liegen. Für praktische Aufgaben ist dies jedoch ohne Bedeutung, da im ersten Fall keine Gründungsplatten erforderlich sind und im zweiten Fall rein konstruktiv schon eine gewisse Steifigkeit des Bauwerkes gewünscht wird, um die Zusatzbeanspruchungen im Überbau infolge unterschiedlicher Setzung gering zu halten.

Für im Vergleich zum Baugrund weiche Konstruktionen liefern *BV* und *SV* ähnliche Ergebnisse. Mit zunehmender Steifigkeit des Fundamentes treten beachtliche Unterschiede auf (Abb. 13).

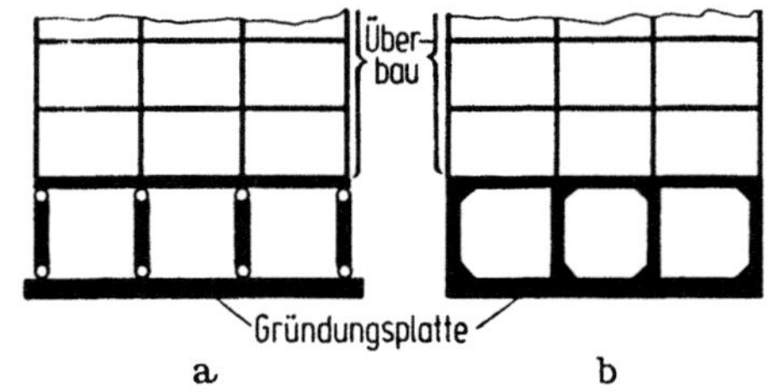

Abb. 14. Verbindung zwischen Überbau und Gründungsplatte. a. frei beweglich (Pendelstützen); b. biegesteif (kastenförmiger Ausbau)

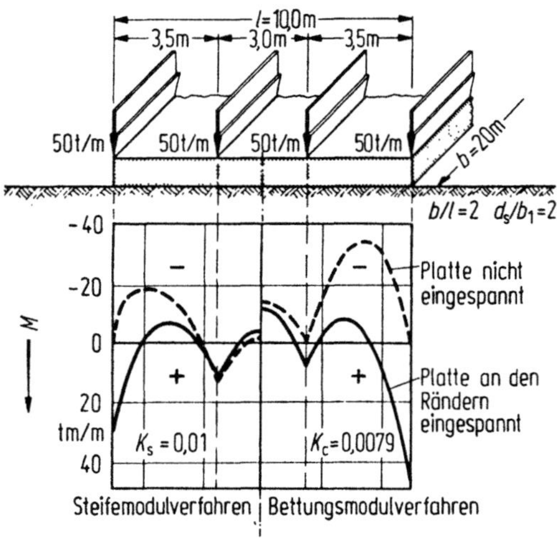

Abb. 15. Einfluß der Randeinspannung auf den Verlauf der Biegemomente

4.2. System des Bauwerkes

Um den Rechenaufwand in Grenzen zu halten, werden bei Hochbauten die äußeren Lasten für einen schlaffen Überbau, d. h. für gelenkig miteinander verbundene Stützen und Wände ermittelt (Abb. 14a). Da jedoch eine Einspannung der Stützen und Wände in die Gründungsplatte ausgleichend auf den Verlauf der Biegemomente wirkt (Abb. 14b), empfiehlt es sich, besonders die Randsützen und -wände biegesteif mit der Gründungsplatte zu verbinden. Auch bei Erstellung von Bauwerken in Fertigteilbauweise ist es von Vorteil, die unteren Geschosse in Ortbeton herzustellen, um dadurch einen günstigen Verlauf der Biegemomente zu erreichen. In der statischen Berechnung kann dies durch die nachträgliche Berücksichtigung eines gewissen Einspanngrades der Stützen oder Wände in das Fundament geschehen (Abb. 15).

4.3. Verteilung und Abstand der Lasten

Die Verteilung der Lasten, die Lastabstände und die Anordnung einer Überkragung beeinflussen den Momentenverlauf dergestalt, daß eine systematische Ordnung der jeweils auftretenden maximalen oder minimalen Momente in Abhängigkeit der zugehörenden Berechnungsverfahren nicht möglich

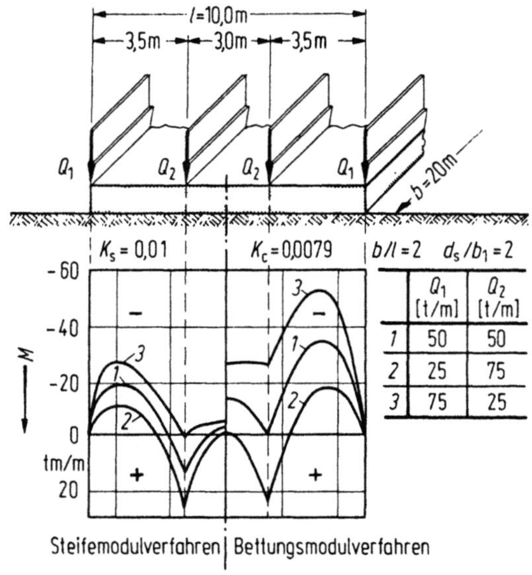

Abb. 16. Einfluß der Lastverteilung auf den Verlauf der Biegemomente

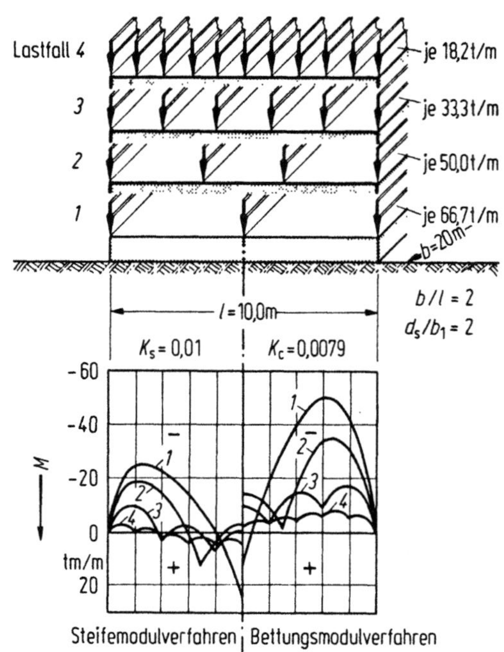

Abb. 17. Einfluß des Lastabstandes auf den Verlauf der Biegemomente

ist (Abb. 16–18). Bei randnahen Lasten treten auf der abliegenden Seite und bei weichen Gründungsbalken mit großen Lastabständen zwischen den Lasten negative Sohldrücke auf, die wegen des Fehlens einer zugfesten Verbindung zwischen Fundament und Baugrund nicht aufgenommen werden können. Soweit sie nicht durch das Eigengewicht überdrückt werden, tritt eine Spannungsumlagerung ein. Durch Anordnung von Überkragungen, die von oben lediglich von der daraufliegenden Bodenauflast belastet werden, kann der Momentenverlauf günstig beeinflußt werden (Abb. 18).

4.4. Zusammendrückbare Schicht

Während beim *BV* – soweit der Bettungsmodul nicht aus einer Setzungsberechnung für den Halbraum ermittelt wird – die Stärke der zusammendrückbaren Schicht unter der Gründungsplatte überhaupt nicht in die Rechnung eingeht, wird beim *SV* theoretisch vorausgesetzt, daß sich der elastisch-isotrope Halbraum bis zu einer unendlichen Tiefe unter der Gründungsplatte ausdehnt. Praktisch endet die maßgebende Schichtstärke dort, wo die Spannungen aus der Bauwerkslast etwa 10 bis 20% der Belastung aus dem Bodeneigengewicht betragen und so keine nennenswerten Setzungen mehr verursachen, sofern nicht eine unter der zusammendrückbaren Schicht gelegene feste Bodenschicht die Schichtstärke ohnehin begrenzt. Auswertungen von in verschiedenen Tiefen unter der Fundamentsohle durchgeführten Setzungsmessungen haben gezeigt, daß im allgemeinen das Verhältnis d_s/b_1 zwischen 1 und 2 liegt, wobei der erste Wert für Gründungsplatten und der zweite Wert für Gründungsbalken gilt. Dabei ist der Einfluß von d_s um so geringer, je unnachgiebiger der Baugrund ist. Ab $d_s/b_1 \geq 1{,}0$ ist die Änderung des maximalen Momentes nicht mehr wesentlich (Abb. 19).

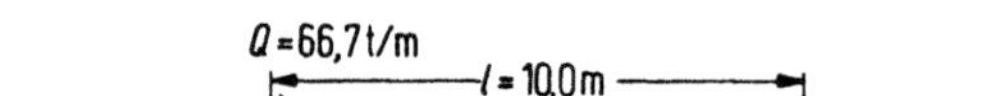

Abb. 18. Einfluß der Länge der Überkragung auf den Verlauf der Biegemomente

4.5. Zeit

In den Berechnungsverfahren wird der Einfluß der Zeit auf die Sohldruckverteilung und die Schnittkräfte außer Betracht gelassen, obwohl beim Bauwerk und Fundament das Kriechen des Betons und beim Baugrund die Setzung zeitabhängige Größen sind (Abb. 20). Das Kriechen des Betons bewirkt eine Vergrößerung der Durchbiegung, die ein Mehrfaches der zugehörenden elastischen Verformung unter gleicher Last ausmachen kann. Dies kann durch Einführung eines ideellen E-moduls des Betons $E_b^* = E_b/(1 + \varphi_t)$ berücksichtigt werden. Bei einer Kriechzahl $\varphi_t = 1$ bis 2, wie sie für Gründungsplatten berechtigt ist, reduziert sich der E-modul auf ⅓ bis ½ seines ursprünglichen Wertes (Abb. 20b). Unberücksichtigt bleibt dabei die im Laufe der Zeit mit der Zunahme der Druckfestigkeit zusammenhängende geringe Vergrößerung des E-moduls [46].

Zur Ermittlung des Einflusses des zeitlichen Setzungsverlaufes werden zwei Zustände unterschieden. Bei Bauende (Zustand 1) ist das Bauwerk mit dem Eigengewicht belastet (Abb. 20a) und die Setzung hat in Abhängigkeit von der Bo-

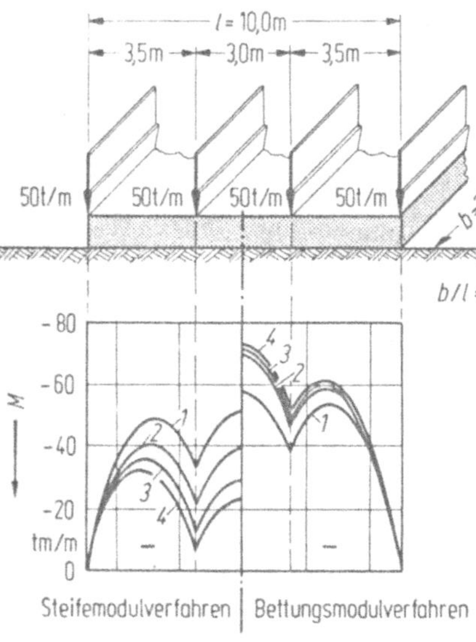

	d_s/b_1	K_s	FS	K_c
1	0,1	1,0	0,096	0,096
2	0,5	1,0	0,377	0,377
3	1,0	1,0	0,579	0,579
4	2,0	1,0	0,795	0,795

Abb. 19

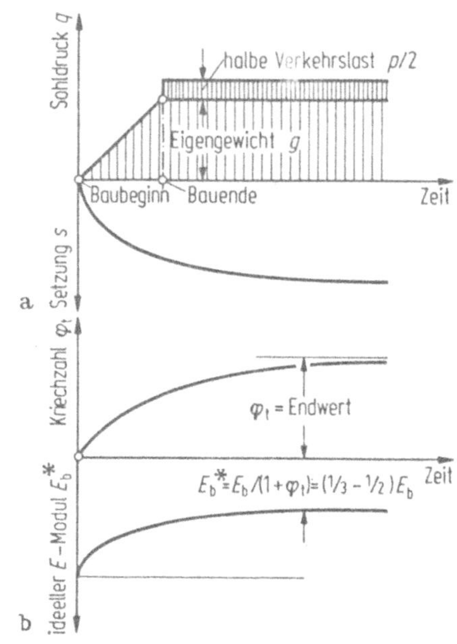

Abb. 20

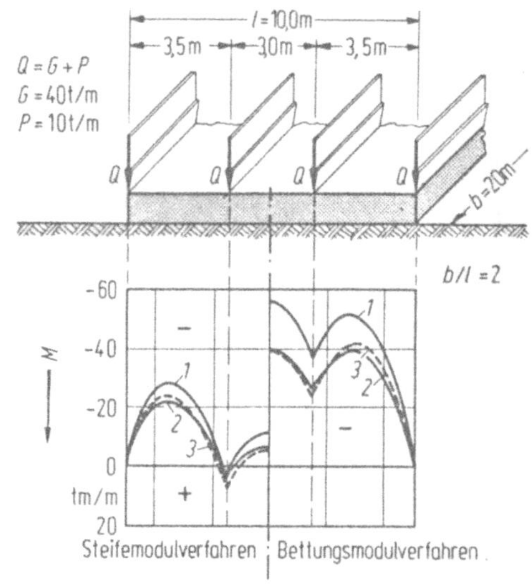

		Belastung	Steife-modul	E-Modul	System-steifigkeit	K_c
Normalfall	1	Q	E_s	E_b	$K_s = 0{,}10$	0,079
Zustand 1	2	G	$1{,}4\,E_s$	E_b	$0{,}7 K_s = 0{,}07$	0,055
Zustand 2	3	$G + P/2$	E_s	$0{,}5\,E_b$	$0{,}5 K_s = 0{,}05$	0,039

Abb. 21

Abb. 19. Einfluß der Dicke der zusammendrückbaren Schicht auf den Verlauf der Biegemomente

Abb. 20. Zeitlicher Verlauf. a. Sohldruck und Setzung; b. Kriechen des Betons

Abb. 21. Einfluß des zeitlichen Verlaufes der Setzungen und des Betonkriechens auf die Biegemomente

denart meist 60 bis 90% der dazugehörenden Endsetzung erreicht. Dies kann erfaßt werden durch Annahme eines unnachgiebigeren Baugrundes, der eine Verringerung der Systemsteifigkeit bewirkt. Nach Erreichen des Endzustandes mit voller Belastung (Zustand 2) ist für das Fundament der ideelle E-modul E_b^* einzusetzen, der ebenfalls die Systemsteifigkeit herabsetzt. Im übrigen empfiehlt es sich, nur etwa die Hälfte der Verkehrslast in Rechnung zu stellen, da diese meist nur kurzfristig wirkt und praktisch nicht ihre rechnerische Größe erreicht (Abb. 20a). Kriechen und Setzungsverlauf bewirken eine Verringerung der maximalen Momente und einen Abbau der Zwängungsspannungen im Bauwerk (Abb. 21).

5. Schlußfolgerung

Inwieweit die Ergebnisse der einzelnen Berechnungsverfahren mit der Wirklichkeit übereinstimmen, ist nur an Hand von Messungen des Sohldruckes unter biegsamen Gründungsplatten zu entscheiden. Leider sind solche Messungen im Hinblick auf die damit verbundenen Kosten und meßtechnischen Schwierigkeiten (unterschiedliche Steifigkeit zwischen Boden und Meßelement, Fremdkörper im Baugrund) bisher nur selten ausgeführt worden. Dazu kommt noch die oft beobachtete Abneigung der Bauherren und Planer gegen solche Messungen, da sie meist den Sinn dafür nicht einsehen. Vielfach wird befürchtet, daß die Meßeinrichtung die Gründungsplatte vor allem unter Grundwasser in ihrer Funktion beeinträchtigt oder daß durch die Messungen Ergebnisse zutage gefördert werden könnten, die nicht unbedingt in das Konzept des jeweiligen Bauherrn oder Planers passen.

Selbst die Beantwortung der eingangs gestellten Frage, welches Berechnungsverfahren die größten oder kleinsten Schnittkräfte liefert, ist nicht nach eindeutigen Kriterien möglich, so daß der praktisch tätige Ingenieur mit der Entscheidung, wann er welches Verfahren anwenden soll, überfordert ist. Dazu kommt noch, daß beim gleichen Gründungsbalken und den gleichen Baugrundverhältnissen vielfach in Abhängigkeit von den Lastabständen und der Größe der Überkragung nach unterschiedlichen Verfahren gerechnet werden muß, um die ungünstigsten Schnittkräfte zu erhalten [42].

Generell läßt sich nur feststellen, daß das Spannungstrapezverfahren nicht benutzt werden soll, da es die Eigenschaften des Bauwerkes und des Baugrundes unberücksichtigt läßt. Nur im Sonderfall eines starren Fundamentes, eines volumenbeständigen Halbraumes und eines linear von Null mit der Tiefe anwachsenden Steifemoduls liefert es exakte Ergebnisse. Eine Entscheidung zu Gunsten des Bettungsmodul- oder des Steifemodulverfahrens kann nicht getroffen werden, zumal Schäden an Gründungsplatten bisher bei keinem Verfahren bekannt geworden sind, was auf Sicherheitsreserven schließen läßt. Außerdem spielt dabei die Tatsache eine Rolle, daß sich durch das Kriechen und den Setzungsverlauf das Bauwerk weniger steif verhält, als in der Berechnung angenommen worden ist und Zwängungsspannungen abgebaut werden. Das Bauwerk „kriecht und setzt sich zurecht". Empfohlen wird, die Berechnung sowohl nach dem *BV* als auch nach dem *SV* durchzuführen, was durch Benutzung der Tabellenwerke [5, 13] ohne großen Aufwand möglich ist, wobei die Systemsteifigkeit nach der biegsamen Seite abgerundet werden soll. Obwohl seit der Vorlage der ersten Verfahren zur Berechnung biegsamer Gründungsbalken inzwischen ein Jahrhundert vergangen ist, kann das Problem der Plattenberechnung noch nicht als gelöst betrachtet werden.

Literatur

1. Winkler, E.: Die Lehre von der Elastizität und Festigkeit. Prag: 1867
2. Zimmermann, H.: Die Berechnung des Eisenbahnoberbaues. 2. Auflage. Berlin: Ernst & Sohn 1930
3. Orlov, G., Saxenhofer, H.: Balken auf elastischer Unterlage. Zürich: Leemann 1963

4. Wölfer, K. H.: Elastisch gebettete Balken. Zahlentafeln für Momenten-, Querkraft- und Bodenpressungsflächen. Wiesbaden: Bauverlag 1965
5. König, G., Sherif, G.: Balken und Platten auf nachgiebigem Baugrund. Tabellen zur Berechnung von Sohldruck, Setzung, Querkräften und Momenten nach dem Bettungsmodulverfahren. In Vorbereitung (1975)
6. Ohde, J.: Die Berechnung der Sohldruckverteilung unter Gründungskörpern. Bauingenieur 23 (1942) S. 99–107 und 122–127
7. Kany, M.: Berechnung von Flächengründungen. Berlin: Ernst & Sohn 1974
8. de Beer, E., Lousberg, E.: Calcul de poutres reposant sur le sol par la méthode de la répartition parabolique. Annales des Travaux Publics de Belgique 117 (1964) S. 129–186, 231–244 und 301–328
9. Graßhoff, H.: Das steife Bauwerk auf nachgiebigem Untergrund. Berlin: Ernst & Sohn 1966
10. Sommer, H.: Beitrag zur Berechnung von Gründungsbalken und einachsig ausgesteiften Gründungsplatten unter Einbeziehung der Steifigkeit von rahmenartigen Hochbauten. VDI-Zeitschrift 107 (1965) Heft 27 S. 316
11. El-Kadi, F.: Die statische Berechnung von Gründungsbalken und Gründungsplatten. Mitt. VGB Aachen 42 (1967)
12. Steinbrenner, W.: Tafeln zur Setzungsberechnung. Bodenmechanik und neuzeitlicher Straßenbau. Straße 1 (1934) S. 121–124
13. Sherif, G., König, G.: Platten und Balken auf nachgiebigem Baugrund. Tabellen zur Berechnung von Sohldruck, Setzung, Querkräften und Momenten nach dem Steifemodulverfahren (in deutscher, englischer, französischer und spanischer Sprache) Berlin, Heidelberg, New York: Springer 1975
14. Biot, M.: Bending of an infinite beam on an elastic foundation. Journ. Appl. Mech. (1937) Trans. Amer. Soc. Mech. Eng. 59 S. A 1–A 7
15. Vésic, B.: Beams on elastic subgrade and the Winkler's hypothesis. Proc. 5. ICSMFE Paris (1961) Bd. 1 S. 845–850
16. Gibson, R. E.: Some results concerning displacements and stresses in a non-homogeneous elastic half-space. Géotechnique 17 (1967) S. 58–67
17. de Beer, E.: Heutiger Stand der Berechnung der Sohldruckverteilung unter Flächengründungen bei besonderer Berücksichtigung der Bauwerkssteifigkeit. Schriftenreihe der Bauforschung, Berlin, Reihe Ingenieur- und Tiefbau 47 (1973) S. 23–39.
18. Schultze, E.: Bettungszahl oder Steifezahl? Konstruktiver Ingenieurbau. S. 269–286. Düsseldorf: Werner 1967
19. Repnikov, L. N.: Calculation on beams on an elastic base combining the deformative properties of a Winkler base and an elastic mass. Soil Mech. and Found. Eng. (1967) S. 384 bis 389
20. Schultze, E.: The combination of modulus of subgrade reaction and modulus of compressibility methods. Int. Symp. „On Civ. Eng. Struct. Resting on Soil and Rocks" (1969). Sarajevo 2 B/15
21. Schultze, E.: Die Kombination von Bettungszahl- und Steifezahlverfahren. Mitt. VGB Aachen 48 (1970)
22. Schultze, E.: Die Verteilung der Sohlpressung unter Fundamenten. Theorie und Wirklichkeit. Mitt. VGB Aachen 18 (1958) S. 107–139
23. Schultze, E.: Distribution of stress beneath a rigid foundation. Proc. 5. ICSMFE Paris (1961) Bd. 1 S. 807–813
24. Wiener, K. H.: Einfluß von Verdrückungen auf Setzungen und Sohldruckverteilung bei Fundamenten auf Sand. Fachtagung Grundbau und Bodenmechanik des VEB Baugrund Berlin (1968) S. 227–281
25. Boussinesq, J.: Application des potentiels à l'étude de l'équilibre et du mouvement des solides élastiques. Paris: Gauthier-Villars 1885
26. Kögler, F.: Über Baugrund-Probebelastungen. Bautechnik 9 (1931) S. 357–361
27. Siemer, H.: Über den Einfluß der Sohlreibung auf die Sohldruckverteilung und die Setzungen unter starren Fundamenten. VGB Aachen 51 (1970) S. 381–398
28. Laermann, K. H.: Der Plattenstreifen auf dem elastisch isotropen Halbraum unter Berücksichtigung der Reibungsspannungen. Berichte zum 6. Int. Kongreß für Mathematik im Bauwesen Weimar 1972
29. Dimitrov, N.: Der Balken und die Platte als Gründungskörper. Habilitationsschrift TH Karlsruhe (1955)
30. de Beer, E., u. Krsmanovic, D.: Calcul de poutres reposant sur le sol. Cas des charges uniformément réparties, des charges équidistantes et des charges excentrées. Annales des Travaux Publics de Belgique 104 (1951) S. 981–1018 und 105 (1952) S. 9–50
31. Bobe, R.: Iterative Berechnung von Gründungsbalken und einachsig ausgesteiften Gründungsplatten bei unregelmäßigen Baugrundverhältnissen. Mitt. Forsch. Anstalt für Schifffahrt, Wasser- und Grundbau, Berlin. Schriftenreihe Wasser- und Grundbau (1967) Heft 20
32. Kany, M.: Einflüsse von Unregelmäßigkeiten im Baugrund und in der Bauwerkssteifigkeit auf die Biegebeanspruchung von Flächengründungen. Schriftenreihe der Bauforschung, Berlin. Reihe Ingenieur- und Tiefbau 47 (1973) S. 109–120
33. Zienkiewicz, O. C., und Cheung, Y. K.: The finite element method in structural and continuum mechanics. London, New York, Toronto, Sydney: McGraw-Hill 1967
34. König, G.: Die Form der Drucksetzungslinie von Sand. Baugrundkursus 1969. Mitt. VGB Aachen 46 (1970) S. 233 bis 243
35. König, G.: Der Einfluß der Endflächenreibung im Dreiaxialversuch. Mitt. VGB Aachen 51 (1970) S. 277–298
36. Duncan, J. M., und Chang, C. Y.: Nonlinear analysis of stress and strain in soils. Proc. ASCE 96 (1970) SM 5 S. 1629 bis 1653
37. Wibel, A. R., Blinde, A.: Zur Sohldruckverteilung unter starren quadratischen Fundamenten. Veröff. Inst. für Bodenmechanik und Felsmechanik Karlsruhe 48 (1971)
38. Seiffert, H.: Beitrag zur Ermittlung der Spannungen unter elastischen Fundamenten. Mitt. Forschungsanstalt für Schiffahrt, Wasser- und Grundbau, Berlin. Schriftenreihe Wasser- und Grundbau 28 (1971)
39. Muhs, H., Weiß, K.: Der Einfluß der Neigung und Ausmittigkeit der Last auf die Grenztragfähigkeit flach gegründeter Einzelfundamente. Berichte aus der Bauforschung (1971) Heft 73.
40. de Beer, E., Graßhoff, H., Kany, M.: Die Berechnung elastischer Gründungsbalken auf nachgiebigem Untergrund. Forschungsberichte des Landes Nordrhein-Westfalen Nr. 1515. Köln, Opladen: Westdeutscher Verlag 1966
41. Graßhoff, H.: Der Einfluß des Berechnungsverfahrens auf die Biegebeanspruchung von Gründungsbalken. Mitt. VGB Aachen 51 (1970) S. 313–342
42. Graßhoff, H.: Einfluß der relativen Balkensteifigkeit und der Lasteinstellung auf die Biegebeanspruchung eines Gründungsbalkens. Schriftenreihe der Bauforschung, Berlin. Reihe Ingenieur- und Tiefbau 47 (1973) S. 55–75
43. Laermann, K. H.: Sohldruckverteilung unter elastischen Rahmentragwerken unter Berücksichtigung des Kriechens. Bautechnik 46 (1969) S. 340–346
44. Laermann, K. H.: Der Einfluß des Kriechens auf die Sohlpressungen unter elastisch gebetteten Konstruktionen. Forsch. Ing. Wesen 36 (1970) S. 85–89
45. Muhs, H., Weiß, K.: Die Berechnung der Bauwerkssteifigkeit von Hochhäusern aus den Ergebnissen von Setzungsbeobachtungen. Proc. Europ. Baugrundtagung Wiesbaden 1963 Bd. 1 S. 415
46. Graf, O.: Die Eigenschaften des Betons. Berlin, Göttingen, Heidelberg: Springer 1960

Der elastisch gebettete Balken mit veränderlichem Querschnitt unter Berücksichtigung der Querkraftverformungen

DK 624.072.233.5 Balken auf elastischer Bettung

Von Dr.-Ing. Karl-Hans Laermann, Technische Hochschule Aachen

1. Einleitung und Problemstellung

Zur Untersuchung der örtlichen Beanspruchungen des Betons unter Lagerplatten bzw. unter den Fußplatten von Stahlstützen sowie zur Ermittlung der Schnittkräfte in den Lagerplatten oder Fußplatten selbst sollen die Randdruckkräfte eines auf einer Halbebene aufliegenden, durch äußere Kräfte, die im folgenden zunächst als Einzelkräfte angesehen werden, belasteten Balkens ermittelt werden. Dieses Problem ist gleich dem des Balkens auf elastischer Unterlage bzw. dem der Sohldruckverteilung unter Gründungskörpern. Abgesehen von dem Bettungszifferverfahren [1] sind z. B. von Wieghardt [2], Schleicher [3] und Borowicka [4] verschiedene Ansätze für die Ermittlung der Einsenkung des Halbraumes behandelt worden. Habel [5] löste die Integralgleichung, die das Problem beschreibt, mit Hilfe des Differenzenverfahrens (Summengleichung). Ohde [6] und später auch Kany [7] haben nach ähnlichem Prinzip, jedoch unter Ansatz der erkannten Dreimomentengleichung, gewisse Ungenauigkeiten des de a b e l schen Verfahrens überwunden. Dabei berücksichtigt Kany mehr Eigenschaften des Bodens, indem er die Einsenkungen mit Hilfe einer Setzungsberechnung nach DIN 4019 bestimmt. L. Föppl [8] löst die Integralgleichung für Sonderfälle durch Ansatz einer Funktion unter Beachtung der Möglichkeit, daß sich der Balken an seinen Enden von der Unterlage abheben kann, d. h. daß keine Zugspannungen in der Sohlfuge aufgenommen werden können. Die so ermittelte Verteilung der Randdruckkräfte ist jedoch wenig wahrscheinlich. Die Lösungsansätze von Schmitz [9] liefern hingegen wesentlich bessere Ergebnisse.

In der folgenden Abhandlung soll die Druckverteilung unter einem Balken auf der Halbebene mit Hilfe des Differenzenverfahrens untersucht werden, wobei statt der Integralgleichungen ebenfalls Summengleichungen benutzt werden. Jedoch im Gegensatz zu den oben genannten Methoden wird auch eine Veränderlichkeit des Balkenquerschnittes und der Einfluß der Querkraft auf die Druckverteilung berücksichtigt. Die Ableitungen erfolgen unter der Voraussetzung, daß keine Reibungskräfte zwischen Halbebene und Balken wirksam werden, daß hingegen Zugspannungen in der Kontaktfuge aufgenommen werden können.

Bestimmung der Druckverteilung unter dem Balken

Die vertikalen Verschiebungen der Randpunkte der Halbebene unter der Wirkung von zunächst noch unbekannten Randdruckkräften p_ν ergeben sich zu

$$v_i = \sum_{\nu=1}^{n} p_\nu \cdot \eta_\nu^i \, , \quad \ldots \ldots \ldots \ldots \ldots \quad (1)$$

wobei die Einflußwerte η_ν^i noch zu bestimmen sind.

Ein auf der Halbebene aufliegender Balken mit beliebigem Trägheitsmomentenverlauf und einer Breite, die gleich der Dicke der Halbebene ist und die ohne Einschränkung der Allgemeingültigkeit gleich 1 gesetzt werden kann, muß nun diese Verschiebungen v_i mitmachen und wird dabei bestimmte Beanspruchungen erfahren, die von der Form der elastischen Linie der Halbebene und der daraus resultierenden Verteilung der Randdruckkräfte abhängen. Nach Bild 1 sind jedoch nicht die absoluten, sondern nur die relativen Verschiebungen zwischen zwei beliebig gewählten Bezugspunkten, zweckmäßig den Endpunkten des Balkens, für die Beanspruchungen maßgebend. Da mit dem Differenzenverfahren gearbeitet wird, liegen die rechnerischen Endpunkte um $\Delta/2$ von den tatsächlichen Balkenenden entfernt.

Die relativen Verschiebungen

$$y_i = v_i - v_n \cdot \frac{i}{n} - v_0 \cdot \frac{n-i}{n} \quad \ldots \ldots \ldots \quad (2)$$

werden mit den Balkendurchbiegungen y_k verglichen. Aus der Gleichsetzung von y_i und y_k $(i = k)$ sowie den Bedingungen $Q_n = 0$ und $M_n = 0$ (die Bedingungen $Q_0 = 0$ und $M_0 = 0$ werden bereits durch den Ansatz von Q_i und M_i erfüllt) werden $(n + 1)$ Gleichungen zur Bestimmung der $(n + 1)$ unbekannten Randdruckkräfte p_ν gewonnen.

Die Querkraft an der Stelle i ergibt sich zu

$$Q_i = \Delta \cdot \sum_{\nu=0}^{i} p_\nu - \sum_{\eta=1}^{i} P_\eta \, , \quad \ldots \ldots \ldots \ldots \quad (3)$$

womit die Bedingung $Q_n = 0$ folgende Beziehung liefert:

$$\Delta \sum_{\nu=0}^{n} p_\nu - \sum_{\eta=1}^{r} P_\eta = 0 \quad \ldots \ldots \ldots \ldots \quad (3\,a)$$

Das Moment an der Stelle i beträgt

$$M_i = \Delta^2 \sum_{\nu=0}^{i} p_\nu (i - \nu) - \Delta \sum_{\eta=1}^{i} P_\eta (i - \eta) \quad \ldots \ldots \quad (4)$$

und damit das Moment am Balkenende n

$$M_n = \Delta^2 \sum_{\nu=0}^{n} p_\nu (n - \nu) - \Delta \sum_{\eta=1}^{r} P_\eta (n - \eta) \, ,$$

das sich gemäß der Bedingung $M_n = 0$ zu Null ergeben muß:

$$\Delta \sum_{\nu=0}^{n} p_\nu (n - \nu) - \sum_{\eta=1}^{r} P_\eta (n - \eta) = 0 \quad \ldots \ldots \ldots \quad (4\,a)$$

3. Bestimmung der Einsenkungen v_i der Halbebene

Die vertikale Verschiebung $(d\,v)_{y=0}$ eines Randpunktes der Halbebene infolge einer Last $p\,(\xi)\,d\,\xi$ beträgt [10]

$$(d\,v)_{y=0,x} = -\frac{2}{E\pi} \cdot p\,(\xi) \cdot d\,\xi \cdot \ln \frac{|x - \xi|}{c} \, , \quad \ldots \ldots \ldots \quad (5)$$

wobei c die beliebig gewählte Abszisse eines Randpunktes $P\,(x - \xi = c,\; y = 0)$ ist, also gewissermaßen den Horizont darstellt, auf den die Verschiebungen v bezogen sind. Mit (5) läßt sich die Senkungsmulde bestimmen mit Ausnahme des Punktes $x = \xi$, weil in diesem Fall sich ein unendlich großer Wert für die Einsenkung ergeben würde. Mit genügender Genauigkeit kann jedoch dieser Wert bei Anwendung des Differenzenverfahrens auf folgende Weise (Bild 2) ermittelt werden:

$$(\Delta v)_{y=0,\,x=\xi} = -\frac{2}{E\pi} \cdot p\,(x) \cdot \Delta \cdot \ln \frac{\Delta/4}{c} \quad \ldots \ldots \quad (6)$$

Für eine beliebige Verteilung der Randdruckkräfte ergibt sich dann die Senkungsmulde als die Summe der Einsenkungen aller einzelnen Teillasten (Bild 3)

$$(v)_{y=0,x} = -\frac{2}{E\pi} \left[\sum_{\substack{0 \\ \xi \neq x}}^{a} p\,(\xi) \cdot \Delta \cdot \ln \frac{|x - \xi|}{c} + p\,(x) \cdot \Delta \cdot \ln \frac{\Delta/4}{c} \right] . \quad \ldots \quad (7)$$

Zweckmäßigerweise werden dimensionslose Größen eingeführt:

$$x = i \cdot \Delta \, , \; \xi = \nu \cdot \Delta \, , \; a = n \cdot \Delta \quad \ldots \ldots \ldots \quad (8)$$

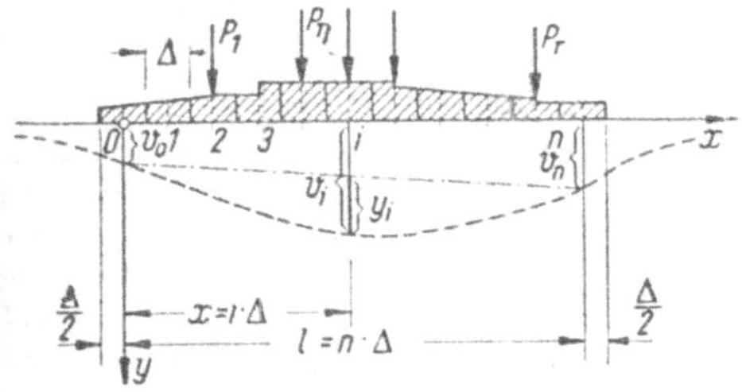

Bild 1

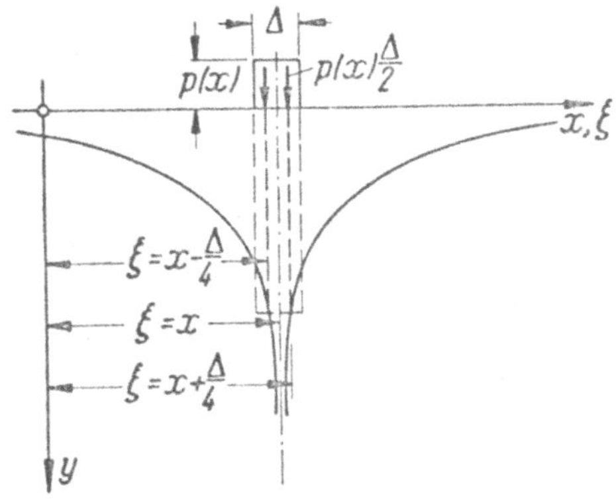

Bild 2

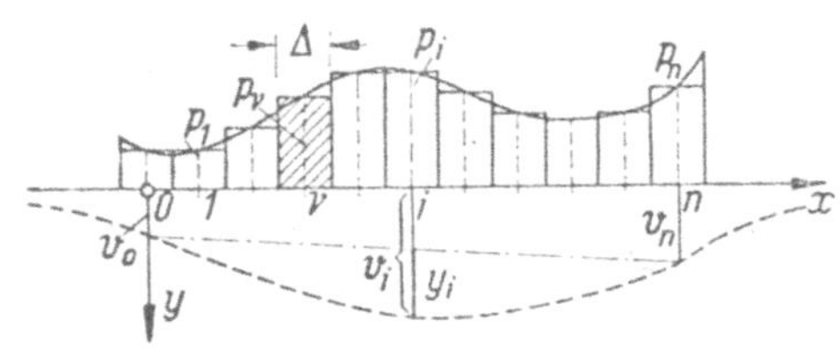

Bild 3

Zur Vereinfachung der Schreibweise entfällt im folgenden der Index $y = 0$, da alle Größen sich stillschweigend auf den Rand der Halbebene beziehen sollen. Damit ergibt sich

$$v_i = -\frac{2}{E\pi}\cdot\Delta\left[\sum_{\substack{\nu=0\\ \nu\neq i}}^{n} p_\nu\cdot\ln|i-\nu| + p_i\cdot\ln\frac{1}{4} + \sum_{\nu=0}^{n} p_\nu(\ln\Delta-\ln c)\right]\quad \ldots \quad (9)$$

bzw. nach Einführung der Konstanten $K = \ln\Delta - \ln c$:

$$v_i = -\frac{2}{E\pi}\cdot\Delta\left[\sum_{\nu=0}^{n} p_\nu\cdot\ln|i-\nu| + p_i\cdot\ln 0{,}25 + K\sum_{\nu=0}^{n}\cdot p_\nu\right]\quad \ldots \quad (9\,a)$$

Die relativen Verschiebungen y_i gemäß (2) betragen

$$y_i = -\frac{2}{E\pi}\cdot\Delta\left[\sum_{\substack{\nu=0\\ \nu\neq i}}^{n} p_\nu\cdot\ln|i-\nu| + p_i\cdot\ln 0{,}25 - \left(\sum_{\substack{\nu=0\\ \nu\neq n}}^{n} p_\nu\cdot\ln|n-\nu| + p_n\cdot\ln 0{,}25\right)\cdot\frac{i}{n} - \left(\sum_{\substack{\nu=0\\ \nu\neq 0}}^{n} p_\nu\cdot\ln\nu + p_0\cdot\ln 0{,}25\right)\cdot\frac{n-i}{n} + K\sum_{\nu=0}^{n} p_\nu\left(1-\frac{i}{n}-\frac{n-i}{n}\right)\right]$$

und unter Beachtung von $\left(1-\frac{i}{n}-\frac{n-i}{n}\right) = 0$ dann

$$y_i = -\frac{2}{E\pi}\cdot\Delta\left[\sum_{\substack{\nu=0\\ \nu\neq i}}^{n} p_\nu\cdot\ln|i-\nu| - \frac{i}{n}\sum_{\substack{\nu=0\\ \nu\neq n}}^{n} p_\nu\cdot\ln|n-\nu| - \frac{n-i}{n}\sum_{\substack{\nu=0\\ \nu\neq 0}}^{n} p_\nu\cdot\ln\nu - \left(p_i - p_n\cdot\frac{i}{n} - p_0\cdot\frac{n-i}{n}\right)\cdot\ln 0{,}25\right]\quad \ldots \quad (10)$$

4. Bestimmung der Biegelinie des Balkens

Die Biegelinie des Balkens wird mit Hilfe des Verfahrens der W_m-Gewichte unter Berücksichtigung der Querkräfte und der Biegemomente bestimmt. Die Ausdrücke für die Querkraft (3) und das Biegemoment (4) werden in die Gleichungen für die W_m-Gewichte [11] eingesetzt, die mit den hier gewählten Bezeichnungen lauten

$$W_i = \frac{\Delta}{6\,E_B}\left(\frac{M_{i-1}}{I_{i-1}} + 4\,\frac{M_i}{I_i} + \frac{M_{i+1}}{I_{i+1}}\right) + \frac{\varkappa}{G_B}\left(\frac{Q_i}{F_i} - \frac{Q_{i+1}}{F_{i+1}}\right). \quad (11)$$

Dabei bedeutet $G_B = E_B/2\,(1+\mu_B)$ und $\varkappa$ stellt einen von der Querschnittsform abhängigen Formfaktor dar.

Diese W_m-Gewichte werden als Belastung auf einen Ersatzbalken aufgebracht und der Momentenverlauf infolge dieser Belastung bestimmt, der nach dem Satz von Mohr gleich der Biegelinie y_k des Balkens ist (Bild 4):

$$y_k = \mathfrak{A}\,(k\cdot\Delta) - \sum_{i=0}^{k} W_i\,(k-i)\cdot\Delta \quad \ldots\ldots\ldots \quad (12)$$

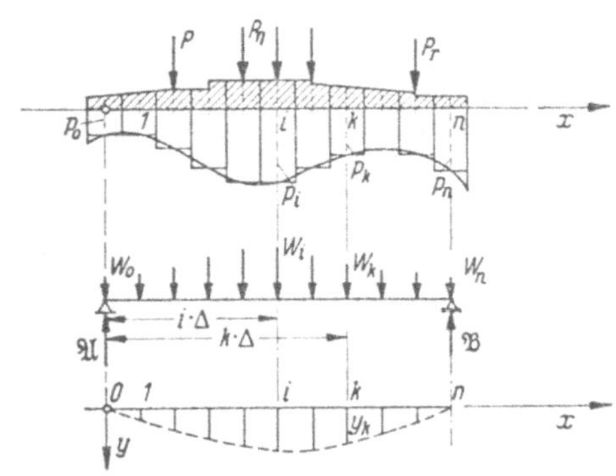

Bild 4

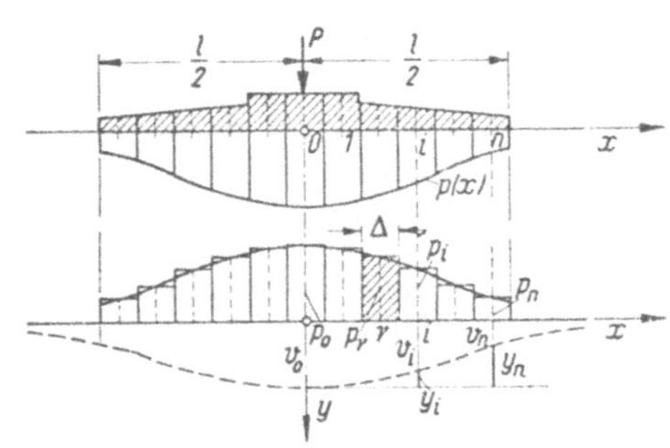

Bild 5

In diesem Ausdruck ist $\mathfrak{A}$ gleich dem Auflagerdruck des mit den W_m-Gewichten belasteten Balkens:

$$\mathfrak{A} = \sum_{i=0}^{n} W_i\left(1-\frac{i}{n}\right) \quad \ldots\ldots\ldots\ldots \quad (13)$$

5. Sonderfall des mittig belasteten, symmetrischen Balkens

5.1. Der Balken ist mit einer Einzellast belastet

In diesem Sonderfall genügt es, nur eine Balkenhälfte zu betrachten. Der Koordinatenursprung wird zweckmäßig in die Balkenmitte verlegt (Bild 5). Die elastischen Einsenkungen der Halbebene errechnen sich dann aus der folgenden Beziehung

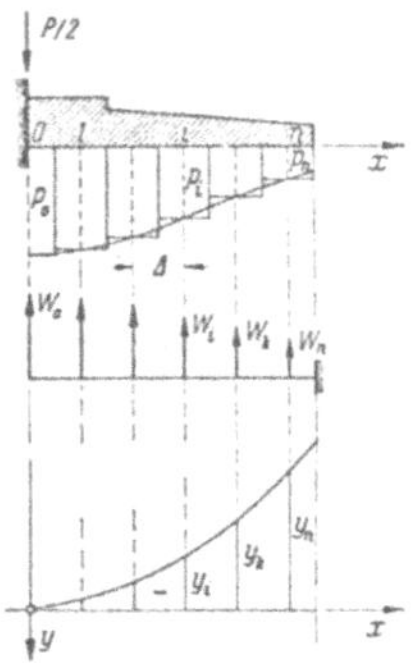

Bild 6

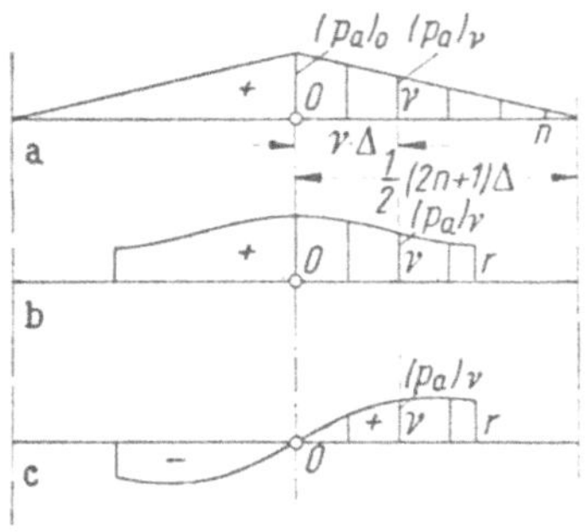

Bild 7

$$v_i = -\frac{2}{E\pi}\cdot\Delta\left[\sum_{\substack{\nu=0\\ \nu\neq i}}^{n} p_\nu\cdot\ln|i-\nu| + \sum_{\nu=1}^{n} p_\nu\cdot\ln|i+\nu| + p_i\cdot\ln 0{,}25 + K\sum_{\nu=-n}^{+n} p_\nu\right] \quad (14)$$

Die relativen Verschiebungen, die für die Verteilung der Randdruckkräfte maßgebend sind, betragen

$$y_i = v_i - v_0 \quad (15)$$

Diese n Verschiebungsgrößen y_i werden den entsprechenden Durchbiegungsordinaten des Balkens gleichgesetzt und liefern damit n Gleichungen zur Berechnung der p_ν.

Die Gleichgewichtsbedingung $\Sigma V = 0$ liefert die noch fehlende $(n+1)$. Gleichung:

$$\sum_{\nu=-n}^{+n} p_\nu\cdot\Delta - P = 0$$

bzw. unter Berücksichtigung der symmetrischen Druckverteilung

$$p_0 + 2\sum_{\nu=1}^{n} p_\nu - P/\Delta = 0 \quad (16)$$

Zur Bestimmung der Formänderungen des Balkens wird dieser als Kragarm (Einspannung bei $x = 0$) betrachtet.

Die Querkraft an der Stelle i (Bild 6) errechnet sich zu

$$Q_i = -\Delta\left(\sum_{\nu=i+1}^{n} p_\nu + \frac{1}{2}\cdot p_i\right) \quad (17)$$

und das Biegemoment an der gleichen Stelle i zu

$$M_i = \Delta^2\sum_{\nu=i}^{n} p_\nu(\nu - i) \quad (18)$$

Die W_m-Gewichte werden gemäß (11) bestimmt und entsprechend der Anwendung des Satzes von M o h r auf den Kragträger mit vertauschtem Auflager als Belastung aufgebracht. Die Durchbiegungsordinaten des Balkens ergeben sich dann aus der Gleichung

$$y_k = -\Delta\sum_{i=0}^{k} W_i(k-i) \quad (19)$$

Damit können die Gleichungen mit den Randdruckkräften p_ν als Unbekannten aufgestellt und durch Auflösung diese selbst bestimmt werden.

Führt man für die von p_ν abhängigen Ausdrücke abkürzende Bezeichnungen ein, so können die Gleichungen (14), (15), (17), (18) sowie der Ausdruck für das W_m-Gewicht (11) und die Gleichung (19) wie folgt angeschrieben werden:

$$v_i = \Delta A_i(p_\nu), \quad (14\,a)$$
$$y_i = \Delta(A_i(p_\nu) - A_0(p_\nu)), \quad (15\,a)$$
$$Q_i = \Delta B_i(p_\nu), \quad (17\,a)$$
$$M_i = \Delta^2 C_i(p_\nu), \quad (18\,a)$$
$$W_i = \Delta^3 D_i(p_\nu) + \Delta E_i(p_\nu), \quad (11\,a)$$
$$y_k = -\Delta^4\overline{D}_i(p_\nu) - \Delta^2\overline{E}_i(p_\nu). \quad (19\,a)$$

Aus der Bedingung $y_i = y_k$ ergeben sich dann n Gleichungen d Form

$$\Delta^3\overline{D}_i(p_\nu) + \Delta\overline{E}_i(p_\nu) = A_0(p_\nu) - A_i(p_\nu), \quad (20)$$

zu denen als $(n+1)$. Gleichung noch (16) hinzukommt.

5.2. Bestimmung der kritischen Länge

Mit kritischer Länge $l_{\text{krit.}}$ wird die Balkenlänge bezeichnet, b der die Endordinate p_n der Randdruckkräfte gerade gleich Nu wird bzw. bei welcher sich der Balken mit $l > l_{\text{krit.}}$ dann, wen keine Zugspannungen aufgenommen werden können, von der Unte lage abzuheben beginnt. Bei vorgegebener Anzahl n der Interval soll zur Bestimmung von $l_{\text{krit.}}$ die Intervallänge Δ so groß werde daß

$$n\cdot\Delta = \frac{1}{2}\,l_{\text{krit}} \quad (21)$$

wird. In dem Gleichungssystem mit den $(n+1)$ unbekannten Ran druckkräften ist daher $p_n = 0$ zu setzen und als neue Unbekann die Intervallänge Δ zu betrachten. Die ausführlichen Untersuchu gen hierzu erfolgen später. Es soll lediglich schon erwähnt werde daß es sich dann nicht mehr wie bisher um lineare Gleichung systeme handelt, sondern daß die Unbekannte Δ in der 3. Pote vorkommt.

5.3. Der Balken ist mit Strecken- und Gleichlas belastet

Ist der Balken mit einer über Balkenlänge konstanten Gleic last p_a belastet, so gelten bezüglich der Einsenkungen y_i für d Halbebene dieselben Gleichungen (14) wie bei der mittigen Einze last. In den Ausdrücken, die sich auf den Balken beziehen, ist jedo statt p_ν nunmehr

$$\overline{p}_\nu = p_\nu - p_a \quad (22)$$

einzusetzen. Die Gleichgewichtsbedingung $\Sigma V = 0$ lautet jetzt

$$p_0 + 2\sum_{\nu=1}^{n} p_\nu = (2n+1)\cdot p_a \quad (16\,a)$$

Damit unterscheiden sich die Gleichungen für die konstante Gleic last von denen für die mittige Einzellast nur durch die Belastung glieder.

Bei Belastung nach Bild 7 a ist einzuführen

$$\overline{p}_\nu = p_\nu - (p_a)_\nu \quad (23)$$

Die Gleichgewichtsbedingung liefert

$$p_0 + 2\sum_{\nu=1}^{n} p_\nu = \frac{1}{2}(p_a)_0\cdot(2n+1) \quad (16\,b)$$

Für die in Bild 7 b dargestellte symmetrische Belastung ist im Las bereich die Belastung gemäß (23) im übrigen Bereich jedoch wie b Einzellast nur p_ν einzusetzen.

Die Gleichgewichtsbedingung liefert

$$p_0 + 2\sum_{\nu=1}^{n} p_\nu = \sum_{-r}^{+r}(p_a)_\nu \quad (16\,c)$$

Bei antimetrischer Belastung (Bild 7 c) hingegen ergibt sich aus de Gleichgewichtsbedingung

$$p_0 + 2\sum_{\nu=1}^{n} p_\nu = 0 \quad (16\,d)$$

Im übrigen ist wie bei symmetrischer Belastung zu verfahren.

5.4. An dem Balken greift ein Moment an

Auch in diesem Sonderfall genügt es, nur eine Hälfte des Balken zu betrachten, da nunmehr die Verteilung der Randdruckkräft antimetrisch zur Balkenmitte bzw. zum Koordinatenursprung is (Bild 8). Unter der Voraussetzung, daß Zugspannungen au genommen werden können, ergeben sich die Einsenkungen der Halb ebene

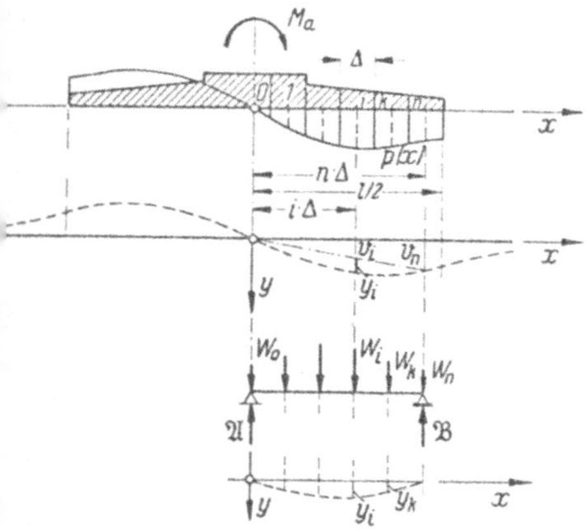

ıld 8

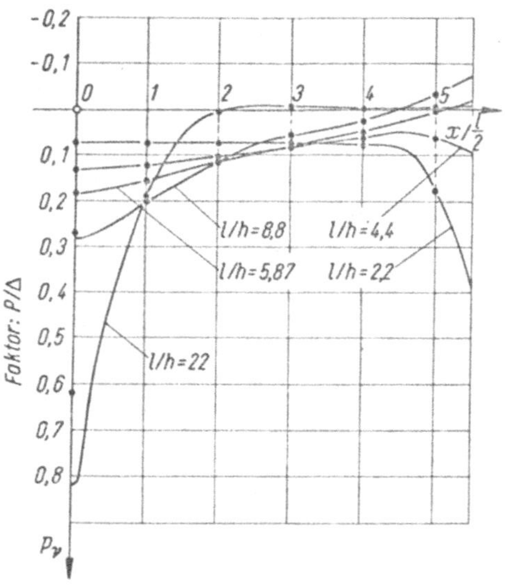

Bild 9

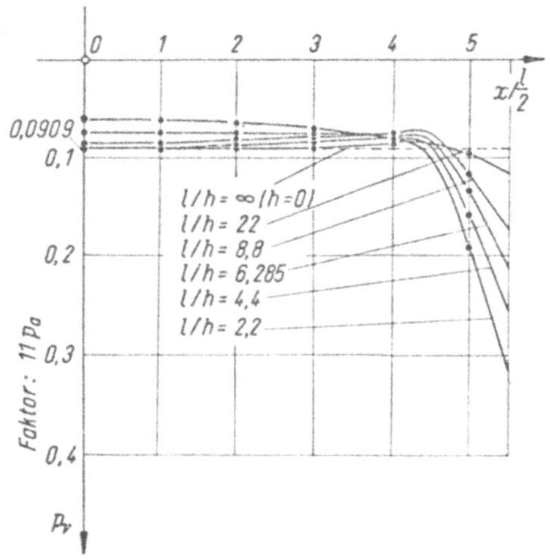

Bild 10

$$
{}_k = -\frac{2}{E\pi}\cdot\Delta\left[\sum_{\substack{\nu=1\\ \nu\neq i}}^{n} p_\nu\cdot\ln|i-\nu| - \right.
$$

$$
\left. - \sum_{\nu=1}^{n} p_\nu\cdot\ln|i+\nu| + p_i\cdot\ln 0{,}25\right], \quad . \quad . \quad (24)
$$

elche ebenfalls antimetrisch zum Koordinatenursprung sein müssen. 'egen der Antimetrie ist $p_0 = 0$ und kann daher von vornherein ıßer Ansatz bleiben.

Die relativen Verschiebungen y_i ergeben sich zu

$$
y_i = v_i - v_n\cdot\frac{i}{n} \quad . \quad . \quad . \quad . \quad . \quad . \quad . \quad . \quad . \quad . \quad . \quad . \quad . \quad . \quad . \quad . \quad (25)
$$

us dem Vergleich dieser Werte in Abhängigkeit von p_ν mit den ırchbiegungsordinaten y_k des Balkens werden $(n-1)$ Gleichunın gewonnen. Querkraft und Biegemoment an der Stelle i errechen sich nach (17) bzw. (18). Aus Gleichgewichtsgründen muß $_0 = M_a/2$ sein, woraus sich die noch fehlende n. Gleichung ergibt:

$$
\Delta^2\sum_{\nu=1}^{n} p_\nu\cdot\nu = \frac{1}{2}\cdot M_a \quad . \quad . \quad . \quad . \quad . \quad . \quad . \quad . \quad . \quad . \quad . \quad . \quad . \quad . \quad (26)
$$

ie buch (11) errechneten W_m-Gewichte werden auf den Ersatzılken (Balken auf zwei Stützen) aufgebracht und hierfür die omente ausgerechnet, die gleich den Balkendurchbiegungen sind.

Zahlenbeispiele

Die in den vorherigen Abschnitten aufgestellten Formeln wurden ınächst für eine mittige Einzellast und für Gleichlast über die alkenlänge bei konstantem Querschnitt, jedoch bei unterschiedchen Verhältnissen l/h, ausgewertet und dabei nur der Einfluß er Biegemomente auf die Verformungen des Balkens berücksichtigt. den Bildern 9 und 10 ist der Verlauf der Randdruckkräfte über e halbe bezogene Balkenlänge aufgetragen. Dabei war zu beachten, ıß die Rechnung nur die Mittelwerte der Sohlpressungen über die ıtervallänge Δ liefert. Aus Bild 9 ist zu entnehmen, daß mit achsender Balkenbiegesteifigkeit sich die Druckverteilung der nach o u s s i n e s q nähert. (Die Rechnung mit unendlich großer Biegeeifigkeit lieferte die genaue Verteilung nach B o u s s i n e s q!) us der Druckverteilung für Gleichlast in Bild 10 ist ersichtlich, daß ch mit $h \to 0$ die Spannungsverteilung der konstanten äußeren ast (gestrichelte Linie) nähert, mit $h \to \infty$ hingegen wieder der erteilung nach B o u s s i n e s q. Den Berechnungen wurde ein Verıltnis der Elastizitätsmoduli von $E/E_B = E_{\text{Beton}}/E_{\text{Stahl}} = 0{,}10$ zuunde gelegt. Unter Berücksichtigung dieses Wertes können den ildern 11 und 12 für beliebige Verhältnisse l/h die Werte der Sohl-

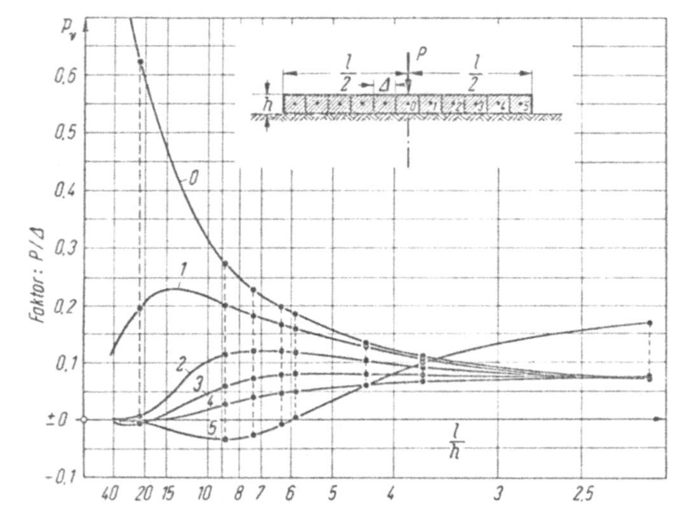

Bild 11

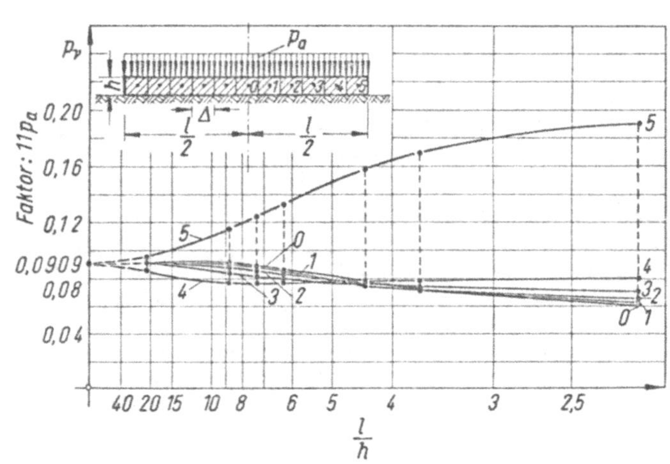

Bild 12

pressungen entnommen werden. Bild 13 zeigt die Verteilung der Pressungen für einen Balken, der im mittleren Teil unendlich steif ist:

$$
K_M = \frac{E}{E_B}\cdot\pi\left(\frac{\Delta}{h}\right)^3 = 0\,,
$$

im übrigen Teil aber einen K_M-Wert von 2,512 aufweist, das entspricht einem Verhältnis $l/h = 22$. Auch hier wurde nur der Einfluß der Biegemomente auf die Formänderungen berücksichtigt.

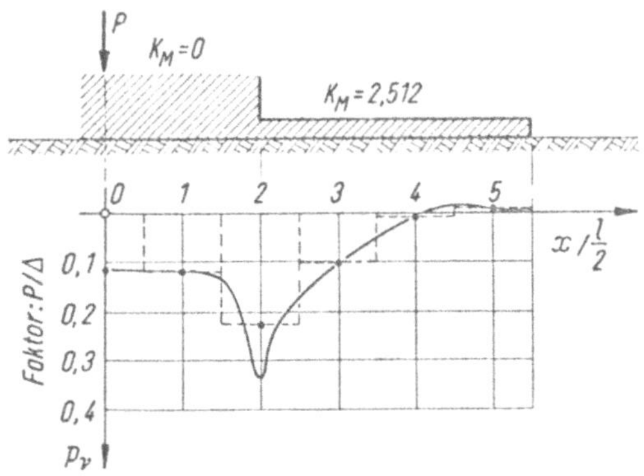

Bild 13

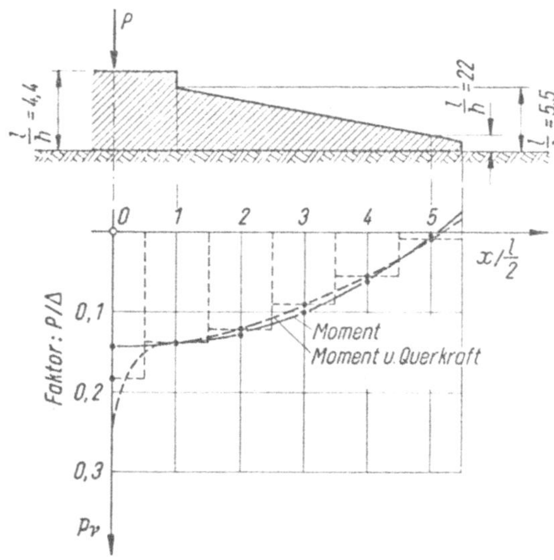

Bild 14

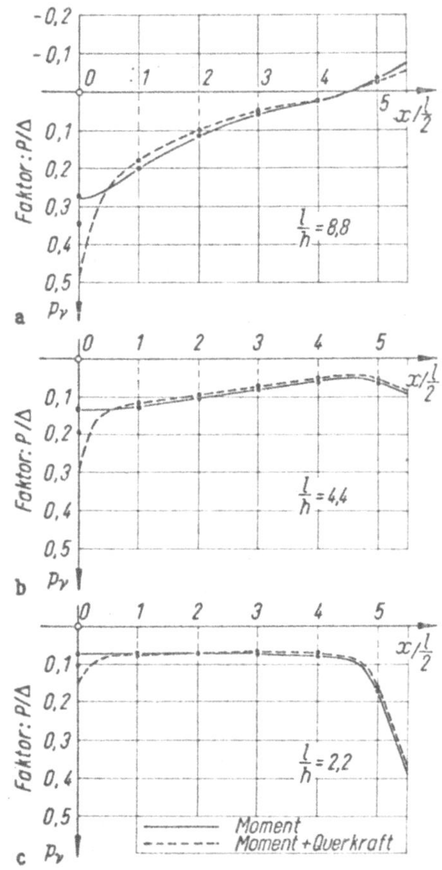

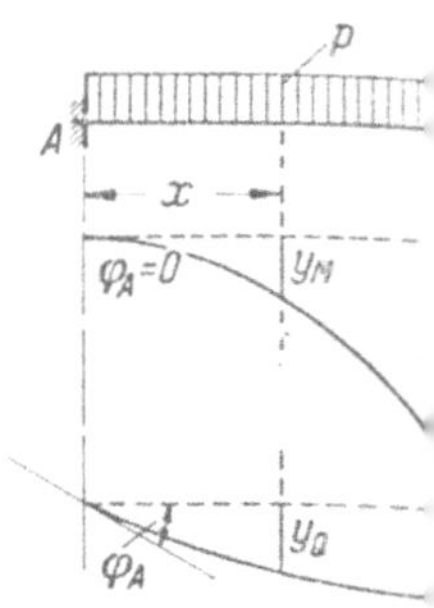

Bild 16

Für einen Balken mit veränderlichem Querschnitt (**Bild 14**) wurde bei der Berechnung der Randdruckkräfte einmal nur der Momentenanteil (ausgezogene Linie) und zum anderen der Momenten- und Querkraftanteil (gestrichelte Linie) an den Formänderungen berücksichtigt. Dabei wurde der Formfaktor eingeführt mit

$$\varkappa = \frac{3}{4} \cdot \frac{1{,}6 + \mu}{1 + \mu}$$

und darin $\mu = 0{,}33$ (Querkontraktionszahl für Stahl) eingesetzt. Bemerkenswert bei Berücksichtigung der Querkraft ist der starke Anstieg der Pressungen unter der Lastangriffsstelle, der jedoch keinen nennenswerten Einfluß auf die Schnittkräfte des Balkens hat.

Auch für die untersuchten Fälle des Balkens mit konstantem Querschnittsverlauf ($l/h = 8{,}8$; 4,4; 2,2) zeigt sich, daß der Verlauf und die Größe der Randdruckkräfte (Bild 15) von der Querkraft bis auf den Bereich unmittelbar an der Lastangriffsstelle nur unwesentlich beeinflußt wird. Der stärkere Anstieg im Lasteinleitungsbereich und die Tatsache, daß die Tangente an die Kurve der Druckverteilung unter der Last nicht mehr horizontal verläuft und eine Unstetigkeit im Verlauf der Kurve auftritt, ist wie folgt zu erklären.

Wird die Biegelinie z. B. eines Kragarmes nur aus dem Momentenanteil bestimmt, so ist die Neigung der Tangente an die Biegelinie an der Einspannstelle gleich Null, die Neigung der Biegelinie infolge Querkraft jedoch ist von Null verschieden, sie weist sogar an der Einspannstelle den größten Wert auf (Bild 16). Da nun die Biegelinie des Balkens mitentscheidend ist für die Sohldruckverteilung, muß sich infolge der größeren Verformungen und der Unstetigkeit in deren Verlauf bei einem Balken auf elastischer Unterlage unter den Angriffspunkten äußerer Lasten ein größerer Sohldruck einstellen.

7. Zusammenfassung

Mit der dargestellten Methode lassen sich die Sohlpressungen unter einem Balken auf der Halbebene für beliebige Belastung und für beliebigen Querschnittsverlauf des Balkens mit guter Genauigkeit ermitteln. Bei den durchgeführten Rechnungen für einen symmetrisch ausgebildeten und belasteten Balken wurde die Gesamtlänge l in 11 Intervalle unterteilt. Eine Steigerung der Genauigkeit ist ohne weiteres möglich, wenn die Anzahl der Intervalle vergrößert wird und zur Auflösung des Gleichungssystems elektronische Rechenanlagen eingesetzt werden.

Bezüglich des Einflusses der Querkraft auf die Druckverteilung kann festgestellt werden, daß nur unter den Angriffspunkten von Einzellasten in einem kleinen Bereich die Pressungen stärker ansteigen, im übrigen Bereich diese aber unwesentlich kleiner sind gegenüber denen, die sich allein bei Berücksichtigung des Biegemomentenanteiles ergeben. Für die Beanspruchungen des Balkens kann also der Querkrafteinfluß vernachlässigt werden, in der Halbebene hingegen ist unter Umständen die Spannungsspitze zu berücksichtigen.

Literatur

[1] Hayashi, K.: Theorie des Trägers auf elastischer Unterlage. Berlin: Springer 1921.
[2] Wieghardt, K.: Über den Balken auf nachgiebiger Unterlage. Zeitschr. angew. Math. Mech. 2 (1922).
[3] Schleicher, F.: Zur Theorie des Baugrundes. Bauing. 7 (1926).
[4] Borowicka, H.: Druckverteilung unter elastischen Platten. Ing. Arch. 10 (1939)
[5] Habel, A.: Näherungsrechnung des auf dem elastisch-isotropen Halbraum aufliegenden elastischen Balkens. Bauing. 19 (1938), H. 5 und 6.
[6] Ohde, J.: Die Berechnung der Sohldruckverteilung unter Gründungskörpern. Bauing. 23 (1942), H. 14 und 16.
[7] Kany, M.: Berechnung von Flächengründungen. Berlin: Wilhelm Ernst & Sohn 1959.
[8] Föppl, L.: Fundamentbalken auf elastisch nachgiebigem Boden. Forschg. Ing. Wesen 23 (1957), Nr. 6.
[9] Schmitz, P.: Berechnung der Druckverteilung eines belasteten Streifens auf elastischem Untergrund. Forschg. Ing. Wesen 33 (1967), Nr. 2.
[10] Girkmann, K.: Flächentragwerke. 6. Aufl. Berlin/Göttingen/Heidelberg: Springer 1963.
[11] Hirschfeld, K.: Baustatik. 2. Aufl. Berlin/Heidelberg/New York: Springer 1965

GPSR Compliance

The European Union's (EU) General Product Safety Regulation (GPSR) is a set of rules that requires consumer products to be safe and our obligations to ensure this.

If you have any concerns about our products, you can contact us on ProductSafety@springernature.com

In case Publisher is established outside the EU, the EU authorized representative is:

Springer Nature Customer Service Center GmbH
Europaplatz 3
69115 Heidelberg, Germany

Batch number: 10684798

Printed by Printforce, the Netherlands